Gesamtverzeichnis des deutschsprachigen Schrifttums (GV) 1700 – 1910

Bearbeitet unter der Leitung von
Peter Geils und Willi Gorzny

Bibliographische und redaktionelle Beratung:
Hans Popst und Rainer Schöller

3

Alb - Am

K·G·Saur München · New York · London · Paris 1979

Gesamtleitung:

Peter Geils, Willi Gorzny

Bibliographische und redaktionelle Beratung:

Hans Popst, Rainer Schöller

Leitende Redakteure:

Monika Eichler, Ursula Geier, Hildegard Rossberg, Hilmar Schmuck, Helga Werner, Gabriele Winter.

Redakteure:

Heidi Amman, Barbara Berkiç, Marianne Fischer, Ute Klier, Christel Schmidt, Ingeborg v. Seckendorff, Brigitte Semmler, Eva v. Troschke, Barbara Zaruba.

Redaktionsassistenten:

Hannes Diersch, Paul Dörr, Ricardo Eller, Helmut Faust, Maria Grill, Rita Grill, Robert Haidt, Cornelia Krüger, Rut Leeb, Hedwig Rost, Barbara Schaedle, Ulrike Schmid-Dankwardt u.a.

CIP-Kurztitelaufnahme der Deutschen Bibliothek

Gesamtverzeichnis des deutschsprachigen Schrifttums : (GV). – München, New York, London, Paris : Saur.
ISBN 3-598-30000-X

1700 – 1910 / bearb. unter d. Leitung von Peter Geils u. Willi Gorzny. Bibliograph. u. red. Beratung: Hans Popst u. Rainer Schöller

NE: Geils, Peter [Bearb.]

3. Alb - Am. - 1979.

Techn. Realisierung und Druck: Norbert Gärtner, Mainz-Kastel
Einbandgestaltung: Karin Büchner, München
Binden: Karl Schaumann, Darmstadt
Printed in the Federal Republic of Germany
ISBN 3-598-30000-X (Gesamtwerk)

Alb. Schwäbische [Sachliches OW]

Die Schwäbische Alb. Werden und Wesen. - Essen o. J. 205 S., m. Bildern

Alb, die schwäbische. 15 Bild. i. Autotypie m. farb. Umschlag n. Zeichng. v. Pet. Schnorr. qu. hoch 4. Reutlingen 897. J. Kocher. n. 1. 50

Alb, die schwäbische. Eine Wanderg. vom Hohenzollern bis z. Rosenstein. Text (15 S.) v. Eug. Nägele. 12 Quartbilder in Bromsilberphotogr. (Neue Aufnahmen v. Ludw. Schaller.) (Neue Ausg.) 42,5×33 cm. Stuttgart (910). L. Schaller. In Leinw.-Mappe 20. —

Alb, Schwäbische. Alb, Schwäbische und Schäbischer Albverein. Erinnerungsblätter. (92 S 1K). Stuttgart 1896.

Alb, Schwäbische [Schlagwort]

Alb, schwäbische. B o f i n g e r, d. schwäb. Alb. Ein Wegweiser v. Hohenzollern bis z. Reissenstein. 1:100,000. Chromol. Fol. Reutling. 1884, Kocher.

Alb, Schwäb., Generalkarte der Schwäbischen Alb. Hrsg. v. Kgl. württ. statist. Landesamt 1:150,000. Blatt Tübingen u. Tuttlingen. à 29,5 x 35 cm. Farbendr. Ebd. 1896.

Alb, schwäb., **Generalkarte** der schwäbischen Alb. Hrsg. v. königl. württ. statist. Landesamt. 1 : 150,000. Blatt Biberach. 29,5×35 cm. Farbdr. Stuttgart 897. (H. Lindemann.) n.n. 1. 20

— dasselbe. Blatt Stuttgart. 29,5×35 cm. Farbdr. Ebd. 898. à n.n. 1. 20

Alb, schwäbische. Generalkarte der schwäbischen Alb. Hrsg. vom königl. württ. statist. Landesamt. 1 : 150,000. Blatt Pforzheim u. Ulm. Bearb. nach der Karte des Deutschen Reiches in 1 : 100,000 von Knoblich. à 29,5×34,5 cm. Kpfrst. u. Farbdr. Stuttgart 900. 901. (H. Lindemann.) à n.n. —80

Alb, schwäbische. Generalkarte der schwäbischen Alb. Hrsg. vom königl. württ. statist. Landesamt. 1:150,000. Blatt Heilbronn. Bearb. nach der Karte des Deutschen Reiches in 1:100,000 von Knoblich. 30,5×34,5 cm. Kpfrst. u. Farbdr. Stuttgart (903). (H. Lindemann.) n.n. — 80

— — erweiterte, der schwäbischen Alb. Hrsg. vom königl. württ. statist. Landesamt. 1:150,000. Blatt Ravensburg. 37×35 cm. Farbdr. Ebd. 905. n.n. — 80

Alb, schwäbische. Generalkarte, erweiterte, der Schwäbischen Alb. Hrsg. vom königl. württ. statist. Landesamt 1907. Bearb. nach der Karte des Deutschen Reiches in 1 : 100,000 v. Knoblich. 1 : 150,000. Blatt Heidelberg. 42,5×34,5 cm. Kpfrst. u. Farbdr. Stuttgart (907). (H. Lindemann). nn — 80

Alb, schwäbische. Karte der schwäbischen Alb u. d. oberen Donauthals. 1 : 200,000. Lith. gr. Fol. Tübingen 890. Fues. n. 1. 40; auf Leinw. n. 2. —

Alb, schwäb., Karte d. Schwäb. Albvereins. Hrsg. v. dem königl. statist. Landesamt. 1 : 50,000. Blatt VI. Gmünd, Göppingen u. Umgebung. 48×48 cm. Lith. Ebd. 895. n.n. — 75

— Karte des Schwäb. Albvereins. Hrsg. von dem königl. statist. Landesamt. 1 : 50,000. Blatt V. Ulm, Blaubeuren u. Umgebg. 53,5×48 cm. Photolith. Stuttgart 895. (H. Lindemann.) n.n. — 75

— — dasselbe. Bl. VIII. Aalen, Heidenheim u. Umgebg. 49×49 cm. Lith. Ebd. 900. n.n. — 75

— Karte des schwäbischen Albvereins. Zusammengestellt aus den Blättern Böblingen, Kirchheim, Tübingen u. Urach des topogr. Atlasses v. Württemberg. Hrsg. vom königl. statist. Landesamt. 1 : 50,000. Blatt I u. II. 2. Aufl. à 49×48,5 cm. Lith. Ebd. 900. à n.n. — 75

I. Reutlingen, Tübingen u. Umgebung. — II. Urach, Reutlingen u. Umgebung.

— — dasselbe. Bl. IX. Balingen, Hechingen u. Umgebg. Zusammengestellt aus den Blättern Horb, Tübingen, Balingen, Ebingen des topograph. Atlasses v. Württemberg. 49×49 cm. Lith. Ebd. 901. n.n. — 90

— — dasselbe. Bl. VII. Heidenheim, Langenau u. Umgebg. Zusammengestellt aus den Blättern Heidenheim, Giengen, Ulm u. Rammingen des topograph. Atlasses v. Württemberg. 48,5×48,5 cm. Lith. Ebd. 902. n.n. —90

— Karte des schwäb. Albvereins, hrsg. v. dem kgl. württ. statist. Landesamt. 1:50,000. Bl. IV, XI, XV u. XVI. Lith. Ebd. n.n. 3. 30

IV. Göppingen, Geislingen u. Umgebung. Zusammengestellt aus den Blättern Göppingen, Heidenheim, Blaubeuren u. Ulm des top. Atlasses v. Württemberg. (Neue Ausg.) 48,5×48,5 cm. 905. n.n. — 90

XI. Münsingen, Ehingen u. Umgebung (grosses Lautertal). Zusammengestellt aus den Blättern Urach, Blaubeuren, Riedlingen, Ehingen, des topograph. Atlasses v. Württemberg. 48,5×48,5 cm. 904. n.n. — 90

XV. XVI. Oberes Donautal. Tuttlingen, Sigmaringen u. Umgebg. Zusammengestellt aus den Blättern Balingen, Ebingen, Riedlingen, Tuttlingen, Friedingen u. Saulgau des topograph. Atlasses v. Württemberg. 48,5×94 cm. 906. n.n. 1. 50

— Karte des schwäb. Albvereins, hrsg. v. dem königl. württ. statist. Landesamt. 1 : 50,000. Bl. XIX. Ellwangen, Neresheim u. Umgebg. 48,5×48,5 cm. Lith. Ebd. (908). nn 1. —

— Wegekarte des schwäbischen Albvereins. Nördliche Hälfte. Überdruck aus der Generalkarte von Württemberg. Hrsg. v. dem k. statist. Landesamt. 1 : 200,000. 65,5×97 cm. Farbdr. Ebd. 910. nn 3. —

Alb, F., s.: Wann geht die Welt unter?

Alb, Franz Carl, kurzgefaßte Lehrbegriffe a. d. Gebiete d. manuellen Heilkunde, nebst e. Anhange üb. d. Rettungsverfahren b. plötzlich Verunglückten u. Scheintodten, f. chirurg. Lehrlinge u. Gehülfen. gr. 8. (11 B. u. 4 Kpfrt., incl. 1 ill.) Wien 836, Grund. (Leipzig, Fr. Fleischer.)

Alba. Die Geschichte einer weißen Katze für die kathol. Jugend erzählt von einem kathol. Priester. Mit 4 (lith. u.) color. Bildern. Meißen (855). Goedsche. 8. (54 S.) n. 12 ngr.

Alba. Gesch. e. weissen Katze f. d. kath. Jug. 8°(54).– Meiss. 1855 (Dresd., L.Wolf.)

Alba, l'. Periodico bimensile di Scienze, Lettere ed Arti, con rivista politica a cura di G. F. Professore Rubini e Luigi Fichert. (Zeitschrift für Kunst und Wissenschaft.) 4. Triest 866, Schubart und Dase.

Alba Honoris Primorum ab origine sua philosophorum trophaeis, . . . exornata . . . Moguntiae 1713. V (Consecratio et Descript. aulae honoris): *Randerath, Jacob.* (Jes)

v. Alba, Fd., Alvarez Herzog v. Toledo; eine treue Copie seines Charakters, seiner Feldherrngröße u. seiner Statthalterschaft in d. Niederlanden &c., (von J. Dominikus). 2 Bde. 8. Leipz. 796. Weygand. 1 Thlr 16 gr

Albach, J., s. A l b a c h, Julius

Albach, J. S., s. A l b a c h, Josef Stanislaus

Albach, J.S., s. A l b a c h, Stanislaus

ALBACH, JOSEF STANISLAUS: Heilige Anklänge. Gebete für kath(olische) Christen. Pesth 1828: Kommission Müller. 380 S. - 142 mm
- Dass. 2. Aufl. Pesth 1829: Joseph Müller. 380, 4 S. - 160 mm
- Dass. 3. Aufl. Pesth 1831: Joseph Müller. 418, 6 S. - 160 mm
- Dass. 4. Aufl. Pesth 1834: Müller. 426 S. 4 t. - 160 mm
- Dass. 5. Aufl. Pesth 1836: Müller. 418, V S. 5 t. - 160 mm
- Dass. 6. Aufl. Pesth 1840: Müller. 418, IV S. 6 t. - 140 mm
- Dass. 7. Aufl. Pesth.1842: Müller. 418, V S. 5 t. - 150 mm
- Dass. 8. Aufl. wird in den folgenden Auflagen unverändert nachgedruckt. Pesth 1844: Josef Müller's Wittwe u. Sohn. 468, VIII S. 6 t. - 160 mm
- Dass. 9. Aufl. Pesth 1845: Müller. 4, 474 S. 6 t. - 160 mm
- Dass. 10. Aufl. Pesth 1848: Müller. 4, 474 S. - 160 mm
- Dass. 11. Aufl. Pesth 1850: Müller. 4, 474 S. - 170 mm
- Dass. 13. Aufl. Pesth 1855: Emil Müller. 4, 474 S. - 170 mm
- Dass. 14. Aufl. Pesth 1857: Emil Müller. 2, 474 S. 7 t. - 170 mm
- Dass. 15. Aufl. Pesth 1859: Julius Müller. 474 S. - 163 mm
- Dass. 16. Aufl. Pesth 1861: Heckenast. 2, 474 S. - 7 t. - 160 mm
- Dass. 17. Aufl. Pesth 1864: Heckenast u. Müller 460 S 5 t. - 170 mm

— — 3e verb. u. verm. Aufl. Mit 3 Kpfrn. gr. 12. Pesth 831. (Leipzig, Liebeskind.) 1¼ ℛß

Albach, J. S., heilige Anklänge. Gebete für kathol. Christen. 18. Aufl. 1868. * ℳ 7,60., und 19. nach der verm. 8. unveränd. Orig.-Aufl. 8. (460 S. mit 6 Stahlst.) Pest 874. (Leipzig, Haessel.) *

—— dass. — 20. Aufl. 16. (516 S. mit 6 Stahlst.) Buda-Pest 874. (Ebendas.) *

Albach, J. S., Heilige Anklänge. Gebete f. kathol. Christen. 12. (516 S) Budapest, Franklin-Verein; Wien, *Georg Szelinski. 1 fl. 20 kr., geb. von 3—18 fl., Octav-Ausgabe 2 fl., geb. von 3 fl. 60 kr. bis 8 fl. 1884.

ALBACH, JOSEPH STANISLAUS: Erhebungen des Geistes zu Gott. Ein Gebetbuch für katholische Christen. Pesth 1844: Landerer-Heckenast. 279, 6 S. - 140 mm

ALBACH, J(OSEPH) S(TANISLAUS): Erinnerungen an Gott, Tugend, Ewigkeit. In Predigten. Pest 1831: Jos. Müller. 2, 425, 6 S. - 210 mm

— Erinnerungen an Gott, Tugend, Ewigkeit. In Predigten. gr. 8. Pesth 831. (Wien, Wenedikt.) 1⅚ ℛß

Albach, J. S., Harmonies religieuses. Prières à l'usage des Catholiques. Nouvelle traduction d'après la 17. édition allemande. 8. (X und 587 S. mit 3 Kpfrt.) Pest 864, Heckenast.

Albach, J. S., harmonies religieuses. Prières à l'usage des catholiques. Nouvelle traduction d'après la 17. éd. allemande. Avec 3 gravures (sur acier). 16. (X, 587 S.) Wien 880. Grottendiek. geb. in Chagrinldr. m. Schloss. n. 5. 40

— „ J. S. saintes Harmonies. Prières traduits par T. Opitz 8. Vienne 1846, Riedl veuve. 3 Thlr. — 5 fl 24 fr.

Albach, J. S., Himmelstöne auf dem Wege zur Glückseligkeit. Katholisches Gebet- u. Andachtsbuch für fromme Christen. Würzburg 855. Etlinger. 8. (XII, 1 Bl., 402 S. u. 2 Stahlstiche.) 21 ngl; fein Pap. m. 9 Stahlst. 1 ℛß 15 ngl

—— Stunden der Andacht. Erinnerungen an Gott, Tugend und Ewigkeit. 2. Aufl. 8. (384 S. mit 1 Stahlst. und chromolithogr. Titel.) Pest 864, (Heckenast.) * *

— Stunden der Andacht. Erinnerungen an Gott, Tugend und Ewigkeit. 2. Aufl. Mit 1 Stahlst. u. Titel in Farbendruck. 8. 1863. (382 S.) Eddi. 3 fl.

A(LBACH), J(OSEPH) S(TANISLAUS): Uiber menschliche Unzufriedenheit. Gesprochen in der Ordenskirche der E. E. V. V. Dominikaner zu Oedenburg am 3. Tage in der heil. Bittwoche. Eisenstadt 1825. o. Dr. 30 S. - 180 mm

ALBACH, J. STANISLAUS: I. Was ist der Ablaß? II. Ist es der Mühe werth, selben zu gewinnen? Bei Gelegenheit des Jubiläums 1826 in der innern Stadtkirche. Beantwortet von Stanisl. Albach. Pesth 1826: M. Trattner, 32 S. - 260 mm
- Dass. Pesth 1826: Gedr. bey Joseph Müller. 59 S. - 200 mm

ALBACH, J(OSEPH) S(TANISLAUS): Der Weise in der Zeit der Trübsal. Ein Wort der Stärkung und des Trostes, geschöpft am Kreuze Jesu und gesprochen am zweiten Tage der Ostern (16. IV. 1838), zunächst an Jene, die durch die Uiberschwemmung der kön. ung. Freistädte Ofen und Pesth zu Schaden gekommen sind, dabei als Anhang eine kurze Schilderung des Ereignisses. 2. Aufl. Pesth 1838: Jos. Müller. 68 S.- 210 mm

Albach , Julius

Albach, Jul., Karte des Salzkammergutes. 1 : 125,000. 6 Bl. gr. Fol. Wien 880, Artaria und Comp. ** 10 —
Einzelne Blätter à ** 2 —

Albach, Jul., Karte der Umgebung von Wien. 1 : 200,000. Chromolithogr. gr.Fol. Wien 878, Lechner's Verlag. In Carton *

Albach, Julius, k. k. Hauptmann des Genie-Stabes. Die Militär-Kartographie auf der Weltausstellung zu Paris 1878. Separat-Abdruck aus den „Mittheilungen über Gegenstände des Artillerie- und Genie Wesens herausgegeben vom k. k. techn. und administrat. Militär-Comité". (Donation Liechtenstein.) 8. Wien 1879.

Albach, Jul., die Militär-Kartografie auf der Welt-Ausstellung zu Paris 1878. gr. 8. (42 S.) Wien 879, (Seidel und Sohn.) *
Aus: Mittheilungen über Gegenstände des Artillerie- und Geniewesens, besonders abgedruckt.

—— Special-Karte von Südwest-Oesterreich. 1 : 200,000. Bl. IX: Umgebung von Kufstein-Grossglockner. Chromolithogr. gr. Fol. (Ebendas.) 882. 2 40

—— Umgebungs-Karte von Wien. 1:25,000. 30 Bl. Chromolithogr. Fol. Wien 879, Artaria und Comp. à Bl. * *

Albach, Julius, k. k. Hauptmann des Genie Stabes. Ein Versuch zur Erzeugung von Militär-Karten. Vortrag, gehalten im militär-wissenschaftlichen Vereine zu Wien am 5. Februar 1875. Separat-Abdruck aus dem „Organ der militär wissenschaftlichen Vereine". (Mit 2 Karten.) (Donation Liechtenstein.) 8. Wien 1875.

Albach, Jul., ein Versuch zur Erzeugung von Militär-Karten. Vortrag, geh. im militär-wissenschaftlichen Vereine zu Wien am 5. Febr. 1875. gr. 8. (28 S. mit 2 chromozinkograph. Karten in qu. gr. 4. und 64.) Wien 875, (Seidel und Sohn.) *
Aus: Organ der militär-wissenschaftlichen Vereine, besonders abgedruckt.

Albach, Karl

Der praktische Güter-Kassenverwalter. Anleitung z. Führung e. größeren Güterkasse unter besond. Berücks. d. Güterkassenbilanz. Bearb. von Karl Albach. Berlin: F. Siemenroth 1907. (24 S.) 8° [F.] [08. 5701]

Der praktische Güterkassenverwalter. Anleitung z. Führung e. größeren Güterkasse unter besond. Berücks. d. Güterkassenbilanz. Bearb. von Karl Albach. 2. verm. Aufl. Berlin: F. Siemenroth 1908. (75 S.) 8° [F.] [08. 5701]

Albach, Louis

Der Garten des Domherrn. Roman. Aus dem Franz. übers. von C. Büchele. Berlin 1867.

In: Roman-Magazin des Auslandes. Nr. 1-3.

Albach, Josef Stanislaus

—— kurze mathemat., phys. u. politische Geographie. Als Einleit. z. Erdbeschreibung überhaupt, u. besond. z. Geographie von Ungarn. Zum Unterrichte f. Kinder. gr. 8. (5¼ B. u. 1 Kpfrt.) Pesth 834, [Gebr. Müller.]

ALBACH, STANISLAUS: Kurze Geographie von Ungarn; zum Unterricht für Erwachsene: betreffend die Größe, Volkszahl und Schulanstalten der Gespanschaften, Städte und vorzüglichsten Marktflecke des Reiches, sammt einer Uebersicht der Klosterzahl derselben (Deutsch, Ungarisch). Pest 1834: Jos. Müller. 207 S. - 8°

—— kurze Geographie v. Ungarn; z. Unterrichte f. Kinder. Nebst e. vierfachen Anhange f. Erwachsene (die Statistik d. Reiches, sammt e. Uebersicht d. Klösteranzahl). gr. 8. (13 B.) Pesth 834, [Gebr. Müller.]

Albada, Aggaeus de, Briefe an Rembertus Ackema und Andere, aus den J. 1579—1584. Hrsg. von Ernst Friedlaender. Ausgabe der friesischen Gesellschaft für Geschichts-, Alterthums- und Sprachkunde zu Leeuwarden. gr. 8. (XVIII, 149 S. mit Facsimile.) Leeuwarden 874, Kuipers. *

Albahary, Jacques M. [aus Bucarest]: Synthese des 3-Propylisochinolins ... Berlin, A. Unger, 1896; 48 S. 8.
Berlin, Phil. Fak., Inaug.-Diss. v. 8. Juli 1896

al-Baiḍāwī 'Abd Allah b. 'Umar. Beidhawii commentarius in Coranum ... edidit ... H. O. Fleischer. Vol. I. II. 2 voll. Lipsiae 1846—1848. 4°.

Albain, Julie St., 2 Bde. 8. Lpzg. Sommer. 801.

Al-Bairuni, Muhammed

— Chronologie orientalischer Völker von Albêrûnî ... herausgegeben von C. Eduard Sachau. Hälfte I. [II.] 2 voll. Leipzig 1876—1878. 4°.

Al-Bakri

— Das geographische Wörterbuch des 'Abu 'Obeid 'Abdallah ben 'Abd el-'Azîz el-Bekri ... herausgegeben von Ferdinand Wüstenfeld. Bd. I. II. 2 voll. Göttingen, Paris 1876. 1877.

al-Balāḏurī. Anonyme Arabische Chronik, Band XI, vermuthlich das Buch der Verwandtschaft und Geschichte der Adligen von Abulhasan ahmed ben jahjā ben gābir ben dāwūd elbelādorī elbagdādī ... Autographiert und herausgegeben von W. Ahlwardt. Greifswald 1883. [Beigeheftet Recensionen von Nöldeke, de Goeje und Thorbecke. Mit handschriftlichen Notizen von der Hand Thorbecke's.]

Alban, ... (... v. Meusebach) Kornblumen. 8. Marb. 804.

Alban, C., s.a. Alban, Er.

Alban (C.), Die Hochdruckdampfmaschine, Richtigstellung ihres Werthes in der Reihe der übrigen Dampfmaschinen-Systeme etc. Mit 5 Steindrucktaf. Rostock und Schwerin 1843. gr. 8.

Alban, E: Beschreibung und Abbildung der doppelt wirkenden Wasserförderungs-Dampfmaschine für das neue Schloß in Schwerin. Plau 1855

Alban, E., Handkarte der Grossherzogthümer Mecklenburg-Schwerin und Mecklenburg-Strelitz. Auf Grundlage der Generalstabskarte entworfen. 1 : 300,000. 1.—3. Aufl. Chromolithogr. Imp.-Fol. Schwerin 887,88, Stiller'sche Hofbuchh. *
Auf Leinw. in Carton *

Alban, E. Handkarte der Grossherzogthümer Mecklenburg-Schwerin u. Mecklenburg-Strelitz. Auf Grundlage der Generalstabskarte entworfen im Maasstabe v. 1 : 300,000. 4. Aufl. Farbendr. 59×79,5 cm. Schwerin 891, Stiller. * 5 —
Auf Leinw. in Leinw.-Carton ** 6 —

Alban, E., Handkarte d. Grossherzogth. Mecklenburg-Schwerin u. Mecklenburg-Strelitz. 1 : 300.000. 5.Aufl. 59x90 cm. Farbendr.– Schwer. 1894, Stiller.

Alban, E.: Handk. d. Grossh. Mecklenburg-Schwerin u. Mecklenburg-Strelitz. 1:300,000. 6. Aufl. 59 x 80 cm. Farbdr. Schwer. 1900, Stiller.

Alban, E.: Handk. d. Grossh. Mecklenburg-Schwerin u.-Strelitz. 8.Aufl. 1:300.000. 58.5 x 79 cm. Farbdr.– Schwer.. Stiller(1909)

Alban, Er., s.a. A l b a n , C.

Alban, Er., die Hochdruckdampfmaschine. Richtigstellung ihres Werthes in der Reihe der übrigen Dampfmaschinen-Systeme, Vortheile ihrer allgemeineren Anwendung, so wie Vorschläge zu einer zweckmäßigern Construction derselben, um die Dämpfe möglichst Brennmaterial ersparend und gefahrlos in ihr benutzen zu können. Aus eigenen Erfahrungen entwickelt. Mit 5 Steindrtf. gr. 8. Rostock u. Schwerin 843. Stiller'sche Hofbuchh. n. 4 ₰

† **Alban, Eugen v. St.,** (Karl Baldamus), Bern wie es ist. 2 Thle. 8. (22 B.) Leipzig 835, [Klinkhardt.] Thlr.

Alban, J. G. E., Versuch e. Anleit. zur richtigen Gesundheitspflege d. Augen; für d. Nichtarzt. Mit 2 ill. Kpf. gr. 8. Rostock 816.

Albanese, Nicolò, ein neuer Fall v. Endotropismus des Pollenschlauches u. abnormer Embryosackentwicklung bei Sibbaldia procumbens L. (24 S. m. 2 Doppeltaf.) gr. 8. Wien 904. (A. Hölder.) n. 1.—
Sonderabdruck aus: „Sitzungsber. d. k. k. Akad. d. Wiss."

Albanesen. Bei den Albanesen. Vortrag, gehalten am 8. Apr. 1892 in der Sektion Würzburg d. deutschen u. österreich. Alpenvereins vom I. Vorstande. gr. 16. (72 S.) Würzburg 892. L. Woerl. n. 1.—

Albaneserin, die, Trauerspiel in 5 Akten von Ad. Müllner. 12. Stuttgart, Cotta. 820.
Schreibpap.
Velinpap.

Albanesi, Madame, s. A l b a n e s i , E. Maria

Albanesi, Carl, Theorie der Fechtkunst, nebst einer Einleitung zum Hiebfechten und zum prakt. Unterrichte. gr. 8. (229 S. mit 12 xilograph. Skizzen auf 3 Taf. in qu. Fol.) Wien 862, Pichler's Wwe. und Sohn. (Leipzig, Liebeskind.)

Albanesi, E. Maria

Albanesi, Madame, Drusilla's point of view, s.a. Collection of British authors.

Drusilla's Point of view. A story of love. By Mme [E. Maria] **Albanesi.** Copyright ed. Leipzig: Tauchnitz 1908. 288 S. 8°
(Collection of British authors. Tauchnitz Ed. Vol. 4054.) [illegible]

Albani's Biographie und Charakteristik, s. Janitschek, H., die Malerschule von Bologna.

Albani, A. R., epistolium Cruciati cujusdam ad Crucianos, quotquot superstites sunt, scriptum. E fragmentis compositum et explicitum. Dresdae (858), (am Ende). 8. (8 S.) nn. 2½ ngl

Albani, A. R. (Hrsg.), s. P r o g r a m m r e v u e oder Schularchiv.

Albani, Ehregott Leberecht (Zschopau), Specimen continens caput juris controversum de dote filiae emancipatae profectitia. Präs. Christian Heinr. Breuning. Lpz. (Wwe. Langenheim) 10. XII. 1766. 15 S. (1.—) 159
Gew.: Joh. Christoph Lippold (Bareuth ..), Friedr. Benjamin Zahn.

Albani, Johs., Protestantismus u. Wunderglaube. Vortrag, geh. am 13. XI. 1908. (8 S.) gr. 8. Graz (909). Deutsche Vereins-Druckerei u. Verlagsanstalt. —40

Albani, Jul. W., über militärischen Verrath. Mit besond. Beziehung auf die wegen Theilnahme an dem Dresdner Maiaufstande geg. verschied. Militärpersonen geführten kriegsgerichtl. Untersuchungen. gr. 8. (VIII u. 47 S.) Dresden 851, Höckner. ⅙ ₰

Albani, R., Anleitung z. erst. Lekt. d. Homer. 1861.

Albani, R., Anleitung zur ersten Lektüre d. H. Pr. 1861. 16 S.

Albani, R. (Hrsg.), s. C a e s a r , G. J. : Krieg, Helvetisch.

Albani, R. Caesars helvetischer Krieg. (B. G. I., 1–11.) 8. Dresden 1859.

Albani, R., siehe: Seneca, zwei Bücher v. d. Gnade an Kaiser Nero.

Albanicus: [Letters on the impolicy of a standing army, deutsch] Sind stehende Kriegsheere in Friedenszeiten nötig und rathsam? Ein Wort ... an alle Könige und Fürsten. (Verf.: Albanicus.) Aus d. Engl. übers. von R. Barnoughby. — Altona: Hammerich 1797. 144 S.
3. N.
2.8242

Albanien (Mittel-Albanien), s.: Adriatisches Meer.

Albanien, s.: Makedonien.

Albano der Lautenspieler. Vom Verfasser der Maske. Leipzig 1802. V: *Klingemann, Ernst August Friedrich.* (GGr)

Albano, der Lautenspieler, v. Verfaff. d. Maske (A. Klingemann). Mit Kpf. u. Musik. 8. Leipz. 803. Rein. 3 ₰

Albano der Lautenspieler, vom Verfasser der Maske. Leipzig 1806. V: *Mahlmann, Siegfried August.* (GGr V, 850) (BGE I^a, 36) Vgl. I, 1048.

Albano Zyndi, der Zigeunerfürst, eine höchst seltene und doch ganz natürliche Geschichte vom Verfasser der Antonia della Roccini. Braunschweig 1804. V: *Bornschein, Johann Ernst Daniel.* (MGT) (Ky) (GGr) (NN)

Albano, Reisen u. Abentheuer durch e. Theil Deutschlands, d. Schweiz, Italien nach Griechenland; meine Dienste als Militär unter d. Neu-Griechen, meine Gefangenschaft 2c. in d. J. 1821 u. 22. 2 Bde, mit 1 Kpf. 8. Gotha 822. Hennings. 2 ₰ 16 gl

Albano. 1823: Reisen und Abentheuer durch einen Theil Deutschlands, die Schweitz, Italien nach Griechenland. Meine Dienste als Militair unter den Neu-Griechen ... 1821 u. 1822. Bd 1.2. — Gotha: Hennings 1823–25.
1:Yw 9311.
2.8243

Albano, Carlo, s. H. Arnaud der Renegat.

Albano, Christian Lebrecht (Pastor z. Seyffertshayn, Fuchshayn u. Kleinpoesna), De peccatis doctorum virorum maxime theologorum in scripturam sacr. Lpz. (Jacobaer) 1782. 15 S. (4.—) 160
Gew.: Joh. Gottfr. Hermann.

Albanus et **Boese,** Material. f. Electric. Lief. II. Halle. 8°. 1790

Albanus, d. Noth-Testament, s. A l b a n u s , Hermann

Albanus, die Wunder der Mechanik, Arithmetik, Chemie, Optik u. Physik. Naumburg 858. Garcke. 16. (XVI, 220 S.) 20 ngl

Albanus, die Wunder der Mechanik, Arithmetik, Chemie, Optik u. Physik. 2. (Titel-)Aufl. Naumburg, 862. Tauerschmidt. 16. (XVI, 220 S.) n. 7½ ngl

Albanus, A., s. A l b a n u s , August

Albanus, A. R. s. A l b a n i , A. R.

Albanus, August

– s. ABC- u. Lesebuch f. Liefl. Jugend.

— s. ABC - u. Lesebuch f. Rigische Schulen.

— über d. Erfolge eines guten Taubstummen-Unterrichts. 8. Riga (809).

— Belli adversus Napoleonem postremi Memoria. — Rigae 1814: Häcker. 32 S. 1:Xe 18968. 7. 10.
2.8251

Albanus, A., Belli adversus Napoleonem postremi memoria. 4. Riga, Hartmann. 814.

Albanus, Aug., Belli adversus Napoleonem postremi memoria. 4maj. Riga 816. 12 gl (Serig in Leipz.) 6 gl

1.— **Albanus, Aug.,** das Orakel. Drama, zur Feier d. Siege d. russ. Kriegsheere im J. 1812. 8. Riga 813.

— Predigten in e. gottesdienstl. Privatversammlung gehalten. 8. Riga 791. 2e A. 8. Ebd. 793. Meinshausen. 9 gl

— Predigten üb. freie Texte. 2 Bde. gr. 8. Riga 802—4. Hartmann. 3 ₰

— Liefländische Schulblätter, 1r u. 2r Jahrg. à 52 Nrn. 3r Jahrg. 26 Nrn. 8. Riga 813—15.

— über pädagog. Strafen u. Belohnungen. 8. Riga 797. (Breitkopf u. H. in Leipz.) 16 gr.

Albanus, August: Ueber paedagogische Strafen und Belohnungen. — Riga: Müller 1797. 206 S. 5.

Albanus, Aug., s. T r a j a n u. Alexander

Albanus, August, Rigenser. Experimentelle Untersuchungen über die Beziehung des Halsstranges des Sympathicus zur Temperatur des Kaninchenohres. Diss. Dorpat. 64 pp. mit einer Curventafel. 1860

— Verzeichniß stamm- u. sinnverwandter, hochdeutscher, latein. u. griech. Wörter rc. 6 Hefte. 8. Riga 812. Meinshausen. 2 rß

— Verzeichn. Stamm- u. Sinnverwandt. hochdeutscher u. griechischer Wörter rc. 6 Hefte. 8. Riga, Meinhausen. 814.

Albanus, A., Verzeichnifs stamm- und sinnverwandter hochdeutscher, lateinischer und griechischer Wörter, mit Erklärungen. Riga 820. Bd. I. 8. (368 S.) Enthält 600 Wörter

— s. V o r e r i n n e r u n g e n zu d. Arbeiten ...

— Vortrag zur Jubel-Feier der Reformation Luther's im Gouvernements-Gymnasium zu Riga, am 20. Oct. 1817. — Riga 1817: Häcker. 35 S. 7.
2.8255

Albanus, Aug. (Hrsg.), s. Z e i t s c h r i f t, Schulmännische.

Albanus, Carl Orthobius (Ebersdorf), De trepano capiti vi externa laeso adhibendo aphorismi. Diss. med. Lpz. (Reclam) 17. V. 1839. 35 S. mit Literatur. (4.—) 161
Gewidmet: David Friedrich Barth, Friedrich Gross (Zittau).

Albanus, Christian Leberecht

— commentatio de peccatis doctorum virorum maxime theologorum in scripturam sacram. 4. Leipz. 782. Jacobäer. (Aue in Altona). 2 gr.

Albanus, Chr. Leber., († d. 4. Dec. 1783.) kurzer Unterricht v. d. Eintheilung, Göttlichkeit u. d. erbaulichen Lesen d. Bibel rc. 8. Leipz. 781. (Aue in Altona). 6 gr.

Albanus, Ehrenfried Lebrecht: Ehrenfried Lebrecht Albani Kurze und aufrichtige Anmerkungen über Herrn D. C. A. Heumanns Erweiß, daß die Lehre der reformirten Kirche von dem heiligen Abendmahle die rechte und wahre sey. — Leipzig: Langenheim 1764. 71 S.
1:5 in Dl 3300. 12: Dogm. 931/6. 6. 7.
2.8257

— Betrachtung der Wahrheit: Gute Christen sind auch gute Unterthanen. Wurde bey dem Raths-Wechsel am Sonntage Jubilate 1757 ... in einer Predigt ... in der Haupt-Kirche zu Andreas zu Eißleben abgehandelt. — o.O. (1757). 24 S.
1:1 in E 194-1. 12: 4° Hom. 1901-LX,20.
2.8258

Albanus, Georg Leberecht. approb. Arzt aus Leipzig: Ueber Epithelioma contagiosum (molluscum). *Leipzig 1901: B. Georgi.* (84 S.) 8°
Leipzig, Med. Diss. v. (26. Juli) 1901

Albanus, Heinrich Friedrich: Commentatio philologica in verba: Kol hā-ādām kōzēb seu, omnis homo mendax, quae occurrunt Psalm. CXVI, comm. 2 & Rom. III, comm. 4. Dresdae: Riedel 1717. 35 S.
1:25 in Bd 8603-62.

— **Heinr. Friedr.** (Eisleben), Disput philolog. de amphasi verbi -חכבסב Psalm 51, comm. 9. Präs. Christian Schoettgen. Lpz. (Immanuel Titius) 27. VIII. 1712. 28 S. (5.—) 163
Gew.: Heinr. Lebrecht Albanus (Diacon z. Eisleben).

— — Disput. philol. de *ΑΝΘΡΩΠΙΝΗ* 1. Cor. IV. comm. 3. Präs. Christian Schoettgen. Leipzig (Imman. Titius) 26. XI. 1712. 16 S. (5.—) 164
Gew.: Justus Schoepffer (Pastor zu Neu-Eisleben.

Albanus, Heinrich Lebrecht

Kurzgefasste Charakteristik der heutigen Israeliten und ihrer Würdigung zur Freymaurerey. Ein Beytrag zur Geschichte des Tages. Nebst einer Einleitung den Geist der Zeit betreffend von H[einr.] L[ebrecht] Albanus. Leipzig: Fleischer 1818. 206 S. 8⁰
Kl. 2716. 19 Briefe.

Für was lebt der Maurer? Eine Rede, gehalten in der ger. und vollk. Loge zu den drey Flammen im Or. von Plauen am 9. Stiftungsfeste 5797 von [Heinr. Lebrecht] A[lbanus]. o. O. [1797]. 12 S. 8⁰ [Umschlagtit.]
Kl. 1119 b. 23. 25.

— in wiefern stimmen Vernunft u. Religion mit einander überein. 8. Leipz. 792. (W. Nauck). 3 gr.

Albanus, H. L., in wiefern stimmten Vernunft und Religion mit einander überein. 8. Leipz. Sommer. 792. —

— Opiate für Kopf und Herz, in unterhaltende Erzählungen eingekleidet von H. Albanus. Th. 1.2. — Leipzig: Hartmann 1819. 1: Yw 8737.
2.8267

Albanus, Hnr. Lebr., Opiate für Kopf u. Herz. 2 Thle. 8. Leipz. 820. (Lehnhold). 2 ℛ 3 gr.

— s. S a m m l. auserles. geistl. Lieder f. Plauen.

Albanus, Hermann

Albanus, d. Noth-Testament vor dem Gemeindevorsteher m. Anmerkgn. 2. Aufl. Delitzsch 900.

Albanus: Das Noth-Testament, welches nach d. BGB vor d. Gemeindevorsteher od. d. Vorsteher e. selbstständ. Gutsbez. errichtet werden kann. Das Privat-Testament (d. eigenhändig geschrieb. u. unterschrieb. Testament), d. einfachste u. billigste Testamentsform. 2. Aufl. 8⁰(82) Delitzsch 1900, (R. Pabst). 3. Aufl. Mit d. Militär-u. Marine-Testament.

Das Noth-Testament, welches nach dem Bürgerlichen Gesetzbuch vor dem Gemeindevorsteher oder d. Vorsteher e. selbständigen Gutsbezirkes errichtet werden kann. Das Privat-Testament ... Das Militär- u. Marine-Testament. An 27 Beisp. mit Anm. erl. von Dr. **Albanus**, Amtsger.R. 3. Aufl. *Delitzsch: R. Pabst in Komm. 1900.* (104 S.) 8° | F. |

Albanus, das Noth-Testament, welches nach dem bürgerl. Gesetzbuch vor dem Gemeindevorsteher oder dem Vorsteher e. selbständigen Gutsbezirkes errichtet werden kann. — das Privat-Testament (das eigenhändig geschriebene u. unterschriebene Testament) die einfachste u. billigste Testamentsform. — Das Militär- u. Marine-Testament. An 29 Beispielen m. Anmerkgn. erläutert. 7. Aufl. gr. 8. (110 S.) Delitzsch 902. (R. Papst.) n. 1.50
1. u. 2. Aufl. Ebd. 900 à n. 1.20. 3.—6. Aufl. Ebd. 900—901. à n. 1.50.

— — 8. Auflage. (110) 8⁰.– Delitzsch, (R.Pabst.)1904.

Das Noth-Testament, welches nach dem Bürgerlichen Gesetzbuch vor dem Gemeindevorsteher oder dem Vorsteher eines selbständigen Gutsbezirkes errichtet werden kann. Das Privat-Testament ... d. einfachste u. billigste Testamentsform. Das Militär- u. Marine-Testament. An 29 Beisp. mit Anm. erl. von Dr. H[ermann] **Albanus**, Amtsger.R. 10. Aufl. Delitzsch: R. Pabst in Komm. 1906. (110 S.) 8° [F.] 107. 15946 11

Albanus, das Noth-Testament, welches nach dem bürgerl. Gesetzbuch vor dem Gemeindevorsteher oder dem Vorsteher e. selbständigen Gutsbezirks errichtet werden kann. — Das Privat-Testament (das eigenhändig geschrieb. u. unterschrieb. Testament) die einfachste u. billigste Tastamentsform. — Das Militär- u. Marine-Testament. An 29 Beispielen m. Anmerkgn. erläut. 11. Aufl. (110 S.) 8. Delitzsch 907. (R. Pabst.) 1.50

— Das Privat-Testament, (Das eigenhändig geschriebene und unterschriebene Testament) die einfachste und billigste Testamentsform. Das Militär- und Marine-Testament. An 15 Beisp. mit Anm. erl. von Albanus. 6. Aufl. — Delitzsch: Pabst in Komm. 1901. 64 S.
12: J. germ. 1046.
2.8271

Albanus, J., Predigten. 8. Riga, Meinshausen. 793.

Albanus. J.K.L.. s. A l b a n u s . Johann Karl Lebrecht

Albanus, Johann Karl Lebrecht

— s. B e s c h r e i b. v. Dresden.

Albanus, Jh. Karl Lebr., († d. 23. März 1813.) Empfindungen f. Verehrer u. Freunde Gottes; in 4 Gebeten. 8. Leipz. 789. Heinsius. (Brockhaus). 8 gr.

Albanus, J. K. L., über die Glückseligkeit des menschlichen Lebens. gr. 8. Leipzig, Hinrichs. 796.

— Uiber den K r e i s l a u f der Natur. Ein wissenschaftlicher Vortrag. — [Dresden 1804:] Meinhold. 32 S. 8.
2.8272

— Rede von d. Glückseligkeit d. menschl. Lebens. gr. 8. Dresd. 796. (Hinrichs, a. Weygand in Leipz.) 4 gr.

— Ueber die R ü c k k e h r zur Jugend. Ein moralischer Vortrag von J. K. L. Albanus. — Dresden 1801: Meinhold. 48 S. 10.
2.8273

— über die Rückkehr zur Tugend; e. Sendschreiben aus Amsterdam. 8. Dresd. 801.

Albanus, Lebrecht Traugott: Materialien für Elektriker. [Verf.: Lebrecht Traugott Albanus u. Chr. H. Boese.] Lfg 1. 2. — Halle: Hemmerde & Schwetschke 1788–90. 1:My 6767. 12:Phys. sp. 447. 2.
2.8274

Albanus, W., Predigten in einer gottesdienstl. Privatversammlung. 8. Riga, Meinshausen. 792.

Albany Freie Blätter: 1851—1913. Albany, NY

Tri-weekly, 1870; daily except Sunday, 1871—1913. Circulation: 1913, 2480.

Albany Herold: 1869—1912. Albany, NY

Daily, morning except Sunday, 1869—75; evening except Sunday, 1876—1912. Republican. For Sunday edition, see SONNTAGS CORRESPONDENT. United with ALBANY FREIE BLÄTTER, to form HEROLD UND FREIE BLÄTTER. Circulation: 1875, 400 (est.); 1880, 680; 1890, 1000; 1900, 2162; 1910, 2000. Edited by Frederick Ackermann, & published by Jacob Heinmiller, 1869—72; edited & published by Jacob Heinmiller, 1873—79; edited by F. A. Wayant & Jacob Heinmiller, & published by Jacob Heinmiller, 1880—81; edited & published by Jacob Heinmiller, 1882—86?; by Mrs. A. M. Heinmiller, 1887—89; edited by W. A. Vespermann, 1890—97; published by Mrs. A. M. Heinmiller, 1890—96; by Louis Munchhausen, 1897; published by Albany Herold Co., 1898—1912.

Albarosa, Graf, od. die schreckensvollen Gefängnisse. 8. Wien 804. Wallishauser. 1 fl

Albarracin, Th., Mikrophotographien einiger für die Lehre v. den Tonempfindungen wichtiger Theile des Ohres. [Aus: „Sitzungsber. d. k. Akad. d. Wiss."] Lex.-8. (3 S. m. 2 Taf. in Lichtdr.) Wien 890. (Tempsky.) n. — 60

Albarracin, Tomás L.: Algunas Observaciones sobre higiene pública de Santiago de Chile. Canalización, vacunación y revacunación obligatorias por Tomás L. Albarracin y Severo E[varisto] Valenzuela. — Berlin: Bernstein 1888. 54 S. 1:Ib 12700.
2.8293

Albarran, Joaquin

Operative Chirurgie der Harnwege (Médecine opératoire des voies urinaires). Normale Anatomie u. chirurg. pathol. Anatomie. Von J[oaquin] **Albarran.** Ins Deutsche übertr. von Dr. Emil G r u n e r t, Dresden. Mit 541 Fig. (In 3 Lfgen.) Jena: Fischer 1910. X, 1063 S. 8° (11. 7347 11

Albarus, Guil. (geb. Lötzen in Ostpr. 20. 5. 1819): Nonnulla de mulierum sterilitate. Berolini (1848). (29 S.) 8°
Berlin, Med. Diss. v. 8. März 1842

Albath, die besonderen Bestimmungen der Reichs-Justiz-Gesetze bezüglich der Militairpersonen. Zusammengestellt u. erläutert. 8. (43 S.) Berlin 883. Grosser. n. — 50

Albath, R., die Anstellungsverhältnisse der Militär-Anwärter im Staatsdienste d. Großherzogth. Baden. Bearb. u. nach amtl. Quellen zusammengest. gr. 8. (55 S.) Freiburg i. B. 899. F. B. Lorenz. n 1 —

Ⓢ Albath, R., d. Anstellungsverhältnisse d. Militär-Anwärter. 899. (KVL 31.) Jetzt: Freiburg i. B., Freiburg. Verlags-Anstalt.

Al-Battānī sive Albatenii opus astronomicum. Ad fidem codicis Escurialensis arabice editum, latine versum, adnotationibus instructum a Carolo Alphonso Nallino. (Publicazioni del reale osservatorio di Brera in Milano.) Pars I et III. 4. Mailand, U. Hoepli. (Leipzig, R. Haupt.) n.n. 34. —
I. Versio capitum cum animadversionibus. (LXXX, 327 S. m. Abbildgn.) 903. n.n. 20. —
III. Textum arabicum continens. (320 S.) 899. n.n. 14. —
Pars II ist noch nicht erschienen.

Al-Battānī sive Albatenii opus astronomicum. Ad fidem codicis Escurialensis arabice editum, latine versum, adnotationibus instructum a Carolo Alphonso Nallino. (Pubblicazioni del reale osservatorio di Brera in Milano.) Pars II. Versio tabularum omnium cum animadversionibus, glossario, indicibus. (XXXI, 413 S.) 32×23 cm. Mailand 907. U. Hoepli. nn 20. —
Pars I u. III. Ebd. 899. 903. 34. —

Lieder für die Freimåurer-Loge zur Bruderliebe in Reval. [Von **Albaum.**] [Reval] 1780: Lindfors. 32 S. 8°
28 Lieder ohne Noten, darunter 1 franz.

A l b a u m , F. U.: „Ueber die freye Aus- und Einfuhr des Getraides in Betreff Estlands. Ein Beytrag zu Reimarus' Untersuchung", Riga 1772 (Leipzig, Hartknoch). — Vorh.: Com. Bibl. Hamburg.

Albaum. Frz. Ulrich. s. B e a u s o b r e . Ldw. v.

— s. B e s c h ä f t i g u n g m. Muse etc.

— s. E i n f a h r t u. Ausfuhr etc.

Alb - Bote. — Waldshut: 1850 - 1930 ff.

d'Albe, Duc, siehe: C o r r e s p o n d a n c e sur l'invasion du comte Louis de Nassau en Frise.

d'Albe s.: F o u r n i e r d'Albe.

Albe, Friedrich Adolf von der: Neue Art zu fortificiren, wodurch sowohl regulaire als irregulaire Staedte, Schlösser etc. in egalen defensions Stand gesetz werden, und von der bisherigen Fortification gantz unterschieden. — (Frankfurt & Leipzig 1749.) 9 S. 2 Taf. quer-4°
Nebent.: Neues Fortifications-Systema. 2.
2.8316

Albeck, Schulem, s.: Abraham b. Isak a. Narbonne: Sefer Ha-Eschkol.

de *Albedyhl*, Recueil de mémoires et autres pièces authentiq. relativ aux affaires de l'Europe etc. pend. la dern. part. du 18me siècle. Tom. I. 8. Kopenh. 799. Proft. 1 fl 12 gr

Albedyll, v., General-Leutnant. 1890 s. *Albedyll*, Georg v.

Albedyll, v., Leutnant im 1. Brandenburgischen Dragoner-Regiment Nr 2, später Major im Kürassier-Regiment Königin. 1903 s. *Albedyll*, Krister Reinhold Georg Ernst v.

Albedyll, Georg v.

Albedyll, Geo. v., Geschichte des Kürassier-Regts. Königin (Pommersches) Nr. 2. I. Thl. Schulenburg-, Bayreuth-, Anspach-Bayreuth-Dragoner 1717—1806. M. 6 farb. Uniformbild., zahlr. Bildn., Abb., Geländeskizzen, Plänen u. Uebersichtskarten. gr. 4. (XVI, 620 u. 113 S.) Berlin 896. E. S Mittler & Sohn. n.n. 40. —;
geb. in Leinw. n.n. 44. —

Albedyll, Geo. v., Geschichte des Kürassier-Regiments Königin (pommersches) Nr. 2. II. Thl. Königin-Dragoner — Königin-Kürassiere 1806—1903. Mit farb. Uniformbildern, zahlr. Bildnissen, Abbildgn., Geländeskizzen, Plänen u. Übersichtskarte. (XII, 840 u. 192 S.) 4. Berlin 904. E. S. Mittler & Sohn. n.n. 45. —;
geb. n.n. 49. —
I. Tl. Ebd. 896. n. 40. —; geb. n. 44. —.

(—) Wie der durchleuchtige und hochgeborene Fürst Herr Johann Friedrich, Herzog zu Stettin-Pommern, anno 1577 seine ... Braut ... eingeholet ... (Als Reiterfest bearb. von General-Lieutenant v. Albedyll.) — Stettin 1890: Pasenow. 12 S. 4° 9.
2.8327

Albedyll. Krister Reinhold Georg Ernst von

Gedenkblätter des Offizierkorps des 1. Brandenburgischen Dragoner-Regiments Nr. 2 von d. Neuformation 1807 bis 1902. Bearb. von (K r i s t e r R e i n h o l d G e o r g E r n s t) v. **Albedyll,** Lt. im Reg. Mit Bildn. u. Abb. *Berlin: E. S. Mittler & Sohn 1903.* (91 S.) 4° [F.]

Albeg s.: S t r o b l v. A l b e g.

Albel, Wenzel, Currentschriften. qu. 4. (6 Stnt.) Wels 862, Haas. *

— **Lateinschriften.** qu. 4. (6 Stnt.) Wels 862, Haas.

Al-Beládsori, Imâmo Ahmed ibn Jahja ibn Djâbir, liber expugnationis regionum, quem e codice Leidensi et codice musei Brittanici edid. M. J. d e G o e j e. Pars I. Leiden, 863. Brill. gr. 4. (VII, 240 S.) nn. 3 fl 17 ngr

Al-Beládsori, Imámo Ahmed Ibn Jahja Ibn Djábir, liber expugnationis regionum, quem e cod. Leidensi et cod. Musei Brittannici ed. M. J. de Goeje. Pars II. III. Leiden 865, 67. Brill. 4. (234; 194 S.) nn. 6 ß 3½ ngr. (compl. nn. 9 ß 20½ ngr.)

v. Alben, Clara; aus d. Französ. v. A. G. Meißner. 8. Prag 800, Calve. 1 ß 4 ℊ

Alben, Wilhelmine v., Graf Branzka. Ein geschichtl. Roman aus Griechenlands neuester Zeit. 2 Thle. 8. (34 B.) Leipzig 829, Kollmann.

v. Alben, (Wilhelmine,) Elise von Erlen. 2 Thle. 8. Leipz. 827, Kollmann.

Alben, Wilhelmine v., die Nebenbuhler, s. Nebenbuhler.

v. Alben, Wlh., die nordische Rose. Romant. Erzählung. 8. Quedlinburg 833 Basse. 1 1/6 ß

— Die nordische Rose. Romantische Erz. von Wilh. v. Alben. — Quedlinburg & Leipzig 1833. 7.
2.8352

Albendorf. — Albendorf, oder seine Beschreibung als Wallfahrtsort u. sein Entstehen, vom Verfaßer der böhmischen Herausgabe. — Chrudim 1874: Pospjssil. 68 S. 2.
2.8356

Albeniz, Isaac

Pepita Jiménez. Lyrische Oper in 2 Aufz. u. 3 Bild. ⟨nach Juan Valera's Erzählung⟩ von F. B. Money-Coutts. Deutsche Bearb. von O. Berggruen. Musik von J. **Albeniz.** Mit deutsch. u. engl. Text. Klav.Ausz. mit Text vom Comp. *Leipzig: Breitkopf & Härtel 1896.* (188 S.) 4° [01. 1626

Pepita Jimenez. Oper in 2 Aufz. u. 3 Bildern nach Juan Valera von F[rancis] B[urdett] Monez- [vielm. Money-]Coutts. Deutsche Bearb. von O. Berggruen. Musik von I[saac] **Albeniz.** Leipzig: Breitkopf & Härtel [1897]. (27 S.) 8° [F.]
(Textbibliothek, Breitkopf & Härtel's. No 373.) [07. 9672

Alber, August

ALBER, A.

Atlas der Geisteskrankheiten im Anschluss an Sommer's Diagnostik der Geisteskrankheiten. Von Dr. A. Alber. Mit einem Vorwort von Prof. Dr. R. Sommer. Mit 110 Illustrationen. Berlin, Wien. 1902. Urban & Schwarzenberg. Lex.-8°. 125 S. K 7.20

Alber, A.: Der Einfluß des Alkohols auf motorische Funktionen des Menschen. Be. z. psychiatr. Klinik, hrsg. v. Prof. R. Sommer. 1. Heft 1. Urban & Schwarzenberg, Berlin, Wien. 1902.

Alber, August [aus Münsingen (Württemb.)]: Über das Vorkommen von Harncylindern in eiweissfreiem Harn bei Anwendung der Centrifuge ... Würzburg, P. Scheiner's Buchdr., 1893; 33 S. 8.
Würzburg, Med. Fak., Inaug.-Diss. v. 1893

Alber, Erasmus s. *Alberus.*

Alber, Eugen: Ueber Benzylcrotonsäure. Zur Kenntnis der Attraktion zwischen Phenylgruppe und Doppelbindung. Basel 1905. 72 S. 8°.
Basel. Phil. Diss. 1904/1905.

Alber, Eugen. Über Benzylcrotonsäure. Zur Kenntnis der Attraktion zwischen Phenylgruppe und Doppelbindung. Diss. Phil. Basel. 72 S. 8. Basel, Basler Berichthaus, 1905.

Alber, Johann Christoph: Beurtheilung der Klagen über die gegenwärtigen Zeiten. — Braunschweig 1765.
1: Nq 12694. 5.
2.8362

Alber, Jh. Cph., (†...1778.) Beurtheilung d. Klagen über d. gegenwärt. schlechten Zeiten. 8. Braunschw. 777. Schröder. 12 ℊ

Alber, Joh. Christoph, De consilio Chrestomathiae Fabianae conscribendae pauca praefatus ad actum sol. quo vir. . . August Georg Mirus . . invit. Lüneburg (Stern) 9. III. 1769. 22 S. (4.80) 165

— von d. Gottheit d. heil. Geistes. 8. Braunschw. Schröter, 765.

— von d. Klugheit d. Bürgers. 8. Leipz. 766. Weygand. 18 ℊ

— Rede von den Pflichten der Menschen gegen die Sprache. Helmstedt 1763: Drimborn. 30 S. 4° 7.
2.8363

— Vorstellung eines wahren Beweisgrundes von d. Gottheit d. heil. Geistes. 8. Braunschw. 765. Schröder. 12 ℊ

— Worte von d. heilsamen Gnade Gottes in 6 Predigten. gr. 8. Lüneburg 774. Lemke. 12 ℊ

Alber, Joh. Nep.

— **Dissertat.** in selecta argumenta histor. ecclesiasticae. II Tom. 8maj. Wien 820. Volke. 3 ß 8 ℊ

Alber, Jh. Nep., cogitatt. philos. de immediato corpor. contactu, theoriam J. R. Bascovichii respicientes. 8 maj. Wien 782. (Heubner). 8 ℊ

— **Epitome** institutionum histor. ecclesiasticae. 8maj. Agriae 826. (Volke in Wien). 2 ß

— **Institutiones** hermeneuticae scripturae sacrae V. et N. Test. Juxta systema theolog. noviss. praescriptum concinn. sec. edidit. VI Tom. (Tom. I. ed. IIIa 827.) 8maj. Pesth 817 et 18. (Wien, Volke). 9 ß (Leipz., Hinrichs). 12 ß

— **Institutio.** hist. ecclesiast. II Tom. 8maj. Pesth 793. Kilian. 4 ß 8 ℊ

— **Institutiones** histor. ecclesiasticae. V Tom. Edit. IIa. 8. Agriae 825. (Wien, Volke). 7 ß 16 ℊ

— **Institutiones** linguae hebraicae. 8maj. Budae 826. (Volke in Wien). 2 ß 4 ℊ

Alber, (Joh. Nep.,) Interpretatio sacrae scripturae per omnes veteris et novi testamenti libros. XVI. Tomi. —8 maj. Pesth. 801—4, (Leipzig, Hinrichs u. Volke in Wien.)

Alber, Johannes, Das 50jähr. Kirchweih-Jubiläum der ev.-luth. Gemeinde Großliebental nebst Chronik des Großliebentaler Kirchspiels. — Odessa: Nitzsche 1897

Alber, L., das Vaterunser nach dem vorgeschrieb. Katechismus erklärt durch Gespräche eines Katecheten mit einem Schüler. Zum Gebr. für Schul- u. Kirchenkatechesen. Ein nützl. Prüfungsgeschenk für d. Jugend, mit 1 lith. Abbild. 8. Grätz 829. Damian u. S. 5 ℊ

Alber, Matthaeus. Einige Züge aus der Reformationsgeschichte der guten Stadt Reutlingen, dramatisch bearb. von P. W. Mit e. Bildnis Albers. 8. (50 S.) Reutlingen 884. (Kocher.) n. — 40

Alber- Glanstaetten, **August** Rr v.: Notizen zur Genealogie und Geschichte der Alber. (Verf.: August Ritter von Alber-Glanstätten.) — Triest 1887: Buchdr. d. Österr.-ungar. Lloyd. LII, 176 S.
1: 4° S 2049. 300: 108.255-C.
2.8374

Alberada, Erbgräfin von Banz, oder die Macht der Frauenwürde, dramat. Spiel in 4 Akten von M. Birmbaum, 8°. Bamberg, Kunz, 1816.

Alberdingk Thijim, Josef Albert

— Niederländische Erzählungen von Jos. Alb. Alberdingk Thijm. 1. Gertrudis v. Oosten. 2. Dirck Dircxen Bommer. Deutsch von A[nton] Steinbach. — Hamm i.W.: Breer & Thiemann [1902]. 103 S. (Kleine Bibliothek. 77.)
1: Ag 7225/5-77. 6.
2.8402

Alberdingk Thijm, P. P. M., Geschichte d. Wohlthätigkeitsanstalten in Belgien von Karl dem Großen bis zum 16. Jahrh. Von der belg. Akademie gekröntes Werk. gr. 8. (IV, 207 S.) Freiburg i/Br. 887. Herder. n. 4. —

Alberdingk Thijm, P. P. M., Philipp von Marnix Herr v. Sanct-Aldegonde. Ein Lebensbild aus der Zeit des Abfalls der Niederlande. (Hrsg. v. der Görres-Gesellschaft.) gr. 8. (64 S.) Köln 882. (Bachem.) n. 1. 20

Alberdingk-Thym, P. P. M., der heilige Willibrord, Apostel der Niederlande. Erweiterte deutsche Ausg. Münster, 863. Theissing. gr. 8. (VIII, 230 S.) 1 ß

Alberdingk Thijim, Paul

— [Karel de Groote, deutsch] Karl der Große und seine Zeit. Rev. deutsche Ausg. — Münster: Theissing 1868. 397 S. 1: Rx 13294. 3. 4. 5. 6. 10. 102.
2.8429

Alberg, Rob.

Moderne Privatbauten. Facaden[!]-Entwürfe kleinerer Wohn- u. Geschäftshäuser, Villen &c. mit Grundrissen, Durchschnitten &c. Hrsg. von Rob. **Alberg,** Architekt. (Lfg 1.) [Mehr nicht erschienen.] Halle a. d. S.: L. Hofstetter 1894. (2 Bl., 14 Taf.) 4° [F.] [06. 1986

Alberg, Sophie. Briefe über weibliche Bildung. Ein Hülfsbüchlein für gebildete Mütter und Erzieherinnen. 2. verbesserte (Titel-) Ausgabe. Leipzig (852) 856. Hinrichs. 8. (IV, 172 S.) 12 ngr

Albergati-Capacelli, Franz
— [Il Prigioniero, deutsch] Der Gefangene, ein Schauspiel in 5 Aufz. Aus d. Ital. des H. Alb. Capacelli. — Dresden 1777. 1:1 in Yp 5047.
2.8492

— [Teils., deutsch] Des Herrn Marquis Franz Albergati Capacelli Neues komisches Theater. (Aus d. Ital. übers.) Th. 1. — Breslau: Korn 1778. 1:Xq 8378. 2.
2.8469

Alberi, Eugen (Prof. zu Pavia), Leben der Katharina von Medici. (Versuch e. Apologie für dieselbe), deutsch v. P. M. v. Boeck Benediktin. (a. Oester.). gr. 8. Augsburg 1847, Schmid. 1⅙ Thlr. — 2 fl.
Analog mit W. v. Schütz Bartholomäusnacht!

Albero genealogico, voir: *Arbre généalogique.*

Alberoni, Giulio: [Brief an einen Kardinal über die Okkupation der Republik San Marino.] [Unterz.:] G. Alberoni. — o.O. [um 1740]. 35,102 S. 1:4° Qs 410.
2.8597

— Des weltberühmten Cardinals Alberoni Vorschlag, das Türckische Reich unter der christl. Potentaten Botmäßigkeit zu bringen. Aus d. Ital. übers. — Franckfurth & Leipzig 1736. 46 S. 1:Bibl. Diez 1064.
2.8600

Albers, Hannoverscher Hof- u. Brunnen-Medicus. 1830 s. *Albers,* Heinrich Philipp Franz.

Albers u. Ficker's gekrönte Preisschr. üb. das sogen. freywill. Hinken d. Kinder, mit K. 4. Wien u. Tr. Geistinq.

Albers, Alfred, Referendar: Die **Abgrenzung** von Kauf, Werkvertrag und Auftrag bei Herstellung und Lieferung einer Sache nach gemeinem und bürgerlichem Rechte. *Hamburg 1900: Lütcke & Wulff.* (80 S.) 8°
Jena, Jur. Diss. v. (1. Aug.) 1900

Albers, Bruno, O. S. B., s.a. Consuetudines monasticae.

ALBERS, Bruno
Consuetudines Monasticae Vol. I. Consuetudines Farfenses ex archetypo vaticano nunc primum recensuit Bruno Albers. Stuttgardiae et Vindobonae. 1900. Lex.-8°. LXXI, 206 S. fl. 3.72

— Zur Geschichte des Benedictiner-Ordens in Polen. — Brünn 1894.
Aus: Studien u. Mitteilungen aus d. Benedictiner- u. Cistercienser-Orden.
12:H. mon. 4x. 5.
2.8610

— Untersuchungen zu den ältesten Mönchsgewohnheiten, s.a. Veröffentlichungen a. d. kirchenhistor. Seminar München. II. 8.

Untersuchungen zu den ältesten Mönchsgewohnheiten. Ein Beitrag z. Benediktinerordensgeschichte d. 10.–12. Jhs. Von Bruno **Albers,** O. S. B. München: J. J. Lentner 1905. (XII, 132 S.) 8°
— **Veröffentlichungen** aus d. Kirchenhist. Seminar, München. Reihe 2, No 8.
[05. 1150]

Albers, Christ[ianus] Gvilel. Ernst. [!] Alfredvs (geb. am 17 Mai 1837 in Bonn): De psevdoparalysi sev de varietatibvs paralysis generalis sanabilibvs ... Bonnae, typ. F. Krvegeri (1863). 30 S., 1 Bl. 8.
Bonn, Med. Fak., Diss. v. 8 Aug. 1863

Albers, Christoph Heinrich (Lüneburg), Commentatio de momento et veritate historiae Jesu. Göttingen (Joh. Christian Dieterich) 4. VI. 1795. 56 S. (4.50) 166

Albers, Christoph Heinrich: Welches sind die besonderen Beweggründe der Sittenlehre Jesu zur Vermeidung der Wollust? Eine Predigt über Matth. 5, V. 8. — Göttingen: Dieterich [1797]. 51 S. 7.
2.8612

Albers, Claus, aus Emden: **Bedingungen der Strafbarkeit und Prozessvoraussetzungen.** *Erlangen 1898: E. Th. Jacob.* (43 S.) 8° [J.]
Erlangen, Jur. Diss. v. 16. Okt. 1898

Albers, Deke Penning: Aus der Anatomie des Heinrich von Mondeville. III. Teil. *Berlin (1898): G. Schade.* (37 S.) 8°
Berlin, Med. Diss. v. 12. Aug. 1898

Albers, E., s. Albers, Emanuel

Albers, Edmund (*geb. Lubschau in Oberschles. 24.4.1847*): Drei Fälle von Lymphosarcom. Breslau (1869). (26 S.) 8°
Breslau, Med. Diss. v. 30. Dez. 1869

Albers, Emanuel

Albers, E., die Quellenberichte in Josua I—XII. Beitrag zur Quellenkritik d. Hexateuchs. gr. 8. (150 S.) Bonn 890. Paul. n. 3. —

Albers, Emanuel: Die Quellenberichte in Josua I–XII. Beitrag zur Quellenkritik des Hexateuchs. — Bonn: Paul 1891. 150 S. 1:Bm 7294. 2. 4. 5. 9. 10. 11.
2.8615

Albers, Emanuelus [Rhenanus]: Theses theologicae . . . ad licentiati in theologia evangelica honores impetrandos . . . Bonnae, typ. Caroli Georgi. typogr. acad. (1890); 2 Bl. 8°
Bonn, Ev.-theol. Fak., Thes. v. 26. Jul. 1890

F. Albers de alimentis, quibus Graeci Hippocratis aetate utebantur. Bonn. 1828.

Albers, F. H. s. *Albers,* Franz Heinrich.

Albers, Fr., dreitägige Abendandacht in d. Charwoche. 8. Münster 830. Aschendorf. 2 gr.

— Vorbereitung z. ersten Kommunion d. Kinder. 8. (2 B.) Münster 830, Aschendorff.

Albers, Franz: Trauerrede auf Joseph den Zweiten Römischen Kaiser bey Höchstdesselben Leichenbegängnisse in der hohen Domkirche zu Münster in Westphalen. Gehalten ... den 13ten April 1790. — Münster (1790): Aschendorf. 50 S. 6.
2.8616

Albers, Franz Heinrich: Allgemeine Darstellung des Hebungswesens in den Aemtern und Landschaften der Herzogtümer Schleswig und Holstein; mit bes. Rücks. auf die herrschaftlichen Gefälle und Abgaben. Von F. H. Albers. Kopenhagen 1840: Berling. 100 S. 1:Gz 9094. 8.
2.8617

— Das Amt Reinfeld im Herzogthume Holstein ... Von F. H. Albers. (Abt. 1.2.) — Oldesloe 1852: Schythe. 432 S. 8.
2.8618

— Die Wege-Verordnung für die Herzogthümer Schleswig und Holstein vom 1. März 1842 in extractu. Alphabetisch geordnet von F. H. Albers. — Lübeck 1853: Rahtgens. 53 S. 8.
2.8619

Albers, Friedrich, Arzt a. Strassebersbach im Dillkreis: Ein Fall von Hämophilie. Bonn 1906: C. Georgi. (43 S.) 8°
Bonn, Med. Fak., Ref. Schultze, Diss. v. 14. Juli 1906
[Geb. 5. Mai 70 Strassebersbach; Wohnort: Hochheim a. M.: Staatsangeh.: Preußen: Vorbildung: Gymn. Rinteln Reife O. 96; Studium: Bonn 9 S.; Coll. 27. Juli 00; Approb. 4. Nov. 05.]

Albers. Friedrich Bernhard

Albers, Fr. Bernh., Nordischer Almanach s. u.: Almanach, nordischer . .

Albers, Fr. Bernh., († d. 25. April 1825.) nord. Almanach. 1r—4r Jahrg. auf d. Jahre 1805—1809. Riga 805—8. Meinshausen. à 1 Rthl 12 gr. f. 1817. Ebd. Müller.

Albers, Friedr. Bernh. (Hrsg.), s. Ruthenia.

Albers, Friedrich Johann Hermann

s.: Albers, Johann Friedrich Hermann

Albers, Georg Wilhelm: „Die Wechselordnung der freien Hansestadt Bremen, nebst den die Einführung derselben betreffenden Vorschriften. Herausgegeben und mit erläuternden Anmerkungen begleitet von dem Obigen", Bremen 1844. — Vorh.: Bibl. des Reichsbankdirektoriums Berlin und der Industrie- und Handelskammer Leipzig.

Albers, H., Arzt. 1835 s. *Albers,* Johann Friedrich Hermann.

Albers, H.. s. A. Corn. Celsus Medicina.

Albers, H. C. 1807: Recension der Arrowsmith'schen Charte von Ostindien als erläuternde Beylage zu einer neuen Charte von Ostindien disseits des Ganges im gegenwärtigen Zustande, nach Arrowsmith's neuester Charte in sechs Blättern verjüngt gezeichnet. — Gotha 1807. 32 S. 1:Kart. E 4350. 12:Mapp. 1 [u.5.]
2.8620

Albers, H. C. 1821: Unterricht im Schachspiele. Aus der 16. Ausg. des Königlichen L'Hombre besonders abgedr., verb., und mit 2 Arten ... verm. — Lüneburg: Herold & Wahlstab 1821. 40 S. 7.
2.8621

Albers, Heinrich Philipp Franz: Nachrichten über den Rehburger Gesund - Brunnen. Forts. (2.3.) (Hannover 1828 - 29). 8°
(= Hannoversches Magazin. 1828 Nr. 101; 1829 Nr. 93.)

Albers, Dr. .., über d. Bad Rehburg u. seine Heilkräfte. 8. Hannov. 830. Hahn. 12 gr.

Albers, J., s. Albers, Johann Christoph

Albers, J. s. Albers, Juliane

Albers, J. A. s. *Albers,* Johann Abraham.

Albers, J. C. s. *Albers,* Johann Christoph.

Albers, J. F: Chemische Analyse der Mineralquelle zu Steinberg [vielm. Steinbeck] im Kreise Tecklenburg (Regierungsbezirk Münster). — Hannover: Hahn 1840. 21 S.
Aus: Archiv der Pharmacie des Apothekervereins in Norddeutschland. 2,22.
6.
2.8624

Albers, J. F. H. s. *Albers,* Johann Friedrich Hermann.

***Albers,* J. G., de momento tempor. circa jus haeredis scripti spectando. 4. Gӧtting. 803. Brose. 6 gr.**

Albers, J. H. s. Albers, Johann Heinrich

Albers, J. W., s. A l b e r s , Johann Wilhelm

Albers, Jh. Abrah., († d. 24. März 1821.) Amerikan. Annalen d. Arzneikunde, Naturgeschichte, Chemie u. Physik. 1s—3s Heft. gr. 8. Bremen 802 u. 3. Müller. (Heyse). 1 rß 14 gr

Albers, Johann Abraham: Ueber eine die schnellste Hülfe erfordernde Art von Husten und von Beschwerden beym Athmen oder über den Croup. . . . Bremen: Heyse; Leipzig: Crusius in Comm. 1804. 31 S. 8°

— Diss. inaug. medica de ascite. 4maj. Jena, Schmid. 9 gr

— **Johann Abraham** (Bremen), De ascite. Dissert. med. Jena (Fiedler) 26. III. 1795. 48 S. (5.—) 167

— [Hrsg.] s. *Badham*, Charles: Versuch über die Bronchitis [An Essay on bronchitis, deutsch]. 1815.

Albers, Jh. Abrah., über den Bau d. Augen verschiedener Thiere. gr. 4°. München, 1809. (Franz.).

— Beantw. d. Preisfr.: worin besteht eigentl. das Uebel, das unter d. sogenannten freiwilligen Hinken d. Kinder bekannt ist? rc. Mit 2 Kpf. gr. 4. Wien 807. (Gerold). 16 gr

— Beitrr. zur Anatomie u. Physiologie d. Thiere. 1s Heft mit 1 Kpf. gr. 4. Bremen 802. Müller. 14 gr

J. A. Albers. Beyträge [Beiträge] zur Anatomie und Physiologie der Thiere. Mit 1 Kupfer. H. 1. — Bremen: Seyffert 1802. 118 S. 1:4° Ll 1109. **2. 3. 4. 7. 8. 10.**
2.8627

— Kritische Bemerkungen gegen eine Rezension des Herrn Geheimenrathes Heim über Dr. A. F. Marcus Schrift: Die Natur und Behandlungsart der häutigen Bräune betreffend. Von J. A. Albers. — Bremen: Heyse 1810. 54 S. **2. 4.**
2.8628

— krit. Bemerkk. gegen e. Recension d. Hrn. Geh. R. Heym, über A. Fr. Markus Schrift: die Natur u. Behandlungsart d. häutigen Bräune betreffend. gr. 8. Brem. 811. Heyse. 6 gr

Albers, J(ohann) A(braham) (Übers.u.Comm.):

s.: Blizard, William: Vorschläge zur Verbesserung der Hospitäler und anderer mildthätiger Anstalten. (Suggestions for the improvement of hospitals, and other charitable institutions. Dt.) Jena: 1799

JB 5.378

— Bücher-Verzeichniss ... der vom ... Dr. Albers zu Bremen hinterlassenen Bibliothek. — Bremen (1823): Heyse. 256 S. **7.**
2.8629

Albers, Joh. Abr., s. C o l l a r d , Abhandl.

— Commentatio de tracheitide infantum vulgo Croup vocata. — Lipsiae: Goeschen 1816. VIII,228 S.
1:4° Iy 7330. 12:4° Path. 5. **2. 3. 6. 7. 8. 10. 11.**
2.8630

— Icones ad illustrandam anatomen comparatam. Fasc. I. et II. Fol. Leipz. 818. 822. Göschen. 6 rß

Albers, J(ohann) A(braham) (Comm.u.Hrsg.):

s.: Jurine, Louis: Abhandlung über den Croup. (Mémoire sur le croup. Dt.) Übers.von Philipp (Cornelius) Heineken. Leipzig: 1816

JB 4.166

Albers, J(ohann) A(braham) (Hrsg.):

s.: Pemberton, C(hristie) R(obert): Praktische Abhandlung über verschiedene Krankheiten des Unterleibes. (A practical Treatise on various diseases of the abdominal viscera. Third edition. Dt.) Übers.von Gerhard von dem Busch. Bremen: 1817

JB 2.428

Albers, J(ohann) A(braham): Preisfrage, worin besteht eigentlich das Übel, das unter dem sogenannten freywilligen Hinken der Kinder bekannt ist? Findet dagegen eine Heilung statt, wann und wo findet sie statt, und durch welche Mittel wird sie erzielet? 78 S., gbd., 1 Taf.

Wien: Geistinger 1807
(Abhandlungen über die Coxalgie... 1)

JB 3.679/1

— über Pulsationen im Unterleibe rc. gr. 8. Bremen 803. Heyse. (Leipz., Central-Compt.) 6 gr

Albers, Joh. Abr., s. S o u t t o n , Abhandl.

— de tracheitide infantum, vulgo Croup vocata, Commentatio, cui praemium a quondam Imp. Napoleone propositum ex dimidia parte dilatum est. 4 maj. Leipz. 816. Göschen. 2 rß 16 gr Schrbp. 3 rß 12 gr

— Verzeichniss der Präparate für vergleichende und pathologische Anatomie, die sich in der Sammlung des verstorbenen J. A. Albers befinden. — Bremen 1821: Heyse. 20 S. 1:2 an Ll 2860. **2.**
2.8634

Albers, J(ohann) C(hristoph)(Hrsg.):

s.: Berends, K(arl) A(ugust) W(ilhelm): Handbuch der praktischen Arzneiwissen=schaft... 2.Aufl., Bd. 1-6. Berlin: 1835-40

Albers, Johann Christoph [Hrsg.] s. *Berends*, Karl August Wilhelm: Vorlesungen über praktische Arzneiwissenschaft. 1835–40.

Albers, J. Chr. (Hrsg.), s. C h o l e r a - A r c h i v.

Joann. Christ. Albersii ... Commentarius de diagnosi asthmatis Millari strictius definienda. Praef. est Joannes Abrah[am] Albers. — Gottingae: Vandenhoek-Ruprecht 1817. XVIII,104 S. 12: Path. 10rh. **2. 3. 4. 5. 7.**
2.8635

— Geschichte der Königlichen Thierarzneischule zu Berlin nebst Darstellung ihrer bisherigen Leistungen und gegenwärtigen Verfassung. Einladungsschrift zur Feier der Einweihung des neuerbauten Thierarzneischulgebäudes u. des 50jähr. Bestehens der Anstalt. Von J. C. Albers. — Berlin 1841: Schade. 41 S.
1:4° Ks 2246 [u.] Kart. 4° Y 56757. **2. 6. 7. 11.**
2.8636

A l b e r s, Joh. Chr., **die Heliceen, nach natürl. Verwandtschaft systematisch geordnet. gr. 8. (262 S.) Berlin 850, Theod. Enslin. Thlr. ***

Albers, Joh. Chr., die Heliceen nach natürlicher Verwandtschaft systematisch geordnet. 2. Ausg. nach d. hinterlassenen Manuskr. besorgt von Ed. v. M a r t e n s. Leipzig, 860, Engelmann. Lex.-8. (XVIII, 359 S.) 3 rß 7½ ngr

Albers, Joh. Chr., malacographia Maderensis s. enumeratio molluscorum quae in insulis Maderae et Portus Sancti aut viva exstant aut fossilia reperiuntur. Cum XVII tabb. color. lapide incis. Berolini 854. G. Reimer. gr. 4. (94 S.) n. 8 rß

— über das Wesen d. Blattern u. ihre Beziehung zu den Schutzblattern. Ein diagnost. Versuch. gr. 8. Berl. 831. Th. Enslin. 18 gr

Albers, Johann Franz Hermann

Ad avdiendam orationem de Theophrasti Paracelsi in pharmacologia physiologica dignitate d. XXIV m. Mart. a. 1862 ... habendam, qva mvnvs prof. ord. in ordine med. vniversitatis Fridericiae Gvilelmiae Rhenanae avspicatvrvs est invitat ... Ioannes Fr[anciscus] Hermannvs **Albers** ... — Insvnt strenae pharmacologicae. Bonnae, form. C. Georgi (1862). 1 Bl., 14 S. 4.

Albers, Joan. Franc. Herm. (geb. am 19 Nov. 1805 in Dorsten a. d. Lippe Rgbz. Münster): De alimentis, quibus Graeci Hippocratis aetate utebantur ... Bonnae, typ. H. Knirenschild (1828). 2 Bl., II, 3—24 S. 4.
Bonn, Med. Fak., Diss. v. 7 Juni 1828

Albers, Johann Friedrich: Allerunterthänigstes Vorstellen an Seine Majestät Friedrich Wilhelm II. König von Preussen. — Dat. Memel 24. Dec. 1788. 35 S. 2° **2.**
2.8641

Albers, Johann Friedrich Heinrich, s.a. A l b e r s, Johann Friedrich Hermann

Albers, Joh. Fr. Heinr., Atlas d. patholog. Anatomie für **prakt. Aerzte. 1—7. Lfg.** Roy.-Fol. (39 theils ill. theils **schw. Stnt.) Nebst** Erläuterungen. **gr.** 8. (21¼ B.) Bonn **832—35, Henry** u. Cohen. à

Albers, Jh. Fr. Hnr., über Darmgeschwüre. gr. 8. Leipz. 831. Cnobloch. 2 rß 12 gr

—— üb. die Erkenntniß u. Kur d. syphilit. Hautkrankheiten. Eine prakt. Abhandl. gr. 8. (11¼ B.) Bonn 832, Habicht.

—— Lehrbuch d. Semiotik, f. Vorles. bearb. gr. 8. (45½ B.) Leipzig 834, Cnobloch.

Albers, Johann Abraham

Albers, Johann Abraham [Vorr.] s. *Albers*, Johann Christoph: Commentarius de diagnosi asthmatis Millari strictius definienda. 1817.

—— die Pathologie u. Therapie d. Kehlkopfskrankheiten. Eine Monographie. gr. 8. (19 B.) Leipzig 829, Cnobloch.

Albers, Johann Friedrich Hermann, s.a. A l b e r s, Johann Friedrich Heinrich

Albers, Johann Friedrich Hermann: Atlas der pathologischen Anatomie für praktische Aerzte. Abth. 1–4 [nebst] Erläuterungen. Abth. 1–4. — Bonn: Henry & Cohen 1832–62.
Atlas 1. Krankheiten des Gehirns, des Schädels, des Rückenmarks u. der Wirbelsäule. 1847.
2. Krankheiten des Halses. 1842.
3. Krankheiten der Brust. 1846.
4. Krankheiten des Unterleibes. 1862.
Erl. 1. 1832–47. 2. 1839. 3. 1833–46. 4,1.2. 1844(-62).
1: gr. 2° (Erl.: 8°) Ig 2035. 12: Atlas – 2° Anat. 1 l; Erl. – Anat. 12 l. 2. 3. 4. 5. 8 [Atlas 4 defekt; ∞ Erl. 4]. 9. 10.
2.8642

— Beobachtungen auf dem Gebiete der Pathologie und pathologischen Anatomie, von Joh. Fried. Herm. Albers. Th. 1–3. — Bonn: König & v. Borcharen (2: König) 1836–1840.
1. 1836. 2. 1838. 3. 1840.
1–3 . . 1: Ic 8640. 300: • 69 H 240. 2. 5. 6. 7. 8. 10.
1.2 . . . . 3. 4.
2.8643

Albers, J. F. H. (Hrsg.), s. C o r r e s p o n d e n z b l a t t, Medizinisches, rheinischer und westfälischer Ärzte.

— s. Correspondenzblatt, medicinisches, westphälischer Aerzte.

— Die Darmgeschwüre. Dargest. von J. Fr. Hermann Albers. — Leipzig: Cnobloch 1831. X,506 S.
1: Kb 975. 12: Path. 10t. 2. 7. 8. 9. 11.
2.8644

— Die Erkenntniss der Krankheiten der Brustorgane aus physikalischen Zeichen oder Auscultation, Percussion und Spirometrie. Nach Heribert Davies' Vorlesungen u. eigenen Beobachtungen bearb. von J. F. H. Albers. — Bonn: Marcus 1850. VIII,245 S.
1: Iy 983. 12: Path. 10te. 2. 3. 4. 5. 7. 8. 10. 11.
2.8645

Albers, Johann Friedrich Hermann: J. F. Hermann Albers. Ueber die Erkenntniß und Kur der syphilitischen Hautkrankheiten. — Bonn: Habicht 1832. X,164 S.
1: Kd 3850. 12: Path. 10s. 2. 3. 5. 7.
2.8646

— Handbuch der allgemeinen Arzneimittellehre oder die Lehre von der Arznei- u. Heilwirkung in Krankheiten. Bonn 853. Weber. gr. 8. (XIII, 300 S.) 1 ₰ 10 ngr

—— Handbuch d. allgem. Pathologie. 2 Thle. Lex.-8. (66 B. u. 3 Taf.) Bonn 842, 44, König. *

— Lehrbuch der Semiotik, für Vorlesungen bearb. gr. 8. Leipz. 834. Cnobloch. 3⅓ ₰

Albers, Joh. Frdr. Herm., Lehrbuch der Semiotik f. Vorlesungen bearb. 2. durchaus verb. u. verm. Aufl. gr. 8. (VIII u. 647 S.) Leipzig 852, Cnobloch. 2⅔ ₰

— Lehrbuch der Semiotik f. Vorlesungen bearb. 3. verm. u. verb. Ausg. Leipzig, 861. Cnobloch. gr. 8. (VIII, 618 S.) 1 ₰ 20 ngr

Albers, J.F.H., Memoranda d. Psychiatrie. 12°(279).– Weim.1855, (Lpzg., E.J.Günther.)

— Memoranda der Psychiatrie oder kurzgefasste Darstellung d. Pathologie u. Therapie der mit Irresein verbundenen Krankheiten, nebst Rückblick auf die gerichtsärztliche Beurtheilung derselben. Weimar 855. Landes-Industrie-Comptoir. gr. 12. (VI, 279 S.) 1 ₰

Albers, Joh(ann) Fr(iedrich) Hermann: Die Pathologie und Therapie der Kehlkopfkrankheiten. Eine Monographie. 280 S., gbd.

Leipzig: Cnobloch 1829

Albers, Johann Friedr. Hermann., s. S c h r ö d e r van der Kolk, über den Unterschied zwischen todten Naturkräften, Lebenskräften und Seele.

— die Spermatorrhoea nach ihren körperlichen Verhältnissen, ihrer anatomischen Grundlage u. dem Heilverfahren in derselben in Nerven-, Gemüths- u. Geisteskrankheiten. Bonn, 862. Henry. gr. 8. (VIII, 152 S.) n. 25 ngr

Albers, J(ohann) F(riedrich) H(ermann) (Comm. u.Hrsg.):

s.: Trousseau, A(rmand): Praktische Abhandlung über die Kehlkopfsschwindsucht, die chronische Laryngitis und die Krankheiten der Stimme (Traité pratique de la phthisie laryngée, de la laryngite chronique et des maladies de la voix. Dt.) von A.Trousseau und (Pierre) H(ippolyte) Belloc, übers.von (Hermann) Romberg. Leipzig: 1839

Albers, Johann Heinrich

Albers, J. H., d. Belagerung v. Metz. Ereignisse u. Zustände innerhalb d. Festg. v. 19. Aug. b. 28. Oktbr. 1870, n. franz. Quellen u. mündl. Mitteilgn. 2 Vorträge. Nebst e. Karte der Umgebg. v. Metz. 12. (54 S.) Metz 896. G. Scriba. n. — 80

— **Die Belagerung v. Metz. Ereignisse u. Zustände innerhalb der Festg. im J. 1870. 2. Aufl. Neu bearb. u. verm. von C. Frhr. v. Seckendorff. (72 S. m. 1 farb. Karte.) 8. Metz 910. G. Scriba. Geb. 1. —**

Albers, J. H. König Dagobert in Geschichte, Legende und Sage. 33 S. **Progr.** *Wasselnheim* 1882.

Albers, J. H., König Dagobert in Geschichte, Legende und Sage. Worms 1882. 4.

J. H. Albers. König Dagobert in Geschichte, Legende und Sage, besonders des Elsasses und der Pfalz. 2., verm. u. verb. Aufl. — Leipzig & Kaiserslautern: Kayser 1884. VII,84 S. 1: Qv 9287. 12: Gall. g. 17r. 3.
2.8658

Albers, Johann Heinrich, Professor, Metz, 1840-1909. 1878: Die christlichen Feste. Nach Ursprung und Bedeutung allgemein faßlich dargest. von J. H. Albers. — Gotha: Stollberg [1879]. VI,62 S. 7.
2.8659

Albers, J[ohann] H[einrich]. **Festpostille und Festchronik. Aufsätze und Vorträge über Ursprung, Entwicklung und Bedeutung aller Feste, Feier- und Heiligentage des Jahres, nebst Erklärungen der damit verbundenen Sagen, Sitten und Gebräuche. 2., vermehrte und verbesserte Aufl. [Mit Vignetten.] VIII + 368 S. 8. Stuttgart, Carl Ulshöfer, 1907. [M. 6.—, geb. 7.50]**
Darin S. 29. 45. 50. 61/7. 125. 141. 149. 157. 186. 311. 546 etc. die Schweiz *und Schweizer betr.*

Albers, J. H., populäre Festpostille. Aufsätze u. Vorträge üb. Ursprung, Entwickelg. u. Bedeutg. sämtl. Feste, Feier- u. Heiligentage d. Jahres, nebst Erklärg. der damit verbund. Sagen, Sitten u. Gebräuche. gr. 8. (VIII, 336 S.) Metz 891. Deutsche Buchhandlung. n. 4. —; geb. n. 5. —

Albers, J.H., populäre Festpostille. Aufsätze u. Vorträge üb. Ursprung, Entwickelg. u. Bedeutg. sämtl. Feste, Feier - u. Heiligentage d. Jahres, nebst Erklärg. d. damit verbundenen Sagen, Sitten u. Gebräuche. 8°.(336).– Metz 1891. Kiel, Lipsius &T.

Albers, J. H., Geschichte der Stadt Metz. Nach d. zuverlässigsten Chroniken u. auf Grund v. Einzeldarstellgn. bis auf die Gegenwart bearb. Mit e. Plane der Stadt u. e. Karte der Umgebg. gr. 8. (VIII, 187 S.) Metz 902. G. Scriba. n. 4. —; geb. n. 5. —

Albers, Joh. Heinr. (Hrsg.), s.a. G e s c h i c h t e der ger. u. vollk. St. Johannisloge...

. **Geschichte der ger.·. u. vollk.·. St. Johannisloge zum Tempel des Friedens im Or.·. Metz. Festgabe zum Andenken an die 25jähr. Jubelfeier am 4. Juli 1897. Hrsg. unter Mitw. der Br.·. Br.·. Rheinländer und [Heinr.] Rheinboldt, von J[oh.] H[einr.] Albers. [Als Ms. gedr.] Metz 1897. 40 S. 8°**

Albers, J. H., Glückwünsche ꝛc. zur Weihnacht, zum neuen Jahre, zu Geburtstagen, zur Taufe ꝛc. 2. Aufl. gr. 8. Hamburg 873. Erfurt, Bartholomäus. *

Albers, J. H., Glückwünsche ꝛc. zur Weihnacht, zum neuen Jahre, zu Geburtstagen, zur Taufe, Confirmation, Verlobg., zu Jubiläen, zur Hausrichtfeier ꝛc. 2. Aufl. gr. 8. (80 S.) Hamburg 873. Nestler & Melle. n. — 90

Albers, J. H., Glückwünsche zur Weihnacht, zum neuen Jahr, zu Geburtstagen rc. 3. verb. Aufl. gr. 8. (III, 80 S.) Erfurt 882. Bartholomäus. — 75

Albers, J. H., Glückwünsche zur Weihnacht, zum neuen Jahre, zu Geburtstagen, zur Taufe, Konfirmation, Verlobung, zu Jubiläen, zur Hausrichtfeier rc. 3. verb. Aufl. gr. 8. (IV, 80 S.) Erfurt 886. Bartholomäus. — 75

— Glückwünsche z. Weihnacht, z. neuen Jahre, z. Geburtstagen, z. Taufe, Konfirmation, Verlobung, z. Jubiläen, z. Hausrichtfeier rc. 4. Aufl. gr. 8. (IV, 80 S.) Erfurt 896. F. Bartholomäus. — 75

— Hausschatz für festliche Gelegenheiten, gesammelt, mit Orig.-Beiträgen ergänzt. 5 Hefte. gr. 8. (VIII, 400 S.) Altona 869,70, Reher. à Heft 90 Pf.

Albers, J. H., Hausschatz für festliche Gelegenheiten. Neu bearb. von A. C. Reher. 3. Aufl. gr. 8. (400 S.) Hamburg 877, Nestler und Melle. cart. *

— poetischer Hausschatz für festliche Gelegenheiten, gesammelt, mit Orig.-Beiträgen ergänzt und hrsg. 4. Aufl. Neu bearb. von Edm. Wallner. gr. 8. (IV, 404 S.) Ebendas. 882. geb. **

— poetischer Hausschatz f. festliche Gelegenheiten, gesammelt, m. Orig.-Beiträgen ergänzt u. hrsg. 4. Aufl. Neu bearb. v. Edm. Wallner. gr. 8. (IV, 400 S.) Ebend. 883. geb. n.n. 4. 50

Albers, J. H., Lebensbilder aus der deutschen Götter- u. Heldensage. Ein Lehr- u. Lesebuch f. Schule u. Haus. 8. (VIII, 125 S.) Straßburg 878. (Metz, Deutsche Buchhandlung.) n. 1. 50

Albers, J. H., Lebensbilder aus der deutschen Götter- u. Heldensage. Ein Lehr- u. Lesebuch f. Schule u. Haus. 2. verm. Aufl. 8. (VIII, 157 S.) Metz 887. Leipzig, Lang. n. 1. 50; geb. n. 2. —

Albers, J. H. Lebensbilder aus der deutschen Götter- u. Heldensage. 2. Aufl. 8. Metz 887. Lpz., Voigtländer. * 1 50; geb. * 2 —

— Lebensbilder aus der deutschen Götter- u. Heldensage. Ein Lehr- u. Lesebuch f. Schule u. Haus. 3. Aufl. (III, 156 S.) Leipzig 893. R. Voigtländer. Geb. in Leinw. n. 1. 50

Albers, J.H.: Lebensbilder a. d. deut. Götter-u. Heldensage. 4. Aufl. 8°(156).– Lpzg. 1899, R. Voigtländer.

— Lebensbilder aus der deutschen Götter- u. Heldensage. 5. Aufl. 8. (IV, 156 S.) Leipzig 902. R. Voigtländer. Geb. in Leinw. n. 1. 60

— Lebensbilder aus der deutschen Götter- u. Heldensage. 6. Aufl. (IV, 156 S.) 8. Leipzig 906. R. Voigtländer. Geb. n. 1. 60

Die Lehre vom Teufel allgemein faßlich dargestellt. Eine gekrönte Preisschrift von Dr. J[ohann] H[einrich] **Albers.** 2., verm. u. verb. Aufl. Leipzig: O. Lenz 1908. (63 S.) 8° [F.] [o4. 11643

— Die Lehre vom Teufel allgemein fasslich dargestellt für liberale Protestanten aus dem Volk. Eine Preisschrift von J. H. Albers. — Strassburg: J. Schneider 1878. 58 S.
12:Phys. m. 7 n.
2.8664

— Metz und Umgebung von J. H. Albers. Mit Illustr. — Zürich: Verl. d. Städtebilder 1891. 104 S., 12 Taf., 2 Kt. (Städtebilder u. Landschaften aus aller Welt. 121.122.)
1:Pq 5353-121.122. 10.
2.8666

— **Metz u. seine Umgebung**, s.: Städtebilder und Landschaften aus aller Welt.

Albers, J. H. (I.), 161 Polterabend-Vorträge für junge Damen und Mädchen. 3. vollständig umgearb. Aufl. gr. 8. (IV, 80 S.) Erfurt 882, Bartholomäus.

— 161 humoristische u. ernste Polterabend-Vorträge für junge Damen u. Mädchen. 4. Aufl. gr. 8. (IV, 80 S.) Ebend. 886. — 75

— 161 humoristische u. ernste Polterabend-Vorträge für junge Damen u. Mädchen. 5. Aufl. gr. 8. (IV, 80 S.) Erf. 889, Bartholomäus. — 75

— 161 humoristische u. ernste Polterabend-Vorträge f. junge Damen u. Mädchen. 5. Aufl. gr. 8. (IV, 80 S.) Erfurt 890. Bartholomäus. — 75

— 161 humoristische u. ernste Polterabend-Vorträge f. junge Damen u. Mädchen. 6. Aufl. gr. 8. (IV, 80 S.) Ebd. 894. — 75

— 161 humorist. u. ernste Polterabendvorträge f. junge Damen u. Mädchen. 7. Aufl. gr. 8. (80 S.) Ebd. 898. — 75

— 161 humoristische u. ernste Polterabend-Vorträge f. junge Damen u. Mädchen. 8. Aufl. gr. 8. (IV, 80 S.) Ebd. (901). — 75

— 161 humoristische u. ernste Polterabend-Vorträge, Prologe, Kranz- u. Schleiergedichte f. junge Damen u. Mädchen. 9. Aufl. (IV, 80 S.) gr. 8. Erfurt (905). F. Bartholomäus. n. — 75

— 169 humoristische und ernste Polterabend-Vorträge für junge Mädchen und für Damen. 2. Aufl. gr. 8. (80 S.) Hamburg 873, Nestler und Melle. *

— 154 humoristische und ernste Polterabend-Vorträge für Knaben und für Herren. 2. Aufl. gr. 8. (80 S.) Hamburg 873, Nestler und Melle. *

Albers, J.H. 154 humor. u. ernste Polterabend-Vorträge f. Knaben u. f. Herren. 2. Aufl. 8°(80).– Hambg. 1875, Nestler & M.

— 67 humoristische und ernste Polterabend-Vorträge für mehrere Personen. 2. Aufl. gr. 8. (80 S.) Hamburg 873, Nestler und Melle. *

— 67 humoristische u. ernste Polterabend-Vorträge f. mehrere Personen. 3. verb. Aufl. gr. 8. (III, 80 S.) Ebend. 882. — 75

Albers, J. H. (I.), 67 humoristische und ernste Polterabend-Vorträge für mehrere Personen. 4. Aufl. gr. 8. (IV, 82 S.) Erfurt 886, Bartholomäus.

— 67 humoristische u. ernste Polterabend-Vorträge f. mehrere Personen. 4., verb. Aufl. gr. 8. (III, 87 S.) Erfurt 891. Fr. Bartholomäus. — 75

— 67 humorist. u. ernste Polterabendvorträge f. mehr. Personen. 6., verb. Aufl. gr. 8. (IV, 87 S.) Ebd. 895. — 75

67 humoristische und ernste Polterabend-Vorträge für mehrere Personen. Hrsg. von J. H. **Albers.** 5. verb. Aufl. (Auf d. Umschl.: 7. Aufl.) *Erfurt: F. Bartholomäus [1901].* (87 S.) 8° [F.] [o4. 86n 3

— 138 humoristische u. ernste Solo-Polterabend-Vorträge f. Knaben u. Herren. 4. rev. Aufl. gr. 8. (III, 80 S.) Ebend. 882. — 75

— 142 humoristische und ernste Solo-Polterabend-Vorträge für Knaben und Herren. 3. Aufl., vollständig umgearb. von A. C. Reher. gr. 8. (IV, 80 S.) Ebendas. 877. cart. *

— u. A. C. **Reher**, 142 humoristische u. ernste Solo-Polterabend-Vorträge f. Knaben u. Herren. 4., vollständig umgearb. Aufl. gr. 8. (IV, 80 S.) Ebend. 882. — 75

— u. A. C. **Reher**, 142 humoristische u. ernste Solo-Polterabend-Vorträge f. Knaben u. Herren. 5. Aufl. gr. 8. (IV, 80 S.) Ebd. 893. — 75

— u. A. C. **Reher**, 142 humorist. u. ernste Solo-Polterabend-Vorträge f. Knaben u. Herren. 6. Aufl. gr. 8. (IV, 80 S.) Ebd. 895. — 75

— u. A. C. **Reher**, 142 humoristische u. ernste Solo-Polterabend-Vorträge f. Knaben u. Herren. 7. Aufl. gr. 8. (IV, 80 S.) Ebd. (901). — 75

Albers, *Johann Heinrich* [Dr.]: Die Kaiserliche Besitzung Urville in Lothringen. E. Beitr. z. Gesch. d. alten Niedgaus. Metz, Druckerei d. Lothr. Zeitg, 1894; 64 S., 1 Kt. 4.
Metz, OR, MP 1894 (528)

— die kaiserl. Besitzung Urville in Lothringen. Ein Beitrag zur Geschichte des alten Niedgaus. Progr. 4. (64 S. m. 1 farb. Karte.) Metz 894. G. Scriba. n. 1.40

— 213 humoristische und ernste Vorträge zu 10-, 25-, 50-, 60-jährigen, besond. zu Silber- und Gold-Hochzeiten, lebende Bilder und Sinnsprüche zu Geschenken. 2. Aufl. gr. 8. (80 S.) Hamburg 873, Nestler und Melle. *

Albers, J.H., 213 humorist. u. ernste Vorträge zu 10-, 25-, 50-,60-jähr., besonders zu Silber-u. Gold-Hochzeiten, leb. Bilder u. Sinnsprüche zu Geschenken. 2. Aufl. 8°(80).– Hamb. 1875, Nestler & M.

— 213 humoristische u. ernste Vorträge zu 10-, 25-, 50-, 60-jährigen, besonders zu Silber- und Gold-Hochzeiten, lebende Bilder u. Sinnsprüche zu Geschenken. 3. verb. Aufl. gr. 8. (III, 80 S.) Ebend. 882. — 75

213 humoristische u. ernste Vorträge zu 10-, 25-, 50-, 60jährigen, besonders zu Silber- u. Gold-Hochzeiten, lebende Bilder u. Sinnsprüche zu Geschenken. 5. Aufl. gr. 8. (IV, 80 S.) Erfurt 893. Fr. Bartholomäus. — 75

— 213 humorist. u. ernste Vorträge zu 10-, 25-, 50-, 60jähr., bes. zu Silber- u. Gold-Hochzeiten, leb. Bilder u. Sinnsprüche z. Geschenken. 6. Aufl. gr. 8. (IV, 80 S.) Ebd. 896. — 75

Albers, Johann Wilhelm

Albers, Joh. Wilh., die Alterthümer der Stadt Lüneburg, s. Alterthümer.

Albers, Johann Wilhelm: Beschreibung der Merkwürdigkeiten des Rathhauses zu Lüneburg. Mit 4 Taf. — Lüneburg 1843: v. Stern. 54 S.
1:4° Sm 6804. 7. 8. 89.
2.8681

Albers, J.W., d. Merkwürd. d. Rathauses zu Lündeburg, s.: Alterthümer v. Lüneburg.

Albers, J. W. Militärverordnung vom 14. Juli 1820 für Hannover. Göttingen 1830. 4°.

Albers, I.W.: Militairverordnung vom 14. Junius 1820 nebst den Verordnungen in Beziehung auf Militair- und Recrutenbeeidigungen für das Königreich Hannover. Mit erläuternden und ergänzenden Verordnungen . . . hrsg. Göttin. 1830. 4°

Albers, Joh. Wilh., Hannoversche Militairverordnungen, s. Militairverordnung.

Albers, Jh Wlh., urkundl. Nachricht v. d. Handels-Privilegien u. d. Schutzherrschaft, welche d. Durchl. Churhaus Brandenb. vormals der Stadt Lüneburg gewährt hat. Mit synchronist. Bemerkk. a. d. Stadtgesch gr. 8 Götting. 833. Dietrich. 7/12 ß

Albers, John, a. Hamburg: Der syntaktische Gebrauch der Praeposition to in der altenglischen Poesie. Kiel 1907: H. Fiencke. (54 S.) 8°
Kiel, Phil. Fak., Ref. Holthausen, Diss. v. 17. Dez. 1907
[Geb. 10. März 85 Hamburg; Wohnort: Hamburg; Staatsangeh.: Hamburg; Vorbildung: Realgymn. d. Johanneums Hamburg Reife M. 03; Studium: München 2, Berlin 2, Kiel 3 S.; Rig. 6. Juli 07.]

Albers, Juliane. Ein rechtschaffener Mann, s. Novellen, baltische.

Albers, (Karl Gust.) Wilh. (geb. Uelzen 2. 11. 1859): Beitrag zur Statistik der Hydrocelen. Berlin (1883). (38 S.) 8°
Berlin, Med. Diss. v. 12. Nov. 1883

Albers, L.: Gedenkschrift zur Eröffnung des Deutschen Schauspielhauses, Hamburg-St. Georg, am 15. September 1900. Mit 57 Illustr. u. Portr. — (Hamburg:) Selbstverl. (1900). 80 S. 1:4° Yp 1111/96. 300: 419.180-C.
2.8684

Albers, L. A.: Icones ad illustrandam anatomen comparatam. Lips. 1818. 13 S. 3 Tvl. Fol.

Albers, Maur. Car. Aug(ust.) (geb. 29. 12. 1798): De praecipuis remediis antisyphiliticis hydrargyri loco commendatis. Berolini (1822). (48 S.) 8°
Berlin, Med. Diss. v. 23. Dez. 1822

Albers, Paul, Eginhard u. Imma. Epos. Ill. v. H. Schylla. Lex.-8. (III, 125 S.) Berlin 898. J. Harrwitz Nachf. n. 3 —; geb. in Leinw. n. 4 —

Albers, P., Herr Gervin. Ein Minnelied. 12. (97 S.) Großenhain 890. Baumert & Ronge. n. 1. —; geb. n. 2. —

Hoch hinauf. Irrfahrten e. leidenschaftl. Seele von Paul **Albers.** Breslau, Kattowitz, Leipzig: Phönix-Verl. (1910). 310 S. 8° [10. 13074 2

— Hans Hubrich. Studentendrama in 5 Akten. (90 S.) 8. Glogau 909. Verlag Hellmann. 1. 50

— Hans Hubrich. Studentendrama in 5 Akten. — Glogau, Leipzig: Hellmann 1909. 90 S. 1: Ys 38065. 2.
2.8688

Albers, Paul, unter Kiefern u. Schloten. Oberschlesische Geschichten. (213 S.) 8. Jauer (906). O. Hellmann. n. 2. 50; geb. n. 3. 50

— Klänge und Reime aus unpoetischer Zeit. Gedichte. 2. verm. Aufl. 8. (XI, 208 S.) Leipzig 889. (G. Wolf.) Levien. n. 2. —

Albers, P.: Junge Lieder e. Fünfzigers. Ausgew. Dichtgn. (244) 8° Bresl. 1902. Berl., E. Trewendt.

— Herr Paragraph. Schauspiel in 3 Akten. (133 S.) 8. Jauer 907. Glogau, Verlag Hellmann. 1. 50

Herr Paragraph. Schauspiel in 3 Akten von Paul **Albers.** Jauer, Leipzig, Berlin: O. Hellmann 1907. (133 S.) 8° [F.] [08. 6191 2

— **Singvogel-sing'l Gedichte. — Dresden & Leipzig: Pierson 1895. 267 S.** **2.**
2.8693

Verbrechen oder Krankheit? ⟨Der Markwitz'sche Fall.⟩ Ein lauter Appell an d. neuere Psychiatrie u. d. öffentl. Rechtsbewusstsein von Paul Albers. *Berlin: J. Harrwitz Nachf. 1900.* (22 S.) 8° [F.] [00. 10118

Albers, Paul, Gerichtsreferendar a. Harburg a/Elbe: Die Wahlhandlung bei der Wahlschuld und der Verzug bei derselben nach dem bürgerlichen Rechte des deutschen Reiches. Heiligenstadt 1905: Brunn. (VIII, 112 S.) 8°
Rostock, Jur. Fak., Ref. Matthiass, Diss. v. 25. Febr. 1905
[Geb. 27. Juni 75 Harburg a/Elbe; Wohnort: Hannover; Staatsangeh.: Preußen; Vorbildung: Realgymn. Harburg O. 94. Auguste Victoria Gymn. Linden Reife M. 95; Studium: Tübingen 5, Leipzig 1, Göttingen 3 S.; Rig. 7. Dez. 04.]

— am Wartburghof. Eine vaterländ. Erzählg. in 12 Kapiteln aus den Jahren 1207 u. 1208. 8. (254 S.) Breslau 902. Schles. Buchdruckerei ꝛc. n. 3. 50; geb. n. 4. 50

Am Wartburghof. Eine vaterländ. Erzählung in 12 Kapiteln aus d. J. 1207 u. 1208 von Paul **Albers.** *Breslau: Schottlaender 1902.* (254 S.) 8° [F.] [01. 11898

Albers, Paul Bruno s. *Albers*, Bruno.

Albers, Paulus Ludovicus Oscar ⟨geb. am 2 Sept. 1835 in Bonn⟩: De lichenino, acido cetrarino, pulmonarino et acido stictino observationes pharmacologicae ... Bonnae, form. C. Georgi 1858. 39 S. 8.
, Bonn, Med. Fak., Diss. v. 10 Aug. 1858

Albers, Reinhold

Albers, R., Blütenkränze auf die Festtage Gottes und seiner Heiligen. 1. Tl. 1. Bd. Die gebotenen Festtage d. Herrn. 8. (VI, 620 S.) Paderborn 889. Bonifaciusdruckerei. 4. 50

Albers, Rhold., Blütenkränze auf die Festtage Gottes u. seiner Heiligen. 1. Tl. 2.—4. Bd. 8. Paderborn, Bonifaciusdruckerei. 12. 40 (I, 1—4.: 16. 90)
2. Die nicht gebotenen Festtage d. Herrn. 1. Unterabtlg.: Die zehn Leidensfeste d. Herrn. (XII, 543 S.) 892. 4. —
3. Die nicht gebotenen Festtage d. Herrn. 2. Unterabtlg.: Die noch übr. Festtage dieser Art, nebst Abhandlgn. üb. das 40stünd. Gebet, die Sühneandacht in den Fastnachtstagen, den Aschermittwoch u. die Bitttage. (509 S.) 892. 3. 60
4. Die höheren Marienfeste. (V, 791 S.) 894. 4. 80

Albers, Rhold., Blütenkränze auf d. Festtage Gottes u. s. Heiligen. 5. Bd. D. nied. Marienfeste, nebst e. Anh. üb. d. Maiandacht u. and. fromme Uebgn. z. Ehren Mariens. gr. 8. (V, 632 S.) Paderborn 894. Bonifacius-Druckerei. 4. 20; geb. n. 5. 80 (1.—5.: 21. 10)

—— Der Freund am Krankenbette. Ein Beispielbuch f. kranke u. leid. Christen. 2. Bd. 8. (559 S. u. Register 42 S.) Steyl 889, Missionsdr. ** 2 20
1. Bd. Ebd. 1888. * 2 20; geb. * 3 —.

— Gebetskränze od. praktische Anleitung zur Heiligung der 12 Monate des Jahres. Ein Gebet- u. Erbauungsbuch. 12. (VIII, 747 S. m. 1 Stahlst.) Dülmen 893. A. Laumann. n. 2. 40

— Die christliche Krankenstube. Lehr- und Beispielbuch für Kranke. — Paderborn: Bonifacius-Dr. 1886. XI, 295 S.
1:4° Er 15620. 6.
2.8700

— Die christliche Krankenstube. Ein Lehr-, Gebet- u. Erbauungsbuch f. Kranke. 2., verb. Aufl. (VIII, 574 S. m. Abbildgn. u. Titelbild.) gr. 8. Paderborn 909. Bonifacius-Druckerei. 3.20; geb. 4. 20

Albers, Rhold., Maria, die Mutter der Gnade, od. die drei Kronen u. zwölf Ehrenvorzüge Mariä. 8. (207 S. m. Titelbild.) Steyl 901. Missionsdruckerei. Geb. in Leinw. n. 1. 85

— siehe, dein König kommt zu dir! Erzählungen für die Erstkommunikanten u. f. alle frommen Verehrer d. allerheiligsten Altarssakramentes im Anschlusse an den Katechismus v. Deharbe. M. 1 Stahlst. 8. (XIX, 264 S.) Paderborn 889. F. Schöningh. n. 1. 60

— siehe, dein König kommt zu dir! Erzählgn. f. d. Erstkommunikanten u. f. alle frommen Verehrer d. allerheil. Altarssakramentes i. Anschl. a. d. Katechismus v. Deharbe. 2., verb. Aufl. 8. (XX, 257 S. m. 1 Stahlst.) Paderborn 896. F. Schöningh. 1. 60

Albers, Rhold., Siehe, dein König kommt zu dir! Erzählungen f. die Erstkommunikanten u. alle frommen Verehrer des allerhl. Altarssakramentes im Anschlusse an den Katechismus v. Deharbe. 3. verb. Aufl. (XX, 259 S. m. 1 Stahlst.) 8. Paderborn 909. F. Schöningh. 1.80; geb. 2.40

— veni, sancte Spiritus! Komm, heiliger Geist! Belehrungen u. Erzählgn. üb. das hl. Sakrament der Firmg. Ausg. Nr. 1. [Für die Jugend.] 8. (XII, 178 S.) Ebd. 890. n. 1.—; geb. n. 1.60

— dasselbe. Ausg. Nr. 2. [Für Geistliche u. Lehrer.] 8. (XXI, 262 S.) Ebd. 890. n. 2.—

Albers, S. A., Arzt. 1820 s. *Albers*, Johann Abraham.

Albers, Simon Otto (Lippe), De exemplis von Copeyen, Disp. jur. Präs. Georg Engelbrecht. Leipzig (Schede), 1721. 18 Bl.

Albers, Theodor Wilhelm, aus Millingen (Rheinpreussen): **Zur Symptomatologie und Diagnostik der Kleinhirntumoren.** *Würzburg 1877 [vielm. 1901/02]: F. X. Bucher.* (34 S.) 8°
Würzburg, Med. Diss. v. 1877

Albers, W., die Katastrophe am neuen Hafen zu Bremerhaven am 11. Decbr. 1875. Zumeist nach den Berichten der „Bremerhavener Zeitung" zusammengestellt. Mit dem (eingedr. Holzschn.-) Bildniß des Mörders, gezeichnet vom Portraitmaler Flatters. 1. und 2. Aufl. gr. 8. (40 S.) Varel 876, (Bültmann und Gerriets Nachf.) *

Albers, W., was ist uns noth? Ein Vortrag, gehalten auf der allgemeinen Landes-Conferenz der Oldenburg. Lehrer in Rastede am 18. Mai 1869. Oldenburg 869. Schulze in Comm. gr. 8. (36 S.) n. 5 ngr.

Albers - Schönberg, Heinrich Ernst

Albers-Schönberg, H.: Z. Behandlg. d. Extrauteringravidität i. d. ersten Monaten, s. Jahrbücher d. hamb. Staatskrankenanstalten.

Albers-Schönberg, H.: Beitrag z. Statistik d. Carcinoma uteri, s. Jahrbücher d. hamb. Staatskrankenanstalten.

Albers-Schönberg, s.: **Elektrizität u. Licht in der Medizin.**

Albers-Schönberg, H., ein Fall v. cykl. Albuminurie. [Aus: „Jahrb. d. hamburg. Staatskrankenanstalten". 3. Bd.] gr. 8. (16 S. m. 1 graph. Fig.) Hamburg 894. L. Voss. n. 1.—

Albers-Schönberg, s.: Fortschritte a. d. Geb. d. Röntgenstrahlen.

Albers-Schoenberg, **Heinrich Ernst:** Die Röntgentechnik. Lehrbuch für Ärzte und Studierende von H. Albers-Schönberg. Mit 85 Abb. im Text und 2 Taf. — Hamburg: Gräfe & Sillem 1903. X,264 S. **12:** Phys. sp. 5v.
2.8708

— Die Röntgentechnik. Lehrbuch für Ärzte u. Studierende von Albers-Schönberg. Mit 164 Abb. u. 1 Taf. 2., umgearb. Aufl. — Ebd. 1906. XV,428 S. **1:** 4° If 1719³. **12:** Phys. sp. 5vb. **8.**
2.8709

Albers-Schönberg. Die Röntgentechnik. 3. Aufl., bearb. von Albers-Schönberg u. [Bernhard] Walter. — Ebd. 1910. IX,680 S. **1:** 4° If 1719³. **11.**
2.8710

— s.: **Verhandlungen der deutschen Röntgen-Gesellschaft.**

— **der diagnostische Wert der Röntgenuntersuchungen f. die innere Medicin, s.a. Bibliothek, moderne ärztliche. 2.**

— Der diagnostische Wert der Röntgenuntersuchungen für die innere Medizin. Von Albers-Schönberg. — Berlin: Simion 1904. 30 S. (Moderne ärztliche Bibliothek. 2.) **1:** Ic 2629/55-2. **11.**
2.8713

Alberschweiler, s.: Vogesen.

Alberschweiler-Dagsburg, s.: Vogesen.

Albersdorf, Karoline Gräfin v.: Kaspar Hauser oder Andeutungen zur Enthüllung mancher Geheimnisse über Hausers Herkunft, die Ursache seiner Gefangenhaltung und Ermordung, ... dann Beleuchtung der Verhältniße des Lord Stanhope's gegen Hauser und dessen nächste Umgebung. Hrsg. von W. C. v. A. [d. i. Witwe Caroline Gräfin v. Albersdorf]. — Regensburg 1837: Rußwurm. IV,130 S. **1:** an Fy 12315. **12:** Bavar. 1208o. **2.**
2.8714

[—] Kaspar Hauser oder die richtige Enthüllung der (2: bisher unbekannten) Geheimnisse über Hausers Herkunft, die Ursache seiner Einsperrung, Dauer derselben... Hrsg. von W. C. Gr. v. A. 2., verm. u. verb. Aufl. Bdch. 1. 2. München: Fleischmann 1839. **1:** Fy 12315. **12:** Bavar. 1208p. **300:** 145.629-B. **2** [∞Bdch. 1]. **5. 6. 7. 10.**
2.8715

Albersheim, Josef [pract. Arzt aus Nottuln]: **Ein Fall von geheiltem Pneumothorax bei Lungentuberculose mit Bemerkungen über Prognose und Therapie des phthisischen Pneumothorax .... Freiburg i. Baden, Univ.-Buchdr. H. M. Poppen & Sohn, 1888;** 45 S. + 1 Bl. 8°
Freiburg i. B., Med. Fak., Inaug.-Diss. v. 1888

Albersheim, Moritz. Ueber Nitro- und Amido-Anthrachinonmonosulfonsäuren. Freiburg im Breisgau, 1881. **Diss.**

Albersius, Johannes Christ. s. *Albers*, Johann Christoph.

Alberstoetter, Heinrich, Assistenzarzt: Ueber die Pathogenese der Ureteritis cystica. München 1909: Kastner & Callwey. 35 S. 8°
München, Med. Diss. v. 10. April 1909, Ref. v. Bollinger
[Geb. 17. Jan. 80 Friedberg, Oberbayern; Wohnort: Cöln; Staatsangeh.: Bayern; Vorbildung: Gymn. b. St. Stephan Augsburg Reife Juli 01; Studium: München 2, Göttingen 1, Tübingen 2, München 5 S.; Coll. 10 April 09; Approb. 19. Dez. 08.] [U 09. 3281

Albert [Sachliches OW]

— oder Wirkungen und Folgen menschlicher Leidenschaften und Handlungen, 2 Thle. 8. Leipzig, 795. Lincke 25 sgl.

Albert; e. Roman. 8. Leipz. 795. (W. Rauck). 20 gr.

ALBERT oder Wirkung u. Folge menschlicher Leidenschaften u. Wandlungen. **Ein historischer Beitrag zur Volks- u. Menschenkunde. 2 Thle. Leipzig, Schneider,** (Gedr. in Plauen, s. Ende 2. Th.) 1795. 8.
I: 146 S. incl. 14 S. Vorst. II: S. 147—306 S. incl. 12 S. Vorst. — Auch m. d. Titel: Neue Original-Romane d. Deutschen. Bd. XXXVIII.

Albert; e. Roman. 8. Lpz. Sommer. 795.

Albert der Abentheurer; ein satyrischer Roman. [Aus dem Polnischen des Krasicki]. Wien und Leipzig 1794. Ü: *Hann [Haan], Johann Wenzel Leopold Thaddäus.* (GGr) (MGT)

— **d. Abenteurer, e. satyr. kom. Roman. 8. Wien, Alo. Doll. (Liebeskind in Lpz. in Commiss.) 794.**

Albert u. Albertine, von Friederike Unger. N. Aufl. Mit Kupf. 8. Berlin, Lüderitz. 817.

— u. Albertine, (v. Frderike Helene Unger). 8. Berl. 804. Unger. 1 ℔ N. Aufl. Ebd. 817. (Volkmar in Leipz.) 6 gr.

— d. Bär, oder d. Weiber von Weinsberg. Schspl. in 3 A. (von J. A. Gleich). 8. Wien 806. Wallishauser. 6 gr.

— Bellheim, od. die Folgen d. jugendl. Leichtsinnes. 8. Weißenf. 801. N. A. Leipz. 811. Hinrichs. 1

— d. Dritte v. Baiern, im Originale. Schspl. (von K. Th. v. Traiteur). 8. Manh. 780. Löffler. 5 gr.

Albert der Dritte von Bayern; ein Singspiel in 5 Aufzügen ... Mannheim 1781. V: *Traiteur, Carl Theodor von.* (MGT) Comp.: *Vogler, G.* (KY)

Albert und Elina, oder: Eine Abendstunde am Rheinfall. 2. Aufl. St. Gallen 1823. [Gedicht.] V: *Schweizer, Joh. Jak.* (Goed. XII, 70, 31) (DARP)

— u. Elise, od. Parteilichkeit aus Vaterliebe; e. Beitr. z. Gesch. d. menschl. Herzens. 8. Leipz. 796. Cr. Fleischer. 1 ß

— Erbprinz v. Baiern. Trspl. in 3 A. 8. Frankf. 779. Gebhardt u. K. (Braun in Karlsr.) 4 gl

— **Erbprinz** v. Bayern. Trsp. in 5 Akten. 8. Frkf. Gebhardt u. K. (a. Macklot in Carlsr.) 779.

Albert d. Erste, oder Abeline. Schspl. (von J. C. Kaffka). 8. Leipz. 775. Schwickert. 4 gl

Albert und Fanny, oder: | Die Getrennten und im Tode Vereinten. | Eine traurige Begebenheit, | geschehen an der russisch-polnischen Grenze. | *(Text).*
Kol.: Druck von Büttner & Winter in Oldenburg.
o. J., 4 Bll. n. n., 17c S 112.
LBO Bänkelsängerlit. II, 1; Jahrmarktslit. R. c. 3, 103.

Albert von Friedheim und Agnese von Holstein. Leipzig 1803. V: *Hussel, Chrn Hnr. Ludw. von.* (KY) (MGT) (GGr) V: *Aretin, Joh. Gg Jos. Carl Maria Frh. von.* (NN)

— Graf v. Reinstein, od. das heiml. Gericht d. Teufelsmauer. Rittergesch. aus d. Zeiten d. Vehme. 3 Thle. Mit Kpf. 8. Quedlinb. 819. 2e A. 828. Basse. 3 ß 4 gl

— Haller, od. der Verliebte. 8. Ruppin 802. (Leipz., Liebeskind). 14 gl

Albert u. Henriette, oder d. tugendhaften, wißbegier. u. fleißigen Kinder. 8. Leipz. 811. Andrä. 16 gl

— u. **Jacobine;** od. d. friedl. Thäler a. d. Starrenburg, v. J. G. D. Schmiedtgen. 8. Neustrelitz, Albanus. (Hinrichs in Lpzg.) 806.

Albert Landgraf in Thüringen. Ein drammatisches Geschichtsstück in 5 Akten nach Schlenkerts Friedrich mit der gebißnen Wange. — Prag, Budweis & Leipzig: Diesbach 1791. 109 S. 300:2.910–A. 7.
2.8718

Albert, Prinz, Leben, s. Martin, Thdr.

— u. Louise, oder d. Trommelschlag zur Rebellion. Schspl. (von Jh. Adm. Braun). 8. Basel 784. Flick. (Neukirch). 9 gl

Albert u. Maria, oder Unschuld, und im Kampfe geg. Tyrannei. Vom Verfasser des Leonio u. a. m. Nach dem Französischen. Leipzig ... (Melzer.) 1 ß

Albert u. Maria, od. Unschuld im Kampfe gegen Tyrannei. Vom Verf. d. Leonio u. a. m. N. d. Franz. gr. 12. (8¼ B.) Leipzig 831, (Kayser.)

— u. Maria, od. Unschuld im Kampfe gegen Tyrannei. gr. 12. Leipz. 831. Wohlbrecht. 1 ß

Albert, moderne, ou nouveaux secrets éprouvés et licites. gr. 12. Basel 770. Schweighäuser. 12 gl

— d. neue, od. seltene u. geprüfte Geheimnisse zur Beförderung d. Gesundheit ꝛc.; aus d. Französ. (von v. Barati). Augsb. 775. M. Rieger. 10 gl

Albert von Reinstein ... Verf.: *Heinr. Müller.*

Albert, König, von Sachsen, s. a. B u c h e r, Otto.

Albert, König, von Sachsen, s. a. S c h r i f t e n des sächsischen Volksschriften-Verlages.

Albert, König, von Sachsen, s. a. V o g t, Herrm.

Albert, König, von Sachsen, s. a. W ü n s c h m a n n, Max.

Albert, König, von Sachsen. Jubiläums-Schrift zum 70. Geburtstag des Landesvaters und zur Mitfeier seines ... Regierungsjubiläums den 23. April 1898 ... Dresden 1898. V: *Blanckmeister, Franz.* (BEM I, S. 509)

Albert v. Sachsen, König. Jubiläums-Schrift z. 70. Geburtstag d. Landesvaters u. z. Mitfeier s. 25jähr. Regierungsjubiläums, d. 23. IV. 1898. D. sächs. Volke u. d. sächs. Jugend gewidm. v. sächs. Gustav Adolf-Boten. gr. 8. (16 S. m. 12 Abb.) Dresden 898. F. Sturm & Co. — 10

Albert, König, von Sachsen. Das Leben eines Fürsten von Gottes Gnaden. Zur Erinnerung an seinen Heimgang am 19. Juni 1902 .. Dresden 1902. V: *Blanckmeister, Franz.* (BEM I, S. 509)

Albert, König v. Sachsen. Das Leben e. Fürsten v. Gottes Gnaden. Zur Erinnerg. an seinen Heimgang am 19. VI. 1902. Dem Volke u. der Jugend gewidmet vom sächs. Gustav-Adolf-Boten. gr. 8. (16 S. m. Abbildgn.) Dresden 902. F. Sturm & Co. — 15

König Albert [von Sachsen] und Sachsenland. Hrsg. von Joseph Kürschner. 2. Ausg. Mit ca 450 Illustr. — Leipzig & Berlin: Schwarz (1898). XIV, 410 S.
1:4° Sq 6951ᵃ. 12:4° Germ. sp. 408q. 11.
2.8721

— der Selbstmörder. 8. Dresd. 795. (W. Rauck in Leipz.) 16 gl

— d. **Selbstmörder.** 8. Dresd. Richter. (Sommer in Lpz.) 795.

— Dass. (leider mehr als Roman). 8. Gotha 798. Ettinger. 1 gl

— v. **Thurneisen.** Trsp. v. Iffland. gr. 8. Mannh. Schwan. 782.

— — dass. neue Aufl. 8. Lpz. Göschen.

Albert, Unser König, 1828—1888. Eine Festgabe zum 60. Geburtstage für Sachsens Heer und Volk. Dresden 1888. V: *Bucher, Otto.* (BEM I, S. 508)

Albert, unser König. 1828—1888. Eine Festgabe zum 60. Geburtstage f. Sachsens Heer u. Volk. 1. u. 2. Aufl. 8. (48 S.) Dresden 888. Hackarath. n. — 50

Albert [persönlicher Name]
Albert s. a. Albertl.

Albert, Pater ..., das zerfallene Christenthum am Ende des 18n Jahrh., oder Sonn- u. Festtagspredigten ꝛc. 3 Bde. 8. Augsb. 803. (Kranzfelder). 2 ß 9 gl

Albert, P., das zerfallne Christenthum am Ende des 18ten Jahrh. ꝛc. 3 Bde. 8. Augsburg. Veith. 803.

Albert, P., das zerfallene Christenthum oder Sonn- u. Festtagspredigten wider die herrschenden Modelaster ꝛc. Neu herausgeg. von F. J. A. Köhler. 1. Bd. 1. u. 2. Abtheilung und 2. Bd. 2 Abtheilungen. gr. 8. Lindau 846, Stettner. à Bd. ⅚ ß 1⅔ ß

Albert, P., das zerfallene Christenthum od. Sonn- u. Festtagspredigten wider d. herrschenden Modelaster, falschen Grundsätze u. Scheintugenden unserer Zeiten. In zeitgemäßer Bearbeitung neu hrsg. v. F. J. A. K ö h l e r. 2 Bde. 2. unveränd. (Titel-) Aufl. Lindau (847.) 853. Stettner. gr. 8. (XIV, 260; IV, 383 S.) 1 ß 12 gl

Albert, P., Ermahnungsrede zum Gebete bei den dermaligen öffentlichen Angelegenheiten. 8. Augsb. 795. Rieger. 1 gl

— die Fortschritte des Sünders auf seinen Irrwegen u. Anleit. zur Rückkehr, in 7 Fastenpredigten. 8. Innsbr. 802. Wagner. 5 gl

Albert, die Fortschritte des Sünders auf s. Irrwegen rc. 8. Insbruck, Wagner. 803. Rthlr.

— sämmtl. Gebet-, Buß-, Dank-, Siegs- u. Ermunterungsreden, nebst e. andern, die während d. fortdauernden Kriegszerrüttung gehalten wurden rc. 8. Augsb. 802. Kranzfelder. 18 gr.

— die Pharisäer im Christenthume, oder die mangelhafte Gerechtigkeit so vieler heutigen Modechristen, in Predigten. 8. Augsb. 805. Kranzfelder. 8 gr.

Albert v. Beham: [Werke] Albert von Beham und Regesten Pabst Innocenz IV. Hrsg. von Constantin Höfler. — Stuttgart: Literar. Verein 1847. XXIV,223 S. (Bibliothek d. Literarischen Vereins in Stuttgart. 16,[2].)
1: Ag 308–16,2. 12: H. misc. 33t–16,2 [u.ö.]
300: 393.111–B. Per. 16: 2. 3. 4. 5. 7. 8. 9. 10. 11. 102.
2.8723

Albert Graf von Bollstädt

s.: Albertus Magnus

Albert von Botzen,(des sel. Pater) das zerfallene Christenthum und wider die herrschenden Modelaster, s. Albert, Pater.

Albert von Brandenburg

Alberti Marchionis Brandenburgensis, Ducis Prussiae, libri de arte militari mandato Sereniss. Regis Poloniae Sigismundi Augusti scripti nunc primum e cod. authent. Principis Palatini Ad. Czartoryski cura et sumptibus bibliothecae polonicae editi. Lutetiae Paris. 858. (Berlin, Behr.) Fol. (2 Bl. VII, LXXII S., wovon 4 lith. u. in Farbendr., u. 1 lith. Bildniss im Text.) n. 6 Thlr 20 ngr

Albert, Prinzgemahl von England
(Prinz-Gemahl Albert von England), Meinungs-Aeusserung eines Prinzen über den Entwurf der Siebzehner. (B... 1848.) 8 S. 8°.

(**Albert.**) Reden d. Prinzen Albert, Gemahls d. Königin von England. Deutsch von Jul. Frese. Autoris. Uebersetzung. Bremen, 863. Strack. gr. 8. (195 S.) n. 1 Thlr 15 ngr

Albert, Prinzgemahl v. England: The principal Speeches and adresses of His Royal Highness the Prince Consort.
— Leipzig: Tauchnitz 1866. VIII,246 S. (Collection of British authors. 850.) 1: Ah 30–850. 12: Brit. 6hg. 11.
2.8733

Albert der Grosse, s. Albertus Magnus.

Albert I., Fürst von Monaco

— [Teils., deutsch] Zur Erforschung der Meere und ihrer Bewohner. Gesammelte Schriften. Aus d. Franz. von Emil v. Marenzeller. Mit 39 Abb. — Wien: Hölder 1891. XVI, 207 S.
1: Lf 23272. 12: Phys. sp. 5w. 300: 88.610–B. 4. 11.
2.8736

Eine Seemanns-Laufbahn [La carrière d'un navigateur]. Von **Albert** I. Fürst von Monaco. Autor. Uebers. aus d. Franz. von Alfred H[ermann] Fried. *Berlin: Boll & Pickardt (1903).* (365 S.) 8° [F.]

Albert I., Fürst v. Monaco, Eine Seemanns-Laufbahn. 2. Aufl. Autoris. Uebersetzg. aus dem Franz. v. Alfr. H. Fried. (VII, 367 S.) 8. Berlin (908.) Boll & Pickardt. Geb. in Leinw. 3. —

Albert's v. Prag Reimgebete u. Leselieder, s.: Analecta hymnica medii aevi.

Albert von Stade s. Albertus Abbas Stadensis

Albert [Familienname]

Albert [Pseud.], s.a. Hornbostel, Aug.

Albert, Kgl. Ober-Berg-Rat. 1837: Ansichten vom Harz, nach der Natur gezeichnet u. gestochen von Albert. — Magdeburg: Rubach o.J. 24 Bl. 1: S 12300.
2.8766

Albert, die Anstellungen im Eisenbahn-Dienst. Handbuch f. Unteroffiziere, welche sich dem Eisenbahnfach zu widmen beabsichtigen. gr. 8. (59 S.) Berlin 884. Mittler & Sohn. n. 1. —

Albert, Ober-Bergrath rc., die Bergwerks-Verwaltung des Hannov. Ober-Harzes in den Jahren 1831—36. Ein besond. Abdruck aus Bd X. des Archivs für Mineralogie, Geognosie, Bergbau u. Hüttenwesen. Mit 1 Karte und 8 Steintaf. gr. 8. Mit e. Tabelle. Berlin 837. Reimer. $3^{1}/_{3}$ Thlr

Albert, s.: Bericht üb. das Versuchsfeld der Universität Königsberg i. Pr. in Waldgarten.

— s.: Berichte des landwirtschaftlichen Instituts der Universität Königsberg i. Pr.

Albert, der Betrieb der deutschen Landwirtschaft am Schluss des XIX. Jahrh., s.; Werner, Hugo.

Albert, Führer durch die Insel Rügen. Zuverläss. u. prakt. Reisehandbuch, ausgest. m. Ill., Panoramen u. m. 5 (farb.) Kartenbeil. vers. 12. (96 S.) Greifswald 898. F. Bärwolff. 1. 20

Albert's Grenz-, Steuer- u. Revisionsaufseher. Handbuch f. civilversorgungsberechtigte Militärpersonen, die sich dem Steuerfache zu widmen beabsichtigen, sowie f. Grenz-, Steuer- u. Revisionsaufseher. 2. Aufl., umgearb. v. C. Hopp. gr. 8. (52 S.) Berlin 892. E. S. Mittler & Sohn. n. 1. —

[**Albert**, Müller P. E. u. Potonié: Humuserden sind zu scheiden in ... Im Auftrage d. Humuskommission. U. St. 1906.]. 2 S. 4°.

Albert, deut. Jagdgesetzgebg. nach ihrem dermaligen Stande, s. Albert, Josef.

— Lehrb. d. österr. Staatsforstwirthschaft. Wien 875.

Albert u. Schiller: Die landw. Maschinen auf d. Pariser Weltausstellg. 1900, s. Arbeiten d. deut. Landw.–Gesellsch.

Albert, Dissertatio de luis bovillae origine et natura. Erlangen 797.

Albert, Parzival, s.: Pichler's Jugendbücherei. 43.

Albert & Cie, A.-G. 1910: Schnellpressen-Fabrik Frankenthal Albert & Cie, Aktien-Ges. Spezial-Katalog unserer Rotations-Maschinen. Ausg. 1910. — (Frankenthal: Albert 1910.) 72 S. quer-8° 1: N 18.612.
2.8773

Albert, Steuer- u. Grenzaufseher. Handbuch f. Unteroffiziere, welche sich dem Steuerfach zu widmen beabsichtigen. gr. 8. (75 S.) Berlin 882. Mittler & Sohn. n. 1. 20

— Studium, das, der Landwirtschaft an der Universität Königsberg i. Pr.

Albert, ..., Worte zu rechter Zeit an Würtemberg. Schreiberverwandten. 8. Stuttg. 817. Sattler. (Hoffmann). 3 gr.

Albert, ..., d. Zauberring; Feen-Ballet in 4 Akten. Wien 830. Wallishausser. 2 gr.

Albert, über Hollanstalten. gr. 8. München, Leutner. 816.

Albert, A., s. Albert, August

Albert, A. (Red.), s. Photographie, Die.

Albert, A. J. (Red.), s. Obstbau, Der rationelle.

Albert, *Achille Clément* [aus Paris]: Die Sprache Philippes de Beaumanoir in seinen poetischen Werken, eine Lautuntersuchung ... [Erschien vollst. 1893 als 5. Heft d. Münch. Beitr. z. roman. u. engl. Philol.] Leipzig, Druck v. O. Brandstetter, 1893; 2 Bl., 34 S., 1 Bl. 8.
München, Phil. Fak., Inaug.-Diss. v. 1893

Albert, Achille Clément: Die Sprache Philippes de Beaumanoir in seinen poetischen Werken, eine Lautuntersuchung. Von A. C. Albert. — Erlangen & Leipzig: Deichert 1893. 60 S. (Münchener Beiträge zur romanischen u. englischen Philologie. 5.)
Ersch. teilw. auch als Diss. München 1893.
1: V 678/3–5. 12: H. lit. P. 36ng–5. 300: 147.765–B. Bd 5. 2. 3. 7. 8. 9. 10. 11.
2.8776

Albert, Adam, Almdisteln. Hochlands-Erzählgn. 8. (III, 281 S.) Dresden 901. E. Pierson. n. 4. —; geb. n. 5. —

Albert, Adam, die Dorfrebellen. Roman. (350 S.) 8. Dresden 904. E. Pierson. n. 3. 50; geb. n. 4. 50

Albert, Adam, Fichtel u. Söhne. Hochlandsroman. (283 S.) 8. Leipzig 908. Schulze & Co. 4. —; geb. 5. —

— Wetter-Tannen. Grenz- u. Berglands-Gestalten. 12. (V, 254 S.) Bad Reichenhall 899. M. Zugschwerdt's Nachf. n. 1. 50; geb. n. 2. 50

— Der Zollkommissär. Ein Roman v. der Grenze. 8. (277 S.) Dresden 902. E. Pierson. n. 3. 50; geb. n. 4. 50

— — 2. Aufl. Dresden: Pierson [übergekl.: Schulze] [1906]. 277 S. 12: D D. I. 499.
2.8780

— Der Zollkommissär. Ein Roman v. der Grenze. 2. [Titel-] Aufl. (277 S.) 8. Dresden [902.] (907.) E. Pierson. 3.—; geb. n 4. —

Albert, Adolf: Ein Fall von Cystenniere mit Cystenleber. *Freiburg i. B. 1897: Ch. Lehmann's Nachf.* (30 S.) 8°
Freiburg i. B., Med. Diss. v. 1897

Albert, Alfr. G., „Moderne" Berliner „Gesangspädagogen!" Eine Kritik ihrer Theorie u. Praxis. (47 S.) 8. Berlin (908.) (R. Rühle-Zechlin). 1. —

Albert, Andreas. 1853: Der Maschinenmeister an der Schnellpresse. Ein Handbuch für Buchdruckereibesitzer, Factore, Maschinenmeister u. Mechaniker. Mit 6 lithogr. Abb. — Leipzig: Dürr 1853. VII,124 S.,1 Taf.
82. 89.
2.8782

Albert, Anny, ein Abenteuer, s.: Wallner's allgemeine Schaubühne.

— lose Blüthen. Kleine Bilder aus der großen Welt. Neue (Titel-)Aufl. 16. (III, 96 S.) Hamburg 878. Nestler & Melle. n. 2. —

—— die Ehestandspädagogen, s. Wallner's allgemeine Schaubühne.

Albert, Anny. harte Gesetze. 8. (IV, 448 S.) Stuttgart 875. Bonz & Co. n. 5. —

Albert, A., harte Gesetze. 8°(448).– Stuttg. 1875, Metzler.

—— der Herr Graf, s. Wallner's allgemeine Schaubühne.

Albert, Anton: Der menschliche Staat. Eine philosophisch-socialistische Studie. Der internationalen Friedens- und Freiheits-Liga gewidmet. — München 1868: Bauer. 16 S.
1:Fc 2379.
2.8784

Albert, August. 1898: Das Aluminium in seiner Verwendung für den Flachdruck. ⟨Die Algraphie.⟩ Mit 6 Abb. u. 8 Taf. — Halle a. S.: Knapp 1902. 36 S.
1:Nv 1933. 8.
2.8786

Albert, Aug., technischer Führer durch die Reproduktions-Verfahren u. deren Bezeichnungen. (X,330 S.) 8. Halle 908. W. Knapp. 8. —

Albert, August: Zur Kenntnis der zyklischen Amine. 1. Quartäre und tertiäre Basen aus Piperidin. 2. Vereinfachung der Pyrrolidinsynthese. 3. Versuche zur Darstellung von Diaminosäuren. (Berlin: G. Schade 1908.) 39 S. 8°
Berlin, Phil. Diss. v. 19. Dez. 1908, Ref. Fischer
[Geb. 11. Nov. 82 Konstantinopel; Wohnort: Frankfurt a. M.; Staatsangeh.: Preußen; Vorbildung: Wöhler-Realgymn. Frankfurt a. M. Reife O. 03; Studium: München 2, Berlin 8 S.; Rig. 3. Dez. 8.] [U 09. 132

Albert, Aug.: Der Lichtdr. an d. Hand-u. Schnellpresse, s.: Enzyklopädie d. Photogr.

Der Lichtdruck an der Hand- und Schnellpresse sammt allen Nebenarbeiten. Von August **Albert** ... in Wien ... M. 65 Abb. im Text u. 9 Taf. *Halle a. S.: W. Knapp 1898.* (VII, 192 S., 9 Taf.) 1 Bd 8.
= **Encyklopädie** d. Photographie. H. 32. [98. 5433

Der Lichtdruck an der Hand- und Schnellpresse samt allen Nebenarbeiten. Von August **Albert**, Prof. 2. umgearb. Aufl. Mit 71 Abb. u. 8 Taf. Halle a. S.: W. Knapp 1906. (VII, 197 S.) 8°
= **Encyklopädie** d. Photographie. H. 32. [06. 5817 S

— der Lichtdruck u. die Photolithographie, s.: Schnauss, Jul.

— die verschiedenen Methoden des Lichtdruckes, s.a. Encyklopädie der Photographie. 38. Hft.

Die verschiedenen **Methoden** des Lichtdruckes. Geschichtl. geschild. von August **Albert**, Prof. in Wien. Mit 15 Ill. *Halle a. S.: W. Knapp 1900.* (58 S.) 8°
= **Encyklopädie** d. Photographie. H. 38. [01. 475

— Verschiedene Reproductions-Verfahren mittels lithographischen und typographischen Druckes, unter bes. Berücks. d. photomechanischen Prozesse. Mit 22 Illustr. u. 15 Taf. — Halle a. S.: Knapp 1900. VIII,182 S.
1:Os 1418. 12:Art. 1 w. 300:404.393-B. 8. 7.
2.8792

Albert, C., s.a. Albert, Carl

Albert, C. s.a. Albert, Charles

Albert, C. s.a. Albert, Karl

Albert, C.: Die Folgen d. Leichtsinns, s.a. Erzählungen, wohlf. interessante.

— (II.), die Folgen des Leichtsinns. Eine Erzählung. 8. (64 S.) Dresden 875. [Lohse und Kadler.] Lohse.

Albert, Prof. C., Die Frauen und das Studium der Medicin. Gr.-8. (38 S.) —.60
Wien: Hölder 1895

Albert, C., s. Kinderfreuden.

Albert, C., neuestes Complimentirbuch f. den guten Ton u. feine Sitte. Anleitung, um sich in Gesellschaften, bei allen Festlichkeiten, wie Geburtstags- u. Hochzeits-Festen ꝛc., beim Tanz u. anderen Gelegenheiten als gebildeter Mann zu benehmen, sich durch feine Lebensart beliebt zu machen u. die Gunst d. schönen Geschlechts zu erwerben. Für junge Männer u. Jungfrauen. 1—4. Aufl. Berlin 865—67. Mode. 12½ *ngr.*

Albert, C., neuestes Complimentirbuch für den guten Ton und feine Sitte. Anleitung, um sich in Gesellschaften, bei allen Festlichkeiten, wie Geburtstags- und Hochzeits-Festen ꝛc., beim Tanz und andern Gelegenheiten als gebildeter Mann zu benehmen, sich durch feine Lebensart beliebt zu machen und die Gunst des schönen Geschlechts zu erwerben. Nebst den besten Anstands- und Bildungs-Regeln, einer Blumensprache und Stammbuch-Aufsätzen. Für junge Männer und Jungfrauen. 7. Aufl. 8. (144 S.) Berlin 873, Mode's Verlag.

Albert, C., neuestes Complimentirbuch f. den guten Ton u. feine Sitte. Anleitung, um sich in Gesellschaften, bei allen Festlichkeiten, wie Geburtstags- u. Hochzeitsfesten ꝛc., beim Tanz u. anderen Gelegenheiten als gebildeter Mann zu benehmen, sich durch feine Lebensart beliebt zu machen u. die Gunst d. schönen Geschlechts zu erwerben. Nebst den besten Anstands- u. Bildungs-Regeln, e. Blumensprache u. Stammbuch-Aufsätzen. Für junge Männer u. Jungfrauen. 7. Aufl. 8. (144 S.) Berlin 876. Mode's Verl. 1. 25

Albert, C. (I.), neuestes Complimentirbuch für den guten Ton und feine Sitte. Anleitung, um sich in Gesellschaften, bei allen Festlichkeiten, wie Geburtstags- und Hochzeits-Festen ꝛc., beim Tanz und anderen Gelegenheiten als gebildeter Mann zu benehmen, sich durch feine Lebensart beliebt zu machen und die Gunst des schönen Geschlechts zu erwerben. Nebst den besten Anstands- und Bildungs-Regeln, einer Blumensprache und Stammbuch-Aufsätzen. Für junge Männer und Jungfrauen. 8.—12. Aufl. 8. (144 S.) Berlin 874—78, Mode's Verlag.

Albert, C., neuestes Complimentirbuch für den guten Ton und feine Sitte. Anleitung, um sich in Gesellschaften, bei allen Festlichkeiten, wie Geburtstags- und Hochzeits-Festen ꝛc., beim Tanz und anderen Gelegenheiten als gebildeter Mann zu benehmen, sich durch feine Lebensart beliebt zu machen und die Gunst des schönen Geschlechts zu erwerben. Nebst den besten Anstands- und Bildungs-Regeln, einer Blumensprache und Stammbuch-Aufsätzen. Für junge Männer und Jungfrauen. 13.—15. Aufl. 8. (144 S.) Berlin 880—84, Mode's Verlag.

Albert, C. (I.), neuestes Complimentirbuch für den guten Ton und feine Sitte. Anleitung, um sich in Gesellschaften, bei allen Festlichkeiten, wie Geburtstags- und Hochzeits-Festen ꝛc., beim Tanz und anderen Gelegenheiten als gebildeter Mann zu benehmen, sich durch feine Lebensart beliebt zu machen und die Gunst des schönen Geschlechts zu erwerben. Nebst den besten Anstands- und Bildungs-Regeln, einer Blumensprache und Stammbuch-Aufsätzen. Für junge Männer und Jungfrauen. 17. Aufl. 8. (144 S.) Berlin 886, Mode's Verlag.

Albert, C., neuestes Complimentirbuch f. den guten Ton u. feine Sitte. Nebst den besten Anstands- u. Bildungsregeln, e. Blumensprache u. Stammbuchaufsätzen. 20. Aufl. 8. (144 S.) Berlin 893. S. Mode's Verl. 1. 25

Albert, C., neuestes Complimentirbuch f. den guten Ton u. feine Sitte. Anleitung, um sich in Gesellschaften, bei allen Festlichkeiten, wie Geburtstags- u. Hochzeits-Festen ꝛc., beim Tanz u. and. Gelegenheiten als gebild. Mann zu benehmen, sich durch feine Lebensart beliebt zu machen u. die Gunst des schön. Geschlechts zu erwerben. Nebst d. best. Anstands- u. Bildungs-Regeln, e. Blumenspr. u. Stammbuch-Aufsätzen. Für junge Männer u. Jungfrauen. 22. Aufl. 8. (104 S.) Berlin (900). S. Mode's Verl. 1. 25

Albert, C., Deutschlands Krieg gegen Frankreich 1870. Eine Chronik zur Erinnerung an deutsche Kraft u. deutsche Treue. 1—6. Lfg. Dresden 870. Lohse. 4. (S. 1—144 u. 6 color. Lithogr.) Jede Liefg. 3 *ngr.*

Albert, C., Deutschlands Krieg gegen Frankreich 1870. Eine Chronik zur Erinnerg. an deutsche Kraft u. deutsche Treue. 7—36. (Schluß-) Lfg. 4. (S. 144—864 m. 40 color. Steintaf.) Dresden 871—72. Lohse & Kadler. à —30

Albert, C. (Red.), s. Reichs-Post, Deutsche.

Albert, C.: Der verhängnisvolle Sargnagel oder der Schatzgräber, s.a. Erzählungen, wohlf. interessante.

Albert, C., der verhängnißvolle Sargnagel od. der Schatzgräber. Eine wahre Geschichte aus dem Erzgebirge. 8. (62 S.) Dresden 875. Lohse & Kadler. — 40

—— der Scharfrichter von Prag und sein Sohn, oder: das heimliche Gericht. Criminalgeschichte aus der Zeit der Kaiserin Maria Theresia. 24 Lfgn. 8. (1144 S. mit 24 color. Stut.) Dresden 870, Lohse. à Lfg. 30 Pf.

Albert, C. (II.), Fräulein Shylock, s. Theater-Repertoir, Wiener.

Albert, Calixte, O. F. M., le code franciscain entre les mains des hommes du monde. Nouveaux aperçus sur le tiers-ordre de S. François d'Assise. Ouvrage posthume, édité par les Franciscains de Metz. (VIII, 267 S.) 8. Metz 906. (Verlag des „Sendboten".) 2.—.

Albert, Carl, s.a. Albert, C.

Albert, Carl, s.a. Albert, J.D. Karl

Albert, Carl s.a. Albert, Karl

Albert, Carl, ein Aprilscherz, s. Theater-Repertoir, Wiener.

Albert, (Carl,) über d. Besitz in körperl. Sachen oder sogen. Gerechtigkeiten, u. d. f. den Schutz desselb. angeordn. possessorischen Rechtsmittel. No. 1. gr. Leipzig 826, Hartmann.

Albert, Carl: Ueber den Besitz unkörperlicher Sachen oder sog. Gerechtigkeiten und die für den Schutz desselben angeordneten possessorischen Rechtsmittel. Nr 1: Versuch einer ausführl. exegetisch-praktischen Darstellung des possessorischen interdictum de itinere actuque privato. Leipzig 1826.

Albert, Carl, Brunhilde. Drama. (122 S.) kl. 8. Leipzig 910. Verlag f. Literatur, Kunst u. Musik. 2.—

Albert, Carl, drei Dichtungen. Ludmilla. — Nero. — Ariadne. 16. (XI und 74 S.) Leipzig 857, Hübner. *

Albert, Carl, Sammlung von Beschäftigungsarten, welche sich vorzüglich zur Erlangung von Nebenverdiensten eignen. Hamburg 863. (Berlin, Geelhaar.) 8. (2 Bll., 127 S.) n. 15 ngr.

Albert, Carl v., s. Wörterbuch, technologisches.

Albert, Charles, die freie Liebe. Aus dem Franz. übers. u. m. Vorwort versehen v. Therese Schlesinger-Eckstein. gr. 8. (184 S.) Leipzig 900. M. Spohr. n. 3. —

Albert, Chr., ärztlicher Rathgeber bei Krankheiten der Geschlechtstheile als Tripper, Schanker rc. oder d. Kunst dieselben ohne ärztl. Hülfe nach den Vorschriften, welche in diesem Werke enthalten, zu erkennen u. ohne Anwendg. d. Quecksilbers zu heilen. Nach der 30. Aufl. aus d. Franz. übers. Mit vielen anat. Abbildgn. 16. Aachen 850, La Ruelle. Versiegelt. 1 ℳ

Albert, E. s.a. Albert, Ed.

Albert, E. s.a. Albert, Eduard

Albert, E. s.a. Albert, Ernst

Albert, E., & Co.: Ätzstriegel. München und Berlin 1906

Albert, E: Zur Theorie und Praxis der Metallmatrize. Mit Anh.: Albert contra Fischer. München und Berlin 1905

Albert, Ed. s.a. Albert, E.

Albert, Ed. s.a. Albert, Eduard

Albert, Ed., s.: Erben, Karl Jaromir, Der Blumenstrauß.

— über Gelenkresektionen bei Caries, s.: Klinik, Wiener.

— zur Histologie der Synovialhäute. [Mit 1 (lith.) Taf.] [Aus „Sitzungsber. d. k. Akad. d. Wiss."] Lex.-8. (9 S.) Wien 872. (Gerold's Sohn.) n. — 40

— Pathologie u. Therapie der Coxitis, s.: Klinik, Wiener. 1876.

Albert, Eduard, s.a. Albert, E (d.)

Albert, Prof. Eduard Antrittsrede, gehalten beim Beginne seiner klinischen Vorlesung an der Universität Wien. gr. 8. (25 S.) geh. 60 kr. nur baar.
Wien: Urban & Schwarzenberg 1881

Albert, Ed., Antrittsrede, geh. beim Beginne seiner klinischen Vorlesungen an der Universität Wien, 2. Mai 1881. gr. 8. (25 S.) Wien 882. Urban & Schwarzenberg. n. 1. —

Albert, E., s.a. Arbeiten u. Jahresbericht d. k. k. 1. chirurgischen Universitätsklinik zu Wien.

Albert, Dr. Eduard, Arbeiten und Jahresbericht der k. k. ersten chirurgischen Universitäts-Klinik zu Wien. Schuljahr 1888. Mit 35 Abbildungen. Gr.-8. (VIII, 343 S.)
Wien: Hölder 1889 4.80

— [Architektura kosti stehenní člověka vyrostlého, Ausz., deutsch] Die Architektur des erwachsenen menschlichen Femur. Résumé der am 12. Jänner vorgelegten Abhandlung. — Prag: Verl. d. Böhm. Kaiser-Franz-Josef-Akademie für Wiss., Lit. u. Kunst 1900. 8 S.
Aus: Bulletin international de l'Académie des sciences de Bohème. 1900.
300:419.181–C.
2.8805

— die Architektur des menschlichen Oberarmes. (Auszug aus dem gleichnam. Artikel der „Časopis českých lékařů"). (In deutscher, französ. und italien. Sprache.) kl. 4. (25 S. m. 1 Taf.) Wien 900. A. Hölder. n. 1. —

Albert, Ed., Architektur der Tibia. (Resumé des in Nr. 4 bis 6 des Jahrg. 1900 der Wiener medicin. Wochenschrift erschienenen Artikels.) Mit französ. u. italien. Texte. Fol. (13 S. m. 3 Taf.) Wien 900. A. Hölder. n. 1. —

— Beiträge zur operativen Chirurgie. H. 1.2. — Wien (2: & Leipzig): Urban & Schwarzenberg 1878–80.
1:Ig 9362. 300:49.449 B. 6.
2.8806

Albert, Ed., Beiträge zur Geschichte der Chirurgie. 1. und 2. Heft. gr. 8. Wien, Urban und Schwarzenberg. *
Inhalt:
Heft 1. I. Die Blutstillungsmethoden im Mittelalter. — II. Die ältere Chirurgie der Kopfverletzungen. (S. 1—118.) 877. * ℳ 4.
» 2. Die Herniologie der Alten. (S. 119—194.) 878. * ℳ 2,40.

Beiträge zur Kenntniss der Osteomyelitis. Von Prof. [Eduard] Albert, ... Vorstand d. I. chirurg. Klinik, & Prof. A[lexander] Kolisko, Prosecturs-Adjunct d. k. k. allgem. Krankenhauses. M. 12 Taf. *Wien: A. Hölder 1896.* (3 Bl., 132 S., 12 Taf.) 1 Bd 4.(8.) [96. 1988

Albert, Ed., Diagnostik der chirurgischen Krankheiten in 20 Vorlesungen. gr. 8. (VII, 338 S.) Wien 876. Braumüller. n. 6. —

Albert, Dr. Eduard Prof., Diagnostik der chirurgischen Krankheiten in zwanzig Vorlesungen. Zweite verbesserte Auflage. gr. 8. mit 46 Holzschnitten. (375 S.) geh. 3 fl. 50 kr.
Wien: Wilh. Braumüller 1882

Albert, Ed., Diagnostik der chirurgischen Krankheiten in 20 Vorlesungen. 3. Aufl. Mit 47 Holzschn. gr. 8. (VII, 360 S.) Wien 885. Braumüller. n. 7. —

Albert, Dr. E., Diagnostik der chirurgischen Krankheiten. Vierte gänzlich umgearb. Aufl. Mit 47 Holzschnitten. (Sammlg. medicin. Handbücher, I. Band.) gr. 8°. (316 S.) Wien, Hölder. fl. 3.60.
1887

— dasselbe. 5. verb. Aufl. gr. 8. (IV, 303 S. m. 48 Holzschn.) Ebd. 890. n. 7. —; geb. n.n. 8.40

Albert, Ed., Diagnostik der chirurgischen Krankheiten. 6., verb. Aufl. gr. 8. (IV, 312 S. m. 48 Holzschn.) Wien 893. A. Hölder. n. 7. —

Albert, Ed., Diagnostik d. chirurg. Krankheiten. 7., verb. Aufl. gr. 8. (IV, 317 S. m. 48 Holzschn.) Wien 896. A. Hölder. n. 7 —; geb. in Halbfrz. n.n. 8.40

— Diagnostik der chirurgischen Krankheiten. 8. verb. Aufl. gr. 8. (IV, 335 S. m. 58 Holzsch.) Ebd. 900. n. 7. —; geb. in Halbfrz. n.n. 8.40

E[duard] Alberts Diagnostik der chirurgischen Krankheiten. 9. verm. Aufl. Hrsg. von Dr. Karl Ewald, Privatd. Mit 55 Holzschn. Wien: A. Hölder 1906. (VI, 352 S.) 8° [07. 1336 8

ALBERT, Eduard
Einführung in das Studium der Architektur der Röhrenknochen. Von Prof. Dr. Eduard Albert. Mit 1 Tafel und 63 Textbildern. Wien. 1900. Hölder. Gr.-8°. 56 S. K 3.—

— die Erfolge d. Messers. Antwort auf die Broschüre: Unter der Herrschaft d. Messers. gr. 8. (VII, 36 S.) Ebd. 892. n. — 80

Albert, E[duard]: Die Frauen und das Studium der Medicin. — Wien: Hölder 1895. 38 S. 8°

Albert, Prof. E., Die Frauen u. das Studium d. Medizin. (37 S.) Wien 1890. A. Hölder. 1.—

— Die K. K. Gesellschaft der Ärzte und ihre Reform. Ein Vorschlag von E. Albert. — Wien: Selbstverl. 1894. 13 S. 300:83.289–B. 3. 2.8823

ALBERT, Eduard
Die seitlichen Kniegelenksverkrümmungen und die compensatorischen Fussformen. Von Prof. Dr. Eduard Albert. Mit 39 Abbildungen. Wien. 1899. Hölder. Gr.-8°. II, 86 S. fl. 2.50

Die seitlichen Kniegelenksverkrümmungen und die compensatorischen Fussformen. Von Prof. Dr. Eduard Albert, Wien. Mit 39 Abb. *Wien: A. Hölder 1900.* (II, 86 S.) 8° [99. 19479

— Vide: Kornfeld, M.: Die Frauen u. die Medicin.

— **Lehrbuch der Chirurgie, neue Bearbeitg., s.: Lehrbuch der speziellen Chirurgie.**

— Lehrbuch der Chirurgie und Operationslehre. Vorlesungen für praktische Ärzte und Studirende. Bd 1–4. Wien: Urban & Schwarzenberg 1877–80.
1. Die chirurgischen Krankheiten des Kopfes u. Halses. 1877.
2. Die chirurgischen Krankheiten der Wirbelsäule, der Brust, des Schultergürtels u. der oberen Gliedmasse. 1878.
3. Die chirurgischen Krankheiten des Bauches, des Mastdarms u. der Scrotalhöhle. 1879.
4. Die chirurgischen Krankheiten des Beckens u. der unteren Gliedmasse. 1880.
300:183.796–C. 8. 9. 11. 2.8825

— — 2., umgearb. u. verm. Aufl. Bd 1–4. Wien & Leipzig: Urban & Schwarzenberg 1881–83.
1.2 1881. 3. 1882. 4. 1883.
Inhalt wie in 2.8825.
1–4 . . . . . 12: Chir. 3 sn. 300:53.743–B. 2. 11.
1.2 . . . . 1: Ig 6390. 2.8826

— — 3., umgearb. u. verm. Aufl. Bd 1–4. Ebd. 1884–85.
1.2. 1884. 3.4. 1885.
Inhalt wie in 2.8825. 300:186.044–C. 2.8827

— — 4., umgearb. Aufl. Bd 1–4. Ebd. 1890–91.
1.2. 1890. 3.4. 1891.
Inhalt wie in 2.8825. 300:392.115–B. 2. 9. 2.8828

— — 5. Aufl. 1897 s. *Albert:* Lehrbuch der speciellen Chirurgie.

— Lehrbuch der speciellen Chirurgie von E. Albert. 5., umgearb. Aufl. des Lehrbuches der Chirurgie u. Operationslehre. Bd 1.2. — Wien & Leipzig: Urban & Schwarzenberg 1897–98.
1. Die Krankheiten des Kopfes, Halses, d. Wirbelsäule, d. Brust und d. Armes. 1897.
2. Die Krankheiten d. Bauchhöhle, d. Rectum, d. Scrotum, d. Beckens und d. unteren Gliedmassen. 1898.
1: Ig 6390°. 12: Chir. 3 so. 300:98.343–C. 8. 11. 2.8829

Zur Lehre von der sogenannten Coxa vara und Coxa valga. Von Prof. Dr. E[duard] Albert in Wien. Mit 24 Taf. u. 4 Textbild. *Wien: A. Hölder 1899.* (34 S.) 8° [99. 6561

— die Lehre vom Hirndruck, s.a. Zeit- u. Streitfragen, klinische.

— Die Lehre vom Hirndruck. Eine kritische Studie von Ed. Albert. — Wien (: Braumüller) 1889. S. 74–100. (Klinische Zeit- und Streitfragen. 3,3.) (Internat. klinische Rundschau. 1889, Beil.)
1: Ic 2540–3,3. 300:187.861–B. Bd 3,3. 2.8831

— Lyrisches u. Verwandtes, aus der böhm. Literatur ins Deutsche übers. 12. (VI, 160 S.) Ebd. 900. n. 2. 20

ALBERT, Eduard
Der Mechanismus der skoliotischen Wirbelsäule. Von Prof. Dr. Eduard Albert. Mit 34 Abbildungen. Wien. 1899. Hölder. Gr.-8°. 61 S. fl. 1.80

— Poesie aus Böhmen. Fremde u. eigene Uebersetzgn. aus dem Böhm. 8. (VI, 295 S.) Wien 893. A. Hölder. n. 3. 20

Albert, Ed., neuere Poesie aus Böhmen. Anthologie aus den Werken v. Jaroslav Vrchlický. Fremde u. eigene Uebersetzgn. aus dem Böhm., hrsg. v. E. A. 8. (X, 376 S.) Wien 893. A. Hölder. n. 4. —

Albert, Ed., neueste Poesie aus Böhmen. 2 Bde. Wien 895. A. Hölder. n. 6. 50; geb. n.n. 13. 50
I. D. d. Weltliteratur conformen Richtgn. Fremde u. eig. Uebersetzgn. a. d. Böhm. 8. (VIII, 253 S.) n. 3. —
II. D. nationalen Richtgn. M. e. Anh., Volkslieder enth. Fremde u. eig. Uebersetzgn. a. d. Böhm. 8. (VIII, 300 S.) n. 3. 50; geb. n.n. 5. 50

— zur Theorie der Skoliose, s.a. Sammlung medicinischer Schriften.

Albert, Prof. Eduard, Die Theorie der Skoliose. Mit 1 lithograph. Tafel und 10 Text-Abbildungen. (Sammlung medicin. Schriften. XI. Bd.) Gr.-8. (27 S.) Wien: Hölder 1890 1.20

Albert, Edwin: Die israelitisch-jüdische Auferstehungshoffnung in ihren Beziehungen zum Parsismus. Königsberg i. P. 1910: Kümmel. 72 S. 8°
Königsberg, Theol. Diss. v. 19. Febr. 1910
[Geb. 13. Juli 83 Straßburg i. E.; Wohnort: Königsberg i. P.; Staatsangeh.: Preußen; Vorbildung: Gymn. Lyck Reife O. 04; Studium: Königsberg 8 S.; Rig. 10. Jan. 10.] [U 10. 2560

Albert, Emily (wirkl. Name) s.a. Berthal, Hans (Pseud.)
— Drei Lebenstage. Armes Kasperle. Skizzen. Von Hans Berthal [d. i. Emily Albert]. — Oranienburg: Möller [1910]. 31 S. (Möller's Bibliothek für Gesundheitspflege u. Volksaufklärung. 79.) 1: Ii 2134/10–79. 2.8841

— Hans Berthal ⟨Emily Albert⟩. Peter in der Fremde. Erzählung für Knaben. — Glückstadt: Hansen (1909). 184 S. 8. 2.8843

Albert, Ernst, Bibel u. Schwert. Geschichtliches Festspiel in 1 Akt. Zur Erinnerg. an den 300jähr. Geburtstag Herzog Ernst des Frommen, 25. XII. 1901. gr. 8. (22 S.) Altenburg (901). (O. Bonde.) n. — 40

Albert, Ernst, Bismarck, bleib zu Haus! Erwiderung auf: Bismarck, komm zurück! von Adf. Graf v. Westarp. 1.—10. Tauf. gr. 8. (7 S.) Bremen 892. K. Behrens. n. — 25

Albert, Ernst: Carl Hauptmanns Dramen, s.: Fischer, Johs. Maria.

— f. den Kaiser. Ein deutscher Dank. Erwiderung auf: „An den Kaiser." Eine deutsche Bitte von Adf. Graf v. Westarp. 1. u. 2. Aufl. 1.—13. Tauf. gr. 8. (8 S.) Cöthen 891. P. Schettler's Erben Verl. n. — 20

Albert, E., der Krüppel v. Bremen. Die Sage der Entstehg. d. Bremer Bürgerparks. Volks-Epos in 6 Gesängen, nach geschichtl. Quellen u. Volkserzählgn. gedichtet. 8. (63 S. m. Abbildgn.) Bremen 890. (Meinhardt.) n. 1. —

Albert, Ernst: Das Naturgefühl L. H. Chr. Höltys u. s. Stellg. in Entwicklg. d. Naturgefühls innerh. d. deut. Dichtg. d. 18. Jahrh., s.a. Schriften d. lit.-hist. Gesellsch. Bonn.

Das Naturgefühl L. H. Chr. Höltys und seine Stellung in der Entwicklung des Naturgefühls innerhalb der deutschen Dichtung des 18. Jahrhunderts. Von Ernst **Albert**. Dortmund: Ruhfus 1910. 137 S. 8°
(Schriften d. Literhist. Gesellschaft Bonn. 8.) [10. 9799

— Verbrüdert. Festspiel in 1 Akt. — Königsberg i. Pr. 1888: Erlatis. 19 S. 1: Ys 26335. 2.8847

— verbrüdert. Festspiel in 1 Aufzuge. Für den allgem. deutschen Schulverein zur Erhaltg. d. Deutschthums im Auslande geschrieben. gr. 8. (16 S.) Königsberg i/Pr. 890. Hartung. — 30

Albert, Ernst: Die historischen Voraussetzungen und der Inhalt von L. H. Chr. Höltys Naturgefühl. Dortmund 1910: Ruhfus. 89 S. 8° ¶ (Ersch. vollst. u. d. T.: Das Naturgefühl L. H. Chr. Höltys, als: Schriften d. Literarhist. Gesellsch. Bonn. 8.)
Bonn, Phil. Diss. v. 9. März 1910, Ref. Litzmann
[Geb. 28. Aug. 84 Walsdorf i. Taunus; Wohnort: Wiesbaden; Staatsangeh.: Preußen; Vorbildung: Gymn. Weilburg Reife O. 03; Studium: München 1, Berlin 1, Göttingen 1, Berlin 1, Bonn 6 S.; Rig. 15. Dez. 09.] [U 10. 346

Albert, Eugen d'

d'Albert, Eug., Die Abreise. Musikal. Lustspiel in 1 Aufzuge. Dichtg. v. A. v. Steigentesch. Bearb. v. Ferd. Graf. Sporck. Musik v. A. Dichtg (Textbuch.) 8. (32 S.) Leipzig 898. M. Brockhaus. n. — 50

Eugen d'Albert. [Biographisches u. Rezensionen.] — Berlin: Wolff [1885]. 26 S. 1: Mus. Da 52. 2.8717

Flauto solo. Musikal. Lustspiel in 1 Aufz. von Hans v. Wolzogen. Musik von Eugen d'**Albert**. (Textbuch.) Berlin: Bote & Bock [1905]. 53 S. 8° [11. 3835

Gernot. Oper in 3 Aufz. Dichtg v. Gustav Kastropp. Mus. v. Eugen d'**Albert**. Dichtg. *Leipzig: Breitkopf & Härtel [1897].* (60 S.) 8° [F.]
— **Textbibliothek.** Breitkopf & Härtel's. No 345. [99. 9763

[F.] Gernot. Oper in 3 Aufzügen. Dichtg v. Gustav Kastropp. Musik v. Eugen d'**Albert**. Vollst. Klavierausz. m. Text v. Karl Klindworth ... *Leipzig: Breitkopf & Härtel 1897.* (1 Bl., 237 S.) 1 Bd 4. [97. 8346

Gernot. Oper in 3 Aufz. Dichtg v. Gustav Kastropp. Musik v. Eugen d'**Albert**. Vollst. Partitur. *Leipzig: Breitkopf & Härtel 1897.* (2 Bl., 402 S.) 1 Bd 4.
(Breitkopf & Härtel's Partitur-Bibliothek.) [99. 1408

Ghismonda. Oper in 3 Aufz. ⟨mit Benutzung d. dramat. Gedichts v. Immermann⟩ von Eugen d'**Albert**. Dichtung. *Leipzig: Breitkopf & Härtel [1895].* (52 S.) 8° [F.]
— **Textbibliothek.** Breitkopf & Härtel's. No 336. [99. 9756

Der Improvisator. Oper in 3 Aufz. Dichtung von Gustav Kastropp. Musik von Eugen d'**Albert**. Vollst. Klav.-Ausz. mit deutschem Text von Otto Singer. *Berlin: Bote & Bock [1902].* (344 S.) 4° [02. 5993

Der Improvisator. Oper in 3 Aufz. Dichtung von Gustav Kastropp. Musik von Eugen d'**Albert**. (Textbuch.) Berlin: Bote & Bock [1902]. 100 S. 8° [11. 11339

Izeyl. Musikdrama in 3 Aufz. ⟨nach Armand Silvestre u. Eugen Morand⟩ von Rudolf Lothar. Musik von Eugen d'**Albert**. (Textbuch.) Berlin: Bote & Bock 1909. 60 S. 8° [11. 3836

Kain. Musikal. Tragödie in 1 Aufz. Dichtung von Heinrich Bulthaupt. Musik von Eugen d'**Albert**. (Textbuch). Berlin: Bote & Bock [1900]. 24 S. 8° [11. 11340

Kain. Musikdrama in 1 Aufzuge. Dichtung von Heinrich Bulthaupt. Musik von Eugen d'**Albert**. Dichtung. Als Ms. gedr. (Leipzig [1900]: Röder.) 24 S. 8° A 12. 10535

Eugen d'**Albert**. Op. 25. Zwei Lieder für Sopran oder Tenor mit Begl. d. Orchesters oder d. Pianof. ⟨Two songs for Soprano or Tenor with orchestra or piano.⟩ Text deutsch u. engl. (Engl. Words by John Bernhoff.) Ausg. mit Pianof. vom Comp. No 1. 2. *Leipzig: R. Forberg 1904.* 2 Bde 4°
1. Lebensschlitten. Gedicht von Fr(itz) Rassow.
2. Wiegenlied. Gedicht von D(etlev) v. Liliencron. [04. 3979

Der Rubin. Musikal. Märchen in 2 Aufz. ⟨mit Benutzung d. gleichnam. Märchen-Lustspiels v. Fr. Hebbel⟩ v. Eugen d'**Albert**. Dichtung. *Leipzig: Breitkopf & Härtel [1893].* (52 S.) 8° [F.]
— **Textbibliothek.** Breitkopf & Härtel's. No 329. [99. 9750

Terra bassa [Tiefland]. Dramma lirico in un prologo e 2 atti ⟨da Guimerà⟩ di R[udolf] Lothar. Riduzione ital. di F. Fontana. Musica di Eugenio d'**Albert**. [Textbuch.] Berlino: Bote & Bock 1909. 75 S. 8° [11. 3834

Tiefland. Musikdrama in 1 Vorspiel u. 2 Aufz. Text nach A. Guimera von Rudolph Lothar. Musik von Eugen d'**Albert**. Klav.Ausz. mit Text von Otto Singer. *Berlin: E. Bote & G. Bock (1903).* (302 S.) 4° [04. 12410

Tiefland. Musikdrama in e. Vorspiel u. 2 Aufz. nach A. Guimera von von Rudolph Lothar. Musik von Eugen d'**Albert**. (Textbuch.) Berlin: Bote & Bock [1907]. 87 S. 8° [11. 3837

Tragaldabas. Komische Oper in 4 Aufz. nach d. gleichnam. Komödie von August Vacquerie von Rudolf Lothar. Musik von Eugen d'**Albert**. Dichtung. Mainz: B. Schott's Söhne (1907). (98 S.) 8° [08. 3357

Mittelalterliche Venushymne. Medieval hymn to Venus (aus d. Lustspiel 'Die Königin von Cypern.' ⟨Rudolph Lothar.⟩ Engl. Words by John Bernhoff). Für Sopran oder Tenor u. Männerchor mit Orchester oder Pianof. komp. von Eugen d'**Albert**. Text deutsch u. englisch. Op. 26. Klavierauszug u. Chorstimmen. *Leipzig: R. Forberg 1904.* (15 S., 4 Bl.) 4° u. 8° [Umschlagt. Ant. u. F.] [04. 3980

Wie wir die Natur erleben. How we see and live in Nature. ⟨Fr(itz) Rassow.⟩ Stimmungsbild f. e. Sopran- oder Tenorstimme mit Begl. d. Orchesters oder d. Pianof. Comp. von Eugen d'**Albert**. Op. 24. ⟨Text deutsch u. engl.⟩ (Engl. Words by John Bernhoff.) Ausg. mit Pianof. vom Komp. *Leipzig: R. Forberg 1904.* (12 S.) 4° [Umschlagt. Ant. u. F.] [04. 3981

Albert, F. s.a. Albert, Franz

Albert, F. s.a. Albert, Friedrich

Albert, F., bunte Blumen u. Vögel. Fol. (28 Chromolith.) Berlin 886. Claesen & Co. In Mappe. n. 45. —

Albert, F.: Deduction u. Entwick. d. Urrechte d. Menschen. *Anspach.* **796.**

Albert, F., kleine farbige Entwürfe für decorative Malereien, Blumen, Vögel, Insecten, Thiere d. Waldes u. d. Hauses, Landschaften, Embleme, etc. Fol. (16 Taf.) Berlin 888. Claesen & Cie. in Mappe. n. 25. —

Albert, F., Fütterungslehre, s.: Maercker, Max.

Albert, F. 1879: Der Gewerbverein zu Mainz. Gedenkschrift zur Vollendung des neuen Vereinshauses am 20. März 1879. (Verf.: F. Albert.) — Mainz 1879: Prickarts. 79 S., 5 Taf. 83. 2.8873

Albert, F.: Karte d. Saaletales, s.: Franke, d. sächs. Vogtl.

Albert, F., Karte des oberen Saalethals. 1 : 100,000. Chromolithogr. Fol. Plauen 882, Kell's Buchh. *
Mit color. Grenzen in Carton *
Auf Leinw. in Carton *

Albert, F., Karte des oberen Saalethales. 1 : 100,000. **Neue Ausg. mit Eisenbahnen. Chromolithogr. Fol. Plauen 887, Kell.** *

Albert, F., Karte d. ob. Saalethales. 1:100,000. 2. Aufl. 35 x 27,5 cm. Farbendr. Plauen 1893, A. Kell.

Albert, F.: Karte d. Vogtldes, s.: Franke.

Albert, F., farbige Compositionen f. Porzellan-, Glas- u. Leder-Malerei. Blumenstudien m. ornamentalen Umrahmgn. u. Scenen a. der Thierwelt. Fol. (24 Taf.) Berlin 891. Hessling & Spielmeyer. In Mappe. n. 24. —

— d. Perspektive, s.: Stade, Frz., d. Schule d. Bautechnikers. 11.

v. Albert, F., Regiments-Geschichte des 4. niederschlesischen Infanterie-Regiments Nr. 51 für Musketiere u. Füsiliere. Breslau 869. Morgenstern. 8. (32 S.) n. 3 *ngr.*

Albert, F. v., Regiments-Geschichte des 4. niederschlesischen Infanterie-Regiments Nr. 51 f. Musketiere und Füsiliere. 1869. gr. 8. (32 S.) Breslau 870, Morgenstern. *

Albert, F.: Das ob. Saalethal. 1:100,000. 35,5 x 27,5 cm. Lith.— Plauen, A. Kell (1908.)

Albert, F., die Vermessungskunde, s.: Stade, Frz., die Schule des Bautechnikers. 10. Bd.

Albert, F. G. s. Albert, G.

Albert, Felix Richard

[F.] Die Blütezeit der deutschen Predigt im Mittelalter. 1100—1400. Von Lic. Dr. F[elix] R[ich.] **Albert**, Superintend. in Grimma. *Gütersloh: C. Bertelsmann 1896.* (VIII, 210 S.) 1 Bd 8.
= Albert, F. R.: Die Geschichte d. Predigt in Deutschland bis Luther. Tl III. [96. 8693

Albert, F. R., der Briefwechsel Heinrichs v. Einsiedel m. Luther, Melanchthon, Spalatin u. anderen, s.a. Quellen u. Darstellungen aus der Geschichte des Reformationsjahrhunderts. VII.

— Der Briefwechsel Heinrichs v. Einsiedel mit Luther, Melanchthon, Spalatin und anderen. Aus Hs. dargest. von F. R. Albert. — Leipzig: Heinsius 1908. VI, 124 S. (Quellen u. Darstellungen aus d. Geschichte d. Reformationsjahrhunderts. 7.)
1: Cm 706–7. 12: H. ref. 297 ukd–7. 300: 458.979–B. Bd 7. 2. 3. 4. 5. 6. 7. 8. 9. 10. 11. 2.8900

Albert, F. R., die Geschichte der Predigt in Deutschland bis Luther. 1. u. 2. Tl. gr. 8. Gütersloh, C. Bertelsmann. à n. 2. 80
1. Die Geschichte der Predigt in Deutschland bis auf Karl den Großen. 600—814. Lateinische Predigten v. Verfassern fremdländ. Herkunft. (176 S.) 892.
2. Lateinische Predigten v. Verfassern deutscher Herkunft 814 bis 1100. A. u. d. T.: Seit wann giebt es e. Predigt in deutscher Sprache? beantwortet durch die Geschichte der Predigt in Deutschland von 814—1100. (VI, 192 S.) 893.

Albert, F. R., d. Geschichte d. Predigt in Deutschland b. Luther. 3. Tl.: D. Blütezeit d. deutschen Predigt i. Mittelalter. 1100—1400. gr. 8. (VIII, 210 S.) Gütersloh 896. C. Bertelsmann. n. 2. 80

— Seit wann giebt es eine Predigt in deutscher Sprache? Beantwortet durch die Geschichte der Predigt in Deutschland von 814-1100. Von F. R. Albert. — Gütersloh: Bertelsmann 1893. VI, 192 S. (Albert: Die Geschichte der Predigt in Deutschland bis Luther. 2.)
1: Dy 4314-2. 2.8903

Albert, Ferdinand, aus Hassfurt: Ueber einen **Krebs** der Magengegend mit Flimmerepithel (nebst allgemeinen Bemerkungen über das Vorkommen von Flimmergeschwülsten). *Würzburg 1898: A. Boegler.* (49 S.) 8°
Würzburg, Med. Diss. v. 1898

Albert, Fr., s. Albert, Franz

Albert, Franz

Albert, F., die Baumaterialienlehre, s.a. Stade, Frz., die Schule des Bautechnikers. 17.

Albert, Franz, Professor. Plauen. 1881: Die Baumaterialienlehre. Lehrbuch zum Selbstunterrichte. Bearb. von F. Albert. — Leipzig: Schäfer (1902). VIII,64 S. 4° (Die Schule d. Bautechnikers. 17.) **85.**
2.8904

Albert, Frz., s.: Bilder-Bibel, katholische, des Alten u. Neuen Testamentes.

Albert, Fr., s. Bulwer, Sendschreiben.

— Die Ehe des deutschen Unteroffiziers, s.: Unteroffizier-Bibliothek 11. Bd.

Albert, Frz., die Eisenkonstruktionen u. die Eisenbetonbauweise im Hochbau, s.a. Stade, Frz., die Schule des Bautechnikers. 15. Bd.

— Die Eisenkonstruktionen und die Eisenbetonbauweise im Hochbau. Lehrbuch für Baugewerkenschulen. — Leipzig: Schäfer (1908). XII,333 S. 4° (Die Schule des Bautechnikers. 15.) **83.**
2.8905

— Die Frau des deutschen Unteroffiziers. Gedanken u. Ratschläge aus dem Leben f. das Leben. (108 S.) kl. 8. Essen (910.) Fredebeul & Koenen 1. —

ALBERT, FRANZ: Freudengruss eines dankbar ergebenen Herzens bei der Rückkehr Sr. Excellenz des Hochwürd. Herrn Erzbischofs zu Erlau Adalbert Bartakovics von Kis-Appony aus Wien am 22. Juni 1856. Erlau 1856. Gedr. in der erzbischöfl. Buchdruckerei. 2 l. - gr. 8°

Albert, Frz.: Üb. Thomas Heywoods The life and death of Hector, e. Neubearbeitg. v. Lydgates troy book, s.a. Beiträge, Münch., z. roman. u. engl. Philol.

Albert, Franz: Über Thomas Heywoods The Life and Death of Hector, eine Neubearbeitung von Lydgates Troy Book. Kirchhain N.-L. 1908: Schmersow. 35 S. 8° (Ersch. vollst. als: Münchener Beiträge z. roman. u. engl. Philol. H. 42. 1900.)
München, Phil. Diss. v. 15. Mai 1908, Ref. Schick, Breymann
[Geb. 4. Febr. 78 Röttingen a. T.; Wohnort: München; Staatsangeh.: Bayern; Vorbildung: Neues Gymn. Wurzburg Reife Juli 97; Studium: München 7, Berlin 1 S.; Rig. 15. Mai 08.] [U 09. 3434

Albert, Franz, Dr. phil., München. 1909: Über Thomas Heywoods The Life and death of Hector, eine Neubearb. von Lydgates Troy Book. — Leipzig: Deichert 1909. XI,185 S. (Münchener Beiträge zur romanischen u. englischen Philologie. 42.)
Ersch. teilw. auch als Diss. München 1908.
1: V 678/3-42. **12:** H. lit. P. 36ng-42. **300:** 147.765-B. Bd 42. **2. 3. 7. 8. 9. 10. 11.**
2.8907

Albert, Frz., die technische Mechanik im Hochbau. Ein Leitfaden zum Gebrauche f. den Unterricht an Baugewerkenschulen u. beim Entwerfen u. Dimensioniren in der Praxis. Mit 19 lith. Taf. gr. 8. (VIII, 150 S.) Plauen 881. Hohmann. n. 3. 75

Albert, Friedrich

Albert, Frdr., s.: Berichte des landwirtschaftlichen Instituts der Universität Königsberg i. Pr.

Albert, Friedrich [Dr. phil.]: Ueber **Grünpressfutter. Ein Beitrag zur Conservirung frischer Futterpflanzen durch Selbsterhitzung.** ... Halle a/S., Gebauer-Schwetschke'sche Buchdr., 1889; 1 Bl. + 57 S. 8°
Halle, Phil. Fak., Hab.-Schr. v. [22. Okt.] 1889

Albert, Frdr., d. fröhlichen Handwerksburschen Kreuz- u. Querzüge durch das deutsche Reich, Deutsch-Oesterreich, die Schweiz u. die anliegenden Länder. Ein kurz gefaßtes Wanderbüchlein, m. e. (lith. u. color.) Reisekarte (in Imp.-Fol.), Notizbuch u. Brieftasche versehen. 8. (141 S.) Plauen 877. Hohmann. geb. n. 1. 60

Albert, Friedr., über das Kaugerüst der Makruren. Inaugural-Dissertation. gr. 8. (80 S.) Göttingen 883, (Vandenhoeck und Ruprecht's Verlag.) *

Albert, Friedrich, aus Lachem i. Hann.: **Ueber Kondensationen von Vanillin mit Acetessigester und Analogen.** *Heidelberg 1903: J. Hörning.* (29 S.) 8°
Heidelberg, Naturw.-math. Diss. v. 1903

— die Konservierung der Futterpflanzen, s.: Thaer-Bibliothek. 103. Bd.

— Die Konservierung der Futterpflanzen nach verschiedenen Methoden. Mit 57 Textabb. — Berlin: Parey 1903. VI,194 S. (Thaer-Bibliothek. 103.)
1: Ou 29504-103. **11.**
2.8918

Die Landwirthschaftlichen **Maschinen** auf der Pariser Weltausstellung 1900. Bericht, erstattet im Auftr. d. Directoriums von Dr. [**Friedrich**] **Albert**-Münchenhof, Gutsbes., u. Ingen. Schiller-Berlin. *Berlin 1901: (Gebr. Unger).* (59 S.) 8° [J.]
— Arbeiten d. Deutschen Landwirtsch.-Gesellschaft. H. 65. [01. 11799

— Das Studium der Landwirtschaft an der Universität Königsberg i. Pr. Unter Mitw. d. Herren Fachdozenten zsgest. von Prof. Albert. — (Berlin: Parey) 1907. 35 S. (Berichte d. Landwirtschaftlichen Instituts d. Universität Königsberg i. Pr. 8.) **1:** 4° Ou 23086-8. **10. 11.**
2.8919

Albert, Frdr., Untersuchungen üb. Grünpreßfutter. Bericht üb. die v. der deutschen Landwirtschafts-Gesellschaft veranlaßten Versuche. [Aus: „Jahrb. d. deutschen Landwirtschafts-Gesellschaft".] Lex.-8. (104 S.) Berlin 891. P. Parey. n. 1. 50

Albert, Fritz, Dichterland. Skizzen u. Studien. (VII, 124 S.) 8. Hermannstadt 911. W. Krafft. 2. 40

Albert, G. s.a. Albert, Georg

Albert, G., Anweisungen im Landschaftszeichnen. Lithogr. 1. Hft. qu. gr. 4. (8 Bl. u. 1 Bl. Text.) Neuhaldensleben 830, Eyraud.

Albert, G., deutsche Lieder für Schule und Haus zusammengestellt. 3.—6. Aufl. Nebst einem Anh.: Lieder aus Deutschlands großer Zeit 1870—1871. gr. 8. (IV, 108 S.) Altenburg 871—74, Bonde. 5. Aufl. * 50 Pf.; 3., 4., 6. Aufl. *

Albert, G., deutsche Lieder, für Schule und Haus zusammengestellt. Nebst einem Anhang: Lieder aus Deutschlands großer Zeit 1870—71. 14. und 15. Aufl. gr. 8. (IV, 108 S.) Altenburg 881,82, Bonde. *

—— deutsche Lieder für Oesterreichs Schulen. gr. 8. (IV, 116 S.) Altenburg 874, Bonde. *

Albert, G., 143 deutsche Lieder f. Schule u. Haus. 34. verb. Aufl. (VIII, 126 S.) gr. 8. Altenburg 904. O. Bonde. n. — 50

Albert, G., 143 deutsche Lieder, f. Schule u. Haus zusammengestellt. 40. verb. Aufl. (VIII, 126 S.) 8. Altenburg 910. O. Bonde. — 50

—— 184 deutsche Lieder für Schule und Haus. Nebst einem Anhang: Lieder aus Deutschlands großer Zeit 1870—71. 16. und 17., durch 40 Lieder verm. Aufl. gr. 8. (IV, 144 S.) Ebendas. 883,84. *

Albert, G., 184 deutsche Lieder für Schule und Haus. 18.—21. Aufl. Nebst einem Anhang: Lieder aus Deutschlands großer Zeit 1870—71. gr. 8. (IV, 144 S.) Altenburg 885—88, Bonde's Verlag. *

Albert, G. 184 deutsche Lieder f. Schule u. Haus. 22.—25. Aufl. Nebst e. Anh.: Lieder aus Deutschlands großer Zeit 1870—71. gr. 8. (IV, 144 S.) Altenb. 889—92, Bonde. * — 50

Albert, G., 184 deutsche Lieder f. Schule u. Haus. 26. Aufl. Nebst e. Anh.: Lieder aus Deutschlands großer Zeit 1870—71. gr. 8. (IV, 144 S.) Altenburg 893. O. Bonde. n. — 50

Albert, G., 184 deutsche Lieder f. Schule u. Haus. 30. Aufl. Nebst e. Anh.: Lieder a. Deutschlands großer Zeit 1870—71. gr. 8 (IV, 144 S.) Altenburg 898. O. Bonde. n. — 50

Albert, G., 184 deutsche Lieder f. Schule u. Haus. 31. Aufl. Nebst e. Anh.: Lieder aus Deutschlands gr. Zeit 1870 bis 1871. gr. 8. (IV, 144 S.) Altenburg 899. O. Bonde. n. — 50

Albert, F. G., Liederbuch f. Schulen. Enth.: Methodische Übgn., Choräle u. Lieder. 1. u. 2. Heft. 12. Altenburg, Bonde's Verl. n. 1. 10
1. [1.—4. Schulj.] (XII, 100 S.) 891. n. — 30
2. [5.—8. Schulj.] (VII, 335 S.) 891. n. — 80

—— Liederschatz für Oesterreichs Schulen. 2. und 3. Aufl. gr. 8. (IV, 116 S.) Ebendas. 877,83. *

Albert, F. G., Sammlung vierstimmiger Choralgesänge [meist mit J. S. Bach'schem Tonsatze], zunächst für höhere Lehranstalten ausgewählt. gr. 8. (VII, 182 S.) Altenburg 879. Bonde. *

Albert, Georg, s.a. Albert, G.

Albert Georg: Kants transcendentale Logik, mit bes. Ber. der Schopenhauer'schen Kritik der Kantschen Philosophie. Diss. Wien, Univ.
1895 PN 915 69

Albert, Geo., Kant's transscendentale Logik m. Berücksicht. d. Schopenhauerschen Kritik d. Kant. Philosophie. Ein philosoph. Beitrag. gr. 8. (VII, 155 S.) Wien 895. A. Hölder. n. 4. —

Albert, Geo., 100 Sonette. (1891—1910.) (IV, 100 S.) 8. Wien 911. F. Deuticke. 2.

Albert, Geo, Untersuchungen wegen Bestimmung der Walderträge. Von den Waldbäumen 1. Hft.: Von der körperlichen Beschaffenheit. — 2. Hft: Vom Wachsthum der Waldbäume, insbesondere den Reihen ihrer körperlichen Entwickelung. Mit 4 lith. Taf. (in Fol.) Würzburg (854.) Goldstein. gr. 8. (VIII, 188 S.) n. 1 ℛ𝓈

[F.] Die Platonische Zahl und einige Conjecturen zu Platon sowie zu Lukrez. Von Georg **Albert**. M. 1 Figurentaf. *Wien: A. Hölder 1896.* (V S., 1 Bl., 48 S., 1 Taf.) 1 Bd 8. [96. 1364

Die Platonische Zahl als Präzessionszahl ⟨3600. 2592⟩ und ihre Konstruktion. Von Dr. phil. Georg **Albert**. Mit 1 Figurentaf. Leipzig & Wien: F. Deuticke 1907. (31 S.) 8° [07. 13734

Albert, Gottfr., s.: **Mitteilungen des deutschen Exkursions-Klubs in Konstantinopel.**

Albert, G(ottfried), Thierarzt aus Osnabrück: Aus d. Poliklinik f. große Hausthiere d. thierärztl. Hochsch. zu Berlin. Die **Periostitis** an der Dorsalfläche des Fesselbeins der Vorderschenkel der Pferde. Ein Beitrag zur Differentialdiagnose d. Fesselbeinfissur. Mit 3 Abb. auf 1 Taf. u. 5 Fig. im Text. *Stuttgart 1904: Union.* (32 S.) 8°
Gießen, Veterinär-med. Diss. v. 1904

Albert, H. s.a. Albert, Heinrich

Albert, H., s.a. Albert, Hermann

Albert, H.: Die Ernährung des Weinstocks. Ein Beitrag zur Düngung und Ertragssteigerung der Weinberge. Gelegentlich des 14. Deutschen Weinbau-Congresses zu Neustadt a.d. Haardt im August 1895. Biebrich a. Rh. 1895: Hofmann. 7 S. -- 107*

Albert, H., medizinisches Literatur- u. Schriftsteller-Vademecum 1907/08. (X, 637 S.) 8. Hamburg (8, Grimm 8) 908. Franke & Scheibe. Geb. in Leinw. 15. —

Albert, H., Musik-Beilagen zu den Gedichten d. Königsberger Dichterkreises, s.: Neudrucke deutscher Litteraturwerke d. 16. u. 17. Jahrh.

Albert, H., eine Omnibusfahrt nach d. Hasenhaide, s.a. Stadtklatsch, Berliner.

Albert, H., Berlin. 1859: Eine Omnibusfahrt nach der Hasenhaide. Schilderung aus d. Volksleben. — Berlin [1859]. 15 S. (Berliner Stadtklatsch. 10.)
1: Tc 7920-10. 11.
2.8931

Albert, H. J. F., de iis, quae in partu nobis offert funiculus etc. 8. Götting. 804. Brose. 3 gℓ

Albert, H.W.
— Erzählungen, Episteln u. kleinere Gedichte. gr. 12. Bernb. gr. 12. Gröning. 828. (Schwetschke u. S. in Halle). 12 gℓ

Albert, H. W., die Wespen. Epigramme. 8. Halle 831. (Schwetschke u. S.) 6 gℓ

Albert, Hans v., kurzer Abriß der Geschichte des 2. hanseatischen Infanterie-Regiments Nr. 76. Ein Auszug aus vorhandenen Werken. Mit dem Bilde der Schlacht v. Loigny u. 3 Kartenskizzen. (32 S.) gr. 8. Hamburg 903. W. Mauke Söhne. Kart. n. — 80

Albert, Hans v.: Handb. f. Heer u. Flotte, s.: Alten, Geo. v.

Albert, Heinrich, s.a. Albert, H.

Albert, Heinrich. Arien von H' A', hrg. von Eduard Bernoulli. 2 Abteilungen. gr.-4. Leipzig, Breitkopf & Härtel, 1903—1904. [*je* M. 20. —]

Abteilung 1. (Arien, Teil 1—4, 1638—1641.) Mit Einleitung von Hermann Kretzschmar. [Mit 1 Tafel.] XXXII + 144 S. 1903.
Abteilung 2. (Arien, Teil 5—8, 1642—1650. [Mit] Revisionsbericht [von] E' B', Zürich.) [Mit Abbildungen.] XXXII S. + S. 145—282. 1904.

Denkmäler Deutscher Tonkunst. Erste Folge. Hrg von der musikgeschichtlichen Kommission unter Leitung des ... Freiherrn [Rochus] von Liliencron. Band 12 ... *u.* 13 ... .

Albert, Hnr., Gedichte, s. Bibliothek deutscher Dichter.

Albert, Heinr., die Krisis u. die Nothwendigkeit der Getreidezölle. gr. 8. (20 S.) Wiesbaden 879. Rodrian. n. — 50

Albert, Heinr., Musik-Beilagen zu den Gedichten des Königsberger Dichterkreises, s. Neudrucke deutscher Litteraturwerke des XVI. und XVII. Jahrh.

Albert, Heinr., die schönsten Sagen der Sächsischen Schweiz u. d. Dresdener Elbthales. 8. (64 S.) Dresden 893. Albanus. n. — 50

[Katalog] Weltausstellung Brüssel 1910. Deutsches Reich. Amtlicher Katalog. Hrsg. vom Reichskommissar [Heinrich] *Albert*. Berlin (1910). 8°

— Die Zukunft der deutschen Landwirtschaft. Unter Mitw. von Landwirtschaftslehrer [Adolf] Homuth. — (Berlin: Pass & Garleb [1901].) 24 S.
1: Ff 7358. 12: Oecon. 2038 p. 7.
2.8934

— — (6.-10. Taus.) Ebd. [1901]. 24 S. 4.
2.8935

— — 3. Aufl. Ebd. [1901]. 24 S. 11.
2.8936

Albert, Henry, Studie üb. d. Art d. Baues u. Betriebes d. belg. Vicinalbahnen, s.: Rigaux.

Albert, Hermann: Die geschichtliche Entwickelung des Zinsfusses in Deutschland von 1895 bis 1908. Leipzig: Duncker & Humblot 1910. VIII, 62 S. 8° ¶ (Ersch. vollst. als Buch ebd.)
Straßburg, Rechts- u. staatswiss. Diss. v. 15. Jan. 1910, Ref. Sartorius Frh. v. Waltershausen
[Geb. 16. Okt. 84 Straßburg; Wohnort: Hagenau; Staatsangeh.: Elsaß-Lothringen; Vorbildung: Gymn. Hagenau Reife Sommer 05; Studium: Straßburg 9 S.] [U 10. 4009

Albert, Herm., die geschichtliche Entwickelung des Zinsfusses in Deutschland von 1895—1908. (XII, 211 S. m. Diagr.) gr. 8. Leipzig 910. Duncker & Humblot. 5. 50

Albert, J. s.a. Albert, Josef

Albert, J., s.a. Albert, Julius

Albert, J., Drei griechische Mythen in Calderon's Sakramentspielen. Pr. 1882. 40 S. 1.

Albert, J., Repertorium, über d. ersten 10 Bde des v. J. Roth herausg. vollständ. Auszugs aller im Königr. Böhmen am Ende des 18n Jahrh. besteh. Gesetze. gr. 8. Prag 813. Widtmann. 16 gℓ

Albert, J., Wanderungen nach u. in Graubünden unternommen u. beschrieben zum Gebrauche f. Touristen. Leipzig 857. Gräfe in Comm. gr. 8. (VIII, 192 S.) 20 ngℓ

Albert, J., Wanderungen nach u. in Graubünden unternommen u. beschrieben zum Gebrauche f. Touristen. 2. Ausg. Leipzig 867. Kummer. 16. (VI, 192 S.) n. 10 ngℓ

Albert, J.B. s.a. Albert, Johann Baptist

Albert, J. B., le secrétaire français à l'usage des allemands qui désirent écrire avec goût et justesse. gr. 8. Leipzig, Baumgärtner. 818.

Albert, J. C., neuestes Bilder-, ABC- u. Lesebuch. Zum Nutzen u. Vergnügen für wißbegier. Kinder; oder gründl. Anleit., die Kinder in kürzester Zeit d. Buchstaben kennen u. lesen zu lehren. Durch lehrreiche Geschichten erläutert u. mit 58 ill. Bildern geziert. gr. 8. Wien 831. Tendler. 20 gℓ

Albert, J. C., unentbehrlicher Geschäfts-Nothhelfer, oder augenblickl. Rathgeber beim Kauf u. Verkaufe, bei der Zahlung durch Geld u. Wechselbriefe, so wie bei der Aufschreibung der Geschäfte. Nebst einem Rechnungsfaullenzer. 8. Wien 841. Singer u. Goering. 2/3 ℛ𝓈

— der wohlunterrichtete Hausherr u. Haus=Inspektor, oder das Ganze der Haus=Administration, als Auskunftsbuch u. Rathgeber in allen Hausverwaltungsangelegenheiten mit Anführung der darauf bezüglichen Gesetze 2c. gr. 8. Ebd. 841. 2/3 ꝛß

Albert, J.D.C. s. Albert, J.D. Karl

Albert, J. D. C., Regierungsrat, Bernburg s. *Albert,* Karl. 1821.

Albert, J. D. E.: „Ueber Remissions-Entsagung des Pächters und über Verpachtung in Pausch und Bogen ohne Gewähr; ein Beitrag zur juristischen Erklärungskunst in Betreff der Zeitpachtcontracte über Landgüter nach gemeinem Rechte und unter Berücksichtigung des Preussischen Landrechts und des Oesterreichischen und Französischen bürgerlichen Gesetzbuches", Halle 1821 (Renger).

Albert, J. D. E.: „Ueber den commissarischen Vertrag im Allgemeinen und insbesondere bey Zeitpachtcontracten über Landgüter", Halle 1822 (Renger).

Albert, J.D. Karl, s.a. Albert, Carl.

Albert, J. D. Karl, über den Besitz unkörperlicher Sachen, oder sogenannter Gerechtigkeiten, u. die für den Schutz desselb. angeordn. possessorischen Rechtsmittel. No. 1. Versuch e. ausführl. exeget.-prakt. Darstell. d. possess. interdictum de itinere actuque privato. gr. 8. Leipz. 826. (Lehnhold). 1 ꝛß 8 ℊ

Albert, J. D. Karl, über das interdictum uti possidetis der Römer 2c. gr. 8. Halle 824. (Heymann in Berl.) 1 ꝛß jetzt 1/2 ꝛß

— über d. interdictum uti possidetis d. Römer, als Grundlage z. richtigen Erkenntniß d. heutigen sogen. possess. summariissimum u. possessor. ordinarium. gr. 8. Halle 824. Renger. 1 ꝛß besser Pap. 1 ꝛß 3 ℊ

— über Remissionsentsagung des Pächters 2c. gr. 8. Halle 822. (Heymann in Berlin). 5/8 ꝛß jetzt 1/3 ꝛß

— über Remissionsentsagung d. Pächters, u. Verpachtung in Bausch u. Bogen ohne Gewähr. gr. 8. Halle 822. Renger. 15 ℊ

— über d. commissor. Vertrag im Allgemeinen u. insbesondere bei Zeitpachtcontracten über Landgüter. gr. 8. Halle 822. Renger. 9 ℊ

— über den commissor. Vortrag im Allgemeinen 2c. gr. 8. Halle 822. (Heymann in Berlin.) 3/8 ꝛß jetzt 5 ℊ

Albert, J. L. Hülfstafeln zur Berechnung der Pensionen. Leipzig 1863.

Albert, J. Wilhelm

Albert, J. Wilh., Verzeichniss der physikalischen, (optischen), chemischen und anderen Instrumente und Apparate. Frankfurt a. M. 1856.
— Nachtrag zu demselben. Frankfurt a. M. 1860.

— Verzeichniss physikalischer, optischer und chemischer Instrumente und Apparate, welche verfertigt werden in der mechanischen Werkstätte von —. Frankfurt a. M.

Albert, Joh., Heinrich Heine u. der Antisemitismus. gr. 8. (45 S.) Nossen 892. P. Westphal. n. — 40

Albert, Johann Baptist

— s. Nattanson.

— premiers principes de la langue française, s. *Principes.*

Albert, Jh. Bapt. H., le secrétaire français, à l'usage des Allemands qui desirent écrire avec goût et justesse. gr. 8. Leipz. 818. Baumgärtner. 1 ꝛß 12 ℊ

Albert, Jh. Bapt. Was können und sollen Mauth- und Zollanstalten der Nationalwohlfahrt und dem Staatsinteresse sein? 8°. München 1816.

Albert, J. B., Bayerns Zollwesen, a. d. ältesten bis auf uns. Zeiten, nach sein. Hauptperioden bearb. Mit einer Beilage. gr. 8. (15 B.) München 829, Lentner.

ALBERT (Johann Friedrich)

De jucunda artis musicae conjunctione cum litterarum studio praefatur et ... senatum imperialis Nordhusae ... et omnes bonarum artium scholaeque amicos, fautoresque ad actum oratorium valedictorium post examen vernum D. XXX Aprilis MDCCLXXIII. In auditorio superiori post hor. IX antem. invitat M. Jo. Fried. Albert Gymn. Rect. – *(Nordhausen), Litteris Coelerianis,* 1778. In-8, 12 p.

[—] Preces et odae sacrae in Gymnasio Nordhusano dici cantarique solitae. — Nordhausen 1772. 24 S.
1: Ef 5254.
2.8962

— Versuch eines neuen Beweises, daß die Sündfluth allgemein gewesen, und über die gantze Erde ergangen sey. — Nordhausen: Cöler 1752. 135 S.
1: Bibl. Diez 1564. 2. 5.
2.8963

Albert, Johann Valentin, Systematisch geordnetes Verzeichniss des Verlags mathematischer und physikalischer Instrumente, Maschinen und Apparate. Frankfurt a. M. 1831.

Albert, Johannes, a. Grimma: Ein Fibroma molluscum vulvae als Geburtshindernis. Leipzig 1908: B. Georgi. (36 S.) 8°
Leipzig, Med. Fak., Ref. Zweifel, Diss. v. 29. Juni 1908
[Geb. 20. März 80 Reinsdorf (Sachsen); Wohnort: Lauenhütte; Staatsangeh.: Sachsen; Vorbildung: Gymn. Eisenberg Reife O. 02; Studium: Tübingen 1, Leipzig 1, Kiel 1, Leipzig 7 S.; Coll. 3. Juli 08.]

Albert, Johannes, approb. Arzt aus Dresden: **Strumitis und ihre Aetiologie.** *Leipzig 1901: B. Georgi.* (40 S.) 8°
Leipzig, Med. Diss. v. (4. Mai) 1901

Albert, Josef

Albert, Jos., s.: Bildnisse König Ludwigs II.

— Details, Wanddekorationen, Möbel, Geräthe etc. aus den Königlich bayerischen Schlössern Neuschwanstein, Linderhof und Herren-Chiemsee, sowie aus der Königlichen Residenz in München. Aufgenommen u. hrsg. von Jos. Albert. Gesichtet u. mit einl. Text vers. von L[eopold] Gmelin. — München: Albert [1891–92]. 100 Taf.
12: 2° Bavar. 375 mb. 300: 421.088–D. K. S. Hb. 83.
2.8966

Gesamt-Verlags-Katalog von Jos. **Albert,** Kunstverlag ... *München: J. Albert 1895.* (V, 149 S., 30 Taf.) 1 Bd 4. [96. 1363

Albert, Jos. (I.). Die deutsche Jagdgesetzgebung nach ihrem dermaligen Stande. gr. 8. (IV, 76 S.) Münch. 890, Rieger. * 1 60

— Costüm-Portraits [Kostümportraits] sämmtlicher das Bayreuther Bühnenfestspiel „Der Ring des Nibelungen" darstellenden Künstler und Künstlerinnen. Unter Leitung des Prof. C. E. Döpler aus Berlin aufgenommen im Theater zu Bayreuth von J. Albert. — München: Albert 1876. 25 Bl.
5.
2.8967

— Lehrbuch der forstlichen Betriebsregulirung. — Wien: Braumüller 1861. XX, 267 S.
300: 116.616–B. 2. 3. 5. 10.
2.8969

Albert, Jos., Lehrbuch der Forstgrundsteuer=Ermittlung. Wien 866. Braumüller. gr. 8. (VIII, 122 S.) n. 24 ngr.

— Lehrbuch der Forstservituten=Ablösung f. Forst= u. Landwirthe, Cameralisten u. Juristen. Würzburg 868. Stuber. gr. 8. (XII, 304 S.) n. 1 ꝛß 20 ngr.

Albert, Jos., Lehrbuch der Forstverwaltung. gr. 8. (XVI, 597 S.) München 883. Rieger. n. 12. —

Albert, J. Lehrbuch der gerichtlichen Forstwissenschaft. Wien 1854.

— Lehrbuch der gerichtlichen Forstwissenschaft. gr. 8. (X und 124 S.) Wien 864, Braumüller. *

— Lehrbuch der Staatsforstwissenschaft für Forst- und Landwirthe, Verwaltungs- und Justizbeamte. — Berlin: Parey 1875. XI, 491 S. 2. 5. 7. 8. 10.
2.8974

Albert, Jos., Lehrbuch der Staatsforstwissenschaft f. Forst= u. Landwirthe, Verwaltungs= u. Justizbeamte. gr. 8. (XI, 492 S.) Wien 875. Braumüller. n. 10. —

— Lehrbuch der Waldwerthberechnung. gr. 8. (XII und 112 S.) Wien 862, Braumüller. *

— Verlags-Katalog. Vereinigte Kunstanstalten A.-G. München, vormals Hofkunst-Anstalt und Kunstverlag Jos. Albert. — München (1902): Vereinigte Kunstanstalten. 136, 72 S., 108 Taf.
12: Art. 1x.
2.8965

Albert, Julius, s. Arbeiten d. deut. Landwirtschafts-Gesellsch.

Albert, Jul., Ariadne. Mythische Tragödie in 5 Aufzügen. (VII, 127 S.) 8. Dresden (907.) E. Pierson. 2. —

– „s. Bericht üb. d. Versuchsfeld d. Univ. Königsbg. i. Pr. in Waldgarten.

Albert, Julius, s Berichte d. landw. Inst. d. Univ. Königsbg. i. Pr.

Albert, Julius: Geschichtswissenschaft und Geschichtsunterricht. I. Teil. S. 3—25. 4. **Progr.**
4klass. ev. Gymn. A. B. u. verb. Lehranstalten *Szászrégen (Sächsisch-Regen)* 1909.

Die landwirtschaftlichen Maschinen auf der Pariser Weltausstellung 1900. Bericht, erstattet im Auftr. d. Direktoriums von Dr. Albert u. Ingenieur Schiller. — Berlin 1901 (:Unger). 59 S. (Arbeiten d. Deutschen Landwirtschafts-Gesellschaft. 65.)
1:Ou 13630-65. 12:4° Oecon. 12m-65. 4. 7. 10. 11.
2.8970

Albert, Jul., der Obstbau. Kurz gefaßter Leitfaden des Obstbaues f. Landwirtschafts- u. Obstbauschulen, Seminarien u. ländl. Fortbildungsschulen. (IV, 43 S. m. 17 Abbildgn.) 8. Stuttgart 904. E. Ulmer. n. —40

Albert, Jul., Oheim Serenissimus. Dramatisches Gedicht in 5 Aufzügen. (104 S.) 8. Graz 905. (Leykam.) n. 2. 20

Albert, J., Oheim Serenissimus. Dramatisches Gedicht in fünf Aufzügen. 8°. (104 S.) † K 2.60
Graz: Leykam 1906.

Albert, Jul.: Weinbau, s.a. Bibliothek d. gesamten Landwirtsch.

Albert, Julius: Weinbau. Hannover: Jänecke 1906. 46 S. (Bibliothek der gesamten Landwirtschaft. 21.) (Jäneckes Bibliotheken. Reihe B.) -- 35*[Titelblatt fehlt.]

Albert, Julius: Ueber den Werth verschiedener Formen stickstoffhaltiger Verbindungen für das Pflanzenwachsthum. Halle a/S. 1883. Karras. 36 S. 3 Taf. 8°
Halle-Wittenberg, Phil. Diss. v. 3. März 1883
Geb. Münchenhof bei Quedlinburg 17. 10. 1858. V.

Albert, K. s.a. A l b e r t , Karl

Albert K.: Untersuchungen üb. den Flach- u. Vollhuf d. Pferdes. Diss. (Leipzig). Dresd. 1909. 95 S. 4 Tvl.

Albert, Karl s.a. A l b e r t , Carl

Albert, Karl s.a. A l b e r t , J.D. Karl

Albert, Karl, drei Dichtungen. Ludmilla. — Nero. — Ariadne. Leipzig 857. Hübner. 16. (6 Bl., 74 S.) n. 12 ngr

— die Engelsstimme am Trauungs-Vorabende, oder Mariens Brautkrone. Eine Festgabe für Frauen u. Jungfrauen. Mit 1 Stahlst. 8. Augsb. 840. v. Jenisch u. Stage'sche Buchh. 1/2 ℛ

Albert, Karl, die Engelsstimme am Trauungs-Vorabend, oder Mariens Braut-Krone. Eine Festgabe für Frauen und Jungfrauen, insbesondere des gegenwärtigen Zeitalters. (Mit 1 Stahlstich.) 8. Augsburg 841. v. Jenisch und Stage'sche Buchh. 1/2 ℛ

Albert, Karl. 1876: Villa Piniera oder Vetter Astolfo. Komische Oper mit Prosa in 3 Acten von Carl Albert u. Bianor Huld. Als Hs. gedr. [Textb.] — Stuttgart 1876: Stuttgarter Buchdruckereiges. 47 S. 1:Mus. Ta 545.

Albert, Karl, der Steg, — der Lotterieladen. Zwei neue Erzählungen für die reifere Jugend. Mit Titelbild. 8. Augsb. 834. Matth. Rieger's Buchh. (Himmer.) 5 gl

Albert, Karl, Dr., Gymnasialassist.: **Strabo** als Quelle des Flavius Josephus. *Aschaffenburg: Schippner 1902.* (48 S.) 8° ¶ [=phil. Diss. Würzburg 1902.]
Aschaffenburg, k. humanist. G, P 1902*

Versuch einer ausführlichen exegetisch-praktischen Darstellung des possessorischen interdictum de itinere actuque privato. — Leipzig: C. H. F. Hartmann 1826. XIV,250 S. (Albert: Ueber den Besitz unkörperlicher Sachen oder sogenannter Gerechtigkeiten. 1.)
1:Gd 26010-1. 12:J. rom. m. 2m-1. 300:27.525 Bd 1.
2. 3. 4. 5. 6. 7. 8. 9. 10. 11.

— das Weihnachtsbüchlein, oder die Christnacht eines armen Knaben. Ein Christenlehr- u. Prüfungsgeschenk für die aufblühende Jugend. Mit 1 Steindruck. gr. 4. Augsburg 833. M. Rieger's Buchh. (Himmer.) 1/6 ℛ

Albert, Kurt, a. Wiesbaden: Über das Siliciumchloroform. (Berlin 1905: G. Schade.) (76 S.) 8°
Berlin, Phil. Fak., Ref. Fischer, Landolt, Diss. v. 4. März 1905
[Geb. 29. März 81 Biebrich a. Rh.; Heimatsort: Berlin; Staatsangeb.: Preußen; Vorbildung: Realgymn. Wiesbaden Reife O. 00; Studium: Hannover, T. H. 2, München 1, Leipzig 3, Berlin 4 S.: Rig. 9. Febr. 05.]

Albert, Kurt, Tierarzt: Aus d. Inst. f. Hufkunde a. d. Tierärztl. Hochsch. zu Dresden. Untersuchungen über den Flach- und Vollhuf des Pferdes. Mit 14 Abb. Dresden 1909: Franke. 95 S. 8°
Leipzig, Veterinär-Med. Diss. v. 9. Jan. 1909, Ref. Lungwitz
[Geb. 3. Juni 85 Plauen i. V.; Wohnort: Chemnitz; Staatsangeh.: Sachsen; Vorbildung: Gymn. Chemnitz Reife O. 04; Studium: Tierärztl. Hochschulen Dresden 6, Berlin 1 S.; Coll. 5. Febr 09; Approb. 4. April 08.] [U 09. 2742

Albert, L. s.a. A l b e r t , Ludwig

Die Bücher des Eolus. Hrsg. von L. Albert. Mit 12 Ill. Berlin: Walther 1908. 96 S. 8°
(Albert: Vergangenheit, wie sie war. 1.) 109. 11509

Albert, L., endlos empor! Ausstrahlungen eines Marsgefallenen. (153 S.) gr. 8. Berlin 906. Herm. Walther. n. 2. —

Albert, L.: Höhenpunkte und Höhenvergleichungen von Württemberg und Hohenzollern. Cannstatt, 1860.

Albert, L., Hülfstafeln zur Berechnung der Invaliden-, Wittwen- u. Waisen-Pensionen u. der Bestandfähigkeit der Pensions-Cassen nebst voraufgeschickten Erläuterungen. Mit besonderer Berücksichtigung der bestehenden Pensions-Einrichtungen der deutschen Eisenbahnverwaltungen u. der bei denselben vorkommenden Steigerungen der Pensionsberechtigung mit dem Dienstalter d. Genossen. Leipzig, 863. Hinrichs. 4. (IV, 60 S.) n. 1 ℛ 10 ngr

Albert, L., Vergangenheit, wie sie war. I. Die Bücher des Eolus. Mit 12 Illustr. nach Originalen v. Wilh. Richter. (96 S.) 8. Berlin 908. Herm. Walther. 3. —

Albert, L.A. s.a. A l b e r t , Ludwig A.

Albert, L. A., praktische Anleitung zum englischen Sprechen, mit einer vollständigen Sammlung der dazu nöthigen Wörter u. neuesten Ausdrücke, nebst einigen Gesprächen. Ein Supplement zu Knorrs engl. Grammatik. gr. 8. Leipzig 841, Schumann. 1/4 ℛ

Albert, L. A., die Niederlande und Belgien. Ein nützliches Handbuch für Reisende. Enthaltend die Geographie, Geschichte, Verfassung dieser Länder, so wie die Beschreibung ihrer Städte, merkwürd. Gegenden, der Charakter ꝛc. ihrer Bewohner, nebst Angabe der gangbaren Münzen und der Gasthöfe. Mit e. Beschreibung der Schlacht von Waterloo. 16. (IV und 126 S. mit 1 ill. Karte in hoch 4.) Leipzig 850, Baumgärtners Buchh. Thlr.

Albert, L. A., Versuch, d. Saturnring photometrisch zu betrachten. Inaugural-Dissertation. gr. 4. Münch. 832. Franz. 16 kr

Albert, L.P.
— kurze u. gemeinfaßl. Anleit. zur Anlage und Unterhaltung der Bruchstein- und Kiesstraßen-Fahrbahnen, für Straßenmacher, Straßenunternehm., Straßenauff., Schultheißen ꝛc. Nach Fragen und Antworten bearbeitet. Mit 1 Steindr. 8. Ulm 832. (Nübling). 5/12 ℛ

Albert, L. P., Ist es wirthschaftlicher, die Cannstädter Neckar-Brücke von Holz od. von Stein zu bauen? Durch d. Arithmetik beantwortet. 4. Ulm 837. (Nübling). 1/4 ℛ

Albert, L. P., Verzeichniß von 141 Eisenbahnen, welche in England, Frankreich, Belgien, Holland, Böhmen, Deutschl. u. Nordamerika theils erbaut, theils im Bau begriffen, oder zur Ausführung bestimmt sind. Mit Angabe ihrer Länge, Gefälle, Bauart, Baukosten, Bewegungsmittel, der Bahnzölle und ihres Ertrags. Tabellarisch zusammengestellt. gr. qu. 4. Ulm 835. 2e Aufl. 36. Nübling. 7 gl

—— Verzeichniss von 119 Eisenbahnen, welche in England, Frankreich, Holland, Belgien, Deutschland u. Nordamerika, theils erbaut, theils im Bau begriffen, od. zur Ausführung bestimmt sind. Mit Angabe ihrer Länge, Gefälle, Bauart, Baukosten, Bewegungsmittel, d. Bahnzölle u. ihres Ertrags; tabellar. zusammengestellt. qu. gr. 4. (2 B.) Ulm 835, Nübling.

—— (dass. 2. Aufl. u. d. T.:) Verzeichniss v. 141 Eisenbahnen, welche etc. qu. gr. 4. (2 B.) Ebds. 836.

Albert, Lewis A. s.a. A l b e r t , Ludwig A.

Albert, Lewis (A.), A complete dictionary of the English and German languages. A. u. d. T.: Vollständ. Taschenwörterbuch der engl. und deutschen Sprache. (2 Thle in 1 Bd.) gr. 16. (534 und 312 S.) Leipzig 847, Brockhaus. *

Albert, Lewis A., a complete dictionary of the english and german languages. Vollständ. Taschen-Wörterbuch der engl. u. deutschen Sprache. (2 Bde. in 1 Bd.) gr. 16. (534 u. 312 S.) Leipzig 848, Brockhaus. n. 1 1/3 ℛ

— Gift of fluency in english conversation. A practical guide to learn english and to speak it fluently. Mit e. englisch-deutschen Wörterbuche. Zum Schulgebrauch u. Selbstunterricht. 8. (IV u. 140 S.) Leipzig 849, Händel. 18 ngr

—— a complete pocket-dictionary of the english and german languages. 2. ster. edition. — Vollständiges Taschen-Wörterbuch der englischen und deutschen Sprache. 2. Ster.-Ausg. gr. 16. (X und 837 S.) Leipzig 854, Brockhaus.

—— a complete pocket-dictionary of the english and german languages. 3. ster.-edition. — Vollständiges Taschenwörterbuch der deutschen und englischen Sprache. 3. Ster.-Ausg. gr. 16. (X und 837 S.) Leipzig 860, Brockhaus. 1 Thlr.; geb.

—— Selections from the history of England by Macaulay. Mit grammat. und histor. Noten und e. Wörterbuche. Zum Schul- und Privatgebrauche. 8. (III und 262 S.) Leipzig 851, Baumgärtner's Buchh.

Albert, Ludwig, s.a. Albert, Ludwig A.

— der Dolmetscher in Amerika. Anleitung, die Engl. Sprache in kurzer Zeit ohne Lehrer zu lernen. Mit einem Wörterbuche der engl. u. deutschen Sprache nebst Aussprache der Engl. Wörter f. Deutsche Aus- u. Einwanderer. Mit einem Anh.: Briefe u. Formulare f. Rechnungen, Quittungen 2c. enthaltend. 16. (283 S.) Leipzig 848, O. Wigand. — 2. Aufl. 16. (283 S.) Ebd. 849. — 3. Aufl. 16. (283 S.) Ebd. 850. — 4. Aufl. 16. (283) Ebd. 851. 1/2 ₰ (5. Aufl. f.: Albert, der Engl.-Amerik. Dolmetscher.)

—— englisch-amerikanischer Dollmetscher. Anleitung die engl. Sprache in kurzer Zeit ohne Lehrer zu lernen. Mit einem Wörterbuche der engl. und deutschen Sprache nebst Aussprache der engl. Wörter mit durchgängiger Betonungsbezeichnung und einem Anhange, Briefe und Formulare 2c. enthaltend. Nebst einem Rathgeber für deutsche Auswanderer. 5. Aufl. (283 S.) 1852., 6. Aufl. (VIII und 349 S.) 1853. und 7., umgearb. und verm. Aufl. von Carl Schmidt. 16. (VI und 298 S.) Leipzig 856(57,) O. Wigand.

Albert's, Ludw., englisch-amerikanischer Dollmetscher. Anleitung die englische Sprache in kurzer Zeit ohne Lehrer zu lernen. Mit einem Wörterbuche der englischen u. deutschen Sprache nebst Aussprache d. engl. Wörter u. durchgängiger Betonungsbezeichnung u. e. Anhang. 8—11., umgearb. u. stark verm. Aufl. von C. Schmidt. Leipzig, 859—63. O. Wigand. 16. (VI, 298 S.) 15 ngr.

Albert's, Ludw., englisch-amerikanischer Dolmetscher. Anleitung die englische Sprache in kurzer Zeit ohne Lehrer zu lernen. Mit e. Wörterbuche der engl. u. deutschen Sprache nebst Aussprache der engl. Wörter mit durchgängiger Betonungsbezeichnung u. e. Anh.: Briefe u. Formulare für Rechnungen, Quittungen, Contracte 2c. enth. 12. Aufl. 865. — 13. Aufl. 867. — 14. umgearb. u. stark verm. Aufl. von Carl Schmidt. Leipzig 870. O. Wigand. 16. (VI, 298 S.) 15 ngr.

— englisch-amerikanischer Dolmetscher. Anleitung die engl. Sprache in kurzer Zeit ohne Lehrer zu lernen. Mit e. Wörterbuche der engl. u. deutschen Sprache nebst Aussprache der engl. Wörter m. durchgäng. Betonungsbezeichng. u. e. Anh. Briefe u. Formulare f. Rechngn., Quittgn., Contracte2c. enth. 15. umgearb. u. stark verm. Aufl. v. Carl Schmidt. gr. 16. (VI, 298 S.) Leipzig 873. O. Wigand. 1. 50

Albert's, Ludw., engl.-amerikanischer Dolmetscher. Anleitung die engl. Sprache in kurzer Zeit ohne Lehrer zu lernen. Mit e. Wörterbuche der engl. u. deutschen Sprache, nebst Aussprache der engl. Wörter m. durchgäng. Betonungsbezeichng. u. e. Anh.: Briefe u. Formulare f. Rechngn., Quittgn., Contracte 2c. enth. 16., umgearb. u. stark verm. Aufl. v. Carl Schmidt. gr. 16. (VI, 298 S.) Leipzig 877. O. Wigand. cart. 1. 50

Albert's, Ludw., englisch-amerikanischer Dolmetscher. Anleitung, die engl. Sprache in kurzer Zeit ohne Lehrer zu lernen. Mit einem Wörterbuche der engl. und deutschen Sprache, nebst Aussprache der engl. Wörter mit durchgäng. Betonungsbezeichnung und einem Anhang: Briefe und Formulare für Rechnungen, Quittungen, Contracte 2c. enth. 17.—20. umgearb. und stark verm. Aufl. von Carl Schmidt. gr. 16. (VI, 298 S.) Leipzig 879—84, O. Wigand. cart.

Albert's, Ludw., englisch-amerikanischer Dolmetscher. Anleitung, die engl. Sprache in kurzer Zeit ohne Lehrer zu lernen. Mit einem Wörterbuche der engl. und deutschen Sprache, nebst Aussprache der engl. Wörter mit durchgäng. Betonungsbezeichnung und einem Anhang: Briefe und Formulare für Rechnungen, Quittungen, Contracte 2c. enthaltend. 21. und 22. umgearb. und stark verm. Aufl. von Carl Schmidt. 12. (VI, 298 S.) Leipzig 885,86 O. Wigand. cart.

Albert's, Ludw., Englisch-amerikanischer Dolmetscher. Anleitung, die engl. Sprache in kurzer Zeit ohne Lehrer zu lernen. Mit e. Wörterbuche, nebst Aussprache 2c. 23.—25. umgearb. u. stark verm. Aufl. 12. (VI, 298 S.) Lpz. 889—92, O. Wigand. geb. 1 50

Albert's, Ludw., englisch-amerikanischer Dolmetscher. Anleitung, die englische Sprache in kurzer Zeit ohne Lehrer zu lernen. 26., umgearb. Aufl. v. Carl Schmidt. 12. (VI, 298 S.) Leipzig 893. O. Wigand. Geb. 1. 50

Albert's, Ludw., englisch-amerikanischer Dolmetscher. Anltg. d. engl. Sprache i. kurzer Zeit ohne Lehrer z. lernen. M. e. Wörterbuche d. engl. u. deutschen Sprache nebst Aussprache d. engl. Wörter m. durchgäng. Betonungsbezeichng. u. e. Anh.: Briefe u. Formulare f. Rechngn., Quittgn., Contracte 2c. enth. 27., umgearb. u. stark verm. Aufl. v. Carl Schmidt. 12. (VI, 298 S.) Leipzig 896. O. Wigand. Geb. in Leinw. 1. 50

Albert's, Ludw., englisch-amerikanischer Dolmetscher. Anleitung die engl. Sprache in kurzer Zeit ohne Lehrer zu lernen. Mit e. Wörterbuche der engl. u. deutschen Sprache, nebst Aussprache der engl. Wörter m. durchgäng. Betonungsbezeichng. u. e. Anh.: Briefe u. Formulare f. Rechngn., Quittgn., Contracte 2c. enth. 30., umgearb. u. verm. Aufl. v. Carl Schmidt. 12. (VI, 298 S.) Leipzig 900. O. Wigand. Geb. in Leinw. 1. 50

Albert's, Ludw., englisch-amerikanischer Dolmetscher. Anleitung, die engl. Sprache in kurzer Zeit ohne Lehrer zu lernen. Mit e. Wörterbuche der engl. u. deutschen Sprache, nebst Aussprache der engl. Wörter m. durchgäng. Betonungsbezeichng. u. e. Anh.: Briefe u. Formulare f. Rechngn., Quittgn., Contracte 2c. enth. 32., umgearb. u. stark verm. [Titel-]Aufl. v. Carl Schmidt. (VI, 298 S.) 12. Leipzig [900] 903. O. Wigand. Geb. in Leinw. n. 1. 50

— der engl. Dolmetscher, ein Hülfsbuch zur leichten u. schnellen Erlernung d. engl. Sprechens. Mit einer kleinen Grammatik. Zunächst f. Reisende u. Auswanderer nach Nordamerika. gr. 16. (VI u. 162 S.) Leipzig 848, Baumgärtner. 1/3 ₰ — Eine kurze u. leichtfaßl. Anleitung zum leichten u. schnellen Erlernen d. engl. Sprechens, f. deutsche Auswanderer nach Nordamerika u. Australien. Mit einem kleinen Wörterbuche u. einem Anh. v. Formularen zu Briefen, Billeten, Contracten, Wechseln 2c., sowie durchgehends beigesetzter Aussprache. 2. verb. u. stark verm. Aufl. gr. 16. (VIII u. 288 S.) Ebd. 850. 1/2 ₰ — 3. verb. Aufl. gr. 16. (X u. 288 S.) Ebd. 852. 1/2 ₰

Albert, Ludw., die Gebirgs-Schichten Würtembergs, ihre Leitmuscheln, nutzbaren Minerale u. ihre Einreihung in die Gebirgs-Formationen der Erde. Gemeinfaßlich in leicht übersichtlicher tabellar. Form aus den anerkanntesten Werken der Neuzeit zusammengestellt für den Schulgebrauch und zum Selbststudium. Gmünd, 863. (Tübingen, Fues' Sort.) (6 Tab. in gr. Fol.) n. 17 ngr.

— die Vereinigten Staaten von Nordamerika. Eine kurzgefaßte Darstellung ihrer Geschichte, Verfassung, Statistik, Geographie. Mit einer Tabelle über Münzen, Maaße u. Gewichte u. 1 (lith. u. col.) Karte. (in 4.) Nebst e. kurz. Beschreibg. d. britt. Colonien in Australien. gr. 16. (IV u. 68 S.) Ebd. 850. 9 ngr.

—— neuestes u. vollständ. Taschenwörterbuch d. richt. Aussprache engl. u. amerikan. Eigennamen, als: der Namen der engl. Literatur, berühmter Staatsmänner u. Künstler, der geograph. Namen sowie derer des class. Alterthums. Nebst e. Anhange: die bei engl. Namen oft vorkomm. Abbreviaturen u. Titulaturen u. deren Erklär. enthalt. Ein nothwend. Supplement zu jedem engl. Dictionnaire. 8. (12 1/4 B.) Leipzig 839, [Melzer.]

Albert, Ludwig, Neuphilologe. 1839: Neuestes und vollständigstes Taschenwörterbuch der richtigen Aussprache englischer und amerikanischer Eigennamen. Nebst e. Anh.: Die oft vorkommenden Abbreviaturen und Titulaturen. — Leipzig: Reimann 1839. VI,188 S.
12: L. g. sept. 1 g. 8.
2.8998

— — 2. Aufl. Ebd. 1839. VI,188 S. 5.
2.8999

— vollständiges Taschen-Wörterbuch der englischen u. deutschen Sprache. A. u. d. T.: A complete pocket-dictionary of the English and German languages. 2. Stereot.-Ausg. Leipzig 854. Brockhaus. 16. (3 Bl., 529; 3 Bl., 308 S.) 1 ß

Albert, Ludwig, appr. Arzt aus Hassfurt a. M.: Ueber Tuberkulose der platten Schädelknochen. *München 1899: Kastner & Lossen.* (28 S.) 8°
München, Med. Diss. v. 1899

— Württemberg u. Hohenzollern. Höhenpunkte u. Höhengleichungen der Berge, Schlösser, Städte, Dörfer, Gewässer u. Gebirgsauflagerungen. Cannstatt, 860. Bosheuyer in Comm. gr. 8. (111 S.) n. 1 ß

Albert, Ludwig A. s.a. Albert, L. A.

Albert, Ludwig A. s.a. Albert, Lewis A.

Albert, Ludwig A. s.a. Albert, Ludwig

Albert's, L. A., englischer Dolmetscher. Anweisung die engl. Sprache binnen kurzer Zeit leicht und ohne Lehrer zu erlernen. Nebst einem Wörterbuche der deutschen und engl. Sprache, worin die Aussprache und richt. Betonung der engl. Wörter angegeben ist, ein Verzeichniß der engl. Städtenamen in Amerika wie sie richtig auszusprechen sind, und einem Anh., der Formulare zu Briefen, Quittungen, Wechseln und Ankündigungen enthält, so wie Belehrungen für Auswanderer. 7.—9. Aufl. gr. 16. (VI, 378 S.) Leipzig 868—74, Baumgärtner's Buchh. cart. (M. 1,50.)

Albert's, L. A., englischer Dolmetscher. Anweisung, die engl. Sprache binnen kurzer Zeit leicht und ohne Lehrer zu erlernen. Nebst einem Wörterbuche der deutschen und engl. Sprache, worin die Aussprache und richt. Betonung der engl. Wörter angegeben ist, einem Verzeichnisse der engl. Städtenamen in Amerika, wie sie richtig auszusprechen sind, und einem Anhang, der Formulare zu Briefen, Quittungen, Wechseln und Ankündigungen enthält, so wie Belehrungen für Auswanderer. 10. Aufl. 8. (VI, 377 S.) Leipzig 879, Baumgärtner's Buchh. geb.

Albert's, L. A., englischer Dolmetscher. Anweisung, die engl. Sprache binnen kurzer Zeit leicht u. ohne Lehrer zu erlernen. Nebst e. Wörterbuch der deutschen u. engl. Sprache, worin die Aussprache u. richtige Betong. der engl. Wörter angegeben ist, e. Verzeichnisse der engl. Städtenamen in Amerika, wie sie richtig auszusprechen sind, u. e. Anh., der Formulare zu Briefen, Quittungen, Wechseln u. Ankündiggn. enth, so wie Belehrgn. f. Auswanderer. 11. Aufl. 12. (VI, 377 S.) Leipzig 882. Baumgärtner. geb. 2. 40

—— dass. — Eine Anweisung, die engl. Sprache binnen kurzer Zeit leicht und ohne Lehrer zu erlernen; unter genauer [deutscher] Bezeichnung der Aussprache und Angabe der richt. Betonung. Mit einem kurzen Wörterbuch für den tägl. Gebrauch, sowie Rathschlägen für deutsche Auswanderer auf Grund des bis zum Sommer 1883 vorliegenden neuesten Materiales. 12. völlig neu bearb. Aufl. 12. (VI, 402 S. mit 1 lithogr. Plan und 1 lithogr. Karte.) Ebendas. 883. geb.

Albert's, L. A., englischer Dolmetscher. Eine Anweisg., die engl. Sprache binnen kurzer Zeit leicht u. ohne Lehrer zu erlernen. 13., neubearb. Aufl. 12. (VI, 402 S. m. Karte und Plan.) Leipzig 893. G. Engel. Geb. in Leinw. n. 2. 40

Albert's, L. A., englischer Dolmetscher. Eine Anweisg., die engl. Sprache binnen kurzer Zeit leicht u. ohne Lehrer zu erlernen; unter genauer (deutscher) Bezeichng. der Aussprache u. Angabe der richt. Betong. Mit e. kurz. Wörterbuch f. den tägl. Gebrauch, Formularen f. Briefe, Contracte, Anzeigen ꝛc., sowie Rathschlägen f. deutsche Auswanderer auf Grund des vorlieg. neuesten Materiales. 14. Aufl. (VI, 399 S. m. 1 Plan u. 2 Karten.) 12. Leipzig 902. G. Engel. Geb. in Leinw. n. 2. 40

Albert's, Ludw. A., englischer Dollmetscher für Auswanderer. Anweisung d. engl Sprache binnen kurzer Zeit leicht u. ohne Lehrer zu erlernen. Nebst e. Wörterbuche d deutschen u. engl. Sprache ꝛc., e. Verzeichnisse der engl. Städtenamen in Amerika, wie sie richtig auszusprechen sind, u. e. Anhange, der Formulare zu Briefen ꝛc. enthält, so wie Belehrungen für Auswanderer. 4. sehr verm. u. verb. Aufl. v. A. Diezmann. 854. — 6. (Titel-) Aufl. Leipzig, 858. Baumgärtner. gr. 16. (VI, 378 S.) 15 ngr

—— der französische Dolmetscher. Theoretisch-prakt. Anleitung die französ. Sprache leicht und schnell ohne Lehrer zu erlernen. Mit e. französ.-deutschen und deutsch-französ. Wörterbuche. 16. (280 S.) Leipzig 848, O. Wigand.

—— der französische Dolmetscher. Theoretisch-praktische Anleitung die französ. Sprache leicht und schnell ohne Lehrer zu erlernen. Mit einem französisch-deutschen und deutsch-französ. Wörterbuche. 2. (Titel-)Aufl. 16. (280 S.) Leipzig 853, O. Wigand.

—— französischer Dolmetscher. Anleitung, die französ. Sprache in kurzer Zeit ohne Lehrer zu lernen. Mit einem Wörterbuche der französ. und deutschen Sprache, nebst Aussprache der französ. Wörter mit durchgäng. Betonungsbezeichnung. 4. umgearb. und stark verm. Aufl. von J. Westenhoeffer. 12. (319 S.) Ebendas. 883. cart.

— französischer Dolmetscher. Anltg., d. franz. Sprache i. kurzer Zeit ohne Lehrer z. lernen. M. e. Wörterbuche d. franz. u. deutschen Sprache, nebst Aussprache d. franz. Wörter m. durchgäng. Betonungsbezeichng. 6., umgearb. u. stark verm. Aufl v. J. Westenhoeffer. 12. (319 S.) Ebd. 897. Geb. in Leinw. 1. 50

— französischer Dolmetscher. Anleitung, die französ. Sprache in kurzer Zeit ohne Lehrer zu lernen. Mit e. Wörterbuche der französ. u. deutschen Sprache, nebst Aussprache der französ. Wörter m. durchgäng. Betonungsbezeichng. 8., umgearb. u. verm. Aufl. v. J. Westenhoeffer. 12. (319 S.) Ebd. 900. Geb. in Leinw. 1. 50

— französischer Dolmetscher. Anleitung, die französ. Sprache in kurzer Zeit ohne Lehrer zu lernen. Mit e. Wörterbuche der französ. u. deutschen Sprache, nebst Aussprache der französ. Wörter m. durchgäng. Betonungsbezeichng. 9., umgearb. u. stark verm. [Titel-]Aufl. v. J. Westenhoeffer. (319 S.) 12. Ebd. [900] 903. Geb. in Leinw. n. 1. 50

—— der italienische Dolmetscher. Theoretisch-prakt. Anleitung die italien. Sprache leicht und schnell ohne Lehrer zu erlernen. Mit e. italien.-deutschen und deutsch-italien. Wörterbuche. Zunächst für Reisende und Geschäftsleute. 16. (255 S.) Leipzig 848, O. Wigand.

—— der italienische Dolmetscher. Theoretisch-praktische Anleitung die italien. Sprache leicht und schnell ohne Lehrer zu erlernen. Mit einem italienisch-deutschen und deutsch-italien. Wörterbuche. Zunächst für Reisende und Geschäftsleute. 2. (Titel-)Aufl. 16. (255 S.) Leipzig 853, O. Wigand.

—— der italienische Dolmetscher. Theoretisch-praktische Anleitung die italienische Sprache leicht und schnell ohne Lehrer zu erlernen. Mit einem italienisch-deutschen und deutsch-italienischen Wörterbuche. Zunächst für Reisende und Geschäftsleute. Und einem Anhange, Briefe und Formulare für Rechnungen, Quittungen, Contracte ꝛc. enthaltend. 4., umgearb. und stark verm. Aufl. von B. de Renier. 16. (276 S.) Leipzig 858, O. Wigand.

Albert's, Ludw., der italienische Dolmetscher. Theoretisch-praktische Anleitung die italienische Sprache leicht u. schnell ohne Lehrer zu erlernen. Mit e. italienisch-deutschen u. deutsch-italien. Wörterbuche. Zunächst f. Reisende u. Geschäftsleute. 5. umgearb. u. stark verm. Aufl. von B. de Renier. Leipzig 865. O. Wigand. 16. (276 S.) 15 ngr

— der italienische Dolmetscher. Theoretisch-prakt. Anleitg. die italien. Sprache leicht u. schnell ohne Lehrer zu erlernen. Mit e. italienisch-deutschen u. deutsch-italien. Wörterbuche. Zunächst f. Reisende u. Geschäftsleute. Nebst e. Anh., Briefe u. Formulare f. Rechngn., Quittgn., Contracte ꝛc. enth. 6. stark verm. Aufl. v. B. de Renier. gr. 16. (276 S.) Ebend. 877. cart. 1. 50

Albert, Ludw., der italienische Dolmetscher. Theoretisch-prakt. Anleitung die italien. Sprache leicht und schnell ohne Lehrer zu erlernen. Mit einem italienisch-deutschen und deutsch-italien. Wörterbuche. Zunächst für Reisende und Geschäftsleute. Nebst einem Anhang, Briefe und Formulare für Rechnungen, Quittungen, Contracte ꝛc. enth. 7. stark verm. Aufl. von B. de Renier. gr. 16. (276 S.) Leipzig 883, O. Wigand. cart.

— der italienische Dolmetscher. 8. Aufl. von B. de Renier. 12. (276 S.) Ebend. 883. cart. 1. 50

—— der italienische Dolmetscher. Theoretisch-prakt. Anleitung, die italien. Sprache leicht und schnell ohne Lehrer zu erlernen. Mit einem italienisch-deutschen und deutsch-italien. Wörterbuche. Zunächst für Reisende und Geschäftsleute. Nebst einem Anhang, Briefe und Formulare für Rechnungen, Quittungen, Contracte 2c. enthaltend. 8. stark verm. Aufl. von B. de Renier. 12. (VIII, 271 S.) Ebendas. 885. cart.

— Deutsch-englisches u. englisch-deutsches Handwörterbuch für deutsche Auswanderer nach Nordamerika u. Australien. Mit durchgehends richtiger Aussprache, einem Verzeichn. d. Namen der Staaten, Städte, Ströme u. Gebirge der Verein. Staaten u. deren Aussprache, nebst einer Tabelle üb. Münze, Maaß u. Gewicht. gr. 16. (149 S.) Leipzig 850, Baumgärtner. 12 ngr.

—— die Vereinigten Staaten von Nordamerika. Eine kurzgefaßte Darstellung ihrer Geschichte, Verfassung, Statistik, Geographie. Mit e. Tabelle über Münzen, Maaße und Gewichte. Nebst e. kurzen Beschreibung der britischen Colonien in Australien. gr. 16. (IV und 68 S.) Leipzig 850, Baumgärtners Buchh.

Albert, M., s.a. Albert, Max

Albert, M., s.a. Albert, Michael

Albert, M. 1909 [Pseud.]
s.a. Homscheid, M.

Albert, M., e. Ausflug in das südwestliche Deutschland u. in die Schweiz. (Aus meinem Reiseskizzenbuch, Sommer 1892.) [Aus: „Siebenbürgisch-deutsches Tagebl."] gr. 8. (34 S.) Hermannstadt 892. (W. Krafft.) n. — 40

Albert, M., die Dorfschule. Ein Stück Dorfleben aus dem sächsischen Volke. Hermannstadt 869. Michaelis in Comm. 8 (80 S.) n. 12 ngr.

— Ohn' Sterben kommt man nicht zum Leben. Novelle. 8. (224 S.) Hagen 884. Risel & Co. n. 2. 40

Albert, M., De villis Tiburtinis principe Augusto. Diss. 1888. 98 S. u. 1 Kte. 8.--

Albert, M., d. Werke d. Barmherzigkeit. 8°.– Wien 1852, Gorischek.

Die Hausentwässerung. Eine erschöpfende Darstellung über Projektierung, Bau, Kosten u. Instandhaltung ... Hrsg. von Max **Albert**, Ingen., Köln. Mit Textfig., e. Kostenanschlag u. e. Entwässerungspl. München & Berlin: Oldenbourg 1908. VI, 92 S. 8° [09. 1658

Albert, Max, aus Stuttgart: **Über Methylanisylchlorphosphin und einige Derivate desselben.** *Rostock 1899: C. Boldt.* (50 S.) 8°
Rostock, Phil. Diss. v. [25. Jan.] 1899

Aus dem Nachlasse Max **Albert**'s (Ausz. aus d. Tagebüchern). Hrsg. von Robert Wächtler. Hamburg: Wächtler [um 1892]. 134 S. 8° A 12. 6382

Albert, Michael

Albert, M., Altes u. Neues. Gesammelte, siebenbürgisch-sächs. Erzählgn. gr. 8. (467 S.) Hermannstadt 890. Krafft. n. 4. 50

Albert, Michael: Altes und Neues. Gesammelte siebenbürgisch-sächsische Erzählungen von M. Albert. — Wien: Graeser 1890. 467 S.
1:Yx 24778. 12: P. o. germ. 15t. 5. 2.9013

Albert, Mich., Angelina oder die Türken von Schässburg. Romantisch-kom. Operette in 3 Akten. Musik von Emil Silbernagel. 8. (42 S.) Schässburg 887, (Herrmann.) *

Albert, M., die Flandrer am Alt. Historisches Schauspiel in 5 Akten. 2. Aufl. 8. (120 S.) Leipzig 883. O. Wigand. n. 2. —; geb. 3. —

[F.] Gedichte v. M. **Albert**. *Hermannstadt: W. Krafft 1893.* (XI, 297 S.) 1 Bd 8. [97. 3

Albert, Michael: Harteneck. Trauerspiel in 5 Akten von M. Albert. — Wien: Graeser; Hermannstadt: Krafft 1886. 148 S.
1:Ys 24396. 12: P. o. germ. 15s. 300: 62.395-B. 7. 2.9018

[F.] Ulrich von Hutten. Histor. Drama in 5 Akten v. M. **Albert**. *Hermannstadt: W. Krafft 1893.* (132 S.) 1 Bd 8. [97. 4

Albert, M., die Candidaten. Ein Bild aus dem Leben d. siebenbürgisch-sächs. Volkes gr. 8. (121 S.) Hermannstadt 872. Michaelis. n. 1. 20

— Klotz und Trotz. Kom. Lokaloperette in 3 Aufzügen. Musik v. E. Silbernagel. 2. Aufl. 8. (40 S.) Schässburg 887. Herrmann. n. — 40

Albert, Michael Das „Rosetum Franckianum", ein Beitrag zur siebenbürgisch-sächsischen Litteraturgeschichte. 36 S. *Schässburg* 1882.
Progr.

Albert, Michael, Traugott. Novelle. gr. 16. (102 S.) Hermannstadt 874, Michaelis. *

Albert, Mor., die Werke der Barmherzigkeit. Erzählungen für die Jugend. (Mit Illustrationen in Holzschn.) Wien 852. Grund. 8. (1 Bl., 79 S.) 6 ngr.

Albert, N., kurzgefaßtes vollständ. Handbuch der gerichtlichen Thierheilkunde und Veterinär-Polizei; für Polizei-Beamte, Gerichts-Aerzte, Thier-Aerzte, Studirende u. Viehzüchtler. — Der gesammten gerichtlich-medizinischen Wissenschaften 1. Thl. gr. 8. Hanau 840. (König.) n. 1 ℔

Albert, N.: Leitf. f. d. waldbaul. Unterr. an landw. Wintersch., Kreisackerbausch. u. verwandten Lehranst. (67) 8°.– Augsb., M. Rieger 1908.

Albert, N., Leitfaden f. den waldbaulichen Unterricht an landwirtschaftl. Winterschulen, Kreisackerbauschulen u. verwandten Lehranstalten unter besond. Berücksicht. der Privatwaldwirtschaft. Zusammengestellt u. hrsg. 2., umgearb. u. verm. Aufl. (VIII, 99 S.) 8. Augsburg 910. M. Rieger. Geb. 1. 80
1. Aufl. (III, IV, 67 S.) Ebd. 908. Kart. 1.60.

Albert, Otto, Justizreferendär in Heilbronn: Der Begriff „Geschäftsbesorgung" nach dem Bürgerlichen Gesetzbuch für das Deutsche Reich. Heilbronn 1905: V. Kraemer. (85 S.) 8° [F.]
Tübingen, Jur. Fak., Ref. v. Rümelin, Diss. v. 11. Mai 1905
[Geb. 2. Juni 79 Heilbronn; Wohnort: Heilbronn; Staatsangeh.: Württemberg; Vorbildung: Karlsgymn. Heilbronn Reife M. 97: Studium: Tübingen 5, Berlin 2, Leipzig 1 S; Anrechnung der Justizdienstprüfung.]

Albert, Otto, Referendar in Dresden: Das Kirchenpatronatrecht in der evangelisch-lutherischen Landeskirche des Königreichs Sachsen. Leipzig: Veit & Co. 1908. (VIII, 79 S.) 8°
Leipzig, Jur. Fak., Diss. v. 10. Febr. 1908
[Geb. 19. Aug. 77 Reinersdorf b. Großenhain; Wohnort: Dresden; Staatsangeh.: Sachsen; Vorbildung: Christians-Gymn. Eisenberg (Sachsen-Altenburg) Reife O. 98; Studium: Leipzig 2, Freiburg i. B. 1, Leipzig 6 S.; Rig. 28. Juli 02.]

Albert, P. s.a. Albert, Paul

Albert, P., s.a. Albert, Peter Paul

Albert, P., die Schneeburg ob Ebringen. Zur Geschichte der Burg u. ihrer Besitzer. (40 S.) 8. Freiburg i/B. 909. J. Bielefeld. — 80

— Die Schwarzwaldsammlung v. Oskar Spiegelhalder in Lenzkirch. Zwei Jahrhunderte Schwarzwälder Hausindustrie u. Volkslebens. (36 S. m. Abbildgn. u. 1 Taf.) 8. Ebd. 909. 1. —
2 Sonderabdrucke aus „Zeitschr. d. Gesellsch. f. Beförderg. d. Gesch.- usw. Kde. v. Freiburg".

Albert, P.P., s. Albert, Peter Paul

[F.] **Albert,** Paul [aus Witten a. d. R.]: Beiträge zur Entwickelungsgeschichte der Knospen einiger Laubhölzer ... (Aus: Forstl.-naturw. Zeitschr., 1894.) München, M. Rieger'sche Univ.-Buchh., 1894; 59 S. 8.
Rostock, Phil. Fak., Inaug.-Diss. v. [3. März] 1894

Albert, Paul, 500 Meter unter der Erde. Interessante u. lehrreiche Schildergn. vom Bergbau u. vom Bergmannsleben. Mit Illustr. (farb. Vollbildern) v. Willy Planck. (III, 212 S.) 8. Stuttgart (909.) G. Weise. Geb. in Leinw. 3. 50

Albert, Paul: 500 Meter unter der Erde. Interessante und lehrreiche Schilderungen vom Bergbau und vom Bergmannsleben. Stuttgart, 1910. 212 S.

Albert, Paulus: De Rheso tragoedia. Halis Saxonum 1876: Ploetz. 45 S. 8°. Halle-Wittenberg, Phil. Diss. v. 18. Juli 1876.
Geb. Köthen 9.5.1855. V.

Albert, Paul Viktor, Referendar in Dresden: Die rechtliche Stellung des für einen Mündel bestellten Prokuristen. Borna-Leipzig 1907: R. Noske. (VIII, 58 S.) 8° [F.]
Leipzig, Jur. Fak., Diss. v. 27. Sept. 1907
[Geb. 14. Sept. 80 Dresden; Wohnort: Dresden; Staatsangeh.: Sachsen; Vorbildung: Kgl. Gymn. Dresden-N. Reife O. 00; Studium: Lausanne 1, Berlin 1, Leipzig 6 S.; Rig. 2. Febr. 04.]

Albert, Peter s. *Albert*, Peter Paul.

Albert, Peter P. s. *Albert*, Peter Paul.

Albert, Peter Paul

Albert, P.P.: Baden zw. Neckar u. Main in d. J. 1803-6, s.a. Neujahrsblätter d. bad. histor. Kommission.

Baden zwischen Neckar und Main in den Jahren 1803–6. Von Peter P. Albert. *Heidelberg: C. Winter 1901.* (91 S.) 8° [F.]
— **Neujahrsblätter** d. Badischen Hist. Kommission. N. F. 4. [... 4

Albert, Pet. P., die Schlossruine Burgheim am Rhein. Geschichte u. Beschreibg. (VIII, 82 S. m. Abbildgn.) gr. 8. Freiburg i/B. 904. F. E. Fehsenfeld. n. 2. —

Albert, P.: Matthias Döring Ein deutscher Theolog und Chronist des XV. Jahrhunderts. . . . Erster Theil. München, akad. Buchdr. v. F. Straub, 1889; IV + 81 S. 8°
München, Phil. Fak., Inaug.-Diss. v. 1889

Albert, P., Matthias Döring, e. deutscher Minorit d. 15. Jahrh. gr. 8. (VIII, 194 S.) Stuttgart 892. Süddeutsche Verlagsbuchh. (D. Ochs). n. 2. 50

Albert, Pet. P., s.: **Festgabe.** Hermann Grauert gewidmet.

Albert, P., Geschichte d. Stadt Radolfzell a. Bodensee. I. Auftr. d. Stadtgem. bearb. Mit 25 Abb., 1 Plan u. 1 Karte. gr. 8. (XXI, 666 S.) Radolfzell 896. W. Moriell'sche Buchdr. n. 6. —; geb. n. 7. 50

Albert, Peter P . Die Geschichtschreibung der Stadt Freiburg im Breisgau in alter und neuer Zeit. II + 86 S. 8. Freiburg im Breisgau, Lorenz & Waetzel, 1902. [M. 1. 20]

— die Geschichts- u. Altertumsvereine Badens. Vortrag bei der 49. Generalversammlg. der deutschen Geschichts- u. Altertumsvereine am 25. IX. 1901 zu Freiburg i. Br. (32 S.) gr. 8. Heidelberg 903. C. Winter Verl. n. — 80

— Katalog der badischen Handschriften, s.: Flamm, Herm.

Albert, Pet.P.: Der Meister E.S., s.: Studien z. deut. Kunstgesch.

— die Schiller v. Herdern. Ein Beitrag zur 100jähr. Wiederkehr v. Friedrich Schillers Todestag. (VII, 56 S. m. 12 Abbildgn. u. 1 Stammtaf.) Lex.-8. Freiburg i/B. 905. F. E. Fehsenfeld. n. 2. —

Steinbach bei Mudau. Geschichte eines fränk. Dorfes v. Dr. P(eter) Albert. Mit 15 Abb. u. Gemarkungskarte.– Freiburg i. Br.: Lorenz & Waetzel 1899. (IX, 181 S.) 8°(J.)

— s.: Urkunden, die, des Heiliggeistspitals zu Freiburg i. Br.

Albert, R. s.a. Albert, Rud.

Albert, R., Kaiser-Adressen! Nebst einem Anhang: Krupp'scher Wohltätigkeits-Schwindel. Ein Beitrag zum Fall Krupp. München, 1903. 40 S.

Albert, R.: Spinozas Lehre, s. Albert, Rhold.

Albert's, R., Specialk. v. Harzgebirge f. Radfahrer. (Strassenkarte.) 1:200,000. 37 x 59 cm. Farbdr. Walkenr. 1898. (Halle, H.Hothan.)

Albert's, R.: Spezial-K.v. Harzgebirge f. Radfahrer, Touristen etc. 1:200,000. 3. Aufl. 37,5 x 59,5 cm. Farbdr. Halle, (H.Hothau) (1901.)

Albert's, R., Special-K. v. Thüringen f. Radfahrer, Touristen etc. 1:200,000. 3. Aufl. 50 x 64,5 cm. Farbdr.– Halle 1900.(H.Hothan.)

Albert's, R., Wegweiser f. Radfahrer durch d. Harz. M. 1 Strassenkarte, 2 Städtplänen u. 1 Karte d. Bodethales. gr. 16. (XXIII, 149 S.) Halle 898. H. Hothan. Geb. n. 2. —

Albert's, R., Wegweiser f. Radfahrer durch den Harz. Amtliches Tourenbuch (nördl. Tl.) des Gau 16 „Thüringen" des deutsch. Radfahrer-Bundes. Zusammengest. u. bearb. unt. Mitwirkg. v. Mitgliedern des deutsch. Radfahrer-Bundes. Mit e. gr. Strassenkarte, 5 Städteplänen u. 1 Karte des Bodethales. 2. verb. u. verm. Aufl. 12. (XXXIV, 300 S.) Halle 901. (H. Hothan.) Geb. in Leinw. n. 2. —

— Wegweiser f. Radfahrer durch Thüringen. M. 1 Tourenkarte u. 3 Städteplänen. gr. 16. (XXI, 131 S.) Rudolstadt 895. Ebd. Geb. in Leinw. n. 3. —; ermäss. Preis n. 2. —

Albert's Wegweiser für Radfahrer durch Thüringen. Zsgest. u. bearb. von R. **Albert.** Mit 1 Strassenkarte, 3 Städtepl. u. 1 Karte d. Umgeg. von Kösen. 2. verb. u. verm. Aufl. Halle (Saale): H. Hothan in Comm. 1899. (XXXI, 351 S.) 8° [o8. 10955 3

Albert's, R., Wegweiser f. Radfahrer durch Thüringen. Amtliches Tourenbuch der Gaue 16 „Thüringen" u. 10a „Südthüringen" d. deutsch. Radfahrer-Bundes. Unt. Mitwirkg. der Verwaltungsämter der Gaue 16 u. 10a. Mit e. gr. Strassenkarte, 3 Städteplänen u. Karten der Umgebg. v. Kösen u. Eisenach. 3. verb. u. verm. Aufl. gr. 16. (XXXII, 364 S.) Halle 901. (H. Hothan.) Geb. in Leinw. n. 2. —

Albert, Raimund, Rechtsprakt. a. Ochsenfurt: Die rechtliche Natur der Wandelung. Würzburg 1905: Drescher & Reichart. (51 S.) 8°
Würzburg, Jur. Fak., Ref. v. Burckhard, Diss. v. 1. Aug. 1905
[Geb. 18. Febr. 81 Ochsenfurt; Wohnort: Würzburg; Staatsangeh.: Bayern; Vorbildung: Gymn. Würzburg; Studium: Würzburg 7 S.]

Albert, Reinhard, aus Krimmitschau: Die **Philosophie Robinets.** *(Leipzig) 1903: (C. A. Kaemmerer & Co., Halle a. S.).* (XI, 83 S.) 8°
Leipzig, Phil. Diss. v. 1903

Albert, Rhold., Spinoza's Lehre üb. die Existenz Einer Substanz. gr.8. (41 S.) Dresden 875. Pierson in Comm. n. 1. —

Albert, Rich., das Goldschiff. Eine Seegeschichte. Frei nach dem Engl. des C. J. Cutcliffe Hyne der reif. Jugend erzählt. Mit 8 Farbendr.-Bildern v. W. Zweigle. gr. 8. (186 S.) Leipzig (901). O. Spamer. Geb. in Leinw. n. 3. —

Albert, Rich., das Goldschiff. Eine Seegeschichte. Frei nach dem Engl. des C. J. Cutcliffe Hyne der reifen Jugend erzählt. Mit 8 Farbendr.-Bildern v. W. Zweigle. 2. Aufl. (186 S.) 8. Leipzig 904. O. Spamer. Geb. in Leinw. n. 3. —

Albert, Robert [aus Biebrich a. Rhein]: Über p-Monoamidotriphenylmethan ... Erlangen, k. b. Hof- u. Univ.-Buchdr. v. F. Junge, 1893; 22 S. 8.
Erlangen, Phil. Fak., Inaug.-Diss. v. 1893

Albert, Rosa

Das Konservieren von Obst, Gemüse und Fleisch ... Von (Rosa) Albert. 2., umgearb. Aufl. Hannover: M. Jänecke 1907. (VIII, 93 S.) 8° [F.] [o8. 11525 7

Albert, Rud., Radfahrerkarte der Provinz Sachsen und der angrenzenden Länderteile. 1 : 450,000. Chromolithogr. Imp.-Fol. Halle 888, (Reichardt.) *

Albert, Rud., das öffentliche Recht f. den deutschen Gewerbetreibenden. Eine gemeinverständl. Darstellg. des f. den Gewerbetreibenden Wissenswerten aus dem deutschen Staats- u. Verwaltungsrecht. (Dr. Ludw. Huberti's prakt. gewerbl. Bibliothek.) (III, 67 S.) gr. 8. Leipzig 903. H. Klasing. Geb. in Leinw. n. 1. 80

Albert, Rudolf Axel [aus Hamburg]: Der Gerichtsgebrauch. . . . Hamburg, Herold'sche Buchh., 1890; 59 S. 8°
Göttingen, Jur. Fak., Inaug.-Diss. v. [28. Okt.] 1890

Albert, Stanisl., aus der Gesellschaft. Geschichten. Berlin 855. Brigl u. Lobeck. 8. (3 Bl., 311 S.) n. 1 ₰ 15 ngr.

Albert, Theodor [Ass.-Arzt im k. b. I. Chevaulegers-Reg.]: Zur Kenntniss der Herzruptur. . . . Nürnberg, Druck v. F. Haffner, 1890; 38 S. 8°
Erlangen, Med. Fak., Inaug.-Diss. v. 1890

Albert, Thdr., die schönsten Märchen f. Kinder. 1. u. 2. Bdchn. gr. 4. (à 32 S.) Stuttgart 874., Göltz. à 2. —
1. Bdchn. 10 Märchen m. 4 Farbendruckbildern nach Chromolithographie zum Druck f. die Buchdruckerschnellpresse hergerichtet u. gedr. v. d. Buchdr. Göltz & Rühling.
2. Bdchn. 11 Märchen m. 4 Farbendruckbildern.

Albert, W., s.a. A l b e r t , Wilh.

Albert, W. d'., s.a. *Albert*, Wolfgang d'.

Albert, W., die Ablösung der Weideservituten, und die Entbehrlichkeit der Waldstreu. Verhandlungen der ökonom. Gesellschaft zu Roßlau u. eine Preisschrift. gr. 8. Leipzig 845, Naumburg. 1/2 ℛ

Albert, W. 1818: Beobachtungen und Erfahrungen über eine neuerlich ausgebrochene bösartige Klauenseuche unter dem Schafviehe. Mit Bemerk. von Medicinalrath [Johann Wilhelm] Brunn. — Zerbst 1818: Kramer. 60 S.
2. 10.
2.9074

Albert, W., prakt. Mittheilungen aus d. Gebiete d. Landwirthschaft. Preisschrift. gr. 8. (7½ B. u. 1 Stnt.) Leipzig 839, [Hartung.]

Albert, W., praktische Mittheilungen aus dem Gebiete d. Landwirthschaft. Preisschrift, von der Königl. Preuß. Märkischen ökonomischen Gesellschaft zu Potsdam u. von der Anhaltischen ökonom. Gesellschaft zu Roßlau gleichzeitig gekrönt. Mit lith. Abbild. gr. 8. Leipz. 839. Wunder. 1 ℛ

Albert, W., u. L. Reinicke, d. Staat, d. Kirche u. d. Schule nach ihrem Verhältniß zu einander. 2 Briefe. gr. 8. (31 S.) Cöthen 848, Schettler. n. 1/12 ℛ

— authentische Thatsachen üb. d. Verjüngung d. Kartoffeln aus Saamenkörnern, mit Berücksichtigung d. unt. denselben jetzt herrschenden Krankheiten. Auf Veranlassung d. Anhalt. ökonom. Gesellschaft zu Roslau u. Cöthen in Druck gegeben. Mit Anmerkk. des Justizr. Isensee. gr. 8. Magdeburg 845, Baensch. 1/4 ℛ

Albert, Waldemar, a. Hennstedt: Aus d. Königl. Psychiatr. Klinik zu Kiel. Ein Fall von Katatonie im Kindesalter. Kiel 1907: H. Fiencke. (12 S.) 8°
Kiel, Med. Fak., Ref. Siemerling, Diss. v. 22. Juli 1908
[Geb. 18. Juni 82 Hennstedt; Wohnort: Heiligenhafen; Staatsangeh.: Preußen; Vorbildung: Gymn. Eutin Reife O. 02; Studium: Freiburg i. B. 1, Kiel 4, Göttingen 2, Kiel 3 S.; Coll. 30. Mai 07; Approb. 1. Juli 08.]

Albert, Walter *Nicolaus* [aus Biebrich, int. Hilfsarzt an d. Kgl. Frauenklinik zu Dresden]: Aus d. Univ.-Frauenklinik zu Kiel. Ueber die dauernden Erfolge der Uterus-Ausschabung bei Endometritis ... Kiel, Druck v. H. Fiencke, 1896; 55 S. 8.
Kiel, Med. Fak., Inaug.-Diss. v. [30. Sept.] 1896

Albert, Wilh., Beobachtungen und Erfahrungen über eine neulich ausgebrochene bösartige Klauenseuche unter dem Schafvieh. Mit Bemerkgn. v. R. Brunn. Zerbst 1818 (Engelmann, Leipzig.) M. 1.—

Albert, Wlh., Welche Zeit ist's in der evangel. Kirche? In einer Rede beantwortet, mit e. Vorworte begleitet. Herausg. von Dr. Joh. Christ. Ghelf. Schincke. gr. 8. Neustadt und Schleiz 838. Wagner. 1/8 ℛ

Albert, W(olfgang Eugen) d', a. Coburg: Der Musikverlag und die „Genossenschaft Deutscher Tonsetzer". Jena: G. Fischer 1907. (70 S.) 8° (Erscheint vollst. u. d. T.: „Die Verwertung d. Musikal. Aufführungsrechts in Deutschland.")
Heidelberg, Phil. Fak., Ref. Gothein, Diss. v. 21. Okt. 1907
[Geb. 11. Nov. 85 Coburg; Wohnort: Meina. Lago Maggiore; Staatsangeh.: England; Vorbildung: Gymn. Freiburg i. B. Reife M. 04; Studium: Lausanne 2, Berlin 1, Leipzig 1, Heidelberg 2 S.; Rig. 4. Juli 07.]

Die Verwertung des musikalischen Aufführungsrechts in Deutschland v. Dr. W[olfgang] d'**Albert.** Jena: G. Fischer 1907. (IV, 127 S.) 8° 07. 15947

Albert-Helmers, H. s.: Monatsschrift, Bibliographische.

Albert von Monte Dego, Frz. Jos., neuestes polytechn. Rezept-Taschenbuch, enthalt. 250 durch Neuheit od. Gemeinnützigkeit ausgezeichn. Vorschriften a. d. Gebiete d. Haus- u. Feldwirthschaft, d. techn. Chemie u. Gewerbskunde ꝛc. Breit 8. (17¼ B.) Pesth 845, [Leipzig, Händel.]

Albert-Pouillet, s.: Buch, d. grüne.

Alberta Herold und Farmerfreund: 1903–1915?
Liberal, agricultural weekly, with independent direction. 8–20 pages, large quarto. Circulation: 6934 in 1911. Editors: Gustav Koermann (also publisher); Wilhelm Krankenhagen; Wilhelm Becker. Publisher: Alberta Herold Publishing Co., Ltd. **Edmonton, Alta**

Albertano v. Brescia, Philosoph. Traktate, s.: Soffredi del Grathia.

Albertanus Brixiensis

Albertani Brixiensis liber consolationis et consilii, ex quo hausta est tabula de Melibeo et Prudentia. Ed. Thor. Sundby. gr. 8. (XXIV, 136 S.) Kopenhagen 873. Höst & Sohn. n.n. 5. 25

Soffredi Del Grathia's Übersetzung der philosophischen Traktate Albertano's von Brescia [**Albertanus Brixiensis**] hrsg. v. Gustav Rolin. *Leipzig: O. R. Reisland 1898.* (XCIII, 82 S.) 1 Bd 8. 98. 1066

Alberte, A., die rheinischen Schwurgerichte, das öffentliche. u. mündliche Verfahren, ein Vortrag gehalten am 11. April 1849 zu Gotha. Nicht für Juristen u. Schriftgelehrte, sondern für Bürger u. Ackersleute. 16. (47 S.) Arnstadt 849, Meinhardt. n. 2 ngr

Alberthoma, Peter (Groningen), De moderatione inculpatae tutelae. Disp. jur. Rector: Franc. Fabricius. Leyden (Joh. Arnold Langerak) 9. VII. 1716. 38 S. Gest. Titelbl. (F. Bleyswyk). (5.—) 174
Gew.: Phil. Reinhard Vitriarius. — Widm. v. C. H. Iconius v. Folckers.

Alberti s. a. Albert.

Alberti Marchionis Brandenburgensis, s. A l b e r t von Brandenburg.

Alberti Magni .. s. A l b e r t u s Magnus

Alberti Stadensis, s. A l b e r t u s Abbas Stadensis

Alberti. 1867: Der letzte Bürgermeister der freien Stadt Frankfurt a. M. Charaktergemälde in 3 Akten. ⟨Als Ms. gedr.⟩ — Passau 1867: Bucher. 43 S.
1: Ys 14941. 12: P. o. germ. 16f.
2.9159

Alberti, der letzte Bürgermeister der freien Stadt Frankfurt a. M. Charaktergemälde in 3 Akten. [Als Mscr. gedr.] Passau 867. (Elsässer & Waldbauer.) 8. (43 S.) 7½ ngr

Alberti, Gebr., u. **Schreiber** (Leinen-Großhändler zu Waldenburg), die deutsche Leinen-Industrie-Frage beleuchtet. Eine Denkschrift. gr. 8. (Mit 4 Tabellen.) Breslau 845. (Graß, Barth u. Comp.) n. 1/3 ℛ

Alberti, Pastor, Hamburg. 1772 s. *Alberti*, Julius Gustav. 1762.

Alberti, Diss. de vero sensu medico, naturae interprete Hippocratico. Hal. 1717

——— Ueberblick über die Trias mit Berücksichtigung ihres Vorkommens in den Alpen. Stuttgart 1864. 8.

Alberti. Neues allgemeines Wörterbuch. Französisch-Deutsch und Deutsch-Französisch. (Il nuovo Dizionario universale. Francese-italiano et Italiano-Francese.) Band I. Heft 7. Mailand, Ant. Arzione. Genua, Jos. Rossi. 4. 1854

Alberti, A., die Bienenzucht im Blätterstock, einer bestens eingerichteten, die Vorteile der Berlepschbeute und des Bogenstülpers vereinigenden Bienenwohnung mit Mobilbau, nebst Anleitung zur Anfertigung derselben aus Holz und Stroh, und mit Berücksicht. des rationellen Korbbetriebs. gr. 8. (IV, 224 S. mit 30 Holzschn.) Wiesbaden 887, (Nodrian.) *

Alberti, A., die Bienenzucht im Blätterstock, e. bestens eingerichtete, die Vorteile der Berlepschbeute u. d. Bogenstülpers vereinig. Bienenwohng. m. Mobilbau, nebst Anleitg. zur Anfertigg. derselben aus Holz u. Stroh, u. m. Berücksicht. d. rationellen Korbbetriebs. gr. 8. (IV, 224 S. m. 30 Holzschn.) Wiesbaden 887. Braunschweig, Schwetschke & Sohn. n. 2. 50

Alberti, A., die Bienenzucht im Blätterstock. Lehrbuch d. Theorie u. Praxis d. Bienenzucht, m. bes. Berücksicht. des Blätterstocks u. seiner Anfertigg. 2. verm. u. verb. Aufl. Mit Kunstbeilagen, dem Portr. des Verf. u. 68 in den Text gedr. Abb. gr. 8. (IV, 223 S.) Berlin 901. [C. A. Schwetschke & Sohn.] Leipzig, R. C. Schmidt & Co. n. 3. —

Alberti, A., die Bienenzucht im Blätterstock. Lehrbuch der Theorie u. Praxis der Bienenzucht, m. besond. Berücksicht, des Blätterstocks u. seiner Anfertigg. 2. verm. u. verb. Aufl. (Neue [Titel-]Ausg.) Mit Kunstbeilagen, dem Portr. des Verf. u. 68 in den Text gedr. Abbildgn. (IV, 223 S.) gr. 8. Leipzig [901.] 906. C. F. W. Fest. 3.—; geb. n 3. 50

Alberti, A.: Das Genossenschaftswesen im 20. Jahrhundert. o.O. 1899.

Alberti A, das bürgerliche Gesetzbuch und Handelsgesetzbuch nach ihrer Wirkung für die Genossenschaften. (104 S) (Handbibl. f. d. d. Genoss. 5) Berlin 1900

Alberti, A., die rheinischen Schwurgerichte, das öffentl. und mündl. Verfahren, ein Vortrag gehalten am 11. April 1849 zu Gotha. Nicht für Juristen und Schriftgelehrte, sondern für Bürger und Ackersleute. 16. (47 S.) Arnstadt 849, Meinhardt.

Alberti, A. (Hrsg.), s. Zeitschrift für Bienenzucht.

Alberti, Adolf, aus Heidelberg, ehem. Assistenzarzt an d. Augenabt. d. Ludwig-Wilhelm-Krankenheims in Karlsruhe i. B.: Zur Kasuistik der sympathischen Ophthalmitis. Eine klinische Zusammenstellung der seit 1890 in d. Heidelberger Universitätsaugenklinik behandelten Fälle. *Hamburg & Leipzig: L. Voss 1901.* (62 S.) 8°. ¶(Aus: Beiträge zur Augenheilkunde, H. 47.)
Heidelberg, Med. Diss. v. 1901

Alberti, Alexander
Das Bürgerliche Gesetzbuch und Handelsgesetzbuch nach ihrer Wirkung für die Genossenschaften nebst Formularen für deren Geschäftsverkehr bearb. von Dr. **Alexander Alberti**, Rechtsanw. zu Wiesbaden. *Berlin: J. Guttentag 1899.* (104 S.) 8° [F.]
— **Handbibliothek** f. d. **Deutsche Genossenschaftswesen**. Bd 5.
[oo. 666o

Alberti, Alexander: Das Bürgerliche Gesetzbuch und Handelsgesetzbuch nach ihrer Wirkung für die Genossenschaften nebst Formularen für deren Geschäftsverkehr. Berlin: Guttentag 1900. = Handbibliothek für das deutsche Genossenschaftswesen. 5.

Alberti, Anton Gottfried, Prediger zu Suderburg im Zellischen, Die Andacht eines Christen am Friedensfeste, als dasselbe in denen sämmtlichen Churhannöverischen Landen den 6ten Jenner 1763. gefeiert wurde, aus 1 Buch d. Könige. VIII, V. 56. 57. 58. vorgestellet von — — Zelle 1763. bei George Conrad Gsellius, Königl. privil. Buchhändler. 8. 28 S.

— Predigten üb. verschied. Evangelien u. andere Texte. Herausg. v. D. G. K. Langreuter. gr. 8. Wismar 789. Bödner. 1 ß

Alberti, Ant. Gf., († d. 3. Aug. 1787.) Samml. einiger Predigten im Felde. 8. Leipz. (Zelle) 759. Gesellius. 5 gr.

Alberti, C. s.a. Alberti, Conrad

Alberti C, die Arbeiten des Zimmermanns. Neue Auflage. (16 S 27 T) (Sammlung übergedruckter Musterzeichnungen) fol Darmstadt 1889

Alberti, C. 1856: Gedichte. — Riga 1856: Hartung. 32 S.
1:Yo 7686.
2.9171

Alberti, C., d. darstell. Geometrie, s.a. Lehrbücher f. techn. Schulen u. z. Selbstunterr.

Alberti, C., Bauingenieur. 1898: Die darstellende Geometrie. T. 1 [nebst] Atlas. — Stuttgart: Wittwer 1898. 4° (Atlas: 2°) (Lehrbücher für techn. Schulen und zum Selbstunterricht nach System Alberti. 2.)
89.
2.9172

Alberti, C.: Norddeut. bzw. vaterländ. Leseb., s. Keck, H.

Alberti, C., der moderne Realismus in der deutschen Litteratur u. die Grenzen seiner Berechtigung, s.: Zeit- u. Streitfragen, deutsche.

Alberti, C. E. R. s. *Alberti*, Karl Edmund Robert.

Alberti, (C.G.,) Sprüche u. Liederverse zu d. bibl. Glaubens-u. Sittenlehre. 8°. Leipzig, 1821, Hinrichs.

Alberti, C. G. E.: De Aeschyli choro, s. Alberti, Car. Gust. Aemil

Alberti, Carl: Das Zusammenleben der Tiere. I. Teil: Das Zusammenleben von Tieren derselben Art. S. 3—29. 4. II. Teil: Das Zusammenleben von Tieren verschiedener Art. S. 3—24. 4. **Progr.** Ev. Obergymn. A. B., Knabenelementarschule u. ev. Mädchenschule A. B. *Besztercze* (*Bistritz*) 1907. 1908.

Alberti, Car. Gust. Aemil. (geb. Frankfurt a. O. 1819): De Aeschyli choro Supplicum. Berolini (1841). (51 S.) 4°
Berlin, Phil. Diss. v. 29. Dez. 1841

Alberti, Car. Ludov. Guil. (geb. Frankfurt a. O. 1818): De hypochondria et hysteria. Berolini (1842). (32 S.) 8°
Berlin, Med. Diss. v. 29. Jan. 1842

Alberti, Chr., E. Kammerhoff u. F. Lembke, die Landheimat. Lesebuch. f. ländl. Fortbildungsschulen. (VII, 393 S.) 8. Leipzig 908. Quelle & Meyer. Geb. 2. 40

Alberti, Chr. Gli., Sprüche u. Liederverse zu d. bibl. Glaubens- u. Tugendlehre. 8. Schleiz 815. u. Leipz. 821. Hinrichs. 6 gr.

Alberti, Chr. Gttl. (Resp.): De temperamentis, s. Vesti, Dn. Gust. (Praes.)

Alberti, Chr. L., De vi electrica in amenorrhoeam, id est catameniorum obstructionem. 34 pp. Gott. 4°. Gött. Anz. 1765. S. 811—13. *Vogel*, N. Bibl. VI, 5. St. 1766 p. 429. (Art der Einwirkung, 6 Fälle mit Erfolg.) 1764

Alberti, Christian, nordbeutsches bezw. vaterländisches Lesebuch, s.: Keck, H.

Alberti, Christian (Sayda), De restitutione arrhae et sponsalitiae largitatis morte sponsi vel sponsae interveniente. Diss. jur. Präs. Ernst Tenzel. Erfurt (Joh. Christoph Hering) 14. XI. 1730. 23 S., teilw. dtsch. (4.80) 175
Gew.: Jac. Born, Wolff Rudolf v. Schoenberg (Purschenstein), Gottfr. Wilh. Küstner.

— **Christlieb Lebrecht** (Schleiz), De istis mercurii partibus, quae imprimis miasma venereum, in corpore haerens, destruere valent. Diss. med. Präs. Carl Friedr. Kaltschmied. Jena (Marggraf) 25. III. 1758. 43 S. (5.50) 177
Gew.: Joh. Martin Alberti. — Widm. v.: Joh. Christoph Tannenberger, G. F. Stuss (Jena), D. C. Merckel (Schmalkalden), Joh. Heinr. Conradi (Schleiz), Joh. Benedikt Lehmann (Saalburg, 3 S. dtsch.).

Alberti, Conrad

Alberti, Conr. (Sittenfeld), s. a. Alberti-Sittenfeld.

Alberti, Conr. Die Alten u. die Jungen. Sozialer Roman. 2 Bde. 8. (812; 286 S.) Lpz. 889, W. Friedrich. * 9 —
Vgl.: Der Kampf ums Dasein.

Alberti, Conr., Bettina v. Arnim. [1785—1859.] Ein Erinnerungsblatt zu ihrem 100. Geburtstage. 8. (135 S.) Leipzig 885, O. Wigand. n. 2. —

Alberti, Conr., die Herren v. Bolz. Eine ostpreuß. Familiengeschichte. (308 S. m. eingeklebt. Bildnis.) 8. Gr. Lichterfelde 910. Kahlenberg & Günther. 2.50; geb. in Halbleinw. 3. 50

Alberti, C., Ludw. Börne. (1786 - 1837.) Biograph.-literar. Studie. 8° (208).– Lpzg 1886, O. Wigand.

—— „Brot!" Ein soziales Schauspiel in 5 Akten. 8. (XVI, 111 S.) Leipzig 888, Friedrich. *

— Die Büßerin. Schauspiel in 1 Akt von Conrad Alberti. — Berlin: Seydel [1896]. 48 S. 1:Ys 29408.
2.9296

Alberti, Conr., Eine wie Tausend, s. a. Bibliothek, realistische.

— Eine wie Tausend. Roman, nach d. Portugies. des Eça de Quiroz bearb. 2. Aufl. 8. (250 S.) Berlin 889. Steinitz' Verl. n. 3. —

Alberti, Conr., Erlebtes u. Erlauschtes. Eine Handvoll kurzer aber wahrer Geschichten. (V, 277 S.) 8. Leipzig 904. [F. Luckhardt] O. Graklauer. n. 3. —; geb. n. 4. —

— Erlebtes u. Erlauschtes. Eine Handvoll kurzer aber wahrer Geschichten. (Neue [Titel-]Ausg.) (IV, 277 S.) 8. Leipzig, [904] (907). Hildburghausen, Thüringische Verlagsanstalt. 3.—; geb. 4. —

— Federspiel. Harmlose Geschichten. 8. (V, 367 S.) Leipzig 890. Friedrich. n. 4. —; geb. n. 5. —

Alberti, Conr., fahrende Frau. Roman. 8. (III, 256 S.) Berlin 895. Freund & Jeckel. n. 3. —

— bei Freund u. Feind. Kulturbilder. 8. (246 S.) Leipzig 891. W. Friedrich. n. 3. —

—— Gustav Freytag. Sein Leben und Schaffen, s. a. Dichter, deutsche, der Gegenwart.

— Gustav Freytag. Sein Leben und Schaffen von Conrad Alberti. Mit e. Bilde des Dichters. — Leipzig: Schloemp 1885. IV,236 S. (Deutsche Dichter der Gegenwart. 1.)
1:Yc 4368–1. 12: Biogr. C. 84o–1.
300: 186.867–B. Bd 1. 5. 11.
2.9304

—— Gustav Freytag [geb. den 13. Juli 1816]. Ein Festblatt zur Feier seines 70. Geburtstags. 8. (VI, 72 S. mit 1 Autograph und 8 Illustr. von P. Thumann, Meyerheim, H. Kaulbach, Lindenschmitt u. A.) Leipzig 886, [Schlömp] Freund. *

— harmlose Geschichten. 2. [Titel-]Aufl. d. „Federspiel". 8. (V, 367 S.) Berlin (890) 896. H. Steinitz. n. 2. —

— Gross-Berlin. — (Berlin: Israel 1904.) 76 Bl. (Album. Hrsg. von N. Israel. 1904.) 7.
2.9306

Alberti, Conr. (Sittenfeld), der eigne Herd. Ein Vagantenstück. (III, 136 S.) 8. Köln (905). A. Ahn. n. 2. —

— Der Kampf ums Dasein. Eine Romanreihe von Conrad Alberti. 1.2.4–6. — Leipzig: Friedrich (4: Berlin: Bong) 1888–95.
1. Alberti: Wer ist der Stärkere? Bd 1.2. 1888.
2. Alberti: Die Alten und die Jungen. Bd 1.2. [1889.]
4. Alberti: Mode. [1893.]
5. Alberti: Schröter & Co. [1892.]
6. Alberti: Maschinen. 1895.
1.2. 4–6 . . . . 2.
1.2.6 . 12: 1–P. o. germ. 16gb; 2–P. o. germ. 16gi; 6–P. o. germ. 16gf.
1.6 . . . . 7.
2.4.6 . . . . 1:Yx 23618–2.4.6.
5 . . . . 4.
2.9308

— — 2. Aufl. 1.3.5. Berlin: Steinitz (3: Leipzig: Friedrich) [1890–97].
1. Alberti: Wer ist der Stärkere? [1897.]
3. Alberti: Das Recht auf Liebe. [1890.]
5. Alberti: Schröter & Co. [1896.]
1.5 . . . . 1:Yx 23618–1.5. 11.
3 . . . . 7.
2.9309

— — 3. Aufl. 3. Ebd. [1896].
3. Alberti: Das Recht auf Liebe. [1896.]
1:Yx 23618–3. 11.
2.9310

Alberti, Conr., lang ist's her. Heitre u. ernste Erinnergn. aus 30jähr. Dienstzeit in Frieden u. Krieg. 8. (IV, 340 S.) Leipzig 902. F. Luckhardt. n. 4. —; geb. n. 5. —

– Lang ist's her. Heitre u. ernste Erinnergn. aus 30jähr. Dienstzeit in Frieden u. Krieg. (Neue [Titel-]Ausg.) (IV, 340 S.) 8. Ebd. [902] (907). 3.—; geb. 4. —

— Herr L'Arronge u. das „deutsche Theater". Drei Briefe an e. Freundin. gr. 8. (63 S.) Leipzig 884. Elischer. n. 1. —

Alberti, Conr., Herr L'Arronge und das „deutsche Theater". Drei Briefe an eine Freundin. gr. 8. (63 S.) Leipzig 884, Schlicke. *

— Maschinen. Roman von Conrad Alberti. — Leipzig: Friedrich 1895. 429 S. (Alberti: Der Kampf ums Dasein. 6.) 1:Yx 23618–6. 12: P. o. germ. 16gf. 2. 7.
2.9312

— Mode. Roman. 8. (VII, 380 S.) Berlin 893. Deutsches Verlagshaus Bong & Co. n. 6. —; geb. n. 7. 50

4*

Alberti, Conr., Natur u. Kunst. Beiträge zur Untersuchg. ihres gegenseit. Verhältnisses. 8. (V, 320 S.) Leipzig 890. W. Friedrich. n. 4. —

—— Plebs. Novellen aus dem Volke. Nebst einem offenen Briefe an die „Kölnische Zeitung" als Vorwort. 8. (XVI, 324 S.) Leipzig 887, Friedrich.

— Plebs. Novellen a. d. Volke. (Hammer u. Nadel. — E. Majestätsbeleidigg. — J. Rechtsstaat.) 2. [Titel-]Aufl. 8. (XVI, 324 S.) Ebd. (887) 896. n. 3. —

—— Der moderne Realismus in der deutschen Litteratur u. die Grenzen seiner Berechtigung, s. a. Zeit- u. Streitfragen, deutsche.

— Der moderne Realismus in der deutschen Litteratur und die Grenzen seiner Berechtigung. Vortr. von Conrad Alberti. — Hamburg: Verlagsanst. u. Druckerei A.-G. 1889. 36 S. (Deutsche Zeit- u. Streitfragen. N.F. 4,52.)
1: Ag 9123–4,52. 12: Var. 392 da–52. 300: 406.065–B. N.F. IV,52. 2. 5. 8. 11. 82.
2.9317

— Das Recht auf Liebe. Roman von Conrad Alberti. 2.Aufl. Leipzig: Friedrich [1890]. 341 S. (Alberti: Der Kampf ums Dasein. 3.) 7.
2.9318

Alberti, Conr., d. Recht auf Liebe. Roman. 3. [Titel-]Aufl. 8 (341 S.) Berlin (894) 896. H. Steinitz. n. 3. —

— Riesen und Zwerge. 2 Novellen. — Leipzig: Friedrich [1886]. 270 S. 2.
2.9320

— — Leipzig: Reißner 1887. IV,270 S. 7.
2.9321

— — 2. Aufl. Berlin: Steinitz [1896]. 270 S.
1:Yx 23410. 11.
2.9322

— Riesen u. Zwerge. 2 Novellen. 2. Aufl. 8. (270 S.) Ebd. 889. n. 3. —

— d. Rose v. Hildesheim. Roman. 8. (287 S.) [Berlin 896. Verein f. Deutsches Schriftthum.] Leipzig, C. F. Tiefenbach. n. 3. —; geb. n. 4. —

Alberti, Conr. Ohne Schminke. gr. 8. Dresd. 887. Lpz., W. Friedrich. * 1 25

— ohne Schminke! Wahrheiten üb. das moderne Theater. gr. 8. (119 S.) Dresden 887. Pierson. n. 1. 25

— Schröter & Co. Roman. — Leipzig: Friedrich [1892]. 422 S. (Alberti: Der Kampf ums Dasein. 5.) 2. 4.
2.9325

— Schröter & Co. Roman. 2. [Titel-]Aufl. 8. (422 S.) Berlin (893) 896. H. Steinitz. n. 3. —

— die Schule d. Redners. Ein prakt. Handbuch d. Beredtsamkeit, in Musterstücken hrsg. gr. 8. (VIII, 364 S.) Leipzig 890. O. Wigand. n. 5. —

— im Suff! Eine naturalist. Spitalkatastrophe in 2 Vorgängen. 8. (56 S.) Berlin 890. Cassirer & Danziger. n. 1. —

— Die schöne Theotaki. Roman von Conrad Alberti. — Berlin, Leipzig, Wien, Stuttgart: Bong [1899]. 305 S. 1:Yx 31126. 2. 7. 11. 2.9329

— ein Vorurteil. Schauspiel in 5 Akten. 8. (87 S.) Berlin 893. Cassirer & Danziger. n. 1. —

— s.a. Was erwartet d. deutsche Kunst v. Kaiser Wilhelm II.?

[—] Was erwartet die deutsche Kunst von Kaiser Wilhelm II.? Zeitgemässe Anregungen von ***. — Leipzig: Friedrich 1888. II,120 S. 1:Nr 7072. 5. 2.9331

— Der Weg der Menschheit. Von Conrad Alberti Sittenfeld. (Bd 1–4.) — Berlin: Vita (1906–12).
1–4 . . . . 12:H. g. hum. 2yf. 11.
2–4 . . . . 1:Ag 10135. 2.9332

— — (2. Aufl.) (Bd 1.) Ebd. [1906]. 1:Ag 10135ª. 2.9333

— Wer ist der Stärkere? Ein sozialer Roman aus d. modernen Berlin. Bd 1. 2. — Leipzig: Friedrich 1888. [(Alberti: Der Kampf ums Dasein. 1.)] 12:P. o. germ. 16gb. 2. 7. 2.9334

— — 2. Aufl. Berlin: Steinitz [1897]. 361 S. [(Alberti: Der Kampf ums Dasein. 1.)] 1:Yx 23618–1. 11. 2.9335

Alberti, Dan. Michael

—, Casus singultus chronici 24 annorum. Hal. 4°. 1743

—, resp. C. Gttf. Richter, De infoecunditate corporis ob foecunditatem animi in foeminis. 20 l. Hal. 4°. 1743

—, resp. God. Lebr. Graebner, Diss. de melancholia vera et simulata. 26 pp. Hal. 4°. 1743

—, resp. P. G. Homeyer, De cerevisiae potu in nonnullis morbis insalubri et adverso; Warum die Kranken das Bier ungerne trincken? 36 pp. Hal. 4°. 1743

Alberti, Dan. Mich., resp. H. Ch. Alberti, De tabaci fumum sugente theologo, Ob es einem Theologen nöthig und gesund sey, Taback zu rauchen? Hal. 4°. 1743

Alberti, E., Philosoph u. Literarhistoriker. 1869 s. *Alberti*, Eduard.

Alberti, E.E.R., s. Alberti, Karl Edmund Robert

Alberti, Eduard

Alberti, E., Buntes für die Jugend. 8. Leipzig 875, Dietz und Zieger. cart. *

Alberti, Ed., Buntes f. die Jugend. Mit 2 Originalzeichngn. v. L. Hutschenreuter, in Holz geschn. v. Emil Singer. 8. (163 S.) Leipzig 875. Wöller. n. 2. 50

– Marcus Charinus, der junge Christ in Pompeji, s.a. Wöller's Jugend- u. Volksbibliothek.

— Marcus Charinus, der junge Christ in Pompeji. Eine Erzählung aus dem römischen Alterthum für die Jugend. Mit 4 col. Bildern. — Leipzig: Teubner 1872. 123 S. 8. 2.9174

— Marcus Charinus, der junge Christ in Pompeji. Eine Erzählg. aus dem röm. Alterthum f. die Jugend. Mit 4 color. Bildern. br. 8. (III, 123 S.) Leipzig 873. Teubner geb 2. 40

Alberti, Ed., zur Dialektik des Platon. Vom Theaetet bis Parmenides. Leipzig 855. Teubner. gr. 8. (60 S.) 15 ngr

Alberti, Ed., Zur Dialektik des Platon. Vom Theaetet bis zum Parmenides. gr. 8. (60 S.) Leipzig 856, Teubner.

Alberti, E., Emil u. Ehlke auf der Insel u. Hallig d. Nordsee, s. a. Kracht's, U. Jugendbibliothek.

– Emil und Ehlke auf der Insel und Hallig der Nordsee, s.a. Wöller's Jugend-und Volksbibliothek

— Emil und Ehlke auf der Insel und Hallig der Nordsee. Erzählung für d. reifere Jugend von E. Alberti. — Leipzig: Wöller 1872. 140 S. 8. 2.9176

Alberti, E., Erzählungen, s.: Kracht's, U., Jugend-Bibliothek.

Alberti, Ed., die Frage über Geist u. Ordnung der Platonischen Schriften beleuchtet aus Aristoteles. Leipzig, 864. Teubner. gr. 8. (115 S.) n. 24 ngr.

— Freunde für's Leben, s.: Wöller's Jugend- u. Volksbibliothek.

Alberti, Ed.: Gedichte s. Alberti, Leop.

Alberti, Ed., die Geramunds-Sage. gr. 16. (VII, 120 S.) Kiel 879. Haeseler. 2. 10; geb. 3. —

Alberti, Ed., die Geramunds-Sage. 2. Aufl. 16. (VII, 120 S.) Kiel 884. Biernatzki. geb. m. Goldschn. n. 2. —

— Glaukos und Thrasymachos, oder von Lade bis Salamis. Eine Erzählung aus d. griechischen Alterthum. — Leipzig: Teubner 1873. 149 S. (Erzählungen aus dem classischen Alterthum für die Jugend.) 8. 2.9179

Alberti, Ed., Gretchen. 16. Kiel 874. Leipzig, Licht und Meyer.

Alberti, Ed., Gretchen. Erzählung aus der Heimath gr. 16. (90 S.) Kiel 874. v. Wechmar. 2. 10; geb. m. Goldschn. 2. 70

Alberti, E., Hüben u. Drüben, od. v. Düppel nach Alsen, s. a. Kracht's, U. Jugendbibliothek.

Alberti, E.: Hüben u. drüben od.: Von Düppel n. Alsen. Wöller's Jugendbibliothek.

— hüben u. drüben, od.: Von Düppel nach Alsen. Eine Erzählg. aus dem schleswig-holstein. Kriege im J. 1864. Mit e. Titelkpfr. 8. (III, 109 S.) Leipzig 871. Wöller. geb n. 1. 20

—— Lexikon der Schleswig-Holstein-Lauenburgischen und Eutinischen Schriftsteller von 1829 bis Mitte 1866. 2 Abthlgn. Lex-8. 1. Abthl. (XVI und 571 S.) 2. Abthl. (VIII und 607 S.) Kiel 867,68, [J. C. F. Maack's Verlag.]
1. Abthl. Subscr.-Pr. * 2 Thlr. 24 Ngr., Ladenpr.
2. Abthl. Subscr.-Pr. * 3 Thlr., Ladenpr.

Lexikon der Schleswig-Holsein-Lauenburgischen und Eutinischen Schriftsteller. Von 1866–82. Im Anschluss an des Verfassers Lexicon von 1829–1866 gesamm. u. hrgg. v. Eduard Alberti. Bd. 1–2. Kiel. 1885–86. 8°.

Alberti, E.: Louis u. Jeannette od. deut. Marineleute in Frankreich, s.a. Kracht's, U. Jugendbibliothek.

— Louis und Jeannette, oder deutsche Marineleute in Frankreich. Eine Erzählung für d. Jugend aus d. deutsch-französischen Kriege 1870/71. Von E. Alberti. — Leipzig: Wöller 1871. 120 S. 8. 2.9183

— Maler Peters und sein Sohn Jakob. Eine Erzählung für Alt und Jung. — Garding: Lühr & Dircks 1883. 96 S. 1:Ng 16041. 8. 2.9184

Alberti, E., d. Probezeit.– Freunde fürs Leben, s.a.Kracht's, U. Jugendbibliothek.

– die Probezeit. – Freunde fürs Leben, s.a. W ö l l e r ' s Jugend- u. Volksbibliothek.

— die Probezeit. — Freunde für's Leben. Zwei Erzählgn. f. die reifere Jugend. 8. (124 S.) Leipzig 872. Wöller. n. 1. 20

Alberti, Ed., Register üb. die Zeitschriften u. Sammelwerke f. schlesw.-holst.-lauenburg. Geschichte. Im Auftrage der Gesellschaft f. schlesw.-holst.-lauenburg. Geschichte u. unter Leitg. d. Secretairs der Gesellschaft angefertigt. gr. 8. (XI, 542 S.) Kiel 872. Universitätsbuchh. in Comm. n. 9. —

Register über die Zeitschriften und Sammelwerke für Schlesw. Holst. Lauenburg. Geschichte. Im Auftrage der Gesellschaft für Schlesw. Holst. Lauenburg. Geschichte angefertigt v. Eduard **Alberti**.Kiel. 1873. 8°.

Alberti, E., Register üb. d. Zeitschriften u. Sammelwerke f. schlesw.-holst.-lauenburg. Geschichte. 8°(542).– Kiel 1874, Univ. Bh.
Alberti, E.: Register. Jetzt: Lpzg. E. Avenarius.

Alberti, E., am Rhein währ. d. Belagerg. u. Uebergabe Strassburgs im J. 1870,s.a.Kracht's, U. Jugendbibliothek.

Alberti, E., am Rhein während der Belagerung und Uebergabe Straßburgs im J. 1870, s.a. **Wöller's Jugend- und Volksbibliothek.**

— am Rhein während der Belagerung u. Uebergabe Straßburgs im J. 1870. Eine Erzählg. f. die Jugend. Mit e. Titelkpfr. 8. (III, 103 S.) Leipzig 871. Wöller. n. 1. 20

— Sokrates. Ein Versuch über ihn nach den Quellen. Göttingen 869. Dieterich. gr. 8. (X, 194 S.) n. 1 *ℛ*

Alberti, Ed., Karl Treu. Eine Erzählung aus dem Kriege. Mit 4 Bildern in Farbendr. nach Orig.-Zeichn. von W. Schäfer. Neu-Ruppin 869. Oehmigke. 8. (99 S.) 22½ *ngr.*

Alberti, E., Wege u. Umwege z. Berufe, s.a.Kracht's, U. Jugendbibliothek.

— Wege und Umwege zum Berufe. Eine Erzählung für d. Jugend von E. Alberti. — Leipzig: Wöller 1871. 96 S. 8.
2.9190

Alberti, Eduard, s.: Wöller's Jugendbibliothek.

Alberti, Emil, schnell unterrichtender neuester Briefsteller für jedermann, vorzüglich für den Bürger und Landmann. Oder kurze Anleitung zum Briefschreiben, nebst 227 sehr guten Briefmustern. Als Zugabe folgen Heirathsanträge u. Bewerbungsschreiben, nebst zusagenden und abschlägl. Antworten; diesen folgen Formulare zu Suppliken, Obligationen, Wechsel etc. u. Anzeigen in öffentl. Blätter. 8. Halberst. 835. Helm. 5/12 *ℛ*

Alberti, Ernst Justus
— Die Gewiszheit in der Lehre von dem Wesen unseres Geistes, nach dem allgemeinen Grunde der natürlichen Wahrheiten betrachtet. Ploen. 1751. 4. P.

— Ernst Justus (Hamburg), In culpae scribentium non adsignanda latini sermonis vitia rationes adlaturus. Präs. Joh. Andreas Fabricius. Jena (Jo. Bernh. Heller) 16. V. 1739. 55 S. (6.—) 178

ALBERTI, ERN. JUST., Meditatio de schola, seminario religioni et reipublicæ salutari. u. St. 1745. 4. P. (Skoleprogr. fra Ploen).

— De notione veritatis metaphysicæ accurate determinanda, disp. Ploenæ. 1748. 4. P. (Skoleprogr.).

Alberti, F., s.a. A l b e r t i , Friedrich

Alberti, F., Liebesgift. Roman aus der Gesellschaft. Nach dem Franz. bearb. Orig.-Umschlagzeichng. v. W. Adf. Sander. (207 S.) 8. Leipzig (903). C. F. Tiefenbach, Sep.-Cto. n. 2. —

Alberti, F., Pred. z. Ged. d. Fürsten Heinrich LXII Reuss. 8° (14).– Greiz,1854, Bredt.

Alberti, F., über Schwindel als Symptom von Ohrkrankheiten, s. A l b e r t i , Franz.

Alberti, F. A. Theoremata quaedam mathematica de motu gravium in medio resistente. Halæ 1747. 4.

Alberti, Fr., s.a. A l b e r t i , Friedrich

Alberti, Fr., der Mensch von der Wiege bis zum Grabe. Gesammelte Erfahrungen der berühmtesten Aerzte in der Kunst das Leben und die Gesundheit der Menschen zu erhalten und ihre Krankheiten zu heilen. Belehrungen über Liebe und eheliche Pflichten, über Schwangerschaft, Wochenbett etc. Mit Angabe der Heilmittel zur Wiederherstellung des geschwächten Zeugungsvermögens bei beiden Geschlechtern. 8. (116 S.) 1868. Neue Ausg. (123 S.) Altona 872, Verlags-Büreau.

Alberti, Fr., Predigt zum Gedächtniß des in Gott ruhenden Durchl. Fürsten u. Hrn. Hrn. Heinrich LXII. J. L. u. d. ganzen Stammes Aeltesten regierenden Fürsten Reuß am 6. S. n. Trin. zu Hohenleuben gehalten. (Nebst der Altar-Liturgie.) Greiz 854. Henning in Comm. gr. 8. (14 S.) 2½ *ngr.*

Alberti, Fr. von. Das Salinenwesen in Deutschland, vorzüglich in pyrotechnischer Beziehung. Wilhelmshall 1839.

Alberti, Fr., s. Veriscia.

Alberti, Fr., die Wölfe im Schafpelze oder die Jesuiten u. ihre Grundsätze. Geschildert durch Auszüge aus Schriften jesuit. Autoren. Quedlinburg, 862. Ernst. 16. (IV, 68 S.) 7½ *ngr.*

Alberti, Franz [aus Grevel (Westfalen)]: Ueber Schwindel als Symptom von Ohrkrankheit . . . Halle a. S., Hofbuchdr. v. C. A. Kaemmerer & Co., 1890; 20 S. + 2 Bl. 8°
Halle, Med. Fak., Inaug.-Diss. v. 12. Jun. 1890

Alberti, F., üb. Schwindel als Symptom v. Ohrkrankheit. 8. (20 S.) Tübingen 890. Moser'sche Buchh. n. — 70

Alberti, Friedr. s.a. A l b e r t i , Fr.

Alberti, Friedrich, aus Hamburg: Ueber a-Jod-p-methylchinolin und die sich von demselben ableitenden Verbindungen mit dreiwertigem Jod. *Berlin 1901: A. W. Schade.* (26 S.) 8°
Freiburg i. B., Phil. Diss. v. 1901

Alberti, Friedrich v., Geologe, Bergrat, Heilbronn. 1826: Die Alterthümer in der Umgegend von Rottweil am Neckar (2: Römische Alterthümer ... Abth. 1.) [1–4.] — Stuttgart 1833–(38).
1.2. [Ohne Verf.-Angabe.]
1. 1833.
2. u. d. T.: [Alberti:] Römische Alterthümer ... Abth. 1. 1835.
3. o. J. 4. (1838.)
4 = Aus: Württembergische Jahrbücher. 1838, 1.
(Jahresbericht des Rottweiler Vereins zur Aufsuchung von Alterthümern (2.3: ... des Rottweiler Archäologischen Vereins; 4: ... des Archäologischen Vereins zu Rottweil). 1–4.)
1–4 . . . . 3.
1.2 . . . . 10.
2–4 . . . 1: in Sh 8272. 12: Germ. sp. 234 p–2/4.
2 . . . . 11.
2.9198

— Beitrag zu einer Monographie des bunten Sandsteins, Muschelkalks und Keupers, und die Verbindung dieser Gebilde zu einer Formation. Mit 2 Steintaf. — Stuttgart & Tübingen: Cotta 1834. XX,366 S.
1: Mm 6131. 12: Lith. 9 [u. ö.] 300: 41 L 12. 2. 3. 4. 5. 7. 82.
2.9199

Alberti, Friedr., das bibl. Christenthum. Ein Spruch-Katechismus f. Volksschulen. 8. (4½ B.) Schleiz 844, (Neustadt a. d. O., Wagner.) Thlr. *

— Die Gebirge des Königreichs Würtemberg in bes. Beziehung auf Halurgie. Mit Anm. u. Beil. von [Gustav] Schübler. Mit 5 geognost. Kt. — Stuttgart & Tübingen: Cotta 1826. XX,326 S.
1: Mn 5945 [u.] Kart. W 14475. 12: Lith. 9c. 300: 78 F 5. 4. 6. 83. 89.
2.9200

Alberti, Friedrich v., Geologe, Bergrat, Heilbronn. 1826: Halurgische Geologie. Mit 65 Holzschn. Bd 1.2. — Stuttgart & Tübingen: Cotta 1852.
1: Mo 6058. 12: Lith. 9d. 300: 18.878–B. 3. 4. 7. 9. 82. 89.
2.9201

Alberti, Friedr. (Hrsg.), s. J a h r e s b e r i c h t des Voigtländischen Altertumsforschenden Vereins.

— Theobald oder: Was sollen die protestantischen Katholiken in Deutschland jetzt tun? Eine kirchlich-politische Frage beantwortet von Krug. Zum zweitenmale beantw. von Friedrich Alberti. — Greiz 1828. 2.
2.9203

Alberti, Frdr. v., Ueberblick über die Trias, mit Berücksichtigung ihres Vorkommens in den Alpen. Mit 7 Steindrucktaf. Stuttgart, 864. Cotta. gr. 8. (XX, 355 S.) n. 2 ₰ 15 ngr.

Alberti (Friedr. von), Uebersicht der mineralogischen Verhältnisse des Gebiets der vormaligen freien Reichsstadt Rottweil. (Sep.-Abdr. aus Ruckgaber's Geschichte der Frei- und Reichsstadt Rottweil.) (Ohne Druckjahr.) 8.

—— der voigtländ. alterthumsforsch. Verein, s. Jahresbericht.

Alberti, Friedr. Wilhelm
— **Friedr. Wilhelm** (Inf. Hallens. Hohenloicus), De efficacia aeris ad generandos morbos. Diss. med. Präs. Michael Alberti. Halle (Stephan Orban) März 1720. 23 S. (6.—) 179

Alberti, G. G.
—, resp. Sig. Gttl. **Wuttge,** De decubitu dormientium sanorum salubri; auf welcher Seiten zu schlafen es gesund sei. 36 pp. Hal. 4°. 1745

Alberti, G. G., De imputativitate somnii. 22 pp. Gott. 4°. 1745

—, De medici officio circa animam in causa sanitatis. Hal. 4°. 1745

Alberti, Georg Wilhelm
— Briefe, betreffend d. neuesten Zustand d. Religion u. Wissenschaft in Großbritannien. 4 Bde. 8. Hannover 752—54. Richter. 1 ₰ 7 gl

— Briefe, betr. den neuesten Zust. der Relig. u. Wissensch. in Grosbritanien. 4 Thle. 8. Ebend. 764.

— **Georg Wilhelm** (Osterode), De imputativitate somnii. Diss. moralis. Göttingen (Joh. Fr. Hager) 9. IX. 1745. 24 S. (5.—) 180
Gew.: Joh. Jac. Dietr. Heider, Joh. Heinr. v. Knorr, Georg Christoph Schreiber, Joh. Friedr. Schachtrupp, Joh. Erich Mensching, Otto Joh. Peinemann, Conrad Ludolf Bucholz, Heinr. Ludw. Hellmold, Joh. Friedr. Müller. — Widm. v. Joachim Oporinus, Chph. Aug. Heumann.

Alberti, Geo. Wilh., († d. 3. Sept. 1758.) Nachrichten v. d. Religion u. Gebräuchen d. Quäker. 8. Hannover 750. Richter. 4 gl

Alberti, Gottfried Sigismund
— — **De juribus uterinorum oder Was Stiefgeschwister von einer Mutter für Rechte haben. Disp. jur. Präs. Casp. Heinr. Horn. Wittenberg März 1692. Neudr. (Jo. Gottfr. Streng) 1742. 44 S.** (4.80) 182

Alberti, Guilelmus: *De Argentariis apud Romanos commentatio [1.], 1826, [nebst] disputatio altera, Berolini 1827. (Abschrift v. 1838.) 27 Bl. 4° (2°)
Halle-Wittenberg, Phil. Diss. v. [29. Dez. 1829]
Geb. [Bütow (Pomm.) 5. 10. 1803]
A. hatte außerdem eingereicht: Abh. über höhere algebraische Gleichungen, Abh. über den Unterricht in der hebräischen Sprache, eine griechische Elegie auf Blüchers Tod, ein Curriculum vitae in Hexametern; diese 4 Arbeiten wurden dem Verf. auf Wunsch zurückgegeben.

Alberti, Gust. (geb. Jauer [30. 7. 1848]): Thesen. Berlin (1870). (2 Bl.) 8°
Berlin, Med. Thes. v. 1. Aug. 1870

Alberti, H., s. A l b e r t i, Heinrich

Alberti, H. Ch., resp. J. F. **Muller,** Casus pecul. de morbo motuum habituali ex imaginatione sub ructuum schemate enato. 32 pp. Hal. 4°. 1732

Alberti, H. Ch. (Resp.): De tabaci fumum sugente theologo..., s. A l b e r t i, Dan. Mich. (Praes.)

Alberti, Heinr., kurze, der Wahrheit getreue, Beschreibung d. schreckl. Brandunglücks, welches am 3. Juli 1837 die Fürstl. Reuß. Residenzstadt Schleiz betroffen hat. gr. 8. (1 B. u. 1 Ansicht.) Schleiz 837. (Neustadt a. d. O., Wagner.) Thlr.

Alberti, Heinr., Jugend- u. Bildungsgesch. berühmter Männer. Nach den besten Quellen bearb. u. durch Zusätze erläut. u. Jünglingen gebildeten Standes, so wie dem Gymnasialgebrauch gewidmet. (Neue Titel-Ausgabe der: Biographischen Quartalschrift f. Jünglinge gebildeten Standes.) 8. (XXIV u. 320 S.) Leipzig (845) 850, G. Pönicke. ½ ₰

— das Leben auf Schulen, oder Anweisung für studirende Jünglinge zu einer zweckmäßigen Benutzung der Schuljahre und des Gymnasialunterrichts; in Briefen eines Vaters an seinen, das Gymnasium besuchenden Sohn. 16 Bdchn. 8. Neustadt und Schleiz 839. Wagner. 1 ₰

Alberti, Hnr. (Hrsg.), s. Q u a r t a l s c h r i f t, Biographische, für Jünglinge gebildeten Standes.

— **Heinrich, De Horatii odarum cum pueris tractandarum ratione quaedam praefatus ad actum orator. 12. VII. in Rutheneo Schleizensi. Lpz. (Carl Heinr. Reclam) 1821. 23 S.** (4.20) 183
Namen: Aug. Nathan. Rein (Moeschlitz/Greiz), Franc. Pressler (Greiz), Julius Bach (Zeulenrode/Greiz), Ludw. Alberti (Hohenleuba/Schleiz), Eduard Meyer (Schleiz).

Alberti, **H.,** de Horatii odarum cum pueris tractandarum ratione. 8maj. Leipz. 822. Reclam. 3 gl

Alberti, Herb., Gedichte. (70 S.) 8. Leipzig 909. Insel-Verlag. 3.50; geb. in Halbperg. 4.50

Alberti, Herbert: Die Grundlagen des Systems Spinozas im Lichte der Kritischen Philosophie und der modernen Mathematik. Borna-Leipzig 1910: Noske. 81 S. 8°
Leipzig, Phil. Diss. v. 14. Juni 1910, Ref. Barth, Hölder
[Geb. 27. April 84 Rosenthal b. Königstein; Wohnort: Zwickau i. S.; Staatsangeh.: Sachsen; Vorbildung: Fürstensch. Grimma Reife O. 04; Studium: Erlangen 2, Leipzig 8 S.; Rig. 29. April 10.] [U 10. 3093

Alberti, Herbert, Referendar: Die rechtliche Natur des Schecks unter besonderer Berücksichtigung des Verhältnisses zwischen Scheckinhaber und Scheckbezogenem. Borna-Leipzig 1900: Noske. IX, 119 S. 8°
Leipzig, Jur. Diss. v. 18. Aug. 1909
[Geb. 13. April 84 Bremen; Wohnort: München; Staatsangeh.: Bremen; Vorbildung: Gymn. Bremen Reife O. 03; Studium: Lausanne 1, Heidelberg 1, München 3, Kiel 1 S.; Rig. 26. Okt. 06.] [U 10. 2043

Alberti, J., s.a. A l b e r t i, Jos.

Alberti, J., s.a. A l b e r t i, Julius

Alberti, J., s.a. A l b e r t i, Julius Gustav

Alberti, J., Musikschriftsteller. 1791: Geist des musikalischen Kunstmagazins von Johann Friederich Reichardt. Hrsg. von J. A[lberti]. — Berlin(: Unger in Komm.) 1791. XII, 195 S. 1:Mus. B 335. 10.
2.9231

A l b e r t i, J., Glossarium Graecum. 8maj. Lugd. Bat. 735.

A l b e r t i, I., Observation. philolog. in N. Foeder. Libros. 8. maj. Leyden, 725.

Alberti, J. Chr. L. s. A l b e r t i, Johann Christian Ludwig

Alberti, J. J.
— die junge Dame von gutem Ton u. fein. Bildung. Oder prakt. Anweis., wie sich ein junges Frauenzimmer in allen Verhältn. d. gesellschaftl. Lebens, besonders in höhern Cirkeln zu benehmen hat. Nebst Belehr. üb. Blick u. Miene, Haltung ꝛc. 2., verb. Aufl. 16. (14 B.) Quedlinburg 832, Basse.

Alberti, J. J.: 280 auserlesene, lustige und ernsthafte Gesundheiten und Trinksprüche aus älterer und neuerer Zeit. Ein unentbehrlicher Anhang zu jedem Komplimentirbuche ... ans Licht gestellt von Johann Jakob Sigismund Zebedäus Nepomuk Bertila [d. i. J. J. Alberti]. Vorausgeschickt ist: Kurze, aber wahrhafte Nachricht von dem tödtlichen Hintritte des preiswürdigen Herrn Balthasar Ephraim Bertila. — Nordhausen: Fürst 1831. XV,94 S. 1:Yf 5724.
2.9234

Alberti, J. J., neuestes Complimentirbuch. Oder Anweis., in Gesellschaften u. in allen Verhältnissen d. Lebens höflich u. angemessen zu reden, u. sich anständig zu betragen. 4e Aufl. 828. 6e Aufl. 8. Quedlinb. 829. 7e Aufl. 830. 8e Aufl. 832. Basse. 10 Gr. 2r Thl. Auch u. d. T.: Der Weltmann, oder Handbüchl. der feinen Lebensart in allen Verhältnissen d. gesellschaftl. Verkehrs. Mit 2 Taf. Abbild. 8. Ebd. 830. 4e Aufl. 832. 12 Gr.

— dass. 2. Thl. — A. u. d. T.: Der Weltmann. Od. Handbüchlein d. fein. Lebensart in allen Verhältn. des gesellschaftl. Verkehrs u. prakt. Anweis. zum richtigen Benehmen in den höhern Zirkeln, gegen Vornehme, Höhere u. Große. 4., verb. Aufl. (9½ B.) 830., 5., verb. A. M. 2 lithogr. Taf. Abbild. (in gr. 4.) (8½ B.) 8. Quedlinburg 834, Basse. à

Alberti, J. J., neuestes Complimentirbuch. Oder Anweis., in Gesellschaften u. in allen Verhältnissen d. Lebens höflich u. angemessen zu reden u. sich anständig zu betragen ꝛc. (1. Thl.) 9—14., verb. u. verm. Aufl. 8. (à 8½ B.) Quedlinburg 836—42, Basse. à

— dass. (1. Thl.) Etui-Ausg. 16. (9½ B.) Ebds. 841.

Alberti, J. J., neuestes Complimentirbuch, oder Anweisung höflich u. angemessen zu reden und sich anständig zu betragen. 14., verb. u. verm. Aufl. 8. Quedlinburg 842, Basse. 5/12 Thlr. — 15. Aufl. Ebd. 846. 5/12 Thlr.

Alberti, J. J., neuestes Complimentirbuch. Oder Anweisung, in Gesellschaften u. in allen Verhältnissen d. Lebens höflich u. angemessen zu reden u. sich anständig zu betragen ꝛc. 16. verb. u. verm. Aufl. 8. (VIII u. 128 S.) Quedlinburg 848, Basse. 5/12 Thlr.

Alberti, J. J., neuestes Complimentirbuch. Oder Anweisung, in Gesellschaften und in allen Verhältnissen des Lebens höflich und anständig zu reden und sich anständig zu betragen. Nebst einem Anhange, welcher die Regeln des Anstandes und der feinen Lebensart ꝛc. enthält. Ein nützliches Hand- und Hülfsbuch für junge und ältere Personen beiderlei Geschlechts. 19., verb. und verm. Aufl. 8. (VIII und 120 S.) Quedlinburg 853, Basse. —

Alberti, J. J., neuestes Complimentirbuch. Oder Anweisung in Gesellschaften u. in allen Verhältnissen des Lebens höflich u. angemessen zu reden u. sich anständig zu betragen; enthalt. Glückwünsche u. Anreden zu Neujahr, an Geburtstagen u. Namensfesten ꝛc. Nebst e. Anhang. Ein nützliches Hand- u. Hilfsbuch f. junge u. ältere Personen beiderlei Geschlechts. 20. verb. u. verm. Aufl. Quedlinburg, 859. Basse. 8. (VIII, 120 S.) 12½ ngr.

Alberti, J. J., neuestes Complimentirbuch. Oder Anweisung, sich in Gesellschaften und allen Verhältnissen des Lebens passend zu benehmen. Neu bearb. von O. von Reinsberg-Düringsfeld. 21., verb. und verm. Aufl. 8. (VIII und 138 S.) Quedlinburg 865, Basse.

— Leichtfaßlicher, praktischer Unterricht zur Erlernung des Schachspiels mit zwei, drei und vier Spielern, und Anweisung zur gründlichen Kenntniß der verschiedenen Spielarten, ihrer Gesetze und Feinheiten. Mit einer Abb. — Quedlinburg & Leipzig: Basse 1829. 81 S. 1:Os 16074.
2.9244

— leichtfaßl. prakt. Unterricht zur Erlernung d. Schachspiels mit 2, 3 u. 4 Spielern, u. Anweis. zur gründl. Kenntniß d. verschied. Spielarten, ihrer Gesetze u. Feinheiten. Mit 1 Abbild. 8. Quedlinb. 829. 2e Aufl. 832. Basse. 16 Gr.

— Der Weltmann. 1830 u.ö. s. *Alberti:* Neuestes Komplimentierbuch. 2. Teil.

Alberti, Johann Christ. Ludwig
Alberti, J. Chr. L., († d. 2. Juni 1812.) die Kaffern auf d. Südküste von Afrika, nach ihren Sitten u. Gebräuchen. gr. 8. Gotha 815. Becker. 18 Gr.

Alberti, Johann Christ. Ludwig, General in k. holländ. Diensten. Die K a f f e r n auf der Südküste von Afrika, nach ihren Sitten und Gebräuchen aus eigener Ansicht. 8. Gotha 1815.

Alberti, Johann Friedrich: Die innerliche und äußerliche Gestalt eines rechtschaffenen Schülers. Das ist, deutlicher Unterricht, wie sich die Jugend sol ... gewinnen, unterrichten u. erziehen lassen. Von Joh. Friedrich Alberti. Halle: Krebs 1729. 144 S. 1:Ng 8810. 9.
2.9253

— Der treue und geschickte I n f o r m a t o r, das ist, deutlicher Unterricht, wie man die Jugend auf eine Gott wohlgefällige Art mit vielem Segen unterrichten könne. — Halle: Krebs 1727. 72 S. 1:Ne 642. 3. 5. 9.
2.9254

— — Ebd. 1729. 72 S. 9.
2.9255

— — Andere verm. Aufl. Ebd. 1730. 96 S. 1:Ne 642ᵃ.
2.9256

Alberti, Johann Gottfried
— — De corruptelis intellectus a voluntate pendentibus. Diss. philos. Präs. Christian August C r u s i u s (Leuna/Mersebg.). Lpz. (Langenheim) 20. VII. 1740. 40 S. (6.—) 188
Widm. d. Cr. an: Joh. Gottlieb Siegel.

Alberti, Johann Gottfried: Die erste P r e d i g t am 25sten Sonntage nach Trinitatis nach der den Sonntag zuvor öffentlich vollzogenen Einweihung des hiesigen neuerbaueten Gotteshauses gehalten. — Leipzig: Heinsius 1783. 24 S. 3.
2.9257

— Joh. Gottfried (Schafstedt/Mersebg.), Principia ad quaestiones metaphysicas dijudicandas easque caute tractandas necessaria ex rationis humanae finibus derivata. Präs. Christian Friedr. Schaubius (Luccauiensis Misn.). Leipzig (Langenheim) 1740. 38 S., durchschossen, mit handschr. Notiz. (Handexpl. d. Autors Schaub?) (6.—) 187
Widm. d. Sch. an Christian Gottlieb von Holtzendorf (Baerenstein).

Alberti, Johann Gottlieb: Bibliotheca beati Joannis Gottlieb Alberti ... publicae auctionis ritu ... distrahenda. — Vinariae 1750: Mumbach. 480 S. 12: Cat. 3b. 4. 7.
2.9258

Alberti, Joh. Gottl., De jure ecclesiarum circa temporalia. Lpz. (Imman. Titius) 22. III. 1703. 8 Bl.

Alberti, Ios., de ieiunio ecclesiastico. **Tractatus theoricus et practicus. (80 S.) gr. 8. Rom 903. F. Pustet.** n. 1. 20

Alberti, I.: Theologiae pastoralis pars I-IV. 8°.– Rom, F. Pustet
I. In qua praemissa brevi de sacramentis tractatione resoluti proponuntur casus moralis etiam implicatissimi, qui in articulo mortis evenire solent. Ed.III (108) 1901.
II. In qua resoluti proponuntur casus morales implicatiores, qui extra articulum mortis evenire solent. Ed. II. (124) 1901.
III. Complectens de poenitentiae sacramento practicam tractationem. (3.migliaio.) (8, 136) 1903.
IV. Complectens practicam tractationem de sacramento matrimonii. (127) 1904.

ALBERTI, Julius: Die land- und forstwirthschaftliche Ausstellung zu Schleiz am 24. -26. September 1861. - Schleiz 1861. 68 S.

Alberti, Jul., die Bergkirche zu Schleiz. Geschichte u. Schilderg. derselben. Hrsg. vom Geschichts- u. Alterthums-Verein zu Schleiz. 8. (64 S.) Schleiz 878. Lämmel in Comm. n. 1. —

— zur Geschichte d. Schlosses Burgk bei Schleiz. Hrsg. vom Geschichts- u. Alterthums-Verein zu Schleiz. 8. (53 S. m. 1 Stammtaf.) Ebend. 879. n. — 85

— Geschichte d. deutschen Hauses zu Schleiz, nebst Beiträgen zur älteren Geschichte d. Schleizer Gebietes u. der Stadt Schleiz. gr. 8. (122 S.) Ebend. 877. n. 2. 50

Alberti, J.: Gesch. d. deut. Hauses zu Schleiz. Jetzt: Schleiz, W.Krämer.

— die ältesten Herren v. Weida. Beitrag zur Geschichte d. Vogtlands. Hrsg. vom Geschichts- u. Alterthums-Verein zu Schleiz. gr. 8. (53 S.) Gera 880. Griesbach. n. 1.—

Alberti, Jul., der Landbürgermeister im Fürstenthum Reuß j. L. Handbuch der Geschäftsführung für die Landgemeindevorstände, zugleich auch für die Mitglieder der Gemeinderäthe und der Schul-Vorstände, die Rechnungsführer und Schriftführer. 2. umgearb. Aufl. 3 Hefte. gr. 8. Schleiz, Lämmel. *
Inhalt:
Heft 1. Die Gemeindeverwaltung. (S. 1—102.) 865. * M 2.
" 2. Die Polizeiverwaltung. (S. 103—218.) 876. * M 2.40.
" 3. Die Thätigkeit der Gemeindevorstände als Organe der Staatsgewalt. (S. 219—302.) 876. * M 2.

Alberti, Jul., Repertorium der zur Zeit in Geltung bestehenden Gesetze u. Verordnungen des Fürstenthums Reuß jüngerer Linie. Zum Gebrauch für Staats-, Cameral- u. Gemeinde-Behörden, Geistliche, Advokaten, Geschäftsleute etc. in alphabet. Anordnung bearb. Nebst e. Anhang, e. Uebersicht d. Behörden des Fürstenth. Reuß jüngerer Linie enth. Schleiz, 860. Hübscher. gr. 8. (VII, 88 S.) 22½ ngr.

Alberti, J., Repertor. d. Gesetze u. Verodrn. d. Fürstenth. Reuss j.L. 2. Aufl. 8°(96).– Schleiz 1863. (Gotha, Heyn.)

Alberti, Jul., Repertorium der zur Zeit in Geltung bestehenden Gesetze und Verordnungen des Fürstenth. Reuß jüngerer Linie. Zum Gebrauch für Staats-, Cameral- und Gemeindebehörden etc. in alphabet. Anordnung bearb. Nebst einem Anhang, eine Uebersicht der Behörden des Fürstenth. Reuß jüngerer Linie enth. 2., verb. und durch die neueste Gesetzgebung verm. Aufl. gr. 8 (VII und 96 S.) Schleiz 863, Hübscher. *

Alberti, J., Repertorium d. z. Zeit i.Geltung besteh. Gesetze u. Verordngn. d. Fürstenth. Reuss. j. L. 3. Aufl. 8°(116).– Schleiz 1873, Köln, Heyn.

Alberti, Jul., Repertorium der zur Zeit in Geltung bestehenden Gesetze und Verordnungen des Fürstenthum Reuß jüngere Linie mit durchgängiger Berücksichtigung der Reichs-Gesetzgebung. In alphabet. Anordnung bearb. 3. Aufl. gr. 8. (116 S.) Schleiz 873, Hübscher'sche Buchh. *

—— Repertorium der zur Zeit in Geltung bestehenden Gesetze und Verordnungen des Fürstenth. Reuß jüngerer Linie, mit durchgäng. Berücksicht. der Reichsgesetzgebung. In alphabet. Anordnung bearb. 4. umgearb. und ergänzte Aufl. gr. 8. (119 S.) Schleiz 883, Lämmel. *

Alberti's, J., Repertorium der zur Zeit in Geltung bestehenden Gesetze u. Verordnungen d. Fürstenth. Reuß jüngerer Linie m. durchgängiger Berücksicht. der Reichs-Gesetzgebg. 5., vollständig umgearb. u. bis Ende 1892 fortgeführte Aufl., hrsg. v. Rob. Fischer. gr. 8. (IV, 88 S.) Schleiz 893. F. Lämmel. n. 3. —

Alberti's, J., Repertorium der zur Zeit in Geltung bestehenden Gesetze u. Verordnungen des Fürstenth. Reuß jüng. Linie m. durchgäng. Berücksicht. der Reichs-Gesetzgebung. 6., vollst. umgearb. u. bis Ende Febr. 1901 fortgeführte Aufl., hrsg. v. Rob. Fischer. gr. 8. (IV, 136 S.) Schleiz 901. F. Lämmel. n. 3. —

—— s. Urkunden zur Geschichte der Stadt Schleiz im Mittelalter.

—— Urkunden-Sammlung zur Geschichte der Herrschaft Gera im Mittelalter. Mit Erläuterungen. 4 Hefte. gr. 8. (245 S.) Gera 881. Griesbach's Verlag. *

Alberti, Julius Gustav, Pastor, Hamburg. 1762 s. *Anekdoten* über des Herrn Pastors Alberti Anleitung zum Gespräch über die Religion. 1773.

— Anleitung zum Gespräch über die Religion, in kurzen Sätzen, besonders zur Unterweisung der Jugend. Nebst e. Anh. von Schriftstellen. Th. (1.) 2. — Hamburg: Bode 1772.
2 u.d.T.: Alberti: Lehren der Religion. Eine Sammlung von Schriftstellen.
1: Eo 3220. 3. 4. 8.
2.9265

— Anleit. z. Gesprächen über die Religion, in kurzen Sätzen. 8. Hamb. 772. (Schnuphase in Altenb.) 16 gr

— Julius Gustav (Schmiedeberg/Schles.), De atresia ani congenita. Diss. med. Bln. (Nietack) 6. II. 1834. 48 S. mit Literatur u. Biographie. (Mutter: Carolina Sommer.) (4.—) 195
Gew.: Friedr. Alberti (Vater).

— Auszug a. d. Dresdner Katechismus; n. Heilsordn. mit Beweissprüchen. 8. Leipz. 799. (Brockhaus). 2 gr 12e Aufl. 8. Ebd. 810. 2 gr

— Index librorum bibliothecae Julii Gustavi Alberti. Acc. app. duplex. — Hamburg (1772): Bode. 140,64 S.
Nebent.: Alberti: Catalogus der auserlesenen Bibliothek des sel. Herrn Pastor Alberti.
7.
2.9266

— Lehren der Religion. Eine Sammlung von Schriftstellen, welche denselben theils zur Erläuterung, theils zur Bestättigung dienen. — (Hamburg:) Bode 1772. 111 S. (Alberti: Anleitung zum Gespräch über die Religion. 2.)
1: Eo 3220-2. 3. 4. 8.
2.9267

— Von der Pflicht der Christen, wenn ihr Nächster gelästert wird, eine Predigt über die ordentliche Lection am 19. Sonntage nach Trinitatis gehalten u. mit e. Nacherinnerung begleitet. — Hamburg (1770): Bode. 62 S.
1: 3 in Dm 12006. 8.
2.9268

— erste Predigt am 23n post Trinitatis, nach d. Einweihung d. neuerbauten Gotteshauses in Großbohlo. gr. 8. Leipz. 782. (Brockhaus). 1 gr

— Predigt von der Nothwendigkeit der rechtschaffenen Gottseligkeit über Pred. Salom. XII, 13. 14. am jährigen Bußtage. — Hamburg: Bohn 1765. 40 S. 1:Eb 9814.
2.9269

— Zwey Predigten von der Einträchtigkeit mit denen, welche in der Religion von uns verschieden denken. — Hamburg 1771: Bode. 80 S. 1:4 in Dm 12006.
2.9270

[—] Freymüthige Prüfung einer Schrift des hamburgischen Seniors Hrn. Joh[ann] Melchior Goeze, welche den Titel hat: Richtige Erklärung der Worte Assaphs ..., angestellet von e. Freunde des vernünftigen Gottesdienstes. — Hamburg 1769: Bohn. 78 S.
1:6 in Dm 12004 [u.] 2 in Dm 12006. 7.
2.9271

Alberti, Jul. Gust., († d. 30. März 1772.) Samml. einiger Predigten über ausges. Texte. 2 Thle. gr. 8. Hamb. 762—75. Bohn. 2 rß

Alberti, Jul. Gust., der Stand der Aerzte in Preußen. Ein histor.-krit. Versuch, mit Beziehung auf die bevorstehende Reform des preuß. Medizinal-Wesens. gr. 8. Leipzig 846, Brockhaus. n. 24 ngl

Alberti, K.E.R. s. A l b e r t i , Karl Edmund Robert

Alberti, Karl, über die Bedeutung d. Kreuzsteine insbes. d. Ascher Bezirkes. E. Beitrag z. Heimatskunde. 12. (47 S.) Asch 897. (C. Berthold.) n. — 40

Alberti, Karl, Goethe in Asch u. Umgebung. Ein Beitrag zur Heimatskunde. 8. (44 u. II S.) Asch 898. (C. Berthold). n.n. — 60

[F.] Goethe in Asch und Umgebung. E. Beitr. z. Heimatskunde v. Karl Alberti, Bürgerschuldir. in Asch. Asch: Verl. d. Vfs.; Dr. v. A. Gugath 1898. (44, II S.) 1 Bd. 8°.

Alberti, Karl Edmund Robert: Andeutungen zur Geschichte der Oper von *** [d. i. Karl Edmund Robert Alberti]. — Marienwerder: Baumann 1845. 40 S.
Aus: Archiv für vaterländische Interessen. 1. 1845.
1:Mus. E 5475.
2.9277

Alberti, C. E. R., Ludwig van Beethoven als dramatischer Tondichter. Eine ästhetische Würdigung seiner dramat. Kompositionen, vornehmlich seines „Fidelio." Für Freunde der Tonkunst. 8. (VII und 126 S.) Stettin 859, [von der Nahmer.] *

Alberti, C. E. R., die Bildung, Berechtigung u. Zukunft der neu organisirten christkathol. Gemeinen. Besonderer Abdruck aus d. 1. Hefte d. Archivs f. vaterländ. Interessen pro 1845. gr. 8. Marienwerder 845, Baumann. 3 ngl

Alberti, C. E. R., die Bildungs-Anstalten f. Lehrerinnen u. Erzieherinnen u. ihre Organisation. Ein Beitrag zur Reform d. weiblichen Bildungswesens. gr. 8. (VI u. 128 S.) Danzig 848, Gerhard. (Berlin, Grobe.) n. ²/₃ rß

—— über den Entwurf zu einer Verordnung die Berufung einer evangel. Landes-Synode betreff. 8. (30 S.) Marienwerder 848, (Baumann'sche Buchh.) *

Alberti, K. Edm. Rob., Erinnerung an wichtige Augenblicke d. Lebens. — Zwei Predigten beim Amtswechsel gehalten u. eine Rede am Grabe seines Vaters gesprochen. gr. 8. (5 B.) Danzig 832, (Gerhard.)

Alberti, C. E. R., Gedächtniß-Predigt auf Sr. Hochsel. Maj. Friedrich Wilhelm III., König von Preußen. Im Dom zu Marienwerder gehalt. am 19. Juli 1840. gr. 8. Marienwerder, Baumann. n. 3¼ gl

— die freie evangel. Kirche u. ihre Verfassung. Ein Votum der Hohen National-Versammlg. zu Berlin überreicht. gr. 8. (32 S.) Marienwerder 848, Baumann in Comm. n. 6 ngl

—— die Musik in Kirche u. Schule. Ein Beitr. z. christl. Erziehungswissenschaft. 8. (4½ B.) Marienwerder 843, Baumann. *

Alberti, CER, Heinrich Pestalozzi, s.a. Sammlung gemeinverst. wissenschaftl. Vorträge.

C. E. R. Alberti. Heinrich Pestalozzi. Ein Lebensbild. Berlin: Lüderitz 1869. 38 S. (Sammlung gemeinverständlicher wissenschaftlicher Vorträge, hrsg. von Virchow-Holtzendorff. 79.)
1:Ag 9016–79. 12:Var. 366 sm–79. 300:395.139–B. Ser. IV,79. 2. 3. 4. 5. 6. 7. 8. 9. 10. 11. 82. 88.
2.9285

Alberti, C E R . [Johann] Heinrich Pestalozzi. Ein Lebensbild. (Sammlung gemeinverständlicher ... Vorträge, hrg. von Rud. Virchow und Fr. v. Holtzendorff. Serie 4. Heft 79.) 8. Berlin.
[1. Aufl.] 1869. — 2. unveränderte Aufl. 1880.

Alberti, Karl Edm. Rob., zwei Predigten beim Amtswechsel gehalten u. eine Rede am Grabe seines Vaters gesprochen. gr. 8. Danzig 832. (Gerhard). 6 gl

— Programm zur ... Opern-Aufführung am Pianoforte durch Dilettanten (1: Programm zur Eröffnung der im Winter 1836–37 statt habenden Opern-Aufführungen am Pianoforte durch Dilettanten) von C. E. R. Alberti. [1]–8. Danzig 1836–37: Botzon (6ff.: Wedel).
[1.] (Alceste von Gluck.) 1836.
2. ⟨Idomeneo von Mozart.⟩ 1836.
3. ⟨Lodoiska von Cherubini.⟩ 1836.
4. ⟨Fidelio von L. v. Beethoven.⟩ 1836.
5. ⟨Die Vestalin von G. Spontini.⟩ 1836.
6. ⟨Wilhelm Tell von G. Rossini.⟩ 1837.
7. ⟨Die Jüdin von Halévy.⟩ 1837.
8. ⟨Compositionen des Fürsten Radzivil zu Göthe's Faust.⟩ 1837.
1–8 . . . . 10.
1.3.4.6.7.8 . 1:1–Mus. Dg 228; 3–Mus. Tc 537/4; 4–Mus. Db 1000; 6–Mus. Dr 505; 7–Mus. Dh 162; 8–Mus. Dr 33.
2.9286

Alberti, C. E. R., Raphael und Mozart. Eine Parallele. Vortrag zur Feier des 100jähr. Geburtstags Mozart's am 28. Jan. 1856 gehalten. Stettin 856. Müller. 8. (1 Bl., 44 S.) 7½ ngl

—— die christliche Reform des Strafverfahrens gegen die Unmündigen im preuß. Staate. Ein Votum dem hohen Landtage zur Erwägung und allen wahren Vaterlandsfreunden zur Unterstützung dargeboten. gr. 8. (32 S.) Stettin 858, [von der Nahmer.]

Alberti, C. E. R., Shakspeare-Album. Des Dichters Welt- u. Lebensanschauung aus seinen Werken systematisch geordnet. Berlin, 864. Lüderitz' Verlag. 16. (XXIV, 200 S.) 1 rß; geb. 1 rß 10 ngl.

Alberti, C.E.R., üb. d. Unsterblichkeit d. Seele. 2. Ausg. 8°(174).– Stett. 1864, v.d. Nahmer.

Alberti, C. E. R., über die Unsterblichkeit der Seele, als persönliche Fortdauer d. Menschen nach dem Tode. Acht Vorträge. 2. Ausg. Stettin 865. v. d. Nahmer. gr. 8. (IV, 174 S.) n. 1 rß

—— Richard Wagner und seine Stellung in der Geschichte der dramatischen Musik. Ein Vortrag, gehalten am 8. Novbr 1855. 8. (34 S.) Stettin 856, Müller'sche Buchh.

Alberti, Konrad, s. A l b e r t i , Conrad

Alberti Kuni Leonbergensis ΕΤΕΟΣΤΕΨΙΑϹ libros I, II, IV e codice Tubingensi edidit Mauritius Gürsching. 8 (52 S.).
Progr. Kgl. Bayer. humanist. G. *Bayreuth* 1894.

Alberti, L.B. s. A l b e r t i , Leone Battista

Alberti, L. L. F., dissert. medica de Dysuria. 8. Marb. Krieger. 783.

Alberti, Leon Battista
— s. Bibliothek, angenehme.

Alberti's, Leon Battista, Biographie u. Charakteristik. s.: Redtenbacher, R.

Alberti, Leo Bapt., Momus; aus d. Italienischen. 2 Thle. 8. Wien 790. Alberti. (Leipz., Köhler). 1 rß

Alberti, Leo Bapt., Momus; aus d. Ital. 2 Bde. Mit Kpf. 8. Leipz. 791. Köhler. 1 rß

Alberti, Leone Battista. Kleinere kunsttheoretische Schriften, im Original-Text herausgegeben, übersetzt, erläutert, mit einer Einleitung und Excursen versehen von Hubert Janitschek. (Quellenschriften für Kunstgeschichte und Kunsttechnik des Mittelalters und der Renaissance, herausgegeben von R. Eitelberger v. Edelberg, XI.) Wien 1877. 8°.

Alberti, Leop. David
Alberti, Leop., u. Ed. Alberti, Gedichte zweier Brüder. 12. (IV, 232 S) Garding 898. H: Lühr & Dircks. Geb. in Leinw. m. Goldschn. n. 3.—

PALINGENESIE der Hölle in vier Gesängen. Episches Intermezzo zwischen den Acten der Zeit (von *Leop. David Scharlau* [!] *Alberti*). Altona 1865, Verlag v. A. Mentzel, Druck v. H. Neuburger in Dessau.
Verboten v. L.-G. Wien, 28. October 1865. § 516. Anon.-Lex. V. p. 226 (nach Ed. Alberti, Lex. d. Schlesw.-Holst. Schriftsteller von 1829 bis Mitte 1866. Kiel 1867—86).

Alberti, Ludwig s. Alberti, Johann Christoph Ludwig

Alberti, M. s. Alberti, Michael

Alberti, Marie, Röse u. ihre Brüder. Kleine Erzählgn. f. Kinder von 5 bis 9 Jahren. Mit (6) lith. (u. color.) Bildern. gr. 16. (IV, 187 S.) Berlin 871. F. Schluze. geb. 1. 80.

— **Matthias Friedrich Valentin** (Neuhaldensleben/Magdebg.), De frequentia morborum in feminis prae viris. Diss. med. Präs. Michael Alberti. Halle (Joh. Christian Hendel) Oktober 1742. 32 S. (5.—) 197
Widm. v.: Präses. S. P. Glaser (Sorau/Laus., $2^1/_2$ S. deutsch), H. Christ. Alberti (Bruder, 1 S. deutsch).

Alberti, Michael: [De Podagra iuniorum, deutsch] Mich. Alberti Abhandlung vom Podagra junger Leute. Zum gemeinen Besten ins Teutsche übers. — Halle i. M.: Hendel 1725. 56 S. 1:7 in Bibl. Diez 7540. 300:69 X 34(4). 8.
2.9491

Alberti, Michael: De abstinentia medici ab aegrotis famam et vitam nonnunquam conservante, wie sich die medici bißweilen mit Nutzen der Krancken enthalten. Resp.: Johannes Josua Stegmann. Halae Magdeburgicae 1722: Hendel. 43 S. 8°
Halle, Med.Diss.v. Jul.1722.

Alberti, Michael: De abstinentia a medicis et medicamentis, morbos mortemque interdum avertente, Wie sich die Menschen bißweilen mit Nutzen der Aerzte und Artzeneyen enthalten. Resp.: Joh[annes] Christophorus Zeys. Halae Magdeb. (1722:) Hendel. 42 S. 8°
Halle, Med.Diss.v. Juli 1722.

— De Affectibus capitis ex haemorrhagiis molientibus. 1716 s. a. *Alberti:* Dissertationes academicae de haemorrhoidibus. 1719. 2.9445

—, resp. Jo. Zach. **Platner,** Diss. de affectibus capitis ex haemorrhagiis molientibus. Hal. 44 pp. 4°. 1716

Alberti, M. (Praes.): De anima nec cogitante nec volente.., s. Wendt, Ge. Gttf. (Resp.)

— De haemorrhoidum Anomaliis. 1717 s. *Alberti:* Dissertationes academicae de haemorrhoidibus. 1719.
2.9446

—, resp. **Appenrod,** De mensium anomaliis convulsivis. Hal. 4°. 1716

— De Apoplexia sanguinea. 1719 s. *Alberti:* Dissertationes academicae de haemorrhoidibus. 2.9447

Alberti, M. (Praes.): De apoplexia sanguinea, s. Battallia, D.G. (Resp.)

Alberti, Michael: De pulmonum subsidentium ex erimenti prudenti applicatione. Resp: Carolus Wilhelmus Sailer. Halae Magdeb. 1728: Hendel. 27 S. 8°
Halle, Med. Diss. v. Juni 1728.

Alberti, M., resp. G. B. **Volland,** De asthmate convulsivo. 20 pp. Hal. 4°. 1723

Alberti, M., resp. Jo. Fr. **Cartheuser,** De asthmate sanguineo-spasmodico. 36 pp. Hal. 4°. 1731

—, resp. Jo. D. **Milhauser,** Diss. de atonia. 56 pp. Hal. 4°. 1716

Alberti, Michael: De atrophia infantum. Resp.: Joannes Fridericus Boeli. Halae Magdeb. (1729:) Hendel. 45 S. 8°
Halle, Med.Diss. v. März 1729.

Alberti, M., Diss. de autochiria litteratorum. 32 pp. Hal. 4°. 1727

Alberti, M., resp. F. W. **Gloxin,** Diss. de autochiria occulta. 32 pp. Hal. 4°. 1744

—, Med. Betracht. v. d. Kräften der Seele nach dem Unterschied des Leibes. Halle. 8°. 1730

— Medicinische Betrachtung von den Kräften der Seelen nach den Unterscheid des Leibes und dessen natürlichen Gesundheit oder Krankheit, als eine Forts. der Philosophischen Gedanken von dieser Untersuchung kürzlich entworffen. — Halle i. M.: Hendel 1740. 28 S.
1:2 in Nn 4. 12:4° Diss. 551/47. 3. 4. 9. 10.
2.9448

— [Epistola de podagra sine sale, deutsch] Ausführlicher Beweiß vom Podagra ohne Saltz, oder: daß das Podagra, wider die gemeine Meinung, selten von einer saltzigen Schärffe herrühre. Aus d. Lat. ins Teutsche mit Fleiß übers. — Halle: Hendel 1725. 32 S.
1:4 an Im 4978ª. 4. 8.
2.9464

Alberti, M., Casuum biga ad memoriam maxime insignium de aphonia vel linguae paralysi etc. Hal. 4°. 1746

Alberti, resp. Haferung, de morientium cygneo cantu: vom Schwanen-Gesang der Sterbenden. Hal. Magd. 747. 4.

Albertus, Mich., resp. W. Th. **Glockengiesser,** Casus menstrui fluxus an malis animique pathematibus perturbati. 40 pp. Hal. 4°. 1741

Alberti, M., Diss. Casus singultus chronici viginti quatuor annorum. Hal. 4°. 1748

—, resp. J. C. **Römpler,** Diss. de catarrho suffocativo efficaci quodam remedio tractando. Hal. 4°. 1720

Alberti, M., Diss. de caussis vitiorum auditus. Hal. 4°. 1752

— De Colica haemorrhoidali. 1718 s. *Alberti:* Dissertationes academicae de haemorrhoidibus. 1719. 2.9449

— Michaelis Alberti Commentatio in Constitutionem criminalem Carolinam medica variis titulis et articulis ratione et experientia explicatis ac confirmatis comprehensa ... multisque testimoniis iuridicis et medicis probata. — Halae: Orphanotropheum 1739. 364 S.
1:Fv 171. 12:4° Crim. 1. 300:68 T 17. 2. 3. 5. 7. 8. 9. 10. 11.
2.9450

Alberti, Michael: Commentatio medica in aedilitium edictum ff. lib. XXI.Tit.1. Resp.: Johannes Ernestus Glaser. Halae Magdeb. 1738: Hendel. 62 S. 8°
Halle, Med.Diss. v. Dez. 1738.

—, resp. A. C. **Kaulitz,** De commercio animae s. naturae incorporeae, cum medicis et remediis corporeis. 6 l. Hal. 4°. 1720

Alberti, M., Diss. de commercio animae cum sanguine. Hal. 4°.
1710

—, resp. Gttl. Fr. **Möthig,** De risus commodo et incommodo in oeconomia vitali. Ob das Lachen zur Gesundheit nützlich oder schädlich sey. 26 S. Hal. 4°. 1746

Alberti, Mich., resp. G. F. **Moetig,** De risus commodo et incommodo in oeconomia vitali. Hal. 4°. 1747

Mich. Alberti (resp. Sam. Csernansky) diss. inaug. de medicinae apud Ebraeos et Aegyptios conditione. Hal. 1742. 4.

Alberti, Michael: De c o n f e s s i o n e aegri erga medicum, von der Ohren-Beicht des Krancken gegen den Artzt. Resp.: Joh(annes) Christophorus Schortmann. (Halle.) 1724: Hendel. 44 S. 8°
Halle, Med.Diss. v. März 1724.

Alberti, Michael: De c o n s e n s u calculi cum haemorrhoidibus externis. Resp.: Johannes Henricus Prehn. Halae Magdeb. (1739:) Hendel. 44 S. 8°
Halle, Med. Diss. v. Apr. 1739.

— De haemorrhoidum Consensu cum capite et pectore. 1718 s.a. *Alberti:* Dissertationes academicae de haemorrhoidibus. 1719. 2.9451

—, resp. J. **Weisbrodt,** De haemorrhoidum consensu cum capite et pectore. 51 pp. Hal. 4°. 1718

— De haemorrhoidum et mensium Consensu. 1719
s. *Alberti:* Dissertationes academicae de haemorrhoidibus. 2.9452

— De haemorrhoidum Consensu cum morbis splenis. 1718 s.a. *Alberti:* Dissertationes academicae de haemorrhoidibus. 1719. 2.9453

—, resp. **Haubold,** De haemorrhoidum consensu cum morbis splenis. Hal. 4°. 1718

—, resp. J. **Horch,** De consensu morborum. 48 pp. Hal. 4°.
1716

Alberti, M., resp. Jo. L. **Gleim,** De morum et morborum consensu. 53 pp. Hal. 4°. 1722

Alberti, M., resp. H. G. **Blumenbach,** Diss. de consuetudine et insuetudine aegrotandi. 32 pp. Hal. 4°. 1733

Alberti, M., resp. C. E. **Heinecke,** De crimine rugarum. Hal. 4°.
1747

— De Cura per expectationem. 1718 s. *Alberti:* Dissertationes academicae de haemorrhoidibus. 1719. 2.9455

Alberti, M., resp. C. E. **Hoyer,** Diss. de curationibus sympatheticis. Hal. 4°. 1730

Alberti, Michael: De d i f f e r e n t i a sanguinis arteriosi et venosi. Resp.: Joh[annes] Christianus Fridericus Bonegarde. Halae Magdeb. (1737:) Hendel. 23 S. 8°
Halle, Med. Diss. v. Aug. 1737.

Alberti, M., Diss. de spirandi difficultate. Hal. 4°. 1728

— disquis. med. de energia naturae. 8. ibid.

— Disquisitio medica de medicamentorum modo operandi in corpore vivo, ex principiis physicis, moralibus et medicis deducta, variis observationibus utilibus illustrata, ad rationalem atque securum medicamentorum usum accommodata, cum variis regulis therapeuticis et indice necessario instructa. — Halae Magd.: Henckel 1720. 236 S.
3. 7. 9.
2.9457

— Dissertationes academicae de haemorrhoidibus, in peculiare volumen collectae in illustrationem antiquioris et recentioris observationis atque experientiae ed. — Halae Magd. 1719: Henckel. 4°

Sondert.: 1. Alberti: De Haemorrhoidibus medicina hypochondriacorum. [Resp.:] Ehrenricus Wilhelmus Kaatzki. (1716.)
Sondert.: 2. Alberti: De haemorrhoidum Consensu cum scorbuto. [Resp.:] Gothofredus Ritter. (1717.)
Sondert.: 3. Alberti: De Haemorrhoidibus longaevitatis causa. [Resp.:] Fridericus Lentz. (1717.)
Sondert.: 4. Alberti: De haemorrhoidum Anomaliis. [Resp.:] Daniel Sigmund Gottlieb Behrens. (1717.)
Sondert.: 5. Alberti: De Haemorrhoidibus foeminarum. [Resp.:] Johannes Jacobus Bergmann. (1717.)
Sondert.: 6. Alberti: De Haemorrhoidibus caecis. [Resp.:] Johannes Ludovicus Moeser. (1717.)
Sondert.: 7. Alberti: De Haemorrhoidibus albis. [Resp.:] Tobias Bogislaus Rückert. (1717.)
Sondert.: 8. Alberti: De Haemorrhoidibus suppressis. [Resp.:] Christianus Fridericus Kniep. (1717.)
Sondert.: 9. Alberti: De haemorrhoidariorum Regimine et diaeta. [Resp.:] Johannes Harder. (1717.)
Sondert.: 10. Alberti: De haemorrhoidum Consensu cum morbis splenis. [Resp.:] Rudolphus Augustus Haubold. (1718.)
Sondert.: 11. Alberti: De Haemorrhoidibus excedentibus. [Resp.:] Hieronymus Fisch. (1718.)
Sondert.: 12. Alberti: De haemorrhoidum insolitis Viis. [Resp.:] Johannes Siegfried Ganzland. (1718.)
Sondert.: 13. Alberti: De haemorrhoidum Consensu cum capite et pectore. [Resp.:] Johannes Weisbrodt. (1718.)
Sondert.: 14. Alberti: De Colica haemorrhoidali. [Resp.:] Johannes Fridericus Zehner. (1718.)
Sondert.: 15. Alberti: De haemorrhoidum et mensium Consensu. [Resp.:] Johannes Gottofredus Dietrich. (1719.)
Sondert.: 16. Alberti: De haemorrhoidariorum prudenti Therapia per acidulas et thermas. [Resp.:] Johannes Henricus Wachsmuth. (1719.)
Sondert.: 17. Alberti: De plurimorum hominum Morte immatura. [Resp.:] Johannes Samuel Steurlin. (1717.)
Sondert.: 18. Alberti: De Sensu vitali. [Resp.:] Christianus Ludovicus Mentzel. (1716.)
Sondert.: 19. Alberti: De Mortibus naturae cynosura medici. [Resp.:] Andreas Georgius Klette. (1716.)
Sondert.: 20. Alberti: De Cura per expectationem. [Resp.:] Ludovicus Julius Jaquemin. (1718.)
Sondert.: 21. Alberti: Dubia vexata materiae medicae. [Resp.:] Godofredus Endeler. (1719.)
Sondert.: 22. Alberti: De arnicae verae Usu. [Resp.:] Georg August de La Marche. (1719.)
Sondert.: 23. Alberti: De Rore marino. [Resp.:] Johann Wilhelm
Sondert.: 24. Alberti: De medicamentorum Modo operandi in corpore vivo. [Resp.:] Joh[annes] Augustus Lysthenius. (1720.)
Sondert.: 25. Alberti: De Medicina quadam efficaci in motibus naturae exacerbatis. [Resp.:] Joannes Junckerus. (1718.)
Sondert.: 26. Alberti: De Morbis animi ex anomaliis haemorrhagicis. [Resp.:] Jo[hannes] Henr[icus] Wardenburg. (1719.)
Sondert.: 27. Alberti: De Apoplexia sanguinea. [Resp.:] Georgius Battallia. (1719.)
Sondert.: 28. Alberti: De Affectibus capitis ex haemorrhagiis molientibus. [Resp.:] Johannes Zacharias Platner. (1716.)
Sondert.: 29. Alberti: De Epilepsia. [Resp.:] Johannes Ernestus Stahl. (1718.)
Sondert.: 30. Alberti: De Dysenteria cum petechiis et purpura complicata. [Resp.:] Johannes Elias Cramer. (1718.)
Sondert.: 31. Alberti: De Mictu cruento. [Resp.:] Gottlieb Gotsch. (1719.)
Sondert.: 32. Alberti: De Pleuritide vera. [Resp.:] Johann Gottlob Grosser. (1718.)
Sondert.: 33. Alberti: De Purpura urticata, quam vocant die Nessel-Sucht. [Resp.:] Johannes Fridericus Borsch. (1719.)
Sondert.: 34. Alberti: De Splenetico malo. [Resp.:] Helwig Christian Mayer. (1719.)
4. 7.
2.9458

—, resp. H. **Becker,** Diss. de doloribus. 52 pp. Hal. 4°. 1720

Alberti, Michael: D u b i a vexata materiae medicae. 1719
s. *Alberti:* Dissertationes academicae de haemorrhoidibus. 2.9459

— De D y s e n t e r i a cum petechiis et purpura complicata. 1718
s. *Alberti:* Dissertationes academicae de haemorrhoidibus. 1719. 2.9460

Alberti, M. (Praes.): De ebrietate foeminarum...,
s.a. G o e h r s , J. Ch. (Resp.)

Alberti, M.: Diss. de ebrietate foeminarum. Hal. 1737.

Alberti, M., resp. Jac. F. **Otto,** Diss. de medico effectu affectuum animi. 48 pp. Hal. 4°. 1735

Alberti, M., resp. J. M. **Hoeppius,** De irae energia ad morbos producendum. Hal. 4°. 1720

— De E p i l e p s i a. 1718
s. *Alberti:* Dissertationes academicae de haemorrhoidibus. 1719. 2.9461

—, resp. Jo. E. **Stahl,** De epilepsia. 44 pp. Hal. 4°. 1718

Mich. Alberti de fatis doctrinae temperamentorum epistola ad Jo. Andr. Wendt. Hal. 1712. 4.

— Epistola gratulatoria in qua mysterium naturae in medicina explicatur, ad ... Christophorum Berghauer ..., disputatione inaugurali De medicina sine medico, obtinentem. — Halae Magd. (1707): Henckel. 4 Bl.
1:16 in Kr 407–1. 12:4° Diss. 1445/31.
300:an 134.596–B. 2. 4. 5. 7. 10. 11.
2.9462

— — **Epistola gratulatoria qua fata doctrinae temperamentorum exponit, et .. suo Joh. Andr. Wendt .. dum spec. .. mutationem temperamenti .. applaud. Halle (Chn. Henckel) 29. VI. 1712. 12 S. (3.—)** 199

— **Michael,** Epistola gratulat. qua morbos mortiferos describit. dum. .. dominus Joh. Gottlob Titius .. suam .. spec. de febre lethifere Hippocratis. Halle (Chn. Henckel) 6. VI. 1711. 4 Bl. (3.—) 198

— Epistola gratulatoria qua podagram sine sale explicat ac defendit et ... Georg. Sigismundo Liebezeit ... ob felicem et honorificum cursus academici finem dum summos in arte medica honores et lauream doctoralem optime promeritam praemissa solemni atque erudita dissertatione De tumore oedematoso-podagrico, cum applausu publico excipit, amice et sincere felicia optat Michael Alberti. — (Hal[ae] Magd. 1713: Henckel.) 8 Bl.
1:4 in Ia 7711; 7 in Ic 5050–5; 53 in Ic 5051–2 [u.]
24 in Kg 6402. 12:4° Diss. 2158/45. 300:127.907–B.
2. 7. 10. 11.
2.9463

— — **Epistola gratulat. qua thermarum et acidularum idolum medicum destruit, et circumspectum atque peritharum usum commendat. Viro .. Phil. Hardtmuth Gaertnero .. diss. de fontium salutarium usu et abusu .. gratul. Halle (Chn. Henckel) 7. IV. 1713. 16 S. (3.—)** 200

Alberti, M., resp. **J. A. Wendt,** Epist. de mutatione temperamenti. 12 pp. Hal. 1712. 1720. 4°. 1712

Mich. Alberti epist. de ortu et progressu variolarum. Hal. 1709. 4.

Alberti, Michael: De e r r o r i b u s in pharmacopoliis ex neglecto studio botanico obviis. Halae 1733. 24 S. 4°

Alberti, Mich. (Praes.): De facultate medica quatenus gratiosa est, s. T h o m a s i u s, Jac. (Resp.)

—, Pr. Fata doctrinae temperamentorum. 12 pp. Hal. 4°. 1712

Mich. Alberti progr. de fatis theoriae medicae. Hal. 1711. 4.

Alberti, Michael: De fermentatione vinosa. [Resp.:] Carolus Fridericus Kock. Halae Magdeburgicae 1736. 24 S. Halle, Med. Diss. 1736

Alberti, Michael: De fi s t u l a urethrae virilis. Resp.: Joannes Fridericus Becker. Halae Magdeb. (1728:) Hendel. 45 S. 8°
Halle, Med. Diss. v. Okt. 1728.

—, resp. J. J. **Metzner,** Diss. de majori frequentia apoplexiae in eruditis, quam alius sortis hominibus observanda. 24 pp. Hal. 4°. 1755

— Philosophische Gedancken von den Unterschied der Kräffte der Seelen nach den Unterscheid der Menschen. — Halle: Hendel 1740. 16 S.
Forts. s. *Alberti:* Medicinische Betrachtung von den Kräften der Seelen. 1740.
1:1 in Nn 4. 3. 4. 9. 10.
2.9465

Alberti, Michael: H a e m a t o l o g i a physico-medica. Resp.: Henricus Künzlinus [Künzlin]. Halae Magdeb. (1736:) Hendel.
Halle, Med. Diss. v. Okt. 1736.

Alberti, Michael: De h a e m o r r h a g i i s mortuorum de jure cruentationis. Resp.: Josephus Fridericus Bierbrauer. Halae Magdeb. 1726: Hendel. 36 S. 8°
Halle, Med. Diss. v. Okt. 1726.

— de Haemorrhoidibus. 4, ibid. 722.

— De Haemorrhoidibus albis. 1717
s. *Alberti:* Dissertationes academicae de haemorrhoidibus. 1719. 2.9466

— De Haemorrhoidibus caecis. 1717
s. *Alberti:* Dissertationes academicae de haemorrhoidibus. 1719. 2.9467

— De Haemorrhoidibus excedentibus. 1718
s. *Alberti:* Dissertationes academicae de haemorrhoidibus. 1719. 2.9468

— De Haemorrhoidibus foeminarum. 1717
s. *Alberti:* Dissertationes academicae de haemorrhoidibus. 1719. 2.9469

— De Haemorrhoidibus longaevitatis causa. 1717
s. *Alberti:* Dissertationes academicae de haemorrhoidibus. 1719. 2.9470

— De Haemorrhoidibus medicina hypochondriacorum. 1716 s.a. *Alberti:* Dissertationes academicae de haemorrhoidibus. 1719. 2.9471

—, resp. L. W. **Kamzki,** Diss. de haemorrhoidibus, medicina hypochondriacorum. Hal. 4°. *Haller,* Bibl. med. pr. IV, 387. 1716

— De Haemorrhoidibus suppressis. 1717
s. *Alberti:* Dissertationes academicae de haemorrhoidibus. 1719. 2.9472

—, resp. G. J. **Sommer,** Diss. de hemiplegia. 48 pp. Hal. 4°. 1744

Alberti, M., Diss. de hydrocephalo. Hal. 4°. 1715

—, resp. M. **Kuogler,** Diss. de hydrocephalo. Hal. 4°. 1725

—, Diss. de hydrocephalo. Hal. 4°. 1735

Alberti, M., resp. **Schapper,** De hysterergia medica. Hal. 4°. 1736

—, resp. C. G. **Titius,** Diss. de insomniorum influxu in sanitatem et morbos; was Träume zur Gesundheit u. Krankheit beytragen. 35 pp. Hal. 4°. 1744

Alberti, M. (Praes.): De insensibilitate personali, s.a. S c h w a a b, Ferd. (Resp.)

—, resp. F. **Schwab,** De insensibilitate personali. Hal. 4°. 1731

Alberti, Michael: De venaesectionis salutari i n t e r m i s s i o n e. Resp.: Johannes Julius Schlaeger. Halae Magdeburgicae (1735:) Hendel. 36 S. 8°
Halle, Med. Diss. v. Okt. 1735.

— Introductio in medicinam practicam generalem specialem et specialissimam, qua ordine congruo therapia medica ... exhibetur. 1721 s. *Alberti:* Introductio in universam medicinam. 3.

— Introductio in medicinam, qua iuxta propositum ordinem semiologia, hygiene, materia medica et chirurgia ... sistitur. 1719 s. *Alberti:* Introductio in universam medicinam. 2.

Alberti, Michael: Michaelis Alberti Introductio in universam medicinam tam theoreticam quam practicam ... imprimis in usum auditorii sui edita, qua verus et sincerus nexus inter theoriam et praxin ... studio commonstratur. (P. 1–3.) — Halae Magd.: Orphanotropheum 1718–21.
1. Physiologia et pathologia medica. 1718.
2 u. d. T.: Alberti: Introductio in medicinam, qua iuxta propositum ordinem semiologia, hygiene, materia medica et chirurgia ... sistitur. 1719.
3 u. d. T.: Alberti: Introductio in medicinam practicam generalem specialem et specialissimam, qua ordine congruo therapia medica ... exhibetur. 1721.
1–3 . . . . 1:1–Id 6300; 2–Id 6301; 3–Id 6302.
12:1–4° Med. g. 2; 2–4° Med. g. 2b;
3–4° Med. g. 2c [auch P. 1.2–4° Med. g. 2a]. 2. 3. 7. 10.
1.2 . . . . 4.
1.3 . . . . 300: 1–69 F 28; 3–68 S 19. 8.
3 . . . . 5.
2.9473

Albertus, Mich., Introductio in universam medicinam tam theoreticam quam practicam, certis positionibus comprehensa, imprimis in usum auditorii sui edita, qua verus et sincerus nexus inter theoriam et praxin, per praecipuas medicinae systematicae partes peculiari studio commonstratur et hoc ordine physiologia et pathologia medica praemittitur. Edit. sec. 438 pp. Hal. 1741. 4°.

— Isagoge formulas medicamentosas artificiosa methodo conscribendi, praxi clinicae accommodata, et in usum auditorii sui succinctis thesibus commendata. — Halae Magd.: Hendel 1726. 87 S.
12:4° Med. g. 2 b/1. 3. 4. 5. 7. 9.
2.9474

—, resp. J. G. **Hoffmann**, De ischuria senili. Hal. 4°. 1728

— Iurisprudentia medica. 1729-47 s. *Alberti:* Systema iurisprudentiae medicae. 2-6.

— Tentamen Lexici realis observationum medicarum ex variis authoribus selectarum. P.[1.]2. — Halae Magd.: Orphanotropheum 1727-31.
2 u. d. T.: Alberti: Lexici realis observationum physico-medicarum ex variis scriptoribus congestarum pars 2.
1.2 . 1:1-4° Id 1570; 2-4° Id 1571. 12:4° Med. g. 3. 2. 3. 5. 7. 8. 9. 11.
1 . . . . 300:• 69 D 71.
2.9475

— De Longaevitate ex diaeta. 1728 s. *Alberti:* Tractatio medica de longaevitate hominis. 1732. 2.9476

— De Longaevitate ex medicina. 1728 s. *Alberti:* Tractatio medica de longaevitate hominis. 1732. 2.9477

— De Longaevitate ex animi moderamine. 1728 s.a. *Alberti:* Tractatio medica de longaevitate hominis. 1732. 2.9478

—, resp. L. A. **Sachse**, Diss. de longaevitate ex animi moderamine. 37 pp. Hal. 4°. 1728

— De Longaevitate ex motu corporis. 1728 s. *Alberti:* Tractatio medica de longaevitate hominis. 1732. 2.9479

— De Longaevitate ex aeris temperie. 1728 s. *Alberti:* Tractatio medica de longaevitate hominis. 1732. 2.9480

—, resp. **Behrisch**, De phantasiae lusu, usu et abusu in medicina. Hal. 4°. 1721

Alberti, M. (Praes.): De ischiadico malo, s.a. K n o c h e n o w, J. G. (Resp.)

—, Diss. de ischiadico malo. Hal. 4°. 1730

Mich. Alberti (resp. Chr. am Ende) diss. de medicina Christi divina et miraculosa. Hal. 1725. 4. — *Redit in* Ejusd. Specim. medicinae theologicae. Hal. 1726. 8.

— De Medicina quadam efficaci in motibus naturae exacerbatis. 1718 s. *Alberti:* Dissertationes academicae de haemorrhoidibus. 1719. 2.9481

—, Mich., resp. J. Z. **Platner**, De medico directore motuum vitalium. Hal. 4°. 1717

Alberti, Mich., Meditationes atque observationes de admirandis animae praecipue humanae affectibus. Hal. 4°. *Haller*, Bibl. anat. II, 45. 1713

Alberti, M., resp. J. G. **Schmidt**, De mente sana in corpore sano. 35 pp. Hal. 4°. 1728

— De Mictu cruento. 1719 s. *Alberti:* Dissertationes academicae de haemorrhoidibus. 2.9482

— De medicamentorum Modo operandi in corpore vivo. 1720 s. *Alberti:* Dissertationes academicae de haemorrhoidibus. 1719. 2.9483

— De Morbis animi ex anomaliis haemorrhagicis. 1719 s.a. *Alberti:* Dissertationes academicae de haemorrhoidibus. 2.9484

Alberti, M., resp. J. H. **Wardenberg**, Diss. de morbis animi ex anomalis haemorrhagiis. Hal. 4°. 1719

Alberti, Mich. Dissertatio de morbis carceratorum. *Halae.* 1754.

Alberti, Mich., resp. Ch. G. **Gross**, Diss. de morbis imaginariis hypochondriacorum. 31 pp. Hal. 4°. 1755

Alberti, Michael: De metallicolarum nonnullis m o r b i s . Resp.: Steph[anus] Antonius Kochlatsch. Halae Magdeb. (1721:) Hendel. 22 S. 8°
Halle, Med. Diss. v. 18. Jan. 1721.

Alberti, M., praes. G. E. **Stahl**, De morbo hypochondriaco-hysterico. 61 pp. 4°. *Haller*, Bibl. med. pr. III, 583. 1703

— De plurimorum hominum Morte immatura. 1717 s. *Alberti:* Dissertationes academicae de haemorrhoidibus. 1719. 2.9485

— De Mortibus naturae cynosura medici. 1716 s. *Alberti:* Dissertationes academicae de haemorrhoidibus. 1719. 2.9486

Alberti, M., resp. **Hehne**, De morum mutatione sub morbis. 22 pp. Hal. 4°. 1729

— De Natura vitae et sanitatis formatrice. 1731 s. *Alberti:* Tractatio de natura humana. 1732. 2.9487

— De Natura generatrice. 1731 s. *Alberti:* Tractatio de natura humana. 1732. 2.9488

—, De natura humana, qua indicatur et rationibus et suffragiis theologicis etc. animam rationalem proprium suum domicilium generare, conservare ac sanare. Hal. 4°. 1732

— De Natura morborum medicatrice. 1729 s. *Alberti:* Tractatio de natura humana. 1732. 2.9489

Alberti, M., resp. A. **Ajtai**, De medicinae et doctrinae moralis nexu. 53 pp. Hal. 4°. 1714

Alberti, Mich. (Praes.): De morum et remediorum nexu, s. H o h o r s t, Jo. Chr. (Resp.)

—, resp. **Dittmar**, De sanguinis et animae nexu. Hal. 4°. 1744

Alberti, M.(Praes.): De noctibus agrypniis..., s.a. Z u b e r b ü h l e r, Jo. Jac. v. (Resp.)

—, De noctibus agrypnis, von schlaflosen Nächten. Hal. 4°. 1744

Alberti, Michael: N o l i m e t a n g e r e medicus sive morbos, quos tangere non licet. Resp.: Johannes Fridericus Mez. Halae Magdeb. (1751:) Hendel. 29 S. 8°
Halle, Med.Diss. v. 7. Juli 1751.

Alberti, M. (Praes.): De lacrymarum noxa ..., s. H o r s t i u s, C. L. (Resp.)

Alberti, Michael: De n u p t i i s senum secundis raro secundis. Resp.: Alexander Jo[annes] August[us] Hübner. Halae Magdeb. (1743:) Hendel. 38 S. 8°
Halle, Med. Diss. v. Jun. 1743.

—, Diss. de visus obscuratione a partu. Hal. 4°. 1732

Alberti, Michael: O b s e r v a t i o n e s et cautelas easque chirurgico-practicas circa enchireses phlebotomiae. Resp.: Christophor[us] Davides Mann. Halae Venedorum (1744:) Franck. 31 S. 8°
Halle, Med. Diss. v. Mai 1744.

Alberti, Michael: O b s e r v a t i o n e s practicas de arnicae verae usu. Resp.: Georg August de La Marche. Halae Magdeb. 1719: Orbanus. 24 S. 8°
Halle, Med. Diss. v. Aug. 1719.

Alberti, M. (Praes.): De medici officio ...,
s. W e l t z , Jo. F. (Resp.)

Alberti, Michael: De praejudicatis quibusdam in physiologia o p i n i o - n i b u s . Resp.: Christianus Wilhelmus Kestner. Halae Magdeb. (1719:) Orbanus. 39 S. 8°
Halle, Med. Diss. v. Sept. 1719.

Alberti, Mich., Nova paradoxa, d. i. Verhandlung von der Seele des Menschen, der Thiere und der Pflanzen. Hal. 1707. 8°. Pars altera 1720. 8°. *Haller*, Bibl. anat. II, 47. 1 7 0 7

Alberti, M., resp. J. C. **Peck**, De phrenitide pannonica idiopathica. Hal. 4°. 1 7 3 9

— Physica. 4. ibid. 739.

— De Pleuritide vera. 1718 *s. Alberti:* Dissertationes academiae de haemorrhoidibus. 1719. 2.9490

—. Potestas diaboli. Specimen med. theologiae. Hal. 4°. 1726

—, resp. **Corvinus**, De potestate diaboli in corpus humanum. Hal. 4°. 1 7 2 5

Alberti, Michael: Physices propositiones et positiones fundamentales ad veram cognitionem macrocosmi et microcosmi collimantes... 88 S., gbd.

Halae: Orphanotropheum 1721
an: Alberti, M.: Introductio in medicinam generalem specialem et specialissimam... 1721

— De Purpura urticata, quam vocant die Nessel-Sucht. 1719 *s. Alberti:* Dissertationes academicae de haemorrhoidibus. 2.9492

— De haemorrhoidariorum Regimine et diaeta. 1717 *Alberti:* Dissertationes academicae de haemorrhoidibus. 1719. 2.9493

Alberti, M. (Praes.): De remediis morborum superstitiosis,
s. H o c h s t e t t e r , C. L. (Resp.)

Alberti, M. (Praes.): De rhoncho dormientium ...,
s. L u s t , F. W. (Resp.)

— De Rore marino. 1718 s.a. *Alberti:* Dissertationes academicae de haemorrhoidibus. 1719. 2.9494

Alberti, Michael: De r o r e m a r i n o . Halae 1718. 32 S. 4°

Mich. A l b e r t i (resp. Eman. H. Garmann) diss. de sanitate, morbis et morte M. Lutheri. Hal. 1750. 4.

Alberti, Michael: [Teils.] Mich. Alberti Medicinische und philosophische Schrifften von unterschiedenen Materien, welche bisher eintzeln edirt und vorlängst nicht weiter zu bekommen gewesen ... Mit einigen neuen Tractätgen verm., und mit Ind. vers. — Halle: Hendel 1721. 620 S. 300:68 Z 2. 7. 8. 9. 10. 2.9444

— — De venae sectione dublicata. Propempticum inaug. Halle, April 1726. 6 Bl. (3.—) 205
Mit Biogr. v. Joh. Gottlob Haertel (Loesnitz, Mutter: Clara Sophia Schilling).

— — De venae sectione infantum et puerorum. Propt. inaug. Halle, 4. XI. 1724. 8 Bl. (3.—) 203
Mit Biogr. v. Ludwig Hansen (Grabow/Meckl., Mutter: Hel. Elisabeth Maneken).

— — De venae sectione juniorum. Propempticum inaug. Halle, 8. X. 1725. 6 Bl. (3.—) 204
Mit Biogr. v. Joh. Christoph Friderici (Rossla. Mutter: Anna Eleonora Grosheim).

— — De venae sectione senum. Propempticum inaug. Halle 6. X. 1724. 6 Bl. (3.—) 202
M. Biogr. v. Johann Havighorst (Ems, Mutter: Anna Christina Mettingh).

—, resp. **Christ am Ende**, Pr. de venaesectione timidorum. 12 pp. Hal. 4°. Auch in: Spec. Med. theol. p. 433. 1 7 2 5

— Semiologia, Materia medica etc. 4. ibid. Waish. 719.

—, resp. Jo. S. **Eggers**, De sensibilitate personali. 53 pp. Hal. 4°. 1 7 3 0

Alberti, Mich., De falso sensu medico naturae corporeae Hippocratico. Hal. 4°. 1 7 1 8

— — De vero sensu medico naturae incorporeae Hippocratico. Propempticon inaug. Halle, 24. IX. 1717. 6 Bl. (3.—) 201
Mit Biogr. v. Joh. Zachar. Platner (Chemnitz, Mutter: Anna Magdalena Schnorr).

— De Sensu vitali. 1716 s.a. *Alberti:* Dissertationes academicae de haemorrhoidibus. 1719. 2.9495

—, resp. Chr. L. **Menzel**, De sensu vitali. 72 pp. Hal. 4°. 1 7 1 6

—, Diss. de sensu vitali. Hal. 4°. 1 7 2 5

Alberti, M. resp. **Herzog**, Diss. de singultu praecipue puerperarum. Hal. 4°. 1 7 3 8

—, resp. J. G. **Seibt**, De somno morborum caussa. Hal. 4°. 1 7 2 6

Albertus, M. Specimen medicinae theologicae, selectiora quaedam themata ad scientiam et experientiam medicam praecipue pertinentia. Halae 1726.

— Mich. Alberti Specimen medicinae theologicae ... cum praef. Jo. Mich. Langii [Johann Michael Lange]. — Halae Magd.: Hendel 1726. 688 S. 300:•69 M 274. 4. 7. 9. 2.9496

—, resp. Ad. **Struvius**, De spectris. Hal. 4°. 1 7 2 5

— De Splenetico malo. 1719 *s. Alberti:* Dissertationes academicae de haemorrhoidibus. 2.9497

Alberti, M. (Praes.): De sputatione hypochondriacorum,
s. S t a r c k l o f, J. M. (Resp.)

Alberti, Michael: De s u c c i n o . Resp.: Joannes Baumer. Halae Magdeb. (1750:) Hendel. 37 S. 8°
Halle, Med. Diss. v. Nov. 1750.

—, resp. **Kletschke**, Diss. de superstitione medica. Hal. 4°. 1 7 2 0

Alberti, Michael: S y l l o g e anatomicarum selectarum observationum. Resp.: Joh[annes] Zacharias Petsche. Halae Magdeb. (1736:) Hendel. 28 S. 8°
Halle, Med. Diss. v. Sept. 1736.

Alberti, Mich., Systema jurisprudentiae medicae, quo casus forenses, a juridicis et medicis decidendi, explicantur omniumque facultatum sententiis confirmantur, in partem dogmaticam et practicam partium, casibus, relationibus, judiciis, responsis et defensionibus juridicis et medicis forensibus specialibus illustratum, in usum jurisprudentiae et medicinae, seorsim judiciorum civilium et ecclesiasticorum directum et cum praefatione Chr. *Thomasii* etc. indiceque reali instructum. 3 V. 850, 665 et 1117 pp. Hal. 1725. 1733. 4°. Schneeberg 1725. Hal. 1736. 4°. *Haller*, Bibl. med. pr. IV, 387.

— Michaelis Alberti Systema iurisprudentiae medicae, quo casus forenses, a ictis et medicis decidendi, explicantur ..., in partem dogmaticam et practicam partitum ... Cum praef. Christiani Thomasii. T. [1]–6. — Halae: Orphanotropheum (2.3: Schneebergae: Fulda; 4–6: Lipsiae & Goerlitzii: March) 1725–47.
[1.] 1725. 2. 1729. 3. 1733. 4. (1737.) 5. 1740. 6. 1747.
2-6 u. d. T.: Alberti: Iurisprudentia medica.
1–6 . . . . 3. 5. 8. 11.
1–5 . . . . 9.
1. 3–6 . . . 1:1 – Kr 3060–1; 3–6 – Kr 3061–3/6. 4.
2–6 . . . 12: 2 – 4° Med. for. 1; 3–6 – 4° Med. for. 2–3/6. 6.
2 . . . . 10.
3–6 . . . . 300:68 T 3/6. 7.
3.4 . . . . 2.
2.9498

— — 2., eaque multis locis et testimoniis adaucta ed. [T. 1.] Halae: Orphanotropheum 1736. 416,640,213 S.
1: Kr 3061–1. 12: 4° Med. for. 2–1. 300: 68 T 1. 3. 5. 6. 7. 10.
2.9499

— — T. 2. Schneebergae: Fulda 1736.
12: 4° Med. for. 2-2. 300: 68 T 2. 2. 3. 4. 5. 7.
2.9500

— — T. 2.4. Schneebergae: Fulda (4: Lipsiae & Goerlitzii: March) 1757–60.
2.4 . . . . 7.
2 . . . . 1: Kr 3061–2.
4 . . . . 5.
2.9501

— Tentamen lexici realis observationum medicarum. 1727 s. *Alberti:* Lexicon reale observationum medicarum. 1.

Alberti, Mich., resp. Lud. **Hansen,** De termino animationis foetus humani, Wenn das Kind im Mutter Leibe die Seele empfängt. 78 pp. Hal. 1724. 4°.

Alberti, M. (Praes.): De therapia per dolores, s. Geyss, Dan. (Resp.)

— De haemorrhoidariorum prudenti Therapia per acidulas et thermas. 1719 in: *Alberti:* Dissertationes academicae de haemorrhoidibus. 2.9502

Alberti, Michael: De therapia imaginaria, von Menschen die aus Einbildung gesund werden. Resp.: Christophorus Süssenbach. Halae Magdeb. (1721:) Hendel. 36 S. 8°
Halle, Med. Diss. v. Aug. 1721.

—, resp. Chr. **Sussenbach,** De therapia imaginaria, von Menschen, die aus Einbildung gesund werden. 36 pp. Hal. 4°. — 1728. 4°.

—, resp. **Sussenbach, De therapia imaginatoria. Von Menschen, die aus Einbildung gesund werden.** Hal. 4°. 1728

— Therapia medica. 4. ibid. 721.

—, resp. Franc. Pariz **Papai,** De therapia morborum morali. 58 pp. Hal. 4°. 1714

—, resp. **Lenz,** Diss. de tortura domestica, s. abusu curae subluxationis vertebrarum plebejae. Vom Mißbrauch der Wehthunscur durch Ziehen. Hal. 4°. 1735

— Tractatio medica de longaevitate hominis, naturalibus nonnullis mediis adiuvanda et promovenda, regulis praecipue diaeteticis accommodata, simplici ac vitae animali optime quadrante modo commendata. — Halae Magd.: Hendel 1732. 4°
Sondert.: 1. Alberti: De Longaevitate ex medicina. [Resp.:] Arnoldus Fridericus Steinmeyer. (1728.)
Sondert.: 2. Alberti: De Longaevitate ex animi moderamine. [Resp.:] Lebrecht Augustus Sachse. (1728.)
Sondert.: 3. Alberti: De Longaevitate ex motu corporis. [Resp.:] Johannes Nico.....s Lüders. (1728.)
Sondert.: 4. Alberti: De Longaevitate ex diaeta. [Resp.:] Johannes Casparus Zopf. (1728.)
Sondert.: 5. Alberti: De Longaevitate ex aeris temperie. [Resp.:] Heinricus Josua Mosengel. (1728.)
4. 9.
2.9503

— Tractatio medico-forensis de torturae subiectis aptis et ineptis, secundum morales et physicas causas ventilata. — Halae Magd.: Hendel 1730. 90 S.
1: 4° Ia 41. 2. 7. 8. 11.
2.9504

Alberti, Michael: Tractatio de natura humana qua indicatur et rationibus ac suffragiis theologicis, medicis atque philosophicis confirmatur, animam hominis rationalem proprium suum domicilium generare, conservare et sanare ventilata et vindicata. — Halae Magd.: Hendel 1732. 4°
Sondert.: 1. Alberti: De Natura generatrice. [Resp.:] Christophorus Bartholomaeus Huhn. (1731.)
Sondert.: 2. Alberti: De Natura vitae et sanitatis formatrice. [Resp.:] Carol[us] Christian[us] Seidel. (1731.)
Sondert.: 3. Alberti: De Natura morborum medicatrice. [Resp.:] Joh[annes] Fridericus Keysler. (1729.)
4.
2.9505

— Michaelis Alberti Tractatus de haemorrhoidibus, in quo schediasmata quaedam Stahlii, veram haemorrhoidum doctrinam exponentia, fundamenti loco praemittuntur, et totum negotium haemorrhoidale diagnostice, prognostice, pathologice & practice ... cum praef. epistolica [Georgii Ernesti] Stahlii commendatur. (P. 1.2.) — Halae: Orphanotropheum 1722.
1: 4° Kb 1180. 12: 4° Path. 6. 300: 69 F 29. 3. 5. 8. 10.
2.9506

— Tractatus medico-historicus de tribus impostoribus oder freymüthige Gedancken von denen drei berüchtigten Verführern des Volcks: 1.) dem Getränk des Thee und Caffe, 2.) der Erwählung commoder Tage, 3.) der Anschaffung derer Hausapotheken, von Andronico [d. i. Michael Alberti]. — Cosmopoli [vielm. Rostock]: Roman 1731. 64 S.
1: Bibl. Diez 7449. 300: 75 G 19. 10.
2.9507

— — Tractatus medico-historicus de tribus impostoribus, oder freymüthige Gedancken von denen drey berüchtigten Verführern des Volcks: 1.) dem Getränck des Thée und Coffée, 2.) der Erwehlung commoder Tage, 3.) der Anschaffung derer Haus-Apothecken ... Zur Warnung und Vermeidung kurtz u. deutlich eröffnet von Andronico [d. i. Michael Alberti]. — Ebd. 1738. 67 S.
1: Ip 2050. 12: Path. 10 v. 8. 11.
2.9508

[—] — Ebd. 1756. 1: Ip 2052.
2.9509

—, resp. A. W. **Plaz,** Diss. de tussi infantum epidemica. Hal. 4°. 1728

— De amicae verae Usu. 1719 s. *Alberti:* Dissertationes academicae de haemorrhoidibus. 2.9510

Alberti, Michael: De camphorae circumspecto usu medico. Resp.: Carl Wilhelm Pott. Halae Magdeb. (1722:) Hendel. 31 S. 8°
Halle, Med. Diss. v. März 1722.

—, resp. Ghr. Gttfr. **Behrisch,** Diss. de phantasiae usu, lusu et abusu in medicina. 38 pp. Hal. 1722. 1723. 4°.

—, resp. J. N. **Grimmann,** De coffeae potus usu noxio. 38 pp. Hal. 4°. 1730

Alberti, M. (Praes.): De sensuum internorum usu..., s.a. Haertel, J. G. (Resp.)

Alberti, M., resp. **Hertel,** De sensuum internorum usu in oeconomia vitali. Hal. 4°. 1716

—. De sensuum internorum usu in oeconomia vitali. Hal. 4°. 1726

—, Mich., resp. St. Siegfr. **Vogel,** De spirituum ardentium usu et abusu diaetetico. 36 pp. Hal. 4°. 1732

Alberti, M., Diss. de sulphuris antimonii curativo usu etc. Hal. 4°. 1738

Alberti, Michael: De absorbentium utilitate et damnis in praxi medica. Resp.: Johannes Paulus Bruch. Halae Magdeb. (1722:) Hendel. 40 S. 8°
Halle, Med. Diss. v. Apr. 1722.

Alberti, M., resp. C. L. **Beurens,** Diss. de solitudinis medica utilitate, vom Nutzen der Einsamkeit zur natürl. Gesundheit. 38 pp. Hal. 4°. 1737

Alberti, Michael: De v a l e r i a n i s officinalibus. Halae 1732. 20 S. 4°

—, resp. J. Fr. **Moosdorff,** Diss. de valetudinariis imaginariis, von Menschen, die aus Einbildung krank werden. 32 pp. Hal. 1721. 4°. 32 pp. Hal. 1723. 4°.

Alberti, Michael: De militum v a l e t u d i n e tuenda. Resp.: Carolus Ludovicus Storch. Halae Magdeb. (1729:) Hendel. 17 S. 8°
Halle, Med. Diss. v. Febr. 1729.

—, Diss. de vaticiniis aegrotorum. Hal. 4°. 1724

– De v e n a e s e c t i o n e . . ., s. Alberti: De venae s e c t i o n e . . .

— De haemorrhoidum insolitis Viis. 1718 *s. Alberti:* Dissertationes academicae de haemorrhoidibus. 1719. 2.9511

Alberti, Michael: De jejunii v o t o et usu medico, vom Nutzen des Fastens oder der Hunger-Cur zur Gesundheit. Resp.: Johannes Jacobus Teuber. Halae Magdeb. (1747:)Hendel. 32 S. 8°
Halle, Med.Diss.v. Okt. 1747.

Alberti, Otto v. Württembergisches Adels- u. Wappenbuch. Im Auftrag d. württemberg. Altertumsvereins verf. 1.—4. Hft. Lex.-8. Stuttg. Kohlhammer. [1. Heft: Geschichte des württembergischen Wappens. (XV S. m. 11 Lichtdr.-Taf.) 889. * 2 —; 2. Heft: Aalen—Buwinghausen. (S. 1—104 mit eingedr. Fig.) 889. * 2 50; 3. Heft: Lachedenier—Feierabend. (S. 105—184 mit eingedr. Fig.) 890. * 2 —; 4. Heft: Felber—Hailfingen. (S. 185—264 mit eingedr. Fig.) 892. * 2 —.] * 8 50

Alberti, Otto v., württembergisches Adels- u. Wappenbuch. Im Auftrag des württemberg. Altertumsvereins verf. 3.—5. Hft. Lex.-8. (S. 105—344 m. Fig.) Stuttgart 890—893. W. Kohlhammer. à n. 2.— (1—5.: n. 10.50)

Alberti, Otto v., Württemberg. Adels- u. Wappenbuch. I. Auftr. d. württemberg. Altertumsvereins verf. 6.—8. Hft. Lex.-8. (1. Bd. IV u. S. 345—535 m. Fig.) Stuttgart 896—898. W. Kohlhammer. n. 5.—
(1. Bd. kplt.: n. 15.50; geb. n. 18.50)

Alberti, Otto v., württembergisches Adels- u. Wappenbuch. Im Auftrag des württemberg. Altertumsvereins verf. 9. u. 10. Hft. Lex.-8. Ebd. n. 5.—
9. (S. 537—616 m. Fig.) 899. n. 2.—
10. (S. 617—696 m. Fig. u. Figuren-Register zum 1. Bd. 52 S.) 900. n. 3.—
Hft. 1—8. Ebd. 889—898. n. 15.50.

Alberti, Otto v., württembergisches Adels- u. Wappenbuch. Im Auftrag des württemberg. Altertumsvereins verf. 11. Hft. (S. 697—792 m. Abbildgn.) Lex.-8. Ebd. 903. n. 2.50
Hft. 1—10. Ebd. 889—900. n. 20.50.

Alberti, Otto v., Württembergisches Adels- u. Wappenbuch. Im Auftrag des württemberg. Altertumsvereins begonnen v. A., fortgesetzt v. Frdr. Frhrn. v. Gaisberg-Schöckingen u. Thdr. Schön. 12. u. 13. Heft. (S. 793—952 m. Abbildgn.) Lex. 8. Stuttgart 909. 910. W. Kohlhammer. à 2.—
Hft. 1—11. Ebd. 889—903. 23.—

Gefährdung durch überlegene Gewalt. ⟨Notstand.⟩ Von Dr. jur. O[tto] v. **Alberti**, Hilfsrichter. *Berlin, Stuttgart, Leipzig: W. Kohlhammer 1903.* (63 S.) 8° [F.] [03. 3657

Alberti, Otto, Medizinalprakt.: Zur Casuistik der Mediastinaltumoren. München 1908: Wolf. 28 S. 8°
München, Med. Diss. v. 18. Juni 1000, Ref. v. Bauer
[Geb. 19. Okt. 84 Mudershausen; Wohnort: Kloppenheim; Staatsangeh.: Preußen; Vorbildung: Gymn. Wiesbaden Reife O. 03; Studium: Marburg 5, Leipzig 1, München 4 S.; Coll. 18. Juni 09; Approb. 1. Juni 09.] [U 09. 3282

Alberti, Otto v.: Notwehr heute und in den Volksrechten. *Stuttgart: W. Kohlhammer 1898.* (49 S.) 8° [F.]
Tübingen, Jur. Diss. v. 1898

Das Notwehrrecht. Von O[tto] v. **Alberti**, Hilfsrichter in Vaihingen. *Stuttgart: W. Kohlhammer 1901.* (86 S.) 8° [F.] [01. 5852

— eigenmächtige Unrechtshemmung, abgesehen v. Notwehr u. Notwehrhilfe. (III, 50 S.) 8. Ebd. 904. n. 1.50

Rechtswidrige Unterlassungen. Von O[tto] v. **Alberti**. Berlin, Stuttgart, Leipzig: W. Kohlhammer 1908. (114 S.) 8° [F.] [08. 9381 6

Alberti, Ps. Mt., Porta linguae sanctae, s. Lexicon hebr. lat. biblic. 4. Dresd. Gerlach. 704.

Alberti, Paul. Bath-Sebas Sünde. Trauerspiel in 5 Akten. 70 S. 8. Zürich, Caesar Schmidt, 1904. [fr. 1.50]

Alberti, R., zweiter u. dritter Bericht üb. die Thätigkeit der Versuchsstation d. land- u. forstwirthschaftlichen Provinzial-Vereins f. das Fürstenth. Hildesheim. gr. 8. (42 u. 33 S.) Celle 874/75. (Schulze'sche Buchh.) à n. — 80

Alberti, Richard: Die *Lechnitzer* Flur. Bistritz '06. S. 6—23. 4° Bistritz, ev. Ob.-G. A. B., P. 1905/06.

Alberti, Rudolf [aus Goslar]: Untersuchungen über die Crotonsäure und Isocrotonsäure. Hildesheim, Druck von August Lax, 1876. 8. II. 30 S. **Diss. Strassburg**

Alberti, Steph., Jus pandectar, 8. Königsb. 735.

Alberti, Valentin
—, Valentin, Academische Abhdl. v. d. Hexen u. dem Bündniß, so sie mit dem Teuffel haben. Darinnen außer dem Nahmen, so die Hexen in verschiedenen Sprachen führen, nicht nur eine Beschreibung derselben, und ihres Bündnisses mit dem Teuffel gegeben, sondern auch ihre schändliche Verrichtungen durch Bezauberungen, Verschreyungen, Nestel-Knipffen, fleischliche Vermischungen mit dem Teuffel gründlich untersuchet werden, nebst Erörterung einiger anderen curieusen Fragen, ob die bekannte Pucollo d'Orleans, ingleichen das rasende Weib, das den Attila erschrecket, eine Hexe gewesen sey? 52 S. Frkf. u. Lpz. 1723. 4°.

Alberti, Val. (Präs.): De sagis, sive foeminis...
s. S t r i d t b e c k h, Chr. (Resp.)

— (Boehla Misnic.), Spec. cont. caput juris controversum de testibus non rogatis in testamento privilegiato parentum. Präs. Christian Heinr. Breuning. Lpz. (Wwe. Langenheim) 24. IX. 1765. 8 S. (3.—) 209

Alberti, Wlh., über die Hamilton'sche u. Jacotot'sche Methode beim Sprachunterricht, mit besonderer Rücksicht auf die alten Sprachen. Eine pädagog. Abhandlung. gr. 4. Landsberg a. d. W. 846. (Wilmsen.) 1/3 ß

Alberti, Wilhelm Christoph
— Anleit. zur Salmiakfabrik, welcher den Aegypt. an Güte gleich ist. 8. Berl. 780. Rottmann. 10 gl.

Alberti, Wlh. Cph., kurzgefaßter Hebammen-Katechismus, oder deutl. Unterr. in der Entbindungskunst. 8. Berl. 777. Rottmann. 8 gl.

Alberti de Poja, Alfr. Graf, Für die Reform d. österreichischen Wasserrechtes. E. Vortrag, geh. a. 24. März 1898 i. Verb. d. Industriellen i. d. polit. Bezirken Baden, Mödling, Neunkirchen, Wr.-Neustadt u. Umgebg. gr. 8. (45 S.) Wien 898. Manz. n. 1.—

— die Überschwemmungen, d. Assanierung d. Wasserläufe u. d. Wasserrechtsgesetz. E. Studie z. d. v. niederösterreich. Landtage beantr. Gesetzesrevision. gr. 8. (52 S.) Ebd. 897. n. — 80

Alberti - Sittenfeld, Conrad s.a. A l b e r t i, Conrad

Die Eroberung der Erde. Der Weiße als Entdecker, Erforscher u. Besiedler fremder Weltteile. Klassische Schilderungen gesammelt von Conrad **Alberti**-Sittenfeld. Berlin & Wien: Ullstein & Co. 1909. 557 S. 8° [illegible]

Der eigne Herd. Ein Vagantenstück von Conrad **Alberti** ⟨Sittenfeld⟩. Berlin, Cöln, Leipzig: A. Ahn [1905]. (136 S.) 8° [F.] [illegible]

Alberti-Sittenfeld, Conr.: Der Weg d. Menschh. 1-3 Bd. 8°.– Berl. Ch., Vita.
1. Von Osiris bis Paulus. (15, 649) (06) ; 2. Von der Offenbarg. Johannis bis z. Kritik d. reinen Vernunft. 1.Tl. (16,465) (09); 3. Dass. 2. Tl. (366) (09).

Der Weg der Menschheit von Conrad **Alberti** Sittenfeld. (2. Aufl. 1.) Berlin: Vita [1906]. 8° [F.] [illegible]

Alberti di Villanova, Franc., s. A l b e r t i di Villanuova, Francesco.

Alberti di Villanuova, Francesco
—nouv. Dictionnaire franç. ital. comp. sur le Dict. de l'Académie de France et de la Crusca etc. II Voll. gr. 4. Strassb. 785. Acad. 12 ßß le même II Voll. gr. 4. Paris et Strassb. 793. König. 10 ßß

— Dictionnaire, nouveau français-italien et italien-français d'après les meilleurs Editions. Redigé sur la dernière Edition de l'Academie française et de la Crusca. 2 Vol. in gr. 8. Venise 1811. (Vienne, Volke).

— Dictionnaire portatif franç.-ital. et ital.-franç. etc. II Voll. gr. 8. Strassb. 799. König. 2 ßß 16 gr in 12. II Voll 2 ßß 12 gr

Alberti, Franc., di Villanova, grande Dizionario Italiano-Francese e Francese-Italiano, composto sui Dizionarj dell' Accademia di Francia e della Crusca ed arrichito di tutti i termini propri delle Scienze e delle Arti. 3a Edizione Italiana. 2 Vol. in 4. gr. Bassano 1811. (Viennae, Volke.)

***Alberti* di Villanouvo, Frz., nouvo Dizionario ital.-tedesco e tedesco-ital.; od. neues ital.-deutsches u. deutsch-ital. Wörterbuch, nach Adelung u. Alberti bearb. v. Karl H. Reich. 2 Thle. gr. 8. Leipz. 786. 789. Schwickert. 5 ßß 8 gr**

— s. Lettere Italiane.

— kritisch-theoret. u. prakt. italien. Sprachlehre f. Deutsche bearb. v. C. F. W. gr. 8. Leipz. 798. Schwickert. 16 gr

— ital.-deutsches u. deutsch-ital. Wörterbuch, s. N. di *Castelli*.

Albertin s. Albertini.

Albertina. Hrsg. v. Präsidium d. Königsberger Freien Studentenschaft. Jg. 1, Nr. 1. Königsberg, Pr.: Aderjahn 1908. 8° [F.] [illegible]

Albertina. Hrsg. v. Präsidium d. Königsb. Freien Studentensch. Schriftleiter: Bernh. Rausch, seit 1910: Berth. Wersche. 2.u.3.J. Okt. 1909–Sept. 1911 je 24 Nrn. (1911, Nr. 1:4) 32,5 x 25,5 cm. Königsbg., (Aderjahn.)

Albertina, die, zu Königsberg. Zu Nutz u. Frommen aller Studiosi u. Muli Deutschlands dargestellt v. e. Königsberger Studenten. (32 S. m. Abbildgn.) 8. Königsberg 904. (Gräfe & Unzer, Buchh.) n. — 40

Die **Albertina** zu Königsberg. Zu Nutz u. Frommen aller Studiosi u. Muli Deutschlands dargest. von e. Königsberger Studenten. *Königsberg i. Pr.: Ver. f. Hebung d. Fremdenverk. 1904.* (31 S.) 8° [F. u. Ant.] [illegible] 10

Die **Albertina** zu Königsberg. Zu Nutz u. Frommen aller Studiosi u. Muli Deutschlands dargest. von e. Königsberger Studenten. 2. Aufl. Königsberg i. Pr.: Ver. f. Hebung d. Fremdenverk. 1906. (32 S.) 8° [illegible] 10

Albertina, Die, zu Königsberg. Rückblick eines alten Studenten. Ausblicke — deutschen Füxen und Burschen zu Nutz. Königsberg i. Pr. 1909. — Königsberg 1912. V: *Schliewe, Willy*. (Berl 1909, S. 565) (Berl 1913, S. 71)

Albertine; e. Muster weibl. Treue. Schspl. 8. Berl. 781. Lange. 3 gr

Albertine, Richardsons Clarissen nachgebildet, und zu einem lehrreichen Lesebuche für deutsche Mädchen bestimmt (von Fr. Schulz), 5 Thle. mit 1 Kupf. 8. Berlin, 788-89. Wever. 3 Rthl. 20 sgl. Dasselbe Buch auch unter dem neuern Titel: Clarisse von Berlin, oder Geschichte der Albertine von Seelhorst.

Albertine. Richardsons Clarisse, nachgebildet v. Fr. Schulz. 5 Thle. 8. Berl. 788—792. Wever. (Sander). 3 ßß 16 gr Neue Aufl. s. Fr. Schulz, Clarisse in Berlin.

Albertine v. Gallicien, od. d. Gespenst in d. Todtengruft, a. d. Engl. 2 Thle. 8. Erfurt, Bever u. M. 799.

Albertine v. Gallicien, od. d. Gespenst in d. Todtengruft. 2 Thle. 8. Erf. 799. (Otto). 16 gr

Albertine Friederike, geb. Markgräfin von Baden-Durlach, Gemahlin von Christian August.
Eigenhändiges Dankschreiben für einen Glückwunsch zu ihrem Geburtstage an ihren Schwiegersohn, den Prinzen Wilhelm von Sachsen-Gotha in Graffe-Jonne [?]: datiert: Hamburg, den 6. Juli 1744. Unterzeichnet: Albertina Friderica.
Dieselbe, Glückwunschschreiben zum Jahreswechsel an Friedrich, Herzog zu Sachsen etc. in Friedenstein: datiert: Hamburg, den 24. Dec. 1747. Unterzeichnet wie oben.

Albertini, Franc., opusculum de mirabilibus novae urbis Romae. Hrsg. v. Aug. Schmarsow. 8. (XXIII, 77 S.) Heilbronn 886. Henninger. n. 2. —; auf Büttenpap. n. 4. —

Albertini. Francisci Opusculum de Mirabilibus novae urbis Romae. 8. Heilbr. 886. Ulm, Kerler. * 2 —; auf Büttenpapier * 4 —

Albertini, H. F., Opuscula. Ed. atque praefatus est M. H. Romberg. 8 maj. (7 B.) Berolini 828, Hirschwald.

Albertini, J. U. v. Beschreibung d. Eisenwerkes zu Bellaluna in Graubünden. 1835. 4.

Albertini, Jacob Ulr(ich). Wahrhaffte und gründliche Sinceration Vom Vicario J' Ulr. Albertini / Commissario der Graffschafft Cleffen / Über den wider derselbigen Gemeinden formirten Criminal-Procefs etc. Wegen der Sosta alla Riva des Sees = Sinceratione sopra il processo formato… per la Sosta della Riva. fol. *o. O.* Anno 1727.

Albertini, Johann Baptista
ALBERTINI, J. B. de et L. D. de SCHWEINITZ: Conspectus fungorum in Lusatiae superioris agro Niskiensi crescentium. E methodo Persooniana. Cum tabulis XII aeneis pictis, species novas XCIII sistentibus. - Lipsiae 1805. 376 S.

Albertini, Jh. Bapt., geistl. Gedichte. 3e unveränd. Aufl. mit Bildern und fac simile des Verfassers. 12. Bunzlau 835. Appun. 1 ßß

Albertini, Joh. Bapt. [heimgegangen den 6. Dezbr. 1851], geistliche Lieder. Auswahl aus der 3. Aufl. derselben. Mit Albertini's Bild u. Lebenslauf. 12. (184 S.) Basel 883. Spittler. n. 1. 20

— 56 Reden an die Gemeinde in Herrnhut in d. J. 1818—24 gehalten. gr. 8. Gnadau 832. Burckhard. (Leipz., Kummer). 14 gr

Albertini, Laura von
[F.] Lehrbuch der Graphologie. Von L. Meyer (Laura v. Albertini), Ragaz, Schweiz. *Stuttgart, Berlin, Leipzig: Union [1895].* (VI, 248 S., 1 Bl.) 1 Bd 4.(8.) [96. 6064

Lehrbuch der Graphologie. Von L. Meyer ⟨Laura v. Albertini⟩. Maienfeld bei Ragaz. 2. verm. u. verb. Aufl. *Stuttgart, Berlin, Leipzig: Union 1900.* (VIII, 261 S.) 4°(8°) [F.] [01. 476

⟨Albertini, Laura von.⟩ Lehrbuch der Graphologie. Von L. Meyer ⟨L' von A'⟩, Maienfeld bei Ragaz, Schweiz. 3. Aufl. [Mit facsimilierten Schriftproben im Text und 1 Tafel.] VIII + 264 S. gr.-8. Stuttgart, Berlin, Leipzig, Union Deutsche Verlagsgesellschaft, 1905. [M. 5. —]

Albertini, Laura von. Lehrbuch der Graphologie. Von L. Meyer ⟨L' von A'⟩, Maienfeld.... 4. [unveränderte] Aufl. [Mit facsimilierten Schriftproben im Text und 1 Tafel.] VIII + 264 S. 4. Stuttgart, Berlin, Leipzig, Union Deutsche Verlagsgesellschaft, [1909]. [M. 5. —, geb. 6. —]

ALBERTINI, REPARATUS: Rede von dem Werth des Alters und von unserer obliegenden Pflichten gegen dasselbe, welche am 17. Sept. 1826, als der H. E. W. k. k. Feld-Superior von Ungarn . . . Matthias Victorinus von Varju, in der am den Tage ihr Schutzfest die Erhöhung des heil. Kreuzes feiernden k. k. Garnisons-Kirche zu Ofen, dem Ewigen sein feyerliches Dankopfer, wegen seiner 50-jährigen Priesterwürde dargebracht hat. Ofen o. J. (1826): Kön. Universitäts-Schriften. 20 S. - 8°

Albertinus' Lucifers Königreich, s.: National-Litteratur, deutsche.

Albertinus, Jh. Georg Jak.
— Begriff e. Historie der Gelahrtheit. 8. 745.

Albertinus, Jh. Geo. Jak., (†... 1772.) Historie d. Gelahrtheit, v. Anfang d. Welt bis auf d. sieben Weisen in Griechenland. 1r Bd. 8. Bremen 751. Förster. 20 ℊ

Albertinus, Jo. Georg Jac. (Osnabrück). Diss. de jureconsultis Germanis saeculi XVI. disciplinae suae adjungentibus et theologiae et pietatis studium. Präs. Christoph August Heumann. Göttingen (Abr. Vandenhoeck) 30. VIII. 1738. 16 S. (4.—) 210
Gew.: Joh. Georg u. Nicol. Schulenburg (Bremen). — Mit Juristenbiographien.

— — De scientiis a jureconsulto inprimis Germano addiscendis. Diss. jur. Präs. Jo. Georg Pertsch. Helmstedt (Paul Dietrich Schnorr) Sept. 1745. 31 S. (5.—) 211
Gew.: Johann Ludmar Meyer (Osnabrück).

— chronolog. Tabellen, worin d. merkwürd. Gelehrten männl. u. weibl. Geschlechts v. Anfang d. Welt bis auf jetzige Zeit dargestellt werden. 1r Thl. gr. Fol. Bremen 753. 1 ₰ 8 ℊ

Albertiz, Anton Germanus de: an etiam gens Hebraea olim medicinam de industria coluerit ac promoverit. Vindob. 1765. 4°.

Albertiz, Anton Germanus von: Prodromus recensionis criticae historiae medicae cum animadversionibus anatomicis et practicis. 119 S., gbd.

Viennae Austriae: typ. Ghelen 1765

JB 6.671

— der Zucker, ein neues Präservativ wider den Scharbock; vom Abt Hell; nebst e. Zuschrift, darin die Ursachen des Scharbocks, auch d. Zuckers Eigenschaften erwogen u. widerlegt werden. 8. Wien u. Leipz. 779.

Alberto, übersichtliche grammatikalische Tabellen f. Anfänger in der italienischen Sprache. 8. (46 S.) Zweibrücken 889. Ruppert (Schuler'sche Buchhandlg.). n. — 60

v. Alberto, ein Katholik, Frhr., Wünsche in kirchl. und polit. Beziehung für den Preuß. Staat, veranlaßt durch die Cölner Ereignisse. gr. 8. Breslau 839. W. G. Korn. 5/12 ₰

Albertoni, Pietro, über das Verhalten u. die Wirkung der Zuckerarten im Organismus, s.: Mosso, Ugolino, der Einfluss d. Zuckers auf d. Muskelarbeit.

Albert-Compagnie m. b. H: Der Albert-Prozess. Dracopie. Copierraster. Ätzstriegel. München 1910

Albertrandego, Jana (biskupa Zenopolitanskiego), Dwadziescia szesc lat Panowania Władysława Jagieły, krola, polskiego. Wydane przez Edw. hr. Rascynskiégo. gr. 8. Wrocław 845, Schlettera. 2 ₰

Albert's Jugendjahre. Ein komischer Roman von Karl Fd. Bach. Mit Kupf. 8. Berl. Schüppel. 812.

Alberts merkwürdigstes Lebensjahr, in unterhaltenden Briefen, 8. Langensalza, 786. 18 sgl.

Albert's merkwürd. Lebensjahr, in unterhalt. Briefen. 8. Langensalza 788. Zolling. 14 ℊ

Alberts, s.a. Alberts, Hermann

Alberts, Dr. med. 1900: Der Jugend schlimmster Feind. Ein Freundeswort an junge Männer. — (Cassel: Oncken [1902].) 4 S. ([Traktate d. Christlichen Traktat-Gesellschaft.] N. S. 88.) 4.
2.9730

— Jaget nach der Heiligung. Ein offenes Wort über Unkeuschheit an alle, die den Namen Christi bekennen. — (Hamburg-Borgfelde: Traktat-Ges. [um 1900].) 4 S. ([Traktate d. Christlichen Traktat-Gesellschaft.] N. S. 89.) 4.
2.9731

Alberts, Sagen u. Märchen d. Vorzeit. Aus alten Urkunden der Residenzstädte Berlin, Potsdam und Charlottenburg. 12. Aufl. 2 Bde. 8. (Mit Kpfern.) Berlin 845. (Eyssenhardt'sche B.) — Dass. 2 Bde. (1. Bd. 23. Aufl. 2r. Bd. 12. Aufl.) Mit 10 Kpfrn. 8. Ebd. 845. (Sacco.) 2 ₰

Alberts, deutsche Volks-Sagen u. Mährchen d. Vorzeit. Aus alten Chroniken gesammelt u. bearb. I. Bd. (23. Aufl.) u. II. Bd. 12. Aufl. 8. (à 30 B. u. 5 Kpfr.) Berlin 845, 46, Sacco. à Bd.
Als Prämien-Bilder werden à 3 Ngr. hierzu gegeben: „Victoria, Königin v. England, als liebende Mutter" in Fol. — „Manon Lescaut" in gr. Fol. — Einzeln à 1 Thlr.

Alberts, C., Lehrer, Emden. 1823: Historisch-geographische Beschreibung von Ostfriesland für die vaterländische Jugend. — Emden: Woortman 1823. VII,69 S.
1: Sm 8289.
2.9732

Alberts, C., die erste Hülfe bei Unfällen vor Ankunft des Arztes. Nach den Mittheilgn. der „Vereinigg. französ. Industrieller gegen Unfälle" hrsg. 12. (37 S.) Berlin 894. C. Heymanns Verl. Kart. n. — 60

— Ortsbeschreibung von Ostfriesland und Jever. Für die Jugend. Mit 1 Charte. (2. verm. u. verb. Aufl.) — Ebd. 1828. VII,88 S. 7.
2.9733

Alberts, Gottfr., u. Aug. Hube, Handfibel d. Schön- u. Rechtschreibung f. d. erste Klasse d. Volksschule. qu. 4. (22 lith. Bl.) Neuhaldensleben u. Gardelegen 846, Eyraud. *

Alberts, H.
— Das Uratom als hydrokinetisches Element der Materie. (122 S. m. Fig.) 8. Steglitz-Berlin 907. (Leipzig, H. G. Wallmann.) 2. —

Alberts, Hermann
Alberts, Herm. (geb. Lüdenscheid in Westf. 20. 2. 1846): Ueber die Beckenveränderungen eines Falles von veralteter Oberschenkelluxation. Berlin (1873). (31 S.) 8°
Berlin, Med. Diss. v. 25. Aug. 1873

Alberts, Herm., Bruder Berthold v. Regensburg, der Volksprediger des Mittelalters, s.: Für Feste u. Freunde der inneren Mission.

[F. u. Ant.] Der Bibelforscher. Zwanglose Hefte z. Förderg d. Erkenntniss Christi. Hrsg. v. Dr. H. **Alberts.** Heft 1—3. *Bonn: J. Schergens 1896.* 8. [96. 591

Alberts, H., der Bibelforscher. Zwangl. Hefte z. Fördrg. d. Erkenntniß Christi. Nr. 1—6. gr. 8. Frankfurt a/M. 896. J. Schergens. n. 1. 90
1. D. Buch Daniel i. Lichte d. Keilschriftforschung. (46 S.) n. — 50
2. Daniels Gesicht v. d. 70 Wochen. Neue Lösg. e. alten Bibelräthsels. (52 S.) n. — 50
3. D. neue Gebot d. Herrn als Grundges. d. Christenwandels. (48 S.) n. — 50
4. Was ist Erbauung? (16 S.) n. — 10
5. Christus d. Gesetzes Ziel. Erfüllung u. Ende. (24 S.) n. — 15
6. Ziel, Erfüllung u. Ende d. Sabbatgebotes. (20 S.) n. — 15

Alberts: Christentum u. Kunst, s.a. Lehr u. Wehr fürs deut. Volk.

— Christentum und Kunst. Von Alberts-Halberstadt. — Hamburg: Rauhes Haus [1910]. 16 S. (Lehr u. Wehr für's deutsche Volk. 42.) 12: Polem. 3058 q–42. 3.
2.9735

(—) Christus des Gesetzes Ziel, Erfüllung und Ende. — Frankfurt a. M.: Schergens 1897. 24 S.
Aus: Der Freiwillige.
(Der Bibelforscher. Zwanglose Hefte zur Förderung d. Erkenntnis Christi. 5.)
1: Bd 1274–5. 12: Exeg. 19r–5.
2.9736

Alberts, Hermann: Das Buch Daniel im Lichte der Keilschriftforschung. (Verf.: Hermann Alberts.) — Bonn: Schergens 1896. 46 S. (Der Bibelforscher. Zwanglose Hefte zur Förderung d. Erkenntniß Christi. 1.)
1: Bd 1274–1. 12: Exeg. 19r–1. 5. 6.
2.9738

(—) Das neue Gebot des Herrn als Grundgesetz des Christenwandels. — Bonn: Schergens 1896. 48 S. (Der Bibelforscher. Zwanglose Hefte zur Förderung d. Erkenntniß Christi. 3.) 1: Bd 1274–3. 12: Exeg. 19r–3. 5.
2.9741

— Die Geistestaufe im Urchristentum. Von H. Alberts. Steglitz-Berlin: Selbstverl.; [übergekl.:] Leipzig: Wallmann in Komm. 1907. 175 S. 1: Cy 32124.
2.9742

(—) Daniels Gesicht von den siebenzig Wochen. Neue Lösung eines alten Bibelräthsels. — Bonn: Schergens 1896. 52 S. (Der Bibelforscher. Zwanglose Hefte zur Förderung d. Erkenntniß Christi. 2.)
1: Bd 1274–2. 12: Exeg. 19r–2. 5. 6.
2.9743

— Sozialpolitik und Kellnernot. — Berlin: Berliner Stadtmission [1902]. 20 S. (Kirchlich-soziale Flugschrift. 4.)
1: Fc 400/4–4.
2.9745

Alberts, Hermann: Zur Therapie bei Nabelschnurvorfall. *Halle a. S. 1898: C. A. Kaemmerer & C.* (26 S. mit Tab.) 8°
Halle, Med. Diss. v. 13. Aug. 1898

Was ist Erbauung? (Von H. **Alberts.**) *Frankfurt a. M.: J. Schergens 1897.* (SA. aus: 'Der Freiwillige'.) (16 S.) 1 Bd 8.
— **Alberts,** H.: Der Bibelforscher. No 4. [97. 6317

— Das prophetisch-apostolische Weltbild. Von H. Alberts. Steglitz-Berlin: Selbstverl.; Leipzig: Wallmann in Komm. 1908. 111 S. 1: Bf 9716.
2.9747

— Gustav Werner v. Reutlingen, s.: Für Feste u. Freunde der inneren Mission.

(—) Ziel, Erfüllung und Ende des Sabbatgebotes. — Frankfurt a. M.: Schergens 1897. 20 S. (Der Bibelforscher. Zwanglose Hefte zur Förderung d. Erkenntnis Christi. 6.)
1: Bd 1274–6. 12: Exeg. 19r–6.
2.9748

Alberts, J. E., das Carcinom in historischer u. experimentell-pathologischer Bedeutung. gr. 8. (XVI, 209 S.) Jena 887. Fischer. n. 5. —

Alberts, J. E.: Das Carcinom in historischer und experimentell-pathologischer Beziehung. — Jena: Fischer 1887. XVI, 209 S. 1: Ix 6397. 12: Path. 10 vp. 3. 5. 6. 7.
2.9749

Alberts, Jul., das Fürstenth. Lübeck. Handbuch der Heimathskunde für Schule und Haus. Mit 1 (lithogr. und color.) Karte des Fürstenthums. 8. (XV, 335 S.) Eutin 882. (Lübeck, Carstens.) *

Alberts, Julius: Das Fürstenthum Lübeck. Handbuch der Heimathskunde für Schule u. Haus. — Eutin: Selbstverl. 1882: Petersen in Kappeln. XV, 335 S. 1: Sn 3268.
2.9752

Alberts, Max [aus Ziesar]: Ueber Pseudarthrosen Operation .... *Burg, Druck von A. Hopfer,* 1886; 18 S. 8°.
Würzburg, Med. Fak., Inaug.-Diss. v. 1886.

Alberts, Max, über Pseudarthrosen Operation. Diss. Würzburg 1886, Stahelsche Univ.-Buchh. 8°. 18 S.

Alberts, O. A.: Und andere hübsche Sachen. Chansons. — (Berlin: Selbstverl. [1908].) 93 S. 1: Yo 31467.
2.9754

Alberts, Otto, linguistisch-medizinischer Beitrag zur Culturgeschichte der Türken. Mit photograph. Copie e. bisher unbekannten Mscr. der Wolfenbütteler Bibliothek. Fol. (20 S.) Berlin 890. (Leipzig, K. F. Koehler's Antiquar.) n. 5. —

Alberts, Otto, zur Casuistik der Behandlung v. Varicen Schwangerer m. subcutanen Ergotin-Injectionen. Inaugural-Dissertation. 8. (31 S.) Jena 875. Neuenhahn. — 60

Alberts, Otto, Osteoplastik den mongolischen Chirurgen schon vor 500 Jahren bekannt? [SA. aus dem Archiv für klin. Chirurgie. 60. Bd. Heft 4.] o. O. u. J.

— Aristotelische Philosophie in der türkischen Literatur des 11. Jahrhunderts. [Nebst] N. F. — Halle a. S.: Kaemmerer 1899–1900.
Vollst. . . . . 12: Ph. U. 8t.
[= N. F.] . . . . . 1: Zy 1236. 300: 401.924–B. 3.
2.9756

— Der türkische Text der bilingualen Inschriften der Mongolei. H. 1. — Halle a. S.: Kaemmerer 1900.
1. Mit e. Schrifttafel.
1: Ph 9964. 12: H. As. 16 f. 3.
2.9757

Alberts, Wilh.: Hebbels Stellg. zu Shakespeare s.a. Forschungen z. neueren Lit.-Gesch.

Alberts, Wilhelm: Hebbels Stellung zu Shakespeare. Berlin: A. Duncker 1908. (39 S.) 8° ¶ (Erscheint vollst. in: Forschungen zur neueren Literaturgeschichte Bd 23.)
Freiburg i. B., Phil. Fak., Ref. Wörner, Diss. v. 1908
[Geb. 31. Aug. 78 Schwabe (Schleswig-Holstein); Wohnort: Breslau; Staatsangeh.: Preußen; Vorbildung: Gymn. Rendsburg Reife O. 99; Studium: Kiel 1, Heidelberg 1, Freiburg i. B. 8 S.; Rig. 30. Juli 07.]

— Hebbels Stellung zu Shakespeare. — Berlin: Duncker 1908. 78 S. (Forschungen zur neueren Literaturgeschichte. 33.)
Ersch. teilw. auch als Diss. Freiburg 1908.
1: X 8425–33. 12: H. lit. P. 134 h–33. 300: 394.147–B. Per. 33. 2. 3. 4. 5. 6. 7. 8. 10. 11.
2.9760

Christentum und Kunst. Von P. [Hermann] **Alberts**-Halberstadt. Hamburg: Rauhes Haus [1910]. 16 S. 8° [Umschlagt.]
(Lehr u. Wehr für's deutsche Volk. H. 42.) [11. 7139 3

Albert - u. Albert-Edward-See [Schlagwort]
Albert- u. Albert-Edward-See. Stuhlmann's, F., Aufnahmen im Gebiet des Albert- u. Albert-Edward-Sees während der Emin-Pascha-Expedition Mai 1891 bis Jan. 1892. Konstruirt u. gezeichnet v. Max Moisel. 1 : 300,000. 2 Blatt. à 60 × 48,5 cm. Farbdr. Nebst Begleitworten v. Max Moisel. [Aus: „Mitth. d. geograph. Gesellsch. in Hamburg".] gr. 8. (8 S.) Hamburg 901. L. Friederichsen & Co. n. 6.—

Albertsma, J. H., Briefwechsel mit Jac. Grimm, s. Briefwechsel.

Albertstadt-Dresden [Schlagwort]
Albertstadt-Dresden, s.: Dresden.

Albertus [Sachliches OW]
Albertus, d. jungen Grafen, Leben u. Glück, a. d. Engl. 8. Lpzg. 747. Rthlr.

Albertus Magnus. Ein Zauberspiel. 1884. V: *Dorer, Edmund.* (Gk)

— der Andere, s.a. Gb. H. Fischer.

Albertus Magnus der Andere, d. i. Geheimn. der Natur und Kunst für alle Stände, von Fischer. 8. Altona, Bechtold. (auch Köhler in Leipzig.) 799.

Albertus Magnus in Geschichte und Sage. Köln 1880. V: *Thoemes, Nicol.* (Keiter, Kath. Literaturkalender IV, 210).

Albertus Magnus in Geschichte und Sage. Festschrift zur 6. Säcularfeier seines Todestages. — Köln: Bachem in Comm. 1880. 172 S.
1:At 7492. 12:V. SS. 11 n. 300:70.226–B. 5. 102.
2.9766

Albertus Magnus, neuer, s. Bekker

Albertus Magnus, neuer, s. Brand, Jak. H.

(Albertus Magnus und Porta), Schule der Menschenkenntniß oder charakteristische Parallelköpfe, mit Erläuterungen von Benson und 48 Kpfrn. Leipz. 806. 8.

Albertus Magnus, der selige, aus dem Dominikaner-Orden, Bischof v. Regensburg. 16. (89 S. m. 1 Holzschn.) Regensburg 874. Pustet. n. — 20

Albertus Magnus mit des Königs Tochter auss Franckreych. Inn des Marners Guldenthon. — (Nürnberg o. J.: Guldenmundt.) 8 Bl. 1:Yd 7822.
2.9767

Albertus, des kleinen, westindian. Reisen, s.a. Reisegeschichte des westindianischen kleinen Albertus und...

— d. klein. Westindianischen, Reisen. 8. Frkft. 767.

Albertus, des kleinen, westindian. Reisen. 8. Frkf. 787. ... 6 gl.

Albertus [persönlicher Name]
Albertus, Name von geistlichen u. weltlichen Würdenträgern s. auch *Albert* [u.] Albrecht.

Albertus parvus, s. *Magia* alba.

Albertus de Bezanis, abbas S. Laurentii Cremonensis, cronica pontificum et imperatorum. s.a. Scriptores rerum germanicarum.

Albertus de Bezanis: Cronica pontificum et imperatorum. Primum ed. Oswaldus Holder-Egger. — Hannoverae & Lipsiae: Hahn 1908. XVIII, 154 S. (Scriptores rerum Germanicarum in usum scholarum ex Monumentis Germaniae historicis separatim editi.)
1:Rm 1496. 12:Germ. g. 346m–44. 300:400.682–B. H. S. 12. 2. 3. 4. 5. 6. 7. 8. 9. 10. 11.
2.9769

Albertus Brandeburgensis s. *Albrecht* Herzog in Preussen.

Albertus de Brudzewo (Prusa), Commentariolum super theoricas novas planetarum Georgii Purbachii, s.: Munera saecularia universitatis Cracoviensis. IV.

Albertus a Bulsano, compendium theologiae fundamentalis, s.: Tux, Norbertus.

Albertus (Knoll) a Bulsano, Institutiones theologiae dogmaticae. Pars I. Et. s. t.: Institutiones theologiae dogmaticae generalis seu fundamentalis. 8maj. (XXIV und 730 S.) Oeniponte 851 (52,) Wagner.

— institutiones theologiae dogmaticae specialis, recognitae, ex parte correctae, et meliori dispositione adornatae a Gfr. a Graun. Tom. I et II. gr. 8. Innsbruck, Vereins-Buchh. u. Buchdr. n. 21. —
I. De Deo in se spectato, de Deo creatore et redemptore. (XVI, 869 S.) 893. n. 11. —
II. De Deo sanctificatore: De gratia Christi. De sacramentis in genere, baptismo, confirmatione, ss. eucharistia. (X, 798 S.) 894. n. 10. —

Albertus (Knoll) a Bulsano, Institutiones theologiae theoreticae s. dogmatico-polemicae. Vol. I. et II. (De Deo in se spectato. — De Deo in relatione ad universum considerato.) 8maj. (IV und 1494 S.) Taurini 853. (Oeniponte, libr. Wagner.) *

—— id. — Vol. III.: De Deo lapsi humani generis redemptore. 8maj. (600 S.) Ibid. 854. *

—— id. — Vol. IV.: De Deo hominum sanctificatore. 8maj. (644 S.) Ibid. 855. *

Albertus der Große s. Albertus Magnus

Albertus ab Immaculata, Ave, pacis stella! Hymnus ad Cor Jesu invocandus ad instar hymni „Ave, maris stella" ejusque fere verbis. 16. (4 S.) Kempten 883. (Koesel.) n. — 15

— sei gegrüßt, d. Friedens Stern! Herz Jesu-Hymnus. Seitenstück zu „Sei gegrüßt, d. Meeres Stern" an Maria. 16. (4 S.) Ebend. 884. n. — 10

Albertus Magnus, s. auch Brand.

Albertus Magnus, über den innigen Anschluß an Gott. Aus dem Lat. übers. v. Alb. Dreier. Als Anh. die nothwendigsten Gebete e. Christen. 16. (239 S. m. Titelbild.) Steyl 885. Missionsdruckerei. geb. n.n. — 75 u. n.n. 1. —

Albertus Magnus, üb. den innigen Anschluß an Gott. Aus d. Lat. übers. v. A. Dreier. Als Anh. die nothwendigsten Gebete e. Christen. 3. Aufl. 16. (239 S. m. Bild.) Steyl 890. Missionsdruckerei. geb. n. — 75

— goldenes Büchlein: wie man Gott anhangen soll, s.a. Bibliothek, mystische. 7. Publikation.

— Des ehrwürdigen Albert des Großen goldenes Büchlein: wie man Gott anhangen soll. Aus d. Lat. durch Nic[olaus] Casseder. 2., rechtmäßige Aufl. — Köln: Heberle 1851. 68 S. (Mystische u. ascetische Bibliothek. 7.)
1:Eq 188–7. 2. 5.
2.9854

Albertus Magnus, O. Praed., Commentarii in Iob. Additamentum ad opera omnia b. Alberti. Primum ex V codicibus manuscriptis ed. Melch. Weiss. Cum effigie beati Alberti Magni et 8 tabulis phototypicis. (XI S. u. 568 Sp.) Lex.-8. Freiburg i/B. 904. Herder. n. 12. —

— Enchiridion plane aureum, de veris perfectisque virtutibus, hac ed. multis in locis corr., & varie illustr. — Monaci: Remy 1714. 209 S. 12:P. lat. 18.
2.10028

Alberti magni, (B.,) Enchiridion de virtutibus veris et perfectis quod et paradisus animae dicitur. Edid., praefatus est, et clero Ratisbonensi dicavit J. M. Sailer. 18. Ratisbonae 823, (Landshut, Krüll.) 12 gr. Schreibpap. Rthlr.

— Enchiridion de virtutibus veris et perfectis, quod et paradisus animae dicitur. Ed., praef. est et clero Ratisbonensi dicavit J[ohann] M[ichael] Sailer. — Ratisbonae 1823: Rotermundt. XX,IV,269 S.
1:D 1173. 12:P. lat. 18d. 102P.
2.10029

Albertus Magnus, s. Entriss, Gustav.

Albertus Magnus, bewährte und approb. sympathetische u. natürl. ägyptische Geheimnisse für Menschen u. Vieh rc. 8. Manheim, Löffler. 818.

Albertus Magnus bewährte u. approb. sympathet. u. natürl. ägypt. Geheimnisse f. Menschen u. Vieh. 2r Thl. 8. Braband 822, (Mannheim, Löffler.)

Albertus Magnus, bewährte u. aprob. sympathet. u. natürl. ägyptische Geheimnisse f. Menschen u. Vieh rc. 3 Thle. 8. Braband u. Manh. 816—26. Löffler. 1 ₰ 20 gl (1r, 2r Thl. N. A. 831. 1 ₰ 8 gl)

Albertus Magnus bewährte und approbirte sympathetische und natürliche egyptische Geheimnisse für Menschen und Vieh. Enthaltend: Menschen und Vieh vor bösen Geistern sicher zu stellen; sich stark zu machen; das Blut zu stellen, wenn man sich verbrennt hat rc. Für Städter und Landleute. 3 Thle. (in 1 Bd.) Neueste Aufl. 12. (225 S.) Brabant 857(58.) (Philadelphia, Schäfer und Koradi.) *

—— bewährte und approbirte sympathetische und natürliche egyptische Geheimnisse für Menschen und Vieh. Für Städter und Landleute. 1.—6. Thl. gr. 16. Reutlingen 874, Enßlin und Laiblin.

Inhalt:
Thl. 1—3. (64; 80; 64 S.) à 38 Pf.
„ 4. A. u. d. T.: Das Buch der Geheimnisse. 4. mit einem Anh. verm. Aufl. (64 S.) 38 Pf.
„ 5. 6. A. u. d. T.: Ausführliches Kräuterbuch oder gründliche Beschreibung aller heilwirkenden Pflanzen, Kräuter und Gesträuche mit genauer Angabe ihrer Verwendung, Kräfte und Wirkungen. Mit vielen Abbild. 2. Aufl. (96 S.) 80 Pf.

Albertus Magnus, des neu verbesserten, erprobte und bewährte sympathetische und natürliche ägyptische Geheimnisse. Neu herausgeg. von Fr. Raimann. 8. Ulm 845, Ebner. 10 ngl

— Von den Geheimnüssen derer Weiber; wie auch von den Tugenden derer Kräuter, Steine und Thiere: und den Wunderwercken der Welt. Samt Michael Scoti Büchlein Von den Geheimnüssen der Natur [De Secretis naturae, deutsch]. Wie solche anfangs zu Amsterdam in Lat. hrsg., anjetzo aber von einem Liebhaber in die hochteutsche Sprache übers. — Nürnberg: Hoffmann & Streck 1704. 550 S. 12:Anat. 28u.
2.9822

— Von den Geheimnüssen derer Weiber, wie auch von den Tugenden derer Kräuter, Steine und Thiere, und den Wunderwercken der Welt. Samt Michael Scoti Büchlein Von den Geheimnüssen der Natur [De Secretis naturae, deutsch]. Wie solche anfangs zu Amsterdam in Lat. hrsg., anjetzo aber von einem Liebhaber in die hochteutsche Sprache übers. — Ebd. 1709. 550 S. 7.
2.9823

— Von den Geheimnüssen derer Weiber, wie auch von den Tugenden derer Kräuter, Steine und Tiere, und den Wunderwerken der Welt. Samt M. Scoti Büchlein von den Geheimnüssen der Natur. Nürnberg 1719. 12°. 550 S.
7 Selten! Mit Titelkupfer.

— Von den Geheimnüssen derer Weiber: Wie auch von den Tugenden derer Kräuter, Steine und Thiere: Und den Wunderwercken der Welt. Samt Michael Scoti Büchlein Von den Geheimnüssen der Natur [De Secretis naturae, deutsch]. Wie solche anfangs zu Amsterdam in Lat. hrsg., anjetzo aber von einem Liebhaber in die hochteutsche Sprache übers. — Nürnberg: J. Hoffmann 1731. 574 S.
1:Le 618.
2.9824

— Von den Geheimnissen der Weiber, wie auch von den Tugenden der Kräuter, Steine und Thiere und den Wunderwerken der Welt. Samt Michael Scoti Büchlein Von den Geheimnissen der Natur [De Secretis naturae, deutsch]. Nürnberg: Raspe 1755. 368 S. 8.
2.9826

— Von den Geheimnissen der Weiber oder Abhandlung von der Erzeugung des Menschen, der Schwangerschaft, der Geburth und den vornehmsten Krankheiten der Frauenzimmer und Kinder. Zum Unterricht der Frauen in 4 Theilen kurz und deutlich abgehandelt von Jacob Hieronymus Brand. — Nürnberg: Raspe 1768. 258 S. 8.
2.10110

— von d. Geheimnissen d. Weiber. 8. Nürnb. 792. 10e A. 808. Bauer u. Raspe. 6 gl

— Handbuch von den wahren und vollkommenen Tugenden, oder: Paradies der Seele, übers. u. mit reichlichen Stellen aus den Schriften der heiligen Kirchenväter u. anderer Geisteslehrer begleitet von einem königlichen Studienlehrer u. Priester der Erzdiöcese München-Freysing. Straubing: Schorner 1847. 195 S.
12:P. lat. 18e. 102P.
2.10035

— Handbuch von den wahren oder vollkommenen Tugenden oder Paradies der Seele. Neu übers. von einem Priester der Erzdiöcese München-Freising. — München: Kath. Bücherverein 1876. IV,176 S. 12:P. lat. 18t.
2.10036

Albertus Magnus | natürliche und sympathetische | Haus- und Heilmittel | für | Menschen und Vieh. | Das | beste Volksarzneibuch | mit | mehr als 900 erprobten Mitteln | gegen | alle denkbaren Leiden. | Herausgegeben | von | Wilhelm Raible. Vierte Auflage. | Reutlingen. | Druck und Verlag von Enßlin und Laiblin. (= *Reutlinger Volksbücher, 230*).
o. J., 96 S., 163 × 105.
LBS d. D. oct K 3163.

Albertus Magnus, natürliche u. sympathetische Haus- u. Heilmittel f. Menschen u. Vieh. Das beste Volks-Arzneibuch m. mehr als 900 erprobten Mitteln gegen alle denkbaren Leiden. Hrsg. v. Wilh. Raible. 3. Aufl. gr. 16. (96 S.) Reutlingen 871. Enßlin & Laiblin. — 60

— Die durch Albertum Magnum entdeckte Heimlichkeiten des Frauenzimmers, worinnen zugleich die Geheimnisse der Natur gründlich untersuchet und die Tugenden der Kräuter, Steine und Thiere deutlich beschrieben werden. 2. Aufl. — Franckfurt & Leipzig: Albrecht 1743. 545 S. 8.
2.9825

—— ausführliches Kräuter-Buch oder gründliche Beschreibung aller heilwirkenden Pflanzen, Kräuter und Gesträuche mit genauer Angabe ihrer Verwendung, Kräfte und Wirkungen. 16. (96 S. mit vielen eingedr. Abbild. in Holzschn.) Reutlingen 871, Enßlin und Laiblin.

Albertus des Großen, Kunst die Menschen kennen zu lernen. Ursprünglich aus alten Handschriften gezogen, u. jetzt zum erstenm. deutsch herausg. von Ephr. Benson. Mit physiognom. Bemerk. von Adamantius, Aristoteles, Averoes, Avicenna, Consiliator, Ephesius, Galenus, Hippocrates, Meletius, Plinius, Plutarch, J. B. della Porta, Polemon, Rhases u. a. nebst einer summar. Darstellung des Gallschen Systems. mit 12 K. 8. Leipzig, Joachim.

— Albertus des Großen Kunst, die Menschen kennen zu lernen. Ursprünglich aus alten Hs. gezogen, und jetzt zum ersten Male deutsch hrsg. von Ephraim Benson. Mit physiognomischen Bemerkungen von Adamantius ... u. a., auch einer summarischen Darst. des Gall'schen Systems u. 12 Kupfern. — Reuttlingen: Mäck [um 1800]. XV,128 S. 5. 6. 8.
2.9868

— Kunst, die Menschen kennen zu lernen. Ursprünglich aus alten Handschriften gezogen, u. jetzt zum ersten Male deutsch herausg. v. Ephr. Benson. Mit 12 Kpf. 8. Reutling. (Frankf., Körner). 1 ₰ (Leipz., Joachim). 1 ₰ 6 gl N. wohlf. Ausg. (816.) 10 gl (A. u. d. T.: Schule d. Menschenkenntniß.)

— libellus aureus: de adhaerendo Deo, s. a. Bibliotheca, mystica. Public. VII.

— Libellus aureus de adhaerendo Deo. Coloniae, Bonnae [usw.]: Heberle 1851. 51 S. (Bibliotheca mystica et ascetica. 7.)
1:Eq 187-7. 12:Asc. 544h-7. 300:5.176-A. Bd 7. 3. 5. 7.
2.9848

— Orationes super IV libros Sententiarum. Iuxta ed. principem saec. 15. cum diss. praemissa in lucem revocavit Nicolaus Thoemes. — Berolini: Homborg 1893. XIX,40 S.
1:Cw 1080. 12:P. lat. 13e. 9. 11.
2.10013

— Paradies der Seele od. Büchlein v. den Tugenden. Nach der verm. Ausg. d. P. Sommalius v. J. 1602 ins Deutsche übertr. u. m. e. Anh. v. Gebeten versehen durch L. Sasse. 16. (XV, 474 S. m. farb. Titel u. Stahlst.) Dülmen 892. A. Laumann. n. 1. —

— Paradisus animae sive libellus de virtutibus. Ed., praef. est et clero Ratisbonensi dicavit J[ohann] M[ichael] Sailer. Cum app.: Beati Alberti Magni De sacro Christi corporis et sanguinis sacramento tractatus XXXII [Sermones super verbo Venite comedite]. Ed. nova. — Ratisbonae: Manz 1864. XVI,230 S.
Das Exemplar von 12 enthält nur Vorwort u. Inhaltsverzeichnis.
12:P. lat. 17f. 102P.
2.10030

— — Ed., praef. est, et clero Ratisbonensi dicavit J[ohann] M[ichael] Sailer. Ed. nova, cui acc. eiusdem Beati Alberti Magni De sacro sancto eucharistiae sacramento sermones XXXII [Sermones super verbo Venite comedite], et De adhaerendo Deo libellus. — Ebd. 1878. XXVII,270 S.
12:an P. lat. 17 f. 4.
2.10031

Albertus des Großen, des heiligen (aus dem Predigerorden und Bischofs zu Regensburg), Predigten auf die Sonn- und Festtage des Herrn, Mariä und der Heiligen, nebst einigen Gelegenheitspredigten. Aus dem Latein. übers. von Sebast. Weinzierl. 2 Bde. gr. 8. Regensburg 844, Manz. 2 ℛ

Albertus, M., de secretis mulier. 12. maj. Amstel. (Mayr S.) 760.

Albert der Große, Seelengärtlein. Ein Lehrbüchlein v. den wahren u. vollkommenen Tugenden. Aus dem Lat. übers. v. M. K. Mit e. Gebets-Anh. 16. (256 S. m. 1 Holzschntaf.) Einsiedeln 880. Benziger. — 55

— Seelenparadies. Ein Büchlein üb. die wahren u. vollkommenen Tugenden. Aus dem Lat. übers. v. Dreier. (222 S.) kl. 8. Steyl 904. Missionsdruckerei. Geb. in Leinw. n. 1. —

Albertus Magnus, beatus, episcopus Ratisbonensis, de sacrosancto corporis domini sacramento sermones, juxta manuscriptos codices necnon editiones antiquiores accurate recogniti per Geo. Jacob. gr. 8. (XV, 272 S. m. 1 Taf.) Regensburg 893. F. Pustet. n. 3. 20; geb. in Halbchagrin n. 4. —

— Tractatus de forma orandi, eiusdem Legenda metrica praemissâ, nunc primum in lucem prodit cura et labore Alberti Wimmer. — Ratisbonae: Manz 1902. XVI,116 S.
1:Bs 1478*. 12:P. lat. 20h. 2. 4. 6.
2.10139

— Trinum perfectissimum, seu tria spiritualia opuscula, aurea, & incomparabilia, utilissima, lectúque dignissima. 1. De conditione creaturae rationalis ... 2. Enchiridion de veris perfectísque virtutibus, & praxi earundem. 3. De adhaerendo Deo ... Ed. 3. corr. — Augustae Vind.: Eisenbarth 1733. 308,154,50 S.
2. 6.
2.9793

Albertus Magnus. Tugendschule. Ein Lehrbüchlein von den wahren und vollkommenen Tugenden von dem seligen Albert dem Grossen, Bischof von Regensburg. Nach dem lateinischen Originaltexte neu bearb. von Dr. B[enedict] Niederberger, Professor ... in Chur. [Mit Vignetten und 2 Tafeln.] 400 S. 8. Einsiedeln *etc.*, Benziger & Co. A. G., 1904. [geb. fr. 1. 25 *bis* 3. 75]

— Christlicher Tugendspiegel des seligen Albertus Magnus. Ein Geschenk für die reifere Jugend. In einer deutschen Uebers. mit der Lebensgeschichte desselben hrsg. von Simon Buchfelner. — München: Giel 1833. 218 S.
12:P. lat. 18r.
2.10034

— Unterricht vom Anhangen an Gott. 8. Zürich 832, Hanke. 1/12 ℛ

— De vegetabilibus libri 7, historiae naturalis pars 18. Ed. crit. ab Ernesto [Henrico Friderico] Meyero coeptam absolvit Carolus Jessen. — Berolini: G. Reimer 1867. LII,752 S.
1:Lw 22036. 12:P. lat. 11e. 300:117.779–B. 2. 3. 4. 5. 7. 8. 9. 10. 11.
2.10006

— Von der Vereinigung m. Gott. Ins Deutsche übertr. v. Jacobus M. Höckesfeld, O. Dom. (128 S. m. Titelbild.) 16. Münster 904. Alphonsus-Buchh. n. — 50

Albertus Abbas Stadensis: Chronik, s.a. Geschichtsschreiber d., deut. Vorzeit.

— [Chronicon, deutsch] Die Chronik des Albert v. Stade. Uebers. von Franz Wachter. (Vorr.: W[ilhelm] Wattenbach.) — Leipzig: Dyk 1890. VIII,133 S. (Die Geschichtschreiber d. deutschen Vorzeit. 13. Jh., Bd 4.)
1:Rw 3588–13,4. 12:Germ. g. 159 h–XIII,4.
300:392.249–B. 13.Jh., 4 [u.] 29.736–13.Jh., 4.
2. 3. 4. 5. 6. 7. 8. 9. 10. 11.
2.10179

— — (2. Ausg.) Ebd. (1896). VIII,133 S. (Die Geschichtschreiber d. deutschen Vorzeit. 2. Gesammtausg. 13. Jh., Bd 4.) 1:Rw 3588[2]–13,4. 3. 4. 5. 6. 7. 8. 9. 10. 11. 102.
2.10180

— Troilus primum ex unico Guelferbytano codice ed. a [Johann Friedrich Ludwig] Th[eodor] Merzdorf. — Lipsiae: Teubner 1875. XIX,210 S. (Bibliotheca scriptorum medii aevi Teubneriana.)
1:Xc 3596. 12:P. o. lat. 5r. 300:429.235–A. L. S. Med. aev. 5. 2. 3. 4. 5. 6. 7. 8. 9. 10. 11.
2.10182

Albertus [Familienname]
Albertus, s.a. Albertus, J.

Albertus, Diss. de dysuria. Giss. 4°. 1788.

Albertus, St. Ulrichs Leben, s. Reichenau, Berno. v.

Albertus und Ariprand, Lombarda-Commentare, s. Ariprand.

Albertus, d. Sozialpolitik der Kirche. Geschichte der sozialen Entwickelg. im christl. Abendlande. Regensburg 881.

Albertus, Andreas s. *Albrecht.*

Albertus, D. J. C., Gemälde aus d. Natur- u. d. Menschenleben, in e. Reihe von Schilderungen merkwürdiger Naturerscheinungen u. gefahrvoller Reiseabentheuer. Zum Nutzen u. Vergnügen d. Jugend erzählt. Mit 4 Steindr. 8. Grätz 830. Kaiser. 12 gℛ

Albertus, D. J. C., Gemählde aus d. Natur u. d. Menschenleben, in ein. Reihe von Schilderungen merkwürd. Naturerscheinungen u. gefahrvoller Reiseabentheuer. Zum Nutz. u. Vergn. d. Jugend erzählt. 8. (5 B. u. 4 Stndr.) Grätz 830. (Leipzig, Weygand.)

Albertus, Erasmus s. *Alberus*

Albertus, J., s.a. Albertus, Josef

Albertus, J., Die socialpolitische Bedeutung und Wirksamkeit des hlg. Vaters Leo XIII. 8°. Münster 1888.

Albertus, J., die socialpolitische Bedeutung u. Wirksamkeit d. hl. Vaters Leo XIII. gr. 8. (74 S.) Paderborn 888. F. Schöningh. n. 1. —

Albertus, J., die englisch-russische Frage u. die deutsche Kolonialpolitik. gr. 8. (111 S.) Innsbruck 885. F. Rauch. n. 1. 60

— über die Nothlage d. Handwerks u. die Mittel zu seiner Hebung. Mit spezieller Berücksicht. der österreich. Gewerbenovelle vom März 1883 u. der Schrift d. Hrn. Hitze: „Schutz dem Handwerk". gr. 8. (38 S.) Paderborn 884. Bonifacius-Druckerei. — 40

Albertus, J., Oesterreich, Deutschland u. die orientalische Frage. Blicke in die Vergangenheit u. Zukunft. gr. 8. (182 S. m. chromoxylogr. Portr. d. Kronprinz Rudolf.) Innsbruck 879. F. Rauch. n. 2. 40

— Oesterreichs innere Politik. Eine Studie üb. die social-polit. u. wirthschaftl. Fragen der Gesammt-Monarchie. gr. 8. (192 S.) Ebend. 879. n. 2. —

— die Sozialpolitik der Kirche. Geschichte der sozialen Entwickelg. im christl. Abendlande. gr. 8. (X, 715 S.) Regensburg 881. Pustet. 6. —

Albertus, Johann, Prof. der Theologie, Leiden, 1698-1762. 1725 s. *Alberti*.

Albertus, Josef
Albertus, Jos., die *παρακλητικοί* in der griechischen u. römischen Literatur, s.a. Dissertationes philologicae Argentoratenses selectae. XIII, 2.

Albertus, J., Die *παρακλητικοί* in der griechischen und römischen Litteratur. Diss. 1908. 54 S. 1.50

Albertus, Josef: Die *Παρακλητικοί* in der griechischen und römischen Literatur. — Strassburg: Trübner 1908. 109 S. (Dissertationes philologicae Argentoratenses selectae. 13,2.)
Ersch. teilw. auch als Diss. Straßburg 1907.
1: Va 9100–13,2. 12: Philol. 90 fm–13,2. 3. 7. 10.
2.10185

Albertus, Laurentius
— Antithesis et discrimen Papatus et Lutheranismi. Ein Gegensatz und underschayd des Bapstumbs unnd Luthertumbs. — o.O.u.J. 1 Bl. 1: 2° Yf 6600.
2.10187

— Die deutsche Grammatik des Laurentius Albertus. Hrsg. von Carl Müller-Fraureuth. — Strassburg: Trübner 1895. XXXIV,159 S. (Ältere deutsche Grammatiken in Neudrucken. 3.)
1: Y 3893–3. 12: L. germ. 93 af–3. 300: 188.151–B. Bd 3.
2. 3. 4. 5. 7. 9. 10. 11.
2.10192

Albertus, Louis, die Stubengenossen, s. Universal-Bibliothek Nr. 1399.

Albertus, Louis: Die Stubengenossen. Schwank in 1 Aufz. Leipzig: Reclam [1880]. 34 S. (Universalbibliothek. 1399.)
1: Ag 7201-1399. 300: 410.411–A. Per. 1399.
2.10197

Albertus, Ludw., Erläuterungen rc. z. Neuen Testament, s. Testament.

Albertus, Ldw., s. Testament, das Neue.

Albertus, M. s. A l b e r t i, Michael

Albertus, Michael s. A l b e r t i, Michael

Albertus-Universität, die, zu Königsberg. Eine Denkschrift z. Jubelfeier ihrer 300jähr. Dauer in d. Tagen vom 27—31. August 1844. (Von Witt.) gr. 8. (4¼ B. u. 1 Ansicht.) Königsberg 844, Voigt.

Albertus Verein. Der akademische Verein unter dem Patronate d Seligen Albert des Großen im Provinzialseminar ... beim ersten Decennium seines Bestehens. Milwaukee. 1883.

--Jahresberichte. 33v. Milwaukee, 1873-1906.

Alberty, Julius: Ein Jubeltag. Lustspiel in 1 Akt zu Ehren d. Silberhochzeit I. M. des Deutschen Kaiserpaares. — Lissa i. P. (: Ebbecke 1906). 27 S. 1: Ys 35698.
2.10199

Alberty, Jul.: Ein Jubeltag. Lustsp. zu Ehren d. Siberhochzeit d. deut. Kaiserpaares. (27) 8°.– Lissa, O. Eulitz 1906.

Alberty, Julius, der Liebesbote. Sammlung ausgewählter Liebesbriefe für alle Verhältnisse passend. 12. Crefeld 844, Schüller. ¼ ꝛf

Alberty, Jul., der Liebesbote. Sammlung ausgewählter Liebesbriefe für alle Verhältnisse passend. 2., verm. Aufl. 8. (96 S.) Crefeld 856, Schüller.

Alberty, Jul., der Liebesbote. Sammlung ausgewählter Liebesbriefe für alle Verhältnisse passend. 2. verm. Aufl. Crefeld 857. Schüller. 8. (96 S.) 7½ ngl

Albertyn, Car. Frid. (geb. Capstadt [10. 8. 1843]): De febri scarlatinosa. Berolini (1865). (32 S.) 8°
Berlin, Med. Diss. v. 24. Juli 1865

Albertyn, Friedrich (Afrika), De nonnullis morbi renum, quem dicunt Brightii, varietatibus. Diss. med. Halle (Ploetz) 7. I. 1868. 31 S. mit Biogr. (4.50) 212
Oppon.: W. Besser, F. Vogel. — Gew.: Carl Baerwald.

Albertz, Domprediger, Halle. 1886 s. *Albertz*, Hugo.

Albertz, Ernst, Bibelstunden üb. das Leben Jesu. Hrsg. von H. v. Hase. (VI, 416 S.) gr. 8. Gütersloh 908. C. Bertelsmann. 5.—; geb. 6. —

Albertz, Ernst, der Brief Pauli an die Philipper in Bibelstunden. gr. 8. (IV, 168 S.) Strehlen i/Schl. 892. E. Asser. n. 2. —; geb. in Leinw. n. 3. —

— Worte der Liebe, gesprochen am 16. März 1888, dem Tage der Beisetzung weiland Sr. Majestät des Kaisers und Königs Wilhelm I. im Trauer-Gottesdienste d. evang. Gemeinde zu Strehlen. — Strehlen (1888): Erler. 8 S.
1: Sw 19387.
2.10204

Albertz, Hugo, zum Ausgang u. Eingang. Zwei Predigten. 8. (26 S.) Halle a/S. 893. R. Mühlmann's Verl. n. — 40

Albertz u. Goebel, bauet das Haus d. Herrn. 2 Festpredigten zur Wiedereröffng. der Domkirche in Halle a/S., am 17. Jan. 1886 geh. gr. 8. (19 S.) Halle 886. Mühlmann's Verl. n. — 30

— Der Dom und die Domgemeinde zu Halle a. S. — Halle: Niemeyer 1888. VIII,365 S.
1: Te 5301. 12: H. ref. 7b. 3. 6. 11.
2.10207

— Zwei Festpredigten, gehalten auf d. 19. Generalversammlung d. Evang. Bundes 1906 in d. evang. Kirche zu Graudenz von Konsistorialrat Albertz u. Prälat Hermann, Stuttgart. — Leipzig: Braun in Komm. 1906. 15 S.
1: Ec 27915. 2. 3. 4. 5. 6. 7. 8. 9. 10.
2.10208

— m. Gott! Gebetbuch f. evangel. Hausandacht. gr. 16. (VI, 147 S.) Ebd. 891. Geb. in Leinw. n. 1. 20

Drei Kennzeichen der Gemeinde des Herrn. Predigt z. Eröffnung d. 10. Posener Prov.-Synode geh. 1902 u. auf Beschluß d. Synode dem Druck übergeben von H[ugo] **Albertz**, Consist.R. *Posen 1902: M. Marx.* (8 S.) 8° [F.]
ꝛ03. 77 11

— Mose, der Knecht Gottes. 40 alttestamentliche Texte für Sonntagsschulen von H. Albertz. — Halle a. S.: Gundlach & Eggers 1888. 31 S. 1: Ep 1403. 3.
2.10210

— Die Pfälzer. Festspiel zum zweihundertjährigen Jubiläum der Domgemeinde in Halle ⟨Saale⟩. 2. Aufl. — Halle ⟨Saale⟩: Niemeyer in Komm. 1888. 26 S. 3.
2.10211

Albertz, Predigt z. Eröffnungs-Gottesdienst d. 50. Jahres-Festes d. Pos. Hauptver. d. Gustav-Adolf-Stiftung i. d. St. Johannis-Kirche üb. Lucas 22, 32. gr. 8. (7 S.) Lissa 895. F. Ebbecke. n. — 25

— 50. Jahres-Fest des Posener Hauptvereins d. Gustav-Adolf-Stiftung. Eröffnungs-Gottesdienst in der St. Johannis-Kirche. Predigt über Lucas 22,32 von Albertz, Hofprediger in Breslau. — Lissa i. P.: Ebbecke 1895. 7 S.
1: Cv 2105.
2.10212

— Saul, David, Salomo, die ersten Könige Israels. Alttestamentliche Texte für Sonntagsschulen von H. Albertz. — Halle a. S.: Gundlach & Eggers 1890. 28 S.
1: Ep 1404.
2.10213

Albertz, Martin, cand. theol. zu Wittenberg: Untersuchungen über die Schriften des Eunomius. Wittenberg 1908: Herrosé & Ziemsen. (55 S.) 8° ¶ (Erscheint vollst. u. d. T.: „Geschichte des Jung-Arianismus".)
Halle, Theol. Fak., Ref. Loofs, Diss. v. 29. Febr. 1908
[Geb. 7. Mai 83 Halle a. S.; Wohnort: Wittenberg, Bez. Halle; Staatsangeh.: Preußen; Vorbildung: Friedrich-Wilhelms-Gymn. Posen Reife O. 01; Studium: Halle 5, Berlin 2, Erlangen 1, Halle 1 S.; Rig. 21. Dez. 07.]

Albêrûnî, Chronologie orientalischer Völker. Hrsg. von C. Ed. Sachau. Gedruckt auf Kosten der Deutschen Morgenländ. Gesellschaft. [arabisch.] 2 Hälften. gr. 4. Leipzig, (Brockhaus' Sortiment und Antiq.) [1. Hälfte (VII, S. 1—200 mit lithogr. Beilagen.) 876. * ℳ 13.; 2. Hälfte (LXXIII, 30 und S. 201—362 mit 2 autogr. Taf.) 878. * ℳ 16.] +

Alberus, s. A l b e r u s , Erasmus

Alberus, Erasmus
(—) **Also spricht Gott, Dis ist mein lieber Son . . . Hie sihs tu lieber leser mein, das Christus selbs wil König sein. — o. O. u. J. 1 Bl.** 1:2° Libr. pict. B 84.
2.10218

— Ain seer lustiger Dialogus oder gesprech zweyer Weyber, mit namen Agatha unnd Barbara, den Eestand betreffent, da aine iren Eeman schendet, und die ander den irigen lobet . . . Gestellet durch Eraßmum Alberum. — Augspurg: Zimmermann o. J. 20 Bl. 1:Yz 91.
2.10239

[—] Ein schöner Dialogus von Martino Luther und der geschickten Botschaft aus der Hölle. (Hrsg.: Ludwig Enders.) — Halle a. S.: Niemeyer 1886. IV,29 S. (Neudrucke deutscher Litteraturwerke d. XVI. u. XVII. Jahrhunderts. 62.)
1:Yc 7591–62. 12:P. o. germ. 1004 yf–62. 300:392.516–B. L. S. 62. 2. 3. 4. 5. 6. 7. 8. 9. 10. 11.
2.10236

Alberus, Erasmus, Fabeln, s. a. N e u d r u c k e deutscher Litteraturwerke d. XVI. u. XVII. Jahrh.

— Die Fabeln. Abdruck d. Ausg. von 1550 mit d. Abweichungen d. ursprünglichen Fassung hrsg. von Wilhelm Braune. — Halle a. S.: Niemeyer 1892. LXXII,216 S. (Neudrucke deutscher Litteraturwerke d. XVI. u. XVII. Jahrhunderts. 104/107.)
1:Yc 7591–104/107. 12:P. o. germ. 18c [u. 5.] 300:392.516–B. L. S. 104/107. 2. 3. 4. 5. 6. 7. 8. 9. 10. 11.
2.10261

— Ein schön lustig Gespräch zweyer Weiber, mit Nahmen Agatha und Barbara, den Ehe-Stand betreffend. — o. O. u. J. 16 Bl. 1:Yz 96.
2.10238

— Wider die verfluchte Lere der Carlstader, Zwingler, Widertäuffer, Rottengeister, etc. — o. O. u. J. Bog. A–Z, Aa–Oo. 12 [°°Titelbl.]: Polem. 41.
2.10275

— Lehren aus des Erasmus Alberus „Buch von der Tugent und Weißheit". Mit Beiträgen zur Biogr. des Erasmus Alberus. Zugest. und hrsg. von Ch[ristian] W[ilhelm] Stromberger. — Gießen: Ricker 1854. V,45 S.
12:P. o. germ. 1696–22.
2.10262

Alberus, geistliche Lieder, s. a. **Sänger,** geistliche, der christlichen Kirche.

— Geistliche Lieder nebst der Biographie des Dichters. Hrsg. von Chr[istian] W[ilhelm] Stromberger. — Halle: Fricke 1857. XXVIII,51 S. (Geistliche Sänger der christlichen Kirche deutscher Nation. 10.)
1:Eg 1233–10. 12:Liturg. 1211 f–10. 300:75.320–A. Bd 10. 3. 4. 7. 8. 9. 10.
2.10285

Alberus, Eugenius, s. A l b è r i , Eugen

Alberus, Matthaeus s. *Alber.*

Albesheim, Louis: Ueber Darmperforation im Typhus abdominalis. *Leipzig: G. Fock 1897.* (51 S.) 8°
Leipzig, Med. Diss. v. [18. Okt.] 1897

Albezor [Pseud.], s. H e l f r e c h t , Joh. Theod. Benj. [wirkl. Name]

Albhart, Christian Heinrich
— Semidecadem casuum controversorum & decisorum. Disp. jur. Präs. Joh. Philipp Streit. Erfurt (Grosch) 11. V. 1709. 12 Bl. (5.50) 218

Albien, Gustav
Albien, G., Anschauen v. Bildwerken. Erläutert an Gemälden des Stadtmuseums in Königsberg i. Pr. Auf Anregg. u. unter Mitarbeit v. Walt. Simon zusammengestellt. Hrsg. vom Königsberger Lehrerverein. (79 S. m. 28 Taf.) 8. Königsberg (904). (W. Koch.) n. — 70

Albien, Gustav, Dr., Zeichenlehrer. 1904: Anschauen von Bildwerken. Erl. an Gemälden d. Stadtmuseums in Königsberg i. Pr. Auf Anregung u. unter Mitarb. von Walter Simon zugest. von G. Albien. Hrsg. vom Königsberger Lehrerverein. — ([Königsberg i. Pr. 1904:] Meisenbach, Riffarth & Co., Berlin.) 77 S. 10. 102.
2.10313

Albien, Gustav: Der Anteil der nachkonstruierenden Tätigkeit des Auges und der Apperception an dem Behalten und der Wiedergabe einfacher Formen. – Göttingen 1907: Dieterich. (77 S., 17 Taf.) 4°(8°) (Aus Zeitschrift f. experimentelle Pädagogik Bd. 5.)
Königsberg, Phil. Fak., Ref. Meumann-Walter, Diss. v. 26. Sept. 1907.
(Geb. 3. Jan. 57 Gauleden, Kr. Wehlau; Wohnort: Königsberg i. Pr.; Staatsangeh.: Preußen; Vorbildung: Lehrer f. Mittelsch., Zeichenlehrer f. Gymn. und Realsch.: Studium: Königsberg 10 S.; Rig. 10. Juli 1907)

— Der Anteil der nachkonstruierenden Tätigkeit des Auges und der Apperception an dem Behalten und der Wiedergabe einfacher Formen. (Mit Abb. im Texte u. 32 Taf.) — Leipzig: Nemnich 1907. 77 S.
Aus: Zeitschrift für experimentelle Pädagogik.
Ersch. auch als Diss. Königsberg 1907. 4.
2.10314

Albien, Gustav, Mittelschullehrer. 1887: Hilfsmittel zur Einübung der verbes auxiliaires avoir und être. 1887 s. *Arendt,* Louis.

Albien, G[ustav]: Der Zeichenunterricht als Träger der Kunstbildung. Königsberg i. Pr. 1904: Hartung. (18 S.) 4°
Königsberg i. Pr., st. Steindammer R P 1904 (22)

Albien, Paul: Das Pädagogische in der Encyclopédie von Diderot. Magdeburg-Alte Neustadt 1908: Sorgler. 117 S. 8°
Erlangen, Phil. Diss. v. 11. Dez. 1908, Ref. Hensel
[Geb. 21. Febr. 74 Pafuiten; Wohnort: Magdeburg; Staatsangeh.: Preußen; Vorbildung: Gymn. Potsdam Reife M. 02; Studium: Berlin 8 S.; Rig. 23. Okt. 08.] [U 09. 795

Albien, Walter, Tierarzt: Untersuchungen über intrauterine Tuberkuloseinfektion. Jena: Fischer 1909. 69 S. 8° ¶ (Aus: Zeitschrift f. Tiermedizin. 1909.)
Gießen, Veterinär-Med. Diss. v. 3. April 1909, Ref. Olt
[Geb. 14. Nov. 79 Eydtkuhnen; Wohnort: Kiel; Staatsangeh.: Preußen; Vorbildung: Gymn. Allenstein Reife O. 02; Studium: Tierärztl. Hochschulen Berlin 4, München 3 S.; Rig. 7. Juli 08.] [U 09. 1131

Albiez, Josef: Wilde Rosen. Jugendgedichte. — Bühl ⟨Baden⟩ 1894: Konkordia. 134 S. 1:Yo 25280.
2.10316

Albig, Erich: Gut Nass Hurrah! 103 feuchtfröhliche Schwimmerlieder. Nebst e. Anh. von 12 Parodieen, verwässert u. gesalzen von Eduard Jürgensen-Friedenau. — Berlin-Charlottenburg: Michow [um 1900]. 78 S. (Deutschlands Liederschatz. 7.) 1:Yd 4831–7.
2.10317

Albigiton: Trauriges Andenken des am 18. Januarii 1728 . . . entstandenen grossen Brandes. — Dresden (1728): Stößel. 2 Bl. 4° 3.
2.10318

Albiker, Luise: Der Arbeitsunterricht. 1909 s. *Bedenk,* Katharine.

Albin, od. d. Schiffbruch am Donaustrudel; e. Familiengesch. 8. Leipz. 801. Joachim. 14 gr

Albin. — Albin oder der Schiffbruch am Donaustrudel. Eine Familiengeschichte aus dem siebenjähr. Kriege. — Leipzig: Magazin für Litteratur 1801. 179 S. 1:Yw 5363.
2.10319

Albin, s.a. Albinus, Frederik Bernard

Albin, ..., von der Natur des Menschen. gr. 8. Wien 784. v. Mösle. 16 gr

Albin: Novellen, s.a. Albin, Carl Douai

Albin, Novellen. „Des Himmels Segen," oder: „Das Weiberduell." — „Des Himmels Fluch." — „Jugendstreiche." gr. 12. Leipzig 838. Literar. Museum (Schiller u. Robitzsch). 1½ ß

Albin, Adph., Schach-Aphorismen u. Reminiscenzen. 12. (VII, 112 S. m. Diagrammen u. Bildnis.) Hannover 899. (Hahn.) Geb. in Leinw. n. 2. —

Albin, Adolf: Schach-Aphorismen und Reminiscenzen. Hannover: Selbstverl. (1899). 112 S.
1:Os 16552/14. 7.
2.10321

Albin, Carl Douai: Novellen, s.a. Albin

† Albin, (Carl, Douai,) Novellen. gr. 12. (11½ B.) Leipzig 838. 1½ Thlr., neuer Tit. [Breslau 840, Kohn.]

Albin, Eugenie, tout comprendre — c'est tout pardonner. Roman. 8. (165 S.) Dresden 899. E. Pierson n. 2. 50

Albin, Johann Georg s. *Albinus*.

Albin, M. (Red.), s. Modistin, Die.

Albin, Michael s. *Albinus*.

Albina. Gemälde aus dem Gebiete des Lebens und der Dichtung. — Magdeburg: Rubach 1819. XIV,318 S.
1:Yw 8782. 7.
2.10343

Albina. Ein Taschenbuch f. Wanderer in d. sächs. Schweiz, enthaltend e. Beschreibung d. meissner Hochlandes u. d. merkw. umlieg. Orter.
(1818). M. 16 Kpf., 4 Rad. (L. Richter) u. 1 Kte.
(1821). 2 A. M. 16 Kpf., 8 Rad. (L. Richter) u. 1 Kte.
Pirna.

Albina. Ein Taschenbuch für Wanderer in der Sächs. Schweiz, (von W. Adph. Lindau). 2e Aufl. 12. Pirna 821. (Dresd. Arnold). 1 ß 12 gr

Albina, Ein Taschenbuch f. Wanderer in die sächsische Schweiz, enthaltend: eine Beschreibung des Meißner Hochlandes und der merkwürdigst. umliegenden Oerter. 3e Aufl.... 4e verb. und verm. Aufl., mit 24 Kpfrn. und einer Reisekarte. 16. Pirna 835. Diller. 1⅓ ß

Albine, Saint, s. Saint-Albine.

Albing, Ansgar, s. a.: Mathies, Paul Baron de.

— Epistulae redivivae. Aus dem Papierkorb gerettete Briefe. (VIII, 310 S.) 8. Osnabrück 908. [G. Pillmeyer] Freiburg i/B., Herder. 4.—; geb. in Leinw. 5. —

— Frühling im Palazzo Caccialupi u. andere Geschichten. 2 Bde. (VII, 193 u. VII, 223 S.) 8. Freiburg i. B. 907. Herder. 4.—; geb. in Leinw. 6. —

Albing, Ansgar (v. Mathies), Gedichte. (VIII, 172 S) 8. Freiburg i/B. 905. Herder. n. 2. —; geb. in Halbleinw. n. 2. 80

— Harmonien u. Disharmonien der Seele. Mit e. Anh. Irenisches u. Ironisches. (307 S.) kl. 8. Regensburg 910. F. Pustet. 1.80; geb. in Leinw. n 2. 50

— ist die Religion lehrbar u. voraussetzungslos? s.: Broschüren, Frankfurter zeitgemäße. 21. Bd., 5. Hft.

Albing, Ansgar, Moribus paternis. Erzählg. a. d. mod. Hamburger Gesellschaft. 2 Bde. 8. (V, 285 u. V, 283 S.) Freiburg i/Br. 898. Herder. n. 4. —; geb. in Leinw. n. 6. —

— Moribus paternis. Erzählung aus der modernen Hamburger Gesellschaft. 2., verb. Aufl. 2 Bde. (VII, 285 u. V, 283 S.) 8. Ebd. 903. n. 4. —; geb. in Leinw. n. 6. —

— Moribus paternis. Erzählung aus der modernen Hamburger Gesellschaft. 3. u. 4. Aufl. 2 Bde. (XI, 271 u. V, 269 S.) 8. Freiburg i/B. (910). Herder. 5.—; geb. in Leinw. 7. —

— „Nimm und lies!" Erwägungen üb. den Geist des Christentums im 20. Jahrh. (368 S.) kl. 8. Regensburg 908. F. Pustet. 2.80; geb. in Leinw. 3. —

Albing, Ansgar (Baron Paul de Mathies), der Pessimist. Roman. 2 Bde. 8. (IX, 296 u. VI, 298 S.) Freiburg i/B. 899. Herder. n. 4. —; geb. in Leinw. n. 6. —

— Der Pessimist. Erzählung. 2., verb. Aufl. 2 Bde. (IX, 281 u. V, 283 S.) 8. Freiburg i/B. (908). Herder. 5.—; geb. in Halbleinw. 7. —

— Religion in Salon u. Welt. Reflexionen. (176 S.) kl. 8. Regensburg 907. F. Pustet. n. 1. 20; geb. in Halbleinw. n. 2. —

— Religion in Salon u. Welt. Reflexionen. 2., verm. Aufl. (324 S.) kl. 8. Regensburg 908. F. Pustet. 1.80; geb. in Leinw. 2. —

— Eine seltsame Verbindung. Roman. (272 S.) 8. Freiburg i/B. 907. Herder. 3.—; geb. in Halbleinw. 4. —

Albinger, H.: Für Holstein gegen Immanuel. — Leipzig: Steinacker 1835. 23 S.
Nach hs. Notiz im Exemplar von 8 ist Albinger Pseud. für Heinrich Christian Dührssen.
7. 8. 9.
2.10349

Albini, s.a. Albini, A.

Albini, der Jüngere, v., Kammergerichtsassessor. 1748-1816. 1784 s. *Albini*, Franz Josef v.

— Enzian. Burleske. s. Theater-Almanach, Berliner.

– Das Crimen plagii, s. Jahrbuch deutscher Bühnenspiele, von Gubitz. 13r, 14r, 15r u. 16r Jahrg.

– Endlich hat er es doch gut gemacht, s. Jahrbuch deutscher Bühnenspiele, von Gubitz. 13r, 14r, 15r u. 16r Jahrg.

– Der Familien Congreß, s. Jahrbuch deutscher Bühnenspiele, v. Gubitz.

– Der General-Hof-Schneider, s. Jahrbuch deutscher Bühnenspiele, v. Gubitz.

Albini, entlarvt. Idolum der Wünschelruthe. 8. Dresden, Walther, 740.

– Im Kleinen wie im Großen, s. Jahrbuch deutscher Bühnenspiele, von Gubitz. 13r, 14r, 15r u. 16r Jahrg.

– Mir gelingt Alles, s. Jahrbuch deutscher Bühnenspiele, v. Gubitz.

Albini, ... über das Stahlwasser zu Lipetzk. gr. 8. Dorpat 805. (Meinshausen in Riga). 8 gr

— Studenten-Abentheuer, s. Jahrbuch deutscher Bühnenspiele, von Gubitz. 13r, 14r, 15r u. 16r Jahrg.

— Was den Einen tödtet, giebt dem Andern Leben, s. Jahrbuch deutscher Bühnenspiele, v. Gubitz.

Albini, A. [Pseud.] s.a. *Meddlhammer*, Albin Johann Baptist v.

— seltsame Ehen; e. Posse, s. Kotzebue, Almanach. J. 1830.

Albini, A., endlich hat er es doch gut gemacht, s.: Universal-Bibliothek.

— frage nur mich um Rath, Lstspl., s. Jahrbuch deutscher Nachspiele. 3r Jahrg.

— Frauenliebe, s. Jahrbuch deutscher Nachspiele (Bühnenspiele). 11r Jahrg.

Albini, A., Kunst u. Natur, s. Universal-Bibliothek rc.

— Kunst u. Natur; Lustspl., s. Jahrbuch deutscher Nachspiele. 7r Jahrg.

Albini, A., (Prof. v. Meddlhammer), Spenden für Freunde des Scherzes. Enthalt.: Die Bekehrten, oder d. türk. Edukationsrath; Posse in 2 Akten. Die Menagerie, Lstspl. in 3 Akten. Der kleine Proteus; dramat. Aufgabe in 1 Akt. 8. Berl. 827. Hold. 1 rß 16 gr

Albini, A.: die gefährliche Tante, s. Universal-Bibliothek.

— die Weise im Thale. Lstspl. Berl. 828.

Albini, A., die Weisheit in der Klemme, s. Frühlingsgabe.

— zu zahm u. zu wild; Lstspl., s. Jahrbuch deutscher Nachspiele. 6r Jahrg.

Albini, Antonius: Über den Gesundbrunnen zu Lipetzk. St. Petersburg 1804: Schnoor. 62 S. 7.
2.10350

Albini, B. S. s. *Albinus*, Bernhard Siegfried.

Albini, Bern. Siegfr. s. *Albinus*, Bernhard Siegfried.

Albini, Bhd.: Causae et signa morborum, s. Albinus, Bernhard.

Albini, Bhd. Siegfr., s.a. Albinus, Bernhard Siegfried

Albini, Bhd. Siegfr., († d. 9. Sept. 1770.) academ. annotation. Libri VIII., cum fig. 4maj. Leyden 754—68. 11 rß 10 gr

— Explicat. tabularum anatomicarum B. Eustachii, c. fig. Fol. Leyden 741, auct. et emend. 761. 14 rß

— Explic. tabular. anatom. B. Eustachii. c. fig. fol. maj. ibid. 764.

— historia musculorum hominis, c. 8 fig. 4 maj. Leyden 734. Ed. alt. not. auct. (J. J. Hartenkeil). 4. (Bamb.) 784. Mit neuem Titelbl. Ibid. 796. (Wesché in Frankf. a. M.) 3 rß 8 gr

— icones ossium foetus humani. 4. maj. Leyden. 737.

— de natura hominis et supellectile anatomico. II Voll. 8maj Leyden 786. Luchtmans. 1 rß 8 gr

— de ossibus corporis hominis. 8. Wien 746. IIIe Aufl. 760. Camesina. (Heubner). (Linz, Haslinger). 12 gr

— de ossib. corpor. hum. 8. Wien, Camesina. (Linz, Haslinger) 759.

— de sceleto hum. 4. maj. ibid. 762.

— de sceleto humano. 4. Leyden 767. 3 rß

— tabulae anatom. sceleti et musculor. homin. c. explan. 28 Tab. fol. maj. ibid. 747.

— tabulae VII uteri gravidi in plano. Fol. Leyden 748. 5 rß id. lib., de utero et append. Tab. I. Fol. Ibid. 751. (Luchtmans). 7 rß

— tabulae VII. uteri gravidi in plano. fol. maj. ib. 750.

— — de utero et append. Tab. I. fol. Lipsiae, Gleditsch.

Albini, D. B. (Praes.): De melancholia, s. Wolff, G.C. (Resp.)

Albini, F. B., de natura hom. libell. 8. Leyd. Gleditsch. 776.

Albini, Fl. Bhd., seu Alcuini opera, ed. a Froben Forsteri, etc. Ed. II. II Tom. Fol. Regensb. 777. (Groos in Heidelb.) 13 rß 8 gr (Herder in Freiburg). 12 rß 12 gr

Albini, Franz Josef v.: Abdruck eines Schreibens an des Herrn Erzbischofen und Fürsten zu Salzburg Hochfürstliche Gnaden; von dem K. R. K. Ger. Beysitzer von Albini dem Jüngern, in Betreff eines von der Hochfürstl. Salzburg. Directorial-Gesandschaft zu Regensburg ... hinterlegten ... Promemoria und Schreibens. — (Wetzlar) 1784. 12: 4° Ded. 20. 7.
2.10351

Albini, Frhr. Frz. Jos., († d. 8. Jan. 1816.) Abhandlung von dem d. Handwerksinnungen nicht anbelangenden Entscheidungsjahr 1624. 4. Hanau 772. Schulz. 6 gr

Albini, Franz. Jos. v., De anno decretorio 1624 opificum collegia non concernente. Diss. jur. German. Präs. Franz. Melch. Anton Haus. Würzburg (Franz. Ernst Nitribitt) März 1771. 99 S. (5.—) 220

— Antwort des K. R. K. G. Beisitzers von Albini des Jüngern an einen Freund, der ihm ... seine Regenspurger Correspondenz und mit dieser eine sehr anzügliche Druckschrift mittheilte. — Wezlar 1784. 12: 4° Ded. 30m. 7.
2.10352

(--) Beytrag, vielleicht der lezte, zu der neusten Haasischen Untersuchung. — Wezlar 1785. 12: 4° Ded. 110. 7.
2.10353

Albini, G., gli azimut del sole per ogni grado di declinazione e di latitudine fra i paralleli 61° nord e 61° sud calcolati di dieci in dieci minutà. — (The suns true bearing or azimuth tables.) gr. 4. (VIII, 184 S. m. 1 Karte.) Milano 875. Hoepli. n. 6. 40

Albini, Giuseppe, Physiologe. 1854: Ricerche chimiche sul frutto del castagno. — (Wien 1854: Hof- u. Staatsdr.) 8°
Aus: Sitzungsberichte der math.-nat. Cl. der Kais. Akademie d. Wissenschaften. 13.
1:10 in 4° Ms 10201.
2.10357

— Ricerche sul veleno della salamandra maculata. — (Wien 1854: Hof- u. Staatsdr.)
Aus: Sitzungsberichte d. math.-nat. Cl. der Kais. Akad. d. Wiss. 11.
1:1 in Lk 7719. 12: M. med. 1130–26.
2.10358

Albini, J. s. *Albiny*.

Albini, P., Memoria priscor. Comit. et Burggrav. Leusnicens. p. C. G. Schwarz. fol. Lips. Fritsch. 753.

Albini, Petr., Vita Georgii Sabini. Lignic. 724. 8.

Albini, Te.B., seu Alcuini opera, ed. a Froben. etc. 2 Tmi. fol. maj. Regensb. Weidmann. 778.

Albini-Crosta, Magdalena
Albini-Crosta, M., der Engel in der Familie. Mit Autoris. der Verf. aus dem Ital. übers. v. E. de T. 8. (XII, 568 S.) Innsbruck 890. Vereins-Buchhandlung u. Buchdruckerei. n. 3. 60; geb. m. Goldschn. n. 5. 20

Albini-Crosta, Magdalena, d. Engel i. d. Familie. M. Autoris. d. Verf. a. d. Ital. übers. v. E. d. T. 2., verb. Aufl. 12. (XII, 584 S.) Innsbruck 894. Vereins-Buchh. & Buchdruckerei. n. 3. 60

Albini-Crosta, Magdalena, der Engel in der Familie. Mit Autorisation der Verf. aus dem Ital. übers. von L. v. D. T. 3. verb. Aufl. (XV, 584 S.) 8. Innsbruck 903. Vereinsbuchh. u. Buchdr. n. 3. 60; geb. n. 6. —

Albino, Julio, Graf, v., od. d. Geheimen Italiens, e. abenteuerl. Familiengesch. italien. Emigranten geg. d. Ende des 18ten Jahrh. v. E. T. Jünger, m. K. 8. Prag, Polt. (Joachim in Lpz.) 800.

Albinoni, Thomas s. *Albinoni*, Tommaso.

Albinoni, Tommaso
(—) [Didone abbandonata, ital. u. deutsch] Dido, musicalische Opera, welche auff dem Theatro zu Bresslau in Novembr. Anno 1726 vorgestellet ... wird. (Musik von Thomas Albinoni.) [Textb.] — o.O.(1726). Bog. A–K. 4°
2.
2.10377

Albinovanus, Gaius Pedo
— Consolatio ad Liviam Augustam de morte Drusi Neronis quae C. Pedoni Albinovano tribuitur. Ex rec. Petri Burmanni [Pieter Burman] cum notulis criticis in usum lectionum ed. Christianus Daniel Beck. — Lipsiae (1783). XII,27 S.
2.
2.10380

— Lipsiae: Büschelius 1783. XII,27 S. 5. 7. 10.
2.10381

— elegia in mortem Drusi Neronis varietate lect. et ind. philolog. illustr. J. C. B. (Bremer). 8. Helmst. 775. (Ernst in Quedlinb.) 3 gr.

— C. Pedonis Albinovani Elegia in mortem Drusi Neronis, varietate lectionis et indice philologico illustr. Jo[hannes] Christoph. Bremer. — Helmstadii: Schnorr 1775. 74 S.
12: A. lat. a. 1337. 7. 10.
2.10379

— C. Pedonis Albinovani Elegiae III et fragmenta, cum Theodori Goralli [d.i. Jean Leclerc] interpretatione et ind. Andrea Goezio [Andreas Goetz] curante. — Norimbergae: Raspe 1771. 113 S. 12: Var. 619/3.
2.10387

— — Cum annotatt. critic. ed. Bremer. Helmst. 774. 8.

— — C. notis ed. C D. Beck. Lips. 783. 8. Ib. 801. 8. 4 gr.

— — [lat. u. deutsch] Drei dem C. Pedo Albinovanus zugeschriebene Elegien nebst einem Fragmente dieses Dichters. Der lat. Text mit einer metr. Übers. u. Anm. von Johann Heinrich Friedrich Meineke. — Quedlinburg: Basse 1819. 127 S. 1: Wh 9688. 300: 17 G 27. 2. 5.
2.10388

Albinus Diaconus, Lehrer Karls des Großen s. *Alcuinus*, Flaccus.

Albinus, Alexanders Bilderbuch, od.: Bildliche Darstell. d. berühmtesten Völker uns. Erde nach ihren National-Trachten. Ein Beitr. d. Länder- u. Völkerkunde z. Belehr. u. Unterhaltung d. Jugend. M. 24 col. Kpfrst. 8. (7½ B.) Pirna 835, Diller. *

Albinus, Alexanders Bilderbuch, oder: Bildliche Darstellung der berühmtesten Völker unserer Erde nach ihren Nationaltrachten. Ein Beitrag zur Länder- u. Völkerkunde, zur Belehrung und Unterhaltung der Jugend. Mit 24 ill. Abbildd. 8. Pirna 835. (Leipzig, Friese.) 1 Rthlr.

Albinus, d. sächs. Robinson; od. Roberts merkwürd. Abentheuer zu Wasser, zu Lande u. sein Aufenthalt auf einer wüsten Insel d. Südmeers. Mit 8 ill. Kpfrst. 8. (8 B.) Pirna 830. (Leipzig, Friese.)

Albinus, Alcuinus s. *Alcuinus*, Flaccus.

Albinus, B. S. s. *Albinus*, Bernhard Siegfried.

Albinus, Beatus Flaccus s. *Alcuinus*, Flaccus.

Albinus, Bernhard(1653 - 1721): [Bernhardi Albini] Causae et signa morborum. T. 1-4. Gedani: Brueckner 1791-94. 2 Bde. 8°.
T.1: Causae et signa febrium continuarum et intermittentius. 1791.
T.2: Causae et signa febrium exanthematicarum, febrium cum inflammationibus topicis . . . 1792.
T.3: Inflammatione partium, morbi oculorum, aurium dentium, coryza, uvulae relaxatio . . . 1793.
T.4: Cachexiam, obstructionem mensium, hydropem, ascitidem, hydrocephalum . . . 1794.

Albinus, Bernhard Siegfried, s.a. A l b i n i, Bhd. Siegfr.

Albinus, Bernhard Siegfried: Historia musculorum hominis
— — [Hrsg.: Johann Jakob Hartenkeil.] Ed. 2., notis aucta. Francoforti & Lipsiae: Goebhardt 1784. 604 S.
1: 4° Kz 472. 300: 69 T 34. 5. 7.
2.10423

— — Ed. notisque illustr. Johannes Jacobus Hartenkeil. Bambergae & Wirceburgi: Goebhardt 1796. 604 S.
1: 4° Kz 473. 12: 4° Anat. 4 d.
2.10424

— VII Muskeltafeln ohne Text, jedoch mit den in die einzelnen Muskeln eingeschriebenen Namen derselben. Nach B. S. Albinus. (Vorr. u. Hrsg.: M[oritz] I[gnaz] Weber.) — (Bonn 1850.) 7 Taf. 12: 2° Anat. 3 d.
2.10427

Albinus, Bernhard Siegfried: De ossibus corporis humani ad auditores suos. Iuxta exemplar Leidae Batavorum. 308 S., gbd.

Vindobonae: Kraus 1746

Albinus, Bernhard Siegfried: De ossibus corporis humani. 308 S., gbd.

Vindobonae: Kraus 1759

Albinus, B[ernhard] S[iegfried]: Uteri mulieris gravidae cum iam parturiret mortuae tab. 1-7. [Nebst] Appendix, tab. 1. Lugduni Batavorum 1748-51. 2°.

Albinus, C. F., der vollkommene Daguerreotypist, oder: vollständige Anleitung z. Daguerreotypiren nach den neuesten Verbesserungen der Deutschen u. Franzosen. Nebst Beschreibung und Abbildung eines hierzu anwendbaren Lichtmessers. Mit (2 Taf.) Abbild. 12. Leipzig 844. Berger's Buchh. 1/3 Rthlr.

Albinus, Frederik Bernhard
— Albin. Von der Natur des Menschen. — Wien & Leipzig 1784. 7.
2.10443

Albinus, Johann Georg: Delinquens defensus, Der vertheidigte Missethäter. Ed. II. Jena. (Paul Ehrich) 1714. 32 S., meist dtsch. Text. Familiennamen.

Albinus, Johann Georg (Naumburg), De jure miserabilium, Von Rechte der Armseligen und Nothbeträngten. Diss. jur. Präs. Georg Adam Struve. Wittenberg (Hake) 1748. 62 S., z. Tl. deutsch.

Albinus, Johann Heinrich
— **Johann Heinrich** (Zibinga-Marchicus), De eo, quod justum est circa promissa nobilium, vernac. Von der Cavalier-Parole. Diss. jur. Präs. Ernst Tenzel. Erfurt (Grosch) 24. IV. 1724. 32 S. (5.—) 225

— Ad dissertationem inaugur. nobil. j. u. candidati. Wittenberg (Ephraim Eichsfeld) 10. IV. 1739. 8 Bl. (3.—) 227.
Biographie von Sigismund Geudtner (Mutter: Anna Christina Grosse).

— — Ad dissertationem candidati Friderici Florentis Rivini (Leipzig). Wittenberg (Wwe. Gerdes) 13. IV. 1734. 6 Bl. (3.—) 226
Biogr. R.'s (Mutter: Johanna Sophia Birnbaum).

Albinus, Josephus s. *Albini*, Giuseppe. 1882.

Albinus, P., Historia von dem uhralten Geschlechte derer Grafen und Herren von Werthern, s. Albinus, Petrus.

· Albinus, P., Memoria priscorum comitum et burgraviorum Leisnicensium. Cum tabulis aeneis. Lipsiae 1730. fol.

Albinus, Petrus, mit dem Beinamen Nivemontius oder Snebergensis:

— Commentatio de linguis peregrinis atque insulis ignotis. Ed. Samuel Cnauthius. Acc. Hugonis Grotii De origine gentium Americanarum dissertatio. — Vittembergae: Meiselius 1714. 47 S.
1: Ut 885. **300**: 74 K 94 (8). **5. 9. 10.**
2.10487

— Historia von dem uralten Geschlechte derer hoch- und wohl-gebohrnen des Heiligen Römischen Reiches Graffen und Herren von Werthern etc. Anjetzo auffs neue übersehen u. nebst des gemeldten Autoris Wapen-Beschreibung derer ... Geschlechter in Druck gegeben, auch durch kurtze genealogische Tabellen biß auf unsere Zeiten fortges. — Leipzig: Fritsche 1705. 123 S.
1: 2° S 9966. **2. 3. 7. 9. 11.**
2.10491

— Historia von dem uhralten Geschlechte derer ... Grafen und Herren von Werthern ... Anjetzo aufs neue übersehen und nebst des gemeldten Autoris Wapen-Beschreibung derer ... Geschlechter in Druck gegeben, auch durch kurtze genealogische Tabellen biß auf unsere Zeiten fortges. — Leipzig: Martini 1716. 123 S.
1: 2° S 9968. **12**: 2° Geneal. 1 m. **2. 3. 5.**
2.10492

– Vita Georgii Sabini Brandenburgensis, J.C., poetae laureati ... consignata potissimum ex ipsius scriptis. Theodorus Crusius [Krause] denuo ed. et luculento commentario auxit. – Lignicii: Rorlach 1724. 222 S.
1: Av 9649. 12: H. lit. U. 4/1 [u.ö.] 2.4.5.6.7.8.10.11.
2.1.0499

Albinus, Th.

—, resp. **Hemskerk,** De animi pathematum efficacia in corpus humanum. Lug. Bat. 4°. 1704

Albinus, Theoph., das Entlarvte Idolum der Wünschelruthe — was bisher historice mit derselben passirt, ob sie physice begründet und wie fern moraliter darnach zu operiren sey. Dresden 704. 8.

Albinus, Theophilus [Pseud.] s. *Weise*, Johann Michael.

Albiny, Frhr v.: Copia Schreibens des Kurmainzischen Herrn Kanzlers, Freiherrn von Albiny Excellenz, an den Fränkischen Kreisgesandten der Fränkischen Reichsgrafen Herrn von Zwanziger Excellenz. — Dat. Frankfurt 12. Oct. 1795. 2°
7.
2.10507

Albiny, J.

— Die Bastardbrüder oder der Fluch der Geburt. Ein romantisches Gemälde. Th. 1.2. — Quedlinburg & Leipzig: Basse 1825.
1: Yw 9789/80. 11.
2.10509

— Das graue Felsenmännchen. Ritter- und Räubergeschichte aus dem Mittelalter. Th. 1.2. — Quedlinburg & Leipzig: Basse 1823.
1: Yw 9376. 7.
2.10510

—— 2. Aufl. Bd 1.2. Ebd. 1839. 1: Yw 9376ª.
2.10511

— Die unheimlichen Gemächer in dem Schlosse Lovel, oder: das enthüllte Verbrechen. Eine romantische Sage aus d. mittleren Zeitalter. Nacherz. von J. Albini. Th. [1.] 2. Braunschweig: Meier 1824. 1: Yw 9652/30. **7. 11.**
2.10512

Albiny, J.: [Teils.] Herzlande von Rappoltstein oder die Verbrecherin aus Eifersucht. Das Strafgericht und Der Reinsteiner. Rittergeschichten aus dem Mittelalter. — Quedlinburg & Leipzig: Basse 1824. 263 S.
1: Yw 9652/45.
2.10508

— Heinrich von Lindenhorst oder die erfüllte Wahrsagung. Ritter-, Pfaffen- u. Geistergeschichte. Th. 1–3. Quedlinburg & Leipzig: Basse 1824. 1: Yw 9652/50.
2.10513

— Marko oder das Opfer der Treue. Romantische Geschichte aus dem Mittelalter. — Quedlinburg & Leipzig: Basse 1824. 199 S. 1: Yw 9496. 7.
2.10514

Albiny, J., der schwarze Ritter mit geschloss. Visire, oder: das furchtb. Strafgericht. Ein Nachtstück a. Deutschlands Mittelalter. 8. (17 B.) Hildesheim 828, Gerstenberg.

— Der wandernde Schatten oder die Mahnungen der Todtengruft und andere Geschichten. — Quedlinburg & Leipzig: Basse 1824. 7.
2.10516

Albiny, J.: Guilio di Sorento oder der Bund der heimlichen Rächer. Eine romantische Geschichte aus den Papieren eines Unbekannten. Th. 1–4. — Quedlinburg & Leipzig: Basse 1825. 1: Yw 9759.
2.10517

—— d. Verurtheilte u. sein Richter, od. seltf. Begebenheiten ein. Findlings u. seiner Aeltern. Eine merkwürd. Kriminalbegebenheit a. d. Zeitalter Ludwig XIV. 8. (20 B.) Hildesheim 829. (Göttingen, Dieterich.)

[—] Der Zwerg vom Berge oder die Spukgeister im Zauberschlosse. Eine nordische Sage aus der Vorzeit. Vom Verf. d. grauen Felsenmännchen. Th. 1.2. — Quedlinburg & Leipzig: Basse 1825. 1: Yw 9789/85.
2.10518

Albion. A weekly Chronicle of Literature, Science and the Fine Arts. For 1835. (Wöchentl. Mittheilung aus der engl. periodischen Literatur. Herausg. v. Paul Neff.) 104 Numm. gr. 8. Stuttgart 835. P. Neff. 3 ℛ

—— (Jahrg.) 1837 u. 39. Dreissig Stahlstiche, nach Orig.-Zeichn. d. berühmtesten engl. Meister. (Mit Erklärn. in deutscher Sprache.) gr. 4. London (u. Berlin,) Asher. u. Comp. [837. (30 Stahlst. u. 31 Bl. Text.) 836., 839. (30 Stahlst. u. 16 Bl. Text.) 838.] à J. *

Albion. Perlen britischer Lyrik in ausgewählten deutschen Uebertragungen gesammelt v. Adf. Böttger. 16. (378 S.) Leipzig 852, Thomas. In Engl. Einb. m. Goldschn. 1⅚ ℛ

Albion. Perlen britischer Lyrik in ausgewählten deutschen Uebertragungen gesammelt von Adf. Böttger. 2. Aufl. Leipzig 853. Thomas. 16. (2 Bl., 378 S.) 1 ℛ 25 ngr

Albion. Perlen britischer Lyrik in ausgewählten deutschen Uebertragungen gesammelt von Adf. Böttger. 3. Aufl. 16. (378 S.) Leipzig 857, Thomas. geb. Thlr.

— MDCCCXXXIX. Dreißig Stahlstiche, nach Originalzeichnungen der berühmtesten engl. Meister. gr. 4. (16 Bl. Text.) London 838. Asher. In gepreßt. Einb. mit Goldschn. n. 6 ℛ

— MDCCCXXXVII. Dreißig Stahlstiche, nach Originalzeichnungen der berühmtesten engl. Meister. (Mit Erklärungen in deutscher Sprache.) (31 Bl. Text.) gr. 4. London... Asher 6 ℛ

Albion u. Erin. In Liedern v. Th. Moore, Lord Byron, R. Burns, P. B. Shelley, Th. Campbell, J. Thomson; u. aus Th. Percy's „Ueberreste altengl. Dichtkunst." Im Versmaße der Originale übertr. v. Victor v. Arentsschild. Mit beigedr. Originaltext. 16. (XVIII u. 559 S.) Mainz 851, v. Zabern. 2 ℛ In Engl. Einb. m. Goldschn. n. 2 ℛ 8 ngr

Albis [sachliches Ordnungswort]

Albis. Der A'. Zürich 1842 [Weber, Heinrich /].

Albis, Der. Gedicht von einem Studirenden. Zürich 1842. V: *Weber, Hnr.* (Cat. d. Stadtbibl. Zürich. Zürich 1864—97.)

Albis [Schlagwort]

Albis — Vue du Mont — vers le Lac de Zurich. Dessinée d'apres Nature et gravée par H. Keller. Zurich chez Fuefsli et Comp. Ohne M. 3 Bl. inclus. 1 Bl. Erklärung.

Albishochwacht [Schlagwort]

Albishochwacht, s.: Westentasche-Panorama-Collection.

Albiskette [Schlagwort]

Albiskette, s.a. Utliberg. — Zürich.

Albiskette. Becker, F., Reliefkarte der Albiskette vom Uetliberg bis Albishorn. Entworfen u. bearb. nach den neuesten Eidgenöss. Aufnahmen m. Nachträgen 1889. Chromolith. Imp.-4. Zürich, Hofer & Burger. n. 3. 60

Albisser, Josef (Red.), s. Demokrat, Der.

Albisser, Josef (Red.), s. Demokrat, Centralschweizerischer.

Albitte, Gust., Cours de législation gouvernementale, et études scientifiques sur les gouvernemens de la France, depuis 1789 jusqu'à nos jours. gr. in-8. Paris et Strasbourg 835. Levrault $2^{1}/_{8}$ ℛ

Albitte, Gustave: Der Nachbar im Omnibus. Schwank in 1 Aufz. nach [Louis] Dugard von W. Friedrich [d. i. Wilhelm Friedrich Riese]. Den Bühnen gegenüber als Ms. gedr. 2. Aufl. — Hamburg: Verl. Compt. 1854. 14 S. 9. 2.10533

[—] Mein Nachbar im Omnibus, oder: Der Weinreisende. Schwank in 1 Akt. Nach [Louis] Dugard von W. Friedrich [d. i. Wilhelm Friedrich Riese]. 5. Aufl. — Berlin: Bloch [1879]. 20 S. (E. Blochs Theatergartenlaube. 6.) 1:Yp 6302-6. 2.10534

Albizzi. Madère. Guide pratique pour malades et touristes. In-8°. 114 p. Zürich, Art. Institut Orell Füssli. 1891 Relié 5 —

Albler, Lorenz, Auszug aus dem Werke: „Weitläufiger Beichtunterricht in Gesprächen"; zum Gebrauche für Schüler, die zu der ersten heiligen Beichte vorbereitet werden; bearb. von demselben Verfasser. 8. Gräz 840. Kienreich. $^{1}/_{4}$ ℛ

Albler, (L.,) Beicht-Unterr. in Gesprächen zwischen e. Pfarrer u. e. im Denken geübten Kinde. 8. Grätz 820, Kienreich. (Ferstl.)

— Gebetbüchlein für die lieben Kinder, das auch Erwachsene brauchen können. 8. Gräz 833. Kienreich. $^{1}/_{6}$ ℛ

—— das Vater Unser nach dem vorgeschrieb. Katechismus erklärt durch Gespräche ein. Katecheten mit einem Schüler. Mit 1 Stnt. 8. Grätz 829, Damian u. Sorge.

Álbo, Josef: Conspectus theologiae Judaicae — Sēfer ʻiqqarīm... exhibitus a. W.H.F. Pertschio. Jenae 1719.

Albo, R. Jos., ספר עקרים Grund- und Glaubenslehren der Mosaischen Religion. Nach den ältesten und correctesten Ausgaben in's Deutsche übertragen u. mit Anmerkungen begleitet von W. und F. Schlesinger. 1s — 3s Heft. gr. 8. Frankfurt a. M. 838—40. (Schmerber.) (à n $^{3}/_{4}$ ℛ) $2^{1}/_{4}$ ℛ

Albo, (Rab.) Jos., ספר עקרים Buch Ikkarim, Grund- und Glaubenslehren der Mosaischen Religion. Nach den ältesten und correctesten Ausgaben ins Deutsche übertragen von Dr. W. Schlesinger, Rabbiner, u. Dr. Ludw. Schlesinger, Lehrer. 4. u. 5. Heft. (Schluß.) (5. Hft.: Histor. Einleitung, nebst kritischen, vergleich., histor. u. philosoph. Anmerkungen von Dr. L. Schlesinger.) gr. 8. Frankfurt a. M. 844. (Leipzig, C. L. Fritzsche.) compl. n. 2 ℛ

Albo, Jos., Sefer Ikkarim. De fundamentis fidei Judaicae. Cum 2 commentariis. (In hebr. Sprache.) Lemberg, 861. (Berlin, Adolf & Co.) gr. 8. (447 S.) n. 2 ℛ 20 ngr.

Albo, Jos., Sefer Ikkarim. De fundamentis fidei Judaicae. Cum 2 commentariis. (In hebr. Sprache.) gr. 8. (447 S.) Lemberg 861. Berlin 863, (Cohn's Verlag.) *

Albo, Wilhelm: Irrlichter. Erzählungen. Bdch. 1.2. — Halberstadt: Brüggemann 1827.
1. Das schwarze Mädchen. Kantors Dorchen.
2. Der Lohnlakei. Der Kommerzienrath Bendix u. sein Testament. Das Mädchen von Narwa.
10. 11. 2.10569

Albo, W., Irrlichter. 2 Bde. 1s Bdchn.: 1) Das schwarze Mädchen; 2) Kantors Dorchen. 2s Bdchn.: 1) Der Lohnlakai; 2) der Kammerrath Bendix und sein Testament; 3) das Mädchen v. Narwa. 8. Leipzig 827. (L. Schreck.) $1^{1}/_{2}$ ℛ

Alboin, König der Longobarden; od. Rache f. Rache. Trsp 8. Lpz. Hilscher. 794.

Alboin der Langobardenkönig. Ein Heldenspiel in sechs Abenteuern, von Fr. Baron de la Motte Fouqué. 8. Lpz. Weygand, 813.

Albolze, Caravaggio, s.: Sammlung dramat. Werke.

Albold, Christoph. Ern. (geb. Erfurt 27. 2. 1840): De anilini salium vi physiologica. Berolini [o. J.] (36 S.) 8°
Berlin, Med. Diss.
nachgeliefert v. dem am 29. Juni 1866 auf Grund gedruckter Thesen promov. Verf.

ALBOLD, CHRISTOPHER ERNEST. De anilini salium vi physiologica. Berolini, 1866. 12mo. Diss.

Albon, Claude Camille François de, s.a. Albon, H.G.

Albon, Claude Camille François Cte d'

— [Discours, deutsch] Graf von Albon. Politische, historische und kritische Abhandlungen über die Regierungsform einiger Reiche und Staaten in Europa. Aus d. Franz. übers. Th. 1.2. — Stettin 1780–84. 1:Fa 24. 2.10597

—— Abriß der merkwürdigsten Begebenheiten, der Regierungsform, der Sitten, Gesetze und der Bevölkerung, wie auch von dem Zustande des Ackerbaues, des Handels, der Finanzen, Künste und Wissenschaften in England, Holland und der Schweitz (2: in den italienischen Staaten) von dem Grafen von Albon, Prinzen Yvetot. Aus d. Franz. übers. (1.2.) — Stettin: Kaffke 1784. 12:1 - Eur. 9; 2 - Ital. 7. 2.10598

d'Albon, Eug. Baron, vom Kaiser. Geleitwort v. Frhrn. v. Helfert. 1.—3. Aufl. (à VII, 168 S.) 8. Wien 909. M. Braunschweig. 2. 75

Albon, Eugen Baron d': Unsere Kaiserin. Titelblattzeichn. von Victor Hlana. — Wien: Szelinski 1890. 209 S. 1:Sb 4586. 300:82.236-B [u.] 37.860. 2.10599

— die Affaire Marschall. (60 S. m. 4 Taf.) Lex.-8. Ebd. 905. n. — 50

— Kronprinz Rudolf. Sein Leben und Wirken. — Wien: Szelinski 1889. 118 S. 1:Sb 4591. 12:Biogr. 1015 cm. 300:81.312-B [u.] 37.670. 5. 2.10600

— So ist unser Kaiser! Kleine Züge und Episoden aus dem Leben Sr. Majestät des Kaisers und Königs Franz Josef I. Wien: Szelinski 1890. 117 S. 1:Sb 4574. 300:82.104-B [u.] 37.859. 2.10601

—— So ist unser Kaiser! Kleine Züge und Episoden aus dem Leben des Kaisers und Königs Franz Josef I. 2. Aufl. — Ebd. 1907. 117 S. 300:449.467-B. 2.10602

Albon, Eugen Freiherr d' (Red.), s. Staatsbeamtenzeitung, Österreichische.

d'Albon, Eug. Baron, s.: Im Zeichen der Myrte.

Albon, H.G., s.a. Albon, Claude Camille François de

Albon, Graf H. G., polit., histor. u. kritische Abhandll. u. Beobachtt. über d. Regierungsform einiger Reiche u. Staaten von Europa. 2 Bde. gr. 8. Berlin 780—84. (Nicolai). 2 ℛ 16 ℊ (Auch u. d. T.: Abriß, neuester, d. merkwürdigsten Begebenheiten, d. Regierungsform ꝛc. in England, Holland, Schweiz u. d. Italien. Staaten.)

— Discours sur l'Italie. 8. Bern 791. Typogr. Soc. 22 ℊ

— Discours politiq. hist. et critiq. sur quelques Gouvernements de l'Europe. II Voll. gr. 8. Basel 779—82. Flick. (Neukirch). 2 ₰

Albonico, Jh. Hnr., nützl. Bemerkk. für Garten- u. Blumenfreunde. 9 Hefte, mit 8 Kpf. 8. Leipz. 795—800. Gr. Fleischer. à 6 ℊ 2 ₰ 6 ℊ (auch Central-Compt.) 2 ₰ 6 ℊ

Alboran. Prag 1898. V: *Ludwig Salvator Erzherz. v. Österreich.* (Berl) (Gk)

Albornoz, Cardinal, s. Wurm, Herm. Jos.

Alboth, Joh., Singen u. Ringen. Ausgew. Gedichte. 8. (III, 84 S.) Zürich 896. Verl. v. Stern's „Literar. Bulletin der Schweiz". n. 1. —

Albracht, C., vier Predigten. Ein Denkmal für die Gemeinde Mengeringhausen. gr. 8. (48 S.) Arolsen 846, (Speyer.)

Albracht, C., vier Predigten. Ein Denkmal für die Gemeinde Mengeringhausen. Arolsen 856. Speyer in Comm. 8. (48 S.) 6 ngl.

Albracht, F., De Themistoclis Plutarchei fontibus. Diss. 1878. 78 S. 1.50

Albracht, Franz Kampf und Kampfschilderung bei Homer. Ein Beitrag zu den Kriegsaltertümern. 4 (52 S.).
Progr. Landessch. *Pforta* 1886

Albracht, Frz., Kampf u. Kampfschilderung bei Homer. Ein Beitrag zu den Kriegsalterthümern. 4. (52 S.) Pforta 886. (Naumburg, Domrich.) n. 1. —

Albracht, *Franz* [Dir. Prof. Dr.]: Kampf und Kampfschilderung bei Homer. II. Tl. (Forts. d. P-Beil. Pforta 1886.) *Naumburg a. S., Druck v. H. Sieling, 1895;* 1 Bl., 25 S. 4.
Naumburg a. S., Dom-G, OP 1895 (246)

Albracht, Kurt, Assistent an d. chir. Universitätspoliklinik im Krankenhaus St. Jakob: Ein Fall von Rankenneurom am oberen Augenlid. Leipzig 1906: B. Georgi. (30 S.) 8°
Leipzig, Med. Fak., Ref. Trendelenburg, Diss. v. 17. Dez. 1906
[Geb. 25. Apr. 81 Schulpforta; Wohnort: Leipzig; Staatsangeh.: Preußen; Vorbildung: Domgymn. Naumburg a. S. Reife O. 99; Studium: Tübingen 3, Leipzig 1, Tübingen 1, Berlin 1, Leipzig 5 S.; Coll. 21. Dez. 06; Approb. 19. Juli 04.]

Albrand, Sehproben. gr. 4. (4 Taf. m. 1 Bl. Text.) Leipzig 893. H. Hartung & Sohn. In Mappe. n. 3. 20

— experimentelle Studie üb. galvanolytische-kataphorische Einwirkungen auf das Auge, s.: Schoelor.

Albrand, Ed., das Soolbad zu Sülz, nebst Anleitung zu dessen Gebrauch. Mit einem Vorworte von A. L. Koch. gr. 16. (Mit 1 Abbild.) Parchim 846, Hinstorff'sche Hofbuchh. n. 1/3 ₰

Albrand, Eduard [aus Bremen]: Über Gefässreflexe. (Aus d. pharmakolog. Institut.) ... Herford, Buchdr. Gebr. Heidemann, 1886; 13 S. 8°.
Würzburg. Med. Fak., Inaug.-Diss. v. 1886.

Albrand, Eduard, über Gefässreflexe. (Aus d. pharmakolog. Institut.) Diss. Würzburg 1886, Stahelsche Univ.-Buchh. 8°. 13 S.

Albrand, K. W., kurzgefaßte Anleit. zum richtigen u. guten Ausdruck d. latein. Sprache. 8. Rostock 819.

Albrand, Max, a. Cassel: Die Anlage der Zwischenniere bei den Urodelen. Marburg 1907 (Cassel: A. Hartmann). (53 S.) 8° ¶ (Erscheint mit d. zugehörigen Tafeln u. Textfig. in: Archiv f. mikrosk. Anatomie u. Entwicklungsgeschichte.)
Marburg, Phil. Fak., Ref. Korschelt, Diss. v. 19. Nov. 1907
[Geb. 12. Aug. 79 Cassel; Wohnort: Cassel; Staatsangeh.: Preußen; Vorbildung: Wilhelms-Gymn. Cassel bis Unterprima 99; Studium: Berlin 9, Marburg 3 S.; Rig. 5. Dez. 06.]

Albrand, Walt., die Kostordnung an Heil- u. Pflege-Anstalten. Zum Gebrauch f. Ärzte, Verwaltungsbeamte etc. zusammengest. 8. (79 S.) Leipzig 903. H. Hartung & Sohn. n. 1. 80

Albrand, W.: Die Kostordng. an Heil-u. Pflege-Anst. (79) 8°.– Lpzg. 1903, Würzbg., A.Stuber's V.

Albrand, Walt., d. Kostordnung an Heil- u. Pflegeanstalten. 903. (KBL 31) Jetzt: Würzburg, C. Kabitzsch.

Albrand, Walter: Das Verhalten der Pupille im Tode. Ein Beitrag zur Kenntnis d. mortalen Augenveränderungen. Von Walter Albrand u. Heinrich Schröder. Mit 3 Tab. u. 2 Fig. — Halle: Marhold 1905 (–06). 214 S.
1: Km 2340. 12: Anat. 30 pe. 3. 8.
2.10642

Albrand, Walther: Erfahrungen über das Tuberculin aus der Professor Schöler'schen Augenklinik in Berlin. ... (Aus: „Klin. Monatsbl. f. Augenheilk." Mai-Heft 1891.) *Stuttgart,* 1891: 1 Bl., 23 S. 8°
Rostock, Med. Fak., Inaug.-Diss. v. [26. Mai] 1891

Albrecht [Sachliches OW]

— Achilles, Marggr. v. Brandenb. Schsp. v. Grauseneck. 8. Bayr. Lübeck. 796.

Albrecht Alcibiades von Brandenburg-Kulmbach, Markgraf. Ein deutsches Trauerspiel. Strassburg 1905. V: *Martin, Ernst.* (Berlzu 1920, S. 835)

Albrecht Alcibiades, Markgraf v. Brandenburg-Kulmbach. Ein deutsches Trauerspiel. Mit dem Bildnisse des Markgrafen. (64 S.) Lex.-8. Straßburg 905. J. H. E. Heitz. n. 1. 50

Albrecht d. ält., Markgrafen zu Brandenburg, s. Albrechts, des ält. Markgr. zu Brandenb.

Albrecht der Beherzte, Herzog v. Sachsen, s. Sperling, Osk.

Markgraf Albrecht [Alcibiades] zu Brandenburg-Culmbach. — Berlin 1838: Sittenfeld. 18 S. 3.
2.10643

Albrecht der Erste u. Friedrich d. Schöne. Sehr angenehme u. höchst interessante Erzählungen u. Gedichte f. d. gebildete Jugend. Aus d. Jugendfreunde. gr. 12. (6½ B., Ttlbild. u. Ttlvign.) Wien 844, Grund. (Leipzig, Fr. Fleischer.)

Albrecht, Erzbischof von Magdeburg, s. Hartung, J.

Albrecht, unser Feldmarschall Erzherzog. E. Heldenlaufbahn u. ihre letzte Ehrg [Aus: „Reichswehr".] 2. Aufl. 8. (40 S. m. Bildn.) Wien 895. Verlagsanstalt „Reichswehr". — 60

Albrecht der Friedländer. Hochverräther durch Kabale; Halb-Geschichte einer misslungenen Revolution des siebzehnten Jahrhunderts; Halb-Roman. Leipzig 1793. V: *Rebmann, Andreas Georg Friedrich.* (Ky) (MGT) 1794. (BrMm)

Albrecht, d. Friedländer, Hochverräther durch Cabale, (v. G. A. F. Rebmann). 8. Gera 794. Heinsius. 14 ℊ

Frau Hermine Albrecht zur Erinnerung an die Gastspiele in Czernowitz 1882. Czernowitz: Eckhardt 1884.

Albrecht, Herzog v. Preussen. Biogr. Skizze, s. Lohmeyer, Karl.

Johanne Rosine Albrecht und Jacob Petrick. Nach den gegen sie ergangenen Criminal-Acten. Hrsg. im Auftr. d. Behörde zum Besten d. Albrechtschen Kinder. — Dresden: Blochmann 1837. 15 S. 1: 4° Fy 7898.
2.10644

Prinz Albrecht (v. Preussen) in Königsberg. Ein Erinnerungsblatt an die Tage vom 5. bis 10. Sept. 1887. — Königsberg: Hartung [1887]. 47 S. 1:Sz 7902. 10.
2.10645

— d. Krieger, Marggraf zu Brandenburg, v. von Maver. 8. Erl. Palm. 792.

Albrecht, Landgraf von Thüringen, Markgraf zu Meißen, der Lausitz und Osterland. Ein historisch-romantisches Gemälde aus dem Mittelalter (von Wilh. v. Gersdorf). 8. Bautzen 837. Reichel. 1 ß

(Albrecht. Erzherzog A' von Oestreich.) Njbl. s. [Escher, Heinrich I].

Albrecht, Prinz v. Preußen. Prinz Friedrich Heinrich Albrecht v. Preußen, geb. z. Königsberg i/Pr. 4. Oktbr. 1809, gest. zu Berlin 14. Oktbr. 1872. Beitr. z. d. Erinnergn. 1870/71. (Von Heinr. v. Hagen.) [A.: „Militärwochenbl."] gr. 8. (32 S.) Berlin 896. E. S. Mittler & Sohn. n. — 60

Albrecht, Prinz v. Preussen. Prinz Friedrich Heinrich Albrecht v. Preussen, geb. 1809, gest. 1872. Beitrag zu d. Erinnergn. 1870/1871. (Von H. v. Hagen.) 8°(32).– Berl. 1896, E.S. Mittler & S.
2.Aufl. s. a. d. T.: Friedrich Heinrich Albrecht v. Preussen.

— u. Sophie, romant. Dichtungen. 8. Hamb. (Herold jun.) 8 ℛ

Albrecht, Kaiser, Tod. Trsp. v. Crauer. 8. Basel, Thurneisen. 780.

Albrecht von Waldsee, Ritter. Eine Sage der Vorzeit. Vom Verfasser der Sagen der oesterreichischen Vorzeit. Wien 1800. 8°. V: *Schwaldopler, Johann.* (EB)

— d. Weise u. s. Brüder, Erzherzöge v. Oesterreich. 2 Thle. 8. Lpz. Jacobäer. 793.

— der Weise u. seine Brüder, (v. Gli. H. Heinse). 8. Lpz. 793. N. A. 816. (Aue in Altona). 1 ß

Albrecht der Weise und seine Brüder. Leipzig 1793. Hohenzollern [Wien] N. A. 1816. V: *Heinse, Gottlob Heinrich.* (Wr) (MGT)

Albrecht der Weise u. seine Brüder, Erzherzöge v. Oesterreich. Neue unveränd. Ausg. 8. Leipzig, Jacobäer. 816.

Albrecht II. römischer König, s. Altmann, Wilhelm.

Albrecht [persönlicher Name]

Albrecht von Halberstadt, s.: Bibliothek der gesammten deutschen National-Literatur.

Albrecht von Kemenaten, Dietrichs Abenteuer, — Dietrich u. Wenezlan, s. Heldenbuch, deutsches.

Albrecht von Kemenaten: Dietrichs Abenteuer von Albrecht von Kemenaten, nebst den Bruchstücken von Dietrich und Wenezlan, hrsg. von Julius Zupitza. — Berlin: Weidmann 1870. LIV,296 S. (Deutsches Heldenbuch. 5.)
1:Yf 7656-5. 12: P. o. germ. 597h-5. 300: 161.069-B.
Bd 5. 2. 3. 4. 5. 6. 7. 8. 9. 10. 11. 102.
2.10648

Albrecht Erzbischof v. Magdeburg s. *Albrecht* Erzbischof v. Mainz.

Albrecht Erzbischof von Mainz

— Ablassbulle ertheilt von Cardinal Albert von Brandenburg dem Weisfrauenkloster nebst Beitrag zu einer Geschichte d. Ablassertheilungen in Frankf. a. M. und der Siegel Alberts von [Benedikt Jakob] Römer-Büchner. — Frankfurt a.M. 1854: Adelmann. 23 S.
Aus: Archiv für Frankfurts Geschichte und Kunst.
1: 4° Ce 9320.
2.10649

Albrecht, Erzherzog von Österreich

(**Albrecht,** Erzherzog.) Gedanken über den militärischen Geist. 2. Auflage. 8 Wien 1869.

(**Albrecht,** Erzherzog von Oesterreich, k. k. Feldmarschall.) Das Jahr 1870 und die Wehrkraft der Monarchie. (Mit 1 Beilage in 5 Blättern.) 8. Wien 1870.

Albrecht, Erzherzog, s.a. Randbemerkungen d. Erzherzogs Albrecht üb. d. Schlacht v. Solferino.

Randbemerkungen des Erzherzogs **Albrecht** [von Oesterreich] über die Schlacht von Solferino. Mitget. von FML. E. v. K. Wien: 'Danzer's Armee-Zeitung' (1909). 28 S. 8°
Erschien zuerst in 'Danzer's Armee-Zeitung' v. 10. Juni 1909. 109. 11699

(**Albrecht,** Erzherzog v. Oesterreich, k. k. Feldmarschall.) Ueber die Verantwortlichkeit im Kriege. 8. Wien 1869.
— — Zweite Auflage. 8. Wien 1870.

(**Albrecht,** Erzherzog von Oesterreich, k. k. Feldmarschall.) Wie soll Oesterreich's Heer organisirt sein? Allen Patrioten Gesammt-Oesterreich's gewidmet vom Verfasser. gr. 8. Wien 1868.

Albrecht, Herzog von Preußen

Die Bekenntnisschriften des Herzogs Abrecht [!] [**Albrecht**] von Preussen von Friedrich Spitta. Leipzig: Heinsius 1909. 155 S. 8°
(Archiv f. Reformationsgeschichte. Jg. 6, H. 1.) 109. 1316

Albrecht von Preussen. Briefwechsel der berühmtesten Gelehrten des Zeitalters der Reformation mit Herzog ..... (1527—1568). — Königsberg 1844.

— Aus Herzog Albrechts von Preußen Briefwechsel mit Schlesien. Von [Theodor] Wotschke. — Liegnitz 1908: Heinze. 31 S.
Aus: Correspondenzblatt d. Vereins für Geschichte d. evang. Kirche Schlesiens.
2. 10.
2.10678

Albrecht Herzog in Preussen: Die Einleitung zur Kriegsordnung des Markgrafen Albrecht..., s. Albrecht: Kriegsordnung.

— Aus der Correspondenz [Korrespondenz] Herzog Albrechts von Preussen mit dem Herzog Christoph von Wirtemberg. Eine Festgabe zur 400jähr. Jubelfeier der Univ. Tübingen von Theodor F. A. Wichert. — Königsberg i. Pr.: Akad. Buchh. 1877. 20 S.
1:Sz 1896. 300: 178.437-C. 7. 10.
2.10684

— [Kriegsordnung, Ausz.] Die Einleitung zur Kriegsordnung des Markgrafen Albrecht des Ersten von Brandenburg, Herzogs in Preußen. Hrsg. von Gottlieb Friedlaender. — Berlin 1845: Schade. 12 S.
Aus: Zeitschrift für Kunst, Wissenschaft u. Geschichte d. Krieges. 1845.
1:Yh 2841. 4.
2.10686

Albrecht Herzog in Preussen, 1490-1568: [Kriegsordnung, poln.] Alberti Marchionis Brandenburgensis Ducis Prussiae Libri de arte militari, mandato ... Regis Poloniae Sigismundi Augusti scripti, nunc primum e codice authentico Principis Palatini Adami Czartoryski cura et sumptibus Bibliothecae Polonicae ed. — (Berolini: Behr;) Lutetiae Par. 1858: Martinet. VII,LXXII S.
1: 2° Hu 10980. 12: 2° Sc. mil. 1. 300: 39.661-D. 10.
2.10685

Albrecht, Prinz von Preußen

— VII. Internationaler Geographen-Kongress. Ansprache des Protektors des Kongresses Seiner Königlichen Hoheit des Regenten von Braunschweig, Prinz Albrecht von Preussen. — [Berlin 1899.] 1 Bl.
1: 8 in 4° Po 2545.
2.10699

[—] Im Kaukasus. 1862. [Text nebst Taf.] — (Berlin 1865: Hayn.)
1: Text = 4° Libr. impr. rar. 238; Taf. – gr. 2° Libr. impr. rar. 554. 12: 2° H. As. 274. 2. 5.
2.10700

Albrecht v. Scharfenberg, Merlin u. Seifrid de Ardemont, in der Bearbeitg. Ulrich Füetrers hrsg. v. Frdr. Panzer, s.: Bibliothek des litterarischen Vereins in Stuttgart. 227.

Albrecht III. Achilles Kurfürst v. Brandenburg, 1414-1486: Das funfft merckisch Buech [Buch] des Churfuersten Albrecht Achilles. Hrsg. von C[arl] A[ugust] H[ugo] Burkhardt. — Jena: Deistung 1857. IV,288 S. (Quellensammlung zur Geschichte des Hauses Hohenzollern. 1.)
1: St 3706–1. 12: Bor. 411–1. 300: 173.856–B. Bd 1. 3. 4. 6. 7. 9. 10. 11.
2.10720

— Das Kaiserliche Buch des Markgrafen Albrecht Achilles. Kurfürstliche Periode von 1470–1486. Mit e. aus Archivalien des Plassenburger Haus- und Staats-Archivs bearb. Commentare, als Beitrag zur Charakteristik dieses Fürsten hrsg. von Julius von Minutoli. Nebst 3 lithogr. Beil. — Berlin: Schneider 1850. XXXI,535 S.
1: Ti 7232. 12: Bor. 7fn [u.ö.] 300: 9.697–B. 2. 3. 4. 5. 6. 7. 8. 9. 10. 11.
2.10721

Albrecht III. Achilles Kurfürst v. Brandenburg, 1414-1486: Das kaiserliche Buch des Markgrafen Albrecht Achilles. Vorkurfürstliche Periode 1440–1470. Aus dem ehemals hohenzollerischen Archive der Plassenburg hrsg. von Constantin Höfler. Mit e. historischen Commentare. — Bayreuth: Buchner 1850. XX,219 S. (Quellensammlung für fränkische Geschichte. 2.)
1: Sf 5373–2. 12: Bavar. 1260h–2 [u.ö.] 300: 9.610–B. 2. 3. 4. 5. 6. 7. 8. 9. 10. 11.
2.10722

[F.] Politische Correspondenz des Kurfürsten **Albrecht** Achilles [v. Brandenburg]. Hrsg. u. erläut. v. Felix Priebatsch. Veranl. u. unterstützt durch d. K. Archiv-Verwaltg. Bd 1—3. *Leipzig: S. Hirzel 1894—98.* 3 Bde 8.
1. 1470—1474. 1894. (XII, 830 S.)
2. 1475—1480. 1897. (X, 744 S.)
3. 1481—1486. (Schluss.) 1898. (XII, 638 S.)
= **Publicationen** aus d. K. Preuss. Staatsarchiven. Bd 59. 67. 71. [98.10310]

Albrecht Anton Graf zu Schwarzburg

— Erneuerte Gerichts- und Process-Ordnung Albrecht Anthons ... Grafens zu Schwartzburg und Hohnstein ..., wornach in Seiner Hoch-Gräfl. Gnaden sämmtl. Landen u. Herrschafften bey Verführung derer Gerichts-Händel sich zu achten, publ. A. 1704. — Rudolstadt (1704): Urban. 216 S. 1: Gq 7768. 2. 4. 5. 7.
2.10751

— Albrecht Anthons ... Grafen zu Schwartzburg ... Holtz- und Forst-Ordnung, wornach sich in dero Untern Grafschafft, Franckenhausen, jedermänniglich zu achten. — Rudolstadt 1701. 16 Bl. 4° 3.
2.10752

Albrecht Wolfgang Graf zu Schaumburg-Lippe: Glaubens-Bekäntniss [Glaubensbekenntnis] ... zum Druck befördert von Johan Arnold Noltenio [Noltenius]. — Herborn (1712). 24 S. 2° 4.
2.10756

(—) Stifftungs- und Fundations-Patent über das, von Ihro Hochgräfl. Excellenz, der verwittweten Frau Gräfin von Schaumburg Lippe, gebohrne Gräfin von Hohenlohe, &c. &c. zu Stadthagen neu-anzulegende Wäysen-Hauß. — Rinteln 1738: Enax. 6 Bl. 2° 4.
2.10757

Albrecht [Familienname]

Albrecht, s.a. A l b r e c h t , Christian

Albrecht, s.a. A l b r e c h t , J.C.

Albrecht, s.a. A l b r e c h t , Johann Friedrich Ernst

Albrecht, s.a. A l b r e c h t , Karl

Albrecht, s.a. A l b r e c h t , Paul

Albrecht, s.a. A l b r e c h t , Wilhelm

Albrecht, Hauptm., die k. bayer. Armee (in Tabellenforma.). München 1872. 8.

Albrecht, Der Aufruf an die Frauenwelt 1842. (Adler.)

— d. Ausbildung d. Eventualprinzips im gem. Civilprozess. Marburg 837.

Albrecht, allgemeine Bauordnung f. Städte u. Landgemeinden. Zum Gebrauch f. Behörden u. Beamten bei der Ausarbeitg. neuer Lokalbauordngn. u. bei der Beurtheilgn. v. Anlagen u. Einrichtgn., besonders solchen zu gewerbl. Zwecken, f. welche die besteh. Bauordngn. nicht genüg. Bestimmgn. enthalten, entworfen. gr. 8. (66 S.) Hannover 877. Helwing's Verl. n. 1. —

Albrecht (Kabinetsrat). Brief betreffend den Neubau der Pepinière 1817. (Handschr.) Im Glasschrank.

Albrecht, Stadtrat, Königsberg. 1821: Darstellungen aus dem eilfjährigen Geschäftsleben des Stadtraths Albrecht zu Königsberg in Preussen. Zur Berichtigung des öffentlichen Urtheils von ihm selbst hrsg. — Berlin 1821: Schade. VI, 77 S. 10.
2.10758

Albrecht: Drakon als Gesetzgeber, s. A l b r e c h t , J.B.

Albrecht, de effectib. musices in corp. animal. 8. Lips.

Albrecht, Erklar. der Litaney in Predigten. 4. Kopenh.

Albrecht: d. Exceptionen d. gem. teutschen Civilproc., s. A l b r e c h t , Josef Ambrosius Michael

Albrecht, Formen u. Inhalt gültiger Testamente. Erläutert. 4. Aufl. Leipzig 900.

Albrecht, Geburtshilfe beim Pferde, s.: **Handbuch der tierärztlichen Chirurgie u. Geburtshilfe.** VII, 2.

Albrecht, Commendar., Gedächtniss-Predigt auf das Absterben Friedrich des Zweiten Königs von Preussen. Stargard 1786. 8.

Albrecht, Gesch. d. Reichs-Münzstätten. Heilbronn 855.

Albrecht, Gewere. Königsberg 828.

— Herausforderung der Priesterwelt 1843. (Adler.)

Albrecht: Die Homöopathie v. d. Standpunkte des Rechts u. der Medicinalpolizei beleuchtet. *Dresden*, Arnold. 829. gr. 8. (14 Gr.)

Albrecht, Katechismus-Fragen f. d. Hand d. Schüler. A. Gr. d. „Katechesen üb. d. kl. Katechismus Luthers" bearb. 8. (IV, 70 S.) Güstrow 896. Opitz & Co. n. — 50

Albrecht, deutsches Lehrbuch für Sekundarschulen. Enthaltend: Briefe, Geschäftsaufsätze und den mündlichen Vortrag. St. Gallen, 862. (Huber & Co.) gr. 8. (X, 202 S.) n. 20 ngr.

Albrecht (I.), die erste und wichtigste Lesestufe, s. Lesestufe.

Albrecht. 1848: Das Lied von der Turnerfeuerwehr. Eine zeitgemäße Bereicherung der Schiller'schen Glocke. Preisgekrönter Vortrag, gehalten beim Sommerfest der Leipziger Turnerfeuerwehr und dem Freiherrn von Cotta zu weislicher Benützung für spätere Auflagen des Schiller gewidmet vom Verf. (d. i. Albrecht). — Leipzig [um 1848]: Wiede. 8 S. 1: Ym 3595/160.
2.10759

Albrecht, Thomas Murners Mühle von Schwindelsheim, s. XVIII. Bd. 2. Abthl. S. 664: Studien, Strassburger, 2. Bd.

(**Albrecht.**) Der Neutralitätskrieg der Dänen i. J. 1801. 8. Hamburg u. Leipzig 1801. 1,25.

Albrecht, Ränke u. Schwänke, s.: Album f. Liebhabertheater. 5. Hft.

Rede gehalten in der allgemeinen Trauer-Loge [der Gr. Nat. Mutterloge zu den 3 Weltkugeln] am 2. November 1868 vom Br. Albrecht. [Berlin 1868: Ihring.] 1 Bl. 4°. [Kopftit.]

ALBRECHT, Scherz und Ernst in Versen. 1841. 8°. 274 S. Auf Schreibpap. (1 Mk. Rich. Härtel, Plauen, c. 1903.)
Enth. e. grosse Anzahl sächs., besonders Dresdener Gelegenheitsgedichte.

Albrecht, : Der römische Senat. 17 S.
Progr. Wien Th. 1852

Albrecht. Ueber die Siege der französ. Republik 1792—1799. 4. Hildesheim 1870.

Albrecht, Spruchsammlung f. kleine Kinder. Zunächst als Anh. zur Hand- u. Bilderfibel. 12. (12 S.) Guben 852, Berger in Comm. 3 Expl. n. 1 ngr.

Albrecht, Frau, s.: Stunden, heitere.

Albrecht, s.: Tafel körperlicher Übungen f. Schule u. Haus.

— erster Unterr. im Lesen. mit Kpf. Lpz. 800. (W. Nauck). 8 gr

— erster Unterr. im Lesen. mit K. Leipz. Sommer. 800.

Albrecht, zur Verminderung u. Ausgleichung der Hochwasserschäden. gr. 8. (24 S.) Posen 883. (Rehfeld.) n. — 60

Albrecht, Verordnungen u. Ergänzungen, betr. d. Rangverhältnisse, Tagegelder, Fuhrkosten u Umzugskosten der Reichsbeamten etc. 4. Aufl. v. **Becker** u. **Hoffmann**. Berlin 889.

Albrecht, Verordngn. üb. Rangverhältn., Diäten etc. 3. Aufl. Meseritz 874.

Albrecht, Warum muß heute der landwirtschaftliche Betrieb gegen früher ein anderer sein und welche Mittel stehen den Landwirten zu Gebote zur Änderung und Verbesserung ihrer Wirtschaft. München, 1906.

– Die Wiederherstellung des REiches Zion. 1842 (Adler.)

– Das baldige Wiedersehen am Altar der Freiheit. (Festgedichte.) 1842. (Adler.)

Albrecht, Wohnungsnot in den Grossstädten u. Mittel zu ihrer Abhülfe. München 891.

Albrecht (Hrsg.), s. Z e i t s c h r i f t, Deutsche, für Tiermedizin und vergleichende Pathologie.

— Das Ziel im Rosenlichte, eine Mahnung an die Wilhelm Tells unserer Zeit. 1842. (Adler.)

Albrecht, A., *s. a.* *Albrecht*, August.

Albrecht, A. Abriss und Beschreibung eines Instruments zum Feldmessen. Nürnberg 1673. 4. Auch 1771.

Albrecht, A., Abriß e. römischen Litteraturgeschichte, s: Universal-Bibliothek.

Albrecht, A., der Geschäftsvermittler in Grundstückskauf-, Hypotheken- u. Heiraths-Angelegenheiten, sowie der Auctionator u. Taxator. Eine Zusammenstellg. der bezügl. Gesetze, Verordngn. u. Entscheidgn. der obersten Gerichts- u. Verwaltungs-Behörden, nebst Formularen u. Tarifen. Hrsg. v. G. F r e u d e n s t e i n. gr. 4. (II, 68 S.) Eisleben 888. M. Gräfenhan. n. 2. —

Albrecht, A., Katechesen üb. d. kl. Katechismus Luthers im engen Anschl. an d. mecklenburg. Landeskatechismus. 2 Tle. 8°.– Güstr., Opitz & Co.

Albrecht, A.: Katechismus-Fragen f. d. Hand d. Schüler. Auf Grund d. „Katechesen üb. d. kl. Katechismus Luthers" bearb. 8°(70).– Güstr. 1896, Opitz & Co.

A l b r e c h t, A. Das englische Kindertheater. Diss. Halle 1883. 56 S.

Albrecht, A. (Resp.): Obs.binae de asthmate singulari..., s. V o g e l, Rud. Aug. (Praes.)

Albrecht, A., Sprache u. Muttersprache. Ein Mahnwort an d. Rechtschreibungsneuerer in uns. deut. Sprache. 8°(41).– Halle 1893, C.A.Kaemmerer & Co.

Albrecht, A. G. (Resp.): De morbis cerebri..., s. B ü c h n e r, Andr. El. (Praes.)

Albrecht, A. H., der Fall Jerusalems. Fürs evangel. Volk. Heidelberg 868. C. Winter. 8. (VII, 202 S.) n. 12 ngr.

A l b r e c h t, A. H., der Fall Jerusalems. Fürs evangel. Volk dargestellt. 2. (Titel-)Ausg. 8. (VII, 202 S.) Heidelberg 883, A. C. Winter's Universitäts-Buchh. cart. *

Albrecht, A. W. A.
Pseud.: Sincerus Bibliophilus

Albrecht, A. W. A., der Aussatz deutscher Nation in unserer Zeit. Eine Zeitpredigt, gehalt. am 14. Sonnt. n. Trin. 1848 in Neuhaldensleben. 8. (8 S.) Neuhaldensleben 848, Eyraud. n. 1 ngl

— Sinc. Bibliophilus. Dritter B r i e f an die Leser der „Blätter für christliche Erbauung von protestantischen Freunden". Oder: Der fliegende Brief des Sacharja, 20 Ellen lang und 10 Ellen breit, ein antichristlicher Landstreicher. — Magdeburg: Inkermann 1843. 27 S.
1:15 in Dn 4306. 12:Polem. 1910 xc/1,3. 8.
2.10762

— Sinc. Bibliophilus. Erster B r i e f an die Leser der „Blätter für christliche Erbauung von protestantischen Freunden". Oder: Biblisch-philosophischer Beweis für die wahre Gottheit Christi. Eine Weihnachtsgabe. — Magdeburg: Inkermann 1843. 16 S.
1:30 in Dn 4306. 12:Polem. 1910 xc/1,1.
2.10763

— Sinc. Bibliophilus. Fünfter B r i e f an die Leser der „Blätter für christliche Erbauung von protestantischen Freunden". Oder: Erbauliche Leichenrede auf den lebendigtodten Rationalismus. — Magdeburg: Inkermann 1843. 28 S.
1:13 in Dn 4306. 12:Polem. 1910 xc/1,5. 8.
2.10764

— Sinc. Bibliophilus. Vierter B r i e f an die Leser der „Blätter für christliche Erbauung von protestantischen Freunden". Oder: Das Verhältniß der Vernunft zur Bibel. Eine Präp. zur Pfingstmittwoch 1843 in Köthen. — Magdeburg: Inkermann 1843. 30 S.
1:14 in Dn 4306. 12:Polem. 1910 xc/1,4. 8.
2.10765

— Sinc. Bibliophilus. Zweiter B r i e f an die Leser der „Blätter für christliche Erbauung von protestantischen Freunden". Oder: Bündiger Beweis, daß die Verf. obiger Blätter, indem sie Luthern einen Zeugen der Wahrheit nennen, sich selbst für Irrlehrer erklären. — Magdeburg: Inkermann 1843. 24 S.
1:16 in Dn 4306. 12:Polem. 1910 xc/1,2. 8.
2.10766

[—] Die vier ersten G e g e n - K ö n i g e, oder der blinde Feuerlärm des Anti-Bretschneider ... Zurechtgewiesen von A.B.C. Nebst einem Schlußworte an d. protestantischen Freunde. — Magdeburg: Baensch 1844. 58 S.
1:8 in Dn 4306ᵃ. 12:Polem 1910 xc/8. 2. 8.
2.10767

— die Hirten bei Bethlehem, unsere Führer durch's Weihnachtsfest. Eine Predigt, am 2. Weihnachts-Feiertage des J. 1849 über das Evangelium Ev. Luc. 2, 15—21 gehalten. gr. 8. (12 S.) Ebd. 850. 1½ ngl

— Sincerus Bibliophilus. Die gefährliche M o t t o - B a t t e r i e. Oder: Specielle Abfertigung zweier intimer Freunde u. kecken Vertheidiger des lebendigtodten Rationalismus. — Magdeburg: Falckenberg 1843. 85 S.
1:19 in Dn 4480–1. 12:Polem. 1910 xc/2. 8.
2.10768

Albrechr, A. W. A., Predigt u. Abendmahls-Vorbereitung über Lucas 13, 1—9. am 22. Sonnt. nach Trinitatis 1844 zur Feier des Reformations-Festes in Neuhaldensleben gehalten. 8. Neuhaldensleben 844. (Eyraud.) n. 2 ngl

A l b r e c h t, A. W. A., Predigt, gehalten am 3. Aug. 1845. gr. 8. (½ B.) Neuhaldensleben 845, Evraud. Thlr.

—— R e d e, gesprochen bei d. ersten General-Versammlung d. Gustav-Adolph-Vereins in Neuhaldensleben am 25. Aug. 1844. gr. 8. (½ B.) Neuhaldensleben 844, Evraud.

— Die Leipziger R e l i g i o n s f r a g e: Wie dünkt euch um die Höllenfahrt Christi? verworfen von Herrn Nr. 56, beantwortet ... von Sincerus Bibliophilus. — Magdeburg: Falckenberg 1844. 80 S. 1:4 in Dn 4306ᵃ. 8. 8.
2.10771

— Vorlesung über die Entstehung, Ausbreitung u. Wirksamkeit des Gustav-Adolph-Vereins, gehalten in der 2. General-Versammlung d. Zweig-Vereins d. Gustav-Adolph-Stiftung in Neuhaldensleben am 6. Novbr. 1844. 8. Ebd. n. 1 nrl

Albrecht, Ad., Katechesen üb. den kleinen Katechismus Luthers im engen Anschluß an den mecklenburg. Landeskatechismus. 2 Tle. gr. 8. Güstrow, Opitz & Co. à n. 2. 50
1. Von den Vorbereitungsfragen bis zum anderen Artikel. (XI, 260 S.) 894.
2. Vom 3. Artikel bis zu Ende. (221 S.) 895.

Albrecht, Ad., Katechesen üb. den Katechismus Luthers im engen Anschluß an den mecklenburg. Landeskatechismus. 2., durchgearb. Aufl. 2 Tle. gr. 8. (XI, 261 u. 216 S.) Güstrow 900. Opitz & Co. à n. 2. 50

Aus meinem Briefe an den Vorstand des „Vereins Kinderfürsorge“ in Düsseldorf. [Unterz.:] Adolf **Albrecht.** [Als Hs. gedruckt. Dat.:] Heiligenstadt 1905. 11 S. 8° [Kopftit.]
Betr. die Gründung eines frmrischen Seehospizes.

Albrecht, Adolf, aus Brakel, Rgbz. Minden: Zur Entwicklungsgeschichte des Achsenskeletes der Teleostier. *Strassburg i. E. 1902: C. & J. Goeller.* (44 S.) 8°
Strassburg, Math.-naturw. Diss. v. 1902

Albrecht, Adf., durch Kampf zum Sieg, s. a. Heidelmann's, A., Theaterbibliothek.

Durch Kampf zum Sieg. Schauspiel aus d. Freiheitskampfe in 5 Akten von Adolf **Albrecht.** Bonn: A. Heidelmann [1905]. (70 S.) 8° [F.]
— Theaterbibliothek, A. Heidelmann's. H. 160. [Jul. 1904]

Die geheimnisvollen Logenbrüder. Original-Roman von Adolf Albrecht. Illustriert. Berlin: Verlagshaus für Volksliteratur und Kunst. o. J. 96 S. 8°.
(Roman-Perlen 95.)

Albrecht, Adf.: Auf d. Woge d. Glücks, s.: Roman-Perlen.

[**Albrecht,** Alexis]: * De Sophoclis Oedipi Regis chori cantico quarto commentatio critica et exegetica. 107 S. 4° (2°)
Halle-Wittenberg, Phil. Diss. v. 11. Aug. 1866
Geb. [Köthen 22. 5. 1843]

Albrecht, Alexis, Sprache u. Muttersprache. Ein Mahnwort an die Rechtschreibungsneuerer in unserer deutschen Sprache. 8. (41 S.) Halle a/S. 893. C. A. Kaemmerer & Co. n. — 60

Albrecht, Alfred, Assistenzarzt am Krankenh. d. Elisabethinerinnen zu Breslau: Aus d. Krankenhause d. Elisabethinerinnen zu Breslau. Casuistische Beiträge zur Differentialdiagnose zwischen den Genital- und den Abdominaltumoren des Weibes. *Breslau 1904: Bresl. Genoss.-Buchdr.* (40 S.) 8°
Gießen, Med. Diss. v. 1904

Albrecht, Aemil. (geb. Wreschen 17. 5. 1856): De Lysiae oratione vigesima. Berolini 1878. (63 S.) 8°
Berlin, Phil. Diss. v. 23. März 1878

Albrecht, Anton Hermann [Wirkl. Name] s. a. *Hermann,* Anton. 1872.

Albrecht, Ant. Herm., der Fall Jerusalems. Fürs evangel. Volk. 8. (VII, 202 S.) Heidelberg 868, C. Winter's Universitäts-Buchh. *

Albrecht, August, a. Würzburg: Ueber die Beteiligung von Hefen und Bakterien an der Säurebildung im Teige. Würzburg 1904: Fränkische Gesellschaftsdruckerei. (27 S.) 8°
Würzburg, Med. Fak., Ref. Lehmann, Diss. v. 9. Febr. 1905
[Geb. 28. Febr. 79 Würzburg; Wohnort: Würzburg; Staatsangeh.: Bayern; Vorbildung: Gymn. Münnerstadt Reife Juli 99; Studium: Würzburg 5, Berlin 1, Würzburg 3 S.; Coll. 2. Dez. 04; Approb. 31. Aug. 04.]

Albrecht, Aug., neuer Deutsch-Franzos. Enth.: Kurze Gespräche, Redensarten, Germanismen, Gallicismen u. Synonymen. Behufs d. Fortbildung in d. franz. Sprache herausg. — Bevorw. von E. J. Hauschild. 16. (VIII u. 126 S.) Leipzig 847, H. Fritzsche. 1/3 ₰

Albrecht, Aug., neuer Deutsch-Franzos. Enthalt. Wörtersammlung, kurze Gespräche, Redensarten, Germanismen ꝛc. 2. durchweg verb. u. verm. Ausg. Leipzig, 860. H. Fritzsche. 16. (IV, 164 S.) 7½ ngr.; cart. 10 ngr.

Albrecht, A., neuer Deutsch-Franzos, 2. Ausg. 16°(164).– Lpzg. 1860, Kessler.

— der Engl. Dolmetscher, oder gründl. Belehrung, die engl. Sprache nach einer leichtfaßl. u. schnellen Methode ohne Lehrer zu erlernen. Ein Hilfsbuch f. Auswanderer nach Amerika. 16. (128 S.) Leipzig 849, Matthes. 1/3 ₰ — 2. Aufl. 16. (128 S.) Ebd. 850. 1/3 ₰ — Ein Hilfsbuch f. Auswanderer nach Amerika u. Australien. 3. Aufl., durchgesehen u. um die Hälfte verm. v. A. O. Eden. 16. (220 S.) Ebd. 851. 12 ngr — 4. Aufl. m. den Vermehrgn. v. A. O. Eden. 16. (238 S.) Ebd. 852. 12 ngr

— englischer Dolmetscher, oder gründliche Belehrung, die englische Sprache nach einer leichtfaßlichen und schnellen Methode ohne Lehrer zu erlernen. Nebst einem Anh., enthltd. pract. Notizen für d. Bedürfniß d. Auswanderer. Ein Hilfsbuch für Auswanderer nach Amerika u. Australien. 5. Aufl. 1853. (238 S.) — 6. u. 7. Aufl. mit den Vermehrungen von A. O. Eden. Leipzig 855. Matthes. 16. (2 Bl., 212 S.) 12 ngr

—— englischer Dolmetscher oder gründl. Belehrung, die engl. Sprache nach einer leichtfaßl. und schnellen Methode ohne Lehrer zu erlernen. Nebst einem Anhang, enthaltend pract. Notizen für das Bedürfniß der Auswanderer. Ein Hilfsbuch für Auswanderer nach Amerika und Australien. 8. Aufl., mit den Vermehrungen von A. O. Eden. 16. (IV und 204 S.) Leipzig 859, Matthes. geb.

Albrecht's, Aug., englischer Dolmetscher oder gründl. Belehrung, die engl. Sprache nach einer leichtfaßl. und schnellen Methode ohne Lehrer zu erlernen. Nebst einem Anh., enth. prakt. Notizen für das Bedürfniß der Auswanderer. Ein Hilfsbuch für Auswanderer nach Amerika und Australien. 10. Aufl. mit den Vermehrungen von A. O. Eden und 11. Aufl. mit neu revid. Aussprache von James Dix aus London. 16. (207 S.) Leipzig 865,66, Matthes. cart.

Albrecht's, Aug., englischer Dolmetscher oder gründliche Belehrung, die englische Sprache nach einer leichtfaßlichen und schnellen Methode ohne Lehrer zu erlernen. Nebst einem Anh. enth. prakt. Notizen für das Bedürfniß der Auswanderer. Ein Hülfsbuch für Auswanderer nach Amerika und Australien. 12.—15. verb. Aufl. mit neu revid. Aussprache von Jam. Dix aus London. 16. (207 S.) Leipzig 869—72, Matthes. cart.

Albrecht's, Aug., englischer Dolmetscher oder gründl. Belehrung, die engl. Sprache nach einer leichtfaßl. und schnellen Methode ohne Lehrer zu erlernen. Nebst einem Anhang, enth. prakt. Notizen für das Bedürfniß der Auswanderer. Ein Hilfsbuch für Auswanderer nach Amerika und Australien. 17. und 18. verb. Aufl. mit neu revid. Aussprache von James Dix. 16. (207 S.) Leipzig 876,79 Matthes. cart.

Albrecht's, Aug., englischer Dolmetscher oder gründliche Belehrung, die englische Sprache nach einer leichtfaßlichen und schnellen Methode ohne Lehrer zu erlernen. Nebst einem Anhang, enth. prakt. Notizen für das Bedürfniß der Auswanderer. Ein Hilfsbuch für Auswanderer nach Amerika und Australien. 19.—21. Aufl., mit neu revid. Aussprache von James Dix aus London. 12. (207 S.) Leipzig 880—82, Matthes. cart.

Albrecht's, Aug., englischer Dolmetscher od. gründliche Belehrg., die engl. Sprache nach e. leichtfaßl. u. schnellen Methode ohne Lehrer zu erlernen. 22. Aufl. m. neu rev. Aussprache v. James Dix. 12. (188 S.) Leipzig 885. Matthes. cart. 1.50

Albrecht's, Aug., englischer Dolmetscher oder gründl. Belehrg., die engl. Sprache nach e. leichtfaßl. u. schnellen Methode ohne Lehrer zu lernen. Ein Hilfsbuch f. Auswanderer nach Amerika u. Australien. 23. Aufl. gr. 16. (207 S.) Leipzig 891. H. Matthes. Kart. n. 1.20

Albrecht's, Aug., neuer deutsch-amerikanischer Dolmetscher, oder Anleitung, auf leichte Weise die engl. Sprache in kurzer Zeit ohne Lehrer zu erlernen. Ein treuer Gefährte des deutschen Auswanderers nach der amerikan. Heimath, enthltd. genaue Angaben und Notizen über Alles, was der Auswanderer vor u. während der Reise sowie bei seiner Ankunft in Amerika ꝛc. zu beobachten nöthig hat, nebst Angabe der Gasthöfe, Vergleichungstabellen der Münzen, Maaße u. Gewichte u. obrigkeitl. Bestimmungen so in den deutschen Häfen gelten. Leipzig 855. Roßberg. 16. (IV, 133 S.) 10 ngr

—— les jeunes enfants, s. Hülfsbuch für den ersten Unterr. im Französischen 2. Thl.

Albrecht, Aug., der kleine Engländer, s.: Burckhardt.

Albrecht, Aug., der kleine Franzos, s.: Ife, Aug.

— easy lessons chiefly in words not exceeding two syllabes. Hilfsbuch für den ersten Unterricht im Englischen. Mit Erklärung der schwierigsten Wörter und Redensarten. Leipzig 856. Graul. (Fries.) 8. (IV, 91 S.) $7^{1}/_{2}$ ngr.

—— the english juvenile reader; being a sequel to the „easy lessons"; arranged in an easy and pleasing order, with the most difficult words explained. 8. (112 S.) Leipzig 857, [Fries.]

— Redensarten und Sprichwörter in 4 Sprachen. Deutsch, französisch, englisch, italienisch. Leipzig, 864. Fries. 8. (211 S.) 18 ngr.

Albrecht, A., vollständ. Sammlung engl. Eigennamen und ihrer richtigen Aussprache und Betonung. Enthaltend die Namen der englischen Literatur, berühmter Staatsmänner, Parlamentsredner, Gelehrten, Künstler ꝛc. Nebst einem Verzeichniß der englischen Titulaturen u. der Rangordnung. Leipzig 846, Jurany. $^{1}/_{4}$ Thlr.

—— italienisch-deutscher Sprachschatz. Enth.: Redensarten und Gespräche, mit e. Auswahl von Idiotismen der deutschen und italien. Sprache in alphabetischer Ordnung. 16. (IV und 162 S.) Leipzig 848, Herm. Fritsche.

— italienisch-deutscher Sprachschatz. Enth.: Redensarten u. Gespräche, mit e. Auswahl von Idiotismen der deutschen u. italien. Sprache in alphabet. Ordnung. 2. Ausg. Leipzig, 860. H. Fritzsche. 16. (IV, 162 S.) $7^{1}/_{2}$ ngr.; cart. 10 ngr.

Albrecht, A., ital.-deut. Sprachschatz. 2. Ausg. 16°(162).– Lpzg. 1860, Kessler.

Albrecht's, Aug., practische englische Sprachschule oder Anleitung die engl. Sprache in kurzer Zeit richtig verstehen, sprechen und schreiben zu lernen, mit Bezeichnung der Aussprache und Betonung. Bearb. nach einer neuen leicht faßlichen Methode, zum Schul-, Privat- und Selbstunterricht. gr. 8. (IV und 156 S.) Leipzig 855, Breitkopf und Härtel. Thlr.

—— practische englische Sprachschule oder Anleitung, die engl. Sprache richtig verstehen, sprechen und schreiben zu lernen, mit Bezeichnung der Aussprache und Betonung. Bearb. nach einer neuen, leicht faßl. Methode zum Schul-, Privat- und Selbstunterricht. 2., verb. und verm. Aufl. gr. 8. (VI und 154 S.) Leipzig 857, Breitkopf und Härtel.

— belehrende Unterhaltungen ꝛc. s.: Hülfsbuch für den ersten Unterricht in der französ. Sprache.

— vocabulaire systématique français et allemand contenant des mots rares et importants, avec beaucoup de néologismes, un choix de mots étrangers, d'argot parisien etc., suivi de germanismes, gallicismes et de proverbes. 8. (VI, 202 S.) Leipzig 885. Strauch. n. 2. 25

Albrecht, August Daniel Christian (Rittmitio-Misnicus), Observationum de poenis illarumque finibus ex placitis juris naturae recte aestimandis. Spec. 3. Präs. Carl Friedrich Triller. Wittenberg, 24. VIII. 1792. 12 S. (4.—) 228

Albrecht (B. G.). De aromatum exoticorum noxa et nostratium prestantia. Erfordiae, [1740]. 4°.

[F.] **Albrecht**, Bernhard [Referendar]: Die Sonderstellung des Geldes in der Eigentumslehre nach gemeinem Rechte ... Greifswald, Druck v. J. Abel, 1894; 46 S. 8.
Greifswald, Jur. Fak., Inaug.-Diss. v. 1894

Albrecht, Bruno, die Eheirrung d. Kronprinzessin Luise von Sachsen u. ihre gemeinsame Flucht m. Erzherzog Leopold Ferdinand v. Österreich, nach authent. Quellen auf Grund eingeholter Gutachten hervorrag. Kirchen- u. Privatrechtslehrer wissenschaftlich beleuchtet. (95 S. m. 12 Abbildgn.) gr. 8. Leipzig 903. J. Milde. n. 1.—; Kolportageausg. —50

Albrecht, C., s.a. Albrecht, Carl

Albrecht, C., s.a. Albrecht, Christian

Albrecht, C., s.a. Albrecht, K.

Albrecht, C., s.a. Albrecht, Karl

Albrecht, C., Das Hamburger Bürgerschafts-Wahlgesetz vom 5. III. 1906 im Hinblick auf die Neuwahlen 1907. [Aus: „Hamburg. Correspondent".] (23 S.) 8. Hamburg, O. Meissner's Verl. —. 50.

Albrecht, C., Das Hamburger Bürgerschafts-Wahlgesetz v. 5. III. 1906, im Hinbl. auf die Neuwahlen 1910 dargestellt. [Aus: „Hamburg. Correspondent".] 2. Aufl. (62 S.) 8. Hamburg, O. Meissner's Verl. —. 40.

Albrecht, C., der Einzug Israels in Europa als Stammvolk des Landes d. Verheißung u. 32 Wahrheitszeichen u. Beweisgründe, daß Canaan, als d. Land d. Verheißung, Europa ist. gr. 8. ($1^{1}/_{4}$ B.) Leipzig 6005 od. 840, Schreck. *

—— die Entstehung der Namen Klagenfurt u. Triest. Ein episches Gedicht. Mit e. kurzen Uebers. d. Gesch. Illyriens. — gr. 8. ($2^{1}/_{2}$ B.) Leipzig, $600^{4}/_{5}$ od. 840, Schreck. *

Albrecht, C., Epoche a. d. Straussenzeit. 8°(95).– Biel 1863, (Schüler.)(?)

Albrecht, C., s. Erzähler, der.

Albrecht, C., die persönliche Freiheit d. Individuums u. die Arbeiterschutz-Vorlage. Eine Zeitbetrachtg. gr. 8. (15 S.) Berlin 899. H. Walther. n. —80

Albrecht, C., die Influenza der Pferde, mit besonderer Berücksichtigung der Militair-Pferde. Potsdam 856. Schlesier in Comm. gr. 8. (28 S.) n. 5 ngr.

Albrecht, C., die Influenza der Pferde, mit besond. Berücksicht. der Militair-Pferde. gr. 8. (28 S.) Potsdam 857. [Berlin,] (Schlesier.) *

Albrecht, C., Lebensgeschichte, s. Lebensgeschichte.

Albrecht. C.. De accusativi cum infinitivo origine et usu Homerico. Diss. 1871. 58 S. 2.—

Albrecht, C., u. P. **Tentler**, Das Recht der Agenten nach deutschem Handelsrecht. Ein Kommentar zu §§ 84 bis 92 HGB. (VIII, 202 S.) gr. 8. Berlin, J. Guttentag. Geb. in Leinw. 4. —

Albrecht C u P Tentler, das Recht der Agenten nach Deutschem Handelsrecht. (202 S) Berlin 1908

Albrecht, C., die Insel Rügen, s.: Grieben's Reise-Bibliothek.

—— Sendschreiben an das Haus Rothschild. Eine Belehr. üb. d. Stamm Levi. gr. 8. ($1^{1}/_{4}$ B.) Leipzig $600^{4}/_{5}$ od. 840, Schreck. Thlr. *

Albrecht, C. A. 1834 s. *Albrecht*, Karl August.

Albrecht, O. A. G. Vorbereitung auf den Tod, Totengebräuche und Totenbestattung in der altfranzösischen Dichtung. Diss. Halle 1892. 98 S.

Albrecht, C. G. 1841 s. *Albrecht*, Karl Gottlob.

Albrecht, C. J. 1798: Huldigungsfeierlichkeiten Friedrich Wilhelms III. in Berlin und Königsberg. Nebst Beschreibung aller dem Monarchen u. seiner Gemalinn auf der Huldigungsreise veranstalteten Festivitäten. In Briefen von Augenzeugen. [Verf.: C. J. Albrecht.] — Berlin: Langhoff 1798. 65 S. 1:Sw 36. 10.
2.10816

Albrecht, C.Th. Ueber die Bestimmung von Längen-Differenzen mit Hilfe des elektrischen Telegraphen. 1869. 4°. Math. Diss. Leipzig.

Albrecht, C. W., Anweisung zum Schreiblese-Unterricht nach den v. E. Th. Goltzsch aufgestellten Grundsätzen. 3. [umgearb. u. erweit.] Aufl. der „Ersten u. wichtigsten Lesestufe". gr. 8. (27 S.) Guben 874. Berger. n. — 40

Albrecht, K. W.: Anweisung zum Schreibleseunterricht nach den von E. Th. Goltzsch aufgestellten Grundsätzen von C. W. Albrecht. 4. ⟨umgearb. u. erw.⟩ Aufl. d. "Ersten und wichtigsten Lesestufe". — o.O.: Selbstverl. 1884. 25 S. 1:Nf 5637.
2.11211

Albrecht, C. W., Anweisung zum Schreibleseunterricht nach den von C. Th. Goltzsch aufgestellten Grundsätzen. 4. [umgearb. und erweit.] Aufl. der „Ersten und wichtigsten Lesestufe". gr. 8. (31 S.) Guben 884, (Berger's Buchh.) *

—— einfache Beschreibung der von C. Wilke für den Anschauungsunterricht gezeichneten 16 Bildertafeln. 16. (16 S.) Guben 872, (Berger.) *

Albrecht, C. W., Bilder-Fibel für den Lautir-, Schreiblese- und Sprach-Unterricht in 2 Abthlgn. Zunächst als Einführung in Theels Lesebuch für einklassige Schulen rc. (12. verb. rc. Aufl. d. „Anfangs d. Berl. Handfibel.") Guben 855. Berger in Comm. 12. (46 S. m. Holzschn. im Text.) n. 1½ ngr

Albrecht, C. W., Bilder-Fibel f. den Lautir-, Schreiblese- u. Sprachunterricht in 2 Abtheilgn. Zunächst als Einführung in d. poet. u. prosaischen Lesestücke der Berliner [Otto Schulz'schen] Handfibel u. in Preuß' u. Vetter's Kinderfreund. 40. [Stereot.-]Ausg. Guben, 863. Berger in Comm. 12. (48 S. m. Holzschn.) n. 1½ ngr

Albrecht, C. W., Bilder-Fibel f. den Lautir-, Schreiblese- u. Sprachunterricht in 2 Abtheilgn. Ausg. A, 47. [Stereot.-] Ausg. Guben 865. Berger in Comm. 12. (48 S.) n. 1½ ngr

—— Ausg. B. Ebend. 865. 12. (52 S.) n. 2 ngr

— Bilder-Fibel f. den Lautir-, Schreiblese- u. Sprach-Unterricht in 2 Abtheilgn. 77. [Ster.-]Aufl. Ausg. A. 16. (44 S.) Ebend. 872. n. — 15

Albrecht, K. W., Bilder-Fibel f. den Lautier-, Schreiblese- u. Sprach-Unterricht in 2 Abteilgn. Zunächst als Einführg. in die poet. u. pros. Lesestücke der Otto Schulz'schen [resp. Bormann'schen] Handfibel. Ausg. A. 1. Abtlg. 16. (24 S.) Guben 888, (Berger.) n.n. — 5

— dasselbe. Ausg. B. 1. Abtlg. 16. (36 S.) Ebd. 888. n. — 8

— dasselbe. 2. Abtlg. 16. (96 S.) Sommerfeld 888. Ebd. n. — 20

— Bilder-Fibel für den Schreiblese-Unterricht in 2 Abth. ... Zunächst als Einführung in die poetischen und prosaischen Lesestücke der Otto Schulz'schen (resp. Bormann'schen) Handfibel. Abt. 1. Ausg. A. B. — o. O.: Selbstverl. 1889–90.
(1.) Ausg. A. 1889. 1. Ausg. B. 1890.
1: Acc. P 90/3048–1.
2.11212

— — Abt. 2. o. O.: Selbstverl. [nach 1889].
1: Acc. P 90/3048–2.
2.11213

Albrecht, K. W., Bilder-Fibel f. den Schreiblese-Unterricht in 2 Abtlgn. Zugleich als Einführg. in die poet. u. pros. Lesestücke der Otto Schulz'schen (resp. Bormann'schen) Handfibel. Ausg. A. 1. Abtlg. 16. (24 S.) Guben 891. (E. Berger.) n. — 5; geb. n. — 10

— dasselbe. Ausg. B. 16. Ebd. 894. n. — 28; n.n. — 37
1. (36 S.) n. — 8; geb. n. — 12. — 2. (96 S.) n. — 20; geb. n.n. — 25.

Albrecht, C.W.: Buchstaben z. Lesemasch. 1 B. Fol.– Gub. 1857, Berger.

—— Hand-Fibel für den Lautir-, Schreiblese-, und Sprach-Unterricht in 2 Abthlgn. Zunächst als Einführung in Theels Lesebuch rc. (11. Aufl. des „Anfangs der berl. Handfibel.") br. 12. (36 S.) Guben 855, (Berger.) *

Albrecht, C. W., 88 biblische Historien für die Unter- und Mittelklassen evangel. Schulen. Der heil. Schrift nacherzählt. 8. (127 S.) Guben 860, (Berger.) **

—— 88 biblische Historien für die Unter- und Mittelklassen evangelischer Schulen. Der heil. Schrift nacherzählt. 5. Aufl. 12. (127 S.) Guben 864, (Berger.) **

— 88 biblische Historien für die Unter- und Mittelklassen evangelischer Schulen. Der heiligen Schrift nacherzählt. 10. Aufl. — (Klossow b. Bärwalde: Selbstverl.); Guben: Berger in Komm. 1871. 143 S. 2.
2.11214

— 88 biblische Historien für die Unter- u. Mittelklassen evangel. Schulen. Der heiligen Schrift nacherzählt. 10. Aufl. gr. 16. (143 S.) Ebend. 872. n.n. — 25

— dasselbe. Mit Liederanh. 10. Aufl. gr. 16. (159 S.) Ebend. 872. n. — 30

Albrecht, K. W., 108 biblische Historien für evangelische Schulen. Der heil. Schrift nacherzählt. 11.—18. Aufl. (143 S.) 1874—83; 19. Aufl. 8. (167 S.) Guben 883, (Berger's Buchh.) **
Mit Liederanhang (16 S.) **

— 108 biblische Historien. 32. Aufl. 8. (168 S.) Ebd. 888. n.n. — 25

— dasselbe. Mit Liederanhg. 8. (184 S.) Ebd. 888. n.n. — 30

Albrecht, K. W. 108 biblische Historien. 33.—41. Aufl. 8. (168 S.) Guben 889—892, (Berger). ** — 25; geb. * — 40

— 108 biblische Historien f. evangelische Schulen. Der hl. Schrift nacherzählt. 46. Aufl. 8. (167 S.) Ebd. 894. n. — 25; geb. n. — 40; m. Anh. (16 S.) geb. n. — 45

Albrecht, K.W., 108 bibl. Historien f. ev. Schulen. 48 Aufl. 8°. (167).– Gub. 1895, (E. Berger.)

— Kinderfreude. Erzählungen, Fabeln, Märchen etc. — o. O.: Selbstverl. [um 1880]. 95 S. 1: Ng 16405.
2.11216

— die erste u. wichtigste Lesestufe u. der Schreibleseunterricht. Ein Wort der Erfahrung allen Leselehrern u. Schulfreunden zur Erwägung vorgelegt. 2. Aufl. Ebend., 863. gr. 8. (27 S.) n. 4 ngr

—— Schreiblesefibel in Currentschrift. Zunächst als Einführung in die poet. und pros. Lesestücke der berl. Handfibel rc. (13. Aufl. des „Anfangs der berl. Handfibel.") br. 12. (48 S., wovon 24 lithogr.) Guben 855, (Berger.) *

— Die schlichte synthetische Schreiblesemethode oder die komplizierte Normalwörtermethode? Allen Lehrern u. Schulaufsehern zur Erwägung vorgelegt. — Guben: Berger 1888. 16 S. 1: Nf 5702.
2.11217

—— Spruchsammlung für kleine Kinder. Zunächst als Anhang zur Hand- und Bilderfibel. 12. (12 S.) Guben 852, (Berger.) 3 Expl. *

—— 80 schriftliche Uebungen (Briefe, Rechnungen, Quittungen rc.) für Dorfschulen, im Anschluß an die 80 Bildertafeln von Reimer und Wilke. 8. (32 S.) Guben 863, (Berger.) *

Albrecht, C. W., 60 schriftliche Uebungen [Briefe, Rechnungen, Quittungen rc.] für Schulen. 2. Aufl. gr. 16. (24 S.) Guben 876, (Berger.) **

Albrecht, C.W., Wandbilderfibel. 2 Lith. Fol.– Gub. 1857, Berger.

— Wand-Lesetafeln nebst Lesestäben u. Buchstaben f. den Lautier- u. Schreiblese-Unterricht. Nach den v. C. Th. Goltzsch aufgest. Grundsätzen bearb. 5. Aufl. Fol. (17 Bog.) Ebd. 888. n. 3. —;
die Wand-Lesefibel (2 Bog.) allein n. — 80;
Lesestäbe u. Buchstaben (1 Bog.) allein n. — 40

— zwölf Wandlesetafeln nebst Buchstaben zur Lesemaschine für den Lautir- u. Schreiblese-Unterricht. Nach den Grundsätzen von C. Th. Goltzsch bearb. 2. Aufl. Ebend. 856. in Comm. Gr. Fol. n. 20 ngr
die Buchstaben zur Lesemaschine (1 Bgn.) einzeln n. 3 ngr
die Wandbilderfibel (2 lith. Bgn.) einzeln n. 8 ngr

—— zwölf Wandlesetafeln nebst Buchstaben zur Lesemaschine für den Lautir- und Schreiblese-Unterricht. Nach den Grundsätzen von C. Th. Goltzsch bearb. 2. Aufl. gr. Fol. (12 B. mit 2 Beilagen: Buchstaben zur Lesemaschine und Wandbilderfibel auf 2 Ctnt. in Imp.-Fol.) Guben 857, (Berger.) *

—— 12 Wandlesetafeln nebst Buchstaben zur Lesemaschine für den Lautir- und Schreiblese-Unterricht. Nach den von C. Th. Goltzsch aufgestellten Grundsätzen bearb. 3. Aufl. gr. Fol. (20 Bl.) Guben 872, (Berger.) *

Albrecht, Carl, s.a. A l b r e c h t , C.

Albrecht, Carl, s.a. A l b r e c h t , K.

Albrecht, Carl s.a. A l b r e c h t, Karl

Albrecht, Carl [Pseud.], s.a. H e i d e m a n n , Theoph. Albr. [wirkl. Name].

Albrecht, Carl (II.), Absagebrief eines Subjectivisten an Arnold Ruge den Wortführer der äußersten Linken. 8. (45 S.) Berdizew 849. (Cöthen, Schettler.) *

Albrecht, Carl (III.), Aufgaben zur Uebung im Lesen und Schreiben der stenograph. Schrift Gabelsberger's. 8. (8 lith. S.) Leipzig 851, Matthes. *

Albrecht, Carl, das Hamburger Bürgerschafts-Wahlgesetz vom 3. III. 1906 im Hinblick auf die Neuwahlen 1907. (23 S.) 8. Hamburg 906. O. Meißner's Verl. n. — 50
Sonderabdruck aus: „Hamburg. Korrespondent".

Albrecht, Carl, das Hamburger Bürgerschafts-Wahlgesetz vom 5. III. 1906, im Hinblick auf die Neuwahlen 1910 dargestellt. 2. Aufl. (62 S.) 8. Hamburg 909. O. Meißners Verlag. — 40
Sonderabdruck aus „Hamburg. Correspondent".

Albrecht, Carl, a grammatical dictionary of the english language. Grammatisches Wörterbuch der engl. Sprache. Ein Rathgeber bei der Lectüre sowohl, als bei dem Uebersetzen aus dem Deutschen ins Englische. Nach den besten Quellen und mit Belegen aus älteren und neueren Classikern. 8. (VIII und 136 S.) Leipzig 853, G. Mayer. *

—— französischer Dolmetscher. Leichtfaßliche Anweisung, die französ. Sprache nach fördernder Methode auch ohne Lehrer zu erlernen. Ein Hilfsbuch für Lernende ohne große sprachliche Vorkenntnisse. 16. (VIII und 216 S.) Leipzig 853, Matthes.

Albrecht, Karl, französischer Dolmetscher. Leichtfaßliche Anweisung die französ. Sprache nach fördernder Methode, auch ohne Lehrer zu erlernen. Für Lernende ohne große sprachliche Vorkenntnisse. 2. Aufl. 867. — 3. verb. Aufl. Leipzig 869. Matthes. 16. (VIII, 216 S.) 12 *ngr.*

Albrecht, Karl (I.), französischer Dolmetscher. Hilfsbuch zur schnellen Erlernung der französ. Sprache. Enth.: Die Formenlehre der französ. Sprache, Wörtersammlung, Uebungssätze und Gespräche. 4. umgearb. Aufl. 16. (IV, 195 S.) Leipzig 878, Matthes. cart.

Albrecht, Carl, Epoche aus d. Straußenzeit. Ein Müsterchen Strauß'scher Moral bei der Führung e. Ehrfurchtsprozesses unter dem Ministerium Prieser in Würtemberg. Biel, 863. (Schüller.) gr. 8. (95 S.) n. 10 *ngr.*

Albrecht, Carl (I.), Erzählungen für Kinder von 8 bis 10 Jahren. Ein Hilfsbuch für den Schreiblese-Unterricht. gr. 12. (VIII und 170 S.) Bern 850, Jenni, Vater.

—— englische Literaturgeschichte in Musterstücken aus den besten Schriftstellern von Shakespeare an bis auf unsere Zeit. Ein Lehr- und Lesebuch für höhere Klassen. gr. 8. (VI und 169 S.) Leipzig 856(57,) Roßberg'sche Buchh.

ALBRECHT, CARL.
Ueber einige Pyrogallussäure und Phloroglucinderivate, und die Beziehungen derselben zu Daphnetin und Aesculetin. Berlin, 1884.

Albrecht, Carl, u. Paul Tentler, das Recht des Agenten nach deutschem Handelsrecht. Ein Kommentar zu §§ 84 bis 92 HGB. (VIII, 202 S.) gr. 8. Berlin 908. J. Guttentag. Geb. in Leinw. 4. —

—— die Stenographie in Lehranstalten für höhere Bildung, s. Stenographie.

—— stenographisch-pädagogische Streitfragen. 1. Soll die Stenographie in der Schule gelehrt werden? 2. Welche Vorzüge hat die kalkulirende Methode Ahn's bei jedem stenograph. Unterrichte? 3. Welche Gabelsberger'schen Regeln und Schreibweisen bedürfen zunächst der Neuprüfung? (Mit autograph. Beilage.) Der Begutachtung der nächsten allgem. Stenographenversammlung, sowie jedes Stenographen und jedes Pädagogen unterbreitet. gr. 8. (40 und 3 lithogr. S.) Leipzig, 856, G. Mayer. *

—— Was ist Stenographie? Kurze und faßl. Darstellung der Schnellschrift Gabelsberger's. gr. 8. (15 S.) Altona 864, [Haendcke und Lehmkuhl.] *

Albrecht, Carl August, s.a. A l b r e c h t , Karl August

—— pract. Anleitung z. Kenntniß der gesetzl. Erbfolge und zur Selbsterrichtung rechtsgilt. Testamente, nach Sächs. u. Preuß. Rechten u. mit besond. Rücksicht a. d. Kgl. Sächs. Mandat v. 31. Jan. 1829. 8. (16½ B.) Dresden 829.

— **Carl August** (Dresden), Ars medendi homoeopathica ejusque cultores medicamenta ipsi praeparantes coram tribunali juris et politiae medicae. Diss. Lpz. (Breitkopf & Haertel) 18. IX. 1828. 79 S., z. Tl. dtsch. Text. (5.—) 229

—— d. Homöopathie v. d. Standpunkte d. Rechts u. d. Medicinalpolizei beleuchtet. gr. 8. (6½ B.) Dresden 829, Arnold.

Carl Aug. A l b r e c h t die Homöopathie von dem Standpuncte des Rechts und der Medicinalpolizei beleuchtet. Dresden und Leipz. 1829. 8.

Albrecht, Carl Aug., die Stellung d. röm. Aequitas in d. Theorie d. Civilrechts, mit Rücksicht auf d. zeitgem. Frage d. Codification. gr. 8. (6¼ B.) Dresden 834, Arnold.

Albrecht, *Carl August* Gustav [aus Berlin]: Vorbereitung auf den Tod, Totengebräuche und Totenbestattung in der altfranzösischen Dichtung ... Halle a. S., Hofbuchdr. v. C. A. Kaemmerer & C., 1892; 99 S. 8.
Halle, Phil. Fak., Inaug.-Diss. v. [6. Aug.] 1892

— **Carl Emanuel** (Görlitz), Observationes juris ecclesiastici. Präs. Dav. Gottfried Aegidius Wilke. Lpz. (Langenheim) 18. III. 1773. 8 S. (3.—) 230

Albrecht, Carl Ernst: Entscheidungen merkwürdiger Rechtsfälle. Bd. 1-3. Hannover 1799-1802.

ALBRECHT, CARL FRIEDRICH. Einige Beiträge zur genaueren Kenntnis der Anwendung des Crotonöls. Würzburg, 1834. 12mo.

Albrecht, Carl Gottlob: Ludwich Schobinger. s. J a c o b i, Joh. Geo. Ferd.

Albrecht, Chr., der Einzug Israels in Europa, als Stammvolk des Landes der Verheißung, und 32 Wahrheitszeichen und Beweisgründe, daß Canaan, als das Land der Verheißung, Europa ist. Der zerstreueten Heerde des jüdischen Volkes ehrfurchtsv. gewidm. gr. 8. Leipz. 6005 od. 1840. Schreck. n. 1/3 ß

— die Entstehung der Namen Klagenfurt u. Triest. Ein episches Gedicht. Mit e. kurzen Uebersicht der Geschichte Illyriens. — Den Einwohnern Illyriens, insbesond. den Bürgern Klagenfurts, Laibachs u. Triests, ehrfurchtsv. gewidm. gr. 8. Leipz. 600⁴/₅ oder 1840. Schreck. n. 1/4 ß

Albrecht, Christian: Das Buch der Völkerstämme oder das Licht über das Dunkel der Völker der Erde. Das neue Geschlecht. Die Welt im Bunde Abraham, in der göttlichen Einheit. Von C. Albrecht. — St. Gallen: Scheitlin & Zollikofer in Comm. 1840. 139 S. **1**:2 an Ct 8250.
2.10818

Albrecht, C[hristian]: Das Fest der Wiedergeburt zu Chur, 10. Juli 1842, den vereinten eidgenössischen Schützengesellschaften überreicht. o. O., 1842.

— Das Leben in der Gottheit, in der Wahrheit, oder das Reich Gottes auf Erden, das Gottesthum, über das Christenthum, Muhamedthum, Judenthum, Heidenthum. In 32 Abhandlungen von C. Albrecht. — St. Gallen: Scheitlin & Zollikofer 1840. 196 S.
1:1 an Ct 8250. **12**:Polem. 42q.
2.10819

— Lebensgeschichte des wegen politischer Vergehen zu 5jähriger Festungsstrafe verurtheilten Chr. Albrecht. Von ihm selbst auf d. Veste Leuchtenburg geschrieben, in 7 Gesängen. gr.8. Leipz. 840. Schreck. n. 2/3 Thlr.

— Der wahre Messias unserer Zeit, geprüft und erkannt an den einzig gültigen Kriterien heiliger Schrift von dem Propheten Albrecht. Ein Manifest gegen den Pseudo-Messias Friedrich Rohmer in Zürich. — Bern: Selbstverl.; Jenni [in Komm.] 1842. 96 S. 7.
2.10821

— Das Panier der Heere Gottes Jehovah, mit den Trompeten und Posaunen in den Nationen Abraham, Isaac und Israel. Aus den Büchern Mose und Propheten dargethan und zsgest. mit e. Gedicht von C. Albrecht. — St. Gallen: Scheitlin & Zollikofer in Komm. 6005 [1840]. 26 S.
1: Ct 8254.
2.10822

— Prospectus oder Riß des Thrones Jehovah im Reich Gottes ... Aus d. Propheten bearb. von C. Albrecht. — St. Gallen: Scheitlin & Zollikofer in Comm. 1840. X, 82 S.
1: Ct 8250.
2.10823

— Sendschreiben an das Haus Rothschild. Eine Belehrung über den Stamm Levi von C. Albrecht. — Leipzig: Schreck 1840. 18 S. 1: Ez 16970.
2.10824

Albrecht, C[hristian]. Sendschreiben an die Vertreter der Schweitzer Nation. (St. Gallen ... 19. Sept. 1841.) 8. St. Gallen 6006 oder 1841–42.

Albrecht, C[hristian]: Baldiges Wiedersehen! Den freien zu Eins vereinigten eidgenöss. Schützengesellschaften zum Abschiede von dem Banner Helvetias am Feste der Wiedergeburt zu Chur (1842). O. o., 1842.

— Die letzten Zeiten und Zukunft der Völker der Erde; nach der Entsiegelung und Erklärung der Offenbarung Johannes ... Deutlich u. klar enthüllt von C. Albrecht. St. Gallen: Scheitlin & Zollikofer in Komm. 1840. VIII, 125 S. 1: Bt 17106. 12: Polem. 42r.
2.10825

Albrecht

— Christoph Christian Daniel (Rothenburg/Franken), De nitro flammante. Diss. med. Altdorf (Joh. Paul Meyer) 29. I. 1799. 19 S. (4.—) 231

Albrecht, Const. Thematisches Verzeichniss der Streich- und Clavier-Trios, Quartette und Quintette von Haydn, Mozart, Beethoven, Schubert, Mendelssohn-Bartholdy und Schumann. Leipzig-Moskau (1890).

Albrecht, D. 1804 s. *Albrecht*, Johann Friedrich Ernst.

Albrecht, D., s. A l e x a n d e r Magnus

Albrecht's, Dt. R., short Grammar of the German tongue. 8. Hamb. Hofmann, 781.

Albrecht, Dt. Rud., Uebungsbuch zur Erlernung d. engl. Sprache. 8. Hamb. 791. (Voß in Berl.) 1 Thlr.

Albrecht, E. s.a. A l b r e c h t, Eduard.

Albrecht, E., s.a. A l b r e c h t, Emil

Albrecht, E., s.a. A l b r e c h t, Engelbert

Albrecht, E., s.a. A l b r e c h t, Ernst

Albrecht, E., s.a. A l b r e c h t, Eugen

Albrecht, E., s.a. A l b r e c h t, Johann Friedrich Ernst.

Albrecht, E. s.a. A l b r e c h t, M.

Albrecht, E.: Das Erdöl und seine Produkte, Lagerung und Transport... s. A l b r e c h t, M.

Albrecht, E., Gera u. Howa. Biermythus. 8. (IV, 73 S.) Regensburg 888. (Coppenrath.) n. 2.—

Albrecht, E.: Lagerung und Transport des Erdöls und seiner Produkte, s. A l b r e c h t, M.

Albrecht, E., De Lysiae oratione XXI. Diss. 1878. 63 S.

Albrecht, E., z. Vereinfachg. d. griech. Schulgrammatik. 4°(28).– Berl. 1894, R. Gaertner.

Albrecht, E., de adiectivi attributi in lingua latina collocatione specimen. 8. (104 S.) Leipzig 890. Fock. n. 2. —

Albrecht, E, Wiederholte Verse und Versteile b. V. S.-A. 1881. 51 S. 1.25

Albrecht, E. A.: Die Stellung d. röm. Aequitas in d. Theorie d. Civilrechts, m. Rücks. auf d. zeitgem. Frage d. Codification. *Dresd.*, Arnold. 834. gr. 8. (12 Gr.)

Albrecht, E. H. s. A l b r e c h t, Erdmann Hannibal

Albrecht, E. L., Arzt, Schriftsteller, Theaterdirektor. 1865 s. *Albrecht*, Johann Friedrich Ernst.

Albrecht, E.W.

— s.: Motive, morgenländische.

Albrecht, E. W., en vogue. Ein Wegweiser f. die Musterg. in der Textilindustrie. I. Bd. 12 Lfgn. (Je 5 farb. Lichtdr.-Taf.) 33×25 cm. Plauen (908). Ch. Stoll. Subskr.-Pr. à Lfg. 4.—; Einzelpr. 5.—

Albrecht, Eduard. (geb. Berlin 2. 9. 1823): Dissertatio sistens casum singularem ilei. Berolini (1847). (31 S.) 8°
Berlin, Med. Diss. v. 27. Aug. 1847

Albrecht, E., e. pract. Kleiderfärber d. Jetztzeit.(22).– Dresd. 1884. Bloem.

Albrecht, Ed., der praktische Kleiderfärber der Jetztzeit. gr. 8. Dresden 884. München, Verlag der deutschen Färberzeitung. *

Albrecht, Eduard: Klinik der Mundkrankheiten. 1.2. — Berlin: Hirschwald 1862–72.
1. Bericht 1855-1860. 1862.
2. Die Odontome. Die üblen Zufälle bei Zahnextractionen. 1872.
1: K 935. 12: Path. 10x. 5. 7. 9. 11.
2.10832

Albrecht, Ed., die Krankheiten an der Wurzelhaut der Zähne. gr. 8. (VII und 208 S.) Berlin 860, Peters. Thlr.

Albrecht, Ed., die Krankheiten der Zahnpulpa. Berlin 855. Peter. gr. 8. (VI, 103 S.) n. 20 ngr.

—— die Krankheiten der Zahnpulpa. gr. 8. (VI und 103 S.) Berlin 858, Peters. *

Albrecht, Eduardus Gustavus: De polypis narium. Halis Saxonum (1855): Heynemann. 30 S. 8°
Halle-Wittenberg, Med. Diss. v. 25. Mai 1855
Geb. Darkehmen (Ostpr.) 9. 5. 1830. V.

Albrecht, Ehrenfr., die Atmungsreaktion des Herzens u. ihre Verwendbarkeit bei der klinischen Prüfung der funktionellen Leistungsfähigkeit des Herzens. (VII, 214 S.) Lex. 8. Jena 910. G. Fischer. 5.—

Albrecht, Ehrenfr., s.: Beiträge zur patholog. Anatomie.

— der Herzmuskel u. seine Bedeutung f. Physiologie, Pathologie u. Klinik des Herzens. Ein Versuch zur Entwickelg. e. allgem. Pathologie u. Symptomatologie der Herzmuskelerkrankgn. auf anatom. Grundlage. Mit 3 Lichtdr.- u. 4 lith. Taf. (XV, 591 S. m. 7 Bl. Erklärgn.) gr. 8. Berlin 903. J. Springer. n. 14.—

Albrecht, Ehrenfried [pract. Arzt aus Pommern]: Anatomische, histologische, physiologische Untersuchungen über die Muskulatur des Endocardium bei Warmblütern .... Greifswald, Druck v. Julius Abel, 1887; 25 S. 8°.
Greifswald, Med. Fak., Inaug.-Diss. v. 23. März 1887.

Albrecht, Elisab.: Danzt ward nich!, s.: Volksbühne, Plattdeutsche.

Albrecht, Elisabeth

— Dat Fomilientaschendauk und andere mecklenburgische Geschichten. Mit Titelzeichn. von F. Greve. — Schwerin i. M.: Bahn 1910. 205 S.
1: Yc 3193/3400. 9.
2.10838

—— 2. Aufl. Ebd. 1910. 205 S. 8. 9.
2.10839

Albrecht, Emil, Dr., Prof. am Friedrichsgymnasium, Berlin. 1892: Führer durch Potsdam und Umgegend. (Verf.: E. Albrecht.) — Berlin: Kiessling [um 1910]. S. 111–160.
Aus: Albrecht: Wanderbuch für d. Mark Brandenburg u. angrenzende Gebiete. 8. Aufl. T. 1.
(Kiesslings Reisebücher.) 10.
2.10841

Albrecht, Emil, zum Sprachgebrauch Goethes. gr. 4. (45 S.) Krimmitschau 877. (Dresden, v. Zahn.) n. 1. —

Albrecht, Emil [Dr.]: Zur Vereinfachung der griechischen Schulgrammatik. Berlin, R. Gaertner, 1894; 28 S. 4.
Berlin, Friedrichs-G, OP 1894 (54)

Albrecht, E., Wanderbuch f. die Mark Brandenburg, s. a. Kiessling's Reisebücher.

Albrecht, E., u. B. **Graupe,** Wanderbuch f. die Mark Brandenburg, s. a. Kiessling's Wanderbücher.

— Wanderbuch für die Mark Brandenburg bearb. von E. Albrecht u. B[runo] Graupe. T. 1. 2. — Berlin: Kiessling 1892.
1. Nähere Umgegend Berlins. 2. Weitere Umgegend Berlins.
(Kiesslings Wanderbücher.) 1: Ps 4448. 11.
2.10842

— — 2., verb. u. erw. Aufl. T. 1–3. Ebd. 1893–95.
1. Nähere Umgegend Berlins. 1893.
2. Weitere Umgegend Berlins (Westl. Hälfte). 1895.
3. Weitere Umgegend Berlins (Östl. Hälfte). 1893.
(Kiesslings Reisebücher.)
1 . . . . 1: Ps 4448[a].
2. 3 . . . . 11.
2.10843

Albrecht, E., u. B. **Graupe.** Wanderb. f. d. Mark Brandenburg u. angrenz. Gebiete, s. a. Kiessling's Reisebücher.

— Wanderbuch für die Mark Brandenburg und angrenzende Gebiete, bearb. von E. Albrecht u. B[runo] Graupe. 3. Aufl. T. 1–3. — Ebd. 1895–98.
1. Nähere Umgegend Berlins. 1895.
2. Weitere Umgegend Berlins '(Westl. Hälfte)'. 1898.
3. Weitere Umgegend Berlins '(Östl. Hälfte)'. 1898.
(Kiesslings Reisebücher.)
1 . . . . 12: It. sing. 1343 y.
2. 3 . . . . 1: Ps 4448[b]. 11.
2.10844

— — Mit Karten. 4. Aufl. T. 1–3. Ebd. 1898–1901.
1. Nähere Umgegend Berlins. 1898.
2. Weitere Umgegend Berlins (Westl. Hälfte). 1901.
3. Weitere Umgegend Berlins (Östl. Hälfte). 1901.
(Kiesslings Reisebücher.) 1: Ps 4448[c]. 11.
2.10845

— — Bearb. von E. Albrecht. 5. Aufl. T. 1–3. Ebd. 1901–04.
1. Nähere Umgegend Berlins. 1901.
2. Weitere Umgegend Berlins (Westl. Hälfte). 1904.
3. Weitere Umgegend Berlins (Östl. Hälfte). 1904.
(Kießlings Reisebücher.) 1: Ps 4448[d]. 11.
2.10846

— — 6. Aufl. T. 1–3. Ebd. 1904–07.
1. Nähere Umgegend Berlins. 1904.
2. Weitere Umgegend Berlins (Westl. Hälfte). 1907.
3. Weitere Umgegend Berlins (Östl. Hälfte). 1907.
(Kiesslings Reisebücher.)
1–3 . . . . 11.
1. 3 . . . . 1: Ps 4448[e].
2.10847

— — 7. Aufl. T. 2. 3. Ebd. 1910.
2. Weitere Umgegend Berlins (Westl. Hälfte).
3. Weitere Umgegend Berlins (Östl. Hälfte).
(Kießlings Reisebücher.) 1: Ps 4448[f]. 11.
2.10848

Wanderbuch für die Mark Brandenburg und angrenzende Gebiete. Bearb. von Prof. Dr. E[mil] **Albrecht.** Mit (58) Kt. T. 1–3. Berlin: Kießling 1910. 8°
1. Nähere Umgegend Berlins. 9. Aufl. 2. Weitere Umgegend Berlins. (Westl. Hälfte.) 7. Aufl. 3. ... (Östl. Hälfte.) 7. Aufl.
(Kießlings Reisebücher.) [11. 1311

Albrecht, E[mil]: Wanderbuch für die Mark Brandenburg und angrenzende Gebiete. 8. Aufl. Tl 1–3. Berlin 1907–1914. 8°
1. Nähere Umgebung Berlins. Mit 14 Ktn. 1907.
2. Weitere Umgegend Berlins. (Westl. Hälfte.) Mit 19 Ktn. 1913.
3. Weitere Umgegend Berlins. (Östl. Hälfte.) Mit 29 Ktn. 1914.
(Kiesslings Reisebücher.)

ALBRECHT, Engelbert (Landshut): Zur hiesigen Blatternepidemie.- München: Weiss 1867. 16 S. 28.6.1866 - Urk (Titel: De epidemia variolarum et varioloidum Monachii.); F 71

Diss. Ingolst.- Landsh.- Mchn.

Drachenhorst. Von Engelbert **Albrecht.** München: E. Albert & Co. [1893]. (115 S.) 8° [F.] [07. 6389

Albrecht, Engelbert, Drachenhort. 8. (V, 115 S.) München 893. Dr. E. Albert & Co., Sep.-Cto. n. 3. — ; geb. n. 4. —

— Ecce homo! Des seligen Godbert Leben u. Werke. Mit e. Prolog, in 3 Zeiten m. 5 Büchern, 2 Intermezzo's u. e. Epilog. gr. 8. (IV, 176 S.) Leipzig 891. W. Friedrich. n. 2. —

Albrecht, Engelb., **Eugenie v. Siegfried.** Schauspiel in 5 Acten. 16. (104 S.) Eichstätt 878, Krüll'sche Verlagsh. *

Albrecht, Engelbert, in sieben Farben. Ein Bündel Gedichte. 16. (VIII, 128 S.) München 875. Th. Ackermann. n. 2. —

Albrecht, Engelb., Gera und Howa. Biermythus. 8. (IV, 73 S.) Regensburg 888, (Coppenrath.) *

Albrecht, Engelb., unser Heiland. Evangelien-Dichtung. 8. (61 S.) Baden-Baden 898. P. Weber. 1. 50; geb. n. 2. 50

Albrecht, Engelbert, Kaiserlieder. br. 8. (47 S.) München 877. Th. Ackermann. n. 1. —

Albrecht, E., zwischen zwei Stühlen, s.: Büchersammlung, allgemeine, lebender Schriftsteller.

— Wittelsbach. Jubiläumsdichtung. gr. 8. (15 S.) Landshut 880. Attenkofer. n. — 50

Albrecht, Erdmann Hannibal

– s. A B C-u. Lesebuch, neu eingericht.

— s. Briefe f. Kinder

– s. Belchart, E.H.: Briefe für Kinder.

Albrecht, E. H., kleine Encyklopädie für Kinder; oder: Unterricht in den gemeinn Kenntnissen. Zum Diktiren u. Vorlesen in Schulen. 8. Leipzig, Sommer. 1817. Rthlr.

[ALBRECHT, E. H.] *Gallerie der Menschen* nach alphabetischer Ordnung. Ein Bilderbuch für die Jugend zur Erweiterung ihrer Kenntnisse und Befriedigung ihrer Wißbegierde. Mit 35 [statt 36] illum. Kupfern. Dritte verbesserte Auflage. Leipzig, Fr. Aug. Leo, 1799. 106 S. 1 Bl. (Anz.) 12°. Halbldr. d. Z. 90.—
Rümann 16 (zit. d. 1. Ausg.). Die interess., hübschen Kupfer stellen Berufs- und Völkertrachten dar und sind sorgfältig handkoloriert. — Kupfer 4 fehlt, 1 Kupfer am Oberrand beschn., teilw. etw. fl. Einbandrücken stark beschäd. **

— Gesellschaftsspiele f. Kinder. Mit Räthseln, Charaden u. deren Auflösung. Mit 24 ill. Kpf. 2e Aufl. 16. Leipz. 820. (W. Nauck). 14 gr.

Albrecht, E. H., Gesellschaftsspiele f. Kinder beider Geschlechte. Mit untermischten Räthseln u. Charaden u. deren Auflösung, mit 24 illum. K. 3te verbess. Aufl. 16. Leipz. Sommer. 816.

[—] Literarisch-pädagogisches Handbuch für Aeltern, Erzieher, Lehrer und Kinderfreunde. Th. 1–4 [nebst] Reg. Halberstadt: Gross 1794–96.
Vollst. . . . . 12: Paed. Th. 58. 7.
3. 4 . . . . 10.
2.10862

– s. Handbuch, literar.-pädagog. f. Prediger.

— Jesus. B. für Kinder zum Unterr. in der christl. Relig. mit K. 8. Leipzig, Leo. 797.

– s. Kirchenalmanach, histor.

Albrecht, (Erdm. Hannib.) Sächs. evangel.-luther. Kirchen- u. Predigergeschichte rc. Dioces Leipzig. 3 Bde. 8. Leipz. 799—802. (Friese in Pirna). 1 rthl 16 gr.

— Sächsische evangelisch-luther'sche Kirchen- und Predigergeschichte von ihrem Ursprunge an bis auf gegenwärtige Zeiten (Forts. 2: von Johann Friedrich Köhler). Bd 1 [nebst] Forts. 1. 2. — Leipzig: Verf. (Forts. 1. 2: Schödel) 1799–1802.
Vollst. . . . . 1: Sr 290. 2. 3. 8. 10.
Bd 1 . . . . 12: H. ref. 7f. 7.
2.10863

— Magazin f. Schullehrer, Erzieher rc. 3 Bde. 8. Leipz. 796—98. (W. Nauck). 2 rthl

Albrecht, Erdmann Hannibal (Hrsg.), s. Magazin für Schullehrer, Erzieher und Kinderfreunde...

— Material. zu Vorschriften z. Diktiren rc. 16 Stück. (A. u. d. T.: kl. Encyklopädie rc. (ist e. Umarbeit. v. Wiegand, Material). 8. Halberst. 794. (W. Nauck in Leipz.) 6 gr.

– s. a. Vogelfänger, Der kleine.

[—] Der kleine Vogelfänger. Ein Buch zunächst für Knaben, welche Jäger oder Oekonomen werden ... wollen. Bdch. 1.3. — Leipzig: Lincke 1798–1800.
1.A-F. 3.K.L. 1:Oy 24824.
2.10864

Albrecht, Erich: Requisitionen v. neutralem Privateigentum, insbes. v. Schiffen, s.: Zeitschrift f. Völkerrecht u. Bundesstaatsrecht.

Albrecht, E[rnst], approb. Arzt aus Swinemünde, Prov. Pomm.: Über **Diabetes** insipidus. *Rostock 1904: H. Winterberg.* (30 S.) 8°
Rostock, Med. Diss. v. [1. März] 1904

Albrecht, Ernst, das Erdöl u. s. Produkte, s.: Albrecht, Max.

Albrecht, Ernst, aus Hamburg: Zur Kenntnis des β-Benzylisochinolins und seiner Homologen. *Kiel 1900: P. Peters.* (42 S.) 8°
Kiel, Phil. Diss. v. [4. Aug.] 1900

Albrecht, Ernst [app. Arzt]: Ueber die Latenzzeit der Pupillenerweiterung bei Reizung des Halssympathikus ... Flensburg, Druck v. J. B. Meyer, 1897; 24 S. 8.
Rostock, Med. Fak., Inaug.-Diss. v. [8. März] 1897

Albrecht, E., neuester Liebes-Briefsteller. 8°.– Köln 1881, Püttmann.

Albrecht, Ernst, neuester Liebes-Briefsteller, enth. e. reiche Auswahl der besten Musterbriefe f. Liebende beiderlei Geschlechts. 8. (63 S.) Köln 882. Püttmann. — 30

Albrecht, Ernst. 1893: Neuester Liebesbriefsteller, enthaltend eine reiche Auswahl der besten Musterbriefe für Liebende beiderlei Geschlechts. 7. Aufl. — Köln a. Rh.: Püttmann [1893]. 63 S. 5.
2.10866
— — 8. Aufl. Ebd. [nach 1893]. 63 S. 1:Yb 3468[8].
2.10867
— — 9. Aufl. Ebd. [1897]. 5.
2.10868
— — 10. Aufl. Ebd. [1900]. 5.
2.10869
— — 12. Aufl. Ebd. [um 1903]. 63 S.
1:Yb 3468[12]. 5.
2.10870

Albrecht, Ernst. De adjectivi attributi in lingua latina collocatione specimen. Diss. gr. 8. (III, 104 S.) Marpurgi Cattorum 1890. (Lpz., Fock). * 2 —

Albrecht, *Ernst Emil: Bericht über die Einweihung des neuen Gebäudes.* 4 (S. 4—7, 3 Taf.).
Progr. Rsch. *Crimmitschau* 1898

[F.] **Albrecht,** *Ernst Emil* [Dir.]: *Bericht über die Feier des 25jährigen Bestehens der Anstalt. Crimmitschau, Druck v. R. Raab, 1893;* 4—5 S. 4.
Crimmitschau, R, OP 1893 (558)

Albrecht, [Ernst Emil]: [Bericht über die Feier des Einzuges in das neue Schulgebäude.] *(Crimmitschau 1898: Böttcher & Neumerkel.)* (4—7 S. mit Taf.) 4° [F.]
Crimmitschau, R, OP 1898 (587)

Albrecht, Eugen

Albrecht, Eug., Abhandlung, s.: Archiv f. patholog. Anatomie.

Albrecht, Eug., Anleitung zum Gebrauche d. Hüfner'schen Spectrophotometers, in seiner neuesten, verbesserten Form ausgeführt v. E. A. gr. 8. (20 S. m. 1 Taf.) Tübingen 892. A. Moser. n. — 60

Albrecht, Eugen: Anleitung zum Gebrauche des Hüfner'schen Spectrophotometers, in seiner neuesten, verbesserten Form. — Tübingen: Pietzcker 1892. 6.
2.10873

Albrecht, Eug., Gedichte u. Gedanken. (VII, 150 S.) 8. Wiesbaden 910. J. F. Bergmann. Geb. in Leinw. 3. 60

Albrecht, Eugen, cand. med. aus Sonthofen im Allgäu: Über den Untergang der Kerne in den Erythroblasten der Säugetiere. Ein Beitrag zur Lehre von d. Kerndegeneration. München 1902: J. Gotteswinter. (43 S.) 8°.
München, Med. Diss. v. 1902.

Albrecht, Eugen, Vorfragen der Biologie. gr. 8. (VIII, 94 S.) Wiesbaden 899. J. F. Bergmann. n. 2. 40

Albrecht, Eug., s.: Zeitschrift, Frankf., f. Pathologie.

Albrecht, F., s.a. Albrecht, Friedrich

Albrecht, F., s.a. Albrecht, Fritz

Albrecht, F.: Fest-Predigt zur Gedächtnissfeier d. 400-jährigen Geburtstages d. Reformators Huldreich Zwingli, s. Albrecht, Franz.

Albrecht, F., zur Geschichte der französisch-reformirten Gemeinde in Altona, s.: Geschichtsblätter des deutschen Hugenotten-Vereins.

Albrecht, F., die wichtigsten elektrischen Maasseinheiten f. Gleichstrom u. die Messung verbrauchter elektr. Energie, nebst kurz. Uebersicht üb. die direkt. Betriebskosten v. Gleichstrom-Licht- u. Kraftanlagen. gr. 4. (18 S. m. Fig.) Berlin 901. S. Calvary & Co. n. 1. —
Sonderabdruck aus: „Energie".

Albrecht, F., der Rebell. Eine geschichtl. Tragödie. 8. (141 S.) Leipzig 910. Xenien-Verlag. nn 2. 50

Albrecht, F. Die Schlacht bei Wimpfen u. der Tod der 400 Bürger von Pforzheim. 8. Ulm 1846.

Albrecht, F., 40 Volkslieder für Knabenschulen. Wittenberg, 865. Herrosé. 16. (34 S.) n. 2 ngr.

Albrecht, F.A., s. Albrecht, Franz Anton

Albrecht, F. A., s. Albrecht, Friedrich

Albrecht, F. C. 1820 s. *Albrecht,* Johann Friedrich Ernst.

ALBRECHT, F. E., Triumph der reinen Philosophie oder die wahre Politik der Weiber. Leipzig 1796. 8°. (1/8 Rthl. Scheible, c. 1872.)

Albrecht, F. G., neue Entwürfe f. Gefässe u. Luxusgegenstände i. Porzellan, Majolika, Metall etc. 1. u. 2. Serie. Fol. (je 10 Lichtdr.-Taf.) Plauen 895—96. Ch. Stoll. à n. 10. — (kplt. in Mappe: n. 18. —)

Albrecht, Fr., s.a. Albrecht, Friedrich

Albrecht, Fr., Antritts-Predigt bei seiner durch Heinrich Loose, deutsch-kathol. Pfarrer in Eßlingen, vollzogenen Einweihung nebst der Einweihungs-Rede des Letztern. gr. 8. Basel 846. (Ulm, Heerbrandt u. Thämel.) 2 ngr

Albrecht, Fr.: Zur Besiedlung Westböhmens durch die Slaven bis zum Einsetzen der deutschen Kolonisation. Eine Durchsicht d. einschlägigen Urkundenmaterials bis zum Ausgang d. 13. Jh. (T.1.2.) — Pilsen: Selbstverl. (1910–11).
Aus: Jahresberichte d. k. k. deutschen Staatsgymnasiums in Pilsen. 1910. 1911.
2.
2.10878

ALBRECHT, Fr., Das Hohelied der Bibel. Eine Sammlung von hebräischen Liebesliedern in deutsche Reime übersetzt u. erläutert. Ulm 1858. 12°. (In Stuttgart.)

Albrecht, Fr. Ernst (Hrsg.), s. Thierkreis, Der politische.

Albrecht, Fr. H. J.

Albrecht, F. H. J., Elementarbuch der französischen Sprache nach d. calculirenden Methode, als Vorbereitg. zu seiner prakt. französ. Grammatik in 2 Lehrgängen. gr. 12. (VI u. 129 S.) Mainz 851, v. Zabern. 1/4 ngr

Albrecht, Fr. H. J., Elementarbuch der französischen Sprache nach der calculirenden Methode, als Vorbereitung zu seiner nach derselben Methode bearb. französ. Grammatik. 2. Aufl. 853. (VI, 129 S.) — 3. Aufl. 856. (V, 139 S.) — 4. Aufl. Mainz 858. v. Zabern. gr. 8. (VI, 139 S.) 7 1/2 ngr

Albrecht, Fr. H. J., Elementarbuch der französischen Sprache nach der calculirenden Methode. Zugleich vorbereitender Cursus zu des Verf. französ. Grammatik, neu bearb. von L. Noiré. 5. Aufl. 861. — 6. Aufl. Mainz, 864. v. Zabern. 12. (VI, 139 S.) 7 1/2 ngr

Albrecht, Fr. H. J., Elementarbuch der französischen Sprache nach der calculirenden Methode. Zugleich vorbereitender Cursus zu des Vers. französ. Grammatik, neu bearb. von Noiré. 7. Aufl. Mainz 866. v. Zabern. 8. (VII, 139 S.) 7½ ngr.

Albrecht, Fr. H. J., Elementarbuch der französischen Sprache nach der calculirenden Methode. Zugleich vorbereitender Cursus zu des Verf. französ. Grammatik, neu bearb. von Noiré. 8. Aufl. 1870, und 9. Aufl. gr. 8. (VI, 139 S.) Mainz 873, v. Zabern.

Albrecht, Fr. H. J., Elementarbuch der französischen Sprache nach der calculirenden Methode. Zugleich vorbereit. Cursus zu des Verf. französ. Grammatik, neu bearb. von Noiré. 10. Aufl. gr. 8. (VI, 142 S.) Mainz 878, v. Zabern.

Albrecht, Fr. H. J., Exercices allemands à l'usage des gymnases et des écoles dites réales. Recueillis et traduits en français. gr. 8. (III und 117 S.) Mayence 855, v. Zabern. Thlr.

—— französische Grammatik nach der calculirenden Methode als Entwicklung und Fortsetzung seines Elementarbuches der französ. Sprache. gr. 8. (IV und 224 S.) Mainz 853, v. Zabern.

Albrecht, Fr. H. J., französische Grammatik. 2. Aufl., vollständig umgearb. u. durchgängig verm. von L. Noiré. Mainz 859. v. Zabern. 12. (342 S.) 20 ngr.

—— französische Grammatik, vollständig umgearb. und durchgängig verm. von L. Noiré. 3. Aufl. gr. 8. (373 S.) Mainz 871, v. Zabern.

— praktische französische Grammatik in zwei Lehrgängen, als Entwicklung u. Fortsetzung des ersten Cursus v. Ahn's prakt. Lehrgang. 1. u. 2. Lehrg. gr. 8. (IV u. 246 S.) Mainz 850, Le Roux. (à ¼ ℛ) ½ ℛ

Albrecht, F. H. J., Handbuch d. Philosophie für Gymnasien. gr. 8. Mainz 844, Kupferberg. 11/12 ℛ

—— und J. Simon, französisches Lesebuch für die mittleren Klassen der Gymnasien und Realschulen. Mit einem vollständigen Wörterverzeichniß. gr. 12. (VIII und 248 S.) Mainz 854, v. Zabern.

—— deutsche Uebungsstücke zum Uebersetzen in das Französische zum Gebrauche der Gymnasien und Realschulen. gr. 8. (V und 156 S.) Mainz 855, v. Zabern.

—— Weltgeschichte. Ein Lehrbuch sowohl z. Selbstunterricht als f. Gymnasien u. höhere Bürgerschulen. 1. Thl. Alte Geschichte. Geschichte d. alten oriental. Völker u. d. Griechen, mit Inbegriff d. Macedonier 2c. gr. 8. (20 B.) Mainz 846, Kupferberg.

— Weltgeschichte. Ein Lehrbuch sowohl zum Selbstunterrichte als f. Gymnasien u. höhere Bürgerschulen. 2. Thl.: Alte Geschichte. Geschichte der Römer, nebst einer Stammtaf. des Augusteischen Hauses (in qu. Fol.). A. u. d. T.: Geschichte der Römer. gr. 8. (XIV u. 345 S.) Darmstadt 848, Leske. 1 ℛ — (1. Thl. Mainz 846, Kupferberg. 5/6 ℛ)

Albrecht, Fr. Lud. (Resp.): De ossificatione durae matris meningis..., s.a. Buechner, Andr. El. (Praes.)

Albrecht, Fr. Lud., De ossificatione durae matris meningis, singulari observatione confirmata. 30 pp. Hal. 4°. II p.209—16. Weiz, Ausg. 1774.

Albrecht, Franz

Albrecht, Frz., Fest-Predigt, zur Gedächtnißfeier des 400jähr. Geburtstages des Reformators Hulbreich Zwingli am Neujahrstage 1884 in der evangelisch-reformirten Kirche in Altona gehalten. gr. 8. (16 S.) Altona 884, (Mattig'sche Buchh.) *

Albrecht, Frz., Dr. Samuel Hahnemann's, des Begründers der Homöopathie, Leben und Wirken. Ein Gedenkbuch auf Grund von Familienpapieren, Briefen und langjähr. persönl. Umgangs mit Samuel Hahnemann entworfen. 2. wesentl. verm. und vollständ. neu bearb. Aufl. gr. 8. (122 S.) Leipzig 875, Dr. Schwabe's Homöopath. Buchh. cart.

Albrecht Franz: Quomodo C. Julius Caesar et supplementorum auctores ad res ante narratas delegent. H. 1909 PN 2665 Diss. Wien, Univ.

Albrecht. Franz [aus Hammerstein, Westpr.]: Ueber den Zusammenhang zwischen Syphilis und corticaler Epilepsie .... Berlin, Buchdr. v. Max Kettner (1886); 35 + 1 S. 8°.
Berlin, Med. Fak., Inaug.-Diss. v. 13. Jul. 1886.

Albrecht, Franz, über den Zusammenhang zwischen Syphilis und cortialer Epilepsie. Diss. Berlin 1886, Mayer & Müller, 8°. 35 S.

Albrecht, Franz Anton

Albrecht, F. A., Gesangbuch f. d. Jugend. Eine methodisch geordnete Sammlg. von ein-, zwei- u. mehrstimm. Gesängen zum Schulgebrauch. 4 Stufen in 2 Hftn. 12. Freiburg i/Br. 887. Herder. n. 1. 90; geb. n.n. 2. 15
1. 2. 30 einstimmige u. 80 zweistimmige Lieder. (XII, 102 S.) n. — 50; geb. n.n. — 60
3. 4. 170 zwei-, drei- u. vierstimmige Lieder. (XII, 306 S.) n. 1. 40; geb. n.n. 1. 55

Albrecht, F. A., Meßgesänge u. andere kirchliche Lieder f. die kathol. Jugend. Gesammelt u. größtentheils zweistimmig bearb. Nebst der Orgelstimme hiezu. 3. mit der 2. gleichlautende Aufl. Freiburg i. Br. 866. Schmidt. 8. (64 S.) n. 4 ngr.

Albrecht, Frz. Ant., Meßgesänge und andere kirchliche Lieder für die katholische Jugend. Gesammelt und größtentheils zweistimmig bearb. 6. und 7. Aufl. 16. (80 S.) Freiburg i. Br. 880,83, Herder'sche Verlagsh. *

— Meßgesänge u. andere kirchliche Lieder f. die katholische Jugend. Gesammelt u. größtenteils zweistimmig bearb. 8. verm. Aufl. gr. 16. (84 S.) Ebd. 887. n. — 40

Albrecht, Frz. Ant. Meßgesänge u. andere kirchliche Lieder f. die katholische Jugend. Gesammelt u. größtentheils zweistimmig bearb. 9. Aufl. 12. (84 S.) Freib. i. Br. 891, Herder. * — 40

Albrecht, Frz. Ant., Übungen u. Gesänge zu e. methodischen Gesangsunterrichte in Volks-, Töchter- u. Mittelschulen. Für die Hand der Schüler bearb. 1. Stufe. 3., umgearb. Aufl. 12. (XVI, 36 S.) Freiburg i/Br. 881. Herder. n. — 25

—— dass. — 2.—4. Stufe. Ausg. A. für erweit. Volksschulen, Töchter- und Mittelschulen. 12. Ebendas. [2. Stufe. 3. umgearb. Aufl. (XVI, 130 S.) 1882. * 60 Pf.; 4. verb. Aufl. (XVI, 120 S.) 884. * 65 Pf.; 3. und 4. Stufe. 2. umgearb. Aufl. (IV, 103; IV, 104 S.) 882. à * 60 Pf.] *

—— dass, — 2. und 3. Stufe. Ausg. B. für einfache Volksschulen. 12. Ebendas. 882. [2. Stufe. 3. umgearb. Aufl. (XVI, 80 S.); 3. Stufe. 2. umgearb. Aufl. (IV, 57 S.)] à Stufe * 60 Pf. *

— Übungen u. Gesänge zu e. methodischen Gesangunterrichte in Volks-, Töchter- u. Mittelschulen. Für die Hand der Schüler bearb. 1. Stufe. 4. Aufl. gr. 16. (XVI, 36 S.) Ebend. 885. n. — 25; Einbd. n.n. — 5

Albrecht, F. A., Übungen u. Gesänge zu e. methodischen Gesangunterrichte in Volks-, Töchter- u. Mittelschulen. Für die Hand der Schüler bearb. 2. u. 3. Stufe. Ausg. A. f. erweiterte Volksschulen, Töchter- u. Mittelschulen. 12. Freiburg i. B. 885. Herder. à n. — 60; Cartonnage à n.n. — 5
2. 5. Aufl. (XVI, 120 S.)
3. 3. Aufl. (IV, 103 S.)

— dasselbe. 2. Stufe. Ausg B. f. einfache Volksschulen. 4., verb. Aufl. gr. 16. (XVI, 80 S.) Ebend. 885. n. — 40; Einbd. n.n. — 5

— Übungen u. Gesänge zu e. methodischen Gesangunterrichte in Volks-, Töchter- u. Mittelschulen. Für d. Hand der Schüler bearb. 1. Stufe. 5. Aufl. 12. (XVI, 36 S.) Ebd. 888. n. — 25; cart. n.n. — 30

— dasselbe. 2. Stufe. Ausg. A f. erweiterte Volksschulen, Töchter- u. Mittelschulen. 6. Aufl. 12. (XVI, 120 S.) Ebd. 890. cart. n. — 65

— dasselbe. 2. Stufe. Ausg. B f. einfache Volksschulen. 5., verb. Aufl. 12. (XVI, 80 S.) Ebd. 892. n. — 40; kart. n.n. — 45

— dasselbe. 3. Stufe. Ausg. A f. erweit. Volksschulen, Töchter- u. Mittelschulen. 4. Aufl. 12. (IV, 103 S.) Ebd. 892. n. — 50; kart. n.n. — 55

— Übungen u. Gesänge zu e. methodischen Gesangunterrichte in Volks-, Töchter- u. Mittelschulen. Für die Hand der Schüler bearb. 1. Stufe. 6. Aufl. 12. (XVI, 36 S.) Ebd. 893. n. — 20; kart. n.n. — 25

Albrecht, Frz. Ant., Übungen u. Gesänge zu e. method. Gesangunterrichte i. Volks-, Töchter- u. Mittelschulen. F. d. Hand d. Schüler bearb. 2. Stufe. Ausg. A f. erweit. Volks-, Töchter- u. Mittelschulen. 7. Aufl. gr. 16. (XVI, 120 S.) Freiburg i/Br. 895. Herder. n. — 50; Kartonage n.n.n. — 05

— dasselbe. 3. Stufe. 5. Aufl. 12. (IV, 103 S.) Ebd. 898. n. — 50; Kartonnage n.n.n. — 05

Albrecht, Frz. Ant., Übungen u. Gesänge zu e. methodischen Gesangunterrichte in Volks-, Töchter- u. Mittelschulen. Für die Hand der Schüler bearb. 1. Stufe. 7. Aufl. gr. 16. (XVI, 36 S.) Freiburg i/B. 901. Herder. Kart. n.n. — 25

— dasselbe. 2. Stufe. Ausg. A. f. erweit. Volks-, Töchter- u. Mittelschulen. 8. Aufl. gr. 16. (XVI, 120 S.) Ebd. 902. Kart. n. — 55

Albrecht, Frz. Ant., Übungen u. Gesänge zu e. methodischen Gesangunterrichte in Volks-, Töchter- u. Mittelschulen. Für d. Hand d. Schüler bearb. I. Stufe. 8. Aufl. (XVI, 36 S.) kl. 8. Freiburg i/B. 909. Herder. Kart. — 30

Albrecht, F. A., Uebungen und Lieder zu einem methodischen Gesang-Unterrichte in Schule und Haus. Für die Hand der Schüler bearb. und gesammelt. 1. Stufe. 1. Heft. In Tonziffern. 3. nach dem neuen badischen Lehrplane eingerichtete Aufl. 8. (21 S.) Freiburg i. B. 872, Schmidt's Buchh. **

Albrecht, F. A., Uebungen und Lieder zu einem methodischen Gesang-Unterrichte in Schule und Haus. Für die Hand der Schüler bearb. und gesammelt. 1. Stufe. 2 Hefte. 8. Freiburg i. Br., Schmidt's Buchh. à Heft ** 20 Pf. **
Inhalt:
Heft 1. In Tonziffern. 4., nach dem neuen bad. Lehrplane eingerichtete Aufl. (24 S.) 879.
" 2. In Noten. 2. verb. Aufl. (28 S.) 877.

— dasselbe. 2. Stufe. 2. verb. Aufl. 8. (V, 96 S.) Ebend. 878. n.n. — 45

— dasselbe. 3. Stufe. gr. 8. (VII, 111 S.) Ebend. 871. n.n. — 60

— dasselbe. 4. Stufe. br. 8. (III, 80 S.) Ebend. 871. n.n. — 50

—— Uebungen und Lieder zu einem methodischen Gesangunterrichte in der Volksschule. Für die Schüler bearb. 1. und 2. Stufe. br. 8. Freiburg im Br., Schmidt's Buchh. [1. 2. Aufl. (48 S.) 866. ** 4 Ngr., 2. (IV und 94 S.) 867. ** 5 Ngr.] **

— Vorbereitungskurs zu einem methodischen Gesang-Unterrichte in Schule u. Haus. Für die Hand der Schüler bearb. u. gesammelt. In Tonziffern. 4., nach dem neuen bad. Lehrplane eingerichtete Aufl. 12. (24 S.) Freiburg i/Br. 879. Herder. n. — 20

— Vorbereitungskurs zu e. method. Gesang-Unterrichte in Volks-, Töchter- u. Mittelschulen. Für d. Hand der Schüler bearb. 5., verb. Aufl. 16. (IV, 21 S.) Ebend. 884. n. — 20; cart. n.n. — 25

Albrecht, F. A., Vorbereitungskurs zu einem methodischen Gesangunterrichte in Volks-, Töchter- und Mittelschulen. Für die Hand der Schüler bearb. 6. Aufl. 12. (IV, 22 S.) Freiburg i. Br. 888, Herder'sche Verlagsh. * 20 Pf.; cart. **

Albrecht, Frider. Guil., De diagnosi Esthonicae leprae cutaneae. Diss. Dorpat. 16°. 71 pp. 1825.

Albrecht, Friedrich, Deutschkatholischer Prediger, Ulm. 1845: Friedrich Schiller's Christenthum. Gedächtnißrede, an Schiller's hundertjähriger Geburtstagsfeier gehalten. 2. Aufl. — Ulm: Nübling 1859. 20 S.
1: Av 11056/68². 12: Biogr. 1060 g–16. 10. 11.
2.10880

Albrecht, Friedr. (I.), Christof Columbus, s. a. Volksbibliothek, neue.

— Christof Columbus. — Stuttgart: Levy & Müller [1875]. 45 S. (Neue Volksbibliothek. 4,7.) 5.
2.10881

—— relig. Dichtungen f. christk. Glaubensgenossen, s. a. Siegmund, Friedr.

— Religiöse Dichtungen allen christkatholischen Glaubensgenossen gewidmet von Friedrich Siegmund [d. i. Friedrich Albrecht]. — Breslau: Trewendt 1845. 39 S.
1: Cq 8055. 2.
2.10882

Albrecht, Frdr., Feldkaplan und Lieutenant. Dramatisches Gemälde aus den Zeiten d. 30jähr. Krieges. In 3 Akten u. e. Vorspiel. Ulm 862. Gebr. Nübling. gr. 8. (132 S.) 18 ngr.

Albrecht, Friedr., das Fischerstechen in Ulm zu Ehren der deutschen Alterthumsforscher abgeh. am 20. Sept. 1855. Eine poetische Schilderung. Ulm, Gebr. Nübling. 8. (15 S.) 3 ngr.

—— Ueber die Fortdauer nach d. Tode. (I. Joh. III., 2.) Predigt. gr. 8. (1 B.) Ulm (u. Reutlingen) 840, Heerbrandt u. Thämel.

— Drei Fragen in betreff der Bibel. — Ulm: Nübling in Komm. 1855. 16 S. 1: Bf 7491.
2.10883

Albrecht, Friedrich, Deutschkatholischer Prediger, Ulm. 1845: Zu Schiller's hundertjähriger Geburtstagsfeier den 10. November 1859. — Ulm (1859): Nübling. 8 S.
10. 11.
2.10884

— Gedichte. — Breslau: Trewendt & Granier 1853. XVI, 224 S. 1: Yo 5861. 2.
2.10885

Zwei Gedichte von Friedr. Albrecht (bisher ungedruckt). [Dat.:] München 1888. 2 Bl. 8° [Kopftit.]
1. Fünf Tempel. 2. Mein Gottgedanke.

— Zwölf Gedichte unsrer Zeit gewidmet von Friedrich Siegmund [d. i. Friedrich Albrecht]. — Leipzig: Köhler in Comm. 1845. 31 S.
1: Yo 2173. 12: P. o. germ. 1379 q.
2.10886

—— 2., unveränd. Aufl. Ebd. 1845. 31 S. 2.
2.10887

Albrecht, Frdr., Geschichte der Seeschlange vom Bodensee. Bericht d. Seethalkomites über den fünfjährigen Krieg um die Seethalbahn Rorschach-Romanshorn-Konstanz. Frauenfeld 869. (Huber.) gr. 8. (122 S.) n. 15 ngr.

—— Glaube Hoffnung Liebe. Ein Glaubensbekenntniß in 3 Sonettenkränzen. 16. (III und 48 S.) Ulm 856. (Leipzig, O. Wigand. *

Albrecht, Frdr., Glaube, Hoffnung, Liebe. Ein Glaubensbekenntniß in 3 Sonettenkränzen. 2. Aufl. 16. (54 S.) Wiesbaden 886. Limbarth. geb. m. Goldschn. n. 1. 50

— das Hohelied in der Bibel. Eine Sammlung v. hebräischen Liebesliedern in deutsche Reime übersetzt und erläutert. Ulm 858. Gebr. Nübling. 16. (80 S.) 18 ngr.

—— der gewaltsame Kinderraub zu Bologna. Zugleich ein Wort der Warnung an alle Concordatsfreunde. br. 8 (26 S.) Ulm 858, Gebr. Nübling. *

—— Kirchenschule oder Staatsschule? gr. 8. (39 S.) Ulm 862, Gebr. Nübling. *

—— Pfarrer Chrn. Klaus Kunel und die freie religiöse Gemeinschaft. Predigt gehalten am 17. Novbr. zu Nürnberg. gr. 8. (16 S.) Nürnberg 867, (Zeh.) **

Albrecht, Frdr., Pfarrer Chrn. Klaus Kunel u. die freie religiöse Gemeinschaft. Predigt gehalten am 17. Novbr. zu Nürnberg. Nürnberg 868. (Zeh.) 8. (16 S.) n. 2 *ngr.*

—— Lesefrüchte aus den hinterlassenen Werken Friedrichs des Großen, Königs von Preußen. gr. 16. (75 S.) Ulm 860, Gebr. Nübling.

Albrecht, Frdr., Lesefrüchte aus den hinterlassenen Werken Friedrichs d. Großen, Königs v. Preußen. Ausgewählt u. gesammelt. 3. unveränd. Aufl. 8. (81 S.) Wiesbaden 889. Limbarth. n. 1. —

Albrecht, Frdr., die Luftbahn auf den Rigi, System e. Communication mit Höhen, mit Anwendung der Luftballone als Lokomotive. Mit 4 (lith.) Taf. Abbildgn. (in 4.) Winterthur, 859. Steiner in Comm. gr. 8. (38 S.) n. 20 *ngr.*

Albrecht, Frdr., Melusina. Luxemburgische Sage aus d. 10. Jahrh. Ludwigslust, 859. Hinstorff. 16. (80 S.) 15 *ngr.*

— Moses Mendelssohn als Urbild von Lessings Nathan dem Weisen. Vortrag. Ulm 866. (Gebr. Nübling.) 8. (24 S.) n. 4 *ngr.*

Albrecht, Friedrich (christkatholischer Pfarrer in Ulm). Predigten, Aufsätze und Mittheilungen. Heft 2—12. Ulm, G. P. Geuß 1846. 8.

—— Predigten, Aufsätze u. Mittheilungen. 12 Hfte. 8. (45 B.) Ulm (u. Reutlingen) 846, (Heerbrandt u. Thämel). à 5 Ngr.

Albrecht, Frdr., Predigten, Aufsätze u. Mittheilgn. 2. (Titel-) Aufl. 12 Hfte. 8. (715 S.) Ulm (846) 848, Müller. 1 *n$*

— Predigten über die Missions-Jesuiten u. ihre Lehre v. der Hölle. Eine Belehrung u. Warnung. 3. Aufl. gr. 8. (32 S.) Ulm 851, Gebr. Nübling in Comm. — 4. Aufl. gr. 8. (32 S.) Ebd. 851. 3 *ngr.*

Albrecht, Friedrich, Architekt. 1859
Allgemeine illustrirte Preisliste, Beschreibung und Vertragsformulare der Bauarbeiten. — Zofingen [: Selbstverl.] 1876. 175 S. **89.**
2.10891

Albrecht, Friedr., allgemeine illustrirte Preisliste, Beschreibung und Vertragsformulare der Bauarbeiten nach Metermaaß und altem Schweizermaaß [badisch Maaß], in Frankenwährung und deutscher Reichswährung berechnet, auf Erfahrung gegründet. 4. (175 S. mit autograph. eingedr. Zeichnungen.) Zofingen 876, (Blaser'sche Buchh.) *

Albrecht, Frdr., allgemeine illustrirte Preisliste, Beschreibung u. Vertragsformulare der Bauarbeiten nach Metermaaß u. altem Schweizermaaß [bad. Maaß], in Frankenwährg. u. deutscher Reichswährg. berechnet, auf Erfahrg. gegründet. 4. (177 S. m. eingedr. Fig.) Zofingen 876. (Aarau, Sauerländer.) n. 5. —

Albrecht, Friedr., allgem. illustr. Preisliste, Beschreibung und Vertragsformulare der Bauarbeiten nach Metermaass und altem Schweizermaass (badisch Maass) in Frankenwährung und deutscher Reichswährung berechnet, auf Erfahrung gegründet. 8. Zofingen, Blaser'sche Buchhandlung. 1877 12. —

Albrecht, Fr., allgem. illustr. Preisliste, Beschreibung und Vertragsformulare der Bauarbeiten nach Metermaass und altem Schweizermaass (badisch Maass), in Frankenwährung und deutscher Reichswährung berechnet. Mit Holzschnitten. Zofingen, Ringier'sche Buchdruckerei. 4. 1877

Albrecht, Friedr, (Architect). Allg. illustrirte Preisliste. Beschreibung und Vertragsformulare der Bauarbeiten nach Metermaass u. altem Schweizermaass (badisch. Maass), in Frankenwährung und deutscher Reichswährung berechnet. In-4°, 175 S. Aarau, Sauerländer. 1880 6 —

—— Religion. Eine Sammlung von Predigt-Vorträgen im Geiste des 19. Jahrhunderts. Allen, die nachdenken, nicht nachglauben, zur Belehrung und Erbauung gewidmet. 1. Bd. in 12 Lfgn. gr. 8. (576 S.) Ulm 857—59, Gebr. Nübling. à Lfg. * 5 Ngr. *

—— Religion. Eine Sammlung von Predigt-Vorträgen im Geiste des 19. Jahrh. Allen, die nachdenken, nicht nachglauben, zur Belehrung und Erbauung gewidmet. 2. Bd. 12 Lfgn. gr. 8. (576 S. mit photograph. Portr.) Ulm 862—66. (Gebr. Nübling.) à Lfg. * 5 Ngr. *
1. Bd. Ebendas. 1857—59. * 2 Thlr.

Albrecht, F., u. M. Albrecht, die Reste der Sternwarten Tycho Brahe's auf der Insel Hveen. 4. (16 S. m. 8 Abbildgn. u. 1 farb. Karte.) Berlin 901. C. A. Schwetschke & Sohn. n. — 80
Sonderabdruck aus: „Das Weltall".

— meine Stunden der Andacht daheim u. in der Gemeinde, im Kampf u. auf dem Friedhof. Mannheim 869. Schneider. gr. 8. (192 S.) 21 *ngr.*

Albrecht, Frdr., mein Tagebuch von Hohenasperg. Ulm 866. Gebr. Nübling.) 8. (48 S.) n. 5 *ngr.*

Albrecht, F.: Verbrechen u. Strafen als Ehescheidungsgrund n. ev. Kirchenrecht, s.a. Abhandlungen, kirchenrechtl.

Verbrechen und Strafen als Ehescheidungsgrund nach evangelischem Kirchenrecht. Von Dr. Friedrich **Albrecht**, Referendar. *Stuttgart: F. Enke 1903.* (VI, 200 S.) 8°
— Abhandlungen, Kirchenrechtliche. H. 4. [illegible]

Albrecht, Friedrich, Referendar: **Verbrechen** und Strafen als Ehescheidungsgrund nach evangelischem Kirchenrecht. T. 1. *Stuttgart 1903: Union.* (64 S.) 8° [Erschien vollst. 1903 als: Kirchenrechtl. Abhandl., H. 4.]
Berlin, Jur. Diss. v. 18. Mai 1903

Albrecht, Frdr., die Werra-Eisenbahngesellschaft, ihre Interessen u. die Zuständigkeit ihres Verwaltungsraths. Eine Entgegnung auf die Broschüre: „Der Verwaltungsrath u. die Generalversammlung der Werraeisenbahngesellschaft." Coburg, 862. Streit. gr. 8. (21 S.) n. 5 *ngr.*

Albrecht, Friedrich, Referendar: Die **Wildschadensersatzpflicht** nach dem bürgerlichen Gesetzbuche unter Berücksichtigung der einschlägigen Landesgesetze. *Rostock 1902: H. Winterberg.* (81 S.) 8°
Rostock, Jur. Diss. v. [15. Jan.] 1903

Albrecht, Friedrich Ernst, Arzt, Schriftsteller, Theaterdirektor. 1796 s. *Albrecht*, Johann Friedrich Ernst.

Albrecht, Friedrich Wilhelm: Plattdeutsche Gedichte. Bd(1)-3. — o.O. (3: Magdeburg: Rubach) 1817-22.
(1.)2. Von einem altmärkischen Landmann [d. i. Friedrich Wilhelm Albrecht]. 1817-18.
3. 1822.
1-3 . . . . **1:** 1.2 – Yc 2386; 3 – Yc 2387-3.
1.2 . . . . **11.**
2.3 . . . . **9.**
3 . . . . **12:** P. o. germ. 427 h-3.
2.10895

[—] — 2. Aufl. Bd 1. o.O. 1822.
12: P. o. germ. 427 h-1.
2.10896

[—] — 2. Aufl. Bd 1.2. Magdeburg: Rubach 1822.
1.2 . . . . **1:** Yc 2387-1.2. **9.**
2 . . . . **12:** P. o. germ. 427 h-2.
2.10897

Albrecht, Fritz, Arzt: Ein Beitrag zur pathologischen Anatomie der chronischen Skleritis. *Königsberg i. Pr. 1903: Karg & Manneck.* (36 S.) 8°
Königsberg, Med. Diss. v. 24. März 1903

Albrecht, F., das Kinderschutzgesetz in 6 Merkblättern nebst Anh., enth. Gesetzestext u. preuß. Ausführungsbestimmungen. (III, 60 S. u. 6 Bl.) 8. Frankfurt a/O. 910. Trowitzsch & Sohn. p 1. —

Albrecht, G., s. Albrecht, Georg

Albrecht, G., s. Albrecht, Gustav

Albrecht, G. F., genealog. Handbuch v. Freiherrl. u. adeligen Familien auf d. J. 1776. 8. Frankf. 776. Fritsch. 16 *gl.*

Albrecht, Ge. Dav., Diss. de ischuria. 45. pp. Gott. 4°. *Haller,* Bibl. anat. II, 638. (Partium urinam secernentium descriptio.) 1 7 6 7

Albrecht, Georg, Pfarrer u. Superintendent, Nördlingen. 1631: Biblisches ABC- und Namen-Büchlein, darinnen Weis und Weg gezeiget wird, wie man die junge Schul-Kinder ... neben und mit dem Lesen auch zur wahren Gottesfurcht anführen ... möge. Mit schönen Fig. gezieret u. mit vielen Syllaben verm. — Nürnberg: Endter o. J. Bog. A–C. **1:**Ep 240.
2.10901

— — Mit schönen Fig. gezieret u. Silben verm. Rothenburg 1804: Holl. 24 Bl. **12:**Paed. Pr. 87.
2.10902

ALBRECHT II. (Georg)

M. Georg Albrechten seel. gewesenen Superintendenten und Pfarrers zu Geildorff Bedencken vom Tantzen zur Überzeugung dass man zu dieser Zeit und auf die allenthalben übliche Weise mit gutem Gewissen und ohne Gefahr der Seelen nicht mit Tantzen könne. Heraus gegeben von M. Johann Heinrich Calisio, ... – *Schwäb. Hall*, 1705. In-8, 4 f.

Albrecht, G.: Am Christabend, s.a. Aufführungen f. Weihnachten u. Neujahr.

Am Christabend. Weihnachtsbild in 1 Akt von Georg **Albrecht**. *Mühlhausen i. Th.: G. Danner [1901].* (16 S.) 8° [F.]
— **Aufführungen** f. Weihnachten u. Neujahr. No 4. [01. 8117

Albrecht, Georg, a. Berlin: Ueber die Perzeption der Lichtrichtung in den Laubblättern. (Berlin 1908: W. Pilz.) (46 S.) 8°
Berlin, Phil. Fak., Ref. Schwendener, Diss. v. 15. April 1908
[Geb. 11. Aug. 82 Berlin; Wohnort: Berlin; Staatsangeh.: Preußen; Vorbildung: Luisenstädt. Oberrealsch. Berlin Reife O. 02; Studium: Berlin 11 S.; Rig. 30. Jan. 08.]

Albrecht, G.: Durch den Tannenbaum, s.a. A u f f ü h r u n g e n f. Weihnachten u. Neujahr.

Durch den Tannenbaum. Lustspiel in 1 Akt von Georg **Albrecht**. *Mühlhausen i. Th.: G. Danner [1901].* (23 S.) 8° [F.]
= **Aufführungen** f. Weihnachten u. Neujahr. No 5. [01. 8118

Albrecht, Georg E.: Von stiller Insel. Gedichte. — Gelsenkirchen: Dahl 1905. 72 S. **6.**
2.10939

Albrecht
— **Gerhard Friedrich,** De mercedis remissione ob sterilitatem aestimanda (Vom Pfacht-Nachlass). Diss. jur. Giessen (Joh. Jacob Braun) April 1779. 24 S. (4.80) 232

Albrecht, Guil. Ed. s.a. A l b r e c h t, W.Ed.

Albrecht, Guil. Ed., Comment. juris Germanici antiqui doctrinam de probationibus adumbrans. Pars I et II. 8 maj. (9 B.) Regiomonti 827, (Gebr. Bornträger.)

Albrecht
— **Gunt. Ant. Heinrich** (Hildesheim), De natura, se ipsam nunc vindicante nunc destruente. Diss. med. Präs. Gg. Gottlob Richter. Götting. (Hager) 11. IX. 1737. 19 S. (5.—) 233
Gewidmet: Gerlach Adolph v. Münchhausen (Strausfurt).

Albrecht, Gustav Über die Berechtigung und die Verwendung des elektrischen Potentials und einiger verwandter (Umschlagtitel: verwandten) Begriffe im Mittelschulunterricht. 8 (22 S.).
Progr. Erstes deutsch. k. k. G. *Brünn* 1892.

— Über die Bestimmung der wägbaren Masse. Bemerkungen zur Methodik des phys. Unterr. 21. Brünn St.-R. 88. Progr.

Albrecht, Gust., D. D e n k m ä l e r i. d. Siegesallee z. Berlin i. ihrer Bedeutg. f. d. vaterländ. Geschichte. 1. Hft. (Gruppe 1—4.) gr. 8. (24 S. m. Abb.) Berlin 898. Buchh. d. deutschen Lehrerzeitg. n. — 30

[F.] Die Denkmäler in der Siegesallee zu Berlin in ihrer Bedeutg f. d. vaterländ. Gesch. v. Dr. Gustav **Albrecht**. M. Abb. H. 1. *Berlin: F. Zillessen 1898.* 8. [92. 4070

Albrecht, Gust., die Denkmäler in der Siegesallee zu Berlin in ihrer Bedeutung f. die vaterländische Geschichte. 2. Hft. (Gruppe 5—9.) gr. 8. (S. 27—48 m. Abbildgn.) Berlin 900. F. Zillessen. n. — 30
Heft 1 jetzt Ebd. 898. n. — 30.

Albrecht, Gust., die Elektricität. (167 S. m. 38 Abb.) 8. Heilbronn 897. Stuttgart, Franckh. Geb. n 2. —

Albrecht, Gust., d. Elektricität. 8. (167 S. m. 38 Abb.) Heilbronn 897. Leipzig, C. E. Poeschel. Geb. n. 2. —

Albrecht, G.: Die Elektricität. 8°(167 m. Abb.).– Heilbr. 1897, Stuttg., Strecker & Schröder.

Albrecht, Gust.: Erkner u. Umgegend, s.a. S a m m l u n g Straube.

Erkner und Umgegend. Bearb. von Dr. Gustav **Albrecht**. Mit 7 Spezialkarten im Verhältnis 1:25,000, 1 Uebersichtskarte im Verhältnis 1:130,000 u. 1 Uebersichtskarte im Verhältnis 1:300,000. Berlin: J. Straube [1906]. (16 S.) 8°
= **Straube**, Sammlung. H. 4. [07. 904

Albrecht, Gustav, Dr. 1885
Geschichte der Elektricität mit Berücksichtigung ihrer Anwendungen. — Wien & Leipzig: Hartleben 1885. XVI, 336 S. (Elektrotechnische Bibliothek. 28.)
1:Op 29628–28. **12:**Techn. 24su–28. **300:**390.887–B. Per. 28. **2. 7. 9. 82. 83. 89.**
2.10953

Albrecht, G: **Geschichte der Elektricität mit Berücksichtigung ihrer Anwendungen. Wien, Pest und Leipzig 1885**

Albrecht, Gust, d. Gespenst als Heirathsvermittler, s.a. **A l b u m f. Liebhaber-Bühnen.**

Das Gespenst als Heirathsvermittler. Originalschwank in 1 Akt von Gustav **Albrecht**. *Berlin: Kühling & Güttner [1895].* (28 S.) 8° [F.]
= Album f. Liebhaber-Bühnen. No 300. [09. 1560

Albrecht, Gustav Über einige Grundbegriffe der Physik. Ein Beitrag zur Logik der Naturwissenschaften. 8 (S. 3—28).
Progr. Staats-Oberg. *Mähr.-Trübau* 1886.

Albrecht, Gust., der Grunewald, s.a. Sammlung Straube. I.

Der Grunewald. Winke f. Ausflüge bearb. von Dr. Gustav **Albrecht**. Mit 5 Spezialkarten u. 1 Uebersichtskarte. Berlin: J. Straube [1906]. (35 S.) 8°
= **Straube**, Sammlung. [06. 1102

Albrecht, G.: Aus märk. Heidenzeit, s. Hefte z. märk. Kirchengesch.

Albrecht, Gust.: Kalkberge-Rüdersdorf, s.a. S a m m l u n g Straube.

Kalkberge-Rüdersdorf. Bearb. von Dr. Gustav **Albrecht**. Mit 2 Spezialkarten im Verhältnis 1:25,000, 1 Uebersichtskarte im Verhältnis 1:300,000 u. 1 Uebersichtskarte im Verhältnis 1:130,000. Berlin: J. Straube [1906]. (14 S.) 8°
= **Straube**, Sammlung. H. 3. [07. 901

Albrecht, Gust.: D. Keilfuchs, s.a. A l b u m f. Liebhaber-Bühnen

Albrecht, Gustav, Dr., Bibliothekar. 1895: Der Keilfuchs. Original-Schwank aus d. Studentenleben in 1 Akt. — Berlin: Kühling & Güttner [1896]. 27 S. (Album für Liebhaber-Bühnen. 313.) **1:**Yp 6329–313.
2.10960

Albrecht, Gust., s.: Landeskunde d. Prov. Brandenbg.

— Oberspree u. Dahme, s.a. Sammlung Straube. II.

Oberspree und Dahme. Ausflüge zu Wasser u. zu Lande bearb. von Dr. Gustav **Albrecht**. Mit 4 Spezialkarten, 1 Pl. von Cöpenick u. 1 Uebersichtskarte. Berlin: J. Straube [1906]. (31 S.) 8°
= **Straube**, Sammlung. H. 2. [06. 11414

— Oranienburg u. Umgebung. s.a. Sammlung Straube.

Oranienburg und Umgebung. Bearb. von Dr. Gustav **Albrecht**. Mit 5 Spezialkt. u. 1 Übersichtskt. Berlin: Straube [1908]. 24 S. 8°
(Sammlung Straube. H. 5.) [09. 1491

Albrecht, Gust., Predigt, gehalten bei der ersten Stiftungsfeier des Gumbinner Zweig-Vereines der evang. Gustav-Adolph-Stiftung, am 27. Mai 1846. gr. 8. Gumbinnen 846, Bönig. n. 4 ngl

Albrecht, Gust., Adam Ries u. die Entwicklung unserer Rechenkunst, s.: S a m m l u n g gemeinnütziger Vorträge.

Albrecht, G.: Soldatenbrief, s.a. Kühling's, A., Theater-Specialität.

[F.] Soldatenbrief. Schwank in 1 Akt v. Gustav **Albrecht**. *Berlin: Kühling & Güttner [1896].* (10 S.) 1 Bd 8.
= Theater-Specialität, A. Kühling's. No 60. [97. 5282

— Tegel u. Umgebung, s.a. Sammlung Straube.

Tegel und Umgebung von Dr. Gustav **Albrecht**. Mit 5 Spezialkt. u. 1 Übersichtskt. Berlin: Straube [1908]. 21 S. 8°
(Sammlung Straube. H. 6.) [09. 1492

Albrecht, Gust., Die Städtische Volksbibliothek zu Charlottenburg in den ersten 10 Jahren ihres Bestehens. 8°.
Aus: Eckart. Jg 1907/08. Nr 5/6.

— Straubes märkisches Wanderbuch. Ausflüge in d. Mark Brandenburg. Mit 38 Kt. 21. Aufl. der '200 Ausflüge in d. Umgegend von Berlin' von Aloys Hennes. Neu bearb. u. verm. (T 1–3.) — Berlin: Straube 1904.
1:Tc 2442. 11.
2.10965

— — 25. Aufl. der 200 Ausflüge in d. Umgegend von Berlin von A[lois] Hennes. Neu bearb. u. verm. T. 1–4. — Berlin: Straube 1909–10.
1-3. 1909. 4. 1910. 1:Tc 2442[aa]. 11.
2.10966

[F.] Wilhelm der Grosse. Patriot. Festsp. f. d. deutsche Volk u. Heer z. Feier d. 100jähr. Geburtstages Kaiser Wilhelms I. v. Gustav **Albrecht**. *Berlin: Kühling & Güttner [1897].* (12 S.) 1 Bd 8. [99. 1207

Albrecht, H., s.a. A l b r e c h t , Heinrich

Albrecht, H., s.a. A l b r e c h t , Herm.

Albrecht, H: **Adhäsions- und Luftdruckgebisse. Berlin 1903**

Albrecht, H.: Beitrag z. vergleich. Anatomie d. Säugethier-Kehlkopfes. 8°(96 m. 1 Fig. u. 7 Taf.).– Wien 1896, (C. Gerold's S.)

Albrecht, H., das Buch mit den sieben Siegeln. Ein Vortrag gehalten in Lenzburg den 5. Novbr. 1872. gr. 8. (19 S.) Zürich 873, Schabelitz'sche Buchh.

Albrecht, H., das Buch mit den 7 Siegeln. Ein Vortrag geh. in Lenzburg den 5. Novbr. 1872. gr. 8. (19 S.) Zürich 873. Schmidt. — 30

Albrecht, H., s.: Concordia.

Albrecht, H., die Eroberung des Nordpols. 8. Leipzig 878. Berlin, Neufeld und Mehring.

Albrecht, H., die Eroberung des Nordpols. Schilderung der Forschungsreisen vom 16. bis zum 19. Jahrh. Der Jugend erzählt. Mit 8 Holzschn.(-Taf.) und 2 farb. Bildern. 8. (VIII, 285 S.) Leipzig 878, [Albrecht.] Zieger. geb. *

Albrecht, H., D. Eroberung d. Nordpols. Schilderg. d. Forschungsreisen v. 16. Jahrh. b. a. d. Gegenwart. D. Jugend erz. Neue Ausg. gr. 8. (202 S. m. Abb. u. 4 Farbdr.) Stuttgart 898. Reutlingen, R. Bardtenschlager. Geb. 4. 50

Albrecht, H., s.: Erzählungen f. die Jugend.

— ein treuer Freund. Erzählung aus Alaska. — Laswen, A. Z.: In den Händen der Rothäute. Eine Geschichte aus dem wilden Westen. 8. (96 S. m. 2 Farbdr.) Dresden (Fürstenstr. 12) (900). Germania-Verlag. Geb. 2. —

Albrecht, H., Gustav Adolf-Stätten, s.: Festschriften f. Gustav Adolf-Vereine. 25. Hft.

Albrecht, H., s.: Handbuch f. Eisenbetonbau.

Albrecht, H. Handb. d. prakt. Gewerbehygiene. Berlin 1895.

Albrecht, H. (Hrsg.), s. H a u s , Für's deutsche.

Albrecht, H. (Hrsg.), s. K a m e r a d , Der.

— die Kreuzfahrer. — Cassau, Carl: Der Ueberfall der Karawane. Erzählung aus Kairo 8. (96 S. m. 2 Farbdr.) Ebd. (900). Geb. 2. —

— Musterstätten persönlicher Fürsorge v. Arbeitgebern f. ihre Geschäftsangehörigen, s.: Post, Jul.

— nach dem Nordpol. Eine Geschichte üb. Frithjof Nansens letzte Forschungsreise. — Treu bis in den Tod! Eine Geschichte a. d. wilden Westen. 8. (96 S. m. 2 Farbdr.) Ebd. (900). Geb. 2. —

Albrecht, H., über Pest, s.: Weichselbaum, A.

Albrecht, H. (Hrsg.), s. P o s t , Neue.

Albrecht, H., die kirchliche Reform, eine Forderung der modernen Weltanschauung. Vortrag. 8. Lenzburg, Hegner. **1872** —. 30

Albrecht, H., Rektor d. Knabenschule, Pritzwalk. 1880: Schilderung der Forschungsreisen vom 16. bis zum 19. Jahrhundert. Der Jugend erzählt. — Leipzig & Berlin: R. F. Albrecht [um 1880]. 285 S. 7.
2.10968

Albrecht, H.: Sonder-Katalog f. d. Gruppe Arbeiterschutz u. Arbeiterwohlfahrt d. internat. Hygiene-Ausstellg. Dresden, s. Hartmann, K.

Albrecht, H.(Hrsg.), s. S t r e i t f r a g e n, Volkswirtschaftliche

Albrecht, H., auf der Wiesen! D. Octoberfest in München. qu. 12. (56 farb. Bl.) München 895. Piloty & Loehle. 1. 50

Albrecht, H., Wohnungsstatistik u. Wohnungsenquete, s. Handbuch d. Hygiene.

Albrecht, H. (Hrsg.), s. Z e i t s c h r i f t der Centralstelle für Arbeiter-Wohlfahrtseinrichtungen.

Albrecht, H. C. s. *Albrecht*, Heinrich Christoph.

Albrecht, H. F. Gegenwart und Zukunft; unsere sozialen Zustände vor dem Richterstuhl d gesunden Menschenvernunft ... mit einem Anhang: Die soziale Organisation Ikariens v E. Cabet. Phila, 1873.

Albrecht, H. F., die Kunst die deutsche Sprache richtig zu sprechen 2c. 8. Neuburg, Commiss. Büreau. 805.

—Skizzen aus dem Leben der Musik-Gesell Germania. Phila, 1869.

Albrecht, **Hanns**, Eine Faschings-Predigt aus dem 15. Jahrhundert auf dem Mehl-graben-Saal in Wien. Im Jahr, als der große Schnee war (c. 1790). 8°.

Albrecht, Hanns, Frauencharaktere in Ibsens Dramen. (34 S.) gr. 8. Leipzig 902. O. Wigand. n. — 60

Albrecht, Hanns: Frauencharaktere in Ibsens Dramen. (34) gr8°.– Lpzg., O. Wigand 1907.

Albrecht, Hans, u. Wilh. Albrecht, Fränkisches Bauernleben. Drei heit. Gesch. (107 S.) kl. 8. Nürnberg (907). C. Koch. 1.25

Albrecht, Hans, Beiträge zur Nasenprothese. (Aus dem zahnärztl. Institut der königl. Universität Berlin.) (8 S. m. 8 Abbildgn.) gr. 8. Jena 907. G. Fischer. — 50
Sonderabdruck aus: „Klin. Jahrb."

Albrecht, Hans, s.: Blätter, odontologische.

Albrecht, Hans, approb. Arzt aus München: Aus d. pathol. Laboratorium d. Krankenhauses München r. I. (Prosector Dr. Eug. Albrecht.) Über das Cavernom der Milz. Ein Beitrag zur Kenntniss von Bau u. Entstehung der Cavernome. *Wien & Leipzig: W. Braumüller 1902.* (21 S.) 8°
(Aus: Zeitschrift f. Heilkunde, 1902.)
München, Med. Diss. v. 1902

Albrecht, Hans, Liederbüchlein f. Schüler landwirtschaftlicher Lehranstalten. (48 S.) kl. 8. Stuttgart 905. E. Ulmer. n. — 30

Albrecht, Hans, Liederbüchlein f. Schüler landwirtsch. Lehranstalten. 2. Aufl. (48 S.) kl. 8. Stuttgart (909). E. Ulmer. p — 30

— dasselbe in Bayern. 2. Aufl. (48 S.) kl. 8. Ebd. (909). — 30

Umschau ⟨1897⟩ über den Fortschritt in der Zahnheilkunde. Von Zahnarzt Hans **Albrecht**. *Berlin: A. Klarbaum 1899.* (75 S.) 8° [Umschlagt.]
Aus: Odontolog. Blätter. [03. 9913 4

Albrecht, Hedw., Kaiser-Kochbuch m. Berücksichtigg. der süddeutschen u. österreichischen Küche. 8. (191 S.) Dresden (899). M. Fischer. Geb. 2. 50

— neues bürgerliches Kochbuch. 8. (383 S.) Ebd. (899). Geb. 5. —

Albrecht, Heinrich, Lehrer, Berlin. 1894: Anweisung zum Gebrauche des Diesterwegschen astronomischen Tisches von H. Albrecht. — Berlin: Schotte 1894. 34 S.
1:Ol 1930.
2.10985

Albrecht, H. D. Arbeiter-Wohlfahrtseinrichtgn auf d. Ausstellg f. Unfallverhütg. Berlin 1889.

Albrecht, H, das Arbeiterwohnhaus. Ges. Pläne v. Arbeiterwohnhäusern u. Ratschläge z. Entwerfen v. solchen a. Gr. prakt. Erfahrgn. M. Entwürfen v. A. Mossel. M. 4 Fig. i. Text u. 12 Doppeltaf. Fol. (VIII, 66 S.) Berlin 896 (R. Oppenheim). C. Heymanns Verlag. In Mappe n. 10. —

Albrecht, H., Bau von kleinen Wohnungen durch Arbeitgeber, Stiftungen, gemeinnützige Baugesellschaften u. in eigener Regie der Gemeinden. Schriften d. Vereins f. Sozialpol., Bd. 96. gr. 8°. Leipzig 1901.

A l b r e c h t, H.: Bau von kleinen Wohnungen durch Stiftungen, gemeinnützige Baugesellschaften, gemeinnützige Vereine u. Genossenschaften. Leipzig 1901. = Schriften des Vereins für Sozialpolitik. 96.

Albrecht, Heinrich [aus Berlin]: Die volkswirtschaftliche Bedeutung der Kleinkraftmaschinen. . . . (Aus Schmoller's Jahrbuch f. Gesetzgebung, Verwaltung u. Volkswirthschaft, Bd. XIII, Hf. 2.) Leipzig. Duncker & Humblot, 1889; 1 Bl. + 50 S. + 1 Bl. 8°
Berlin. Phil. Fak., Inaug.-Diss. v. 6. März 1889

Albrecht, Heinrich: Beitrag zur vergleichenden Anatomie des Säugethierkehlkopfes. Mit 7 Tafeln u. 1 Textfig. Wien 1896. 96 S.
Aus: Sitzungsber. d. Kais. Akad. d. Wiss. in Wien. Mathemat.-naturwiss. Klasse. Bd. 105, Abth. 3. Juli 1896.

— Beschreibung und Anwendung des Diesterwegschen astronomischen Tisches ⟨Schul-Armillarsphäre⟩. Von H. Albrecht. 2. Aufl. — Berlin: Schotte 1903. 29 S.
1:Ol 1930ª.
2.10986

Albrecht, Heinr., Bibelehrung. E. Versuch, d Inhalt d. bibl. Schrift z. finden u. zu verstehn. 1. Hft. Die Schöpfg. E. Philosophie u. Theologie a. d. Urzeit. gr. 8. (12 S.) Hannover-Linden 897. A. Edel. n. — 25

Exposition univ. de Paris 1900. Les Œuvres de Salut Social en Allemagne. Publ. ... par le prof. et dr H[einrich] **Albrecht**, Groß-Lichterfelde. Berlin 1900: J. Sittenfeld. (XI, 173 S.) 8° [03. 10344

Albrecht, Heinrich, approb. Arzt aus Uder ⟨Eichsfeld⟩: **Aus d.** pathol. Institute zu Kiel. Ein **Fall** von Scharlach mit interessanten Nebenbefunden. *Heiligenstadt ⟨Eichsfeld⟩ 1901: F. W. Cordier.* (24 S.) 8°
Kiel, Med. Diss. v. [13. Juli] 1901

Albrecht, Heinrich (Hrsg.), s. G e m e i n d e b l a t t, Technisches.

Albrecht, (Heinr.,) d. vortheilhafteste Gewinnung d. Oels; nebst Anhang v. d. besten Vorschriften u. Lehren über Aufbewahrung, Reinigung u. Nutzen aller fetten Oele. 8. Quedlinburg 825, Basse.

— Handbuch der socialen Wohlfahrtspflege in Deutschland. Auf Grund des Materials der Zentralstelle f. Arbeiterwohlfahrtseinrichtgn. bearb. Mit 111 Textabb. u. 1 Mappe m. 87 Taf. (in qu. gr. 4). (XIII, 496 S.) gr. 8. Berlin 902. C. Heymann. n. 36. —; geb. n. 39. —

— Der Himmelsglobus und seine Anwendung. Von H. Albrecht. — Berlin: Schotte 1901. 63 S. 1:Ol 4428.
2.10987

Der Himmerlsglobus und seine Anwendung. Von **Heinrich Albrecht.** Lehrer. Berlin: E.Schotte & Co.(63 S.)8° 1904.

Albrecht, H,: 5 Jahre praktisch-soz. Thätigkeit, s.a.Schriften d. Centralstelle f. Arbeiter-Wohlfahrtseinrichtgn.

[F.] Fünf Jahre praktisch-sozialer Thätigkeit. Aus d. Versuchsstation d. Centralstelle f. Arbeiter-Wohlfahrtseinrichtgn. Von Prof. Dr. H[einrich] **Albrecht**, Gross-Lichterfelde. M. 9 Abb. *Berlin: C. Heymanns 1898.* (2 Bl., 54 S., 3 Taf.) 1 Bd 8.
= Schriften d. Centralstelle f. Arbeiter-Wohlfahrtseinrichtungen. No 14. [98. 6742

Albrecht, Dr. Heinrich, Leitung zur vergleichenden Anatomie des Säugethier-Kehlkopfes. Mit 7 Tafeln und einer Textfigur. Gr.-8. (96 S.) Wien: Gerold's Sohn 1897 1.50

Albrecht, Heinr., D. Privatdozent. Schauspiel i. 5 Akten. 8. (148 S.) Dresden 896. E. Pierson. n. 2. —

— Schottes Tellurium mit Lunarium und seine Anwendung. Ein Leitfaden für Lehrer u. Schüler von H. Albrecht. 3., verb. Aufl. — Berlin: Schotte 1903. 48 S.
1:Ol 4427.
2.10988

Albrecht, Heinr. (geb. Ulm [22. 6. 1848]): Thesen. Berlin (1870). (2 Bl.) 8°
Berlin, Med. Thes. v. 18. Juli 1870

Albrecht, Heinr., die Wasserversorgung auf dem Lande, od. leichtfaßl. Darstellg. der Wassergewinng., Brunneneinrichtgn. u. der Zweige der Wasserversorggn. Mit e. Vorwort v. Bürkli-Ziegler. [Aus „Bülach-Dielsdorfer Wochen-Zeitg."] gr. 8. (V, 36 S.) Bülach 875. Zürich, Höhr in Comm. n. — 80.

Weltausstellung Paris 1900. Soziale Wohlfahrtspflege in Deutschland ... hrsg. von Prof. Dr. H[einrich] **Albrecht**, Gr.-Lichterfelde. Berlin 1900: J. Sittenfeld. (XI, 164 S.) 8° [F.] [08. 13758 7

Albrecht, H., Die Wohnungsfrage in Dänemark. Schriften d. Ver. f. Soz.-Pol., Bd. 97. gr. 8°. Leipzig 1901.

Albrecht, H., Die Wohnungsfrage in Frankreich. Schriften d, Vereins f. Sozialpol., Bd. 97. gr. 8°. Leipzig 1901.

— die Wohnungsnot in den Grossstädten u. die Mittel zu ihrer Abhülfe. gr. 8. (127 S. m. Abbildgn.) München 891. R. Oldenbourg. n. 2. 50

Albrecht, Heinrich (Hrsg.), s. Z e i t s c h r i f t f. Wohnungswesen.

— Vide: Zeitschrift der Centralstelle für Wohlfahrtseinrichtungen.

Albrecht, Hnr., Unsere ehemalige Zunft- u. Innungsverfassung u. Gewerbefreiheit in Preussen. Beide in ihren Folgen und Wirkungen dargestellt. 8°. Danzig, Anhuth, 1825.

Albrecht, Heinrich Christoph

— s. B a c h m a i r, engl. Grammatik.

Albrecht, Heinr. Christoph (Hrsg.), s.a. D r a m a t u r g i e, Neue Hamburgische.

Albrecht, Heinrich Christoph: [Neue hamburgische Dramaturgie. Verf.: Heinrich Christoph Albrecht.] St.1–16. [Hamburg 1791.] 256 S. 8 [$^{\infty}$Titelbl.]
2.10991

[—] Erläuterungen über die Rechte des Menschen. Für Deutsche. Veranlasst durch die Schrift: De Lüc [Jean André de Luc] in Windsor an [Johann Georg v.] Zimmermann in Hannover. — Hamburg: Bachmann & Gundermann 1793. VIII,88 S. 5. 7. 8. 10.
2.10992

Albrecht, Heinr. Christoph (Hrsg.), s.a. G e s c h i c h t e, Geheime, eines Rosenkreuzers.

— Geheime Geschichte eines Rosenkreuzers. Aus seinen eigenen Papieren. Hrsg. von H. C. Albrecht. Mit einem Kupfer. — Hamburg: Bachmann & Gundermann 1792. 294 S. 1:Nb 9138. 12: H. g. hum. 3. 6. 8. 10.
2.10993

(**Albrecht**, H. Ch.,) Gespräche Maurerey betreffend. Nebst einem Anhange von Rosenkreuzern. Leipzig. Kummer. 1785. 8. XII. 330 S. mit Titelvignette.

—a short grammar of the german tongue. 8. Hamb. 786. Hofmann. 16 ggr.

—Leben u. Tod Karls I. v. England. (A. u. d. T.: Die Revolution in England). 8. Schleswig. 796. (Hammerich in Alt.) 1 rthl.

Materialien zu einer kritischen Geschichte der Freymaurerey von H[einr.] C[hristoph] Albrecht. Samml. 1. Hamburg: Bachmann & Gundermann 1792. X, 199 S. 8°
cf. D. neuesten Religionsbegebenheiten. 15 (1792) S. 373—383.
Kl. 2825. Einzige Samml. Enthält 2 Abhandl.: 1. G. E. Lessing's Meinung üb. Ursprung u. Zweck der Frmrei; 2. Die Constitutionen der engl. Frmr.

Albrecht, H. Chrph. (Hrsg.), s. M o n a t s s c h r i f t, Hamburgische, für das Jahr 1791.

– s. P a i n e , Th., Theologie.

[—] Rettung der Ehre Adolphs Freyherrn von Knigge, welchen ... Ritter [Johann Georg] von Zimmermann in Hannover als deutschen Revolutionsprediger und Demokraten darzustellen versucht hat. — Hamburg: Bachmann & Gundermann 1792. 46 S. 7. 8.
2.10995

Albrecht, Hnr. Chph., die Revolution in England; histor. Schspl., s. H. C. Albrecht, Leben u. Tod Karl I. ꝛc. im 1n Thle.

– s. S h a k e s p e a r e , zwei Gedichte.

A l b r e c h t , Heinrich Christoph: „Untersuchungen über die engländische Staatsverfassung, nach den neuesten Veranlassungen der Geschichte dieses Landes", Lübeck und Leipzig 1794 (Bohn).

Albrecht, Hnr. Chph., († d. 1, Aug. 1800.) Untersuch. über d. engl. Staatsverfassung. 2 Thle. 8. Lübeck 794. Niemann. 1 rthl. 12 ggr.

Albrecht, Heinrich Christoph

Versuch über den Patriotismus. Th. 1. — Hamburg: Bachmann & Gundermann 1793. XLIV,232 S.
1:F 14007. 8.
2.10997

— Versuch einer critischen englischen Sprachlehre. Vorzügl. nach dem Engl. des Dr. Lowth. — Halle: Gebauer 1784. XXXVI,763 S. 1:Z 2342. 2. 3. 10.
2.10998

Albrecht, Heinrich Wilh. Edu.

Fest-Rede zur Geburtstagsfeier des Allerdurchlauchtigsten Protectors am 22. März 1871. Gehalten in der Grossen National-Mutterloge „Zu den drei Weltkugeln" [in Berlin] von [Heinr. Wilh. Edu.] Albrecht. Berlin [1871]: Ihring & Haberlandt. 4 Bl. 8° [Umschlagtit.]
Feiert den Kaiser als Schöpfer des einigen deutschen Reiches.

Albrecht, (Henr. Frid.) Julius (geb. Königsberg i. Pr. 11. 11. 1809): Quaedam de paralysi. Berolini (1835). (28 S.) 8°
Berlin, Med. Diss. v. 23. Okt. 1835

Albrecht, Henry, Berthold Auerbach-Gallerie. 12 Bilder zu den Schwarzwälder Dorfgeschichten. Lichtdr. v. Frdr. Bruckmann. gr. 4. Potsdam 886. Rentel's Verl. In Leinw.-Mappe. 10. —

Albrecht, Henry: Musenklänge deutschen Humors. — Leipzig: Wölfert 1878. 1:Yo 16954.
2.10999

Albrecht, Henry, Tier-A-B-C. Ein Bilderbuch m. 6 feinen Aquarellen u. 24 Bildern in Farben- u. Tondr. nach Origin. v. A. u. vielen Verschen u. Erzählgn. gr. 4. (42 S.) Eßlingen (902). J. F. Schreiber. Geb. n. 3. 50

Albrecht, Herm.

Albrecht, H., die Ernährung d. Kindes im frühesten Lebensalter. Wegweiser f. Mütter, Hebammen u. Kinderwärterinnen. 4. vollst. umgearb. Aufl. des Buches: „Wie ernährt man e. neugebornes Kind?" 12. (X, 141 S. m. 4 Tab.) Bern 890. Schmid, Francke & Co. cart. n. 1. 25

Albrecht, Herm.: Geschichte der Johannes-Freimaurer-Loge. . . , s. P e t r i, Albert

Albrecht, Herm., die Häfnetjungfer. Eine Nebländer Dorfgeschichte a. d. vor. Jahrh. 8. (268 S.) Karlsruhe 884. Bielefeld's Verl. n. 3. 50; geb. n. 4. 50

Albrecht, Herm., der Präzeptorats-Vikari aus J. P. Hebel's Jugend. [Aus: „S'Gotte-Stübli".] 8. (160 S.) Schopfheim 882. Uehlin. n. 1. 20

Albrecht, Herm., die Präzeptoratsvikari. Aus Hebels Jugendjahren. Mit e. Leitspruch v. Heinr. Vierordt. Nachricht üb. den Verf. v. Th. Längin. (III, 213 S.) 8. Karlsruhe (910). F. Gutsch. 2. 40; geb. 3. —

Albrecht's, Herm., hinterlassene Predigten. gr. 8. (III, 258 S. m. chemigr. Bildnis.) Rorschach 893. (St. Gallen, Busch & Co.) n. 3. —; geb. in Leinw. n. 4. 20; in Ldr. n. 5. 80

Albrecht, Hermann. 1879: Die zweite preußische Provinzial-Gewerbe-Ausstellung zu Königsberg in Pr. 1875. [Verf.: Hermann Albrecht u. Albert Gamm.] — Königsberg i. Pr. 1879: Hartung. 91 S. 10.
2.11000

Albrecht, Herm., wie ernährt man e. neugebornes Kind? Unentbehrlicher Wegweiser f. Mütter aller Stände, welche gezwungen sind, ihre Kinder ohne Muttermilch aufzuziehen. gr. 16. (127 S. m. 2 lith. Curventaf.) Bern 879. Costenoble. n. 2. —

Albrecht, Herm., Winckelmann contra Rombrandt als Erziehor od. uns. künstler. Selbsterziehg. 1. u. 2. Aufl. gr. 8. (71 S.) Anklam 895. H. Wolter. n. 1. —

Albrecht, *Hermannus* Ernestus: De adiectivi attributi in lingua latina collocatione specimen . . . Marpurgi Cattorum, typ. F. Soemmering, 1890; 2 Bl., 104 S., 1 Bl. 8°
Marburg, Phil. Fak., Inaug.-Diss. v. [5. Nov.] 1890

Albrecht, H[ubert], aus Köln a. Rh.: Ueber einige Derivate des Monobromphenylchlorphosphins, die bei dessen Darstellung entstehenden Nebenprodukte und deren Derivate. *Rostock 1902: C. Hinstorff.* (48 S.) 8°
Rostock, Phil. Diss. v. [10. Febr] 1902

Albrecht, J. (Resp.): De asthmate ex epitome, s. W e d e l , G. W. (Praes.)

Albrecht, J. Ueber den Ausgang der fungösen Gelenkentzündungen und die Bedeutung der Gelenkresection bei solchen. Dissertation der medicinischen Facultät Zürich. In-8°, 142 S. Leipzig, Druck von J. B. Hirschfeld. 1884

Albrecht, J., B. Drakon als Gesetzgeber. Pr. 1862. 11 S. 4°. 1.–

Albrecht, : Drakon als Gesetzgeber. 11 S.
Progr. Prag N. 1862

Albrecht, J., die Lage des Centralbahnhofes in Rostock an der projectirten Linie Berlin—Kopenhagen, beleuchtet in ihrer Wichtigkeit f. das ganze Bahnunternehmen u. als Lebensfrage für die Stadt. Mit Situationsskizze. gr. 8. (32 S.) Rostock 883. (Stiller.) n. — 80

Albrecht, J., deutsches Lehrbuch f. Sekundarschulen. Enthltd. hauptsächlich: Briefe, Geschäftsaufsätze u. den mündlichen Vortrag. 2. verb. Aufl. St. Gallen 868. Huber & Co. gr. 8. (IV, 179 S.) n. 14 *ngr.*

Albrecht, J.: „Mittheilungen zur Geschichte der Reichsmünzstätten zu Frankfurt a. M., Nördlingen und Basel in dem 2ten Viertel des 15. Jahrhunderts", Heilbronn 1835. — Vorh.: Bibl. des German. Museums Nürnberg.

— J.. Ueber das Motiv des Forum contractus. Progr. Würzb. 1845.

Albrecht, J., d. Münzen, Siegel u. Wappen d. fürstl. Ges.-Hauses Hohenlohe. 4° (298 m.H. u. 25 L.) – Oehringen, 1865 (Stuttg., Schaber.)

Albrecht, J., humoristisch-satirisches Quodlibet aus d. Mappe d. Frater Hilarius [J. A.]. 8. (IV, 88 S.) Wallenstadt 890. (St. Gallen, F. Hasselbrink.) n. 1. —

Albrecht, J., Rangverhältnisse, Tagegelder, Reise- u. Umzugskosten der Reichs-, preuss. Staats- u. elsass-lothring. Landesbeamten sowie d. Gebühren d. Vermessungsbeamten, der Medizinalpersonen, d. Kreistierärzte, d. Zeugen u. Sachverständigen usw. F. d. prakt. Gebrauch zsgest. 5. Aufl. bearb. von J. *Becker.* Berlin 1906. 8°. *[1. Aufl. 1861.]*

Albrecht, J., Rangverhältnisse, Tagegelder, Reise- u. Umzugskosten der Reichs-, preuß. Staats- u. elsaß-lothring. Landesbeamten, sowie die Gebühren der Vermessungsbeamten, der Medizinalpersonen, der Kreistierärzte, der Zeugen u. Sachverständigen usw. Für den prakt. Gebrauch zusammengestellt. 5. Aufl., bearb. v. J. Becker. 4 Lfgn. (VIII, 384 S.) gr. 8. Berlin 904—906. A. Nauck & Co. n. 7. —; geb. n. 8. 50

Albrecht. J., Die Hohenlohischen Siegel des Mittelalters. Nebst Nachtrag. Mit 7 Tfln. Oehringen 1857—60. fol. Nicht im Handel.

Albrecht, J., der Spuk im Lindenhof. Schauspiel in 5 Aufzügen. 8. (85 S.) Leipzig 890. Friedrich. n. 1. —

Albrecht, J., unser Standpunkt zur Trinkgeld-Frage. Hrsg. durch die Vereinigg. zur Bekämpfg. d. Trinkgeld-Wesens. gr. 8. (VI, 50 S.) Frankfurt a/M. 883. (Detloff.) n. — 60

Albrecht, J., Kreisgerichtskassen-Rendant. 1862: Verordnungen über die Rangverhältnisse, Diäten, Reise- und Umzugskosten der Civil- und Militair-Beamten, Gebühren der Medizinal-Personen, Oekonomie-Kommissarien, Feldmesser und anderer Sachverständiger und Zeugen, Geistlichen, Judenbeglaubten, Geschworenen, Magisträte, Amtsblatt- u. Zeitungs-Redaktionen etc., so wie Reisekompetenzen der Mitglieder der Gendarmerie. Zum prakt. Gebrauche zsgest. — Schroda: Selbstverl. 1862. IV,114 S.
1:4° Gt 2263. 8. 9. 11.
2.11007

— — 2., verm. u. verb. Aufl. Schrimm: Selbstverl. 1867. 146 S. **1:4° Gt 2263^a. 2. 3. 4. 5. 6. 7. 9. 11.**
2.11008

Albrecht, J., Verordnungen nebst Ergänzungen üb. die Rangverhältnisse, Diäten, Reise- u. Umzugskosten der preußischen u. Reichs- Civil- u. Militär-Beamten, sowie derer in Elsaß-Lothringen, Gebühren der Medizinalpersonen, Oekonomie-Kommissarien, Feldmesser, Katasterbeamten u. anderer Sachverständiger u. Zeugen, Geistlichen, Judenbeglaubten, Geschwornen, Magisträte, Amtsblatt- u. Zeitungsredactionen rc. in Preußen, so wie Reisekompetenzen der Mitglieder der Gendarmerie in Preußen u. Elsaß-Lothringen. Zum prakt. Gebrauche zusammengestellt. 3. umgearb. Aufl. gr. 4. (III, 204 S.) Meseritz 874. (Breslau, Maruschke & Berendt.) n.n. 7. 50

— Verordnungen nebst Ergänzungen über die Rangverhältnisse, Diäten, Reise- und Umzugskosten der preußischen und Reichs-Civil- und Militair-Beamten, so wie derer in Elsaß-Lothringen, Gebühren der Medizinalpersonen, Oekonomie-Kommissarien, Feldmesser, Katasterbeamten und anderer Sachverständiger und Zeugen, Geistlichen, Judenbeglaubten, Geschwornen, Magisträte, Amtsblatts- und Zeitungsredactionen etc. in Preußen, so wie Reisekompetenzen der Mitglieder der Gendarmerie in Preußen und Elsaß-Lothringen. Zum prakt. Gebrauche zsgest. 3., umgearb. Aufl. — Meseritz: Selbstverl. 1874. 197 S. **12:4° Bor. 100w. 2. 7. 9.**
2.11009

Albrecht, J., Kreisgerichtskassen-Rendant. 1862: Verordnungen und Ergänzungen, betr. die Rangverhältnisse, Tagegelder, Fuhrkosten und Umzugskosten der Reichsbeamten, der preußischen unmittelbaren Staatsbeamten, der elsaß-lothringischen Landesbeamten und der Gendarmerie in Preußen und Elsaß-Lothringen, die Gebühren der Spezial-(Oekonomie-)Kommissarien, Vermessungsbeamten, Land-(Feld-)Messer, Katasterkontroleure, Medizinalpersonen, Zeugen und Sachverständigen, Geistlichen u.s.w., Kosten über den Transport von Personen und die Reise- und Umzugsgebührnisse der Personen des Soldatenstandes. Zum prakt. Gebrauch zsgest. 4., unter Benutzung aller bis auf d. neueste Zeit ergangenen gesetzlichen und Verwaltungsbestimmungen vollst. umgearb. Aufl. hrsg. von J. Becker, C. Hoffmann. — Berlin: Nauck in Komm. 1889. 196 S.
1:4° Gz 740^4. 2. 3. 4. 6. 7. 10.
2.11010

Albrecht, J. A. M. s. *Albrecht,* Josef Ambrosius Michael.

Albrecht, J. B., Der römische Senat. Pr. 1852. 17 S. 1.20

Albrecht, J. C., *s. a.* *Albrecht,* Jos. Christian.

— Anweis. zur Schönschreibekunst, mit Fig. Fol. Nürnb., Endter. 12 gr.

Albrecht, J. C., Elementa calligraph., d. i. Anfangsgründe d. Kunst schön zu schreiben. 4 Thle. qu. 4. Augsb. 781. v. Jenisch u. St. 1 ℔

— 500 auserles. z. Schönschreibekunst unentbehrl. Züge. 2 Thle. Fol. Nürnb., Endter. 12 gr.

Albrecht, J.D. Karl, s. Albrecht, Karl

Albrecht, J. E. F. s. *Albrecht,* Johann Friedrich Ernst.

Albrecht, J.F. s.a. Albrecht, Johann Friedrich Ernst

Albrecht, J.F., Hülfsbuch f. Männer, welche an Schwäche d. Geschlechtstheile leiden. 9. Aufl. 8°(90)'- Quedlinb. 1887, Ernst.

Albrecht, J.F.: Hilfsb. f. Männer, welche an Schwäche d. Geschlechtsteile leiden, nebst e. Anl. üb. die Beseitigg. d. Folgen d. Onanie u. e. Belehrg. üb. d. richt. Behandl. d. Geschlechtstriebes. 14. Aufl. 8° Halberst. 1891, Lpzg., Ernst.

Albrecht, J.F., Lehrb. z. sicheren Heilg. aller Geschlechtskrankheiten. 11. Aufl. 12°(106).– Halberstr. 1893, Ernst.

Albrecht, J.F., d. Mensch u. s. Geschlecht, ärztl. Belehrgn. üb. phys. Liebe, Naturzweck, Leitg. d. Geschlechtsgenusses, üb. Empfängn. Schwangerschaft u. Enthaltsamkeit, z. Erzeugg. gesunder Kinder u. Erhaltg. d. Kräfte u. d. Gesundheit. 30. Aufl. 8°(134).– Halberst. 1895, Ernst.

Albrecht, J.F.: Der Mensch u. s. Geschlecht. Ärztl. Belehrgn. üb. d. Geschlechtsleben d. Menschen. 34. Aufl. 8°(134).– Halberst. 1900, Lpzg., Ernst.
A.u.d.T.: Das Geschlechtsleben d. Menschen.

Albrecht, J.F.: Ratgeber f. alle diejenigen, welche an Pollutionen leiden u. sich davon befreien wollen. Nebst Anweisg., d. geschwächte Zeuggsvermögen in kurzer Zeit vollkommen zu beseitigen. Mit e. Anh. v. Mitteln üb. Impotenz, Unfruchtbarkeit, Hilfe u. Schutz gegen Onanie. 4. Aufl. 8°(86) (1886).– Halberst. 1899, Lpzg., Ernst.

Albrecht, J. F. 1845: Die Taboriten vor Brünn. Historisch-romantisches Gemälde aus d. ersten Viertel d. 15. Jahrhunderts. — Wien & Leipzig: Stöckholzer v. Hirschfeld 1845. 215 S. 1:Yx 5570.
2.11013

Albrecht, J. F. A. s. *Albrecht,* Johann Friedrich Ernst.

Albrecht, I. F. C., comment. in qua propon. recens. eor. alimentor. et medicaminum etc. 4. maj. Götting. Dietrich. 807.

Albrecht, (J. F. C.,) d. vernünft. Gesundheitspflege. Neue Ausg. 8. Hamb., Herold.

Albrecht, J. F. E. s. *Albrecht*, Johann Friedrich Ernst.

Albrecht, J. F. L., comm. in qua propon. rec. eor. aliment. et medicaminum etc. 4maj. Gött. (807.) Dieterich. 10 gr

Albrecht, J. F. R. s. *Albrecht*, Johann Friedrich Ernst.

Albrecht, J. F. W., Briefsteller für Kinder und Erwachsene welcher Briefe schreiben, nicht abschreiben lehrt. 8. Leipzig, 793. (Brockhaus.) 1/2 ℛ

Albrecht, J. G., s. Albrecht, Julius Gustav.

Albrecht, J. L., Beweis, dass auch die deutsche Sprache würdig sey, sie zu studieren. Leipzig 1762. 8.

Albrecht

— J. O. (Schonen), De formis futuri linguarum Hebraeae & Arabicae commentatio. Präs. S. Fr. Krook. Lund (Carl Fr. Berling) 21. XII. 1841. 14 S. (3.—) 236
Gew.: P. J. Böklin.

Albrecht, J. S., Sapientiam, vim et providentiam divinam in aliis corporis humani partibus ab aliis diversis temporibus demonstratam nunc ex capitis humani situ ejusque partium concinno ordino delineat. 7 l. Coburg. 4°. 1750

Albrecht, J.W. resp. Papen, C.H.: De spiritu vini ejusque usu et abusu 24. 4°. Göttingen. 1735.

Albrecht, J. W., Tractatus physicus de effectibus musices in corpus animatum. 136 pp. Lps. 8°. Ebenso in: *Metzler*'s musik. Bibl. III, 23. 1734

Albrecht, Jacob Herm.

— **Jacob Hermann** (Hildesheim), De anatomica praecipuarum partium administratione. Diss. solennis. Präs. Polycarp Gottlieb Schacher. Lpz. (Brandenburger) 21. V. 1710. 23 Bl. u. 1 Kupfer. (6.—) 234
Widm. v. Johannes Bohn, Benjamin Benedict Petermann.

— — De experientia fallaci. Diss. med. Präs. Johann Bohn. Lpz. (Brandenburger) 9. V. 1710. 55 S. (6.—) 235

Albrecht, Jak. Der Spuk im Lindenhof. Schauspiel in 5 Aufzügen. 8. (85 S.) Lpz. 890, W. Friedrich. * 1 —

Albrecht, Joh., ein kurtzer Bericht v. d. Stadt Eisenach. Aus Andreä Toppii „Historie d. Stadt Eisenach" 1710, abgedr. A. m. d. Umschl.-T.: Denkwürd. Ereignisse aus d. Geschichte Eisenachs (900—1000). gr. 12. (1²/₃ B.) Eisenach 844, Kühn. *

Albrecht, Joh. [aus Uder (Prov. Sachsen)]: Ueber den Unguis incarnatus . . . . Heiligenstadt, Brunn'sche Buchdr., 1886; 23 S. 8°.
Würzburg. Med. Fak., Inaug.-Diss. v. 1886.

Albrecht, Johann, über den Unguis incarnatus. Diss. Würzburg 1886, Stahelsche Univ.-Buchh. 23 S.

Albrecht

— **Johann Christoph** (Rotenburg/Taub.), De arrhis amtionum. Diss. jur. gentium privati. Präs. Christian Thomasius. Halle (Christoph Salfeld) 9. IX. 1702. 48 S., teilw. dtsch. (6.—) 243

— — Dasselbe. 1730. 48 S. (5.—) 244

Albrecht, Johann Friedrich Ernst

— physikal. ABC, s. Wunder d. Natur.
Allgemeines Bücher-Lexikon I.

Albrecht, neues physicalisches ABC- u. Lesebuch n. Pestal. u. Oliv., od. d. Wunder der Natur &c. mit illum. K. Hamburg, Vollmer. Rthlr. -

Albrecht, Jh. Fr. Er., Abschied von d. Nationalbühne in Altona. 8. Altona 801.

[—] Die Affenkönige oder die Reformation des Affenlandes. Ein politischer Roman in 2 Büchern. — o.O.: Wucherer 1788. 228 S. 300:80.882–A.
2.11023

[—] — o.O. 1789. 1:Yw 2981. 300:11.036. 11.
2.11024

– s. Alexander, d. Held Griechenlands.

— Alle strafbar. Lstspl. 8. Leipz. 795. Liebeskind. 7 gr

Albrecht, Jh. Fr. Er., die Altenburger. Geistergesch. aus d. 11n Jahrh. 8. Leipz. 798. Schwickert. 1 ℛ

Albrecht, Jh. Fr. Er., Altona vor 100 Jahren. Schspl. in 5 A. 8. Hamb. 804. Vollmer. (Herold jun.) 12 gr

— Altona vor hundert Jahren. Ein historisches Schauspiel in 5 Aufz. Von Albrecht. — Hamburg & Altona: Vollmer 1805. 142 S. 300:622.112–A. Th. S.
2.11026

—— Anweisung, wie Husten, Katarrh u. Schnupfen zu mildern u. gänzl. zu heilen sind. 2. Aufl. (Von Fr. Stahmann.) 12. (3 B.) Quedlinburg 844, Ernst'sche Buchh.

– s. Archiv d. Böhm. Krönung.

Albrecht, Joh. Fr. C., Archiv der doppelten Krönung Leopolds II. u. Marie Louisens in Prag 1791. 8. Dresd. Richter. 791.

— [Vollständiges Archiv der doppelten böhmischen Krönung] Krönungsjournal für Prag. Hrsg von Albrecht. — Prag 1791. 500 S. 12:Austr. 70.
2.11027

— — Vollständiges Archiv der doppelten böhmischen Krönung Leopolds des Zweiten und Marien Louisens, Infantin von Spanien, in Prag im Jahre 1791. Hrsg. von Albrecht. Prag & Leipzig: Verf. (1791). 16,532 S. 2.
2.11028

— — Prag & Leipzig: Selbstverl. (1791). 16,532 S.
Nebent.: Albrecht: Journal der doppelten böhmischen Krönung Leopolds des Zweiten und Marien Louisens.
300:44.625–B [u.] 7203.
2.11029

Albrecht, Jh. Fr. Er., († 1816 od. 1817.) Arzneimittellehre, welche die venerischen Krankheiten in sich begreift. 8. Hamb. 810. Herold. 5 gr

— Arzneymittellehre, welche die in venerischen oder syphilitischen Krankheiten nothwendigen ... Medikamente begreift. Von J. F. E. Albrecht. — Hamburg: Vollmer [1810]. 40 S. 8.
2.11030

[—] Der Augenarzt oder sichere Hülfe für kranke Augen. Hamburg: Vollmer [1809]. 68 S. 8.
2.11031

[—] — 2., viel verm. u. verb. Aufl. Ebd. 1816. VIII,79 S.
300:135.317–A.
2.11032

— der Augenarzt, oder sichere Hülfe für blöde, schwache u. kranke Augen. 8. Hamb. 810. 2e Aufl. 816. Herold. 6 gr

Albrecht, J. F. E., der Augenarzt, oder sichere Hülfe für kranke Augen, in welchem gelehret wird, wie man seine Augen erhalten und Krankheiten derselben verhüten, auch verhindern könne, nebst Mitteln, kleinere Anfälle dieser Krankheiten selbst zu heilen und größern vorzubeugen. 4. verb. Aufl. Quedlinburg 854. Ernst. 12. (VIII, 61 S.) 10 ngl

Albrecht, J. F., der Augenarzt. E. Anleitg. z. Erkenng. u. Behandlg. d. Augenkrankheiten. 5., vollst. neu bearb. Aufl. v. M. Birnbaum. 8. (IV, 100 S.) Halberstadt 896. Leipzig, Ernst. n. 1. —

Albrecht, J. F. E., die Ausschläge oder die Krankheiten d. Haut, besonders die Krätze, Hautfinnen, Mitesser, Kupferausschläge, die Ausschläge des Kopfes, die bösart. Flechten-Ausschläge, und ferner die chronischen u. langwierigen Ausschläge einfach und sicher zu heilen. 2. völlig umgearb. Aufl. 16. Quedlinburg 846, Ernst. 1/4 ℛ

Albrecht, J. F. E., die Ausschläge od. die Krankheiten der Haut, besonders die Krätze, Hautfinnen, Mitesser, Kupferausschläge, die Ausschläge des Kopfes, die bösart. Flechtenausschläge, u. ferner die chron. od. langwierigen Ausschläge einfach u. sicher zu heilen. 3., verb. Aufl. 12. (VIII. 64 S.) Halberstadt 894. Ernst. — 75

— die Befreiung. Schspl. in 2 A. 8. Hamb. 798. Vollmer. (Herold jun.) 5 ℊ

— Die Befreyung. Ein Schauspiel in 2 Aufz. von Albrecht. Grätz 1800. 54 S. 300:2.254–A.
2.11034

— die Behandlung u. Heilung d. Nachtrippers. A. u. d. T.: W. H. Wynchenbach, der Nachtripper. 8. Hamb. 812. Herold. 6 ℊ

— d. Beischlaf, nebst e. vernünft. Anweis., wie man sich dabei zu verhalten etc. 8. Hamb. 810. N. A. 814. Herold. 10 ℊ

(—) Der Beischlaf nebst einer vernünftigen Anweisung, wie man sich vor, bei und nach diesem zu verhalten habe ... Nebst der Enthüllung der Räthsel der Natur, bei der Erzeugung des Menschen. Neue (2.) ächte Aufl. — Hamburg & Altona: Vollmer [1814]. VIII,108 S. 8.
2.11036

— Beobachtungen in und über Prag von einem reisenden Ausländer (von *Joh. Frdr. Ernst Albrecht*, od. von *Joh. Jos.* Ritter *v. Kausch*, od. *Joh. Gottlieb Meissner*). Prag 1787.
Anon.-Lex. VI. p. 82 (nach Przedak, Geschichte des deutschen Zeitschriften-Wesens in Böhmen. 1904. S. 67); Goedeke VI. 691 (ohne Quellenangabe.).

ALBRECHT, Joh. Friedr. Ernst (pseud. Stade). Sophie Berg, ein Beitrag zur geheimen Geschichte des Klosterwesens. Leipzig 1781. 2 Bde.

— Bilder d. Vorwelt. 8. Leipz. 796. Schwickert. 1 ℛ

— neue Biographien d. Selbstmörder. 3 Thle. 8. Halle 788,89. 801. (Reinicke). 1 ℛ 12 ℊ 4r Thl. A. u. d. T.: Neue Biographien d. Selbstmörder. Mit Kpf. 8. Prag 790. Schönfeld. (Centr.-Compt. in Leipz.) 18 ℊ (A. u. d. T.: Eigenmächt. Reisen in e. andere Welt).

— Neue Biographien der Selbstmörder. Bd 1–4. — Frankfurt & Leipzig 1794. 1:Fy 22158.
2.11037

Albrecht, (J. F. E.) neue Biographien d. Selbstmörder. 3 Thle mit Kpf. 8. Halle 801, ist Verl. v. Reinicke u. C.

— neue Biographien der Selbstmörder. 3 Thle. 8. Leipzig, Pott. (Ruff in Halle) 801.

— — 4r Thl. 8. Prag. Neureuter. 792.

Albrecht. J. F. E. Biographien der Selbstmörder, 3 Thle. 8. Leipzig, 790/91. Pott. 1 Rthl. 15 ggl.

– Briefsteller f. Kinder u. Erwachsene, welcher Briefe schreiben, nicht abschreiben lehrt. Leipzig, Gleditsch, 1793. 8°.

— Briefsteller f. Kinder u. Erwachsene, welcher Briefe schreiben, nicht abschreiben lehrt. 8. Prag 793. Neureutter. (Hinrichs). 10 ℊ Mit n. Tit. 803. (W. Nauck in Leipz.) 12 ℊ

— die beschwerl. Brüder. Lstspl. 8. Leipz. 795. Liebeskind. 10 ℊ

— an Hamburgs freie Bürger. 8. Hamb. 801.

— Der weibliche Busen. S. Schönheit u. Erhaltg. b. d. Kinde, d. Jungfrau, Gattin u. Mutter. Ferner v. Stillen u. Nichtstillen d. Kinder, w. a. d. Behandl. u. Heilg. erkrankter Mutter-Brüste. 7., verb. Aufl. 12. (IV, 90 S.) Ebd. 897. n. 1. —

Albrecht, J. F., der weibliche Busen. Seine Schönheit u. Erhaltg. bei d. Kinde, der Jungfrau, Gattin u. Mutter. Ferner vom Stillen u. Nichtstillen der Kinder, wie auch der Behandlg. u. Heilg. erkrankter Mutter-Brüste. 8., verb. Aufl. 8. (IV, 90 S.) Leipzig (901). Ernst. 1. —

Albrecht, J. F., d. weibliche Busen. (901.) (KBL 31.) Infolge Rechtsspruchs unbrauchbar gemacht.

— der weibl. Busen, nebst Mitteln, seine Schönheit zu erhöhen u. ihn gesund zu erhalten. 8. Hamb. 810. Herold. 8 ℊ

— Ulrike Della Marka. Dialogen aus den Zeiten der Inquisition. Gegenstück zu Lauretta Pisana. Von Albrecht. Th. (1.)2. — Hamburg: Nestler 1802. 1:Yr 6862.
2.11039

[—] Fra Diabolo. Banditen Hauptmann und Heerführer der Calabresen; d. merkwürdigste Revolutionär unserer Zeit. Aus authentischen Quellen (2: bearb. vom Verf. des Dolko oder d. Bandit [d. i. Johann Friedrich Ernst Albrecht]). Th. (1.)2. — Hamburg: Vollmer [1821]. 1:2 an Yx 3056.
2.11040

[—] — Aus authentischen Quellen. 2. Orig. Aufl. Ebd. 1822. 155 S. 1:Yw 8979ᵃ.
2.11041

— Dialogen auch für d. Bühne brauchbar. 8. Prag 794. Neureutter. 16 ℊ

– s.a. Dolko, der Bandit.

[—] Dolko der Bandit, Zeitgenosse Rinaldos Rinaldinis, vom Verf. der Lauretta Pisana [d. i. Johann Friedrich Ernst Albrecht]. — Mainz & Hamburg 1801. 1:Yw 5271. 7.
2.11042

— d. Domschütz u. seine Genossen. Schspl. in 5 A. 8. ... 16 ℊ

— Der Domschütz und seine Gesellen. Schauspiel in 5 Aufz. nach Cramers Roman bearb. von Albrecht. — Hamburg: Vollmer [1809]. 1:Yr 6868. 300:622.105–A. Th. S. 7.
2.11043

— aus dem Dunkel der Vorzeit (von *Joh. Friedr. Ernst Albrecht* u. s. Gattin *Sophie*). Hamburg 1796—1801.
Anon.-Lex. I. p. 60 (nach Goedeke).

Albrecht, Jh. Fr. Er., s.a. Eboli, die Familie.

EBOLI, Die Familie, dramatisch bearbeitet vom Verfasser der Lauretta Pisana. (Zahmer Roman von *Joh. Fr. Ernst Albrecht.*) 4 Thle. Mit 4 hübschen Titelvignetten. Dresden u. Leipzig 1791—92 8°. (1 fl. 24 xr. Theod. Ackermann, München; jetzt theurer.)
Behandelt die Geschichte des Don Carlos. 376, 362, 298 u. 296 S.
— — Dasselbe. (Nachdruck.) Frankfurt u. Leipzig 1792. 8°. (6 Mk. 50 Pfg. F. Waldau, Fürstenwalde, 1908.)

Albrecht, Johann Friedrich Ernst: Die Familie Eboli. Dramatisch bearb. vom Verf. d. Lauretta Pisana [d. i. Johann Friedrich Ernst Albrecht]. Th. 1–4. — Dresden & Leipzig: Richter 1791–92.
1–4 . . . . 1:Yr 6848.
1.2 . . . . 300:689.
2.11044

EDELWALD, Therese von, eine Klostergeschichte. Beitrag zur Geschichte der Menschheit vom Verfasser der Sophie Berg *(Joh. Frdr. Ernst Albrecht).* 2 Thle. Frankfurt am Main, in der Eßlingerschen Buchhandlung, o. J. (1784). 8°. 386 SS. (6 Mk. Leo Liepmannssohn, 1906.)
Ziemlich zahmer empfindsamer Roman.

— der Edle unter d. Schurken. 2 Thle. 8. Hamb. 801. Campe. 1 ℛ 12 ℊ

EDLE, Der, unter den Schurken. Familien-Geschichte aus achtzehn Jahrhunderten (von *J. F. E. Albrecht*). 2 Thle. Hamburg. B. G. Hoffmann, 1801. 8°.
I: IV u. 216 S. II: IV u. 164 S. — Ziemlich zahm.

EHEBRUCH, Der. Eine wahre Geschichte. Dramatisch bearbeitet vom Verfasser der Lauretta Pisana *(Joh. Frdr. Ernst Albrecht).* Mit Titelkpfr. u. Titelvign. Leipzig 1790, bey Georg Conrad Walthers Wittbe. 8°. 3 Bll. u. 364 S. (9 Mk., sehr schönes Expl. in eleg. Hfrzbd., E. Frensdorff, 1907.)
Ziemlich zahmer Roman, nicht häufig. — Kayser hat

ALBRECHT, Johann Friedrich Ernst
Die Engländer in Amerika. Schauspiel in vier Aufzügen von Albrecht.
Dresden: Beim Verfasser. 1790. 104 S. 8°.
Germanisches Nationalmuseum Nürnberg

— die Engländer in Amerika. Schspl. 8. Prag 790. Calve. 8 gr.

— zootomische u. physikal. Entdeckungen v. d. innern Einrichtung d. Bienen, besonders d. Art ihrer Begattung. 8. Gotha 775.

— s.a. Enterbung, Die.

— Die Enterbung oder der Buchstabe des Testaments. Ein Schauspiel in 1 Aufz. von Albrecht. — Leipzig: Liebeskind 1795. 60 S. 1:Yr 6865. 3. 11.
2.11051

— Euphrosynion, od. ästhetisch-moralisches Handbuch zur Veredl. d. Verstandes u. Herzens. 8. Wolfenb. 803. Albrecht. 16 gr.

— Euphrosynion, od. Handbuch zur Veredlung des Verstandes. 8. Wolfenbüttel, Albrecht. 803.

EUROPA, Jungfrau, im Wochenbette. (Zahmer satyr.-polit. Roman, von *J. F. E. Albrecht?*). 2 Thle. Leipzig 1806. 8°. (4 Mk. 50 Pfg. E. Frensdorff, 1903.)
Nicht im Anon.-Lex.

Albrecht, Joh. Friedr. Ernst (Hrsg.), s. Exkorporationen.

— Fackland, od. Schaden macht klug. 2 Bde. 8. Wien 790. Hörling. 20 gr.

FARNESE, JULIE. Aus den Zeiten Papst Alexanders VI. (Zahmer Roman von *J. F. E. Albrecht.*) Leipzig 1796. 8°. 292 S. (8 Mk. Hugo Streisand, Berlin, 1908.)

FAUST der zweyte, nicht Doktor, nicht Schwarzkünstler; aber nahe an Beyden. Eine Geschichte neuerer Zeiten (von *Joh. Friedr. Ernst Albrecht*). 2 Bde. Mit 1 Kpf. u. 1 Vign. Stettin, bey Joh. Sigism. Kaffke. 1782—83. 8°. (2 1/3 Rthl.)
492 u. 439 SS. Stellenweise derb-pikanter Roman.

— s.a. Felder u. Nascha.

[—] Felder und Nascha. Mehr als Roman. Th. 1.2. — Leipzig: Böhme 1782. 1:Yw 528. 300:11.690. 7.
2.11055

— vollständ. Fieberbuch f. alle Fieberkranke rc. 8. Hamb. 810. Herold. 10 gr.

— der weiße Fluß rc., s. u. Hülfsbuch f. d. weibl. Geschlecht. 4r Thl.

— der weiße Fluß d. weibl. Geschlechts u. seine gründl. Heilung. 2., verm. u. verb. Aufl. von Fr. Stahmann. 12. (3 B.) Quedlinburg 843, Ernst'sche Buchh.

Albrecht, J. F. E., der weiße Fluß d. weiblichen Geschlechts u. seine gründliche Heilung, auf Erfahrung gegründete Darstellung der Kennzeichen, Zufälle, Veränderungen, Ursachen rc. 3. verm. u. verb. Aufl. von Fr. Stahmann. Quedlinburg, 863. Ernst. (VII, 45 S.) n. 10 ngr.

— der weiße Fluß des weiblichen Geschlechts u. seine gründliche Heilung, auf Erfahrg. begründete Darstellg. der Kennzeichen, Zufälle, Verändergn., Ursachen, sowie der Schädlichkeit, Unschädlichkeit u. mögl. Heilg. des weißen Flusses. 4., verm. Aufl. 8. (VII, 45 S.) Ebd. 894. n. 1.—

— der weiße Fluß des weiblichen Geschlechts u. seine Behandlung. 5., vollständig umgearb. Aufl. v. M. Birnbaum. 8. (57 S.) Ebd. 899. 1.—

Albrecht, J. F., der weiße Fluß des weiblichen Geschlechts u. seine Behandlung. 6. vollständig umgearb. Aufl. v. M. Birnbaum. (57 S.) 8. Leipzig (903). Ernst. 1.—

— Die Frauen-Krankheiten und deren Verhütung und Heilung. *s.a. Albrecht:* Die Heimlichkeiten und Krankheiten der Frauen.

— die Frauen-Krankheiten und deren Verhütung und Heilung. Ein belehrendes Buch für Mütter und Jungfrauen über den ersten Eintritt der Blüthe des weibl. Geschlechts und über die Krankheiten in der Periode derselben. Von der Ehe und ihren Folgen. Vom Verhalten der Schwangeren, Gebärenden und Wöchnerinnen. Nebst Abhandlungen über die schmerz- und gefahrlose Entbindung der Frauen und die ersten Mutterpflichten. [Bis zur 10. Aufl. erschienen u. d. T.: „Heimlichkeiten der Frauen".] 11., von einem Arzte verb., Aufl. 8. (VI, 128 S.) Ebendas. 883.

Albrecht, J. F. A., die Frauen-Krankheiten u. deren Verhütung u. Heilung. 11., v. e. Arzte verb., Aufl. 8. (VI, 128 S.) Quedlinburg 883. Ernst. 1. 50

— Friedrich v. Zollern u. seine schöne Else. 4 Thle. 8. Braunschweig 793—96. Vieweg. 3 ℛ 8 gr.

— Friedrich von Zollern und seine schöne Else, Stamm-Eltern des Königl. Preußischen Hauses. Dramatisch bearb. von Albrecht. Th. 1–4. — Berlin: Vieweg 1793–94.
1–4 . . . . 1:Yr 6852. 12:P. o. germ. 19c.
3 . . . . . 300 [Titelbl. defekt]: 622.104–A. Th. S.
2.11056

— Friedrich v. Zollern und seine schöne Else, Stamm-Aeltern d. kön. preuss. Hauses. Dramatisch bearb. von Albrecht. Th. 1.2. — Hohenzollern: Wallishauser 1794.
300: 11.046.
2.11057

— Friedrich von Zollern und seine schöne Else, Stammeltern des Königl. Preußischen Hauses. Ein deutsches Fürsten- und Sittengemälde. Dramatisch bearb. von Albrecht. Th. 1.2. — Wien 1794: Stotz. 300: 790.
2.11058

— s.a. Fürstenglück.

— Fürstenglück, eine Seltenheit aus der grossen Welt, in 5 Aufz. von Albrecht. — Dresden: Verf. 1790. 112 S.
1:Yr 6847. 300: 313; 622.101–A. Th. S. [u.] 4 in 622.114–A. Th. S. 313.
2.11059

— Die schöne Gabriele, Geliebte König Heinrichs IV. Seitenst. zur Lauretta Pisana. (Ziemlich zahmer Roman von *J. F. E. Albrecht.*) 2 Bde. Mit 2 Kpfrn. Leipzig und Gera, Heinsius, 1795. 8°. 333+334 S. (12 Mk. H. Streisand, Berlin, 1907; 12 Mk. E. Frensdorff, 1906.)

Albrecht, Joh. Fr. Er., s.: Gallerie d. Gartenkunst.

— enthülltes Geheimniß, wie man sich gegen alle mögl. venerische Ansteckung vollkommen sichern kann. 8. Hamb. 810. Herold. 8 gr.

Albrecht, Johann Friedrich Ernst: Geschichte des innerlichen Krieges in Holstein im Jahr 1700. Nach authent. Quellen. Von J. E. F. Albrecht. — Hamburg: Meyn & Mahncke 1801. 32 S. 8.
2.11063

— Die Geschlechts-Krankheiten. Ihre Erkenng., Behandlg. u. sich. Heilg. Aerztl. Belehrgn. üb. d. Ansteckg. m. Tripper, Schanker u. Syphilis. 12., verb. Aufl. 8. (VII, 106 S.) Ebd. 898. 1. 50

— die Geschlechts-Krankheiten. Ihre Erkenng., Behandlg. u. sichere Heilg. Aerztliche Belehrgn. üb. d. Ansteckg. m. Tripper, Schanker u. Syphilis. 13., verb. Aufl. 8. (VII, 106 S.) Ebd. 901. 1. 50

— die Geschlechts-Krankheiten. Ihre Erkenng., Behandlg. u. sichere Heilg. Aerztliche Belehrgn. üb. die Ansteckg. m. Tripper, Schanker u. Syphilis. 14. verb. Aufl. (VII, 105 S.) 8. Ebd. (904.) 1. 50

— Die Geschlechtskrankheiten. Ihre Erkenng., Behandlg. u. sichere Heilg. Aerztliche Belehrgn. üb. die Ansteckg. m. Gonorrhoe, Chancre u. Lues venerea. 15 verb. Aufl. (VII, 106 S. m. 1 Abb.) 8. Leipzig (909). Ernst. 1. 50

— Die Geschlechtsnervenschwäche (sexuelle Neurasthenie) beim Manne. Die Beseitigg. d. Folgen sexueller Verirrgn. (VII, 92 S.) 8. Ebd. (907). 1. —

— s.a. Gespräche, Maurerei betreffend.

Gespräche Maurerey betreffend. Nebst einem Anh. von Rosenkreuzern. [Von Joh. Friedr. Ernst Albrecht.] Leipzig: Kummer 1785. XII, 330 S. 8⁰ [Kupfertit.]
Recens: WJ. 2, 4 (1785) S. 215—218.
Kl. 407, Tt. 1486. Taute nennt als Verf. Heinr. Christoph Albrecht. Gespräch 1—3 betr. d. Wesen d. Frmrei, Gespräch 4. 5 soll zeigen, wie unrecht es sei, Frauen vom Bunde auszuschließen. 23. 25.

— vernünftige Gesundheitspflege. 8. Hamb. 808. N. A. 810 u. 25. Herold. 18 gr.

— [Vernünftige Gesundheitspflege.] — [Hamburg: Vollmer 1808.] 218 S. 8 [m. Titelbl.]
2.11065

§ EUROPENS Götter im Fleisch. Ein Gemälde aus der politischen Welt. Vom Verfasser der Miranda u. Sauls II. *(J. F. E. Albrecht).* 2 Thle. Mit 1 allegorisch-satyr. Titelkupf. u. gestoch. Titelbl. Paris und Leipzig (Erfurt, Hennings) 1799. 8⁰. (1 fl. 30 xr. Scheible, vor 1870; 20 Mk. [!] Gustav Fock, Lpz., 1907; 5 Mk. C. G. Boerner, Lpz., 1905.)
263 u. 132 SS. Ziemlich zahmer satyr.-polit. Roman.
— — Dasselbe, tit.: Empfindsame Reisen durch den europäischen Olymp. Deutschland (Erfurt, Hennings) 1800. 8⁰.
Weller, fing. Druckorte.

— diätet. Handbuch f. Kaufleute, od. Anweis., wie d. Kaufmann bei Abwartung aller seiner Geschäfte doch stets gesund u. munter bleiben kann ꝛc. 8. Hamb. 810. Herold.

— häusl. Handb. d. Wundarzneikunst. 8. Hamb. N. A. 810. Herold. 8 gr.

— **Hautausschläge, Krankheiten der Haut, wie Krätze, Finnen-Ausschlag, Kupferrose, Mitesser, Ausschläge des Kopfes sowie sämtliche bösartigen Flechten-Ausschläge usw. Ihre Entstehg., Verhütg. u. Behandlg. 6. Aufl. (80 S.) 8. Ebd. (909).** —75

— **D. Hautkrankheiten. Ihre Erkenng. u. Behandlg 4., vollst. neu bearb. Aufl. v. M. Birnbaum. 8. (III, 80 S.) Ebd. 897.** —75

— **die Hautkrankheiten. Ihre Erkenng. u. Behandlg. 5., vollständig neu bearb. Aufl. v. M. Birnbaum. 8. (III, 80 S.) Ebd. (900).** —75

Albrecht, J. F. E., die gänzliche Heilung der rheumatischen Schmerzen, Flußkrankheiten, Gliederreißen, den Ursachen ihrer Entstehung und den vorzügl. Hausmitteln gegen Gicht, Rheumatismus und Podagra. 2. verb. Aufl. vom Chirurgus Fr. Stahmann. 12. Quedlinb. 844, Ernst. 1/3 ß

— sicherste, gründl. u. auf Erfahrung gegründ. Heilung aller Frostbeulen u. erfrornen Glieder. 8. Hamb. 810. Herold. 3 gr.

[—] Sicherste, gründlichste und wohlfeilste, auf vieljährige Erfahrung gegründete Heilung aller Frostbeulen und erfrornen Glieder. — Hamburg & Altona [um 1790]. 8.
2.11067

— die Heimlichkeiten d. Frauenzimmer; nebst Mitteln gegen alle geheimen Krankheiten u. Schwächen. 8. Hamb. 809. 3e Aufl. 821. Herold. 12 gr.

— **die Heimlichkeiten der Frauenzimmer, Lesebuch für Mütter u. mannbare Mädchen ꝛc. 8. Ebend. 810.**

— **d. Heimlichkeiten d. Frauenzimmer. Ein Leseb. f. Mütter u. Erzieher. 2e Aufl. 8. Hamb. 821, Herold.**

—— die Heimlichkeiten d. Frauenzimmer. Ein belehr. Buch f. Mütter, Jungfrauen u. Erzieherinnen. In e. anständ. Vortrage dargestellt. 4., v. ein. prakt. Arzte umgearb. Aufl. 8. (5 B.) Quedlinburg 845, Ernst'sche Buchh.

Albrecht, J. F. E., die Heimlichkeiten der Frauenzimmer. Ein belehrendes Buch für Frauen und Jungfrauen über den ersten Eintritt der Blüthe des weibl. Geschlechts ꝛc. In e. anständigen Vortrage dargestellt. 5., von e. prakt. Arzte umgearb. Aufl. 8. (VI und 78 S.) Quedlinburg 849, Ernst'sche Buchh.

— **die Heimlichkeiten der Frauenzimmer. Ein belehrendes Buch f. Frauen u. Jungfrauen üb. den ersten Eintritt der Blüthe d. weibl. Geschlechts ꝛc. In einem anständigen Vortrage dargestellt. 4. v. einem prakt. Arzte umgearb. Aufl. 8. (VI u. 78 S.) Ebd. 849. — Die Heimlichkeiten u. Krankheiten der Frauenzimmer ꝛc. 5. v. einem prakt. Arzt umgearb. Aufl. 8. (84 S.) Ebd. 852.** 1/2 ß

— Die Heimlichkeiten und Krankheiten der Frauen. Ein belehrendes Buch für Mütter und Jungfrauen ... Nebst den ersten Mutterpflichten und der Behandlung der Kinder im ersten Lebensalter und 40 Schönheitsmittel zur Kultur der Haut, der Haare und der Zähne. Von J. F. A. Albrecht. 10. Aufl. — Quedlinburg & Leipzig: Ernst 1880. 1:2 an L 620. 3.
2.11068

— Die Heimlichkeiten und Krankheiten der Frauen. Ein belehrendes Buch für Mütter und Jungfrauen ... Nebst Abhandlungen über die schmerz- und gefahrlose Entbindung der Frauen und die ersten Mutterpflichten ... sowie 40 Schönheitsmittel zur Kultur der Haut, der Haare und der Zähne. Von J. F. A. Albrecht. 12. verb. Aufl. — Ebd. 1888. VI,128 S. 1:L 4425[13].
2.11070

— — 13. verb. Aufl. Ebd. 1890. VI,128 S. 1:L 4425[14].
2.11071

Albrecht, J. F. A., die Heimlichkeiten u. Krankheiten der Frauen. Ein belehr. Buch f. Mütter u. Jungfrauen. 14., verb. Aufl. 8. (VII, 141 S.) Halberstadt 892. Ernst. 1. 50

— — Von J. F. Albrecht. 15. verb. Aufl. Leipzig: Ernst [1896]. V,141 S. 3.
2.11072

— **die Heimlichkeiten u. Krankheiten der Frauen. Ein belehr. Buch f. das weibl. Geschlecht üb. den ersten Eintritt der Blüte u. die Krankheiten in den Perioden. — Von der Ehe u. ihren Folgen. — Vom Verhalten der Schwangeren, Gebärenden u. Wöchnerinnen. Nebst Abhandlgn. über die schmerz- u. gefahrlose Entbindg. der Frauen u. die ersten Mutterpflichten, die Behandlg. der Kinder im ersten Lebensalter, sowie 40 Schönheitsmittel zur Kultur der Haut, der Haare u. der Zähne. 16., verb. Aufl. 8. (V, 126 S.) Ebd. 900.** 1. 50

— die Heimlichkeiten u. Krankheiten d. Frauenzimmer. Ein belehrendes Buch f. Mütter u. Jungfrauen über den ersten Eintritt der Blüthe des weiblichen Geschlechts, die Krankheiten in den Perioden derselben ꝛc. Nebst Worte e. Mutter an ihre unverehelichte Tochter. 6., von e. prakt. Arzte umgearb. Aufl. Ebend., 859. 8. (VIII, 95 S.) 15 ngr.

Henriette oder Fürsten sind oft am unglücklichsten, eine wahre aber geheime Anekdote unseres Jahrhunderts, bearb. vom Verf. von Waller u. Natalie (von *Joh. Friedr. Ernst Albrecht*). Frankfurt u. Leipzig, Reiffenstein, 1785. 8⁰.
In 61 zahmen Briefen. 301 S. (incl. Tit. u. 1 Bl. Vorr.).
— Anon.-Lex. II. p. 278 (nach Kayser u. Meusel).

Albrecht, Johann Friedrich Ernst
— **Hülfe für Alle, die an Hypochondrie u. hysterischen Uebeln leiden. 8. Hamb. 810. Herold. 7 gr.**

[—] Hülfe [Hilfe] für alle, die an hypochondrischen und hysterischen Uebeln leiden. — Hamburg: Vollmer [1809]. VIII,88 S. 10.
2.11074

— **sichere Hülfe f. Alle, die an d. güldenen Ader oder Hämorrhoiden leiden, deren Behandl. u. sicherste Heilung. 8. Hamb. 810. Herold. 6 gr.**

— **sichere Hülfe für Schwindsüchtige. 8. Hamb. 810. Herold. 6 gr.**

— **sichere Hülfe für Schwindsüchtige. 2. u. 3. Aufl., ganz umgearb. und mit neuen Erfahrungen bereichert von einem prakt. Arzte. 8. Ebd. 844, 45.** à 1/3 ß

—— sichere Hülfe f. Schwindsüchtige u. Lungenkranke. Nebst Hausmittel. 3., mit neuen Erfahrungen bereich. Aufl. v. e. prakt. Arzte. 8. (4 B.) Quedlinburg 845, Ernst'sche Buchh.

— sichere Hülfe für Schwindsüchtige und Lungenkranke. Oder wie ist die Schwindsucht zu verhüten, zu lindern und möglichst zu heilen. Nebst Hausmittel ꝛc. 3. (Titel=) Aufl. Ebend. (845) 854. 8. (VIII, 56 S.) 10 ngl

— Hülfsbuch f. Alle, die an Schwäche d. Geschlechtstheile leiden. 8. Hamb. 810. Herold. 8 gl

— allgem. Hülfsbuch fürs männl. Geschlecht ꝛc. 5 Thle 8. Ebend. 810.

— allgem. Hülfsbuch f. männl. Geschlecht. 3 Thl. Neue Aufl. 8. Ebend. 811.
desselben Buchs 4r Thl. Ebend. 816.

— allgem. Hülfsbuch f. d. männl. Geschlecht bei allen männl. Krankheiten ꝛc. 3 Thle. 8. Hamb. N. A. 811. Herold. 1 rß

— allgemeines Hülfsbuch fürs weibl. Geschlecht. 5 Thle. (1r 6 gr. 2r 14 gr. 3r 6 gr. 4r 6 gr. 5r 8 gr.) 8. Hamb. Vollmer. 812. Rthlr.

— allgem. Hülfsbuch f. d. weibl. Geschlecht. 5 Thle. (3r Thl. a. u. d. T.: Die monatl. Reinigung; 4r Thl. a. u. d. T.: Der weiße Fluß; 5r Thl. a. u. d. T.; Schönheitsmittel f. d. weibl. Geschlecht.) 8. Hamb. 809—12. Herold. 1 rß 16 gl

— Hülfsbuch für Frauenzimmer ꝛc. 8. Ebend. 810.

—— Hülfsbuch für Männer, welche an Schwäche d. Geschlechtstheile leiden. 4. Aufl. 843. (6 B.) 5. A. 845. (5 B.) u. 6., von e. prakt. Arzte mit neuen Erfahrungen bereicherte, Aufl. 8. (6 B.) Quedlinburg 846, Ernst'sche Buchh.

Albrecht, E. L., Hülfsbuch für Männer, welche an Schwäche der Geschlechtstheile leiden. Nebst ihrer Erkenntniß, ihrer Entstehungs-Ursachen u. der sichersten u. leichtesten Heilmethoden der Schwäche der Geschlechtstheile, der Onanie und Saamenverschwendung. 6. v. einem prakt. Arzte m. neuen Erfahrgn. bereicherte Aufl. gr. 12. (VIII u. 83 S.) Quedlinburg 850, Ernst. 1/3 rß

— Hülfsbuch [Hilfsbuch] für Männer, welche an Schwäche der Geschlechtstheile leiden. Nebst ihrer Erkenntniß, ihren Entstehungs-Ursachen und den sichersten und leichtesten Heilmethoden der Schwäche der Geschlechtstheile, der Onanie und Samenverschwendung. Von E. L. Albrecht. 7. bereicherte Aufl. — Quedlinburg & Leipzig: Ernst 1865. VI,83 S. 11.
2.11075

—— Hülfsbuch für Männer, welche an Schwäche der Geschlechtstheile leiden, ihre Erkenntniß u. die leichtesten Heilmethoden, Beseitigung der Folgen der Onanie, wie auch über die richtige Behandlung des Geschlechtstriebes. Von E. L. Albrecht. 8. Aufl. — Ebd. 1880.
1: 3 an L 620. 8.
2.11076

—— 9. verm. Aufl. Ebd. [nach 1880]. 89 S. 1: Kd 645.
2.11077

— Hilfsbuch f. Männer, welche an Schwäche der Geschlechtsteile leiden, ihre Erkenntniß u. die leichtesten Heilmethoden, Beseitigg. der Folgen der Onanie, wie auch üb. die richtige Behandlg. d. Geschlechtstriebes. 11., verm. Aufl. 8. (VII, 90 S.) Ebd. 892. n. 1. —

Albrecht, Johann Friedrich Ernst: Hilfsbuch für Männer, welche an Schwäche der Geschlechtsteile leiden, nebst einer Anleitung über die Beseitigung der Folgen der Onanie u. einer Belehrung über die richtige Behandlung des Geschlechtstriebes. Von J. F. Albrecht. 12. verm. Aufl. Halberstadt & Leipzig: Ernst [1896]. VI,89 S. 8.
2.11078

Albrecht, J. F., Hilfsbuch f. Männer, welche an Schwäche d. Geschlechtsteile leiden. Nebst e. Anleitg. üb. d. Beseitigg. d. Folgen d. Onanie u. e. Belehrg. üb. d. richt. Behandlg. d. Geschlechtstriebes. 13., verb. Aufl. 8. (VII, 91 S.) Ebd. 898. n. 1. —

— Hilfsbuch f. Männer, welche an Schwäche der Geschlechtsteile leiden. Nebst e. Anleitg. üb. die Beseitigg. der Folgen der Onanie u. e. Belehrg. üb. die richt. Behandlg. des Geschlechtstriebes. 15., verb. Aufl. 8. (VII, 91 S.) Ebd. (901). 1. —

— Hilfsbuch f. Männer, welche an Schwäche der Geschlechtsteile leiden. Nebst e. Anleitg. üb. die Beseitigg. der Folgen der Onanie u. e. Belehrg. üb. die richt. Behandlg. des Geschlechtstriebes. 16. verb. Aufl. (VII, 91 S.) 8. Ebd. (903.) 1. —

— Hilfsbuch f. Männer, welche an Schwäche der Geschlechtsteile leiden. Nebst e. Anleitg. üb. die Beseitigg. der Folgen der Onanie u. e. Belehrg. üb. die richt. Behandlg. des Geschlechtstriebes. 17. verb. Aufl. (VII, 92 S.) 8. Ebd. (907). 1. —

— s. Hiob, e. jüd. Geschichte.

— Husten, Katharr[!] und Schnupfen. Deren Kenntniss, Unterschied, Behandlung. Von J. F. E. Albrecht. — Hamburg & Altona: Vollmer [1810]. VIII,56 S. 8.
2.11079

— Husten, Katarrh u. Schnupfen, deren Kenntniß, Unterschied, Behandl. u. Mittel dagegen. 8. Hamb. (Prag) 819. Neureutter. 6 gl (W. Nauck in Leipz.) 810. 6 gl

— Hymne an d. scheidende u. werdende Jahrhund. 8. Altona 801.

[—] Ildefonse von Venedig. Ein Seitenstück zu Lauretta Pisana. Vom Verf. derselben [d. i. Johann Friedrich Ernst Albrecht]. Bd 1.2. — Leipzig: Liebeskind 1795.
1: Yr 6856.
2.11081

JOSEPH, Der keusche. Dramatisch bearb. vom Verfasser der Lauretta Pisana *(Joh. Friedr. Ernst Albrecht)*. 3 Thle. Mit 1 TKpf. Dresden u. Leipzig, C. C. Richter, 1792—94. 8°. Zahm. (2/3 Rthl. H. W. Schmidt, Halle, vor 1870; 8 Mk., ohne das TKpf., E. Frensdorff, 1904.)

— Journal der doppelten böhmischen Krönung Leopolds des Zweiten und Marien Louisens, Infantin von Spanien, in Prag im Jahre 1791. 1791 s. *Albrecht:* Vollständiges Archiv der doppelten böhmischen Krönung Leopolds des Zweiten und Marien Louisens, Infantin von Spanien, in Prag im Jahre 1791.

Kakodämon der Schrekliche (so!), Pansalvins (Potemkins) und Mirandas (Katharina's II.) Donnerkeil, Revisor des Codex der Menschen-Rechte (von *Joh. Frdr. Ernst Albrecht*). Mit Kupfertitel u. Titelkpfr. Pyropolis (Erfurt, Hennings) 1800. 8°. Tit. u. 371 S. (In Frankfurt a. M., Stadtbibl.)
Stellenw. ziemlich frivol..

—— Dasselbe, tit.: Der Todten-Tanz, bey Ismael. Geschichte einer Bluthochzeit nebst dem Leben des Bräutigams. Mit TKpf. St. Petersburg (Erfurt, Hennings) 1803. 8°. (2 Mk. 50 Scheible, 1886.)

Karrikatur, Die nordische, oder Leben und Tod des nordischen Riesen Pauloaster. (Derb-satyr. Roman von *J. F. E. Albrecht.*) 3 Bdchn. Moskau u. St. Petersburg (Erfurt, Hennings) 1802. 8°. Selten! (5 Mk. Kühl, Berlin, c. 1883; jetzt theurer!)

KARRIKATUREN nach Hogarth und Lichtenberg. Eine Beilage zu der Zeitschrift London und Paris, vom Verfasser der Lauretta Pisana *(Joh. Friedr. Ernst Albrecht)*. Mit 4 grossen kolor. Kupfern. Mainz u. Hamburg, bei Gottfried Vollmer, 1801. 4°. 40 S. (12 Mk. Adolf Weigel, 1908.)
Politische und sociale Caricaturen aus England. Sehr selten!

— d. Kinderarzt, Handb. f. Aeltern ꝛc. 8. Hamb. 808. N. A. 810. Herold. 10 gl

— Kleopatra, Königin v. Aegypten. 3 Thle. 8. Leipz. 793—96. Andrä. 3 rß

— die Kolonie. Schspl. in 4 Akten. gr. 8. Dresd. 792. (Hinrichs; a. W. Nauck in Leipz.) 6 gl

— Die Kolonie. Schauspiel in 4 Aufz. für d. churfürstl.-sächsische Hoftheater von Albrecht. — Dresden: Richter in Comm. 1792. 101 S.
300: 2.488-B [u.] 2 in 622.114-B. Th. S. 49.
2.11085

—— Die Kolonie. Schauspiel in 4 Aufz. von Albrecht. o. O. 1793. 1: Yr 6849/5.
2.11086

KOENIGINNEN, Vier, König Philipp I. von Spanien Töchter. Geschichte aus dem XVI. Jahrhundert vom Verfasser der Lauretta Pisana. (Ziemlich zahmer Roman von *Joh. Friedr. Ernst Albrecht.*) 3 Thle. Mit 3 schönen TVign. Leipzig 1792—93. 8°.

— die Kopfschmerzen. Ihre Ursachen, Erkenng. u. Behandlg. 10., vollständig neubearb. u. verm. Aufl. v. M. Birnbaum. 8. (V, 84 S.) Ebd. (899). 1.—

[—] Die Kopfschmerzen, ihre schnelle Linderung und gänzliche Heilung. — Hamburg [1809]. 8.
2.11088

— die Kopfschmerzen, ihre schnelle Linderung und gänzl. Heilung. 8. Ebend. 810.

— d. Kopfschmerzen, ihre schnelle Linder. u. voll. Heilung. 2. Aufl. 8. Ebend. 812.

— die Kopfschmerzen, ihre schnelle Linderung u. gänzl. Heilung. 4e mit Anmerkk. v. W. H. Wynchenbach verm. Aufl. 8. Hamb. 824. Herold. 8 gr.

— die Kopfschmerzen, ihre schnelle Linderung u. gänzliche Heilung. 4. verb. u. verm. Aufl. von W. H. Wingenbach u. Fr. Stahmann. 8. Ebend. 843. 1/3 Thlr. — 5. verb. Aufl. Ebd. 843. 1/3 Thlr.

—— die Kopfschmerzen, ihre schnelle Linderung u. gänzl. Heilung. 4. Aufl. 843. (5½ B.) u. 5., v. e. prakt. Arzte verb. Aufl. 8. (4 B.) Quedlinburg 845, Ernst'sche Buchh.

—— die Kopfschmerzen, ihre schnelle Linderung und gänzliche Heilung. Ein hülfreicher Rathgeber für Alle, die Anfällen vom Kopfweh unterworfen sind. 5., von e. prakt. Arzte verb. Aufl. 8. (VIII und 78 S.) Quedlinburg 851, Ernst'sche Buchh.

—— die Kopfschmerzen, ihre schnelle Linderung und gänzliche Heilung. Ein Hülfsbuch für Alle, die Anfällen von Kopfweh unterworfen sind. 7. von einem prakt. Arzte verb. Aufl. (IV, 58 S.) 1881; 8. verb. Aufl. 8. (IV, 57 S.) Ebendas. 882. *

— Die Kopfschmerzen, ihre schnelle Linderung und gänzliche Heilung. Ein Hülfsbuch für alle, die Anfällen von Kopfweh unterworfen sind ... Von J. F. E. Albrecht. 8. verb. Aufl. — Quedlinburg & Leipzig: Ernst 1881. 57 S.
1:Kh 60-15. 8.
2.11089

Albrecht, Johann Friedrich Ernst

— von der Krankheit u. Heilart der Pollutionen. (ist des allgem. Hülfsbuchs f. männl. Geschlecht 2r Th.). 8. Hamb. Vollmer. 810.

— v. d. Krankh. u. Heilung d. Pollutionen. (Ist dessen Hülfsbuch f. d. männl. Geschlecht, 2r Thl.) 8. Hamb. 808. N. Aufl. 814. Herold. 8 gr.

— Krankheit und Heilung der Pollutionen beiderlei Geschlechter. 4. verm. u. verb. Aufl. von Fr. Stahmann. 8. Ebd. 843. 1/3 Thlr.

[—] Von der Krankheit der Pollutionen beiderley Geschlechter. Vom Verf. des Hülfsbuches für alle, die an Schwäche der Geschlechtstheile leiden [d. i. Johann Friedrich Ernst Albrecht]. — Hamburg & Altona: Vollmer [um 1810]. 87 S. 8.
2.11090

[—] Die Krankheiten des Gehörs oder sichere Mittel, das Sausen vor den Ohren, Harthörigkeit und Taubheit zu mindern und nach und nach ganz zu heilen. — Hamburg: Vollmer [1809]. VIII,71 [vielm. 73] S. 8. 8.
2.11091

— die Krankheiten des Gehörs rc. 8. Ebend. 810.

— die Krankheiten d. Gehörs, od. zuverläss. Mittel, um das Sausen vor d. Ohren, Harthörigkeit u. Taubheit zu vermindern u. zu heilen. 3e Aufl. 8. Hamb. 819. Herold. 6 gr.

(Albrecht, Johann Friedrich Ernst): Die Krankheiten des Gehörs oder sichere Mittel das Saußen vor den Ohren, Harthörigkeit und Taubheit zu mindern und nach und nach ganz zu heilen. Nebst Anweisungen und Mitteln, Ohren und Gehör gut zu erhalten, Fehler derselben zu verbessern, ihnen vorzubeugen, und dem lästigen sogenannten Ohrenzwange gänzlich abzuhelfen. 3.ganz umgearb., viel verm.und verbess.Aufl. 78 S., gbd.

Hamburg: Vollmer 1819

JB 4.311

—— die Krankheiten d. Gehörs. 4., ganz umgearb., vielfach verm. u. verb., mit e. Anhange üb. d. Gehörmaschinen verseh. Aufl. 8. (8 B.) Quedlinburg 844, Ernst'sche Buchh.

—— die Krankheiten des Gehörs oder sichere Mittel, das Sausen vor den Ohren, Harthörigkeit und Taubheit zu mindern und ganz zu heilen, wie auch dem lästigen Ohrenzwang gänzlich abzuhelfen. Nebst Anhang über Gehörmaschinen. 5., verb. Aufl. 12. (VII und 133 S.) Quedlinburg 854, Ernst'sche Buchh.

[F.] Die Krankheiten des Gehöres (u. deren Heilung) oder: sichere Mittel, das Sausen vor d. Ohren, Harthörigkeit u. Taubheit zu mindern u. nach u. nach ganz zu heilen. Nebst e. Anh. über Hörmaschinen. Von Dr. J. F. Albrecht, prakt. Arzt in Hamburg. 6., nach d. neuesten Erfahrgn in d. Ohrenheilkunde ergänzte, vielf. verm. u. verb. Aufl. *Halberstadt & Leipzig: Ernst [1895].* (VIII, 103 S.) 1 Bd 8. [96. 3232

— die Krankheiten d. Haut, Ausschläge, Krätze rc. 8. Hamb. 810. Herold. 6 gr.

— Die Krankheiten der Haut, Ausschläge genannt, und zwar besonders über Krätze ... Nebst den Mitteln, sich dagegen zu verwahren und sie ... zu heilen. Von J. F. E. Albrecht. — Hamburg & Altona: Vollmer [1810]. VIII, 56 S. 8.
2.11094

Albrecht, Joh. Friedr. Ernst (Hrsg.), s. Krönungsjournal für Prag.

[—] Die Kuhpocken oder die Vaccination ... Untersuchungen ... von einem vieljährigen practischen Arzte [d. i. Johann Friedrich Ernst Albrecht]. — Hamburg: Vollmer [1809]. IV,43 S. 1:Ko 7262.
2.11095

— d. Kuhpocken, od. Vaccination rc. 8. Hamb. 810. Herold. 4 gr.

— s. Kuno v. Stern.

— Laufpaß f. d. 18. Jahrhundert. 6 Stücke, 8. Hamb. 801.

LAUFPASS, Der, fürs achtzehnte Jahrhundert. Ein Gedicht in Blumauer's Manier (von *Joh. Friedr. Ernst Albrecht*). Mit Titelkpfr. O. O. (Hamburg) 1801. 8°. (In Hamburg, Stadtbibl.) (2 Mk. Paul Neubner, 1892; 80 Pfg. F. A. Brockhaus, 1890; 1,50 Mk., dasselbe mit vielen hdschr. Randnotizen, welche einen Schlüssel zu schwer verständl. Andeutgn. im Texte bilden.)
Anon.-Lex. III. p. 11 nach: Sauer, Säculardichtungen. Berlin 1900. S. CLXIII.

— s.a. Lauretta Pisana.

[—] Lauretta Pisana, Leben einer italienischen Buhlerin. Aus Rousseaus Schriften und Papieren. Dramatisch bearb. Th. 1.2. — Leipzig: Walther 1789.
1.2 . . . . 12:P. o. germ. 19fd.
1 . . . . 8.
2.11097

[—] Lauretta Pisana. Leben einer italienischen Buhlerin. Aus Rousseau's Schriften und Papieren. Dramatisch bearb. Neue Aufl. Th. 2. — Ebd. [nach 1789].
1:Yr 6841-2.
2.11098

[—] Lauretta Pisana. Leben einer italienischen Buhlerin. Aus Rousseaus Schriften und Papieren. Dramatisch bearb. Th. 1.2. — Frankfurt & Leipzig 1792.
300:622.111-A. Th. S.
2.11099

[—] — Th. 1.2. 2., vom Verf. verb. Aufl. Leipzig: Pott 1795.
1.2 . . . . 1:Yr 6840[a].
2 . . . . 8.
2.11100

— Lauretta Pisana oder Leben einer italienischen Buhlerin. Von E. Albrecht. Neue gänzl. umgearb., einzig rechtmässige Aufl. Bd 1. — Hamburg: Vollmer 1814.
1:Yr 6841-1.
2.11101

LEBEN, Robinsonaden und Abentheuer des großen Kapitains Hans Jürgen Mast, der den Schlachten bey Abukir, Koppenhagen und Trafalgar beygewohnt. Von ihm selbst beschrieben und herausgegeben vom Verfasser des Pansalvin (d. i. *Joh. Friedr. Ernst Albrecht*). Mit Titelkpf. Hamburg, bey Gottfried Vollmer. o. J. (1803). 8⁰. Tit. u. 304. S. (incl. 2 Bll. Vorr.). (8 Mk., etwas geles., Adolf Weigel, 1908.)

LEBEN und Thaten des Dokter (sic!) Pillpullklystropfius der Glückliche genannt. Ein nutzbares Produkt für unser Jahrhundert (von *Joh. Friedr. Ernst Albrecht*). 2 Thle. Mit 1 Titelkpfr. u. 1 Titelvign. Leipzig, Junius, 1783. 8⁰. (4 Mk. Scheible, c. 1890.)
Ziemlich harmloser Roman. I: 540 S. (incl. 2 Bll.). II: 388 S. (Zus. 10 Bücher.)

Leben Uranie (sic!), Königin von Sardanapalien im Planeten Sirius, ein Werk Wesemi Saffras, des genannten Weisen, aber eines Thoren unter seinen Brüdern, verteutscht. (Satyrischer Schlüssel-Roman von *Joh. Friedr. Ernst Albrecht*, 1752—1816.) 2 Thle. Zu finden Ueberall. (Hamburg, Campe.) Im Jahr 1790. 8⁰. (7 Mk. S. Glogau & Co., Lpz., c. 1885; 20 Mk. Gustav Fock, Lpz., 1908.)
Vornehmlich Satyre auf Marie Antoinette (nicht Katharina II). Einiges frei.
I: Tit., 2 Bll. Inh. (der 39 Kap.), 254 S. II: Tit., 3 Bll. Inh. (v. Kap. 40—81), 238 S.

— allgem. u. vollst. Lehrbuch d. Heilung aller venerischen Krankheiten. 8. Hamb. (810. Herold). 18 gr

— Allgemeines und vollständiges Lehrbuch zur Heilung aller venerischen Krankheiten, Kunst sie zu erkennen, zu behandeln, und im Nothfall, wenn man ohne Arzt ist, sich selbst davon zu befreyen. Nebst den dazu gehörigen Mitteln, ihren Wirkungen und Gebrauche. Von J. F. E. Albrecht. — Hamburg: Vollmer [um 1810]. XVII,238 S.
12: Path. 11.
2.11104

—— Lehrbuch zur sicheren Heilung aller Geschlechtskrankheiten oder von der Ansteckung mit Tripper, Schanker oder Syphilis und den Mitteln diese Krankheiten selbst zu erkennen und zu heilen. Von den vener. Krankheiten der Schwangeren, der Kinder, und den vorzüglichsten Heilmitteln gegen dieselben. 9. verb. und verm. Aufl. 8. (VIII, 100 S.) Ebendas. 887.

— Lehrbuch zur sicheren Heilung aller Geschlechtskrankheiten od. v. der Ansteckg. m. Tripper, Schanker od. Syphilis u. den Mitteln, diese Krankheiten selbst zu erkennen u. zu heilen. Von den vener. Krankheiten d. Schwangeren, der Kinder, u. den vorzüglichsten Heilmitteln gegen dieselben. 10. u. 11., verm. Aufl. 8. (VII, 106 S.) Halberstadt 891. 893. Ernst. 1. 50

Albrecht, J. F. E., Lehrbuch zur sichern Heilung aller syphilitischen Krankheiten, od. von der vener. Ansteckung, den örtl. Krankheiten u. den Mitteln, sich selbst zu heilen. Von dem männl. u. weibl. Tripper, Schanker, Geschwüren u. Augenentzündungen. Von den Krankheiten, welche den ganzen Körper ergreifen. Von den vener. Krankheiten d. Schwangern, der Kinder u. d. vorzüglichsten Heilmitteln gegen alle diese Krankheiten. 3. verb. Aufl. gr. 12. (VIII u. 128 S.) Quedlinburg 850, Ernst. — 4. (Titel-)Aufl. 8. (VIII u. 128 S.) Ebd. (850) 852. 1/2 ₰

— Lehrbuch zur sichern Heilung aller syphilitischen Krankheiten, oder von der venerischen Ansteckung u. den Mitteln, sie selbst zu heilen ꝛc. 5. Aufl. 861. (VIII, 134 S.) — 6. verb. Aufl. Ebend., 864. (VIII, 110 S.) 15 ngr.

— Lehrbuch zur sichern Heilung aller syphilitischen Krankheiten ... Von den venerischen Krankheiten d. Schwangern, d. Kinder u. den vorzüglichsten Heilmitteln gegen dieselben. Von J. F. Albrecht. 6. verb. Aufl. — Quedlinburg & Leipzig: Ernst 1864. VIII,110 S.
1: Kd 2958⁶.
2.11105

Albrecht, J. F., Lehrbuch zur sicheren Heilung aller syphilitischen Krankheiten, od. v. der vener. Ansteckg. u. den Mitteln, sie selbst zu heilen. Von dem Tripper, Schanker, v. den Geschwüren, Augenentzündgn. u. den syphilit. Krankheiten, welche den ganzen Körper ergreifen. Von den vener. Krankheiten der Schwangern, der Kinder u. den vorzüglichsten Heilmitteln gegen dieselben. 7. verb. Aufl. 8. (VIII, 110 S.) Quedlinburg 875. Ernst. 1. 50

Albrecht, Johann Friedrich Ernst: Lehrbuch zur sichern Heilung aller syphilitischen Krankheiten ... Von den venerischen Krankheiten d. Schwangern, d. Kinder u. den vorzüglichsten Heilmitteln gegen dieselben. Von J. F. Albrecht. 8. verb. Aufl. — Quedlinburg & Leipzig: Ernst 1883. VIII,127 S. 3.
2.11106

— — 9. verb. Aufl. Ebd. 1887. VIII,100 S. 3.
2.11107

—— Lehrbuch z. sichern Heilung aller venerischen Krankheiten. 2., verb. Aufl. v. Fr. Stahmann. 8. (9 B.) Quedlinburg 844, Ernst'sche Buchh.

[—] Liebe ist ein wunderlich Ding; oder Geschichte der Familie Frank. Vom Verf. des Waller und Natalie [d. i. Johann Friedrich Ernst Albrecht]. Th. 1.2. — Hamburg: Herold 1781–82. (Hamburgische Landbibliothek zum Nutzen und Zeitvertreib des schönen Geschlechts. 5/8.)
1: Yt 518–5/8.
2.11109

[—] — Th. 2. Ebd. 1782. 1: Yw 556ᵃ–2.
2.11110

— — 2. Aufl. Th. 1. Ebd. 1787. 1: Yw 556ᵃ–1.
2.11111

— Liebe, Launen u. List. 2 Thle. 8. Hamb. 788. (Campe). 1 ₰ 12 gr

[—] Maria de Lucca, Edle von Parma. Ein Opfer der Inquisition. Von d. Verf. d. Lauretta Pisana [d. i. Johann Friedrich Ernst Albrecht]. — Altona: Bechtold 1801.
12: P. o. germ. 19 ed. 11.
2.11112

[—] — 2. Ausg. Altona 1804. 1: Ys 1700ᵃ.
2.11113

[—] Masaniello von Neapel. Original-Trauerspiel in 5 Aufz. Berlin: Himburg 1789. 156 S.
1: Yr 6838. 300: 33.432–A.
2.11114

— Masaniello v. Neapel. Trspl. in 5 A. 8. Berl. 790. (Reimer; a. Nauck in Leipz.) 12 gr Dass., 2e A. 8. Leipz. 799. Liebeskind. 9 gr

– s. Mast, Hans Jörgen Leben.

— Die Familie Medicis in ihren glänzendsten Epochen .... (Zahmer Roman von *Joh. Friedr. Ernst Albrecht*.) Leipzig 1795.
Anon.-Lex. III. p. 125 (nach Kayser u. Meusel); „1796" haben Lübker—Schröder.

—— der Mensch u. sein Geschlecht, oder Belehrungen üb. Fortpflanzungstrieb, Zeugung, Befruchtung, Beischlaf, Empfängniß, Enthaltsamkeit u. ehel. Geheimnisse z. Erzeugung gesunder Kinder u. Erhaltung d. Kräfte u. Gesundheit. Nebst unschädl. Mitteln, d. Zeugungstrieb zu befördern. 3—5., mit d. neuesten Erfahrungen verb. Aufl. (v. Fr. Stahmann.) 8. (7¾, u. 6¾ B.) Quedlinburg 843, 45, Ernst'sche Buchh. Thlr.

— Der Mensch und sein Geschlecht, oder Belehrungen über physische Liebe ... Nebst neuesten Erfahrungen, das geschwächte Zeugungs-Vermögen wieder herzustellen. Von J. F. Albrecht. 6. verb. u. verm. Aufl. — Quedlinburg & Leipzig: Ernst [1848]. VIII,112 S. 12: Anthr. 2h.
2.11119

—— der Mensch und sein Geschlecht, oder Belehrungen über phys. Liebe, Naturzweck, Leitung des Geschlechtsgenusses ꝛc. Nebst neuesten Erfahrungen, das geschwächte Zeugungsvermögen wieder herzustellen und die Folgen der Selbstbefleckung, Saamenergießung und des weißen Flusses gründlich zu heilen. 7.—11., verb. und verm. Aufl. 8. (VIII und 134 S.) Quedlinburg 862—67, Ernst'sche Buchh.

Albrecht, J. F. A., der Mensch und sein Geschlecht oder Belehrungen über physische Liebe, Naturzweck, Leitung des Geschlechtsgenusses, über Empfängniß, Schwangerschaft und Enthaltsamkeit, zur Erzeugung gesunder Kinder und Erhaltung der Kräfte und der Gesundheit. Nebst neuesten Erfahrungen, das geschwächte Zeugungsvermögen wieder herzustellen und die Folgen der Selbstbefleckung, Samenergießung und des weißen Flusses gründlich zu heilen. 12.—14. verb. und verm. Aufl. 8. (VIII, 134 S.) Quedlinburg 869—74, Ernst'sche Buchh.

—— der Mensch und sein Geschlecht, oder Belehrungen über phys. Liebe, Naturzweck, Leitung des Geschlechtsgenusses, über Empfängniß, Schwangerschaft und Enthaltsamkeit, zur Erzeugung gesunder Kinder und Erhaltung der Kräfte und der Gesundheit. Nebst neuesten Erfahrungen, das geschwächte Zeugungsvermögen wiederherzustellen und die Folgen der Selbstbefleckung, Samenergießung und des weißen Flusses gründl. zu heilen. 15.—18. verb. Aufl. 8. (VIII, 134 S.) Ebendas. 875—78.

—— der Mensch und sein Geschlecht, oder Belehrungen über physische Liebe, Naturzweck, Leitung des Geschlechtsgenusses, über Empfängniß, Schwangerschaft und Enthaltsamkeit, zur Erzeugung gesunder Kinder und Erhaltung der Kräfte und der Gesundheit. Nebst neuesten Erfahrungen, das geschwächte Zeugungsvermögen wieder herzustellen und die Folgen der Selbstbefleckung, Samenergießung und des weißen Flusses gründl. zu heilen. 19.—22. verb. Aufl. 8. (VIII, 134 S.) Ebendas. 880—84.

—— 23. verb. Aufl. Ebd. [1886]. VIII,134 S.
1:L 620^{88}.
2.11122

— Der Mensch und sein Geschlecht oder Belehrung über physische Liebe ... Nebst neuesten Erfahrungen, das geschwächte Zeugungs-Vermögen wieder herzustellen, wie auch Worte eines Vaters an seinen neuverehelichten Sohn. Von J. F. Albrecht. 24. verb. Aufl. — Ebd. 1887. VIII,134 S.
1:L 620^{84}.
2.11123

—— dass. — Nebst neuesten Erfahrungen, das geschwächte Zeugungsvermögen wieder herzustellen, wie auch Worte eines Vaters an seinen neuverehelichten Sohn. 25. verb. Aufl. 8. (VIII, 134 S.) Ebendas. 888.

— Der Mensch und sein Geschlecht, ärztliche Belehrungen über physische Liebe ... Nebst neuesten Erfahrungen, das geschwächte Zeugungsvermögen wieder herzustellen, wie auch Worte eines Vaters an seinen neuverehelichten Sohn. Von J. F. Albrecht. 26. Aufl. — Ebd. 1890. VIII [vielm. VI],134 S.
1:L 620^{88}.
2.11124

Albrecht, J. F. A., der Mensch u. sein Geschlecht, ärztl. Belehrgn. üb. phys. Liebe, Naturzweck, Leitg. des Geschlechtsgenusses, üb. Empfängnis, Schwangerschaft u. Enthaltsamkeit, zur Erzeugg. gesunder Kinder u. Erhaltg. der Kräfte u. der Gesundheit. Nebst neuesten Erfahrgn., das geschwächte Zeugungsvermögen wieder herzustellen, wie auch Worte e. Vaters an seinen neuverehelichten Sohn. 27.—29. Aufl. 8. (VIII, 134 S.) Halberstadt 891—894. Ernst. 1. 50

— — 31. Aufl. Halberstadt & Leipzig: Ernst 1896. VIII,134 S.
8.
2.11125

— D. Mensch u. s. Geschlecht. Ärztl. Belehrgn. üb. d. Geschlechtsleben d. Menschen. E. Ratgeber f. Eheleute u. Erwachsene. 33., verb. Aufl. 8. (VI, 134 S.) Ebd. 898. 1. 50
Erschien auch u. d. T.: D. Geschlechtsleben d. Menschen.

— der Mensch u. sein Geschlecht. Ärztliche Belehrgn. üb. das Geschlechtsleben des Menschen. Ein Ratgeber f. Eheleute u. Erwachsene. 35., verb. Aufl. 8. (VI, 134 S.) Ebd. (901). 1. 50
A. u. d. T.: Das Geschlechtsleben des Menschen.

— der Mensch u. sein Geschlecht. Ärztliche Belehrgn. üb. das Geschlechtsleben des Menschen. Ein Ratgeber f. Eheleute u. Erwachsene. 36. u. 37. verb. Aufl. (à VI, 134 S.) 8. Ebd. (903—906). 1. 50
A. u. d. T.: Das Geschlechtsleben des Menschen.

— Der Mensch u. sein Geschlecht. Ärztliche Belehrgn. üb. das Geschlechtsleben des Menschen. Ein Ratgeber f. Eheleute u. Erwachsene beiderlei Geschlechts. 38. verb. Aufl. (VI, 135 S.) 8. Ebd. (909). 1. 50
A. u. d. T.: Das Geschlechtsleben des Menschen.

Miranda, Königinn im Norden, Geliebte Pansalvins (s. Potemkin). (Roman von *J. F. E. Albrecht.*) Mit Titelkpf. Germanien (Erfurt, Hennings) 1798. 8°. Selten! (2 Mk. Max Weg, Lpz., 1897; jetzt theurer!)

[—] Sichere Mittel gegen das Zahnweh oder der kleine Zahnarzt. — Hamburg: Vollmer [1809]. 83 S.
8.
2.11127

[—] — 2. verb. u. verm. Aufl. Ebd. [1812]. VIII,87 S.
8.
2.11128

— sichere Mittel gegen d. Zahnweh, oder d. kleine Zahnarzt. 2e A. 8 Hamb. 810. Herold. 9 gr.

— sichere Mittel gegen das Zahnweh, od. d. kl. Zahnarzt 2te verb. u. vermehrte Aufl. 8. Ebend. 813.

— — Mittel gegen Sommersprossen, Leberflecke, Sonnenbrand, Hüneraugen oder Leichdörne rc. 2te Aufl. von Dr. Wynchenbach. 8. Ebendas. 1819.

— zweckmäß. u. erprobte Mittel gegen Sommersprossen, Hühneraugen, Warzen, Schwielen rc. 8. Hamb. 809. N. A. von W. H. Wynchenbach. 819. Herold. 6 gr.

— Zweckmässige und erprobte Mittel gegen Sommersprossen, Leberflecke ... Nebst einem Anhange, wie man sich für Ruhren zu bewahren habe ... Von Albrecht. — Hamburg & Altona: Vollmer [1809]. VIII,71 S.
8.
2.11129

— — 2. durchges. u. verm. Aufl. von W[ilhelm] H[einrich] Winchenbach. — Hamburg: Herold 1818. VI,56 S.
8.
2.11130

Albrecht, Jh. Fr. Er., d. Neutralitätskrieg der Dänen im J. 1801. 8. Hamb. 801. Meve. 10 gr.

Der Neutralitäts-Krieg der Däuen im Jahr 1801. 8°. Freymüthig und authentisch dargestellt [v. Johann Friedrich Ernst Albrecht]. Leipzig. 1801. 8°.

— s. Fürst Pansalvin.

[—] Pansalvin Fürst der Finsterniss und seine Geliebte. — Germanien [vielm. Gera: Heinsius] 1794. 404 [vielm. 406] S.
1:Yw 539/50. 12:P. o. germ. 19f. 300:44 Y 47. 2. 7. 65. 2.11132

PARRUNKOWITSCH (Suwaroff), Der mächtige, nebst einigen andern Miniaturgottheiten, vom Verfasser „Sauls" und „Miranda" *(Joh. Friedr. Ernst Albrecht)*, 2 Thle. St. Petersburg u. Deutschland (Erfurt, Hennings), 1800. 8°. (1⅓ Rthl.) (Im British Museum.) (2 Mk. 20 Pfg. Scheible, 1872; jetzt theurer!)
Anon.-Lex. III. p. 257 (nach Weller u. Goedeke), aber unrichtig „Parounkowitsch".
„Ein so eben abgelaufenes politisches Gewicht, giebt dem Eindruck, den obiges Leben schon gemacht hat, neue Stärke. Wie glüklich treffend politische Fernschreibekunst in diesen Darstellungen sich gezeigt habe, lehrt der Erfolg, der jene Ahnungen beglaubigt hat." (Aus dem Verlags-Referat.) — „Kayser hat „1801". (?)

— Rathgeber für Alle, die an Brüchen, besonders d. Unterleibes leiden. 8. Hamb. 809. N. A. 812. Herold. 6 gr.

Albrecht, Johann Friedrich Ernst: Rathgeber für alle, die an Brüchen besonders des Unterleibes leiden. Mittel von Jugend auf sie zu verhüten,... [Verf.: Johann Friedrich Ernst Albrecht.] Hamburg: Vollmer (1809). VIII, 64 S.
Angeb. an: Laemmerhirt, Johann Ludwig: Verhaltungsregeln für Bruchkranke. Berlin 1812.

— Rathgeber für alle, die an Brüchen besonders des Unterleibes leiden rc. 8. Ebend. 810.

— Ratgeber f. alle diejenigen, welche an Pollutionen leiden u. sich davon befreien wollen. Nebst Anweisg., das geschwächte Zeugungsvermögen in kurzer Zeit vollkommen zu beseitigen. Mit e. Anh. v. Mitteln üb. Impotenz, Unfruchtbarkeit, Hülfe u. Schutz gegen Onanie. 6. Aufl. 12. (V, 86 S.) Ebd. 893. n. 1. —

— Ratgeber f. alle diej., welche a. Pollutionen leiden u. sich davon befreien wollen. Nebst Anweisg., d. geschwächte Zeugungsvermögen i. kurzer Zeit vollk. zu beseitigen. M. e. Anh. v. Mitteln üb. Impotenz, Unfruchtbarkeit, Hilfe u. Schutz gegen Onanie. 7. Aufl. 8. (IV, 86 S.) Ebd. 895. n. 1. —

— Ratgeber für alle diejenigen; welche an Pollutionen leiden u. sich davon befreien wollen. Nebst Anweisg., das geschwächte Zeugungsvermögen i. kurz. Zeit vollkommen zu beseitigen. Mit e. Anh. v. Mitteln üb. Impotenz, Unfruchtbarkeit, Hilfe u. Schutz gegen Onanie. 8. Aufl. 8. (IV, 86 S.) Ebd. (899). 1. —

— Ratgeber f. alle diejenigen, welche an Pollutionen leiden u. sich davon befreien wollen. Nebst Anweisg., das geschwächte Zeugungsvermögen in kurzer Zeit zu kräftigen u. vollständig wiederherzustellen. Mit e. Anh., enth. die wichtigsten Mittel gegen Impotenz, Unfruchtbarkeit u. s. w., sowie nützl. Winke zum Schutz gegen die Onanie. 9. Aufl. (IV, 85 S.) 8. Ebd. (903). 1. —

Albrecht, J. F., Ratgeber f. alle diejenigen, welche an Pollutionen leiden u. sich davon befreien wollen. Nebst Anweisg., d. geschwächte Zeuggsvermög. in kurzer Zeit z. kräftigen u. vollständig wiederherzustellen. Mit e. Anh., enth. die wichtigsten Mittel gegen Impotenz, Unfruchtbarkeit usw., sowie nützl. Winke zum Schutz gegen die Onanie. 10. Aufl. (IV, 85 S.) 8. Leipzig (908). Ernst. 1. —

— chirurg. Rathgeber, od. Anweis., wie man sich bei allen Verletzungen selbst helfen kann. 8. Hamb. 808.

— Der Rathgeber [Ratgeber] in Krämpfen, besonders im Magenkrampfe. Hrsg. von J. F. E. Albrecht. — Hamburg: Vollmer [1811]. 76 S. 8.
2.11133

— Rathgeber bei allen venerischen Krankheiten. 8. Hamb. 810. Herold. 8 gr

— Praktischer Rathgeber [Ratgeber] gegen die Gicht und alle mit ihr verwandte Krankheiten. — Hamburg: Vollmer [1811]. 66 S. 8.
2.11134

— Rathgeber bei rheumatischen Schmerzen oder sogenannten Flüssen. 8. Hamb. 810. Herold. 6 gr

— Rathgeber für Schwangere, Gebährende u. Wöchnerinnen. 8. Hamb. 810. Herold. 14 gr

— s. a. Regenten d. Thierreichs.

* **REGENTEN**, Die, des Thierreichs, eine Fabel (von *Joh. Friedr. Ernst Albrecht*). 3 Bde. m. je 1 curiös. Titvig. O. O. 1792. 8⁰. (In Berlin: Yy 7681.) 332, 318 u. 288. Selten so cplt.! (In Aarau: „1790" u. in Zürich: 1790—92.) (7 Mk. Friedr. Klüber, München, 1905:)

Derbe Satire auf polit. Zustände, Fürsten u. Diplomaten unter leicht erkennbarem Namen z. B.: Der Löwe im Reiche Brum-brum = Friedrich d. Grosse; die stolze Truthenne im Lande Mimi = Maria Theresia v. Oesterreich; schwarze Tiere = Geistliche; Reich Mischmasch = Deutschland; Reich Kakerlack = Russland; der Elephant = Peter d. Grosse; die schöne Stute = Kaiserin Elisabeth; das Reich Süsüsüss = Frankreich; der wohlgebildete Pavian = Ludwig XV. etc.

Anon.-Lex. III. p. 350 (nach Kayser u. Meusel). Lübker-Schröder haben „1790—96".

— — Dasselbe. 4 Bde. (Bd. 4 auch titulo: Neueste Reisen ins Thierreich fabelhaften Inhalts.) Mit 2 Kpfrn. Th. 1—3: O. O. 1790. — Th. 4: Germanien (Gera u. Leipzig, Heinsius) 1796. 8⁰. (In Warmbrunn.)

— Die monatliche Reinigung des weiblichen Geschlechts. Eine Anweisung, wie dessen Ordnung u. Unordnung ... zu behandeln ist. Von J. F. Albrecht. 4. verb. Aufl. (Hrsg.: Friedrich Stahmann.) — Halberstadt & Leipzig: Ernst [1895]. VIII,64 S. 1:L 5072⁴. 8.
2.11139

— die monatliche Reinigung des weiblichen Geschlechts. Eine Anweisg., wie dessen Ordng. u. Unordng., Mangel u. Ueberfluß, Eintritt u. Aufhören zu behandeln ist, wie auch, welche Mittel anzuwenden sind, um solche in Ordng. zu erhalten. 5., verb. Aufl. 8. (VIII, 48 S.) Ebd. 899. 1. —

— Die monatliche Reinigung des zweiten Geschlechts. Von J. F. E. Albrecht. — Hamburg: Vollmer [1812]. 64 S. 8.
2.11138

—— die monatl. Reinigung d. zweiten Geschlechts. 2., verb. Aufl. v. Fr. Stahmann. gr. 12. (3 B.) Quedlinburg 843, Ernst'sche Buchh.

— die monatliche Reinigung des zweiten Geschlechts. Eine Anweisung, wie dessen Ordnung u. Unordnung, Mangel u. Ueberfluß, Eintritt u. Aufhören zu behandeln ist rc. 3. verb. Aufl. von Fr. Stahmann. Ebend. 865. 8. (VIII, 46 S.) 10 ngr.

REISEN, Eigenmächtige, in eine andere Welt, vom Verfasser der Lauretta Pisana. (Zahmer satyr. Roman von *J. F. E. Aibrecht*.) Th. 1. (einz.) Mit TKpf. Prag, Schönfeld, 1790. 8⁰. (4 Mk. Damköhler, Berlin, vor 1885; 2 Mk. Franz Teubner, Bonn, c. 1895.)

Anon.-Lex. III. p. 366 (nach Hayn, Lübker-Schröder, Kayser, Goedeke, Meusel). — Eine Fortsetzung der „Biographie der Selbstmörder.

— eigenmächtige Reisen in eine andere Welt, 1r Thl. mit 1 Kupf. 8. Prag, 792. Neureutter 15 sgl.

REISEN, Empfindsame, durch den europäischen Olymp. (Zahmer satyr.-polit. Roman.) Vom Verfasser der Miranda (von *J. F. E. Albrecht*). 2 Thle. Teutschland (Erfurt, Hennings) 1800. 8⁰. (1½ Rthl.) (3 Mk. Franz Teubner, Bonn, c. 1895.)

Fehlt im Anon.-Lex.

— — S. auch Europens Götter im Fleisch; Katharina II; Parrunkowitsch, Der mächtige.

REISEN, Neueste, ins Thierreich, fabelhaften Inhalts. Vom Verfasser des Pansalvin *(Joh. Frdr. Ernst Albrecht)*. Mit TKpfr. u. TVign. Germanien (Gera, Heinsius) 1796. 8⁰. 318 S. (3 Mk. 20 Pfg. Frdr. Klüber, München, 1896; 6 Mk. Max Jaeckel, Potsdam, 1908.)

Laut Privatbericht Satyre auf Rußland.

REISEN unter Sonne Mond und Sternen. Ein Biographisches Gemälde. (Zahmer satyr.-polit. Roman von *J. F. E. Albrecht*). 2 Thle. Mit 2 Titelkpfrn. von Jury und Rosmäsler. Erfurth (sic!), in der Henningsschen Buchhdlg. 1798. Kl. 8⁰. (In Berlin: Yu 4871, 1 vol.; auch in der Berliner Magistratsbibl.) (1 Mk. 20 Pfg. Scheible, vor 1885; jetzt höher notirt.)

Ebeling III. p. 643. 1: Tit. gestoch. u. 220 S. (incl. 24 S. Vorst.). 2: Tit. u. 248 S. (incl. 10 S. Zuschrift an Jean Paul), nebst 1 Bl. Druckf.

— Wilhelmine Relast. Trspl. in 5 A. 8. (Leipz.) 795. Liebeskind. 12 gr

RELIQUIEN aus den Sagen des Alterthums. Vom Verfasser der Familie Medicis *(Joh. Friedr. Ernst Albrecht)*. Neue mit 3 Kpfrn. (Radirungen von Hoppe) vermehrte Ausgabe. Leipzig, in der Schäferischen Buchhdlg., 1802. 8⁰. (1 fl. 20 xr. Gilhofer & Ranschburg, c. 1890; 2 Mk., stockfl., Gust. Fock, Lpz., 1911.)

Titelkpf., gestoch. Tit. (mit lat. Lett.), 358 S. (deutsche Litt.). 1. Lalina, die tugendsame Schüchterne des Harzwaldes. 2. Walther von Eschenbach, Genosse, aber nicht Thäter eines Kaisermordes. 3. Die Raubhexe vom Oybin. (Sämmtl. zahm.) — Ed. I. c. 1800?

Anon.-Lex. III. p. 374 (nach Kayser, Meusel, Lübker-Schröder).

— Die Ruhr, ihre Erkenntniss ... und sichere Heilmittel. Von J. F. R. Albrecht. — Hamburg: Vollmer [1811]. 58 S. 8.
2.11143

— Samml. neuer Schauspiele für d. deutsche Theater. 1r Bd. 8. Hamb. 804. (Herold jun.) 1 rß 8 gr

— Sammlung neuer Schauspiele für das deutsche Theater. Enthält: Der Fastnachtsabend; Klaus Storzenbecher; Altona vor hundert Jahren. Von Albrecht. — Hamburg & Altona: Vollmer 1804. 80,144 S.
Im Exemplar von 1 fehlt: Altona vor 100 Jahren.
Im Exemplar von 300 außerdem auch: Klaus Storzenbecher.
1:Yp 5977. 300:2.272–A.
2.11022

— Saul der Zweyte, genannt der dicke König von Kanonenland (von *Joh. Frdr. Ernst Albrecht*). Mit TKpf. (der König an seinen Schreibtisch gelehnt, während hinter seinem Rücken die Lichtenau ihn bestiehlt). Berlin u. Potsdam (Erfurt, Hennings) 1798. 8⁰. (In Dresden: Lit. germ. rec. C. 1121.) (10 Mk. Adolf Weigel, c. 1905.)

Derbe Satyre auf Friedrich Wilhelm II. und sein Verhältniss zur Gräfin Lichtenau (s. dort), vulgo Minchen Enken. — 416 SS. (incl. schön gestoch. Tit.). Zeitschr. f. Bücherfreunde I, 58. Proben bei Schurig, S. 15—16, 24—31.

— — Dasselbe, Zweite (Titel-?) Auflage. Mit TKpf. Ebd. 1819.

8⁰. 416 S. (4 Mk. 50 Pfg., schadhaftes Expl., A. Bielefeld, vor 1885.)

— Neue Schauspiele. Von Albrecht. Bd 1.2. Leipzig: Liebeskind 1795.
1. Masaniello von Neapel. (2. verb. Aufl.) Der Teufel ein Hidraulikus. Die Enterbung.
2. Die beschwerlichen Brüder. Wilhelmine Relast. Alle strafbar
300: • 28 P 85 [u.] 622.108–B. Th. S.
2.11021

— neue Schauspiele des sächs. Hoftheater. 2 Bde. 8. Leipz. 795. Liebeskind. 2 rß

— neue Schauspiele für das Churf. Sächs. Hoftheater. 2 Bde. 8. Leipzig, Liebeskind. 795.

— s. Fr. v. Schiller, Don Carlos.

— s. a. Schleimkrankheiten.

[—] Die Schleimkrankheiten, deren Entstehung, häufige Klage darüber in jetzigen Zeiten, Ursachen ... und Heilung, zunächst aber vom Schleime des Magens. — Hamburg [1811]. 8.
2.11145

— Schönheitskatechismus f. d. weibl. Geschlecht, s. oben Hülfsbuch f. d. weibl. Geschlecht 3r Thl.

— **Sexuell-nervöse Schwäche-Erscheinungen beim männlichen Geschlecht. Aerztliche Ratschläge zur erfolgreichen Behandlg. u. dauernden Beseitigg. (IV, 85 S.) 8 Ebd. (908).** 1. —

— Schwesterliebe u. Bekehr. 2 Thle. 8. Leipz. 796, 97. Schwickert. 2 ℛ 4 ℊ

— s. Seltenheiten aus der Menschen- und Geisterwelt.

Albrecht, Jh. Fr. Er., Sigismunde u. Guichard, e. Originaltrspl. 8. Reval u. Wesenberg 779.

ALBRECHT, Joh. Friedr. Ernst (1752—1816), Skizzen (ziemlich zahme) aus dem Klosterleben. 2 Sammlungen. Leipzig 1786—87. 8⁰.
Bibl. Bülow. II, 2, p. 147.

— Skizzen aus d. Klosterleben. 2 Thle. 8. Prag 786. Neureutter. 1 ℛ

SOLA, Laura di, eine Spanische (Jesuiten- u. Liebes-) Geschichte in Briefen (von *Joh. Frdr. Ernst Albrecht*). 3 Thle. Hamburg, Campe, 1782—83. 8⁰. (2 Rthlr.)
Kayser p. 74; Journal aller Romane. St. 1. Lpz. 1784. p. 86.

— — Staub der Erste, Kayser der Unterwelt. Als Beschluß des Pansalvin und der Miranda (Katharina II.), von demselben (vorigen) Verfasser. Mit Titelkpfr. Persepolis (Hamburg. Vollmer) 1802. 8⁰. (4 Mk. 50 Pfg., geles. Expl., Paul Neubner. Cöln, 1892.)
Satyre auf Paul I., Sohn u. Nachfolger Katharina's II. (s. d.). Gestoch. Titel u. 280 S.

[—] Kuno von Stern. Eine Geistergeschichte. Vom Verf. der Familie Eboli [d. i. Johann Friedrich Ernst Albrecht]. Oschatz: Odecops; Leipzig: Fleischer in Komm. 1797.
8.
2.11151

STOCKFISCH, Adelhaupt von. Vom Verf. Sauls Ilten, genannt der dicke König (von *Joh. Friedr. Ernst Albrecht*). 3 Thle. Mit 1 Titelkpfr. u. 1. gestoch. Tit. mit Vignette (Beides von Schule). Erfurt, Hennings, 1800. 8⁰. (2¹/₂ Rthl.) Selten cplt.!

— Klaus Storzenbecher. Ein dramatisches Gemälde aus den frühern Zeiten des hanseatischen Bundes ... Neu bearb. von D. Albrecht. — Hamburg & Altona: Vollmer 1804. 144 S. 1:Yr 6864. 300:129.386–A.
2.11153

§ Frau **SUSANNE** vom Bade, Kaiser Wenzel's Retterin und Geliebte. Vom Verf. der Lauretta Pisana. (Zahmer Roman von *J. F. E. Albrecht*). Mit TVign. Prag, Schönfeld u. Meissner, 1791. 8⁰. (4¹/₂ Mk. Damköhler, Berlin, vor 1885.)
438 S. Ziemlich rar! Vgl. Allg. dtsch. Bibl. 112, 105.

SCENEN der Liebe aus Amerikas heißen Zonen. Vom Verfasser der Lauretta Pisana *(Joh. Frdr. Ernst Albrecht)*. Mit TKpfr. Hamburg, bey Gottfried Vollmer, o. J. (1809). 8⁰. (1 fl. 20 xr. Gilhofer & Ranschburg, Wien, ca. 1886.)
Gestoch. Tit. u. 319 S. Zahmen Inhalts. — Kayser hat „1810".

Albrecht, Johann Friedrich Ernst: Der Teufel ein Hidraulikus. Ein Lustspiel in 3 Akten. Nach dem Bettelstudenten fürs sächsische Hoftheater bearb. von Albrecht. Leipzig: Liebeskind 1795. 88 S.
300: 129.356–A; 622.103–A. Th. S. [u.] 3 in 622.114–A. Th. S. 335.
2.11157

— der Teufel ein Hydraulikus. Lstspl. in 3 A. 8. Leipz. 796. Liebeskind. 5 ℊ

— — Grätz 1798. 51 S. 1:Yr 6860.
2.11158

— der polit. Thierkreis. 8. Braunschw. 796. (A. u. d. T.: neuestes graues Ungeheuer. Zürich 796.) (vgl. Thierkreis).

— Der politische Thierkreis oder die Zeichen unserer Zeit, von Huergelmer [d. i. Johann Friedrich Ernst Albrecht oder Georg Friedrich Rebmann]. Th. [1.] 2. — Strasburg: König [um 1796].
2. Fortgesetzt von Monarchomachus [d. i. Johann Friedrich Ernst Albrecht]. Mayns im 6. Jahr d. Republik (1798).
2 mit Nebent.: [Albrecht:] Neuestes graues Ungeheuer. Hrsg. von einem Freunde der Menschheit. Bagdad 1798.
1.2 . . . . 1: Qm 7490. 2. 7.
1 . . . . 12: Gall. rev. 420.
2 . . . . 300: 50.457–A. Bd 2. 10.
2.11161

— Der politische Thierkreis oder die Zeichen unserer Zeit. Von Huergelmer [d. i. Johann Friedrich Ernst Albrecht oder Georg Friedrich Rebmann]. 2. verb. u. verm. Aufl. (Th. 1.) — Strasburg: König 1800.
12: Gall. rev. 421. 300: 50.457–A. Bd 1. 10.
2.11163

TÖCHTER, Die, Kroks, Böheims Fürstinnen, eine Geschichte des 8. Jahrhunderts (von *Joh. Friedr. Ernst Albrecht*). 2 Bde. Hamburg 1792. 8⁰. 317 + 245 S. (6 Mk. Max Jaeckel, Potsdam, 1910; 9 Mk. H. Streisand. Berlin, 1908.)
— — Dasselbe. (Nachdruck.) 2 Bde. Hohenzollern (Wien, Wallishausser) 1793. (Im British Museum.)
Weller, fing. Dr.; Anon.-Lex. IV. (nach Hayn, Goedeke, Meusel, Kayser, Lübker-Schröder).

TODTENKÖPFE, Die fünf. Eine schauerlich-abentheuerliche (zahme) Geschichte vom Verfasser der Lauretta Pisana (von *Joh. Frdr. Ernst Albrecht*). 2 Thle. Mit TKpf. Hamburg, Vollmer, 1810. 8⁰. (2 Mk. 50 Pfg. Franz Teubner, Bonn, c. 1895.)
Anon.-Lex. IV. p. 180 (nach Meusel, Goedeke, Kayser, Lübker-Schröder).

TODTENRICHTER, Der. Vom Vf. der Dreierlei Wirkungen *(Joh. Frdr. Ernst Albrecht)*. Altona 1797. 8⁰.
Anon.-Lex. IV. p. 180 (nach Lübker-Schröder u. Goedeke).

TODTEN-TANZ, Der, bey Ismael; Geschichte einer Bluthochzeit nebst dem Leben des Bräutigams (von *J. F. E. Albrecht*). Mit Titelkpfr. St. Petersburg (Erfurt, Hennings) 1803. 8⁰. (1 Mk. 30 Pfg. Th. Ackermann, München, 1883; jetzt theurer!)

— s. a. Triumph d. reinen Philosophie.

Friedrich Ernst Albrecht. Triumph der reinen Philosophie oder die wahre Politik der Weiber. In Briefen zweier Freundin. Nach d. Franz. — Leipzig 1796.
1:Yw 541.
2.11168

TRÜMMER der Vergangenheit, aus ihren Ruinen ans Licht gebracht (von *Joh. Friedr. Ernst Albrecht* und seiner Gattin *Sophie Albrecht*). 3 Bde. (Th. 3 u. d. Tit.: „Erzählungen aus dem Dunkel der Vorzeit.") Hamburg 1796—1801. 8⁰. 157, 284, 360 S. (8 Mk., „3 Bde. Hamb. 1797", schönes Expl., Max Jaeckel, Potsdam, 1910.)

— Trümmer d. Vergangenheit. 3 Thle. 8. Hamb. 797—801. (Campe). 3 ℛ 8 ℊ

UND diese Ehen? — waren wohl nicht im Himmel geschlossen. (Zahmer Roman von *J. F. E. Albrecht.*) 2 Thle. Mit Titelvignetten. Hamburg, Campe, 1786. 8⁰. (12 Mk. Max Perl, Berlin, 1904; 6 Mk. Max Jaeckel, Potsdam, c. 1808.)
Anon.-Lex. IV. p. 252 (nach Lübker-Schröder, Kayser, Meusel).

(—) Das neueste graue Ungeheuer, von einem deutschen Manne (d. i. Huergelmer [d. i. Johann Friedrich Ernst Albrecht oder Georg Friedrich Rebmann]). — Ebd. [um 1796]. XVI, 544 S.
Inhaltlich identisch mit Albrecht: Der politische Thierkreis. 1.
12: Per. 192 b. 4.
2.11162

— populärer Unterricht in d. Geburtshülfe. 8. Hamb. 812. Herold. 12 ℊ

— das Unwohlsein der Frauen. Ein Ratgeber üb. das Verhalten der Frauen während der Zeit der Menstruation. Mit e. Anh.: Die Wechseljahre. 6. vollständig neu bearb. Aufl. v. M. Baum. (VI, 73 S.) 8. Ebd. (903.) 1. —

— **Das Unwohlsein der Frauen. Die krankhaften Beschwerden während der Periode. Ein Ratgeber üb. das Verhalten der Frauen während der Zeit d. Menstruation. M. e. Anh.: Die Wechseljahre. 7. vollst. neu bearb. Aufl. v. M. Baum.** (VI, 75 S.) 8. Ebd. (907). 1. —

Albrecht, J. F., de usu principiorum chemicorum in theoria artis medicae. 8. Götting. 801. Brose. 3 gr

– s.a. V a t e r , d. unnatürliche.

[—] Der unnatürliche Vater. Ein Trauerspiel in 3 Aufz. — Erfurt: Keyser 1778. 68 S.
1:Yr 6832. 800:622.106–A. Th. S.
2.11171

– s. W a l b e r g , die Familie.

WALLER u n d N a t a l i e. E i n e G e s c h i c h t e i n B r i e f e n (von *Joh. Frdr. Ernst Albrecht*). 4 Theile. Wesenberg 1779—80. 8⁰. Zahm.
— — Dasselbe. N e u e v e r b e s s e r t e (2.) A u f l a g e in 3 Theilen. Leipzig, Schneider, 1782. 8⁰.
Neue Original-Romane der Deutschen. Bd. IV. V. VI.
Anon.-Lex. IV. p. 370 (nach Meusel, Kayser, Lübker-Schröder).

ALBRECHT, Johann Friedrich Ernst
Dramatische Werke für das Hoftheater in Dresden gearbeitet von Albrecht.
Dresden-Leipzig: Albrecht. 1790. 8⁰.
Harvard University Library Cambridge, Mass.
Darin enthalten:
Johann Friedrich Ernst ALBRECHT, Die Engländer in Amerika. Schauspiel in vier Aufzügen von Albrecht.
Dresden: Beim Verfasser. 1790. 104 S. 8⁰.

ALBRECHT, Johann Friedrich Ernst
Dramatische Werke für das Hoftheater in Dresden gearbeitet von Albrecht ...
Prag: Johann Gottfried Calve. 1790. 8⁰.
Österreichische Nationalbibliothek Wien
Darin enthalten:
Johann Friedrich Ernst ALBRECHT, Die Engländer in Amerika.
Schauspiel in vier Aufzügen von Albrecht.
Dresden: Beim Verfasser. 1790. 104 S. 8⁰.

— dramat. Werke. (1) Die Engländer in Amerika. 8 gr 2) Fürstenglück. 8 gr 3) Zieh aus, Herr Bruder! 8 gr) 8. Dresd. u. Leipz. 790. Prag, Calve. 1 Thlr

— Wie ist die Schwindsucht z. verhüten, z. lindern u. möglichst z. heilen? 4., vollst. neu bearb. Aufl. v. Max Birnbaum. 12. (IV, 89 S.) Ebd. 897. n. 1. —

—— wie kann man d. weibl. Busen bei d. Kinde, d. Jungfrau u. Gattin schön erhalten. Ferner vom Stillen u. Nichtstillen d. Kinder, wie auch Behandlung u. Heilung erkrankter Mutter-Brüste. 2., durchgeseh. u. verb. Aufl. (v. Friedr. Stahmann.) 12. (4 B.) Quedlinburg 843, Ernst'sche Buchh.

— Wie kann man den weiblichen Busen bei dem Kinde, der Jungfrau und Gattin schön erhalten. Ferner vom Stillen u. Nichtstillen der Kinder, wie auch Behandlung u. Heilung erkrankter Mutter-Brüste. 3. durchgesehene u. verb. Aufl. Ebend., 864. 8. (VIII, 72 S.) n. 10 ngr.

— Wie kann man den weiblichen Busen bei dem Kinde, der Jungfrau und Gattin schön erhalten? Ferner vom Stillen u. Nichtstillen der Kinder, wie auch Behandlung u. Heilung erkrankter Mutter-Brüste. Von Albrecht. 4. verb. u. verm. Aufl. — Quedlinburg & Leipzig: Ernst [um 1881]. VI,104 S.
8.
2.11174

— — 5. verb. u. verm. Aufl. Ebd. [1889]. VI,104 S.
1:Kf 5620⁸.
2.11175

Albrecht, E. L., wie kann man den weiblichen B u s e n bei dem Kinde, der Jungfrau u. Gattin schön erhalten? Ferner vom Stillen od. Nichtstillen der Kinder, wie auch Behandlg. u. Heilg. erkrankter Mutter-Brüste. 6., verm. Aufl. 12. (VI, 97 S.) Halberstadt 893. Ernst. n. 1. —

— W i r k u n g e n , D r e y e r l e y. Eine Geschichte aus der Planetenwelt, tradirt und so erzählt (von *J. F. E. Albrecht*). 8 Bde. (cplt.). Germanien, bei Peter Sandhof (1—6: Wien, Schaumburg; 7—8: Dresden, Richter). 1789—92. 8⁰. (6 Rthl.) (9 Mk. 50 Pfg. G. Priewe, Heringsdorf, c. 1885; 25 Mk. E. Frensdorff; 1—6: 8 Mk. Paul Lehmann, Berlin, 1892.) Ganz vollst. Expll. gesucht u. sehr selten!
(In Darmstadt cplt.; 1—6 in Marburg, Univbibl.; in München nur 1—2.)
Schmähschrift auf F r i e d r i c h W i l h e l m II. und die unter ihm bestehenden B e r l i n e r Z u s t ä n d e, wie aus einem in Darmstadt befindl. handschriftl. Briefe des hessischen diplomat. Agenten R e c k e r t (3. Aug. 1789) hervorgeht. — 256, 254, VIII—192, 284, 244, 262, 260, 166 SS. Bd. 7 u. 8 sehr selten!

—— W u n d a r z n e i k u n s t z. häusl. Gebrauch. 2., ganz umgearb. u. stark verm. Aufl. v. Fr. Stahmann. 8. (7 B.) Quedlinburg 845, Ernst'sche Buchh.

— der W u n d a r z t für das Haus, oder Anweisungen, wie man sich bei äußerlichen Verletzungen, Entzündungen, Geschwüren ꝛc. und plötzlichen Lebensgefahren zu verhalten habe, um solche sicher zu beseitigen und zu heilen. 2. umgearb. Aufl. von F r i e d r. S t a h m a n n. Ebend. 857. 8. (VI, 104 S.) 10 ngr

— die Wurmkrankheiten; Darstell. ihrer Entstehung, Fortpflanzung ꝛc. 8. Hamb. 810. Herold. 6 gr

— Die Wurmkrankheiten. Von Albrecht. — Hamburg & Altona: Vollmer [1810]. 67 S.
8.
2.11177

§ **ZAUNKÖNIGE**, D i e, oder m e i n e F l u c h t a u s T e u f e l s K l a u e n. (Zahmer satyr. Roman.) Vom Verfasser des Pansalvin *(J. F. E. Albrecht?)*. 2 Thle. in 1 Bde. Mainz u. Hamburg, Gfr. Vollmer, 1801. 8⁰. (In München: P. o. germ. 19 fc.)
294 fortl. gez. SS. Th. 2 beg. mit S. 155. — F e h l t unter Albrecht's Schriften bei Meusel, Kayser, Goedeke u. Brümmer. Vielleicht gar nicht von ihm.

— Zieh aus, Herr Bruder! Lustspiel in 3 Aufz. von Albrecht. Dresden: Verf. 1790. 120 S.
1:Yr 6836.
2.11179

Albrecht

— Johann Friedr. Lucretius (Hildesheim), Commentatio in qua proponitur recensus eorum alimentorum et medicaminum, quibus, sive tubo alimentario sint ingesta, sive communibus corporis integumentis applicata, ingressus in systema vasorum sanguiferorum aut concessus a natura, aut negatus sit. Göttingen (Heinr. Dieterich) 3. VIII. 1806. 65 S. (5.—) 245

Albrecht, Johann Georg

— De pronoea Epicurea ad M. Tullii Ciceronis de natura deorum lib. 2 ca. 64 disserit. Frankft. a. M. (Waldov) 20. IV. 1747. 28 S. (4.—) 247
Namen.

— Schulgedancken von einigen Umständen welche den vor 200 Jahren unserer Kirche geschenckten Religionsfrieden merkwürdig machen. Frankfurt (Scheper) 1755. 32 S. (5.—) 248

Albrecht, Johann Gli.

Albrecht, Jh. Gli., Abhandl. über das Studium d. Geschichte. 4. Ansbach 792.

— philosoph. pragmat. Darstell. aus d. Weltgeschichte. 1r Bd. Fragmente aus seinen ehemal. histor. Vorlesungen zu Ansbach in d. J. 1793. 94. 1e Abtheil. 8. Schwerin 801. Daraus apart: Cicero, e. biograph. Skizze, aus d. Engl. des Middleton übersetzt. 8. Ebd. 801.

— s. Karl H o l a n d e r.

Albrecht, Johann Hnr.

Albrecht, Jh. Hnr., d. Raub des Königs Stanislai, seines Herrn; ein Heldengedicht in 4 Gesängen. Warschau 772.

ALBRECHT (Johann Lorenz)

M. Johann Lorenz Albrecht Abhandlung über die Frage: Ob die Musik bey dem Gottesdienste der Christen zu dulden, oder nicht? – *Berlin, Friedrich Wilhelm Birnstiel*, 1764. In-8, 32 p.

Albrecht, Jh. Lor., musikal. Aufmunterungen. gr. 4. Berl. 763. Bernstiel. 10 gr

— Beweis, daß auch die deutsche Sprache würdig sei, sie zu studiren. 8. Leipz. 762. (W. Vogel). 5 gr

Gründliche Einleitung in die Anfangslehren der Tonkunst. Zum Gebrauche musikalischer Lehrstunden nebst einer Erklärung der vornehmsten sowohl in der Vokal- als Instrumentalmusik vorkommenden Kunstwörter, und einem kurzen Abrisse einer musikalischen Bibliothek abgefasset von M. Johann Lorenz Albrecht ... – *Langensalza, Johann Christian Martini (Leipzig, J. G. I. Breitkopf)*, 1761. In-8, 136 p.

Gedanken eines thüringischen Tonkünstlers über die Streitigkeit, welche der Herr Hof- und Stadtorganist in Lobenstein, George Andreas Sorge, wider den Herrn Secretair Friedrich Wilhelm Marpurg in Berlin, einen der berühmtesten Tonkünstler unsrer Zeit, auf eine sehr unbillige Weise erreget hat, in einem Sendschreiben an einen guten Freund in B ... kürzlich entworfen und auf Begehren und Kosten des dritten Mannes ans Licht gestellt ... *Niemandsburg*, (1761). In-8, 8 p.

—— Zweyte verbesserte und mit der Antwort des Freundes aus B ... vermehrte Auflage. – *Niemandsburg*, (1762). In-8, 16 p.

— Texte zur Kirchenmusik, welche bey Bestellung des öffentlichen Gottesdienstes an dem auf hohen obrigkeitlichen Befehl den 14ten April dieses 1763sten Jahrs solenn zu feyern verordneten Friedens-Dankfeste in der oberstädtischen Hauptkirche Beatä Mariä Virginis dieser Kaiserl. Freyen Reichsstadt Mühlhausen dem dreyeinigen Gotte zu Preis und Ehren, allen friedliebenden Christen aber zu Vermehrung ihrer Andacht mit dem Choro musico aufgeführet. — Mühlhausen [1763]. 4 Bl.
1:4° Ei 6377.
2.11186

Versuch einer Abhandlung von den Ursachen des Hasses, welchen einige Menschen gegen die Musik von sich blicken lassen. In einem Sendschreiben an den hochedlen und hochgelehrten Herrn, Herrn Christoph Gottlieb Schröter, ... kürzlich vor Augen geleget ... von M. Johann Lorenz Albrecht, ... – *Frankenhausen, Johann August Cöler*, 1765. In-8, 23 p.

Albrecht, Johann Lüder

— (Leipzig), Disp. de mero imperio. Leipzig (Langenheim) 4. VI. 1751. 35 S. (5.—) 250

— u. **Romanus Teller** (Leipzig), De vera jurisdictione veteris indole eiusque usu hodierno. Lpz. (Langenheim) 18. V. 1752. 44 S. (5.—) 251
Gew.: Jacob Born (Wildenborn).

Albrecht, Jh. Lüder, († d. 4. Jan. 1767.), s. Kaufmann, der Englische.

— **Joh. Lüder,** De transactione super omittenda crimis capitalis accusatione actori illicita. Präs. Carl Ferd. Hommel. Lpz. (Langenheim) 30. IV. 1750. 27 S. (5.—) 249

Albrecht, Johann Nikolaus: Klage und Trost in ernsten unabwendbaren Schicksalen dieses Lebens ... zur häusl. Erbauung gesammelt. — Tübingen 1817: Reiß. 30 S.

Albrecht, Johann Sebastian

Albrecht, Jo. Seb., praes. G. W. **Wedel,** Diss. de asthmate. Jen. 4°. 1717.

(**Albrecht,** *Johann Sebastian*), * Koburg 4. Juni 1698, † Koburg 8. Oct. 1774.
Memoria J. S. Albrechti. Coburgi (1774). folio.
—— De salicum rosis fictis neque bonorum neque malorum nunciis. (Programma.) Coburgi 1748. 4. 8 p.

— Kurtzgefaßter Unterricht von der ... sich einschleichenden Horn-Vieh-Seuche. — Coburg 1742: Otto. 15 S. 4°
4.
2.11191

— Kurtzgefasster Unterricht von der ... sich einschleichenden Horn-Vieh-Seuche ... entworffen und nun mit einigen nöthigen Zusätzen vermehret. — Ebd. 1749. 16 S. 4°

Albrecht, Johann Traugott

— **Joh. Traugott** (Görlitz), De aere alieno uxoris vivae ex dote omnium bonorum exsolvendo. Präs. Chph. Ludw. Crell. Wittenberg (Scheffler) März 1743. 44 S. (5.—) 252

Albrecht, Johann Wilhelm

—, De effectibus musices in corpus animatum. Erf. 8°. 1735.

Albrecht, Johann Wilhelm: Observationes anatomicae, circa duo cadavera masculina. — Erfurti (1730): Hynitzsch. 12 S.
1:4° Kt 4134. 4.
2.11193

Albrecht, Johann Wilhelm: De spiritu vini eiusque usu et abuso. [Resp.:] Christoph. Henricus Papen. Gottingae: Vandenhoeck 1735. Göttingen, Med. Diss. 1735 -- 23*

— Tractatus physicus de effectibus musices in corpus animatum. — Lipsiae: Martini 1734. 136 S.
1: Mus. Hc 57. 12: Mus. Th. 85. 4. 5. 7. 8. 9. 10.
2.11194

— Tractatus physicus de tempestate. — Erford 1731: Hynitsch. 64 S.

Albrecht, Johanna Sophie Dorothea s. *Albrecht*, Sophie.

Albrecht, Johannes, über das Vorkommen von optisch wirksamen (links und rechts drehenden) Substanzen im Harn des gesunden und kranken Menschen, Diss. Erlangen 1887, Th. Blaesing. 8°. 16 S.

Albrecht, Johannes [appr. Arzt aus Tolkemit in Westpreussen]: Ueber das Vorkommen von optisch wirksamen (links und rechts drehenden) Substanzen im Harn des gesunden und kranken Menschen .... Erlangen, Druck d. Univ.-Buchdr. v. Junge & Sohn, 1887; 16 S. 8°.
Erlangen, Med. Fak., Inaug.-Diss. v. 30. Nov. 1886.

Albrecht, Jos. Christian: Alter Kirchenlehrer, zuvörderst aber des seel. D. Martin Luthers sämtliche Kirchengesänge nach reiner Mundart der heutigen Deutschen zum Gebrauch bei Hausandachten entworfen. (Verf.: J. C. Albrecht.) — Jena & Rudolstadt: Rudolphi in Comm. 1784. 88 Bl.

Albrecht, (Jos. Petr.) Magnus (geb. Glatz 16. 10. 1801): De metastasibus. Berolini (1826). (23 S.) 8°
Berlin, Med. Diss. v. 30. Sept. 1826

Albrecht, Josef

— Mittheilungen zur Geschichte der Reichs-Münzstätten zu Frankfurt am Mayn, Nördlingen und Basel, in dem zweiten Viertel des fünfzehnten Jahrhunderts, insbes. während ihrer Verwaltung unter Conrad v. Weinsberg. Mit Urkunden. — Heilbronn: Drechsler in Comm. 1835. IV,100 S.
1: Pl 7636. 12: Num. rec. 2r. 300: 18 K 4. 2. 3. 4. 5. 7. 8. 10.
2.11198

— Die Münzen, Siegel und Wappen des Fürstlichen Gesammt-Hauses Hohenlohe. — Oehringen 1865: Baumann.
1. Albrecht: Die Münzgeschichte des Hauses Hohenlohe, vom 13. bis zum 19. Jahrhundert.
2. Albrecht: Die hohenlohischen Siegel des Mittelalters.
3. Hohenlohe Waldenburg, Friedrich Karl Fürst zu: Das hohenlohische Wappen.
1: 2° Pm 78. 300: 108.753–D [u.] 522.755–D. 5. 7.
2.11199

Albrecht, Jos., die Münzen, Siegel u. Wappen d. fürstlichen Gesammt-Hauses Hohenlohe. Oehringen 865. (Stuttgart, Schaber.) gr. 4. (298 S. mit Holzschn. im Text u. 25 lith. Taff.) n. 10 ₰

— Münzgeschichte des Hauses Hohenlohe, vom 13. bis zum 19. Jahrhundert. Nach Original-Urkunden und Münzen. — (Stuttgart 1844.) 1:4° Pm 74. 7.
2.11200

—— o.O. 1846. X,98 S.,1 Taf. 12:4° Num. rec. 2.
2.11201

—— Oehringen 1865: Baumann. (Albrecht: Die Münzen, Siegel und Wappen des Fürstlichen Gesammt-Hauses Hohenlohe. 1.)
1: 2° Pm 78-1. 300: 108.753–D. Bd 1 [u.] 522.755–D. Bd 1. 5. 7.
2.11202

—— Ebd. 1865. 146 S., 7 Taf. (Archiv für Hohenlohische Geschichte. 2.)
1: 2° Sh 6988-2. 12: 2° Geneal. 10m–2. 7.
2.11203

— Die hohenlohischen Siegel des Mittelalters. — Oehringen 1865: Baumann. (Albrecht: Die Münzen, Siegel und Wappen des Fürstlichen Gesammt-Hauses Hohenlohe. 2.)
1: 2° Pm 78-2. 300: 108.753–D. Bd 2 [u.] 522.755–D. Bd 2. 5. 7.
2.11204

— Die Stiftskirche zu Oehringen, Geschichte und Beschreibung. Mit 1 Grundriße. — Oehringen 1837: Erbe. 56 S. 1: Sh 7896. 12: Germ. sp. 9d. 4.
2.11205

— die Stiftskirche zu Oehringen. Geschichte und Beschreibung. Mit einem Grundrisse. gr. 8. Oehringen 837. (Leipzig, Herbig.) 5/12 ₰

Albrecht, Josef Ambrosius Michael

Albrecht, J. A. Mich., die Ausbildung d. Eventualprincips im gemeinen Civilproceß. gr. 8. (5 B.) Marburg 837, Elwert.

ALBRECHT, J. A. M.: Die Ausdehnung d. Eventualprincips im gemein. Civilproc. *Marburg*, Elwert. 837. gr. 8. (8 Gr.)

—— die Exceptionen d. gemein. teutsch. Civilprocesses geschichtl. entwickelt. Die von der k. Juristenfacultät München im Jahre 1831 gekrönte Preisschrift. Mit e. Vorw. v. Hieron. Bayer. gr. 8. (14½ B.) München 835, [Königl. Hofbuchh.]

ALBRECHT, Josef Ambrosius Michael (Ingolstadt): Die Exceptionen des gemeinen teutschen Civilprocesses geschichtlich entwickelt.- München: Weber 1835. XIV,214 S.
14.11.1831 - Urk (Titel: De exceptionibus.); F 48 Diss. Ingolst.- Landsh.- Mchn.

Albrecht, Jos. Ambr. Mich., Programm über das Motiv des Forum contractus als Einladung zur Rectoratsrede über die akademischen Satzungen an die Studirenden der Kön. Julius-Maximilians-Universität gehalten. Imp.-4. Würzburg 845. (Voigt u. Mocker.) n. 12 ngl

Albrecht, Joseph, s. Bibliothek des litterarischen Vereins in Stuttgart XVIII.

Albrecht, Jul., der Anwalt in Strafsachen für das deutsche Volk in Beispielen. Mit Anmerkungen und Erläuterungen. 8. (VIII, 108 S.) Neuwied 885, [Heuser's Verlag.] Berlin, Siemenroth und Worms. *

Albrecht, Julius (aus Lehrensteinsfeld/Württbg.): Ausgewählte Kapitel zu einer Hans Sachs-Grammatik . . . Freiburg i. Br., Universitätsbuchdr. v. Ch. Lehmann, 1896; 46 S., 1 Bl. 8°
Freiburg i. B., Phil. Fak., Inaug.-Diss. v. 1896.

— Julius (Königsberg/Pr.), Quaedam de paralysi. Diss. med. Bln. (Nietack) 23. X. 1835. 32 S. mit Biographie. (Mutter: Julia Schleider.) (4.—) 253
Opponenten: O. Morsch, C. Petri, A. Meinhardt. — Gew.: Joh. Friedr. Huegel, Joh. Ant. Albrecht.

— die deutsche Straf-Prozeßordnung in Beispielen. Mit Anmerkgn. u. Erläutergn. 8. Ebend. 885. n. 1. 60

Albrecht, K. s.a. Albrecht, C.

Albrecht, K. s.a. Albrecht, Carl

Albrecht, K., s.a. Albrecht, Karl

Albrecht, K., die im Tahkemônî vorkommenden Angaben üb. Harîzîs Leben, Studien u. Reisen. Lex.-8. (46 S.) Göttingen 890. Dieterich's Sort. n. 2. 50

Albrecht, K, Beyträge zur deutschen Bühne; (enthalt. Cassino; Piedro u. Elmire; Privattheaterprobe, s. einz. unt. d. Comed.) 8. Berlin, Schöne. 809.

Albrecht, K: Berechnung und Konstruktion einer Francis-Turbine mit vertikaler Welle und Finkscher Drehschaufel-Regulierung. Mit Atlas. Mittweida 1904. Atl. Fol.

Albrecht, K., die neuhebräische Dichterschule der spanisch-arabischen Epoche, s.: Brody, H.

Albrecht, K., a gramm. dictionary of the engl. language. Grammat. Wörterb. d. engl. Sprache. 8°. (136). – Lpzg. 1853 (Hamb., Haendcke & L.)

Albrecht, K., Francis-Turbinen, s.: Honold, R.

Albrecht, K.: Paul de Lagarde, s. Bücherei, burschenschaftl.

Albrecht, K.: Lehrb. d. Gabelsb.'schen Stenogr. 2 Kurse. 8°.– Hamb., Haendcke & L.
1. Vollständ. prakt. Lehrgang in stufenweis geordneten Regeln u. Aufgaben nach d. kalkulier. Methode Ahns. 126 - 130 Taus. (96) 1899. 7. Aufl. in österr. Orthographie, eingerichtet v. J. Adelsmair. 1899.
2. Wiss. Darstellg. d. Lehrgebäudes. 12. Aufl. (116) 1897.

Albrecht, K.: Lehrb. d. Gabelsb.'schen Stenogr. 1.Kurs: Prakt. Lehrg. in stufenweis geordneten Regeln u. Aufg. n. d. kalkulier. Methode Ahns. 1. Tl.: Verkehrsschrift. Unter Zugrundelegg. d. Berliner Beschlüsse v. 1902 neu bearb. v. J. Alteneder. 134 u. 135.Taus. (90) 8°.– Dresd. F. Jacobi 1903.

Albrecht K, kurzer Leitfaden für den Unterricht in der Gabelsberger'schen Korrespondenzschrift. (56 S) Hamburg 1898

Albrecht, K.: Kurzer Leitfaden f. d. Unterr. in d. Gabelsb.'schen Korrespondenzschrift. 2. Hft. 8°(56).– Hambg. 1899, Haendcke & L.

Albrecht, K., Leseb. f. angeh. Stenogr. 1.Kurs. 8°(70).– Lpzg 1864. (Hamb., Haendcke u. L.)

Albrecht, K., Leseb. f. angeh. Stenogr. 17. Aufl. 8°(76).– Hamb., 1869, Haendcke & L.

— the New-Hebrew school of poets of the Spanish-Arabian epoch, s.: Brody, H.

Albrecht, K., Sigelliste f. Anfänger. 4. Aufl. 8°(3).– Hamb. 1890, Haendcke. & L.

Albrecht, K.v.: Unter südl. Sonne. Erzählg. f. d. reif. Jugend. 8° (236 m. 5 Farbdr.) – Stuttg. 1896, Süddeut.Verl-Inst.

Albrecht, K., stenogr.-pädag. Streitfragen. 8°(40).– Lpzg. 1856. (Hamb., Haendcke u. L.)

— Studien zu den Dichtungen Abrahams ben Ezra. (53 S.) 8. Leipzig 903. (F. A. Brookhaus' Sort.) n. 1. —
Sonderabdruck aus: „Ztschr. d. deut. morgenländ. Gesellsch."

— Taschenbuch f. Theaterfreunde a. d. Jahr 1800. 16. Berlin... (Cranz.) ½ ß

Albrecht, K., s.: Theatre, mod. English comic.

ALBRECHT, K. Fr.: Entscheidungen merkwürd. Rechtsfälle. *Hann.*, Hahn. 799—802. 3 Bde. gr. 8. (3 Thl.)

Albrecht, K. Otto, Vorbereitungen f. die Aufsatzkunde. 8. (244 S.) Bern 888. (W. Kaiser.) n.n. 2. 80; geb. n.n. 3. 20

Albrecht, K.W., s. Albrecht, C. W.

Albrecht, Karl, s.a. Albrecht, C.

Albrecht, Karl s.a. Albrecht, Carl

Albrecht, Karl, s.a. Albrecht, K.

Albrecht, Karl [Pseud.] *s.a. Heidemann*, Theophil Albrecht.

Albrecht, Karl [wirkl. Name], s.a. Ulrich, Franz [Pseud.]

Albrecht, Karl, Absagebrief eines Subjectivisten an Arnold Ruge, den Wortführer der äußersten Linken. 8. (45 S.) Berdizew 849. (Cöthen, Schettler.) n. 4 ngl

Albrecht, Karl, (Thphl. Albr. Heidemann,) Adolph u. Aline, od. Jugendjahre zweier Liebenden rc. 8. Warschau 797. Wilke. 16 gl

Albrecht, [Karl], Dr.: [**Adresse des Lehrerkollegiums an den einstmaligen Rektor der Anstalt, Tycho Mommsen, zu seinem 80. Geburtstage.**] *Oldenburg i. Gr. 1900: A. Littmann.* (S. 7.) 4°
Oldenburg, st. OR u. VS, P 1900 (723)

— s. W. Albrecht.

— Aller guten Dinge sind drei. Lstspl. 8. Warschau 797. Wilke. 10 gl

— s. Aemil u. Julie

AEMIL und Julie oder die Unzertrennlichen. Ein Seitenstück zu Werthers Leiden. (Zahmer Roman in Briefen von *Karl Albrecht*). Berlin, Schöne, 1800. 8°. Goedeke IV, 656, 63, unter Werther-Litt.

Aemil u. Julie oder Leiden und Freuden zweier Liebenden. Ebend. 1806. 8°. 217 SS.

Albrecht, Karl [Gymnasiallehrer an d. grossen Stadtschule zu Wismar]: Die im Tahkemôni vorkommenden Angaben über Harizis Leben, Studien und Reisen. . . . (Vollst. ersch. 1890; 46 S.) Göttingen, Druck d. Dieterich'schen Univ.-Buchdr., 1890; 34 S. 8°
Göttingen, Phil Fak., Inaug.-Diss. v. [16. Jun.] 1890

— Aufgaben zur Uebung im Lesen u. Schreiben der stenograph. Schrift Gabelsberger's. 8. (8 lith. S.) Leipzig 851, Matthes. n. ⅙ ß

Albrecht, Karl, (Thphl. Albr. Heidemann), Beiträge zur deutschen Bühne, 1) das Cassino. 6 gl 2) Piedro u. Elmire. 10 gl 3) die Privattheaterprobe. 8. Berl. 809. Schöne. 16 gl

Albrecht, Karl, Ingenieur u. Lehrer am Technikum Mittweida. 1904: Berechnung und Konstruktion einer Francis-Turbine mit vertikaler Welle und Finkscher Drehschaufel-Regulierung. — Mittweida: Polytechn. Buchh. 1904. 23 S.
89.
2.11243

Albrecht, Karl, aus Neu-Ulm, Rechtsprakt. am Kgl. Landgerichte München I: Der Besitz der Erben nach Bürgerlichem Recht. Ulm a. D. 1905: J. Ebner. (70 S.) 8° [F.]
Erlangen, Jur. Fak., Diss. v. 16. Nov. 1904
[Geb. Neu-Ulm; Wohnort: München; Staatsangeh.: Bayern; Rig. 16. Nov. 04.]

Albrecht, Karl. 1878: Besuche deutscher Könige und Kaiser in Colmar. Festrede geh. im Lyceum zu Colmar. — Leipzig 1878. 1:1 in 4° Rh 7128. 300: 49.020–B. Bd 1.
2.11238

Albrecht, Blümchen sanfterer Freude. 8. Penig, Dienemann. 802.
Bel. Pap.

Albrecht, Karl, (Theoph. Albr. Heidemann,) Blümchen sanfterer Freude. 8. Penig 802. (Leipz., Leich). 1 ßf Belinp. 1 ßf 8 gl

Albrecht, Karl, Rechtsanwalt, Hamburg. 1906: Das Hamburger Bürgerschafts-Wahlgesetz vom 5. März 1906, im Hinblick auf d. Neuwahlen 1907 dargest. — Hamburg: Meißner 1906. 23 S.
Aus: Hamburgischer Correspondent. 1906, 29. u. 30. Juni.
1: Sp 2871.
2.11246

— [Dasselbe.] 2. Aufl. . . . im Hinblick auf d. Neuwahlen 1910. Hamburg 1909. 8°.

Albrecht, Karl, a Grammatical Dictionary of the English language. — Grammatisches Wörterbuch d. englischen Sprache. Ein Rathgeber bei der Lectüre sowohl, als bei dem Uebersetzen aus dem Deutschen ins Englische. Nach den besten Quellen u. mit Belegen aus älteren u. neueren Classikern. Leipzig 853. G. Mayer. 8. (VIII, 136 S.) n. 20 ngr

Albrecht, Karl, aus Deggendorf, Rechtspraktikant am k. Amtsgericht München I: Die Ehescheidungsgründe des deutschen bürgerlichen Rechts. *Deggendorf (1902): J. Nothhaft.* (67 S.) 8° [F.]
Erlangen, Jur. Diss. v. 29. Juni 1902

— Erzählungen für Kinder von 8 bis 10 Jahren. Ein Hilfsbuch für den Schreiblese-Unterricht. gr. 12. (VIII u. 170 S.) Bern 850, Jenni Vater. 1/3 ßf

— Florentin, d. Dolch im Busen des Freundes. 8. Camb. 804. Rösler. 12 gl

Albrecht, *Karl: Glückwunschschreiben zum 80. Geburtstag an Tycho Mommsen, den einstmaligen Rektor der Anstalt.* 4 (S. 7).
Progr. Städt. Oberrsch. u. Vsch. *Oldenburg* 1900

Albrecht, Karl, aus der Heimat — üb. die Heimat. Sammlung v. Lesestücken f. Schulen im Großherzogtum Oldenburg. (VIII, 30, 32, 27, 25 u. 24 S.) 8. Frankfurt a/M. 908. M. Diesterweg. Geb. 1. 20

Albrecht, Karl, Hülfsbuch der Gabelsberger'schen Stenographie. Schlüssel. Stenographische Übertragg. der druckschriftl. Übungsbeispiele im 1. Curs. 10. Aufl. gr. 8. (52 S.) Hamburg 889. Haendcke & Lehmkuhl. n. 1. 20

— dasselbe. 1. Curs. 54. u. 58. Gesammt-Aufl. 2. u. 3. Aufl. in österr. Orthographie. 8. (X, 96 S.) Ebd. 890. 892. n. 1. 50; geb. n. 1. 90

Albrecht, Karl, deutsche Könige u. Kaiser in Colmar [Friedrich III., Maximilian I. u. Ferdinand I.], nach gleichzeit. Aufzeichngn. im Colmarer Stadtarchiv. [Ergänzung zu desselben Verf. Festrede: Besuche deutscher Könige u. Kaiser in Colmar. Leipzig 1878.] gr. 4. (45 S.) Colmar 883. (Barth.) n.n. 2. —

— Deutsche Könige und Kaiser in Colmar (Friedrich III., Maxmilian I. u. Ferdinand I.) Nach gleichzeitigen Aufzeichnungen im Colmarer Stadtarchiv. — Colmar 1883.
Ersch. auch als Schulschrift. Colmar 1883.
1: 2 in 4° Rh 7128. 300: 49.020–B. Bd 2. 11.
2.11239

— Paul de Lagarde. — Berlin: Heymann 1901. 32 S. (Burschenschaftliche Bücherei. 2,2.)
1: Ay 4824–2,2. 12: Biogr. 596 qhd. 7. 10. 11.
2.11242

— Gabelsberger's Leben und Streben. Festrede, gesprochen bei der am 9. Februar 1858 . . . veranstalteten öffentlichen Feier des Geburtstages Gabelsberger's. — Leipzig: G. Mayer 1858. 15 S. 1: V 12682.
2.11219

— Lehrbuch der Gabelsbergerschen Stenographie. Für Schul-, Privat- und Selbstunterricht. 3. umgearb. Aufl. Kursus 1. — Leipzig: Mayer 1858.
1. Vollständiger praktischer Lehrgang in stufenweis geordneten Regeln und Uebungsaufgaben.
4.
2.11220

— — 8. verm. Aufl. Kursus 1. Ebd. 1861. VIII, 39, 24 S.
8.
2.11221

— — 9. Aufl. Kursus 1. Altona: Mayer 1862.
1. Vollständiger praktischer Lehrgang in stufenweis geordneten Regeln und Aufgaben nach der kalkulirenden Methode Ahn's.
1: V 18938°.
2.11222

Albrecht, Karl, Lehrbuch d. Gabelsbergerschen Stenographie. Für Schul-, Privat- u. Selbstunterricht. 1. Kursus. 4—9. Aufl. Altona, 859—62. (Haendtke & Lehmkuhl.) gr. 8. (VIII, 39 S. u. 24 lith. S.) n. 10 ngr

— Schlüssel dazu. Stenographische Uebertragung der druckschriftlichen Uebungsbeispiele. Autografirt nach des Verf. Handschrift von Gust. Müller. Ebend., 860. gr. 8. (28 lith. S.) n. 5 ngr

—— Lehrbuch der Gabelsbergerschen Stenographie. Für Schul-, Privat- und Selbst-Unterricht. 1. Kursus: Vollständiger praktischer Lehrgang in stufenweis geordneten Regeln und Aufgaben nach der kalkulirenden Methode Ahn's. 9.—16., verb. Aufl. gr. 8. (VIII und 67 S.) Altona 862—67, [Haendcke und Lehmkuhl.] *

— Lehrbuch d. Gabelsberger'schen Stenografie. Für Schul-, Privat- u. Selbstunterricht. Altona, Haendcke & Lehmkuhl. 8.
1. Kursus: Vollständiger prakt. Lehrgang in stufenweis geordneten Regeln u. Aufgaben nach der kalkulirenden Methode Ahn's. 15—18. verb. Aufl. 866—69. (X, 63 S.) n. 12 ngr
2. Kursus: Wissenschaftliche Darstellung d. Lehrgebäudes. 5. Aufl. 868. (VIII, 112 S.) n. 22½ ngr

—— Lehrbuch der Gabelsbergerschen Stenografie. Für Schul-, Privat- und Selbstunterricht. 1. Kursus: Vollständiger prakt. Lehrgang in stufenweis geordneten Regeln und Aufgaben nach der kalkulirenden Methode Ahn's. 17.—26. verb. Aufl. 8. (X, 40 und 33 lithogr. S.) Gotha 868—74, Haendcke und Lehmkuhl. *

— dasselbe Schlüssel. Stenografische Uebertragg. der druckschriftl. Uebungsbeispiele in dem Lehrbuch der Stenografie. 6. Aufl., bearb. nach der 26. Aufl. d. „Lehrbuchs". gr. 8. (28 lith. S.) Gotha 874. Haendcke & Lehmkuhl. n. — 60

—— dass. — 27. vollständig umgearb. und verm. Aufl. 8. (X, 52 und 48 lithogr. S.) Ebendas. 875. *

Albrecht, Karl, Lehrbuch der Gabelsbergerschen Stenografie. Für Schul-, Privat- u. Selbstunterricht. Schlüssel. Stenografische Uebertragg. der druckschriftl. Uebungsbeispiele in dem Lehrbuch der Stenografie. 6. Aufl., bearb. nach der 27. Aufl. d. „Lehrbuches". (52 lith. S.) Ebend. 876. n. 1. 20

Albrecht, Karl, Lehrbuch der Gabelsbergerschen Stenografie. Für Schul-, Privat- u. Selbstunterricht. 1. u. 2. Kurs. 8. Gotha 874 75. Haendcke & Lehmkuhl. n. 3. 60
1. Vollständiger prakt. Lehrgang in stufenweis geordneten Regeln u. Aufgaben nach der kalkulir. Methode Ahn's. 28. verb. Aufl. (X, 73 S., wovon 33 lith.) n. 1. 20
2. Wissenschaftliche Darstellung d. Lehrgebäudes. 7. Aufl. (VIII, 114 S.) n. 2. 40

—— Lehrbuch der Gabelsbergerschen Stenografie. Für Schul-, Privat- und Selbstunterricht. 1. Kursus. Vollständiger prakt. Lehrgang in stufenweis geordneten Regeln und Aufgaben nach der kalkulir. Methode Ahn's. 28.—35. Aufl. 8. (X, 52 und 49 lithogr. S.) Hamburg 875—79, Haendcke und Lehmkuhl. *

—— dass. — Schlüssel. Stenografische Uebertragung der druckschriftl. Uebungsbeispiele in dem Lehrbuche der Stenografie, Kursus I. 5.—7. Aufl. 8. (28 lithogr. S.) Ebendas. 874—79. *

Albrecht, Karl (I.), Lehrbuch der Gabelsbergerschen Stenografie. Für Schul-, Privat- und Selbstunterricht. 1. Kursus: Vollständiger prakt. Lehrgang in stufenweis geordneten Regeln und Aufgaben nach der kalkulir. Methode Ahn's. 36. und 37. Aufl. Die Autografie nach des Verf. Handschrift von Ed. Christ in Dresden. gr. 8. (X, 101 S., wovon 49 autogr.) Hamburg 880,83, Haendcke und Lehmkuhl. *

— dasselbe. Schlüssel. Stenografische Uebertragung der druckschriftl. Uebungsbeispiele in dem Lehrbuch der Stenografie. 8. Aufl. Die Autografie nach d. Verf. Hdschr. v. Ed. Christ in Dresden. gr. 8. (52 S.) Ebend. 880. n. 1. 20

—— dass. — Schlüssel. Stenografische Uebertragung der druckschriftl. Uebungsbeispiele in dem Lehrbuch der Stenografie. 8. Aufl. Die Autografie nach des Verf. Handschrift von Ed. Christ in Dresden. gr. 8. (52 S.) Ebendas. 881.
2. Kursus. Ebendas. 1878. * ℳ 2,40.

Albrecht, Dr. Karl, Lehrbuch der Gabelsberger'schen Stenographie für Schul-, Privat- und Selbstunterricht. I. Cursus: Vollständiger praktischer Lehrgang. 39. Auflage. Hamburg 1882. Haendcke und Lehmkuhl. Preis 1 Mark 60 Pf.
(M.-E. v. 10. October 1882, Z. 16901.)

Albrecht, Karl, Lehrbuch der Gabelbergerschen Stenographie. Für Schul-, Privat- und Selbstunterricht. 1. Kursus: Vollständiger prakt. Lehrgang in stufenweis geordneten Regeln und Aufgaben nach der kalkulierenden Methode Ahns. 44.—48. und 50. Aufl. 8. (X, 96 S.) Hamburg 885—88, Haendcke und Lehmkuhl. * ℳ 1.50.; geb. *

– dasselbe. 49. Aufl. Die Autographie v. Ed. Christ. Ausg. in österreich. Orthographie. 8. (X, 96 S.) Ebd. 888. n. 1. 50

Albrecht, Karl (I.). Lehrbuch der Gabelsbergerschen Stenographie. Für Schul-, Privat- u. Selbstunterricht. 1. Kurs. Vollständiger prakt. Lehrgang in stufenweis geordneten Regeln u. Aufgaben nach der kalkulier. Methode Ahns. 51.—53., 55.—57. Aufl. [54. und 58. Aufl. in österreich. Orthogr.]. Die Autographie v. Ed. Christ in Dresden. gr. 8. (X, 96 S.) Hamb. 889—92, Haendcke u. Lehmkuhl. * 1 50; geb. * 1 90

Albrecht. Dr. Karl, Lehrbuch der Gabelsberger-schen Stenographie Für Schul-, Privat- und Selbstunterricht. I. Cursus. Vollständiger praktischer Lehrgang. 58. Gesammtauflage. 3. Auflage in österreichischer Orthographie, eingerichtet von Josef Adelsmair. Hamburg 1893. Haendcke und Lehmkuhl. (Min.-Erl. v. 21. November 1892, Z. 25668.) Geheftet —.90

— dasselbe. 1. Curs. 8. Ebd. 894. n. 1. 50; geb. n. 1. 90
Vollständiger praktischer Lehrgang in stufenweis geordneten Regeln u. Aufgaben nach der calculierenden Methode Ahns. 61. Gesammt-Aufl. 4. Aufl. in österreich. Orthographie, eingerichtet v. Jos. Adelsmair. (X, 96 S.)

— Lehrbuch der Gabelsberger'schen Stenographie. Für Schul-, Privat- u. Selbstunterricht. 2 Kurse. 8. Ebd. n. 5. —
1. Vollständiger praktischer Lehrgang in stufenweis geordneten Regeln u. Aufgaben nach der kalkulierenden Methode Ahns. 62. Aufl. (X, 96 S.) 894. n. 1. 50; geb. n. 1. 90
2. Wissenschaftliche Darstellung des Lehrgebäudes. 11. Aufl., neu bearb. (VIII, 137 S.) 894. n. 3. 50

Albrecht, K., Lehrbuch der Gabelsberger'schen Stenographie. Für Schul- u. Selbstunterr. 1. Curs.: Vollst. pract. Lehrgang in stufenweis geordn. Regeln u. Aufgaben n. d. calculier. Methode Ahns. 6. Aufl. in österr. Orthographie, einger. v. Jos. Adelsmair. D. Autogr. v. Rich. Preuß. Vollst. umgearb. nach d. Wiener Beschlüssen. gr. 8. (X, 96 S.) Hamburg 898. Haendcke & Lehmkuhl. n. 1 50; geb. n. 1. 90

Albrecht, Karl, Lehrbuch der Gabelsbergerschen Stenographie f. Schul-, Vereins- u. Selbstunterricht. 1. Kurs.: Praktischer Lehrgang in stufenweis geordneten Regeln u. Aufgaben nach der kalkulier. Methode Ahns. Verkehrsschrift u. Redeschrift. Unter Zugrundelegg. der Systemurkunde der Gabelsbergerschen Stenographie neu bearb. v. Jos. Alteneder. 136.—140. Tausf. (VIII, 90 u. III, 28 S.) 8. Dresden 904. F. Jacobi. n. 1. 50; geb. n. 1. 90

Albrecht, Karl, Lehrb. der Gabelsbergerschen Stenographie f. Schul- u. Selbstunterricht. 2 Kurse. 8. Dresden, F. Jacobi. 4. 50
1. Vollständiger prakt. Lehrgang in stufenweis geordn. Regeln u. Aufgaben nach der kalkulier. Methode Ahns. Vollständig umgearb. unter Berücksicht. der Wiener Beschlüsse. Die Autographie v. Ad. Schöttner. 11. Aufl. (X, 96 S. m. Bildnis. 906. 1.50
2. Wissenschaftliche Darstellung des Lehrgebäudes. 13. Aufl. m. e. Nachtrage: Die neuen Berliner Systembeschlüsse m. Gegenüberstellg. der bisher. Schreibweisen v. Carl Gerber. (VIII, 116 u. 19 S.) 907. Geb. in Leinw. 3. —

— dasselbe f. Schul-, Vereins- u. Selbstunterricht. 1. Kurs.: Praktischer Lehrgang in stufenweis geordneten Regeln u. Aufgaben nach der kalkulier. Methode Ahns, Verkehrs- u. Redeschrift. Unter Zugrundelegg. der Systemurkunde der Gabelsbergerschen Stenographie neu bearb. v. Jos. Alteneder. 141—143. Tausf. (VIII, 86 u. IV, 26 S.) 8. Ebd. 907. 1. 50; geb. n 1. 90

— dasselbe. II. Tl.: Redeschrift. Unter Zugrundelegg. der Systemurkunde der Gabelsbergerschen Stenographie neu bearb. v. Jos. Alteneder. 141. bis 143. Tausf. (VI, 26 S.) 8. Ebd. 907. — 50; kart. n — 65

Albrecht, Karl: Lehrb. d. Gabelsb.Stenogr.f. Schul-, Vereins-u. Selbstunterr. 1.Kurs: Prakt.Lehrg. in stufenweis geordn. Regeln u. Aufg. n. d. kalkulier. Methode Ahns. Verkehrs-u. Redeschrift. Neu bearb. v. Jos. Alteneder. 148-150.Taus. (8,86 u. 4,26) 8°.– Dresd., F. Jacobi 1910.

— Lehrbuch der Gabelsbergerschen Stenographie rc. 2. Kurs.: Wissenschaftliche Darstellung des Lehrgebäudes. 3. Aufl. 859. — 4. Aufl. Ebend., 862. gr. 8. (X, 70 S. u. 48 lithogr. S.) n. 20 ngr.

—— dass. — 2. Kursus: Wissenschaftliche Darstellung des Lehrgebäudes. 5.—7. Aufl. 8. (VIII, 114 S.) Ebendas. 868—75. (* ℳ 2.25) *

—— dass. — 2. Kursus: Wissenschaftliche Darstellung des Lehrgebäudes. 8. Aufl. 8. (VIII, 114 S.) Ebendas. 878. *

—— dass. — 2. Kurs. Wissenschaftl. Darstellung des Lehrgebäudes. 10. Aufl. Streng nach d. Beschlüssen der „deutschen Stenographentage" bearb. (VIII, 114 S.) Ebd. 887. * 2 40

—— dass. — Schlüssel. Stenographische Übertragg. der druckschriftl. Übungsbeispiele im 1. Curs. 10. Aufl. gr. 8. (52 S.) Ebd. 889. * 1 20

— dasselbe. 2. Curs.: Wissenschaftl. Darstellg. d. Lehrgebäudes. 12. Aufl., neu bearb. Autogr. v. Rich. Preuß. gr. 8. (VIII, 116 S.) Ebd. 897. n. 3. —

— [Lehrbuch der Stenographie, Schlüssel] Albrecht's Schlüssel. Stenografische Uebertragung der druckschriftlichen Uebungsbeispiele im 1. Kursus des Lehrbuchs der Stenografie. — Leipzig: Mayer 1860. 28 S. 8.
2.11229

— — Albrecht's Schlüssel. Stenografische Uebertragung der druckschriftlichen Uebungsbeispiele im Lehrbuch der Stenografie. 2. verm. Ausg., bearb. nach d. 9. Aufl. des „Lehrbuches". — Altona: Mayer 1863. 28 S.
1:V 18939[a].
2.11230

— — Albrecht's Schlüssel. Stenografische Uebertragung der druckschriftlichen Uebungsbeispiele in dem Lehrbuch der Stenografie. 9. Aufl. — Hamburg: Haendcke & Lehmkuhl 1883. 52 S. 12: Graph. 406c-2.
2.11231

— Schlüssel. Stenograph. Übertragg. d. druckschriftl. Übungsbeispiele i. d. Lehrb. d. Stenographie v. A. Die Autogr. n. d. Verf. Handschrift v. Rich. Preuß. 11. Aufl. gr. 8. (44 S.) Ebd. 896. n. 1. 20

— vollständiges, praktisches Lehrbuch der Gabelsbergerschen Stenographie, sowohl Formenlehre als Satzkürzung enthaltend. Für den Schul- u. Privat-Unterricht. Zum ersten Male nach der kalkulirenden Methode bearbeitet und nach der durch die erste allgemeine Stenographen-Versammlung festgestellten Schreibweise ausgeführt. Die Lithographie nach des Verf. Handschrift von Ad. Haas. Leipzig 854. G. Mayer. 8. (VIII, 50 lith. S. u. 123 S.) n. 1 ℳ

Albrecht, Carl, vollständiges, praktisches Lehrbuch der Gabelsbergerschen Stenographie. Für Schul-, Privat- und Selbst-Unterricht. Zum ersten Male nach der kalkulirenden Methode Ahn's bearb. und nach der durch die erste allgem. Stenographen-Versammlung festgestellten Schreibweise ausgeführt. Die Lithographien nach des Verf. Handschrift von Ad. Haas in München. 2., verb. und verm. Aufl. (VIII, 50 lithogr. und 109 S.) Leipzig 857. [Altona, G. Mayer's Verlag.] *

—— dass. — 1. Kursus. Vollständiger praktischer Lehrgang in stufenweis geordneten Regeln und Aufgaben nach der kalkulirenden Methode Ahn's. 3—6. Aufl. gr. 8. (XII, 36 und 24 lithogr. S.) Ebendas. 858—60. *

—— dass. — 3. Aufl., nach den dresdner Beschlüssen umgearb. 2. Kursus: Wissenschaftl. Darstellung des Lehrgebäudes. gr. 8. (X und 70 S. mit 48 lithogr. S.) Ebendas. 859. *

—— Schlüssel dazu. Stenographische Uebertragung der druckschriftl. Uebungsbeispiele. Autografirt nach des Verf. Handschrift von Gust. Müller. gr. 8. (28 lithogr. S.) Leipzig 860. [Altona, G. Mayer's Verlag.] *

— Kurzer Leitfaden f. d. Unterricht i. d. Gabelsbergerschen Korrespondenzschrift. N. d. kalkulier. Methode bearb. 8. (VIII, 56 S.) Ebd. 898. Kart. n. 1. —

— kurzer Leitfaden f. den Unterricht in der stenographischen Verkehrsschrift nach Gabelsbergers System. Nach der kalkulier. Methode bearb. Unter Zugrundelegg. der Systemurkunde der Gabelsbergerschen Stenographie neu bearb. v. Jos. Alteneder. 3. Aufl. (VIII, 54 S.) 8. Ebd. 906. Kart. n. 1. —

Albrecht, Karl.: Kurzer Leitf. f. d. Unterr. in d. stenogr. Verkehrsschr. n. Gabelsb. Syst. Neu bearb. v. Jos. Alteneder. 4. Aufl. (8,54) 8°.– Dresd. F. Jacobi 1910.

—— Lesebuch für angehende Stenografen. Nach der kalkulir. Methode im Anschlusse an des Verf. Lehrbuch der Stenografie. 1. Kurs. gr. 8. (70 lithogr. S.) Leipzig 864, Albrecht's Selbstverlag. *

—— Lesebuch für angehende Stenografen. Nach der kalkulirenden Methode im Anschlusse an des Verf. Lehrbuch der Stenografie. 2.—4. verb. Aufl. gr. 8. (III, 76 autogr. S.) Gotha 869—75, Haendcke und Lehmkuhl. (* ℳ 1.20.) *

—— Lesebuch für angehende Stenografen. Nach der kalkul. Methode im Anschlusse an des Verf. Lehrbuch der Stenografie. 5. Aufl. 8. (76 S. Pantatypie.) Ebendas. 878. *

— Lesebuch für angehende Stenographen. Nach der kalkulierenden Methode im Anschlusse an des Verfassers Lehrbuch der Stenographie. 7., verb. Aufl. — Hamburg: Haendcke & Lehmkuhl 1887. 72 S.
12: Graph. 5000 v.
2.11232

— Lesebuch f. angehende Stenographen. Nach der kalkulier. Methode im Anschlusse an des Verf. Lehrbuch der Stenographie. 8., verb. Aufl. gr. 8. (72 S.) Ebd. 893. n. 1. 50

— Lustige Lieder und launige Legenden für Gabelsberger-Stenographen. — Leipzig: Zehl 1894. 55 S.
1: V 15872.
2.11233

— englische Literaturgeschichte in Musterstücken aus den besten Schriftstellern von Shakespeare an bis auf unsere Zeit. Ein Lehr- u. Lesebuch f. höhere Klassen. Leipzig 857. Roßberg. gr. 8. (VI, 169 S.) 15 ngl

Albrecht, Karl, Lehrer, Eschwege. 1906: Lösungen zu dem Rechnen in der gewerblichen Fortbildungsschule im Anschluß an die Gewerbekunde von J. Schanze, vollzogen durch K. Albrecht. H. 2.3. — Wittenberg: Herrosé 1906.
H. 2. Stufe 2. 1906.
H. 3. Stufe 1.1. Für Bauhandwerker und verwandte Berufe. 1906.
H. 3. Stufe 1.2. Für Metallarbeiter und Schriftsetzer. 1906.
H. 3. Stufe 1.3. Für Bekleidungs- und Nahrungsgewerbe und verwandte Berufe. 1906.
8.
2.11252

—— die Leipziger Mundart. Grammatik und Wörterbuch der Leipziger Volkssprache. Zugleich ein Beitrag zur Schilderung der Volkssprache im Allgemeinen. Mit einem Vorwort von Rud. Hildebrand. gr. 8. (XVIII, 243 S.) Leipzig 881, Arnoldische Buchh. * ℳ 4.; geb. *

— Papierblümchen, od. Novellen inniger Liebe u. Freundschaft. 8. Naumb. 804. Rooter. 1 ℋ

Albrecht, Karl [Dr.]: Johann Georg Pfranger. Sein Leben u. seine Werke dargest. Wismar, Druck d. Eberhardt'schen Hof- u. Ratsbuchdr., 1894; 28 S. 4.
Wismar, Grosze Stadt-S (G u. R), OP 1894 (656)

Albrecht, Karl, Johann Georg Pfranger. Sein Leben u. seine Werke. Progr. 4. (28 S.) Wismar 894. (Leipzig, G. Fock.) n. 1. —

— Piedro u. Elmire. Sgspl. in 4 A. 8. Berl. 800. Schöne. 10 ℋ

— die Privattheaterprobe. Lstspl. in 1 A. 8. Berl. 799. Schöne. 6 ℋ

Albrecht, Karl (geb. Einlage bei Elbing 7. 9. 1862): Ueber einige Pyrogallussäure- und Phloroglucinderivate und die Beziehungen derselben zu Daphnetin und Aesculetin. Berlin 1884. (53 S.) 8°
Berlin, Phil. Diss. v. 22. Dez. 1884

Albrecht, Karl, Rechnen in der gewerblichen Fortbildungsschule, s.: Schanze, K.

— Das Recht der Agenten nach deutschem Handelsrecht. Ein Kommentar zu §§ 84 bis 92 HGB. von Carl Albrecht u. Paul Tentler. — Berlin: Guttentag 1908. VIII, 202 S.
1: Fn 2490. 12: Merc. 2lp. 5. 6. 11.
2.11249

Albrecht, Karl, die Insel Rügen, s.: Grieben's Reise-Bibliothek.

Albrecht, Karl, D. Insel Rügen, s.: Grieben's Reisebücher.

Albrecht, Karl, die Insel Rügen, s.: Griebens's Reiseführer.

— Albrecht's Schlüssel. 1860 u. 8. s. *Albrecht*, Karl: Lehrbuch der Stenographie. Schlüssel.

—— Sigelliste für Anfänger. 1 Bl. Ebendas. 878. *

— Sigelliste f. Anfänger. 4. Aufl. gr. 8. (3 S.) Hamburg 891. Haendcke & Lehmkuhl. n. — 30

— siehe: Stenographie, die, in Lehranstalten f. höhere Bildung.

— stenographisch-pädagogische Streitfragen. 1. Soll die Stenographie in der Schule gelehrt werden? 2. Welche Vorzüge hat die kalkulirende Methode Ahn's bei jedem stenograph. Unterrichte? 3. Welche Gabelsberger'schen Regeln u. Schreibweisen bedürfen zunächst der Neuprüfung? (Mit autographischer Beilage.) 856. Ebend. gr. 8. (40 S. und 2 lith. Bl.) n. 10 ngl

— Taschenbuch für Theaterfreunde auf d. J. 1800, mit Kpf. 12. Berl., Schöne. 20 ℋ

—— stenografische Uebertragung der druckschriftlichen Uebungsbeispiele in dem Lehrbuch der Stenografie. 3. Aufl., bearb. nach der 18. Aufl. des „Lehrbuchs". 1869. * 50 Pf., und 4. und 5. Aufl. gr. 8. (28 autogr. S.) Gotha 873, 74, Haendcke und Lehmkuhl. *

— erster Unterr. im Lesen f. Kinder, mit Kpf. 8. Berl. 799. Schöne. 4 ℋ ill. 6 ℋ

Albrecht, Karl, s.: Urkundenbuch, Rappoltsteinisches.

— Was ist Stenographie? Kurze u. faßliche Darstellung d. Schnellschrift Gabelsbergers. Altona, 864. (Haendtke & Lehmkuhl.) gr. 8. (15 S.) n. 2 ngr.

— Was ist Stenographie? Kurze und fassliche Darstellung der Schnellschrift Gabelsberger's. — Altona: Mayer 1864. 15 S.
1: V 19610.
2.11235

— — 2. umgearb. Aufl. Hamburg: Haendcke & Lehmkuhl 1879. 15 S.
1: V 19610.
2.11236

Albrecht, Karl (II.), die wissenschaftlich geordnete Weltansicht als Beweis gegen den Atheismus Büchner's und der übrigen Materialisten. 2. verm. und verb. Aufl. 8. (48 S.) Kiel 874. (Tübingen, Lindenmaier.) +

Albrecht, Karl: D. Wiederkauf. 1910.
Jur. Diss.

Albrecht, Karl. 1849: Leipzig's Wühler und Wühlerinnen. Daguerreotypen und Vereinsgestalten von Franz Ulrich [d. i. Karl Albrecht]. — Nordhausen: Selbstverl. 1849. 32 S.
1: Sr 8466. 5.
2.11218

Albrecht, Karl, s.: Zeitschrift für die alttestamentliche Wissenschaft.

— Ziel und Aufgabe des stenographischen Unterrichts. Dem 3. Internat. Stenographenkongress vorgelegt. — Hamburg: Haendcke & Lehmkuhl 1890. 12 S.
1:13 in V 13200.
2.11237

Albrecht, Karl August, s.a. Albrecht, Carl August

— Anleitung zur Kenntniß der gesetzl. Erbfolge u. zur Selbst-unterrichtung rechtsgültiger Testamente; nach sächsischen und preußischen Rechten. 8. Dresden 829. (Melzer in Leipzig.) u. d. Pr. 1/2 rß

Albrecht, Karl August: Practische Anleitung zur Kenntniss der gesetzlichen Erbfolge und zur Selbsterrichtung rechtsgiltiger Testamente nach sächsischen und preussischen Rechten u. mit bes. Rücksicht auf das Königl. Sächs. Mandat vom 31. Januar 1829. — Dresden: Hilscher 1829. XII,250 S. 1:Gn 7655. 12:J. germ. 2r. 8.
2.11257

ALBRECHT, C. A.: Prakt Anleitung zur Kenntniss d. gesetzlichen Erbfolge u. zur Selbsterrichtung rechtsgültiger Testamente, nach Sächs. u. Preuss. Rechte u. mit bes. Rücksicht auf das Königl. Sächs. Mandat v. 31. Jan. 1829. *Dresden*, (*Leipzig*, Reimer). 829. 8. (20 Gr.)

— Dissert. ars medendi homoeopathica ejusque cultores medicamenta ipsi praeparantos coram tribunali juris et politiae medicae. 4. Dresd. 828. (Arnold). 20 Gr.

— Ars medendi homoeopathica eiusque cultores medicamenta ipsi praeparantes coram tribunali iuris et politicae medicae. — Lipsiae 1828.
Ersch. auch als Diss. Leipzig 1828. 1:4° If 13015. 7.
2.11258

— Die Homöopathie von dem Standpunkte des Rechts und der Medicinalpolizei beleuchtet. — Dresden & Leipzig: Arnold 1829. VIII,96 S. 1:If 13025. 2. 3. 5.
2.11259

— Die Stellung der römischen Aequitas in der Theorie des Civilrechts, mit Rücksicht auf die zeitgemäße Frage der Codification. Von C. A. Albrecht. — Dresden & Leipzig: Arnold 1834. VIII,90 S.
1:Gd 600. 3. 4. 5. 6. 8. 10 [defekt]. 11.
2.11260

Albrecht, Karl Er., Entscheidungen merkw. Rechtsfälle. 3 Bde. gr. 8. Hannov. 799—802. Hahn. (à 1 rß) 3 rß

Albrecht, Karl Ernst: Entscheidungen merkwürdiger Rechtsfälle. Bd 1-3. — Hannover: Ritscher 1799-1802.
1-3 . . . . 1:Hg 10270. 2. 3. 4. 6. 7. 10.
1.2 . . . . 12:Decis 5s. 8.
2.11262

Albrecht, Karl [Friedr. Herm.], s. Urkundenbuch, Rappoltsteinisches, 759—1500.

Albrecht, Karl Glo., s. Faustins Halbbruder.

Albrecht, Karl Gottlob: Des Königs Heimkehr. Hymne seines treuen Volks am 7. Juny 1815. [Verf.: Karl Gottlob Albrecht.] — Dresden: Meinhold (1815). 4 Bl.
1:23 in Yn 887.
2.11263

— Scherz und Ernst in Versen. Von C. G. Albrecht. — Dresden: Arnold in Komm. 1841: Meinhold. XVI,276 S.
1:Yo 48.
2.11264

— Das verwüstete Zschorlau. Eine Ode. — Dresden: Harpeter 1783. 16 S.
3.
2.11265

Albrecht, Konrad, Gerichtsassessor: Die verschiedenen Fälle des Zurückbehaltungsrechts nach dem Bürgerlichen Gesetzbuche. Schwerin i. M. 1907: E. Herberger. (46 S.) 8° [F.]

Rostock, Jur. Fak., Ref. Bernhöft, Diss. v. 20. Jan. 1907

[Geb. 24. Febr. 78 Schwerin i. M.; Wohnort: Schwerin; Staatsangeh.: Mecklenburg-Schwerin; Vorbildung: Gymn. Schwerin Reife O. 97; Studium: München 3, Leipzig 1, Rostock 4 S.; Rig. 18. Juni 06.]

Albrecht, Konstantin: Thematisches Verzeichniss der Streich- und Clavier-Trios, Quartette und Quintette von Haydn, Mozart, Beethoven, Schubert, Mendelssohn-Bartholdy und Schumann chronologisch geordnet u. metronomisirt. — Leipzig: Forberg (1890). II,XX,66 S.
1:Mus. A 41.
2.11267

Albrecht, Kuno, Assistent am landw. Institut d. Universität: Untersuchungen über Korrelationen im Aufbau des Weizenhalmes, welche für die Lagerfestigkeit des Getreides von Bedeutung sind. Mit 1 Textabb. Merseburg 1908: F. Stollberg. (56 S.) 8° ¶ (Aus: Landwirtschaftl. Jahrbücher 37, 1908.)

Königsberg, Phil. Fak., Ref. Mitscherlich-Albert, Diss. v. 27. April 1908

[Geb. 17. Juni 83 Hinterwalde (Reg.-Bez. Königsberg); Wohnort: Königsberg i. Pr.; Staatsangeh.: Preußen; Vorbildung: Gymn. Fridericianum Königsberg i. Pr. Reife O. 03; Studium: Königsberg 8 S.; Rig. 25. Juli 07.]

Albrecht, Kurt v., unter südlicher Sonne. E. Erzählg. f. d. reif. Jugend. M. 5 Farbdr.-Bildern v. W. Zweigle. gr. 8. (III, 236 S.) Stuttgart 896. Süddeutsches Verlags-Institut. Geb. in Leinw. n. 3. 50

Albrecht, L., grammatische Grundlage f. den ersten fremdsprachlichen Unterricht. Büchlein zur Vorbereitg. f. die höhere Schule u. z. Unterstützg. d. ersten latein. Unterrichts. Übungen zur Überwindg. grammat. Schwierigkeiten. Verbunden m. Rechtschreibübgn. u. e. Einübg. der latein. Schreibschrift. In Gemeinschaft m. mehreren Fachleuten hrsg. (VI, 30 S.) 8. Leipzig 909. F. Schneider. — 25

Albrecht, L. La Henriade de Voltaire mérite-t-elle ou non le nom d'épopée? 20 S. **Progr.** *Beuthen O/S.* 1882.

Albrecht, L., a. Carlewitz b. Ribnitz: Dryden's „Sir Martin Mar-all" in Bezug auf seine Quellen. Rostock 1906: Adlers Erben. (101 S.) 8°

Rostock, Phil. Fak., Ref. Lindner, Diss. v. 23. Juni 1906

[Geb. 4. Mai 83 Carlewitz b. Ribnitz; Wohnort: Rostock; Staatsangeh.: Mecklenburg; Vorbildung: Realgymn. Malchin Reife O. 01; Studium: Rostock 4, Göttingen 1, Rostock 1 S.; Rig. 19. Juni 06.]

Albrecht, L.: Ziege und Schwein. Ratschläge für Pflege u. Wartung dieser Haustiere in kleinen Wirtschaften. — Berlin: Vereins-Buchh. 1895. 50 S. 1:Ov 28566.
2.11269

Albrecht, Laurentius s.a. *Albertus*.

Albrecht, Laurentius *(geb. Breitenstein bei Deutsch-Krone 10. 10. 1835)*: De Conradi III, Henrici filii, Friderici I, Henrici VI, regum Suevicorum electionibus disquisitio. Vratislaviae (1866). (34 S.) 8°
Breslau Phil. Diss. v. 4. Aug. 1866

Albrecht, Ludwig, Dr. jur. 1897: Formen und Inhalt gültiger Testamente. Erl. nach gemeinem, preußischem, französischem, sächsischem Recht u. nach d. deutschen Bürgerlichen Gesetzbuch unter Hinzuziehung von Beispielen. Leipzig: Staeglich 1898. 80,94 S.
Sondert.: 1. Albrecht: In welchen Formen errichtet man ein Testament? 1897.
Sondert.: 2. Albrecht: Der Inhalt giltiger Testamente. 1897.
12:J. pract. 2p. 10.
2.11271

— — (2. Aufl.) Ebd. 1898. 80,94 S.
Sondert.: 1. Albrecht: In welchen Formen errichtet man ein Testament? 1897.
Sondert.: 2. Albrecht: Der Inhalt giltiger Testamente. 1897.
1:Gi 13934.
2.11272

Albrecht, Ludw., Formen u. Inhalt gültiger Testamente. Erläutert nach gemeinem, preuß., französ., sächs. Recht u. nach dem deutsch. bürgerl. Gesetzbuch unt. Hinzuziehg. v. Beispielen. 4., unveränd. Aufl. gr. 8. (80 u. 94 S.) Leipzig 900. C. Staeglich. Kart. n. 2. —; geb. 3. —

— Die ersten fünfzehn Jahre der christlichen Kirche. — München: Beck 1900. XI,276 S. [(Albrecht: Die Kirche im apostolischen u. nachapostolischen Zeitalter. 1.)]
1:Cc 2658-1. 12:B. hist. 8d-1. 5.
2.11279

[F.] In welchen Formen errichtet man ein Testament? Von Dr. jur. Ludwig Albrecht. 2. Aufl. *Leipzig: C. Staeglich 1897.* (80 S.) 8.
= Albrecht, L.: Formen u. Inhalt gültiger Testamente. [Th. I.] [98. 377

Albrecht, Ludw., I. welchen Formen richt. man e. Testament? 3. Aufl. gr. 8. (77 S.) Leipzig 897. C. Staeglich. 1. 50;
mit A., der Inhalt gilt. Test. in 1 Lwdbd. n. 4. —

— Der Inhalt giltiger Testamente. Erl. nach gemeinem, preußischem, französischem, sächsischem Rechte u. nach d. deutschen Bürgerlichen Gesetzbuch unter Hinzuziehung von Beispielen. — Leipzig: Staeglich 1897. 94 S. 6.
2.11274

— — 2. Aufl. 1897 in: *Albrecht:* Formen und Inhalt gültiger Testamente. 1898. 2.11275

— — 3. Aufl. Leipzig: Staeglich 1897. 94 S.
1:Gi 13931°.
2.11276

— Die Kirche im apostolischen und nachapostolischen Zeitalter. Bd [1.] 2. — München: Beck 1900–03.
1. Albrecht: Die ersten 15 Jahre der christlichen Kirche. 1900.
2. Albrecht: Paulus, der Apostel Jesu Christi. 1903.
1.2 . . . . 1:Cc 2658. 12:B. hist. 8d.
1 . . . . 5.
2 . . . . 10.
2.11280

— Paulus, der Apostel Jesu Christi. Sein Wirken von d. ersten Missionsreise bis zur Gefangenschaft in Cäsarea (45–54 n. Chr.) — München: Beck 1903. XI,400 S. (Albrecht: Die Kirche im apostolischen u. nachapostolischen Zeitalter. 2.)
1:Cc 2658-2. 12: B. hist. 8d-2. 10.
2.11281

Albrecht, Edw., Worte zu seiner Zeit. Eine Primizrede. 8. Augsb. 803. Bollina. 2 K

Albrecht, M., s.a. Albrecht, Max

Albrecht, M., Ausgrabungen u. Vermessungen der Sternwartenreste Tycho Brahes auf der Insel Hven, s.: Archenhold, F. S.

Albrecht, M.: Automobil-Lastwagen-Motore, s.a. Küster's autotechn. Bibliothek.

Albrecht, M. 1907: Automobil-Lastwagen-Motore nebst ihrer konstruktiven und rechnerischen Durchführung gemeinverständl. dargest. Mit 153 Abb. — Berlin: R. C. Schmidt 1907. 163 S. (Küster's autotechnische Bibliothek. 12.)
1:Oo 5111/85-12. 11.
2.11282

Albrecht, M. und E. **Albrecht**: Das Erdöl und seine Produkte, Lagerung und Transport von der Quelle bis zum Verbraucher. Leipzig 1909

— — Geburtshilfe b. d. kleineren Haust., s.: Handb. d. tierärztl. Chir. u. Geb.

Albrecht, M., Geburtshilfe beim Pferd, s.: Handb. d. tierärztl. Chir. u. Geb.

Albrecht, M. & E., Lagerung und Transport des Erdöls und seiner Produkte. Leipzig, 1909. 155 S. mit 75 Abb. u. 13 Taf.

Albrecht, M., Handbuch der tierärztlichen Geburtshilfe, s.: Franck, L.

Albrecht, M.: Arme Mädchen, s. Kürschner's, J., Bücherschatz.

Albrecht M, das Paraffin und die Mineralöle. Stuttgart 1874

Albrecht, M., die Reste der Sternwarten Tycho Brahe's auf der Insel Hveen, s.: Albrecht, F.

Albrecht, M., s.: Taschenkalender, tierärztlicher.
— s.: Wochenschrift f. Tierheilkunde u. Viehzucht.

Albrecht, M. F. s.a. *Albrecht,* Michael Friedrich.

Albrecht, M. F., und C. S. **Vierow,** Lehrbuch der Navigation und ihrer mathematischen Hülfs-Wissenschaften. Für die Kgl. Preuss. Navigations-Schulen bearb. Herausg. im Auftrage des Königl. Ministeriums für Handel etc. Berlin 854. Decker. Lex.-8. (2 Bl., XII, 628 S. m. Holzschn. im Text, u. 2 lith. Himmelskarten in 4.) 3 Thlr. 15 Ngr.; geb. 3 Thlr. 25 Ngr.

Albrecht, M. F., und C. S. Vierow, Lehrbuch der Navigation und ihrer mathematischen Hülfs-Wissenschaften. Für die königl. preuss. Navigations-Schulen bearb. Hrsg. im Auftrage des königl. Ministeriums für Handel etc. 2. Aufl. Lex.-8. (XVI und 644 S. mit eingedr. Holzschn. und 2 Stnt. in qu. gr. 4.) Berlin 857, Decker'sche geheime Oberhofbuchdruckerei. 3 Thlr. 15 Ngr.; geb.

Albrecht, M. F., u. C. S. **Vierow,** Lehrbuch der Navigation u. ihrer mathematischen Hülfswissenschaften. Für die königl. preuss. Navigations-Schulen bearb. 4. Aufl. Hrsg. im Auftrag d. königl. Ministeriums f. Handel, Gewerbe u. öffentl. Arbeiten. Lex.-8. (XX, 666 S. m. 1 Steintaf. in 4.) Berlin 873. v. Decker. n. 10. 50; geb. n. 12. —

Albrecht, M. F., u. C. S. **Vierow,** Lehrbuch der Navigation u. ihrer mathematischen Hilfswissenschaften. Für die königl. preuss. Navigations-Schulen bearb. 5. Aufl. Diese, sowie die 2., 3., 4. Aufl. bearb. v. M. F. Albrecht. Hrsg. im Auftrage d. königl. Ministeriums f. Handel, Gewerbe u. öffentl. Arbeiten. gr. 8. (XX, 667 S. m. eingedr. Holzschn. u. 2 lith. Sternkarten.) Berlin 878. v. Decker. n. 10. 50; geb. n. 12. —

Albrecht, M. F., u. C. S. **Vierow,** Lehrbuch der Navigation u. ihrer mathematischen Hülfswissenschaften. Für die königl. preuss. Navigations-Schulen bearb. 6. Aufl. Hrsg. im Auftrage d. königl. Ministeriums f. Handel u. Gewerbe. gr. 8. (XXIV, 688 S. m. eingedr. Fig. u. 2 Sternkarten.) Berlin 886. v. Decker. n. 11. —; geb. n. 12. 50

Lehrbuch der Navigation und ihrer Mathematischen Hülfswissenschaften. Für d. Kgl. Preuss. Navigations-Schulen bearb. von **M. F. Albrecht**, Navig.-Schul-Dir., [u.] C. S. Vierow, Navig.-Lehrer. Hrsg. im Auftr. d. Kgl. Min. f. Handel u. Gewerbe. 7. Aufl. [Nebst] Anh. *Berlin: R. v. Decker 1892–99.* 2 Bde 8° [03. 1803

Lehrbuch der Navigation und ihrer Mathematischen Hülfswissenschaften. Für d. Kgl. Preuss. Navigations-Schulen. Bearb. von **M. F. Albrecht**, Navigationsschuldir., [u.] C. S. Vierow, Navigations-Lehrer. 8. Aufl. Neu bearb. von G. Holz, Navigationsschul-Dir. Hrsg. im Auftr. d. Kgl. Min. f. Handel u. Gewerbe. *Berlin: R. v. Decker 1900.* (XXII, 528 S.) 4°(8°) [F.] [02. 234

Lehrbuch der Navigation und ihrer Mathematischen Hilfswissenschaften. Für d. Kgl. Preuß. Navigationsschulen. Bearb. von M. F. **Albrecht**, Navigationsschuldir., [&] C. S. Vierow. 9. Aufl. Bearb. von G[ustav] Holz, Navigationsschuldir. Hrsg. im Auftr. d. Minist. f. Handel u. Gewerbe. Berlin: R. v. Decker 1906. (XXII, 528 S.) 4°(8°) [07. 3144

Albrecht, M. G., bibl. ABC- u. Namen-Büchlein, mit Fig. 8. Nürnb., Endter. 3 K

Albrecht

— **Magnus** (Glatz), De metastasibus. Diss. med. Bln. (Aug. Petsch) 30. IX. 1826. 24 S. mit Biogr. (Mutter: Theresia Gaeschke.) (4.—) 254
Oppon.: H. Freund, H. Kalckstein, J. Sattig. — Gew.: Wilh. Heinr. Lud. Vater.

Albrecht, Maria [Wirkl. Name] s.a. *Hellmuth*, Maria.

Albrecht, Maria: Die Krone d. Lebens, s.: Weber's moderne Bibliothek.

Arme Mädchen. Roman von Maria **Albrecht**. Berlin, Eisenach, Leipzig: H. Hillger [1905]. (125 S.) 8° [F.]
= **Bücherschatz**, Kürschners. No 477. [07. 15895

Albrecht, (Maria Werner) Franz (geb. Gronau a. L. 20. 7. 1860): Prophylactische Wendung bei engen Becken. Berlin (1883). (40 S.) 8°
Berlin, Med. Diss. v. 26. Juli 1883

Albrecht, Max. 1896: Russisch Centralasien. Reisebilder aus Transkaspien, Buchara u. Turkestan. Mit 52 Abb. — Hamburg: Verlagsanst. u. Dr. 1896. XII,249 S., 1 Taf.
1:Um 8099/270. 12:It.sing. 8pm. 300:98.543-B. Kt. S.
2. 3. 4. 5. 7.
2.11288

Albrecht, Max, durch den Daghestan auf der Awaro-Kachetinischen Strasse im Mai–Juni 1904. (25 S. m. 2 Abbildgn. u. 10 Taf.) gr. 8. Hamburg 906. L. Friederichsen & Co. n. 2. —
Sonderabdruck aus: „Mittlgn. d. geograph. Gesellsch. in Hambg."

Albrecht, Max, u. **Ernst Albrecht,** das Erdöl u. seine Produkte, Lagerung u. Transport von der Quelle bis zum Verbraucher. (VIII, 151 S. m. 75 Abbildgn. u. 13 Taf.) Lex. 8. Leipzig 909. S. Hirzel. 7.50; geb. 8.50
Sonderabdruck aus: „Das Erdöl".

Albrecht, Max. 1874: Das Paraffin und die Mineralöle. — Stuttgart 1874.
Aus: Stohmann-Engler's Technische Chemie.
1:Ot 25140. 82. 89.
2.11287

Albrecht, Max, das Paraffin u. die Mineralöle. [Aus: „Stohmann-Engler's techn. Chemie nach Payen".] Mit 4 (eingedr.) Holzschn. gr. 8. (41 S.) Stuttgart 875. Schweizerbart. n. 1. 20

Albrecht, Max: Ueber einige neue, vom Grubengas sich ableitende Sulfonsäuren. Halle 1871: Gebauer-Schwetschke. 46 S. 8°
Halle-Wittenberg, Phil. Diss. v. 1. Aug. 1871
Geb. Liegnitz 24. 10. 1851. V.
Aus: Zeitschrift f. d. ges. Naturwissenschaften. Bd 37. Berlin 1871. S. 341 bis 382. — Verf. erlebte die Diplomerneuerung 1921 als Chefinhaber der Mineralölwerke M. Albrecht & Co. in Hamburg, vgl. Anh. Nr. 680. Er war 1817/85 der zweitjüngste Hall. phil. Drd.

Albrecht, Michael Friedrich, s.a. Albrecht, M.F.

Albrecht, Michael Friedrich: Lehrbuch der Navigation und ihrer mathematischen Hülfs-Wissenschaften. Für d. Königl. preussischen Navigations-Schulen bearb. von M. F. Albrecht, C. S. Vierow. Hrsg. im Auftr. d. Königl. Ministeriums für Handel, Gewerbe u. öffentl. Arbeiten. Berlin: Decker 1854. XII,627 S.,2 Taf.
1:Hz 23208. 12:A. hydr. 3h. 10. 83. 89.
2.11293

— — 2. Aufl. Ebd. 1857. XVI,644 S.,2 Taf.
1:Hz 23209.
2.11294

— — 4. Aufl. Ebd. 1873. XX,666 S.,2 Taf.
1:Hz 23211. 4. 82.
2.11295

— — 5. Aufl. Ebd. 1877. XX,667 S.,2 Taf.
1:Hz 23212. 12:A. hydr. 3k. 11. 83. 89.
2.11296

— — 6. Aufl. Ebd. 1886. XXIV,688 S.,2 Taf.
1:Hz 23213. 11. 83.
2.11297

— — 7. Aufl. [Nebst] Anh. Ebd. 1892–99.
1:Hz 23214. 11 [ᵒᵐAnh.] 82.
2.11298

— — 8. Aufl. Neu bearb. von G[ustav] Holz. Ebd. 1900. XXII,528 S.,2 Taf. 1:4° Hz 23215. 11.
2.11299

— — 9. Aufl. Bearb. von G[ustav] Holz. Ebd. 1906. XXII, 528 S.,2 Taf. 1:4° Hz 23216. 11.
2.11300

Albrecht, Michael Gustav (Hrsg.), s. Fundgrube, Neue.

Albrecht, O., s.a. Albrecht, Otto.

Albrecht, O., s. Beiträge z. Reformationsgesch.

Albrecht, O.: Zur Bibliogr. u. Textkritik d. kl. Luther. Katech., s. Archiv f. Reformationsgesch.

Albrecht O, die Jugendliteratur der Gegenwart. (28 S) Leipzig 1901

Albrecht, O.: Die ev. Gemeinde Miltenberg u. ihr erster Prediger, s. Schriften f. d. deut. Volk.

Albrecht, O., **Deutsche Schwänke.** Die sieben Schwaben, Münchhausen, Eulenspiegel, Die Schiltbürger, Leipzig, L. Kempe, 8°, 211 S. Mit 5 Tafeln.

Albrecht, Oskar. Zur ältesten Geschichte des Hundes. Diss. Vet.-Med. Bern. 63 S. 8. München, Ernst Reinhardt, 1903.

Albrecht, Osk., zur ältesten Geschichte des Hundes. Studien zur Geschichte seiner Zähmg., Verbreitg. u. Rassengliederg. (63 S.) gr 8. München 903. E. Reinhardt. n. 1. 50

Albrecht, Otto, s.a. Albrecht, O.

Albrecht, Otto [aus Soest]: Über die erworbene arthrogene Ankylose des Unterkiefers. Soest 1898. 47 S. 8°.
Zürich. Med. Diss. 1898/99.

Albrecht, Otto, zur Bibliographie u. Textkritik des kleinen Lutherischen Katechismus, s.: Archiv f. Reformationsgeschichte.

Albrecht, Otto: Bilder a. d. Seelenleben. Erzählgn. f. d. Jugend. (183 m. Abb. u. 4 Farbdr.) 8°.– Lpzg. (o.J.) Konst., Christl. Buch u. Kunstverl., C. Hirsch.

Albrecht, Otto, s.: Buch, das goldene, der Jugend.

Albrecht, Otto, Denkschrift an den Reichstag, betreffend die socialen Rechtsverhältnisse der gewerbl. Gärtner in Deutschland im Lichte der Gerichtspraxis u. behördlichen Verwaltungstechnik. 8°. Berlin, Verl. d. Allg. deutschen Gärtnervereins, 1901.

Albrecht, Otto: Feierstunden. Erzählgn. f. d. Jugend. (116 m. 4 Farbdr.) 8°.– Konst., Christl. Buch-u. Kunstverl. C. Hirsch. (o.J.)

Albrecht, Otto, zur Frage e. öffentlich-rechtlichen Interessenvertretung f. das Gärtnergewerbe. 3. Beitrag des allgemeinen deutschen Gärtnervereins. Hrsg. vom Hauptvorstande des allgemeinen deutschen Gärtner-Vereins. (16 S.) gr. 8. Berlin 903. Verlagsbuchh. des allgem. deutschen Gärtnervereins. n. — 20

Albrecht, Otto, Redakteur, Berlin. 1900: Die soziale Frage im Gärtnerberuf. Einiges über d. Ursachen d. gegenwärtig brennendsten wirtschaftl. Berufsfragen. Hrsg. vom Hauptvorst. d. Allg. Deutschen Gärtnervereins. — Berlin: Allg. Deutscher Gärtnerverein 1900. 16 S.
1:Ow 24771.
2.11309

— — 2. Aufl. Ebd. 1901. 16 S. 1:Ow 24771ᵃ.
2.11310

Albrecht, Otto, Die soziale Frage im Gärtnerberuf. Einiges über die Ursachen der gegenwärtig brennendsten wirtschaftlichen Berufsfragen. 2. Aufl. gr. 8°. Berlin, Gärtner-Verein, 1902.

— Gartenbaukammern? Ein Wort zur Klärung d. schwebenden Frage über d. gesetzliche Organisation d. deutschen Gärtnerei. Hrsg. vom Hauptvorst. d. Allg. Deutschen Gärtnervereins. [Nebst] Nachtr. — Berlin: Allg. Deutscher Gärtnerverein 1901–02.
Nachtrag u. d. T.: Albrecht: Zugehörigkeit der Gärtnerei zum Handwerk. 1902.
1:Ow 24772.
2.11311

— Gartenbaukammern? Ein Wort zur Klärg. der schweb. Frage üb. die gesetzl. Organisation der deutsch. Gärtnerei. Hrsg. vom Hauptvorstande des allgem. deutsch. Gärtnervereins. 2. Aufl. gr. 8. (30 S.) Ebd. 902. n.n. — 30

Albrecht, Otto (Hrsg.), s. Jugendgarten-Laube.

— die Jugendlitteratur der Gegenwart. Aus der Praxis. gr. 8. (28 S. m. 8 Farbdr.) Leipzig 901. E. Kempe. — 50

Albrecht, Otto: Die Lage d. Herrschaftsgärtner in Deutschl. u. deren Hebg. (47) kl8°.– Berl., Verl. d. allg. deut. Gärtnerver. 1909.

— s.: Luther, Mart., der kleine Katechismus.

Albrecht, Otto: Allerlei Märchen f. d. Jugend. (173 m. Abb. u. 5 Farbdr.) 8°.– Konst., Christl. Buch-u. Kunstverl. C. Hirsch (o.J.)

— Die evangelische Gemeinde Miltenberg und ihr erster Prediger. Ein Zeitbild aus d. 16. Jahrhundert. — Halle a. S.: Verein für Reformationsgesch.; (Niemeyer in Komm.) 1896. 33 S. (Schriften für d. deutsche Volk, hrsg. vom Verein für Reformationsgeschichte. 28.)
1:Cm 680–28. 12:H. ref. 351 ng–28. 300:84.369–A. Bd 28. 2. 3. 4. 5. 6. 7. 9. 10. 11.
2.11308

— Otto (Allenburg/O.-Pr.), Nonnulla de incisionibus in hydrope anasarca. Diss. med. Bln. (Aug. Petsch) 16. IX. 1831. 30 S. mit Biogr. (4.—) 255
Gew.: Jos. Büttner, Eduard Wolff.

Albrecht, Otto, Predigten. gr. 8. (VII, 104 S.) Gotha 899. F. A. Perthes. n. 1. 60

— Predigten. 2. Aufl. (VII, 104 S.) 8. Gotha 905. F. A. Perthes. n. 1, 60; geb. n. 2, 60

— Das Recht des Gärtners in Sachen 'Zuständigkeit der Gewerbegerichte'. Leitfaden zur Benutzung für Gewerbegerichte u. Gärtner. Hrsg. von d. Rechtsschutzabt. d. Allg. Deutschen Gärtner-Vereins, Berlin. — Berlin: Allg. Deutscher Gärtner-Verein 1902. 30 S.
1:Gm 4158/96.
2.11314

— Die sozialen Rechtsverhältnisse der gewerblichen Gärtner in Deutschland im Lichte der Gerichtspraxis und behördlichen Verwaltungstechnik. Als Denkschrift an d. Reichstag hrsg. vom Hauptvorst. d. Allg. Deutschen Gärtnervereins. — Berlin: Allg. Deutscher Gärtnerverein 1901. VI,104 S. 1:Ow 24773. 12:Cam. 2461.
2.11315

Albrecht, Otto, Redakteur, Berlin. 1900: Zur gesetzlichen Regelung des Gewerbe- und Arbeitsrechts im Gärtnereigewerbe. Vortrag geh. in Dresden 1907. — Berlin : Allg. Deutscher Gärtnerverein 1907. 15 S.
1:Gm 4162/10.
2.11316

Albrecht, Otto, deutsche Schwänke. Die sieben Schwaben. — Münchhausen. — Eulenspiegel. — Die Schildbürger. Für die Jugend bearb. (211 S. m. 5 Farbdr.) gr. 8. Leipzig (903). E. Kempe. Geb. in Leinw. n. 3. —

— s.: Zur Sonntagsruhe-Frage in der Gärtnerei.

— Zugehörigkeit der Gärtnerei zum Handwerk. — Berlin: Allg. Deutscher Gärtnerverein 1902. 12 S. (Albrecht: Gartenbaukammern? Nachtr.)
1:Ow 24772-Nachtr.
2.11319

Albrecht, P., s.a. Albrecht, Paul

Albrecht, P., „Herr Paul Albrecht z.letzten Male". Antwort auf d. gleichnam. Aufsatz d. Hrn. v. Kölliker v. 12. Aug. 1885 in d. Sitzungsber. d. Würzb. Physikal.-med.Gesellsch.v.J.1885.8°(7).– Hamb. 1886, Albrecht's Selbstverl.

Albrecht, P.: Über Ämtervertheilung in Athen. (Familieneinfluss, Bestechung.) 20 S.
Progr. Ilfeld Paed. 1869.

Albrecht P, das Domänenvermögen im Herzogtum Altenburg nach den Gesetzen von 1831 und 1874. (41 S) Jena 1905

Albrecht, P.: Das Domänenwesen im Herzogt. Sachsen-Altenburg, s.a.Abhandlungen, volksw. u. wirtschaftsgeschichtl.

Albrecht, P., Das Domänenwesen im Herzogtum Sachsen-Altenburg. Jena, 1905. 173 S.

— zwei Fragen zur Hebung der v. Hrn. Virchow in Berlin auf S. 274 des 18. Jahrg. der Zeitschrift f. Ethnologie gegen die von mir aufgestellten Theorien üb. Hyperdaktylie, Penischisis, Epi- u. Hypospadie erhobenen Bedenken: — 1) Giebt es bei Säugethieren e. auf Wiederentwickelg. phylogenetisch verloren gegangener Finger beruh. wahre, u. e. auf wieder erfolgter Spaltg. phylogenetisch nicht mehr zur Spaltg. gelang. Finger beruh. scheinbare Hyperdaktylie? 2) Sind die an Penis u. Clitoris der Säugethiere auftret. Spaltgn. „pathologisch" oder atavistisch? Mit 2 Holzschn. [Aus: „Vergleich. anatom. Untersuchgn."] gr. 8. (19 S.) Ebd. 887. n. 1. 20

— Gedichte. gr. 16. (88 S.) Ebd. 887. geb. m. Goldschn. n. 6. —

— über den anatomischen Grund der Skoliose. Mit 3 in den Text gedr. Holzschn. gr. 8. (9 S.) Ebd. 887. n. 1. 20

Albrecht, P., E. Hütt u. R. Müller, elsaß-lothringischer Liederschatz f. Volks-, Mittel- u. höhere Schulen. I. Tl. u. II. Tl. A, B. u. C. 8. Straßburg, F. Bull. n. 3. 50
I. 1.—4. Schulj. (74 S.) 904. n. — 40
II. A. 5.—8. Schulj. der Volksschule. (98 S.) 904. n. — 50
II. B. Für die mittleren u. oberen Klassen der Mittelschulen sowie die unteren u. mittl. Klassen der Gymnasien u. Realschulen. (IV, 236 S.) 904. Geb. in Leinw. n. 1. 30
II. C. Für die mittleren u. oberen Klassen der höh. Mädchenschulen. (IV, 252 S.) 904. Geb. in Leinw. n. 1. 30

— — — dasselbe. III. Tl., s.: Hoffmann. J.

Albrecht, P., E. Hütt, R. Müller, Elsaß-lothring. Liederschatz f. Volks-, Mittel- u. höhere Schulen. I. Tl. 1. bis 4. Schulj. 3. Aufl. (IV, 91 S.) kl. 8. Straßburg 908. F. Bull. Kart. — 50

Elsaß-Lothringischer Liederschatz f. Volks-, Mittel- u. höh. Schulen hrsg. von P. **Albrecht**, Lehrer in Zabern, E. Hütt, Lehrer, R. Müller, Sem.Lehrer in Colmar. T. 1. 2 A–C. Straßburg: Bull 1904–1910. 8°
1. 4. Aufl. 1910. 2 A. 3. Aufl. 1910. 2 B. 1904. 2 C. 2. Aufl. 1910.
[10. 14965

— sulla mestruazione nel maschio. [Aus: „L'Anomalo".] Lex.-8. (1 S.) Ebd. 890. n. — 60

Albrecht, P., noch einmal die Chorda dorsalis im „praechordalen" Schädel. Rückäusserung auf e. Angriff des Hrn. Carl Gegenbaur in Heidelberg. Mit 1 Cliché u. 1 Holzschn. [Aus: „Vergleichend anatom. Untersuchgn."] gr. 8. (10 S.) Hamburg 888. Albrecht's Selbstverlag. n. 1. 20

Albrecht, P., Quaestionum Alemannicarum spec. Diss. 1867. 32 S. 1.20

Albrecht, P., quaestt. alamannic. specimen. 8°(32).– Lpzg. 1867, Hinrich's S.

— Schemata zur Veranschaulichung Albrecht'scher vergleichend anatomischer Theorien. Schema 1—5. Lith. u. color. gr. Fol. Ebd. à n. 3. 60
1. 2. 4. 5.: Serie I. Die vier Zwischenkiefer der Wirbelthiere. 1.—4. Blatt. 887. 888.
3.: Serie II. Die Architektonik d. Wirbelthierkörpers: Archigramm d. Wirbelthierkörpers. 888.

— philologische Untersuchungen. 1. Bd. 1. Hft. gr. 8. (61 S.) Ebd. 888. n. 6. —

— theologische Untersuchungen. 1. Bd. 1. Hft. gr. 8. Ebd. 888. n. 3. 60
Über die Widersprüche im Symbolum Athanasianum. Mit 4 in den Text eingedr. Fig. (47 S.)

— vergleichend anatomische Untersuchungen. 1. Bd. 1. Hft. gr. 8. Ebend. 886. n. 3. 50
Ueber Penis, Penoid u. Pseudopenis der Wirbelthiere, nebst e. Nachweise, dass die freien Gliedmassen der Amphibien u. Amnioten nicht den meta- sondern den mesopterygischen Abschnitten der paarigen Selachierflossen entsprechen. Mit 5 in den Text gedr. Holzschn. (42 S.)

Albrecht, P., vergleichend anatomische Untersuchungen. 1. Bd. 2. u. 3. Hft. gr. 8. Hamburg, Albrecht's Selbstverlag. n. 16. 50 (1—3.: n. 20. —)
2. Nachweis, dass die primitive und die definitive Sattellehne der Wirbelthiere an einem und demselben Orte liegen. Antwort an Rabl-Rückhardt. — Ueber Chorda und Chordome, metamere und continuirliche Verknöcherung der Nasenschleimhaut d. Wirbelthiere. — Antwort an R. Neuner. (S. 43—88 mit 4 Holzschn. und 1 Tab.) 886. n. 4. 50
3. Die Oberlippe der Wirbelthiere besteht aus jederseits drei Lippen. Gegen von Kölliker. — Es giebt fünf praeorale Rippen bei den Wirbelthieren, sowie einen praeoralen Darm. — Es giebt eine wahre und eine scheinbare Vielfingerigkeit; die Penisspalten sind atavistisch, nicht pathologisch. Gegen Virchow. (S. 89—205 mit 17 Holzschn. u. 2 Tab.) 887. n. 12. —

— vergleichend anatomische Wandtafeln. Taf. 1 u. 2. Lith. qu.-Fol. Ebd. 887. à n. 2. 40
1. Die Zwischenkiefer e. m. doppelseitiger Hasenschartenkieferspalte u. doppelseitigem Microphthalmus behafteten octepiprotodonten jungen Pferdes.
2. Chorda dorsalis und 7 knöcherne Wirbelcentren im knorpeligen Nasenseptum e. erwachsenen Rindes.

Albrecht, P., Professor Dr. G. Zaddach. Gedächtnissrede, gehalten in der physikalisch-ökonom. Gesellschaft zu Königsberg am 3. Novbr. 1881. gr. 4. (10 S.) Königsberg 882, (Koch und Reimer) *
Aus: Schriften der physikalisch-ökonom. Gesellschaft zu Königsberg, besonders abgedruckt.

Albrecht, P. Otto, s.: Beiträge z. Reformationsgeschichte.

— die evangel. Gemeinde Miltenberg u. ihr erster Prediger, s.: Schriften f. d. deutsche Volk.

Albrecht, Paul, s.a. Albrecht, P.

Albrecht, Paul, „Herr Paul Albrecht zum letzten Male". Antwort auf den gleichnam. Aufsatz des Herrn Geh.-R. Prof. Dr. v. Kölliker vom 12. Aug. 1885 in den Sitzungsberichten der Würzburger Physicalisch-medicin. Gesellschaft vom J. 1885. gr. 8. (7 S.) Würzburg 886, Stahel'sche Buchh.
Aus: Sitzungsberichte der Würzburger Physicalisch-medicinischen Gesellschaft, besonders abgedruckt.

Albrecht, Paul, s.: Arbeiten aus d. Gebiete der klin. Chirurgie.

Albrecht, Paul, Referendar: Die rechtliche Behandlung der Sachen des § 95 BGB. *Luckenwalde 1902: E. Richter.* (52 S.) 8°
Rostock, Jur. Diss. v. [10. Apr.] 1902

Albrecht, Paul, Beitrag z. Torsionstheorie d. Humerus u. z. morpholog. Stellung der Patella i. d. Reihe d. Wirbelthiere. Diss. gr. 4. (66 S. m. 36 Holzschn., 1 Taf. u. 4 Tab.) Hamburg 875. (Jürgensen & Becker.) 6.—

Albrecht, Paul, Konrektor, Straßburg. 1873: Beiträge zur Strassburger Schulgeschichte. Von P. Albrecht. 1.2. — Strassburg 1873–74: Heitz (2: Strassburg: C. F. Schmidt).
1. 1873. 2. Die Gründung der Academie. 1874.
T. 1 ersch. auch als Schulschrift.
1.2 . . . . 1: Az 29498. 2. 3. 5.
1 . . . . 9.
2.11322

Albrecht, Paul, Dr. med. u. Dr. phil., Hamburg. 1883

— Bücherverzeichniss der Bibliothek def. Herrn Prof. Dr. med. et phil. Paul Albrecht, Hamburg. — (Hamburg: Selbstverl. 1896.) 120 S. 1: Ap 170. 12: Cat. 3g. 8.
2.11325

Albrecht, Paul, Altenburg: Das Domänenvermögen im Herzogtum Altenburg nach den Gesetzen von 1831 u. 1874. Jena: G. Fischer 1905. (41 S.) 8° (Aus „Volkswirtschaftliche und wirtschaftsgeschichtliche Abhandlungen" hg. von W. Stieda N. F. H. 5.)
Heidelberg, Phil. Fak., Ref. Gothein, Diss. v. 18. Juli 1905
[Geb. 12. Mai 68 Heinrichs, Thüringen; Wohnort: Altenburg S.A.: Staatsangeh.: Preußen; Vorbildung: Realgymn. Weimar Reife M. 90; Studium: Leipzig 6 S.: Rig. 2. Juni 05.]

Das Domänenwesen im Herzogtum Sachsen-Altenburg. Von Dr. phil. Paul **Albrecht** in Altenburg. Jena: G. Fischer 1905. (VI, 173 S.) 8°
= **Abhandlungen,** Volkswirtschaftl. u. wirtschaftsgesch. N. F. H. 5. [05. 10340

[—] Zur Erinnerung an Dr. Justus Siegismund, gestorben zu Limassol auf Cypern am 3. März 1876. Protestantisches Gymnasium zu Strassburg i. E., 8. April 1876. — Strassburg 1876: Heitz. 30 S. 1: Av 14649. 7.
2.11323

—— zwei Fragen zur Hebung der von Herrn Geh. Med.-R. Prof. Dr. Virchow in Berlin auf S. (274) des 18. Jahrg. der Zeitschrift für Ethnologie gegen die von mir aufgestellten Theorien über Hyperdaktylie, Penischisis, Epi- und Hypospadie erhobenen Bedenken: — 1) Giebt es bei Säugethieren eine auf Wiederentwickelung phylogenetisch verloren gegangener Finger beruhende wahre, und eine auf wieder erfolgter Spaltung phylogenetisch nicht mehr zur Spaltung gelangender Finger beruhende scheinbare Hyperdaktylie? 2) Sind die an Penis und Clitoris der Säugethiere auftretenden Spaltungen „pathologisch" oder atavistisch? gr. 8. (19 S. mit 2 Holzschn.) Ebendas. 887. *
Vorstehende zwei Schriften sind aus: Vergleichend anatomische Untersuchungen, besonders abgedruckt.

— Gedichte. — Hamburg: Selbstverl. 1887. 88 S. 7.
2.11333

— Zur Geschichte des Bauernkrieges im Elsaß. Vortrag, geh. im Vogesenclub in Straßburg von Conrektor Albrecht. Strassburg: C. F. Schmidt 1876. 31 S. 1: Rh 5233/10.
2.11324

— Über den anatomischen Grund der Skoliose. Mit 3 in d. Text gedr. Holzschn. — Hamburg: Selbstverl.; ⟨Leipzig: Steinacker [in Komm.]⟩ 1887. 9 S.
Aus: Albrecht: Vortrag, geh. am 13. 4. 1887, dem 1. Sitzungstage d. 16. Kongresses d. Deutschen Gesellschaft für Chirurgie zu Berlin.
6.
2.11334

Albrecht, Paul: Grundbuch-Entscheidgn, s.: Schroeder, Erich.

Albrecht, Paul, Referendar in Braunschweig: Die Haftung der Eisenbahn für Verlust und Beschädigung des Gutes nach Handelsgesetzbuch. Borna-Leipzig 1907: R. Noske. (VIII, 68 S.) 8°
Heidelberg, Jur. Fak., Ref. Schroeder, Diss. v. 9. April 1907
[Geb. 23. Okt. 81 Magdeburg; Wohnort: Braunschweig; Staatsangeh.: Braunschweig; Vorbildung: Gymn. Martino-Katharineum Braunschweig Reife M. 01; Studium: Freiburg i. B. 4, Berlin 2 S.; Rig. 22. Febr. 07.]

Albrecht, Paul, Fritz Reuters Krankheit. Eine Studie. (47 S.) gr. 8. Halle 907. C. Marhold. 1.—

—— Sulla mestruazione nel maschio. Lex.-8. (1 S.) Ebd. 890. * — 60
Aus: L'Anomalo, besonders abgedruckt.

—— noch einmal die Chorda dorsalis im „praechordalen" Schädel. Rückäusserung auf einen Angriff des Herrn Geh.-R. Prof. Dr. Carl Gegenbaur in Heidelberg. gr. 8. (10 S. mit 1 Cliché und 1 Holzschn.) Hamburg 888, Albrecht's Selbstverlag. *

Albrecht, Paul, sur la non-homologie des poumons des vertébrés pulmonés avec la vessie natatoire des poissons. Suivi d'une annexe contenant une discussion sur ce sujet entre M. Renson et M. Albrecht. Orné de 4 gravures dans le texte. gr. 8. (44 S.) Hamburg 886. P. Albrecht's Selbstverl. n. 3. —

—— sur la place morphologique de l'homme dans la série des mammifères, suivi d'un essai sur la criminalité de l'homme au point de vue de l'anatomie comparée. Conférence donnée le 18 novembre 1885, à Rome, dans la 2. séance du 1. congrès d'anthropologie criminelle. Extrait des actes du Congrès. gr. 8. (13 S. und 2 Taf.) Rome 886. Hamburg, Albrecht's Selbstverlag. *

Albrecht, Paul, Leszing's Plagiate. 1. Bd. 2 Hfte., 2. Bd. 3 Hfte., 3. Bd. 3 Hfte., 4. Bd. 1. u. 2. Hft. u. 3. Hft. 1. u. 3. Theilhft., 5. Bd. 3 Hfte., 6. Bd. 1. Hft. 1. Theilhft. gr. 8. Hamburg, Paul Albrecht, Selbstverlag. n. 28. 60
1. Bd. 1. Hft. 1. Hälfte. (S. 143—222 m. Plagiatnummer 1—61.) 890. n. 1. —
1. Bd. 1. Hft. 2. Hälfte. (S. 223—302 m. Plagiatnummer 61—128.) 890. n. 1. —
1. Bd. 2. Hft. (S. 303—478 m. Plagiatnummer 128—196.) 890. n. 2. —
2. Bd. 3 Hfte. (S. 479—958 m. Plagiatnummer 196—388.) 891. n. 6. —
3. Bd. 3 Hfte. (S. 959—1438 m. Plagiatnummer 388—639.) 891. n. 6. —
4. Bd. 1. Hft. (S. 1439—1598 m. Plagiatnummer 639—747.) 891. n. 2. —
4. Bd. 2. Hft. (S. 1599—1758 m. Plagiatnummer 747—831.) 891. n. 2. —
4. Bd. 3. Hft. 1. Theilhft. (S. 1759—1822 m. Plagiatnummer 831—878.) 891. n. — 80
4. Bd. 3. Hft. 3. Theilhft. (S. 1871—1918 m. Plagiatnummer 885—914.) 891. n. — 60
5. Bd. 3 Hfte. (S. 1919—2398 m. Plagiatnummer 915—1210.) 891. n. 6. —
6. Bd. 1. Hft. 1. Theilhft. (S. 2399—2494 m. Plagiatnummer 1210—1277.) 891. n. 1. 20

— Leszing's Plagiate. Bd 1–6. — Hamburg & Leipzig: Selbstverl. 1890–91. 2494 S. (Albrecht: Philologische Untersuchungen. 1,2/4.)
1. 1890. 2–6. 1891.
1 [defekt]: Au 17634. 12: P. o. germ. 838 qx.
300 [defekt]: 87.229–B. 2. 3. 5. 6. 7 [defekt].
9. 10. 11.
2.11338

Albrecht, Paul, quaestionum alamannicarum specimen. Dissert. inaug. particula. Leipzig 867. Hinrichs. (32 S.) n. 5 *ngr.*

Albrecht, *Paul* (Oberschulrat) *Rede am Grabe des am 10. März 1894 verstorbenen Direktor Dr. Eduard Moormeister.* 4 (S. 23—24).
Progr. G. u. Rsch. *Hagenau* 1894

—— Schemata zur Veranschaulichung Albrecht'scher vergleichend anatomischer Theorien. Schema 1—5. Lithogr. und color. gr. Fol. Hamburg, Albrecht's Selbstverlag. à Schema * *M* 3.60. *
Inhalt:
Schema 1. 2. 4. 5. Serie I.: Die vier Zwischenkiefer der Wirbelthiere, 1.—4. Blatt. 887,88.
» 3. Serie II.: Die Architektonik des Wirbelthierkörpers. 888.

Albrecht, Paul [aus Greifswald]: Über die Torsion des vorgezogenen Magenstückes bei der Gastrostomie als Hülfsmittel zur Erzielung eines besseren Verschlusses ... Greifswald, Druck v. J. Abel, 1895; 31 S., 1 Taf. 8.
Greifswald, Med. Fak., Inaug.-Diss. v. 13. Febr. 1895

Albrecht, Paul, Dr. med. u. Dr. phil., Hamburg. 1883: Philologische Untersuchungen. Bd 1,1-4. — Hamburg (1,2-4: & Leipzig): Selbstverl. 1888–91.
1,1. 1888.
1,2-4. Albrecht: Leszing's Plagiate. 1890-91.
Vollst. . . . . 11.
1,2-4 . 1 [defekt]: Au 17634. 12: P. o. germ. 838 qx.
300 [defekt]: 87.229–B. 2. 3. 5. 6. 7 [defekt].
9. 10.
2.11340

— Theologische Untersuchungen. Mit 4 Fig. Bd 1,1. — Hamburg: Selbstverl.; ⟨Leipzig: Steinacker [in Komm.]⟩ 1888. 47 S.
1,1. Über die Widersprüche im Symbolum Athanasianum.
1: Df 1214.
2.11341

Albrecht, Paul, vorgleichend antomische Untersuchungen etc.

Inhalt:

Heft 1. Ueber Penis, Penoid und Pseudopenis der Wirbelthiere, nebst einem Nachweise, dass die freien Gliedmassen der Amphibien und Amnioten nicht den meta-, sondern den mesopterygischen Abschnitten der paarigen Selachierflossen entsprechen. (S. 1—42 mit 5 in den Text gedr. Holzschn.) 886. *ℳ 3.50.

» 2. Nachweis, dass die primitive und die definitive Sattellehne der Wirbelthiere an einem und demselben Orte liegen. Antwort an Dr. Rabl-Rückhardt. — Ueber Chorda und Chordome, metamere und continuirliche Verknöcherung der Nasenschleimhaut der Wirbelthiere. — Antwort an Richard Neuner. (S. 43—88 mit 4 Holzschn. und 1 Tab.) 886. *ℳ 4.50.

» 3. Die Oberlippe der Wirbelthiere besteht aus jederseits drei Lippen. Gegen von Kölliker. — Es giebt fünf praeorale Rippen bei den Wirbelthieren, so wie einen praeoralen Darm. — Es giebt eine wahre und eine scheinbare Vielfingerigkeit; die Penisspalten sind atavistisch, nicht pathologisch. Gegen Virchow. (S. 89—205 mit 17 Holzschn. und 2 Tab.) 887. *ℳ 12.—.

— sur la valeur morphologique de l'articulation mandibulaire, du cartilage de Meckel et des osselets de l'ouïe, avec essai de prouver que l'écaille du temporal des mammifères est composée primitivement d'un squamosal et d'un carré. Avec 2 gravures intercalées dans le texte. 2. éd. gr. 8. (24 S.) Ebend. 886. n. 2. 50

—— vergleichend anatomische Wandtafeln. Taf. 1 und 2. Lithogr. qu. Fol. Ebendas. 887. à Taf. *

Inhalt:

Taf. 1. Die Zwischenkiefer eines mit doppelseitiger Hasenschartenkieferspalte und doppelseitigem Microphthalmus behafteten octepiprotodonten jungen Pferdes.

» 2. Chorda dorsalis und sieben knöcherne Wirbelcentren im knorpeligen Nasenseptum eines erwachsenen Rindes.

Albrecht, Paul A. [de Mels (St. Gall)]: Über arteriomesenterialen Darmverschluss an der Duodeno-Jejunalgrenze und seine ursächliche Beziehung zur Magenerweiterung, s. l. 1899. 44 p. 8°.
Lausanne. Thèse méd. 1898/99.

Albrecht

— **Phil. Wilh. Urban** (Danzig), De dolore. Diss. Präs. Ernst Platner. Lpz. (Klaubarth) 14. XII. 1792. 28 S. (4.60) 256
3 Bl. Widm. a.: Franzisk. Egon Bischof zu Hildesheim u. Paderborn, Fürst Grf. Pyrmont, Frhr. v. Fürstenberg-Herdringen.

Albrecht, R., s.a. Albrecht, Richard

Albrecht, R: Über die Ausnützung des aktiven Materials bei positiven Großoberflächen- und Masseplatten des Bleiakkumulators. Diss. Hannover. Berlin 1906

Albrecht R, das German. Nationalmuseum zu Nürnberg in seinen Räumen und Gebäulichkeiten. Text von H Stegmann. (11 S 50 T) fol Nürnberg 1897

Albrecht, R. (Hrsg.), s. Skizzen-Hefte.

Albrecht, R: Über den Ursprung dor optischen Aktivität des Erdöles. Diss. Karlsruhe 1907

Albrecht, R., s. Verhandlungen d. 44. Versammlg. deut. Philologen u. Schulmänner.

Albrecht, R., u. F. Kiefhaber, Vorbilder f. Bau- u. Möbel-Tischler, Holz-Bildhauer etc. Eine Sammlung v. Orig.-Entwürfen zum prakt. Gebrauch. Fol. (36 autholith. Taf. m. 2 S. Text.) Leipzig 879. Scholtze. n. 6.—

Albrecht, Reinhard

Albrecht, Rhard., Geschichte d ehemal. Herrschaft Crimmitschau. A. Gr. d. erhalt. Urkunden gesichtet u. ergänzt. (Aus: „Verwaltungsber. d. Stadt Crimmitschau 1893—1894".) gr. 8. (51 S.) Crimmitschau 895. Böttcher & Neumerkel. n —25

Albrecht, Reinhard: Crimmitschauer Schützen-Erinnerungen. Fünf Kulturskizzen aus fünf Jahrhunderten. Denkschrift für die Jubelfeier .... der vor 300 Jahren erfolgten Gründung einer Armbrust-Schützen-Innung. Crimmitschau, 1903, 147 S.

Albrecht, Rhard., Tito Vespasiano Strozza. Ein Beitrag zur Geschichte d. Humanismus in Ferrara. gr. 4. (48 S.) Leipzig 891. B. G. Teubner. n. 1. 20

Albrecht, Reinhard *Jonathan* [Oberl. Dr.]: Tito Vespasiano Strozza. Ein Beitr. z. Geschichte d. Humanismus in Ferrara. Dresden, Druck v. B. G. Teubner, 1891; 48 S. 4°
Dresden-Neustadt, k. G, OP 1891 (582)

Albrecht, Richard, s.a. Albrecht, R.

Albrecht, Richard, Reg.-Baumeister a. D.: Ueber die Ausnützung des aktiven Materials bei positiven Großoberflächen- und Masseplatten des Bleiakkumulators. 1906. 35 S. 4° ¶ Ausz. in: Elektrotechn. Zeitschrift. Jg. 28. 1907.
Hannover, Dr.-Ing.-Diss. v. 16. 12. 1905

Albrecht, Rich., Der lange Daniel, s. Bibliothek interessanter Erzählungen.

Albrecht, Rich., Der lange Daniel, oder: Unter den Mingos. s. Volks-Erzählungen, kleine.

Albrecht, Rich., die Piraten der Steppe, s.: Bibliothek interessanter Erzählungen.

– der Schatz im Apachenlande, s. Volks-Erzählungen, kleine.

– der Spion, s. Bibliothek interessanter Erzählungen

— der Steppenvogel od. der Tag d. Glücks. Eine Erzählg. aus dem Grenzerleben Mexicos. Für die reifere Jugend. Mit 8. (chromolith.) Bildern, gezeichn. v. Ernst Hartmann. gr. 8. (VII, 416 S.) Stuttgart 873. Schmidt & Spring. geb. 6. —

— der Steppenvogel oder der Tag des Glücks. Eine Erzählung aus dem Grenzerleben Mexicos. Für die reifere Jugend. Mit 8 (chromolith.) Bildern, gezeichnet v. Ernst Hartmann. 2. Aufl. gr. 8. (IV, 332 S.) Stuttgart 877. Schmidt & Spring. cart. 6. —

— das Vehmgericht, s.: Bibliothek interessanter Erzählungen.

— **s.: Verhandlungen d. 44. Versammlg. deutscher Philologen u. Schulmänner.**

– das Vermächtniß, s. Bibliothek interessanter Erzählungen.

Albrecht, R., das Vermächtnis des Trappers, s.: Volks-Erzählungen, kleine.

Albrecht, Rich., zwei Welten oder rothe u. weiße Teufel. Eine Erzählung aus dem amerikan. Wald- u. Steppenleben. Für die reifere Jugend. Mit 8 Bildern in Farbendr., gez. von E. Hartmann. Stuttgart 868. Schmidt & Spring. gr. 8. (461 S.) 2 ß

— zwei Welten. Eine Erzählung aus dem amerikan. Wald- u. Steppenleben. Für die reifere Jugend. Mit 8 Bildern in Farbendr., gezeichnet v. E. Hartmann. 2. verb. Aufl. gr. 8. (368 S.) Ebend. 877. cart. 6. —

ALBRECHT, RICH. *Zwei Welten*. Eine Erzählung a. d. Amerikan. Wald- u. Steppenleben. 2. verb. Aufl. Stuttg. [c. 1880]. M. 8 farb. Taf. Gr.-8°. Schöner chromolith. Or.-Pappbd. m. (erneuertem) Lwdrücken. 9.—

Albrecht, (Rud.) Herm. (geb. Oberglogau in Oberschles. 20. 11. 1821): Historia litis de venaesectione in pleuritide. Berolini (1846). (31 S.) 8°
Berlin, Med. Diss. v. 14. Aug. 1846

Albrecht, Rudolf

Albrecht, Rud.: Die Beamten-Baugenossenschaften im Rahmen d. deut. Baugenossenschaftsbewegg, s.: Abhandlungen, Tübinger staatswissenschaftl.

Albrecht, Rudolf. 1896: Dinkelsbühl. Führer durch die Stadt und deren Sehenswürdigkeiten. Von Rud. Albrecht. Mit Abb. nach Zeichnungen von Josef Kühn jun., 1 Ansicht d. Stadt u. 1 Stadtpl. — (Rothenburg ob d. T.: R. Albrecht [um 1910].) 25 Bl.
1: Sf 9753/20. 12: Bavar. 62 qg. 7.
2.11367

Albrecht, Rud., Dinkelsbühl. Führer durch die Stadt u. deren Sehenswürdigkeiten. Mit Abbildgn. nach Zeichngn. v. Jos. Kühn jun., 1 Ansicht der Stadt u. 1 Stadtplan. (48 S. m. 1 Taf.) 8. Rothenburg o/T. (910). (Dinkelsbühl, P. Schön.) — 60

Albrecht, Rud., Führer durch Nürnberg, m. Illustr. v. Hans Christian u. 1 Stadtplane. (56 S.) schmal 8. Nürnberg (904). S. Soldan. n. — 60

— Führer durch Rothenburg ob der Tauber. Um 1910 s. *Albrecht:* Rothenburg ob der Tauber.

Albrecht, Rud., Führer durch Würzburg. Mit Abbildgn., 1 Ansicht der Stadt v. 1644 u. e. Stadtplan. 8. (32 S.) Rothenburg o/T. (902). Rud. Albrecht. (Nur direkt.) n. — 60

Albrecht, Rud., Kunst-Schmiede- u. Schlosser-Arbeiten i. german. National-Museum z. Nürnberg, s.: Rettelbusch, Ernst.

— Meisterwerke deutscher Bildschnitzerkunst i. german. National-Museum z. Nürnberg. Photograph. Orig.-Aufn. n. d. Natur in Lichtdr. M. e. Vorwort u. erläut. Text v. K. Schäfer. 6 Lfgn. gr. 4. (63 Taf. m. 4 Bl. Text.) Nürnberg 896—97. (J. L. Schrag.) à n. 6. —

— Das germanische National-Museum z. Nürnberg in s. Räumen u. Gebäulichkeiten n. 50 Orig.-Aufn. v. A. M. einleit. Text v. Hans Stegmann. gr. Fol. (15 Lichtdr.-Taf. m. 11 S. Text.) Nürnberg (896). (Leipzig, K. W. Hiersemann.)
In Leinw.-Mappe n. 60. —

— Das Germanische National-Museum zu Nürnberg in seinen Räumen und Gebäulichkeiten nach 50 Originalaufnahmen. Mit einl. Text von Hans Stegmann. — Nürnberg: Soldan [1896]. 10 S.,50 Taf. 1:Sa 710.
2.11368

— Rothenburg ob der Tauber. Führer durch d. Stadt u. deren Sehenswürdigkeiten. 5. Aufl. — (Rothenburg ob d. T.: R. Albrecht [um 1910].) 27 Bl.
Nebent.: Albrecht: Führer durch Rothenburg ob der Tauber.
1:Sg 6327/100⁵.
2.11370

Albrecht, Rud. (geb. Angermünde 19. 10. 1839): De signis morborum e labiis, gingivis, dentibus petendis. Berolini (1862). (32 S.) 8°
Berlin, Med. Diss. v. 17. Jan. 1862

— Die Töpferkunst in Kreussen. — Rothenburg ob d. T.: R. Albrecht [um 1910]. 32 S.,18 Taf.
12:Bavar. 3179 i. 11.
2.11371

Albrecht, Rudolf: Über den Ursprung der optischen Aktivität des Erdöles. 1907. 103 S. 8⁰
Karlsruhe, Dr.-Ing.-Diss. v. 25. 10. 1907

Albrecht, S.: Über die Siege der französischen Republik während der Zeit von 1792 - 1799. 8 S.
Progr. Hildesheim G. Jos. 1870.

Albrecht, Sophie: Anthologie. Aus d. Poesieen erwählt u. hrsg. von Fr. Clemens [d. i. Friedrich Clemens Gerke]. — Altona: Hammerich 1841. XVI,175 S. 1:Ym 3135. 8.
2.11375

Albrecht, Sophie (Hrsg.), s.a. Aramena

— Aramena, eine syrische Geschichte, ganz für unsere Zeiten umgearb. (von *Johanna Sophie Dorothea Albrecht*). Berlin 1783—87. 8⁰.
Anon.-Lex. I. p. 99 (nach Schindel, Kayser, Schröder, Jördens).

[—] Ida von Duba das Mädchen im Walde. Eine romantische Geschichte. — Altona [um 1805]. 4° 7.
2.11376

Albrecht, Sophie: aus dem Dunkel der Vorzeit, s. Albrecht, Johann Friedrich Ernst

— Gedichte und prosaische Aufsätze. Th. 2.3. — Dresden: Richter 1791.
2 mit Nebent.: Albrecht: Gedichte und prosaische Aufsätze. Erfurt: Albrecht in Comm. 1785.
3 mit Nebent.: Albrecht: Gedichte und Schauspiele. Dresden & Leipzig 1791.
(Albrecht: Gedichte und Schauspiele. 2.3.)
In den Exemplaren von 7 und 11 fehlen die Nebentitel.
1:Ym 3132–2.3. 2. 7. 11.
2.11377

— Gedichte und Schauspiele. Th. [1]–3. — Erfurt: Albrecht in Comm. (2.3: Dresden: Richter) 1781–91.
2.3 u. d. T.: *Albrecht:* Gedichte und prosaische Aufsätze.
1–3 . . . . . . 1:1–Ym 3131; 2.3–Ym 3132. 2.
1 . . . . 300:4.705–A. 8.
2.3 . . . . 7. 11.
2.11378

— — Gedichte und Schauspiele. 2. Aufl. [1.] Dresden & Leipzig: Richter 1791. 1:Ym 3132. 7. 11.
2.11379

Albrecht, (Sophie, geb. Baumer), Gedichte u. Schauspiele. 3 Thle, m. Kpf. 8. Erfurt u. Dresd. 781—791. (W. Nauck in Leipz.) 2 ℛ 12 gr

— geheime Geschichte e. Rosenkreuzers; aus seinen eigenen Papieren. 8. Hamb. 791. Gundermann. 21 gr

Albrecht, Sophie, d. höfliche Gespenst. A. u. d. T.: Legenden 1s Bdchn. 8. Altona 797. Bechtold. (Aue). 16 gr

Albrecht, Sophie, s. Graumännchen

Albrecht, Sophie, s. Ida v. Duba.

Albrecht, Sophie, allgemeines deutsches Kochbuch für die bürgerl. Küche. (A. u. d. T.: Thüringisches Kochbuch rc.) 3. verm. u. verb. Aufl. 12. Erfurt 844, Hennings u. Hopf. geb. ¼ ℛ

Albrecht, Sophie, allgemeines deutsches Kochbuch für die bürgerliche Küche. Nach vieljähr. Erfahrungen als prakt. Handbuch bearb. 4. (Titel-)Aufl. 12. (XIV und 106 S.) Erfurt 854, Hennings und Hopf.

— Erfurter Kochbuch für die bürgerliche Küche. — Erfurt: Hilsenberg 1839. 1:Oq 7725.
2.11380

— Thüringisches Kochbuch für die bürgerliche Küche. — Erfurt: Hilsenberg 1839. XII,106 S. 1:Oq 7724.
2.11381

Albrecht, Sophie, thüringisches Kochbuch f. die bürgerliche Küche. Nach vieljährigen Erfahrungen als prakt. Handbuch bearb. 6. verm. u. verb. Aufl. Leipzig 865. G. E. Wolf. 8. (120 S.) 7½ ngr.; cart. 10 ngr.

Albrecht, Sophie, s. Legenden

— Poesien, s. Anthologie.

— Trümmer der Vergangenheit. 1796 s. *Albrecht,* Johann Friedrich Ernst.

Albrecht, T., s.a. Albrecht, Theodor

Albrecht, T.: Anl. z. Gebr. d. Zenitteleskops auf d. internat. Breitenstationen, s. Veröffentlichungen d. Centralbureaus f. internat. Erdmessg.

Albrecht, T.: Die Elektricität in der Medicin. Mit besonderer Rücksicht auf Physiologie, Diagnostik und Therapie. gr. 8⁰. XVI, 336 S. Berlin, G. Reimer, 1860.

Albrecht, T.: Resultate d. internat. Breitendienstes, s. Veröffentlichungen d. Centralbureaus d. internat. Erdmessg.

Albrecht, Th. s. *Albrecht,* Theodor.

Albrecht, Theo, approb. Arzt aus Cochem a. d. Mosel: Über Tumoren des Nasenrachenraums. *Halle a. S. 1901: C. A. Kaemmerer & Co.* (22 S.) 8°
Halle, Med. Diss. v. 30. Jan. 1901

Albrecht, Theodor, s.a. Albrecht, T.

Albrecht, Theodor, Geh. Regierungsrat, Prof. Dr., Sektionschef im Kgl. Preuß. Geodätischen Institut. 1869: Centralbureau d. Internat. Erdmessung. Anleitung zum Gebrauche des Zenitteleskops auf den internationalen Breitenstationen. Von Th. Albrecht. Mit 1 Taf. — Berlin 1899: Stankiewicz. 27 S. 11.
2.11383

— — 2. Ausg. Mit 2 Taf. Berlin: G. Reimer 1902. 29 S. (Centralbureau d. internat. Erdmessung. Veröffentlichungen. N. F. 4.)
1:4°Pr 4830–N. F. 4. 4. 5. 6. 7. 8. 9. 10. 11. 82. 83. 89.
2.11384

Albrecht, Th., s.: Arbeiten, astronomisch-geodätische, f. die europäische Gradmessung im Königr. Sachsen.

— Astronomisch geodätische Arbeiten I. Ordnung. Telegraphische Längen-Bestimmungen in den Jahren 1885 und 1886. Berlin 1887.

(—) 13. Allg. Conferenz zu Paris. Sept. 1900. Bericht über die Breitenbeobachtungen auf den 6 internationalen Stationen. — (Berlin 1900: Stankiewicz.) 11 S., 2 Taf. 4°
83.
2.11385

— Centralbureau d. Internat. Erdmessung. Bericht über den (gegenwärtigen) Stand der Erforschung der Breitenvariation. Von Th. Albrecht. [1–5.] — Berlin 1895–1900.
1. 1895. 2. 1896. 3. 1898. 4. 1899. 5. 1900.
Forts. s. *Resultate* des internationalen Breitendienstes.
1–5 . . . . 83.
3–5 . . . . . . 1:4° Pr 4798. 12:4° Astr. P. 5n.
300:390.072-C. Kt. S. 1897/1899.
7. 8. 11. 82. 89.
4 . . . . 3.
5 . . . . 10.
2.11386

(—) Bericht über die Thätigkeit des Centralbureaus in der Frage über die Veränderlichkeit der Lage der Erdaxe. — o.O. [um 1889]. 14 S., 1 Taf. 4°
83.
2.11387

Albrecht, Theodor, Bestimmung der Längendifferenzen, s. Publication des kgl. preuss. geodätischen Institutes.

— Über die Bestimmung von Längen-Differenzen mit Hülfe des electrischen Telegraphen. — Leipzig: Engelmann 1869. 83 S. 1:4° Ol 14480. 7. 82. 89.
2.11388

Albrecht, Th., Neue Bestimmung des geographischen Längenunterschiedes Potsdam—Greenwich. (6 S.) gr. 8. Berlin 904. (G. Reimer.) n. — 50

Bestimmung der Polhöhe und des Azimutes in Memel im Jahre 1907. Telegraphische Längenbestimmungen Potsdam-Jena, Jena-Gotha u. Gotha-Göttingen i. J. 1909. (Verf.: Th[eodor] **Albrecht** u. [Albrecht] v. Flotow.) Mit 1 Taf. Berlin: Stankiewicz 1910. IV, 111 S. 4°
(Astronomisch-geodätische Arbeiten. 1. Ordnung.)
(Veröffentlichung d. Kgl. Preuß. Geodät. Institutes. N. F. Nr 43.) [10. 10140 S

Bestimmung der Längendifferenz Potsdam-Borkum und der Polhöhe auf Station Borkum im Jahre 1904. (Verf.: Prof. Dr. Th[eodor] **Albrecht.**) Berlin: P. Stankiewicz 1906. (48 S.) 4°
(Astronomisch-geodätische Arbeiten 1. Ordnung.)
— **Veröffentlichung** d. k. Preuß. geodät. Institutes. N. F. No 24. [06. 1304

— Bestimmungen der Länge d. Secundenpendels in Leipzig, Dresden u. dem Abrahamsschachte bei Freiberg, in den J. 1869—1871 ausgeführt. gr. 4. (90 S.) Berlin 885. (Friedberg & Mode.) n.n. 5. —

Albrecht, Th., Bestimmungen der Länge des Secundenpendels in Leipzig, Dresden und dem Abrahamschachte bei Freiberg, in den J. 1869—1871 ausgeführt. gr. 4. (90 S.) Berlin 885, (Stankiewicz.) **
Aus: Astronomisch-geodätische Arbeiten für die europäische Gradmessung im Königr. Sachsen, besonders abgedruckt.

— Formeln und Hülfstafeln für geographische Ortsbestimmungen. Nebst kurzer Anleitung zur Ausführung derselben. Von Th. Albrecht. — Leipzig: Engelmann 1873. VII, 176 S. 12:4° Math. A. 2e. 7. 9. 82. 89.
2.11390

— — 2., umgearb. u. verm. Aufl. Ebd. 1879. VIII, 240 S.
1:4° Pr 5785². 8. 10.
2.11391

— — 3., umgearb. u. verm. Aufl. Ebd. 1894. VIII, 344 S.
1:4° Pr 5785³. 12:4° Math. A. 2eb. 4. 11. 82. 83. 89.
2.11392

— — 4. Aufl. Ebd. 1908. VIII, 348 S.
1:4° Pr 5785⁴. 300:461.604–C. Kt. S. 5. 11. 83.
2.11393

Albrecht, Dr. Th., Formeln u. Hilfstafeln für geograph. Ortsbestimmungen nebst kurzer Anleitung zur Ausführung derselben. Leipz. 1874. Fol.

— Vierstellige Logarithmentafel. Von Th. Albrecht. Stereotyp-Ausg. — Leipzig: Engelmann 1894. 30 S.
1:4° Oc 6356.
2.11394

Albrecht, Th[eodor]: **Resultate des internationalen Breitendienstes. Bd 1—5.** Berlin 1903—1916. 4°
1. Mit 12 Taf. 1903.
2. *Albrecht,* Th[eodor], u. B. Wanach. Mit 2 Taf. 1906.
3. " " " " " Mit 2 Taf. 1909.
4. " " " " " Mit 4 Taf. 1911.
5. " " " " " Mit 3 Taf. u. 9 Textfig. 1916.
(Veröffentlichungen d. Zentralbureaus d. Internat. Erdmessung. N. F. 8. 13. 18. 22. 30.)

— logarithmisch-trigonometr. Tafeln, s.: Bremiker.

—— logarithmisch-trigonometrische Tafeln mit 5 Decimalstellen. Ster.-Ausg. gr. 8. (XVI, 172 S.) Berlin 884, (Friedberg und Mode.) *M 2.: 1 geb. *

— Logarithmisch-trigonometrische Tafeln mit fünf Decimalstellen. Bearb. von Th. Albrecht. Stereotyp-Ausg. — Berlin: Stankiewicz 1884. XVI, 172 S. 1:Oc 6357. 83.
2.11395

(—) Vergleichung der optischen und der photographischen Beobachtungsmethode zur Bestimmung der Breitenvariation. — o.O. (1896). 6 S. 4° 83.
2.11396

(—) Über die Wahl der Stationen für den internationalen Polhöhendienst. — o.O. (1896). 27 S., 2 Taf. 4° 83.
2.11397

Albrecht, Ulrich [Pseud.] s. *Klingsporn,* Reinhold.

Albrecht, Ulr., aus dem Fremdenbuche d. Gasthauses Zum fröhlichen Hecht z. Lehde bei Lübbenau im Spreewald. (45 S.) kl. 8. Groß-Lichterfelde (910). (Berlin, H. Rosenberg.) — 50

Der Verräter. Schauspiel in 5 Akten von Ulrich **Albrecht** [d. i. Reinhold Klingsporn]. Unter Mitbenutzung e. alten Romans von George Eliot. Gr.-Lichterfelde: Selbstverl. [1910]. 63 S. 8° [10. 1906

Albrecht, W., s.a. Albrecht, Wilhelm

Albrecht, W., Die Gewere, als Grundlage d. ält. dt. Sachenrechts. Königsb. 1828 8°.

Albrecht, W., Grundriss des osmanischen Staatsrechtes. (91 S.) gr. 8. Berlin 905. F. Vahlen. n. 3. —

(Albrecht W.): Das herzoglich nassauische Institut d. Landwirthschaft u. die Versuchs-Anlagen d. landwirthschaftl. Vereins zu *Wiesbaden.* Wiesbaden (1845). 54 S. (Særtr.). P.

Albrecht, W., Leitf. f. d. deut. Sprachunterr. in d. Volkssch. 8° (104). – Cöth. 1857, Schettler.

Albrecht, W., (Karl Albrecht,) e. zweiten Cartouche hinterlass. Papiere, od. richtiger, dessen gestohlne Manuscripte mehreren Gelehrten, enthalt. Novellen u. Gemälde wonniger Liebe u. Freundschaft. 8. Nürnb. 805. (Leipz., Centr.-Compt.) 1 ℔ 8 gl

Albrecht W, Plan zu einer allgemeinen Leihanstalt für Land- und Geldbesitzer. 2. Auflage. 12° Nürnberg 1854

Albrecht, W. (Hrsg.), s. Wochenblatt, landwirthschaftliches, für das Herzogthum Nassau.

Albrecht, W. A., über das weise u. feste Benehmen des Christen in drohenden Zeitläuften; ein Wort d. Belehrung rc. 8. Basel 810. Neukirch. 2 gl

Albrecht, W. Ed. s.a. Albrecht, Guil. Ed.

— commentatio juris Germanici antiqui doctrinam de probationibus adumbrans. Part. I. II. 8maj. Königsb. 827. (Bornträger). 16 gl

Albrecht, (W. Ed.), die Gewere, als Grundlage des ält. deutschen Sachenrechts. gr. 8. Königsb. 828. Bornträger. 1 ℔ 16 gl

Albrecht, W. G.: Die Wahrsagerin. Eine Novelle des 19. Jahrhunderts, höchst seltener Art; und Ludwig der treue Schwabe, eine wahre Geschichte. — Nordhausen: Fürst 1830. 183 S.
7.
2.11399

Albrecht, Walter. Geschichte des Vereins Liederkranz in Phila von ... 1855 bis zum Jub im Feb 1905. Phila. 1905.

Albrecht, W[alter], Dr. med., Assistenzarzt an d. Univ.-Ohrenklinik zu Tübingen: ⟨Aus d. Pathol. Inst. zu Tübingen u. d. laryngol. Universitätsklinik zu Freiburg i. B.⟩ Über Kehlkopftuberkulose. Experimentelles u. Klinisches. Wiesbaden: Bergmann 1909. 55 S. 8°
Tübingen, Med. Hab.-Schr. v. 1909 [U 10. 4257
(Nur in beschränkter Anzahl für den Austausch)

Albrecht, Walther, a. Ulm a. D.: Ueber metastatische paranephritische Abscesse. Tübingen 1906: H. Laupp jr. (21 S.) 8° ¶(Aus: Beiträge z. klinischen Chirurgie Bd 50 H. 1.)
Tübingen, Med. Fak., Ref. v. Bruns, Diss. v. 24. Sept. 1906
[Geb. 18. Juli 81 Ulm; Wohnort: Tübingen; Staatsangeh.: Württemberg; Vorbildung: Gymn. Ulm Reife M. 00; Studium: Tübingen 7, München 3 S.; Coll. 9. Febr. 06; Approb. 1. Sept. 06.]

Albrecht, Walther, aus Potsdam: Über Cyclopentadiënchinone. Kondensationsversuche mit Diphenylmethan. Dihydronaphtalin u. Cyclopentadiën. *Berlin 1902: P. Stankiewicz.* (44 S.) 8°
München, Phil. Diss. v. 1902

Albrecht, Wilhelm

— Fränkisches Bauernleben, s.: Albrecht, Hans.

Albrecht, Wilhelm, Regierungs- u. Baurat. 1877: Allgemeine Bauordnung für Städte und Landgemeinden. Von Albrecht. — Hannover: Helwing 1877. 66 S. **6. 7. 82. 89.**
2.11404

Albrecht, Wilhelm, Pfarrer. 1909: Bericht über die Einweihung der deutschen evangelischen Kapelle in Madrid am Geburtstage S. Majestät des Kaisers. — (Madrid 1909: Blass.) 20 S. **1:**Qu 6246.
2.11408

Albrecht, Wilh., Blätter aus Nassau. Deutschen Landleuten u. Weinbauern gewidmet. 1—3. Hft. 16. (30½ B.) Wiesbaden 843—46. (Siegen, Friedrich'sche Vrlsh.) à *

Albrecht, Wilhelm. 1908: Die Ehebrecherin. Schauspiel in 4 Aufz. — Berlin-Leipzig: Wigand 1908. 54 S.
1:Ys 37186. **300:**466.255–B.
2.11407

Albrecht, Wilh., die Ehebrecherin. Schauspiel in 4 Aufzügen. (54 S.) 8. Leipzig 908. Modernes Verlagsbureau. 1.50

Albrecht, Wilhelm, Dr. jur.: Grundriß des Osmanischen Staatsrechts. Berlin 1905: F. Vahlen. (91 S.) 8°

Rostock, Jur. Fak., Ref. Hübner, Diss. v. 5. Nov. 1905

[Geb. 2. April 80 Mainz; Wohnort: Friedenau b. Berlin; Staatsangeh.: Preußen; Vorbildung: Gymn. Steglitz Reife M. 01; Studium: Berlin 10 S., davon 4 orientalische Sprachen; Rig. 6. Mai 05.]

(Nicht für den Austausch)

(—) Das Herzoglich Nassauische Institut der Landwirthschaft und die Versuchs-Anlagen des landwirthschaftlichen Vereins zu Wiesbaden. — Wiesbaden [1845]: Schellenberg. 54 S.
Aus: Blätter aus Nassau. 3. **7.**
2.11400

— Ist eine Reorganisation des landwirthschaftlichen Creditwesens zunächst in Bezug auf den Kleingütler in Deutschland nothwendig und nach welchen Grundsätzen soll sie durchgeführt werden? — Nürnberg 1853: Campe. 36 S.
12: Cam. 215 r. **9.**
2.11401

— — 2. Aufl. Nürnberg: Bauer & Raspe 1854.
Nebent.: Albrecht: Plan zu einer allgemeinen Leihanstalt für Land- und Geldbesitzer.
1:Fg 10876. **12:**Cam. 4 vd.
2.11402

Albrecht, Wilh., Ist eine Reorganisation des landw. Creditwesens zunächst in Bezug auf den Kleingütler in Deutschland nothwendig, und nach welchen Grundsätzen soll sie durchgeführt werden? Erste Frage der in Nürnberg versammelten deutschen Land- und Forstwirthe den 29. Aug. 1853 beantw. von rc. 1. u. 2. Aufl. Nürnberg 854. Bauer u. Raspe. 16. (2 Bl., 40 S.) 5 ngl

— Die ländliche Kommunal- und Polizeiverwaltung. Denkschrift verfaßt im Auftrage der Versammlung in Danzig ... von der gewählten Kommission von ... Albrecht auf Suzemin, Conrad auf Fronza, von Oven in Schlochau. Königsberg: Dalkowski 1871. 31 S.
Aus: Land- u. forstwirtschaftl. Zeitung für das nordöstliche Deutschland.
1:9 in Fb 7370. **10.**
2.11403

Albrecht, Wilh., Leitfaden für den deutschen Sprachunterricht in der Volksschule. Cöthen 857. Schettler. 8. (VI, 104 S.) 7½ ngl

Albrecht, Wilh., Leitfaden f. den deutschen Sprachunterricht in der Volksschule. 3. Aufl. Cöthen 865. Schettler. 12. (VIII, 140 S.) 7½ ngr

Albrecht, Wilh., Leitfaden f. den deutschen Sprachunterricht in der Volksschule. 5. Aufl. 8. (VIII, 134 S.) Köthen 874. Schettler's Verl. — 75

Albrecht, Wilh., Leitfaden für den deutschen Sprachunterricht in der Volksschule. 6. Aufl. 8. (IV, 110 S.) Köthen 881. Schettler's Verl. — 75

— Leitfaden f. den deutschen Unterricht im schriftlichen Gedankenausdruck. Untere Stufe. 3. Aufl. gr. 8. (VIII, 112 S.) Ebend. 874. — 75

— Leitfaden für den deutschen Unterricht im schriftlichen Gedankenausdruck. Untere Stufe. 4. Aufl. 8. (VI, 124 S.) Ebend. 881. — 75

— Zur Verminderung und Ausgleichung der Hochwasserschäden. Von Albrecht, Regierungs- u. Baurath. — Posen: Rehfeld in Comm. 1883. 24 S. **1:**9 in 4° Nz 7601. **89.**
2.11405

Albrecht, Wilhelm (Hrsg.), s. Wochenblatt, Landwirtschaftl., für das Herzogtum Nassau.

Albrecht, Wilhelm Eduard

Albrecht, Wilh. Edu., Doctrinae de probationibus secundum jus Germanicum medii aevi adumbratio. Diss. ... Pars 1—2. Regimonti 1825—27. 8.

Albrecht, Wilhelm Eduard: Commentatio iuris Germanici antiqui doctrinam de probationibus adumbrans. P. 1. 2. — Regiomonti 1827: Hartung.
1. (Ed. an. 1825.) 1827. 2. 1827.
Ersch. auch als Diss. Königsberg 1825. **7. 9. 11.**
2.11411

— Die Gewere, als Grundlage des ältern deutschen Sachenrechts. — Königsberg: Bornträger 1828. VIII, 316 S.
1:Gm 7590. **12:** J. germ. 2s. **300:**60 E 48. **2. 3. 4. 5. 6. 7. 8. 9. 10. 11.**
2.11412

[—] Die Protestation und Entlassung der sieben Göttinger Professoren. Hrsg. von [Friedrich Christoph] Dahlmann. Leipzig: Weidmann 1838. V, 48 S.
1:Sl 9200. **12:** H. lit. P. 87 sh [u. ö.] **2. 3. 4. 5. 6. 7. 8. 9. 10. 11.**
2.11413

Albrecht v. Albrechtsburg, **Franz Ignaz:** Iurisprudentia extemporalis, seu series principiorum et regularum ex universo iure, iuxta ordinem a Diodoro Tuldeno observatum, multiplicibus quaestionibus canonicis, civilibus, feudalibus, historicis, politicis, militaribus, et oeconomicis adornata. — Pragae 1702. **1:**4° Gc 8064.
2.11415

Albrecht-Charlottenburg, Gustav

Aus märkischer Heidenzeit von Dr. Gustav Albrecht-Charlottenburg. (Berlin: Ostdeutscher Jünglingsbund in Komm. [1904].) (16 S.) 8° [J.]
= Hefte z. Märkischen Kirchen-Geschichte. 5. [05. 3383]

Albrecht-Frainer, Karl, mein Dichten u. Denken. Eine Spätlese aus drei Jahrzehnten. (188 S.) Leipzig-Gohlis 908. B. Volger. 2.50

Albrecht-Vierow s. *Albrecht,* Michael Friedrich, u. C. S. Vierow.

Albrecht-Wolfgang Or. Stadthagen. Festgruss des Meisters vom Stuhl zum 13. Oct. 1877. Stadthagen 1877. V: *Bolte, August Heinrich* (?). (wolfstieg I, 636)

Albrecht-Gallerie. Auswahl der vorzüglichsten Handzeichnungen alter Meister aus der Privat-Sammlung Sr. k. k. Hoh. des Durchl. Hrn. Erzherzog Albrecht. Photograph. von Gust. Jägermayer. 1.—60. Lfg. (à 5 Photograph.) gr. Fol. Wien 863—66, Jägermayer. à Lfg. * 6 Thlr. 20 Ngr. *

Albrechts

Albrecht d. ält., Markgrafen zu Brandenburg, Leben u. Thaten. 8. Königsb. 750. Unzer. 9 gl

Albrechts, des ält., Markgr. zu Brandenb. Leben u. Thaten. 8. Königsberg, Unzer. 801.

Albrechts, ... merkwürdigste Lebensjahre, ein unterhalt. Brief. 8. Langensalze 780.

Albrechts Rache für Agnes, s. a. Ehrimfeld.

Albrechts Rache für Agnes. Schausp. in 4 Aufz. Forts. v. Agnes Bernauerin. 8. Wien, Wallishausser. 808.

Albrechtsberger, A. G. s. *Albrechtsberger,* Johann Georg.

Albrechtsberger, G. s. *Albrechtsberger,* Johann Georg.

Albrechtsberger, Georg s. *Albrechtsberger,* Johann Georg.

Albrechtsberger, Johann Georg: Gründliche Anweisung zur Composition mit deutlichen und ausführlichen Exempeln zum Selbstunterrichte, erl. u. mit e. Anh. von der Beschaffenheit u. Anwendung aller jetzt üblichen musikalischen Instrumente. — Leipzig: Breitkopf 1790. 440 S.
1: Mus. Ga 61. 12: 4° Mus. Th. 23. 10.
2.11423

— — Anweisung zur Composition, mit ausführlichen Exempeln zum Selbstunterrichte, erl. Nebst e. Anh. von der Beschaffenheit und Anwendung aller jetzt üblichen musikalischen Instrumente. — Leipzig: Breitkopf & Härtel [nach 1790]. 404 S. 1: Mus. Ga 61ª.
2.11424

— — 3. vom Verf. sorgfältig verb. u. mit Beyl. verm. Ausg. Ebd. (1821). VI, 432 S. 1: Mus. Ga 61ᵇ. 5.
2.11425

— Generalbaßschule. Leipz., Kühnel. 1 ꝛß

— Generalbaß-Schule. Von J. G. Albrechtsberger. Neue vom Verf. verm. Aufl. — Leipzig: Peters [um 1800]. 23 S.
1: quer-8° Mus. Ga 64. 12: 2° Mus. Th. 15.
2.11426

— — Neue vom Verf. verm. Aufl. Leipzig: Hoffmeister & Kühnel [1804]. 1: Mus. Ga 63.
2.11427

— Clavierschule für Anfänger. Wien, Artaria u. Comp. 16 ngr

G. Albrechtsberger. Kurzgefasste Methode den Generalbass zu erlernen. Neue verm. Aufl. — Wien: Artaria o. J. 23 S. quer-8° 1: Mus. Ga 66. 300: M. S. 14.806.
2.11428

— Wien & Mainz: Artaria [1792]. 36 S.
1: quer-2° Mus. Ga 65. 10.
2.11429

—— *Wien, Cappi*, 1792.

— Kurze Regeln des reinsten Satzes. Von Georg Albrechtsberger als Anh. zu desselben Gründlicher Anweisung zur Composition. — Wien: Kunst & Ind. Comptoir o. J. 9 S. quer-8° 1: Mus. Ga 67. 12: 2° Mus. Th. 18.
2.11430

— — Kurze Regeln des reinsten Satzes. Von G. Albrechtsberger. — Wien: Steiner o. J. 9 S. 300: M. S. 9902.
2.11431

— — Kurze Regeln des reinsten Satzes. Von J. G. Albrechtsberger. 2. verb. Ausg. — Wien: Haslinger o. J. 7 S.
1: 4° Mus. Ga 67ª. 300: M. S. 3515.
2.11432

Albrechtsberger, Johann Georg: [Teils.] J. G. Albrechtsberger's Sämmtliche Schriften über Generalbass, Harmonie-Lehre und Tonsetzkunst zum Selbstunterrichte. Systematisch geordnet, verm. u. hrsg. von Ignaz Ritter v. Seyfried. Bd 1–3. — Wien: Strauss [1826].
1: Mus. Ga 68. 12: Mus. Th. 90. 300: SA 72 D 22. M. S. 2. 3. 4. 5. 7.
2.11420

Albrechtsberger, Jh. Geo., († d. 17. Mai 1809.) sämmtl. Schriften über Generalbaß, Harmonielehre u. Tonsetzkunst; zum Selbstunterr. systemat. geordnet, mit Beispielen u. e. kurzen Anleit. z. Partiturspiel, nebst Beschreib. aller jetzt gebräuchl. Instrumente, verm. u. herausg. v. Ign. Ritter v. Seyfried. 3 Bde, mit Bildn. u. 952 Notenbeisp. gr. 8. Wien 826. Wallishauser. 3 ꝛß 12 ngr

— — 2. rev. Aufl. Bd 1–3. Wien: Haslinger (1837).
12: Mus. Th. 90a. 300: SA 73 C 43. M. S. 10
2.11421

— Unterricht über d. Gebr. d. vermind. u. übermäß. Intervallen, nebst d. 3n Lieferung d. Ausweichungen. Leipz., Peters. 10 ngr

Albrechtsburg, Franz Ignaz Albrecht v. s. *Albrecht* v. Albrechtsburg.

Albrechtsen, J.

— Die Sterilität der Kühe, ihre Ursachen und ihre Behandlung unter Berücks. d. seuchenhaften Scheidenkatarrhs und d. Verkalbens. Deutsch von R[einhold] Holzhausen. Mit 21 Abb. — Berlin: Schoetz 1910. 96 S.
1: Ks 13860.
2.11433

Albrectsen, S.N., Anl. d. dän. Sprache z. Gebr. in höh. Schulkl. 8° (196).– Flensb. 1855 (Hamb., Haendcke u. L.)

Albrectsen, Sophus N., Anleitung der dänischen Sprache, zum Gebrauch in den höheren Schulklassen und zum Selbstunterricht. 8. (XI und 196 S.) Flensburg 855. Altona, Lehmkuhl und Comp. *

Albret-Miossens, Susanne Baronin v., Tagebuch aus den J. 1548 bis 1572. Hrsg. von E. Wackerhagen. 8. Bremen 884, Heinsius Nachf. *

Albret-Miossens, Suzanne Bnne d': Tagebuch Susannens Baronin v. Albret-Miossens. Aus d. J. 1548 bis 1572. Hrsg. von E[mma] Wackerhagen. — Bremen: Kühtmann 1884. 470 S. 1: Qw 8903. 2. 3.
2.11441

Albrich: Anwendung der Differenzenreihen z. Berechnung d. irationalen Wurzeln einer höheren Gleichung. 38 S.
Progr. Hermannstadt ev. 1866.

Albrich: Die Fusspunktlinien der Kegelschnitte und ihre Anwendung. 48 S. und Fgt.
Progr. Hermannstadt ev. 1864.

Albrich, C. s. Albrich, Carl

Albrich, Carl

Geschichte des evangel. Gymnasiums A. B. (d.i.: Augsburger Bekenntnisses) in Hermannstadt v. Carl **Albrich** sen. Hermannstadt. 1896. Siehe in: Programm d. evangel. Gymnasiums A. B. etc. zu Hermannstadt für 1895/96. 4°

Albrich, C.: Hemeramakroskop. Lith. Fol.– Hermannst. 1867, Schmiedicke.

Albrich, Carl, Hemeramakroskop. Apparat für Bestimmung des Auf- u. Untergangs der Sonne u. der Tageslänge. Hermannstadt 867. Steinhaussen in Comm. (1 lith. Taf. in Fol.) n. 10 ngr

Albrich, Carl jun.: Die Lehre von der Bewegung fester Körper. Ein Unterrichtsgang auf historischer Grundlage. 68 S. 1 Bl. 8.
Progr. Ev. Gymn. A. B. u. verb. Realschule *Hermannstadt* 1902.

Albrich jun., Carl, die Lehre v. der Bewegung fester Körper. Ein Unterrichtsgang auf histor. Grundlage. gr. 8. (69 S. m. Fig.) Hermannstadt 902. W. Krafft. Kart. n.n. — 43

Albrich, Carl, logarithmisch-trigonometrische Rechentafeln zur mechan. Ausführung aller Arten logarithm. und trigonometr. Rechnungen. qu. Fol. (3 Taf.) Mit Lineal und Anleitung. gr. 8. (16 S.) Hermannstadt 878, Michaelis. *

Albrich, Carl, Sammlung von geometrischen Aufgaben für die oberen Klassen der Mittelschulen. gr. 8. (IV, 16 S.) Hermannstadt 871, Michaelis. *

Albrich, Carl: [Professor Dr. Friedrich Schuller †.] S. 81—82. 4. **Progr.** Ev. Gymn. A. B. u. verb. Realschule *Nagyszeben (Hermannstadt)* 1910.

Albrich, Carl, Tabelle der Quadrate, dritten Potenzen, Quadratwurzeln, dritten Wurzeln, reziproken Werte, der Kreisumfänge u. Kreisflächen der Zahlen von 1 bis 1000, f. den Schulgebrauch hrsg. (23 S.) gr. 8. Nagyszeben (Hermannstadt) 910. G. A. Seraphin.
— 70; ungar. Ausg. — 70

Albrich, Conrad: Leibniz's Lehre vom Gefühl. Leipzig: W. Engelmann 1909. 57 S. 8° ¶ (Aus: Archiv f. d. ges. Psychol. Bd 16, H. 1/2.)
Leipzig, Phil. Diss. v. 23. Okt. 1909, Ref. Barth, M. Heinze
[Geb. 31. Aug. 87 Saarau; Wohnort: Breslau; Staatsangeh.: Preußen; Vorbildung: Maria-Magdalena-Gymn. Breslau Reife O. 05; Studium: Breslau 6, Leipzig 3 S.; Rig. 14. Juli 09.] [U 10. 3093

Albrich, Dr. Josef, Handbuch der österreichischen, politischen Verwaltung für die im Reichsrathe vertretenen Königreiche u Länder. Nachtrag. Gr.-8. (VI, 229 S.) Wien: Hölder 1892 2.80, geb. 3.60

Albrich, Jos., Wegweiser von Dornbirn. Chromolithogr. Fol. Dornbirn 886, Rusch. *

Albrich, Karl, Anfangsgründe d. projectiven Zeichnens f. Gewerbeschulen. gr. 8. (44 S. m. 9 Steintaf.) Hermannstadt 876. Michaelis in Comm. n. — 80

Albrich, Karl jun.: Behandlung der Funktionen im Mittelschulunterricht. S. 11—57. 8. **Progr.**
In: Festschrift zum 70. Geburtstag des Direktors Carl Albrich sen.
Ev. Gymn. A. B. u. verb. Realschule *Nagyszeben (Hermannstadt)* 1906.

Albrich jun., Karl: Behandlg. d. Funktionen im Mittelsch.-Unterr. (SA) (49 m. Fig.) gr8°.– Hermannst., (W.Krafft) 1906.

Albrich jun., Karl, üb. Erzeugung u. Verwendung der Elektrizität, m. besond. Berücksicht. u. näherer Beschreibg. der in der Ausstellung vorgeführten Apparate u. Maschinen. Vortrag, geh. am 30. Juni 1893 in der elektr. Ausstellg. gr. 8. (20 S.) Hermannstadt 893. W. Krafft. n.n. — 20

Albrich jun., Karl, Lehrsätze aus Geometrie. Ein Hilfsbuch f. die untern Klassen der Mittelschule. (36 S.) 8. Nagyszeben (Hermannstadt) 905. W. Krafft. n.n. — 25

— logarithmisch-trigonometrische Rechentafeln zur mechan. Ausführg. aller Arten logarithm. u. trigonometr. Rechngn. qu. Fol. (3 Taf.) Mit Lineal u. Anleitg. gr. 8. (16 S.) Ebend. 873. n. 9. —

— Sammlung v. geometrischen Aufgaben f. die oberen Klassen der Mittelschulen. gr. 8. (IV, 36 S.) Ebend. 871. n. — 60

Albrich, Karl iun. Der Unterricht in Mechanik auf geschichtlicher Grundlage. 4 (S. 3—35).
Ev. G. A. B. u. verbund. Rsch. sowie ev. Elementarsch. A. B. *Hermannstadt* 1894.

— **Ziel u. Methode des mathematischen Unterrichtes an der Mittelschule.** (35 S.) gr. 8. Ebd. 905. nn. — 42

Albrink, Joh. Herm. (Recklinghausen/Westf.), Caloris sistens animalis theoriam. Diss. physiolog. Bln. (Brüschck) 29. XII. 1827. 48 S. mit Biogr. (Mutter: Maria Müller.) (4.50) 258
Gew.: F. Wesener.

Albrink, Ioh. Herm. (geb. Recklinghausen 25. 12. 1803): Dissertatio physiologica caloris sistens animalis theoriam. Berolini (1827). (48 S.) 8°
Berlin, Med. Diss. v. 29. Dez. 1827

Albu, A., s. Albu, Albert

Albu, Albert: Ueber die Autointoxicationen des Intestinaltractus. — Berlin: Hirschwald 1895. VI,215 S.
1: K 413. 12: Path. 11a. 4. 6. 7. 8. 10. 11.
2.11487

Albu, A.: Die Bedeutg. d. Lehre v. d. Autointoxikationen f.d. Pathologie, s.a.Sammlung klin. Vorträge.

— Die Bedeutung der Lehre von den Autointoxikationen für die Pathologie. — Leipzig: Breitkopf & Härtel 1896. 14 S. (Sammlung klinischer Vorträge. N. F. 141.)
1: Ic 2472–Ser. 5,21. 12: Path. 1352 ga–I,43. 3. 5. 6. 7. 8. 9. 10. 11.
2.11488

Albu, Alb.: Beiträge z. Diagnostik d. inneren u. chirurg. Pankreaserkrankungen, s.: Sammlung zwangloser Abhandlgn. a. usw. Verdaugs.-u. Stoffwechsel-Krankh.

— Social-hygienische Betrachtungen über den modernen Sport mit bes. Berücks. d. Radfahrens. — Berlin: Coblentz 1896. 30 S 1: Os 6837. 11.
2.11490

— **Socialhygienische Betrachtungen üb. d. mod. Sport m. bes. Berücksicht. d. Radfahrens. 2. [Umschlag]-Aufl. gr. 8. (30 S.) Berlin (896) 897. O. Coblentz.** n. 1. —

— Die vegetarische Diät. Kritik ihrer Anwendung für Gesunde u. Kranke. — Leipzig: Thieme 1902. 170 S.
1: Ik 6260. 12: Path. 11 te. 2. 6. 8. 9.
2.11491

Albu, A.: Einige Fragen d. Krankenernährung, s.a.Klinik, Berliner.

— Einige Fragen der Krankenernährung. — Berlin: Fischer's Med. Buchh. 1898. 31 S. (Berliner Klinik. 115.)
1: Ic 2548–115. 12: Path. 685 ac–1898. 7. 11.
2.11492

Albu, Albert [aus Frankfurt a/Oder]: Die Geschichte der Trepanation und ihre Indikationen für die Jetztzeit. . . . Berlin, Druck v. Emil Streisand, 1889; 65 + IV + I S. 8°
Berlin, Med. Fak., Inaug.-Diss. v. 29. Okt. 1889

Albu, A., Grundzüge der Ernährungstherapie, s.a. **Therapie, physikalische, in Einzeldarstellungen.**

— Grundzüge der Ernährungstherapie. Mit 6 Tab. — Stuttgart: Enke 1908. 82 S. (Physikalische Therapie in Einzeldarstellungen. 26.)
1: Im 8892–26. 12: Path. 1247 cm–26. 11.
2.11494

— u. Carl Neuberg: Physiologie und Pathologie des Mineralstoffwechsels nebst Tabellen über d. Mineralstoffzusammensetzung d. menschl. Nahrungs- u. Genußmittel, sowie d. Mineralbrunnen u. -Bäder. — Berlin: Springer 1906. 247 S.
1: Kx 315. 12: Anat. 30 qd. 300: 443.505–B. 6. 8. 11. 83.
2.11496

— **s.: Sammlung zwangsloser Abhandlungen aus dem Gebiete der Verdauungs- u. Stoffwechsel-Krankheiten.**

Albu, A.: Die Tetanie Magenkranker, s.a.Sammlung klin. Vorträge.

— Die Tetanie Magenkranker. — Leipzig: Breitkopf & Härtel 1899. 16 S. (Sammlung klinischer Vorträge. N. F. 254.)
1: Ic 2472–Ser. 9,14. 12: Path. 1352 ga–I,76. 3. 5. 6. 7. 8. 9. 10. 11.
2.11497

Albu, Eugen: Gedichte. — Charlottenburg, Stuttgart, Leipzig: Juncker (1909). 67 S. 1: Yo 31936. 11.
2.11500

Albu, J., s.a. Albu, Isidor

Albu, J., hygienisch-topographischer Atlas v. Berlin. Mit graphischen Darstellungen u. 3 chromolithograph. Karten (1 : 17,777 in Imp.-Fol.) üb. Berliner Gesundheitsverhältnisse. 1. Lfg. gr. 8. (16 S.) Berlin 878. Geograph. Institut. n. 4. —

Albu, J., hygien.-topograph. Atlas v. Berlin. 1. Lfg. 8°(16 m. L.).– Berl. 1878, Straube.

— **Beschaffung guter Milch zur Ernährung u. Gesunderhaltung der Kinder, sowie zur Verhütung der großen Kindersterblichkeit in Städten, durch den patentirten Bertling'schen luftdicht verschließbaren Milchkochapparat.** gr. 8. (30 S.) Berlin 880. Damköhler. n. 1. —

Albu, J., die Ernährung der Kinder ohne Muttermilch. Zur Belehrung für alle Mütter populär-wissenschaftlich dargestellt. 866. — 2. Aufl. Berlin 869. Oehmigke's Verlag. 16. (44 S.) n. 6 ngr.

Albu, J.: Die Feuerbestattung, eine Forderung der Hygiene. Wien: Beyer 1895.

Albu, J., die Feuerbestattung, e. Fordrg. d. Hygiene. Gekr. Preisschrift. gr. 8. (135 S.) Wien 895. (J. Dirnböck.) n. 1. 50

Albu, J., die öffentliche Gesundheitspflege in Berlin. gr. 8. Berlin 877, Damköhler. *

—— die öffentl. Gesundheitspflege in Berlin. Für Behörden, Baumeister und Aerzte unter Benutzung des gesammten amtl. Materials bearb. gr. 8. (XIII, 304 S.) Berlin 877, Schröder's Verlag. *

Albu, J., die Gesundheitspflege der Säuglinge f. die Mütter d. Volkes dargestellt. 8. (27 S.) Berlin 873. Rubenow. baar — 25

Albu, J. (Hrsg.), s. Gesundheitspflege, Die, des Volkes.

Albu J, Hand und Fuss. (124 S) (Illustrierte Gesundheitsbücher 25.) Leipzig 1895

Albu, J., Hand u. Fuß. Ihre Pflege, ihre Krankheiten u. der. Verhütg., nebst Heilg. 8. (V, 124 S. m. 30 Abb.) Leipzig 895. J. J. Weber. n. 1. 80; geb in Leinw. n. 2. 80.

— **Handbuch der allgemeinen persönlichen u. öffentlichen Gesundheitspflege m. autoris. Benutzg. der Leçons d'hygiène par A. Riant. gr. 8. (XXVII, 459 S.) Berlin 874. Schröder's Verl.** n. 6. —

— **Jahresbericht über die 1. Krippe zu Berlin, s. Jahresbericht.**

— **s.: Jahresbericht, 3., üb. die erste Krippe.**

Albu J.: Milchnahrung u. Milchkuren. Vortr. Berlin 1881. 30 S. P.

Albu, J., die beste Säuglings-Ernährung ohne Muttermilch — nach Bertling's Verfahren. gr. 8. (37 S.) Berlin 893. Mayer & Müller. n. — 80

— der Schutz gegen die Cholera. Ein Beitrag zur Gesundheitspflege u. ein Mahnruf an Jedermann. Berlin 866. Mode. 8. (17 S.) 3 ngr.

Albu, Isid. (geb. Fichtwerder bei Landsberg a. W. [20.] 1. 1837): De methodis placentam auferendi. Berolini (1862). (31 S.) 8°
Berlin, Med. Diss. v. 18. März 1862

Albu, Isidor, s.a. A l b u , J.

Albu, Isidor: Hygienisch-topographischer Atlas von Berlin. Mit graphischen Darstellungen u. chromolithogr. Kt. über Berliner Gesundheitsverhältnisse. Bearb. von I. Albu. Lfg 1. — Berlin: Straube 1877. 16 S.,3 Kt.
1: Kart. 4° X 17994. 8. 83.
2.11501

Albu, Isidor: I. Albu. Beschaffung guter Milch zur Ernährung und Gesunderhaltung der Kinder, sowie zur Verhütung der grossen Kindersterblichkeit in Städten durch den patentirten Bertling'schen luftdicht verschliessbaren Milchkochapparat. Ein Beitrag zur Kinder-Diätetik. — Berlin [1880]. 30 S. 1: Ik 4600. 7.
2.11502

— Die Ernährung der Kinder ohne Muttermilch. Zur Belehrung für alle Mütter populär-wissenschaftlich dargestellt. Von I. Albu. — Berlin: Oehmigke 1866. 44 S.
Nebent.: Albu: Die künstliche Ernährung der Kinder.
1: 3 in 4° Ii 7000. 12: Path. 11 t.
2.11503

— I. Albu. Die Feuerbestattung, eine Forderung der Hygiene. — Wien: Verb. der Vereine deutscher Sprache für Reform d. Bestattungswesens; Beyer in Komm. 1895. 135 S. 1: If 8693. 12: Pol. civ. 2kf. 300: 190.549–B.
2.11504

— I. Albu. Die öffentliche Gesundheitspflege in Berlin. Berlin 1877.
1: Ib 8525. 12: Pol. civ. 2ke. 8. 11. 82. 83.
2.11505

— Die Gesundheitspflege der Säuglinge, für die Mütter des Volkes dargestellt. Von I. Albu. — Berlin: Rubenow 1873. 27 S. 1: 7 in 4° Ii 7000.
2.11506

— I. Albu. Hand und Fuss. Ihre Pflege, ihre Krankheiten. — Leipzig 1895. (J. J. Webers illustrierte Katechismen. 222.)
6.
2.11507

— Handbuch der allgemeinen persönlichen und öffentlichen Gesundheitspflege mit autorisirter Benutzung der Leçons d'hygiène par A. Riant. Von I. Albu. — Berlin: Schroeder 1874. XXVII,459 S.
1: Ii 1710. 12: Pol. civ. 2k. 4. 5. 11.
2.11508

— I. Albu. Milchnahrung und Milchkuren. Vortrag. — Berlin 1881. 30 S. 1: Ik 4600.
2.11509

— Die beste Säuglings-Ernährung ohne Muttermilch — nach Bertling's Verfahren —. Von I. Albu. — Berlin: Mayer & Müller 1893. 37 S. 1: Io 1850. 12: Path. 11td. 11.
2.11510

Al-Buhārī, Selections from the Sahīh, ed. by Charles C. Torrey, s.: Study-Series, Semitic. VI.

Albuin, P., s.a. T h a l e r , P. Albuin

Albuin: P. Theodos Florintöni. Ord. Cap., Generalvikar v. Chur, Stifter d. Kongreg. v. hl. Kreuze in Menzingen u. Ingenbohl. (99 m. Abb. u. 1 Bildn.) 8°.– Brix., Bh. d. Verl.-Anst. Tyrolia 1908.

Albuin, P. O. C.: P. Theodos Florintöni, Ord. Cap., Generalvikar von Chur, Stifter der Kongregation vom hl. Kreuz in Menzingen und Ingenbohl. Ein Lebensbild. — Brixen: Preßvereins-Buchh. 1908. VI,99 S.
1: Cg 14112. 300: 455.650–B.
2.11512

Albuin, P., O. Cap., Maria v. Trost od. marianische Gürtelbruderschaft der hl. Monika, des hl. Augustin u. des hl. Nikolaus v. Tolentin. Unterrichts- u. Gebetbüchlein zum Gebrauche f. die Mitglieder dieser Erzbruderschaft. (V, 73 S. m. Titelbild.) 16. Innsbruck 906. Vereinsbuchh. u. Buchdr. n. — 24

Albula [Schlagwort]
Albula, s.: Schweiz. Atlas.

Albulabahn. [Album von 20 Ansichten in Lichtdruck.] 1 Bl. querfol., *zus.-gefaltet in Umschlag* quer-8. (Chur, Chr. Meisser, [1903].) [fr. 2. —]

Albula-Bahn. (Ansichten-Album. 28 Ansichten. — Reproductions d'après photographies de Wehrli Frères, Kilchberg près Zürich.) [IV + 28 S.] quer-4. (Lucerne ⟨Suisse⟩, Illustrato ⟨L. Bachmann⟩, [1904].) (fr. 2. —)

Albulagebiet [Sachliches Ordnungswort]

Albulagebiet. [Exkursionskarte. Lithographischer Ueberdruck der Blätter 422, 423, 426 und 427 des Topographischen Atlas Siegfried.] Massstab 1:50000. [Hrg. durch die] Schweizerische Landestopographie, Bern. Ueberdruck 1903. 510/728 mm. 1 Bl. querfol. fr. 2. — [aufgezogen 3. —]

Albulagebiet [Schlagwort]
Albulagebiet, s.: Schweiz. Atlas.

Album, das. Monatsschr. f. Kunst u. Lit. 1-8.J. Jetzt: Berl.-Schönebg., R. Jacobsthal & Co.
Fortsetzg. s.: Puck.

Album. Unter Mitwirkung vaterländischer Schriftsteller herausgegeben von Fr. Witthauer. 2e Aufl. Mit einem radirten Umrisse und einer Musikbeilage. Lexic.-8. Wien 838. von Mösle Wwe. u. Braumüller. (Leipz., Köhler.) 2 ₰

—— für d. Jahr 1843. Redig. v. e. Kreise Studirender zu Jena. (Gedichte.) 8. (13¼ B.) Jena 843, Maukе. *

Album. Zum Besten der durch die Ueberschwemmungen im Frühjahre 1845 in Böhmen Verunglückten. — Wien 1845. 300: 23.155–B. 11.
2.11520

— **Originalpoesieen von Geo. Weerth, N..h..s, Fr. Saß, H. Semmig, Th. Opitz, Miß Speridan Carrey, Alfr. Meißner, Karl Beck, Shelley, Weitling, F. Freiligrath, An. Grün, Heinr. Heine, &c. u. d. Herausgeber H. Püttmann. 8. (333 S.) Borna 847, Reiche. (Bremen, Schünemanns Sort.-B.) 1½ ₰**

Album. Originalpoesieen v. George Weerth, N..h..s, Friedr. Saß, H. Semmig, Theod. Opitz, Miß Sheridan Carrey, Alfr. Meißner, K. Beck, Shelley, Weitling, Ferd. Freiligrath, Anast. Grün, H. Heine, Ad. Schults, K. Eck, Johannes Scherr, Rud. Schwerdtlein, Jos. Schweitzer, C. W., Herrm. Everbeck, Rich. Reinhardt, Volksstimmen, Edw. P. Mead, Ludw. Köhler, L. Seeger u. d. Hrsgeber H. Püttmann. 8. (21 B.) Borna 847, (46.) (Bremen, Schünemann's Sort.-Buchh.).

Album. Hrsg. zum Besten armer Kinder. Mit (4 lith.) Illustr. (in Tondr.) v. Th. Hosemann u. v. Hugo v. Blomberg. gr. 8. (102 S.) Berlin 848. (Springer.) baar n. n. ⅚ ₰

Album. Hrsg. zum Besten armer Kinder. Mit Illustr. von Theod[or] Hosemann u. Hugo v. Blomberg. — Berlin 1848: Trowitzsch. 101 S. 1: Yf 888. 11.
2.11521

Album. „Autorität, nicht Majorität". Erfurt, am 12. April 1850. [Mit Widmungen an Friedrich Jul. Stahl von Ernst Ludwig von Gerlach, H. v. Brucken gen. Fock, G. Scheibert u. a.] (Erfurt 1850.) 40 Bl. 8.

Album. Hrsg. von einer Gesellschaft Menschenfreunde. — Leipzig 1851: Wigand. IV,104 S. 11.
2.11523

— **Mit Original-Beiträgen v. Th. Apel, L. Bechstein, W. F. A. Behrnauer, A. Böttger, J. F. Castelli, Florus &c. Zum Besten Nothleidender im sächs. Erzgebirge hrsg. v. W i l h. S c h e r f i g. 8. (VIII u. 405 S.) Zwickau 852, Gebr. Thost. n. 1½ ₰; in Engl. Einb. n. 2 ₰**

A l b u m. Bibliothek Deutscher Original-Romane. Jahrg. 1852. 18.—21. Bd. „Die Rosenkreuzer in Wien", von B r e i e r. I. bis IV. Tabor, J. Kober 1852. kl. 8.
22. u. 23. Bd. „Die Erbsünde." Roman von Jean C h a r l e s. Tabor, A. J. Landfraß 1852. kl. 8.

A l b u m. Bibliothek Deutscher Original-Romane der beliebtesten Schriftsteller. kl. 8. Tabor, J. L. Kober.
Jahrgang 1852. 24. Band. M e ß n e r Jos. Der Primator. Histor. Erzählung von — (258 S.)
Jahrgang 1853. 1. Band. H e r l o ß s o h n Carl. Der Montenegriner-Häuptling. Historisch-romantische Erzählung von — 1. Band. (240 S.)

Album. Bibliothek Deutscher Originalromane der beliebtesten Schriftsteller. kl. 8. Tabor, J. L. Kober Verlag, A. J. Landfraß Dr. Jahrg. 1853. II. Bd. „Der Montenegrinerhäuptling," von C. Herloßsohn. 2. Band (224. S.) — Jahrg. 1853 Band VII—XI. „Namenlose Geschichten" von F. W. Hackländer. 1—5. Bd. (230, 240, 218, 208 und 267 S.) — (544.)

Album. Bibliothek Deutscher Original-Romane der beliebtesten Schriftsteller. Jahrgang 1853. Band XII—XVIII. 16. Tabor. Verl. J. L. Kober

Enthält: XIII. u. XIV. Bd. Immortellen. Historische Erzählungen von C. v. Wachsmann (246. 239 S.) — XVI. Bd. Selvaggia. Historische Novelle aus der ersten Hälfte des 13. Jahrh, von Fr. W. Arming. (224 S.) — XVII. u. XVIII. Bd.: Die Pilger der Wildniß. Historischer Roman von Dr. Johannes Scherr. 1. u. 2. Bd. (248 u. 214 S.)

Album Bibliothek deutscher Originalromane der beliebtesten Schriftsteller. 8. Jahrgang. 1853. 19 bis 24 Band Tabor. Herausgeber und Verleger J. L. Kober. (2400/1853.)

Inhalt: 19. und 20. Band. Die Pilger der Wildniß. Historischer Roman von Dr. Johannes Scherr. 3. und 4. Band. — 21. Band. Egeria. Alles ist möglich. Historische Erzählungen von C. v. Wachsmann. — 22.—24. Band. Zwei Brüder. Bilder aus dem Feldzuge rc. von Jos. Meßner.

— Bibliothek deutscher Originalromane der beliebtesten Schriftsteller. Redigirt v. J. L. Kober. 9.—13. Jahrg. (à 24 Bde., Prag 854—58. (Kober u. Markgraf.) 16. Pränum.-Preis jeder Jahrg. n. 8 ₰; einzelne Bde. à 20 ₰

IX. Jahrg.
1. Bd.: Ein Arzt in einer kleinen Stadt. Roman von Julie Burow (Frau Pfannenschmidt). 1. Thl. (258 S.)
2. „ — — 2. Thl. — Der Weg in den Himmel. Novelle. Von Julie Burow. (219 S.)
3. „ Sage und Leben. Geschichten aus dem Volke von Jos. Rank. (VII, 191 S.)
4. 5. „ Familien-Geschichten. Von L. Schücking und L. v. Gall. 2 Bde. (224; 228 S.)
6—9. „ Nach der Fluth. Historischer Roman v. Bernd v. Guseck. 4 Bde. (224; 272; 271; 280 S.)
10—11. „ Bilder aus dem Honvédleben. Von K. W. M** (Martini). 2. verbesserte Aufl. 2 Bde. (244; 242 S.)
12. „ Stillleben eines Grenz-Officiers. Von K. W. Martini. (192 S.)
13. 14. „ Die Freunde. Roman v. Jos. Rank. 2 Bde. (270; 255 S.)
15. „ Ein Denunciant von Anno Neune. Erzählt v. Ant. Langer. (216 S.)
16. 17. „ Die Höllenmaschine. Historischer Roman aus der französischen Consular- und Kaiserzeit von Frz. Isid. Proschko. 2 Bde. (259; 262 S.)
18. 19. „ Familienbilder. Von Levin Schücking u. Louise v. Gall. 2 Bde. (208; 234 S.)
20. „ Treu. Eine einf. Geschichte v. Jos. Meßner. (242 S.)
21. 22. „ Nemesis. Roman von Joh. Scherr. 2 Bde. (256; 310 S.)
23. 24. „ Pflanzer und Soldat. Bilder und Gestalten aus dem Banate. Von K. W. Martini. 2 Bde. (203; 175 S.)

X. Jahrg.
1. Bd.: Ein Mord in Riga. Erzählung von Carl v. Holtei. (247 S.)
2. 3. „ Der Held der Zukunft. Roman von Levin Schücking. 2 Bde. (222; 168 S.) — Residenzgeschichten. Von Theodor Mundt. (S. 169–236.)
4. „ Das Forsthaus. Von Amely Bölte. (250 S.)
5. „ Aus der See. Drei Erzählungen von Friedr. Gerstäcker. (287 S.)
6. 7. „ Vorleben eines Künstlers. Nach dessen Erinnerungen herausg. von Siegfr. Kapper. 2 Bde. (256; 203 S.)
8. „ Ein französisches Landschloß. Novelle von Theodor Mundt. (239 S.)
9. „ Margarethe Maultasch. Histor. Erzählung von Jos. Meßner. (207 S.)
10—12. „ Herzblut. Roman von Osw. Tiedemann. 3 Bde. (220; 216; 224 S.)
13. „ Kaltenborn. Novelle von Bernd v. Guseck. (221 S.)
14. „ Ein vornehmer Herr oder: Zwei Freunde. Erzählung von Carl v. Holtei. (256 S.)
15—17. „ Ein Lebenstraum. Roman von Julie Burow. 3 Bde. (238; 247; 227 S.)
18. „ Aus Nord- und Süd-Amerika. Erzählungen von Friedr. Gerstäcker. (228 S.)
19. 20. „ Die Tochter d. Luft. Roman v. Joh. Scherr. 2 Bde. (228; 223 S.)
21. „ Charactere. Erzählungen v. Ernst Ritter. (240 S.)
22. „ Ein Mädchen aus dem Volke. Bilder der Wirklichkeit von Carl Gutzkow. (192 S.)
23. 24. „ Der Freiherr von Hostiwin. Von Alfred Meißner. 2 Bde. (6 Bl., 251; 232 S.)

XI. Jahrg.
1. 2. Bd.: Schwarzwaldau. Von Carl v. Holtei. 2 Bde. (2 Bl., 256; 220 S.)
3. „ Eine reiche Erbin. Novelle von Elfried v. Taura. (2 Bl., 256 S.)
4—7. „ Auf dem Hradschin oder: Kaiser Rudolph II. und seine Zeit. Histor.-romantisches Gemälde von Ed. Maria Oettinger. 4 Bde. (224; 258; 240; 248 S.)
8—10. Bd.: Helene. Ein Frauenleben. Roman in 3 Bdn. Von Rob. Prutz. (4 Bl., 227; 4 Bl., 216; 4 Bl., 284 S.)
11. „ Der Sohn eines berühmten Mannes. Histor. Erzählung von Levin Schücking. (2 Bl., 212 S.)
12—13. „ Peter Pommevering. Historischer Roman in 2 Bdn. Von Ernst Willkomm. (4 Bl., 258; 4 Bl., 228 S.)
14—16. „ Neues Leben. Novelle in 3 Bdn. Von Thdr. Mügge. (4 Bl., 212; 4 Bl., 205; 4 Bl. 186 S.)
17. 18. „ Ein deutsches Schneiderlein. Histor. Roman in 2 Bdn. Von Franz Isidor Proschko. (4 Bl., 268; 4 Bl., 259 S.)
19. 20. „ Erinnerungen einer Großmutter. Roman in 2 Bdn. Von Julie Burow. (4 Bl., 304; 262 S.)
21—24. „ Schiller. Culturgeschichtlicher Roman in sechs Büchern. Von Joh. Scherr. 4 Bde. (279; 264; 221; 207 S.)
Prämie: Carl v. Holtei. Eine Biographie. (96 S.)

Album. Bibliothek deutscher Originalromane der beliebtesten Schriftsteller. Hrsg. von J. L. Kober. 12. Jahrg. 2—24. Bd. 16. Prag 857. (Wien, Markgraf und Comp.)

XII. Jahrg.
1. 2. Bd.: Günther v. Schwarzburg. Historischer Roman in 2 Bdn. Von Levin Schücking. (227; 227 S.)
3—5. „ Caritas. Rom. in 3 Bd. Von Ernst Fritze. (235; 212; 244 S.)
6. 7. „ Heimath und Ferne. Historischer Roman in 2 Bdn. Von Bernd v. Guseck. (248; 254 S.)
8. „ Handwerksburschen. Bilder a. dem Volksleben. Von Jos. Meßner. 4 Bl., 218 S.)
9. 10. „ Der Jesuit. Histor. Roman a. d. Schwedenkriege in 2 Bdn. Von Franz Isidor Proschko. (283; 272 S.)
11. 12. „ Familie Schaller. Roman in 2 Bdn. Von Adolph Glaser. (2 Bl., 178; 2 Bl., 188 S.)
13. „ Der Geheimrath. Ein Lebensbild von Max Ring. (2 Bl., 249 S.)
14—16. „ Noblesse oblige. Roman in 3 Bdn. von Karl v. Holtei. (XII, 308; 2 Bl., 322; 2 Bl., 231 S.)
17—19. „ Der König von Tauharawi. Launiger Roman in 3 Bdn. Von Ferd. Stolle. (217; 195; 182 S.)
20—22. „ Johannes Kepler. Historische Erzählung von Julie Burow. 3 Bde. (4 Bl., VIII, 216; 3 Bl., 254; 2 Bl., 409 S.)
23. „ Waldgeschichten. Von Joseph Meßner. (248 S.)
24. „ Die Tochter des Wilddiebes. Eine Erzählung nach Thatsachen. Von Elfried v. Taura. (240 S.)

—— dass. — 13. Jahrg. 24 Bde. 16. Prag 858(59). [Wien, Markgraf und Comp.] (Pränum.-Pr. à Bd. * 10 Ngr.) Ladenpr. à Bd. 20 Ngr. Thlr. *

XIII. Jahrg.
1. Bd.: Der Flatbootmann. Amerikanische Erzählung von Friedr. Gerstäcker. (240 S.)
2. 3. „ Aus den Tagen der großen Kaiserin. Histor. Novellen von Levin Schücking. 2 Bde. (215; 187 S.)
4—7. „ Van Hoboken. Erzählung aus der ersten Zeit der Kolonien in Nordamerika von Friedr. Wilh. Arming. 4 Bde. (236; 219; 240; 216 S.)
8. 9. „ Lebensbilder. Von Julie Burow. 2 Bde. (200; 188 S)
10. 11. „ Vorwärts! Novelle von Ernst Fritze. 2 Bde. (200; 207 S.)
12. 13. „ Aus eigener Kraft. Histor. Roman v. Bernd v. Guseck. 2 Bde. (230; 232 S.)
14—16. „ Neue Stadtgeschichten v. Max Ring. 3 Bde. (194; 216; 220 S.)
17. „ Cagliostro in Petersburg. Histor. Novelle von Thdr. Mundt. (4 Bl., 214 S.)
18. 19. „ In Wald und Schloß. Novelle von St. Graf Grabowski. 2 Bde. (4 Bl., 226; 4 Bl., 218 S.)
20—23. Bd.; Michel. Geschichte eines Deutschen unserer Zeit. Von Johs. Scherr. 4 Bde. (4 Bl., 240; 4 Bl., 204; 4 Bl., 210; 4 Bl., 231 S.)
24. „ Die Tochter des Freischulzen. Erzählung von Karl v. Holtei. (4 Bl., 227 S.)

— Bibliothek deutscher Originalromane. Herausg. von J. L. Kober. 14—19. Jahrg. Prag u. Wien 859—64. (Leipzig, Günther.) 16. Jeder Jahrg. à 24 Bde. n. 8 ℳ; einzelne Bde. à 20 ngr.
XIV. Jahrg. 1—3. Bd.: Frau v. Staël. Biographischer Roman von Amely Bölte. 3 Bde. (781 S.)
4. Bd.: Täuschung und Wahrheit. Eine Geschichte aus dem Leben von Th. Mügge. (228 S.)
5. Bd.: Die letzten Lebenstage Katharina II. Historische Novelle von L. Mühlbach. (244 S.)
6. 7. Bd.: Der beseelte Schatten. Roman von Gust. Höcker. 2 Bde. (429 S.)
8. Bd.: Die Emigranten. Historische Novelle von St. Grabowski. (255 S.)
9. Bd.: Künstlerliebe. Novelle von Julie Burow (Frau Pfannenschmidt.) (259 S.)
10. 11. Bd.: Die Rheider Burg. Erzählung von Levin Schücking. 2 Bde. (397 S.)
12—14. Bd.: Ernest Octav. Novelle von Ernst Fritze. 3 Bde. (721 S.)
15—17. Bd.: Nürnberg. Culturhistorischer Roman von Louise Otto. 3 Bde. (796 S.)
18. 19. Bd.: Die Zauberflöte. Komischer Roman von Ed. Breyer. 2 Bde. (422 S.)
20. Bd.: Die Malerin von Dresden. Erzählung von Elfried von Taura. (276 S.)
21—23. Bd.: Eine arme Seele. Roman in 3 Bdn. von Max Ring. (630 S.)
24. Bd.: Vergangene Tage. Geschichten von Edm. Hoefer. (268 S.)
XV. Jahrg. 1. Bd.: Rosi Zurflüh. Eine Geschichte aus den Alpen von Johs. Scherr. (248 S.)
2—5. Bd.: Im Strom der Zeit. Roman aus der Zeit Kaiser Leopold I. von Bernd v. Guseck. 4 Bde. (973 S.)
6. Bd.: Polnische Mütter. Histor. Novellen von M. Roskowska. (254 S.)
7. Bd.: Eine Geschichte von damals. Von Edm. Hoefer. (278 S.)
8. Bd.: Gefangen und befreit. Vaterländisches Gemälde aus den J. 1806—1814 von Jul. Mühlfeld. (268 S.)
9—11. Bd.: Maria Antonia, od. Dresden vor 100 Jahren. Zeitbild von Amely Bölte. 3 Bde. (611 S.)
12—15. Bd.: Gertrud. Roman von Ernst Fritze. 4 Bde. (850 S.)
16. 17. Bd.: Pugačew. Geschichtlicher Roman von F. Isid. Proschko. 2 Bde. (595 S.)
18—20. Bd.: Zawis von Rosenberg, genannt v. Falkenstein. Historischer Roman von Elfried von Taura. 3 Bde. (712 S.)
21. Bd.: Der Fürstensohn. Erzählung von F. Schregel. (211 S.)
22—24. Bd.: Kaiser Leopold II. und seine Zeit. Historischer Roman von L. Mühlbach. 3 Bde. (728 S.)
XVI. Jahrg. 1. 2. Bd.: Der heilige Born. Blätter aus dem Bilderbuche des 16. Jahrh. von Jak. Corvinus (W. Raabe.) 2 Bde. (VII, 548 S.)
3. Bd.: Die Erben von Wollun. Novelle von Ernst Fritze. (VII, 287 S.)
4—7. Bd.: Columbus und seine Zeit. Histor. Roman von Marie Norden. 4 Bde. (987 S.)
8. 9. Bd.: Der große Baron. Eine Geschichte von Edm. Höfer. 2 Thle. (XVI, 411 S.)
10. 11. Bd.: Ein böhmischer Student. Geschichtlicher Roman von Fr. Isid. Proschko. 2 Bde. (521 S.)
12. 13. Bd.: Franz Rákóczy. Ungarisches Lebensbild von Louise Mühlbach. 2 Bde. (X, 476 S.)
14—17. Bd.: Apoll von Byzanz. Von Ernst Hellmuth. 4 Thle. (XIV, 673 S.)
18—20. Bd.: Die Schultheißentöchter von Nürnberg. Culturhistor. Roman von Louise Otto. 3 Bde. (VII, 631 S.)
21. 22. Bd.: Eine lateinische Czarin und ihr Schicksal. Historische Erzählung von Fr. Lubojatzky. 2 Thle. (XIV, 390 S.)
23. 24. Bd.: Eines Kriegsknechts Abenteuer. Historische Novelle von Levin Schücking. 2 Thle. (XII, 430 S.)
XVII. Jahrg. 1—3. Bd.: Ein Bürgermeister. Geschichtlicher Roman von Julie Burow (Frau Pfannenschmidt.) 3 Thle. (XIX, 871 S.)
4. 5. Bd.: Idalium. Novelle von Ernst Fritze. 2 Thle. (X, 498 S.)
6—9. Bd.: Ehre. Roman in sechs Büchern von Jul. Mühlfeld. 4 Thle. (917 S.)
10—12. Bd.: Kinder der Zeit. Roman von E. Buch. 3 Thle. (XVIII, 653 S.)
13. 14. Bd.: Karl X. Gustav. Historischer Roman von Bernd v. Guseck. 2 Thle. (XIV, 487 S.)

15—17. Bd.: Theist und Atheist. Roman von H. Wachberg. 3 Thle. (XXI, 637 S.)
18. 19. Bd.: Die Passauer in Prag. Historischer Roman von G. E. Haas. 2 Thle. (XIV, 440 S.)
20—22. Bd.: Fabrikanten und Arbeiter oder der Weg zum Irrenhause. Sozialer Roman von Adf. Schirmer. 3 Thle. (XXI, 845 S.)
23. 24. Bd.: Die opfernden Götter. Roman von Ida Frick. 2 Thle. (XVII, 494 S.)
XVIII. Jahrg. 1. 2. Bd.: Solitude. Novelle von Ernst Fritze. 2 Thle. (248 S.)
3. 4. Bd.: In Sünden. Eine Familiengeschichte von Edm. Hoefer. 2 Thle. (XIV, 582 S.)
5—7. Bd.: Die Witkowetze. Historischer Roman von Elfried v. Taura. 3 Thle. (XXIV, 720 S.)
8—10. Bd.: Doctor Robert Finke. Roman von P. J. Wilcken. 3 Thle. (XXI, 638 S.)
11. 12. Bd.: Ein Jahr aus dem Leben August d. Starken. Historischer Roman v. Frz. Lubojatzky. 2 Thle. (XII, 407 S.) — Aspasia. Idylle aus dem griech. Befreiungskriege. Von P. J. Wilcken. (47 S.)
13—15. Bd.: Der schwarze Mann. Geschichtlicher Roman von F. Isidor Proschko. 3 Thle. (XXI, 599 S.)
16. 17. Bd.: Madame de Brandenbourg. Historischer Roman von Bernd v. Guseck. 2 Thle. (XIV, (484 S.)
18. 19. Bd.: Die Literaten. Socialer Roman von Ida v. Düringsfeld. 2 Thle. (XIV, 407 S.)
20. 21. Bd.: Haß und Liebe. Novelle von Aug. Schrader. 2 Thle. (XIV, 491 S.)
22. 23. Bd.: Ein Familiendämon. Socialer Roman von Adf. Schirmer. 2 Thle. (XIV, 457 S.)
24. Bd.: Aus der Franzosenzeit. Erzählungen von Levin Schücking. (VII, 128 S.) — Landeron. Erzählung von Levin Schücking. (144 S.)
XIX. Jahrg. 1. Bd.: Der Freischulze. Eine Erzählung von Max Horn. (VII, 259 S.)
2. 3. Bd.: Die Mantelkinder oder die Herren auf Rheinfeld. Roman von Amely Bölte. 2 Thle. (XIV, 496 S.)
4—7. Bd.: Der alte Cardinal. Von G. E. Haas. 4 Thle. (XXVIII, 795 S.)
8—9. Bd.: Der Ring der Kaiserin. Roman von Elfried v. Taura. 2 Thle. (XIV, 423 S.)
10. 11. Bd.: Die Herren von Ettershaiden. Roman von E. Fritze. 2 Thl. (XIV, 483 S.)
12. 13. Bd.: Neue Bahnen. Roman von Louise Otto. 2 Thle. (XIV, 433 S.)
14—16. Bd.: Tolleneck. Eine Erzählung aus der Napoleonischen Zeit von Edm. Hoefer. 3 Thle. (XXI, 752 S.) (Einzeln 2 ß 15 ngr.)
17. 18. Bd.: Vor 100 Jahren. Ein deutsches Lebens- und Sittenbild von K. W. Martini. 2 Thle. (XIV, 553 S.)
19—22. Bd.: Gräfin und Marquise. Roman von Gustav vom See. 4 Thle. (XXI, 979 S.)
23. 24. Bd.: Aus alter und neuer Zeit. Erzählungen von Levin Schücking. 2 Thle. (XVI, 427 S.)

20. Jahrg. 1865.
1—3. Bd.: Zeising, Adf., Joppe u. Crinoline. Roman. 3 Bde. (449 S.)
4. „ Rank, Jos., Burgei oder die drei Wünsche. Zeitbild. (241 S.)
5. 6. „ Fritze, E., die Gebrüder Kolirum. Novelle. 2 Bde. (472 S.)
7—9. „ Carlon, Frz., Johann Georg I. von Sachsen. Histor. Roman. 3 Bde. (676 S.)
10—12. „ v. Winterfeld, A., die Reisen von Bambus u. Comp. Komischer Roman. 3 Bde. (534 S.)
13—15. „ v. Gusek, Bernd, König Murat's Ende. Histor. Roman. 3 Bde. (708 S.)
16. „ Hahn, R. E., das Document. Eine Familiengeschichte. (334 S.) Einzeln 1 ß
17—19. „ Volckhausen, Adeline, der Tannenhof. Roman. 3 Bde. (617 S.)
20—22. „ Willkomm, E., Frau Gampenstein. Roman. 3 Bde. (542 S.)
23—25. „ Burow, Julie, Johannes Kepler. Histor. Erzählung. 2. Abth. 3 Bde. (567 S.)

21. Jahrg. 1866.
1—3. Bd.: Mützelburg, der Held von Garika. Roman aus den Ländern des Kaukasus. 3 Bde. (678 S.)
4. 5. „ v. Kessel, aus dem Leben eines Junggesellen. Komischer Roman. 2 Bde. (472 S.)
6—8. „ Pflug, Fd., Geglänzt u. Erloschen. Histor. Roman. 3 Bde. (532 S.)
9—13. „ Armand, Saat u. Ernte. Roman. 5 Bde. (934 S.)
14—16. „ A. v. L., am Hofe von Rom. Histor. Roman aus der Neuzeit. 3 Bde. (607 S.)
17—20. „ v. Winterfeld, A., die Ehefabrikanten. Komisch-socialer Roman. 4 Bde. (741 S.)
21. „ Heinz, Albr., die Herren von Schwarzenhof. Roman. (219 S.)
22—24. „ Stolle, Fd., von Wien nach Vilagos. Histor. Roman. 3 Bde. (559 S.)

22. Jahrg. 1867.
1—4. Bd.: Carlon, Frz., der alte Dessauer. Histor. Roman. 4 Bde. (876 S.)
5—8. „ Temme, J. D. H., der Domherr. Histor. Roman. 4 Bde. (715 S.)
9—13. „ Jean Charles, Realisten u. Idealisten. Socialer Roman. 5 Bde. (982 S.)
14—16. „ Willkomm, E., ein Stiefkind des Glücks. Humorist. Roman aus dem Leben. 3 Bde. (600 S.)
17. „ Rank, J., Johannes Volkh. Hausmittel der Liebe. Ein guter Mensch. Drei Erzählungen. (199 S.)
18—21. „ Herbert, Lucian, Bis zum Rubicon. Roman aus Jul. Cäsar's Jugendleben. 4 Bde. (762 S.)
22—24. „ Fritze, E., Schloß Bärenberg. Roman. 3 Bde. (722 S.)

Album. Bibliothek deutscher Originalromane ꝛc.

23. Jahrg. 1868.
1—5. Bd.: Mützelburg, Adf., Robert Clive, der Eroberer von Bengalen. Histor. Roman. 5 Bde. (208; 199; 189; 194; 174 S.)
6—9. „ Höcker, G., ein schöner Dämon. Roman. 4 Bde. (686 S.)
10—12. „ v. Gusek, Bernd, Katharina von Schwarzburg. Histor. Roman. 3 Bde. (678 S.)
13—18. „ v. Winterfeld, A., Modelle. Humorist.-socialer Roman. 4 Bde. (172; 158; 154; 164 S.)
19—23. „ Carlon, Frz., ein deutscher Fürst. Histor. Roman. [2. Abth. d. Romans: Der alte Dessauer.] 5 Bde. (168; 196; 216; 198; 208 S.)
24. „ Mühlfeld, Jul., bis zum Schaffot. (244 S.)

24. Jahrg. 1869.
1—4. Bd.: Schirmer, Adf., die Spionin. Roman aus der Geschichte des amerikan. Bürgerkriegs. 4 Bde. (218; 219; 208; 240 S.)
5—9. „ Schmid, Herm., Mütze u. Krone. Roman. 5 Bde. (177; 219; 185; 185; 247 S.) Einzeln 4 ß
10. 11. „ Steffens, Alfr., ein Wechsel. Roman. 2 Bde. (232; 220 S.)
12—15. „ Temme, J. D. H., die Erbgrafen. Roman. 4 Bde. (176; 198; 197; 162 S.)
16—19. „ Hoefer, Edm., in der Welt verloren. Eine Erzählung. 4 Bde. (230; 229; 220; 251 S.) Einzeln 4 ß
20. „ Ferrari, A., Gettysburg. Erzählung. (194 S.)
21—23. „ Oelschläger, Herm., wunderliche Leute. Roman. 3 Bde. (189; 215; 170 S.)
24. „ Schücking, L., Jean Jacques Rousseau. Zwei Episoden aus seinem Leben. (192 S.)

25. Jahrg. 1870.
1—3. Bd.: Carlon, Frz., König August u. sein Goldschmied. Roman. 3 Bde. (194; 220; 222 S.)
4. 5. „ v. Bibra, E., el paso de las animas. Roman. 2 Bde. (216; 178 S.)
6—9. „ v. Winterfeld, A., der Elephant. Komischer Roman. 4 Bde. (196; 206; 180; 215 S.) Einzeln 3 ß
10—12. „ Waldmüller, Rob., das Vermächtniß der Millionärin. Roman. 3 Bde. (191; 170; 171 S.) Einzeln 2 ß 15 ngr.
13—15. „ v. Oben, J., des Hauses Eckstein. Roman. 3 Bde. (221; 198; 218 S.) Einzeln 2 ß 15 ngr.
16—19. „ Steffens, Alfr., Standes-Vorurtheile. Roman. 4 Bde. (153; 188; 187; 184 S.) Einzeln 3 ß
20—22. „ Hilarius, Fr., Non possumus. Roman. 3 Bde. (158; 203; 264 S.) Einzeln 2 ß 15 ngr.
23. 24. „ Schücking, L., deutsche Kämpfe. Zwei Erzählungen. 2 Bde. (234; 212 S.) Einzeln 1 ß 15 ngr.

—— dass. — Unter Betheiligung der ersten deutschen Schriftsteller, hrsg. von Alfr. Meißner. 26. Jahrg. 24 Bde. 8. Ebendas. 871. Subscr.-Pr. à Bd. * ℳ 1.; Laden-Pr. à Bd. *

Inhalt:

Bd. 1. 2. 4. 9. Becker, Aug., das Thurmkätherlein. 4 Bde.
" 3—5. 7. 8. Byr, Rob., Nomaden. 5 Bde.
" 6. Junghans, S., verflossene Stunden. 1 Bd.
" 10—13. Scherr, Johs., Michel. 4 Bde.
" 14. 15. Frenzel, Karl, Geheimnisse. 2 Bde.
" 16—18. Köberle, Geo., Alles um ein Nichts. 3 Bde.
" 20. 21. Grosse, Jul., der neue Abälard. 2 Bde.
" 22. 23. Winckler, Willibald, die deutschen Kleinstädter in Amerika. 2 Bde.
" 24. Hoefer, Edm., zur linken Hand. 1 Bd.

Die Fortsetzung erschien unter dem Titel: Bibliothek deutscher Original-Romane.

—— Eine Unterhaltungs-Bibliothek für das deutsche Volk. 1—4. Bd. à 12 Lfgn. (à 6 Bog.) 4. Berlin 858—61, Möhring. à Lfg. 5 Ngr.; à Bd. 2 Thlr.

Album. Zum Besten des Kaschauer Waisenhauses. Herausg. v. Jos. Novelli. Kaschau, 859. Werfer. (Leipzig, Köhler.) 8. (322 S.) n. 2 ₰

Album. 12 Genrebilder nach den vorzüglichsten Meistern in Stahl gestochen. gr. 4. Prag. Gottlieb Haase Söhne. 1 fl., einzeln à 10 kr.
— — Dasselbe aus 6 Bl. bestehend. Ebds. 1863 50 kr.

Album. Serie von Oelfarbendruck-Landschaften nach Prfs. Thom. Ender's Naturaufnahmen ausgeführt. Nr. 1. Der Grossglockner mit der obern u. untern Pasterze. 2.) der Stubenfall bei Umhausen d. Nordtirol (Oetzthalergruppe). 3.) Der Peutelstein an der Ampezzaner Strasse in Südtirol (Gruppe d. Monte-Tofana). 4.) Der hohe Goldberg in Rauris (hohe Tauern) Mittelzone d. Ostalpen in Salzburg. 5.) Der Mesurina-See in Südtirol. 6.) Der Langbath See in Ober-Oesterreich. 7.) Die beiden Trafoiferner. 8.) Aussicht nächst Schloss Tirol. gr. Q. Fol. Ebds. 1870 à 3 fl.

Album: 1874–? Lima
Weekly.

Album. (Stahlstiche). Jg. 1889–1899.
Wien: Gesellschaft für vervielfältigende Kunst 1889–1899. 2°
(1897 nicht erschienen.
(Forts. u. d. T.: Außerordentliches Album.

Fürs Album. Stammbuchverse und Sprüche der Liebe und Freundschaft. — Mühlheim a. d. Ruhr: Bagel [1891]. 48 S. 1:Yf 5637/10.
2.11524

— Ebd. [1898]. 48 S. 5.
2.11525

ALBUM (Leporello) aus 9 [statt 10] durch Leinenstreifen verbundenen Kartons mit 18 farbigen Bildern (Kinderszenen) von M. PFEIFER u. F. LIPPS. Je vier Verse unter jedem Blatt. C. 1895?. Quer gr.-8°. 8.—

Album, d. Bilder a. d Leben. Photographien v. Ogerau, Reutlinger, Stelbing in Paris. Jahrg. 1898. 12 Hfte. (à ca. 16 S.) gr. 4. Paris, F. Krüger. à — 60

ALBUM, Das. Bilder aus dem Leben. Photographien von Ogerau, Reutlinger, Stebbing in Paris. Bd. I—IV. Folio. Berlin 1898—1901.

Das Album. [Red.: F. Krüger.]
Paris und Leipzig: Schumann 1898–(1902). 8°

Album, das. Monatsschrift f. Kunst u. Literatur. Verantwortlich: Bernh. Eichhorn. 6.—9. Jahrg. à 12 Hfte. (6. Jahrg. 192 S. m. Abbildgn.) 4. Berlin 903–906. Leipzig, [Internat. Verlag] Verlag des Album. à Hft. n. — 60
Die Jhrgg. 6—7 sind von W. Fischer redigiert.

Album, das. Monatsschrift f. Kunst u. Literatur. Verantwortlich: H. Krüger. 10. Jahrg. 12. Hefte. (à ca. 16 S. m. Abb.) 31×23 cm. Berlin (906). R. Eckstein Nachf. à Hft.. — 60
Die Jahrg. 1—9 sind an R. Jacobsthal, Berlin-Schöneberg übergegangen. — Fortsetzg. s.: Puck.

Album Academiae Vitebergensis ab a. Ch. MDII usque ad a. MDLX (2.3: usque ad a. MDCII). Ex autographo ed. Carolus Eduardus Foerstemann (2.3: Sub auspiciis Bibliothecae Univ. Halensis ex autogr. ed.) Vol. [1]-3. — Lipsiae: Tauchnitz (2.3: Halis: Niemeyer) 1841–1905.
1. 1841. 2. (Vorr.: Otto Hartwig.) 1894. 3. Continens indices. (Vorr.: Karl Gerhard.) 1905.
1–3 . . . . . . 1:4° Az 18532. 12:4° H. lit. P. 11d.
300:60.470–B. 2. 3. 4. 5. 6. 7. 8. 9. 10.
1.2 . . . . 11.
1 . . . . 102.
2.11528

— academiae Vitebergensis ab a. Ch. MDII usque ad a. MDLX. (Vol. I u. III.) Lex.-8. Halle, M. Niemeyer. n. 84 —
I. Ex autographo ed. D. Carol. Eduard. Foerstemann. (Anastat. Neudr.) (VIII, 373 S.) Lipsiae 841. 906. n. 24. —
III. Continens indices. Sub auspiciis bibliothecae universitatis Halensis editum. (XXXII, 822 S. m. 1 Tab.) 905. n. 60. —
Vol. II. Ebd. 894. n. 24. —.

Album. — Album academicum der Kaiserlichen Universität Dorpat. Zur Jubelfeier ihres 50jährigen Bestehens, am 12. Dec. 1852. — Dorpat 1852: Laakmann. IV,134,XXX S.
1:2 in 4° Az 42782. 12:2° H. lit. P. 94–31. 2. 4. 5. 7. 8. 9. 10. 11.
2.11531

— academicum der Kaiserlichen Universität Dorpat. Zur Jubel-Feier ihres fünfzigjährigen Bestehens am 12. Decbr. 1852. 2., berichtigte Ausg. Dorpat 853. (Glaeser.) hoch 4. (VI, 286 S.) n. 1 ₰ 4 ngl

Album Academicum der Kaiserl. Universität Dorpat. Zur Jubel-Feier ihres fünfzigjähr. Bestehens am 12. Dec. 1852. 2. Ausg. — Dorpat: Karow 1853. VI, 286 S. [1. Ausg. 1852.]

Album academicum der Kaiserlichen Universität Dorpat. [Bearb. von Karl v. Rummel.] — Dorpat: Laakmann 1867. IV,408 S. 5. 9. 10.
2.11532

— academicum der Kaiserlichen Universität Dorpat. Bearb. v. A. Hasselblatt u. G. Otto. gr. 8. (VIII, 1007 S.) Dorpat 889. (Leipzig, K. F. Koehler.) geb. n. 14. —

Album academicum der Kaiserlichen Universität Dorpat. Bearb. von A[rnold] Hasselblatt u. G[ustav] Otto. — Dorpat: Mattiesen 1889. VIII,1007 S.
1:Az 42814. 2. 3. 9. 10. 11.
2.11533

Aus dem Album eines Achtzigjährigen. — Freiburg i.B.: Mohr 1886. 238 S. 1:Nh 9108.
2.11535

— Ebd. [1886]. 238 S. 5.
2.11536

Album v. Adersbach. (20 Abbildgn.) qu. gr. 8. Warmbrunn (902). M. Leipelt. 1. 20

Album der Albula-Bahn [31 Ansichtskarten enth.]. [II + 16 S.] 4. (Chur, Verlag von Ant. Reinhardt, Photogr., [1902].) [geb. fr. 7. 50]

Album der Albula-Bahn [92 Ansichtskarten enthaltend]. [II + 46 S.] 4. [1903.] [geb. fr. 15. —]
(Verlag *der Karten:* Chr. Meisser *u.* Ant. Reinhardt *u.* F. Schuler, Chur *und* A. & E. Reinhardt, Chur-St. Moritz.)

Album von Allenstein. — Allenstein: Buchholz [1903]. 18 Taf. quer-8° 10.
2.11537

— von Alsen und Umgegend. Salon-Format (8 Bl. Photo-Lithogr.) Sonderburg 888, (La Motte jun.). n. 1.50

Album von Alt-Breslau. — Dresden o.J.: Hoffmann. 27 Taf. 2.
2.11538

Album von Altenburg. Altenburg 866. Schnuphase. qu. 16. (8 photolithogr. Bll.) n. 20 ngr; einzelne Bll. à n. 5 ngr.

Album von Alt-Cleve [Alt-Kleve] und Umgebung. Facs.-Dr. nach alten Orig. — Cleve: Boss [1903]. 10 Bl. quer-8° 5.
2.11540

Album von Alt-Nordhausen.—(Nordhausen:) Wimmer [1910]. 12 Taf. quer-8° 1: Kart. Y 32660.
2.11541

— v. Altona. qu. gr. 4. (16 Lichtdr.) Altona 892. H. Uflacker. In Leinw.-Mappe n. 20. —; Cabinetausg. 8. (12 Bl.) In Leinw.-Decke 4. 50; Visit-Ausg. 16. (12 Bl.) In Leinw.-Decke 1. 50

Album von Alt-Prag. Ausgabe I K 20.—
— — Ausgabe II K 16.—
— — Ausgabe III K 12.—
Prag: Koči 1902.

— von Annaberg. Annaberg 866. Graser. qu. 16. (6 photolithogr. Bll.) n. 18 ngr.

—— enthaltend 8 der schönsten Ansichten der Stadt und Umgegend: Jena. Fürstengraben. Löbdergraben. Der Jenzig. Camsdorf. Wöllnitz. Lichtenhain. Ziegenhain. Einheimischen und Fremden zur Erinnerung gewidmet. qu. gr. Fol. Lithogr. und in Tondr. Jena 858, Deistung. *

Album der ausgewähltesten Ansichten von Tyrol, verlegt u. herausgeg. v. der F. Unterberger'schen Kunsthandlung in Innsbruck. qu. 1/2 Fol. (19 Kupfer. Leipzig 841, Rud. Weigel.) à Blatt n. 1/3 Thlr. — Chines. Papier n. 5/12 Thlr. — Colorirt à n. 2/3 Thlr.

—— hamburger Ansichten. Photographirt von J. Nöhring. gr. Fol. (12 Blatt.) Hamburg 867, (Grüning.) In Mappe *

— Hamburger Ansichten. Photographirt v. J. Nöhring. Hamburg 868. (Grüning.) gr. Fol. (12 Bll.) n. 18 Thlr.

Album malerischer Ansichten aus Dalmatien und seinen Nachbarlanden. Enthaltend: Pola, Sebenico, Knin, Spalato, Lesina, Curzola, Ragusa, Grotte des Aeskulap, Kastel St. Lorenzo, Megline, Perasto, Kastelnuovo, Bocche di Cattaro, Marina di Cottaro, Fort Precica I. und II., Budua, Kastel Lastua, Cettinje, Griech. Kloster in Montenegro, Antivari, Scutari, Ruinen eines christlichen Tempels an der Bojana, Hai-ne-hai, türkische Festung. — Triest. Literarisch-artistische Abtheilung des österr. Lloyd. Buchdruckerei des österr. Lloyd. (24 Bl. 4.) 1856

Album der schönsten Ansichten von Westphalen. 30 Stahlstiche nach Schlickum gestochen von Winkles, Payne, Brain u. A. gr. 8. Leipzig 846, Rengersche B. n. 2 1/2 Thlr. in gr. 4. 3 1/2 Thlr.

Album vom Festspiel Appenzell 1905 (*Innentitel:* Erinnerung an das F" in A': «Die Appenzeller Freiheitskriege» von Georg Baumberger. Aufgeführt in A' anlässlich der V. Centenarfeier der ruhmreichen Schlacht am Stoss… . Aufführungstage: 25. und 26. Juni, … [bis] 3. September). [II + 12 S. + 50 Tafeln.] quer-8. (Appenzell, Genossenschafts-Buchdr., 1905.) [fr. 1.50]

— für Arabesken-Zeichner. 1. Heft. 16. (12 Blatt.) Erfurt 846. (Hennings u. H.) n. 1/8 Thlr.

Album, architektonisches. Redigiert vom Architekten-Verein zu Berlin, durch Stüler, Knoblauch, Salzenberg u. A. (72 T) fol Potsdam 1838-46

Album, architectonisches, redigirt vom Architekten-Verein zu Berlin durch Stüler, Knoblauch, Salzenberg, Strack etc. gr. Fol. 20 Hefte in Kupferst. u. Farbendr. Berlin, Ernst & Korn. 1840—62. à n. 1 Rth.

Inhalt: Heft I. II. T. 1—11 u. 12a. Entwurf zum Gesellschafts-Lokal der Eisenbahnanlage von St. Petersburg nach Pawlowsk und Zeichnungen zu einem Bahnhofe und 2 Stationsgebäuden für Eisenbahnen, ausgeführt von Stüler und Strack. — T. 12. Allegorisches Titelblatt zum Album, in reichstem Farbendruck.
Heft III. T. 13—18. Entwurf zu einem Wohnhaus, ausgeführt v. Ed. Knoblauch.
Heft IV. T. 19—24. Die St. Petri- und Pauls-Kirche zu Nikolskoë bei Potsdam, ausgeführt von Stüler und Schadow.
Heft V. T. 25. 26. Entwurf zu einem Museum f. Kunst- u. Gewerbe-Ausstellungen. von A. de Chateauneuf. — T. 27. Repsold's Monument bei d. Hamburger Sternwarte; Communicationsgang zwischen zwei Wohnhäusern, von Demselben. — T. 28. 29. Magazingebäude des Herrn Hirschfeld zu Berlin, ausgeführt von G. Stier. — T. 30. Anordnung eines Boudoirs, von Strack.
Heft VI. T. 31. 32. Situationsplan des fürstlichen Parkes zu Sondershausen, entworfen und gezeichnet von Dr. Eckart. — T. 33. Musikhalle im fürstlichen Park.

Baldamus, Bau- & Maschinenkunde. 2. Aufl.

Heft VI. T. 34. Pavillon. — T. 35. Rosenlaube, Brücke u. Springbrunnen. — T. 36. Ansicht d. fürstlichen Schlosses, v. Park aus gesehen, u. Treppe z. Theater v. Scheppig.
Heft VII. T. 37—42. Restauration d. Tuscum u. Laurentinum d. Plinius, v. Schinkel.
Heft VIII. T. 43. Drahtbrücke. — T. 44. Krankenhaus. — T. 45. 46. Waschhaus, — T. 47. 48. Wohnhaus, von Hesse.
Heft IX. T. 49—54. Die baulichen Anlagen zur Aufstellung einer Dampfmaschine nebst Gartenhaus; das Stibadium im Schlossgarten; die Treibhaus-Anlage; das Matrosenhaus im Park; die Schlosshütte im Walde. Sämmtlich zum Schloss-Park des Prinzen Karl von Preussen zu Glienicke gehörig. Ausgeführt von Persius.
Heft X. T. 55—60. Die neue Börse zu Frankfurt a. M., nach Stüler's Preis-Entwurf.
Heft XI. T. 61—66. Das herzogliche Schloss Reinhardsbrunn, von Eberhard.
Heft XII. T. 67—72. Entwürfe zu Wohnhäusern, v. Persius, Hitzig und Luis.
Heft XIII. T. 73—78. Fortsetzung von Heft XI.
Heft XIV. T. 79—81. Wohnhaus des Kaufmann Tummeley in Potsdam, von Gottgetreu. — T. 82. Garten-Pavillon, von Persius. — T. 83. Ein Wohnhaus unter Friedr. Wilhelm II. von Schadow gebaut, nebst Entwurf zum Umbau von F. v. Arnim. — T. 84. Leichenhaus und Trauerkapelle auf dem Kirchhofe zu Potsdam, von F. v. Arnim.
Heft XV. T. 85—90. Haus des Baurath Knoblauch, Oranienstrasse 101—102, von Ed. Knoblauch.
Heft XVI. T. 91—96. Das neue herz. Marstallgebäude in Gotha, von Eberhard.
Heft XVII. T. 97—102. Der neue israelitische Tempel in Leipzig, von Simonson.
Heft XVIII. T. 103—108. Situationsplan von Sanssouci mit sämmtlichen Baulichkeiten. Die königl. Weinbergsanlage mit d. Winzerhäuschen bei Potsdam, v. Hesse.
Heft XIX. T. 109—114. Das bayerische Haus im königl. Wildpark bei Potsdam. Triumphbogen bei Sanssouci. Grosse Vase im Park von Sanssouci, von Hesse.
Heft XX. T. 115—120. Fünf Wohngebäude in Berlin.

Album, Architektonisches. Redigirt vom Architekten-Verein zu Berlin durch Stüler, Knoblauch, Salzenberg, Strack. Potsdam 1840-62. 4 Bde. Fol.

—— dass., 2., verm. und verb. Aufl. 1—3. Heft. gr. Fol. Potsdam, Riegel's Vrlgsh. [1. 2. (12 Kpfr.- und Stnt., mit VI und 14 S. Text und lithochrom. Ttl.) 849. 3 Thlr. 15 Ngr., 3. (5 Kpfrt., 13 S. Text und 1 Lithochromie.) 850. 2 Thlr. 10 Ngr.]

—— dass., 2., verm. und verb. Aufl. 4. Heft: Die St. Petri- und Paul-Kirche zu Nicolscoë bei Potsdam, ausgeführt von Stüler und Schadow. gr. Fol. (4 Kpfr.- und 1 Stnt. in Tondr., 1 Lithochrom. mit 4 S. Text.) Ebds. 851.

—— dass. — 2. Aufl. 5. Heft. gr. Fol. (6 Kpfrt. und 4 S. Text.) Ebds. 853. *

— — 2. Aufl. 5. Heft. Ebend. 856. gr. Fol. (6 Kpfrtaff. u. 4 S. Text. n. 1 Thlr. 10 ngr.

Album der Arlbergbahn. 18 lithochromische Ansichten in gr. 8°, 310 S. Wien, Carl Gerold's Sohn. In elegantem Leinwandband fl. 3.—. 1886

Album der Arlberg-Bahn. 18 Photographie-Imitationen. In-8°. Bern, Rud. Jennis Buchhandlung (H. Köhler). 1887 4 —

— der Arlbergbahn. qu. 16. (18 Photogr.-Imitationen.) St. Gallen 887. (Bern, Jenni.) geb. n. 3. 20

Album von Arnsberg. — (Arnsberg:) Ritter [1888]. 12 Taf. 6.
2.11548

— v. Aschaffenburg. 12. (12 Lichtdr.) Aschaffenburg 892. A. Wailandt. In Leinw.-Decke. n. 3. —

— v. Augsburg. 12. (12 Taf. in Photogr.-Imitation.) Augsburg 894. Lampart & Co. In Leinw.-Decke. n. 1. —

Augsburger Album. Eine Sammlung architektonischer Skizzen u. Aufnahmen hrsg. vom Akadem. Architektenverein München. — München [1886]. 59 Taf.
1: gr. 2° Sf 8248. 12: 2° Bavar. 31 s.
2.11550

—— Augsburger. Eine Sammlung architekton. Skizzen, hrsg. vom akadem. Architektenverein München. gr. Fol. (57 autogr. Taf. mit 1 Bl. Text.) München 886. (Augsburg, Votsch.)

—— zum Ausmalen für die Jugend. 1. Serie. 1.—18. Heft. qu. 4. (à 8 Stnt., wovon 4 color.) Leipzig 872,78, Opetz. à Heft

— zum Ausmalen f. die Jugend. 1. Serie. 1—13. Hft. qu. 4. (à 8 Steintäf., wovon 4 color.) Leipzig 873. Verlagsbuchh. f. Jugendliteratur. à — 40

Album ausserordentl. 1890 - 1894. Fol. (a 6 Radiergn.).– Wien , Gesellsch. f. vervielfältig. Kunst. C. Künzli

— **ausserordentliches.** Jahrg. 1892. 1893. gr. Fol. (à 6 rad. Taf.) Wien 893. 894. Gesellschaft f. vervielfältigende Kunst. à Jahrg. n.n. 10. —

— **ausserordentliches,** 1894—1896. qu. Fol. (je 6 Radiergn.) Wien 894/97. Gesellschaft f. vervielfält. Kunst. à n.n. 10. —

— **ausserordentliches.** Jahrg. 1898. qu. Fol. (6 Radiergn.) Wien 899. Gesellschaft f. vervielfältig. Kunst. n.n. 10. —

— der internationalen **Ausstellung f. Musik- u. Theaterwesen,** Wien 1892. Ausg. I. qu. gr. 8. (15 Taf. in Farbendr. m. 1 farb. Plan.) Wien 892. M. Herzig. In Leinw.-Decke. n. 3. 60; Ausg. II in Steindr., in Leinw.-Decke n. 1. 80; Ausg. III in Steindr. 16. n. — 90

— v. **Autographen** zur Zweihundertjähr. Gedächtnißfeier [am 24. Oct. 1848.] des westphäl. Friedensschlusses [am 24. Oct. 1648.] Mit 47 (lith.) Taf. Facsimiles u. 24 Portraits in Holzschn. in d. Text gedr. (Herausggb. v. T. O. Weigel u. Gust. Ed. Köhler.) (2 Abthlgn.) br. Fol. (VIII u. 187 S.) Leipzig, T. O. Weigel. (à n. 6 ß) n. 12 ß 1849.

Album v.Autographen hervorrag. Personen. Hrsg. v. K.Schram. 1-4. Lfg. 4°(22 L.) – Wien, 1864. (Lpzg., Köhler.)

— von **Autographen** hervorragender Personen der Vergangenheit und Gegenwart. Herausg. von K. Schram. 1—4. Liefg. Wien 864. Bartelmus. gr. 4. (22 lith. Bl.) Jede Liefg. n. 6 ngr.

Album autographique. 1 Livr. Fol. (4 Bl.) .– Bas. 1855, Georg.

Album, autographique. Livr. I. Leipzig 855. Volckmar in Comm. qu. Fol. (4 lith. Bl.) n. 15 ngr.

— von **Baden.** 12 photolith. Ansichten. 32. Baden 873. Otto. In Etui. n. 2. 40

Album v. **Baden** u. Umgebung. (Cabinet-Ausg.) 8. (10 Photogr.) Baden i/d. Schweiz 881. Kaufmann jun. geb. n.n. 10. —; Visite-Ausg. 16. geb. n.n. 5. —

Album von Baden-Baden. Neueste Original-Aufnahmen d. Stadt u. Umgegend. Mit Widmung von Richard Pohl. Baden-Baden: Spies [1896]. 10 Taf.
1: Kart. quer-4° Y 13435/16.
2.11552

— **de bal.** (12 farb. Taf. m. 1 Bl. Text in französ., engl. u. deutscher Sprache.) 43,5×33 cm. Paris (909). Leipzig, W. Opetz. 4. —

Album de bal. Chic parisien. Modèles artist. Theatre-soiree. (22 Taf. m. farb. Abb. u. 4 S. Text in französ., engl.u.deut. Sprache.) 43,5 x 33 cm.– Wien, Verl. d. Modejournale „Chic parisien"usw. 1909.

— **de bal théâtre—soirée.** Chic parisien. Modèles artistiques. (18 Taf. m. farb. Abb. u. 4 S. Text in franz., engl. u. deutscher Sprache.) 48,5×32,5 cm. Wien (910). Verlag der Modejournale „Chic parisien" usw. 6. —

— des **Balaton.** Erinnerung an Füred u. seine Umgebungen. Enthltd. 10 (lith.) Ansichten d. schönsten Gegenden am Balaton (Plattensee), mit dem (lith.) Uebersichtsplane des Balaton (in Fol.) und dem erklär. Texte (30 S. gr. 8.). Nach dem ungarischen Originale bearb. u. mit den neuesten verläßlichsten Daten verm. Pesth 855. (Lauffer u. Stolp.) 1 ß

Baltisches Album. Hrsg. von N[ikolaus] Graf Rehbinder. Mit Orig.-Beiträgen. — Dorpat: Model; (Leipzig: Baumann-Hartknoch in Komm.) 1848. XX,327 S.
1:Yz 8090. 10.
2.11555

— **Baltisches.** Hrsg. v. N. Graf **Rehbinder.** Mit Original-Beiträgen v. W. **Bräunlich,** J. **de la Croix,** N. **Grosewsky** ꝛc. gr. 8. (XX u. 327) Dorpat 848, Model. Leipzig, Hartknoch in Comm. 2 ß

— von **Bamberg** und Umgebung. qu. 16. (9 Photolithogr.) Bamberg 866, Hepple. In Carton *

— von **Barmen.** 16. (18 Ansichten in Lichtdr.) Barmen 888, Inderau.

Album von Barmen. — Barmen: Inderan [um 1889]. 18 Taf.
5.
2.11556

— von **Barmen.** 12. (12 Lichtdr.-Taf.) Barmen 892. H. Inderau's Nachf. In Leinw.-Decke. n. 4. —; 16. Ausg. in Leinw.-Decke. n. 1. 50

— von **Barmen.** qu. 16. (12 Bl. in Photogr.-Imitation.) Barmen 894. (Steinborn & Co.) In Decke. n. — 50

— d. **Basilika** d. hl. **Antonius** zu **Padua.** qu. 12. (12 Photogr.-Imitationen.) Padua 895. Tipografia Antoniana. n. — 50

— moderner **Baudecorationen.** I. Serie. Bauornamente, ausgeführt v. Wesche u. Ramcke, Bildhauer. 1.—3. Aufl. 42 Taf. (in Lichtdr.) m. 222 Motiven. Imp.-4. Berl. 890—92, Kanter u. Mohr. In Mappe * 36 —

Album moderner **Baudecorationen.** II. Serie. Bauornamente u. ausgeführte Stuck-Decken v. Wesche & Ramcke. gr. 4. (48 Lichtdr.-Taf.) Berlin 894. Kanter & Mohr. In Mappe. n. 40. —

— moderner **Baudecorationen.** III. Serie. Ausgef. Bauornamente. Aufn. n. d. Natur in Lichtdr. 68 Taf. m. 222 Motiven. gr. 4. Berlin 896. Kanter & Mohr. In Halbleinw.-Mappe n. 24. —

— moderner **Baudecorationen.** 1. u. 2. Serie. Ausgeführte Bauornamente u. Stuck-Decken. 5. Aufl. (90 Taf.) 41×33 cm. Berlin-Schöneberg (910). Kanter & Mohr. In Mappe 76. —

— mittelalterlicher **Baudenkmale** in Photographien von **Johs. Nöhring.** In 12 Liefgn. (à 2 Bll.) Hamburg 867. Grüning. gr. Fol. Jede Liefg. n. 2 ß 12 ngr.

Album pommerscher Bau- und Kunst-Denkmäler. Hrsg. von den 'Stettiner Neuesten Nachrichten'. — Stettin 1899: Fischer & Schmidt. 324 S. 4°
9.
2.11557

— **bayerisches.** Mit 100 Stahlst. gr. 8. München 841, Franz. n. 10 ß

— von **Bayreuth.** 12. (12 Lichtdr. auf Karton.) Bayreuth 894. H. Heuschmann jun. In Leinw.-Decke. 3. —

— der **Bergstrasse** u. des Odenwaldes. 12. (12 Lichtdr. auf Karton.) Bensheim 894. Lehrmittelanstalt J. Ehrhard & Co. In Leinw.-Decke. n. 2. 50; m. 6 Lichtdr. n. 1. 50

— von **Berlin.** qu. Lex. 8. 16 Blätter in Stahlstich. München 847, Poppel u. Kurz. $1^1/_2$ ß

— v. **Berlin.** qu. Fol. (26 Ansichten auf 22 Blatt in Kupferätzg.) Berlin 893. R. Schuster. In Mappe. 20. —

Album von Berlin. 55 Ansichten nach Momentaufnahmen in Photographiedruck. — Berlin: Globus Verl. [um 1900]. 28 Bl. 1: Kart. quer-4° Y 44253.
2.11560

— **dasselbe.** 3 grosse Panoramen u. 49 Ansichten nach Momentaufnahmen in Photographiedr. qu. gr. 4. Ebd. (902). Geb. n. 1. 20

Album von Berlin. 3 grosse Panoramen u. 49 Ansichten. — Ebd. 1904. 28 Bl. 1:Kart. quer-4° Y 44253[1904].
2.11561

— von Berlin. 4 grosse Panoramen, darunter 1 farb., u.55 Ansicht. nach Naturaufnahmen in Photographiedr. (64 S.) 27,5×34,5 cm. Berlin (909). Globus Verlag.
Geb. 1. 50

Album. — Album von Berlin, Charlottenburg und Potsdam. 5 grosse Panoramen u. 131 Ansichten nach Naturaufnahmen in Photographiedruck. — Berlin: Globus Verl. [1909]. 136 Bl. quer-4° 10.
2.11562

Album v. Berlin, Charlottenburg u. Potsdam. (136 m. 1 Farbdr.) 27 x 34 cm.– Berl., Globus Verl. 1910.

Album von Berlin & Potsdam. — o.O. [um 1884].
1:Kart. Y 44250.
2.11563

— von Berlin und seiner Umgebung. Sammlung der interessantesten Ansichten in (12) Stahlst. qu. 4. Darmstadt 861. Lange. qu. 4. n. 1 ß

— dasselbe, seinen westlichen Vororten u. Potsdam. 2 grosse Panoramen u. 131 Ansichten nach Momentaufnahmen in Photographiedr. qu. gr. 4. Ebd. (902).
Geb. n. 3. —

Album von Berlin, seinen westlichen Vororten und Potsdam. 3 grosse Panoramen u. 129 Ansichten. — Berlin: Globus Verl. 1903. 68 Bl. 1:quer-4° Tc 9962.
2.11565

— Berliner, für Zeichner. (Nr,) I—VI. qu. gr. 8. 1. u. 2. Landschaften v. Huber. 3. Blumen v. Jullien. 4. Arabesken v. Jullien. 5. Figuren in Landschaft v. Henry. 6. Köpfe v. Jullien. (à 24 lith. Bl.) Berlin 851, Hermes. 1 ß

Album zum Besten der Verunglückten in Pesth und Ofen. Wien 1838. H: *Witthauer, Friedrich.* (KU)

von Beyenburg. qu. 16. (8 Photogr.-Imitationen.) Barmon 893. (Steinborn & Co.) In Leinw.-Decke.
n.n. — 50

Album von Bielefeld. — (Bielefeld: Helmich [1899].) 12 Bl. quer-8° 6.
2.11566

Album in Bild u. Schrift. Herausgeg. v. d. Genossenschaft d. bildend. Künstler Wiens. 12 Bl. Kupferstiche, Radirungen, Lithographien etc. v. Charlemont, Darnaut, Defregger, Friedländer, Fröschl, Hackel, Hrucir, Karger, Lichtenfels, Pausinger, Schaeffer u. Unger, mit Autographen, Gedichten (von Randzeichnungen umgeben) v. Nordmann, Rank, Anzengruber, Schlögl, Christen, Baumbach, Bauernfeld, Ubl, Hamerling, Pichler, Rosegger u. Grasberger. Folio. Wien, Rudolf Lechner, k.k. Hof- u. Univ.-Buchh. In eleg. Mappe 20 fl. 509 S. 1885.

— ländlicher Bilder. Festgabe der lieben Jugend gewidmet v. einem ihrer Freunde. Mit 6 (lith. u. color.) Illustr. Nürnberg 858. Geißler. 4. (28 S.) 15 ngr

— religiöser Bilder. Zugabe zur „Alten u. neuen Welt" 1874. 12 Photo-Typographien nach Stahlstichen. Fol. Einsiedeln 874. Benziger. n. 1. 60

— österreichischer Bildhauer-Arbeiten d. XVIII. Jahrh., zusammengestellt v. Alb. Ilg. Photogr. u. Lichtdr. v. J. Löwy. 4 Lfgn. gr. 4. (à 5 Bl.) Wien 878. Lehmann & Wentzel in Comm. à n. 6. —

— der hochwürdigsten Bischöfe v. Breslau von 1341 bis heut. Dargestellt nach den besten vorhandenen Bildnissen in Photogr. br. 8. (27 Bl. m. 16 S. Text.) Breslau 877. Görlich. geb. m. Goldschn. u. Schliesse.
n. 30. —

Album de blouses, s. a. Chic de Paris.

— de blouses. „Le Chic". Jahrg. 1904—1906. à 4 Nrn. (à ca. 15 Taf. m. deutschem u. französ. Text.) Fol. Wien, B. Finkelstein & Bruder. à Jhrg. n. 14. —; einzelne Nrn. n. 4. —

Album de blouses. „Le Chic". Jahrg. 1907—1910. à 4 Nrn. (à ca. 24 S. farb. Abb. m. 1 S. dtschem. u. franz. Text u. Text auf dem Umschlage.) 41,5×31 cm. Wien, Palais de la mode „Le grand Chic" à Jahrg. 14. —; einzelne Nrn. 4. —

— de blouses. Dernières créations pour la saison. Jahrg. 1909. 4. Nrn. (à ca. 20 S. Abb. m. Text auf dem Umschlag.) 42×32,5 cm. Wien, Brüder Adler. à 1.70; m. farb. Abbildgn. à 3. —

— de blouses. Supplément au Modèle de Paris. Jahrg. 1910. 4 Nrn. (à ca. 12 S. m. z. Tl. farb. Abb.) 38,5×29,5 cm. Frankfurt a/M., Mode-Journal-Verlag, M. G. Martens.
7. —

— blouses nouvelles. Modèles de Paris et Vienne. „Chic parisien". Jahrg. 1903—1906 à 4 Nrn. (à 120 farb. Modelle m. deutschem u. französ. Text auf dem Umschlag.) Fol. Wien, Verlag der Modejournale „Chic Parisien" usw. à Jhrg. n. 14. —; einzelne Nrn. n. 4. —

— de blouses nouvelles. „Chic parisien". 5.—7. Jahrg. 1907—1909. à 4 Nrn. (à ca. 24 S. farb. Abbildgn. m. 4 S. Text in französ., engl., italien. u. deutsch. Sprache.) 42×32,5 cm. Wien, Verlag der Modejournale „Chic Parisien" usw. à Jahrg. 14. —; einzelne Nrn. 4. —

— de blouses parisiennes. Administrateur-gérant: Arnold Bachwitz. Hiver 1910/11. (20 S. m. Abb. u. 2 S. Text in franz. u. deutscher Sprache.) 42,5×32,5 cm. Ebd. (910). 1. 75

— für Blumen-Zeichner. 1. Heft. 16. (12 Blatt.) Ebd. 846. n. 1/3 ß

— vom Bodensee. 12 Ansichten gr. 4. Daselbst eleg. geb. 1876 12. —
idem, carte de visite 6. —

— vom Bodensee u. Rhein. qu. 16. (30 Photogr.-Imitationen.) Zürich 892. C. Künzli. In Leinw.-Decke. n. 1. 50

Album v. Bodensee u. Rhein. 16°(30 Photogr.-Imit.).– Zür. 1894,

Album vom Bodensee mit den Schlössern von der Weinburg, Wartegg, Villa Seefeld bei Rorschach, Arenaberg und Schloss Friedrichshafen, nebst der Insel Mainau. gr. 4. Rorschach, L. Huber. Eleg. gebdn. 40. —.

— vom Bodethal. Quedlinburg 866. Huch. qu. 16. (12 photolithogr. Bll.) 1 ß

—— vom Königreich Böhmen. Ansichten der schönsten, anmuthigen u. wildromantischen Gegenden, geschichtlich merkwürdigsten Schlösser, Burgen, Städte u. Baudenkmale. Nach der Natur aufgenommen von A. Hann u. F. Kaliwoda. Lithogr. v. A. Hann in Berlin, nebst einem erläuternden Text v. F. B. Mikowec, herausgeg. v. Ed. Hölzel. Vollständig in 16 Lieferungen enthaltend 48 Ansichten mit Text (461 S.) und einer Prämie. „Libussa's Weissagung" in Farbendr. 1. Ausg. Tondr. 33 fl., 2. Ausg. col. 60 fl, 3. (Pracht-) Ausg. 84 fl. 1860.

Album, botanisches, od. Samml. ausgew. naturgetreuer Abbild. d. merkwürdigsten Pflanzen, Blumen, Früchte, Bäume, Sträucher etc. nebst Benennung. Zusammengetragen aus L. Trattinick's sämmtl. botan. Werken. Mit 150 Kpf. 4. Wien. Helf. (3½. —) 1. —

Album der Boudoirs. 1838. ([Hrsg. v.] August Lewald. [Mit] Ill. zu Uhland's Gedichten.)
Stuttgart: Lit. Compt. [1838]. 191 S., 36 Taf. 8°

— Brandenburgisches. Königreich Preussen. 1. Section. Eine Samml. in Stahlstich ausgeführter Ansichten der Städte, denkwürdigen Bauten etc. der Mark Brandenburg. Nach der Natur gez. von J. Gottheil. (Gest. von Poppel u. Kurz.) (In 20 Liefgn.) 1.—3. Liefg. Hamburg, 856, 57. Berendsohn. Qu. gr. 4. Jede Liefg. von 3 Bl. Subscr.-Pr. n. 15 ngl
chines. Papier n. 22½ ngl

— von Bregenz mit Gebhardsberg. Carte de visite. Daselbst. eleg. geb. 1876 6. —

—— von Bremen. qu. 16. (6 Photolithogr.) Bremen 866, Gesenius. In Carton

—— von Bremen. 20 Lithogr. nach der Natur gez. von W. Heuer. qu. 4. Bremen 866, Küthmann und Comp.
geb. mit Goldschn. *

— von Bremen. qu. gr. 4. (21 Photogr.) Bremen 881. v. Halem. In Leinw.-Mappe. n. 25. —

— von Bremen, Bremerhaven u. den Nordseebädern. (24 S. in Photographiedr.) qu. Lex.-8. Berlin (904). Globus Verlag. Geb. n. 1. 20

Bremisches Album. Hrsg. von Hedwig Hülle. Mit Beiträgen von Amadeus [u. a.] — Bremen 1839: Heyse. 346 S.
11.
2.11568

Album der Brennerbahn. Zagest. während der Baujahre 1864–1867. — Innsbruck: Czichna (1867). 34 Taf. 2°
89.
2.11569

— von Breslau. 12. (12 Lichtdr.) Breslau 891. R. Felder's Verl. In Leinw.-Decke. n. 1. 50

— dasselbe. 16. (18 Lichtdr.) Ebd. 891. In Leinw.-Decke. n. — 50

Album von Breslau. Orig.-Aufn. u. Lichtdr. v. E. Mertens & Cie. i. Berlin. gr. 4. (20 Taf.) Breslau 895. P. Sesselmann. In Leinw.-Mappe 25. —; einz. Blätter 1. 25; unaufgezogen 1. —; Cabinet-Ausg. In Mappe 6 —; einz. Blätter — 30; ermäss. Preis f. einz. Bl. — 80; aufgez. 1. —; Cab.-Ausg. — 25

— von Breslau. 32 Ansichten nach Momentaufnahmen in Photographiedr. (32 S.) qu. Lex.-8. Ebd. (904). Geb. n. 1. 20

Album für Briefmarken. Leipzig 1862. V: *Wuttig, Gust. Wilh.* (Ky)

— für Brief-Marken. 12—17. Aufl. Leipzig 865—70. Literar. Museum. 8. (100 S.) n. 5 ngr

Album für Brief-Marken. 14.—18. Aufl. 8. (IV, 96 S.) Leipzig 870, Literar. Museum. cart. *

— für Briefmarken. Hrsg. v. Jul. Kümmel. 19. verm. u. verb. Aufl. 4. (IV, 181 S. mit eingedr. Holzschn.) Leipzig 871. literar. Anstalt. geb. n. 1. 80 u. n. 3. —; m. Goldschn. 5. —; in Leder m. Goldschn. u. Schloss n. 12. —; in Saffian m. Goldschn. u. 2 Schlösser n. 18. —

— für Briefmarken. Auszug aus dem Schaubek'schen Briefmarken-Album, zur ersten Anlage e. Sammlg. eingerichtet. gr. 8. (II, 76 S.) Leipzig 874. Wartig in Comm. — 80; geb. in Halbleinw. n. 1.—; geb. in Leinw. 1. 25

—— für Briefmarken, zur ersten Anlage der Sammlung und zur Doublettenaufbewahrung eingerichtet. Mit 825 (eingedr. Holzschn.-)Abbild. 12. Aufl. gr. 8. (79 S.) Leipzig 883, Expedition des Briefmarken-Album. cart. *
geb. *

— für Briefmarken, zur ersten Anlage der Sammlg. u. zur Doublettenaufbewahrg. eingerichtet. Mit ca. 1200 Marken, Porträts u. Wappen-Abbildgn. Raum f. 2400 Briefmarken. Neueste, 17. Aufl. gr. 8. (120 S.) Leipzig 893. Exped. d. Briefmarken-Album. Kart. n. 1. —; geb. in Halbleinw. 1. 20; in Leinw. 1. 50; einseitig bedr., in Leinw. 2. —

— v. Bromberg. qu. gr. 16. (16 photozinkogr. Taf.) Bromberg 897. (E. Hecht.) In Decke n. 1. —

— von Brünn. 25 Ansichten in Lichtdr. nach Orig.-Aufnahmen der Ateliers J. Kunzfeld u. Trab, nebst den entsprech. Erklärgn. u. Notizen. 16. (3 S.) Brünn 884. Winkler. geb. n. 2. —

Album von Brünn. Lithographie. In Visitform. Total-Ansicht gegen Nord — gegen Süd — Spielberg — Panorama — Grosser Platz — Krautmarkt — Deutsches Haus — Turnhalle Böhm. Vereinshaus Evangelische Kirche - Stadttheater — Bahnhof — elegant gebunden, ord. —.60, feinere Ausgabe ordinär Brünn: Winkler's Buchh. 1895 —.70

— von Bückeburg, Eilsen u. Weserthal. qu. 16. (12 Photogr.-Imitationen.) Minden 887. Keiser & Co. geb. n. 1. 25

—— für Bühnen und Bühnenfreunde. Hrsg. von C. A. Sachse. 1. Band. Jan. — April 1851. (4 Hefte.) gr. 8. Hamburg 851, (Bernhardt'sche Buchh.) *

Heft 1. Großmütterchen, oder: Ein vortreffliches Herz. Lustsp. in 1 Aufz. Frei nach dem Franz. von Moltke. (16 S.)
" 2. Sie ist die Herrin. Lustsp. in 2 Akten von Thdr. Gaßmann. (28 S.)
" 3. Der erste Kranke. Lustsp. in 1 Aufz. Frei nach dem Franz. von Bernhard. (10 S.)
" 4. Der Maltheser. Drama in 1 Akt. Nach dem Franz. des Scribe frei bearb. von Charlotte v. B. (20 S.)

—— der Bühnen-Costüme, s. Bloch, Ed., Album.

— für Buntstickerei. Eine Sammlung v. Stickmustern m. kurzem erklärenden Texte. 1. Lfg. qu. gr. 4. (3 color. u. 1 schwarz. Kpfrtaf. m. 1 Bl. Text.) Nürnberg 852, v. Ebner. n. ⅔ ngl

Album f. Buntstickerei. 1. Lfg. qu 4° (4 K. m. 1 Bl.) – Nürnb. 1852, (Münch., Weydner.)

—— für leichte und elegante Bunt-Stickerei. Eine Auswahl von 217 Orig.-Mustern in brillantem Farbendr. 13 Hefte. qu. 8. (à 5 Bl.) Leipzig 880, [G. Poenicke's Schulbuchh.] Verlags-Magazin. à Heft * 50 Pf. *

— von Burg a. d. Wupper. qu. 16. (8 Photogr.-Imitationen.) Barmen 892. (Steinborn & Co.) In Leinw.-Decke. n. — 60

— von Burg a. d. Wupper. (3., verm. Aufl.) qu. 16. (12 Taf. in Photogr.-Imit.) Barmen 895. (Steinborn & Co.) In Decke n. — 75

Album in losen Blättern sämmtlicher uniformirten Bürger- und Scheiben-Schützen des Königreichs Sachsen. Dresden [Weber] 186* oder 187*.

— de Calligraphie. qu. 8. (20 Steintaf.) Harburg 878. Elkan. 1. 20

— de chapeau. Grand chic parisien. Modèles artistiques. Publication artistique et professionelle spéciale aux modistes. Red.: A. Bachwitz. Jahrg. 1906. 4 Hfte. (à ca. 80 S. m. z. Tl. farb. Abbildgn. u. 4 S. Text in franz., engl., deutscher, italien. u. span. Sprache.) Fol. Wien, Administration des Modejournales „Chic parisien". à Hft. n. 4. —

— von Chemnitz. 17 Ansichten in Photogr.-Imitation. gr. 16. Chemnitz 1881. Friese. geb. n. 1. 20

Album v. Chemnitz. 17 Ansichten in Photogr.-Imitat. 16°.– Chemn. 1881, Troitzsch.

— von Chemnitz. 12. (21 Photogr.-Imitationen auf 12 Taf.) Chemnitz 890. Troitzsch. In Leinw.-Decke. n. 1. 20

— von Chemnitz. 12. (24 Ansichten in Photogr.-Imitation auf 15 Bl.) Chemnitz 894. B. Troitzsch. In Decke. n. 1. 20; kleine Ausg. qu. 16. (14 Ansichten.) In Leinw.-Decke. n. — 60

— von Chemnitz. (Neudr.) gr. 16. (14 Photogr.-Imitat.) Chemnitz 898. B. Troitzsch. In Decke — 60

Album, christliches. 8. (144 S.) Bremen 886, Verlag des Tractathauses. *

Chromotypographisches Album, enthaltend 80 Miniaturen des Mittelalters aus dem 14. und 15. Jahrhundert, der Blüthezeit jener Meister-Miniatoren, deren Werke in den berühmtesten geistlichen und weltlichen Bibliotheken Deutschlands als Unica aufbewahrt und bewundert werden ⟨Lott'sche Sammlung⟩. — Stuttgart: Gerschel; [übergekl.:] Dresden: v. Zahn & Jaensch [um 1865]. 80 Taf.
7.
2.11579

— Regensburg [usw.]: Pustet [um 1880]. 80 Taf.
1: Nv 6245. 89.
2.11580

— vom Schlachtfeld Colombey-Nouilly-Noisseville 14. u. 31. VIII. 1870 m. sämmtl. Denkmälern. (20 Bl. m. 1 Karte.) qu. 8. Metz (903). (R. Lupus.) In Decke n. 1. —

Album de Combe-Varin. A la mémoire de Thdr. Parker et Hans Lorenz Küchler. — Album von Combe-Varin. Zur Erinnerung an Thdr. Parker und Hans Lorenz Küchler. Mit 5 lith. Taf. Zürich 861. Schabelitz. gr. 8. (XVI, 331 S.) n. 1 ℛ 22 ngr.

Album von Combe-Varin. Zur Erinnerung an Theodor Parker u. Hans Lorenz Küchler. (Hrsg.: Mayer v. Esslingen.) Mit 5 lithogr. Taf. — Zürich: Schabelitz 1861. XVI, 331 S.
Nebent.: Album de Combe-Varin.
1: Ag 8956. 12: Var. 271 k. 300: 116.514–B. 8. 10.
2.11583

—— comique de la poésie française. Par P. Fouré. 16. (IV und 286 S.) Berlin 854, Grobe.

Album Curonorum. Mitgliederverzeichn. der Curonia 1808—1885. Im Auftr. des Convents bearb. von Alex. Bernewitz. — Mitau: Felsko 1885. 125 S.

Album Curonorum. (Hrsg. W. Räder und E. Bettac. — Jurjew (Dorpat) 1903: Laakmann). VIII, 468 S. 4°

— von Czernowitz. Cab.-Ausg. qu. 8. (12 Lichtdr.) Czernowitz 895. R. Schally. n.n. 2. 50; Visit-Ausg. n.n. 1. 50

Album Dalibora. Album der böhm. Musikzeitschrift „Dalibor". Jahrg. V. Nr. 6—11. (Mit Composit. v. E. Holoubek, Heinr. de Kaan, Jos. Nešvera, Ign. Palla und K. Weis.) Prag, Fr. A. Urbánek. à 35 kr. 1884.

Album moderner, nach Künstlerentwürfen ausgeführter Damenkleider, ausgestellt auf d. Grossen allgem. Ausstellung für d. Bekleidungswesen Krefeld 1900. Mit Einl. von Maria van de Velde. — Düsseldorf: Wolfrum [1900]. 4 Bl., 32 Taf.
1: 4° Op 15334. 5.
2.11589

— von Danzig. qu. 8. (24 lith. u. 1 in Kpfr. gest. Bl.) Danzig 851, Devrient. n. 2 ℛ; color. n. 4 ℛ

Album von Danzig. 23 Ansichten nach Momentaufnahmen in Photographiedruck. — Berlin: Globus Verl. [1904]. 12 Bl. quer-4°
10.
2.11590

Album von Danzig und den zunächst liegenden Ostseebädern. — (Danzig: Schröter [1901].) 16 Taf. quer-8°
10.
2.11591

— von Danzig u. Umgegend. 12. (12 Lichtdr.) Danzig 893. R. Barth. In Leinw.-Decke. n. 2. 50

— der Dechenhöhle. Grosse Ausg. 16. (12 Ansichten in Photogr.-Imitation.) Leipzig 889. Jul. Baedeker. In Leinw.-Decke. n. 1. —; kleine Ausgabe a und b (je 6 Ansichten) à n. — 50

— berühmter Deckhengste. qu. gr. 4. (22 Photogr. m. 22 Bl. Text.) Berlin 894. H. Schnaebeli & Co. Geb. in Leinw. n. 30. —

Album für Defilir-Märsche der k. k. österreichischen Armee. 1—6. Lieferung. 1. Lieferung: Defilir-Marsch von Franz Maßak, Kapellmeister des k. k. Freih. v. Heß 49. Linien-Infanterie-Regiment. (S. 2—8.) — Triester Defilir-Marsch von W. H. Zawertal, Kapellmeister des k. k. Prinz Emil 54. Linien-Infanterie-Regiments. (S. 9—15.) — Defilir-Marsch von J. L. Matuschka, Kapellmeister des k. k. Ritter v. Roßbach 40. Linien-Infanterie-Regiments. (S. 16—22.) — 2. Lieferung: Olmützer Lagermarsch zur Bundes-Heerschau von A. Leonhardt, k. k. Armee-Kapellmeister. (S. 23—31.) — Lagermarsch von Tischler, Kapellmeister des k. k. Fürst Schwarzenberg 19. Linien-Infanterie-Regiments. (S. 32—37.) — Defilirmarsch von Josef Hikl, Kapellmeister des k. k. Baron Fürstenwärther 56. Linien-Infanterie-Regiments. (S. 38—42.) — 3. Lieferung: Defilirmarsch von Josef Kamenetz, Kapellmeister des k. k. Graf Haller 12. Husaren-Regiments. (S. 43—46.) — Der Schnellsegler. Manövrirmarsch von J. N. Sawerthal, Kapellmeister der k. k. Kriegsmarine. (S. 47—55.) — Kriegers-Fuß-Marsch von Josef Mazánek, Kapellmeister des k. k. Großfürst Alexander II Uhlanen-Regiments. (S. 56—66.) — 4. Lieferung: Brigade-Marsch, von Johann Jedliczka, Kapellmeister des k. k. 4. Jäger-Bataillons. (S. 67—74.) — Bordage-Marsch von Fl. Pospischill, Kapellmeister des k. k. Friedrich Wilh. von Preußen 10. Husaren-Regiments. (S. 75—78.) — Defilirmarsch von C. Leibold, Kapellmeister des k. k. Fürst v. Warschau 37. Linien-Infanterie-Regiments. (S. 79—84.) — 5. Lieferung: Defilirmarsch von Franz Maßak, Kapellmeister des k. k. Freiherrn v. Heß 49. Linien-Infanterie-Regiments. (S. 85—92.) — Defilirmarsch von W. H. Zawertal, Kapellmeister des k. k. Prinz Emil 54. Linien-Infanterie-Regiments. (S. 93—99.) — Defilirmarsch von J. L. Matuschka, Kapellmeister des k. k. Ritter v. Roßbach 40. Linien-Infanterie-Regiments (S. 100—106.) — 6. Lieferung: Bereitschafts-Marsch von A. Augustovics, Kapellmeister des k. k. Grafen Civalart 1. Uhlanen-Regiments. (S. 107—111.) — Defilirmarsch von Josef Hauser, Lieutenant des k. k. Großh. v. Hessen 14. Linien-Infanterie-Regiments, vormals Kapellmeister. (S. 112—115.) — Defilirmarsch von A. Leonhardt, Kapellmeister. (S. 116—122.) — Gr. Fol. Wien, k. k. Hof- und Staatsdruckerei 1854.

Album humorist. Declamationen. 16° (160).– Reutl. 1900, R. Bardtenschlager.)

— humoristischer Declamationen. Eine Sammlg. v. kom. Vorträgen, Gedichten u. Parodien. gr. 16. (160 S.) Reutlingen (902). R. Bardtenschlager. — 50

— komischer Deklamationen. Eine Auswahl der neuesten und witzigsten, zu Vorträgen in gesell. Kreisen geeigneten, prosaischen Aufsätze und Gedichte. Mit Originalbeiträgen. 1. u. 2. Aufl. 861. (V u. 226 S.) n. 15 ngr. — 3. verm. Aufl. Pforzheim 863. Flammer. 16. (VI, 320 S.) 10 ngr.

—— komischer Deklamationen. Eine Auswahl der neuesten und witzigsten zu Vorträgen in geselligen Kreisen geeigneten humorist. Aufsätze und Gedichte. Mit Originalbeiträgen. 3., verm. Aufl. 16. (VI und 320 S.) Pforzheim 863, [Behrens.]

Album com. Deklamationen. 3.Thl. 16°(320).– Pforzh. 1863, (Strassb., Schauenburg.)

— komischer Declamationen. Eine Auswahl der neuesten u. witzigsten zu Vorträgen in geselligen Kreisen geeigneten humoristischen Aufsätze u. Gedichte. Mit Originalbeiträgen. 5. Aufl. 867. — 6. Aufl. Lahr 870. Schauenburg. 16. (VI. 320 S.) n. 10 ngr.; cart. n. 12½ ngr.

—— komischer Declamationen. Eine Auswahl der neuesten und witzigsten zu Vorträgen in gesell. Kreisen geeigneten humorist. Aufsätze und Gedichte. Mit Originalbeiträgen. 6. Aufl. 1869, und 7. Aufl. 16. (VI, 320 S.) Lahr 874, Schauenburg. *ℳ 1.; cart. *

Album kom. Deklamationen. 7. Aufl. 16°(320).– Lahr 1874, Geiger. Neue Samml. (236) 1871.

— komischer Deklamationen. Eine Auswahl der neuesten u. witzigsten zu Vorträgen in gesell. Kreisen geeigneten humoristischen Aufsätze u. Gedichte. Mit Orig.-Beiträgen. 8. verm. Aufl 16. (VII, 320 S.) Lahr 879. Schauenburg. n. 1. —

Album komischer Deklamationen. Eine Auswahl der neuesten und witzigsten zu Vorträgen in geselligen Kreisen geeigneten humoristischen Aufsätze u. Gedichte. Neue Sammlung. — Lahr: Schauenburg 1879. VI,234 S.
1:Yf 5818.
2.11592

—— declamatorisches. Eine auserlesene Sammlung vorzüglicher Gedichte ernsten und heiteren Inhalts zum Vortrage im Concert, im Salon und im Familienkreise. Hrsg. von G. Schönstein. gr. 16. (VI und 410 S.) Hamburg 856, B. S. Berendsohn. *

— von Demmin. 16. (10 Photogr.) Demmin 877. Freund. cart. n. 2. 50

— dasselbe. 2. Aufl. 16. (12 Photogr. m. 2 S. Text.) Ebend. 879. cart. n. 3. —

— demokratisches. Hrsg. v. mehr. deutschen Schriftstellern. Lex. 8. (IV u. 175 S.) Herisau 848, Schläpfer. 27 ngr.

— du dessinateur. 1er et 2e vol. à 48 planches dont 8 en couleurs. gr. Fol. Plauen (903. 904). Ch. Stoll. In Mappe à n. 28 —

— von Detmold u. dem Teutoburger Wald. 12. (8 Taf. in Photogr.-Imitation.) Detmold 887. Hinrichs. geb. n. 1. —

— von Deutsch-Böhmen. Hrsg. v. F. W. Krondorf. 1.—3. Lfg. qu. 4. (12, 16 u. 16 Photozinkotyp.) Aussig 892—894. (A. Grohmann.) à n. 1. —

— deutsches, f. Briefmarken. Kleine Ausg. f. Anfänger im Sammeln, auch zur Aufbewahrg. v. Doubletten geeignet. Mit 170 (eingedr. Holzschn.) Abbildgn. gr. 8. (81 S.) Leipzig 876. L. Senf. n. 1. —; geb. n. 1. 25

Album in Breslau lebender Dichter und Dichterinnen. Zeichen der Achtung für Herrn C. [vielm. Franz Ludwig] Schwarz in Trachenberg zur 50jährigen Feier seines Amtsjubiläums und seiner Lyra. Breslau, den 27. März 1842. — Breslau (1842): Günther. 36 S.
2.
2.11594

Album deutscher Dichter. Herausgeg. v. H. Kletke. gr. 12. Berlin 843, Schröder. n. 1⅓ ℛ geb. 2 ℛ — 2. Aufl. Mit 1 Stahlst. 8. Ebd. 846. 1⅔ ℛ geb. 2 ℛ

— Deutscher Dichter. Herausg. v. H. Kletke. 3. Aufl. 32. (XVIII u. 518 S.) Berlin 849, Schroeder. 1⅔ ℛ; in Engl. Einb. m. Goldschn. 2 ℛ — 4. unveränd. Aufl. 16. (XVIII u. 518 S.) Ebd. 850. — 5. Aufl. 16. (XVIII u. 546 S.) Ebd. 851. In Engl. Einb. m. Goldschn. à 2 ℛ

—— deutscher Dichter. Hrsg. von H. Kletke. 6. Aufl. (XVI und 557 S.) 1853. und 7. Aufl. 16. (XVI und 583 S. mit 1 Stnt.) Berlin 856, Schröder's Verlag.

—— deutscher Dichter. Hrsg. von Herm. Kletke. 8. Aufl. 16. (XVI und 584 S.) Berlin 858, Schroeder's Verlag. geb. in Lederbd. ** 2 Thlr. 20 Ngr.; in feinem Lederbd. **

—— deutscher Dichter. Hrsg. von Herm. Kletke. 9. Aufl. 16. (XVI und 584 S.) Berlin 862, Schröder's Verlag. geb. mit Goldschn.

—— deutscher Dichter. Hrsg. von Herm. Kletke. 16. 10. Aufl. (XIX, 595 S. mit gest. Widmungsblatt.) Berlin 868, Schroeder's Verlag.

— zu Deutschlands Dichtern. 1. Jahrg. qu. 4. (18 lith. Bl.) Stuttgart 851, H. Köhler. n. 2 ℛ 6 ngr.

— englischer Dichter, in deutschen Nachdichtgn. von M. v. Westen. 8. (VII, 304 S.) Hamburg 884. Grüning. geb. m. Goldschn. 4. 50

— hundert ungrischer Dichter. In eignen und fremden Uebersetzungen herausg. durch C. M. Kertbeny. Dresden. 854. Schaefer. 16. (XX, 1 Bl., 559 S.) geb. n. 2 ℛ

—— hundert ungrischer Dichter. In eignen und fremden Uebersetzungen hrsg. durch C. M. Kertbeny. 3. Aufl. 16. (XXI und 559 S.) Dresden 858. [Wien, Markgraf und Comp.] geb. *

[F.] Album Oldenburgischer Dichter. E. Festgabe. Hrsg. v. Franz Poppe. 2. neu bearb. u. erg. Aufl. *Oldenburg & Leipzig: Schulze (1897).* (VIII, 295 S.) 1 Bd 8. [96. 8,86

—— österreichischer Dichter. 12 Lfgn. gr. 8. (IV und 486 S. mit 12 Portr. in Stahlst.) Wien 849, 50, Pfautsch und Voß. à Lfg. * 6 Ngr. *

Inhalt: Nikolaus Lenau. — Anastasius Grün. — Franz Grillparzer. — Friedr. Halm. — Ed. v. Bauernfeld. — J. F. Castelli. — L. A. Frankl. — Ad. v. Tschabuschnigg. — J. G. Seidl. — Dräxler-Manfred. — J. N. Vogl. — H. v. Levitschnigg.

Album österreichischer Dichter. [Nebst] N. F.— Wien: Pfautsch & Voss 1850–58.
Vollst. . . 1: Hauptwerk = Yf 3436; N. F. = Yf 3437.
12: P. o. germ. 191. 300: 29.867. 5. 11.
[=N. F.] . . . . 8. 10.
2.11595

— österreichischer Dichter. Neue Folge. (In 12 Liefgn.) Mit 12 (lith. u. in Stahl gest.) Porträten. Wien 856—58. Pfautsch u. Voß. gr. 8. (IV, 456 S.) 2 ℛ 12 ngr.

Album österr. Dichter. N.F. 8°(456 m. 12 K.).– Wien 1857,58. Wallishausser's Bh.

Album schlesischer Dichter. Hrsg. vom Verein für Poesie (7: unter persönlicher Redaktion des Dr. R[aphael] Finckenstein). Folge 5–7. — Breslau: Brockhaus (6f.: Mälzer) 1866–70.
5. 1866. 6. 1868. 7. 1870.
5–7 . . . . 2.
6.7 . . . . 1:Yf 1006.
6 . . . . 7.
2.11596

—— schlesischer Dichter. Hrsg. vom Verein für Poesie in Breslau. 5. Sammlung. 8. (XV und 282 S.) Leipzig 866, Brockhaus. * 1 Thlr. 10 Ngr.; geb. mit Goldschn. *

—— 6. Folge. Breslau 868. Mälzer. 8. (236 S.) n. 1 ℛ 20 ngr.

—— schlesischer Dichter. Hrsg. vom Verein für Poesie, unter persönl. Red. des Vorsitzenden R. Finckenstein. Mit 3 Illustr. in Kpfr. von Bernh. Mannfeld. 7. Folge. gr. 16. (IV, 224 S.) Breslau 870, Mälzer. *

Album schlesischer Dichter. Hrsg. von d. Verein Breslauer Dichter-Schule. ⟨Folge 7.⟩ — Breslau 1874: Korn. VII,216 S. 1:Yf 1008. 2.
2.11597

—— dass. — 8. Sammlung. Hrsg. von dem Verein „Breslauer Dichter-Schule". 8. (VII, 216 S.) Breslau 874, Skutsch. **

— schlesischer Dichter. 8. Sammlg. [7. Folge.] hrsg. v. dem Verein „Breslauer Dichter-Schule". 8. (VII, 216 S.) Breslau 875. Skutsch. n.n. 3. —

— schwäbischer Dichter. 1—3. Liefg. Tübingen 861—64. Osiander. 4.
1. Liefg.: Ludwig Uhland. (32 S. u. photogr. Portr.) n. 21 ngr.; Prachtausg. n. 1 ℛ
2. = Justinus Kerner. (32 S. u. photogr. Portr.) n. 21 ngr.; Prachtausg. n. 1 ℛ
3. = Karl Mayer. (40 S. u. photogr. Portr.) n. 24 ngr.

—— vaterländischer Dichter dem Andenken an die Gründung des Schweizerbundes gewidmet und hrsg. im Vereine mit Fröhlich, Henne. Sal. Tobler u. A., von Rob. Weber. 1 und 2., verm. Aufl. gr. 8. Zürich, Höhr. [1 Aufl. (VIII und 146 S.) 851., 2. (176 S.) 852.] *

Die erste Auflage erschien unter dem Titel: Album vaterländ. Dichter auf Zürichs Bundesfeier.

— vaterländischer Dichter auf Zürichs Bundesfeier. Hrsg. v. Rob. Weber. gr. 8. (VIII u. 146 S.) Zürich 851, Höhr.

— ausländischer Dichtung, s. Nitschmann, H.

Album, heiterer u. komischer deutscher Dichtungen. Aus d. vorzüglichsten vaterländ. Dichtern des 18. u. 19. Jahrh. zusammengestellt u. m. einer Einleitg. begleitet v. O. L. B. Wolff. 16. (VIII u. 426 S.) Leipzig 850, Haendel. 1⅓ ℛ; in Engl. Einb. m. Goldschn. n. 1⅚ ℛ

— neuester Dichtungen. Hrsg. v. Ludw. Adf. Staufe. Mit Beiträgen v. Jos. Blumenfeld, C. Cerri, Julie Gräfin Oldofredi-Hager ꝛc. 8. (IV u. 122 S.) Wien 852. (Gerold.) n. 1 ℛ 4 ngr.

—— plattdeutscher Dichtungen. 16. (VII, 328 S.) Leipzig 869, Grunow. geb. mit Goldschn. *

Album d'un diplomate. Dédié à ses collègues. — Bruxelles, Leipzig: Mucquardt [usw.]; Francfort a. M.: Baer 1861. 451 S. 1:Fm 8155. 5. 11.
2.11599

Album d'un Diplomate. Dédié à ses Collègues. Bruxelles(?) 1884. V: *Dumreischer, Alois Baron von.* (Hdschr. Mitth. Excellenz Josef v. Rodakowski-Meran.)

— von Döbeln. qu. 16. (12 Photogr.-Imitationen.) Döbeln 889. Schmidt. In Leinw.-Decke. n.n. 1. —

Album malerischer Donau-Ansichten. Enthaltend: 1. Dom zu Ulm, 2. Regensb. 3. Dom zu Regensburg, 4. Walhalla, 5. Straubing, 6. Passau, 7. Engelhardszell, 8. Aschach, 9. Linz, 10. Mauthausen, 11. Grein, 12. Wirbel, 13. Strudel, 14. Persenbeug, 15. Melk, 16. Krems und Stein, 17. Dürenstein, 18. Greifenstein, 19. Kloster-Neuburg, 20. Leopoldsberg, 21. Wien, 22. Dom St. Stephon, 23. Theben, 24. Preßburg, 25. Gran, 26. Wissegrad, 27. Pesth. — Triest. Literarisch-artistische Abtheilung des österr Lloyd. Buchdruckerei des österr. Lloyd. (27 Bl. Fol.) 1856

Album Dorpati Livonorum. Dorpat 1890. H: *Ammon, Alexander.* (Erman & Horn, Bibliogr. d. dtsch. Universitäten. 2. Leipz. u. Berl. 1904.)

Album Dorpato-Livonorum. Dorpat 1875. H: *Beise, Theodor.* (Erman & Horn, Bibliogr. d. dtsch. Universitäten. 2. Leipz. u. Berl. 1904.)

Album Dorpato-Livonorum. [1.] 1875. [2.] 1908. [Nebst Nachtr. 1908—1924.] — Dorpat (1875)—1925: Laakmann. [Als Ms. gedr.]

Album von Dortmund. — [Dortmund:] Köppen [1893]. 12 Taf. quer-8° 1:Tg 5153.
2.11600

—— dramatique, ou choix de pièces franç. intéressantes et propres à initier dans le langage de la conversation. I. et II. 16. Brême Geisler. à
I. M. Musard, ou comme le temps passe. Comédie en un acte. Par L. B. Picard. (2½ B.) 840.
II. L'humoriste, ou comme on fait son lit, on se couche. Proverbe dramat. Par T. Leclerq. (2 B.) 841.

— von Dresden. (Orig.-Aufn. von E. Mertens & Cie. in Berlin.) qu. 4. (12 Lichtdr.-Taf. a. Karton m. 1 Bl. Text.) Dresden 896. E. Weise. In Leinw.-Mappe 15. —; einz. Bl. 1. 20; unaufgez. — 80

— von Dresden u. Sächsische Schweiz. 47 Ansichten nach Momentaufnahmen in Photographiedr. qu. gr. 4. Berlin (900). Globus-Verlag. Geb. 1. 50

!Album v. Dresden u. Sächs. Schweiz. 1-40 Taus. (48) 4°.– Dresd. E. Engelmann's Nf.

Album. — Album von Dresden und Sächsische Schweiz. 47 Ansichten nach Momentaufnahmen in Photographiedruck. — Berlin: Globus-Verl. 1904. 24 Bl. 1:Kart. quer-4° Y 18021.
2.11601

— von Dresden u. der Sächsischen Schweiz. 2 Panoramen u. 43 Ansichten nach Momentaufnahmen in Photographiedr. 41.—44. Taus. (48 S.) qu. Lex.-8. Dresden 906. E. Beutelspacher & Co. Geb. n. 1. 50

— von Dresden u. der Sächs. Schweiz. 2 Panoramen u. 85 Ansicht. nach Momentaufnahm. in Photographiedr. 45.—55. Taus. (40 S.) 27×34,5 cm. Dresden 907. E. Beutelspacher & Co. Kart. 1. 50

— dasselbe. 1 Panorama u. 30 Ansicht. in Photographiedruck. (32 S.) 27×34 cm. Dresden 908. E. Beutelspacher u. Co. Geb. 1. 50

Album v. Dresden u. Umgebg. 1 Panorama u. 30 Ansichten. (32) 27 x 34,5 cm.– Dresd. 1910. (Berl., Globus Verl.)

Album, Dresdener. Zur Unterstützung der Nothleidenden im sächsischen Erzgebirge. . . . Dresden 1847. H: *Muehlenfels, Elfriede von.* (BrMm)

— Dresdner, zur Unterstützung der Nothleidenden im sächs. Erzgebirge, im Voigtlande u. in den Weberdörfern der Oberlausitz. gr. 8. (XXIV u. 552 S., m. 1 Holzschn.) Dresden 848, Meinhold & Söhne. baar 1⅓ ℛ

—— dresdner. Hrsg. von Elfriede von Mühlenfels. 1. Aufl. 1847. und 2., umgearb. und mit neuen Beiträgen versehene Aufl. Zur Unterstützung der durch die Ueberschwemmungen an der Weichsel und am Rhein Verunglückten, sowie für eine schon bestehende wohlthätige Stiftung. (2 Abthlgn.) gr. 8. Berlin 856, Nicolaische Buchh. [Abthl. 1. (224 S.), 2. (240 S.)] *

— von Duisburg u. Umgebung. 12. (10 Photogr.) Duisburg 890. Ewich. In Leinw.-Decke. 2. 50

—— des Saintes Ecritures. (Leporello-Album.) Ancien Testament u. Nouveau Testament. 12. (18 u. 16 farb. Taf. auf Pappe.) Basel 891, [C. F. Spittler.] Jaeger u. Kober.
à Album in Leinw.-Decke * 2 20; * 4 40

des Saintes Écritures: Ancien Testament, en 18 planches color. sur carton. In-12°. Bâle, C. F. Spittler. **1892** Toile 2 75

— der Edmundsklamm in der böhmischen Schweiz. 12. (12 Bl. in farb. Lichtdr.) Dresden 892. Wilh. Hoffmann. In Leinw.-Decke. 3. —

— van Eeden, Flora of Haarlem. Coloured plates of dutch bulbs a. bulbous plants, edited by A. C. van Eeden. Nr. 1 a. 2. Imp.-4. (à 4 S. u. 6 Chromolith.) Haarlem 874. Loosjes Erben. n. 6. —

Album Einsidlense seu catalogus religiosorum monasterii B. V. M. Einsidlensis Ordinis S. P. Benedicti pagi Suitensis in Helvetia ad annum a Chr. n. 1876. Necnon pie defunctorum ab anno 1800. — Einsidlae 1876: Benziger. 152 S. 1:Rv 7267.
2.11602

— von Einsiedeln. Leporello-Format. 12. (12 Photogr.) Einsiedeln 890. Benziger & Co. In Leinw.-Decke n.n. 3. —

— von Eisenach u. Umgebung. 12. (12 Lichtdr.-Taf.) Eisenach 892. K. Kirchner & Co. In Leinw.-Decke. n. 3. 50; einzelne Kabinets (65 Nrn.) à — 35

Album v. Eisenach u. Umgebg. 12 °(12 Lichtdr.).– Eisen.1892 A. Laue.

—— von Eisenach und der Wartburg. qu. 16. (16 Photolithogr.) Eisenach 872, Baerecke. In Carton *

Album der Cöslin-Danziger Eisenbahn. Erbaut 1868–70. (Lithogr.: H. Ruprecht.) — (Stettin 1877.) 36 Taf. 4°
82.
2.11603

Album der Stargard-Cöslin-Colberger Eisenbahn. — (Stettin 1862: Schrentzel.) 7 S., 34 Taf.
1:2° Nz 33720. 89.
2.11604

—— vom Schloss Eisgrub. 5 in Aquarell gemalte Ansichten auf Golddruck-Cartons gespannt. Mit Text (6 S.) in eleg. Umschl. Ebd. 7 fl. 50 kr.
1860

— von Elberfeld. qu. 16. (12 Photogr.-Imitationen.) Elberfeld 885. Loewenstein's Verl. In Leinw.-Decke. n. 2. —

— von Elberfeld u. Umgebung. 10 photogr. Ansichten in Cabinet-Format. Elberfeld 887. Loewenstein's Verl. In Leinw.-Mappe. n. 10. —

— von Elbing. 12. (12 Photogr. auf Karton.) Berlin 894. C. Skopnik. In Leinw.-Decke. 3. 50

Album von Elbing. — Elbing: Saunier [1903]. 15 Taf. quer-8°
18.
2.11605

— der Elbufer. Hamburg 870. Gassmann's Verlag. qu. 32. (12 photolithogr. Bll.) n. 20 ngr.

— der Elbufer. qu. 8. (12 Photolith.) Hamburg 871. Gassmann's Verl. geb. In Carton. n. 2. —

— vom Elsterthal. 16. (9 Photographie-Imitationen.) Plauen 883. Neupert. cart. n. — 75

— vom Engadin. qu. gr. 4. (20 Photozinkotyp.) Interlaken 897. (Genf, P. G. Drehmann.) 3. 50

Album Engelbergense. Lucernæ 1882 s.a.[Gottwald, P. Benedict].

Album Engelbergense, seu catalogus religiosorum O. S. B. exempti monasterii B. V. M. in Monte Angelico vulgo Engelberg in Helvetia. Lucernae 1882. V: *Gottwald*, *Bened.* (Keiter, Kath. Litt.-Kal. III, 9.) (Cat. d. Stadtbibl. Zürich. Zürich 1864—97.)

— der glorreichen Ereignisse der Woche vom 12. bis 18. März 1848, nebst einer Sammlg. aller in dieser Zeit erschien. Reden, Aufrufe u. Gedichte. Red. von Siegfr. Becher. gr. 8. (IV u. 203 S.) Wien 848, Braumüller. 1/3 ₰

Album zur Erinnerung an Athen. 12 Ansichten der merkwürdigsten Denkmale aus dem classischen Alterthume in Stahlstich. Triest. Liter. art. Abth. des österr. Lloyd. Quer 4. in eleg. Mappe 1 fl. 50 kr. 1863.

—— zur Erinnerung an die feierliche Eröffnung der Kaiserin Elisabeth-Westbahn von Wien bis Salzburg im J. 1860. qu. 4. (32 S. mit 6 Kpfrn. und 1 Karte.) Wien 860, Typogr.-literar.-artistische Anstalt.

Album zur Erinnerung an die feierliche Eröffnung der Kaiserin Elisabeth-Westbahn von Wien bis Salzburg im Jahre 1860. — Wien (1860): Zamarski & Dittmarsch. 32 S.
1: quer-4° Nz 41595. 300: 174.393–C. 3.
2.11608

Album zur Erinnerung an die zweite Germanisten-Versammlung zu Lübeck, September 1847. — (Lübeck:) Borcher (1847). 113 S. 1:Am 1155. 5. 8.
2.11609

— zur Erinnerung an die zweite Germanisten-Versammlung zu Lübeck. qu. 8. (113 lith. Facsimiles u. 2 Bl. Text.) Lübeck 848. (Boldemann.) n. 24 ngr.

Album zur Erinnerung an das fünfundzwanzigjährige Jubelfest der Masovia d. 13. u. 14. Juni 1855. — Königsberg i. Pr. (1855): Winckler. 29 S. 4° 18.
2.11610

Album zur Erinnerung an das fünfzigjährige Jubelfest des Corps Masovia am 13.–17. Juni 1880. — (Königsberg 1880:) Wilutzky. 41 S. 4° 18.
2.11611

Album zur Erinnerung an das 25jährige Jubiläum des Elberfelder Verschönerungsvereines im Mai 1895. — Elberfeld (1895): F. Müller. 10 Taf. 1:Th 4296.
2.11612

— zur Erinnerung an Constantinopel. Triest 863. Direct. des österr. Lloyd. gr. 4. (28 Stahlst.) n. 2 ₰ 20 ngr.

Album zur Erinnerung an den Simplon-Tunnel-Bau ⟨Nord-Seite⟩ = en souvenir de la construction du Tunnel du Simplon ⟨Côté Nord⟩. Photographische Aufnahmen von F. Kerber-Hilzinger, Zürich IV.... (2 Bl. + 30 Tafeln,) *in Mappe*. quer-4. Zürich = Zurich, A. Bergeret & Co, [1903]. [Subscr. fr. 7. —, im Buchh. fr. 10. —]

Album der Erinnerungen. Herausgegeben von W. H Landt. Mit Beiträgen von Jos. Bayer, J. B. Grohmann, Moriz Hartmann, Uffo Horn, Siegfried Kapper, J G. Kolár. D Kuh, W. H. Landt, Ferd. Lauffer, Jos. Aug. Lederer, Heinrich Ritter v. Levitschnigg, A. F. Liebelt, Alfred Meißner, D. Mendl, Jos. Meßner, Wilhelm v. Metzerich, Otto Prechtler, Chr. Rebe, Moriz Reich, Joh. Gab. Seidl, Dr. Joh. Nep. Vogl, Klemens Ritter v. Weyhrother, Dr. Wilh. Wolfner, Johann Wurth. I. Jahrgang. 8. (206 S. u. 3 Abbildung.) Prag. Druck und Verlag der C. W. Medau'schen Buchdruckerei. 1854.

— der Erinnerungen. Herausg. von W. H. Landt. Mit Beiträgen v. Jos. Bayer, J. B. Grohmann, Mor. Hartmann, Uffo Horn, Sgfr. Kapper u. m. A. 1. Bd. 1. u. 2. Aufl. Prag 856. Bellmann. 16. (2 Bl., 204 S. u. 4 Holzschn.) n. 8 ngr.

— Erinnerungsblätter an liebe Freunde. qu. 8. (24 S. m. z. Tl. farb. Abbildgn.) Nürnberg 893. Th. Stroefer. Kart. n. 1. 50

— der jetzt regierenden Erzbischöfe u. Bischöfe d. deutschen Reiches in photographischen Brustbildern nebst kurzen Lebensskizzen. 2. in Bild u. Wort durchgehends verb. Aufl. Mit e. Geleitworte u. e. Schlussworte v. Frz. Hülskamp. gr. 8. (78 S. u. 27 Photographien.) Düsseldorf 874. Deiters. n. 13. —

— die Erzeugnisse der ehemaligen württemberg. Manufaktur Alt-Ludwigsburg. Nebst kunstgeschichtl. Abhandlg v. Bertold Pfeiffer. Mit allerhöchster Ermächtigung Sr. Maj. des Königs hrsg. v. Otto Wanner-Brandt. (131 Lichtdr.-Taf m. VII, 72 S. Text.) qu. gr. 8. Stuttgart (Königstr. 35) (906). Otto Wanner-Brandt. Geb. in Leinw. m. Goldschn. n.n. 45. —

Album für's Erzgebirge. Von Mitgliedern des Schriftstellervereins. (Hrsg.: Friedrich Gerstäcker, F[erdinand] Gustav Kühne u. Heinrich Wuttke.) — Leipzig 1847.
1:Ag 8773. 12:Var. 271 m. 11.
2.11613

— für's Erzgebirge. Von Mitgliedern des Schriftstellervereins. gr. 8. (VIII u. 261 S.) Leipzig 847, Brockhaus in Comm. n. 1 ℛ

— v. Essen. qu. 16. (12 Lichtdr.-Taf.) Essen (895). (H. L. Geck.) In Leinw.-Decke 1 25

Album Estonorum. Zsgest. von Axel von Gernet. 3. verm. Aufl. hrsg. von Georg Adelheim. Nachträge. — Reval 1910: Mickwitz (1898—1903: Jurjew (Dorpat): Mattiesen). 4° Nachtr. 1896—1924. [1. Aufl. 1888.]

— de l'exposition de l'art ancien au pays de Liège, 1. partie: Orfèvrerie religieuse. 1. livr. Fol. (9 Lichtdr.- u. 1 chromolith. Taf. m. 10 Bl. Text.) Berlin 1884. Claesen & Co. Subscr.-Pr. n. 14. —

— dasselbe. 2. Serie. 3 Lfgn. Fol. (à 10 Taf. m. 10 Bl. Text.) Ebend. 886. In Mappe. Subscr.-Pr. à Lfg n. 14. —

— dasselbe. 3. Serie. (In 3 Lfgn.) 1. u. 2. Lfg. Fol. (à 10 Lichtdr.-Taf.) Ebend. 1886. In Mappe. Subscr.-Pr. à n. 14. —

—— de l'exposition de l'art ancien au pays de Liège, deutsche Ausg., s. Ausstellung, kunsthistorische, in Lüttich.

Album de facsimile des régents, capitaines et hommes d'état depuis l'an 1500 jusqu'en 1576. Dessinés sur les originaux, et expliqués par Charles Oberleitner. Imp. 4. (30 S. u. 19 lith. Tafeln.) Wien, typ. liter. art. Anstalt (L. C. Zamarski & C. Dittmarsch). geh. 6 fl. 1862.

—— aus Auers Faust. Fol. (12 Stahlst.) Leipzig 859, Friedlein. *

Album der Feier des 16. November 1845. Schramberg. Schramberg 1846. H: *Trotter*. (Heyd)

—— aus Anlaß der 1050jähr. Feier der Gründung der Stadt Teschen. Hrsg. von dem Fest-Comité. 12. (103 S. in deutscher und poln. Sprache.) Teschen 860, Prochaska. *

Album der Weckelsdorfer Felsen. 1878. [Text von Jakob John.] — (Prag: John 1878.) 9 S., 13 Taf. 2.
2.11621

Album u. Festschrift, d. Teilnehmern an d. 32. Hauptversammlung d. Ver. deut. Ingenieure in Düsseldorf u. Duisburg in d. Tagen v. 16. bis 20. Aug. 1891 dargeboten v. d. Provinz, d. Städten, d. sie umgeb. Industrie, d. niederrhein. Bezirksver. u. d. Bezirksveran d. nied. Ruhr. 4° u. 8° (121 m. 2 Pl. u. 77 Lichtdr.-Taf.).– Düsseld. 1892, J. Baedeker).

— u. Festschrift, den Teilnehmern an der XXXII. Hauptversammlung d. Vereins deutscher Ingenieure in Düsseldorf u. Duisburg in den Tagen vom 16. bis 20. Aug. 1891 dargeboten v. der Provinz, den Städten, der sie umgeb. Industrie, dem niederrhein. Bezirksverein u. dem Bezirksverein an der niederen Ruhr. gr. 4. u. gr. 8. (121 S. m. 2 Plänen u. 77 Lichtdr.-Taf.) Düsseldorf 892. (W. de Haen.) In 2 Leinw.-Bde. geb. n. 20. —

— des historischen Festzuges z. 400jähr. Jubiläum d. Stadt Annaberg 1496—1896. 12. (12 photozinkotyp. Taf.) Annaberg 896. Graser. n. 1. 50

Album de fête. 25me anniversaire de la fondation de l'École secondaire professionnelle des garçons de la ville de Fribourg. 1885–1910. Publ. sous les auspices de l'Association amicale des anciens élèves de l'École secondaire professionnelle Fribourg (Suisse). — Fribourg (Suisse) ([1910]: Delaspre). 88 S. 1:Az 30462.
2.11632

— für Figuren-Zeichner. 1. Heft. 16. (12 Blatt.) Ebd. 846. n. 1/3 ℛ

— des jeunes filles ou choix des meilleurs ouvrages allemands, à l'usage de la jeunesse. Traduit en français par Cécile Vallat. Texte illustré par Jul. Schnorr, Ant. Gareis etc. 2 Vols. Dresden 868, 69. Meinhold & S. gr. 8. (134 S. u. 4 lith. Bll. in Farbendr.; 143 S. u. 4 lith. Bll.) Jeder Bd. 21 ngr.

— von Flensburg. 12. (12 Lichtdr.) Flensburg 895. G. Soltau. In Leinw.-Decke 2. 75

—— der Ostseebäder Flensburg und Glücksburg, nebst Umgebungen. qu. 16. (9 Lichtdr. mit lithogr. und color. Plan.) Flensburg 882, Westphalen. geb. *

—— der Deutschen Flotte. 1. und 2. Aufl. 16. (12 Photogr.-Imitationen.) Kiel 877,82, Haeseler. geb. *

— von Forst i/L. 12. (12 Lichtdr.) Forst i/L. 897. O. Kunze. In Leinw.-Decke n. 2. 50; einz. Bl. — 30

Album von Photographien der vorzüglichsten Gemälde alter und neuer Meister in den Königlichen Pinakotheken von München, herausgegeben von Piloty und Loehle. 5 Bde (mit je 50 Blatt) fol München

Album fotograf. Hrsg.: M. Weingartshofer. 1.2. Jahrg. Juli 1857 - 59. a 12 Nrn. (B.) 8°.– Wien, Gronemeyer. a.n. 3.10; mit fotogr. Beil.

—— fotografisches. Hrsg. von M. Weingartshofer. 1. und 2. Jahrg. Juli 1857 — Juni 1859. à Jahrg. 12 Nrn. (Bog.) Lex.-8. Wien 857. 58, (Prandel und Meyer.) à Jahrg. * Mit fotograf. Beilage à Jahrg. *

—— photographisches. Darstellungen von Kunst-Gegenständen aus der Sammlung des Reg.-R. Alex. Frhrn. v. Minutoli zu Liegnitz. Fol. (4 Bl.) Berlin 858, Grieben. * * in Mappe * * Ausg. in gr. Fol. * * 8 Thlr; in Mappe * *

Album fotogr., böhm. Alterthümer. Hrsg. v. F.B. Mikowec. 1. Lfg. Fol. (4 Fot. u. 4 Bl.).– Prag 1862, Steiner.

—— fotografisches, böhmischer Alterthümer aus der im Septbr. 1861 auf dem altstädter Rathhause zu Prag veranstalteten ersten archäolog. Ausstellung des Vereins Arkadia. Im Namen des Vereins hrsg. von Ferd. B. Mikowec. Fotografien von Joh. Brandeis. 10 Lfgn. gr. Fol. (40 Fotograph. und 40 Bl. Text.) Prag 862—65, Kuranda's Buchh. * Einzelne Blatt *

Photographisches Album der prähistorischen und anthropologischen Ausstellung zu Berlin 1880. 1–8. — [Berlin um 1880.]
1–8 . . . . 12:4° Anthr. 26 m.
2–8 . . . . 10.
2.11733

Album von **Frankenstein** u. Umgegend. qu. 16. (16 Lichtdr.) Frankenstein i/Schl. 893. E. Philipp. In Leinw.-Decke. n. 1. —

— von **Frankfurt a. M.** qu. 16. (12 Photolithogr.) Frankfurt a. M. 865, Keller. In Carton *

— v. **Frankfurt am Main.** 24 Ansichten nach Momentaufnahmen in Photographiedr. qu. gr. 4. Berlin (900). Globus-Verlag. Geb. in Leinw. 1. 50

— von **Frankfurt a/O.** qu. 16. (21 Photogr.-Imitationen.) Frankfurt a/O. 884. Waldmann. In Leinw.-Decke. n. 1. 50

Album Fratrum Rigensum. (1823—1910): Ein Beitrag zur Baltischen Personenkunde, zsgest. von Arend Berkholz. 3. verm. und verb. Aufl. Hrsg. von Arend von Berkholz und Wolfgang Gaethgens. — Riga 1910: Häcker. 355 S. [1. Aufl. 1888 u. d. T.: Album der Landsleute der Fraternitas Rigensis.]

Album einer Frau, s. a. Frauenalbum

— einer **Frau.** 1. und 2. Ausg. 8. (XXIV und 511 S., XIV und 587 S.) Hannover 858. 59, C. Rümpler. *
geb. *

— einer **Frau.** 3. umgearb. u. verm. Aufl. 2 Bde. Hannover 868, 69. Rümpler. 8. (XI, 506; VIII, 482 S.) 3 Thlr

— einer **Frau.** 4. Aufl. 2 Bde. 8. (XIII, 506 u. VIII, 482 S. m. eingedr. Holzschn. u. 2 Chromolith.) Hannover 872. Rümpler. 9. —; geb. m. Goldschn. 12. —

Album einer Frau. 5. Aufl. Hannover 1881. 6. Aufl. [1890]. V: *Unruh, Emmy.* (Gk)

— einer **Frau.** 5. Aufl. 8. (XX, 504 S. mit chromolithogr. Titel.) [Hannover 881, Rümpler.] Halle, Gesenius.
geb. mit Goldschn. *

— dasselbe. Kleine Ausg. 8. (408 S.) Ebd. 889. geb. m. Goldschn. n. 3. —

— einer **Frau.** 6. Aufl. gr. 8. (XX, 504 S. m. 1 farb. Titelbild.) Halle a. S. 890. Gesenius. geb. m. Goldschn. n. 6. —

— Wiener Frauen-Typen. 12 Lichtdruckbd. nach directen photogr. Aufnahmen. (36/24 Cm.) Wien, Exped. d. neuen illustr. Zeitung. 4 fl., in eleg. Mappe 6 fl. 1883.

— von **Freiburg** i. Br. 14 Photogr. in Visite-Format. Freiburg i. Br. 887. Mayer. n. 4. —

— dasselbe. 13 Photogr. in Cabinet-Format. Ebd. 887. n. 10. —

— von **Freiburg** i/B. 12. (12 Lichtdr. auf Karton.) Freiburg i/B. 894. Lorenz & Waetzel. In Leinw.-Decke. 3. —

— von **Freiburg**, Höllenthal u. Schwarzwald. D. Höllenthalbahn v. Freiburg n. Neustadt. E. Führer i. Bild. m. ca. 40 d. schönsten Ans. v. Freiburg, d. Höllenthal u. Schwarzwald, aufgen. v. Fel. Faller u. A. qu. 8. (30 Bl. in Holzschn.) Karlsruhe 895. F. Thiergarten. Geb. in Leinw. n. 1. 50.

— von **Freiburg** u. dem Schwarzwald. qu. 16. (18 Lichtdr.) Freiburg i. Br. 887. Mayer. geb. 1. 50

— von **Freiburg** u. südlichem Schwarzwald. 15 photograph. Orig.-Aufnahmen v. Mertens & Co., Berlin, hrsg. v. Johs. Elchlepp. gr. 4. (1 Bl. Text.) Freiburg i/B. 893. J. Elchlepp. In Leinw.-Mappe. n. 20. —

Album für Freimaurer. [Lfg. 1. Leipzig: Hesse 1886.] 12 Bl. 8⁰ [Umschlagtit.] Enth. die Abb. der Bundeshäuser der Gr. Nat. Mutterloge u. Harpokrates in Magdeburg nebst Portr. hervorragender Frmr. 25.

— von **Freising.** 64. (24 Stahlst.) Freising 881. Datterer. geb. n. 2. —

— von **Freiwaldau**, Lindewiese u. Altvater-Gebirge. qu. 16. (20 Lichtdr.-Taf.) Freiwaldau 891. B. Titze. In Leinw.-Decke. n. 1. 60

— v. **Freiwaldau.** 891. (KBL 27.) Jetzt: Freiwaldau. A. Blažek. — 70

— von **Freskogemälden** im Kaiserdome zu Speyer. 1. Serie. Speyer (864.) Pfälz. 4. (8 lith. Bl. in Farbendr.) n. 2 Thlr 24 ngr.; einzelne Bl. n. 7 ngr.

— für Freunde deutscher **Belletristik.** Herausg. von einem literarischen Vereine. 16 Bdchn. (836, 16 Quartal) gr. 8. Erlangen 836. Bläsing. 5/6 Thlr — 836 II, 14 Numm., gr. 8. Ebd. 2/3 Thlr (Wohlfeile Ausg. 836. 1 1/6 Thlr)

***Album für Freunde und Freundinnen deutscher Belletristik.** [Hrsg.: C. M. Winterling.] Bdchn 1.2 (13 u. 14 Nrn).
Erlangen: Bläsing 1836. 8° 12
(Bdchn 2 mit verändertem Titel: Album für Freunde deutscher Belletristik.

— für Freunde der **Länder- und Völkerkunde.** 1849 und 1850. (Von Emil Wendt.) qu. gr. Fol. (19 Stahlst. mit 2 Bl. Text.) Leipzig, Dörffling und Franke. [1849. (19 Stahlst. und 2 Bl. Text.) 1850. (17 Stahlst. und 2 Bl. Text.) à * 1 Thlr. 20 Ngr.] *
Dieses Album bildet auch die 2. und 3. Abthl. (Schluß) zur „Bildermappe" ꝛc. Vgl.: Bildermappe.

— der **Freundschaft.** Selbstgeständnisse aus dem Familien- und geist. Leben unserer Freunde und Freundinnen. gr. 8. (79 S.) [Berlin 881, Bolm.] Leipzig, Literarische Gesellschaft.
geb. mit Goldschn. *

— für christliche **Freundschaft** u. Liebe. Regensburg 865. Bößenecker. 32. (189 S.) 9 ngr.; geb. 19½ ngr.; Lederbd. 1 Thlr

Album und Führer vom Rhein und Siebengebirge. —
Barmen: Fülle [1903]. 19 S. quer-8° 1: S 14556. 5.
2.11624

— einer deutschen **Fürstin**, s. Bibliothek für die deutsche Frauenwelt.

— der **berliner Gallerie.** hoch 4. (10 Photograph. mit III und 25 S. Text.) Berlin 863, Schauer. In Mappe
Ausg. in gr. 4.

— der **Braunschweiger Galerie.** 20 Radirgn. v. Will. Unger u. L. Kühn, m. erläut. Text v. R. Graul. 3. Aufl. gr. 4. (VIII, 18 S.) Leipzig 888. Seemann. geb. n. 15. —; die Kupfer auf chines. Pap. n. 20. —

— der **dresdner Gallerie.** hoch 4. (10 Photograph. mit III und 27 S. Text.) Berlin 863, Schauer. In Mappe
Ausg. in gr. 4.

— der **Dresdner Galerie.** 50 Farbendr. m. begleit. Texten. (VIII S.) 4. Leipzig 904. E. A. Seemann. Geb. in Leinw. n. 20. —

Album der Galerie [Gallerie] zu Cassel. 21 Radirungen von William Unger. Mit Text von O[skar] Eidenmann. 23 S.,21 Taf. — Hannover: Kunstverein 1886.
Nebent.: Album der Kasseler Gallerie. Der Kunstverein zu Hannover seinen Mitgliedern 1885-86.
7.
2.11625

— der kassler Gallerie. Text von Ludw. Pietsch. Fol. (10 Photograph. mit 30 S. Text.) Berlin 867. Kassel, Krieger'sche Buchh. In Mappe

Album der Kassler Gallerie. Text von Ludwig Pietsch. — Berlin: Schauer 1867. 10 S.,10 Bl.,10 Taf. 4° 4.
2.11626

— der Casseler Gallerie. 12 Photogr. nach Kreidezeichnungen. Text von H. Merkel. (12 S. Text.) Cassel 869, Kay.
Ausg. I. gr. Fol. à Blatt * ℳ 3.; compl. geb. oder in Mappe *
Ausg. II. 4. à Blatt * ℳ 1,50.; compl. geb. oder in Mappe *
Inhalt:
Tizian, Cleopatra. van Dyck, Magdalena. van Dyck, Männliches Portrait. Trevisani, Venus. Steen, Bohnenfest. Terburg, Gesangunterricht. Ribera, Mater dolorosa. Molinari, Ehebrecherin. G. Reni, Cleopatra. Carracci, Tobias. Metsu, Lautenspielerin. Hals, Singende Knaben.

— der Casseler Gallerie. 12 Photographien nach Kreidezeichnungen mit (12 S.) Text von C. Merkel. Cassel 869. Krieger. Ausg. in 4. n. 8 ℛ; in gr. Fol. n. 15 ℛ

Album der Casseler Galerie [Gallerie]. 40 Farbendrucke. Mit histor. Einl. u. begleitenden Texten von Oscar Eisenmann u. Adolph Philippi. — Leipzig: Seemann 1907. 40 gez. Bl.,40 Taf. 4° 4.
2.11627

— der wiener Gallerie. hoch 4. (10 Photograph. mit III und 26 S. Text.) Berlin 863. Schauer. In Mappe Ausg. in gr. 4.

— für Ganzsachen der deutschen Staaten. Hrsg. v. Alw. Zschiesche. hoch 4. (65 Bl.) Leipzig 891. Expod. d. Briefmarken-Albums. In Leinw.-Mappe. n. 12. —

— f. Gärtner, s.: Rohland, Gust. Adph.

— für Gärtner und Gartenfreunde, s. Rohland, Gust. Adph.

— von Gedichten deutscher Handwerker. Gesammelt und herausg. von W. Loth. 1. u. 2. Liefg. Berlin 860. Th. Grieben. 16. (S. 1—96.) Jede Liefg. n. 4 ngr

— plattdeutscher Gedichte. Hrsg. von H. Eschenhagen. 1. und 2. Aufl. 16. (IX und 390 S. mit 1 Stahlst.) Berlin 861, Schotte und Comp.

— plattdeutscher Gedichte. Hrsg. von H. Eschenhagen. 3. Aufl. 16. (IX und 390 S. mit 1 Stahlst.) Berlin 862, Schotte und Comp.

— hervorragender Gegenstände aus der Waffensammlung des Allerhöchsten Kaiserhauses. Hrsg. m. Genehmigg. des Hohen Oberstkämmerer-Amtes Sr. k. u. k. Apostol. Majestät. Erläuternder Text v. Wendelin Boeheim. 50 Taf. in Lichtdr. v. J. Löwy u. zahlreiche Text-Illustr. Fol. (VI, 29 S.) Wien 894. J. Löwy. Kart. n. 50. —; geb. in Leinw. n. 60. —

— hervorragender Gegenstände aus der Waffensammlung des Allerhöchsten Kaiserhauses. Hrsg. m. Genehmigg. des hohen Oberstkämmerer-Amtes Sr. k. u. k. apostol. Maj. Erläuternder Text v. Wendelin Boeheim. 2. Bd. 50 Taf. in Lichtdr. v. J. Löwy u. mehr. Text-Illustr. Fol. (V, 19 S.) Wien 898. [J. Löwy.] (Gilhofer & Rauschburg). Kart. n. 42 —; geb. n. 50. —
Bd. 1 jetzt Ebd. 894. n. 50 —; geb. n. 60 —.

— der k. k. Gemälde-Galerie in Wien. 10 Farbendr. 12. Wien 890. Hock. In Leinw.-Decke. n. 3. 50

Album d. kgl. Gemälde-Galerie. Dresden. Werke alter Meister. 30 Reproduktionen. (30) 34 x 26,5 cm. – Dresd., E.Beutelspacher.& Co. 1908.

Album der Evangel: Generalsynode zu Berlin 1846. — [Berlin 1846.] 83 Bl. 1:4° Ca 14366. 9. 10. 11.
2.11629

— der am 26. Aug. 1860 zu Dresden abgehaltenen Generalversammlung der Stenographenvereine und Stenographen des Königr. Sachsen hrsg. vom königl. stenograph. Institut. gr. 8. (23 lithogr. S.) Dresden 860, (Adler und Dietze.) **

Album von Genrebildern. Aufgenommen und herausgegeben von A. Mansfeld. Wien, Jos. Bermann in Comm. 1864.
Nr. 33. Frlns. Couqui, Millerschek & Frau Telle.
Nr. 34. Frln. Couqui & Hr. Calori im „verliebten Teufel."
Nr. 35. Pagengruppe aus „Jotta".
Nr. 36. Der Alpenjäger.
Nr. 37. Besteigung des Gletschers.
Nr. 38. Andacht am Wege.
Nr. 39. Der blinde Greis.

— des Gesang-Festes in Schweinfurt, s. Blüthen.

— des Gesangs-Festes zu Landshut, gefeiert am 12. u. 13. Juli 1846. Lex. 8. (48 S. u. 1 lith. Taf.) Landshut 847, Thomann. 9 ngr

Album der Deutschen Gesellschaft zur Erforschung Aequatorial-Afrikas. Nach Original-Photographien des Stabsarztes Dr. Julius Falkenstein. Anthropologischer Theil. 36 Blatt. Landschaftlicher Theil. 42 Blatt. Berlin 1876. 2 Mappen. 4°.

Album der Gesellschaft für vervielfältigende Kunst in Wien. 1871 ff. Fol. 2 Exemplare. Das eine in Remarque- bez. Épreuve-Abdrücken.

— der Berliner Gewerbe-Ausstellung 1896. 1. u. 2. Serie. qu. Lex.-8. (à 27 Taf. in Autotyp.) Berlin 896. (J. Becker.) à n. 1. —

Album d. Berliner Gewerbe-Ausstellg. 1896. 1.u. 2. Serie. 8° (à 27 Autotyp.).– Berl. 1896, (M. Oldenbourg.)

— der Gewerbe-, Industrie- u. Kunstausstellung Düsseldorf 1902. qu. 8. (16 Taf.) Düsseldorf (902). F. Wolfrum. 1. —

Album d. oberlausitzer Gewerbe-u. Industrie-Ausstellg., verbunden m. Ausstellung f. Gartenbau u. Landw., – Zittau. (14 Taf.) 8°.– Zitt., A. Graun(1902.)

— von Giessen. Cab.-Ausg. 12. (12 Lichtdr.) Wiesbaden. Giessen 896. J. Ricker. In Leinw.-Decke n.n. 3.50; Visitausg. qu. 16. In Leinw.-Decke n.n. 1. 25

Album vom Glarnerland. 12 Ansichten in Photographiedruck. Glarus, Baeschlin's Buchh. 3 —
1892

Album von Goslar. — Goslar a. H.: Schaake [1893]. quer-8° 7.
2.11631

— von Gotha. 16. (16 Photogr.-Imitationen.) Gotha 886, Windaus' Buchh. geb. *

— d. herzogl. Haupt- u. Residenz-Stadt Gotha. 23 Blätter, z. Erinnerg. Freunden u. Einheim. gew. qu. 12. Gotha 897. C. Glaeser. Geb. in Leinw. 1. —

— der Gotthardbahn. qu. 16. (19 Photogr.-Imitationen.) St. Gallen 887. (Bern, Jenni.) In Leinw.-Decke. n. 3. 20

Album, d. Gotthardbahn. 16°(19 Photogr.-Imitationen.)– St.Gallen 1887. (Bern, Koehler.)

— der Gotthardbahn. 12 Photogr. Cabinetformat, in Mappe. Aarau, H. R. Sauerländer's Sortimentsbuchhandlung. 1888 8 —

— von Gräfenberg. Leporello-Album. 20 Lichtdr. qu. 12. Freiwaldau 890. Betty Titze. In Leinw.-Decke. n. 2. 30

— v. Gräfenberg. 890. (KBL 25.) Jetzt: Freiwaldau, A. Blažek. 1. —

Album v. Gräfenberg-Freiwaldau. qu. 12. (20 Bl.) Freiwaldau 896. B. Titze. In Decke n. 1.25

— grand, de chapeaux. Modèles artistiques. Spezial-Fachblatt f. Damenhüte Chic parisien. 3. Jahrg. 1909. 6 Nrn. (à ca. 32 S. m. farb. Abb. u. 4 S. illustr. Text in französ., engl. u. deutscher Sprache.) 42×32,5 cm. Wien, Verlag der Modejournale „Chic Parisien" usw. 27.—; einzelne Nrn. 5.—
Vgl.: Album, grand Parisien.

— the grand, of metropolitan fashions. Published monthly by the Butterick Publishing Co. (limited.) (In engl., span. u. deutscher Sprache.) Jahrg. 1897. 2 vols. 12 nrs. hoch 4. (Vol II. Nr. 1—5. 344 S. m. Abb. u. farb. Taf.) London. (Barmen, Blank & Co.) 12.—; einz. Nrn. n. 1.25

Album grand, de fourrures. Ed. spec. du Chic parisien. 09/10. (59 m. farb. Abb. u. 6 S. Text in französ., engl. u. deut. Sprache.) 43 x 32 cm.– Wien, Verl. d. Modejournale „Chic parisien" usw.
1909.

— grand, de fourrures. Ed. spéciale du Chic parisien. Modèles artistiques. Gérant: Arnold Bachwitz. 1910/11. (60 S. m. farb. Abb. u. 6 S. Text in französ., engl. u. deutscher Sprache.) 43×32,5 cm. Wien (910). Verlag der Modejournale „Chic parisien" usw. 12.50

— grand, „Jeunesse parisienne". Modèles artistiques et simples. Pratique pour couturières, tailleurs et familles. Ed. spéciale du Chic Parisien. Saison 1907—8. Ed.: Arnold Bachwitz. Ed. I (28 S. m. z. Tl. farb. Abb. u. 4 S. Text in französ., engl. u. deutscher Sprache.) 42×32,5 cm. Wien, Verlag der Modejournale „Chic Parisien" etc. 5.—

Album, grand, „Jeunesse parisienne". Modèles artistiques et siples. Pratique pour couturières, tailleurs et familles. Ed. spéciale du Chic Parisien. Saison 1907—8. Ed.: Arnold-Bachwitz. Ed. IIa u. IIb. (Je 14 S. m. z. Tl. farb. Abb. u. 4 S. Text in franz., engl. u. deutsch. Sprache.) 42×32,5 cm. Wien, Verlag der Modejournale „Chic Parisien„ etc. à 2.75

Album, grand , „ Jeunesse parisienne", Fortsetzg. u. d. T.: Jeunesse parisienne.

— grand, robes d'intérieur. Morning dresses-tea-gowns. Edition speciale du chic parisien. Administrateur-gérant: Arnold Bachwitz. 1. année. 1910. 2 Nrn. (à 16 S. farb. Abbildgn. m. 2 S. Text in französ., engl. u. deutscher Sprache.) 42,5×32,5 cm. Wien, Verlag der Modejournale „Chic parisien" usw. 6.—

Album von Graudenz. — (Graudenz: Gaebel [um 1900].) 12 Taf. 10.
2.11635

— vom Schlachtfeld Gravelotte-St. Privat 18. VIII. 1870 m. sämmtl. Denkmälern. (22 Bl. m. 1 Karte.) qu. 8. Metz (903). (R. Lupus.) In Decke n. 1—

Album von Graz. 12 Ansichten. Inhalt: Graz vom Reinerkogel — Graz von der Radetzkybrücke — Hauptplatz — Stadt-Theater — Herrengasse u. Auerspergbrunnen — Industrie-Ausstellungs-Gebäude — Evangelische Kirche — Franz Josefsbrunnen im Stadtpark — Graz vom Schlossberg gesehen — Maria-Grün bei Graz — Schloss Eggenberg bei Graz — Hilmerteich bei Graz. Fr. Ferstl'sche Buchhdlg. in Graz. 1 fl. 1882

— von Graz u. Umgebung. qu. 16. (12 Photogr.-Imitationen.) Graz 882. Ferstl. geb. n. 2.—

— von Greiz m. Umgebung. qu. 16. (25 Photogr.-Imitationen.) Greiz 883. Schlemm. cart. 1.25

— von Grimma. 14 Photographie-Imitationen. qu. 16. Grimma 881. Gensel. In Leinw.-Carton. n. 1.20

Album von Grimma u. Umgegend. (2. Aufl.) 16. (14 Photogr.-Imitationen.) Grimma 886. Gensel. In Leinw.-Carton. n. 1.—

Grosses Album von Deutschland, enth. 10 grosse Panoramen u. 136 Ansichten nach Naturaufnahmen, d. wichtigsten Städte und die interessantesten Gegenden darstellend, mit erl. Text von Aug[ust] Trinius. — Berlin: Globus Verl. [1908]. 160 S.
Nebent.: Ansichten aus Deutschland.
1: quer-4° S 11000. 11.
2.11636

Grosses Album von Dresden und von der Sächsischen Schweiz. 2 grosse Panoramen u. 68 Ansichten nach Naturaufnahmen in Photographiedruck. — Dresden: Beutelspacher 1910. 37 Bl. quer-4° 11.
2.11637

— grosses, v. Dresden u. v. der sächsischen Schweiz. 2 grosse Panoramen u. 68 Ansichten nach Naturaufnahmen in Photographiedr. (72 S.) 27×34 cm. Dresden 910. (Berlin, Globus Verlag.) Geb. in Leinw. 3.—

— grosses, d. sächs.-thüring. Industrie- u. Gewerbe-Ausstellung Leipzig 1897. qu. 4. (31 Photozinkotyp.) Leipzig 897. (F. E. Fischer.) n.n. 1.—

Album von Groß-Lichterfelde. 28 Ansichten in Lichtdruck. — Groß-Lichterfelde: Gebel [1901]. 28 Taf. quer-8° 1: Td 7430/25. 11.
2.11638

— der Gründungsfeier Berns 1891. 12. (20 Lichtdr. auf Karton.) Bern 891. Nydegger & Baumgart. In Leinw.-Mappe. n. 6.—

—— der Gründungsfeier Berns 1891. 12. (20 Lichtdr. auf Karton.) Bern 892. Nydegger u. Baumgart.
In Leinw.-Mappe [* 6 —] * 3 —

Album des Gutenberg-Festes zu Hannover im Jahre 1840. Von W[ilhelm] Schröder. Hrsg. von den Gebrüdern Jänecke. — Hannover: Hahn 1840. 108 S.
1: An 3896. 7. 9.
2.11642

— f. die Häkel-Arbeiten. 4. (28 Lichtdr.-Taf.) Leipzig 894. (G. Fock's Barsort.) In Mappe. 3.50

— für weiße u. bunte Häkel- u. Filetarbeiten. Herausg. von Natalie v. Herder. 1. u. 2. Lieferung. Weimar 853. Jansen u. Co. Imp.-4. (18 lith. Taff. u. 2 Bl. Text.) Jede Lieferung 1 ₰ 15 ngr

— von Halle a. d. S. 16. (15 Ansichten in Lithogr.) Halle a. d. S. 887. Reichardt. n.n. — 50

— von Halle a/S. Orig.-Aufn. v. E. Mertens & Cie. in Berlin. gr. 4. (12 Lichtdr.-Taf. a. Kart.) Halle 895. H. Hothan. In Leinw.-Mappe 17.50; einz. Blatt 1.25; unaufgez. 1.—

— von Halle a. Saale. 23 Ansichten nach Momentaufnahmen in Photographiedr. (24 S.) qu. Lex.-8. Berlin (904). Globus Verlag. Geb. n. 1.20

— v. Hamburg. 16 Blätter in Stahlst. qu. Lex. 8. München 849, Poppel & Kurz. 1½ ₰

— von Hamburg. Hamburg 868. Gassmann's Verlag. 16. (12 lithogr. Bll.) n. 20 ngr

— von Hamburg. 8. (12 Photogr.) Hamburg 869, Grüning. In Mappe *

— von Hamburg. qu. 16. (12 Photolith.) Hamburg 871. Gassmann's Verl. n. 2.—

— von Hamburg. qu. 4. (45 Ansichten in Lichtdr.) Hamburg 894. Strumper & Co. Geb. in Leinw. 20.—

Album v. Hamburg. (32) 8°.– Berl. Globus Verl.(1904)

Album von Hamburg. 1 grosses Panorama u. 30 Ansichten nach Naturaufnahmen in Photographiedruck. — Berlin: Globus Verl. [um 1908]. 17 Bl. quer-4° **10.**
2.11644

— **Hamburgisches.** Erinnerung an Hamburg. Eine Sammlung der interessantesten Ansichten von Hamburg u. dessen Umgegend. Treu nach der Natur gezeichnet u. in Stahl gestochen v. den berühmtesten Deutsch. u. Engl. Künstlern. gr. qu. 4. (50 Stahlst. u. Titel in Buntdr.) Hamburg 847, Berendsohn. geb. 8 ℛ — gr. qu. 4. (32 Stahlst. u. Titel in Buntdr.) Ebend. 847. fein geb. n. 5 ℛ — Mit einem Panorama vom Jungfernstieg (in gr. Fol.) gr. qu. 4. (32 Stahlst. u. Titel in Buntdr.) Ebend. 847. fein geb. n. 6 ℛ

— von Stadt u. Bad **Hamm** i/W. qu. 16. (20 Photogr.-Imitationen.) Hamm 886. Grote. geb. n. 1. 50

— für Kirchliche **Handarbeiten.** Eine Sammlung v. Zeichnungen, Modellen u. Mustern zu Stick-, Häkel-, Filet-, Perlen- u. Tapisseriearbeiten; für d. innere Ausschmückung d. Kirchen u. ihrer Altäre, die Anfertigung der Amtskleidungen d. Priester 2c. bestimmt. Herausg., mit einer Einleitung und einem erklärenden Text versehen von der Redaction der Allgem. Musterzeitung. Freiburg im Br. 857. Wagner. Qu. Fol. (15 S. Text u. 19 lith. Taff.) n. 2 ℛ 20 ngr

Album f. kirchl. Handarbeiten. 2. Aus. qu. Fol.(19 L.).– Freib.1861, (Salzk., v. Sobbe.)

— für kirchliche **Handarbeiten.** Eine Sammlung von Zeichnungen, Modellen und Mustern zu Stick-, Häkel-, Filet- 2c. Arbeiten; f. die innere Ausschmückung der Kirchen und ihrer Altäre, die Anfertigung der Amtskleidungen der Priester 2c. bestimmt. Mit e. erklärenden Texte versehen. Nebst e. Vorwort von e. kathol. Geistlichen. 2. Ausg. (In 3 Lfgn.) Freiburg im Br. 861. Wagner. qu. Fol. (15 S. u. 19 lith. Taf.) Jede Liefg. 27 ngr

Album praktischer Handarbeiten s. Album, Hoffmann's, praktischer Handarbeiten.

— der **Handwerker-Vereine.** Herausg. von W. Petsch. 1. Hft. Berlin 862. Bach. 8. (48 S.) n. 3 ngr

—— von **Handzeichnungen** im Besitze der Frau Sophie Schlosser, geb. du Fay, zu Stift Neuburg bei Heidelberg. Nach den Originalen photogr. von J. Keller. 3 Lfgn. Fol. (18 Photogr.) Heidelberg 860, Meder. *

— von **Hannover,** gez. u. lithogr. von R. Wiegmann. (6 Blätter.) Hannover 836. Schrader. (Leipzig, Rudolph Weigel.) 2 ℛ

Hanswurstliches Album für 1861: Ein närrischer Blüthenstrauss. — Wesel: Selbstverl. 1861. IV,84 S. **5.**
2.11646

Album von Hardenberg. Andenken an d. Wallfahrtsort Hardenberg (Neviges) im bergischen Lande. 12 Ansichten. — Essen-Ruhr: Fredebeul & Koenen [um 1908]. 12 Taf. quer-8° **1:Dv 11040.**
2.11647

— vom **Harz.** 1 Panorama u. 31 Ansichten nach Momentaufnahmen in Photographiedr. qu. gr. 4. Berlin (902). Globus-Verlag. Geb. n. 1. 20

— vom **Harz.** 1 Panorama u. 40 Ansichten nach Momentaufnahmen in Photographiedr. (40 S.) qu. gr. 4. Ebd. (903). Geb. n. 1. 20

Album vom Harz. 1 Panorama u. 38 Ansichten nach Momentaufnahmen in Photographiedruck. — Berlin: Globus-Verl. [1905]. 20 Bl. **1:**Kart. quer-4° Y 24168.
2.11648

— vom **Harz** m. 100 Bildern. (70 S. m. Abb. u. 1 Bl. Text.) 20,5×25,5 cm. Halberstadt (909). R. Lederbogen. Kart. 2. —

Album der Haupt-u. Residenzstädte Europa's, s.a. Gallerie europ. Städte.

Album der Haupt- und Residenzstädte Europa's. Hrsg. von Ludwig Bechstein u. V. Kleinknecht (2,3 ff.: von Eugen Huhn u. V. Kleinknecht). Sect. 1, Lfg 1–5. Sect. 2, Lfg 1–5. — Schweinfurt: Kleinknecht & Schäfer (2,2 ff.: Kleinknecht) 1843–45.

1,1. München. 1843.	2,1. Paris. 1844.
1,2. Berlin. 1843.	2,2. Weimar. 1844.
1,3. Wien. 1843(-44).	2,3. Bremen. 1845.
1,4. Dresden. 1843(-44).	2,4. Frankfurt (a./M.) 1845.
1,5. Leipzig. 1844.	2,5. Prag. 1845.

Vollst. **6. 10.**
1,1-5 2,1-4 . . . . **11.**
1,1-5 2,1.3 . . . . **12:** Eur. 50f.
2.11649

Album der Haupt- und Residenzstädte Europa's. Hrsg. von Ludwig Bechstein u. V. Kleinknecht. Bd 1.2. — Schweinfurt: Kleinknecht 1846.
1. Berlin, Wien, Dresden, München, Leipzig. 1843-44.
2. Prag, Bremen, Frankfurt a./M., Weimar, Paris. 1844-45.
2.
2.11650

— von **Heidelberg.** Heidelberg 870. E. Mohr. qu. 8. (12 lithogr. Bll.) n. 1 ℛ

Album von Heidelberg. — o.O. [um 1880]. 12 Bl. in Leporelloform. quer-8° **1:**Kart. Y 24296.
2.11651

— von **Heilbronn.** Heilbronn 865. Schmidt. qu. 16. (6 photolithogr. Bll.) n. 18 ngr

— s. **Heil.-Rock-Album.**

—— der neuesten **Herbst-** und **Winter-Vorlagen** für Papierschnitte und Papiermodelle mit 437 Holzschn.-Abbild. Hrsg. von der Redact. des „Berliner Modenblatt". Herbst 1879/80 Winter. qu. gr. Fol. (48 S.) Berlin 879, Exped. des Berliner Modenblatt.

— der neuesten **Herbst-** u. **Winter-Vorlagen** f. Papierschnitte u. Papiermodelle. Mit 437 (Holzschn.-) Abbildungen. Hrsg. v. der Red. d. „Berliner Modenblatt". Herbst 1879/80. Winter. qu. gr. Fol. (48 S.) Berlin 880. Berliner Modenblatt. n. 1. —

Album von Herford nebst kleiner Chronik, Führer etc. T.(1.)2. — (Herford: H. Wolff 1894.)
1. Album. 2. Kleine Chronik, Führer u. Geschäfts-Empfehlungen.
1:Tg 5439. **6.**
2.11652

— von **Hermannsburg.** gr. 16. (12 Photogr.-Imitationen.) Hannover 876. Feesche in Comm. geb. n. 1. 75

Hermannsburger Album. — Hamburg o. J.: Ritter. 6 Bl. quer-4° **7.**
2.11653

— von **Hermannstadt** u. Umgeb. Hrsg. v. d. Section „Hermannstadt" d. siebenbürg. Karpathenvereins. qu. 8. (12 Bl. in Farbenlichtdr.) Hermannstadt 896. (W. Krafft). In Karton n.n. 2. 50

Album von Hernstein. Illustrationen zu Hernstein in Niederösterreich, sein Gutsgebiet und das Land im weiteren Umkreise. Mit Unterstützung ... des ... Erzherzogs Leopold hrsg. von M[oritz] A[lois] Becker. [Nebst] Beil. Wien 1878–82.
Beil. u. d. T.: Detail-Karte der Umgebung des Schlosses Hernstein ... gez. durch Joseph Wanka v. Lenzenheim. 1878.
1:quer 2° (Beil.: 8°) Sc 1671. **12:** Hauptw. = 2° Austr. 5 q; Beil. = 2° Austr. 5 p–4. **300:** Hauptw. = 24 D 2; Beil. = 2 F 49. Kt. S.
2.11654

Album von Hessen-Darmstadt. — Darmstadt: Schröder & Freund (1906). 28 Bl. quer-8° **1:**Sk 2065.
2.11655

— **Hessisches,** für Literatur und Kunst. Herausg. v. Franz Dingelstedt. Mit Beitr. v. Wenzel-Sternau, König, Oetker, Schädel, Scheffer, Schulz u. A. Cassel 838. Bohné. $1^{2}/_{3}$ ℛ

—— von **Hildburghausen.** qu. 16. (8 Photogr.) Hildburghausen 879, Kesselring'sche Hofbuchh.

Album von Hildesheim. Ansichten u. Baudenkmale mittelalterlicher Kunst. Nach d. Orig.-Aufnahmen in Lichtdruck ausgeführt von J. Nöhring. — Hildesheim: Lax [um 1880]. 18 Taf. 2° 83.
2.11656

— von Hildesheim. Cabinet-Format. 12. (12 Lichtdr.) Hildesheim 888. Gude. In Leinw.-Decke. n. 6. —

— dasselbe. Visite-Format. 16. (16 Lichtdr.) Ebd. 888. In Leinw.-Decke. n. 3. —

Album. — Album von Hildesheim. — (Hildesheim: Gude [1889].) 12 Taf. 7.
2.11657

— — Ebd. [1889]. 16 Taf. 7.
2.11658

— von Hof. Orig.-Aufn. v. E. Mertens & Cie. in Berlin. 4. (11 Lichtdr. a. Kart.) Hof 896. G. A. Grau & Co. In Leinw.-Mappe n. 15. —; Cab.-Ausg. 12. (11 Lichtdr.) in Leinw.-Mappe n. 3. 50

Album v. Hof. Orig.-Aufnahmen v. E. Mertens & Cie. in Berlin. 4°(11 Lichtdr.-Taf.) .– Hof 1896, R. Lion.

[F.] (Paul) Hoffmann's Album praktischer Handarbeiten. Th. 1. *Ruhrort: P. Hoffmann 1896/97.* 8. [97. 5283

(Paul) Hoffmann's Album praktischer Handarbeiten. T. 1. 2. *Ruhrort: P. Hoffmann 1898–1900.* 2 Bde 8°
1. 2., neu durchgearb. Aufl. 1898/99. 2. 1899/1900. [00. 9824

— von Hofgeismar. qu. 16. (9 Steintaf.) Kassel 878. Hühn. geb. n. 2. —

—— von Hohenzollern Donauthal. qu. 16. (6 Photolithogr.) Sigmaringen 866, Liehner'sche Buchh. In Carton *

— von Hohkoenigsburg. 26 lith. Ansichten. qu. 16. Strassburg 878. Schultz & Co. geb. n. 1. 30.

— der Höllenthalbahn. qu. 16. (14 Lichtdr.) Freiburg i. Br. 887. Mayer. geb. n. 2. —

— der Höllenthalbahn. 16. (12 Bl. Ansichten.) Freiburg i. Br. 888. Wagner'sche Univ.-Buchh. n. — 50

Album von Holz-Architektur. In zwanglosen Heften. 1.—5. Heft. Fol. (à Heft 6 Chromolithogr.) Carlsruhe 865,66, Veith. à Heft 22½ Ngr.

—— von Holzarchitectur. Wohnhäuser, Villen, Gartenpavillons etc. mit Details. In zwanglosen Heften. 6.—12. Heft. Fol. (à 6 Stnt., theilweis in Farben- und Tondruck.) Carlsruhe 868—73, Veith. à Heft *M* 2,25.
1.—5. Heft. Ebendas. 1865,66. *M.* 11,25.

Album für Holzschnitzerei (Uhrgehäuse) I. (22 Bl) qu 8° II. (26 Bl) qu 4°.

Album von Höxter und Weserthal. — Höxter: Buchholtz [1893]. 10 Bl. 6.
2.11659

—— humoristisches, für den Weihnachtsbaum. Hrsg. von M. G. Saphir. 2., wohlf. (Titel-)Ausg. gr. 16. (181 S.) Wien 854, [Hügel.]

— preisgekrönter Hunde der 1. internationalen Ausstellung d. Vereins zur Veredelung der Hunderacen zu Hannover im Mai 1879. qu. Fol. (90 Bl. in Lichtdr.) Frankfurt a/M. 880. Keller. n. 72. —; Leinw.-Mappe dazu n.n. 5. —

— deutscher Hunderassen. (12 farb. Taf. auf Karton.) gr. 4. München (904). [E. Koch] E. Ertel.
In Leinw.-Mappe n. 15. —; einzelne Taf. n. 2. —

—— für Jagdfreunde. 1. und 2. Aufl. Fol. (52 Holzschn. auf 48 S.) Leipzig 887,88, J. J. Weber. *
In Carton-Mappe * *M* 3.—; in Leinw.-Mappe *

Album für Jagdfreunde. 3. Aufl. Fol. (48 Holzschn.-Taf.) Lpz. 890, J. J. Weber. * 2 —
In Carton-Mappe * 3 —; in Leinw.-Mappe ** 5 —

Album f. Jagdfreunde. 3. Aufl. Fol. (48 H.-Taf.) – Lpzg. 1891, J.J. Weber.

Album für Jagdfreunde. 1. 2.
Leipzig: J. J. Weber 1895. 1896. 8° 61

— für Jagdfreunde. 122 Bilder. (76 S.) Fol. Breslau (905). Berlin, S Schottländer's schles. Verlagsanstalt. n. 3. —

— von Jagd- u. Luxus-Hunden. Sieger der offenen Klassen auf den Ausstellgn. des J. 1902. (175 Taf. m. 1 Bl. Text.) qu. gr. 4. Frankfurt a/M. (903). Kern & Birner. In Mappe n 5. —

—— preisgekrönter Jagdhunde aus der Ausstellung von Jagdhunden aller Länder am 24., 25. und 26. Mai 1878 zu Frankfurt a/M. Nach Auswahl des Comités und der Herren Preisrichter. Photogr. aufgenommen und in unveränderl. Lichtdr. ausgeführt von Gebr. Weisbrod in Frankfurt a/M. qu. Fol. (40 Bl.) Frankfurt a/M. 878, Keller.
In Leinw.-Mappe

— für Jäger und Jagdfreunde. 1. Hft. Cassel (864.) Fischer. qu. 4. (6 Bl. in Farbendr.) 15 *ngr.*

—— az ifjúság számára. Album für die Jugend. gr. 4. (III und 84 S. mit ungar. und deutschem Text, 1 Stahlst., 8 Stnt. und lithogr. Titel in Tondr.) Prag 858, [Kober.] *

Album Illustré Balnéaire = Illustrirtes Bäder-Album = Health-Resorts Illustrated. (*Umschlag:* Illustrirtes Prachtalbum [der] Bäder und Kurorte.) Souvenir de Bains de mer, Villes d'eaux ... etc. etc. Portfolio de photographies avec texte en langue française, anglaise et allemande = an berühmte Seebäder ... etc. etc. ... = of Famous Holiday Haunts ... etc. etc. ... Exécuté entièrement par ... Firmin-Didot & Cie à Paris.... Rédacteur en Chef: Jules Laurencic, Herausgeber. (Liefg. 1—5....) p. 1—74 [+ 10 p.]. fol.-obl. Paris(-Leipzig-London), Charles Eitel (Ausliefg. für ... die Schweiz: L. A. Kittler, Leipzig), [1902—1903]. (Cpl. in 12 Lfg. zu M. —. 80; geb. M. 12. —)

Album Illustré Balnéaire = Illustrirtes Bäder-Album = Illustrated Health-Resorts. Illustrirtes Prachtalbum [der] Bäder und Kurorte. Deutsch — Französisch — Englisch. Gesamtherstellung von Firmin-Didot & Cie, Paris. Herausgeber: Direktor Julius Laurencic. Liefg. 6 *u.* 7.... à IV p. + p. 75—104 [+ 2 p.]. fol.-obl. Zurich, Caesar Schmidt; Paris-Leipzig-London ..., [1903]. Cpl. in 12 Liefg. zu M. —. 80; geb. M. 12. —

Album Illustré Balnéaire = Illustriertes Bäder-Album = Illustrated Health-Resorts. Illustriertes Prachtalbum [der] Bäder und Kurorte. Direktor-Herausgeber: Julius Laurencic. Texte: Deutsch — Französisch — Englisch. Liefg. 8 *u.* 9 & 10.... *je* IV S. + 16 *u.* 36 S. fol.-obl. Zürich-Paris-Leipzig, Cæsar Schmidt, [1903]. Cpl. in 12 Liefg. zu M. —. 80; geb. M. 12. —

Album Illustré Balnéaire = Illustriertes Bäder-Album = Illustrated Health-Resorts. Souvenir de Bains de Mer, Villes d'Eaux ... etc. etc. Album de luxe avec texte en langues française, anglaise et allemande. Rédacteur en Chef-Directeur: Jules Laurencic, Paris. (*No 11 et 12:* Publication périodique. 1er Volume.) 12 Nos (= Livraisons). (*ens.* 244 p.) fol.-obl. Zurich ⟨Suisse⟩–Leipsic–Paris, César Schmidt, [1902—1903]. *par* livr. M. —. 80 (fr. —. 75), cpl. relié M. 12. — (fr. 12. —)
Liefg. 1—10 *a. u. d. T.:* Illustrirtes Prachtalbum [der] Bäder und Kurorte, *auch sonst unter z. T. etwas anderem Titel;* Liefg. 1—5 *in anderem Verlag.* —

No 11 et 12: Texte français par Georges Verdène.
(L'Album ... paraîtra périodiquement chaque année....)

Album illustré de la Côte d'Azur: Beaulieu, Cannes, Cap d'Ail, Grasse, Monte-Carlo, Menton, Nice, Villefranche etc. etc. Texte français par: Georges Verdène. Directeur: Jules Laurencic. Texte en trois langues: français, allemand & anglais. Magnifiques vues d'après des photographies.... II + 16 p. fol.-obl. Zurich, César Schmidt, [1903]. [fr. 1.25] —

Sep.-Ausg. (nur anderer Umschlag) von: Album Illustré Balnéaire.... Illustriertes Prachtalbum [der] Bäder und Kurorte. Liefg. 8.

— illustrée de l'Europe, s.: Länder-Album, europäisch.

— illustré international pour timbres-poste, avec texte en 3 langues. Contenant 4200 cases pour les timbres. Illustré de 2750 reproductions de timbres, 80 armoiries, 53 portraits, 155 filigranes et 30 monnaies. qu. 4. (120 S. m. 1 Weltkarte.) Leipzig 893. E. Heitmann. Geb. in Halbleinw. n. 1. 50

— dasselbe. Contenant 10500 cases pour les timbres. Illustré de 4300 reproductions de timbres, 431 filigranes, 146 armoiries et 68 portraits. Carte de l'Union postale universelle. gr. 4. (IV, 359 S.) Ebd. 893. Geb. in Halbleinw. n. 3. 50

— illustr. poetic, s. Rothwell, J. S. S.

Album illustre pour timbres-poste. Ed. de format oblang. Offrant des cases pour 2800 timbres-poste. 8°(100 m. 5 Kart.)–Lpzg. 1895, Verl. d. Universal-Briefmarken-Album, Baumbach & Co.

— illustré pour timbres-poste. Enveloppes, cartes-postales, bandes, mandats etc. Contenant à peu près 11800 carrés de timbres, 3800 types de timbres, 65 filagrammes, 114 armoiries des principaux états du globe et 41 portraits de princes régnants. Fol. (III, 313 S.) Leipzig 895. Ver. Dampfbuchbindereien Baumbach & Co. (No. 8a). Geb. in Halbleinw. 5. —

— dasselbe. Contenant à peu près 10000 carrés de timbres, 3000 types de timbres, 68 filagrammes, 90 armoiries des principaux états du globe et 35 portraits de princes régnants. Fol. (II, 286 S.) Ebd. 895. In zwei 2 versch. Halbleinw.-Bdn. (No. 310 u. 310a.) à 4. —

— dasselbe. Contenant à peu près 7000 carrés de timbres, 3000 types de timbres, 68 filagrammes, 90 armoiries des principaux états du globe et 45 portraits de princes régnants. Fol. (II, 158 S.) Ebd. 895. In 2 versch. Leinw.-Bdn. (No. 311 u. 312.) à 3. —

— dasselbe. Contenant 24 armoiries, environ 1000 types de timbres-poste et cases pour 2000 timbres-poste. 4. éd., toute neuve et considérablement augmentée. gr. 8. (63 S.) Ebd. 895. In 3 versch. Halbleinw.-Bdn. (No. 341—343.) à 1. —; in Leinw.-Bd. (No. 340.) — 75

— dasselbe. Ed. de format oblong. Renfermant 1650 illustrations et offrant des cases pour 2800 timbres-poste. 5 cartes géograph. coloriées et accompagnées de renseignements statist. qu. gr. 8. (100 S.) Ebd. 895. In 2 versch. Halbleinw.-Bdn. (No. 331 u. 332.) à 1. 50

— dasselbe. Petite éd. in-8. Renfermant 1000 illustrations et offrant des cases pour 2100 timbres-poste. gr. 8. (71 S.) Ebd. 895. In 3 versch. Halbleinw.-Bdn. (No. 351—353.) à — 50; kart. (No. 355.) — 40

— dasselbe. Avec 10000 cadres, 3000 types de timbres, 67 filigranes etc. Contenant des timbres-poste, cartes postales, timbres de service, enveloppes, cartes-lettres etc. Avec tables alphabétiques des termes philatéliques, couleurs etc. (VIII, 295 S.) gr. 4. Ebd. (904). Geb. n. 3. —

— illustré pour timbres-poste. Avec 7000 cadres, 3000 types de timbres, 90 armoiries, 67 filigranes etc. Contenant des timbres-poste, cartes postales, cartes-lettres, cartes-télégrammes, bandes, enveloppes etc. Avec tables alphabétiques de toutes les expressions techniques, couleurs etc. (164 S.) gr. 4. Leipzig (904). Verlag des Universal-Briefmarken-Album. Geb. n. 2. 50

— illustriertes, bester Deklamationen in Poesie u. Prosa. Zur Unterhaltg. in gesell. Kreisen. Neue Ausg. 8. (96 S. m. Holzschn.) Reutlingen 884. Enßlin & Laiblin. — 50

— illustrirtes, u. Fremdenführer durch das Engadin m. seinen Verbindungsrouten. Mit Text, red. v. Otto Henne am Rhyn unter Benützg. authent. Quellen. Lex.-8. (IV, 54 S.) St. Gallen 892. (Busch & Co.) Geb. in Leinw. n. 3. —

— illustrirtes, österreichischer, deutscher und schweizerischer Kurorte. Mit vorzüglicher Beachtung ihrer Geschichte und Literatur, der topograph. und ökonom. Einrichtung, fisischen und chemischen Beschaffenheit, Wirksamkeit, Heilanzeigen und Krankheitsformen, diätetischen Regeln ꝛc. ꝛc. Redig. und hrsg. von Georg Simanitsch in Wsetin. Heft 1: Molkenkurort Rožnau in Mähren. qu. 4. (8 S. mit 1 Kpfr.) Wien 860, Dirnböck.

Album. Illustriertes A' Schweiz(er). Kur- und Touristenorte. [64 S.] quer-8. Zürich, Aschmann & Scheller, [1901].

— illustrirtes, für Postmarken. 4. Leipzig 873, Wilfferodt.
Ausg. auf Velinp. Nr. 1. cart.
Ausg. auf Velinp. Nr. 2. in Leinenbd.
Ausg. auf Velinp. Nr. 3. in Leinenbd. mit Golddruck
Ausg. auf Schreibp. Nr. 4. in Leinenbd.
Ausg. auf Schreibp. Nr. 5. in Leinenbd. mit Goldpressung

— von Bad Ilmenau u. Umgebung. 16. (18 Photogr.-Imitationen.) Ilmenau 886. Schulze. geb. 1. 50

— d'images plaisantes. Le paysan et le lutin. 17 dessins originaux, accompagnés d'un texte amusant qu. 4. (8 Holzschntaf. in Buntdr.) Stuttgart 872. G. Weise. geb. 1. 20

— von Bad Imnau und Umgebung. qu. 16. (8 Photolithogr.) Sigmaringen 866, Liehner'sche Buchh. In Carton *

Album für die Inauguration des Denkmals Walthers von der Vogelweide. Hrsg. vom Historischen Verein für Unterfranken u. Aschaffenburg. — Würzburg 1843: Thein. 39 S. [(Sonderpublikationen d. Historischen Vereins für Unterfranken. 7.)]
1: Sf 6159-7. 12: P. o. germ. 1692-22 [u. 5.] 3. 8. 19.
2.11660

— der Industrie und Gewerbe. Muster und Vorlagen zur prakt. Ausführung geeignet für Fabrikanten, Baukünstler, Holzarbeiter etc. 12 (lithogr.) Bl. in Gold-, Silber- und Farbendr. 2. Aufl. gr. Fol. Leipzig 861, Schrag's Verlag. Einzelne Blätter

Album d. Industrie u. Gewerbe. 2. Aufl. Fol. (12 L.)– Lpzg. 1861, (Dresd. Schrag.)

— der Industrie des Reichenberger Handelskammer-Bezirks. Namhafteste Fabriks-Etablissements und Gewerbs-Unternehmungen der Kreise Bunzlau, Gitschin, Königgrätz und Leitmeritz in naturgetreuen Abbildungen mit statistisch-topographisch-gewerbl. Texte herausg. von A. Anschiringer. 1. u. 2. Bd. à 12 Liefgn. Reichenberg 859—62. Jannasch. gr. 4. (96 lith. Taf. mit Text 104, 103 S.) n. 16 ℳ

Album der Sächsischen Industrie oder: Sachsens größte u. ausgezeichnetste Fabriken, Manufakturen, Maschinen u. andere gewerbliche Etablissements in vorzüglichen naturgetreuen Abbildungen mit statist.-topograph., histor. u. gewerbl. Texte. Herausgeb. von L. Oeser. 1.—19. Lfg. Neusalza 856—58. Oeser. gr. 4. Jede Lfg. v. 8 S. Text u. 4 Lithogr. 10 ngr

— der Sächsischen Industrie od.: Sachsens größte und ausgezeichnetste Fabriken, Manufakturen, Maschinen- und andere wichtige gewerbl. Etablissements in vorzügl. naturgetreuen Abbildungen mit statistisch-topograph., histor. und gewerbl. Texte. Herausg. von L. Oeser. 1. Bd. 20—24. Liefg. — 2. Bd. 1—23. Liefg. (à 4 lith. Bl. u. 8 S. Text.) Neusalza (859—63.) Oeser. gr. 4. Jede Liefg. n. 10 ngr.

Album für Industrielle und Gewerbtreibende. Muster und Vorlagen zur praktischen Ausführung geeignet für Fabrikanten, Baukünstler, Holzarbeiter, Gewerbtreibende etc. Zwölf Blätter in Gold-, Silber- und Farbendruck. *Wien* 1858. Eigenth. u. Verl der *typ.-lit.-art. Anstalt von L. C. Zamarski, C. Dittmarsch & Comp.* 12 Bl. Fol. Alle 12 Blätt. zusammen fl. 5 CM. = 3 Thl 10 Ngr. Einzeln jedes Blatt 30 kr. CM. = 10 Ngr.

— schweizerischer Ingenieure u. Architekten. Bauten d. eidgenöss. Schützenfestes in Zürich 1872. Hrsg. vom Ingenieur- u. Architekten-Verein in Zürich. gr. Fol. (12 Steintaf. in Imp.-Fol.) Zürich 874. Kraut & Bosshart in Comm. n. 8. —

— international de timbres-poste et de télégraphe, s.: Moens fils, Louis.

Album italien. 10 Morceaux de compositeurs modernes. 39 p. 4. Leipzig u. Zürich *etc.*, Gebrüder Hug & Co., [1905]. M. 2. —

N: 1. A(lessandro) Longo, Op 26 N. 1. Preludio. (1895;) — 2. P[ietro] Floridia, Op. 9 N. 4. Madrigal. (1895;) — 3. M Enrico Bossi, Op. 101 N. 6. Valse mélancolique. (1895;) — 4. P[ietro] Floridia, Op. 10 N. 2. Au lac du Klönthal, Rêverie. (1898;) — 5. M Enrico Bossi, op. 101 N. 4. Canzonetta. (1895;) – 6. P[ietro] Floridia, Op. 9 N. 3. Badinage Valse. (1895;) — 7. L(uca) Fumagalli, Romanza. — 8. M Enrico Bossi, Op. 101 N. 5. Cache-Cache. (1895;) — 9. A(lessandro) Longo, Op. 28 N. 1. Minuetto. (1895;) — 10. P[ietro] Floridia, Op. 15 N. 4. Epithalame. (1903.)

Album v. Itzehoe. 12° (8 Kabinets u. 12 Visites in Lichtdr.).– Itzehoe 1892, W. Francke.

— von Itzehoe. 12. (8 Kabinets u. 12 Visites in Lichtdr.) Itzehoe 892. A. Nusser's Sort. In Leinw.-Decke. n. 3. —; einzelne Kabinets à n. — 50; Visites à n. — 30

— für die Jugend. qu. Fol. (20 S. u. 11 lith. u. col. Taf. in Tondr.) Stuttgart 851, Chelius. 1 Thlr

Kaatzer's Album nebst Beilagen für Leben, Kunst und Wissen. Jg. 1845–1847.
Aachen: Kaatzer (Leipzig: Wengler) 1845–47. 4°

Album d. Kaiser Friedrich-Museums zu Berlin, s.: Kaiser Friedrich-Museum.

— von Kaiserslautern. Mit e. kleinen Fremdenführer. qu. 16. (41 S. m. 20 lith. Ansichten.) Kaiserslautern 884. Gotthold's Verl. In Leinw.-Carton. n. 2. —

— von Kaiserslautern. gr. 16. (8 Photogr.-Imitationen.) Kaiserslautern 891. A. Gotthold. In Leinw.-Decke. n.n. 1. 50

— v. Kamerun. Leporelloform. 12. (18 Bl.) Magdeburg (899). G. Poetzsch. Geb. n. 1. —

Album von Kamerun. — Magdeburg: Poetzsch [um 1900]. 10 Bl. in Leporelloform. 1: Kart. Y 545. 3.
2.11664

Album von Karlsbad. — (Carlsbad: Seifert [um 1850].) 12 Bl. quer-8° 1: Kart. Y 58862.
2.11665

— von Carlsbad. Carlsbad 869. Pohlenz. qu. 16. (12 photogr. Bll.) n. 20 ngr.

Album von Cassel [Kassel] und Wilhelmshöhe. — Cassel: Klaunig o. J. 14 Bl. 4° 4.
2.11666

— von Cassel u. Wilhelmshöhe in 16 (lith.) Ansichten. 16. Cassel 850, Vollmann. 1/2 Thlr

Album von Kassel und Wilhelmshöhe. Kassel: Freyschmidt [um 1890]. 15 Taf. 12: 4° Art. 130 m.
2.11667

— d. Katastrophe v. Brüx 19/7. 1895. 12. (12 Photogr. auf Karton.) Teplitz 895. (A. Becker.) In Leinw.-Decke n. 10 —

— von Kempten. 12. (10 Lichtdr.-Taf.) Kempten 893. A. Klein. In Leinw.-Decke. n.n. 2. —

— von Kiel. Neue Ausg. 16. (12 Photogr.-Imitationen.) Kiel 882. Haeseler. geb. n. 2. —

—— von Kiel. Visite-(Leporello-)Ausg. (12 Lichtdr.) Kiel 886, Haeseler'sche Buchh. *

Album v. Kiel. 16° (16 Photogr.-Imitat.).– Kiel 1890, H. Eckardt.

— von Kiel. qu. 16. (16 Photogr.-Imitationen.) Kiel 890. Haeseler'sche Buchh. In Leinw.-Decke. n. 1. —

— von Kiel u. Umgebung. 12. (24 Photogr.-Imitationen auf 12 Taf.) Kiel 887. Lipsius & Tischer. geb. n. 1. 50

— Kieler, in 8 Bl. (Stahlst.) (Abgedr. a. d. Gallerie Europ. Städte v. J. Poppel u. M. Kurz.) qu. Lex. 8. München 848, Poppel & Kurz. n. 3/4 Thlr

— von Bad Kissingen. 4. (12 Lichtdr.) Bad Kissingen 892. Fr. Weinberger. In Mappe. n. 4. —

— dasselbe. Cabinet-Ausg. 12. (12 Lichtdr.) Ebd. 892. In Leinw.-Mappe. n. 2. 50

— von Klagenfurt u. Umgebung. qu. 12. (12 Photogr.-Imitationen.) Klagenfurt 893. (A. Raunecker.) In Leinw.-Decke. n.n. 2. —

— das kleine. Hrsg.: Geo. Bamberger. Red.: H. Krüger. April—Dezbr. 1905 40 Nrn. u. Jhrg. 1906 52 Nrn. à 16 S. m. Abbildgn.) gr. 8. Leipzig, [Internat. Verlag] Verlag des Album. à Jhrg. n. 4. 80; einzelne Nrn. — 10

— das kleine. Red.: Eug. Stangen. 3. Jahrg. 1907. 52 Nrn. (à 16 S. m. Abb.) gr. 8. Berlin, Internationaler Verlag. 4. 80
Erscheint nicht mehr.

— kleines, von Bad-Ems u. Umgebungen. qu. 16. 12 Stahlst. Köln 850, Eisen. n. 1/2 Thlr

— kleines, des Rheins. Eine Sammlung der interessantesten Ansichten zwisch. Köln, Koblenz u. Mainz. qu. 16. (23 Stahlst.) Köln 850, Eisen. n. 1 Thlr

—— von Cleve. qu. 4. (5 Stahlst.) Mit: Wegweiser durch Cleve und dessen nächste Umgebung mit einem (lithogr.) Plane der Stadt und des Thiergartens (in gr. Fol.) und einem Anhange, die Geschichte der Stadt und des Herzogth. Cleve in kurzem Umrisse enthaltend. Bearb. von F. C. Char. Lex.-8. (29 S.) Cleve 855, Char. *
chines. Pap. in gr. 4. *

— von Cleve. qu. 24. (12 Photogr.) Cleve 881. Knipping. geb. n. 2. 50

— von Cleve. 12. (8 Photolith.) Cleve 892. L. A. Knipping. In Umschlag. n. 3. —

— d. Clubhütten des S. A. C. gr. 8. (56 photozinkogr. Taf. m. II S. Text.) Bern 898. Schmid & Francke. n. 2. —

— von Colberg. 12 Photogr.-Imitationen m. alleg. Titelblatt v. Casp. Schleuren. qu. 8. Colberg 877. Post. In Mappe. n. 3. —

[Album der] Kollektiv-Ausstellung des Rheinisch-Westfälischen Kohlen-Syndikats zu Essen-Ruhr [auf der] Weltausstellung Lüttich 1905. Essen-Ruhr, 1906. 14 Taf.

— von Cöln. 7 Lfgn. qu. gr. 4. (35 Lichtdr.) Cöln 895. Lichtherz, Grossmann & Co. à n. 2. — (kplt.: n. 14. —; in Leinw.-Mappe n. 16. —)

— von Köln a. Rhein. 1 grosses Panorama u. 30 Ansichten nach Momentaufnahmen in Photographiedruck. (31 Bl.) qu. Lex.-8. Berlin (904). Globus Verlag. Geb. n. 1. 20

— u. d. Rhein. 6 Lfgn. qu. gr. 4. (60 Lichtdr.) Ebd. 895. à n. 4. — (kplt.: n. 24. —; Leinw.-Mappe unentgeltlich.)

Album unfreiwilliger Komik. Sammlung humorist. Annoncen, Druckfehler und Aussprüche mit Angabe der Quellen. 1. Aufl. (52 S.) 1875. * 75 Pf.; 2. und 3. starkverm. Aufl. 8. (IV, 64 S.) Leipzig 877, [Expedition des Allgem. literar. Wochenberichts.] Eckstein. * ℳ 1.; geb. *

— unfreiwilliger Komik. Springbrunnen humorist. Annoncen, Druckfehler u. Aussprüche m. Angabe der Quellen. 2. starkverm. Aufl. 8. (IV, 64 S.) Berlin 877. Eckstein's Nachf. n. 1. —

—— unfreiwilliger Komik. Sammlung humorist. Annoncen, Druckfehler und Aussprüche mit Angabe der Quellen. 2 Bde. 8. Berlin, Eckstein Nachf. [1. Bd. 4. und 5. stark verm. Aufl. (IV, 82 S.) 882,83; 2. Bd. (VII, 70 S.) 1882; 2. Aufl. (VII, 71 S.) 884.] à Bd. * ℳ 1. *
geb. in 1 Bd. *

— 7. starkverm. Aufl. Bd 1. Leipzig: Allg. literar. Wochenbericht 1884. 1:Yy 11127–1.
2.11671

—— unfreiwilliger Komik. Sammlung humorist. Annoncen, Druckfehler und Aussprüche mit Angabe der Quellen. 2 Bde. 8. Berlin, Eckstein Nachf. [1. Bd. 9. stark verm. Aufl. (96 S.) 886; 2. Bd. 3. Aufl. (VIII, 70 S.) 887.] à Bd. * ℳ 1.—. *

—— unfreiwilliger Komik. Sammlung humorist. Annoncen, Druckfehler u. Aussprüche mit Angabe d. Quellen. 2 Bde. 8. Berl., Eckstein Nachf. [1. Bd. 10. sehr verm. Aufl. (152 S.) 890; 2. Bd. 4. Aufl. (VII, 116 S.) 889 u. 5. u. 6. sehr verm. Aufl. (124 S.) 889,90.] à Bd. * 1 —; geb. in 1 Bd. * 2 50

Album. — Album unfreiwilliger Komik. Sammlung humoristischer Annoncen, Druckfehler u. Aussprüche mit Angabe der Quellen. 5. sehr verm. Aufl. Bd 2. — Berlin: Eckstein [1889]. 1:Yy 11127⁵–2.
2.11672

— — 10. sehr verm. Aufl. Bd 1. Ebd. [1893]. 1:Yy 11127¹⁰–1.
2.11673

— — 6. sehr verm. (Umschl.: 5.) Aufl. Bd 2. Ebd. [1893]. 1:Yy 11127¹⁰–2. 11.
2.11674

— — Bd 3. Ebd. [1894]. 1:Yy 11127–3. 11.
2.11675

— — 11. Aufl. Bd 1. Ebd. [1894]. 11.
2.11676

Album deutscher Komponisten herausgegeben von Herrmann Mohr. (Lieferung 1: Oktober 1871.)
Berlin: Commissions-Verlag der Trautwein'schen Buch- und Musikalienhandlung (M.Bahn)
Jahrgang 1. 1871/1872 – 2. 1873?

— figuraler Compositionen nach Originalen aus der Albertina, Kupferstichsammlung Sr. k. u. k. Hoh. Feldmarschall Erzherzog Albrecht v. Oesterreich. I. Serie. Angelica Kauffmann. I. gr. 4. (30 Lichtdr.-Taf.) Wien 894. Gerlach & Schenk. In Mappe. n. 20. —

Album figuraler Compositionen nach Originalen a. d. Albertina, Kupferstichsammlg. Sr. k.u.k. Hoh. Feldmarschall Erzherzog Albrecht v. Österreich. I. Serie. Angelica Kauffmann. I. 4°. (30 Lichtdr.-Taf.). – Wien 1894 (Magdebg., Schallehn & W.)

— von Königsberg. 12 Orig.-Photogr. v. Michalki. qu. 16. Königsberg 877. Akadem. Buchh. geb. n. 3. —

— von Königsberg i. Pr. 12. (12 Photogr.) Königsberg 897. B. Teichert. In Leinw.-Decke n. 2.50

Album, Königsberger. Ein humoristischer Reiseführer durch Königsberg. Königsberg i. Pr. 1853. V: *Walesrode, Ludwig.* (Deutsches Museum. hsg. v. R. E. Prutz. 1854, Nr. 3. S. 117.)

—— königsberger. Ein humoristischer Fremdenführer durch Königsberg. 8. (VI, 141 und Bazar 72 S. mit 2 lithogr. Ansichten, Plan der Stadt in Imp.-4., Karte der Ostbahn in qu. Fol.) Königsberg 853, Bon's Buchh. –

— d. bayerischen Königs-Schlösser. qu. 12. (15 farb. Taf.) München 896. C. Clauder. In Decke 2. —

— dasselbe. 8. (6 farb. Taf.) Ebd. 896. In Decke 5. —; einz. Blatt — 60; aufgez. 1. —

Album von Konstanz
—— dass. — In 16. (6 Photolithogr.) Ebendas. 864. In Carton
Einzelne Blatt

— von Constanz. Constanz 865. Magg. 8. (6 photolithogr. Bll.) 21 ngr.

— von Konstanz. 12 Ansichten carte de visite. Daselbst. eleg. geb. 1876 6. —

— von Konstanz. 10 Lichtdr. m. begleit. Poesie. qu. gr. 4. (10 Bl. Text.) Konstanz 893. E. Ackermann. In Leinw.-Mappe. 15. —

— von Crefeld. 12. (12 Lichtdr.-Taf.) Crefeld 892. M. Plätschke. In Leinw.-Decke. n. 3. —

— von Krems. gr. 16. (15 Taf. in farb. Photogr.-Imitation.) Krems 894. F. Oesterreicher. In Leinw.-Decke. n. 1. 50

— von Kreuznach. In (7) Stahlst. nach Original-Zeichnungn. von Bamberger. — Vues de Creuznach et de ses environs. — Views of Creuznach and its environs. qu. gr. 4. Frankfurt a. M. 850. Jügel. n. 2⅔ ℛ

—— von Kreuznach. 32. (12 Photolithogr.) Kreuznach 870, Maurer. [Plein.] In engl. Carton *

—— der Kriegsflotte. Visite-(Leporello-)Ausg. (12 Lichtdr.) Kiel 886, Haeseler'sche Buchh. *

—— der österr. Kriegsmarine für das Jahr 1864. Herausg. von der hydrographischen Anstalt der k. k. Marine. 3. Jahrg. kl. 8. (112 S.) Ebds. 1 fl. 20 kr.

— deutscher Kriegsschiffe. qu. 16. (16 Photogr.-Imitationen.) Kiel 889. Haeseler's Sort. In Leinw.-Decke. n. 1. —

— v. Kronstadt. (Mit deutschen, ungar. u. rumän. Unterschriften.) qu. gr. 8. (16 Taf. in Autotypie m. 1 farb. Plan.) Kronstadt (899). W. Hiemesch. Geb. in Leinw. n. 1. 70

— religiöser Kunst. Sammlung v. Orig.-Stichen nach Werken v. Cornelius, Dürer, Führich u. A. Nebst e. Orig.-Radirg. v. J. v. Führich. (In 12 Lfgn.) 1. Lfg. Fol. (3 Stiche.) Regensburg 890. Verlags-Anstalt. Subscr.-Pr. n. 1. —; Einzelpr. n. 1. 50

— religiöser Kunst. Eine Sammlg. christl. Bildwerke d. hervorragendsten älteren u. neueren Meister in Stahl- u. Kupferstichen v. Barfus, C. Barth, E. Dertinger u. A., nebst e. Orig.-Radierg. v. Jos. R. v. Führich. Mit erläut. Texte v. Ludw. R. v. Kurz zu Thurn u. Goldenstein. 2.—12. u. Suppl.-Lfg. Fol. (33 Stiche u. 23 S. Text.) München u. Regensburg 891. Nationale Verlags-Anstalt. n. 13. —; Prachtmappe dazu n.n. 5. — (kplt.: n. 14.—)

Album für Kunst und Unterhaltung. Mit Beitr. von A[ugust] von Cloßmann [u. a.] — Stuttgart [1852].

7.
2.11682

— der internationalen Kunst-, kunsthistorischen u. grossen Gartenbau-Ausstellung Düsseldorf 1904. (30 S.) qu. Lex.-8. Düsseldorf 904. (Schmitz & Olbertz.) Geb. n.n. 2. —

— für Kunstfreunde. Eine Reihefolge von Stahlstichen der ausgezeichnetsten Künstler Englands, als: Winkles, Finden, Stocks, Sangster, Rolls u. A. 1e — 4e Lief. Nr. 1 — 12. gr. 8. Hamburg 837, 38. Berendsohn. (à n. $\frac{1}{4}$ ꝶ) n. 3 ꝶ

— Dass. 1e — 9e Lief. Ausg. in Aquarelle-Manier color. gr. 8. (à 3 Bl.) Hamb. 839. Berendsohn. (à n. $\frac{1}{2}$ ꝶ) n. $4\frac{1}{2}$ ꝶ

—— berliner Künstler. 1. und 2. Heft. Imp.-Fol. (à Heft 3 lithochrom. Bl. und 1 Bl. Text.) Berlin 855—56, Storch und Kramer. Subscr.-Pr. à Heft. *
Ladenpr. à Heft *

— deutscher Künstler, in Original-Radirungen. Herausg. u. den Künstlern und Kunstfreunden gewidmet vom Verleger. 1e — 6e Lieferung. Düsseldorf 839, 40. Julius Buddeus. (Leipz., Rud. Weigel. In Umschl. Subscr.-Pr., mit Verbindlichkeit zur Abnahme des I. Bds. von 8. Lief., à n. $1\frac{1}{3}$ ꝶ; chines. Pap. à n. $1\frac{5}{6}$ ꝶ — Vor d. Schrift à n. $2\frac{1}{2}$ ꝶ; chines. Pap. à n. 3 ꝶ

— deutscher Künstler in Original-Radirungen. Herausgeg. u. den Künstlern u. Kunstfreunden gewidmet vom Verleger. 7. Liefg. qu. $\frac{1}{2}$ gr. Fol. Düsseldorf, Jul. Buddeus; Leipzig 841, Rud. Weigel. In Umschlag. Subscript.-Preis mit Verbindlichkeit zur Abnahme des 1. Bandes von 8 Liefgg. à n. $1\frac{1}{3}$ ꝶ — Chines. Papier à n. $1\frac{5}{6}$ ꝶ — Vor der Schrift à n. $2\frac{1}{2}$ ꝶ — Chines. Pap. à n. 3 ꝶ — 8., 9. u. 10. Liefg. qu. $\frac{1}{2}$ gr. Fol. Ebd. 842, 43. à n. $1\frac{1}{3}$ ꝶ — Chines. Pap. à n. $1\frac{5}{6}$ ꝶ — Vor der Schrift à n. $2\frac{1}{2}$ ꝶ — Chines. Papier à n. 3 ꝶ

Album österreichischer Künstler. 17 Kupfer mit erl. Texte von Richard Graul. — Leipzig: Seemann 1890. 27 S., 17 Taf.
Nebent.: Oesterreichisches Künstleralbum.

1: 4° Nr 4638.
2.11680

— Ebd. 1890. 27 S., 17 Taf. 4°
Nebent.: Kunstverein für Hannover. Österreichisches Künstleralbum. Vereinsgabe für 1890.

7.
2.11681

— der Künstler Wiens in eigenhändigen Zeichnungen. 1.— 7. Liefg. gr. Fol. (8 radirte Blätter.) Wien 844—46, Müller. à n. $1\frac{5}{12}$ ꝶ

Album d. Nürnb. Künstlervereins. Fol. (5 K.) – Nürnb. 1861, Könecke.

—— des nürnberger Künstlervereins. gr. Fol. (3 Kpfr.- und 2 Stnt., wovon 1 in Buntdr.) Nürnberg 861, Zeh'sche Buchh. *

Album van hollandsche en belgische Kunst Schilders, opgedrag. aan H. M. de Koningin d. Nederlanden. 1. en 2. Aflev. — De Peintres hollandais et belges 1. et 2. Livr. gr. Fol. (12 Stnt. auf chines. Pap. in $\frac{1}{2}$ gr. Fol., 7 B. Text in holländ. u. franz. Sprache u. verziert. Ttl.) Gravenhage à la Haye 846, Weimar. (Leipzig, Rud. Weigel.) *

— des Frankfurter Kunstvereins. Nach einer Auswahl verlooster Gemälde radirt von J. Eissenhardt. Frankfurt a. M. (864.) C. Jügel in Comm. 4. (36 Kpfrtaf. u. 36 S. Text.) n. 3 ꝶ 21 ngr.

Album für Kunst- und wissenschaftliche Wanderungen im Riesengebirge. Ein Taschenbuch der wissbegierigern reifern Jugend gewidmet von F[riedrich] C[arl] Watterich . . .
Prag, Leitmeritz, Teplitz: Carl Wilh. Medau 1839.
1 Bl., 46 S., 4 Bl., 12 Taf., 1 Panorama. 8°

—— mittelalterlicher Kunstwerke aus Tirol, den deutschen Kunstvereinen gewidmet vom christl. Kunstvereine in Bozen. 1. Lfg. Imp.-Fol. (5 Stnt., wovon 4 in Ton- und 1 in Buntdr., und 1 Blatt Text.) Bozen 865, (Promperger.)

—— der Appenzeller-Kurorte. qu. 16. (6 Photolithogr.) St. Gallen 866, Scheitlin und Zollikofer. In Carton

— von Kuttenberg. Cabinet-(Leporello-)Ausg. 8. (12 Lichtdr.-Taf.) Kuttenberg 888. Šolc. In Leinw.-Decke. n. 8. —

— lachendes. Goldene Blätter aus dem Schatz deutschen Witzes u. Humors. Mit Beiträgen v. E. Eckstein, P. Lindau, M. v. Reymond etc., hrsg. v. Signor Domino. 8. (VII, 202 S.) Berlin 887. H. Steinitz. n. 6. —

Album. Lago di Como — Lac de Come — Comer See — Lake of Como, Lago di Lugano ..., Lago Maggiore.... 60 Illustrazioni (*Umschlag:* Photogrammes). IV + 32 p. quer-4. Zurigo e Lipsia, Th. Schröter, [1901]. [geb. fr. 4. —]
Ein Theil der Bilder, ohne Text, von: Béha, Aug[ust] C , und Haufe, Ew[ald]. Die Oberitalienischen Seen.... Zürich und Leipzig [1901].

Album von Laibach mit 12 Ansichten in Photolithogr., nach den neuesten Aufnahmen. à 80 kr. Laibach: J. Giontini

Album von Landeck. — Landeck: Bernhard [um 1890].
14 Bl. in Leporelloform. quer-8° 1: Kart. Y 27521.
2.11684

—— englischer Landhäuser, Villen, Cottagen etc. 1— 9. (Heft.) qu. Imp.-4. (108 Stnt., wovon 48 in Tondr. und 4 lithochrom., und 9 Bl. Text.) Carlsruhe 852—56, Veith. à Heft 1 Thlr. 15 Ngr.

—— englischer Landhäuser, Villen, Cottagen etc. 10— 12. Heft. qu. Imp.-4. (à Heft 12 Stnt. und 1 Bl. Text.) Carlsruhe 856—58, Veith. à Heft 1 Thlr. 15 Ngr.
Heft 1—9. Ebendas. 13 Thlr. 15 Ngr.

— für Landschafts-Zeichner. (Miniatur-Ausg.) 1. Heft. kl. 16. (6 Blatt.) Ebd. 846. n. $\frac{1}{8}$ ꝶ

Album von Landshut. 12. (12 Lichtdr.-Taf.) Landshut 892. Ph. Krüll. In Leinw.-Decke. n. 2. —

—— der herrschaftlichen Landsitze und Schlösser im Kaiserth. Oesterreich. Hrsg. von J. W. Pohlig. Nach der Natur und auf Stein gez. von Woldemar Rau. I. Section. 1—3. Abthl. Fol. (à Abthl. 25 ill. Stnt. mit 1—2 Bl. Text.) Teplitz 853—55, Pohlig. Subscr.-Preis à Abthl. *
Ladenpr. à Abthl. *

Album der herrschaftlichen Landsitze und Schlösser im Kaiserthume Oesterreich Herausgegeben von J. W. Pohlig. Nach der Natur und auf Stein gezeichnet von Woldemar Rau. I. Sektion. I. Abtheilung, 2. Hälfte. Dresden. Druck von Rau u. Sohn. Teplitz. Verlag von J. W. Pohlig. (25 Abbildg. 4)
1855.

Album der herrschaftlichen Landsitze u. Schlösser im Kaiserthum Oesterreich. Herausgegeben von J. W Pohlig. Nach der Natur und auf Stein gezeichnet von Woldemar Rau. I. Section. II. Abtheilung 1. Hälfte. Dresden. Druck von Rau und Sohn, Teplitz. Verlag von J. W. Pohlig. (25 Abbild. 4.)
1855.

Album der herrschaftlichen Landsitze u. Schlösser im Kaiserthum Oesterreich. Herausgegeben von J. W. Pohlig. Nach der Natur und auf Stein gezeichnet von Woldemar Rau. I. Section. II. Abtheilung 2. Hälfte. Dresden. Druck von Rau und Sohn. Teplitz. Verlag von J. W. Pohlig. (25 Abbild. 4.)
1855.

Album der herrschaftlichen Landsitze und Schlösser im Kaiserthum Oesterreich. Herausgegeben von J. W. Pohlig. Nach der Natur und auf Stein gezeichnet von Woldemar Rau. I. Sektion. III. Abtheilung. 1. Hälfte Dresden. Druck von Rau und Sohn. Teplitz, Verlag von J. W Pohlig. (25 Abbildungen 4.) 1855.

Album der herrschaftlichen Landsitze und Schlösser im Kaiserthum Oesterreich. Herausgegeben von J. W. Pohlig. Nach der Natur und auf Stein gezeichnet von Woldemar Rau. I. Sektion. III. Abtheilung. 2. Hälfte. Dresden. Druck von Rau und Sohn. Teplitz. Verlag von J. W. Pohlig. (25 Abbildungen. 4.) 1855.

— — 2. (nicht color.) Ausgabe. — Section Böhmen. 1—10. Liefg. Ebend. 854—56. Qu. Fol. Jede Lieferung v. 10 Lithographien n. 1 Thlr 20 Ngr

Album, d. herrsch. Landsitze u. Schlösser in Österreich. 2. Ausg. 1-10 Lfg. Fol. (a 10 L.) – Tepl. 1855,56.

Album der Landsleute der Fraternitas Baltica 1865—1900. Zsgest. von Max Rosenkranz. — Riga: Deutsch 1900). 104 S.

Album der Landsleute der Fraternitas Rigensis ⟨1823–1887⟩. Ms. (Hrsg.: Arend Berkholz.) — Riga 1888: Plate. 172 S. 1: Az 42813.
2.11685

Album der Landsleute der Neobaltia 1879—1904. — Jurjew (Dorpat) 1904: Mattiesen. 142 S. 4° [Als Ms. gedr.]

— für Leben, Kunst u. Wissen. Red. v. W. Smets. Jahrg. 1848. 12 Hfte. Mit Beilagen, Bildern u. Musikalien. hoch 4. Aachen, Kaatzer. (Leipzig, Wengler.) n. 3⅓ Thlr

Album. — Album der Lehrer und Schüler des Gymnasiums Casimirianum zu Coburg aus den Jahren 1801-1855. — Coburg 1855: Dietz. 42 S. 4° 3.
2.11689

— der Lehrer und Schüler des Gymnasium Casimirianum zu Coburg aus den J. 1801—1855. Coburg 855. (Riemann'sche Hofbuchhdlg.) 4. (42 S.) n. 8 Ngr

—— für altdeutsche Leinen-Stickerei und Stickerei auf Java-Canevas. Originalmuster in brillantem Buntfarbendr. qu. Fol. (8 Bl.) Leipzig 878, Kramer und Comp.

— für altdeutsche Leinen-Stickerei u. Stickerei auf Java-Canevas. Originalmuster in brillantem Buntfarbendr. qu. Fol. (8 Bl.) Leipzig 878. Rossberg. 1. —

—— von Leipzig nach Photographieen und Originalzeichnungen. 8 Hefte. qu. gr. 16. (à Heft 4 Chromolithogr.) Leipzig 859, Werl. à Heft * 7½ Ngr. *
1—6. Heft zusammen * 1 Thlr.

Album von Leipzig nach Photographieen und Originalzeichnungen. 9—12. Heft. qu. gr. 16. (20 Chromolithogr. und 24 S. Text.) Leipzig 861, Werl. à Heft * 5 Ngr. Thlr. *

—— von Leipzig. qu. 16. (12 Photograph.) Leipzig 867, Zander. In engl. Carton *

— von Leipzig. qu. 32. (16 Photolith.) Leipzig 871. Klein. n. 1. —

— dasselbe. Feine Ausg. qu. 32. (16 Photolith.) Ebend. 871. In Carton. 1. 50

—— von Leipzig. qu. 16. (20 Photogr.-Imitationen.) Leipzig 875, Klein's Kunsth. geb.

— dasselbe. Kleinere Ausg. qu. 16. (12 Photogr.-Imitationen.) Ebend. 875. geb. n. 1. —

Album von Leipzig. qu. 16. (20, Photogr.-Imitationen.) Leipzig 879. Glaser & Garte. geb. 1. 20

Album von Leipzig. (15) Chromolithogr. Abbildungen, mit einer poetischen Widmung von Edwin Bormann. qu. 8. Leipzig 884, Fock. geb.

—— von Leipzig. (15) Chromolithogr. Abbildungen, mit einer poetischen Widmung von Edwin Bormann. qu. 8. (2 S.) Leipzig 884, Kracht. geb. in Leinw. mit Schwarzdr. **
geb. in Irisbd. mit Broncedr. **

— von Leipzig. 12 Ansichten (in Lichtdr.) nach photograph. Orig.-Aufnahmen. Eine Festgabe zum 8. deutschen Bundesschießen. 16. Leipzig 884. H. Vogel. In Leinw.-Decke. n. 2. —

Album v. Leipzig. 8°(15 Lichtdr.-Taf.).— Lpzg. 1886, J. Berndt.

— von Leipzig. 2 Thle. 8. (à 10 Lichtdr.-Taf.) Leipzig 886. Hessling. geb. m. Irisdruck. à n. 3. 75;
geb. m. Schwarzdruck à n. 3. 50

Album von Leipzig. — o.O. [um 1890]. 12 Bl. in Leporelloform. quer-8° 1: Kart. Y 27865.
2.11690

— von Leipzig. 12. (20 Lichtdr.-Taf.) Leipzig 893. H. Mendelssohn. In Leinw.-Decke. 3. 50

— von Leipzig. 12. (18 farb. Taf.) Leipzig 895. L. Glaser. In Halbleinw.-Decke 1. 50

— dasselbe. 12. (20 Lichtdr. a. Kart.) Leipzig 895. H. Mendelssohn. In Leinw.-Mappe 3. 50

— von Leipzig. 39 Ansichten nach photogr. Natur-Aufnahmen. qu. gr. 8. Leipzig 899. H. Vogel. 2. 25

Album von Leipzig und seiner Umgebung. Sammlung der interessantesten Ansichten in (12) Stahlst. Darmstadt (860.) Lange. qu. 4. 1 Thlr

— von Leisnig. (3. Aufl.) qu. 16. (20 Bl. in Photogr.-Imit.) Leisnig (891) 895. Th. Fanghänel. In Decke — 75

Album der Liebe od. das Buch d. Seelensympathie. Eine Auswahl v. 160 trefflichen Gedichten der Sehnsucht, Liebe, Sympathie, Liebeserklärung u. Handwerbung zur Verständigung liebender Herzen, um zarte Gefühle bei allen Liebes-Verhältnissen gegenseitig auszutauschen. 3. Aufl. 8. Bautzen 849, Reichel. Verklebt. n. 1/2 ₰.

— für Liebhaber-Bühnen. Nr. 208—235. 8. Berlin 885. Kühling & Güttner. à — 75

208. Ein Frühschoppen. Lustspiel in 1 Akt von Emil Stein. (16 S.)
209. Ein stilles Haus. Posse m. Gesang in 1 Akt von Gust. Höppner. Musik v. A. Kentsch. (24 S.)
210. Höllenqualen. Posse in 1 Akt v. Otto Bernhard. (30 S.)
211. In der Falle. Schwank in 1 Akt v. Ernst Moser. (24 S.)
212. Meine Frau in spe. Schwank in 1 Akt v. Leop. Ely. (24 S.)
213. Suse, die Dorfhexe. Liederspiel in 1 Akt v. C. A. Paul. Musik v. Rich. Thiele. (19 S.)
214. Der kluge August. Schwank in 1 Akt v. Thdr. Kolbe. (24 S.)
215. Im Mondschein. Charakterbild in 1 Akt v. Wilh. Kläger. (22 S.)
216. Wallenstein in Mottenburg. Posse mit Gesang in 1 Akt v. Edm. Braune. Musik v. Rich. Thiele. (27 S.)
217. Vetter Hans. Schwank in 1 Akt v. Leop. Ely. (20 S.)
218. Der Ehrenpokal od. die Deputation. Posse in 1 Akt [nach e. vorhandenen Stoff] v. Heinr. Kläger. (20 S.)
219. Der Erduntergang. Schwank in 1 Akt v. Ernst Moser. (16 S.)
220. Ein probates Hausmittel. Lustspiel in 1 Akt v. Siegfr. Staack. (18 S.)
221. Flötenknopf's Liebes-Lust u. Leid. Schwank in 1 Aufzuge v. C. A. Paul. (20 S.)
222. Der Bombardier im Feuer. Posse mit Gesang in 1 Akt [mit theilweiser Benutzg. e. vorhandenen Scene] v. F. A. Sauer. Musik v. Rich. Thiele. (31 S.)
223. Der Gehilfe d. Teufels. Orig.-Lustspiel in 1 Akt v. Siegfr. Staack. (31 S.)
224. Die kleine Bombe. Schwank in 1 Akt v. Leop. Ely. (19 S.)
225. Die Angströhre. Posse in 1 Aufzuge, nach e. ältern französ. Stoffe bearb. v. Rob. Linderer. (18 S.)
226. Der Herzenswechsel. Posse in 1 Akt v. Siegfr. Staack. (19 S.)
227. Eine Liebeserklärung. Plauderei in 1 Auftritt v. Rob. Philippson. (11 S.)
228. Heimliche Liebe. Schwank in 1 Akt v. Edm. Braune. (28 S.)
229. Dichtung u. Wahrheit. Schwank in 1 Aufzug v. Rob. Philippson. (14 S.)
230. In der Löwengrube! Schwank in 1 Akt v. Siegfr. Staack. (23 S.)
231. Dos-à-dos. Lustspiel in 1 Akt, nach Roger de Beauvoir f. die deutsche Bühne bearb. v. Julian Olden. (17 S.)
232. Eine alltägliche Geschichte. Orig.-Posse in 1 Akt v. Siegfr. Staack. (24 S.)
233. Der Blumenstrauß. Singspiel in 1 Akt v. Heinr. Kläger. Musik v. Rich. Thiele. (26 S.)
234. Das böse „Sch"! Posse m. Gesang in 1 Akt v. Leop. Ely. Musik v. R. Thiele. (20 S.)
235. Eine gründliche Kur. Schwank in 1 Akt v. Gg. Schaumberg. (22 S.)

cf.: Kühlings, A., Album f. Liebhaber-Bühnen.

— für Liebhaber-Bühnen. Nr. 236—275. 8. Berlin 888—890. Kühling & Güttner. à Nr. — 75

Inhaltsübersicht in alphabet. Ordnung:

Anders, R. J., Groß-Feuer. Posse in 1 Akt. (15 S.) (Nr. 267.)
— Gut Heil! Schwank. (14 S.) (Nr. 273.)
— Kasernen-Abenteuer. Scherz in 1 Akt. (16 S.) (Nr. 263.)
— 24 Stunden Mittelarrest oder bei Vater Philipp. Schwank m. Gesang. (15 S.) (Nr. 238.)
Anton, P., ein musikal. Verhältniß. Lustspiel in 1 Aufzuge. (24 S.) (Nr. 249.)
Bliß, P., Konkurrenz. Lustspiel. (24 S.) (Nr. 274.)
Braune, E., der 1. März od. Knospe u. Stengel. Schwank. (26 S.) (Nr. 269.)
— zum Maskenball. Lustspiel in 1 Akt. (24 S.) (Nr. 262.)
— Max u. Moritz. Posse in 1 Akt. (20 S.) (Nr. 258.)
— „Die Quitzow's". Posse in 1 Akt. (18 S.) (Nr. 265.)
— der Trauring. Lustspiel. (34 S.) (Nr. 270.)
Czajchke, E., der 27. Januar. Patriotisches Genrebild. (14 S.) (Nr. 272.)
— des Kaisers Geburtstag. Patriotisches Lustspiel m. Gesang in 1 Akt. Musik v. C. Woitschach. (14 S.) (Nr. 253.)
Ely, L., aus Dankbarkeit. Posse in 1 Akt. (19 S.) (Nr. 251.)
— ein klassisches Mädchen. Posse m. Gesang in 1 Akt. Musi v. Frz. Brandt. (12 S.) (Nr. 243.)
— Schlau. Schwank in 1 Akt. (20 S.) (Nr. 241.)
Fernau, F., nur ein Scherz. Lustspiel in 1 Akt. (16 S.) (Nr. 257.)
Gerber, J., Frau Melitta. Lustspiel in 1 Akt. (19 S.) (Nr. 240.)
Günther, M., das Bild der Schwiegermutter. Schwank. (30 S.) (Nr. 271.)
Hagen, R. v., ein Gruß aus Metz. Lustspiel in 1 Akt. (16 S.) (Nr. 239.)
Hermann, B., nur keine Schwiegermutter. Schwank in 1 Akt. (26 S.) (Nr. 266.)
Herrmann, A., Liebesdienste. Lustspiel in 1 Akt. (26 S.) (Nr. 254.)
Hildeck, L., ungleiche Pole. Lustspiel in 1 Akt. (31 S.) (Nr. 250.)
Keller, J., ein Kater. Schwank in 1 Aufzug. (24 S.) (Nr. 237.)
Klaeger, H., die kleine Nachtigall. Liederspiel in 1 Aufzug. Musik v. R. Thiele. (27 S.) (Nr. 252.)
Knauff, M., ein gemüthlicher Abend. Lustspiel. (24 S.) (Nr. 275.)
— die Nachkur. Lustspiel in 1 Akt. (32 S.) (Nr. 260.)
Kolbe, Th., der lederne Adjutant. Schwank in 1 Akt. (28 S.) (Nr. 236.)
— 25 oder d. Jubiläum. Schwank in 1 Akt. (16 S.) (Nr. 244.)
Linderer, R., Neptun od. d. Verräther in Gips. Komisches Singspiel in 1 Aufzug, nach einem vorhandenen Stoffe bearb. Musik v. R. Thiele. (28 S.) (Nr. 247.)
Paul, C. A., gebt mir meinen Anton wieder. Posse m. Gesang in 1 Akt. Musik v. R. Thiele. (19 S.) (Nr. 242.)
— Veni, vidi, vici. Lustspiel in 1 Akt m. freier Benutzung e. alten Stoffes. (24 S.) (Nr. 245.)
S., L. v., Filz u. Stroh. Posse m. Gesang in 1 Akt. Musik v. R. Thiele. (24 S.) (Nr. 255.)
Schlesinger, M., Einer vom Tugendbund. Lustspiel in 1 Aufzuge. (20 S.) (Nr. 248.)
Schülz, H., verjährt. Melodramatisches Gemälde in 1 Akt. Musik v. Frz. Brandt. (18 S.) (Nr. 246.)
Stenglin, F. v., der Gast seiner Frau. Lustspiel in 1 Akt. (22 S.) (Nr. 261.)
Waldau, C., unsere Soldaten. Posse in 1 Akt. (18 S.) (Nr. 268.)
Waldau, F., eine vergnügte Gesellschaft. Posse m. Gesang in 1 Akt. Musik v. R. Thiele. (22 S.) (Nr. 259.)
— ihr Lieblingswunsch. Posse m. Gesang in 1 Akt. Musik v. R. Thiele. (20 S.) (Nr. 256.)
— Mampe's Flitterwochen. Posse m. Gesang in 1 Akt. Musik v. R. Thiele. (24 S.) (Nr. 264.)

— für Liebhaberbühnen. Nr. 269—298. 12. Berlin, Kühling & Güttner. à — 75

Inhaltsübersicht in alphabetischer Ordnung:

Adler, Paul, der dritte Mann. Posse mit Gesang in 1 Akt. Musik v. Rich. Thiele. (24 S.) 893. (Nr. 288.)
Althaus, A., aus Prinzip. Schwank in 1 Akt. (16 S.) 892. (Nr. 286.)
Anders, R. J., Gut Heil! Schwank in 1 Akt. (14 S.) 890. (Nr. 273.)
— Turnerstreiche. Schwank in 1 Akt. (18 S.) 891. (Nr. 279.)
Bliß, Paul, ein Badescherz. Lustspiel in 1 Aufzuge. (27 S.) 891. (Nr. 276.)
— der Herr im Hause. Lustspiel in 1 Aufzuge. (20 S.) 891. (Nr. 278.)
— Konkurrenz. Lustspiel in 1 Aufzuge. (24 S.) 890. (Nr. 274.)
— probates Mittel. Schwank in 1 Aufzuge. (20 S.) 892. (Nr. 281.)
Braune, Edm., der Andere. Lustspiel in 1 Aufzuge (nach e. vorhandenen Idee). (18 S.) 894. (Nr. 297.)
— der Herr Doctor. Schwank in 1 Aufzug. (17 S.) 893. (Nr. 289.)
— ihr Kakadu. Schwank in 1 Akt. (24 S.) 894. (Nr. 294.)
— der erste März od. Knospe u. Stengel. Schwank in 1 Akt. (26 S.) 890. (Nr. 269.)
— der Trauring. Lustspiel in 1 Akt. (34 S.) 890. (Nr. 270.)
Czajchke, Emil, der 27. Januar. Patriotisches Genrebild in 1 Akt. (14 S.) 890. (Nr. 272.)
Günther, Maria, das Bild der Schwiegermutter. Schwank in 1 Akt. (30 S.) 890. (Nr. 271.)
Heidelberg, Ernst, unter erschwerenden Umständen. Posse in 1 Akt. (36 S.) 891. (Nr. 277.)
Hirthe, E., kurz vor Thorschluß. Komisches Singspiel in 1 Akt. Musik v. Carli Zöller. (20 S.) 892. (Nr. 285.)
Karczag, Wilh., Mütterchen. Lustspiel in 1 Akt. Deutsch v. Jos. Jarno. (18 S.) 894. (Nr. 295.)
Keben, Geo., das Quartett. Lustspiel in 1 Akt. (23 S.) 892. (Nr. 283.)
Kirstein, Paul A., Sylvesterspuk. Scherz in 1 Aufzug. (16 S.) 893. (Nr. 290.)
Knauff, Marie, ein gemüthlicher Abend. Lustspiel in 1 Akt. (24 S.) 890. (Nr. 275.)
— in der Sprechstunde od. die Scatbrüder. Lustspiel in 1 Aufzuge. (22 S.) 893. (Nr. 287.)
Niedt, E., die Gefreitenknöpfe. Schwank in 1 Akt. (21 S.) 894. (Nr. 292.)
Raabe, Jul., spielend gewonnen. Posse in 1 Aufzuge. (24 S.) 894. (Nr. 293.)
Reichardt, Max, die Spritzenmänner v. Treuenbrietzen. Posse m. Gesang in 1 Akt. (21 S.) 891. (Nr. 298.)
Reinfels, Hans v., fromme Lügen. Lustspiel in 1 Akt. (20 S.) 892. (Nr. 282).
Schlesinger, Mor., Fixsterne. Schwank in 1 Akt. (20 S.) 892. (Nr. 280).
Schmasow, Alfr., in der Cantine od. der Schnapsteufel. Posse in 1 Akt. (26 S.) 893. (Nr. 284.)
Schulz, Herm., der Theaterteufel. Schwank in 1 Akt. (14 S.) 893. (Nr. 291.)
Waldau, Fritz, Schützenbrüder. Posse m. Gesang in 1 Akt. Musik v. R. Thiele. (23 S.) 894. (Nr. 296.)

— für Liebhaber-Bühnen. Nr. 299—337. 12. Berlin, Kühling & Güttner. à — 75

Inhaltsübersicht in alphabetischer Ordnung:

Albrecht, Gust., D. Gespenst als Heirathsvermittler. Orig.-Schw. in 1 Akt. (28 S.) 895. (Nr. 300.)
— D. Keilfuchs. Orig.-Schw. a. d. Studentenleben i. 1 Akt. (27 S.) 896. (Nr. 313.)
Ahrendt, Max, Für eig. Rechnung. Schw. in 1 Aufz. (20 S.) 897. (Nr. 324.)
Bandelow, Paul, D. Tochter d. Brandstifters. Schausp. in 1 Akt. (16 S.) 896. (Nr. 308.)
Bliß, Paul, Unglückliche Liebe. Schw. in 1 Akt. (14 S.) 898. (Nr. 330.)
Böttcher, Max, E. Wohnung zu vermiethen. Lustsp. in 1 Akt. (26 S.) 895. (Nr. 305.)
Braune, Edm., E. schneidiger Bursche. Schw. in 1. Aufz. (27 S.) 895. (Nr. 306.)
— Circus-Witze od. Signora Maccaroni. Schw. m. Gesang in 1 Akt u. e. vorh. Stoffe. (28 S.) 898. (Nr. 335.)
— Hahnemann u. Kahnemann. Schw. in 1 Akt. (30 S.) 897. (Nr. 323).
— D. schöne Jochen od. der einz. junge Mann i. Dorfe. Genrebild i. 1 Aufz. u. e. vorhand. Stoffe. (19 S.) 896. (Nr. 310.)
— Unser Junge od. 100,000 Mark. Posse m. Ges. in 1 Aufz. Couplets v. Joh. Eißner. Musik v. Rich. Thiele. (43 S.) 898. (Nr. 333.)
— D. Kandidat. Posse in 1 Aufz. (30 S.) 895. (Nr. 299.)
— Mutter Barthel od. d. Maikäfer. (Unf. Füsiliere.) Milit. Genrebild m. Ges. in 1 Akt. (34 S.) 896. (Nr. 307.)
— E. lust. Streich od. d. rasende Roland. Posse in 1 Aufz. (27 S.) 898. (Nr. 328.)
— D. Unentbehrliche. Schw. in 1 Aufz. (28 S.) 897. (Nr. 327.)
Eißner, Johs., u. Jean Häußler, D. Kreuzotter. Posse m. Ges. i. 1 Akt. Musik v. Rich. Thiele. (36 S.) 897. (Nr. 322.)
Engel, W., Manöverscharmützel. Schw. in 1 Akt. (24 S.) 896. (Nr. 312.)
Grasemann, B., D. Kneippkur. Wasserposse i. 1 Akt. (18 S.) 896. (Nr. 309.)
— D. Nadlerin. Schw. i. 1 Aufz. (32 S.) 897. (Nr. 317.)
— Nach Professor Schenk! Schw. in 1 Akt. (27 S.) 898. (Nr. 336.)
— Im Zeichen d. X.-Strahlen. Schw. in 1 Akt. (20 S.) 896. (Nr. 314.)
Hahn, R., u. Edm. Braune, Onkel Don Juan od. Lustige Putzmacherinnen. Posse m. Ges. in 1 Akt. Musik von W. Grimm. (31 S.) 898. (Nr. 331.)
Hönig, Alex., Hans in all. Gassen. Posse m. Ges. in 1 Akt. Musik v. Paul Hattwich. (24 S.) 897. (Nr. 318.)
Jacobson, B., Treffer. Schw. in 1 Aufz. (24 S.) 897. (Nr. 319.)
Kolbe, Th., Paradebummler. Schw. in 1 Akt. (21 S.) 896. (Nr. 315.)
Mallwitz, F., System Else. Schw. m. Ges. in 1 Akt. Musik v. Rich. Thiele. (41 S.) 897. (Nr. 316.)
Milbitz, Paul, u. Johs. Eißner, Weihnachtsglocken. Weihnachtskomödie in 1 Akt. (18 S.) 898. (Nr. 337.)
Reichardt, Max, Du ahnst es nicht! Orig.-Schw. in 1 Akt. (18 S.) 897. (Nr. 326.)
— D. Regimentsnummer. Posse m. Ges. in 1 Akt. Musik v. Leo Fall. (27 S.) 897. (Nr. 320.)
Richter, O., Fräulein Zange od. d. neue Dienstmädchen. Posse m. Ges. in 1 Akt. (23 S.) 897. (Nr. 321.)
— Durch Klippen u. Wellen. Lebensb. m. Ges. in 1 Akt. Musik v. Lützow u. Lindner. (20 S.) 898. (Nr. 324.)
— D. Oberförster. Lebensb. m. Ges. in 1 Akt. Text d. Gesänge v. Gust. Albrecht. Musik v. Rich. Thiele. (18 S.) 895. (Nr. 301.)
— D. Schwiegermutter a. Amerika. Lustsp. in 1 Akt. (19 S.) 895. (Nr. 302.)
Roeder, Osk. Vict., Fritz vom Lande. Schw. m. Ges. in 1 Akt. (20 S.) 898. (Nr. 329.)
Schulz, Hugo, Traum d. Rose. Singsp. in 1 Akt (nach B. Hermann). Musik v. Alfr. Sammann. (15 S.) 896. (Nr. 311.)
Trendies, Otto, Wo ist die Frau? Lustsp. in 1 Akt. (32 S.) 898. (Nr. 332.)
Wachsmuth, Ernst, u. Paul Sonnekalb, Sie irrt sich nie! od.: Die Memoiren d. Französin. Lustsp. in 1 Aufz. (26 S.) 895. (Nr. 303.)
Wiesen, B., Frauenrechte. Lustsp. in 1 Akt. (20 S.) 897. (Nr. 325.)
Wilhelm, Bomben u. Granaten. Posse in 1 Aufz. (26 S.) 895. (Nr. 304.)

— für Liebhaber-Bühnen. Nr. 338—388. 12. Berlin, Kühling & Güttner. à — 75

Inhaltsübersicht in alphabetischer Ordnung:

Asten, A., Zigeunerfriedel. Schauspiel in 1 Akt. (23 S.) (902.) (Nr. 384.)
Behrend, Mart., u. Ludw. Spannuth, Frau Eva. Schwank in 1 Aufzug. (28 S.) (901.) (Nr. 364.)
Braun, Jul., Tobias u. Schuster. Schwank in 1 Akt. (20 S.) (902.) (Nr. 386.)
Braune, Edm., „Mein süßes Dickerchen!" Posse in 1 Aufzug. (30 S.) (900.) (Nr. 354.)
— Die lustige Ehefrau. Schwank m. Gesang in 1 Akt. Musik v. Rich. Thiele u. C. Tschepe. (32 S.) (901.) (Nr. 373.)
— Hopla, — Vater sieht's ja nicht! od. Die Dame von Halensee. Burleske m. Gesang in 1 Aufzug. Musik v. Rich. Thiele. (34 S.) (900.) (Nr. 357.)
— Jette's Schatz od. Unsere blauen Jungen. Soldatenschwank m. Gesang in 1 Aufzug. (26 S.) (900.) (Nr. 351.)
— Eine fidele Kiste od. Die Generalprobe. Schwank m. Gesang in 1 Aufzug. Couplets von Joh. Eißner. (48 S.) (900.) (Nr. 359.)
— Lottchen amüsirt sich od. Kiebitzeler. Lustspiel in 1 Akt. (29 S.) (902.) (Nr. 380.)
— Maler Maler. Posse in 1 Aufzug. (33 S.) (901.) (Nr. 363.)
— Onkel Moritz od. Schwiegermamachen. Schwank in 1 Akt. (36 S.) (899.) (Nr. 345.)
Braune, Edm., Puffschnutchen. Posse m. Gesang in 1 Akt. Musik v. Rich. Thiele. (44 S.) (899.) (Nr. 347.)
— Onkel Schlaumeier od.: „Nu aber 'raus!" Posse m. Gesang in 2 Akten. Musik v. Rich. Mahnecke. (45 S.) (902.) (Nr. 387.)
— Soldaten-Riekechen od. Civil u. Militär. Posse in 1 Aufzug. (29 S.) (901.) (Nr. 375.)
Fischer-Ohmann, Gust., Alma geht durch od. Ein Berliner Schusterjunge. Posse m. Gesang in 1 Akt. Musik v. Th. Zehr. (20 S.) (901.) (Nr. 361.)
Friede, Vict. v., Geld ist die Hauptsache. Burleske in 1 Akt. (24 S.) (901.) (Nr. 362.)
Klein, Osk., Unsere Einzige! Posse in 1 Akt. (19 S.) (902.) (Nr. 377.)
— Der Frack als Ehestifter. Schwank in 1 Akt. (14 S.) (901.) (Nr. 371.)
— Sein Zwilling. Posse in 1 Akt. (22 S.) (902.) (Nr. 383.)
Kohlmetz Herm., Ansichtspostkarten od. Der falsche Waldemar. Lustspiel in 1 Akt. (28 S.) (900.) (Nr. 353.)
— Die Verlobungsfalle. Schwank in 1 Akt. (23 S.) (902.) (Nr. 378.)
Kroll, Willy, Nach der Natur. Lustspiel in 1 Aufzug. (23 S.) (901.) (Nr. 366.)
Neumann, P. H., Der zweite Cousin. Lustspiel in 1 Akt. (16 S.) (901.) (Nr. 368.)
Oberländer, Heinr., Gerichtet. Dramolet in 1 Akt. (20 S.) (899.) (Nr. 344.)
— Leni. Lustspiel in 1 Aufzug. (22 S.) (899.) (Nr. 341.)
— Ein Mann hilft dem andern. Lustspiel in einem Aufzuge. (21 S.) (899.) (Nr. 340.)
— Der Herr Regierungsrath. Schauspiel in 1 Aufzuge. (23 S.) (899.) (Nr. 343.)
— Der Selbstmörder. Schwank in 1 Akt. (17 S.) (899.) (Nr. 342.)
Pitschel, Osk., Nelly's Geburtstagsfreuden. Orig.-Schwank in 1 Akt. (19 S.) (899.) (Nr. 348.)
Reichardt, Max, Ein Abenteuer im Wittwen-Verein. Schwank in 1 Akt. (30 S.) (899.) (Nr. 349.)
— Der Hausdrache. Schwank in 1 Akt. (22 S.) (900.) (Nr. 356.)
— Der Mann m. den drei Frauen. Schwank in 1 Akt. (19 S.) (901.) (Nr. 372.)
Richter, O., Seine Alte od. Ein glänz. Reinfall. Posse m. Gesang in 1 Akt. Musik v. Rich. Thiele. (29 S.) (900.) Nr. 355.)
— Die weiße Dame. Schwank m. Gesang in 1 Akt. Musik v. K. Tschepe. (28 S.) (902.) (Nr. 382.)
— Ein praktisches Geschenk. Lustspiel in 1 Akt. (24 S.) (902.) (Nr. 381.)
— Ich danke, Herr Frankel od.: Das Käsekistchen. Schwank in 1 Akt. (24 S.) (902.) (Nr. 385.)
— Ich heirathe meinen Mann. Lustspiel in 1 Akt. (29 S.) (901). (Nr. 367.)
— Ein dummer Junge. Posse m. Gesang in 1 Akt. Musik v. R. Thiele. (31 S.) (901.) (Nr. 370.)
— Der Kapitain. (Der Alte v. der Klippe.) Liederspiel in 1 Akt. Musik v. Carl Tschepe. (32 S.) (901.) (Nr. 365.)
— Das verhängnißvolle Liebesgedicht od. Graphologie. Posse in 1 Akt. Musik v. Rich. Thiele. (26 S.) (900.) (Nr. 358.)
— Eine vergnügte Nacht. Posse m. Gesang in 1 Akt. Musik v. Rich. Thiele. (27 S.) (902.) (Nr. 379.)
— Sein Patent od. Die Diebesfalle. Posse m. Gesang in 1 Akt. Musik v. Rich. Thiele. (29 S.) (902.) (Nr. 388.)
— Der Säugling. Posse m. Gesang in 1 Akt. Musik v. Rich. Thiele. (35 S.) (899.) (Nr. 346.)
— Siegel siegelt Alles od. Sein einziger Patient. Schwank m. Gesang in 1 Akt. Musik v. R. Thiele. (27 S.) (901.) (Nr. 369.)
— u. Edm. Braune, Die Lindenwirthin. Liederspiel in 1 Aufzug. Musik v. Rich. Thiele. (38 S.) (899.) (Nr. 339.)
Schley, A., Franzl's Tante. Schwank in 1 Akt. (23 S.) (899.) (Nr. 338.)
Schmasow, Alfr., Ein geriss'ner Schwiegersohn. Schwank in 1 Akt. (32 S.) (902.) (Nr. 376.)
Schulz, Herm., Schlappermanns. Schwank in 1 Akt. (19 S.) (899.) (Nr. 350.)
Tyrkowski, Alex., Im weißen Röß'l. Posse m. Gesang in 1 Akt. Musik v. K. Tschepe. (24 S.) (900.) (Nr. 352.)
— Die Wahrsagerin. Posse m. Gesang in 1 Akt. Musik v. Rich. Thiele. (20 S.) (901.) (Nr. 374.)
Wendlandt Rob., Russische Vögel od.: Die Spione. Schwank in 1 Akt. (24 S.) (900.) (Nr. 360.)

· Liebhaber-Bühnen. Nr. 389—443. kl. 8. Ber-.n, Kühling & Güttner. à Nr. — 75

Bliß, Paul, der alte Freund. Lustspiel in 1 Akt. (20 S.) (905.) (Nr. 418.)
Braune, Edm., ein fideler Abend od. Das Versuchs-Karnickel. Schwank in 1 Akt. (19 S.) (904.) (Nr. 410.)
— Goldschmieds Töchterlein. Volksstück m. Gesang in 1 Akt. Gesangstexte v. O. Klein. Musik v. Meienreis. (28 S.) (905.) (Nr. 425.)
— Löwenmut od. Er ist verrückt. Posse m. Gesang in 1 Aufzug. Musik v. Thdr. Zehr. (32 S.) (904.) (Nr. 397.)
— unsere Mamsell od. Ein Allerwelts-Mädel. Posse m. Gesang in 1 Akt. Musik v. G. Steffens. (30 S.) (904.) (Nr. 412.)
— die Mieze v. der Plättanstalt. Volksstück m. Gesang in 1 Akt. Musik v. Carl Tschepe. (36 S.) (904.) (Nr. 390.)
— Schön-Jettchen od. Wo ist die Katz'? Posse in 1 Akt. (20 S.) (904.) (Nr. 409.)
— ein kleiner Schwerenöter. Schwank in 1 Akt. (27 S.) (904.) (Nr. 404.)
— Tante Malchen. Schwank in 1 Aufzug. (23 S.) (905.) (Nr. 427.)
Feisch, Ernst, ihr Gottlieb. Schwank in 1 Akt. (20 S.) (904.) (Nr. 406.)
Hohenfels, M., der Segen kommt v. oben! Singspiel in 1 Akt. (Musik v. Gust. Steffens.) (31 S.) (906.) (Nr. 435.)
Hoenig, Alex., der andere. Schwank in 1 Aufzug. (32 S.) (905.) (Nr. 417.)
Hoenig, Alex., der Athlet. Schwank in 1 Akt. (29 S.) (905.) (Nr. 416.)
— im Wein ist Wahrheit. (Soldatenliebe.) Militair-Schwank in 1 Akt. (29 S.) (905.) (Nr. 415.)
— wenn alte Scheunen brennen. Schwank in 1 Akt. (23 S.) (905.) (Nr. 424.)
Klein, Osc., die Loreley. Posse m. Gesang in 1 Akt. Musik v. Benno Gieseke. (30 S.) (906.) (Nr. 432.)
— Medea. Posse m. Gesang in 1 Akt. Musik v. Carl Tschepe. (23 S.) (904.) (Nr. 394.)
— Mutter Fine od. Richtige Berliner. Volksstück m. Gesang in 1 Akt. Musik v. F. Krause. (24 S.) (904.) (Nr. 399.)
— Pastors Rieke. Posse m. Gesang in 1 Akt. Musik v. K. Tschepe. (20 S.) (904.) (Nr. 401.)
— das Skelett im Hause. Posse m. Gesang in 1 Akt. Musik v. K. Tschepe. (23 S.) (904.) (Nr. 411.)
Kneschke-Schönau, M., Lenore fuhr ums Morgenrot. Burleske in 1 Aufzug. (18 S.) (906.) (Nr. 430.)
Kohlmetz, Herm., die rote Nase. Schwank in 1 Akt. (18 S.) (905.) (Nr. 420.)
— sie betrügt ihren Mann. Schwank in 1 Akt. (18 S.) (906.) (Nr. 434.)
Kreling, Herm., die Entziehungskur. Schwank in Akt (2 Bildern). (26 S.) (906.) (Nr. 438.)
Makowski, Ludw., der Geburtstagshase! Lustspiel in 1 Akt. (11 S.) (904.) (Nr. 408.)
— der Teufel auf Besuch! Schwank in 1 Aufzug. (13 S.) (905.) (Nr. 419.)
Pfuhl-Brodowska, J. A., die Bombe platzt od. Nur ein Turner. Schwank in 1 Aufzug. (28 S.) (904.) (Nr. 393.)
Reichardt, Max, der gelbe Affe. Posse m. Gesang in 1 Akt. Musik v. Benno Gieseke. (23 S.) (906.) (Nr. 439.)
— ein toller Ehemann. Schwank in 1 Akt. (24 S.) (904.) (Nr. 413.)
— sein Kegelklub. Schwank in 1 Akt. (27 S.) (906.) (Nr. 433.)
— die tolle Lolo. Burleske m. Gesang in 1 Akt. Musik v. Gust. Steffens. (28 S.) (906.) (Nr. 442.)
— bei Pannemann's ist Hochzeit. Posse m. Gesang in 1 Akt. Musik v. C. Woltschach. (23 S.) (904.) (Nr. 405.)
— der Sommerleutnant. Schwank in 1 Akt. (26 S.) (906.) (Nr. 436.)
Reiflingen, Doktor Schwips. Schwank in 1 Akt. (19 S.) (905.) (Nr. 429.)
Richter, Otto, eine Berliner Range. Posse m. Gesang in 1 Akt. Musik v. Carl Woltschach. (28 S.) (906.) (Nr. 441.)
— er sucht seine Brille od. Überführt. Schwank in 1 Akt. (21 S.) (904.) (Nr. 396.)
— ein alter Flickschuster. Volksstück m. Gesang in 1 Akt. Musik v. Gust. Steffens. (33 S.) (906.) (Nr. 443.)
— im Krug zum grünen Kranze. Liederspiel in 1 Akt. Musik v. Meienreis. (28 S.) (905.) (Nr. 421.)
— Mensch, bezahle Deine Schulden! Posse m. Gesang in 1 Akt. Musik v. Gust. Steffens. (26 S.) (905.) (Nr. 428.)
— ein Menschenkenner od. Er hat Schwein. Schwank in 1 Akt. (21 S.) (904.) (Nr. 407.)
— der Polacke od. Zum gemütlichen Emil. Posse m. Gesang in 1 Akt. Musik v. Max Schmidt. (Umschlag: Ernst Hagen.) (28 S.) (904.) (Nr. 392.)
— das Schwalbennest. Komisches Liederspiel in 1 Akt. Musik v. G. Steffens. (22 S.) (904.) (Nr. 414.)
— wir brauchen keine Männer mehr! Schwank in 1 Akt. (20 S.) (905.) (Nr. 422.)
Römer, Alb., ein kleiner Spitz. Schwank in 1 Akt. (23 S.) (906.) (Nr. 431.)
Schmasow, Alfr., die Erb-Tante. Schwank in 1 Akt. (27 S.) (904.) (Nr. 400.)
— die Herbst-Parade. Schwank in 1 Akt. (34 S.) (906.) (Nr. 440.)
Schönau, W., die Kutlerin. Schwank in 1 Akt. (21 S.) (904.) (Nr. 389.)
Seifert, Leo, Alicens Verlobung. Schwank in 1 Akt. (22 S.) (906.) (Nr. 437.)
— der Blitzableiter. Schwank in 1 Akt. (15 S.) (904.) (Nr. 391.)
— im Dunkeln. Schwank in 1 Akt. (17 S.) (904.) (Nr. 403.)
— die Frau Feldwebel. Schwank in 1 Akt. (20 S.) (905.) (Nr. 426.)
— ein sauberes Kleeblatt. Schwank in 1 Akt. (21 S.) (904.) (Nr. 398.)
Tyrkowski, Alex., Amor auf Irrwegen. Schwank in 1 Akt. (22 S.) (904.) (Nr. 402.)
— Angstmeier. Posse m. Gesang in 1 Akt. Musik v. Gust. Steffens. (28 S.) (905.) (Nr. 423.)
— die Tante aus Polzin. Posse m. Gesang in 1 Akt. Musik v. K. Tschepe. (22 S.) (904.) (Nr. 395.)

— für Liebhaberbühnen. Nr. 444—502. kl. 8. Berlin, Kühling & Güttner. à Nr. — 75

Bliß, Paul, in falschem Verdacht od. Ende gut, alles gut. Schwank. (22 S.) (910.) (Nr. 499)
Braune, Edm., ein famoser Barbier od. Eingeseift. Burleske (Umschlag: Posse) in 1 Aufzug. (24 S.) (908.) (Nr. 473)
— Detektiv Bumsel od. „Zur Hopfenblüte“. Posse m. Gesang u. Tanz in 1 Akt. Gesangstexte v. Osc. Klein. Musik v. Max Schmidt. (40 S.) (907.) (Nr. 456)
— Lehmanns Kleinod. Schwank. (28 S.) (910.) (Nr. 489)
— Der Herr Leutnant. Schwank in 1 Aufzug. (32 S.) (908.) (Nr. 465)
— Lotte's Liebster. Schwank (nach e. vorhandenen Idee). (28 S.) (910.) (Nr. 498)
— Das Nesthäkchen. Lustspiel in 1 Akt. (38 S.) (908.) Nr. 468)
— Pudelmützchen. Posse in 1 Aufzug. (28 S.) (907.) (Nr. 444)
— Mein Freund Rabecke. Schwank in 1 Akt. (31 S.) (909.) (Nr. 481)
— Rekruten-Abschied. Genrebild m. Gesang in 1 Aufzug. Text der Gesänge v. O. Richter. Musik v. B. Gieseke. (29 S.) (907.) (Nr. 454)
— Sein Schäferstündchen od. Der schöne Harry. Schwank. (27 S.) (910.) (Nr. 496)
— Sein Zeppelin od.: Hinter Mutters Rücken. Schwank in 1 Aufzug. (30 S.) (909.) (Nr. 486)
Dibbern, Karl, Erik Jensen od. Des Matrosen Heimkehr. Charakterbild m. Gesang. Musik vom Verf. (18 S.) (910.) (Nr. 495)
— Die neue Wohnung. Schwank m. Gesang. (Text u. Musik v. D.) (20 S.) (910.) (Nr. 490)
Friede, Vict. v., die Verschwörer. Schwank. (24 S.) (910.) (Nr. 501)
Greve-Grohmann, Carl, Jettes Liebesabenteuer. Posse m. Gesang in 1 Akt. Text u. Musik v. G. (20 S.) (908.) (Nr. 467)
Hallenstein, Ernst, Onkel Bollinger. Schwank in 1 Akt. (36 S.) (908.) (Nr. 461)
Hoffmann, Alex., am hl. Abend. Charakterbild m. Gesang in 1 Akt. (32 S.) (908.) (Nr. 462)
— Bellermanns Brautschau. Orig.-Schwank in 1 Akt. (31 S.) (908.) (Nr. 474)
— Eine (Umschlag: Die) gelbe Gefahr od. Lehrjungenstreiche. Burleske in 1 Akt. (40 S.) (908.) (Nr. 472)
Keßler, Rich., Compagnons! od. Das Ehegespenst. Cabaret-scene f. 2 Herren nach Marin-Lefèvre u. Labiche. (28 S.) (907.) (Nr. 458.)
— Detektivkniffe od. Sherlock Holmes Nachf. Schwank in 1 Akt. (32 S.) (907.) (Nr. 460.)
— Hotte-Hüh! od. Ein verliebter Schwiegerpapa. Posse m. Gesang. Gesangstexte v. O. Richter. Musik v. Gust. Steffens. (28 S.) (910.) (Nr. 502.)
— Zwei Junggesellen. Schwank. (23 S.) (910.) (Nr. 492.)
— Schwarze Liebe od. Berliner Ausreißer. Kolonial-Burleske m. Gesang in 1 Akt nach St. Georges. Musik v. Max Schmidt. (43 S.) (908.) (Nr. 475.)
— Ihr zweiter Mann od. Auch e. lustige Witwe. Lustspiel in 1 Akt. (25 S.) (907.) (Nr. 459.)
— Ein verzweifeltes Mittel. Schwank in 1 Akt. (32 S.) (908.) (Nr. 466.)
— Papas Junge od. Hänschen. Schwank in 1 Akt nach e. vorhandenen Idee. (32 S.) (908.) (Nr. 471.)
— Ein Spaßvogel od. Ich komme v. Herrn Meyer. Schwank nach dem Franz. (24 S.) (910.) (Nr. 494.)
— u. A. Stein, die Heiratsannonce. Schwank in 1 Akt. (27 S.) (909.) (Nr. 478.)
Klein, Osc., unsere Käte. Posse m. Gesang in 1 Akt. Musik v. B. Gieseke. (29 S.) (907.) (Nr. 451.)
— Nimm mich mit! Posse m. Gesang in 1 Akt. Musik v. Benno Gieseke. (34 S.) (908.) (Nr. 463.)
— Am Nordseestrand. Singspiel in 1 Akt. Musik v. Hans Schlothen. (22 S.) (909.) (Nr. 484.)
— Prinz Wendelin od. Pechmieze. Posse m. Gesang in 1 Akt. Musik v. G. Steffen. (34 S.) (908.) (Nr. 476.)
Kohlmetz, Herm., ein Schwiegervater auf Abzahlung. Orig.-Schwank in 1 Akt. (21 S.) (908.) (Nr. 470.)
Ohrt, Gust., Réaumur u. Celsius. Schwank in 1 Akt. (31 S.) (909.) (Nr. 480.)
Reichardt, Max, Madame Sherlock Holmes. Burleske m. Gesang in 1 Akt. (Musik v. O. Antonius.) (32 S.) (907.) (Nr. 452.)
Richter, O., der Aal. Posse m. Gesang in 1 Akt. Musik v. Max Schmidt. (27 S.) (907.) (Nr. 447.)
— Am Brunnen vor dem Tore. Liederspiel in 1 Akt. Musik v. Karl Dibbern. (38 S.) (908.) (Nr. 469.)
— Des Försters Töchterlein. Liederspiel. Musik v. Karl Dibbern. (31 S.) (910.) (Nr. 500.)

Richter, O., Glockenklänge od.: Der Dieb. Charakterbild in 1 Akt. (24 S.) (907.) (Nr. 449.)
— Familie Knoppe. Volksstück mit Gesang in 1 Akt. Musik v. B. Giesecke. (35 S.) (909.) (Nr. 477.)
— Guten Tag, Papa! Schwank. (32 S.) (910.) (Nr. 491.)
— Immer fidel! Schwank m. Gesang. Musik v. B. Giesecke. (38 S.) (910.) (Nr. 493.)
— Das Korps der Rache. Posse m. Gesang in 1 Akt. Musik v. G. Steffens. (30 S.) (909.) (Nr. 488.)
— Mausi, sei süß! Schwank in 1 Akt. (28 S.) (908.) (Nr. 464.)
— Vor der Schmiede. Komisches Singspiel in 1 Akt. Musik v. Karl Dibbern. (31 S.) (909.) (Nr. 482.)
— Sein Schwiegervater in spe. Schwank in 1 Akt. (27 S.) (909.) (Nr. 485.)
— In der Sennhütte. Liederspiel in 1 Akt. Musik v. Gust. Steffens. (32 S.) (907.) (Nr. 455.)
— Der Trauring des Verstorbenen. Lustspiel in 1 Akt. (30 S.) (909.) (Nr. 479.)
— Die lustige Witwe. Schwank in 1 Akt. (31 S.) (907.) (Nr. 445.)
Roeder, Osc. Vict., der dunkle Korridor. Schwank in 1 Aufzuge. (20 S.) (909.) (Nr. 483.)
Runge, Paul, ein Herbstmanöver! od.: Im Notquartier! Schwank in 1 Aufzug. (31 S.) (909.) (Nr. 487.)
— Der Leutnant in Unterhosen. Schwank. (20 S.) (910.) (Nr. 497.)
Schäfer, Fritz, der Hahn im Korbe. Schwank m. Gesang in 1 Akt. Musik v. H. Scheibenhofer. (21 S.) (907.) (Nr. 446.)
Schaumberg (Titel fälschlich: Schaumburg), Geo., Backfischstreiche. Schwank in 1 Aufzug. (32 S.) (907.) (Nr. 450.)
Seifert, Leo, die alten Griechen. Posse in 1 Akt. (33 S.) (907.) (Nr. 453.)
— Im bunten Rock. Schwank in 1 Akt. (27 S.) (907.) (Nr. 457.)
Zipf, Frdr., der Säbel des Herrn Major. Schwank in 1 Akt. (30 S.) (907.) (Nr. 448.)

— für Liebhaber-Theater. Hrsg. v. Jul. Koffka. 1. Hft. A. u. d. T.: Eines Hochzeitstag's Fatalitäten. Lustspiel in 2 Aufzügen v. W. Adel. gr. 12. (101 S.) Schkeuditz 847, v. Blomberg. (Leipzig, Brauns.) 1/4 ℛ

— dass. 2—5. Hft. Mit Anleitung zu einer richtig. Auffassung u. Darstellung der Rollen v. Wilh. Bernhardi. gr. 12. — Inh.: II. Müller u. Miller. Schwank in 2 Aufz. von Alex. Elz. (VI u. 98 S.) III. Die Akademiker. Posse mit Gesang in 1 Akt. Frei nach dem Schwed. v. W. Adel. Emiliens Herzklopfen. Vaudeville-Scene. Aus d. Dän. des J. E. Heiberg v. v. E. v. G. (70 S.) IV. Ein Wechsel-Arrest. Lustspiel in 3 Akten v. Aug. Schrader. (80 S.) V. Ränke u. Schwänke d. Gegenwart. Lustspiel in 5 Akten v. Albrecht. gr. 12. (135 S.) Ebend. 847. à 1/4 ℛ

— dass. 6. u. 7. Hft. Mit einer Anleitg. zur richtig. Auffassg. ꝛc. der Rollen. Hrsg. v. Wilh. Bernhardi. — VI. Doctor Robin. Lustspiel in 1 Aufzug. Frei nach dem Franz. von A. Schrader. (54 S.) VII. Drei Feen. Lustsp. in 2 Aufz. Frei nach Bayard bearb. v. W. Friedrich. (55 S.) Schkeuditz 847. (Berlin, Scheveler.) à n. 1/4 ℛ

— dass. Herausg. v. J. Koffka. Neue Folge. 1—3. Hft. 8. — I. Das Hotel zu den berühmten Nationen. Schwank in 1 Akt v. Philipp Weil. (50 S.) II. Der doppelte Fröhlich. Posse in 1 Akte, mit Benutzung des Vaudeville „Ravel en Province" von Th. Rebus. (96 S.) III. Das Urbild des Puders. Posse in 1 Akt, nach dem Französ. frei bearbeitet v. J. Friedrich. Leipzig 847. 48, Koffka. (à 1/4 ℛ) 3/4 ℛ

— für Liebhaber-Theater. Berlin 868. (Conrad.) 8.
1. Heft: Heyne, Carl, Kunst u. Politik oder So war es! Lustspiel in 4 Akten. (52 S.) 6 ngr.

— für Liebhaber-Theater, Schauspieler und Freunde der Schauspielkunst. Neue Folge. 1. Bdchn. Mit einem Vorwort u. einer Anleitung zur richtigen Auffassung u. Darstellung der Rollen. Herausg. v. Wilh. Bernhardi. A. u. d. T.: Er muß auf's Land! Lustspiel in 3 Aufz. (von Bayard u. de Bailly). Frei nach dem Franz. von W. Friedrich. 8. (XIV u. 99 S.) Berlin 848, Hirschfeld. 1/4 ℛ

— von Lindau. 12 Ansichten carte de visite. Daselbst. eleg. geb. 1876 6. —

Album von Linz, 12 Ansichten in photogr. Manier, Visitkartenformat, in Calico gebunden:
Linz von, Jägermayr, Linz von der Villa Edelbacher, Uhrfahr, Fránz Josefsplatz, Volksgartensalon, Volksfesthalle, Westbahnhof, Landungsplatz der Dampfschiffe, Kalvarienberg, Pöstlingberg, Freinberg, Maria-Empfängniss-Dom. Linz, Ebenhöch. fl. —.80. 1886

Album von Linz an d. Donau. Visite-(Leporello-)Ausg. (12 Photogr.-Imitationen.) Linz 887. Ebenhöch. n. 1. 60

Album von Linz. 54 Ansichten der Stadt und Umgebung in phot. Imitation. Gebd. 8. 1.—
Linz: Mareis 1890

—— der französischen Literatur, in Musterstücken d. Prosa u. Poesie aus 42 franz. Autoren d. alten, neuen u. neuesten Zeit. Excerp. u. hrsg. v. Alex. Boiste. 2 Lfgn. gr. 8. (21 1/2 B.) Wien 846, Pichler's sel. Witwe.

—— lithographique, publié par Jos. Heim. 1re—10e année 1883—92. à année 4 livr. (5 Taf.) gr. 4. Wien, Heim.
à Jahrg. * 6 —; einzeln à Heft * 1 50

— lithographique, publié par Jos. Heim. 9.—11. année. 1891—1893. à 4 livrs. gr. 4. (à 5 Taf.) Wien, J. Heim. à Jahrg. n. 6. —; einzelne Hfte. n. 1. 50

Album lithographique, publié p. Jos. Heim. 12.—16. année. 1894—1898. à 4 livrs. gr. 4. (à 5 Taf.) Wien 895—98. J. Heim. à Jahrg. n. 6. —; einz. Hfte. n. 1. 50

— lithographique, publié par Jos. Heim (17—20. année 1899—1902 à 4 livrs.) Livr. 65—80. (à 5 Taf.) gr. 4. Wien, J. Heim. à Jahrg. n. 6 —; einzelne Hfte. n. 1. 50

Album lithographique, publié par Jos. Heim. (21.—24. année 1903—1906. à 4 livrs.) Livr. 81—96. (à livr. 5 Taf.) 4. Wien, J. Heim. à Jhrg. n. 6. —; einzelne Hefte 1. 50

Album lithographique, publié par Jos. Heim. (25. —27. année 1907—1909 à 4 livrs.) Livr. 97—108. (à livr. 6 Taf.) 30,5×22,5 cm. Wien, J. Heim.
à Jahrg. 6.—; einzelne Hefte 1. 50

Album littéraire. Redact. A. Gathy. Prem. Année 1832. 52 Nrn. (Bogen). gr. 8. Hamb. 832. Hoffmann u. Campe. 4 ℛ 16 ℊ

Album litéraire, offert aux jeunes gens par Ed. Fr. Tollin, Ministre de St. ev. et Sigism. Fraenkel. I à VIe Feuilleton. 16. (Mit 1 Musikbeil.) Berlin 838. Klemann. (à 1/4 ℛ) 1 1/2 ℛ

— Nouv. Série. Ie à Ve Feuilleton. 16. Berlin 840. Klemann. (à 1/4 ℛ) 1 1/4 ℛ

—— littéraire à ses Abonnés. gr.-in 8. (1 1/2 B.) Hambourg 833, (Hoffmann et Campe.)

Album der Litteraria in Naumburg a. d. Saale zur Feier ihres fünfundsiebzigjährigen Bestehens. ⟨Als Ms. für die Mitglieder gedr.⟩ (Vorr.: G[ustav] Hasford.) — Naumburg 1896: Sieling. IV,92 S.
8.
2.11694

— von Löbau. 16. (12 Photogr.-Imitationen.) Löbau 881. (Oliva.) n. — 50

— von Löbau. qu. 16. (12 Photogr.-Imitationen.) Löbau i. S. 890. (Oliva.) In Carton. n. — 50

— von Lübeck. 8 Blätter in Stahlstich. qu. Lex. 8. München 849, Poppel & Kurz. 3/4 ℛ

— von Lübeck. Hamburg 868. Grüning. 8. (12 photogr. Bll.) n. 4 ℛ 24 ngr.; Ausg. in gr. Fol. n. 18 ℛ

—— dass. — gr. Fol. (12 Photogr.) Ebendas. 868. In Mappe *

Album des Königs Ludwig I von Bayern von deutschen Künstlern gewidmet. 2 Bde (137 T) grfol München 1851-57

— S. M. d. Königs **Ludwig** I. v. Bayern, von deutschen Künstlern gewidmet. (In 4 Bdn.) 1. Bd. München 865. Piloty & Loehle. 16. (50 photogr. Bll.) 9 ℛ; einzelne Bll. à 9 *ngr.*

— von **Ludwigshafen** a/Rh. qu. 16. (10 Bl. i. Photogr.-Imit.) Ludwigshafen 895. F. Baumgartner. In Decke — 60

— der **Lutherfeier** der Gesellschaft Iris zu Frankfurt a/M. zur Erinnerung an d. 18. Febr. 1846. Lex.=8. Gießen 846, Heyer's Verl. n. 1/3 ℛ

—— deutscher **Lyrik**. Lieder und Romanzen. Mit Illustr. von Paul Thumann, W. Georgy, Grot Johann ꝛc. 10. Aufl. 4. (250 S. mit eingedr. Holzschn. und 1 Chromolithogr.) Leipzig 883, Amelang's Verlag. geb. mit Goldschn. *
Titelauflage von: Album für Deutschlands Töchter. (Für das Ausland bestimmt.)

— deutscher **Lyrik**. Lieder u. Romanzen. Mit Illustr. v Paul Thumann, Herm. Kaulbach, Chr. Kröner u. a., nebst 4 Heliogravüren. 11. Aufl. Lex.=8. (172 S.) Leipzig 889. Amelang. geb. m. Goldschn. n. 10. —
A. u. d. T.: Album f. Deutschlands Töchter.

— deutscher **Lyrik**. Lieder, Balladen u. Sprüche. Mit Illustr. v. Paul Thumann, Herm. Kaulbach, Ch. Kröner u. a. nebst 4 in Dreifarbendr. ausgeführten Kunstbeilagen. 13., neu bearb. u. verm. Aufl. (IV, 156 S.) Lex.=8. Leipzig (904). C. F. Amelang. Geb. in Leinw. m. Goldschn. n. 10. —

Album der neueren deutschen Lyrik. Leipzig 1851—1873. H: *Eichert, Otto Ferdinand.* (BrVV)

— der neuern deutschen **Lyrik**. (Hrsg. v. O. **Eichert**.) 2 Thle. 16. (XXVI u. 710 S.) Leipzig 851, Brockhaus. 2 1/2 ℛ; in Engl. Einb. m. Goldschn. n. 3 ℛ

— der neuern deutschen **Lyrik**. 2. Aufl. 2 Thle. 856. (XXVI, 710 S.) — 3. Aufl. Leipzig 858. Brockhaus. 16. (XXVI, 588 S.) geb. 2 ℛ; in Leder geb. 2 ℛ 20 *ngr*

— der neuern deutschen **Lyrik**. 4. Aufl. Leipzig 859. Brockhaus. 16. (XXXVI, 588 S.) geb. 2 ℛ; in Leder geb. 2 ℛ 20 *ngr.*

—— der neuern deutschen **Lyrik**. 5. — 7. Aufl. 16. (X und 480 S.) Leipzig 862—67, Brockhaus. geb. mit Goldschn. Pracht-Ausg. in Leder geb. mit Goldschn.

— der neuern deutschen **Lyrik**. 8. Aufl. 16. (X, 401 S.) Leipzig 873. Brockhaus. geb. in Lwd. m. Goldschn. 5. —; Prachtausg. auf Chamois=Pap. geb. in Ledr. m. Goldschn. 11. —

—— der neueren deutschen **Lyrik**. 9. Aufl. 16. (X, 401 S.) Leipzig 877, Brockhaus. geb. in Leinw. mit Goldschn. Prachtausg. auf Chamoispapier geb. in Leder mit Goldschn.

— der neuern deutschen **Lyrik**. 10. Aufl. 16. (X, 401 S.) Leipzig 883. Brockhaus. geb. in Leinw. n. 3. —; Prachtausg. auf Chamoispap. in Ldrbd. n. 7. 50

— **lyrique** de la France moderne par **Eug. Borel**. 16. (XVI u. 434 S.) Stouttgart 851, E. Hallberger. In Engl. Einband m. Goldschn. 2 ℛ

—— **lyrique** de la France moderne, par E. Borel. 16. (434 S.) Stuttgart 852, E. Hallberger. geb.

— **lyrisches**, aus dem Lahngau. Herausgegeben von **Paul Wigand**. Gießen 858. Ricker. 8. (XII, 260 S.) n. 1 ℛ 10 *ngr*

— von Mähren und Schlesien. Nach d. Natur aufgenommene und künstlerisch ausgeführte Ansichten der schönsten, pittoresken u. wildromantischen Gegenden, sagenreichen Burgen, wichtigen Städte und geschichtlichen Baudenkmale mit naturgetreuen Landestrachten als Staffage und einem erläuternden Texte, herausgeg. v. Ed. **Hölzel**. II. Serie, 12 Blatt-Ansichten in 4 Lfg. nebst 4 Bogen erläuterndem Text. hoch 4. (54 S.) Olmütz, Hölzel. 1860. schwarz 7 fl. 60 kr. col. 12 fl. 60 kr. Pracht-Ausg. 16 fl. 80 kr.
Preis für d. I. u. II. Serie zusammen nebst einer prachtvollen Prämie: „Aus dem Volksleben von Mähren u. Schlesien" in Farbendr. gratis. schwarz 24 fl. col. 38 fl. Prachtausg. 58 fl.

Album von **Mainz**. Mainz 865. Faber. qu. 16. (6 photolithogr. Bll.) 15 *ngr.*; einzelne Bll. à 5 *ngr.*

—— der **Malerei** und **Musik**. Eine poet. Anthologie aus Altem und Neuem von Alice Salzbrunn. 8. Leipzig 865,66, M. Schäfer. *

Inhalt:
1. Thl. Musik. (341 S.) * 1 Thlr. 7 1/2 Ngr.
2. „ Malerei und Sculptur. (XIII und 200 S.) * 20 Ngr.

— malerisches, der **Thüringischen Eisenbahn** von Halle über Merseburg, Weißenfels, Naumburg, Erfurt, Gotha, Eisenach bis an die Kurhess. Grenze. Mit 24 (lith.) Ansichten der merkwürdigsten Punkte der Bahn, mit Reisejournal technischer Beschreibung, Höhen=Profilen u. Situations=Karten. qu. gr. 8. (VIII u. 63 S. Text.) Weimar 848, Voigt. In Engl. Einb. 2 ℛ

— malerisches, der Thüringer Eisenbahn von Halle über Merseburg, Weissenfels, Naumburg, Kösen, Apolda, Weimar, Erfurt, Gotha, Eisenach bis an die kurhessische Grenze. Mit 24 Ansichten der merkwürdigsten Punkte der Bahn, Reisejournal, technische Beschreibung, Höhenprofilen und Situationskarten. Eine Prachtausgabe auf Velin in festem, englischen Sarsenetband in grossem Stammbuchsformat. Weimar. Voigt. 1850.

— malerisches, aus dem **Fichtelgebirge**. Original=Gallerie der interessantesten Ansichten des Fichtelgebirges in Stahlst. 1. Liefg. Wunsiedel 863. (Leipzig, Deckmann.) qu. 8. (6 Bl.) n. 12 *ngr.*

Album, maler., d. Fichtelgeb. 1.Lfg. 8°(6 St.).– Wuns. 1863, (Lpzg., Reichenbach.)

— **malerisches**, aus dem **Fichtelgebirge**. Orig.-Gallerie der interessantesten Ansichten d. Fichtelgebirges in Stahlst. 2. 3. Lfg. (à 6 Bll.) Wunsiedel 866, 69. (Leipzig, Reichenbach.) qu. 8. Jede Liefg. n. 12 *ngr.*

— malerisches, von **Oldenburg** und Jever. (7 Stahlstiche.) gr. 4. Oldenburg 842, Schulze'sche B. (W. Berndt.) 1 3/4 ℛ

Album, malerisch-historisches — vom Königreich Böhmen. Herausg. von *Eduard Hölzel*, Buch- u. Kunsthändler in Olmütz. *Prag* bei *Karl André*. *Wien, Friedr. Manz*, typ. Inst. 3.—8. Lief. 18 Bild. in gr. Qu.-Fol.
Preis: für die Subscrib. auf das Album von Mähren u. Schles: I. Ausg. dopp. Tondr. pr. Lief. 1 fl. 48 kr. II. Ausg. color. 3 fl. III. Prachtausg. 4 fl. Für neue Subscrib.: I. 2 fl. II. 3 fl. 36 kr. III. 5 fl.
Abbild. 3. Lief. Der Schreckenstein, Reichstadt, Bürglitz. — **4. Lief.** Sternberg, Neuhaus, Schloss Blatna. — **5. Lief.** Rosenberg, Tetschen, Karlstein, — **6. Lief.** Hradschin, Reichenberg, Klingenberg. — **7. Lief.** Hohenfurth, Elbogen, Schloss Žleb. — **8. Lief.** Schloss Eisenberg, Tabor, Kloster Sedlec. Die Bilder sind gez. v. *Kaliwoda* und *Haun*; lith. von *W. Korn* in Berlin und von *Haun*.

Album vom Königreich Böhmen, malerisch-historisches. Herausg. v. Ed. Hölzel, Buch- und Kunsthdl. in Olmüz. *Prag* bei *Karl André*. IX. Lief. 3 Bilder in Quer-Fol. 2 fl.
Enthält: Budweis. — Riesenberg. — Karlsbad. Alle drei gezeichnet und lithogr. von *A. Haun*. Druck von *W. Korn* in Berlin.

Album vom Königreich Böhmen, malerisch-historisches —. Herausg. von Eduard Hölzel, Buch- und Kunsthändler in Olmüz. *Prag* bei *K André*. X. u. XI. Lief. 6 Bilder in Quer-Fol. 4 fl.

Enthält: Eger. — Burg Kost. — Schönau bei Teplitz. — Krumau — Marienbad. — Kloster Osseck.

Album, malerisch-historisches, vom Königr. Böhmen. Hrsg. von Ed. Hölzel. 16 Lfgn. qu. gr. Fol. (48 theilweise ill. Stnt. und Text: Malerisch-historische Skizzen aus Böhmen von Ferd. B. Mikowec. VI und 461 S. in hoch 4.) Olmüz 857—60, Hölzel. à Lfg. * 1 Thlr. 15 Ngr. Thlr. *
ill. à Lfg. * 2 Thlr. 15 Ngr. *
Prachtausg. gemalt à Lfg. * 3 Thlr. 15 Ngr. *

—— malerisch-historisches, von Italien. Nach der Natur aufgenommene und künstlerisch ausgeführte Ansichten von Städten, malerischen Gegenden und historisch-merkwürdigen Baudenkmalen. qu. Fol. (48 Bl. in Stahlst.) Triest 857, Direction des österreich. Lloyd. *

Album Mahlerisch-historisches — von Mähren und Schlesien, herausgegeben von Eduard Hölzel. 1. 2. Lieferung. Olmütz. Verlag von Ed. Hölzel. (Jede Lieferung mit 3 Stahlstichen. Querf.) 1856.
Die Stahlstiche enthalten: Rožnau. — Burg Pernstein. — Schloß in Eisgrub. — Bad Karlsbrunn. — Schloß Frain. — Das Thal von Ullersdorf.

Album Malerisch-historisches — von Mähren und Schlesien. Herausgegeben von Eduard Hölzel. 3te Lieferung. Wien, 1856 Friedrich Manz. Tip. Institut. Olmütz. Verlag von Eduard Hölzel. (3 Stahlstiche Querf)
Die Stahlstiche enthalten: Alt-Brünn. — Jägerndorf von Maria Burgberg aus. — Bad Luhatschowitz.

Album. Malerisch-historisches — von Mähren und Schlesien. Herausgegeben von Eduard Hölzel. 4te 5te Lieferung. Wien, 1856. Friedrich Manz. Tip. Institut. Olmütz. Verlag von Eduard Hölzel. (6 Stah'stiche u. S. 13—28. Fol.)
Die Stahlstiche enthalten: 4te Lieferung. Boskowitz. — Schloß Pirnitz. — Teschen. — 5te Lieferung. Mazocha. — Sternberg. — Znaim.

Album, malerisch-historisches — von Mähren u. Schlesien. Herausg. v. *Eduard Hölzel*, Buch- und Kunsthändl. in Olmüz. *Olmüz, Ed. Hölzel's* Buch- u. Kunsthandl. *Wien, Friedr. Manz*, typ. Inst. 7.—10. Lief. (Schluss.) 12 Bild. in gr. Qu.-Fol. mit 14 Bg. Text in 4°. S. 61—161 u. VIII, sammt Titelblatt u. Inhalt.
Abbild. 7. Lief. Frankstadt, Stramberg, Wiesenberg. — **8. Lief.** Brünn, Gräfenberg, Eichhorn. — **9. Lief.** Burg Buchlau, Olmüz, Schloss Johannesberg. — **10. Lief.** Schloss Eisgrub, Olmüz, Hochwald. — Die Bilder gez. von *Kaliwoda*, theilw. von *Haun*. lithogr. von *Korn* und *Loeillot* in Berlin, theilw. auch v. *Haun*.

—— malerisch-historisches, von Mähren und Schlesien. Hrsg. von Ed. Hölzel. (1. Serie) 10 Lfgn. qu. gr. Fol. (VIII und 161 S. in 4. und 30 theils ill. Stnt.) Olmüz 857. 58, Hölzel. à Lfg. * 1 Thlr. *
ill. à * Lfg. 1 Thlr. 20 Ngr. *
Prachtausg. gemalt à Lfg. * 2 Thlr. 20 Ngr. *

—— dass. — II. Serie. 1—4. Lfg. qu. gr. Fol. (IV und 52 S. in 4. mit 12 Stnt. in Tondr.) Ebendas. 859. 60. à Lfg. * 1 Thlr. 6 Ngr. *
ill. à Lfg. * 2 Thlr. *
Prachtausg. à Lfg. * 2 Thlr. 20 Ngr. *

Album Marianum Majoris Congregationis latinae B. V. Mariae . . . restauratum. Monachii 1780. V: *Seccard, Louis.* (Jes)

— von **Marienbad**. 32 Ansichten. qu. gr. 8. Berlin (901). Freier Verlag. n. 2. —

Album von Marienbad. 32 Ansichten. — [Berlin:] Freier Verl. [1902]. 32 Taf. quer-8° 1: Ir 34727.
2.11698

Album der Kurstadt Marienbad. Hrsg. im Auftr. d. Stadtrates. — ([Marienbad]: Stadtrat [um 1908].) 23 Bl. quer-8° 1: Ir 34726.
2.11699

— 1848–1908. Jubiläums-Ausgabe. Album Kurstadt Marienbad. — ([Marienbad] 1908.) 5 Bl., 16 Taf. quer-8°
300: 468.054–B.
2.11700

— (Marienbad:) Stadtgemeinde [nach 1908]. 24 Bl. quer-8°
1: N 13.4715.
2.11701

— von **Marienburg**. (Neue Aufl.) qu. 16. (17 Taf. in Photogr.-Imitation.) Marienburg 893. L. Giesow. In Leinw.-Decke. n.n. 1. —

— der **Marienkapelle** (Käpelle) bei Würzburg. 16. (16 Photogr.-Imitationen.) Würzburg 893. L. Kressner. In Leinw.-Mappe u. Futteral. n. 1. 50

— **Mecklenburgisches**. Gedichte. 1843. 16. Rostock 843, Leopold. $1^1/_6$ Thlr.

— **Mecklenburgisches**. Eine Reihenfolge in Stahlst. ausgeführter Ansichten. Nach der Natur gezeichnet von Prof. Gottheil Gest. von Poppel u. Kurz. 1 – 18. Liefg. Hamburg (855, 56.) Berendsohn. Qu. gr. 4. Jede Liefg. von 3 Bl. Subscr.-Pr. n. 15 ngr; chines. Pap. n. $22^1/_2$ ngr

—— mein. Sammlung ausgewählter Stammbuch-Verse. gr. 16. (64 S.) Nürnberg 852, (v. Ebner'sche Buchh.) [Verlags-Conto.]*

— von **Meiningen**. qu. 16. (14 Photogr.-Imitationen.) Meiningen 888. Brückner & Renner. In Leinw.-Decke. n. 1. —

— dasselbe. 31 Ansichten v. Meiningen u. Umgebung. qu. 16. Meiningen 888. v. Eye's Buchh. n. 1. —

— von **Meißen**. Meißen 870. Mosche. qu. 4. (8 lithogr. Bll.) 1 Thlr.

Album von **Meißen**. 12 photolith. Ansichten. 16. Meißen 874. Bärmann. In Cart. n. 1. 60

— von **Meissen**. 12 photogr. Naturaufnahmen. 16. Meissen 883. Bärmann. geb. n.n. 1. 80

— von **Meissen**. 12. (10 Bl. in farb. Lichtdr.) Dresden 892. Wilh. Hoffmann. In Leinw.-Decke. n. 2. 40

—— moderner **Meister** in Heliogravure, mit erläut. Texte von Adph. Weiske. Jahrg. 1885. 12 Hefte. gr. Fol. (à Heft 2 Bl. mit 1 Bl. Text.) Leipzig, Friese. à Heft *
Einzeln à Heft *
Nicht weiter erschienen.

Album moderner Meister. Isochromat. Photographien nach d, Originalen I. u. II. Fol. (a 12 Bl.)– Münch. 1892, Photograph. Union.

— moderner **Meister**. Isochromat. Photographien nach den Originalen. I u. II. Fol. (à 12 Blatt.) München 892. Verlagsanstalt f. Kunst- u. Wissenschaft. In Leinw.-Mappe. à 30. —; Kabinet-Ausg. à 12. —

— mod. **Meister**. 12 Photograv. n. Orig.-Gemälden. Fol. München 894. J. Albert. In Leinw.-Mappe 30. —

—— der vorzügl. älteren Meister in der Landschaft- und Thiermalerei f. d. kunstlieb. u. kunstüb. Jugend, als Bildersamml. u. Wegweiser z. Zeichnen nach d. Natur, nebst kurzen Notizen üb. d. Meister selbst u. ihre Werke. Gezeichn. u. hrsg. v. Doris Lütkens, geb. v. Cossel. 1. Hft. Antoni Waterlo. kl. Fol. Hamburg 843, (Herold'sche Buchh.) *

Album der oesterreichischen Melkviehracen ausgestellt v. den betreff. landwirthschaftl. Gesellschaften auf dem Weltausstellungsplatze in Wien. qu. Fol. 16 Photographien. Berlin 1873. Schnaebeli. In Mappe. 48. —

— der oesterreichischen Melkviehracen ausgestellt v. den betreff. landwirthschaftl. Gesellschaften auf dem Weltausstellungsplatze in Wien. qu. Fol. (16 Photographien.) Berlin 874. Schnaebeli. In Mappe. 48. —

— v. Merseburg. 12. (12 Lichtdr.) Merseburg 898. F. Stollberg. In Leinw.-Decke n. 3. 50

— v. Metz. 1890. Cabinet. qu. 12. (12 Photogr.-Imitationen.) Metz, Deutsche Buchhandlg. cart. — 75; Visite-Ausg. qu. 16. cart. — 40; geb. — 60

— von Metz. Leporello-Album. 12 Photogr.-Imitationen. gr. 16. Metz 890. (Scriba.) In Umschlag. n. — 10

— dasselbe. 8. (20 Photogr.-Imitationen auf 12 Taf.) Ebd. 891. Geb. in Leinw. n. 1. 25

— von Metz. 12. (12 Taf. in Photogr.-Imit.) Metz 896. P. Müller. In Decke 1. —

— dasselbe. qu. 12. (12 Lichtdr.) Ebd. 897. Geb. in Leinw. m. Goldschn. 2. —

— von Metz. qu. 12. (12 Lichtdr.) Metz 900. P. Müller. Geb. in Leinw. m. Goldschn. n. 2. —

— von Metz m. den Denkmälern der Umgebung. gr. 16. (12 Bl. Photogr.-Imitationen.) Metz 893. G. Scriba. n. — 25

— dasselbe u. d. Kriegerdenkmälern um Metz. qu. gr. 16. (21 Taf. in Photogr.-Imit.) Ebd. 896. In Decke 1. —

— Hamburgischer Militair-Costüme. (Abgedr. aus: Album etc. v. Buek.) gr. 8. (25 lith. u. col. Taf.) Ebend. 847. n. 4 ℔

— von Miltenberg a/M. u. Umgebung. qu. 16. (12 Photogr.-Imitationen.) Miltenberg 879. Halbig. geb. 1. 50

Album von Minden. — (Minden: Keiser [1886].) 12 Taf. quer-8°
6.
2.11705

Album von Minden u. Umgebung. qu. 16. (12 Photogr.-Imitationen.) Minden 886. Keiser & Co. geb. n. 1. 25

Album von Minden un [!] der Porta Westphalika. — Minden i. W.: Holle [1892]. 12 Taf. in Leporelloform.
1: Tg 7092.
2.11706

Album von Minden und der Porta Westphalika. Ebd. [1892]. 12 Taf. in Leporelloform.
6.
2.11707

— des Ostseebades Misdroy. 16. (12 Lichtdr.) Wiesbaden 893. (Misdroy, R. Schück.) In Leinw.-Decke. n. 1. —

—— der basler Mission. Bilder aus Indien. 1. Heft: Die Nilagiri und Maisur. 4 Blatt. Nach Photographien in Stahl gest. qu. Fol. (4 Bl. Text mit eingedr. Stahlst.) Basel 860, (Bahnmaier's Verlagsh.) **
Chines. Papier **

— moderner Möbel-Ausstattungen. Zusammengestellt auf 24 Farbendr.-Taf. qu. Fol. Würzburg (899). [H. Stürtz.] Berlin, Berg & Schoch. In Mappe n. 6. —

— de la mode. Carneval. (8 farb. Taf.) Fol. Wien (904). Wiener Modefachblätter H. Fournes & Co. n. 4. 30

— dasselbe. Robes de bals. (7 [1 Doppel-] farb. Taf.) Fol. Ebd. (904). n. 4. 30

—— der Pariser-Moden. Als Fortsetzung des seither erschienenen Journals „La haute nouveauté des modes parisiennes" unter dem Neuesten das Geschmackvollste in Bildern sowohl als damit übereinstimm. Mustern darstellend. Jahrg. 1876 und 1877. à Jahrg. 24 Lfgn. (à Lfg. 3—4 Chromolithogr. und 1 Stnt. in gr. Fol.) Imp.-4. Basel, Bureau für techn. Literatur. à Jahrg. * ℳ 32.; mit 5 Chromolithogr. * mit 2 Chromolithogr. à Jahrg. * ℳ 20.; mit 1 Chromolithogr. *
Nicht weiter erschienen.

Album der Monogramme für Kreuzstich ... Verlag der „Wiener Mode", Wien und Leipzig ... [1894.]
Tit., 1 Bl.; 38 Taf. 2°.
(Handarbeits-Bibliothek der „Wiener Mode". I.)

Album der Monogramme für Kreuzstich. 36 schwarze und 2 farbige Tafeln mit 578 Original-Mustern, nebst einem Vorworte und einem Inhaltsverzeichnisse. 6. Auflage. Verlag der „Wiener Mode". (Min.-Erl. v. 12. Juni 1895, Z. 8692.) Im Buchhandel 1.50, für Abonnentinnen der „Wiener Mode" 1.—, für Schulzwecke 1.—

Album der Monogramme f. Kreuzstich. 36 schwarze Taf. m. 578 Orig.-Mustern. 6. Aufl. 10. Taus. (Handarbeits-Bibliothek der „Wiener Mode".) gr. 4. (IV S. Text.) Wien (901). Gesellschaft f. graph. Industrie. n. 2. 50

Album d. Monogramme f. Kreuzstich. 6. Aufl. (36 Taf. m. 4 S. Text.) 4°.– Wien (1901.) Berl., J. Gnadenfeld & Co.

— von der Mosel. (43 Bl.) 20,5×25 cm. Steglitz-Berlin (908.) Neue photograph. Gesellschaft. In Leinw.-Mappe 21.50; einzelne Bl. — 50

— des Muldenthales. 15 Ansichten in Photographie-Imitation. 16. Chemnitz 884. Troitzsch. geb. n. 1. —

—— vom Mulden- und Zschopauthale. qu. 16. (21 Photogr.-Imitationen.) Chemnitz 880, [Friese's Buchh.] Troitzsch. geb. *

Album von München. (Ohne besond. Titel. — München, literar.-artist. Anstalt, 18**.) Imp.-Fol. Grün. Lwdb.

— dasselbe. 16. (16 Taf. in Leporello-Form m. deutschen französ. u. engl. Unterschriften.) München (896). A. Bruckmann. In Leinw. kart. — 30

— von München. (12 Bl. in Leporelloform.) qu. 12. München 902. C. Andelfinger & Co. Kart. 1. —

Album von München. 32 Ansichten nach Moment-Aufnahmen in Photographiedruck. — Berlin: Globus-Verl. [1905]. 16 Bl.
1: Kart. quer-4° Y 31502.
2.11711

— Münchener, lithogr. Originalzeichnungen hier lebender Künstler. 1s u. 2s Heft. (7 Bl. u. 1 Bl. Text.) München 839. Köhler u. Comp. In verziertem Umschlag. n. $3^1/_3$ ℔

—— Münchener, lithograph. Originalzeichnungen hier lebender Künstler. 1. u. 2. Hft. Imp.-Fol. (7 Bl. u. 1 Bl. Text.) München 839. [Würzburg, Weiss u. Kohler.] *

Münchner [Münchener] Album. Album de Munich. — München: Franz 1846. 40 Taf.
1: Kart. quer-4° Y 31498.
2.11712

—— münchener. Hrsg. von Fr. Pocci. 16. (X. und 426 S.) München 856, (Kaiser.) *

Album, Münchener. Hrsg. v. F. Graf Pocci. 16°(426).– Münch. 1857, Kaiser.

— Münchener architektonisches. Eine Sammlung theils ausgeführter, theils zur Ausführung bestimmter Entwürfe aus dem Gebiete der burgerlichen Architektur, als: Wohnhäuser in München, Landhäuser, Oekonomiegebäude, Gartenhäuser etc., in zwanglosen Heften mit Beiträgen vom Oberbaurath v. Veit, den Bauräthen E. Rüber, G. Neureuther etc., redigirt vom Ingenieur Ludw. Degen. 1–8. Heft. Fol. Munchen, Ravizza 1859-1861.

Münchener architectonisches Album. Eine Sammlung theils ausgeführter, theils zur Ausführung bestimmter Entwürfe ... von v. Voith [Richard Jakob August Voit] [u.a.] Red. von Ludwig Degen. H.1-6. — München: Ravizza [um 1870]. 2° 12: 2° Bavar. 200 i. 89.
2.11713

Album von Münster i. W. (10 Bl.) 4. Münster (904). Universitätsbuchh. F. Coppenrath. In Leinw.-Mappen. 12.50

— dasselbe. (Kleine Ausg.) (10 Bl. in Leporelloform.) kl. 8. Ebd. (904). In Decke n. 4.—

Album der Murten-Schlacht, siehe: *Jubelfeier*.

— **Wiener Musiktitel.** Aus der Musikaliendr. v. Jos. Eberle & Co., Wien. Hrsg. v. Jos. Heim. gr. 4. (100 lith Bl.) Wien 891. Heim. In Mappe. n. 20.—

Album von Londoner und Pariser Muster-Zeichnungen für Sattler, Wagenbauer usw. Mit Text. Jahrg. 2, Heft 2 u Jahrg. 4. In 2 Bdn gr4° Weimar 1846. 52

— der neuesten Londner und Pariser Musterzeichnungen für Sattler, Riemer und Täschner. Enthaltend Vorlagen aus den berühmtesten engl. und franz. Fabriken. Nebst der nöthigen Erklärung und mit Angabe der Maße. 1. Heft. 20 Foliotaf. mit 185 Figuren. Fol. Leipzig 846, Böhme's Sep.-Conto. $1^1/_2$ Thlr — 2. Jahrg. für 1846. 4 Hefte. à 10 Taf. Fol. Weimar 846. Janssen. 4 Thlr

— der neuesten Londoner und Pariser Musterzeichnungen für Sattler, Riemer, Täschner u. Wagenbauer. Nebst den nöthigen Erklärungen u. Angabe der Maaße. 3. u. 4. Jahrgang. 1847 u. 1852. Fol. (40 u. 30 lith. Taf.) Weimar, Jansen & Co. à 3 Thlr (Der 1. Jahrg. ist im Preise auf $^1/_2$ Thlr, der 2. auf 1 Thlr u. der 3. auf $1^1/_3$ Thlr herabgesetzt.)

— der neuesten Londoner u. Pariser Muster-Zeichnungen für Sattler, Riemer, Täschner und Wagenbauer. Nebst den nöthigen Erklärungen u. Angabe der Maaße. 5. Jahrg. 1853. (30 lith. Taff.) — 6. Jahrg. 1855. Weimar, Jansen u. Co. Fol. (27 lith. Taff.) Jeder Jahrg. 3 Thlr

Album d. neuest. Muster-Zeichn. f. Sattler, Riemer, Täschner u. Wagenbauer. 4-6 Jahrg. Fol. (86 K.).– Weim. 1852 - 55. (Berl. Mode's V.)

— für Namen-Stickerei. I. Cahier von 26 Supplements zur Pariser und Wiener Damenzeitung „Iris". quer 4. (26 Blatt.) Graz, Administration der „Iris". geb. 1 fl. 50 kr.
— Dasselbe. II. Cahier. (25 Blatt.) geb. 1 fl.

Album für Namen-Stickerei. Cahier I. Quarto. 2. verm. Aufl. 1860
Diese dem Toilette-Tische unentbehrliche Zierde wurde durch Vermittlung der vorzüglichsten Kalligraphen Deutschlands, Englands u. Frankreichs im modernsten Style ausgeführt und bringt Tausende von Buchstaben (einzeln und verschlungen). — Hunderte von weiblichen Taufnamen (sinnig gruppirt). — Vollständige grosse und kleine Alphabete (einfache und verzierte). — Laub- und Blumen-Schriften so wie Gewinde (in allen Dimensionen). — Zahlen, Kronen, Emblems u. s. w. 26 Blätter in Farbendruck auf Satiné-Lack-papier. Gratz, L. Ludwig. 1 fl. 50 kr.
Für Iris-Abonnenten wurde zugleich eine billigere Ausgabe (zu 1 fl.) in 25 Blättern veranstaltet, welche nur auf besonderes Verlangen folgt.)

—— von **Nassau**. Sammlung der schönsten Ansichten des Herzogth. nach Orig.-Aufnahmen von Mich. Sachs. Mit begleit. Text von Carl Rossel. 1. Abthl. qu. 4. (III und 110 S. mit 30 Stnt. in Tondr.) Wiesbaden 864(67), Roth. *

Album National Suisse. (Collection de portraits contemporains.) 6 volumes (72 Livraisons) *et* [Volume spécial:] Album du Simplon .... 8. Zurich, Art. Institut Orell Füssli (**vol. 1 et 2:* O' F' & Co.), (1888—1907). [la livr. fr. 1. —, le demi-vol. 6. —, le vol. relié 15. —; Volume spécial cart. 10. —]
Edition française (titres, couvertures et tables seuls en français) de la: Schweizerische Portrait-Gallerie — *publiée en même temps que celle-ci.*
A' n' s'. Coll' de p' cont'. 1re Livraison. IV p. + 8 planches. (1888.)
A' N' S'. (Coll' de p' cont'.) 12e demi-volume. (67e—72e Livraison.) II p. + planches No 529—576. (1899—1907.) — 69e Livraison. (1902); 70e Livraison. (1905); 71e *et* 72e Livraison [fin de l'ouvrage]. (1907.)
A' N' S'. Coll' de P' Cont'. [Volume spécial:] Album du Simplon. Edité à l'occasion de l'inauguration du Simplon 1906. [11 feuilles +] 55 planches.

— hamburgischer National-Costüme. Nach der Natur gezeichn. u. lithogr. von C. Beer. Mit Text von F. G. Buek. 1.—40. Liefg. 8. Hamburg 843—46, Berendsohn. (à n. $^1/_3$ Thlr) $14\ ^1/_3$ Thlr

— Hamburgischer National-Costüme. Nach d. Natur gezeichnet u. lith. von C. Beer. Mit erläuterndem Texte v. F. G. Buek. 41—48. Liefrg. (36 S. m. 16 lith. u. col. Taf. u. lithogr. Titel.) Hamburg 847, Berendsohn. à n. $^1/_3$ Thlr (cplt. geb. n. 16 Thlr)

— südslavischer National- u. Volkslieder, f. Zither arrang. Heft 1—4. Agram, *Leop. Hartman's akadem. Buchh. (Kugli & Deutsch.) à 50 kr. netto. 1884 346

— der deutschen National-Versammlung. Nebst einem illustr. Titelblatt u. einem speciellen Grundriß des Innern der Paulskirche. Nach Seib's Lichtbildern gezeichnet u. lith. v. H. Hasselhorst, Ph. Winterwerb u. A. 5 Liefrgn. Fol. 1. H. v. Gagern. A. v. Soiron. V. v. Andrian. F. Dahlmann. C. Welcker. v. Radowitz. F. v. Lichnowsky. K. Stedmann. R. Blum. C. Vogt. J. Venedey. A. Pagenstecher. 2. v. Auerswald. Ed. Simson. A. v. Schmerling. v. Vincke. F. Raveaux. Eisenmann. C. Matthy. F. W. Frhr. v. Reden. H. Wesendonck. J. G. Heckscher. Fr. Bassermann. Mor. Hartmann. 3. C. Mittermaier. E. M. Arndt. H. v. Beckerath. H. Simon. B. Eisenstuck. C. Giskra. J. Fröbel. A. L. J. Michelsen. Wernher. Chr. Wurm. C. Francke. A. Hergenhahn. 4. C. Kirchgeßner. G. Beseler. G. Riesser. Fallati. M. Briegleb. E. Merck. L. Simon. L. Uhland. C. v. Rappard. G. Ch. Schüler. W. Jordan. J. H. Detmold. 5. Reh. Graf Deym. v. Boddien. Schubert. Graf Keller. v. Itzstein. Frankfurt a. M. 848. 49, Jügel. (1—4. Liefrg. Subscr.-Preis à n. 3 Thlr; Ladenpreis à n. $3^1/_3$ Thlr 5. Liefrg. Subscr.-Preis. n. $1^2/_3$ Thlr; Ladenpreis n. 2 Thlr; einzelne Bl. à n. $^1/_3$ Thlr) Subscr.-Preis n. $13^2/_3$ Thlr; Ladenpreis n. $15^1/_3$ Thlr

— der Nationen in 12 Lebensbildern. Gemälde von Uwins, Stone, Perring, Corbaur, Seyffarth, Browne und Stephanoff. — Novellen von Mrs. Hall, F. W. Lindner, Fr. Steger, H. Wilke u. Worosdar (Klencke). (Mit 13 Lithographieen.) Braunschweig 839. Oehme u. Müller. 3 Thlr

— von **Neisse**. gr. 4. (16 Bl. in Kpfrdr.) Neisse (901). R. Hinze. In Leinw.-Mappe n. 8.—

— neues, von **Hamburg**. Hamburg 870. Grüning. qu. 4. (12 photogr. Bll.) n. 4 Thlr 24 ngr.

— neues **Kieler**, in 8 (lith.) Bl. qu. Fol. Kiel 852, Schröder & Co. n. $2^5/_{12}$ Thlr color. n. $3^7/_{12}$ Thlr

— neues, von **Leipzig**. 2. Folge. Leipzig 867. Priber. qu. 16. (7 photogr. Bll.) n. 20 ngr.; einzelne Bll. à n. $3^1/_2$ ngr.

— neues, v. **Metz**. Ansichten der Stadt nach Orig.-Aufnahmen zusammengestellt. Album souvenir de Metz. (25 Bl.) 13×18,5 cm. Metz (908.) G. Scriba. In Leporelloform 1.—

— neues, v. **St. Gallen**. 16. (21 S. m. 10 Taf in Photogr.-Imitation.) St. Gallen 889. Hasselbrink. geb. n. 1.50

— neues, für deutsches **Theater**. 1. Bdchn. A. u. d. T.: Traue Niemand. Lustspiel in 3 Akten v. C. Heistermann. [Manuscript für Bühnen.] 8. (128 S.) Leipzig 849, Leiner. $^1/_2$ Thlr

Album, neuestes, v. Braunsberg. qu. 16. (8 Photogr.-Imitationen.) Braunsberg 876. Huye. geb. n. 1. 50

Album, Neuestes, v. Danzig. qu4^{0}(10 Bl.).– Danz. 1853, Devrient.

— neuestes, v. Bad Hall in Oberösterreich. 40 Ansichten in photogr. Imitation. gr. 16. (12 Blatt.) Linz 893. E. Mareis. In Decke. n. 2. —

— neuestes, v. Linz a/Donau. 11 Ansichten in Photographie-Imitation. 12. Linz 890. Mareis. In Leinw.-Decke. n. 2. —

— neuestes, v. Linz a/Donau. 54 Ansichten in photogr. Imitation. (12 Bl.) kl. 4. Linz (902). E. Mareis. In Decke n. 1. —

— neuestes, v. Metz. 72 Ansichten der Stadt u. Umgebg. Denkmale um Metz. 12. (10 Taf. in Photogr.-Imitation.) Ebd. 889. In Decke. n. 1. —

— neuestes, v. Metz. 40 Ansichten der Stadt u. Umgebg. Denkmale um Metz. Leporello-Album. 12. (6 Taf. in Photogr.-Imitation.) Ebd. 890. In Decke. n. — 50

— von Neu-Ruppin. 12. (12 Bl. in Photo-Imitation.) Neu-Ruppin 888. Howe. n. 1. —

Album von Neustadt an der Haardt und Umgebung. (18 Bl. in Lichtdr.) Neustadt a. H. 886, Marnet.
Visit-Ausg. *ℳ 3.—.; Cabinet-Ausg. *

Album von Neustadt i. Harz. — Eisenach: Bohl [um 1885]. 14 Bl. in Leporelloform. quer-8°
1:Kart. Y 32423.
2.11719

The new Album of London views. — o.O. [um 1875]. 14 Bl. in Leporelloform. 1:Kart. Y 6331.
2.11720

—— der Niederländer. Text von Hugo Frhrn. v. Blomberg. 1. und 2. Heft. (à 10 Photograph. mit 42 S. Text.) gr. 4. Berlin 862, Schauer. cart. à Heft. 7 Thlr.
geb. mit Goldschn. à Heft 10 Thlr.

Inhalt:
Heft 1. Genremaler.
» 2. Die Meister der Landschaft, des Thierstücks und des Stilllebens.

— Nordalbingisches, Hamburger Almanach mit Beiträgen der namhaftesten Literaten, herausg. v. Heinr. Ludolphi. gr. 12. Hamburg 840. Niemeyer. n. 1 1/3 ß

— von Norderney. Hannover 865. Schmorl & v. Seefeld. qu. 4. (14 photogr. Bll.) n. 5 ß; einzelne Bll. à n. 10 ngr

— von Nordhausen. Nordhausen 869. Wimmer. qu. 4. (12 lith. Bll.) n. 1 ß 10 ngr; einzelne Bll. à 5 ngr

— von Nordhausen. 12. (12 Bl. in Lichtdr.) Nordhausen 896. C. Haacke. In Leinw.-Decke 3. —

— von Nordhausen. (12 Lichtdr.-Taf.) qu. 16. Nordhausen (905). (C. Haacke.) n. — 60

Album, Nordhäuser. Samml. v. Ged., Erz. u. Sagen, welche sich in d. Stadt Nordhausen u. ihrer Umgeg. beziehen. Hrsg. v. (H) Fischer. 1. Hft. 12^{0}(120).– Nordh. 1858, (Büchting);

— die Nordseebäder. 2 grosse Panoramen u. 23 Ansichten nach Momentaufnahmen in Photographiedruck. (32 S.) qu. Lex.-8. Berlin (904). Globus Verlag. Geb. n. 1. 20

— von Nürnberg. Hamburg 868. Grüning. gr. Fol. (18 photogr. Bll.) n. 24 ß

Album von Nürnberg. 30 Ansichten nach Momentaufnahmen in Photographiedruck. — Berlin: Globus-Verl. [1905]. 15 Bl. 1:Kart. quer-4° Y 32712.
2.11721

Album von Nürnberg. — (Nürnberg:) Hotel Württemberger Hof [um 1910]. 16 Bl. 1:N 16.1019.
2.11722

— Nürnberger. — Album de Nuremberg. — 48 Stahlst. München (853) Franz. Qu. Fol. (Mit 2 Bl Text.) n. 6 ß 15 ngr

Album d. sächs. Ober-Erzgebirges. 12^{0}(12 Lichtdr.) Annab. 1892, Graser's S.: Kleine Ausg. 32^{0}.

— des sächsischen Ober-Erzgebirges. 12. (12 Lichtdr.) Annaberg 892. W. Kuske. In Leinw.-Decke. n.n. 3. —; kleine Ausg. 32. In Leinw.-Decke n.n. 1. 60

— von Oberhof. qu. 16. (16 Lichtdr.) Gotha 894. C. Glaeser. In Leinw.-Decke. n.n. 1. 25

Album v. Oberhof. 16^{0}(16 Lichtdr.) – Gotha 1894, Schleus., H. Adler.

— vom Berner-Oberland. 30 der interessantesten Ansichten in Stahlst. Basel 869. Krüsi. qu. Fol. n. 4 ß

— vom Berner Oberland. — Souvenir de l'Oberland Bernois. (27 farb. Bl.) qu. gr. 8. Luzern (902). Prell & Eberle. Geb. in Leinw. 3. —

— von Objecten a. d. Sammlg. kunstindustrieller Gegenstände d. Allerhöchsten Kaiserhauses. Arbeiten d. Goldschmiede- u. Steinschlifftechnik. Hrsg. m. Genehmigg. d. Oberstkämmerer-Amtes Sr. k. u. k. Apostol. Maj. Erläut. Text v. Alb. Ilg. 50 Taf. in Lichtdr., Farbenlichtdr. u. Photograv. v. J. Löwy in Wien. Fol. (24 S. m. Markenzeichen.) Wien 895. J. Löwy. Kart. n. 70. —

— von Offenbach a/M. 16. (12 Lichtdr.-Taf.) Offenbach a/M. 892. Th. Steinmetz. In Leinw.-Decke. n. 1. 75; Ausg. in 12. In Leinw.-Decke n. 3. 50

— dasselbe. qu. 16. (12 Photogr.-Imitationen.) Offenbach 892. J. P. Strauss. In Leinw.-Decke. 1. —

Album. Offizielles Album (*Umschlag: Festalbum) zur Erinnerung an das Eidgenössische Turnfest in Zürich vom 18.—21. Juli 1903. 26 Tafeln in Lichtdruck nach photographischen Moment-Aufnahmen von Ph. & E. Link, Zürich; Gebr. Wehrli, Kilchberg; Hans Hirt, Zürich; H. & E. Buchter, Zürich, nebst begleitendem [illustriertem] Text von Joh[annes] Spühler, Lehrer ... [in] Zürich. 19 S. + 26 Tafeln. quer-8. Zürich, Polygraphisches Institut A.-G., [1903]. [fr. 4. —]

— offizielles, zur Erinnerung an das eidgenössische Turnfest in Zürich vom 18.—21. VI. 1903. 26 Taf. in Lichtdr. nach photogr. Moment-Aufnahmen v. Ph. & E. Link, Zürich; Gebr. Wehrli, Kilchberg; Hans Hirt, Zürich; H. & E. Buchter, Zürich; nebst begleit. Text (in deutscher, franz. u. italien. Sprache) v. Jos. Spühler. (19 S.) qu. gr. 8. Zürich 904. Polygraph. Institut. Geb. n. 4. —; erm. Pr. 1. —

— offizielles, d. bayer. Landes-Ausstellung Nürnberg 1896. (Leporello-Alb.) 12. (15 photogr. Taf.) Nürnberg 896. S. Soldan's Hofbuchh. In Leinw.-Decke 3. —

— der königl. Hauptstadt Olmütz. Leporello-Album. 20 Photogr. gr. 8. Olmütz 890. Promberger. In Leinw.-Decke. n. 5. 40

—— der Oper, s.a. Costume.

— der Oper. Costüme u. Decorationen der Oper: Catharina Cornaro von Frz. Lachner. 12 Bl. kl. qu. Fol. Berlin 846, A. Duncker. n. 6 1/2 ß

Album für klassisches Orgelspiel. Hrsg. v. J. Gilhofer u. Julius. Lief. 1. Steyr. Gilhofer. 54 kr.

— lyrischer Originalien. Aus Deutschland, Oesterreich, d. Elsaß und der Schweiz. Zum Besten der Hinterlassenen der im Hauenstein-Tunnel Verunglückten herausg. von Friedr. Oser. Mit 1 Titelbilde nach Julius Schnorr v. Karolsfeld (in Holzschnitt) und 1 Musikbeilage von W. Speyer (in 4.). Basel 858. Schweighauser'sche Verlagshandlung. 16. (XVII, 375 S.) n. 1 ℛ 12 ngr

— von Osnabrück in Orig.-Ansichten. 13 Blatt nach Aquarellen in Stahl gestochen. qu. 4. Osnabrück 877. Veith. geb. n. 5. —

— von Osnabrück. qu. 16. (17 Ansichten auf 16 Taf. in Photogr.-Imitation.) Osnabrück 885. Veith. cart. n. 1. —

Album des befreiten Oesterreichs. Verherrlichg. d. Märztage d. J. 1848 in Poesie u. Prosa. Hrsg. v. Ludw. Bowitsch. gr. 16. (127 S.) Wien 848, Dorfmeister. (Leipzig, Hunger.) n. 1/3 ℛ

Album aus Oesterreich ob der Enns. Eine Sammlung von Gedichten, Liedern, Sagen, Erzählungen, Skizzen &c. von den berühmtesten und vorzüglichsten Dichtern u. Schriftstellern hrsg. (von F[riedrich] W[ilhelm] Arming, A. Pardatscher [u. a.]) Mit 4 Ansichten u. Musikbeil. Zum Besten der durch den Brand am 26. Okt. 1841 verunglückten Bewohner von Spital am Pyhrn in Ober-Oesterreich. — Linz: Fink 1843. 510 S.
1:Yf 778. 12: Austr. 5415 d. 300: 21 J 30. 11.
2.11725

— der Ost-Schweiz. 40 Blätter der schönsten u. interessantesten Punkte aus den Kantonen Graubünden, St. Gallen, Appenzell, Glarus u. Thurgau in Stahl gestochen. Basel 869. Krüsi. qu.-Fol. n. 4 ℛ

— der Ostseebäder. 1 grosses Panorama u. 30 Ansichten nach Momentaufnahmen in Photographiedruck. (32 S.) qu. Lex.-8. Ebd. (904). Geb. n. 1. 20

— von Bad Oeynhausen. qu. 16. (12 Photogr.-Imitationen.) Oeynhausen 885. Ibershoff. geb. n. 1. —

Album. — (Album Paedagogei Marpurgensis inchoatum sub paedagogiarchia Dn. Joannis Guerneri Geisii [Johann Werner Geiss] anno Christi 1653) Das Album des akademischen Pädagogiums von 1653–1833. Nebst e. Anh. von Friedrich Aly. — Marburg: Elwert 1904. 37 S.
Festschrift d. Königl. Gymnasiums zu Marburg zu Ehren der 400jähr. Wiederkehr d. Geburtstages Landgraf Philipps v. Hessen. Ersch. auch als Progr. Marburg 1905; [nebst] Nachtr. ⟨1654-1779⟩. 1906.
1:4° Az 5352. 4. 9. 11.
2.11728

— von Paderborn. 12. (12 Lichtdr.) Paderborn 892. J. Esser. In Leinw.-Decke. n.n. 3. —

— dasselbe. 16. (12 Lichtdr.) Ebd. 892. In Leinw.-Decke. n.n. 1. 25

— von Paderborn. Leporello-Alb. 12. (18 farb. Bl.) Paderborn 896. A. Gabriel. In Leinw.-Decke n. — 80

Album v. Parchim i.M. 12°(12 Bl. im Lichtdr.)– Parch. 1892. H. Wehdemann. Visite-Ausg. 16°(12 Bl. in Lichtdr.)

— von Parchim i/M. 12. (12 Bl. in Lichtdr.) Parchim 895. H. Wehdemann. In Leinw.-Decke n. 4. —; Visite-Ausg. qu. 16. (12 Bl. in Lichtdr.) In Leinw.-Decke n. 2. —

— von Passau. Leporello-Album. 12 Lichtdr. 8. Passau 890. Abt. In Leinw.-Decke. n. 3. 50

— von Passau. qu. 12. (12 Photozinkotyp.) Passau 893. M. Waldbauer. n. — 50

— prämiirter u. hervorragender Pferde der ersten allgemeinen Deutschen Pferde-Ausstellung zu Berlin 1890 nach Momentaufnahmen v. Ottomar Anschütz. In Lichtdr. hergestellt u. hrsg. v. Mertens & Co. qu.-Fol. Ausg. A. 1.—3. Thl. (92, 95 u. 69 Taf, m. Text S. 1—46.) Erläut. Text v. Rich. Schoenbeck. Fol. Berlin 890 891. Dr. E. Mertens & Co. In Leinw.-Mappe. à n. 45. —

— dasselbe. Ausg. B. 1.—3. Thl. Auswahl der Ausg. A. qu. Fol. (je 30 Taf. m. Text S. 1–46.) Ebd. 891. In Leinw.-Mappe. à n. 33. —

—— preisgekrönter u. hervorragender Pferde nach Momentaufnahmen von Ottomar Anschütz mit erläuterndem Text von Rich. Schönbeck. Pracht-Ausg. A. 250 Bilder in 8 Mappen. (33×40 cm.) Berl. 892, Mertens u. Comp. à Mappe 45 —; 90 —

—— dass. — Pracht-Ausg. B. 90 Bilder in 3 Mappen (33×40 cm.) Ebd. 892. à Mappe 33 —; 60 —

Album, photographisches, s. Album, fotografisches

Album von Pillau. — Pillau: Jahnke 1877. 12 Taf.
16.
2.11736

Album von Pilsen, enthaltend 19 Ansichten der hervorragendsten denkwürdigen Gebäude, Monumente und Trachtenbilder. Qu.-32. Pilsen, Jaroslav Schiebl. 30 kr. 1884 S. 259

— der alten Pinakothek zu München: 33 Farbendr. Mit begleit. Texten (à 1 Bl.) u. e. histor. Einleitg. von Frz. v. Reber. (IX S.) 34,5×27 cm. Leipzig 908. E. A. Seemann. Geb. in Seide 15. —

— von Pirna. qu. 16. (14 Photographie-Imitationen auf 12 Blatt.) Pirna 890. Glöckner. In Leinw.-Decke. n. 1. —

—— pittoresque du Rhin, collect. des plus belles Vues depuis Mayence jusqu'à Cologne; dessinées d'après nature par plusieurs habiles artistes, et gravées à l'aquatinte par J. J. Weber; avec une explication en allemand et en français de chaque planche, petit in-folio oblong épreuves sur pap. de chine. (15 Bl. u. 15 Bl. Text.) Francfort s. M. 830, Jugel.

— le même ouvrage, les planches color. soigneus. 16 ℛ

—— von Plauen i/V. Erinnerungsblätter gezeichnet und lithogr. von Geissler und Violet. qu. 8. (12 Stnt.) Plauen 875. Hohmann. cart. *

— von Plauen u. seiner Umgebung. qu. 16. (16 Steintaf.) Plauen 878. Neupert. cart. n. 1. 20

— von Plauen u. seiner Umgebung. 16. (15 Photogr.-Imitationen.) Plauen 883. Neupert. cart. n. 1. 20

— für ernste und heitere Poesie. Herausgeg. von Wilh. Krüger. 8. Mannheim 843, Bensheimer. 1 1/3 ℛ

—— poétique, s. Ebener, G., Blüthen aus den Werken der neueren französ. Dichter.

Album poétique, s. *Exercises* de mémoire etc.

—— poétique, ou Recueil de 227 morceaux extraits des meilleurs Poëtes depuis Malherbe jusqu'à nos jours; par M. Kartscher et G. Stieffelius. 18. (392 Seit.) Berlin 832, Plahn.
Hat mit: Exercices de mémoire etc. gleichen Inhalt.

— poëtique, ou recueil de 227 morceaux extraits de meilleurs poëtes depuis Malherbe jusqu'a nos jours; par M. Kartscher et G. Stiefelius. 16. Berlin 832. (H. Schultze) 1/2 ℛ s. a. u. d. T.: Exercices de mémoire etc.

—— poetisches. Ein Festgruß zum 300jährigen Jubiläum der Universität Jena von jenenser Studenten früheren und jetzigen. 8. (VIII und 144 S.) Weimar 858, Kühn. *

—— poetisches, der Reform. Eine Auswahl der in der Reform enthalt. Gedichte aus den J. 1848—1863. Hrsg. von Herm. Peist. 8. (X und 306 S.) Hamburg 864, J. P. F. E. Richter.

Album, Poetisches, für Stenographen. Hsgbn von A. W. Münster 1863. H: *Wirth, August.* (Rass)

Politisches Album für Schleswig-Holstein. Vollst. Sammlung der Actenstücke, Petitionen u. Adressen in der Schleswig-Holstein'schen Sache, eingeleitet u. hrsg. von [Johann Wilhelm] Christern. — Hamburg: Niemeyer 1846. 108 S.
12: Hols. 72. 3.
2.11737

Album für Polstermöbel-Ausstattungen. (24 T) qu 4° Würzburg (1899)

Album pontificale. Die Bildnisse d. Päpste nach d. Papstmedaillen. (Hrsg.: v. Bilguer.) Mit e. kurzen Papstgeschichte von Joseph Cardinal Hergenroether, rev. u. erg. nach d. heutigen Stande d. Wissenschaft. Nebst e. Wappenrolle d. Päpste gez. u. erl. von Hugo Gerard Stroehl. — M[ünchen-]Gladbach: Kühlen 1909. 99,37 S.
Nebent.: Album pontificale. Les portraits des papes d'après leurs médailles.
1: 4° Cd 3370. 5.
2.11738

Album der Porträts von Georg Petrović Karagjorge u. seinen Wojwoden etc. (24 Bl.) Wien, Oscar Frank. 1 fl., Tableaux-Ausg. in 3 Bogen à 35 kr. 1883 Ins. 2070

Album d. Porträts d. Georg Petrović Karagjorgje u. s. Wojwoden. Mit 24 Lithogr. Tabl.-Ausg. Wien, C. N. Nenadović. 3 Bogen à 35 kr. 1884 Ins. 1136

— von Posen. qu. 16. (16 Photogr.-Imitationen.) Posen 885. Jolowicz. In Leinw.-Decke. n. 1. 50

— von Posen. Leporello-Album. qu. 16. (16 Photogr.-Imitationen.) Posen 891. J. Jolowicz. In Leinw.-Decke. n. 1. 50

— for postage-stamps. br. 8. (XII und 56 S.) Berlin 865, Th. Grieben. geb.

— für Postmarken. Hrsg. von O. Reuning. 4. Leipzig 873, Wilfferodt. Ausg. auf Velinp. Nr. 1. cart.
Ausg. auf Velinp. Nr. 2 in Leinenbd. mit Goldpressung
„ „ „ Nr. 3 in „ „ Hochdruck
Ausg. auf Schreibp. Nr. 4 in Leinenbd.

— von Potsdam. qu. Fol. (24 Ansichten auf 22 Blatt in Kupferätzg.) Berlin 893. R. Schuster. In Mappe. 20. —

— von Potsdam. 1 Panorama u. 30 Ansichten nach Momentaufnahm. in Photographiedr. (34 S.) qu. hoch 4. Ebd. 903. Kart. n. 1. —

Album v. Potsdam. (34) 4°.– Berl., Globus Verl. 1903.

Album. — Album von Prag. Malerische Wanderungen zu seinen schönsten Kirchen, Pallästen, Villen und Denkmälern. Nach Original-Zeichnungen ... in Stahl gestochen. Lfg 1.2. — Prag: Borrosch & André 1841–46.
300: 35.037–A.
2.11739

— Album von Prag. Malerische Wanderungen zu seinen Kirchen, Pallästen u. Denkmälern. Mit vielen nach d. Natur gezeichneten in Stahl gestochenen Ansichten. — Ebd. 1847. 47 Taf. 6.
2.11740

— von Prag. Malerische Wanderungen zu seinen Kirchen, Palästen u. Denkmälern. Mit vielen nach der Natur gezeichn. Ansichten. gr. 16. (46 Stahlst. u. 2 Bl. Text.) Prag 852, André. n. 1 ℛ 26 ngr

— von Prag. qu. 16. (12 Photogr.-Imitationen.) Prag 879, Kytka. *

— von Prag. (Neue Ausg.) qu. 24. (12 Photogr.-Imitationen.) Prag 881. Kytka. n. — 40; in 20 Ansichten geb. n. 1. 20; Prachtausg. geb. n. 2. —

— von Prag. I. qu. 16. (20 Lichtdr.-Taf.) Prag 883. Bellmann. In Leinw.-Mappe. 3. —

Album von Prag (Praha). Photolithographie in Leporello-Format mit deutscher und böhmischer Beschreibung und Umschlag in je einer Sprache. a) Ausgabe mit 21 Ansichten, gebunden in Leinwand (eleg. Ausstattung.) Prag, Kytka. fl. 1.—; b) Ausgabe mit 20 Ansichten, gebunden in Leinwand (gewöhnlicher Ausstattung) fl. —.60; c) Ausgabe mit 12 Ansichten in Papierumschlag fl. —.25 1887

Album der Preis-Tänze für den Carnaval 1856. Eleonoren-Walzer, von Johann Kralik. (7 S.) Camelien-Quadrille, von Karl Komzak. (7 S.) Polka-Mazurka, von Fr. Janig. (1 S.) Galop Militär, von A. Baudiß. (3 S.) Campanella-Polka, von Frz. Ad. Bozek. (3 S.) Nr. 1148—1152. Fol. Prag, Johann Hoffmann. Wien, C. A. Spina. Leipzig, Friedrich Hofmeister. Rösler sc. Wernigk imp. Wien.

— zur Proclamirung d. deutschen Kaiserreiches i. Schlosse z. Versailles, 18. I. 1871 qu. Fol. (54 Photogr. m. 4 Bl. Text.) Berlin (871). 897. H. Schnaebeli & Co. In Leinw.-Mappe n. 50. —

— der Provinzial-Synode zu Magdeburg 1844. Fol. (12½ lith. B.) Magdeburg 845, (Fabricius u. Schaefer). *

Album von Prüm und seinen Heiligthümern. — Trier: Paulinus-Dr. 1896. 6 Taf. in Leporelloform.
1: Ti 2288. 5.
2.11743

— f. Puppen-Schnitt-Muster. 4. (7 Taf. m. 1 Bl. Text.) Dresden 895. (Leipzig, F. Ohme.) Größe I m. 3 Schnittmusterbog. Kart. n. 1. —; Größe II m. 4 Bog. n. 1. —; Größe III m. 5 Bog. n. 1. —; Größe IV m. 9 Bog. 1. 25

— von Quedlinburg. 12 Ansichten nach Orig.-Aufnahmen. (12 Bl.) 18,5×20 cm. Quedlinburg (907.) Ch. F. Vieweg. 1. —

— raccolta francobolli postali. Con numerose illustrazioni ed annotazioni statistiche e geografiche. gr. 4. (126 S.) Leipzig 887, Heitmann. geb. in Halbleinw.
geb. in Leinw.

Album raccolta francobolli postali. qu. 4. (126 S. mit Abbildgn.) Leipzig 889. Heitmann. geb. in Halbleinw. 2. —; in Leinw. 2. 50

— von Ragaz-Engadin. qu. 16. (18 Photogr.-Imitationen.) St. Gallen 887. (Bern, Jenni.) geb. n. 3. 20

Album v. Ragaz-Engadin. 16° (18 Photogr.-Imitationen.) St.Gall. 1887. (Bern, Koehler.)

— v. Ravensburg u. Umgebung. 16. (12 Lichtdr.-Taf.) Ravensburg 888. Dorn. geb.
n.n. 2. —; photograph. Ausg. n.n. 3. —

— v. Ravensburg m. Weingarten. 12. (12 Lichtdr.-Taf.) Ravensburg 896. H. Kitz. In Leinw.-Decke. n. 1. 25

— von Ravensburg in Württemberg. (8 farb. Bl.) 19×27 cm. Ravensburg (908.) Dorn's Sort. 1.80; Ausg. m. 16 Bl. (19,5×26,5 cm.) 3. —

— von Regensburg. qu. 16. (6 Photolithogr.) Regensburg 865, Coppenrath. In Carton *

— von Reichenbach i/Schl. u. d. Eulengebirge. qu. 16. (12 Lichtdr.) Reichenbach i/Schl. 898. Heege & Güntzel. In Decke n.n. — 50

Album von Reichenberg. 14 Lichtdruck-Ansichten in Visitformat. Reichenberg, Schöpfer'sche Buchh. (J. Fritsche.) Eleg. geb. 1 fl.
1884 S. 386

Album berühmter Rennpferde.
Berlin: H. Schnaebelis 1893–1898. 4°

Album des deutschen Rennsportes.
Berlin: Verlag der Sportwelt 1893–1914. 2° 18
(Unregelmäßig.

— des deutschen Rennsports. Ein hippolog. Prachtwerk. Bearb. v. den Redaktionen der „Sport-Welt" u. des „Sporn". Fol. (40 S. m. Abbildgn.) Berlin 893. Expod. des „Sporn". Geb. n. 5. —

Album d. deut. Rennsports. Bearb. v. d. Redaktionen d. „Sport-Welt" u. d. „Sporn". Fol. (40 m. Abbildgn.) – Berlin 1893, R. Strauss.

Album der Residenzen, Schlösser u. Rittergüter Thüringens, insbesondere der Sächsischen Lande Ernestinischer Linie. In bildlicher Darstellung. In Verbindung etc. herausg. von J. Gersdorf, A. M. Schulze, L. Bechstein, W. Rein, Fr. Hoffmann. 1–6. Hft. Leipzig 858. (Werl.) Qu. Fol. Jedes Heft von 4 lith. Bl. mit 6–8 Bl. Text n. 27 ngl.; col. n. 1 ß 10 ngl; Prachtausg. nn 5 ß 15 ngl

— von Reutlingen. Cabinet-Ausg. 12. (12 Lichtdr.-Taf.) Darmstadt 892. (Reutlingen, J. Kocher.) In Leinw.-Mappe. n.n. 3. —; 20 Lichtdr.-Taf. n.n. 5. —

— von Reutlingen u. Umgegend. 12. (16 Lichtdr.-Taf.) Reutlingen 893. C. F. Palm. In Leinw.-Decke. n. 2. —

— von Reval. qu. 16. (16 Photogr.-Imitationen.) Libau 893. (Reval, F. Kluge.) Geb. n. 1. 50

Album des Rheins. — [Mainz: Rapp] o. J. 18 Bl. quer-8°
1: Kart. Y 37021/16.
2.11751

— vom Rhein vom Bodensee bis Düsseldorf. Nebst Schwarzwald, Strassburg i. E., Heidelberg, Frankfurt a. M., Wiesbaden, Nahe-, Lahn- u. Moselthal. 2 grosse Panoramen u. 94 Ansichten nach Momentaufnahmen in Photographiedr. qu. gr. 4. Berlin 902. Globus-Verlag. Geb. n. 3. —

— vom Rhein vom Bodensee bis Mainz, nebst Schwarzwald, Strassburg i. E. u. Heidelberg. 30 Ansichten u. 1 grosses Panorama nach Momentaufnahmen in Photographiedr. qu. gr. 4. Ebd. (902). Geb. n. 1. 20

— vom Rhein von Coblenz bis Düsseldorf, nebst Anh.: Das Moselthal. 1 grosses Panorama u. 22 Ansichten nach Momentaufnahmen in Photographiedr. qu. gr. 4. Ebd. (902). Geb. n. 1. 20

— vom Rhein von Mainz bis Coblenz nebst Frankfurt a. M., Wiesbaden, Nahethal u. Bad Ems. 32 Ansichten nach Momentaufnahmen in Photographiedr. qu. gr. 4. Ebd. (902). Geb. n. 1. 20.

— vom Rhein von Mainz bis Köln. 48 Ansichten nach Momentaufnahmen in Photographiedr. (48 Bl.) qu. gr. 4. Ebd. (903). Geb. n. 2. —

— v. Rhein u. s. Nebenthälern (Mosel, Nahe, Ahr, Sieg, Lahn). (In 10 Lfgn.) 1.—6. Lfg. qu. gr. 4. (à 10 Lichtdr.) Cöln 895. Lichtherz, Grossmann & Co. à n. 4. – (kplt.: n. 40. —; Leinw.-Mappe unentgeltl.)

— Rheinisches, enth.: Dichtungen der Neuzeit. Hrsg. von Karl Bölsche u. Frdr. Mann. gr. 16. (54 S.) Zürich 851, Meyer & Hanisch in Comm. 9 ngl

— Rheinisches. Dreissig Stahlstiche nach Originalzeichnungen, Rheingegenden darstellend, mit erklärendem Text (in deutscher, französischer u. englischer Sprache). Mainz (854). Kunze. Qu. 4. (Mit 46 S. Text). n. 3 ß 16 ngl

— v. d. Rhön m. 46 Ansichten. 12. (12 Bl. in Photogr.-Imit.) Fulda 895. G. Nehrkorn. In Halbleinw.-Decke n.n. 1. —

Album von der Rhoen. — (Fulda: Reinhardt 1895.) 12 Taf.
4.
2.11752

— von Riesa. qu. 16. (11 Ansichten in Lichtdr.) Riesa 894. J. Hoffmann. In Leinw.-Decke. n. — 60

— vom Riesengebirge. 20 Photolitogr. qu. 16. Warmbrunn 873. Liedl. geb. n.n. 1. 20

— vom Riesengebirge. Visite-Format. (12 Bl. in Photogr.) Warmbrunn 888. Leipelt. geb n. 3. —

— dasselbe. Leporello-Ausg. (18 Bl. in Photogr.-Imitation.) Ebd. 888. geb. n. 1. —

— dasselbe. Leporello-Ausg. (12 Bl. in Photogr.-Imitation.) Ebd. 888. geb. n — 75

— dasselbe. Cabinet-Format. (12 Bl. in Photogr.) Ebd. 888. geb. n. 6. —

— vom Riesengebirge. 12. (12 Lichtdr.-Taf.) Warmbrunn 892. M. Leipelt. In Leinw.-Decke. 3. —

— des Amsterdamer Rijksmuseums. 42 Farbendr. Mit histor. Einleitg. u. begleit. Texten v. W. Steenhoff. (XI S. m. 1 Abbildg. u. 42 Bl. Erklärgn.) 34,5×27 cm. Leipzig 908. E. A. Seemann. Geb. in Leinw. 20. —

— der Rinder-Racen der österreichischen Alpenländer nach Orig.-Aufnahmen von Jul. Ritter v. Blaas. Mit Text v. F. Kaltenegger. Hrsg. vom k. k. Ackerbau-Ministerium. 1. Lfg. qu. gr. Fol. Wien 894. W. Frick. Subskr.-Pr. n. 8. —; Einzelpr. n. 10. —; Einzelpr. des Bildes m. Glas u. Rahmen n. 16. —
Zillerthaler, Duxer u. Ober-Innthaler Typus. (3 farb. Taf. m. 3 Bl. Text.)

Album der Rinder-Racen d. österr. Alpenländer n. Orig.-Aufn. v. Jul. Ritter v. Blaas. M. Text v. F. Kaltenegger. Hrsg. v. k. k. Ackerbau-Ministerium. 2.—6. (Schluss-) Lfg. (à 3 Taf. m. 3 Bl. Text.) qu. gr. Fol. Wien 895—96. W. Frick. Subskr.-Pr. à n. 8. —; Einzelpr. à n. 10. —; Einzelpr. d. Bildes m. Glas u. Rahmen n. 16. —; Mappe dazu à n.n. 2. —; (kplt. in Mappe n.n. 50. —
2. Montavoner, Lechthaler u. Pusterthaler Typus. — 3. Etschthaler, Wippthaler u. Rendena'er Typus. — 4. Pinzgauer, Mürzthaler u. Mariahofer Typus. — 5. Möllthaler, Murbodener u. Ennsthaler Typus. — 6. Lavantthaler, Malteiner u. südsteir. Typus.

Album schweizerischer Rindviehraçen. 20 Photographien, aufgenommen auf Anordnung des Centralcomité bei Anlass der schweiz. landwirthschaftlichen Ausstellung in Luzern 1881. Photographie von C. H. Bär in Luzern. Lichtdruck von J. B. Obernetter in München. 2. Auflage. Quer-Folio. Eleg. Lwdbd. mit Goldschnitt. Luzern, Doleschal. 1883

—— der Rittergüter und Schlösser im Königr. Sachsen, s. a. Heise, F.

— der Rittergüter u. Schlösser im Königreich Sachsen. Mit historisch-statist. u. topograph. bearbeitetem Text herausgeg. von G. A. Poenicke. 1—110. Hft. Leipzig (854—58). G. Poenicke in Comm. Qu. Fol. Subscriptionspreis jedes Heft von 4 Lithographien mit 4 Bl. erklärendem Text n. 1 ß; Ladenpreis n. 1 ß 10 ngl
I. Sect.: Leipziger Kreis. 1—25. Heft. — II. Sect.: Meissner Kreis. 1—22. Heft. — III. Sect.: Lausitzer Kreis. 1—22. Heft. — IV. Sect.: Erzgebirg. Kreis. 1—21. Heft. — V. Sect.: Voigtländischer Kreis. 1—20. Heft.

—— der Ritterorden und Ehrenzeichen in Originalgrösse und Farben und im Hochdruck, sämmtlich nach Originaldecorationen gezeichnet, mit deutschem und französ. Text versehen, und unter den Auspicien S. k. k. apostol. Maj. hrsg. von Joh. Radakovich. Abthl.: Oesterreich. II. Lfg.: Militair-Maria-Theresien-Orden. (10 S. und 1 ill. Stnt. in Hochdruck.) Folio. Wien 856. (Leipzig, Brockhaus.)
Die 1. Lfg. erscheint später.

Album der Ehstländischen Ritter- und Domschule zu Reval vom 2. März 1834 bis 2. März 1859, hrsg. von Julius Kirchner. — Reval 1859: Lindfors. 58 S.
1: 4° Az 43722. 2. 5.
2.11753

— de robes de dames. Exécutées d'après des projets d'artistes modernes figurant à l'exposition générale du vètement Crefeld 1900. Avec préface de Madame Maria van de Velde. 32 reproduct. en couleurs et autotypiques. gr. 4. (8 S. Text.) Düsseldorf (900). F. Wolfrum. In Mappe n. 10.—

Album von Rom
—— s.a. Antiken von Florenz und Rom.

— von Rom. Hamburg 868. Grüning. gr. Fol. (10 photogr. Bll.) n. 15 ₰

Album von Rorschach und Heiden. 12 Ansichten. gr. 4. Rorschach, Huber. eleg. geb. 1876
idem, carte de visite 6. —

Album von Rorschach und seiner Umgebung in 25 Original-Photographien. Taschen-Format. eleg. gebunden. Rorschach, L. Huber. 1871 10. —

—— v. Rožnau (in der mähr. Walachei). Ebd.
1. Ausg. mit 4 Ansichten v. Rožnau, fein gemalt u. auf Carton gespannt mit Text (6 S.) 4 fl.
2. Ausg. mit 4 Ansichten v. Rožnau, 1 Ans. des Thales v. Frankstadt u. 1 Ans. von Burg Hochwald, fein gemalt u. auf Carton gespannt sammt Text (6 S.) 1860. 5 fl. 60 kr.

Album. — Rüdersdorfer Album. [Nebst] Erl. in Beziehung auf Topographie, Geognosie, Botanik, Geschichte ... bearb. nach Mittheilungen von H[ermann] Cramer; hrsg. von Julius Stentz. — Berlin: Stentz (1858).
1: quer-4° (Erl.: 4°) Td 9112. 5.
2.11754

Album von Rügen. — (Leipzig: Garte [um 1880].) 1 Kt., 12 Taf.
9.
2.11755

Album von Rügen. 32 Ansichten nach Momentaufnahmen in Photographiedruck. — Berlin: Globus-Verl. (1904). 17 Bl. quer-4°
9.
2.11756

— von Rügen. (59 Bl.) 20×25 cm. Steglitz-Berlin (908). Neue photograph. Gesellschaft.
In Leinw.-Mappe. 29.50; einzelne Bl. — 50

— der Ruinen Roms in 42 Ansichten u. Plänen (in Tondr.), nebst e. (chromolith.) Stadtplane vom J. 1877. Mit Einleitg. u. Tafelerklärg. v. F. Reber. gr. 4. (36 S.) Leipzig 883. T. O. Weigel. In Leinw.-Mappe. n. 30. —

— v. Saalfeld, Saale. qu. gr. 16. (12 Photogr.-Imit.) Saalfeld 895. C. Niese. In Leinw.-Decke 1. —

— zur 4. Säcularfeier der Erfindung der Buchdruckerkunst u. zur Jubelfeier 50jähr. Wirksamkeit d. Herren Buchdrucker: Joh. Ludw. Knote, Joh. Chr. Ludw. Wilh. Esefelder, Fr. Rud. Gehring u. Joh. Er. Hönneberg (seit 25 Jahr. Factor). Mit höchster Genehmigung und mit Unterstützung wohlwoll. Freunde veranstaltet v. G. Fröbel. gr. 8. Rudolstadt 840. Fröbel n. 1/3 ₰

— v. Salzburg, Berchtesgaden, Königsee, Reichenhall. qu. gr. 16. (15 farb. Taf.) München 896. C. Clauder.
In Decke 1. 50

— Salzburger. Eine Sammlg. architekton. Skizzen u. Aufnahmen, hrsg. vom akadem. Architektenverein München. gr. Fol. (60 autogr. Taf. m. 1 Bl. Text.) München 892. (L. Werner.) In Mappe. n. 20. --

— vom Salzkammergut. 12 Farbendr. qu. 12. Wien 890. Heck. In Leinw.-Decke. n. 3. 50

—— des ersten deutschen Sängerfestes zu Würzburg am 4., 5. u. 6. Aug. 1845. Lex.-8. (6 halbe B. u. 6 Lith.) Würzburg 845, Etlinger'sche Vrlsh. *

— des zweiten Coburger Sängertages am 29. und 30. Juli 1855. Mit 3 (lith.) Ansichten in Tondr. Coburg 855 E. Riemann jun. Lex.-8. (42 S.) n. 12 ₰

— v. St. Gallen. 12. (12 Kabinets in Lichtdr.) Dresden 892. (St. Gallen, Busch & Co.) n. 3. 20

Album v. Sankt Gallen. 12°(12 Kabinets in Lichtdr.).– Dresd. 1892, (St. Gallen, Scheitlin's Bh.)

Album von St. Gallen und Umgebung. 20 Ansichten in Autochrom. [Mit illustriertem Umschlag.] [II S. + 20 Tafeln.] quer-8. Herisau & St. Gallen, Walter Marty & Co, [1903]. [fr. 1. —]
Neue Titel-Ausg. 1904 s.: 20 Ansichten von St. G' ... *(s. Bulletin 1904, S. 228).*

Album von Sarajewo. 10 Cabinet Lichtdruckbilder in rother Leinwanddecke. Leporello gebunden Sarajewo: Daniel A. Kajon 1896 —.85

— vom Sauerland. qu. 8. (16 Taf.) Dortmund 892. F. W. Ruhfus. In Leinw.-Decke 1. 50; ermäss. Preis n. — 75

Album vom Sauerlande und Umgebung. — Neheim: Ströher (1898). 20 Bl.
6.
2.11758

Album des Königl. Schauspiels und der Königl. Oper zu Berlin, unter der Leitung von August Wilhelm Iffland, Karl Grafen von Brühl, Wilhelm Grafen von Redern u. Karl Theodor von Küstner, für die Zeit von 1796 bis 1851. (Hrsg.: K[arl] Th[eodor] v. Küstner u. Gustav Schauer.) — Berlin: Schauer 1858. X,146 S., 92 Taf.
1: Yp 1451. 12: 4° L. eleg. g. 1 h. 3 [° S. V–X, 1–25].
5. 8. 10. 11.
2.11759

[Friedrich v.] Schiller's Album. Eigenthum des Denkmals Schiller's in Stuttgart. Mit e. Stahlst. u. Facs. — (Stuttgart:) Cotta 1837. 324 S.
1: Av 10947. 12: L. eleg. m. 20 s. 300: 31 T 4. 2. 3. 5.
7. 8. 11.
2.11760

Album zur Schiller-Feier. Von Studirenden der Wiener Universität. Zum Besten der Schillerstiftung. — Wien: Manz 1859. VIII,160 S.
1: Av 11050. 300: 159.461–B. 7.
2.11761

Album der Schiller-Feier im Rütli und am Mythenstein 1859 u. 1860. [Nebst] Beil. — Schwyz 1860: Eberle.
1: Av 11068/14. 12: Biogr. 1060 g–106. 10. 11.
2.11762

—— der Schiller-Feier im Rütli und am Mythenstein 1859 und 1860. br. 8. (83 S. mit 2 Stnt. in Tondr.) Schwyz 860. (Luzern, Gebhardt.) *

— für Schlesien u. die Lausitz, s. Ruhland.

Schlesisches Album aus Beiträgen von W[illibald] Alexis [u.a.] Zum Besten d. durch d. zweimalige Ueberschwemmung des Oderthals im Sommer 1847 verunglückten Bewohner Schlesiens. Hrsg. von G. M. Kletke und Carl Berendt. — Berlin: Mylius 1847. 364 S.
1: Yf 3380. 2. 5. 11.
2.11763

— Schlesisches, aus Beiträgen v. W. Alexis; J. Altmann; L. Bechstein; J. v. Düringsfeld; Fr. Förster; E. Geibel; K. v. Holtei; G. Kinkel; A. Kopisch; L. Mühlbach; L. Schefer; J. G. Seidl u. A. Zum Besten der durch die zweimalige Ueberschwemmung des Oderthals im Sommer 1847 verungl. Bewohner Schlesiens. Hrsg. von G. M. Kletke u. Carl Berendt. gr. 16. (368 S.) Berlin 848, Mylius. In Engl. Einb. baar 1 1/2 ₰

Album von Schleswig. 35 Ansichten in Kupferdruck. Schleswig 1904. Fol.

— von Schleswig. 35 Ansichten in Kupferdr. (18 Taf.) 4. Schleswig (905). J. Bergas Verl. In Mappe n.n.15. -

Album von Schleusingen. — (Schleusingen: Adler [1895].) 16 Taf. in Leporelloform. quer-8°
1: Tf 4877/16.
2.11764

—— der Schlösser und ritterschaftl. Besitzungen des Herzogth. Sachsen-Altenburg in bildl. Darstellung mit begleitendem Texte hrsg. von Rich. Schneider u. A. 1. Heft. qu. Fol. (7 S. und 4 ill. Stnt.) Leipzig 859, Werl. *

—— der Schlösser und ritterschaftl. Besitzungen des Herzogth. Sachsen-Meiningen in bildl. Darstellung mit begleitendem Text hrsg. von Ludw. Bechstein. 1. Heft. qu. Fol. (10 S. Text und 3 Stnt. in Tondr.) Leipzig 860, Werl. Thlr. *
ill. *
Prachtausg. *

Album der Schlösser und ritterschaftl. Besitzungen des Grossherzogth. Sachsen-Weimar-Eisenach in bildl. Darstellung mit begleit. Text hrsg. von W. Rein. 1. Heft. qu. Fol. (10 S. Text und 3 Stnt. in Tondr.) Leipzig 860, Werl. * ill. *
Prachtausg. *

— der Schlosskirche zu Wechselburg u. ihrer Kunstschätze. Aufgenommen u. hrsg. v. Karl Tirpitz. qu. 16. (10 Photogr.) Wechselburg 892. (Rochlitz, B. Pretzsch.) 1. —

— von Schmiedeberg u. Umgegend. qu. 4. (20 Photogr.) Schmiedeberg 887. Sommer. In Leinw.-Mappe. n. 25. —

Album des Schönen und Nützlichen deutscher und fremder Literatur. Bd 1–3. — Breslau: Freund 1851–52. 2.
2.11765

Album der heil. Schrift. Bilderbuch ohne Text. Basel, C. F. Spittler. 1873 2. 80

—— der heiligen Schrift. Neues Testament. gr. 16. (18 Chromolithogr.) Basel 874, Spittler. geb. *

—— der heiligen Schrift Alten Testaments. 8. (18 Chromolithogr.) Basel 876, Spittler. cart. *

—— anhaltischer Schriftsteller. Eine Festgabe. Hrsg. von Friedr. Leop. Gehricke. 8. (XII und 310 S.) Dessau 860, Neubürger. *

— deutscher Schriftsteller, zur 4. Säcularfeier der Erfindung der Buchdruckerkunst. Herausg. von K. Haltaus. Mit Gutenberg's Bildn. und vielen facsimiles. gr. 8. Leipz. 840. Fest'sche Buchh. 2 ₰

Album der Schüler zu Kloster Rosleben seit dem 17. Mai 1786. — Jena (1836): Frommann. VIII, 76 S. 4° 3.
2.11766

Album der Schüler zu Kloster Roßleben von 1742 bis 1854. — Halle: Waisenhaus 1854. 132 S.
1:4° Az 11628. 12:4° H. lit. P. 285–4. 3. 7.
2.11767

Album vormaliger Schüler des Domgymnasiums zu Naumburg a. S. — (Merseburg) 1886. 7.
2.11768

— von Schwäb. Hall. qu. 16. (12 Photogr.-Imitationen.) Schw. Hall 887. German. In Leinw.-Decke. n. 1. 50

— von Schwäb. Hall. (3. Aufl.) qu. 16. (16 Bilder in Photogr.-Imitation). Schwäb. Hall 894. W. German's Verl. In Leinw.-Decke. n. 1. —

— vom Schwarzwald. qu. 12. (18 Lichtdr.-Taf.) Freiburg i/B. 895. Lorenz & Waetzel.
In Leinw.-Mappe n. 3. —

— vom südlichen Schwarzwald. 15 photograph. Orig.-Aufnahmen v. Mertens & Co., Berlin, hrsg. v. Joh. Elchlepp. gr. 4. (1 Bl. Text.) Freiburg i/B. 893. J. Elchlepp. In Leinw.-Mappe. n. 20. —

Album von Schwedt a/O. 16. (12 Lichtdr.-Taf.) Schwedt 892. Ch. Marxsen. In Leinw.-Decke. 1. 25

Album von Schweidnitz und Umgegend. — Schweidnitz: Heege [1892]. 16 Taf. 1: Tb 8129. 2.
2.11769

—— der Schweiz. gr. 4. (160 Stahlst.) Basel 869, Krüsi's Verlagsh. geb. mit Goldschn. *

— der Schweiz. Lex.-8. (IV, 88, XV S. u. 405 S. Abbildgn.) Zürich 891. J. A. Preuss. In Prachtbd. m. Goldschn. n. 16. —

Album der Schweiz. — Album suisse. — Neue Ausgabe. 500 Ansichten der Schweiz, nebst Textanhang. Lex. in-8°. Zürich, J. A. Preuss. 1895 In Prachteinbd. mit Goldschn. 15 —

Album d. Schweiz. Neu-Ausg. 8° (109 S. Text u. 400 S. Abb.).– Zür. 1896, Lpzg., T. Schröter.

— der Schweiz. Text nach Schildergn. v. J. C. Heer, Woldemar Kaden, Alfr. Ceresole, Emil Yung u. a. von Alex. Frhrn. v. Bergenroth. (Collection d. Reiseziele u. Erinnergn.) (58 S. m. 450 z. Tl. farb. Abbild. im Text u. auf Taf.) 33×26,5 cm. Berlin (910). Preuss' Institut Graphik. Geb. in Leinw. 20.—;
Luxus-Ausg., in Kasten, geb. in Ldr. 48. —

— der fränkischen Schweiz. Mit 9 Stahlst. gr. 4. München 841, Franz. 1 1/6 ₰

— der fränkischen Schweiz. Nürnberg 866. Zeh. qu. 16. (9 photolithogr. Bll.) 22½ ngr.; einzelne Bll. à 3 ngr.; Ausg. in qu. gr. 16. 1 ₰; einz. Bll. à 3½ ngr.

— der fränkischen Schweiz. 12 Ans. (in Lichtdr.) n. Photogr. v. W. Hagelweide. qu. 16. Erlangen 895. Th. Blaesing. In Karton n. — 75

— der fränk. Schweiz. 18 Naturaufnahmen. qu. 16. Ebermannstadt (902). R. Henkelmann.
In Leporelloform in Decke n. — 50

— der Holsteinischen Schweiz. (20 Lichtdruck-Taf.) qu. gr. 8. Eutin (905). W. Struve. n. 2. 50

Album von d. Sächsischen Schweiz. 1 Panorama u. 30 Ansicht. nach Naturaufnahmen in Photographiedr. (32 S.) 27×34,5 cm. Dresden 908. E. Beutelspacher & Co. Geb. 1. 50

— dasselbe. 1 Panorama u. 34 Ansichten nach Naturaufnahmen in Photographiedr. (36 S.) 27×34 cm. Dresden 910. (Berlin, Globus Verlag.) Geb. 1. 50

Album. — Album der Oberitalienischen Seen. Lago di Como. Lago di Lugano. Lago Maggiore. Lago di Garda. — Berlin: Neufeld & Henius [1908]. 32 S. quer-8°
Nebent.: Die Ober-Italienischen Seen.
1: Kart. Y 65082.
2.11771

Album Passionsspiel Selzach. [23 Bilder in Lichtdruck.] [II + 23 S.] quer-8. Solothurn, Gassmann, Sohn, [1901].

Album des Pädagogischen Seminars an der Universität Jena. Denkmäler u. Gaben von Direktor, Freunden u. Gönnern d. Seminars. Hrsg. von Carl Volkmar Stoy. [1.] 2. Leipzig: Engelmann 1858–59.
[1.] 1. Stoy, [Karl Volkmar]: Schrift und Jugend, sonst und jetzt. 1858.
[1.] 2. Stark, K[arl] B[ernhard]: Leonardo da Vinci. Ein Vortrag. 1858.
2. Schleiden, M[atthias] J[akob]: Geschichte der Botanik. Prorektoratsrede. 1859.
1. 2 . . . . 1: Ay 32211. 12: Var. 370 ks.
1 . . . . 7.
2.11772

Album Sodalitatis majoris. Viennae 1739—40. V: *Höller*, *Martin*. (Jes)

— gewidmet den in den Jahren 1848 u. 1849 treu ihrer Pflicht für König u. Vaterland gefallenen Söhnen des Preuß. Heeres, bei Gelegenheit der Grundsteinlegung der diesen Treuen geweihten Denksäule im Königl. Invaliden-Park zu Berlin, am 18. Juni 1850. 2 Liefrgn. qu. Imp. 4. (44 lith. Bl. m. Facs., 1 lith. Tableau u. 31 S. u. 36 Bl. Text.) Berlin 850, Hayn. n. n. 2⅓ ₰ — m. lithochrom. Rande n. n. 3 ₰ — m. Goldrand n. n. 3⅓ ₰

—— gewidmet den in den Jahren 1848 und 1849 treu ihrer Pflicht für König und Vaterland gefallenen Söhnen des preuß. Heeres, bei Gelegenheit der Grundsteinlegung der diesen Treuen geweihten Denksäule im königl. Invaliden-Park zu Berlin, am 18. Juni 1850. 2 Lfgn. qu. Imp.-4. (44 lith. Bl. mit Facs., 1 lith. Tableau, 31 S. und 36 Bl. Text.) Berlin 851, Hayn. **
mit lithochrom. Rande **
mit Goldrand **

— für Solo-Scenen. Nr. 41—49. 8. Berlin 885. Kühling & Güttner. à — 75
41. Der weibliche Detectiv. Solovortrag v. Leop. Ely. (8 S.)
42. Amors Pfeile. Solo-Scene m. Gesang v. Leop. Ely. Musik v. F. Brandt. (8 S.)
43. Onkel will heirathen! Soloscene. Nach e. älteren Stoffe bearb. v. Leop. Ely. (8 S.)
44. Professor Spickmann. Soloscherz m. Gesang v. Eug. Leuenberg. Musik v. Gust. Steffens. (8 S.)
45. O, diese Mädchen! Soloscene m. Gesang f. 1 Herrn v. Leop. Ely. (8 S.)
46. Der blonde Hugo od. Ehestandsansichten. Solo-Scene m. Gesang v. Leop. Ely. Musik v. G. Steffens. (8 S.)
47. Er geht. Soloscherz f. 1 Dame v. R. J. Anders. (10 S.)
48. Spielereien. Soloscherz f. 1 Dame v. R. J. Anders. (10 S.)
49. A! E! I! O! U! Soloscene m. Gesang v. Leop. Ely. Musik v. Gust. Steffens. (8 S.)
cf.: Kühling's. A.. Album f. Solo-Scenen.

— für Solo-Scenen. Nr. 50—54. 8. Berlin 888. 889. Kühling & Güttner. 3. 25

50. Ein verzweifelter Familienvater. Solo-Scene m. Gesang v. L. Ely. Musik v. R. Thiele. (8 S.) — 75
51. Meister Kraut, der populäre Mann. Solo-Scene m. Gesang v. C. Wexel. Musik v. G. Steffens. (7 S.) — 75
52. Zwinkerbein, der Meerschweinchen-Direktor. Solo-Scene m. Gesang v. Wexel. Musik v. R. Thiele. (7 S.) — 75
53. Ein verkanntes Genie. Solo-Scene m. Gesang v. F. Waldau. Musik v. F. Brandt. (7 S.) — 50
54. Der Reklamesänger. Solo-Scene m. Gesang v. E. Czaschke. Musik v. R. Thiele. (7 S.) — 50

— von Sonderburg u. Umgegend. gr. 16. (13 Ansichten in Photogr.-Imitation auf 8 Taf.) Sonderburg 889. la Motte jr. n. 1. 50

— dasselbe. Leporello-Album. 2. Aufl. 10 Bl. Photographie-Imitationen. 16. Sonderburg 890. la Motte jr. In Leinw.-Decke. n. 1. 50

— — de souvenir pour l'année intercalaire 1864. 32. (16 S.) Wien, Pfautsch. 24 kr

— sphragistisches. Diplomatisch genaue Abbildungen der ältesten Siegel der gegenwärtig noch blühenden Geschlechter des deutschen hohen Adels. Gesammelt und hrsg. von F. C. Fürst zu Hohenlohe-Waldenburg. 1. Heft. qu. Fol. (10 Stnt. in Tondr. mit 1 Bl. Text.) Stuttgart 859, Nitzschke. *

— vom Spreewald, s. a. Spreewald-Album.

— vom Spreewald. qu. 16. (12 Bl. in Tondr.) Cottbus 887. Differt. n. — 60

— der Städte u. Trachten, enth. 24 Ansichten von Hauptstädten Europas u. Trachten d. Völker. In photogr. u. chromolith. Ausführung. Prag, Dr. Grégr & Edv. Valečka. In Carton 30 kr. netto, in eleg. Einbd. 40 kr. netto.
Prag: 1884

Album grossentheils ausgeführter Stadt- und Landhäuser, Villen, Gartenpavillons und anderer Gebäulichkeiten verschiedener Art, zum Theil mit Details. — Carlsruhe: Veith o. J. 186 Bl. 4°
83.
2.11775

— grossentheils ausgeführter Stadt- und Landhäuser, Villen, Gartenpavillons und anderer Gebäulichkeiten verschiedener Art, zum Theil mit Details. 4.—26. Heft. Fol. (à Heft 6 Stnt., theilweise in Buntdr.) Carlsruhe 862—68, Veith. à Heft 22½ Ngr.

— grossentheils ausgeführter Stadt- und Landhäuser, Villen, Garten-Pavillons und andrer Gebäulichkeiten verschiedener Art, zum Theil mit Details. 27.—31. Heft. Fol. (à 6 Stnt., theilweis in Farben- und Tondr.) Carlsruhe 869, Veith. à Heft *M.* 2,25.
1.—26. Heft. Ebendas. 1861—68. *M.* 58,50.

— — ausgeführter Stadt- und Landhäuser, Villen, Gartenpavillons und anderen kleineren Gebäulichkeiten mit Details. 1—20. Hft. Fol. Karlsruhe, Veith. 1861—65.

— ausgeführter Stadt- u. Landhäuser, Villen, Oekonomiegebäude, Gartenpavillons, Kiosken, Kegelbahnen so wie anderer kleinerer Gebäulichkeiten zum Theil mit Details. 18—31. Heft (à 6 lith. Bll.). Carlsruhe 865—70. Veith. Fol. Jedes Heft 22½ *ngr.*

Album Stamsense ... Salisburgi 1898. V: *Lindner, Pirmin.* (MARGR)

Album von Stargard. — [Stargard:] Moll o. J. 12 Photogr.
9.
2.11776

— v. Pr. Stargard. qu. 16. (12 Photographie-Imitationen.) Stargard 890. Schilling's Buchh. In Decke n. 2. —

— von Pr. Stargard. qu. 16. (12 Taf. in Photogr.-Imitation.) Pr. Stargard 891. Schilling. In Leinw.-Decke. n. 2. —

— v. Stargard i/Pommern. qu. 16. (12 Photogr.-Imit.) Stargard 895. (J. Wober.) In Leinw.-Decke n. 1. —

Album e. steinernes, od. Namen u. Inschriften auf d. Burg Weibertreu, nebst vielem Anderen, was schön u. nützlich zu lesen. Geschrieben v. Vorstand d. Frauenver. in Weinsberg. 8°(22).— Heilbr. 1891, Dr. J. Determann.

— e. steinernes, od. Namen u. Inschriften auf der Burg Weibertreu, nebst vielem Anderen, was schön u. nützlich zu lesen. Geschrieben u. in Druck gegeben vom Vorstand d. Frauenvereines in Weinsberg. 8. (22 S.) Heilbronn 891. J. Stern. n. — 30

— ein steinernes, od. Namen u. Inschriften a. d. Burg Weibertreu, nebst vielem And. was schön u. nützlich z. lesen. Geschr. u. i. Druck geg. v. Vorst. d. Frauenvereins i. Weinsberg. 2., unveränd. Aufl. 8. (22 S.) Heilbronn 896. Dr. J. Determann. — 30

— v. Sternberg. qu. 16. (22 Ans. a. 16 Lichtdr.-Taf.) Sternberg i/Mähr. 896. A. R. Hitschfeld. In Leinw.-Decke n. 1. 40

— von Stettin, s. a. Gottheil, J., Album von Stettin.

Album von Stettin. — (Stettin: Dannenberg & Nagel) o. J. 12 Taf.
9.
2.11778

— v. Stettin. 12. (12 Blatt in Lichtdr.) Stettin 895. F. Nagel. — H. Dannenberg. In Leinw.-Decke 3. —

— moderner Stickereien. Vorlagen f. Tapisserie-Arbeiten in Farbendr. Nebst e. Sammlg. v. Alphabeten. 1. u. 2. Hft. qu. Fol. (à 8 Taf.) Leipzig 888. Fock. à 1. —

Album von Stolp. — ([Stolp:] Hildebrandt [1891].) 16 Taf. in Leporelloform. quer-8° 1:T 7007. 9.
2.11780

— v. Stolp i/P. Cab.-Ausg. 12. (12 Lichtdr.) Stolp 895. C Schrader. In Leinw.-Decke n n. 3. —; einz. Blatt n. — 25; Visit-Ausg. qu. 16. In Leinw.-Decke n. 1. 50

— von Strassburg. qu. 16. (12 Photogr.) Mannheim 871, Schneider's Verlag. geb. *

— von Strassburg. 12 Photogr. qu. 16. Strassburg 871. Schneider. geb. n. 1. 60

— von Strassburg. 24 Ansichten. Lichtdr. v. J. Kraemer in Kehl. qu. 8. Strassburg 878. Schultz & Co. In Leinw.-Mappe. 8. —

— von Strassburg i/E. qu. gr. 8. (26 Blatt in Phototypie.) Strassburg 895. W. Heinrich. Geb. 4. 50

— studiosorum academiae Lugduno-Batavae 1575—1875. Accedunt nomina curatorum et professorum per eadem secula. gr. 4. (LXXII, 1723 Sp.) Haag 875. Nijhoff. n. 40. —

— studiosorum Universitatis Cracoviensis. Tom. I. (ab a. 1400 ad a. 1489). gr. 8. (VII, 294 S. m. 8 Taf.) Krakau 887. (Buchh. der poln. Verlags-Gesellschaft.) n. 6. —

— dasselbe. Tomi II, fasc. I et II. (Ab anno 1490 ad annum 1551.) Editionem curavit Adam Chmiel. Editio cum adiutu academiae litterarum Cracoviensis confecta. gr. 8. (XI, 347 S.) Ebd. 892. à n. 3. —

— studiosorum Universitatis Cracoviensis. Tomi III fasc. I. (Ab a. 1551 ad a. 1589). Editionem curavit Adam Chmiel. gr. 8. (160 S.) Krakau 896. (Buchh. der poln. Verlags-Gesellschaft). n.n. 3. —
(I—III, 1.: n.n. 15. —)

— von Stuttgart. qu. 16. (12 Photogr.) Stuttgart 875. Lindemann. geb. n. 2. 40

— dasselbe. qu. 16. (12 Photogr.) Stuttgart 875. Wildt's Verl. geb. n. 2. —

— von Stuttgart mit Ansichten von Berg, Cannstadt, Esslingen u. den Schwarzwaldbädern Teinach u. Wildbad. Stuttgart 870. Neff. qu.-4. (24 lith. Bll.) n. 1 *ß* 18 *ngr.*; feinere Ausg. n. 2 *ß*

— von Stuttgart mit Ansichten von Berg, Cannstadt, Esslingen und den Schwarzwaldbädern Teinach und Wildbad. qu. 4. (28 Stnt. in Tondr.) Stuttgart 874, Neff. cart. * feinere Ausg. mit doppeltem Tondruck *

Album de la Suisse. 50 vues. Zürich, J. H. Locher. 1873 rél. 12. —

— der Synode der Provinz Sachsen. Mit Facsimiles. Fol. Magdeburg 844, Rubach'sche Buchh. n. ¹/₆ *ß*

— von Tatzmannsdorf. Bad und Umgebung. qu. 4. (12 Stnt. in Tondr. mit 12 Bl. Text in deutscher und ungar. Sprache.) Wien 864, (Gerold's Sohn.) geb. *

— technisches, für Künstler und Kunstfreunde. 1. Heft. qu. Fol. Stuttgart 845, Dittmarsch. n. $^{5}/_{12}$ *ß*

Album von Teplitz-Schönau. — o.O. [um 1900]. 15 Bl. quer-8° 1:Kart. Y 60979. 2.11791

— Terentianum picturas continens ex imagine phototypa Lugdunensi Terentii codd. Ambrosiani H 75 et Parisini 7899 sumptas et lithographice expressas. Praefatus et picturas latine interpretatus est Iac. van Wageningen. (LXXXVIII S.) 38,5×27 cm. Groningen 907. P. Noordhoff. Kart. 6. —

Album von Tharand in XII Blättern. Dresden [1840]. Zeichner: *Arldt, C. W.* (EngG)

— für Theater und Theater-Costüme. Redigirt von Amalie Schoppe, geb. Weise. 1. Jahrg. 1842. 13. Nummern. (Bogen.) Mit 13 ill. Bildern. 4. Jena 842. (Heidelberg, Engelmann) n. 1⅙ ₰ ·

— von Theresienstadt. qu. 32. (16 Taf. in Photogr.-Imit.) Leitmeritz 897. F. Martin. Kart. n. 1. —

—— von Thüringen. Sammlung der interessantesten Ansichten in Stahlst. qu. 4. (20 Stahlst.) Darmstadt 860, Lange. *

Album v. Thüringen. (32) 8°.– Berl., Globus Verl.(1903).Neue Ausg. (40)

— von Thüringen. 47 Ansichten nach Momentaufnahmen in Photographiedruck. (40 S.) qu. Lex.-8. Berlin (904). Globus Verlag. Geb. n. 1. 20

— der Tiedge-Stiftung. Gaben deutscher Schriftsteller gesamm. u. herausgeg. von dem Comité d. Tiedge-Stiftung zu Dresden. 1. Bd. Lex.-8. Dresden 843. (Leipzig, Schreck.) n. 2 ₰

Album der Tiedge-Stiftung. Gaben deutscher Schriftsteller ges. u. hrsg. von dem Comité der Tiedge-Stiftung zu Dresden. .Bd 1. — Dresden: Tiedge-Stiftung 1843. 228 S. 1:Yz 7879. 2. 3. 4. 5. 6. 7. 9. 11. 2.11792

Album vom Tiergarten (von Urs) Eggenschwyler in Zürich IV.... [9 Lichtdruck-Bilder.] II + 12 S. 8. Zürich, Aschmann & Scheller, [1903]. [fr. —. 40]

— für Thier-Zeichner. (Miniatur-Ausg.) 1. Heft. kl. 16. (12 Blatt.) Ebd. 846. 1/12 ₰

— pour des timbres-poste. Berlin 865. Th. Grieben. 8. (XII, 56 S.) 9 ngr.

—— pour timbres-poste. Avec 161 illustrations. 1878 et 1879. Lex.-8. (IV, 79; 78 S.) Leipzig, L. Senf. geb.

—— timbres-poste. Illustré de 600 timbres-poste. gr.-8. (64 S.) Leipzig 886, Heitmann. *

— timbres-poste. Illustré de 2500 vignettes de timbres-poste et de 95 armoiries des états. gr. 4. (III, 701 S.) Leipzig 887. Heitmann. geb. 9. —

—— dass. — Illustré de 2700 vignettes de timbres-poste et de 105 armoiries des états. gr. 4. (III, 750 S.) Ebendas. 887. geb.

— timbres-poste. Nouvelle ed. Illustré de 1800 vignettes de timbres-poste et pourvu de renseignements géographiques et statistiques. qu. 4. (126 S.) Ebd. 887. geb. in Halbleinw. 2. —; in Ganzleinw. 2. 50

—— du Tirol, s. Gebirgs-Album.

— aus Tyrol. — Album pittoresque du Tyrol. 1s — 7s Hft. ½ gr. Fol. (16 lithogr. Bl. u. 2 Bl. Erklärung.) Innsbruck 836—40. Wagner. (à Heft ¾ ₰) 5¼ ₰

— von Tyrol und Salzburg, nach Originalzeichnungen von Richter, Podesta u. a. 3. Abthl. (8 von L. Rottmann und Popp sauber lithogr. Blätter.) qu. gr. Fol. München 841, literar.-artist. Anstalt. 4 ₰

— von 100 der neuesten und elegantesten Titelblätter zu Musikalien aus der k. k. Hof-Lithographie und Steindruckerei des A. Grube in Wien. 3. Heft. gr. 4. Wien, Wessely & Büsing. 1860 In eleg. Mappe 12 d.

— der neuesten und elegantesten Titelblätter aus d. Königl. sächs. Hofbuchdruckerei u. Steindruckerei von C. C. Meinhold und Söhne in Dresden. 3 Liefgn. Dresden (855, 56). Meinhold u. Söhne. Fol. (55 lith. Bl.) n. 3 ₰ 20 ngr

—— für Deutschlands Töchter. Lieder und Romanzen. Mit Illustr. von Emil Götze und Wilh. Georgy. 1. Aufl. 1852. und 2. Aufl. hoch 4. (VIII und 152 S. mit Holzschn.) Leipzig 853, Amelang's Verlag.

—— für Deutschlands Töchter. Lieder und Romanzen. Mit Illustr. (in eingedr. Holzschn.) von E. Götze, W. Georgy, W. Souchon, E. Geißler (u. andern). 3. Aufl. 1858. (4. XII und 232 S. mit chromolithogr. Titel.) geb. * 3 Thlr 10 Ngr., in Leder geb. * 5 Thlr.; 4. Aufl. Lex.-8. (XVI und 252 S. mit chromolithogr. Titel.) Leipzig 860, Amelang's Verlag. geb. *

—— für Deutschlands Töchter. Lieder und Romanzen. 5. Aufl. 1863. und 6., bedeutend verschönerte Aufl. hoch 4. (XVIII und 248 S. mit Illustr. in Holzschn. von E. Götze, Paul Thumann, W. Georgy u. A. und chromolithogr. Titelbild von E. Scheuren.) Leipzig 866, Amelang's Verlag. geb. mit Goldschn. * Pracht-Ausg. *

—— für Deutschlands Töchter. Lieder und Romanzen. Mit Illustr. (in Holzschn.) von Paul Thumann, W. Georgy, J. Füllhaas u. A. 7., bedeutend verschön. Aufl. (VI, und 274 S. mit Titelbl. in Holzschn.) 1870. * ℳ 11,25., und 8. Aufl. Lex.-8. Leipzig 874, Amelang's Verlag. geb. mit Goldschn. *
A. u. d. T.: Album deutscher Lyrik.

Album für Deutschlands Töchter. Lieder und Romanzen. Mit [Holzschnitt] Illustrationen von Paul Thumann, W. Georgy, J. Füllhaas u. A. 7. Aufl. Leipzig, Amelang, 1872. Gr.-8°. Goldgepr. Orlwd. Georgy del., R. Gerhold sc., Goldschn. 10.—
Rümann 2612. Beliebte Anthologie, z. T. sehr schön illustr. Einband leicht beschäd.

— für Deutschlands Töchter. Lieder u. Romanzen. Mit Illustr. (in eingedr. Holzschn.) v. Paul Thumann, W. Georgy, J. Füllhaas u. A. 9. Aufl. 4. (252 S.) Leipzig 878. Amelang. geb. m. Goldschn. n. 12. —

— für Deutschlands Töchter. Lieder u. Romanzen. Mit Illustr. v. P. Thumann, W. Georgy, Grot Johann 2c. 10. Aufl. 4. (250 S. m. eingedr. Holzschn. u. 1 Chromolith.) Leipzig 883. Amelang. geb. m. Goldschn. n. 12. —

Album f. Deutschlands Töchter. Lieder u. Romanzen. Mit Illustr. v. Paul Thumann, Herm. Kaulbach, Ch. Kröner u. a., nebst 4 Heliogravüren. 11. Aufl. Lex.-8. (172 S.) Leipzig 889. Amelang. geb. m. Goldschn. n. 10. —
A. u. d. T.: Album deutscher Lyrik.

— für Deutschlands Töchter. Lieder u. Romanzen. M. Ill. v. Paul Thumann, Herm. Kaulbach, Ch. Kröner u. a., nebst 4 in Heliogr. ausgef. Kunstbeil. 12. Aufl. 4. (172 S.) Leipzig (893). C. F. Amelang. Geb. in Leinw. m. Goldschn. n. 10. —; i. Liebhaberband m. Handmalerei n. 12. —

— für Deutschlands Töchter. Lieder, Balladen und Sprüche. Mit Illustr. v. Paul Thumann, Herm. Kaulbach, Ch. Kröner u. a. nebst 4 in Dreifarbendr. ausgeführte Kunstbeilagen. 13., neu bearb. u. verm. Aufl. (IV, 156 S.) Lex.-8. Leipzig (904). C. F. Amelang. Geb. in Leinw. m. Goldschn. n. 10. —

—— des travestissements élégants. Dessins inédits de Compte-Calix. hoch 4. (15 ill. Kpfrt.) Basel 864, Bureau für technische Literatur. *

— von Trier. 12 Photolith. 32. Trier 873. Braun. In Umschlag. n. 2. —

— von Trier. qu. 16. (12 Photogr.-Imitationen.) Trier 886. Lintz. In Leinw.-Decke. 1. 50

Album von Trier. Sights of Treves. Souvenir de Trèves. Trier: Paulinus-Dr. [1891]. 14 Bl. quer-8° 5. 2.11797

— von Trier u. der Mosel. qu. gr. 8. (24 S. Abbildgn. m. 1 Bl. Text.) Trier (902). F. Lintz. n. 1. —

Album von Trier und der Mosel. — (Trier: Lintz [1903].) 13 Bl. quer-8° 1:Ti 5493. 5. 2.11798

— von Triest. gr. qu. 8. (12 Stahlst.) München 850, Poppel & Kurz. 1 ₰

— de Trollhätta. Collection des vues, les plus pittoresques et les plus remarquables de Trollhätta et de ses environs. Dessins par Leon. Björckfeldt. Lith. de Baerentzen & Co. qu. 4. (10 Bl.) Gothenburg u. Stockholm 847, Bonnier. Mit Goldschnitt. n. 2⅔ ₰

—— von Tübingen und Umgebung. (10 Photogr.) 1. und 2. Aufl. 1876. * ℳ 3,60., und 3. Aufl. (Jubiläumsausg.) qu. 16. Tübingen 877, Fues'sche Sortimentsh. *

— des Heilbronner Turnfest's od. der 1., 2. u. 3. Aug. 1846 mit Einflechtung der Festpoesien, Festbriefe und Festreden episch besungen von L. Kies. Mit autograph. Abbildd. des Festplatzes. Lex.-8. Heilbronn 846. (Landherr.) n. 1/3 rß

— deutscher Typographen. Festgabe beim Hochfeste Gutenbergs und der vierten Säcularfeier der Buchdruckerkunst am 24, 25 u. 26. Juni 1840. Gedichte v. Typographen. Herausg. v. Dr. Dietrich. Mit Abbild. der Festhalle, auf Zink gravirt. 4 Lief. 8. Leipzig 840. Polet. n. 1/3 rß

— von Ulm. Mit 10 Illustr. (Stahlst.) gr. 8. (20 S.) Ulm 848, Stettin. n. 5/6 rß

—— von Ulm. gr. 8. (110 S. mit 3 ill. Stnt. in gr. 8. und qu. 4. und 1 chromolithogr. Plan der Stadt und Festung in Fol.) Ulm 857. [Krick'sche Buchh.] * 1 Thlr. 8 Ngr., geb. *

Album von Ulm. qu. gr. 8. (40 S. m. Abb.) Ulm 895. Gebr. Nübling. — 30

— universel de timbres-poste, renferme à peu près 14000 cases, 4500 gravures de timbres, 62 filigranes, 130 armes d'États, 50 portraits de princes régnants, 6 cartes géographiques en couleurs et des renseignements géographiques et statistiques. gr. 4. (III S. u. 555 Bl. m. Abbildgn. u. 6 farb. Karten.) Leipzig 892. Vereinigte Dampf-Buchbindereien, Baumbach & Co. Kart. n. 11. 20; geb. in Halbleinw. 12. —; in Leinw. 12. 80; in 2 Bde. 14. 40; fein in Leinw. 14. 40; in 2 Bde. 16. —; sehr fein in Leinw. 16. 80; in 2 Bde. 24. —; in Halbfrz. 24. —; in 2 Bde. 28. —

— dasselbe. (Auf beiden Seiten bedruckt.) gr. 4. (III, 555 S. m. Illustr. u. 6 farb. Karten.) Ebd. 892. Kart. n. 6. —; geb. in Halbleinw. 7. 20; in Leinw. 8. —

— dasselbe. Contenant à peu près 10000 carrés de timbres, 3000 types de timbres, 68 filigranes, 90 armoiries des principaux États du globe et 35 portraits de princes régnants. gr. 4. (III, 286 S.) Ebd. 894. Geb. in Halbleinw. (Nr. 310) n. 4. —; (Nr. 310 a) 4. —

— dasselbe. Enveloppes, cartes-postales, bandes, mandats etc. Contenant à peu près 7000 carrés de timbres, 3000 types de timbres, 68 filigranes, 90 armoiries des principaux États du globe et 45 portraits de princes régnants. gr. 4. (III, 158 S.) Ebd. 894. Geb. in Halbleinw. (Nr. 311) n. 3. —; (Nr. 312) 3. —

— universel de timbres-poste, timbres-télégraphe, enveloppes, bandes, cartes-postales, cartes-lettres, cartes-télégramme, mandats etc. Nouv. éd. II. Entièrement refondue et considérablement augmentée. Contenant 5350 types de timbres, 104 armoiries des principaux états du globe et 67 filigranes. gr. 4. (VIII, 696 S.) Ebd. 896. No. 308. Geb. i. Halbleinw. 8. —; in Leinw. No. 309. 9. —; Text allein. No. 307. 7. —; einseit. Ausg. m. Ganzsachen-Ausschn. No. 301. Geb. in Leinw. 17. 50; in Halbsaffian m. Goldschn. u. Zugschloss. No. 302. 24. —; Text all. No. 300. 14. —; ohne Ganzsachen-Ausschn. No. 305. Geb. in Leinw. 17. 50; in Halbsaffian m. Goldschn. u. Zugschloss. No. 306. 21. —; Text all. No. 304. 14. —

— universel de timbres-poste. Timbres-télégraphe, enveloppes, bandes, cartes-postales, cartes-lettres, cartes-télégramme, mandats etc. Nouvelle éd.-Deuxième. Entièrement refondue et considérablement augmentée. Contenant 5350 types de timbres, 104 armoiries des principaux états du globe et 67 filigranes. gr. 4. (VIII S. u. 696 Bl. nebst Ergänzungsblättern.) Leipzig (901). Verlag des Universal-Briefmarken-Album. 8. —; geb. 10; 12. 50; 15. — u. 25. —

— universel de timbres-poste et timbres-télégraphe. Ed. réformée-Deuxième. Entièrement refondue et considérablement augmentée. Contenant 5000 types de timbres, 104 armoiries des principaux états du globe et 67 filigranes. gr. 4. (VIII S. u. 480 Bl. nebst Ergänzungsblättern.) Ebd. (901). Geb. 8. —; 10. —; 15. — u. 25. —

— vom Unterharz. Quedlinburg 866. Huch. qu. 16. (12 photolith. Bll.) 1 rß

— von Varel. qu. 16. (20 Photogr.-Imitationen auf 18 Blatt.) Varel 891. Acquistapace. In Leinw.-Decke. 1. 50

— von Venedig. Hamburg 868. Grüning. gr. Fol. (12 photogr. Bll.) n. 18 rß

Album des deutschen Vereins zur Unterstützung der Hinterlassenen verdienter Künstler. Hrsg. v. Central-Ausschusse. Würzburg: Selbstverl. d. Vereins 1858. VIII, 352 S. 8°
Darin u. a. Erstdr. v. Friedrich Rückerts „Der Wonne Wehklage aus dem Sanskrit des Kalidasa".

— des deutschen Vereins zur Unterstützung der Hinterlassenen verdienter Künstler. Herausg. v. Central-Ausschusse. Würzburg 858. Stahel. 8. (VIII, 352 S.) n. 1 rß 18 ngr

Album des Vereins schweiz. Ingenieure und Architekten. Abth. Ingenieurwesen. Lfg 1. — Zürich: Meyer & Zeller [1869]. gr. 2°
1. Die Eisenbahnbrücke über die Aare bei Busswyl auf der Berner Staatsbahn zwischen Bern und Biel.
89.
2.11802

— des Vereins schweizerischer Ingenieure u. Architekten. Zürich 869, 70. Meyer & Zeller. gr. Fol. Abth. Architectur. 1. Liefg. (9 lith. Bll.) n. 1 rß 10 ngr. Abth. Ingenieurwesen. 1. Liefg.: Die Eisenbahnbrücke über die Aare bei Busswyl auf der Berner Staatsbahn zwischen Bern u. Biel. (11 lith. Bll.) n. 3 rß

Album des litterarischen Vereins in Bern. [Hrsg. zu Gunsten der Blinden- u. Mädchentaubstummen-Anstalt in Bern.]
Bern: Blom 1858. 8° N 1, 70

Album d. litterar. Ver. in Bern. 8°(287).– Bern 1858, Fiala

Album des Litterarischen Vereins in Naumburg a. S. zur Feier seines fünf und zwanzigjährigen Bestehens. ⟨Als Ms. für d. Mitglieder gedr.⟩ — Naumburg 1846: Littfas. 174, III S.
1: Ab 1352–1846. 300: 14.277–B. 5. 7. 11.
2.11804

— des litterar. Vereins in Naumburg a/S. z. Feier seines 25jähr. Bestehens. (Als Mspt. f. d. Mitglieder gedruckt.) gr. 8. Naumburg 846. (Leipzig, T. O. Weigel.) n. 24 ngr

—— des litterarischen Vereins in Naumburg a. S. zur Feier seines 25jähr. Bestehens. gr. 8. (174 S.) Naumburg 847. (Leipzig, T. O. Weigel.) *

Album des Litterarischen Vereins in Naumburg a. S. zur Feier seines 50jährigen Bestehens. ⟨Als Ms. für d. Mitglieder gedr.⟩ — Naumburg 1871: Sieling. V, 166 S.
1: Ab 1352–1871. 12: Acad. 76ef. 3. 4. 5.
2.11805

Album des literarischen Vereins in Nürnberg, s.a. Jahres-Bericht des liter. Vereins in Nürnberg. Nürnberg, 1843.

ALBUM DES LITERARISCHEN VEREINS IN NÜRNBERG
für 1844 — für 1859. (Mit 1 Tafel Noten.) Nürnberg. 1844—1859. Bauer und Raspe. 8°.
für 1860. ib. 1860. — Dazu gehörig: Anhang zum Album des literarischen Vereins Jahrgang 1860. Vorträge bei der Festfeier des literarischen Vereins im Rathhaussaale zu Nürnberg gehalten am Vorabende von Schillers hundertjährigem Geburtstage den 9. November 1859. s. l. & a.
für 1861 — für 1864. ib. 1861—1864. —

ALBUM DES LITERARISCHEN VEREINS IN NÜRNBERG. (Gedruckt auf Kosten des Vereins.)
Für 1865 — Für 1870. ib. 1865—1870. In Komm. bei Bauer und Raspe.
Für 1871. ib. 1872. In Comm. der v. Ebner'schen Buchhandlung (H. Ballhorn.)

Album des Theologischen Vereins zu Dorpat-Jurjew. Hrsg. vom Theologischen Verein unter der Red. von A. Seeberg. — Dorpat-Jurjew 1905: Mattiesen. 201 S.

—— vereinigtes, der Malerei, Poesie und Musik: Lieder von Goethe, Herder, Uhland, etc. mit Orig.-Zeichnungen von W. Preier, L. und C. Clasen, Fay etc. und componirt für eine Singstimme, mit Begleitung des Pianoforte von Edw. Hartenfels. 2., neu umgearb. Aufl. qu. Fol. (52 S. und 14 Stnt.) Frankfurt a. M. 852. (Leipzig, C. L. Fritzsche.) *

— vom Vierwaldstättersee. Souvenir du Lac des quatre Cantons. qu. 8. (24 farb. Lichtdr.-Taf.) Luzern (901). Prell & Eberle. Geb. in Leinw. n. 1. 60

— vom Schlachtfeld Vionville-Mars-la-Tour 16. VIII. 1870 m. sämmtlichen Denkmälern. (24 Bl. m 1 Karte.) qu. 8. Metz (903). (R. Lupus.) In Decke n. 1. —

Album d. Völkerschlacht b. Leipzig. 16°(18 H.) Lpzg. 1863. R.O. Schulze. 2. Aufl. (21 H.); Volksausg. 36. Aufl. 64.(22 H.) 1865.

Album der Völkerschlacht bei Leipzig und anderer Schlachtdenkmale der Umgegend. Volksausg. 14. Aufl. — Borna: R. O. Schulze o. J. 22 Taf. 10.
2.11808

—— der Völkerschlacht bei Leipzig und anderer Schlachtdenkmale der Umgegend. Jubiläums-Ausg. 1863. 16. (18 Holzschnt.) Borna 863, Schulze. In Couvert *

—— dass. — 2., verm. Aufl. 16. (21 Holzschntaf.) Ebendas. 863. In Couvert 15 Ngr., in engl. Carton * -

—— dass. — Volks-Ausg. 1.—40. Aufl. 16. (22 Holzschntaf. mit 1 Blatt Text.) Ebendas. 863—66.

— polnischer Volkslieder der Oberschlesier. Uebertragen von Emil Erbrich. Breslau 870. Gebhardi. 8. (XIV, 66 S.) n. 10 ngr.

—— deutscher Volkstrachten. 4. (20 chromolithogr. Taf. nebst 20 Bl. Text, deutsch und französ.) Leipzig 872, Bach. *
Ist aus Kretschmer „Deutsche Volkstrachten" zusammengestellt.

—— humoristischer Vorträge. Mit Beiträgen Anderer hrsg. von Ernst Dohm. 1. und 2. Bdchn. 8. (VII und 160 S., 160 S.) Berlin 863, Reichardt und Zander. à Bdchn. * 10 Ngr.

— Vues pittoresques des villes les plus célèbres de leurs églises, places publiques etc. I. cahier. Londres, Paris, Vienne, Petersbourg, Amsterdam, Francfort s/M. Imp.-4. (6 Bl.) (Leipzig 845, R. Weigel.) n. $^{7}/_{12}$ ℛ

— d. Werft Vulkan in Stettin. qu. 12. (4 Blatt in Lichtdr.) Stettin 895. F. Nagel. — H. Dannenberg. In Leinw.-Decke n. 1. 50

Album von Wagen. (Exposition universelle 1867.) (49 T) von C J A Dick. qu 8° Paris

— für Wagenbauer. Mustersammlung der neuesten Wagenzeichnungen. Jahrg. 1860. 4 Hfte. (à 6 lith. u. color. Taf.) Berlin, A. Jonas. qu. Fol. n. 4 ℛ 10 ngr.; einzelne Hefte n. 1 ℛ 15 ngr.; einzelne Blätter n. 9 ngr.

— — Jahrg. 1861—64. à 6 Hfte. (à 4 lith. u. color. Taf.) Mit Text. Ebend. qu. Fol. Jeder Jahrg. n. 6 ℛ; einzelne Hefte n. 1 ℛ 15 ngr.; einzelne Bl. n. 15 ngr.

— des Teutoburger Waldes u. d. Wesergebirges. 16. (14 Taf. in Photogr.-Imitation.) Detmold 889. Hinrichs. In Leinw.-Decke. n.n. 1. 50

—— deutscher Waldbäume. 24 Chromolithogr. Fol. Hamburg 865, Grüning.

— von Waldeck u. Umgebung. 12. (32 Ansichten auf 12 Lichtdr.-Taf.) Arolsen 894. A. Speyer. In Leinw.-Mappe. n. 4. —

— von Waldshut u. Umgebg. qu. gr. 16. (12 Farbdr.) Waldshut 897. H. Zimmermann. In Decke 1. —

Album von der Wartburg. qu. gr. 4. (11 Lichtdr.) Eisenach 893. H. Brunner. Geb. in Leinw. 15. —

Weimars Album zur vierten Säcularfeier der Buchdruckerkunst am 24. Juni 1840. — Weimar: Landes-Industrie-Comptoir in Komm. [um 1840]. 356 S.
1:4° An 3956. 12:4° Typ. 2h. 3. 5. 7. 8. 9. 10. 11.
2.11809

— von Wieliczka. gr. 8. (10 Heliograv.) Krakau 893. (Buchh. der poln. Verlags-Gesellschaft.) In Leinw.-Mappe. n.n. 8. —; 20 Heliograv. n.n. 15. —

Album von Wien. 25 Bl. Ansichten in Schillerformat sammt Leder-Album. Ebds. 6 fl.
Wien: 1868

Album von Wien. 12 Ansichten im Lichtdruck und Cabinetformat in eleganter Decke. Wien, V. A. Heck. fl. 2.—.
Inhalt: Stefanskirche — Votivkirche — Christinen-Denkmal — Ringstrasse Opernhaus — Rathhaus — Parlament — Hofburg — Karlskirche — Graben — Donaucanal — Rotunde.
Wien: 1887

Album von Wien. 16 Lichtdruck-Ansichten in Kl.-8., in Leinwand gebunden 1.50
Wien: Karlmann & Franke 1889

— von Wien. Leporello-Album. qu. 12. (25 Photogr.-Imitationen.) Wien 891. (Leipzig, Literar. Anstalt Aug. Schulze). In Leinw.-Decke. n. 2. 40; 18 Bl. n. 1. 80; 12 Bl. n. 1. 40

— dasselbe. 8. (12 Taf. Photogr.-Imitationen.) Ebd. 891. n. — 60; in Leinw.-Decke n. 1. —

Album v. Wien. Leporello-Album. 8°(12 Photogr.-Imitat.)– Wien 1892 (Lpzg., Lit. Anst. A.Schulze.)

— von Wien. qu. Fol. (15 Lichtdr.-Taf.) Wien 894. V. A. Heck. Geb. in Leinw. n. 10. —

Album von Wien. — Wien: Halm & Goldmann 1905. 17 Bl. 1:quer-4° Sc 3458.
2.11810

Album von Wien und Niederösterreich. Mit beschreibendem Text. Quer-Gr.-8°. (73 S.) geb. K 3.--
Wien: Gerold's Sohn 1903

— v. Wien u. Niederösterreich. Eine Sammlg. v. Reproduktionen photograph. Ansichten sämmtl. Prachtbauten, hist. Baudenkmäler u. berühmter Plätze der Kaiserstadt Wien u. Umgebg., sowie der maler. Landschaftsbilder v. Niederösterreich. Mit beschreib. Text. (72 S.) qu. gr. 4. Wien (903). G. Szelinski. Geb. in Leinw. n. 2. 50

ALBUM, Das. Wiesbaden, Karl Lahm (Herausgeber), Berlin, Internationaler Verlag.
6. Jhrg., Heft 2 u. 3, — 7. Jahrg., Heft 11 u. 12, — 8. Jahrg., Heft 1, 2, 4, 6 u. 10, — 10. Jahrg., Heft 2, 3, 4, 5. [Verb. d. Ldg. I, Berlin 3 B. M. 74/03 — 2 M. 21/06 — 38 J. 709/12.]

Album. — Album von Wiesbaden. Deutschlands Naturforschern und Aerzten zur 29. Versammlung am 18.–24. Sept. 1852. — (Wiesbaden 1852.) quer-8° 7.
2.11811

— von Wiesbaden. Eine Sammlung der interessantesten Ansichten der Stadt und Umgegend in Stahlstichen nach Zeichnungen von Voddiggel. Wiesbaden (853.), Kreidel u. Niedner. Qu. 4. n. 2 ℛ; einzelne Bl. à n. $7^{1}/_{2}$ ngr.

— von Wiesbaden. 24 Cabinet-Photographien in Lichtdr. 8. Wiesbaden 888. Moritz & Müntzel. In Leinw.-Decke. n. 5. —

— von Wildbad. Stuttgart (854). Sonnewald. Qu. gr. 4. (15 Bl. nach der Natur gezeichnet u. lithographirt von C. Obach.) n. 3 ℛ 15 ngr.; einzelne Bl. à n. $7^{1}/_{2}$ ngr.

Album Kaiser Wilhelm I., hrsg. zu s. 100jähr. Geburtstage. 22.III. 1897. 4°(16 Photogr. m. 1 Bl. Text.)– Berl. 1896, Photograph. Gesellsch.

— Kaiser Wilhelm I., hrsg. z. s. 100jähr. Geburtstage 22. III. 1897. gr. 4. (16 Photogr. m. 1 Bl. Text.) Berlin 897. Photograph. Gesellschaft. In Leinw.-Mappe 30. —

Album de Wilhelmsbad et de ses environs. — (Hanau: Kittsteiner [um 1850].) 34 S., 7 Taf. quer-8° 4. 7.
2.11812

— von Wilhelmshöhe. Ansichten rc. 10 Blätt. Cassel... Appel. $2^{2}/_{3}$ ℛ

— des Wilhelmsturms zu Dillenburg. Hrsg. auf Veranlassg. u. unter Mitwirkg. des histor. Vereins zu Dillenburg. (12 Taf. in Photogr., in Leporelloform.) Mit Text v. C. Dönges. (15 S.) kl. 8. Dillenburg 900. C. Seel's Nachf. Geb. in Leinw. n. 2. —

— von Witkowitz. qu. 12. (24 Lichtdr.) Witkowitz 898. Amendo & Holaň. Geb. 2. 50

— von Wittenberg. Cabinet-Ausg. 8. (12 Photogr.) Wittenberg 880. (Leipzig, Schneider.) geb. n. 9. 60; Visite-Ausg. 16. geb. n. 3. —

— von Wittenberg. qu. 16. (12 Photogr.) Wittenberg 883. (Leipzig, Schneider.) geb. n. 2. —; Ausg. in Lichtdr. n. 1. 50

— der Wohlthätigkeit durch Beiträge der vorzüglichsten Dichter und Künstler. (Herausgeg. von Joseph Wache, Agent des Institutes der barmherzigen Schwestern. — Mit 1 Federzeichnung, 1 Lithographie, verziert. Titel in Holzschnitt u. 8 Musikbeilagen.) Lex.-8. Wien 841. (Gerold.) n. $3^{7}/_{12}$ ℛ

— aus dem Wupperthale. Herausg. vom Maler J. Rich. Seel. Barmen 854. Langewiesche. 12. (164 S. u. 16 lith. S. Musikbeilagen in 4.) $22^{1}/_{2}$ ngr.; geb. n. 1 ℛ

Album a.d. Wupperthale. Hrsg. v. J.R.Seel. 8°(164).– Lpzg. 1854, Langewiesche.

— für Zeichner. (Verschiedene Gegenstände.) 1. Heft. 16. (12 Blatt. auf stark Pap.) Ebd. (in Comm.) 846. n. $^{1}/_{3}$ ℛ

—— für junge Zeichner. 1. Abthl. Blumen. 1.—3. Heft. 4. (à 8 Stnt.) Langensalza 867, Verlags-Comptoir. à Heft 5 Ngr.

Album von Zeichnungen russischer und ausländischer Künstler in Lichtdrucken. St. Petersburg 1884. Fol.

— z. 7. Centenarium d. hl. Antonius v. Padua. qu. 12. (12 farb. Tafeln m. italien., deutschem u. franz. Text.) Ebd. 895. n. — 70

— von Zittau u. Umgebung. gr. 4. (15 Taf. in photogr. Kunstdr. auf Karton.) Zittau 893. E. Oliva. In Leinw.-Mappe. n. 18. —; einzelne Bilder n. 1. 25; unaufgezogen n. 1. —

Album von Zittau u. Umgebung. qu. 8. (12 Taf.) Zittau 902. A. Graun. n. — 50

— Hamburgischer (Civil-)Costüme. (Abgedr. aus: Album etc. v. Buek.) gr. 8. (50 lith. u. col. Taf.) Ebend. 847. geb. m. Goldschnitt. n. 8 ₰

— von Znaim. qu. 16. (12 Photogr.) Znaim 884. Fournier & Haberler. In Leinw.-Decke. n.n. 5. —

— von Znaim u. dem Thayathal. qu. 12. (12 Photogr.) Znaim 881. Fournier & Haberler. In Leinw.-Mappe. n. 10. —; einzelne Blätter à n.n. 1. —

— des Zschopauthales. 15 Ansichten in Photographie-Imitation. 16. Chemnitz 884. Troitzsch. geb. n. 1. —

Album vom Zürichberg. Zürich (1880) s. (Schniter, E[ugen]).

— vom Zürichberg m. Panorama u. Vogelschau vom Sonnenberg, Hottingen bei Zürich. gr. 8. (10 S. m. chromolith. Panorama in qu. schmal gr. Fol.) Zürich 880. Schröter. cart. n. 2. —

—— vom Zürichberg mit Panorama und Vogelschau vom Sonnenberg, Hottingen bei Zürich. gr. 8. (10 S. mit chromolithogr. Panorama in qu. schmal gr. Fol.) Zürich 880, (Trüb'sche Buchh.) cart. *

Zwangloses Album von Leipzig. Carneval 1875. — (Leipzig [1875]: K. Fischer.) 5 Bl., 15 Taf. quer-4°
11.
2.11817

—— zweites, der Casseler Gallerie. 12 Photogr. nach Kreidezeichnungen. Text von H. Merkel. (12 S. Text.) Cassel 870, Kay. Ausg. I. gr. Fol. einzelne Bl. * compl. geb. oder in Mappe * Ausg. II. 4. einzelne Bl. compl. geb. oder in Mappe *

Inhalt:
van Dyck, Maler Snyders mit Frau. van Dyck, Bildniss einer Dame. van Dyck, Der Syndicus Meustraten. Rubens, Jupiter und Calisto. Rubens, Flucht nach Egypten. Carlo Maratti, Heilige Familie. Rembrandt, Kopf eines Mannes. Rembrandt, Kopf eines alten Mannes. Rembrandt, Portrait Nicolaus Bruynink's. Teniers, Zahnarzt. Tischbein, Weibliches Portrait. Carlo Dolce, Cäcilie.

—— von Zwickau. Erinnerungs-Blätter gezeichnet und lithogr. von Geissler und Violet. qu. 8. (12 Stnt.) Zwickau 873, Badstübner.

— von Zwickau u. Umgegend. Mit Beiträgen von A. v. Gutbier, H. Breithaupt, R. Bräuer u. A. 5 Liefergn. qu. gr. 4. (92 S. 15 lith. Taf., wovon 1 color.) Mit: Adreßbuch von Zwickau. Mit einem Anhange, das Adreßbuch von Schedewitz, Bockwa, Oberhohndorf, Cainsdorf, Planitz u. Neudörfel enthaltend. 5 Liefergn. 8. (146 S.) Zwickau 850, Gebr. Thost. (à n. 1/3 ₰) n. 1 2/3 ₰

—— von Zwickau und Umgegend. Hrsg. von Ernst Bär. 1.—3. Lfg. qu. Fol. (8 Chromolithogr.) Zwickau 864, Bär. [1. und 2. Lfg. à ** 1 Thlr., 3. Lfg. ** 25 Ngr.] **

Album-Bilder. Gesammelt u. herausg. v. B. S. Berendsohn. 1. Liefrg. 4. (3 col. Kupferstiche.) Hamburg 852, Berendsohn. n. 24 ngr.

Albumblatt. — Ein Albumblatt des Kladderadatsch ... zum Beßten der durch Ueberschwemmung Verunglückten Schlesiens. — (Berlin: Hofmann 1854.) 7 S. 4° 2.
2.11825

— Ein Albumblatt des Kladderadatsch ... zum Beßten der Verwundeten sowie der Hinterbliebenen gefallener Krieger. — Berlin 1870. 8 S.
1:2° Kr. Samml. V 84.
2.11826

Album-Blätter. Worte der Freundschaft und Liebe, der Weihe und des Segens. Zur Erinnerung und Widmung in Albums, Stammbücher und Gedenkbücher aus den neuesten und besten Dichtern Deutschlands. Stuttgart 859. Egersdorff. 16. (VII, 168 S.) 12 ngr.

Album-Blätter. Worte d. Freundsch. u. Liebe, d. Weihe u. d. Segens. 16° (168). – Stuttg. 1859. (Schw.-Hall, Staib.)

—— Worte der Freundschaft und Liebe, der Weihe und des Segens. 2. Aufl. 16. (VII und 168 S.) Schwäb. Hall 866, Egersdorff'sche Buchh. cart.

Albumblätter. Worte der Freundschaft u. Liebe, der Weihe u. d. Segens. 2. Aufl. Schwäb. Hall 866. (Unger.) 16. (VII, 168 S.) 12 ngr.

Album-Blätter deutscher Dichtung. Gesammelt für Deutschlands Frauen von Therese Christiani. 16. (XVI und 375 S.) Lüchow 862, Saur'sche Buchh. geb. mit Goldschn.

— humoristische. Berlin 859. Hofmann & Co. 8. Jedes Heft n. 5 ngr.
1. Hft.: Der kleine Bologneser oder die Leiden des jungen Mortara. Ein Abschnitt aus der neuesten italien. Geschichte. Mit 12 Illustr. (Holzschn.) von W. Scholz. — Mikroskopische Studien. Ein Versuch die Wissenschaft humoristisch zu behandeln. Mit 20 Illustr. (Holzschn.) u. Text von W. Scholz. (28 S.)
2. Hft.: Lohengrin. Humoreske in drei Gesängen. (Nach Rich. Wagner's Oper.) Von Jul. Stettenheim. Mit 15 Illustr. (Holzschn.) von W. Scholz. (46 S.)

Albumblätter zum Kaisermanöver 1903. Halle a. S. 1903. V: *Bousset, Hermann.* (Berl)

Albumblätter zum Kaisermanöver 1903. (30 Bl. mit Abbildungen.) schmal gr. 8. Halle (903). Gebauer-Schwetschke. n. — 30

Albumblätter gespendet für die Selbstschriften-Tombola des Sommernachts-Festes zum Besten der ausgewiesenen russischen Juden. Berlin, Philharmonie, 18. Juni 1891. — Berlin (1891). 1:Yd 3321.
2.11823

Albumblätter gespendet zum Besten des Vereins für Kinder-Volksküchen von hervorragenden Frauen und Männern Deutschlands. — Berlin (1896): Berkowitz. 132 S. 1:Fb 6801.
2.11824

Album-Blätter für die elegante Welt. Studien verschiedener Künstler mit begleitendem Text von A. Werl. 1. Heft. qu. Fol. (3 chromolithogr. Bl. und 3 Bl. Text.) Grimma 857, Werl. Thlr. *

Album-Blätter für die Elegante Welt. Studien verschiedener Künstler m. begleitendem Text v. A. Werl. 1. Hft. Leipzig (857). Werl. Qu. Fol. (3 lith. Bl. in Farbendruck u. 3 Bl. Text.) n. 1 ₰

—— für die elegante Welt. Sammlung von 12 artist. Beilagen aus Auer's Faust, nach Orig. von C. Werner, A. Schönn, Gesellschap, Pischinger u. A. Fol. (12 Stnt., wovon 9 in Ton- und 3 in Buntdr.) Leipzig 859, Friedlein. *

— — -Blätter, zwölf, f. Freunde d. mittelalterlichen Kunst. 4. Farbendruck von Levy Elkan. Leipzig, Wengler 1859.

Album-Blätter 12 f. Freunde d. mittelalt. Kunst. Fol. – Lpzg. 1860. (Cob. Sendelbach.)

—— zwölf, für Freunde der mittelalterlichen Kunst. Farbendruck von Levy Elkan. Fol. Leipzig 860, Wengler. *

Album-Collection

(W.) Sommer's neue Album-Collection. [1.] *Berlin-Schöneberg: W. Sommer (1898).* quer-8°

Album-Inschriften u. Stammbuch-Sprüche, deutsche. Der Freundschaft u. Liebe gewidmet. 32. (159 S.) Leipzig 877. Lenz. — 75; geb. n. 1. 25

Album-Panorama v. Constantinopel. — Vues de Constantinople. — Views of Constantinople. 12 Ansichten (Photogr.) u. lith. Plan (in qu. Fol.) qu. 8. Constantinopel 874. Roth. In Carton. 6. —; m. 18 Ansichten 8. —

Album- u. Gedenksprüche. Eine Aehrenlese der besten u. passendsten Stammbuchinschriften in Poesie u. Prosa, ausgewählt aus der Weltliteratur. Nebst e. Anh.: Aphorismen u. Sentenzen. 8. (III, 344 S.) Wien 893. C. Daberkow. n. 1. 70; kart. n. 2. 20; geb. in Leinw. n. 2. 70

Album- und Gedenksprüche für's Leben. Eine Aehrenlese der besten und passendsten Stammbuchinschriften in Poesie und Prosa. 8. (344 S.)
Wien: Daberkow 1892 1.—

Alburg, Heinr. Jac. Wilh. (Kindelbrück), De prohibitis documentorum signis. Disp. jur. Präs. Ferd. Aug. Hommel. Lpz. (Joh. Gottl. Imman. Breitkopf) 24. IX. 1748. 24 S. (4.80) 260
Gew.: Joh. Chn. v. Hennicke (Wiederau, Gr.-Storkwitz . .).

Alburg, W. F., der Grauensteiner, oder Rache d. Verführung. 8. Augsb. 805. (Heigl).

— der Rachebund, oder d. eiserne Jungfrau. 8. Augsb. 805. Bolling.

Albus s. Schul-Atlas z. Unterr. in d. Erdkunde.

Albus, Hans [Pseud.] s.a. *Harnisch*, Adalbert.

Albus, Hans, Posthornklänge. Lieder. 16. (4 B.) Danzig 846, (Gerhard'sche Buchh.).

Albus, Hans, Posthornklänge. Lieder. 16. (64 S.) Danzig 847, Gerhard. n. 8 ngr

Albus, J., orthographisches Wörterbuch zur Stütze der Rechtschreibung in Schule u. Haus, nebst den wichtigsten Regeln üb. die deutsche Rechtschreibg. u. Interpunktion. gr. 8. (IV, 64 S.) Horb (900). P. Christian. n. — 20

Albus, Karl Georg [Pseud.] s.a. *Weisse*, Karl Georg.

Beleuchtung und Beantwortung dessen, was der Prediger [Joh. Christian Gottfr.] Dressel, und sein Vetter, der Kandidat Kunschke, in ihrer Schrift, betittelt [!]: Neuer Beytrag zur Geschichte der geheimen Proselytenmacherey der Catholicken [!] in protestantischen Låndern, wider mich zu meinem grossen Nachtheil vorgebracht haben: von Karl Georg Albus. Magdeburg: Creutz 1788. 64 S. 8°

Albus, Serenus: Der drohende Niedergang des preussischen Richterstandes. — Breslau: Koebner 1897. 28 S.
1: Gs 2883. 2.
2.11849

al-Būṣīrī Muḥammad b. Sa'īd
— Kawākib ad-durrīja fī madḥ ḫair al-barīja. Funkelnde Wandelsterne zum Lobe des Besten der Geschöpfe; ein arabisches, insgemein unter dem Namen Qaṣīda-i Burda Gedicht Burde bekanntes Gedicht, von Scheich Ebu Abdullah Mohammed Ben Ssaid ... genannt: Bussiri. [Herausgegeben,] Übersetzt ... von Vincenz Edlem von Rosenzweig. Wien 1824. 2°.

Albutat, Gust., warum ich mein Amt als Lehrer niederlegte. Die Behandlg. e. preuss. Volksschullehrers durch vorgesetzte Personen u. Behörden am Anfang des XX. Jahrh. (70 S.) 8. Tilsit 904. Schlachtensee, Volkserzieher-Verlag. — 60

Albverein [Schlagwort]

Albverein. Karte des schwäbischen Albvereins. Hrsg. v. dem königl. statist. Landesamt. 1 : 50,000. Blatt I—IV. à 48,5×48,5 cm. Lith. Stuttgart, (K. Aue. — H. Lindemann). à n.n. — 75
I. Reutlingen, Tübingen u. Umgebung. 893. — II. Urach, Reutlingen u. Umgebung. 892. — III. Kirchheim, Urach u. Umgebung. 893. — IV. Göppingen, Geislingen u. Umgebung. 894.

Albvereinsliederbuch. — Albvereins-Liederbuch. 7. Aufl. Tübingen: Schwäb. Albverein 1904. XI,224 S.
1: N 15.818.
2.11850

Albwasserversorgung im Kgr. Württemberg. Denkschrift von Fraas. Stuttgart 1873

Alby, E., die Gefangenschaft des Feldtrompeters Escoffier, s.: Lese-Cabinet, Belletrist., 169—172. Liefrg.

Alby, Ernest: [La Captivité du trompette Escoffier, deutsch] Die Gefangenschaft des Feldtrompeters Escoffier bei Abd-el-Kader. Uebers. von M. Etienne. Th. 1. 2. — Leipzig: Hartleben 1848. 2.
2.11851

Alcaforada, Marianna s. *Alcoforado*.

Alcaini, C. Graf: Biographie des Wesirs Ali-Pascha von Janina. Bearb. nach franz. u. engl. Quellen. — Wien & Pesth: Strauss & Hartleben 1823. IV,304 S.
1: Ui 4464. 12: Biogr. 24o. 300: 79 K 10. 2. 5. 7. 8.
2.11872

Alcala-Galiano, Don Antonio, Romancero castellano, s. Romancero.

Alcalaï, Sasson [aus Philippopel]: Ein Fall von Cysticercus des Auges, Gehirns und Rückenmarks ... Berlin, Buchdr. v. G. Schade, 1895; 27 S., 2 Bl. 8.
Berlin, Med. Fak., Inaug.-Diss. v. 6. Aug. 1895

Alcalay, David [aus Belgrad]: Active und passive Bestechung nach dem Strafgesetzbuch für das deutsche Reich. . . . Pressburg, Druck v. Adolf Alkalay, 1889; 2 Bl. + 59 S. 8°
Tübingen, Jur. Fak., Inaug.-Diss. v. 1889

Alcalay, Dav. Active u. passive Bestechung nach d. Strafgesetzbuch f. d. deutsche Reich. Diss. gr. 8. (59 S.) Pressb. 889. (Tüb., Fues' Verlag.) * 1 60

Alcalay Isac: Das Buch der Chirurgie. 1906 PN 2096 Diss. Wien, Univ.

Alcan, Anweisung z. Fabrikation d. Stearinkerzen, s. Peligot.

Alcan, C. M., landwirthschaftliches Universum, s. Universum, landwirthschaftliches.

Alcan, Michel
— Handbuch der gesammten Spinnerei und Weberei. Die Verarbeitung der Baumwolle, des Leinens, der Wolle, der Seide, des Kaoutschuks u.s.w. Deutsche Bearb. Mit 39 Taf. Abb. Th. 1.2. — Quedlinburg & Leipzig: Basse 1847.
1. Die Materialien, deren Vorbereitung aus Verspinnung. Hierzu Taf. 1-19.
2. Das Weben u. die Appretur der Zeuge. Hierzu Taf. 1-20.
(Demme, Andreas Valentin: Der praktische Maschinenbauer. 25.26.)
1: Text – Og 9646–25.26; Abb. – quer-2° Og 9647–25.26.
12: Techn. 31. 2. 88.
2.11909

Alcantara, Petrus von
— goldenes Büchlein über das innere Gebet, s. Führer, treuer, zum himmlischen Vaterlande. 3. Bd.

Alcantara, M. Petrus von, Katholicismus, Protestantismus u. Konzil. Aufruf zur Wiedervereinigung der Protestanten mit der kath. Kirche. Saarlouis, Hausen, 1870, gr. 8°, 134 S., 1,50 Mk.

Alcantarae, Petri, de meditatione et oratione libellus aureus. Ab ipso primum hispanice conscriptus, deinde vero a F. Ant. Dulcken latine redditus. Accedit autoris vita ex B. Theresiae Virginis operibus desumpta. Novam edit. cur. Mich. Sintzel. Mit 1 Stahlst. 12. Augustae Vindel. 843, Schmid. 1/3 Thlr

Alcantarae, Petri de (Ord. St. Francisc. † 1562), de Meditatione et oratione libellus aureus. Primum hispanice conscr., deinde latine reddit. a F. Ant. Dulken. Nova Ed. cur. *Mich. Sintsel.* 12. Augsb. 1843, Schmid. 8 ggr. — 30 kr.
dass. deutsch. 12. Aachen 1839, Cremer. 6 ggr. — 27 kr.
— ditto. mit Lebensgeschichte. 8. Münster, Deiters. 12 ggr. — 48 kr.

Alcaeus
— [griech. u. lat.] Alcaei poetae lyrici fragmenta. (Hrsg.: Theod[or] Fried[rich] Stange.) — Halae: Hendel 1810. XII, 227 S. 1: Vf 5580. 2. 4. 5. 7. 8. 9. 10. 11.
2.11861

— Dass. metrisch übers. v. J. A. S. 8. Würzb. 810. Stahel. 3 M

— [griech. u. deutsch] Alcaeus metrisch übersetzt, mit beygefügtem Originaltexte und einigen Anmerkungen (von J[ohann] A[dam] S[euffert]). — Würzburg 1811 (: Nitribitt). 20 S. 7.
2.11862

— Alcaei Mytilenaei Reliquiae. Coll. et ann. instruxit Aug[ustus] Matthiae. Praemissa est epistola ad C. G. L. Grossmannum. — Lipsiae: Vogel 1827. X,78 S.
1: Vf 5586. 12: A. gr. a. 225. 300: • 44 Mm 216. 2. 3. 4. 5. 6. 7. 8. 10. 11.
2.11865

Alcenius, Joseph Joachim, De coremorphosi, diss. acad. Präs. Matthia Kalm. Helsingfors (J. C. Frenckell & Sohn) 6. VI. 1832. 13 S. (4.—) 261

— — u. **Jacob Johann Oestring** (Ostrobottnienses), Diss. acad. contin. observationes circa curam herniarum incarceratarum. Helsingfors (Frenckell) 29. V. 1833. 22 S. (4.—) 262

Alceste
— Tragedie. 8. Wien 770. Trattner. 4 gr

Alceste. Singsp. v. C. M. Wieland. 8. Lpz. Weidmann. 773. Rthlr.

Alceste. Trsp. d. Eurypides, a. d. Griech. u. e. Abhandl. v Seybold. 8. Lpz. Weygand. 774.

— ein Trauerspiel; aus d. Italien. 8. Wien 776. Trattner. 3 gr

Alceste. Ein Lustspiel des Aristophanes aus dem Griechischen übersetzt. 1782. V: *Ayrenhoff, Corn. Hermann von.* (Zeitschr. f. Büch. X, 4. S. 7.)

— Lstsp. des Aristophanes. 8. Lpz. u. Wien, Gräffer. 782.

Alceste. Singspiel. Mannheim 1792. V: *Schmieder, Hnr Gottlieb.* (GGr)

— Singspiel. 8. Manh. 792. Kaufmann. 2 gr

— — dasselbe. 8. Wien, Pichler. 803.

— ernsthafte Oper in 3 A. Deutsch u. italien. 8. Wien 810. Wallishausser. 8 gr

Alceste. Lyrisches Trauerspiel in 3 Akten. Aus dem Französischen von C. Herklots. Musik von Ritter Gluck. Karlsruhe 1855. V: *Calzabigi, Ramero.* (H. Riemann, Opernhandbuch.) Ü: *Rollet, du.* (Clement et Larousse, Dict. des opéras.) (Hdschr. Mitth. von Friedrich Müller, München.)

Alceste, Die getreue. In einer Opera auf dem Hamb. Theatro vorgestellet. 1719. [Musik von Schürmann]. V: *Koenig, Johann Ulrich von.* (Schr)

— d. neue. Karrikaturoper in 3 A. 8. Wien 806. Wallishausser. 6 gr

Alceste, Die neue. Carrikaturoper in Knittelversen von 3 A. (zusammen mit Pauersbach bearbeitet von Joach. Perinet) Wien 1806. 1807. V: *Richter, Joseph.* (GGr)

Alceste, Die travestirte. Komisches Singspiel in 2 A. Wien 1802. V: *Richter, Joseph.* (GGr)

Alceste, die travestirte. Komisches Sgspiel in 2 A. Wien, Rehm. 10 gr

Alcestes u. Arsaces. 8. Lpz. Weidmann. 703.

Alcestis. — Alcestis s. *Alceste.*

Alchimist, s.a. Alchymist

Der heutige Alchimist oder der beruffene Gold-Kocher, wie solche Wissenschaft beschaffen seyn müsse, nebst wohlgegründeten Berichte, was davon zu halten u. wie man sich dabey behutsam zu erzeigen habe. — Budißin: Richter 1756. 48 S. 1:Mu 5431.
2.11937

Alchimistengesellschaft. — Die durch seltsame Einbildung und Betriegerey Schaden bringende Alchymisten Gesellschafft. Nach ihren gewöhnlichen Merckmahlen u. Eigenschafften ... in einem nützlichen Lust-Spiele vorgestellet von J. D. K. — (Nordhausen 1699.) 227 S.
1:Yq 9041. 2.
2.11938

— — Franckfurht & Leipzig: Zickler 1700. 227 S.
300:22.789–A.
2.11939

Alchimistenlogik. — Alchymistenlogic oder Vernunftlehre der Scheidekünstler, um die unverständigen Alchymisten zu rechte zu weisen ... Durch H. v. D. Th. 1. — Königsberg: Woltersdorf 1762. 39 S.
1:2 an Le 2028. 12: Feud. 87/2. 9. 11.
2.11940

Alchuinus s. *Alcuinus*, Flaccus.

Alchwinus s. *Alcuinus*, Flaccus.

Alchymia denudata. Breßlau 1708. V: *Klettenberg, Joh. Hector von.* (EB) *Neidhold, Johann.* (Gk) (Grolig, Die Freimaurer-Bibliothek in Brünn. Wien 1908. S. 43.)

Alchymia denudata. II Partes. 8. 728.

Alchymia denudata revisa et aucta oder das bis anhero nie recht geglaubte ... Wunder der Natur ... Leipzig 1769. V: *Klettenberg, Jos. Hect. v.* (WUBb)

Alchymia, denuo revisa et aucta, od. Wunder d. Natur. 2 Thle. 8. Leipz. 769. Löwe. 12 gr

Alchymia, Die edelgeborne Jungfer, oder: eine ... Untersuchung, was von der Alchymia zu halten ... 1730. V: *Creiling, Joh. Conr.* (Oelrichs, De duarum ac trium ... facultatum doctoribus. Rost. 1758. S. XXVI.) (Zeitschr. f. Büch. X, 4. S. 7.)

— die edelgeb. Jungfer. 8. Tübingen. 754.

Alchymist, s.a. Alchimist

Alchymist, Der, eine Operette nach dem Franz. von A. G. Meissner. Leipzig 1777 (auch in Meissners Operetten n. d. Franz. Leipzig 1778). V: *Le Grande, Marc. Ant.* (»L'amour diable«.) (Ersch II, 1840, Nr. 4474) (Bespr. Taschenbuch f. Schauspieler. Offenb. 1779. S. 298.) (Theater Journal für Deutschland 1785, 5. Heft, S. 80.) (BiblPort) (DARP)

Alchymist, der. Operette von Meißner. 8. Lpz. Dyk. 778.

Alchymist, der, od. Elisa, d. Mädchen aus d. Monde. 8. Lpz. Gräff. 804.

Alchymist, od. Elise, das Mädchen aus d. Monde, (v. Er. Bornschein). 8. Leipz. 804 Joachim. 1 ₰

Alchymist, Der von Mose und denen Propheten übel urtheilende, wird fürgestellet in einer ... Erweisung, dass Moses und einige Propheten ... keine Adepti Lapidis Philosophorum gewesen sind ... Chemnitz 1706. V: *Schmidt, Johann Georg.* (BrMm)

Der von Mose und denen Propheten übel urtheilende Alchymist wird fürgestellet in einer Schrifft-gemässen Erweisung; Dass Moses und einige Propheten, wie auch David, Salomon, Hiob, Esra und dergleichen, keine Adepti Lapidis Philosophorum gewesen sind. Ingleichen dass die Lehre und alchymistisch Vorgeben, von Verwandlung der geringen Metalle in Gold, eine lautere Phantasie und schädliche Einbildung sey. Von einem Liebhaber der Wahrheit, der sich tröstet dass der Allmächtige sein Gold sey, Hiob xx, v. 25, und nichts im Golde sucht. Chemnitz, bey Conrad Stöffelen, 1706. pp. [xiv]–144, 12mo. Frontispiece and plates.

Contains a portrait of the unfortunate rogue George Honauer, and a representation of his execution on gilded gallows, April 2, 1597, he being at the time only 24 years old.

Alcibiade, p. A. G. Meissner, trad. de l'allemand p. le Comte A. F. de Brühl, av. fig. 4 Vol. 8. Dresde, Walther. 787—91. (I. II. III. à 1 Rthlr. IV. 12 gr.)

Alcibiades. Leipzig 1781. V: *Meissner, August Gottlieb.* (EE)

— derselbe, m. K. gr. 8. Ebend. 781—88. (à 1 Rthlr.)

Alcibiades, v. A. G. Meißner, 4 Thle. m. K. 8. Leipzig, Breitkopf u. H. 785—88.

Alcibiades, der deutsche, (v. K. G. Cramer). 3 Thle. Mit Kpf. 8. Weißenf. 790, 91. 2e A. 792. N. A. 813. Hamb., (Herold jun.) 3 ₰ 12 gl

Alcibiades, Der deutsche. Weissenfels und Leipzig 1790—1791, 1792, 1800—1804. Hamburg 1803. V: *Cramer, Carl Gottlob.* (Ky) (GGr) (BrMm) (EE) (MGT)

Alcibiades, Der deutsche. Weissenfels u. Leipzig [Weissenfels] 1791. 1792. Berlin 1802. Leipzig [Wien] 1804. Neue Aufl. Hamburg 1814. V: *Cramer, Carl Gottlob.* (BGE I², 42)

— d. Deutsche, (v. K. G. Cramer.) m. K. 3 Thle. 8. Weißenfels, Severin. 791. (I. 1 Rthlr. II. III. à 1 Rthlr. 4 gr.)

Alcibiades, der deutsche, nebst Herrmann von Nordenschild genannt von Unstern als Anhang und Nachtrag dazu, (von C. G. Cramer) 5 Thle. mit Kupfern, 8. Weißenfels, 792. Severin. Druckp. 2 Rthl.

Alcibiades, der deutsche, von C. G. Cramer. 3 Bde. 8. Hamb. Vollmer. 813. Rthlr.

— — Forts. s. Nordenschild, Herrmann von, 2 Thle.

Alcibiades
— , als Knabe, Jüngling, Mann und Greis, 4 Thle. mit Kupf. gr. 8. Leipzig, 781/88. Breitkopf. 4 Rthl.
Dasselbe Buch, zweyte Aufl. 4 Thle. mit Kupf. 8. Daselbst. 3 Rthl. 10 sgl

ALCIBIADES von Wien, ein Gegenstück zum deutschen Alcibiades. Mit reizendem Titelkpfr. von B. Demanök. O. O. 1800. 8°. (8 Mk., unbeschn., Edm. Meyer, Berlin, 1908.) Nicht von Cramer.

Alcibiades [Pseud.], s.a. Bade, E.A.T.

Alcibiades, s. Katechismus für Eheleute.

Alcibiades, die Kunst in ganz kurzer Zeit eine Braut zu bekommen, s. Kunst, die.

ALCIBIADES (ps.), Die Kunst in ganz kurzer Zeit Braut u. Frau zu werden ..... Ein praktischer Rathgeber für heirathslustige Damen; ein Schatzkästlein für Mütter heirathsfähiger Töchter, ... Berlin, Literatur- u. Kunst-Comptoir, o. J. (c. 1860?). 8°.
31 S. u. 1 S. Verlags-Anz. (Druck der G. Bernstein'schen Druckerei in Berlin, Mauerstr. 53).

—— der angenehme Schwerenöther, s. Schwerenöther.

—— wer will heirathen? s. Wer will heirathen.

Alcidamantis declamationes, s. Oratores Attici.

Alcidon und Dorinde, ein Gemählde von Wurrwitz, 8. Berlin, 792. Oehmigke. 5 sgl.

Alcidon u. Dorinde; Gem. v. Wurrwitz. 8. Cüstrin, Nauck. 792.

Alcifrone s. *Alciphron.*

Alcilia. Philoparthens louing follie. Non Deus [ut perhibent] amor est, sed amaror, et error. 1595. Nach dem einzigen Exemplar der ältesten Ausg. in der Hamburger Stadtbibliothek hrsg. u. eingeleitet v. Wilh. Wagner. [Aus: „Shakespeare-Jahrbuch".] gr. 8. (46 S.) Köthen 875. (Hamburg, Grädener.) geb. n. 3. —

Alcilia. — Alcilia, Philoparthens loving follie ... 1595. Nach d. einzigen Exemplar der ältesten Ausg. in d. Hamburger Stadtbibliothek hrsg. u. eingel. von Wilhelm Wagner. — Köthen 1875: Schettler. 46 S.
Aus: Shakespeare-Jahrbuch. 10. 1:Za 472.
2.12137

Alcina. — Alcina. In einer Opera vorgestellet auf dem grossen braunschweigischen Theater in der Sommermesse Anno 1738. — Wolffenbüttel (1738): Bartsch. Bog. A–D.
1: 2 in Mus. T 20.
2.12139

Alcinius Joh. (Stockholm), Nunquam recte vivitur, sicubi non recte creditur. Thes. theol. Präs. Joh. Fecht. Rostock, 8. IX. 1708 (1721). 24 S. (5.—) 263

Alcinous Philosophus s. *Albinus* Platonicus.

Alciphron, le petit philosophe, od. Schutzschrift für die Wahrheit der christl. Religion ꝛc. aus d. Franz. 8. Lemgo, Meyer. 737.

Alciphron

— Briefe, a. d. Griech. übers. v. J. Fr. Herel. 3 Bücher. 8. Altenb. 767. (Henninas in Neisse). 14 gl

* **ALCIPHRONS** (Erotiker) Briefe (3 Bücher). Aus d. Griech. übers. von J(oh.) F(riedr.) Herel (1745—1800). 2 Thle. Mit Titelvign. (J. D. Philippin sc.). Altenburg, in der Richterischen Buchhdlg. 1767. Kl. 8°.
I: Tit., 5 Bll. Vorr., 102 S. (Buch 1), 1 Bl. Inh. II: Tit., 3 Bll. Vorr. 194 S. (Buch 2—3), 3 Bll. Inh. u. Druckf. — Nach d. Abresch'schen Ausg. des Originals: Zwollæ 1749. 8.
Eine französ. Uebers. in d. Vorr. erwähnt: Lettres d'Aristenète, auxquelles on a ajouté les Lettres très choisies d'Alciphron. Londres 1739. 12°.

— [Epistolae, deutsch] Alciphrons Briefe. Aus d. Griech. übers. von J[ohann] F[riedrich] Herel. Buch 1.2/3. — Altenburg: Richter 1767.
1:Vz 3880. 12:A.gr.b.516 n/1. 2. 3. 5. 8. 10. 11.
2.12140

Alciphron. Auserlesene Briefe. Leipz. 1747. Ü: *Kriegel, Chn. Aug.* (DegG) (Hoff)

— Epistolae, graece et latine ed. Bergleri. 8. Utrecht 791. Wild. 12 gl

Alciphronis Epistolae ex fide aliquot codd. recensitae, c. St. Bergleri comment. integro, cui alior. criticorum et suas notat. versionem emendat. indiculumque adj. Jo. Aug. Wagner. II Tom. 8maj. Leipz. 798. (Brockhaus). 2 ₰ 20 gl Schrbp. 4 ₰

Alciphronis Rhetoris epistolae ex fide aliquot codicum recensitae, c. Steph. Bergleri commentario integro, cui aliorum criticorum et suas notationes versionem emendatam indiculumque adiecit J. A Wagner. 2 Tom. 8. maj. Lipsiae, Gleditsch. (auch Joachim) 798.

— [griech. u. lat.] Epistolae. Ex fide aliquot codicum recensitae. Cum Stephani Bergleri commentario integro, cui aliorum criticorum et suas notationes, versionem emendatam indiculumque adiecit Joannes Augustinus Wagner. T. 1. 2. — Lipsiae: Müller 1798.
1:Vz 3830. 12:A.gr.b.280. 300: 28 R 6.
2. 4. 5. 7. 9. 10. 11.
2.12144

— [griech. u. lat.] Epistolae. Rec., cum Bergleri integris, Meinekii, Wagneri, aliorum selectis suisque annotationibus ed., indices adiecit E[rnst] E[duard] Seiler. — Lipsiae: Hinrichs 1853. XLVI, 494 S.
1:Vz 3842. 12:A.gr.b.282. 300: 46.916–B.
2. 5. 6. 7. 10. 11.
2.12145

Alciphronis rhetoris epistolae cum adnotatione critica editae ab Aug. Meinekio. Lipsiae 853. Teubner. gr. 8. (IV, 179 S.) n. 1 ₰ 10 gl

— — Recensuit, cum Bergleri integris, Meinekii, Wagneri, aliorum selectis suisque annotationibus edidit, indices adjecit E. E. Seiler. Editio nova. (Titel-Ausg.) gr. 8. Lipsiae (853), 856. Hinrichs. (XLVI, 494 S.) n. 2 ₰

Alciphron: [Epistolae] Epistularum libri 4. Ed. M[enno] A[ntonius] Schepers. Acc. 2 tab. phototyp. — Lipsiae: Teubner 1905. XXV, 225 S. (Bibliotheca scriptorum Graecorum et Romanorum Teubneriana.)
1:Vz 3848. 12:A.gr.b.283 d. 300: 429.235–A.L.S. Graec. 33. 2. 3. 4. 5. 6. 7. 8. 9. 10. 11.
2.12148

— dasselbe. Specimen literarium inaugurale. (VII, XLIII, 172 S.) gr. 8. Groningen 901. J. B. Wolters. n.n. 5. 50

— [Epistolae, griech. u. lat.] Ἀλκίφρονος ῥήτορος Ἐπιστολαί. Alciphronis rhetoris Epistolae, quarum maior pars nunc primum editur. Rec., em., versione ac notis illustr. Stephanus Bergler. — Lipsiae: Fritsch 1715. 451 S.
2 versch. Drucke.
1:Vz 3810. 12:A.gr.b.278. 300: 46 H 18.
2. 3. 5. 7. 8. 10. 11.
2.12142

Alciphron's Hetärenbriefe, s.a. Liebhaberbibliothek, kulturhistor.

— Die Hetärenbriefe Alciphrons. Nebst ergänzenden Stücken aus Lucian, Aristaenet, Philostratus, Theophylactus, der Anthologie und der Legende. Überfetzt und mit einer Einleitung verfehen von Dr. Hans W. Fifcher. Leipzig, Friedrich Rothbarth, G. m. b. H., o. J. (Kulturhiftorifche Liebhaber-Bibliothek, Band 8.) Kl. 8°. 204 S.
[E. I, 43.]

— [Epistolae, Ausz., deutsch] Die Hetaerenbriefe Alciphrons. Nebst ergaenzenden Stuecken aus Lucian, Aristaenet, Philostratus, Theophylactus, der Anthologie und der Legende. Uebers. und mit einer Einl. versehen von Hans W. Fischer. 2. Aufl. — Leipzig: Rothbarth (1907). 197 S. (Kulturhistorische Liebhaberbibliothek. 8.)
12: L. eleg. g. 239o–8.
2.12156

Alcken, Carl (Andernach/Rh.), De affectibus systematis gastrici idiopathico-dynamicis. Diss. med. Bln. (Brüschck) 4. ante idus Apriles 1826. 48 S. mit Biogr. (M.: Christina Blumberger.) (4.40) 264 Oppon.: A. v. Bary, F. Dolf, J. Richter.

Alcman

— Fragmenta. Coll. et rec. Fridericus Theophilus Welckerus. — [Giessae] 1815. 90 S.
Ersch. auch als Schulprogramm.
1: Vf 5540. 12: 4° A. gr. a. 74. 300: 80 D 48. 2. 3. 4. 5. 6. 7. 8. 9. 10. 11.
2.12162

Alcmanis fragmenta. Colleg. et rec. F. Theoph. Welcker. 4. Giessen 815. (Leipz., Weigel). 20 Ngr.

Alcoatim s. *Alcoatin.*

Alcoatin, Die Augenheilkunde des Alcoatim. Von [Julius Leopold] Pagel. — [Breslau 1897.] 57 S.
12: Chir. 3 u.
2.12166

Alcock, D. s. *Alcock*, Deborah.

Alcock, Deborah

Alcock, D., bewährt! Eine Geschichte aus der Zeit der holländ. Reformation. Autor. Übersetzg. des engl. „Doctor Adrian" von E. v. Feilitzsch. (317 S.) 8. Gotha 908. Missionsbuchh. P. Ott. Kart. 2.50; geb. in Leinw. 3. 20

[—] The Spanish Brothers. A tale of the 16. century. Copyright ed. Vol. 1.2. — Leipzig: Tauchnitz 1891. (Collection of British authors. 2766.2767.)
1: Ah 30–2766.2767. 12: P. o. angl. 9b. 3. 8.
3.10

[—] [The Spanish Brothers, deutsch] Die spanischen Brüder. Eine Erzählung aus dem 16. Jahrhundert von dem Verf. von "The dark year of Dundee". Aus d. Engl. übers. von Louise Gräfin v. Kanitz. Mit einem Vorw. von Emil Frommel. Einzige autoris. deutsche Ausg. — Ducherow: Bugenhagenstift 1884. VI,396 S. 1: Zd 10172. 7. 9.
3.11

[—] — 3. Aufl. Anklam: Bugenhagenstift 1887. VI,396 S.
4.
3.12

— die spanischen Brüder. Eine Erzählg. aus d. 16. Jahrh. Uebers. von Louise Gräfin v. Kanitz. Mit e. Vorwort v. E. Frommel. Einzige autoris. deutsche Ausg. (Wohlf. Ausg.) [Bergstrom-Edition.] gr. 8. (264 S.) Anklam 889. (Leipzig, Buchhandl. d. Vereinshauses.) n. 1. 80; geb. n. 2. 50

— Die spanischen Brüder. Eine Erzählung aus dem 16. Jahrhundert von D. Alcock. Übers. von Luise Gräfin v. Kanitz. Mit einem Vorw. von Emil Frommel. Einzige autoris. deutsche Ausg. — Anklam: A. Schmidt 1889. 263 S. (Bergstrom Edition.) 12: P. o. angl. 9bm.
3.13

— 5. Aufl. Ebd. 1889. VI,396 S.
12: P. o. angl. 9bn.
3.14

— dasselbe. Aus d. Engl. übers. v. Pauline Spangenberg. Wohlf. u. vollständ. Ausg. m. dem poet. Teil. 8. (380 S.) Dresden 890. Brandner. n. 2. —; geb. n. 3. —

[eborah] Alcock, D/ . Die Spanischen Brüder. Eine Erzählung aus dem sechzehnten Jahrhundert. Aus dem Englischen übersetzt von Pauline Spangenberg. [Mit illustriertem Umschlag.] II + 380 S. 8. Konstanz, Carl Hirsch; Für die Schweiz: Evangelische Buchh., Emmishofen, [1906]. [geb. M. 2.40]
([Neue, Titel-Ausgabe, aus:] Bergquell. [Novellenschatz für das christliche Haus. Jahrg.] 1890. [Dresden.])

— Die spanischen Brüder. Erzählung aus dem 16. Jahrh. Aus dem Engl. übers. v. Pauline Spangenberg. (376 S.) 8. Konstanz (909). Christlicher Buch- u. Kunstverlag C. Hirsch. Geb. in Leinw. 2. 40

— Denksteine aus ält. u. neuerer Zeit. Erzählgn. Übers. v. E Klee. 8. (364) Ankl. 89, Schmidt's V. n. 3. 60; geb. n. 4. 60

Alcock, Deborah: [Teils., deutsch] Denksteine aus älterer und neuerer Zeit. Erzählungen von D. Alcock. Übers. von Elisabeth Klee. — Leipzig: Buchh. d. Vereinshauses in Komm. 1889. 364 S.
1: Zd 10188. 12: DD. II. 333. 7. 9.

— Im Dienst des Königs, s.a. Urban's christliche Volksbücher.

— im Dienst d. Königs. Kreuz u. Krone. Erzählgn. Aus d. Engl. v E Klee. 8. (350) Ebd. 86. n. 3. 50; geb. n. 4. 50; Prachtbd. n. 5. 50

[—] Im Dienst des Königs. Kreuz und Krone. Erzählungen von d. Verf. von „Die spanischen Brüder". Autoris. Übers. aus d. Engl. von Elisabeth Klee. 3. Aufl. — Anclam: Bugenhagenstift 1888. 356,12 S. 1: Zd 10186.
3.35

D. Alcock. Im Dienst des Königs. Striegau: Urban [1910]. 243 S. (Urbans christliche Volksbücher. 42.43.)
1: Eq 282–42.43. 12: Th. U. 451 e–42.43. 2.
3.36

Alcock, D[eborah]. Unter dem Einfluss Calvins. Eine Erzählung aus den grossen Tagen Genfs. Autorisierte Uebersetzung aus dem Englischen von M[argarethe] H[übener]. [Illustriert.] 300 S. 8. Wandsbek, Verlagsbuchh. «Bethel», [1909]. [geb. M. 3.50]

— Die Gefangenen. Ein Charakterbild aus d. alten Brüderkirche von D. Alcock. Aus d. Engl. übers. von Emmy v. Feilitzsch. Durch e. Vorw. eingeleitet von G. Burkhardt. — Gnadau: Unitäts-Buchh. (1895). V,137 S. 1: Zd 10192. 3.
3.33

— Geneviève, oder: Die Kinder von Port Royal. Eine Geschichte aus dem Frankreich vergangener Tage von D. Alcock. Übers. von Elisabeth Klee. Leipzig: Buchh. d. Vereinshauses in Komm. 1888. 290 S.
7.
3.28

— Geneviève od. die Kinder v. Port Royal. Eine Geschichte aus d. Frankreich vergangener Tage. (Wohlf. Ausg.) (Bergstrom-Edition.) gr. 8. (194 S.) Anklam 889. (Lpz., Buchh. d. Vereinshauses.) * 1 80; geb. * 2 50

— Geneviève, oder: Die Kinder von Port Royal. Eine Geschichte aus dem Frankreich vergangener Tage von D. Alcock. — Anklam: A. Schmidt 1889. 193 S. (Bergstrom Edition.) 1: Zd 10178.
3.29

— Getödtet und doch lebendig! oder: Johannes Huss, d. evangelische Zeuge u. Märtyrer. Von D. Alcock. Mit 20 Bildern. — Berlin: Deutsche Evang. Buch- u. Tractat-Ges. 1895. 302 S.
1: Zd 10189.
3.24

— s.: Glaubenszeugen aus der Reformationsgeschichte Frankreichs.

— Kreuz u. Krone, s.a. Jugend- u. Volksbibliothek, deutsche. 122. Bdchn.

— Kreuz u. Krone, s.a. Urban's christliche Volksbücher.

— Kreuz und Krone. Lebens- und Leidensgeschichte eines Hugenotten. Von D. Alcock. Autoris. Übertr. von F[riedrich] Mürdter. — Stuttgart: Steinkopf 1889. 120 S. (Deutsche Jugend- und Volksbibliothek.) 12: Paed. Pr. 4408 s–122.
3.16

— Kreuz und Krone. Von D. Alcock. Striegau: Urban [1910]. S. 247–356. (Urbans christliche Volksbücher. 44.45.)
1: Eq 282–44.45. 2.
3.17

Alcock, Deborah: Unter dem Kreuze des Südens. Eine Erzählung aus d. Neuen Welt. Vom Verf. der „Spanischen Brüder" [d. i. Deborah Alcock]. — Anklam: Bugenhagenstift 1887. 346 S.
7.
3.20

— Unter dem Kreuze des Südens. Eine Erzählg. aus d. Neuen Welt. 2. Aufl. gr. 8. (IV, 346 S.) Anklam 888. * 3 —; geb. * 4 —

— Unter dem Kreuze des Südens. Eine Erzählung aus d. Neuen Welt von D. Alcock. 3. Aufl. — Anklam: A. Schmidt 1890. 228 S. (Bergstrom Edition.) 1: Zd 10174ª. 9.
3.21

[—] — Unter dem Kreuz des Südens. Eine Erzählung aus d. Neuen Welt von der Verf. der „Spanischen Brüder". Aus d. Engl. übers. von Pauline Spangenberg. Wohlfeile u. vollst. Ausg. — Dresden: Brantner 1891. VI,301 S. (Bergquell. Erzählungen und Novellen für das christliche Haus. 5.) 12: L. eleg. g. 503o–5.
3.22

[Alcock, D .] Unter dem Kreuz des Südens. Eine Erzählung aus der Neuen Welt, von der Verfasserin der «Spanischen Brüder». Aus dem Englischen übersetzt von Pauline Spangenberg. [Neue, Titel-Ausgabe. Mit illustriertem Umschlag.] VI + 302 S. 8. Konstanz, Carl Hirsch; Für die Schweiz: Evangelische Buchh., Emmishofen, [1906]. [geb. M. 2.40]
Original-Ausg.: Dresden 1891.

[—] Eine Kreuzeskirche in Frankreichs Wildnis. Von der Verf. der „Spanischen Brüder". Übers. von Elisabeth Klee. — Gotha: F. A. Perthes 1886. 270 S. 1: Zd 10185/8.
3.27

— Der Kreuzzug gegen die Christen, s.a. Urban's christliche Volksbücher.

D. Alcock. Der Kreuzzug gegen die Christen.— Striegau: Urban (1909). 46 S.
Aus: Alcock: Der Sonne Untergang in der Provence.
(Urbans christliche Volksbücher. 35.)
1:Eq 282–35. 12:Th. U. 451 e–35. 2.
3.30

Alcock, Deborah: Muss ich ihn aufgeben? Eine wahre Geschichte von D. Alcock. Übers. von E[mmy] v. Feilitzsch. Berlin: Deutsche Evang. Buch- u. Tractat-Ges. 1896. 60 S.
1:Zd 10192/6.
3.31

– ohne Kreuz keine Krone, s.a. Jugend- u. Volksbibliothek, deutsche.

— ohne Kreuz keine Krone. Zwei Erzählgn. aus der schott. Reformationszeit. Aus dem Engl. übers. v. Louise Gräfin v. Kanitz. 8. (VIII, 167 S.) Anklam 887. Schmidt's Verl. n. 3. —

[—] Ohne Kreuz keine Krone. Zwei Erzählungen aus d. schottischen Reformationszeit von d. Verf. von „Die spanischen Brüder" ... Aus d. Engl. übers. von Luise Gräfin v. Kanitz. 2. Aufl. — Anklam: Bugenhagenstift 1888. 167 S. 1:Zd 10184.
3.32

Alcock, D, s.a. Aus d. alten Paris.

/eborah [Alcock, D/ .] Aus dem alten Paris. Eine Erzählung von der Verfasserin der «Spanischen Brüder». Deutsch von Pauline Spangenberg. [Neue, Titel-Ausgabe.] II + 175 S. 8. Konstanz, Carl Hirsch; Für die Schweiz: Evangelische Buchh., Emmishofen, [1906]. [geb. – *zus. mit* Alcock, In der Wüste – M. 2.40]
Umschlag, illustriert, mit dem Titel: In der Wüste von D. Alcock. — *Original-Ausg.:* Dresden, 1891.

— Der Schmied des Ungarkönigs. Eingeregnet, s.a. Urban's christliche Volksbücher.

D. Alcock. Der Schmied des Ungarkönigs. Eingeregnet. Striegau: Urban (1909). 48 S.
Aus: Alcock: Eines Kindes Sieg.
(Urbans christliche Volksbücher. 34.) 1:Eq 282–34. 2.
3.34

— Die Schüler der ewigen Stadt. Von D. Alcock. Autoris. Übers. von Elisabeth Klee. — Anklam: A. Schmidt 1890. 142 S. (Bergstrom Edition.) 1:Zd 10182. 12:P. o. angl. 9bno.
3.41

— Die Schüler der ewigen Stadt. Erzählg. aus d. Zeit d. Renaissance. Autoris. Übersetzg. v. Elisabeth Klee. (Bergstrom-Edition.) gr. 8. (142 S.) Anklam 890, Schmidt's Verlag. * 2 —; geb. * 3 —

— e. Kindes Sieg. (Titel-Ausg. v. „A., Denksteine aus älterer u. neuerer Zeit" 2. Abtlg.) 8. (S. 171—364.) Anklam 894. A. Schmidt's Verl. Geb. n. 2. 25

— Eines Kindes Sieg. Von D. Alcock. — Striegau: Urban [1906]. 54 S. 1:Ng 26790. 2.
3.37

Alcock, D., am dunklen Strom. Deutsch v. E. v. Feilitzsch. 8. (280 S. m. 1 Bildnis.) Berlin-Westend (899). Verlag der akadem. Buchh. (W. Faber & Co.) Geb. in Leinw. n. 2. —

— Überwinder. 3 Erzählungen von D. Alcock. Striegau: Urban [1906]. 148 S. 1:Ng 17538.
3.42

— Und ob ich schon wanderte ... Eine Erzählung aus d. Zeit Ludwig XIV. Autoris. Übers. aus d. Engl. von Emmy v. Feilitzsch. — Bielefeld: Bethel 1909. 254 S.
1:N 10.599. 12:P. o. angl. 9bq. 6.
3.43

Alcock, D., d. Sonne Untergang in d. Provence. (Titel-Ausg. v. „A., Denksteine a. ält. u. neuerer Zeit" 1. Abtlg.) 8^{O}(170).– Ankl. 1894, A. Schmidt's Verl.

— Weltleben u. Gottesleben. Übers. v. Elis. Klee. gr. 8. (IV, 472 S.) Leipzig 888. [Buchhandlg. d. Vereinshauses.] n. 5. —; geb. n. 6. —

— Weltleben und Gottesleben. Von D. Alcock. Übers. von Elisabeth Klee. 2. Aufl. — Leipzig: Buchh. d. Vereinshauses in Komm. 1889. 472 S. 1:Zd 10190.
3.46

Alcock, Deborah: Wer nur den lieben Gott lässt walten. Eine russische Geschichte von D. Alcock. Aus d. Engl. von F. F. — Witten: Buchh. d. Stadtmission [1900]. 15 S.
6.
3.47

— Des Märtyrers Witwe. Von D. Alcock. — Striegau: Urban [1905]. 48 S. 1:Ng 26781. 2.
3.49

— in d. Wüste s.a. Aus d. alten Paris.

/[eborah] (Alcock, D/ .) In der Wüste. Eine Geschichte von der Kirche unter dem Kreuz. Von der Verfasserin der «Spanischen Brüder» (*Umschlag:* Von D. A'). Deutsch von Dr. W Claus. [Neue, Titel-Ausgabe. Mit illustriertem Umschlag.] 187 S. 8. Konstanz, Carl Hirsch; Für die Schweiz: Evangelische Buchh., Emmishofen, [1906]. [geb. – *zus. mit* Alcock, Aus ... Paris – M. 2.40]
Original-Ausg.: Dresden 1891.

[—] Der Zar. Eine Erzählung aus d. Zeit d. ersten Napoleon vom Verf. der "Spanischen Brüder". Aus d. Engl. übers. von M. H. — Anklam: Bugenhagenstift 1887. 448 S.
7.
3.25

[—] — 2. Aufl. Ebd. 1888. 448 S. 1:Zd 10180.
3.26

Alcock, D., d. Zar. Erzählg. a. d. Zeit d. ersten Napoleon. Aus d. Engl. v. M.H. 8^{O}(448).– Ankl. 1887, Schmidt's V.

[—] Aus der Zeit von John Knox. Historische Erzählung von der Verf. der „Spanischen Brüder". Übers. von Elisabeth Klee. — Anclam: Bugenhagenstift 1888. 500 S.
1:Zd 10176. 12:P. o. angl. 9bo. 4.
3.50

[—] — 2. Aufl. Anklam: Bugenhagenstift 1889. 500 S.
12:P. o. angl. 9 bob. 7.
3.51

— aus der Zeit v. John Knox. Historische Erzählg. Übers. v. Elisabeth Klee. 2. Aufl. gr. 8. (IV, 500 S.) Anklam 889. Schmidt's Verl. n. 5. —

— Der Zimmermann von Nimes. Von D. Alcock. — Striegau: Urban [1906]. 52 S. 1:Ng 26791. 2.
3.52

Alcock, Harry, Lexikon der Handelskorrespondenz, s.: Loewe, Heinr.

— englische Unterrichtsbriefe, s.: Loewe, Heinr.

Alcock, Rutherford

— [Lectures on amputation, deutsch] Vorlesungen über die Amputation, besonders über die Verletzungen, welche sie erheischen, und über die Frage, wann und wie sie bei denselben vorzunehmen, gehalten in der mediz. Schule des Sydenham-Kollegiums. Ins Deutsche übertr. unter Red. des Dr. Fr[iedrich] J[akob] Behrend. — Leipzig: Kollmann 1844. X,307 S. [(Bibliothek von Vorlesungen der vorzüglichsten und berühmtesten Lehrer des Auslandes über Medizin, Chirurgie und Geburtshülfe. 35.)]
300:27 Nn 42. Bd 35. 3. 5.
3.63

Vgl.: Bibliothek v. Vorlesungen etc.

Alcock, Thom., Fragen zu Huxley's Grundzügen der Physiologie. Autoris. deutsche Ausg. 8. (V, 66 S.) Hamburg 882. Voss. n. 1. 20; cart. n. 1. 60

Alcoforado, Marianna

§ **ALCAFORADA** (auch Alcoforado geschrieben), Marianne (Nonne zu Beja, c. 1663). — Die portugiesischen Briefe. Aus d. Französ. übersetzt. Im Jahr 1751. O. O. 8°. 8 Bog.

Seltene Uebertragung der einst berühmten „lettres portugaises". 12°. (4 Mk. Lesser in Breslau, c. 1875.)

Orig.: Lettres d'amour d'une religieuse portugaise écrites au Chevalier de C. (Noël Bouton de Chamilly, aussi sous le nom de comte de Saint-Léger), officier françois en Portugal, et les réponses de celui-ci. La Haye 1668. 12°. (4 Mk. Lesser in Breslau, c. 1875.) Rep. ib. 1682. 12°. (Bibl. Lautensack. Helmst. 1737. p. 111.); dernière édition. Ibid. 1693. (In München.) Die Bibliogr. de l'amour nennt (IV. p. 295) eine Ausgabe Paris 1669. 12°.

Englische Uebersetzg.: Love-Letters, five, from a Nun to a Cavalier. Done out of French into English by Sir Roger L'estrange. London, J. Partridge, 1689. Item: Love Letters, five, written by a Cavalier, in answer to the five Love Letters written to him by a Nun. London, R. Bentley, 1683. 2 tomes. 12°. (6 Mk., L. Rosenthal, München, ca. 1885.)

— Dasselbe, titulo: Briefwechsel einer portugiesischen Nonne mit dem Ritter v. Chamilly. Aus d. Portugiesischen (sic!). Rotenburg a. d. Fulda, Hermstedt, 1788. 8°. (3 Mk., Völcker, Frkft. a. M., 1876.)

Alcohol, s.a. Alkohol

Alcohol & Co., Hoflieferanten Sr. Majestät des Königs Tod. Grösstes Geschäft in Deutschland ... Hildesheim [1895]. V: *Bode, Wilh.* (Berl)

Alcoholismus, Der, im Kanton Luzern und die Mittel, seine Ausdehnung zu beschränken. Vortrag ... [Luzern 1881.] V: *Suppiger, Jac.* (BSchwLk V. 9 j.)

Alcoran, s. Koran.

Alcoran des Jansénistes, ou nouveaux disciples de S. Augustin. Suivant la copie imprimée à Paris. Das ist Verfassung heimlicher Lehrstück der Jansenisten, die sich newe Jünger des H. Augustini nennen. Nach d. frantz. Copey ins Teutsch gantz übers. von einem Discipel deß H. Augustini. — Cölln 1710. 28 S.
Text franz. u. deutsch. 1:Do 9720. 5.
3.103

Alcoran, der, des Mohammeds. aus d. Arab. ins Engl. u. aus dies. ins Deutsche v. Th. Arnold. gr. 4. Lemgo, Meyer. 746.

Alcoran, Der Türkische.
[Leipzig 1723. V: *Fassmann, Dav.* (schles)

Alcott, Amerikan. Jugendschriftstellerin. 1896 s. *Alcott*, Louisa May.

Alcott, L.M.: Good wives, s. Authors, Eng. (A.Brückner).

Alcott, L.M.: Little women, s. Alcott, Louisa May.

Alcott, Louisa May

Alcott, Louisa M., Jo's boys, and how they turned out, s.a. Collection of British authors.

— Jo's Boys, and how they turned out. A sequel to „Little men". Authoriz. ed. — Leipzig: Tauchnitz 1886. (Collection of British authors. 2431.)
1:Ah 30-2431. 12:P. o. angl. 9d-5. 8. 11.
3.112

Alcott, Louisa May: [Teils., deutsch] Erzählungen von Louisa M. Alcott. Deutsch von Pauline Schanz. Bd 1-3. — Leipzig: Grunow 1876.
1. 2. Kleine Frauen oder Meg, Jo, Beth und Amy. 1. 2.
3. Kleine Männer. Leben in Plumfield. 7.
3.111

Alcott, Louisa M., Erzählungen. Deutsch von Pauline Schanz. 3 Bde. 8°. Leipzig 1877. Gera, Griesbach's Verlag.

Alcott, Louisa M., Erzählungen. 1—3. Bd. Deutsch v. Pauline Schanz. 8. Leipzig 877. Grunow. à n. 5. —
1 u. 2. Kleine Frauen od. Meg, Jo, Beth u. Amy. 2 Bde. (289 u. 321 S.)
3. Kleine Männer. Leben in Plumfield. (333 S.)

— kleine Frauen. Aus dem Engl. 8. (320 S.) Bremen 877. Valett & Co. n. 2. 40; geb. n. 3. 40

Alcott, Louisa M., kleine Frauen od. Meg, Jo, Beth u. Amy. Deutsch v. Pauline Schanz. 2. Aufl. in 1 Bde. 8. (VII, 567 S.) Leipzig 886. Grunow. n. 5. —; geb. n. 6. —

Alcott, Louisa M., kleine Frauen od. Meg, Jo, Beth u. Amy. 3., durchgeseh. Aufl. in 1 Bd. 8. (V, 628 S.) Leipzig 902. F. W. Grunow n. 5. 50; geb. in Leinw. n. 6. —

— an old-fashioned girl, s.a. Collection of British authors.

— — Leipzig: Tauchnitz 1883. 360 S. (Collection of British authors. 2167.)
1:Ah 30-2167. 12:P. o. angl. 9d-4. 300:393.080-A.

Alcott, Louisa M., e. Mädchen aus der guten alten Schule. Für die reifere Jugend aus dem Engl. übers. v. Mary C. Rothwell. 2 Bde. 8. (VI, 242 u. IV, 402 S. m. 2 Holzschntaf.) Stuttgart 872. 73. Nitzschke. geb. 7. 50

— dasselbe. Neue Ausg. 8. (VI, 242 u. VI, 402 S.) Ebend. 874. geb. 6. —

ALCOTT, LOUISA M. *Ein Mädchen aus der guten alten Schule* ... übersetzt von Mary C. Rothwell. 2 Bde. Stuttgart, Nitzschke [c. 1880]. M. 2 Frontispizen. 8°. Etw. benützte Orlwd. Etw. fleckig. 8.—

— little men, s.: Collection of brit. authors.

Alcott, Louisa May: Little men, life at Plumfield with Jo's boys.

---- Authoriz. ed. Leipzig: Tauchnitz 1879. 351 S. (Collection of British authors. 1808.)
1:Ah 30-1808. 12:P. o. angl. 9d-3. 6. 7. 8. 9. 11.
3.117

— little men, life at Plumfield with Jo's boys. In gekürzter Fassg. f. den Schulgebrauch hrsg. v. Alfr. Mohrbutter. I. Tl.: Einleitung u. Text. II. Tl.: Anmerkungen u. Wörterverzeichnis. 8. (VII, 228 S.) Leipzig 900. G. Freytag. Geb. in Leinw. u. geh. n. 1. 60

— [Little Men, Ausz.] Louisa M. Alcott. Little men, life at Plumfield with Jo's boys. In gekürzter Fassung für d. Schulgebr. hrsg. von Alfred Mohrbutter. Th. 1. 2. — Wien & Prag: Tempsky 1900. VII, 228 S.
1. Einl. u. Text. 2. Anm. u. Wörterverz.
(Freytags Sammlung französischer und englischer Schriftsteller.) 300:60.628-B. Per. 38.
3.121

— Frau Podger's Theetopf u. andere Erzählungen. Deutsch v. A. Passow. gr. 16. (148 S.) Berlin, Abenheim. n. 1. —

Alcott, Louisa May: Luisa Alcott. Frau Podger's Theetopf und andere Erzählungen. Deutsch von A[rnold] Passow. — Stuttgart: Abenheim 1879. 148 S. 7.
3.122

— In blauer und in grauer Uniform und andere Erzählungen von Louisa M. Alcott. Deutsch von Arnold Passow und P[aul] Heichen. 2. Aufl. — Berlin: Lüstenöder 1890. 167 S. 1:Zd 9814.
3.123

Alcott, Louisa M., Good wives. A story for girls. Being a sequal to „Little women". In gekürzt. Fassg. f. d. Schulgebr., hrsg. v. Adf. Müller. I. Tl.: Einleitg. u. Text. II. Tl.: Anmerkgn. u. Wörterverzeichn. 8. (XII, 239 S. m. 7 Abb.) Leipzig 898. G. Freytag. Geb. in Leinw. u. geh. n. 1. 80

— [Good Wives, Ausz.] Louisa M. Alcott. Good wives. A story for girls. Being a sequel to „Little women". In gekürzter Fassung für d. Schulgebr. hrsg. von Adolf Müller. Th. 1. 2. — Wien & Prag: Tempsky 1899. XII, 239 S.
1. Einl. u. Text. 2. Anm. u. Wörterverz.
(Freytags Sammlung französischer und englischer Schriftsteller.) 300:60.628-B. Per. 23.
3.127

— Good wives. By L. Alcott. Mit Anm. zum Schulgebr. hrsg. von Anna Brückner. [Nebst] Wörterbuch. — Bielefeld & Leipzig: Velhagen & Klasing 1903. (Velhagen & Klasings Sammlung französischer u. englischer Schulausgaben. English authors. 89 B.)
1:X 8358-89 B. 6.
3.126

— little women, s.a. Collection of brit. authors.

— dasselbe hrsg. v. Heinr. Saure, s.a. Authors, modern English. VII.

— Little Women; or, Meg, Jo, Beth, and Amy. Authoriz. ed. Vol. 1. 2. — Leipzig: Tauchnitz 1876. (Collection of British authors. 1578. 1579.)
1:Ah 30-1578. 1579. 12:P. o. angl. 9 d-1. 2. 2. 7. 8. 9. 10. 11.
3.131

Alcott. Little Women. A story for girls. Für d. Schulgebr. hrsg. von G. Opitz. Th. 1. 2. — Wien & Prag: Tempsky 1896. VIII, 238 S.
1. Einl. u. Text. 2. Anm. u. Wörterverz.
(Freytags Sammlung französischer und englischer Schriftsteller.) 300:60.628-B. Per. 6.
3.132

— little women. A story for girls. Für den Schulgebrauch hrsg. v. G. Opitz. I. Tl.: Einleitung u. Text. II. Tl.: Anmerkungen u. Wörterverzeichnis. 2., unveränd. Abdr. der 1. Aufl. 8. (VIII, 238 S.) Ebd. 901. Geb. u. geh. n. 1. 50

— Little Women or Meg, Jo, Beth, and Amy. By Louisa M. Alcott. Mit Anm. zum Schulgebr. hrsg. von H[ermine] Reinke. [Nebst] Wörterbuch. — Bielefeld & Leipzig: Velhagen & Klasing 1903. (Velhagen & Klasings Sammlung französischer u. englischer Schulausgaben. English authors. 90 B.)
1:X 8358-90 B. 6.
3.134

Alcott, L.M.: Little women (or Meg, Jo, Beth, and Amy). A story for girls. Für d. Schulgebr. hrsg. v. G. Opitz. I. Tl.: Einl. u. Text. II. Tl.: Anmerkgn. u. Wörterverz. 2. Abdr. d. 1. Aufl. (Neue Ausgabe.) (238) 8°.— Lpzg., G. Freytag.— Wien, F. Tempsky 1903. 3. Abdr. (176) 1905.

Alcott, Luisa s. *Alcott,* Louisa May.

Alcott, W. A. s. a. *Alcott,* William Alexander.

Alcott, W. A., üb. die Erziehung der Kinder im Allgemeinen, s.: Gut, das höchste.

Alcott, William Alexander

— [The young Husband, deutsch] Der junge Gatte oder die häuslichen Pflichten des Mannes. Von W. A. Alcott. Deutsche Ausg. von E[mil] Weilshäuser. — Berlin: Grieben 1880. VIII,133 S. 1:No 5886. 3.137

Alcott, W. A., der junge Gatte od. die häusl. Pflichten d. Mannes. Deutsche Ausg. v. E. Weilshäuser. 8. (VIII, 133 S.) Leipzig 880. Grieben. n. 2 —

William A. Alcott. Die junge Gattin oder die häuslichen Pflichten des Weibes. Von W. A. Alcott. Deutsche Ausg. von E[mil] Weilshäuser. — Berlin: Grieben 1880. VIII,158 S. 1:No 5888. 3.139

Alcott, (W.A.), s.: Hagguer, A.v., d.Haus.

– das Haus, in dem ich wohne, s.a. Gesundheit, Wohlstand u. Glück.

– das Haus, in dem ich wohne, s.a. Gut, das höchste.

— **das Haus, in dem ich wohne.** Erklärung der Bauart u. der Verrichtgn. d. menschl. Körpers. Für den Familiengebrauch. gr. 8. (IV, 107 S.) Berlin 875. Grieben. n. 1. 25

– die junge Hausfrau oder Gedanken über Nahrung und Küche, s.a. Gesundheit, Wohlstand u. Glück.

– die junge Hausfrau oder Gedanken über Nahrung und Küche, s.a. Gut, das höchste.

—— die junge Hausfrau oder Gedanken über Nahrung und Küche. gr. 8. (IV, 204 S.) Schwelm 872, Wortmann. [Berlin 874, Grieben.] *

— [The young Housekeeper, deutsch] Die junge Hausfrau oder Gedanken über Nahrung und Küche. Von W. A. Alcott. — Berlin: Grieben 1874. 204 S. 1:Ik 5380. 3.136

– die physische Lebenskunst, s.a. Gesundheit, Wohlstand u. Glück.

– die physische Lebenskunst, s.a. Gut, das höchste.

—— die physische Lebenskunst. Inbegriff prakt. Anweisungen zur Verhütung von Krankheiten und Verlängerung des menschl. Lebens. Eine vollständ. Lösung der großen Frage: wie man leben und nach welchen phys. und moral. Grundsätzen der Mensch von seiner Geburt bis zu seinem Greisenalter behandelt werden muß. 1. Aufl. in 10 Lfgn. gr. 8. Schwelm 872,73, Wortmann. à Lfg. * 40 Pf. *

— [Lectures on life and health, deutsch] W. A. Alcott. Die physische Lebenskunst. Inbegriff practischer Anweisungen zur Verhütung von Krankheiten und Verlängerung des menschlichen Lebens. 2. Aufl. — Schwelm & Leipzig 1873. 6. 3.138

—— dass. — 2. Aufl. gr. 8. (351 S. mit eingedr. Holzschn.) Berlin 874, Grieben. *

— die junge Mutter od. die Behandlung der Kinder u. ihre Erziehg. zur phys. u. sittl. Gesundheit vom ersten Kindesalter bis zur Reife. gr. 8. (XIV, 210 S.) Schwelm 872. Wortmann. n. 2. —

— die junge Mutter od.: die Behandlung der Kinder u. ihre Erziehung zur phys. u. sittl. Gesundheit vom ersten Kindesalter bis zur Reife. (2. Aufl.) 8. (IV, 221 S.) Erfurt 877. Bartholomäus. n. 2. —

Alcott, W. A., Thee u. Kaffee, s. Gesundheit, Wohlstand u. Glück.

— Thee u. Kaffee in ihren physischen, geistigen u. moralischen Wirkungen auf das menschliche System, s. a. Gut, das höchste.

Alcott, (W.A.), Thee u. Kaffee in ihren phys., geist. u. mor. Wirkgn. auf d. menschl. Syst. 8°(39).– Bresl. 1860, Clar.

Alcott, William A., Thee und Kaffee in ihren physischen, geistigen und moralischen Wirkungen auf das menschliche System. Nach der 5. amerikan. Stereot.-Ausg. übertragen v. E. W. Oppeln 860. Clar in Comm. gr. 8. (39 S.) . 4 ngr.

Alcuin, Bruder, der Todtenwirth. Erfurt 1809. V: *Bornschein, Johann Ernst Daniel.* (GGr) (Ky)

Alcuin, s. Alcuinus Flaccus

Alcuini, s. Albini.

Alcuini, s. Alcuinus Flaccus.

Alcuinus Flaccus

Alcuin, s. Auslese aus den Werken berühmter Lehrer und Pädagogen des Mittelalters.

— *augusta concilii Nicaeni II. censura.* Emend. et illustr. C. A. Heumannus. Hannov. 731. 8.

Alcuin, Briefe an Karl d. Großen, dessen Söhne u. a., s. a. Auslese aus den Werken berühmter Lehrer u. Pädagogen d. Mittelalters.

— Briefe an Karl den Großen, dessen Söhne u.a. — Gütersloh: Bertelsmann 1879. 64 S. (Auslese aus den Werken berühmter Lehrer und Pädagogen des Mittelalters. 3.) 1:Nc 3068-3. 12:P.lat.C.49m-3. 6. 3.104

Alcuin: 1. Gespräch des jungen hochedlen Königssohns Pippin mit seinem Lehrer Albinus. 2. Von der Natur der Seele (Psychologie) [De animae Ratione liber ad Eulaliam virginem, deutsch]. — Gütersloh: Bertelsmann 1880. 40 S. (Auslese aus den Werken berühmter Lehrer und Pädagogen des Mittelalters. 4.) 1:Nc 3068-4. 12:P.lat.C.49m-4. 6. 3.103

— [Teils.] Monumenta Alcuiniana a Philippo Jaffeo praeparata, ed. (W[ilhelm]) Wattenbach et (Ernestus) Duemmler. Berolini: Weidmann 1873. VI,912 S. (Bibliotheca rerum Germanicarum. 6.) 1:Rw 1954-6. 12:Germ. g. 43n-6. 300:181.050-B. H. S. 6. 2. 3. 4. 5. 6. 7. 8. 9. 10. 11. 102. 3.150

— Flacci Albini seu Alcuini Opera post primam ed. a D. Andrea Quercetano cur., de novo collecta, multis locis em., et opusculis primum repertis plurimum aucta, variisque modis illustr. cura ac studio Frobenii [Frobenius Forster]. T. 1.2. — Ratisbonae 1777: Englerth. 1:2° Be 20. 12:2° P. lat. 31 [u.ö.] 300: 29 E 2. 2. 3. 4. 5. 6. 7. 8. 3.147

Alcuini, *Flacc.* (Albini) opera de novo collecta cura (Abbat.) Frobenii. 4 prts. in II tom. Fol. Ratisb. 1777. (Herder in F. et Gross in II.) 12 Thlr. — 20 fl.

Alcuin's pädagogische Schriften, s. a. Sammlung der bedeut. pädagog. Schriften alter u. neuer Zeit.

— [Teils., deutsch] Alkuins Pädagogische Schriften. Übers., bearb. u. mit e. Einl. vers. von Joseph Freundgen. — Paderborn: Schöningh 1889. 178 S. (Sammlung d. bedeutendsten pädagogischen Schriften. 4.) 1:Nc 7476-4. 6. 3.151

— Alkuins Pädagogische Schriften. Übers., bearb. u. mit e. Einl. vers. von Joseph Freundgen. 2. Aufl. — Paderborn: Schöningh 1906. 180 S. (Sammlung d. bedeutendsten pädagogischen Schriften. 4.) 1:Nc 7476[a]-4. 6. 3.153

Alcyata, Jan, s. Biblioteka pisarzy polskich.

Alcyoniden, die, der Siboga-Expedition. I. Coralliidae v. Sydney J. Hickson, M. A. — II. Pseudocladochonus Hicksoni n. g. n. sp. v. J. Versluys. (Siboga-Expeditie.) (8 u. 32 S. m. 16 Fig., 3 [1 farb.] Taf. u. 3 Bl. Erklärgn.) 33,5×27 cm. Leiden 907. Buchh. u. Druckerei vorm. E. J. Brill. 4. 75
= Siboga-Expeditie. 13[c].

Alcyonius, Petrus

— Medices Legatus sive de exilio libri 2. Acc. Jo[hannes] Pierius Valerianus et Cornelius Tollius De infelicitate litteratorum, ut et Jos. Barberius [Giuseppe Barberio] De miseria poetarum Graecorum, cum praef. Jo. Burch. Menckenii [Johann Burchard Mencke] et ind. copioso. — Lipsiae: Gleditsch 1707. 593 S.
1: Am 2525. 12: H. lit. U. 31. 300: 74 K 52. 2. 3. 5. 6. 7. 8. 9. 10.
3.189

— — P. Valerianus et C. Tollius de infelicitate litteratorum; Jos. Barberius de miseria poetarum graecorum. Cum praef. J. B. Menckenii. Lips. 707. 12.

Alde, Benj. Gli., († d. 26. Jan. 1813.) Erinnerungen an e. junges Frauenzimmer. 8. Lauban 771.

Alde, Chr., praes. Fr. **Hoffmann,** Diss. sistens compendiosam et clinicam adfectuum spasmodicorum praxin cum cautelis. 38 pp. Hal. 4°. 1707

Alde, Johann Gottlieb: Gottes Macht aus dem Munde eines Unmündigen. D. i.: Leben und Schriften eines kleinen Zeugen Jesu Christi, Namens Johann Gottlieb Alde. 2., etwas verm. Aufl. — Jauer 1751.
1: Et 3413.
3.224

Alde, Regina, der Mutter Bild, s.: Griesbacher, P.

Aldefeld, C. L. W.: Aachen und Burtscheid. Taschenbuch für Fremde. — Aachen 1830. 1: Is 2252.
3.231

Aldefeld, C. L. W., Aachen u. Burtschrid. Taschenbuch f. Fremde. 12. Aachen 831. Kohnen. 8 gr

— Beiträge zur speciellen Technologie. 1e u. 2e Lief. A. u. d. T.: Das Geheimniß der Schnell-Essigfabrikation, oder gründl. Anleitung, sehr guten Weinessig mittelst eines verbesserten Apparates innerh. 24 Stunden mit wenigen Kosten zu bereiten. Nebst einem Anhange: Ueber das Fuselöl u. die Entfuselung des Branntweins. Mit 1 Steintaf. 3e mit den neuesten Entdeckungen u. Erfahrungen vermehrte Aufl. 8. Aachen 840. Mayer. 5/6 Thlr — Der Anhang auch einzeln 1/4 Thlr

— Beiträge zur speziellen Technologie. Lfg 1.2. — Aachen & Leipzig: I. A. Mayer 1840. XIII,208 S.
1.2. Aldefeld: Das Geheimnis der Schnell-Essigfabrikation. 3., verm. Aufl. 1840.
5.
3.232

— Das Geheimniss der Schnell-Essigfabrikation, oder gründliche Anleitung, sehr guten Wein-Essig mittelst eines verbesserten Apparates innerhalb 24 Stunden mit wenigen Kosten zu bereiten. Nebst e. Anh., enth. die neuesten Methoden, den Brantwein zu entfuseln. Mit 1 Steintaf. — Aachen & Leipzig: I. A. Mayer 1832. XI,88 S.
83.
3.233

— — 2. Aufl. Ebd. 1833. XI,88 S. 5.
3.234

— — Das Geheimniss der Schnell-Essigfabrikation oder gründliche Anleitung, sehr guten Wein-Essig ... zu bereiten. Nebst e. Anh.: Ueber das Fuselöl, und die Entfuselung des Brantweins. Mit 1 Steintafel. 3., verm. Aufl. Ebd. 1840. XIII,208 S. (Aldefeld: Beiträge zur speziellen Technologie. 1.2.)
5.
3.235

— Die älteren und neuen Maaße und Gewichte der Königlich Preußischen Rheinprovinz. Ein Handbuch für Beamte, Kaufleute und Geschäftsmänner. Unter Mitw. des Herrn Dr. Fr[anz] Ahn hrsg. von C. L. W. Aldefeld. — Aachen & Leipzig: I. A. Mayer 1835. VII,232 S.
1: Fh 1167. 2. 5. 8.
3.236

— Die Maaße und Gewichte der deutschen Zoll-Vereins-Staaten und vieler anderer Länder und Handelsplätze in ihren gegenseitigen Verhältnissen. Nach d. neuesten amtl. u. anderen zuverlässigen Angaben berechnet. — Stuttgart & Tübingen: Cotta 1838. XVIII,316 S.
12: Merc. 2m. 82. 89.
3.237

— Preußen und die Revolutionen. Zeitgemäße Worte an meine Mitbürger. — Aachen & Leipzig: I. A. Mayer 1831. IV,90 S. 1: Flugschr. 1831–33. 5. 10W.
3.238

Aldefingen, Alfred v. s.a. Alderfingen, Alfred v.

Als der Cylinder zur Welt kam. Lustsp. in 1 Akt von A. van Aldefingen. (Paderborn: F. Schöningh 1897.) (32 S.) 8° [J.]
= Dilettanten-Theater. H. 39. [90. 12517]

Als der Cylinder zur Welt kam. Lustspiel in 1 Akt von A. van Aldefingen. 2. Aufl. *Paderborn: F. Schöningh [1903].* (32 S.) 8° [J.]
= Dilettanten-Theater. H. 39. [04. 7118]

Grünschnabel und Gelbschnabel. Lustspiel in 1 Akt von Alfred van **Aldefingen**. Paderborn: F. Schöningh [1906]. (25 S.) 8° [J.]
= **Dilettanten-Theater**. H. 74. [07. 11335]

Aldegarmann, Heinrich, aus Schwalenberg ⟨Lippe⟩: **Ein Endotheliom des Magens.** *Warburg 1899: F. Quick.* (32 S.) 8°
Würzburg, Med. Diss. v. 1899

Aldegraver, H., Ornamente, s. Aldegrever, Heinr.

Aldegrever, Heinrich: Heinrich Aldegrever 1502–1555. Ornamente. Facsimiles in gleicher Grösse der im kgl. Kupferstich-Cabinet München vorhandenen Originalstiche. Zsgest. auf 25 Taf. nach den Nummern von Bartsch, Hrsg. in unveränd. photogr. Dr. von J. B. Obernetter. — München: Manz [um 1875]. 25 Taf. 4° 5.
3.240

Aldegrever, Heinr., (1502—1555) Ornamente. Facsimiles in gleicher Grösse der im k. Kupferstich-Kabinet zu München vorhandenen Originalstiche. 25 Tafeln nach den Nummern von Bartsch herausgegeben in unveränd. photograph. Druck von Obernetter. München (Manz) 1876. Fol.

Aldegrever, Heinr., 1502—1555, Ornamente. Facsimiles in gleicher Grösse der im kgl. Kupferstich-Cabinet München vorhandenen Orig.-Stiche. Zusammengestellt auf 25 Taf. nach den Nummern v. Bartsch. Neu hrsg. in unveränderl., photograph. Lichtdr. v. Paul Seener. Fol. (1 Bl. Text.) Regensburg 891. A. Coppenrath's Verl. In Mappe. n. 10. —

Aldehoff, zwei Fälle v. totaler Abreissung d. Fusses, s.: Jahrbücher d. hamburg. Staatskrankenanstalten.

Aldehoff, G., Klin. Erfahrungen üb. Diabetes mellitus, s.: Külz, E.

Aldehoff, Gustav, über den Einfluss der Carenz auf den Glykogenbestand von Muskel und Leber. Diss. Marburg 1888, N. G. Elwertsche Univ.-Buchh. 8°. 24 S. mit einer Tabelle.

Aldehoff, Gustav (Assist. am physiol. Inst. zu Marburg): Ueber den Einfluss der Carenz auf den Glykogenbestand von Muskel und Leber ... Marburg, C.L. Pfeil'sche Univ.-Buchdr., 1888; 1 Bl.+24 S.+1 Bl. u. 1 Tab. 8°
Marburg, Med. Fak., Inaug.-Diss. v. (28.Apr.) 1888.

Alden, H.v.: Der gute Ton in allen Lebenslagen u. allen Verhältnissen. (Wissen ist Macht!) (118) 8°.– Dresd., B. Sturm(1903.)

Alden, Herm. van: Die röm. Kirche auf d. Seelenjagd. (16) 8°.– Lpzg., Monist. Central-Bh., Teichmann & Co. 1908.

Alden, Herm. van, die römische Kirche auf der Seelenjagd. 10.—20. Taus. (16 S.) 8. Leipzig (910). Monist. Central-Buchh. Teichmann & Co. —20

Alden, Hermine v., der gute Ton in allen Lebenslagen u. allen Verhältnissen. (Wissen ist Macht!) (Neue Aufl.) (118 S.) 8. Hannover (906). W. Ottens. n. 1. —

Alden, W. L., seine Tochter, s. a. Engelhorn's allgem. Romanbibliothek. 16. Jahrg. 16. Bd.

Alden, William Livingston: [His Daughter, deutsch] Seine Tochter. Roman von L. Alden. Autoris. Uebers. aus d. Engl. von F[erdinand] Mangold. — Stuttgart: Engelhorn 1900. 158 S. (Engelhorns allgemeine Romanbibliothek. 16,16.)
1: Yt 664-16,16. 12: L. eleg. g. 126 n–XVI,16.
3.282

Aldenbrueck, Augustin: [De Religione antiquorum Ubiorum, deutsch] Geschichte des Ursprungs und der Religion der alten Ubier. Aus d. Lat. übers. u. mit Zusätzen verm. von Joh[ann] Wilh[elm] Brewer. Bd 1.2. — Cöln 1819–20: Heberle.
1. Mit 19 Abb. 1819.
2. Von der Religion der alten Ubier. Mit 10 Abb. 1820.
1.2 . . . . 1: Rx 11745. 3. 5. 6. 8. 10.
1 . . . . 2.
3.288

Aldenbrück, A., Geschichte d. Ursprungs u. d. Religion d. alten Ubier. Aus d. Latein. mit Zusätzen v. J. W. Brewer. 1r Bd. Mit 19 Abild. gr. 8. Cölln, (Du Mont Schauberg.) 1819.

[—] In artem diplomaticam Isagoge ventilationi academicae exposita. In aula publ. Gymnasii Tricoronati patrum S. J. ab poetices candidatis. A. 1752. — ([Coloniae] 1752:) Rommerskirchen. 36 S., 12 Taf. **5.**
3.285

Augustini Aldenbrück In artem diplomaticam Isagoge, 2. hac ed. auctior et em. ac faciliori iuventutis academicae usui accommodata. Cum fig. — Col[oniae] Agr.: Schorn 1769. 46 S., 12 Taf. **1:**Pg 5592. **5.**
3.286

— De Religione antiquorum Ubiorum dissertatio historico-mythologica. Ed. 2., auctior et em. — Coloniae Agr.: Noethen 1749. 105 S.
1:Rx 11713. **12:**4° Diss. 3006–25. **300:** • 43 Y 204. **7.**
3.287

Aldenbrueck, Joan. Casp. (geb. Cöln a. Rh. 1819): De leucorrhoea. Berolini (1846). (31 S.) 8°
Berlin, Med. Diss. v. 25. Sept. 1846

Aldendorff, K. Beiträge zur Neusser Chronik. 1. 8. Bonn 1785.

Aldendorff, Konrad: Beyträge zur Neusser Kronik, welche aus ächten Urkunden und bewehrten Schriftstellern gesammlet hat Conrad Aldendorff. — Düsseldorf 1785. 221 S. **1:**Ti 1920. **12:**Germ. sp. 9h. **5.**
3.290

Aldendorff, O[scar]: • De enuntiationibus relativis apud Homerum. 21 S. 2°
Halle-Wittenberg, Phil. Diss. v. 8. März 1872
Geb. [Münster i. W. 30. 8. 1845]

Aldenhoven, Avocat en la Cour d'appel. Trèves. 1807 s. *Aldenhoven,* Johann Adam.

Aldenhoven, C., Afrodite della villa Albana. S.-A. 1869. 26 S. 1.—

Aldenhoven, C., der Kandidat, s.: Volksbibliothek d. Lahrer Hinkenden Boten.

— Ueber röm.-griech. Kunst. S.-A. 1874. 16 S. —.50

Aldenhoven, C., Rez. der E. Wunderschen Ausgabe von Sophocles Tragödien IV. Oedip. Col. 1867. S.-A. 1868. 82 S. 1.—

Aldenhoven, Carl, Geschichte d. Kölner Malerschule, s: Scheibler, Ludw.

Aldenhoven, Carl, Katalog der horzogl. Gomäldogalerio zu Gotha. gr. 8. (IV, 136 S. m. Künstlersignaturen.) Gotha 891. (Thienemann.) n. — 80

Quae fuerint Romanorum de conditione post obitum futura opiniones vulgares. Scripsit Carolus **Aldenhoven.** Raceburgi. 1855. 4°. Gymn.-Progr.

Aldenhoven, F., und J. F. Neigebaur, Handbuch für Reisende in Griechenland, s. Neigebaur, J. F.

Aldenhoven, Ferd.
— (Stadt-Plan von Athen, u. d. T.:) Athènes. Gravée par A. Forster. Lith. qu. 1/2 gr. Fol. Athènes 837. (Bund.) n. 1/2 ₰

Aldenhoven, Ferd., Carte du Royaume de la Grèce, dressée au 400,000e d'après le triangulations et les levés de Mrr. Mrs. les Officiers d'Etat-Major de l'Armée Franç. et les renseignemens communiqués par le Gouvernement Grec et l'Epire et Thesalie etc., d'après la Carte de Mr. le Colonel Chevalier Lapie. Dedié à Sa Majesté le Roi de la Grèce Othon. Gravée et écrite par A. Forster, Secrétaire ministeriel aux Dép's. de la Maison du Roi et des Relations Exterieures. 8 lithogr. u. color. Bl. Mit französ.-neugriech. Text. Roy.-Fol. Athènes 838. (Bund.) 7 1/2 ₰

Aldenhoven, Ferd, Plan topographique d'Athènes et de ses Environs, dressée au 20,000e. Gravée sur pierre par A. Forster. (Französ. u. Neugriechisch. Mit 8 Vign.) Roy.-Fol. Athènes 837. (Bund.) n. 1 ₰

Aldenhoven, Johann Adam

Aldenhoven, J. A., meine Ansichten über die Competenzfrage in d. Rechtsstreite zwischen A. Schaafhausen wider G. Sandt. 2e Aufl. gr. 8. Köln 823. Bachem. 4 ₰

Aldenhoven, Johann Adam: Meine Ansichten über die Competenz-Frage in dem Rechtsstreite zwischen Herrn Abraham Schaaffhausen, Banquier in Köln, wider Herrn Gottfried Sandt, Generaladvokat bei dem Königl. Rheinischen Appellations-Gerichtshofe. 2. Aufl. — Köln: Bachem 1824. 27 S. **8.**
3.293

( ) Cour d' appel de Trêves. Mémoire pour les frères Gottschalk et Isaac Maier de Manheim contre Charles et Alexandre de Warsberg. (Unterz.: Aldenhoven et Ruppenthal, Avocats en la Cour.) — o.O. [1807]. 86 S. 4° **8.**
3.294

Aldenhoven, K., Samothrake. S.-A. 1876. 12 S. —.75

Aldenhoven, Theodor: Herr Staatsanwalt? Moderne Ausbeuter u. ihre Opfer. 1. Aufl. — Düsseldorf-Grafenberg: Schumacher 1910. 143 S. **1:**Fw 1782. **5.**
3.296

Aldenkirchen, Jos., die mittelalterliche Kunst in Soest. Ein Beitrag zur rheinisch-westfäl. Kunstgeschichte. Mit 9 Taf. (in Holzschn., Aubeldr. u. Stahlst.) u. mehreren eingedr. Holzschn. Fest-Programm zu Winckelmann's Geburtstage am 9. Decbr. 1875. Hrsg. vom Vorstande d. Vereins v. Alterthumsfreunden im Rheinlande. gr. 4. (39 S.) Bonn 875. (Lempertz.) n. 6. —

Aldenkirchen, Josef: Die mittelalterliche Kunst in Soest. Ein Beitrag zur rheinisch-westfäl. Kunstgeschichte. Mit 9 Taf. u. mehreren eingedr. Holzschn. Fest-Programm zu Winckelmanns Geburtstage am 9. Dec. 1875. Hrsg. vom Vorstande d. Vereins von Alterthumsfreunden im Rheinlande. — Bonn: Selbstverl. 1875. 39 S.
1:4° Nw 464–28. **12:**4° Arch. 160 te–24.
300:121.196–C. **2. 3. 4. 5. 6. 7. 8. 9. 10. 11. 82. 83.**
3.297

Alden-Obst u. Alden-Gemüse. Kurze Darstellg. d. Dörrverfahrens nach amerikan. System. Mit 10 (eingedr.) Abbildgn. 8. (46 S.) Ilmenau 887. Schröter. n. — 80

Alden-Obst und Alden-Gemüse. Jlmenau und Leipzig 1887

Alder, Ernst: Columbus. Cantate, gedichtet von Gottlieb Krüse, komp. für Männerchor, Baritonsolo und Klavierbegleitung von Ernst Alder. — (Herisau [1880]: Meisel.) 7 S. **1:**Mus. Ta 620.
3.299

Alder, Guido. Über Nabelschnurbrüche. Diss. Med. Univ. Zürich. [Mit 2 Figuren.] ***Kopftitel:*** **Aus dem Kreisspital Oberengadin in Samaden. 40 S. 8. Zürich, Aschmann & Scheller, 1904.**

Alder, Herm., neues Universal-Lexikon der Haus- u. Heilmittel, s.: Abegg, Eugenie.

Alder, J. J., der Dienst am Worte ein froher und bleibender Dienst. Synodalpredigt über Röm. 10, 14—17, gehalten in Trogen den 5. Oktbr. 1854. gr. 8. (15 S.) Trogen 854. St. Gallen. Huber und Comp.

Alder, K. Ueber die Entwicklung des Schulturnens. In-4°. 38 S. Basel, Buchdr. J. Frehner. **1892**
*** Wissenschaftliche Beilage zum „Bericht der Realschule zu Basel. 1891–92"

Alder, Konst., üb. die Entwicklung d. (Schul-)Turnens. Progr. 4. (38 S.) Basel 892. (B. Schwabe). n. 1. 60

Alder, Maria, aus Basel, gew. Assistentin am Kinderspitale: Ein Fall von angeborener, funktioneller (?) Pylorushyperplasie, kombiniert mit angeborener Vergrösserung des Magens und Hyperplasie seiner Wandung. (Aus dem Kinderspital (Oberarzt Prof. Hagenbach-Burckhardt) und der pathol.-anat. Anstalt (Vorsteher Prof. Kaufmann) in Basel.) Berlin 1908. 35 S. 8°. S.-A. aus dem Jahrbuch für Kinderheilkunde. N. F. Bd. 67.
Basel, Med. Diss. 1907/08.

(Alder, Otto. Die Zeichnungsschule des Industrie- und Gewerbemuseums vom Standpunkte der Industrie aus beurteilt. Gutachten. St. Gallen, im Juli 1897.) Beilage zum Bericht über das Industrie- und Gewerbemuseum St. Gallen 1. Mai 1902 bis 30. April 1903. XIX S. 4. (St. Gallen, Zollikofer, 1903.)

Alderfingen, Alfred v. s.a. Aldefingen, Alfred v.

Alderfingen, Alfr. van, als der Cylinder zur Welt kam, s.a. Dilettanten-Theater. 39.

Alderfingen, Alfred van: Als der Cylinder zur Welt kam. Lustspiel in 1 Akt von A. van Aldefingen. — (Paderborn: Schöningh 1897.) 32 S. (Dilettanten-Theater. 39.) 1:Yp 6376–39. 6. 3.305

— — 2. Aufl. Paderborn: Schöningh [1903]. 32 S. (Dilettanten-Theater. 39.) 1:Yp 6376ᵃ–39. 6. 3.306

— — 3. Aufl. Ebd. [1920]. 32 S. (Dilettanten-Theater. 39.) 1:Yp 6376ᵇ–39. 3.307

— Grünschnabel u. Gelbschnabel, s.a. Dilettanten-Theater. 74.

Alderfingen, Alfred van: Grünschnabel und Gelbschnabel. Lustspiel in 1 Akt von Alfred van Aldefingen. — Paderborn: Schöningh [1906]. 25 S. (Dilettanten-Theater. 74.) 1:Yp 6376–74. 6. 3.308

Alderfingen, A. van, der Nachtwächter v. Derendingen, s.a. Dilettanten-Bühne.

— Der Nachtwächter von Derendingen. Lustspiel in 4 Akten. — (Paderborn: Schöningh 1889.) 39 S. (Dilettanten-Theater. 9.) 1:Yp 6376–9. 6. 3.309

— — 2. Aufl. Mit e. Musikbeil. Ebd. (1895). 42 S. (Dilettanten-Theater. 9.) 1:Yp 6376ᵃ–9. 6. 3.310

Der Nachtwächter von Derendingen. Lustspiel in 4 Akten von Alfred v. **Alderfingen.** Mit e. Musikbeilage. 4. Aufl. (Paderborn: F. Schöningh [1906].) (42 S.) 8° [F.]
= Dilettanten-Theater. H. 6. [07. 14261

— — 4. Aufl. Mit e. Musikbeil. Ebd. [1906]. 42 S. (Dilettanten-Theater. 9.) 1:N 10.1869–1,9. 3.311

— Der Nürnberger Trichter. Lustspiel in 1 Akte. — Paderborn: Schöningh [1907]. 20 S. (Dilettanten-Theater. 78.) 1:Yp 6376–78. 6. 3.313

Alderman, Raim., s. Aldermann, Raim.

Aldermann, Gustav; e. dramat. Roman (v. Fr. Tr. Hase). 2 Thle. 8. Leipz. 779. Weygand. 1 ₰ 9 gr

Aldermann, Raim., Pharisäer im neumodischen Gewande od. „Eine furchtbare Gefahr f. die Sittlichkeit der Völker". Zur Aufklärg. u. Abwehr gegenüber den neuesten verleumder. Angriffen auf die kathol. Kirche u. die kathol. Moral. Ein Wort an deren Freunde u. anständ. Gegner. gr. 8. (72 S.) Mainz 901. F. Kirchheim. n.n. — 25

Aldermann, Raim., Klerikales Schulregiment i. Mainz. E. Blick i. d. Schulverhältn. e. deutschen Stadt. gr. 8. (IV, 127 S.) Mainz 898. F. Kirchheim. n. 1. 20

Alders (Red.), s. Bundesbote, Schlesischer.

Alders, Hermann: 1. Beitrag zur Kenntnis der Bleiphosphate. 2. Ueber die elektrolytische Schnellfällung des Bleies bei Gegenwart von Phosphorsäure und seine Trennung vom Arsen. (Berlin 1909: Ebering.) 52 S. 8°
Berlin, Phil. Diss. v. 26. Juni 1909, Ref. Fischer
[Geb. 15. Juni 76 Berlin; Wohnort: Berlin; Staatsangeh.: Preußen; Vorbildung: Kaiserin-Augusta-Gymn. Charlottenburg Reife O. 05; Studium: Berlin 8 S.; Rig. 26. Juni 09.] [U 09. 133

Alderson. Trsp. in 5 A. v. J. C. Brandes. 8. Leipz. Dyk. 790.

— — desselb. 2r Thl.; od. Miß Sara Sallsbury. Schsp. in 4 A. 8. Ebend.

— — desselb. 3r Thl.; od. Forts. d. Miß Sara Sallsbury. Schsp. in 5 A. 8. Ebend.

Alderson, Johann s. *Alderson*, John. 1788.

Alderson, John

Alderson, Jh., über d. Natur u. Entstehung d. Ansteckungsgiftes bei Fiebern; aus d. Engl. mit Anmerkk. v. W. H. S. Bucholz. 8. Jena 790. Mauke. 6 gr

— [An Essay on the nature and origin of the contagion of fevers, deutsch] Versuch über die Natur und Entstehung des Ansteckungsgiftes bey Fiebern von Johann Alderson. Aus d. Engl. übers. u. mit Anm. vers. von Wilh[elm] Heinr[ich] Seb[astian] Bucholtz. — Jena: Mauke 1790. 100 S. 1: an It 7090. 2. 3.328

— [An Essay on the rhus toxicodendron, deutsch] Versuch über das Rhus Toxicodendron, haarichte Gifteiche oder Giftsumach, nebst Krankengeschichten, welche die Wirksamkeit dieses Mittels in paralytischen Krankheiten beweisen. Aus d. Engl. übers. von Ludwig Friedrich Froriep. Jena: Akad. Buchh. 1799. 71 S. 3. 5. 7. 3.330

— Versuch über d. Rhus Toxicodendron, haarige Gifteiche oder Giftsumach, nebst Krankengeschichten, welche d. Wirksamkeit desselb. in paralit. Krankheiten beweisen; aus d. Engl. übers. v. L. Fr. Froriep. 8. Jena 799. (Hennings in Neisse). 6 gr

Alderwerelt van Rosenburgh, C. R. W. K. van s. Rosenburgh. [09. 13189

Aldin's, Cecil, Mal-Bücher. 3 Hefte. (à 20 [10 farb.] Bl.) Lex. 8. Nürnberg 908. Th. Stroefer. à Heft 1. 20
1. Haustiere. — 2. Geflügel. — 3. Hunde u. Katzen.

— dasselbe. 4.—6. Heft. (16 [8 farb.] Bl.) Lex. 8. Ebd. (910.) à Heft 1. —
IV. Junge Welt. — V. Junge Hunde. — VI. Unsere Tiere.

Aldinger, Pfarrer, Dr. Um 1910 s. *Aldinger*, Paul.

Aldinger, Gottl., Chronik der Gemeinde Leipzig (Bessarabien). 22 S.

Aldinger, Johann Michael: Ausführliche, auf Erfahrung gegründete Bemerkungen über die Anlage der jungen Weinberge, die Bearbeitung derselben; die vortheilhafteste Behandlung der älteren Weinberge; genaue Beschreibung der gewöhnlichen und vorzüglich der brauchbarsten Sorten des Rebwerks; und Zeit und Art der dabei vorkommenden mancherlei Geschäfte. Nebst einem Anhang über die Weinlese, das Keltern und das Einlegen des Weins etc. Zum Nuzen angehender Weingärtner, Weingartbesitzer und Liebhaber etc. Stuttgart: Verf. 1810. VIII,40 S. -- 21*

Aldinger, Julius [app. Arzt aus Fürth]: Die Vorteile der Massagebehandlung bei Malleolen-Fracturen ... Fürth, Druck v. S. Fränkel, 1891; 33 S., 1 Bl. 8.
Erlangen, Med. Fak., Inaug.-Diss. v. Sept. 1891

Aldinger, K. F., Lebensbild, s. Birmele, G.

Aldinger, Karl Fr., wie wird e. Jüngling seinen Weg unsträflich gehen? Predigt, geh. den 20. Juni 1873 am Bundesfest der Jünglings- u. Männer-Vereine in Zürich. gr. 8. (18 S.) Zürich 873. Höhr. — 90

Aldinger, Paul

Aldinger, im Auswandererschiff. Zwei Sonntags-Ansprachen auf der Überfahrt nach Brasilien April—Mai 1909 m. dem Dampfer Halle des Norddeutschen Lloyd, Kapitän Löser. (16 S.) 8. Stuttgart 909. Verlag der ev. Gesellschaft. — 20

Aldinger, Paul: Die Erhebung Arnolds von Isenburg zum Erzbischof von Trier 1242 ff. ([Umschlagt.:] Zur Geschichte der deutschen Kirche unter Papst Innocenz IV. ⟨Erzbischofswahl in Trier 1242 ff.⟩) *Heilbronn 1898: Schell.* (II, 37 S.) 4°
Schönthal, k. ev.-theol. Sm, P 1898 (610)

— Das Itajahy-Tal. Deutsche Siedlung im brasilianischen Urwald, Blumenau u. Hansa. Von Dr. Aldinger. — o.O. [um 1910]. 23 S. 1:Uy 6158. 8. 3.353

Aldinger, [Paul]: Das Itajahy-Tal. Dt. Siedlung im brasilianischen Urwald Blumenau und Hansa. — (Hbg: Persiehl) [um 1910]. 23 S. mit Taf.

Aldinger, Paul, Kunstschmiedereien moderner Richtung. Vorlagen u. Motive zu Gittern, Thoren, Füllgn. u. Geländern. Zum prakt. Gebrauch f. Schlosser, Architekten u. Bauherren. 30 Taf. m. erläut. Text. gr. 4. (13 S.) Leipzig 902. B. F. Voigt. In Mappe 9. —

— Die Neubesetzung der deutschen Bistümer unter Papst Innocenz IV. 1243–1254 von P. Aldinger. — Leipzig: Teubner 1900. IV,194 S. 1: Sa 8437. 12: H. eccl. 25 p. 300: 409.546–B. 2. 3. 5. 6. 7. 9. 10. 11. 3.354

Aldini, Dr. ... über d. Gesundbrunnen zu Lipezk. gr. 8. Braunschw. 794. Pluchart. 6 gr

Aldini, üb. den Gesundbrunnen zu Lipezk. gr. 8. Braunschw. Pluchart. 804.

Aldini, Chevalier. 1819 s. *Aldini,* Giovanni.

Aldini, Gio. s. *Aldini,* Giovanni.

Aldini, Gio. B. s. *Aldini,* Giovanni Battista.

Aldini, Giovanni

— Joannis Aldini De animali Electricitate dissertationes duae. — Bononiae 1794: Inst. scientiarum. XLI S.
1:4° Ky 2040. 5. 7. 8.
3.363

— essai théor. expériment. sur le galvanisme, avec pl. gr.8. Berl. 804. (Reimer). 3 ℛ

— [Essai théorique et expérimental sur le galvanisme, deutsch] Theoretisch-praktischer Versuch über den Galvanismus. Mit e. Reihe von Experimenten ... von Jean Aldini. Mit Zusätzen u. Anm. bearb. von Franz Heinrich Martens. Bd 1.2. — Leipzig: Hinrichs 1804.
1: My 9485. 12: Phys. sp. 10. 2. 8. 9.
3.369

— [Esperienze sopra una nuova difesa procurata ai pompieri, deutsch] Vorrichtungen um die zum Feuerlöschen bestimmten Leute eine gewiße Zeit hindurch gegen die Einwirkungen der Flamme zu schützen, und erweiterte Anwendung der Davys Sicherheits-Lampe von Johann Aldini. — Mailand 1828: K.k. Buchdruckerei. 5 Bl.
12: Phys. sp. 10e. 300: 10.552.
3.366

Aldini, Giovanni Battista: Der neue und vollständige italienische Sprachmeister im Haus und auf der Reise, oder die italienische Sprache in einer gedrängten, für d. praktische Leben u. den schnellen Ueberblick zweckmässigen Darstellung. Von Gio. B. Aldini & W. Becker. Chur & Leipzig: Grubenmann o.J. 190 S.
1: Xn 2842.
3.381

Aldini, Gio. B., u. W. Becker, der neue u. vollständ. italien. Sprachmeister im Haus u. auf der Reise, oder die italien. Sprache in einer gedrängten, für das prakt. Leben und den schnellen Ueberblick zweckmäßigen Darstellung. Ein Hand- u. Hülfsbüchlein f. Alle, die dieselbe leicht, schnell u. gründl. erlernen wollen ꝛc. gr. 12. Chur 843, Grubenmann. 5/12 ℛ

Aldini, J.: Versuch über den Galvanismus, s. Aldini, Giovanni

Aldini, Jean s. *Aldini,* Giovanni.

Aldini, Johann s. *Aldini,* Giovanni.

Aldini, John s. *Aldini,* Giovanni.

Aldinor auserl. Briefe; engl. und deutsch. 8. Hannover, Hellwing. 725.

Aldinor: Choice letters. Auserlesene Briefe aus einigen von den galantesten und berühmtesten englischen Autoribus gesammlet, und ins Hochteutsche übers. von Aldinor. Hanover: Förster 1725. 21,667 S.
Text engl. u. deutsch. 12: Epist. 4m. 9.
3.390

Aldinus, Johannes s. *Aldini,* Giovanni.

Aldoni, J. Portugiesische Sprachlehre: eine vollständige und fassliche Anweisung zur Erlernung der portugiesischen Sprache. 8. Leipzig 1813.

Aldoni, Jos. Portugiesische Sprachlehre. Leipzig 1813. Ü: *Lindau, Wilhelm Adolph.* (MGT)

Aldoni, Jos., (Wlh. Adf. Lindau,) portugiesische Sprachlehre, f. Schulen u. zum Selbstunterr. gr. 8. Leipz. 813. Hinrichs. 18 gℛ Schrbp. 1 ℛ

Aldosser, Karl. Zur Erinnerung an Carl Aldosser. 1882 s. *Aldosser:* Inwieferne können durch Unterlassungen strafbare Handlungen begangen werden?

— Inwieferne können durch Unterlassungen strafbare Handlungen begangen werden? Gekrönte Preisschrift von Carl Aldosser. (Vorr.: Aug[ust] Geyer.) — München 1882: Huttler. VI,134 S.
Nebent.: Zur Erinnerung an Carl Aldosser.
In dem Exemplar von 4 u. 10 fehlt der Nebentitel.
1: Fv 888. 12: Crim. 1 ld. 3. 4. 5. 6. 7. 9. 10.
3.411

Aldrans und Umgebung und Führer im Mittelgebirge. Wilten-Innsbruck [1904]. 2. Aufl. 1910. V: *Bederlunger, Heinz.* (Margr)

Aldredge, G. N. (ed). Silber-Freiprägung. NY. 1896.

Aldrich, Morton Arnold [aus Boston, U. S. A.]: Die Arbeiterbewegung in Australien und Neu-Seeland ... (Erscheint vollst. in d. Jahrb. f. Nationalökon. u. Statist.) Halle a. S., Druck v. E. Karras, 1897; 54 S., 1 Bl. 8.
Halle, Phil. Fak., Inaug.-Diss. v. [6. Aug.] 1897

Aldrich, Thomas B. [aus Port Jefferson, U. S. A.]: Über einige neue Abkömmlinge des Phenylmethylpyrazolons ... Jena, Druck v. A. Kämpfe, 1892; 37 S., 1 Bl. 8.
Jena, Phil. Fak., Inaug.-Diss. v. 1892

Aldrich, Thomas Bailey

Aldrich, Th. B. Marjorie Daw, s.: Libray, english.

Aldrich, T.B.: Marjorie Daw u. and. Erzählgn, s.a. Bibliothek d. Gesamtlitt.

— Marjorie Daw und andere Erzählungen. Autoris. Übers. aus d. Engl. von M. Goulven. — Halle a. S.: Hendel (1900). 95 S. (Bibliothek d. Gesammtlitteratur d. In- u. Auslandes. 1416.1417.)
1: X 8366–1416.1417. 3.
3.448

— Marjorie Daw and other stories, s.: Collection of british authors.

— Marjorie Daw and other tales. Authoris. ed. — Leipzig: Tauchnitz 1879. 296 S. (Collection of British authors. 1838.) 1: Ah 30–1838. 12: P.o. angl. 9 e–1. 6. 7. 8. 11.
3.446

— die Geschichte eines bösen Buben, s. Humoristen, amerikanische.

— Die Geschichte eines bösen Buben und drei andere schöne Historien. Ins Deutsche übertr. von Moritz Busch. — Leipzig: Grunow 1875. 301 S. (Amerikanische Humoristen. 3.)
12: P. o. angl. 171 b–3.
3.463

— Die Königin von Saba. Nebst anderen Erzählungen. Ins Deutsche übertr. von Moritz Busch. — Leipzig: Grunow 1877. 233 S. (Amerikanische Humoristen. 13.)
12: P.o. angl. 171 b–13. 4. 7.
3.456

— Prudence Palfrey und andere Erzählungen, s.a. Universal-Bibliothek Nr. 1387 und 1388.

— Prudence Palfrey und andere Erzählungen. Deutsch von Wilhelm Lange. — Leipzig: Reclam [1880]. 191 S. (Universal-Bibliothek. 1387.1388.)
1: Ag 7201–1387.1388. 300: 410.411–A. Per. 1387.1388.
3.452

Aldrich, Th. B., Prudence Palfrey und andere Leute, s.a. Humoristen, amerikanische.

— Prudence Palfrey und andere Leute. Ins Deutsche übertr. von Moritz Busch. — Leipzig: Grunow 1874. VI,376 S. (Amerikanische Humoristen. 1.)
1: Zd 308–1. 12: P.o. angl. 171 b–1. 4. 7.
3.451

— the stillwater tragedy, s.a. Collection of british authors.

— The Stillwater tragedy. By T. B. Aldrich. Authoriz. ed. — Leipzig: Tauchnitz 1880. 287 S. (Collection of British authors. 1939.)
1: Ah 30–1939. 12: P. o. angl. 9 e–2. 300: 393.080–A. Per. 1939. 6. 8. 10. 11.
3.458

Aldrich, Thomas Bailey, die Tragödie von Stillwater, s.a. Universal-Bibliothek Nr. 1837 und 1838.

— Die Tragödie von Stillwater. Deutsch von Udo Brachvogel. — Leipzig: Reclam [1884]. 283 S. (Universal-Bibliothek. 1837.1838.)
1: Ag 7201–1837.1838. 300: 410.411–A. Per. 1837.1838.
3.460

Aldrich - Vreeland Act, s.a. Notenbankgesetz, Das amerikanische.

Aldrich-Vreeland-Act. — [Aldrich-Vreeland-Act, deutsch] Das Amerikanische Notenbankgesetz vom 30. Mai 1908 ⟨[Nelson Wilmarth] Aldrich-[Edward Butterfield] Vreeland Act⟩. Aus d. Engl. übertr. u. erl. von Paul Marcuse. — Stuttgart & Berlin: Cotta 1908. 20 S. (Das Bundesgesetz d. Ver. Staaten v. Amerika über d. Notenbankwesen ⟨The National Bank Act⟩. Erg.H.)
1: Fg 10347/9-Erg.H. 12: Merc. 0 kc-Erg.H. 5. 6. 11.
3.465

Aldringen: Statistische Darstellung des Kreises Wittlich und Jahres-Verwaltungs-Bericht pro 1859–1861. (Verf.: Aldringen.) — Trier 1863: Leistenschneider. 89 S.
1: 4° Ti 6352.
3.474

Aldringen, Friedrich [aus Wittlich]: Über einige Thiocumarine und deren Verhalten gegen Hydroxylamin und Phenylhydrazin... Berlin, Buchdr. v. Gustav Schade (Otto Francke) (1889): 46 S. + 1 Bl. 8°.
Berlin, Phil. Fak., Inaug.-Diss. v. 31. Jul. 1889.

Aldringen, Johann von, s. Abhandlungen, Hallesche, zur neueren Geschichte Heft 17.

Aldringer, General, eine Anekdote. [1791]. V: *Lucanus, J. H.* (MGT)

Aldringer s. *Altringer.*

Aldrovan, Prinz, oder d. Ungeheuer. 8. Bremen, Müller. 20 K

Aldrovandi, Ulisse
— [Musaeum metallicum, Ausz.] Synopsis musaei metallici, viri incomparabilis, Ulyssis Aldrovandi, omnium metalorum ma'eriam, proprietates, differentias generandi & praeparandi rationem & usum succinctè tradens, innexis variis curiositatibus, scitu lectuque dignis. In gratiam tyronum ed. â Davide Kellnero. — Lipsiae: Klosius 1701. 258 S. 1: Mf 3813. 12: Lith. 11. 300: BE 3 W 18. 7.
3 496

Aldrovandus, Ulysses s. *Aldrovandi,* Ulisse.

Ale, G.
—— das enthüllte Geheimniß d. Kaffeefärbung, nebst and., allgem. nützl. Notizen üb. Kaffee. gr. 16. (3 ½ B.) Nordhausen 842, Fürst.

Ale, G., sicheres Mittel, auf einfache u. kostenlose Weise die Fäulniß d. Citronen zu verhüten. gr. 16. Nordhausen 842, Fürst. ⅓ ß

Alea belli Muselmannici ad deprimendas commilitonum cristas, sincero calamo depicta, ... Amstelodami 1711. V: *Dippel, Johann Conrad.* (stri)

Aleander, Hieronymus. 1516 s. *Aleandro,* Girolamo. 1516.

Aléandre, Jérôme. 1896 s. *Aleandro,* Girolamo. 1516.

Aleandro, Girolamo
— Aleander und Luther 1521. Die vervollständigten Aleander-Depeschen nebst Untersuchungen über den Wormser Reichstag. Von Theodor Brieger. Abt. 1. — Gotha: F. A. Perthes 1884. XVI,315 S. (Brieger, Theodor: Quellen und Forschungen zur Geschichte der Reformation. 1.)
Text ital.
1: Cm 670–1. 12: H. ref. 297 uk–1. 300: 96.559–B. Bd 1. 2. 3. 4. 5. 6. 7. 8. 9. 10. 11.
3.533

Aleandro, Girolamo, Kardinal. 1516: [Depeschen vom Wormser Reichstage 1521, deutsch] Die Depeschen des Nuntius Aleander vom Wormser Reichstage 1521, übers. und erl. von P[aul] Kalkoff. — Halle: Verein für Reformationsgesch. (; Niemeyer in Comm.) 1886. 212 S. (Schriften des Vereins für Reformationsgeschichte. 17.)
1: Cm 660–17. 12: H. ref. 351 nh–17. 300: 391.420–B. Per. 17. 2. 3. 4. 5. 6. 7. 8. 9. 10. 11. 102.
3.534

—— 2., völlig umgearb. u. ergänzte Aufl. Halle a. S.: Niemeyer 1897. 266 S.
1: Cm 7571ᵃ. 12: J. publ. E. 15 n. 300: 90.341–B. 2. 3. 4. 5. 6. 7. 8. 10.
3.535

— [Canti, deutsch] Aus den Dichtungen Aleardo Aleardi's. Freie u. treue Uebertr. von einem Gastfreund auf ital. Boden [d. i. Heinrich Kitt]. — Basel: Schweighauser 1872. VIII,190 S. 1: Xp 8794. 12: P. o. it. 20 y. 5. 7.
3.553

— Legation Aleanders 1538–1539. Im Auftrage des K. Preuss. Historischen Instituts in Rom bearb. von Walter Friedensburg. Hälfte 1.2. — Gotha: F. A. Perthes 1893. (Nuntiaturberichte aus Deutschland. 1,3.4.)
1: Rw 1980–1,3.4. 12: J. publ. E. 288 g–1,3.4. 300: 391.913–B. Per. 1,3.4. 2. 4. 5. 7. 8. 9. 10.
3.539

— [Depeschen vom Wormser Reichstage 1521] Der Reichstag zu Worms im Jahre 1521. Nach den Briefen des päpstlichen Nuntius Hieronymus Aleander. Von Johann Friedrich. — München: K. Akad.; Franz in Comm. 1871. 92 S.
Aus: Abhandlungen der K. Bayer. Akademie der Wiss. Cl. 3, Bd 11,3.
Text ital.
1: 4° Cm 7563. 12: 4° J. publ. G. 475. 102.
3.532

Aleardi, Aleardo, An Hermine, s. An.

Alechem, Scholem, s. A l e i c h e m , Schalom

Alechsieff, Nicolaus: Reactionszeiten bei Durchgangsbeobachtungen. Mit 2 Taf. *Leipzig: W. Engelmann 1900.* (60 S.) 8°
¶ (Aus: Wundts Philos. Studien, Bd. 16, H. 1.)
Leipzig, Phil. Diss. v. [1. Febr.] 1900

Aleck, J. E., Geschichtstafel d. Grossherzogth. Baden f. den Schulgebrauch gezeichnet. Chromolith. Imp.-Fol. Carlsruhe 872. Groos. auf Leinw. m. Stäben n. 6. —

—— Geschichtstafel des deutschen Reiches. Imp.-Fol. Carlsruhe 872, Gross. auf Leinw. mit Stäben *

Alecsandri, s. A l e c s a n d r i , Vasilie

Alecsandri, B., s. A l e c s a n d r i , Vasilie

Alecsandri, Basile, s. A l e c s a n d r i , Vasilie

Alecsandri, Vasilie

— Grui-Sânger. Ein episches Gedicht von V. Alecsandri. Aus d. Rumän. von L[udwig] V[inzenz] Fischer. — Leipzig: Friedrich 1883. 30 S.
1: Zq 26814. 5.
3.597

— Ovid. Schauspiel in 4 Aufz. von V. Alexandri. Aus dem Romän. von Adolf Stern. — Hermannstadt 1886: Typogr. Anstalt. 79 S.
12: P. o. rel. 3871 db.
3.604

Vasile Alexandris [Vasilie **Alecsandri**] Pastelle. Aus d. Rumän. übertr. von Konrad Richter. Bukarest 1904: Göbl Söhne; [aufgekl.: Berlin: Mayer & Müller 1904]. (38 S.) 8° [F.] [05. 13733

— Am Bandusischen Quell. ⟨Fontâna Blanduziei.⟩ Dramat. Dichtung in 3 Aufz. von B. Alecsandri. Aus d. Rumän. übers. von Edgar v. Herz. — Wien: Sachse 1885. 122 S.
1: Zq 28302. 300: 47.939–A.
3.593

— Rumänische Volkslieder. (Verf.: V. Alecsandri.) Übers. von W[ilhelm] Rudow. Nebst Einl.: Der rumänische Volksgeist nach seinen dichterischen Erzeugnissen. 2. Aufl. — Leipzig: Barsdorf 1888. XXXII,112 S.
1: Zq 26040. 3. 7. 8. 10.
3.616

— Rumänische Volkspoesie. Gesammelt u. geordnet von B. Alexandri. Deutsch von W[ilhelm] v. Kotzebue. — Berlin: Decker 1857. XVI,178 S.
1: Zq 25988. 12: P. o. rel. 3872. 300: 11.578–A. 5. 7. 10. 11.
3.615

Alectius, H.: Billardschule für lernende und geübtere Billardspieler mit den nöthigen Billardregeln. — Quedlinburg & Leipzig: Ernst 1830. IV,100 S. 1: Os 11830.
3.620

Alectius, H., Billardschule für lernende und geübtere Billardspieler. (Mit 11 Abbild. (auf e. Steintaf. in 4.) 8. Quedlinb. 837. Ernst. ½ ß

Alednog, (S. H. Gondela), die Mauren in Spanien. Schspl. in 4 A., mit 1 Titelkpf. u. allegor. Umschl. gr. 12. Heidelb. 821. Groos. 1 ß

Alednog, (Sim. Hnr. Gondela,) malerischer Wegweiser in Schwetzinger Garten, m. 12 Kpf. 8. Heidelb. 821. Engelmann. 1 ß 8 K

Alef, Eman., (Hartleben): Successio Romana et hodierna ordine systemat. per tabulas delineata. *Mogunt.*

Alef, Franz: Francisci Alef Commentatio iuridica de eo, quod iustum est circa probandam negativam. Ed. nova ac emend. — Rottenburg 1820: Inst. typogr. 40 S. 7. 10.
3.622

— Francisci Alef Dies academici sive opuscula et dissertationes iuris selectae, quibus iuris principia nova luce donata, praecipua ex iure naturae, gentium et civili capita pertractantur ... Opus peramoenum, ac utilissimum, plurimis nunc auctum accessionibus. Praemissa est praef., subiunctusque index locupletissimus. — Heidelbergae: Pfaehler 1753. 896 S. 4°
300: 184.245–B. 2. 4. 5. 6. 7. 8. 10.
3.623

Alefeld, Arzt, Ober-Ramstadt. 1856 s. *Alefeld* gen. Lechdringhausen, Friedrich.

Alefeld, Detlef v. s. *Ahlefeldt,* Detlev v.

Alefeld, Ernst: Zur Kenntnis der Aldehydo- und Ketonsäuren. Der Halbaldehyd der Bernsteinsäure. Ueber die Reduktion der Lävulinsäure. Kiel 1909: Lüdtke & Martens. 40 S. 8°
Kiel, Phil. Diss. v. 23. April 1909, Ref. Harries
[Geb. 22. April 83 Ober-Ramstadt; Wohnort: Darmstadt; Staatsangeh.: Hessen; Vorbildung: Ludwig-Georgs-Gymn. Darmstadt Reife O. 03; Studium: Darmstadt Techn. Hochsch. 1, München Techn. Hochsch. 1, Univ. 2, Kiel 8 S.; Rig. 16. Jan. 09.] [U 09. 2298

Alefeld, Friedrich: Die Bienen-Flora Deutschlands und der Schweiz, s. A l e f e l d , gen. Lechdringhausen, Friedrich

Alefeld, Georg Ludwig

Alefeld, Ge. Lud., An contrafissura in cranio infantis aeque ex adulti generari queat. Giss. 4°. *Haller*, Bibl. chir. II, 437.
1757.

Alefeld, G. L., resp. Jo. God. **Beuer**, Diss. an contrafissura in cranio infantis aeque ac adulti generari queat? Giss. 4°.
1769

Alefeld, Georgius Ludovicus (Resp.): De genuina caussa gravitatis..., s. A l e f e l d, Joh. Ludovic (Praes.)

Alefeld, Ge., Lud., Diss. de doloribus in partu silentibus, variisque eos excitandi modis. Giss. 4°. 1770

Alefeld, Ge. Lud., resp. Volr. Cas. **Müller**, De pathematibus hystericis. Giss. 4°. 1767

Alefeld, Georgius Ludovicus (Resp.): De vi inertiae... s. A l e f e l d , Joh. Ludovic. (Praes.)

Alefeld, Hermann August, appr. Arzt a. Darmstadt: Zwei Fälle von Herpes Zoster bei Tabes Dorsalis. München 1905: Kastner & Callwey. (36 S.) 8°
München, Med. Fak., Ref. v. Bauer, Diss. v. 27. Juli 1905
[Geb. 27. Mai 80 Darmstadt; Wohnort: Darmstadt; Staatsangeh.: Hessen Vorbildung: Ludwig-Georgs-Gymn. Darmstadt Reife M. 98; Studium Würzburg 1, Marburg 1, Kiel 2, Berlin 3, München 2 S.; Coll. 27. Juli 05 Approb. 17. Juli 03.]

Alefeld, Johann Ludwig

Alefeld, Ioh. Ludovicus. Dissertatio inauguralis de Belo Babylonio philosopho Chaldaeorum antiquissimo quam . . . praeside . . . — . . . exhibet Ioh. Georgius Bechtold Gissae 1755.

Alefeld, Johann Ludwig: Kurtze Betrachtung der Grösse überhaupt, wie auch derer fürnehmsten Gattungen und Eigenschafften derselben. — Giessen 1737 : J. Müller. 24 S. 4. 3.626

* De genuina caussa gravitatis corporum terrestrium verisimilia, sub praesidio patris *Joh. Ludovic. Alefeld*, Philosoph. natural. Prof. O. et alumni. princip. Ephori, disceptationi publicae exponet *Georgius Ludovicus Alefeld*, Giessens. Medicinae C. Giessae typis Eberh. Henr. Lammers, acad. typogr. 4. 16 S. 1754.

— Zufällige Gedancken von dem Reich derer Gelehrten und dessen wahrhafftiger Beschaffenheit. — Giessen (1731): Lammers. 18 S. 4. 3.627

* De Iride Diluuii non redituri Signo, Praef. *I. Lud. Alefeld*, Resp. *I. Mart. Herwig*. Giessae. 2½ Bog. 1752
Gött. gel. Anz. 1753. p. 101.

— Poetae vino dediti ex antiquioribus duodecim, latebris suis extracti . . . a Joh. Ludovico Alefeld. — Giessae (1726): J. Müller. 4 Bl. 4. 3.628

— Vertheidigung seines ohnlängst beygebrachten Beweises: dass Noah vor der Sündfluth keinen Regenbogen gesehen habe; gegen die Göttinger Anzeigen von gelehrten Sachen. — Giessen 1753: Lammers. 8 S. 4° 2. 3.629

* De vi inertiae reactione corporum disquisitio physica, quam praef. *Johanne Ludovico Alefeld* Philos. natur. Prof. O. et alumnor. princip. Ephoro, pro cathedra defendet *Georgius Ludovicus Alefeld* Giessensis, Philos. et Medic. C. Giessae, typis Johannis Jacobi Braun, Ac. typogr. 4. 24 S. 1752.

Alefeld gen. Lechdringhausen, **Friedrich:** Die Bienen-Flora Deutschlands und der Schweiz, bearb. von Dr. Alefeld. — Darmstadt: Küchler in Comm. 1856. 170,V S. 12: Oecon. 52 q. 3.630

— — (2. Ausg.) Neuwied: Heuser 1863. 170,V S.
Im Exemplar von 1 u. 5 fehlt Umschlagt. mit der Angabe: 2. Ausg.
1: Ma 16698. 5. 9. 3.631

Alefeld gen. Lechdringhausen, Frdr., landwirthschaftliche Flora oder die nutzbaren kultivirten Garten- u. Feldgewächse Mitteleuropa's in allen ihren wilden u. Kulturvarietäten f. Landwirthe, Gärtner, Gartenfreunde u. Botaniker, insbesond. für landwirthschaftliche Lehranstalten. Berlin 866. Wiegandt & Hempel in Comm. gr. 8. (VIII, 364 S.) n. 1 ℛ 5 ngr.

— Grundzüge der Phytobalneologie oder der Lehre von den Kräuter-Bädern. — Neuwied: Heuser 1863. IV,96 S. 1: Ir 9201. 12: M. med. 17 g. 5. 3.633

— Die Lehre von den Kräuter-Bädern. 1866 s. a. *Alefeld:* Grundzüge der Phytobalneologie. 2. Aufl.

—— die Lehre von den Kräuter-Bädern. 2. (Titel-)Aufl. gr. 8. (IV und 96 S.) Neuwied (863)66, Heuser. *

— Die Lehre von den Kräuter-Bädern von Friedrich Alefeld. 2. Aufl. — Neuwied & Leipzig: Heuser 1866. IV, 96 S. 1: Ir 9201ᵃ. 12: M. med. 17 h. 5. 3.634

Alefeldt, Gossche von

— — De consensu electorali, German.: In was für Vorfallenheiten bey dem H. Röm. Reiche der Churfürsten Einwilligung ohnunumgänglich erfordert werde. Präs. Nic. Chph. Lyncker, 18. IX. 1677. Jena (Jo. Bernh. Heller) 1737. 44 S., z. gr. Tl. deutsch. (5.—) 267

Alejandro s. *Alexander.*

Aleichem

— Ruchele, s.: Novellenschatz, jüdischer. III.

Aleichem, Schalom (S. Rabbinowitz), ausgewählte Novellen. (In russ. Sprache.) (219 S.) 8. Berlin (910). Bühnen- u. Buchverlag russ. Autoren. 3. —

Aleithozetetes: Glaubensbekenntniss denkgläubiger Christen, welches im Jahre 1830 als am 300jährigen Jubelfeste wegen Uebergabe der Augsburgischen Confession (1530 den 25. Jun.) der Mitwelt vorgelegt werden sollte, zur Vergleichung, Prüfung und Beherzigung. Eine Lesefrucht ohne Noten und Citate. — Neustadt a. d. O.: Wagner 1830. 36 S. 12: Polem. 3039–38 [u. 8.] 7. 9. 3.656

Aleksandr. — Aleksandr III [Kaiser v. Russland] i konstitucija. — Berlin: Štejnic (1906). 22 S. [Russ.]
Nebent.: Alexander III. u. die Konstitution.
(Sobranie lučšich russkich proizvedenij. 124.)
1: Ue 6569. 12: Russ. 210z–124. 3.662

Aleksandr I. Kaiser von Rußland.

— Manifest Alexander des I. Kaisers und Selbstherrschers von ganz Rußland. Die Begebenheiten der letztvergangenen 25 Jahre, vorzüglich aber von 1812. 1813. 1814 und 1815 enth. — o.O. 1816. 20 S.
Franz. Ausg. s. *Aleksandr:* Grand Manifeste.
1: Deutsche Flugschr. 1816–11. 3.673

— Rede Alexander des Ersten, geh. nach seiner Zurückkunft aus Deutschland in der Versammlung des geheimen Senats in Petersburg d. 22. Dec. 1805. — St. Petersburg: Petrowitzsch 1806. 16 S.
1: Deutsche Flugschr. 1806–7. 3.677

Aleksandr Michajlovič Großfürst v. Russland, aus d. Hause Rurik, 14. Jh. s. *Alexander.* — Alexander der Zweite, Großfürst von Rußland. 1803.

Aleksandrov, Ivan Ivanovic

Aufgaben aus der niederen Geometrie. Nach Lösungsmethoden geordnet u. zu e. Übungsbuche zsgest. von Ivan A l e x a n d r o f f [Ivan I v a n o v i č Aleksandrov: Metody rěšenij geometričeskich zadač na postroenie i sbornik geometričeskich teorem i zadač na postroenie ..., deutsch.] Mit e. Vorw. von Dr. M[ax] Schuster, Prof. zu Oldenburg, u. 100 Fig. *Leipzig & Berlin: B. G. Teubner 1903.* (V, 123 S.) 8°

A l e k s a n d r o w, Alex., Sprachliches aus dem Nationaldichter Litauens Donalitius. I. Zur Semasiologie. Inaugural-Dissertation. gr. 8. (69 S.) Dorpat 886, (Karow.) *
Nicht weiter erschienen.

Aleksandrowicz, Arnold: Venus vulgivaga. Tragikomödie in 3 Aufz. — Berlin-Leipzig: Wigand 1912. 70 S. 1: Ys 40405. 3.726

Alekseev, Georgij

(—) Notice sur une médaille antique inédite ainsi que sur deux autres très rares de Pharzoïos et de Kerkinitis. (Verf.: Georges d'Alexéieff.) — (Dresde 1870: Blochmann.) 15 S. 1: 23 in 4° Pi 471ᵃ. 3.736

Alekseev, V. 1872: Neues Lehrbuch der russischen Sprache mit beigefügten Sprechübungen und Lesestücken . . . Bearb. von W. Alexejew. Kursus 1. — St. Petersburg: Schmitzdorff 1872. 148 S.
1: Zn 1050–1. 12: L. rel. 1072k–1. 11. 3.783

— — Kursus 1. 2. Aufl. Ebd. 1880. 4. 102ᴾ. 3.784

— — Kursus 1. 3., verb. Aufl. Ebd. 1886. 151 S. 300: 39.365. 3.785

Alekseev, V. 1872: Neues Lehrbuch der russischen Sprache mit beigefügten Sprechübungen und Lesestücken. Nach einer praktischen Methode für den Schul-, Privat- und Selbst-Unterricht bearb. von W. Alexejew. Kursus 1. 10., verb. Aufl. — Leipzig: Amelang 1904. 2. 10. 3.786

— Neues Lehrbuch der russischen Sprache mit beigefügten Sprechübungen und Lesestücken. Nach einer praktischen Methode für den Schul-, Privat- u. Selbst-Unterricht bearb. von W. Alexéjew. Kursus 2. — St. Petersburg: Schmitzdorff 1876. IV,194 S.
1: Zn 1050–2. 12: L. rel. 1072 k–2. 102 P.
3.791

Aleksěj Michajlovič Kaiser v. Russland, 1645-1676.

Allgemeines russisches Land-Recht, wie solches auf Befehl Ihr. Czaar. Majest. Alexei Michailowicz zusammen getragen worden, damit allen Ständen des Moscowitischen Reichs ... gleichmäßiges Recht u. Gerechtigkeit in allen Dingen wiederfahren möge. Aus d. Ruß. ins Teutsche übers., nebst einer Vorr. Burcard Gotthelf Struvens. — Dantzig 1723. 244 S.
1: Ho 2544. 12: 4° J. rel. 903 [u. ö.] 300: • 28 L 61. 2. 3. 4. 7. 9. 10.
3.819

Aleksěj Petrovič Großfürst v. Russland s. *Acta* des Inquisitions-Processes, so zu St. Petersburg wider den Czaarowitz Alexium Petrowitz 1718 angestellet. 1718.

Aleksěj Svjatoj s. *Alexius* Sanctus.

Aleksinac, s.: Serbien.

Aleman, Mateo
— Geschichte des Guzman d'Alfarache. Nach Le Sage's Bearb. aus d. Franz. übers. u. mit e. biogr.-krit. Ueberblick des Lebens u. der Werke d. Verf. begleitet von Friedrich Gleich. Bdch. 1–4. — Altenburg: Verl. d. Hofbuchdr. 1828. (Sammlung d. ausgezeichnetsten humoristischen u. komischen Romane d. Auslandes. 6/9.) 1: Xl 3170. 8. 10. 11.
3.878

Alemán, Mateo
— Geständnisse eines Weltkindes. Hrsg. von Chr(istian) Aug(ust) Fischer. — Leipzig: Hartknoch 1802. 288 S. (Komische Romane d. Spanier. 2.) 1: Xl 300–2.
3.908

[—] — Lustige Lebensgeschichte Gußmanns von Alfarache, andern zum Beyspiel von ihm selbst beschrieben u. ihres besonderen Inhalts wegen ins Deutsche übers. (von Ferdinand Wilhelm Beer). [Nebst] Forts. u. Beschluß. — Leipzig: Jacobi 1751–52.
1: Xl 3165. 12 [∞ Forts. u. Beschl.]: P. o. hisp. 11 f. 6. 11.
3.877

Aleman, W. v., k. k. Unterlieut. etc. Elemente der entwerfenden Geometrie, nebst einem Anhange von der Bestimmung der Schattenumrisse. (Mit 13 lithogr. Taf.) 8. Wien 1825.

Alemann, Pastor.: Worte der Rede und des Gebets, zur Weihe des neuen Gymn.-Gebäudes am 3. August 1831 vor dem Gebäude gesprochen. 5 S.
Progr. Bielefeld 1831.

de Alemann, Chr. Ladisl., Monographia Chloroseos. 8maj. Prag 844. (Ehrlich.) n. 1/3 ₰

Alemann, D.: Kurzer Abriß der Religionsgeschichte. — Bielefeld: Helmich 1826. 32 S. 1: Cb 3321. 6.
3.916

Alemann, D., ausgewählte Abschnitte aus dem Alten Testamente, z. Gebrauch in der Schule u. beim sonstig. Religionsunterrichte. 8. Bielefeld 841, Velh. u. Klasing. n. 8 3/4 ngl

Alemann, D., ausgewählte Abschnitte aus d. Alten Testamente, z. Gebrauch in d. Schule u. beim sonst. Religionsunterrichte. 8. (18 1/2 B.) Bielefeld 842, Velhagen u. Klasing. *

Alemann, (D.,) Erinnerungen an Confirmanten z. Schluß d. Unterrichts. 8. Bielefeld 824, Helmich.

— — Abgekürzte Umarbeitung des hannöverischen Katechismus, in seinem Haupttheile: Ausführliche Erklärung der christlichen Lehre; besonders zum Gebrauch bei dem Confirmandenunterricht. — Bielefeld: Helmich in Comm. 1824. 128 S. 1: Eo 10500.
3.918

— — 2., mit e. Religionsgeschichte verm. Aufl. Bielefeld: Helmich 1826. 128 S.
Die Religionsgeschichte fehlt. 1: Eo 10500². 6.
3.919

— — Abgekürzte Umarbeitung des hannöverischen Katechismus in seinem Haupttheile: Ausführliche Erklärung der christlichen Lehre; nebst einer kurzen Religionsgeschichte. 3., wenig veränd. Aufl. — Bielefeld: Velhagen 1833. 128, 32 S.
Sondert.: Alemann: Kurzer Abriß der Religionsgeschichte. 2., verb. Aufl.
1 [∞ Religionsgesch.]: Eo 10500³. 6.
3.920

— — 4., wenig veränd. Aufl. Bielefeld: Velhagen & Klasing 1838. 119,32 S.
Sondert.: Alemann: Kurzer Abriß der Religionsgeschichte. 3., verb. Aufl.
1: Eo 10500⁴. 6.
3.921

Alemann, D., abgekürzte Umarbeitung des Hannöv. Katechismus in seinem Haupttheile: Ausführl. Erklärung der christl. Lehre; nebst einer kurz. Religionsgeschichte. 3e wenig veränd. Aufl. 8. Bielefeld 834. Velhagen. 5 gl 4e wenig veränd. Aufl. 8. Ebd. 838. Velhagen u. Klasing. 1/6 ₰

Alemann, Eberhard v.: Geschichte des Geschlechts von Alemann. — (Magdeburg 1909: Faber.) VIII,442 S.
1: 4° S 2070. 300: 476.147–C. 3.
3.922

Alemann, Emil v. Kurzgefaßte Geschichte d. k. u. k. Infanterie-Regiments König Humbert I. von Italien Nr. 28. 8. (III, 48 S.) Prag 890, Rytka. * — 60

Alemann, Friedrich Adolf v.: Ueber Forst-Culturwesen. Aus den Erfahrungen mitgeth. von F. A. v. Alemann. Mit 8 Taf.-Abb. — Magdeburg: Baensch 1851. IV,49 S. 1: Oy 11258. 12: Oecon. 52 t. 11.
3.924

— — 2., verb. u. verm. Aufl., nebst 16 Abb. in Holzschn. Ebd. 1861. 79 S.
1: 9 in 4° Oy 1800. 7.
3.925

— — 3., verb. u. verm. Aufl., mit 17 Abb. in Holzschn. Leipzig: Baensch 1884. VII,82 S.
1: Oy 11259. 12: Oecon. 52 td.
3.926

Alemann, Friedr. Adph. v., über Forst-Culturwesen. Aus den Erfahrungen mitgetheilt. 3. verb. und verm. Aufl. gr. 8. (VIII, 82 S. mit 17 Abbild. in Holzschn.) Leipzig 884, [Baensch Verlag.] Bredow. *

Alemann, Hans v. 1895: Gedanken über Philosophie und Christenthum. Ein Beitrag für d. allgem. Union. — Seehausen i. Altm.: Roever 1895. 35 S. 1: Dd 3730. 3.
3.927

Alemann, J.: Bilder aus der argentinischen Republik. — Buenos Aires 1877: Dampf-Buchdr. des „Courier de La Plata". VIII,156 S. 1: Uy 8973/76.
3.931

Alemann, J., Bilder aus der Argentinischen Republik. gr. 8. (VIII, 156 S.) Buenos Aires 877. Hamburg, Kittler's Sort. n. 4. —

Alemann, J., neueste Mittheilungen üb. die Argentinische Republik. [Aus: „Ott, Führer nach Amerika, 2. Aufl."] 8. (56 S.) Biel 882. (Bern, Jenni.) n. — 60

Alemann, Jochanan, Schaar ha-cheschek. Erepta ex introductione in commentarium in canticum canticorum. Editio II. (In hebr. Sprache.) Berlin (862.) Adolf & Co. 4. (91 S.) n. 1 ₰

Alemann, Jochanan, Schaar ha-cheschek. Erepta ex introductione in commentarium in canticum canticorum. Editio II. (In hebr. Sprache.) 4. (91 S.) Berlin 862, [Cohn's Verlag.] *

Alemann, M., s. Alemann, Moritz

Alemann,
— **Martin** (Magdeburg), De successione descendentium. Präs. David Cichorius (Lausitz). Wittenberg (Wwe. Joh. Hake) Juni o. J. (Ende 17. Jahrhundert). 14 Bl. (4.—) 272
Widm. v.: Michael Wendeler, Johann Müller (Plauen/V., dtsch.).

Alemann, M[oritz]. Argentiniens Bedeutung für Handel, Kapitalanlagen und Niederlassung. Vortrag gehalten in der Kaufmännischen Gesellschaft zu Basel, am 28. März 1908 (**Umschlag*: Eine wirtschaftliche Studie) von M. A'. Nebst einer Karte von Südargentinien. 48 S. 8. Basel, Basler Buch- und Antiquariatsh., 1908. [fr. 1. —]

Alemann, Moritz: D. grosse Neuquen-Bahn u. d. Rio Negro, s. Kolonisations-Gebiete i. Süden d. Argentin. Republik.

Alemann, M[oritz]. Am Rio Negro. Ein Zukunftsgebiet germanischer Niederlassung. Drei Reisen nach dem argentinischen Rio Negro-Territorium. Mit 90 Illustrationen [auf 19 Tafeln und dem Umschlag], 2 Karten und 1 [im Text eingedruckten] Situationsplan. Ein Führer für Ansiedler, Unternehmer und Kapitalisten von M. A', Buenos Aires. XVI + 176 S. 8. Berlin, Dietrich Reimer, 1907. [M. 3. —]
Verf. ist Berner.

Alemann, M., die Kolonie Tornquist im Distrikt Bahia Blanca [im Süden der Prov Buenos Aires] als Ansiedlungspunkt f. schweizerische u. deutsche Ackerbau-Familien. Nebst 1 Karte. 8. (40 S.) Bern 886. (Schmid, Francke & Co.) n. — 50

Alemann, Th.; E. Ausflug n.d. Chubut-Territorium, s. Kolonisations-Gebiete i. Süden d. Argentin. Republik.

Alemann, Theodor: Kolonisations-Gebiete in Centrum der Argentinischen Weizen-Region. — Buenos Aires 1892: „Helvetia". 128 S., 1 Kt.

Alemann, Theodor: Aus dem Südwesten der argentinischen Klee-Region. Das National-Territorium Pampa Central. Von einem alten Grenzer. — Buenos Aires 1904. 64 S. mit 1 Kt.
Aus: Bilder aus der südwestl. Alfalfa-Region im „Argentinischen Wochen- und Tageblatt."

Alemann, W. v.: Elemente der entwerfenden Geometrie, nebst einem Anhange von der Bestimmung der Schattenumrisse. Mit 13 Taf. — Wien: Heubner 1825. VIII,180 S.
300: 39 T 12. **89.**
3.940

Alemann, Wilhelm Christoph August: Observationes quibus iuris Romani argumenta de odio debitorum, creditorum vindicta et concursu imminente illustrantur. (Verf.: Wilh. Christoph Aug. Alemann.) — Goettingae 1752: Schultz. 93 S.
1: Gf 1012. **12:** 4° Diss. 790/10. **300:** 126.349–B. **4. 7.**
3.941

Alemannenalbum. — Alemannen-Album. Zur Erinnerung an d. 50jähr. Stiftungsfest d. Burschenschaft Alemannia zu Bonn ⟨18. Juli 1894⟩, gefeiert 1894 zu Bonn u. Oberwesel. (Berlin 1894: Langenscheidt.) 90 S. **11.**
3.942

Alemannia s.a. Allemannia

Alemannia. Zeitschrift f. Sprache, Litteratur u. Volkskunde d. Elsasses u. Oberrheins hrsg. v. Ant. Birlinger. 1—4. Jahrg. à 3 Hfte. (à ca. 100 S.) gr. 8. Bonn 872—76. A. Marcus. à Jahrg. n. 6. —

Alemannia. Zeitschrift für Sprache, Litteratur und Volkskunde des Elsasses und Oberrheins hrsg. von Ant. Birlinger. 2.—6. Jahrg. à 3 Hefte. gr. 8. (à Heft ca. 96 S.) Bonn 875—78, Marcus. à Jahrg. *

—— Zeitschrift für Sprache, Litteratur und Volkskunde des Elsasses, Oberrheins und Schwabens, hrsg. von Ant. Birlinger. 7. Jahrg. 3 Hefte. gr. 8. (à Heft ca. 96 S.) Ebendas. 879. *

Alemannia. Zeitschrift für Sprache, Litteratur und Volkskunde des Elsasses, Oberrheins und Schwabens, hrsg. von Ant. Birlinger. 8.—12. Jahrg. à 3 Hefte. gr. 8. (à Heft ca. 96 S.) Bonn 880—85, A. Marcus. à Jahrg. *

Alemannia. Zeitschrift für Sprache, Litteratur und Volkskunde des Elsaszes, Oberrheins und Schwabens, hrsg. von Ant. Birlinger. 13. und 14. Jahrg. à Jahrg. 3 Hefte. gr. 8. (à Heft 96 S.) Bonn 885,86, A. Marcus. à Jahrg. *
—— dass. — 15. und 16. Jahrg. à Jahrg. 3 Hefte. gr. 8. (à Heft 96 S.) Bonn 887,88, Hanstein. à Jahrg. *

Alemannia. Zeitschrift f. Sprache, Litteratur u. Volkskunde d. Elsaszes, Oberrheins u. Schwabens, hrsg. v. A. Birlinger. 15.—18. Jahrg. à 3 Hfte. gr. 8. (à Hft. ca. 96 S.) Bonn 887—890. Hanstein. à Jahrg. n. 6. —

Alemannia. Zeitschr. f. Sprache, Litteratur u. Volkskunde d. Elsaszes, Oberrheins u. Schwabens, hrsg. v. Ant. Birlinger. 19. Jahrg. 1891. 1. Hft. gr. 8. (96 S.) Bonn, P. Hanstein. n. 2. —

— Zeitschrift f. Sprache, Kunst u. Altertum, besonders d. alemannisch-schwäb. Gebiets, begründet v. Ant. Birlinger, fortgeführt v. Frdr. Pfaff. 19. Jahrg. 2. u. 3. Hft. gr. 8. (VIII u. S. 97—196 m. 1 Bildnis u. 1 Taf.) Ebd. 892. n. 4. — (kplt.: n. 6. —)

— dasselbe. 20. Jahrg. 3 Hfte. gr. 8. (à Hft. ca. 100 S.) Ebd. 893. n. 6. —

Alemannia. Zeitschr. f. Sprache, Kunst u. Altertum, bes. d. alemannisch-schwäb. Gebiets, begr. v. Ant. Birlinger, fortgef. v. Frdr. Pfaff. 21.—25. Jahrg. à 3 Hfte. (à ca. 100 S.) gr. 8. Bonn 893—97. P. Hanstein. à Jahrg. n. 6. —

Alemannia. Zeitschrift f. Sprache, Kunst u. Altertum besonders des alemannisch-schwäb. Gebiets, begründet v. Ant. Birlinger, fortgeführt v. Friedr. Pfaff. 26. Jahrg. 3 Hfte. gr. 8. (IV, 288 S.) Bonn 898. P. Hanstein. n. 6. —

— dasselbe. 27. Jahrg. 3 Hfte. gr. 8. (IV, 288 S.) Freiburg i. B. 899. F. E. Fehsenfeld. n. 6. —

— dasselbe. Zeitschrift f. alemann. u. fränk. Geschichte, Volkskunde, Kunst u. Sprache. Zugleich Zeitschrift der Gesellschaft f. Geschichtskunde in Freiburg i. B. Hrsg. v. Friedr. Pfaff. Neue Folge. 1. u. 2. Bd. (Der ganzen Reihe 28. u. 29. Bd.) à 3 Hfte. gr. 8. (IV, 288 S. u. III, 288 u. XVI S.) Ebd. 900. 901. à Bd. n. 6. —

— dasselbe. 3. (der ganzen Reihe 30.) Bd. 3 Hfte. gr. 8. (IV, 288 S. m. 2 Abb. u. 2 Plänen.) Ebd. 902. n. 6. —
A. u. d. T.: Zeitschrift der Gesellschaft f. Beförderung der Geschichts-, Altertums- u. Volkskunde v. Freiburg, dem Breisgau u. den angrenzenden Landschaften.

Alemannia. Zeitschrift f. alemann. u. fränk. Geschichte, Volkskunde, Kunst u. Sprache. Zugleich Zeitschr. der Gesellschaft f. Geschichtskunde zu Freiburg i. B. Hrsg. v. Frdr. Pfaff. Neue Folge. 4. (der ganzen Reihe 31.) Bd. 3 Hfte. (IV, 288 S. m. 5 Abb. u. 2 Planskizzen.) gr. 8. Freiburg i. B. 903. F. E. Fehsenfeld. n. 6. —

— dasselbe. Neue Folge. 5.—7. Bd. (Der ganzen Reihe 32.—34. Bd.) à 4 Hfte. (à IV, 320 S. m. Abbildgn.) gr. 8. Ebd. 904—906. à Bd. n. 10. —

Alemannia. Zeitschr. f. alemann. u. fränk. Geschichte, Volkskunde, Kunst u. Sprache. Zugleich Zeitschrift der Gesellschaft f. Geschichtskunde zu Freiburg i. B. Hrsg. v. Frdr. Pfaff. Neue Folge. 8. u. 9. Bd. (Der ganzen Reihe 35. u. 36. Bd.) à 4 Hefte. (à ca. 80 S.) gr. 8. Freiburg i/B. 907. 908. F. E. Fehsenfeld. à Bd. 10. —

— dasselbe. Zeitschrift f. alemann. u. fränk. Volkskunde, Geschichte, Kunst u. Sprache. Hrsg. zugleich im Auftrage des Vereins f. Volkskunde, ländl. Wohlfahrtspflege u. Heimatschutz „Badische Heimat" v. Frdr. Pfaff. III. Folge. 1. u. 2. (der ganzen Reihe 37. u. 38.) Bd. à 3 Hefte. (II. Bd. 1 Hft: 96 S.) gr. 8. Ebd. 909. 10. à Bd. 6. —

Alemanno, Matteo s. *Alemán*, Mateo.

Alemano, Matteo s. *Alemán*, Mateo.

d'Alembert: Abhandlg. üb. Dynamik, s.a. Ostwald's, W. Klassiker d. exakten Wiss.

Alembert, Jean Le Rond de

—— Abhandlung über Dynamik, in welcher die Gesetze des Gleichgewichtes und der Bewegung der Körper auf die kleinstmögliche Zahl zurückgeführt und in neuer Weise abgeleitet werden ... Von d'Alembert. ⟨1743.⟩ Uebers. u. hrsg. von Arthur Korn. Mit 4 Taf. — Leipzig: Engelmann 1899. 210 S. (Ostwald's Klassiker d. exakten Wissenschaften. 106.)
1: Lf 23200–106. **12:** Var. 354t–106. **2. 3. 4. 5. 6. 8. 9. 10. 11. 82. 83. 85. 89.**
3.1029

— Herrn d'Alembert Abhandlung von dem Ursprung, Fortgang und Verbindung der Künste und Wissenschaften. Aus d. Franz. übers. [von Jacques Weguelin]. Mit philosophischen Anm. erl. u. mit e. Anh. von Verbindung der Wissenschaften begleitet. — Zürich: Orell, Geßner & Co. 1761. 8,389 S. **12:** H. lit. U. 31 f. **2. 6. 10.**
3.973

d'Alembert, ... Abhandl. vom Ursprung, Fortgang rc. d. Künste u. Wissenschaften. Aus d. Französ. mit philosoph. Anmerkk. 2e Aufl. 8. Zürich 763. Geßner. 12 gr

—Anfangsgründe d. Philosophie. Aus d. Französ. gr. 8. Wien 787. Hörling. 16 gr

Alembert, Jean Le Rond d' Hrn. d'Alembert Systematische Einleitung in die musicalische Setzkunst nach den Lehrsätzen des Herrn Rameau. Aus d. Franz. übers. u. mit Anm. verm. von Friedrich Wilhelm Marpurg. — Leipzig: Breitkopf 1757. 136 S.
1: Mus. Ga 78. **12:** 4° Mus. Th. 27a [u.ö.]
65 **300:** SA 71 D 6. M. S. **2. 4. 5. 7. 10.**
3.981

Alembert, D', an Friedrich II. über die Theilung Polens. Eine enthüllte Prophezeiung. A. d. Franz. Amsterdam und Cöln. [Leipzig] 1808. Ü: *Fischer, K.* (Ky) (Wr)

—— Geschichte der Bettelmönche. Aus d. Franz. übers. [von Johann Scheuber]. — Frankfurt & Leipzig 1769. 209 S. **1:** Cg 11205. **12:** H. mon. 198d. **5.**
3.993

— Geschichte von Errichtung der Bettelorden. Aus d. Franz. — Straßburg 1769. 278 S.
12: H. mon. 199 [u.ö.] **300:** 111.210–A. **5. 7.**
3.994

— Aus d. Franz. Th. [1.] 2. Leipzig 1769–70.
1: Cg 11204.
3.995

—Lobreden in der Akademie d. W. gehalten; aus d. Französ. (v. L. A. Lamotte). 8. Tübing. 783. (Osiander) 12 gr

Alembert, Jean le Rond d'. Lobreden in den öffentlichen Sitzungen der französischen Akademie gehalten, aus dem Französischen. Tübingen 1783. Ü: *La Motte, Ludwig Alexander.* (MGT) (Ky) (Ml)

— Lobreden in den öffentlichen Sizungen der französischen Akademie gehalten. Aus dem Franz. des Hn. von Alembert. — Tübingen: Heerbrandt 1783. 310 S. 12: Acad. 79 g.
3.986

— (Meditationes de generali ventorum causa) Réflexions sur la cause générale des vents. Piéce, qui a remporté le prix proposé par l'Académie Royale des sciences et belles lettres de Prusse. Par d'Alembert. A laquelle on a joint les pièces qui ont concouru. — Berlin: Haude & Spener 1747. XXIV,224 S.
Text lat. 1: Mz 7332. 300: 71 W 25. 3. 5. 7. 8. 10.
3.1004

[—] Mélanges de littérature, d'histoire et de philosophie. T. 1.2. — Berlin [vielm. Paris] 1753.
1: Ag 2926. 12: Opp. 208. 3. 7. 8.
3.1006

— mélanges de littérature, d'hist. et de physique. V Voll. 12. Bern,784. Typogr. Soc. 4 rf

— mélanges de philosoph. et de littérature. V Voll. 12. Bern, Typogr. Soc. 4 rf

— s. Montesquieu, esprit de loix.

D'Alembert, Reflexions sur la cause générale des Vents. Preisarbeit. Mit 6 Taf. und 1 Tabelle. Berlin 1747.

— Untersuchungen über die Präcession der Nachtgleichen und über die Nutation der Erdaxe nach Newton's Systeme. Von d'Alembert. Uebers. von G[eorg] K[arl] Seuffert. Nürnberg: Korn 1857. XXX,138 S.
1: Om 9400. 12: Math. A. 2f. 7. 89.
3.1020

D'Alembert, Ursprung u. Entwickelung d. Wissenschaften u. Künste, s.: Volksbibliothek, wissenschaftliche.

— Versuch über d. Mißbrauch d. Kritik d. Religion; a. d. Französ. 8. Presb. 784. Löwe. 5 gr

— Alemberts Versuch über den Umgang der Gelehrten und Grossen; über den Ruhm, die Mäcenen, und die Belohnungen der Wissenschaften. [Übers.: Johann Heinrich Voss.] — Leipzig: Weygand 1775. 96 S.
12: P. o. germ. 493 fx. 5. 10.
3.988

— s.: Vorreden u. Einleitungen zu klassischen Werken der Mechanik.

Alen, Paul v. (Utrecht), De unione prolium. Disp. jur. Rector Herm. Alexand. Röell. Utr. (Wilh. vande Water) 16. XI. 1706. 16 S. (4.80) 274.
Gew.: Theod. v. Veldhuisen (Heemstede . .).
Widm. v.: Adolf Reets, Theod. Heinr. v. Raet.

Alenca, J. de, der Guarany. Brasilianischer Roman. Aus dem Portugies. Autorisirte Ausg. 8. (320 S.) Berlin 873, Janke.

Alenca, J. de, der Guarany. Brasilianischer Roman. Nach der 2. vom Autor verb. Aufl. bearb. von Maxim. Emerich. 2 Thle. 8. Falkenberg 876, Bartelt. à Thl. * M 3,50. *
Inhalt:
Thl. 1. Die Abenteurer. (265 S.)
" 2. Die Aymorés. (244 S.)

Alencar, José de

— Der Guarany. Brasilianischer Roman von J. de Alenca [!]. Aus d. Portug. Autoris. Ausg. Berlin: Janke 1873. 320 S. 7.
3.1039

Alencar, José de: [O Guarany, deutsch] Der Guarany. Brasilianischer Roman von J. de Alencar. Nach der 2., vom Autor verb. Aufl. bearb. von Maximilian Emerich. Th. 1.2. — Falkenberg O. S.: Bartelt 1876.
1. Die Abenteurer. 2. Die Aymorés. 2.
3.1040

— Ubirajara. Roman aus d. Urwäldern Brasiliens. Nach dem portug. Original des J. de Alencar übers. u. mit Anm. vers. von G. Th. Hoffmann. Leipzig: Friedrich [1886]. 156 S. 12: P.o.hisp. 11n. 7.
3.1047

Alencé, Joachim d': [Traités des baromètres, deutsch] Neu-erfundener mathematischer Curiositäten Th. 1.2. — Mayntz: Bourgeat 1701.
1. Worinnen vermittels drey sonderbahrer Instrumenten ... 1. die Schwäre u. Leichte, 2. die Truckene u. Feuchte, 3. das Ab- u. Zunehmen der Hitz u. Kälte der Lufft zu erkennen seynd.
2. Worinnen ... die Krafft und Eigenschafft des Magnets entdecket wird.
Nebent.: [Alencé:] Tractatus de barometris, thermometris et notiometris vel higrometris.
7. 10.
3.1063

[—] — Th. 1.2. Maintz (2: Mayntz): Bourgeat 1709–10.
1. Worinnen vermittels drey sonderbahrer Instrumenten ... 1. die Schwäre u. Leichte, 2. die Truckene u. Feuchte. 3. das Ab- u. Zunehmen der Hitz u. Kälte der Lufft zu erkennen seynd. 1709.
2. Worinnen ... die Krafft und Eigenschafft des Magneths entdecket wird. 1710.
Nebent.: [Alencé:] Tractatus de barometris, thermometris et notiometris vel higrometris. 1709.
1: Mw 4649/310. 12: Phys. g. 77.
3.1064

Alenconiensis, Eduard., Ord. fr. min. Cap., S. Francisci Assisiensis vita et miracula, s.: Thomas de Celano.

Alenna. Ein Taschenbuch f. Freunde d. deutschen Vorzeit. Jahrg. 1812. m. K. 16. Leipz. Schlegg.
illum.

Alepson, Mathieu

— Philosophia tripartita ad mentem Philosophi et Doctoris Angelici explicata authore Paulo Aler ... Ed. 2., priore auctior & em. Adiunctis passim vindiciis primae ed. contra ... Albertum Oswaldt. P. 1–3. — Coloniae: Meucher 1710–24. 12: 4° Ph. U. 3. 2. 6.
3.1096

Aler, J. Ch. G., kurzgefaßte Erdbeschr. des Königr. Westphalen nach d. neuen Einth. 8. Leipz. J. G. H. Richter. 808.

Aler, Paul: Dialectica nova, omnibus scholis accomodata, in qua termini omnes vocales, eorumque affectiones, item propositiones vocales, & syllogismi ... explicantur. — Treveris & Coloniae: Meuchers o. J. 413 S.
2. 5. 6.
3.1094

ALER, PAULUS : *Dialectica nova* . ., Treveris, s. a., (ca. 1702), 8.

— Dictionarium Germanico-Latinum, in quo Germanica vocabula idiotismi, proverbia etc. variis synonymis phrasibus, locutionibus tropicis & adagiis Latinis pro habendâ verborum copiâ ita redduntur, ut quodvis scholasticum pensum Germanicum facile & emendate in Lat. verti ... possit ... Opus in hoc genere absolutum, novum, pulcro ordine dispositum. (P. 1. 2.) — Coloniae: Noethen 1727. 2295 S.
1.2 . . . . . 1: Wb 1920. 12: L. lat. 1. 300: 73 J 5.
2 . . . . 6.
3.1095

Aleri, Paul., Gradus ad Parnassum sive Synonymorum, epithetorum et phrasium poeticarum thesaurus. Colon. 602. 8. und öfter. Antv. 690. 8. Colon. 730. 8. Norimb. 770. 8. 16 gr. Ibid. 795. 8.

***Alert*, Paul, gradus ad parnassum, s. nov. synonymor. etc. thesaurus. 8. Nürnb. Ed. n. 794. Bauer et R. 16 gr**

Aler, Paul: Poesis varia, diverso tempore variis opusculis ed., nunc demum recogn., & in usum commodiorem studiosae iuventutis in unum coll. — Coloniae: Mucher 1702. 395 S. 1: Xe 13305. 5. 6.
3.1097

— Praxis poetica sive methodus quodcunque genus carminis facilè, & eleganter componendi. Ed. 6., corr. & em. Coloniae 1746: Noethen. 509 S. 1: Xa 1190*.
3.1098

— Standhafftigkeit im Glauben, oder die Mutter Machabaea mit ihren siben Söhnen. Tragoedie. Der Freyen Reichs-Statt Cöllen respective Regierenden Bürgermeisteren ... von der Jugend deß Gymnasii trium Coronarum dedicirt u. fürgestelt den 14. Tag 7bris Anno 1708. o.O. [1708]. S. 1–46.
1 [defekt]: 11 in 4° Th 9703.
3.1100

— Theoparusia, sive Dei ⟨ubique locorum⟩ praesentia ... Add. passim variis phraseologiis, et explicatione quarundam regularum difficilium syntaxeos. — Coloniae: Meucher 1722. 224 S. 6.
3.1101

— Ursula Coloniensis, tragoedia ... Coloniae anno 1710 ... theatro data. Ed. 2., priore multò em. — (Coloniae 1710:) Aldenkirchen. 28 S.
1 [defekt]: 6 in 4° Yp 5022. 12: 4° Bavar. 2194–II,1.
3.1102

Aler, Paulus, s. Aler, Paul

Aléra, Brennus: Memoiren eines Flagellanten. — Pressburg: Hartleb [um 1900]. 1: Xy 14012/70.
3.1103

Aléra, Don Brennus, Memoiren e. Flagellanten. Nach dem intimen Tagebuch des Barons v. M. . . . veröffentlicht. (173 S. m. 3 Vollbildern.) 8. Pressburg (908). H. Hartleb. 5. —

Alera

— M*** Die unterirdische Zuflucht. Erlebnisse zweier Flagellanten in der unterirdischen Stadt von San Franzisco. Mit Illustr. Budapest, Schneider, o. J. (190*). 8°. (Mk. 4—.)
Orig.: Aléra, Le Repaire souterrain. Aventures de 2 Flagellants. Massy 1907. 8°. (Br. frcs. 5—.)

Aleramo, Sibilla

— [Una Donna, deutsch] Eine Frau. Roman. Mit e. Vorw. von Georg Brandes. Aus d. Ital. übers. von Nina Knoblich. — Berlin: Marquardt [1908]. VII,245 S.
1: Xr 7515. 11.
3.1105

Aleri philosophia tripart. 4. Colon. 710.

Aleri, C. W., Predigten u. Confirmationsreden. 2 Thle. 8. Hamburg. Herold. 773—76.

Aleri, Paul: Dictionarium Germanico-Latinum, s. Aler, Paul.

Alers, C.: Liederbuch

— dasselbe f. die Mittelstufe. 8. (VI, 54 S.) Ebd. 887. n.n. — 30

— dasselbe f. d. Oberstufe, sowie f. die unteren Klassen höherer Unterrichtsanstalten. 8. (82 S.) Ebd. 887. n.n. — 35

Alers, C., Liederbuch f. die Unterstufe katholischer Volksschulen. 8. (IV, 32 S.) Düsseldorf 887. Schwann. n.n. — 25

Alers, C., Liederbuch f. Volksschulen. 2. Aufl. (116 S.) 8. Essen 905. Fredebeul & Koenen. n. — 50

Alers, C., u. J. Bernards, vierstimmige Männerchöre. Für den Schulgebrauch hrsg. 8. (227 S.) Kempen a/R. 886. Heesen & Kaiser. n. 2. —

Alers, C., u. J. Bernards, vierstimmige Männerchöre. Für den Schulgebrauch hrsg. 2. Aufl. 8. (219 S.) Stolberg (901). J. Mathes. Geb. in Leinw. n. 1.75

Alers, Chr. Geo., die Haushaltung u. Landwirthschaft in den beiden Stadt- u. Butjadingerlanden, als Reichnamhaften Provinzen des Herzogth. Oldenburg. 4. Oldenb. 790.

Alers, Christian Wilhelm: Gedichte, der Religion, dem Vaterlande und der Freundschaft gesungen. Bd 1–3. — Hamburg 1786–88.
1–3 . . . . 1:Ym 4726. 8. 11.
1.2 . . . . 7.
3.1107

— Predigten u. Auszüge einiger Confirmationsreden. 2 Thle. 8. Hamb. 773. 75. J. G. Herold. 1 ₰

— Rede bei der Taufe e. erwachsenen Mohren. 8. Hamb. 777.

— Versuch über die Reden d. Apostels Paulus zur Ehre des Christenthums. 4. Hamb. 776.

Alers, G.: Predigt gehalten am Tage der Einweihung..., s. Alers, Georg.

Alers, G.: Rede, gehalten den 9. Juni 1868..., s. Alers, Georg.

Alers, Georg

Alers, G., üb. das Aufästen der Nadelhölzer durch Anwendung der neu erfundenen Höhen- oder Flügelsäge. Braunschweig 868. Vieweg & Sohn. gr. 8. (25 S. u. 1 Holzschntaf. in 4.) n. 12 ngr

Alers, Geo., üb. das Aufästen der Waldbäume durch Anwendung der Höhen- od. Flügelsäge. 2. Aufl. gr. 8. (IV, 92 S. m. 2 Holzschntaf.) Frankfurt a/M. 874. Sauerländer. n. 2. —

Alers, Geo., der Frost in seiner Einwirkung auf die Waldbäume der nördlichen gemäßigten Zone. gr. 8. (11 S.) Wien 884, Frick. *

Alers, Geo., der Frost in seiner Einwirkung auf die Waldbäume der nördlichen gemäßigten Zone. gr. 8. (11 S.) Wien 886. Frick. n. — 60

Alers, Geo. (II.), Predigt, gehalten am Tage der Einweihung der evangel. Kirche in Neurode den 4. Novbr. 1868. gr. 8. (8 S.) (Breslau 869, Lichtenauer.) [Morgenstern.] **

— Rede, gehalten den 9. Juni 1868 zur Weihe der für die neu erbaute evangel. Kirche zu Neurode bestimmten Glocken. gr. 8. (8 S.) Breslau 869, Lichtenauer. [Morgenstern.] **

Alers, Geo., die Speisekarte unserer Waldtiere in schneereichen, strengen Wintern. 12. (32 S.) Leipzig 888, H. Voigt. *

— der Wildwechsel. Allen Jägern u. Jagdfreunden als Begleiter auf Anstand u. Pürsche gewidmet. 8. (70 S.) Leipzig 1885. H. Voigt. n. 1. 20

— der Wildwechsel. Allen Jägern u. Jagdfreunden als Begleiter auf Anstand u. Pürsche gewidmet. 2. (Titel-) Aufl. 8. (70 S.) Ebd. (885) 889. n. 1. 20

Alers, G., der Wildwechsel. Eine Anleitg. zur Erkenng. d. Fährten u. Spuren d. Wildes, sowie zur Erlegg. desselben auf Anstand u. Pürsche. 3., erweit. Aufl. Mit 8 Taf. der Fährten u. Spuren. 8. (88 S.) Leipzig 891. H. Voigt. n. 2. —

Alers, Heinrich (Bremen), De poena cogitationum, ad l. 18. pandect. de poenis. Disp. jur. valedictoria. Präs. Caspar v. Rheden. Bremen (Herm. Brauer) 27. IV. 1713. 34 S. (5.—) 275
Gew.: Hieronymus u. Heinrich Alers, Albert Schumacher, Reinhard Brummer. — Widm. v.: Dithmar v. Rheden (Bremen), H. Curtius, Lübertus Smit (dtsch.), H. J. Tiling (dtsch.), M. Bauer (dtsch.), B. Kastens (Br.) Heinr. Gerh. Schumacher.

— Hieronymus (Bremen), De jure offerendi. Disp. jur. Präs. Heinr. Coccejus. Heidelberg (Sam. Ammon) 1678 (1707). 4 Bl. (2.20) 276

Alers, J. Chr. G., kurzgefaßte Erdbeschreib. d. Königr. Westphalen nach d. neuen Eintheilung. 8. Leipz. 808. H. Richter. 8 ₰

Alers, W. v., Geschichte des Wiesbadener Rennvereins. (29. S. m. 1 Plan.) gr. 8. Wiesbaden 910. Moritz & Münzel. — 60

Alerten, Ant. Heinr. (Hildesheim), De statu nobilitatis Germanicae. Diss. jur. publ. Präs. Jo. Wilh. Goebel. Helmstedt (Herm. Dan. Hamm) Februar 1719. 32 S. (5.—) 278
Widm. v.: A. A. Matthies (Helmstedt), J. T. Matthaei (Hildesheim, dtsch.), Herm. Stephan Feigen (Peine), Gottlieb Conrad Schünemann (Hildesheim, dtsch.).

Alertz, Clemens Augustus ⟨geb. am 30 Jan. 1800 in Aachen⟩: De psychica lienis dignitate . . . Bonnae, typ. Bueschlerianis (1822). 68 S., 2 Bl. 8.
Bonn, Med. Fak., Diss. v. 12 Aug. 1822

Aleš, M., Zivly. Cyklus. (Elemente. Zyklus.) Qu.-4. (7 Bilder) K 4.—
Prag: Koči 1902

Alesch, Janoaja = Alexius, Johannes.

d'Alési, Hugo, Zonenbilder, s.: Waren.

Alesius, Osk.: Vindobona. Plan u. Führer durch Wien. 1:23,000. 27,5 x 36 cm. Farbdr. Mit Text auf d. Rücks. – Wien, R. Lechner & S. 1909.

Alessandri, Felice: Dario. Dramma da rappresentarsi nel Regio Teatro di Berlino con musica del Felice Alessandri il carnovale dell'anno 1791. Comp. con balli pantomimi e insieme analoghi da Antonio de'Filistri. [Textb.] — Berlino: Haude & Spener [1791]. 167 S.
Nebent.: Alessandri: Darius, ein musikalisches Schauspiel.
Text ital. u. deutsch.
1: Mus. Ta 655 [u.] Mus. T 70,1. 2.
3.1174

— I due fratelli Pappamosca o sia la finta principessa. Dramma giocoso con cori, e ballo, comp. da Filippo Livigni. Con musica dal Felice Alessandri. [Textb.] — Berlino: Haude & Spener 1792. 141 S.
Nebent.: Alessandri: Die beiden Brüder Fliegenschlucker oder die verkappte Prinzessin.
Text ital. u. deutsch. 1: 3 in Xq 414.
3.1175

— Il Ritorno di Ulisse a Penelope. Dramma per musica comp. con cori e balli analoghi da Ant(onio de) Filistri de Caramondani e messo in musica dal Felice Alessandri nel Regio Teatro di Berlino il carnovale dell'anno 1790. [Textb.] — Berlino: Haude & Spener [1790]. 151 S.
Nebent.: Alessandri: Ulysses Rükkunft zur Penelope.
Text ital. u. deutsch.
1: Bibl. Diez 1880 [u.] Mus. T 69,3. 2.
3.1176

Alessandria [Schlagwort]
Alessandria, s.: Europa. Generalkarte.

ALESSANDRINI oder die Räuberrepublick (!) in den Apenninen. Eine romantische Geschichte in Drey Büchern. Im Reichs-Commissions-Industrie-Büreau. O. O. u. J. (c. 1805). 8°.

Tit. gestoch. u. 230 SS. Stellenw. erot. (3 Mk. Lesser, Breslau.)

— dass. u. d. Titel: Eugenio der Liebling des Räuberhauptmanns. Neue Aufl. Leipzig, Joachim (c. 1810). 8°. 230 SS.

Alessandrini, od. d. Räuberrepublik in d. Apenninen. 8. Leipz. ... Joachim. 22 gr

Alessandro Magno s. *Alexander* Magnus.

Alessio; ein Roman, v. J. F. Facius. 8. Hildburgshausen, Hanisch, 810.

Alessio della Concezione

— Vita del Ven. Servo di Cristo P. Giuseppe della Madre di Dio ... comp. dal Padre Alessio della Concezione ... ed accresc. da un'altro religioso. — Vienna: van Ghelen 1712. 270 S. **12:** 4° V. SS. 151. **300:** 41 G 25. **2.**
3.1220

Alessio da Livorno

Paula Maria a Jesu, erste Oberin des Carmeliterinnen-Klosters zum hl. Josef in Wien. Ein Lebensbild aus dem 17. Jh. Ihren alten Biographen nacherzählt von Bonifacius Müller. (Verf.: Alesso della Passione.) — Wien: L. Mayer 1880. IV,153 S. **300:** 21.904–A.
3.1223

Alesson L. E., s. Abbildung der Rindvieh- und andern Hausthier-Racen etc.

Aleté: Das Ihr Magnif. den Herrn D. Joh[ann] Fr[iedrich] Mayern valedicirende Hamburg. Vorgestellet von Mons. Aleté. — o. O. 1703. **1:** 13 in 4° Sp 4100. **9.**
3.1310

Aleth Christian, s.: Gedanken, stille, e. der 14 Nothhelfer od. „Friedensbischöfe" Deutschlands.

Alethagoras: Gymnasiale Bildung und sittliche Erziehung der Jugend. — Braunschweig: Salle 1894. 50 S. **1:** Ne 11942. **12:** Paed. Th. 59.
3.1315

Alethagoras, s. a. Gymnasial-Unterricht, uns.

— Unser Gymnasial-Unterricht. Bekenntnisse. — Braunschweig: Salle 1889. 52 S. **1:** Ne 11906.
3.1316

— — 2., umgearb. Aufl. Ebd. 1894. 52 S. **12:** Paed. Th. 59/1. **11. 82.**
3.1317

Alethagoras, Josephus (pseud.), Die Reform unserer Gymnasien, beleuchtet vom christlich-socialen Standpunkte. Allen Freunden christlicher Schulen gewidmet. Graz, Moser, 1892, gr. 8°, 71 S., 80 Pf.

Alethai, Tp., Erläut. der dunkeln Oerter A. und N. Test. 7 Bde. 8. Leipzig, Fritsch. 720.

Alethaeus, Heinrich: Henrici Alathaei Eilfertiges Antwort-Schreiben an einem Hoch-Fürstlichen Raht in N. über die Frage: Ob die Polygamie mit den Christenthum bestehen könne. — o. O. [um 1700]. 8 S. **9.**
3.1311

— Henrici Alethaei Eilfertiges Antwort-Schreiben an einen Hochfürstl. Raht in N. über die Frage: Ob die Polygamie mit dem Christenthum bestehen könne? — o. O. 1703. 4 Bl. **1:** in 4° Bibl. Diez 2339. **8. 10.**
3.1312

ALETHAEUS, Henr., Eilfertiges Antwort-Schreiben an einen hochfürstl. Rath in N. über die Frage: Ob die Polygamia mit dem Christenthum bestehen könne? Freyburg (fing.) 1725. 4°. (In Rostock, Landesbibl.)

Georgi's Europ. B.-Lex. hat „Erfurt, o. J. 9 Bog.", ohne Formatsangabe. — Zuerst gedr. o. O. 1703. 4°. (In Berlin: B. DZ. 2339*.)

— Henr. Alathaei Eylfertiges Antwort-Schreiben an einen Hoch Fürstl. Rath in N. über die Frage: Ob die Polygamie mit dem Christenthum bestehen könne? J(ohann) C(hristoph) Wagenseil Bedencken: Ob ein Christ mit guten Gewissen seines verstorbenen Weibes Schwester, oder deren Schwestertochter zur Ehe nehmen könne? Eines berühmten Icti Bedencken, so er einem von Adel ertheilet, welcher seines Bruders Wittwe sub vinculo matrimonii, jedoch ohne erhaltene Dispensation, geschwängert. Joh[ann] Bapt[ista] Caesar J. C. Francof. Bedencken: Ob ein Jude seines verstorbenen Weibes Schwester zur Ehe haben könte? Regneri Sixtini Icti Hassiaci Bedencken: Ob eine christliche Obrigkeit einem Juden, daß er seines verstorbenen Weibes Schwester gefreyet, aus seinem Gebiet vertreiben oder strafen könte? — Franckfurth & Leipzig 1733. 63 S. **1:** Da 9280. **12:** 4° J. can. P. 986/1. **4. 9. 11.**
3.1313

— Beantwortung der Frage, ob die Polygamie mit dem Christenthum bestehen könne. Freyburg (fing.) 1725.

Beide Ausgaben nennt Weller, Lex. Pseud. p. 15, die 2. in den fing. Dr.

Alethaeus, Salomon: Anhang an den näheren Entwurff: oder Erklährung der Lehr der reformierten Kirch von der ewigen Gnaden-Wahl. — o. O. 1720. 28 S. 4° **4.**
3.1314

Aletheia, durch E. Münch; enth. deutsche Uebersetz. latein. meistens poet. Aufsätze v. Ulr. v. Hutten u. a. freisinnig. deutsch. Männern. 8. Zürich, Geßner.

Aletheia; herausg. durch Er. Münch. 8. Zürich 822. Geßner; 1 ß

Aletheia, Zeitschrift f. Geschichte, Staats- u. Kirchenrecht, hrsg. v. E. Münch. Jahrg. 1829. 1. Bd. 3 Hfte. Lüttich. 2 Thlr. Jhg. 1830. 2—4. Bd. 12 Hfte. Haag. 8 Thlr. Jhg. 1831. 5. Bd. 3 Hfte. 2 Thlr. gr. 8. (Aachen, Mayer; Rotterdam, Hartmann j.) Alle Jahrg. zusammen nur

Aletheia. Glauben und Wissen im Einklange. Für diejenigen, welche dem innern Zwiespalt entgehen möchten, geschrieben von Philaleth Alter. 1. und 2. Aufl. 8. (43 S.) Leipzig 888, Spohr. *

Aletheia, E. (Carl Kerstan), Schutz gegen Richterwillkür! Ein Mahnruf, zugleich Abwehr der Bestrebungen der sozialistisch organisierten Richter Oesterreich. (25 S.) 8. Leipzig-Gohlis 908. B. Volger. — 60

Aletheios, Beiträge zur Geschichte der neuesten Literatur in Deutschland. Herausgeg. von A. Labienus, 3te u. 4te Abtheil. gr. 8. St. Gallen, Huber u. C. 815. Dieselben, neue wohlf. Ausg. 4 Bde. gr. 8. Ebendas. 817.

Aletheios, Mag., (G. Mch. v. Weber,) höchstwicht. Beiträge z. Gesch. d. neuesten Litt. in Deutschland, herausg. v. Labienus (v. Weber). 4 Abtheil. gr. 8. St. Gallen 813—15. Huber u. C. 10 ß 16 gr Dass. neue wohlf. Ausg. 4 Bde. gr. 8. Ebd. 817. 5 ß 8 gr 3e A. 4 Bde 829. 2 ß 12 gr

Aletheophilus [Pseud.] s. *Baumgarten*, Alexander Gottlieb.

Alethephilos, s.: Episteln, freie.

Alethes. Pseud. for Carus, Paul.

Alethes, Dr., die beiden Doctoren. Ein die Homöopathie und Allopathie beleuchtendes Possenspiel in 4 Akten. 8. Chur 830. Grubenmann. 1/3 ß

Alethes, s.: Quid est veritas?

Alethes, Christophilos, die Lage der Christen in der Türkei, s. Lage.

Alethes, Christophilos: Die Lage der Christen in der Türkei und das russische Protectorat. Ergebnisse persönlicher Erfahrungen während e. mehrjährigen Aufenthalts im Orient. — Berlin: Rauh 1854. 118 S. **1:** Ui 9882. **12:** J. publ. E. 15 u. **300:** 36.559–B. **7.**
3.1318

Alethes, J., die Konfessionsänderung u. die religiöse Kindererziehung im Königr. Sachsen. Die hauptsächlichsten u. wichtigsten Gesetzesbestimmgn. hierüber, nach d. Verfassungsurkunde übersichtlich dargestellt. (16 S.) 8. Dresden (909). Floessel. nn — 25

Alethes, Philadelph., (J. Chr. A. Löhr,) Dinge die kirchl., d. i.: die Kirche mit ihren Hirten u. Lehrern, deren Amt, Lage, Stand u. Wirksamkeit etc. 8. Leipz. 823. Brockhaus. 1 ß 12 gr

Aletheusebius: Der Hochlöblichen Theologischen und Juristen-Facultät auf der weltberühmten Universität Leipzig, höchstfürtrefliches Responsum wider die Conventicula, oder eigenmächtig angestelleten, und von hoher Obrigkeit verbothenen Winckel-Versammlungen in St. — Mühlhausen (1735): Brückner. 15 S. **1:** Dm 10972. **7.**
3.1320

Alethini, P., epistol. ad auct. anonym. II. Tom. 8maj. 787.

Alethinos, (Jh. Gfr. Pahl,) Krieg, der, in Deutschland, im J. 1809 u. dessen Resultate, militär. u. polit. betrachtet. Münch. 810. Lentner. 18 gr

Alethinus Libertus [Pseud.] s. *Ahlwardt*, Peter.

Alethophilo, Christiano, s. A l e t h o p h i l u s , Christianus

Alethophilos s.a. A l e t o p h i l u s

Alethophilos, das Bunsen'sche Bibelwerk, s. B i b e l w e r k.

Alethophilos, freie Episteln, s. E p i s t e l n.

Alethophilos, Christianus (psdn.), s.a. **Was ist Pietismus?**

Alethophilos, Christianus: W a s ist Pietismus ? Beantwortet von Christianus Alethophilos. — Berlin 1841. 32 S.
1:Dn 3790.
3.1324

Alethophilus, od. d. neue Glaube in d. Christenheit. Zur Prüfung dargel. im Jubeljahre d. protestant. Kirche 1830. Eine Fortsetz. d. Obscurus. Hrsg. v. Erich Haurenski zu Gard' Ebré. gr. 8. (21¼ B.) Neustadt a. d. O. 831, Wagner. Thlr.
Vgl. O b s c u r u s.

Alethophilus, s.a. A l e t h o p h i l o s

Alethophilus [Pseudon., 1726] s.a. Scheuchzer, Johann Jacob.

Alethophilus, (J.G.Kölderer), Anmerkk. üb. Ehrhards Samml. von Beobachtt. zur Geburtshülfe. 8. Frankf. u. Leipz. 774. v. Jenisch u. Stage. 4 gr.

Alethophilus. 1706: Kurtze Anmerkunge über dem so genandten Kurtzen Bericht von denen pietistischen unfertigen Händeln in Brehmen. — o.O. 1706. 4 Bl. 4°
10.
3.1331

Alethophilus. 1724: Eylfertiger Bericht über Anti-Haltani Send-Schreiben, an dem Herrn Lampert Gedicken, de dato 21. Dec. 1724. (Verf.: Alethophilus.) — o.O. (1724). 4 Bl. 1:Dl 2366
3.1338

Alethophilus

Hermetis Trismegisti Einleitung ins höchste Wissen: Von Erkenntnis der Natur und des darin sich offenbarenden grossen Gottes. Begriffen in 17 Büchern nach griechischen und lateinischen Exemplaren ins Deutsche übersetzt, nebst Nachricht von der Person des Hermitis, dessen Medizin, Chemie, Natur- und Gottesgründe, mit der Egyptier wundervoller Weisheit und Enthüllung der Geheimnisse der Smaragdinischen und Bembinischen Tafel. Verfertigt von **Aletophilo** 1786. Stuttgart: Scheible 1855. 230 S. 8°.
(Wunder-Schauplatz 1.)

— Elend des menschl. Lebens. 8. Nürnberg.

Alethophilus. 1726: Examen examinis h. e. brevis et modesta disquisitio schedulae cuiusdam auctoris, qui sub nomine Limoni Vidalci nuper ... programma Hollmannianum de comparata scientiarum elegantiarum dignitate ... aggressus est. — o.O. [nach 1726]. 24 S.
5. 9.
3.1339

Alethophilus. 1722: Gedancken über XVII Glaubens-Articul, welche das Unions-Werck betreffen, mit poetischer Feder entworffen. — o.O. [um 1722]. 6 Bl. 4°
2.
3.1336

Alethophilus. 1722: Der in Erörterung des Puncts: Ob einer, dem gemeine Güter anvertrauet und nachgehends nicht gehörig Rechnung und reliqua abstatten kan, ein Dieb zu nennen; folglich mit der ordinairen Straffe des Diebstals zu belegen sey ..., sich sehr vergaloppirende Jurist, gründlich dargest. von Alethophilo. — (Hamburg 1722.) 8 S. 1:an 4° Fy 11049.
3.1337

Alethophilus, (...) üb. die Perfektibilität d. geoffenbarten Religion zu dem Hrn. Verfasser der Briefe über dieselbe. 8. Leipz. 796. Müller. (Joachim). 8 gr.

Alethophilus. 1712: Sendschreiben an Herrn M. R. O. von unterschiedlichen etliche Jahre her vorgegebenen neuen Propheten und Prophezeyungen. — Cölln 1712. 70 S. 1:Na 8760. **9.**
3.1333

— wahre Theologia myst. 8. 725.

— Zustand d. schwedisch. Gefangenen in Rußland. 8. St.f. 4. Halle, Kümmel. 718.

Alethophilus. 1718: Der innere und äusere Zustand derer schwedischen Gefangenen in Rußland, durch ihre eigene Brieffe, darinnen sie ihre ... Bekehrung u. wunderbahre Erhaltung, wie auch die Aufrichtung der öffentlichen Schule zu Tobolsky, der Hauptstadt in Siberien ... melden. Nachricht (1)–8. — Franckfurt & Leipzig: Neue Buchhandlung 1718–21. 376 S.
1–8 . . . . 1:Qk 4370. **12:** 4° Russ. 47.
1–3 . . . . **9.**
2–8 . . . . **4.**
3.1334

— [Nachricht 1.] Ebd. 1718. 46 S.
Anderer Druck. 1:Qk 4371. **4. 7. 9.**
3.1335

Alethophilus, Anonymus s.a. *Golther*, M.

Alethophilus, Bavarus, (...) an Sincerus Bavarus. Beleuchtung d. in d. Landtagszeitung enthalt. Aufsätze „Galerien." 8. Münch. 819. J. Lindauer. 3 gr.

Alethophilus, Christianus s.a. *Alberti*, Valentin.

Adnotationes modestae, non minus ac necessariae ad D. C. Str.: Schema disquisitionis juridico-politicae, de jure principis circa liberos murarios, germanice: Frey-Maurer dictos. Addito ipsius schematis textu. Francof[urti] a. Moenum 1742. Autore Christiano**Alethophilo**. Francofurti (a.M.): Hutter 1742. 30 S. 8°
[Umschlagtit.]
Kl. 267. Selten. Die Anmerkungen sind gleich hinter den Fragen u. Antworten des „Schema" abgedr. Nach einer hs. Bemerkung auf dem Exemplar der 3 Weltkugeln war das Schema von Hellmuth, die Adnotationes von Superintend. Lange verf.

Alethophilus, Constantius [Pseud.] s. *Guertler*, Nikolaus.

ALETHOPHILUS, Isaac (ps.), Die angetastete Jungfer-Ehr der Lutherischen Kirchen, von einer schimpflichen Zulag, quasi solche, die in heiliger Offenbarung Johannis vermeinte Grosse Hur wär, in etlichen Sendschreiben an einen Römisch-catholischen Religiosen bescheidentlich gerettet. Gedruckt im Jahr 1714. 8°. 12 Bll. u. 201 S. (12 Mk., Adolf Weigel, Lpz., 1906.)
Sehr seltene, heftige Polemik gegen einen P. Christoff Leopold in Augsburg, mit vielen sotadischen Citaten aus der Jesuitenlitteratur, Casuistik u. s. w. — Fehlt in Weller's Lex.-Pseud.

Alethophilus Gottingensis [Pseud.] s. *Alberti*, Georg Wilhelm.

Alethophilus Palaeocaenus: Universalis primorum principiorum in philosophia et theologia Sensus, erudatus subcolumna veteri in valle diplopotamiâ inventore Alethophilo Palaeocaeno. P. [1.] 2. — Augustae Vind.: Rieger 1747–48.
1.2 . . . . **6.**
1 . . . . **12:** Ph. U. 374 h.
3.1326

Alethozetus, Theophilus: Ueber die staatliche Behandlung der Separatisten. Ein Versuch philosophischer Entwikelung aus Staatsgrundsäzen, nebst einer kurzen geschichtlichen Darstellung des Separatism und der neuesten k. preussischen Verordnung darüber. — Karlsruhe: Braun 1826. XVI, 163 S.
Alethozetus ist vermutlich Pseud. für Fischer.
1:Co 374. **12:** Polem. 45 n. **4.**
3.1340

Aletophilo: Hermetis Trismegisti E i n l e i t u n g ins höchste Wissen, s. A l e t h o p h i l u s

Aletophilorum elucidatio epist. de cicuta, qu. Haen ad Tralles scr. 8. maj. Wien, Trattner. 766.

Aletophilos, Th.: Kurzer Versuch über die wahre Hierarchie oder über die Herrschaft des Heiligen. — Glogau & Lissa: Günter 1830. 47 S. **2.**
3.1342

Aletophilus oder der neue Glaube in der Christenheit, Fortsetzung des Obscurus. Herausgegeben von Erich Haurenski zu Gard Ebre! Neustadt a. O. 1831.
H: *Krause, Heinrich Christoph.* (zu)

Aletophilus. 1704: Letzte Abfertigung des so genandten Christiani Democriti, mit seinem illuminirten Grund-Riß der academischen Gottes-Gelehrtheit. — o.O. 1704. 24 S.
1:Ct 4441/5.
3.1345

Aletophilus. 1744: Einige Abwege zur Rechten und zur Lincken, welche von der ebenen Bahn der richtigen Wahrheit viele zum seligen Leben aufgeweckte Seelen abführen. Franckfurt 1744. 151 S. 1:Dm 11250. **2. 10.**
3.1349

Aletophilus. 1735: Antwort-Schreiben an einen unbekannten Freund, welcher über Herrn Doctor Kaltschmieds Dissertation De vulnere hepatis curato meine Gedancken verlanget. — o.O. 1735. 8 Bl.
1:2 in 4° Kr 405. 4.
3.1347

Aletophilus. 1745: Kurzer Begrif der weltberühmten Kunst zu betrügen. Von Aletophilo terrae incola. — o.O. 1745. 12 S. 4°
3.
3.1350

Aletophilus. 1731: Examen rigorosum, welches Apollo zwischen Sr. Magnificentz, dem Pro-Rectore der Königl. Preußischen Friedrichs-Universität zu Halle ... Nicolao Hyeronimo Gundlingen ... und Sr. Magnificentz dem Herrn ... Joh. Francisco Buddeo ... nach deren Tode, bey einem Convent-Tage seiner Musen, angestellet, wobey sonderlich beyder vortrefflicher Männer alle hinterlassene Schrifften recensiret, deren summarischer Inhalt kürtzlich referiret, und die darinne befindliche Gelehrsamkeit unpassionirt beurtheilet, hiernechst deren Leben und Fata ... beschrieben wird. Registriret u. promulgiret, von Aletop Hilo, des Apollinis geheimbten Staats-Secretario. — o.O.: Autor 1731. 78 S. 1:4° Au 7059. 2. 3.
3.1346

— Kurtzer Unterricht vor Hrn. D. Kaltschmieden in Jena, wie er seine Disputation De vulnere hepatis wider den dagegen heraus gekommenen Bogen, wo es möglich, besser hätte defendiren sollen. — o.O. 1736. 32 S. 8°
1:4 in 4° Kr 405. 4.
3.1348

Aletophilus: Der innere u. äussere Zustand der schwedischen Gefangenen in Russland, s. Alethophilus

Aletophilus, Christianus. 1716: Sendschreiben an die Herren Auctores der so genannten Unschuldigen Nachrichten, betr. ihren Bericht von Herrn Henrici Lysii ... Synopsi controversiarum. — Franckfurt & Leipzig: Zeitler 1716. 23 S.
10.
3.1351

Aletophilus, Germanus: Prüfung der Schrift, so betitult: Die Freundschaft der Teutschen mit denen Franzosen, zur Warnung bey jetzigen bedenklichen Zeiten ans Licht gestellt. — Rosbach & Lissa 1758. 23 S.
1: Flugschr. 1758–110. 12: 4° P. o. germ. 201 h/20 [u.ö.] 7.
3.1352

Aletophilus, Hieronymus
Wahrscheinlich Pseudonym für G. Gottlieb Klosse
— Hieronymi Aletophili Erinnerungen auf die Gegen-Meinung der Meinung Herrn Hof-Rath Wolffens von dem Wesen der Seele und eines Geistes überhaupt; welche Herr Adolph Friedrich Hoffmann öffentlich will verfochten wissen. — Franckfurth & Leipzig 1729. 119 S.
2. 3. 4. 9.
3.1353

Aletophili, I., Epistola ad I. Febronium. 4. Prag, Schönfeld. 782.

Aletophili, J., Epistola ad J. Tebronium. 4. Prag 782. Schönfeld. 4 gr.

Aletophilus, Irenaeus: Kostbarkeit der edlen Freyheit im Denken und Schreiben nebst einigen Cautelen und Erläuterung des N. VI. P. VI der sogenannten abgesonderten Bibliothec zu Halle, T. Herrn D. van Bashuysen Glaube und Busse oder Fest- und andere Solenn-Predigten betr. — o.O. 1718. 87 S. 1: Dm 10214.
3.1355

Aletter, Fr[iedrich], aus Bad Nauheim: Die Ionenkonzentrationen ternärer Elektrolyte. *Rostock 1904: Adlers Erben.* (61 S.) 8°
Rostock, Phil. Diss. v. [27. Juni] 1904

Aletto, Unser Wissen ist Stückwerk. Gedicht. 8. Hamburg 840. Niemeyer. 1/12 Rthlr.

Alewyn, C., de lineis spiralibus. Tentamen academ. 4. Götting. 808. Dieterich, a. Vandenhöck u. R. 8 gr.

Alex, Edmund: Fünfzig Jahre der Missionsthätigkeit im Königreiche Sachsen. Eine Jubiläumsgabe hrsg. von dem Evangelisch-lutherischen Sächsischen Haupt-Missions-Verein bei seiner 50. Jahresfeier. (Verf.: Edmund Alex.) Dresden: Naumann 1869. 114 S.
4. 7.
3.1393

— Aus den Katakomben des Callist an der Via Appia zu Rom. Mit Holzschn. — Dresden: Naumann 1868. 41 S.
1: Rr 7734. 12: H. eccl. 25 x. 300: 176.324–B. 7.
3.1394

Alex, Siegmund Gabriel: Als das dritte Jubel-Jahr der Buchdrucker-Kunst gekommen, hat auch Franckfurth seine Pflicht an der Oder wahr genommen. — (Franckfurth: Alex) 1740. 36 S.
10.
3.1397

Alexander [Sachliches OW]
Alexander. Schsp. v. Metastasio. 8. Mannh. Löffler. 767.

Alexander. — Alexander. Eine hist.-romant. Skizze. 1803
s. a. *Bilderbeck*, Ludwig Franz Frhr v.

— e. histor. romant. Skizze, v. Freyhrn. v. Bilderbeck. 8. Offenbach, Brede. 800.

Alexander. Canzone v. S. Dresden 1830. V: *Schweizer, Carl Friedrich Freiherr von.* (Ky) (GGr) (EF)

Alexander. Canzone. (Von v. S(chweitzer), C. F. B.) gr. 8. Dresd. u. Leipz. 830. Arnold. 10 gr.

Alexander u. Auguste, e. Roman (v. Prof. Stelzer). 2 Bde. 8. Halle 806. Fr. Ruff. 1 Rthlr 20 gr.

Alexander, die beiden. 8. (16 S.) Elberfeld 878. (Langewiesche.)
n. — 20

— Die beiden Alexander. 3. Aufl. — Elberfeld: Brockhaus 1885. 16 S.
5.
3.1398

— — Die beiden Alexander. Ebd. [um 1900]. 15 S.
12: Asc. 5413na–134.
3.1399

Alexander in Berlin im September 1818. 8. Berlin 1819.

Alexander der Künste Beschützer, eine Ode. Erlangen 1770. V: *Wels, Johann Adam.* (ML) (Fiker) (Ky)

Alexander, der Künste Beschützer; eine Ode (v. Jh. Ad. Wels). 4. Erlang. 776. Heyder. 2 gr.

Alexander, Kaiser, u. Bonaparte, a. d. Franz. übers. von Grafen Ouwarof. 8. Leipz. Rein. 814.

Alexander der Dritte, Zar, oder: D. Verhängnis a. d. russ. Kaiserthron. Sensationsroman n. Aufzeichngn. u. vorgef. Papieren v. e. Eingeweihten. 122 Hfte. gr. 8. 2925 S. m. je 1 Bild.) Berlin (1895/96). A. Weichert.
à — 10

Alexander III. u. die Konstitution. (In russ. Sprache.) (22 S.) 8. Berlin (906). H. Steinitz.
n. 1. —

— d. Eroberer, herausg. v. Fr. Butenschön. 1r Bd. 8. Zürich, Ziegler. 794

— d. Eroberer, (od. Forts. d. Gesch. v. Altgriechenland, in Anacharsis Reise, 2r.) v. J. A. Feßler, m. K. gr. 6. Berl. Lagarde. 797.
Engl. Pap.

— Alexander der Erste [Aleksandr I. Kaiser v. Russland] zu Berlin im September des Jahres 1818. — Berlin: Neue Berlinische Buchh. 1818. 42 S. 1: Sw 7062.
3.1400

Alexander der Erste zu Berlin im September 1818. 8. Berlin, Petri. 819.

Alexander, Frhrr. v. Sind, u. Viktoria, Gräfin v. Puttbus. 8. Leipz. 791. Weygand. 16 gr.

Alexander der Gerechte, Kaiser von Ruszland. Skizze seines Charakters, seiner Regierung und der letzten Feldzüge. Altona. u. A. [1807]. 4. P. (M. Portr.).

Alexander der Große, s. Alexander Magnus

— s. Alexandri

Alexander, der grosse, hrsg. v. Gust. Guth, s. a. **Texte,** deutsche des Mittelalters. XIII

Der Große **Alexander,** aus d. Wernigeroder Hs. hrsg. von Gustav Guth. Mit 2 Taf. Berlin: Weidmann 1908. (XII, 102 S.) 8°
= **Texte,** Deutsche, d. Mittelalters. Bd 13. 08. 3556

Alexander, der Held v. Bulgarien, u. die Verräther v. Sofia. Enthüllungen e. Eingeweihten v. X—Y). 8. (IV, 83 S.) Berlin 886. Lohse. n. — 50

— der Held Griechenlands, ein histor. dramat. Gemählde, vom Verf. der Familie Eboli, (D. Albrecht) 1r Thl. mit 1 Kupf. gr. 8. Leipzig 795. Schäfer. 1 Rthl. 10 gl.

— d. Held Griechenland's; e. histor. dramat. Gemälde, v. Verf. d. Familie Eboli. (J. F. E. Albrecht.) 8. Leipzig, Schäfer. (Kühn.) 795.

Alexander von Holstein-Sonderburg und **Dorothea** von Schwarzburg; eine diplomatische Geschichte zweyer Liebenden (v. Runde). Ausschnitt aus [Oldenburg. Blätter?], Bd. 2, Stück 5. o. O. 1803. 8°.

— in Indien. Tragödie nach Racine, bearb. v. Chr. Schreiber; nebst beygedrucktem Original, 8. Berl. Weiß, 808.

Alexander M., u. Auguste; e. Roman. 2 Bde. 8. Halle, Ruff, 806.

Alexander von Macedonien. Schauspiel in 4 Abtheil. von K. Th. Beil. 8. Mannheim, Schwan und Göz. 821.

Alexander Magnus, s. Alexandri

– Anonyme Bearbeitungen der Legende von Alexander dem Großen s. unter dem jeweiligen Titel.

Alexander von Metz | oder Historie von dem | Ritter im Pflug. | Gar lieblich und wunderbar zu lesen. | Mit schönen Figuren geziert. | (Fig.: *Alexander zieht den Pflug*, 81 × 71) | Aus alter Schrift für Jung und Alt von Neuem an's | Licht gestellt | von Ottmar F. H. Schönhuth. | Reutlingen. Druck und Verlag von Fleischhauer & Spohn..
o. J., 30 S. u. 1 Bl. (Anzeigen), 161 × 100, 4 Fig. im Text (Titelfig. noch einmal S. 7).
UBTü Dk XI. 275-b.
Eine datierte Ausgabe erschien 1850 im selben Verlag (LBS d. D. oct K 3166). – Heitz-Ritter Nr. 206–210.

Alexander in Paris. Vorläufige Nachrichten. Riga 1814. H: *Sonntag, Carl Gottlob.* (Ky) (R-N)

Alexander in Persien, ein heroisches Ballet, von Balletmeister Gigel. Cassel 1805. V: *Apell, David (August) von.* (MGT) (Stri) (Ky)

— u. Porus. Oper, ital. u. deutsch. 8. Berlin. 744.

Alexander und Porus, ein Singspiel. Berlin 1784. V: *Metastasio, Pietro.* (Bibl port)

Alexander von Rhodus. Missionsreisen in China, Tonkin, Cochinchina und andern asiatischen Reichen. Aus dem Französischen von einem Priester derselben. Freiburg i. B. 1858. Ü: *Pachtler, Michael.* (So)

Alexander, Kaiser, in Riga am 24, 25 und 26 Mai 1802. Riga 1802. V: *Eckardt, Friedrich Samuel Lucas von.* (GGr) (R-N) (MGT)

Alexander von Rußland. gr. 8. Manh. 805. Kaufmann. 8 gr Postp. 10 gr Velinp. 12 gr (Ist ein Nachdruck von: Trajan u. Alexander, s. Trajan.)

— Papst Alexander VI. [Sechste]. — Berlin: Baake [1893]. 63 S. (Gekrönte Häupter. 3.) 1:Pb 5033-3.

— von Söltwedel, oder der Hanse Begründung. Ein vaterländ. Schauspiel in 4 Akten von N. Bärmann. 8. Bremen, Heyse. 817.

Alexander von Tralles. Original-Text u. Übers. 1878-79 s. *Alexander:* Libri XII [griech. u. deutsch].

Alexander Willingen, s.a. Willingen, Alexander.

Alexander Willingen. Ein Charaktergemälde neuerer Zeit. 2 Bde. 8. (XII, 212 und 242 S.) Leipzig 847, Steinacker.

Alexander II s.a. Alexandre

Alexander der Zweite, Großfürst von Rußland [Aleksandr Michajlovič Großfürst v. Russland, aus d. Hause Rurik]. Aus der wahren Geschichte entlehnt und romantisch bearbeitet. Th. 1.2. — Leipzig: Joachim [1803].
1:Yw 5712.

Alexander II., Großfürst v. Rußland. 2 Bde. 8. Prag 803. Polt. (Joachim in Leipz.) 1 Rthl. 12 gr

Alexander [persönlicher Name]

Alexander, Russ. Taufname s. *Aleksandr.*

Alexander, Grammatiker, geb. um 1170, † Mitte d. 13. Jh. 1480 s. *Alexander* de Villa Dei.

Alexander, Kommentator des Aristoteles, um 200 n. Chr. 1488 s. *Alexander* Aphrodisiensis.

Alexander Aphrodisiensis

— Alexanders von Aphrodisias Abhandlung von dem Schicksal und von der Freyheit des Willens. [Übers.: Johann Georg Schulthess.] — Zürich: Orell, Geßner, Fueßlin 1782. 132 S. 1: Vv 8440. 12: A. gr. b. 292.
3.1549

— Alexandri In Aristotelis Meteorologicorum libros commentaria. Consilio et auctor. Academiae litterarum R. Borussicae ed. Michael Hayduck. — Berolini: G. Reimer 1899. XIII,255 S. (Commentaria in Aristotelem Graeca. 3,2.)
1: Vt 875-3,2. 12: A. gr. b. 949 l-3,2. 300: 424.250-B. Bd 3,2. 2. 3. 4. 5. 6. 7. 8. 9. 10. 11.
3.1526

Alexander Aphrodisiensis: in Aristotelis topicorum libros octo commentaria, s.a. Commentaria in Aristotelem graeca.

— In Aristotelis Topicorum libros octo commentaria. Consilio et auctor. Academiae litterarum R. Borussicae ed. Maximilianus Wallies. — Berolini: G. Reimer 1891. L,712 S. (Commentaria in Aristotelem Graeca. 2,2.)
1: Vt 875-2,2. 12: A. gr. b. 949 l-2,2. 300: 84.775-C. Bd 2,2 [u.] 424.250-B. Bd 2,2. 2. 3. 4. 5. 6. 7. 8. 9. 10. 11.
3.1537

Alexandri Aphrodisiensis in Aristotelis metaphysica commentaria.
s.a. Commentaria in Aristotelem graeca.

— In Aristotelis Metaphysica commentaria. Consilio et auctor. Academiae litterarum R. Borussicae ed. Michael Hayduck. — Berolini: G. Reimer 1891. XIII,919 S. (Commentaria in Aristotelem Graeca. 1.)
1: Vt 875-1. 12: A. gr. b. 949 l-1. 300: 84.775-C. Bd 1 [u.] 424.250-B. Bd 1. 2. 3. 4. 5. 6. 7. 8. 9. 10. 11.
3.1519

Alexander Aphrodiensis. Alexandri quod fertur in Aristotelis sophisticos elenchos commentarium, s.a. Commentaria in Aristotelem graeca.

— Alexandri In Aristotelis Analyticorum priorum librum I. commentarium. Consilio et auctor. Academiae litterarum R. Borussicae ed. Maximilianus Wallies. — Berolini: G. Reimer 1883. XXII,426 S. (Commentaria in Aristotelem Graeca. 2,1.)
1: Vt 875-2,1. 12: A. gr. b. 949 l-2,1. 300: 84.775-C. Bd 2,1 [u.] 424.250-B. Bd 2,1. 2. 3. 4. 5. 6. 7. 8. 9. 10. 11.
3.1505

— Alexandri Quod fertur in Aristotelis Sophisticos elenchos commentarium. Consilio et auctor. Academiae litterarum R. Borussicae ed. Maximilianus Wallies. — Berolini: G. Reimer 1898. XXXII,238 S. (Commentaria in Aristotelem Graeca. 2,3.)
1: Vt 875-2,3. 12: A. gr. b. 949 l-2,3. 300: 84.775-C. Bd 2,3 [u.] 424.250-B. Bd 2,3. 2. 3. 4. 5. 6. 7. 8. 9. 10. 11.
3.1512

— Alexandri In librum De sensu commentarium. Consilio et auctor. Academiae litterarum R. Borussicae ed. Paulus Wendland. — Berlin: G. Reimer 1901. XIX,205 S. (Commentaria in Aristotelem Graeca. 3,1.)
1: Vt 875-3,1. 12: A. gr. b. 949 l-3,1. 300: 84.775-C. Bd 3,1 [u.] 424.250-B. Bd 3,1. 2. 3. 4. 5. 6. 7. 8. 9. 10. 11.
3.1533

— Commentarius in Libros metaphysicos Aristotelis. Rec. Hermannus Bonitz. — Berolini: G. Reimer 1847. XXVIII, 820 S.
1: Vv 9780. 12: A. gr. b. 291. 300: 21.365-B. 2. 3. 4. 5. 6. 7. 8. 9. 10. 11.
3.1518

Alexandri Aphrodisiensis, Ammonii Hermiae filii, Plotini, Pardesanis Syri,. et Georgi Gemisti Plethonis de Fato quae sup. graece. Ad cod. Ms. edit. version. fid. recens., interpret. lat. Hug. Grotii et alior. emend. varietat. lect. et notas adjec. I. Conr. Orelius. Insertae sunt animadvers. I. Casp. Orelli. 8 mai. Turici, Orell. 2 Rthlr., Schreibpap. 3 Rthlr., Velinpap. 1824

— De febribus libellus Graece et Lat. In Germania nunc primum ed. Franciscus Passow. — Vratislaviae : Schoen 1822. 53 S.
Ersch. auch als Univ.-Schr. Breslau 1822. 1: Vv 8265. 4. 8.
3.1552

Alexander Aphrodisiensis. Die durch Averroes erhaltenen Fragmente Alexanders z. Metaphysik des Aristoteles unters. u. übers. v. J. Freudenthal. Ak. 1885. 184 S. 4°. 8.—

Alexander von Aphrodisias, s. Günsz, Aron.

— f. Itinerarium ad Constantinum.

— Quaestionum naturalium et moralium ad Aristotelis philosophiam illustrandam libri 4 ex rec. Leonardi Spengel. — Monachii: Cotta 1842. XVIII,317 S.
1: Vv 8540. 12: A. gr. b. 299 [u.ö.] 300: 47 Ll 61. 2. 3. 4. 5. 6. 7. 9. 10. 11.
3.1584

Alexandri Aphrodisiensis Quaestionum naturalium et moralium ad Aristotelis philosophiam illustrandam libri quatuor, ex recens. Prof. Leonh. Spengel. 8maj. Monachii 842. (Literar.-artist. Anstalt.) 2¼ ß

Alexandri Aphrodisiensis praeter commentaria scripta minora de anima cum mantissa, s.a. Supplementum Aristotelicum.

— Praeter Commentaria scripta minora ... Consilio et auctor. Academiae litterarum R. Borussicae ed. Ivo Bruns. (P. 1.2.) — Berolini: G. Reimer 1887–92.
1. De anima liber cum mantissa. 1887.
2. Quaestiones. De fato. De mixtione. 1892.
(Supplementum Aristotelicum. 2.)
1: Vt 873–2. 12: A. gr. b. 532 b–2. 300: 424.810–B. Bd 2 [u.] 163.372–C. H. S. 2. 2. 3. 4. 5. 6. 7. 8. 9. 10. 11.
3.1492

Alexander Aetolus: Fragmenta collecta et illustrata ab Aloysio Capellmanno. — Bonnae: Marcus 1830. 92 S.
Ersch. auch als Diss. Bonn 1829. 3. 6. 8. 9. 10. 11.
3.1452

Alexander Kaiser v. Byzanz, 912-913: Epanagoge Basilii, Leonis et Alexandri. 1852 in: *Collectio* librorum iuris Graeco-Romani ineditorum. 3.1586

Alexander Gallus s. *Alexander* de Villa Dei.

Alexander, Prinz von Hessen. Feldzugs-Journal des Oberbefehlshabers des 8. deutschen Bundes-Armee-Corps im Feldzuge des Jahres 1866 in Westdeutschland. Im Auszug mitgetheilt und als Manuscript gedruckt. 8. Landsitz Heiligenberg bei Darmstadt 1866.

Alexander Prinz v. Hessen: Feldzugs-Journal des Oberbefehlshabers des 8ten deutschen Bundes-Armee-Corps im Feldzuge des Jahres 1866 in Westdeutschland. ⟨Im Auszug mitgeth.⟩ (Verf.: Alexander Prinz v. Hessen.) — Darmstadt & Leipzig: Zernin 1867. 41 S.
12: Germ. g. 558–17. 300: 37.792–B. 5. 11.
3.1596

(—) — 2., unveränd. Aufl. Ebd. 1867. 41 S.
1: 6 in Qo 3791. 3. 4. 7. 11.
3.1597

— Hessisches Münzcabinet des Prinzen Alexander von Hessen. [Nebst] Nachtr. 1.2. — Darmstadt 1877–85: Herbert.
Vollst. . . . . 4.
[=Nachtr. 2] . . . . 1: 4° Pi 2068.
[=Nachtr. 1.2] . . . . 300: 57.184–C. 7.
3.1598

— Mainzisches Münzcabinet des Prinzen Alexander von Hessen. — Darmstadt 1882: Herbert. VII,283 S.
1: 4° Pm 345. 300: 53.659–C. 7.
3.1599

— Numismatisch-genealogische Serien. ⟨Münzcabinet des Prinzen Alexander von Hessen.⟩ — ([Darmstadt 1889:] Bergstraesser.) XV,274 S.
300: 186.841–B. 4.
3.1600

Alexander a Johanne de Cruce, s. Alexander a Sancto Johanne de Cruce.

Alexander, Episcopus Lycopolitanus

— Contra Manichaei opiniones disputatio. Ed. Augustus Brinkmann. — Lipsiae: Teubner 1895. XXXI,50 S. (Bibliotheca scriptorum Graecorum et Romanorum Teubneriana.)
1: B 6630. 12: A. gr. b. 305 [u.ö.] 300: 429.235–A.L.S. Graec. 35. 2. 3. 4. 5. 6. 7. 9. 10. 11.
3.1608

Alexander of Macedon s. *Alexander* Magnus.

Alexander König von Makedonien s. *Alexander* Magnus.

Alexander

— Herz. v. Meckl.-Strel., Grundzüge d. franz. Eisenb.-Polit. Diss. Lpz. (1882).

Alexander III. Papa, 1159-1181
Früherer Name: Rolando Bandinelli

— (Sententiae) Die Sentenzen Rolands nachmals Papstes Alexander III. Zum ersten Male hrsg. von Fr. Ambrosius M. Gietl [Heinrich Maria Gietl]. — Freiburg i. Br.: Herder 1891. LXX,332 S.
Ersch. auch als Diss. München 1895.
1: Cw 528. 12: P. lat. 25 p [u.ö.] 300: 185.275–C. 2. 3. 4. 5. 6. 7. 8. 9. 11.
3.1624

— Die Summa Magistri Rolandi nachmals Papstes Alexander III. Nebst e. Anh. Incerti auctoris quaestiones. Hrsg. von Friedrich Thaner. — Innsbruck: Wagner 1874. LV,303 S.
1: Fq 590. 12: J. can. F. 136 h. 300: 61.032–B. 2. 3. 4. 5. 6. 7. 8. 9. 10.
3.1625

Alexander I Kaiser von Russland

Alexander I., Kaiser, s.: Briefwechsel König Friedrich Wilhelm's III.

Alexander a Sancto Johanne de Cruce
– s.a. Anti-Mangoldus

Alexander a Sancto Johanne de Cruce: Anti-Mangoldus sive vindiciae Historiae ecclesiasticae Claudii Fleury. Ex monumentis genuinis concinnatae. [Verf.: Alexander a Sancto Johanne de Cruce.] P. 1.2. — Amstelodami & Ulmae: Sumt. Stettinianis 1784.
1: Cb 1829. 12: H. eccl. 41 m. 2. 5. 6. 7.
3.1606

Alexander a S. Joa. de Cruce, introduct. ad Fleury hist. eccles., s.a. *Fleury*.

Alexander, a. Ioa. de Cruce, introduct. ad Fleury hist. eccles. auct. Calmet. 5 Tomi. 8. Augsb. Wolf. 787—90.

Alexander Trallianus: Libri XII [duodecim]

— [griech. u. deutsch] Alexander von Tralles. Original-Text u. Übers. nebst einer einleitenden Abhandlung. Ein Beitrag zur Geschichte der Medicin von Theodor Puschmann. Bd 1.2. — Wien: Braumüller 1878–79.
1: Vr 6840. 12: A. gr. b. 310 d–1.2. 300: 177.410–B. 2. 3. 4. 5. 6. 7. 9. 10. 11.
3.1675

— [griech. u. deutsch] Nachträge zu Alexander Trallianus. Fragmente aus Philumenus u. Philagrius, nebst einer bisher noch ungedruckten Abhandlung über Augenkrankheiten. Nach d. Hss. hrsg. u. ins Deutsche übers. von Theodor Puschmann. — Berlin: Calvary 1886. 188 S. (Berliner Studien für classische Philologie u. Archaeologie. 5,2.)
1: Va 9187–5,2. 12: Philol. 266 n–5 [u.ö.] 300: 48.421–B. Per. 5,2. 2. 3. 4. 5. 6. 7. 8. 9. 10. 11.
3.1676

Alexander de Villa Dei

— Das Doctrinale. Kritisch-exegetische Ausg. mit Einl., Verz. d. Hs. u. Drucke nebst Registern bearb. von Dietrich Reichling. — Berlin: A. Hofmann 1893. XXIII,CCCIX, 211 S. (Monumenta Germaniae paedagogica. 12.)
1: Ay 5072–12. 12: Paed. Th. 3083–12. 300: 187.919–C. Per. 12. 2. 3. 4. 5. 7. 8. 9. 10. 11.
3.1732

Alexander Graf v. Wuerttemberg

— Gedichte. gr. 12. Stuttg. 837. Brodhagsche Buchh. 1⅓ ß

Alexander Graf von Württemberg, gesammelte Gedichte. 8. Stuttgart u. Tübingen 841, Cotta'scher Verlag. 2 ß

Alexander Graf von Würtemberg, Lieder des Sturms. gr. 12. Stuttg. 838. Metzlersche Buchh. 1⅙ ß

Alexander Friedrich Karl, Herzog zu Würtemberg, s. Bemerkk. über d. Feldzug d. Preußen 1806.

Alexander Friedrich Karl Herzog zu Wuerttemberg: Unpartheyische Bemerkungen über den Feldzug der preussischen Armee von 1806 und über die Relation der Schlacht von Auerstädt, nebst vorläufigen Betrachtungen über Vollkommenheiten und Mängel unserer Militär-Einrichtungen. Von einem russischen, ehemaligen oesterreichischen Officier [d. i. Alexander Friedrich Carl Herzog zu Württemberg]. — Mitau 1808: Steffenhagen. 112 S.
1: Qn 5370. 5.
3.1861

Alexander [Familienname]
—— s. Aachen als Kurort.

— s. Aix-la-Chapelle as a health resort.

Alexander, Mrs. s. Alexander, Annie

Alexander, Dr. med., Prof., Wien. 1909 s. *Alexander,* Gustav.

Alexander, Pfarrer. 1895 s. *Alexander,* Johann Leopold Hugo.

Alexander, Dirigierender Arzt d. Augen-Heilanstalt, Aachen. 1888 s. *Alexander,* Louis.

Alexander, Reg.- u. Medizinalrat, Breslau. 1898 s. *Alexander,* Rudolf.

Alexander. Abhandlung von den Schicksalen und der Freiheit des Willens; aus dem Griechischen. Zürich 1782. Ü: *Schulthess, Johann Georg.* (Ky)

Alexander, Abhandl. von Uhren, s. Alexander, Jakob

Alexander, les affections des organes de la vision. [Aus: „Aix-la-Chapelle".] gr. 8. (35 S.) Aachen 891. R. Barth's Verl. n. 1. 20

— s.: Aix-la-Chapelle as a health resort.

Alexander, deutl. Anweisung z. gänzl. Ausrottung d. Hühneraugen u. Warzen. 1. Aufl. 16. (2 B.) 828., 2., verm. u. verb. Aufl. (2½ B.) 8. Graudenz 829. (Berlin, Enslin'sche Buchh.) à

Alexander. 1828: Deutliche Anweisung zur gänzlichen Ausrottung der Hühneraugen und Warzen. 2., verm. u. verb. Aufl. — Graudenz: Röthe 1829. 36 S.
1:Kp 4842. 10.
3.1864

—— üb. d. Behandlung d. Unarten, Fehler u. Vergehungen d. Jugend, sowohl im älterl. Hause, als in d. Schule. gr. 8. Graudenz 829. (Berlin, Enslin'sche Buchh.)

Alexander. 1828: Ueber die Bereitung und diätetische Wirkung der gebräuchlichsten künstlichen Getränke, nebst d. Mitteln, die Verfälschungen derselben, bes. der Weine, zu entdecken u. d. Anweisung, aus geringen Landweinen die edelsten ausländischen Weine ... ähnlich darzustellen. Graudenz: Röthe; Berlin: Enslin 1828. VIII,52 S.
2. Aufl. s. *Alexander:* Von den Wirkungen der verschiedenen Getränke auf den menschlichen Körper. 1829.
1:Ik 6670.
3.1865

Alexander, Reg.-Baumeister. 1896: Einführung in die Elektrotechnik. — Potsdam & Leipzig: Bonneß & Hachfeld [um 1897]. 24 S. (System Karnack-Hachfeld. Unterrichtsbriefe. Maschinenbauschule. Der Monteur.)
1:Og 10342–Maschinenbauschule, 1, B, 3.
3.1872

Alexander: die Erkrankungen d. Sehorgans u. ihre Behandlung..., s. Alexander, Louis.

Alexander, ... (Karl Wlh. Schnitzlein), patriot. Gedanken vom Jure Albinagii, durch dessen Aufhebung die Krone Frankreichs die Deutschen an sich locken will. 8. Nürnb. 763.

ALEXANDER (K. Wilh. SCHÜRZLEIN): Patriot. Gedanken v. jure albinagii, durch dessen Aufheb. d. Crone Frankreich d. Deutschen an sich locken will. ***Frankf.* u. *Leipz.*** **768. 8.**

Alexander: über Gefässveränderungen bei syphilitischen Augenerkrankungen, s. Alexander, Louis.

— Hebezeuge. [Für Monteure.] — Potsdam & Leipzig: Bonneß & Hachfeld [um 1897]. 108 S. (System Karnack-Hachfeld. Unterrichtsbriefe. Maschinenbauschule. Der Monteur.) 1:Og 10342–Maschinenbauschule, 1, B, 2.
3.1871

(—) Hebezeuge. [Für Maschinen-Konstrukteure.] — Potsdam & Leipzig: Bonneß & Hachfeld [um 1897]. 108 S. (System Karnack-Hachfeld. Unterrichtsbriefe. Maschinenbauschule. Der Maschinen-Konstrukteur.)
1:Og 10342–Maschinenbauschule, 3, B, 2.
3.1873

Alexander, Reg.-Baumeister. 1896: Hebezeuge. [Für Werkmeister.] — Potsdam & Leipzig: Bonneß & Hachfeld [um 1897]. 108 S. (System Karnack-Hachfeld. Unterrichtsbriefe. Maschinenbauschule. Der Werkmeister.)
1:Og 10342–Maschinenbauschule, 2, B, 2.
3.1875

Alexander's Comptoirbuch. Supplement. Rechte und Pflichten des Handlungsreisenden und Agenten sowie Rechtsgrundsätze über Kauf und Verkauf. 32. (48 S.) Berlin 878, Alexander.

Alexander's Comptoirbuch. Supplement. Rechte u. Pflichten d. Handlungsreisenden u. Agenten sowie Rechtsgrundsätze über Kauf u. Verkauf. 32. (48 S.) Berlin 878. Hohorst. — 50

Alexander: Konkursgesetze aller Länder der Erde, s. Alexander, J.

— Kosmetik, od. die Kunst, den menschlichen Körper zu verschönern u. schön zu erhalten, zunächst für d. schöne Geschlecht bestimmt. 1. u. 2. Aufl. (à 3 B.) 16. Graudenz 828. (Berlin, Enslin'sche Buchh.) à

— Kosmetik oder die Kunst, den menschlichen Körper zu verschönern und schön zu erhalten, zunächst für das schöne Geschlecht bestimmt. 2., unveränd. Aufl. — Graudenz: Röthe; Berlin: Enslin 1828. 42 S. 10. 11.
3.1866

— — Kosmetik, oder die Kunst, den menschlichen Körper zu verschönern und schön zu erhalten, nach rationellen Grundsätzen mit besonderer Rücksicht auf die Erhaltung der Gesundheit. — Ebd. 1829. 98 S.
1:Ik 3554. 6. 8.
3.1867

—— d. Leben u. Treiben d. Italieners in u. außer sein. Hause, dargest. durch eine Reihe humorist. Schilderungen, lust. Scenen u. karakterist. Anekdoten, als ein Beitrag zur Kenntniß d. heut. Bewohner Hesperiens. M. 1 Stnt. 8. (15 B. u. 2 Tab.) Berlin 828, Krause.

Alexander, das Leben und Treiben des Italieners in u. außer seinem Hause. 8. 1828, jetzt Coldits in Halle. 1⅓ ß

(—) Lokomotivbau. [Für Maschinen-Konstrukteure.] — Potsdam & Leipzig: Bonneß & Hachfeld [um 1898]. 114 S. (System Karnack-Hachfeld. Unterrichtsbriefe. Maschinenbauschule. Der Maschinen-Konstrukteur.)
1:Og 10342–Maschinenbauschule, 3, B, 4.
3.1876

[—] Lokomotivbau. [Für Werkmeister.] — Potsdam & Leipzig: Bonneß & Hachfeld [um 1898]. 114 S. (System Karnack-Hachfeld. Unterrichtsbriefe. Maschinenbauschule. Der Werkmeister.)
1:Og 10342–Maschinenbauschule, 2, B, 3.
3.1877

— Materialienkunde. [Für Elektrotechniker.] — Potsdam & Leipzig: Bonneß & Hachfeld [um 1896]. 124 S. (System Karnack-Hachfeld. Unterrichtsbriefe. Elektrotechnische Schule.)
1:Og 10342–Elektrotechnische Schule, B, 1.
3.1878

— Materialienkunde. [Für Maschinen-Konstrukteure.] Potsdam & Leipzig: Bonneß & Hachfeld [um 1896]. 124 S. (System Karnack-Hachfeld. Unterrichtsbriefe. Maschinenbauschule. Der Maschinen-Konstrukteur.)
1:Og 10342–Maschinenbauschule, 3, B, 1.
3.1879

— Materialienkunde. [Für Monteure.] — Potsdam & Leipzig: Bonneß & Hachfeld [um 1896]. 124 S. (System Karnack-Hachfeld. Unterrichtsbriefe. Maschinenbauschule. Der Monteur.)
1:Og 10342–Maschinenbauschule, 1, B, 1.
3.1880

— Materialienkunde. [Für Werkmeister.] — Potsdam & Leipzig: Bonneß & Hachfeld [um 1896]. 124 S. (System Karnack-Hachfeld. Unterrichtsbriefe. Maschinenbauschule. Der Werkmeister.)
1:Og 10342–Maschinenbauschule, 2, B, 1.
3.1881

— Materialienkunde. Umgearb. — Potsdam & Leipzig: Bonneß & Hachfeld [um 1907]. 164 S. (Technische Unterrichtsbriefe d. Systems Karnack-Hachfeld.)
1:N 09.917.
3.1882

— Odontiatrie oder die Lehre, wie man die Zähne gesund und schön erhalten, und die Krankheiten der Zähne nebst den verschiedenen Arten der Zahnschmerzen gründlich u. sicher heben könne. — Graudenz: Röthe; Berlin: Enslin 1829. X,72 S. 1:K 2132. 11.
3.1868

— Rathgeber f. Handwerker u. andere Gewerbtreibende. Praktisches Handbuch f. selbstständ. Gewerbtreibende sowie Gehülfen u. Gesellen. 8. (48 S.) Ebend. 878. 1. —

Alexander, Reportgeschäft u. Prolongation. Berlin 892.

Alexander, Sonderrechte der Aktionäre, s. A l e x a n d e r, Edmund

– Syphilis u. Auge, s. A l e x a n d e r, Louis.

Alexander, f.: Unterrichtsbriefe f. d. Selbststud. d. ges. Elektrotechnik.

Alexander, Unwirksamkeit, siehe Studien, rechtswissenschaftl.

— vom Vaterlande d. Jesuiten, oder rechtl. Erörterung d. Fr.: ist es erlaubt, alle Jesuiten in d. päpstl. Kirchenstaat zu verweisen? 8. Frankf. u. Leipz. 768.

— Von den Wirkungen der verschiedenen Getränke auf den menschlichen Körper, so wie von der Bereitung der gebräuchlichsten künstlichen Getränke und den Mitteln, die Verfälschungen derselben, besonders der Weine, zu entdecken, nebst deren Anweisung, geringere Landweine auf eine für die Gesundheit unschädliche Art so zu verbessern, daß sie den edelsten ausländischen ähnlich werden. 2. Aufl. Graudenz: Röthe; Berlin: Enslin 1829. 85 S. (Alexander: Von den Wirkungen der Nahrungsmittel auf den menschlichen Körper. 2.)
1. Aufl. s. *Alexander:* Ueber die Bereitung und diätetische Wirkung der gebräuchlichsten künstlichen Getränke. 1828.
1: Ik 5180–2. 11.
3.1869

— Von den Wirkungen der Nahrungsmittel auf den menschlichen Körper, für gebildete Nichtärzte bearb. Th. 1.2. — Graudenz: Röthe 1829.
1. Alexander: Von den Wirkungen der verschiedenen Speisen auf den menschlichen Körper. Graudenz: Röthe; Berlin: Enslin 1829.
2. Alexander: Von den Wirkungen der verschiedenen Getränke auf den menschlichen Körper. Graudenz: Röthe; Berlin: Enslin 1829.
1: Ik 5180. 11.
3.1870

—— dass. 2. Thl. — A. u. d. T.: Von d. Wirkungen d. verschied. Getränke auf d. menschl. Körper, so wie von der Bereitung d. gebräuchl. künstlichen Getränke rc. 1. u. 2. Aufl. 8. (à 5½ B.) Ebds. 828, 29. à

— Von den Wirkungen der verschiedenen Speisen auf den menschlichen Körper, für gebildete Nichtärzte hrsg. — Graudenz: Röthe; Berlin: Enslin 1829. 77 S. (Alexander: Von den Wirkungen der Nahrungsmittel auf den menschlichen Körper. 1.) 1: Ik 5180–1. 11.
3.1871

Alexander, A., s.a. A l e x a n d e r, Adolf

A l e x a n d e r, A., Beweise gegen das Ausschliessungsvermögen von knotiger Lungensucht und Wechselfiebern. gr. 8. (32 S.) Hamburg 848, Perthes-Besser und Mauke.
Aus: Zeitschrift für die gesammte Medicin etc., 38. Bd., besonders abgedruckt.

A l e x a n d e r, A. (II.), Itzig Hirsch in der Tanzstunde, s. a. K ü h l i n g's, A., Album für Solo=Scenen.

Alexander, A. 1876: Itzig Hirsch in der Tanzstunde oder: Eins, zwei, drei, bei der Bank vorbei! Solo-Scene mit Gesang. Musik von Fritz [Friedrich] Kaiser. 3. Aufl. — Berlin [1876]. (A. Kühling's Album für Solo-Scenen. 10.)
1: 4° Yp 6332–10.
3.1883

(A l e x a n d e r, A.): „Hamburgs Manufacturwaarenhandel und seine künftige Entwickelung bei einem einheitlichen deutschen Zoll- und Handelssystem", als Ms. gedruckt, Hamburg 1848. — Vorh.: Com. Bibl. Hamburg.

— Protest gegen Mäßigkeits=Vereine, s. Buchheister, J. C.

Alexander, A., die Sympathie als Heilmittel. Sympathetische Rathschläge zur Heilung der verschiedenartigsten Krankheiten, wie Fieber, Entzündungen, Hypochondrie rc. Systematisch bearb. u. m. erläut. Anmerkungen versehen f. Diejenigen, welche zu dieser Heilmethode Glauben u. Vertrauen haben. 3. Aufl. 8. (XII, 94 S.) Berlin 879. Mode's Verl. n. 1. —

Alexander, A. 1886: Die Sympathie als Heilmittel. Sympathetische Rathschläge zur Heilung der verschiedenartigsten Krankheiten, wie Fieber, Entzündungen ... und Auswachsungen. Systematisch bearb. u. mit erl. Anm. vers. für diejenigen, welche zu dieser Heilmethode Glauben und Vertrauen haben. 5. Aufl. — Berlin: Mode [1886]. XII, 94 S. 1: Im 5520[a].
3.1884

Alexander, A., die Sympathie als Heilmittel. Sympathetische Rathschläge z. Heilg. der verschiedenartigsten Krankheiten. 8. Aufl. 8. (XII, 94 S.) Berlin 893. S. Mode's Verl. n. 1. —

Alexander, A., die Sympathie als Heilmittel. Sympathetische Rathschläge zur Heilg. der verschiedensten Krankheiten, wie Fieber, Entzündgn., Hypochondrie, Kopf=, Zahn=, Brust=schmerzen, Verwundgn, Blutgn., Schwindsucht, männl. Unvermögen, weibl. Unfruchtbarkeit, Gicht, Rheumatismus, Geschwülste, Krebsgeschwüre, Krätze, Flechten, Sommersprossen, Warzen, Brüche, Verrenkgn., Auswachsgn. rc. Systematisch bearb. u. m. erläut. Anmerkgn. versehen f. Diejenigen, welche zu dieser Heilmethode Glauben u. Vertrauen haben. 10. Aufl. (XII, 94 S.) 8. Berlin (903). S. Mode. n. 1. —

Alexander, A. C.: Die englischen Märtyrer während und seit der Reformation. — Paderborn: Junfermann 1888. 63 S. 1: Tw 9865/21. 6.
3.1887

Alexander, Adolf: Physiologie der Menstruation. Von A. Alexander. — Hamburg: Perthes-Besser & Mauke 1841. II, 95 S. 12: Anat. 30 a. 300: 42 V 67. 6. 7. 8. 11.
3.1888

Alexander, Alfred, Referendar: Datio in solutum und compensatio voluntaria. ⟨Annahme an Erfüllungsstatt und vertragsmäßige Aufrechnung.⟩ Ein Vergleich. Borna-Leipzig 1908: Noske. XIV, 80 S. 8°
Leipzig, Jur. Diss. v. 19. Dez. 1908
[Geb. 16. Sept. 84 Königsberg i. P.; Wohnort: Königsberg; Staatsangeh.: Preußen; Vorbildung: Kneiphöfisches Gymn. Königsberg Reife O. 02; Studium: Berlin 1, München 1, Berlin 1, Königsberg 3 S.; Rig. 20. Juli 06.] [U 09. 2436

Alexander, Alfred, approb. Arzt aus Frankfurt a./M.: **Ueber traumatische kryptogene septische Infektion und traumatische eiterige Gonarthritis.** Mit Tafel. *München 1903: Kastner & Callwey.* (155 S.) 8°
München, Med. Diss. v. 1903

Alexander, Annie: A golden autumn, s. C o l l e c t i o n of British authors.

Alexander, Annie: Barbara, Lady's maid and peeress, s. C o l l e c t i o n of British authors.

— Biegen od. Brechen. D. Geschichte e. Ehe. Roman. M. Autoris. d. Verf. deutsch v. Elisab. G o t t h e i n e r. 2 Bde. 8. (489 S.) Leipzig 897. P. List. n. 5 —; in 1 Bd. geb. n. 6. —

– A choice of evils, s. C o l l e c t i o n of British authors.

– Mona's choice, s. C o l l e c t i o n of British authors.

Alexander, Mrs., Brown, V. C.: The cost of her pride, s. C o l l e c t i o n of British authors.

Alexander, Kitty Costello, s.: Collection of British authors.

– Mrs. Chrichton's creditor, s. C o l l e c t i o n of British authors.

Alexander, Annie: Through fire to fortune, s. C o l l e c t i o n of Brit. auth.

– Blind fate, s. C o l l e c t i o n of British authors

Alexander, Mrs., ihr ärgster Feind, s.: E n g e l h o r n's allgemeine Roman=Bibliothek.

– The yellow fiend, s. C o l l e c t i o n of British authors.

– A fight with fate, s. C o l l e c t i o n of British authors.

– Found wanting, s. C o l l e c t i o n of British authors.

Alexander, Mrs., the freres, s.: Asher's collection of english authors.

– A winning hazard, s. C o l l e c t i o n of British authors.

– A woman's heart, s. C o l l e c t i o n of British authors.

– A missing hero, s. C o l l e c t i o n of British authors.

— a second life, s.: Collection of British authors.

– A life interest, s. C o l l e c t i o n of British authors.

– maid, wife, or widow, s.: Asher's continental library.

— Mammon. s. Library, the English.

– A crooked path, s. Collection of British authors.

Alexander, Annie: For his sake, s. Collection of British authors.

— Um Seinetwillen, ſ.: Fehſenfeld's Romanſammlung. I. Jahrg. 3./4. Bd.

– The snare of the fowler, s. Collection of British authors.

— Stronger than love, s.: Collection of British authors.

Alexander, Mrs., the Admiral's Ward, s. Asher's Collection of English Authors.

– A ward in chancery, s. Collection of British authors.

— what gold cannot buy, s.: Library, the English.

– By woman's wit, s. Collection of British authors.

— Zu Tode gehetzt, ſ.: Kürſchner's Bücherſchatz.

Alexander, B., Statistik der Rachitis u.d. Spasmus glottidis..., s. Alexander, Bruno.

Alexander, Béla, die Entwickelung der knöchernen Wirbelsäule, s.a. Fortschritte auf d. Gebiete d. Röntgenstrahlen. 13. Erg.-Bd.

Alexander, Bela: Die Entwickelung der knöchernen Wirbelsäule. Mit 20 Taf. u. 14 Originalzeichn. — Hamburg: Gräfe & Sillem 1906. 49 S. (Archiv u. Atlas d. normalen u. pathologischen Anatomie in typischen Röntgenbildern. 13.) (Fortschritte auf d. Gebiete d. Röntgenstrahlen. Erg.Bd 13.)
1: 4° I 6240–Erg.Bd 13. 12: 4° Phys. sp. 89xa–13. 4. 7. 10. 11.
3.1906

Alexander, Bernát: Kant's Lehre vom Erkennen. 4. Capitel. Die transscendentale Deduktion der Kategorien von Bernhard Alexander. — Budapest 1876: Wodianer. 40 S.
Ersch. auch als Diss. Leipzig 1876.
1: Nm 828. 12: Ph. Sp. 18n. 2. 9.
3.1909

Alexander, Bruno (approb. Arzt aus Goldap O/Pr.): Statistik der Rachitis und des Spasmus glottidis nach den Daten der medicinischen Poliklinik in Kiel . . . Breslau, Druck v. Th. Schatzky, 1888. 30 S. + 1 Bl. 8°
Breslau, Med. Fak., Inaug.-Diss. v. 15. Mai 1888

Alexander, Bruno, Statistik der Rachitis und des Spasmus glottidis nach den Daten der medicinischen Poliklinik in Kiel. Inaugural-Dissertation. gr. 8. (30 S.) Breslau 888, (Köhler.) *

Alexander, C.: Geschlechtskrankh. u. Kurpfuscherei, s. Flugschriften d. deut. Gesellsch. z. Bekämpf. d. Geschlechtskrankh.

Alexander, C.M., s.a. Alexander, E.M.

Alexander, C. M., Sachverſtändigen-Schiedsgerichte f. Handel u. Gewerbe. Ein Mahnruf a. d. erwerb. Bürgerkreiſe i. Oeſterreich. gr. 8. (32 S.) Wien 895. (Lehmann & Wentzel.) n. — 80

Alexander, Carl, die hygienische Bedeutung der Beschneidung. Vortrag, geh. im liberalen Verein d. Synagogen-Gemeinde zu Breslau am 15. IV. 1902. gr. 8. (20 S.) Breslau 902. (Frankfurt a. M., J. Kauffmann.) n. — 60

Die hygienische Bedeutung der Beschneidung. Vortrag geh. im Liberalen Ver. d. Synagogen-Gemeinde zu Breslau 1902 von Dr. med. Carl Aloxandor, Arzt in Breslau. *Breslau 1902: T. Schatzky.* (20 S.) 8° [02. 9175

Alexander, Carl, Geschlechtskrankheiten u. Heilschwindel, s.: Flugschriften der deutschen Gesellschaft zur Bekämpfung der Geschlechtskrankheiten. 1. Hft.

Geschlechtskrankheiten und Kurpfuscherei. Vortrag geh. im Schles. Zweigverein d. Deutschen Gesellsch. z. Bekämpfung d. Geschlechtskrankheiten 1903 von Dr. med. Carl Aloxander (Breslau). *Leipzig: J. A. Barth 1904.* (26 S.) 8°
= Flugschriften d. Deutschen Gesellschaft z. Bekämpfung d. Geschlechtskrankheiten. H. 1. [04. 8356

— Kurorte u. Kurpfuschen. (40 S.) 8. Berlin 909. Allgemeine medizin. Verlagsanstalt. 1. —
Sonderabdruck aus „Ztschr. f. Balneol., Klimatol. u. Kurort-Hygiene".

Alexander, Carl [app. Arzt aus Breslau]: Untersuchungen über die Nebennieren und ihre Beziehungen zum Nervensystem ... [Aus: Beitr. z. path. Anat. u. z. allg. Path. Bd XI.] Jena, G. Fischer, 1891; 57 S. 8.
Freiburg i. B., Med. Fak., Inaug.-Diss. v. 1891

Alexander, Conrad [Dr. med., Secundär-Arzt a. d. med. Univ.-Poliklinik zu Breslau]: (Aus d. med. Klinik u. aus d. patholog. Institut d. Univ. zu Breslau). Klinische und experimentelle Beiträge zur Kenntniss der Lähmungen nach Arsenik-Vergiftung. . . . Breslau, F. W. Jungfer's Buchdr. (1889); 1 Bl. + II + 107 + 1 S. – 2 Bl. u. 1 Taf. 8°
Breslau, Med. Fak., Hab.-Schr. v. 29. Jul. 1889

Alexander, E.: Ueber die Entzündung d. Kronbeinbeugsehne am Vorderfusse d. Pferdes, s. Alexander, Erich.

Alexander, E.: Herzensklänge, s. Alexander, Edward.

Alexander, E.: die Sonderrechte der Aktionäre, s. Alexander, Edmund

Alexander, E.M., s.a. Alexander, C.M.

Alexander, E. M., Sachverſtändigen-Schiedsgerichte für Handel und Gewerbe. Ein Mahnruf an die erwerbenden Bürgerkreiſe in Oeſterreich. Gr.-8. (32 S.) In Comm. * —.40
Wien: Lehmann & Wentzel 1895

Alexander, Edmund: Reportgeschäft und Prolongation, bes. mit Rücks. auf ihre Stempelpflichtigkeit. — Berlin: Speyer & Peters 1892. 80 S. 1: Fn 2240. 6. 7. 11.
3.1924

— Die Sonderrechte der Aktionäre. — Berlin: Liebmann 1892. XII, 185 S.
1: Fn 3190/47. 12: Merc. 2ox. 2. 5. 6. 7. 11.
3.1925

Alexander, E., d. Sonderrechte d. Aktionäre. 8°(185).– Berl. 1895, O. Liebmann.

Alexander, Eduard, Referendar in Berlin: Der Erwerb des Besitzes und des Eigentums am Lagergut durch Vermittlung des an Order lautenden Lagerscheins. Borna-Leipzig 1907: R. Noske. (XII, 113 S.) 8°
Leipzig, Jur. Fak., Diss. v. 11. Mai 1907
[Geb. 14. März 81 Essen a. d. Ruhr; Wohnort: Friedenau-Berlin; Staatsangeh.: Preußen; Vorbildung: Kgl. Gymn. Essen Reife O. 00; Studium: Freiburg i. B. 1, Lausanne 2, Berlin 4 S.; Rig. 11. Mai 07.]

Alexander, Edward. Herzensklänge. 16. (54 S.) Frankf. a. M. 889, Koenitzer's Verlag. geb. m. Goldſchn. * 2 —

Alexander, Erich, Tierarzt: Aus d. chirurg. Klinik d. Tierärztl. Hochsch. zu Berlin. Vorstand: Eberlein. Ueber die Entzündung der Kronbeinbeugesehne am Vorderfuße des Pferdes. (Mit 4 Textfig. u. 4 Abb. auf 1 Taf.) Stuttgart 1909: Union. 31 S. 8° (Aus: Monatshefte f. prakt. Tierheilkunde. Bd 20.)
Gießen, Veterinär-Med. Diss. v. 16. Febr. 1909, Ref. Pfeiffier
[Geb. 23. März 84 Wangerin; Wohnort: Swinemünde; Staatsangeh.: Preußen; Vorbildung: Friedrich-Wilhelms-Realgymn. Stettin Reife O. 08; Studium: Berlin Tierärztl. Hochsch. 8 S.; Rig. 30. Okt. 08.] [U 09. 1132

Alexander, Erich: Die rechtliche Natur der Erfüllung. *Rostock 1902: C. Hinstorff.* (70 S.) 8°
Rostock, Jur. Diss. v. [20. Dez.] 1902

Alexander, Erich, aus Agram (Croatien): Reaktionen von Salzen in Aethylacetat. *Giessen 1899: v. Münchow.* (21 S.) 8°
Giessen, Phil. Diss. v. 1899

ALEXANDER, F. Abrahamiſches Beſcheideſſen. 4°. 1717.
Originelle, z. T. ſehr derbe Predigten im Stile des Abraham a Santa Clara.

Alexander, F., der Doppelgänger v. Trieſt, od.: die Geheimniſſe der Verbrecherwelt. Abenteuerliche u. blut. Ereigniſſe aus dem Leben gravirter Verbrecher. Aus Criminal-Acten zuſammengeſtellt. 30 Hfte. gr. 8. (à 3 B. m. 1 Chromolith.) Dresden 872. 73. Lohſe & Kadler. à — 30

— Itzig Hirſch in der Tanzſtunde, ſ.: Kühling's, A., Album f. Solo-Scenen.

Alexander, Fr. Stephanus, die Schmuggler, s.a. **Theater, kleines. 364. Hft.**

Alexander, Fr. Stephanus: Die Schmuggler. Volksstück in 3 Aufz. — Paderborn: Kleine [1906]. 40 S. (Kleines Theater. 364.) **1:Yp 6281-364. 6.**
3.1933

Alexander, Fr. W.: Johann Georg Meyer von Bremen. Das Lebensbild eines deutschen Genremalers. Mit 142 Abb. — Leipzig: Seemann 1910. 90 S.
1:4° Nt 4627. **12:**4° Art. 2 hm. **300:**476.148–C.K.S.Hb. **5. 10.**
3.1934

— — Mit 142 Abb. Ebd. 1910. 90 S.
Nebent.: [Alexander:] Von Sonne und Freude. Aus dem Lebenswerk des deutschen Malers Meyer von Bremen.
3.
3.1935

Alexander, Franz [aus Liegnitz]: Über den Eisengehalt von Milz und Lymphdrüsen bei verschiedenen pathologischen Zuständen ... Freiburg i. B., Speyer & Kaerner, 1895; 2 Bl., 31 S. 8.
Freiburg i. B., Med. Fak., Inaug.-Diss. v. 1895

Alexander, G., s.a. Alexander, Gustav

Alexander, G., zur Behandlung der Mittelohreiterung. (4 S.) gr. 8. Leipzig 903. B. Konegen. n. 1. —
Sonderabdruck aus: „Reichs-Medizinal-Anzeiger".

— **Entwickelung u. Bau des inneren Gehörorganes v. Echidna aculeata,** s.: **Denkschriften der medicinisch-naturwissenschaftlichen Gesellschaft zu Jena. VI. 2.**

— **Probleme in der klinischen Pathologie des statischen Organs,** s.: **Sammlung zwangloser Abhandlungen aus dem Gebiete der Nasen- usw. Krankheiten. VIII. 8.**

Alexander, Gfr., Haß u. Liebe. Drama in 5 Aufzügen. 8. (174 S.) Leipzig 884. Mutze. n. 1. 50

— Socialisten. Drama in 5 Aufzügen. 8. (161 S.) Ebend. 884. n. 1. 50

Alexander, Gustav, s.a. Alexander, G.

ALEXANDER, Gustav
Zur Anatomie des Ganglion vestibulare der Säugethiere von Dr. Gustav Alexander. (Mit 7 Tafeln und 1 Textfigur.) (Aus den Sitzungsberichten der kaiserl. Akademie der Wissenschaften in Wien. Mathem.-naturw. Classe; Bd. CVIII. Abth. III. November 1899.) Wien. 1899. In Comm. Gerold's Sohn. Gr.-8". 21 S. K 1.90

Alexander, G., zur Anatomie der kongenitalen Taubheit, s.a. **Anatomie, die, der Taubstummheit. 2. Lfg.**

G. Alexander. Zur Anatomie der kongenitalen Taubheit. Mit 9 Taf. — Wiesbaden: Bergmann 1905. 19 S. (Die Anatomie der Taubstummheit. 2.)
1:2° Kn 5438–2. **12:**2° Anat. 4e–2. **6.**
3.1953

Alexander, G., u. H. Neumann, Beiträge zur Anatomie der Taubstummheit, s.a. **Anatomie, die, der Taubstummheit. 6. Lfrg.**

— Beiträge zur Anatomie der Taubstummheit. Von Alexander und (H.) Neumann. Ein Fall von kongenitaler Taubstummheit. Von (Alfred) Linck. Ein Fall von erworbener Taubstummheit. Von (Rudolf) Panse. — Wiesbaden: Bergmann 1909. 41 S., 8 Taf. (Die Anatomie der Taubstummheit. 6.)
1:2° Kn 5438–6. **12:**2° Anat. 4e–6. **6.**
3.1954

ALEXANDER, Gustav
Über Entwicklung und Bau der Pars inferior Labyrinthi der höheren Säugethiere. Ein Beitrag zur Morphologie des Ohrlabyrinthes von Dr. Gustav Alexander. (Mit 9 Tafeln und 4 Textfiguren.) Besonders abgedruckt aus dem LXX. Bd. der Denkschriften der mathematisch-naturwissenschaftlichen Classe der kaiserlichen Akademie der Wissenschaften. Wien. 1900. In Comm. Gerold's Sohn. 4°. 54 S. K 8.40

Alexander, G.: Üb. Entwicklung u. Bau d. Pars inferior labyrinthi d. höh. Säugethiere. (S-A.) (54 m. Fig. u. 9 Taf.) 4°.– Wien, (A. Hölder) 1900.

Alexander, Gust., die Hussiten vor Naumburg. 12. (75 S.) Naumburg 881. (Domrich.) n. 1. 20

Alexander, H.: Der kritische Augenblick, s. Alexander, Heinrich

Alexander, H., über hydroxylaminhaltige Platinbasen, s. Alexander, Heinrich.

Alexander, H., die Studenten-Verbindungen in Oesterreich. Ein Beitrag zur Charakteristik der österreich. Hochschulen. gr. 8. (24 S.) Jena 876. Doebereiner. — 50

ALEXANDER, HANS. Ueber Phenylaepfelsäure und einige andere Derivate der Phenylbernsteinsäure. (Leipzig) Breslau, 1888. Diss.

Alexander, Hans: Über Phenylaepfelsäure und einige andere Derivate der Phenylbernsteinsäure. ... Breslau, Druck v. G. Hoyer & Comp. (1889); 37 S. + 1 Bl. 8°
Leipzig, Phil. Fak., Inaug.-Diss. v. 17. Jun. 1889

Alexander, Hartley Burr
— The Problem of metaphysics and the meaning of metaphysical explanation. An essay in definitions. — New York: Macmillan; Berlin: Mayer & Müller 1902. 130 S. (Columbia University Contributions to philosophy, psychology and education. 10,1.)
Ersch. auch als Diss. Columbia Univ. 1902.
1:Nh 11534–10,1.
3.1976

Alexander, Heinrich

Alexander, H.: Der krit. Augenblick. Bluette. (34) 8°.– Dresd., E. Pierson 1903.

Alexander, Heinr., der kritische Augenblick. Bluette in 2 Aufzügen. (III, 34 S.) 8. Dresden 905. E. Pierson. n. 1. —

Alexander, Heinrich [aus Berlin]: Ueber hydroxylaminhaltige Platinbasen .... Königsberg, Ostpreuss. Zeit.- u. Verl.-Druck.. 1887; 2 Bl. + 44 S. 8°.
Königsberg, Phil. Fak., Inaug.-Diss. v. 25. Mai 1887.

Alexander, Heinr., **über hydroxylaminhaltige Platinbasen.** Inaugural-Dissertation. 8. (44 S.) Königsberg i. Pr. 887, (Koch's Antiqu.) **

Alexander, J.: ausführliche Abhandlung von den Uhren überhaupt, s. Alexander, Jakob.

Alexander, J. 1882: „Con Amore!" Poetisches Hilfsbüchlein beim Musikunterricht. In ernsten u. lustigen Reimen. Düsseldorf: Voß in Comm. 1882. VI,42 S.
1:Mus. He 10. **5.**
3.1984

— Zur Feier des 200jährigen Geburtsfestes der Tonheroen J. S. Bach und G. F. Händel. Aus der „vierten Dimension"! Ein serio-komisches Zeitgedicht. — Düsseldorf: Voß 1885. 40 S. **1:**Mus. He 11. **5.**
3.1985

Alexander, Konkursgesetze aller Länder der Erde. Mit vergleich. Uebersicht. Berlin 891.

Alexander, J., Konkursgesetze aller Länder der Erde. Mit vergleich. Uebersicht hrsg. unter Mitwirkung folg. Juristen: Lönholm, Marco Hohagen, P. J. Molzer u. A.; nebst Beiträgen der kaiserl. deutschen Gesandtschaft in Teheran u. der General-Konsulate in Shanghai und Tanger. gr. 8. (VI, 530 S.) Berlin 892. Puttkammer & Mühlbrecht. n. 9. —; geb. in Leinw. n. 10. —

— Juristisches Comtoirbuch [Kontorbuch] für die Praxis der Kaufleute. Die deutschen Handelsgesetze, nach den Entscheidungen höchster Gerichtshöfe für den praktischen Geschäftsbetrieb dargestellt. — Berlin: Behr 1890. VIII, 167 S. **1:**Fn 5070.
3.1988

— Das unterbrochene Musik-Fest. Scherzo. — Düsseldorf: Bagel 1890. 55 S.
1:Yo 23311 [u.] Mus. He 12. **12:**P. o. germ. 1766. **5.**
3.1986

Alexander, J. Das unterbrochene Musik-Fest. gr. 8. Düsseld. 890. Frankf. a. M., Jaeger's Verlag. 1 —

Alexander, J., die einfachste u. schönste Rundschrift durch Selbst-Unterricht. 16. Aufl. (64 S.) 8. Berlin 910. F. Euler. 1. —

Alexander, J. J. (Hrsg.), s. Volksschule, Elsass-Lothringische.

Alexander, Jakob, Ausführliche Abhandlung v.d. Uhren überhaupt, s. Alexandre, Jacques.

Alexander, James Eduard
— [Sketches in Portugal, deutsch] Skizzen aus Portugal während des Bürgerkrieges im Jahre 1834, nebst Bemerkungen über den gegenwärtigen Zustand ... Portugals. Aus d. Engl. von F[riedrich] H. Ungewitter. — Meissen: Goedsche 1836. X,287 S. 1:Qq 5117. 7.
3.2000

Alexander, Joan. Car. Ferd. (geb. Breslau 31. 3. 1793): De glandulae thyreoideae officio. Berolini (1818). (30 S.) 8°
Berlin, Med. Diss. v. 21. Apr. 1818

Alexander, Johann: Drehstrommotoren mit Kommutator für regelbare Drehzahl. 1908. 48 S., 14 Taf. 8°
Berlin, Dr.-Ing.-Diss. v. 17. 7. 1908

Alexander, Johann Leopold Hugo: Festschrift zur 350jährigen Jubelfeier der Kirchengemeinde Mierunsken am 22. Oktober 1895. Zsgest. von Alexander. — Marggrabowa (1895): Czygan. 16 S. 10.
3.2016

Alexander, Johannes, appr. Arzt: Die Methoden zur Messung der geistigen Ermüdung der Schulkinder. Aus d. hygien. Institut der Kgl. Univ. Breslau. Breslau 1908: Graß, Barth & Co. (19 S.) 8° [F.]
Breslau, Med. Fak., Ref. Flügge, Diss. v. 4. März 1908
[Geb. 30. Nov. 81 Bublitz (Pommern); Wohnort: Breslau; Staatsangeh.: Preußen; Vorbildung: Wilhelms-Gymn. Breslau Reife O. 01; Studium: Breslau 9 S.; Coll. 30. Okt. 07; Approb. 19. März 06.]

Alexander, John, Mathematiker. 1709 s. *Alexander*, Johann.

Alexander, Jos., Anleit. z. Violoncellspiel. Fol. Leipz. 802 Breitkopf u. H. 1 ℛ 12 𝒦

Alexander, Joseph [aus Pless in Schlesien]: Erbrechen als Complication bei Typhus abdominalis. ... Berlin, Buchdr. v. Gustav Schade (Otto Francke) (1890); 28 S. + 2 Bl. 8°
Berlin, Med. Fak., Inaug.-Diss. v. 24. Jan. 1890

Alexander, Joseph. (geb. Schloppe in Westpr. Febr. 1826): De scarlatina. Berolini (1852). (26 S.) 8°
Berlin, Med. Diss. v. 1. Apr. 1852

Alexander, Isaak, Abhandl. v. d. Freiheit d. Menschen. 8. Regensb. 789. Montag u. W. 4 𝒦

— Anmerkk. über d. erste Geschichte d. Menschheit, nach d. Zeugniß Mosis. 8. Nürnb. 782.

— von dem Dasein Gottes, die selbst redende Vernunft. 8. Regensb. 775.

— Einheitsgedichte; aus d. Ebr. 8. (Regensb. 788. Montag u. W.) 6 𝒦

— von d. Freiheit d. Menschen. 8. Regensb. 780.

Alexander, Isaak: Kleine Schriften. — Regensburg: Montag 1789. 168 S. 1:Ak 1801.
3.2023

— Vereinigung d. Mosaischen Gesetze mit d. Talmud, in zwei Abhandll. 8. Regensb. 786. Montag u. W. 4 𝒦

— Wahrheiten zur göttl. Weisheit. 8. Regensb. 779.

Alexander, K.: Der Begriff d. Unwirksamkeit im BGB., s. Studien, rechts-u. staatswiss.

Alexander, K. J., vollständige franz. Sprachlehre. gr. 8. Hamburg, Bureau f. Litteratur. 807.

Alexander, Karl, Arzt, Breslau. 1899: Die hygienische Bedeutung der Beschneidung. Vortrag, gehalten im Liberalen Verein d. Synagogen-Gemeinde zu Breslau 1902. — Breslau 1902: Schatzky. 20 S. 1:Bi 2284. 2. 11.
3.2030

Alexander, Karl. 1884: André Chenier. Ein Trauerspiel in 5 Acten. Als Ms. gedr. — Wien: Jasper 1884. 191 S. 1:Ys 23483. 300:49.311–B.
3.2029

Alexander, Karl, († 1783.) Drama fürs deutsche Herz. 8. Wien 778.

— Geschlechtskrankheiten und Heilschwindel. 1908 u. ö. s. *Alexander:* Geschlechtskrankheiten und Kurpfuscherei.

— Geschlechtskrankheiten und Heilschwindel. Ein Vortrag. 3., gänzlich umgearb. Aufl. — Ebd. 1908. 30 S. (Flugschriften d. Deutschen Gesellschaft zur Bekämpfung d. Geschlechtskrankheiten. 1.) 12: Path. 421 tr–1.
3.2032

— Geschlechtskrankheiten und Kurpfuscherei. Vortrag gehalten im Schlesischen Zweigverein d. Deutschen Gesellschaft zur Bekämpfung d. Geschlechtskrankheiten 1903. — Leipzig: Barth 1904. 26 S. (Flugschriften d. Deutschen Gesellschaft zur Bekämpfung d. Geschlechtskrankheiten. 1.) 1:Kd 1834–1.
3.2031

— Wahre und falsche Heilkunde. Ein Wort d. Aufklärung über d. Wert d. wissenschaftlichen Medicin gegenüber d. Gemeingefährlichkeit d. Kurpfuscherei. — Berlin: G. Reimer 1899. 52 S.
1:Ie 510. 12: Med. g. 6 g. 2. 4. 5. 6. 7. 8. 10. 11. 83.
3.2034

— Kurorte und Kurpfuscher. — Berlin: Allg. Med. Verl.-Anst. 1909. 40 S.
Aus: Zeitschrift für Balneologie, Klimatologie. 4.
3.2035

Alexander, Karl. 1778: Das Lustlager. Schauspiel in 1 Handlung. [Verf.: Karl Alexander.] — Frankfurt & Leipzig 1778. 62 S. 300:622.117–A. Th. S.
3.2026

[—] — 1778 in: *Schaubuehne*, Deutsche. 143. 3.2027

[—] — Wien: Logenmeister 1779. 36 S.
1:Yr 7379. 300:622.116–A. Th. S.; 2652–A [u.]
2 in 440.778–A. Bd 178.
3.2028

— d. Verpfändung; ein Schauspiel in 1 Aufz. 8. Brünn 779.

Alexander, Konstantin: Das Warenhaus d. Liebe. (104) gr8°.– Berl., Columbus-Verl. 1906.

Alexander, Konstantin, das Warenhaus der Liebe. (104 S.) gr. 8. Berlin 906. Walter Müller. n. 1. 60

Alexander, Kurt: Der Begriff der Unwirksamkeit im BGB. Berlin: Ebering 1903. VIII,69 S. (Rechts- u. staatswissenschaftliche Studien. 18.)
1:Fi 8235–18. 12: Jur. is. 190 dl–18. 2. 5. 6. 7. 10. 11.
3.2036

Alexander, Lesser: **Beitrag zur Kenntnis der Ankylosis mandibulae vera.** *Tübingen: H. Laupp 1898.* (46 S.) 8. ¶(Aus: Beiträge zur klinischen Chirurgie, Bd 20 H. 3.)
Breslau, Med. Diss. v. 15. Febr. 1898

Alexander, Louis: Neue Erfahrungen über luetische Augenerkrankungen von Dr. Alexander. — Wiesbaden: Bergmann 1895. VI,84 S. (Alexander: Syphilis u. Auge. Erg. H.) 1:Kd 4386–Erg.H. 12: Path. 11 x/1. 3. 6.
3.2040

Alexander, die Erkrankungen d. Sehorgans u. ihre Behandlung an den Aachener Thermen. [Aus: „Aachen als Kurort".] gr. 8. (30 S.) Aachen 889. C. Mayer's Verl. n. 1. 20

Alexander, Louis, Referendar: Über die Formen der Darlehnsbegründung im römischen Recht. Heidelberg 1908: Straus. 61 S. 8°
Heidelberg, Jur. Diss. v. 18. Febr. 1909, Ref. Wenger
[Geb. 8. Mai 85 Hamburg; Wohnort: Bergedorf b. Hamburg; Staatsangeh.: Hamburg; Vorbildung: Wilhelms-Gymn. Hamburg Reife O. 05; Studium: Heidelberg 3, Berlin 1, Kiel 2 S.; Rig. 2. Dez. 08.] [U 09. 1733

Alexander, üb. Gefässverändergn. bei syphilit. Augenerkrankungen, s. a. Klinik, Berliner.

— Über Gefässveränderungen bei syphilitischen Augenerkrankungen. Von Dr. Alexander. — Berlin-Prag: Fischer 1895. 13 S. (Berliner Klinik. 90.)
1: Ic 2548–90. 12: Path. 685 ac–1895. 7. 11.
3.2042

— Syphilis und Auge. Nach eigenen Beobachtungen. Von Dr. Alexander. (Hälfte 1.2) [nebst] Erg.H. — Wiesbaden: Bergmann 1889–95.
Hälfte 1. 1888. Hälfte 2. 1889.
Erg.H.u.d.T.: Alexander: Neue Erfahrungen über luetische Augenerkrankungen. 1895.
Vollst. . . . . . 1:Kd 4386. 12: 1.2 – Path. 11 x; Erg. H. – Path. 11 x/1. 3. 6.
[∞Erg.H.] . . . . 2.
3.2043

Alexander, Ludov. (geb. Stallupönen 23. 9. 1808 [vielmehr 1836]): De epilepsia adiectis obervationibus. Berolini (1861). (31 S.) 8°
Berlin, Med. Diss. v. 19. Juli 1861

Alexander, M.: Die Herstellung künstlicher Papier-Blumen, Lampenschleier, Lampenvorhänge, Lichtmanschetten ... Ausführliche Anweisung zur Anfertigung derselben. — Berlin: Selbstverl. 1890. 31 S. 1:Op 19380.
3.2045

— — 5., verm. u. verb. Aufl. Ebd. 1892. 78 S.
1:Op 19380ª.
3.2046

Alexander, M., the wooing o't, s.: Asher's collection of english authors.

Alexander, M. S., Stimmen üb. Jerusalem, s. M'Caul, A.

Alexander, Manfred: Conradin, der letzte Hohenstauffe. Deutsches Drama in 4 Akten. — Erfurt [1889]: Cramer. 118 S. 1:Ys 31977/160.
3.2052

Alexander, Mich., Gedenkblatt der protestant. Pfarrei Großkarlbach (Gemeinden: Großkarlbach-Obersülzen), aus Anlaß des Festes der Glockenweihe zu Großkarlbach 1897 hrsg. unt. bes. Berücksicht. der pfälz. Auswanderer im vorig. Jahrhundert. 8. (79 S.) Kaiserslautern 899. (E. Crusius.) n. — 80

Alexander, Mich., sein Sohn. Bürgerliches Trauerspiel in 5 Aufzügen. Unter Mitwirkg. v. Raoul Donah. (101 S.) 8. Straßburg 906. Schlesier & Schweikhardt. n. 2. —

Alexander, Moritz, abnorme Stellung des Septum narium und Auftreibungen desselben in Bezug auf die klinische Bedeutung und die operative Beseitigung. Diss. Berlin 1886, Mayer & Müller. 8⁰. 31 S.

Alexander, Moritz [approb. Arzt aus Driesen]: Abnorme Stellung des Septum narium und Auftreibungen desselben in Bezug auf die klinische Bedeutung und die operative Beseitigung.... Berlin, Buchdr. v. Gustav Schade (Otto Francke), 1886; 31 S. 8°.
Erlangen, Med. Fak., Inaug.-Diss. v. 4. Aug. 1886.

Alexander, Moses, approb. Arzt aus Leipzig: Die Complicationen der Geburt, die von Blase und Mastdarm veranlasst werden. Leipzig: G. Fock 1899. (31 S.) 8⁰
Med. Diss. v. 7. Okt. 1899, Leipzig.

Alexander, Natalis, Dominikaner 1639-1724, s. Alexandre, Noel.

Alexander, Nathalis, s. Alexandre, Noel

Alexander, Oskar: Die Reaktion in der englischen Handelspolitik. Berlin 1909: Ebering. 81 S. 8°
Erlangen, Phil. Diss. v. 22. Febr. 1909, Ref. v. Eheberg
[Geb. 23. Apr. 78 Berlin; Wohnort: Berlin; Staatsangeh.: Preußen; Vorbildung: Askan. Gymn. Berlin Reife O. 97; Studium: Berlin Techn. Hochsch. 10. Univ. 3 S.; Rig. 19. Jan. 09.] [U 09. 796

Alexander
— P., Zur Lehre v. d. Schriftsätzen. Diss. Erlang. 1883.

Alexander, Paul, Schriftsteller. 1895
Pseudonym für Paul Alexander Kleimann

— Als Ms. vervielfältigt. Der Ehrenmann. Plauderei in 1 Akt. — Berlin: Entsch 1904. 19 S.
1:Ys 34960.
3.2057

— Erdenglück. Märchen-Drama in 4 Acten. — Hamburg: Jürgensen & Becker 1895. 63 S.
1:Ys 29092/13. 12: P. o. germ. 19 td [u. 8.]
3.2058

— Erlebtes u. Empfundenes. Skizzen u. Phantasien. gr. 8. (64 S.) Hamburg 897. G. A. Rudolph. n. 1. 50

Alexander, Paul: Über die durch Einwirkung von o-Nitrobenzylchlorid auf Natriummalonsäureäthylester entstehenden Ester und einige durch Verseifung und Reduktion aus denselben erhaltene Produkte. *Leipzig 1897: Metzger & Wittig.* (29 S.) 8°
Leipzig, Phil. Diss. v. [10. Dez.] 1897

Alexander, Paul. 1883: Kalifornien. Nach eigenen Beobachtungen u. Erfahrungen, unter Benutzung der besten Quellen. Mit Illustr. u. 1 Kt. — Leipzig: Weltpost-Verl. 1883. VIII,165 S. (Über's Meer. 8.)
12: Am. B. 57. 8.
3.2056

Alexander, Paul, Kindergebet, s.: Dilettantenbühne, katholische. 192.

— Der Prophet v. Memphis. Dramat. Gedicht i. 3 Acten. gr. 8. (54 S.) Ebd. 897. n. 1. 50

— Das Recht auf Liebe. Schauspiel in 4 Akten. — Stuttgart & Berlin: Cotta 1908. 152 S. 1:Ys 37222. 11.
3.2059

— Als Ms. vervielfältigt. Spielteufel. Schwank in 1 Akt. — Berlin: Entsch 1903. 23 S. 1:Ys 33933.
3.2060

— Als Ms. vervielfältigt. Der blaue Stein. Parabel in 1 Akt. Berlin: Entsch 1901. 34 S. 1:Ys 32406.
3.2062

Alexander, R., s.a. Alexander, Rich.

Alexander, R., die Desinfektionspraxis. Leitfaden f. Desinfektoren u. Anleitg. zur Desinfektion im Hause. 8. (VIII, 55 S. m. 3 Abbildgn.) Berlin 895. R. Schoetz. n. 1. —

Alexander R, Napoleon III. Eine Skizze. Graz 1869

Alexander, R., Der Vergleich nach rechtskräft. Urth. Diss. Greifsw. 1873.

Alexander, Rich., Napoleon III. Eine Skizze. Graz 869. Pock. (Leykam.) 8. (57 S.) n. 10 ngr.

Alexander, Rob., Genrebilder. 16. (97 S.) Berlin 870, Habel. geb. mit Goldschn. *

Alexander, Rudolf, Kgl. Kreisphysikus. 1895: Die Desinfektionspraxis. Leitfaden für Desinfektoren u. Anleitung zur Desinfektion im Hause von R. Alexander. Mit 3 Abb. Berlin: Schoetz 1895. VIII,51 S. 1:Iu 9005. 11.
3.2068

Alexander, Rud., Nachlaß eines armen Poeten, s. Nachlaß.

Alexander, Rud., Schicksale eines Pechvogels. Moderne Geschichte. 8. Leipzig 844, Literar. Museum. 1 nβ

Alexander, S., s.a. Alexander, Sally.

Alexander, S., s.: Bedeutung, die soziale, des Rettungswesens.

Alexander, S. B., wer lügt?, s.: Blum, Emil.

Alexander, Sally

— [Hrsg.] s. *Bedeutung*, Die soziale, des Rettungswesens. 1906.

— Beitrag zur Revision des deutschen Strafgesetzbuches in Beziehung auf die Ausübung der Heilkunde. Nach d. Verhandlungen d. Aerztekammer für d. Prov. Brandenburg im Auftr. d. Vorstandes hrsg. von S. Alexander. Mit e. Anh.: Zusammenstellung der für d. Ausübung d. ärztlichen Berufes in Betracht kommenden Paragraphen d. Reichs-Strafgesetzbuches ... von O[skar] Fritze. — Berlin: Puttkammer & Mühlbrecht 1905. IX,46 S.
1:4° Ic 5736. 11.
3.2071

— Die öffentliche Fürsorge für erste Hilfe. Von S. Alexander. — Jena: G. Fischer 1906. 59 S.
Aus: Zeitschrift für ärztliche Fortbildung. 3. 1906.
1: If 6902.
3.2072

— Geschichte des Verbandes der Berliner ärztlichen Standesvereine. Festschrift anlässlich d. 25jähr. Bestehens im Auftr. d. Geschäftsausschusses verf. von S. Alexander. Berlin: Vogel & Kreienbrink 1903. 156 S., 2 Tab.
1: Ie 6020. 4. 10. 11.
3.2073

— [Mitarb.] s. *Hilfe*, Erste ärztliche. 1906.

Alexander, Sally: Die Medicinalreform. Nach e. Referate über d. Entwurf e. Gesetzes betr. d. Dienststellung d. Kreisarztes u. d. Bildung von Gesundheits-Commissionen erstattet in d. ordentlichen Sitzung d. Aerztekammer für d. Prov. Brandenburg u. d. Stadtkreis Berlin am 19. Nov. 1898 von S. Alexander. — Berlin: 'Allg. Med. Central-Zeitung' 1899. 55 S. 1: Ib 6948. 11.
3.2074

Alexander, S, die Medicinalreform. Nach e. Referate üb. den Entwurf e. Gesetzes betr. die Dienststellg. d. Kreisarztes u. die Bildg. v. Gesundheits-Commissionen erstattet in d. ordentl. Sitzg. der Aerztekammer f. d. Prov. Brandenburg u. d. Stadtkreis Berlin am 19. XI. 1898. gr. 8. (55 S.) Berlin 899. O. Coblentz. n. 1. —

Alexander, S., die Wirkung der sozialen Gesetzgebg. auf die rechtliche Stellung des Arztes. Nach e. Vortrage, geh. am 23. IV. 1909 im Zyklus üb. soziale Medizin u. Hygiene, veranstaltet vom Zentralkomitee f. das ärztl. Fortbildungswesen in Berlin. (Verband der Ärzte Deutschlands zur Wahrg. ihrer wirtschaftl. Interessen. Veröffentlichung Nr. 21.) (20 S.) 8. Leipzig 910. Buchh. des Verb. der Ärzte Deutschlands. — 30

— Die Wirkung der sozialen Gesetzgebung auf die rechtliche Stellung des Arztes. Nach e. Vortrage, gehalten am 23. April 1909 im Zyklus über soziale Medizin u. Hygiene. Von S. Alexander. — Leipzig (1910): Regel. 20 S. (Verband d. Ärzte Deutschlands. Veröffentlichung. 21.)
1: Ie 5995/23–21.
3.2075

Alexander, Salomon (geb. Posen 4. 3. 1852): Ueber die Wirkung kleiner Gaben Arsenik. Berlin (1873). (36 S.) 8°
Berlin, Med. Diss. v. 10. März 1873

Alexander, St., u. F. J. **Fischer,** Erziehungsbriefe, s.: Elternabende. I. 3.

Alexander, Steph., monasticon; vide Würdtwein.

Die Schmuggler. Volksstück in 3 Aufz. von Fr. Stephanus **Alexander.** Paderborn: B. Kleine [1906]. (40 S.) 8° [F.]
= **Theater,** Kleines. H. 364. (cd. 15609)

Alexander, W. s. a. *Alexander*, Willi.

Alexander, W. Chinesische Costüme gestochen von W. Alexander. Zu Macartney's Gesandtschaftsreise nach China. (Ohne Titel.) London 1797—1803. 4°.

Alexander, W.: Therapeutisches Taschenbuch..., s. Alexander, Willi.

Alexander, W., s.: Zeitschrift f. physikalische u. diätetische Therapie.

Alexander, W.K., s.: Bernhard's Herzog, Mission.

Alexander, Walter [aus Brooklyn]: Über die Kondensationsprodukte des Amidoacetals mit den Chloriden der drei Phtalsäuren ... Berlin, Druck v. H. S. Hermann, *1894*; 29 S., 1 Bl. 8.
Berlin, Phil. Fak., Inaug.-Diss. v. 8. Aug. 1894

Alexander's, Wilh.: Geschichte d. weiblichen Geschlechts..., s. Alexander, William

Alexander, Wilh. Karl, s.: Bernhard's, Herzog, Mission.

Alexander, Willi
— u. K. **Kroner,** therapeutisches Taschenbuch der Nervenkrankheiten, s. a. **Fischer's** therapeut. Taschenbücher. IV.

Alexander, Willi: Therapeutisches Taschenbuch der Nervenkrankheiten. Von W. Alexander u. K[arl] Kroner. Mit e. Vorw. von [Alfred] Goldscheider. Mit 6 Abb. — Berlin: Fischer's Med. Buchh. 1910. 164 S. (Fischer's therapeutische Taschenbücher. 4.)
1: Id 11893–4. 11.
3.2091

Alexander, William
— [History of women, deutsch] Wilhelm Alexanders Geschichte des weiblichen Geschlechts von dem frühesten Alterthum an bis auf gegenwärtige Zeiten. Aus dem Engl. übers. [von Christian Friedrich v. Blankenburg]. Bd 1.2. Leipzig: Weidmann & Reich 1780–81.
1.2 . . . . 2. 5. 10.
1 . . . . 2. 6.
3.2098

— [Experimental Essays, deutsch] Medicinische Versuche und Erfahrungen. Aus d. Engl. übers. (von J[ohann] N[athanael] Petzold). — Leipzig: Fritsch 1773. XVI, 372 S.
1: Ic 5970. 2. 3. 4. 5. 7. 8. 9. 10.
3.2095

— medicin. Versuche u. Erfahrungen; aus d. Engl. (v. J. N. Petzold). gr. 8. Leipz. 773. (Hahn). 20 ℛ

Alexander, Willy: Aus der geburtshülfl. Klinik und Poliklinik der Kgl. Charité. ⟨Geh. Med. Rat. Prof. Dr. Gusserow.⟩ Ueber die prophylactische Wendung. *Berlin (1898): E. Ebering.* (30 S.) 8°.
Berlin, Med. Diss. v. 28. Jan. 1898

Alexander Bach, s.: Bach, Alexander.

Alexander-Helssen. Henri [aus Tondern]: Aus dem pathologischen Institute zu Kiel. Ein Fall von geschwulstartiger Hypertrofie des Herzseptums .... Kiel. Druck v. Schmidt & Klaunig, 1886; 15 + 1 S. + 2 Bl. 8°.
Kiel, Med. Fak., Inaug.-Diss. v. 6. Mai 1886.

Alexander-Helssen, Henri, e. Fall v. geschwulstartiger Hypertrofie d. Herzseptums. [Aus dem patholog. Institute zu Kiel.] gr. 8. (15 S.) Kiel 886. (Lipsius & Tischer.) n. 1. —

Alexander-Katz u. Dyhrenfurth, die Aktiengesellschaft unter dem neuen Aktiengesetz, s. Alexander-Katz, Hugo.

Alexander-Katz, erläuternde Anmerkungen zu den Vorschriften d. Entwurfes, s. Alexander-Katz, Paul.

Alexander-Katz, s. Anschluss an d. Union f. gew. Rechtsschutz.

Alexander-Katz, die geistige Arbeit der deutschen Architekten u. Ingenieure u. ihr Rechtsschutz, s. Alexander-Katz, Paul.

Alexander-Katz, Schriftsätze u. Anwaltszwang, s. Alexander-Katz, Paul.

— s. Zeitschrift f. Industrierecht.

Alexander-Katz, B., d. amtliche Controle d. Lebensmittel, m. spec. Berücksicht. d. Margarine u. e. Entw. e. Ergänzungsgesetzes betr. d. Verkehr m. Margarine. gr. 8. (16 S.) Leipzig 895. (K. Scholtze.) n. — 60

Alexander-Katz, Bruno: Entscheidungen der Gerichte, insbesondere des Reichsgerichts, in Warenzeichensachen, nach Stichworten, Inhaltsangabe, Datum u. Fundstelle geordnet. — Berlin: Hermann 1909. 119 S. (Alexander-Katz: Sammlung d. gerichtlichen Entscheidungen u. patentamtlichen Beschlüsse auf d. Gebiete d. Patent-, Muster- u. Zeichenwesens. 1.)
1: 4° Fm 23555–1. 2. 11.
3.2118

— Sammlung der gerichtlichen Entscheidungen und patentamtlichen Beschlüsse auf dem Gebiete d. Patent-, Muster- und Zeichenwesens unter bes. Berücks. d. Entscheidungen d. Reichsgerichts ... nach Stichworten, Inhaltsangabe, Datum u. Fundstelle geordnet. (Bd 1.) — (Berlin: Hermann 1909.)
1. Alexander-Katz: Entscheidungen der Gerichte, besonders des Reichsgerichts, in Warenzeichensachen.
1: 4° Fm 23555. 2. 11.
3.2126

Alexander-Katz, Hugo: Die Aktiengesellschaft unter dem neuen Aktiengesetz. Handelsgesetzbuch vom 10. Mai 1897. 2. Buch. 3. Abschn. Gemeinverständl. Darstellung mit Entwurf e. Normalstatuts von Hugo Alexander-Katz u. Richard Dyhrenfurth. — Berlin: Hermann 1899. VI, 241 S.
6.
3.2130

—— 5. u. 6. Taus. Ebd. 1899. VI, 241 S.
1: Fn 3191/102. 12: Merc. 2 ph. 11.
3.2131

— Der Begriff 'Börse' und die freien Vereinigungen. — Berlin: Hüttig 1897. 21 S. 1: Fg 8838. 7. 11.
3.2132

Alexander-Katz, H.: Der Begriff „Börse" u. d. freien Vereiniggn. 8°(21).– Berl. 1897. Frankf. a/M., Jaeger's V.

Alexander - Katz, [Hugo]: Exkommunikation. Berlin [1894]: Lette - Verein. 8 S. 8°
Aus: Bst F. 2 (1893) S. 73 - 82.

— Die Freimaurerei in Preussen und das Edikt vom 20. Oktober 1798. Aus dem Verwaltungsstreite der Grossloge Kaiser Friedrich zur Bundestreue. — Berlin: Goldschmidt 1893. 54 S. 12: H. g. hum. 3 n. 11.
3.2133

— 2. Aufl. Ebd. 1893. 54 S. 1: Nb 6270/6.
3.2134

Ⓑ **Alexander-Katz,** Hugo, d. Freimaurerei in Preußen. 893. (KBL 27.) Jetzt: Berlin, A. Unger.

Alexander-Katz, Paul: Erläuternde Anmerkungen zu den Vorschriften des Entwurfes eines bürgerlichen Gesetzbuches für das Deutsche Reich. Bearb. und mit einer Einl. versehen. Bd 1.2. — Berlin: Vahlen 1888.
1. Allgemeiner Theil. - Recht der Schuldverhältnisse. - Sachenrecht.
2. Familienrecht. - Erbrecht.
1: Gl 22160. 12: J. germ. 1050. 2. 4. 6. 11.
3.2135

— Die geistige Arbeit der deutschen Architekten und Ingenieure und ihr Rechtsschutz. — Berlin: Siemenroth & Troschel 1896. 48 S. 1: Fm 23197. 2. 7. 11. 83.
3.2136

Alexander-Katz, P. Beiträge zur Lehre von den Schriftsätzen. Erlangen 1883.

Alexander-Katz, Paul, **Enteignung** u. Städtebau, s.a. **Vorträge, städtebauliche. II, 6.**

— Enteignung und Städtebau. — Berlin: Ernst 1909. 21 S. (Städtebauliche Vorträge. 2,6.)
1: 4° Ny 2826/50-2,6. **12**: 4° A. civ. 86 1-2,6. **11. 83. 85. 89.**
3.2138

— Über preussisches Fluchtlinienrecht. — Berlin: Ernst 1908. 31 S. (Städtebauliche Vorträge. 1,7.)
1: 4° Ny 2826/50-1,7. **12**: 4° A. civ. 86 1-1,7. **11. 83. 85.**
3.2139

Alexander-Katz, Paul, Gesetz üb. die privaten Versicherungsunternehmungen. Vom 12. V. 1901. Erläutert v. A.-K. 8. (XI, 280 S.) Berlin 901. F. Vahlen. Geb. in Leinw. n. 6. —

— Grundzüge des preußischen Baurechts. — Berlin: Vahlen 1910. 85 S. 1: Gr 12802/30. **3. 7. 10. 11.**
3.2140

— Die Rechtsverhältnisse der höheren technischen Angestellten mit bes. Berücks. ihrer Erfindungen. Ein Vortrag. Berlin: Vahlen 1906. 38 S.
1: Gm 4161/7². **11. 82. 89.**
3.2141

— Schriftsätze und Anwaltszwang. — Erlangen: Deichert 1883. 73 S. 1: Hd 4005. **12**: J. pract. 5c. **3. 7.**
3.2142

— s.: **Zeitschrift f. Industrierecht.**

Alexander-Katz, Rich., s.: **Anschluss,** der, des Deutsch. Reichs an die internation. Union f. gewerbl. Rechtsschutz.

Alexander-Katz, Rich., Bemerkungen zu dem Entwurf e. Patentgesetzes. gr. 8. (25 S.) Berlin 877. C. Heymann's Verl. n. — 60

Alexander-Katz, Richard
— Empfiehlt sich die Einführung gesetzlicher Massnahmen gegen den unlauteren Wettbewerb? Gutachten, erstattet im Auftr. d. ständigen Deputation d. Deutschen Juristentages. — Berlin: Hermann 1895. 21 S.
1: 4° Fn 3350/20. **11.**
3.2144

Alexander-Katz, Dr. Rich., 1. Empfiehlt sich ein allgemeiner Rechtsschutz gegen unlauteren Wettbewerb? (Verhandlg. des 23. deutsch. Juristentages, Berlin 1895, Gutachten I.)

— Die Enstehung der Union und ihre Grundzüge. Die Rechtswirkungen des Beitritts Deutschlands zur Pariser Union auf das Patentwesen. 1902 in: *Anschluss,* Der, des Deutschen Reichs an die Internationale Union für gewerblichen Rechtsschutz. 3.2145

— s.: **Festgabe der Rechtsanwaltschaft des Kammergerichts für Dr. Richard Wilke**

— Die unredliche Konkurrenz. Juristische Betrachtungen. Berlin: Duncker 1892. 56 S.
1: Fn 3350. **12**: Merc. 2q. **5. 6. 7. 11.**
3.2146

— Rechtsanwaltschaft und Patentanwaltschaft. Ein Vergleich d. Berufsstellung beider. — Berlin: Liebmann 1902. 30 S. 1: Fm 23411. **6. 11.**
3.2147

Alexander-Katz, W., der gesunde Arbeiter, s.a. **Hillger's,** Herm., illustrierte Volksbücher.

Alexander-Katz, **W.**: Der gesunde Arbeiter. — Berlin-Leipzig: Hillger [1908]. 64 S. (Hillgers illustrierte Volksbücher. 101.) 1: Ah 4239-101.
3.2148

Alexander-Kleimann, **Paul** [Wirkl. Name] s. *Alexander,* Paul. 1895.

Alexander & Posnansky: Faktis. Eine technische Skizze. Hrsg. von d. Firma Dr. Alexander & Posnansky in Coepenick bei Berlin. Anläßlich ihres 10jähr. Bestehens, 1898-1908. Mit e. Einl. von Eduard Marckwald u. Fritz Frank. (Berlin [1908]: Hermann.) 28 S. 1: Op 4057. **83.**
3.2149

Alexanderfedl, s. Wagner, W.

Alexanderlied, das syrische. Hrsg. u. übers. v. Carl Hunnius. (93 S.) 8. Leipzig 906. (F. A. Brockhaus' Sort.) nn 2. 90
Sonderabdr. a. „Ztschr. d. deut. morgenländ. Gesellsch."

Alexanders d. Gr., Reich, s.: Geschichtskarten. Sammlung.

Alexanders Saga. Norsk Bearbeidelse fra 13. Aarhundrede af Philip Gautiers latinske Digt Alexandreis. Med en Ordsamling udgiven af C. R. Unger. 8. (XVI u. 224 S.) Christiania 849, Feilberg & Landmark. (Leipzig, T. O. Weigel.) n. $1^1/_3$ ℞

Alexanders u. Maxim. Josephs Wiedersehen im Elisium. gr. 8. Aschaffenburg 826, (Knodé.)

Alexandersbad, das, im Fichtelgebirge. Seine Mineralquellen, Lage u. Umgebg. nebst Ansicht d. Bades u. der schönsten Punkte des Fichtelgebirgs in Tondruck. Skizze v. e. Naturfreunde. 8. (35 S. m. 1 chromolith. Taf. in qu. Fol.) Leipzig 874. Schneider. 1. —

Alexandersohn, Jonathan: Ehrenrettung und auf Dokumente gestützte Widerlegung aller gegen mich vorgebrachten Beschuldigungen und Verunglimpfungen. Meine ... Verfolgungsgeschichte. Ein merkwürdiges Aktenstück in den Annalen des Judenthums. Hrsg. durch Asson. — Frankfurt a. M. 1847: Bach. XXXI,158,62 S.
Nebent., hebr.: Ben-Aleksander hal-Lēwī, Jehōnātān: Tōmēk kābōd.
1: Ez 28900.
3.2156

Alexanderzug, Der. Phantast. Trauerspiel in 3 Aufz. Berlin 1877. V: *Georg Prinz von Preussen.* (Gustav Fock-Leipzig, Antiqu.-Kat. Nr. 351. S. 26 sub 784.)

Alexandra Prinzessin **v. Bayern,** kleine historische Erzählungen. Nach dem Französ. der Eugenie Foa frei bearb. München 1862. Fleischmann. 8. (VII, 128 S. u. 1 Lithogr.) n. 16 ngr.

Alexandra Prinzessin von Bayern, kleine historische Erzählungen. Nach dem Französ. der Eugenie Foa frei bearb. 8. (VII und 128 S. mit 1 Chromolithogr.) München 862, [Merhoff's Verlag.] cart. *

Alexandra, Prinzessin von Bayern. Feldblumen. Skizzen und Erzählungen. München 856. (Regensburg, Manz.) 16. (IV, 292 S.) n. 20 ngr

Alexandra Prinzessin v. Bayern: Feldblumen. Skizzen und Erzählungen. — München: Verl. d. Kath. Büchervereins 1856. IV,292 S. 1: Yx 9267. **12**: P. o. germ. 19tn.
3.2172

— Maiglöckchen. — München: Manz 1867. 88 S.
1: Yx 13813.
3.2173

— Maiglöckchen. Erzählungen und Gedanken. 2., verm. Aufl. — Wien: Mayer 1873. 136 S. **300**: 38.509.
3.2174

Alexandra, Prinzessin von Bayern, Phantasie- und Lebensbilder, s.a. **Phantasie- und Lebensbilder.**

— Phantasie- und Lebensbilder. Freie Uebersetzungen aus dem Engl. und Franz. — Augsburg: Schmid 1858. VII,264 S. **12**: P. o. germ. 19to. **3.**
3.2175

Alexandra Prinzessin v. Bayern: Thautropfen. Uebersetzungen aus d. Franz. und Erzählungen. — München: Fleischmann 1863. 219 S.
1: Xx 267. **12**: P. o. germ. 19 tq.
3.2176

—— Weihnachtsrosen. Skizzen und Erzählungen. gr. 16. (IV und 292 S.) München 858, (Franz. — Finsterlin. — Lentner'sche Buchh. — Regensburg, Manz.) **

— Weihnachtsrosen. Skizzen u. Erzählungen. — München: Verl. d. Kath. Büchervereins 1858. IV,289 S.
1: Yx 10323. **12**: P. o. germ. 19 tp.
3.2177

Alexandra, verträumte Stunden. Gedichte. Zeichnungen v. E. R. gr. 8. (32 S.) Bamberg 895. C. C. Buchner, Verl. Kart. n. 2. —

Alexandre II. devant l'Europe. Leipzig 861. Gerhard. gr. 8. (28 S.) n. 8 *ngr.*

Alexandre de Bernay, s. Bibliothek des litterarischen Vereins in Stuttgart XIII.

Alexandre, examen critique des anciens historiens etc. 4. Strasb. König.

Alexandre, la femme du peuple. Drame, s. Dumersan.

Alexandre, la femme du peuple, s. Théâtre français.

Alexandre, A.

— Praktische Sammlung bester und höchst interessanter Schachspiel-Probleme; durch mehr als 2000 Beispiele anschaulich gemacht. — Leipzig: Brockhaus & Avenarius 1846. VII,344,68 S. 1:4° Os 16203. 10.
3.2184

Alexandre, A., Samml. intereſſant. Schachſpiel-Probleme, ſ. Sammlung.

ALEXANDRE, CARL CHR., Deutscher Biedersinn als Retter und Rächer der durch Debonale's Französische Grammatik für Schulen (2. Ed.) äusserst beleidigten und gemissbrauchten Güte der Deutschen. Nebst kurzer Unterricht mehrerer französischen Sprachlehrbücher als des Meidinger, Lugino, Grüning und Mozin. Altona. 1804.

Alexandre, J.J., s.a. Alexandre, J. Joseph.

Alexandre's, J. J., franzöſiſche Converſations-Schule. Ein method. Leitfaden zum Franzöſiſch-Sprechen. 1. Tl.: Die Elementarübgn. der franzöſ. Umgangsſprache. 1.—4. Hft. 8. Straßburg 889. Heitz. cart. à n. — 50
1. Das Hilfszeitwort Avoir. (24 S.)
2. Das Hilfszeitwort Être. (24 S.)
3. Die regelmäßigen u. unregelmäßigen Zeitwörter d. I. Conjugation. (28 S.)
4. Die regelmäßigen Zeitwörter der II. Conjugation. (27 S.)

Alexandre, J. J., franzöſiſche Converſationsſchule. Ein method. Leitfaden zum Franzöſiſch-Sprechen. 1. Tl. Die Elementarübgn. d. franzöſ. Umgangsſprache. 5.—8. Hft. 8. Straßburg 889. J. H. E. Heitz. Kart. à n. — 50
5. Die unregelmäßigen Zeitwörter der II. Conjugation. (29 S.)
6. Die regelmäßigen u. unregelmäßigen Zeitwörter d. III. Conjugation. (28 S.)
7. Die regelmäßigen Zeitwörter der IV. Conjugation. (24 S.)
8. Die unregelmäßigen Zeitwörter d. IV. Conjugation. (32 S.)

Alexandre's, J. J., theoretisch-praktischer Lehrgang der Rundschrift. 1. u. 2. Heft. 1. u. 2. Aufl. 4. (à Heft 20 S.) Strassb. 892, Strassburger Druckerei u. Verlagsanstalt. à Heft * — 20; * — 40

Alexandre, J. J., Theoret.-prakt. Lehrgang d. Rundschrift. 2. Rundschrift-Heft. 4. Aufl. 4. (20 S.) Strassburg 897. Strassburger Druckerei u. Verlagsanstalt. n. — 20

Alexandre, J. J., theoretisch-praktischer Lehrgang der Rundschrift. 1. Rundschrift-Heft. 8. Aufl. (20 S.) 8. Strassburg (906). Strassburger Druckerei u. Verlagsanstalt. n. — 20

Alexandre, J. J., Franzöſiſches Paſſe-Partout. Unentbehrlich. Sprachführer f. die Beſucher der Pariſer Weltausſtellg. 1900. In beiden Sprachen abgefaßt u. m. genauer Ausſprache verſehen. 8. (152 S.) Straßburg (900) Bouillon & Buſſenius Nachf. n. 1. 50

Alexandre, J. Joseph: Die einfachste und schönste Rundschrift. Theoretisch-praktischer Lehrgang für Schule und Selbstunterricht. Von J. J. Alexandre. — [Berlin:] Schultze 1891. 30 S. 1:Os 651.
3.2217

Alexandre, J. J., die einfachſte und ſchönſte Rundſchrift. Theoretiſch-prakt. Lehrgang f. Schule u. Selbſtunterricht. 6. Aufl. 8. (30 u. Vorlagen 32 S.) Berlin 898. Braunſchweig, F. Euler. 1 —

— dasſelbe, ſ.: Koppeheel, W., Schön- und Schnell-Schreibſchule.

Alexandre, J. J., zwei Schreib-Wandtafeln, f. den Schulgebrauch entworfen u. hrsg. 8 Blatt. Lith. Imp.-Fol. Strassburg 878. Schultz & Co. In Mappe n. 4. —; auf Leinw. m. Rollen n. 12. —

Alexandre, Jacques

— [Traité général des horloges, deutsch] Jacob Alexanders Ausführliche Abhandlung von den Uhren überhaupt. Aus dem Frantz. in das Teutsche übers. von Christian Philipp Berger. — Lemgo 1738: J. H. Meyer. 408 S., 25 Taf. 2. 7. 8. 83.
3.2225

— — Mit vielen Kupfern, aus dem Franz. in das Teutsche übers., auch mit Anm. erl. u. verm. von Christian Philip Berger. 2. Aufl. — Ebd. 1763. 400 S., 25 Taf. 2.
3.2226

Alexander, Jak., Abhandl. von Uhren, mit Anmerkk. v. Chr. Ph. Berger. 8. Lemgo 763. Meyer. 1 ₰ 6 gl.

Alexandre, Noël

[—] Les cérémonies chinoises conforme à l'idolâtrie grecque et romaine. Par un religieux docteur & professeur en théologie [d. i. Noël Alexandre]. — Cologne: Egmont 1721. 211 S. 12: H. g. hum. 3r.
3.2248

[—] Conformità delle cerimonie chinesi, colla idolatria greca, e romana. In conferma dell'Apologia de Domenicani missionarii della China. Opera di un religioso dottore e professore di teologia [d. i. Noël Alexandre]. — Colonia: d'Egmond 1700. 207 S. 300: 77 Cc 122.
3.2249

[—] Conformité des cérémonies chinoises avec l'idolâtrie grecque et romaine. Pour servir de confirmation à l'Apologie des Dominicains missionaires de la Chine. Par un professeur en théologie (d. i. Alexander Dominio [Noël Alexandre]). — Cologne: d'Egmond 1700. XII,202 S. 1: Un 7204. 12: H. g. hum. 3p [u. ö.] 7. 10.
3.2247

R. P. Natalis Alexandri Historia ecclesiastica Veteris Novique Testamenti ab orbe condito ad annum post Chr. n. millesimum sexcentesimum et in loca eiusdem insignia dissertationes historicae, chronologicae, criticae, dogmaticae. Editio omnium novissima notis et animadversionibus quoad historiam et dissertationes Novi Test. aucta ad castigationem et illustrationem opinionum quarundam auctoris opera et studio Constantini Roncaglia Lucensis, congregationis matris Dei. Quibus accedunt praeter animadversiones a P. Joanne Dominico Mansi, congregationis eiusdem, in secunda Lucensi editione insertas aliae insuper eiusdem auctoris noviter elucubratae. Bingen, a. Rhein, Voigt, 1784 ff., 4°, 20 Bde.

Das Original dieſes berühmten Geſchichtswerkes erſchien zum erſten Male zu Paris 1677—1686, in 24 Bden, 8°, denen 1687 noch die Geſchichte des Alten Teſtamentes in 6 Bden folgte, ſo daß das ganze Werk 30 Bde umfaßte. Vgl. dazu Kirchenlex. (2. Aufl. 1882), s. v. Alexander Natalis, u. Hurter, Nomencl. litt., Band 2. S. 1138 ff. (2. Aufl.) Über den vorliegenden Bingener Nachdruck (Bd. 1—7) vgl. Litteratur des kathol. Deutſchland, Bd. 8 (1787), S. 318—321.

Alexander Natalis (Ord. Praedic. † 1724), Historia ecclesiastica V. et N. Testamenti cur. *C. Roncaglia.* Ed. noviss. (Neuer Abdruck d. Paris. Ausg.) C. animadv. *J. D. Mansi* 18 Tomi (complet) et Supplementa Tomi II. 4. maj. Bingae 1784—90. (Wesche in Fr.) bei Kirchheim in M. nur 30 fl.

— Historia ecclesiastica

— — Ed. omnium novissima ... opera et studio Constantini Roncaglia. Quibus acc. praeter animadversiones a Joanne Dominico Mansi in 2. Lucensi editione insertas, aliae insuper eiusdem auctoris noviter elucubratae. T. 1–18 [nebst] Suppl. 1.2. — Bingii ad Rh.: Voigt 1785–91.
1.2. 1785. 3-6. 1786. 7-10. 1787. 11-14. 1788. 15-17. 1789. 18. 1790. Suppl. 1. 1790. Suppl. 2. 1791.
Vollst. . . . 1: 4° Cb 1824/6. 12: 4° H. eccl. 18 d. 3. 5. 102.
1–18 . . . . 11.
1–15 . . . . 6.
3.2271

— Histor. eccles. vet. et nov. Test. ed. Rontaglia. XVIII Tom. et Suppl. I. et II. 8. Bingae 786—91. Haas. 33 ₰

— Natalis Alexandri Institutio concionatorum tripartita, seu praecepta et regulae ad praedicatores verbi divini informandos cum idaeis, sive rudimentis concionum per totum annum. Ed. post Parisiensem secundam, in Germania prima. — Augustae Vind.: Rieger 1763. 728 S. 12: Hom. 40g.
3.2278

[-] Lettere d'un dottore di teologia dell'università di Parigi dell'Ordine de'Predicatori [d.i. Noël Alexandre], intorno alle idolatrie e superstizioni della China. Lettera 1–7 Colonia: d'Egmond 1700.

1. Lettera sopra le cerimonie della China al R. P. Le Comte della Compagnia di Giesù, confessore di Madama la Duchessa di Borgogna.
2. Lettera intorno alle cerimonie della China al R. P. Dez, provinciale de'Giesuiti.
3. Lettera al R. P. Le Comte, confessore di Madama la Duchessa di Borgogna, intorno al suo sistema della anticha religione della China.
4. Lettera sopra le idolatrie, e superstizioni della China al R. P. Dez, provinciale de'Giesuiti.
5. Lettera intorno all'idolatrie e superstizioni della China. Al R. P. Dez, provinciale de'Giesuiti.
6. Lettera intorno all'idolatrie e superstizioni della China. Al R. P. Dez, provinciale de'Giesuiti.
7. Lettera intorno all'idolatrie e superstizioni della China. Al R. P. Dez, provinciale de'Giesuiti.

300: 77 Cc 123.
3.2280

[--] Lettre d'un docteur de l'Ordre de S. Dominique [d. i. Noël Alexandre] sur les cérémonies de la Chine. [1]–3. — Cologne: d'Egmond 1700.

12: H. g. hum. 3p/1 [u.ô.] **10.**
3.2281

— — Theologia dogmatico-moralis secundum ordinem catechismi Concilii Tridentini. Ed. omnium accuratissima, plurimis accessionibus ... aucta ... Auctore Natali Alexandro. T. 1–10. — (Einsiedeln) 1768–72: Typ. Monasterii Einsidlensis.

1. De fide & symbolo.
2. De sacramentis in genere, baptismo, confirmatione & extrema unctione.
3. De sacramento eucharistiae.
4. De sacramento poenitentiae & censuris.
5. De indulgentiis, sacramento ordinis, beneficiis, simonia, & horis canonicis.
6. De sacramento matrimonii. De peccatis in genere & morum regulis.
7. De 7 peccatis capitalibus.
8. De virtutibus. De 1. 2. & 3. Decalogi praeceptis.
9. De 4. & caeteris Decalogi praeceptis. Et de oratione.
10. Variae de theologicis dogmatibus ac disciplina epistolae & monumenta. Index universalis.

2. 5.
3.2300

Alexandri

Alexandri Magni iter ad paradisum ex codd. ed. J. Zacher. 8°(32) – Königsb. 1859, Beyer.

Alexandri Magni iter ad paradisum ex codd. mss. latinis primus edid. Jul. Zacher. Königsberg 859. Theile's Buchh. gr. 8. (32 S.) 7½ *ngr.*

Alexandri Itinerarium..., s.a. Itinerarium Alexandri...

Alexandri Itinerarium ad Constantinum Augustum, Constantini M. filium, edente nunc primum cum notis Angelo Majo. — Acced. Julii Valerii res gestae Alexandri Maced. translatae ex Aesopo graeco, prodeunt nunc primum ed. notisque illustr. Angelo Majo. Ad exemplar Mediolanense. 8 maj. Francofurti ad M., Hermann. 1818.

Alexandri, M., historiarum scriptores aetate suppares. Vitas enarravit, librorum fragmenta collegit, disposuit, commentariis et prolegomenis illustravit Rob. Geier. 8maj. Lipsiae 844, Gebauer. 2 ₰

Alexandri (Aphrodiensis) commentaria, s.: Alexander (Aphrodiensis).

Alexandri Magni, s. Alexandri

Alexandri, B., rumänische Volkspoesie, s. Alecsandri, Vasilie

Alexandri, Franciscus s. *Alexander.*

Alexandri, V., Ovid, s. Alecsandri, Vasilie

Alexandri's, Vasile, Pastelle, s. Alecsandri, Vasilie.

Alexandria s. Alexandrien

Alexandria Beobachter: 1863? Alexandria, VA

Α λεξανδρίδης, Δημήτριος
— *Γραμματικὴ γραικικοτουρκική. Βιέννῃ* 812. 4.

Αλεξανδρίδου, Δημητρίου, Λεξικὸν πρόχειρον τῆς γραικικῆς καὶ τουρκικῆς διαλέκτου, ᾧ προσετέθη Λεξικὸν τουρκικογραικικόν. Βιέννῃ 812. 4.

Alexandrien [Schlagwort]

Alexandrien. Maasch, O., Karte v. Kriegsschauplatz v. Alexandrien bis Kairo. Autogr. Fol. Alt. 1882. Schlüter.

– Special-Karte d. Kriegsschauplatzes v. Alexandria bis Tanta. Red. v. B. Hassenstein. 1:270,000. Chromol. Fol. Gotha 1882, J. Perthes.

Alexandrine, Gräfin von und zu J** die Tochter einer Buhlerinn .. eine romantische Ausstellung mit kosmopolitisch-satyrisch-kritischen Farben gezeichnet vom Verf. der Henriette von Detten C. St. G. Fortsetzung oder 3. und 4. Theil der Henr. v. D. Cöln 1804. V: *Grüner, Christoph Sigismund.* (BGE) (GGr)

Alexandrine, Gräfin von u. zu J., die Tochter e. Buhlerin. 2 Bde. neue. Aufl. Leipz. Joachim. 815.**

Alexandrine, Gräfin von u. zu J., v. Verf. d. Henriette v. Detten. 2 Bde. N. A. 8. Leipz. 816. Joachim. 2 ₰ — 3r u. 4r Thl. 8. Cöln 804. Fabricius. 2 ₰

Alexandrine, Großherzogin-Mutter von Mecklenburg, s. Trauerreden. — Weber, D.

Alexandro Russorum Imperatori Augustiss. liberata Europa reduci litterarum in Universitate Lips. cultores. [Carmen]. Lipsiae 1814. V: *Hermann, Johann Gottfried Jacob.* (MGT)

Alexandroff, Emilie, Alkohol bei pathologischen Zuständen (Z U 42) ist S.-A. aus Correspondenzblatt für Schweizer Aerzte 1910, S. 465-475. Basel 1910.

Alexandroff, Emilie, aus Moskau (Russland): Ueber die analeptische Wirkung des Alkohols bei patholgischen Zuständen. ⟨Aus dem pharmakologischen Institut der Universität Zürich.⟩ [Mit zehn Figuren im Text.] 11 S. 8°. [23. VII. 10.]
Zürich. Univ. Med. Diss. 1909/10.

Alexandroff, Emilie. Ueber die analeptische Wirkung des Alkohols bei pathologischen Zuständen. Aus dem pharmakologischen Institut der Universität Zürich. Diss. Med. Univ. Zürich. [Mit Figuren.] II + 11 S. kl.-4. Basel, Schweighauser, 1910.

Alexandroff, Iwan, Aufgaben aus der niederen Geometrie, s. Aleksandrov, Ivan Ivanovic.

Alexandroff, Sergius. aus Sympheropol ⟨Russl.⟩: **Über fötalen Hydrocephalus auf Grund der Fälle in der Kgl. Charité.** *Berlin (1901): G. Schade.* (30 S.) 8°
Berlin. Med. Diss. v. 8. März 1901

Alexandrow, C., praktisches Elementarbuch der russischen Sprache. Reval 859. Kluge. gr. 8. (IV, 211 S.) n. 20 *ngr.*

Alexandrow, N. W., der Weg zum Ziel. Novellen. (III, 146 S.) 8. Dresden 906. E. Pierson. n. 2. —; geb. n. 3. —

Alexandrowicz, Jerzy, Stanislaw, aus Brzóstów (Polen): Zur Kenntnis des sympathischen Nervensystems der Crustaceen [Mit acht Figuren im Text.] Jena 1909. II + 50 S und fünf Tafeln. 8°. S.-A. aus der Jenaischen Zeitschrift für Naturwissenschaft. Bd. 45 N. F. 38. Heft 1. 1909. [4. I. 10.]
Zürich. Univ. Phil. Diss. II. S. 1909/10.

Alexandrowicz, Jerzy Stanislaw. Zur Kenntnis des sympathischen Nervensystems der Crustaceen. Diss. Phil. [II.] Univ. Zürich. Mit 5 Tafeln und 8 Figuren im Text. (Abdruck aus der Jenaischen Zeitschrift für Naturwissenschaft. Bd. 45. N. F. 38. Heft 1. 1909.) II + 50 S. 8. Jena, Gustav Fischer. 1909.

Alexandrowitsch, Leon: Bewegte Zeiten. Roman ... aus d. letzten russisch-türkischen Kriege. — Dresden & Leipzig: Minden 1882. 368 S. 1: Yx 20479. 7.
3.2328

Alexaus, S., Beschr. der Marmor- u. Steinbrüche in Carellen. gr. 8. Petersb. Rusconi. 788.

Alexei Petrowitsch. Romant. histor. Trauersp. in 5 Akten. 8. Gotha. Steudel. 812.

Alexei's, Zarewitsch, Biographie, s.: Brückner, A.

Alexejeff, W. G., die Mathematik als Grundlage der Kritik wissenschaftlich-philosoph. Weltanschauung. (Nach Untersuchgn. v. N. W. Bugalew u. P. A. Nekrassow in Zusammenhang m. meinen Untersuchgn. üb. formale Chemie.) In der Sitzg. der gelehrten literär. Gesellschaft zu Jurjew am 30. XI. 1902 vorgetragen. (48 S.) gr. 8. Jurjew (Dorpat) 903. (Berlin, Mayer & Müller.) n. 1. 20

Alexejew, Erinnerungen des ehemal. russ. Sprachlehrers des Fürsten von Bismarck. Petersburg 895.

Alexejew, Leo, Durch Socialismus und Anarchie zum Menschenthum. Schlagschatten zu Fr. Stackelbergs Socialrevolutionären Lichtstreifen über Ehe und Familie. kl.-8°. Paris, J. Baillière et H. Messager, 1883.

Alexejew, P., H. Hoffmann u. B. Manassewitsch, russisch-deutsche u. deutsch-russische Handels-Korrespondenz mit Anmerkungen u. Worterklärungen. Für das Selbststudium Erwachsener, sowie zum Gebrauche in Schulen. (In 10 Lfgn.) 1—4. Lfg. gr. 8. (IV u. S. 1—12 u. 1—128.) Leipzig 882. Gloeckner. à n. 1. —

Alexejew, P, H. Hoffmann und B. Manassewitsch, russisch-deutsche u. deutsch-russische Handels-Korrespondenz m. Anmerkungen u. Worterklärungen. Für das Selbststudium Erwachsener, sowie zum Gebrauche in Schulen. 5—12. (Schluß) Lfg. gr. 8. (à 2 B.) Leipzig 883 Morgenstern. à n. 1. —

Alexejew, P., H. Hoffmann u. B. Manassewitsch, russisch-deutsche u. deutsch-russische Handels-Korrespondenz m. Anmerkgn. u. Worterklärungen. Für d. Selbststudium Erwachsener, sowie zum Gebrauche in Schulen. 2. Aufl. gr. 8. (218 S.) Leipzig 893. E. Haberland. n. 3. —; geb. n. 9. —

Alexejew, W., Erinnerungen des ehemaligen russischen Sprachlehrers d. Fürsten Otto v. Bismarck. 8. (23 S.) St. Petersburg 895. H. Schmitzdorff. n. — 50

— **grammaire russe.** Méthode prat. pour apprendre le russe, traduite, à l'usage des Français par le Jules Alquier. 1. cours. gr. 8. (168 S.) Ebd. 895. Kart. n. 3. 50

Alexejew, W., neues Conversations-Taschenb. d. russ. u. deutsch. Sprache. Neue leichte u. gebräuchl. Gespräche. 16. (XII, 143 S.) St. Petersburg 895. H. Schmitzdorff. Kart. n. 1. 50

Alexejew, W., neues Lehrbuch der russischen Sprache m. beigefügten Sprechübgn. u. Lehrstücken. Nach e. prakt. Methode f. den Schul- u. Selbst-Unterricht bearb. 1. u. 2. Kurs. gr. 8. St. Petersburg 872. 76. Röttger. n. 4. 60
1. (VII, 148 S.) n. 2. —. — 2. (IV, 194 S.) n. 2. 60; cart. n. 3. —

Alexejew, W., neues Lehrbuch der russischen Sprache mit beigefügten Sprechübungen u. Lesestücken. Nach e. prakt. Methode f. den Schul-, Privat- u. Selbst-Unterricht bearbeitet. 1. Kurs. 2. Aufl. gr. 8. (VII, 148 S. m. 1 lith. Schrifttaf.) St. Petersburg 880. Röttger. n. 2. —; cart. n. 2. 40

Alexejew, W., neues Lehrbuch der russischen Sprache mit beigefügten Sprechübungen und Lesestücken. Nach einer prakt. Methode für den Schul-, Privat- und Selbst-Unterricht bearb. 1. Kursus. 3. verb. und 4. und 5. Aufl. gr. 8. (VIII, 151 S. mit 1 lithogr. Schrifttaf.) St. Petersburg 886—88, Schmitzdorff. *M 2.—.; cart. *
2. Kursus. Ebendas. 1876. *M 2.60.; cart. *M 3.—.

Alexejew, W., neues Lehrbuch der russischen Sprache m. beigefügten Sprechübungen u. Lesestücken. Nach e. prakt. Methode f. den Schul-, Privat- u. Selbst-Unterricht bearb. 1. Kurs. 6. Aufl gr. 8. (VIII, 151 S.) St.-Petersburg 888. Schmitzdorff. n. 2. —; cart. n. 2. 40

Alexejew, W., neues Lehrb. d. russ. Sprache m. beigefügten Sprechübungen u. Lesestücken. 1. Kurs. 6. Aufl. 8°(151).– St. Petersb., 1889, Schmitzdorff.

— **neues Lehrbuch der russischen Sprache m. beigefügten Sprechübungen u. Lesestücken.** Nach e. prakt. Methode f. den Schul-, Privat- u. Selbst-Unterricht bearb. 1. Kurs. 7. Aufl. gr. 8. (VI, 153 S.) Ebd. 892. Kart. n. 2. 40

— **Neues Lehrbuch** d. russ. Sprache m. beigef. Sprechübungen u. Lesestücken. N. e. prakt. Meth. f. d. Schul-, Privat- u. Selbst-Unterr. bearb. 1. Kurs. 8., verb. Aufl. gr. 8. (VII, 152 S.) Leipzig 898. C. F. Amelang. Geb. in Leinw. n. 2. 40

— **dasselbe.** 1. Kurs. Schlüssel. Von G. Werkhaupt. gr. 8. (45 S.) Ebd. 898. n. 1. —

Alexejew, W.: Neues Lehrb. d. russ. Sprache m. beigefügten Sprechübgn. u. Lesestücken. 1. u. 2. Kurs. 8°. Leipzig, C.F. Amelang.
1.8. Aufl. (152) 1898; 2.3. Aufl. (194) St. Petersburg, 1888.

Alexejew, W., neues Lehrbuch der russischen Sprache m. beigefügten Sprechübungen u. Lesestücken. Nach einer prakt. Methode f. den Schul-, Privat- u. Selbst-Unterricht bearb. 1. u 2. Kurs. gr. 8. Leipzig 901. C. F. Amelang. Geb in Leinw. n 5 40
1. 9. verb. Aufl. (VI, 152 S.) n. 2. 40
2. 4. bericht. Aufl. (IV, 194 S.) n. 3. —

— **dasselbe.** 1. u. 2. Kurs. Schlüssel. Von G. Werkhaupt. gr. 8. Ebd. n 2. 50
1. 2. verb. Aufl. (45 S.) 900. n. 1. —. 2. (70 S.) 901. n. 1. 50.

Alexejew, W., neues Lehrbuch der russischen Sprache m. beigefügten Sprechübungen u. Lesestücken. Nach e. prakt. Methode f. den Schul-, Privat- u. Selbst-Unterricht bearb. 1. Kurs. 10. verb. Aufl. (VI, 152 S.) 8. Leipzig 904. C. F. Amelang. Geb. in Leinw. n. 2. 40

— **dasselbe.** Schlüssel. Von G. Werkhaupt. 3. verb. Aufl. (45 S.) 8. Ebd. 905. n. 1. —

Alexi: Anaxagoras und seine Philosophie nach den Fragmenten bei Simpl. ad Arist. 16 S.
Progr. Neu-Ruppin 1867.

Alexi (Hrsg.), s. Monatsschrift für christliche Volksbildung.

Alexi, C., s.a. Alexi, Karl

Alexi, C., Anaxagoras nach d. Fragmenten bei Simplic. ad Arist. 1867. Siehe unter Anaxagoras.

Alexi, C., Beiträge zur Schulfrage im alten u. neuen Reich. 1. Hft. Rede geh. am Schluß d. Schuljahres nebst e. Vorwort. gr. 8. (33 S.) Leipzig 872. Rasch. n. 1. —

Alexi, C.: Beitr. z. Schulfrage im alten und neuen Reich. 1. Hft. 8° (33). – Metz 1872, Lang u. R.

Alexi, C., zur Reform der höheren Schulen in Deutschland. gr. 8. (VIII, 55 S.) Langensalza 883. Beyer & Söhne. n. 1.—

Alexi, C. Die künstlichen Theorieen vom „abstrakten Staate". Rede, gehalten am Geburtstage Sr. Maj. des Kaisers. 8 S. **Progr.** *Saargemünd* 1879.

Alexi, C. Über die Unentbehrlichkeit der altklassischen Studien an den höheren Lehranstalten und über die Notwendigkeit einer zeitgemäfsen Reform dieser Studien. — Ein Beitrag zur Kritik der neuesten Reformbestrebungen auf dem Gebiete des höheren Schulwesens in Deutschland. 41 S. **Progr.** G. *Mülhausen Els.* 1883.

Alexi, C., das höhere Unterrichtswesen in Preußen. Die inneren Widersprüche in der jetzigen Organisation desselben u. deren Beseitigung durch zu erwart. Unterrichtsgesetz. gr. 8. (90 S.) Gütersloh 877. Bertelsmann. n. 1. 20

Alexi, Carl, a. Berlin: Über die Bestimmung von Selen und Tellur und die Untersuchung von selen- und tellurhaltigem Handelskupfer. (Berlin 1905: G. Möhl.) (45 S.) 8°
Berlin, Phil. Fak., Ref. Landolt, Gabriel, Diss. v. 4. März 1905
[Geb. 28. März 80 Berlin; Heimatsort: Berlin; Staatsangeh.: Preußen; Vorbildung: Königstädtisches Realgymn. Berlin Reife O. 98; Studium: Berlin 9. Charlottenburg T. H. 5 S.; Rig. 15. Dez. 04.]

Alexi, Johannes

Alexi, **J.**, Grammatica Daco-Romana, sive Valachica latinitate donata, aucta, ac in hung. ordinem redacta opera et studio. 8maj. Wien 826. Geistinger. (Gerold). 16 gr

Alexi, (J.) Grammatica Daco-Romana, sive Valachica latinate donata, aucta, ac in hunc ordinem redacta. 8 maj. Wien 826, Geistinger. (Leipzig, W. Vogel.)

Alexi, Karl, s.a. Alexi, C.

Alexi, Karl: Zur Reform der höheren Schulen in Deutschland. Von C. Alexi. — Langensalza: Beyer 1883. 55 S.
1:14 in 4° Nc 2841. 12: H. lit. P. 5 w. 3. 7. 11.
3.2332

— Der Tod des Herzogs Bernhard von Weimar nach einem authentischen Actenstück aus dem kaiserlichen Bezirks-Archiv zu Colmar dargest. von C. Alexi. — Colmar 1873: Decker. 26 S.
Aus: Programm d. Kaiserl. Lyzeums Colmar 1873.
1: Ss 1684. 2.
3.2333

— C. Alexi. Das höhere Unterrichtswesen in Preussen. Die inneren Widersprüche in der jetzigen Organisation desselben u. deren Beseitigung durch das zu erwartende Unterrichtsgesetz. — Gütersloh: Bertelsmann 1877. VIII, 94 [vielm. 96] S. 1:2 in 4° Ay 5010. 2. 6. 7. 82.
3.2334

Alexi, S.: John Law und sein System. Ein Beitrag zur Finanz- und Münzgeschichte. — Berlin: Lehmann 1885. VII,67 S.
1: Qz 7790. 12: Cam. 4 w. 300: 164.384–C. 5. 11.
3.2335

Alexi, S., John Law und sein System. Ein Beitrag zur Finanz- und Münzgeschichte. gr. 8. (VII, 67 S. mit 2 Lichtdr.-Taf. Abbild. und 3 Tab.) Berlin 885, R. L. Prager. *

Alexi, T.: deutsch-rumän. Wörterbuch f. Schule u. Umgang, s. Alexi, Theochar

Alexi, Theochar, die steinerne Bank an der Burg u. das Zimmer ohne Thür. 12. (63 u. 18 S.) Kronstadt (898). W. Gabony. n. — 50

Alexi, Theochar: Blüthenlese deutscher Lyrik aus Siebenbürgen. — Kronstadt 1877: Gött. 210,VI S.
1: Yf 3958/14. 12: P. o. germ. 19 tv.
3.2336

— Dicționar romăno-german. A 2. ed. prelucrată și compl. Brașov ⟨Brassó⟩: Zeidner 1906. XVIII,498 S.
Nebent.: Alexi: Rumänisch-deutsches Wörterbuch. 2., verb. u. vervollst. Aufl. Kronstadt 1906.
1: Zq 23070². 2.
3.2337

— Dicționaru portativu germano-romanu. 1866 u. ö. s. *Alexi*: Deutsch-rumänisches Taschen-Wörterbuch.

Alexi, Theochar, Johannes Honterus. Volksschr. gr. 8. (VI, 64 S. m. Titelbild.) Kronstadt 897. Gabony & Co. n. —. 50

— Karpathen-Röschen. Gedichte. — Bukarest 1868. 129 S.
1: Yo 12756.
3.2338

—— rumänische Kunstdichtungen. 8. (116 S.) Ebendas. 886. *

Alexi, Theochar: Deutsch-rumänisches Taschen-Wörterbuch mit Leseregeln für die moderne rumänische Orthographie. — Bukarest 1866: Weiß. VIII,235 S.
Nebent.: Alexi: Dicționaru portativu germano-romanu.
12: L. lat. f. 608.
3.2339

—— 2. Aufl. Bukarest 1874: Thiel & Weiss. 232 S.
Nebent.: Alexi: Dicționaru portativu germano-romanu.
300: 39.225. 5.
3.2340

Alexi, Theochar, deutsch-rumänisches Taschen-Wörterbuch m. Leseregeln für die moderne rumänische Orthographie. 3. Aufl. 12. (VIII, 232 S.) Bukarest 886. Verlagsbuchdr. v. Thiel & Weiß. n. 2. 60

Alexi, Theochar, deutsch-rumänisches Wörterbuch f. Schule u. Umgang. 8. Tausend. 8. (XII, 312 S.) Kronstadt 886. Alexi's Buchdr. n. 3. —

Alexi, T., deutsch-rumän. Wörterbuch f. Schule u. Umgang. 8 Taus. 8°(312).– Kronst. 1886. (Wien, Deuticke.)

— deutsch-rumänisches Wörterbuch f. Schule u. Umgang. 9. Taus. 8. (XII, 312 S.) Kronstadt 894. H. Zeidner. n. 2. 80

— Deutsch-rumänisches Wörterbuch f. Schule u. Umgang. 5. Aufl. gr. 8. (VII, 352 S.) Kronstadt 901. H. Zeidner. n. 3. 60

— rumänisch-deutsches Wörterbuch f. Schule u. Umgang. gr. 8. (V, 337 S.) Ebd. 894. n.n. 3. —

Alexi, Theochar, rumänisch-deutsches Wörterbuch. 2. verb. u. vervollständ. Aufl. (XVIII, 498 S.) 8. Kronstadt (Brassó) 906. H. Zeidner. n. 4. —
(Mit dem deutsch-rumän. Tl. in 1 Halbfrz.-Bd. n. 9. —)

Alexianerprozess. — Der Aachener Alexianer-Process im Lichte der Wahrheit. Geschichte u. Würdigung. — Berlin: 'Germania' 1895. 64 S.
1: Fy 14824. 12: Polem. 1008 p–43.
3.2344

Alexich, Carl, k. k. Hauptm. Ueber Karten-Projectionen. (Aus „Oesterr. milit. Zeitschrift". (Mit 2 Taf.) (3 Bde.) 8. (Wien) 1885.

Alexici, Georg, s. Alexics, Gyoergy.

Alexics, Gyoergy

Alexici, G., Geschichte der rumänischen Litteratur, s.a. Literaturen, die, des Ostens. III.

— Geschichte der rumänischen Litteratur. Von G(eorg) Alexici. In deutscher Umarb. von K[arl] Dieterich. — Leipzig: Amelang 1906. VI,196 S. (Die Litteraturen des Ostens in Einzeldarstellungen. 3,2.)
1: Al 675–3,2. 12: H. lit. U. 165 d–3. 300: 415.462–B. L. S. 3. 2. 3. 4. 5. 6. 7. 8. 9. 10. 11.
3.2346

—— 2. Ausg. Ebd. 1909. VI,196 S. (Die Litteraturen des Ostens in Einzeldarstellungen. 3.) 2. 7. 11.
3.2347

Alexieff, Wladimir. Contribution à l'étude de l'opération césarienne chez des naines au-dessous d'un mètre. Thèse Méd. Genève: ⟨No 14⟩. *Kopftitel:* Clinique gynécologique et obstétricale de l'Université de Genève. ⟨Professeur Dr A[lcide] Jentzer.⟩ — [Avec des figures.] 31 p. 8. Genève, Ch. Zœllner, 1903.

Alexii Comneni s. Alexius Comneni

Alexina, oder: ein Tag in der Türkey. Ein Schauspiel in 5 Aufz. Aus dem Engl. Frey bearbeitet von J. W. Cowmeadow. Berlin 1792. — 2. Titelauflage 1796. V: *Cowley, Hannah.* (GGr)

Alexiovic, Basilii, sermon. sacri, festivales et dominicales. V Tom. 8maj. Presb., Belnay. 5 ₰ 8 gr

Alexis [Sachliches OW]

Alexis; ou le déserteur. Drame p. Sedaine. 8. Dresd. Walther. 772.

Alexis, ou De l'Age d'Or. Riga 1787. V: *Hemsterhuis, Franz.* (BrMm)

Alexis, oder von dem goldenen Weltalter; ein Gespräch, aus der Handschrift übersetzt. Riga 1787. V: *Hemsterhuis, Fr.* Ü: *Jacobi, Friedrich Heinrich.* (Mn) (Ky) (ErGr) (MGT) (ErschDL) (BrMm)

Alexis, oder vom goldnen Weltalter, e. Gespräch v. Hemsterhuis, aus d. Handschr. übers. (v. Fr. H. Jacobi). 8. Riga 787. (Hartknoch in Leipz.) 16 gr

Alexis ou de l'âge d'or. 8. Riga 788. Hartknoch in Leipz. 16 gr

Alexis, oder das Häuschen im Walde, aus dem Franz., 2 Thle., 8. Daselbst, 791. Dyck. 1 Rthl. 23 sgl.

Alexis oder das Häuschen im Walde. . . . herausg. von dem Verf. von Lalotte und Fanfan aus dem Franz. Leipzig 1792. V: *Ducray-Duminil, Franç. Guill.* Ü: *Schatz, G.* (GGr) (MGT)

— od. d. Hüttchen im Walde, herausgg. v. d. Verf. d. „Lolotte u. Fanfan"; aus d. Französ. v. G. Schatz (u. Fr. Schmit). 2 Thle. 8. Leipz. 792. Dyck. 1 ♯ 18 ℊ

— od. d. Hüttchen im Walde; e. Handschr. am Ufer der Isere gefund. herausg. v. Verf. d. Lolotte u. Fanfan, a. dem Frz. v. G. Schatz. 2 Thle. 8. Leipz. Dyk. 792. (I. 18 gr. II. 1 Rthlr.)

— ou la maisonette dans le bois, par Ducray Duminil. 4 Vol. av. fig. 18. Lpz. Sommer. 793.

Alexis. Pariser Glossar 3692. Von Conr. Hofmann. [Aus den Sitzungsber. d. k. Akad. d. Wiss.] München 868. (Franz.) gr. 8. (54 S.) n. 10 *ngr.*

Alexis u. Elise, eine epische Romanze (v. Gleim). 8. Berl. 771. (W. Nauck in Leipz.) 4 ℊ

Alexis u. Luise, eine Badegeschichte, von Bened. Naubert, Mit 1 Kupfer. 8. Leipzig, Hinrichs. 819.

— u. Nadine; od. d. Engländer in Amerika, v. Marie Ch. A. v. Sassen, m. K. 8. Prag, Polt. (Joachim in Lpz.) 803.

Alexis und Natalie | oder die | Verbannung und glückliche Heirat. | Die Wege des Herrn sind wunderbar.
Kol.: Druck und Verlag von Rob. Bardtenschlager, Reutlingen.
o. J., 32 S., 162 × 109.
LBS d. D. oct K 3168.

Alexis [persönlicher Name]
Katharina II. von Russland und ihre Günstlinge. Geheime Memoiren von *Alexis* Fürst *G****. Würzburg, Kressner, 1884. 16⁰.
Französ. Ausgabe: Catharina (sic!) II. de Russie et ses favoris. Mémoires secrets par *Alexei*, prince *de G****. Ibid. (vers 1880). 16⁰.

Alexis der Jüngere: Novellen. — Zerbst: Kummer 1836. 214 S. 1:Yx 2831. 7.
3.2351

Alexis in Villa [Pseud.], s. Imhof-Spielberg, Alexander von

Alexis der Wanderer [Pseud.], s.a. Foerster, Leberecht Gotthilf.

† Alexis d. Wanderer (Lebr. Günther Förster,) Aphorismen, s. Aphorismen.

Alexis d. Wanderer, (Lebr. Gtth. Förster,) Bernardo u. Emmelina, od. die Schrecknisse d. Folterkammer, u. Woldemar. 8. Quedlinb. 825. Basse. 1 ♯ 8 ℊ

— s. 1) Blätter aus d. Brieftasche Alexis d. Wanderers.

— der Entführte, s. Entführte, der.

–, s. Fr. v. Fouqué, die Fahrt in d. neue Welt.

Alexis d. Wanderer, d. selige Stündchen u. d. Liebe a. d. Gartenmauer. 8. Quedl. 825, Basse.

— Loda, die Lautenspielerin u. and. Erzähll. 8. Quedlinb. 824. Basse. 1 ♯

Alexis, ..., s. Bilderreise durch alle 5 Welttheile.

Alexis, (Fr. Lautsch), Blumen u. Disteln aus Jean Pauls Werken. 8. Halberst. 824. (Vogler in Potsd.) 6 ℊ

Alexis. Das goldene Buch der Hausfrau, s. Volksbibliothek, deutsche.

(Alexis, Alex. P. Caquet [Père Augustin]): Dissertations et lettres canoniques sur les élections et l'autorité des supérieurs dans l'ordre des capucins et sur le recours des ecclésiastiques séculiers et réguliers, tant inférieurs que supérieurs, aux puissances séculières et aux lettres-de-cachet respectivement; ouvrage apologétique, divisé en deux parties. *Cologne, (Avignon.)* 754. 12.

ALEXIS, Charalampous (Patras): Die Constitution und das Temperament.- München: Weiss 1852. 18 S.
11.8.1852 - Urk (Titel: De constitutione et temperamento.); F 67
Diss. Ingolst. - Landshut - Mchn.

Alexis, Ernst, der Galanthomme. Neuestes Complimentirbuch nach den Anforderungen unserer Zeit. Enthltd.; e. Anweisung sich in jeder Gesellschaft mit Anstand zu benehmen u. besonders bei Damen beliebt zu machen. Nebst e. Anh.: Titulaturen. Berlin 865. Reymann. 16. (98 S.) $7\frac{1}{2}$ *ngr.*

Alexis, Ernst, der Liebesbote. Neuester Briefsteller für Liebende beiderlei Geschlechts. Eine reichhalt. Sammlung von Musterbriefen f. alle Verhältnisse. 2. Aufl. Berlin (863.) Reymann. 16. (105 S.) $7\frac{1}{2}$ *ngr.*

Alexis, Ernst, der Liebesbote. Neuester Briefsteller für Liebende beiderlei Geschlechts. Eine reichhalt. Sammlung von Musterbriefen für alle Verhältnisse. Nebst einem Anh.: Stammbuchverse, Gedichte für Liebende ꝛc. 3. Aufl. 16. (104 S.) Berlin 868, Reymann.

Alexis, Guido, Capobianco. 8. (223 S.) Paderborn 899. F. Schöningh. n. 3. —; geb. in Leinw. n. 4. 40

Alexis, Paul, s.: Abende, die, v. Médan.

Alexis, W. (W. Häring): Dorothe, s. Alexis, Willibald.

Alexis (W. v.), Geschichte der Wiesbadener Rennvereine. (29 S. m. 1 Plan). gr. 8⁰. Wiesbaden. 1910.

Alexis, W.: d. Zauberer Virgilius, s. Alexis, Willibald

Alexis, Willibald (Pseud.), s.a. Häring, Wilhelm

— [Mitarb.] s. *Album*, Schlesisches. 1847.

—— Schloß Avalon, s.a. Schloß.

[—] Schloss Avalon. Frei nach d. Engl. des Walter Scott vom Uebersetzer des Walladmor [d. i. Wilhelm Häring]. Bd 1–3. — Leipzig: Brockhaus 1827.
1:Yx 220. 12:P. o. germ. 19v. 300:18.620–A. 2. 5. 7. 10. 11.
3.2371

— [Mitarb.] s. *Babiolen*. Novellen u. Novelletten. 1837.

— Balladen. — Berlin: Dümmler 1836. 136 S.
1:Yn 9181. 300:456.771–A. 2. 7. 10. 11.
3.2372

— Wiener Bilder. — Leipzig: Brockhaus 1833.
1:Sc 3844. 12:Austr. 83. 300:38 W 14. Th. S. 7. 11.
3.2373

Alexis, Wilib. (W. Häring), Cabanis, s. a. Bibliothek der Gesamtlitteratur des In- u. Auslandes.

— dasselbe, s.a. Universal-Bibliothek.

— Cabanis. Roman. Buch 1–6. — Berlin: Fincke 1832.
1:Yx 1601. 12:P. o. germ. 19ua. 300:5.567–B. 2. 5. 7. 11.
3.2374

—— Buch 1–6. Berlin: Barthol 1856. (Alexis: Vaterländische Romane. 1/6.) 1:Yx 9081–1/6.
3.2375

—— Neue Ausg. Buch 1–6. Ebd. 1857. (Alexis: Vaterländische Romane. 1/6.) 11.
3.2376

Alexis, Wilib., (W. Häring), Cabanis. 6 Bücher. 3. Volks-Ausg. Berlin 860. Janke. 8. (XVI, 708 S. m. Holzschn.)

1—3. Bd.: Der Roland von Berlin. 3 Bde. (734 S.)
4—8. Bd.: Ruhe ist die erste Bürgerpflicht. 5 Bde. (VIII, 1211 S.)
9. 10. Bd.: Die Hosen des Herrn v. Bredow. 2 Bde. (375 S.)
11. 12. Bd.: Der Wärwolf. 2 Bde. 2. (Volks-)Ausg. (500 S.)
13—15. Bd.: Der falsche Woldemar. 3 Bde. 2. (Volks-)Ausg. (766 S.)

—— 4. Aufl. Bd 1. 2. Berlin: Janke [1869]. 4.
3.2377

— Cabanis. Roman. 6. Aufl. — Berlin: Janke [1880]. 712 S. (Alexis: Vaterländische Romane. 6.) 1:Yx 9084–6. 11.
3.2378

—— 7. Aufl. Ebd. [1893]. 712 S. 1:Yx 1601'. 9.
3.2379

— Cabanis. Historischer Roman. Bd 1–4. Berlin: Weichert [1904]. (Alexis: Historische Romane. 13/16.)
1:Yx 9085–13/16. 4. 11.
3.2380

— Cabanis. Vaterländischer Roman. Mit e. Vorbemerkung von H[ans] Marshall u. d. Bilde d. Dichters. — Halle a. d. S.: Hendel [1904]. 703 S. (Bibliothek d. Gesamtlitteratur d. In- u. Auslandes. 1761/1769.)
1:X 8366–1761/1769. 3.
3.2381

— — Bd 1.2. Leipzig: Reclam [1904]. (Reclams Universalbibliothek. 4677/4680. 4681/4683.)
1:Ag 7201–4677/4680. 4681/4683.
300:410.411–A. Per. 4677/4683.
3.2382

— — 8. Aufl. Berlin: Janke [1910]. XII,714 S. (Alexis: Vaterländische Romane. 6.)
6. 10.
3.2383

Alexis, Willib. (W. Häring), Victoire Charpentier, s.: Schatzgräber's Taschenbücher. Nr. 4.

— das Haus Diesterweg. Eine Geschichte aus d. Gegenwart. 2 Bde. 8. Leipzig 835. Brockhaus. 4 ß

— Dorothee, s. a. Bibliothek der Gesamtlitteratur.

— Dorothe. Ein Roman aus der brandenburgischen Geschichte. Th. 1–3. — Berlin: Barthol 1856. 875 S.
1:Yx 9161. 12:P. o. germ. 19un. 2. 4. 7. 11.
3.2387

— — 3. Aufl. Berlin: Janke [1879]. 480 S. (Alexis: Vaterländische Romane. 5.)
Im Exemplar von 10 fehlt d. Titelbl. d. Sammlung.
1:Yx 9084–5. 10. 11.
3.2388

— — 4. Aufl. Ebd. [1896]. 480 S. (Alexis: Vaterländische Romane. 5.)
6. 9. 10.
3.2389

— — 4. Aufl. Ebd. [1898]. 480 S.
4.
3.2390

— Dorothe. Historischer Roman. Bd 1–3. Berlin: Weichert [1904]. (Alexis: Historische Romane. 11.12.12a.)
1:Yx 9085–11.12.12a. 4. 11.
3.2391

— Dorothee. Vaterländischer Roman. Mit e. Vorbemerkung von H[ans] Marshall u. d. Bilde d. Verf. — Halle a. d. S.: Hendel (1904). 486 S. (Bibliothek d. Gesamtlitteratur d. In- u. Auslandes. 1829/1834.)
1:X 8366–1829/1834. 3.
3.2392

— Das Haus Düsterweg. Eine Geschichte aus der Gegenwart. Bd 1.2. — Leipzig: Brockhaus 1835.
1:Yx 2723. 12:P. o. germ. 19ub. 300:5.566–B. 2. 5. 7. 10. 11.
3.2396

Alexis, Willib. (W. Häring), Erinnerungen, s. a. Aus dem neunzehnten Jahrhundert. 4. Bd.

— Erinnerungen. Hrsg. von Max Ewert. — Berlin: Concordia 1900. XLII,388 S. (Aus d. neunzehnten Jahrhundert. 4.)
1:Qn 420–4. 12:Epist. 371 fk–4. 300:77.687–B. Bd 4. 2. 5. 6. 7. 11.
3.2397

— — Neue Ausg. Ebd. 1905. XLII,388 S.
4. 82.
3.2398

— Die Geächteten. Novelle. — Berlin: Duncker & Humblot 1825. 352 S.
1:Yw 9742. 12:P. o. germ. 19ud. 9. 11.
3.2400

† Alexis, Willib., (Geo. Wilh. Heinr. Häring), Urban Grandier, od. d. Besessenen v. Loudun. 2 Bde. 8. (51¼ B.) Berlin 843, [Adolf u. Comp.].

— Urban Grandier oder die Besessenen von Loudun. Bd 1.2. — Berlin: Buchh. d. Berliner Lesecabinets 1843.
1:Yx 5038. 12:P. o. germ. 19uc. 2. 7. 10. 11.
3.2402

— Hans Jürgen und Hans Jochem. Vaterländischer Roman. Bd 1.2. — Berlin: Adolf 1846. (Alexis: Die Hosen des Herrn von Bredow. 1.)
1.2 . . . . . 1:Yx 5751–1. 12:P. o. germ. 19ui–1. 300:5.571–A. Bd 1 [u.] • 5844. Bd 1. 2. 11.
2 . . . . 3.
3.2404

— Warren Hastings. Ein Vortrag gehalten am 9. März im wissenschaftlichen Verein von W. Häring. — Berlin: Buchh. d. Berliner Lesecabinets 1844. 31 S.
1:14 in Uo 1a. 11.
3.2405

— s. Heer- u. Querstraßen.

— Herbstreise durch Scandinavien. Th. 1.2. — Berlin: Schlesinger 1828.
1:Tz 3070. 12:It. sing. 9e. 300:56.996–A. 2 [ohne Titelbl. zu Th. 2]. 7. 8. 10. 11.
3.2406

Alexis, Willibald
s. Hitzig, J.E.: Der neue Pitaval. 1853.

Alexis, Willibald: Die Hosen d. Herrn v. Bredow, s. a. Bibliothek der Gesamtlitteratur.

Alexis, Willib. (W. Häring), die Hosen des Herrn v. Bredow, s. a. Bücherei, deutsche.

— dasselbe, s. a. Haus-Bibliothek.

— dasselbe. s. a. Hausbibliothek, hamburgische. 15. Bd.

— dasselbe, s. a. Lebensbücher der Jugend. 11. Bd.

— dasselbe, s. a. Meyer's Volksbücher.

— dasselbe, s. a. Universal-Bibliothek.

— dasselbe. s. a. Von Buch zu Buch. 46—49. Bdchn.

— Die Hosen des Herrn von Bredow. Abth. 1, Bd 1.2. Abth. 2, Buch 1-3. — Berlin: Adolf 1846–48.
1. Hans Jürgen und Hans Jochem. 1846.
2. Der Wärwolf. 1848.
Vollst. . . . . . . 1:Yx 5751. 12:P. o. germ. 19ui. 300:5.571–A [u.] • 5844. 11.
1,1.2 . . . . 2.
1,2 . . . . 3.
3.2407

— die Hosen des Herrn v. Bredow. 2 Bde. 3. Volks-(Titel-)Ausg. 8. (327 S.) Berlin 858(60), Janke.

— die Hosen des Herrn v. Bredow. 3. Ausg. Ebend. 868. 16. (375 S.) n. 20 ngr.

— die Hosen d. Herrn v. Bredow. Vaterländischer Roman. 6. Aufl. 8. (III, 300 S.) Ebend. 871. 3. —

— dass. — Vaterländ. Roman. 5. Aufl. 8. (300 S.) Ebendas. 873.

— Die Hosen des Herrn von Bredow. Vaterländischer Roman. 6. Aufl. Th. 1.2. — Berlin: Janke [1874].
10.
3.2408

— — 7. Aufl. Ebd. [1877]. 360 S.
4. 7.
3.2409

— die Hosen des Herrn v. Bredow. Vaterländ. Roman. 8. Aufl. 8. (299 S.) Ebendas. 878. *

— — 9. Aufl. Ebd. [1881]. 299 S. (Alexis: Vaterländische Romane. 3.)
1:Yx 9084–3. 11.
3.2410

Alexis, Willibald [W. Häring], die Hosen d. Herrn v. Bredow. Vaterländischer Roman. 9. Aufl. 8. (299 S.) Berlin 884. Janke. n. 2. —

— Die Hosen des Herrn von Bredow. Vaterländischer Roman. 11. Aufl. Th. 1.2. — Berlin: Janke [1887]. 299 S. (Alexis: Vaterländische Romane. 3.)
2.
3.2411

— Die Hosen des Herrn von Bredow. Der Wärwolf. Zwei vaterländische Erzählungen. Für d. reifere Jugend bearb. von Hermann Trescher. — Ebd. [1890]. 262,297 S.
1:Ng 16397.
3.2412

— die Hosen d. Herrn v. Bredow. Vaterländischer Roman. 12. Aufl. 8. (301 S.) Ebd. 892. n. 2.—

— dasselbe u. d. Wärwolf. 2 vaterländ. Erzählgn. F. d. reif. Jugend bearb. v. Herm. Trescher. M. 8 Holzschn. u. Zeichn. v. Colmar Schmidt. gr. 8. (V, 262 u. 298 S.) Ebd. 895. Geb. n. 3. —

— die Hosen d. Herrn v. Bredow. Vaterl. Roman. 13. Aufl. 8. (301 S.) Ebd. 896. n. 2. —

— Die Hosen des Herrn v. Bredow. Vaterländischer Roman. 14. Aufl. Mit 6 Vollbildern v. Hans Looschen. gr. 8. (328 S.) Berlin (900). O. Janke. n. 3. —; geb. n. 4. —

— — 15. Aufl. Ebd. [nach 1900]. 327 S.
9.
3.2414

— — 17. Aufl. Ebd. [nach 1900]. (Alexis: Vaterländische Romane. 3.)
6. 10.
3.2415

— — Mit e. Vorbemerkung von H[ans] Marshall u. d. Bilde d. Verf. — Halle a. d. S.: Hendel (1902). V,296 S. (Bibliothek d. Gesamtlitteratur d. In- u. Auslandes. 1542/1545.)
1:X 8366–1542/1545. 3.
3.2416

— — Wien & Leipzig [1902]: Bibliogr. Inst. 326 S. (Meyers Volksbücher. 1329–1333.)
300:393.125–A. Per. 1329–1333.
3.2417

— — T. 1.2. Berlin: Deutsche Bücherei [1904]. (Deutsche Bücherei. 9.10.)
1:Ag 219/61–9.10.
3.2418

— Die Hosen des Herrn von Bredow. Historischer Roman. Bd 1.2. — Berlin: Weichert [1904]. (Alexis: Historische Romane. 7.8.) 1:Yx 9085–7.8. 4. 11.
3.2419

— dasselbe. Vaterländische Erzählg. aus der Zeit Joachims I. v. Brandenburg. Für die reifere Jugend hrsg. v. Alb. Geyer. Illustriert v. E. Zimmer. (250 S.) 8. Leipzig 907. Abel & Müller. Geb. in Leinw. 3. —

— Die Hosen des Herrn v. Bredow. Für die Jugend bearb. v. H. Brandstädter. Mit 8 Vollbildern v. Fritz Bergen. (VIII, 284 S.) 8. Stuttgart (907.) Levy & Müller. Geb. in Leinw. 3. 50

— Die Hosen des Herrn von Bredow. Vaterländischer Roman. — Berlin: Scherl [1909]. 403 S. (Bibliothek August Scherl. 501.) 1:Yt 729–501.
3.2420

— Ja in Neapel, s. a. Unterhaltungs-Bibliothek, deutsche.

— Ja in Neapel. — Berlin: Janke 1860. VIII, 147 S. 1:Yx 10927. 2. 11.
3.2438

— — Ebd. 1860. VIII, 147 S. (Deutsche Unterhaltungs-Bibliothek. Ser. 1, 1.) 7. 9. 10.
3.2439

— — Ja in Neapel. Letzte Erzählung. 2. Aufl. Ebd. 1872. 147 S. 11.
3.2440

— Iblou, s.: Bücher, bunte.

— Mor. Hartmann, Heinr. Smidt, W. O. v. Horn, Iblou u. andere Erzählungen, s.: Bücher, bunte.

— Isegrimm, s. a. Bibliothek der Gesamtlitteratur.

— Isegrimm. Vaterländischer Roman. Bd 1-3. — Berlin: Barthol 1854. 1:Yx 8401. 12:P. o. germ. 19um. 2. 7. 11.
3.2441

— — 2. Aufl. Th. 1-3. Berlin: Janke [1870]. 10.
3.2442

— — 2. Aufl. Bd 1-3. Ebd. 1871. 300:407.111–B. 5.
3.2443

— — 4. Aufl. Ebd. [1881]. 609 S. (Alexis: Vaterländische Romane. 8.) 1:Yx 9084–8. 11.
3.2444

— — 5. Aufl. Ebd. [1899]. 609 S. (Alexis: Vaterländische Romane. 8.)
Im Exemplar von 9 fehlt der Titel der Sammlung. 6. 9. 10.
3.2445

— — Mit e. Vorbemerkung von H[ans] Marshall u. d. Bilde d. Verf. — Halle a. d. S.: Hendel [1903]. 598 S. (Bibliothek d. Gesamtlitteratur d. In- u. Auslandes. 1690/1696.) 1:X 8366–1690/1696. 3.
3.2446

— Isegrimm. Historischer Roman. Bd 1-3. Berlin: Weichert [1904]. (Alexis: Historische Romane. 21/23.) 1:Yx 9085–21/23. 4. 11.
3.2447

— Zwölf Nächte. Roman. Bd 1-3. — Berlin: Duncker & Humblot 1838. 1:Yx 3551. 12:P. o. germ. 19uh. 300:5.568–A. 2. 4. 7. 11.
3.2450

— Nettelbeck. — Berlin: Barthol 1855. 48 S. 1:T 4568. 12:Biogr. 1283/37.
3.2451

— Nettelbeck. 8. (48 S. mit eingedr. Holzschn.) Berlin 856, Barthol. *

— Gesammelte Novellen. Bd 1-4. — Berlin: Duncker & Humblot 1830-31.
1-4 . . . . 12:P.o.germ. 19ue. 3. 7. 11.
1-3 . . . . 1:Yx 901.
3.2452

— Neue Novellen. Bd 1.2. — Berlin: Duncker & Humblot 1836. 1:Yx 3072. 12:P. o. germ. 19uf. 2. 7. 11.
3.2453

— s. J. Pardon, d. Roman des Harems.

— Friedrich Perthes. — Berlin: Barthol 1855. 48 S. 1:Av 5083. 12:Biogr. 1283/36.
3.2454

— Reise-Pitaval. Auserlesene Criminalgeschichten. — Leipzig: Brockhaus 1856. VII, 173 S. 12:Var. 363p–12. 11.
3.2456

— Der Roland v. Berlin, s. a. Bibliothek der Gesamtlitteratur.

— dasselbe, s. a. Universal-Bibliothek.

— Der Roland von Berlin Bd 1-3. — Leipzig: Brockhaus 1840. 1:Yx 4248. 12:P. o. germ. 19u. 300:23.430–B. 2. 7. 11.
3.2457

W. Alexis (W. Häring). Der Roland von Berlin. 3 Bde. (Gesammelte Werke. Volksausgabe. Bd. 1—3.) Berlin 1861. 8⁰.

Alexis, Willibald, (W. Häring), der Roland v. Berlin. Roman. 3. Aufl. 8. (267 S.) Berlin 872. Janke. 4. 50

— — 3. Aufl. Th. 1-3. Berlin: Janke [1874]. 7.
3.2458

— Der Roland von Berlin. Vaterländischer Roman. 4. Aufl. Ebd. [1881]. 520 S. (Alexis: Vaterländische Romane. 2.)
Im Exemplar von 10 fehlt der Titel der Sammlung.
1:Yx 9084–2. 10. 11.
3.2459

— — 5. Aufl. Ebd. [1895]. 520 S. 1:Yx 4248ᵃ. 9.
3.2460

— — 7. Aufl. Ebd. [1895]. 520 S. (Alexis: Vaterländische Romane. 2.) 6. 10.
3.2461

— — Mit e. Vorbemerkung von H[ans] Marshall u. d. Bilde d. Verf. — Halle a. d. S.: Hendel (1902). 550 S. (Bibliothek d. Gesamtlitteratur d. In- u. Auslandes. 1555/1560.) 1:X 8366–1555/1560. 3.
3.2462

— — Bd 1.2. Leipzig: Reclam [1902]. (Reclams Universalbibliothek. 4351/4353. 4354/4356.)
1:Ag 7201–4351/4353. 4354/4356.
12:Var. 380k–4351/4353. 4354/4356.
300:410.411–A. Per. 4351/4356.
3.2463

— — 6. Aufl. Berlin: Janke [1903]. 520 S. (Alexis: Vaterländische Romane. 2.) (Collection Otto Janke.)
Im Exemplar von 4 fehlt die Angabe 'Collection Otto Janke'.
1:Yx 9084ᵃ–2. 4.
3.2464

— Der Roland von Berlin. Historischer Roman. Bd 1-3. Berlin: Weichert [1904]. (Alexis: Historische Romane. 4/6.) 1:Yx 9085–4/6. 4. 11.
3.2465

— Der Roland v. Berlin. Vaterländische Erzählg. aus der Zeit Friedrichs des Eisernen v. Brandenburg. Für die reifere Jugend hrsg. v. Alb. Geyer. Mit Illustr. v. Ludw. Berwald. (272 S. m. 8 Vollbildern.) 8. Leipzig 908. Abel & Müller. Geb. in Leinw. 3. —

— historische Romane. Mit e. Einleitg.: Willibald Alexis, sein Leben u. seine Werke, v. A. v. Auerswald. Bd. 1—12, 12a u. 13—23. 8. Berlin, A. Weichert. à n. — 50; geb. à n. 1. —
1—3. Der falsche Woldemar. Historischer Roman. Mit e. biograph. Einleitg. von A. v. Auerswald. In 3 Bdn. (159, 231 u. 175 S.) (903.)
4—6. Der Roland v. Berlin. Historischer Roman. In 3 Bdn. (179, 163 u. 189 S.) (903.)
7. 8. Die Hosen des Herrn v. Bredow. Historischer Roman. 2 Bde. (152 u. 156 S.) (903.)
9. 10. Der Werwolf. Historischer Roman. 2 Bde. (165 u. 199 S.) (903.)
11. 12. 12a. Dorothe. Historischer Roman. 3 Bde. (159, 139 u. 182 S. m. 2 Taf.) (904.)
13—16. Cabanis. Historischer Roman. Mit dem Denkmal Friedrich des Großen aus der Siegesallee im Tiergarten zu Berlin. 4 Bde. (187, 162, 170 u. 183 S.) (904.)
17—20. Ruhe ist die erste Bürgerpflicht. Mit den Denkmälern der Königin Luise u. Jung-Wilhelms im Berliner Tiergarten. 4 Bde. (203, 192, 213 u. 218 S.) (904.)
21—23. Isegrimm. Historischer Roman. Mit dem Denkmal König Friedrich III. 3. Bde. (208, 208 u. 200 S.) (904.)

— Historische Romane. Mit e. Einl.: Willibald Alexis, sein Leben u. seine Werke von A[nnemarie] v. Auerswald. [1-8.] — Berlin: Weichert [1904].
1. (1-3.) Der falsche Woldemar. Bd 1-3.
2. (4-6.) Der Roland von Berlin. Bd 1-3.
3. (7.8.) Die Hosen d. Herrn v. Bredow. Bd 1.2.
4. (9.10.) Der Werwolf. Bd 1.2.
5. (11.12.12a.) Dorothe. Bd 1-3.
6. (13-16.) Cabanis. Bd 1-4.
7. (17-20.) Ruhe ist die erste Bürgerpflicht. Bd 1-4.
8. (21-23.) Isegrimm. Bd 1-3.
1:Yx 9085. 4. 11.
3.2471

— Vaterländische Romane. Bd 1-6. — Berlin: Barthol 1856.
1-6. Cabanis. 1:Yx 9081.
3.2472

— Vaterländische Romane. Berlin 857. Barthol. 8.
1.—6. Bd.: Cabanis. Vaterländischer Roman in 6 Büchern. (Mit Illustr. von W. Camphausen.) Neue Ausg. (VIII, 136; 144; 2 Bl., 136; 136; 100; 56 S.) 1 ₰ 15 ngl
7. u. 8. Bd.: Die Hosen des Herrn von Bredow. Vaterländischer Roman. Neue Ausgabe. 2 Bde. (2 Bl., 150; 177 S.) 22½ ngl

—— vaterländische Romane. 1—8. Bd. 8. Berlin 857. 58, [Janke.]

Inhalt:

Bd. 1—6. Cabanis. Vaterländ. Roman in 6 Büchern. (Neue Ausg. 2. Abdr.) (XVI und 708 S. mit eingedr. Holzschn. und 1 Holzschnt.) 1 Thlr. 15 Ngr.

" 7., 8. Die Hosen des Herrn v. Bredow. Vaterländ. Roman. Neue Ausg. 2 Bde. (in 1 Bd.). (VI und 327 S.) 22½ Ngr.; geb. * 1 Thlr.

— vaterländische Romane. Neue wohlfeile Ausg. in Halbbdn. 1. Halbbd. 8. Ebend. 872. — 75

Cabanis. Vaterländischer Roman in sechs Büchern. 4. Aufl. 1. Bd. (XVI, u. S. 1—192 m. eingedr. Holzschn. u. 1 Holzschntaf.)

† Alexis, Willib. [W. Häring], vaterländische Romane. 8 Bde. 8. Berlin 879—81, Janke. *

Inhalt:

Bd. 1. Der falsche Woldemar. (636 S.)
" 2. Der Roland von Berlin. (520 S.)
" 3. Die Hosen des Herrn v. Bredow. (299 S.)
" 4. Der Wärwolf. (399 S.)
" 5. Dorothe. (480 S.)
" 6. Cabanis. (712 S.)
" 7. Ruhe ist die erste Bürgerpflicht. (782 S.)
" 8. Ihn gewinnen. (609 S.)

— vaterländische Romane. Neue wohlf. Ausg. in 48 Lfgn. 8. (à 6 B.) Ebend. 883. à n. — 50

— — Bd 1-8. Berlin: Janke [1879-84].
1. Der falsche Woldemar. 4. Aufl. [1880.]
2. Der Roland von Berlin. 4. Aufl. [1881.]
3. Die Hosen des Herrn von Bredow. 9. Aufl. [1881.]
4. Der Wärwolf. 5. Aufl. [1884.]
5. Dorothe. 3. Aufl. [1879.]
6. Cabanis. 6. Aufl. [1880.]
7. Ruhe ist die erste Bürgerpflicht. 4. Aufl. [1881.]
8. Isegrimm. 4. Aufl. [1881.]
Im Exemplar von 10 fehlt der Titel der Sammlung in den Bänden 1.2.5.7.
1-8 . . . . 1:Yx 9084. 11.
1.2.5.7 . . . . 10.
3.2474

— — Bd 3. Ebd. [1887].
3. Die Hosen des Herrn von Bredow. 11. Aufl. 2.
3.2475

— — Bd 1-8. Ebd. [1895-]1911.
1. Der falsche Woldemar. 6. Aufl. [1904.]
2. Der Roland von Berlin. 7. Aufl. [1895.]
3. Die Hosen des Herrn von Bredow. 17. Aufl. [Nach 1900.]
4. Der Werwolf. 7. Aufl. T. 1.2. [1899.]
5. Dorothe. 4. Aufl. [1896.]
6. Cabanis. 8. Aufl. [1910.]
7. Ruhe ist die erste Bürgerpflicht. 6. Aufl. 1911.
8. Isegrimm. 5. Aufl. [1899.]
Im Exemplar von 9 fehlt der Titel der Sammlung in Band 8.
1-8 . . . . 6. 10.
4.5.8 . . . . 9.
3.2476

— — Bd 1.2. Ebd. [1903].
1. Der falsche Woldemar. 6. Aufl.
2. Der Roland von Berlin. 6. Aufl.
(Kollektion Otto Janke.)
Im Exemplar von 4 fehlt die Angabe 'Kollektion Otto Janke'.
1.2 . . . . 1:Yx 9084ᵃ.
2 . . . . 4.
3.2477

— Ruhe ist die erste Bürgerpflicht, s.a. Bibliothek der Gesamtlitteratur.

— Ruhe ist die erste Bürgerpflicht. Vaterländischer Roman. Bd 1-5. — Berlin: Barthol 1852.
1:Yx 7611. 12:P. o. germ. 19ul. 2. 7. 11.
3.2479

—— Ruhe ist die erste Bürgerpflicht. Vaterländ. Roman. 3. Aufl. 5 Thle. in 2 Bdn. 8. (203; 197; 183; 206; 226 S.) Berlin 872, Janke.

— — 4. Aufl. Berlin: Janke [1881]. 782 S. (Alexis: Vaterländische Romane. 7.)
Im Exemplar von 10 fehlt der Titel der Sammlung.
1:Yx 9084-7. 10. 11.
3.2480

— — 5. Aufl. Ebd. [1898]. 782 S. 4. 9.
3.2481

— — Mit e. Vorbemerkung von H[ans] Marshall u. d. Bilde d. Verf. — Halle a. d. S.: Hendel [1903]. 827 S. (Bibliothek d. Gesamtlitteratur d. In- u. Auslandes. 1739/1747.)
1:X 8366-1739/1747. 3.
3.2482

— Ruhe ist die erste Bürgerpflicht. Historischer Roman. Bd 1-4. — Berlin: Weichert [1904]. (Alexis: Historische Romane. 17/20.) 1:Yx 9085-17/20. 4. 11.
3.2483

— Herr v. Sacken. Hans Preller v. Lauffen, s.: Hausbücherei, rhein.

— Schattenrisse aus Süddeutschland. — Berlin: Schlesinger 1834. VI,207 S.
1:S 16391. 300:18.619-A. 2. 5. 7. 10. 11.
3.2488

— Die Schlacht bei Torgau, s.a. Von Buch zu Buch. 27. Bdchn.

— die Schlacht bei Torgau u. d. Schatz d. Tempelherren; zwei Novellen. 8. Berl. 822. Herbig. 1 ₰ 8 gr

— Die Schlacht bei Torgau und der Schatz der Tempelherren. 2 Novellen. — Berlin: Herbig 1823. XII,271 S.
300:5.569-A. 11.
3.2490

Alexis, Wilib.: Der Schleichhändler, s.a. Schatzgräber, d.

Der Schleichhändler von Wilibald Alexis [d. i. Wilhelm Häring]. Hrsg. v. Dürer-Bunde. Berlin: Koenig [1907]. 47 S. 8°
(Der Schatzgräber. N. F. 1907/08. H. 3.) 10. 3397 11

— s. Scott, W., Schloß Avalon.

Alexis, Willibald [Hrsg.]
s. Scott, Walter: Walladmor. 1825.

— s. Shakespeare und seine Freunde.

— Die Treibjagd. Ein scherzhaft idyllisches Epos in 4 Gesängen. — Berlin: Dümmler 1820. IV,191 S.
1:Yn 2941. 11.
3.2493

— Oberpräsident Vincke. — Berlin 1855. 47 S.
1:Sw 4654. 12:Biogr. 1283/38. 11.
3.2494

—— Oberpräsident Vincke. 8. (47 S. mit 1 Holzschnt.) Berlin 856, Barthol. *

— Der Zauberer Virgilius. Ein Märchen aus d. Gegenwart. Berlin: Adolf 1851. 162 S.
1:Yx 7301. 12:P. o. germ. 19uk. 2. 7. 11.
3.2495

Alexis, W., d. Zauberer Virgilius. 16°(162).– Berl. 1851, Cohn.

Alexis, Willibald: Der falsche Waldemar.
s. Alexis, Willibald: Der falsche Woldemar.

[—] Walladmor. Frei nach d. Engl. des Walter Scott. Von .W...s [d. i. Wilhelm Häring]. Bd 1-3. — Berlin: Herbig 1824.
1-3 . . . . . . 1:Yw 9647. 300:18.661-A. 9. 11.
1.2 . . . . 7.
3.2496

— — 2., verb. Aufl. Hrsg. u. mit e. Vorw. von Willibald Alexis. Bd 1-3. — Ebd. 1825. 1:Yw 9647². 4. 5. 11.
3.2497

— Wanderungen im Süden. — Berlin: Schlesinger 1828. XVI,256 S. 1:Pv 5910. 7. 10. 11.
3.2498

Alexis, Wilib. (W. Häring), gesammelte Werke. Volks-Ausgabe. 1—8. Bd. à Bd. 3 Lfgn.: Der Roland von Berlin. 3 Bde. gr. 16. (734 S.) Berlin 861, Janke. à Lfg. * 5 Ngr.

—— dass. — 4—8. Bd.: Ruhe ist die erste Bürgerpflicht. 5 Bde. gr. 16. (VIII und 1211 S.) Ebendas. à Bd. * 15 Ngr. *

Alexis, Wilib., [W. Häring], gesammelte Werke. Volks-Ausg. 9.—18. Bd. gr. 16. Berlin 862—66, Janke. à Bd. 15 Ngr.

Inhalt:

Bd. 9. 10. Die Hosen des Herrn v. Bredow. 2 Bde. (375 S.)
" 11. 12. Der Wärwolf. 2 Bde. 2. (Volks-)Ausg. (500 S.)
" 13—15. Der falsche Woldemar. 3 Bde. 2. (Volks-)Ausg. (766 S.)
" 16—18. Dorothe. Ein Roman aus der brandenburg. Geschichte. 3 Bde. (627 S.)

1.—8. Bd. Ebendas. 1861. 4 Thlr.

Alexis, Willibald, (W. Häring), gesammelte Werke. 20 Bde. 8. Berlin 874. Janke. n. 20. —; einzelne Bde. 1. 50.

1. u. 2. Cabanis. Roman. 4 Aufl. 2 Thle. (XII, 376 u. 254 S.)
3—5. Der falsche Waldemar. Roman. 3. Aufl. 3 Thle. (172, 250 u. 189 S.)
6. u. 7. Die Hosen d. Herrn v. Bredow. Roman. 6. Aufl. 2 Thle. (140 u. 160 S.)
8. u. 9. Der Wärwolf. Roman. 3. Aufl. 2 Thle. (240 u. 147 S.)
10—12. Der Roland v. Berlin. Roman. 3. Aufl. 3 Thle. (210, 191 u. 226 S.)
13—17. Ruhe ist die erste Bürgerpflicht. Roman. 3. Aufl. 5 Thle. (202, 196, 182, 205 u. 225 S.)
18—20. Isegrimm. Roman. 2. Aufl. 3 Thle. (200, 214 u. 228 S.)

– Der Werwolf, s.a. Bibliothek der Gesamtlitteratur.

— Der Werwolf. s.a. Hausbibliothek, hamburgische.

— dasselbe, s.a. Universal-Bibliothek.

— Der Wärwolf [Werwolf]. Vaterländischer Roman. Buch 1-3. — Berlin: Adolf 1848. (Alexis: Die Hosen des Herrn von Bredow. 2.)
1:Yx 5751-2. 12:P. o. germ. 19ui-2. 300:5.571-A. Abth. 2 [u.] • 5844. Abth. 2. 11.
3.2499

— — 3. Aufl. Bd 1.2.* Berlin: Janke 1871. 10.
3.2500

— — 3. Aufl. Bd 1.2. Ebd. [1871]. 1:Yx 5758. 4.
3.2501

—— der Wärwolf. Vaterländ. Roman. 2 Thle. in 1 Bde. 4. Aufl. 8. (246, 153 S.) Berlin 879, Janke. *

—— 5. Aufl. Ebd. [1884]. 246,153 S. (Alexis: Vaterländische Romane. 4.) 1:Yx 9084-4. 11.
3.2502

—— Für die reifere Jugend bearb. von Hermann Trescher. 1890 in: *Alexis:* Die Hosen des Herrn von Bredow.
3.2503

— d. Werwolf. Vaterländischer Roman. 2 Tle. in 1 Bde. 6. Aufl. 8. (246 u. 152 S.) Ebd. 894. n. 3.—; geb. n. 4.—

—— Der Werwolf. Vaterländischer Roman. 7. Aufl. T.1.2. Ebd. [1899]. (Alexis: Vaterländische Romane. 4.) 6. 9. 10.
3.2504

—— Mit e. Vorbemerkung von H[ans] Marshall u. d. Bilde d. Verf. — Halle a. d. S.: Hendel (1902). 384 S. (Bibliothek d. Gesamtlitteratur d. In- u. Auslandes. 1566/1570.) 1:X 8366-1566/1570. 3. 11.
3.2505

—— Leipzig: Reclam [1902]. 479 S. (Reclams Universal-Bibliothek. 4301/4304a.) 1:Ag 7201-4301/4304a. 300:410.411-A. Per. 4301/4304a. 2.
3.2506

—— Der Werwolf. Historischer Roman. Bd 1.2. Berlin: Weichert [1904]. (Alexis: Historische Romane. 9.10.) 1:Yx 9085-9.10. 4. 11.
3.2507

— Der falsche Woldemar, s.a. Bibliothek der Gesamtlitteratur.

— der falsche Woldemar, s.a. Universal-Bibliothek.

—— der falsche Woldemar. Roman. 3 Bde. 8. (82 B.) Berlin 842, [Adolf u. Comp.].

— Der falsche Woldemar, Roman. Bd 1-3. — Berlin: Buchh. d. Berliner Lesecabinets 1842. 12:P.o.germ. 19ug. 300:5.570-A. 2. 11.
3.2514

—— Der falsche Woldemar. 2. ⟨Volks⟩-Ausg. Bd 1-3. Berlin: Janke 1863. 4 [°Titelbl. zu Bd 2.3].
3.2515

—— der falsche Waldemar. Roman. 3. Aufl. 8. (611 S.) Berlin 872, Janke.

— Der falsche Woldemar. Vaterländischer Roman. 4. Aufl. Berlin: Janke [1880]. 635 S. (Alexis: Vaterländische Romane. 1.)
Im Exemplar von 10 fehlt der Titel der Sammlung. 1:Yx 9084-1. 10. 11.
3.2516

—— 5. Aufl. Ebd. [1893]. 635 S. 1:Yx 4742⁵. 4. 9.
3.2517

—— Mit e. Vorbemerkung von H[ans] Marshall u. d. Bilde d. Verf. — Halle a. d. S.: Hendel (1902). 579 S. (Bibliothek d. Gesamtlitteratur d. In- u. Auslandes. 1583/1589.) 1:X 8366-1583/1589. 3.
3.2518

—— 6. Aufl. Berlin: Janke [1903]. 619 S. (Alexis: Vaterländische Romane. 1.) (Kollektion Otto Janke.) 1:Yx 9084⁴-1.
3.2519

—— 6. Aufl. Ebd. [1904]. 619 S. (Alexis: Vaterländische Romane. 1.) 6. 10.
3.2520

—— Der falsche Woldemar. Historischer Roman. Mit e. biographischen Einl. von A[nnemarie] v. Auerswald. Bd 1-3. — Berlin: Weichert [1904]. (Alexis: Historische Romane. 1/3.) 1:Yx 9085-1/3. 4. 11.
3.2521

— Der falsche Woldemar. Eine histor. Erzählg., f. die Jugend bearb. v. H. Brandstädter. Mit 8 Vollbildern v. F. Bergen. (VIII, 324 S.) 8. Stuttgart (909.) Levy & Müller. Geb. in Leinw. 4.50

Alexisbad [Schlagwort]

Alexisbad, s.: Harz.

Alexis-Hafen [Schlagwort]

Alexis-Hafen, s.: Seekarten.

Alexius. Drama. Erfurti 1753.
V: *Wirsing, Gregor.* (Jes)

Alexius moriens. Monachii 1707.
V: *Hueber, Ferdinand.* (Jes)

Alexius

— La cançun de Saint Alexis und einige kleinere altfranzösische Gedichte des 11. und 12. Jahrhunderts. Nebst vollständigem Wortverzeichniss zu E[duard] Koschwitz's: Les plus anciens monuments de la langue française und zu beifolgenden Texten. Hrsg. von E[dmund] Stengel. Beigefügt sind Übersichten der Assonanz- und Reim-Wörter wie der Wort-Klassen und Formen. — Marburg: Elwert 1882. XIV,259 S. (Ausgaben und Abhandlungen aus d. Gebiete d. romanischen Philologie. 1.) 1:Xi 216-1. 12:L. eleg. g. 16s-1. 300:390.815-B. Per. 1. 65 2. 3. 4. 5. 6. 7. 8. 9. 10. 11.
3.2530

— Alexis. Pariser Glossar 3692. Von Conrad Hofmann. München: Kgl. Akad. 1868. 54 S.
Aus: Sitzungsberichte d. K. Akademie der Wissenschaften. 1868. 2.
3.2527

Alexius I. Comnenus Kaiser v. Byzanz: Alexii I. Comneni Ad Robertum Flandrensem Epistola spuria ⟨1092⟩. — Genevae 1877. 10 S. 4° 300:111.276-C. 2.
3.2551

— Alexii I. Comneni Romanorum Imperatoris Ad Robertum I., Flandriae Comitem, Epistola spuria. (Hrsg.: Comte [Paul] Riant.) — Genevae; Leipzig: Harrassowitz 1879. LXXIX,66 S. 1:Ug 3998. 12:4° H. Un. 31. 300:181.075-B. 2. 3. 7. 8. 10.
3.2552

Alexius Michalowicz s. *Aleksěj* Michajlovič Kaiser v. Russland.

Alexius Petrowitz s. *Aleksěj* Petrovič Großfürst v. Russland.

Alexii **a S. Andr., theolog. mor. 5 tract. 4. Augsb. 756. Doll. 1 ﬂ**

Alexius a S. Aquilino

Alexii, a. St. Aquino, Grammatica hebr. et chaldaica. 8. Heidelb. Pfaehler. 778.

Alexius **a St. Aquilino, (Jh. Andr. Eisentraut,) († d. 4. Mai 1785.) Opusculum Grammaticae hebr. et chaldeae in quo utriusque linguae regulae, phrases hebraicae, notae masoreticae, in fonte hebraeo occurrentes etc. 4. Heidelb. 776. Pfähler. 12 gr.**

— Opusculum grammaticae Hebraeae et Chaldaeae, in quo utriusque linguae regulae, phrases Hebraicae, notae Masorethicae in fonte Hebraeo occurrentes, explicatae, una cum exercitio sive applicatione regularum continentur. Authore Alexio à S. Aquilino. — Heidelbergae 1776: Wiesen. 223 S. 1:Bk 2930. 6.
3.2556

— Positiones ex IV Evangel. et Act. Apostolorum. 4. Heidelb. 775.

— Pentateuchi Hebraeo, Samaritani praestantia in illustr. et emend. textu masoretico offensa etc. 8. Coburg 783. (Frkf., Wesché. Augsb., Wolf). 1 ﬂ

— Pentateuchi Hebraeo-Samaritani Praestantia in illustrando et emendando textu Masorethico ostensa, una cum aliis subsidiis hermeneutico-criticis. Authore Alexio à S. Aquilino. — Heidelbergae 1783: Wiesen. 495 S. 1:Bl 5620. 12:Exeg. 23 [u.ö.] 3. 5. 6. 7. 8. 10.
3.2557

— Pentateuchi hebr.-samaritani praestantia etc. 8. Heidelb. (Augsb. Wolf). 783.

Alexius a S. Aquino, s. Alexius a S. Aquilino

Alexius a. S. Josepho

— Compendium historiae tam sacrae quam profanae, geographicae et heraldicae. 8. 767.

Alexius **a S. Josepho, Meditationes de praecipuis Dei O. M. beneficiis. 3 Pts. 8. Prag 766.**

Alexius, H. J., s.a. Gesänge, auserles. religiöse.

Alexius, H. J.: Auserlesene religiöse Gesänge, Parabeln. Legenden &c. von verschiedenen Verfassern der ältern und neueren Zeit. — Köln a. Rh.: J. G. Schmitz 1828. 142 S. 1:Yf 2873.
3.2558

Alexius, H. J., Tod u. Grab, Unsterblichkeit u. Wiedersehen. Eine Gedankenfolge d. besten Schriftsteller aller Zeiten u. Völker. Ein Lese- u. Erbauungsbuch f. Gebildete aus allen Ständen. gr. 12. (17 1/12 B.) Köln 843, [Greven].

— Tod und Grab, Unsterblichkeit und Wiedersehen. Eine Gedankenfolge der besten Schriftsteller aller Zeiten und Völker. Ein Lese- und Erbauungsbuch für Gebildete aus allen Ständen. — Köln: Heinrigs & Gatti 1843. 406 S.
5.
3.2559

Alexiuslegende, s. Müller, Paul.

Englische Alexiuslegenden aus dem XIV. und XV. Jahrhundert. Hrsg. von J[akob] Schipper. H. 1. — Strassburg [usw.]: Trübner 1877. 107 S.
1. Version 1.
(Quellen u. Forschungen zur Sprach- und Culturgeschichte der germanischen Völker. 20.)
1:Yc 7586-20. **12**: L. germ. 208u-20. **300**: 153.196-B.
65 Bd 20. **2. 3. 4. 5. 6. 7. 8. 9. 10. 11.**
3.2544

Alexo, Santo s. *Alexius* Sanctus.

Alexovits, Vinc., üb. d. Lebensglück. 8. Wien 840. (Gerold.) 2/3 ß

Alexy, E. K., Abels Tod. Schauspiel in 4 Akten. (19 S.) gr. 8. Lorch 908. K. Rohm. —20.

Alexy, Jul., die Geschichte des Dorfes Adl. Rauden, Kr. Marienwerder, u. die Geschichte der Kirchengemeinde Rauden, s. a. Zeitschrift des histor. Vereins f. den Reg.-Bez. Marienwerder 47. Hft.

Alexy, Julius: Die Geschichte des Dorfes Adl. Rauden Kreis Marienwerder, geschrieben zum 550jähr. Jubiläum d. Ortes, u. die Geschichte d. Kirchengemeinde Rauden, verf. zum 150jähr. Jubiläum d. Kirche. — Schwetz a. W. 1909: Büchner. 53 S. (Zeitschrift d. Historischen Vereins für d. Reg.Bez. Marienwerder. 47, Beil.)
1: Sz 9324-47, Beil. **2. 3. 4. 5. 6. 7. 8. 9. 10. 11. 102.**
3.2563

Alf v. Dülmen, od. Gesch. Kaiser Philipps u. seine Tochter (v. B. Naubert). 8. Leipz. 790. Weygand. 1 ß 14 ℛ

Alf v. Dülmen. Trsp. v. Herr de la Motte. 8. 793.

Alf laila wa-laila s. a. N a c h t, Tausend und eine.

Alf, s.: Preussen. Messtischblätter.

Alf, s. Sue, E., Martin der Findling.

Alf, Samuel (Ostro-Gothus), Diss. de usu eloquentiae in philosophia morali. Part. posterior. Präs. Pet. Ekerman. Upsala (L. M. Hojer) 4. VI. 1752. (S. 47—54.) (2.—) 284
Gew.: Heinr. Andr. Löfvenskiöld.

Alfa, Johann, aus Neustrelitz: Über fluorierte Phosphate, Sulfate, Selenate, Tellurate und Dithionate. *Leipzig 1899: Metzger & Wittig.* (33 S.) 8°
München, Phil. Diss. v. 1899

Alfabéete, die unsichtbaren, der sprechenden Menschheit. Verf. Anonymus. 1. Thl. 1. und 2 Heft. gr. 8. (à 96 S.) Zürich 868,69, Verlags-Magazin. à Heft *

Alfabet unt **Regeln** einer einfahhen deutsen Sreibung. 1 Blatt. Fol. Ludwigshafen 877. Lauterborn. n. — 10

Alfabete des gesammten Erdkreises. 1855 u. 5
s. *Auer* v. Welsbach, Aloys.

Alfabete d. gesammten Erdkreises aus der k. k. Hof- u. Staatsdruckerei in Wien. 2. Aufl. Fol. (56 S.) Wien 876. k. k. Hof- u. Staatsdr. n. 4. —

Alfabeto enciclopedico adorno di oltre 160 viguette miniate. qu. 4. (24 S. mit 16 ill. Holzschntaf.) Triest 863, Coen. cart. *

—— geografico e pittoresco ossia primo libro di lettura pei fanciulli. Illustrato da circa 80 vignette. gr. 4. (44 S.) Triest 863, Coen. cart. *

—— istruttivo e pittoresco ossia primo libro pei fanciulli contenente un copioso numero di esercizi di lettura, massime di buona educazione, proverbi morali, dialoghi, novelle, favole, ecc. Illustrato da circa 100 vignette. gr. 4. (40 S.) Triest 862, Coen. cart. *

Alfabeto dei volatili. 16. (22 ill. Holzschnt. mit Text.) Triest 861, Coen. *

Alfakalender. Jg. 1 u. 3. 4. Berlin 1908 u. 1910—1911

al-Fākihī Abū 'Abd Allāh Muḥammad b. Isḥāq. Auszüge aus den Geschichtsbüchern der Stadt Mekka von Muhammed el-Fākihī, Muhammed el-Fāsī und Muhammed Ibn Dhuheira ... herausgegeben von Ferdinand Wüstenfeld. Leipzig 1859.

Alfa **Laval Separator** G. m. b. H: Handseparator Alfa-Colibri. Borlin (1903?)

Alfa-**Laval-Separator** G. m. b. H.: Alfa-Melkmaschine Bauart Dalén. Berlin [1910]

Alfanus s. *Alphanus*.

Alfar, Sigurd, zwei Königskinder. (Idyll-Impromptu). Rhapsodie. 8. (39 S.) Höchst (899). Frankfurt a/M. Apollo-Verlag. 2. 30; geb. in Leinw. m. Goldschn. 3. 50

Alfārābī's Abhandlung der Musterstaat, a. Londoner u. Oxforder Handschriften hrsg. v. Frdr. Dieterici. gr. 8. (XVI, IV, 84 S.) Leiden 895. E. J. Brill. n.n. 4. —

Alfārābī's philosophische Abhandlungen, aus Londoner, Leidener u. Berliner Handschriften. Hrsg. v. F. Dieterici. gr. 8. (XXXIX, III, 118 S.) Leiden 890. Brill. n.n. 5. —

Alfārābī's philosophische Abhandlungen. Aus d. Arab. übers. von Fr. Dieterici. gr. 8. (XLVII, 223 S.) Leiden 892. E. J. Brill. n.n. 5. —

Alfārābī, der Musterstaat. Aus dem Arab. übertr. v. Frdr. Dieterici. Voran geht die Abhandlg.: Über den Zusammenhang der arab. u. griech. Philosophie". gr. 8. (VIII, LXXIX, 136 S.) Leiden 900. Buchh. u. Druckerei vorm. E. J. Brill. n.n. 5. —

Alfārābī, die Staatsleitung. Deutsche Bearbeitg. Mit e. Einleitg. „Ueber das Wesen der arab. Philosophie". Aus dem Nachlasse des Geh. Reg.-R. Dr. F. Dieterici hrsg. m. e. Gedenkblatt v. Paul Brönnle. (LVI, 91 S.) gr. 8. Leiden 904. Buchh. u. Druckerei vorm. E. J. Brill. n.n. 3. —

Alfarache, Guzmán de: Guzmán d' Alfarache. 1821 u.ö., s. A l e m á n , Mateo: Geschichte des Guzmán d'Alfarache.

— Lustige Lebensgeschichte Gußmanns von Alfarache. 1751–52 s. *Alemán*, Mateo.

Alfaracius, Gusmanus s. *Alfarache*, Guzmán de.

Alfarazambul oder die Marionetten; ein Lustspiel in einem Aufzuge. [1790]. V: *Jacobi, Johann Georg.* (MGT)

Alfarche, Gusman v. s. *Alfarache*, Guzmán de.

Alfasi, J., compendium talmudis babylonici, s. Raw Alfas.

Alfeld [Schlagwort]

Alfeld, s.: Geologische Karten. Karte (Preussen).

Alfeld: Kaiser Wilhelm in Elsass-Lothringen. 1.–9. Mai 1877. [Verf.: Alfeld.] — Strassburg: Schneider 1877. XV,100 S. 1: Rh 5393. **7.**
3.2626

[—] Kaiser Wilhelm I. im Elsass. — Straßburg: Schneider 1876. VIII,45 S. 1: Rh 5387. **12**: Als. 168y.
3.2627

Alfeld, Paul: Die wilde Alice. Novelle. — Stendal: Franz & Grosse 1883. 128 S. 1: Yx 20901. **8.**
3.2628

Alfer, Carl Leopold (aus Gogarten): Aus d. chirurg. Klinik zu Bonn. Die Häufigkeit der Knochen- und Gelenktuberkulose in Beziehung auf Alter, Geschlecht, Stand und Erblichkeit . . . (Aus: Beitr. z. klin. Chir. VIII. Bd. II. H.) Tübingen, Verl. d. H. Laupp'schen Buchh., 1891; 1 Bl., 15 S., 1 Bl. 8°
Bonn, Med. Fak., Inaug.-Diss. v. (8.) Aug. 1891.

Alfermann, Frz. Sph., s. Anleit. zum Felddienst.

Alfers, Anton, approb. Arzt aus Velen: Aus d. Kgl. Psychiatr. u. Nervenklinik zu Kiel. Über Zwangsvorstellungen. *Kiel 1902: H. Fiencke.* (24 S.) 8°
Kiel, Med. Diss. v. [6. Mai] 1902

Alff, Balthasar [Hrsg.] s. *Álvarez*, Manuel: Grammatica

— [Hrsg.] s. *Álvarez*, Manuel: Syntaxis

— Compendium de gradibus comparationis. In bessere Ordnung gebracht. — Coloniae Agr.: Metternich 1731. 71 S. **6** [defekt].
3.2645

— [Handbüchlein oder enchiridion grammaticorum de partibus orationis in supplementum Rudimentorum posteriorum Emmanuelis Alvari.] — Coloniae Agr.: Metternich 1731. 127 S. **6** [∞Titelbl. u. S. 1.2].
3.2646

— Rudimenta declinationum et coniugationum. Ex variis tam veterum, quam recentium grammaticorum, ac praesertim Emmanuelis Alvari . . . institutionibus excerpta. — Coloniae Agr.: Metternich 1731. 125 S. **6.**
3.2647

Alff, Christoph (Prüm), De febrium causa proxima. Diss. med. Bln. (Nietack) 10. IX. 1835. 32 S. mit Biogr. (M.: Anna Margaretha Berg.) (3.80) 285
Opponenten: J. Krafft, J. M. Foehr, J. Staub. — Gew.: J. J. Alff (Bruder).

ALFF, F.: Beitrag zur Schälwaldfrage. - Breslau 1898. 16 S.

Alff F, Beitrag zur Schälwaldfrage. (16 S) 4° Trier 1898

Alff, Joh(annes), Gerichtsass.: Zur Lehre vom heutigen, im landrechtlichen Gebiete Preussens geltenden Privatrechte der res sacrae unter besonderer Berücksichtigung der Grabstätten und Kirchenstühle. Münster i.W. 1909: Aschendorff. VII, 52 S. 8°
Münster, Rechts- u. staatsw. Diss. v. 27. Sept. 1909, Ref. Krückmann, v. Savigny
[Geb. 15. Nov. 81 Straßburg i. E.; Wohnort: Münster i. W.; Staatsangeh.: Preußen; Vorbildung: Paulin. Gymn. Münster Reife O. 00; Studium: Freiburg i. B. 2, München 2, Marburg 1, Münster 1 S; Rig. 27. Juli 09.] [U 10. 3734

Alff, (Peter) Ludw. (geb. Trier 2. 12. 1851): Ein Fall von Leukaemie bei gleichzeitiger Lebercirrhose. Berlin (1876). (30 S.) 8°
Berlin, Med. Diss. v. 20. Mai 1876

Alffers, Albert, Referendar: Das gemeinschaftliche Testament nach Gemeinem Rechte und dem Rechte des B.G.-B. *Münster 1899: Akt.-Ges. f. Verl. u. Dr. 'Der Westfale'.* (46 S.) 8°
Greifswald, Jur. Diss. v. 1899

Alffers, Franz, aus Ibbenbüren i. W.: Quantitative Trennungen im Bromstrome, mit Hydroxylamin und Wasserstoffsuperoxyd. *Heidelberg 1898: J. Hörning.* (46 S.) 8°
Heidelberg, Naturw.-math. Diss. v. [31. Okt.] 1898

Alfhild. Heureka. Gedichte. In-8°, 64 S. Zürich, Verlags-Magazin, 1888. 1 25

Alfieri. 1877: 24. Provinzial-Landtag der Provinz Preussen Juni 1877. Bericht über die Verhandlungen, erstattet von d. Ausschuss für Erheiterung. Referent Alfieri. — Wehlau 1877: Peschke. 16 S. **10.**
3.2649

Alfieri, C.: Neues ausführliches Taschenwörterbuch der italienischen und deutschen Sprache. Mit bes. Berücks. aller modernen u. technischen Ausdrücke u. durchgehender Betonung der Aussprache. T. 1.2. — Berlin: Friedberg & Mode 1888.
1. Italienisch-deutsch. 2. Deutsch-italienisch.
1: Xn 1362. **11.**
3.2652

— — 2. Aufl. T. 1.2. Ebd. 1895.
1. Italienisch-deutsch. 2. Deutsch-italienisch. **11.**
3.2653

Alfieri, C., neues ausführliches Taschenwörterbuch der italienischen u. deutschen Sprache. Mit besond. Berücksicht. aller modernen u. techn. Ausdrücke u. durchgeh. Betong. der Aussprache. 2 Tle. Italienisch-Deutsch u. Deutsch-Italienisch. 3. Aufl. gr. 16. (IV, 671 u. 604 S.) Berlin 900. Friedberg & Mode.
à n. 1. 80; in 1 Halbfrz.-Bd. n.n. 4. 50

— — 5. Aufl. T. 1.2. Ebd. [1906].
1. Italienisch-deutsch. 2. Deutsch-italienisch. **11.**
3.2654

Alfieri, Giovanni Maria:
— [Vita del beato Giovanni Grande, deutsch] Das große Leben des seligen Johannes Grande, genannt: der Sünder, Ordensprofeß von der Regel der barmherzigen Brüder des heiligen Johannes von Gott, verf. von Johann Maria Alfieri, deutsch bearb. von Mortimer Joh[ann] v. Montbach. Wien: L. Mayer 1864. XIV,317 S.
1: Dw 11189/4. **12:** V.S.S. 447n. **300:** 75.773–C.
3.2658

— — 2. Aufl., mit einigen Korrekturen u. Zusätzen von Gregor Schwab. — Neuburg a. D.: Selbstverl. d. Barmherzigen Brüder 1908. XVI,332 S. **12:** V.S.S. 447nb.
3.2659

Alfieri, L. (Bearb.) s.a. Verzeichnis der Büchersammlung etc. d. Vereins f. d. Geschichte...

Alfieri, L., u. H. Guiard, Verzeichniß der Bücher-, Karten- u. Bildersammlung d. Vereins f. die Geschichte Berlins, s.a. Schriften d. Vereins f. die Gesch. d. Stadt Berlin.

Alfieri, Leo: Verzeichniss der Bücher-, Karten- und Bilder-Sammlung des Vereins für die Geschichte Berlins. Bearb. von L. Alfieri u. H. Guiard. — Berlin: Verein für d. Geschichte Berlins; Mittler in Komm. 1881. XIV,279 S. (Schriften des Vereins für die Geschichte der Stadt Berlin. 18.)
1: Tc 6578–18. **12:** Bor. 182n–IV,18. **300:** 181.013–B. Per. 18. **2. 4. 5. 7. 8. 9. 10. 11.**
3.2661

Alfieri, V., s. Alfieri, Vittorio

Alfieri, V.: Filippo, s. Biblioteca italiana.

Alfieri, Vittore: Merope, s. Alfieri, Vittorio

Alfieri, Vittoria, s. Alfieri, Vittorio

ALFIERI, Vittorio
L'America Libera odi di Vittorio Alfieri da Asti.
Kehl: Typographische Gesellschaft. 1784. 44 S. 8°.
New York Public Library
Sabin 751.

— Ausgewähltes aus dessen dramat. Werken u. Etwas über dessen Leben, Charakter u. Schriften. Mit Portr. (Inh.: Philipp II. — Die Verschwörung d. Pazzi. — Agamemnon. — Orestes. — Don Garcias.) 12. Gotha 802. (Reichenbach in Leipz.) 20 ℛ

— Denkwürdigkeiten aus dem Leben Vittorio Alfieri's, von ihm selbst geschrieben. Nach d. ersten ital. Orig.-Ausg. von Ludwig Hain. Th. 1.2. — Cölln: Hammer [vielm. Amsterdam: Brockhaus] 1812.
1: Ar 3724. **12:** Biogr. 21. **300:** 622.120–A. Th. S. **2. 3. 5. 7. 8. 10. 11.**
3.2794

Alfieri, Vittoria, Denkwürdigkeiten seines Lebens; v. ihm selbst geschr. Nach d. Italien. Originale deutsch herausg. von Ludw. Hain. 2 Bde. 8. Amsterdam, Kunst u. Ind. Comt. 812.

— Filippo. Tragedia in 5 atti. Berlin: Simion 1883. 66 S. (Biblioteca italiana. 3.) **1:** Xn 9058–3.
3.2737

—— s. Heyse, Paul, italien. Dichter.

— Merope. Trauerspiel in 5 Akten von Victor Alfieri. Metrisch übers. von F[riedrich] L[evin] Graf W[intzingerode]. — Göttingen: Vandenhoeck & Ruprecht 1823. IV, 87 S. **12:** P. o. it. 1113–20. **300:** 29.261–A. **5. 7.**
3.2750

Alfieri, V., Merope. Tragödie in 5 Akten. Uebertr. v. H. Raehse. gr. 8. (56 S.) Berlin 889. (Halle a/S., H. Schroedel.) n. — 80

— Merope. Tragödie in 5 Akten von Victor Alfieri. Uebertr. von Hugo Raehse. — Berlin: Selbstverl. 1889. 56 S. **3.**
3.2751

Alfieri, V., Mirra, s. Biblioteca italiana.

— [ital. u. deutsch] Myrrha. Trauerspiel in 5 Acten von Alfieri. — Wien 1856: Gerold. 32 S. **300:** 7152–B.
3.2755

Alfieri, V., Opere, contenenti la vita scritta da esso, tutte le tragedie colle lettere di Calsabigi e di Cesarotti e le risposte dell' autore, le satire, una commedia, sonetti vari, le odi sull' America libera, il principe e le lettere, ed il panegirico a Traiano. Pubblicate per cure di G. Zirardini. 8. Parigi 847. (Leipzig, Brockhaus.) n. $4^1/_2$ ℛ

Alfieri, Vittorio, Opere scelte. 4 Vol. gr. 8. Milano, 818 u. 819. (Viennae Volke)

— Oreste, s.a. Biblioteca italiana.

— Oreste. Tragedia in 5 atti. Berlin: Simion 1883. 75 S. (Biblioteca italiana. 4.) **1:** Xn 9058–4.
3.2762

Alfieri's, Vittorio, Oreste. Übers. v. Willi Splettstösser. Progr. (37 S.) Lex. 8. Berlin 907. Weidmann. 1. —

Alfieri, Vittorio: Ottavia

— [ital. u. deutsch] Octavia. Ein Trauerspiel in 5 Aufz. Wien 1856: Wallishausser. 41 S. **300**: 7153-B.
3.2764

Alfieri da Asti, Vittorio, Philipp II., s. a. Universal-Bibliothek.

— Philipp II. Tragödie in 5 Aufz. Deutsch von Adolf Seubert. — Leipzig: Reclam [1877]. 54 S. (Universal-Bibliothek. 874.) 1: Ag 7201-874. **10. 11.**
3.2738

— [ital. u. deutsch] Rosmunda. Trauerspiel in 5 Aufz. von Alfieri. — (Paris [um 1860]: Morris.) 34 S. 1: Xq 8771.
3.2766

Alfieri, V., Saul, s. a. Emporeo dramm.

— Saul. Trspl. in 5 Akten. Nach d. Italien. von C. L. v. Knebel. gr. 8. Ilmenau 829. Voigt. 12 Gr.

Alfieri, V., Saul, Tragedie. 2 Voll. 8°(1384).– Triest 1857, lit.art. Anst. Lex-8° (412).1857.

—— Saul. Tragödie in 5 Acten. Deutsch von Carl Schäfer. 8. (VII, 91 S.) M. Gladbach 878, (Schellmann's Verlag.) Bolze.

— Saul. Tragödie in 5 Acten. Deutsch von Carl Schäfer. M. Gladbach & Leipzig: Schellmann 1878. VII, 91 S. 1: Xq 8772. **12**: P. o. it. 24 ky.
3.2770

Alfieri, (V.,) sämmtl. Schauspiele frei übers., s. a. Theater des Auslandes.

— Alfieri's Sämmtliche Schauspiele; frei bearb. Wohlfeile Taschenausg. Bdch. 1-5. — Gotha: Hennings 1825-27.
1. Philipp der Zweite. 1825.
2. Die Verschwörung der Pazzi. 1825.
3. Agamemnon. 1825.
4. Orestes. 1825.
5. Don Garzias. Aus d. Ital. metr. übers. von L. G. Hennig. 1827.
1-5 . . . . . **300**: 3.826-A. Bd 1. 2. 11. 12. 19 [u.] 622.122-A. Th. S. **10.**
1-4 . . . . **12**: P. o. it. 24 ko.
1-3 . . . . **2.**
2-4 . . . . 1: an Zk 10760.
3.2725

— Tragedie. Vol. 1. 2. Berlino: Frölich (2: Duncker & Humblot) 1803-11.
1. 2 . . . . 1: Xq 8687.
1 . . . . **2.**
3.2686

— Tragedie. In 2 vol. Ed. completa, con le critiche dell'autore medesimo e d'altri illustri ingegni. Vol. 2. — Berlino: Duncker & Humblot 1811. 527 S. **5.**
3.2692

Alfieri, Vittorio, Tragedie. IV Vols. con IV Rami. 16. Zwickau 820. Schumann. 1 Thlr. 8 Gr.

— — Tragedie. 16. s. Biblioteca ital. Vol. V—VIII.

Alfieri, Vittorio, due tragedie. — Filippo. — La congiura de' Pazzi. 24. (104 S.) Monaco 840, Franz.

— tragedie scelto, s.: Biblioteca d'autori italiani.

Alfieri, Vittorio, Tragedie e vita. Volume unico preceduto da un ragionamento storico-critico del Prof. Silvestro Centofanti. Lex.-8. Firenze 842. (Münch., Franz.) n. 7 $^1/_3$ Thlr.

— Trauerspiele, übers. von v. Lüdemann u. A., s. a. Taschenbibliothek d. ausländ. Klass. in wissenschaftl. Werken.

— Trauerspiele; aus d. Italien. von P. J. Rehfues u. Jh. Fr. Tscharner. 1r Bd., (enthalt. Polynikos. — Vipinia. — Rosmunda. — Saul.) gr. 8. Berl. 804. (Reimer). 1 Thlr. 12 Gr. Velinp. 3 Thlr.

— Trauerspiele. Aus d. Ital. von Wilhelm v. Lüdemann u. a. Bdch. 1-8. — Zwickau: Schumann 1824-26.
1. Philipp II. Timoleon.
2. Verschwörung der Pazzi. Virginia.
3. Merope. Saul.
4. Don Garzia. Myrrha.
5. Rosmunda. Agamemnon.
6. Orest. Maria Stuart.
7. Polynices. Brutus, d. Ältere.
8. Brutus, d. Jüngere. Octavia.
(Taschenbibliothek der ausländischen Klassiker in neuen Verdeutschungen. 110. 111. 142/144. 147. 148. 155.)
Im Exemplar von **10** fehlt der Titel der Sammlung.
12: P. o. it. 24 kn. **2. 10** [$^{\infty}$8].
3.2724

— Sämmtliche Trauerspiele. Aus d. Ital. metrisch übers. von [Philipp] Joseph [v.] Rehfues u. Joh[ann] Friedr[ich] Tscharner. Bd 1. — Berlin: Unger 1804. 336 S. 1: Xq 8740. **12**: P. o. it. 24 k. **300**: 1.838-B. **7. 11.**
3.2723

— Von der Tyranney. Von Victor Alfieri. Übers. von Heinrich Schweizer. Bdch. 1. 2. — Zwickau: Schumann 1822. (Taschenbibliothek der ausländischen Klassiker in neuen Verdeutschungen. 18. 19.)
12: Pol. g. 9 cmb. **2. 6.**
3.2778

— Von der Tyrannei. Von dem Grafen Victor Alfieri. Neu übertr. u. mit e. Vorw. begleitet von F. Frhr v. Fennberg. Mannheim: Hoff 1845. XXXXVIII, 352 S.
1: Fa 6273. **12**: Pol. g. 9 cm. **10.**
3.2779

Alfieri da Asti, Vittorio, s. Alfieri, Vittorio.

Alfing, C., der Brunnenmeister rc., s. Schauplatz d. Künste, 45. Bd.

Alfing, C., die Schlangen-Feuerlösch-Spritzen, s. a. Schauplatz, neuer, der Künste u. Handwerke. 129. Bd.

Alfing, Karl: Die Schlangen-Feuerlösch-Spritzen für solche, welche ihrer bedürfen, oder die sie zu verfertigen haben. Mit 100 Fig. auf 12 Taf. — Weimar: Voigt 1843. XXX, 337 S. (Neuer Schauplatz der Künste u. Handwerke. 129.) **89.**
3.2800

— — 2., mit Erklärung d. Pariser Spritzen-Einrichtungen ... verm. Aufl. Mit 105 Fig. auf 13 Steindrucktaf. — Ebd. 1849. XVI, 367 S. (Neuer Schauplatz der Künste u. Handwerke. 129.) **82.**
3.2801

Alfken, D., Verzeichniss von Faltenwespen, s. Abhandlungen, hrsg. vom naturwissenschaftl. Verein zu Bremen.

Alfken, Emilie, das Pantoffel-Regiment, oder die Kunst, die Männer zu unterjochen und zu beherrschen. Ein humoristisch-satyrischer Frauen-Catechismus. 16. Wesel 841. (Prinz.) n. $^1/_4$ Thlr.

Alföldi, Andreas. Insignien und Tracht der römischen Kaiser.
171 S.; 12 Taf. 4°.
Aus: Mitteilungen des Deutschen Archäolog. Instituts, Römische Abteilung 50. 1935.

Alfoeldi, Béla: Illustrirter Führer durch Ungarn, Croatien und Slavonien. Von Béla Alföldi. Mit 50 Illustr. u. 4 Kt. (2. Aufl.) — Wien, Pest, Leipzig: Hartleben 1900. VII, 260 S. (A. Hartleben's illustrirter Führer. 54.)
1: Se 6510-54. **300**: 393.390-A. Kt. S. 54.
3.2804

Alfon, H.

— De hominis habitu naturali quam Aristoteles in Ethicis Nicomacheis proposuerit doctrinam. Pr. 1860. 27 S. 4°. 1.20

— Quae intercedat ratio inter Ethicorum Nicomacheorum librum VII, 12—15 et lib. X, 1—5. S.-A. 1858. 18 S. 4°. 1.—

Alfons von Bayern. Eine Fahrt im Tandem-Cart über die Hochalpen. ⟨[Von] Prinz Alfons von Bayern⟩. [Mit 12 Illustrationen.] 4.

In: Sankt Georg. Illustrirte Zeitschrift für Sport und Gesellschaft... Jahrg. 3, No. 14. 1902 Oktober 25. Berlin, Verlag Sankt Georg. (Einzelpreis M. —.50.) S. 317—320.

Alfons von Zussmerhausen: Tugend-Spiegel deß Lebens und Leydens Jesu Christi. Betrachtungs-weiß in 2 Theil vorgestellt durch Alphonsum von Zussmerhausen ... Deme ein kurtzer dritter Theil hinzugesetzt, von Vorbereitung, Sendung und Würckung des H. Geistes, durch Sebastianum von Aachen. Th. 1-3. — Cöllen: Schlebusch 1712. 4° **2. 6.**
3.2805

Alfons, Maria di Liguori, s. Alphons, Maria di Liguori.

Alfonse s. *Alphonse.*

Alfonsi, Pet., Disciplina clericalis. Zum ersten Male herausg., mit Einleit. u. Anmerkk. v. F. W. V. Schmidt. 4. Berl. 827. Th. Enslin. 1 Thlr. 16 Gr.

Alfonsi, Petrus s. *Alphonsus.*

Alfonso; ein Gedicht in 8 Gesängen (v. Fr. Aug. Müller). 8. Götting. 790. Dieterich. 12 Gr.

Alfonso de Borbón y de Austria-Este: [**Résumé de l'histoire, deutsch**] Kurzgefaßte Geschichte der Bildung und Entwicklung der Ligen wider den Zweikampf und zum Schutze der Ehre in den verschiedenen Ländern Europas von Ende Nov. 1900 bis 7. Febr. 1908 von Alfonso von Bourbon u. Österreich-Este. Autoris. Übers. aus d. Franz. durch Marie Freiin v. Vogelsang. — Wien: Roller 1909. 96 S.
1: Fm 13789/5. **12**: Herald. 202a [u.ö.] **300**: 466.256–C. **2. 3. 4. 5. 6. 7. 8. 9. 10. 11.**
3.2815

— Résumé de l'histoire de la création et du développement des ligues contre le duel et pour la protection de l'honneur dans les différents pays d'Europe de fin nov. 1900 à fin oct. 1908. Par Alfonso de Bourbon et d'Autriche-Este, Inf. d'Espagne. — Vienne: Jasper 1908. 91 S.
300: 462.967–C. **3.**
3.2814

Alfonso v. Bourbon u. Österreich-Este, K.H., kurzgefasste Geschichte der Bildung u. Entwicklung der Ligen..., s. Alfonso de Borbón y de Austria-Este.

Alfonso de Madrid:
Himmlische Gold-Grub, das ist gantz besondere, jedoch warhaffte Weiss, Gott recht zu dienen. Von Alphonso Madriliens. anfangs in span. Sprach verfasset. Sodan durch Hentenium in das Latein übers. Jovanii [!] 1560 sub titulo: Libellus aureus. Anjetzo ... auch in das Teutsche übers. durch Philippum Langpartner. — Augspurg: Eysenbarth 1729. 219 S. **2.**
3.2853

— Libellus aureus De vera Deo apte serviendi methodo, olim Hispanicè compositus a Alphonso Madriliensi. Dein ob magnam sui utilitatem in Lat. transl. per Joan[nem] Hentenium. Nunc nova impressio facta est. — Ingolstadii 1726: Grassianae. 248 S. **12**: Asc. 2977.
3.2861

Alfonso de Palencia: [Crónica ..., Fragm., span.] Zur Geschichte Castiliens. Bruchstücke aus der Chronik des Alonso de Palencia, hrsg. von Wilhelm Ludwig Holland. — Tübingen 1850: Fues. VI,16 S.
1: Qr 4980. **12**: Hisp. 162-4. **300**: 73.178–B. 7.
3.2872

Alfonso, Louis, zwei Briefe, s.: Bibliothek der fremden Zungen.

Alfonsus, A., s. Alfonsus, Alois

Alfonsus, Alois

Alfonsus, A: Die zweckmäßigste Ausführung der Melkarbeit mit besonderer Berücksichtigung der Hegelundschen Melkmethode. Wien und Leipzig 1903

Alfonsus, A., Die zweckmässigste Ausführung der Melkarbeit mit besonderer Berücksichtigung der Hegelund'schen Melkmethode. Gr.-8°. (ill. 36 S.) K —.60
Wien: Fromme 1903

Alfonsus, A: Die zweckmäßigste Ausführung der Melkarbeit mit besonderer Berücksichtigung der Hegelundschen Melkmethode. 2. Aufl. Wien und Leipzig 1903

Alfonsus, Alois, die zweckmässigste Ausführung der Melkarbeit m. besond. Berücksicht. der Hegelundschen Melkmethode. 2., verm. u. verb. Aufl. (36 S. m. 6 Abbildgn.) gr. 8. Wien 903. C. Fromme. n. — 50
1. Aufl. (33 S. m. 6 Abb.). Ebd. 903. n. — 50.

Alfonsus, Alois, kritische Beleuchtung der neuen Lehre Dickel's. 8. (32 S.) Leipzig (898). Leipziger Bienenzeitg. n. — 50

Alfonsus, Alois: Das neue Bienenbuch. — Würzburg: Verl. d. Prakt. Wegweisers (1898). 114 S.
12: Oecon. 277 h-2.
3.2887

—— 2., verb. u. verm. Aufl. Ebd. (1900). 119 S.
12: Oecon. 52 wa.
3.2888

—— 3., verb. u. verm. Aufl. Ebd. (1902). 121 S.
12: Oecon. 52 wb.
3.2889

Alfonsus, A.: Das neue Bienenbuch. 2. Aufl. 8°(121).– Würzbg. 1900, J.M.Richter.

— das neue Bienenbuch. 3., verb. u. verm. Aufl. gr. 8. (124 S. m. Abbildgn.) Würzburg (902). (J. M. Richter). 1. —
2. Aufl. (121 S.) Ebd. 1. 10.

— die Bienenzucht, s.: Miniatur-Bibliothek.

Alfonsus, Alois (Hrsg.), s. Imker-Bote, Der.

Alfonsus, A., Der Imker-Bote aus Österreich. Kalender für das Jahr 1904. 15. Jahrg. 8°. (118 S.) geb. K 1.20
Wien: Perles 1903

— Die Korb-Bienenzucht i. Verbindg. m. d. mobilen Aufsatzbetriebe. Kurzgef. Anleitg. zur rat. Bewirthschaftg. d. Strohkörbe m. bes. Berücksicht. d. bewegl. Wabenbaues. 8. (40 S. m. Fig.) Leipzig-Reudnitz 895. R. Michaelis. n. — 60

— die Kunstschwarmbildung. Leichtfaßliche Anleitg. zur Bildg. v. Kunstschwärmen u. Ablegern. 8. (28 S.) Leipzig (901). Leipziger Bienenzeitg. n. — 50

— allgemeines Lehrbuch der Bienenzucht. Unter Mitwirkg. v. Ludw. Arnhart, Paul A. Ritter Beck v. Mannagetta, Frdr. Kohl u. M. Mansfeld verf. u. hrsg. (XXIX, 660 S. m. 354 Abbildgn. u. 4 Taf.) gr. 8. Wien 905. M. Perles. n. 10. —; geb. n. 12. —

— d. Wanderbienenzucht, ihre Gesch. u. ration. Durchführung. Mit e. Vorw. v. J. C. H. Gravenhorst. 8. (36 S. m. 7 Fig.) Braunschweig 895. Leipzig, R. C. Schmidt & Co. n. — 60

— die Wanderbienenzucht, ihre Gesch. u. rat. Durchführg. n. d. Lehren hervorrag. Imkermeister u. bes. eig. Erfahrgn. M. e. Vorworte vers. v. J. C. H. Gravenhorst. gr. 8. (36 S. m. 7 Fig.) Braunschweig 895. C. A. Schwetschke & Sohn. n. — 60

Alfonsus, Petrus s. *Alphonsus.*

Alford, H., Selig sind die Todten, die in dem Herrn sterben. Vier Adventsbetrachtungen. Aus dem Engl. 12. (54 S.) Berlin 873, Buchh. der Goßner'schen Mission.

Alfred [sachliches Ordnungswort]

Alfred. — Alfred. Eine Erzählung. — Berlin 1787. 14 S.
1: 2 in Nc 3012. **12**: P. o. germ. 22.
3.2911

— Historisch-Schsp. in 5 A. v. C. J. Salice, Contessa. gr. 8. Hirschberg, Thomas. 809.

Alfred. Ein Lesebuch f. Jünglinge von 15—20 Jahren. Seitenstück z. Wilhelmine von dem Prof. Johann Gener-sich. 2 Bde. 8. Leipz. Gerh. Fleischer. 813.

Alfred, oder das gut geartete Kind. Nach dem Französischen. 8. (32 S.) Trier 850, Linz. 4 ngl

Alfred, König. Trauerspiel in 6 Abtheilungen. Den Bühnen gegenüber Mscr. Bamberg 866. Buchner in Comm. 8. (111 S.) n. 16 ngr.

— König d. Angelsachsen, v. A. v. Haller. 8. Gött. Vandenhök. (a. Haller in Bern.) 774.

Alfred, König der Angelsachsen, oder der patriotische König. Ein Trauerspiel in 5 Aufz. frey nach dem Engl. bearbeitet von Cowmeadow. Berlin 1795. V: *Bicknell, Alexander.* (GGr)

Alfred, König der Angelsachsen, od. d. patriot. König. Trsp. nach d. Engl. v. Cowmeadow. 8. Berl. Maurer. 795.

Alfred, König in England, e. Gesch. aus d. 9n Jahrhund. 8. Bremen 793. Fr. Wilmans in Frankf. 1 ℔ 8 ℊ

— König in England; e. Gesch. a. d. 9ten Jahrh. 8. Bremen, Willmanns. (Müller.) 793.

Alfred, König von England, eine Geschichte aus dem neunten Jahrhundert. Bremen 1794. V: *Fuller, Anna.* (GGr)

Alfred und Mathilde; histor. Erzählung, s. Wintergrün, von Lotz, für 1835.

— Roi des Anglo-Saxons, trad. de l'anglais. p. A. de Haller. 8. Berne, Haller. 773.

Alfred's, Herzog, große Seefahrt v. 1867—1868. Frei u. gekürzt n. d. engl. Reisebeschreibg. 12. (14 S. m. Bildn.) Gotha 895. C. F. Windaus' Sort. n. — 30

Alfred [persönlicher Name]

Alfred v. d. Aue, ausgewählte **Blumensprache** in Prosa u. klein. Sinngedichten. 12. (6 B. u. 1 col. Kpfr.) Anclam 841, Dietze.

—— deutscher Dichtergarten. Mustersamml. d. besten und gedieg. Fabeln, Parabeln, poet. Erzähln., Legenden rc. d. deutschen Klassikern entnommen z. Ausbilden d. mündl. Vortrags f. Schule u. Haus. gr. 8. (28 B.) Anclam 841, Dietze.

—— der Kinder Dichtergarten. Weisheit u. Tugend in Fabeln, Parabeln rc. nach e. sechsfachen Abstufung geord. 8. (29½ B.) Anclam 838, Dietze. *

—— mein Stammbuch. 12. (6 B.) Anclam 841, Dietze.

—— Taschenbuch der Liebe, Freundschaft u. Geselligkeit geweiht. 12. (12 B.) Anclam 841, Dietze.

Alfred the Great, König von England

— **Die altenglischen Metra des Boetius hrsg. u. mit Einl. u. vollst. Wörterbuch vers. von Ernst Krämer. — Bonn: Hanstein 1902. 149 S. (Bonner Beiträge zur Anglistik. 8.)**
1:Z 9605-8. **12**: L. g. sept. 12ai-8. **300**: 394.662-B.
Per. 8. **2. 3. 4. 5. 7. 8. 9. 10. 11.**
3.2929

Alfred's, König, Übersetzg. v. Beda's Kirchengesch., hrsg. v. J. Schipper, s.a. Bibliothek d. angelsächs. Prosa.

— König Alfreds Übersetzung von Bedas Kirchengeschichte. Hrsg. von Jacob Schipper. Mit Unterst. d. Kais. Akad. d. Wiss. in Wien. — Leipzig: Wigand 18(97-)99. XLV,743 S. (Bibliothek d. angelsächsischen Prosa. 4.)
1:Z 8252-4. **12**: P. o. rel. 4793b-4. **300**: 395.561-B.
Per. **4. 2. 3. 4. 5. 6. 7. 8. 9. 10. 11.**
3.2923

Alfred d. Große, im Stande d. Erniedrigung. 2 Thle. 8. Lpz. 794. (Fischer u. F.) 1 ß

Alfred d. Große, im Stande der Erniedrigung. 2 Thle. 8. Lpz. Grieshammer. 794. Rthlr.

Alfred der Grosse, s. Leuz, Philipp.

Alfred der Grosse, s. Wichmann, Johannes

Alfred, Herzog v. Sachsen-Coburg-Gotha, u. seine Familie Mit 7 Porträts (1 Lichtdr.-Taf.) 8. (16 S.) Gotha 898. C. Glaeser. n. — 40

Alfred [Familienname]

Alfred, Friedrich: Läßt sich ein System der Moral mit Sicherheit auf das Princip des Glaubens gründen? — Cassel & Göttingen: Wigand 1864. 79 S. **4.**
3.2945

Alfred, Gotthard [Pseud.] s.a. *Luther*, Gotthard Alfred.

Alfred, Gotthardt, (G. A. Luther), Kaiserglück. Historischer Roman aus dem 13. Jahrhundert. 4 Bde. Leipzig 856. Kollmann. 8. (422; 366; 374; 303 S.) 6 ß

Alfred-Anthonioz s. *Anthonioz*, Alfred.

***Alfrède*, ou le Manoir de Warwick. II Vols. 8. Leipz. 794. (W. Nauck). 1 ß 6 gr**

Alfrede; ou le Manoir de Warwick. II Vol. 8. Lpzg. Sommer. 794.

Alfred-Escher-Denkmal. — Das Alfred Escher-Denkmal. Bericht der Centralcommission nebst Beiträgen zu e. Biographie von Dr. Alfred Escher. — Zürich 1890: Füssli. 134 S.
1:Ru 4298.
3.2947

Alfredi, Anglici: De motu cordis, s. Alfredus, Anglicus

Alfred-Lebensversicherungskompanie. — Die Alfred Lebens-Versicherungs-Compagnie in London. — [Altona] o. J.: Esch. 27 S.
Nebent.: Plan der Alfred Lebens-Versicherungs-Compagnie.
8.
3.2948

Alfredus, Anglicus

Alfredi Anglici, de motu cordis, s.a. Bibliotheca philosophorum.

— [De Motu cordis, Ausz.] Excerpta e libro de motu cordis item Costa-Ben-Lucae De differentia animae et spiritus liber, transl. a Johanne Hispalensi, hrsg. von Carl Sigmund Barach. — Innsbruck: Wagner 1878. XI,139 S. (Bibliotheca philosophorum mediae aetatis. 2.)
1:Ni 10-2. **12**: Ph. U. 52h-2. **300**: 182.510-B. Bd 2.
2. 3. 4. 5. 7. 8. 9. 10. 102.
3.2951

Al Fresco-Deckengemälde, Die, im grossen Sitzungssaale der k. k. niederösterreichischen Statthalterei zu Wien. Wien 1891. V: *Kielmannsegg, Erich Ludwig Friedrich Christian Graf von.* (EB)

Alfret, J., Lieder, s.a. † Lebret, Carl Aug.

Alfret, Julius, Lieder. 8. Stuttgart 840, Metzler'sche Buchh. 1⅓ ß

Aelfric, s. Assmann, Osk. Bruno.
Breck, Eduard.

Aelfric's Grammatik u. Glossar, s.a. Sammlung englischer Denkmäler in kritischen Ausgaben.

Aelfric, s. Reum, Friedrich Albert

Aelfric Grammaticus

— **Aelfric's Grammatik und Glossar. Hrsg. von Julius Zupitza. Abt. 1. Text u. Varianten. — Berlin: Weidmann 1880. 322 S. (Sammlung englischer Denkmäler in kritischen Ausg. 1.)**
1:Z 9566-1. **12**: P. o. angl. 350fo-1. **300**: 50.923-B.
Bd 1. **2. 3. 4. 5. 6. 7. 8. 9. 10. 11.**
2.363

— Älfrik De Vetere et Novo Testamento, Pentateuch, Josua, Buch der Richter und Hiob. — Kassel & Göttingen: Wigand 1872. IV,272 S. (Bibliothek d. angelsächsischen Prosa. 1.)
1:Z 8252-1. **12**: P. o. rel. 4793b-1. **300**: 395.561-B.
Per. 1. **2. 4. 6. 7. 8. 10.**
2.373

Aelfricus Abbas s. *Aelfric* Grammaticus.

Aelfricus Archiepiscopus Cantuariensis s. *Aelfric* Grammaticus.

Aelfrik s.a. *Aelfric* Grammaticus.

Älfrik, de vetere et novo testamento, Pentateuch, Josua, Buch der Richter u. Hiob, s.: Bibliothek der angelsächs. Prosa.

Alfter. Bericht üb. die im Bade Oeynhausen behandelt., während des schlesw. Feldzuges verwund. u. erkrankt. Soldaten. Minden 1865.

Alfter, Joan. Adam. Lud(ov.) (geb. Bonn Apr. 1818): Nonnulla de morbis valvularum cordis. Berolini (1842). (32 S.) 8°
Berlin, Med Diss. v. 4. Jan. 1842

Alfter, Johann Adam Ludwig: Die Curmittel zu Oeynhausen ⟨Rehme⟩ physiologisch und therapeutisch dargestellt von L. Alfter. — Minden: Keiser 1855. VIII, 143 S.
12: M. med. 33d. **2. 3. 7. 8. 10.**
3.2955

Alfter, L. s. *Alfter*, Johann Adam Ludwig.

Alfthan, Ingeborg v.: Bilder. — Helsingfors: Söderström (1903). 229 S.
1:Zl 15508.
3.2958

Alfthan, K. v., über dextrinartige Substanzen im diabetischen Harn. (V, 123 S.) 8. Helsingfors 904. (Berlin, O. Enslin.) n. 1.50

Alfthan, K. v.: Über dextrinart. Substanzen im diabet. Harn. (123) 8°. – Helsingf. 1904. (Lpzg., G. Thieme.)

Alftken, J. D., Apidae, s.: Fauna, die, Südwest-Australiens.

Algae marinae siccatae. Eine Sammlung europ. und ausländ. Meeralgen in getrockneten Exemplaren, mit einem kurzen Texte versehen von L. Rabenhorst und G. v. Martens. Hrsg. von R. T. Hohenacker. 1. Lfg. A. u. d. T.: Algae selectae siccatae. Eine Anzahl von 50 der in wissenschaftl. Hinsicht und wegen ihrer Benutzung merkwürdigsten Algen. Fol. (50 Bl. mit aufgeklebten Pflanzen und Text.) Esslingen 852, (Weychardt.) **

—— dass. — 2—4. Lfg. Fol. (150 Bl. mit aufgeklebten Pflanzen und Text. Ebds. 852—54. à Lfg. ** 4 Thlr. **

al-Ǵāmī 'Abd ar-Raḥmān b. Aḥmad. G'āmii de Dei existentia et attributis libellus ḥuṭṭu rahlaka „Stratum solve!“ sive ad-Durra al-fāḫira „Unio pretiosus“. Pars prior. Prolegomena una cum capitibus selectis in Latinum sermonem translatis. Dissertatio quam ... defendet Iacobus Ecker. Bonnae 1879. 4°.

Algar u. Elli; od. d. Sieg d. Liebe. Schsp. v. Keller. 8. Lpz. Barth. 782.

Algardi, Friedrich
Pseud.: Gustav Wacht

— Der Ehrenmann. Originaldrama in 5 Aufz. von Gustav Wacht. ⟨Den Bühnen gegenüber Ms.⟩ — Leipzig 1875: Mutze. 131 S. 1:Ys 19014.
3.2967

— Als Ms. gedr. Der Empfindliche. Schwank in 1 Aufz. von Gustav Wacht. — Frankfurt a. M.: Koenitzer 1882. 32 S. 1:Ys 22488.
3.2968

— Festspiel zu Ehren des achtzigsten Geburtstages des Fürsten Bismarck. — ([Mannheim] 1895: Hahn.) 16 S. 1:Yo 25964.
3.2969

— Festspiel des Mannheimer Hoftheaters zum 9. Sept. 1896 zu Ehren des 70. Geburtstages, des 40jährigen Regierungs-Jubilaeums und der 40jährigen Hochzeitsfeier Sr. K. H. d. Großherzogs Friedrich von Baden. — (Mannheim 1896: Haas.) 35 S. 1:Ys 29342.
3.2970

— Hermann der Cherusker. Vaterländisches Trauerspiel in 5 Aufz. von Gustav Wacht. — Leipzig 1874: Mutze. 147 S. 1:Ys 18458. 5.
3.2971

— Reisemasken. Lustspiel in 3 Aufz. von Gustav Wacht. Leipzig: Reclam [1879]. 69 S. (Universal-Bibliothek. 1221.) 1:Ag 7201–1221. 12: Var. 380k–1221. 300: 410.411–A. Per. 1221.
3.2972

Algardi, Frdr., s.: Wacht, Gust.

Algarotti, Francesco

— Beschreibung der Gräflich Algarottischen Gemälde- und Zeichnungs-Gallerie in Venedig. — Augspurg: Bartholomäi 1780. 102 S. 2. 7. 8.
3.2983

— dessen Biographie, s. Galerie aller merkwürd. Menschen. 98.

(—) [Lettere militari, deutsch] Militärische Briefe. Aus dem Ital. übers. — Berlin: Decker & Winter 1770. 296 S. 1:Hu 6735.
3.3001

(—) [Il Congresso di Citera, deutsch] Congress zu Cythera, oder Landtag der Liebe. (Verf.: Algarotti.) Aus dem Ital. übers. [von Friedrich Molter]. — Leipzig 1747. 126 S. 1:Xr 17622. 4. 8.
3.2990

— il Congresso di Citera. 8. ibid. 746.

Algarotti, Epistola sopra il Commercio. 8. maj. Dresd. Walther. Rthlr.

— Epistola in versi sopra il commercio.

— — [ital. u. deutsch] Sendschreiben des Grafen d'Algarotti, die Handlung betreffend. Aus der ital. gebundenen Schreibart in ungebundene deutsche übers. durch Johann Samuel Andreä. — Erfurth 1750: Truchman. 40 S. 1:Xp 2577. 4. 5.
3.2992

— — [ital. u. deutsch] Sendschreiben über die Handlung, aus dem ital. des Frantz Algarotti übers. von C.V. — Leipzig 1750. 45 S.
Nebent.: (Algarotti:) Epistola in versi sopra il commercio. Dresda 1746.
1:Xp 2575.
3.2993

— s. Miscellanea in prosa.

— [Il Newtonianismo, deutsch] Jo. Newtons Welt-Wissenschaft für das Frauenzimmer oder Unterredungen über das Licht, die Farben und die anziehende Kraft. Aus dem Ital. des Herrn Algarotti, durch Herrn [Louis Adrien] du Perron de Castera ins Franz. und aus diesem ins Teutsche übers. — Braunschweig: Schröder 1745. 480 S. 2.
3.3009

Algarotti, Francesco Conte.

Oeuvres ... Traduits de l'italien. Berlin 1772. Ü: *Bellier*. (BrMm)

— oeuvres, av. les mémoires concern. sa vie, trad. de l'ital. VIII Voll. 8. Berl. 772. Rottmann. 8 ℛß

— Poesie. — Nizza 1783: Soc. tipogr. VIII,144 S. (Raccolta di celebri poeti italiani del secolo XVIII. 5.) 12:P. o. it. 857b–5.
3.3013

v. Algarotti, Frz. Graf, Versuch über d. Architektur, Mahlerei u. Musik. 8. Basel 760. (Hemmerde in H.) 6 gℛ

— [Teils., deutsch] Versuche über die Architectur, Mahlerey und musicalische Opera. Aus d. Ital. des Grafen Algarotti übers. von R[udolf] E[rich] Raspe. — Cassel: Hemmerde 1769. 300 S.
2 versch. Drucke.
1: Nu 2699 [u.] Mus. E 5736. 12: Art. 3. 300: SA 73 F 13. M. S. 7. 10.
3.2982

Algarotti, J.

ZAUBERFLÖTE, Die neue, oder Emilie und Solden (von *J. Algarotti*). Leipzig (W. Vogel) 1799. 8°. (1 Mk., Mindestgebot, R. Zinke's Dresdner März-Auct. 1906, no. 1562:

Algäu [Schlagwort]

Algäu s. a. Allgäu

— s. a.: Alpen. Brunn. Ravenstein.

Algau, s. a. Alpen. Ravenstein, Ludw. — Waltenberger, A.

Algäu, s. a. Bruckmann's Reiseführer (im Alphabet d. Bücher).

Algäu. Bernhard, C., Special- u. Touristen-Karte f.d. süd-östl. Algäu, rev. v. A. Waltenberger. 1:100,000. Farbendr. Fol. Kempt. 1886. Dannheimer. In Carton.

Algäu. Waltenberger, A., Specialkarte v. Algäu, Vorarlberg u. Westtirol. 1 : 300,000. Chromolith. qu. gr. Fol. Augsburg 888. Lampart's alpiner Verlag. n. 1. 20; auf Leinw. n. 2. —

Algäu. Waltenberger, E., Uebersichtskarte des Algäu u. d. angrenzend. Gebiete. 1:100,000. 46 × 54,5 cm. Farbdr. München 899. Piloty & Loehle. 3. —; auf Leinw. u. in Taschenformat n. 3. 75

Algäuer-Album. Erinn.-Blätter an d. Allgäu, Breg. Wald u. Lechthal 1.Lfg. 1.Abth. Fol. (3 Bl.).– Kempt. 1854, Dannheimer.

Algäuer-Alpen, s.: Alpen, Aegerter. Ravenstein. — Tirol.

Al-Gazali Tusensis ميزان العمل sive Compendium Doctrinae Ethicae, de arabico hebraice conversum ab Abrahamo bar-Chasdai Barcinonensi, liber argumento luculentissimus et oratione dulcissimus, nunc primum ex tribus codicibus vetustis Bibliothecae Senatus Amplissimi Lipsiensis editus hebraicisque prolegomenis instructus a Dr. J. Goldenthal. 8 maj. Lipsiae 839. Gebhardt et Reisland. n. $1^1/_2$ ℛß

al-Ġazzālī Muḥammad b. Muḥammad

— — O Kind! Die berühmte ethische Abhandlung Ghasali's. Arabisch und deutsch, als Neujahrsgeschenk von Hammer-Purgstall. Wien 1838.

— — Al-Ġazzâlî's maḳâṣid al-falâsifat. I. Teil: Die Logik. Cap. I—II. ... herausgegeben, übersetzt ... von Georg Beer. [Leipziger Diss.] Leiden 1888.

Alge, A., guida allo studio della lingua italiana. Secondo un manoscritto di S. Alge. (IV, 262 S. m. 1 farb. Karte.) 8. St. Gallen, Fehr 907. (Leipzig, F. Brandstetter.) Geb. in Leinw. 2. 80

Alge, Arnold. Die Lautverhältnisse einer Patoisgruppe des Berner Jura. Diss. Phil. Bern. IV + 108 S. 8. St. Gallen, Zollikofer, 1904.

Alge, S., s.a. Alge, Sines

Alge, S., Beiträge z. Methodik d. französischen Unterrichts. gr. 8. (68 S.) St. Gallen 894. Huber & Co. n. 1. —

— **S. Hamburger u. W. Rippmann,** Einführung in den Gebrauch des deutschen Leitfadens. gr. 8. (33 S.) St. Gallen 900. Fehr. n. — 35

— üb. d. Erlernung des Französischen. Vortr., geh. a. d. Universität Zürich i. d. „methodolog. Übgn.“ v. H. Morf. gr. 8. (22 S) St. Gallen 896. Fehr. n. — 40

Alge, Sines, Commentaire aux leçons de français, 2. partie. (57 S.) 8. St. Gallen 904. Fehr. (Leipzig, F. Brandstetter.) n. — 80

Alge, Sines, le petit Français. Manuel de conversation à l'usage des écoles. 12. (VIII, 108 S.) St. Gallen 901. Fehr. Geb. in Leinw. n. 1.40

— Geschichte der Stenographie in der Schweiz, mit bes. Berücks. des allgemeinen schweizerischen Stenographenvereins. Von S. Alge. — Gossau (St. Gallen): Selbstverl. 1877. 86 S. 1:V 12346.
3.3024

Alge, S(ines). Geschichte der Stenographie in der deutschen Schweiz. 2. Aufl. Wetzikon-Zürich 1909(—1910)s.a.Reber-Alge, Hermann.

— Geschichte der Stenographie in der deutschen Schweiz, mit bes. Berücks. des Allgemeinen Schweizerischen Stenographenvereins. Nach S. Alges Ms. in 2. Aufl. erg. von Hermann Reber-Alge. — Zürich: Bebie 1909. 311 S.
7.
3.3025

Alge, S., Geschichte, Wesen u. Bedeutung der Stenographie. [Aus: „St. Galler-Blätter".] gr. 8. (19 S. m. 1 Steintaf.) Wetzikon 884. (Leipzig, Robolsky.) n.n. — 20

— Geschichte, Wesen und Bedeutung der Stenographie. Von S. Alge. — Wetzikon: Verl. d. Allg. Schweizerischen Stenographenvereins 1884. 19 S.
* Aus: St. Galler-Blätter. 1:1 in V 14300-3.
3.3026

Alge, S. Grammatik, Wiederholungsaufgaben u. Wörterverzeichnis zu „Alge's französ. Leitfaden", II. Tl. Gratisbeilage zu „Hülfsbüchlein", II. Tl. 8⁰. 32 S. St. Gallen, Fehr'sche Buchh. Gratis 1899

Alge, S., s.: Hausbibliothek, neue, f. Stenographen n. d. Einiggssystem Stolze-Schrey.

— s. Haus-Bibliothek, neue, f. Stolze'sche Stenogr.

— Hülfsbüchlein zu Alge's französischem Leitfaden. In-8⁰. 36 S. Ebda. 1897 — 35

Alge, S[ines]. Leçons de Français.... [Leitfaden für den ersten Unterricht im Französischen.] 2 parties. 8. St-Gall, Fehr, 1904. [relié à fr. 1.80]

1re partie: L' de F', basées sur les tableaux de [Eduard] Hölzel par S. A' et W[alther] Rippmann. 9e éd. entièrement refondue. Avec quatre tableaux. II + 197 p.
2e partie: L' de F' par S. A'. 8e éd. entièrement refondue. II + 262 p.

Alge, S. et W. Rippmann: Lecons de franc., basees sur les tableaux de Hölzel. 2 parties. 8⁰.– St. Gall. Fehr (Lpzg., F. Brandstetter. I. 9. ed. (219) 1905. 12. ed. (197 m.4 Taf.) 1909.

Alge, S[ines]. Leçons de Français.... [Leitfaden für den ersten Unterricht im Französischen.] 2 parties. 10e éd. 8. St-Gall, Fehr, 1908.

1re partie: L' de F', basées sur les tableaux de [Eduard] Hölzel par S. A' et W[alther] Rippmann. 10e éd. Avec quatre tableaux. II+197 p. St-G', Fehr; pour l'Allemagne *etc.*: Frédéric Brandstetter, Leipzig, 1908. (relié M. 1.80 [= fr. 1.90])
2me partie: L' de F' par S. A'. 10e éd. II + 260 p. St-G', Fehr, 1908. (relié M. 2. — [= fr. 2.20])

— Lectures et exercices. Manuel pour l'enseignement du français. 3. année de français. 2. éd. Entièrement refondue. gr. 8. (211 S.) St. Gallen 899. Fehr. Kart. n. 2.—

Alge, S[ines]. Lectures et Exercices. Manuel pour l'enseignement du français. Troisième année de français: Une Joyeuse Nichée par Mme E[dmond] de Pressensé [née Elise Du Plessis]. Préparée à l'usage des écoles par S. A'. 3e éd. IV + 211 p. 8. Saint-Gall, O. Fehr, 1906. [relié fr. 2.40]

Alge, S., Lehrbuch der Stolze'schen Stenographie. 5. und 6., nach den neuesten Vereinfachungen umgearb. Aufl. gr. 8. (VIII, 52 S.) Wetzikon 888. (Leipzig, Robolsky.) cart. **

Alge, S. Lehrbuch der Stolze'schen Stenographie. 7.—10. Aufl. gr. 8. (VIII, 68; 10. Aufl. VIII, 80 S.) Wetzikon 889—90. (Lpz., Robolsky.) cart. * 1 —
—— dass. — Schlüssel. Auf das 50jähr. Bestehen der Stolze'schen Schule hrsg. von S. Alge und H. Bebie. gr. 8. (III, 28 S.) (Ebd.) 891. * — 80

— Lehrbuch der Stolze'schen Stenographie von S. Alge. 11. Aufl. — Wetzikon b. Zürich: Bebie 1893. VIII,80 S.
5.
3.3027

— — 13. Aufl. Ebd. 1895. VIII,80 S. 1:V 20328[13].
3.3028

— — 14. Aufl. Ebd. 1895. VIII,80 S.
3.
3.3029

— Lehrbuch der Stolze'schen Stenographie. 12. Aufl. gr. 8. (VIII, 80 S.) Wetzikon 894. (Leipzig, J. H. Robolsky.) Kart. n. 1.—

Alge, S., Lehrb. d. Stolze'schen Stenographie. 15. Aufl. 8⁰(80).– Wetzik. 1896. (Lpzg., J.H. Robolsky.) Schlüssel. Hrsg. v. S. Alge u. H. Bebie. 2. Aufl. 12⁰(28) 1895.

— Lehrbuch d. Stolze'schen Stenographie. 18. Aufl., hrsg. v. Herm. Bebie. gr. 8. (VI, 70 S.) Berlin 897. Leipzig (J. H. Robolsky). Kart. n. 1.—

— dasselbe. Schlüssel, hrsg. v. S. Alge u. H. Bebie. 3., umgearb. Aufl. 12. (40 S.) Wetzikon 897. Ebd. Kart. n.n. — 80

— Lehrbuch der Stolze'schen Stenographie. 19. Aufl. gr. 8. (VI, 70 S.) Wetzikon bei Zürich 897. (Leipzig, J. H. Robolsky.) Kart. n. 1.—

Von der 2o. Aufl. an u. d. T.:
Lehrb. d. vereinfachten Stenogr. (Einiggssystem Stolze-Schrey.) 22. Aufl. d. Lehrb. d. Stolzeschen Stenogr. 8⁰(56).– Wetzik 1897. (Lpzg., J.H. Robolsky.)

Alge, S. Lehrbuch der vereinfachten Stenographie. In neuer Bearbeitung hrsg. v. *Rud. Schwarz.* 24. Aufl. des Alge'schen Lehrbuches der Stolze'-schen Stenographie. 8⁰. 54 S. Wetzikon. H. Bebie. 1899 Cart. 1 35

Alge, Sines, und Schwarz, Rudolf. Schlüssel zu S. Alge's Lehrbuch der Vereinfachten Stenographie ⟨Einigungssystem Stolze-Schrey⟩. Hrg. von S' A' und R' Sch'. 8. Wetzikon bei Zürich, Hermann Bebie.
5. Aufl. 28 S. 1901. (fr. 1.—)
6. Aufl. (zu Aufl. 28 u. ff. des Lehrbuches). 42 [+ 6] S. 1902. (fr. 1.—)

— Lehrbuch der vereinfachten deutschen Stenographie (Einigungssystem Stolze-Schrey). In neuer Bearbeitg. hrsg. v. Rud. Schwarz. 30. Aufl. des Alge'schen Lehrbuches der Stolze'schen Stenographie. gr. 8. (54 S.) Ebd. 903. Kart. n. 1.—

Alge, S(ines). S. Alge's Lehrbuch der Vereinfachten deutschen Stenographie ⟨Einigungssystem Stolze-Schrey⟩. In neuer Bearbeitung hrg. (**Umschlag:* Bearbeitet) von Rud(olf) Schwarz..., 32. Aufl. des Alge'schen Lehrbuches der Stolze'schen Stenographie. 56 S. 8. Wetzikon bei Zürich, Hermann Bebie, 1904. ([cart.] fr. 1.35)

— Lehrbuch der vereinfachten deutschen Stenographie (Einigungssystem Stolze-Schrey). In neuer Bearbeitg. hrsg. v. Rud. Schwarz. 34. Aufl. des Alge'schen Lehrbuches der Stolze'schen Stenographie. (54 S.) 8. Wetzikon 905. (Leipzig, J. H. Robolsky.) Kart. n. 1.—

Alge, S(ines). S. Alge's Lehrbuch der Vereinfachten deutschen Stenographie ⟨Einigungssystem Stolze-Schrey⟩. In neuer Bearbeitung hrg. von † Rud(olf) Schwarz.... 36. Aufl. des Alge'schen Lehrbuches der Stolze'schen Stenographie. 56 S. 8. Wetzikon bei Zürich, Hermann Bebie, 1906. ([cart.] fr. 1.35)
(... unveränderter Abdruck der 28. Aufl.) — 32. Aufl. 1904: N 2455[1]; 33. *bis* 35. Aufl.
—

— u. S. Hamburger, Leitfaden f. d. ersten Unterricht im Deutschen. Unt. Benützg. v. „Hölzel's Wandbildern f. d. Anschauungs- u. Sprachunterr." Z. Gebr. f. Schüler all. Nationalitäten. M. 8 Bild. (M. deutsch-französ.-engl.-italien. Wörterverzeichn.) gr. 8. (351 S.) St. Gallen 897. Fehr. Kart. n. 2.80

— — u. W. Rippmann, M. A., dasselbe. 1. Tl., 2., neubearb. Aufl. gr. 8. (III, 187 S. m. 4 Bildern.) Ebd. 899. Geb. n. 1.50

Alge, S[ines], und Hamburger, S[ophie]. Leitfaden für den ersten Unterricht im Deutschen. Unter Benützung von «[Eduard] Hölzel's Wanderbildern für den Anschauungs- und Sprachunterricht». Zum Gebrauche für Schüler aller Nationalitäten. Von S. Alge, S. Hamburger und W[alther] Rippmann. 2 Teile. 3. (*Teil 2:* verbesserte) Aufl. 8. St. Gallen, Fehr; Neuchâtel, Delachaux & Niestlé.
Teil 1. Mit 4 Bildern. IV + 195 S. 1900. (geb. fr. 1. 80)
Teil 2. Mit fünf Bildern. IV + 156 S. 1901. [geb. fr. 1. 80]

— — — Leitfaden f. den ersten Unterricht im Deutschen. Unter Benützg. v. „Hölzel's Wandbildern f. den Anschauungs- u. Sprachunterricht". Zum Gebrauch f. Schüler aller Nationalitäten. 2 Tle. gr. 8. Ebd. Kart. à n. 1. 50
I. 4., verb. Aufl. (IV, 192 S. m. 4 Bildern.) 902.
II. 3., verb. Aufl. (IV, 156 S. m. 5 Bildern.) 901.

— S. Hamburger u. W. Rippmann, Leitfaden f. den ersten Unterricht im Deutschen. Unter Benützung v. „Hölzel's Wandbildern f. den Anschauungs- u. Sprach-Unterricht". Zum Gebrauche f. Schüler aller Nationalitäten. 2 Tle. 8. St. Gallen 905. Fehr. (Leipzig, F. Brandstetter.) Geb. à n. 1. 50
I. 6. Aufl. (IV, 192 S. m. 4 Bildern.)
II. 4. Aufl. (IV, 156 S. m. 5 Bildern.)

Alge, S., S. Hamburger u. W. Rippmann, Leitfaden f. den ersten Unterricht im Deutschen. Unter Benützg. v. „Hölzels Wandbildern f. den Anschauungs- u. Sprach-Unterricht". Zum Gebrauche f. Schüler aller Nationalitäten. 2 Tle. 8. St. Gallen 909. Fehr. — Leipzig, F. Brandstetter. Geb. à 1. 80
I. 10. Aufl. (IV, 192 S. m. 4 Taf.)
II. 6. Aufl. (IV, 156 S. m. 5 Taf.)

Alge, S. Leitfaden für den ersten Unterricht im Französischen, unter Benutzung von „Hölzel's Wandbildern" für den Anschauungs- u. Sprachunterricht und mit Aufgaben zum Selbstkonstruiren durch die Schüler. 1887. Mit 4 Abbildungen. In-8⁰, VIII u. 124 S. St. Gallen, Huber & Co. (E. Fehr). 1887 1 60, gebd. 2 —

— Leitfaden f. den ersten Unterricht im Französischen. Unter Benutzg. v. „Hölzel's Wandbildern f. den Anschauungs- u. Sprachunterricht" u. m. Aufgaben zum Selbstkonstruiren durch die Schüler. gr. 8. (VIII, 123 S. m. 4 Bildern.) St. Gallen 888. Huber & Co. n. 1. 60; geb. n.n. 1. 95

—— Leitfaden für den ersten Unterricht im Französischen. Unter Benützung v. Hölzels Wandbildern f. den Anschauungs- u. Sprachunterricht und mit Aufgaben zum Selbstkonstruiren durch die Schüler. 2. umgearb. Aufl. (VIII, 123, mit Begleitwort 16 S.) 3., wesentlich vermehrte u. verb. Aufl. gr. 8. (VIII, 168 S. m. Abbildgn.) St. Gallen 890,92, Huber u. Comp. * 1 60

Alge, S. Leitfaden für den ersten Unterricht im Französischen. Unter Benützung von Hölzel's Wandbildern für den Anschauungs- u. Sprachunterricht und mit Aufgaben zum Selbstkonstruiren durch die Schüler. Mit 4 Bildertfln. Vierte, durch Wiederholungsaufgaben u. einen „phonetischen Lehrgang" vermehrte Auflage. 1894. In-8⁰. VIII, 200 S. St. Gallen, Fehr'sche Buchhandlg. Gebd. 1894 2 —

— Leitfaden für den ersten Unterricht im Französischen. Unter Benützg. v. „Hölzel's Wandbildern für den Anschauungs- u. Sprachunterricht" u. m. Aufgaben zum Selbstkonstruieren durch die Schüler. 4., durch Wiederholungsaufgaben u. e. „phonet. Lehrgang" verm. Aufl. gr. 8. (VIII, 200 S. m. 4 Taf.) St. Gallen 894. Huber & Co. Geb. n.n. 1. 95

Alge, S. Leitfaden für den ersten Unterricht im Französischen. 5. verbesserte Auflage. 2 Teile. In-8⁰. 149 u. 146 S. St. Gallen, Fehr'sche Buchhandlung. 1896 Gebd. à 1 25

— Leitfaden f. d. ersten Unterricht i. Französ. Unt. Benützg. v. „Hölzel's Wandbildern f. d. Anschauungs- u. Sprachunterr." 2 Tle. 5., wes. verb. Aufl. gr. 8. St. Gallen 896. Huber & Co. Kart. à n. 1. —
1. (X, 149 S. m. 4 Bild.) — 2. (146 S.)

— dasselbe. M. 4 Bild. Unveränd. Abdr. der 4. Aufl. gr. 8. (III, 200 S.) St. Gallen 897. Fehr. Kart. n.n. 1. 95; Hülfsbüchl. z. 5. Aufl., I. Tl. (35 S.) — 30; d. Lernstoff d. 5. Aufl., I. Tl. (12 S.) unentgeltl.

Alge, S. Leitfaden für den ersten Unterricht im Französischen. Unter Benützung von Hölzel's Wandbildern für den Anschauungs- und Sprechunterricht. I. Teil. Mit 4 Bildern. 6. verbess. Aufl., Schüler-Ausg. 8⁰. 172 S. St. Gallen, Fehr'sche Buchh. 1899 Geb. 1 40
— Dasselbe. Lehrer-Ausg. 8⁰. XXIV, 172 S. Ebda. Geb. 1 40

— Leitfaden f. den ersten Unterricht im Französischen. Unter Benützg. v. „Hölzel's Wandbildern f. den Anschauungs- u. Sprachunterricht". 2 Tle. gr. 8. St. Gallen Fehr. Kart. n. 2. 80
1. Mit 4 Bildern. 7. verb. Aufl. (169 S.) 901 n. 1. 40; Lehrerausg. (XXVI, 172 S.) 898. n. 1. 20
2. 6., wesentlich verb. Aufl. (186 S.) 900. n. 1. 40

— Leitfaden f. den ersten Unterricht im Französischen. Unter Benützg. v. Hölzel's Wandbildern f. den Anschauungsunterricht. 2 Tle. gr. 8. St. Gallen 903. Fehr. (Leipzig, F. Brandstetter.) Kart. à n. 1. 40
I. Mit 4 Bildern. 8. Aufl. (169 S.) — II. 7. Aufl. (186 S.)

Alge, S[ines]. Leitfaden für den ersten Unterricht im Französischen. Unter Benützung von [Eduard] Hölzel's Wandbildern für den Anschauungsunterricht. Teil 1. Mit vier Bildern [Tafeln]. Der 8. Aufl. 1. Nachdruck. 176 S. 8. St. Gallen, Fehr, 1906. [geb. fr. 1. 80]

— Leitfaden f. d. ersten Unterricht im Italien. Unt. Benützg. v. „Hölzel's Wandbildern f. d. Anschauungs- u. Sprachunterr." gr. 8. (VIII, 192 S. m. 4 Bild.) Ebd. 896. Kart. n. 2. —

— Leitfaden f. den ersten Unterricht im Italienischen. Unter Benützg. v. „Hölzel's Wandbildern f. den Anschauungs- u. Sprachunterricht". 2. (umgearb.) Aufl. gr. 8. (VIII, 139 S. m. 4 Bildern.) Ebd. 900. Kart n. 2. —

Alge, S[ines]. Leitfaden für den ersten Unterricht im Italienischen. Unter Benützung von «[Eduard] Hölzels Wandbildern für den Anschauungs- und Sprach-Unterricht». Mit 4 Bildern. 3. Aufl. — *A. u. d. T.:* Lezioni d'Italiano. Con 4 disegni. 3a ed. VIII + 139 S. 8. St. Gallen = San Gallo, Fehr, 1904. [geb. fr. 2. 40]

Alge, S. Leitfaden für den ersten Unterricht in der französischen Sprache. Unter Benützung von Hölzel's Wandbildern. Für den Anschauungs- und Sprachunterricht und mit Aufgaben zum Selbstkonstruiren durch die Schüler. Dritte, wesentlich vermehrte und verbesserte Auflage. Mit 4 Tafeln Abbildungen. In-8⁰. VI, 168 S. St. Gallen, Huber & Co. (E. Fehr). 1892 1 60

Alge, S. Der Lernstoff in Alge's französischem Leitfaden (5. Aufl. I. Teil. 1897). In-8⁰. 12 S. Ebda. 1897 Gratis

Alge, S. Französisches Lese- und Uebungsbuch. In-8⁰. VIII, 231 S. St. Gallen, Huber & Co. (E. Fehr). 1891 Gebd. 2 40

Alge, S., stenographisches Lesebuch. Zum Gebrauche neben dem „Lehrbuch der Stolze'schen Stenographie", sowie selbständig in Vereinsübgn. gr. 8. (VIII, 48 autogr. S.) Wetzikon 885. (Leipzig, Robolsky.) n. 1.—

— Stenographisches Lesebuch. Zum Gebr. neben dem „Lehrbuch der Stolze'schen Stenographie" sowie selbständig in Vereinsübungen. Von S. Alge. — Wetzikon: Verl. d. Allg. Schweizerischen Stenographenvereins 1885. VIII,48 S. 1:V 20589.
3.3032

Alge, S[ines]. Méthode d'enseignement du français et Commentaire aux «Leçons de français, Première partie». II + 83 p. 8. St-Gall, (O.) Fehr, 1904. [fr. 1. 20]

Alge, S. Zur Methodik d. französischen Unterrichts. Zugleich ein ausführlicher Kommentar zu des Verfassers „Leitfaden". In-8⁰. IV, 150 S. St. Gallen. Fehr'sche Buchhdlg. **1893** 2 40

Alge, S(ines), und **Schwarz,** R(udolf). Methodik des Stenographischen Unterrichts. Im Anschluss an S. Alge's Lehrbuch der Vereinfachten deutschen Stenographie ⟨System Stolze-Schrey⟩ bearb. 64 S. 8. Wetzikon bei Zürich, ⟨Hermann Bebie⟩, 1903. ([cart.] fr. 2. —)

— u. R. Schwarz, Methodik des stenographischen Unterrichts. Im Anschluss an S. Alge's Lehrbuch der vereinfachten deutschen Stenographie (System Stolze-Schrey) bearb. (60 S.) 8. Wetzikon 903 (Leipzig, J. H. Robolsky.) Kart. n. 1. 60

[—] Entwurf. Programm des Allgem. schweiz. Stenographenvereins ⟨Stolze'schen Zentralvereins⟩. — Liestal 1884: Lüdin & Walser. 12 S. 1: in V 19841.
3.3033

Alge, S. (Red.), s. S t e n o g r a p h, Der.

— Der Allgemeine Schweizerische Stenographenverein ⟨Stolze'scher Zentralverein⟩. Denkschrift zur Feier seines 25jähr. Bestandes. Von S. Alge. — Wetzikon: Verl. d. Allg. Schweizerischen Stenographenvereins 1884. 58 S. 1:V 20164.
3.3034

— Stolze, Schrey, Velten. Was bringt uns die vereinfachte deutsche Stenographie '⟨Einheitssystem Stolze-Schrey⟩'? Von S. Alge. — Wetzikon b. Zürich: Bebie 1897. 36 S. 1:V 22940.
3.3035

— Stolze, Schrey, Velten. Was bringt uns d. vereinf. deutsche Stenographie (Einheitssystem Stolze-Schrey)? 8. (36 S.) Wetzikon 897. Leipzig (J. H. Robolsky). n. — 50

—— Uebungsbuch für Stolze'sche Stenographen. Zum Gebrauch in Anfänger- und Fortbildungskursen. gr. 8. (48 S. und 24 autogr. Bl.) (Ebendas.) 886. **
Mit dem Lehrbuch zusammen in 1 Bd. geb. **

Alge, S. u. R. Schwarz. Stenographisches Uebungsbuch für Fortbildungskurse und zum Selbstunterricht. (Einigungs-System Stolze-Schrey). 8⁰. 84 S. Wetzikon, H. Bebie. **1899** 1 60

Alge, S., der erste **Unterricht** im Französischen. Zugleich e. Kommentar zum „Leitfaden für den ersten Unterricht im Französischen". [Aus: „Theorie u. Praxis d. Sekundarschulunterrichts".] gr. 8. (45 S.) St. Gallen 892. Huber & Co. n. — 50

Alge, S(ines), und **Schwarz,** Rud(olf). Zusatzaufgaben zu S. Alge's Lehrbuch der Vereinfachten deutschen Stenographie ⟨Einigungssystem Stolze-Schrey⟩. Hrg. von Rud. Schwarz. Separatabdruck aus der Methodik des stenographischen Unterrichts von S. A' und R. Sch'. 16 S. 8. Wetzikon bei Zürich, Hermann Bebie, 1904. fr. —. 15

Algeier, Christianus Carolus Augustus (Bingenheim)

Dissertationis juridicae inauguralis de Detractu Venditionis. Sect. I: Generalia quaedam de jure detractus continens.
Gissae 1803. 24 S.
Diss. jur. 21. Sept. 1803. vorh. 26.

Algen, die, der ersten Regnell'schen Expedition. I—III. gr. 8. Stockholm. (Berlin, R. Friedländer & Sohn.) n.n. 7. 30
I. Protococcoideen. Von Knut Bohlin. (47 S. m. 2 Taf.) 897. n.n. 3. —
II. Desmidiaceen. Von O. Borge. [Aus: „Arkiv f. botanik".] (S. 71—138 m. 6 Doppeltaf.) 903. n.n. 3. 50
III. Zygnemaceen u. Mesocarpaceen. Von O. Borge. [Aus: „Arkiv f. botanik".] (S. 277—285 m. 1 Taf.) 903. n. —80

Algenroth [Schlagwort]

Algenroth, s.: Geologische Karten. Preussen 111.

Algenstaedt, Luise

— allzeit Fremde. Roman. (272 S.) 8. Schwerin 905. F. Bahn. n. 3. 60; geb. n. 4. 50

— Allzeit Fremde. Roman. 2. Aufl. (2. Taus.) (288 S.) 8. Ebd. 911. 3.60; geb. 4. 50

— Unsere Art. Bilder von Mecklenburger Land u. Strand. Leipzig: Amelang 1907. 147 S. 1:Yx 38366. 8. 9. 10.
3.3038

— Der steinerne Fluch. Wem die Ehre? 2 Erzählgn. Mit 2 (Voll-)Bildern v. H. Barmführ. (75 S.) 8. Schwerin 911. F. Bahn. —90; geb. 1. —

— frei zum Dienst! Eine Diakonissengeschichte. 3.—7. Aufl. (III, 304 S.) 8. Leipzig 903—905. (E. Bredt.) n. 4. 20; geb. n. 5. —
Die beiden ersten Auflagen erschienen anonym.

— Kraut u. Unkraut vom Heimatboden. 1. u. 2. Aufl. (à III, 202 S. m. Abbildgn.) gr. 8. Ebd. 904. n. 2. 80; geb. in Leinw. n. 3. 50

Algenstaedt, L. (Ludw. Annshagen), Quellsucher. Roman. 8. (208 S.) Schwerin 902. F. Bahn. n. 3 —; geb. n. 3. 60

— der Reisepaß. Eine Hofgeschichte. Um die Ehre, s. a. Meyer's, Ulr., Bücherei. Nr. 14.

Algenstaedt, Luise: [Teils.] Der Reisepaß. Eine Hofgeschichte. Um die Ehre. 3 Erzählungen. Mit 3 Bildern von Werner Zehme. — Berlin: U. Meyer [1905]. 80 S. (Ulrich Meyer's Bücherei. 14.) 1:Yt 726/50-14. 11.
3.3037

— Die große Sehnsucht. Jüdische Novellen. — Leipzig: Grunow 1910. 172 S. 1:Yx 40550.
3.3045

— Skizzen aus dem Schwesternleben. 1. u. 2. Aufl. (à 183 S.) 8. Schwerin 906. F. Bahn. n. 2. 50; geb. n. 3. —

Algenstaedt, Luise, von Amts wegen. Roman. 1. u. 2. Aufl. (à 371 S.) 8. Wismar 909. 910. [H. Bartholdi]. Altenburg, Joh. Räde Verl. 4.—; geb. in Leinw. 5. —

— Was die Erde gab. Roman von Luise Algenstaedt ⟨L. Annshagen⟩. — Berlin: Janke (1904). 295 S. 1:Yx 36139. 11.
3.3040

Algenstaedt, Wilhelm: Beiträge zur Determination der Elemente des Dreiecks. (Umschlagt.: Ueber Determinationen.) 1. Tl. Doberan, Druck v. H. Rehse & C., 1894; 1 Bl., 24 S. 4.
Doberan, grossh. G Friderico-Franciseum, OP 1894 (650)

Algenstaedt, Wilhelm: Beiträge zur Determination der Elemente des Dreiecks. Bogen 4—6. [Forts. d. P-Beil. 1894.] Doberan, Druck v. H. Rehse & C., 1895; 1 Bl., 25—48 S. 4.
Doberan, groszh. G Friderico-Franciseum, OP 1895 (674)

Algenstaedt, Wilhelm: Beiträge zur Determination der Elemente des Dreiecks. ([Umschlagt.:] Ueber Determinationen.) Tl 3 '(Schlusz [d. P-Beil. 1894. 95.])' Doberan, Druck v. H. Rehse & C., 1896; 1 Bl., 49—66 S. 4.
Doberan, grossh. G Friderico-Franciseum, OP 1896 (664)

Alger s.a. A l g e r i e n

Alger s.a. A l g i e r

Alger et l'Expédition, par J. C. qui a rempli, pendant nombre d'années, des fonctions publ. près cette Régence. gr. in-8. (3 B.) Mayence 830, (Stenz.)

Alger, D., de sacramentis corporis et sanguinis dominici libri tres. Accedit libellus de sacrificio missae eidem D. Algero adscriptus. Denuo ed. J. B. Malou. 32. (XLIV u. 367 S.) Lovanii 847. (Bonn, Marcus.) baar 14 ngl

Alger, Rudolf: Volkstümliches Turnen, Spiel und Sport an höheren Schulen. Saarlouis 1909: Stein. S. 3—14. 4°
Saarlouis, G P 1909 (627)

Algerien s.a. Alger

Algerien s.a. Algier

Algerien [sachliches Ordnungswort]

Algerien und seine Hauptausfuhrprodukte auf der Weltausstellung von Brüssel 1910. (151 S) Algier 1910

Algerien [Schlagwort]

Algerien. Kiepert, H., Karte v. Algerien u. Tunesien. 1:2.000.000. Chromol. Fol. Berlin 1881, D. Reimer.

Algermann, (Frz.,) Feier d. Gedächtn. d. vormal. Hochschule Juliane Augusta zu Helmstädt. Nebst d. Lebensbeschreib. d. Herz. Julius v. Braunschweig. Mit Kupf. 8. Helmst. 823, Fleckeisen.

Algermann, Franz

— Leben des Herzogs Julius zu Braunschweig und Lüneburg. Hrsg. von Friedrich Karl von Strombeck. — Helmstedt: Fleckeisen 1823. VII,78 S.
12: 4° Biogr. 128q. 300: 31 D 2. 5. 7. 8. 10.
3.3070

Algermissen, A., Quaestiones Ovidianae criticae. Diss. 1879. 27 S. 1.—

Algermissen, H. [pr. Arzt. Kupferdreh (Rheinl.)]: Ein Fall von Magenkrebs mit seltenem Verlauf. . . . Göttingen, Druck d. Dieterich'schen Univ.-Buchdr., 1891; 26 S. 8°
Göttingen, Med. Fak., Inaug.-Diss. v. [18. Dez.] 1890

Algermissen, H., e. Fall v. Magenkrebs m. seltenem Verlauf. Diss. gr. 8. (26 S.) Göttingen 891. (Vandenhoeck & Ruprecht.) n. — 60

Algermissen, J.(L.), s. Algermissen, Johann Ludwig

Algermissen, Johann Ludwig

Algermissen, Joh. Ludw., kleiner Atlas für die Volksschulen, mit besond. Berücksicht. der Heimats- und Vaterlandskunde. 59 Nrn. hoch 4. (à Nr. 10 chromolithogr. Karten.) Metz 881, Lang. à Nr. * — 50

Algermissen, J. L., Diözesan-Karte der Provinzen Rheinland und Westfalen, sowie der angrenzenden Landesteile. 1:400,000. 2 Bl. Chromolithogr. Imp.-Fol. Nebst statist. Angaben, mit Unterstützung der hochwürd. General-Vicariate bearb. gr. 8. (12 S.) Köln 887, Warnitz und Comp. *
Auf Leinw. * M 6.50.; mit Stäben und lackirt *

Eifel-Karte (sowie die angrenzenden Gebiete vom Hunsrück-Hochwald u. Luxemburg) nach d. neuesten Quellen bearb. von Joh. Ludw. **Algermissen**, Köln-Riehl. Massst. 1:240,000. *Trier: H. Stephanus 1903; Lith. C. Walzbacher, Darmstadt.* (1 Kartenbl. 56×62 cm.) 8° [kol.]
[03. 11650

Eifel-Karte (sowie die angrenzenden Gebiete vom Hunsrück-Hochwald u. Luxemburg) nach d. neuesten Quellen bearb. von Joh. Ludw. **Algermissen**. Massst. 1:240,000. (Ausg. A. Mit grüner Waldplatte.) 2. Aufl. Trier: H. Stephanus 1907; (Lith. C. Welzbacher, Darmstadt). (1 Kartenbl. 56×63 cm.) 8°
[07. 13361

Algermissen, Joh. Ludw.: Eifelk. sowie d. angrenz. Geb. v. Hunsrück-Hochwald u. Luxemburg. Ausg. B. 3. Aufl. 54 x 55 cm. Farbdr.– Trier, H. Stephanus 1907.

Algermissen, Joh. Ludw., Eisenbahn-Reisekarte von Mittel-Europa. 1:1500000. Ausg. 1884, 1887. Nebst Eisenbahn-Directions-Verzeichniss. Köln, Warnitz & Co., 1884. 1887. Chromolith. gr. Fol.

Algermissen, Johann Ludwig: Kölner Führer nebst Karte der Umgegend von Köln. ⟨Stadt- u. Landkreis Köln, Kreis Mülheim a. Rh.⟩ Bearb. von Joh. Ludw. Algermissen. — Köln: Tonger in Komm. 1888. 16 S.
5.
3.3072

— Neuester Kölner Führer, nach amtlichem Material bearb. von Joh. Ludw. Algermissen. 2. Aufl. — Köln: Selbstverl.; Schmitz 1889. 24,16 S.,2 Pl.
1: Th 8654².
3.3073

— 8. Aufl. Köln: Selbstverl.; [Tonger in Komm.] 1896. XVI,140 S.,1 Pl. 1: Th 8654⁸.
3.3074

Algermissen, Joh. Ludw., s.a. Garnison-Übungskarte v. Metz.

Algermissen, J. L., Garnison-Übungskarte von Metz. 1:50,000. [Metz 888.] Leipzig, Lang. *

Algermissen, Joh. Ludw. Garnison-Übungs-Karte v. Metz, nach der Generalstabskarte 1:25,000 bearb. 1:50,000. Farbendr. 51,5×54 cm. Lpz. 891, Lang. ** 2 75

Algermissen's, Joh. Ludw., Generalkarte von Elsass-Lothringen. 1:400,000. Verkleinerte Ausg. der Spezialkarte 1:200,000. 6. Aufl. 1886. Chromolithogr. gr. Fol. [Metz 886.] Leipzig, Lang. *
Auf Leinw. in Etui *

—— Generalkarte v. Elsass-Lothringen. Verkleinerte Ausg. der Algermissen'schen Spezialkarte. 1:400,000. 7. Aufl. Farbendr. 60×45 cm. Ebd. 891. * 2 —; auf Leinw. in Etui * 3 60

Algermissen, J.L., Generalkarte v. Elsass-Lothringen. 1:400,000. (Verkleinerte Ausg. d. Spezialkarte 1:200.000. 8. Aufl. 60 x 45 cm. Farbendr.(m. Terrain).– Lpzg. 1893, G. Lang.

Algermissen, J.L.: Generalk. v. Elsass-Lothr. 1:400,000. 10. Aufl. 65,5 x 45 cm. Farbdr. Lpzg. 1898. Strassbg., W.Heinrich.

Algermissen, Joh. Ludw., topographische Generalkarte von Elsass-Lothringen. Verkleinerte Ausg. der Specialkarte. 1:400,000. Ausg. 1879. Chromolithogr. (mit Terrain). Imp.-Fol. Metz 879, Deutsche Buchh. *
Auf Leinw. in Etui *

Algermissen, Joh. Ludw., topographische Generalkarte von Elsass-Lothringen. Verkleinerte Ausg. der Specialkarte. 1:400,000. 2. Aufl. Ausg. 1880. Chromolithogr. (mit Terrain). Imp.-Fol. Metz 880, Deutsche Buchhandlung. *
Auf Leinw. in Etui *

— Kölner Liederkranz. Internationaler Gesangwettstreit am 14., 15., 16. und 17. August 1880 in Köln am Rhein, veranstaltet vom Gesangverein "Kölner Liederkranz" zur Feier seines 25jährigen Bestehens. Offizielles Festbuch. Köln: Selbstverl. 1880. 144 S.
5.
3.3075

Algermissen, Joh. Ludw., kleine Hand-Atlanten d. Deutschen Reichs [f. jeden Regierungs-Bezirk in besond. Ausg.] f. die Volksschulen. Mit besond. Berücksicht. der Heimats- u. Vaterlandskunde bearb. Nr. 2. 5. 7. 13—19. 22—24. 37—41. 53. hoch 4. (à 10 chromolith. Karten u. 4 S. Text.) Metz 883—86. Lang. à n. — 50

2. Reg.-Bez. Düsseldorf. 10. Aufl. — 3. Reg.-Bez. Trier. 4. Aufl. — 4. Reg.-Bez. Aachen. — 5. Reg.-Bez. Koblenz. 3. Aufl. — 7. Reg.-Bez. Minden. — 13. Landdrostei Hannover. — 14. Landdrostei Lüneburg. — 15. Landdrostei Stade. — 16. Landdrostei Hildesheim. — 17. Landdrostei Aurich. — 18. Reg.-Bez. Kassel. — 19. Reg.-Bezirke Wiesbaden u. Kassel. — 22. Reg.-Bez. Magdeburg m. Anhalt. — 23. Reg.-Bez. Merseburg. — 24. Reg.-Bez. Erfurt. — 37. Thüringen. — 38. Kreishauptmannsch. Bautzen. — 39. Kreishauptmannsch. Dresden. — 40. Kreishauptmannsch. Leipzig. — 41. Kreishauptmannsch. Zwickau. — 53. Bezirk Lothringen.

– kleine Hand-Atlanten d. Deut. Reiches [f. jeden Reg.-Bez. in bes. Asg.] f.d. Volksschulen. Nr. 1-8, 13-19, 36, 42-49,50-53. 4°. (a 10 farb. Karten u. 4 S. Text.) Ebd. 1886-90.

Algermissen, Joh. Ludw. Kleine Hand-Atlanten des Deutschen Reiches [f. jeden Regierungs-Bezirk in besond. Ausg.] für die Volksschulen. Mit besond. Berücksicht. der Heimats- u. Vaterlandskunde bearb. Nr. 2, 51 u. 52. hoch 4. (à Nr. 10 chromolithogr. Karten u. 4 S. Text.) Metz 889, Lang. à Nr. * — 50

2. Reg.-Bez. Düsseldorf. 21. Aufl.
51. Oberelsaß. 5. Aufl.
52. Unterelsaß. 4. Aufl.

—— dass. — Nr. 28, 34 u. 35. hoch 4. Ebd. 889. à Nr. * — 60

28. Für die Provv. Ost- u. Westpreußen. (12 farb. Karten.)
34. Prov. Posen. (10 Karten m. 6 S. Text u. 1 Bl. kartograph. Grundbegriffe.)
35. Stadt- u. Landkreis Köln. 2. Aufl. (12 Karten m. 4 S. Text.)

Algermissen, Joh. Ludw., Hand-Atlas für die Heimatkunde von Bayern. gr. 4. (10 chromolithogr. Karten.) [Metz 888.] Leipzig, Lang. *

Algermissen, J. L., Hand-Atlas für die Heimatkunde von Niedersachsen. [Prov. Hannover, Großherzogt. Oldenburg, Herzogt. Braunschweig, Lippesche Fürstentümer und Freie Stadt Bremen]. gr. 4. (8 color. Karten.) [Metz 888.] Leipzig, Lang. *

– kleiner Hand-Atlas d. Deut. Reichs [f. jeden Reg.-Bez. in besond. Asg.] f.d. Volksschulen. Nr. 2-6. 8. 13-27. 29-34. 37-41. 49-59. 4°. (à 10 chromol. Karten m. 4 S. Text.) Ebd. 1882-85.

—— Kleiner Handatlas f. die einfachen Volksschulen von Oberelsass. Achte Aufl. Zehn Karten in Farbendruck nebst Text zur Heimatkunde. 4°. Gebweiler 892, Boltze. — 50

Algermissen, J.L., kleiner Hand-Atlas f. d. einfachen Volksschulen v. Oberelsass. 10 Kart. in Farbdr. nebst Text z. Heimatskunde. 9. Aufl. 4°(7S.Text.)– Gebweil. 1895, J. Boltze.

Algermissen, J.L., kleiner Hand-Atlas f. d. einfachen Volksschulen v. Unter-Elsass. 10 Kart. in Farbendr., nebst Text z. Heimatskunde. 6. Aufl. 4°(7 S. Text.) – Gebweil. 1894, J. Boltze.

Algermissen, J.L., kleiner Hand-Atlas f. d. einfachen Volksschulen u. Deut. Reiches (f. jeden Reg.-Bez. in bes. Ausg. Mit bes. Berücks. d. Heimats-u. Vaterlandskunde bearb.) Nr. 1,2,4,5,7, u. 8. Nebst Text z. Heimatskunde. 4°(à 7).– Lpzg. 1895, G.Lang.
1. Bezirk u. Kreis Köln. 9. Aufl. (20 farb. Kart.)
2. Reg.-Bez. Düsseldorf 27. Aufl. (18 farb.Kart.)
4. Reg.-Bez. Aachen. 11 Aufl. (18 farb.Kart.)
5. Reg.-Bez. Koblenz. 11. Aufl. (18 farb. Kart.)
7. Reg.-Bez. Münster. 15. Aufl. (18 farb.Kart.)
8. Reg.-Bez. Minden. 10.Aufl.(18 farb. Kart.)
Vgl.: A., Volksschul-Atlanten.

Algermissen, J.L.: Handk. v. Stadt-u. Land-Kreis Cöln. Neue Aufl. 24,5 x 18,5 cm. Farbdr. – Lpzg., G. Lang 1903.

Algermissen, J. L., Karte der deutsch - französischen Grenzländer mit genauer Einzeichnung der französischen Befestigungs - Anlagen. 1 : 400,000. Verkleinerte Ausg. der Spezialkarte von Elsass-Lothringen. Chromolithogr. Imp.-Fol. [Metz 887.] Leipzig, Lang. *

—— dass. — mit genauer Einzeichnung der französischen Befestigungs - Anlagen und deren neueren Verstärkungen. 1 : 400,000. Verkleinerte Ausg. der Spezialkarte von Elsass-Lothringen. 2. Aufl. Chromolithogr. Imp.-Fol. Ebendas. 887. *

Algermissen, Joh. Ludw., Karte der Kriegs-Operationen um Metz im J. 1870. 1 : 50,000. Chromolithogr. Imp.-Fol. Metz 880, Deutsche Buchhandlung. *

—— topographische Karte des Kreises Metz. Nach den neuesten Quellen entworfen, sowie erweitert und revid. im April 1877. 1 : 50,000. 2 Bl. Chromolithogr. Imp.-Fol. Ebendas. * ℳ 4.; auf Leinw. in Etui ** Mit Stäben ** ℳ 6,50.; lackirt **

Algermissen, Joh. Ludw., topographische Karte des Kreises Metz. Nach den neuesten Quellen entworfen und gezeichnet, sowie erweitert und revid. im Mai 1880. 1 : 50,000. 4 Bl. 2. Aufl. Chromolithogr. Imp.-Fol. Metz 881, Deutsche Buchhandlung. * 3 —

Algermissen, J., topographische Karte der Umgegend von Metz. 1 : 50,000. Nach den neuesten Quellen entworfen. Fol. Metz 875, Deutsche Buchh. *

Algermissen, J. L., und Westphal, topographische Karte der Umgebung von Metz. Die Kriegsoperationen um Metz im J. 1870. 1 : 50,000. Revid. im April 1877. Chromolithogr. Imp.-Fol. Metz, Deutsche Buchh. *

—— topographische Karte der Umgegend von Metz. 1 : 50,000. Nach den neuesten Quellen entworfen und gezeichnet. 1.–3. Aufl. Chromolithogr. Imp.-Fol. Ebendas. 877,78. ** Auf Leinw. in Etui **

—— topographische Karte der Umgegend von Metz. 1 : 50,000. Nach den neuesten Quellen entworfen und gezeichnet. 4. Aufl. Chromolithogr. Imp.-Fol. Ebendas. 880. ** 2 50
Auf Leinw. in Etui ** 4 —

Algermissen, J.L., topograph. Karte d. Umgebg. v. Metz. Die Kriegsoperationen um Metz im J. 1870. 1:50,000. 9. Aufl 53,5 x 73 cm. Farbendr.– Köln 1895, Warnitz & Co.

Algermissen, Joh. Ludw.: Topogr. Karte d. Umgebg. v. Metz. Die Kriegsoperationen um Metz im J. 1870. 1:50,000. 10. Aufl.v. Paul. 53,5 x 73 cm. Farbdr.– Metz, Metzer Stadt-u. Schlachtfelder-Verl. 1900.

Algermissen, J. L., Karte der Umgegend von Diedenhofen. 1 : 100,000. Chromolithogr. gr. 4. Metz 877, Deutsche Buchh. *

Algermissen, J.L.: Karte d. Umgegend v. Köln. 1:50,000. 11. Aufl. 51,5 x 69 cm. Farbdr.– Köln 1897, K. Warnitz & Co.

—— Karte der Umgegend von Metz. 1 : 50,000. 5. Aufl. Chromolithogr. qu. Fol. Ebendas. 885. [* ℳ 2.—.] *

—— Mittelschul-Atlanten f. das Deutsche Reich. Mit besond. Berücksicht. der Heimats- u. Vaterlandskunde bearb. Nr. 5 u. 6. gr. 4. Lpz. 890—91, Lang. à Nr. * 1 —
5. Für die Provv. Ost- u. Westpreußen. (20 Karten.)
6. Prov. Posen. (18 Karten m. 6 S. Text u. 1 Bl. kartograph. Grundbegriffe.)

– Mittelschul-Atlas. Provinz-Ausg. Nr. 1,2,3,5,6,9 u. 10. 4. Ebd.
1. Für d. Rheinprovinz. (25 Karten m. 8 Bl. Text.) 1886.
2. Für Westfalen. (25 Karten m. 8 Bl. text.) 1886.
3. Für Niedersachsen. (25 Karten m. 1 S. Text.)1888.
5. Für d. Provv. Ost-u. Westpreussen. (20 Karten.) 1889.
6. Prov. Posen. (18 Karten m. 6 S. Text u. 1 Bl. kartograph. Grundbegriffe.) 1889
9. Für Elsass-Lothringen.(25 Karten m. 8 Bl. Text.) 1886.
10. Für Bayern. (27 Karten m. 1S. Text.) 1888.

– Dass. Nr. 28, 34, 35, u. 37. 4. Ebd. 1888 - 1890.
28. Für d. Provv. Ost-u. Westpreussen. (12 farb. Karten.)
34. Prov. Posen. (10 farb. Karten m. 6 S. Text u. 1 Bl. kartograph. Grundbegriffe.)
35. Stadt-u. Landkreis Köln. 3. Aufl. (12 farb. Karten m. 4 S.Text.)
37. Für d. Volksschulen d. Stadt-u. Landkreises Köln. (2 farb. Karten m. 4 S. Text).

Algermissen, J.L.: Palästina z.Z. Jesu Christi. 1:250,000, 8.Aufl. 4Bl. a 61 x 69 cm. Farbdr.– Lpzg. 1899, G.Lang.

Algermissen, J.L.:Palästina z.Z. Jesu Christi. 1:250,000. 11.Aufl. 4 Bl. je 68,5x60,5 cm. Farbdr., G. Lang(1904.)

Algermissen, Joh. Ludw.:Palästina z.Z. Jesu Christi. Für d. Schulgebrauch bearb. 1:250,000. 13. Aufl. 4 Bl. je 68,5 x 60,5 cm. Farbdr. – Lpzg., G. Lang 1907.

Algermissen, Joh. Ludw., Schul-Karte von Deutschland. Fluss- und Gebirgs-Karte. 1 : 5,000,000. Chromolithogr. gr. 4. Metz 882, Deutsche Buchhandlung. — 15

Algermissen, Joh. Ludw., Schulkarte von Elsass-Lothringen. 1 : 800,000. Chromolithogr. gr. 4. Metz 882, Deutsche Buchh. — 15

Algermissen, Joh. Ludw., Schulkarte des Rheinisch-Westfälischen Kohlen-Reviers. 1 : 200,000. Chromolithogr. qu. gr. 4. Metz 882, Deutsche Buchh.

Algermissen, Joh. Ludw., Schulkarte von Palästina zur Zeit Christi. 1 : 1,500,000. Chromolithogr. gr. 4. Metz 882, Deutsche Buchhandlung. — 15

Algermissen, Joh. Ludw., Schulwandkarte von Europa. 1 : 2,750,000. 9 Bl. 4. Aufl. Chromolithogr. Imp.-Fol. Metz 883, Lang. * 10 —
Auf Leinw. in Mappe * ℳ 17.; mit Stäben * 20 —

Algermissen, J. L., Schul-Wandkarte der östlichen und westlichen Halbkugel in homalograph. Projektion mit Höhenschichtenkolorit. à 6 Bl. Imp.-Fol. [Metz 888.] Leipzig, Lang. à *
Auf Leinw. mit Stäben à *

Algermissen, J.L., Schulwandkarte v. Hessen u. Hessen-Nassau. 1:200,000. 4 Bl. à 62 x 54 cm. Farbendr. u. kol. – Metz 1882, Lpzg. 1904

—— Schul-Wandkarte von Niedersachsen. 1 : 200,000. 9 Bl. 2. Aufl. Chromolithogr. und color. Imp.-Fol. Ebendas. 886. *

Algermissen, Joh. Ludw. Schul-Wandkarte von Niedersachsen. 1 : 200,000. 9 Bl. 3. Aufl. Neue Terrainbearbeitg. v. Ed. Gaebler. Farbendr. 55×60 cm. Lpz. 892, G. Lang. * 10 —
Auf Leinw. m. Stäben * 20 —

—— Schulwandkarte von Palästina zur Zeit Christi. 1 : 200,000. 4 Bl. Chromolithogr. Imp.-Fol. Ebendas. 883. * 6 —
Auf Leinw. in Mappe oder mit Stäben * 12 —

Algermissen, Joh. Ludw., Schulwandkarte von Palästina zur Zeit Christi. 1 : 200,000. 2. und 3. Aufl. 4 Bl. Chromolithogr. Imp.-Fol. Metz 885,89, Lang. *
Auf Leinw. in Mappe oder mit Stäben *

Algermissen, Joh. Ludw. Schulwandkarte v. Palästina zur Zeit Jesu Christi. 1 : 250,000. 4 Blatt. 4. Aufl. Farbendr. 68,5×60,5 cm. Lpz. 891, G. Lang. * 6 —; auf Leinw m. Stäben * 12 —

Algermissen, J.L., Schulwandkarte v. Palästina z.Z. Jesu Christ. 1:250.000. 5. Aufl. 4 Bl. à 68 x 60 cm. Farbendr. – Köln 1895, Warnitz & Co.

—— **Schulwandkarte** des Deutschen Reiches. 1 : 750,000. 9 Bl. 4. Aufl. Chromolithogr. Imp.-Fol. Metz 883, Lang. * 10 —
Auf Leinw. in Mappe * ℳ 17.; mit Stäben * 20 —

Algermissen, Joh. Ludw., Schul-Wandkarte der Rheinprovinz. 1 : 200,000. 6 Bl. Chromolithogr. Imp.-Fol. [Köln 879, A. J. Tonger.] Metz, Deutsche Buchh.
Auf Leinw. mit Mappe * ℳ 12,50.; mit Rollstäben *

Algermissen, J.L.: Schul-Wandk.d.Rheinprovinz. 1:200,000. 6 Bl. à 58 x 55 cm. Farbdr. Köln 1898, Kölner Lehrmittel-Anst. H.Inderau.

Algermissen, Joh. Ludw., Schul-Wandkarte von Westfalen. 1 : 200,000. 2. Aufl. 4 Bl. Lithogr. und color. Imp.-Fol. [Metz 887.] Leipzig, Lang. *
Auf Leinw. in Mappe oder mit Stäben *

Algermissen, Joh. Ludw. Schul-Wandkarte von Westfalen. 1 : 200,000. 4 Blatt. 3. Aufl. Farbendr. 63×59 cm. Lpz. 892, Lang. * 6 —; auf Leinw. m. Stäben * 12 —

Algermissen, Joh. Ludw., Schulwandkarte der Prov. Westfalen. 1 : 200,000. 4 Bl. Chromolithogr. Imp.-Fol. Metz 883, Lang. * 6 —
Auf Leinw. in Mappe oder mit Stäben * 12 —

—— **Special-Karte von Elsass-Lothringen. Nach den besten Quellen bearb. 1 : 200,000. 2 Bl. 4. Aufl. Chromolithogr. Imp.-Fol. Ebendas. 886. ***
Auf Leinw. in Etui ** ℳ 10.50.; mit Stäben **

· **Algermissen, Joh. Ludw. Spezial-Karte von Elsass-Lothringen. Nach amtl. Quellen bearb. 1 : 200,000. 5. Aufl. 2 Blatt. Farbendr. Imp.-Fol. Lpz. 890, Lang. * 6 —; gefalzt in Mappe * 7 —**
Auf Leinw. in Etui oder m. Stäben ** 10 50

Algermissen, J. L. Special-Karte der Reichs-Lande Elsass-Lothringen. 1 : 200 000. Metz 1878.

—— **Specialkarte der Reichslande Elsass-Lothringen. Nach amtl. Quellen bearb. 1 : 200,000. 2 Bl. 3. Aufl. Chromolithogr. Imp.-Fol. Ebendas. 880. * 6 —**
Auf Leinw. ** 10 50

—— Desgl. 6. Auflage. Leipzig 1896. Je 2 Bl. c. L. Sch.

Spezial-Karte der Reichs-Lande Elsass-Lothringen nach amtl. Quellen bearb. von Joh. Ludw. Algermissen. Massst. 1:200,000. 7. Aufl. *Strassburg i. E.: W. Heinrich 1902; E. Gaebler's geogr. I., Leipzig.* (2 Kartenbl. je 86 × 59 cm.) 8° [kol.] [02. 10622

Algermissen, Joh. Ludw.: Spezial–K. d. Reichs-L. Elsass-L. 1:2oo,ooo. 8. Aufl. 2 Bl. je 6o x 89 cm. Farbdr.– Strassbg. W. Heinrich 1908.

—— **Specialkarte von Lothringen.** Aufl. 1880. Chromolithogr. Imp.-Fol. Ebendas. * 3 —

Algermissen, Joh. Ludw. Spezialkarte von Lothringen. Nördliche Hälfte d. Specialkarte v. Elsass-Lothringen. 1 : 200,000. 2. Abdr. Farbendr. Imp.-Fol. Lpz. 891, Lang. * 3 —
Auf Leinw. in Etui ** 5 —

Algermissen, J.L: Spezialk. v. Lothringen. Nördl. Hlfte d. Spezialk.v. Elsass-Lothr. 1:200,000. 4. Aufl. 61x89,5 cm. Farbdr.– Lpzg.1898, Strassbg., W. Heinrich.

Algermissen, Joh. Ludw.: Spezialk. v. Lothringen. Nördl. Hälfte d. Spezialk. v. Elsass-L. 1:200,000. 5. Aufl. 61,5 x 98 cm. Farbdr.– Strassbg., W. Heinrich 1908.

—— **Specialkarte von Ober-Elsass.** Aufl. 1880. Chromolithogr. gr. Fol. Ebendas. * 1 60
Auf Leinw. * 3 —

—— **Spezialkarte von Ober-Elsass. 1 : 200,000. 2. Aufl. 1888. Chromolithogr. gr. Fol. Ebendas. ***
Aus: Spezialkarte von Elsass-Lothringen, besonders abgedruckt.

Algermissen, Joh. Ludw. Spezialkarte vom Ober-Elsass. [Aus: „Spezialkarte v. Elsass-Lothringen".] 1 : 200,000. 3. Aufl. Farbendr. 60×48 cm. Lpz. 891, Lang. * 2 —; auf Leinw. * 3 50

Algermissen, J.L., Spezialkarte v. Ober-Elsass. 1:200,000. 4. Aufl. 60 x 48 cm. Farbendr.– Köln 1894, Warnitz & Co.

Algermissen, J.L.: Spezialk. v. Ober-Elsass. 1:200,000. 6. Aufl. 61,5 x 48 cm.Farbdr.– Lpzg. 1898, Strassbg., W. Heinrich.

Algermissen, J.L.: Spezialk. v. Ober-Elsass. 1:200,000.(S.–A.) 7. Aufl. 60,5 x 48,5 cm.Farbdr. – Strassbg, W. Heinrich(1901)

Algermissen, Joh. Ludw.: Spezialk. v. Ober-Elsass. (SA) 1:200,000. 8. Aufl. 61 x 48,5 cm. Farbdr. Strassbg., W. Heinrich 1908.

Algermissen, J. L., Spezialkarte des Schwarzwaldes, für Touristen bearb. 1 : 200,000. 4.–7. Aufl. Chromolithogr. gr. Fol. [Metz 885—88.] Leipzig, Lang. *

[Umschlagt.:] Spezialkarte des Schwarzwaldes im Massst. 1:200,000 f. Touristen bearb. v. J. L. Algermissen. 9. Aufl. Revid. 1897.98. *Freiburg i/B.: F. P. Lorenz (1897).* (1 Ktnbl. ") 1 Bd 8.
(Collection Lorenz.) [97. 5674

Algermissen, J.L.: Spezialk. d. Schwarzwaldes f. Touristen. 1:200,000. 11. Aufl. 70 x 53,5 cm. Farbdr.– Freibg. i/B. 1900, Lorenz & W.

Algermissen,J.L.: Spezialk. d. Schwarzwaldes, f. Touristen bearb. 1:200,000. 12. Aufl. 70 x 53,5 cm. Farbdr. – Freibg. i/B., F.P. Lorenz(1902)

Algermissen, Joh. Ludw., Spezial-Karte von Südwestdeutschland. 1 : 200,000. Sekt. 3, 4, 7 und 8. Chromolithogr. gr. Fol. Metz 882,83, Lang. à Sekt. *
Auf Leinw. à Sekt. *

Inhalt:
3. Karlsruhe-Stuttgart. — 4. Ellwangen. — 7. Constanz. — 8. Ulm.

—— **Spezial-Karte v. Südwestdeutschland. 1 : 200,000. Blatt 3, 4, 7 u. 8. Neue Ausg. Farbendr. gr. Fol. Ebd. 890. à * 1 50**
Auf Leinw. in Etui à * 3 —
3. Karlsruhe. — Stuttgart. — 4. Ellwangen. — 7. Konstanz. — 8. Ulm.
Es sind nur diese 4 Blätter erschienen, indess kann die Spezialkarte v. Elsass-Lothringen, s. [12.], in gleichem Maasstabe, als Ergänzung dienen.

Algermissen, Joh. Ludw., topographische Special-Karte des Schwarzwaldes, für Touristen bearb. 1 : 200,000. 1. und 2. Aufl. Chromolithogr. gr. Fol. Metz 880,82, Deutsche Buchhandlung. * 2 50
Auf Leinw. in Etui * 4 —

· **Algermissen, Joh. Ludw. Topographische Special-Karte d. Schwarzwaldes, für Touristen bearb. 1 : 200,000. 8. Aufl. Farbendr. gr. Fol. Lpz. 890, Lang. In Mappe * 2 50**

Algermissen, J.L., topograph. Spezialkarte d. Umgegend v. Köln. 4. Aufl. Fol. Köln 1879, Warnitz u. Co.

Algermissen, Joh. Ludw., topographische Specialkarte der Umgegend von Köln. 1 : 50,000. Ausg. mit Niveaulinien. 8. verb. Aufl. Chromolithogr. Imp.-Fol. Köln 884, Warnitz und Comp.

Algermissen, Joh. Ludw., topographische Special-Karte der Umgegend von Köln. 1 : 25,000. Ausg. mit Niveaulinien. 2 Bl. Chromolithogr. Imp.-Fol. Köln 885, Warnitz und Comp.
Auf Leinw. *
—— **dass. — 2. und 3. Aufl. Ebendas. 886,88. ***
Auf Leinw. mit Etui *

—— **topographische Special-Karte der Umgegend von Köln. 1 : 50,000. Lithogr. qu. gr. Fol. Ebendas. 888. ***
Auf Leinw. * ℳ 2.—.; mit Stäben und lackirt *

Algermissen, J.L., topograph. Special-Karte d. Umgegend v. Köln. 1:50,000;9. Aufl. 65, 5 x 81 cm.– Köln, K. Warnitz & Co. 1893.

—— **Specialkarte von Unter-Elsass.** Aufl. 1880. Chromolithogr. gr. Fol. Ebendas. * 1 60
Auf Leinw. * 3 —

—— **Spezialkarte vom Unter-Elsass. [Aus: „Spezialkarte v. Elsass-Lothringen".] 1 : 200,000. 2. Aufl. Farbendr. 55×47,5 cm. Ebd. 891. * 2 —; auf Leinw. in Etui ** 3 50**

Algermissen, J.L., Spezialkarte v. Unter-Eslass. 1:200,000. 3. Aufl. 55 x 47,5 cm. Farbendr. – Köln 1895, Warnitz & Co.

Algermissen, J.L.: Spezialk. v. Unter-Elsass. 1:200,000. 4. Aufl. Neue Bearbeitg. 1896. 55 x 47 cm. Farbdr. – Lpzg.Strassbg, W. Heinrich.

Algermissen, J.L.: Spezialk. v. Unter-Elsass. (S.-A.) 1:200,000. 6. Aufl. 55,5 x 48,5 cm. Farbdr., – Strassbg., W. Heinrich 1903.

Algermissen, Joh. Ludw.: Spezialk. v. Unter-Elsass. (SA) 1:200,000. 7. Aufl. 55,5 x 48,5 cm. Farbdr.– Strassbg., W.Heinrich 1908.

Algermissen, Joh. Ludw., Spezialkarte des Königr. Württemberg. 1:200,000. 2 Bl. Chromolithogr. Imp.-Fol. Metz 883, Lang. *
Auf Leinw. in Etui oder mit Stäben *

Algermissen, Joh. Ludw. Spezialkarte d. Königr. Württemberg. 1:200,000. 2 Bl. Neue Ausg. m. Eisenbahn-Nachträgen bis 1891. Farbendr. Imp.-Fol. Lpz. 890, Lang. * 6 —
Gefalzt in Mappe * 7 —
Auf Leinw. in Etui od. m. Stäben * 10 —

Algermissen, J.L.: Taunuskarte u. d. angrenz. Gebiete (d. Rheintales u. d. Lahntal.) 1:240,000. 44,5 x 40 cm. Farbdr.– Trier, H. Stephanus(1905.)

[Johann Ludwig] **Algermissen**, Touristenkarte des Schwarzwaldes. (Maßst. 1:200,000.) Freiburg im Br.: F. P. Lorenz [1902]. (1 Kartenbl. 51×68 cm.) 8° [Kopft. lith.] [kol.]
[Umschlagt.:] Schwarzwald. Touristenkarte.
(Collektion Lorenz.) [07. 614

Algermissen, Joh. Ludw.: Touristenk. d. Schwarzwaldes. 1:200,000. 70 x 53,5 cm. Farbdr.– Freibg. i/B., F.P. Lorenz 1907.

—— Uebersichts-Karte von Elsass-Lothringen. Verkleinerte Ausg. der Specialkarte. 1:400,000. Ausg. 1879. Chromolithogr. Imp.-Fol. Ebendas. *

—— Uebersichtskarte von Elsass-Lothringen. 1:400,000. 2.—4. Aufl. Chromolithogr. gr. Fol. Ebendas. 880. * 1 —

—— Uebersichtskarte von Elsass-Lothringen. Verkleinerte Ausg. der Spezialkarte. 1:400,000. 5. Aufl. Chromolithogr. gr. Fol. Ebendas. 884. *
Auf Leinw. in Etui *

—— Übersichts-Karte v. Elsass-Lothringen (ohne Terrain). Verkleinerte Ausg. der Algermissen'schen Spezialkarte. 1:400,000. 7. Aufl. Farbendr. 60×45 cm. Ebd. 891. * 1 —
Auf Leinw. in Etui ** 2 60

Algermissen, J.L., Übersichtskarte v. Elsass-Lothringen. Verkleinerte Aus. d. Spezialkarte. 1:400,000. 9. Aufl. 60 x 45 cm. Farbendr..– Lpzg. 1895, G. Lang.

Algermissen, J.L.: Übersichtsk. v. Elsass-Lothr. 1:400,000. 11. Aufl. 60 x 45 cm. Farbdr. Lpzg. 1898, Strassbg., W. Heinrich.

—— Uebersichtskarte der Provinzen Rheinland und Westfalen nebst den angrenzenden Landestheilen, bis Cassel, Bruchsal, Metz etc. reichend. 1:400,000. Chromolithogr. Imp.-Fol. Köln 878, Warnitz und Comp. *
Auf Leinw. * *M* 4.; mit Stäben und lackirt *

—— Uebersichtskarte der Provinzen Rheinland und Westfalen, nebst den angrenzenden Landestheilen bis Cassel, Bruchsal, Metz etc. reichend. Nach den neuesten Quellen bearb. 1:400,000. 2 Bl. 2. Aufl. Chromolithogr. gr. Fol. Köln 883, Warnitz und Comp. 2 50
Auf Leinw. * *M* 4.; mit Stäben und lackirt * 5 —

Algermissen, J. L., Uebersichtskarte der Provinzen Rheinland und Westfalen, sowie der angrenzenden Landesteile (bis Utrecht, Lüttich, Metz, Karlsruhe, Fulda, Kassel, Hameln reichend). 1:400,000. 2 Bl. 3. Aufl. Chromolithogr. gr. Fol. Ebendas. 888.
Auf Leinen in Taschenformat
Auf Leinen mit Stäben und lackirt

Algermissen, J.L.: Übersichtskarte d. Prov. Rheinland u. Westfalen, sowie d. angrenz. Landesteile. 1:140,000. 5. Aufl. 99 x 69,5 cm. Farbdr.– Köln 1900, K. Warnitz & Co.

Algermissen, J. L., Uebersichtskarte von Südwest-Deutschland. 1:400,000. Aufl. 1886. 2 Bl. Chromolithogr. qu. gr. Fol. [Metz.] Leipzig, Lang. *
Auf Leinw. in Etui * *M* 5.50.; mit Stäben **

Algermissen, J. L. Uebersichtskarte der Versicherungsanstalten der Invaliditäts- und Altersversicherung im Deutschen Reiche am 1. Januar 1901. Nach amtlichen Quellen. 1:1 500 000. Köln 1890. 1 Bl. c. I..

Algermissen, Joh. Ludw., Verwaltungs-Eintheilung d. Deutschen Reiches, nebst Angabe d. Flächen-Inhaltes nach qkm u. der Einwohnerzahl bei der Volkszählg. am 1. Dezbr. 1881. Nach amtl. Quellen bearb. 12. (47S.) Metz 882. Deutsche Buchh. — 60

Algermissen, J.L., Verwaltgs.-Einteilg. d. Deut. Reiches, nebst Angabe d. Flächen-Inhaltes nach qkm u. d. Einwohnerzahl bei d. Volkszählg. am 1. Dezbr. 1881. 12°(47).– Metz 1882, Lang.

Algermissen, Joh. Ludw.: Verwaltungs-K. d. Reg.Bezz. Koblenz u. Wiesbaden unt. Berücks. d. angrenz. Geb. 1:240,000. 70 x 63 cm. Farbdr.– Trier, H. Stephanus 1906.

Algermissen, Joh. Ludw.: Verwaltungs-K. d. Reg.-Bez. Trier unt. Berücks. d. angrenz. Geb. 1:240,000. 62,5 x 47 cm. Farbdr.– Trier, H. Stephanus 1906.

—— Verwaltungskarte des Königr. Württemberg. 1:200,000. 2 Bl. Chromolithogr. Imp.-Fol. Ebendas. 885. *
Auf Leinw. in Etui *

—— Verwaltungs-Karte d. Königr. Württemberg. 1:200,000. 2 Bl. Neue Ausg. m. Eisenbahn-Nachträgen bis 1891. Farbendr. Imp.-Fol. Ebd. 890. * 6 —; gefalzt in Mappe * 7 —
Auf Leinw. in Etui od. m. Stäben * 10 —

Algermissen, J.L.: Volksschul-Atlanten d. Deut. Reiches, s.a.Lang.

—— Volksschul-Atlanten d. Deutschen Reiches. Mit besond. Berücksicht. der Heimats- u. Vaterlandskunde. Nr. 1—8, 35, 49, 51, 53. gr. 4. Ebd. 889—92.
1. Für den Kreis u. Bezirk Köln. 12 Karten in Farbendr. 7. Aufl. (7 S. Text.) * — 60.
2. Für den Reg.-Bez. Düsseldorf. (10 Karten u. 4 S. Text.) 23. Aufl. * — 50.
3. Für den Reg.-Bez. Trier. (10 Karten u. 4 S. Text.) 7. Aufl. * — 50.
4. Für den Reg.-Bez. Aachen. (10 Karten u. 4 S. Text.) 8. Aufl. * — 50.
5. Für den Reg.-Bez. Koblenz. (10 Karten u. 4 S. Text.) 8. Aufl. * — 50.
6. Für den Reg.-Bez. Arnsberg. (10 Karten u. 4 S. Text.) 12. Aufl. * — 50.
7. Für den Reg.-Bez. Münster. (10 Karten u. 4 S. Text.) 12. Aufl. * — 50.
8. Für den Reg.-Bez. Minden. (10 Karten u. 4 S. Text.) 6. Aufl. * — 50.
35. Für Stadt- u. Landkreis Köln. (12 Karten in Farbendruck m. 4 S. Text.) 3. Aufl. * — 60.
49. Für Rheinpfalz. (10 Karten u. 4 S. Text.) 4. Aufl. * — 50.
51. Für Ober-Elsaß. (10 Karten u. 4 S. Text.) 7. Aufl. * — 50.
53. Für Lothringen. (10 Karten u. 4 S. Text.) 6. Aufl. * — 50.
Diesen Atlanten wird je 1 Heimatkärtchen, s. [7.] beigegeben.

Algermissen, J.L., Volksschul-Atlanten d. Deut. Reiches (in farb. Kart.) Mit bes. Berücks. d. Heimats-u. Vaterlandskunde.– Köln Warnitz & Co.
1. Kreis-u. Bez. Köln. 8. Aufl. (25 Kart.) 1893.
2. Reg.-Bez. Düsseldorf. 26. Aufl. (18 Kart.) 1893.
3. Reg.-Bez. Trier. 8. Aufl. (18 Kart.) 1892.
4. Reg.-Bez. Aachen. 18. Aufl. (18 Kart.) 1892.
5. Reg.-Bez. Koblenz. 10. Aufl. (18 Kart.) 1892.
6. Reg.-Bez. Arnsberg. 14. Aufl. (10 Kart.)1892.
7. Reg.-Bez. Münster. 14. Aufl. (18 Kart.) 1892.
8. Reg.-Bez. Minden. 7. Aufl. (18 Kart.) 1892.
35. Stadt-u. Landkreis Köln. 3. Aufl. (12 Kart.) 1892.
51. Ober-Elsass. 7. Aufl. (10 Kart.) 1891.
53. Lothringen. 8. Aufl. (10 Kart.) 1892.
Vgl.: A., kleiner Handatlas.

Algermissen, J. L., Wandkarte von Europa für den Schulgebrauch. 1:2,750,000. 9 Bl. 5.—7. Aufl. Chromolithogr. Imp.-Fol. [Metz 885—88.] Leipzig, Lang. *
Auf Leinw. in Mappe * *M* 17.—.; mit Stäben *

Algermissen, J.L., Wandkarte v. Europa f. d. Schulgebr. 1: 2,850,000. 11. Aufl. 9 Bl. à 59,5 x 66 cm. Farbendr. u. kol.– Lpzg. 1894, G. Lang.

Algermissen, J.L.: Wandk. v. Europa f. d. Schulgebr. 1:2,850,000. 13. Aufl. 9. Bl. à 60 x 66 cm. Farbdr.– Lpzg. 1900, G. Lang.

Algermissen, John. Ludw., Wandkarte von Europa für die Volksschule bearb. 1:2,850,000. 9 Bl. Chromolithogr. Imp.-Fol. [Köln 879, J. A. Tonger.] Metz, Deutsche Buchh.
Auf Leinw. mit Mappe * *M* 17.; mit Rollen *

—— Wandkarte von Europa, für die Volksschule. 1:2,850,000. 2. Aufl. 9 Bl. Chromolithogr. Imp.-Fol. Metz 881, Deutsche Buchhandlung. * 10 —
Auf Leinw. in Mappe * *M* 17.; mit Stäben * 20 —

Algermissen, Joh. Ludw., Wandkarte der Prov. Hannover, für die Volksschule bearb. 1:200,000. 9 Bl. Chromolithogr. und color. Imp.-Fol. Metz 881, Deutsche Buchhandlung. *

Algermissen, Joh. Ldwg. Wandkarte des Deutschen Reiches für den Schulgebrauch. 1:750 000. Politische Ausgabe. 2—9 Aufl. [Metz 1885—90] Leipzig. 9 Bll. chromolith. Imp.-Fol. (M. 10.)
Die 4. Auflage heisst »Schulwandkarte . . . «
——, —— Ausg. mit Höhenschichten-Kolorit. 5. Aufl. Ebda. 1885. Chromolith. Imp.-Fol.

Algermissen, J.L., Wandkarte d. Deut. Reiches f. d. Schulgebr. 1:700,000. 10 Aufl. 9 Bl. a 58,5 x 62,5 cm. Farbendr. u. kol. Lpzg. 1894, G.Lang.

Algermissen, J.L.: Wandk. d. Deut. Reiches f. d. Schulgebr. 1:750,000. 12. Aufl. 9 Bl. à 58x62,5 cm. Farbdr.– Lpzg. 1899, G. Lang.

Algermissen, J.L.: Wandk. d. Deut. Reiches f. d. Schulgebr. 1:750,000. 13. Aufl. 9 Bl. je 58 x 63 cm. Farbdr.– Lpzg. G. Lang(1903.)

—— Wandkarte des Deutschen Reiches, für die Volksschule 1 : 750,000. 2. und 3. Aufl. 9 Bl. Chromolithogr. Imp.-Fol. Metz 881,82, Deutsche Buchhandlung. * 10 —
Auf Leinw. in Mappe *ℳ 17.; mit Stäben * 20 —

—— Wandkarte der Rheinprovinz, für den Schulgebrauch bearb. 1 : 200,000. 3. Aufl. 6 Bl. Chromolithogr. gr. Fol. Metz 884, Lang. * 7 50
Auf Leinw. mit Stäben oder in Mappe * 12 —

—— **Wandkarte der Rheinprovinz für den Schulgebrauch. 1 : 200,000. 6 Bl. 4. Aufl. Lithogr. und color. Imp.-Fol. [Metz 887.] Leipzig, Lang. ***
Auf Leinw. in Mappe oder mit Stäben *

Algermissen, Joh. Ludw. Wandkarte der Rheinprovinz f. den Schulgebrauch. 1 : 200,000. 6 Bl. 6. Aufl. Farbendr. 57×55 cm. Lpz. 892, Lang. * 7 50; auf Leinw. m. Stäben * 14 —

Algermissen, J.L.: Wandk. d. Rheinprov. f. d. Schulgebr. 1:200,000. 7. Aufl. 6 Bl. à 56,5 x 53,5 cm.Farbdr. Lpzg. 1896, G. Lang.

—— Wandkarte der Rheinprovinz, für die Volksschule. 1 : 200,000. 2. Aufl. 6 Bl. Chromolithogr. Imp.-Fol. Metz 881, Deutsche Buchhandlung. * 7 50
Auf Leinw. in Mappe *ℳ 12,50.; mit Stäben * 15 —

Algermissen, Josef. a. Adlum in Hannover: Über das statische Funkenpotential bei großen Schlagweiten und das Verhältnis von Spannung und Schlagweite für schnelle Schwingungen. Leipzig: J. A. Barth 1905. (32 S.) 8°
Straßburg, Math.-naturwiss. Fak., Ref. Braun, Diss. v. 1905
[Geb. 19. März 80 Adlum; Wohnort: Adlum; Staatsangeh.: Preußen; Vorbildung: Gymn. Josephinum Hildesheim Reife 01; Studium: München 3. Berlin 1, Straßburg 5 S.]

Algermissen, Karl. Der dt-anische Katholik... Cinci, 1887

Algernon, Pfaff und Priester oder ein Kronprätendent von England aus der Gegenwart, vom Verf. der »Drei Geheimnisse der vornehmen Welt in Wien«, »Die Unbekannte«, »Der kleine Mann des Palais royal« . . . Meißen 1850 [1852]. V: *Leonhardt-Lyser* [*später Pierson*], *Caroline Wilhelmine.* (Mitth. Prof. Dr. Frdr. Hirsch-Wien.)

Algernon, Pfaff u. Priester od. e. Kronprät. v. England. 8°(190).– Meiss. 1852, (Dresd.,L. Wolf.)

Algernon, Pfaff und Priester oder ein Kronprätendent von England. Aus der Gegenwart vom Verf. der: „die Geheimnisse der vornehmen Welt in Wien, die Unbekannte, der kleine Mann des Palais royal ꝛc." 8. (V und 190 S.) Meißen 881(52,) Goedsche'sche Buchh.

Algernon, Sidney: „Betrachtungen über die Regierungsformen; nach der neuesten, von Robertson besorgten Ausgabe; aus dem Englischen übersetzt und mit erläuternden und berichtigenden Anmerkungen von C. D. Erhard", 2 Bände, Leipzig 1793.

Algerus, Scholasticus

— Divi Algeri De sacramentis corporis et sanguinis dominici libri 3. — (Oeniponti: Wagner [usw.]1873.) 283 S. (Sanctorum Patrum Opuscula selecta, ed. et comm. auxit H. Hurter. 23.)
1:Cy 23184. 12:P. lat. C. 100d–I,23. 300:146.603–A. Bd 23.
3.3098

Algier s.a. Alger

Algier s.a. Algerien

Algier [Sachliches OW]

Algier, die Befestigte Haupt-Statt des Königr. Algier auf die Africanischen Küsten in der Barbarey auf einen abhängigen Berg, wie ein Amphitheatrum in gevierten Form gebauet, samt dem bequemen Hafen. Ist die Residenz dess Türckischen Bassa und wegen ihrer Seeraüberey Weltberuffen. Cura et Sumptibus Matth. Seutteri etc. Augustani. Perspectiv-Ansicht. 1 Bl.

Algier. Eine histor., statist.-topograph. Beschreibung. Mit Ansicht, Karte u. Plan u. 1 Kpf. gr. 8. Leipz. 808. Boß. 21 gr

Algier. — Algier von 1830 [achtzehnhundertdreissig] bis 1837, oder Geschichte der französischen Besitzungen in Nord-Afrika seit der Eroberung von Algier durch die Franzosen bis auf die neueste Zeit, nebst einer geographisch-historischen Einleitung über die frühern Verhältnisse dieses Landes. Nach d. neuesten u. besten Quellen bearb. — Wien: Gerold 1837. 168 S.
1:Uq 6184. 300:42.891–B. 7.
3.3104

— u. seine Bewohner. Eine kurze Geschichte dieses Raubstaates u. Beschreib. d. Regierung ꝛc. Mit 1 Ansicht v. Algier u. 3 ill. Kpf. Prag, Bohmanns Erb. 6 gr

— et l'Expédition, par J. C., qui a rempli, pendant nombre d'années, des fonctions publ. près cette Régence. gr. 8. Mainz 830. (Stenz). 5 gr

Algier u. die franz. Expedition. A. d. Franz. d. Hrn. J. C., welcher Jahrelang in amtl. Verhältn. bei d. Regentschaft in Algier gelebt hat gr. 8. (3½ B.) Mainz 830, (Stenz.)

Nach Algier und Italien. Norddeutscher Lloyd, Bremen. 1908. — (Bremen: Schünemann 1908.) 30 S.,1 Kt.
12:4° A. hydr. 502c–3.
3.3105

Algier — und das Mittelmeer. (Siehe g. g. G. K. des französischen Africa.) 1 : 70,000.
Für die Küsten von Algier, Marocco und Tunis 1 : 400 000.

Algier und das Mittelmeer — Bearbeitet in der J. G. Cotta'schen geographischen Anstalt unter der Leitung von C. H. Michaelis. München 1830. Mit 3 Ansichten der Küsten und Umgebungen; für die Küsten 1: 8,000,000. für Algier 1: 2,400,000.

—— u. Paris im Jahre 1830, s. Rellstab.

— d. Raubstaat; eine getreue Darstellung dieses Landes mit hauptsächl. Berücksichtigung seiner jezigen bedrängten polit. Lage, nebst Karten, Plänen, Ansichten der Stadt u. des Hafens u. a. Abbildd. (Nach Renaudot.) gr. 8. Mit 5 Steindr. in gr. 4. Karlsr. 830. Müller. 15 gr

Algier, die Stadt, ihre Lage, Umgebn. u. deren Beschreib. Nach Laborde. (Aus No. 34 d. „Deutschen allgem. Berichte" abgedr.) gr. 4. (1 Blatt.) Hamburg 830. (Leipzig, Brockhaus.)

Algier, wie es ist. — Stuttgart & Tübingen: Cotta 1835. (Reisen u. Länderbeschreibungen der älteren u. neuesten Zeit. 2.)
1:Ps 7492–2. 12:It. coll. 93m–2. 300:393.870–B. Kt. S. 2. 4. 7. 8.
3.3106

Algier [Schlagwort]

Algier, *s.a.* Hand- u. Reisekarten. 56.

Algier — Plan von — Weimar im Verlage des geographischen Instituts 1824. 1 : 16,000. 1 Bl.

Algier, J. J., neuer Anekdotenfreund, in Prosa und Versen. Ein Buch, voll treffenden Witzes und heiterer Laune. 12. Reutlingen 838. Fleischhauer u. Spohn. 7 gr

Algier, J. J., Declamirbuch. Scherz und Ernst zur Belustigung und Unterhaltung. 1. Aufl. 859. — 2. Aufl. 861. — 3. Aufl. Reutlingen 865. Fleischhauer & Spohn. 32. (VIII, 504 S.) 12 *ngr.*

Algier, J. J., Declamirbuch. Scherz u. Ernst zur Belustigung u. Unterhaltung. 4. Aufl. Reutlingen 868. Fleischhauer & Spohn. 32. (VIII, 504 S.) 12 *ngr.*

Algier, J. J., Deklamirbuch. Scherz und Ernst zur Belustigung und Unterhaltung. 5. Aufl. 16. (VIII, 504 S.) Reutlingen 871, Fleischhauer und Spohn. cart.

Algier, J. J., Declamirbuch. Scherz u. Ernst zur Belustigg. u. Unterhaltg. 6. Aufl. 16. (VIII, 504 S.) Reutlingen 875. Fleischhauer & Spohn. 1. 20

Algier, J. J., Deklamirbuch. Scherz u. Ernst zur Belustigg. u. Unterhaltg. 7. Aufl. 16. (VIII, 504 S.) Reutlingen 884, Fleischhauer & Spohn. cart. n. 1. —

Algier, J. J., Deklamierbuch. Scherz u. Ernst zur Belustigg. u. Unterhaltg. 8. Aufl. 24. (VIII, 504 S.) Reutlingen 891. Fleischhauer & Spohn. Kart. n. 1. —

—— Fremdwörterbuch. Erklärung der im Umgange und Geschäftsleben häufig vorkommenden fremdartigen Wörter. 32. (102 S.) Reutlingen 858(59), Fleischhauer und Spohn.

— Fremdwörterbuch. Erklärung der im Umgange u. Geschäftsleben häufig vorkommenden fremdartigen Wörter. 2. Aufl. Ebend. 868. 32. (102 S.) 6 ngr.

Algier, J. J., Fremdwörterbuch. Erklärung der im Umgange u. Geschäftsleben häufig vorkomm. fremdart. Wörter. 3. Aufl. 16. (102 S.) Reutlingen 877. Fleischhauer & Spohn. cart. — 60

Algier, J. J., allgemeines Gesellschafts-Liederbuch, enthaltend das Beste, Beliebteste und Neueste von Deutschlands gefeierten Sängern. Herausgeg. unter mittelbarer Mitwirkung verschied. Singvereine. gr. 12. Reutlingen 841, Fleischhauer u. Spohn. cart. $^1/_2$ ℔

Algier, J. J., Conversations-Lexicon. Ein neues, bequemes Nachschlagebuch, das Interessanteste des menschlichen Wissens in 25000 Artikeln enthaltend. Nebst Fremdwörterbuch. Unter Mitwirkung des Kanzleirath Huber. Reutlingen 858. Fleischhauer u. Spohn. 32. (IV, 634 S.) 1 ℔

Algier, J. J., neuester Lieder-Kranz f. d. fröhl. Sänger, aus d. beliebt. ält., neuern u. neuesten Gesängen. 2. Aufl. 8. (11 B.) Reutlingen 846, Fleischhauer u. Spohn.

Algier, J. J., neuester Lieder-Kranz für die fröhlichen Sänger. 2. Aufl. 8. (IV u. 172 S.) Reutlingen 847, Fleischhauer u. Spohn. 6 ngr

Algier, J. J., neuestes Räthseltaschenbuch, mit mehr als 1000 Räthseln, Charaden, Logogryphen rc. 32. (IV und 252 S.) Reutlingen 851, Fleischhauer und Spohn.

— Neuestes Räthseltaschenbuch, mit 1100 Räthseln, Charaden, Logogryphen, Anagrammen, Calembours, Räthselfragen und Rechnungsräthseln. 2. Aufl. Reutlingen 853. Fleischhauer u. Spohn. 32. (254 S.) 6 ngr; geb. 12 ngr

— neuestes Räthseltaschenbuch, mit 1100 Räthseln, Charaden, Logogryphen rc. 3. Aufl. 860. — 4. Aufl. Ebend. 862. 32. (254 S.) 6 ngr.

— neuestes Räthseltaschenbuch mit 1650 Räthseln, Charaden, Logogryphen rc. 5. Aufl. Ebend. 867. 32. (IV, 284 S.) 7½ ngr.

—— neuestes Räthseltaschenbuch mit 1650 Räthseln, Charaden, Logogryphen, Anagrammen, Calembours, Räthselfragen und Rechnungsräthseln. 6. Aufl. 16. (IV, 284 S.) Reutlingen 871, Fleischhauer und Spohn. cart.

— neuestes Räthseltaschenbuch m. 1650 Räthseln, Charaden, Logogryphen, Anagrammen, Calembours, Räthselfragen u. Rechnungsräthseln. 7. Aufl. 16. (IV, 284 S.) Ebend. 875. cart. — 75

Algier, J. J., neuestes Rätseltaschenbuch mit 1650 Rätseln, Charaden, Logogryphen, Anagrammen, Calembours, Rätselfragen und Rechnungsrätseln. 8. Aufl. 16. (288 S.) Reutlingen 885, Fleischhauer und Spohn. cart.

Algier, J. J., neuestes Rätseltaschenbuch m. 1650 Rätseln, Charaden, Logogryphen, Anagrammen, Calembours, Rätselfragen u. Rechnungsrätseln. 8. Aufl. 32. (288 S.) Reutlingen 895. Fleischhauer & Spohn. Kart. — 75

— neuestes allgem. Taschenliederbuch. Vaterlands-, Soldaten-, Turner-, Studenten- u. Volkslieder. 9. Aufl. gr. 16. (XX, 364 S. m. Titelbild.) Ebd. 897. Geb. in Leinw. 1. —

—— der Taschenspieler oder magisches Quodlibet für gesellige Kreise. 16. (VIII, 184 S.) Reutlingen 871, Fleischhauer und Spohn. cart.

—— der Taschenspieler oder magisches Quodlibet für gesellige Kreise. 2. Aufl. 16. (184 S.) Ebendas. 874. cart.

— der Taschenspieler od. mag. Quodlibet für gesell. Kreise. 3. Aufl. 16. (VI, 176 S.) Ebd. 891. Kart. — 60

Algier, J. J., d. Taschenspieler od. mag. Quodlibet f. gesell. Kreise. 3. Aufl. 32. (VI, 176 S.) Reutlingen 895. Fleischhauer & Spohn. Kart. —. 60

—— Universal-Liederbuch. Weltlicher Liederschatz f. Deutschlands Gesangfreunde. Eine Samml. von mehr als 1600 auserles. Liedern, älterer u. neuester Zeit, zur Erhöhung u. Belebung gesell. Freuden. gr. 12. (39 B.) Reutlingen 841, Fleischhauer u. Spohn.

— Universal-Taschenliederbuch. 3. Aufl. mit 768 Liedern für alle Stände. 853. — 4. Aufl. 854. Reutlingen, Fleischhauer u. Spohn. 32. (IV, 572 S.) 12 ngr; geb. 18 ngr

—— Universal-Taschenliederbuch mit 834 Liedern für alle Stände. 5. Aufl. 32. (XVI und 560 S.) Reutlingen 861, Fleischhauer und Spohn.

— Universal-Taschenliederbuch mit 834 Liedern für alle Stände. 6. Aufl. Ebend. 866. 32. (XVI, 560 S.) 12 ngr.

—— Universal-Taschenliederbuch mit 834 Liedern für alle Stände. 7. Aufl. 16. (XVI, 568 S.) Reutlingen 871, Fleischhauer und Spohn. cart.

— Universal-Taschenliederbuch m. 834 Liedern f. alle Stände. 8. Aufl. 16. (XVI, 560 S.) Ebend. 876. 1. 20

Algier, neues Volks-Liederbuch, eine Samml. der in d. mittlern u. niedern Ständen beliebt. Lieder u. Gesänge. 3. Aufl. 8. ($6^3/_4$ B.) Reutlingen 845, 46, Fleischhauer u. Spohn. Thlr.

—— neues Volks-Liederbuch. Eine Sammlung der in den mittlern und niedern Ständen beliebtesten Lieder und Gesänge. 4. Aufl. 8. (112 S.) Reutlingen 847, Fleischhauer und Spohn.

—— neues Volks-Liederbuch. Eine Sammlung der beliebtesten Lieder und Gesänge. 13.—16. Aufl. 8. (112 S.) Reutlingen 869—74, Fleischhauer und Spohn.

— Witz und Laune. Anekdoten für alle Stände in drei Gaben. 854. — 2. Aufl. Reutlingen 856. Fleischhauer u. Spohn. 32. (256 S.) 6 ngr

— Witz und Laune. Anekdoten für alle Stände in drei Gaben. 3. Aufl. 860. — 4. Aufl. 861. — 5. Aufl. Ebend. 864. 32. (256 S.) 6 ngr.

— Witz u. Laune. Anekdoten f. alle Stände in drei Gaben. 6. Aufl. Ebend. 868. 32. (256 S.) 6 ngr.

— Witz u. Laune. Anekdoten f. alle Stände in 3 Gaben. 7. Aufl. 32. (256 S.) Ebend. 873. — 60

— Witz u. Laune. Anekdoten f. alle Stände in 3 Gaben. 8. Aufl. 16. (256 S.) Ebend. 877. cart. — 60

Algier, J. J., Witz u. Laune. Anekdoten f. alle Stände in 3 Gaben. 9. Aufl. 16. (256 S.) Reutlingen 889. Fleischhauer & Spohn. cart. — 60

— Witz u. Laune. Anekdoten f. alle Stände i. 3 Gaben. 9. Aufl. 32. (256 S.) Ebd. 895. Kart. — 60

Alyierski Kasp.: Mittheilungen griechischer u. römischer Schriftsteller über die am schwarzen Meere im Alterthume angesiedelten Völkerschaften. (p.) 13. Tarnopol 79. Progr.

Algina, Valentina, aus Wiatka: Über die Ursache des Herzschlages. [Leipzig 1908.] II + 22 S. und eine Tafel. 8°. S.-A. aus dem Archiv f. Anat. u. Phys. 1908. Phys. Abteilung. [15. VII. 08.] Bern. Med. Diss. 1907/08.

Algina, Valentina. Über die Ursache des Herzschlages. Diss. Med. Bern. ([Mit Figuren und] Tafel 7. [Sep.-Abdr. aus:] Archiv f. Ana-t[omie] u. Phys[iologie. Jahrg.] 1908. Phys[iolog]. Abtlg.) II S. + S. 237–258. 8. (Leipzig, Veit & Comp.)

Algojus, Eliseus: NoVa & Vetera seV neo soLeMnItas transLatIonIs sanCtI PatrIs IoannIs DeI. Das ist eine kurtze Lob-Rede, als zum erstenmahl und künfftighin alljährlich cum octava das Erhebungs-Fest obgemeldten Heiligen in seiner Ordens-Kirchen F. F. Misericordiae über der Schlag-Brücken den 28. Nov. solenniter ist celebrirt worden. — Wienn (1723): Heyinger. 10 Bl. 4°
2.
3.3119

Algöver, D., De mathesi sinica. Helmstadii 1702.

Algöwer, D., nuovo metodo pratico facile per imparare la lingua tedesca, tanto per la gioventu, che per grandi, i quali vogliono instruirsi da se medesimi. Secondo il sistema del Prof. Ahn elaborato. 8. (113 S.) San Gallo 850, Scheitlin & Zollikofer. n. 8 ngr

Algöwer, nuovo metodo practico e facile per imparare la lingüa tedesca, tanto per la gioventù che per grandi, i quali vogliono istruirsi da se medesimi. Secondo il sistema del Prof. Ahn elaborato. 2. ediz. 853. — 3. ediz. St. Galla 858. Scheitlin u. Zollikofer. 8. (113 S.) n. 8 ngr

Algöwer, nuovo metodo pratico e facile per imparare la lingua tedesca, tanto per la gioventù, che per grandi, i quali vogliono istruirsi da se medesimi. Secondo il sistema del Prof. Ahn. 4. ediz. St. Gallen 863. Scheitlin & Zollikofer. 8. (112 S. u. 1 lith. Taf.) n. 8 ngr

Algöwer, David

— Lämmer-Weyde bey der Heerde Jesu, oder hertzliche und beichtväterliche Anweisung, der sich junge Leuthe, die das erste mal bey der H. Communion erscheinen ..., erinnern sollen. Außgefertiget von David Algöwer. — Ulm 1723: Wagner. 39 S. 1:3 an Dh 11320.
3.3113

[—] Specimen hyetometriae curiosae, oder Abmessung deß jährlichen Regen- und Schnee-Wassers, in 6 Jahren ... Von dem Autore der Meteorologiae parallelae Ulmensis. — Franckfurt & Leipzig: Bartholomäi 1721. 14,34 S.
1:2 in Mz 20256. 2.
3.3115

— Specimen meteorologiae parallelae, oder besondere Observationes, antreffende das Wetter und die mit selbigem übereinstimmende Wetter-Gläser vom Herbst A. 1710 biß auf den Frühling A. 1714 ... Von David Algöwer. — Franckfurt & Leipzig: Bartholomä 1714. Getr. Pag.
Sondert. 1-7: (Algoewer:) Meteorologia parallela, das ist: Courieuse Nachrichten von dem Wetter. Außfertigung 1-7. 1711-14. 1.2. 1711. 3.4. 1712. 5.6. 1713. 7. 1714.
1–7 . . . . . . 1:1 in Mz 20256. 12: Phys. sp. 13. 7.
1.3-7 . . . . 2.
3.3116

David Algöwer. VLMa seCVnDo IVbILans, das ist: Historischer Verlauff deß zweyten evangelischen Jubel-Festes in ... Ulm, samt beygefügter Memoria theologorum et ministror. ecclesiae Ulmens. ab an. 1617. ad 1717. Oder: Ehren-Gedächtnuß der ulmischen Theologen und Prediger. — Ulm: Bartholomä (1717). 61 S.
1:21 in Cn 20202. 12: 4° Diss. 900/21. 7.
3.3117

Algoewer, Georg Michael: Verzeichnis der in der evangel. Pfarrkirche bey St. Ulrich, in Augsburg, des verfloßenen Jahrs 1797 gehaltenen Predigten. Georg Michael Algöwer. — o.O. [1798]. 1 Bl. 1:9 in 4° Sf 42.
3.3118

Algreen-Ussing, üb. d. bürgerl. Stellung d. mosa. Glaubensgen. in Dänemark. A. d. Dän. übers. gr. 8. (2½ B.) Altona 836. [Dessau, Aue.]

al-Ġurǧānī 'Alī b. Muḥammad. Definitiones viri meritissimi Sejjid Scherif Ali ben Mohammed Dschordschâni. Accedunt definitiones theosophi Mohji-ed-Din Mohammed ben Ali vulgo Ibn Arabi dicti. Primum edidit ... Gustavus Flügel. Lipsiae 1845.

Alhambra. Eine Samml. d. neuesten u. besten Gedichte ernsten u. laun. Inhalts, welche sich z. Vortragen in gesell. Kreisen eignen. 1—3. Bdchen. 16. (à 4½ B.) Demmin 843, Gesellius à

Alhambra. Eine Sammlung Gedichte ernsten und launigen Inhalts, welche sich zum Vortragen in geselligen Kreisen eignen. Herausgeg. von C. Mecklenburg. 1.—3. Bdchen. 32. Demmin 843, Gesellius u. Comp. à 1/12 ß

Alhambra, Die. Vortrag zu einer Serie von 26 Laternenbildern. Düsseldorf 1897. V: *Jost, H. E. Walter.* (Berl)

Alhambraspiel, das, mit 121 ill. u. auf Holz geklebten Mosaikbildern aus jenem maurischen Wunderschlosse, womit man die mannigfaltigsten Arabesken zusammen setzen kann, und mit 12 Musterzeichnungen. Wien 836. Müller. J. e. Kästchen 2¼ ß

Al-Hamdânî's Geographie der arabischen Halbinsel, nach den Handschriften von Berlin, Constantinopel, London, Paris und Strassburg zum ersten Male hrsg. von Dav. Heinr. Müller. Mit Unterstützung der kaiserl. Akademie der Wissenschaften in Wien. gr. 8. (279 S.) Leiden 884, Brill. **

Al-Hamdânî's Geographie der Arabischen Halbinsel, nach den Handschriften v. Berlin, Constantinopel, London, Paris u. Strassburg zum ersten Male hrsg. v. Dav. Heinr. Müller. 2. Bd.: Noten u. Indices. gr. 8. (XI, 242, 171 S. arab. Text m. 1 Tab.) Leiden 891, E. J. Brill. ** 13 —
[1. Bd.] Ebd. 1884. ** 12 —.

al-Ḥarīrī Qāsim b. 'Alī Abū Muḥammad

— — Haririi eloquentiae Arabicae principis tres priores consessus ... pro specimine omissi, ac notis illustrati ab Alberto Schultens. Franequerae 1731.

— — Haririi Bazrensis narrationum, consessuum nomine celebratarum, decas. Ex Arabum sermone in Latinum transtulit ediditque Carolus Rudolphus Samuel Peiper. Cervimontii 1831.

Al-Harîrî's Durrat-al-Ǵawwâs. Hrsg. v. Heinr. Thorbecke. gr. 8. (280 S.) Leipzig 871. F. C. W. Vogel. n. 18. —

al-Ḥāriṯ b. Ḥilliza. Harethi Moallaca cum scholiis Zuzenii ... et Abulolae carmina duo inedita ... edidit Latine vertit et commentario instruxit Ioannes Vullers. [Mit zahlreichen Randbemerkungen von F. A. Arnold's Hand.] Bonnae 1827.

Alhazen s.: Optik, meteorologische.

Alhier i, Tante: Die Kölnische Komödie von Tante Alhier i, oder getreue Beschreibung der Höllenfahrt des Hanswurst und des Höllenzuges auf dem Kölnischen Karneval im Jahre 1842. — Köln: Ritzefeld (1842). 26,V S.
11.
3.3171

Alhoy, Maurice

— Lambert le bossu. Comédie, par Maurice Alhoy. Brave et poltron ou le fantôme du parc. Comédie, par [Marie-Emmanuel Guillaume Marguérite] Théaulon. Les dangers de l'étourderie. Comédie, par Frédéric de Courcy. — Breslau: Schletter 1837. 103 S. [(Nouveau Théâtre français à l'usage de la jeunesse. 1.)] 1:Xv 1980–1. 2.
3.3176

al-Hudalijūn. 'Aš'âru-l-Huḏalijjîna. Die Lieder der Dichter vom Stamme Huḏail aus dem arabischen übersetzt von Rudolf Abicht. [Namslau 1879.] 4°.
— — ... Nonnulla ex ... Diwan Hudeilitarum ... Edidit ... Gerardus. Joannes.

Ali, s.a. Aly

Ali und Ala oder die kleinen Insulaner. Versuch einer wahrscheinlichen Kulturgeschichte für die Jugend. Zürich 1821. V: *Tobler, Johann Georg von Wolfhalden.* (Gor X, 44) (Zeitschr. f. Büch. 1923, S. 78.)

Ali u. Ala, oder d. kleinen Insulaner. Versuch e. wahrscheinl. Kulturgesch. f. d. Jugend. 2 Bdchn. Mit Kpf. gr. 12. Zürich 821. Orell. 2 ß ill. 2 ß 16 K

Ali u. Ala, oder d. kleinen Insulaner. Versuch e. wahrscheinlichen Kulturgesch. f. d. Jugend. 2 Bdchn. Mit Kupf. gr. 12. Zürich 822, Orell. 2 Rthlr. 16 gr., illum.

Ali Baba. Ein Märchen aus Tausendundeine Nacht [Alf laila wa-laila. Ausz., deutsch]. Zeichnungen von Max Slevogt. *Berlin: C. Cassirer 1903.* (44 S.) 4° [Schlußt. F.]
[Nebent.:] Ali Baba u. d. 40 Räuber. Improvisationen von Max Slevogt.

Ali Baba u. die 40 Räuber. s.a. Jugendbücher, bunte.

Ali Baba u. die 40 Räuber. Eine Erzählg. aus 1001 Nacht. 8. (48 S.) Reutlingen 875. Enßlin & Laiblin. — 15

Alibaba u. die 40 Räuber. Romantisches Zaubermärchen in 3 Akten. Frei f. Kindertheater bearb. v. G. & B. Ovm. 32. (24 S.) Urfahr-Linz 878. Kraußlich. — 5

Ali Baba u. d. 40 Räuber. gr. 4. (14 S. m. z. Tl. farb. Abb.) Nürnberg 898. Th. Stroefer. — 75

— dasselbe u. andere Märchen aus 1001 Nacht, s.: Jugendschriften, Münchener.

Ali Baba and the forty thieves, s. Authors, English.

Ali Pascha von Janina ['Alī v. Tepelena] und die griechische Nation. Biographie dieses merkwürdigen Satrapen nebst einer Uebersicht der neuesten Ereignisse in Griechenland und Erörterung der Frage: Werden die Griechen in dem gegenwärtigen Kampfe Sieger bleiben? — Berlin: Sander 1821. VIII,136 S.
5.
3.3184

Aly Pascha von Janina ['Alī v. Tepelena], der große Tirann. Sein Leben, seine Belagerung u. Hinrichtung. Nebst dessen Bildniss. — Augsburg 1822.
7.
3.3185

مطلوب كلّ طالب من كلام علي بن ابي طالب Ali's hundert Sprüche, arabisch und persisch paraphrasirt von Reschideddin Watwat, nebst einem doppelten Anhange arabischer Sprüche herausgegeben, übersetzt und mit Anmerkungen begleitet vom Prof. M. Heinr. Leber. Fleischer. gr. 4. Leipzig 837. W. Vogel. $1^2/_3$ ℛ

Madame schläft bereits (Qoqona jatyjor). Lustspiel in 1 Akt von Aly ['Alī] Bey, übers. von [Heinrich Karl Abraham] Imhoff Pascha. Berlin: Stilke 1908. S. 71–111. 8°
(Aus d. türkischen Leben. Bd 2.)
[09. 2675

Ali-Bey's, Reisen in Afrika u. Asien, s.a. Neue Bibliothek der Reisen. 7r u. 8r Bd.

Ali Bey und Abassi, Reisen in Afrika und Asien in den Jahren 1803 bis 1807. Aus dem Französ. Weimar 1816. 8.

'Ali, Pasa. 1734: Ubersetzung eines Schreibens von dem Groß-Vezier Ali-Bassa, an (Tit.) des Kays. Herrn Hof-Kriegs-Raths-Praesidentens Herrn Hertzogs Eugenii von Savoyen Hoch-Fürstl. Durchleucht. — o.O. 1734. 5 Bl.
Beigedr.: Eugen Prinz v. Savoyen: Antwort des Herrn Hertzogs Eugenii von Savoyen an den türkischen Groß-Vezier Ali Bassa &c. [1734.]
1:31 in 4° Gv 559. 12: 4° Turc. 94/13 [u. 6.]
3.3180

Ali ben Abi Taleb, Sententiae, Arabice et Persice e codice manuscripto Vimariensi primus edidit atque in usum scholarum annott. maximam partem grammaticis nec non glossariis instrux. Jh. Gust. Stickel. 4. Jena 834. Cröker. 1 ℛ

Ali Ben-Chadsar: Das vollständige Punktirbuch. Nach den hinterlassenen Papieren des Ali ben Chadsar bearb. von P. v. A. Nebst Anh.: "Die Kunst des Kartenlegens" sowie "Monatsplaneten". — Berlin: Weichert [1896]. 79 S.
1:Na 4679.
3.3193

Alii Ben Isa monitorii oculariorum s. compendii ophthalmiatrici ex cod. Arab. mst. Dresdens. latine redditi specimen, praemissa de medicis Arabibus oculariis dissertatione ed. Dr. Car. Aug. Hille. gr. Lex.-8. Dresdae et Lipsiae 845, Arnold. n. 24 ngl

Ali ben Utman

Alī b. 'Utmān al-Ūšī al-Farġānī. Carmen Arabicum Amālī dictum, brevo religionis [illegible] systema complectens, quod e Codicibus Mst. descriptum et in sermonem latinum conversum ... defendet Petrus a Bohlen. [Diss.] Regimontii 1825.

Ali Effendi. Rapport fait au Divan . . . sur la situation actuelle de la France et sur l'Esprit public. S. l. 1797. Ü: *Rebmann, Andr. Gg Frdr.* (MGT)

Ali Ibn Isa, Erinnerungsbuch f. Augenärzte, s.: Augenärzte, die arabischen. I.

Ali, Ihsan, Dr. med., approb. kais. ottoman. Militärarzt aus Konstantinopel: Klinische und statistische **Beobachtungen über** eintägige Pneumonie [!] crouposa im Zeitraum der letzten 30 Jahre. *Würzburg 1903: H. Stürtz.* (27 S.) 8°
Würzburg, Med. Diss. v. 1903

Alii Ispahanensis liber cantilenarum magnus ex codicibus manuscriptis arabice editus adjectaque translatione adnotationibusque illustratus ab Joan. Godofr. Ludov. Kosegarten. Tom. I. fasc. 1. 4maj. Greifsw. 840. Koch. $1^1/_2$ ℛ

— Ispahanensis liber cantilenarum magnus ex codicibus manu scriptis arabice editus adjectaque translatione adnotationibusque illustratus ab Jo. Godofr. Lud. Kosegarten. Tom. I. Fasc. 2.—5. 4maj. Gripesvoldiae 841—46. Koch. (Fasc. 2. 3. à n. $1^1/_2$ ℛ Fasc. 4. 5. à n. $1^2/_3$ ℛ) n. $6^1/_3$ ℛ — 1—5. n. $7^5/_6$ ℛ

Alii Ispahanensis liber cantilenar. magnus ex cod. manuscript. arab. ed. adjectaque translat. adnotationibusque illustr. ab Io. Godofr. Lud. Kosegarten. Tom. I. Fasc. 3—6. 4maj. (à 12 B.) Gripesvoldiae 842—46, Koch. [Tom. I. 3. 842., * $1^1/_2$ Thlr. 4 u. 5. 843, 44., à * $1^2/_3$ Thlr. 6. 846. * $1^3/_4$ Thlr.] *
Tom. I. Fasc. 1 u. 2. Ibid. 1840, 41. à * $1^1/_2$ Thlr.

'Ali, Muḥammad: Fibel der türkischen Sprache von Mehmed Ali. 1. Aufl. — Konstantinopel: Ikbal 1915. 47 S.
2.
3.3201

Ali Nouri, s. Ali Nuri

Ali Nuri

— Abdul-Hamid in Karikatur. Intimes aus Yildiz-Kiosk in Wort u. Bild von Ali Nouri. — Zürich: C. Schmidt 1904. 119 S. 1:Ui 5363/10. 12: L. eleg. m. 1306 v.
3.3206

— Säja-i-šāhānada. Unter dem Scepter des Sultans. Von Ali Nouri. — Berlin: Schwetschke 1905. VIII,216 S. [Türk. u. Ant.]
1:Ui 5364. 11.
3.3207

— Nasreddin Khodjas Schwänke u. Streiche. Türkische Geschichten aus Timurlenks Tagen. Illustriert v. Arth. Sjögren u. Bald. Andersen. (234 S.) 8. Breslau 904. Berlin, S. Schottländer's schles. Verlagsanstalt.
n. 2. —; geb. n. 3. —

Ali Puli

— Centrum naturae concentratum. Oder: Ein Tractat von dem wiedergebohrnen Saltz, insgemein und eigentlich genandt: Der Weisen Stein, in Arabischen geschrieben von Ali Puli ... darnach in portugisische Sprache durch H. L. V. A. H. und ins Hochteutsche übers. u. hrsg. von Johann Otto Helbig. — Franckfurt: Fleischer 1756. 40 S.
3. 6. 9.
3.3211

Alī Sidī

Die topographischen Capitel des indischen Seespiegels Mohīṭ (Vf.: Sidī 'Alī) übs. v. Dr. Maximilian Bittner, Privatdoc. ... in Wien, mit e. Einl. sowie m. 30 Taf. vers. v. Dr. Wilhelm Tomaschek, Prof. ... in Wien. Festschr. z. Erinnerung an d. Eröffnung des Seeweges nach Ostindien durch Vasco da Gama '(1497)' hrsg. v. d. k. k. Geograph. Gesellschaft in Wien. *Wien: Verl. d. k. k. Geogr. Gesellsch. 1897.* (VI, 92 S., 28 Ktn.) 1 Bd 2.
[98. 4936

ALI SUAVI, Die Lieder, aus dem Arabischen übersetzt von Veit Lamberg. Wien, Druck von M. Knöpflmacher 1884.
Verboten von Landesgericht Wien. 6. November 1883. § 516.

Aelian, Claudius, s. Aelianus, Claudius

Aelianus, s. Aelianus, Claudius

— s. Aelianus Tacticus

Aelianus, s. Luebbe, Henricus.

Aelianus, Claudius

— Diversités historiques, trad. du grec d'Élien et enrichies de remarques par M. Formey. — Berlin: Nicolai 1764. 374 S.
2. 7. 10.
2.423

— Des Claudius Aelianus Vermischte Erzählungen. Aus d. Griech. übers. u. mit Anm. erl. von J[ohann] H[einrich] F[riedrich] Meineke. — Quedlinburg: Reußner (1775). 601 S.
1:Vo 3840. 10.
2.421

— Neue Aufl. Quedlinburg: Ernst 1787.
1:Vo 3844. 12:A. gr. b. 62.
2.422

— Ποικίλη ἱστορία, s.a. Aelianus: Varia historia.

[griech. u. lat.] *Κλ. Αἰλιανοῦ Ποικίλης ἱστορίας βιβλία ιδ'.* Cl. Aeliani Variae historiae libri 14. Vol. 1. 2. — Halae 1772: Typ. Orphanotrophei. 332 S.
1:Vo 3632. 2. 3. 5. 9. 10.
2.408

Κλ. Αἰλιανοῦ Ποικίλης ἱστορίας βιβλία ιδ'. Cl. Aeliani Variae historiae libri 14. Ad optimarum ed. inprimis Gronovianae et Corayanae fidem ed. indiceque Graeco-Germanico instr. G[eorg] H[einrich] Lünemann. — Gottingae: Dieterich 1811. VIII,342 S.
1:Vo 3648. 12:A. gr. b. 56. 3. 5. 7.
2.414

— Varia historia, s.a. Aelianus: Ποικίλη ἱστορία.

— — gr. et lat. c. n. Scheffer. 8. Argent. 713.

— — Aeliani Operum tomus 1. variam historiam cont. Ed. accuratior atque scholarum usibus accommodata. Praef. est et indices vocum subiecit Christoph. Kretzschmar. — Dresdae & Lipsiae: Hekel 1746. 348 S., 282 gez. Bl.
1:Vo 3504. 12: A. gr. b. 55. 4. 5. 6. 9. 10.
2.385

— — graece c. ind. lat. c. Kretschmer. 8. Dresdae, Walther. 763.

— id. lib. Heraclidis, Pontici et N. Damasceni quae supers. gr. 8. Halle 772. 4 gl 793. 8 gl Ed. N., ad opt. libr. fid. accur. edit. 8. ibid. 826. Waisenhaus-B. 8 gl id. lib. latine. 12. ibid. 772. 4 gl

Cl. Aeliani Variae historiae libri 14. Graece et Latine ex versione optimorum interpretum. — Basileae: Schweighauser 1774. 453 S. 5.
2.409

— id. lib. et fragm. gr. et lat., c. integro commentar. J. Perizonii, suisq. ed. K. G. Kühn. II Tom. 8 maj. Leipz. 780. Schwickert. 2 rß 8 gl

— — Gr. et lat. c. anim. ed. J. G. Schneider. Lips. 784. 2 Tom. 8. 2 rthl. 6 gr.

Aeliani Varia historia. Graece. Ed. II. Hal. 793. 8. 8 gr.

— — Libri 15. graece. 8. Halae, Waisenh. 793.

Claudii Aeliani Varia historia Graece, adnotationibus Jac. Perizonii inprimis et aliorum selectis instructa ..., praefatione [Immanuelis Johannis Gerhardi] Schelleri praemissa. Cur. ed., notas suas indicesque adiecit Gottlieb Benjamin Lehnert. P. 1. 2. — Lipsiae: Breitkopf 1794.
1: Vo 3640. 2. 5. 7. 10.
2.411

Aeliani Cl. S. variae historiae L. XIV. graece et lat. ex vers. opt. interp. 8. Bas. Schweighaeus. 797.

— id. lib. ad opt. edit. impr. Gronovian. et Corayan. fid. edid. indicesque gr.-german. instr. G. H. Lünemann. 8. Göttingen 811. Dieterich. 18 gl

— id. lib. ad opt. libr. fid. accur. ed. Ed. stereot. 12. Leipz. 816. Ed. N. 819. Tauchnitz. 16 gl Wohlf. Ausg. 6 gl Fein P. 22 gl

— — Heraclidis Pontici et Nic. Damasceni quae supersunt. Graece ad opt. libr. fidem. Lips 820. 12. 16 gr.

Aeliani Varia historia. Heraclidis Pontici et Nicolai Damasceni quae supersunt [Werke]. Ad optimorum librorum fidem accurate ed. Ed. nova. — Halae: Orphanotropheum 1826. 250 S. 1: Vo 3652. 10.
2.416

— Ad optimorum librorum fidem accurate ed. Ed. stereotypa. — Lipsiae: Tauchnitz 1829. 319 S.
2. 8. 9.
2.417

Aeliani variae historiae. 8maj. Monachii 842, libr. scholar. regia. (Ratisbonae, Manz.) *

—— varia historia Heraclidis Pontici et Nicolai Damasceni quae supersunt. Ad optimorum librorum fidem accurate edita. Editionis ster. C. Tauchnitianae nova impressio. 16. (319 S.) Leipzig 866, Holtze.

Claudii Aeliani Varia historia ex recogn. Rud[olfi] Hercheri. — Lipsiae: Teubner 1870. 209 S.
1: Vo 3670. 3. 5. 9. 11.
2.419

Aeliani varia historia, Heraclidis Pontici et Nicolai Damasceni quae supersunt. Ad optimorum librorum fidem accurate edita. Editionis stereot. C. Tauchnitianae nova impressio. 16. (319 S.) Leipzig 882, Holtze.

— [Neudr.] Lipsiae: Teubner 1887. 209 S. (Bibliotheca scriptorum Graecorum et Romanorum Teubneriana.)
300: 429.235-A. L. S. Graec. 10. 6. 11.
2.420

Claudii Aeliani Varia historia et fragmenta. Cum integro commentario Jacobi Perizonii aliorumque virorum doctorum notis Gronoviana nondum comprehensis editione. Cur. ed. indicemque graecitatis adiecit Carolus Gottlob Kuehn. T. 1. 2. — Lipsiae: Schwickert 1780.
1: Vo 3636. 12: A. gr. b. 55n. 2. 5. 6. 7. 8. 9. 10. 11.
2.410

— Griechisches Lesebuch, enth. die interessantesten Erzählungen aus Aelians vierzehn Büchern der vermischten Geschichte mit grammatischen u. andern Anm. u. einem vollständigen Wortregister nach Trendelenburgs Theorie der griech. Conjugation eingerichtet. Für Schulen u. Privat-Studium hrsg. von Wilhelm Lange. — Halle 1797.
1: Vo 3644.
2.433

Aeliani, Cl., de natura animalium libri XVII. gr. et latin. c. animadv. Gesneri et Trilleri c. Abr. Gronovii juxta Exemplar Londin. 4. Basel 750. N. T. Heilbronn 765. Tübingen 768. v. Cotta. 4 rß Basel 774. Flick. (Neukirch). 3 rß

— [griech. u. lat.] Cum animadversionibus Conradi Gesneri et Danielis Wilhelmi Trilleri: curante Abrahamo Gronovio, qui et suas adnotationes adiecit. Iuxta exemplar Londin. P. 1. — Basileae: Brandmüller 1750. XII, XXIX, 1128 S. 1: Vo 3956. 12: 4° A. gr. b. 16. 5. 11. 102.
2.438

— [griech. u. lat.] Cum animadversionibus Conradi Gesneri et Danielis Wilhelmi Trilleri: curante Abrahamo Gronovio, qui et suas adnotationes adiecit. Iuxta exemplar Londin. P. 1. (2.) — Heilbronnae: Eckebrecht 1765. XII, XXIX, 1128 S. 1: Vo 3958. 12: 4° A. gr. b. 17. 2. 3. 4. 10.
2.439

— [griech. u. lat.] Cum animadversionibus Conradi Gesneri et Danielis Wilhelmi Trilleri: curante Abrahamo Gronovio, qui et suas adnotationes adiecit. Iuxta exemplar Londinense. — Tubingae: Cotta 1768. XII, XXIX, 1128 S.
12: 4° A. gr. b. 18. 10.
2.440

Aeliani De natura animalium libri 17. Graece et Lat. cum priorum interpretum et suis animadversionibus ed. Jo[hann] Gottlob Schneider. — Lipsiae: Schwickert 1784. X, 585, 228 S.
1: Vo 3964. 12: A. gr. b. 42. 300: 397.458-B. Pp. S.
2. 3. 4. 5. 7. 8. 9. 10. 11.
2.441

Aeliani De natura animalium libri 17. Verba ad fidem librorum manuscriptorum constituit et annot. illustr. Fridericus Jacobs. Intextae sunt curae secundae postumae J[ohannis] G[ottlob] Schneideri. Adiecti indices et interpretatio Lat. [Conradi] Gesneri a [Abrahamo] Gronovio em. Cum addendis et coniecturis ined. J[ohannis] J[acobi] Reiskii. Vol. 1. 2. — Jenae: Frommann 1832.
2. Adiecti sunt indices verborum cum addendis et coniecturis ineditis Jo. Jac. Reiskii.
1: Vo 3968. 12: A. gr. b. 43. 300: BE 12 M 53. 2. 3. 4.
5. 7. 8. 9. 10. 11.
2.442

Aeliani de natura animalium lib. XVII. Verba ad fidem librorum Msptor. constituit et annotationibus illustravit Frid. Jacobs. Intextae sunt curae sec. postumae J. G. Schneideri. Adjecti indic. et interpret. lat. Gesneri a Gronovio emend. (II Vol.) Lex.-8. (96 B.) Jenae 832, Frommann. weiss Pp. 8 Thlr. 12 Gr. — Schrbp. 10 Thlr. — ff. Maschinen-Vlnp. 12 Thlr. — fein stark Roy.-Vlnp.

Aeliani de natura animalium varia historia, epistolae et fragmenta. — Porphyrii, philosophi, de abstinentia et de antro nympharum. — Philonis Byzantii de septem orbis spectaculis recognovit adnotatione critica et indicibus instruxit Rud. Hercher. (Bibliotheca scriptorum graecorum. Vol. 48.) gr. Lex.-8. (LXXI und 659 S.) Paris 858, Didot frères, fils et Comp. *

Claudii Aeliani De natura animalium libri 17, varia historia, epistolae, fragmenta. Ex recogn. Rudolphi Hercheri. Acc. rei accipitrariae scriptores, Demetrii Pepagomeni Cynosophium, Georgii Pisidae Hexaëmeron, Fragmentum Herculanense. Vol. 1. 2. — Lipsiae: Teubner 1864–66. (Bibliotheca scriptorum Graecorum et Romanorum Teubneriana.)
1.2 . . . . 1: Vo 3516. 12: A. gr. b. 36[u.δ.]
300: 429.235-A. L. S. Graec. 5.
2. 3. 4. 5. 6. 7. 8. 9. 10. 11.
2 . . . . 102.
2.387

—— Werke. Thiergeschichten, v. Fr. Jacobs, s. u. Prosaiker, griech.

Claudius Aelianus. Werke. Bdch. 1–9. — Stuttgart: Metzler 1839–42. 1126 S.
1-3. Vermischte Nachrichten. 1-3. Uebers. von Ephorus Dr. [Ernst Karl Friedrich] Wunderlich. 1839.
4-9. Thiergeschichten. 1-6. Uebers. von Friedrich Jacobs. 1839-42.
(Griechische Prosaiker in neuen Uebersetzungen. Bdch. 182. 186. 187. 189. 200. 202. 214. 215. 217.)
1: Vo 3540. 12: A. gr. b. 39. 300: 66.917-A. 2. 5. 7. 8. 9.
10. 11. 102P.
2.388

Aelianus, Claudius, Tacticus, s. Aelianus Tacticus

Aelianus Tacticus

— v. Schlachtordnungen, a. d. Gr. v. Baumgärtner, m. K. gr. 4. Mannheim, Schwan u. G. 786.

Aelianus, Claudius, Tacticus: [Tactica, deutsch] Aus d. Griech. übers. u. mit Anm. erl. von Albrecht Heinrich Baumgärtner. — Mannheim: Schwan 1786. 100 S. 4°
10.
2.452

Aelianus' Theorie der Taktik, s. Kriegsschriftsteller, griechische.

Alibaba s. Ali Baba

Alibaud. Eine genaue Darstellung des hochverrätherischen Attentats vom 25. Juni 1836, ausführl. Schilderung des Verbrechers, seines Lebens, Prozesses und Endes; nebst Betrachtungen über die politische Lage Frankreichs und den Fanatismus seiner zahlreichen Parteien. Außerdem enthaltend: Eine Darstellung des Criminal-Prozeßverfahrens in Frankreich; eine Beschreibung der Julifeste v. 1836; und die Abbild. d. Hinrichtung Alibauds. gr. 8. Leipz. 837. Zirges, jetzt Melzer. 3/8 ₰

Alibert, (J.C.), s. Alibert, Jean Louis

Alibert, Jean Louis

— [Description des maladies de la peau, deutsch] Beschreibung und Abbildung der Hautkrankheiten, welche im Hospital Saint-Louis beobachtet worden sind, und Darstellung der besten Methoden, die man bey ihrer Behandlung befolgt hat. Von J. L. Alibert. Aus d. Franz. übers. von C[arl] F[riedrich] A[ugust] Müller. H. 1. — Tübingen: Cotta 1806. **12:**Path. 12. **2. 5.**
3.3230

Alibert, die Krankheiten der Haut, s. Bibliothek von Vorles. d. berühmt. Aerzte d. Ausland. üb. Medicin, 8. Bd.

— [Physiologie des passions, deutsch] Physiologie der Leidenschaften: oder neue Theorie der moralischen Empfindungen von J. L. Alibert. Nach d. franz. Orig. bearb. von Karl Hermann Scheidler. — Weimar: Landes-Industrie-Comptoir 1826. VI,290 S.
300:70 Bb 82. **3. 4. 6.**
3.3252

Alibert, (J. L.,) Physiologie des passions, ou nouvelle doctrine des sentimens moraux. 2 Tom. 2e edit. gr. 8. Bruxelles 821, Frank.

Aliberts Vorlesungen üb. die Krankheiten der Haut, s. a. Bibliothek von Vorlesungen der vorzügl. u. berühmt. Lehrer des Auslandes über Medicin ɪc.

— [Précis théorique et pratique sur les maladies de la peau, deutsch] Monographie der Dermatosen. Baron Alibert's Vorlesungen über die Krankheiten der Haut, gesammelt u. hrsg. von [E.] Daynac. Deutsch bearb. von Max[imilian] Bloest. Th. 1. 2. — Leipzig: Kollmann 1837.
1:Ko 331. **12:**Path. 12c. **2. 5. 10.**
3.3263

— — Gesammelt u. hrsg. von Dainac [E. Daynac]. Deutsch bearb. von Max[imilian] Bloest. Th. 1.2. — Ebd. 1837. (Bibliothek von Vorlesungen der vorzüglichsten u. berühmtesten Lehrer des Auslandes über Medizin, Chirurgie u. Geburtshülfe. 8,1.2.) **300:**27 Nn 42. Bd 8.
3.3264

Alibrand, Hilar., de bonorum possessionibus commentarius. Rom 869. (Spithoever.) gr. 8. (105 S.) n. 20 *ngr.*

Alica, das Schweizermädchen, Fortsetzung d. Geschichte des Grafen von Dornheim. 8. Leipz. Joachim. 815.

Alice Grossherzogin von Hessen und bei Rhein, Prinzessin von Grossbritannien und Irland. Mittheilungen aus ihrem Leben und aus ihren Briefen. — Darmstadt: Bergsträsser 1883. VII,431 S.
1:Sk 1824. **12:**Biogr. 24r. **300:**50.520–B [u.] 36.151.
2. 3. 7. 10.
3.3275

— 3. Aufl. Ebd. 1884. VII,431 S. **4. 5.**
3.3276

Alice, Grand Duchess of Hesse, letters to Her Majesty the Queen, s. a. Collection of British authors.

Alice Grand Duchess of Hesse, Princess of Great Britain and Ireland. Letters to Her Majesty the Queen. With a memoir by H. R. H. Princess Christian [d. i. Helena Prinzessin von Schleswig-Holstein-Sonderburg-Augustenburg]. Copyright ed. Vol. 1. 2. — Leipzig: Tauchnitz 1885. (Collection of British authors. 2348.2349.)
1:Sk 1823 [u.] Ah 30–2348.2349. **12:** Epist. 5d. **5. 8. 11.**
3.3278

— — Copyright ed. Vol. 1.2. Ebd. 1885. **7.**
3.3279

Alice Grossherzogin von Hessen

— **Mittheilungen** aus ihrem Leben u. aus ihren Briefen. 1—3. Aufl. gr. 8. (VIII, 431 S. m. 2 Stahlstich-Porträts.) Darmstadt 884, Bergsträsser. n. 7. —; geb. in Calico n. 8. —; in Kalbldr., Fürstenausg. n. 12. —

Alice, Tante, s.: Boettcher, Mathilde.

Alice Wentworth, s. Wentworth.

Alice-Bibliothek f. die Frauen d. hessischen Volkes, s.: Victoria-Bibliothek.

Alicke, Paul: Antiquariats-Katalog von Paul Alicke. 70. 77. 82. 138. 147. 149–156. 158. 161–170. 172–174. — Dresden [1907–29]. **1:**Aq 5358.
3.3285

Alicke, Paul, Leitfaden zur Geschichte u. Literatur der medizinischen Wissenschaft, f. die Bedürfnisse des deutschen Buchhandels bearb. (VII, 108 S.) gr. 8. Dresden 903. P. Alicke. n. 4. —

Alicke, Philipp, approb. Arzt aus Chemnitz i. S.: Sarcoma uteri. Leipzig 1900: B. Georgi. (31 S.) 8⁰
Leipzig. Med. Diss. v. (25.Sept.) 1900.

Alida u. Cloridan, od. d. Schwerdt-Tausch; e. Rittergesch. aus d. Handschriften d. Pater Ingulf. Frei nach d. Span. v. Verf. d. „Admirals.“ 2 Thle. 8. Braunschw. 817. Meyer. 2 ₰ 4 Gr

Alida und Cloridan, oder der Schwerdt-Tausch. Rittergeschichte. Frei nach dem Spanischen ... Braunschw. 1817. 1825. V: *Brancaglio, Joh. Ernst.* (GGr VI) (Mitth. A. Rosenbaum.)

Alida's Gabe für ihre kleinen Freunde, in belehr. u. unterhalt. Erzähll. Mit 6 ill. Kpf. 12. Nürnb. 828. (Fr. Fleischer in Leipz.) 16 Gr

Alifeld, Elwine: Gedichte. — Berlin: Nauck 1835. XII, 216 S. **1:**Yn 8531. **3. 11.**
3.3308

Alifeld, Philipp: Vorschlag zur Abhilfe der Noth der Arbeiter, überreicht der hohen National-Versammlung zur Vereinbarung der preussischen Staatsverfassung. — Brandenburg 1848: Müller. 15 S. **2.**
3.3309

Alig & Baumgaertel: Preis-Liste von Alig & Baumgärtel, Präcisions-Werkzeug-Fabrik, Aschaffenburg, über Messwerkzeuge. — Eschwege [um 1900]: Meyberg. 96 S. **83.**
3.3313

Alighieri, Dante. La divina commedia giusta la lezione del codice Bartoliniano ... Lipsia 1853. H: *Princigi, C.* (Ky)

Alihausen, M., s. Voigt-Alihausen, M.

Alihausen, Max: Die Bibel der Gottlosen. Zwanglose Bekenntnisse eines konfessionslosen königstreuen Sozialisten von Max Alihausen. (Unterz.: Max Voigt-Alihausen.) — Zürich: Schabelitz 1888. 234 S. **1:**Dd 10685. **11.**
3.3322

Alihn, F. H. Th., Einleitung in das Studium der Dogmatik, nach dem Ergebnisse der neuesten wissenschaftlichen Forschungen bearbeitet. gr. 8. Leipzig 837. Reclam. 1 1/6 ₰

Alimann, Heinrich, aus Pernau, und Hahn, Fried. Guil., Livonus, Quo consistit inflammatio in genere? Quo differunt, praecipue quoad formam et naturam, inflammatio phlegmonosa, erysipelatosa et serosa?

Preisschrift. Dorpat. 1819.

Alimann, Petr. Henr., De inflammatione. Diss. Dorpat. 8°. 45 pp.

1820

ALI-MENTAGORAS, Dr. jur. (ps.), Das uneheliche Kind und sein Vater in humoristischen Versen nach dem Bürgerlichen Gesetzbuch dargestellt. Berlin (c. 1900). (Mk. 1.—.)

Alimentation d'eau de la Chaux-de-fonds. — Zurich 1888: Zürcher & Furrer. 26 S., 5 Taf.
Aus: Revue polytechnique „Schweizerische Bauzeitung“. 1888.
82. 83.
3.3340

Alimonda, Francesco Augusto d': [L'Elettricità del corpo umano, deutsch] Die Electricität des menschlichen Körpers! Das natürliche Heilverfahren der Brüder von Alimonda [Francesco Augusto u. Nino d'Alimonda]. Authentische Übers. aus dem Ital. — Triest: Dase in Komm. 1896. 41 S.
9.
3.3342

— — 2., gänzl. umgearb. u. erg. Aufl. Sagrado b. Görz: Mion 1899. 96 S. **300:**402.444–B.
3.3343

Allimonda, Frz. v., die Elektrizität im Hause (der Allimonda-Apparat), e. prompter vorzüglicher Arzt in allen Fällen v. Krankheit u. Unwohlsein. Prakt. Leitfaden f. die „Allgem. Elektrizitätseinfuhr" (System der Brüder Doktoren v. Allimonda) m. zahlr. v. Ärzten u. Laien mitgeteilten Krankheitsfällen u. krit. Bemerkgn. (IX, 107 S. m. 1 Abbildg.) gr. 8. Triest 905. F. H. Schimpff. n. 2. —

Allimonda, Fratelli, die Elektrizität d. menschl. Körpers! D. natürl. Heilverfahren. Sehr leichte, angenehmste u. sicherste Selbstbehandlg. i. d. verschied. Krankheiten u. phys. Unwohlsein. Authent. Übersetzg a. d. Ital. (Jänner 896.) gr. 8. (41 S.) Triest 896. (J. Dase.) n. — 80

— l'organismo umano e la sua guarigione mediante l'elettricità. Esposizioni teorico-prat. (in 3 parti con tab. illustrative). Parte III. gr. 8. (XX, 210 S. m. 1 Taf.) Ebd. 894. n. 6. —
Bd. I u. II sind in italienischer Ausg. nicht erschienen.

— der menschliche Organismus u. dess. Heilung vermitt. d. Elektricität. Theoret. u. Prakt. (in 3 Thln. m. bildl. Darstellgn.) Lex.-8. (XI, 322; VIII, 520 u. V, 229 S. m. 5 Taf.) Ebd. 894. n. 22. —; 3. Thl. all. n. 6. —

Alin, Oscar Jonas (Smoland), Genealogia Frithiofiana. Präs. L. G. Palmquist. Tl. II. Lund (Berling) 20. XII. 1831. (S. 9—24.) (2.50) 286
Tl. I. s. **Almquist, P. A.**

Alin, Oskar

[—] [I Utrikesministerfrågan, deutsch] Zur auswärtigen Ministerfrage in Schweden-Norwegen. Von e. Mitgliede d. Schwed. Reichstages [d. i. Oskar Alin]. — Leipzig: Harrassowitz (1895). 31 S. 1:Tz 2255. 4. 9.
3.3371

Aline, oder Trennung u. Wiedersehen, s. Eremita.

Aline, oder kl. Lesebuch f. Mädchenschulen. 8. Kempten 820. Dannheimer. 7 gr.

Aline, oder Lesebuch f. Mädchenschulen. 8. Kempten. (Manheim. Löffler.) 1820.

— Königin v. Golkonde. Oper in 3 Aufz. von Treitschke. 8. Wien, Wallishäußer. 803.

Aline, Reine de Golconde. Opera; paroles de Viale Payion. Brschw. et Petersb. Pluchart.

Aline, Reine de Golconde. Oper in 3 A. 2e Aufl. 8. Braunschw. 813. Pluchart. 6 gr.

Aling: Elternsünden. — Berlin: Schultze & Velhagen in Comm. 1897. 79 S. 1:Yx 29408. 11.
3.3378

d'Alinge, zum Strafvollzugs-Gesetz. Vorschläge. gr. 8. (29 S.) Leipzig 877. O. Wigand. — 50

Alinge, Eugène d': Bessrung auf dem Wege der Individualisirung. Erfahrungen eines Praktikers über den Strafvollzug in der Gegenwart. — Leipzig: Barth 1865. X, 114 S. 12: Pol. civ. 2n. 2. 6. 8. 9.
3.3379

— Memorandum. Das Gefängnisswesen im Königreich Sachsen. Amtliche Schrift für den internationalen Gefängniss-Congress im Juli 1872 zu London. Im Auftr. der kgl. sächsischen Regierung. E. d'Alinge. — Zwickau 1872: Zückler. 15 S. 2. 7.
3.3380

(—) Das Zellenhaus bei der Strafanstalt Zwickau. Erfahrungen und Beobachtungen über die Einzelhaft. 2 Berichte. (Verf.: d'Alinge u. Alexander Krell.) Nebst 2 lithogr. Taf. — Zwickau 1869 (: Zückler). VIII, 59 S. 1: Fd 14160. 12: Pol. civ. 167 x. 6.
3.3381

Alings, Arnold Guil., Dissertatio mathematica inauguralis de superficierum curvatura.. 4maj. (VI und 77 S. mit 1 Stnt.) Groningae 851. (Leer, Prätorius und Seyde.) *

Alinora, der Roman von fremder Welt. 1. Theil. Schleswig 1795. V: *Brincken, Adolph Rud.* (A) (Mitth. Dr. A. Rosenbaum, Prag.)

Alinora. Der Roman einer fremden Welt. Ein Spiegel für die Menschheit, allenthalben brauchbar. Von Mu-Harid dem Weisen. Th. 1. Kickericki: Orthodoxe Buchh. [Altona: Hammerich] 1795. 144 S. 8°
Selten. Betr. Illuminaten. Heinsius gibt den Verlag „Schleswig: Röhs" an.

Alinora, d. Roman e. fremden Welt. 1r Th. 8. (Röhs in Schleswig.) 795

Alinska, od. d. geheimnißv. Bündniß. Hrsg. v. Geo. Lotz. (Aus „Wintergrün 1832.") 8. (18½ B.) Hamburg 832, Herold.

Alioth, Manfred A. [aus Basel]: Studien über Chinone und Hydrochinone. Basel 1900. 31 S. 8°.
Basel. Phil. Diss. 1900/1901.

Alioz, Mch. Ldw., († d. 30. Nov. 1792.) Themata selecta historiae ecclesiasticae secunda periodo. 8. Heidelb. 792.

Alipius a Sancto Bartholomaeo: Isaac, des Abrahams Sohn; das ist: Die Lebens-Geschichte gemeldten Patriarchens, welche mit Beyhülff vieler Concept aus der heiligen Schrifft seynd discursweiß ausgeführet ... worden. — Nürnberg: Lochner; Saltzburg 1710: Haan. 928 S.
12: 4° Asc. 24. 2.
3.3401

Alippi, Carl Baptist

Alippi, Karl Baptist: Die der Allerheiligsten Dreieinigkeit gewidmete neuerbaute katholische Kirche in Leipzig von ihrer Begründung bis zu ihrer Einweihung. Nebst den bei den heil. Weihen gesprochenen Reden, Gebeten, Festliedern und der Festpredigt. Mit 5 Stahlst. — Leipzig 1847. 1: 4° Sr 9048. 12: 4° Germ. sp. 7m.
3.3403

Alippi, Carl Bapt., die der Allerheil. Dreieinigkeit gewidmete neuerbaute kathol. Kirche in Leipzig von ihrer Begründung bis zu ihrer Einweihung. Nebst den bei den heil. Weihen gesproch. Reden, Gebeten, Festliedern u. der Festpredigt. Mit 5 Stahlst. hoch 4. (27 S.) Leipzig 848, Jackowitz. n. ⅔ Thlr.

— Die neuerbaute katholische Kirche in Neustadt-Dresden von ihrer Begründung bis zu ihrer Einweihung. Nebst Reden bei der Glockenweihe und Einweihung und Meßgesang in der Octav. — Dresden: Selbstverl. d. Verf.; Janssen in Comm. 1856. 36 S. 12: Germ. sp. 9 l.
3.3404

Alipuli, von d. wiedergeborn. Salz., gen. d. Weisen Stein. aus d. Arab. 8. Leipzig, Sommer. 756.

Aliquid de systemate Browniano ... Vacii 1799. V: *Racz, Sam.* (Barbier)

Aliquis'A, s. a. Politik, unsere, u. die Kirche.

Nasza Polityka, a Kościół (⟨Unsere Politik u. d. Kirche⟩) przez **Aliquis'a.** Berlin: H. Walther 1906. (48 S.) 8° [04. 14900

Alisander, Phpp., Beß. Roman. 8. (171 S.) Mannheim 898. J. Bensheimer's Verl. n. 3. —; geb. n. 4. —

Alisat, Carlo, 1000 Mk. Belohnung, s.: Bibliothek, interessante. 60.

Alisat, Carlo s. Familienbibliothek, Schweizer. Nr. 137.

Alisaunder s. *Alexander* Magnus.

Alisbertha, die Kriegerin der sieben Berge. Schauspiel in 3 Aufzügen von Th. Hell. 8. Leipzig, Hinrichs. 817.

Aliscans, hrsg. v. G. Rolin, s. a. Bibliothek, altfranzös.

Aliscans, mit Berücks. von Wolframs von Eschenbach Willehalm kritisch hrsg. von Gustav Rolin. Gedr. mit Unterst. d. Ges. zur Förderung deutscher Wissenschaft, Kunst u. Litteratur in Böhmen. — Leipzig: Reisland 1894. LXIX, 163, 132 S.
1: Xt 3535. 12: P. o. gall. 34 v. 300: 181.304–B.
2. 3. 5. 6. 7. 10.
3.3427

Aliscans, mit Berücks. von Wolframs von Eschenbach Willehalm kritisch hrsg. von Gustav Rolin. — Ebd. (1897). LXIX, 163, 132 S. (Altfranzösische Bibliothek. 15.)
Unveränderter Abdruck der Ausg. von 1894.
Im Exemplar von 4 mit Beibehaltung der ursprünglichen Titelblätter.
1: Xs 13688–15. 12: P. o. gall. 248–15. 300: 180.915–B.
15 Bd 15. 2. 4. 6. 7. 8. 9. 10. 11.
3.3428

Aliscans. Kritischer Text von Erich Wienbeck, Wilhelm Hartnacke, Paul Rasch. — Halle a. S.: Niemeyer 1903. XLVII,544 S.
1:Xt 3536. 12:P. o. gall. 34 vc. 300:430.269–B.
15 2. 3. 4. 5. 6. 7. 8. 9. 10. 11.
3.3429

— [niederdeutsch] Fragmente eines altdeutschen Gedichtes von den Heldenthaten der Kreuzfahrer im heiligen Lande, im Archive der Stadt Kitzingen aufgefunden von F[riedrich] A[nton] Reuss. — Kitzingen: Köpplinger 1839. 15 S. 1:Yg 1001. 12:P. o. germ. 1689–1. 3. 7. 10.
3.3430

Alisch, E., & Co.: Katalog über Säure-Heber, Säure-Ballon-Kipper, Säure-Ballon-Karren und Abfüll-Apparate für alle vorkommenden Säuren. Berlin. (Um 1890)

Alisch, E., & Co.: Special-Preisverzeichniß der Apparate zur Herstellung von Mineralwässern und moussirender Getränke. Berlin. (Um 1890?)

Alisch, Otto (geb. Züllichau 21. 11. 1851): Zur Aetiologie und Therapie der Hydrocele. Berlin (1870). (30 S.) 8°
Berlin, Med. Diss. v. 8. März 1870

Alisch, Otto, der praktische Maurer, s.: Menzel, C. A.

Alisch, Otto. s.: Maurerhandwerk, das.

Alischer, Von Schädlichkeit der Opiatoren bei Zahnweh, Dysenteria u. bey Unruh der Kinder. Samml. v. Nat. u. Med. Gesch., 1722, Lpz. u. Bud. 1724, XXI, 92—95. 1724

Alischer, J. Ba., Entwurf einer Chronica der Stadt Reichenbach. 4. Leipzig, Junius. 729.

Alischer, S., Zweyköpffiges Monstrum. Samml. v. Nat. u. Med. Gesch. 1721. Lpz. u. Bud. 1721. 1723, XVII, 89.

Aliśkiewicz, Andreas: Fr. Hebbels aesthetische Ansichten. 8 (46 S., 1 S. Fehlerverzeichn.).
Progr. K. k. Rudolf-G. *Brody* 1900.

Aliskiewicz, Andr., Fr. Hebbels aesthetische Ansichten. gr. 8. (47 S.) Brody 900. (F. West.) n. 1. —

Aliśkiewicz Andreas: Die Motive in der Liedersammlung „Des Knaben Wunderhorn". 57. Brody 98. Progr.

Aliśkiewicz, Andr., d. Motive i. d. Liedersammlg. „Des Knaben Wunderhorn". Lex.-8. (58 S.) Brody 898. F. West. n. 1. —

Alisky, G. E. (Hrsg.), s. Journal des Dames et des Modes.

Alisky, Wilhelm Eduard. Allgemeine Lehrsätze der Musik. Nach dem Französischen des A. von Garaudé bearbeitet. Darmstadt 1834.

Alison: Getreu bis in den Tod, s.a. Weichert's Wochen-Bibliothek.

Alison. 1899: Getreu bis in den Tod. Roman. (Autoris. Uebers. von Luise Koch.) Mit 3 Vollbildern. — Berlin: Weichert [1899]. 93 S. (Weichert's Wochen-Bibliothek. 61.)
1:Yt 712–61.
3.3439

ALISON,
(F) Getreu bis in den Tod. Roman von Alison. Mit 3 Vollbildern. [Weichert's Illustrirter Familienschatz. Bd. 61.] Wien. 1899. In Comm. Derflinger & Fischer. 8°. 93 S. fl. —.15

Alison: Das Testament, s.a. Weichert's Wochen-Bibliothek

— Das Testament. Roman. — Berlin: Weichert [1899]. 94 S. (Weichert's Wochen-Bibliothek. 63.)
1:Yt 712–63.
3.3440

ALISON,
(F) Das Testament. Roman von Alison. [Weichert's Illustrirter Familienschatz. Bd. 63.] Wien. [1899.] In Comm. Derflinger & Fischer. 8°. 94 S. mit 3 Tafeln. fl. —.15

Alison, Archibald, Geschichte Europas seit der ersten französ. Revolution. Deutsch von Ldw. Meyer. 1.—6. Bd. (1. Bd. 2. Aufl. 846.) gr. 8. Leipzig 841—46, Otto Wigand. (à 1½ ℛ) 9 ℛ

— [History of Europe, deutsch] Geschichte Europas seit der ersten französischen Revolution. Deutsch von Ludwig Meyer. Bd 1–8. — Leipzig: Wigand 1842–53.
1-3. 1842. 4. 1843. 5. 1844. 6. 1846. 7.8. 1853.
1–8 . . . . 10.
1–6 . . . . 2.
1–5 . . . . 7.
3.3456

— Geschichte Europas seit der französischen Revolution bis zur Schlacht bei Waterloo. 1789–1815. Bd 1–8. — Leipzig: J. J. Weber 1853.
1–8 . . . . 11.
7.8 . . . . 6.
3.3457

— [Essays on the nature and principles of taste, deutsch] Über den Geschmack, dessen Natur und Grundsätze. Verdeutscht und mit Anm. u. Abhandlungen begleitet von K[arl] H[einrich] Heydenreich. Bd 1.2. — Leipzig: Weygand 1792. 12:L. eleg. g. 5. 300:20.018. 6. 7.
3.3446

Alison, Archibald d', histoire de l'Europe durant la révolution et les guerres de la république de 1789 à 1797. Précédée d'une introduction par Nestor Considérant. 2. Edit. Tome 1. gr. 8. (311 S.) Brüssel. Leipzig 860, A. Dürr.

— [The military Life of John Duke of Marlborough. deutsch] Das militärische Leben des Herzogs von Marlborough. Aus d. Engl. übers. von L. Boumann. — Frankfurt a/O. & Berlin: Trowitzsch 1848. XVI,510 S.
1:Tt 8920. 10.
3.3467

— der Herzog v. Marlborough, s. a. Hausbibliothek. historische, 24. Bd.

— [Life of John Duke of Marlborough, deutsch] Der Herzog von Marlborough und der spanische Erbfolgekrieg. Nach der 2., vollst. umgearb. engl. Original-Ausg. Mit d. Portr. Marlborough's nach Kneller. — Leipzig: Lorck 1852. XI,384 S. 12:H. Un. 245f–24. 2. 10.
3.3464

Alison, Arch. Der Herzog von Marlborough und der spanische Erbfolgekrieg. Nach dem Engl. (XI. 384) 8. Leipzig 1852.
— 3. Ausg. 8. ib. 1865. 3,00.

Alison, Archibald, der Herzog v. Marlborough u. der spanische Erbfolgekrieg. Nach der 2. vollständig umgearb. engl. Orig.-Ausg. Mit dem Portrait Marlborough's (in Stahlst.) 2. Ausg. 865. 1 ℛ — 3. Ausg. Leipzig 869. Senf. 8. (XI, 384 S.) 15 ngr.

Alison, Arch. Das Militärleben des Herzogs von Marlborough. A. d. Engl. von Dr. L. Baumann. (XVI. 511) 8. Frankfurt a. O. 1848. 7,50.

Alison, George Christ: Der englische Büchsenmacher. Oder gründliche Anweisung, alle Arten von Gewehren, Büchsen und Pistolen ... zu verfertigen. Nach d. Engl. bearb. u. mit mehreren franz. u. deutschen Erfindungen u. Verbesserungen verm. Mit 103 Abb. — Quedlinburg & Leipzig: Basse 1832. IV,84 S. 1:Hu 37882. 3. 7.
3.3471

Alisov, P.

— Bogdychan Niku Lang-Sju. — Berlin: Štejnic (1904). 63 S. [Russ.]
Nebent.: (Alisov:) P. Alissow. Nikolang-Sju. Nicolang-Sjou.
(Sobranie lučšich russkich proizvedenij. 105.)
1:Ue 6709.
3.3480

( ) Tret'e Otdělenie v roli pečal'nikov zemli russkoj. Tragiko-vodevil'naja scena. — Berlin: Štejnic 1903. 16 S. [Russ.] [Die dritte Abteilung in der Rolle als Beschützer des russischen Landes.]
Nebent.: (Alisov:) Die dritte Abteilung. Le Département troisième.
(Sobranie lučšich russkich proizvedenij. 48.)
1:Uf 158. 12:Russ. 210z–48.
3.3481

Alissoff, Pierre. Alexandre II, libérateur (en russe) brochure In-8°. Genève et Bâle, Georg. 1880

Alissoff, Pierre. Le Christianisme devant le jugement du socialisme (en russe). In-8°, 79 p. Genève et Bâle, H. Georg. 1880 2 —

Alissoff, Pierre. La délivrance de la patrie (en russe). In-16°, 15 p. Bâle, Genève et Lyon. H. Georg. 1880 — 25

Alissoff, Pierre. Le mouvement russe dévoilé à l'aide du microscope. Brochure en russe de 15 pages in-8°. Genève et Bâle, Georg 1878 — 50

Alissoff (Pierre). L'empereur Pleurnicheur (en russe). 16 pp. in-8°. H. Georg, Genève et Bâle. 1878

— Le procès polit. des 196. Brochure en russe de 16 p. in-8°. Ibid. 1878 — 50

— Requiem. Brochure en russe de 16 pag. in-8°. Ibid. 1878 — 50

Alissow, P., Bogdichan Nikolang-Sju. (In russ. Sprache.) (63 S) 8. Berlin 904. H. Steinitz. n. 1. 50

Al-Istahri, Abu Ishaq

— — Das Buch der Länder von Schech Ebu Ishak el Farsi el Isztachri. Aus dem Arabischen übersetzt von A. D. Mordtmann. Nebst einem Vorworte von C. Ritter. Hamburg 1845. 4°

al-Iṣṭaḫrī Abū Isḥāq Ibrāhīm b. Muḥammad al-Fārisī. Liber climatum auctore scheicho Abu-Ishako el-Faresi vulgo el-Issthachri. Ad similitudinem codicis Gothani accuratissime delineandum et lapidibus exprimendum curavit J. H. Moeller. Praemissa est dissertatio de libri climatum indole, auctore et aetate. Gothae 1839.

Aelius Dionysius, s.a. Dionysius.

Aelii Dionysii et **Pausaniae** atticistarum fragmenta, s.: Schwabe, E.

Aelii Dionysii Halicarnassensis reliquias coll. et illustr. C. T. P. Schwartz. Diss. 1877. 164 S. 1.50

Aelius Gallus, Gaius

Aelii, (C. Galli,) de verborum quae ad jus civile pertinent significat fragmenta; ed. C. G. E. Heimbach. 8 maj. Lips. 824, Tauchnitz.

Aelius Gallus, Gaius: C. Aelii Galli De verborum quae ad ius civile pertinent Significatione. Fragmenta rec. continuaque animadversione atque excursibus illustr. Carol. Guilielm. Ernestus Heimbach. — Lipsiae: Tauchnitz 1823. VIII,68 S. 1:Ga 9200. 2. 6. 9. 10.
2.466

Aelius Laelius. Epistolae Galeatae I. & II; nebst Anmerkungen über P. Seedorfs Briefe. Leipzig 1750. H: *Fabricius, Georg Adam.* (ML)

Alix, Gräfin v. Toulouse. Trsp. 18. Meissen. Erbstein. 797.

Alix, Gräfin v. Toulouse. Trspl. in 5 Aufz. 8. Meißen 797. Goedsche. 12 gr.

Alix, Gräfin von Toulouse. Ein Trauerspiel in fünf Handlungen. Sulzbach 1798. V: *Destouches, Jos. Ant. v.* (Ky) (GGr)

— Dass., (von J. A. Destouches). 8. Sulzb. 800. v. Seibel. 12 gr.

Guiskarde Gräfin von Alix, Königin der Bretonen. — Leipzig: Jacobäer 1793. 208 S.
1:Yw 3748/60. 7.
3.3502

Alix, s. Fermin, Unterricht.

Alix, nouvelles instructions sur les eaux minérales de Bruckenau etc. 12. Frankf. Andreä. 776.

Alix, s. Raulin, Anweisung.

Alix, s. Weickard, M.A., Instructions.

Alix, E., du tractement des maladies aiguës. gr. 8. Genève et Bâle, H. Georg. 1875 1. 25

Alix, Emile, du traitement des maladies aiguës. gr. 8. (32 S.) Lyon 874. (Basel, Georg.) n. 1. —

— du typhus à propos d'une épidémie de fièvre typhoide à Lyon. gr. 8. Genève et Bâle, H. Georg. 1875

Alix, Matthaeus Franz: Anweisung zur lehrenden und ausübenden Wundarzneykunst nach dem Lehrgebäude der Neuern, zum Nutzen angehender Wundärzte, besonders derer auf dem Lande verf. von Matthaeus Franziskus Alix. — Riga & Leipzig: Hartknoch 1772. 554 S. 2. 7.
3.3513

Alix, Math. Frz., († d. 31. May 1782.) Observata chirurgica. Fasc. I. II. 8. Altenb. 774. (Hennings in Neisse). 20 gr. Fasc. III. IV. 8. (Frankf. a. M. 777. 78. Andreä). 18 gr.

— Mathaei Francisci Alix Observata chirurgica. Fasc. 1–4. Altenburgi: Richter (3.4: Francofurti a. M.: Andreae) 1774–1778.
1. 1774. 2. 1776. 3. 1777. 4. 1778.
1–4 . . . . 1:Ig 7766. 5. 6. 7.
1–3 . . . . 8.
3.3514

Alixandre, Franz. Dichter, um 1180 s. *Alexandre.*

Alixandre dou Pont s. *Alexandre* du Pont.

Alizarinfarben. — Die Alizarinfarben der Badischen Anilin- & Soda-Fabrik Ludwigshafen a/Rhein und ihre Anwendung auf Baumwolle, Wolle, Seide etc. 1. — [Ludwigshafen a. Rh.: Bad. Anilin- & Soda-Fabrik um 1910.]
1:4° N 11.2691.
3.3517

Alizeri. Bartolommeo: Della Peste cioè della sua natura... 160 S., gbd.

Genova: Franchelli 1721
an: Lanteri, Petrus: Febris epidemicae, quae Cunei anno 1774 et 75 grassata est historia. Nicaeae: 1776

Alizon. 1892: Maria, unsere Mittlerin. Betrachtungen u. Erzählungen für d. Marien-Monat, mit Erlaubnis d. Verf. nach d. 3. Ausg. übers. von N. Bach; mit Gebeten verm. u. hrsg. von Joseph Schnabl. — Regensburg [usw.]: Pustet 1892. 456 S. 12:Asc. 57f. 102P.
3.3523

Alizon, Maria, unsere Trösterin. Betrachtgn. u. Erzählgn., m. Erlaubnis d. Verf. übers. v. N. Bach, m. Gebeten verm. u. hrsg. v. J. Schnabl. 16. (448 S. m. 1 Farbendr.) Regensburg 889. Pustet. n. 1. —; geb. in Leinw. n. 1. 40; m. Goldschn. n. 1. 60; in Ldr. n. 2. —; in Chagrin n. 2. 60

Alizon, Maria, unsere Trösterin. Betrachtungen u. Erzählgn., m. Erlaubnis des Verf. übers. v. N. Bach, m. Gebeten verm. u. hrsg. v. Jos. Schnabl. 2. verb. Aufl. gr. 16. (447 S. m. 1 Farbdr.) Regensburg 901. F. Pustet. 1. —; geb. in Leinw. n. 1. 40; in Ldr. m. Goldschn. n. 2. —

Alkade, l', de Molorido, Comédie en V Actes et en prose; par Picard. gr. 8. Rudolstadt, Hofbuchh. 811.

— — dasselbe, frei nach Picard, v. M. G. Lambrecht. 8. München, Lindauer. 811.

Alkan, Leopold, approb. Arzt zu Naumburg a. S.: Ueber nächtliche Fiebertemperaturen bei Tuberkulösen. *Leipzig 1902: B. Georgi.* (27 S.) 8°
Leipzig, Med. Diss. v. (21. Dez.) 1902

Alkan, Louis, approb. Arzt aus Leipzig: Aus d. Universitätsklinik u. Poliklinik f. Ohren-, Nasen- u. Halskrankheiten zu Leipzig. Gewisse Formen des harten Gaumens und ihre Entstehung. *Berlin 1900: L. Schumacher.* (40 S.) 8°
Aus: Archiv f. Laryngologie, Bd 10, H. 3.
Leipzig, Med. Diss. v. [11.] (Apr.) 1900

Alkan, Reinhold, approb. Arzt aus Koburg: Über den Einfluß der Salzkonzentration auf die Präzipitinreaktion. *Würzburg 1903: H. Stürtz.* (34 S.) 8°
Würzburg, Med. Diss. v. 1903

Alkäos, die sieben Weisen und die Skolien, s. Lyriker, die griechischen.

Alkar, Tytan. Arion z Koryntu. Leipzig 866. Rhode. 16. (VII, 88 S.) n. 15 ngr.

Alken, C., auf der Fährte neuer Eisenbahnlinien. Persönliche Erinnergn. (VII, 68 S. m. 4 Abbildgn.) 8. Wiesbaden (911.) C. W. Kreidel. 2. —

Alken, Carl [Referendar aus Wiesbaden]: Kann der juristische Besitzer einer unbeweglichen Sache den Inhaber aus dem Besitz vertreiben? ... Wiesbaden. Druck v. R. Bechtold & C., 1895; VIII, 32 S. 8.
Erlangen, Jur. Fak., Inaug.-Diss. v. 1895

Alken, Henry

— [The Beauties and defects in the figure of the horse, deutsch] Das Schoene und Mangelhafte im Exterieur des Pferdes, nach d. Engl. des H. Alken von F[riedrich] L[udwig] C[arl] Steinhoff u. Ch. F. M. Peters bildlich dargest. — Hamburg: Hoffmann & Campe 1830(–31). 12 Bl., 18 Taf. 8.
3.3544

— — Ebd. 1831. 12 Bl., 18 Taf.
1:4° Ov 24376. 300: * 4032.
3.3545

Alker, s.a. Alker, A.

Alker, die Nichtigkeitsbeschwerde, die Nullitätsklage, d. Rekurs in Bagatellsachen u. d. Rechtsmittel d. Aggravation in ihrer jetzigen Gestaltung systemat. dargest. u. mit erläut. Bemerkn. begleitet. gr. 8. (6 B.) Berlin 840, Heymann.

Alker, A.: Der preussische Bagatell- und der summarische Prozeß in seiner durch die Verordnung vom 21. Juli 1846 erlangten Gestalt. — Lissa & Gnesen: Günther 1846. 83 S. **1:Gs 11352.**
3.3549

— — Ebd. 1846. 83 S. (Alker: Der preussische Zivilprozeß. Suppl. H. 1.) **6.**
3.3550

— Die preussische Depositalverwaltung. — Lissa & Gnesen: Günther 1846. 88,IV S. **1:Gr 16957. 10.**
3.3551

—— die preuss. Depositalverwaltung. gr. 8. (5¾ B.) Lissa 846, Günther.
Aus: dess. Handbuch z. Vorbereitung, besonders abgedruckt.

Alker, A., die preuß. Depositalverwaltung. (Aus d. Handbuch zur Vorbereitung ꝛc. f. preuß. Juristen bes. abgedr.) gr. 8. (83 S.) Lissa 847, Günther. 12 ngl

Alker, A.: Die preussische Exekutions- und Subhastationsordnung nach der jetzigen Gesetzgebung und Praxis; nebst Anh. enth. die Instruktion für Häuseradministrationen. — Lissa & Gnesen: Günther 1846. 127 S.
Aus: Alker: Handbuch zur Vorbereitung u. zum praktischen Gebrauch für preußische Juristen. 1. 1844.
1:Gs 12624. 6. 11.
3.3552

— Die Gebührentaxe der Justizkommissarien und Notare. Lissa & Gnesen: Günther 1847. 32 S.
1:10 in Hc 6790.
3.3553

— Die Gebührentaxen der Gerichte für streitige und nicht streitige Gerichtbarkeitspflege und für Strafsachen, so wie der Justizkommissarien und Notare, geordnet und mit den ergänzenden und erläuternden Bestimmungen verbunden. Lissa & Gnesen: Günther 1847. V,136 S. **1:Gs 7255.**
3.3554

— Das Gesetz vom 28. Juni 1844 betreffend das Verfahren in Ehesachen, in Verbindung mit den noch geltenden älteren Eheprozeßvorschriften und den Scheidungs-, Ungiltigkeits- und Nichtigkeitsgründen dargestellt. — Lissa & Gnesen: Günther 1846. 31 S.
Aus: Alker: Handbuch zur Vorbereitung u. zum praktischen Gebrauch für preußische Juristen. 1. 1844.
1:Ft 7740.
3.3555

— Handbuch des preußischen Kriminalprozeßverfahrens. Ein systematischer Versuch. 2 Theile. gr. 8. Berlin 841, Heymann. 2½ ß

— Handbuch des preussischen Kriminalprozessverfahrens. Ein systematischer Versuch vom Oberlandesgerichtsassessor Alker. Th. 1.2. — Berlin: Heymann 1842.
1. (Allgemeiner) Theil.
2. (Besonderer) Theil nebst Anh., betr. die Gebühren- u. Stempel-Taxe in Kriminalsachen.

1.2 . . . . **1:Fz 650. 7.**
1 . . . . **6.**
3.3556

Alker, A., Handbuch z. Vorbereitung u. z. prakt. Gebrauch f. preuß. Juristen u. f. preuß. Justiz-Subaltern-Beamten, sowie z. Belehrung f. alle diejenigen, welche d. jetzige preuß. Gerichtsverfahren kennen lernen wollen. 1—15. Hft. (I. Bd. 1—8. H., u. II. Bd. 1—7. H.) Lex.-8. (83¾ B. u. 1 Tab.) Lissa 841—46, Günther. Subscr.-Pr. à Hft. *
Bd. 1. Einleitende Bemerkungen. — Der preuß. Zivilprozeß.
" 2. Der Kriminalprozeß. — Der fiskal. Prozeß. — Das Verfahren in Holzdiebstahlssachen. — Das Hypothekenwesen. — Das Depositalverfahren u. die Gebührentaxe.

—— dass. — 1. Suppl. A. u. d. T.: Der preuß. Bagatell- u. d. summar. Prozeß in seiner durch d. Verordnung v. 21. Juli 1846 erlangten Gestalt. gr. 8. (5½ B.) Lissa 846, Günther. Subscr.-Pr. *
Einzeln,

—— Handbuch zur Vorbereitung und zum prakt. Gebrauch für preuß. Juristen und Justiz-Subaltern-Beamten. 16. Heft. gr. 8. (2. Bd., 8. Heft. XXIII und S. 641—698.) Lissa 847, Günther. *
Der Ladenpreis für beide Bände (16 Hefte) ist 5 Thlr. 10 Ngr. Vgl. 10 Bd. 1 Abthl. S. 16.

— dasselbe. 1 Supplem.-Hft. A. u. d. T.: Der preuß. Bagatell- u. der summarische Prozeß in seiner durch die Verordnung vom 21. Juli 1846 erlangten Gestalt. gr. 8. (84 S.) Ebd. 1847. n. ¼ ß — apart 12 ngl

— Handbuch zur Vorbereitung und zum praktischen Gebrauch für preußische Juristen und für preußische Justiz-Subaltern-Beamten, sowie zur Belehrung für alle diejenigen, welche das jetzige preußische Gerichtsverfahren kennen lernen wollen. Bd 1.2 [nebst] Suppl. H. 1. — Lissa & Gnesen: Günther 1844-47.

1.2 . . . . **1:Gs 2565.**
2 . . . . **2.**
Suppl. H. 1 . . . . **7.**
3.3557

— Der preussische Konkurs und der erbschaftliche Liquidationsprozess in seiner jetzigen Gestalt. — Lissa & Gnesen: Günther 1845. 93 S.
Aus: Alker: Handbuch zur Vorbereitung u. zum praktischen Gebrauch für preußische Juristen. 1. 1844.
1:Gs 13345. 10.
3.3558

— der preuß. Konkurs und der erbschaftliche Liquidationsprozeß in seiner jetzigen Gestalt. (Aus Dessen: Handbuch zum Gebrauch für preußische Juristen abgedr.) gr. 8. Ebd. 846. 12 ngl

— Der preussische Kriminal- und fiskalische Prozeß nebst dem Verfahren gegen Forstfrevler; so wie nebst einem Anh., enth. die Gesetze: betr. das gerichtliche und Disziplinarverfahren gegen Beamte, und das Verfahren bei deren Pensionirung und bei Defekten. — Lissa & Gnesen: Günther 1846. 270,XI S. **1:Fz 761. 2.**
3.3559

— Die Nichtigkeitsbeschwerde, die Nullitätsklage, der Rekurs in Bagatellsachen und das Rechtsmittel der Aggravation in ihrer jetzigen Gestaltung systematisch dargest. und mit erläuternden Bemerkungen begl. vom Oberlandesgerichtsassessor Alker. — Berlin: Heymann 1840. XIV,82 S. **1:Gs 11956. 11.**
3.3560

— Preussens Preßgesetze und der Buchhandel in Preussen. Eine systematische Bearb. der betr. Gesetze und ministeriellen Verordnungen; nebst Anh., betr. die Konzessionirung der Buchdrucker, Litographen u. dgl. und über die Leihbibliotheken. — Lissa & Gnesen: Günther 1844. XII, 157 S. **1:Fm 16845. 12:N. libr. 5i. 2. 3. 5. 7.**
3.3561

— das preuß. Stempelsteuergesetz v. 7. März 1822 nebst Erläuterungen u. Ergänzungen. (Aus d. Handbuch zur Vorbereitung ꝛc. bes. abgedr.) gr. 8. (100 S.) Ebend. 847. 12 ngl

—— der preuß. Subhastations- u. Kaufgelder-Liquidations-Prozeß, s. Hasemann, Ferd. Jul.

— das Rheinische Subhastationsverfahren, s. Hasemann, F. J., der Preuß. Subhastations- ꝛc. Prozeß.

— Die Verwaltung des preussischen Hypothekenwesens. Lissa & Gnesen: Günther 1846. V,112 S.
1:Gr 14852. 2. 6. 10.
3.3562

Alker, A.: Der preußische Zivilprozeß. Eine systematische Darstellung des Zivilprozeßverfahrens nach der jetzigen Gesetzgebung und Praxis. [Nebst] Suppl. H. 1. — Lissa & Gnesen: Günther 1846.
Suppl. u. d. T.: Alker: Der preussische Bagatell- und der summarische Prozeß.
Das Supplementheft erschien auch selbständig.

Vollst. . . . . **12:J. pract. 5h. 6.**
[∞ Suppl.] . . . . **1:Gs 9650. 7.**
3.3563

Alker, Antonius *(geb. Zauchwitz in Oberschles. 18. 5. 1832)*: De ileo. Vratislaviae (1858). (32 S.) 8° *[Das Diplom ist fälschlich vom 26. März datiert.]*

Breslau, Med. Diss. v. 26. Apr. 1858

Alker, Emmerich: Die Chronologie der Bücher der Könige und Paralipomenon im Einklang mit der Chronologie der Aegypter, Assyrer, Babylonier, Phönizier, Meder und Lyder. Nebst 2 Excursen: 1. Reduction der Regierungszeiten der Könige von Athen, Argos, Mykene, Sikyon u. Dardania auf die Aera vulgaris. 2. Deutung der sogen. „Dynastien des Berosus" und der „Königslisten des Ktesias" auf Grund neuer Hypothesen. — Leobschütz: Schnurpfeil in Komm. 1889. 159 S.
1: Bh 615. **12:** Chrlg. 1 v. 2.
3.3564

— Die vortrojanische aegyptische Chronologie im Einklang mit der biblischen. Nebst 4 Beil.: 1. Typhon- u. Nuter-Set. 2. Religiöse Thätigkeit Josef's in Aegypten. 3. Bericht Manetho's über die Unreinen. 4. Chronologie d. Richterzeit. — Leobschütz: Schnurpfeil 1896. VII, 270 S., 23 Bl. Tab. **1:** Ur 5944. **12:** Chrlg. 1 vd. 2.
3.3565

Alker, Hermann (Giessen)
Ueber den therapeutischen Werth des Jodoforms bei Erkrankungen des Auges.
Giessen: Brühl 1883. 36 S.
Diss. med. 9.8.1883. vorh. 26. 7. la.

Alkier, Alex., gymnast. Uebungen z. gründl. u. kräft. Ausbildung d. Rekruten aller Waffen. 16. (5 B.) Erfurt 842. [Leipzig, Hartung.] *

Alkier, Alexander: Gymnastische Uebungen zur gründlichen und kräftigenden Ausbildung der Rekruten aller Waffen. — Erfurt: Hilsenberg 1842. 72 S.
1: Hu 24062.
3.3569

Alkiphron s. *Alciphron.*

Alkmaar [Schlagwort]

Alkmaar, s.: Europa. Liebenow.

Alkmar, H.v.

— Reincke d. Fuchs, übers. v. W. Soltau in 4 Büchern u. 12 Gesängen. Mit e. Bildn. d. Reineke in Steindr. nach Tischbein. gr. 8. Braunschw. 823, (Lüneb., Herold u. W.)

v. Alkmar, (H.,) Reinike de Fos. Upt nye utgegeben unde forklared dorg K. F. A. Scheller. gr. 8. Brunsw. 825, (Halberst., Vogler.)

— Reynard the fox. transl. from the Low-German Original by W. Soltau. gr. 8. Lüneb. 827, Herold u. W.

Alkmeen u. Menalippe; e. Gesch. d. russ. Vorwelt. An Louise v. W. u. Ther. v. F., herausgg. v. Adv. C. W. Lauffs. 2 Thle. 8. Cöln 800.

Alkofer, Erasmus Siegmund: Historischer Bericht, welcher in dem vorhergehenden regenspurgischen Pest- und Buß-Denckmahl enthalten, anzeigend was nach ... völlig geendeter Seuche biß auf die würcklich erfolgte Eröffnung der Pässe ... im Jahr Christi 1714 sich Merckwürdiges begeben und zugetragen habe. 1714 in: *Alkofer:* Regenspurgisches Pest- und Buß-Denckmahl. 3.3573

— Regenspurgisches Pest- und Buß-Denckmahl wegen der im Jahr Christi 1713 allhier grassirten Seuche der Pestilentz, in sich haltend einige Pest- u. Buß-Predigten ... Samt noch e. kurtzen historischen Bericht, was die gantze Contagion über merckwürdiges sich zugetragen, welchem beygefüget sind die obrigkeitliche Decreta. Nebst e. Reg. Von Erasm. Sigmund Alkofern. — Regenspurg: Seidel 1714. 244,83 S.
Beigedr.: *Alkofer:* Historischer Bericht, welcher in dem vorhergehenden regenspurgischen Pest- u. Buß-Denckmahl enthalten.
1: Ju 5344. **12:** Hauptw. = Bavar. 66; Beidr. = Bavar. 66/1.
3.3574

Alkohol..., s.a. Alcohol...

Alkohol. Handels-Revue für Nahrungs- und Genussmittel. Zeitung für die Spirituosen-Branche und verwandte Geschäftszweige. Redact.: J. Sandmann. Nebst Gratisbeilage: Illustrirtes Unterhaltungsblatt. Jahrg. 1884. 52 Nrn. (Bog.) hoch 4. Berlin. (Leipzig, Schneider.) *
Bildet die Fortsetzung zu: Handels-Revue für Sprit etc.

Alkohol. Allgemeine Zeitschrift f. die Praxis der Spiritus-, Kornbranntwein- u. Preßhefen-Industrie. Rectification. Cognac-, Liqueur- u. Essig-Fabrikation. Red.: M. Stenglein. 1. Jahrg. 1891. April—Dezember. 40 Nrn. (Bog.) Lex.-8. Berlin, Aug. Schultze's Verl. n. 9. —

— dasselbe. 2.—4. Jahrg. 1892—1894. à 52 Nrn. (Bog.) Lex.-8. Ebd. à Jahrg. n. 12. —

Alkohol. Allgem. Zeitschr. f. d. Praxis d. Spiritus-, Kornbranntwein- u. Preßhefen-Industrie, Rektifikation, Obstwein-, Kognac-, Likör-, Essig- u. Konserven-Fabrikat. Offiz. Organ d. freien Vereinigg. v. Interessenten d. Spiritus-, Branntwein- u. Preßhefen-Industrie. Red.: M. Stenglein. 5.—8. Jahrg. 1895—98. à 52 Nrn. (à 16 S.) gr. 4. Berlin (Aug. Schultze's Verl.)
à Jahrg. n. 24. —

Alkohol. Allgemeine Zeitschrift f. die Praxis d. Preßhefen-, Kornbranntwein- u. Spiritus-Industrie. Rectification, Obstbranntwein-, Cognac- u. Liqueur-Fabrikation. Offizielles Organ des Vereins Freie Vereinigg. v. Interessenten der Preßhefen-, Kornbranntwein- u. Spiritus-Industrie u. des deutschen Brennmeisterbundes. Red.: M. Stenglein. 9.—12. Jahrg. 1899—1902 à 52 Nrn. (à ca. 8 S.) gr. Fol. Berlin (Aug. Schultze's Sort.).
à Jahrg. n. 24. —

Alkohol. Allgemeine Zeitschrift f. die Praxis der Preßhefen-, Kornbranntwein- u. Spiritus-Industrie. Rectification, Obstbranntwein, Cognak- u. Liqueur-Fabrikation. Offizielles Organ des Vereins Freie Vereinigg. v. Interessenten der Preßhefen-, Kornbranntwein- u. Spiritus-Industrie u. des deutschen Brennmeisterbundes. Red.: M. Stenglein. 14.—16. Jahrg. 1904—1906. à 52 Nrn. (à ca. 8 S.) Fol. Berlin (Aug. Schultze's Sort.)
à Jhrg. n. 24. —

Alkohol. Allgemeine Zeitschrift f. die Praxis der Preßhefen-, Kornbranntwein- u. Spiritus-Industrie, Rektifikation, Obstbranntwein, Kognak- u. Likör-Fabrikation. Offiz. Organ d. Vereins Freie Vereinigg. v. Interessenten der Preßhefen-, Kornbranntwein- u. Spiritus-Industrie u. d. deutschen Brennmeisterbundes. Red.: M. Stenglein. 17.—20. Jahrg. 1907—1910 à 52 Nrn. (à ca. 8 S.) 49×32,5 cm. Berlin, (Aug. Schultze's Sort.). à Jhrg. 24. —

Alkohol & Co. Hoflieferanten Sr. Maj. d. Königs Tod. Grösstes Geschäft Deutschlands, 300,000 Filialen in allen Städten, Flecken u. Dörfern. (Von Wilh. Bode.) 4. Aufl. (15 m. Abb.) gr8°.– Berl., Mässigk.-Verl. 1908.

Der Mörder Alkohol im Jahre 1897. — Dresden: Böhmert 1898. 39 S. 1: Fd 9312/6. 8.
3.3578

Alkohol und Tapferkeit. — (Hamburg: Deutschlands Großloge II [um 1910].) 2 Bl. 8.
3.3579

Deutscher Verein gegen d. Mißbrauch geistiger Getränke. Der Alkohol in dem Vorentwurf zu einem deutschen Strafgesetzbuch. Abdr. d. darauf bezügl. Paragraphen mit Begründung. Mit e. Vorw. von [Hugo] v. Strauß u. Torney. — Berlin: Mäßigkeits-Verl. [1910]. 20 S.
1: Fd 9322/16.
3.3582

Deutscher Verein gegen d. Mißbrauch geistiger Getränke. Alkohol und Wehrkraft. Ein Belehrungs- u. Mahnwort an d. jungen Soldaten zu Lande u. zu Wasser. — (Berlin:) Mäßigkeits-Verl. 1905. 15 S. 1: Fd 9317/10. 11.
3.3583

— u. **Wehrkraft.** Ein Belehrungs- u. Mahnwort an die jungen Soldaten zu Lande u. zu Wasser. Hrsg. vom deutschen Verein gegen den Mißbrauch geist. Getränke. (Neudr.) (15 S.) 16. Ebd. 909. — 10

Alkoholberechnungstafeln. *Berlin: Selbstverl. d. Deutsch. Apotheker-Ver. [1901].* 1 Bl. quer-4° [Kopft.] [OL 10599

Alkoholermittelungsordnung. Branntweinsteuer-Ausführungsbestimmgn. VII. Thl. Amtl. Ausgabe. gr. 8. (256 S.) Berlin 900. J. Springer. Kart. n. 1. 80

Alkoholfrage, die. La question alcoolique. The alcohool question. Wissenschaftl.-prakt. Vierteljahrsschrift. Organ der internationalen Vereinigg. gegen den Missbrauch geist. Getränke. Unter Mitwirkg. von Abel, Adickes, Amaldi u. a. hrsg. v. J. Gonser. 7 Jahrg. [Neue Folge.] 4 Hefte. (1. Heft 96 S. m. Abb.) gr. 8. Berlin, Mässigkeits-Verlag. 6. —

Alkoholfrage. Question de l'alcoolisme. Exposé comparatif des lois et des expériences de quelques états étrangers. Par le bureau fédéral de statistique. In-8°, 682 p. Berne. 1884

Alkoholfrage, Zur, Vergl. Darst. d. Gesetze u. Erfahrgn. ausländ. Staaten, v. eidg. stat. Bureau mit: Schuler, die Ernährungsweise d. arbeit. Klassen i. d. Schweiz und ihr Einfluss a. d. Ausbreitung d. Alkoholism. und: Botschaft d. B. R. betr. d. Alkoholfrage. 3 Schriften. Bern 1884 in 1 Bd. 8°.

Alkoholfrage, Zur. Ueber die analytische Bestimmung u. technische Beseitigung des Fuselöls im Sprit. Gutachten der HH. Dr. G. Lunge, Dr. Victor Meyer u. Dr. E. Schulze, Professoren am eidgen. Polytechnikum in Zürich. Abgestattet im Auftrage des Departements des Innern der schweiz. Eidgenossenschaft. In-8°, 22 S. Bern, Stämpfli. 1884

— Botschaft des Bundesrathes an die hohe Bundesversammlung vom 18. Juni 1884. In-8°, 124 S. Bern, Stämpfli. 1884

— Vergleichende Darstellung der wesentlichsten Bestimmungen der kantonalen Wirthschaftsgesetze, verfasst von *Th. Hoffmann-Merian*. In-8°, 73 S. Bern, Stämpfli'sche Buchdruckerei. 1884

Zur Alkoholfrage. Vergleichende Darstellung der Gesetze u. Erfahrungen einiger ausländischer Staaten. Zsgest. vom Eidgenössischen Statistischen Bureau. — Bern 1884: Stämpfli. 635 S. **1:**Fd 9236. **12:**Pol. civ. 207o. **2. 7. 11.**
3.3590

Alkoholfrage, zur. Die Ernährungsweise der arbeitenden Klassen in der Schweiz und ihr Einfluss auf die Ausbreitung des Alkoholismus. Im Auftrag des Departements des Innern der schweiz. Eidgenossenschaft verfasst v. Dr. *Schuler*. In-8°, 39 S. Bern, Stämpfli. 1884

Alkoholfrage, die. Vierteljahrsschrift zur Erforschg. der Wirkgn. des Alkohols. Hrsg. v. Böhmert u. Meinert unter Mitwirkg. v. G. Asmussen, A. Baer, Binswanger u. a. 1.—3. Jahrg. 1904—1906. à 4 Hfte. (VIII, 444; VI, 394 u. VI, 386 S.) gr. 8. Dresden, O. V. Böhmert. à Jhrg. n. 6. —

Alkoholfrage, die. Vierteljahrsschrift zur Erforschg. der Wirkgn. des Alkohols. Hrsg. v. Böhmert u. Meinert unter Mitwirkg. v. G. Asmussen, Binswanger, Bäumler u. a. 4.—6. Jahrg. 1907—1909. à 4 Hefte. (406; 374 u. 370 S.) gr. 8. Dresden, O. V. Böhmert. à Jhrg. 6. —

Alkoholfrage

Graphische Tabellen mit Begleittext. Zur Alkoholfrage. Bearb. von J. Stump [u. a.]. — Zürich: Willenegger (1907). XVI, 227 S. quer-8° **1:**Iq 10011.
3.3591

Zur **Alkoholfrage.** Graphische Tabellen mit Begleittext. Bearb. von J. Stump und Rob. Willenegger unter Mitwirkung von Herm. Blocher [u. a.]. Zürich: Willenegger [1908]. quer 4°.
[Geschenk des Deutschen Bundes abstinenter Studenten Ortsgruppe Tübingen.]

Die **Alkoholfrage.** Wissenschaftlich-praktische Vierteljahrsschrift. Organ der Internationalen Vereinigung gegen den Mißbrauch geistiger Getränke. Hrgg. v. J. Gonser. Jg. 7 ff. Berlin. 1910 ff. 8°

Alkoholfrage (Zur) in den Vereinigten Staaten Nordamerikas. Übersetzt aus der Arbeit: Zur Alkoholfrage. Vergleichende Darstellung der Gesetze und Erfahrungen einiger ausländ. Staaten. Gedr. in Bern 1884. 1 Bd. 96 S. 8°. Finnl. Senat. Helsingfors. 1890.

Alkoholgegner, der. Monatsschrift zur Bekämpfg. der Trinksitte. Hrsg. u. Schriftleiter: Rösler u. Otto de Terra. 3. u. 4. Jahrg. Oktbr. 1905—Septbr. 1907. à 12 Nrn. (à ca. 24 S.) Lex.-8. Reichenberg i/B. (Schloßgasse 3), Verwaltung des Alkoholgegner. à Jhrg. n. 2. 60

Alkoholgegner, der. Monatsschrift z. Bekämpfg. der Trinksitten. Hrsg. u. Schriftleiter: Adf. Daum. 5.—7. Jahrg. Oktbr. 1907—Septbr. 1910. à 12 Nrn. (192, 154 u. 152 S.) Lex. 8. Wien (I, Spiegelgasse 19), Verwaltung des Alkoholgegner. à Jahrg. 3. —

Alkoholgegner: Jahrgang 1, no. 1, April 1910 ? .
Monthly. Sub-title: Monatsschrift des „Alkoholgegnervereins zu Porto Alegre". Editor: E. Knorre. Devoted to fighting dangers of alcohol in Porto Alegre. Scientific articles with statistics. Supplement: Jugend-Beilage: no. 1, August 1910. Porto Alegre

Der Alkohol-Gegnerbund. Vierteljahrsschrift gegen die Trinksitten. Jg. 1 (Mehr nicht erschienen).
Bremerhaven: C. G. Tiencken 1894/95. 8° **8**

[F.] Alkoholgegnerbund '(Internat. Ver. z. Bekämpfg d. Alkoholgenusses.)' No 1. *(Basel: L. Reinhardt, Buchdr. [1898].)* 8. [98. 9444

Alkoholismus, der. Allen wahren Freunden der leidenden Menschheit gewidmet. Diesdorf (?).

Der Alkoholismus. Vierteljahrsschrift zur wissenschaftlichen Erörterung der Alkoholfrage. [Hrsg.: A. Baer, Böhmert, Strauss u. Torney u. a.] Jg. 1–4.
Dresden: Böhmert 1900–1903. 8° **46**
(Forts. u. d. T.: **Die Alkoholfrage. Jg. 1. 1904 ff.**

— dasselbe. Zeitschrift zur wissenschaftl. Erörterg. der Alkoholfrage, unterstützt durch den deutschen Verein gegen den Missbrauch geist. Getränke. Organ des Verbandes der Trinkerheilstätten des deutschen Sprachgebietes. Unter besond. Mitwirkg. v. Alt, Baer, Colla u. a. hrsg. v. J. Waldschmidt. Neue Folge. (1.—3. Bd.) Jahrg. 1904—1906. à 6 Hfte. (X, 382; X, 392 u. X, 344 S.) gr. 8. Leipzig, J. A. Barth. à Jhrg. n. 8. —

Alkoholismus, der. Zeitschr. z. wissenschaftl. Erörterg. d. Alkoholfrage, unterstützt durch d. deutschen Verein gegen den Missbrauch geist. Getränke. Organ des Verbandes der Trinkerheilstätten des deutsch. Sprachgebietes. Unter besond. Mitwirkg. v. Alt, Baer, Colla u. a. hrsg. v. J. Waldschmidt. Neue Folge. 4. Bd. Jahrg. 1907. 6 Hefte. (à 64 S.) gr. 8. Leipzig, J. A. Barth. 8. —

Der Alkoholismus. Seine Wirkungen u. seine Bekämpfung. Hrsg. vom Zentralverband zur Bekämpfung d. Alkoholismus in Berlin. 1–3. — Leipzig: Teubner 1906. (Aus Natur u. Geisteswelt. 103.104.145.)
1–3 . . **1:**Ag 7234/20–103.104.145. **12:**Var. 348t-103.104.145. **6. 8. 11.**
1.2 . . . . **300:**393.546–B. Per. 103.104.
3.3601

— ⟨N. F.⟩ T. 4-8. Berlin: Deutscher Verlag für Volkswohlfahrt 1907-12.
4-8 . . . . **1:**Fd 9318/11. **8. 10.**
4-7 . . . . **12:**Pol. civ. 2 np.
3.3602

Der **Alkoholismus.** Seine Wirkungen und seine Bekämpfung. Hrsg. vom Berliner Zentralverband z. Bekämpf. d. Alkoholismus. Tl 7. 8. ⟨N. F.⟩ Leipzig 1910. 1912. 8°

Der Alkoholismus. Seine strafrechtlichen u. sozialen Beziehungen. Seine Bekämpfung. Referate, erstattet ... durch [August] Balser [u. a.] — Halle a. S.: Marhold 1908. 97 S. (Vereinigung für gerichtliche Psychologie u. Psychiatrie im Großherzogtum Hessen. 4.) (Juristisch-psychiatrische Grenzfragen. 6,2.3.)
1:Fi 9834-6,2.3. **300:**476.376–B. Per. 6,2.3. **3. 5. 6. 7.**
3.3603

Alkoholismus (Über den) in den Armeen. (Von einem k. k. Militärarzt.) Militärarzt. Nro. 16. 1873; Ref. Virchows Jahrbücher. I. 644 S. 1874.

Alkoholismus (Der) und seine Folgen in Frankreich. Statist. Mschr. (1.) IV. 541. 4°. K. k. statist. Zentralkommission. Wien.

Alkoholismus in Frankreich 1874 – 1878. Statist. Korresp. III. 1881.

Der Alkoholismus im Kongostaat und in Lagos. — (Brüssel 1905: Travaux publ.) 9 S. **3. 8.**
3.3605

— (Der) auf dem Lande. Das Land. 275. 1897.

Alkoholismus, der moderne, s. a. Miniatur-Bibliothek.

Der moderne Alkoholismus, seine Hauptursachen, seine Schäden und die Frage seiner Bekämpfung. — Leipzig: Paul [1902]. 86 S. (Miniatur-Bibliothek. 397/398.) **8.**
3.3607

Alkoholmerkblatt. — Gegen den Mißbrauch geistiger Getränke! Alkohol-Merkblatt. Bearb. im Kaiserlichen Gesundheitsamt. — (Berlin: Springer 1903.) 2 Bl.
1: 4° Iq 9983. 12: 2° Pol. civ. 5 de.
3.3608

— — Plakat-Ausg. Ebd. (1903). 1 Bl. 2° **11.**
3.3609

Alkokolmonopol, Schweiz. B. G. betr. gebrannte Wasser (v. 23. XII. 1886). Varia 181.

Alkoholmonopol. Schweizerisches Alkoholmonopol. Die wichtigsten Gesetze, die Vollziehungsverordnung und das Formular «Strafprotokoll». II + 120 S. 8. Bern, Stämpfli & Cie, 1901.

Alkoholsitte, die, der Gesellschaft. Gedanken e. Volksfreundes üb. d. Trinken u. d. Trunksucht. gr. 8. (18 S.) Bremerhaven 890. Tienken. n. — 30

Alkoholsitte, Die, der Gesellschaft. (18 S.) Bremerhaven 1894. Tienken. —.30

Alkoholteufel, der. (16 S.) kl. 8. Lorch 905. K. Rohm. n. — 10

Alkoholunterricht. Gesetze vom 9. Mai und 27. Juli 1896.

Alkoholwahnsinnig. Tagebuch eines aus d. Irrenhause Entlassenen. Mit e. Vorwort v. E. Meinert. Von ***. (36 S.) gr. 8. Dresden 907. O. V. Böhmert. — 40

Alksnis. Haemogallol u. Haemol in der Praxis. gr. 8. (22 S.) Leipzig 899. H. Hartung & Sohn. n. — 60
Sonderabdruck aus „Aerztl. Monatsschrift."

Alkuin s. *Alcuinus.*

Alkuin, Bruder, d. Todtenwirth, (v. Er. Bornschein). 2 Thle. 8. Erf. 809. 811 mit d. T.: Das Nachtmahl d. Verzweifelung. Ebd. (Leipz., Weygand). 2 ß

Alkuin, ausgewählte Schriften, s.: Bibliothek der katholischen Pädagogik.
s.: Alcuin.

Alkuin's pädagogische Schriften, s. a. Sammlung der bedeutendsten pädagog. Schriften aus alter u. neuer Zeit. 4. Bd.

Alkuin's pädagog. Schriften. Bearb. v. Freundgen. (178 S.) Paderborn 1889. F. Schöningh. 1.20

All for Greed, s. Collection of British Authors.

All Heil! Norddeutsche Radfahrer. Ztg. fol. seit 1893. Hamburg. 1912. jährl. 39 N.M. 1.50.

All Heil! Fachblatt für den Radfahrsport. [Red.: W. Wilkens.]
Hamburg: W. Wilkens 1893–(1902). 4°

All Heil! Zeitschrift für Radfahrer Westfalens und Rheinlandes. [Red.: J. H. Wagner.] Jg. 1. (Mehr nicht erschienen.)
Warendorf: J. Schnell 1894/95. 8°

All Heil! Deutscher Radfahrer-Kalender. 1895. 16. (IV S., Schreibkalender u. 63 S.) Leipzig, Eisenschmidt & Schulze. Geb. in Leinw. — 75

All Heil! Amtliches Organ des Deutschen Radfahrbundes.
Leipzig: Radfahrbund 1895/96. 1896/97. 8°
Forts. u. d. T.: Deutscher Radfahrkalender. Jg. 3. 1897 ff.

All Heil! Deutscher Radfahrer-Kalender. 3. Jahrg. 1896/97. 16. (IV S., Schreibkal. u. 88 S.) Leipzig, Schulze & Co. Geb. in Leinw. 1. —

All Heil! Zeitschrift für Radfahrsport und Radtechnik. [Red.: I. Kreuzer.] Jg. 1. (Mehr nicht erschienen.)
Wien: F. Beck 1897. 4° **48**

All-Heil! Norddeutsche Radfahrer-Zeitg. Offizielles Organ f. den Gau I des deutschen Radfahrer-Bundes. Red.: Herm. Stuht. 13. u. 14. Jahrg. 1905 u. 1906. à 89 Nrn. (à ca. 4 S.) gr. Fol. Hamburg, Hanseat. Druck- u. Verlags-Anstalt. à Jhrg. n.n.n. 1. 14
Kann nur durch die Post bezogen werden.

All right! Kurze Erklärg. d. am häufigsten vorkomm. Fach-Ausdrücke d. Rennsports. 12. (16 S.) Leipzig 895. H. Haacke. n. — 20

Alla Moddin. Ein Schauspiel in drei Aufzügen. Berlin 1798. V: *Tieck, Johann Ludwig.* (GGr)

Alla-Moddin. Schspl. in 3 A. 8. Leipz. 798. (Wienbrack). 9 gr.

Allacci, Leone
— Leonis Allatii Apes urbanae sive de viris illustribus . . . et Joannis Imperialis [Giovanni Imperiale] Museum historicum, virorum litteris illustrium elogia, vitas eorundem & mores notantia complexum, praemissa praef. Jo[hannis] Alberti Fabricii. — Hamburgi: Liebezeit 1711. 370,232 S.
1: Am 1517. 12: H. lit. P. 8. **2. 3. 4. 5. 6. 7. 8. 9.**
3.3634

Allatii, Leonh., apes urbanae et Ioannis Imper. Museum histor. c. Praef. I. A. Fabricii. 8. Hamb. Bohn. 711.

— Leonis Allatii Instructio de Bibliotheca Palatina Romam transportanda, quam ex manuscripto Italico Bibliothecae Mayerianae ... eruit translatumque Lat. vertit Michael Fridericus Quade. — Gryphiswaldiae (1708): Adolph. 10 S. 4° **4. 7. 8. 9.**
3.3655

Allainval, d', (Léonor-Jean-Christine Soulas,) l'École des bourgeois, s. a. Chefs d'oeuvre.

— L'École des bourgeois, comédie en 3 actes, avec un prologue, par M. d'Allainval. — Vienne 1761: de Ghelen. 64 S. **10.**
3.3712

— [Le Mari curieux, deutsch] Der neugierige Ehemann. Ein Lust-Spiel von 1 Aufz. Aus d. Franz. des Herrn d'Allainval übers. — o.O. u. J. 32 S.
300: 622.124-A. Th. S.
3.3723

— Der neugierige Ehemann; ein Lustspiel in 1 Aufz. Aus d. Franz. des Herrn v. Allainval übers. — Sorau: Herold 1744. 38 S. **5.**
3.3725

— [L'Embarras des richesses, deutsch] L'Embarras des richesses, die Beschwerde des Reichthums, ein Lustspiel von 3 Aufz., aus d. Franz. des Herrn d'Allainval. — o.O. u. J. S. 205–322. **300:** 3529–A.
3.3720

— [Le Tour de carnaval, deutsch] Der Faschingstreich, ein Lustspiel von 1 Aufz., nebst einem Ballete, nach d. Franz. des Herrn v. Allainval. — Wien: Kraus 1767. 56 S. **300:** 6804–A.
3.3728

Allainval, Léonor Jean Christine Soulas d'. Der Faschingsstreich, ein Lustspiel in einem Aufzuge. Wien 1767. Ü: *Herrl, Joh. Joseph von.* (GGr)

— Ton des Tages. Lustspiel in 3 Akten, nach d. Franz. von Julius v. Voß. — Berlin: Starcke 1806. VI,151 S. 1:Ys 2300. **3. 7. 8.** 3.3715

Allaire, Louis
Unter den Schwarzen am Kongo. Nach d. Berichten des P. Olivier Louis **Allaire** C. S. Sp. (Le R. P. Allaire, Missionaire au Congo d'après ses écrits et sa correspondance.) Übers. von F(anny) Mersmann. (Bearb.: P[ater] Anton Huonder S. J.) Mit 29 Abb. u. 1 Kt. Freiburg i. Br.: Herder 1910. V, 107 S. 8°
(Missions-Bibliothek. [3.]) [10. 1008

Allais, Alphonse
— [Monsieur La Pudeur, deutsch] Der Moralfex (Monsieur La Pudeur). Schwank in 3 Akten von Alphonse Allais, Félix Galipaux & Paul Bonhomme. Für d. deutsche Bühne bearb. von Wilhelm Thal [d.i. Wilhelm Lilienthal] & Richard Wilde. — München, Berlin, London, Leipzig: Hassenstein 1906. 131 S. 1:Xw 11766. 3.3735

Allan Mac-Aulay, der Seher des Hochlandes. Eine Legende aus den Kriegen d. Montrose. Aus d. Engl. des Walther Scott, von Sophie May. 2 Theile. 8. Berlin, Nauck. 821. Rthlr.

Allan, F., Mastkorb und Schulhaus oder Karl A....s Lebensgeschichte. Eine wahre Erzählung für die erwachsene Jugend. Dem Holländ. nacherzählt von Joh. G. Th. Gräße. Mit 2 (lith. u.) color. Bildern. Dresden 860. Kuntze. 8. (IV, 51 S.) n. 12 *ngr.*

Allan, George, Fluch der Liebe! Novellen. 8. (189 S.) Leipzig 880. Friedrich. n. 3. —

—— ein Fürstenkind. Roman. 8. (213 S.) Ebendas. 882. *

Allan, George, e. Fürstenkind. Roman. 8. (213 S.) Leipzig 883. Friedrich. n. 4. —

Allan, George, aus der rumänischen Gesellschaft. Zwei Romane. 8. (166 S.) Leipzig 882, Thiel. *

Allan, James (Edinburg)
Über ein neues Zinksalz.
[In: Annalen d. Chemie u. Pharmacie Bd 60 (1846) 107.]
Dr. phil. Giessen 12.6.1846.

Allan, Robert
— [A Manual of mineralogy, deutsch] Die Mineralogie. Deutsch bearb. von Carl Hartmann. Mit Kupfern. — Quedlinburg & Leipzig: Basse 1838. XIV,261 S. 1:Mg 5768. 12:Lith. 11h. **3. 8.** 3.3779

Alland [Schlagwort]
Alland, s.: **Wiener Ausflugskarten.**

Alland, M., die Kinder des Heiligen Geistes. Roman. Leipzig 864. O. Voigt. 16. (308 S.) n. 25 *ngr.*

— Licht- und Schattenbilder aus dem Wiener Leben, s. Bergson's Eisenbahnbücher.

Die Loge zur brennenden Fackel. Roman von Carl Marquard Sauer [d.i. M. **Alland**] Bd. 1.2. Görlitz: Vierling 1876. 8°
1. 3 Bl., 306 S.
2. 2 Bl., 220 S.
Dass. 2. Ausg. Ebd. 1884. 8°
Dass. Ebd. [1903]. 272 S. 8°
TB. 383, 401.

Allanic, J.
Histoire du collège de Vannes. Par J. Allanic. *Rennes 1902: Oberthur.* (93 S.) 8° [C2. 11403

Allara, Vincenzo: [Sulla Causa del cretinesimo, deutsch] Der Kretinismus. Seine Ursachen und seine Heilung. Autoris. Uebers. aus d. Ital. von Hans Merian. — Leipzig: Friedrich (1894). VIII,388 S.,2 Tab. 1:Kl 3894. 12:Path. 14b. **3.** 3.3791

Allard, Alphonse
— [La Crise, deutsch] Die wirthschaftliche Krisis. Aus d. Franz. (Autoris. deutsche Uebers.) — Berlin: Walther & Apolant 1885. 47 S. 1:Fh 5574. **5. 10. 11.** 3.3794

Allard, Eduard. prakt. Arzt in Berlin: Die **Augenheilkunde** des Alcoatim a. d. J. 1159 (T. 6). Zum ersten Male ins Deutsche übersetzt. *Berlin (1899): G. Schade.* (35 S.) 8°
Berlin, Med. Diss. v. 15. Dez. 1899

Allard, H., Révision des Curculionides Byrsopsides, s.: **Zeitschrift,** Berliner entomologische.

Allard, O.: Der Drainbau und sein unmittelbarer Einfluss auf das Gedeihen der Nährpflanzen. — Berlin: Plahn 1861. VIII,120 S. 1:2 in 4° Ow 5200. 12:Oecon. 52x. **11.** 3.3836

Allard, Paul
— die Christenverfolgungen u. die mod. Kritik, s.: Wissenschaft u. Religion. 9.

Allard, Paul, haben die Christen Rom unter Nero in Brand gesteckt? s.: Wissenschaft u. Religion. 8.

Allardt, Johann Ludwig (Frankfurt/O.), Specimen observationum in Matthaeum. Präs. Ernst Aug. Schulze. Frankf./O. (Joh. Chn. Winter) 24. II. 1758. 20 S. (4.—) 291
Gew.: Carl Ludolf Frhr. v. Danckelmann (Lodersleben), Carl Ludw. Selig, Aug. Friedr. Wilh. Sack, Valent. Mirdel, Carl Wilmsen, Joh. Friedr. Claessen.

Allardt, M. H.: Geographische und statistische Beschreibung des Staates Michigan. Mit Kt. — Hamburg: Friederichsen 1872. 1:Uw 6370. 12:Am. B. 61. 3.3885

— Michigan, seine Vorzüge und Hülfsquellen. — Frankfurt a. M. 1869. **5.** 3.3886

Allassy von Löwenbach, A., Versuch einer theoret. prakt. Anleit. z. Scheibenschießen, als Leitf. f. d. Abrichter in diesem so wicht. Dienstzweige. M. 4 Kpfr. (in qu. Fol.) gr. 8. (15 B.) Wien 831, Heubner.

Allássy v. Loewenbach, **Anton:** Practischer Vorpostendienst, gestützt auf bewährte Grundsätze und Regeln als Leitfaden zum Selbstunterrichte ... Erl. durch mehrere Beyspiele u. 10 Pl. Von Anton Allássy von Löwenbach. — Linz: Eurich 1835. XII,456 S. 1:Hv 29546. 3.3906

Allatii, Leon., Apes urbanae sive de viris illustribus, qui ab a. 1630-1632 Romae adfuerunt, s. Allacci, Leone.

Allatios, Leon s. *Allacci,* Leone.

Allatius, Leo s. *Allacci,* Leone.

All-ben-Habad, Effendi. Ueber Aufgeklärtheit, Barbarei u. Vorurtheile. Herausgeg. v. Ch. L. Paalzow. 8. Berlin 824, Schöne.

Allbuch, das, eine Bibel. Das ist: Die Offenbarung des Logos. Empfangen und überliefert durch Clemens von Hamburg. I. Das Buch der Verkündigung. gr. 16. Hamburg 844, C. F. Vogel. n. $1^1/_6$ *rf*

Allbutt, Henry Arth., die künstliche Abwehr der Bevölkerungszunahme. Ist e. volkstüml. Belehrg. darüber strafbar? Eine ärztl. Verfolgungsgeschichte. Vortrag, geh. in Leeds, Bradford, Pudsey u. Morley im Febr., März u. Apr. 1888. In's Deutsche übertr. v. H. B. Fischer. gr. 8. (54 S.) Leipzig 894. M. Spohr. n. 1. 20

— das Handbuch f. Frauen. Belehrung üb. das Verhalten der Frau während der Schwangerschaft, im Wochenbett u. nach der Geburt, nebst Winken üb. die Säuglingspflege u. noch andere f. verheirathete Frauen wicht. u. wissenswerte Dinge. Anh.: Kindersterblichkeit u. vorzeit. Tod. Ins Deutsche übertr. v. H. B. Fischer. gr. 8. (114 S.) Ebd. 894. n. 2. —

Allbutt, T. C., die Ueberanstrengung d. Herzens, s.: Seitz, J.

Allda. — **Ein erbärmklich Lied von der züchtigen junckfrawen Allda genandt. Wie die von einem Jüngling entfürt ... worden. — (Augspurg o.J.: Manger.) 8 Bl.**
2 versch. Drucke. 1:Yd 8795 [u.] 8796.
3.3929

Alldeutschland. Dichtergrüße am Auferstehungsmorgen d. geeinigten Deutschlands im Hochsommer d. J. 1870. In sorgfältiger Auswahl dem deutschen Volke dargeboten von Frz. Knauth. 1. 2. Bdchn. Langensalza 870. Verlags-Comptoir. 16. (IV, 52; IV, 52 S.) Jedes Bdchn. n. 5 ngr.

—— Neue Lieder zu Schutz und Trutz im Jahre der deutschen Erhebung 1870. Gesammelt von Müller von der Werra und W. Baensch. Ster.-Ausg. gr. 16. (128 S.) Leipzig [Dresden] 870, Baensch.

Alldeutschland. Dichtungen aus den Ruhmestagen d. Heldenkrieges 1870—1871. Hrsg. von Müller v. der Werra u. Wilh. v. Baensch. Mit Holzschn. nach Orig.-Zeichngn. v. L. Hutschenreuter. Ausgeführt v. R. Jaenichen. hoch 4. (XVI, 400 S. m. 9 Holzschntaf.) Dresden 871. Baensch. geb. m. Goldschn. In Carton. n. 15. —
Zander in Leipzig herabges. Pr. n. 3. —; geb. n. 5. —

—— Dichtungen aus den Ruhmestagen des Heldenkrieges 1870—1871. Hrsg. von Müller von der Werra und Wilh. v. Baensch. Mit Holzschn. nach Orig.-Zeichnungen von L. Hutschenreuter. Ausgeführt von R. Jaenichen. hoch 4. (XVI, 400 S. mit 9 Holzschntaf.) Leipzig 871, Baensch. [Zander.] (* ℳ 12.) *
geb. mit Goldschn. In Carton (** ℳ 15.) *

All-Deutschland. Illustrirtes Hausblatt. 1. Jahrg. 1877. 40 Nrn. (à 4 Bog. mit eingedr. Holzschn.) Fol. Stuttgart, [Neugebauer.] Göltz und Rühling. à Nr. 15 Pf. *

—— dass. — 2. und 3. Jahrg. 1878 und 1879. à 52 Nrn. (à 4 Bog. mit eingedr. Holzschn.) Fol. Ebendas. *
in 26 Heften à 35 Pf. *

All-Deutschland. Illustrirtes Hausblatt. 4. und 5. Jahrg. 1880 und 1881. à Jahrg. 52 Nrn. (à 4 Bog. mit eingedr. Holzschn.) Fol. Stuttgart, Göltz und Rühling. à Jahrg. *
In 26 Heften à * 35 Pf.; à Jahrg. *
Nicht weiter erschienen.

All' Deutschland. Ein illustrirtes deutsches Familienblatt. Red.: K. Keller. 1. Jahrg. 1889. 52 Nrn. (B.) gr. 4. Berlin, O. Drewitz. à Nr. — 10

All' Deutschland. Ein illustrirtes deutsches Familienblatt. Redact.: Karl Keller. 1. Jahrg. 1890. Jan.—Sept. 39 Nrn. (Bog.) gr. 4. Berl., O. Drewitz. à Nr. — 10; * 3 90

— dasselbe. Jahrg. 1890. 52 Nrn. Mit Beiblatt: Deutsche Mode. Illustrirte Monatsschrift f. Mode u. Handarbeit. 12 Nrn. (2 B.) gr. 4. Ebd. à Nr. — 10

All-Deutschland. Ein illustr. deutsches Familienblatt. Organ d. Vereins f. Volkslitteratur. Red.: Karl Keller. 2.—4. Jahrg. Oktbr. 1890—Septbr. 1893. à 52 Nrn. (2 Bog.) gr. 4. Berlin, O. Drewitz' Verl. à Jahrg. n. 5. —;
à Nr. n. — 10

— dasselbe. 5. Jahrg. 1. u. 2. Quartal. Oktbr. 1893—März 1894. 26 Nrn. (2 Bog.) gr. 4. Ebd. n. 2. 50;
à Nr. n. — 10

— dasselbe. Red.: Osk. Kresse. 5. Jahrg. 3. u. 4. Quartal. Apr.—Sept. 1894. 26 Nrn. (2 Bog.) gr. 4. Berlin, F. Lenz & Co. n. 2. 50; à Nr. n. — 10

— dasselbe. 6. Jahrg. Oktbr. 1894—Septbr. 1895. 52 Nrn. (2 Bog.) gr. 4. Ebd. n. 5. —; à Nr. n. — 10

All'-Deutschland. E. illustr. deutsches Familienblatt. Nebst: „Stimmen d. Höhe". Erzählgn. u. Berichte a. d. Seelen- u. Geistesleben; „Handel u. Wandel"; „Deutsche Mode"; „Feld- u. Garten"; „Spiel u. Sport". Red.: Osk. Kresse. 7.—10. Jahrg. 1895—1898. à ca. 52 Nrn. (à 16 S.) gr. 4. Berlin, F. Lenz & Co. à Jahrg. 5. —
Kann auch vierteljährlich bezogen werden.

All-Deutschland. Ein illustr. deutsches Familienblatt. Nebst: „Stimmen der Höhe". Erzählungen u. Berichte aus d. Seelen- u. Geistesleben; „Handel u. Wandel"; „Deutsche Mode"; „Spiel u. Sport"; „Feld u. Garten". Red.: Osk. Kresse. Jahrg. 1899—1902 à 52 Nrn. gr. 4. (à Jahrg. 1144 S.) Berlin, F. Lenz & Co. à Jahrg. n. 5. 20;
einzelne Nrn. — 10

All-Deutschland. Ein illustr. deutsches Familienblatt. Nebst: „Stimmen der Höhe". Erzählungen u. Berichte aus dem Seelen- u. Geistesleben; „Handel u. Wandel"; „Deutsche Mode"; „Spiel u. Sport"; „Feld u. Garten". Red.: Osk. Kresse. 8.—11. Jahrg. 1903—1906. à 52 Nrn. (à 1144 S.) Berlin, F. Lenz & Co. à Jahrg. n. 5. 20

All-Deutschland. Ein illustr. deutsches Familienblatt. Nebst: „Stimmen der Höhe". Erzählungen u. Berichte aus dem Seelen- u. Geistesleben; „Handel u. Wandel"; „Deutsche Mode"; „Spiel u. Sport"; „Feld u. Garten". Red.: Osk. Kresse. Jahrg. 1907—1909. à 52 Nrn. (à ca. 16 S.) 32,5×24 cm. Berlin [F. Lenz & Co.] Alldeutschland Verlagsgesellsch. à Jahrg. 5. 20

Alldeutschland's Auferstehung od. Untergang? Ein Volks- u. Reichs-Spiegel im (Wahrheuts-)Lichte Christi, der als reiner, Sein Volk teils beselichender, teils richtender Geist heute wiedergekommen ist! (Ap. Gesch. 3, 20. 2. Timoth. 4. 1. Ebr. 9, 28.) Von Friedlieb Ohnefurcht. (117 S.) kl. 8. Bitterfeld 904. (Schmiedeberg, F. E. Baumann.) n. — 50

Alldeutschlands Haus- u. Modeblatt. Mit Mode- u. Handarbeit. Geleitet v. Margarete Palfy-Rentsch. Okt. 1890—Sept. 1891. 48 Nrn. (Bog. m. Abbildgn.) gr. 4. Erf., Frauenschriften-Verlag. * 1 60
Nicht weiter erschienen.

— Jugend. Unsern lieben Buben u. Mädchen gewidmet vom deutschen Lehrer-Schriftstellerbund. (196 S. m. z. Tl. farb. Abbildgn.) gr. 8. Berlin 907. A. Anton & Co.
Geb. in Leinw. n. 3. —

Alldeutschlands Protest geg. d. Beschluß d. Reichstages v. 23. März 1895. gr. 8. (4 S.) Hamburg 895. F. Schlotke. — 10

All-Deutschlands Scheffelkalender f. 1892. gr. 8. (12 farb. Taf.) Leipzig, E. Baldamus Sep.-Cto. 2. —

Alldorf, D., Schnipp, Schnapp, Schnurr, s. a. Carnevals-Possen.

Alldorf, D.: Schnipp, Schnapp, Schnurr, oder: Gesang erfreut des Menschen Herz ... Ein Raubritterstück mit Gesang. — Berlin: Kuehling & Guettner [um 1887]. 20 S. (Karnevals-Possen. 5.) 1:Yp 6373-5.
3.3930

Alldridge, L., by love and law, s.: Collection of brit. authors.

Alldridge, L.: the world she awoke in, s. Collection of brit. authors

Für Alle: 1864?—1883?

Literary weekly. For supplement, see Die Zündnadel. Large quarto, each issue 16—24 pages. Edited & published by George Degen, 1880—83.

New York, NY

Für Alle.

Annual. Sub-title: Kalender. Published by Die Amerikanische Traktat-Gesellschaft. Cover-title: Der Christliche Volks- und Familien Kalender. Advertised in Deutscher Volksfreund, 1901; in Amerikanischer Botschafter, Jan. 1900; in Zeuge der Wahrheit, no. 2.
New York, NY

Alle. Für Alle. Kalender auf das Jahr 1901 u. 1902. [Mit Illustrationen und *je* 1 Tafel.] *je* IV + 112 S. 4. Emmishofen ⟨Thurgau⟩, Carl Hirsch. [*je* fr. —. 40]

Alle. Für A'. Kalender auf das Jahr .... [Mit Illustrationen und 1 Tafel.] 4. Emmishofen ..., Evangelische Buchh. [fr. —. 40]
... 1904 *u.* ... 1905. *je* IV + 112 S. E' ⟨Ct. Thurgau⟩, Ev' B'.
... 1906. IV + 112 [+ 2] S. E' ⟨Kanton Th⟩, Ev' B'.
... 1907. [Mit Noten.] IV + 112 S. E' ⟨K' Th'⟩, Ev' B' ⟨Carl Hirsch & Johannes Blanke⟩.
... 1908. IV + 112 [+ 2] S. E' ⟨K' Th'⟩, Ev' B' ⟨Carl H' & J' Bl'⟩.
... 1909. IV + 120 [+ 2] S. E' ⟨K' Th'⟩, Ev' B' ⟨Carl H' & J' Bl'⟩.
... 1910. IV + 120 [+ 2] S. E' ⟨K' Th'⟩, Ev' B' ⟨Carl H' & J' Bl'⟩.
... für das Jahr 1911. (Kalender für das Schweizer-Volk in Stadt und Land auf das J' 1911. Jahrg. 15.) IV + 120 [+ 2] S. — *Ausg. A:* Emmishofen ⟨Kanton Thurgau⟩, Evangelische Buchh. ⟨Carl Hirsch & Johannes Blanke⟩; *Ausg. B:* Konstanz ⟨Baden⟩, C' Hirsch A.-G.
... für das J' 1912. (K' für das Sch'-V' in St' und L' auf das J' 1912. Jahrg. 16.) IV + 120 [+ 2] S. E' ⟨K' Th'⟩, Ev' B' ⟨Carl H' & J' Bl'⟩.

Alle eure Sorge werfet auf Ihn! — Kaiserswerth: Diakonissen-Anst. [1895]. 12 S. (Geschichten und Bilder fürs deutsche Volk. 19.) 1:Ng 25276–19.
3.3937

Alle fürchten sich. Operette in 1 Aufz. v. Castelli. 8. Wien, Wallishauser. 808.

Alle haben unrecht oder unparteyischer Ausspruch einer freydenkenden Dame ... über die jetzigen Umstände der Jesuiten. O. O. 1767. V: *Abrassevin, Claude Cyprien Louis.* (WUBb)

Alle Hessen sind gleich vor dem Gesetz. Artikel 18 der Verfassung. Leipzig, O. Wigand 1867. 22 S. 8.

Alle Katholiken sind Jesuiten od. sollen Jesuiten sein, s. Bonifacius-Denkmal, u. Panorama.

Alle meine Quellen sind in Dir. [Gedicht.] — Barmen: E. Müller [1905]. 1 Bl. 1:N 10.3031.
3.3942

Alle Neune! Taschenbuch f. deutsche Kegler. 12. (VI, 160 S.) Leipzig 897. J. Sengbusch. Geb. in Leinw. n. 1. 80

Alle

— strafbar. Lstsp. v. Albrecht. 8. Lpz. Liebeskind. 795.

— — Comöd. in 1 Akt v. Fr. Hauf. 8. Rudolstadt, Klüger. 809.

Alle Teufel! s. Teufel.

d'Allé, Dr. med., über ein neues Instrument für die Erweiterung des Gebärmutterhalses. 20 Seiten. 8. Winterthur, Casp. Studer. 1871 1. 50

Alle, J.L. v.: Zwey kurzgefasste Abhandlungen über das Unglück, den natürlichen Zustand und über die ursprünglich methodische Bildung der Taubstummen. — Gmünd 1817: Ritter. 40 S. 8.
3.3945

Alle, J. L.: Anleitung, taubstumme Kinder im Schreiben, Lesen, Rechnen u. Reden zu unterrichten u. sie gut u. brauchbar zu bilden. Gmünd: Ritter 1820.

— Anleitung, taubstumme Kinder im Schreiben, Lesen, Rechnen und Reden zu unterrichten und sie moralisch-gut und bürgerlich-brauchbar zu bilden. Mit e. Abb. d. Handalphabets. — Gmünd: Kgl. Taubstummen-Lehranstalt 1820. XXXII,158 S. 12:Paed. Th. 61. 8.
3.3946

— — 2., verb. u. verm. Aufl. Ebd. 1821. XXX,175 S. 12:Paed. Th. 62.
3.3947

Alle, (J. L.,) Anleit. taubstumme Kinder im Schreiben, Lesen, Rechnen u. Reden zu unterricht. rc. 8. Gmünd 822, Ritter.

— Kurze Geschichte der im 18. Jahrhundert so schrecklich verheerenden Pest, nebst den damals angewandten Präservativ- und Heilmitteln. — Gmünd: Verf.; (Umschl.: Leipzig: Lauffer in Comm.) 1831. XVI,79 S. 1:Iu 4558. 11.
3.3948

Allé, Ludw., Grundriß der österreichischen Geschichte f. Mittelschulen. Mit e. (lith. u. color.) Karte: „Das Wachsthum der österr. Monarchie". (in qu. 4.) gr. 8. (V, 38 S.) Brünn 871. Winiker. n. 1. —

— dasselbe. 2., neu bearb., bis auf die Gegenwart fortgeführte Ausg. Mit e. (lith. u. color.) Karte (in qu. Fol.): „Das Wachsthum der österr. Monarchie". gr. 8. (III, 44 S.) Ebend. 873. n. 1. 20

Allé, M., Ein Beitrag zur Theorie der Evoluten. [Aus: Sitzungsber. d. k. Akad. d. Wiss.] Gr.-8°. (18 S.) † K —.40

Wien: Carl Gerold's Sohn, ca. 1904

Allé, M., ein Beitrag zur Theorie der Evoluten. (18 S.) gr. 8. Wien 904. (A. Hölder.) n. — 40

Allé, M., e. Beitrag z. Theorie der Functionen v 3 Veränderlichen. [Aus: „Sitzungsber. d. k. Akad. d. Wiss."] Lex.-8. (23 S.) Wien 875. (Gerold's Sohn.) n. — 40

— über die Bewegungsgleichungen e. Systems v. Punkten. [Aus: „Sitzungsber. d. k. Akad. d. Wiss."] Lex.-8. (22 S.) Ebend. 876. n. — 40

— zur Theorie d. Gauss'schen Krümmungsmasses. [Aus: „Sitzungsber. d. k. Akad. d. Wiss."] Lex.-8. (30 S.) Ebend. 876. n.n. — 50

— über infinitesimale Transformation. (39 S.) gr. 8. Ebd. 904. n. — 80
2 Sonderabdrucke aus: „Sitzungsber. d. k. Akad. d. Wiss."

Allé, Mor.

— Ueber die Bahn der Laetitia. (Aus den Sitzungsberichten der k. Akad. d. Wissensch.) Wien 857. Gerold in Comm. gr. 8. (16 S.) n. 4 *ngl*

Allé, Mor., über die Bahn der Leda. (Aus d. Sitzungsberichten d. k. Akad. d. W.) Wien 858. Gerold in Comm. gr. 8. (11 S.) 3 *ngl*

Allé, Mor., über die Bahn der Nemausa. (Aus den Sitzungsber. 1859 der kais. Akad. d. W.) Wien 860. Gerold in Comm. gr. 8. (11 S.) n. 2 *ngr.*

Allé, Mor., Beiträge zur Theorie d. Doppelverhältnisses u. zur Raumcollineation. [Aus: „Sitzungsber. d. k. Akad. d. Wiss."] Lex.-8. (14 S.) Wien 882. (Gerold's Sohn.) n.n. — 30

Allé, Mor., über die Eigenschaften derjenigen Gattung von Functionen, welche in der Entwicklung von $[1-2qx+q^2]^{-\frac{m}{2}}$ nach aufsteigenden Potenzen von q auftreten, u. über die Entwicklung d. Ausdruckes $\{1-2q[\cos\Theta\cos\Theta+\sin\Theta'\sin\Theta\cos[\psi-\psi']+q^2\}^{-\frac{m}{2}}$. [Abdr. aus den Sitzungsber. d. k. Akad. d. W.] Wien 865. (Gerold's Sohn.) gr. 8. (30 S.) n. 6 *ngr.*

— über die Entwicklung v. Functionen in Reihen, die nach e. besondern Gattung algebraischer Ausdrücke fortschreiten. [Aus d. Sitzungsber. d. k. Akad. d. W. abgedr.] Ebend. 866. gr. 8. (27 S.) n. 4 *ngr.*

Allé, Mor., Opposition der Calliope vom J. 1857. Lex.-8. (7 S.) Wien 856, (Braumüller.) *
Aus: Sitzungsberichte der kais. Akademie der Wissenschaften. Jahrg. 1856, besonders abgedruckt.

Allé, Mor., Opposition der Calliope v. Jahr 1857. (Aus d. Sitzungsberichten d. k. Akad. d. Wissensch.) (Wien 856. Gerold) gr. 8. (7 S.) n. 2 *ngl*

Allé, Moritz

— de methodis variis perturbationes speciales dictas computandi. Dissert. inaug. astronomica. Kiel 860. (Akadem. Buchh.) gr. 4. (29 S.) n. 8 *ngr.*

Allé, Moritz (Brünn/Mähren), De methodis variis perturbationes speciales dictas computandi. Diss. astronom. Kiel (C. F. Mohr) 1860. 29 S: (4.—) 292

Alle-Aste, F. M. d' Schule der Gesangs-Technik sowie Winke und Betrachtungen über Gesang und Gesanglehre. 2. Aufl. Leipzig (1891).

d'Alle-Majeur, Romeo Romualdo, über ein neues Instrument f. die Erweiterung d. Gebärmutterhalses. Inaug.-Dissert. Zürich 870. (Winterthur, Studer.) gr. 8. (20 S. m. Holzschn.) n. 12 ngr.

Alleaume, Gilles. Das Leiden und Sterben Jesu Christi ... a. d. Franz. Augsb. 1790. Ü: *Stark, Jos. Franz Xav.* (Jes)

Allee. — Die Carl-Taxische Allee oder Gedanken über ein Denkmal. — o.O. 1780. 15 S. 7. 3.3953

Alleen, Joseph s. *Alleine.*

Alleenheersching, De, aan het Volk van Denemarken. Leipzig 1794. V: *Bilderdijk, W.* (BrMm)

Alleen-Reichthum des Gnadenbundes Gottes. 8. Bern.

Allegatio. — Allegatio facti et iuris in causa Baronis Joannis [Jan] de Power eiusque uxoris Catharinae Michaelis de La Haye, viduae ex primis nuptiis Joannis de Ghisels ..., appellatorum, contra Nicolaum Josephum Dionysium de Ghisels ... appellantem. — o.O. 1758. 69 S. 2° 4. 3.3959

Alleghany-System. Physicalische Karte von Sandoz. 6,000,000. G. M. 1860.

Alleghany-System. Geognostische Karte von Credner. 6,000,000. G. M. 1871.

Allegheny Blätter: 1870? - 1876?
Sunday edition of PITTSBURGER VOLKSBLATT. Circulation: 1870, 1500 (est.); 1876, 1200.
Pittsburgh,PA

Allegheny Republikaner: Prior to 1856
Somerset, PA

Allegoriae **homericae, q. sub Heraclidis nomine ferunt. c. vers. lat. Gesneri, iterum ed. a N. Schow. Praemissa epistola C. G. Heynii ad auctorem. 8. Götting. 782. Dieterich. 16 gr.**

Allegoriae Homericae ex codice Vindobonensi primum ed. ab Arth. Ludwich. Progr. gr. 4. (18 S.) Königsberg 895. (Akadem. Buchh.) n. — 20

L'Allégorie, **ou traités sur cette matière par Winckelmann, Addison, Sulzer etc. Recueil utile aux gens de lettres et nécess. aux artistes. II Voll. 8. Bern, Typogr. Soc. 4 Thlr.**

Allegorie und Wahrheit. Zur Feier des 27ten Dec. 1812 gesungen auf der Industrieschule zu Hildesheim von den erfreuten Zöglingen. [Hildesheim 1812]: Kattenberg. 4 S. 8°
KL 1810 c.

Allegoriegemälde, Oesers neueste. Leipzig 1783. V: *Kreuchauf, Franz Wilhelm.* (MGT) (Ky)

Allegorien. 1. Serie. Wein. Liebe. Gesang. Musik. Tanz. Orig.-Entw. v. namh. mod. Künstlern m. erläut. Text. Hrsg. v. Mart. Gerlach. 1.—12. Lfg. Fol. (73 z. Tl. farb. Taf. m. Text.) Wien 896—98. Gerlach & Schenk. Subskr.-Pr. à n. 10.—

Allegorien. Neue Folge. 1. Serie. Wein. Liebe. Gesang. Musik. Tanz. Orig.-Entwürfe v. namhaften modernen Künstlern m. erläut. Text. Hrsg. v. Mart. Gerlach. 13.—20. (Schluss-)Lfg. Fol. (48 Farbdr. m. 4 S. Text.) Wien (899. 900). F. Schenk. Subskr.-Pr. à n. 10.—; kplt. erhöht. Preis n. 250.—
1.—12. Lfg. jetzt Ebd. 896—98. Subskr.-Pr. à n. 10.—.

Allegorien und Embleme, hrsg. von Martin Gerlach. Orig.-Entwürfe von den hervorragendsten modernen Künstlern, sowie Nachbildungen alter Zunftzeichen und moderne Entwürfe von Zunftwappen im Charakter der Renaissance. Erläuternder Text von Alb. Ilg. 3 Abthlgn. und Suppl. Fol. Wien, Gerlach und Schenk. [1. Abthl. (15 S. Text mit 89 Taf.) 883. * ℳ 65.; 2. Abthl. (1 S. Text mit 98 Taf.) 884. * ℳ 65.; 3. Abthl. (12 S. Text mit 86 Taf.) 884. * ℳ 65.; Suppl. (10 S. Text mit 80 Taf.) 884. * ℳ 50.] In Mappe *
In 2 Bde. geb. *

— Erzähll. u. Gedichte. Mit 1 Kpf., 6 Ansichten a. d. Rhein- u. Nahe-Gegenden u. 4 Musikbeill. gr. 8. Kreuznach 808. Kehr. (Leipz., Schmidt). 1 Thlr. 16 gr.

Allegorien für Künstler und Freunde der Kunst. H. 1.
Mannheim: Kaufmann 1802. 4°

— über d. Universalarzenei. 8. Frankf. 789. Fleischer. 2 gr.

Der Prager Allegoriker. Eine Wochenschrift. [Hrsg.: W. Ernst Gautsch.] **St. 1–14.**
Prag: Diesbach 1801. **Prag UB; Str, Brünn UB**

Allegra, Daisy, moderne Novellen. (41 S.) 8. Leipzig 909. Modernes Verlagsbureau. 1.—

Allegra, Daisy: Moderne Novellen. — Berlin-Leipzig: Wigand 1909. 41 S. 1:Yx 39803. 3.3973

Allègre: Lächerliches Läger-Obs, bestehend in frantzösisch-teutschen lustigen Erzehlungen ... — Franckfurth & Leipzig: Buggel 1710. 225 S. 1:Xs 4485. 3.3979

Allégret, M., prof. Recherches chronologiques sur les fastes de la République romaine et ancien calendrier de Numa Pompilius. Lu à l'Académie des sciences, belles-lettres et arts de Lyon, dans la séance du 16 mai 1882. Gr. in-8°, 187 p. Bâle, Genève, Lyon, H. Georg. 18885 —

Allegri, Antonio, s.: Kunst u. Künstler d. Mittelalters u. der Neuzeit.

Allegri, G. G., Idillii. Seguiti da una lettera descrittiva sui bagni e sul Paese di Baaden nell' Austria inferiore. 8. Dresda, Hilscher. 820.

Allegrii, G. G., Idillii. Seguiti da una lettera descrittiva sui Cagni e sul paese di Baaden nell Austria inferiore. 8. Dresd. 820. (Celle, Schulze.) 2/3 Thlr.

Allegro: Burlesken. Bdch. 1. 2. — Leipzig: Hartmann 1833.
1. 2. Allegro: Die bösen Sieben. 1:Yx 2188. 3.4004

— Die bösen Sieben. Burleske. Bdch. 1. 2. — Leipzig: Hartmann 1833. (Allegro: Burlesken. 1. 2.) 1:Yx 2188–1. 2. 3.4005

Allein in London, s.a. Familien-Bibliothek fürs deutsche Volk.

Allein in London. Von der Verf. von: „Der Fischer auf Derby-Haven"; „die Belagerung von Straßburg"; „die Pilgergasse in Manchester" ꝛc. Autoris. Uebersetzung von M. H. 1.—3. Aufl. gr. 16. (126 S.) Barmen 873,74, Klein. * ℳ 1.; cart. *

Alleine, Jos., ein vortreffliches Büchlein üb. die Bekehrung, s.: **Niethammer, G. D.**

Alleine, Joseph

— Evangelischer Bußprediger, mit einer Vorr. von Richard Baxter. Aus d. Engl. u. mit d. Lebensbeschreibung des Jos. Alleine vers. von Ed. Wilh. Theod. Kuntze [Eduard Kuntze]. — Berlin: Bethge 1838. XII, 263 S. 1:Es 15736. 11. 3.4015

— Entdeckung der Reichthümer des Gnaden-Bunds Gottes mit seinen Auserwählten. 1719 in: *Aufmunterung* zur Gottseligkeit. 3.4022

Alleine, Joseph. Grundlegung zu einem thätigen Christenthum; aus dem Engl. Leipzig 1722. Ü: *Engelmann, Heinrich Wilhelm.* (ML)

— [An Alarm to unconverted sinners, deutsch] Joseph Alleins Grundlegung zum thätigen Christenthum. Aus d engl. Sprache übers. (von Heinrich Wilhelm Engelmann), aufs neue übersehen, u. bey dieser 3. Aufl. mit e. ausführlichen Lebensbeschreibung d. Autoris verm. von Friedrich Eberhard Rambach. — Leipzig: Lankisch 1755. 104,598 S. 1:Es 15726.
3.4014

— Weckstimme. Aus d. Engl. Nebst d. Lebensgeschichte d. Verf. 4. Aufl. — Ebd. 1908. 204 S. 1:N 10.3622. 5.
3.4020

Alleine, Jos., Weckstimme f. die Sünder. Aus d. Engl. Nebst der Lebensgeschichte des Verf. 8. (280 S.) Neu-York 852. (Philadelphia, Schäfer & Koradi.) In Engl. Einb. n. 5/6 ₰.

— Weckstimme für die Sünder. Hrsg. von d. Wupperthaler Traktat-Gesellschaft. Lfg 1–6. — Barmen 1854: Steinhaus. (Schriften der Wupperthaler Tractatgesellschaft. 392/397.)
1. Das Wesen der Bekehrung. o. J.
2. Die Nothwendigkeit der Bekehrung. o. J.
3. Die Kennzeichen der Unbekehrten. 1854.
4. Das Elend der Unbekehrten. 1854.
5. Anleitung für solche, die gern selig werden wollen. 1854.
6. Beweggründe zur Bekehrung. o. J.
1:Cv 52040–392/397. 12: Mor. 1238 d.
3.4016

— Weckstimme für die Sünder. Aus d. Engl. Nebst Lebensgeschichte des Verf. 3. Aufl. — New York [um 1870]. 280 S. 5.
3.4017

— Barmen 1870: Steinhaus. 204 S. 5.
3.4018

— 4. Aufl. Barmen: Wupperthaler Traktat-Ges. 1893. 204 S. 1:Es 15740 5.
3.4019

— Das Wesen der Bekehrung. — Barmen: Wuppertaler Traktat-Ges. [1907]. 47 S. 1:N 10.4925.
3.4025

All-Einigkeit, s. Εν και παν.

Alleinz, Joh. Abraham (Frankfurt/M.), De pacto partis debiti remissorio majoris partis creditorum, secund. jus ac consue-tudinem liberae S. R. I. civitatis Francof. ad Moen. Diss. jur. Giessen (Eb. H. Lammers) Sept. 1736. 56 S. (5.50) 293

Alleker, F., die Volksschule. Unter Mitwirkg. v. Fachmännern hrsg. 2., mehrfach umgearb. Aufl. 8 Lfgn. gr. 8. (IV, 856 S.) Freiburg i/Br. 876. Herder. à 1. —

Alleker, Johann

— Biblische Geschichte des alten und neuen Testamentes. Für d. kath. Volksschule bearb. von J. Alleker. — Cöln: Du Mont-Schauberg 1877. 322 S. 1:Bh 3512. 5.
3.4027

— — 2., durchges. u. verb. Aufl. Ebd. 1889. 325 S. 1:Bh 3512ª. 5.
3.4028

Alleker, J. Biblische Geschichte d. alten u. neuen Testamentes. Für die kathol. Volksschule bearb. 2. durchges. u. verb. und 3.—9., mit der 2. übereinstimmende Aufl. 8. (325 S.) Köln 889—92, Du Mont-Schauberg. ** — 85; geb. ** 1 —

— — 10. Aufl. Ebd. 1893. 325 S. 5.
3.4029

Alleker's, J., biblische Geschichte des alten und neuen Testamentes, Erklärung dazu, s. Bürgel, Fr. Wilh.

— Die Volksschule. Unter Mitwirkung von Fachmännern hrsg. von J. Alleker. — Freiburg i. Br.: Herder 1873. VIII, 852 S. 12: Paed. Th. 66.
3.4030

Alleker, J., die Volksschule. Unter Mitwirkung von Fachmännern hrsg. In 7 Lfgn. gr. 8. (X, 852 S.) Freiburg 874, Herder'sche Verlagsh. à Lfg. * M 1,20.; geb. *

—— die Volksschule. Unter Mitwirkung von Fachmännern hrsg. 2., mehrfach umgearb. Aufl. (In 8 Lfgn.) gr. 8. (VI, 856 S.) Freiburg i. Br. 876, Herder'sche Verlagsh. à Lfg. M 1.

—— die Volksschule. Unter Mitwirkung von Fachmännern hrsg. 3., mehrfach umgearb. Aufl. gr. 8. (XI, 830 S.) Freiburg i. Br. 881, Herder'sche Verlagsh.

Alleluja! Vollständ. christkathol. Gebet- u. Andachtsbuch f. Alle, welche sich d. ewigen Glückseligkeit theilhaftig machen wollen. Größtentheils a. d. Schriften d. heil. Augustinus, h. Franz v. Sales., h. Car. Borromäus, d. h. Theresia u. A. gezogen. 1. u. 2. Aufl. (à 13½ B. u. Ttlkpfr.) gr. 12. Augsburg 830, 32. (Landshut, Manz.) à 10 Gr. (Eichstädt, Beyer.) à

Alleluja! Vollständ. christkathol. Gebet- u. Andachtsbuch für Alle, welche sich d. ewigen Glückseligkeit theilhaftig machen wollen. Größtentheils a. d. Schriften d. h. Augustinus, h. Franz v. Sales, h. Carol. Borromäus, d. h. Theresia, Brigitta, des gottf. Thomas v. Kempen, Alphonsus Liguori u. A., gezogen. 3. u. 4., verb. u. verm. Aufl. gr. 12. (à 14 B. n. Ttlkpfr.) Augsburg 836, 39. (Regensburg, Manz.) à

Alleluja! vollständiges christl. Gebet- und Andachts-Buch für Alle, welche sich der ewigen Glückseligkeit theilhaftig machen wollen. 3e verb. u. verm. Aufl. Mit Titelkpfr. gr. 12. Augsb. ... (Regensb. u. Landshut, Manz; Wien, Mechitaristen-Congregat.-Buchh.) 5/12 ₰ 4e verb. u. verm. Aufl. Mit Titelkpfr. gr. 12. Ebd. 839. L. Doll. (A. Herzog.) 5/12 ₰ Velinp. 5/8 ₰

Alleluja! Gebet- und Andachtsbuch für kathol. Christen. Ausg. Nr. 1. 32 (320 S. mit 2 Chromolithogr. und eingedr. Illustr.) Einsiedeln 884, Gebr. Benziger.

—— dass. — Ausg. Nr. 2. 32. (320 S. mit 2 Photogr.) Ebendas. 882.

Alleluja. Gebet- und Gesangbuch. [Regensb.] 1884. V: *Mohr, Joseph.* (Hr)

Alleluja. Vollständiges Gebetbuch f. kathol. Christen. 32. (288 S. m. Titelbild.) Einsiedeln 893. Benziger & Co. Geb. in Leinw. m. Goldschn. n. – 90

[Ant. u. F.] **Alleluja!** Ausgew. Gebete u. Andachten f. kathol. Christen ... *Saarlouis: Hausen & C. [1897?].* (1 Bl., 192 S.) 1 Bd 8. [98. 4030

Alleluja. Vollständ. Gebetbuch f. kath. Christen. *Einsiedeln, Köln: Benziger & Co. [um 1902].* (288 S.) 8° [F.] [04. 12:75

Alleluja! Ausgewählte Gebete u. Andachten f. kathol. Christen. (192 S. m. Titelbild.) 32. Saarlouis (902). F. Stein Nachf. Geb. in Leinw. m. Goldschn. n. — 55; in Leder n. — 80

Alleluja, loof God. Gebedenboek voor roomsch-katholieke Christenen. 32. (VIII, 184 S. m. 1 Stahlst.) Kevelaer 890. J. Thum. Geb. in Chagrinldr. m. Goldschn. — 80

L'Allemagne en 81 feuilles, comp. suivant les plus nouvelles observations et dessinée d'après les meilleures cartes géographiques des cabinets ... Revues selon la Géographie de Mr. le D. [Anton Friedrich] Büsching ... par J. G. A. Jäger. — (Francfort sur le Mein [1789].) 2° 9.
3.4045

Allemagne, Die jeune, in Deutschland. Stuttgart 1836. V: *Liesching, Samuel Gottlieb.* (Hauptkat. d. Univ.-Bibl. Tübingen. K. S. 45.)

Allemagne, die jeune, in Deutschland. 8. Stuttg. 836. Liesching. 1/8 ₰

l'**Allemagne aux Tuileries**, s. Becker, Bernh., Briefe.

Allemand François, le nouvel, livre a l'usage de deux nations, oder der neue deutsch Franzos, ein Noth- und Hülfsbuch f. die Unterhaltung beider Nationen. 5te verm. Aufl. 8. Erfurt, Beyer u. Mahring. 812.

D'Allemand, Prof. Dr. J., מְסֹרוֹת לְשׁוֹן עֵבֶר hebräische Grammatik. gr. 8. Münch. 837. (Franz.) n. 2/3 ß

Allemande. Deutscher Nationalgesang nach d. Marseillaise v. A. [von] K. gr. 8. (4 S.) Leipzig 848. (Joachim.) 1 ngr

Allemande, la belle, ou les galanteries de Thérèse. 8. Halle. 755.

Allemandi, i volontari in Lombardia e nel Tirole l'aprile del 1848. Cenni storici. gr. 8. (104 S.) Berna 849. (Dalp.) n. 5/12 ß

Allemandi-Ehinger, les muriers et les vers à soie en Suisse. Publication annuelle No. 1. 1837. — Die Maulbeerbäume u. die Seidenwürmer in der Schweiz. Eine Jahresschrift. Nr. 1. 1837. (Franz. u. deutsch.) Lex.-8. (12¾ B., 2 Tab., 1 Stndr. u. 1 Probe Seide.) Basel, (Schweighauser'sche Buchh.) *

Allemands, des, par un Français, s. Deutschland.

Allemann, G., s.: Brüschweiler, Wilhelm.

Allemann, H., chemische Analyse d. Ebriacher Sauerbrunnens in Kärnthen. [Aus d. Sitzungsber. d. k. Akad. d. W.] Wien 867. (Gerold's Sohn.) gr. 8. (8 S.) n. 2 ngr

— chemische Untersuchungen des fetten Maisöls. [Aus d. Sitzungsber. d. k. Akad. d. W.] Ebend. 867. gr. 8. (4 S.) 1½ ngr

Allemann, (J.,) erster Unterr. in d. franz. Sprache f. Kinder. 8. Bern 825, Jenni.

Allemann, J., erster Unterricht in der franz. Sprache für Kinder. 2e Aufl. gr. 8. Bern 837. Jenni, Sohn. 1/4 ß

Allemann, J., erster Unterricht in der französischen Sprache für Kinder. 3., verb. Aufl. (142 S.) Bern 847, Jenny, Sohn.

Allemann, Max. Klinische Untersuchungen über Ischias. Diss. Med. Univ. Zürich. 48 S. 8. Zürich, J. J. Meier, 1910.

Allemann, Nikol., Lehrbuch der allgemeinen Erdbeschreibung als Leitfaden beim Unterrichte auf Gymnasien, Real- und Gewerbschulen. (1. Bdchn.: Die mathemat. und physikal. Geographie.) 1. Aufl. (X. und 326 S.) 1851. 27 Ngr. und 2., unveränd. Aufl. 8. (XVI und 327 S.) Solothurn 855, Jent und Gaßmann.

Allemann, Nik., allgemeine Staatengeschichte zum Gebrauche für höhere Lehranstalten und Geschichtfreunde. 3 Bde. Solothurn 862. (Rich.) gr. 8. (XXVII, 739 S.) 1 ß

Allemann O.: Beitrag z. kryoskopischen Milchuntersuchung. (Bern) 1905. 4 S. (Saertr.). 4°.

Allemann, Otto. Über Permanganmolybdate. Diss. Phil. Bern. [Mit 1 Tafel.] VI + 32 S. 8. Bern, K. J. Wyss, 1904.

Allemann-Gisi, F[ranz Joseph]. Elektrizitätswerk der Papierfabrik Albbruck im südlichen Schwarzwald (Filiale der Gesellschaft für Holzstoffbereitung in Basel). Sonder-Abdruck aus der « Schweiz. Bauzeitung » Bd. 42, Nr. 1, 2, 5 und 6. [Mit 29 Abbildungen.] II + 13 S. 4. Zürich, E. Rascher's Erben, 1903. [fr. 1. —]

Allemannen, die neuen, in der allgemeinen Zeitung. 8. Deutschland. 815.

Allemannia s.a. Alemannia

Allemannia. Für Recht und Wahrheit. [Hrsg.: Joh. Christoph Ant. Mor. Frh. v. Aretin.] Bd 1–7 (= H. 1–42). Sulzbach: Seidel 1815–16. 8° 12, N 1, M 36
Forts. u. d. T.: Neue Allemannia. Sulzbach 1816.

Allemannia. Gedichte in allemannischer Mundart von L. F. Dorn [u. a.]; nebst einer Correspondenz zwischen (J[ohann] P[eter]) Hebel und Rechnungsrath (C. A.) Gyßer. Mit 4 Illustr. — Lörrach: Gutsch 1843. 86,49, 42 S. 12: P. o. germ. 22 k. 11.
3.946

Allemannia. Volks-, Schul- und Haus-Bibliothek für Jung und Alt zur Unterhaltung und Belehrung in populären und geschichtlichen Erzählungen, Biographien, Charakterschilderungen rc. Hrsg. von Gust. Quade. 1. und 2. Bd. à 4 Lfgn. 8. (IV, 256; 192 S. mit 1 Stnt. und 1 Holzschntaf.) Anklam 869,70, Dietze's Verlag. [Wriezen, Riemschneider.] à Lfg. 30 Pf.

—— dass. — Volksbibliothek für Jung und Alt zur Unterhaltung und Belehrung. [Mit Illustr.] Hrsg. von Gust. Quade. 3. Bd. 1.—8. Lfg. 8. (IV, S. 1—180 mit 1 Stnt. in 4.) Ebendas. 870,71. à Lfg. 30 Pf.

—— dass. — 2. (Titel-)Aufl. 1. Bd. 1. Lfg. 8. (64 S.) Wriezen 878, Riemschneider.

Neue Allemannia. Für Recht und Wahrheit. [Hrsg.: Joh. Chr. Anton Mor. Frh. v. Aretin.] Bd 1 (= H. 1–3), Bd 2, H. 1. Sulzbach: Seidel 1816. M 36, N 1, 12
Früher u. d. T.: Allemannia. Sulzbach 1815f.

Allemanov, Dimitrij Vasil'evič: Cerkovnye Lady i garmonizacija ich po teorii drevnich didaskalov vostočnago osmoglasija v soglasovanii s novějšimi akustičeskimi i obšče-muzykal'nymi zakonami. Sostavil Dim. Allemanov. — Moskva [usw.]; Lejpcig: Jurgenson 1900. VI,65 S. [Russ.] [Die Kirchenmodi u. ihre Harmonisierung nach der Theorie d. alten Didaskalen d. 8 Kirchentöne.]
12: Mus. Th. 111. 2.
3.4077

Allemnack, ferreng an öömreng, för't Juar 1895, ütjdenn fan Otto Bremer an Neggels Jirrins. 16. (93 S.) Halle, M. Niemeyer. n. 1. —

Allemnack, ferreng an öömreng, för't Skreggeljuar 1896 me a ferreng Förian un Hamborreg-Altna sin Bihallep ütjdenn fan Otto Bremer an Neggels Jirrins. 12. (95 S.) Halle 896. M. Niemeyer. n. 1. —

Allen ist geholfen! Lustspiel in einem Akt: Jahrb. dtsch. Bühnenspiele f. 1827. S. 279/320. V: *Gubitz, Frdr. Wilh.* (Goed. IX, 442, 38. 2.) (DARP)

Allen, Synopsis universae medicinae pract.; s. doctiss. viorum de morbis eorumque causis ac remediis judicia. Frcf. et Lps. 8°. (Darin Cap. III. art. 136—154 die Ansichten von *Caelius Aurelianus, Riverius, Willis* u. *Ettmüller* über Manie u. Melancholie.) 1749

Allen, Andrews, u. W. Voigt, Unterrichts-Briefe f. das Selbststudium der englischen Sprache. (In 20 Briefen.) 1—5. Brief. 8. (128 S.) Leipzig 882. Bauer. à — 75

Allen, D. Andrews u. **W. Voigt,** Unterrichts-Briefe f. das Selbststudium der englischen Sprache f. Erwachsene. 6.—20. (Schluss-) Brief. 8. (S. 129—414.) Leipzig 883. 84. Bauer. à — 75; cplt. in Carton n. 12. —

Allen, C. F. s. *Allen,* Carl Ferdinand.

Allen, Carl Ferdinand

— [Haandbog i Fædrelandets Historie, deutsch] Geschichte des Königreiches Dänemark. Mit steter Rücksicht auf die innere Entwickelung in Staat und Volk. Von C. F. Allen. Aus d. Dän. übers. [von Christian Gustav Leopold v. Maack]. Mit genealogischen Tab. u. einem Sach- u. Namen-Reg. verm. u. mit einem Vorw. begleitet von N[ikolaus] Falck. — Kiel: Universitäts-Buchh. 1842. XXIV,552 S. 12: H. sept. 3 m. 4. 6. 7. 8. 9.
3.4110

— — 2., nach der 3. Ausg. des Orig. durchgängig verb. u. verm. Aufl. — Ebd. 1846. XXXII,572 S.
1: Tz 5958. 12: H. sept. 3 n. 2. 3. 4. 5. 8. 9. 10. 11.
3.4111

— Geschichte von Dänemark von der ältesten bis auf die neueste Zeit, nach C. F. Allen. Mit dem Portr. Christian IV. Leipzig: Lorck 1849. VIII,280 S. (Historische Hausbibliothek. 11.) 12: H. Un. 245 f–11. 2. 8. 9. 10.
3.4112

— Neue Ausg. Leipzig: Senf 1865. VIII,280 S.
300: 83.345–B. 4. 8.
3.4113

Allen, C. F., Geschichte der dänischen Sprache und Nationalität im Herzogthum Schleswig oder Südjütland. 2 Thle. Mit 4 (lith. u. color.) Sprachkarten (in 4). Schleswig 857. (Leipzig, Lorck.) gr. 8. (IX, 468; XV, 759 S.) n. 3 ℔ 25 ngl

— [Det danske Sprogs Historie, deutsch] Geschichte der dänischen Sprache im Herzogthum Schleswig oder Südjütland. Von C. F. Allen. Mit 4 Sprachkt. Th. 1.2. — Schleswig: Kgl. Taubstummen-Inst. 1857–58. 65
1:Zk 154. 12:Hols. 13. 300:65.128–B. 2. 4. 7. 8. 9.
3.4117

Allen, C. F., histoire de Danemark depuis les temps les plus reculés jusqu'à nos jours. Avec une bibliographie et des tables généalogiques. Traduit par E. Beauvois. 2 tomes. 8. (CXIV, 384 u. 443 S. m. 3 col. lith. Karten u. 2 Tabellen.) Kopenhagen 879. Höst & Sohn. n. 20. —

—— Lehrbuch in Dänmarks Geschichte, z. Schulgebrauch. Uebers. v. C. A. Villaume. gr. 8. (16¼ B. u. 1 Stammtaf. in gr. Fol.) Kiel 843, Universität-Buchh. *.

— Lehrbuch in Dänemarks Geschichte zum Schulgebrauch. Uebersetzt von C. A. Villaume. Mit 1 Tab. gr. 8. Kopenhagen 843. Reitzel. baar 11/12 ℔

—— de rebus Christiani secundi Daniae, Norvegiae, Succiae regis exsulis commentatio. Pars I. 8. (7 B.) Hafniae 844. (Reitzel.) **.

—— die Sprache in Schleswig, s. Portfolio, skandinavisches, Nr. 4.

— [Om Sprog og Folke-Eiendommelighed i Hertugdømmet Slesvig, deutsch] Ueber Sprache und Volksthümlichkeiten im Herzogthum Schleswig oder Südjütland, von C. F. Allen. — Kopenhagen: Reitzel 1848. 173 S. (Antischleswig-holsteinische Fragmente. 6.)
1:So 3340–6. 12:Hols. 247–6. 2. 3. 4. 7. 8. 9. 10.
3.4124

Die sprachlichen und staatlichen Verhältnisse des Herzogthums Schleswig in vier Abhandlungen nach Carl Ferdinand Allen, Christian.

Allen, Charles Grant s. *Allen*, Charles Grant Blairfindie.

Allen, Charles Grant Blairfindie: die es that, s.a. Kollektion Stern.

Allen, Grant. Die es that. Übers. von *Sophie Wiget.* In-8⁰. 178 S. Zürich, Verlag von Sterns „literar. Bulletin der Schweiz". 1895 2 —

Allen, Charles Grant Blairfindie Die Entwickelung des Gottesgedankens. Eine Untersuchung über d. Ursprünge d. Religion von Grant Allen. Deutsche Bearb. von H. Ihm. — Jena: Costenoble 1906. 360 S.
1:Nq 7318. 12:H. g. hum. 4 od. 10.
3.4149

Allen, Grant, der Farbensinn, s.a. Schriften, Darwinistische.

— [The Colour sense, deutsch] Der Farbensinn, sein Ursprung und seine Entwicklung. Ein Beitr. zur vergl. Psychologie. Von Grant Allen. Rechtmässige deutsche Ausg. Mit e. Einl. von Ernst Krause. — Leipzig: Günther 1880. XXI,274 S.
7.
3.4143

— — Ebd. 1880. XXI,274 S. (Darwinistische Schriften. 1,7.)
1:Li 11700–1,7. 12:H. nat. 407m–7. 5. 6.
3.4144

— — Ebd. (1887). XXI,274 S. (Darwinistische Schriften. Neue billige Ausg. 1,7.)
3.
3.4145

Ⓑ **Allen,** Grant, d. Farbensinn. 887. (KBL 27.) Jetzt: Leipzig, A. Kröner.

Allen, Grant, ein afrikanischer Millionär. Episoden aus dem Leben. Illustr. v. Colonel Clay. Einzig aut. Übersetzg. gr. 8. (227 S. m. Bildnis). Leipzig 901. Ph. Reclam jun. n. 3. —; geb. n.n. 4. 50

— [Werke, Ausz., deutsch] Naturstudien. Bilder zur Entwickelungslehre. Von Grant Allen. Uebers. von Ernst Huth. — Leipzig: Quandt & Händel 1883. V,298 S.
1:Lf 23111. 7.
3.4138

Allen, Grant, the woman who did, s.a. Collection of British authors.

— The Woman who did. By Grant Allen. Copyright ed. — Leipzig: Tauchnitz 1895. 269 S. (Collection of British authors. Tauchnitz Edition. 3055.)
1:Ah 30–3055. 12:P. o. angl. 9 p. 3. 7. 8. 9. 11.
3.4155

Allen, D. Andrews: Unterrichtsbriefe, s. Allen, Andrews

Allen. Edwin West [aus Amherst, Massachusetts. U. S. A.]: Untersuchungen über Holzgummi, Xylose und Xylonsäure. . . . (Göttingen. Druck d. Dieterich'schen Univ.-Buchdr. (W. Fr. Kästner). 1890: 46 S. + 1 Bl. 8⁰.
Göttingen, Phil. Fak., Inaug.-Diss. v. 3. Jun. 1890

Allen, E. W., Untersuchungen üb. Holzgummi, Xylose u. Xylonsäure. Inaug.-Diss. gr. 8. (46 S.) Göttingen 890. (Vandenhoeck & Ruprecht.) n. 1. —

Allen, F., De dialecto Locrensium. Diss. 1870. 75 S. 2.50

Allen, George H., der Gehsport, s.: Otto, Heinr.

Allen, Glover M.: The heredity of Albinism. 1903 s. Castle, Will. Ernest.

Allen, Grant s. *Allen*, Charles Grant Blairfindie.

Allen, Guillaume s. *Allen*, William. 1827.

Aellen, Hermann. Sage und Dichtung des Saanenlandes. Hrg. von H' Ae'. [Mit illustriertem Umschlag.] 86 S. 8. Bern, K. J. Wyss, 1907. ([fr. 2.—,] geb. 3.—)

Allen, J., Engl. Arzt s. *Allen*, John. 1719.

Allen, John: Kurtzer Begriff der gantzen medicinischen Praxis, das ist: der gelehrtesten Männer voriger und jetziger Zeit gründliche Meinungen von denen Kranckheiten des menschlichen Leibes, ihren Ursachen und Hülffs-Mitteln. (Synopsis universae medicinae practicae sive doctissimorum virorum de morbis eorumque causis ac remediis judicia. Dt.) 893 S., gbd.

Budißin u. Görlitz: Richter 1726

JB 2.093

Allen, J(ohn): Synopsis universae medicinae practicae sive doctissimorum virorum de morbis eorumque causis ac remediis judicia. Accedunt nunc demum casus nonnulli oppido rari. Editio nova...emendatior. 664 S., gbd.

Francofurti et Lipsiae: Knoch & Eslinger 1753

JB 2.094

Allen, J, synopsis univ medicinae pract. 8. Frankf. 753 Esslinger. (Schäfer). 20 gl

Allen, Jos., Grundlegung zum thätigen Christenthum. Aus d. Engl. 8. Leipz. 754. Junius. 12 gl

Allen, L., s.: Revue, chemische, üb. die Fett- u. Harz-Industrie.

Allen, Leslie Holdsworth, a. Sydney, N.-S. Wales ⟨Australien⟩: Die Persönlichkeit P. B. Shelley's. Leipzig 1907: Bereiter & Meißner. (118 S.) 8°
Leipzig, Phil. Fak., Ref. Wülker u. Birch-Hirschfeld, Diss. v. 28. Okt. 1907
[Geb. 21. Juni 79 Maryborough, Victoria (Australien); Wohnort: Sydney; Staatsangeh.: England; Vorbildung: Univ. Sydney B. A. April 04; Studium: Sydney 6, Leipzig 6 S.; Rig. 30. Juli 07.]

Allen, Louis S. [aus New-York]: Über Jodoso- u. Jodoverbindungen aus Nitro-p.-Jodbenzoësäure ... Hannover, Druck v. W. Riemschneider, 1894; 27 S. 8.
Heidelberg, Naturw.-math. Fak., Inaug.-Diss. v. [15. Febr.] 1894

Allen, R., Civilprozeßordnung m. Anmerkungen u. Ausgaben der Gerichts- u. Anwaltsgebühren. In der Fassg. der Bekanntmachg. des Reichskanzlers vom 20. V. 1898. (XVI, 342 S.) kl. 8. Leipzig (906). A. Hasert & Co. Geb. in Leinw. n. 3. —

Allen, Robert, Engl. Lehrer. 1732: [Vindiciae pietatis, Ausz., deutsch] Erweckung zur wahren und ungeheuchelten Gottseligkeit, so da der fleischlichen Sicherheit und allem verstellten Schein-Wesen entgegen gestellet, in sieben besondere Haupt-Stücke auf jeden Tag der Woche abgetheilet, aus seinem sehr erbaulichen grossen Tractat so genannt: Vindiciae pietatis, als eine Probe herausgezogen; ... aus d. Engl. in die deutsche Sprache übers. u. ans Licht gegeben von Georgio Conrado Rumpen [Georg Konrad Rump]. — Königsberg 1732: Stelter. 72 S. **10.**
3.4387

Allen, Thom. Guilelm., s.: Plato, Codex Oxoniensis Clarkianus.

Allen, William

Allen Wlh., kurze Betrachtt. über den geistigen und natürl. Zustand d. Menschen, nebst einigen Bemerkk. über die Beschaffenheit der wahren Gottesverehrung u. über den Dienst des Evangeliums. Aus d. Engl. 2e Aufl. gr. 8. Pyrmont 832. Uslar. 5 g̶r̶

— [Thoughts on the importance of religion, deutsch] Betrachtungen über die Wichtigkeit der Religion. Aus d. Engl. 2. Aufl. — Pyrmont: Uslar 1827. 13 S. 1: Et 8600².
3.4433

— Betrachtt. über die Wichtigkeit d. Religion. Aus d. Engl. 3e Aufl. gr. 8. Pyrmont 832. Uslar. $1/_{12}$ ꝑ

Allen, Wlh., s. Allen, William

Allen Meldzyński, **Sebastian** v.: Universal des preußischen Confoederations-Maréchals. (Verf.: Sebastian v. Allen Meldzyński.) — Dat. Dantzig 1734. 4 Bl.
1: Flugschr. 1734-11. **10.**
3.4460

A[llenbach], F[ritz]. Verführt. Lebensgeschichte eines hoffnungsvollen Jünglings. 65 S. 8. Weinfelden, A.-G. Neuenschwander'sche Buchh., 1907. [fr. 1. —]

Allendorf, Franz: Aus d. med. Klinik d. Univ. Gießen. Über Myelitis bei Carcinom. Giessen 1909: Brühl. 17 S. 8°
Gießen, Med. Diss. v. 7. Sept. 1909, Ref. Voit
[Geb. 10. Aug. 85 Schotten; Wohnort: Gießen; Staatsangeh.: Hessen: Vorbildung: Gymn. Gießen Reife O. 03; Studium: Gießen 2. München 1, Gießen 7 S.; Coll. 22. Juli 09; Approb. 24. Aug. 09.] [U 10. 1126

Allendorf, G., Taschen-Liederbuch f. das deutsche Volk. Zusammengestellt u. hrsg. v. G. A. 16. (X, 290 S.) Heppenheim 892. G. Allendorf. Kart. n. — 60

Allendorf, H., s. Handbuch d. Wirtschaftskunde Dtschl.

Allendorf, Hans, aus Weissenfels: Der Zuzug in die Städte, seine Gestaltung und Bedeutung für dieselben in der Gegenwart. Ein Beitrag zur Statistik d. Binnenwanderungen mit besond. Berücks. d. Zuzugsverhältnisse d. Stadt Halle a. S. im J. 1899. *Halle a. S. 1901: (Lippert & Co., Naumburg a. S.).* (VIII, 55 S.) 8° ¶[Erschien vollst. 1901 als: Sammlung nationalökon. u. statist. Abhandl. d. Staatswiss. Sem. zu Halle a. S., Bd 30.]
Halle, Phil. Diss. v. 1901

— Der Zuzug in die Städte. Seine Gestaltung u. Bedeutung für dieselben in d. Gegenwart. Ein Beitrag zur Statistik d. Binnenwanderungen mit bes. Berücks. der Zuzugsverhältnisse d. Stadt Halle a. S. im J. 1899. — Jena: G. Fischer 1901. VIII,80 S. (Sammlung nationalökonomischer u. statistischer Abhandlungen des staatswiss. Seminars zu Halle a. d. S. 30.)
Ersch. teilw. auch als Diss. Halle 1901.
1: Fe 1075-30. 12: Cam. 122x-30. **300:** 418.290-B. Per. 30. **2. 3. 4. 5. 6. 7. 10. 11. 83.**
3.4468

Allendorf, Hugo, aus Weißenfels a. S. ⟨Pr. Sachs.⟩: Das Finanzwesen der Stadt Halle a. S. im 19. Jahrhundert. Ein Beitrag zur Gemeinde-Finanzstatistik. *Halle a. S. 1903: (Lippert & Co., Naumburg a. S.)* (VI, 57 S.) 8° ¶[Erschien vollst. 1904 als: Sammlung nationalökon. u. statist. Abhandl. d. staatswiss. Sem. zu Halle a. S., Bd 44.]
Halle, Phil. Diss. v. 1903

Allendorf, Hugo: Das Finanzwesen der Stadt Halle a. S. im 19. Jahrhundert. Ein Beitrag zur Gemeinde-Finanz-Statistik u. -Politik. — Jena: G. Fischer 1904. X,207 S. (Sammlung nationalökonomischer u. statistischer Abhandlungen des staatswiss. Seminars zu Halle a. d. S. 44.)
Ersch. teilw. auch als Diss. Halle 1903.
1: Fe 1075-44. 12: Cam. 122x-44. **300:** 418.290-B. Per. 44. **2. 3. 4. 5. 6. 7. 10. 11.**
3.4469

Allendorff, Franz (Tangermünde), De aegophonia. Diss. phys.-med. Bln. (Nietack) 1. IX. 1836. 36 S. mit Biogr. (Mutter: Bauer.) (3.80) 294
Opponenten: Jo. Lange, C. Breithaupt, Ferd. Hammer. — Gew.: Friedrich Krause.

Allendorff, Franz, Referendar in Schubin: Die natürlichen Verbindlichkeiten ⟨sogenannte Naturalobligationen⟩ des BGB. *Rostock 1904: C. Hinstorff.* (107 S.) 8°
Rostock, Jur. Diss. v. [30. März] 1904

Allendorff, Fritz, a. Magdeburg: Untersuchungen und Erfahrungen mit Neuronal ⟨Bromdiäthylacetamid⟩. Rostock 1906: C. Hinstorff. (28 S.) 8°
Rostock, Med. Fak., Ref. Schuchardt, Diss. v. 20. Okt. 1906
[Geb. 4. Dez. 81 Magdeburg; Wohnort: Rostock; Staatsangeh.: Preußen; Vorbildung: Gymn. Magdeburg Reife O. 00; Studium: Freiburg i. B. 4, Kiel 2, Halle 3, Rostock 1 S.; Coll. 27. Juli 05; Approb. 5. Okt. 06.]

Allendorff, Hugo: Über Dibrommesitolbromid und seine Umwandlungsproducte. *Cöthen 1898: A. Preuss.* (43 S.) 8°
Heidelberg, Naturw.-math. Diss. v. [12. Mai] 1898

Allendorff, Otto *Wilhelm Augustin* [aus Gross-Salze]: Zur Kenntniss der Phtalaldehydsäure ... Rostock, C. Boldt'sche Hof-Buchdr., 1892; 40 S. 8.
Rostock, Phil. Fak., Inaug.-Diss. v. [12. März] 1892

Allendorff, Paul, aus Schönebeck a. Elbe: Zur Kenntnis aromatischer Ketone. *Schöneberk a. Elbe 1898: Gebr. Wullstein.* (71 S.) 8°
Heidelberg, Naturw.-math. Diss. v. [15. Dez.] 1898

Allendorff, Walter: Kulturpraxis der besten Kalt- und Warmhauspflanzen. Für Handelsgärtnereien u. Privatgärtner. — Berlin: Parey 1893. VI,422 S. 1: Ow 29645.
3.4473

— Kulturpraxis der Kalt- und Warmhauspflanzen. Handbuch für Handelsgärtner u. Privatgärtner. 2., neubearb. u. verm. Aufl. — Ebd. 1905. VI,512 S. 1: Ow 29645².
3.4474

Allendorf-Sooden [Schlagwort]

Allendorf-Sooden, s.: Preussen. Messtischblätter.

Allenspach, Joh. Urb., die Burgfluhbethi. Volksschauspiel in 5 Akten. 8. (101 S.) Zürich 892. IV. Unterstraß, Selbstverlag. n. 1. —

Allenspach, Josef Urban

Allenspach, Jos[eph] Urb[an]. Czelli. Musikdrama in 2 Akten. Musik von Adolf Aichinger. Text von Jos. Urb. All'. [Textheft.] 37 S. 8. Affoltern a. A., J. Weiss, 1902.

A[llenspach], J[oseph] U[rban]. D'Fabrikleri. Es Zitbild i eim Akt. Von J. U. A. 22 S. 8. Aarau, H. R. Sauerländer & Co., 1910. [fr. —. 50]

— de Nacht. Es Lustspiel in eim Akt. 8. (23 S.) Grüningen 897. J. Wirz. n. — 80

Allenspach, Josef Urban: Die Realisten. Schauspiel in 4 Akten. — Grüningen: Wirz 1895. 102 S.
1:Ys 28849.
3.4485

Allenspach, J. U.: E strubi Stund, s.a. S a m m l u n g Bernischer Biographien.

— 'E strubi Stund'! Dialektlustspiel in 1 Akt. — Zürich: C. Schmidt 1900. 31 S. (Sammlung schweizerischer Dialektstücke. 34.) 1:Yb 8870-34.
3.4486

— de Wichsifämi. Schwizerdütsches Lustspiel in eim Akt. Zweiti Uflag. 8. (19 S.) Ebd. (897). n. — 60

Allenspach, Jos. Urban (Red.), s. W o c h e n z e i t u n g, Schweizer, für Kriminal-Polizeipflege ...

Allenspach, Jos(eph) Urban, s. A l l e n s p a c h, Josef Urban.

Allenstein [Sachliches OW]

Allenstein. — Allenstein. Eine psychologische Studie. Von e. Laien. — Bonn: Georgi 1910. 15 S.
1:Fy 15126/2. 5.
3.4487

Allenstein [Schlagwort]

Allenstein s.a. K r e i s k a r t e n

Allenstein, Kreis. Karte des Kreises Allenstein im Reg.-Bez. Allenstein, hrsg. v. der kartogr. Abteilg. der königl. preuss. Landesaufnahme 1906. Aufgenommen vom königl. preuss. Generalstab 1868 bis 1871. Einzelne Nachträge bis 1905. 1:100,000. 53×64,5 cm. Farbdr. Berlin (R Eisenschmidt). n.n. 2. —; ermäss. Preis n.n. 1. 50

— Plan der Stadt Allenstein. 1:6000. 38×46,5 cm. Farbdr. Mit Text an der Seite. Ebd. (909). — 40

— S p e z i a l - K a r t e des Kreises Allenstein. Rev. von den zuständ. Behörden. 1:100,000. 49,5×56 cm. Farbdr. Lissa 910. O. Eulitz. — 75; auf Leinw. in Etui 1. 50

Allenstein, Reg.-Bez. E n t f e r n u n g s k a r t e, amtliche, des Reg.-Bez. Allenstein. Nach amtl. Ermittelgn. u. unter Benutzg. der Generalstabskarte bearb. im J. 1906 u. 1907 durch die Katasterverwaltg. der königl. Regierg. zu Allenstein. Hrsg. v. R. Mittelbach. 1:75,000. Farbdr. Leipzig (909). Mittelbach.
Kreise: Allenstein. 61×67 cm. 2.—. — Johannisburg. 65×90 cm. 2.—. — Lötzen. 42×69 cm. 2.—. — Lyck. 58×73 cm. 2.—. — Neidenburg. 79×93 cm. 2.—. — Ortelsburg. 89×70 cm. 2.—. — Osterode. 87×69 cm. 2.—. — Rössel. 59×65 cm. 2.—. — Sensburg. 72×66 cm. 2.—.

Allenstein, Reg.-Bez. L i e b e n o w ' s, W., Specialkarte des Reg.-Bez. Allenstein, für Reise, Bureau u. Verkehr. 1:300,000. (Volksausg. Neu bearb. auf Grund offizieller Unterlagen von Hans Ravenstein.) 41×78 cm. Farbdr. Frankfurt a/M. (905). L. Ravenstein. n. 1. 50

Allenstein, Stadt. K a r t e des Allensteiner Stadtwaldes. 1:15,000. 29,5×40 cm. Farbdr. Allenstein (909). K. Danehl. — 40

Allenstein [Verfasser]

Allenstein, Axel v., Der Schwimmsport, m. Abb., Leipzig 1901, 184 S., 8°.

Allenstein, Axel v., Der Turnsport, m. Abb., Leipzig, 164 S., 8°.

Allenstein, Hans v., Auge um Auge, Zahn um Zahn. Ein Roman aus der Finanzwelt. 8. (180 S.) Berlin 892. Buchh. „Nord-Berlin" (Hanow). 1. 50

Allenstein, M., Reb Henoch, oder was thut me dermit. Ein Familiengemälde in 3 Abthlgn. gr. 8. Berlin 846. (Fernbach.) n. 8 ngl

Allenthalben-Gegenwart. — Durch Reden und Schweigen des Wortes Gottes gründlich widerlegte Allenthalben-Gegenwart des Leibes Christi, sampt beygefügten Fragen und Antworten uber des Herrn Abendmahl, entworffen und zum öffentlichen Druck befördert von einem Liebhaber der Warheit. — o.O. 1714. 222,61 S. 2. 9. 10.
3.4489

Aller guten Dinge sind drey. Lstsp. v. K. Albrecht. 8. Warsch. Wilke. 797.

Aller Streit hat nun ein Ende –! oder Angabe des einzig untrüglichen Kennzeichens, durch welches die Aechtheit des ungenähten h. Rockes zu Trier ... bewährt werden soll. Von einem kath. Freunde der Wahrheit. Nebst Mittheilung einer Behandlung h. Reliquien von Seiten d. Kaisers Napoleon [I. Kaiser v. Frankreich]. — Frankfurt a. M.: Koerner 1845. 21 S.
1:16 in Dv 17701. 12:H. eccl. 3042. 5.
3.4495

van Aller, Hans H., kurzer Abriß der Mathematik innerhalb der Grenzen der im Maturitätsexamen, in der Portepeefähnrichs-Prüfung, in der Eintritts-Prüfung zum Seecadetten u. in der Einjährig-Freiwilligen-Prüfung gemachten Anforderungen u. d. Lehrplans der höheren Schulen im Königr. Preußen zum Gebrauch f. den Unterricht u. bei Repetitionen zusammengestellt. Braunschweig 870. J. H. Meyer. gr. 8. (VIII, 156 S.) n. 25 ngr.

Aller, Hans H. van, kurzer Abriß der Mathematik innerhalb der Grenzen der im Maturitätsexamen, in der Portepeefähnrichs-Prüfung, in der Eintritts-Prüfung zum Seecadetten und in der Einjährig-Freiwilligen-Prüfung gemachten Anforderungen und des Lehrplans der höheren Schulen im Königreich Preußen zum Gebrauch für den Unterricht und bei Repetitionen zusammengestellt. 1. Thl.: Arithmetik. — 2. Thl.: Geometrie. 1. Aufl. 1871. * ℳ 2,50., und 2. unveränd. Aufl. gr. 8. (VIII, 156 S.) Braunschweig 872, J. H. Meyer. *

Aller, Hans H. van, der Monitor. Eine Sammlung von Formeln und Tabellen aus dem Gebiete der höheren und niedern Mathematik und Mechanik. Für Techniker u. s. w. überhaupt für alle, die sich mit Mathematik beschäftigen zusammengestellt. 1. Thl. Mathematik 8. (VIII und 306 S. mit in den Text gedr. Holzschn.) Hannover 865, Wedekind. *

—— der Monitor. Eine Sammlung von Formeln und Tabellen aus dem Gebiete der höhern und niedern Mathematik und Mechanik. Für Techniker etc., überhaupt für alle, die sich mit Mathematik beschäftigen zusammengestellt. Mit in den Text eingedr. Holzschn. 2 Thle. 2. (Titel-)Ausg. 8. Berlin (865)68, Gebr. Bornträger. *
Inhalt:
Thl. 1. Mathematik. (VIII, 306 S.) * ℳ 4.
» 2. Mechanik und Anhang vermischten Inhalts. (IV, 159 S.) * ℳ 2.

Aller, H. v. Der Monitor für Mathematik und Mechanik. Hannover 1865—68. 2 Thle.

Allerdurchlauchtigste. — Aller-Durchlauchtigste, euch schenckt mein Fels ein Blat ... und unterschreibet sich als Vestung Königstein. Den 30. Jan. 1728. [Gedicht auf den Besuch des Königsteins durch die Könige von Preußen u. Polen.] — o.O. 1728. 2 Bl. 4° 3.
3.4502

Allerhand. — Allerhand! Von d. Verf. von Blicke in Herz u. Welt. 1902 s.a. *Abbot,* Karoline Luxburg.

Allerhand! Von dem Verf. von Blicke in Herz u. Welt . . . Halle 1902. V: *Abbot, Caroline L.* (Gk)

Allerhand! Von d. Verf. von Blicke in Herz u. Welt. Schild u. Pfeil. Hin u. zurück. *Halle a. S. & Bremen: C. E. Müller 1902.* (246 S.) 8° [illegible]

Allerhand altes und neues vor die Liebhaber einer gelehrten Conversation. St. 1. 2. Hamburg 1729. 4°

Allerhand bunt in's Land. Ein Buch für's Volk. Sammlung der interessantesten und spannendsten Erzählungen, Novellen, Humoresken rc. 1. Bd. (in 15 Liefgn.) Neusalza 863. Oeser. 4. (240 S. u. 15 color. Lithogr.) Jede Liefg. 2½ ngr.

Allerhand bunt in's Land. Ein Buch für's Volk. Sammlung der interessantesten und spannendsten Erzählungen, Novellen und Humoresken rc. 15 Lfgn. gr. 4. (240 S. mit 15 ill. Stut.) Potschappel 863,64. Tittel. (Neusalza, Oeser.) à Lfg. 2½ Ngr.

Allerhand für das Frauenzimmer; eine epistolische Abhandlung. Frankfurt und Leipzig 1764. V: *Ring, Friedrich Dominik.* (BGE)

***Allerhand macht dies Blatt bekannt.**

[Hrsg.: K. A. Kortum.]

o. O. [Dortmund] 1786–90.

⁋ Das Blatt erschien auch eine Zeitlang u. d. T.: Allerhand für Jedermann. (Vgl. d'Ester: Das Zeitungswesen in Westfalen S. 100).

ALLERHAND, macht dies Blatt bekannt. (Belletrist. Monatsschrift.) 4 Jahrgg. à 12 Stücke (soviel ersch.?). O. O. 1799—1802. 8°. (12 Mk., etwas defekt, Edm. Meyer, Berlin, 1908.)

Fehlt in Kayser's B.-Lex. und im Anon.-Lex. — Sehr selten! 192 + 192 + 222 + 192 S. Enth. Geister- u. Gespenstergeschichten (oft mit Angabe des Ortes), Gedichte (oft freie) aller Art (auch Balladen, u. a.: Albrecht u. Agnes [Bernauerin), IV, S. 49—55, in 22 siebenzeil. Str.), Anekdoten, Charaden, Logogriphen (mit Auflösung), etc.

Allerhand zum Nutzen und Vergnügen.

T. 1. 2.

Rostock u. Wismar 1756.

— zum Nutzen u. Vergnügen a. d. angenehmen Wissenschaften. 2 Thle. 8. Rostock 757. Bödner. 12 g.

Allerhand aus der linken Tasche eines Malers. Nicht für Kritiker, nur für Liebhaber entwickelt . . . Schleswig 1794. V: *Peters.* (Kordes, Schlesw.-holst. u. eutin. Schriftst. Schleswig 1797. Zusätze.)

Allerhand aus d. linken Tasche eines Malers. 8. Schleswig 795. (Bechtold in Altona). 4 gl.

Allerhand aus Volk u. Land. 1. Bd. 8. Linz 897. Verlag d. kathol. Pressver. Geb. in Leinw. n. 2.10

1. Guckkastenbilder. Von Floridus Blümlinger. M. d. Portr. des Verf., 2 Vollbild. u. viel. Orig.-Ill. v. Bertrand Kallinger. (244 S.)

— aus Volk u. Land. 2. u. 3. Bd. 8. Linz-Urfahr, Verlag des kathol. Preßvereines. n. 3.40

2. Beim Pfarrach in Bertsham. Bilder aus Tirol. Von Frdr. Pesendorfer. (VIII, 191 S.) (899). n. 1.70
3. Lindenzweige. Von Vinc. May. Mit mehreren Vollbildern u. kleineren Textillustr. (195 S.) (902.) n. 170; geb. n. 2.10

Bd. 1 Ebd. 897. geb. n. 2.10.

Allerhand aus Volk u. Land. 4. Bd. 8. Linz 903. Preßverein. n. 1.70; geb. in Leinw. n. 2.10

Lust u. Leid. Erzählgn. u. Schildergn. Von Vinz. May. (200 S. m. Bildnis.)

Bd. 1—3. Ebd. 897—902. n. 5.50.

Allerheiligen [Sachliches OW]

Allerheiligen, Das Kloster, zu Schaffhausen. Schaffhausen [1904]. V: *Henking, Carl.* (BBullschw 13, S. 90)

Allerheiligen [Schlagwort]

Allerheiligen, s.a. Geognostische u. geolog. Karten, Eck.

Allerheiligen. Fremdenbucherinnerungen. 16. (70 S. m. 1 Photogr.) Frankfurt a.M. 873. Zimmer'sche Buchh. cart. m. Goldschn. n.n. 2.50

Allerheiligen-Büchlein oder Brevier-Kalender, zum täglichen Leben mit der Kirche und allen lieben Heiligen hrsg. von IM. 2 Semesterbde. 16. Augsburg 886, Literar. Institut von Dr. M. Huttler. [1. Semesterbd.: 1. Januar bis 30. Juni. (S. 1—300.); 2. Semesterbd.: 1. Juli bis 31. December. (S. 301—536.) à Semesterbd. *ℳ 1,50.] *
compl. als Abreiß-Kalender auf einzelnen Blättern *

Allerheiligen-Hofkirche, d. Königl., zu München. Ausgeführte Innen-Ansicht gegen den Chor. Grundrisse, Souterrain und Parterre. Durchschnitte nach der Länge und Breite. 4 Stahlstiche. ½ Fol. München ... Franz. n. $1^1/_6$ ₰

Die Königliche Allerheiligen Hofkirche in München. München, 1840. Folio.

Allerheiligen-Kirche, die, od. die neue Hof-Kapelle in München. Eine Beschreibung derselben, mit e. Erklärung der hierin enthaltenen Freskomalereien etc., nebst den Namen aller Künstler etc. München, d. 25. Octob. 1837. Gr. 8°. 4 Bll. Cart.

Die Grundsteinlegung geschah d. 1. Novbr. 1826. Der Erbauer war Leo v. Klenze. Die Einweihung erfolgte Sonntag d. 29. Octob. 1837, Morgens 8 Uhr, durch den Erzbischof Anselm Frhrn. v. Gebsattel.

Allerheiligentraum. — Der Allerheiligentraum. Ein Novembermärchen für fromme Kinder. — Paderborn: Bonifacius-Dr. 1899. 32 S. ([Märchenbücher für Kinder.] 25.)
1:Ng 16519/21–25. 6.
3.4506

Allering, J. A., Andachtsübungen zum Troste der armen Seelen bei der Feier d. vierzigstünd. Gebetes, sowie zum Gebrauche am Allerseelentage u. f. die Privatandacht. Münster 870. Fahle. 16. (22 S.) n. 1½ ngr.

Allerlee aus dar Eberlausitz. All'n Froind'n dar Eberlausitz gewidmet vun'n Verfass'r. 16. (IV, 98 S.) Bautzen 876. Rühl. n. 1. —

Allerlee aus dar Aeberlausitz. All'n Froind'n dar Aeberlausitz gewidmet vo'n Verfass'r. I. (IV, 98 S.) 1876, und 2. revid. Aufl. 16. (IV, 137 S.) Bautzen 877, Rühl. *

—— dass. — Heiteres und Ernstes in Oberlausitzer Mundart. I. 3. revid. Aufl. Mit 19 Bildern, in Holz geschn. von Bürkner. 8. (IV, 157 S.) Ebendas. 878. *ℳ 1,50.; geb. **

— dasselbe. II. Mit 20 Bildern in Holz geschn. v. Bürkner. 8. (IV, 212 S.) Ebend. 880. n. 1.50; geb. n.n. 2. —

Allerlee aus dar Äberlausitz. Heiteres und Ernstes in Oberlausitzer Mundart. Bautzen 1880—97. V (Bd. 3—5): *Renatus, Johs.* (6—10): *Wagner, Joh. Andr. Freih. v.* (Berl)

— dasselbe. 4., rev. Aufl. Mit 19 Bildern, in Holz geschnitten v. Bürkner. 8. (IV, 157 S.) Ebend. 882. n. 1.50; geb. n. 2.20

Allerlee aus dar Äberlausitz. Heiteres u. Ernstes in Oberlausitzer Mundart. II. 2. Aufl. Mit 20 Bildern, in Holz geschn. v. Bürkner. 8. (IV, 212 S.) Bautzen 883. Rühl. 1.50: geb. 2.25

Allerlee aus der Äberlausitz. Heiteres und Ernstes in Hochdeutsch und Mundart. 3. Bd. Von Johs. Renatus. 8. (VIII, 172 S.) Bautzen 886, Rühl. *

1. und 2. Bd. Ebendas. 1882,83. à *ℳ 1,50.

—— dass. — Heiteres und Ernstes in Oberlausitzer Mundart. 2. Aufl. 3 Thle. in 1 Bde. 8. (IV, 158; 254; VIII, 172 S. mit Illustr. von Bürkner.) Ebendas. 887. *ℳ 5.—.; geb. *

Allerlee aus dar Äberlausitz. Heiteres u. Ernstes in Oberlausitzer Mundart. Mit Illustr. v. Bürkner. 3. Aufl. Neu durchges. v. Joh. Frhrn. v. Wagner (Johs. Renatus). (In 30 Lfg.) 1. Lfg. 8. (VIII, IV u. S. 1—80.) Bautzen 902. E. Hübner. Subskr.-Pr. n. —50; Einzelpr. n. 1. —

Allerlee aus dar Äberlausitz. Heiteres u. Ernstes in Oberlausitzer Mundart. Mit Illustr. v. Bürkner. 3. Aufl. Neu durchgesehen von Joh. Frhrn. v. Wagner (Johs. Renatus). 2.—30. (Schluß-)Lfg. (1. Bd. S. 81—158; 2.—10. Bd. IV, 211; III, 176; IV, 241; 203; X, 354; XIII, 256; XI, 385; 425 u. XI, 264 S.) kl. 8. Bautzen 902. E. Hübner. Subskr.-Pr. à n. —50; Einzelpr. à n. 1. —

Allerlei s. a. Allerley

— hrsg. v. Alb. Schramm, s.: Gabelsberger-Bibliothek. 33. Bd.

— eine Samml. kleiner Romane. 8. Leipz., Joachim. 12 gr

Allerlei. Altdorf 1781. V: *Link, Gottlieb Christian Carl.* (Will) (MGT) (ML)

Allerlei. Wochenschrift. Herausgegeben von G. F. L. D. S. U. Schwerin 13/10—15/12 1787. H: *Lorenz, Gottfried Fch.* (H. W. Bärensprung, Versuch einer Geschichte des Theaters in Mecklenburg-Schwerin. Schwerin 1837. S. 110.) (BiblPort)

Allerlei. O. O. 1792. V: *Lavater, Joh. Casp.* (Zuwachsverz. d. Bibl. Zürich. 1898 ff. 6.)

Allerlei. Lustige u. belehrende Historien a. alt. Büchern. 8. München 823. Lentner.

Allerlei. [Bonn, ca. 1875]. V: *Rocholl, C.* (Gk)

Allerlei. 12. (6 farb. Taf.) Leipzig 889. Fr. Pfau. — 8

— Ein Bilderbuch f. artige Kinder. 4. (6 Farbendr.-Taf.) Wesel 890. Düms. — 20; auf Leinw., cart. n. — 50

Allerlei. (Aufstellbilderbuch.) qu. 4. (24 farb. Taf. a. Pappe.) Wesel 896. Düms. 1. 50; a. Pappe, geb., 3 Sorten (à 8 Taf.) à — 50; auf Leinw., geb., 4 Sorten (à 6 Taf.) à — 50

Allerlei. (16 farb. S. ohne Text.) qu. 8. Wesel (904). W. Düms. Auf Pappe in Leporelloform n. — 80

Allerlei. Von Holsatius (52 S.) 8. Glückstadt (908). M. Hansen. — 50

Allerlei, Allerneuestes Schlesisches. [Bunzlau 1792—98.] H: *Bucquoi, Erdmann Frdr.* (Nent)

Allerneuestes Schlesisches Allerlei, nicht für Gelehrte, sondern für die Liebhaber nützlicher Sachen. [Hrsg.: Erdmann Frieder. v. Bucquoi.]
Bunzlau: C. W. Reimers 1792–99. 8° 1
¶ Vorh. u. d. T.: Neuestes Schlesisches Allerlei. Bunzlau 1788 ff.

— zum Ausmalen. 4 Sorten. qu. 4. (à 4 schwarze u. 4 farb. Taf.) Ebd. 896. à — 25

Allerlei zur Beherzigung, s. a. Missionstraktate, kleine.

Allerlei zur Beherzigung. 16. (16 S.) Basel 881. Missionsbuchh. n. — 4

Allerlei, belletristisches. Auswahl v. Erzählgn., Novellen, Legenden u. Sagen aus d. Gebiete des Seltenen u. Wunderbaren, sowie dem Menschenleben zur Unterhaltg. u. Belehrg. f. Jung u. Alt. 2 Bde. 8. (VIII u. 952 S.) Augsburg 848, Jaquet. 1 rf 24 ngr

Allerlei in Bildern. — Un peu de tout pour les enfants — Allerlei in Prenten. Pictures for little children. 4. (8 Chromolith.) Stuttgart 874. Nitsch. geb. — 75

— in Bildern. Unzerreißbares Bilderbuch. qu. gr. 4. (10 lackierte Farbendr.-Taf. m. eingedr. Text, auf Pappe.) Stuttgart 891. F. Loewe. Kart. 2. 70

Allerlei in bunten Bildern, nach d. Alphabete geordnet für artige Kinder die noch nicht lesen können. (23 lithogr. ill. Blätter.) 4. Magdeburg 833. Robrahn u. Comp. 1/3 rf

Allerlei in Bildern für die Jugend. 40 Bl. in 8. Düsseld. Arnz u. C. geb. 6 gr

Allerlei in Bildern f. fleißige Kinder. 8 (lith. u.) color. Bilder. Stuttgart 868. Gebr. Scheitlin. (Nitsch.) 4. 9 ngr

— aus d. Blumenlese. 12. Frankf. 778. Keßler. 4 gr

Allerlei aus Bregenz. Von einer Bregenzerin. Bregenz 1897. V: ***Findler, Friederike.*** (Margr)

— aus Bregenz. V e. Bregenzerin. 12. (55 S.) Bregenz 897. (J. N. Teutsch.) n. — 80

— buntes, 4 Bde., s. a. Volkscalender. Jahrg. 1824—27.

—— buntes, in merkwürd. u. unterhalt. Geschichten; biograph. Skizzen; abentheuerl. Erzähln. rc.; nebst gemeinnütz. Rezepten z. Land- u. Hauswirthschaft. 6. Bdchn. (8 B.) 7. Bn. (9 B., 1 Karte u. Titkpfr.) 8. Bn. (8 B., 1 Karte u. Titkpfr.) 9. Bn. (9¼ B.) 10. u. 11. Bn. (à 8 B.) A. u. d. T.: Volkskalender 1829—34.) 8. Magdeburg, Rubach. à
1—5. Bdchn. od. Jahrg. 1824—28. d. Volksk. Ebendas. à 8 Gr.

Allerlei, buntes, in merkw. u. unterhalt. Geschichten; biograph. Skizzen; abentheuerl. Erzählungen; Neuestem a. d. Länder- u. Völkerkunde; Naturmerkwürdigkeiten; Anekdoten rc.; nebst gemeinnütz. Recepten zur Land- u. Hauswirthschaft. 12. Bdchn. 8. (8 B.) Berlin 841, Rubach.
1—11. Bdchn. Ebendas. 1824—34., hrbgs. Pr. • 1⅓ Thlr.

Allerlei, buntes. Ein neues Bilderbuch für Kinder. Stuttgart 857. (Gebr. Scheitlin.) 4. (12 lith. u. color. Bl.) 9 ngr

— buntes. Ein Bilderbuch f. artige Kinder. Neu-Ruppin 865. Oehmigke. 4. (16 lith. u. color. Taff. mit Text.) 15 ngr

Allerlei, buntes. Ein lehrreiches (unzerreißbares) Bilderbuch f. die lieben Kleinen. Mit 12 Farbdr.-Bildern u. Text in Versen. 4. (12 Bl. Text.) Stuttgart 886. Loewe. geb. 2. 50

Allerlei, buntes. 12 (farb.) Bilder mit 12 S. Text. (2. Aufl.) gr. 4. Stuttgart 887, Loewe. cart.

— buntes. (Leporello-Album.) 12. (23 Farbendr. auf Pappe.) Eßlingen 890. J. F. Schreiber. n. 1. —

— buntes. qu. 4. (6 farb. Bl. m. eingedr. Text.) Berlin 893. Friedrichs & Co. n. — 50

— dasselbe. Leporello-Album. gr. 16. (22 farb. Taf. auf Pappe.) Eßlingen 894. J. F. Schreiber. n. — 80

— dasselbe. qu. 4. (24 Farbendr. auf Pappe.) Stuttgart 894. G. Weise. 2. 50

— dasselbe. (Ausgestanzt.) Fol. (14 S. m. z. Tl. farb. Abbildgn.) Weimar 894. A. Karrer. — 75

— buntes. 8. (10 S. m. z. Tl. farb. Bild.) Fürth 895. (Leipzig, W. Opetz.) — 30

— dasselbe. qu. 4. (10 S. m. z. Tl. farb. Bild.) Ebd. 895. — 50

— buntes. (16 S. m. z. Tl. farb. Abbildgn.) Fol. Reutlingen (903). Enßlin & Laiblin. n. — 30; auf Pappe (8 S. m. farb. Abbildgn.) Geb. n. — 90

Buntes Allerlei. Skizzen u. Aufsätze aus d. Arbeiterleben. Wiebelskirchen: N. Kolportage-Verl. [1908]. 64 S. (Nach der Schicht. 3.)
1: Ng 25312-3. 5.
3.4508

— buntes. (Postkarten-Malbuch.) 12 [6 farb.] perforierte Bl.) kl. 8. Nürnberg (909). Th. Stroefer. — 50

— buntes, i. Anschauungsbild. f. kl. Kinder. qu. 4. (24 Farbdr. a. Pappe.) Stuttgart 897. G. Weise. Geb. 2. 40

— buntes, in Bild. u. Reimen f. brave Kinder. br. 8. (12 farb. Bl. m. eingedr. Text.) Wesel 895. W. Düms. Kart. — 25

Buntes Allerlei in merkwürdigen und unterhaltenden Geschichten; biographischen Skizzen; abentheuerlichen Erzählungen; Neuestem aus der Länder= und Völkerkunde; Naturmerkwürdigkeiten; Anekdoten; Gedichten; nebst gemeinnützigen Rezepten zur Land= und Hauswirtschaft ... Auch Volkskalender a. d. Jahr ...
Magdeburg: Ferd. Rubach (1825)—1831. 8°
[Umschlagt.]
2/1826 ([vielm.] 1825): 128 S.
3/1826: 128 S.
4/1827: 128 S.
5/1828: 128 S., 1 Kt.
6/1829: 128, 60 S.
7/1830: 128 S., 1 Titelbild.
8/1831: 128, 82 S., 1 Titelbild, 1 kol. Kt.

Allerlei, buntes, f. Kinder. Stuttgart (863.) Nitzschke. 8. (16 S. u. 8 color. Lithogr.) 6 ngr.

Allerlei aus China. Bilderbuch f. Kinder. (Von R. Pieper.) gr. 4. (16 S. m. z. Tl. farb. Abbildgn.) Steyl (901.) Missionsdruckerei. Geb. n. 1. 20

Christliches Allerlei, gesammelt aus der Heiligen Schrift u. dem Leben. — Barmen 1830: Schober. 40 S. ([Schriften der] Tractat-Gesellschaft im Wupperthale. 144.)
1: Cv 52040-144.
3.4509

— christliches, gesammelt von T. ... Berlin 839. (Wohlgemuth.) 1/12 Thlr

Allerlei, dramatisches. Bühnenspiele in Uebersetzung u. Bearbeit. v. W. Friedrich. 1. Jahrg. 846. 16. (20½ B. u. 1 Federzeichn. v. Th. Hosemann.) Berlin, Springer. *
Inh.: Muttersegen, od.: Die neue Fanchon. Schausp. mit Gesang in 5 Acten, nach Lemoine. — Der Schierlingstrank. Verssp. in 2 Aufz. Nach Augier. — Major Haudegen. Schwank in 1 Aufz., nach Lefranc. — Köck u. Guste. Vaudeville-Posse in 1 Aufz., frei nach d. Franz. — Alessandro Stradella. Romant. Oper in 3 Aufz.

Allerlei für die Evangelisch-Lutherische Dreieinigkeits-Gemeinde: no. 1—106. July 1892—Apr. 7, 1901.
A small octavo, paged continuously (424 pages), published for the congregation of Trinity Church, and edited by the Rev. Otto Hanser. Privately printed on a hand-press. Rockville, CT

ALLERLEI durch einander, zur Unterhaltung gesammelt .... (hrsg. von Blas. Chr. Hiller). Augsburg 1803.
Anon.-Lex. I. p. 39 (nach Kayser u. Meusel).

Allerlei ⟨in allerlei Erzählungen⟩. (Hrsg. vom Vorstande des Enthaltsamkeits-Vereins zu Schweinz u. Ullersdorf.) — Schreiberhau [um 1850]: Rettungshaus. 12 S. 2.
3.4510

Allerlei für die Feiertage des Kirchenjahres. Hrsg. vom Christl. Verein im nördl. Deutschland. — [Eisleben:] Christl. Verein 1888. 124 S. 1: Ds 1885. 12: Mor. 1242 i. 3.
3.4511

— galimathisches, od. Stadt-, Land- u. Waldgedicht in 9 Gesängen. 8. Straßb. 776. Stein. 16 gr.

Allerlei für Geflügelzüchter, Vogelliebhaber und Fischerei-Interessenten. Mit Beitr. von E[rnst] Friedel in Berlin [u.a.] — Greifswald: Bamberg 1882. XXXXV S.
Aus: Der unterhaltende Theil des vom Baltischen Central-Verein für Thierzucht und Thierschutz veröffentlichten Ausstellungskataloges von 1881.
1: 28 in 4° Ou 27950. 9.
3.4514

— gemeinnütz., f. Rhein-Westphäl. Volkskalender.

—— gemeinnütz. u. unterhalt., 1. u. 2. Hft. Besond. abgedr. aus d. Rheinisch-Westphäl. Volks- u. Geschäfts-Kalender vom J. 1827, 28. gr. 12. [1. (6 B.) 827, 2. (5½ B.) 828. à 4 Gr.] Hamm, Schulz.

— um einige Stunden d. Lebens froh zu genießen. 2 Thle. 8. Danzig 796. 97. Brückner. 1 Thlr 8 gr.

GEREIMTES und Ungereimtes, Allerlei, aus dem Nachlasse eines Studiosus der freien Künste. Herausg. von dessen nächsten Erben. Baden im Aargau (Renard in Köln) 1837.

— lustige u. belehr. Historien aus alten Büchern. 8. Münch. 813. Lentner. 6 gr.

— homöopathisches. Eine Festgabe z. 100jähr. Jubiläum der Homöopathie im J. 1890. Zur Belehrg. üb. die Homöopathie in Volkskreisen u. zu Vorträgen in Vereinen. 8. (102 S. mit Abbildungen.) Leipzig 890. Dr. W. Schwabe. n. 1. —

— humoristisches, zur Erheiterung für gesellige Kreise und für Eisenbahnreisende. Speyer (861.) Lang. 32. (IV, 123 S.) 5 ngr.

— aus den Jahres- u. Monats-Zeiten in 16 niedlichen (chromolith.) Bildern dargestellt f. die kleine Welt. qu. gr. 4. (Mit eingedr. Texte.) Neu-Ruppin 877. Oehmigke & Riemschneider. cart. n. 2. —

Allerlei in bunter Reih'! ... Berlin 1895. V: *Niemann, Auguste.* (Berl)

INTERESSANTES und Pikantes Allerlei. Paris 1902. 8°. 32 S.
Verb. d. Ldg. Leipzig IV. 425/03.

— f. Kinder. gr. 16. (40 S. u. 8 lith. Taf. Abbildgn. m. Text) Dresden 850, Naumann. n. 6 ngr; color. n. 1/3 Thlr

— für Kinder. Papp-Bilderbuch. kl. 4. (6 Chromolithogr.) Chemnitz 885, Brückner. geb.

— f. Kinder. gr. 4. (8 Bl. m. farb. Abbildgn.) Reutlingen (900). Enßlin & Laiblin. — 50; unzerreißb. (8 S. m. farb. Abbildgn., a. Pappe. Kart. 1. —

— für artige Kinder, in Bildern v. C. Heinr. Hoffmann u. Versen v. Auguste [Auguste Danne]. 4. (12 color. Steintaf. m. eingedr. Texte.) Dresden 878. Bock. cart. 2. 25; auf Leinw. 3. —

— für Kinder bis zum 8. Jahre. Mit 8 color. Illustr. (Holzschn.) Berlin (863.) Riese. 8. (IV, 44 S.) 7½ ngr.

— f. unsere Kinder. 8. (12 S. m. z. Tl. farb. Abb.) Konstanz 898. C. Hirsch. — 25

— aus der Kinderwelt. Stuttgart 866. H. Müller. 4. (12 lith. Bll. in Farbendr.) 26 ngr.

— für die Kinderwelt. 12. (8 Farbdr. m. eingedr. Text.) Reutlingen 891. Enßlin & Laiblin. — 10; auf Pappe — 25

— dasselbe. 12. (8 farb. Bl. m. eingedr. Text.) Ebd. 892. — 12; m. eingedr. u. 8 S. Text — 15

—— komisches. Auswahl neuer beliebter komischer Vorträge in Versen und Prosa sowie in berliner, sächsischer, schwäbischer, plattdeutscher, jüdischer etc. Mundart. Mit Original-Beiträgen von J. F. Rüthling. 4 Hefte in 1 Bd. 12. (XVI und 273 S.) Potsdam 849. [Berlin,] Janke.
Aus: Der Komiker im Privat- und Familienkreise etc., besond. abgedruckt.

— komisches, aus dem Thierleben. 16. (8 Chromolith.) Leipzig 880. Baldamus. n. — 80

— mit Krebsnasen. Aufgetischt vom Prinz Carneval III. (Louis Julius.) Leipzig 869. Matthes. 16. (260 S.) 15 ngr.

— zum Lachen. 12. (24 S.) Cannstatt 886. Stehn. — 20

—— zum Lachen. 2. Aufl. 16. (32 S.) Cannstatt 890, Stehn. * — 20

Dieses Lebens Allerlei. Eine Wochenschrift. [Hrsg.: Joh. Goller.] Bdchn 1. Nürnberg 1801. 8° 75

Allerlei, Meines Lebens [ein Wochenblatt]. Leipzig 1807. H: *Lorenz, Theophilus* (*Gottlieb Friedrich*). (MGT) (Ky)

Allerlei, Leipziger. Leipzig 1751—1752. H: *Schwarz, Heinr. Engelb.* (Ml.)

Allerlei, Das Leipziger. [Ein politisches Wochenblatt.] Leipzig 1773 ff. II: *Kritzinger, Friedrich Andreas.* (ML)

Leipziger Allerlei. Illustrierte Sonntagszeitung. [Red.: Ernst Sell.]
Leipzig: Ernst Sell 1895–(1902). 8°

—— Lust und Spiel der kleinen Welt. Unzerreißbares Leinwandbilderbuch. 1.—4. Aufl. gr. 8. (16 color. Stnt.) Stuttgart 872—77, G. Weise. cart.

— lustiges. Späße, Witze u. Anekdoten in Wort u. Bild. 1. u. 2. Sammlg. 8. (à 56 S. mit eingedr. Holzschn.) Mülheim 877. Bagel. à — 50

— lustiges. 4. (12 S. m. z. Tl. farb. Bildern.) Stuttgart 894. F. Loewe. n. — 40

— lustiges. gr. 8. (12 S. m. z. Tl. farb. Abbildgn.) Nürnberg (899). Th. Stroefer. — 40

— lustiges. (12 [6 farb.] S. Abbildgn. m. eingedr. Text.) 8. Stuttgart (903). G. Weise. n. — 10

— lustiges. Ein Postkarten-Malbuch. (8 [4 farb.] perforierte Bl.) Lex. 8. Ebd. (910). — 75

— aus d. Lebens Mai. gr. 4. (6 Chromolith.) Wesel 884. Düms. cart. — 50

— malerisches, eine Stahlstich-Sammlung von Portraits, Landschaften, Städte-Ansichten, Abbildungen von Statuen u. Bauwerken, von Kunstblättern, besonders nach modernen Malern, und solchen Gegenständen, die für die gegenwärtige Zeit von lebhafterm Interesse sind. Mit erklärendem Texte. 1., 2. Bd. à 12 Hefte u. 3. Bd. 1.—8. Heft. Jedes Heft mit 3 Stahlst. qu. gr. 4. Leipzig 842—46, Baumgärtner's Buchh. à Heft n. 1/6 ℛ

— malerisches. Eine Stahlstichsammlung von Portraits, Landschaften, Städteansichten ꝛc. Mit erläuternd. Texte. III. Bd. Heft 9—12. qu. gr. 4. (S. 49—70 u. 12 Stahlst.) Leipzig 847, Baumgärtner. à n. 1/6 ℛ (I—III. Bd. à 12 Hfte. 842 bis 47. Herabges. Preis 3 ℛ)

— Mecklenburgisches. 8. Schwerin 789. Wever. 8 gr

—— militärisches, aus Frankreich. Mit vielen in den Text gedr. Abbildgn. 8. (VIII, 136 S.) Berl. 890. Eisenschmidt. * 2 —

— moralisch-realistisches, v. Zola u. Anderen. Hrsg. v. F. Wohlfahrt. 8. (248 S.) Leipzig 887. Unflad. n. 3. —

— moral.-satyrisches, voller anmuthigen Erzählungen u. Gedichte, (v. J. G. Gesler). 4 Thle. 8. Lindau 762—64. (Bartholomäi). 1 ℛ

— zum Nachdenken. Hrsg. v. Elisabeth Fürstin zur Lippe. Mit e. Vorwort v. A. Trautvetter. 16. (VI, 201 S.) Rudolstadt 884. Hartung & Sohn. n. 1. 50; geb. n. 2. 50

— zum Nachdenken. M. e. Vorw. v. A. Trautvetter. 2. Aufl. 12. (IV, 201 S) Dresden 896. J. Naumann. Kart. n. 1. 50; geb. in Leinw. m. Goldschn. n. 2. 50

— neues. Ein Bilderbuch auf Karton. qu. 4. (8 farb. S. ohne Text.) Eßlingen (899). J. F. Schreiber. Geb. n. 1. 20

— neues, f. gute Kinder. gr. 4. (12 m. z. Tl. farb. Abbildgn.) Konstanz (899). C. Hirsch. — 50

Allerlei, neues Leipziger, a. d. J. 1755. 2e, mit Noten versehene Aufl. 8. Leipz. 756. (Brockhaus). 6 gr

Allerlei, Neues nützliches, aus dem Gebiete der Wissenschaften, schönen Künste und Menschengeschichte, zur Unterhaltung, Belehrung und Übung des Nachdenkens. Frankfurt und Leipzig 1796. V: *Kleine, Anton Fr.* (MGT) (KY)

***Neues schlesisches Allerlei.** [Hrsg.: Erdmann Friedrich Bucquoi.] St. 1–48.
Bunzlau: Waisenhaus 1784–88. 8° 1
ℂ Vorh. u. d. T.: Schlesisches Allerlei. Bunzlau 1780 ff.
ℂ Forts. u. d. T.: Neuestes schlesisches Allerlei. Bunzlau 1788 ff.

Allerlei, Neues Schlesisches, . . . Bunzlau [1784—92]. H: *Bucquoi, Erdmann Frdr.* (Nent)

— neues, aus d. Gebiete d. Wissenschaften, schönen Künste u. Menschengeschichte ꝛc. 8. Leipz. 796. (Coppenrath in Münster). 1 ℛ

Neuestes teutsches Allerlei. — o.O. [um 1813]. 8 S.
1:10 in Ym 9780.
3.4520

Neuestes schlesisches Allerlei. [Hrsg.: Erdmann Friedr. Bucquoi.] St. 1–48.
Bunzlau: C. W. Reimers 1788–92. 8° 1
ℂ Vorh. u. d. T.: Neues Schlesisches Allerlei. Bunzlau 1784 ff.
ℂ Forts. u. d. T.: Allerneuestes Schlesisches Allerlei. Bunzlau 1792 ff.

— zum Nutzen u. Vergnügen d. J. 1782. 1e u. 2e Lief. 8. Leipz. Hertel. 1 ℛ

— nützliches, od. geogr. naturhistor. Würfelspiel für Kinder, in Futteral. 12. Berlin. 802.

— nützliches, e. Samml. ausgesuchter u. bewährter Rezepte ꝛc. v. E. Treufreund. 8. Leipzig 823, Herbig.

— nützliches, oder allerhand auf Erfahrung gegrundete, bewährte Vortheile aus der Haus- und Landwirthschaft f. Hausväter und Hausmütter. A. u. d. T.: Oekonomisches Haus- u. Wirthschaftsbuch als Rathgeber in mancherlei Vorfällen im häusl. Leben. gr. 12. Ulm 837. Ebner. 5/8 ℛ

— nützliches. Bilderbuch ohne Text f. Kinder jeden Alters. Mit (28 zum Theil) fein color. Kpfrn. qu. gr. 4. Leipzig 849. (Joachim.) n. 1/3 ℛ

— nützliches. Eine Sammlung praktischer Erfahrungen, neuer Entdeckungen und Beobachtungen aus der techn. Chemie, Gewerbskunde, Gärtnerei ꝛc. als Beilage zum Ellwanger Intelligenzblatt. Red. von Schmalenberg. 1. Jahrg. 1858. 12 Nrn. (à 1/4 Bgn.) Ellwangen, Heß. Lex.-8. 10 ngr.

— nützl. aus d. Chemie und Physik. mit K. (ist N. T. vom 3n Thle. d. chym. physical. Mancherl.) 8. Berl. Mauk. 793.

Allerlei, Nützliches, für Kinder zur Uebung im Schriftlesen, Schön- und Rechtschreiben, mit mehreren absichtlich falsch geschriebenen Aufgaben. Straubingen 1804. 2. Aufl. 1806. 3. Aufl. 1807. V: *Müller, Franz Xaver.* (MGT)

—— nützliches, für den praktischen Landwirth. Lehrreiche Lese- und Unterhaltungsbücher in zwanglosen Heften. 7 Hefte. gr. 8. (à 96 S.) Graz 880—83, Leykam. à Heft * 40 Pf.; *

—— nützliches, a. d. Reiche d. Wahrheit f. d. Gegenwart u. d. Zukunft. 1. Hft. 8. (4½ B.) Wittenberg 836, Zimmermann.

— nützl., zur Unterhaltung u. Belehrung für Romanleser (v. J. Biederwald). 8. Altona 801. Bechtold. 14 ℊ

— nützliches, f. Werkstatt, Feld u. Haus, s.: Gewerbezeitung, Deutsche, f. Deutsche Arbeit, Recht u. Fortschritt.

— nützliches, zum angenehmen Zeitvertreib. 8. Ingolst. 791. Krüll. 6 ℊ

Allerlei, Ökonomisches. Leipz. 1765. V: *Wichmannshausen, von.* (WÖ)

— f. einfält. Pfaffen. Veranlaßt durch d. Hrn. C. G. W. „Allerlei f. einfält. Schulmeister.“ Ans Licht gestellt v. G. Wahrlieb. gr. 8. Nürnb. 825, Lechner.

ALLERLEI, Poetisches. (8 sechszeil. Stroph. frivolen u. faden Inhalts.) O. O. u. J. (c. 1895). Hoch-8°. 1 Bl., nur auf 1 Seite bedruckt.

Allerlei, Poetisches und prosaisches, von Fedor Ismar, mit einem Vorworte von Ehrenfried Stöber. Basel 1823. V: *Wolter, Friedrich.* (MGT)

Politisches Allerlei. — Köln & Leipzig 1869. 53 S.
1:Flugschr. 1869-12. 5.
3.4521

Allerlei, Das Prager, zur Unterhaltung und zum Vergnügen, eine Wochenschrift. Prag [1785]. 8 Stücke. H: *Markovic (Markowitz), Math.* (GGR VI/697 rr) (A. G. Przedak, Gesch. d. deutschen Zeitungswesens in Böhmen, S. 95.) (BIBLPORT)

Allerlei gesammelt aus Reden und Handschriften grosser und kleiner Männer. Herausgegeben von Einem Reisenden E. U. K. 1. Bdchen. Frankfurt und Leipzig 1776. ... H: *Ehrmann, Johann & Christoph Kaufmann.* (GGr) V: (Bd. 2. 1777) *Häfeli, J. C. & J. J. Stolz.* (GGr) (VLBS V, 259)

— aus d. Reden u. Handschriften gr. u. kl. Männer. 2 Thle. 8. Frkf. u. Leipz. d. 1e Thl. Stettin in Ulm. d. 2e Thl. Weidmann in Leipz. (Steiner in Winterthur). 776—77. (à 10 ℊ) 20 ℊ

Allerlei aus Reden und Handschriften der Gross- und Kleinmänner. Winterthur und Leipzig 1778. V: *Kaufmann, Johann Ulrich.*[?] (Ky) (MGT)

— aus dem Reiche der Natur, s. a. Kinderglocken.

Allerlei aus dem Reiche der Natur. — Berlin: Burmeister 1894. 31 S. (Kinderglocken. 8.)
1:Ng 10568/2-8.
3.4522

Allerlei aus dem Reiche des Verstandes und Witzes. Schleusingen und Leipzig 1774. H: *Naumann, Christian Nicolaus.* (Ky) (ML)

— aus d. Reiche d. Verstandes u. Witzes. 2 Thle. gr. 8. Schleusingen 774. (Coppenrath in Münst.). 1 ꝛß. 16 ℊ

Reiterliches und jagdliches Allerlei. Von B. v. L. — Sangerhausen a. H.: Schneider [1898]. 175 S.
1:Oy 22277. 3.
3.4523

Allerlei, romantisches. 8. Gera 793. Rothe. 12 ℊ

Sächsisches Allerlei. Unparteiisch-friedlich-harmlos-gemüthliches Wochenblatt für Sachsen und die sächsisch-thüringischen Lande. [Hrsg.: Hans Goetze.] Jg. 1–16.
Chemnitz: Alexander Wiede 1873–1888. 8°. 2°
(Gesondert herausgekommen und als Beilage zum Chemnitzer Landboten.

—— sächs. Unparteiisch-friedl., harmlos-gemüthl. Wochenblatt f. Sachsen u. d. sächsisch-thüring. Lande. Red.: F Götze. 14. u. 15. Jahrg. 1886 u. 1887 à 52 Nrn. (B. m. Illustr.) 8. Chemn., Wiede. à Jahrg. *n.* 3. 60 || 16.—18. Jahrg. 1888 —1890. à *n.* 3. 60

— satyr. moral. in Erzähl. 3 Thle. 8. Ulm, Bartholomäi. 762—64.

Allerlei, Satyrisch-moralisches, voller anmuthiger Erzählungen und Gedichte. 2. Aufl. Ulm u. Lindau 1763—65. V: *Gessler, Joh. Gg.* (Mitth. Moritz Grolig.) (Zeitschr. f. Büch. X, 2, Beibl.)

— Schlesisches. 2 Stücke. (Von E. F. Bucquoi.) 8. Bresl. 764. J. F. Korn. 8 ℊ

***Schlesisches Allerlei, nicht für Gelehrte, sondern für den Liebhaber nützlicher Sachen. [Hrsg.: Erdmann Friedr. Bucquoi.] St. 1–48.**
Bunzlau: Waisenhausbuchdruckerei 1780–84. 8° 1
(Forts. u. d. T.: Neues Schlesisches Allerlei. Bunzlau 1784ff.

Schnurriges Allerlei. Eine Sammlung der neuesten u. besten Anekdoten u. Schwänke für fidele Leute. — Köln & Leipzig: Püttmann [um 1880]. 64 S. 5.
3.4525

— schnurriges. Eine Sammlg. der neuesten u. besten Anekdoten u. Schwänke f. fidele Leute. 8. (64 S.) Köln 881. Püttmann. — 30

— f. einfältige Schulmeister u. Alle, die Gemeinwesen u. Einfalt lieb haben, v. E. M. G. 8. Nürnb. 825. Riegel u. W. 8 ℊ

ALLERLEI, Schweizer —. (Bern, Seizer) 1787. 8°. (In Warmbrunn.)

— zum Sehen u. z. Lernen. gr. 4. (8 Farbdr.) Stuttgart 897. G. Weise. n. — 50

Allerlei aus A. Hendschel's Skizzenmappen. [1.] und 2. Bd. gr. 4. (40 Bl. u. Portr.; 40 Bl. u. 1 Bl. Facsm.) Frankf. a. M. 890,91, Hendschel. geb. à Bd. 15 —

[F.] Allerlei aus alten Tagen. Hrsg. v. Dr. iur. F[elix] Hauptmann. *Bonn: P. Hauptmann [1897?].* (2 Bl., 128 S., 3 Bl., 2 Taf.) 1 Bd 8. — Bilder aus d. Geschichte v. Bonn u. s. Umgebg. [Heftch. 9.] [97. 399]

Allerlei, Ein, in Taschenformat. O. O. 1781. V: *Buz, Erhard.* (MGT)

Allerlei für Deutschlands Turner. Unter Mitw. von ... hrsg. von Arthur Scholem. — Berlin: Selbstverl. des Hrsg.; Schmidt & Sternaux in Comm. 1885. 119 S.
1:Nf 6104.
3.4527

— unentbehrliches, f. d. schöne Geschlecht, in Haushaltung u. an d. Toilette. 8. Frankf. 799. Diez. 16 ℊ

— unterhaltendes u. belehrendes, m. Beiträgen v. Nieritz, Simrock, Mises, Venedey, Kurtz u. A. u. m. vielen Holzschn. [Abdr. aus Nieritz'Volkskalender 1849.] 8. (112 S.) Berlin 849, Klemann. — m. Beiträgen v. Nieritz, Gerstäcker, Simrock, Mises, Zimmermann u. A. u. m. vielen Holzschn. [Abdr. a. Nieritz' Volkskalender 1850.] 8. (112 S.) Ebd. 850. (à 3 ngl) 6 ngl

— unterhalt., zur Vertreib, müßiger Stunden bei Winterabenden (v. H. G. Hoff). 8. Brünn 778. (Traßler). 10 gl

Allerlei aus der Welt. 8. Basel, Missionsbuchhandlung. 1877 —. 25

— aus aller Welt. 8. (28 S.) Basel 877. Missionsbuchh. n.— 20

— wichtiges u. nützliches. 6 Bde. 8. Erf. 802—5. Rudolphi. (Leipz., Central-Compt.) 3 ₰ 18 gl

— d. Wiener, e. Monatsschr. 2 Bde. 8. Wien, Weingand. 775.

— aus dem Gebiete d. Wissensch. schön. K. ꝛc. 8. Leipzig, Sommer. (Coppenrath, Münster) 796.

Allerlei vom alten und vom neue Zoufthuus zur »Meisen«. 1757–1907. I schöne Ryme de Herre Zöuftere vorpfiffe vom-en-e Meisli. Zürich 1907. V: *Keller-Escher, Carl.* (Bibliogr. Bull. d. Schweiz 1907.)

Allerley s. a. Allerlei

***Allerley. [Hrsg.: Christian Kausler.] H. 1. 2.**
o. O. [Reutlingen: Grözinger] 1787. 8° 21, 24
(Dies Journal ist wahrscheinlich identisch mit dem bei Diesch Nr. 1129 genannten »Journal von Württemberg und den angrenzenden Gegenden«. Es heißt in einer Nachricht zu Beginn des ersten Heftes: »Dieses Heft ist Versuch eines Journals . . Es soll enthalten Beiträge zur ältern und neuern Geschichte, zur Statistik von Wirtemberg und angrenzenden Gegenden . .«
(Der Verlags(?)- oder Druckort ist aus dem Rais. Verz. S. 349 ermittelt. Meusel gibt Tübingen als Erscheinungsort an und bezeichnet wohl irrtümlich Christian Friedrich Kausler als Herausgeber.

Allerley; eine Wochenschrift. [Hrsg.: Gottlieb Friedrich Lorenz.] St. 1–13.
Schwerin 1787. 8° 33

Allerley; eine Wochenschrift.
Hierzu folgende Anmerkung:
(Der Bandtitel lautet „Mecklenburgisches Allerley" mit dem Erscheinungsjahr 1789. Das Rostocker Exemplar umfaßt nur 12 Stücke.

Galimatisches Allerley oder Stadt-, Land- und Wald-Gedicht in 8 Gesängen. Von e. Liebhaber der Dichtkunst. Karlsruhe 1773: Macklott. 206 S. 7.
3.4512

Galimathisches Allerley oder Stadt-, Land- und Waldgedicht in 9 Gesängen. Von e. Liebhaber der Dichtkunst. 2. Aufl., von neuem übers. u. verm. — Straßburg 1776: Stein in Comm. 264 S. 1:Ym 1166.
3.4513

ALLERLEY, um einige Stunden des Lebens froh zu genießen. (12 kleine, stellenweise freie Erzählungen.) Danzig 1796. 8°.

ALLERLEY für Deutschlands Jünglinge in allen Ständen. Stendal, b. Franzen u. Große. 8°.
O. M. V. 1783. S. 500.

***Meines Lebens Allerley oder Allgemeine Heyrathsschule für beyderley Geschlechter.** [Hrsg.: Gottlieb Fr. Lorenz.] Jg. 1–9.
München: Lindauer in Komm. 1799–1807. 8° 12
(Nach Diesch hat die Zeitschrift in einem Leipziger Verlage bis 1807 bestanden.

ALLERLEY, Leipziger (hrsg. von Heinr. Engelbert Schwarz). Leipzig 1751—52.
Anon.-Lex. I. p. 39 (nach Meusel). — Titel weist zugleich auf das Leipziger Nationalgericht hin.

ALLERLEY, Das Leipziger. (Politisches Wochenblatt, hrsg. von Friedr. Adolf Kritzinger.) Leipzig 1773 ff.
Anon.-Lex. I. p. 39 hat „Andreas" statt Adolf (nach Meusel).

ALLERLEY, Leipziger, der merkwürdigsten Begebenheiten dieser Zeiten. (Leipziger Wochenschrift.) 1764. 8°. (15 Mk., unvollst. Expl., nur bis S. 830 des 51. Stückes, K. W. Hiersemann, 1908.)

Allerley mit Maaß und Ziel, nicht zu wenig, nicht zu viel. St. 1–4.
Nürnberg 1793.

Musikalisches Allerley von verschiedenen Tonkünstlern. 1ste [–9te] Sammlung. – *Berlin, F. W. Birnstiel*, 1761–63. 9 vol. in-fol., 270 p.
J. F. Agricola, C. P. E. Bach, F. Benda, J. T. Cramer, Dandrieu, C. Fasch, J. F. Fasch, Fouquet, J. G. Graun, K. H. Graun, V. Herbing, C. Hofmann, Janitsch, J. P. Kirnberger, Krause, F. W. Marpurg, Müller, C. Nichelmann, J. Quantz, J. P. Rameau, F. W. Riedt, Rolle, J. P. Sack, C. F. Schale, Seyfarth, G. H. Stölzel, G. C. Wagenseil, Wenkel.

***Neues Leipziger Allerley. Aufs Jahr** 1755 [Bandtitel.] Monat Januarius-December.
Halle u. Leipzig 1756. 8° 14
(Die monatlich herausgegebenen Hefte haben keinen Stücktitel, sind vielmehr nur mit „Monat Januarius" usw. bezeichnet. – Der Titel ist der in Leipzig von 1752–70 erschienenen Zeitung nachgebildet.

— — Dasselbe. 2. Auflage. Ebd. 1756. 8°. (12 Mk. Karl W. Hiersemann, Lpz., 1905.)
— — Dasselbe. Mit einem Schlüssel. O. O. (Leipzig, Junius) 1762. 8°.

Nützliches **Allerley.** Zur Unterhaltung und Belehrung. Für gebildete Romanleser und Freunde einer angenehmen Lektüre. Hrgg. v. Julius Biederwald. (Nr. 1, Sonnabend d. 11. Oct. – Nr. 12, Sonnabend den 27. Dec. 1800.) Altona. 1801. 8°
Mehr ist nicht erschienen!

ALLERLEY, Poetisches, zum Scherz und Vergnügen. Sammlung I. O. O. 1765. 8°.
War in e. alten Scheible'schen Cat.

Das Prager Allerley zur Unterhaltung und zum Vergnügen. Eine Wochenschrift.
[Hrsg.: Mathias Markovic.] St. 1–8.
Prag 1785: Rosenmüllerische Erben.
Prag UB; NM

* **ALLERLEY** gesammelt aus Reden und Handschriften großer und kleiner Männer. Herausg. von einem Reisenden E. U. K. Bdchn. 1. (Hrsg. von Joh. Ehrmann u. Chp. Kaufmann.) Frankfurt u. Leipzig. 1776. 8°. 190 S.
Es erschien noch ein 2. (nicht in Berlin befindl.) Bdchn. ebd. 1777 (verfasst von J. H. Häfele u. J. J. Stolz). — Vgl. Anon.-Lex. I. p. 39 (nach Goedeke u. der Vierteljahrsschrift f. Literaturgesch. V, 259).

§ **ALLERLEY** aus dem Reiche des Verstandes und Witzes (hrsg. von Christian Nicolaus Naumann). 2 Bde. Schleusingen u. Leipzig, in Commiss. bei Müller. 1774. Gr. 8°. (In Warmbrunn.)
Anon.-Lex. I. p. 38 (nach Kayser u. Meusel).

Allerley, Romantisches

— — e. Sammlung kleiner Romane. 8. Lpz. Joachim.

Allerley, Romantisches. 8. Gera, Rothe. 793.

Allerley in einem Sack; vorgestellet auf der monatlichen Schau-Bühne curieuser Gemüther ... da sich zeigen: sonderbahre Zeit- und Welt-Geschichten samt den 4 Jahrs-Zeiten u. ihren Monaten, da in jedem derselben ein Welt-Narr ... beschrieben wird. T. 1-12. — Augspurg: A. Schmidt 1736. -

1. Januarius. Stellet vor den Geitz- und Wucher-Narren.
2. Februarius. Vorstellend den verschwenderischen Narrn.
3. Martius. Vorstellend den undanckbaren und ungetreuen Narrn.
4. Aprilis. Vorstellend den zornig-rachgierig und ungedultigen Narrn.
5. Maius. Vorstellend den fuchsschwäntzer-, verleumder- und betrügerischen Narrn.
6. Junius. Vorstellend den Spiel- und Fluch-Narrn.
7. Julius. Vorstellend den faulen Narrn.
8. Augustus. Vorstellend den verliebten und Hochzeit machenden Narrn.
9. September. Vorstellend den ehebrecherischen Narrn.
10. October. Vorstellend den geschwätzigen, verlognen und verratherischen Narrn.
11. November. Vorstellend den diebisch- und mörderischen Narrn.
12. December. Vorstellend den hoffärtig, ehrgeitzigen- und hochmüthigen Narrn.

1-12 . . . . 1:Db 2425.
1-6 . . . . 2.
3.4524

***Schlesisches Allerley. [Hrsg.: Erdmann Friedr. Bucquoi.] T. 1. 2.**
Frankfurt u. Leipzig 1764–65. 8°

Allerley, theatralisches, für Volksbühnen herausgegeben von F. Kalenay. 1r Bd. enthält: Scud, Mond und Pagat. — Justinio, der Verbannte, oder der Straßenräuber bey Otranto. — Boleslav, oder die Zerstörung v. Zunky. 8. Wien, (Wallishauser.) 821.

„Unentbehrliches Allerley für das schöne Geschlecht, sowohl in der Haushaltung, als an der Toilette", Frankfurt a. M. 1799 (Zesler).

ALLERLEY, Das Wiener, eine Monatschrift (hrsg. von Chr. G. Klemm). 3 Bde. (= 10 Stücke, soviel ersch.). (Bd. 3 tit.: „Allerlei von Wien.") Mit Titelvignetten (Mansfeld fec.) u. vielen Musikbeilagen. WIEN, gedruckt und zu finden in der Schulzischen Buchdruckerey in der Römerstr. Nro. 908. 1774—75. 8⁰.

Auct. Kürschner no. 6. Cplt. rar! — Nur Bd. 1—2 lag vor: 694 fortl. gez. S. Besonders für deutsche (spec. Wiener), französ., engl. u. italien. Theater-, Literatur-, Kunst- u. Musikgeschichte von Interesse. Am Schluß d. Vorr. heißt es: „Gr. *v. P.* bearbeitet die Satyre; *R. S.* die Litteratur; *C. G. R.* das Theater; *J. U.* die Musik; *C. K.* das Schulwesen; *V. W.* das galante Fach." Enth. auch eine Menge Gedichte (Balladen, Romanzen, Sinnged. etc.), Anekdoten (z. Th. sehr gute) u. Uebersetzungen, moral.-satyr. Aufsätze (glückl. u. unglückl. Heurathen; spanische Schlösser; Leute die sich zu verheyrathen gedenken; das Gemählde des Ehestandes etc.).

Witziges und nützliches Allerley. Bd 1–6.
Erfurt: Rudolph 1802–05. 3

Wöchentliches Allerley zum Nutzen und Vergnügen. Lfg. 1. 2 (= St. 1–52).
Nürnberg: Six 1782. 75

Allermann, Der liebe gute Herr von; eine Romanze, nach dem Französischen: Messieurs, vous plait-il d'ouir ... Einer Gesellschaft junger Mädchen vorerzählt von einem alten Manne und Jugendfreunde, dem G. H. R. ... in C. 1791. V: *Ring, Friedrich Dominik.* (MGT)

Allermann, Hugo, a. Bottrop, Referendar am Kgl. Landgericht zu Duisburg: Beiträge zur Lehre von der Unmöglichkeit der Leistung unter besonderer Berücksichtigung der Lehre von der fingierten Unmöglichkeit der Leistung. Köln 1908: J. P. Bachem. (60 S.) 8°

Erlangen, Jur. Fak., Ref. Binder, Diss. v. 16. Juli 1908

[Geb. 15. Mai 78 Bottrop (Westf.): Wohnort: Duisburg; Staatsangeh.: Preußen; Vorbildung: Gymn. Carolinum Osnabrück Reife O. 01; Studium: Freiburg i. B. 1, München 1, Berlin 2, Bonn 2 S.; Rig. 18. Juli 07.]

Das Aller-Merckwürdigste in Europa, Nebst verschiedenen beygefügten kurtzen unpartheyischen und zur Erläuterung deren Sachen dienenden Remarquen.
Augspurg: Augustus Sturm 1728–31. 12

Allern, Juliane von, oder: So bessert man Koketten! Leipzig 1796. V: *Müchler, Carl Frdr.* (Zeitschr. f. Büch. X, 4. S. 7.) (Ky)

Allern, Juliane v.; od. so bessert man Koketten. Lustsp. 8. Berl. Hartmann. (Steinacker in Lpz.) 796.

Allerneueste. Das A' aus der Schweiz. [Bericht über die Eröffnung der Eidgenössischen Tagsatzung in] Schwyz, Montags d. 27. Herbstmonat 1802. 8. *o. O.*

ALLERNEUESTE, Das, was exiſtiert. O. O. u. J. (um 1900). Verb. d. Ldg. I Berlin S. u. M. 17/02.

Allernothwendigste, d., z. Unterricht in d. Obstbaumzucht. Eingerichtet f. d. höheren Kurse d. Volks-Elementarschulen v. e. Obstbaumfreunde. gr. 12. München, 1831. Jaquet. — 1¼

Allers, Fürst Bismarck in Friedrichsruh, s. Allers, Christian Wilhelm.

Allers, C. W. s. a. *Allers*, Christian Wilhelm.

Allers, C. W., der Amateur-Photograph. 24 Orig.-Zeichngn. in Lichtdr. Fol. Berlin 891. H. Conitzer. In Leinw.-Mappe. 18. —

— Backfisch. Erinnerungen an die Reise der Augusta Victoria in den Orient. qu. Fol. (184 S. m. Abbildgn. u. Fksms.) Hamburg 892. (Berlin S. W. 42, Gitschiner-Str. 83. M. Levit.) Geb. 150. —

— Hamburger Bilder. gr. Fol. (17 Lichtdr.-Taf.) Hamburg 888. Boysen. In Lwd.-Mappe. n. 20.

Allers, Christian Wilhelm, s.a. Allers, C.W.

—— Bismarck. (70 Orig.-Zeichngn. in Lichtdr. u. VIII S.) 1.—5. Aufl. Stuttg. 892, Union. In Leinw.-Mappe * 50 —

Allers, Christian Wilhelm: Fürst von Bismarck in Friedrichsruh, von C. W. Allers. (Vorr.: S. W.) 4. Aufl. — Stuttgart, Berlin, Leipzig: Union (1892). VII S., 35 Taf.
1:2° Sw 14385⁴.
3.4533

— unser Bismarck. Text v. Hans Kraemer. 1.—5. Lfg. Fol. (S. 1—100 m. Abbildgn. u. 17 Taf.) Stuttgart 894. Union. à n. 2. —

— Unser Bismarck. Von C. W. Allers und Hans Kraemer. Stuttgart, Berlin, Leipzig: Union [1895]. 268 S., 43 Taf.
12:2° Biogr. 1 py. 300: 190.305-D. 7 [nur S. 141-159].
10. 11.
3.4534

Allers, Christian Wilhelm: Unser Bismarck. Von C. W. Allers und Hans Kraemer. 2. Aufl. — Stuttgart, Berlin, Leipzig: Union [1896]. 268 S., 43 Taf.
1:2° Sw 14387^{2}. 5.
3.4535

—— Gedächtnis-Ausg. Ebd. [1898]. VIII, 284 S., 20 Taf.
1:4° Sw 14388. 4. 11.
3.4536

— Capri. 50 Facsimiledrucke u. 12 Aquarellgrav. m. (4 S.) Text von E. v. Wald-Zedtwitz. gr. Fol. München 892. F. Hanfstaengl, Kunstverl. A.-G. In Prachtbd. geb. n. 50. —

— dasselbe. (Mit Einleitg. von E. v. Wald-Zedtwitz.) (Kleine Ausg.) Imp.-4. (41 Bl. m. 61 Abbildgn. u. 1 Fksm.-Taf. nebst 10 S. Text.) Ebd. 894. Geb. in Leinw. m. Goldschn. 30. —

— Das deutsche Corpsleben. 1902 s. *Allers:* Das deutsche Korpsleben.

— Hinter den Coulissen. 1890 s. *Allers:* Hinter den Kulissen.

Allers, C. W., Club Eintracht. Zeichnungen aus d. Hamburger Volksleben. 43 Bilder, in Lichtdr. ausgef. von C. Griese. 1.—4. Aufl. Fol. (1 Bl. Text.) Hamburg 888—890. (Boysen.) geb. n. 30. —

Allers, C. W., Club Eintracht. Eine Sommerfahrt. 5.—7. Aufl. Fol. (43 Lichtdr.-Taf. m. 1 Bl. Text.) Hamburg 891—894. (C. Boysen, Verl.) In Leinw.-Mappe. n. 30. —

— unter deutscher Flagge. Mit 9 Kunstbeilagen u. 170 Illustr. Text v. Graf Bernstorff u. C. W. Allers. gr. 4. (VII, 160 S.) Ebd. (900). Geb. in Leinw. m. Goldschn. n. 32. —

—— Die silberne Hochzeit. 1.—6. Aufl. gr. 4. (44 Lichtdr.-Bilder, 3 S. Text.) Hamb. 890—92, (C. Boysen).
In Leinw.-Mappe * 30 —

— die silberne Hochzeit. 6.—8. Aufl. Fol. (44 Bilder in Lichtdr. m. eingedr. u. 5 S. Text.) Hamburg 892. 893. (C. Boysen, Verl.) In Leinw.-Mappe. n. 30. —

— Die silberne Hochzeit. Von C. W. Allers. 10. Aufl. (Jubiläums-Ausg.) — Hamburg: Griese; Mauke in Komm. (1891). 39 Taf. 1:2° Nt 78/50^{10}.
3.4537

— die silberne Hochzeit. 10. Aufl. (Jubiläums-Ausg.) Fol. (39 Bl. m. 4 S. Text.) Hamburg (899). (W. Mauke Söhne.) In Mappe n. 30. —

Allers, C. W., Hochzeitsreise nach Italien. qu. Fol. (63 Orig.-Zeichngn. i. ein- u. mehrfarb. Kunstdr. a. 24 Bl.) Stuttgart 896. Union. In Leinw.-Mappe n. 25. —

— Eine Hochzeitsreise durch die Schweiz. 30 Originalzeichn. in Lichtdr. von C. W. Allers. — Berlin: F. & P. Lehmann [1890]. 30 Taf. 1: quer-4° Nv 5734.
3.4538

—— Eine Hochzeitsreise durch die Schweiz. qu. Fol. (30 Orig.-Zeichnungen in Lichtdruck.) [Berl.] 890, Stuttg. Union.
In Leinw.-Mappe * 20 —

— Das deutsche Jägerbuch von C. W. Allers u. Ludwig Ganghofer. Mit 12 Monatsbildern in Aquarelldr. nach Originalen von Hugo Engl. — Stuttgart, Berlin, Leipzig: Union [1897]. 179 S., 32 Taf.
1:2° Oy 22273. 12: 2° Oecon. 1 fr.
3.4539

Allers, C. W., u. Ludw. Ganghofer, das deutsche Jägerbuch. 2. Aufl. (VII, 222 S. m. 142 Abbildgn. u. 10 Taf.) 4. Stuttgart 901. Union.
Geb. in Leinw. m. Goldschn. n. 20 —

Allers, C. W., aus Kamerun, s. Benary, F. H.

— Das deutsche Corpsleben [Korpsleben] nach Originalzeichn. von C. W. Allers. Mit einleit. Text von Fr[anz] Moldenhauer. — Stuttgart, Berlin, Leipzig: Union [1902]. XXIV, 60 S. 1:4° Ay 4825/66. 12: 2° L. sel. I. 192.
3.4540

— Hinter den Coulissen [Kulissen]. Von C. W. Allers. Th. 1. Hamburg: Dahlström [1890]. 24 Taf. 2.
3.4541

— hinter den Coulissen des Circus Renz. 28 Blatt in Lichtdr. Fol. Hamburg 889. F. A. Dahlström. In Mappe. n. 20. —

— Unsere Marine. 50 Originalzeichn. von C. W. Allers. — Breslau: Wiskott [1891]. 1:4° Sa 8155.
3.4542

— Die Meininger. Von C. W. Allers. — Hamburg: Dahlström [1890]. 26 Taf. 2.
3.4543

— die Meininger. gr. 4. (26 Lichtdr.-Taf. mit 4 S. Text.) Leipzig 890. Conrad. In Mappe. n. 20. —

— die Meininger. (2. Aufl.) gr. 4. (26 Lichtdr.-Taf. m. 4 S. Text.) Hamburg 891. F. A. Dahlström. In Mappe. n. 20. —

— „The Mikado". 24 Blatt in Lichtdr. Fol. Hamburg 889. F. A. Dahlström. In Mappe. n. 20. —

— La bella Napoli, von C. W. Allers. — Stuttgart, Berlin, Leipzig: Union [1893]. VIII, 213 S., 11 Taf.
1:2° Rt 946. 12: 2° Art. 2qb.
3.4544

C. W. Allers. Rund um die Erde. — Stuttgart, Berlin, Leipzig: Union [1898]. 179 S., 16 Taf.
1:2° Pt 3680. 11.
3.4545

— Spreeathener. Berliner Bilder von C. W. Allers. — Breslau: Wiskott [1889]. 30 Taf. 1:4° Tc 9757. 10.
3.4546

Allers, C[hristian] W[ilhelm]. Spreeathener. Berliner Bilder. 3. Aufl. Breslau, C. T. Wiskott [1889].
2 Bl.; 30 Taf. 4°.
1. Aufl. 1889.

—— 4.–8. Taus. Ebd. [um 1890]. 30 Taf. 11.
3.4547

— bunte Welt. Eine Auswahl v. 42 Bleistift-Zeichngn. aus „Circus Renz", „The Mikado", „Hinter den Coulissen I." in Lichtdr. gr. 4. Hamburg 889. Dahlström. In Mappe. n. 30. —

Allers, G., Der Wildwechsel. Eine Anleitung zur Erkennung der Fährten u. Spuren des Wildes, sowie zur Erlegung desselben auf Anstand u. Pirsche. 3. erweit. Aufl. Mit 8 Taf. der Fährten u. Spuren. Leipzig 1891. gr. 8.

Allers, Wilh., de L. A. Senecae librorum de ira fontibus. Dissertatio inauguralis. gr. 8. (77 S.) Göttingen 881. Akadem. Buchh. in Comm. n. 1. 50

Allers, Wilh[elm], Dr.: Aus einer alten Bibliothek. *Holzminden 1902: J. H. Stock.* (32 S.) 4° [F.] ¶ (Weiteres aus d. Jac. Burckhardschen Büchersammlung soll später veröff. werden.)
Holzminden, herz. G, P 1902 (777)

Allers, Wilh[elm], Prof. Dr.: Bücher-Verzeichnis der neueren Abteilung der Bibliothek des Herzoglichen Gymnasiums zu Holzminden. Holzminden 1905: J. H. Stock. (199 S.) 8°
Holzminden, herz. G P 1905 (838)

Allers, Wilh[elm], Prof. Dr.: Bücher-Verzeichnis der neueren Abteilung der Bibliothek des Herzoglichen Gymnasiums zu Holzminden. Holzminden 1905: J. H. Stock. (199 S.) 8°
Holzminden, herz. G P 1906 (867)

Allerseelen. — Kloster Allerseelen. Ein Novembermärchen für fromme Kinder. — Paderborn: Bonifacius-Dr. [1896]. 36 S. ([Märchenbücher für Kinder.] 12.)
1: Ng 16519/21–12. 6.
3.4551

ALLERSEELEN-ANDACHT, welche jährlich den 1. November, als am Vorabende des Gedächtnisses aller verstorbenen Gläubigen in der Pfarrkirche der heil. Dreifaltigkeit in Pressburg . . . gehalten wird. Pressburg 1864: Druck v. A. Schreiber. 8 S. - 8°

Allerseelenglöcklein. Besonders zum Gebrauche im Allerseelen-Monat. 16. (32 S.) Augsburg 890. Literarisches Institut von Dr. M. Huttler. Für 100 Stück n. 5. —

Allerseelenglöcklein. Besonders zum Gebrauche im Allerseelen-Monat. 16. (32 S.) Augsburg 891. Literar. Institut v. Dr. M. Huttler. Für 100 Exemplare n. 5. —

Allerseelensonntag, der, oder die Macht der Leidenschaften. Eine Erzählung aus der französ. Schreckenszeit und dem korsischen Befreiungskampfe. Für die reifere Jugend. Von dem Verf. der „Kinder der Wittwe." Mit 1 Stahlst. 8. Augsburg 843, v. Jenisch u. Stage'sche Buchh. 5/8 ₰

Allerseelensonntag, der, oder: Die Macht der Leidenschaften. Eine Erzählung aus der französischen Schreckenszeit und dem korsischen Befreiungskampfe. Für die reifere Jugend. Von d. Verf. der „Kinder der Wittwe." (Ed. v. Ambach.) Mit 1 Stahlst. 2. Aufl. Augsburg 854. v. Jenisch u. Stage. 8. (2 Bl., 180 S.) 15 ngr.

Allerseelensonntag, der, oder die Macht der Leidenschaften. Eine Erzählung aus der französ. Schreckenszeit und dem kors. Befreiungskampfe. Der reiferen Jugend und dem Volke gewidmet. 3. verb. Aufl. 8. (175 S. mit 1 Stahlst.) Regensburg 878, Volks- und Jugendschriften-Verlag. cart.

Am Allerseelentage 1866. Der Erlös ist bestimmt zur Errichtung eines Grabmales auf der Höhe von Chlum, dieser gemeinsamen Ruhestätte k. k. österreichischer und k. sächsischer Krieger, gefallen im Kampfe für Fürst und Vaterland am 3. Juli 1866. 4. (10 S.) Prag, Reinitzer. 30 kr.

Allerseelenwoche. — Allerseelen-Woche. Trostgabe der Lebenden für die verstorbenen Gläubigen in kirchlichen Tagzeiten gespendet. Mit einem Anh. enth.: Morgen-, Abend-, Mess-, Beicht-, Communion- und andere Gebete, sowie Kirchenlieder. — Creuzburg: Thielmann 1868. VII,178 S. **2.**
3.4552

Allert, Max [pr. Arzt]: Ein Kaiserschnitt mit glücklichem Ausgang für Mutter und Kind. '(Tamponade d. Uterinhöhle nach Dührssen)' ... Königsberg i. Pr., Druck v. M. Liedtke, 1894; 2 Bl., 33 S., 2 Bl. 8.
Königsberg, Med. Fak., Inaug.-Diss. v. 10. Febr. 1894

Allert, Max, e. Kaiserschnitt m. glücklichem Ausgang f. Mutter u. Kind. (Tamponade der Uterinhöhle nach Dührsson.) Diss. gr. 8. (33 S.) Königsberg 894. (W. Koch.) n. — 80

Allert, Rud. (geb. Dirschau 1. 5. 1856): Ueber organische Verbindungen, welche sich von den Säuren des Schwefels ableiten. Berlin (1881). (58 S.) 8°
Berlin, Phil. Diss. v. 15. Juli 1881

Allert's, Z, Tagebuch a. d. J. 1627, s. a. Jahres-Bericht, 64., d. schles. Gesellsch. f vaterländ. Cultur.

Allert, Zacharias: Tagebuch aus dem Jahre 1627. Hrsg. von Julius Krebs. — Breslau: Aderholz 1887. 121 S.
300: 500.007–B. **2.**
3.4553

— — Ebd. 1887. 121 S. (Jahresbericht der Schles. Gesellschaft für vaterländ. Cultur. 64, Erg. H.)
1: Ab 1236–1885/86. Erg. H. **12:** 4° Oecon. 367 m–64.
300: 398.390–C. Bd 64. **2. 3. 4. 5. 6. 7. 8. 9. 10. 11. 85.**
3.4554

AUS DEM ALLER-VEREIN. 1899—1903. Neuhaldensleben (1899—1903). Druck von C. A. Eyraud. 8°.

Allerwelts-Briefsteller f. Handel u. Gewerbe usw., s. f.: Wissen, eigenes, 11. Bd.

Allerweltsgratulant, der, s. Helfer in tausend Nöthen.

ALLERWELTS-Wanderbücher. Verlag von Leopold Stiefvater. Druck von J. Agath in Graz.
Verboten vom L.-G. Graz, 9. Mai 1890 u. 17. Juni 1890, auf Grund des § 516.

Allerwichtigste, Das, und einzig Nothwendige; oder was ist das letzte Ziel des Menschen und wie erreicht er es? 1800. V: *Oberrauch, Herkulan.* (WBL)

Alles für Alle, od. Universal-Chronik unser. Zeit, hrsg. v. C. Strahlheim. 1. Jahrg. 2 Bde. à 6 Hfte. gr. 8. (83 B. u. 15 Stnt.) Frankfurt a. M. 832, Comptoir f. Lit. u. Kunst. à Hft.

Alles für Alle, oder Universal-Chronik unserer Zeit, herausg. von C. Strahlheim. 2r Jahrg., s. a. Weltchronik.

Alles für Alle, oder Universal-Chronik unserer Zeit (Jg. 2 ff: Allgemeine Weltchronik unserer Zeit ⟨Alles für Alle⟩). [Hrsg.: C. Strelheim.] Jg. 1–4 (zu je 2 Bdn).
Frankfurt a. M.: Verl. f. Lit. 1832–35. 8°

Alles für Alle oder Universal-Chronik unserer Zeit. 4 Jgge. Frankfurt a. M. 1832—1835. H: *Friedrich, Conrad.* (BGE II², 362)

— aufs Spiel gesetzt um einen Mann. Lstspl. in 5 A. 8. Wien, Wallishausser. 6 ₰

Alles aufs Spiel gesetzt um einen Mann. Lustspiel. Wien [1787]. V: *Werthes, Friedr. Aug. Clem.* **(Herold, Werthes. Münster 1898.)**

Alles bewilligt — und was erworben? Antwort auf den offenen Brief: „Ermanne Dich, Oesterreich", von einem Mann aus Oesterreich. Geschrieben am 15. Januar 1861. 8. (13 S.) Wien, Heubner. 15 kr.

Alles in Christo. — Unsere Rechtfertigung aus Glauben. — Die Befreiung in Christo. — Die zweite Ankunft des Herrn. Elberfeld 860. (Cöln) Hassel in Comm. 12. (110 S.) n. 7½ ngr.

Alles in Christo. 2. Aufl. — Elberfeld: Langewiesche in Komm. 1869. 55 S. **1:** 13 in Cw 151.
3.4555

Alles in Christo. 3. und 4. Aufl. 8. (76 S.) Elberfeld 877, (Langewiesche's Buchh.) *

— 6. Aufl. Elberfeld: Brockhaus 1886. 76 S. **5.**
3.4556

— 7. Aufl. Ebd. 1892. 72 S. **5.**
3.4557

— 8. Aufl. Ebd. 1902. 72 S. ([Schriften zur Erbauung d. Gläubigen.] 212.)
1: Eq 266–212. **12:** Asc. 5413 na–212. **5.**
3.4558

— 9. Aufl. Ebd. 1913. 72 S. ([Schriften zur Erbauung d. Gläubigen.] 212.)
1: Eq 267–212. **12:** Asc. 5461 e–212.
3.4559

— 10. Aufl. Ebd. 1924. 56 S. **1:** Cq 3256[10].
3.4560

Alles dient zum besten, nebst einer Zugabe: Über Trunkenheit. — Barmen: Wupperthaler Tractat-Ges. (1834). 32 S. ([Schriften der] Tractat-Gesellschaft im Wupperthale. 179.) **1:** Cv 52040–179.
3.4561

Alles durch einander. Eine Sammlung komischer Briefe, Parodieen, Zeitungsannoncen, Räthseln und Späßen aller Art. Bdch. 1-3. — Berlin (2: Berlin & Leipzig): Gropius 1830-38.
1. 1830. 2. 1832. 3,1-3. 1837. 3,4.5. 1838.
1-3 . . . . **1:** Yt 12531.
1.2 . . . . **7.**
2.3,3-5 . . . . **11.**
3.4562

Alles durch einander. Eine Sammlung komischer Briefe, Parodieen, Zeitungsannoncen, Räthseln und Späßen aller Art. 1. Bdchn. 2. verm. Aufl. 12. (Mit 1 col. Titelkpfr.) Berlin 844, Bethge. ½ ₰ 2. u. 3. Bdchen. Ebd.

Alles zu Gottes Ehre! Weihereden. Hrsg. von A[lbert] Bertsch. — Stuttgart: Steinkopf 1928. 141 S. (Aus Gottes Brünnlein. Eine Sammlung von Kasualreden. 8.)
1: Ec 30961–8.
3.4564

Alles aus Eigennutz; e. Lstspl. in 5 Aufz. (von H. Beck). 8. Prag 793. Neureutter. 10 ℊ Leipz. 807. (Nauck). 10 ℊ

— aus Eigennutz. Lstsp. v. Beck. 8. Prag, Neureutter. (Sommer in Lpz.). 807.

ALLES gegen die Frauen. (Motto: 4 Verszeilen.) Dritte, sehr vermehrte Auflage. Leipzig, Verlag der Schulbuchhandlung. (2ter Titel, links: Alles gegen die Männer ....) Leipzig, Verlag der Schulbuchhandlung, o. J. (c. 1860). 8°.
Doppeltit. u. S. 4—86, nebst 1 Bl. Druckanz. Vieles in Versen. Stellenw. etwas frei! — Vergriffen!

Alles aus Freundschaft. Lustspiel in 5 A. von F***. Wien 1778. V: *Hoffmann, Leopold Alois.* (GGr)

— aus Freundschaft; e. Lstspl. Wien 778. (Volkmar in Leipz.) 2 ℊ

Alles aus Freundschaft. Ein Lustspiel in fünf Aufzügen von Herrn von F**. Wien 1778. B: *Schmidt, Joh. Fch.* (Taschenbuch für Schausp. Offenb. 1779. S. 296.) (BiblPort)

Alles gefoppt, oder der erste April. Lustspiel in 1 Aufzuge: von C. Lebrun. 8. Mainz, Kupferberg. 818 Rthlr.

Alles mit Gott! Lieder ... für christliche Soldaten. ... Elberf. 1814. V: *Küpper, Johann Abraham.* (NN)

Alles mit Gott! Evangelisches Gebetbuch ... von Luther, Musculus, Habermann, Arndt ... Stuttgart 1846. H: *Gebauer, August.* (ZU)

Alles mit Gott! Evangel. Gebetbuch für alle Morgen und Abende der Woche in 4facher Abwechselung, für die Fest- und Feiertage, für Beichte und Communion, sowie für besondere Zeiten u. Lagen v. Baselius, Augustinus, Thom. v. Kempen, Luther u. v. a. Gottesmännern. Mit 1 Stahlst. 16. Stuttgart 846, Cast. n. 2/3 ℛ

Alles mit Gott! Evangelisches Gebetbuch für alle Morgen und Abende der Woche in vierfacher Abwechslung, für die Fest- u. Feiertage, für Beichte und Communion, sowie für besondere Zeiten und Lagen von Luther, Musculus, Habermann, Arnd, Scriver 2c. und vielen andern Gottesmännern. Mit 1 Stahlst. 3. Aufl. Stuttgart 853. Verlags-Magazin. 16. (XII, 465 S.)
15 ngr; geb. 24 ngr

— mit Gott! Evangelisches Gebetbuch für alle Morgen und Abende der Woche in vierfacher Abwechslung, für die Fest- u. Feiertage, für Beichte und Communion, sowie für besondere Zeiten und Lagen von Luther, Musculus, Habermann 2c. Mit 1 Stahlst. 6—12. Aufl. Stuttgart 860—64. Kitzinger. 16. (XII, 416 S.)
n. 15 ngr

— mit Gott! Evangelisches Gebetbuch für alle Morgen und Abende der Woche in vierfacher Abwechslung, für die Fest- und Feiertage, für Beichte und Communion 2c. von Luther, Musculus, Habermann, Arndt 2c. 6—9. Aufl. 16. (XII und 416 S. mit 1 Stahlst.) Stuttgart 860.61, Verlags-Magazin. *
geb. *

Alles mit Gott! Evangelisches Gebetbuch für alle Morgen u. Abende der Woche ... besondere Zeiten u. Lagen, von (Martin) Luther [u.a.] 10. Aufl. — Stuttgart: Verlags-Magazin 1862. XII, 416 S. 12: Asc. 5409 u.
3.4565

— — Tägliche Morgen- u. Abend-Opfer e. frommen u. andächtigen Herzens. Nach dem Gebetbuche e. in Gott verstorbenen Dieners der Kirche. Cöthen 865. Schettler. 16. (769 S.)
n. 1 ℛ 10 ngr; geb. n. 1 ℛ 22½ ngr

— mit Gott! Evangelisches Gebetbuch f. alle Morgen u. Abende der Woche in vierfacher Abwechselung, f. die Fest- u. Feiertage, f. die Communion, sowie f. besondere Zeiten u. Lagen von Luther, Musculus, Habermann 2c. Mit 1 Stahlst. 13—21. verb. Aufl. Stuttgart 865—70. Kitzinger. 16. (X, 415 S.) n. 15 ngr; geb. n. 24 ngr; m. G. n. 25 ngr; Velinp. geb. m. G. n. 1 ℛ; Lederbd. n. 1 ℛ 18 ngr

— mit Gott! Evangelisches Gebetbuch für alle Morgen und Abende der Woche, in vierfacher Abwechslung, für die Fest- und Feiertage, für die Communion, sowie für besondere Zeiten und Lagen von Luther, Musculus, Habermann 2c. 18.—23. Aufl. 1868—71. ℳ 1,50., und 24.—29. verb. Aufl. 16. (X, 415 S. mit 1 Stahlst.) Stuttgart 872—75, Kitzinger. *
geb. * ℳ 2,40.; geb. mit Goldschn. *
Ausg. auf Velinpapier geb. mit Goldschn. *
geb. in Leder mit Goldschn. *

— mit Gott. Unterrichts- u. Gebetbuch f. heilsbegier. kathol. Christen, enth. e. vollständ. Anleitg. zu e. Gott wohlgefäll. Leben, nebst einer Sammlg. vorzüglichster Andachten. 16. (429 S. m. 3 Steintaf.) Einsiedeln 874. Benziger. — 80

Alles mit Gott! Oder christl. Anleitg. zu Gott gefäll. Leben. Ein vollständ. Gebetbuch f. kathol. Christen. 16. (384 S. m. 2 Steintaf.) Einsiedeln 875. Eberle, Kälin & Co.
— 63

— dass. — Evangelisches Gebetbuch für alle Morgen und Abende der Woche, in vierfacher Abwechslung, für die Fest- und Feiertage, für die Communion, sowie für besondere Zeiten und Lagen von Luther, Musculus, Habermann 2c. 30.—37. Aufl. gr. 16. (X, 415 S. mit 1 Stahlst.) Stuttgart 876—79, Kitzinger. *
geb. in Leinw. * ℳ 2,60.; mit Goldschn. *
Velinpap. geb. in Leinw. mit Goldschn. *
in Leder *

Alles mit Gott! Evangelisches Gebetbuch für alle Morgen und Abende der Woche, in vierfacher Abwechslung, für die Fest- und Feiertage, für die Communion, sowie für besondere Zeiten und Lagen von Luther, Musculus, Habermann 2c. 38.—42. verb. Aufl. Ausg. A. [für Erwachsene.] gr. 16. (X, 415 S. mit 1 Stahlst.) Stuttgart 880—84, Kitzinger. *
geb. in Halbleinw. * ℳ 2.; in Leinw. *
Mit Goldschn. * ℳ 2,80.; in Leder mit Goldschn. *
Velinpap. geb. in Leinw. mit Goldschn. * ℳ 3,60.; in Leder *

— dass. 38.—42. verb. Aufl. Ausg. B. [Für die Jugend.] gr. 16. (X, 415 S.) Ebendas. 880—84. *
geb. in Halbleinw. * ℳ 2.; in Leinw. *
Mit Goldschn. * ℳ 2,80.; in Leder mit Goldschn. *
Velinpap. geb. in Leinw. mit Goldschn. * ℳ 3,60.; in Leder *

Alles m. Gott! Evangelisches Gebetbuch f. alle Morgen u. Abende in der Woche, in fünffacher Abwechslg., f. die Fest- u. Feiertage, f. die Communion, sowie f. besondere Zeiten u. Lagen v. Luther, Musculus, Habermann 2c. Mit 1 Stahlst. 44. Aufl. [Ausg. A: Mit e. Anh. f. Eheleute. — Ausg. B: Mit e. Anh. in geistl. Liedern.] 12. (VII], 415 S.) Stuttgart 886. Kitzinger. n. 1. 60; geb. in Halbleinw. n. 2. —; in Leinw. n. 2. 60; m. Goldsch. n. 2. 80; in Ldr. m. Goldschn. n. 4. —

Alles mit Gott! Evangelisches Gebetbuch für alle Morgen und Abende der Woche, in sechsfacher Abwechslung, für die Fest- und Feiertage, für die Kommunion, sowie für besondere Zeiten und Lagen von Luther, Arndt, Scriver 2c. 44. verm. und verb. Aufl. 12. (VIII, 415 S. mit 1 Stahlst.) Stuttgart 887, Kitzinger. * ℳ 1.60.; geb. in Halbleinw. *
geb. in Leinw. * ℳ 2.60.; mit Goldschn. *
geb. in Leder mit Goldschn. *

— mit Gott! Evangelisches Gebetbuch f. alle Morgen u. Abende d. Woche in sechsfacher Abwechslg., f. die Fest- u. Feiertage, f. d. Kommunion, sowie f. besondere Zeiten u. Lagen von Luther, Arndt, Scriver 2c. Mit 1 Stahlst. 46., verm. Aufl. 12. (VIII, 416 S,) Stuttgart 889. Kitzinger. geb. in Halblwd. n. 2. —; in Lwd. n. 2. 60; mit Goldschn. n. 2. 80; in Ldr. mit Goldschn. n. 4. —

Alles mit Gott. Rokoko-Kalender f. 1891. Lex.-8. (16 S. m. farb. Abbildgn.) München 890. Stroefer. n. 1. —

— m. Gott! Evangelisches Gebetbuch f. alle Morgen u. Abende der Woche, in sechsfacher Abwechslg., f. die Fest- u. Feiertage, f. die Kommunion, sowie f. besondere Zeiten u. Lagen v. Luther, Arndt, Scriver ꝛc. 48., verm. Aufl. 12. (VIII, 424 S. m. 1 Stahlst.) Stuttgart 892. W. Kitzinger. Geb. in Halbleinw. n. 2. —; in Leinw. n. 2. 60; m. Goldschn. n. 2. 80; in Ldr. m. Goldschn. n. 4. —

Alles. — Alles mit Gott. Gebet- u. Andachtsbüchlein für Katholiken. — Einsiedeln, Waldshut, Köln a. Rh. [usw.]: Benziger (1897). 336 S. 1:Er 16654.
3.4566

— — — Evangel. Gebetbuch f. alle Morgen u. Abende d. Woche, i. 6facher Abwechslg., f. d. Fest- u. Feiertage, f. d. Kommunion, sow. f. bes. Zeiten u. Lagen v. Luther, Arndt, Scriver ꝛc. u. viel and. Gottesmännern. 51., verm. u. verb. Aufl. 12. (430 S. m. 1 Lichtdr.) Reutlingen 897. Enßlin & Laiblin. Geb. in Leinw. od. Halbfr. 2. —; in Leinw m. Goldschn. 2. 50; in Bockldr. m. Goldschn. 3. —

Alles mit Gott. Gebetbüchlein für die katholische Schuljugend. — Donauwörth: Auer (1898). 334 S. 12:Asc. 57hi-1.
3.4567

— 2. Aufl. Ebd. (1906). 334 S. 12:Asc. 57hi-2.
3.4568

— m. Gott. Gebet- u. Andachtsbüchlein f. Katholiken. 3. Aufl. (336 S. m. farb. Titelbild.) 9,4×6,8 cm. Einsiedeln (906). Verlagsanstalt Benziger & Co. Geb. in Leinw. n. — 50; wattiert n. - 70; m. Goldschn. n. — 70; in Ldr. m. Goldschn. n. 1. 10

Alles m. Gott. Gebetbüchlein f. die kathol. Schuljugend. 2. Aufl. (336 S. m. farb. Titelbild.) 7,5×11 cm. Donauwörth (907). L. Auer. Geb. in Leinw. — 60

ALLES für Jesus. Christkatholisches Gebetbuch sammt allen Kirchengesängen. Mit mehreren Holzschnitten. Pesth o. J.: A. Bucsánszky. 221, 3 S. - 240 mm
- Andere Titel: Glaube, Hoffnung und Liebe. Hinauf zu Gott. Perlen der Andacht.

Alles für Jesus. Katholisches Gebet- und Erbauungsbuch für Kirche und Haus. Größtentheils entnommen den Schriften der Heiligen: Alphons v. Liguori, Bernhard, Franz v. Sales, Thomas v. Aquin und Gertrudis. 1. Aufl. 1870. 95 Pf.; Velinpapier ℳ 2., und 2. Aufl. 16. (511 S. mit Bildern, 2 Stahlst. und vielen eingedr. Holzschn.) Einsiedeln 871, Gebr. Benziger. ℳ 1,10.; Velinp.

— für Jesus. Katholisches Gebet- u. Erbauungsbuch f. Kirche u. Haus. Größtentheils entnommen den Schriften der Heiligen Alphons v. Liguori, Bernhard, Frz. v. Sales, Thomas v. Aquin u. Gertrudis. Min.-Ausg. Nr. 3. 32. (320 S. m. 2 Photolith.) Ebend. 875. 1. —

— mit Jesus od. practische Anleitung, alle seine Werke durch die gute Meinung zu heiligen. Nebst e. vollständ. Gebet- u. Erbauungsbuch. 16. (XX, 512 S. m. 1 Stahlst.) Dülmen 884. Laumann. n. 1. —; geb. von n. 2. — bis n. 8. —

— f. Jesus. Katholisches Gebet- u. Erbauungsbuch f. Kirche u. Haus. Größtenteils entnommen den Schriften der Heiligen: Alphons v. Liguori, Bernhard, Frz. v. Sales, Thomas v. Aquin u. Gertrudis. 24. (319 S. m. 3 Lichtdr.) Einsiedeln 892. Benziger & Co. 1. —; geb. n. 1. 60; n. 2. 60 u. n. 2. 80

— f. Jesus! Kathol. Gebetbüchlein f. fromme Christen jeden Standes. 16. (228 S. m. Titelbild). Einsiedeln (900). Eberle, Kälin & Co. Geb. v. n. — 45 bis n. 3. —

Alles für Jesus. Kath. Gebet- u. Erbauungsbuch für Kirche u. Haus. Größtenteils entnommen d. Schriften d. Heiligen Alphons v. Liguori [Alfonso Maria de Liguori], Bernhard, Franz v. Sales, Thomas v. Aquin u. Gertrudis. 2. Ausg. — Einsiedeln, Waldshut, Köln a. Rh. [usw.]: Benziger [um 1902]. 319 S. 1:Er 17208.
3.4569

— 2. Ausg. 4. Aufl. Ebd. [um 1902]. 319 S. 1:Er 17208⁴.
3.4570

Alles für Jesus dem Erlöser. Gebet- und Andachtsbuch für katholische Christen. — München: Franz 1869. 319 S. 12:Asc. 57h.
3.4571

— für Jesus und Maria. Vollständiges Gebetbuch nebst Belehrung und Gebeten der marian. Sodalität und einer Andacht zur heil. Jungfrau Walburgis. Münster 864. Mitsdörffer in Comm. 32. (352 S. u. 1. Stahlst.) 7½ ngr.

— — (Ausgabe mit grober Schrift.) Ebend. 864. 16. (718 S. u. 1 Stahlst.) 15 ngr.

Alles in allem Christus. Von der Verf. des Büchleins über den Seelenfrieden. — Nördlingen: Beck 1831. 95 S. 10.
3.4572

— in Allem Christus. Eine herzliche Ansprache an Confirmanden. 8. Berlin 835. Eichler. 1/6 ℛ︀ℬ︀

Alles in der Natur lebet. Nichts ist ganz todt . . . 3. Aufl. Zelle 1787. V: *Jacobi, Joh. Frdr.* (Zeitschr. f. Büch. X, 4. S. 7.)

Alles is uns recht . . . Wien [1885]. V: *Lorens, Carl.* (EB)

Alles für seine Königin, s. a. Heer- u. Querstraßen. 4r Thl.

Alles f. seine Königin, od. der Priester u. d. Garde du Corps, v. d. Verf. d. „Heer u. Querstraßen" (Th. Colley Grattan). Aus d. Engl. übers. von Thdr. Hell (K. Thdr. Winkler). 8. Berl. 827. Duncker u. H. 1 ℛ︀ℬ︀ 8 gr (s. auch Heer- u. Querstraßen. 4r Thl.)

— um Liebe. Goethes Briefe aus der ersten Hälfte seines Lebens, hrsg. v. Ernst Hartung, s.: Bücher, die, der Rose. II.

— gegen die Männer. — Alles gegen die Frauen. 3. sehr verm. Aufl. Leipzig 856. G. Pönicke. 8. (2 Bll., 86 S.) 10 ngr

—— gegen die Männer. — Alles gegen die Frauen. 3., sehr verm. Aufl. 8. (86 S.) Leipzig 857, Schulbuchhandlung.

— neu. Erzählung v. H. v. N. 8. (IV, 72 S.) Berlin (899). Deutsche ev. Buch- u. Tractat-Gesellsch. n. — 50

Alles neu und nichts neu. — (Berlin: Deutsche Evang. Buch- u. Tractat-Ges. 1886.) ([Traktate der Deutschen Evangelischen Buch- u. Traktatgesellschaft.] 235.) 1:Cv 52148–235.
3.4573

— in e. Nuß, oder Grist, Uebersicht u. Beurtheilung der im Befreiungsjahre 1813 u. in d. nächstfolgenden Zeit erschienenen Flugschriften. 2 Hefte (v. Ad. Fr. v. Schütz). 8. Magdeb. 814. (Lauffer in Leipz.) 1 ℛ︀ℬ︀ 10 gr

Alles schriftlich, od. der Schlaukopf. Lustsp. in 4 Akten, v. Cuno. 8. Leipz. Joachim. 813.

Alles in Schuh u. Strümpfen. Schspl. (von W. D. A. Cremeri). 8. Linz 783. Frenner. 5 gr

Alles singt mit! Lieder-Texte für fröhliche Anläße. 2. Aufl. Heftchen 1. — St. Gallen: Zweifel-Weber [1906]. 10.
3.4575

Alles singt mit! Lieder-Texte für fröhliche Anlässe. 1. [einziges] Heftchen. 2. Aufl. 16 S. 8. St. Gallen, Zweifel-Weber, [1907]. fr. —. 15

Alles und nichts thun. Lustspiel. Donauwörth 1793. V: *Mayr, Beda.* (ML) (Zeitschr. f. Büch. 1923, S. 78.)

Alles in Uniform für unsern König. Volkslustspiel in 3 Aufz. Wien 1795. V: *Hensler (Henseler), Carl Frdr.* (GGr)

— in Uniform für unsern König! Volkslustsp. 8. Wien, Wallishausser. 797.

Alles untereinander, wie's uns einfällt, eine poetische, prosaische, kritische und anticritische Wochenschrift, eine Wochenschrift, die alle anderen übertrifft, und die beinahe der Hetzplatz der Litteratur genannt werden könnte.
Wien 1774.

Alles von ohngefähr; od. besond. merkwürd. Begebenh. d. Familie v. H. 8. Dresd. Hilscher. 785.

Alles durch Gottes weiseste Vorsehung ... Augsb. 1808. V: ***Braun, Hnr.*** (schmal)

— durch Gottes weiseste Vorsehung, Nichts von Ungefähr; aus Vernunft- u. Religionsgründen zur Beruhigung des Christen (v. A. Mauch). 8. Augsb. 808. Rieger. 12 Kr

Alles, was recht ist. 1782. V: *Erdmann, Ludwig.* (MGT)

— weiß, nichts schwarz; od. der Trauerschmaus. Orig.-Lstsp. in 5 Akten. 8. Ebend. 806.

Alles, Konrad, a. Unter-Wegfurth: Beiträge zur Substantivflexion der Oberhessischen Mundarten. Halle a. S. 1907: Waisenhaus. (52 S.) 8° ¶(Erscheint vollst. in: Zeitschrift für deutsche Mundarten 1907.)
Gießen, Phil. Fak., Ref. Behaghel, Diss. v. 17. Juli 1907
[Geb. 7. Okt. 63 Unter-Wegfurth, Oberhessen; Wohnort: Friedberg i. H.; Staatsangeb.: Hessen; Vorbildung: Realgymn. Gießen Reife O. 93; Studium: Gießen 10 S.; Rig. 23. Juli 06.]

Allesch, E. (E. Nelly), lang ist's her. Geschichten aus d. alten Anhalt. 8. (281 S.) Dessau (902). C. Dünnhaupt.
n. 2. 50; geb. n. 3. —

Allesch, Gustav von: Über das Verhältnis der Ästhetik zur Psychologie. T. 1. Leipzig: J. A. Barth 1909. 52 S. 8° ¶(Ersch. vollst. in: Zeitschrift f. Psychol. Bd 54, H. 6. 1910.)
Berlin, Phil. Diss. v. 15. Dez. 1909, Ref. Stumpf
[Geb. 25. Okt. 82 Graz; Wohnort: Berlin; Staatsangeh.: Österreich; Vorbildung: Staatsgymn. Graz Reife Juli 00; Studium: Graz 2, München 4, Berlin 12 S.; Rig. 29. Juli 09.] [U 10. 121

Allescher, Andr., fungi imperfecti, s.: Rabenhorst's, L., Kryptogamen-Flora. I. Bd.

Allescher, Andreas
— Verzeichnis in Südbayern beobachteter Basidiomyceten. Ein Beitr. zur Kenntnis der bayerischen Pilzflora. — München 1884: Franz. 64 S. [(Allescher: Verzeichnis in Südbayern beobachteter Pilze. 1.)]
1: Mb 6668. 12: Bavar. 67 bn.
3.4586

Allescher, Andr., Verzeichnis in Südbayern beobachteter Basidiomyceten. Ein Beitrag zur Kenntniss der bayer. Pilzflora. gr. 8. (64 S.) München 884, [Kellerer's Buch.] de Crignis. *

— Verzeichnis in Südbayern beobachteter Pilze. Ein Beitr. zur Kenntnis der bayer. Pilzflora. Abt. [1.] 2. — München (2: Landshut) 1884(–87): Franz (2: Thomann).
1 u. d. T.: Allescher: Verzeichnis in Südbayern beobachteter Basidiomyceten. 1884.
2. Gymnoasceen und Pyrenomyceten. Mit e. Nachtr. zu den Basidiomyceten. 1887.
2 = Aus: Bericht des botanisch. Vereins in Landshut. 10.
1.2 . . . . 12: 1–Bavar. 67 bn; 2–Bavar. 4200 a.
1 . . . . 1: Mb 6668.
3.4587

(Allesson, L. E.,) Abbildungen der Rindvieh- u. andern Hausthier-Raçen auf d. Privatgütern Sr. Maj. d. Königs v. Württemberg. Nach d. Leben gezeich. u. lithographirt. M. Text v. A. Weckherlin. 6 Lfgn. qu. gr. 8. Fol. (24 Tfln. u. 13 B. Text.) Stuttgart 827—34, Löflund.
Nach Allessons Tode (3—6. Lfg.) gez. v. Wagner, lith. v. Küstner.

Allestein, Emma, das beste bürgerliche Kochbuch vorzüglich f. das Haus berechnet. Ein Handbuch f. jede Hausfrau u. Köchin rc. Nebst Speisekalender auf alle Tage, Productentabelle f. alle Monate d. Jahres u. e. genauen Erklärg. der prakt. Ausdrücke u. der nothwend. Fremdwörter. 8. (XXXII u. 364 S.) Gera 851, Kanitz. — 2. Aufl. 8. (XXXII u. 364 S.) Ebd. 852. 5/6 Thlr; in Engl. Einb. 1 Thlr

Allestein, Emma, das beste bürgerliche Kochbuch vorzüglich f. das Haus berechnet. Ein Handbuch für jede Hausfrau u. Köchin, unentbehrlich für Anfängerinnen in der Kochkunst. Nebst Speisekalender auf alle Tage, Productentabelle rc. 3. Aufl. m. 200 Recepten und Anweisung zum Tranchiren vermehrt. Gera 855. Kanitz. 8. (XXXII, 461 S.) 25 Ngr

Allestein, Emma, das beste bürgerliche Kochbuch vorzüglich für das Haus berechnet. Ein Handbuch für jede Hausfrau und Köchin, unentbehrlich für Anfängerinnen in der Kochkunst. Nebst Speisekalender auf alle Tage, Productentabelle für alle Monate rc. 4. Aufl. gänzlich umgearb. u. mit 139 Recepten vermehrt. Gera 862. Kanitz. (XXXIV, 490 S.) 25 Ngr; geb. 1 Thlr

Allestein, Emma, das beste bürgerliche Kochbuch vorzüglich f. das Haus berechnet. Ein Handbuch f. jede Hausfrau u. Köchin, unentbehrlich f. Anfängerinnen in der Kochkunst. 5. Aufl., abermals verb. u. mit 52 Recepten verm. Gera. 865. Kanitz. 8. (XXXV, 513 S.) 25 Ngr; geb. 1 Thlr

Allestein, Emma, das beste bürgerliche Kochbuch vorzüglich für das Haus berechnet. Ein Handbuch für jede Hausfrau und Köchin, unentbehrlich für Anfängerinnen in der Kochkunst. Nebst Speisekalender auf alle Tage, Productentabelle auf alle Monate, genauer Erklärung der prakt. Ausdrücke rc. 6. Aufl. 1869. M 2,50., und 7. nach dem neuen Maaß- und Gewichtssystem bearb., verm. und verb. Aufl. gr. 8. (XXXIX, 503 S.) Gera 872, Kanitz' Verlag. M 2,70.; geb.

Allestein, Emma, das beste bürgerliche Kochbuch, vorzüglich für das Haus berechnet. Ein Handbuch für jede Hausfrau und Köchin, unentbehrlich für Anfängerinnen in der Kochkunst. Nebst Speisekalender auf alle Tage, Produktentab. für alle Monate, genauer Erklärung der prakt. Ausdrücke und der notwendigen Fremdwörter, und Anweisung zum Tranchieren. 8. Aufl. (XXXII, 480 S.) 878; 9. Aufl. (XXXII, 512 S.) 880; 10. und 11. neubearb., verm. und verb. Aufl. mit Angabe der Anwendung der Naumann'schen Gewürze bei den Rezepten. 8. (XXXII, 528 S.) Gera 882,84, Kanitz' Verlag. M 2,70.; geb.

Allestein, Emma, das beste bürgerliche Kochbuch, vorzüglich für das Haus berechnet. Ein Handbuch für jede Hausfrau und Köchin, unentbehrlich für Anfängerinnen in der Kochkunst. Nebst Speisekalender auf alle Tage, Produktentab. für alle Monate, genauer Erklärung der prakt. Ausdrücke und der notwendigen Fremdwörter, und Anweisung zum Tranchieren. 12. durch 6 Taf. verm. und verb. Aufl. mit Angabe der Anwendung der Naumann'schen Gewürze bei den Rezepten. 8. (XXXII, 528 S.) Gera 886, Kanitz' Verlag. M 2,70.; geb.

Allestein, Emma, das beste bürgerliche Kochbuch, vorzüglich f. das Haus berechnet. 13., durch 6 Taf. verm. Aufl., m. Angabe der Anwendg. der Naumann'schen Gewürze bei d. Recepten. 8. (XXXII, 528 S.) Gera 889. Kanitz' Verl.
2. 70; geb. 3. 50

Allestein, Emma, das beste bürgerliche Kochbuch, vorzüglich f. das Haus berechnet. 16., verm. u. verb. Aufl. m. 6 Taf. u. Angabe der Anwendg. der Naumannschen Gewürze bei den Rezepten. 8. (XXXIV, 558 S.) Gera 895. H. Kanitz' Verl. 3. —; geb. in Leinw. 3. 75

Allestein, Emma, D. beste bürgerl. Kochbuch, vorzügl. f. d. Haus berechn. E. Handbuch f. jede Hausfrau u. Köchin, unentbehrl. f. Anfängerinnen i. d. Kochkunst. Nebst Speisekalender a. alle Tage, Produktentabelle f. alle Monate, gen. Erklärg. d. prakt. Ausdrücke u. d. notwend. Fremdwörter u. Anweisg. z. Tranchieren. Neu bearb. v. M. Schlömilch. 19., verm. u. verb. Aufl. m. 6 Taf. u. Ang. d. Anwendg. d. Naumannschen Gewürze b. d. Rezepten. 8. (XXII, 611 S.) Gera 898. H. Kanitz' Verl. 3. —; geb. in Leinw. 3. 75

Allestein, Emma (Frau A. Kanitz), das beste bürgerliche Kochbuch, vorzüglich f. das Haus berechnet. Ein Handbuch f. jede Hausfrau u. Köchin, unentbehrl. f. Anfängerinnen in d. Kochkunst. Nebst Speisekalender auf alle Tage, Produktentabelle f. alle Monate, genauer Erklärg. der prakt. Ausdrücke u. der notwend. Fremdwörter u. Anweisung z. Tranchieren. Neu bearb. v. M. Schlömilch. 21. verm. u. verb. Aufl. m. 6 Taf. u. Angabe der Anwendg. der Dr. Naumannschen Gewürze bei den Rezepten. 8. (XXXVIII, 625 S.) Gera 901. H. Kanitz' Verl. 3. —; geb. in Leinw. 3. 75

20. Aufl. (XXII, 611 S.) Ebd. 899. 3. —; geb. 3. 75.

Allestein, Emma (Frau A. Kanitz), das beste bürgerliche Kochbuch, vorzüglich f. das Haus berechnet. Ein Handbuch f. jede Hausfrau u. Köchin, unentbehrlich f. Anfängerinnen in der Kochkunst, nebst Speisekalender auf alle Tage, Produktentabelle f. alle Monate, genauer Erklärg. der prakt. Ausdrücke u. der notwend. Fremdwörter u. Anweisg. zum Tranchieren. Neu bearb. v. M. Schlömilch. 24., verm. u. verb. Aufl. m. 6 Taf. u. Angabe der Anwendg. der Naumannschen Gewürze bei den Rezepten. (XXXIX, 656 S.) 8. Gera 906. H. Kanitz' Verl. n. 3. —; geb. in Leinw. n. 3. 75

Allestein, Emma, das beste bürgerliche Kochbuch vorzüglich f. das Haus berechnet. Ein Handb. f. jede Hausfrau u. Köchin. Nebst Produktentab. f. alle Monate des Jahres, e. genauen Erklärg. der prakt. Ausdrücke u. der notwend. Fremdwörter. Neu bearb., verm. u. verb. v. P. Schiebe. (XXXII, 607 S. m. 6 Taf.) 8. Leipzig (909). O. Weber. Geb. in Leinw. 2. 40

—— kleines Kochbuch für angehende Köchinnen und kleinere Wirthschaften. Auszug aus dem größeren Werke der Verf.: „Das beste bürgerliche Kochbuch." 8. (188 S.) Gera 869, Kanitz' Verlag. *

Allestein, Emma, kleines Kochbuch f. angehende Köchinnen u. kleinere Wirtschaften. Auszug aus dem größeren Werke der Verf.: Das beste bürgerl. Kochbuch. 2. Aufl. 8. (188 S.) Gera 885. Kanitz' Verl. n. 1. —

Allestein, Emma, Kleines Kochbuch f. angeh. Köchinnen u. kleinere Haushaltgn. Neu bearb. v. M. Schlömilch. Ausz. a. d. größ. Werke d. Verf.: D. beste bürgerl. Kochbuch. 3. Aufl. 8. (216 S.) Gera 898. H. Kanitz' Verl. Geb. n. 1. 20

Alle-Tag, christ-katholisches, oder tägl. Seelentrost rc. 8. Wien 755. Gerold. 1 ﬂ

Alletagsbuch, lehrreiches, für allerlei Leser. 8. Wien 790. Gerold. 12 kr.

Allets, Advokat, Paris. 1703-1785. 1805 s. *Alletz*, Pons Augustin.

Alletz, Advokat, Paris. 1703-1785. 1841 s. *Alletz*, Pons Augustin.

Alletz, Édouard

— [De la Démocratie nouvelle, Ausz., deutsch] Die neue Demokratie oder die Sitten u. die Macht der Mittelklassen in Frankreich. Im Ausz. bearb. von F[ranz] J[osef] Buss. Nebst e. Sendschreiben des Letztern an den Verfasser über die gegenwärtige Weltlage u. die Grundansicht seines Werkes. — Karlsruhe: Groos 1838. X,CVI,319 S.
12: Gall. rev. 19t. 10.
3.4595

— Harmonies de l'intelligence humaine. T. 1.2. — Paris: Parent-Desbarres [usw.]; Leipzig: Michelsen 1846.
1: Nh 5776. 12: Ph. Sp. 21.
3.4599

Alletz, Pons Augustin: L'Albert moderne, ou nouveaux secrets éprouvés, et licites, recueillis d'après les découvertes les plus récentes. 2. ed., corr. & augm. de plusieurs secrets nouveaux. Basle: Schweighauser 1770. VI, 291 S.

[—] [Dictionnaire théologique portatif, lat.] Dictionarium theologicum portatile, in quo cuncta fidei dogmata et doctrinae moralis placita ... exponuntur. Adiunguntur summarium omnium S. Scripturae librorum & conciliorum generalium. E Gall. in Lat. sermonem conversum. — Augustae Vind.: Veith 1760. 534 S. 12: Th. U. 90.
3.4628

[—] — Ed. 2., rev. Ebd. 1762. 534 S.
1: Bc 122. 12: Th. U. 91. 2.
3.4629

[—] Dictionarium theologicum portatile. Primum Gallice ed., dein Ital. versum, ac plurimis adnot., novisque articulis locupletatum a Prospero ab Aquila ... Nunc pluribus in locis em., auctum et Lat. donatum. T. 1-3. — Ebd. 1775.
1. A-C. 2. D-O. 3. P-Z. 1: Bc 126. 2.
3.4630

[—] [Petite Encyclopédie, deutsch] Kleine Encyclopedie oder Lehrbuch aller Elementarkenntnisse, worinnen die Hauptbegriffe von allen Wissenschaften, Künsten, u. von allen Dingen gegeben werden, die auf die bürgerl. Gesellschaft Einfluss haben. Aus d. Franz. von Johann Samuel Halle. Bd 1.2. — Berlin & Leipzig 1779-80.
1: A 7707. 12: Enc. 104. 7. 10.
3.4633

[—] [Abrégé de l'histoire grecque, deutsch] Geschichte des alten Griechenlandes. Aus d. Franz. übers. u. mit Anm. erl. von Johann August Stark [Starck]. Bd 1. — Königsberg: Kanter 1770. XXIV,247 S. 1: Ug 210. 2.
3.4603

[—] Histoire des singes et autres animaux curieux, dont l'instinct & l'industrie excitent l'admiration des hommes, comme les éléphans, les castors &c. — Paris: Duchesne 1752. X,213 S. 12: Zool. 250. 7. 8.
3.4637

[—] — Francfort: Aux dépens de la Compagnie 1769. 173 S.
1: Lk 7707. 12: Zool. 249.
3.4638

— [Dictionnaire portatif des conciles, deutsch] Konzilien-Lexikon, enthaltend: sämmtliche General-, National-, Provinzial- u. Partikular-Konzilien vom ersten Konzilium zu Jerusalem bis auf d. Konzilium von Paris 1811 ... Mit einer Sammlung der wichtigsten Canonen ... von Alletz. Aus d. Franz. übers. von Maurus Disch. Bd 1.2. — Augsburg: Schlosser 1843-44. 12: Conc. C. 1 s. 2. 3. 6. 102P.
3.4625

[—] [L'Art d'instruire et de toucher les âmes, deutsch] Die Kunst, Seelen im Beichtstuhle zu belehren und zu rühren. Von dem Verf. der Kunst, das Herz auf der Kanzel zu rühren [d. i. Pons Augustin Alletz]. Aus d. Franz. übers. Bd 1.2. — Bamberg & Wirzburg: Göbhardt 1785.
12: Mor. 550. 2.
3.4614

[—] [L'Art de toucher les cœurs, deutsch] Die Kunst, das Herz auf der Kanzel zu rühren. Von dem Verf. der Kunst, die Seelen in dem Beichtstuhl zu unterrichten und zu rühren [d. i. Pons Augustin Alletz]. Aus d. Franz. übers. Bd 1-3. — Bamberg & Wirzburg: Göbhardt 1785.
1-3 . . . . 12: Hom. 767.
2 . . . . 2.
3.4615

d' Alleux, Karl, a. Oberkatz, Rechtsprakt. am k. Landgericht Fürth: Zur Pflegschaftslehre des BGB. Erlangen 1905: E. Th. Jacob. (IX, 86 S.) 8°

Erlangen, Jur. Fak., Ref. Sehling, Diss. v. 11. Okt. 1905

[Geb. 23. Juli 81 Oberkatz; Wohnort: Oberkatz; Staatsangeh.: Sachsen-Meiningen; Vorbildung: Gymn. Erlangen Reife Juli 00; Studium: Erlangen 3, Berlin 1, München 2, Erlangen 2 S.; Rig. 27. Juni 05.]

Allevill, Adele von. Roman von Pigault le Brün, mit K. 8. Leipz. Sommer. 814.

Alleweil. — Alleweil fidel! Hinweg mit Sorg und Pein, sowie viele andere neue Couplets u. Lieder. — (Berlin: Weichert [1896].) 16 Bl. 1:Yf 5920/262.
3.4649

Alleweil fidel! 70 zündende Couplet-Vorträge, urkomische Solo-Scenen u. Duetts. — Mühlhausen i. Th.: Danner 1901. 131 S. 1:Yf 5930/64. 3.
3.4650

Alleweil fidel und munter! Humoristisches Jahrbuch der neuesten Wiener Witze, Anekdoten, Scherze und Vorträge nebst Kalender für das Jahr 1890. 4. oder 14. Jahrgang des Jux-Kalenders. Herausgegeben von J. Weyl. 8. (92 S.) —.40
Dittmarsch, Wien 1889

Alleweil fidel und munter! Humoristisches Jahrbuch der neuesten Wiener Witze, Anekdoten, Scherze und Vorträge, nebst Kalender für das Schaltjahr 1892. 6. oder 16. Jahrgang des Jux-Kalenders. Herausgegeben von J. Weyl und A. Menk-Dittmarsch. 8. (32 S.) —.30
Dittmarsch' Selbstverlag, Wien 1891

Alleweldt, Ernst Friedrich Carl, s. Auszug aus d. Hauptregistranten d. Stadt Neustadt ...

Alleyron, La clef du paradis terrestre, offerte le 1er août 1871 à M. Thiers, et à MM. les députés qui sont priés d'ouvrir cette porte de bonheur aux pauvres de France. 16 pp. 8⁰. Vienne, chez l'auteur, 1871.

Allezeit fröhlich! Eine Festgabe fürs christl. Haus. Altes u. Neues in Erzählgn. u. Betrachtgn. 8. (143 S.) Braunschweig (902). H. Wollermann. n. 1.—

Allfärty, Friedrich d. Großen letzter Dragoner, Johann Gottlieb. ... Breslau 1838. V: *Rieck, Gust.* (Nent) (Zeitschr. f. Büch. X, 4. S. 7.)

Allfeld, s. Allfeld, Philipp.

Allfeld, J.B. (wirkl. Name), s.a. Träumer, Hans (Pseud.)

Allfeld, J. B.: Tristan und Isolde von Richard Wagner. Kritisch beleuchtet mit einleitenden Bemerkungen über Melodie u. Musik. — München: Fritsch 1865. 40 S.
30. 1:Mus. Dw 1680. 12: Mus. Th. 112. 7.
3.4656

Allfeld, Philipp [Bearb.] s. *Anschuetz*, August: Kommentar zum Allgemeinen Deutschen Handelsgesetzbuch. 1885–95 u.ö.

Allfeld, Philipp, Antrag u. Ermächtigung, s.: Darstellung, vergleichende, des deutschen u. ausländ. Strafrechts. II.

Allfeld, Philipp, Dr., K. o. Prof.: Die Bedeutung des Rechtsirrtums im Strafrecht. (Enthält auch: Bericht über das Studienjahr 1902/1903 erstattet vom Prorektor Prof. D. Karl Müller.) *Erlangen 1903: Junge & Sohn.* (S. 1—21.) 4⁰
Erlangen, Rede beim Antritt d. Prorektorats 1903

— Die Bedeutung des Rechtsirrtums im Strafrecht. Rede beim Antritt des Prorektorats der Königl. Bayerischen Friedrich-Alexanders-Univ. Erlangen 1903. — Leipzig: Deichert 1904. 40 S.
Ersch. auch als Univ.-Schr. Erlangen 1903.
1: Fv 3666. 7. 82. 89.
3.4657

— Der Einfluss der Gesinnung des Verbrechers auf die Bestrafung. — Leipzig: Engelmann 1909. IX,192 S. (Kritische Beiträge zur Strafrechtsreform. 9.)
1: Fu 686-9. 12: Crim. 13pd-9. 300: 460.933-B.Per. 9. 2. 4. 5. 6. 7. 10. 11.
3.4658

Allfeld, Philipp: Die Entwicklung des Begriffes Mord bis zur Carolina. Ein rechtsgeschichtlicher Versuch. — Erlangen: Deichert 1877. 106 S.
Ersch. auch als Diss. München 1877.
1: Fv 8720. 12: Crim. 1 lr. 6. 7. 10. 11.
3.4659

ALLFELD, Philipp (Landshut): Die Entwicklung des Begriffes "Mord" bis zur Carolina. Ein rechtsgeschichtlicher Versuch.- Erlangen: Jacob 1877. 106 S.
25.7.1877 - Urk (Titel: De varia homicidii notione usque ad constitutiones criminales Carolinam promulgatam.); Chr 1877/78,9
Diss. Ingolst.-Landsh.-Mchn.

Allfeld, Entwickelg. d. Begriffes Mord bis zur Carolina. Erlangen 87S.

Allfeld, Phpp., Gesetz zum Schutz der Warenbezeichnungen vom 12. Mai 1894. Erläutert unter Berücksicht. insbesondere der Motive, der Reichstagsverhandlgn., der Literatur u. Rechtsprechg. üb. Markenschutz. 16. (IV, 133 S.) München 894. C. H. Beck. Kart. n. 1. 80

— Die Gesetze betreffend das Urheberrecht an Werken der Literatur und der Tonkunst und über das Verlagsrecht. Textausg. mit Einl. ... sowie e. Sachreg. — München: Beck 1901. IV,90 S. (Deutsche Reichsgesetze. Textausg. mit Anm. u. Reg.)
1: Fm 21341. 12: J. publ. G. 637rc–71.
3.4661

— — 2. Aufl. Ebd. 1901. IV,90 S. (Deutsche Reichsgesetze. Textausg. mit Anm. u. Reg.)
12: J. publ. G. 637rcc–71.
3.4662

— Grundriss des gewerblichen Rechtsschutzes. — Leipzig: Gloeckner 1910. VIII,220 S. (Handelshochschul-Bibliothek. 8.)
1: Fg 5583-8. 12: Merc. 94ks-8. 2. 7. 10. 83.
3.4664

— Kommentar zu dem Gesetze betreffend das Urheberrecht an Werken der bildenden Künste und der Photographie vom 9. Jan. 1907. Nebst e. Anh., enth. die Verträge d. Deutschen Reichs mit ausländ. Staaten zum Schutze d. Urheberrechts mit Erl. sowie Vollzugsbestimmungen. [Nebst] Nachtr. München: Beck 1908–11.
Vollst. . . . . 1: Fm 21438. 12: Art. 122g. 7. 11.
[∞ Nachtr.] . . . . 2. 5. 6. 8. 9. 83.
3.4665

— Kommentar zu den Gesetzen vom 19. Juni 1901 betreffend das Urheberrecht an Werken der Literatur und der Tonkunst und über das Verlagsrecht sowie zu den internat. Verträgen zum Schutze d. Urheberrechts. — München: Beck 1902. X,570 S.
1: Fm 21342. 12: N. libr. 340g. 2. 4. 5. 6. 7. 10. 11.
3.4666

— — [Nebst] Nachtr. Ebd. 1902(-11).
1: Fm 21342ª. 12: N. libr. 51g. 7.
3.4667

— Kommentar zum allgemeinen deutschen Handelsgesetzbuche, s.: Anschütz.

— Kommentar zu den Reichsgesetzen über das gewerbliche Urheberrecht, Patentgesetz, Gesetz, betr. das Urheberrecht an Mustern u. Modellen, Gesetz betr. den Schutz von Gebrauchsmustern, Gesetz zum Schutz d. Warenbezeichnungen, sowie zu d. internat. Verträgen zum Schutze d. gewerbl. Urheberrechts. — München: Beck 1904. XXX,806 S.
1: Fm 23466. 12: Techn. 31g. 2. 3. 5. 6. 7. 10. 11.
3.4669

— Lehrbuch des deutschen Strafrechts, s.a. Meyer, Hugo.

— Lehrbuch des deutschen Strafrechts. Von Hugo Meyer. 6., völlig umgearb. Aufl. von Philipp Allfeld. — Leipzig: Deichert 1907. XIV,669 S.
1: Fu 13141⁶. 12: Crim. 177tid. 2. 3. 5. 6. 7. 9. 10. 11.
3.4670

— der neue Rechtsweg in Bayern rechts d. Rh. Leichtfaßliche Darstellg. d. Reichscivilprocesses m. Berücksicht. der Einführungs-, der bayer. Ausführungs- u. der sonst. Ergänzungs-Gesetze. gr. 8. (56 S.) Neu-Ulm 879. Stahl's Verl. — 50

Allfeld, P., Reichsgesetz betr. das Urheberrecht an Werken der bildenden Künste u. der Photographie vom 9. I. 1907. Textausg. m. Einleitg., kurzen Anmerkgn., e. Anh., enth. die Berner Übereinkunft, die Übereinkommen m. den Vereinigten Staaten v. Nordamerika u. m. Österreich-Ungarn, sowie e. Sachregister. (VI, 56 S.) kl. 8. München, C. H. Beck. Geb. in Leinw. 1. —

— Das **Reichsgesetz** betreffend das Urheberrecht an Werken der bildenden Künste und der Photographie vom 9. Januar 1907. Vortrag gehalten ... am 26. März 1907. — Nürnberg: Schrag 1907. 25 S. (Veröffentlichungen des Bayerischen Vereins für gewerblichen Rechtsschutz. 3.)
12: Bavar. 2645 i-3.
3.4674

– Reichsgesetze, betr. d. literar. u. artist. Urheberrecht, s.a. Veröffentlichungen des bayer. Vereins f. gewerblichen Rechtsschutz. 3. Heft.

Allfeld, Reichsgesetze, betr. d. literar. u. artist. Urheberrecht, erläut. München 892.

— Die **Reichsgesetze** betr. das literarische und artistische Urheberrecht: 1. Das Gesetz, betr. das Urheberrecht an Schriftwerken, Abbildungen, musikalischen Kompositionen u. dramatischen Werken vom 11. Juni 1870. 2. Das Gesetz. betr. das Urheberrecht an Werken der bildenden Künste vom 9. Januar 1876. 3. Das Gesetz, betr. den Schutz der Photographien gegen unbefugte Nachbildung vom 10. Januar 1876, nebst den hierauf bezügl. internat. Verträgen erl. unter Berücks. d. Literatur u. Rechtsprechung. München: Beck 1893. VII,454 S. (Deutsche Reichsgesetze. Textausg. mit Anm. u. Reg.)
Im Exemplar von 1 fehlt der Titel der Sammlung.
1: Fm 21232. 12: J. publ. G. 637 rc-50. 300: 188.182-A.
3.4675

Allfeld, Phpp., Sammlung der neben dem Strafgesetzbuche und dem Militär-Strafgesetzbuche für das Deutsche Reich in Bayern geltenden Reichs- und Landesgesetze strafrechtlichen Inhalts. Mit Anmerkungen. gr. 8. (XVI, 614 S.) [Neu-Ulm 881, Stahl's Verlag.] Regensburg, Verlags-Bureau. *

Allfeld, Ph., Sammlung der neben d. Strafgesetzbuche u. d. Militär-Strafgesetzbuche f. d. Deutsche Reich in Bayern geltenden Reichs- u. Landesgesetze strafrechtl. Inhalts. Mit Anmerkgn. 2., theilw. umgearb. Aufl. 8. (XV, 813 S.) Hildburghausen 887. (Gadow & Sohn.) — München, E. Mangelsdorf (Franz'sche Hofbuchh.) n. 6. —

— Der bedingte **Straferlass**. — Erlangen & Leipzig: Deichert 1901. 34 S.
Aus: Festschrift d. Univ. Erlangen zur Feier des 80. Geburtstages des Prinzregenten Luitpold von Bayern. 2. 1901.
2.
3.4678

— Die **Strafgesetzgebung** des Deutschen Reichs. Sammlung aller Reichsgesetze strafrechtlichen u. strafprozessualen Inhalts mit e. Gesammtreg. Für d. akad. Gebrauch u. d. Praxis hrsg. [Nebst] Nachtr. — München: Schweitzer 1900-03. 1: Fu 8454. 12: Crim. 11s. 6. 7. 11.
3.4679

Allfeld, Ph., Urheberrecht, s.a. Veröffentl. f. gewerbl. Rechtsschutz.

— zum Urheberrecht. Beschlüsse des ausserordentl. Ausschusses des Börsenvereins der deut. Buchhändler f. Revision der Gesetze üb. Urheberrecht, nebst Begründg. Leipzig 896.

Allfeld, Phpp., Wieland d. Schmied, s. Zenger, Max.

Allgaier A, Gewerbeverein u Handwerkerbank Spaichingen. 1861-91. Spaichingen 1892.

Allgaier, August

— **Heer und Volk, Offizier und Bürger.** Zeitgemäße Betrachtungen über den Fall v. Brüsewitz-Siepmann und den Militarismus. — Pforzheim: Haug [1896]. 40 S.
12: Mil. g. 20. 4.
3.4695

— **Vor 25 Jahren!** 1870-1895. Erinnerungsschrift an d. deutsch-französischen Krieg 1870/71. — Pforzheim: Haug (1895). 32 S., 1 Taf.
1: Kr. Samml. R 274. 12: Eur. 694 d-1298.
3.4696

Allgaier, August: Die **Stände Badens** mit bes. Berücks. der 2. badischen Kammer, enth. e. kurze Geschichte d. badischen Verfassung u. d. Thätigkeit d. Landtags von 1819 bis zur Gegenwart, nebst d. Biographien der Mitglieder d. 2. Kammer u. e. Auszug aus d. Geschäftsordnung derselben. Von Aug. Allgaier. — Pforzheim: Haug 1896. 63 S. 1: Si 1627.
3.4697

Allgaier, J(h.) (J.), s. Allgaier, Johann

Allgaier, Johann: Neue **theoretisch-praktische Anweisung** zum Schachspiel. Th. [1.] 2. — Wien: Rötzl (2: Rötzel) 1795-96.
2. Das neue Kriegsspiel, das uralte Königsspiel, das pythagoräische oder arithmetische Schachspiel.
1.2 . . . . 12: Gymn. 2r.
2 . . . . 1: Os 15845.
3.4698

— **Neue theoretisch-practische Anweisung** zum Schachspiel. Mit e. Kupfertaf. 2., verb. Aufl. — Wien: Rötzel 1802. XLIV,284 S.
1: Os 15846. 300: * 3819.
3.4699

— — In 5 Tab. bearb. Mit e. Kupfer u. 6 Taf. Wien: Rötzl & Kaulfuß 1811. 133 S.
1: Os 15847. 300: 12 Mm 14. 2 [°°Taf. 1 u. 3]. 7.
3.4700

Allgaier, Jh. J., neue theoret.-prakt. Anweis. z. Schachspiel. 2 Thle, mit 1 Kpf. u. 9 Tabb. 8. Wien 802. 1 ℛ 16 𝒦 3e Aufl. 811. Schaumburg. 1 ℛ 12 𝒦 5e Aufl. gr. 8. Ebd. 823. Haas. 2 ℛ

— **Neue theoretisch-praktische Anweisung** zum Schachspiele. In Tab. bearb. Mit e. Kupfer u. 9 Taf. 4., stark verm. u. verb. Aufl. — Wien: Kaulfuß 1819. IV,189 S.
7.
3.4701

— **Neue theoretisch-praktische Anweisung** zum Schachspiele. Nach eigenen Erfahrungen u. Grundsätzen systematisch entwickelt u. durch zahlreiche Musterspiele erl. Mit e. Kupfer u. 9 Taf. 5. Aufl. — Wien & Prag: Haas 1823. 189 S. 1: Os 15849.
3.4702

— **Neue theoretisch-practische Anweisung** zum Schachspiele. Nach eigenen Erfahrungen u. Grundsätzen systematisch entwickelt u. durch zahlreiche Musterspiele erl. 6., verm. Aufl. Hrsg. von C. de Santo Vito. [Nebst] Taf. — Wien: Haas 1834.
1: Text = Os 15851; Taf. = quer-2° Os 15852.
12: Gymn. 3. 300: 78 W 40. 10.
3.4703

— **Neue theoretisch-praktische Anweisung** zum Schachspiele. Mit 20 Tab. 7., mit dem 2. Th. verm. Aufl. Hrsg. von C. de Santo Vito. Th. 1.2. — Ebd. 1841. XII,285 S.
1. Allgaier: Anweisung zum Schachspiele. Nach eigenen Erfahrungen u. Grundsätzen systematisch entwickelt.
2. Santo Vito, C. de: Johann Allgaier's Neue praktische Anweisung zum Schachspiele. Nach den berühmtesten ausländischen Meistern von C. de Santo Vito.
1: Os 15853. 12: Gymn. 3b-1,1.2.
3.4704

— **Anweisung zum Schachspiele.** Nach eigenen Erfahrungen u. Grundsätzen systematisch entwickelt u. durch zahlreiche Musterbeispiele erl. Hrsg. von C. de Santo Vito. Bd 2,H. 1. — Ebd. 1843. 50 S.
2,1. Eine nothwendige Ergänzung zu allen früheren Ausg. des ersten Bandes.
1: Os 15854. 12: Gymn. 3b-2,1.
3.4705

Allgäu s.a. Algäu

Allgäuer Alpen [Schlagwort]

Allgäuer Alpen, s.: Alpen, Heiss, O.; Reise- u. Touristenkarte.

Allgäuer Emil: Untersuchung zum Reimgebrauch Thomasins von Zerclaere.
1906 Diss. Innsbruck, Univ.

Allgaeuer, K.: Vergleichendes Vor- und Taufnamenbüchlein. — Riedlingen: Ulrich [1895]. 45 S.
1: Dt 579. 12: Polygl. 2 v.
3.4691

Allgäuer, O., Vom Schuldanerkennungsvertrage n. röm. u. gem. R. Diss. Luz. 1884.

Allgayer, Andr., Singbüchlein f. die erste Klasse. 8. (24 S.) München (900). R. Oldenbourg. n.n. — 20

Allgayer, Andr., vade mecum. Taschenbüchl. u. Repetitor. für Schulseminaristen, Organisten u. Chorregenten. Übersichtl. Zusammenstellg. d. Wissenswertesten z. raschen Orientierg. b. prakt. Fragen. 12. (VII, 88 S.) Regensburg 895. A. Coppenrath's Verl. In Ldrtuch n. — 70

Allgayer, Anton, über centrale Epithelialgeschwülste des Unterkiefers. Beitrag zur Kenntniss der Kiefergeschwülste. Diss. Tübingen 1886. 8°. 20 S. mit 2 Taf.
Sonder-Abdruck aus: Beiträge zur klinischen Chirurgie, hrsg. von Paul Bruns. II. Band 3. Heft. Tübingen 1886, H. Lauppsche Buchh.

Allgayer, F. H., Bemerkungen zu Krebs' Antibarbarus der lateinischen Sprache. Pr. 1855 52 S. 4°. 1.60

Allgayer, Frz. Xav., Bemerkungen zu Krebs' Antibarbarus der lateinischen Sprache. Ehingen 855. (Tübingen, Fues' Sorthdlg.) 4. (1 Bl., 55 S.) 12½ ngr

Allgayer, F. X., Zusätze und Berichtigungen zu J. Ph. Krebs, Antibarbarus der lateinischen Sprache, s. Krebs, J. Ph.

Allgayer, Raoul, die administrative Gebietseinteilung Niederösterreichs m. Ausschluss der Stadt Wien seit 1868. (61 S.) gr. 8. Wien 905. C. Fromme. n. 1. —

Allgegenwart, Gottes, die, 2 Thle. gr. 8. Erfurt u. Gotha, Hennings. 817–19.
2r Thl. auch unt. d. Titel: Eleusis, oder über d. Ursprung u. d. Zwecke d. alt. Mysterien.

Allgegenwart, Die, Gottes. Gotha 1817—1819. V: *Ewald, Schack Hermann.* (BrMm Ky) V: *Ewald, J. L.* (Bd. 2) (MGT)

„Allgemein üblich." Eine Beleuchtg. der Moral unseres Staates im Corruptionszeitalter v. Gustav Mentecaptus. gr. 8. (VIII, 232 S.) Berlin 894. G. A. Dewald. n. 2. —

Allgemeine. — Die allgemeine Freude des König-Reichs Preussen und des Chur-Fürstenthumbs Brandenburg bey dem einfallenden Tage, darinnen Friderich I. [König v. Preussen] zum König gekröhnet worden, wolte mit einem geringen Ballet und Feuerwerck begleiten und vermehren der hamburgische Schauplatz. — [Hamburg] 1702. 17 Bl.
1: 23 in Yp 5223.
3.4710

Das Allgemeine von Gott, dem Menschen und der Welt in kurtzgefaßten Tabellen also vorgestellet, daß die Vielheit, Ordnung und Verschiedenheit derer vornehmsten uns vorkommenden Sachen beysammen können übersehen werden. 2. Aufl. — Berlin: Buchladen d. Realschule 1759. 104 S.
1: A 3937. 2.
3.4711

— 3. Aufl. 1764 in: *Erkenntnis.* — Die allgemeine Erkänntnis von Gott, dem Menschen und der Welt in kurtzgefaßten Tabellen teutsch, lateinisch u. französisch also vorgestellet. 1757.
3.4712

— 4. Aufl. Berlin: Buchladen d. Realschule 1770. 104 S.
1: A 3939.
3.4713

Allgemeinen. — Der allgemeinen Jubelfreude der Haupt- und Residenzstadt Königsberg bey dem fünfhundertjährigen Gedächtnißtage ihrer Gründung wird die Königliche deutsche Gesellschaft ... den 6. May ... ein demüthiges Denkmal ihrer Aufmerksamkeit und Hochachtung widmen. Königsberg 1755: Driest. 4 Bl.
1: 3 in 4° Sz 7720. 10.
3.4714

Allgemeiner. — Ein allgemeiner Krieg dem festen Vereine Preußens, Oestreichs und des übrigen Deutschlands gegenüber eine Unmöglichkeit. Mit Actenstücken. — Leipzig: Remmelmann 1854. 31 S.
1: Flugschr. 1854-1. 12: J. publ. E. 197 u. 7.
3.4715

— — 2., unveränd. Aufl. Ebd. 1854. 31 S. 10.
3.4716

— — 3., unveränd. Aufl. Ebd. 1854. 31 S. 6.
3.4717

Allgemeines zum Gesundbleiben! s.: Flugschriften, hygienische. 8. Hft.

Allgemeines üb. Gesundheitspflege, Krankenpflege u. Krankenkost. Nach eigenen Erfahrgn. zusammengestellt v. J. Baronin R. gr. 8. (128 S.) Gießen 884. Ricker. n. 1. —

Allgemeinheit, über die, der Verheißungen d. A. T. v. d. Wundergaben des N. T. 8, Leipz. 781. Schneider. 6 gl.

Allgermissen, J. L. s. a. Algermissen, J. L.

Allgewalt, von der, und d. Einfluß der öffentl. Meinung in d. Beherrsch. d. Staat. aus d. Franz. 8. Germ. (Claß in H.) 794.

Allgeyer, Ign., dreifache Heiligkeit des neutestamentl. Opfers. 4. Augsb. 771. M. Rieger. 3 gl.

— — a. unt. d. T. Stimme des Volks. — a. unt. ein. a. T. Gedanken über die Angelegenh. Deutschl.

Allgeyer, Julius: Anselm Feuerbach. Sein Leben und seine Kunst. Mit e. Selbstbildnis d. Künstlers u. 38 Text-Illustr. — Bamberg: Buchner 1894. XIV, 432 S.
1: Nt 2152. 12: Art. 3 bma. 300: 394.424–B. K. S. Hb.
3. 5. 9. 10. 11. 82.
3.4724

— — 2. Aufl., auf Grund der zum erstenmal benützten Originalbriefe u. Aufzeichn. d. Künstlers. Aus d. Nachlasse d. Verf. hrsg. u. mit e. Einl. begleitet von Carl Neumann. Bd 1. 2. — Berlin & Stuttgart: Spemann 1904.
1: Nt 2152ᵃ. 12: Art. 3 bmab. 300: 430.270–B.K.S.Hb.
2. 3. 4. 6. 7. 8. 11. 82.
3.4725

— Handbuch über das Lichtdruck-Verfahren. Prakt. Darst. zur verschiedenen Anwendung für Hand- u. Schnellpressendruck. Für Praktiker u. gebildete Laien. — Leipzig: Scholtze 1881. VIII, 190 S., 2 Taf.
7. 83. 89.
3.4726

— — 2., vielfach verm. u. verb. Aufl. unter Mitw. von F. Renner. — Ebd. (1896). XI, 206 S. 89.
3.4727

Allgeyer, L.: Das Holzschnitzwerk im Rathaussaale zu Überlingen. In seiner geschichtl. u. kunstgeschichtl. Bedeutung betrachtet. — Überlingen a. B.: Schoy 1886. 60 S.
1: 4° Si 4826/12. 12: Art. 3 bp. 300: 20 Ee 253.
3.4728

— Die Münsterkirche zu St. Nikolaus in Ueberlingen. Ein Beitrag zur Baugeschichte und aesthetischen Würdigung dieses mittelalterl. Denkmals. Mit 3 Taf. — Wiesbaden: Rodrian 1879. VI, 77 S.
1: Si 4825. 12: A. civ. 2 e. 300: 59.798–B.
3.4729

Allgeyer, V., s.: Neisser, A., stereoscop.-medic. Atlas.

Allgov, Philaleth, zur Schulfrage in Bayern. Gedanken über eine rechtliche u. ersprießliche Lösung. Ein Entwurf mit Anmerkungen. München 868. Lentner. 8. (51 S.) 6 ngr.

Allgov, Philaleth, zur Schulfrage in Bayern. Gedanken über eine rechtl. und ersprießl. Lösung. Ein Entwurf mit Anmerkungen. gr. 8. (51 S.) München 868, Stahl.

ALLGÖWER, David (St.Gallen): De cardiagia. (Titel nach der Urkunde) 7.6.1830 – Urk; F 39
Diss. Ingolst.-Landsh.-Mchn.

Allhusen, Volkskalender 1850.

Allhusen, Carl Gustav
— siehe: Analysis v. Mirabauds Natursystem.

Allhusen, Carl Gustav: Analysis von Mirabaud's Natursystem und dem Materialismus. Aus dem Franz. Hrsg. von C. G. Allhusen. — Kiel; Leipzig: Matthes (Umschl.: Kiel: Selbstverl.) 1851(–52). 32 S. **8.**
3.4733

Allhusen, C. G.: Bordeaux und die Weine der Gironde. Aus d. Franz. Leipzig: Matthes 1851. 24 S. -- UB Wien*

Allhusen, C. G., Gehirnlehre nach Dr. Gall. 1 Bog. in gr. Fol. (m. eingedr. Holzschn.) Kiel 852. (Altona, Verlagsbureau.) 1 1/2 ngr.

–, s. Metall-u. Papiergeld

Allhusen, C. G., über Metall- und Papiergeld rc., s.a. Ueber.

— Ueber Metall- und Papiergeld und die Täuschungen des Banknoten-Systems. Nach d. Engl. von C. G. Allhusen. — Kiel: Selbstverl. (Umschl.: Leipzig: Costenoble & Remmelmann in Komm.) 1850. 63 S.
1: Fh 5184. **12:** Merc. 274–27. **8.**
3.4734

— Revolutionsbilder aus den Jahren 1789 bis 1794. Nebst Ursachen von Revolutionen und Art und Weise dem Uebel derselben vorzubeugen. Aus d. Franz. — Kiel: Selbstverl. 1852. **8.**
3.4735

— allgemeine politische Volksbelehrung für Jedermann. 8. (80 S.) Leipzig 850, Matthes. *

— Allgemeine politische Volksbelehrung für Jedermann. Hrsg. von C. G. Allhusen. — Kiel, Leipzig: Matthes in Komm. 1851. 79 S. 1: Flugschr. 1851–53. **8.**
3.4736

Alliaco, P. de, et J. Gersonii testimonia pro domo fratrum de communi vita, s. Aurora.

Alliance s.a. Allianz

Alliance, ein neuerfundenes Spiel mit franz. Karten. 8. München. (Weißenf. Böse) 806. -

Alliance, ein neuerfundenes Spiel, ist jetzt Verlag d. Weygandschen Buchh. in Leipzig.

La belle Alliance. 19. Juni 1815. — Berlin: Weiss (1815). 2 Bl. 1: Yn 1605.
3.4730

Alliance, la plus belle, oder die schönste Vereinigung. Ein treugemeintes Mahnwort zur Feier d. 50. Jahrestages der Schlacht bei la belle alliance am 18. Juni 1815. Allen Bewohnern Deutschlands u. Europa's zu ernster Erwägung gewidmet. Wittenberg 865. Herrosé. 8. (16 S.) 3 ngr.

L'Alliance de la **démocratie** socialiste et l'Association internationale des travailleurs. Rapport et documents publ. par ordre du Congrès internat. de La Haye. — Londres: Darson; Hambourg: Meissner 1873. 137 S.
Angebl. in Zusammenarbeit verf. von Paul Lafargue, Friedrich Engels u. Karl Marx. 1: Fc 10974. **300:** 91.418–B. **5.**
3.4741

Alliance franco-allemande, par un Alsacien. 8°. 14 p. Bâle, Krüsi. 1878 — 15

Alliance **israélite** universelle. ⟨Allgemeine israelitische Allianz.⟩ — (Mainz [um 1850]: Gottsleben.) 2 Bl.
1: 16 in 4° Ez 25000.
3.4750

Alliance zwischen Oesterreich, Frankreich und Italien. Wien 861. (Hügel.) gr. 8. (27 S.) n. 8 ngr.

— die, Oesterreichs mit Sardinien. Offener Brief an die österreich. Diplomatie von A. E. gr. 8. (23 S.) Erlangen 861, Enke's Verlagsh. *

Alliants. — Alliants s. *Allianz.*

Alliantz. — Alliantz s. *Allianz.*

Die von denen hohen wider Franckreich alliirten Puissancen **erneuerte** und erlängerte Alliantz, krafft welcher sie sich unter einander, auch nach dem ... bald ... erfolgenden Frieden, wider alle feindliche Anfälle zu beschützen verbunden. Nach d. gedruckten lat. Expl. übers. und nebst der teutschen Version zum Druck gebracht. — o.O. 1711. 8 Bl. 4° **2. 3.**
3.4757

Die **längst-gewünschte** und glücklich vollzogene neue Alliantz zwischen Oesterreich und Portugal, wodurch die hohen Alliirten und das übrige Europa erfreuet und glücklich, hingegen Franckreich und sein Anhang betrübt und bestürtzt gemacht wird. Samt unterschiedlichen hievon angeführten Remarquen, insonderheit aber ob dadurch in Europa ein beständiger Friede und bessere Zeiten zu hoffen seyn? — Cölln: Marteau 1704. 62 S.
12: 4° Eur. 389–38. **300:** 33 G 51. **2. 9. 10.**
3.4762

Der sogenannte **Rheinische** Alliantz-Recess, welcher, zwischen der Cron Franckreich und verschiedenen Chur- auch Fürsten des Reichs, den 4/14. Augusti anno 1658, wegen einer mutuellen Vertheidigung u. Beschützung ihrer Lande zu Franckfurth am Mayn geschlossen, hernach aber etliche mal erneuert u. verlängert worden. In teutsch- u. lat. Sprache. — Franckfurth & Leipzig 1726. 51 S.
1: Flugschr. 1658–23. **4. 9. 10** [°° S. 49–51].
3.4772

Erneuerter Alliantz-Tractat zwischen dem aller-christl. Könige von Franckreich und Navarra etc. an einer; und denen Löblichen catholisch-schweitzerischen Cantons, sampt der Löbl. Republique der Walliser, an der andern Seiten, geschlossen zu Solothurn, den 9. May 1715. Aus d. Frantz. übers. — Hamburg [1715]: v. Wiering. 8 Bl. **8.**
3.4773

Allianz s.a. Alliance

Allianz, s.a. Alliantz

Allianz, die allgemeine israelitische. Bericht d. Central-Comités üb. die ersten 25 Jahre 1860—1885. 2. deutsche Ausg. [nach dem Orig.-Berichte]. Mit 1 Schulkarte der Allianz. gr. 8. (76 S.) Berlin 885. (Frankfurt a/Main, Kauffmann.) n. — 50

Allianz. — Die deutsch-französische Allianz. Von einem Elsässer. — Basel: Krüsi 1878. 14 S. 7.
3.4756

Allianz, die französisch-deutsche. Von einem Elsässer. Gr. in-8°, 57 S. Basel, Genf, Lyon, H. Georg. 1888 1 —

Die Allianz **Oesterreichs** mit Sardinien. Offener Brief an die österreichische Diplomatie von A. E. — Erlangen: Enke 1861. 23 S. **12:** Austr. 87. **7.**
3.4764

W. L. Die preussisch-italienische Allianz von 1866. (Aus:) „Die Grenzboten." 62. Jhrg. Nr. 2 und 3. 8. Leipzig 1903.

Allianz der neuen Theologie mit der Philosophie der Kirche Jesu Christi. 8. Augsb. 791. Rieger. 1/6 rthl

Evangelisches Allianzblatt für diejenigen, welche mit allen Kindern Gottes Gemeinschaft haben. [Hrsg.: H. Tharau (A. v. Weling) u. G. Kaiser; sp. R. Schultz u. a.] Jg. 1–41. Blankenburg i. Th.: Expedition 1890/1–1931. 4° 1a

Allianzblatt, evangelisches, für diejenigen, welche mit allen Kindern Gottes Gemeinschaft haben. Hrsg. von Hans Tharau (A. v. Weling) u. Gust. Kaiser. Red.: Kaiser. 1. Jahrg. Oktbr. 1890—Sept. 1891. 24 Nrn. ($1^1/_4$ B.) gr. 4. Blankenburg i/Th., Verlag d. ev. Allianzblattes. n. 3.—

Allianzblatt, evangelisches, f. diejenigen, welche m. allen Kindern Gottes Gemeinschaft haben. Hrsg.: Kaiser. 2.—4. Jahrg. Oktober 1891—Septbr. 1894. à 24 Nrn. (Bog.) gr. 4. Blankenburg. (Leipzig, Verlag der Akadem. Buchh. [W. Faber].) à Jahrg. n.n. 3.—

Allianzblatt, evangel., f. diej., welche m. all. Kindern Gottes Gemeinschaft haben. Hrsg. v. Th. Jellinghaus, D. Janssen, R. Horst u. a. Red. Ernst Grams. 5.—9. Jahrg. Oktbr. 1894—Septbr. 1898. à 24 Nrn. (Bog.) gr. 4. Blankenburg i/Th., Verlag des Allianzblattes. à Jahrg. n.n. 3.—
Kann auch vierteljährlich bezogen werden.

Allianzblatt, evangelisches, f. diejenigen, welche m. allen Kindern Gottes Gemeinschaft haben. Hrsg. vom evangel. Allianzhaus G. m. b. H. Blankenburg in Th., unter Mitwirkg. v. Bunke, Ekert, D. Janssen u. a. Red.: D. Janssen. 10.—13. Jahrg. Oktbr. 1899—Sept. 1903. à 24 Nrn. (à Nr. ca. 8 S.) gr. 4. Blankenburg i. Th., Verlag des Allianzblattes. à Jahrg. n. 4.—
Die Jahrgänge 10—12 sind von E. F. Hoyer redigiert.

Allianzblatt, evangelisches. Ein Zeugnis von der Einheit des Leibes Christi. Hrsg. vom evangel. Allianzhaus Blankenburg i. Th, Ges. m. b. H., unter Mitwirkg. v. Ekert, D. Janßen, Krawielitzky u. a. Red.: B. Kühn. 14. u. 15. Jahrg. Oktbr. 1903—Septbr. 1905. à 24 Nrn. (à ca. 8 S.) 4. Blankenburg i/Th. Steglitz, Geschäftsstelle. à Jhrg. n. 4.—

— dasselbe. Ein Zeugnis v. der Einheit der Kinder Gottes. Wochenschrift zur Vertiefg. u. Förderg. christl. Glaubens- u. Gemeinschaftslebens. Hrsg. vom evangel. Allianzhaus in Blankenburg in Thür. (G. m. b. H.) unter Mitwirkg. v. Eckert, Edel, Goebel u. a. Red.: B. Kühn. 16. Jahrg. 1906. 52 Nrn. (à ca. 10 S.) 4. Steglitz b/Berlin, Geschäftsstelle. n. 4.—

Allianzblatt, evangelisches. Ein Zeugnis von der Einheit der Kinder Gottes. Wochenschrift z. Vertiefg. u. Förderg. christl. Glaubens- u. Gemeinschaftslebens. **Hrsg. vom evangel. Allianzhaus in Blankenburg in Thür. (G.m.b.H.) unter Mitwirkg. v. Edel, Goebel, Janßen u. a. Red.: Bernh. Kühn. 17.—19. Jahrg. 1907—1909. à 52 Nrn.: (à 8 S.) 31,5×24 cm. Groß-Lichterfelde. Triberg, Ev.** Allianzblatt. **à Jahrg. 4.—**

Allianzen. — Allianzen, ein Blick auf die gegenwärtige politische Situation. — Berlin: Janke 1864. 16 S.
1: Flugschr. 1864-3. 12: Eur. 111. 7. 10. 11.
3.4770

Neue Allianzen. Eine diplomatische Studie. — Berlin: F. Schneider 1856. 45 S.
1: Flugschr. 1856-1. 12: J. publ. E. 923-21. 7.
3.4771

Allianzhaus, das, in Blankenburg (Schwarzathal) u. seine Gründerin Anna v. Weling. (Von Ernst Fritz Hoyer.) qu. 8. (25 S. m. Abbildgn. u. 1 Bildnis.) Ebd. (900). —30

Allianz-Konferenz, 11.—14., zur Vertiefung des christlichen Glaubenslebens. Ebd. 1.85
11. Vom 31. VIII.—4. IX. 1896. 4. (24 S.) 896. —25
12. Vom 30. VIII.—3. IX. 1897. gr. 8. (71 S.) 897. —40
13. Vom 29. VIII.—2. IX. 1898. (63 S.) 898. —40
14. Vom 28. VIII.—1. IX. 1899. gr. 8. (96 S.) 899. n. —80
Fortsetzung s.: Bericht der Allianz-Konferenz.

Allianz-Tractat zwischen Seiner allerchristlichsten Majestät Ludwig XVI, König von Frankreich und Navarra &c. &c. und denen L. Ständen der ganzen Schweitz, zu Solothurn geschlossen, in XXI Artikeln bestehend; nebst denen Namen derer H. H. E. Gesandten der Löbl. Stände, in deutscher und franz. Sprache. — o.O. 1777.
Andere Ausg. s. *Traité* d'alliance entre l'Auguste Couronne de France et le Louable Corps helvétique 1777. o.O. [1777].
1: 2° Ru 2536. 7.
3.4775

Allianz-Traktat vom 24sten Februar 1812 zwischen Sr. Majestät dem Könige von Preußen und Sr. Majestät dem Kaiser der Franzosen, König von Italien &c. &c. Ratifizirt und in Kraft getreten am 5ten März 1812. — Berlin [1812]: Decker. 6 S.
Text franz. u. deutsch. 1: 11 in 2° An 8630-18.
3.4776

Allich, G., Tabellen v. Amsterdams Wechselcours in Frankfurt, Augsburg ꝛc. Heilbronn 806, Rausche. (Rapp in Canst.) 10 gr.

Allich, Johann Gottfried (Dresden), Observationes juris ecclesiastici ill. ictor. ord. auctor. Präs. Dav. Gottfr. Aegid. Wilke. Lpz. (Langenheim) 19. III. 1773. 8 S. (3.50) 295

ALLICH, L.: Anweisung zur gründlichen Dressur und Behandlung der Jagdhunde, des Pudels und Trüffelhundes. Mit Anhang von Ursachen, Kennzeichen und Heilung der Krankheiten. - Heilbronn 1847

Allich, L., prakt. Anweisung zur vollständ. u. gründl. Dressur u. Behandlung der verschied. Jagdhunde, d. Pudels u. d. Trüffelhundes ꝛc. Nebst gedrängter Naturbeschreibung, Wartung ꝛc. Mit e. Anhange von den Ursachen, den Kennzeichen u. der sichern Heilung der allgemeinsten innerl. u. äußerl. Krankheiten der Hunde. 8. (VIII u. 185 S.) Heilbronn 847, Landherr. $^1/_2$ ₰

Allich, L., vollständ. Anweisung auf Scheiben u. bei Jagden gut schießen zu lernen. Nebst e. kurzen Geschichte der Feuergewehre, e. Anleitung über deren Verfertigung, Bau u. einzelne Bestandtheile, sowie e. Beschreibung üb. die z. Schießen mit der Büchse und Flinte erforderlichen Gegenstände. Nach den besten Quellen u. eigenen vieljähr. prakt. Erfahrungen bearbeitet. 12. Heilbronn 846, Landherr. $^1/_2$ ₰

— prakt. Jagdbetrieb auf alles edle u. unedle Haar- u. Federwild, oder gründlichste Angabe der vortheilhaftesten u. zweckmäßigsten waidmänn. Methoden, alles Hoch- u. Niederwild mit Gewehren ꝛc. zu erlegen. Für Jäger, Jagdliebhaber u. angehende Waidmänner. Aus den besten Schriften und eigenen langjähr. bewährten Erfahrungen gesammelt. 12. Ebend. 846. $^1/_2$ ₰

Alliès, Les, sont ils compris dans l'armistice et dans le treve. [17..] V: *Steck, Johann Christoph Wilhelm von.* (0a)

Allies, T. W. s. *Allies*, Thomas William.

Allies, Thomas Wilhelm s. *Allies*, Thomas William.

Allies, Thomas William
— [A life's Decision, deutsch] Eine Entscheidung für das Leben. Von **Thomas Wilhelm Allies.** Autoris. Uebers. aus d. Engl. Mit e. Vorw. von Alphons Bellesheim. — Köln: Bachem 1881. XVI,387 S. 1: Di 7862. 5. 102.
3.4835

— [The Formation of Christendom, Ausz., deutsch] Entstehung und Fortbildung des Christenthums. Mit bes. Berücks. der griechischen und römischen Kulturzustände. Von T. W. Allies. Autoris. Uebers. — Münster: Aschendorff 1870. 332 S. 1: Dc 6766. 6.
3.4838

Alliesch, Lorenz F[lorian]. Gedanken über das gegenwärtige Schicksal der Pfarrer in Bünden, und seinen Einfluß auf Religion und Vaterland. Mit Approbation des 1788. zu Jenins gehaltenen Hochwürdigen Synodus dem Druck übergeben. 8. Chur 1788.

Allievi, L. s. *Allievi*, Lorenzo.

Allievi, Lorenzo

— [Equilibrio interno delle pile metalliche, deutsch] Inneres Gleichgewicht der Pfeiler aus Metallconstruction nach den Gesetzen der elastischen Deformation von L. Allievi. Vom Verf. autoris. Übers. aus d. Ital. von Richard Totz. Wien: Gerold 1888. 165 S., 7 Taf.
300: 189.029–B. 82. 83. 89.
3.4844

Alliévi, Lorenzo. Allgemeine Theorie über die veränderliche Bewegung des Wassers in Leitungen. Teil 1: Rohrleitungen. Von L' A'. Deutsche, erläuterte Ausgabe bearb. von Robert Dubs und V(iktor) Baillard. Teil 2: Stollen und Wasserschloss. Von Robert Dubs. Mit 35 Textfiguren. XII + 296 S. 8. Berlin, Julius Springer, 1909. [M. 10. —]

Aellig, Rudolf. Textsammlung allgemein bekannter Lieder. Hrg. von Rudolf Aellig in Bern 1901. VIII + 114 S. 8. Bern, Ott & Bolliger. [geb. fr. 1. 50]
Titelausgabe von: Liedersammlung.... N 403 *(s. Bulletin S. 128).*

Der Alligator: May 12, 1851--?
Weekly. Edited & published by Ludwig von Reizenstein.
Published by an association of "Mississippi Delta-Amphibien."
New Orleans, LA

Alliger, M. s. *Alliger*, Max.

Alliger, Max: Der Rechtschreibestoff zum Gebrauch in höheren Mädchenschulen. Bearb. im Anschluß an d. Ministerialerlaß vom 18. Aug. 1908 von M. Alliger. [Unterstufe.] 2. Schuljahr. — Berlin: Oehmigke (1910). 35 S.
1: N 11.4165.
3.4852

— Der Rechtschreibestoff zum Gebrauch in höheren Mädchenschulen. Bearb. im Anschluß an d. Ministerialerlaß vom 18. Aug. 1908 von M. Alliger. [Unterstufe.] 3. Schuljahr. — Berlin: Oehmigke (1910). 43 S.
1: 1 an N 11.4165.
3.4853

Allignol, Gebr. C. u. A. (Priester), Dieses Buch dem Klerus, oder der gegenwärtige Zustand d. Klerus in Frankreich, insbesondere der Landgeistlichkeit. gr. 8. Lpz. 1846, Fr. Fleischer. broch. 20 Ngr. — 1 fl. 12 kr.
Das französ. Original erschien schon 1839 und hat seitdem in Belgien u. Frankreich neue Auflagen und Widersprüche erlebt, da es die Sache der französ. (und auch jeder andern) Landes-Geistlichkeit von einem neuen und in unsern Tagen seltenen Gesichtspunkte auffaßt. — Ueber das Schicksal dieses merkwürd. Buches u. seiner Verfasser siehe den Aufsatz in d. historisch-polit. Blättern. Band XVI. 549 et seqq.

Allignol, Gebr. C. u. A., Dieses Buch gehört dem Clerus. Der gegenwärtige Zustand des Clerus in Frankreich u. insbesondere der Landpfarrer, genannt Desserventen. gr. 8. Leipzig 846, F. Fleischer. 2/3 ß

Allignol, C.: [De l'État actuel du clergé en France, deutsch] Der gegenwärtige Zustand des Clerus in Frankreich und insbes. der Landpfarrer, genannt Desserventen. Von Gebrüder C. u. A. Allignol. — Leipzig: F. Fleischer 1846. VIII, 212 S. **12: H. eccl. 29h. 2. 5. 11.**
3.4858

Allihn, C., Was hat der evangel. Prediger in dieser ernsten Zeit vor Allem zu bedenken? Synodalrede am Jahresfeste der anhalt-dessauischen Pastoralgesellschaft, 12. Juli 1848 gehalten. gr. 8. (15 S.) Leipzig 848, Dörffling und Franke.

Allihn, C., die große Zukunft der Mission. Predigt am Missionsfeste zu Bockerode am 24. Oktbr. 1855. gr. 8. (15 S.) Dessau 855, Baumgarten und Comp.

Allihn, F. H. Th. s. *Allihn*, Friedrich Heinrich Theodor.

Allihn, Felix. Ueber den Verzuckerungsprocess bei der Einwirkung von verdünnter Schwefelsäure auf Stärkemehl bei höheren Temperaturen. Leipzig, 1880. **Diss.**

Allihn, Ferd., Lehrbuch der Planimetrie. gr. 8. (VIII, 79 S. m. eingedr. Holzschn.) Reval 872. Kluge. n. 1. 50

Allihn, Friedr. Heinr. Gottw. Reinh. (Köthen/Anh.), De kali hydriodici effectibus atque usu. Diss. med. Halle (Carl Grunert) 1. X. 1838. 44 S. mit Biogr. (Mutter: Henr. Dewald.) (4.—) 296
Oppon.: Thulsc. Herm. Rath, Jul. Ernst Burscher. — Gew.: Joh. Friedr. Allihn, Christ. Ludw. Behr.

Allihn, Friedrich Heinrich Theodor: Abriss der Logik und die Lehre von den Trugschlüssen. (Verf.: Cajus [d. i. Friedrich Heinrich Theodor Allihn].) 3. Aufl., hrsg. von O(tto) Flügel. — Langensalza: Beyer 1894. IV, 110 S.
Frühere Auflagen s. *Allihn:* Antibarbarus logicus. 1850 u. ö.
1: Nm 18280^{3}. 3.
3.4859

(—) — 4. Aufl., hrsg. von O(tto) Flügel. Ebd. 1901. XVI, 120 S. **1: Nm 18280^{4}. 3.**
3.4860

— Antibarbarus logicus. Enthaltend einen kurzen Abriss der allgemeinen Logik, und die Lehre von den Trugschlüssen und falschen Beweisen, fasslich dargest. u. durch viele Beispiele aus ältester u. neuester Zeit erl. von Caius [d. i. Friedrich Heinrich Theodor Allihn]. Nebst e. Vorrede von Sempronius [d. i. Friedrich Heinrich Theodor Allihn]. — Halle (1850: Plötz). XIV, 52, 57 S.
1: Nm 18280. 12: Ph. Sp. 21 m. 2. 3. 4. 9. 10. 11.
3.4862

— Des Antibarbarus logicus 2. verb. u. sehr verm. Aufl. von Caius [d. i. Friedrich Heinrich Theodor Allihn]. Th. 1. Halle: Mühlmann 1853. XVI, 114 S.
1. Allihn: Einleitung in die allgemeine formale Logik.
Spätere Auflagen s. *Allihn:* Abriss der Logik. 1894 u. ö.
12: Ph. Sp. 21 n. 6. 11.
3.4863

— Ueber die Bedeutung des Studiums des griechischen Alterthums für philosophische Bildung in gegenwärtiger Zeit. 3 Vorträge, geh. zur Eröffnung seiner Vorlesungen im Sommersemester 1848 an der vereinigten Friedrich-Wilhelms-Universität Halle-Wittenberg von F. H. Th. Allihn. — Nordhausen: Büchting 1849. XII, 62 S.
1: 4 in Va 1. 12: Ph. U. 9 m. 300: 31.632–B. 2. 3. 5. 7. 10. 11.
3.4864

— Briefe eines Nordhäuser Landwehrmanns üb. Demokratenwesen, freie Gemeinden u. Hegel'sche Philosophie. 2. verb. u. verm. Abdruck. Fol. (8 S.) Halle 849, Lippert. n. 1/6 ß

[—] Der verderbliche Einfluss der Hegelschen Philosophie. Vom Verf. des „Antibarbarus logicus" [d. i. Friedrich Heinrich Theodor Allihn]. — Leipzig: Geibel 1852. 71 S.
1: Nm 8541. 12: Ph. U. 9 nc. 5. 7.
3.4865

— Einleitung in die allgemeine formale Logik von Caius [d. i. Friedrich Heinrich Theodor Allihn]. — Halle: Mühlmann 1853. XVI, 114 S. (Allihn: Antibarbarus logicus. 2. Aufl. 1.) **12: Ph. Sp. 21 n–1. 6. 11.**
3.4866

— Einleitung in das Studium der Dogmatik, nach dem Ergebnisse d. neuesten wiss. Forschungen bearb. von F. H. Th. Allihn. — Leipzig: Reclam 1837. XIV, 214 S.
Im Exemplar von 11 schreibt sich der Verfasser F. H. Th. Alihn.
1: Cz 10780. 12: Dogm. 24 h. 10. 11.
3.4867

— Gedichte von Sempronius [d. i. Friedrich Heinrich Theodor Allihn]. — Berlin: Hasselberg [1859]. 84 S.
1: 2 an Yo 9836^{a}. 2. 11.
3.4868

— Die Grundlehren der allgemeinen Ethik, nebst e. Abhandlung über d. Verhältniss d. Religion zur Moral. Von F. H. Th. Allihn. — Leipzig: Pernitzsch 1861. X, 281 S.
1: Np 5138. 12: Ph. Pr. 22 h. 300: 58.331–B. 7.
3.4869

F[riedrich] H[einrich] Th[eodor] **Allihns** Grundriss der Ethik. (2. Aufl.) Neu bearb. u. erweit. v. Otto Flügel. *Langensalza: H. Beyer & Söhne 1898.* (XII S., 1 Bl., 272 S.) 1 Bd 8. [98. 8708

— Das Grundübel der wissenschaftlichen und sittlichen Bildung in den gelehrten Anstalten des Preußischen Staats. Von F. H. Th. Allihn. — Halle: Mühlmann 1849. 176 S.
1: Ay 7038. 12: H. litt. P. 8 h. 300: 20.320–B. 2. 3. 4. 10.
3.4871

Allihn, Frid[e]r[icus] Henr[icus] Theod[orus]: De idea iusti. qualis fuerit apud Homerum et Hesiodum, ac quomodo a Doriensibus veteribus et a Pythagora exculta sit. Halis (1847): Ploetz. 70 S. 8°
Halle-Wittenberg, Phil. Hab.-Schr. v. 16. Okt. 1847
Im Buchhandel Halis: Schmidt 1848. 72 S. 8°

— Nena Sahib. Eine indische Geschichte und vermischte Poesieen von Sempronius [d. i. Friedrich Heinrich Theodor Allihn]. — Berlin: Hasselberg [1860]. 91 S.
1: 1 an Yo 9836ᵃ.
3.4872

Allihn, Friedrich Heinrich Theodor: Die restaurative Politik und der Satz des Widerspruchs. Ein fliegendes Blatt von F. H. Th. Allihn. — Halle: Mühlmann 1850. 26 S. 12: Pol. g. 1022–32. 3.
3.4873

— — 2. Abdr., mit e. Anhange über die Begriffe: sittliche Substanz, atomistisch, mechanisch u. organisch. — Ebd. 1850. VI,39 S. 1: Flugschr. 1850–7.
3.4874

Allihn, F. H. Th., Predigten z. Förderg. christl. Erkenntniß. gr. 8. (VI, 65 S.) Leipzig 866. Langensalza, H. Beyer & Söhne. n. — 80.

Allihn, F. H. Th., Predigten zur Förderung christlicher Erkenntniß. Leipzig 866. Pernitzsch. gr. 8. (VI, 65 S.) 10 ngr.

(—) Die Sittenlehre Jesu. Hrsg. von O(tto) Flügel. — Langensalza: Beyer 1887. 80 S. 3.
3.4875

(—) — 2. Aufl. Ebd. 1888. 80 S. 1: Bq 4297ᵃ. 10.
3.4876

(—) — 3. Aufl. Ebd. 1892. 80 S. 1: Bq 4297ᵇ.
3.4877

(—) — 4. Aufl. Ebd. 1897. 86 S. 1: Bq 4297ᶜ. 3.
3.4878

(—) — 5., verb. u. verm. Aufl. Ebd. 1904. 80 S. 1: Bq 4297ᵈ. 7.
3.4879

— Die Umkehr der Wissenschaft in Preußen. Mit bes. Beziehung auf Stahl, und auf d. Erwiderungen seiner Gegner ... Ein Beitrag zur neuesten Culturgeschichte von F. H. Th. Allihn. — Berlin: Schindler 1855. XXIV,240 S.
1: A 586. 12: Ph. U. 9n. 3. 4. 5. 7. 10. 11.
3.4880

— Ueber das Verhältniss der Schule zum Leben. Rede geh. beim Beginne seiner Vorlesungen über die Principien der Ethik und Pädagogik an der vereinigten Friedrich-Wilhelms-Universität Halle-Wittenberg. Von F. H. Th. Allihn. — Halle: H. W. Schmidt 1848. 35 S.
1: 21 in Nc 2806. 12: Diss. 2133–3. 300: 20.357–B.
3.4881

Allihn, F. H. Th. (Hrsg.), s. Zeitschrift für exacte Philosophie im Sinne des neuen phil. Realismus.

Allihn, G. s. a. *Allihn*, Gustav.

Allihn, G., Alt od. Neu? Zur Katechismus- u. Unionsgeschichte in Anhalt. [Hrsg. vom Reformirten Bunde f. Deutschland.] gr. 8. (52 S.) Cöthen 892. P. Schettler's Erben. n. — 60

Allihn, G., einer ist euer Meister, Christus, ihr aber seid alle Brüder. Zur Orientirg. üb. die theolog. Parteien der Gegenwart. Vortrag. 8. (16 S.) Köthen 873. Schulze. — 30

Allihn, G., die Geschichte v. Anhalt, im Anschluß an die deutsche Geschichte f. Schule u. Haus dargestellt. gr. 8. (VIII, 149 S.) Köthen 878. Schettler's Verl. n. 1. 20

Allihn, G., die reformirte Kirche in Anhalt. Ein Stück Reformations- u. Unionsgeschichte. Mit der Beilage: Anhaltischer Unions-Katechismus vom J. 1599. gr. 8. (VII, 162 u. Beilage 34 S.) Köthen 874. Schettler's Verl. n. 2. 40

— Kirchenverfassung u. Kirchenvereinigung. Brennende kirchl. Fragen f. Anhalt, beantwortet u. zur weiteren Beantwortg. angeregt. gr. 8. (VI, 39 S.) Ebend. 875. n. — 80

— das Reich Gottes. Probe-Predigt f. d. Archidiakonat an der reformirten Stadt- u. Cathedralkirche zu Cöthen geh. gr. 8. (14 S.) Ebend. 876. — 15

— Union od. Confession? Nothwendige Antwort auf die Frage: Sollen wir Reformirte bleiben oder nicht? gr. 8. (48 S.) Ebend. 875. — 60

Allihn, Gustav, s. a. Allihn, G.

Allihn, Gustav: Die Geschichte von Anhalt im Anschluss an die deutsche Geschichte für Schule und Haus dargest. von G. Allihn. — Cöthen: Schettler 1878. VIII,149 S.
1: Ss 8736.
3.4882

— Die reformirte Kirche in Anhalt. Ein Stück Reformations- u. Unionsgeschichte von G. Allihn. Mit d. Beil.: Anhaltischer Unions-Katechismus vom Jahre 1599 (Katechismus für die christliche Jugend im Fürstenthume Anhalt). — Cöthen: Schettler 1874. VI,162,34 S.
1: Ss 9028. 3. 4.
3.4883

— Kirchenverfassung und Kirchenreinigung. Brennende kirchliche Fragen für Anhalt, beantwortet u. zur weiteren Beantwortung angeregt von G. Allihn. — Cöthen: Schettler 1875. VI,39 S. 1: Theol. Flugschr. 1875–7.
3.4884

Allihn, H. s. *Allihn*, Hans.

Allihn, Hans

— Die Anfangsgründe der häuslichen Krankenpflege. Eine Anleitung für hilfsbereite Frauen u. Jungfrauen. Durchges. von [Fritz] Kalkoff. — Berlin: Warneck 1904. VIII,115 S. 1: Ie 8517.
3.4886

— — 3., neu durchges. u. erg. Aufl. Ebd. 1905. XII,119 S.
1: Ie 8517ᵃ. 3.
3.4887

Allihn, Hans, die Anfangsgründe der häuslichen Krankenpflege. Eine Anleitg. f. hilfsbereite Frauen u. Jungfrauen. Durchgesehen v. Kalkoff. 9.—10. Taus. 4. Aufl. (X, 119 S.) 8. Berlin 907. M. Warneck. 1. —

Allihn, Hans: Äusserlichkeiten im Gottesdienst und bei den Amtshandlungen der evangelischen Geistlichen, dargest. in 4 Briefen an e. Kandidaten d. Theologie. — Magdeburg: Rathke 1894. 96 S.
1: Dp 2210. 12: Past. 509 k. 3.
3.4885

Allihn, H., die Evangelischen in Meseritz u. ihr Gotteshaus, s. a. Glaube, der evangelische, nach dem Zeugnis der Geschichte.

— Die Evangelischen in Meseritz und ihr Gotteshaus. — Halle: Niemeyer 1884. (Der evangelische Glaube nach d. Zeugnis d. Geschichte.) 36 S. 1: Cm 665–1. 3.
3.4890

Allihn, Hans: Gebetsdienst am Krankenbett. Morgen- u. Abendgebete, Kranken vorzulesen von treuer Pflegerin, nach alten, bewährten Vorbildern zsgest., bearb. u. erg. — Potsdam: Stiftungsverl. 1906. XII,203 S. 1: Da 3668.
3.4891

— u. Tochter, rationelle Krankenkost, bereitet unter Zuhilfenahme der Weck'schen Frischhaltungs-Apparate u. der Kochliste. (94 S.) gr. 8. Oeflingen (907). (Leipzig, Fritzsche & Schmidt.) Geb. in Leinw. 1. 50

— Der mündliche Vortrag und die Gebärdensprache des evangelischen Predigers. Ein Handbuch zum Selbstunterricht für angehende Geistliche von H. Allihn. — Leipzig: Ungleich 1898. IV,404 S.
1: Dy 4350. 12: Hom. 40 m.
3.4893

Allihn,

— **Johann Christoph Heinr.** (Jessnitz/Anh.), De moderando aquae frigidae usu externo in diversis morbis curandis. Diss. med. Wittenbg. (Chn. Heinr. Graessler) 13. V. 1812. 20 S. (3.50) 298
Gew.: Ernst Wilh. Haffter.

Allihn, K., s.a. A l l i h n , C.

Allihn, K., Was hat der Evangel. Prediger in dieser ernsten Zeit vor Allem zu bedenken? Synodalrede am Jahresfeste der Anhalt-Deßauischen Pastoralgesellschaft, 12. Juli 1848 gehalt. gr. 8. (15 S.) Leipzig 848, Dörffling & Franke. 3 ngr

Allihn, K., die große Zukunft der Mission. Predigt am Missionsfeste zu Bockerode am 24. October 1855. Dessau 855. Baumgarten u. Co. gr. 8. (15 S.) 3 ngr

Allihn, M., Pfarrer, Athenstedt. 1909 s. *Allihn*, Max. 1877.

Allihn, Max [wirkl. Name] s.a. A n d e r s , Fritz [Pseud.]

— Das Duett in As-Dur und Anderes. Novellen u. Skizzen von Fritz Anders. — Halle a. S.: Mühlmann 1908. 394 S. 1:Yx 39102.
3.4896

—— 2. Aufl. Ebd. 1908. 394 S. 3.
3.4897

Allihn, Max, Dürer-Studien. Versuch e. Erklärg. schwer zu deutender Kupferstiche A. Dürers v. culturhistor. Standpunkte. Mit e. (eingedr.) Illustr. in Holzschn. gr. 8. (III, 116 S.) Leipzig 871. H. Vogel. n. 5. 60

— Dürer-Studien. Versuch einer Erklärung schwer zu deutender Kupferstiche A. Dürers von culturhist. Standpunkte. — Leipzig: Weigel 1871. 115 S.
1:Nt 1877. 12:Art. 3c. 300:67.246-B. 2. 3. 5. 6. 7.
3.4895

— Doktor Duttmüller und sein Freund. Eine Geschichte aus d. Gegenwart von Fritz Anders. 2. Aufl. — Leipzig: Grunow 1902. 670 S. 1:Yx 34025². 5.
3.4899

Allihn, Max, Einiges üb. Harmoniumbau, Harmoniumspiel u. Harmoniumnoten m. Abbildgn. u. Notenbeispielen. Sonderausg. des Vorwortes zu des Verf. Wegweiser durch die Harmonium-Musik. gr. 8. (21 S.) Berlin 894. C. Simon. n. — 50

— Abenteuerliche und lehrreiche Ferienreisen. Von Fritz Anders. Bd 1. — Bielefeld & Leipzig: Velhagen & Klasing 1878. 336 S.
1. Anders: Der junge Generalstab im Harz.
1:Ng 15410. 6.
3.4902

— Der junge Generalstab im Harz. Nach d. Tagebüchern d. Expedition erzählt von Fritz Anders, u. nach ihren Aufnahmen illustr. von J. Kleinmichel. — Bielefeld & Leipzig: Velhagen & Klasing 1878. 336 S. (Anders: Abenteuerliche und lehrreiche Ferienreisen. 1.)
1:Ng 15410-1. 6.
3.4903

Allihn, Max. 1895: Die Grundlinien der Amateur-Photographie. Ein kleines Handbuch für Anfänger wie auch für Geübte. — Düsseldorf: Liesegang (1895). 202 S.
1:Os 1373. 5.
3.4925

— Herrenmenschen. Roman von Fritz Anders. — Leipzig: Grunow 1905. 560 S. 3.
3.4907

— Die Hausinstrumente Klavier und Harmonium, ihr Bau, ihre Stimmung, Pflege u. Besserung. Mit 23 Abb. — Quedlinburg: Vieweg [1891]. 212 S.
1:Mus. Fk 255. 3.
3.4908

— Der Parnassus in Neusiedel. Von Fritz Anders. — Leipzig: Grunow 1909. 226 S. 5.
3.4909

— Die Pflege des musikalischen Teils des Gottesdienstes. Im Auftr. d. Halberstädter Synode den Pfarrern, Kantoren und Organisten dargeboten. — Halle: Waisenhaus 1906. 56 S. 1:Ds 714. 3.
3.4910

— D. Photographie. Gemeinverständl. dargest. f. jedermann. 8. (VI, 128 S.) Leipzig 898. W. Möschke Geb. in Leinw. n. 1. 50

— Skizzen aus unserm heutigen Volksleben, gezeichnet von Fritz Anders. Samml. [1]-3. — Leipzig: Grunow 1891.
[1.] 1891. 2. 1890. 3. 1903.
2.3 . . . . 3.
1 . . . . 12: P. o. germ. 36 v.
2 . . . . 1:Yx 25000. 4.
3 . . . . 7.
3.4911

—— 3. u. 4. Taus. [Samml. 1.] Ebd. 1892. 330 S. 4.
3.4912

—— 3. Aufl. Samml. 1. Ebd. 1899. VI,360 S.
1:Yx 25000³.
3.4913

—— 4. Aufl. Samml. 1.2. Ebd. 1902-07.
1 . . . . 3. 7.
2 . . . . 2. 5.
3.4914

—— 2. Aufl. Samml. 2.3. Ebd. 1903-10.
2 . . . . 7.
3 . . . . 2. 5.
3.4915

— Der junge Tausendkünstler. Praktische Anleitung zur Darstellung leichter und unterhaltender Taschenspielerkünste, Schattenspiele, Puppenkomödien usw., von Fritz Anders. Mit zahlr. Abb. — Bielefeld & Leipzig: Velhagen & Klasing 1877. VI,320 S. 1:Os 11514. 6.
3.4917

—— 2., verb. u. verm. Aufl. Mit zahlr. Abb. Ebd. 1884. VI,326 S. 1:Os 11514². 6.
3.4918

—— 3., verb. u. verm. Aufl. Mit zahlr. Abb. Ebd. 1890. VI,330 S. 1:Os 11514³. 6.
3.4919

Allihn M. die Theorie und Praxis des Orgelbaues. 2. Auflage. Mit Atlas. (Schauplatz der Künste und Handwerke 208) Weimar 1886

— Die Theorie und Praxis des Orgelbaues. 2., völlig umgearb. Aufl. des Lehrbuches der Orgelbaukunst von J[ohann] G[ottlob] Töpfer. Für d. Gebr. d. Orgelbauers, Orgelrevisors, Organisten u. Architekten hrsg. von Max Allihn. Mit Atlas von 65 Taf. — Weimar: Voigt 1888. XXII,953 S. (Neuer Schauplatz der Künste und Handwerke. 208.) 1:8⁰ (Atlas: 4⁰) Mus. Fo 48². 4.
3.4920

— Tirol und die bayrischen Alpen. Eine Wanderung durch d. bayrischen Alpen u. Tirol in Wort u. Bild. Von M. Allihn. — Halberstadt: Koch [1909]. XVI,64 S.
1:4⁰ Sc 8945. 3.
3.4921

Allihn, M., Was gibt und nimmt uns d. mod. Weltanschauung, s.: Vorträge, apolog.

— Wegweiser durch die Harmoniummusik, aufgestellt u. mit Erl. vers. von Max Allihn. (Ausg. A.) — Berlin: Simon 1894. 154 S. (Carl Simon's Harmonium-Musikkatalog. Ausg. 3.) 12: Mus. Th. 112 b.
3.4923

— Wegweiser durch die Harmoniummusik, aufgestellt u. mit Erl. vers. von Max Allihn. (Ausg. B.) — Berlin: Simon 1894. XXIV,156 S. (Carl Simon's Harmonium-Musikkatalog. Ausg. 3.) 1:Mus. Fo 180.
3.4924

— dasselbe. Ausg. E., s.: Simon, Carl, Verzeichnis v. Harfen-Harmonium-Ensemblemusik.

Alliirten, die, vor Leipzig, am 18. Octbr. 1813. Ein krieg. Gemälde in 1 Akt. 8. Erfurt, Müller, 815.

Alliirten, die, vor Leipzig, am 18. Oct. 1813., e. krieger. Gemälde in 1 Akte. 8. Erfurt 815. (Weygand in Leipz.) 8 gr

Alliirten, die, und Rußland, s. Conversations-Hefte, illustrirte.

Allin, Arthur [aus Canada]: Ueber das Grundprincip der Association ... Berlin, Mayer & Müller, 1895; 2 Bl., 81 S., Bl. 8.
Berlin, Phil. Fak., Inaug.-Diss. v. 11. März 1895

Allina, Max. Aufgaben aus d. Buchführung. Suppl. zum Lehrbuche. Lex.-8. (IV, 92 S.) Wien 891, Hölder. * 1 —
Lehrbuch. Ebd. 1887. * 5 —.

Allina Max, Aufgaben aus der Buchführung. Supplement zum Lehrbuche. 2. Aufl. Gr.-8. (77 S.) In Comm. —.40

Hölder Wien, 1892

Allina, Max, Aufgaben aus der Buchführung. Suppl. zum Lehrbuche. 3. Aufl. gr. 8. (104 S.) Wien 894. A. Hölder. n. 1.—

— zwei Geschäftsentwürfe aus dem Manuscript der 2. Aufl. d. Lehrbuches v. M. A. — Über Vortragsposten im Conto-Corrent v. Ed. Grohmann. Progr. gr. 8. (S. 74—107 m. 1 eingedr. Curve.) Wien 892. (Leipzig, Literar. Anstalt, Aug. Schulze.) n. 1.60

Allina, Max, Lehrbuch der einfachen und doppelten Buchführung für Handelsschulen und verwandte Lehranstalten, sowie zum Selbstunterrichte. gr. 8. (VIII, 301 S.) Wien 887, Hölder. *

— Lehr- u. Übungsbuch der einfachen u. doppelten Buchführung f. 2classige Handelsschulen. 2., vollständ. umgearb. Aufl. gr. 8. (IV, 304 S.) Wien 894. A. Hölder. n. 3.20; kart. n. 3.60

ALLINA, Max

Lehr- und Übungsbuch der einfachen und doppelten Buchführung für zweiclassige Handelsschulen von Max Allina. 3. umgearbeitete Auflage. Wien. 1898. Hölder. Gr.-8°. VI, 239 S. Geb. fl. 1.50

Allina, Max, Lehr- u. Übungsbuch der einfachen u. doppelten Buchführung f. zweiklassige Handelsschulen. 4., verb. Aufl. In neuer Rechtschreibg. gr. 8. (VI, 248 S.) Wien 902. A. Hölder. Kart. n. 3.—

Allina Max, Lehr- und Übungsbuch der einfachen und doppelten Buchführung für zweiklassige Handelsschulen. 5. Auflage. Wien 1905. Alfred Hölder. Geb. K 3.24. (Min.-Erl. vom 9. August 1905, Z. 29992.)

Allina Max, Lehr- und Übungsbuch der einfachen und doppelten Buchführung für zweiklassige Handelsschulen. 6. Auflage. Wien 1908. Geb. K 3.50. (Min.-Erl. vom 31. Dezember 1908, Z. 48580.)

Allina, Max, Materialien f. d. prakt. Übungs-Comptoir an zweiclass. Handelsschulen. gr. 8. (38 S.) Wien 895. A. Hölder. Kart. n. — 70

— Materialien f. das praktische Übungs-Comptoir an zweiclassigen Handelsschulen. 2. umgearb. Aufl. gr. 8. (III, 34 S.) Ebd. 902. Kart. n. — 80

— Materialien f. das praktische Übungskontor an zweiklassigen Handelsschulen. 3., umgearb. Aufl. (III, 33 S.) gr. 8. Ebd. 907. Kart. — 80

Alline, Königin von Golkonda, nach Boufflers. [Berlin 1782]. V: *Meyer, Friedrich Ludwig Wilhelm.* (MGT)

Allini Litrupha, ed. Probe e. correkt. Abdr. d. Büch. Mose. gr. 8. Berlin, Nicolai. 778.

Allino, der Greis in vielerlei Gestalten, oder die Geheimnisse der Felsengruft. Pirna 1808. 1811. 1817. V: *Kerndörffer, Heinrich Aug.* (GGr) (Ky) (MGT) (NN)

Allino, d. Greis in vielerlei Gestalten, v. Verf. d. Lorenzo (H. A. Kerndörfer). 8. Pirna 808. N. A. 817. Friese. 16 gr

Allino, d. Greis in vielerley Gestalten &c. v. Verf. d. Lorenzo. 8. Pirna, Friese. 811.

Allinson, Arzt, London. 1903 s. *Allinson,* Thomas Richard.

Allinson, T. R. s. *Allinson,* Thomas Richard.

Allinson, Thomas Richard

Allinson, T. R., e. Buch f. junge Frauen. Einz. berecht. deutsche Uebersetzg. Hrsg. v. Fehlauer. 8. (71 S.) Berlin 896. [Geschäftsstelle „Unser Hausarzt".] W. Möller. 1 —; geb. n. 1.40

— [Rheumatism, acute and chronic, deutsch] Der Gelenkrheumatismus. Ursachen, Verhütung u. e. bewährtes, einfaches Heilverfahren. Von Allinson. Berechtigte deutsche Ausg. von [Karl Heinrich] Fehlauer. — Berlin: Möller [1903]. 16 S.
Aus: Unser Hausarzt. 8. 1902.
(Hausbücher für Gesundheitspflege. 50.)
1:Ic 2494-50.
3.4970

— [Hygienic Medicine, deutsch] Hygienische Heilkunst, der sicherste Weg zur Gesundheit. Von T. R. Allinson. Autoris. Übers. aus d. Engl. — Hagen i. W.: Risel 1893. 92 S. 1:Ii 2070. 6.
3.4969

— [Consumption, deutsch] Die Lungenschwindsucht. Ihr Wesen, Verhütung u. die Erfordernisse e. erfolgreichen Behandlung. Von T. R. Allinson. Einzig berecht. deutsche Übers. Hrsg. u. mit e. Nachw. vers. von [Karl Heinrich] Fehlauer. — Berlin: Möller [1899]. 34 S.
1:Iz 4925.
3.4967

— [Medical Essays, deutsch] Aerztliche Ratschläge von T. R. Allinson. Autoris. Uebers. von M. Ehrlich. — Berlin: Breitkreuz 1892. 164 S. 1:Ii 2067.
3.4968

Allioli, Dr., Prof. an d. Universität München. 1831 s. *Allioli,* Josef Franz v.

Allioli, Franz s. *Allioli,* Josef Franz v.

Allioli, Franz Josef v. s. *Allioli,* Josef Franz v.

v. Allioli, Franz Joseph. Die Bronze -Thüre des Domes zu Augsburg, ihre Deutung und ihre Geschichte, s. Allioli, Josef Franz von.

Allioli, J., s. Allioli, Josef Franz von

Allioli, J. F. s. *Allioli,* Josef Franz v.

Allioli, Josef s. *Allioli,* Josef Franz v.

Allioli, Josef Franz v.: Biblische Alterthümer zu Vorlesungen von Joseph Franz Allioli. Bdch. 1. — Landshut 1825: Thomann. VI, 152 S.
1. Biblische Geographie und häusliche Alterthümer.
12:Exeg. 26 mx.
3.4971

— Politische, häusliche und religiöse Alterthümer der Hebräer. Hrsg. von Joseph Franz Allioli, unter Mitw. von Lorenz Clem[ens] Gratz u. Daniel [Bonifacius v.] Haneberg. — Landshut: v. Vogel 1844. Getr. Pag. (Allioli: Handbuch d. biblischen Alterthumskunde. 1.)
1:Bh 8350-1. 12:Exeg. 26n-1. 2. 4. 5. 6. 7. 102.
3.4972

— biblische Alterthumskunde, s. Schrift, die heil., des alten und neuen Testaments. 15 Lfrg.

Allioli, Jos. Frz. v., ausführliche Anmerkungen zur Heiligen Schrift des Alten und Neuen Testamentes. Aus der Vulgata übers. Ergänzung d. Handausg. u. d. illustr. Handausg. München 855. v. Vogel. Lex.-8. (4 Bl., 680 S.) 1 ℛ 15 ngr

Allioli, J. Fr., Ausführliche Anmerkungen zur heil. Schrift des Alten u. Neuen Testamentes. Regensburg, Pustet, 1855, gr. 8°, 688 S., 4,50 Mk.

Allioli, J. F., Aphorismen über den Zusammenhang der hl. Schriften des Alten und Neuen Testamentes aus der Idee des Reiches Gottes. Regensburg, Daisenberger, 1818, 8°, 64 S., 60 Pf.
Recens. Felders Litt.-Ztg. f. k. Religionsl. 1818, Bd. IV, S. 108—112.

Allioli, J., Aphorismen über den Zusammenhang der heiligen Schrift A. und N. Test., aus der Idee des Reichs Gottes. 8. Regensburg, Daisenberger. 1819.

— s. C. Barthel, biblische Geschichte.

Allioli, Jos. Frz., die zwei Bäume. Predigt, am Charfreitage 1845 im Dome zu Augsburg gehalten. 8. Augsburg 845, Schmid'sche Buchh. n. 1/12 ℛ

— s. Bibel, H. v. Braun.

— die Bibel im Auszuge, mit Erklärungen zum Gebrauch in Volksschulen u. für die Jugend. 2 Thle. 8. Landshut 841, v. Vogel'sche Buchh. n. 3/4 ℛ

Allioli, Jos. Frz. v., Bild e. wahren Klosterfrau. Für Klosterfrauen-Beichtväter, Klosterfrauen u. solche, die Klosterfrauen werden wollen. Nach dem Franz. 6. Aufl. (XII, 200 S.) kl. 8. Regensburg 910. Verlagsanstalt vorm. G. J. Manz. 1.20; geb. in Leinw. 1. 80

— Die Bronze-Thüre des Domes zu Augsburg, ihre Deutung und ihre Geschichte. Eine im hist. Vereine d. Kreises Schwaben u. Neuburg gelesene Abh. von Franz Joseph v. Allioli. Mit 3 lithogr. Abb. — Augsburg: Rieger in Comm. 1853. IV,72 S.
1:4° Sf 8583. 12:4° Bavar. 69 t. 300:166.329–C [u.] *6122. 2. 7. 11. 83.
3.4974

— Epistel- u. Evangelien-Buch, nach seiner vom apostol. Stuhle approbirten Bibelübersetzung. Mit einem Anhange von Gebeten u. Litaneyen. Zum Gebrauche in den deutschen, auch königl. preuß. Schulen u. Kirchen. 8. Landshut 841, v. Vogel'sche Verlagsbuchh. n. 1/2 ℛ — 2. Aufl. 8. Ebd. 845. n. 1/2 ℛ

— Epistel- u. Evangelien-Buch, nach s. vom apostol. Stuhle approb. Bibelübersetzung. Mit e. Anhange v. Gebeten u. Litaneyen. Zum Gebrauche in d. deutschen, auch k. preuß. Schulen u. Kirchen. 2. Aufl. 8. (28¾ B.) Landshut 844. [München, Literar.-artist. Anstalt.]

— großes Epistel- u. Evangelienbuch, nach seiner v. apostol. Stuhle approb. Bibelübersetzung. Mit e. Anhange v. Gebeten u. Litaneyen. 2. Aufl. gr. 8. (22½ B.) München 846, [Literar.-artist. Anstalt].

— großes Epistel- und Evangelienbuch nach seiner vom apostol. Stuhle approb. Bibelübersetzung. Mit einem Anh. von Gebeten u. Litaneyen. Zum Gebrauche in den deutschen, auch königl. preuß. Schulen u. Kirchen. 3. Aufl. München 855. v. Vogel. gr. 8. (VIII, 349 S.) n. 10 ngl

Allioli, Jos. Frz., großes Epistel- u. Evangelienbuch. Nach seiner vom apost. Stuhle approbirten Bibelübersetzg. Mit e. Anh. v. Gebeten u. Litaneien. Zum Gebrauche in den kathol. Schulen u. Kirchen Deutschland's. 5. Ster.-Ausg. gr. 8. (VIII, 351 S.) Regensburg 877. Pustet. n. 1. —

Allioli, Jos. Frz., großes Epistel- u. Evangelienbuch. Nach der vom apostol. Stuhle approbierten Bibelübersetzg. Mit e. Anh. v. Gebeten u. Litaneien. 6. m. den neuesten Festen verm. u. verb. Aufl. gr. 8. (VIII, 344 S.) Regensburg 885. Pustet. n. 1. 20; geb. in Halbldr. n. 1. 80; in Ldr. m. Goldschn. n. 3. 20

Allioli, Jos. Frz., großes Epistel- u. Evangelienbuch. Nach der vom apostol. Stuhle approbierten Bibelübersetzg. Mit e. Anh. v. Gebeten u. Litaneien. 7., m. den neuesten Festen verm. u. verb. Aufl. gr. 8. (VIII, 272 u. 80 S.) Regensburg 894. F. Pustet. n. 1. 20; geb. in Halbldr. n. 1. 70; Ausg. auf Velinpap. m. 1 Stahlst. n. 2. —; geb. in Halbchagrin n. 2. 60; in schwarzes Ldr. m. Goldschn. n. 4. —; in rotes Ldr. m. Goldschn. n. 4. 40

Allioli, Jos. Frz., großes Epistel- u. Evangelienbuch. Nach der vom apostol. Stuhle approbierten Bibelübersetzg. Mit e. Anh. v. Gebeten u. Litaneien. 8., m. den neuesten Festen verm. u. verb. Aufl. gr. 8. (VIII, 274 u. 86 S. m. 1 Stahlst.) Regensburg 900. F. Pustet. 1. 50; geb. in Halbldr. n. 2. —; in Ldr. m. Goldschn. n. 3. 20

Allioli, Jos. Frz., kleines Epistel- u. Evangelienbuch. Aus dessen Bibelübersetzung rc. bearb. 2. Aufl. gr. 8. (IV u. 256 S.) München 846. (Bibelanstalt der Cotta'schen B.) 1/4 ℛ

— kleines Epistel- u. Evangelienbuch. 2. Aufl. gr. 8. (16½ B.) München 846, [Literar.-artist. Anstalt].

— kleines Epistel- und Evangelienbuch. Aus dessen vom apostol. Stuhle gutgeheißenen Bibelübersetzung und nach dem röm. Meßbuche zusammengetragen, und zum Gebrauche des deutschen Volkes wie der Schulen eigens bearbeitet. 3. Aufl. 2. Stereot.-Aufl. München 854. v. Vogel. 8. (4 Bl., 256 S.) n. 6 ngl

Allioli, Jos. Frz., kleines Epistel- u. Evangelienbuch. Aus dessen vom apostol. Stuhle gutgeheiß. Bibelübersetzg. u. nach dem röm. Meßbuche zusammengetragen u. zum Gebrauche d. deutschen Volkes wie der Schulen eigens bearb. Neue illustr. Schulausg. 8. (VII, 248 S. m. eingedr. Holzschn.) Regensburg 872. Pustet. n. — 60

— kleines Epistel- u. Evangelienbuch. Aus dessen vom apostolischen Stuhle gutgeheißener Bibelübersetzg. u. nach dem röm. Meßbuche zusammengetr. u. zum Gebrauche d. deutschen Volkes wie der Schulen eigens bearb. Neue illustr. Schulausg. 8. (VII, 248 S.) Ebd. 892. n. — 60; geb. in Halbchagrin n. — 90

— Biblische Erd- und Länderkunde. Hrsg. von Joseph Franz Allioli, unter Mitw. von Lorenz Clemens Gratz. Mit 3 Kt. u. 2 Beil. — Landshut: v. Vogel 1844. XV,656, XXXII S. (Allioli: Handbuch d. biblischen Alterthumskunde. 2.)
1: Bh 8350–2. 12: Exeg. 26 n–2. 2. 4. 6. 7. 102.
3.4975

Allioli, Jos. Franz, die heiligen Evangelien und Episteln oder Lectionen auf alle Sonn- und Festtage des Jahres. Aus dessen vom apostol. Stuhle gutgeheiß. Bibel-Uebersetzung u. nach dem röm. Meßbuche zusammengetragen, und zum Gebrauche des deutschen Volkes wie der Schulen eigens bearbeitet. 8. Landsh. 839. Palm'sche Verlagsbuchh. n. 1/3 ℛ

— die heiligen Evangelien und Episteln oder Lectionen auf alle Sonn- u. Festtage des Jahres. Aus dessen Bibel-Uebersetzung u. nach dem röm. Meßbuche zusammengetragen, und zum Gebrauche des deutschen Volkes, wie der Schulen eigens bearbeitet. 2. Aufl. 8. Ebend. 841, n. 1/3 ℛ

— Gelegenheits-Predigten und Reden. Neue Folge. — Augsburg: Kranzfelder 1869. 147 S. 12: Hom. 41–2.
3.4976

— bibl. Geschichte für die kathol. Volksschulen Deutschlands, bearb. u. mit Anmerk., Liedern und einer Katechese versehen v. J. S. Mathias. (Der Schrifttext ist überall durch größere Typen ausgezeichnet.) 4. Aufl. Mit 1 Charte, 2 Plänen u. 1 Nachweisetab. üb. d. sonn- u. festtägl. Lectionen u. Evangelien. gr. 8. Köln 846, Mathieux. n. 1/3 ℛ

— Glückseligkeitslehre, eine Anleitung zur christlichen Vollkommenheit. — Augsburg: Schlosser 1866. XII,236 S.
12: Asc. 57 m.
3.4977

— — 2. Aufl. Ebd. 1868. XII,236 S. 12: Asc. 57 n.
3.4978

— — 2., unveränd. Aufl. Würzburg: Bucher 1889. XII,236 S.
102[1].
3.4979

Allioli, Jos. Frz., Handbuch d. bibl. Alterthumskunde, s.a. Schrift, die heilige.

— Handbuch der biblischen Alterthumskunde, hrsg. von Joseph Franz Allioli, unter Mitw. von Lorenz Clem[ens] Gratz u. Daniel [Bonifacius v.] Haneberg. Mit Kt. u. Beil. Bd 1.2. — Landshut: v. Vogel 1844.
1. Allioli: Politische, häusliche und religiöse Alterthümer der Hebräer.
2. Allioli: Biblische Erd- und Länderkunde.
1.2 . . 1: Bh 8350. 12: Exeg. 26 n. 2. 4. 6. 7. 102.
1 . . . . 5.
3.4980

— — 2. Aufl. 1869 s. *Haneberg*, Daniel Bonifacius v.: Die religiösen Alterthümer der Bibel.

— Handbuch der bibl. Alterthumskunde, unter Mitwirkung von Prof. L. C. Gratz u. Dr. Haneberg. 2 Bände. gr. 8. Landshut 1844, (v. Vogel) 9 fl. 54 kr., jetzt Cotta's literar. Anstalt in M. 3 Thlr. — 4 fl. 48 kr.
Wird nicht sehr gerühmt. Der bessere Theil darin ist von Dr. Haneberg, d. religiösen Alterthümer.

— der Herr sei mit euch, sein Weg, seine Wahrheit, sein Leben! Eine Predigt, gehalten in d. Domkirche zu Augsburg am Vorabende d. Jahres 1853. Augsburg 853. Rieger in Comm. gr. 8. (16 S.) n. 2 ngr

— die Klöster auch Heilanstalten f. die Welt durch ihr Gebet u. ihre Arbeit. Eine Rede. Augsburg 868. Kranzfelder. 8. (16 S.). n. 2 ngr

– s. Kugler, J.G., kathol. Hausprediger.

— Leben Jesu, eine Evangelien-Harmonie. gr. 8. Landshut 840. Palmsche Verlagsbuchh. 5/8 Thlr

Allioli, Jos. Franz, Leben Jesu, e. Evangelien-Harmonie. gr. 8. (15½ B.) Landshut 840, [v. Vogel'sche Verlbuchh.] Thlr.

— Lebens-Nächte. 16. (376 S. m. 1 Holzschntaf.) Innsbruck 874. Vereins-Buchh. n. 6. —

— über die inneren Motive der kanonischen Horen u. ihren Zusammenhang. Eine liturg. Abhandlung. gr. 8. (79 S.) Augsburg 847, Schmid. 1/3 Thlr — 2. verm. Aufl. (Mit e. Anh.: Von d. marianischen Offizium.) gr. 8. (149 S.) Ebd. 850. 7/12 Thlr

—— 2., verm. Aufl. Ebd. 1848. 80,69 S.
1: Ds 13410². 12: Liturg. 12ma.
3.4982

— Nicht u. Nichts, Liebe um Liebe, Mehr um Mehr. Eine Inauguralrede zur Aufnahme mehrer Jungfrauen in den Orden d. hl. Franziskus von Assis zu St. Maria Stern in Augsburg. Mit einem Anh. über den Ritus der Einkleidung u. Gelübde-Ablegung zu St. Maria Stern in Augsburg. Regensburg 867. Pustet. 8. (35 S.). 4 ngr

— „ — das Marianische Offizium, als Anhang zu der liturg. Abhandlung über die innern Motive der kanonischen Horen rc. gr. 8. Augsburg 1848, Schmid. 10 Ngr. · 30 kr.

— Die juristische Persönlichkeit der durch das Konkordat vom 24. Oktober 1817 in Bayern neuerrichteten erzbischöflichen und bischöflichen Domkapitel in privatrechtlicher Beziehung. — Augsburg: Kollmann 1868. V,112 S.
1: Fq 9471. 12: Bavar. 67d. 11.
3.4983

v. Allioli, J. Frz., die juristische Persönlichkeit der durch das Konkordat vom 24. Oktbr. 1817 in Bayern neu errichteten erzbischöflichen u. bischöflichen Domkapitel in privatrechtlicher Beziehung. Nachgewiesen aus einem gegen das bischöfl. Domkapitel Augsburg geführten Prozesse. Augsburg 869. Kollmann. gr. 8. (V, 112 S.) 9 ngr

— Predigt auf das Fest des heil. Martyrers Georg. Auf Verlangen in den Druck gegeben. 8. Augsburg 842, Wolffische Buchh. n. 1/12 Thlr

Allioli, Josef Franz v.: Predigt auf das Fest des heiligen Bischofs Ulrich, Stadt- u. Diöcesanpatrons von Augsburg, geh. in d. Pfarrkirche zum heil. Ulrich in Augsburg den 4. Juli 1842. Von Jos. Franz Allioli. Auf Verlangen in d. Druck gegeben. — Augsburg: Wolff [1842]. 20 S.
12: Hom. 1796-16.
3.4984

— Predigt am Charfreitage [Karfreitag] 1840, geh. in d. Domkirche zu Augsburg von Jos. Fr. Allioli. — Augsburg: Doll in Comm. [1840]. 20 S. 12: Hom. 1795-2.
3.4985

—— Predigt am Charfreitage 1840, gehalten in d. Domkirche zu Augsburg. 8. (1¼ B.) Augsburg 841. (Regensburg, Manz.)

— Predigt am Charfreitag [Karfreitag] 1843, geh. in d. hohen Domstiftskirche zu Augsburg von Jos. Franz Allioli. Augsburg: Wolff 1843. 20 S. 12: Bavar. 4258d.
3.4986

— Predigt, gehalten am Neujahrsabend 1842. 2. Aufl. Augsburg 843, Schmid. 1/12 Thlr

— Predigten. — Augsburg: B. Schmid 1847. IV,211 S.
12: Hom. 41-1. 7. 102.
3.4987

Allioli, Jos. Franz, Die Psalmen übersetzt (mit kurzen Anmerkungen). Nürnberg u. Landshut, Vogel, 1832 (1. Aufl.), 13 Bg.
Neueste Auflage Regensburg, Pustet, 1893, 16°, 516 S., 1,20 Mk. unter dem Titel:

— Rede, gehalten in der Domkirche zu Augsburg bei Gelegenheit des öffentl. Rücktritts zur kathol. Kirche von Seite des Herrn Pfarrer Dr. Carl Haas. Mit der Eidesform des kath. Glaubensbekenntnisses. 2. verm. Aufl. gr. 8. Augsburg 844, Kranzfelder u. Comp. 3 ngr

—— Rede, gehalten bei Gelegenheit d. öffentl. Rücktrittes z. kathol. Kirche v. Seite d. Hrn. Pfarrers Carl Haas. Mit d. Eidesform d. kathol. Glaubensbekenntnisses. 2., verm. Aufl. gr. 8. (1¼ B.) Augsburg 844, [Fahrmbacher.]

Allioli, J. Fr., Akademische Reden, angehenden Theologen bei verschiedenen Anlässen gehalten. Nürnberg, Stein, 1830, 8°, 4 Bogen, 1 Mk.

– s. Repertorium für kathol. Leben.

– s. v. Richtenburg, die sonn- u. festtägl. Evangelien.

– s. Salomos Sprüche, die.

—— die heilige Schrift, s. Schrift, die heilige.

—— die heil. Schrift, f. Katholiken, s. Schrift.

Allioli, Jos. Franz, Die Strahlenkrone oder die glanzvollsten Lichtpunkte in den hl. Büchern des Alten u. Neuen Testamentes. Augsburg, 1847, gr. 8°, 88 S., 2 Aufl.

Allioli, Franz, Syrien (das christliche) im Jahre 1840. (Mit Einleitung von A. Passy.) Wien, Sollinger, 1840, 8°, 2,25 Mk.

— Syrien im Jahre 1840. Von Franz Allioli. — Wien: Sollinger 1842. XI,100 S.
1: Ul 3466. 300: • 69 E 214 [u.] • 4897.
3.4988

– s. Testament, das Neue.

— Trauerrede auf das Hinscheiden Sr. päbstlichen Heiligkeit Gregor XVI., geh. am 19. Juny 1846 in d. Domkirche zu Augsburg. — Augsburg: Wolff (1846). 10 S. 6.
3.4989

— Vorlesungen über Einleitung in die Bücher des alten Testaments nach Dr. Allioli. Lithogr. von P. Haarlander 1831. — [München] 1831. 559 S.
12: 4° Exeg. 151-1. 2.
3.4990

—— Vorlesungen über Einleitung in die Bücher des alten Testaments nach Dr. Allioli. — [München] 1834. 559 S.
Titelblatt u. Text lithogr. 5.
3.4991

Allioli, Jos. Franz, Vorlesungen über die Einleitung in die Bücher des Alten und Neuen Testamentes. (Lithographiert.) München, beim Verfasser, jetzt Augsburg, 1834—1835, 4°, 3 Bde.
Behandelt die allgemeine Einl. beider Testam. zusammen, die specielle gesondert.

— Vorlesungen über Einleitung in die heiligen Schriften des neuen Testaments nach Herrn Dr. Allioli. Lithogr. von P. Haarlander im Sommersemester 1832. — [München] 1832. 296 S. 12: 4° Exeg. 15 1-3.
3.4992

—— Vorlesungen über Einleitung in die heiligen Schriften des neuen Testaments nach Herrn Dr. Allioli. — München 1835. 296 S.
Titelblatt u. Text lithogr. 5.
3.4993

— Vorlesungen über Exegese des Briefes des hl. Apostel Paulus an die Galater nach Herrn Dr. Allioli. Lithogr. von P. Haarlander im Sommersemester 1832. — [München] 1832. VIII,173 S. 12: 4° Exeg. 15 m.
3.4994

— „ — Was hilft uns in unserer bürgerl. Bedrängniß? Predigt. 8. 2e. Aufl. 1848.

— Was hilft uns in der bürgerl. Bedrängniß? Eine Neujahrspredigt. gr. 8. (16 S.) Augsburg 849, Kollmann. — 2. Aufl. gr. 8. (16 S.) Ebd. 849. n. 2 ngr

– s. Jos. Weinkopf, christkathol. Religions-Unterricht.

(—) biblisches Wörterbuch zugleich Register über die sämmtlichen Ausgaben d. heil. Schrift d. alten u. neuen Testaments. München 856. v. Vogel. Lex.-8. (VI, 345 S.) n. 1 Thlr 14 ngr

(—) — Neue (Titel-) Ausgabe. Ebend. 858. Lex.-8. (VI, 345 S.) n. 21 ngr

Allioli, Joseph Franz: Biblische Erd- und Länderkunde, s. A l l i o l i , Josef Franz von

Allioni, Carlo, s.a. A l l i o n i , Karl

— [Tractatio de miliarium origine, deutsch] Abhandlung vom Ursprunge, Fortgang, der Natur und Heilung des Friesels. Aus d. Lat. übers. Mit Anm. u. andern Zusätzen verm. von Friedrich Ludwig Wigand. — Mühlhausen: J. D. Müller 1785. **12:**Path. 18. **2. 8.**
3.5007

— Abhandl. vom Urspr., Nat. und Heil. des Friesels. aus d. Lat. 8. Mühlhausen, Müller. 795.

— Abhandlung vom Ursprung, Verlauf, Natur und Heilung des Friesels. Nach der 2., sehr verm. Originalausg. aus d. Lat. übers., u. mit vielen Zus. u. Anm. begleitet (von J. J. Römer). — Winterthur: Steiner 1794. XVI,256 S.
1:Kp 1363. **300:** 65 W 26. **2. 3. 7. 8. 11.**
3.5008

— Auctarium ad Floram Pedemontanam cum notis et emend. auctore Carolo Allionio. — Augustae Taur.: Briolus 1789. 80 S.,7 Taf.
1:4° Ly 30731. **12:**4° Phyt. 6 [u. 5.] **300:** 80 D 90. **7.**
3.4995

— Conspectus praesentaneae morborum conditionis. — Augustae Taur. 1793: Fea. 367 S. **4. 5. 7. 8.**
3.4996

— Stirpium aliquot Descriptiones cum duorum novorum generum constitutione. — o. O. (1760).
1:4° Lw 13095.
3.4997

— Flora Pedemontana sive enumeratio methodica stirpium indigenarum Pedemontii. Auctore Carolo Allionio. T. 1–3. Augustae Taur.: Briolus 1785.
3. Allioni: Florae Pedemontanae Icones. Acc. explanatio nomenclaturae botanicae. Auctore Carolo Allionio.
1–3 . **1:**2° Ly 30730. **12:**2° Phyt. 9. **300:** 177.294–D [u.] 177.280–D–F. **2. 3. 5. 7. 8. 9. 10.**
1.2 . . . . **4.**
3.4999

Allioni, Karl, s.a. A l l i o n i , Carlo.

***Allioni,* Karl. Flora Pedemont. III Tom., c. fig. Fol. Turin 787. (Weidmann, Leipz.) 27 ₰**

— idem liber, III Tomi. c. fig. fol. Aug. Taur. (Gleditsch, Lips.) 785.

— Florae Pedemontanae Icones. Acc. explanatio nomenclaturae botanicae. Auctore Carolo Allionio. — Augustae Taur.: Briolus 1785. XIV S.,92 Taf. (Allioni: Flora Pedemontana. 3.)
1:2° Ly 30730–3. **12:**2° Phyt. 9–3. **300:** 177.294–D. Bd 3 [u.] 177.280–F. **2. 3. 5. 7. 8. 9. 10.**
3.5000

— Rariorum Pedemontii Stirpium specimen 1. — Augustae Taur.: Zappatas & Avondus 1755. X,55 S.
1:4° Ly 30720. **12:**4° Phyt. 7. **300:** 69 R 4. **3. 7. 10.**
3.5003

— Tractatio de miliarium origine, progressu, natura et curatione. Auctore Carolo Allionio. — Augustae Taur.: Avondus 1758. 130 S.
1:Kp 1360. **12:**Path. 17 y. **300:** 68 L 8. **2. 3. 4. 7. 8. 9. 10.**
3.5004

— — Ed. nova em. Jenae & Lipsiae: J. C. Fischer 1772. 131 S. **3. 5.**
3.5005

— — Ed. 2., notis, et add. aucta. Augustae Taur. 1792: Fea. XIV,195 S. **300:** 479.391–B. **5. 7.**
3.5006

Allionius, Car. Nic., Vom Friesel. 130 S. Mühlh. 8°. (Varia exempla epilepsiae a miliaribus.) 1785

Allionius, Carolus s. *Allioni,* Carlo.

Allis, Edward Phelps: The cranial Anatomy of the mail-cheeked fishes. With 8 pl. — Stuttgart: Schweizerbart 1909. III,219 S. (Zoologica. H. 57 = Bd 22, Lfg 3/5.)
1:4° Lk 1375–22,3/5. **12:**4° Zool. 35 o–22. **3. 4. 5. 6. 7. 8. 10. 11.**
3.5021

Allison, William, D. Züchten v. Renn-Pferden, s.: Lowe, C. Bruce.

Allitsch, Karl, die Eisenbeton-Konstruktionen. Leitfaden f. die Berechng. u. Ausführg. v. einfach verstärkten Betonplatten, Rippendecken (Plattenbalken) u. Säulen. Zusammengestellt f. Studierende d. Werkmeister-Schule. I. u. II. Tl. gr. 8. Innsbruck (Vereinsbuchh. u. Buchdr.) 2. 80
I. Die Berechng. (63 S. m. 51 Abb. u. 2 Tab.) 908. 2. —
II. Die Ausführg. (27 S. m. 12 Abb.) 910. — 80

— Die Erdbewegung bei Ingenieurarbeiten. Unter bes. Berücks. d. ausführlichen Vorarbeiten, sowie d. Abrechnung für Trassierung von Strassen, Eisenbahnen u. anderen Verkehrswegen. Mit 10 Abb. — München & Berlin: Oldenbourg 1908. 26 S.
1:Nz 5755/40. **12:**A. hydr. 3 ke. **83. 89.**
3.5042

— Hilfstafel f. Bau- u. Maurermeister zur sofortigen Bestimmung der Abmessungen v. einfach verstärkten ebenen Decken (Platten) u. Rippendecken (Plattenbalken) in Eisenbeton. Mit e. Erläuterg. zusammengestellt unter Berücksicht. alpenländ. Verhältnisse. (1 Taf. 33×35 cm. m. III S. Text.) 33,5×21 cm. Innsbruck 908. (Vereinsbuchh. u. Buchdr.) — 50

— Ein neues graphisches Verfahren zur Ermittlung der Querschnittsflächen der Kunstkörper im Eisenbahn- und Strassenbau. — Wien: Spielhagen & Schurich 1903. 22 S., 3 Taf. **300:** 424.076–B. **83.**
3.5043

Allius, Aug. Heinr. (Dresden), Diss. jur. civ. ad materiam de jurisdictione compendii juris Lauterbachiani. Präs. Joh. Balth. Werner. Wittenbg. (Chn. Gerdes) 17. VII. 1713. 28 Bl. (5.60) 299

Allix, Lieutenant-Général. 1826 s. *Allix,* Jacques Alexandre François.

Allix, s. A l l i x , Pierre.

Allix, G. A. F. s. *Allix,* Jacques Alexandre François.

Allix, J. A. F. s. *Allix,* Jacques Alexandre François.

Allix, Jacques Alexandre François

— Mémoire, en forme de lettre, adressé à la Diète germanique contre S. A. R. l'Électeur de Hesse. Par J. A. F. Allix. Dat. Francfort 1. May 1817. 9 S.
1:Franz. Flugschr. 1817–1. **4. 7.**
3.5055

— [Nouveau Système du monde, deutsch] Neues System des Welt-Alls. Von J. A. F. Allix. Aus d. Franz. übers. von Friedrich Murhard. Mit 1 Kupfertaf. — Frankfurt a. M.: Sauerländer 1817. VI,270 S.
1:Ol 15390. **300:** 17 G 29. **2. 6. 8. 83.**
3.5057

— neues System d. Welt-Alls. Aus d. Französ. übers. v. Fr. Murhard. Mit 1 Kpft. 8. Frkf. a. M. 818. Sauerländer. 1 ₰ 6 gl

Allix, Jacques Alexandre François: Théorie de l'univers ou de la cause primitive du mouvement, et de ses principaux effets. Par J. A. F. Allix. — Francfort s. M.: Boselli [usw.] 1817. 271 S.
12: Phys. sp. 13 m. **300:** 17.564. **3. 5. 6. 7.**
3.5058

***Allix,* J. A. F., Théorie de l'Univers, ou de la cause primitive du mouvement et de ses principaux effets. 8. Frankf. a. M. 817. Sauerländer. 1 ₰ 18 gl**

Allix, Jules, Vale. Vol. I. Leipzig 858. A. Dürr. 32. (295 S.) 20 ngl

Allix, P. s. *Allix,* Pierre.

Allix, Peter s. *Allix*, Pierre.

Allix, Petrus s. *Allix*, Pierre.

Allix, Pierre

Allix, Auslegung der Psalmen. 8. Leipzig, Eurich. 714.

— [The Judgment of the ancient Jewish Church, deutsch] Petri Allix, eines Theologi der Kirchen in Engeland, Ausspruch der alten jüdischen Kirchen wider die Unitarios in der Streit-Sache: wegen der H. Dreyeinigkeit und der Gottheit unsers hochgelobten Heylandes. So vormals zu Londen a. 1699 in engl. Sprache heraus gekommen, nun aber ins Hochteutsche übers. Nebst e. Vorr. H[ei]n[rich] Gottfried Arnolds: Von dem Gebrauch der Lehre der H. Dreyeinigkeit zur Gottseligkeit. — Berlin: Rüdiger 1707. 84 [vielm. 19], 372 S. 1: an Ct 2772. 12: 4° Dogm. 12f. 8. 9.
3.5075

Allix, Pet., Betracht. über d. Bücher d. heil. Schrift. 4 Thle. 8. Schwab. 770—74. Enderes. 1 Thl 8 gr

— [Réflexions sur les livres de l'Écriture sainte, deutsch] Petri Allix Vernünfftige Betrachtungen über die Bücher der H. Schrifft. Die Warheit der christlichen Religion dadurch zu behaupten. Aus d. Frantz. übers. von Andreas Christian Eschenbach. T. 1. 2. — Nürnberg: Otto 1702. 1: Dc 1155. 9.
3.5080

Allix, Pierre: Diatriba de anno & mense natali Jesu Christi.
— — Jenae: Horn 1740. 155 S. 1: 1 in Bq 2. 12: Exeg. 1124/1. 4. 8. 10.
3.5069

— [De Messiae duplici Adventu, deutsch] Petri Allix Von des Messiä zweymaliger Zukunfft. Zwey Betrachtungen wider die Juden. Aus dem Lat. übers. und als ein Anh. zu denen Biblischen Betrachtungen des Autoris hrsg. — [Nürnberg: Otto] 1704. 104 S. 1: an Dc 1155. 9.
3.5064

Allmacher, Friedrich Karl: Das Reich des Lichts. Prophetische Ansichten. — Coblenz: Verf. 1854. 332 S.

Allmacht, Die, Gottes in den Werken der Natur. Ein Volksbuch ... Aarau 1840. V: *Zschokke, Johann Heinrich.* (zu)

Allmacht Gottes, die, in den Werken der Natur. Ein Volksbuch zur wahren Erkenntniß Gottes, wie zur möglichsten Verhütung des Aberglaubens, der Sectirerei und des Mysticismus. Zur Belehrung für alle Stände ohne Unterschied der Confession in fünfzig religiösen Betrachtungen. Wohlfeilste, für unbemittelte Volksklassen bestimmte Original-Aufl. gr. Lex.-8. Aarau 840. Sauerländer. 1/3 Thl

Allmacht, die, Gottes in den Werken der Natur. Ein Volksbuch zur wahren Erkenntniß Gottes und zur Belehrung für alle Stände. 2. wohlfeilste Ausgabe. hoch 4. Aarau 843, Sauerländer. 1/6 Thl

Allmacht, die, Gottes in den Werken der Natur. Ein Volksbuch zur wahren Erkenntniß Gottes u. zur Belehrung f. alle Stände (v. Heinr. Zschokke). 3. verb. Aufl. hoch 4. (152 S.) Aarau 852, Sauerländer 12 Ngr.

Allmacht Gottes in d. W. der Schöpfung besungen. 8. Frankfurt, 754.

— Die göttliche Allmacht in der wunderthätigen Ausbreitung seines heiligen allein seeligmachenden Wortes und Erhaltung der wahren evangelischen Religion, bey Betrachtung derer in dem Ertz-Bißthumb Saltzburg viele Jahre her sehr bedrängten Nachfolger Christi, und über zwantzig tausend Seelen deßhalber aus diesen Landen sich wegbegebenen Emigranten, in einer erbaulichen und hierzu dienlichen Nachricht vorgestellet. — Franckfurth & Leipzig 1732. 31 Bl. 4° 3.
3.5095

Allmacht, Weish. und Güte des Schöpfers in der Nat. s. Bischof.

Allmaechtige. — Die allmächtige Hülffe des Herrn, wodurch des ... Herrn Carls, Fürsten zu Nassau [Karl Fürst v. Nassau] ... drey durchlauchtigste Printzen zu Nassau-Saarbrück-Usingen &c. &c. des Erb-Prinzen Carls [Karl Erbprinz v. Nassau], Prinzen Friederich Augusts [Prinz v. Nassau] und Prinzen Johann Adolphs [Prinz v. Nassau] Hochfürstl. Durchl. ... von der höchst-gefährlichen Blatter-Kranckheit glücklich und erwünscht genesen, wolten danckbarlich preisen ... sämmtliche hochfürstliche Collegial- u. Ober-Amts-Subalterne, wie auch Renth- und Kellerey-Dienerschafft zu Wißbaden. — Mayntz [um 1750]: Bayer. 4 Bl. 1: 42 in 2° Yf 6826.
3.5096

Allmählig werden die Teutschen klüger. [Gotha 1790]. V: *Schmid, Christian Heinrich.* (ML)

Allmanach. — Allmanach s.a. *Almanach*.

Allmanach/ Oder Jahr=Buch, Jn sich haltend: Eine Astronomische und Astrologische Muthmassung und Vorstellung von des Jahrs und der vier Zeiten Gewitter/ so sich zutragen möchten. Nebst diesem ist auch zu finden Eine annehmliche Beschreibung der jetzigen Zeiten und Läufften, welche hinten zu lesen ist. Auf das Heil=Jahr ... beschrieben durch GUILIELMUM Walther. Astroph.
Augsburg: Brechenmacher [1775]. 4°
1775: 14 ungez. Bl. mit groß. Holzschnitt auf d. Vorderseite.

Allmanach der kaiserl. Akademie der Wissenschaften. 3. Jahrg. 1853. Wien, Hof- u. Staatsdruckerei. In Kommission bei W. Braumüller. 8.

ALLMANACH (I) des Luxus und der Mode auf 1801. Mit 10 color. Modekpfrn. von Bunbury und Hogarth, nebst einer Lichtenberg'schen Erklärung. Hamburg, Gottfr. Vollmer. 8°. (9 Ggr.)
Vollmer's Mich.-Meß-Verlag 1800.

Reichs Ritterschafftl[icher] Allmanach aufs Jahr ... [Hrsg. v. Friedrich Wilhelm Ferdinand von Brandenstein.] — ([Kupf. v. Johann Friedrich] v[on] Mayr, [gest. v.] J[ohann] M[ichael] Frey.)
Wüstenstein: v. Brandenstein [1790]. 16°
[Kupfert.]
1791: [1790.] 20 S., 6 Bl., 120, 280 S., 1 Bl., 8 Kupfertaf. davon 2 kol., 1 Notenbl., 1 geneal. Tab.

Allmanach, Schleswig-holsteinischer historischer. Fortsetzung von: Naturallmanach, Schleswig-holsteinischer.

Matthias Rohlfs Schleswig-holsteinischer historischer **Allmanach** auf das Jahr ... Altona. 16°
1787. Dem beygefügt eine Anweisung ... v. Philip Ernst Lüders.
Zum 1. Male mit dem sogen. Türkenkopf, aber in anderer Form als später.
1792. 1793. 1795. Dem beygefügt einige gemeinnützige Abhandlungen v. Johann Georg Büsch.
Der Türkenkopf hat die im 19. Jahrh. übliche Form.
Fortges. u. d. T.:
P. H. C. Brodhagens Schleswig-holsteinischer historischer **Allmanach** auf das Jahr ... Altona. 16°
1798. Dem beygefügt einige gemeinnützige Abhandlungen v. Johann Georg Büsch.
1803. Dem beygefügt das Leben Benjamin Franklins u. einige andere Aufsätze.
1805. Dem beygefügt einige merkwürdige Züge aus der neuesten Geschichte.
Fortges. u. d. T.:
F. P. Nuppnau's Schleswig-holsteinischer historischer **Allmanach** auf das Jahr ... Dem beygefügt einige landwirtschaftl. Aufsätze. Altona. 16°
1809.
Fortges. u. d. T.:
Ferdinand Stillers Schleswig-holsteinischer historischer **Allmanach** auf das Jahr (Schaltjahr) ... Dem beygefügt einige landwirthschaftliche (1813 ff.: vermischte) Aufsätze. Altona. 16°
1810—1815.

Allmanach, Schleswigholsteinischer gemeinnütziger. Fortsetzung von: Allmanach, Schleswig-holsteinischer historischer.

Ferdinand Stillers Schleswig-holsteinischer gemeinnütziger **Allmanach** auf das Jahr (Schaltjahr) . . . Dem beygefügt einige vermischte Aufsätze. Altona. 16°
1816. 1818—1835.

Fortges. u. d. T.:
A. C. Petersen's Schleswig-holsteinischer gemeinnütziger Allmanach (1839 ff.: **Almanach**) auf das Jahr (Schaltjahr) . . . Dem beygefügt einige vermischte Aufsätze. Altona. 16°
1836—1846.
Fortges. u. d. T.:
Almanach, Königlich privilegierter schleswigholsteinischer gemeinnütziger.

Allmanden, über, deren Benutzung u. Vortheilung. 8. Stuttg. 793. Metzler. 5 gr

Allmang, Georg

— Die heutige gesetzliche Lage der katholischen Kirche in Frankreich. Von G. Allmang. 2. Aufl. — Paderborn: Schöningh 1909. 40 S.
Aus: Der kath. Seelsorger. 1909. 102.
3.5106

— Lourdes (1858-1908). Erscheinungen u. Heilungen. Eine hist.-krit. Studie von G. Allmang. — Paderborn: Junfermann 1908. 53 S. 1: Dv 12062. 6.
3.5107

Allmann, Franz, a. Bingen a. Rh.: Elastische Atrophie der Aortenklappen und Gehirnarterien. Würzburg 1907: F. Staudenraus. (38 S.) 8°
Würzburg, Med. Fak., Ref. Borst, Diss. v. 22. Juli 1908
[Geb. 16. Mai 80 Bingen; Wohnort: Würzburg; Staatsangeh.: Preußen; Vorbildung: Gymn. Laubach Reife O. 01; Studium: München 5, Heidelberg 1, Würzburg 5 S.; Coll. 29. Juli 07; Approb. 26. Juni 07.]

Allmann, Jean Marie, aus Bingen a. Rh., Rechtspraktikant: Außerordentliche Strafe und Instanzentbindung im Inquisitionsprozesse nach den wichtigsten Quellen bearbeitet. *München 1903: F. Straub.* (82 S.) 8° [F.]
Göttingen, Jur. Diss. v. [27. Okt.] 1903

Allmann, Jean Marie, außerordentliche Strafe u. Instanzentbindung im Inquisitionsprozesse, nach den wichtigsten Quellen bearb. Diss. (IV, 82 S.) gr. 8. München 903. (Göttingen, Vandenhoeck & Ruprecht.) n. 1. 80

Allmann, Julius, appr. Arzt: Zur Frage der Graviditätsmyelitis. Kiel 1909: Fiencke. 18 S. 8°
Kiel, Med. Diss. v. 9. Aug. 1909, Ref. Siemerling
[Geb. 20. Juli 82 Silz: Wohnort: Hamburg; Staatsangeh.: Bayern; Vorbildung: Gymn. Speyer Reife O. 02; Studium: München 10 S.; Coll. 26. Juli 09; Approb. 21. Jan. 09.] [U 09. 2247

Allmann, Max

Gellé, Joh. Bapt.: [Lied.] Am Grabe des [Br.] Joh. Bapt. Gellé aus inniger Hochachtung gewidmet von Max **Allmann.** o. O. [1847]. 2 Bl. 4° [Umschlagtit.]
Ohne Noten: „O seht, o seht, wie mehrt sich das Gedränge." 345.

Der Tod des Meisters, zur Trauer ▭ für Joh. Bapt. Gellé, allen Bundesbbr.·. gewidmet von Max **Allmann.** o. O. [1847]. 2 Bl. 8° [Umschlagtit.]
Gedicht: „Traurig blicken wir nach Morgen.." 345.

Allmann, Oskar: Geschichte der deutschen Bäcker- und Konditor-Bewegung. Hrsg. im Auftr. d. Vorstandes d. Verbandes d. Bäcker ... Deutschlands von O. Allmann. Bd 1. 2. — Hamburg: Allmann; Berlin: Vorwärts in Komm. 1910. 1: Fd 3105. 12: Cam. 5 bd.
3.5108

Allmann, Rudolf, appr. Tierarzt a. Eßlingen (Württemberg): Aus d. veterinär-pathol. Institut d. Universität Gießen. Beitrag zur Kenntnis des ansteckenden Scheidenkatarrhs der Rinder. Eßlingen a. N. [1905]: W. Langguth. (36 S.) 8°
Gießen, Med. Fak., Ref. Olt, Diss. v. 23. Dez. 1905
[Geb. 16. Juni 79 Eßlingen a. Neckar; Wohnort: Eßlingen; Staatsangeh.: Württemberg; Vorbildung: Gymn. Schwäbisch-Hall Reife O. 98; Studium: Stuttgart u. Berlin 8 S.; Rig. 16. Juni 03.]

Allmantes und Codeman, eine persische Erzählung. [Weimar 1789]. V: *Demme, Hermann Christi. Gottfried.* (MGT)

Allmaras, Joseph, approb. Arzt aus Alsterweiler (Rheinpfalz): Ein Fall von Situs transversus partialis. Mit 5 Abb. *Freiburg i. B.: Speyer & Kaerner 1904.* (41 S.) 8°
Freiburg i. B., Med. Diss. v. 1904

Allmayer, F., der wiener Jurbruder als Humorist, Deklamator und Vorleser bei allen Gelegenheiten. Eine ganz neue Sammlung von humorist. Vorlesungen, Theater-Couplets, Anekdoten und Bonmots. 1. Abthl. 10 Hefte und 2. Abthl. 12 Hefte. 32. (792 S.) Wien 864,65, Venedikt. à Heft 3 Ngr.

Allmayer Rr v. Allstern, **Ludwig:** Hygienische Ausstellung in Berlin 1883. Die Verwerthung des Cloakeninhaltes und der Dungstoffe Wiens durch das Marchfeld. Eine Frage der öffentl. Gesundheitspflege für Wien und das Land Niederösterreich. — Wien: Frick 1883. 79 S.
1: Fb 5816. 12: Pol. civ. 2 ok. 300: 23.974–B. 83.
3.5109

Allmeling, Otto, a. Wehnsen: Ein Beitrag zur Lehre von den Complikationen von Schwangerschaft mit Myom des Uterus. Lauenburg 1904: A. Voss. (22 S.) 8°
Würzburg, Med. Fak., Ref. Hofmeier, Diss. v. 25. Aug. 1904
[Geb. 22. Nov. 77 Wehnsen; Wohnort: Wehnsen; Staatsangeh.: Preußen; Vorbildung: Gymn. Lüneburg Reife O. 97; Studium: Göttingen 4, Würzburg 5 S.; Coll. 6. Juli 04; Approb. 13. Mai 03.]

Allmendinger, Karl, s.: Nabor, Fel.

Allmenröder, C., Schloss Braunfels u. seine Umgebung, s. a. **Woerl's Reisehandbücher.**

Allmenroeder, C.: Schloss Braunfels und seine Umgebung. Ein geschichtl. Führer. — Würzburg: Wörl (1893). 44 S. (Wörl's Reisehandbücher.)
12: It. coll. 30 gm-A, 29. 5.
3.5110

Allmenröder, Erwin, die moderne Kunstbewegung u. der Dürerbund. Vortrag, geh. in der Dürergesellschaft Stettin am 22. X. 1904. Buchschmuck v. Heinr. Vogeler, Worpswede. (II, 34 S.) gr. 8. Stettin 905. (H. Dannenberg & Co.) n.n. — 50

Allmenroeder, Erwin: Die moderne Kunstbewegung und der Dürerbund. Vortrag. — Stettin: Dürer-Ges. 1905. 34 S. 1: Nr 3449/25. 9.
3.5111

Allmer, C. H. E., disquisitio anatomica de pinguedine animali. C. tab. aen. 4. Jena 823. Maucke. 8 gr

Allmer, J. G., die Kunst, das im bürgerlichen u. kaufmännischen Leben vorkommende Rechnen in 272 Lectionen gründlich zu erlernen, leichtfaßlich dargestellt und durch circa 1500 berechnete Beispiele erläutert. 8. Leipzig 839. Künzel. 5/12 Rthlr

Allmers, d. Unfreiheit der Friesen zwischen Weser und Jade, s. Allmers, Robert.

Allmers, Bertha, Agathe Foreta, s. Allmers, Hertha.

Allmers, H., fromm u. frei, s. Allmers, Hermann.

Allmers, Hermann

— s. *Allmersbuch.* Eine Festgabe zu d. 80. Geburtstage d. Marschendichters. 1901.

— Der Altarschrein der Kirche zu Altenbruch im Lande Hadeln. Im Auftr. des Vereins für Geschichte u. Alterthümer der Herzogthümer Bremen u. Verden u. des Landes Hadeln zu Stade photogr. dargest. und begleitet mit e. kunstgeschichtlichen Text von Hermann Allmers. — Stade: Pockwitz 1873. 15 S.
1:2° Sm 1980. 12:2° Art. 2r. 3. 7. 8. 9.
3.5129

— Die altchristliche Basilika als Vorbild des protestantischen Kirchenbaues. Eine Studie. — Oldenburg: Schulze 1870. 35 S.
Aus: Allmers: Römische Schlendertage. 2. Aufl. 6. 82.
3.5130

— die altchristliche Basilika als Vorbild des protestantischen Kirchenbaues. Eine Studie. [Aus: „A., röm. Schlendertage".] gr. 8. (36 S.) Ebd. 894. n. — 50

Allmers, Herm., kulturgeschichtliche Bilder aus den Nordsee-Marschen, s. Dörnberg, H. v.

—— Hauptmann Böse. Ein deutsches Zeit- und Menschenbild für das deutsche Volk. 8. (VIII, 111 S.) Bremen 882, Schünemann's Verlag. *

— Hauptmann Böse. Ein deutsches Zeit- und Menschenbild für das deutsche Volk. — Bremen: Schünemann 1884. VIII,110 S. 1:Pb 8160. 12: Biogr. 108n. 7. 9.
3.5131

— Dichtungen. — Bremen: Heyse 1860. 118 S.
1:Yo 9465. 12: P. o. germ. 22 l. 9. 11.
3.5132

Allmers, Hermann: Dichtungen. 2., stark verm. Aufl. — Oldenburg: Schulze [1878]. VIII,189 S.
1:Yo 9465².
3.5133

—— 3., stark verm. Aufl. Oldenburg & Leipzig: Schulze [1892]. VIII,239 S. 12: P. o. germ. 22 la. 10.
3.5134

Allmers, Herm., Dichtungen. Jubiläums-Ausg. 4., stark verm. Aufl. Hrsg. zu des Dichters 80. Geburtstage. gr. 8. (VIII, 279 S.) Oldenburg (900). Schulze. n. 3. —; geb. n. 4. —

Allmers, Herm., Dichtungen. 5. Aufl. (VIII, 267 S.) gr. 8. Oldenburg (903). Schulze. n. 3. —; geb. n. 4. —

— Elektra. Drama. Musik von Albert Dietrich. — Oldenburg: Schulze 1872. 42 S.
1:Ys 17505. 12: Heyse-Archiv XII-13,1. 7.
3.5136

—— 2. Aufl. Oldenburg & Leipzig: Schulze [1895]. 42 S.
1:Ys 17505².
3.5137

— Friesensang! Worte u. Weise v. H. A. gr. 8. (3 S.) Bremerhaven 893. Ch. G. Tienken. n. — 10

— Fromm und frei. Eine Ostergabe in religiösen Dichtungen. — Oldenburg & Leipzig: Schulze (1889). 62 S.
1:Yo 22741. 12: P. o. germ. 22 lb.
3.5138

— Gedenkblätter zur siebenzigsten Geburtstagsfeier des Bremer Bildhauers Diedrich Kropp. Auf Wunsch seiner Freunde hrsg. Mit 12 Taf. im Lichtdr. u. d. Portr. d. Künstlers nach Aufn. von Hans Müller u. a. — Bremen: Hampe 1894. 10 S., 12 Taf. mit je 1 Erl.-Bl.
1:Nt 3734. 3.
3.5139

— Herz u. Politik. Dramat. Zeitidyll. gr. 8. (35 S.) Oldenburg 895. Schulze. n. — 60; geb. n. 1. 50

— Unsere Kirche, ihr Zustand und Ziel. Ein Wort an die Gemeinden. — Hannover: Krüger 1865. 19 S. 7.
3.5141

—— Marschenbuch. Land- und Volksbilder aus den Marschen der Weser und Elbe. 1. Aufl. Gotha 1858. und 2. (Titel-) Ausg. gr. 8. (VI und 356 S. mit eingedr. Holzschn.) Gotha 861. [Bremen, Müller.] à ·

— Marschenbuch. Land- und Volksbilder aus den Marschen der Weser und Elbe. — Gotha: Scheube 1858. 354 S. 12: Germ. sp. 9n. 300: 45.676-B. 6. 7.
3.5142

—— 2. Ausg. Bremen & Leipzig: C. Ed. Müller 1861. 354 S.
1:S 10851. 3. 9. 11.
3.5143

—— 2., durchges. u. verm. Aufl. Oldenburg: Schulze 1875. 401 S. 1:S 10851². 4. 11.
3.5144

— Marschenbuch. Land- u. Volksbilder aus den Marschen der Weser u. Elbe. 3., verm. Aufl. Mit H. A.'s Bildniß u. vielen Holzschn. gr. 8. (VIII, 459 S.) Oldenburg 891. Schulze. n. 6. —; geb. n. 7. —

—— Mit H. Allmers' Bildnis u. vielen Holzschn. 4. Aufl. Oldenburg & Leipzig: Schulze [1902]. 460 S. 5.
3.5145

—— 5. Aufl. Ebd. [1902]. 460 S.
12: Germ. sp. 603 n. 7. 10.
3.5146

— die Pflege d. Volksgesangs im deutschen Nordwesten. 8. (23 S.) Bremen 878. (Bruns.) n. — 50

— Die Pflege des Volksgesangs im deutschen Nordwesten. — Bremen: Hunckel [1878]. 23 S. 9.
3.5149

—— Prolog zur Eröffnung der Theatervorstellung in Dedesdorf zum Besten der Verwundeten am 8. Jan. 1871. gr. 8. (3 S.) Oldenburg 871, Schulze'sche Buchh. **

— Römische Schlendertage. — Oldenburg: Schulze 1869. VII,349 S. 3. 5. 7.
3.5150

—— 2., durchges. u. verm. Aufl. Ebd. 1870. 398 S.
12: Ital. 10m. 7.
3.5151

—— 3., durchges. u. stark verm. Aufl. Mit einem Titelbild von Otto Knille. — Ebd. 1872. 462 S.
1:Rr 5338. 82.
3.5152

—— 4. Aufl. Ebd. 1879. 7.
3.5153

— römische Schlendertage. 5. durchgeseh. u. verm. Aufl. Mit e. Titelbild (Holzschntaf.) v. Otto Knille. 8. (V, 468 S.) Oldenburg 882. Schulze. n. 5. 60; geb. n. 6. 50

—— 6., durchges. u. verm. Aufl. Mit einem Titelbild von Otto Knille. — Ebd. [um 1885]. V,470 S.
12: Ital. 10mc.
3.5154

Allmers, Herm., römische Schlendertage. 6. durchgeseh. und verm. Aufl. 8. (V, 470 S. mit 1 Titelbild von Otto Knille.) Oldenburg 888, Schulze'sche Buchh. *M 5.60.; geb. *

—— Römische Schlendertage. 7. (Titel-) Aufl. gr. 8. (V, 470 S.) Ebd. 891. * 6 —; geb. * 7 —

— römische Schlendertage. 8. Aufl. gr. 8. (V, 470 S.) Ebd. 894. n. 6. —; geb. n. 7. —

Allmers, Hermann: Römische Schlendertage. 9., illustr. Aufl. mit 20 Vollbildern. — Oldenburg & Leipzig: Schulze [1896]. 468 S.
12: P. o. germ. 22 ld-3.4. 4 [∞S. 467/468]. 10. 11.
3.5155

— Römische Schlendertage. 10. illustr. Aufl. m. 20 Vollbildern. gr. 8. (VII, 470 S.) Ebd. 901. n. 6. —; geb. n. 7. —

— römische Schlendertage. 11. illustr. Aufl. m. 20 Vollbildern. (VII, 470 S.) 8. Ebd. (904). n. 6. —; geb. n. 7. —

— Wandsprüche der Friesenhalle im Gasthof zum Schloß Morgenstern zu Weddewarden im Lande Wursten. 8. (8 S.) Bremerhaven 883. Tienken. — 25

Allmers, Hermann: [Werke] Sämtliche Werke. 3. Aufl. 1.2. Oldenburg & Leipzig: Schulze [um 1891].
1.2. Marschenbuch. 3., durchges. u. verm. Aufl. **8.**
3.5120

— — (3. Aufl.) 1.2.5. Ebd. [um 1891].
1.2. Marschenbuch. 3., durchges. u. verm. Aufl.
5. Dichtungen. 3., stark verm. Aufl.
1.2.5 . . . . **12:** P. o. germ. 22 ld-1.2.5.
300: 189.752-B. Bd 1.2.5. **5.**
1.2 . . . . **1:** Ak 4351-1.2.
5 . . . . **8.**
3.5121

— — (7. Aufl.) 3.4. Ebd. [um 1891].
3.4. Römische Schlendertage. 7. Aufl. **8.**

— — 6. Ebd. [um 1895].
6. Aus längst und jüngst vergangener Zeit.
1: Ak 4351-6. **12:** P. o. germ. 22 ld-6.
300: 189.752-B. Bd 6. **2. 5. 7. 8. 9.**
3.5123

— — (8. Aufl.) 3.4. Ebd. [um 1896].
3.4. Römische Schlendertage. 8. Aufl.
300: 189.752-B. Bd 3.4. **5.**
3.5124

— — (9., illustr. Aufl.) 3.4. Ebd. [um 1896].
3.4. Römische Schlendertage. 8. Aufl. **1:** Ak 4351-3.4.
3.5125

— — (4., stark verm. Aufl.) 5. Ebd. [um 1900].
5. Dichtungen. 4., stark verm. Aufl.
1: Ak 4351-5.
3.5126

— — (5. Aufl.) 1.2.5. Ebd. [um 1903].
1.2. Marschenbuch. 5. Aufl.
5. Dichtungen. 5. Aufl. **2. 7. 9.**
3.5127

— — 11., illustr. Aufl. 3.4. Ebd. [um 1904].
3.4. Römische Schlendertage. 11., illustr. Aufl. mit 20 Vollbildern.
2. 7. 9.
3.5128

Allmers, Herm., sämtliche Werke. I.—V. gr. 8. Oldenburg, Schulze. n. 12. 50; geb. n. 15. 50
I. II. (In 1 Bd.) Marschenbuch. Land- u. Volksbilder aus den Marschen der Weser u. Elbe. 3., durchges. u. verm. Aufl. Mit H. A.'s Bildniß u. vielen Holzschn. (VIII, 459 S.) 891. n. 5. —; geb. n. 6.—
III. IV. (In 1 Bd.) Römische Schlendertage. 7. Aufl. (VII, 470 S.) 891. n. 5. —; geb. n. 6. —
V. Dichtungen. 3. Aufl. (VII, 239 S.) 893. n. 2. 50; geb. n. 3. 50

— aus längst u. jüngst vergang. Zeit. gr. 8. (III, 279 S.) Ebd. 895. n. 3. —; geb. n. 4. —

— Aus längst und jüngst vergangener Zeit. — Oldenburg & Leipzig: Schulze [1896]. 279 S.
1: Yc 10280. **4. 10.**
3.5157

Allmers, Hertha: Agathe Foreta. — Berlin: Edelheim 1902. 85 S. **1:** Ys 33004. **7. 11.**
3.5158

Allmers, Robert: Die Herabdrückung der freien Friesen zu Hörigen ... (Erschien vollst. u. d. T.: Die Unfreiheit der Friesen zwischen Weser und Jade. E. wirtschaftsgeschichtl. Studie, als Stück 19 von: Münch. volkswirtsch. Stud.) Stuttgart, Druck d. Union Deutsche Verlagsges., 1896; 1 Bl., 46 S. 8.
München, Staatswirtsch. Fak., Inaug.-Diss. v. 1896

— Die Unfreiheit der Friesen zwischen Weser und Jade. Eine wirtschaftsgeschichtl. Studie. — Stuttgart: Cotta 1896. X, 132 S. (Münchener volkswirtschaftliche Studien. 19.)
Ersch. teilw. auch als Diss. u. d. T.: Allmers: Die Herabdrückung der freien Friesen zu Hörigen. München 1896.
1: Fe 677-19. **12:** Cam. 160 p-19 [u.ö.] **300:** 161.006-B. Per. 19. **2. 3. 4. 6. 7. 10. 11.**
3.5160

Allmers, Sebastian s. *Almers.*

Allmersbuch. — Allmers-Buch. Eine Festgabe zu d. 80. Geburtstage d. Marschendichters [Hermann Allmers] am 11. Febr. 1901. Dichtungen, litterarische Studien u. Zeichn. von Allmersfreunden. Hrsg. von Ludwig Bräutigam. — Berlin, Goslar, Leipzig: Lattmann 1901. 128 S.
1: At 7603. **12:** 4° Biogr. 8 t. **300:** 415.224-B. **7. 9.**
3.5161

(8) **Allmers-Buch.** 901. (KBL 31.) Ladenpr. aufgehoben.

Allmosen. — Allmosen s. *Almosen.*

Neue Allmosen-Ordnung, in der Hoch-Fürstl. Brandenburgischen Residenz-Stadt Onolzbach. Anno 1741. — Onolzbach (1741): Messerer. 29 S.
1: 11 in 2° Gp 4801. **12:** 2° Franconica 6/15. **5.**
3.5743

E. E. Rahts [Rat] der Stadt Greiffswald Allmosen- und Bettler-Ordnung, wodurch mittelst Anrichtung einer Armen-Cassa, allen unordentlichen Betteln auf den Gassen ... gesteuret werden soll. — Greiffswald 1738: Höpfner. 17 Bl. **9.**
3.5748

Fürstlich-sachsen-hildburghäusische Allmosen-Ordnung sowohl wegen Versorgung inländischer Armen als Abfertigung derer ausländischen Allmosens-Würdigen, ingleichen Abweisung aller Vaganten. — Hildburghausen 1721: Pentzold. 4 Bl. 2° **3.**
3.5750

— Fürstlich sachßen-hildburghäusische erneuerte Allmosen-Ordnung, wie es sowohl wegen Versorgung derer im Land befindlichen Armen, als Abfertigung ausländischer allmosenswürdiger Personen ... zu halten seye. — Ebd. (1759). 6 Bl. 2° **3.**
3.5751

Allmosen-Ordnung der Hoch-Fürstl. Brandenburg-Onolzbachischen Haupt-Stadt Schwabach. — Dat. Onolzbach 4. Febr. 1745. 11 S. 2° **7.**
3.5752

Allmosen- und Armen-Reglement für die Stadt Halle. Dat. Berlin 27. Dec. 1792. — Magdeburg 1793: Günther. 8 S. 2° **3.**
3.5754

Allmossordnung. — Allmossordnung s. *Almosenordnung.*

Allmusen. — Allmusen s. *Almosen.*

Allner, Woldemar: Zur Kenntnis der Bunsenflamme. 1905. 96 S. 8° ¶ Aus: Schilling's Journal f. Gasbeleuchtung. Jg. 48. Karlsruhe, Dr.-Ing.-Diss. v. 19. 12. 1904

Allo, Bernard. Die Furcht vor der Wahrheit von Bernhard A', Professor der Universität Freiburg i. Schw., nach der zweiten Auflage übersetzt von Dr. Josef Holtzmann. 79 S. 8. Strassburg i. E., F. X. Le Roux & Co., [1908]. (M. —. 50)
Wissenschaft und Religion. Sammlung bedeutender Zeitfragen. (Bändchen 23.)

Allocutio, Sanctissimi Domini nostri Pii divina Providentia Papae septimi, habita in Consistorio secreto die 2. Octobris 1818, oder Anrede Pius VII., gehalt. in d. Consistorio d. 2ten October gr. 8. Augsb. Wolff. 819. Rthlr. -

Allocutio Pii VII. P. M., habita in consistorio diei 16. Martii 1808. 8. (IV, 37 S.) München 871. Manz in Comm. n. — 40

Allocution, aber keine päpstliche, an das gesammte evangelische Volk in deutschen Landen. Mit Berücksichtigung des Athanasius, der Triarier, der historisch-politischen Blätter, des Sendschreibens Leos gegen Görres u der Schrift: Kern u. Schaale v. Dr. Bruno. gr. 8. Leipz. 839. Gebhardt u. Reisland. 1/3 ℛ

Allocution, Sr. Heiligkeit Gregor XVI., gehalten im geheimen Consistorium den 22. Juli 1842, mit einer durch Dokumente belegten Darstellung d. unabläss. Sorge Sr. Heiligkeit, zu Abwendung der harten Bedrängnisse der kathol. Religion in den k. k. Staaten von Rußland u. Polen. Nach dem in d. Staatskanzlei in Rom erschien. Original übersetzt und herausgeg. v. P. Gall Morell. gr. 8. Einsiedeln 842, Gebr. Benziger. 7/8 ℛ

— die, des Papstes Gregor XVI. vom 10. December 1837. Mit e. Nachtrage über Görres Athanasius. gr. 8. Hannover 838. Hahnsche Hofbuchh. 1/3 ℛ

Allocution, die päpstliche, gegen Oesterreich. Neureudnitz 868. (Leipzig, Heitmann.) gr. 8. (26 S.) n. 5 ngr

Allocution, Die, Pius IX. [vom 25. Sept.1865] und der Freimaurer-Orden. Offenes Sendschreiben an alle, besonders die katholischen Freimaurer. Brüssel & Leipzig: Ahn [1865]. 15 S. 8°

Allocutiones. — Ingeniosissimae ad magnum quendam principem Allocutiones de vera principum et magnatum conditione. Oder uberaus sinnreiche Anrede an einen mächtigen Herrn von dem warhafftigen Zustand grosser Fürsten. — Freystadt 1703. 20 S.
1:Fa 5883. 12:4° Diss. 3007–14.
3.5179

—— Ebd. 1703. 36 S. 3.
3.5180

Allocutiones oratoriae honori ... philosophiae magistrorum ... Claudiopoli 1728. V: *Csiba, Michael.* (Jes)

Allocutiones Partheniae. Salisburgi 1736-1737. V: *Renz, Placidus.* (Hr)

Allocutiones sacrae de Septem Verbis Christi in Cruce loquentis, ... Olomucii 1751. V: *Werner, Joseph.* (Jes)

Allodifications- und Assecurations-Urkunde für die Ritterschaft des Herzogthums Hinterpommern und Fürstenthums Cammin. — Stettin [1787]: Effenbart. 16 S., 24 Bl. 1:4° Ha 15535. 2.
3.5186

Allom, Thomas: [William] Tombleson's Ansichten von Tyrol, nach T. Allom's Zeichnungen, und Johanna v. Isser geb. Grossrubatscher's Skizzen. — London [1835].
Ausg. mit franz. Text s. *Allom:* Vues du Tyrol. Um 1835.
10.
3.5191

[—] China, historisch, romantisch, malerisch. — Carlsruhe: Kunst-Verl. [um 1843]. XLVIII, 351 S., 35 Taf.
Ausg. mit engl. Text s. *Allom:* China, in a series of views. 1843.
1:Un 6094. 5. 10.
3.5192

[—] — China und die Chinesen, Land und Volk. Geschildert nach den besten neuen Arbeiten. Mit 35 Stahlstichen. 2., umgearb. Aufl. — Stuttgart: Scheitlin 1859. 293 S., 34 Taf. 1:Un 6095.
3.5193

— Constantinopel, der Bosporus und die Dardanellen. Nebst einem Ueberblick der neuesten Geschichte der Türkei. Mit 30 Stahlstichen nach Originalzeichnungen von Thomas Allom u. mit 1 Kt. — Ebd. 1854. 146 S.
1:Uh 284. 12:Turc. 20 b.
3.5199

— [Constantinople, deutsch] Constantinopel und die malerische Gegend der sieben Kirchen in Kleinasien. Nach der Natur gezeichnet von Thom[as] Allom. Nebst einer kurzen Geschichte Constantinopels u. Erklärung der Stahlstiche von Robert Walsh. Nach d. Engl. von J[ulius] Th[eodor] Zenker. Vollst. Ausg. Bd 1. 2. — Braunschweig: Westermann 1841. 4° 5.
3.5196

— Konstantinopel und seine Umgebungen malerisch und geschichtlich dargestellt. Nach d. Engl. des Robert Walsh frei bearb. von A. Kaiser. Mit 30 Stahlstichen nach Originalzeichnungen von Thomas Allom u. einer Charte vom Bosporus u. der Umgegend von Konstantinopel. — Leipzig: Wunder 1841. IV, 160 S. 3. 10.
3.5197

— 2. Ausg. Leipzig: Hartung 1844. IV, 160 S.
1:Uh 273².
3.5198

Allom, Th., Itinéraire pittoresque etc. s. **Itinéraire.**

Allom, Th., Constantinopel, s. **Walsh.**

— s. Constantinopel u. d. maler. Gegend der 7 Kirchen in Kleinasien.

—— Tyrol, s. Ansichten.

Alloms, (Thos.) Character and Costume in Turkey and Italy, embellished with a Portrait of the late Sultan, and twenty other Prints, with descriptions by Emily Reeves, atlas 4to. morocco. London ... Black et Armstrong. 22 1/3 ₰

Allon, Henry, die Religion des Moses und die Religion Jesu in ihrer wesentl. Uebereinstimmung betrachtet. Ein Vortrag. Aus dem Engl. übers. von Paul Edw. Gottheil. 2. Aufl. 8. (32 S.) Canstatt 852, Bosheuyer.

Allonas, Marcel, Referendar aus Straßburg i. E.: **Notwehr und Notstand Nach dem Bürgerlichen Gesetzbuch.** *Straßburg 1902: G. Fischbach.* (57 S.) 8°
Erlangen, Jur. Diss. v. 29. Jan. 1902

Allons. — Allons! Auf gutes Türcken-Glück! Es soll Herr Caspar leben! Man schlage dieses Blat[t] zurück, das caspern wird sich geben. Dresden d. 6. Januar 1762. — Dresden 1762. 2 Bl. 4° 3.
3.5211

Die Allöopathie. Eine Zeitschrift. [Hrsg.: Karl Gottlob Helbig u. Karl Fr. Trinks.] Bd 1 (= Nr. 1–50).
Dresden: Arnold 1834–35. 2°

Alloöpathie, die, in Bayern. Schreiben an Se. Exc. dem k. bayr. Kriegsminister Hrn. Hrn. Ludw. v. Lüder, bezüglich des Verbotes des homöopath. Heilverfahrens in den Militärspitälern Bayerns (von Jos. Buchner.) 1. und 2. Aufl. 8. (14 S.) Leipzig 853, Bethmann. Thlr.

Allöopathie, über, und Homöopathie zur Belehrung gebildeter Zeitgenossen. Von e. Nichtarzte. 8. Leipz. 834. Kollmann. 1/3 ₰

Allöopathie, die, dargest. in den Curbildern des Dr. Krüger-Hansen. Mit e. Vorw. v. Karl Fr. Trinks. 8. Dresd. 832. Arnold. 9 gr

Allori, Agnolo
Beiname: Il Bronzino

— [Teils.] Die Meisterbilder von Bronzino. Eine Auswahl von 60 Reprod. nach Original-Aufnahmen. — Leipzig: Weicher 1908. 65 S. (Weichers Kunstbücher. 18.)
1:Ns 201-18.
3.5217

Allostis: Die Tugend des Genusses. — Jena: Costenoble 1904. XII, 429 S. 1:No 12369/12. 12:Ph. Pr. 22 ld.
3.5233

Allotria. — Allotria. Ungeflügelte Worte aus dem jocosen Citatenschatze des Gymnasialdirectors ***. — Berlin: Denicke 1875. 12:L. eleg. m. 53 n. 11.
3.5236

—— 2. Aufl. Ebd. [1878]. XIII, 144 S. 1:Yy 10095.
3.5237

Allotria. Ungeflügelte Worte aus dem jocosen Citatenschatze d. Gymnasialdirectors ***. 2. Aufl. gr. 16. (XV, 144 S.) Leipzig 878. Denicke. n. 3. —

Allotria. Ungeflügelte Worte aus dem jocosen Citatenschatze d. Gymn.-Dir. ***. 1. Thl. 3. Aufl. Text auf „Papier van Gelder". 12. (XV, 144 S.) Leipzig 883. Denicke. n. 2. —: Einbd. n.n. — 90

— dasselbe. 2. Thl. (Wohlf. Ausg.) 12. (VII, 96 S.) Ebend. 883. n. 1. —; Ausg. „auf Papier van Gelder" n. 2. —; Einbd. n.n. — 90

Allotria. Ungeflügelte Worte aus dem jocosen Citatenschatz d. Gymn.-Dir. ***. (2. Thl.) 2. Aufl. 12. (VII, 96 S.) Leipzig (883) 888. Brehse. n. 1. —

Allotria, ernste. Abhandlgn. aus Theologie u. Kirche v. Dienern d. evang. Kirche i. Anhalt. E. Jubiläumsfestschrift. gr. 8. (VIII, 312 S.) Dessau 896. P. Baumann. n. 5. —

Hieraus einzeln:
Becker, Heinr., Anfänge d. Volksschule in Anhalt. (19 S.) n. — 40
Duncker, Heinr., Ueb. d. Entstehg. d. anhalt. Landespfarrkasse. E. geschichtl. Rückblick a. d. Anfänge d. Pfarrbesoldgs.-Kassenwesen in Anhalt. (25 S.) n. — 50
Frenckel, Karl, Das 2. u. 3. Gebot nach reform. Zählg. (19 S.) n. — 40
Grape, Johs., E. span. Ketzer d. 4. Jahrh. als Polemiker gegen Ketzer. (16 S.) n. — 40
Hoffmann, Bruno, d. bibl. Realismus insbes. d. Idee d. himmlischen Leiblichkeit als Gegengift wid. d. materialist. Irrtümer der Zeit. (21 S.) n. — 40
Kügelgen, Benno v., d. Knechtsgestalt d. Kirche. (17 S.) n. — 40
Rießmann, Frdr., d. Berechtigg. u. Notwendigkeit d. reform. Lehre innerhalb d. evang. Kirche. (10 S.) n. — 20
Pfenningsdorf, Emil, d. dopp. Aufgabe d. evang. Dogmatik. (13 S.) n. — 20
Reichmann, Max, d. Sonntagsschule u. d. christl. Haus. Vortrag, geh. a. d. Generalversammlg. d. schles. Sonntagsschulverbandes a. 18. Okt. 1893 z. Hirschberg. (12 S.) n. — 30
Reuß, Gerh., Ueb. d. Unterschied d. Gottheit Christi i. Neuen Testament u. d. kirchl. Lehre v. d. Gottheit Christi. n. — 40
Schubert, Frdr. Winfried, Orec gloriae, Christe veni cum pace. Amen. E. uraltes Glockengebet. E. Beitrag z. Glockeninschriftenkunde. (16 S.) n. — 30
Schwarzkopf, Hugo Chr., Urkunden Gregors VII. üb. Bann u. Absetzg. Heinrichs IV., übertr. u. gewürd. z. Vorgeschichte der Unam Sanctam. (48 S.) n. 1. —
Siedersleben, Ed., Erklärung des Evangelium Johannis. Kap. 4, V. 43 u. 44. (9 S.) n. — 20
Stier, W., d. Verkirchlichung d. inn. Mission. (19 S.) n. — 40
Vollschwitz, A., Wider d. Monismus. (20 S.) n. — 40
Wendt, G., d. christl. äuß. Liebesthätigkeit im Verhältnis z. Reiche Gottes. (25 S.) n. — 60
Wohlhaupt, Frz., d. Ziel d. Mystik. (15 S.) n. — 30
Zehnpfund, Einige zeitgem. Bemerkgn. üb. d. Wert d. Assyriologie f. d. alttestamentl. Litteraturkritik. (5 S.) n. — 20

— vom Schwabenmajer. Illustrirt v. F. Barth, W. Diez, A. Holmberg, F. A. Kaulbach, H. Lossow, R. Seitz u.a. Lex.-8. (IV, 67 S. m. eingedr. Phototypien.) München 879. Bassermann. n. 3. —

— dasselbe. (2. Aufl.) gr. 8. (IV, 67 S. m. eingedr. phototyp. Illustr.) Ebend. 880. n. 1. 20

Allotria, Jodoca: Carneval! Eine Faschings-Komödie ohne Sinn u. Verstand von Jodoca Allotria, Blaustrumpf a. D. (2. Aufl.) — Duisburg: Hoffmann 1893. 61 S. (Katholisches Vereins-Theater. 39.) 1:Yp 6347–39. 5.
3.5242

Allotria-Bühne. 1—4. 8. Bonn, A. Heidelmann. 3. 15
Bruchhausen, Wilh., die Bremer Stadtmusikanten. Urkom. Gerichtssitzg. m. Musik u. Gesang in 2 Akten. (20 S.) (909.) (Nr. 2) — 80
— Karo od. Das Denkmal der Einfältigkeit. Schwank in 1 Akt. 1. u. 2. Aufl. (15 S.) (909. 910.) (Nr. 1) — 75
— Kuriert od. Vom Pantoffelhelden zum Menschenfresser. Heitere Komödie in 1 Aufzuge. (22 S.) (909.) (Nr. 3) — 80
— Das Wunderkabinett od. Die Welt will betrogen sein. Eine urkom. Komödie m. Musik u. Gesang. (23 S.) (910.) (Nr. 4) — 80

Allotrien zur Unterhaltung in Feierstunden von S. Ch. M. Jeder. Berlin 1824. V: *Schmieder, Carl Christoph.* (NN) (GGr)

Alloza, Juan: Flores summarum
— — Ebd. 1702. 970 S. 12:Mor. 20. 2.
3.5274

— — Coloniae Agr.: Promper 1705. 970 S. 12:Mor. 21. 2.
3.5275

Allram, Jos., u. Phpp. Waldbach, Professor Gockulorum, s.: Universal-Bibliothek.

Allram, Josef
— Aus der Heimat Hamerling's. Den Manen des Dichters gewidmete Bilder aus d. Waldviertel. Mit 4 Abb. u. 1 Facs. Wien, Pest, Leipzig: Hartleben 1890. 84 S.
1:Au 7610. 12:Biogr. 500 htb. 300:85.669–B.
3.5282

— — Mit 5 Abb. u. 1 Facs. 2. Aufl. Ebd. 1893. 80 S.
12:Biogr. 500 hte. 300:171.071–B.
3.5283

— Philanthropin. Ernst u. Humor aus d. Schul- u. Lehrerleben unserer Zeit. — Leipzig: Klinkhardt; Wien: Manz 1891. 1:Ne 10642.
3.5281

— Die Strecke. Geschichten e. Jägers. — Wien: Huber & Lahme 1910. 138 S. 1:Yx 40849. 300:472.988–A.
3.5285

Allram R.: Die Phanerogamen-Flora um Krumau mit einem analytischen Schlüssel zur Bestimmung der Arten. 20. 37. 34. Krumau 81—83.

— Analyt. Tabellen zur Bestimmung der Familien. 11. ibd. 84. **Progr.**

Allrasch, L., der Knabe v. Bethlehem, s. a. Vereinstheater, neues.

Allrasch, L.: Der Knabe von Bethlehem. Weihnachtsspiel in 3 Aufz. — Essen ⟨Ruhr⟩: Fredebeul & Koenen 1906. 19 S. (Neues Vereinstheater. 68.) 1:Yp 6384–68. 5.
3.5287

Allstede, Jenny: Von der Quelle bis zum Meere. Die Erlebnisse d. kleinen Wellen auf ihrer Wanderschaft von d. Quelle bis zum Meere. Eine Erzählung. — Straßburg & Leipzig: Singer 1908. 59 S. 1:Yx 39151.
3.5292

Allstedt [Schlagwort]
Allstedt, s.: **Preussen.** Messtischblätter.

Allstern, Ludwig Allmayer R[r] v. s. *Allmayer* R[r] v. Allstern, Ludwig.

Allston, Washington, Monaldi. Eine Erzählung. Aus dem Engl. übers. von ... Kahldorf. gr. 12. Leipzig 843, Brockhaus. 1 ꝓ³

Alltägliches. gr. 8. (8 farb. Taf. mit Text.) Leipzig 889. Fr. Pfau. cart. n. — 25

Alltägliches u. Ewiges aus der Krankenstube, 4. Aufl., s.: Hackewitz, Lili v.

Alltagsgeschichte, Eine. (1831.) Siehe unten: Erzählungen aus d. Copenhag. Fl. Post. (DARP)

Alltagsgeschichten an den Fest- und Arbeitstagen unserer Zeitgenossen vorgefallen und erzählt an den Feierabenden. Altona 1804. V: *Heinse, Gottlob Heinrich.* (GGr) (BGE)

Alltagsgeschichten an d. Fest- u. Arbeitstag unserer Zeitgenossen. 8. Altona 804. Hammerich. 1 ꝓ

Alltags-Kleidung, s.: Ich schneidere alles. Favorit-Sonder-Heft. 8.

Allunan, Nicolai, Gedanken üb. die Nothwendigkeit e. Reform des Musikunterrichts. 8. (14 S.) Riga 899. (H. Heede.) n.n. — 30

— das äußere u. innere Gehör. Ein Vorwort zu jeder Harmonie-Lehre. 8. (V, 24 S.) Ebd. 897. n.n. — 40

— die Wechselwirkung des Gleichgestimmten. Eine Betrachtg. 8. (15 S.) Ebd. 899. n.n. — 30

Allvater (Wodan) od. Jehovah? (Das deutsche Glaubentum) Von einem Verfluchten (J. Weber). (126 S.) gr. 8. Berlin 906. Herm. Walther. n. 2. —

Allwang, Pet., Petrus. Heiteres u. Ernstes, wie es das menschl. Dasein im Gefolge hat. (XIV, 163 S. m. Abb.) kl. 8. München (906). (M. Beckstein.) Geb. in Leinw. n. 4. —

Allwardt, Wilhelm: Die englischen Bühnenbearbeitungen von Shakespeares 'King Richard the Second'. Doberan 1909: Rehse. 131 S. 8°

Rostock, Phil. Diss. v. 26. Juli 1909, Ref. Lindner

[Geb. 25. Juni 85 Eldena i. M.: Wohnort: Rostock; Staatsangeh.: Mecklenburg-Schwerin: Vorbildung: Realgymn. Ludwigslust Reife M. 05; Studium: Göttingen 1, München 3, Rostock 4 S.; Rig. 23. Juli 09.] [U 10. 3935

Allweg, T., aus einem Dienstbotenleben, s.a. Familien-Bibliothek für's deutsche Volk.

Allweg, Traugott

Pseudonym für Jakob Heipp

— Aus einem Dienstbotenleben. — Barmen: Klein [um 1880]. 104 S. (Familien-Bibliothek für's deutsche Volk. 23.) **5.**
3.5314

— Hunsrücker Dorfgeschichten. Gesammelte Erzählungen und Novellen. 1.—4. Aufl. 8. (IV, 236 S.) Kreuznach 875, Schmithals. *
cart. * M 2,50.; geb. *

Allweg, Traugott, aus der Klause, s. Familien-Bibliothek für's deutsche Volk.

Allweg, Traug., Schuld und Sühne. — Ein Vaterherz, s.a. Volksbücher, preußische.

— Schuld und Sühne. Eine Erzählung. — Mohrungen: Rautenberg 1866. 87 S. (Preussische Volksbücher. 50.) **10.**
3.5317

– umsonst, s.a. Familienbibliothek für's deutsche Volk.

— Umsonst. Eine wahre Geschichte. — Barmen: Klein [1882]. 143 S. (Familien-Bibliothek für's deutsche Volk. 54.55.) **1:Ng 25268-54.55. 5.**
3.5318

— Ein Vaterherz oder Schulmeister und Müller. — Mohrungen: Rautenberg (1864). 142 S. (Preussische Volksbücher. 36.) **10.**
3.5319

Allwelt fidel, s.: Bibliothek, humoristische, s. „Fidele Geister".

Allweiler, G., Pumpen- und Spritzenfabrik: Katalog. Radolfzell, Baden (1897 ?)

Allweiler, G., Pumpen- und Spritzenfabrik: Rebspritze. Radolfzell, Baden (1897 ?)

Allwein, Anton [app. Arzt aus München]: Über die Urethrotomia externa ... München, Buchdr. v. Kastner & Lossen, 1895; 35 S. 8.

München, Med. Fak., Inaug.-Diss. v. 1895

Allweisen. — Dem allweisen Schöpffer zu Ehren und dem Nechsten zur Nachricht wolte den im verwichenen Herbst des 1714. Jahres im Fürstenthum Altenburg ... nächst Oberwiera bekandt gewordenen Gesund-Brunnen betrachten ein die Wunder Gottes bewundernder Christ. — Altenburg [1715]: Richter. 2 Bl. 4° **3.**
3.5320

Allweyer, v. Der Bauernwagen als Transportwagen für Verwundete u. Kranke, durch Anwendg e. neuen Art v. Kautschukfedern. M. 6 Taf. Augsburg 1867.

Allweyer, v.: Das 1. Feldbataillon des k. bayer. 2. Infanterie-Regiments „Kronprinz" in der Schlacht von Beaugency am 8. Dez. 1870. (Verf.: v. Allweyer.) Als Ms. gedr. München 1880: Wild. 66 S.
1: Kr. Samml. Cc 96. **12:** Eur. 694d-593.
3.5321

Allwill's, Eduard, Briefsammlung, m. ein. Zugabe v. einigen Briefen; v. F. H. Jacobi. 8. Königsb. Nicolovius. 792.

Allwin, ein Roman. Berlin 1808. V: *Fouqué, Friedrich Baron de La Motte.* (EE)

Allwin, ein Roman von Pellegrin. 2 Bde. 8. Berlin. 808. (Sommerbrodt.)

Allwin und Theodor; ein Lesebuch für Kinder. Leipzig 1802. 1805. 1817. 1841. 1847. V: *Jacobs, Chn Friedrich Wilhelm.* (GGr) (ErschDL)

Allwin u. Theodor, ein Lesebuch f. Kinder. 8. Leipz. 802. Dyck. 14 gr. Dass., ins Engl. übersetzt. 8. Hamb. 804. Perthes u. B. 16 gr. N. Aufl., s. Fr. Jacobs.

Allwin and Theodore, for the perusal of children. 8. Hamb. Perthes. 804.

Allwina

— od. d. Liebe d. stillen Nacht. 2 Bde. 8. Coblenz, Pauli.

Allwina oder die Liebe der stillen Nacht. Coblenz 1803. V: *Lassaulx, Frz.* (BGE)

Allwina, Prinzessin von * od. d. Kabale, v. G. Bertrand, 4 Bde. 8. Lpzg. Joachim.**

Allwoerden, Heinrich v. (Stade), Historia Michaelis Serveti. Präs. Jo. Lor. Mosheim. Helmstedt (Bucholtz) 19. XII. 1727. 240 S. (9.—) 301

Allyn, Avery

Ritual und Aufdeckung der Freimaurerei, der Gesellschaften der Oranienmänner und seltsamen Gesellen; mit vielen Bildern, einem Schlüssel zu dem Phi Beta Kappa; so wie auch einer Darstellung des, an William Morgan, wegen Enthüllung der Geheimnisse der Maurerei begangenen Menschenraubes und Mordes. Aus englischen Schriften gezogen von einem Freunde des Lichtes. [d.i. Avery Allyn]. Leipzig: Michelsen i. Komm. 1838. 307 S., 24 Taf. 8°.

Allyn, Jac. Bruder Jonathan u. sein Land, s. O'rell, Max.

Allyon, s. Alyon.

Allzeit bereit. Zeitschrift f. d. Offiziere d. Beurlaubtenstandes. Jg. 1. Breslau: R. Nischkowsky 1905. 4° [F.] 106. 344

Allzeit fidel! Lustige Schwänke und Schnurren für Leute, die gern lachen. — Köln a. Rh.: Püttmann [1888]. 64 S.
1:Yt 12986.
3.5329

Allzeit getreu – dem Herrn. Ein enthülltes Incognito. — Berlin: Eckstein [1888]. 156 S. (Was sich die Kammerjungfern erzählen. 2.) **1:Yx 23696-2.**
3.5330

— im Herrn. Bilder u. Lieder f. Stunden der Weihe. 12. (12 farb. S.) Leipzig 890. Baldamus, Sep.-Cto. cart. m. Goldschn. n. — 90

Allzeit voran!

Hamburg: Expedition 1890. 8°

Allzeit voran! Unabhängiges Organ zur Wahrg. der Interessen der Schlachterei, Wurstfabrikation, d. Viehhandels etc. 3. Jahrg. 1891. 52 Nrn. (2 Bog.) Fol. Hamburg, J. Iversen. n. 6. —

Allzeit voran! Wochenschrift f. die freiheitlich denk. deutsche Familie. Organ des Bundes „Gut f. immer". Mit der Beilage: Dynamit. Hrsg. v. Johs. Moltmann. März—Dezbr. 1906. 41 Hefte. (à ca. 24 u. 8 S.) gr. 8. Hamburg, Dr. J. Moltmann. n. 6. —

„Allzeit vorauf" als Soldat, P. F. C. [Prinz Friedrich Karl v. Preussen] und Oberbefehlshaber. Dem deutschen Volke in Liebe und Freundschaft gewidmet von einem, dem's zu Herzen ging, daß ihm der Zopf so hinten hing. — Hamburg: Hoffmann & Campe 1864. 22 S.
Aus: Orion. **7.**
3.5331

Allzeit Immer Fröhlich

Lyrum Larum Löffelstihl, d. i. eine heilsame Quint-Essenz für eine Lustige Compagnie, bestehend in vielen kurtzweiligen Geschichten u. Schwäncken zum Lachen distillirt etc. Von Allzeit Immer Frölich. 1730. 8o.

Allzu scharf macht schartig. Schausp. v. Iffland. 8. Lpz. Göschen. 79b.

Allzu scharf macht schartig. [Wien 1795.] V: *Iffland, Aug. Wilh.* (Zeitschr. f. Büch. X, 4. S. 7.)

Allzuviel an einem Tage; ein Lustspiel in 2 Aufzügen. [ca. 1790.] V: *Harboe, Christine von geb. Falsen.* (MGT)

Alm, Franz, von, u. s. Familie, kein Roman, wahrhafte Gesch. 8. Elbingen, Hartmann. 786.

Alm, Fr. v.: Frühlingserwachen. Erzählg. (158) 8° Lpzg, Xenien-Verl. '12. 2 —; geb. n 3 —

Alm, Rich. v. der, theologische Briefe an die Gebildeten der deutschen Nation. 3 Bde. Leipzig 862, 63. O. Wigand. gr. 8. (LXIV, 2387 S.) n. 10 ℛ 20 ngr.

— die Urtheile heidnischer und jüdischer Schriftsteller der 4 ersten christlichen Jahrhunderte über Jesus und die ersten Christen. Eine Zuschrift an die gebildeten Deutschen zur weiteren Orientirung in der Frage über die Gottheit Jesu. Ebend. 864. gr. 8. (VIII, 175 S.) 1 ℛ

Alma. Braunschweig 1848. V: *Bacheracht, Therese von.* (schr)

Alma Julia. Illustrirte Chronik ihrer dritten Säcularfeier. Hrsg. vom Akademischen Comité für Presse und Drucksachen. Redaction von Aug. Schäffler. 1882. 12 Nrn. Fol. (184 S.) Würzburg, Thein'sche Druckerei. *

Alma mater, s.a. Almamater

Alma mater. Organ für Hochschulen. [Hrsg. u. Red.: Max Breitenstein.] Jg. 1–6. Wien: Perles 1876–1881. 4° 48

(Sonderausgabe: Festausgabe zum 400jährigen Jubiläum der Universität Tübingen. 1877. 4°

Alma Mater: vol. 1—?, Sept. 1910–1923? St. Louis, MO

Published by the students of Concordia Seminary, during the academic year, Sept.—June, in English and German. Octavo, each issue 36 pages, paged continuously. Illustrated. Circulation: 1920, 2660. Published by Concordia Publishing House.

Alma mater, Die lustige. Heiteres in Wort u. Bild a. d. Universitätsleben. (176) 8° Münch., Braun & Schu. ('10). 2 — d

Alma, Marie: Lapis lazuli. Gedichte. — Dresden & Leipzig: Pierson 1902. V,90 S. 1:Yo 29064.
3.5352

Alma, Max, Ulrich v. Lichtenstein. Lyr. Bühnenspiel i. 1 Aufzug. gr. 8. (28 S.) Wien 894. L. Weiss. n. — 70

Alma Tadema, Laurence, die Flügel des Ikarus. Autoris. Übersetzg. aus dem Engl. v. Luise Wolf. (V, 168 S.) 8. Wien 906. C. Konegen. n. 2. —; geb. n.n. 3. —

Alma Blaetter: Jahrgang 1—22, no. 30, Jan. 4, 1889—June 9, 1910.

Weekly; published as weekly edition of Buffalo County Republikaner, Nov. 1889—1910. Issues for Sept. 29, 1892—Nov. 22, 1894 merged with Buffalo County Republikaner, as Buffalo County Republikaner und Alma Blätter. Place of publication varies: Alma, Wis., Jan.—Oct. 1889. Small folio, each issue 8 pages. "Jahrgang" numeration begins with Jahrgang 2, no. 14, Feb. 26, 1891.

Edited & published by George Seiler, Jan.—Oct. 1889; edited by Paul F. Müller, & published by John Schmitz & Paul F. Müller, Nov. 1889—Nov. 1890; edited & published by Paul F. Müller, Nov. 13, 1890—Mar. 26, 1896; by Republikaner Publishing Co. [Henry Rath, Benj. Sexauer, C. R. Gräf & Mich. Herdeg], Mar. 26, 1896—1900?; by Emil Wittzack, 1901?—June 9, 1910.
Fountain City, WI

Al-Macrizi, s. Al-Makrizi

Almae. — Almae litterarum parenti Julio-Maximilianae Wirceburgensi tertia sollemnia saecularia auspicato celebranda pia mente gratulatur bonaque vota facit Philologorum et historicorum Wirceburgensium Societas. — o.O. [1882]. 2 Bl. 2° **1:9 in 4° Ah 15108. 10.**
3.5371

Almae matri Portae inexhaustae ubertatis nutrici in memoriam rerum suarum ante hos ipsos 300 annos optime mutatarum solemnia secularia diebus 21. 22. 23. Mai. mens. 1843 inter laetissimos et Borussiae et Saxoniae et universae Teutoniae plausus rite celebranti exiguum hoc nunquam mutatae pietatis suae monumentum esse voluerunt et praesentes et absentes Varisci ipsius olim alumni. — Plaviae (1843): Wieprecht. 4 Bl.

Almae matri studiorum **Universitati** inclutae **Bononiensi festam** memoriam originum suarum ex quibus ante hos octingentos annos efflorere coepit sincerissime gratulantur **Universitatis Christianae Albertinae Kiliensis Rector et Consistorium Academicum.** *Kiliae Holsatorum* (1888); **2 Bl. fol.**

Almae Optimorum Studiorum Matri Inclutae Litterarum Universitati Dublinensi festam memoriam temporis, quo Ante Haec Tria Saecula Condita est, Agenti Diebus V. VI. VII. VIII. M. Iulii A. 1892 Sincerissime Gratulantur Universitatis Christianae Albertinae Kiliensis Rector Et Consistorium Academicum. *Kiliae.* 1892; 2 Bl. 2.

Almae Universitati literariae Viadrinae Vratislaviensi decimum lustrum prospere peractum pie gratulantur Seminarii Regii philologici Vratislaviensis sodales. — Vratislaviae (1861): Grass, Barth & Co. 32 S.

Alma Express: 1869? – 1910? Fountain City, WI

Roberto **Almagià.** La dottrina della marea nell' antichità classica e nel medio evo. Roma: R. Accad. dei Lincei 1905. (S. 376–513.) 4°
= **Memorie** della R. Accademia dei Lincei. Classe di scienze fis., mat. e nat. Ser. 5. Vol. 5, Fasc. 10. [05. 11939

Almagro, Diego de, Pizarro's Gefährte u. Gegner; od. d. Eroberung v. Peru; e. histor. romant. Gemälde, m. K. 8. Wien, Aloys Doll. (Liebeskind in Lpz. in Commiss.) 804.

Orig. (in Wolfenb.): **Almahide, ov l'esclave reine.** Dediée a mademoiselle par Mr *[George] de Scudery* [vielmehr von *Magdeleine de Scudéry*], . . . [T. I. IV—VI.] P. I. II. Svite de la II. partie. T. 2. 3. Paris, Avg. Covrbé, 1660—61. 8°. — [T. II. III.] Svite de la partie, t. 2. 3. Paris, Avg. Covrbé, Et Iean Blaev, à Amsterdam. 1660. 8°. — [T. VII. VIII.] P. III. Svite de la III. partie. Paris, Tho. Iolly, & aux Armes d'Hollande. 1663. 8°. — Jeder T. mit 1 Kpfr. — Vgl. diese Titel mit **Milchsack,** Prof. Dr. Gustav, Alphabet. Verzeichnis der französ. Litteratur in der Herzogl. Bibl. zu Wolfenbüttel. Wolfenb. 1894.

— — Dasselbe. 3 Thle. Mit Kpfrn. Nürnberg 1701. 8°. 9 Alph. 9 Bog. Text u. 4 Bog. Kpfrn. — Bibl. Ludovici (bibliop. Vitemb.) nominalis curiosa. Vitemb. 1705.

Almahide, od. Gesch. d. königl. Hofes zu Granada; aus d. Französ. 3 Thle. 8. Nürnb. 750. Raspe. 2 ℛ

***Al-Makrizi*, s.a. *Makrizi*.**

— — El-Macrizi's Abhandlung über die in Aegypten eingewanderten arabischen Stämme ... herausgegeben und übersetzt von F. Wüstenfeld. Abgedruckt a. d. Göttinger Studien. 1847. Göttingen 1847.

— — Macrizi's Beschreibung der Hospitäler in el-Câhira ... übersetzt von Wüstenfeld. [A. a. Janus. Zeitschr. f. Gesch. u. Liter. d. Medicin, Band I.] [Breslau 1846.]

— — Macrizi's Geschichte der Copten ... mit Übersetzung und Anmerkungen. Von Ferd. Wüstenfeld. Aus dem dritten Bande der AKGWG. Göttingen 1845. 4°.

— — Al-Makrizi historia monetae Arabicae ... cum ... excerptis anecdotis nunc primum edita, versa et illustrata ab Olao Gerhardo Tychsen. Rostochii 1797.

Al-Makrizi, Kitāb Itti āz Al-Ḥunafā bi Aḫbār Al-A'imma Al-Ḫulafā. (Fatimidengeschichte) Zum erstenm. hrsg. nach dem autographen Gothaer Unikum v. Hugo Bunz. (III, VIII, 153 S. m. 1 Taf.) gr. 8. Leipzig 909. O. Harrassowitz. 5. —

Takieddin Almakrizi de legalibus Arabum ponderibus et mensuris. Ed. Ol. Gerh. Tychsen. Rostoch. 1800. 4.

Almalehn. Nach C. v. Enhuber lith. von A. Brandmayer. 6 Blätter auf Chines. Papier in ½ gr. Fol. Würzburg 841, Weiß u. Kohler. n. 1¾ ℛ

Almalied. — Alma-Lied. Die loadige Senderin und der Holzknecht. — o.O.u.J. 4 Bl. **1:10 in Yd 7857.**
3.5380

— Ein neues Alma-Lied. — Steyr: Haas o.J. 4 Bl. **1:12 in Yd 7857.**
3.5387

Almamater, s.a. Alma mater

Almamater, die lustige. Heiteres in Wort u. Bild aus dem Universitätsleben. Hrsg. v. e. alten Philister. (176 S.) 8. München (910). Braun & Schneider. 2. —

Almanac, s.a. Almanach

Almanac d'Adresse de la ville de Coblence p. Hilscher, pour l'an douze 1804. 8. Th. Ehrenbr. 804. Gehra. 1 ₰

Almanac d'Alsace pour l'année 1782 ff. Strasbourg 1782—1791. H: *Oberlin, Jeremias Jacob.* (Ky) (MGT)

— d'Alsace pour l'année 1782—91, (p. J. J. Oberlin). 12. Strassb. Fortsetz., s *Almanac* du Départ. du Bas-Rhin.

— des Ambassades, ou liste général des Ambassadeurs, Envoyés, Ministres, Résidens, Chargés d'affaires etc., p. l'an 1803 et 4. 8. Braunschw., Vieweg. (803. 20 gr 804. 1 ₰) 1 ₰ 20 gr

Almanac des ambassades, ou Liste générale des Ambassadeurs, Envoyés, Ministres, Résidens, Chargés d'affaires, Conseillers et Secrétaires de légation, Drogmans, Consuls et Agens diplomatiques et commerciaux près les Puissances et dans les Villes et Ports Principaux, ... par Francis Coleman Macgregor. L'an 1822.
Brème: J. G. Heyse in Komm. (1822). 2 Bl., 182 S., 1 Tab. 8°

— pour l'amusement social. pet. 8. Lpz. Voss. 793.

— de l'an passé. 12. Paris. (Leipsic, Sommer.) 814.

— d'Apollon, ou le Parnasse français. An 1802. 12. Leipz. 808. Er. Fleischer. 16 gr

Almanac [Almanach] astronomique, historique & oeconomique, pour l'an ... 1732. Berlin 1732: Grynaeus. 8°.
1732: 1732.

Bailey's Almanac for 1779 Lancaster, PA

— du commerce de Strassbourg, pour l'année 1809. 8. Strassb. 809. Levrault. 16 gr

— de la Cour, pour l'année 1817, II Tom. 8. St. Petersb. (Halle, Schwetschke). 6 ₰

— de la Cour et de l'état de la Principaute de Valachie pour 1838. 3e Année. (Wallachisch u. franz. Mit 1 Bildniß und 1 lith. Kalender auf 8 Bl.) 8. Bukarest 838. Walbaum. 2 ₰

— de la cour et de l'état de la principauté de Valachie pour l'année 1840. 4me année. Avec: Liste alphabétique des villes et villages de toute la principauté de Valachie, avec la denomination des différents districts et arrondissements. (Wallachisch u. Französisch.) 8. (Mit Titelvign.) Boucarest 841, Walbaum. 2 ₰

Almanac de la cour de S. A. S. E. de Cologne pour l'année .... par J. P. N. M. V.
1786.
Köln.

— des Dames, av. grav. p. l'an 1801—32. 12. Tübing., Cotta. à J. 1 ₰ 16 gr

— des Dames, av. grav. p. l'an. 1802—11. od. 1r bis 10r Jahrg. 12. Tübingen, Cotta. (à 1 Thlr. 16 gr.)

Almanac, des Dames, av. grav. p. l'an. 1812—16. (od. 11r—15r Jahrg.) 12. Tubing. Cotta. (à 1 Rthlr. 16 gr.) Rthlr.

— des Dames, für 1817—21. av. grav. 16. Tubingue, Cotta. à 1 Thlr. 16 Gr.

Almanac des Dames p. l'an. 1823—28. Mit Kupf. 16. Stuttg.. Cotta. à 1 Rthlr. 16 gr.

—— des Dames pour l'An. 1829 à 31. 16. Tubingue, Cotta. [829. (16 B. u. 9 Kpfrt.); 830, 31. (à 15 B. u. 9 Kpfrt.)] à Jahrg. 1801—28. Ebendas. à 1 Thlr. 16 Gr.

— à l'usage des Dames, ou Manuel d. l. Toilette, avec fig. col. Leipz. Baumgärtner, 798.

— du Département du Bas-Rhin, pour l'année bissextile 1792 (p. J. J. Oberlin). 18. Strassb. (Leipz., Barth). 12 gr

Farmers' and Mechanics' German-English Almanac: 1853—1885 Cincinnati, OH

Almanac généalogique pour l'an .... avec l'approbation de l'Academie. Roy. des Sciences et belles lettres à Berlin = französ. Ausg. v.: Calender, Genealog., a. d. J. .... mit dem er inhaltlich übereinstimmt. s. d.)

Almanac généalogique de Brunsvick et Lunebourg pour l'année .... = französ. Ausg. von: Calender, Kgl. Grossbritt. u. Churf. Braunschw.-Lüneburg. Genealogisch., s. d.

Almanac généalogique et militaire pour l'année .... = französische Ausg. von = Calender, Genealog.-Militairischer a. d. J. .... s. d.

Almanac de Gotha, s.a. Almanach de Gotha

Almanac de Gotha, contenant diverses connoissances curieuses et utiles pour l'année ... = französ. Ausg. von: „Hof-Kalender, Gothaischer, zum Nutzen u. Vergnügen eingericht a. d. J. ......, mit dem sie inhaltlich übereinstimmt.

Almanac (Année 59 ff.: Almanach) de Gotha. Contenant diverses connoissances curieuses et utiles. (Réd. Année 11—14: E[manuel] Chr[istoph] Klupfel [u.s.w.])
Gotha: J. C. Dietrich (Année 26— : C. G. Ettinger, 59— : J. Perthes) 16°
[Année 7—59: Kupfert.]
Franz. Ausg. von Gothaischer Hofkalender zum Nutzen und Vergnügen eingerichtet.
11/1774.
14/1777 — 15/1778.
18/1781 — 19/1782.
21/1784.
26/1789.
30/1793.
33/1796.
35/1798 — 36/1799.
38/1801 — 40/1803.
43/1806.
59/1822.
61/1824 — 62/1825.
65/1828 — 66/1829.
74/1837 — 76/1839.
85/1848 — 87/1850.
89/1852 — 93/1856.
95/1858 — 96/1859.
Weiterer Bestand ab 99/1862 lückenhaft.

Almanac de Gotha, contenant diverses connoissances curieuses et utiles ... 1754 Gotha. H: *Klüpfel, Emanuel Chph.* (ADB)

Almanac de Gotha et Goettingue, s. Almanach de Gotha et Goettingue.

Almanac de Göttingue pour l'année .... = französische Ausgabe von: Taschen-Kalender, Göttinger, (s. d.) mit dem sie inhaltlich übereinstimmt.

Almanac de Göttingue pour l'année ... (par ... [Georg Christoph] Lichtenberg).
Gottingue: Dieterich [1796—1798]. 16°
[Kupfert.]
[Nebent.:] Étrennes pour l'utilité et l'agrément du lecteur.
Franz. Ausg. von Göttinger Taschen-Calender.
1797: [1796.] 29 Bl., 228 S., 1 Bl., 18 Kupfertaf. [*Davon fehlen 17 Kupf. Fehlend. Kupfertit. durch Fotokopie ergänzt.*]
1798: [1797.] 29 Bl., 227 S., 1 Bl., 20 Kupfertaf. [*Davon fehlen 2 Kupf. auf blau. Papier. Fehlend. Kupfertit. durch Fotokopie ergänzt.*]
1799: [1798.] 36 Bl., 234 S., 2 Bl., 18 Kupfertaf.

Almanac historique et généalogique pour l'année ... avec l'approbation de l'Academie royale des sciences et belles lettres à Berlin = französ. Ausg. von: Calender, Histor.-Genealog. M. Genehmhaltung d. K. Akad. d. Wiss. zu Berlin. s. d.

Almanac(h) Historique & Généalogique pour l'année ... Avec l'approbation de l'Academie Royale des Sciences et belles lettres. ([Mit Kupf. v.] D[aniel Nikolaus] Chodowiecki, Meno Haas, J[ohann] W[ilhelm] Meil [u. a.].) (Berlin: J. F. Unger [1791—1799].) 16°
Franz. Ausg. von Historisch-genealogischer Kalender. Berlin.
1792: [1791.] 13 Bl., 164 S., 74 Bl., 1 Titelkupf., 19 Kupfertaf., 1 kol. Kt.
1793: [1792.] 13 Bl., 168 S., 74 Bl., 1 Titelkupf., 17 Kupfertaf., 1 kol. Kt.
1796: Histoire de Pologne. [1795.] 136 S., 171 Bl., 1 kol. Kt., 1 Tab. [*1 weitere Kt. u. Kupf. fehlen.*]
1797: Histoire de Pologne. [1796.] 13 Bl., S. [137]—306, 80 Bl., 1 Titelkupf., 12 Kupfertaf. davon 6 kol.
1798: Contenant un essai historique de la vie de Cathérine II. [1797.] 12 Bl., 130 S., 80 Bl., 1 Titelkupf., 23 Kupfertaf.
1800: Histoire du massacre de la St. Barthélemi [von Georg Friedrich Christoph Sartorius Freiherr von Waltershausen]. Seconde Partie. [1799.] 12 Bl., 143 S., 80 Bl., 1 Titelkupf., 12 Kupfertaf.

— historique et généalogique, p. 1796—806, avec fig. 16. Berl., Unger. 1796. 1 ℔ 1797—1806. à 1 ℔ 8 ℊ

— pour la jeunesse, p. 1792, avec fig. 12. Hamb., Herold. 12 ℊ

— des Muses, p. 1775—77 (p. F. R. Salzmann). 8. Götting. 776—78. Dieterich. (à 16 ℊ) 2 ℔

— de la nature à l'usage des adolesc., trad. en fr. p. de Bourdeaux. 8. Berlin, Maurer. 790.

— nouv. de l'an passé, où l'on annonce les choses arrivées etc. 8. Geneve. (Mayr, Salsburg)

— nouv., p. les jeunes Dames, p. 1806. avec fig. 12. Leipz. Joachim. 8 ℊ

— nouv., p. les jeunes hommes, p. 1806, av. fig. 12. Leipz., Joachim. 8 ℊ

Almanac de poche pour l'Année MDCCLXXI. Suivi des Pièces curieuses et utiles. ([Mit Kupf. v.] Ant[on] Aug[ust] Beck.)
Bronsvic [1770]: Maison des Orphelins. 54 Bl., 6 Kupfertaf. 12°
[Kupfert.]

— royal de Prusse pour l'année bissextile. gr. 8. Berlin, Unger. 796.

— royal de Westphalie, pour les années 1810—1813. (par A. Fournon). 8 maj. Cassel, Luckhardt. à 1 ℔ 8 ℊ

— de Saxe, pour 1802, avec fig. Gotha, Perthes. 18 ℊ

Almanac du Theatre.

Wien um 1755.

Almanac pour les voyageurs dans les Etats Prussiens. Berlin 1795. V: *Hauchecorn, Friedrich Wilhelm.* (Fiker)

***Almanacco*, divertevole. 16. Leipz. 811. (W. Nauck). 16 ℊ**

Almanacco per le famiglie cristiane, di Einsiedeln. Anno I. II. (1886 e 1887). 4. (à Jahrg. ca. 76 S. mit eingedr. Illustr., 1 Chromolithogr. und 1 Wandkalender.) Einsiedeln, Benziger und Comp. à Jahrg.

—— delle famiglie cristiane per l'anno 1888 e 1889. Anno III e IV. 4. (à Jahrg. 70—80 S. mit Illustr., 1 Chromolithogr. und 1 Wandkalender.) Ebendas. à Jahrg.

Almanacco delle famiglie cristiane per l'anno 1890—92. Anno V.—VII. 4. (à Jahrg. ca 70 S. m. Text-Abbildgn. u. 1 Farbendr.) Einsiedeln, Benziger u. Comp. à Jahrg. * — 40

Almanacco delle famiglie cristiane per l'anno 1895. Anno X. Mit Abbildg. u. 1 Farbendr. In-4⁰. 80 S. Einsiedeln, Benziger & Co. — 50

Almanacco delle famiglie cristiane per l'anno 1891. Anno VI. 4 (71 m. Abbildgn.) Einsied., Benziger & Co. n. — 40

Almanacco delle famiglie cristiane per l'anno 1896. Anno XI. Mit Abbild. u. 1 Farbendr. In-4⁰. 80 S. Einsiedeln, Benziger & Co. — 50

Almanacco delle Famiglie cristiane per l'anno 1901 e 1902 e 1903 e 1904. Anno 16—19. [Illustrato.] 4. Einsiedeln, Svizzera, Benziger & Co. S. A. *etc.* [à fr. —. 50]
... 1901. [Con 5 tavole.] IV + 72 [+ 12] p.
... 1902 e ... 1903. [*ciasc.* Con 1 tavola.] IV + 80] e IV + 72 [+ 18] p.
... 1904. [Con 2 tavole.] IV + 72 [+ 16] p.

Almanacco delle Famiglie cristiane per l'anno 1905. Anno 20. [Con illustrazioni e 1 tavola.] IV + 88 p. 4. Einsiedeln, Svizzera, Benziger & Co. S. A. *etc.* [fr. —. 50]

Almanacco delle Famiglie cristiane per l'anno 1906. Anno 21. [Con illustrazioni e 1 tavola.] IV + 88 p. 4. Einsiedeln, Svizzera, Benziger & Co. S. A. *etc.* [fr. —. 50]

Almanacco delle famiglie christiane per l'anno 1907. Anno XXII. (72 u. 2 S. m. Abbildgn. u. 1 Farbdr.) gr. 8. Einsiedeln, Verlagsanstalt Benziger & Co. — 40

Almanacco delle Famiglie cristiane per l'anno 1908. Anno 23. [Con illustrazioni e 1 tavola.] IV + 72 [+18] p. 4. Einsiedeln, Svizzera, Benziger & Co. S. A. *etc.* [fr. —. 50]

Almanacco delle Famiglie cristiane per l'anno 1909. Anno 24. [Con illustrazioni e 1 tavola.] IV + 73 [+ 15] p. 4. Einsiedeln, Svizzera, Benziger & Co. S. A. *etc.* [fr. —. 50]

Almanacco delle famiglie cristiane per l'anno 1910. Anno XXV. (72 S. m. Abbildgn. u. 1 Farbdr. gr. 8. Einsiedeln, Verlagsanstalt Benziger & Co. — 40

Almanacco delle famiglie crist. per l'anno '13. Anno 28. (74 m. Abb. u. 1 Farbdr.) gr8* Einsied., Verl.-Anst. Benziger & Co. — 40

Almanacco e guida scematica di Trieste per l'anno 1862—68. 2.—8. Annata. gr. 8. Triest, Dase. [1862. (VIII und 168 S.) 1863. (VI und 230 S.) 1864. (VI und 226 S.) 1865. (VI und 216 S.) 1866. (VI und 208 S.) 1867. (VI und 206 S.) 1868. (VI und 191 S.)] à Jahrg. *

Almanacco e guida scematica di Trieste pei anni 1869—1874. 9a—14a annata. 8. (VI, 208; VI, 195; XLVII, 168; IV, 200; 204 S.) Triest, Dase. Jahrg. 1869—1873 à * 1874 *

Almanacco e guida scematica di Trieste pei anni 1875—1880, compilata da Giulio Dase. 15a—20a annata. gr. 8. (IV, 274; IV, 251; IV, 267; IV, 260; XVIII, 320; 266, IV S., mit je 1 lithogr. und color. Plan in Imp.-Fol.) Triest, Dase. à Jahrg. * Plan apart *

Almanacco e guida scematica di Trieste per l'anno 1881—1884, compilato da Giulio Dase. 21—24a annata. gr. 8. (VIII, 192; VIII, 358; VIII, 360; VIII, 210 S. mit chromolithogr. Plan in Imp.-Fol.) Triest, Dase. à Jahrg. cart. * Plan allein *

—— e guide scematica di Trieste per l' anno 1885—1888, compilata da Giulio Dase. 25a—28a annata. gr. 8. (à Jahrg. ca. 210 S. mit chromolithogr. Plan in Imp.-Fol.) Ebendas. cart. à Jahrg. * Plan allein *

—— e guida scematica di Trieste 1889—92, compilata da Giulio Dase. 29a—32a annata. gr. 8. (229; 230; 238; 243 S. m. je 1 Plan.) (Ebd.) cart. à Jahrg. * 5 —; Plan allein * 1 60

— e guida scomatica di Trieste per l'anno 1891—1894, compilata da Giulio Dase. 31.—34. annata. gr. 8. (X, 228; X, XLIV, 189; X, XLIV, 176; X, XLIII, 335 S., m. je 1 Plan.) Triest, J. Dase. Kart. à Jahrg. n.n. 5. —; Plan allein n. 1. 60

— e guida scematica di Trieste per l'anno 1895—1898 compilata da Giulio Dase. 35.—38. annata. 2 Tle. gr. 8. (XI, XLVIII, 348; XXII, XLVII, 422; XVI, XLVIII, 440; XXII, XLVIII, 471 m. je 1 Plan.) Triest, J. Dase. Kart. à Jahrg. geb. n.n. 5. —; Plan allein n. 1. 60

— e guida scematica di Trieste per l'anno 1899, compilata da Giulio Dase. 39. annata gr. 8. (XXXVIII, 420 S. m. 1 Plan.) Triest, J. Dase. Kart. n.n. 5. —; Plan allein n. 1. 60

Almanacco del Lloyd austriaco.
Vorh. u.d. Tit.: Almanacco del Lloyd austro-ungarico.

— del Lloyd austriaco. Compilato coll' approvazione dello spettabile consiglio d'amministrazione. Annata IX—XII. 16. (XLV, 264; XLV, 265; XLVIII, 249; XLVIII, 245 S. m. 3 graph. Taf.) Triest 891—894. (J. Dase.) Geb. in Leinw. à Jahrg. n. 4. —

— del Lloyd austriaco. 1895—98. Compilato coll' approvazione dello spettabile consiglio d'amministrazione. Annata XIII—XVI. 16. (XLVIII, 281; XLVIII, 263; LVII, 284; LII, 288 S m. Taf.) Triest (J. Dase). Geb. in Leinw. à n. 4. —

— del Lloyd austriaco. 1900. Annata XVIII. 16° (52, 262 m. Fig.) Triest. (FH Schimpff). Geb. in L. 4 —

— del Lloyd austriaco. 1902. Compilato coll'approvazione dello spettabile consiglio d'amministrazione. Annata XX. (LVI, 264 S. m. Fig.) gr. 16. Triest (F. H. Schimpff). Geb. in Leinw. n. 4. —

— del Lloyd austriaco. 1905 Compilato coll' approvazione dello spettabile consiglio d'amministrazione. Annata XXIII. (LIX, 278 S. m. Fig.) 16. Triest (F. H. Schimpff). Geb. in Leinw. n.n. 4. —

! — del Lloyd austr. öF 01/05

Almanacco del Lloyd austro-ungarico. Compilato coll'approvazione dello spettabile consiglio d' amministrazione. Annata III—VI. Editore Lloyd austro-ungarico. 16. (250 S. mit 3 Taf.; XXV, 238 S. mit 3 Taf.; XXVI, 301 S. mit 3 Taf.; XXVI, 241 S. mit 2 Taf.) Triest 885—88, (Dase.)

—— del Lloyd austro-ungarico. Compilato coll' approvazione dello spettabile consiglio d'amministrazione. Annata VII—IX. Editore Lloyd austro-ungarico. 16. (LXXXV, 156 S. m. 2 Taf.; XLI, 257 S.; XLV, 264 S.) Triest 889—91, (Dase). geb. à Jahrg. * 4 —
Fortsetzung u. d. T.:
Almanacco del Lloyd austriaco.

Almanacco per portamonete (polnischer Portemonnaie-Kalender 1887. XI. Jahrg. A. Elegant in Umschlag broschirt mit zwei Photographien. Wien, Moritz Perles. fl. —.20.

— — B. In englischem Einband. Ebd. fl. —.30.

— — C. 1. Eleg. geb. in fein ausgeführtem Metalldeckel fl. —.36, 2. eleg. geb. in Email fl. —.40.

— — D. Eleg. geb. in fein ausgeführtem Platinadeckel fl. —.36.

— — E. 1. Eleg. geb. in Juchten fl. —.40. 2. Eleg. geb. in Seide fl. —.40. 3. Eleg. geb. in Gelatine fl. —.40. 4. Eleg. geb. in Liebhaberband fl. —.40.

— — F. Eleg. geb. in diverse moderne Einbände fl. —.50. 2. Eleg. geb. in Elfenbein mit Nickelbeschlag fl. —.50. 3. Eleg. geb. in Schweinsleder-Imitation fl. —.50. 4. Eleg. geb. in Atlas mit Blumen oder Malerei fl. —.50.

— — G. 1. Eleg. geb. in feinem Kalbleder mit Pressung „Glück auf!", „Viel Glück!", „Prosit Neujahr!". fl. —.65. 2. Eleg. geb. in feinem Kalbleder mit Goldpressung fl. —.65.

— — H. 1. Eleg. geb. in Leder mit feingeschliffenem Spiegel fl. —.75. 2. Eleg. geb. in Plüsch mit Nickelbeschlag fl. —.75. Eleg. geb. in feinem Kalbleder mit Schliessen fl. —.75.

— — I. 1. Eleg. geb. in feinem Kalbleder mit Ecken und Schliessen fl. 1.—. 2. Eleg. geb. in feinem Kalbleder, Brieftasche darstellend. fl. 1.—.

Almanacco per portamonete per Lanno. 1890. XIX. Jahrg. (Italienischer Portemonnaie-Kalender für 1890.) Wien: Perles.

— per portamonete per anno 1891. 128. (64 S.) Wien, Perles Verl. n. — 40; geb. von n. — 60 bis n. 2. —

Almanacco per portamonete. (Italienischer Portemonnaie-Kalender.) Pro 1892.

A. 1. Eleg. in Umschlag broch. mit zwei Photographien —.20
2. Eleg. in Buchdruck-Umschlag mit einer Photographie —.20

B. in Englischem Einband —.30

C. 1. Eleg. geb. in fein ausgeführtem Metalldeckel —.36
2. Eleg. geb. in Email —.40

D. 1. Eleg. geb. in fein ausgeführtem Platinadeckel —.36
2. Eleg. geb. in Email —.40

E. 1. Eleg. geb. in Juchten (mit Pressung 1892, Tarokkarten, Bicycle, Billard, Kegel-Emblemen etc. etc. —.40
2. Eleg. geb. Elfenbeinähnlich .40

F. 1. Eleg. geb. in Metall mit Lithographie —.50
2. Eleg. geb. in Kalbleder mit Anker und Bicycle —.50
3. Eleg. geb. in Elfenbein oder Schildkrot mit Nickelbeschlag —.50
4. Eleg geb. in Schweinsleder-Imitation —.50
5. Eleg. geb. in Leder mit Blumen —.50
6. Eleg. geb. in Kalbleder mit Wiener Stadtwappen —.50
7. Eleg. geb. in div. moderne Einbände (mehr als 20 versch. Muster) —.50

G. 1. Eleg. geb. in feinem Kalbleder mit Pressung: „Glück auf!", „Prosit Neujahr!", „Viel Glück!" —.65
2. Eleg. geb. in feinem Kalbleder mit Medaillonbild, altrömischer Münze, altägyptischen Figuren etc. etc. —.65

H. 1. Eleg. geb. in Leder mit feingeschliffenem Spiegel —.75
2. Eleg. geb. in feinem Schwarzleder mit gemalten Blumen —.75

I. 1. Eleg. geb. in feinem, schwarzem Kalbleder mit Spiegel, Brieftasche darstellend (2 Ausgaben) 1.—
2. Eleg. geb. in Plüsch mit Defregger-Bildern etc, colorirt und Leder mit Metallblumen colorirt Wien: Perles. 1.—

— per portamonete per l'anno 1894. 128. (62 S. m. 2 Lichtdr.) Wien, M. Perles. n. — 40; geb. von n. — 60 bis n. 2. —

— per portamonete per 1895. 128° Wien, M Perles. — 40; geb. von — 60 bis 2 —

Almanacco per portamonete. Pro 1896.

A. 1. Eleg. in Umschlag brosch. mit zwei Photographien —.20

B. Eleg. in englischem Einband —.30

C. 1. Elegant geb. in fein ausgeführtem Metalldeckel —.36
2. Eleg. geb. in Email —.40

D. 1. Elegant geb. in fein ausgeführtem Platinadeckel —.36
2. Eleg. geb. in Email —.40

E. 1. Eleg. geb. in Juchten (mit Pressung 1896, Tarockkarten-, Bicycle-, Billard-, Kegel- und Schützen-Emblemen ꝛc.) —.40
2. Eleg. geb. Elfenbeinähnlich —.40

F. 1. Eleg. geb. Kaiser-Ausgabe in schwarz-gelber Seide mit Adler —.50
2 Eleg. geb. in gepreßtem Leder mit Bronce-Auflagen —.50
3. Eleg. geb. in Elfenbein oder Schildkrot mit Nickelbeschlag —.50
4. Elegant gebunden in Seytogen mit Bildern

sortirt —.50
5. Elegant gebunden in Leder mit Blumen und Malerei —.50
6. Eleg. geb. in lichtem Leder mit Bronce-Auflagen —.50
7. Eleg. geb. in Leder-Einbänden (in mehr als 20 versch. Ausgaben) —.50

G. 1. Eleg. geb. in feinem Kalbleder mit Pressung „Na zdar!" „Glück auf!" „Prosit Neujahr!" „Viel Glück!" —.65
2. Elegant gebunden in Plüsch mit diversen Auflagen —.65

H. 1. Eleg. geb. in Leder mit feingeschliffenem Spiegel —.75
2. Eleg. gebunden in Chagrin-Täschchen mit Juchten-Kalender —.75

I. Eleg. geb in feinem schwarzen Kalbleder mit Spiegel, Brieftasche darst. (2 Ausgaben). 1.—
Wien: Perles

Almanacco per portemonete per l'annno comune 1897. (Italienischer Portemonnaie-Kalender.)

A. 1. Elegant in Umschlag broschirt mit zwei Photographien —.20

B. Eleg. in englischem Einband —.30

C. 1. Elegant gebunden in fein ausgeführtem Metalldeckel —.36
2. Eleg. geb. in Email —.40

D. 1. Elegant gebunden in fein ausgeführtem Platinadeckel —.36
2. Eleg. geb. in Email —.40

E. 1. Eleg. geb. in Juchten (mit Pressung 1897, Tarokkarten-, Bicycle-, Billard-, Kegel- und Schützen-Emblemen etc.) —.40
2. Eleg. geb. Elfenbeinähnlich —.40

F. 1. Elegant geb. Kaiser-Ausgabe in schwarzgelber Seide mit Adler —.50
2. Elegant geb. in gepresstem Leder mit Bronze-Auflagen —.50
3. Elegant geb. in Elfenbein od. Schildkrot mit Nickelbeschlag —.50
4. Elegant geb. in Scylogen mit Bildern, sortirt —.50
5. Elegant geb. in Leder mit Blumen und Malerei —.50
6. Elegant gebunden in lichtem Leder mit Bronze-Auflagen —.50
7. Elegant gebunden in rothem Saffianleder mit deutschen Sprüchen —.50
8. Eleg. geb. in Leder-Einbänden (in mehr als 20 verschiedenen Ausgaben) —.50

G. 1. Elegant geb. in feinem Kalbleder mit Pressung „Boldog uj évet!" „Glück auf!" „Prosit Neujahr" —.65
2. Elegant gebunden in Plüsch mit diversen Auflagen —.65

H. 1. Elegant gebunden in Leder mit feingeschliffenem Spiegel —.75
2. Elegant gebund. in Chagrin-Täschchen mit Juchten-Kalender —.75

I. Elegant geb. in feinem, schwarzem Kalbleder mit Spiegel, Brieftasche darstellend. (Zwei Ausgaben) Wien: Perles. 1.—

Almanacco per Portamonete. (Ital. Portemonnaie-Kalender.)

D. 1. Elegant gebunden in fein ausgeführtem Platinadeckel —.36
2. Eleg. geb. in Email —.40

E. 1. Eleg. geb in Juchten (mit Pressung 1898, Tarokkarten-, Bicycle-, Billard-, Kegel- und Schützen-Emblemen etc.) —.40
2. Eleg. geb. Elfenbeinähnlich —.40

F. 1. Elegant geb. Kaiser-Ausgabe in schwarzgelber Seide mit Adler und in Leder mit Kaiserportrait —.50
2. Elegant geb. in gepresstem Leder mit Bronze-Auflagen —.50
3. Elegant geb. in Elfenbein od. Schildkrot mit Nickelbeschlag —.50
4. Elegant geb. in Leder mit Blumen und Malerei —.50
5. Elegant gebunden in lichtem Leder mit Bronze-Auflagen —.50
6. Elegant gebunden in rothem Saffianleder mit deutschen Sprüchen —.50
7. Eleg. geb. in Leder-Einbänden (in mehr als 20 verschiedenen Ausgaben) —.50

G. 1. Elegant geb. in feinem Kalbleder mit Pressung „Boldog uj évet!" „Glück auf!" „Prosit Neujahr" —.65
2. Elegant gebunden in Plüsch mit diversen Auflagen —.65

H. 1. Elegant gebunden in Leder mit feingeschliffenem Spiegel —.75
2. Elegant gebund. in Chagrin-Täschchen mit Juchten-Leder —.75

I. Elegant geb. in feinem, schwarzem Kalbleder mit Spiegel, Brieftasche darstellend. (Zwei Ausgaben) Wien, Perles 1897. 1.

— **per portamonete per l'anno 1899.** 12⁰. (64 S.) Wien, M. Perles. n. — 40; geb. von n. — 60 bis n. 2.—

— **per portamonete per l'anno 1902.** 12⁰. (64 S. m. 1 Bildnis.) Wien, M. Perles. n. — 40; geb. von n. — 60 bis n. 2.—

— **per portamonete per l'anno 1907.** (64 S. m. 2 Bildnissen.) 12⁰. Wien, M. Perles. n. — 40; geb. von n. — 60 bis n. 2.—

Almanacco per Portamonete 1909. Eleg. in Umschlag broschiert mit zwei Photographien. Wien: Perles. K —.30

— **per portamonete per l'anno 1910.** (64 S.) 4,8×3,3 cm. Wien, M. Perles. — 40; geb. von — 60 bis 2.—

Almanacco-strenna per l'anno 1861. 1. Annata. gr. 8. (VII und 143 S.) Triest 861, Schubart. *

Almanach, s.a. Adresskalender

Almanach, s.a. Allmanach

Almanach, s.a. Almanac

Almanach, s.a. Almanacco

Almanach, s.a. Almanache

Almanach, s.a. Almanah

Almanach, s.a. Almanak

Almanach, s.a. Almanaque

Almanach. Welt- Sitten- Staat- Marter-Calender; gericht auf alle Schalt-Jahr. ... 1720. V: *Callenbach, F.* (BrMm)

GV3
17

Almanach; ou calendrier nouveau. – Fribourg: 1740-1849 (?).

ALMANACH auf das Jahr 1785. Mit Titelkpfr., gest. Titelbl., 4 Bl. Modekpfrn. (Coëffures de Dresde, Habillements de Leipsic) u. 12 Monatskpfrn. von Chodowiecki. (Die Geschichte der menschl. Gesellschaft.) 16°. (50 Kr., Expl. im Orig.-Carton, Halm & Goldmann, Wien, 1907.)

Almanach für . . . , dem Vergnügen geselliger Zirkel gewidmet v. Adolphi.
1798.
Berlin.

Almanach für das Jahr 1802. Mit Kupf. ([von] J[ohann] F[riedrich] Vol[c]kart [u. a.]).
Bamberg: Joh. Bapt. Reindl [1801]. 12 Bl., 147 S., 4 Kupfertaf. 12°

Ein Almanach auf 1808. Mit Kpfrn. Berlin. 12°.

Almanach, der,. Tresp. in 5 Aufz. v. Kotzeb. 8. Leipz. Hinrichs. 810. -

— 2r Jahrg. m. 22 K. Ebend. 811.

— 41ster Jahrg. herausgeg. v. J. B. Trommsdorff. — Auch u. dem Titel: Trommsdorffs Taschenbuch ꝛc., 1r Jahrg. 12. Weimar, Hoffmann. 820.

— 42r Jahrg.; auch unter dem Titel: Trommsdorff, J. B. Taschenbuch für Chemiker u. Apotheker auf das J. 821 IIr Jahrg. 12. Weimar, Gebr. Hoffmann. .

Almanach f. d. J. 1822—27. Mit Bild. u. d. Plan v. d. Stadt Carlsruhe Zollgröße. Carlsruhe, Müller. à 8 gr.

Almanach auf das Jahr 1834—40. (1/4 Zoll hoch.) Karlsruhe 833. Müller. à 1/3 ℛ︀ Mit color. Compositionen à 2/3 ℛ︀

Almanach für das Jahr —. Den Freunden der Erdkunde gewidmet von Heinrich Berghaus. [Jahrg. 1.] 1837 — 5. 1841. Stuttgart 1837—1841. 5 Bde. 8°. [Z 18

Almanach auf das Schaltjahr 1856, welches 366 Tage in sich enthaltet. Gedruckt bei A. Leykam's Erben und zu haben bei ebendemselben. (15 Bl. kl. 16.)

Almanach f. d. Schalt-Jahr 1856. Hg.: A. Werfer.
1856. M. 7 Holzschn.
Augsburg.

Almanach auf das gemeine Jahr 1857, welches 365 Tage in sich enthaltet. Zu haben bei A. Leykams Erben. (16 Bl. 16.)
Enthält: Kalendaria.

Almanach auf das Gemeinjahr 1858, nach der Geburt Christi. Zu haben bei A. Leykams Erben. Dr. von A. Leykams Erben in Gratz. (1 Bl. Fol.)

Almanach für 1861. 16. (18 S.) Wien 860, Pfautsch und Voss.

—— für 1861, enthaltend Listen der von der Elbe, Weser und Ostsee (Lübeck) zur See fahrenden Segel- und Dampfschiffe im Anfange des J. 1861, mit ihren Signal-Nummer-Flaggen. gr. 8. (67 S.) Hamburg 861, Salomon und Comp.

— für das Gemeinjahr 1862. Miniatur. (16 S.) Gratz, Leykam. 12 kr.

Almanach für das Jahr 1865. 1 Blatt kl. 4. Wien, Ueberreuter. 10 kr.

Almanach für das Jahr 1866. 1. Bl. in 4. Wien, Ueberreuter. 10 kr.

Almanach. Notiz-Taschenbuch f. alle Tage d. Jahres. Cottbus 869. Heine. 16. (92 Bll.) 5 *ngr.*

— f. 1798, d. Vergnügen gesell. Zirkel gewidm. v. Adolphi. 8. Berl., W. Oehmigke. (Sander). 21 g.

—— 1873. 1874. Schweizerisches statistisches Calendarium, Briefpost- und Telegraphentaxen. 32. (32; 40 S. mit 1 lithogr. Karte in 16.) Schaffhausen, Baader. à Jahrg. *

Almanach. Notiz- und Schreibkalender für die J. 1880—1885. 32. (à ca. 200 S.) Stuttgart, Rupfer. geb. mit Goldschn. à

Almanach. Notiz- u. Schreibkalender f. d. J. 1883. 32. (208 S.) Stuttgart, Rupfer. geb. m. Goldschn. 1. 20

— Notiz- u. Schreibkalender f. d. J. 1884. 16. (XIX, 192 S.) Stuttgart, Rupfer. geb. m. Goldschn. 1. 10

Almanach. Notiz- und Schreibkalender für die J. 1886—1889. 32. (à Jahrg. ca. 200 S.) Stuttgart, Rupfer. geb. mit Goldschn. à Jahrg.

Almanach auf das gemeine Jahr 1887. Salzburger Wandkalender, Placatformat. Unaufgez. Salzburg, Oberer's sel. Witwe.

Almanach. Notiz- & Schreibkalender f. d. J. 1903. (XVI, 224 S.) gr. 16. Stuttgart, Zeller & Schmidt's Verl. Geb. in Leinw. m. Goldschn. 1. 20

Almanach. Notiz- u. Schreibkalender f. d. J. 1904. (XVIII, 192 S.) gr. 16. Stuttgart, K. Daser. Geb. in Leinw. m. Goldschn. n. 1. 20

Almanach. Hrsg. v. d. Red. v. Velhagen u. Klasings Monatsheften. (Einbd: Velhagen & Klasing's Almanach.) (332 m. Abb., 28 [3 farb.] Taf.) kl8° Bielef., Velh. & Kl. ('08). Pappbd m. Kart. 8 —; Luxusausg., Ldr m. Kart. 7.50 d || Ausg.'09. (320 m. Abb., 24 [8 farb.] Taf. u. Wandkalender.) Pappbd m. Kart. 4 —; Luxusausg., Ldr m. Kart. 8 — d

Almanach. Hrsg. v. der Red. v. Velhagen u. Klasings Monatsheften. (3. Jahrg.) (Einband: Velhagen & Klasing's Almanach. Entwurf f. Einbd., Vorsatzpapier u. Buchschmuck v. Heinr. Wieynk.) (VIII, 318 S. m. Abbildgn., 24 [8 farb.] Taf. u. Wandkalender.) kl. 8. Bielefeld (910). Velhagen & Klasing. Geb. in Leinw. m. Kart. 4.—; Luxusausg., geb. in Ldr. m. Karton 8.—

Almanach. Hrsg. v. der Red. v. Velhagen u. Klasings Monatsheften. '11—13. (3—5. Jahrg.) (Einbd: Velhagen &

Aachener Almanach. Schriftleiter: Philipp Keller. Mitarb.: Franz Maria Esser [u. a.] — Aachen: Fölsche in Komm. 1910. 32 S. 1:Yf 1258. 5.
3.5396

— für den Adel, s. Karl Lang.

Almanach von 10,000 [zehntausend] Adressen Schweizer Uhren- u. Bijouterie-Waaren-Fabrikanten, s. Indicateur de l'horlogerie suisse.

— d'adresses téléphonique Suisse, s.: Telephon-Adressbuch, schweizerisches.

Almanach der Kaiserlichen Akademie der Wissenschaften (sp.: . . . der Akademie der Wissenschaften in Wien). Jg. 1ff.
Wien: Braumüller in Comm. 1851ff. 12

Almanach, der kaiserl. Akademie der Wissenschaften für die J. 1851 und 1852. 1. und 2. Jahrg. 8. Wien, (Braumüller.) [1851. (XXIV und 286 S.) 52. (XXXIV und 288 S.)] à Jahrg. *

Almanach der kaiserl. Akademie der Wissenschaften. 3—6. Jahrg. 1853—56. 8. Wien, (Braumüller.) [3. (VIII und 224 S.) 852. * 28 Ngr., 4. (VIII und 324 S.) 853., 5. (VIII und 328 S.) 854., 6. (VIII und 387 S.) 856. à Jahrg. * 1 Thlr.] *
1. und 2. Jahrg. 1851 und 1852. Ebendas. à Jahrg. * 28 Ngr.

—— der kaiserl. Akademie der Wissenschaften. 7—11. Jahrg. 1857—61. gr. 8. Wien, (Gerold's Sohn.) [7. Jahrg. (VIII und 397 S.) 857. * 1 Thlr., 8. (VIII und 433 S.) 858. * 1 Thlr., 9. (700 S.) 860. * 1 Thlr. 20 Ngr., 10. (III und 472 S.) 860. * 1 Thlr. 16 Ngr., 11. (230 S.) 861. * 20 Ngr.] *

Almanach der kais. Akademie der Wissenschaften. *Wien* 1858. *K. k. Hof- u. Staatsdruckerei.* VIII. Jhrg. VIII, 180, 250 S., 2 Bl. 8°.

INHALT. Uebersicht der Sitzungen 1858. — Statuten. — Geschäftsordnung. — Preisaufgaben 1857. — Personalstand. — Verzeichniss der Mitglieder. — Verzeichniss der Institute, welche die Druckschriften der k. Akademie erhalten. — Druckschriften der k. Akademie. — Anhang. Die feierliche Sitzung der k. Akademie d. Wiss. am 30. Mai 1857. Der Bericht des Generalsecretärs enthält die Nekrologe des Freih. Joh. Hammer-Purgstall (geb. 9. Juni 1774, † 23. Nov. 1856); des P. M. Partsch (geb. 11. Juni 1791, † 3. Oct. 1856); des J. J. Heckel (geb. 23. Jan. 1790, † 1. März 1857) und des J. M. Salomon (geb. 22. Februar 1793, † 2. Juli 1856).

—— der kaiserlichen Akademie der Wissenschaften. 12.—17. Jahrg. 1862—67. gr. 8. Wien, (Gerold's Sohn.) [1862. (218 S.) * 20 Ngr., 1863. (262 S.) * 1 Thlr. 25 Ngr., 1864. (307 S.) * * 1 Thlr., 1865. (296 S.) * * 1 Thlr., 1866. (278 S.) * 28 Ngr., 1867. (307 S.) * 1 Thlr.] *

—— der kaiserlichen Akademie der Wissenschaften. 18.—24. Jahrg. 1868—1874. gr. 8. Wien, (Gerold's Sohn.) [1868. (238 S.) * ℳ 2,40.; 1869. (401 S.) * ℳ 4.; 1870. (278 S.) * ℳ 3.; 1871. (285 S.) * ℳ 3.; 1872. (268 S.) * ℳ 3.; 1873. (222 S.) * ℳ 2,30.; 1874. (260 S.)] *

Almanach der kaiserl. Akademie der Wissenschaften. 25.—29. Jahrg. 1875—1879. gr. 8. Wien, (Gerold's Sohn.) [1875. (281 S.) * ℳ 3.; 1876. (259 S.) * ℳ 2,40.; 1877. (221 S.) * ℳ 2,40.; 1878. (250 S.) * ℳ 2,50.; 1879. (252 S.) * ℳ 2,50.] *

—— der kaiserl. Akademie der Wissenschaften. 30.—34. Jahrg. 1880—1884. gr. 8. (241; 225; 319; 278; 247 S.) Wien, (Gerold's Sohn.) Jahrg. 1880 und 1881 à * Jahrg. 1882 * ℳ 3,20.; 1883 * ℳ 2,80.; 1884 *

—— der kaiserl. Akademie der Wissenschaften. 35. und 36. Jahrg. 1885 und 1886. gr. 8. (251; 259 S.) Wien, (Gerold's Sohn.) à Jahrg. *

—— dass. — 37. Jahrg. 1887. gr. 8. (268 S.) (Ebendas.) *

—— dass. — 38. Jahrg. 1888. gr. 8. (260 S.) Wien. (Leipzig, Freytag.) *

Almanach d. kais. Akad. d. Wissensch. 36. Jahrg. 1886. 8. (259) Wien, (Tempsky). *n.* 2. 60 || 37. Jahrg. 1887. (268) *n.* 3. 40 || 38. Jahrg. 1888. (260) *n.* 3. 20 || 39. Jahrg. 1889. (268) *n.* 3. 40 || 40. Jahrg. 1890. (253) *n.* 3. 60

Almanach d. kais. Akad. d. Wiss. 41. Jahrg. 1891. 8° (268 m. 4 Bildnissen.) Wien, (C Gerold's S.). 4.40 || 42. Jahrg. 1892. (273 m. 3 Bildnissen.) 4.50 || 43. Jahrg. 1893. (337 m. 4 Bildnissen.) 5— || 44. Jahrg. 1894. (317 m. 3 Bildnissen.) 4— || 45. Jahrg. 1895. (341 m. 2 Bildnissen.) 4.60

Almanach der kaiserl. Akademie der Wissenschaften. 41.—43. Jahrg. 1891—1893. gr. 8. Wien, (F. Tempsky). n. 13. 90

41. (268 S. m. 4 Bildnissen.) n. 4. 40
42. (273 S. m. 3 Bildnissen.) n. 4. 50
43. (337 S. m. 4 Bildnissen.) n. 5. —

Almanach d kaiserl. Akademie d. Wissenschaften. 44.—48. Jahrg. 1894—1898. gr. 8. Wien (C. Gerolds Sohn). n. 22. 20

44. (317 S. m. 3 Bildn.) 894. n. 4. —
45. (341 S. m. 2 Bildn.) 895. n. 4. 60
46. (369 S. m. 1 Bildn.) 896. n. 4. 60
47. (338 S.) 897. n. 4. —
48. (379 S.) 898. n. 5. —

— der kaiserl. Akademie der Wissenschaften. 49.—51. Jahrg. 1899—1901. gr. 8. (452 S. m. 5 Bildnissen.) Wien (C. Gerold's Sohn). n. 15. 20

49. (452 S. m. 5 Bildnissen.) n. 5. 40
50. (387 S. m. 4 Bildnissen.) n. 5. —
51. (372 S. m. 1 Bildnis.) n. 4. 80

— der kaiserl. Akademie der Wissenschaften. 52.—56. Jahrg. 1902—1906. 8. Wien (A. Hölder). n. 33. —

52. (391 S. m. 2 Bildnissen u. 1 Taf.) n. 5. —
53. (382 S. m. 2 Bildnissen.) n. 5. —
54. (444 S. m. 3 Bildnissen.) n. 7. —
55. (IV, 373 S. m. 3 Bildnissen.) n. 8. —
56. (IV, 396 S. m. 2 Bildnissen.) n. 8. —

— der kaiserl. Akademie der Wissenschaften. 57.—59. Jahrg. 1907—1909. (IV, 402, IV, 403 u. IV, 431 S. m. je 3 Bildnissen.) 8. Wien 907—909. (A. Hölder.) à 9. —

— d. kais. Akad. d. Wissenschaften. 59—61. J. '09—11. 8° Wien, A Hölder.

59. (4, 431 m. 3 Bildn.) '09. 9 — || 60. (4, 426 m. 2 Bildn.) '10. 8.80 || 61. (4, 484 m. Bildnis). '11. 6.80

—— der königl. bayerischen Akademie der Wissenschaften für das J. 1855. (6. Jahrg.) 8. (260 S.) München 855, (Franz.) *

1—3. Jahrg. 1843—45. 4. Jahrg. 1847. 5. Jahrg. 1849. Ebendas. Der Preis der letzten 2 Jahrge. ist à * 20 Ngr.

Almanach der königl. bayerischen Akademie der Wissenschaften für das Jahr 1859. (7. Jahrg.) München. (Franz.) 8. (228 S.) n. 26½ *ngr.*

— der königl. bayerischen Akademie der Wissenschaften f. d. J. 1867, 1871 u. 1875. (8—10 Jahrg.) 8. München 875. (Franz.) n. 7. 10

1867. (376 S.) n. 2. 70 — 1871. (236 S.) n. 1. 75 — 1875. (422 S.) n. 2. 65.

— der königl. bayerischen Akademie der Wissenschaften f. d. J. 1878. 8. (239 S.) München 878. Franz in Comm. n.n. 1. —

—— der königl. bayerischen Akademie der Wissenschaften für das Jahr 1884. (12. Jahrg.) 8. (499 S.) München, (Franz'sche Buchh.) * *

— der königl. bayerischen Akademie d. Wissenschaften f. d. J. 1890. 8. (207 S.) München, (Franz' Verl.). n.n. 1. —

Almanach der königl. bayer. Akademie d. Wissenschaften f. d. J. 1897. 8. (264 S.) München (G. Franz' Verl.). n. 1. 50

— der königl. bayerischen Akademie der Wissenschaften f. d. J. 1901. 8. (319 S.) München (G. Franz' Verl.) n. 1. —

— der königl. bayerischen Akademie der Wissenschaften f. d. J. 1905. (XIII, 312 S.) 8. München (H. Franz' Verl.). n. 1. —

Almanach der Königlich Bayerischen Akademie der Wissenschaften zum 150. Stiftungsfest 1909. — München: Akad. d. Wiss. (1909). XXXVIII, 403 S.
1: 4° As 2520. 12: 4° Bavar. 69u [u.ö.] 4. 5. 6. 8. 9. 10. 11. 83.
3.5397

— der königl. bayerischen Akademie der Wissenschaften, z. 150. Stiftungsfest 1909. (IV, XXXVIII, 403 S.) Lex. 8. München (909). G. Franz' Verl. 5. —

Almanach d'Alsace pour l'année . . . .
1783. Avec 1 carte.
Strasbourg et Colmar.

Amorbacher Almanach für . . .
Miltenberg: H. W. Volkhart 1804—[1806]. 12°
[1/] 1804: 11 Bl., 96 S., 1 Kupfertaf.
[2/] 1806: 11 Bl., 174 S.

—— pour l'an de grâce 1870 et 1871, de l'ère grégorienne, à l'usage des habitants du grand-duché de Luxembourg. 103. et 104. années. 12. (191 S.) Luxemburg, Brück. à Jahrg.

Archivalischer Almanach. Hrsg. von August Hettler. Jg. 1. 1903/1904. *Großenhain & Leipzig: Baumert & Ronge (1904).* 8° [vgl. 398]

Archivalischer Almanach. Hrsg. von Aug. Hettler. 2. Jg. 1908/9. Halle a. S.: Selbstverlag 1908.

— archivalischer. Hrsg. v. Aug. Hettler. 3. Jahrg. 1910/1911. 1. Bd. (IV, 201 S.) kl. 8. Halle a. S. (Friesenstr. 21) 910. A. Hettler. Geb. in Leinw. nn 6. —

— Archivalischer. Hrsg. v. Aug. Hettler. 3. Jahrg. '10/11. 1. u. 2 Bd. Mit e. geograph. Uebersicht z. 1. Abteilg u. Autorenreg. zu d. Lit.-Angaben. (4, 202 u. 20, 203—455.) kl8° Halle, Buchdr. Hohmann '10 '11. L jo 6 —

—— für hannoversche Aerzte, Chirurgen und Apotheker auf das J. 1862. Hrsg. von einem prakt. Arzte. gr. 8. (XVI und 336 S.) Stade 861, Pockwitz. geb. * durchschossen * *

— für hannoversche Aerzte, Chirurgen und Apotheker auf das Jahr 1862. (XVI, 336 S.) — 1863. (XVI, 317 S.) — 1864. Herausg. von einem prakt. Arzte. Stade, Pockwitz. 8. (VIII, 200 S.) n. 20 ngr.; m. Papier durchsch. nn. 25 ngr.

—— für hannoversche Aerzte, Chirurgen und Apotheker auf die J. 1863—67. Hrsg. von einem prakt. Arzte. gr. 8. (à Jahrg. 200—372 S.) Stade, Pockwitz. geb. à Jahrg. * durchschossen à Jahrg. * *

Almanach Aerzte Nichtaerzte

Almanach für Aerzte und Nichaerzte auf das Jahr 1782, 1784, 1787, 1793, 1794, 1797, hrsg.v. Christian Gottfried Gruner. gbd.

Jena: Cuno 1782-1794
1787 u.d.T.: Almanacum perpetuum für Aerzte und Nichtaerzte
1797- : Taschenbuch, Neues für Ärzte und Nichtärzte. Jg.1-

JB 6.032

Almanach für Aerzte und Nichtaerzte auf das Jahr . . . hrsg. v. . . . (Christian Gottfried) Gruner.
Jena: Christ. Heinr. Cuno (1797: Leipzig, Gera: Wilh. Heinsius) 1782—1797. 8° (1797: 12°)
1797 [Nebent.]: Neues Taschenbuch für Aerzte und Nichtaerzte. Jg. 1.

***Almanach für Ärzte und Nichtärzte.** [Hrsg.: Christ. Gottfried Gruner.] Bd 1–15.
Jena: Cuno 1782–96. 8° 22, 70, 75
(Forts. u. d. T.: Neues Taschenbuch f. Ärzte und Nichtärzte. Jena 1797.

— für Aerzte u. Nichtärzte, s.a. Chr. Gf. Gruner.

Ärztlicher Almanach. [Hrsg.: Adolf Kállay.] Jg. 8–12.
Wien: W. Braumüller 1888–1893. 8°
(Vorh. u. d. T.: Illustrierter ärztlicher Almanach. Jg. 1–7. 1882–1887.

— ärztlich-pharmaceutischer, Ungarns. Unter Mitwirkg. der Red. der „Ung. mediz. Presse" red. v. Ödön Tuszkai. 2. unveränd. Aufl. gr. 8. (VII, 200 S. m. Bildnissen.) Budapest 899. (Wien, F. Deuticke.) n.n. 5.—

Ayer's Deutscher Almanach: 1880?—? Lowell, MA
Published by Dr. J. C. Ayer & Compagnie, praktische und analytische Chemiker.

— f. das Großherzogth. Baden u. das Bundesgebiet Elsaß-Lothringen. Practisches Handbuch f. Kaufleute, Handwerker u. Gewerbetreibende. Unentbehrlicher Führer f. jede christl. Hausfrau, welche ihre Einkäufe in soliden Geschäften machen will. (Jahrg. 1903 u. 1904.) (IV, 275 S.) 8. Straßburg i. E. (Fischartstr. 3) 902. A. Th. Stoll. n. 2.40

Almanach der Bäder und Heilquellen von Oesterreich-Ungarn I. Jahrg. für 1890. 8. (92 S.)
Wien: Dittmarsch. —.80

— der Bäder, Sommerfrisch- u. Luftcurorte Tirols. Hrsg v. Landesverb. f. Fremdenverkehr in Tirol. M. 53 Ill. v. Wilh. Humer. Ausg. f. 1896—1897. qu. gr. 8. (XVI, 159 S.) Innsbruck, Wagner. n. 1.20

— der Bäder, Sommerfrischen u. Luftcurorte Tirols. Hrsg. vom Landesverband f. Fremdenverkehr in Tirol. Mit 80 Illustr. v. Frz. Burger u. Wilh. Humer. II., neu bearb. u. verm. Aufl. schmal gr. 8. (XVI, 192 S.) Innsbruck 901. Wagner. n. 1.40

Almanach für Bade-Reisende auf 1862, 63, 65. Die Fahrten von den deutschen Hauptstädten nach den vorzüglichsten Badeorten Deutschlands und der Nachbarstaaten, deren ärztl. Hülfen, Einrichtungen, Sehenswürdigkeiten und Umgebungen enth. Nach eigener Erfahrung und den besten ärztl. u. anderen Quellen bearb. von F. Morin. (Mit 1 lithogr. Karte der Badeorte. Berlin. 16.

– oder der gelehrte Bauer pro 1887. Graz, „Leykam".

Almanach oder Gelehrter Bauern-Kalender 1908 K —.15
Graz: Leykam.

Almanach oder Gelehrter Bauernkalender K —.15
Graz: Leykam 1909.

Almanach oder Gelehrter Bauernkalender K —.15
Graz: Leykam 1910.

— für Beamte im Fürstenth. Bayreuth. 8. Bayreuth, Lübeck. 810.

—— für Beamte und Geschäftsleute für 1853—57. Nebst einem Rathgeber in Rechtssachen. Für Kaufleute, Fabrikanten, Kapitalisten, Banquiers und Hausbesitzer. 1—5. Jahrg. 16. Hoyerswerda, Erbe. [1. (268 S.) 2. (242 S.) 3. (242 S.) 4. (211 S.) 5. (241 S.) 852—55. à Jahrg. * 17½ Ngr.] *

— für Beamte u. Geschäftsleute für 1854—58. 2—6. Jahrg. Nebst e. Rathgeber in Rechtssachen. Für Kaufleute, Fabrikanten, Kapitalisten ꝛc. Hoyerswerda, Erbe. 16. (1 Bl., 185 S. Notizbll. u. 56 S.) Jeder Jahrg. n. 17½ ngr

—— f. Beamte u. Geschäftsl. f. 1858. 6. Jahrg. 16. (241) Spremb., Erbe. geb. n. — 17½

Almanach zur Beförderung des allgemeinen und häuslichen Glücks, allen Guten gewidmet, für das Jahr 1798.
Franckfurt a/M.: Behrens (1798). 20 Bl., 224 S., 9 Bl., 1 Titelkupf., 6 Kupfertaf. 16°
[Nebent. nach d. Kalendarium:] Taschenbuch zur Beförderung des allgemeinen und häuslichen Glücks.

Almanach der Belehrung und Unterhaltung auf dem Gebiete der Erd-, Länder-, Völker- und Staatenkunde; herausgegeben von H. Berghaus. Jahrg. 1—5. Stuttgart und Gotha 1837—41. 8.

Almanach der Belletristen und Belletristinnen fürs Jahr 1782. [Berlin] 1782. H: *Schulz, Johann Christoph & C. F. W. Erbstein.* (EE) (R-N) (Wr) (ML) Ky)

Almanach für Belletristen und Belletristinnen fürs Jahr 1782. Ulietea [Berlin] 1782. V: *Schulz, Joachim Chph.* (GGr) (Gleim-Uz Briefwechsel. Tübingen 1899. S. 520.)

ALMANACH der Belletriften und Belletriftinnen für's Jahr 1782. Ulietaa bey Peter Jobft Edlen von Omai, Kgl. Hofbuchh. u. Buchdrucker. [Berlin, Himburg 1781.] Tit. 16 Bl., 224 S.
Goedeke IV[1], 930, 4. Orig.-Ausgabe. Mit einem fatyrifchen Kupfer. Nachahmung des »Kirchen- u. Ketzeralmanachs« von Bahrdt.
[Verf. J. C. F. Schulz.]

— bergischer. (Hrsg. v. der literar. Gesellschaft, Elberfeld.) I. Tl. Gedichte. Unter Mitwirkg. v. Hans Hoppe, Karl Aug. Hückinghaus, Herm. Klammer, Carl Salomon jr. u. Erich Schulz hrsg. v. Frdr. Kerst. (III, 138 S.) 8. Elberfeld 906. W. Bacmeister. 1.—

Almanach, Berliner, f. Karten-, Schach- u. Pharospieler a. d. J. . . . .
1804. M. Titelk. u. Vign.
Berlin.

Berliner Almanach für Reiter, Gestütsbesitzer und Pferdeliebhaber. Hrsg. von [Christoph] Klatte. Mit 10 Kupfertaf.
Berlin: Hayn 1828. VII,250 S. 1:Ov 18745. 8. 11.
3.5401

— Berlinisch., z. Nutzen u. Vergn. auf 1796. mit K. 16. Berlin, W. Oehmigke.

Berlinischer Almanach zum Vergnügen und zur Verbreitung nützlicher Kenntniße für 1797 mit 17 Kupfertaf. v. [Johann Michael Siegfried] Lowe, ([hrsg. v.] F. Rumpf).
Berlin: W. Oehmigke (1795). 248 S., 13 Kupfertaf., 4 Tab. 16°

Almanach Bernois 1903. 1re année. [Illustré.] IV + 70 [+ 26] p. 8. Saint-Imier, Ernest Grossniklaus. fr. —. 40

Almanach Bernois. [Illustré.] 1904 *et* 1905. 2e *et* 3e année. IV+74 [+22] *et* IV+82 [+20] p. 4. St-Imier, E. Grossniklaus. *à* fr. —.40

Almanach Bernois. 1906. 4e Année. [Illustré.] IV+80 [+16] p. 4. St-Imier, Impr. du Jura bernois (**Umschlag:* Imp. E. Grossniklaus). fr. —. 40

—— biblischer, f. 1840. 1. Jahrg. 8. (3¾ B.) Cannstatt. (Stuttgart, Belser'sche Buchh.) *

— biblischer, für d. tägl. Andacht, mit Gellerts Portr. 8. Leipz. 777. (Brockhaus). 9 gr.

— biblischer, immerwährender, f. Geist u. Herz e. jeden Christen, mit Kpf. 12. Münch. 812. (Fleischmann). 16 gr.

Almanach, biblischer immerwährender, für Geist und Herz eines jeden Christen, mit K. 12. München, Fleischmann. 813.

Almanach, biblischer, für Kinder z. tägl. Gebr. (v. Geo. Ern. Waldau). 12. Nürnb. 781. Grattenauer. 12 gr.

Almanach für Bienenfreunde oder erfahrungsmässige Anweisung zur praktischen Bienenzucht für jeden Monat im Jahr. — o.O. 1792. 206 S. 12: Oecon. 55. 7.
3.5403

— für Bienenfreunde, oder Anweisung z. prakt. Bienenzucht. 8. Leipz. 792. (W. Nauck). 12 gr.

Almanach (Bijoux-) a. d. J. 1829—35. (¾ Zollgrösse.) Mit lithographirt. Darstellungen. Carlsruhe, Müller. à
Jahrg. 1821—28. Ebendas. à 8 Gr. — Von 1830 an m. dem Zusatz: (Bijoux.)

Almanach (Bijoux-) a. d. J. 1836 — 40. ¾ Zoll hoch. (Mit Compositionen.) Lith. Carlsruhe, Müller'sche Hofbuchh. à J. * ⅓ Thlr., mit col. Compositionen. à *

— in losen Blättern. Abreisskalender m. 3000 histor. u. biograph. Notizen. 1891. 16. Dresden, Weiske's Buchh. — 75

— d. Lust. Blätter f. 1901. 8° (130 m. Abb.) Berl., Verl. d. Lust. Blätter. 1 —

— der Lustigen Blätter f. 1903. (128 S. m. Abbildgn.) gr. 8. Berlin, Verlag der lust. Blätter. 1 —

— d. Lustigen Blätter f. 1904. (128 m. Abb.) 8° Berl., Verl. d. lust. Blätter. 1 — d

— der Lustigen Blätter 1907. (137 S. m. Abbildgn.) 8. Berlin, Verlag der Lust. Blätter. 1 —

— der Lustigen Blätter 1910. (136 S. m. Abbildgn.) 8. Berlin, Verlag der „Lust. Blätter". 1.50

— d. Lust. Blätter '13. (154 m. z. Tl farb. Abb.) 8° Berl., Verl. d. Lust. Blätter. 1.50 d

Almanach, Bocholter, f. d. J. 1902. 2. Jahrg. gr. 16. (97 S.) Bocholt, J. & A. Temming. n. —20

— Bocholter, f. d. J. 1904. 4. Jahrg. (104 S.) gr. 16. Bocholt, J. & A. Temming. n. — 20

— Bonner, auf d. J. 1911. Hrsg. v. Jos. Faßbinder. (125 S.) 8. Bonn, C. Georgi. nn 1.50

Almanach von *Adolf Bonz & Co.*, Verlagsbuchh. in Stuttgart. Mit vielen Portr. Stuttgart 1883. 12°. 64 S. Cart.
Enth. u. a. die Novelle: „Eine Pompejanische Nike" von Woldemar Kaden.

— des Botanistes, s.: Botaniker-Adressbuch.

Almanach, Bremischer. Hg.: Ph. Bucer.
1821. 264 S. M. Titelportr., 7 Lith. u. 2 Umschl.-Ill.
1822. XXIV, 216 S. M. 4 Lith. u. 2 Umschl.-Ill.
Bremen.

Almanach für Buchdrucker. [Hrsg.: H. Faber und E. Kralik.] Jg. 1–17.
Wien und Feldkirch: Administration (Leipzig: Haertel) 1888–1904. 8° 12
[Buchwesen]
C Forts. u. d. T.: Buchdrucker-Taschenkalender. 1905.

— f. Buchdrucker u. Reiseführer f. buchgewerbl. Arbeiter. Hrsg. v. Heinr. Faber. 18. Jahrg. (VIII, 208 S. m. 1 Bildnistaf.). 16. Feldbach (Steiermark) (907). Heinr. Faber, Buchdr. (Nur direkt.)
Geb. in Leinw. nn 2. —; in Ldr. nn 3. —

— für Buchhändler. 1872. 1. Jahrg. 16. (48 S. m. e. lith. u. color. Karte in 4.) Leipzig 872. Bauer. n. —75

Almanach für Buchhändler. Jg. 1.
Leipzig: Ph. Reclam sen. 1872. 16° 14
[Buchhandel]

Almanach der deutschen Bühne, auf d. J. 1835 (herausg. v. Dr. E. Beurmann). 1r Jahrg. Mit 5 Portr. 8. Frankfurt 835. Sauerländer. 2 rf

Almanach der deutschen Bühnen. [Hrsg.: Eduard Beurmann.]
Frankfurt 1835. 8° M 113

Almanach der deutschen Bühnen in Amerika. Hrsg. von Heinr. Schmidt. 1. Jahrg. 1860. Mit dem Bildniß der Frau Elise Hoym-Hehl. 16. (III und 141 S. mit 1 Portr. in Holzschn.) New-York, (Westermann und Comp.) Thlr. –

—— dramatischer Bühnenspiele, s. Görner.

—— erprobter Bühnenspiele rc., v. Friedr. Adami, s. Vor.

— Bürger-Militair-, s. Lipowsky.

Almanach des Augsburgischen Bürgermilitärs ... 1796—1798. Im Brinhaußerischen Kalender- und Bücherverlag.
3 Bde. 8°.
[I] 1796: Tit., 15 Bl., 60 S., 28 Bl.; 14 Taf. in kol. Kupferst.
[II] 1797: Tit., 15 Bl., 60 S., 28 Bl., 30 S., 1 Bl., 1 Tabelle: 14 Taf. in kol. Kupferst.
[III] 1798: Tit., 15 Bl., 72 S., 1 Tabelle, 34 Bl.; 6 Taf. in kol. Kupferst.

Almanach catholique pour la Suisse catholique. 15me année. 1873. 62 pp. in-4. Soleure, Schwendimann. —. 30

Almanach catholique de la Suisse française pour 1883. In-4°, 56 p. Avec nombreuses figures. Fribourg, Imprimerie catholique Suisse. — 30

Almanach catholique de la Suisse française. 1889. In-4°, 64 p. Fribourg, Imprimerie catholique suisse. — 30

Almanach catholique de la Suisse française 1901. 43e Année. [Avec des illustrations et 1 planche.] 88 [+ 20] p. 4. Fribourg, Imprimerie catholique suisse. fr. —. 30

Almanach catholique de la Suisse française 1902. 44e Année. [Illustré.] IV + 98 [+ 30] p. 4. Fribourg, Imprimerie catholique suisse. fr. —. 30

Almanach catholique de la Suisse française 1903. 45e Année. [Illustré.] IV + 94 [+ 26] p. 4. Fribourg, Imprimerie catholique suisse. fr. —. 30

Almanach catholique de la Suisse française. [Illustré.] 1904 *et* 1905. 46e *et* 47e Année. IV + 128 [+ *Supplément* 4] *et* IV + 136 p. 4. Fribourg, Impr. (**1905:* Libr.) catholique suisse. *à* fr. —. 30

Almanach catholique de la Suisse française. 1906. 48e Année. [Illustré.] IV+128 p. 4. Fribourg, Libr. catholique suisse. fr. —.30

Almanach, Chirurgischer, für das Jahr 1838[—43]. Osterode u. Goslar 1838—43. H: *Baumgarten, Frdr. Ernst.* (Call)

— der Chroniken, s.a. Kotzebue.

Almanach der Chroniken f. d. J. . . . . Hg.: Aug. v. Kotzebue.
1804. M. 15 Kpf.
Leipzig.

—- du commerce du grand-duché de Luxembourg, par N. C. 1. Année. 16. (IV und 105 S.) Luxemburg 857, Gebr. Heintze's Verlag. * *

Almanach de la Coopération Suisse & Française (*1906: S', Fr' et Canadienne). [1re et 2me année,] 1905 et 1906. Publié par le Secrétariat de l'Union suisse des Sociétés de consommation et le Comité central de l'Union coopérative des Sociétés françaises de consommation. Édité par Charles Gide, avec la collaboration De MM. .... [Illustré.] 8. Bâle, Secrétariat de l'Union s' des Soc' de cons', 1905 et 1906. à fr. —. 40

1905. ... avec la collaboration De MM. (Adrien) Berget, ... Dr (Hans) Müller (Bâle), ...(Emile) Roubaud. IV + 80 + 36 p. 1905. — (L'Almanach de 1905 est la 13e année de l'Alm' des Sociétés françaises de consommation et paraît pour la première fois, comme organe à la fois de l'Union coopérative suisse et de l'Union c' française, en deux éditions, l'une à Bâle et l'autre à Paris.)

1906. ... avec la coll' De MM. (George) Benoit-Lévy, ... (W[illiam]) Demiéville [Bâle], ... Dr (Hans) Muller (Bâle), ... (H[enri]) Pronier (Lausanne), ... (Émile) Roubaud. IV + 104 p. 1906.

— de la Cour pour l'année 847. 2 Tom. 8. à St. Petersb. (Halle, Hemmerde u. S. in Comm.)

—— de la cour pour l'année 1853—56. 16. St. Pétersbourg. (Leipzig, Voss.) à Jahrg. * *

—— de la cour pour l'année 1857, 58 et 60. 16. St.-Petersburg. (Leipzig, Voss.) [1857. (XXXIX und 215 S.) 1858. (XXXIX und 231 S.) 1860. (XXXIX und 301 S.) à Jahrg. * * 1 Thlr. 20 Ngr.] *
Jahrg. 1859 ist nicht erschienen.

Almanach, Cytherischer, auf das Jahr 1782, zum Zeitvertreib für ein Paar junge Eheleute. Hymenopel [Wittenberg]. V: *Henrici, Johann Christian.* (MGT) (BGE)

Almanach für stenographierende Damen. [Hrsg. vom Damen-Verein in Dresden.] Jg. 1–3. Dresden: G. Dietze 1879–1881. 16° 37

Almanach des dames pour l'an . . .
Tubingue: J. G. Cotta [1807]. 12°
[Kupfert.]
1807: 7 Bl., 196 S., 4 Kupfertaf., 7 Bl. Souvenirs mit Kupfertaf. u. Kupf.-Vign.

— Dantis Aligherii sive Profhacii Judaei Montispessulani almanach perpetuum ad annum 1300 inchoatum. Nunc primum ed. ad fidem codicis Laurentiani (Pl. XVIII sin. N. 1) ab J Boffito et C Melzi d'Eril. (35, 133 m. Abb. u. 2 Taf.) 32,5×23,5 cm. Florenz, LS Olschki '08. 24 —

Almanach du Département du Bas-Rhin pour l'année bissextile 792. 18. Leipsic, J. A. Barth. (en Comm.)

Almanach départemental de la Roer pour les années 1806. 1808. 1809. [1809 u.d. Tit.:] Almanach des Ruhr-Departements. Aachen. 3 Bde.

Almanach, der für zwey gelten kann auf das Jahr 1798 oder 1. Rosenknospen für Deutschlands Jünglinge und Mädchen. 2. Der Zauber des Orpheus für Freunde der Musik und Dichtkunst. — o. O.: Hoffmeister (1798). 70,14 S., 22 Taf.
Sondert.: 1. Der Zauber des Orpheus für Freunde der Musik und Dichtkunst. Ein Almanach für 1798.
Sondert.: 2. Rosen-Knospen für Deutschlands Jünglinge und Mädchen. Ein Almanach für 1798.
1:Yf 232.
3.5411

Deutscher Almanach. New York, NY
Ein unentbehrlicher Wegweiser und Rathgeber für Deutsch-Amerikanische Männer und Frauen. Published by Julius Auspitz & Emil Helfrich.
DLC: 1900.

Almanach, Deutscher, auf das Jahr 1907. Leipzig 1907. H: *Zeitler, Julius.* (Bresl 31, S. 2)

— deut., f. '07. (128) 8° Lpzg, J Zeitler. — 80 öF

Deutsch-Nautischer Almanach. Illustriertes Jahrbuch für Seeschiffahrt, Marine und Schiffsbau. [Hrsg.: G. Lehmann-Felskowski.] Jg. (1)–8. Berlin: R. Boll u. a. 1900–1907. 8° 18, 46

— deutsch-nautischer. Illustriertes Jahrbuch üb. Seeschiffahrt, Marine u. Schiffbau f. d. J. 1903. 4. Jahrg. Mit amtl. Material des Reichs-Marine-Amts. Bearb. v. H. de Méville. Mit Rang-Liste der Kapitäne u. Offiziere der Hamburg-Amerika-Linie u. des Norddeutschen Lloyd. gr. 8. (VII, 178 S. m. Abbildgn. u. Taf.) Berlin, Boll & Pickardt. Geb. in Leinw. n. 2. —

— deutsch-nautischer. Illustr. Jahrbuch üb. Seeschiffahrt, Marine u. Schiffbau f. d. J. 1905. 6. Jahrg. Red. v. Graf Ernst Reventlow u. C. Schrödter. Mit e. Karte der Unter-Elbe vom Hamburger Hafen bis Elbe-Feuerschiff Nr. I, sowie den Rang- u. Dienstalters-Listen der Kapitäne, Offiziere u. Maschinisten der Hamburg-Amerika-Linie u. des Norddeutschen Lloyd. (III, 222 S. m. Abbildgn. u. Taf.) gr. 8. Berlin, Boll & Pickardt. n. 2. 50

— dasselbe f. d. J. 1906. 7. Jahrg. Red. v. C. Schrödter. (193 S. m. Abbildgn. u. Taf.) gr. 8. Ebd. Geb. in Leinw. n. 3. —

— deutsch-nautischer. Illustriertes Jahrbuch üb. Seeschiffahrt, Marine u. Schiffbau f. d. J. 1907. 8. Jahrg. Red. v. C. Schrödter. (249 S. m. Abbildgn. u. Taf.) gr. 8. Berlin, Boll & Pickardt. Geb. in Leinw. 3. 50
Erscheint nicht mehr.

Almanach für Dichter und schöne Geister auf 1785. Gedruckt am Fuss des Parnasses [Augsburg] 1785. H: *Wagenseil, Christian Jacob.* (Wr) (MGT) (GGr) (Ky) (NN)

ALMANACH für Dienstmädchen, auf 1777—1780. Hamburg, Herold. 8°.
Cat. Monath. I. Nürnberg 1782. 8°. p. 42.

Almanach für die Erste k. k. priv. Donau-Dampfschiffahrts-Gesellschaft. 2. Jahrg. 1880. Redigirt von J. Drożyński, Donau-Dampfschiffahrts-Beamter. kl. 8. Wien 1880.

Dramatischer Almanach. 1836
s. Lustspiele oder dramatischer Almanach.

Almanach de Dresde pour l'année . . . .
1768. Av. 1 vue.
1770.
Dresden.

— Dresdner, der Königl. sächs. Hof-Apotheke 1887—1888. 3. Ausg. gr. 16. (255 S. m. 1 Bild.) Dresden, (Warnatz & Lehmann). In Leinw. cart. n. 1. 50

— für die Stadt Düsseldorf auf d. Jahr 1844. Herausgeg. von Herm. Goedsche u. Jos. Stahl. (Nebst einem Anhange: Vollst. Adreß-Kalender u. Wohnungs-Anzeiger von Düsseldorf.) Mit 2 artist. Beilagen. 8. Düsseldorf 844, Stahl'sche Buchh. n. 2/3 ß

Almanach des enfants de la première communion. Mit 1 Chromo-Titelbild und 8 Einschaltbildern. 3. Jahrg. 1896. Mit illustr. Umschlag. In-8°. 160 S. Einsiedeln, Benziger & Co. — 50

— des enfants de la première communion dédié à tous les enfants, qui se préparent à la première communion ainsi qu'à tous les prêtres et à tous les catéchistes, qui travaillent à les y prépares. 4. année. 1897. 12. (127 S. m. Abb. u. 1 Farbendr.) Einsiedeln, Benziger & Co. — 40

— des enfants de la première communion. 5e année. 1898. Illustré. In-12⁰. 160 p. Einsiedeln, Benziger & Co. — 50

Almanach des Enfants de la première Communion et de la Persévérance. Dédié à tous les enfants qui se préparent à la pr' C' ... et à tous les catéchistes.... ([Publication de l']Association Universelle Des Enfants De La Pr' C', approuvée par Léon XIII.) [Avec illustrations et notes.] à IV + 128 [+ 32] p. 8. Einsiedeln Suisse, Benziger & Co., S. A. [à fr. —. 50]

8e et 9e et 10e année, 1901 et 1902 et 1903. [chacun Avec 9 planches.] 11e année, 1904. [Avec 13 planches.]

Almanach des Enfants de la première Communion et de la Persévérance. Dédié à tous les enfants qui se préparent à la pr' C' ... et à tous les catéchistes.... ([Publication de l']Association Universelle Des Enfants De La Pr' C'....) 12e année. 1905. [Avec notes, illustrations et 13 planches.] IV + II + 128 [+ 32] p. 8. Einsiedeln Suisse, Benziger & Co., S. A. [fr. —. 50]

Almanach des Enfants de la première Communion et de la Persévérance. Dédié à tous les enfants qui se préparent à la pr' C' ... et à tous les catéchistes.... ([Publication de l'] Association Universelle Des Enfants De La Pr' C'....) 13e année. 1906. [Avec notes musicales, illustrations et 13 planches.] IV + 128 [+ 32] p. 8. Einsiedeln Suisse, Benziger & Co., S. A. [fr. —. 50]

— des enfants de la première communion et de la persévérance. Dédié à tous les enfants, qui se préparent a la première communion ainsi qua'à tous les prêtres et à tous les catéchistes, qui travaillent à les y préparer. 14. année. 1907. (128 S. m. 13 Vollbildern u. 1 Farbdr.) kl. 8. Einsiedeln, Verlagsanstalt Benziger & Co. — 40

Almanach, Encyklopädischer, für Geschichte, Geographie . . . Wien 1786. V: *Schulz, Joachim Christoph Friedrich.* (Ky) (R-N)

— encyklopädischer, f. d. Gesch., Geogr., Naturf. u. Alterthumsk. a. J. 1787. 8. Leipz. (Graffe in W., auch Wucherer, W.) 14 ℊ

— ephemerisch., a. alle Tage im Jahre. 8. Tübing. 790. v. Cotta. 16 ℊ

Almanach, Ephemerischer, der neuern Zeiten, für die Liebhaber der Geschichte, besonders für Jünglinge. Basel 1781. V: *Seybold, David Christoph.* (MGT) ›für 1782, 1783‹ (Ky)

— ephemerisch., d. neuern Zeit, für Liebhaber d. Geschichte, (v. D. C. Seybold.) f. 1782, 83. 8. Basel, J. J. Thurneisen. (à 1 ℘) 2 ℘

— — Fortsez., s. Seybolds histor. Handbuch.

Almanach f. Ernst u. Laune a. d. J. . . . .
1823.
Wien.

— des Ernstes u. Scherzes, für Aerzte, Chirurgen u. Geburtshelfer a. d. J. 1800. 1r Jahrg. Herausg. von L. Vogel, m. 4 Kpff. 2r Jahrg. m. 1 Kpf. 8. Erf., Keyser. (à 1 ℘) 2 ℘ (2r Jahrg. auch u. d. T.: Alte u. neue Zeit, oder Herzenserleichter. üb. medicin. Neuigkeiten rc.)

Almanach des Ernstes und Scherzes, für Aerzte, Chirurgen und Geburtshelfer a. d. J. . . . . Hg.: L. Vogel.
1800. M. 4 Kpf.
1801. M. 1 Kpf.
Der 2. Jg. auch u. d. Titel: Alte und neue Zeit . . . .
Erfurt.

— de l'étudiant alsacien-lorrain '12. (105 m. Abb., Taf. u. 1 Fksm.) Lex8° Strassbg. (Treuttel & W.). nn 3—

— des familles pour l'an 1871. 18. année. 4. (64 S.) Strassburg 871. Schultz & Co. — 25

—— des familles chrétiennes pour l'année 1887—1889. 11e—13e année. 4. (à Jahrg. 70—80 S. mit Illustr., 1 Chromolithogr. und 1 Wandkalender.) Einsiedeln, Benziger und Comp. à Jahrg.

—— des familles chrétiennes pour l'année 1890—1892. 14e—16e année. 4. (à Jahrg. 70—80 S. m. Textabbildgn., 1 Farbendr. u. 1 Wandkalender.) Einsiedeln, Benziger u. Comp. à Jahrg. * — 40

Almanach des familles chrétiennes pour l'année 1895. 19me année. Avec illustr. In-4⁰. 80 S. Einsiedeln, Benziger & Co. — 50

— des familles chrétiennes für 1896. 20. Jahrg. Mit Chromo-Titelbild, Einschalt-Bildern u. vielen Illustrationen. In gedr. Umschlag. In-4⁰. 100 S. Ebd. — 50

— des familles chrétiennes. 21e année. 1897. Illustré. In-4⁰. 72 p. Ibid. — 50
*** Il y en a aussi une édition espagnole au même prix.

— des familles chrétiennes. 22e année. 1898. Illustré. In-4⁰. 88 p. Ibidem. — 50
*** Il y en a aussi une édition espagnole et italienne au même prix.

Almanach des familles chrétiennes pour l'année 1901 et 1902 et 1903 et 1904. 25e—28e année. [Illustré.] 4. Einsiedeln etc., Benziger & Co. S. A. etc. [à fr. —. 50]
... 1901. [Avec 5 planches.] IV + 72 [+ 20] p.
... 1902. [Avec 1 planche.] IV + 64 [+ 20] p.
... 1903 et ... 1904. [chacun Avec 1 planche.] à IV + 72 [+ 20] p.

Almanach des familles chrétiennes pour l'année 1905. 29e année. [Avec des illustrations et 1 planche.] IV + 88 p. 4. Einsiedeln ⟨Suisse⟩, Benziger & Co. S. A. etc. [fr. —. 50]

Almanach des familles chrétiennes pour l'année 1906. 30e année. [Avec des illustrations et 1 planche.] IV + 88 p. 4. Einsiedeln ⟨Suisse⟩, Benziger & Co. S. A. etc. [fr. —. 50]

Almanach des familles chrétiennes pour l'année 1907. 31e Année. [Avec des illustrations et 1 planche.] IV + 72 [+ 24] p. 4. Einsiedeln ⟨Suisse⟩, Benziger & Co. S. A. etc. [fr. —. 50]

Almanach des familles chrétiennes pour l'année 1908. 32e Année. [Avec des illustrations et 1 planche.] IV + 74 [+ 18] p. 4. Einsiedeln ⟨Suisse⟩, Benziger & Co. S. A. etc. [fr. —. 50]

Almanach des familles chrétiennes pour l'année 1909. 33e Année. [Avec des illustrations et 1 planche.] IV + 74 [+ 14] p. 4. Einsiedeln ⟨Suisse⟩, Benziger & Co. S. A. etc. [fr. —. 50]

— des familles chrétiennes pour l'année 1910. 34. année. (74 u. 4 S. m. Abbildgn. u. 1 Farbdr.) gr. 8. Einsiedeln, Verlagsanstalt Benziger & Co. — 40

— des familles chrétiennes pour '13. 37. année. (74 u. 4 m. Abb. u. 1 Farbdr.) gr8° Einsied., Verl.-Anst. Benziger & Co. — 40

— kathol. Fantasten u. Prediger. gr. 8. Rom 785. (Grattenauer in Nürnb.) 8 ℊ

—— d. Farbenlehre. 8. (62) Eilenb. 51. (Lpzg, O Klemm.) — 9

—— der Farbenlehre. Zu richtiger Einsicht in die Eigenthümlichkeit, das gegenseitige Verhältniß, die Grundbestandtheile und die techn. Zubereitung der Farben. Mit e. Menge von pract. Recepten für Gewerbsleute und Künstler jeder Art. 8. (X und 62 S.) Eilenburg 851, Schreiber.

Almanach, Eyn feyner, kleyner . . . s.a. : Nicolai, Fr.

* **ALMANACH,** Eyn feyner kleyner, Vol schönerr echterr ljblicherr Volksljeder, lustjgerr Reyen vnndt kleglјcherr Mordgeschјchte, gesungenn von *Gabryel Wunderlich* weyl. Benkelsengerrn tzu Dessaw, heraussgegebenn von *Danyel Seuberlich*, Schusterrn tzu Ritzmück ann der Elbe (Friedr. Nicolai). 2 Jahrgg. Mit TKpfr. (von Chodowiecki) u. vielen Musiknoten. Berlynn vnndt Stettynn 1777—78. 12°. (In Berlin 2 Expll.; in Hannover, Stadtbibl., nur Jahrg. I.) (60 Mk. Ludw. Rosenthal, 1907.)
Famose Auswahl aus alten Drucken (darunter Freies u. Derbes), um das von Herder und Goethe angeregte Studium des Volksliedes lächerlich zu machen. Rar!

— — Dasselbe. Schlechtweg gedruckt und vermehrt von *Uriel Spieldt* (ps. für Friedr. Nicolai). Beynreck an der Unstrutt, Verlegts die Schustergilde (ebd.) 1777. (Weller, fing. Druckorte.)
* — — Dasselbe. Jahrgg. 1 u. 2, 1777—78. Hrsg. von Georg Ellinger. (Berliner Neudrucke, Serie I.) Berlin 1888. 8°. (3 Kr. 60 Hl., Rud. Heger, Wien.)

— d. neuesten Fortschritte ꝛc. in d. Wissensch., s.a. G. B. Busch.

Almanach der Fortschritte, neuesten Entdeckungen und Erfindungen ... Erfurt 1795—1812. H: *Busch, Gabriel Christoph Benjamin.* (EngMt)

Almanach der Fortschritte in Wissenschaften, Künsten, Manufakturen und Handwerken (Jg 1, neue Aufl. u. 3 ff.: Almanach der Fortschritte, neuesten Erfindungen und Entdeckungen in Wissenschaften, Künsten, Manufakturen und Handwerken) ... Hrsg. v. G[abriel] C[hristoph] B[enjamin] Busch.
Erfurt: Georg Ad. Keyser 1797—1804. 8°
[Nebent.:] Uebersicht der Fortschritte in Wissenschaften, Künsten, Manufakturen und Handwerken (Jg 1, neue Aufl. u. 3 ff.: Uebersicht der Fortschritte, neuesten Erfindungen und Entdeckungen in Wissenschaften, Künsten, Manufakturen und Handwerken) ...
1: Von Ostern 1795 bis Ostern 1796. 1797. 1 Bl., XXXVIII, 352 S., 8 Kupfertaf.
(1:) Neue verbesserte Aufl. 1799. 1 Bl., XIV, XXIV, 348 S., 1 Bl., 10 Kupfertaf.
2: Von Ostern 1796. bis Ostern 1797. 1798. LVI, 630 S., 1 Bl., 4 Kupfertaf.
3: Von Ostern 1797. bis Ostern 1798. 1799. LIV, 584 S., 1 Bl., 3 Kupfertaf.
4: Von Ostern 1798. bis Ostern 1799. 1800. LXIV, 700 S., 2 Bl., 3 Kupfertaf.
5: Von Ostern 1799 bis Ostern 1800. 1801. XL, 548 S., 2 Bl., 2 Kupfertaf.
6: Von Ostern 1800 bis Ostern 1801. 1802. LXIII, 652 S., 1 Bl., 2 Kupfertaf.
Register-Band ... 1. bis 6. Jg. 1802. VI, 396 S.
7: Von Ostern 1801 bis Ostern 1802. 1803. 1 Bl., LXVIII, 574 S., 2 Bl., 1 Kupfertaf.
8: Von Ostern 1802 bis Ostern 1803. 1804. LXIX, 528 S., 2 Kupfertaf.

Almanach, fotografischer, s. Almanach, photographischer.

Almanach für Franken 1803. Bamberg. H: *Soden, Jul. Graf v.* (GGr VIII, 59)

—— für Frauen auf das J. 1851. Hrsg. von Herm. Schiff. gr. 8. (212 S.) Hannover 851. (Osterode, Sorge.) *
mit 4 Stahlst. *

— Frauenzimm. für 1797. mit K. 16. Frankf. Behrens.

Almanach. Freier A' deutscher Studenten ⟨Deutschland Oesterreich Schweiz⟩. Zwanglose Hefte. Herausgeber: Hanns Holzschuher. Jahrg. 3. Nr. 1. 40 S. 8. München, Süddeutscher Freier Verlag, (1904). (Abt. No. 1—6 M. 2. 50, Einzelhefte à —. 50)

— f. Freimaurer auf 1776, 77, 79. 12. Leipz., Göschen. 1 ℛ 12 g

Almanach für Freymaurer, auf das Schaltjahr 1784. Prag u. Wien: v. Schönfeld [1784]. 72 S. 8° [Kupfertit.]
Recens: WJ. 1, 4 (1784) S. 221.
cf. °Wiener Real-Ztg. 1784 Nr 15.
Selten. Enth. e. Abhandl.: Was ist ein Frmr.? (abgedr. aus d. Archiv f. Frmr. u. Rosenkr. 1 1783 S. 1—32). Weiter längst gedr. u. nachgedr. Gedichte und eine Abteil. Sentenzen: „Mrische. Erfahrungen", wörtl. abgeschrieben aus dem Buche: „Erfahrungen u. Beyträge zu d. Geheimnissen d. gesunden Vernunft". 1783.

Almanach für Freymaurer aufs Jahr ... Vom Verfasser des Taschenbuchs für Maurer 5802/3 [d. i. Friedrich Wilhelm Cosmann].
Berlin: C. G. Schöne 1803. 8°
5803/4: 1803. IV, 292 S.

Almanach fůr Freymaurer aufs Jahr 1803—1806. Vom Verf. des Taschenbuchs fůr Maurer 5802/3 [d. i. C. Friedr. Wilh. Cosmann]. Berlin: Schöne 1803—1806. 8°
1803—1804. IV, 292 S. 1803; °1804—1805; 1805 bis 1806. 264 S. 1806 (Signatstern 4).
cf. f. 1803/1804: JALZ. 1805 Nr 76; Taschenbuch f. Frmr. 1805 S. 328—336.
Kl. 35, Tt. 95. Kl. gibt auch Jg. 1804—1805 an.

— f. häusl. u. gesellschaftl. Freuden, s. K. Lang.

Almanach für Freunde der Erdkunde, herausgegeben von Berghaus. Stuttgart, Jgge. 1838—41.

Almanach für Freunde der theologischen Lektüre überhaupt und der gelehrten Vaterlandsgeschichte insonderheit. [Hrsg.: Georg Ernst Waldau.]
Nürnberg 1780–83. 8° 22, 75, 150

Almanach für Freunde der Schauspielkunst auf das Jahr ..., hrsg. v. [Johann] Friedrich Viedert.
Riga (1827): Wilh. Ferd. Häcker. 16°
1828: (1827). 216 S., 1 Titelbild.
Darin u. a.: Geschichte des Theaters zu Riga, vom Jahre 1760 bis 1827 von Viedert.

Almanach für Freunde der Schauspielkunst auf das Jahr 1828–30. [Hrsg.: Friedr. Viedest.]
Riga 1828 u. 1830. M 113

— für Freunde der Schauspielkunst auf d. J. 1836—1838. Herausg. von L. Wolff, Soufleur des Königl. Theaters. 8. Berlin, den 1. Januar 1837—39. (Curths.) 1r Jahrg. $^5/_6$ ℛ 2r J. 1 ℛ 3r J. $1^1/_2$ ℛ

Almanach für Freunde der Schauspielkunst auf das Jahr ... Hrsg. v. L[udwig] Wolff (Jg. 11 ff.: A[lois] Heinrich, Jg. 24 ff.: L[udwig] Schneider, Jg. 27 ff.: A[lbert] Entsch, Jg. 48 ff.: Th. Entsch).
Berlin: Hrsg. [u. a.] 1838—1893. 8°
2: — u. Trautwein in Komm.; 3—14: Sittenfeld [Drucker]; 12—13: Hrsg.; 14—38: Lassar in Komm.; 49 ff.: Entsch.
Jg 11 [u. d. T.]: Wolff's Almanach für Freunde der Schauspielkunst.
Jg 14—23 [Einband- o. Rückent.]: Heinrich's Almanach.
Fortges. u. d. T. Deutscher Bühnen-Almanach. Jg. 18 ff. 1854 ff.
[2/] 1837: 1838. VI, 441 S.
[3/] 1838: 1839. VI, 112, 120, 185 S.
[4/] 1839: 1840. VI, 454 S.
[6/] 1841: 1842. 580, 56 S.
7/ 1842: 1843. 456 S.
8/ 1843: 1844. 234, 340, 74 S.
9/ 1844: 1845. 612 S.
10/ 1845: 1846. 144, 442 S., 3 Bl.
11/ 1846: 1847. XVI, 208, 448 S.
12/ 1848: 1848. VIII, 176, 462 S., 3 Bl.
14/ 1850: 1850. VIII, 124, 390 S., 1 Bl.
15: 1851. VIII, 162, 411 S.
16: 1852. VIII, 184, 504 S., 1 Titelbild.
17: 1853. VIII, 160, 455 S., 1 Titelbild.
18: 1854. VIII, 182, 496 S., 1 Titelbild.
19: 1855. VIII, 183, 470 S.
20: 1856. VIII, 524 S.
21: 1857. VIII, 240, 496 S., 1 Titelbild.
22: 1858. XVI, 192, 516 S., 1 Titelbild.
23: 1859. XI, 123, 542 S., 1 Titelbild.
24: 1860. XI, 190, 542 S.
25: 1861—35 : 1871.
37: 1873—45 : 1881.
48: 1884—50 : 1886.
53: 1889—57 : 1893.

— für Freunde der Schauspielkunst auf die Jahre 1839 u. 1840. (Jahrg. 1841.) Herausgeg. v. L. Wolff. gr. 12. Berlin 841, (Leipzig, Wuttig.) n. 1½ ℳ

— Ders. auf die J. 1842—43 ... 1844, herausgeg. v. L. Wolff. 9. Jahrg. 8. Berlin 845, (Nicolai.) n. 1⅓ ℳ — Ders. auf d. J. 1845 u. 1846, fortgesetzt v. A. Heinrich. 10. u. 11. J. 8. Ebd. (Enslinsche Buchh.; A. Duncker). 10. u. 11. J. geb. à n. 1⅓ ℳ

— für Freunde der Schauspielkunst auf d. Jahr 1848. Begründet v. L. Wolff, fortgesetzt v. A. Heinrich. 12. Jahrg. gr. 16. (12. J. VIII u. 462 S.) Berlin (Gärtner — Springer.) n. 1¼ ℳ — auf d. J. 1849. 13. Jahrg. gr. 16. (XVI u. 362 S.) Ebd. Lassar in Comm. — auf d. J. 1850. 14. Jahrg. gr. 16. (VIII u. 390 S.) Berlin, Lassar in Comm. (Gärtner — Springer.) — 15. Jahrg. gr. 16. (VIII u. 573 S.) Ebd. 851, Lassar in Comm. — 16. Jahrg. Mit dem (in Stahl gest.) Portr. u. der Biographie des K. General-Intendanten Hrn. v. Küstner. gr. 16. (VIII u. 686 S.) Ebd. 852, in Comm. à baar n. n. 1⅓ ℳ

Almanach für Freunde der Schauspielkunst auf die Jahre 1848—50. Begründet von L. Wolff, fortges. von A. Heinrich. 12—14. Jahrg. gr. 16. Berlin 848. (Ad. Enslin. — Springer.) [1848. (VIII und 462 S.) * 1 Thlr. 7½ Ngr., 49. (XVI und 362 S.) 50. (VIII und 390 S.) à ** 1 Thlr. 10 Ngr.] Thlr. ** i

— für Freunde der Stolze'schen Stenographie pro 1870. Hersg. vom Haupt-Ausschuss der Stolze'schen Stenographen-Verbände. Berlin, Scheller in Comm. 16. (80 S.) n. 7½ ngr.

Almanach für Freunde der Stolze'schen Stenographie. [Red.: L. Isenburg.]
Berlin: Scheller (sp. Liebheit u. Thiessen, sp. Mittler u. Sohn) 1871–1881. 16° 14
((1873 nicht erschienen.

— für Freunde der W. Stolze'schen Stenographie f. d. J. 1881. Hrsg. vom Vorstande der W. Stolze'schen Stenographen-Verbände. 16. (88 S.) Magdeburg. Berlin, Expedition d. Centralblattes für W. Stolze'sche Stenogr., Gneisenaustr. 38. n. 1. —

— für Freunde der Weltkunde. s. Taschenbuch.

— für Freunde d. Witzes u. d. Laune, 1r Jahrg. Berl. 801. N. Titel 811. W. Oehmigke. 20 gℊ Ders. auf d. J. 1783. Ebd. 8 gℊ

— d. 1897er Frühlingsfestes d. deutschen Vereine v. Prag u. Umgeb. J. Austr. d. Festausschusses hrsg. v. Pet. Riedl. gr. 8. (16 S) Prag (H. Dominicus). n. — 40

Almanach des Fürst Blücher- und Preussischen Armee-Ehren-Vereins [Fürst-Blücher-Verein] für das Jubel-Jahr 1860. Als Denkschrift zur 100jährigen Jubelfeier von Blüchers Eintritt in den Dienst der preussischen Armee hrsg. von Friedrich Zacharias Mansfeld. — Berlin & Nordhausen: Selbstverl. (1860). 103 S. 5. 7.
3.5414

Almanach aller um Hamburg liegenden Gärten in zwei Abschnitten.... Hamburg 1792. V: *Nevermann, Friedrich Theodor.* (schr)

Almanach der Gartenstadt: 1889?–? Chicago, Il
Edited & published by Joseph Alexander Seebaum.

Almanach auf das Jahr 1791, für Geistliche und Litteraturfreunde. Prag 1791. V: *Debrois, Johann.* (MGT)

Almanach für die katholischen Geistlichen der Erzdiözese Freiburg und der Diözese Rottenburg. [Hrsg.: Karl Troescher u. J. N. Mennel.] Jg. 4–8.
Leutkirch: Roth 1883–1887. 16° 24
((Verschiedene Ausgaben für Freiburg, Baden, Württemberg.
((Vorh. und Forts. u. d. T.: Almanach für die katholischen Geistlichen der Diözese Rottenburg. Jg. 1–3. 1880–1883. Jg. 9. 1888 ff.

— für die katholischen Geistlichen der Diöcese Rottenburg, s.a. Mennel.

Almanach für die katholischen Geistlichen der Diözese Rottenburg. [Hrsg.: J. N. Mennel; sp. J. C. Rieger.] Jg. 1–3. 9–55.
Leutkirch: Roth (sp. Stuttgart: Roth, sp. Leutkirch: Bernklau u.a.) 1880–1934. 16° 24
((Bd 4–8. 1883–1887 u. d. T.: Almanach für die katholischen Geistlichen der Erzdiözese Freiburg.

Almanach romantisch-ländlicher Gemählde für MDCCIIC von F[riedrich] W[ilhelm] A[ugust] Schmidt... Mit Kupf. ([von] W[ilhelm] Jury) u. Musik ([von] W. F. Schulz).
Berlin: Wilh. Oehmigke d. J. 1798. VI, 152 S., 4 kol. Kupfertaf., 1 Notenbl. 8°

— romant. ländl. Gemälde f. d. J. 800, von F. W. Schmidt, m. Kpf. u. Mus. Berl., W. Oehmigke. (Sander). 1 ℳ 8 gℊ

— derselbe auf besser Papier mit in engl. Manier gearb. bunten K. Ebend.

Gemeinnütziger Almanach für das Jahr ... [Hrsg.: Markus Rudolf Balthasar Gerhardt.]
Berlin: Ernst Felisch [1795]. 8°
[Kupfert.]
1794 [u. d.T.]: Gemeinnütziger Almanach für Kaufleute, Banquiers und Geschäftsmänner.
1795: 15 Bl., 272 S., 2 Bl., 1 Kupf.-Faltkt. [*Beschäd.*]

Gemeinnütziger Almanach, von [FRIEDR. GOTTL.] FERD. STILLER. 1816—28. 1830—40. Altona. (fortsattes).

—— gemeinnütziger, auf die J. 1875—1880. Astronom. Kalendarium berechnet vom Observator der Hamburger Sternwarte C. F. Pechüle. 330.—335. Jahrg. nebst Anhang. Mit (Holzschn.-)Illustr. 8. (à 65 S.) Hamburg, Nestler und Melle. à Jahrg. * 15 Pf.; cart. *

—— gemeinnütziger, auf die J. 1881—1885. Astronomisches Kalendarium, berechnet von C. F. Pechüle. 336.—340. Jahrg. Nebst Anhang. Mit (eingedr.) Illustr. 8. (à ca. 70 S.) Hamburg, Nestler und Melle. à Jahrg.

—— gemeinnütziger, auf die J. 1886—1889. Astronom. Kalendarium, berechnet von C. F. Pechüle. 341.—344. Jahrg. Nebst Anhang. 8. (à Jahrg. ca. 70 S. mit eingedr. Illustr.) Hamburg, Nestler und Melle. à Jahrg.

—— gemeinnütziger, auf d. J. 1890 u. 1891. Astronom. Kalendarium, berechnet v. Achilles Liegel. 345. u. 346. Jahrg. Nebst Anh. 8. (à Jahrg. 60—70 S.) Hamb., (Nestler u. Melle's Verlag.) à Jahrg. — 15

Gemeinnütziger encyklopädischer Almanach aller Wissenschaften, Künste und Sprachen. Nebst einem gelehrten Anzeiger. [Hrsg.: Joh. Nic. Carl Buchenröder.]
Hamburg: Möller 1782. 8° 18

Almanach, Gemeinnütziger, für Kaufleute, Banquiers . . . für das Jahr 1794—1796. Berlin. H: *Gerhardt, Marcus Rudolph Balthasar.* (MGT) (Ky)

„Gemeinnütziger Almanach für Kaufleute und Banquiers auf 1794, 1795, 1796", Leipzig (Wienbrack).

Almanach für die k. k. Gendarmerie der im Reichsrathe vertretenen Königreiche und Länder. [Hrsg.: Edgar v. Felsenburg.] Jg. 1–6.
Wien: Seidel u. Sohn 1889–1894. 16° 48
Forts. u. d. T.: Jahrbuch für die k. k. Gendarmerie. Jg. 1. 1895.

Almanach généalogique suisse, s.: Geschlechterbuch, schweizerisches.

Genealogischer Almanach der regierenden Fürstenhäuser Europas. Jg. 1–12.
Dresden: v. Grumbkow 1881–1892. 16° 37

— genealog.-histor.-statistischer, f. d. J. 1824—33. 1r—10r Jahrg., herausg. v. G. Hassel, (F. W. Beniken u. J. C. Schmidt.) 16. Weimar, Industr.-Compt. 1r—8r J. à 1 ß 16 gr, 9r, 10r J. à 2 ß

— genealogisch-histor.-statistischer, 11r—17r Jahrg. f. d. J. 1834 - 40. (Herausg. v. G. Hassel, F. W. Benicken u. J. C. Schmidt.) 16. Weimar 833—40. Landes-Industrie-Compt. (à J. 2 ß) 12 ß

— genealogisch-historisch-statistischer, 18. Jahrg. für d. Jahr 1841. Gebildet aus dem 17. Jahrg. für das J. 1840 u. Ergänzung dazu, nebst alphabet. Register. 16. Weimar 1841, Landes-Industrie-Comptoir. n. 2 ß

— Ergänzung hierzu. Nebst einem alphabet. Register. 16. Ebend. 1841. 3/8 ß

— ders. 19. Jahrg. für das Jahr 1842. 16. Ebd. 1842. 2 ß

— ders. 20. Jahrg. f. d. J. 1843. Gebildet aus d. 19. Jahrg. 1842 und aus Ergänzungen dazu, nebst alphabet. Register. 16. Ebd. 843. 3/8 ß — 21. Jahrg. f. d. J. 1844. 2 ß — Ergänzungen dazu, zugleich d. 22. Jahrg. 1845 mit bildend. 16. Ebend. 1/4 ß — ders. 22. Jahrg. 1845. Gebildet aus dem 21. Jahrg., aus Ergänzungen dazu, nebst alphabet. Register. 16. Ebend. 844. 2 ß

— ders. 23. Jahrg. 1846. oder der neuen Folge 1. Jahrg. 12. Ebend. 846. n. 2 ß

— genealog.-histor.-statist., von 1846. Cartons u. Ergänzgn. f. d. J. 1847. 12. (112 S.) Weimar, Landes-Ind.-Compt. 1/4 ß

— genealogisch.-histor.-statistischer für 1847. 24. oder der N. F. 2. Jahrg. 12. (40 u. 836 S.) Ebend. 2 ß — f. d. J. 1848. 25. od. N. F. 3. Jahrg. 8. (X u. 845 S.) Ebend. 3 ß

Almanach der Genossenschaft deutscher Bühnen-Angehöriger. [Hrsg.: Ernst Gettke.] Jg. 1–15.
Berlin: Luckart; sp. Cassel: P. Voigt, sp. Leipzig: Reissner. 1873–1887. 8° H 182
Forts. u. d. T.: Gettke's Bühnenalmanach. Jg. 1888ff.

—— dass. Literar. Thl. 1. u. 2. Jahrg. 1873 u. 1874. 8. (à ca. 140) Ebd. à n. 1. 50

Almanach der Georg-Augustus-Universität zu Göttingen auf das Jahr 1821. 1. Jahrg. Lüneb. 1821. 2. Jahrg. 1822. 3. Jahrg. 1824. H: *Wallis, L.* (Ky) (MGT)

— der Georg-Augusts-Universität zu Göttingen. A. d. J. 1821—23. 1r—3r Jahrg. (v. L. Wallis.) M. Kpf. gr. 12. Lüneb., Herold u. W. 1r J. 20 gr 2r u. 3r J. à 16 gr 2 ß 4 gr

— des guten Vaters Gerhard v. J. M. Collot d'Herbois. 8. Leipzig. Sommer. 792.

— der ältern Gesch. der K. K. Erblande, s. Geschichts-Calender.

Almanach f. d. Geschichte d. Menschheit a. d. J. . . . Hg.: F. C. Schlenkert.
1795. M. 13 Kpf.
1796. M. 13 Kpf.
Leipzig.

Almanach für die Geschichte der Menschheit auf das Jahr . . . v. F[riedrich] C[hristian] Schlenkert mit Kupf. ([von] Meno Haas, Cl[emens] Kohl [u. a.]).
Leipzig: Fried. Aug. Leo [1796—1798]. 8°
[Kupfert.]
[Umschlagt.:] Geschichte der Welt.
[2/] 1796: 6 Bl., 340 S., 1 Titelkupf., 12 Kupfertaf.
[3/] 1798: 12 Bl., 199 S., 1 Titelkupf., 5 Kupfertaf.

— für d. schöne Geschlecht auf 1783. 12. Hamb., Möller. 8 gr

ALMANACH für das schöne Geschlecht auf das Jahr 1799. Wien, 32°. (2 fl. 80 xr., schönes Expl. in Kalblederbd., J. Eisenstein & Co., Wien, 1889.)
Mit 10 color. Moden-, Spitzen- u. Stickereibildern, 8 reizenden Kupferstichen von Stöber u. 1 Musikbeilage. Höchst seltenes Taschenbuch! Enth. u. a.: Das Hemd der Dame von Meissner, Beiträge von Sonnenfels, Kotzebue u. A.

— der guten Gesellschaft Deutschlands. Hand- u. Adreßbuch f. die Gesellschaft. Hrsg. von Crafft Botho Frhrn. v. Eberstein. 1.—3. Bd. gr. 8. Berlin, W. Gronau. Geb. in Leinw. n. 22. 50
1. Gesellschaft von Berlin. Hand- u. Adreßbuch f. die Gesellschaft v. Berlin u. Umgebg., Charlottenburg. [3. Jahrg.] (LVI, 520 S.) 893. n. 12. —
2. Gesellschaft v. Potsdam, Spandau u. Frankfurt a/O. (XL, 92 S.) 894. n. 3. 50
3. Gesellschaft v. Dresden, Leipzig u. Chemnitz. (XXXVI, 284 S.) 894. n. 7. —
s.: Gesellschaft v. Berlin.

— d. guten Gesellschaft Deutschlands. Hand- u. Adreßbuch f. d. Gesellsch. Hrsg. v. Crafft Botho Frhrn. v. Eberstein. IV.—XII. Bd. gr. 8. Berlin 894. W. Gronau. In 1 Leinwbd. n. 12. — (I—XII.: n. 34. 50)
IV—XII. D. Gesellschaft d. Städte: Aachen, Altona, Augsburg, Barmen, Braunschweig, Bremen, Breslau, Danzig, Darmstadt, Dortmund, Düsseldorf, Duisburg, Elberfeld, Erfurt, Frankfurt a/M., Görlitz, Halle, Hamburg, Hannover, Karlsruhe, Kassel, Kiel, Köln, Königsberg, Lübeck, Magdeburg, Mainz, Mannheim, München, Nürnberg, Posen, Stettin, Straßburg, Stuttgart, Wiesbaden, Würzburg. (XIX, 372 S.) n. 12. —

— de Gotha, avec fig., pour les années 1776—80. 82—85. 16. Gotha, Ettinger. à 16 gr Jahrg. 1786—800. 16. Ebd. Perthes. 10 ß Jahrg. 1801—4. 1806—15. Ebd Ettinger. à 16 gr Jahrg. 1816—1833. 53r—70r Jahrg. 16. Ebd. Perthes. à 1 ß

— de Gotha, 54ème — 57ème année. Avec Fig. 16. Gotha, Perthes. 1817 — 20. à 1 Rthlr.

—— de Gotha pour l'an. 1829 à 35. (Jeder m. 8 Kpfrt.) (13½, 13¼, 15 u. 14 B. in-32., 24¼, 27 u. 27 B. in-16.) Gotha, J. Perthes. à
Jahrg. 1776—80. 82—85. Gotha, Ettinger. à 16 Gr. J. 1786—1800. Gotha, Perthes. à 16 Gr. J. 1801—4. 1806—15. Gotha, Ettinger. à 16 Gr. J. 1816—28. Gotha, J. Perthes. à 1 Thlr.

—— de Gotha pour l'ann. 1836 à 42. 73 à 79 ann. kl. 16. Gotha, J. Perthes. [836. (30 B. u. 8. Portr.), 37. (27½ B. u. 8 Portr.), 38. (29½ B. u. 7 Portr.), 39. (28 B. u. 8 Portr.), 40. (31 B. u. 8 Portr.), 41. (32½ B. u. 9 Portr.) 42. (36 B. u. 7 Portr.)] Prachtausg. à * 2 Thlr. gewöhnl. à *
Wegen der frühern Jahrgg. vgl. die im 8. Bde. 1. Abthl. S. 362 unter: Hof-Kalender, befindliche Notiz.

—— de Gotha pour l'année 1843 à 47. 80. à 84. année. (Jeder Jahrg. m.6 Portr.) kl. 16. Gotha, J. Perthes. [843. (40⅗ B.) 44. (39¼ B.) 45. (43½ B.) 46. (45 B.) 47. (46¼ B.)] Prachtausg. à * 2 Thlr., gewöhnl. Ausg. à *
Jahrg. 1817—46. Ebendas. ungetrennt * 15 Thlr. Vgl. 9. Bd. 1. Abthl. S. 13.

—— de Gotha. Annuaire diplomatique et statist. pour l'année 1848 à 52: 85 à 89. Année. (Jeder Jahrg. mit 6 Portr. in Stahlst. und astronom. Kalender.) 32. Gotha, J. Perthes. [1848. (XII und 706 S.) 49. (XXXIX und 758 S.) à Jahrg. * 1 Thlr. 50. (XIV und 843 S.) 51. (XIV und 891 S.) 52. (X und 811 S.)] à Jahrg. *
Prachtausg. à *
Vgl. 10. Bd. 1. Abthl. S. 18.

—— de Gotha. Annuaire diplomatique et statistique pour l'année 1853—57. 90—94. Année. 32. (Jeder Jahrg. mit 6 Portr. in Stahlst. und astronom. Kalender von 48 S.) Gotha, J. Perthes. [90. (XIV und 744 S.) 91. (XIV und 752 S.) 92. (XX und 803 S.) 93. (XII und 796 S.) 94. (XXIV und 809 S.) 852—56. à Jahrg. * 1 Thlr. 5 Ngr.] *
Vgl. 11. Bd. 1. Abthl. S. 16.

Almanach de Gotha. Annuaire diplomatique et statistique pour l'année 1854 [—58]. Gotha. H: *Davanture, L.* (Ky)

—— de Gotha. Annuaire diplomatique et statistique pour l'année 1858—62. 95—99. Année. 32. (Jeder Jahrg. mit 6 Portr. in Stahlst. und astronom. Kalender von 48 S.) Gotha, J. Perthes. [95. Année. (XIV und 853 S.) 96. (XII und 885 S.) 97. (XXII und 907 S.) 98. (XXIV und 989 S.) 99. (XX und 978 S.)] geb. à Jahrg. *
Prachtausg. geb. à Jahrg. *

Almanach de Gotha. Annuaire diplomatique et statistique pour les années 1863—68. 100.—105. Année. 32. (Jeder Jahrg. mit 6 Stahlst. und astronom. Kalender 34 S.) Gotha, J. Perthes. [1863. (L und 984 S.) 1864. (XVI und 1023 S.) 1865. (XVI und 1086 S.) 1866. (XVI und 1109 S.) 1867. (XVI und 1118 S.) 1868. (VIII und 1153 S.)] geb. à Jahrg. *
Prachtausg. in Maroquin geb. mit Goldschn. *

—— de Gotha. Annuaire diplomatique et statistique pour l'année 1869 et 1870. 106. et 107. années. 32. (VIII, 1074 S. mit 6 Stahlst. und Astronom. Kalender 36 S.; XII, 1107 S. mit 5 Stahlst. und Astronom. Kalender 32 S.) Gotha, J. Perthes. geb. à Jahrg. *
Prachtausg. mit Goldschn. à Jahrg. *

— de Gotha. Annuaire généalogique, diplomatique et statistique 1871—1873. 108—110. année. 16. (71. XIV, 901 S. m. 5 Stahlst. u. astronom. Kalender 16 S.; 72. XXX, 914 S. m. 5. Stahlst.; 73. XXXII, 906 S .m. 4 Stahlst.) Gotha 871. J. Perthes. geb. à n. 5. —;
Prachtausg. geb. m. Goldschn. n. 8. 30

— dasselbe 1874 u. 1875. 111 u. 112. Année. 16. (74. XXXII, 922 S. m. 4 Stahlst.; 75. XXXIII, 936 S. m. 4 Stahlst.) Ebend. geb. à n. 6. —; Prachtausg. n. 9. 50

—— de Gotha. Annuaire généalogique, diplomatique et statistique. 1876—1880. 113e—117e années. 16. (XXXII, 987; XXXII, 1048; XXXII, 1095; XXXVI, 1059; XXXII, 1077 S., mit je 4 Stahlst.) Gotha, J. Perthes.
geb. 1876—1879 à * ℳ 6.; Prachtausg. mit Goldschn. *
1880 * ℳ 6,80.; Prachtausg. mit Goldschn. *

—— de Gotha. Annuaire généalogique, diplomatique et statistique. 1881—1885. 118e—122e année. 16. (XXXII, 1083; XL, 1096; XXXVI, 1119; XXXVI, 1120; XXXII, 1106 S. mit je 4 Stahlst.) Gotha, J. Perthes.
geb. à Jahrg. * ℳ 6,80.; Prachtausg. *
Vgl.: Annuaire diplomatique et consulaire des états des deux mondes.

—— de Gotha. Annuaire généalogique, diplomatique et statistique. 1886—1889. 123e—126e année. 16. (XXXVI, 1104; XL, 1094; XXXII, 1098 S. mit je 4 Stahlst.; XXXVI, 1085 S. mit 6 Stahlst.) Gotha, J. Perthes. geb. à Jahrg. *

—— de Gotha. Annuaire généalogique, diplomatique et statistique. 1890—1892. 127e—129e année. 16. (1167 S.; 1232 S.; 1303 S. m. je 4 Stahlst.) Gotha, J. Perthes. geb. à Jahrg. * 6 80
Prachtausg. à Jahrg. * 10 40
Deutsche Ausgabe, s. Hofkalender. — Taschenbuch, Gothaisches genealogisches.

Almanach de Gotha. Annuaire généalogique, diplomatique et statistique. 1891—1894. 128.—131. année. 16. (XXIV, 1208; XXIV, 1279; XXIV, 1267; XXIV, 1287 S., m. je 4 Stahlst.) Gotha, J. Perthes.
à Jahrg. geb. n. 6.80; Prachtausg. n. 10.40

— dasselbe. 1895. 132. année. 16. (XXIV, 1367 S. m. 4 Stahlst.) Ebd. Geb. in Leinw. n. 8. —;
Prachtausg. n. 12. —

— de Gotha. Annuaire genealogique, diplomatique et statistique. 1896—1899. 133.—136. année. 16. (XXIV, 1335; XXIV, 1376; XXIV, 1389 u. XXIV, 1424 S. m. je 4 Stahlst.) Gotha, J. Perthes.
à Jahrgang geb. in Leinw. n. 8. —;
Prachtausg. n. 12. —

Almanach de Gotha. Annuaire généalogique, diplomatique et statistique. 137e année. 1900. Jährlich

Almanach de Gotha. Annuaire généalogique, diplomatique et statistique. 1901. 138e année. gr. 16. (XXIV, 1174 S. m. 4 Stahlst.) Gotha, J. Perthes.
Geb. in Leinw. 8. —; Prachtausg. 12. —

— de Gotha. Annuaire généalog., diplomat. et statist. 1902—6. 139—143. année. (24, 1211; 24, 1200; 24, 1204; 24, 1248 u. 24, 1192 m. je 4 St.) 16° J Perthes. L. je 8 —; Prachtausg. je 12 —

— de Gotha. Annuaire généalog. diplomat. et statistique. '07—10. 144—147. année. (24, 1200; 24, 1194; 24, 1236 u. 24, 1224 m. je 4 Stahlst.) kl8° Gotha, J Perthes. L. je 8 —; Prachtausg. je 12 —

— de Gotha. Annuaire généalog., diplomat. et statist. '11 u. '12. 148. u. 149. année. (24, 1258; 24, 1224 m. je 4 Stahlst.) 16° Gotha, J Perthes. L je 8 —; Prachtausg. je 12 — ‖ '13. 150. année. (40, 4, 1315 m. 4 Stahlst.) L 10 —;
Prachtausg. 15 —

— de Gotha et Goettingue, av. fig. en taille douce par D. Chodowiecki, pour les années 1775—809. 12. Gotting., Dieterich. 1775—809 à 8 gl 1801—3 à 12 gl 1804—9 à 20 gl

— derselbe v. 801—10. (à 1 Thlr. 16 gr.)

— ders. v. 801—10. (in Maroquin à 2 Thlr. 12 gr.)

Almanach, Göttinger, f. Rechts- u. Staatswissenschaften, nach amtl. Unterlagen hrsg. v. F. Kronbauer. Mit Stadtplan u. Umgebungskarte v. Göttingen. V. Ausg.: Winter-Sem. 1908/09. (52 u. 124 S.) kl. 8. Göttingen, F. Kronbauer. 1. —

— Göttinger, f. Rechts- u. Staatswissenschaften, m. Beiträgen v. Ferd. Frensdorff u. Leo Rosenberg. Hrsg. v. Frdr. Kronbauer. 11. Ausg.: Winter-Sem. '11/12 u. 12. Ausg.: Sommer-Sem. '12. (54 m. 2 Bildn., bezw. 54 m. 5 Taf.) kl8° Gött., F Kronbauer. je 1 —

— Göttinger, f. Rechts- u. Staatswiss., hrsg. v. Frdr. Kronbauer. 5. u. 6. Ausg.: Winter-Sem. '08/09 u. Som.-Sem. '09. (52, 124, bezw. 53, 124 m. je 1 Pl. u. Karte.) kl8° Gött., F Kronbauer. Je 1 — d

Almanach, Göttinger, f. Rechts- u. Staatswissenschaften, nach amtl. Unterlagen unter Mitwirkg. namhafter Fachmänner hrsg. v. F. Kronbauer. Mit Stadtplan u. Umgebungskarte v. Göttingen. VIII. Ausg. (83 S. m. 2 Bildnissen u. 2 Taf.) kl. 8. Göttingen, F. Kronbauer. 1. —

— Göttinger, f. Rechts- u. Staatswissenschaften, m. Beiträgen v. Ferd. Frensdorff, Leo Rosenberg u. e. Anh. v. Aug. Tecklenburg. Hrsg. v. Frdr. Kronbauer. Mit Stadtplan u. Umgebungskarte v. Göttingen. 9. Ausg.: Winter-Sem. 1910/11. (80 u. 19 S. m. 2 Bildnissen.) kl. 8. Göttingen, F. Kronbauer. 1. —

Almanach der Grazien a. d. J. . . . . Von Cupido.
1776. 126 S. M. 3 Kpf.
Hamburg (Cythere, bey Ganymedes).

— großer, f. d. J. 1891. qu. Fol. (2 Bl.) Leipzig, Alex. Edelmann. Für das Buch v. 24 Stück n. 1. 50

Almanach pour l'an 1863—1868, à l'usage des habitants du grand-duché de Luxembourg. 97.—102. Année. 12. (à Jahrg. 168—180 S. mit eingedr. Holzschn.) Luxemburg, Brück. à Jahrg.

Almanach p. l'an 1870 à l'us. des habit. du gr.-duché de Luxemb. 103 et 104. Années. 12. (191) Luxemb., Brück. — 7½

Hamburgischer neuer Almanach zur Beförderung froher Laune, Menschen- und Sittenkunde im neusten Jahrhundert. 1801
s. Hamburgisches neues Taschenbuch zur Beförderung froher Laune, Menschen- und Sittenkunde im neusten Jahrhundert.

Almanach für Handel und Verkehr. Jg. 1. (Mehr nicht erschienen.)
Metz: Deutsche Buchhandlung 1878. 8°
Paris NB

— f. Handel u. Verkehr f. 1879. 16. (106) Metz, Deut. Bh. geb. n. 1. 60

— der Häuslichkeit u. Eintracht gewidmet, s. Hell Penelope.

— d. Universität Heidelberg, s. a. J. Lampadius.

Almanach der Universität Heidelberg für das Jubiläumsjahr 1886. Hrsg. von Paul Hintzelmann. 12. (VII, 269 S. mit 2 Stahlst.-Bildnissen, 1 Tab. und 1 chromolithogr. Plan.) Heidelberg, C. Winter's Universitäts-Buchh. * geb. *
— dass. — 2. Ausg. für das J. 1888. Hrsg. von Paul Hintzelmann. 12. (XXXII, 269 S. mit 1 Bildniss, 1 Tab. und 1 Plan.) Ebendas. *

— Heidelb. akadem., f. d. Winter-Sem. '09/10. Hrsg. v. Ausschuss d. Heidelb. freien Studentenschaft. 1. Ausg. Oktbr '09. Schriftleiter: Mor. Morgenthal. (90) 8° Hdlbg, Weiss. † — 80

— Heidelberger akadem., f. '12. Hrsg. v. Präsidium d. Heidelberger Freiestudentensch. 4. Ausg. April '12. (78) 8° Heidelbg. (Weiss). — 70

Almanach der Heiligen auf das Jahr 1788. Von Heinr. Gottfr. v. Bretschneider. N. Aufl. Rom 1816.
[Abafi, L.: Gesch. d. Frmrei i. Oest.-Ung. 5 (1899) S. 191.]

Almanach der Heiligen auf das Jahr 1789. [Von Heinrich Gottfried von Bretschneider] mit ... Kupf. [v. Johann Wilhelm Meil] u. Musik. Mit Erlaubnis der Obern? [Mit Noten.]
Rom [vielm. Leipzig: Gräff 1788]. 224 S., 1 Titelkupf., 12 Kupfertaf. 16°

— Ebd. (Leipzig, Wienbrack) 1816. 16°. (3 Mk., Orig.-Carton in Pappschuber, Rich. Bertling, Dresden, 1907; 4 Mk., schönes Expl., Adolf Weigel, 1893.)
Anon.-Lex. I. p. 40 (nach Weller u. Kayser).

Heinrich's Almanach. 1850—
s. Almanach für Freunde der Schauspielkunst.

Helvetischer Almanach für das Jahr ... ([Mit Kupf. v. Johann] H[einrich] Lips, F[ranz] N[ikolaus] König [u. a.].)
Zürich: Orell, Füssli [1799—1805]. 16°
[Kupfert.]
1799 [u. d. T.]: Neu Helvetischer Almanach.
1799—1801 [Nebent.]: Helvetischer Revolutionsalmanach.
Anf. s. Helvetischer Calender

1799: S. [17]—211, 9 Kupfertaf. davon 3 kol., 1 kol. Faltkt.
1800: LX, 188 S., 1 Titelkupf., 9 Kupfertaf. davon 3 kol., 1 kol. Faltkt.
1801: LXXI, 177 S., 1 Bl., 1 Titelkupf., 6 Kupfertaf. davon 2 kol., 1 kol. Faltkt.
1803: 170 S., 7 Bl., 1 Titelkupf., 10 Kupfertaf. davon 4 kol., 1 kol. Faltkt.
1804: 7 Bl., 123 [vielm. 223] S., 1 Titelkupf., 10 Kupfertaf. davon 4 kol., 1 kol. Faltkt.
1805: 7 Bl., 227 S., 1 Titelkupf., 10 Kupfertaf. davon 4 kol., 1 kol. Faltkt.

Almanach, Helvetischer, f. d. J. . . . .
1800—1822. M. Kpf. u. Ktn.

Almanach, Neu Helvetischer.
1799. M. gest. Tit., 8 Kpf. u. 1 Kte.
s. a.: Almanach, Helvetischer
s. a.: Revolutionsalm., — „ —
s. a.: Calender, — „ —
Zürich.

Almanach für Edle Herzen auf das Jahr 1803.
Wien: Jos. Leyrer [1802]. 118 S., 8 Bl., 7 Kupfertaf.
[Kupfert.]

Historischer Almanach fürs Jahr ... ([Mit Kupf. v.] D[aniel Nikolaus] Chodowiecki, I[ohann Georg] Penzel [u. a.].)
Braunschweig: Schulbuchh. (1793: Altona: Joh. Fr. Hammerich) [1790—1799]. 16°
[Kupfert.]
1791—1793 [u. d. T.]: Historisch genealogisher[!] Almanach Fürs II.te (—IIII.te) Jahr der Freiheit . . .
1791—1793 [Rückent.]: Geschichte der Revolution in Frankr[eich].
1794—1799 [u. d. T.]: Historisch-genealogischer Kalender auf das Jahr . . .

1790: Enthaltend Die Geschichte der Großen Révolution in Frankreich. [Von Joachim Christian Friedrich Schulz.] 16 Bl., 240 S., 1 Titelkupf., 13 Kupfertaf.
1791—1793: Enthaltend Die fortgesetzte Geschichte der französischen Staatsumwälzung [von Joachim Christian Friedrich Schulz].
1791: 16 Bl., 219 S., 58 Bl., 13 Kupfertaf. [*Titelkupf. fehlt?*]
1792: 14 Bl., 199 S., 46 Bl., 1 Titelkupf., 12 Kupfertaf.
1793: 14 Bl., 200 S., 55 Bl., 1 Titelkupf., 12 Kupfertaf.
1794—1795: Deutschland, ein historisches Gemälde von F[riedrich] C[hristian] Schlenkert.
1794: 16 Bl., 162 S., 63 Bl., 1 Titelkupf., 12 Kupfertaf.
1795: 18 Bl., 160 S., 70 Bl., 1 Titelkupf., 12 Kupfertaf.
1797—1798: Deutschland, ein historisches Gemälde [von Heinrich August Raabe].
1797: 18 Bl., 240 S., 56 Bl., 1 Titelkupf., 12 Kupfertaf.
1798: 8 Bl., 288 S., 50 Bl., 1 kol. Titelkupf., 12 Kupfertaf. davon 2 kol. [*Von d. ersten 10 Bl. fehlt das zweite.*]
1799: Enthaltend die Geschichte Italiens und ein genealogisches Verzeichniß . . . . 14 Bl., 222, 160 S., 1 Titelkupf., 8 Kupfertaf., 1 Kt.

Almanach, Historischer

— — f. d. Jahr 1783. 12. Leipzig. Barth.

Historischer Almanach für den deutschen Adel, und für Freunde der Geschichte desselben . . . von Carl Lang . . .
Frankfurt am Main: Fleischer in Comm. (ab 1794: Phil. Heinr. Guilhauman) 1791—1794. 12°
1793 [u. d. T.]: Historisches Taschenbuch für den deutschen Adel . . .

1792: Ritter Franz von Sickingen. Mit Kupf. v. [Abraham Wolfgang] Küffner [richtig: Küfner]. (1791.) 12 Bl., 124 S., 1 Titelkupf., 12 Kupfertaf.
1793: Ritter Göz von Berlichingen, mit der eisernen Hand. Mit Kupf. v. [Abraham Wolfgang] Küffner [richtig: Küfner], [A. L.] d'Argens [richtig: Argent], u. a. (1792.) 5 Bl., 17, 167 S. [*Die Kupfer fehlen.*]
1794: Ritter Göz von Berlichingen, mit der eisernen Hand. Mit Kupf. v. [Abraham Wolfgang] Küffner [richtig: Küfner], [Karl] Lang, u. a. [1793.] 9 S., 14 Bl., 130 S., 1 Bl., 13 Kupfertaf.
1795: Ravan von Helmstatt, Bischof zu Speyer, und Erzbischof zu Trier. Mit Kupf. v. Verschiednen. [1794.] 18 S., 14 Bl., 71 S., 1 Titelkupf., 13 Kupfertaf.

— histor., f. d. schweizerische Jugend f. 1829 u. 30. Hrsg. v. E. Stierlin. 1. u. 2. Jahrg. Jeder mit 6 Kpfr. v. Lips. 12. (à 5 B.) Bern, Jenni, Sohn. à

— historischer, d. Revolution Frankreichs. s. Calender.

Historisch genealogischer Almanach fürs II^te—IIII^te Jahr der Freiheit . . .
1791—1793 s.a.
s. Historischer Almanach.

Almanach, Historisch-genealogischer, für 1792—93. Braunschw.
H: *Schulz, Joachim Christoph Friedr.* (Ky)

— hist.-geneal. (enth. d. fortgesezte Gesch. d. französ. Staatsumwälzung). M. 3 Kpf. v. Chodowiecky u. 10 Portr. 16. Altona 793. Hammerich. 12 gl.

— histor.-genealog. a. 1796—98. Deutschl. hist. Gemälde. (eine Forts. des Schlenkertsch. Calenders). m. K. Taschenf. Braunschw. Schulbuchh. (à 1 Thlr. 8 gr.)

— d. k. k. techn. Hochsch. in Wien z. Feier s. 30jähr. Bestandes. Leitg: Karl B Hoffmann. (51 m. Abb.) Lex8° Wien, E Kosmack. 2.50

— d. herzogl. braunschw. Hoftheaters '08—9. (97 m. 9 Bildern u. 1 Pl.) kl8° Brnschw., Ramdohr '08. ‖ '09/10. (83 m. 11 Bildern u. 2 Pl.) 09. Je — 50

— des herzogl. braunschw. Hoftheaters '10/11. (99 m. 10 Vollbild.) kl8° Brnschw., Ramdohr '10. ‖ '11/12. (85 m. 10 Vollbild.) '11. ‖ '12/13. (79 m. 8 Vollbild. u. 1 Pl.) '12. je — 50

Almanach für das Kgl. Hoftheater in Stuttgart auf das Jahr 1846. [Hrsg.: Wilhelm Koffka.]
Stuttgart 1846. M 113

Almanach des Königlich Bayerischen Hof- und National-Theaters.
Herausgegeben von Anton Hagen.
München: Druck von Kirschbaum & Schuh.
Jahrgang 1. 1869 –, 1870 –.

—— des königl. bayer. Hof- und National-Theaters auf das J. 1871. Hrsg. von Ant. Hagen. 3. Jahrg. 8. (96 S.) München 872, (Franz'sche Buchh.) *

— **des deutschen Holzarbeiter-Verbandes f. d. J. 1910. Taschen-Kalender f. die Verwaltgn. u. Mitglieder des Verbandes. Im Auftrage des Verbandsvorstandes hrsg. v. Thdr. Leipart. 11. Jahrg. (180 S. m. Abb.) kl. 8. Berlin, Verlagsanstalt des deutschen Holzarbeiter-Verbandes. Geb. in Leinw. 1. —**

— d. deut. Holzarbeiter-Verbandes f. '13. Hrsg. v. Thdr Leipart. 14. J. (182) kl8° Berl., Verl.-Anst. d. deut. Holzarbeiter-Verbandes. L 1 — d

— humoristischer, der Tribüne für 1863. Herausg. von A. Hopf. 1. Jahrg. Berlin, Mecklenburg in Comm. 16. (64 S. m. Holzschn. im Text.) n. 5 ngr.

Almanach a. d. Jahr nach d. gnadenreichen Geburt unsers Herrn u. Heyland Jesu Christi . . . .
1757.
Augsburg.

Almanach für das Jahr 1900/1901. Hrsg. vom Central-Vorstand des Innungsverbandes 'Bund deutscher Stellmacher- und Wagner-Innungen'. Zur Feier d. 25jähr. Bestehens d. 'Bundes'. — Berlin: Laubsch & Everth (1900). 184 S. 1:Or 10378.
3.5420

Illustrirter ärztlicher Almanach. [Hrsg.: A. Kállay.] Jg. 1–7.
Wien: Braumüller 1882–1887. 16°
ℂ Forts. u. d. T.: Ärztlicher Almanach. Jg. 8. 1888 ff.

Almanach, illustrirter ärztlicher. Enth.: Biographien u. Portraits hervorrag. Aerzte etc. Hrsg. v. A. Kalley. 8. Jahrg. 16. (V, 216 u. 189 S.) Wien 889. Braumüller. n. 4. —

—— illustrirter, der Internationalen Buchhandlung für 1870—1873. 1.—4. Jahrg. 8. Berlin, R. Lesser. à Jahrg.

— illustrirter, der internationalen Buchhandlung. Mit Originalbeiträgen v. H. Kletke, Max Ring, George Hiltl u. A. 5. u. 6. Jahrg. 1874. u. 75. Lex.-8. (à XIV, 191 S. m. Beilagen.) Berlin 874/75. R. Lesser. à n. 1. —

Almanach, illustrirter, der Internationalen Buchhandlung. Mit Originalbeiträgen von H. Kletke, L. Pietsch, F. L. Pullé und Jul. Stettenheim. 6. Jahrg. 1875. Lex.-8. (XXVIII, 192 S. mit Beilagen.) Berlin, Internat. Buchh. *
Nicht weiter erschienen.

Illustrierter Almanach zu den Bayreuther Festspielen. Den Festspielbesuchern und Freunden Richard Wagners zur übersichtlichen Orientierung über die bisherige Wagnerliteratur sowie der Bühnenfestspiele gewidmet.
Bayreuth: Buchhandlung Theodor Osswald sen.
1902.

— **ill. hygien. u. Notiz-Kalender. f. d. J. 1897. 16. (95 S. u. Tagebuch m. 1 Bildn.) Dresden. Trachenberg, A. Herrmann & Co. Geb. in Leinw. n. — 80**

Almanach impérial. Jg. 1804/05 (1804)—1813 (1812)
s. Almanach royal.

Almanach der Insel für 1900. [Hrsg.: O. J. Bierbaum, A. W. Heymel u. R. A. Schroeder.]
Berlin: Schuster u. Löffler 1899. 8° 46
ℂ Forts. u. d. T.: Inselalmanach auf das Jahr 1906 ff.

Almanach zur hundertjährigen Jubelfeier der Georgia Augusta. Hrsg. von G[eorg] F[riedrich] Schumacher. — Göttingen: Dieterich 1837. 190 S.
Nebent.: Göttinger Jubelalmanach.
1:Ay 25746. 12:H. lit. P. 344 b. 2. 3. 4 [°°Nebent.] 7 [°°S. 189.190]. 8. 10 [defekt].
3.5424

Almanach bei Gelegenheit der Jubelfeier der Regierung Sr. Königl. Hoheit des Grossherzogs von Mecklenburg-Schwerin. — Wismar: H. Schmidt 1835. 30,XVI,255 S.
Nebent.: Mecklenburgischer Jubel-Almanach. Ein Weihgeschenk zum 24. April 1835.
1:Sn 5296. 300:29.636. 3.
3.5425

— jüdischer, 5663. Red. des literar. Teiles: Berth. Feiwel. Red. des künstler. Teiles: E. M. Lilien. 4. (315 S. m. Abbildgn.) 4. Berlin (902). Jüd. Verlag. Kart. 6. —

— jüdischer. Teilweise veränd. Neuausg. (306 S. m. Abbildgn.) gr. 8. Berlin (905). Köln, Jüd. Verlag. Geb. in Leinw. n. 3. 50; Luxusausg. n. 7. —; Prachtausg. n. 12. —

Jüdischer Almanach. 5670. Hrsg. aus Anlass d. 25-semestrigen Jubiläums von d. Vereinigung Jüdischer Hochschüler aus Galizien Bar-Kochba in Wien. — Wien: Selbstverl.; Köln: Jüd. Verl. in Komm. 1910. 215 S.
1:4° Ey 5300/2. 300:473.953-C. 5.
3.5426

— Jüdischer, 5670. Hrsg. a. Anlass d. 25semestr. Jubiläums v. d. Vereinigg jüd. Hochschüler a. Galizien Bar-Kochba in Wien. (215 m. 15 Taf.) Lex8° Wien '10. Wilmersdf b/Berl., Jüd. Verl. L 5 —; Luxusausg. 25 —

Almanach für die erwachsene Jugend, zur angenehmen Unterhaltung.
(1801). 1. (einziges) Bdchen. M. 4 Kpf.
A. u. d. Titel: Bibliothek f. d. erwachsene Jugend.
Berlin.

— für die israelitische Jugend; herausgegeben von Dr. Heinemann. 1stes Jahr 5579. (1818.) 2tes Jahr. 5580. (1819.) 3tes Jahr 5581. (1820.) Berlin, Büreau f. Lit. u. Kunst. à 1 Thlr. 12 Gr.

— f. d. israelit. Jugend. Herausgeg. v. Dr. Heinemann. 1s J. 5579. (1818.) 2s J. 5580. (1819.) 3s J. 5581. (1820.) 12. Berl. (Heinemann). 1s, 2s J. à 1 ℛ 12 gl 3s J. 18 gl 3 ℛ 18 gl

Almanach f. d. israelitische Jugend a. d. J. der Welt . . . . Hg.: J. Heinemann.
5579 = 1819.
5581 = 1820.
5581 = 1821.
Berlin. Goed. VIII, 99, 209.

— für Jünglinge ꝛc., s. Bibl. für d. erwachsene Jugend. 1s Bdchn.

Almanach für Juristen aufs Jahr 1782, mit zwölf Silhouetten jetztlebender Rechtsgelehrten. Giessen 1782. V: *Schröter, Johann Christian Conrad.* (MGT)

— f. Juristen a. 1782. 8. Marburg. Krieger.

— für Juristen, mit 12 Silhouetten jezt lebender Rechtsgelehrten. 8. Marb. 784. Krieger. 16 gl.

Juristischer Almanach. 1794, s.a.
Juristische Annalen.

***Juristischer Almanach. [Hrsg.: Joh. Chr. Konr. Schröter.]**
Gießen: Krieger 1782. 8° 14
(Mit wissenschaftlichen Aufsätzen.

Juristischer Almanach (seit 1794): Jahrbuch der Rechtsgelahrtheit auf die Jahre 1792-95. (Jg. 1-5) Von Joh. Chr. Koppe. Rostock und Leipzig 1792-97. 2 Bde.

— Carlsruher, a. 1798. mit K. Taschenform. Carlsruh, Maclott.

— f. Karten-, Schach- u. Pharospieler, s.a. Spiel-Almanach.

— für Karte-, Schach- und Pharao-Spieler auf 1811. 8. Berlin, Oehmigke d. j.

— f. Karten-, Schach- u. Pharospieler, auf d. J. 1811. 12. Berl. N. A., s. G. W. Abenstein, Spielalmanach.

— f. Karten-, Schach- u. Pharospieler bearb. v. Julius Cäsar. 8. 811. ist jezt, unter d. veränd. Tit.: Talisman d. Glücks, od. d. Selbstlehrer f. alle Karten-, Schach-, Billard-, Ball- u. Kegelspiele 816. neu bearb. v. C. G. F. v. Düben, verl. v. Flittner in Berlin.

Der katechetische Almanach. Monatsschrift. Jg. 1–5.
Münster i. W.: H. Schöningh 1892–1897. 16°
48

— für Kaufleute a. 1784. M. Kpf. 8. Leipz. 784. 85. 86. (W. Vogel). (à 2 gl.) 6 gl.

Almanach für Kaufleute auf das Jahr 1784. Leipzig 1784. V: *Crome, August Friedrich Wilhelm.* (MS) (HS) (MGT)

Almanach für Kaufleute. [Bearbeiter: Fritz Trenkhorst.] Jg. 1. 2.
Metz: Deutsche Buchhandlung 1877–1878. 16°

—— f. Kaufleute f. d. J. 1878. Bearb. v. F Trenkhorst. 16. (130) Ebd. geb. n. 2. — || f. 1879. 3. Jahrg. (137) Berl., Damköhler. n. 1. 25; geb. n. 1. 60

— für Kaufleute f. d. J. 1879. Hrsg. v. Fritz Trenkhorst. 3. Jahrg. gr. 16. (X, 137 S.) Berlin 878. Damköhler. cart. n. 1. 25; geb. n. 1. 60

—— für Kaufleute, Fabrikanten, Kapitalisten und Gewerbtreibende für 1859—62. Nebst einem Anhang: das Wichtigste aus der Geschäftswelt umfassend. 1—4. Jahrg. 16. (à Jahrg. 187 S. mit Anh. 47 S.) Hoyerswerda, Erbe. geb. à Jahrg. * -

—— für Kaufleute, Fabrikanten, Kapitalisten und Gewerbtreibende für 1863—68. Nebst einem Anh.: Das Wichtigste aus der Geschäftswelt umfassend. 5.—9. Jahrg. 16. (à Jahrg. 187 und 47 S.) Hoyerswerda, Erbe. geb. à Jahrg. * -

—— f. Kaufleute, Fabrik., Kapital. etc. f. 1865. 7. Jahrg. 16. (234) Spremb., Erbe. geb. n. — $12^1/_2$

—— f. Kaufleute, Fabrik., Kapital. etc. f. 1870. 12. Jahrg. 16. (187) Spremb., Erbe. geb. n. — $12^1/_2$

—— für Kaufleute, Fabrikanten, Kapitalisten und Gewerbtreibende für 1868—1873. Nebst einem Anh.: Das Wichtigste aus der Geschäftswelt umfassend. 10.—14. Jahrg. 16. (187 und 47 S.) Spremberg, Erbe. geb. à Jahrg. *

— [Almanach zur Kenntniss der preussischen Staaten für Reisende und Einheimische.] — o.O. (1794).
1[∞Titelbl.]: Sx 1686.
3.5427

— zur Kenntniß des Preußischen Staats für 1795. 8. Berlin, Schöne.

Almanach der vereinigten Theater Kiel. Hrgg. v. W(ilhelm) Schumann. Jg. 1, 1907/08. (Kiel. 1907.) Quer-8°

— f. Kinder. 8. Leipzig, Barth. 780.

— f. Kinder. m. K. 18. Göttingen, (B. Fleischer, L.) 797.

— f. Kinder und Kinderfreunde auf 1780—83. 12. Wien, Gerold.

Almanach für Kinder und junge Leute auf das Jahr 1775[–78].
Hierzu folgende Ergänzung:
Hamburg: Joh. Chrn. Brandt (sp. Schniebes) 1775–78. 8°
(Auch mit dem Titel: Neujahrsgeschenk für Kinder und junge Leute für das Jahr . . . oder angenehme und lehrreiche Unterhaltungen zur Bildung des Herzens und zur Beförderung der Religion, Vernunft und Tugend.

— für Kinder u. junge Leute für d. Jahr 1808. M. Kpf. 12. Hannov. 808. Hahn. 12 gl. 2e Aufl. u. d. Tit.: Kinderzeitvertreib, enthalt.: Erzähll., Gedichte, Fabeln u. s. w. Mit 5 Kpf. 8. Ebd. 819. 8 gl.

— Kirchen- und Ketzer-, s. C. F. Bahrdt.

Almanach des Ruienschen Kirchspiels für das Jahr 1786. Mit Anhängen 1787 und 1788. 1786—88. V: *Bergmann, Gustav von.* (Winckelmann, Bibl. Livoniae hist. 2. Aufl. 138.)

— des Kladderadatsch. 1900. Eine lust. Gabe zur Jahrhundertswende. Unter Mitwirkg. namhafter deutscher Humoristen u. Zeichner hrsg. v. Johs. Trojan. gr. 8. (128 S. m. Abbildgn.) Berlin 900. A. Hofmann & Co. n. 2.—

Klasing's Almanach.) kl8° Bielef., Velh. & Kl. ('10—12). L m. Karton je 4 —; Luxusausg., Ldr m. Karton je 8 — d '11 '12 (je 8, 318 m. Abb. u. 24 [8 farb.] Taf.) || '13. (8, 350 m. Abb. u. 20 [12 farb.] Taf.)

— kleiner, f. d. J. 1891. qu. 4. (2 Bl.) Leipzig, A. Edelmann. Für das Buch v. 72 Stück n. 1. 50

—— kleiner astronom., a. d. J. 1840 u. 41. 1. u. 2. Jahrg. Vorzügl. z. Gebrauch d. Seeleute hrsg. v. Herrm. Karsten. gr. 8. ($4^1/_2$ u. 5 B.) Rostock, Oeberg. à *

Almanach, kleiner astronom., a. d. J. 1842—1846. Vorzügl. z. Gebrauch d. Seeleute hrsg. v. Herrm. Karsten. 3—7. Jahrg. Lex.-8. (à 5 B.) Rostock, Oeberg. à $^1/_2$ Thlr. Herabges. Pr. à *
1. u. 2. Jahrg. Ebendas. 1840 u. 41. à $^1/_2$ Thlr. Herabges. Pr. à 10 Ngr.

—— kleiner astronomischer, auf die J. 1847—1849. Vorzüglich zum Gebrauch der Seeleute, hrsg. von Herrm. Karsten. 8—10. Jahrg. 8. (à 78 S.) Rostock, Oeberg. (Leipzig, Klinkhardt.) à J. * 10 Ngr. *
Vgl. 10. Bd. 1. Abthl. S. 17.

—— kleiner, für Jedermann auf die J. 1868—1875. 1.—8. Jahrg. 16. (à 60—77 S.) Garding, Lühr und Dircks. à Jahrg. *

—— kleiner, für Jedermann auf die J. 1876—1880. 9.—13. Jahrg. 16. (63; 61; 63; 61; 62 S.) Garding, Lühr und Dircks. à Jahrg. *

—— kleiner, für Jedermann, auf die J. 1881—1885. 14.—18. Jahrg. 16. (56; 61; 61; 60; 60 S.) Garding, Lühr und Dircks. à Jahrg. *

—— kleiner, für jedermann auf die J. 1886—1889. 19.—22. Jahrg. 16. (à Jahrg. ca. 60 S.) Garding, Lühr und Dircks. à Jahrg.

—— kleiner, f. jedermann auf d. J. 1890—1893. 23.—26. Jahrg. 16. (à Jahrg. ca. 60 S.) Garding, Lühr u. Dircks. à Jahrg. — 15

— kleiner, f. jedermann auf d. J. 1895. 28. Jahrg. 12. (49 S.) Garding, H. Lühr & Dircks. — 15

— kleiner, f. jedermann f. 1896. 29. Jahrg. 12° (50) Gard., H Lühr & D. — 15

— kleiner, f. jedermann a. d. J. 1899. 32. Jahrg. 12. (53 S.) Garding, H. Lühr & Dircks. — 15

— kleiner, f. jedermann auf d. J. 1903. 36. Jahrg. (38 u. 18. S.) 12. Garding, H. Lühr & Dircks. — 15

— kleiner, f. jedermann auf d. J. 1907. 40. Jahrg. (57 S.) kl. 8. Garding, H. Lühr & Dircks. — 15

— kleiner, f. jedermann auf d. J. 1910. 43. Jahrg. (57 S.) kl. 8. Garding, H. Lühr & Dircks. — 15

– Kleiner, f. jedermann auf '13. 46. Jahrg. (56) kl8° Garding, H Lühr & D. — 15 d

Almanach Kneipp pour l'année 1894. Redigé par *S. Kneipp*. 3e année. Éd. française seule autorisée. Av. illustr. In-12°. 288 p. Fribourg, Librairie de l'université. — 60

Almanach, komischer — für Lustige und Traurige zum Lachen für 1853. 8. Pesth, Wien und Leipzig, Hartleben.

Almanach, Komischer — für Lustige und Traurige zum Lachen auf das Jahr 1854. Mit vielen Illustrationen. 2. Jahrgang. 8. (126 S.) Pesth, Wien und Leipzig. Hartlebens Verlag. Wien. Druck von Leop. Sommer.

Königl. privilegirter schleswig-holsteinischer gemeinnütziger **Almanach** auf das Jahr (Schaltjahr) . . . v. A. C. Petersen. Dem beigefügt einige vermischte Aufsätze. Altona. 16°
1847. 1848.
Vorh. u. d. Tit.: Allmanach, Schleswig-Holsteinischer, gemeinnütziger.
Fortges. u. d. T.:
Privilegirter schleswig-holsteinischer gemeinnütziger **Almanach** auf das Jahr . . . v. A. C. Petersen. Dem beigefügt einige vermischte Aufsätze. Altona. 16°
1849—1851.
Fortges. u. d. T.:
Allerhöchst privilegirter gemeinnütziger **Almanach** (1852: für die Herzogthümer Schleswig und Holstein) auf das Jahr (Schaltjahr) . . . Nebst einigen vermischten Aufsätzen. Altona. 16°
1852—1855 v. A. C. Petersen.
1856. 1857 v. R. Schumacher.
1858—1862 v. C. F. Pape.
Fortges. u. d. T.:
Priviligirter schleswig-holsteinischer gemeinnütziger **Almanach** auf das Jahr . . . Berechnet auf der Altonaer Sternwarte. Nebst einigen vermischten Aufsätzen. Altona. 16°
1865.
Fortges. u. d. T.:
Schleswig-holsteinischer gemeinnütziger **Almanach** auf das Jahr (Schaltjahr) . . . Berechnet nach den Materialien des Statistischen Bureaus. (Nebst gemeinnützigem, interessantem, unterhaltendem und belehrendem Inhalt.) Ottensen. (1880 ff.: Hamburg.) 16°
1875, Jg. 114. 1877, Jg. 116. 1878, Jg. 117.
1880, Jg. 118. Hrgg. v. Th. Lorenzen.
1881, Jg. 119. Hrgg. v. Klaus Groth.
1882—1887, Jg. 120—125.
1888—1890, Jg. 343. 344. 128. Astronomisches Kalendarium (berechnet v. Achilles Liegel). Nebst Anhang. 8°
Fortges. u. d. T.:
Schleswig-holsteinischer **Almanach** auf das Schaltjahr (Jahr) . . Astronomisches Kalendarium, berechnet v. Achilles Liegel. Nebst Anhang. Hamburg. 8°
1892—1894, Jg. 130—132.

—— Königsberger, für 1884. (1. Jahrg.) Führer durch Königsberg und seine Umgebung, Eisenbahn-Verbindungen von Ost- und Westpreußen, Notizen für Bade- und Rundreisen 2c. 2c. 16. (83 S.) Königsberg, Hartung'sche Verlagsdruckerei. *

—— Königsberger. 2. Jahrg. 1885/86. 16. (91 S.) Königsberg, Hartung'sche Verlagsdruckerei. *
—— dass. — 3. Jahrg. 1886/87. 16. (84 S.) Ebendas. *
Nicht weiter erschienen.

— Krakauer, auf das Jahr 1862. (Wandkalender.) Fol. Wien, Ueberreuter. 10 kr.

—— Krakauer, auf die J. 1863—66 nach der Geburt Jesu Christi. qu. 4. (. . . S.) Wien, Ueberreuter. à Jahrg.

— Kriegs- u. Friedens-, f. 1804. 8. Göttingen, Dietrich.

Almanach der Kriegsflotten.
Pola: Schmidt 1889–1892. 8° 46, 48
Separatausgabe des Almanachs für die k. und k. Kriegsmarine 1889–1918.

— **Almanach der Kriegs-Flotten 1890. Separatausg. der allgemeinen Theile aus d. „Almanach für d. k. u. k. Kriegsmarine 1890", hrsg. von d. Red. der „Mittheilungen aus d. Gebiete des Seewesens". — Wien: Gerold in Komm. [1889]. 220 S. 12: A. hydr. 1523 m–1890. 83.**
3.5429

— der Kriegs-Flotten 1891. 1892. Separatausgabe der allgemeinen Theile aus dem „Almanach f. die k. u. k. Kriegsmarine 1892", hrsg. v. der Red. der „Mittheilungen aus dem Gebiete d. Seewesens". 16. (X, 237 S. m. 134 Panzerschiffsskizzen; X, 252 S. m. 144 Panzerschiffsskizzen.) Wien, (Gerold & Co.). Geb. in Leinw. à Jahrg. n.n. 4. —

Almanach für die k. und k. Kriegsmarine. Jg. 1–35.
Pola: Schmidt (sp. Wien: Gerold und Co u. a.) 1880–1918. 16°. 8° 46, 48
Vorh. u. d. T.: Almanach für Sr. Majestät Kriegs-Marine. Jg. 1–4. 1876–1879.
Separat-Ausgabe u. d. T.: Almanach der Kriegsflotten 1889–1892.

—— f. d. k. k. Kriegs-Marine 1880. 16. (218) Laib., v. Kleinmayr u. B. geb. n. 2. 80

Almanach für Sr. Majestät Kriegs-Marine.
[Hrsg.: W. Schmidt.] Jg. 1–4.
Pola: (Schmidt) 1876–1879. 16° 48
Forts. u. d. T.: Almanach für die k. und k. Kriegsmarine. Jg. 5 (1). 1880 ff.

—— der österreichischen Kriegsmarine für das J. 1862. Hrsg. von der hydrograph. Anstalt der k. k. Marine. 8. (VII und 127 S. mit eingedr. Holzschn. und 1 Stnt. in Fol.) Wien 861, Gerold's Sohn. *

—— der österreichischen Kriegsmarine für die J. 1863 —65. Hrsg. von der hydrograph. Anstalt der k. k. Marine. 2.—4. Jahrg. 8. Wien, Gerold's Sohn. [2. Jahrg. (III und 132 S. mit eingedr. Holzschn.) * 24 Ngr., 3. Jahrg. (III und 112 S. mit eingedr. Holzschn.) * 24 Ngr., 4. Jahrg. (III und 168 S. mit 3 Stnt. in Imp.-Fol.) * 1 Thlr. 10 Ngr.].*

—— dass. — auf die J. 1866 und 1867. 5. und 6. Jahrg. 8. Triest, Essmam's Verlag. [5. Jahrg. (III und 120 S. mit 3 Stnt. in qu. Fol.) * 1 Thlr., 6. Jahrg. (III und 146 S. mit eingedr. Holzschn. und 2 Stnt. in 4.) * 1 Thlr. 10 Ngr.] *
1. Jahrg. Wien 1862, Gerold's Sohn. * 1 Thlr.

— — f. d. J. 1868 u. 1869. 7. u. 8. Jahrg. Wien, Hof- u. Staatsdruckerei. 8. (2 Bll., 184; 2 Bll., 189 S.) Jeder Jahrg. n. 24 ngr.

Almanach der österr. Kriegsmarine. Jg 7. Fiume 1868. 8°. (1. Jg 1862.)

Almanach für bildende Kunst und Kunstgewerbe auf das Jahr 1901. Hrg. von Max Martersteig, eingeleitet von Dr. Cäsar Flaischlen, und unter Mitwirkung fachmännischer Korrespondenten in den Kunststädten Deutschlands, Österreichs u. d. Schweiz. XXXII S. + 520 Spalten [+ 14 S. Inserate]. 8. Berlin SW., J. A. Stargardt, (Anfang März 1901). [geb. M. 6.—] Bibl.
(Der Almanach umfasst Deutschland, Österreich und die Schweiz.)

— dasselbe. 2. Jahrg., s.: Jahrbuch der bildenden Kunst.

— zum Lachen f. 1851 u. 1852. 1. u. 2. Jahrg. — 1853. 3. Jahrg. Von E. Dohm. Mit Illustr. (in Holzschn.) v. W. Scholz u. A. gr. 8. (63. 62 u. 62 S.) Berlin, Hofmann & Co. à n. 1/6 Thlr.

—— zum Lachen für 1853—56. Von E. Dohm. Illustr. von W. Scholz u. A. 3—6. Jahrg. Mit eingedr. Holzschn. 8. Berlin, Hofmann und Comp. [3. (62 S.) 4. (62 S. mit 1 Musikbeil.) 5. (VI und 62 S.) 6. (62 S.) à * 5 Ngr.] *
1. und 2. Jahrg. 1851 und 1852. Ebendas. * 10 Ngr.

— zum Lachen für 1854—58. 4—8. Jahrg. (à 4 Bgn.) Von Jul. Stettenheim. Illustr. von L. Löffler u. A. Berlin, Hofmann u. Co. 8. Jeder Jahrg. n. 5 ngr.

— zum Lachen für 1859—1863. Von Jul. Stettenheim. Illustrirt von W. Scholz. 9—13. Jahrg. Berlin, Hofmann & Co. 16. Jeder Jahrg. n. 5 ngr.

—— zum Lachen. Lustige Anekdoten und Schwänke, humorist. Erzählungen, Gedichtchen rc. Mit vielen Bildern (in Holzschn.) 1.—3. Samml. (1871), und Neue Ausg. 8. (à 48 S.) Mülheim a. d. R. 874, Bagel. à Samml. * 50 Pf. *

— f. Landwirthe. s.a. Stumpf.

Almanach für Landwirthe. Wien u. Prag 1786. H: *Stumpf, Joh. Gg.* (KY 5/362) (Journal von und für Deutschland 1792, 2. St., S. 449.) (BiblPort)

Almanach für deutsche Landwirthe aufs Jahr... Hrsg. von Georg Heinrich Borowski. 1783. Frankfurt a.d. Oder: Strauß 1783. 8°.

— der Landwirthschaft u. Industrie f. die K. K. Erbstaaten. 8. Prag 798. Schönfeld. 16 gr.

Almanach, Lauenburgischer historisch-statistischer. Frankf. a. M. 1792—1793. H: *Crome, August Friedrich Wilhelm.* (MGT)

Almanach für Leckermäuler, oder Küch- und Tafelkalender; aus dem Französischen. Hamburg 1803. V: *Grimod de la Reyniere, Alexandre Balthasar Laurent.* (KY)

— für Leckermäuler od. Küch- u. Tafelkalender; aus d. Französ. des (Grimod de la Reyniere). 8. Hamb. 803. (A. Campe). 1 Thlr.

Almanach für Leckermäuler oder Küchen- und Tafelkalender. Wien u. Hamburg 1804. V: *Grimod de la Reynière, Alexandre Barthélemy Laurent & C. Conte d'Arnoba.* (Barb)

— d. Universität Leipzig a. d. J. 1823, v. C. F. Fiedler, mit 4 Portr. 12. Leipz. 822. Klein. 1 Thlr. 8 gr.

Almanach der Universität Leipzig. [Hrsg.: Karl Ferdinand Fiedler.] — Leipzig: Klein 1823. XVIII,339 S.
1: Az 2701. 12: H. lit. P. 10 g.
3.5430

Almanach, Leipziger, auf's Jahr 1800, oder Taschenbuch für Freunde und Freundinnen des Schönen und Nützlichen; besonders für edle Gattinnen und Mütter, und solche, die es werden wollen. Leipz. 1799. V: *Brückner, Joh. Jacob.* (MGT)

— Leipziger, a. 1806 oder Taschenbuch für Freunde des Schönen und Nützlichen. 12. Leipzig, Hinrichs.

— für romant. Lektüre, v. A. Lindemann (F. K. Lang.) M. Kpf. 18. Heilbr. 798. Industrie-Compt. 1 Thlr.

Almanach, Der, der Liebe. Leipzig 1783. H: *Weidmann, Paul.* (Hch. Wolfg. Behrisch, Die Wiener Autoren. Pressburg 1784. S. 245.) (BiblPort)

Almanach der Liebe auf 1801. Mainz. H nicht: *Lichtenberg, Georg Chph.* (Sauer, Säculardichtungen. Berl. 1901. S. XL.)

ALMANACH der Liebe auf 1801. Aus *Lichtenberg*'s Nachlaß. Mit 13 *Hogarth*'schen fein illuminirten Kpfrn. Mainz u. Hamburg, bey Gottfried Vollmer. 24°. (12 Mk. Julius Neumann, Magdeb., 1906, fleckiges Expl.; 7 Mk. 50 Pfg. R. Bertling, Dresden, 1907.) Rar!

Almanach der Liebe u. Freundschaft für 1830. Wien, Pfautsch's Verlag. Mit kol. Modekupfern. 8°.
Erschienen bis 1834?

— für Liebhaber der Reitkunst, m. Kpf. Frankf. 797. Behrens. 12 gr. ill. 20 gr.

Almanach für Liebhaber der Weltkunde. 1797—1798
s. Taschenbuch für Freunde und Liebhaber der allgemeinen Weltkunde.

— der Liebhaberkünste. 1910. (XVI, 278 S. m. Abbildgn.) kl. 8. Hamburg, F. W. Thaden.
(Urspr. Pr. 1.—; geb. 2.—)

— literar., f. 1828. So nützlich u. angenehm als unterhaltend u. lustig zu lesen. Von Lic. S. Ratzeberger d. Jüngst. Ohne Kupf., Karten, Musik- u. Tanztouren, jedoch mit e. Vorbericht, d. nicht d. Schlechteste am Büchlein seyn sollte, 1r Jahrg. 8. Leipzig, Glück. Rthlr.

— literarischer rc., lies: f. 1827 u. 28. 1r u. 2r Jahrg.

—— literarischer, f. 1828—30. So nützlich u. angenehm, als unterhalt. u. lustig zu lesen. Von Lic. Simon Ratzeberger d. Jüngsten (C. J. Wagenseil.) 2—4. Jahrg. (19½, 20 u. 21 B.) 8. Leipzig, Glück. à

—— ders. f. 1831 u. 32. 5. u. 6. (letzter) Jahrg. A. u. d. T.: Literar. Taschenbuch etc. 1. u. 2. Jhg. (20 u. 18½ B.) 8. München, Jaquet. à
1. Jahrg. 1827. Leipzig, Glück. 1 Thl.

Almanach, Litterarischer, der Deutschen auf das Jahr 1775[—77]. Göttingen 1776—78. H: *Eyring, Jeremias Nicolaus.* (BrMm)

Almanach, lithograph., im kleinsten Etuiformat. Mit 6 Vign. Jahrg. 1818—33. Karlsr., Müller. à Jahrg. 8 gr

— Lothringer, auf '13. Gegründet u. hrsg. v. Heinr. Hemmer. (30, 262 m. Abb. u. Taf.) 8° Metz, G Scriba. 3 — d

Almanach der Ludwig Maximilians Universität. München 1826. H: *Spengel, Sim.* (HThPP). 1828. (Ky)

—— der Ludwig-Maximilians-Universität. (Hrsg. v. S. Spengel.) 1. Jahrg. 1828. M. König Ludwig's Bildn. u. Vign. 16. (21½ B.) München, Weber.

Almanach, dramat., Lustsp. von F. A. v. Kurländer, für d. J. 1823. 13r Jahrg. enth.: Hans am Scheidewege, od. welcher von beiden? die Streitführer ohne Streitsache; Mädchen u. Frau; der Vorsichtige; Eins für Zehn. Mit 6 Steindr. 12. Leipz., Baumgärtner. Rthlr.

— dess. 14r Jahrg. 1824. enth.: Eine Stunde in Carlsbad, Lustsp. nach Scribe; kindl. Liebe, ländl. Scene; der junge Crack. Posse, das Gedicht, Lustsp., Zahlung in gleicher Münze, Lustsp. Prüfung ehelicher Treue, Lustsp. 24. Leipz. 824, Baumgärtner.

— dess. 15r Jahrg. 1825 enth.: 1) der grosmüth. Onkel, Lstsp. in 1 Akt nach Scribe. 2) Der philos. Bediente. 3) Die Taubenpasteten. 4) Der Mechanikus. 5) Der Perückenmacher. 6) Das Wiedersehen. Mit 6 ill. Kpfrn. 16. Leipzig, Baumgärtner.

— dess. 16r Jahrg. 1826 enth.: 1) Flattersinn. 2) Das ändert die Sache. 3) BaronFüret. 4) So hassen Damen. Mit 6 Kupf. 16. Leipz., Baumgärtner.

— dess. 17r Jahrg. 1827 enth.: 1) Der Todte in Verlegenheit. 2) Narcis. 3) Der Roman in Briefen. 4) Schüchtern u. Dreist, nach Scribe. 16. Leipzig, Baumgärtner.

— dess. 18r Jahrg. f. d. J. 1828, enth.: Der Zweikampf, Schausp. — Die Heirath aus Vernunft, Schausp.— Neues Mittel, Töchter zu verheirathen, Lustsp. — Die Kriegslist, Lustspiel. Mit 6 ill. Kpfrn. 16. Leipz. 827, Baumgärtner.

Almanach (Lustiger) der Neuen Glühlichter 1897. Gratis-Beilage zu Nr. 20 der „Neuen Glühlichter, humorist.-satyrisches Arbeiterblatt". Wien, Volksbuchhdlg.
– dto. 1898. Gratisbeilage zu No. 46 etc.

Almanach des Luxus und der Moden. Mainz 1801. H nicht: *Lichtenberg, Gg Chph.* (Sauer, Säculardichtungen. Berl. 1901. S. XL.)

ALMANACH des Luxus und der Mode auf 1801. Mit 10 color. Modekpfrn. von *Bunbury* u. *Hogarth*,, nebst einer *Lichtenberg*'schen Erklärung. Hamburg, Gfr. Vollmer. 8°.
Vollmer's Mich.-Mess-Verlag 1800.

— des Luxus u. d. Moden auf 1803. M. 14 Kpf. 16. Hamb., (Herold jun.) 8 gr

— für kleine Mädchen 2c. Wien 787. Wucherer. 8 gr.

— de Maitre-Pierre, pour l'an 1835, utile à toutes les classes de citoyens. 12 Paris et Strassb. 835. Levrault. 5 gr

— der Maler u. Bildhauer Deutschlands u. Oesterreich-Ungarns. 1. Jahrg. 1890. gr. 16. (VII, 312 S.) Stuttgart, Greiner & Pfeiffer. geb. n.n. 5. —

— Mannheimer, für 1798. m. K. Taschenformat

Märkischer Almanach. Führer für die Katholiken Berlins und der Delegatur. Jg. 1–3.
Berlin: Germania 1894–1896. 8°
Jg. 4. 1897 vereint mit Bonifacius-Kalender.

— märkischer, f. d. J. 1897. E. Führer f. d. Katholiken Berlins u. d. Delegatur. IV. Jahrg. 16. (159 S. m. 1 Bildn.) Berlin, Germania. — 20

— medicin., s.a. Sachs, Jh. Jac.

— medicinischer, für d. Jahr 1836. 1r Jahrg. (Herausg. v. Jh. Jak. Sachs.) Mit v. Authenrieths Bildn. gr. 12. Berlin 836. Heymann. 1½ Thlr 2r Jahrg. f. d. Jahr 1837. gr. 12. Ebd. 1⅔ Thlr

Almanach medizinischer

Medicinischer Almanach für das Jahr 1837-1843, 1848. Hrsg.v. J(ohann)I(saak Jakob) Sachs. Jg. 2-8, 15=N.F. 2. gbd.

Berlin: 1837-43, 1848
Jg. 15: Jahrbuch, J.J. Sachs' repertorisches, für die neuesten und vorzüglichsten Leistungen der gesammten Heilkunde... 1848

Almanach, Medicinischer, für das Landvolk aufs Jahr 1782/3. Nürnberg. H: *Eyrich, Chr. Chph. Jac.* (Ky 2/182) (BiblPort)

— dos meninos. I e II. (à 8 cuadros color.) Stuttgart 867. Scheitlin. (Risch.) qu. Fol. Jedes Heft 25 ngr.

— du bon messager pour l'année 1891. 4. (85 S. m. Abbildgn.) Metz, (Deutsche Buchhandlg.). n. — 40

Almanach der Bischöflichen Methodisten-Kirche: 1860? -
Organ of St. Louis Deutsche Konferenz der Deutschen Methodisten Kirche. Title varies: Kalender der Bischöflichen Methodisten Kirche. Place of publication varies, e.g. Cincinnati, Ohio.
St.Louis,MO

Militärischer Almanach auf das Jahr 1779. Altona. Tit., 2 Bl., 3 Tab., 3 Bl., 79 S., 12 Taf. in kol. Kupferst., 3 Tab., 2 Karten in kol. Kupferst. (Calendarium u. S. 27 - 34 fehlen.) 8°
Enthält: Geschichte des bayerischen Erbfolgekrieges im Jahre 1778, Geschichte der Kriegskunst in denneuesten Zeiten, Wörterbuch der Kunstwörter beim Kriegswesen, Über die heutigen kleinen Feuergewehre, Österreichs Ansprüche auf Bayern.

Almanach, Militarischer, auf das Jahr 1779. Wien. V: *Rautenstrauch, Joh.* (Zeitschr. f. Büch. X, 4. S. 7.)

Militärischer Almanach auf das Jahr 1780.
Leipzig: Crusius. o. J. 280 S. 8°.
Zentralbibliothek der deutschen Klassik Weimar
Darin enthalten:
Geschichte der engländischen Colonien, und des Krieges Englands mit denselben [S. 179-266]

— der Militär-Literatur, enth. d. deutsche Militär-Literatur, die Bio-u. Bibliographien der deutschen Militärschriftsteller u. die militär. Zeitschriften d. In- u. Auslandes. Im Anh.: Ausführliche Sach- u. Autorenregister. Von Otto Liman. 1. Jahrg. 1909. (XV, 881 S. m. 1 Bildnis.) kl. 8. Leipzig (909). F. Engelmann. Geb. in Leinw. 7. —

— dasselbe. Quellennachweise f. jede militärwissenschaftl. Arbeit. Nachtrag 1910, enth. die deutsche Militär-Literatur 1909/1910, Würdigg. der literar. Tätigkeit der verstorbenen Militärschriftsteller, Neuerscheingn. militär. Zeitschriften. Im Anh.: Ausführliche Sach- u. Autorenregister. Von Otto Liman. (X, 212 S.) kl. 8. Ebd. (910). Geb. in Leinw. 1. —

—— des missions évangéliques pour 1881—1884. 1e—4e année. 16. (à 64 S. mit eingedr. Holzschn. und 1 Chromolithogr.) Basel, Missionsbuchh. Jahrg. 1881, 1882 à *
Jahrg. 1883, 1884 à *

—— des missions évangéliques pour 1885—1889. 5e—9e année. 12. (à Jahrg. 64 S. mit eingedr. Holzschn. und 1 Chromolithogr.) Basel, Missionsbuchhandlung. à Jahrg. *

—— des missions évangéliques 1890 — 1892. 10e — 12e année. 12. (à Jahrg. 64 S. m. Illustr. u. 1 Farbendr.) Basel, Missionsbuchh. à Jahrg. * — 25

— des missions évangéliques. 13e année. 1893. In-16°. 63 p. Bâle, Libr. des missions. — 20

Almanach des missions évangéliques pour l'an 1894. 14 année. Gr. in-16°. 64 p. av. illustr. Bâle, Missionsbuchhandl. — 30

Almanach des missions évangéliques pour l'an 1895. 15e année. Avec illustr. Gr. in-16°. 64 p. Basel, Missionsbuchhandlung. — 30

Almanach des missions évangéliques pour l'an 1896. 16e année. Avec illustr. Gr. in-16°. 64 p. Bâle, Libr. des missions. — 30

Almanach des missions évangéliques. 17me année. 1897. Avec illustr. In-12°. 63 p. Bâle, Librairie des Missions. — 30

Almanach des missions évangéliques pour l'an 1898. 18e année. Avec illustr. In-16°. 63 p. Bâle, Librairie des missions. — 30

Almanach des missions évangéliques pour l'an 1899. 19e année. Gr. 16°. 63 S. m. Abb. u. 1 Farbdr. Basel, Missionsbuchh. — 30

Almanach des missions évangéliques pour l'an 1900. 20me année. Gr. in-16°. 63 S. m. Abbildgn. u. 1 Farbdr. Basel. Missionsbuchhandlung. — 30

— de missions év. pour 1901. 21. année. 16° (63 m. Abb. u. 1 Farbdr.) Bas., Missionsbh. — 25

Almanach des Missions Évangéliques pour l'an de grâce 1902. 22e Année. [Avec des illustrations et 1 planche.] IV + 64 p. 8. Bâle, Librairie des Missions (*Umschlag:* Paris, G. Fischbacher). [fr. —.30]

— des missions évangéliques pour l'an 1903. 23. année. gr. 16. (63 S. m. Abbildgn. u. 1 Farbdr.) Basel, Missionsbuchh. n. — 25

Almanach des Missions Évangéliques pour l'an de grâce 1904. 24e Année. [Avec illustrations et 1 planche.] IV + 64 p. 8. Bâle, Libr. des Missions (*Umschlag:* Paris, G. Fischbacher). [fr. —. 30]

Almanach des Missions Evangéliques pour l'an de grâce 1905. 25e Année. [Avec illustrations et 1 planche.] IV + 64 p. 8. Bâle, Libr. des Missions (*Umschlag:* Paris, G. Fischbacher). [fr. —.30]

— des missions év. pour l'an 1906. 26. année. (64 m. Abb. u. 1 Farbdr.) 8° Bas., Basler Missionsbh. — 25

— des missions évangéliques pour l'an 1907. 27. année. (64 S. m. Abbildgn. u. 1 Farbdr.) kl. 8. Basel, Basler Missionsbuchh. n. — 25

— des missions évangéliques pour l'an 1908. 28. année. (64 S. m. Abbildgn. u. 1 Farbdr.) kl. 8. Basel, Basler Missionsbuchh. — 25

— des missions év. pour '09. 29. année. (64 m. Abb. u. 1 Farbdr.) kl8° Basel, Basler Missionsbh. — 25

— Mitauischen, f. d. J. 1800 u. 1801. Herausg. v. K. F. Böhm. (J. G. M. F. A. Czarnewski.) 16. Mitau.

Almanach, Mitauischer, auf das Schaltjahr 1800[—1802]. Mitau. H: *Czarnewski, Johann Georg Mart. Friedrich.* (GGr) (R-N)

— der Mitglieder des kaiserl. österreichischen Franz Joseph-Ordens. Nach amtl. Quellen u. direkten Angaben bearb. (XXXII, 322 S. m. 16 Bildnissen.) kl. 8. Wien 905. L. Weiss. Geb. in Leinw. n. 8. 50

ALMANACH der Mode u. des Geschmacks f. Damen auf d. Jahr 1802, zur Kunde eleganter Gegenstände u. zur Beurtheilung des Schönen in der Tanzkunst, Schauspielkunst etc. etc. Mit 6 Kpfrn. Berlin, Wilh. Oehmigke d. Jüng., 1802. 12°. (Gebd. $1^{2}/_{3}$ Rthl.) (1 Mk. 40 Pfg. Theod. Bertling, Danzig, 1887; jetzt theurer!)
Anzeige d. Verlegers.

— der Mode u. des Geschmacks, für Damen auf d. Jahr 1804. M. Kpf. Berlin 802. W. Oehmigke. 1 ℛ 16 ℊ

Almanach der neuesten Modetänze f. d. J. . . . Hg.: E. D. Helmke. 1830—1833.
Naumburg/Quedlinburg.
Magdeburg/Merseburg. Goed. VIII, 122, 321.

— der süddeutschen Monatshefte. (69 S. m. 1 Bildnis.) 8. München (908). Süddeutsche Monatshefte. — 40

— der katechetischen Monatsschrift auf d. J. 1893. (2. Jahrg.) Ausg. I. Nebst statist. Übersicht der kathol. Schulen d. Reg.-Bez. Münster. 16. (72 u. 49 S.) Münster, H. Schöningh. Geb. u. geh. n. 1. —
f. Abonnenten d. katechet. Monatsschrift n. — 50

— dasselbe. Ausg. II. Nebst: Preces et benedictionum formulae variae. 16. (72 u. 31 S.) Ebd. Geb. u. geh. n. 1 —;
f. Abonnenten der katechet. Monatsschrift n. — 50

— dass. f. 1894. (3. Jahrg.) Asg. I. 16° (67) Ebd. Geb. in Lnw. 1 —; f. Abonnenten d. katechet. Monatsschrift — 50

— dass. Asg. II. Mit: Vademecum sacerdotis in cura infirmorum et morientium. 16° (181) Ebd. Geb. u. geh. 1 —
f. Abonnenten d. katechet. Monatsschrift — 50

— dass. f. 1895. (4. Jahrg.) Asg. I. u. II. 16° (à 69) Ebd. Geb. in Lnw. à — 50; f. Abonnenten d. katechet. Monatsschrift à — 25

— d. katechetischen Monatsschrift auf d. J. 1896. V. Jahrg. Ausg. I u. II. 16. (à 67 S.) Münster, H. Schöningh. Geb. in Leinw. à n.n. — 30

— Moskauer, f. 1889. Hrsg. v. P. Großmann. 8. (XXVI, 268 S.) Moskau, Großmann & Knöbel. n. 1. 50

— der technischen Hochschule München. Winter-Sem. 1902/3. 5. Ausg. (V, 41 S.) 12. München, Dr. H. Lüneburg's Sort. n. — 60

— d. techn. Hochsch. München. Winter-Sem. 1904/05 u. Sommer-Sem. 1905. 9. u. 10. Ausg. (Je 51) 8° Münch., H Lüneburg's S. Je — 60

— der technischen Hochschule München. Winter-Sem. 1906/07. 13. Ausg. (V, 51 S.) kl. 8. München, Dr. H. Lüneburg's Sort. n. — 60

— der techn. Hochschule München. Sommer-Sem. '09 u. Winter-Sem. '09/10. 18. u. 19. Ausg. (Je 16, 36) kl8° Münch., Dr. H Lüneburg's Sort. Je — 60

— der technischen Hochschule München. Sommer-Sem. 1910. 20. Ausg. (XVI, 378.) kl. 8. München, H. Lüneburg's Sort. — 60

— d. techn. Hochsch. (München). S.-S. '12/13. 25. Ausg. (16, 36) kl8° Münch., H Lüneburg's Sort. — 60

Münchner **Almanach**. Ein Sammelbuch neuer deutscher Dichtung. Hrsg. von Karl Schloß. [1.] München & Leipzig: R. Piper & Co. (1905). 8° [?]

— Münchner. Ein Sammelbuch neuer deutscher Dichtg. Hrsg. v. Karl Schloss. (VIII, 330 S.) gr. 8. München (906). R. Piper & Co. Kart. n. 5. —

— Münsterischer. '13. (59) 16° Münst., Aschendorff. — 15; durchschossen — 30 d

— Münsterischer. '13. 322. J. (64) 16° Münst., Regensberg. — 20; geb. u. durchschossen — 30 d

— münsterländischer, worin Fast- u. Festtage, Jahrmärkte, die Festtage der Juden, genealog. Notizen, Porto-Tarif u. 100jähr. Kalender ꝛc. enthalten sind. Auf d. J. 1911. (56 S.) 16. Billerbeck, M. F. Knüppel. — 15; durchsch. — 25

— Münsterländischer. '13. (63) 16° Billerb., MF Knüppel. — 10 d

— d. deutschen Musen, s. a. Blumenlese, Leipziger.

***Almanach der deutschen Musen.**
[Hrsg.: Chr. Heinr. Schmid.] Bd. 1–10.
Leipzig (sp.: Leipzig: Weygand) 1770–81. 8° 12

Almanach der deutschen Musen auf das Jahr ... ([Hrsg.: Christian Heinrich Schmid. — Mit Kupf. v. Christian Gottlieb] Geyser.)
Leipzig(: Schwickert, 1776 ff.: Weygand) 1770—1779. 8°
[Mit Tit.-Vignetten.]
1770: 2., verb. u. verm. Aufl. 1 Bl., 314 S.
1771: 1 Bl., X, 156, 179 S.
1772: 168, 156 S., 1 Bl. Reg.
1774: 8 Bl., 118, 224 S., 3 Bl. Reg., 1 Bl., 1 Titelkupf.
1775: 8 Bl., 106, 240 S., 1 Bl., 1 Titelkupf.
1778: 8 Bl., 280 S., 2 Bl. Reg., 1 Titelkupf.
1779: 6 Bl., 284 S., 1 Bl. Reg., 1 Titelkupf.

— der Musen u. Grazien für 1802. 1e Fortsetzung des Kalenders d. Musen u. Grazien v. F. W. A. Schmidt. M. Kpf. 8. Berl., Oehmigke. (Sander). 1 ℛ 12 𝔤𝔤 ill. 2 ℛ 8 𝔤𝔤

Almanach der Musen u. Gratien. 1810. M. 11. Kpf. Amsterdam.

— der Musen und Grazien auf das Jahr 817. mit Kupf. 12. Berlin, Schöne.

— neuer Wiener Musen-, g. 1798. 12. Wien. (Liebeskind. X.)

Almanach des muses (, ou choix des Poésies fugitives) pour l'année ...
[Hrsg.: Friedrich Rudolf Salzmann.]
Goettingen: J. C. Dieterich [1776]. 8°
1776: 8 Bl., 184 S., 3 Notenbl.

Almanach des musiciens par Théodore Parmentier.
Strasbourg
[Volume 1.] 1851 – 2. 1852.

— musikalischer, auf das J. 1782—84. 8. Winterthur, Steiner. (à 9 gr.).

— — auf das Jahr 1782. Alethinopel.*) Angebunden: Musikalischer und Künstler-Almanach auf das Jahr 1783. Kosmopolis.
*) Gegen die Herausgeberschaft C. L. Junker's vergl. Monatshefte für Musikgeschichte. XII, 111. Vermutlich ist J. F. Reichardt der Herausgeber.

Musikalischer Almanach auf das Jahr 1782. Musikalisches Handbuch auf das Jahr 1782. – *Alethinopel [Berlin]*, (1782). In-8, 19 f.–116 p.

Almanach, Musikalischer, auf 1782. Alethinopel. [Leipzig] H: *Forkel, Johann Nicolaus.* (Wr) 1784 u. 1789. (Ky)

Musikalischer Almanach auf das Jahr 1784. Musikalisches Taschenbuch auf das Jahr 1784. – *Freyburg*, (1784). In-8, 13 f., p. 36–144.

— musikalischer, f. 1796. (v. J. F. Reichardt.) 12. Berl., Unger. 16 𝔤𝔤

Musikalischer Almanach für Deutschland. [Hrsg.: Joh. Nik. Forkel.]
Leipzig: Schwickert 1781–89. 8° 12, 32, 70

Musikalischer und Künstler=Almanach auf das Jahr 1783. ([Mit Titelkupf. v. Johann] R[udolf] Schellenberg.)
Kosmopolis [vielm. Leipzig 1782]. 4 Bl., 168 S., 1 Titelkupf. 8°
[Kupf.-Titelvign.]

Almanach, Musikalischer, und Künstler-, auf 1783. Kosmopolis [Leipzig] 1783. H: *Forkel, Johann Nicolaus.* (Wr). Für Deutschland auf d. Jahr 1782—(1784). Leipzig 1781—1783. (BrMm)

—— des allgemeinen deutschen Musikvereins. 1.—3. Jahrg. gr. 8. Leipzig, Kahnt. [1. Jahrg. (IX, 234 S.) 868. ℳ 1,50.; 2. Jahrg. (VIII, 170 S.) 870. ℳ 2.; 3. Jahrg. (VI, 169 S.) 872. ℳ 3.]

— des allgemeinen deutschen Musikvereins. 2. u. 3. Jahrg. gr. 8. Leipzig 872. Kahnt. 5. —
2. (VIII, 170 S.) 2. — — 3. (VI, 169 S.) 3. —

— der österr. Musik- u. Theaterzeitung in Wien. Red. v. B. Lvovský. Lex.-8. (60 S. m. Bildn.) Wien 897. (Leipzig, Literar. Anstalt, A. Schulze.) Geb. in Leinw. n. 3. —; f. d. Abonn. d. Zeitg. unentgeltlich.

Almanach, Mythologischer, für Damen. Hrsg. von Karl Philipp Moritz. Mit gestoch. Titel u. 12 Kpfrn. von D. Berger, sämmtl. in Braundruck. Berlin. Bei Johann Friedrich Unger. 1792. 16°. 2 Bll., 187 S., 3 S. Verlagsanz.
Jos. Baer & Co., Frankf. a. M., Auction Dr. Deneke no. 728; Goedeke V, 491, 16.

ALMANACH von 366 Nächten. Mit 1 Kupfer. Wien (1780). 8°. (90 kr., J. Eisenstein & Co., Wien, 1889.)
366 kurze Geschichten u. Aphorismen.

— national. Annuaire officiel de la république française pour 1875. Présenté au président de la république. [177. année]. gr. 8. (XIX, 1312 S.) Nancy 875. Berger-Levrault & Co. n. 15. —

Almanach der K. K. National-Schaubühne in Wien. [Hrsg.: F. Kasimir Kunz.]
St. 1. 2.
Wien 1788–89. 16° Wien StB

Almanach der Natur von F[riedrich] S[iegmund] Voigt.
Jena: Friedr. Frommann 1832. VI, 185 S., 1 Kupfertaf. [*Kupfer fehlt.*] 16°

— nautischer, ein Auszug zum Gebr. d. Seefahrers von: The nautic almanac and astronomical ephemeris, f. d. Jahr 1849. Berechnet f. d. Greenwicher Meridian. [Hrsg. v. G. F. Ursin.] gr. 8. (XVI u. 54 S.) Kopenhagen 848, Reitzel. n. 1/4 ℛ — Für d. J. 1850. Berechnet f. den Greenwicher Meridian. Hrsg. v. G. F. Ursin. gr. 8. (XVI u. 66 S.) Kopenhagen 848. Hamburg, Perthes-Besser & Mauke. n. 12 𝔫𝔤𝔯

— nautischer, mit sämmtl. Monds-Distanzen, ein Auszug zum Gebrauch d. Seefahrers v. the nautical almanac and astronomical ephemeris. Für d. J. 1851. Berechnet f. d. Greenwicher Meridian. [Hrsg. unter Mitwirkung „des Vereins zur Beförderung d. Seefahrt" (v. G. F. Ursin). 3. Jahrg.] gr. 8. (XXVIII u. 156 S.) Kopenhagen 850. Hamburg, Perthes-Besser & Mauke. n. 1 ℛ

Neuer **Almanach** auf das Jahr 1891. Ein schleswig-holsteinischer Volks-Kalender. Hrgg. v. Albert Johannsen. Husum. (1890.) 8°.

Almanach, Neuer — der gelehrte Bauer genannt, auf das Jahr Christi 1856, so ein Schaltjahr von 366 Tagen, nebst der muthmaßlichen Witterung, der Witterungskunde, den Bauernregeln, Auf- und Untergang der Sonne, und die Tageslänge. Ried, gedruckt bei J. Kränzl. (15 Bl. 16.)

Almanach, neuer — der gelehrte Bauer genannt, auf das Jahr Christi 1858. So ein gemeines Jahr von 365 Tagen. Ried, gedruckt bei Josef Kränzl. 16 Bl. 12.)

***Neuer Almanach den Freunden der Kunst gewidmet.** [Hrsg.: Friedr. Holzapfel.] Jg. 1.
München 1823: Hübschmann. **M 113**

Almanach, Neuer, aller um Hamburg liegenden Gärten nebst Zugabe einiger Gedichte. Hamburg 1793. V: *Nevermann, Friedrich Theodor.* (schr)

Almanach, Neuer, hamburger Gärten auf 1796 u. 1797. Hamburg 1796-1797. H: *Hermann, Joh. Heinrich.* (schr)

Neuer Almanach und neues Taschenbuch zum geselligen Vergnügen. 1801 s. Taschenbuch zum geselligen Vergnügen.

Neuester Almanach für Karten= Schach= und Pharospieler auf das Jahr 1806 nach den neuesten, gründlichsten Regeln und Gesetzen bearbeitet.
Berlin: Wilh. Oehmigke 1806. 1 Bl., 38, 47, 32, 35, 44 S., 1 Titelkupf. 12°

* — neuester, für Karten-, Schachspieler rc. nach den gewöhnl. Regeln u. Gesetzen zum Selbstunterricht. kl. 8. Berlin, Neue Societäts-Buchh. 809. x

Neuester Almanach für Spieler, enthaltend die gründlichste Anweisung zu einer leichten Erlernung des Whist=l'Hombre=Quadrille=Tarok=Kasino=Konnektionen=Piquet=Goodhope=Kleeblat=Treset=Reversy=Boston=Patience=Kabale=Homme=Jmperial=Triumpf=Schach=Tokkategli=Billard=Kegel= und Ballspiel, hrsg. v. Julius Cäsar.
Berlin: Selbstverl. 1799. 2 Bl., 385 S., 1 Titelkupf. 8°

— nordischer, s.a. F. G. Albers.

Nordischer Almanach für das Iahr ... Hrsg. v. F[riedrich] G. [vielm. Bernhard] Albers. ([Mit Kupf. v.] G[ottlob] Jung [u. K. W.] Klemm, [gest. v. Johann Adolf] Ros[s]maes[s]ler, C[arl] Frosch, J[ohann] P[hilipp] Veith.)
Riga: Wilh. Chr. Andr. Müller (1806). 8°
[Kupfert.]
1807: (1806.) III S., 10 Bl., 220 S., 1 Titelkupf., 7 Kupfertaf.

— de Notre-Dame des Eremites pour l'année 1847. 4. Notre-Dame-des-Eremites 846, Benziger. n. 4 *ngl*
Vgl.: Einsiedler-Kalender

—— de Notre-Dame-des-Ermites pour les années 1865—67. 4. (à Jahrg. 40 S. mit eingedr. Holzschn. und 2 Stnt.) Einsiedeln, Gebr. Benziger. à Jahrg.

Almanach de Nôtre-Dâme-des-Ermites. 11. année. 40 pp. in-4. Einsiedeln, Benziger frères. 1873 —. 40

Almanach de Nôtre-Dâme-des-Ermites. 12. année. 40 pp. in-4. Einsiedeln, Benziger frères. 1874 —. 40

— de Notre-Dame-des-Ermites pour l'année 1887. 11. Jahrg. In-4°, 84 S., mit Holzschn., 1 Chromo-Titelbild u. 1 Wandkalender. Einsiedeln, Gebr. K. u. N. Benziger. — 50

Almanach, Nouvel, de poche à l'usage du canton de Fribourg.—
Fribourg: 1843 u. 1868-1870.

Almanach d. Novellen u. Sagen, herausgg. v. Alex. Bronikowski. 1r Jahrg. 1s Bdchen. A. u. d. T.: Der Ursprung d. Lotto, genues. Volkssage. 16. Halberst. 831. Brüggemann. 16 gl. 2s Bdchen. Auch u. d. T.: Sieben Sylvester-Abende; Lebensgesch. e. alten Mannes, v. A. Bronikowsky. 831. 16 gl. 3s Bdchn. A. u. d. T.: Der alte Soufleur; e. Novelle v. W. Marseno. 16. Halberst. 831. Brüggemann. 16 gl. 4s Bdchn. A. u. d. T.: Schicksale des Harald Hardrada, v. M. Adolphi. 16. Ebd. 831. 16 gl.

Almanach der Novellen u. Sagen, hrsg. v. Alex. Bronikowski. 1. Jahrg. 3. Bdchn. — A. u. d. T.: Der alte Soufleur. Eine Novelle v. Wilh. Marsano. 16. (10½ B.) Halberstadt 831. [Leipzig, Schreck.] Thlr.

—— ders. 1. Jahrg. 4. Bdchn. — A. u. d. T: Schicksale des Harald Hardrada, v. M. Adolphi. 16. (10 B.) Ebds. 831.

— Nürnberger, für Kinder, s.a. Taschenbuch f. Kinder u. Kinderfreunde.

— nürnberger, f. Kinder von 781—87. m. K. 8. Nürnb. Schneider u. W. (à 12 gr.)

Almanach, Nürnbergischer, für Kinder. Nürnberg [ca. 1783]. H: *Ekkard, Fr. & Christian Gottfried Böckh.* (Ky)

Almanach, Oeconomischer. Wien 1802. H: *Trautmann, Leop.* (WUBb)

— Opern- s. Opern-Almanach.

—— d. Orden u. Ehrenzeichen, Titel u. Würden d. In- u. Ausl. in d. k. k. Armee f. 1864. 8. (178) Wien, Gronemeyer. n. 1. —

—— der Orden und Ehrenzeichen, Titel und Würden des In- und Auslandes in der k. k. Armee für das J. 1864. gr. 8. (X und 178 S.) Wien 864, [Prandel.] *

— **Ostdeutscher, '11.** Hrsg. v. Adda Freifr. v. Liliencron u. Karl Wilczynski. (8, 257 m. 6 eingeklebten Bild.) 8° Stett., E Simon. 2.50 d

Almanach, Oesterreichischer genealogischer, auf das Jahr 1776. Wien. H: *Hell, Maxim.* (Journal von und für Deutschland 1791, 9. Stück, S. 755.) (BiblPort)

— Oesterreich. Militär-, s.a. Militär-Almanach.

— Oesterr. Militär. rc. für 1797. Wien, Frister.

Ostpreußischer **Almanach**. Ein Handbuch f. Jedermann. Hrsg. von d. Königsberger Hartung'schen Zeitung. [1.] Für 1905. (Königsberg i. Pr.: Hartung 1904.) 8° [F.] 05. 1928 10

— **Paderborner, f. '13.** (48) 16° Paderb., Junfermann. — 20 d

— parlamentarischer, f. das Königr. Sachsen. Hrsg. v. Max Dittrich. 1878. gr. 16. (VI, 170 u. 76 S.) Dresden 878. Radelli. geb. n. 4. 50

— für Parodie und Satyre, auf 1811. m. K. 8. Gera, Heinsius. 810.

Almanach d. Parodien u. Travestien, s.a. Solbrig.

Almanach. — Almanach der Parodieen und Travestien. Hrsg. von C[arl] F[riedrich] Solbrig (2: Gottfr[ied] Günth[er] Röller). (1.) 2. — Leipzig: Franz 1816–18.
1.2 . . . . 1:Yf 458. 7. 11.
2 . . 12: P. o. germ. 25 t. 300: 620.327–A. Th. S. 4.
3.5444

— — Hrsg. von C[arl] F[riedrich] Solbrig. 2., verm. u. verb. Ausg. [1.] — Leipzig: Taubert 1826. XVI, 242 S.
1:Yf 458ª. 7. 10. 11.
3.5445

Almanach, patent-technischer, für den Weltverkehr, s.a. Hanke.

— patent-techn., f. d. Weltverkehr pro 1895. Hrsg. v. M Hanke. 8° (158 m. 1 Tab.) Dresd., RM Hanke. Kart. 1.50
Fortsetzg s. u. d. T.: Hanke.

***Pfalzbaierischer litterarischer Almanach auf das Jahr 1781. [Hrsg.: Ferdinand Baader.]**
München: Fritz [1781]. 8° **12**

Almanach [pharmazeutischer]

— pharmaceutischer. Kalender f. die Apotheken Oesterreich-Ungarns. Hrsg. v. Alois Phpp. Hellmann. Neue Folge. 1. Jahrg. 1876. 16. (283 S.) Wien 875. Perles. geb. n. 3. 20

—— pharmaceutischer. Kalender für die Apotheker Oesterreich-Ungarns. Hrsg. von Alois Phpp. Hellmann. Neue Folge. 1.—5. Jahrg. 1876—1880. 16. (298; 283; 309; 294 S.) Wien, Perles. geb. Jahrg. 1876—1879 à *
Jahrg. 1880 *
Mit neuer Arzneitaxe geb. *

—— pharmaceutischer. Kalender für die Apotheker Oesterreich-Ungarns. Hrsg. von Alois Phpp. Hellmann. Neue Folge. 6.—9. Jahrg. 1881—1884. 16. (à ca. 300 S.) Wien, Perles. geb. à Jahrg. *

—— dass. — Kalender für Apotheker, Militär-Medicamenten-Beamte, Studirende der Pharmacie etc. Hrsg. von Hans Heger. Neue Folge. 10. Jahrg. 1885. 16. (191, 190 S.) Ebendas. geb. *

—— pharmaceutischer. Kalender für Apotheker, Militär-Medicamenten-Beamte, Studirende der Pharmacie etc. Hrsg. von Hans Heger. Neue Folge. 11.—14. Jahrg. 1886—1889. 16. (189, 189; IV, 210, 130; IV, 193, 130; IV, 209, 130 S.) Wien, Perles. geb. in Leinw. à Jahrg. *
geb. in Leder à Jahrg. *

—— pharmaceutischer. Kalender f. Apotheker, Militär-Medicamenten-Beamte, Studirende der Pharmacie etc. Hrsg. v. Hans Heger. Neue Folge. 15.—18. Jahrg. 1890—1893. 16. (405 S.; 210 S. u. Tagebuch; 220 S. u. Schreibkal.; 247 S. u. Schreibkal.) Wien, Perles. geb. in Leinw. à Jahrg. * 3 —; in Ldr. * 4 —

— pharmaceutischer. Kalender f. Apotheker, Militär-Medicamenten-Beamte, Studirende der Pharmacie etc. Hrsg. v. Hans Hoger. Neuo Folgo. 19. Jahrg. 1894. 2 Thle. gr. 16. (1. Thl. IV, 255 S. u. Schreibkalender.) Wien, M. Perles. Geb. in Leinw. u. geh. n. 8. —; in Ldr. u. geh. n. 9. —; 1. Thl. allein geb. in Leinw. n. 3. —; in Ldr. n. 4. —

Almanach, Pharmaceutischer. Kalender für Apotheker, Militär-Medicamenten-Beamte, Studirende der Pharmacie etc. Herausgegeben von Dr. Hanns Heger. Neue Folge. XX. Jahrgang. 1895. 16. (280 S. mit Tagebuch.) In Leinwand geb. 1.60, in Leder geb. 2.—
Wien: Perles.

Almanach, Pharmaceutischer, Kalender für Apotheker, Militär-Medicamenten-Beamte, Studirende der Pharmacie etc. pro 1896. Herausgegeben von Dr. Hans Heger, Eigenthümer und Chef-Redacteur der Wochenschrift „Pharm. Post“. XXI. Jahrgang. 16. (286 S. mit Tagebuch) In Lnwd. geb. 1.60
Derselbe in Leder gebunden Wien. Perles 2.—

Almanach, Pharmaceutischer, Kalender für Apotheker, Militär-Medicamenten-Beamte, Studirende der Pharmacie etc. pro 1897. Herausgegeben von Dr. Hans Heger, Eigenthümer und Chef-Redacteur der Wochenschrift „Pharm. Post“. XXII. Jahrgang. 16. (290 S. mit Tagebuch.) In Lnwd. geb 1.60
Derselbe in Leder gebunden 2.—
Wien: Perles.

Almanach, Pharmaceutischer, Kalender für Apotheker, Militär-Medicamenten-Beamte, Studirende der Pharmacie etc. für 1898. Herausgegeben von Dr. Hans Heger, Eigenthümer und Chef-Redacteur der Wochenschrift „Pharmaceutische Post“. Neue Folge. XXIII. Jahrgang. 16. (298 S. mit Tagebuch.) In Lnwd. geb. 1.60
Derselbe in Leder gebunden 2.—
Wien: Perles.

— pharmaceutischer. Kalender f. Apotheker, Militär-Medicamenten-Beamte, Studirende d. Pharmacie etc. Hrsg. v. Hans Heger. N. F. 24. Jahrg. 1899. 12. (IV, 275 S. m. Tagebuch u. 1 Tab.) Wien, M. Perles. Geb. in Leinw. n. 3. —; in Ldr. n. 4. 40

Pharmaceutischer Almanach. Kalender für Apotheker, Militär-Medicamenten-Beamte, Studirende der Pharmacie etc. Herausgegeben von Dr. Hans Heger. Neue Folge. XXV. Jahrgang 1900. Wien. Perles. 8°. 316 S. Geb. fl. 1.60

621.059

Pharmaceutischer Almanach. Kalender für Apotheker, Militär-Medicamenten-Beamte, Studirende der Pharmacie etc. Herausgegeben von Dr. Hans Heger. Neue Folge. XXVI. Jahrgang. 1901. Wien. Perles. 8°. 308 S.
Geb. K 3.20, in Leder K 4.40

Pharmaceutischer Almanach. Kalender für Apotheker, Militär-Medicamenten-Beamte, Studirende der Pharmacie etc. Herausgegeben von Dr. Hans Heger. Neue Folge. XXVII. Jahrgang 1902. Wien. Perles. 8°. 296 S. Geb. K 3.20

— pharmazeutischer. Kalender f. Apotheker, Militär-Medikamenten-Beamte, Studierende der Pharmazie etc. Hrsg. v. Hans Heger. Neue Folge. 28. Jahrg. 1903. 12. (IV, 276 S. m. Tagebuch u. 4 Tab.) Wien, M. Perles. Geb. in Leinw. n. 3. —; in Ldr. n. 4. 40

Pharmazeutischer Almanach. Neue Folge. 30. Jahrg. 1905. 16°. (288 S.) Wien: Perles. geb. K 3.20

Pharmazeutischer Almanach. Kalender für Apotheker, Militärmedikamentenbeamte etc. 31. Jahrg. 1906. 16°. (270 S.) Wien: Perles. geb. K 3.20

— pharmazeutischer. Kalender f. Apotheker, Militär-Medikamenten-Beamte, Studierende der Pharmazie etc. Hrsg. v. Hans Heger. Neue Folge. 32. Jahrg. 1907. (IV, 255 S. u. Tagebuch.) kl. 8. Wien, M. Perles. Geb. in Leinw. n. 3. —; in Ldr. n. 4. 40

Pharmazeutische Almanachkalender für Apotheker, Militärmedikamentenbeamte etc. 84. Jahrg. 1909. 8°. (280 S.) geb. K 3.20, in Leder geb. K 4.40

— pharmazeutischer. Kalender f. Apotheker, Militär-Medikamenten-Beamte, Studierende d. Pharmazie etc. Hrsg. v. Hans Heger. Neue Folge. 35. Jahrg. 1910. (III, 261 S. u. Tagebuch.) kl. 8. Wien, M. Perles. Geb. in Leinw. 3. —; in Ldr. n 4. 40

Pharmazeutischer Almanach. Kalender für Apotheker, Militär-Medikamentenbeamte, Studierende der Pharmazie etc. 36. Jahrg. 1911. 8°. (286 S.) geb. K 3.20
Wien: Perles.

— Pharmazeutischer. Red. v. Hans Heger. N. F. 37. (richtig: 38.) J. '13. (4, 240 u. Tageb.) kl8° Wien, M Perles. L 3 —

—— pharmaceut., f. d. oesterr.-ungar. Monarchie. 1869. Hrsg. v. Al' Hellmann. 16. (132) Wien, Beck's Univ.-Bh. geb. n. — 24

—— pharmaceutischer, für die oesterreichisch-ungarische Monarchie. 1869. Mit vollständ. Kalendarium, einem Verzeichniss der Apotheker Oesterreichs, Ungarns, Rumäniens und Serbiens, Hilfsmitteln für die pharmaceut. Praxis und einem angefügten Notizbuch. Hrsg. von Alois Phil. Hellmann. 16. (132 S.) Wien, Hölder. geb. *

Almanach der Philosophie. 1783.
V: *Wekhrlin, Wilh. Ludw.* (Zeitschr. f. Büch. X, 4. S. 7.)

— photographischer, für die Jahre 1861 u. 1862. Berlin, Th. Grieben. 8. (64 S. u. 1 Photogr.; 78 S.) Jeder Jahrg. n. 15 ngr.

Photographischer Almanach (seit 1887 und Kalender.) [Hrsg.: P. Liesegang; sp. Hans Spoerl.] Jg. 1–30.
Düsseldorf: E. Liesegang 1881–1910. 12° 17

— physiognomischer, m. K. 16. Berlin, Unger. 781.

— physionomischer ꝛc. ist jetzt Verl. v. Rücker in Berl.

Physiognomischer Almanach auf das Jahr 1781.
Leipzig: Schneider (1781). 7 Bl., VIII, 105 S. 8°
[Nebent.:] Physiognomisches Taschenbuch.

— physiognomischer, (v. Cph. Girtanner). Mit Kpf. 16. Berl. 791. (Rücker). 1 rß

Almanach, Physiognomischer. Hg.: Eph. Girtamer.
1792. M. Titelk. u. 12 Kpf. (Chodowiecki)

Berlin. Engelmann-H., 77, 210—214, 99, 1—4, 108, 27/28; 115, 1—2.

Physiognomischer Almanach für das Jahr 1792. ([Hrsg. von Christoph Girtanner. Mit Kupf. v.] D[aniel Nikolaus] Chodowiecki.)
Berlin: Joh. Friedr. Unger [1791.] 322 S., 11 Kupfertaf. 16°
[Kupfert.]

Almanach, Physiognomischer, für das Jahr 1792. Göttingen [1791]
V: *Girtanner, Christoph.* (ML) (Ky)

Almanach de poche s. A n n u a i r e , Official ; on Almanach de poche.

— poetischer, f. 1812. Herausg. v. Just. Kerner. 8. Heidelb. 812. 1 rß 8 gr. Mit folg. Titel: Dichtungen, romant., von Fouqué, Hebel, Kerner, Schwab u. a. Ebd. 818. Braun. 20 gr.

ALMANACH (chronologisch). — **Almanach, Politisch-moralischer, der Damen.** Hamburg 1770. Kl. 8°. (5 Mk. Max Perl, Berlin, 1899; 6 Mk. Ludw. Rosenthal, 1906; 6 Mk. Emil Hirsch, München, 1907.)
Sehr seltener u. höchst unmoralischer Almanach.

— für evangelische Prediger auf d. Jahr 1842. Herausgeg. von E. G. A. Böckel. 16. Leipzig 842, Böhme. 1 rß

— ders. auf die J. 1844, 1845. 2., 3. Jahrg. gr. 16. Leipzig 844, 45, Geuther. 2. Jahrg. 1 rß — 3. Jahrg. 1/2 rß
Anhang, die theolog. Literatur d. J. 1841, s. Goldhorn, D. J. H.

Almanach für Prediger, die lesen, forschen und denken, s.a. H o r r e r

Almanach für Prediger, die lesen, forschen und denken. Auf das Jahr 1786[–93]. [Hrsg.: G. A. Horrer.] Jg. 1–8.
Weissenfels u. Leipzig 1785–92. 8° 3

— für Prediger, die lesen, forschen u. denken (v. G. A. Horrer u. J. G. Schellenberg). 8 Jahrgg. 1786 — 93. 8. Weißenf. (Weygand in Leipz.) 4 rß Fortsez., s. Schellenberg.

— preußischer. 6. Jahrg. Herausg. von dem literar. Kränzchen in Königsberg. Berlin 863. Geelhaar in Comm. 8. (VIII, 280 S.) n. 1 rß
(5. Jahrg. vgl. Musen-Almanach.)

— der Privat-, Lehr- u. Unterrichts- etc. Anstalten, Militair-Vorbereitungs-Institute, Pensionate etc. Deutschlands. Zusammengest. a. Gr. eig. Ang. d. betr. Directorien, bezw. Vorsteher u. Vorsteherinnen (3. Aufl.) 8. (15 u 63 S.) Leipzig 896. R. Neubauer & Co. n. — 50

— für Privatbühnen, von A. Müllner. 1r Jahrg. für 1817. Mit Kupf. (enthält: die Zweiflerin, v. Herausg. — Pflicht um Pflicht, von P. A. Wolf. — Die großen Kinder, v. Herausg. — Ueber das Spiel auf der Privatbühne, v. Herausgeber.) 12. Leipzig, Göschen.

— dessen 2r Jahrg. für 1818. Mit Kupf. (enthält: Ritter Hans, von W. Hensel. Der Schatz, von C. W. Contessa, die lange Nase, vom Graf Soden. — Der Wahn und der Blitz, von A. Müllner. — Miscellen.) 12. Ebend.

— desselben 3s Bändchen für 1819. Mit Kupf. (enthält: Donna Diana, von West. — die Freystatt, von Houwald. — Ich bin mein Bruder, von Contessa. — Der Abend am Waldbrunnen, von Kind. — Der Vorsatz, von Holbein — Die Onkeley von A. Müllner.) 12. Ebend.

Almanach für Privatbühnen. Hg.: K. v. Holtei.
(1839). M. Musikb.
Riga u. Leipzig. Goed. IX, 525, 97.

Privilegirter Schleswig-Holsteinischer Gemeinnütziger **Almanach** auf das Jahr . . . v. Adolf Cornelius Petersen. Dem beigefügt einige vermischte Aufsätze. Altona. o. J. 16°.
1849—51. 1859. 1865 (ohne Zusatz des Herausgebers).
Die Anfänge dieses Schleswig-Holsteinischen Kalenders reichen bis in das 17. Jahrh. zurück. Man vergl. Neues Staatsbürgerl. Magazin. Bd. 1, S. 313 ff. u. Bd. 2, S. 543 ff.

— d. prophetische, auf d. J. 1823 — 33. 1r — 11r Jahrg. (Herausg. v. J. A. Bergk.) (8r — 10r Jahrg. a. u. d. T.: Der Staatswahrsager. Herausg. v. Elias d. Jüng. (J. A. Bergk.) 8. Leipz., Exp. d. europ. Aufsehers. à J. 4 gr.

—— ders. a. 1830, od. 8. Jahrg. — A. u. d. T.: Der Wahrsager. Hrsg. v. Elias d. Jüng. (J. A. Bergk.) 1. Jahrg. 8. (2 B.) Ebendas.

— der prophetische, auf d. J. 1834. 12r Jahrg. A. u. d. T.: Der Staatswahrsager auf d. J. 1834; oder der Vorherverkündiger glückl. u. unglückl. Ereignisse in diesem Jahre, herausg. v. Elias d. Jüngern (J. A. Bergk). 5r Jahrg. gr. 12. Leipz. 833. Expedition d. europ. Aufsehers. 1/6 rß

— d. Quelle f. '12. (1. Jahrg. Hrsg. v. Herm. Hasenauer.) (111 m. Abb.) 8° Karlsr., Verl. „Die Quelle". 2 —

Almanach von Radierungen. Text v. E. v. Feuchtersleben.
1844. (einz. Jg.)
Zürich.

— reichsritterschaftlicher, f. d. J. 1791 u. 93. (v. Fr. Wilh. F. v. Brandenstein). 16. Wüstenstein.

— der Reisen. s. Zimmermann.

— für Reisende auf 1782 u. 83. 8. Hamb., Möller. 1 Rthl. 4 gr.

Almanach für Reisende auf 1782. Hamburg. H: *Buchenröder*. (scholz176/248; 182/676) (KY 1/47; 5/400) (BiblPort)

— für Reisende u. Zeitungsleser auf 1787. 8. Nürnb., Stiebner. 10 gr.

— Revolutions-, s. Revolutionsalmanach.

Almanach der Revolutions-Charactere für das Jahr 1796 hrsg. von [Ephraim] Girtanner.
Chemnitz, bei Karl Gottlieb Hofmann.
Mit Kupfern von Küffner u. Riepenhausen. 8°.
Mehr nicht erschienen.

Almanach der Revolutions Opfer für das Jahr ... ([Mit Kupf. v. Johann David] Schubert, [Karl Moritz] Berggold [u. a., gest. v.] C[hristian] Schule, W[ilhelm] Arndt [u. a.].)
Chemnitz: Karl Gottlieb Hofmann (1793—1794). 12°
[Kupfert.]
1/1794: 1793. 31 Bl., 336 S., 4 Bl., 1 Titelkupf., 14 Kupfertaf.
2/1795: 1794. 39 Bl., 439 S., 4 Bl., 1 Titelkupf., 18 Kupfertaf.

Almanach der Revolutionsopfer für ....
1794. M. Titelk., 2 Portr. u. 12 Kpf.
1795. M. Titelk., 4 Portr. u. 15 Kpf.

A. unter d. Titel: Geschichte etlicher Revolutionsopfer.
Chemnitz.

Rigascher **Almanach** für 1858—1915, 1929, Jg 1—59. — Riga: Häcker [1857—1914]. 1929.

—— Rigascher, für 1870—1872. 13.—15. Jahrg. 8. (à ca. 200 S. mit je 3 Orig.-Stahlst.) Riga, (Bacmeister und Brutzer.) à Jahrg. *

—— Rigascher, f. 1873. 16. Jahrg. 8. (239) Riga, (Kymmel.) n. 2. —

—— Rigascher, für 1874—1880. 17.—23. Jahrg. 8. (à ca. 250 S. mit 3 Stahlst.) Riga, (Kymmel.) à Jahrg. *

—— Rigascher, für 1881—1884. 24.—27. Jahrg. 8. (245; 266 S. je mit 3 Stahlst.; XLVIII, 239 S. mit 2 Stahlst. und 1 chromolithogr. Postkarte von Livland; 48, 196 S. mit 2 Stahlst.) Riga, (Kymmel.) à Jahrg. *

—— Rigascher, für 1885—1889. 28.—32. Jahrg. 8. (258; 182; 186; 264; 260 S. mit je 2 Orig.-Stahlst.) Riga, (Kymmel's Sortiment.) à Jahrg. *

—— Rigascher, f. 1890—1892. 33.—35. Jahrg. 8. (à Jahrg. ca. 180 S. m. 1 Stahlst.) Riga, (Kymmel's Sort.). à Jahrg. * 2 25

Almanach für Rittergutsbesitzer, Pächter und Verwalter auf 1804-1806. Leipzig. H: *Seckendorf, von.* (KY)

Almanach der Ritterorden .... s.a. Gottschalk, Fr., Almanach ....

Almanach der Ritter-Orden von Friedrich Gottschalck ...
Leipzig: Georg Joach. Göschen 1817—1819. 8°
[Teilw. kol. Kupfert.]
1: 1817. XII, 339 S., 12 kol. Kupfertaf.
2: 1818. XII, 324, 104 S., 12 kol. Kupfertaf.
3. (2. bericht. u. bedeutend verm. Ausg. d. Jg. 1817.) 1819. XII, 313 S., 5 kol. Kupfertaf.

— aus Rom, für Künstler u. Freunde der bildenden Kunst u. klass. Lit. Herausg. von F. Sickler u. C. Reinhardt in Rom. 1r Jahrg. M. 13 Kpf. 8. Leipz. 810. Göschen. 1 Rthl. 12 gr. Schreibp. 4 Rthl. 2r Jahrg. 1811. M. 22 Kpf. 6 Rthl.

— romand 1901. 2ᵉ année. In-4°. 112 p. Berne, Imprimerie Stämpfli & Co. — 40

Almanach romand. 1902. 3 Année. [Avec 3 planches et des illustrations.] IV + 120 p. 4. Berne, Stæmpfli & Cie. fr. —. 40

Almanach romand. 1903. 4e Année. [Avec des illustrations et 4 planches.] IV + 120 p. 4. Berne, Stæmpfli & Cie. fr. —. 40

Almanach romand. 1904. 5e Année. [Avec des illustrations et 2 planches.] IV + 120 p. 4. Berne, Stæmpfli & Cie. fr. —. 40

Almanach romand. 1905. 6e Année. [Avec des illustrations et 1 planche.] IV + 124 p. 4. Berne, Stæmpfli & Cie. fr. —. 40

Almanach romand. 1906. 7e Année. [Avec illustrations et mélodies.] IV + 128 p. 4. Berne, Stæmpfli & Cie. fr. —. 40

— Romand. 8. année. 1907. (114 S. m. Abbildgn. u. 2 Farbdr.) 8. Bern, Stämpfli & Co. — 40

Almanach romand. 1908. 9e Année. [Avec des illustrations et 2 planches.] IV + 124 p. 4. Berne, Stæmpfli & Cie. fr. —.40

Almanach romand. 1909. 10e Année. [Avec des illustrations et 2 planches.] IV + 128 p. 4. Berne, Stæmpfli & Cie. fr. —. 40

Almanach romand. 11. année. 1910. (111 S. m. Abb. u. 2 Farbdr.) 8. Bern, Stämpfli & Co. — 40

Almanach romand. 1911. 12e Année. [Avec des illustrations et 2 planches.] IV + 120 p. 4. Berne, Stæmpfli & Cie. fr. —. 40

— romand. 14. année. '13. (100 m. Abb. u. 2 farb. Taf.) 8° Berne. Bern, Stämpfli & Co. — 40

Almanach royal de Prusse pour l'année bissextil MDCCXCI ... publié au droit exclusif et approbatif de l'Académie royale des Sciences et Belles-Lettres la même année 1796.
Berlin [1796]: J. F. Unger. 6 Bl., 338 S. 8°
[Kupfert.]

— royal pour l'année bissextile. 1829. in 8. Paris.

Almanach royal de Westphalie pour l'an 1810. (11.13).
Cassel 1810-13. 3 Bde.

— de St-Pétersbourg, cour, monde et ville '12. (16, 624) gr8° Lpzg, HAL Degener. L 8 —

— satirischer, s.a. Jh. Eremita.

Satirischer Almanach. Aufs Jahr ... Hrsg. v. Janus Eremita [d. i. Johann Christian Gretschel].
Hohnstadt, auf Kosten der Leer- und Querköpfe [vielm. Hamburg: Herold] 1799—1801. 8°
[Nebent.:] Satirische Blätter. Hrsg. von Janus Eremita.
2/1799: 316 S., 2 Bl., 1 Titelkupf. [*Die auf d. Tit. angegebene Kt. ist nicht ersch.*]
3/1800: 1 Bl., 308 S., 1 Faltkt.
3/1801: [Neue Titelausg. von Thl 3/1800.] 1 Bl., 308 S., 1 kol. Titelkupf., 1 Faltkt.

Almanach, Satirischer, aufs Jahr 1800. [Hamburg.] V: *Gretschel, Johann Christian.* Bresl 31, S. 175)

Almanach, Satyrischer a. d. J. .... Hg.: Jan. Eremita (Th. Chr. Gretschel).
1799—1801. M. 1 Kpf. u. 1 astr. Karte.

S. a. u.: Eremita, Jan., Satyrische Blätter.
Hohnstädt u. Hamburg.

— satyrischer, auf 1799. herausgeg. von Janus Eremita. 8. Hohenstatt. (Vollmer, H.)

— der Schauspieler und —innen auf 1782.

ALMANACH FÜR SCHEIDEKÜNSTLER UND APOTHEKER. Herausgegeben von J. F. A. Göttling. 23 vols., 8vo. Weimar, 1780–1802.

Continued under the title:

Taschenbuch für Scheidekünstler und Apotheker, herausgegeben von Ch. Fr. Bucholz. 17 vols. (XXIV–XL), 8vo. Weimar, 1803–'19.

Continued under the title:

Trommsdorff's Taschenbuch für Chemiker und Pharmaceuten. 10 vols. (XLI–L), 8vo. Jena, 1820–'29 ||

Register, 1780–1803. 1 vol., 8vo.

Edited from 1780–1802, *by* J. F. A. Göttling; 1803–'05, C. F. Bucholz; 1806–'17, C. F. Bucholz *with* Wilh. Meissner; 1818, C. F. Bucholz, *with* Rud. Brandes; 1819, Rud. Brandes; 1820–'29, J. B. Trommsdorff.

— Dramat. Scherze zur Darstellung in Familienkreisen. 1847. 1. Jahrg. 16. Leipzig 846, Köhlersche Verlagsbuchhandlung. 24 ngl

— dramatischer Scherze z. Darstellg. in Familienkreisen. 1848. 2. Jahrg. gr. 16. (IV u. 188 S.) Leipzig, Winter. 21 ngl cart. 24 ngl

Almanach, Schleswig-Holsteinischer, auf d. J. 1891. Astronomisches Kalendarium, berechnet v. Achilles Ziegel. 129. Jahrg. Nebst Anh. 8. (60 S.) Ebd. — 15

—— schleswig-holsteinischer gemeinnütziger, auf die J. 1875—1880. Bearb. nach den Materialien des statist. Bureaus. Nebst gemeinnütz., interessantem, unterhalt. und belehr. Inhalt. Hrsg. von Th. Lorenzen. 114.—119. Jahrg. 16. (à ca. 127 S.) Hamburg, Nestler und Melle. à Jahrg.

—— schleswig-holsteinischer gemeinnütziger, auf die J. 1881—1884. 119.—122. Jahrg. Hrsg. von Klaus Groth. 16. (à ca. 128 S.) Hamburg, Nestler und Melle. à Jahrg.

—— schleswig-holsteinischer gemeinnütziger, auf die J. 1885—1888. Nebst Anhang. 8. (à Jahrg. ca. 70 S.) Hamburg, Nestler und Melle. à Jahrg.

Schleswig-Holsteinischer historischer Almanach, von MATTH. ROHLFS. 1786—95. — v. P. A. C. BRODHAGEN. 1796—1803 (1804—05. U. B.) — v. F. P. NUPPNAU. 1806—12. — v. [FR. GOTTLIEB] FERD. STILLER. 1813—15. Altona.

— für Schullehrer im Rheinland-Westphalen. 1r Jahrg. 1832. Mit 1 Kpf. Barm. u. Schwelm, Falkenberg. 10 gl Velinpap. 12 gl geb. 20 gl

—— für die Schullehrer u. Schulvorsteher der Kgl. Preuß. Provinzen Rheinland-Westphalen. 1. Jahrg. 1832. M. 1 Kpfr. (Hebel's Bildn.) 8. (12¼ B.) Barmen, Falkenberg.

— für die Schullehrer u. Schulvorsteher der k. Preuß. Provinzen Rheinland-Westphalen. 2r Jahrg. 1833. Mit Dinters Bildn. u. d. fac simile seiner Handschrift. gr. 12. Barmen u. Schwelm 833. Falkenberg. ⅔ ₰ (1r Jahrg. 1832. ⅝ ₰)

[Johann Gottlieb] Schummels Breslauer Almanach für den Anfang des neunzehnten Jahrhunderts. Th. 1. — Breslau 1801: Graß & Barth. XXVIII, 364 S.

1: At 2144. 2. 7.

3.5463

Almanach der privilegirten Schützen-Gesellschaft in Karlsbad, vom Jahre 1630 bis 1845; enth.: die höchsten und hohen Namen ihrer Gönner, ihre Organisation und Denkwürdigkeiten. Abth. 1. 2.—(Carlsbad) 1846: Franieck.

1. Vom Jahre 1630-1834. 2. Vom Jahre 1835-1845.

1: Sd 5416. 12: Gymn. 3g. 300: 44.540-A.

3.5462

— für Schützengesellsch. 16. Leipzig, Böhme. 795.

— Schwäbischer, '11. Hrsg. v. württemberg. Journalisten- u. Schriftstellerverein. (92 m. 4 Taf.) 8° Stuttg., W Kohlhammer ('11). Pappbd 3 —
Fortsetzg unbestimmt.

Almanach lustiger Schwänke f. d. Bühne. Hg.: T. H. Friedrich. 1816. 218 S. (Wiederholt 1817).
Berlin. Goed. VIII, 129, 16.

— lustiger Schwänke für die Bühne, von T. H. Friedrich. Mit Kupf. 2te wohlf Ausg. 8. Berlin, Maurersche Buchh. 817. Mit schw. Kupf.

Mit illum. Kupfern

— Schweizer-, auf das Jahr 1811, oder Alpenwesen; herausgegeben von Kuhn ꝛc. m. K. 12. Bern, Burgdorfer.

— schweizerischer, f. 1875. 32. (40 S. m. Eisenbahnkarte in 16.) Schaffhausen 874. Baader. — 50

— für edle Seelen. 2 Jahrg. 8. Hamburg, 778. 79.

— u. feierl. Sitzgn d. kais. Akad. d. Wissenschaften. Reg. zu d. Bdn 1—60 (Jahrg. 1851—1910). (12, 239) 8° Ebd. '11. 4.25

Almanach des Sommer-Theaters zu Breslau. Allen ... Freunden gewidmet von Robert Röbel. — Breslau: Selbstverl. 1862. 8 S.

2.

3.5468

Almanach de souvenir pour année 1843. Wien, Pfautsch et Voss. ⅛ ₰

Almanach de Souvenir pour l'anné ordinaire 1857. Vienne. De l' Imprimerie de L. Sommer. Pfautsch et Voss. (14 Bl. kl. 8.)

Almanach de Souvenir f. 1861. 32. (18 S.) Wien, Lienhart. cart. 20 kr.
—— für 1861. 16. (18 S.) Wien, Pfautsch & Voss. 22 kr.

—— de Souvenir pour l'année 1862. 32. Wien, Pfautsch & Voss. 22 kr.

—— de Souvenir pour les années 1863—67. 32. (à Jahrg. 16 S.) Wien, Lienhart. à Jahrg.

Almanach de souvenir pour l'année 1868. Min. Form. Wien, Lienhart.

Almanach de souvenir pour l'année 1869. 64. Wien, Lienhart.

Almanach de souvenir pour l'année 1871. 64. Wien, Lienhart.

Almanach de souvenir pour l'anné 1882. 16. geh. 20 kr.

Almanach de souvenir pour l'année 1883. Taschenformat geh. 20 kr.

— de souvenir pour l'année 1884. Taschenform. Wien, Ig. Linhart. 20 kr.

Almanach de Souvenir pour l'année 1885. Wien, Ig. Lienhart. 20 kr.

Almanach de souvenir pour l'année 1887. Wien, Ig. Lienhardt.

Almanach de Souvenir pour l'année 1888. Wien, Ig. Lienhart.

—— de Souvenir pour l'année 1889—1893. 16. (à Jahrg. 16 S.) Wien, Lienhart. à Jahrg. ** — 30

Almanach de Souvenir pour l'anée 1895 —.24
Blatt-Kalender für 1895. Mit färbiger Einfassung. Zweiseitig auf einem Blatt —.20
— — zum Aufziehen auf einer Seite —.16
— — aufgespannt —.30
— — auf Kreide-Carton —.24
— — mit Holzrähmchen —.50
Wien: Lienhart.

Almanach de Souvenir pour l'anée 1896 —.24
Graz: Leuschner.

— de souvenir pour l'année 1896. 16. (16 S.) Wien, J. Lienhart. n n. — 30

Almanach de Souvenir pour l'anée 1898 —.24
Wien: Lienhart.

— spaßiger, für Bayern u. das angrenzende Annexionien auf d. J. 1867. Würzburg, (Stabel.) 8. (39 S.) 6 ngr.

— für Spaziergänger um Regensburg, auf das Jahr 1809. M. Kpf. 12. Regensb., Montag u. W. 1 ß 8 g

Almanach dramatischer Spiele, s.a. Lembert.

— dramat. Spiele, von Costenobel. Hamb. Perthes. 810.

Almanach dramat. Spiele, v. Costenoble, f. d. J. 1811. Hamb. Schmidt. (in Comm.)
(Fortsetzung s. unt. Spiele.)

— dramatischer Spiele auf 1816. herausgegeben von Hinze. 12. Hamb. Vollmer. 814.

Almanach dramatischer Spiele f. Freunde d. Scherzes u. froher Laune. Ein Neujahrsgeschenk auf .... Hg.: P. Fr. Hinze.
1815.
Altona u. Flensburg. Goed. VII, 370, 5.

— dramat. Spiele, v. H. P. F. Hinze, mit 1 K. 8. Hamb. Vollmer. 815.
(Enthält: 1) Künstlers Fegfeuer; Lustsp. in 1 Akt. 2) oben u. unten; Lustsp. in 1 Akt. 3) Karl u. Louise; Schausp. in 1 Akt. 4) Ein Streich zum Todtlachen; Lustsp. in 1 Akt. 5) Adams sieben Söhne; Lustspiel in 1 Akt.)

Almanach dramatischer Spiele von Ehrig aus dem Thale. (Frh. v. Seckendorf.)
1825. 1 Bl., 277 S. M. Kpf.
Leipzig. Goed. VIII, 132, 32.

Almanach dramatischer Spiele für Gesellschafts-Theater, s.a. Lustspiele oder dramatischer Almanach.

Almanach Dramatischer Spieler für Gesellschaftstheater. Wien u. Triest 1811. H: *Kurländer, Fr. v.* (Allg. Litt. Ztg. 1811, Nr. 92.)

Almanach dramatischer Spiele f. Gesellschafts-Theater. Hg.: 1811 bis 1837 = F. A. v. Kurländer, 1838—1841 = C. W. Koch.

— dramatischer Spiele für Gesellschafts-Theater, von Fr. Aug. v. Kurländer. 1r 2r u. 3r Jahrgang. 12. Wien, Geistinger. 812 u. 13.
(jeder Jahrgang 1 Rthlr. 18 gr.)
desselben 4r Jahrgang auf das Jahr 1814. Ebend.

Almanach dramat. Spiele für Gesellschaftstheater. von F. A. v. Kurländer. 4r — 7r Jahrg. 16. Wien, Geistinger. (Leipzig, W. Vogel.) 814 — 817. à 1 Rthlr. 20 Gr.
(4r Jahrg. enthält: die Schmähschrift. — der Oheim als Neffe. — Abracadabra. — der todte Ehemann. — 5r Jahrg. enthält: der hohe Besuch — die Lehre. — das Abentheuer im Gasthofe. — die Folgen des Maskenballes. — 6r Jahrg. enthält: die Fremden zu Bagdad. — die Eremiten. — der blaue und der rothe Domino — der Bräutigam wider Willen. — 7r Jahrg. enth.: das Ideal. — das Landgut. — Schauspielerstand.)

— dess. 8r — 12r Jahrg. 12. Wien 818 — 21, Wallishauser.

— 12r Jahrg. f. 1822. (enthält: die Liebeserklärung. — Studentenwirthschaft. — der junge Husarenoberst. — die Fahrt zum Seehafen von Dieppe.) Mit 6 color. Kupfern. 12. Ebend. 821.

— 9r Jahrg. für 1819. (enth.: der Grosonkel. — Haß für Haß. — Verschiedene Lebensweise. — Welche von Beyden?) 16. Leipzig, Baumgärtner. 818.

— 10r Jahrg. f. 1820. (enthält: die Familie Rosenstein. — das funfzigjährige Fräulein. — der sechzehnjährige Jüngling. — die seltsame Entführung.) 16. Ebend. 819.

— 11r Jahrg. für 1821. (enthält: die Brautwerber. — Mädchen. — Der Lustspieldichter auf dem Lande. — Der König und der Hirtenknabe.) 16. Ebend. 820.

Almanach dramatischer Spiele f. d. Jugend. Hg.: M. Thieme.
1822. Erster (einziger) Jg. X, 239 S.
Berlin. Goed. VIII, 131, 22.

Almanach dramat. Spiele für d. Jugend. 16. Augsb. 823. Engelbrecht. 20 g

Almanach dramat. Spiele z. gesellsch. Unterhaltung.
1822.
Neustadt. Goed. VIII, 131, 23.

— dramat. Spiele, s.a. A. v. Kotzebue

Almanach dramatischer Spiele zur geselligen Unterhaltung auf dem Lande. [Hrsg.: Aug. v. Kotzebue.] Jg. 1–32.
Berlin: de la Garde (sp. Leipzig; Jg. 25ff: Hamburg: Hoffmann u. Campe) 1803–34.
37, M 36, 70

— poet. Spiele, s.a. Fr. Haugk.

Almanach poetischer Spiele a. d. J. .... Hg.: Fr. Haug.
1815. 270 S. M. 6 Kpf.
1816. 302 S. u. 5 Bl. M. 7 Kpf.
Frankfurt. Goed. VIII, 85, 164 a.

— poetischer Spiele f. d. Jahr 1816. von Fr. Haugk. m. K. 12. Frankf. Willmanns.

— unterhalt. Spiele f. Knaben u. Mädchen v. 8 bis 14 Jahren. Mit Anagrammen, Charaden, Räthseln 2c. Mit 24 ill. Bild. Leipz. 825. (W. Nauck.) geh. 1 ß 8 g

Almanach dramatischer Spieler für Gesellschaftstheater, s. Almanach dramatischer Spiele für Gesellschaftstheater.

Almanach der k. k. österreichischen Staatsbahnen 1901/1902. (22. Jahrg.) Bearb. nach dem Personalstande vom 1. IV. 1901. gr. 8. (704 S.) Wien 901. (Spielhagen & Schurich.) In schwarzem Leinw.-Bd. n.n. 3. 20; in rotem Leinw.-Bd. n.n. 4. —
Nicht mehr im Buchhandel.

***Almanach für's Aachener Stadt-Theater auf das Jahr 1829. [Hrsg.: Arndt.]**
Aachen: La Ruelle & Dester 1829. M 113

Almanach fürs Aachener Stadt-Theater, auf d. J. 1829, herausg. v. Arendt. Mit 1 Ansicht u. 3 Bildnissen. 16. Aachen 829. Mayer. 1 ß 12 g

Almanach des Altonaer Stadt-Theaters, vereinigt mit dem Theater in Wandsbek. Dem kunstsinnigen Publikum Altonas u. Wandsbek hochachtungsvoll gewidmet v. Carl Bollmann. Altona. [1862.] 8°

Almanach des Berner Stadt-Theaters. 1905/06. [Illustriert.] [IV+74 S.] 8. Liestal, Druck und Clichés von Gebr. Lüdin. [fr. —. 50]

Almanach des Berner Stadttheaters. 1906/07. [Illustriert.] [IV+78 S.] 8. Bern, Karl Baumann. [fr. —. 50]

— der vereinigten Stadt-Theater zu Frankfurt am Main f. d. J. 1901. Hrsg. v. den Souffleuren der vereinigten Stadttheater. gr. 16. (69 S. m. 2 Theaterplänen.) Frankfurt a/M. (Mahlau & Waldschmidt). Geb. n. 1. —
Nicht mehr im Buchhandel.

Stapelholmer Astronomischer Almanach. Wettervoraussagung für Land und See (v. Johann Schacht). (Meldorf.) o.J. 8°.

— statistischer, auf 1788. 12. Rinteln 788. (Jülicher in Lingen.) 18 gl

Statistischer Almanach für das deutsche Reich. [Hrsg.: M. Neefe; sp. G. Fischer.] Jg. 1–3. Hamburg: Richter (sp. Jena: Fischer) 1877–1879. 8° **12, 25**

—— stenograph., f. 1854. 12. (120) Berl., (T Enslin.) n. — 12½
‖ 2—12. Jahrg. 1855—65. 24. (à ca. 60) à n. — 7½

— stenographischer, für das Jahr 1854. Mit Originalbeiträgen von Freunden der Stolze'schen Stenographie. Berlin (Leipzig). Förstner. 12. (72 S. u. 48 lith. S.) n. 12½ ngr

— — für das Jahr 1855. Hersg. von Freunden der Stolze'schen Stenographie. 2. Jahrg. (1 Bl., 44 S. u. lith. Bildn.) — F. d. Jahr 1856. 3. Jahrg. (1 Bl., 44 S. u. lith. Bildn.) Ebend. 12. Jeder Jahrg. 7½ ngr

— — für das Jahr 1857. Herausg. von Freunden der Stolze'schen Stenographie. 4. Jahrg. (68 S. u. lith. Bildn.) — F. d. J. 1858. 5. Jahrg. Berlin, Th. Chr. Fr. Enslin. 24. (48 S. u. 1 lith. Plan in 4.) Jeder Jahrg. n. 7½ ngr

— stenographischer, für die Jahre 1859—1864. Herausg. von Freunden der Stolze'schen Stenographie. 6—11. Jahrg. Berlin, Th. Enslin. 24. Jeder Jahrg. n. 7½ ngr

—— stenographischer, für die J. 1863—67. Hrsg. von Freunden der Stolze'schen Stenographie. 10.—13. Jahrg. 24. (79 S., 84 S., 88 S., 71 S., wovon jedesmal 24 lithogr.) Berlin, Th. Enslin. à Jahrg. *

— Stickerei-Muster-Vorlagen f. Schul- u. Hausgebrauch. Original-Muster f. Wäsche-, Weiß-, Bunt- u. Plattstich-Stickerei. Hrsg. v. Carl Heinr. Müller. Jahrg. 1875 u. 1876. à 24 Lfgn. (à 3 lith. u. chromolith Taf.) Fol. Berlin, Müller & Wallach. à Jahrg. n. 6.—

Ferdinand Stiller's Schleswig-Holsteinischer Gemeinnütziger Almanach. Dem beygefügt einige vermischte Aufsätze. 12°.
Auf das Jahr 1834 u. 35. Altona.

— freier, deutscher Studenten. (Deutschl., Oesterr., Schweiz.) Zwanglose Hefte. Hrsg.: H Holzschuher. Schriftleitg: H Holzschuher u. W Haas. 8. Jahrg. 6 Nrn. (Nr. 1. 40) 8° Münch., Süddeut. freier Verl. '04. 2.50; einz. Nrn — 50 d

Stuttgarter Almanach zur angenehmen Unterhaltung auf das Jahr 1799 mit 13 Kupf. ([von A. L.] d'Argent).
Stuttgart: Franz Christian Löflund [1798]. 5 Bl., XII S., 6 Bl., 207 S., 1 Titelkupf., 12 Kupfertaf. 16°

— der Südbahn. I. Pusterthal—Ampezzo. Mit Beiträgen v. Heinr. Noë, Johs. Nordmann, G. Seelos, Frz. Weller u. 15 Holzschn. nach Zeichngn. v. G. u. J. Seelos, ausgeführt von R. v. Waldheim. Nebst e. (chromolith.) Karte d. Pusterthales (in qu. 4.). 8. (IV, 236 S.) Wien 877. v. Waldheim. geb. n. 3. 60

Almanach der Südbahn. II. Brennerbahn und Etschland. Ein Kaleidoskop in Buchstaben von Heinr. Noë. Mit 18 Holzschn. nach Orig.-Zeichnungen von Mařak. 8. (IV, 304 S.) Wien 881, v. Waldheim. geb. *

—— fédéral suisse pour 1878—1884. 1e—7e année. 8. (à Jahrg. ca. 200—280 S. mit 1 Holzschn.-Porträt.) Bern, Haller. à Jahrg. *

Almanach fédéral suisse pour 1885, huitième année, avec 2 gravures. Monument du général G. H. Dufour, inauguré à Genève le 2 Juin 1884 et monument de M. J. Staempfli, ancien conseiller fédéral, inauguré à Berne le 12 Octobre 1884. Pet. in-8°, 168 p. Berne, Nydegger & Baumgart. 1 —

Almanach de la Suisse romande pour l'année 1876. Rédigé avec la collaboration de littérateurs et d'artistes suisses par A. Meylan. Première année. Berne, B. F. Haller. 2. 50

Almanach du Sunlight Savon pour 1901, publié par la Savonnerie Helvetia à Olten. ([Illustré. — Avec un] Supplément Gratuit: Patron de coupe.) IV + 64 p. 4. [Bâle, Fr. Reinhardt.]

Almanach u. Taschenbuch a. d. J. . . . .
1798. M. 12 Kpf.
1799. M. 12 Kpf.
Mannheim.

Almanach oder Taschenbuch für die Brüder Freimaurer der vereinigten deutschen Logen auf das Jahr 1776 u. 1777. 1778 u. 1779. Leipzig 1776—1779. H: *Bode, Johann Joachim Christoph.* (schr)

Almanach und Taschenbuch für häusliche und gesellschaftliche Freuden . . . von Carl Lang (1800 ff.: Ludwig Lang) mit Kupf. v. D[aniel Nikolaus] Chodowiecki, H[einrich] Guttenberg etc. ([u. Musik v. Johann Andreas] Amon, [Johann Christian] L[udwig] Abeille, F[riedrich] Muck [u. a.].)
Heilbronn: Industrie Comptoir (1800 ff.: Frankfurt/M.: Phil. Heinrich Guilhauman) [1798—1802]. 16°
[Kupfert.]
[Nebent. u. 1800 ff. u. d. T.:] Taschenbuch für häusliche und gesellschaftliche Freuden.
1798: 8 Bl., 271 S., 1 Bl., 1 Titelkupf., 6 Kupfertaf., 15 Notenbl., 1 Faltkt.
1800: 20, 284 S., 1 Titelkupf., 7 Kupfertaf., 8 Notenbl.
1801: 8 Bl., XIII S., 1 Bl., 224 S., 1 Titelkupf., 7 Kupfertaf., 5 Notenbl., [*Wahrscheinlich fehlen 1 oder 2 Notenbl.*]
1802: VIII S., 9 Bl., 231 S., 1 Titelkupf., 6 Kupfertaf., 3 Notenbl.

ALMANACH und Taschenbuch der Galanterie und des guten Tons auf das Jahr 1799. Für das Vergnügen der feinen Welt und der guten Gesellschaft. — Le bon ton est d'être adorée (sic!). — Mit Kpfrn. Leipzig, B. G. Meißner 12°. (5/6 Rthl.)
Anzeige des Verlegers.

ALMANACH u. Taschenbuch der Galanterie u. des guten Tons. Auf d. J. 1800. Mit (3) Kpfrn. Leipzig, G. B. Meissner. 24.°. Orig.-Cart.

— u. Taschenbuch der Galanterie u. d. guten Tons, m. Kpf. 16. Leipzig 800. (W. Rauck). 16 K

Almanach und Taschenbuch der Grazien . . . hrsg. v. Justus Lafontaine ([mit Kupf. v.] Ant[on] Karcher).
Mannheim: J. Kaufmann [1803]. 16°
[Kupfert.]
1805 ff. [u. d. T.]: Taschenbuch der Grazien.

1803: 7 Bl., 148 S., 1 Titelkupf., 6 Kupfertaf. [*Titelkupf. u. weitere 3 Kupfertaf. sowie Kalenderbl. März—April fehlen.*]

Almanach oder Taschenbuch für Scheidekünstler und Apotheker, s.a. Taschenbuch für Scheidekünstler und Apotheker.

— oder Taschenbuch f. Scheidekünstler u. Apotheker, herausg. v. Jh. Fr. A. Göttling, C. F. Bucholz, R. Brandes u. Trommsdorf. 1r—50r Jahrg. 1780—1829. 12. Weim., Hoffmann. 34 ℔ (41r—50r Jahrg. a. unt. d. T.: Trommsdorf, Taschenbuch 2c. 1r—10r Jahrg.) Vollständ. Register üb. d. J. 1780—1803. (v. J. F. A. Göttling.) 4 Stücke à 17 gl.

Almanach und Taschenbuch zum geselligen Vergnügen für 1798, von W. G. Becker. Leipzig s. D.

— télégraphique international, s.: Telegraphisten-Kalender, internationaler.

— Theater, s.a. C. F. W. v. York.

— f. Theater, s.a. Iffland.

Almanach für's Theater. [Hrsg.: Friedr. Ludw. Schmidt.] Jg. 1–4.
Hamburg 1809–12. **32, Kn 18, M 113**

— fürs Theater, aufs Jahr 809 u. 811. von A. W. Iffland. Ist ietzt Verlag v. Rücker in Berl. u. d. Preis à 16 Gr.

Almanach fürs Theater ... von Friedrich Ludwig Schmidt.
Leipzig: Wilh. Rein [1812]. 8°
[Kupfert.]
1812: VI, 188 S., 1 Titelkupf., 3 kol. Kupfertaf.

Almanach des k. ständ. Theaters zu Prag auf d. J. 1853. Herausgegeben von Souffleuren Franz Martinetz und Karl Lukan. kl. 8. (50 S.) Prag, K. Gerabek.

Almanach des königlichen ständischen Theaters (deutschen und böhmischen) zu Prag, auf das Jahr 1855. Herausgegeben von den Souffleuren: Franz Martinez nnd Karl Lukan. Prag. 1855. Druck von Kath. Gerzabek. (60 S. 8.)

***Almanach für Theater und Theaterfreunde auf das Jahr ...** [Hrsg.: Aug. Wilh. Iffland.] Jg. 1807–12.
Berlin: Oemigke jun. 1807–12. 8° **32, M 113**

Almanach der Vereinigten Theater. Kiel. Hrsg. von W. Schumann, Sekr. d. Ver. Theater. Jg. 1 [einz.]. 1907/08. (Hamburg 1907: Knackstedt & Näther.) 47 S. quer-8° (10. 1807) 8

Almanach des Theaters in Wien. Nebst einer Abhandlung von der Kunst und dem Stande des Schauspielers nach dem Englischen übersetzt. O. O. 1774. H: *Müller, Joh. Hch. Fch.* (BiblPort)

— theologischer, für Freunde der Lektüre überhaupt, auf die J. 1781 u. 83. Nürnb., Schneider u. W. (à 8 gr.) 16 gr.

Almanach, Therapeutischer, s.a. *G. Beck.*

Dr. Beck's therapeutischer Almanach. [Hrsg.: Schill.]
Dresden: Benno Konegen 1872–(1902). 8°

– [Tiroler]

Almanach, Tyroler. Innsbruck 1802—1805. H: *Hormayr zu Hortenburg, Joseph Freih. v.* (ErschDL)

— Tyroler, a. d. J. 1802, 3 u. 4. M. Kpf. gr. 8. Insbr., Wagner. (à 1 rthl. 20 gr.) 5 rthl. 12 gr. für d. J. 1805. M. Kpf. 12. Wien, Degen. 2 rthl. 12 gr. Schrbp. 3 rthl. 8 gr. f. d. J. 1806. Wien ... 16 gr. Schrbp. 1 rthl.

— Triester Kaufmanns-, f. d. J. 783. 12. Frankf. Andrea. –

Almanach oder Übersicht der neuesten Fortschritte in den spekulativen und positiven Wissenschaften. [Hrsg.: Joh. Joachim Bellermann.] Jg. 1–6 u. Reg.
Erfurt: Keyser 1801–06 (Reg.-Bd. 1807) 8°

Almanach oder Übersicht der Fortschritte in Wissenschaften, Manufakturen, Handwerken und Künsten. [Hrsg.: Gabr. Christoph. Benjamin Busch; Jg. 13ff: J. B. Trommsdorff.] Jg. 1–15
Erfurt: Keyser 1795–1810. 8° **29, 70, M 4**
C Jg. 13–15 a. u. d. T.: **Annalen der Fortschr. in Wissenschaft usw.**

— von Ungarn auf d. J. 1778 (v. J. M. Korabinsky). M. 2 Kpf. 8. Wien u. Presb. 778. Wiegand 1 rthl. 4 gr.

Almanach universel, chronologique, politique, historique, littéraire.
Wien 1785.

— universitaire suisse, s.: Hochschul-Kalender, schweizerischer.

Almanach zur angenehmen Unterhaltung für das Jahr 1804. Basel. H: *Jacobi, Johann Georg & Andere.* (GGr VIII, 61)

— zur angenehm. Unterhalt. für d. J. 1804. Basel. Flick.

— der deutschen Unterrichts-Anstalten. (In 2 Abtheilgn.) Unter Beigabe speciellster Auskunft üb. die inneren Verhältnisse jeder einzelnen dieser Anstalten. Auf Grund offizieller Mittheilgn. gr. 16. (XV, 315 S.) Leipzig 878. Serbe. n. 2. 50; in 1 Bd. geb. n. 3. —

— für Verehrer der Natur, Freundschaft und Liebe von Schmidt für 1802. m. K. 8. Berlin, W. Oehmigke. illum.

Almanach z. Vergnügen u. z. Erbauung f. Aufgeklärte u. Unaufgeklärte a. d. J. ....
1795.
Wien.

— f. Verlobte zur Beförderung v. ehel. Glücke, oder: Schilderung der Ehe von Seite der Moral, Natur und Medicin. Für Gebildete aller Stände. Herausg. von Dr. Rob. Hymenophilos. 3. verm. Aufl. 8. Augsburg 846, v. Jenisch u. Stage'sche Buchh. geh. 22 ngl

— für Vermählte zur Beförderung v. ehel. Glücke, od.: Schilderung d. Ehe v. Seite d. Moral, Natur u. Medicin. Für Gebildete aller Stände. Hrsg. v. Rob. Hymenophilos. 1—3. Aufl. 8. Augsburg, v. Jenisch u. Stage'sche Buchh. [1. A. (6½ B.) 842. 2. (14 B.) 43. 3. (14¼ B.) 46.] à –

L'Almanach de la vieillesse.
s. Almanach des centénaires. 1771.

— **Wachauer, auf d. J. 1910. Eine Sammlg. v. Skizzen u. Aufsätzen üb. d. schöne Donautal, hrsg. vom akademischen Architekten-Verein an der k. k. techn. Hochschule in Wien zur Feier seines 30jähr. Bestandes. Für die red. Leitg.: Obmann Karl B. Hoffmann. (51 S. m. Abbildgn.) Lex. 8. Wien, E. Kosmack. 2.50**

Almanach für Weintrinker. 1. Jahrg. Leipz. 1811. H: *Schulze, Friedrich August & Ferdinand Hartmann.* (Ky) (MGT)

Almanach für Weintrinker. Jg. 1. [Mehr nicht ersch.] Leipzig: Göschen 1811.
[Mit Kupfern] -- 1°.121°Rüd.°
--- Dass. [ohne Kupfer] 1.1811. -- [Zit. nach dem Realkatalog der DSB]

— d. Weisheit, d. Tugend u. d. Erdenglücks. Eine Mitgabe f. d. weibl. Geschlecht. 8. Quedl. 822. Basse. 1 rthl.

Almanach der Weisheit, der Tugend und des Erdenglücks. Eine Mitgabe für diejenigen des weiblichen Geschlechts, welche in die große Welt treten wollen. — Quedlinburg & Leipzig: Basse 1823. 245 S.
1:Np 14471.
3.5474

Almanach für die elegante Welt auf das Jahr 1803. Mit 7 Kupf. ([v. Karl Moritz] Berggold, [gest. v.] J[ohann] F[riedrich] Schröter [u.] M[edardus] Thoenert [u. a.]) u. Musik.
Leipzig: Compt. f. Litteratur [1802]. 9 Bl., 318 S., 1 Bl., 7 Kupfertaf., 1 Notenbl. [*Nur 6 Kupfertaf. vorhanden.*] 12°

— f. d. musikal. Welt. '12/13. Hrsg. v. Leop. Schmidt. (155 u. Musikbeil. 3 S.) 8° Berl., HS Loesdau. Pappbd 2—; L 3.50 d

Almanach, Welt-, Sitten-, Statt-, Marter-Calender; gerichtet auff alle Schalt-Jahr. Allen sowohl freywilligen als gezwungenen Zeit- u. Modi-Martyreren z. Nachricht, Warnung u. glimpflicher Bestraffung . . . Gedruckt unter dem Schnapp-Galgen. Wird verkaufft bey dem so genanten lahmen Mann in d. Gerbers-Gassen im Stockhaus.
o. J. (ca. 1700) 160 S.
dass. 187 S. (ders. Inhalt.)
o. O.

Almanach, Welt- Sitten- Staat- Marter-Calender, Gedruckt unter dem Schnappgalgen auf der Folter und Marterpress: allernächst der alten abgeführten Pferds-Wayd gegen dem alten Jagdhund. Spital [Nürnberg] 1714. N. A. Ulm 1714. V: *Callenbach, F.* (Wr)

— d. Wiener Werkstätte. (Red.: Max Mell.) (126 m. Abb.) kl8° Wien, Gesellschaft f. graph. Industrie ('11). geb. 5 —

— von Wien, z. Dienst der Freuden. 8. Wien, Camesina. 20 gr

Wiener Almanach. Jahrbuch für Literatur, Kunst und öffentliches Leben. [Hrsg.: Jacques Jäger und Bohrmann, Red.: Heinrich Glücksmann.] Jg. 1–30.
Wien: Künast (sp. Perles, sp. Selbstverlag) 1892–1921. 8° **12**

— Wiener. (1. Jahrg.) 1892. Hrsg.: J Jaeger. Red.: H Glücksmann. 8° (506 m. 1 Heliograv. u. 1 Bildnis.) Wien. (Lpzg, Lit. Anst., A Schulze.) Geb. in Lnw. 6 —

— Wiener. Jahrbuch f. Literatur, Kunst u. öffentl. Leben 1893. Hrsg.: Heinr. Bohrmann, Jacques Jaeger. Mit 12 Kunstbeilagen u. e. Musik-Composition. 8. (VI, 409 S. mit Illustr.) Wien. Leipzig, Literar. Anstalt Aug. Schulze. Geb. in Leinw. n. 6. —

Almanach, Wiener. Jahrbuch f. Literatur, Kunst u. öffentl. Leben 1894. Hrsg.: Heinr. Bohrmann, Jacques Jaeger. Mit 6 Kunstbeilagen u. e. Musik-Composition. 8. (VI, 429 S.) Wien. Leipzig, Literar. Anstalt Aug. Schulze. Geb. in Leinw. n. 6. —

— Wiener. Jahrb. f. Literatur, Kunst u. öffentl. Leben 1895—1898. Hrsg.: Heinr. Bohrmann, Jacques Jaeger. M. je 6 Kunstbeil. u. e. Musik.-Comp. 8. Wien. Leipzig, Literar. Anstalt, A. Schulze.
Geb. in Leinw. à Jahrg. n. 6. —
1895. (V, 469 u. 26 S.) — 1896. (III, 454 S.) — 1897. (III, 492 S.) — 1898. (IV, 475 S.)

— dass. 1898 u. 1899. 8° (475 m. 9 Kunstbeil. u. 450 m. Titelbild u. 10 Kunstbeil.) Wien, (S Bensinger). Geb. in L. à 5 — || 1900. Hrsg.: J Jaeger. (441 m. Abb. u. 4 Kunstbeil.) Geb. 6 —

— Wiener. Jahrbuch f. Literatur, Kunst u. öffentl. Leben. 1899—1902. Hrsg.: Jacques Jaeger. gr. 8. Wien, C. Teufen. Geb. in Leinw. n. 25. —
1899. Hrsg. v. Heinr. Bohrmann u. Jacques Jaeger. Mit 1 Titelbild, 10 Kunstbeil., 20 Illustr. u. 1 Musik-Composit. (V, 450 S.) n. 5. —
1900. Mit 4 Kunstbeil. u. 55 Illustr. (V, 441 S.) n. 6. —
1901. Mit 1 Titelbild, 4 Kunstbeil. u. 82 Illustr. (VII, 412 S.) n. 7. —
1902. Mit 1 Titelbild, 5 Kunstbeil. u. 65 Illustr. (VII, 416 S.) n. 7. —

— Wiener. Jahrbuch f. Literatur, Kunst u. öffentl. Leben. 1903—1905. Hrsg.: Jacques Jaeger. 8. Wien, G. Szelinski. Geb. in Leinw. n. 16. —
1903. Mit 1 Titelbild, 7 Kunstbeilagen u. 80 Illustr. (VI, 439 S.) n. 6. —
1904. Mit 1 Titelbild, 5 Kunstbeilagen u. 91 Illustr. (VI, 388 S.) n. 5. —
1905. Mit 1 Titelbild, 3 Kunstbeilagen u. 80 Illustr. (VI, 437 S.) n. 5. —

(F) **Wiener Almanach.** Jahrbuch für Literatur, Kunst und öffentliches Leben. Gr.-8°. (ill. VI, 372, 60, 100 S. mit 6 Kunstbeilagen) Wien: Perles 1908. geb. K 6. —

— Wiener. '09 u. '10. Jahrb. f. Lit., Kunst u. öffentl. Leben. Hrsg.: Jacques Jaeger. (18. u. 19. J.) (372 u. 365 m. Abb. u. je 7 Taf.) 8° Wien, M Perles. L. je 6 — d
06—08 sind Verlag d. Hrsg.: Wien IV, Karlsgasse 9.

Almanach, Wiener. '11 u. '12. Jahrb. f. Lit., Kunst u. öffentl. Leben. Hrsg.: Jacques Jaeger. (20., bezw. 21. J.) (6, 377 m. Abb., 7 Taf. u. 1 Titelbild, bezw. 7, 352 m. Abb. 6 [2 farb.] Taf. u. 1 Titelbild.) 8° Wien, M Perles. L je 6 — d

Almanach, Wiener, für Geistliche auf das Jahr 1785. Wien. H: *Huber, Joh. Albrecht.* (bespr. Wiener Kirchenzeitung 1785, S. 343/344.) (winklern S. 68 u. 90) (Nova Eccl. Friburgensis Bibliotheca 1775—1783, Bd. VII, S. 482.) (biblPort)

— Wiener Hof- und Theater-, a. 1804—6. m. K. 16. Wien, Schalbacher. (804 2 Thlr. 805 und 6 à 2 Thlr. 8 gr.).

— Wiener, f. Kinder. 8. (Leipz.) 780. Barth. 12 gr f. 783. Ebd. 8 gr

Almanach, Wienerischer, 1775. H: *Hell, Maximilian.* ([Hch. Wolfg. Behrisch] Die Wiener Autoren 1784.) (biblPort)

Wolff's Almanach für Freunde der Schauspielkunst. 1847
s. Almanach für Freunde der Schauspielkunst.

— in Wort u. Bild d. Berliner Gewerbe-Ausstellung 1896 unt. d. Protectorat d. Prinzen Friedrich Leopold v. Preussen. gr. 8. (316, 76, 32 u. 62 S.) Berlin 896. (Cassirer & Danziger.) n.n. — 60

Almanach in Wort und Bild der Berliner Gewerbe-Ausstellung 1896. Unter d. Protectorat Sr. Kgl. Hoheit d. Prinzen Friedrich Leopold von Preussen. (Th. 1-4.) — (Berlin 1896: H. Schmidt.) Getr. Pag.
1:Oo 3766/39. 11.
3.5476

***Würzburger Almanach für's Theater.** [Hrsg.: Carl Friedr. Holzapfel.]
Würzburg: Verf. 1816. 8° Kn 18, M 113

Zahnärztlicher Almanach. [Hrsg.: Adolf Petermann.] Jg. 1–6.
Frankfurt a. M.: Alt 1877–1882. 16°

— zahnärztlicher, 1885. Ein alphabetisch geordnetes Namensverzeichniss der im Deutschen Reiche u. in Oesterreich-Ungarn practicir. Zahnärzte. Hrsg. v. Adf. Petermann. Mit 2 Portr. in Stahlst. 6. Jahrg. 16. (VI, 163 S.) Frankfurt a/M., Alt. geb. n. 4. —

— für die k. k. Central- u. Landes-Staatsbuchhaltungen auf d. J. 1866. Red. u. hersg. von Frdr. Ehrenstein. 2. Jahrg. Wien, Braumüller. gr. 8. (LXXVI, 155 S.) n. 20 ngr.

Almanach d. russ. Zustände. 8° (19) Zür. 96. (Lpzg, Lit. Anst., A Schulze.) — 50

— d. russischen Zustände. gr. 8. (19 S.) Zürich 896. O. A. Schmidtli. n. — 50

Almanache der Romantik. Hrsg. v. R. Pissin, s.: Repertorium, bibliographisches. 5. Bd.

Almanachers, des, Empfindungen bey Durchlesung der Epistel ꝛc. 8. Wien, Wucherer. 788.

Almanach-miniature de la Suisse romande pour les années 1876—1880. Réd. avec la collaboration de littérateurs et d'artistes suisses par A. Meylan. 1re—5e année. 16. (137; 168; 144; 172 S., mit eingedr. Holzschn. und Holzschntaf.) Bern, Haller. Jahrg. 1876
Jahrg. 1877—1880 à

Almanachs-Lustspiele durch den Würfel, 999 u. noch etliche. Das ist: Almanach dramat. Spiele f. d. J. 1829 bis 1961. Ein Noth- u. Hülfs-Büchl. f. alle stehenden, gehenden u. verwehenden Bühnen, so wie für alle Liebhabertheater u. Theaterliebhaber Deutschlands; v. Simplicius, d. freien Künste Magister. 16. (19 B., 1 Wurftab. u. 5 ill. Kpfr.) Zwickau 828, Gebr. Schumann.

Almanacum perpetuum Aerzte

Almanacum perpetuum für Aerzte und Nichtaerzte. Jena: 1787

s.: Almanach für Arzte und Nichtaerzte.

JB 6.032 /1787

Al-manah. Ein arabisches Neujahrsgeschenk. — Stuttgart & Tübingen: Cotta 1811. 48 S.
Als Verf. wird genannt Joseph v. Hammer-Purgstall.
1: Zu 4312.
3.5478

Almanah (!) für das k.(aiserlich) k.(önigliche) Hofoperntheater nächst dem Cärntnerthore. Herausgegeben von Ludwig Bergmann. Wien: gedruckt bei Franz Edlen von Schmid und J. J. Busch. 1845–1848.

Almanak voor de Vlaamsche krijgsgevangenen, uitg. door het Vlaamsch Bestuur van het Kamp te Göttingen. Göttingen 1918: Rüttgerodt. 36 S. (Krijgsgevangenenbockerij van het Kamp Göttingen. 10.)
1: Krieg 1914-20224-10. 12: H. Un. App. 981 y-10. 9.
3.5480

Almanak, de oprechte Brabandsche, voor het Jaar 1880—1884. Ingerigt voor het Bisdom Munster en het geheele Kleefs Land door Hermanus Petersen. 16. (à Jahrg. ca. 100 S. mit eingedr. Holzschn.) Emmerich, Romen'sche Buchh. à Jahrg. **

Almanak, de oprechte Brabandsche, voor het Jaar 1885—1889. Ingerigt voor het Bisdom Munster en het geheele Kleefs Land door Hermanus Petersen. 16. (à Jahrg. ca. 120 S. mit eingedr. Holzschn.) Emmerich, Romen'sche Buchh. à Jahrg. **

Almanaque de la familia cristiana para el anno de 1889. In-4°, 80 p., illustr. Einsiedeln, Benziger & Cie. — 40

Almanaque de la familia cristiana. Ano III. 1892. Con much. fig. In-4°. 84 p. Einsiedeln, Benziger & Co. — 50

Almanaque de la familia christiana para el anno de 1895. Anno VI. Mit Abbildg. u. 1 Farbendr. In-4°. 84 S. Einsiedeln, Benziger & Co. — 50

Almanaque de la familia cristiana para el año de 1896. Año VII. 4° (80 m. Abbildgn u. 1 Farbendr.) Einsied., Benziger & Co.

Almanaque de la familia cristiana para el año de 1898. Año IX. In-4°. 72 S. m. Abb. u. 1 Farbdr. Einsiedeln, Benziger & Co. — 50

Almanaque de la familia cristiana para el año de 1899. Año X. 4°. 72 S. m. Abbildgn. u. 1 Farbdr. Einsiedeln, Verlagsanst. Benziger & Co. — 50

Almanaque de la Familia Cristiana para el año de 1901 u. 1902 u. 1903 u. 1904. Año 12°—15°. *Illustriert*. 4. Einsiedeln ⟨Suiza⟩, Benziger & Co. S. A. [à fr. —. 50]
... 1901. *Mit 5 Tafeln*. IV + 104 [+ 16] p.
... 1902 *u.* ... 1903. *je Mit 1 Tafel*. [IV + 88] *u.* IV + 80 [+ 16] p.
... 1904. *Mit Noten und 2 Tafeln*. IV + 72 [+ 16] p.

Almanaque de la Familia Cristiana para el año de.... *Illustriert*. 4. Einsiedeln ⟨Suiza⟩, Benziger & Co S. A.
... 1905. Año 16°. *Mit 1 Tafel*. IV + 72 [+ 16] p.
... 1906. Año 17°. *Mit Noten und 1 Tafel*. IV + 72 [+ 16] p.

Almanaque de la familia christiana para el año de 1907. Año 18. (72 S. m. Abbildgn. u. 1 Farbdr.) gr. 8. Einsiedeln, Verlagsanstalt Benziger & Co. — 40

Almanaque de la Familia Cristiana para el año de 1908. Año 19°. *Mit Illustrationen und 1 Tafel*. IV + 72 [+ 16] p. 4. Einsiedeln ⟨Suiza⟩. Benziger & Co. S. A. *etc.* [fr. —. 50]

Almanaque de la Familia Cristiana para el año de 1909. Año 20°. *Mit 1 Melodie, Illustrationen und 1 Tafel*. IV + 72 [+ 16] p. 4. Einsiedeln ⟨Suiza⟩, Benziger & Co. S. A. [fr. —. 50]

Almanaque de la familia cristiana para el año de 1910. Año 21. (72 S. m. Abbildgn. u. 1 Farbdr.) gr. 8. Einsiedeln, Verlagsanstalt Benziger & Co. — 40

Almanaque de la Familia Cristiana para el año de 1911. Año 22°. *Mit Illustrationen und 1 Tafel*. IV + 72 p. + *Annuncios*. 4. Einsiedeln ⟨Suiza⟩, Benziger & Co. S. A. [fr. —. 50]

Almanaque de la Familia Cristiana para el año de 1912. Año 23°. *Mit Illustrationen und 1 Tafel*. IV + 72 p. + *Anuncios*. 4. Einsiedeln ⟨Suiza⟩, Benziger & Co. S. A. [fr. —. 50]

Almann, G. F., der Vetter Georg, od. d. Goldschmelzerbund. Eine noch fortlaufende wirkl. Geschichte, als Seitenstück zu d. Goldmacherdorfe. gr. 8. (5½ B.) Mainz 828, Stenz.

Almanon u. Erminia, Rache u. Liebe, Schicksal u. Freyheit; e. morgenland. Erzählung a. d. letzten Jahre d. 18ten Jahrh. 8. Eisenberg, Schöne. 803.

Almansor u. Omor, od. d. Wechsel d. Schicksals ꝛc. 8. Wien 808. Sammer. 10 Gr.

Almanza. — Almanza, die Maurin von Algier. Roman von d. Verf. „Der Diplomat und die Jesuiten", der „Preußischen Novellen" etc. — Berlin: Förster 1865. 261 S. 7.
3.5482

Almanzaide; Drama. 8. Berl. 772. Lange. 4 Gr.

Almanzi; e. Anekdote v. Arnaud, a. d. Franz. v. Pelnemann. 8. Bresl. W. G. Korn. 780.

Almanzi. Trsp. 8. Lpz. Barth. 781.

Almanzi. Trauerspiel in 3 A. Wien 1781. V: *Traun, Carl Emanuel Graf.* (GGr)

Almanzi. Trfpl. 8. Wien 781. Gerold. (Leipz., Barth). 4 gr

Almanzi, Giuseppe, Catalog der reichhaltigen Sammlungen hebräischer und jüdischer Bücher, Handschriften, Kupferstiche, Portraits etc., nachgelassen von Giuseppe Almanzi.., Jacob Emden.., M. J. Lewonstein.. und anderen, redigirt von M. Roest. Amsterdam, Frederik Muller. 1868.

Almanzi, J., Higajon Bechinor. Gedichte, theils original, theils übersetzt, mit Beifügung des italien. Urtextes. 12. Wien 841, v. Schmid u. Busch. 3/8 Thlr

Almanzo, d. wahre Menschenfreund. Mit 1 Kpf. 8. Erfurt u. Gotha 818. Hennings. 1 Thlr

Almanzor; e. Novelle. 8. Lpz. Gleditsch. 804.

Almanzor; e. Novelle (v. Chr. J. S. Contessa). 8. Leipz. ... 2e A. 808. (Brockhaus). 20 gr

Almanzor u. Serena; od. der Spiegel der Unschuld. Oper. 8. Lpz. Kollier. 796.

Al-Maqrizi, s. Al-Makrizi

Almar, Th.
Pseudonym für Therese Alma Dombrowsky

Almar, Th.: Verlorenes Glück, s.a. Weißbach's deutsches Hausbuch.

Almar, Th., verlorenes Glück. Roman. gr. 8. (357 S.) Stuttgart 878. Richter & Kappler. n. 5. —; geb. n. 6. —

Almar, Th., sein eigener Verräther, s.a. Hausbuch, deutsches.

Almar, Th., sein eigener Verräter, s.a. Schatzbuch der Romane.

Almar, Th. v., s. eigener Verräther. Roman. Neue [Titel-] Ausg.) 8. (367 S.) Kahla (891) 895. F. Beck. n. 1. 20

Almar, T v., sein eigener Verräther. Roman. (Neue Asg.) 8° (367) Kahla 95. (Dresd., Weller.) 1.20

- - Andrea von Waldow. Roman. — Berlin-Charlottenburg: Isaac 1884. 120 S. 1:Yx 21569.
3.5490

—— Weichsel-Novellen. 8. (407 S.) (Berlin 875.) Leipzig, F. Duncker.

— Wera. Schauspiel in 5 Acten. — Leipzig 1878: Mutze. 110 S. 1:Ys 20486. 11.
3.5492

Al-Marrakuši, Abd al-Wāhid
-- -- Des Marockaners Abdulvaheb Temimi Fragmente über Spanien. Aus dem Arabischem [soll] übersetzt von Jacob Christian Gustav Karsten. Rostock 1801.

Almási, T., von 3 bis 4, s. Theater, neues Wiener.

Al-Masûdi, Kitâb-at-tam-bîh wa'l-ischrâf, s.: Bibliotheca geographorum arabicorum.

Almásy, G. V. v., Ornithologische Recognoscirung der rumänischen Dobrudscha. Mit 1 Karte u. 14 phototyp. Bildern (Deutsch u. ungarisch etc.) hoch 4. (207 S.) Budapest 898. (Berlin, R. Friedländer & Sohn.) n. 7.50
Sonderabdruck aus: „Aquila".

Almásy, G. V. v., Ornitholog. Recognoscirung d. rumän. Dobrudscha. M. 1 Karte u. 14 phototyp. Bild. (Ungar. u. deutsch.) [Aus: „Aquila".] hoch 4. (207 S.) Budapest 898. (F. Kilián.) n. 10. —

Almásy, Wilhelmine Gräfin, Gedichte. 2. Aufl. Wien 867. Gerold's Sohn. 8. (127 S.) 1 Thlr 6 ngr.

Almathologie, s.a. Almatologie

Almathologie, 2 Bdchen. enth.: Romanzen, Balladen, Erzählungen u. Schwänke. 8. Bremen 809, 810. Müller. 1 Thlr 8 gr 2te Aufl. 8. Leipz. 820. Kollmann. 12 gr Schrbp. 16 gr

Prosaische Almathologie. 1811, s.a. *Basse*, Gottfried.

Almathologie, Prosaische, Enthalt. Erzählungen von Langbein, Lafontaine, Schreiber, Rochlitz, Reinbeck, und Steph. Schütz. Quedlinb. 1811. V: *Basse, Gtfr.* (MGT) (GGr) (Ky)

Almatologie, s.a. Almathologie

Almatologie, 2 Bändchen, enthaltend: Romanzen, Balladen, Erzählungen etc. 8. Bremen, Müller. 809. 810. (à 12gr.). Schreibp. (à 16 gr.)

al-Māwardī 'Alī b. Muhammad. Maverdii constitutiones politicae. Ex recensione Maximiliani Engeri. Bonnae 1853.

Almburg, Franz Angerholzer v.
s. Angerholzer v. Almburg. [illegible]

Alme oder ägyptisches Mährchen. Berlin 1793—1797. V: *Naubert, Christiane Benedictine Eugenia geb. Hebenstreit.* (EE)(Ky)

— od. egyptische Mährchen. 5 Bde. m. K. 8. Lpz. Beygang. 793—97. (I. 14 gr. II. 12 gr. III. 14 gr. IV. 12 gr. V. 9 gr.)

Alme, St. oder egyptische Mährchen. 5 Theile. 8. Leipzig, 793—797. (Reimer in Berlin.)

Alme, St., u. Hyle, od. d. glückl. Insel im lybisch. Sandmeere etc. m. K. 8. Prag, Polt. 802.

— oder so liebt man auf dem Lande, von Hennig. 8. Berlin, Rücker. 818.

Alme [Schlagwort]
Alme, s.: Preussen. Messtischblätter.

d'**Almeida**, s.: Abhandlungen zur Geschichte des Stereoskops.

Almeida, Cantidiano de, cand. med. aus Brasilien: ⟨Aus d. königl. anatom. Institute zu Kiel.⟩ Zur Kenntnis der Vakuole des Fettzellenkernes. *Wiesbaden: J. F. Bergmann 1899.* (13 S.) 8°
Kiel, Med. Diss. v. [23. März] 1899

d'**Almeida**, Emmanuelis, S.I., Historia Aethiopiae, s.: Rerum aethiopicarum scriptores occidentales V.—VII.

de Almeida Ivnior, Franciscvs Antonivs, in imp. observ. Rivi de Ianeiro astronomvs ⟨geb. am 4 Mai 1851 in Rio de Janeiro⟩: De motibvs aeris ... Bonnae, typ. C. Georgi 1876. 29 S. 8.
Bonn, Phil. Fak., Diss. v. [17] Jan. 1876

Almeida, Theodoro de:

[O Feliz independente, deutsch] Miseno oder: die Kunst, in allen Lagen des Lebens glücklich zu seyn. Nach d. Portugiesischen frei übers. von D. Wilke. Th. 1-3. — Düsseldorf: Wolf 1825. 5.
3.5537

— Th 1-3. Düsseldorf: Schaub in Comm. 1826. 1:Xm 10182.
3.5538

Almeida, D. Thdr. v., Seufzer der schmerzhaften Mutter Gottes und Tröstungen ihrer Verehrer. Mit verschiedenen Andachten zum Gedächtniß der sieben Schmerzen Unsrer Lieben Frau und des Leidens ihres allerheiligsten Sohnes. Aus dem Portugies. übers. Regensburg 859. Manz. 32. (256 S.) 6 ngr.

Almeida Garrett, João Baptista da Silva Leitão Vcde de: Almeida-Garret, J. B., Camoens, s.a. Schack, A. F. Graf v., Orient u. Occident.

— [Camões, deutsch] Camoens. Gedicht in 10 Gesänger von J. B. Almeida-Garrett. Nach d. Portugiesischen vor Adolf Friedrich Graf v. Schack. — Stuttgart: Cotta 1890. XVI, 172 S. (Schack: Orient und Occident. 2.)
1:Xa 3804-2. 12: L. eleg. g. 354 mb-2.
300: 87.842-B. Bd 2. 3.
3.5573

Almeida-Garrett, J. B. de, der Mönch v. Santarem, s. a. Universal-Bibliothek.

— [Viagens, deutsch] Der Mönch von Santarem oder Wanderungen in meinem Vaterlande. Von J. B. de Almeida-Garrett. Aus d. Portugiesischen von Adolf Seubert. — Leipzig: Reclam [1878]. 272 S. (Universal-Bibliothek. 972/974.)
1: Ag 7201-972/974. 12: Var. 380k-972/974.
300: 410.411-A. Per. 972/974. 5.
3.5581

— [O Alfageme de Santarem, deutsch] Der Schwertfeger von Santarem oder das Schwert des Connetabel. Drama in 5 Akten von Almeida Garrett. Uebers. von Georg Winkler. — Hamm i. W.: Breer & Thiemann [1900]. VIII, 108 S. (Kleine Bibliothek. 46.)
1: Ag 7225/5-46. 12: P. o. hisp. 512m. 6.
3.5569

— [Frei Luiz de Sousa, deutsch] Manuel de Sousa. Drama in 3 Akten von Almeida-Garrett. Deutsch von Georg Winkler. — Wien & Leipzig: Braumüller [1899]. (Allgemeine Bücherei. 23.)
300: 393.079-A. Per. 23.
3.5578

Almeidam, Petr., in Suetoni Caesares commentaria. Hagae Com. 727. 4.

Almeira, Manoel: Ein Drama in Californien. Roman von Almeira. Nach d. Span. frei bearb. — Berlin: Janke [1870]. 240 S. (Otto Janke's ausländische Roman-Collection.)
7.
3.5596

Almeloveen, Th(eodor) J(ansson) van (Ed.):

s.: Celsus, Aulus Cornelius: De medicina libri octo. Cum notis integris...ac locis parallelis variorum auctorum. Editio secunda accurate revisa. Basileae: 1748

JB 396

Almen, Arth. v.: Christian, der Käser, s. Verein f. Verbreitung guter Schriften, Bern.

– Uli, der Schlosser, s. Verein f. Verbreitg. guter Schriften, Bern.

Almén, August: Analyse des Fleisches einiger Fische von Aug. Almén. — Upsala 1877: Berling. 59 S. (Nova Acta Regiae Societatis scientiarum Upsaliensis. 1877. Vol. extra ordinem ed. 2,2.)
1: 4° Ab 5016-Ser. 3. Vol. 9a,2. 12: 4° Acad. 157-10a.
2. 7. 8. 9.
3.5618

Almén, Tore: (Om Köp och byte af lös egendom, deutsch) Das skandinavische Kaufrecht. Ein Kommentar zu d. skandinavischen Kaufgesetzen unter eingehender Berücks. ausländ. Rechts. Deutsche Ausg. von Friedrich Karl Neubecker. Bd 1-3. — Heidelberg: Winter 1922.
1. § 1-§ 41. 2. § 42-§ 71. 3. Beilagen u. Gesetzestexte.
1: Hn 31548/1. 12: J. rel. 675 am. 300: 578.138-C.
3. 4. 5. 6. 7. 8. 10. 11.
3.5630

Almendingen, Harscher v., s. Almendingen, Ludwig Harscher v.

Almendingen, Harscher Ludwig v., s. Almendingen, Ludwig Harscher v.

Almendingen, Ludwig, s. Almendingen, Ludwig Harscher

Almendingen, Ludwig Harscher v.

v. Almendingen, Harscher Ldw., (†. d. 16. Jan. 1827.) polit. Ansichten über Deutschlands Vergangenheit, Gegenwart u. Zukunft. 1r Thl. gr. 8. Wiesb. 814. Schellenberg 1 ꝛß 8 ℊ

Almendingen, L. Harscher v., Archiv zur Aufklärung staatrechtlicher egenstände. s. Archiv.

— Bibliothek f. d. peinl. Rechtswissensch. s. Bibliothek.

Almendingen, L. H. von, dogmatisch-kritische Darstellung der Lehre des franz. Civilgesetzbuches über die Beurkundung der Geburten, Ehen und Sterbefälle. gr. 8. Rthl.

Almendingen, L. H. v., rechtl. Erörterung der Frage: ob eine auf die Grundlage des Tit. XVI. §. 2. No. 5. der preuß. Prozeßordnung von einem oder einigen ungehörten Sachbetheiligten gegen ein Revisionsurtheil angestellte Nichtigkeitsklage u. s. w. 8. Halberstadt, Helm. geh. .

— — über das Schutzverfahren u. den Gerichtsstand des begangenen Verbrechens. gr. 8. Gießen, Müller. 817.

— — erläut. Denkschrift über die vom Erzherzog Joseph von Oestreich ꝛc. gegen den regier. Herzog v. Anhalt-Bernburg angestellte Nullitäts-Querel. (Gültigkeit der Schenkung des Schlosses u. Vorwerkes Zeitz ꝛc. betreffend.) 8. Ebend. geh. .

v. Almendingen, Harscher, vergl. F. L. v. Harsch.

— über den materiellen u. formellen Concurs d. Gläubiger. 8. Gieß. 797. Heyer. 5 ℊ

— Lehre von der jurid. Imputation ꝛc. 8. Gießen, Tasché und M. 803. (auch unter dem Tit. jur. Schrift. 1r Bd.). .

— Methaphysik od. Philos. des deutschen Civilprozesses. Neue Aufl. gr. 8. Gießen, Müller. 815.

— Metaphysik des Civilprozesses. Neue Aufl. Ebendas. 819.

— Metaphysik d. Civilproc. Giessen 1821. 8°.

— Recherches sur les droits de la forme de la diète germanique, 8. Götting. 792. Vandenhöck et R. 6 ℊ

— jurid. Schriften. 7 Bde. gr. 8. Gießen, Tasché u. M. 804—811.

— juristische u. staatswissenschaftl. Schriften. 10 Bde. gr. 8. Gieß. 803—19 Müller. 14 ꝛß (Enthalten: 1r Bd. Darstell. d. jurid. Imputation. 8. Ebd. 803. (Ferber). 16 ℊ 2r Bd. untersuch. über das culpose Verbrechen. 8. Ebd. 804. (Ferber). 20 ℊ 3r Bd. über das Schutzverfahren u. den Gerichtsstand des begang. Verbrechens. 8. Ebd. 817. (Ferber). 8 ℊ 4r Bd. Versuch e. Metaphysik des Civilprocesses. Ebd. 808. 2e Aufl. 819. (Heyer). 1 ꝛß 12 ℊ 5r—9r Bd. Vorträge über die französ. Civilgesetzgebung u. der damit organ. verbund. Staatsverfassung ꝛc. 5 Bde. Ebd. 811—817. Müller. 10 ꝛß Daraus apart: Vorträge an das Herzogl. Nassauische Staatsministerium üb. französ. Civilgesetzgebung ꝛc. 3 Thle. 811, 17. (Leske). 1 ꝛß 16 ℊ Vorträge über den ganzen Inhalt des Code Napoléon u. s. organ. Umgebungen ꝛc. 3 Bde. 812, 13. 3 ꝛß 8 ℊ (Leske). Hbg. Pr. 1 ꝛß Vers. üb. d. französ. Civilgesetzgebung. 2 Bde 2 ꝛß 10r Bd. Darstell. der Lehre des französ. Civilgesetzbuchs über die Beurkundung d. Geburten, Ehen u. Sterbefälle. 819. Ebd. 1 ꝛß

Almendingen, L. H. v., juridische Schriften. 8r—10r Bd. gr. 8. Gießen, Müller. 811. (à 1 Rthlr. 8 gr.)
Auch unt. dem Titel:
Officielle u. wissenschaftl. Vorträge an das Nassauische Staatsministerium üb. d. Einführ. des Cod. Napoleon. 3r—5r Bd. gr. 8.

— Unters. über die Natur, das Prinzip der bürgerl. Sträflichk. u. d. Maasstab der Bestraf. ꝛc. 8. Ebend. 803. .

— Unters. über das culpose Verbrechen. 8. Gießen, Ebend. 804. (auch unter dem Titel: jurid. Schriften 2r Bd.). .

— Versuch einer Metaphysik des deutschen und franz. Civilprocesses, (auch unter dem Titel: jurid. Schriften 4r Bd. 1r Bd. in 3 Abtheil. gr. 8. Gießen, Tasché und M. 808. (1e Abtheil. 12 gr. 2e u. 3e à 20 gr.).

— Versuch über das Schutzverfahren und dem Gerichtsbestand der begangenen Verbrechen (auch unter dem Titel: jurid. Schriften 3r Bd.). gr. 8. Gießen, Tasché u. M. 805.

— Versuche über d. franz. Civilgesetzgebung. 2 Bde. gr. 8.

— Vortrag üb. den Coder Napoleon gehalten, in den Conferenzen mit Jaup v. Grollmann ꝛc. 3 Bde. gr. 8. Ebend. 812. 13.
Ist aus dem 4n u. 5n Bde. der sämmtlichen Vorträge besonders abgedruckt.

— Vorträge über den Coder Napoleon ꝛc. (auch unter dem Titel: jurid. Schriften 6r, 6r u. 7r Bd.) 3 Bde. gr. 8. Gießen, Tasché und M. 809—811.

— Vorträge an das Herzoglich Nassauische Staatsministerium über die franz. Civilgesetzgebung und der damit in Verbindung stehenden Staatsverfassung ꝛc. 3 Thle. gr. 8.

— Vorträge über die franz. Civilgesetzgebung und der damit organisch verbundenen Staatsverfassung, Administration, Finanz- und Justizverfassung. 5 Bde. 8. Ebend. 817.
Hieraus ist besonders abgedruckt:

Almenräder, chem. Äquivalenztabellen, s.: **Gimbel, A.**

Almenraeder, Carl. Die Kunst des Fagottblasens oder Vollständige theoretisch praktische Fagottschule. Méthode complète de Basson. Mayence.

Almenraeder, Carl. 1825: Traité sur le perfectionnement du basson, avec 2 tabl., par Charles Almenraeder. Abhandlung über die Verbesserung des Fagotts. Nebst 2 Tabellen, von Carl Almenraeder. — Mainz: Schott [1825]. 10 S. 4°
5.
3.5639

ALMENRÄDER, KARL. Beiträge zur Kenntniss einiger Derivate des unsymmetrischen Dinitrodiphenylamins. (Basel) Wiesbaden, 1893. Diss.
G. S.

Almenrausch, Edelweiss und Baltenrosen. Ein Liederstrauss. [Danzig] 1898. V: *Hantel, G.* (MARGR)

Almer, (C. H. E.) disquisitio anatomica de pingeredine animal. Cum 1 Tab. aenea. 4. Jenae 824, Mauke.

Almer, Karl: Der deutsche Satzbau. S. 3-47. Progr. Ansbach 1868.

Almeria. Ein Rococostück: C. Spindler, Winterbuch. 2. Bd. Stuttgart 1854. S. 1 ff. V: *Chézy, Wilhelm v.* Vgl. dessen Erinnerungen 4, 1864, S. 217. (DARP)

Almeroth, Lehrer, Eschwege. 1907: Lösungen zu Rechnen für Handwerker- und Fortbildungsschulen von J. Schanze u. Th. Jaeger durch Lehrer Almeroth in Eschwege. H. 1 u. 2. ⟨16. Aufl. u. folgende.⟩ — Wittenberg: Herrosé 1907. 37 S.
1: N 09.1674.
3.5673

Almeroth, Rechnen f. Handwerker- u. Fortbildungsschulen, s.: Schanze, J. u. Th. Jaeger.

Almers, Erna, Herzensblüthen. Gedichte u. Sinnspr. 16. (126 S.) Cassel (895). E. Hühn.
Geb. in Leinw. m. Goldschn. n. 2. —

Almers, H., römische Schlendertage. Oldenburg 1874. 8.

Almers, Sebastian

— — De contractuum dubiorum interpretatione, ex variis illustrior. collegiorum atque excell. ictorum sententiis, responsis & resolutionibus collectum. Lpz. u. Wismar (Sam. Gottlieb Lochmann) 1723. 216 S., viel deutsch. Text. (6.—) 305

— — Des Heil. Römischen Reichs wohl eingerichteter Kriegs-Staat, worinnen mit genauer Untersuchung vorgestellet wird, wie die Hinderniße, welche der Sicherheit des Heil. Römischen Reiches Teutscher Nation entgegen stehen, abgeschaffet und hingegen die Ruhe desselben in Friedens-Zeiten erhalten, in Krieges-Zeiten aber glücklich wieder hergestellet werden möge. Vorgest. von Sincero Marsello [d. i. Sebastian Almers]. — Franckfurt: Conradi 1741. 534 S.
1: Gy 19054.
3.5680

— Mars Teutonicus oder des Heil. Römischen Reichs Teutscher Nation wohl-eingerichteter und mächtiger Krieges-Staat, worinnen mit genauer Untersuchung vorgestellet wird, wie die Hinderniße, welche der Sicherheit des Heil. Römischen Reiches Teutscher Nation entgegen stehen, abgeschaffet und hingegen die Ruhe desselben in Friedens-Zeiten erhalten, in Krieges-Zeiten aber glücklich wieder hergestellet werden möge. Vorgest. von Sincero Marsello [d. i. Sebastian Almers]. — Franckfurt & Leipzig: Schrey 1720. 534 S.
1: Gy 19050. 12: 4° J. publ. G. 737. 9.
3.5679

Almert, C., die Bürgschaft, s. a. **Dilettanten-Theater.**

Almert, C.: Die Bürgschaft. Schauspiel in 3 Akten (nach Shakespeares Kaufmann von Venedig bearb.) — Münster & Paderborn: Schöningh 1887. 40 S. (Dilettanten-Theater. 1.)
1: Yp 6376–1. 6.
3.5683

— — Schauspiel in 3 Akten, nach Shakespeares Kaufmann von Venedig bearb. (2. Aufl.) — Paderborn: Schöningh [1906]. 40 S. (Dilettanten-Theater. 1.)
1: 1 in N 10.1869–1.
3.5684

Almert, E., Peter im Frack, s. a. **Dilettanten-Theater.**

— Peter im Frack. Komisches Gemälde in 4 Abt. — Münster & Paderborn: Schöningh 1887. 47 S. (Dilettanten-Theater. 2.)
1: Yp 6376–2. 6.
3.5685

— Peter im Frack. Komisches Gemälde in 4 Abt. Von E. [vielm. C.] Almert. 2. Aufl. — Paderborn: Schöningh 1894. 47 S. (Dilettanten-Theater. 2.)
1: Yp 6376a–2.
3.5686

— Peter im Frack. Komisches Gemälde in 4 Abt. 3. Aufl. (Paderborn:) Schöningh [1909]. 47 S. (Dilettanten-Theater. 2.)
1: 2 in N 10.1869–1.
3.5687

Almert, E. s. *Almert,* C.

Almesbrunnberg [Schlagwort]

Almesbrunnberg, s.: **Wiener Ausflugskarten.**

Almgren, Oscar

Almgren, Osk., Funde antiker Gläser in Skandinavien, s.: **Kisa,** Ant., das Glas im Altertume.

— Studien über nordeuropäische Fibelformen der ersten nachchristlichen Jahrhunderte mit Berücks. d. provinzialrömischen u. südrussischen Formen. 2. Aufl., erg. durch e. Nachwort, 9 Textabb. u. 2 Kt. Mit insgesamt 11 Taf. u. 2 Kt. — Leipzig: Kabitzsch 1923. XIX, 254 S. (Mannus-Bibliothek. 32.)
Ersch. auch als Diss. Upsala 1897.
1: 4° Pz 5453-32. 12: 4° Anthr. 60v-32. 300: 473.215-C. Per. 32. 2. 3. 5. 6. 7. 8. 9. 10. 11.
3.5697

Almgren, Osc., Studien üb. nordeurop. Fibelformen d. ersten nachchristl. Jahrhunderte m. Berücksicht d. provinzialröm. u. südruss. Formen. Akadem. Dissertation. 2 Bde.: Text u. Tafeln. gr. 8. (XIII, 243 S. m. 1 Tab. u. 11 Taf) Stockholm 897. (Nordin & Josephson.)
n. 11.—

Aelmil und Julie, s. A e m i l und Julie

Almindingen [Schlagwort]

Almindingen, s.: Bornholm.

Almkvist, Herman, Nächträgliche Bemerkungen zum Türkischen Dragoman-Diplom. o.O. u. J.

— Ein samaritanischer Brief an König Oscar. In Faks. hrsg. u. übers. Mit 1 Schrifttaf. von Julius Euting. — Upsala: Almqvist & Wiksell 1897. 10 S.,2 Taf. (Skrifter utg. af K. Humanist. Vetenskapssamfundet i Upsala. 5,2.)
1:Ab 5060-5,2. 12:Acad. 123yl-5. 300:407.585-B. Per. 5. 3. 5. 6. 7. 8. 10. 11.
3.5706

Almkvist, Herm., Ein samaritan. Brief an König Oscar, in Faksimile (1 Taf.) hrsg. u. übers. M. 1 Schrifttaf. v. Jul. Euting. [Aus: „Skrifter utgifna af k. humanistiska vetenskapssamfundet i Upsala".] gr. 8. (10 S.) Upsala 897. (Leipzig, O. Harrassowitz.) n.n. — 90

Almkvist, Herm., e. türkisches Dragoman-Diplom aus dem vorigen Jahrhundert in Fksm. hrsg. [Skrifter utgifna af Humanistiska Vetenskapssamfundet in Upsala. III. 2.] gr. 8. (7 S. m. 1 Lichtdr.-Taf.) Upsala 894. (Akadem. Buchh.) n.n. — 75

— Nubische Studien im Sudän 1877-78. Aus d. Nachlass hrsg. von K[arl] V[ilhelm] Zetterstéen. — Uppsala: Almqvist & Wiksell in Komm.; Leipzig: Harrassowitz in Komm. (1911). XXXVIII,280 S. (Arbeten utg. med understöd af Vilhelm Ekmans Universitetsfond, Uppsala. 10.)
1:4° Ag 416-10. 12:H.lit.P.422r-10. 300:451.955-C. Bd 10. 2. 3. 7. 8. 9. 10. 11.
3.5711

Almkvist, Herm., die Bischari-Sprache Tū-Beḍāwie in Nordost-Afrika, beschreibend u. vergleichend dargestellt. 1. Bd. Einleitung. — Grammatik. I. Beschreibender Tl. [Aus: „Nova acta regiae societatis scientiarum Upsaliensis".] gr. 4. (V, 302 S.) Upsala 880. (Akadem. Buchh.) n. 25. —

— Die Bischari-Sprache Tū-Beḍāwie in Nordost-Afrika beschreibend und vergleichend dargest. Bd 1.2. — Upsala 1881-85 (: Berling).
1. Einleitung. Grammatik I. Beschreibender Teil. 1881.
2. Bischari-deutsches u. deutsch-bischarisches Wörterbuch nebst arab. Wortverzeichnisse. 1885.
1:4° Zz 1600. 10.
3.5713

—— 1-3. Upsala 1881-85: Berling.
1. 2. 1881. 3. 1885.
(Nova Acta Regiae Societatis scientiarum Upsaliensis. Ser. 3. Vol. 11, [Fasc. 1,]6. 2,1; Vol. 13, Fasc. 1,1.)
1:4° Ab 5016-Ser. 3. Vol. 11, Fasc. 1,6. 2,1; Vol. 13, Fasc. 1,1. 12:4° Acad. 157-Ser. III. Vol. 11.13. 300:183.452-C. Per. 11.13. 2. 5. 7. 8. 9. 10. 11.
3.5714

Almogen, D., Worte der Abwehr. Antwort auf die „Briefe e. Ariers an e. Semiten". gr. 8. (31 S.) Leipzig 887. (Kuffs.) n. — 50

Al-Mohdy, zehn Unglücksabende des Abd-Arrahman El-Iskanderany. Nach d. arab. Manuscript übertragen v. J. J. Marcel; aus d. Französ. v. G. Sellen. 8. Leipz. 830. Magaz. f. Ind. 1 ₰ 12 ℛ

Almon, John

[—] [Review of Lord Bute's administration, deutsch] Die Staats-Verwaltung des Herrn Johann, Grafen von Bute [John Stuart Third Earl of Bute] in und außer Großbritannien während seinem Staats-Secretariat unpartheyisch erzählet u. beurtheilet. Aus d. Engl. des Verf. der Staatsverwaltung des Hn. Pitt [d. i. John Almon] übers. Berlin: Birnstiel 1764. 8,310 S.
1:Tu 4538. 2. 4. 7. 10.
3.5724

— [A Review of Mr. Pitt's administration, deutsch] Die Staats-Verwaltung des Herrn William Pitt [Earl of Chatham] in und außer Großbritannien vor und während seinem Staats-Secretariat unpartheyisch erzählet u. beurtheilet. Aus d. von einer berühmten Feder entworfenen engl. Original. — London 1763. 368 S.
12:Brit. 500. 8.
3.5726

[—] — [Nebst] Anh. Berlin: Birnstiel 1763-64.
Vollst. . . . . 1:Tu 2228 [auch Anh.-an Tu 4538]. 7. 10.
[∞Anh.] . . . . 2. 6. 9.
3.5727

—— London & Berlin (Anh.: Berlin: Birnstiel) 1764.
4.
3.5728

Al-Moqaddasi, Shams ad-dīn Abū Abdallah Mohammed ibn Ahmed ibn abī Bekr al-Bannā al-Basshārī, Descriptio imperii moslemici, s.: Bibliotheca geographorum arabicorum. III.

Almoran and Hamet, an oriental Tale by J. Hawkesworth, 8. Mog. Kupferberg. 815. Rthlr. Schreibp.

Almosen ohne Geld, s. **Bibliothek f. christliche Leser.**

Almosenkasse, die, der reformierten Kirche zu Illzach. Antwort des Presbyterialrats v. Illzach auf das v. dem kaiserl. Archivdirektor Pfannenschmid in Colmar verf. Gutachten v. 1. IX. 1899 üb. die Eigentumsverhältnisse des „Almosen" zu Illzach-Modenheim. (48 S.) 8. Mülhausen i/E. 900. (Leipzig, E. Beck.) 1. 60

Almosenordnung

— Eines Edlen Raths [Rat] der Stadt Greifswalde renovirte Almosen- und Bettler-Ordnung vom 2ten August 1798. — Greifswald [1798]: Eckhardt. 22 S. 9.
3.5749

Almquist, Schwed. Dichter. s. *Almqvist,* Carl Jonas Love.

Almquist, C.J.L. s. *Almqvist,* Carl Jonas Love.

Almquist, Carl Jonas Love s. *Almqvist,* Carl Jonas Love.

Almquist, Charles J. Louis s. *Almqvist,* Carl Jonas Love.

Almquist, Ernst, üb. die Ausbreitungsweise von Diphtherie u. Croup. gr. 8. (XI, 178 S. m. 1 chromolith. Karte.) Gothenburg 885. (Wettergren & Kerber.) n. 5. —

Almquist, Ernst. Ueber d. Hauptmomente d. Aetiologie d. Abdominaltyphus, s.a. Sammlung klinischer Vorträge.

— Über die Hauptmomente der Aetiologie des Abdominaltyphus. — Leipzig: Breitkopf & Härtel 1890. 20 S. (Sammlung klinischer Vorträge. N.F. Ser. 1,5.)
1:Ic 2472-N.F. Ser. 1,5. 12:Path. 1352ga-1,3. 3. 4. 5. 6. 7. 8. 9. 10.
3.5771

— Die Lichenenvegetation der Küsten des Beringsmeeres. — (Stockholm 1887.) S. 512-541.
Aus: Vega-expeditionens vetenskapliga iakttagelser. 4.
8.
3.5775

— Studien über die Capsella bursa pastoris (L.) Mit 66 Abb. [1.] 2. Stockholm (2: Uppsala: Almqvist & Wiksell) 1907-(21): Marcus. (Acta Horti Bergiani. 4,6.7,2.)
1:4° Lw 11930-4,6; 7,2. 12:4° Phyt. 1f-4.7. 8.
3.5776

— Thatsächliches und Kritisches zur Ausbreitungsweise der Cholera. — Göteborg: Wettergren & Kerber in Komm. 1886. VI,60 S. 1:Ka 11738. 12:Path. 19. 8.
3.5780

Almquist, E., s.: Untersuchungen zur Strassenhygiene.

— Wie entstehen unsere Masernepidemien? Warum hören sie auf? Untersuchungen. — Göteborg 1885: Bonnier. 79 S. 1:Kp 171. 2.
3.5782

Almquist, Ernst Bernhard s. *Almquist*, Ernst.

Almquist, Herman, Schwed. Sprachforscher, s. *Almkvist.*

Almquist, K.J.L. s. *Almqvist*, Carl Jonas Love.

Almquist, Karl Jonas Ludwig s. *Almqvist*, Carl Jonas Love.

Almquist, S., monographia Arthoniarum Scandinaviae. gr. 4. (69 S.) Stockholm 880. (Berlin, Friedländer & Sohn.) n. 3. —

Almqvist, C.F.L. s. *Almqvist*, Carl Jonas Love.

Almqvist, C.J.L. s. *Almqvist*, Carl Jonas Love.

Almqvist, Carl Jonas Love
– Es geht an, s.a. Ausland, Das belletristische. Bd. 310. - 314.

— [Det går an, deutsch] Es geht an. Ein Gemälde aus dem Leben. Von C. J. L. Almquist. Aus d. Schwed. — Stuttgart: Franckh 1846. 296 S. 10. 11.
3.5842

— — Ebd. 1846. 296 S. (Das belletristische Ausland. 411-413.) 12:L. eleg. g. 16t-XVIII,3.
3.5843

—— die Filial-Capelle. A. d. Schwed. 16. (6½ B. mit 4 Federzeichn.) Berlin 845, [Leipzig, Kößling'sche Buchh.]
Vgl.: Sammlung schwed. Muster-Romane.

Almquist, Carl Jh. Ldw., die Filial-Capelle. Aus dem Schwed. Mit 4 Federz. 16. Berlin 845, Morin. ½ ng

– Drei Frauen in Småland, s.a. Ausland, Das belletristische. Bd. 225. - 232.

– drei Frauen in Småland, s.a. Bibliothek d. schwed. Romane.

— [Tre Fruar i Småland, deutsch] Drei Frauen in Småland. Roman. Von C. J. L. Almquist. aus d. Schwed. Th. 1-5. — Leipzig: Schumann 1843-44. 10.
3.5851

— — Th. 1-5. Ebd. 1843-44. (Bibliothek d. besten u. neuesten schwedischen Romane. 14/18.) 12:P. o. rel. 7409-14/18.
3.5852

— Drei Frauen in Smaland. Von Almquist. Aus d. Schwed. Mit d. Bildniß d. Verf. Bdch. 1-8. — Stuttgart: Franckh 1844. 11.
3.5853

— Bdch. 1-8. Ebd. 1844. (Das belletristische Ausland. 225/232.) 12:L. eleg. g. 16t-XVIII,1.
3.5854

– Amalie Hillner, s.a. Ausland, Das belletristische. Bd. 243.-248.

– Amalie Hillner, s.a. Sammlung schwedischer Musterromane.

— [Amalia Hillner, deutsch] Amalia Hillner. Ein Roman. Aus d. Schwed. Th. 1.2. — Berlin: Morin 1844. (Sammlung schwedischer Muster-Romane. 10.11.) 1:Zl 13063. 7.
3.5858

— — Amalia Hillner. Roman von Almqvist. Bdch. 1-5. Stuttgart: Franckh 1845. 380 S. 10.
3.5859

— — Bdch. 1-5. Ebd. 1845. 380 S. (Das belletristische Ausland. 310/314.) 12:L. eleg. g. 16t-XVIII,2.
3.5860

— [Jagtslottet, deutsch] C. J. L. Almquist. Das Jagdschloß. (Deutsch von Heinrich Goebel.) — Leipzig: Haessel (1925). 121 S. (Nordische Bücher. 8.) 1:Zi 50/50-8.
3.5861

Almquist, C.J.L., d. Königin Juwelenschmuck, s.a. Ausland, das belletrist., 740—744. Bdchn.

— [Drottningens Juvelsmycke, deutsch] Der Königin Juwelenschmuck. Roman in 12 Büchern. Von C. J. L. Almquist. Aus d. Schwed. übers. von A[dolf] Seubert. Bdch. 1-5. — Stuttgart: Franckh 1846. 356 S. 10.
3.5862

— — Bdch. 1-5. Ebd. 1846. 356 S. (Das belletristische Ausland. 740/744.) 12:L. eleg. g. 16t-XVIII,4.
3.5863

Almqvist, Carl Jonas Lovis
Die Kapelle.
s. Carlén, E.: Tutti Frutti. 1845.

Almquist, K. J. L., die Kolonisten auf Grimstahamn, s.a. Volksbücher, Wiesbadener.

— [Grimstahamns Nybygge, deutsch] Die Kolonisten auf Grimstahamn. (Grimstahamns Nybygge.) Eine Erzählung für d. Volk von K. J. L. Almquist. Aus d. Schwed. übers. von Georg Simon. — Wiesbaden: Volksbildungsver.; Staadt in Komm. 1902. 52 S. (Wiesbadener Volksbücher. 23.) 1:Yc 7681/12-23.
3.5881

—— Gabriele Mimanso, s.a. Bibliothek schwed. Romane.

— [Gabrièle Mimanso, deutsch] Gabriele Mimanso, der letzte Mordversuch gegen den König Ludwig Philipp von Frankreich, im Herbste 1840. Roman von C. J. L. Almquist. Aus d. Schwed. Th. 1-5. — Leipzig: Schumann 1842. 10.
3.5875

— — Th. 1-5. Ebd. 1842. (Bibliothek der besten und neuesten schwedischen Romane. 5/9.) 12:P. o. rel. 7409-5/9.
3.5876

– Die Mühle in Skällnora, s. Bibliothek schwed. Romane.

– die Mühle in Skällnora, s. Sammlung schwed. Musterromane.

Almqvist, C. F. L., Romane u. Novellen. Aus dem Schwed. I. u. II. A. u. d. T.: Der Königin Juwelenschmuck, od. Azouras Lazuli Tintomara. Aus d. Zeit vor, während u. nach d. Ermordung Gustavs III. 2 Thle. gr. 12. (21⅓ B.) Berlin 842, [Leipzig, Kößling'sche Buchh.]

— [Teils., deutsch] C.F.[!]L. Almqvist's Romane und Novellen. Aus d. Schwed. 1.2. — Berlin: Morin 1842.
1.2. Der Königin Juwelenschmuck oder Azouras Lazuli Tintomara. 1.2.
1:Zl 13940. 8.
3.5833

– Tintomara, s.a. Bibliothek der besten u. neuesten Schwed. Romane.

— [Tintomara, deutsch] Tintomara. Ereignisse kurz vor, bei und nach der Ermordung Gustav des Dritten. Roman von C. J. L. Almquist. Aus d. Schwed. Th. 1-4. — Leipzig: Schumann 1842. 10.
3.5903

— — Th. 1-4. Ebd. 1842. (Bibliothek d. besten u. neuesten schwedischen Romane. 1/4.) 12:P. o. rel. 7409-1/4.
3.5904

– Tutti Frutti, s. Ausland, Das belletristische. Bd. 411 - 413.

— Werke. Auswahl in 2 Bänden. Übertr. von A. Mens. Bd 1.2. — Leipzig: Inselverl. 1912.
1:Ak 10356. 12:P. o. rel. 7313. 300:484.880-B.
4. 5. 8. 9.
3.5834

Almqvist, Carl Jonas Lovis, s. A l m q v i s t , Carl Jonas Love

Almqvist, Ernst, Botaniker. s. *Almquist.*

Almqvist, Karl Jonas Love s. *Almqvist,* Carl Jonas Love.

Almqvist, Karl Jonas Ludvig s. *Almqvist,* Carl Jonas Love.

Almqwist, C. J. L. s. *Almqvist,* Carl Jonas Love.

Alms, Heinrich

Alms, H., die Wirkung des Cocaïns auf die peripherischen Nerven, s.a. Archiv für Anatomie und Physiologie, Suppl.-Bd. zur physiolog. Abthl.

Alms, Heinrich. Die Wirkung des Cocaïns auf die peripherischen Nerven. (Würzburg) Leipzig, 1886. **Diss.** G. S.

Alms, Paulus. Megalopolitanus: Parergon Ovidianorum partes II. Rostochii 1606: Typis H. Winterbergii. (80 S.) 8°
Rostock, Phil. Fak., Ref. Kern, Diss. v. 3. Mai 1906
[Geb. 27. März 83 Schwerin i. M.; Wohnort: Rostock; Staatsangeh.: Mecklenburg; Vorbildung: Gymn. Fridericianum Schwerin Reife O. 02; Studium: München 3, Rostock 6 S.; Rig. 1. Mai 06.]

Almstedt, Fr.: Hilfsbüchl. z. Fachzeichnen d. Schlosser, Maschinenbauer, Schmiede, Dreher, Modelltischler u. Former. (42 m. Fig.) gr8° Hann. '11. Lpzg, Dr. M Jänecke. — 80 d

Almstedt, M.

Almstedt, Eléments de conversation. 2. édition, augmentée de quelques pièces de vers. 12. (51 S.) Berlin 849, Plahn. — 3. édition. 12. (51 S.) Berlin 852, Nitze. 6 ngr

Almstedt, M., éléments de conversation, suivis de quelques pièces de vers. 4. édit. Berlin 864. Gaertner. 12. (48 S.) 6 ngr

Almstedt, M., éléments de conversation, suivis de quelques pièces de vers. 5. éd. gr. 16. (48 S.) Berlin 872. Gaertner. — 60

Almstein, August v.: Ein flüchtiger Zug nach dem Orient. Reise der allerdurchlauchtigsten Frau Gräfin von Hohenembs (d. i. Elisabeth Kaiserin v. Oesterreich) im Herbste des Jahres 1885 an Bord der kaiserlichen Yacht „Miramar". — Wien: Hölder 1887. XV,172 S.
1: Uk 4372. 12: It. sing. 9k. 300: 158.534-C [u.] 37.108. 5.
3.5922

Almtalbahn, die, Wels-Grünau in Oberösterreich. Mit e. Führer durch Wels. (39 S. m. Abbildgn. u. 1 Karte.) 8. Wels 904. (J. Haas.) n. — 35

Al-Mu'allakat. Septem Mo'allakât carmina antiquissima Arabum. Textum ... recensuit, scholia editionis Calcuttensis auctiora atque emendatiora addidit, annotationes criticas adiecit Fr. Aug. Arnold. Lipsiae 1850.

Almus, Werner, die Sünden der Väter. Drama in 5 Akten. (III, 188 S.) 8. Dresden 903. E. Pierson. n. 2. 50

Almusa, d. Sultans Sohn; e. Roman a. d. Geisterwelt, nach hinterlass. Papieren d. Grafen Donamar, v. Bouterweck. 8. Frkft. Willmanns. 801.

Al Mu'tazilah, being an extract from the Kitābu-l milal wa-n niḥal by Al Mahdī Lidīn Aḥmad B. Yaḥyā B. Al Murtaḍā, ed by T. W. Arnold. Part. I. Arabic text. gr. 8. (3, 85 S.) Leipzig 902. O. Harrassowitz. n. n. 4. —

Almwart, Gedichte, s. Rauscher, E.

Almy, John E., über die Entladungspotentiale in festen u. tropfbarflüssigen Dielektricis. Diss. gr. 8. (35 S. m. Fig.) Berlin 900. Mayer & Müller. n. 1. 20

Alnaider, Modeste, französischer Konversations-Lehrgang, bearb. nach Seidenstücker's u. Ahn's Grundsätzen, alle Theile der Sprachlehre umfassend u. mit kurzen, leichtfaßlichen Regeln versehen. 867. — 2. verm. u. verb. Aufl. Wien 870. Lechner. gr. 8. (VIII, 503 S.) 20 ngr

Alnaider, Modeste, französischer Konversations-Lehrgang, bearb. nach Seidenstücker's und Ahn's Grundsätzen, alle Theile der Sprachlehre umfassend und mit kurzen leichtfaßl. Regeln versehen. 3. und 4. Aufl. (VIII, 302 S.) 1870,75. *M 2., und 5. Aufl. gr. 8. (VIII, 294 S.) Wien 880, Lechner's Verlagsb. *

Alnaider M o d e s t e, Französischer Conversations-Lehrgang. 6. verbesserte Auflage. Wien. R u d o l f L e c h n e r. Preis 80 kr. (M.-E. v. 6. September 1881, Z. 13665.)

Alnaider, Modeste, französischer Konversations-Lehrgang, bearb. nach Seidenstücker's und Ahn's Grundsätzen, alle Theile der Sprachlehre umfassend und mit kurzen leichtfaßl. Regeln versehen. 6. Aufl. gr. 8. (VIII, 294 S.) Wien 882, Lechner's Verlagsb. *M 1,60.; cart. *

Alnaider, Modeste, französischer Konversations-Lehrgang, bearb. nach Seidenstückers u. Ahns Grundsätzen, alle Teile der Sprachlehre umfassend u. m. kurzen, leichtfaßl. Regeln versehen. 7., nach der neuen Rechtschreibg. hergestellte, verb. Aufl. (VI, 318 S.) 8. Wien 905. R. Lechner & Sohn. Geb. n. 2. 60

Alnander, Johannes Olaus: Joannis O. Alnandri Historiola artis typographicae in Suecia; publica et solenni exercitatione sub moderamine Fabiani Törner Upsaliae a. 1722 primum prop., nunc vero recusa. — Rostochii & Lipsiae: Schwechtenius 1725. 101 S.
1: An 7412. 12: Typ. 2 [u.8.] 300: 74 Y 142. 2. 3. 4. 6. 7. 8. 9.
3.5932

Alnander, Samuel Joh. (Linköping), De officio clerici politico. Tl. I. Diss. philos. Präs. Johann Ihre. Upsala (Laur. M. Höjer) Juni 1752. 15 S. (3.50) 308

Alnaqua, Josēf Ibn-Dawid
s. Kaoua, Josēf. [illegible]

Alnoncourt, Carl d' (Red.), s. B a y a r d , der Kämpfer für Gott, König und Vaterland.

Alnoncourt, Franz Ludwig Carl de, s. A l n o n c o u r t , Franz Ludwig Karl

Alnoncourt, Franz Ludwig Karl de

d'Alnoncourt, Frz. Ludw. Carl (Leipzig), De aëre puro praecipue agitato, multis in morbis remedio saluberrimo. Diss. med. Lpz. (Hirschfeld) 9. V. 1826. 30 S. (4.—) 309
Gew.: Franz Carl d'Alnoncourt.

d'Alnoncourt, F. L. Carl, die Gehirnaffectionen der Kinder in der Dentitionsperiode physiologisch, eine Unkenntniß; pathologisch, ein Irrthum; therapeutisch, ein Mord! in Summa eine Täuschung der Aerzte. Für Aerzte und Laien beleuchtet. gr. 8. Leipzig 846, Pönicke u. Sohn. 2 ß

— Influenza und Cholera. Ein Beitrag zur Kenntniß galliger Krankheiten u. deren Heilung. Von F. L. Carl d'Alnoncourt. — Leipzig: Lauffer 1831. IV,64 S.
1: 3 in Ka 2060. 2.
3.5937

d'Alnoncourt, F. L. Karl, Influenza u. Cholera. Ein Beitrag zur Kenntn. galliger Krankheiten u. deren Heilung. 8. Leipz. 832. Lauffer. 8 gl.

d'Alnoncourt, F. L. Karl, der prakt. Rathgeber in Wochen-, Kinder- und Kranken-Stuben. Ein Handbuch zur Belehrung für Frauen und Mütter in allen vorkomm. Krankheitsfällen, über den weibl. Körper und die Funktionen desselben. In alphabet. Ordnung. (2 Abthll.) gr. 8. Leipzig 835. Otto Wigand. 2 ß 2e Ausg. gr. 8. Ebd. 837. 2 ß

Alnpeck, Sigismund, De jure praegnantium. Präs. Pet. Müller. Jena (Müller) 1680. 144 S. (6.80) 310
Widm. v.: Martin Schirmer, Joh. Wagner (frz.)

— — Dasselbe. Von schwangeren Weibern. Präs. Pet. Müller, Sept. 1680. Jena (Joh. Jac. Ehrten) 1686. 144 S., mit Widmung. (6.—) 311

— — Dasselbe. Jena (Joh. Jac. Ehrten) 1707. 144 S., mit Widmung. (6.—) 312

— — Dasselbe. (Wittenberg (Joh. Gottfr. Meyer) 1716. 142 S., ohne Widmung. (5.—) 313

Alnpeke, Dittlieb von

v. Alnpeke, Ditl., der ritterl. Meister vnd Bruder zu Nieflant geschicht, wie sie von wegn des Christen glaubens, vom 1143 iar an, biß vf 1290 iar mitt den Haiden Gott zur ere, inen zur selen seligkeit gefochten haben — eine Reimchronik, Geschrieben in rewel im MCCLXXXXVI iar. Von L. v. Bergmann u. d. T.: Fragment e. Urkunde d. ältesten livländ. Geschichte in Versen. Aus d. Original-Handschr. zum Druck befördert, u. mit Erläuterr. u. e. Glossar. versehen. gr. 4. Riga 818. Hartmann. 5 ℛ 8 gr

v. Alnpeke, Dittlieb, Livländische Reimchronik in das Hochdeutsche übertragen u. m. Anmerkgn. versehen v. E. Meyer. gr. 8. (374 S.) Reval 848, Kluge. n. 2 ℛ

Die todte Aloë, oder Continuation der symbolischen Deutung, worinnen der höchstbetrübte Todes-Fall des allerdurchlauchtigsten Herrn Friederichs, ersten christlichen Königs in Preussen, glorwürdigster Gedächtnüs, unter dem Bild der todten Aloë zu Cöpenick in 4 Devisen fürgestellet wird. Sambt einem Kupfer-Blat. — Berlin: Reuschel (1713). 4 Bl. 2° 2 [° Kupferbl.]
3.6951

Aloé, Stanislas, les peintures de Giotto de l'eglise de l'Incoronata à Naples publiées et expliquées pour la première fois. Avec VIII planches. gr. in-4. Berlin 843, (Reimarus.) n. 3 ℛ

l'Aloë, Stanislao, die Ruinen von Pompei. Aus dem Französ. Mit einem grossen die Ausgrabungen bis 1851 umfassenden lithogr. Plane (in Fol.) Ein Suppl. zu den Reisehandbüchern für Italien. 8. (XVIII und 55 S.) Berlin 854, David. •

d'Aloë, Stanisl., die Ruinen von Pompei. Aus dem Französ. v. Ed. v. Lossow. Mit 1 grossen (lith.) die neueren Ausgrabungen umfassenden Plane (in Fol.) 2. (Titel-) Aufl. Ein Supplem. zu d. Reise-Handbüchern für Italien. Berlin, (854) 857. Hemak. 16. (XVIII, 56 S.) n. 15 ngr

Alois, eine Erzählung. [Leipzig 1812]. V: *Naubert, Christiane Benedicte Eugenia geb. Hebenstreit.* (schl)

Alois, Kapuzinerpater: Standrede auf der Blutstätte in Schwyz gesprochen bei der Hinrichtung des Matthäus Diethelm von Galgenen. Von Pat. Alois, Capuziner. — Schwyz 1839: Kälin. 16 S. 1:8 in Fy 7908.
3.6049

Alois, Karl: Von den Kaiserlichen. Ernste u. lach. Geschichten a. uns. Leben. (96) 8° Lpzg-Raschw., B Volger '12. 1.50; geb. 2.50 d

Aloisia von Blumenau eine junge reiche Wittwe, eine konzentrirte Jesuitengeschichte. Konstantinopel [Prag] 1784. V: *Grossing, Joseph.* (BGE) (SZMJ) (WBL)

Aloisia von Blumenau eine konzentrirte [wahre] Jesuitengeschichte. Konstantinopel [Prag] 1786. Frankft u. Leipz. 1785. V: *Grossing, Joseph.* (WI) (BGE)

Aloisi-Andacht, heilige, vollständiges Lese-, Tugend- und Gebetbuch zu Ehren des heil. Aloisius Gonzaga aus der Gesellschaft Jesu. Nach der 12ten, von Jos. Stark aus d. Italien. übers. Aufl. bearb. und mit besonderen Morgen- rc. rc. Gebeten rc. vermehrt; nebst einer Lebens-Tages-Ordnung für kathol. Christen vom Priester P. Franz Neumayer. Mit 1 Titelkpfr. 12. Grätz 838 Ferstl. 5/12 ℛ

Aloisi-Büchlein, s.a. Aloysius-Büchlein

Aloisi-Büchlein zur Bewahrung der Unschuld, und zu Verehrung und Nachfolge dieses englischen Jünglings. Gratz 1842. V: *Stoeger, Johann Nepomuk.* (SO)

Aloisius. Ein Gebet- und Erbauungsbuch..., s. Aloysius.

Aloisius, Divus, in vita et in morte Victor, prolusionibus poeticis exhibitus. Graecii 1728. V: *Langetl, Ignaz.* (JES)

Aloisius, Der heilige. [Innsbruck 1908.] V: *Steindlberger, Ulrich.* (MARGR)

Aloisius von Gonzaga, s. Aloysius von Gonzaga

Alomontade, d. Galeerensclave, v. Verf. d. Abällino. 12. Zürich, Orell F. u. Comp. Rig.

Alona. Kleine Handbibliothek für die elegante Welt. Leipzig 1825. H: *Jördens, Gustav.* (GGR X, 248) (Zeitschr. f. Büch. 1923, S. 78.)

Alona. Kleine Handbibliothek f. d. eleg. Welt; aus Deutschlands Klassikern gewählt. 1e Liefrg. 1s—4s Bdchen. 12. Leipz. (825). Joachim. 2 ℛ

Alona. Kunst-Werke d. Poesie u. Beredsamkeit, od. goldene Früchte v. class. Boden deutsch. Literatur. Hrsg. v. G. Jördens. N. Ausg. 1. u. 2. Bdchn. 16. Leipzig, (Melzer.) [1. (14 B.) 838. 3/4 Thlr., 2. (12½ B.) 839. ½ Thlr.]

Alona. Kunst-Werke der Poesie und Beredsamkeit, oder goldene Früchte vom classischen Boden deutscher Literatur. Herausg. von G. Jördens. N. Ausg. 1s u. 2s Bdchn. 16. Leipzig 838, 39. Central-Comptoir. 1¼ ℛ

Alonso e Cora., Drama per musica in due atti Da Rappresentarsi nel teatri imperiali reali La Prima vera del 1804. gr. 8. Lpz. Joachim.

Alonso e Cora; Drama per musica in 2 Atti. 8. Wien 804. Wallishausser. 6 gr

— u. Leonore; od. d. Entführung aus Rache. Trauersp. v. Rost. 8. Eisenach, Wittekind. (Sommer in Lpz.) 790.

Alonso, Persönlicher Name s. *Alfonso.*

Alonzo's Abenteuer; aus d. Engl. 2 Thle. 8. Lpz. 787. Schwickert. 1 ℛ 10 gr

Alonzo und Elvira, oder das Erdbeben zu Lissabon, dramatisch geschildert von F. T. N. Hamburg [1795]. V: *Nevermann, Friedrich Theodor.* (SCHR)

Alopaeus, Magnus Jakob:
Rede, Ihrer Majestät der glorwürdigst regierenden Kaiserin von Rußland Catharinen der Zweyten bey seiner Aufnahme als Beysitzer in die Königliche Deutsche Gesellschaft zu Göttingen den 24. Sept. 1768 devotest gewidmet von Magnus Alopäus. — Göttingen 1768: Barmeier. 35 S.
1:4° Ue 4020. 7.
3.6040

Alopaeus, Samuel: Kurze Beschreibung der in Rußisch-Kaiserl. Carelien befindlichen Marmor und andern Steinbrüchen, Berg- und Steinarten, von Samuel Alopäus. — St. Petersburg: Rusconi & Stoehr 1787. 64 S.
1:Mn 15615. **12:**Lith. 13. 5. 7.
3.6041

Alorna, Johann v.: (Resumo da descripçaõ dos carceres da Junqueira, deutsch) Beschreibung der Gefängnisse von Junqueira in Portugal; mit Nachrichten von dasigen Staatsgefangenen bis 1777. Aus d. Portug. von Anselm von Eckart. Hrsg. von C[hristoph] G[ottlieb] von Murr. Nürnberg: Monath & Kußler 1803. 80 S.
1:Qq 9605. **12:**Port. 5. 7.
3.6042

v. Alorna, Jh., Beschreib. d. Gefängnisse v. Junqueira in Portugal mit Nachrr. v. dortigen Staatsgefängnissen bis 1799, aus d. Portugies. v. A. v. Eckart, herausg. v. C. G. v. Murr. gr. 8. Nürnb. 804. Monath u. K. 6 gl

Alouf, Michel M., Geschichte Baalbecks, n. d. Franz. von Ottilie v. Kubinzky. gr. 8. (X, 106 S. m. 11 Taf.) Prag 896. (H. Dominicus.) n. 3. 60

Aloysius, od. der durch Fleiß, Rechtschaffenheit und Klugheit glückliche Landmann. 8. Basel, Holdenecker. 8 gl

Aloysius, oder der Mönch vom St. Bernhard. A. d. Franz. von Th. Schlicht. Offenbach 1830. V: *Janin, Jules.* (Bl. f. liter. Unterh. 1832, Beil. 2. S. 132.) (Mitth. A. Rosenbaum.)

Aloysius, d. Mönch v. St. Bernhard. Ein Roman; aus d. Französ. v. Th. Schlicht. 8. Offenb. 830. Hauch. (Pergay in Aschaffenb.) 16 gl

Aloysius. Ein Gebet- und Erbauungsbüchlein, besonders für junge Leute gut und nützlich zu gebrauchen. Dient auch als Handbüchlein für die Mitglieder der Brüderschaft zur Verehrung und Nachfolge des heil. Aloysius. Vom Verfasser der „Abendunterhaltungen in Gesprächen eines Landpfarrers" (Bischof Galura. — Mit 2 Steinabdrücken.) gr. 12. Innsbruck 838. (Augsburg, Kollmann; Regensburg, Manz.) 1/2 rß Druckvelinp. 2/3 rß

Aloysius. Ein Gebet- u. Erbauungsbüchlein, besond. f. junge Leute gut u. nützl. zu gebrauchen. Vom Verf. d. „Abendunterhalt. in Gesprächen e. Landpfarrers." gr. 12. Innsbruck 839. (Augsburg, Kollmann'sche Buchh.) Thlr.

Aloysius. Ein Gebet- und Erbauungsbuch, besonders für junge Leute gut u. nützlich zu gebrauchen, zur Verehrung u. Nachfolge des heil. Aloysius. Vom Verf. der „Abendunterhaltungen eines Landpfarrers". Neue verb. Aufl. Mit Titelk. 12. Innsbruck 841, (Augsb., Kollmann.) 1/2 rß

Aloisius. Ein Gebet- u. Erbauungsbuch, besonders f. junge Leute, gut u. nützlich zu gebrauchen zur Verehrung u. Nachfolge des heil. Aloisius. V. Verf. der „Abendunterhaltungen in Gesprächen eines Landpfarrers." 9. verb. Aufl. 12. (VIII u. 468 S. m. 1 Stahlst. u. lith. Titel.) Innsbruck 852, C. Rauch. 12 ngl geb. n. 18 ngl; in Lederbd. m. Goldschn. n. 28 ngl

Aloisius, ein Gebet- und Erbauungsbuch, besonders für junge Leute, gut und nützlich zu gebrauchen, zur Verehrung u. Nachfolge des heil. Aloisius. Vom Verf. der „Abendunterhaltgn. in Gesprächen e. Landpfarrers". 10. verb. Aufl. Innsbruck, 853. (Wagner.) 12. (VIII, 468 S. m. lith. Titel in Farbendr. u. 1 Stahlst.) 15 ngl

Aloisius. Ein Gebet- und Erbauungsbuch besonders für junge Leute, gut und nützlich zu gebrauchen, zur Verehrung und Nachfolge des heil. Aloisius. Vom Verf. der „Abendunterhaltungen in Gesprächen eines Landpfarrers." 12., verb. Aufl. Innsbruck 858. F. Rauch. (VIII, 424 S. u. 1 Lithogr.) 15 ngr

ALOYSIUS VON GONZAGA. Anmuthung zu dem heiligen Aloysio. Tyrnau 1765. o. Dr. 2 f. - 18°

Aloysius Gonzaga, der heilige, aus der Gesellschaft Jesu. Ein Büchlein, welches nebst e. Lebensabriß die Andacht der sechs Sonntage zur Ehre dieses Vorbildes der Jugend u. e. Anleitung zu den täglichen Andachtsübungen enthält. 3. Aufl. Mit 3 Stahlst. Zürich 867. Woerl. 16. (320 S.) n. 6 ngr

Aloysius Gonzaga, d. heil., d. christl. Jugend zur Nachfolge dargest. Ein Hülfsbüchl. f. Jene, welche zur Ehre dess. die 6 Sonntage halten wollen. Von einem Weltpriester (Gasser). 12. (5½ B. u. 1 Holzschn.) Füssen 832. (Landshut, Manz.) Thlr.

Aloisius von Gonzaga, der Heilige — ein Vorbild für Alle! Ein Hilfsbüchlein zur Verehrung dieses Heiligen überhaupt und zur Haltung der sechssonntägigen Andacht insbesondere. 8. (34 S.) Leitmeritz, C. W. Medau.

Aloisius Gonzaga spreto fortiter et gloriose mundo sociis Jesu se ivngens. Theatro datus . . . S. l. 1728. V: *Mey, Frdr.* (Jes)

Aloysius, Bruder aus d. Kongregation d. Pius-Brüder in Heerlen, Limburg: Trost der Kranken. Eine Abhandlung über ungefähr 200 geprüfte heilkräftige Pflanzen, über Wasseranwendungen, Hausmittel u. Krankheiten. — Aachen: Schweitzer; [übergekl.:] Uster ⟨Ct. Zürich⟩: Gyr-Niederer 1902. XVIII,337 S. **1:**If 10925.
3.6054

Aloysius von Gonzaga

Aloysius, St., der Engel im Fleische. Gefeiert in Betrachtgn. auf neun Tage u. sechs Sonntage u. in Gebeten für alle Tage. Nebst Morgen-, Abend-, Meß- u. a. Gebeten. Für die Verehrer dieses großen Heiligen zusammengestellt von e. kathol. Geistlichen. Mit 1 Titelkpfr. (Holzschn.) Regensburg, 855. Manz. 24. (288 S.) 5 ngl

Aloysius v. Gonzaga, hl., die hl. Engel u. die Schutzengel. Genehmigte Uebertragg. der französ. Ausg. v. Clara Rheinau. (VII, 48 S.) 16. Mainz 906. Druckerei Lehrlingshaus. n. — 60

Aloysius v. Gonzaga, die Engelwelt, geschaut u. beschrieben vom englischen Jüngling A. In getreuer Uebersetzg. aus dem Ital. v. Philib. Seeböck, O. Fr. M. 2. Aufl. (VIII, 136 S. m. farb. Titelbild.) 32. Dülmen 904. A. Laumann. Kart. n. — 50

Aloysius, St., s. Aloysius Gonzaga

Aloysius Stanislaus, Epistel-Worte, s.: Handbibliothek, katechetische. 40.

Aloysius Stanislaus (Frz. Gust. Sina), Krümlein v.d. Mutter Tisch, s. Handbibliothek, katechetische.

— Pröblein aus den Sonntags-Episteln, s.: Handbibliothek, katechetische. 36.

– Ueberbleibsel v.d. Mutter Tisch, s. Handbibliothek, katechetische.

Aloysius-Büchlein, s.a. Aloisi-Büchlein

Aloisius-Büchlein. Gebete und Betrachtungen für die sechs Sonntage zu Ehren . . . des hl. Aloysius . . . Dülmen 1864. 24. Aufl. Dülmen i. W. 1898. V: *Eming, Joh. Wilh.* (Berl) (Kass) (Gk)

Aloysius-Büchlein. Gebete u. Betrachtgn f. d. 6 Sonntage zu Ehren d. engl. Jünglings u. Vorbildes d. Jugend, d. heil. Aloysius. Neueste Afl. 16. (208) Dülm. 80, Laumann. n. — 50; geb. n. — 75

Aloysius-Büchlein. Gebete u. Betrachtungen f. die 6 Sonntage zu Ehren d. engl. Jünglings u. Vorbildes der Jugend, d. heil. Aloysius. Für den gemeinschaftl., öffentl. u. f. den Privat-Gebrauch. Vom Verf. der Mai-Andacht. Neueste stark verm. u. m. e. neuntäg. Andacht zum h. Aloysius vers. Aufl. 16. (208 S. m. 1 Stahlst.) Dülmen 881. Laumann. n. — 50; geb. n. — 75

Aloysius-Büchlein. Gebete und Betrachtungen für die 6 Sonntage zu Ehren des engl. Jünglings und Vorbildes der Jugend des heil. Aloysius. Für den gemeinschaftl., offentl. und für den Privat-Gebrauch. Vom Verf. der Mai-Andacht. 6.—8. stark verm. und mit einer neuntäg. Andacht zum heil. Aloysius verseh. Aufl. 16. (208 S. mit 1 Stahlst.) Dülmen 885—88, Laumann'sche Verlagsh. * 50 Pf.; geb. *

Aloysius-Büchlein. Vom Verf. der Mai-Andacht. 10. Aufl. 16. (220 S. m. 1 Stahlst. Dülmen 890. Laumann. n. — 50; geb. n. — 75

Aloysius-Büchlein. Gebete u. Betrachtgn. f. d. 6 Sonntage zu Ehren d. engl. Jünglings u. Vorbildes der Jugend, d. hl. Aloysius, nebst e. neuntäg. Andacht zum hl. Aloysius. Für den gemeinschaftl., öffentl. u. f. den Privatgebrauch. Vom Verf. der Mai-Andacht. 11. Aufl. 16. (238 S.) Dülmen i/W. 891. A. Laumann. n. — 50; geb. n. — 75

Aloysius-Büchlein. Gebet- u. Andachtsbüchlein zur Verehrung u. Anrufung des heiligen Aloysius [Luigi Gonzaga]. Von e. Priester der Erzdioezese Köln. — M[ünchen-]Gladbach [usw.]: Riffarth [1894]. IV,230 S. **1:**Dw 1304.
3.6058

Aloysius-Büchlein. E. Mahnwort a. d. Jugend, nebst ein. Andachtsübgn. z. Verehrg d. Heiligen. Von J. H. 3. Aufl. 16. (80 S. m. 1 Farbdr.) M.-Gladbach (895). B. Kühlen. — 30; geb. — 50

Aloysius-Büchlein. Gebet- u. Andachtsbüchlein zur Verehrg. u. Anrufg. des hl. Aloysius. Von e. Priester der Erzdiözese Köln. gr. 16. (IV, IV, 230 S. m. 1 Farbdr.) M. Gladbach (895). A. Riffarth. Geb. in Leinw. — 65

Aloysius-Büchlein. Gebetbuch für d. Jugend. Hrsg. v. *J. B. Mehler.* M. Chromotitelbild. 16°. 128 S. Einsiedeln, Verlagsanstalt Benziger & Co. 1899. Geb. — 65

Alp, der russische. Von ***. 8. (68 S.) Dresden 890. Glöß' Druckerei. n. 1. —

Alp, der russische. Von *** gr. 8. (68 S.) Dresden 891. Druckerei Glöß. n. 1. —

Alp, Aug., erste Heimatkunde als Vorschule der Geographie. Zugleich Leitfaden für den Unterricht in der Heimatkunde des Kreises St. Goarshausen. (Text zur Schulwandkarte desselben Verf.) Mit e. (farb.) Karte des Kreises. (61 S.) 8. Oberlahnstein (905). M. J. Mentges. n. — 40

Al Pa
Pseudonym für Alfred Partzsch
— Abriß einer vorgeschichtlichen Völkerkunde nach Scott-Elliots 'Atlantis', H.P. Blavatskys 'Geheimlehre' und anderen Quellen. — Bitterfeld & Leipzig: Baumann 1904. 69 S. **1:**Pz 9335/3. **12:**Anthr. 206 q. 3.
3.6062

Al Pa: Abriss e. vorgeschichtl. Völkerkde n. Scott-Elliots „Atlantis", HP Blavatskys „Geheimlehre" u. and. Quellen. (70) 8° Bitterf. 04. Schmiedeberg, FE Baumann. — 75

Alpartil, Martin de: Chronica actitatorum temporibus Domini Benedicti XIII. Zum erstenmal veröffentlicht von Franz Ehrle. Bd 1. — Paderborn: Schöningh 1906. XLII, 616 S.
1. Einleitung, Text der Chronik, Anhang ungedruckter Aktenstücke.
(Quellen u. Forschungen aus d. Gebiete d. Geschichte. 12.)
1:P 7555 12. **12:**H. misc. 245 d–12. **300:**157.247–C. Per. 12. 2. 3. 4. 5. 6. 7. 8. 9. 10. 11. 102.
3.6066

Alpbella [Schlagwort]

Alpbella, s.: Schweiz. Atlas.

Alpdrücken der Gegenwart. Augenscheinlich naturgemässe Lösung der Frage der Socialdemokratie und Kampf der Arbeit gegen das Kapital. gr. 8°. Hamburg 1893.

Alpen [Sachliches OW]

— die, s.a. Land u. Volk, deutsches. Hft. 13. 14.

Alpen — Die —. 1,948,000. Photolithographie. Berlin 1867, bei E. Kellner. 1 Bl. mit, 1 Bl. ohne Schrift.

Alpen, die. **Nach einem Relief von C. Raaz. 1:1,948,000. Fol. Weimar [Leipzig] 871, Photolithogr. Institut. * aufgez. M 1,50.; Orohydrographisch (ohne Schrift) ***

Alpen. Die A'. [Mit] Buchschmuck von Ewald Manz. 2 Teile. 8. (Halle a. S., Gebauer-Schwetschke, [1909].) [*je* M. 1. 20, geb. in 1 Bde. M. 3. 20]
Teil 1: A. Alpenklänge; B. Alpenweisheit. VIII + 120 S.
Teil 2: C. Alpenwanderungen. VIII + 144 S.
Deutsches Land und Volk. Hrg. von Rektor Dr. [Wilhelm] Wohlrabe. Heft 13 ... u. 14 ... .

Aus den Alpen. Ansichten aus der Alpenwelt nach Aquarell-Gemälden von F. Alt u. A. Lfg. 4. Fol. Wien, Hölzel. 1878 10 70

Aus den Alpen. Ansichten etc. 1883
einzelne Blatt auf Carton 4 —
ohne Carton 3 75

Aus den Alpen. Ansichten aus der Alpenwelt nach Aquarellen und Oelgemälden von F. Alt & Anderen. 2. Aufl. 2. Lieferung. In-fol. Wien, Hölzel's Verlag. 1883 10 70

Aus den Alpen. Ansichten aus der Alpenwelt nach Aquarell- und Oelgemälden von F. Alt und A. 2. Aufl. 3. Lfrg. In-fol. Wien, Hölzel. 1883
Einzelne Blatt auf Carton 4 —
ohne Carton 3 75

Aus den Alpen. Ansichten aus der Alpenwelt nach Aquarell- und Oelgemälden von F. Alt u. A. 2. Aufl. Lfg. 4 und 5. In-fol. Wien, Hölzel. 1883 à 10 70

Aus den Alpen. Ansichten aus der Alpenwelt nach Aquarell- und Oelgemälden von F. Alt u. A. 2. Aufl. Lief. 6. In-fol. Wien, Hölzel. 1883
Einzelne Blätter auf Carton 4 —
ohne Carton 3 75

Aus den Alpen. Ansichten aus der Alpenwelt nach Aquarell- und Oelgemälden von F. Alt u. A. 2. Aufl. 7. Lfrg. In-fol. Wien, C. Hölzel. 1884
Einzelne Blatt auf Carton 4 —
„ „ ohne „ 3 75

Aus den Alpen. Ansichten aus der Alpenwelt, nach Aquarell- und Oelgemälden von F. Alt u. A. 2. Aufl. 8. Lief. In-fol. Wien, E. Hölzel. 1884
Einzelne Blatt auf Carton 4 —
„ „ ohne „ 3 75

Alpen, Die. Monatsschr. f. schweiz. u. allg. Kultur. Hrsg.: Frz Otto Schmid. 5—7. J. Sept. '10—Aug. '13 je 12 Hefte. (6.J., 1.Heft: 62 m. 3 Taf.) gr8° Bern, G Grunau. halbj. 4 —; einz. Hefte 1— d

Bisher u. d. T.: Rundschau, Berner.

Alpen, die Algäuer, bei Oberstdorf u. Sonthofen. Beiträge z. Charakteristik der Alpenwelt. Zugleich ein Führer für Fremde. München, 856. (Franz.) 16. (2 Bll., 224 S.) n. 16 ngl; geb. mit 6 Stahlst. n. 26 ngl

Alpen, die Berner, vom Faulhorn gesehen. Holzschn. in Farbendr. 1' 6" breit u. 6" hoch. (Abgedr. aus: die Schweiz, v. Wilh. Hamm.) Leipzig 848, Weber. n. 8 ngl

Alpen, deutsche, s.a. **Meyer's Reisebücher.**

Deutsche Alpen. [1.2.] —Leipzig: Bibliogr. Inst. 1877–78.
1. Westlicher Theil: Bayrisches Hochland - Nord-Tirol - Vorarlberg - Ötzthaler Alpen - Brennerbahn - Süd-Tirol. Von Heinrich Noé. Mit 4 Stadtpl., 16 Kt., 11 Panoramen u. 14 Ansichten in Stahlstich. 1877.
2. Östlicher Theil: Salzburg-Berchtesgaden - Hohe Tauern - Pusterthal u. Dolomiten - Salzkammergut - Ober- u. Nieder-Österreich - Steiermark - Kärnten - Krain. Mit 9 Kt. u. 3 Stadt-Pl., 8 Panoramen u. 21 Ansichten in Stahlstich. 1878.
(Meyers Reisebücher.) **12**: It. coll. 53d-5,1.2.
3.6074

— Neue Ausg. Mit Nachtr. bis 1880. [1.2.] Ebd. 1880.
1. Westlicher Theil: Bayrisches Hochland - Nord-Tirol - Vorarlberg - Ötzthaler Alpen - Brennerbahn - Süd-Tirol. Mit 4 Stadt-Pl., 16 Kt., 11 Panoramen u. 14 Ansichten in Stahlstich.
2. Östlicher Theil: Salzburg-Berchtesgaden - Hohe Tauern - Pusterthal u. Dolomiten - Salzkammergut - Ober- u. Nieder-Österreich - Steiermark - Kärnten - Krain. Mit 3 Stadt-Pl., 9 Kt., 8 Panoramen u. 21 Ansichten in Stahlstich.
(Meyers Reisebücher.)
1.2 . . . . **10.**
2 . . . . **4.**
3.6075

— 2. Aufl. T. 1–3. Ebd. 1886–87.
1. Bayrisches Hochland, Algäu, Vorarlberg, Nordtirol, Brennerbahn, Ötzthaler-, Stubaier- u. Ortlergruppe, Bozen, Meran, Vintschgau, Südtirol: Brenta-, Presanella- u. Adamellogruppe, Gardasee. Mit 17 Kt., 3 Pl. u. 12 Panoramen. 1886.
2. Salzburg-Berchtesgaden, Salzkammergut, Giselabahn, Hohe Tauern, Unterinnthal, Zillerthal, Brennerbahn, Pusterthal u. Dolomiten, Bozen. Mit 16 Kt., 3 Pl. u. 7 Panoramen. 1886.
3. Wien, Ober- u. Nieder-Österreich, Salzburg u. Salzkammergut, Steiermark, Kärnten, Krain, Kroatien, Istrien u. Dalmatien. Mit 11 Kt., 4 Pl. u. 6 Panoramen. 1887.
(Meyers Reisebücher.)
1–3 . . . . **7.**
3 . . . . **12**: Don. Reg. 12x.
3.6076

— 3. Aufl. T. 1–3. Leipzig & Wien: Bibliogr. Inst. 1890–95.
1. Mit 17 Kt., 3 Pl. u. 12 Panoramen. 1890.
2. Mit 20 Kt., 2 Pl. u. 7 Panoramen. 1891.
3. Mit 13 Kt., 7 Pl. u. 6 Panoramen. 1895.
Inhalt wie in 3.6076.
(Meyers Reisebücher.)
1–3 . . . . . . **300**: 411.515–A. Kt. S. 12, 3. Aufl.
1.3 . . . . **12**: It. coll. 53d-5a. 6,3.
3.6077

— 4. Aufl. T. 1–3. Ebd. 1893–99.
1. Mit 23 Kt., 4 Pl. u. 12 Panoramen. 1893.
2. Mit 26 Kt., 5 Pl. u. 7 Panoramen. 1895.
3. Mit 12 Kt., 6 Pl. u. 6 Panoramen. 1899.
Inhalt wie in 3.6076.
(Meyers Reisebücher.)
1–3 . . . . . . **300**: 411.515–A. Kt. S. 12, 4. Aufl.
1.2 . . . . **12**: It. coll. 53d-6,1.2.
3.6078

— 5. Aufl. T. 1–3. Ebd. 1896–1902.
1. Bayrisches Hochland, Algäu, Vorarlberg, Nordtirol, Brennerbahn, Ötzthaler-, Stubaier- u. Ortlergruppe, Bozen, Meran, Vintschgau, Südtirol: Brenta-, Presanella- u. Adamellogruppe, Gardasee. Mit 23 Kt., 4 Pl. u. 12 Panoramen. 1896.
2. Salzburg-Berchtesgaden, Salzkammergut, Giselabahn, Hohe Tauern, Unterinnthal, Zillerthal, Brennerbahn, Pusterthal u. Dolomiten, Bozen. Mit 26 Kt., 5 Pl. u. 7 Panoramen. 1897.
3. Wien, Ober- u. Nieder-Österreich, Salzburg u. Salzkammergut, Steiermark, Kärnten, Krain, Kroatien u. Istrien. Mit 13 Kt., 7 Pl. u. 6 Panoramen. 1902.
(Meyers Reisebücher.)
300: 411.515–A. Kt. S. 12, 5. Aufl.
3.6079

— 6. Aufl. T. 1–3. Ebd. 1898–1907.
1. Bayrisches Hochland, Algäu, Vorarlberg, Tirol: Brennerbahn, Ötzthaler-, Stubaier- u. Ortlergruppe, Bozen, Schlern u. Rosengarten, Meran, Brenta- u. Adamellogruppe, Bergamasker Alpen, Gardasee. Mit 24 Kt., 4 Pl. u. 12 Panoramen. 1898.
2. Salzburg-Berchtesgaden, Salzkammergut, Giselabahn, Hohe Tauern, Unterinnthal, Zillerthal, Brennerbahn, Pusterthal u. Dolomiten, Bozen. Mit 26 Kt., 5 Pl. u. 7 Panoramen. 1900.
3. Wien, Ober- u. Nieder-Österreich, Salzburg u. Salzkammergut, Steiermark, Kärnten, Krain, Kroatien u. Istrien. Mit 13 Kt., 9 Pl. u. 6 Panoramen. 1907.
(Meyers Reisebücher.)
1.3 . . . . . . **300**: 411.515–A. Kt. S. 12, 6. Aufl.
2 . . . . **2.**
3.6080

Deutsche Alpen. 5. Aufl. Berichtigter Abdr. T. 2. Leipzig & Wien: Bibliogr. Inst. 1899.
2. Mit 26 Kt., 5 Pl. u. 7 Panoramen.
Inhalt wie in 3.6080.
(Meyers Reisebücher.)
300: 411.515–A. Kt. S. 12, 5. Aufl.
3.6081

— 6. Aufl. Berichtigter Abdr. T. 1. Ebd. 1900.
1. Mit 24 Kt., 4 Pl. u. 12 Panoramen.
Inhalt wie in 3.6080.
(Meyers Reisebücher.)
300: 411.515–A. Kt. S. 12, 6. Aufl.
3.6082

— 7. Aufl. T. 1–3. Ebd. 1901–11.
1. Mit 25 Kt., 4 Pl. u. 14 Panoramen. 1901.
2. Mit 27 Kt., 5 Pl. u. 8 Panoramen. 1903.
3. Mit 31 Kt., Pl. u. 6 Panoramen. 1911.
Inhalt wie in 3.6080.
(Meyers Reisebücher.)
300: 411.515–A. Kt. S. 12, 7. Aufl.
3.6083

— 8. Aufl. T. 1.2. Ebd. 1903–04.
1. Mit 27 Kt., 5 Pl. u. 14 Panoramen. 1903.
2. Mit 27 Kt., 5 Pl. u. 9 Panoramen. 1904.
Inhalt wie in 3.6080.
(Meyers Reisebücher.)
1.2 . . . . . . **300**: 411.515–A. Kt. S. 12, 8. Aufl.
1 . . . . **12**: It. coll. 53d-7,1.
3.6084

— 9. Aufl. T. 1.2. Ebd. 1905–06.
1. Mit 26 Kt., 5 Pl. u. 15 Panoramen. 1905.
2. Mit 28 Kt., 5 Pl. u. 9 Panoramen. 1906.
Inhalt wie in 3.6080.
(Meyers Reisebücher.)
1.2 . . . . . . **300**: 411.515–A. Kt. S. 12, 9. Aufl.
1 . . . . **10.**
2 . . . . **12**: It. coll. 53d-7,2.
3.6085

— 10. Aufl. T. 1.2. Ebd. 1908–09.
1. Mit 26 Kt., 5 Pl. u. 15 Panoramen. 1908.
2. Mit 29 Kt., 7 Pl. u. 10 Panoramen. 1909.
Inhalt wie in 3.6080.
(Meyers Reisebücher.)
1.2 . . . . . . **300**: 411.515–A. Kt. S. 12, 10. Aufl.
2 . . . . **10.**
3.6086

— 11. Aufl. T. 1.2. Ebd. 1910–12.
1. Mit 27 Kt., 6 Pl. u. 15 Panoramen. 1910.
2. Mit 30 Kt., 7 Pl. u. 10 Panoramen. 1912.
Inhalt wie in 3.6080.
(Meyers Reisebücher.)
300: 411.515–A. Kt. S. 12, 11. Aufl.
3.6087

— 12. Aufl. T. 1. Ebd. 1913.
1. Mit 26 Kt., 6 Pl. u. 14 Panoramen.
Inhalt wie in 3.6080.
(Meyers Reisebücher.)
1: S 11870[12]. **300**: 411.515–A. Kt. S. 12, 12. Aufl.
3.6088

Deutsche Alpen. (Südbayern, Tirol, Salzburg etc.) Ein Führer für Reisende in die Alpenländer. Mit vielen Pl., Kt., Panoramas, Grundrissen etc. — Würzburg, Wien: Woerl (1882). XX,390 S. (Woerl's Reisehandbücher.)
1: S 11885. **12**: It. sing. 9ke.
3.6089

Alpen in der Franzosenzeit. Geldern [1901]. V: *Bösken, W.* (Berl)

— Glarner Alpen, s.: Westentaschen-Sammlung.

Julische Alpen. 1 : 50.000. Westlicher Teil. Montasch-, Kanin-, Wischberg- und Manhartgruppe. [Topographische Detailkarten, XV.] gefalzt * K 2.50, auf Leinwand * K 4.—

Lechtaler und Algäuer Alpen. [J. G Thöni's Tiroler Weg- und Distanzkarten. 1.] gefalzt K —.30, auf Leinwand K 1.—
Imst: Grissemann 1909.

Die österreichischen Alpen. (4 Blätter von A. Steinhauser's Wandkarte der gesammten Alpen.) 1 : 500.000. Gr.-Q.-Folio. Lithogr. Tonfarbendruck. Wien, Artaria & Co. 3 fl. 1881.

Die Ötztaler Alpen. [J. G. Thönis Tiroler Weg- und Distanzkarten. Nr. 5.] gefalzt in Umschlag K —.20
Imst: Grissemann, 1908.

Alpen, die Salzburger. Aquarelle von C. P. C. Köhler mit Schilderungen von Max Haushofer. Neue bill. Ausg. qu. gr. 4. (93 S. Text und 21 Chromolithogr.) [Darmstadt 880, Köhler's Verlag.] Altona, Send. geb.

Alpen, d. Salzburger. Aquarelle v. CPC Köhler m. Schildergn v. M Haushofer. Neue bill. Asg. 2—5. Lfg. 4. (à 1 Chromol. m. Text 5—20.) Darmst. 81. Köhler's V. à *n.* 1. —

Alpen, die Salzburger. Aquarelle v. C. P. C. Köhler m. Schilderungen v. Max Haushofer. Neue bill. Ausg. (In 21 Lfgn.) 1.—5. Lfg. qu. gr. 4. (à 1 Chromolith. m. 4 S. Text.) Darmstadt 880. 81. Altona, Send. à n. 1. —

— die Schweizer. Wanderskizzen u. Stimmungsbilder aus helvet. Lande. 12. (VI, 548 S.) Würzburg 881. Woerl's Sep.-Co. n. 4. 50; geb. n. 5. —

Alpen, Die Tessiner; Itinerar für den Schweizer Alpen-Club 1873. Basel 1873. V: *Rütimeyer, Ludwig.* (Cat. d. Stadtbibl. Zürich. Zürich 1864—97.)

Alpen, Unterwaldner, und angrenzende Urner Alpen ... Basel 1875. V: *Christ, Herm.* (Cat. d. Stadtbibl. Zürich. Zürich 1864—97.)

Zillertaler Alpen. [J. G. Thöni's Tiroler Weg- und Distanzkarten. 7.] gefalzt K —.30, auf Leinwand K 1.—
Imst: Grissemann 1909.

Alpen [Schlagwort]
– s.a. Atlanten. Stieler.
– s.a. Automobilkarten. Mittelbach.
– s.a. Deutschland. Gaebler.
– s.a. Generalkarten. Flemming. Hölzel.
– s.a. Geologische Karten. Schmidt.
– s.a. Oesterreich, Schulz, R.A.
– s.a. Profil durch Deutschland u. die Alpen.
– s.a. Radfahrerkarten. Mittelbach.
– s.a. Touristenkarten.

Alpen. Aegerter, L., Karte der Allgäuer- u. Lechtaler Alpen. Westliche Hälfte. Hrsg. v. deutschen u. österreich. Alpen-Verein. 1 : 25,000. 82×54 cm. Farbdr. Wien 906. (München, J. Lindauer.) n. 4. —

Alpen. Aegerter, L., Karte der Allgäuer- u. Lechtaler Alpen. Östliche Hälfte. Hrsg. v. deutschen u. österreich. Alpen-Verein. 1 : 25,000. 78,5×56 cm. Farbdr. Wien 907. (München, J. Lindauer.) 4. —

— — Karte der Ankogel-Hochalmspitzgruppe. Terrainstich v. H. Rohn. Nach den Orig.-Aufnahmen des k. u. k. militärgeograph. Instituts in Wien bearb. Hrsg. vom deutschen u. österreich. Alpenverein. 1 : 50,000. (Aus: „Ztschr. d. deut. u. österr. Alpenver.") 34,5×55,5 cm. Farbdr. Ebd. 909. 4. —

— — Karte der Brentagruppe. Terrainstich v. H. Rohn. Hrsg. vom deutschen u. österreich. Alpen-Verein. 1 : 25,000. [Aus: „Ztschr. d. deut. u. österr. Alpen-Ver."] 86,5×55 cm. Ebd. 908. 6. —

— — Karte der Langkofel- u. Sellagruppe. Hrsg. vom deutschen u. österreich. Alpen-Verein. 1 : 25,000. 40,5×64,5 cm. Farbdr. Ebd. 904. n. 4. —

— — Karte der Marmolatagruppe. Hrsg. v. deutschen u. österreich. Alpen-Verein. 1 : 25,000. 57×88,5 cm Kpfrst. Ebd. 905. n. 4. —

Alpen. Alpenpässe der Schweiz, s.: Westentasche-Karten-Collection.

— Artaria's Special-Touristen-Karten. Nr. 4 u. 5. Für Touristen bearb. v. Gust. Freytag. 1 : 50,000. Farbendr. Wien 891. Artaria & Co. Auf Leinw. à n. 1. 40
4. Dachstein-Gruppe m. Distanz-Uebersichtskarte. Mit Beiträgen v. G. Geyer u. H. Hess. 55×58 cm.
5. Ötscher u. Dürrenstein bis Maria-Zell, Gaming u. Lunz. Mit Distanz- u. Markirungs-Beikarte. 42×61 cm.

— — Touristenkarten der österr. Alpen. Gezeichnet v. R. Maschek sen. Bearb. u. m. Distanzen versehen v. Jul. Meurer. 1 : 130,000. Blatt I—V. Farbendr. Mit Tourentabelle. 8. Ebd. Auf Leinw. in Leinw.-Karton. à n. 2. 50
I. Salzburg-Berchtesgadener Alpen, Loferer u. Leoganger Steinberge, Kitzbüheler Berge. (Salzburg, Berchtesgaden, Kitzbühel, Chiemsee.) 52,5×56 cm. (11 S.) 892.
II. Salzkammergut, Dachstein, ober-österreichische Seen. (13 S.) 893.
III. Östliche ober-österreichische u. Ennsthaler Alpen. (9 S.) 893.
IV. Hochschwab, Hohe Veitsch, Schneealpe, Oetscher. 60×44,5 cm. (11 S.) 892.
V. Wiener Wald, niederösterr.-steir. Grenzgebirge, Schneeberg, Raxalpe, Semmering, Mödling, Aspang, Mürzzuschlag, Lilienfeld. 55,5×45 cm. (17 S.) 892.
VI. Nördliche Oetzthaler u. Stubaier Alpen, nordwestl. Kalkalpen. (7 S.) — VII. Zillerthaler Alpen, westl. hohe Tauern, Riesenferner-Gruppe, Achen-See. (13 S.) — VIII. Die hohen Tauern vom Ankogl bis zum Venediger. (13 S.) — IX. Südliche Oetzthaler u. Ortler Alpen, Presanella-Gruppe. (7 S.) — X. Dolomit-Alpen. (15 S.) — XI. Garda-See, Adamello-Gruppe. (3 S.)

Alpen. Artaria's Touristenkarten der österr. Alpen. Gezeichnet v. R. Maschek sen. Bearb. u. m. Distanzen versehen v. Jul. Meurer. Mit Tourentab. X. Blatt. Wien 898. Artaria & Co.
Auf Leinw. in Leinw.-Decke n. 3. —
Dolomit-Alpen. (Bruneck, Cortina d'Ampezzo, S. Martino di Castrozza, Bozen.) Aufl. 1898. 53×65 cm. Lith. Mit Verzeichnis der Stationen, Gebirgstouren, Uebergängen u. Bergtouren m. den Distanzen, zusammengestellt von Jul. Meurer. 8. (15 S.)

Alpen. Artaria's Touristenkarten der österr. Alpen. Gezeichnet v. R. Maschek sen. Bearb. u. m. Distanzen versehen v. Jul. Meurer. 1 : 130,000. Mit Tourentab. I., II., IV. u. VII.—XI. Blatt. Lith. Mit: Verzeichniss der Touristen-Stationen u. Schutz-Hütten sowie den frequentirtesten Routen u. Bergtouren m. den Distanzen. 8. Wien, Artaria & Co.
Auf Leinw. in Leinw.-Decke n. 20. 50

I. Salzburg-Berchtesgadener Alpen, Loferer u. Leoganer Steinberge, Kitzbüheler Berge (Salzburg, Berchtesgaden, Kitzbühel, Chiemsee). Ausg. 1900. 53×57,5 cm. Nebst Text. 8. (11 S.) n. 2. 50
II. Salzkammergut, Dachstein, ober-österreichische Seen. Rev. 1902. 61×46,5 cm. (11 S. Text.) n. 2. 50
IV. Umgebung von Maria Zell — Weichselboden — Eisenerz. (Hochschwab, Hohe Veitsch, Schneealpe, Oetscher.) Ausg. 1900. 61,5×46 cm. Nebst Text. 8. (13 S.) n. 2. 50
VII. Zillerthaler Alpen, westl. Hohe Tauern, Rieserferner-Gruppe, Achen-See. (Wörgl, Neukirchen im Pinzgau, Bruneck, Brenner-Pass, Innsbruck.) Rev. 1902. 65×57 cm. (13 S. Text.) n. 2. 50
VIII. Die Hohen Tauern vom Ankogel bis zum Venediger. (Saalfelden, Zell am See, Mittersill, Gastein, Lienz, Prägraten.) Rev. 1902. 53,5×57 cm. (13 S. Text.) n. 2. 50
IX. Südl. Oetzthaler u. Ortler-Alpen, Presanella-Gruppe. (St. Valentin a. d. Heide, Meran, Bozen, Campiglio, Bormio.) Rev. 1902. 53,5×57,5 cm. (7 S. Text.) n. 2. 50
X. Dolomit-Alpen. (Bruneck, Cortina d'Ampezzo, S. Martino di Castrozza, Bozen.) Nachträge 1901. 53,5×67 cm. Lith. 2. rev. u. erweit. Aufl. 8. (15 S.) n. 3. —
XI. Garda-See, Adamello-Gruppe. (Pinzolo, Trient, Schio, Garda, Idrio, Arco, Riva.) Rev. 1902. 53,5×57,5 cm. (3 S. Text.) n. 2. 50

— Artaria's Touristenkarten der österr. Alpen. Gezeichnet v. R. Maschek sen. Bearb. u. m. Distanzen versehen v. Jul. Meurer. 1:130,000. Mit Tourentab. VI., VII. u. IX.—XI. Blatt. Lith. Mit: Verzeichniss der Touristen-Stationen u. Schutz-Hütten sowie der frequentirstesten Routen u. Bergtouren m. den Distanzen. 8. Wien, Artaria & Co.
Auf Leinw. in Leinw.-Decke. n. 13. —

VI. Nördl. Oetzthaler- u. Stubaier Alpen, nordwest. Kalkalpen. (Lermoos, Zirl, Vent, Reschen-Scheideck, Arlberg-Pass, Landeck.) Nachträge 1906. 54×61,5 cm. (9 S. Text.) n. 2. 50
VII. Zillerthaler Alpen, westl. Hohe Tauern, Rieserferner-Gruppe, Achen-See. (Wörgl, Neukirchen im Pinzgau, Bruneck, Brenner-Pass. Innsbruck.) Nachträge 1906. 65×58 cm. (Ohne Text). n. 2. 50
IX. Südl. Oetzthaler- u. Ortler-Alpen, Presanella-Gruppe. (St. Valentin a. d. Heide, Meran, Bozen, Campiglio, Bormio.) Rev. 1906. 53,5×59 cm. (7 S. Text.) n. 2. —
X. Dolomit-Alpen. (Bruneck, Cortina d'Ampezzo, Auronzo, S. Martino di Castrozza, Bozen) Nachträge 1903. 53×65 cm. (15 S. Text.) n. 3. —
XI. Garda-See, Adamello-Gruppe. (Pinzolo, Trient, Schio, Garda, Idrio, Arco, Riva.) Rev. 1906. 53,5×57,5 cm. (3 S. Text.) n. 2. 50

— Artaria's Touristenkarten der österr. Alpen. Gezeichnet v. R. Maschek sen. Bearb. u. m. Distanzen versehen v. Jul. Meurer. 1 : 130,000. I. II. IV u. VIII. —XI. Blatt. Lith. Wien, Artaria & Co.
Auf Leinw. in Leinw.-Decke à 2. 50

I. Salzburg-Berchtesgadener Alpen, Loferer u. Leoganger Steinberge, Kitzbüheler Berge. (Salzburg, Berchtesgaden, Kitzbühel, Chiemsee.) Ausg. 1909/10. 54×57,5 cm. (909.)
II. Salzkammergut, Dachstein, ober-österreichische Seen. Ausg. 1909/10. 61×47 cm. (909.)
IV. Umgebung von Maria-Zell-Weichselboden-Eisenerz (Hochschwab-Oetscher). Ausg. 1909/10. 61×47 cm. (909.)
VIII. Die Hohen Tauern, vom Ankogel bis zum Venediger. (Saalfelden, Zell am See, Mittersill, Gastein, Lienz, Prägraten.) Rev. 1907/8. 53×56 cm.
IX. Südl. Oetzthaler- u. Ortler Alpen, Presanella-Gruppe. (St. Valentin a. d. Heide. Meran, Bozen, Campiglio, Bormio.) Ausg. 1909/10. 53×58 cm. (909.)
X. Dolomit-Alpen. (Bruneck, Cortina d'Ampezzo, Auronzo, S. Martino di Castrozza, Bozen.) Nachträge 1910. 53×66 cm. (910.)
XI. Garda-See, Adamello-Gruppe. (Pinzolo, Trient, Schio, Garda, Idrio, Arco, Riva.) Ausg. 1909/10. 53×58,5 cm. (909.)

— Atlas, historischer, der österreichischen Alpenländer. Hrsg. v. der kais. Akademie der Wissenschaften in Wien. 1. Abtlg.: Die Landgerichtskarte. Bearb. unter Leitg. v. weil. Eduard Richter. 1. Lfg.: Salzburg (von Eduard Richter), Oberösterreich (von Jul. Strnadt), Steiermark (v. Ant. Mell u. Hans Pirchegger). (12 [11 farb.] Bl.) 37×50 cm. Nebst Erläutergn. (IV, 49 S.) gr. 4. Wien 906. A. Holzhausen. n. 12. —

— Becker, F., Karte der Churfirsten-Säntisgruppe. 1 : 75,000. Nach den Aufnahmen des eidgen. topogr. Bureaus u. des österreich. k. u. k. militärgeograph Instituts bearb. Hrsg. vom schweizer. Alpenclub 1903. 75×67,5 cm. Farbdr. St. Gallen 904. (Fehr.) n. 3. 20; auf Leinw. n.n. 4. 40

— Bernhard, C., Touristen-Karte vom Bayerischen Hochland, Nordtirol u. Salzkammergut zwischen Bodensee u. Traunsee, München u. Innsbruck, nebst Brennerbahn. 1 : 500,000. 8. Aufl. 25,5 × 62 cm. Farbendr. München 893. W. Keller. 1. —; auf Leinw. n. 1. 50

— Bernhard, C., Touristen-Karte v. bayerischen Hochland, Nordtirol u. Salzkammergut (zwischen Bodensee u. Traunsee, München u. Innsbruck, nebst Brennerbahn). 1 : 500,000. 10., verb. Aufl. 26 × 63 cm. Farbdr. München 897. W. Keller. Auf Leinw. n. 1. —

— — praktische Touristenkarte f. das bayer. Hochland u. sicherer Wegführer f. Besucher d. königl. Schlosses Herrenchiemsee, nebst Abb. u. hinweis. Texte der damit zu verbind. Partien: vom Wendelstein bis üb. Salzburg, von Wasserburg bis üb. die tyrol. Grenze, inbegriffen das Salzkammergut. Oestl. Thl. 1 : 250,000. 2., verb. u. verm. Aufl. 33 × 45,5 cm. Farbendr. Mit Text. gr. 16. (3 S.) Ebd. 895. n. — 80; m. d. westl. Thl. n. 1. 50

— — dasselbe, nebst e. Theile Tyrol's. Sicherer Wegführer f. Besucher d. kgl. Schlösser Berg, Hohenschwangau m. Neuschwanstein, Linderhof (Hundinghütte), Schachen, Herzogstand u. s. w. Nebst Abbildgn. u. hinweis. Texte der damit zu verbind. Partien. Westl. Thl. 5., verm. u. verb. Aufl. 33 × 45,5 cm. Farbendr. Mit Text. gr. 16. (4 S.) Ebd. 895. n. — 80; m. dem östl. Thl. n. 1. 50

— — dasselbe u. e. Teile Tirols zwischen Füssen u. Wendelstein, München u. Achensee. (Östlicher Tl.) 1 : 250,000. 6., verb. Aufl. 33 × 46 cm. Farbdr. Ebd. 897. Auf Leinw. n. 1. —

— — dasselbe, v. e. Teile Tirols u. des Salzkammergut zwischen Wendelstein u. Schafberg, Wasserburg u. Zell am See. (Westlicher Tl.) 1 : 250,000. 3., verb. Aufl. 33 × 46 cm. Farbdr. Ebd. 897. Auf Leinw. n. 1. —

— Brändle, Frd., Entfernungs- u. Höhen-Karten. I. —III. Blatt à 42×56 cm. Autogr. Konstanz (908). (E. Ackermann). à 1. —

I. Bregenzerwald u. Vorarlberg. — II. Lichtenstein, Montavon, St. Anton u. Konstanzer Hütte m. Umgebung. — III. Oberstdorf u. Umgebung, Lechtal u. Königschlösser.

— Brunn's Karte der Lechthaler- u. Algäuer-Alpen u. des Bregenzer Waldes südlich einschliessend die Arlbergbahn. Unter ganz besond. Berücksicht. der oro-hydrograph. Verhältnisse u. des vollständ. Wegnetzes üb. die Alpen. 1 : 250,000. 49 × 63 cm. Farbdr. München (Ohlmüllerstr. 1/I) (901). Osc. Brunn. 2.—

— Brunn's, Osc., Karte der deutschen u. österreich. Alpenländer. (Die Ostalpen.) Höhenschichten-Darstellg., Entwurf u. Ausführg. v. B. 1 : 600,000. 60×94 cm. Farbdr. Nebst: Hütten-Verzeichnis. Bearb. von Karl Tobler. Gruppeneinteilung der Ostalpen nach Hugo Gerbers. (26 S.) 8. München (904). O. Brunn. n. 4. —; Hüttenverzeichnis allein n. — 60

Hieraus einzeln:
Oestliches Blatt. 60×53,5 cm. 2. —. — Westliches Blatt. Tirol m. den angrenz. Ländern (südlich einschliessend d. italien. Seen, Mailand u. Venedig). 60×53,5 cm. 2.—.

— Brunn's Spezial-Karte der Berchtesgadener Alpen einschliessend die Reiteralpe, die Loferer u. Leoganger Steinberge, das Hagengebirge, das Steinerne Meer, die östlichen Kitzbühler Alpen bis Zell a. See u. Pinzgau. 1 : 100,000. 45,5×55 cm. Farbdr. München (909). O. Brunn. 1.50

— — Strassen-Karte der deutschen u. österreichischen Alpenländer. Nördl. Regensburg, südl. Mailand, östl. Wien, westl. Zürich. Mit Kilometer-Entfernungsangaben. 1 : 800,000. 51,5×75,5 cm. Farbdr. Ebd. (908). 2. —

— Detail-Karte des Tátra-Gebietes. 1 : 25,000. Reproduction d. Neuaufnahme v. J. 1896/97. Hrsg. vom k. u. k. militär-geograph. Institute zu Wien. 2 Blatt à 74 × 56 cm. Farbdr. Wien 898. (R. Lechner's Sort.) n.n. 6. —

— Detailkarten, topographische. Ausgeführt im k. u. k. militär-geogr. Institute in Wien. Die Wegmarkirgn. nach Angabe v. R. Lechner's Hof- u. Univ.-Buch. (W. Müller in Wien.) Nr. I—V. Photolith. u. Farbendr. Wien, (R. Lechner's Sort.). n.n. 16. —
I. Gesäuse. 1 : 30,000. Red. v. der alpinen Gesellschaft „Ennsthaler". 59×75,5 cm. n.n. 3. 40
II. Hochschwab. 1 : 40,000. Red. v. A. Böhm. 58,5×85 cm. 892. n.n. 3. 40
III. Mariazell u. Umgebung. 1 : 60,000. 78 × 88,5 cm. 892. n.n. 4. —
IV. Oetschergruppe. 1 : 60,000. 47,5×45,5 cm. 893. n.n. 1. 80
V. Ampezzaner u. Sextener Dolomiten. 1 : 50,000. 54,5×64,5 cm. 894. n.n. 3. 40

— Detailkarten, topograph. Ausgeführt im k. u. k. militär-geogr. Institut in Wien. Mit Bezeichng. der markirten Wege, red. v. R. Lechner's Hof- u. Univ.-Buchh. Nr. VI—XI. Photolith. u. Farbendr. Ebd. à n.n. 3. 40; auf Leinw. n.n. 29. 40 (I—XI: n.n. 36. 40; auf Leinw. n.n. 53. —)
VI. Schneeberg u. Raxalpe. 1 : 40,000. 45,5 × 60 cm. 895. Auf Leinw. n.n. 4. 40
VII. Nordwestliche Dolomiten. 1 : 50,000. 59 × 79 cm. 895. Auf Leinw. n.n. 5. —
VIII. Stubaier Alpen. 59,5 × 77,5 cm. 895. Auf Leinw. n.n. 5. —
IX. Oetzthaler Alpen. 59,5 × 81 cm. 895. Auf Leinw. n.n. 5. —
X. Pala-Gruppe (südliche Dolomiten). 61 × 79,5 cm. 897. Auf Leinw. n.n. 5. —
XI. Adamello-, Presanella- u. Brenta-Gruppe. 60 × 83 cm. 897. Auf Leinw. n.n. 5. —

— Detailkarten, topographische. Hrsg. vom k. u. k. militär-geogr. Institut in Wien. XII u. XIII. Photolith. u. Farbdr. Wien (R. Lechner's Sort.) n.n. 10. — ; auf Leinw. n.n. 15. 10
XII. Tátra-Gebiet. 1 : 25,000. Reproduction der Neuaufnahme v. J. 1896/97. 74×111 cm. (900.) n.n. 6. — ; auf Leinw. n.n. 9. 60
XIII. Zillerthaler-Alpen u. Rieserfernergruppe. Mit Bezeichng. der markirten Wege. 1 : 75,000. 59,5×92 cm. (900.) n.n. 4. — ; auf Leinw. n.n. 5. 50

— Detailkarten, topographische. XIV. u. XV. Photolith. u. Farbdr. Wien, (R. Lechner's Sort.). nn 4. 50
XIV. Mendel u. Umgebung. 1 : 50,000. Ausgeführt im k. u. k. militärgeogr. Institut in Wien. Mit Bezeichng. der markierten Wege. 54,5×54,5 cm. (907.) nn 2. —
XV. Julische Alpen, westlicher Tl. Montasch-, Kanin-, Wischberg- u. Manhart-Gruppe. Nach den neuesten Aufnahmen bearb. u. hrsg. vom k. u. k. militärgeograph. Institut in Wien. 1 : 50,000. 49×68 cm. 907. nn 2. 50

— **Diemer, M. Zeno,** Panorama vom Westgipfel der Zugspitze, gestiftet v. Herm. Engel. 82 × 73 cm. Steindr. München 893. (Literar.-artist. Anstalt.) n. — 80

– Eisenbahnkarte d. Ostalpenländer, westl. u. östl. Tl. 1:700,000. 2 Bl. Farbendr. Fol. Leipzig 1887 (A. Duncker. - Hartmann).

— **Forni, Peter Graf,** Panorama v. der Kaiser-Warte bei Bruneck (Tirol). Geometrisch aufgenommen u. gezeichnet. Seehöhe 1023 m. Radius 0,283 m. Bestimmungen nach der Generalstabskarte (1 : 75,000) 24,5×200 cm. Steindr. Mit 1 Bl. Text. gr. 8. Bruneck 893. (W. Voigt.) n. 1. 50

— Freytag's, Gust., Karte der Goldberg- u. Ankogel-Gruppe. Mit Beiträgen v. F. Kordon. 1 : 50,000. Neue rev. Ausg. 46×103 cm. Mit e. Übersichtskarte der neuen Tauernbahn. 1 : 250,000. 34×28,5 cm. Farbdr. Wien (909). G. Freytag & Berndt. 2.50; auf Leinw. n 4. 20

Alpen. Freytag, G., Karte d. niederösterr.-steirischen Grenzgebirge vom Schneeberge bis zum Hochschwab in 8 Blättern. 1. Blatt. Der Hochschwab von Weichselboden bis Eisenerz u. das Hochkar. Für Touristen bearb. 1 : 50,000. 5. Aufl. 51 × 62 cm. Farbdr. Wien 901. Artaria & Co. n. 2. 40

— Freytag, Gust., Karte der Hochalpen-Spitze u. des Ankogel-Gebietes. Mit Beiträgen v. F. Kordon u. P. Oberlercher. 1 : 50,000. 46×52 cm. Farbendr. Wien 893. G. Freytag & Berndt. n. 2. 50

— — Karte der Raxalpe. Aus Artaria's Special-Touristenkarte bearb. Einzeichnung der v. den „Reissthalern" u. D.-Ö. A.-V. hergestellten Markiergn. u. Weg-Revision v. Fritz Benesch. 1 : 50,000. 27×29 cm. Farbdr. Ebd. 901. n. — 70

— Freytag's, Gust., Karte der Raxalpe. Aus Artaria's Special-Touristenkarte bearb. Einzeichnung der von den „Reissthalern" u. D.-Ö. A.-V. hergestellten Markiergn. u. Weg.-Revision v. Fritz Benesch. 1 : 50,000. 27×29 cm. Farbdr. Wien 904. Artaria & Co. n. — 70

— — Karte der Raxalpe. Aus Artaria's Special-Touristenkarte. 1 : 50,000. Einzeichnung der von den „Reissthalern" hergestellten Markiergn. u. Weg-Revision v. Fritz Benesch. 26,5×28,5 cm. Farbdr. Wien (908). Artaria & Co. — 70

— — Karte d. Sonnblick u. Umgebung. 1 : 50,000. 45,5×52 cm. Farbendr. Ebd. 893. n. 2. 50; auf Leinw. n. 3. 50

— — Touristen-Wanderkarte der Dolomiten. (Oestliches Blatt). Pragser-, Sextener- u. Ampezzaner Dolomiten, Monfalcone-, Civetta- u. Croda-Grande-Gruppe. Mit markierten Wegen. 1 : 100,000. 71×49 cm. Farbdr. Wien (903). G. Freytag & Berndt. n. 2. —; auf Leinw. n. 3. —

— — dasselbe. (Westliches Blatt.) Franzensfeste—Bozen —Neumarkt, Grödener Dolomiten, Marmolata-, Rosengarten-, Pala-Gruppe u. Sarntaler Alpen. Mit markierten Wegen. 1 : 100,000. 75×49 cm. Farbdr. Ebd. (904). n. 2. —; auf Leinw. n. 3. —

— — Touristen-Wanderkarte der Dolomiten. Mit markierten Wegen. 1 : 100,000. Westliches u. östl. Bl. 71,5×48,5 u. 71,5×45 cm. Farbdr. Wien (910). G. Freytag & Berndt. à 2. — ; auf Leinw. à n 3. —

— — Touristen-Wanderkarten m. in Farben ausgeführten Wegmarkirungen. 1 : 100,000. Blatt I—IV u. VI. Farbendr. Ebd. à n. 2. —; auf Leinw. à n. 2. 80
I. Wiener Wald. 50×61 cm. 892. — II. Niederösterreichisch-steirische Alpen u. Voralpen. (Östlicher Thl.) 50×61 cm. 892. — III. Oetscher u. sein Gebiet. 40×52,5 cm. 892. — IV. Hochschwab u. s. Gebiet. 40×52,5 cm. 892. — VI. Ennsthal. 40×52,5 cm. 894.

— Freytag's, Gust., Touristen-Wanderkarten m. in Farben ausgeführten Wegmarkirungen. 1 : 100,000. Blatt V. u. VII. Farbdr. Wien, G. Freytag & Berndt. à n. 2. — ; auf Leinw. à n. 2. 80
V. Unt. Ennsthal. 40 × 52,5 cm. 898.
VII. Wachau. 59 × 40,5 cm. 895.

— — Touristen-Wanderkarten m. in Farben ausgeführten Wegmarkierungen. 1 : 100,000. VIII. u. IX. Bl. Farbdr. Wien (901). G. Freytag & Berndt. à n. 1.70
VIII. Östliches Salzkammergut. 58×48 cm.
IX. Westliches Salzkammergut. 61×46 cm.

– Freytag, G. Wegmarkirungs- u. Distanz-Karte der Schnee-Alpe. Hrsg. v. d. alpinen Gesellschaft: D'Altenberger", Mitglieder d. Alpenclub „Oesterreich". 1:45,000. Lith. u. col. 4. – Wien 1883, Artaria & Co.

Alpen — Topographischer Führer in den — von Oesterreich, Ober-Steiermark, Salzburg, eines Theils von Kärnten und Tirol. Entw. etc. von Rud. Maschek im mil. geogr. Inst. zu Wien (1862). 432,000. 1 Bl.

— **Gaebler, Ed., physikalische Wandkarte d. Alpengebietes u. Österreich-Ungarns. 1 : 1,000,000. 6 Blatt. à 52,5×58 cm. Farbendr. Leipzig 893. G. Lang.** n. 12. —; auf Leinw. m. Stäben. n. 20. —

— Gaebler, Eduard, Wandkarte des Alpengebietes u. von Oesterreich-Ungarn. Physikalisch. 1 : 1,000,000. 3. verb. Aufl. je 53×58 cm. Farbdr. Leipzig (903). G. Lang. n. 12. —; auf Leinw. in Mappe od. m. Stäben n. 16. —

Alpen. Gaebler, Eduard, Wandkarte d. Alpengebietes u. v. Österreich-Ungarn. 1 : 1,000,000. Physikalisch. 4. verb. Aufl. 6 Blatt à 52,5×58 cm. Farbdr. Leipzig (907). G. Lang. 13.—; auf Leinw. m. Stäben 18. —

— Oesterr., Generalkarte der, v. R. A. Schulz. 1 : 576.000. Neue Ausg. 1884. Ebds. 2 fl.

— **Gerster's, J. S., Handkarte v. Vorarlberg u. Liechtenstein u. angrenzenden Gebieten. Hrsg. auf Veranlassg. u. Mitwirkg. des kathol. Erziehungsvereins v. Vorarlberg. Hrsg.: A. Rhomberg. 1 : 175,000. (2. Aufl.) 56 × 44 cm. Farbendr. Bregenz 895. (Wagner.) n. 2.—**

— **Glöckler, Panorama der Alpenkette vom Lindenberg bei Biberach, 612 m üb. M., aufgenommen im J. 1892. 2 Bl. 18×119 cm. Farbendr. Biberach 893. Dorn. In Karton.** n. 2. —

— Haardt, V. v., Übersichts-Karte der Alpen-Länder. 1 : 1,000,000. 2 Blatt. Chromolith. gr. Fol. Wien 889. Hölzel. 2. 70; auf Leinw. in Decke n. 6. 30; stumme Ausg., roh, 2. 70

— Haardt, V. v. Wandkarte d. Alpen. 1:600,000. 6 Bl. I. Detaillirte Ausg. Chromol. Fol. Nebst e. erläut. Textheft. Mit e. (chromol.) Karte: Eintheilg. d. Alpen. 4. (27) Wien 1882, Hölzel.

Alpen. Handtke, F., u. A. Herrich, Generalkarte d. Ostalpenländer. Tirol m. Vorarlberg, Salzburg, Steiermark, Kärnten, Krain, Görz-Gradisca u. angrenz. Gebiete. 1 : 600,000. 64 × 85,5 cm. Farbendr. Glogau 896. C. Flemming. n. 2. —; m. der Generalkarte der Schweiz zusammen n. 3. —

— **Haug, E., Umgebung der Jamtalhütte, nach photographischen Aufnahmen. 1 : 25,000.** Farbdr. [Aus: „Ztschr. d. deut.-österr. Alpenver."] Wien (909). (München, J. Lindauer.) 1. —

— **Heiss, Otto, Panorama der Allgäuer Alpen v. Hoheck (925 m) bei Kempten. Federzeichnung v. L. Walther. 7 × 144 cm. Kempten 895. J. Kösel.** n. 1. —; auf Leinw. n.n. 1. 50

— **Hochlandskarte, nach den bayer. u. österr. Generalstabskarten bearb. v. G. Glas, E. Martini u. O. Messerer.** Gebirgs- u. Reisekarte v. Südbayern u. Deutsch-Tyrol, nebst den angrenz. Länderteilen der Schweiz, Salzburg, Kärnthen, Illyrien u. dem Venezianischen. 1 : 600,000. 32. Tausend. Farbendr. u. color. qu. Fol. München 890. Franz' Verl. n. 1. —; auf Leinw. n. 1. 50

— **Hölzel's Wandkarte der Alpen, auf Grundlage der V. v. Haardtschen Karte völlig neu bearb. von Frz.** Heiderich. 1 : 600,000. 6 Bl. à 65×73 cm. Farbdr. Wien (910). E. Hölzel. 31.—; auf Leinw. in Mappe 38.—; m. Stäben 42. —

Alpen. Hösli, Aug., Panorama vom Hohen-Kasten. Stahlst. 17,5×215 cm. St. Gallen 892. (Busch & Co.) In Decke. n. 2. 50

— **Jäger, C., u. R. Seeger jun., Profile der Hauptstrassen in den österreichischen Alpenländern. 8 Routen. Farbendr. à ca. 10×84 cm. Nebst je 1 Blatt Zeichen-**Erklärg. kl. 4. Graz 893. Albrechtgasse 9, Rob. Seeger jun. 3. —; einzeln à Blatt — 50

1. Wien — Semmering — Graz.
2. Graz — Marburg — Cilli — Laibach — Triest.
3. Bruck a. d. Mur — Judenburg — Neumarkt — Klagenfurt.
4. St. Michael — Liezen — Ischl — Salzburg.
5. Marburg — Unterdrauburg — Klagenfurt.
6. Salzburg — Reichenhall — Lofer — Wörgl — Innsbruck.
7. Klagenfurt — Villach — Lienz — Toblach — Franzensfeste — Toblach — Cortina.
8. Innsbruck — Brenner — Franzensfeste — Bozen — Trient — Ala.

— **Imfeld, X., la chaine du Mont-Blanc. Carte au 1 : 50,000, dressée sur l'ordre de Alb. Barbey d'après les relevés, les memsurations et la nomenclature de Louis Kurz et d'après les documents existants. 53×101 cm. Farbendr. Bern 896. (Schmid & Francke.)** n. 8. —; auf Leinw. n. 9. 60; Luxusausg. m. od. ohne Schrift n.n. 16. —

— **Kaltenegger, F., Karte der Rinder-Racen der österreichischen Alpenländer. Im Auftrage des k. k. Ackerbau-Ministeriums entworfen. 1 : 870,000. 38,5×62,5 cm. Farbdr. Wien 898. W. Frick.** n. — 80

— Karnische Alpen, s.: Geologische Karten. Frech, F.

Alpen. Karte d. Adamello- u. Presanella-Gruppe. Hrsg. vom deutschen u. österreich. Alpen-Verein. Nach den Aufnahmen des k. u. k. österreich. u. kgl. italien. militärgeograph. Institutes bearb. unter Leitg. v. F. Becker. 1 : 50,000. 61×73,5 cm. Kpfrst. München 903. (J. Lindauer.) n. 4. —

— **Karte der Berchtesgadener Alpen. Hrsg. vom deutschen u. österreich. Alpenverein. 4. Blatt. Hochkönig. 1 : 50,000. (Neue Ausg. 1902.) 41×34 cm. Kpfrst. München (902). (J. Lindauer).** n. 4. —

— Karte d. Alpen v. Bodensee bis Wien u. Triest. Gezeichnet u. zusammengestellt v. H. Petters unter Mitwirkg. v. H. Waltenberger. Kpfrst. u. col. Fol. – Augsb. 1882, Lampart's alpiner Verl.

— — **der Alpenländer in 2 Blättern („Schweiz" u. „Ostalpen"). 1 : 925,000 (34×84 cm. Farbdr.) aus Stielers Handatlas. Bearb. v. C. Scherrer u. H. Habenicht. Sonderausg., aufgezogen in Buchform u. Namenverzeichnis. (58 S.) 8. Gotha (903). J. Perthes.** In Leinw.-Decke n. 3. —

— — d. Dolomiten u. d. Südabhanges d. Central-Alpen. 1: 320.000. Chromol. Fol.– Wien 1882, Hartleben.

— — **der Dolomiten u. des Südabhanges der Central-Alpen. 1 : 320,000. 2. Aufl. 41,5×47 cm. Farbdr. Wien (906). A. Hartleben.** In Leinw.-Decke n. — 90

Alpen — Geognostische Karte der — in Savoyen und der Schweitz, in einem Theile von Deutschland, Frankreich, Piemont und der Lombardei. Gez. von F. Schoedlin ger. Gest. von J. Scheurmann. 1 : 1,250,000. 1 Bl.

— — d. Schneeberg-Raxalpe-Hochschwab- u. Oetscher-Gruppe. Hrsg. v. k. k. militär-geograf. Institute in Wien. 1:75,000. 2 Bl. Lith.Fol. Wien 1882, (Lechner's S.)

— — **der Stellagruppe. 1 : 25,000. Hrsg. vom deutschen u. österreich. Alpenverein. Aufgenommen v. L. Aegerter. 48×57 cm. Photolith. München 903. (J. Lindauer.)** n. 4. —

— **Karte der Zugspitze.** Aufnahme (bayr. Gebiet) unter Anwendg. der Photogrammetrie, Aug. 1892. Bearb. im topograph. Bureau des k. b. Generalstabes. 1 : 10,000. 59×36 cm. Farbendr. München 894. (Literar.-artist. Anstalt.) n.n. 1. 50

— Köhler, Hub., Spezialkarte der Parseier-Gruppe u. der angrenzenden Gebiete. Auf Grundlage der Orig.-Aufnahmen des k. u. k. militär-geograph. Instituts gezeichnet u. lith. Hrsg. v. der Section Augsburg des deutschen u. österreich. Alpenvereins. 1 : 50,000. 52×39,5 cm. Farbendr. Augsburg 894. Innsbruck, A. Edlinger. n. 2. —

— Kolbenheyer, Karl, Karte der Hohen Tatra m. den nächsten Voralpen. (Im Auftrage d. „ungar. Karpathen-Vereines" nach der Orig.-Aufnahme d. k. k. Generalstabes gezeichnet, m. den besten fremden u. eigenen Höhenmessgn. versehen.) 1 : 100,000. Farbendr. 39×55,5 cm. Neue Ausg. 1891. Breslau, R. Felder's Verl. n. — 60

– L e e d e r , E, Wandkarte d. Alpen. 1:750,000. 6 Bl. Chromol. Fol. Ess. 1883, Bädeker. n.10.-; auf Leinw. in Mappe n.17.- m. Stäben n. 20.-

— Liebenow, W. Special-Karte der Hohen Tatra, auf Grundlage der österr. Gen.-Stabs-Karten bearb. 1 : 100,000. Ausg. 1898. 29,5 × 47,5 cm. Farbdr. Berlin 898. A. Goldschmidt. In Futteral n. — 50

— **Maier's Spezialkarten der bayer. Alpen m. markirten Wegen. 1 : 40,000. Sektion Rotwand-Schinder. 39,5×29 cm. Farbdr. München 899. M. Kellerer. n. 1.—**

— Maier, Otto, Alpenpanorama v. Kressborn am Bodensee. 2 autogr. Blatt. schmal Fol. Ravensburg 892. Otto Maier. n. — 50

– Maschek sen., R, neueste Touristen:Karten. 1:129,600. Bl.1-3.6. 9-11. Neue Aufl. Lith. Fol. Wien 1883, Artaria & Co.

1. Salzburg, Berchtesgaden, Reichenhall etc. – 2. Gmunden, Ischl, Hallstadt, Aussee etc.– 3. Steyr, Waidhofen, Admont etc. – 6. Oetzthaler Ferner (nördl. Theil), Landeck, Nauders etc. – 9. Oetzthaler Ferner (südl. Thl.), Meran. Ortler-Gruppe etc. – 10. Umgebg. v. Bruneck, Bozen, Cortina d'Ampezzo u. Agordo. (Die Dolomit-Alpen v. Südtirol.) – 11. Riva am Garda-See etc.

— Mayr's, Geo., specielle Reise- u. Gebirgs-Karte vom bayerischen Hochland, Nordtyrol, Salzburg u. Salzkammergut. 1 : 500,000. Neue verb. Ausg. 2 Blatt. Kpfrst. u. kolor. 32×70 cm. München 891. J. Grubert. n. 1. 80

— Meurer, J., Distanz- u. Reise-Karte der östlichen Alpengebiete Oesterreichs: Salzburg, Erzh. Oesterreich, Steiermark, Kärnten, Krain u. das Berchtesgadener Land. Terrain u. Zeichng. von R. Maschek sen. 1 : 360,000. Chromolith. gr. Fol. Wien 887. Artaria & Co. In Carton. 4. 80

– M e u r e r , J, u. G. F r e y t a g , Special-Karte d. Ortler-Alpen. 1:50,000. Chromol. Fol. Nebst 2 lith. Karten in 4°. Wien, 1884. Hartleben. In Deinw.-Cart.

— Meurer, Jul., Distanz- u. Reise-Karte d. östl. Alpengebiete Österreichs. Salzburg, Erzh. Österreich, Steiermark, Kärnten, Krain u. das Berchtesgadener Land. Terrain u. Zeichng. v. R. Maschek sen. 1 : 360,000. 2. Aufl. 59 × 83,5 cm. Farbendr. Nebst Verzeichnis hervorrag. u. wicht. Fahrrouten, Touristenstationen, Touren u. Bergpartien. Zusammengest. v. M. gr. 8. (10 S.) Wien 896. Artaria & Co.
Auf Leinw. in Deckel n. 4. —

— — dasselbe von Tirol, Vorarlberg, Pinzgau u. den Dolomiten, m. Zugrundelegg. v. A. Steinhauser's Karte bearb. 1 : 360,000. Nachträge 1895. 67,5×78,5 cm. Farbendr. Ebd. 895. n. 2. 60

— — Karte der Schutzhäuser, Clubhütten, Alpenwirthshäuser u. touristischen Stationen in den österreichischen u. deutschen Alpen. 1 : 1,200,000. Lith. Mit alphabet. Tabelle der Schutzhäuser etc. zum leichten Auffinden derselben, sowie m. Angabe ob bewirthschaftet od. nicht u. m. Bezeichng. der Eigenthümer. qu. Fol. Ebd. 887. — 80

— Meurer, Jul., Karte der Schutzhäuser, Clubhütten, Alpenwirthshäuser u. touristischen Stationen in den österreichischen u. deutschen Alpen. Mit alphabet. Tabelle der Schutzhäuser etc. zum leichten Auffinden derselben, sowie m. Angabe, ob bewirthschaftet od. nicht, u. m. Bezeichng. der Eigenthümer. 2. Aufl. 1892. 1 : 1,200,000. 43×42 cm. Wien, Artaria & Co. n. — 70

Alpen. Meurer, Jul.: Reisekarte d. östl. Alpengebiete Oesterreichs: Salzburg, Erzh. Österreich, Steiermark, Kärnten, Krain u.d. Berchtesgadener Land. Terrain u. Zeichng. v. R. Maschek sen. 1:360,000, Farbendr. Fol. Nebst Karte d. tourist. Stationen etc. 4°. Wien, Artaria & Co., 1887.

— Michel, Chr., Alpen-Karte. Oestliches Blatt: Tyrol m. den angrenz. Theilen v. Bayern, Salzburg, Steiermark, Kärnthen, Krain, Oberitalien u. der Schweiz. 1 : 600,000. 8., rev. Ausg. Kpfrst. gr. Fol. München 889. J. A. Finsterlin. n. 1. 50; color. n. 2. 25; auf Leinw. in Leinw.-Carton n. 3. —

Alpen. Michel, Chr., Alpen-Karte. Westliches Blatt. Schweiz m. den angrenz. Theilen von Baden, Württemberg, Vorarlberg, Italien, Frankreich u. vom Elsass. 1 : 600,000. 2., rev. Ausg. Kpfrst. gr. Fol. München 891. J. A. Finsterlin. n. 1. 50; color. n. 2. 25; color. auf Leinw. n. 3. —

— Michel's, Chr., Alpenkarte. Oestliches Blatt. Tyrol m. den angrenz. Theilen v. Bayern, Salzburg, Steyermark, Kärnthen, Krain, Oberitalien u. der Schweiz. 1 : 600,000. 9., rev. Ausg. 1892. Kpfrst. 53,5×53,5 cm. München, J. A. Finsterlin. n. 1. 50; kolor., auf Leinw. in Leinw.-Karton n. 3. —

— — dasselbe. Westliches Blatt. Schweiz m. den angrenz. Theilen v. Baden, Württemberg, Vorarlberg, Italien, Frankreich u. vom Elsass. 1 : 600,000. 3., rev. Ausg. 1893. Kpfrst. 54×53 cm. Ebd. n. 1. 50; kolor., auf Leinw. in Leinw.-Karton n. 3. —

— Michel's, Chr., Alpen-Karte. Oestliches Blatt: Tyrol m. den angrenz. Theilen v. Bayern, Salzburg, Steyermark, Kärnthen, Krain, Oberitalien u. d. Schweiz. 1 : 600,000. 10., rev. Ausg. 54 × 53 cm. Stahlst. Schliersee 897. A. Finsterlin. n. 1. 50; auf Leinw., kolor., in Leinw.-Decke n. 3. —

— — **dasselbe. Westliches Blatt: Schweiz m. den angrenz. Theilen von Baden, Württemberg, Vorarlberg, Italien, Frankreich u. vom Elsass. 1 : 600,000. 5., rev. Ausg. 54 × 53 cm. Kpfrst. Ebd. 899. n. 1. 50; farbig, auf Leinw. n. 3. —**

— — Alpen-Karte vom bayerischen Hochlande, Salzburg, Nord-Tyrol, nebst Theilen der angrenz. Länder. 1 : 600,000. 9., rev. Ausg. Kpfrst. gr. Fol. Ebd. 891. n. 1. —; color. n. 1. 50; auf Leinw. in Leinw.-Carton n. 2. —

— — dasselbe vom bayerischen Hochlande, Salzburg, Nord-Tyrol, nebst Theilen der angrenz. Länder. 1 : 600,000. 10., rev. Ausg. 1893. Kpfrst. 26,5×71,5 cm. Ebd. n. 1. —; kolor., auf Leinw. in Leinw.-Karton n. 2. —

— — dasselbe vom bayerischen Hochlande, Salzburg, Nord-Tyrol, nebst Teilen d. angrenz. Länder. 1 : 600,000. 11., rev. Ausg. 26,5 × 71,5 cm. Kpfrst. Ebd. 898. n. 1. – ; kolor. auf Leinw. in Leinw.-Karton n. 2. —

— — Alpen-Karte von Nord-Italien u. Süd-Tyrol, nebst Theilen v. Krain, Kärnthen u. der Schweiz. 1 : 600,000. 7., rev. Ausg. Kpfrst. gr. Fol. Ebd. 889. n. 1. —; color. n. 1. 50; auf Leinw. in Leinw.-Carton n. 2. —

— — dasselbe v. Nord-Italien u. Süd-Tyrol, nebst Theilen v. Krain, Kärnthen u. der Schweiz. 1 : 600,000. 8., rev. Ausg. 1892. Kpfrst. 28×65 cm. Ebd. n. 1 —; kolor., auf Leinw. in Leinw.-Karton n. 2. —

— — dasselbe v. Nord-Italien u. Süd-Tyrol, nebst Teilen v. Krain, Kärnthen u. der Schweiz. 1:600,000. 10., rev. Ausg. 28 × 65,5 cm. Kpfrst. Ebd. 898. n. 1. —; kolor. Ausg., auf Leinw. n. 2. —

– Michel's, C., Alpenkarten. 1:400,000. Sect. 3-6. 9-12.17.18. Neue Ausg. m. Nachträgen bis Sommer 1881. Photolith. u. col. 4°. Münch. 1881, JA Finsterlin.
3. Bodensee. – 4. Hohenschwangau. – 5. Unter-Innthal. 6. Salzkammergut. – 9. Rhein-Thal. – 10. Oetzthaler Ferner.– 11. Pusterthal.– 12. Kärnthen.– 17. Venedig.– 18. Triest.–

– – spec. Gebirgs-, Post- u. Eisenbahn-Reise-Karte d. Alpen. Tyrol m.d. angrenz. Theilen v. Bayern, Salzburg, Steyermark, Kärnthen, Krain, Oberitalien u.d. Schweiz. 1:600,000. 6. Aufl. Kpfrst. u. col. Fol. München, JA Finsterlin, 1884.

— Mittelbach's, R., Touristenkarte der Alpenländer. 1:300,000. 1.—3. Blatt. Farbdr. Leipzig, Mittelbach. 4.50; auf Leinw. n 7.75
1. Schweiz (westliche Hälfte). 88×59,5 cm. 909. 1.50; auf Leinw. n 2.50
2. Schweiz (östliche Hälfte). 88×63 cm. 909. 1.50; auf Leinw. 2.50
3. Tyrol. 88×60,5 cm. (910.) 1.50; auf Leinw. 2.75

— Noé, Frz., geologische Übersichtskarte der Alpen, auf Grundlage der geolog. Aufnahmen alpiner Gebiete durch die k. k. geolog. Reichsanstalt in Wien, die königl. ungar. geolog. Anstalt in Budapest, das königl. bair. Oberbergamt etc., sowie m. Benützg. der Untersuchungen v. Baltzer, M. Bertrand, Bittner u. a. [Topographische Grundlage: V. v. Haardt's Übersichts-Karte der Alpen.] 1:100,000. 2 Blatt. Farbendr. Imp.-Fol. Mit Erläutergn. Nebst einigen einbegleit. Worten v. Ed. Suess. gr. 8. (27 S.) Wien 890. Hölzel. n. 10. —; auf Leinw. m. Stäben n. 14. —

— Paasche's, Walt., Wanderkarten. Rhätikon-, Ferwall- u. Silvretto-Gruppe. Mit Eindruck der farb. Wegbezeichngn. 1:100,000. 47×83 cm. Farbdr. Stuttgart (910). Paasche & Luz. 2.50; auf Leinw. 3.50

— Panorama der Alpenkette, aufgenommen v. Mitgliedern d. Verschönerungsvereins in Freising 1891. 10 Taf. qu. schmal Fol. Freising 891. (J. G. Wölfle.) In Leinw.-Karton. n. 1. 50

Alpen. Panorama vom Säntis. Farbendr. 14×271 cm. Mit Text. gr. 16. (4 S.) St. Gallen 892. Busch & Co. In Decke. n. 2. 50

— Pauliny, J. J., Karte v. Schneeberg, Raxalpe u. Semmering. Nach seiner Kartendarstellungs-Methode entworfen u. gezeichnet. 1:37,500. 4 Blatt à 34,5 × 38,5 cm. 4farbig. Wien 898. W. Braumüller. n.n. 4. 20; 8farbig n.n. 8. 40

— Penck, A., u. Ed. Richter, Atlas der österreich. Alpenseen, s. im Alphabet der Bücher: Abhandlungen, geographische, VI. Bd.

– Petong, R, Uebersichtskarte d. Alpengebietes. 1:506,000. 10 Bl. Chromol. Fol. Elberf. 1884, Fassbender. – Danz., Homann.

— Petters, Hugo, neue Karte der Alpen vom Bodensee bis Wien u. von München bis Verona. 1:850,000. 42×67 cm. Farbendr. u. kolor. Augsburg 894. Innsbruck, A. Edlinger. n. 2. —

— Petters, Hugo, Karte der Alpen vom Bodensee bis Wien u. von München bis Verona. (Rev. Ausg. 1899.) 1:850,000. 42×67 cm. Lith. u. Farbdr. Innsbruck, A. Edlinger. n. 1. —

— Petters, Hugo, Karte der Alpen vom Bodensee bis Wien u. von München bis Verona. 1:850,000. 42,5×69 cm. Farbdr. Innsbruck (905). A. Edlinger. n. 1. —

— — u. Th. Trautwein, Specialkarte d. Kaisergebirges in Tirol. 1:50,000. Hrsg. vom deutschen u. österreich. Alpenverein. Kpfrst. 32×42 cm. München 891. J. Lindauer. Auf Leinw. n. 1. —

— Pichert, Rud., Panorama vom Schafberg. Nach der Natur aufgenommen u. gezeichnet. 2. Aufl. 2 Bl. à 18 × 63 cm. Lith. Darmstadt 898. Städebilder-Verl. n. — 25

— Profilkarte der Arlbergstrasse (Innsbruck-Bregenz) 200 km (im Strecken-Massstab 1:200,000). Entworfen v. Mitgliedern des Radfahrer-Vereins „Thüringen" in Vorarlberg nach der Aufnahme im Sommer 1897. 15,5 × 106,5 cm. Autogr. u. Farbdr. Mit 1 Blatt Text in 12. Innsbruck 898. Wagner. n. — 60

— Prybila, C. v., Hütten-Karte (des deutschen u. österreichischen Alpenvereins). Juli 1897. 1:800,000. 40,5 × 67 cm. Farbdr. u. kolor. München 897. (J. Lindauer.) n. 1. —

– Randegger, J. Wandkarte d. Alpenlandes m. d. angrenz. Gebieten v. Central-Europa. 1:500,000. 9 Bl. Oro-hydrograph. Ausg. Farbendr. Fol.– Zürich 1886, Wurster & Co.
! Alpen. Randegger, J. Wandk. Jetzt: Winterth., Kartographia. (Nur dir.) 86/00. S. 1010

Alpen. Ravenstein, Hans. Karte der Schweizer Alpen. 1:250,000. Oestl. u. westl. Blatt à 70,5 × 64 cm. Farbdr. Frankfurt a/M. 897. L. Ravenstein. à n. 5. —; auf Leinw. in Leinw.-Decke à n. 6. —

— Ravenstein, Hans, Karte der Schweizer-Alpen. 1:250,000. (Neue Ausg.) Östliches u. westl. Blatt. Je 71×65 cm. Farbdr. Frankfurt a/M. (909). L. Ravenstein. Auf Leinw. à 4. —

— Ravenstein, L., Uebersichtskarte der Ostalpen. 1:500,000. Oestliches Blatt. Hrsg. vom deutschen u. österreich. Alpenverein. Farbendr. 52,5 × 57 cm. Frankfurt a/M. 891. L. Ravenstein. Auf Leinw. in Karton. n. 4. —

— — dasselbe. Westliches Blatt. Farbendr. 52,5×57 cm. Ebd. 892. Auf Leinw. in Leinw.-Decke. n. 4. —

— — Uebersichtskarte der Ostalpen, östliches Blatt. (Umschlag: Touristen- u. Schutzhütten-Karte f. das Salzkammergut, sowie Tauern, Steiermark, Karawanken u. Karst.) Hrsg. v. deutschen u. oesterreich. Alpenverein. 1:500,000. 53,5×57 cm. Farbdr. Ebd. (910). 2. —; auf Leinw. 3. —

— dasselbe. Westliches Blatt. (Umschlag: Touristen- u. Schutzhütten-Karte v. Tirol u. Vorarlberg nebst Teilen der Schweiz u. Oberitaliens.) Hrsg. vom deutschen u. oesterreich. Alpenverein. 1:500,0000. 52,5 ×56 cm. Farbdr. Ebd. (910). 2. –; auf Leinw. 3. —

— Ravenstein, Ludw., Karte der Ost-Alpen in 9 Blättern. 1:250,000. 1. u. 2. Blatt. Bearb. unter Mitwirkg. d. deutschen u. österr. Alpenvereins. Chromolith. qu. gr. Fol. Frankfurt a/M., Ravenstein. à Blatt n. 5. —; auf Leinw. in Leinw.-Deckel n. 6. —
1. Die bairischen u. Algäuer Alpen. 888.
2. Salzburger Alpen. Salzkammergut. 887.

— — Karte der Ostalpen. 1:250,000. Bearb. unter Mitwirkg. des deutschen u. österr. Alpenvereins. In 9 Blatt à 48,5×73,5 cm. Farbendr. Ebd. à n.n. 5. —; auf Leinw. in Karton à n.n. 6. —
1. Bayerische u. Algäuer Alpen. 2. Aufl. 890.
2. Salzburger Alpen u. Salzkammergut. 2. Aufl. 892.
3. Oesterreichische Alpen u. Wiener Wald. 884.
4. Westtiroler u. Engadiner Alpen. 3. Aufl. 889.
5. Osttiroler Alpen. Tauern u. Dolomiten. 3. Aufl. 889.
6. Steierische Alpen u. Karawanken. 884.
7. Lombardische u. Süd-Tiroler Alpen. 893.
8. Süd-Venetianische Alpen u. Karst. 893.
9. Krain. Kroatisches Gebirgsland. 886.

— Ravenstein, Ludw., Karte der Ostalpen. Bearb. unter Mitwirkg. des deutschen u. oesterr. Alpenvereins. 1 : 250,000. Blatt I, IV, VI u. VII. à 49 × 74,5 cm. Farbdr. Frankfurt a/M., L. Ravenstein. à n.n. 5.—; auf Leinw. in Leinw.-Mappe à n.n. 6.—
I. Bairische u. algäuer Alpen. 3. Aufl. 901.
IV. Karte der westtiroler u. Engadiner Alpen. 6. Aufl. 901.
VI. Karte der steierischen Alpen u. der Karawanken. (900).
VII. Karte der lombardischen u. Süd-Tiroler Alpen. (900.);

— Ravenstein, Ludw., Karte der Ost-Alpen. Bearb. unter Mitwirkg. des deutschen u, österreich. Alpenvereins. 1 : 250,000. (Neue Aufl.) Blatt I—IV, VI u. VII. Farbdr. Ebd. Auf Leinw. à Blatt 4.—
I. Karte der bairischen u. Algäuer Alpen. 49×74,5 cm. (908.)
II. Karte der Salzburger Alpen u. des Salzkammerguts. 49×74,5 cm. (908.)
III. Karte der österreichischen Alpen u. des Wiener Waldes. 49×75 cm. (908.)
IV. Karte der West-Tiroler u. Engadiner Alpen. 49×74,5 cm. (908.)
VI. Karte der steierischen Alpen u. der Karawanken. 49×74,5 cm. (908.)
VII. Karte der lombardischen u. Süd-Tiroler Alpen. 49×75 cm. (908.)

Alpen. Reise-u. Touristenkarte.

— — dasselbe. Bayer. Hochland u. angrenz. Gebiete. 1 : 150,000. 28,5 × 60 cm. Farbendr. (Bruckmann's illustr. Reiseführer Nr. 87. 88.) Ebd. 896. n. 1.—

— — dasselbe v. Tirol, bayer. Hochland, Vorarlberg, Algäu u. angrenz. Gebiete. 1 : 150,000. 60 × 60 cm. Farbendr. (Bruckmann's illustr. Reiseführer Nr. 84/86.) Ebd. 896. n. 1. 50

— Reise- u. Touristenkarte von Tirol, Vorarlberg, Algäu u. angrenz. Gebieten. 1 : 150,000. 50 × 60 cm. Farbendr. (Bruckmann's illustr. Reiseführer Nr. 82/83.) München 896. A. Bruckmann. n. 1.—

— Rothaug, J. G., Karte der österreichischen Alpenländer. 1 : 1,500,000. Politische u. physikal. Ausg. à 32 × 42 cm. Farbdr. Wien (895). G. Freytag & Berndt. à n.—20

— — Schulwandkarte der österreichischen Alpenländer. Physikalisch u. politisch. 1 : 300,000. à 6 Blatt à 89 × 67,5 cm. Farbdr. Ebd. (900). à Karte n. 10.—; auf Leinw. in Mappe à n. 15.—; m. Stäben à n. 17.—

— Schindler, Geo. Louis, Distanzenkarte v. Vorarlberg. Orig.-Ausg. 1 : 250,000. 20. Aufl. 36 × 26,5 cm. Farbendr. Bregenz 895. J. N. Teutsch. —60

— — Höhenkarte v. Vorarlberg. Orig.-Ausg. 1 : 250,000. 11. Aufl. 36 × 26,5 cm. Farbendr. Ebd. 895. —60

— Schi-Routenkarte der niederösterr.-steirischen Kalkalpen. (Umschlag: G. Freytag's Schi-Routenkarte usw. Bearb. v. Hans Gragger.) 1 : 100,000. 50,5×61 cm. Farbdr. Wien (910). G. Freytag & Berndt. 1.70; auf Leinw. n 2. 35

— Schutzhütten- u. Uebersichts-Karte der Ostalpen, westliches Blatt. Hrsg. vom deutschen u. österreich. Alpenverein. (Neue Ausg. 1900.) 1 : 500,000. 52,5 × 64 cm. Farbdr. Frankfurt a/M. 900. (München, J. Lindauer.) n. 2.—

– Silberhuber, A, Distanz- u. Wegmarkirungs-Karte d. Rax-Alpe. Hrsg. v. österr. Touristen-Club. Photol. Fol. Wien 1885, (Bretzner & Co.).

— Simon, S., Rundsicht vom Schrankogl, 3502 m. Photographische Reproduction nach den Naturaufnahmen v. J. B. Obernetter, München. 21 × 176 cm. Nebst Namensverzeichniss. (1 Taf. in gr. 4.) München 894. (J. Lindauer.) In Leinw.-Decke. n.n. 6.—

Alpen — Specialkarte der — Bayerns und Nordtyrols, von der Zugspitze bis zum Kaisergebirge, von Josef Heyberger. 146,000. München 1862. 1 Bl.

— Spezialkarte der Ankogel-Gruppe. 1 : 75,000. Hrsg. vom k. u. k. militär-geogr. Institut in Wien. Mit Bezeichng. der markirten Wege. 57 × 61 cm. Lith. Wien 894. (R. Lechner's Sort.) n.n. 3.—; auf Leinw. n.n. 4. 40

— Spezialkarte der Gross-Glöckner-Gruppe, bearb. nach den Reambulierungs-Aufnahmen des k. u. k. militär-geograph. Institutes, hrsg. vom deutschen u. österreich. Alpenverein. 1 : 50,000. Neue Ausg. 1907. 57×50 cm. Kpfrst. München, (J. Lindauer). 4.—

— Spezialkarte d. Parseier-Gruppe u. d. angrenz. Gebiete. Hrsg. v. d. Section Augsburg des D. u. Oe. A.-V. (Auf Grundl. d. Orig.-Aufnahmen des k. u. k. militär-geograph. Institutes. (1 : 50,000. 52 × 40 cm. Farbendr. Augsburg 895. Lampart & Co. n. 2.—

– Steinhauser, A. Wandkarte d. Alpen. 1:500,000. Ausg. 1884. 9 Bl. Lith. u. col. Fol.– Wien, Artaria & Co.

– – Wandkarte d. österr. Alpen. 1:500,000. 4 Bl. Chromol. Fol.– Wien 1881, Artaria & Co.

Alpen — Strassen-Karte der westlichen — Gez. und gest. zu Mayland in dem milit. geogr. Institut des K. K. Oesterr. General-Quartiermeisterstabs. Im Jahre 1831. 1:720,000. 1 Bl.

— Touristenkarte d. bayerischen Alpen m. Nordtyrol u. Salzburg. 1 : 400,000. 36,5 × 69,5 cm. Farbendr. (Bruckmann's illustr. Reiseführer Nr. 53 u. 53 a.) München (894). A. Bruckmann. n. —80

— Touristenkarte der bayerischen Alpen m. Nordtyrol u. Salzburg. (Bruckmann's illustr. Reiseführer 53. 53a.) 1 : 400,000. (Ausg. 1896.) 36,5 × 61,5 cm. Farbdr. München, A. Bruckmann. n. —80

— Touristenkarte der Zillertaler-Alpen. 1 : 100,000. 60,5×43 cm. Farbdr. Innsbruck (905). Wagner. n. 1.—; auf Leinw. n. 2.—

– Trampler, R, Berg- u. Flusskarte d. Alpen. 1:2,200,000. Farbendr. Fol. Wien 1886, Hof- u. Staatsdr.

— Ullmann, G., der Weissensee in Kärnten u. seine Umgebung, m. d. Staffgruppe, dann dem Forchen- u. Pressekersee. Touristen-Karte, hrsg. unter Mithilfe v. A. Lerch u. K. Schwab auf Basis d. Generalstabskarte 1 : 75,000. 26 × 38 cm. Farbdr. M. 7 S. Text auf d. Rückseite. Nebst Führer. 12. (24 S.) Klagenfurt 897. (A. Raunecker.) n.n. —80

— Umgebungskarte v. Aspang, Wechsel- u. Semmeringgebiet. 1 : 75,000. M. Bezeichng. d. markirt. Wege. 52,5 × 69,5 cm. Farbdr. Wien 898. (R. Lechner's Sort.) n.n. 3. 40; auf Leinw. n.n. 5.—

– Waltenberger, A, hypsometr. Karte d. Algäuer Alpen z. allg. Darstellg. d: plast. Verhältnisse dieser Gebirgsgruppe. 1:150,000. Chromol. Fol. Augsb. 1881, Lampart's alpiner Verl.

— Waltenberger, A., Panorama v. der Rothwand. Renov. durch die Section München d. D.-Oe. A.-V. 1891. 74 × 74 cm. München 891. (J. Lindauer.) In Etui. n.n. —50

— — Specialkarte zum Führer durch Algäu u. Vorarlberg etc. 1 : 300,000. 35 × 43 cm. Farbendr. Augsburg 893. Innsbruck, A. Edlinger. n. 1.—

— —. Special-Karte vom bayerischen Hochland, Nordtirol, Salzburg u. den angrenzenden Gebieten. 1 : 300,000. 34,5 × 65 cm. Farbendr. Ebd. 893. n. 1.—

— Waltenburger, A., Spezialkarte v. Stubai, Oetzthaler- u. Ortlergruppe, nebst d. angrenz. Gebieten. 1 : 300,000. 41 × 35 cm. Farbendr. Innsbruck 879. A. Edlinger. n. 1.—

Alpen, Wandkarte der, im Masse von 1 : 500.000. Entworfen v. A. Steinhauser. Ausg. 1884. 9 Bl. Qu.-Fol. lithogr. mit col. Grenzen. Wien, Artaria & Co. 7 fl. 50 kr. S. 269

— Weber, J., Panorama vom Aroser Weisshorn, 2655 m üb. Meer. 11×183 cm. Mit 1 Kärtchen. 8. Zürich 894. Art. Institut Orell Füssli, Verl. n. 1. 50

— Weg- u. Distanzkarte vom Raxgebiet. Zusammengestellt vom Obmann des Verschönerungsverein Prein unter Mitwirkg. von J. Geo. Thöni. 1 : 20,000. 66×89 cm. Lith. Inst. (909). G. Grissemann. — 40

– Wegmarkierungs-Karte d. österreich. Touristen-Clubs. Bl.III., s.a. Wiener Ausflugskarten.

– –, s.a. Deutschland. Gaebler, Ed.

– –, s.a. Westentasche-Karten-Collection.

– –, s.a. Westentasche-Panorama-Collection.

— Wegmarkirungs-Karte d. österreich. Touristen-Clubs. Bl. III. (Voralpenkarte, Wr.-Neustadt, Gutenstein, Puchberg.) 1 : 80,000. Hrsg. v. österreich. Touristen-Club. 31×47,5 cm. Photolith. u. Farbendr. Wien 896. (Leipzig, Literar. Anstalt, A. Schulze.) n. — 72

Blatt I u. II s.: Wienerwald, Silberhuber, A.

– Wenng, L, Karte d. Alpen zw. Lech u. Inn u. die Umgebg. v. München. 1:400,000. Farbendr. Fol. Würzburg, 1886, Staudinger.

— Wenng, L., Karte der Alpen zwischen Lech u. Inn u. die Umgebung v. München. [Aus: „Topograph. General-Karte v. Südwestdeutschland".] 1 : 400,000. Chromolith. Fol. Würzburg 887. Staudinger. n. — 80

— — Touristen-Karte der Bayerischen Alpen m. ihren Vorlandseen u. Nord-Tyrol, Salzburg, Steyermark, Innviertel. 1 : 400,000. 2. Aufl. Chromolith. qu. gr. Fol. Ebd. 887. n. 1. 80

— Winterkarte der Reisalpe (Hohenberger Seite). 1 : 25,000. (Mit Text auf der Rückseite). 24×25,5 cm. Farbdr. Wien (910). (G. Freytag & Berndt). nn — 40

— Wo gehen wir heute hin? Umgebungskärtchen zu Tagesausflügen. [Aus: „Michel's Alpenkarte".] a—d. kl. 4. München 889. J. A. Finsterlin. à n. — 20

a Bodensee. — b. Innsbruck. – c. Salzburg. — d. München.

Alpen [Verfasser]

Alpen, Heinrich Simon

v. Alpen, Heinr. Sim., patriot. Aufruf zur allgem. Vereinigung d. Religionen, Konfessionen, Kirchen, Schulen etc. 1r Thl. gr. 8. Frankf. a. M. 801. Herrmann. 2 ℛ

Alpen, Heinrich Simon: Briefe über den Idealismus..., s.a. Briefe über den Idealismus.

(—) Briefe über den Idealismus, datirt von Aachen und Berlin. Bdch. 1. — Berlin : Maurer; Koeln : Rommerskirchen 1815. VI,266 S. 1:Nm 11324. 5.

3.6094

Alpen, Heinr. Sim. van: Gedächtniß-Predigt auf Peter Eberh. Schleicher; gehalten zu Stolberg. Aachen (1812).

— Meursische Gedichte. 8. Aachen 821. Mayer. 4 ℊ

Alpen, Heinr. Simon, s. Gesangbuch f. Stolberg.

— Geschichte und Litteratur des Heidelbergischen Katechismus oder kurze Geschichte der Reformation in der Pfalz, Schweiz, in Holland, England, Deutschland, Pohlen und Ungarn. — Frankfurt a. M.: Herrmann 1800. XVI, 408 S. 3.

3.6096

— — Ebd. 1800. XVI,408 S. (Alpen: Öffentliche Katechisationen über den Heidelbergischen Katechismus. 3,2.) 1:Eo 310-3,2. 2. 4. 7.

3.6097

Alpen, Heinrich Simon von. Geschichte und Litteratur des Heidelbergischen Katechismus oder kurze Geschichte der Reformation in der Pfalz, Schweiz... und Ungarn. 8. Frankfurt am Main 1800. — *A. u. d. T.:* Anhang zu den öffentlichen Katechisationen über den H' K' oder der öffentlichen Katechisationen... Theil 3, Abtheilung 2.

— Geschichte des fränkischen Rheinufers, was es war und was es itzt ist. Th. 1.2. — Köln a. Rh.: Oedenkoven & Thiriart 1802.

1.2 . . 1:Sa 11354. 12:Germ. sp. 11. 2. 5. 6. 10.
1 . . . . 3.

3.6099

— Geschichte des fränk. Rheinufers, was es war u. ist. 2 Bde. Mit 1 Karte. gr. 8. Köln 802 — 3. (Rommerskirchen.) 3 ℛ

— Oeffentliche Katechisationen nebst Predigt-Entwürfen über den Heidelbergischen Katechismus nach den Bedürfnissen unserer Zeit. Th. 1–3. — Frankfurt a. M.: Herrmann 1796–1800.

1. 1796. 2. 1797.
3,1 u. d. T.: Alpen: Leitfaden beim christlichen Religionsunterricht für die reformirte Jugend. 1800.
3,2 u. d. T.: Alpen: Geschichte und Litteratur des Heidelbergischen Katechismus. 1800.

1.2 . . . . 9.
3,1.2 . . . . 7.
3,2 . . . . 1:Eo 310. 2. 4.

3.6100

— öffentl. Katechisationen nebst Predigtentwürfen über d. Heidelberger Katechismus. 2 Bde. Nebst Anh. od. 3r Bd. 1e u. 2e Abthlg. gr. 8. Frkf. a. M. 796—800. Herrmann. 3 ℛ (A. u. d. T.: Leitfaden beim christl. Religionsunterricht f. d. reform. Jugend. 10 ℊ 2e Abth. unt. d. T.: Geschichte u. Literatur d. Heidelberger Katechismus. 1 ℛ 8 ℊ)

— Leitfaden beim christlichen Religions-Unterricht für die reformirte Jugend oder Abriss der öffentlichen Katechisationen über d. Heidelbergischen Katechismus. — Frankfurt a. M.: Herrmann 1800. XIV,408 S. (Alpen: Öffentliche Katechisationen über den Heidelbergischen Katechismus. 3,1.) 7.

3.6101

Alpen, Heinr. Simon, s. Musäus Hero u. Leander.

Alpen, Heinr. Simon, s. Reden bei d. Einführ. d. n. Gesangbuchs.

— öffentl. etc. Unterricht über d. Religion, öffentl. Gottesverehr. u. d. geistl. Lehr- u. Predigerstand. gr. 8. Hof 799. Herrmann in Frankf. a. M. 1 ℛ 4 ℊ

Alpen, J., gemeinnützl. Rechenbuch, s. Kroymann, J.

Alpen, Johann von

v. Alphen, Joh. Leben und Thaten des berühmten kriegerischen Bischofs von Münster Bernhard von Galen. A. d. Latein. von J. L. Orlich. 8. Elberfeld 1786. — Deutsch von Seb. Kurz. 8. Münster 1790. — von Oelricus. 8. Ulm 1804,

[De Vita et rebus gestis Christophori Bernardi a Galen, deutsch] Leben und Thaten Christoph Bernhards von Galen, Bischofs und Fürsten von Münster, Administrators von Corvey. Genommen aus d. Lat. (von S[ebastian] K[urz].) — Münster: Theissing 1790. XXXII,366 S. 1:Tg 7682. 12:Biogr. 433. 2. 3. 5. 6. 7. 8.

3.6106

[De Vita et rebus gestis Christophori Bernardi a Galen, Ausz.] Vita Christophori Bernardi a Galen Monasteriensium Episcopi quinquagesimi septimi, olim latius descripta per Ioannem ab Alpen, nunc in epitomen red. per Marcellinum Molkenbuhr. — Monasterii Westph. 1796: Aschendorf. 88 S. 1:Tg 7678.

3.6107

— Decadis de vita et rebus gestis Christophori Bernardi Episcopi et Principis Monasteriensis p. 1.2. — Monasterii Westph. (1694–)1703: Raesfeld.

1.2 . . . . 1:Tg 7672. 5. 6.
1 . . . . 12:Biogr. 435.
2 . . . . 7.

3.6104

— P.(1.)2. Monasterii Westph.: Deierlein 1709. 12:Biogr. 436 d. 6.

3.6105

Alpenbahn, Berner. Die Dienstbahn von Frutigen nach Kandersteg. (7 S. m. Abbildgn.) 31,5×23,5 cm. Zürich 907. Rascher & Co. — 65
Sonderabdruck aus „Schweizer. Bauzeitg."

Alpenbahn, Die ostschweizerische: Der Splügen. Chur 1911. V: *Raschein, Paul & Gottlieb Würmli.* (BBullschw 12, S. 56)

Alpenbahnen, die neueren österr. Hrsg. v. k. k. Eisenbahn-Ministerium in Wien. (66 S. m. Abbildgn., 1 Bildnis u. 1 Karte.) kl. 8. Wien (908). R. Lechner's Sort. — 20

Alpenbahnen, Die neuen österr. Herausgegeben vom K. K. Eisenbahn-Ministerium in Wien. Wien 1910. V: *Benesch, Friedrich Wilhelm.* (EB)

Alpenbahnen, Schweizerische, ihre Bedeutung für unsere Unabhängigkeit, Landesverteidigung und Volkswirtschaft; von einem Schweizer Offizier. Bern 1912. V: *Immenhauser, Gottfried.* (BBullschw 12, S. 319) V: *Huber, Walter.* (zuwzür 1912)

Alpenbahnen, Schweizerische. Ihre Bedeutg f. uns. Unabhängigk., Landesverteidigg u. Volkswirtsch. Von e. schweiz. Offizier. (7, 187 m. 1 Ktc.) gr8° Bern, F Semminger '12. 5 —; franz. Ausg. (7, 189 m. 1 Ktc) 3.50

Alpenbahnen, Die schweizerischen, in militärischer Beziehung. O. O. [1865]. V: *Salis, E. von, J. von Salis & Gust. v. Hoffstetter.* (Kat. d. Bibl. d. dtsch. Reichstages. Berl. 1882.) (BSchwLk V, 9b)

Alpenbahnen, die schweizerischen, in militärischer Beziehung. St.-Gallen 865. (Scheitlin & Zollikofer,) gr. 8. (22 S.) 6 ngr

Alpenbahnfrage. — Zur Alpenbahnfrage. Ob tiefe Linie mit langem Tunnel oder hohe Linie mit kurzem, beziehungsweise ohne Tunnel? In Folge Veranstaltung d. Gotthardkomité's als Ms. gedr. — Zürich 1869: Zürcher & Furrer. 21 S. 89.
3.6109

Alpenbilder aus Tyrol. 2. veränd. Aufl. Innsbruck 1856. V: *Hammerle, Alois Joseph.* (EB)

Alpenbilder aus Tirol. Ein Beitrag zur Volks-, Landes- und Naturkunde. 2te veränderte Auflage) Innsbruck, 1856. Gedruckt bei Felician Rauch. (35 S. 8.)

Alpenblumen, von A. E. Geyer, mit 1 K. 8. Basel, Flick, 813.

— od. 25 malerische Ansichten interessanter Berge, Seen, Städte, Burgen, Thäler ꝛc. im baierischen Hochlande. Mit erläut. deutschen u. franz. Text. — Fleurs des Alpes, ou 25 vues pittoresques de montagnes, de lacs, de villes, de châteaux, de vallées etc. dans les pays haut de la Bavière. qu. gr. 4. Münch. 837. Lindauersche Buchh. n. $1^{2}/_{3}$ rf

Alpenblumen. Gedichte von M(ar.) C(arl) v. K(rempelhuber). gr. 8. (48 S.) München 849. (Franz.) n. 8 ngr

Alpenblumen. Oelfarbendruck (19" hoch, 15" breit) nach A. Lach in Wien. Olmütz, Eduard Hölzel. Auf Leinwand gespannt 9 fl. 1865. auf Carton 7 fl. 50 kr.

Alpenblumen. Nach der Natur aufgenommen in Visitenkartenformat u. colorirt. (Fortsetzung der „Flora austriaca".) Wien, Jos. Bermann. 1868.

Steyer'sche Alpenblumen, gepflückt auf der Alpe des Humors, und anspruchslos dargebracht allen Freundinnen einer heiteren Lectüre von Anton Baron v. Klesheim. Lfg 1–6. — Grätz: Ludewig 1837.
1:Yz 7712. **300:** 5.636–B.
3.6110

Alpenblumen aus Tyrol. Taschenb. f. 1828 — 31. M. Kpf. 16. Insbr. 827. Wagner. à 1 rf 12 K

—— aus Tirol. 3 Bdchn. (Neue wohlf. Ausg.) 16. ($58^{3}/_{4}$ B. u. 12 Kpfr.) Innsbruck 838, Wagner'sche Buchh.

Alpen-Bote, der —. Lokalblatt von Steyr und Hall und ihren Umgebungen für Wissenschaft, Kunst, Belehrung und Unterhaltung. Verantw. Redaktion, Druck und Verlag von Michael Haas. 4. (2 spaltig.) Erscheint Donnerstag. 1856.

Alpen-Bote. Der —. 2ter Jahrg. Redaktion, Druck und Verlag des Michael Haas in Steyr. Erscheint jeden Donnerstag. 4. 2spaltig. 1857.

Alpen-Bote, der — Lokalblatt von Steyr und Hall und ihren Umgebungen für Wissenschaft, Kunst, Belehrung und Unterhaltung. III. Jahrg. Verantw. Red. Druck und Verl. des *Mich. Haas* in *Steyr.* 1858.
Erscheint in **Steyr**, jeden Donnerstag $^{1}/_{2}$ Bogen in 4°. mit $^{1}/_{2}$ Bogen „Anzeigeblatt", 2-spalt. Pràn.-Pr.: $^{1}/_{2}$-jähr. 1 fl. 20 kr.; pr. Post 1 fl. 40 kr. Ins.: Die Petitspaltenzeile 4 kr., bei Wiederholung 1 kr.

Alpen-Bote, der, Localblatt von Steyr und Hall und ihren Umgebungen, für Wissenschaft, Kunst, Belehrung und Unterhaltung. 5. Jahrg. 1860. Redact.: M. Haas. hoch 4. 52 Nrn. Steyr, Haas. 3 fl. 20 kr.

Alpen-Bote, der, Localblatt von Steyr und Hall und ihren Umgebungen, für Wissenschaft, Kunst, Belehrung und Unterhaltung. 6. Jahrg. 1861. 52 Nrn. Redakteur: Michael Haas. hoch 4. Steyr, Haas. 3 fl. 20 kr.

Alpen-Bote, der. Localblatt von Steyr und Hall mit ihren Umgebungen, für Wissenschaft, Kunst, Belehrung und Unterhaltung. 7. Jahrg. 1862. Redig. von Mich. Haas. 52 Nrn. hoch 4. Steyr, Haas.

Alpenbote, Der. Kalender für Stadt und Land pro 1884. Judenburg, Freyer & Jurziczek. 30 kr.

Alpenbote. Der A'. Nützliche Gratis-Rezepte, Unentbehrlich für jede Küche.... ([Unter Mitwirkung von] Ch[arle]s Baumgartner, Chef de cuisine [hrg. von der] Berneralpen-Milchgesellschaft) Stalden. [Illustriert.] IV + 24 S. 8. [Bern 1904.]

Alpenburg, Johann Nepomuk Rr v.: Deutsche Alpensagen, ges. u. hrsg. — Wien: Braumüller 1861. XIV, 383 S.
1:Yt 2183. **12:** P. o. germ. 28 mk. **300:** 159.482–B [u.] 29.901 a. 2. 7. 8. 10. 11. 102.
3.6111

v. Alpenburg, Ritter, die Alpenzither. Gedichte u Erinnerungsblätter aus dem J. 1848 bis 1850. 16. (143 S. m. 2 Lith. in Tondr.) Innsbruck 852, Witting. 21 ngr

Alpenburg Ritter v. Die Alpenzither. Gedichte und Erinnerungsblätter aus 1848 — 1850. kl. 8. (143 S.) Innsbruck, A. Weitling 1853.

Alpenburg, Joh. Nep. v., die Alpenzither aus Tirol. Gedichte u. Erinnerungsblätter a. d. J. 1848 u. 1849. 2. verb. ꝛc. Aufl. Innsbruck, 855. (Wagner.) 16. (159 S.) n. 12 ngr

Alpenburg, Joh. Nep. v., die Alpenzither aus Tirol. Gedichte und Erinnerungsblätter aus den J. 1848 und 1849. 1. Aufl. (143 S. mit 2 Stnt.) 1853. 21 Ngr. und 2., verb. und verm. Aufl. 16. (159 S.) Innsbruck 855, Witting. *

v. Alpenburg, J. N. Ehrendohm, d. i. hervorragende Waffenthaten des Tiroler Kaiserjägerreg. im italien. Feldzuge 1859. (46) 8. Innsbruck 1859. 0.90.

— Ehrendom, das ist: Hervorragende Waffenthaten der Mannschaft des Tiroler Kaiserjäger-Regiments im italienischen Feldzuge 1859. Innsbruck 860. F. Rauch. gr. 8. (46 S.) nn. 9 ngr.

— Märzenveilchen. (Gedichte.) Innsbruck, 855. Wagner. 16. (160 S.) n. 18 ngl.

—— Mythen u. Sagen Tyrols. 8. (432) Stuttg. 57, Meyer u. Z. n. 2. 20

—— Mythen und Sagen Tirols. Gesammelt und hrsg. Mit einem einleitenden Vorwort von Ludw. Bechstein. gr. 8. (XII und 432 S. mit 1 Holzschnt.) Zürich 857, Meyer und Zeller's Verlag. *

Alpenburg, Joh. Nep. Ritter v., eine Wanderung durch das Oetzthal nach Fend und Gurgl nebst Umgebung. gr. 8. (69 S.) Innsbruck 858, F. Rauch. Thlr. *
Aus den tiroler Monatsblättern: Ins Oetzthal, besonders abgedruckt.

Alpen- und Jurachronik. Monatsschrift für Alpenwirtschaft und Alpenmolkereien, Viehzucht und Viehpflege. Jg. 1–3.
Aarau: Expedition 1886–1889. 8° 100

Alpen- und Jura-Chronik. Monatsschrift für Alpwirthschaft und Alpmolkereiwesen, Viehzucht und Viehpflege. Hrsg. vom Schweizer. alpwirthschaftl. Verein. Redact.: Fritz Rödiger. 1. und 2. Jahrg. [21. und 22. Jahrg. der Alpwirthschaftl. Monatsblätter.] 1887 und 1888. à Jahrg. 12 Nrn. (Bog.) gr. 8. Aarau, Wirz-Christen. à Jahrg. *
Vgl.: Monatsblätter, alpwirthschaftliche.

Alpen- u. Jura-Chronik. Monatsschrift f. Alpwirthschaft u. Alpmolkereiwesen, Viehzucht, Viehpflege. Hrsg. vom Schweizer alpwirthschaftl. Verein. 3. Jahrg. (23. Jahrg. der Alpenwirthschaftl. Monatsblätter.) 1889. 12 Nrn. (Bog.) gr. 8. Aarau, Wirz-Christen. * 2 70
Von 1890 ab nicht mehr im deutschen Buchhandel.

Alpendurchstich. Berner A'. Aus dem Gutachten der internationalen Experten. Veröffentlichung Nr. 2 des bernischen Initiativkomitees (für die Lötschbergbahn), vom 22. Februar 1904. 19 S. 8. Bern, Stämpfli & Cie., 1904.
[Veröffentlichung Nr. 1:] Die Lötschberg-Bahn als Zufahrtslinie zum Simplon... Zur Volksabstimmung vom 4. Mai 1902. s. Bulletin 1902. S. 121.

Alpendurchstich. Berner A'. Antwortschrift der Herren G[iuseppe] Colombo (Mailand), L Garnir (Brüssel) und E[rnest] Pontzen (Paris) auf das ihnen übermittelte Frageschema. Januar 1904. ([Mit] Vorwort: An das bernische Initiativkomitee für die Lötschbergbahn, 1904 November 14.) 86 S. 4. Bern, Ott & Bolliger, 1905.

Alpendurchstich. Berner-A'. Bericht und Anträge der Direktion der Bauten und Eisenbahnen an den Regierungsrat zu Handen des Grossen Rates (des Kantons Bern) betreffend den Bau und Betrieb einer elektrischen Transitlinie durch die Berneralpen (Lötschbergbahn. Vom Grossen Rate genehmigt). ⟨(19/27.) Juni 1906.⟩ 24 S. 4. [Bern, Lierow & Cie, 1906.]

Die Alpenflora. Gr.-8°. (ill. 79 S) geb. K 5.—

Alpen-Freund, der. Monatshefte für Verbreitung von Alpenkunde unter Jung und Alt in populären und unterhaltenden Schilderungen aus dem Gesammtgebiet der Alpenwelt und mit praktischen Winken zur genußvollen Bereisung derselben. In Verbindung mit hervorragenden Alpenkennern hrsg. von Ed. Amthor. Mit zahlr. Kunstbeilagen in Schwarz-, Ton- und Farbendr. 1.—6. Bd. à 6 Hefte. gr. 8. (à Heft 64 S. mit Stnt. in Tondr., Chromolithogr., Plänen und Karten.) Gera 870—73, Amthor. à Heft * 75 Pf.; à Bd. *

—— dass. — Blätter für Verbreitung von Alpenkunde unter Jung und Alt in populären und unterhaltenden Schilderungen aus dem Gesammtgebiete der Alpenwelt und mit praktischen Winken zur genußvollen Bereisung derselben. In Verbindung mit hervorragenden Alpenkennern hrsg. von Ed. Amthor. Mit zahlr. Kunstbeilagen in Schwarz-, Ton- und Farbendr. 7. Bd. 6 Hefte. gr. 8. (à Heft 64 S. mit chromolithogr. Taf. in qu. gr. 4.) Ebendas. 874. à Heft * M. 1. *

Alpen-Freund, der. Blätter für Verbreitung von Alpenkunde unter Jung und Alt in populären und unterhalt. Schilderungen aus dem Gesammtgebiet der Alpenwelt und mit prakt. Winken zur genußvollen Bereisung derselben. In Verbindung mit hervorrag. Alpenkennern hrsg. von Ed. Amthor. Mit zahlreichen Kunstbeilagen in Schwarz-, Ton- und Farbendr. 8.—11. Bd. à 6 Hefte. gr. 8. (à Heft 64 S. mit Stnt. in Farbendr., Chromolithogr., Plänen und Karten in qu. gr. 4.) Gera 875—78, Amthor. à Heft * M. 1.; à Bd. *
1.—11. Bd. (* M. 57.) Herabges. Pr. * M. 24.; geb. (* M. 68.) * M. 35.

—— dass. — Ortsregister. 1. Serie. Bd. I—XI. Verf. von W... B... in Fr... gr. 8. (54 S.) Ebendas. 879. *

—— dass. — Sachregister. 1. Serie. Bd. I—XI. gr. 8. (21 S.) Ebendas. 879. *

Alpenfreund, d. Illustr. Touristen-Zeitschrift f. d. Alpengebiet. Red. v. H Schwaiger. 1. Jahrg. Mai—Dezbr 1891. 16 Nrn. (B. m. Abbildgn.) 8° Münch. Innsbr., A Edlinger. || 2—4. Jahrg. 1892—1894 à 24 Nrn. || 5. Jahrg. 1895. Red. v. A v. Krafft. 24 Nrn 4° à Jahrg. 6 —

Alpenfreund. Red. v. Heinr. Schwaiger. 1. Jahrg. Mai—Dezbr. 1891. 16 Nrn. (Bog. m. Abbildgn.) gr. 8. Münch., Eckhart u. Belisch. (Nur direct.) * 4 —

Alpenfreund. Red. von Heinr. Schwaiger. 1. Jahrg. Mai — Dezbr. 1891. 16 Nrn. (Bog. m. Abbildgn.) gr. 8. München, H. Killinger. n. 4. —
Vergriffen.

— dasselbe. Red. v. Heinr. Schwaiger u. Nep. Zwickh. 4. Jahrg. 1894. 24 Nrn. Nebst: Der Schneeschuh. 1. Jahrg. 1894. Lex.-8. (à Nr. ca. 1 Bog.) Augsburg, Lampart's alpiner Verl. n. 6. —

Alpenfreund, der. Ill. Touristen-Zeitschr. f. d. Alpengebiet. Red. v. Ant. Edlinger. 5.—6. Jahrg. 1895—1896. à 24 Nrn. (à ca. 12 S. m. Abb.) Lex.-8. Innsbruck, A. Edlinger. à Jahrg. n. 6. —
Kann auch vierteljährlich bezogen werden.

Alpenführer d. Deut. Alpenzeitg. 1—5. Heft. 8° Münch., Druckerei u. Verl.-Anst. Deut. Alpenzeitg.
Egloff-Berger: 8 Tage in Tirol. (60 m. 3 Ktnskizzen.) '11 [3] — 80
— 3 Wochen in Tirol. (62 m. 3 Ktn.) '11 [5] — 80
— 2 Wochen in Tirol. (68 m. 3 Ktnskizzen.) '11 [4] — 80
Luchner-Egloff: Das Stubaital. (16 m. 1 Ktnskizze u. 1 farb. Kte.) '11 [1] — 30
— Das Zillertal. (24 m. 1 Ktnskizze u. 1 farb. Kte.) '11 [2] — 30

Alpenführer, Illustrirter. Malerische Schilderungen des Schweizerlandes. Ein Reise-Handbuch für die Besucher der Alpenwelt. Leipzig 1854. V: *Berlepsch, Herm. Alex.* (EngG) (Bücherverz. d. Zentralbibl. d. D. u. Ö. A.-V. München 1906.)

Alpen-Führer, illustrirter. Malerische Schilderungen des Schweizerlandes. Ein Reise-Handbuch für die Besucher der Alpenwelt. 8. (LXIV und 710 S. mit 200 Illustr. in eingedr. Holzschn., 1 in Kpfr. gest. und ill. Uebersichtskarte der Schweiz in qu. 4. und einem Rigi-Kulm-Panorama in Holzschn. und in qu. Fol.) Leipzig 854(58), Weber. *

Alpengesaenge. — Steyrische Alpengesänge, vorgetr. von Herren Fischer, Stark, Schulz u. Daburger. — o.O. 1829. 15 S. 1:Yb 9541.
3.6116

Alpengeschichte, eine. am Ende des 18. Jahrhunderts. zum Andenken Niklaus, des biedern Unterwaldners. 1801.

Alpengrüße. Volkslieder aus den Alpenländern. Band I, II, III, IV 1910. à K 1.20 no.

Alpenheim, Ferdinand: Gentianen. Gedichte u. Lieder im kärtner'schen Volksdialekte. — Graz: Buchdr.-Ges. 'Gutenberg' in Komm. 1874. 120 S.
1:Yb 9752. 300: 64.932-A.
3.6117

Alpenheimath. Unterhaltungs-, Literatur- und Volksblatt für Heimath und Fremde. [Red.: Dormann u. Fürsprech.]
Bern: J. Schmidt. 1877. 1878. 4° Bern LB

Alpenhirtenfest, Das, bey Unterseen im Bernerschen Oberland. Basel und Arau 1806 V: *König, F. N.* (BSCHWL V, 5, S. 103)

Alpenhochzeit. — Die Alpen-Hochzeit. — o.O.u.J. 2 Bl.
1:65 in Yd 7930.
3.6118

Alpenhorn, das. Eine Sammlung der gemüthlichsten, beliebtesten Alpenlieder. Gesammelt von M. Schild. 1. Hft. Bern 859. (Huber & Co.) 8. (40 S.) n. 5 ngr.

Alpenhütte, die, eine Oper in 1 Akt, v. A. v. Kotzebue, s.a. **Kotzebue Opernalmanach im Alphabet.**

Alpenhütte, die. Kom. Oper in 1 Aufzuge nach Scribe und Melesville von Heinr. Proch. Musik von Ad. Adam. Für das k. k. Hofoperntheater in Wien eingerichtet. (Textbuch.) 8. (31 S.) Wien 882, Künast. **

Alpenkalender. Spemann's A'-K' 1906. Hrg. von M[aud] Wundt. [Illustrierter Abreisskalender. Jahrg. 1.] II + 127 [+ *Anzeigen* 16] Bl. 8. Berlin u. Stuttgart, W. Spemann. [M. 2. 25]

Alpenkalender. Spemann's A'-K' 1907. ([Hrg. von] M[aud] Wundt.) [Illustrierter Abreisskalender. Jahrg. 2.] II + 127 [+ 16] Bl. 8. Berlin u. Stuttgart, W. Spemann. [M. 2. —]

Alpenkalender. Spemann's A'-K' 1908. ([Hrg. von] M[aud] Wundt. [Illustrierter Abreisskalender. Jahrg.] 3.) II + 127 [+ 16] Bl. 8. Berlin u. Stuttgart, W. Spemann. [M. 2. —]

Alpenkarte, entworfen u. gezeichnet v. Prof. R. Trampler. Farbendruck in kl. Qu.-Folio. Wien. Hof- u. Staatsdruckerei. 20 kr. S. 596 1885.

Alpenkette [Schlagwort]

Alpenkette — Ansicht der — und des Bodensees. Gezeichnet auf Heiligenberg in Schwaben von Heinrich Keller. Zürich bey Füessli und Comp. zur Meisen. 1821. Ansicht.

Alpenkette — Ansicht der — auf der bayerischen Hochebene in München, aufgen. u. gez. von G. Bezold, in Stahl gestochen von G. M. Kurz. Mit erläuternder Beschreibung und einer Höhentabelle. München 1862, Mey u. Widmayer. 6 Bl.

Alpenklaenge. — Alpen-Klänge, oder National- und Liebes-Lieder der Tyroler. — Oels: A. Ludwig o.J. 64 S. 2.
3.6119

Alpenklänge. Dichterische Bilder aus den Alpen von einem bernischen Geistlichen. Bern 1860. V: *Imobersteg, Jakob.* (zuwzür 13, 1909, III, S. 51)

— Dichterische Bilder aus den Alpen von einem bernischen Geistlichen. Bern 860. Blom in Comm. 8. (VIII, 401 S.)
n. 1 ℛ 6 ngr.

Alpenklänge. Dichter. Bilder a. d. Alpen. 8. (401) Bern 60, Fiala. n. 1. 6

—— Deutsches Album aus der Steiermark. Mit Beiträgen von M. Bermann, L. Bowitsch, G. Bogensberger, J. F. Castelli 2c. Hrsg. von Carl Pfeifer. br. 8. (XVI und 288 S.) Graz 861(62), (Ludewig und Wohlfarth.) **

Alpenklänge. Deutsches Album aus d. Steiermark. Mit Beitr. von . . . hrsg. von Carl Pfeifer. — Graz 1862: Leykam. XVI,288 S. 1:Yf 1025. **300**:161.411–B.
3.6120

Alpenknospen, dem Vaterlande gewidmet von e. Schweizerjüngling. 16. (14 B.) Bern 835, Jenni Sohn.

Alpenländer [Sachliches OW]

Alpen-Länder, die österreichischen, in Wort u. Bild. Sep.-Ausg. v.: Die Länder Österreich-Ungarns in Wort u. Bild. Hrg. v. Fr. Umlauft. 2 Hälften. 8. Wien 881. Graeser. geb. à n. 8. —

1. Das Erzherzogth. Österreich unter der Enns. Das Erzherzogth. Österreich ob. d. Enns. Das Herzogth. Salzburg. (480 S. m. eingedr. Holzschn. u. 3 Chromolith.)
2. Das Herzogth. Steiermark. Das Herzogth. Kärnten. Die gefürstete Grafsch. Tirol u. Vorarlberg. (466 S. m. eingedr. Holzschn. u. 3 Chromolith.)

Alpenländer [Schlagwort]

Alpenländer, s.a. **Eisenbahnkarten.**

Alpenländer — Atlas der —. Mit 2 Supplementen: Mittelitalien. 450,000. Von J. G. Mayr. Gotha, J. Perthes 1858. 11 Bl.

Alpenlandschaften. Ansichten aus der deutschen, österreich u. schweizer Gebirgswelt. Fol. (97 Holzschn.-Taf. m. 16 S. Text.) Leipzig 891. J. J. Weber. Geb. in Prachtbd. m. Goldschn. n. 20. —

Alpenlandschaften. Ansichten aus der deutschen, österreich., schweizer. u. französ. Gebirgswelt. 2. Bd. Fol. (116 Holzschn.-Taf. m. VII, 16 S. Text.) Leipzig (899). J. J. Weber. Geb. in Leinw. m. Goldschn. n. 20. —
1. Bd. Ebd. 891. n. 20. —.

Alpenlandschaften, neue. qu. gr. 8. (4 Farbdr.) Berlin 899. W. Schultz-Engelhard. 2. 50

Alpenlieder. — Tiroler Alpen-Lieder. Sammlung der beliebtesten und schönsten National-Gesänge, Jodler und Schnaderhüpf'ln. — Lienz: Mahl o.J. 56 S.
1:Yb 9780. **300**:156.387–A.
3.6122

— Tiroler Alpen-Lieder. Sammlung der beliebtesten und schönsten National-Gesänge, Jodler und Schnaderhüpfl'ln [!]. 2., verm. Aufl. — Lienz: Mahl; Innsbruck: Groß o.J. 64 S. **300**:28.925–A.
3.6123

— Tiroler Alpen-Lieder. Sammlung der beliebtesten und schönsten National-Gesänge, Jodler und Schnaderhüpf'ln. 5., verm. Aufl. — Ebd. o.J. 80 S. **300**:83.021–A.
3.6124

Alpen-Lieder, Tiroler, Sammlung der beliebtesten u. schönsten National-Gesänge, Jodler u. Schnadahüpf'n. gr. 16. (IV, 56 S.) Lienz 879. Mahl. — 50

Alpen-Lieder, Tiroler. Sammlung der beliebtesten und schönsten Nationalgesänge, Jodler, und Schnadahüpfln 5. Aufl. Lienz [1894]. H: *Schöpfer, Jacob.* (Mitth. Dr. E. K. Blümml in Wien.)

Alpenlieder, zehn, f. Männerstimmen 4- u. 5stimmig eingerichtet v. G. A. Dieterich. Partitur u. Stimmen. 8. (6 B.) Stuttgart 845, Göpel.

Alpenlieder, XXII, für Männerstimmen vier- und fünfstimmig eingerichtet von G. A. Dieterich. 1. und 2. Sammlung. Partitur (64 S.) und 4 Stimmen (à 31 S.) br. 8. Stuttgart 853, Göpel. à Samml. 1 Thlr.
die Partitur –
jede Stimme
Einzelne Stimmen jeder Sammlung 7½ Ngr.; die Partitur von nur einer Sammlung wird nicht einzeln gegeben.

Alpenliederbuch. — Neues Alpen-Liederbuch. (Vorw. von Rudolf v. Bischoffshausen.) — (Cassel 1905: Stöhr.) 80S. 4.
3.6125

Alpenmädchen; d., od. d. wunderbare Leuchte, v. G. Müller. 8. Wien, Rehm. 804.

Alpen-Novellen. 1. Bd. 8. Gera 878. Amthor. n. 1. 50
Zwei Geschichten aus den Bergen. Von J. C. Maurer. (176 S.)

Alpen-Panorama von Luzern — Panorama des Alpes vu de Lucerne — Panoramic View of the Alps from Lucerne. ([Gezeichnet von] A Reckziegel.) Ed: Offiz. Verkehrsbureau Luzern. 1 Bl. quer-fol., *zus.-gefaltet* 8. (Bern, Lith. Kunstanstalt, Hubacher & Co, [1902].)
Rückseite mit Text, Ansicht und Kärtchen.

Alpen-Panorama vom Penegal (Südtirol). 17,5×163 cm. Farbdr. Bozen (905). (Deutsche Buchhandlg.) 1. 25

Alpenpässe. Die Schweizerischen A'.... Posthandbuch.... Bern s.a. (Steiger, J[ohann] M[artin]).

Alpenpässe, Die schweiz. Illustrirtes Posthandbuch. Herausgegeben von der Schweiz Postverwaltung. Illustrirt. und Topograph. Text von *J. M. Steiger.* (mit 132 Illustrationen und 12 Karten.) 1891. In-8°. 327 S. Bern, Schmid, Francke & Comp. 5 —

Alpenpässe, Die schweizerischen, und das Postwesen im Gebirge. Bern [1892]. 2. Aufl. 1893. V: *Steiger, J. M.* (Berl) (Cat. d. Stadtbibl. Zürich. Zürich 1864—97.)

Alpenpässe, die schweizerischen, u. das Stilfser Joch. Ein illustr. Posthandbuch. Hrsg. v. der schweizer. Postverwaltg. Illustr. u. topogr. Text v. J. M. Steiger. 1894. 8. (XV, 369 S. m. Illustr. u. Karten.) Bern, Eidg. Oberpostdirektion. Geb. n.n. 8. —

Alpenpässe, die schweizerischen, u. die Postkurse i. Gebirge. Offiz. ill. Posthandbuch. 2., verm. Aufl. m. 156 Orig.-Ans. i. Kpfrdr. u. 13 Karten. 8. (XV, 369 S.) Bern 893. A. Francke. Geb. in Leinw. n. 7. —

Alpenpässe, Die schweizerischen, und das Postwesen im Gebirge. Officielles illustrirtes Posthandbuch. Mit 132 Illustr. und 12 Karten. 1892. In-8°. XIV, 327 S. Bern, Comm.-Verlag von Schmid, Francke & Cie. Leinwd. 5 —

Alpenpflanzen, Die. Nach d. Natur gemalt v. *Jos. Seboth.* Mit Text von *F. Graf* u. e. Anleitung z. Cultur d. Alpenpflanz. in d. Ebene von *Joh. Petrasch.* I. Bd. 100 Bl. Aquarellfarbendruck in 12 Heften. Prag, Tempsky. 1878 16 —

Alpen-Pflanzen-Atlas für Touristen und Naturfreunde in Taschenformat. 97 Abbildungen nach der Natur gemalt, in Farbendruck sorgfältig ausgeführt, mit Angabe der deutschen & lateinischen Namen. [Mit] Textband.... [2 Teile.] 8. Wien, Szelinski & Comp., [1905].
[Teil 1:] A'-Pf'-Atlas.... IV S. + 12 Bl. M. —. 80
[Teil 2] *u. d. T.:* Textband zum Alpenpf'-Atlas für T' und N' in Tasch'. 97 Abb' — — der deutschen, lateinischen, französischen und englischen Namen von Rudolf K Cüm. VI + 52 S. (M. —. 50)
Mücks praktische Taschenbücher. (Band) 10 u. 11.

Alpenpost. Repertorium der gesammten Alpenkunde und Touristik. 1.—6. Bd. 1869—1874. à Bd. 52 Nrn. (à 1—2 Bog.) Mit Beilage: Hôtel-Anzeiger. 1.—6. Bd. à 52 Nrn. (Bog.) hoch 4. Zürich, Senn und Liermann. à Jahrg. *
Fortges. u. d. T.: Alpenpost, Neue.

Alpenpost. Specialorgan für Alpenkunde, Naturwissenschaft, Touristik und Balneologie. 7. Bd. Juli — Decbr. 1874. Fol. 26 Nrn. (Bog. mit eingedr. Holzschn. Mit Anzeiger. Zürich, Senn und Liermann. *

Die Alpenpost. Blätter zur Förderung des Touristenverkehrs, zur Hebung der Curanstalten und der montanen Industrien und speziell zur Hebung und Pflege der alpinen Wissenschaft. Hrsg. v. W. Senn. 1. Jahrg. Nr. 1—4. 4. Glarus, Buchdr. von Fr. Schmid. Jährlich 7. —
Erscheint jeden Sonntag. 1871

Neue Alpenpost. [Red.: J. J. Binder u. J. E. Grob.] Bd 1–16.
Zürich: Orell, Füssli u. Comp. 1875–1882. 4°
(Forts. als Beilage zur Berner Zeitung.

Alpenreise eines Bürger-Mädchens auf den Königsberg in Berchtesgaden, von ihr selbst erzählt. Ein Vorbild der Jugend. Verb. u. herausg. von S. Buchfelner. 12. Münch. 831. Giel. (Barth in Leipz.) 2 4⁄6

Alpenreise eines Bürger-Mädchens a. d. Königsberg in Berchtesgaden. Von ihr selbst erzählt. Ein Vorbild der Jugend. Verbess. u. hrsg. v. S. Buchfelner. 12. (2 B.) München 832, Giel.

Alpenröschen. Schweizerisches Taschen-Liederbuch. Eine ausgewählte Sammlung der schönsten und beliebtesten Vaterlands- u. Freiheitslieder, Kuhreihen, Alpenlieder etc. Bern 859. Heuberger. 32. (XV, 400 S.) 12 ngr.

Alpenröschen. Schweizerisches Taschen-Liederbuch. Eine ausgewählte Sammlg. der schönsten u. beliebtesten Vaterlands- u. Freiheitslieder, Kuhreihen, Alpenlieder etc. 3., verm. Aufl. 16. (XVI, 447 S.) Bern 872. Heuberger. 1.50

Alpenröschen. Schweizerisches Taschen-Liederbuch. Eine ausgewählte Sammlung der schönsten und beliebtesten Vaterlands- und Freiheitslieder, Kuhreihen, Alpenlieder, Volks-, Gesellschafts-, Kriegs-, Soldaten-, Studenten-, Turner-, Jäger- und Schützenlieder, Lieder der Liebe, Trink-, Abschieds- und Wanderlieder. 5., verm. Aufl. 16. (XVI, 480 S.) Bern 884, Heuberger's Verlag. geb.

Alpenroeschen. — Alpenröschen. Schweizerisches Taschen-Liederbuch. Eine ausgewählte Sammlung der schönsten u. beliebtesten Vaterlands- u. Freiheitslieder, Kuhreihen, Alpenlieder ... Wanderlieder. 2., verm. Aufl. — Bern: Heuberger [um 1890]. XVI, 416 S. 1:Yd 5861.
3.6126

Alpenröschen. Schweizer. Taschen-Liederbuch. E. ausgew. Sammlg. d. schönst. u. beliebt. Vaterlands- u. Freiheitslieder, Kuhreigen, Alpenlieder, Volks-, Gesellschafts-, Kriegs-, Soldaten-, Studenten-, Turner-, Jäger- u. Schützenlieder, Lieder d. Liebe, Trink-, Abschieds- u. Wanderlieder. 6., verm. Aufl. 16. (XVI, 496 S.) Bern 895. J. Heuberger. Geb. in Leinw. 2. —

Alpenrose und Edelweiß. Eine Novelle aus dem Badeleben. (Von A. v. Romberg, geb. Gräfin Dönhoff-Dönhoffstädt.) 16. (147 S.) Berlin 879, Schleiermacher. *
geb. mit Goldschn. *

Alpenrose und Edelweiss. Eine Novelle ... Berlin 1880. V: *Romberg, Amalie v., geb. Gräfin Dönhoff-Dönhoffstädt.* (Ck) (Ky)

Alpenrose u. Edelweiß. Eine Novelle aus dem Badeleben. (Von A. v. Romberg, geb. Gräfin Dönhoff-Dönhoffstädt.) 16. (147 S.) Berlin 881. Schleiermacher.
n. 1. 80; geb. m. Goldschn. n. 2. 80

Alpenrosen. Ein Schweizer-Almanach etc. s.a. Almanach, Schweizer etc.

Alpenrosen; ein Schweizer-Almanach v. Kuhn, Meisner, Wyß u. A. Mit Kpf. 1r — 6r Jahrg. 1811 — 16. à 1 ℛ 16 ℊ. 7r Jahrg. 1817 — 20. à 1 ℛ 20 ℊ. J. 1821 — 30. à 2 ℛ 12. Bern, Burgdorfer. J. 1831 — 33. Mit Kpf. 12. Aarau, Christen. J. 1831 u. 32. à 1 ℛ 6 ℊ. J. 1833. 2 ℛ 6 ℊ.

—— dass. a. d. J. 1831—33. Besorgt v. Schweizerischen Schriftstellern u. Künstlern. (Jed. m. 7 Kpfr. [J. 1831 nur 6.] u. Musikbeil.) 16. (26½, 25 u. 25½ B.) Aarau, Christen. (Leipzig, Kummer.) à 2 Thlr. 8 Gr. hrbgef. Pr. zusamm.

Alpenrosen. Ein Taschenbuch f. d. J. 1837—39. Hrsg. v. A. E. Fröhlich, H. W. Wackernagel u. K. R. Hagenbach. (Jeder m. 6 Kpfrn. u. Stahlst. u. Musikbeil.) 16. (25, 27 u. 25½ B.) Aarau u. Thun, Christen. à *

Alpenrosen, herausg. von Reithard, etc. Zürich, 1848 - Basel 1854.12°.

Alpenrosen auf das Jahr 1850–53. [Hrsg.: A. E. Fröhlich, Jeremias Gotthelf u. a.] Aarau: (Basel: Schweighauser) Christen 1850 bis 1853. N 1

Alpen-Rosen. Erinnerungsblätter einer Reise in die Schweiz im J. 1857 . . . Göttingen 1858. V: *Kettig, Frdr. Gottfr.* (GGr)

Alpenrosen, Illustrirte Zeitschrift f. Haus u. Familie. Herausg. unter Mitwirkung vaterländ. Schriftsteller u. Künstler. 1. Jahrg. 1866. 12 Hfte. (à 5 Bgn. m. Holzschn.). Bern, Haller. gr. 4. n. 2 ℛ

—— dass. — 2. Jahrg. 1867. 24 Hefte. (à 2—3 Bog. mit eingedr. Holzschn.) gr. 4. Ebendas.

Alpenrosen. Illustrirte Zeitschrift für Haus und Familie. Hrsg. unter Mitwirkung vaterländ. Schriftsteller und Künstler. 3. und 4. Jahrg. 1868—69. à 24 Hefte. (à 2—3 Bog. mit eingedr. Holzschn.) gr. 4. Bern, Haller'sche Verlagsbuchh. à Jahrg. * Nicht weiter erschienen.

Alpenrosen, ein schweizer. Sonntagsblatt. Bern 1871-93. 4°.

Alpenrosen. Ein schweizerisches Sonntagsblatt. Bern: Haller 1871–1885. 4°
Die Fortsetzung erscheint als Gratisbeilage zu „Berner Zeitung" und „Intelligenzblatt".

Alpenrosen. Neues Liederbuch für Jugend- und Frauenchöre und höhere Lehranstalten (*Heft 2: A'. Sammlung von 3- und 4stimmigen Volks- und Vaterlandsliedern...). 2 Hefte.... 8. St. Gallen, Zweifel-Weber.
Heft 1.... 2. vermehrte Aufl. 1898. [geb. fr. 1.20.] s. Zweifel, B[enjamin].
Heft 2. (1. Aufl.) Ausgabe A... u. B.... 1903. [geb.] fr. 1.20 *u.* 1. —. s. Haug, Gustav.

—— und Gentianen. Eine Episode aus dem Leben König Ludwig II. von Bayern. Von Jos. Bajovar. 1.—10. Aufl. 8. (78 S. mit 2 Lichtdr.) Stuttgart 887,88, Deutsche Verlags-Anstalt. *ℳ 2.—; geb. *
Ausg. für Bücherliebhaber auf Büttenpapier geb. in Leder mit Goldschn. *

Alpenrosen u. Gentianen. Eine Episode aus dem Leben König Ludwig II. v. Bayern. Von Jos. Bajovar. 11. Aufl. 8. (78 S. m. 2 Stahlst.) Stuttg. 891, Deutsche Verlags-Anstalt. * 2 —; geb. * 3 —
Engl. Ausgabe, s. Alpine-Roses.

Alpenrosen u. Gentianen. Eine Episode a. d. Leben König Ludwig II. v. Bayern. Von J Bajovar. 12. Afl. 8° (78 m. 1 Lichtdr. u. 1 Fksm.) Stuttg. 92, Deut. Verl.-Anst. 2 —; geb. 3 —

—— neue. Eine Gabe schweizerischer Dichter. Hrsg. von J. J. Reithard. 1. und 2. Jahrg. 8. Zürich, Beyel. [1. (XV und 464 S. mit 1 lith. Portr.) 848. 1 Thlr. 20 Ngr., 2. (XI und 337 S. mit 1 lith. Portr.) 849. 1 Thlr. 15 Ngr.]

Alpenröslein; oder: 24 maler. Ansichten verschied. Burgen, Gegenden, Seen rc. im Salzkammergute, dann in den Salzburger-, Berchtesgadener- u. Tyroler-Gebirgen rc. Mit erläut. deutsch. u. franz. Texte. qu. gr. 4. (3 B. Text.) München 836, Lindauer'sch Buchh. *
Einzelne Blätter sind à * ⅙ Thlr. zu haben.

Alpensaengerlieder. — Sechs neue Alpensänger-Lieder und ein Maikäfer-Lied. — Frankfurth & Berlin: Trowitzsch [um 1830]. 4 Bl. 1:27 in Yd 5638-2.
3.6127

Alpenschaeferin. — Die Alpenschäferin. Aus d. Franz. von Paul Koernbach. — Jassy: Bureau d. Dorfzeitung 1841. 44 S. 1:Xy 11422.
3.6128

Alpenstrassen. Die Römischen A' in der Schweiz. Zürich 1861 s.a. Meyer, H[einrich].

Alpenstrassen, Die römischen, in der Schweiz. Zürich 1861. V: *Meyer, Hnr.* (Bibl. des arch. Inst. in Rom. 1. Rom 1900.) (Bücherverz. d. Zentralbibl. d. D. u. Ö. A.-V. München 1906.)

Alpensträußchen. 32. (6 Chromolith.) Leipzig 880. Baldamus. n. — 60

Alpen-Töne. Sammlung v. Tyrolerliedchen u. Oberbaier. Volksliedern f. 4 u. 5 Männerstimmen, arrangirt v. C. Flüs. 8. (28 S.) Hagen 848, Butz. 6 ℊ

Alpentunnels und Landesverteidigung. [Frauenfeld 19..] V: *Zschokke, Bruno.* (zuwzür 19, 1915, I, S. 118)

Alpenveilchen. Das Alpenveilchen. Offizielles Organ des neu gegründeten D. A. C. oder Damenalpenclubs.... Jahrg. 1. No. 1. [Illustriert. — Zur Feier des 40-jährigen Bestandes der Sektion Bern des S. A. C. 26. April 1903.] 6 S. 4. [Bern, A. Benteli.]

Alpenveilchen. Das A'. Offizielles Organ des neu gegründeten D. A. C. oder Damen-Alpenclubs.... Jahrg. 1. No. 2. 1904 Januar 3. [Mit Vignetten.] 4 S. 4. [Bern, A. Benteli.]

Alpenveilchen. Das A'. Offizielles Organ des neu gegründeten D. A. C. oder Damenalpenclubs.... Jahrg. 1. Nr. 2 [*d. i.* 3]. [Illustriert.] 6 S. 4. [Bern, A. Benteli, Juli 1905.]

Alpenverein. — Der Deutsche und Oesterreichische Alpenverein. Ein Blick auf seine Ziele und seine bisherigen Leistungen. — Graz 1879. 24 S.
1:Sb 1ª. 12:It. coll. 2nt [u.ö.] 2. 7.
3.6129

— Der Deutsche und Oesterreichische Alpenverein. Eine Uebersicht seiner Ziele u. bisherigen Leistungen. Festschrift, hrsg. zur Feier der Gründung seiner 100. Section im März 1884. — Salzburg: Deutscher u. Oesterr. Alpenverein 1884. 39 S.
12:It. coll. 2ntb [u.ö.] 300:50.264-B. 2.
3.6130

Alpenvereins-Taschen-Panorama [Schlagwort]
Alpenvereins-Taschen-Panorama s.: Taschenpanorama d. d. u. ö. Alpen.

Alpenwanderer, der, v. Verf. d. Mazorino (v. G. Bertrand). Mit Kpf. 2 Thle. 8. Leipz. 804—10. Rein. 3 ℛ 12 ℊ

Alpenwelt, d. Illustr. Wochenschrift f. Alpenklubisten, Kurgäste, Touristen, Jäger, Förster u. and. Naturfreunde. Red.: W Senn-Barbieux. 1. u. 2. Jahrg. 1888 u. 1889. à 52 Nrn. (B.) 4. St. Gall., (Jost, Kreutzmann & Co.). à Jahrg. *n.* 10. —

Alpenwelt, die. Illustrirte Wochenschrift f. Alpenklubisten, Kurgäste, Touristen, Jäger, Förster u. andere Naturfreunde. Redact.: Walt. Senn. 1.—5. Jahrg. 1888—1892. à Jahrg. 52 Nrn. (Bog.) gr. 4. St. Gallen, (Busch u. Comp.). à Jahrg. * 10 —

Alpenwelt, die. Illustrirte Wochenschrift f. Alpenklubisten, Kurgäste, Touristen, Jäger, Förster u. andere Naturfreunde. Red.: Walt. Senn-Holdinghausen. 4.—6. Bd. 1891—1893. à 52 Nrn. gr. 4. (Bog.) St. Gallen, (Busch & Co.). à Bd. n. 10.—

Alpenwelt. **Aus** der Schweizer Alpenwelt s. C[ubasch], W[oldemar].

Alpenwirthschaft, s. Alpenwirtschaft

Alpenwirtschaft. — Die Alpenwirtschaft in Kärnten. Hrsg. von d. Kärtner Landwirtschafts-Gesellschaft. 1.2.— Klagenfurt: Ges. 1873–91: v. Kleinmayr.
1. 1873. 2,1. 1875. 2,2. 1876. 2,3. 1881. 2,4. 1889. 2,5. 1891.
1:Ov 11628. 300:100.003–B.
3.6131

Alpenwirthschaft, die, in Kärnten. Hrsg. v. der Kärntner Landwirthschafts-Gesellschaft. 1. Thl. gr. 8. (17 S.) Klagenfurt 874. Liegel in Comm. n. 2. —

— **die, der Schweiz,** s.a. **Beiträge zur Statistik der schweizer. Eidgenossenschaft.**

Alpenwirthschaft, die, in der Schweiz, im J. 1864, s.a. **Statistik, schweizerische.**

Die Alpenwirtschaft der Schweiz im Jahre 1864. Hrsg. vom Statistischen Bureau des Eidg. Departement des Innern. — Bern: Orell, Fuessli & Cie. in Zürich 1868. XXI,432 S. (Schweizerische Statistik.)
1:4° Ru 7240–10. 7. 11.
3.6132

Schweizerische Alpenwirthschaft, 1-6 v. R. Schatzmann, 7 herausg. v. do., im Namen d. schweiz. alpw. Vereins. H. 1-7 (3 Vol.). Aarau 18[60]-66.
(1: 2. Aufl. 1862; Fortsættelse se **Alpwirthschaftliche Monatsblätter**).

Alpenwirtschaftspolitik in Österreich. - Wien 1908. Veröff. v. k. k. Ackerbauministerium

Alpenzeitung, deutsche. Red. v. Ferd. Kronegg. Verantwortlich: Alois Nistler. 1. Jahrg. Mai 1901—März 1902. 24 Nrn. gr. 4. (VIII, 896 S. m. Abbildgn. u. 100 Bildertaf.) München, Verlag der „deutschen Alpenzeitg." n. 12. —; einzelne Nrn. — 40

— dasselbe. Illustrierte Halbmonatsschrift. Red.: Ed. Lankes. 2. Jahrg. April 1902—März 1903. 24 Nrn. gr. 4. (VIII, 750 S. m. Abbildgn. u. 104 Taf.) Ebd. n. 12. —; einzelne Nrn. n. — 50
Kann auch vierteljährlich bezogen werden.

Alpenzeitung, deutsche. Illustrierte Halbmonatsschrift. Red.: Eduard Lankes. 3. u. 4. Jahrg. April 1903 bis März 1905. à 24 Nrn. (680 u. 646 S. m. Abb. u. Taf.) gr. 4. München, G. Lammers. à Jhrg. n. 12. —

— dasselbe, mit der Beilage: „Verkehr u. Sport". Schriftleitung: Eduard Lankes; in Oesterreich-Ungarn: Hanns Barth. 5. Jahrg. April 1905—März 1906. 24 Nrn. (646 S. m. Abbildgn. u. Taf.) 4. Ebd. n. 14. —

— dasselbe, Natur u. Kunst. Verkehr u. Sport. Illustr. Blätter f. Wandern u. Reisen, Alpinistik, Touristik, Fremdenverkehr, Sommer- u. Wintersport, Land- u. Volkskunde, Fotografie u. Kunst. Schriftleitung: Eduard Lankes; in Oesterreich-Ungarn: Hanns Barth. 6. Jahrg. April 1906—März 1907. 24 Nrn. (Nr. 1. 26 u. 20 S. m. 4 Taf.) 4. Ebd. n. 14. —

Alpenzeitung, deutsche. Organ des Vereins zur Förderg. des Fremdenverkehrs in München u. im bayer. Hochland e. V. Hrsg.: Eduard Lankes. Red.: Eduard Lankes u. F. W. Schroeter. Verantwortlich: F. W. Schroeter, in Oesterreich: Hanns Barth. 7. 9. u. 10. Jahrg. April 1907—März 1909 u. April 1910—März 1911. à 24 Hfte. (à ca. 28 u. 16 S. m. Abbildgn. u. [z. T. farb.] Taf.) 31×22 cm. München, Verlag der deutschen Alpenzeitg. à Jahrg. 16. —
Jahrg. 8 erschien u. d. T.: Natur u. Kunst.

Neue deutsche Alpen-Zeitung. Fachorgan für die gesamte Alpenkunde. [Red.: Richard Issler.] Bd 1–11.
Wien: Brockhausen u. Bräuer 1875–1880. 4°

Österreichische Alpenzeitung. Organ des Österreichischen Alpenclub. [Red.: Hans Wödl; sp. Ludwig Sineck; sp. Julius Meurer u.a.] Jg. 1–45.
Wien: Alpenclub 1879–1923. 4° 1a, M 37

—— österreichische. Organ des Alpen-Club „Oesterreich". Redig. von Jul. Meurer. 1.—6. Jahrg. 1879—1884. à Jahrg. 26 Nrn. (Bog.) Lex.-8. Wien, (Hölder.) à Jahrg. *

Alpen-Zeitung, österreichische. Organ d. Alpen-Club „Oesterreich". Red. v. Jul. Meurer. 5.—8. Jahrg. 1883—1886. à 26 Nrn. (B.) Lex.-8. Wien, (Hölder). à Jahrg. n. 8. —

Alpen-Zeitung, österreichische. Organ d. österr. Alpen-Club. Red. v. J. Meurer. 9. Jahrg. 1887. 26 Nrn. (B.) Lex.-8. Wien, (Hölder). n. 8. —

— dasselbe. Red. v. H. Hess. 10. Jahrg. 1888. 26 Nrn. (B.) Lex.-8. Ebd. n. 8. —

— dasselbe. Red. v. G. Geyer. 11. 12. Jahrg. 1889. 1890. à 26 Nrn. (B.) Lex.-8. Ebd. à Jahrg. n. 8. —

Alpen-Zeitung, österreichische. Organ d. österr. Alpen-Club. Red. v. Geo. Geyer. 13. Jahrg. 1891. 26 Nrn. (Bog.) Lex.-8. Wien, (A. Hölder). n. 8. —

— **dasselbe.** Red.: Rud. Spannagel. 14. Jahrg. 1892. 26 Nrn. (Bog.) Lex.-8. Ebd. n. 8. —

— **dasselbe.** Red. v. G. Geyer. 15. Jahrg. 1893. 26 Nrn. (Bog.) Lex.-8. Ebd. n. 8. —

— dasselbe. Red. v. Hans Wödl. 16. Jahrg. 1894. 26 Nrn. (Bog.) Lex.-8. Ebd. n. 8. —

Alpenzeitung, österreichische. Org. d. österr. Alpenclub. Red. v. Hans Wödl. 17.—20. Jahrg. 1895—1898. 26 Nrn. (à ca. 12 S.) Lex.-8. Wien (A. Hölder). à Jahrg. n. 8. —

— österreichische. Organ des österreich. Alpenklubs. Red. v. Hans Wödl. 21.—24. Jahrg. 1899—1902. à 26 Nrn. Lex.-8. (à ca. 12 S.) Wien (A. Hölder). à Jahrg. n. 8. —

— österreichische. Organ des österreich. Alpenklubs. Geleitet v. Hans Wödl. 25.—28. Jahrg. 1903 bis 1906. à 26 Nrn. (VIII, 338; IX, 312; VIII, 312 u. IX, 310 S. m. Abbildgn. u. je 1 Titelbild.) Lex.-8. Wien (A. Hölder). à Jhrg. n. 8. —

— österreichische. Organ des österreich. Alpenklubs. Geleitet v. Hans Wödl. 29.—31. Jahrg. 1907 —1909. à 26 Nrn. (à ca. 12 S.) Lex. 8. Wien, A. Hölder. à Jahrg. 8. —

— dasselbe. 32. Jahrg. 1910. 26 Nrn. (à ca. 12 S. m. Abbildgn.) Lex. 8. Ebd. 12. —

—— schweizer. Organ für die deutschen Sectionen des schweizer Alpenclubs, sowie für alle Freunde der Alpenwelt. 1. Jahrg. 1883. 4 Hefte. gr. 8. (à Heft ca. 60 S.) Zürich, Schulthess. *

— dasselbe. Red.: H. Lavater. 2. Jahrg. 1884. 26 Nrn. (à 3/4—1 B) gr. 8. Ebend. n.n. 5. —

— dasselbe. 3. u. 4. Jahrg. 1885 u. 1886. à 24 Nrn. (à $^{3}/_{4}$—1 B.) gr. 4. Ebend. à Jahrg. n.n. 5. —

— schweizer. Organ für die deutschen Sectionen des schweizer. Alpenclubs, sowie für alle Freunde der Alpenwelt. Red.: H. Lavater. 5. 6. Jahrg. 1887. 1888. à 24 Nrn. (à $^{3}/_{4}$—1 B.) gr. 8. Zürich, Schulthess. à Jahrg. n.n. 5. —

— dasselbe. Red.: E. Walter. 7. 8. Jahrg. 1889. 1890. à 24 Nrn. (à $^{3}/_{4}$—1 B.) gr. 8. Ebd. à Jahrg. n.n. 5. —

— **schweizer. Organ f. die deutschen Sectionen des schweizer. Alpenclubs, sowie f. alle Freunde der Alpenwelt. Red.: E. Walder. 9.—11. Jahrg. 1891** bis 1893. à 24 Nrn. (à $^{3}/_{4}$—1 Bog.) gr. 8. Zürich, Schulthess. à Jahrg. n.n. 5. —

Alper, J. J., Fritzchen Stümperleins, d. Gymnasiasten, Buch der Lieder, s.: Schalk-Bibliothek.

ALPERIN, D. Über das 2'-Aethoxy-a-Naphtoflavon. Bern, 1899. **Diss.**

Alperin Heinrich: Das Willensprimat bei Nicolo Malebranche in seiner Psychologie und Erkenntnistheorie. Diss. Wien, Univ.
1906 PN 2144 115

Alpern Naftali: Die Schicksalsdragödie und ihre Parodien.
H. 1905 PN 1930 Diss. Wien. Univ. 167

Alpers, Ferd., Friedrich Ehrhart, s.a. **Schriften, separate, des Vereins f. Naturkunde an der Unterweser. II.**

Alpers, Ferdinand: Friedrich Ehrhart, Königl. Großbrit. und Kurfürstl. Braunschweig-Lüneburgischer Botaniker. Mitteilungen aus seinem Leben u. seinen Schriften. Unter Benutzung von bislang nicht veröffentlichten Urkunden sowie von Briefen Ehrharts u. seiner Witwe hrsg. Mit den Bildn. Ehrharts, Andreaes u. Usteris. — Leipzig: Engelmann 1905. XVI,452 S. (Separate Schriften d. Vereins für Naturkunde an d. Unterweser. 2.)
1:Lc 7954-2. 12:Phys. g. 423 ci-2. 7. 8. 9.
3.6134

Alpers, F., zur Flora von Stade, s. Abhandlungen, hrsg. vom naturwissenschaftl. Verein zu Bremen.

Alpers, F, Verzeichniss d. Gefässpflanzen d. Landdrostei Stade m. Einschluss d. brem. u. oldenburg. Gebiets am rechten Weserufer u. d. hamb. Amtes Ritzebüttel. 8. (116) Stade 65, Schaumburg. n.n. 1. 50

— Verzeichnis der Gefäßpflanzen der Landdrostei Stade mit Einschluß des bremischen und oldenburgischen Gebietes am rechten Weserufer und des hamburgischen Amtes Ritzebüttel. Zsgest. von F. Alpers. — Stade: "Neue Blätter"; Schaumburg in Komm. 1875. 116 S.
Aus: Neue Blätter für d. Volksschule der Herzogthümer Bremen u. Verden u. des Landes Hadeln.
7.
3.0135

Alpers, Georg

Alpers jr., G: Führer durch d. prakt. Photogr. 3. Afl. v. Haugks Repetitorium d. prakt. Photogr. 8° (108 m. Abb.) Weim. 96. Lpzg, BF Voigt. 2.50

Alpers jun., Geo., Führer durch d. prakt. Photographie. Kurzgef. Handbuch f. Fachmänner u. Amateure. 3., gänzl. neu bearb. Aufl. v. Haugks Repetitor. d. prakt. Photogr. gr. 8 (VIII, 108 S. m. 34 Abb.) Weimar 897. B. F. Voigt. 2. 50

Alpers, J. H. Ch. D.: Fürst Leopold oder deutscher Edelmuth. Ein Schauspiel in 3 Aufz., nebst e. voranstehenden kurzen Schilderung der Germanier. — Braunschweig: Vogler in Halberstadt in Comm. 1827: Herzogl. Waisenhaus-Buchdr. 112 S. 1:Ys 5140.
3.6136

Alpers, Wilhelm: Die Heldenbraut. Ein Gedicht aus d. amerikanischen Befreiungskriege. — New York: Willmer & Rogers News Co. 1876. 109 S. 1:Yo 16283.
3.6143

Alpert, F., Verhandlungen der Commission zur Förderung der Pferdezucht in Preußen, im Auftrage des königl. preuß. Ministers für die landwirthschaftl. Angelegenheiten zusammengestellt. gr. 8. (V, 171 S.) [Berlin 875, Schotte und Voigt.] Leipzig, H. Voigt. *

Alpertus Mettensis s. *Alpertus* Monachus Sancti Symphoriani.

Alpertus von Metz s. *Alpertus* Monachus Sancti Symphoriani.

Alpertus Monachus Sancti Symphoriani

— [lat. u. deutsch] Des Alpertus von Metz zwei Bücher über verschiedene Zeitereignisse, nebst zwei Bruchstücken über Bischöfe von Metz. Urschrift. Deutsche Uebersetzung. Geschichtl. Kommentar. Hrsg. von Andreas Dederich. — Münster: Coppenrath 1859. VI,190 S.
1:Rw 6150. 12:Germ.sp. 8u. 300:*6998. 2. 4. 6. 7. 11.
3.6145

Alpertus Mettensis, de diversitate temporum u. De Theoderico I, Episcopo Mettensi, m. Einleitg. v. C. Pijnacker Hordijk, s.: Codices graeci et latini. Suppl. V.

Alpes [Sachliches OW]

Alpes — Les — Vue prise depuis la Cime de la Gemmenalp. A Berne chez l'Auteur. F. N. König fecit. 2 Bl., wovon II Explication de la planche.

Alpes [Schlagwort]

Alpes — Chaine d' — vue depuis les environs de Zürch. Dediée à la Societé de physique et d'histoire naturelle. H. Keller fecit. 1 : 280,000 das Kärtchen. 2 Bl., wovon II. Erklärung des Blattes „Chaine d'Alpes" mit einem Kärtchen.

Alpgenossenschaften (Die) von **Nidwalden.** 8°. Stans 1889.

*Alpha Code. Depeschenkürzer. Lpzg-Raschw., B Volger. ca 2 — Erscheint nicht.

Alpha, Adolar de, s.: Nostradamus-Horoskop.

Alphabet

— allgemeines, d. Blumensprache oder leicht deutbare Blumenschrift. Mit 25 illum. Kpf. in Etui. Leipz. 820. Magaz. f. Ind. 12 gr.

Alphabet, bewegliches, d. hebr. Buchstaben, s.a. Lewisohn.

— bewegliches, d. hebräischen Buchstaben in 10 Tabellen. gr. Fol. Fulda 846, Müller'sche Buchh. n. 2/3 Thlr.

Alphabet (fünf Zoll hoch) zum Buchstabir- u. Leseunterricht in Schulen. Jeder Buchstabe in abgeschlossenem Raum zum beliebigen Zusammensetzen. 2. Aufl. Friedberg, 852. Bindernagel. Fol. (10 Bgn.) n. 15 ngr

Alphabet, elf Centimeter hohes, zum Buchstabir- u. Lese-Unterricht in Schulen. Zum belieb. Zusammensetzen. 3. Aufl. Fol. (8 Taf.) Friedberg 874. Bindernagel. n. 1.50

Alphabet ou premiers élémens de la langue française. Dresde 1799. V: *Rothe, Johann Baptist.* (Ky) (MGT)

Alphabet, ou premiers élémens de la langue française. 8. Dresd. 809. Ed. n. 813. Beger. 10 gr.

Alphabet, the German and its prononciation to which is added a Table of the Genders of Germ. Substant. gr. 4. Frankfort o/M. 845, (Jügel.) n. 1/3 Thlr.

Alphabet, das goldene. Ein christliches Vergißmeinnicht für gutmüthige Seelen. 12. Straubing 840, Schorner. 1 ngl

Alphabet, goldenes, f. christliche Eheleute. Vom Verf. des Gertrudenbuches. 12. (III, 179 S.) Linz-Urfahr 903. Verl. d. kathol. Preßvereins. Geb. in Leinw. n. 1. 40; fein geb. n. 2. 40

Goldenes Alphabet für christliche Eheleute. 8°. (179 S.) Wien: Hof- u. Staatsdruckerei, 1903. geb. K 1.40

Alphabet, Goldenes, des Lutherischen Katechismus. Gedächtnissbüchlein für Confirmanden und Confirmirte . . . Dresden 1856. V: *Pfeilschmidt, Ernst Heinrich.* (zu)

— goldenes, des Lutherischen Katechismus. Gedenkbüchlein für Confirmanden u. Confirmirte v. einem Diener am göttl. Worte. Dresden, 856. Türk. 32. (40 S.) 3 ngl; feine Ausgabe 6 ngl

— grand div. p. Syllabes franç. 8. Wien, Sommer. 789.

[Grönländisches Alphabet.] — o.O. [um 1760]. 9 Bl. 3. 3.6157

——, das große und kleine, in 2 Tafeln zum Zerschneiden und Aufziehen eingerichtet. gr. Fol. (2 Bog.) Darmstadt 856, Dietzsch.

— das große, in fünf Sprachen, als: deutsch, böhmisch, latein., französ. u. italienisch. M. Kpf. gr. 8. Prag 794. Geers. 16 gl

— das große, zum Unterr. beim Syllabiren. Fol. Cobl. u. Hadam. (Lanz in Weilburg.) 1½ gl

— großes, für Schulen, nebst Ziffern u. Punktationen. Fol. Zürich. 807. Orell. 10 gl

— d'Histoire naturelle, ou représent. et descript. de quelq. animaux remarq. tir. d. M. Schreber etc. p. J. F. Chastel. 8. Offenb. Brede. 792. enlum.

— von Initialen im neugriechischen Styl aus dem xylograph. Institut v. Adf. Closs in Stuttgart. qu. gr. 4. (8 Chromolith. m. 1 S. Text.) Stuttgart 872. Koetzle. 1. 50

[Mongolisches Alphabet in Quadratschrift. Holztafeldruck.] — o.O. [vor 1794]. 1 Bl. gr. 2° 7. 3.6162

Alphabet, neues, deutscher Giftpflanzen, z. Gebrauche in Schulen. Nebst Angabe d. Behandlung, bis zur Ankunft des Arztes. (Von Dr. Schneider.) gr. 16. (Fulda 837. Müller.) n. 7/12 ß

— neues, für d. Jugend; enth. 25 color. Kpfrtaf. mit 75 Abbildd. und Benennung in deutscher u. franz. Sprache. 4. Wien 836. Bermann u. Sohn. 13 gl

— nouveau, en francais divisé p. syllabes avec un abrégé de la doctrine chretienne etc. 8. Cöln, Rommerskirchen. 4 gl

— nouv., syllabique etc. de la lang. franc. avec fig. 8. Leipz. 790. Schwickert. 5 gl

— nouvel, français divisé par syllabes, avec un abrégé de la doctrine chrétienne etc. 8. Wien, Gerold. 4 gl

Alphabet, das polnische, f. Abecadło polskie.

Alphabet, das, d. deutschen Preis-National-Handschr. Ausg. f. die Schullehrer-Seminare d. Deutschen Reiches. qu. 4. (3 S.) Leipzig-Neustadt 895. A. Henze. n. — 10

— russisches. Tabelle. schmal gr. 8. Leipzig 895. R. Gerhard. n. — 20

— der Säugethiere (in 25 lithogr. Abbildd.) 16. Cöln 835. Renard u. Dübyen. 1/3 ß

—— gebräuchl. Schriftarten. I. Hft. (Nr. 1—4.) Kupferstich. qu. Roy.-4. Nürnberg 841, Serz u. Comp.

— der deutschen, engl., gothischen Fraktur-, Kanzlei-, röm., italien. u. hebräischen Schriften. qu. gr. 8. (6 Blätter.) Schwerin 846, Kürschner. 1/6 ß

—— oriental. u. occidental. Sprachen, z. Gebrauch f. Schriftsetzer u. Correctoren. Zusammengestellt v. Friedr. Ballhorn. 2., verm. Aufl. Lex.-8. (2 B.) Leipzig 844, (Brockhaus.) *

Alphabet et tableaux illustrés pour enseigner à lire et à écrire aux enfants. Stuttgart 865. Thienemann. qu.-4. (8 lith. Bll. auf Pappe.) 25 ngr

Alphabet, unser, s. Seyffarth.

— das zergliederte, ein Spiel f. Kinder. Bestehend aus 180 Buchstaben z. leichtern Kenntniß derselben. Fürth, Korn. 4 gl

Alphabeta et notae diversarum linguarum pene septuaginta tum et versiones orationis dominicae prope centum, collecta olim et illustrata ab Andr. Müllero. Cum figg. Berol. 703. 4. 5 rthl.

Alphabeta genuina Aegyptiorum . . . Lips. 1840. V: *Seyffarth, Gust.* (WUBb)

Alphabet-Buchstaben, große u. kleine, (von 3 Zoll Höhe) für Lesemaschinen. à 7 Bog. Bresl., Graß, B. u. C. 6 gl

Alphabete von Théodore de Bry, François Émil Ehrmann, Jean Daniel Preisler, Habert-Dys. — Dekorations-Motive von Augustin von Saint-Aubin. (Kleine Bibliothek der Kunstlehre.) Paris und Leipzig. 8°.

Alphabete. 1. Hft. Löbau (854), Walde. qu. 8. (6 lith. Bl.) 3 ngl

Alphabete. gr. Fol. (8 Bl.) (Hannover 872, Helwing'sche Hofbuchh.) **

Alphabete. gr. Fol. (8 Bl.) (Hannover 873. Helwing's Verl.) n.n. 1. 50

Alphabete, acht, in einzelnen kleinen u. großen Buchstaben zur angenehmen Beschäftigung f. gute Kinder, welche in kurzer Zeit buchstabiren u. lesen lernen wollen. Prag, Bohmanns Erb. 1 ß

—— calligraphische, lith. u. hrsg. bei H. C. Vellguth. qu. gr. 8. (6 Bl.) Braunschweig 844, (Ramdohr's Hof-Kunsth.; Leipzig, Klein's Kunst- u. Buchh.) *

Alphabete, calligraphische. 1. Aufl. (6 Stnt.) 847. und 2. Aufl. qu. gr. 8. (8 Stnt.) Wolfenbüttel 851, Holle'sche Buchh.

Alphabete des gesammten Erdkreises aus der k. k. Hof- und Staatsdruckerei in Wien. Wien 1855. 2. Aufl. 1876. V: *Auer v. Welsbach, Alois.* (Gk)

—— europaeische, in 12 (lithogr.) Blättern. Für Calligraphen, Schriftmaler etc. und zum allgem. Schulgebrauch. qu. gr. 8. Berlin 854, Boehden. *

Alphabete in Fractur-, gothischen u. römischen Schriften f. den gewerblichen Gebrauch. 1—3. Hft. qu. 4. (10, 12 u. 12 Bl.) Bruchsal 878. Katz, Sohn. à n. — 40

— [fünfundzwanzig]

— 25, verschiedene Schriftarten mit Bezeichnung ihrer Grundregeln, hrsg. von der lith. Anstalt des J. A. Enderlin in Lindau. gr. 4. (8 Stnt.) Lindau 847, Stettner. *

— [fünfzehn]

— **XV, besonders f. Maler u. Anstreicher.** qu. gr. 4. (6 lith. Taf.) Wesel 848, Becker. ½ ß

— z. Gebr. bei Situations-, Bau- u. Maschinenzeichngn. 4. Afl. 12° (48) Berl. 97, W & S Loewenthal. 1 —
Die 3. Afl. erschien u. d. T.: Zusammenstellung verschied. Alphabete.

— der deutschen Current- u. der lateinischen Cursivschrift aus H. C. Otto's Schreibschule für Schule u. Haus. gr. 8. (3 S. auf Karton.) Berlin (898). M. Rockenstein. n. — 10

— der deutschen u. lateinischen Schrift u. Ziffern zum Behufe des Lesenlernens der Kinder. 5 B. in Fol. (u. gr. Fol.) Nördlingen 848, Beck. 3 ngr 3 Exempl. zusammen genommen 8 ngr

Alphabete gebräuchlichster Schriftarten. 1. Heft. qu. gr. 4. (4 Kpfrt.) Nürnberg 844, Serz u. Comp. ¼ ß

—— neuester Schriftarten für Bildhauer und Steinmetzen zum Gebrauch auf Grabsteinen, Monumenten etc. 1. und 2. Heft. gr. 4. (à Heft 6 Stnt.) Uttweil 859.61, Uhler. à Heft * 12 Ngr. *
ill. à Heft * 18 Ngr. *

—— neuester Schriftarten f. Bildh. u. Steinm. 1. u. 2. Hft. 4. (à 6 L.) Stuttg. 59. 61, Wittwer. à *n.* — 12; col. à *n.* — 18

Alphabete neuester Schriftarten f. Bildhauer u. Steinmetzen zum Gebrauch auf Grabsteinen, Monumenten etc. 1. Hft. Neue Aufl. Stuttgart 869. Wittwer. 4. (6 lith. Bll.) n. 12 ngr

— der Deutschen, Englischen, Gothischen, Fractur-, Kanzlei-, Römischen, Italienischen u. Hebräischen Schriften. qu. gr. 8. (6 lith. Bl.) Schwerin 847, Kürschner (jetzt Hildebrand.) — 2. Aufl. qu. 8. (7 lith. Bl.) Ebend. 850. ⅙ ß

Alphabete zum Gebrauche in Schulen. (Besteh. a. 8 Bog.) Fol. (Mit Ttl in 4.) Halle 811, Anton.

— zur prakt. Selbstübung im Schönschreiben. gr. Fol. Neuhaldensl., Eyraud. 4 gl

— zum Setzen der Silben nach der Lautir-Methode. Hrsg. v. der Brünner Lehrer-Versammlung. Fol. (6 B.) Brünn 849, Winiker. n. 6 ngr

— orientalischer u. occidentalischer Sprachen, zum Gebrauch für Schriftsetzer u. Correctoren. Zusammengestellt von Fr. Ballhorn. 2. verm. Aufl. Lex.-8. Leipzig 844, (Brockhaus.) n. ½ ß

— orientalischer u. occidental. Sprachen z. Gebrauch f. Schriftsetzer u. Correctoren zusammengestellt v. Frd. Ballhorn. 3. Aufl. Lex. 8. Leipzig 848, Brockhaus. — 4. verm. Aufl. Lex. 8. (36 S.) Ebd. 850. — 5. verm. Aufl. Lex. 8. (40 S.) Ebd. 851. n. ½ ß

—— orientalischer und occidentalischer Sprachen zum Gebrauch für Schriftsetzer und Correctoren, zusammengestellt von Friedr. Ballhorn. 4. Aufl. (36 S.) 850. und 5., verm. Aufl. gr. 8. (40 S.) Leipzig 852, Brockhaus. *

Alphabete für die Stickerin. Buchstaben, Monogramme, Ziffern und Ornamente nach gezählten Fäden zu sticken. qu 8° Dornach

— im reinsten Styl mit den entsprechenden Ziffern als Vorlagen für Firmenschreiber, Graveure, Stickerinnen, Kupferstecher, Lithographen u. z. Gebrauch für Schulen. 1. Aufl. (854.) — 2. und 3. Aufl. Erfurt, (856.) Bartholomäus. qu. 8. (10 lith. Taff.) 7½ ngr

Alphabete im reinsten Styl mit den entsprechenden Ziffern als Vorlagen für Firmenschreiber, Graveure, Stickerinnen etc. 3. Aufl. qu. 8. (10 Stnt.) Erfurt 857, Bartholomäus.

— im reinsten Styl mit den entsprechenden Ziffern als Vorlagen für Stickerinnen, Calligraphen, Kupferstecher etc. und zum Gebrauche für Schulen. 14. Aufl. Erfurt (864). Bartholomäus. qu. 8. (10 lith. Bl.) 7½ ngr

Alphabete im reinsten Stil mit den entsprechenden Ziffern als Vorlagen für Stickerinnen. 25. Aufl. — Erfurt: Bartholomaeus [um 1881]. 10 Bl. quer-8° 3.
3.6169

— 26., verb. Aufl. Ebd. [um 1881]. 10 Bl. quer-8° 3.
3.6170

— 27., verb. Aufl. Ebd. [1882]. 10 Bl. quer-8° 3.
3.6171

Alphabete im reinsten Stil mit den entsprechenden Ziffern als Vorlagen für Stickerinnen, Calligraphen, Lithographen, Graveure, Maler, sowie zum Gebrauch f. Schulen. 28. verb. Aufl. qu. 8. (10 Taf.) Erfurt 887. Bartholomäus. In Umschlag. — 75

— 30., verb. Aufl. Ebd. [1889]. 10 Bl. quer-8°
1:Os 576[30]. 3.
3.6172

Alphabete im reinsten Stil m. den entsprechenden Ziffern als Vorlagen f. Stickerinnen, Calligraphen, Lithographen, Graveure, Maler, sowie zum Gebrauch f. Schulen. 29., verb. Aufl. qu. 12. (10 Taf.) Erfurt 892. F. Bartholomäus. — 75

— i. reinsten Stil m. d. entsprech. Ziffern als Vorlagen f. Stickerinnen, Calligraphen, Lithographen, Graveure, Maler, sow. z. Gebr. f. Schulen. 30. Aufl. qu. 8. (10 Taf.) Erfurt 896. F. Bartholomäus. — 75

Alphabete im reinsten Stil m. den entsprech. Ziffern, als Vorlagen für Stickerinnen, Calligraphen, Lithographen, Graveure, Maler, sowie zum Gebrauch f. Schulen. 32., verb. Aufl. qu. 8. (10 Taf.) Erfurt (902). F. Bartholomäus. — 75

— u. Verzierungen zum Sticken. Ein Musterbuch für Stickerinnen überhaupt, besonders aber für Lehrerinnen u. Schülerinnen an Töchterschulen. (Von Cäcilie Birkham.) 1. 2. Hft. qu. Lex-8. Nordhausen 844, (Köhne.) à n. ⅓ ß

Vollständige Alphabete der vom k. k. mähr. Landesschulrathe vorgeschriebenen Schriftformen für allgemeine Volks- und Bürgerschulen 2., verbesserte Auflage. Brünn. 1900. Winiker. 8°. IX S. K 60.—

Alphabete, vollständige, der vom hohen k. k. mähr. Landesschulrate m. Erlass vom 11. VIII. 1909, Z. 8624 vorgeschriebenen Schriftformen f. allgemeine Volks- u. Bürgerschulen. 3. nach den Beschlüssen d. deutschen Sektion d. VII. Landes-Lehrerkonferenz verb. Aufl. (3 Bl.) Lex 8. Brünn 909. C. Winiker. — 30

Alphabete, vollständige neue, deutsche u. französ., bewegliche, oder ABC-Kasten, zum zweckm. Gebr. beim Unterricht. gr. Fol. Jena, Schmidt. roh 4 gl Aufgezogen in 1 Kasten. 2 ß

Alphabete nebst Zahlen und Interpunctionszeichen zum Gebrauche in Schulen. Bestehend aus 8 Bogen. Halle 863. Anton. Fol. 7½ ngr

—— und Zierschriften. qu. 8. (28 lithogr. Blatt, wovon 8 in Buntdr.) Erfurt 864, Bartholomäus. In Mappe —

— u. Zierschriften. qu. 8. (8 Steintaf.) Annaberg 876. Rudolph & Dieterici. n. — 50

— u. Zierschriften. 8. (8 L.) Annab. 77, Rudolph u. D. n. — 50

— **u. Zierschriften.** (Neue Aufl.) qu. 8. (28 z. Thl. farb. Steintaf.) Ebend. 881. In Mappe. n. 2. —

Alphabete und Zierschriften. — Erfurt: Bartholomäus [1882]. 28 Bl. quer-8° 3. 82.
3.6174

—— und Zierschriften. (7. Aufl.) qu. 8. (28 lithogr. Taf.) Ebendas. 886. In Mappe 4

— und **Zierschriften.** qu. 8. (28 Taf.) Ebd. 887. In Mappe. n. 2. —

Alphabete und Zierschriften in 24 Blättern für Architecten, Ingenieure, Techniker, etc. Oblong-8°, 24 S. Winterthur, C. Studer. 1879 3 —

Alphabete, Zierschriften und Monogramme. — Erfurt: Bartholomäus [um 1890]. 32 gez. Bl. quer-8°
1:An 1211/300.
3.6175

—— Zierschriften u. Monogramme. qu. 12. (30 z. Tl. farb. Blatt.) Ebd. 892. In Mappe * 2 —

— — [9. Aufl.] Ebd. [1894]. 32 gez. Bl. 1:Os 577°. 3.
3.6176

— — 11. Aufl. Ebd. (1897). 41 gez. Bl. 3.
3.6177

— **Zierschriften u. Monogramme.** 12. Aufl. (41 Taf.) qu. 8. Erfurt (902). F. Bartholomäus. In Mappe n. 2. —

—— nebst Ziffern im reinsten Styl als Vorlagen für Bau- und Gewerbe-Schulen. 8 (lithogr.) Bl 1.—3. Aufl. qu. 8. Nienburg 872—74, Bösendahl. *

—— nebst Ziffern im reinsten Styl als Vorlagen für Bau- und Gewerbe-Schulen. 10 Bl. 4. Aufl. qu. 8. Nienburg a. W. 875, Bösendahl. *

Alphabeth, das große u. kleine, deutsche u. lateinische, m. Interpunktionszeichen u. Zahlen in Futteral. 24. Gießen, Tasche. 813.

Alphabets english etc. Oder engl. Vorschriften z. Schönschreiben, nach Tomkins, Green u. Champion rc. 18 Blätter. gr. 4. Manh. 805. Kaufmann. 2 ℔ Schrbp. 2 ℔ 16 ℛ

Alphabet-Stenographie, die, oder Buchstaben-Schnellschrift; das ist die Kunst, vermittelst gewöhnlicher Buchstaben und einigen wenigen Zeichen ebenso schnell, deutlich und sicher schreiben zu können, als dies vermittelst der eigentlichen Zeichenschrift, d. h. der, bis jetzt allein üblich gewesenen, Stenographie zu geschehen pflegt. gr. 8. (32 S. mit 1 Stnt. in qu. Fol.) Ludwigsburg 858. (Mannheim, Bender.) *

Alphabetum Angelicum sive Angeli custodis in cliente suo adolescente ad custodiendam Castitatem instituendo conatus. Viennae 1709. V: *Hevenesi, Gabriel.* (Jes)

Alphapinx. Malbuch auf Block. Gr. Ausg. qu. 4. (25 Bl.) Wien 898. G. Freytag & Berndt. 1.—; kl. Ausg. gr. 8. (25 Bl.) —50

Alphapinx. Bilder zum Coloriren auf Block. Kleine Ausgabe * —.30

— — Große Ausgabe * —.60

Alpharabius, Jacobus

Alpharabii, Jacob, Libellum ex antiquis historiis de usu coronarum et earum genere apud veteres Romanos ex membranis nunc primum edit atque loca quaedam Plinii et A. Gellii illustrat Carl Christian W o o g. Lpz. (Langenheim) 1759. 32 S. (1.40) 314

Alpharts Tod, s. Heldenbuch, deutsches.

Alphen, Abraham van (Amsterdam. Civis Leidensis), De successionibus ab intestato ante novellam 118. Diss. jur. Präs. Johann Esgers. Leiden (Abrah. Kallewier) 20. VI. 1752. 31 S. (4.50) 315
Gew.: Pet. van Alphen, Daniel P. F. van Alphen.

Alphen, Herrm. van, s. A l p h e n , Hieronymus

Alphen, Hieron. van, üb. die Bildung v. Metanitrobenzoesäure aus Nitrosalicylsäure. Inaugural-Dissertation. gr. 8. (30 S.) Halle 877. (Göttingen, Vandenhoeck & Ruprecht.) n. — 60

Alphen, Hier., Oeconomiae catechesis palatinae. 4. Traj. ad Rhen. 729.

— [Kleine Gedichten voor kinderen, deutsch] Kleine Gedichte für Kinder. Aus d. Holl. verdeutscht von J[ohann] Ch[ristian] H[ermann] Gittermann. — Emden: Woortman 1832. XII,95 S. 7.
3.6267

Alphens, Hieron. van, kleine Gedichte f. Kinder. A. d. Holländ. verdeutscht v. J. Ch. H. Gittermann. 2. Aufl. 12. (4½ B.) Emden 838, (Rakebrand.) *

van **Alphen, Herrm.,** († d. 27. Jan. 1767.) Kleine Gedichte für Kinder des zarteren Alters. Nach d. Niederländ. bearbeitet. 12. Essen 830. Bädecker. 8 ℛ

— Kleine Gedichte für Kinder des zarteren Alters. Nach d. Niederländ. bearb. — Essen: Bädeker [um 1837]. IV [vielm. VI],108 S. 1:Zg 4096. 5.
3.6268

Alphen, Hieron. van, holländische Kinderlieder. Uebers. von Carl Abel. gr. 16. (71 S.) Berlin 856, Heinicke. *

— Specimen in epist. P a u l i sex. 4. Ultraj. Cramer. 746.

Alphen, J. Th. W. van, Specimen iuridico-antiquarium de differentia inter aediles plebi et curules Romanorum. Diss. 1789. 49 S. 1.2

von **Alphen,** Im., De phrenitide. 20 pp. Lugd. Bat. 4°. 1723

Alphen, Johann von, s. A l p e n , Johann von

Alphenor und Sophronia. Ein lyrischer Dialog . . . Rohmstock 1779. V: *Clodius, W. A.* (Mn)

Alphens, Dr. Hieron. van, kleine Gedichte für Kinder. Aus d. Holländ. verdeutscht von Dr. J. Ch. H. Gittermann. 2e Aufl. 12. Emden 838. (Rakebrand.) n. $\frac{1}{6}$ ℔

Alphons [Sachliches OW], s. A l p h o n s e

Alphons. — Alphons und Germaine; oder Briefe aus den Papieren einiger Emigrirten. — Berlin: Voss 1795. 264 S.
1:Yw 4428.
3.6298

Alphons, s. A l p h o n s Maria Liguori

Alphons Maria von Liguori

ALFONS MARIA DI LIGOURI: Anleitung für die Mitglieder des zur immerwährenden Anbetung des hochwürdigsten Altarssakramentes und zur Ausstattung armer Kirchen in Budapest entstandenen Altar-Vereines. Nach dem heiligen Alphons Ligouri. Dritte Aufl. Budapest 1906: Central-Verein. 80 S. 1t. - 140 mm

Alphons Maria von Liguori —. Besuchungen des allerheiligsten Sakramentes des Altars und Begrüßungen der allezeit göttlichen, unbefleckten Mutter und Jungfrau Maria für jeden Tag des Monats. Von dem Heiligen — —. Mit Andachtsübungen . . . . vermehrte zweite Auflage. G. W. kl. 8. (284 S.) Wien. Druck und Verlag von K. Ueberreuter, 1853.

ALPHONS VON LIGOURI: Betrachtungen für achttägige geistliche Übungen wie . . . Bedenken und Anmuthungen über das Leiden Jesu Christi. Ofen 1802: Landerer. 205 S. - 180 mm

ALPHONSUS MARIA VON LIGOURI: Des Hochw. Herrn Alphonsus Ligorinus, Bischofs zu St. Agatha &c. Betrachtungen für achttägige besondere geistl(iche) Uebungen, wie Bedenken und Anmuthungen über das Leben Jesu Christi beygesetzet sind. 1. Die Tugenden, welche sich eine ihrer Vollkommenheit beflissene Seele zu üben hat. 2. Die Grundlagen des Geistes. Und 3. Liebs-Anmuthungen zu Jesu. Um grössern Ehre Gottes, und Seelen-Nutzens willen, aus dem italiänischen in das Deutsche übersetzt. Arad 1820. Gedr. bei Anton Micheck. 206, 1 S. - kl. 8°

Liguori, des hl. Alphons, von. Die Herrlichkeiten Mariens. Für das deutsche Volk umgearbeitet und mit Andachts-Uebungen vermehrt von *Anton Merk*, Pfarrer. Verbessert herausgegeben von *J. B. Kempf*, Pfarrcurat. Mit Approbation. Mit 3 Stahlstichen und Illustrationen. Gr. in-18°, 600 S. Einsiedeln, Gebr. Benziger. 1884

Alphons Maria Liguori, heil. — Der schmerzhafte Kreuzweg. Von — —. Wien. 1855. Mechitharisten-Buchdruckerei. (34 S. 8.)

ALPHONSUS MARIA LIGOURI: Heilige Liebesseufzer zu Ehren der jungfräulichen Mutter Gottes Maria. Stuhlweissenburg o. J. Paul Szammer's Wwe. 2 f. - 32°

ALPHONS: Perlen der Andacht. Gebetbuch für gebildete Katholiken nach den besten Quellen ausgewählt und geordnet. Pest (1852): Emich u. Eisenfels. 2, 357, 3 S. - 12°

Alphonse; ou le fils naturel, p. Mme. de Genlis. II Vol. 8. Braunschw. Pluchart. 809.

* Alphonse; ou le fils naturel par M. de Genlis. 8. Leips. Gerh. Fleischer. 809.

Alphons, une chaumiere et son coeur, s. **Repertoire** du Théâtre francais No. 155.

Alphonse, une chaumiere et son coeur, s. Scribe.

Alphonse, une Chaumière et son coeur, siehe: Théâtre Francais. 8. Série. Vol. 5.

— de Lodève; par Madam de Goloffkin. II Vol. 12. Paris, Schoell. 809.

Alphonse, la vita indipendente, s. Emporeo drammatico.

Alphonse, Bossuet: Experimentelle Untersuchungen über die Einwirkung der Röntgenstrahlen auf die Linse. Mit 1 Doppeltaf. Wiesbaden: Bergmann 1909. 17 S. 8° ¶(Aus: Archiv f. Augenheilk. Bd 64, H. 3.)
Würzburg, Med. Diss. v. 27. Juli 1909, Ref. Heß
[Geb. 28. Okt. 81 Goa; Wohnort: Würzburg; Staatsangeh.: Portugal: Vorbildung: Sem. Rachol Reife 99; Studium: Hyderabad 4, Wien 3, Berlin 2, Heidelberg 2, Würzburg 3 S.; Rig. 25. Juni 09.] [U 09. 4100

Alphonse, Pierre s. *Alphonsus*, Petrus.

Alphonsi, Petrus s. *Alphonsus*.

Alphonsi, S., theologia moralis. In compendium redacta, et usui venerabilis cleri americani accommodata, auctore A. Konings. Lex.-8. (XCIII, 898 u. XX S.) Bostoniae 876. (Einsiedeln, Benziger.) n. 20. —

Alphonsi Salmeronis doctrina de iurisdictionis episcopalis origine ac ratione. Ex variis einsdem commentariis conscriptam ad comprobandum concilii Vaticani de iurisdictione episcopali oraculum apto ordine disposuit notisque illustravit Io. Bapt. Andries. Mainz, Kirchheim, 1871, 8°. XXXII, 298 S., 4,50 Mk.

Alphonsine, ou la Tendresse maternelle, par Genlis. III Vol. 12. Paris. (Varrentrapp et W. Frft.)

— — dieselbe, deutsch übers. v. K. L. M. Müller. 3 Bde. m. K. 8. Lpzg. Hinrichs. 806—07.
Belinpp.

Alphonso, Persönlicher Name s. auch *Alfonso*, Alfonsus, Alphonsus.

Alphonso, Jesuit: Des Jesuiten Alphonso Briefe an den General seines Ordens zu Rom mit dessen Antworten. Nebst e. hist. Nachricht von d. Stiftung des Jesuiter-Ordens. — o.O. 1759. 32 S.
2.
3.6304

Alphonsus, Persönlicher Name s. auch *Alfonso*, Alfonsus, Alphonso.

Alphonsus a Jesu. 1711: Suada curiosa et fructuosa in 3 partes divisa ... In usum literariae iuventutis authore Alphonso à Jesu. — Viennae Austr. 1711: Voigt. 376 S.
2.
3.6308

Alphonsus Madriliensis s. *Alfonso* de Madrid.

Alphonsus Maria von Ligouri, s. Alphons Maria von Liguori

Alphonsus, Petrus

— [Disciplina clericalis, franz.] Le castoiement d'un père à son fils. Trad. en vers français de la Disciplina clericalis de Petrus Alfonsus. Éd. nouvelle ... basée sur le ms. de Maihingen et conférée avec l'édition des bibliophiles - publ. par Michael Roesle. — Munich: Ackermann 1899. IV,56 S.
Ersch. auch als Progr. der Kgl. Luitpold-Kreisrealschule. München 1898.
300:97.104-B.
3.6327

— — Petri Alfonsi Disciplina clericalis. Zum 1. Mal hrsg. mit Einl. u. Anm. von Fr[iedrich] Wilh[elm] Val[entin] Schmidt. Ein Beitrag zur Geschichte d. romantischen Litteratur. — Berlin: Enslin 1827. 172 S.
1:4° Xf 11010. **12**:4° P. lat. 34t [u.ö.] **300**:55 J 33.
2. 3. 4. 5. 6. 7. 8. 9. 10. 11.
3.6323

Alphorn, d. Illustr. schweiz. Familienblatt. Jahrg. 1889 u. 1890. à 52 Nrn. (B). 4. St. Gall., Jost, Kreutzmann & Co. à Jahrg. 6. —; in 13 Hftn. à n. — 50

Alphorn, das. Illustr. schweizer. Familienblatt. Red. (bis 1891: A Beetschen u. L Jost-Ludwig.) 3—7. Jahrg. 1891—1895 à 52 Nrn. (B.) 4° St. Gall., Buchdr. Wirth, A.-G. à Jahrg. 4.80

Alphorn, das. Illustrirtes schweizer. Familienblatt. Red.: A. Beetschen u. L. Jost-Ludwig. 3. Jahrg. 1891. 52 Nrn. (Bog.) gr. 4. St. Gallen, Jost, Kreutzmann & Co. n. 6. —; in 13 Hftn. à n. — 50

— dasselbe. Hrsg. unter Mitwirkg. v. J. Brassel. 4. u. 5. Jahrgang. 1892. 1893. à 52 Nrn. (Bog.) gr. 4. St. Gallen, Busch & Co. à Jahrg. n. 6. —; in 13 Hftn. à n. — 50

Das Alphorn. Illustr. schweizer. Familienblatt. 6. Jahrg. 1894. (52 Nos). No 1. M. Illustr. Gr. in-4°. 8 S. St. Gallen, Busch & Co.
Vierteljährl. 1 20

Alphorn, das. Ill. schweizer Familienblatt. Red.: J. Brassel. 7.—10. Jahrg. 1895—1898. à 52 Nrn. (Bog.) gr. 4. St. Gallen, Buchdr. Wirth, A.-G. à Jahrg. n. 4. 80

Alphorn, das. Illustriertes schweizer. Familienblatt. Red.: J. Brassel. 11. Jahrg. 1899. 52 Nrn. gr. 4. (à ca. 8 S.) Zürich, Verlagsanstalt Zürich vorm. Wirth & Co. (Nur direkt) n. 4. —

— dasselbe. 12.—14. Jahrg. 1900—1902. à 52 Nrn. gr. 4. (à ca. 8 S.) Ebd. à Jahrg. n. 4. 80

Alphorn, das. Illustriertes schweizer. Sonntagsblatt. Red.: J. Brassel. 15.—18. Jahrg. 1903—1906. à 52 Nrn. (à IV, 416 S.) 4. Zürich (Thalackerstr. 40), Verlagsanstalt Minerva. à Jhrg. n.n. 3. 60

Alphosto, Joh., wie e. Novelle entstand. Eine Plauderei aus dem Spanien der Gegenwart. 8. (14 S.) Genf 893. (Barcelona, Librería nacional y extranjera.) n. — 50

Alphunsus, Petrus s. *Alphonsus*.

†Alpin (A. v. Seckendorff), Bilder aus meinem Wanderleben. Frühlings-Gabe für 1846. (Gedichte.) gr. 16. (7 B.) Altenburg, Schnuphase'sche Buchh. •

Alpin, J. F., die gewöhnl. Krankheiten d. Pferde u. d. Rindviehes, ihre Erkenntniß u. Heilung; nach den bewährt. Behandlungs-Arten. M. 1 Abbild. 8. (8¼ B.) Chur 831, Dalp.
Wird auch als Anhang zu: Ithen's Kenntniß der Pferde, geliefert.

Alpin, Prosper, s. Alpino, Prospero

Alpina. Eine Schrift der genauen Kenntnis der Alpen gewidmet. [Hrsg.: C. U. v. Salis-Marschlies u. Joh. Rud. Steinmüller.] Bd 1–4.
Winterthur: Steiner 1806–09. 8° 12
Ɑ Forts. u. d. T.: Neue Alpina. Winterthur 1821 ff.

Alpina. Schweizerisches Jahrbuch für schöne Literatur. [Hrsg.: A. Hartmann, F. Krutter u. G. Schlatter.] Jg. 1.
Solothurn: Jent u. Gaßmann 1841. 12, Str UB

Alpina. Reise-Journal für Alpenwandern in der Schweiz. [Red.: H. A. Berlepech.] Jg. 1 (Mai-Okt., 24 Nrn).
St. Gallen: Expedition 1856. 8° Zü ZB

Alpina. Liederwahl für den gemischten Chor zur Förderung einfachen Volksgesanges von J. H. Tschudi. 8. (200 S.) Chur 856(57,) Grubenmann'sche Buchh. *

Alpina. Maurerisches Taschenbuch a. d. J. 1859—1860. Hrsg. von J[os.] Schauberg. Zürich: Orell, Füssli & Co. 1859—1860. 8°
1859 XXXX, 266 S. 1 Kpfr.; 1860 LXXV, 301 S.
Recens f. Jg. 1859: Bh. 2 (1859) S. 5—6; FZ. 13 (1859) S. 118—119; L. 17 (1859) S. 183—188 (F. L. Meissner); f. Jg. 1860: Bh. 3 (1860) S. 78—79; FZ. 14 (1860) S. 159—160; L. 18 (1860) S. 67—74.
Tt. 97. Mehr nicht erschienen. Bezweckt den Zshang d. mr. Gebräuche u. Symbole mit d. Gebräuchen u. Symbolen d. Mysterien d. Alterthums in ihrem tiefen Sinne darzulegen.

Alpina. Centralorgan des schweizer. Logenbundes. Redact.: H. Hagen. 1.—10. Jahrg. 1875—1884. à Jahrg. 12 Nrn. (Bog.) 8. Bern, Haller. à Jahrg. **
Französische Ausg. zu gleichem Preise.

Alpina. Centralorgan d. schweiz. Logenbundes. Red.: H Hagen. 7—9. Jahrg. 1881—1883. à 12 Nrn. (B.) 8. Bern, Nydegger & B. à Jahrg. n.n. 6. —
Franz. Ausg. zu gleich. Preise.

Alpina. Centralorgan des schweizer. Logenbundes. Redact.: H. Hagen. 11. und 12. Jahrg. 1885 und 1886. à Jahrg. 12 Nrn. (Bog.) 8. Bern, Haller. à Jahrg. **
Französische Ausgabe zu gleichem Preise.

Alpina. Centralorgan des schweizer. Logenbundes. 17. Jahrg. 1891. (24 N°). Red. von *H. Hagen.* N° 1. In-8°. 16 S. Bern, Haller'sche Buchdr. Jährlich 6 —
— — Französ. Ausgabe. Ebd. Jährlich 6 —

Alpina. Centralorgan d. schweizer. Logenbundes. Red.: H. Hagen. Hrsg.: Paul Haller. XIX. Jahrg. 1893. 12 Nrn. (à ca. 1 Bog.) gr. 8. Bern, Haller'sche Buchdr. n. 3. 20; in franz. Sprache zu gleichem Preise.

Alpina. Centralorgan d. schweizer. Logenbundes. Red.: H Hagen. Hrsg.: P Haller. XIX. Jahrg. 1893. 12 Nrn. 8° (Nr. 1 u. 2. 32) Bern, Michel & B. 3.20; in franz. Sprache zu gleichem Preise.
Nicht mehr im Handel.

— Mitteilungen des Schweizer Alpen-Club. Bulletin officiel du Club alpin suisse. Red.: E. Walder. 1. Jahrg. Juli—Decbr. 1893. 6 Nrn. (à ca. 1 Bog.) gr. 4. Zürich, Art. Institut Orell Füssli, Verlag. n. 3. —

— dasselbe. 2. Jahrg. 1894. 24 Nrn. (à ca. 1 Bog.) gr. 4. Ebd. n. 6. —

Alpina. Mitteilgn. d. Schweizer Alpen-Club. Bulletin officiel du Club alpin suisse. Red. v. E. Walder. 3.—5. Jahrg. 1895—1897. à 18—24 Nrn. (à ca. 1 Bog.) gr. 4. Zürich, Art. Institut Orell Füssli, Verl. à Jahrg. n. 6. —

— dasselbe. 6. Jahrg. 1898. 12 Nrn. (à ca. 16 S.) gr. 4. Ebd. n. 6. —

Alpina. Mitteilungen des Schweizer Alpen-Club. Bulletin officiell du Club alpin suisse. Red.: E. Walder. 7.—9. Jahrg. 1899—1901. à 12—18 Nrn. gr. 4. (à ca. 16 S.) Zürich, Art. Institut Orell Füssli. à Jahrg. n. 6. —

— dasselbe. 10. Jahrg. 1902. 20 Nrn. gr. 4. (à ca. 12 S.) Zürich V. (Buchdr. Steiger & Tschopp.) n. 6. —; einzelne Nrn. n. — 80

Alpina. Mitteilungen des Schweizer Alpen-Club. Bulletin du Club alpin suisse. Red.: E Walder. 11.—14. Jahrg. 1903—1906. à 20 Nrn. (à ca. 16 S.) gr. 4. Zürich (V., Seefeldstr. 5), (A. Tschopp). à Jhrg. n. n. 6. —

Die schweizerische Grossloge „Alpina" gebildet aus den Abgeordneten sämtlicher Freimaurerlogen der Schweiz, versammelt am 3. Sept. 1870 zu Lausanne hat einstimmig folgendes Manifest beschlossen. [Lausanne 1870.] 2 Bl. 4° [Kopftit.]
Abgedr. in: Bh. 13 (1870) S. 305—307; FZ. 24 (1870) S. 305—307; T. 16 (1870) S. 148—150.
Engl. Übers. in: FMaM. (NS.) 23 (1870) S. 262 bis 263.
cf. Bh. 13 (1870) S. 307—308 (J. G. Findel), 323—326, 369; EMS. 10 (1870) S. 132—137, 170—174 (J. G. Findel), 174—176 (Ch. Mercanton); FZ. 24 (1870) S. 313—315 (M. Zille), 329—331, 401; L'Umanitario. 3 (1870—1871) S. 233—235; Bh. 14 (1871) S. 55—57; FZ. 25 (1871) S. 215—220, Auszug in franz. Übers. in: EMS. 11 (1871) S. 73—80; BN. 2 (1871—1872) S. 70—74 (J. J. F. Noordziek).
Tt. 305. Friedensmanifest anlässl. des deutsch-franz. Krieges.

Alpina, die Kolonie, im nord-westl. Theile des Staates New-York in landwirthschaftl. u. gewerbl. Beziehung, vorzügl. mit Bezug auf die deutsche Einwanderung u. Ansiedlung in dieser Kolonie. Mit 2 lith. Kärtchen (in 4.) 12. (VI u. 83 S.) Darmstadt 847, Leske. 1/4 ₰

Neue Alpina. Eine Zeitschrift der schweizerischen Naturgeschichte, Alpen- und Landwirthschaft. [Hrsg.: J. R. Steinmüller.] Bd 1. 2.
Winterthur: Steiner 1821–27. 8° 12
Ɑ Vorh. u. d. T.: Alpina. Winterthur 1806 ff.

Alpine-Roses and Gentian. An episode in the life of King Ludwig II. of Bavaria. By Jos. Bajovar. New ed. 8. (72 S.) München 890. A. Ackermann's Nachf. n. 1. —

Alpini, Prospero, s. Alpino, Prospero

Alpinismus & Wintersport. Illustrierte allgemeine Alpenzeitg. m. Ski, illustr. amtl. Zeitschrift d. mitteleurop. Ski-Verbandes, org. offic. illustré de la fédération des assoc. de ski de l'Europe centr. Erweiterte Folge des „Ski u. alpiner Wintersport". Zeitschrift f. Alpinismus, Wintersport, alpine Kunst u. Literatur, Photographie, Verkehrswesen. In deutscher, französ., engl u. italien. Sprache. Oktbr. 1906—Septbr. 1907. 24 Nrn. (Nr. 1—12. 578 S. m. 5 Taf.) gr. 8. Basel, H. A. Tanner. n. 10. —
Vergl. Ski.

Alpinismus & Wintersport, Fortsetzg., s.: Alpenzeitung, deutsche.

Alpino, Prospero

Alpinus, Prosper, de medicina Aegyptiorum, s.a. Collectio oper. med. Vol. III. IV.

— Prosper Alpinus. De Medicina Aegyptiorum. Denuo ed. J[ohann] B[aptista] Friedreich. Vol. 1.2. — Nordlingae 1829: Beck. **1:** Ib 3107.
3.6349

— Vol. 1.2. Ebd. 1829. (Collectio operum medicorum antiquiorum. 3.4.) **12:** Med. g. 168 d-3.4 [u.ö.] **2. 3.**
3.6350

—— de praesagienda vita et morte aegrotantium, s.a. Collectio oper. med. Vol. I. II.

— Prosperi Alpini De praesagienda Vita et morte aegrotantium libri 7. In quibus ars tota Hippocratica praedicendi in aegrotis varios morborum eventus, cum ex veterum medicorum dogmatis, tum ex longa accurataque observatione, nova methodo elucescit. Cum praef. Hermanni Boerhaave. Textum rec., passim em., supplevit, citata Hippocratis loca accuravit Hieron[ymus] Dav[id] Gaubius. Cum capitum et rerum duplici ind. Ed. 3., em. — Hamburgi: Vandenhoeck 1734. 576 S.
1: 24 in Bd 8115. **4. 8. 9.**
3.6368

— Prosperi Alpini De praesagienda Vita et morte aegrotantium libri 7. In quibus ars tota Hippocratica praedicendi in aegrotis varios morborum eventus, cum ex veterum medicorum dogmatibus, tum ex longa accurataque observatione, nova methodo elucescit. Cum praef. Hermanni Boerhaave. Iuxta ed. alteram Leidensem, cuius textum rec., passim em., supplevit; citata Hippocratis loca accuravit Hieron[ymus] Dav[id] Gaubius. Cum capitum et rerum duplici ind. — Francofurti & Lipsiae 1754: Fleischer. 559 S. **1:** If 2147. **2. 3. 7. 8. 11.**
3.6370

— Prosper Alpinus. De praesagienda Vita et morte aegrotantium. Denuo ed. J[ohann] B[aptista] Friedreich. Vol. 1.2. Nordlingae: Beck 1828. (Collectio operum medicorum antiquiorum. 1.2.) **12:** Med. g. 168 d-1.2 [u.ö.] **2.**
3.6372

Alpinusa, Julia; od. d. Gefahr der Sicherheit. Trsp. in 5 Aufz. v. F. R. Crauer. 8. Luzern, Anich. 79[2].

Alpinus s. Freiheitslied. Helvetisches Freyheitslied. 1799.

Alpinus, F. A., Commentatio litter. de gentis Schuckmanniae in ducatum Mecklenburgicum meritis. Rostochi 1706.

Alpinus, Prosperus, s. Alpino, Prospero

Alpirsbach [Schlagwort]

Alpirsbach, s.: Schwarzwald. Karte.

– s. Württemberg. Höhenkurvenkarte.

Alpländer, Heinr., Dichtungen. gr. 8. (383 S.) Wien 876. Gerold's Sohn in Comm. n. 5. —

Aelpler. — Der Aelpler. — (Zürich 1781.) 8 S. (Neujahrsgeschenk für die vaterländische Jugend von der Musik-Gesellschaft auf der teutschen Schule in Zürich. 1781.)
1: Rv 8806/12-1781.
2.480

Alpnach [Schlagwort]

Alpnach, s.: Schweiz. Atlas.

Alpron, Angelo, nuovo Prontuario Tascabile dei Pesi, misure lineari, Granaglie, liquidi et monete. Trieste, 855. Coën. qu. 16. (5 Tabb. in 4. u. Fol.) 12 ngl

Alps, the maritime, and their seaboard, s.: Collection of British authors.

Alp-Schärmen, Der neue, auf dem Obersäss der Churer-Alpen bei Arosa. [Aarau 1898.] V: *Nachtweh, Alw.* (Zuwachsverz. d. Biblioth. in Zürich 1898 ff.)

Alpstatistik. — Schweizerische Alpstatistik (12.16: Statistique suisse des alpages; 17.19: Statistique des alpages de la Suisse; 20: Statistica svizzera dei pascoli alpini). Hrsg. vom Schweizerischen alpwirtschaftlichen Verein. Lfg 1-20 [nebst] Schlußbd. — Solothurn (: Jent in Comm.) 1894-1914: Zepfel [u.a.]

1. Strüby, Anton: Die Weidewirtschaft im Kanton Baselland. Solothurn (: Jent in Komm.) 1894: Zepfel.
2. Strüby, Anton: Die Weidewirtschaft im Kanton Solothurn. Solothurn (: Jent in Komm.) 1896: Zepfel.
3. Schnider, Th.: Die Alpwirtschaft im Kanton St. Gallen. (Solothurn: Jent in Komm.) Bern 1896: Stämpfli.
4. Gander, Josef: Die Alpwirtschaft im Kanton Nidwalden. Solothurn (: Jent in Komm.) 1896: Zepfel.
5. Nager, Kasimir: Die Alpwirtschaft im Kanton Uri. Solothurn: Jent in Komm. 1898: Zepfel.
6. Bäbler, Johann: Die Alpwirtschaft im Kanton Glarus. Solothurn: Jent in Komm. 1898.
7. Strüby, Anton, u. Heinrich Schneebeli: Die Alpwirtschaft im Kanton Schwyz. Solothurn: Lüthy in Komm. 1899: Zepfel.
8. Kobelt, W.: Die Alpwirtschaft im Kt. Appenzell J./R. Solothurn: Lüthi in Komm. 1899: Union.
9. Tobler, J. J., u. Anton Strüby: Die Alpwirtschaft im Kt. Appenzell A./R. Solothurn: Lüthi in Komm. 1899: Union.
10. Strüby, Anton, u. C. Clausen: Die Alpwirtschaft im Ober-Wallis. Solothurn: Lüthy in Komm. 1900: Zepfel.
11. Strüby, Anton: Die Alp- u. Weidewirtschaft im Kt. Zug. Solothurn: Lüthi in Komm. 1901: Zepfel.
12. Strüby, Anton, et Otto de Chastonay: L'Économie alpestre du Bas-Valais. Soleure: Luthy [in Komm.] 1902: Zepfel.
13. Etlin, Eduard: Die Alpwirtschaft in Obwalden. Solothurn: Lüthy in Komm. 1903: Steiger.
14. Die Alp- u. Weidewirtschaft im Kanton Bern. Bd 1.2. Solothurn: Lüthy in Komm.; Bern (2: Solothurn) 1903-08: Steiger (2: Vogt & Schild).
15. Strüby, Anton: Die Alpwirtschaft im Kanton Luzern. Solothurn: Lüthy in Komm. 1905: Union.
16. Bisig et Alfred Reichlen: L'Économie alpestre du canton de Fribourg. Fribourg: Saint-Paul 1906.
17. Décombaz, Édouard: L'Économie alpestre dans le canton de Vaud. Lausanne 1908: Regamey.
18. Strüby, Anton: Die Alpwirtschaft im Kanton Graubünden. Solothurn: Lüthy in Komm. 1909: Vogt & Schild.
19. Jeanrenaud, A.: Les Pâturages du canton Neuchâtel. Soleure: Luthy [in Komm.] 1911: Vogt & Schild.
20. Merz, Federico: Gli Alpi nel canton Ticino. Soletta: Lüthy [in Komm.] 1911: Vogt & Schild.

Schlußbd. Strüby, Anton: Die Alp- u. Weidewirtschaft in der Schweiz. Solothurn: Lüthy in Komm. 1914: Vogt & Schild.
1: Ov 11933. **12:** Oecon. 56 mu.
3.6381

Alpstatistik, schweizerische. Hrsg. v. schweizer. alpwirtschaftl. Verein. 1.—6. Lfg. gr. 8. Solothurn (A. Lüthy). n. 15. 40
1. D. Weidewirtschaft i. Kant. Baselland, bearb. v. A. Strüby. (100 S.) 894. n. 2. —
2. D. Weidewirtschaft i. Kant. Solothurn, bearb. v. A. Strüby. (328 S.) 895. n. 4. 60
3. D. Alpwirtschaft i. Kant. St. Gallen. Bearb. v. Th. Schnider. (111 S. m. 3 Tab.) 896. n. 1. 80
4. D. Alpwirtschaft i. Kant. Nidwalden. Von Jos. Gander. (198 S.) 896. n. 2. 40
5. D. Alpwirtschaft i. Kant. Uri. Von Casimir Nager. (163 S.) 898. n. 2. —
6. D. Alpwirtschaft i. Kant. Glarus. Von J. Bäbler. (293 S.) 898. n. 2. 60

Alpstatistik, schweizerische. Hrsg. vom schweizer. alpwirtschaftl. Verein. 7.—12. Lfg. gr. 8. Solothurn (A. Lüthy). n. 13. 50
7. Die Alpwirtschaft im Kanton Schwyz. Von A. Strüby u. Hrch. Schneebeli. (320 S.) 899. n. 2. 50
8. Die Alpwirtschaft im Kt. Appenzell J./Rh. Von W. Kobelt. (273 S.) 899. n. 2. —
9. Die Alpwirtschaft im Kt. Appenzell A./Rh. Von J. J. Tobler u. A. Strüby. (141 S.) 900. n. 2. —
10. Die Alpwirtschaft in Ober-Wallis. Unter Mitwirkg. von C. Clausen. Von A. Strüby. (244 S.) 900. n. 2. 50
11. Die Alp- u. Weidewirtschaft im Kt. Zug. Von A. Strüby. (94 S. m. 1 Taf.) 901. n.n. 2. —
12. L'Économie alpestre du Bas-Valais. Par A. Strüby. Avec le concours de Otto de Chastonay. (292 S.) 902. n.n. 2. 50

Lfg. 1—6. Ebd. 894—898. n. 15. 40.

Alpstatistik, schweizerische. Hrsg. vom schweizer. alpwirtschaftl. Verein. 13.—16. Lfg. gr. 8. Solothurn (A. Lüthy). n.n. 10. 90
13. Die Alpwirtschaft in Obwalden. Von E. Etlin. (279 S.) 903. n.n. 2. 50
14. Alp- u. Weidewirtschaft, die, im Kanton Bern. Hrsg. vom schweizer. alpwirtschaftl. Verein. Bearb. durch das bern. statist. Bureau. I. Bd. (Statistischer Tl.) (VII, 330 S.) 903. n.n. 2. 40
15. Die Alpwirtschaft im Kanton Luzern. Von A. Strüby. Hrsg. vom schweizer. alpwirtschaftl. Verein. (186 S.) 905. n.n. 2. 50
16. L'économie alpestre du canton de Fribourg. Éditée par la société suisse d'économie alpestre. Élaborée avec la collaboration du personnel enseignant de l'institut agricole de Pérolles. Par Bisig et Alfr. Reichlen. (206 S. m. 12 Taf.) Fribourg 906. n.n. 3. 50

Lfg. 1—12. Ebd. 894—902. n. 28. 90.

Alpstatistik, schweizerische. 14. Lfg. II. Bd. u. 18. Lfg. gr. 8. Solothurn, A. Lüthy. 7. 50
14. II. Alp- u. Weidewirtschaft, die, im Kanton Bern. Hrsg. v. schweizer. alpwirtschaftl. Verein. Zusammengestellt durch verschiedene Mitglieder des S.A.V. unter der Oberleitg. v. J. J. Rebmann. II. Bd. (Beschreibender Tl.) (VIII, 192 S.) 908. 2.50 (I u. II: 4. 90)
18. Die Alpwirtschaft im Kanton Graubünden. Von A. Strüby. Hrsg. vom schweizer. alpwirtschaftl. Verein. (383 S. m. Abbildgn., 1 Taf. u. 2 Tab.) 909. 5. —

Lfg. 17, s.: Statistique des alpages de la Suisse.

Alpstatistik, Schweizerische. (Statistica svizzera dei pascoli alpine. — Statistique des alpages de la Suisse.) 18—20. Lfg. gr8° Soloth., (A Lüthy). (vollst.: nn 57.80) d
Jeanrenaud, A.: Les paturages du canton de Neuchâtel. (184) Soleure '11 [19] 3.50
Merz, Federico: Gli alpi nel canton Ticino. (251 m. Abb., 5 Taf. u. 1 Tab.) Soletta '11 [20] 3.50
Strüby, A: Die Alpwirtschaft im Kt. Graubünden. (383 m. Abb., 1 Taf. u. 2 Tab.) '09 [18] 5 —

Alpverbesserungen und über Aussaat von Gräsern auf den Alpen. Chur 1888. V: *Stebler, Frdr. G.* (Bibliogr. d. Schweiz. Landeskunde. Bern 1892 ff. V, 9 a b.)

Landwirtsch. Kreisausschuß von Oberb. Die oberbayerische Alpwirtschaft und die Wildbachverbauung. München, 1905.

Alp- u. Weidewirtschaft, die, im Kanton Bern, hrsg. unter der Oberleitung v. J. J. Rebmann, s.a. Alpstatistik, schweizer.

Alpwirtschaft. — Die Alp- und Weidewirtschaft im Kanton Bern. Hrsg. vom Schweizerischen alpwirtschaftlichen Verein. Bd 1. 2. — Solothurn: Lüthy in Komm.; Bern (2: Solothurn) 1903–08: Steiger (2: Vogt & Schild).
1. Statist. Teil. Bearb. durch d. Bernische statistische Bureau. 1903.
Aus: Mitteilungen d. Bernischen statistischen Bureaus. Jg. 1902, Lfg 2.
2. Beschreibender Teil. Zsgest. durch verschiedene Mitglieder des S.A.V. unter d. Oberleitung von J[ohann] J[akob] Rebmann. 1908.

(Schweizerische Alpstatistik. 14.)

1: Ov 11933-14. 12: Oecon. 56 mu-14.
3.6385

Alpwirtschaftspolitik in Österreich. Veröffentlicht vom k. k. Ackerbauministerium. (VII, 99 S. m. 5 Taf.) gr. 8. Wien 908. (W. Frick). 3. —

al-Qalqašandī Aḥmad. Die Geographie und Verwaltung von Ägypten nach dem Arabischen des Abul-'Abbâs Ahmed ben 'Alí el-Calcaschandi. Von F. Wüstenfeld. In zwei Abtheilungen. Aus dem fünfundzwanzigsten Bande der AKGWG. Göttingen 1879. 4°.

al-Qazwīnī Zakarījā' b. Muhammad
— — Ein arabischer Berichterstatter aus dem 10. oder 11. Jahrhundert über Fulda, Schleswig, Soest, Paderborn und andere deutsche Städte. Zum ersten Male aus dem Arabischen übertragen, commentirt und mit einer Einleitung versehen von Georg Jacob. Berlin 1890.

al-Qazwīnī Zakarījā' b. Muḥammad
— — Ein arabischer Berichterstatter aus dem 10. Jahrhundert über Fulda, Schleswig, Soest, Paderborn und andere Städte des Abendlandes. Artikel aus Qazwînîs Āthār al-bilād aus dem Arabischen übertragen, mit Commentar und einer Einleitung versehen von Georg Jacob. 3. vermehrte und verbesserte Auflage. Berlin 1896.

d'Alquen, Frz. Ludw. Herm., vollständiges Handbuch der feinern Angelkunst. Nach den besten Quellen und eigenen Erfahrungen bearb. Mit 122 Fig. in Holzschn. u. 1 lith. Taf. (in Fol.) Leipzig 862. Brockhaus. 8. (XIV, 240 S.) n. 1 ℛ 10 ngr; cart. n. 1 ℛ 15 ngr.

d' Alquen, Johann: De Scirrho uteri. 25 S. 8°. – Berlin, 1822. Brueschcke.
Berlin, Med. Diss. v. 5. März 1822.

Al-Qutâmî, 'Umeir ibn Schujeim, Dîwân. Hrsg. u. erläutert v. J. Barth. Mit Unterstützg. der kaiserl. Akademie d. Wissenschaften. gr. 4. (XXIII, 53 u. 92 S.) Leiden 902. Buchh. u. Druckerei vorm. E. J. Brill. n.n. 10. —

Al-Raschid Bey, Madame, s.: Böhlau, Helene.

Alräunchens Kräuterbuch, darinnen in drei gesonderten Theilen enthalten sind die getreulichen Conterfeiungen verschiedener Kräutlein u. Blumen, so in besond. Beziehg. zum Menschengeschlecht stehen, sei es nun ihrer Wirkg. od. ihrem Namen nach. Dies Alles hat nach besten Kräften m. (eingedr. color.) Bildlein versehen u. kurzweilig beschrieben allen lieben Kindern Groß u. Klein zu Nutz u. Frommen A. R. 4. München. Augsburg, Literar. Institut v. Dr. M. Huttler. cart. n.n. 26. —
1. Thl., der da handelt v. Allem, was in dem alltägl. Leben zu schaffen hat. (VII, 69 S.) 882. n. 6. —
2. Thl., allwelcher schier seltsame Dinge enthält üb. die bei den Alten hochberühmten u. in höchsten Ehren gehaltenen sogenannten Zauberkräutlein, u. gar getreulich berichtet, wie es um deren fast wunderbaren Verwendg. beschaffen sei, die da zumeist den ganz uralten heidn. Vorzeiten entstammet. (III, 108 S.) 883. n.n. 7. —
3. Thl., in welchem erblüht e. schier liebl. Himmelsfrühling, d. i.: all' jene Kräutlein u. Blumen, die bei der Feier der drei hohen Festzeiten d. Jahres: Weihnacht, Ostern u. Pfingsten, mitthun dürfen, sowie auch all jene, welche gleichsam als zierl. Ehrenkränzlein den lieben Heiligen u. Helden d. christl. Glaubens gewidmet sind. 2 Hälften. (VIII, 70 u. IV, 123 S.) 884 u. 885. n.n. 13. —

Alrebi, Stereoskopen. Novellen. 2 Bde. 2. Aufl. Wollstein 861. Jacobi. 8. (476 S.) n. 1 ℛ 15 ngr.

Alrebi, wer Gott vertraut, hat wohl gebaut. 8. (153) Greiz 66, Bredt. — 7½

Alrebi, wer Gott vertraut, hat wohl gebaut. Eine Erzählg. für Jung u. Alt. Greiz, 856. (Leipzig.) Hentze. 8. (1 Bl., 153 S.) 7½ ngr.

Alrebi, Berta
Pseudonym für J. Berla
— Charis. Griechische Anthologie in deutscher Uebersetzung. Ausgew. für Frauen von Berta Alrebi. Nebst kurzer Geschichte der griechischen Poesie und mythologischem Anh. — Berlin: Kastner (1864). 602 S.
1: Ve 666. 7.
3.6412

Alrebi, Berta, Charis. Griechische Anthologie in deutscher Uebersetzung. Ausgewählt f. Frauen. Nebst kurzer Geschichte der griech. Poesie u. mytholog. Anh. Berlin 865. Kastner. 8. (VI, 602 S.) n. 3 ℛ

Alrebi, Berta, Frauenbildung u. Frauengenossenschaftshäuser. gr. 8. (30 S.) Berlin 872. Gustedt. n. — 40

—— Stereoscopen. Nov. 2 Bde. 2. Afl. 8. (476) Wollst. 61, Fraenkel. n. 1. 15

— Stereoscopen. Novellen von Alrebi. 2. Aufl. Bd 1. 2. — Wollstein & Graetz: Jacobi 1861. 7.
3.6414

Alruna, oder Denkwürdigkeiten der Vorzeit v. F. G. Ch. v. J. 3 Thle. 8. (Leipz. ... Schreck.) $1^1/_2$ ℛ

Alruna. Ein Taschenbuch für Freunde der deutschen Vorzeit. ([Hrsg.: Johann] E[rnst Friedrich Wilhelm] M[üller].)
Zürich, Leipzig: J. H. Füßli; J. B. Schiegg in Komm. 1809. 12°
3/1809: Die güldene Halskette mit zehn Bildern nach J[ohann] M[artin] Usteri, von [Johann H[einrich] Lips. 319 S., 3 Bl., 1 Titelkupf., 7 Kupfer.-Monatstaf., 10 Kupfertaf.

— ein Taschenbuch f. Freunde der deutschen Vorzeit, v. E. Müller. Jahrg. 1805, 7, 9 u. 12. Mit Kpf. 12. Zürich. (Leipz., Cnobloch). à 2 ℛ

Alruna, ein Taschenbuch für Freunde der deutschen Vorzeit. Von E. Müller. Für die Jahre 1805, 7, 9. Winterthur. Mit Kupf. Leipzig 1812—16. 16. . . . . (D. z. T.)

Alruna oder Denkwürdigkeiten der Vorzeit. Hannover 1817. V: *Ilten, Fr. G. Ch. v.* (JStBbH) (Zeitschr. f. Büch. X, 4. S. 7.)

Alruna, od. Denkwürdigkeiten d. Vorzeit, v. F. G. Chr. J. 3 Thle. 8. Halberst. 819. Brüggemann. 1 ℛ 12 ℊ

Alruna, oder Denkwürdigkeiten der Vorzeit. 3 Theile. 8. Halberst. Vogler. 819.

Alruna, die selige Gräfin von Vohburg, f. Volksbücher, illustrirte.

Alruna, Markgräfin v. Camb; ein Andachtsbuch f. fromme Christen. 8. Münch. 820. J. Lindauer. 4 ℊ

Alrutz., I. W., Vade mecum anatom. chirurg. deutsch, nach Clarii Anmerk. 8. Hannover, Hellwing. 722.

Als Abschieds-Wort; gesprochen am Sarge meiner Schwägerin . . . Riga 1812. V: *Essen, Andreas Immanuel von.* (R-N)

Als. — Als Anno 1760. am 18. Septembr. die Schule in Leuben, nebst andern Höfen und Häusern durch eine unvermuthete Feuersbrunst in die Asche geleget wurde; wolte ... seine mitleidende Gedancken eröffnen ... ein Bauer zu Pröda bey Schleinitz. — Meissen [1760]: G. Schulze. 4 Bl. 4° 3.
3.6427

Als. — Als auff [auf] allergnädigste Concession des allerdurchlauchtigsten grossmächtigsten Fürsten und Herrn Herrn Friedrich Augusti Königs in Pohlen [Friedrich August I. Kurfürst v. Sachsen] ... dero Berg-Ampt Altenberg ... 1715 die erste Knappschafft hielt, wolte ... zu dieser neuen Verbrüderung ... gratuliren ein Liebhaber des Bergbaues. Freyberg [1715]: Kuhfuß. 2 Bl. 2° 3.
3.6428

— Als bey der, den 9ten Jun. 1733 in Freyberg beschehenen Erb-Huldigung Sr. Königl. Hoheit etc. Herrn Friedrich August [Friedrich August II. Kurfürst v. Sachsen] Königl. Printzens in Pohlen ... ein bergmännischer Nacht-Auffzug gehalten wurde, solten ... ihre ... Schuldigkeit an den Tag legen, die sämmtlichen in freybergischen Refier bauende Gewercken. — o.O. [1733]. 8 S. 4°
2 versch. Drucke. 3.
3.6431

— Als bey Gelegenheit des durch den Allerdurchlauchtigsten, Großmächtigsten König und Herrn Herr Friederich, König in Preussen [Friedrich II. König v. Preussen] ... den 25. December 1745 zu Dresden großmüthigst hergestellten Friedens die Haupt-Stadt Königsberg den 24., 25., und 26. Jenner 1746 eine bewunderungs-volle Illumination anstellete, so wurden auf dem Altstädtischen Juncker-Hoffe folgende Freudenbezeigungen angeordnet von denen bey diesem öffentlichen Gebäude sich befindenden sämtlichen Herren, Bauherren und Verwaltern. — Königsberg [1746]: Kanter. 12 S. 2° 10.
3.6432

— Als beym Ausgange des alten und Eintritt des neuen Jahres MDCCVIII auf Königl. Maj. und Churfl. Durchl. zu Sachsen Verordnung das alte Rath-Hauß in Neu-Dreßden translociret ward, wollte dessen neuen Bau glückwünschend beehren J. C. Kn. — Dreßden: Bodenehr [1708]. 4 Bl., 3 Taf. 1: 3 in 4° Sr 4500.
3.6433

Als . . . Christian Herzog zu Sachsen . . . den 22. Novemb. anno 1712 in dero Hauptstadt . . . Querfurth, die Erbhuldigung . . . eingenommen hatte, wurde eine . . . Marmel-ärtige Blatte unterthänigst überreicht, auch deren sonderbar Beschaffenheit in nachgesetzten Carmine, . . . umständlicher vorgestellt von . . . D. S. B. Zum andern Mahl nebst einer Kupfer-Blatte, zum Drucke befördert. Querfurth [1713]. V: *Buettner, David, Sigismund.* (BrMm)

Als Conr. Fried. Stresow . . . sein 50jähriges Amts-Jubiläum . . . 1780 beging. Altona. V: *Thomsen, Hans.* (Bruun, Bibl. Danica III, 1485.)

Als das auff hohe Verordnung des hochwürdigsten sächß. Kirchen-Raths von dem ... Orgel-Bauer, Hrn. Johann Ernst Hähnel, verfertigte neue Werck der Land-Schule zu Meissen ... 1735 ... eingeweyhet ... ward, stimmete ... nachgesetzte Danck-Lieder an das frohlockende Afranische Chor. — Dreßden [1735]: Königl. Hofbuchdr. 4 Bl. 3.
3.6434

Als das höchsterfreuliche und durch Gottes sonderbare Gnade erste hundertjährige Jubelfest der freyen Bergstadt Johann Georgen Stadt, welches den 23 Hornung 1754 auf allergnädigste Erlaubniß Ihro Königl. Majest. in Pohlen und Churfl. Durchl. zu Sachsen unsers allergnädigsten Landesvaters Herrn Friedrich Augusts [Friedrich August II. Kurfürst v. Sachsen] glücklich begangen wurde; wollten aus schuldigster Dankbarkeit gegen Gott, Ihro Königl. Majestät und zum unvergeßlichen ruhmvollen Andenken des Höchstseligen Churfürstens Herrn Johann George des Ersten [Johann Georg I. Kurfürst v. Sachsen] Durchlauchtigkeit zur steten Erinnerung der göttlichen Güte und Wohlthaten nachfolgendes vorstellen der sämmtlichen Bergknapp und Bürgerschaft dasigen Ortes verordnete Viertelmeister und Ausschuß-Personen. — Leipzig [1754]: Pouillard. 2 Bl. 2° 3.
3.6435

Als. — Als das 1749ste Jahr Gott gebe! höchst beglückt eintrat, wollte seine schuldige Dankbeflissenheit gegen alle ... Wohlthäter und Wohlthäterinnen hier durch ... zu erkennen geben ... das görlitzische Armen-, Waysen- und Zucht-Hauss. — [Görlitz 1749.] 2 Bl. 2° 3.
3.6436

Als das Vermählungs-Fest Christian des Sechsten . . . begangen wurde, führte dieses Schäfer-Gedichte musicalisch auf Joh. Fried. Berwaldt. Glückstadt [1742]. V: *Lynar, Rochus Frdr. Graf zu.* (Bruun Bibl. Danica III, 360.)

Als das von dem Allerdurchlauchtigsten Grossmächtigsten Könige und Herrn, Herrn Friederich Könige von Preussen, Marggraffen zu Brandenburg, des Heil. Röm. Reichs Ertz-Kämmerer und Churfürsten, souverainen und obersten Hertzoge von Schlesien etc. etc. etc. Zum Vergnügen des gantzen deutschen Reichs beförderte Friedens-Werck die treuesten Einwohner der Residentz-Stadt Königsberg in die zärtlichste Freude setzte, so wurde Nach einer vorhergegangenen Illumination von der Hochlöblichen Kauffmannschaft hierselbst Auf dem Altstädtischen Funcker-Hoffe den 15. Februar 1746 Eine vergnügte Zusammenkunft angestellet, bey welcher folgendes Sing-Gedichte in die Music gesetzet und aufgeführet wurde von Alexander Masmann. Königsberg, gedruckt bey Daniel Christoph Kanter. 1746.

Als Dem . . . Herrn Carolo . . . die Kön. Böhmische Krone aufgesetzet ward . . . Breslau 1723. V: *Stöckel, Gfr.* (Kat. d. Druckschr. üb. Breslau. Breslau 1903. S. 12.)

Als Dem . . . Herrn Carolo . . . Ein junger Ertz-Hertzog gebohren ward . . . Bresl. 1716. V: *Gall, Johann George.* (Kat. d. Druckschr. üb. Bresl. Bresl. 1903. S. 11.)

Als Dem . . . Kayser Carl . . . Der Ertz-Hertzog Leopoldus . . . gebohren wurde . . . Bresl. 1716. V: *Luck, Chph Sigmund von.* (Kat. d. Druckschr. üb. Breslau. Breslau 1903. S. 12.)

Als der Allerdurchlauchtigste, Großmächtigste Fürst und Herr, Herr Friederich der Erste, derer Schweden . . . König [Fredrik I. König v. Schweden] . . . geruhete, sein Hessen, und besonders . . . Cassel, mit höchster Gegenwart zu beglückseeligen . . ., sollte seine Freude . . . zu Tage legen das Collegium der Evangel. Luthrischen Schule zu Schmalkalden. — Schmalkalden (1731): Meischter. 6 Bl. 2°
4.
3.6438

Als der aller-durchlauchtigste, großmächtigste Fürst und Herr, Herr Petrus Alexewitz [Petr I. Kaiser v. Russland], Czaar und Groß-Fürst des grossen und kleinen Reussens, Selbst-Erhalter zu Moscau, Kiow . . . zu Altona den 1. Dec. angelangt u. darauf eben der hohe Nahmens-Tag Ihro Groß-Czaar. Majest., der rußischen Kayserin, d. 5. Dec. st. n. einfiel, wurde dieses . . . in Gegenwart Ihro Groß-Czaar. Majest. auf dem Hamburgischen Schau-Platz . . . nebst einem musical. Sing-Spiel . . . vorgestellet. o.O. [um 1700]. 3 Bl. 8 [Titelbl. defekt].
3.6439

Als der Allerdurchlauchtigste Grossmächtigste König und Herr, Herr Friederich, König von Preussen, Marggraf zu Brandenburg, des Heil. Röm. Reichs Ertz-Cämmerer und Churfürst, souveräner und Oberster Hertzog von Schlesien etc. etc. etc. In einem Hohen Königlichen Handschreiben an Dero General Feld-Marschall von Flans Sein allergnädigstes Wohlgefallen über das mit besondern Freuden-Bezeigungen von der sämtlichen Königsbergischen Bürgerschaft gefeyerte Friedens-Fest zu eröffnen huldreichst geruhte, So wollte Ihro Königliche Majestät nachfolgende Zeilen Im Nahmen der sämtlichen Bürgerschaft in aller unterthänigsten Ehrfurcht überreichen Johann Friedrich Gansewindt, Königlich Preussischer Commercien-Rath, wie auch Kauff- und Handelsmann der Haupt-Stadt Königsberg. Königsberg den 25. Februar 1746. Gedruckt bey Daniel Christoph Kanter.

Als der Allerdurchlauchtigste, Großmächtigste und Unüberwindlichste Fürst und Herr, Herr Carolus VII. erwehlter Römischer Kayser [Karl VII. Römisch-deutscher Kaiser] . . . durch Herrn Heinrich Grafen von Bünau in Mühlhausen, den 18. April 1742. die Huldigung einnehmen liessen, wurde die allgemeine Freude bezeuget von der Reichs-Stadt Mühlhausen. — (Mühlhausen 1742:) Brückner. 4 Bl. 2° 4.
3.6440

Als der Durchlauchtigste Fürst und Herr, Herr Friedrich, Landgraff zu Heßen [Fredrik I. König v. Schweden] . . . mit höchst deroselben Gegenwart die Residentz-Stadt Hanau begnadigten, stellten ihre Freude vor die Studiosi des Gymnasii illustris zu Hanau. — Hanau 1737: Lösch. 2 Bl. 2° 4.
3.6441

— Alß der durchläuchtigste großmächtigste Fürst und Herr, Herr Carl der XII., der Schweden, Gothen und Wenden König [Karl XII. König v. Schweden] &c &c, unser allergnädigster König und Herr, den 20. Novembr. des abgelauffenen 1700ten Jahres wieder [!] dero fried- und treu-brüchige Nachbarn, die Moscoviter, einen glorwürdigen Sieg befochten: und dadurch zugleich dero unterthänigst-gehorsamste Stadt Narva von 10wochentlicher harten Belagerung befreyet, auch darauff den 18. Febr. a. c. ein allgemeines Danck und Freuden-Fest in der Stadt Alten Stettin gehalten wurde: haben bey einem den 17. Martii im Gymnasio Carolino deßhalben gehaltenen Actu oratorio ihre unterthänigste Devotion hierdurch ablegen wollen die sämptl. im Königl. Gymnasio befindl. Studiosi. — Alten Stettin [1701]: Starcke. 2 Bl. 2° 9.
3.6442

Als der Grossvater die Grossmutter nahm. Ein Liederbuch für altmodische Leute. Leipzig 1886. 2. Aufl. 1887. 3. Aufl. 1895. H: *Wustmann, Gust.* (JStBbII) (GGr) (Ky) (Berl)

Als der Großvater die Großmutter nahm. Ein Liederbuch f. altmod. Leute. 8. (XX, 396 S. m. Titelbild in Lichtkpfrdr.) Leipzig 886. Grunow. n. 4. 50
cart. m. Goldschn. n. 6. —; in Kalbldr. geb. n.n. 9. —

— dasselbe. 2. Aufl. 8. (XVI, 608 S. m. Titelbl. in Stahlst.) Ebend. 886. n. 5. —; geb. in Damast n.n. 6. 50; in Atlas n.n. 11. —; in Ganzsaffian n.n. 11. —

Als d. Großvater d. Großmutter nahm. E. Liederbuch f. altmod. Leute. (Hrsg. v. Gust. Wustmann.) 3., verm. u. verb. Aufl. 8. (XVI, 656 S. m. Stahlst.-Titel.) Leipzig 895. F. W. Grunow. Geb. in Damast m. Goldschn. n. 7. —

Als der Großvater die Großmutter nahm. Ein Liederbuch f. altmod. Leute. (Hrsg. v. Gust. Wustmann.) 4., verm. u. verb. Aufl. (XVI, 662 S. m. 1 Stahlst.-Titel.) kl. 8. Leipzig (905). F. W. Grunow.
Geb. in Damast m. Goldschn. n. 7. —

Als Der . . . Herr Carl . . . Zum Römischen Kayser . . . Erwehlt . . . worden . . . Breslau 1711. V: *Herrmann, Chn.* (Kat. d. Druckschr. üb. Bresl. Bresl. 1903. S. 11.)

Als. — Als der hoch-ehrwürdige, in Gott andächtige und hochgelehrte Herr George Serpilius ..., der Löblichen Societät der Christl. Liebe und Wissenschaften ... Mit-Glied, den 8. Novembr. des 1723sten Jahres sein ruhmwürdiges Leben seelig beschloß, richtete diesem hochberühmten ... Gottes-Gelahrten erwähnte Societät ein Ehren-Gedächtniß auf und bestätigte mit dessen Beyspiele die Wahrheit: daß die, so kein Lob suchen, des grösten Lobes würdig und fähig seyn. — Dresden: Harpeter [1723].
6.
3.6443

Als der Hochwohl-Erwürdige ... Herr M. Gottfried Feller, Hochmeritirter Pastor Primarius und Senior des Hoch-Ehrwürdigen Ministerii der ... Sechs-Stadt Camentz den 26. Februar MDCCXXXIII verschied ... Wolten ihre gehorsamste Condolence gegen das Hochbetrübte Hauss ... abstatten. Zwey vor viele Wohlthaten Innenbenannte Diener und Clienten. Camentz [1733]. V: *Liebe, Carl Gotthold* & *Theodor Sigmund Hesse.* (Less 106)

Als der neue Altar, welchen Conrad Christoph Wäterling ... in der St. Stephani Kirche zu Gosslar hat aufbauen lassen: am Fest der Heil. Dreieynigkeit 1767 ... eingeweihet wurde, so ist ... an diesem Tage folgende Music aufgeführet worden. — Goslar [1767]: Duncker. 4 Bl. 4°
7.
3.6445

Als der Wohl-Ehrwürdige ... M. Johann Gottfried Lessing ... Seine Hochzeitliche Festivität ... celebrirte, sollten Ihre schuldige Devoir durch glückwünschen Zeilen abstatten Des Herrn Bräutigams und der Jungfer Braut Nahe Anverwandte. Kamenz 1897. H: *Klix, Friedrich Ferdinand.* (Less 108)

Als Des ... Herrn Josephs des Ersten ... Ehren-Gedächtniß ... gehalten wurde. Breslau 1711. V: *Rottenburg, Erdmann Chn von.* (Kat. d. Druckschr. üb. Breslau. Breslau 1903. S. 10.)

Als Deutschland erwachte. Lebens- u. Zeitbilder aus d. Befreiungskriegen. H. 1–20. — Hamburg: Schloeßmann 1909–12.

1. Brüssau, Oskar: Königin Luise, „der Schutzgeist deutscher Sache". 1909.
2. Pauls, Eilhard Erich: Blücher. 1909.
3. Hahn, Julius: Aus Hamburgs Schreckenstagen. 1909.
4. Sydow, Paul G. A.: Freiherr vom Stein. 1909.
5. Weitbrecht, Richard: Andreas Hofer und der Volksaufstand in Tirol. 1909.
6. Brandt, Karsten: Friedrich Friesen, ein Jüngling ohne Furcht und Tadel. 1909.
7. Bartels, Adolf: Weimar. Die klassische Literaturperiode in ihrer nationalen Bedeutung. 1910.
8. Bechtolsheimer, Heinrich: Das Elend der Fremdherrschaft. 1910.
9. Evers, Ernst: Schill und seine Reiter. 1910.
10. Brandt, Karsten: Turnvater Jahn, der Wegweiser zu Deutschlands Einheit. 1910.
11. Boetticher, Gotthold: Mit Leier und Schwert. 1910.
12. Mit der großen Armee 1812. (Nach dem Bericht eines Mitkämpfers.) Hrsg. u. mit e. Einl. vers. von Julius Hahn. 1910.
13. Pauls, Eilhard Erich: Napoleon I. 1911.
14. Wangenheim, Ernst Frhr v.: Scharnhorst. 1911.
15. Sydow, Paul G. A.: Ernst Moritz Arndt. 1911.
16. Karstädt, O.: Heldenmädchen und -Frauen aus großer Zeit. 1911.
17. Wangenheim, Ernst Frhr v.: Gneisenau. 1912.
18. Schäfer, Ernst: Die Völkerschlacht bei Leipzig 16.–19. Okt. 1813. 1912.
19. Brandt, Karsten: Theodor Körner, ein Sänger und ein Held. 1912.
20. Pauls, Eilhard Erich: Belle-Alliance. 1912.

1–20 . . . . 1: Qn 7703.
1 . . . . 9.
7.8.10.11.13–15.17.19.20 . . . . 4.
8 . . . . 12: Germ. g. 583d.
3.6447

— H. 6. Ebd. 1910.
6. Brandt, Karsten: Friedrich Friesen, ein Jüngling ohne Furcht und Tadel.
4.
3.6448

— 7. u. 8. Taus. H. 2–5. 12. Ebd. 1910–13.
2. Pauls, Eilhard Erich: Blücher. 1911.
3. Hahn, Julius: Aus Hamburgs Schreckenstagen. 1910.
4. Sydow, Paul G. A.: Freiherr vom Stein. 1910.
5. Weitbrecht, Richard: Andreas Hofer und der Volksaufstand in Tirol. 1910.
12. Mit der großen Armee 1812. (Nach dem Bericht eines Mitkämpfers.) Hrsg. u. mit e. Einl. vers. von Julius Hahn. 1913.
4.
3.6449

Als die an der böhmischen Grentze auf dem meißnischen Ertzgebürge liegende Berg-Stadt, Johanngeorgenstadt, ihr erstes Stadt-Fundations-Jubiläum am 23. Febr. im Jahr 1754 auf allergnädigste Conceßion Ihro Königlichen Majestät in Pohlen und Churfürstl. Durchlaucht zu Sachsen etc. etc. Herrn Friedrichs Augusti III. [Friedrich August II. König v. Sachsen] höchsterfreulich celebrirte, wolten ihre Freude und Vergnügen dabey schuldigst zu Tage legen der Stadt-Magistrat daselbst. — Zwickau [1754]: Höfer. 4 Bl. 2°
3.
3.6452

Als die getreuesten Vor-Pommerschen Unterthanen den Erbhuldigungs-Eyd Dem Allerdurchlauchtigsten, Grossmächtigsten Fürsten und Herrn, Herrn Friederich Könige in Preussen, Marggraffen zu Brandenburg, des Heil. Römischen Reichs Ertz-Cämmerern und Churfürsten, etc. etc. allerunterthänigst abstatteten, Wolten Hiedurch ihre allertiefst-unterthänigste Devotion an den Tag legen, Und dabey Zum immerwährenden Denckmahl das Jahr, den Monat und Tag anmercken, die sämmtlichen Haupt-Gewercke zu Alten-Stettin, durch Jürgen Brabich, Altermann bey dem Gewercke der Schuster. Alten Stettin, Gedruckt bey Herm. Gottfr. Effenbahrt, E. E. Raths- und Stadt-Buchdrucker.

Als die H. Vermählung Carl Augusts ... mit Luisa ... von Hessen Darmstadt in ... Karlsruhe am 2. Okt. 1775 feierlichst vollzogen wurde. O. O. V: *Ring.* (BaBb)

Als die höchste Landesherrschaft mit ihrer hohen Gegenwart die breitkopfische Buchdruckerey begnadigte. Leipzig, den 4. May 1765. — (Leipzig 1765: Breitkopf.) 1 Bl. 2°
2 versch. Drucke.
3.
3.6455

ALS die hochwürdigen Chorfrauen der regulirten Kanonissinen von der Congregation de Notre Dame Mère Augustine, dermaligen Assistentin, und Mère Bernarde. ... Pressburg 1785: Patzko. (4 S.) - 250 mm

Als die hochwürdigen hoch und hochwohlgebohrnen Herren des Hertzogthums Magdeburg hochansehnliche Herren Stände das MDCCXXX. Jahr durch göttliche Gnade glücklich erlebet, wolten mit untherthänig gehorsamsten Gemüthe ihre Schuldigkeit glückwünschend an den Tag legen sämtliche Alumni derer magdeburgischen Provincial-Tische auf der Königl. Friedrichs-Universität. Halle [1730]: Henckel. 2 Bl. 1:62 in 2° Ay 62.
3.6454

Als die Hoffnung Böhmens schwand, Vater Joseph zu sehen. Prag u. Wien 1782. V: *Cornova, Ign.* (GGr VI/724, Nr. 8/6) (Geissau Verzeichniss S. 7.) (wrztg 1782, Beil. bei Nr. 70, Bücherverzeichnis Schönfeld) (BiblPort)

Als die preußische Armée in Boehmen die oesterreichische verfolgte, dieselbe allenthalben aufsuchte, und solche zu einem Treffen nöhtigte [!], selbige aber nicht stehen wolte; sondern jeder Zeit vor den Preußen wich und sich an solche Oerter postirte, wo es unmöglich war, sie zu attaquiren, ließ ein treuer Brandenburger folgende Verse durch die Feder fließen, um den großprahlenden Holländern das Maul zu stopffen. — o.O. 1745. 14 S.
Als Verfasser wird Friedrich Wilhelm Martini genannt.
Zeitgenössische Abschrift.
1:5 in 4° Rz 3300.
3.6456

Als die saltzburgischen Emigranten aus Saltzburg nach Königsberg in Preussen gekommen und nach Litthauen wieder abreiseten, wollte sie mit diesen ... Zeilen begleiten H. F. v. C. — Königsberg: Reußner [um 1732]. 2 Bl. 2° 10.
3.6458

Als die Sterbenden, und siehe, wir leben! Bild aus den Hugenottenkämpfen Frankreichs. 8. (32 S.) Stuttgart 876, Buchh. der evangel. Gesellschaft. *

Als die von dem königlichen privilegirten Orgel-Bauer Hn. Johann Josua Mosengel in der neuen mümmlischen lutherischen deutschen Kirche neuerbaute schöne Orgel an dem ersten Heil. Pfingst-Feyertage des 1710ten Jahres zum allerersten mahl öffentlich angeschlagen worden, ist sie mit folgender Arie zur Ehre Gottes eingeweyhet worden. Königsberg [1710]: Poln. Kirchen-Buchdr. 2 Bl. 4° 10.
3.6460

Als . . . Friedrich . . . Die Erb-Huldigung . . . empfingen . . . O. O. 1741. V: *Volckmann, Anna Helena, geb. Wolffermann.* (Kat. d. Druckschr. üb. Breslau. Breslau 1903. S. 14.)

Als . . . Friedrich . . . Die Huldigung . . . eingenommen: Wolten . . . ihre . . . Devotion . . . bezeigen . . . Die in beyden Breßl. Gymnasiis Studirende Primani. O. O. 1741. *Stieff, Chn.* (Kat. d. Druckschr. üb. Breslau. Breslau 1903. S. 14.)

Als Henning v. Wedderkop seine Eheliebste d. 3. Okt. 1700 zu Kiel beerdigen ließ. Kopenh. 1700. V: *Morhoff, Casp. Dan.* (Bruun, Bibl. Danica III, 1553.) (Collin, Anonymer. Kiobenh. 1869.)

Als . . . . Herr Anthon Ludewig von Grone, mit der . . . . Fräulein Albertina Ernestina von Bartlingen, Seinen Hochzeits-Tag beging, wolte seine Unterthänigkeit . . . . bezeigen des hohen Braut (-) Paars gehorsamster Ludi Magister und Custos des Schaf-Stalls *J. C.* zu Kirchbrock. (Druckerst.) Gedruckt im Monat May. O. J. (c. 1750). 4°. (In Berlin: Bibl. Diez. 4° 2643, no. 9.)
Hochzeitsscherz in 11 achtzeil. Str. 2 bedruckte Bll. mit Anfangs-Ornament.

Als Herr Schär un Syn Fru Leevste den 1 sten October 1790 mit Vergnügen un Dank gegen Gott torügdachen, dat Se Sick alle fief un twintig Jahr im Ehstand von Harten leevt haren, wünsch Jem dat Se vorterst noch in fief un twintig Jahr Sick ebenso leev hebben müchen Jem Euer uprichtigste Fründ un gehorsamste Dener. V: *Döhren, Jacob von.* (GGr) (schr)

Als ich das erste Mal auf dem Dampfwagen sass. Eine Winternacht auf der Lokomotive, s.: Jugend-Bibliothek, stenographische. 6. Bd.

Als Ihro Königl. Majest. in Pohlen und Churfürstl. Durchl. zu Sachssen, Fridericus Augustus [Friedrich August II. Kurfürst v. Sachsen], ein neues grosses Fass auf der Vestung Königstein zu erbauen anbefohlen, so ist ... solcher Fass-Bau Anno 1722. angefangen, und Anno 1725. vollführet worden. — Königstein: Vogel 1737. 1 Bl. 2° 3.
3.6463

— Aufs neue zum Druck befördert. (Königstein:) Körnig 1763. 1 Bl. 2° 3.
3.6464

— Aufs neue zum Druck befördert. (Königstein:) Krancke 1769. 1 Bl. 2° 3.
3.6465

Als Joseph II. Graz besuchte. V: *Wernekingh, Joseph.* (WBL LV/46) (BiblPort)

Als Joseph seine Streiter bei Prag beprüfte. Prag 1775. V: *Schönfeld, Franz Expeditus Edler von.* (GGr VI/719, Nr. 4/11) (WBL XXXI/150) (BiblPort)

Alß just twey Weecke was, nah onser twelffte-tiedt on onse nieh Herr Pfarr de Wedwe wul to Bedde föhren, do wul een Körspels-Kind den groten Kestings-Dagh beehren. — [Königsberg] 1728. 2 Bl. 2° 10.
3.6467

Als König Friderich der Vierdte zu Dännemarck 1727 Dero . . . Geburts-Fest . . . feyrten. Copenh. V: *Hoe von Hoenegg, Joh. Joach.* (Bruun, Bibl. Dan. III, 322.)

Als Nicolai die Freuden des jungen Werthers geschrieben hatte. Berlin 1837. V: *Goethe, Johann Wolfgang von.* H: *Lachmann, Karl.* (Zeitschr. f. Büch. 1923, S. 78.)

Als Österreich zerfiel. 1848. Wien 1905. V: *Bartsch, Rudolph Hans.* (EB) nicht: *Hager, Johs.* (Berl)

— Österreich zerfiel . . . 1848. (337 S.) 8. Wien 905. C. W. Stern. n. 3. —; geb. n. 4. 50

Als Se. Hochedelgebohrnen der Herr Professor Kant, den 21. August 1770 für die Professor-Würde disputierte. Im Namen der sämtlichen in Königsberg studierenden Kur- und Liefländer aufgesetzt von L . . . aus Liefland. Königsberg. V: *Lens, Jac. Mich. Reinhold.* (GGr)

Als Seine hochgräfliche Excellenz . . . Herr Maximilian Ulysses, des H. Röm. Reichs Graf Bram zu Montani und Camus . . . mit seiner Hohen Gegenwart den 23. Mai 1750 Kronstadt beehrte, wollten dieselbige zur Bezeugung ihrer unterthänigsten Devotion einige von der studierenden Jugend in nachstehender Glückwünschungs-Ode besingen. Kronstadt [1750]. V: *Clompe, Petrus.* (Trausch).

Als Seine Königliche Majestät in Preussen, unser allertheuerster Landes-Vater und Herr, zum höchsten Vergnügen Dero treuen Unterthanen, den 28. December 1745 in hiesiger Residentzstadt Berlin, Nach einem von Höchstdemselben zu Dero unsterblichem Ruhme geendigten Feldzuge angelanget; hat der Wohlgelahrte hiesige Ober-Land-Rabiner, Raby David Fränckel, an dem von der Judenschaft desfalls angestellten Danck- und Freuden-Feste, diese erbauliche Rede in der Synagoge vor der Gemeinde gehalten, über 2 Chron. 14, 7 u. s. w. und 15. 1 bis 8. Zu deutsch übersetzt durch die hiesige Schutz-Juden; als den gelahrten Lazarus Nehemias und den Beflissenen der Philosophischen und Mathematischen Wissenschaften Aron Salomon Gumpertz. Berlin, gedruckt bey dem Königl. Preuss. Hof-Buchdrucker, Christian Albrecht Gäbert.

Als Sie — Die beste Fürstin starb/ So sich den grössten Ruhm erwarb/ Und die man gar nicht braucht zu nennen/ Denn wer wird nicht Theresien kennen/ Wien 1781. Zweite und vermehrte Auflage. Wien 1781. V: *Reger.* (M. A. Nachtrag d. Rezension, S. 3, Nr. 115.) (BiblPort)

— uns. gr. Dichter noch kl. Jungen waren. Selbsterzählte Jugenderinnergn v. Geo. Engel, Otto Ernst, Gust. Falke, Ludw. Fulda, JC Heer, Rud. Herzog, Karl Rosner, Rich. Voss, Adf Wilbrandt, Ernst Zahn. (193) kl8° Lpzg, F Moeser Nf. '11. Pappbd 3 — d

Als uns. gr. Dichterinnen noch kl. Mädchen waren. Selbsterzählte Jugenderinnergn v. Ida Boy-Ed, Hedw. Dohm, Enrica v. Handel-Mazzetti, Charlotte Niese, Clara Viebig, Hermine Villinger, L Westkirch. (146) kl8° Lpzg, F Moeser Nf ('12). Pappbd 3 — d

Als vor einem hoch-edlen und hoch-weisen Rath der kayserlichen freyen Reichs-Stadt Hamburg die Opera das Carneval von Venedig genannt 1733 aufgeführet wurde, ward einem hoch-edl. und hochweisen Rath zu Ehren, bey Abdanckung der bisherigen Verwaltung der Opera, folgender Prologue vorgestellet. — Hamburg [1733]: Spieringk. 4 Bl. 4° 8.
3.6474

Als wegen des von dem verherrlichten Monarchen von neuem hergestellten Friedens die gesammten preußischen Unterthanen ihre innigste Freude an den Tag legten, so wurde von der hochansehnlichen königsbergischen Kaufmannschafft den 15. Februar 1746 auf dem Altstädtischen Jancker-Hoffe eine vergnügte Zusammenkunft angeordnet, und bey derselben auf einer Tafel der Tempel des Friedens samt zween Sieges-Wagen sinnreich abgebildet und in nachfolgenden Zeilen beschrieben. — Königsberg [1746]: Kanter. 8 S. 2° 10.
3.6475

Als wir die blaue Schürze trugen. Erinnerungen an unsere Kandidatenzeit in d. Bielefelder Anstalten. Mit e. Geleitswort von F[riedrich] v. Bodelschwingh, zum 25jährigen Jubiläum d. westfälischen Brüderanstalt Nazareth hrsg. von einigen ihrer Brüderhelfer. — Bielefeld : Bethel 1902. VII,183 S. 1: Cv 39016. 12: Pol. civ. 211 h. 6.
3.6476

Als wir die blaue Schürze trugen. Erinnergn. an unsere Kandidatenzeit in den Bielefelder Anstalten. Mit e. Geleitswort von F. v. Bodelschwingh, zum 25jähr. Jubiläum der westfäl. Brüderanstalt Nazareth hrsg. v. einigen ihrer Brüderhelfer. 1.—5. Taus. 8. (VII, 183 S.) Bethel bei Bielefeld 902. Buchh. der Anstalt Bethel. Geb. in Leinw. n. 2. —

Als wir jung waren. Eine Erzählung aus dem Engl. übers. von B. K. Mit 2 color. Bildern. Stuttgart 861. Schmidt & Spring. 16. (64 S.) 9 ngr.

Als. Carl Adolph [aus Siegburg]: Aus d. Poliklinik f. Ohrenkranke zu Bonn. Ueber die Erkrankungen der bursa pharyngea . . . . Siegburg, Druck v. Wilh. Reckinger, 1888; 40 S. 8°
Bonn. Med. Fak.. Inaug.-Diss. v. 12. März 1888

***Alsa. Eine Monatsschrift. [Hrsg.: Ehrenfried Stöber.] Jg. 1817. Straßburg: Pfähler & Co. in Comm. 1817. 8°**

l'Alsace s: Elsass, Das.

Alsace francoise ou nouveau recveil, de ce qu'il y a de plus curieux dans la Ville de Strasbourg . . . Das Frantzösische Elsaß oder Neue Beschreibung der Stadt-Straßburg . . . Strasbourg, Chez G. Boucher . . . M DCC VI [1706].
M. d. Tit. 5 Bl.; 15 Taf. in Kupferst. 4°.
Greift vereinzelt auf Figuren von Dieterlin zurück.

l'Alsace pays d'empire. A propos de „Civilisation et patriotisme en Alsace" du professeur Werner Wittich de l'université de Strasbourg. (24 S.) gr 8. Colmar 909. H. Hüffel. nn — 80
Sonderabdruck aus „Revue d'Alsace".

l'Alsace à table, par Ad. S. Avec la reproduction de 24 menus, dont 5 hors texte. (11 S.) 4. Strassburg 904. J. Noiriel. n. 4. —
Sonderabdruck aus: „Revue alsacienne illustrée".

l'Alsace à table, par A S. Avec la reproduction de 24 menus, dont 5 hors texte. [S.-A.] (11) 4° Strassbg i/E. (Brandg. 2), Verl. d. elsäss. ill. Rundschau '04. 4 —

Alsace-Lorraine. Législation — administration — organisation du 1. avril 1871 au 1. avril 1872. Mémoire présenté, le 9. avril 1872, au Reichstag allemand, par le chancelier de l'empire, conformément à l'article 3 de la loi du 9. juin 1871. gr. 8. (39 S.) Berlin 872. van Muyden. n. — 50

Alsatia [Sachliches OW]
Alsatia. Neue Beiträge zur Landes-, Rechts- und Sittengeschichte, Sage, Sprache und Literatur (Bd 7—8: Jahrbuch für elsässische Sage, Sitte und Sprache; Bd 9—13: Beiträge zur elsässischen Geschichte, Sage, Alterthumskunde, Sitte, Sprache und Kunst). Hrsg. von August Stöber. Bd 1—12. — Mühlhausen: Rißler 1850—1885.
Forts. s.: Stoeber: Neue Alsatia.

Alsatia, Jahrbuch für elsässische Geschichte, Sage, Alterthumskunde, Sitte, Sprache und Kunst, hrsg. von Aug. Stöber. 1850. (2. Aufl. der Neujahrs-Stollen.) gr. 8. (104 S.) Mühlhausen 851. (Stuttgart, Frz. Köhler.) Thlr. *

— dass. — 1851. (2. Aufl.) gr. 8. (206 S.) Ebds. 852. *

— dass. — 1852. gr. 8. (256 S.) Ebds. 852. *

Alsatia. Jahrbuch für elsässische Geschichte, Sage, Alterthumskunde, Sitte, Sprache und Kunst. [Hrsg.: A. Stöber.] Jg. 1853–64. Mühlhausen (Basel: Bahnmaier; sp. Frankfurt a.M.: Völker) 1853–64. 8° 29, N 1

— dass. — 1853. und 1854. mit 1855. gr. 8. Ebds. [1853. (307 S. mit 1 Stnt. in qu. gr. 4.) 853., 1854—55. (309 S. mit 2 eingedr. Abbildgn.) 855. à * 1 Thlr. 6 Ngr.] *

Alsatia. Jahrbuch für elsassische Geschichte, Sage, Sitte und Sprache, hrsg. von Aug. Stöber. 1856—1857. gr. 8. (422 S.) Mülhausen 858(61). (Basel, Bahnmaier's Verlag.) *

Alsatia. Beiträge zur elsässischen Geschichte, Sage, Sitte und Sprache, hrsg. von Aug. Stöber. Neue Folge. 1858—1861. 2. Abthl. gr. 8. (IV und S. 275—418.) Mühlhausen 862. Basel, Bahnmeier's Verlag. *

Alsatia. Beiträge zur elsässischen Geschichte, Sage, Sitte und Sprache, hrsg. von Aug. Stöber. 2. Abthl. 1862—1867. gr. 8. (IV, 305 S. mit dem photogr. Bildniß von L. Schneegans.) Mühlhausen 868. (Basel, Bahnmaier's Buchh.) *

—— dass. — Neue Reihenfolge. 1868—1872 und 1873—1874. gr. 8. (V, 483; VII, 481 S.) Colmar 873,75, Barth. à Bd. *

Alsatia. Neue Beiträge zur elsässischen Landes-, Rechts- und Sittengeschichte, Sage, Sprache und Literatur. 1875—1876. Hrsg. von A. Stöber. [Mit Abbildungen. (1 Stnt. und 1 Lichtdr.)] gr. 8. (V, 457 S.) Colmar 876, Barth. *
Systemat. Gesammtregister zum 1.—10. Bd. 1850—74. (24 S.)*
Nicht weiter erschienen.

Alsatia inferior. Per Gerardum Mercatorem 1 : 275.000. 1 Bl.

Alsatia tam Superior, quam Inferior una cum Sundgovia etc. ex subsidiis veteribus Speklianis atque ac recentioribus delineata. Studio Homannianorum Heredum. 1 : 175,000. 1 Bl.

Alsatia [Schlagwort]
Alsatiae — Landgraviatus — Inferioris. Novissima Tabula, in qua simul Marchionatus Badensis, Ortenavia caeteraque tam Lotharingica quam alia confinia accuratissime describuntur per Nicolaum Visscher. 1 : 200,000. 1 Bl.

Alsatiae — Landgraviatus — tam Superioris quam Inferioris etc. Editore Joh. Bapt. Homanno. Norimbergae 1 : 540,000, 1 Bl.

Alsatiae — Superioris — nec non Brisigaviae et Suntgaviae geographica tabula etc. Ostenduntur, ex conatibus Nicolai Visscher. 1 : 280,000. 1 Bl.

Alsaticus [Pseud.], s. Schneegans, August

Alsaticus, J. M. [Pseudon.] s.a. Müller, Joseph.

Alsaticus, J. M., s.: Blumen aus dem gläubigen Mittelalter.

Alsaticus, J. M., s.: Opfer, e., der Sozialdemokratie.

Alsberg, Bitten u. Wünsche d. Israeliten Kurhessens rc. 8. . . . Kassel 831, (Bohné.)

—— dass. 12. Rotweil 828. (Leipzig, Barth.)

Alsberg, A., zur Dystopsie der Niere, s.: Festschrift z. Feier d. 80jähr. Stiftungsfestes d. ärztl. Vereins z. Hamburg.

Alsberg, Adolf [aus Ahlen i. Westf.]: Ueber Neurolipome. Ein Beitr. z. Kenntniss d. falschen Neurome ... Berlin, Buchdr. v. G. Schade, *1892*; 31 S. 8.
Berlin, Med. Fak., Inaug.-Diss. v. 30. Jan. 1892

Alsberg, Alfred, Referendar in Cöln: Die Entwicklung und rechtliche Natur des Bezugsrechtes auf neu auszugebende Aktien. Borna-Leipzig 1908: R. Noske. (VIII, 38 S.) 8° [J.]
Leipzig, Jur. Fak., Diss. v. 24. Juli 1908
[Geb. 23. Juli 83 Hagen (Westfalen); Wohnort: Cöln a. Rh.; Staatsangeh.: Preußen; Vorbildung: Gymn. in d. Kreuzgasse Cöln Reife O. 02; Studium: Genf 1, Berlin 1, München 2, Bonn 3 S.; Rig. 10. Mai 06.]

Alsberg, Georg: Ueber myotonia congenita (Thomsen'sche Krankheit.) *Göttingen 1898: Dieterich.* (47 [vielm. 49] S.) 8°
Göttingen, Med. Diss. v. [9. März] 1898

Alsberg, Geo., Ueb. myotomia congenita. (Thomsen'sche Krankheit.) Diss. gr. 8. (47 S.) Göttingen 898. (Vandenhoeck & Ruprecht.) n. 1. 20

ALSBERG, JULIUS. Untersuchungen über die Stellung der Wasserstoffatome im Benzol. Göttingen, 1870. Diss. S. I.

Alsberg, Louis [Mitarb.] s. *Ausschuss*, Der permanente landständische, in Kurhessen vor dem Kriegsgerichte. 1851.

— Beitrag zur Beantwortung der Frage, ob die Grafschaft zu Waldeck unter hessischer Lehnsherrlichkeit stehe; eine staats- und lehnrechtliche Ausführung mit bes. Berücksichtigung d. Schrift: „Steht die Grafschaft zu Waldeck unter hessischer Lehnsherrlichkeit? vom Herrn Prof. Wippermann. Halle 1847". Von L. Alsberg. — Cassel: Th. Fischer 1848. IV,60 S.
1:Sn 1764. 12: J. publ. G. 16 m. 4. 7.
3.6518

— Vorschläge zur Verbesserung der Stellung des Anwaltstandes. Eine Denkschrift vieler Anwälte zu Kassel. Dem kurf. hess. Min. der Justiz überreicht u. verf. von L. Alsberg. — Kassel: Hotop 1848. 68 S. 4.
3.6519

— Worte zur Beherzigung über Volksbewaffnung und Bürgergarden von L. Alsberg. — Kassel 1848: Estienne. 24 S. 4.
3.6520

Alsberg, M., Arzt, Kassel. 1882 s. *Alsberg*, Moritz.

Alsberg, Dr. Max (Rechtsanwalt in Berlin), Der Fall des Marquis de Bayros und des Dr. Semerau. Ein Beitrag zur Lehre von der unzüchtigen Schrift und unzüchtigen Darstellung. Berlin 1911. Verlag Alfred Pulowmacher & Co. 8°. 56 S. (Mk. 1—.)
Die falschen bibliographischen Angaben sind einer Notiz des Berliner Tageblattes vom 8. VII. 1912 entlehnt, wo es sich aber um Druckfehler handelt. Verfasser der Notiz Dr. (R. K.) N(eumann).

Alsberg, Max, Vollendung u. Realkonkurrenz beim Meineid des Zeugen u. Sachverständigen. (Zugleich e. Beitrag zur Lehre vom fortgesetzten Verbrechen.) (66 S.) gr. 8. Berlin 906. J. Guttentag. n. 1. 50

Alsberg, Moritz
Alsberg, M: Die Abstammg d. Menschen u. d. Bedinggn sr Entwicklg. (248 m. Abb.) 8° Cass.'02. Charlttbg, TG Fisher & Co.
3.20

Alsberg, Moritz: Die Abstammung des Menschen und di[e] Bedingungen seiner Entwicklung. Für Naturforscher, Ärzte u. gebildete Laien dargest. Mit 24 Abb. — Cassel: Fisher 1902. XII,248 S. 4.
3.653

Alsberg, M., s.: Anakreon.

Alsberg, Mor., die Anfänge der Eisenkultur, s.a. Sammlung gemeinverständlicher wissenschaftlicher Vorträge.

— Die Anfänge der Eisenkultur. — Berlin: Habel 1885. 71 S. (Sammlung gemeinverständlicher wissenschaftlicher Vorträge. 20,476.477.)
1: Ag 9016-20,476.477. 12: Var. 366 am-476.477.
300: 395.139-B. Per. 20,476.477. 2. 3. 4. 5. 6. 7. 9. 11. 82. 83.
3.657

Alsberg, M., Anthropologie m. Berücksicht. d. Urgeschichte des Menschen, allgemein faßlich dargestellt. Mit zahlr. Farbendr.-Taf., Karten u. Holzschn. 12 Lfgn. gr. 8. (VIII, 407 S.) Stuttgart 887—889. Weisert. à Lfg. n. — 50

— Anthropologie mit Berücksichtigung d. Urgeschichte des Menschen allgemein faßlich dargest. — Stuttgart: Weisert 1888. 407 S., 2 Taf. **1:La 24(2.**
3.6518

— — 2. Aufl. Ebd. 1891. 407 S., 2 Taf. **2.**
3.6139

Alsberg, Mor., erbliche Entartung bedingt durch soziale Einflüsse. Unter Zugrundelegg. seines in der 75. Versammlg. deutscher Naturforscher u. Ärzte zu Cassel geh. Vortrages dargestellt. (31 S.) gr. 8. Cassel 903. Berlin, Th. G. Fisher & Co. n. — 80

— Die Grundlagen des Gedächtnisses, der Vererbung u. der Instinkte, s.a. Grenzfragen der Literatur u. Medizin. 2. Hft.

— Die Grundlagen des Gedächtnisses, der Vererbung und der Instinkte. — München: Reinhardt 1906. 38 S. (Grenzfragen d. Literatur u. Medizin in Einzeldarstellungen. 2.)
1:Ag 7241/47-2. 12:Anthr. 47 i-2. 300:455.963-B. Per. 2. 5. 11.
3.6541

— Militäruntauglichkeit und Grossstadt-Einfluss. Hygienisch-volkswirtschaftl. Betrachtungen u. Vorschläge. — Leipzig & Berlin: Teubner 1909. 27 S.
Erw. aus: Archiv für Rassen- u. Gesellschafts-Biologie. 5,5.6.
1:Kq 6410. 11.
3.6542

— Rassenmischung im Judenthum, s.a. Sammlung gemeinverständl. wissenschaftl. Vorträge.

— Rassenmischung im Judenthum. Mit 3 Abb. — Hamburg: Verlagsanst. u. Dr. A.-G. 1891. 40 S. (Sammlung gemeinverständlicher wissenschaftlicher Vorträge. N. F. 5,116.) **1:Ag 9017-N.F.5,116. 12:Var. 366an-116. 300:395.139-B. Per. N. F. 5,116. 2. 3. 4. 5. 6. 7. 9. 11. 82. 83.**
3.6543

Alsberg, Moritz: Rechtshändigkeit u. Linkshändigkeit... s.a. Sammlung gemeinverständl. wissensch. Vortr.

Alsberg, Moritz: Rechtshändigkeit und Linkshändigkeit sowie deren muthmaßliche Ursachen. Vortrag, geh. auf d. 24. Kongreß d. Deutschen Gesellschaft für Anthropologie, Ethnologie u. Urgeschichte zu Hannover am 8. Aug. 1893. Von M. Alsberg. Mit 4 Abb. — Hamburg: Verlagsanst. u. Dr. A.-G. 1894. 32 S. (Sammlung gemeinverständlicher wissenschaftlicher Vorträge. N. F. 9,205.)
1:Ag 9017-N. F. 9,205. 12:Var. 366an-205. 300:395.139-B. Per. N. F. 9,205. 2. 3. 4. 5. 6. 7. 9. 11. 82. 83.
3.6544

Alsberg, M., die gesunde Wohnung, s.a. Sammlung gemeinverständlicher wissenschaftlicher Vorträge.

— Die gesunde Wohnung. Von M. Alsberg. — Berlin: Habel 1882(-83). 44 S. (Sammlung gemeinverständlicher wissenschaftlicher Vorträge. 17,407.)
1:Ag 9016-17,407. 12:Var. 366am-407 [u. ö.] 300:395.139-B. Per. 17,407. 2. 3. 4. 5. 6. 7. 9. 11. 82. 83.
3.6545

Alschefski, Carl Friedrich Siegmund
Alschefski, C. F. S., Ueber die krit. Behandlung der Geschichtsbücher des Titus Livius. Pr. 1839. 29 S. 4°. 1.—

Alschefski, C. F. S., das Leben aus dem Gesichtspunkte der Religion. Zunächst für gebildete Frauen dargestellt. gr. 12. (XII u. 276 S.) Berlin 847, Herbig. 1 ₰

Alschefski, Car. Fr. Sig., s. Livius, Tit., rerum Romanarum.

— Lateinische Sprachlehre f. Schulen u. zum Privatgebrauche. 8. (XII u. 272 S.) Berlin 852, Gebauer. n. 2/3 ₰

Alschefski, CFS, lat. Sprachlehre. 8. (272) Berl. 52, Streerath. n. — 20

Alschefski, C. F. S., über d. angebl. Verderben auf den deutsch. Universität. gr. 8. Berl. 836. Plahnsche Buchh. (Nitze.) 5/12 ₰
— s. Livius ab urbe condita liber XXXIII.

Alscher, E., s: Hephaestos, Dichtungen.

Alscher, Ed., über die Imprägnierungsfehler bei wasserdichten Geweben. (9 S.) 31,5×23,5 cm. Stuttgart 900. (Freiburg i/B., J. Bielefeld.) 1. 50
Sonderabdruck aus „Baumaterialienkde."

Alscher, Otto: Gogan u. d. Tier. Roman. (208) kl8° Berl., S Fischer '12. 3 —; geb. n 4 — d

Alscher, Otto, ich bin e. Flüchtling. Roman. (Umschlagzeichnung v. L. Wiblizka.) (251 S.) 8. Berlin 909. E. Fleischel & Co. 3.50; geb. 5. —

— **Mühselige u. Beladene.** Novellen. (Mit Umschlagzeichng. v. L. Wiblizka.) (V, 221 S.) 8. Ebd. 910. 3.—; geb. 4. —

— s.: Schwaben im Osten.

Alscher, R. Der Conjunctiv im Rolandslied. 2 Teile. Jägerndorf, R., 1886, 1887. 33 u. 12 S.

Alscher, Robert: Das Unfehlbarkeitsdogma und die katholische Kirchengemeinde in Königsberg. (Verf: Robert Alscher.) — Königsberg i. Pr.: Gruber & Longrien 1872. 69 S. **12:Conc. 368ic/2. 5. 10.**
3.6558

Alscher, Rudolf
Alscher, R., Sir Thomas Wyat u. seine Stellung in der Entwickelungsgeschichte der englischen Literatur u. Verskunst, s.a. Beiträge, Wiener, zur deutschen u. englischen Philologie.

Alscher, Rudolf: Sir Thomas Wyatt und seine Stellung in der Entwickelungsgeschichte der englischen Literatur und Verskunst. — Wien: Braumüller 1886. 143 S. (Wiener Beiträge zur deutschen u. englischen Philologie. 1.)
1:V 666-1. 12:L. germ. 24b-1. 300:47.751-B. Bd 1. 2. 3. 4. 6. 7. 9. 10. 11.
3.6559

Alscher, Rudolf: [Direktor Hans Januschke wird Direktor der Staatsrealschule im II. Bezirke Wiens.] S. 33—34. 8.
Progr. K. k. Staats-Oberrealschule *Teschen* 1902.

Alscher, Rud., Lehrgang der französischen Sprache, s.: Fetter, Joh.

—: Zum Neubau der k. k. Staats-Realschule. S. 3—8, 4 Pläne. 8.
Progr. K. k. Staats-Oberrealschule *Teschen* 1910.

— französische Schulgrammatik, s.: Fetter, Joh.

Alscher Rudolf: Tagebuch des französischen Unterrichtes in der I. Classe nach Dir. J. Fetters Lehrgang der französ. Sprache. 33. Wien IV. R. 96. . . . in der II. Classe. (32). ibd. 97. . . . in der III. Classe. 26. ibd. 98. **Progr.**

Alscher, Rudolf: Französisches Übungsbuch für die oberen Klassen..., s. Fetter, Johann

— französisches Übungs- u. Lesebuch f. Mädchenlyceen, s.: Fetter, Joh.

Alschibaja, Gregor. a. Kutais (Kaukasus): Die neueren Anschauungen über die Aetiologie der Malaria. Berlin (1908): E. Ebering. (33 S.) 8°
Berlin, Med. Fak., Ref. His, Diss. v. 14. Aug. 1908
[Geb. 12. Dez. 80 Kutais; Wohnort: Kutais; Staatsangeh.: Rußland; Vorbildung: Gymn. Kutais Reife O. 99; Studium: Berlin 10 S.; Rig. 11. Aug. 08.]

Alschinger, And., **Flora Jadrensis, complectens plantas phanerogamas hucusque in agro Jadertino detectas et secundum systema Linnaeano-Sprengelianum redactas 8. (15¼ B.) Jaderae 832. (Viennae, Gerold.)**

Aelschker, E, Geschichte Kärntens. 8. (1284) Klagenf. 82—85, Leon sen. 18. —: geb. *n*. 24. —

Aelschker, Edmund: Geschichte Kärntens von der Urzeit bis zur Gegenwart mit bes. Rücks. auf Culturverhältnisse. Bd 1.2. — Klagenfurt 1885.
1. Von der Urzeit bis zum Tode Kaiser Maximilians I.
2. Von Kaiser Karl V. bis zur Gegenwart.
1:Sc 5849. 12: Austr. 42. **300**: 392.412-B. L. S. [u.] 36.605. **11.**
2.488

— u. Jos. **Palla,** Heimatskunde v. Kärnten. (In 6 Lfgn.) 1—3. Lfg. gr. 8. (S. 1—144.) Klagenfurt 886. v. Kleinmayr. à — 60

— u. Josef Palla: Heimatskunde des Herzogthums Kärnten. Zum Gebr. an der k.k. Lehrerbildungsanstalt in Klagenfurt und zum Selbstunterricht. — Klagenfurt: Kleinmayr 1887. XI,419 S.
1:Sc 6106. **300**: 90.831-B [u.] 42.557.
2.480

– Maria Theresia im Erbfolgekriege, s.a. Bibliothek, historische, f.d. Jugend.

Aelschker, Edm. Maria Theresia im Erbfolgekriege. (186.) 8. Wien 1879. 1,30.

– Maria Theresia vor Ihrer Thronbesteigung, s. Bibliothek, historische, f.d. Jugend.

Aelschker, Edm.: Über die Praepositionen, welche im nhd sowol den Dat. als auch den Acc. regieren. 25 S.
Progr. Klagenfurt OR. 1871.

— das Benediktinerstift St. Paul in Kärnten. Mit e. Holzschn. u. e. Stammtaf. gr. 8. (25 S.) Klagenfurt 880. v. Kleinmayr. n. — 80

Aelschker, Edm.: Über Schillers dramatische Fragmente. 38 S.
Progr. Klagenfurt OR. 1872.

Aelschker, Edm., am Wörthersee. Mit Illustr. v. Tony Grubhofer u. a. 12. (79 S.) Klagenfurt 891. J. Leon sen. n. 1. —

Alsdorff, Joseph, über die Geschwülste der Parotis. Diss. Bonn 1887, Emil Strauss. 8°. 34 S.

Alsen frei. (Gedicht.) Hamburg 864. Boyes & Geisler. gr. 8. (4 S.) 1 *ngr.*

Alsen [Schlagwort]

Alsen, s.a. Flensburg

Alsen, s.a. Schleswig-Holstein

Alsen. Karte der Insel Alsen u. d. benachbarten Küstenlandes. 1 : 100,000. Hrsg. v. der kartograph. Abtheilg. der k. preuss. Landesaufnahme. Lith. Imp.-Fol. Berlin 887. (Eisenschmidt.) n.n. 2. —

Alsen — Karte von — und Sundwitt. Herzbruchs Buchh. in Flensburg. 80,000. (Aus der Zeitschr. „Kamerad"). 1 Bl.

Alsen, Advokat. s. *Alsen,* Enewold Christian.

Alsen, Königl. Regierungs- u. Baurat. s. *Alsen,* Franz.

Alsen, Carl v., Knud Laward oder der Held von Schleswig. gr. 16. (VI und 182 S.) Hamburg 865, Boyes und Geisler. *

Alsen, Carl v., aus alten und neuen Tagen. 8. (IV und 127 S.) Berlin 861, G. Reimer.

Alsen, Enewold Christian: Bemerkungen über den Aufsatz des Herrn Grafen Wolf von Baudissin: Ueber die Bestimmung des Adels. ⟨S. Kieler Blätter 3ten Bds. 3tes Heft.⟩ Von E. C. Alsen. — Sonderburg [1817]: Wiswe. 30 S.
8.
3.6569

Alsen, Enew. Chr., freimüth. Bemerkk. über verschied. processual. Mängel in d. Herzogth. Schlesw. u. Holstein. 8. Sonderburg 818. (Herold jun. in Hamb.) 10 gl.

— Klagen eines Lutheraners, veranlasst durch das Reformationsfest und verfasst von Alsen. — o.O. [1817]. 16 S.
8.
3.6571

— Klagen e. Lutheraners, veranlaßt durch das Reformationsfest. 8. Sonderburg 817.

— Lob der Trägheit durch Beispiele zur Anschauung gebracht von Alsen. — Sonderburg 1817: Wiswe. 16 S.
8.
3.6572

Alsen, F., Rittergutsbesitzer, Drewshof bei Elbing s. *Alsen,* Friedrich.

Alsen, Fr., Rittergutsbesitzer, Drewshof bei Elbing s. *Alsen,* Friedrich.

Alsen, Franz: Haupt-Erläuterungs-Bericht zu den Projecten der Regulierung der Weichsel-Mündungen entworfen bei der Königl. Regierung zu Danzig durch Königlichen Regierungs- u. Baurat Alsen u. [Alois] Fahl. Mit 2 Kt. — Danzig: Kafemann 1877. 63 S.
1:Sz 3390. 4. 9. 10. 11.
3.6573

Alsen, Friedrich: Drewshöfer Ackerwerkzeuge und Beackerungs-Methode nebst den Grundsätzen der rationellen Beackerung und Construction der diesen Grundsätzen entsprechenden Beackerungs-Werkzeuge. Von Fr. Alsen. Mit 31 gr. u. 53 kl. lithogr. Taf. — Elbing: Levin 1843. 8° (gr. Taf.: quer-4°) **9.**
3.6574

— — Mit 31 gr. u. 53 kl. lithogr. Taf. Elbing: Neumann-Hartmann 1843. 1:8° (gr. Taf.: gr. 2°) Ow 3230.
3.6575

— — Mit 263 Abb. u. 1 Atlas enth. 32 gr. Taf. 2., stark verm. u. verb. Aufl. — Leipzig: Wigand 1854. 8° (Atlas: quer-2°)
7. 9 [°° Atlas].
3.6576

— — Mit 263 Abb. u. 1 Atlas enth. 32 gr. Taf. 2. Aufl. Neue wohlfeile Ausg. — Ebd. 1863. 8° (Atlas: gr. 2°)
10 [°° Atlas]. **83. 89.**
3.6577

Alsen, Fr., s.a. **Beschreibung und Gebrauchsanweisung des von F. Alsen construirten Drewshöfer Pfluges.**

(—) Beschreibung und Gebrauchsanweisung des von F. Alsen construirten Drewshöfer Pfluges, vierspännigen Räderpfluges und von demselben verbesserten Beatson'schen Acker-Instruments; nebst 6 lithogr. Abb. — Elbing 1834: Hartmann. 40 S., 6 Taf. 1:4° Ow 3190. 9. 10.
3.6578

Alsen, Fr., der Drewshöfer Pflug, s. Beschreibung u. Gebrauchsanweisung etc.

— Versuch den Werth der Merino-Schaafe als Zuchtthiere praktisch genau in Zahlen auszudrücken, von F. Alsen. — Elbing 1830: Albrecht. 19 S. 1:4° Ov 26622. 10.
3.6579

Alsen, Friedrich Albert: Dumpfe Gesänge. Dichtungen. Berlin: Messer [1902]. 106 S. 11.
3.6580

Alsen, K.v., Aus alten und neuen Tagen, s. Alsen, Carl von

v. Alsen, K., Knud Laward oder der Held von Schleswig, s. Alsen, Carl von

Alsen, O. F.: Über die Anwendung des Kalkes als Düngungsmittel. (Verf.: O. F. Alsen.) — (Itzehoe 1882.) 8 S. 1:4° Ow 7000ᵃ.
3.6586

Alsen, Ola, der lustige Hampelmann. Ein Buch f. unsere Lieblinge. Mit (meist farb.) Bildern v. Gertr. Caspari 5 Kompositionen f. die Kinderstube v. Bogumil Zepler. (24 Bl. u. Musikbeilage 8 S.) 30,5×23 cm. Berlin (907. [D. Dreyer & Co.] B. Blaurock.) Kart. 3. —

— Hier wohnt das Glück. — Berlin: Borngraeber [1910]. 209 S. 1:Yx 40761.
3.6594

ALSEN, O. Die Mode der galanten Zeit. Monographie. Berlin ca. 1910. Mit handkolorierten Lichtdrucken.

— Die Mode d. galanten Zeit. Eine Monogr. (d. Moden u. Sitten). (175 m. 6 farb. Vollbild.) 8° Ebd. ('12). 3.50; Ldr n 7.50 d

Alsen, Victor [cand. med. aus Drewshof]: Ein Beitrag zur Casuistik der primären epibulbären Carcinome ... München, Buchdr. v. M. Ernst, 1891; 27 S. 8.
München, Med. Fak., Inaug.-Diss. v. [17. Dez.] 1891

Alsen-Sund [Schlagwort]
Alsen-Sund, s.: Seekarten.

ALSHAUSEN, J.: Grundriß zu rechtswissenschaftlichen Vorlesungen an der k. Forstakademie zu Eberswalde. H. 1: Gerichtsverfassung und Prozeß. H. 2 Abschn. 1: Civilrecht, Allg. Theil. - Berlin 1889

Alsing, C., die Schlangen-Feuerlösch-Spritzen, s. Schauplatz, neuer, der Künste 2c. 129. Bd.

Alsleben, Alb., Börsen-Laterne. 1. Bd. 1.—3. Lfg. gr. 16. (à 82 S.) Berlin 874, A. Schindler. à Lfg. 50 Pf. *

Alsleben, Carl Zum französischen Elementarunterricht auf Realgymnasien. (Umschlagtitel: Zum französischen Elementarunterricht.) 4 (32 S.). Progr. Rprg. *Strassburg* 1887 (115).

Alsleben, Eduard, kleine Lieder e. Dorfpoeten. 8. (VIII, 62 S.) Dresden 902. E. Pierson. n. 1. —; geb. n. 2. —

Alsleben, J., das Leben des heiligen Ephraem, des Syrers, als Einleitung zu einer deutschen u. syrischen Ausgabe d. Werke Ephraem's aus dem Syrischen übersetzt u. mit erläut. Anmerkungen versehen. Nebst e. Abhandlung: „Untersuchungen üb. die Chronologie Ephraem's u. das Verzeichniss der syrischen Werke Ephraem's enthaltend." Berlin, 853. Mai. gr. 8. (VIII, 60 S.) n. 10 ngr.

Alsleben, J. Alb. F., einige Gedanken über den Zweck e. jeden Schule u. d. möglichste Erreichung desselben in vermischten Schulen. 8. Halberst. 789.

— über das Verhältniß, worin d. Jüngling mit d. bürgerl. Gesellschaft steht u. die wechselseit. Pflichten, welche daraus herfließen. 8. Halberst. 793.

Alsleben, Julius
Alsleben, J, Abr. d. Gesch. d. Musik. 8. (160) Berl. 62, Bahn. n. — 25

Alsleben, Jul., Abriss der Geschichte der Musik für Musiker und Dilettanten. 12 Vorlesungen über die Entwickelung der Geschichte der heutigen Musik von ihren ersten Spuren bis auf Wagner u. Liszt. Berlin 862. Trautwein. gr. 8. (VIII, 160 S.) n. 25 ngr.

-- Das musikalische Lehramt. Darstellung der Charakter-Eigenschaften, geistigen Eigenschaften, Anlagen, Kenntnisse und Fertigkeiten, welche das musikalische Lehramt erfordert. Ein Beitrag zum Lehrplan eines Musik-Seminares. — Offenbach a. M.: André (1876). 51 S. 1: Mus. Hc 65. 7.
3.6609

Alsleben, Jul., Licht- und Wendepunkte in der Entwicklung der Musik, s.a. Sammlung musikalischer Vorträge.

— Licht- und Wendepunkte in der Entwicklung der Musik. Leipzig: Breitkopf & Härtel 1879. S. 350–370. (Sammlung musikalischer Vorträge. 1,11.)
1: Mus. Ca 116 [u.] Mus. Ha 127–1,11.
12: Mus. Th. 2886–I,11. 300: 395.791–B.M.S.11. 2.
3.6610

(—) Kurze Nachrichten über das 50jährige Bestehen des Berliner Tonkünstlervereins von seiner Gründung vom 24. Febr. 1844 bis zum 24. Febr. 1894. — (Berlin 1894: Denter & Nicolas.) 42 S.
Festschrift zur Feier des 50jährigen Bestehens des Berliner Tonkünstlervereins im Jahre 1894.
1: 4° Mus. Ca 117.
3.6611

Alsleben, Jul., kleines Tonkünstler-Lexicon. Nebst Anh. Berlin 864. Herrmann. 16. (VI, 107 S.) n. 10 ngr.

Alsleben, Karl: Zum französischen Elementar-Unterricht, s. Alsleben, Carl

Alsleben, Paul, a. Berlin: Über Kondensationen von Nitrosoverbindungen in der Pyrazolreihe. Anhang: Über Triketone (Synthese des Triketohexans.) (Berlin 1906: A. W. Schade.) (48 S.) 8°
Berlin, Phil. Fak., Ref. Fischer, Diss. v. 30. Juni 1906
(Geb. 18. März 81 Berlin; Wohnort: Berlin; Staatsangeh.: Preußen; Vorbildung: Königstädt. Realgymn. Berlin Reife O. 01; Studium: Berlin 10 S.; Rig. 10. Mai 06.)

Also hätten d. Pflanzen Vorstellungen u. Bewusstsein ihrer Existenz? 8. Frankfurt (1789.) Jäger. — 6¼

Also lebe, sprach Schopenhauer! Ein Kalenderchen der Lebensweisheit f. d. J. 1908. (16 u. 16 S.) 17,7×7,2 cm. Zittau. Frankfurt a. M., H. Lüstenöder. — 20

Also sprach — ? Dichtungen v. Satiricus. (VIII, 123 S.) 8. Dresden 903. E. Pierson. n. 2. 50; geb. n. 3. 50

Also sprach Confusius. Von einem Unmenschen. Wien [1893]. V: *Gross, Ferd. & Jul. Gans von Ludassy.* (EB)

Also sprach Confusius. Von e. Unmenschen. Ohne Bildniss u. Autogramm des Verf. gr. 8. (V, 66 S.) Wien 893. M. Merlin. n. 1. —

Also spricht Gott, dis ist mein lieber Son. o.J. s. *Alberus,* Erasmus.

Also wäre es besser, die Johanniskirche in Hamburg abzubrechen. Erörtert in einem Schreiben von Y an Z. Herausgegeben von X. Hamb. 1825. V: *Hudtwalcker, Martin Hieronymus.* (Schr)

Alst, Heinrich, [illegible] Arzt [illegible] Anst. d. Kgl. Frauenklinik zu Marburg. Die Geburten der Frauen unter 140 cm Größe. *Marburg 1902: H. Bauer.* 32 S. 8°
Marburg, Med. Diss. v. 10. Sept. 1902

Alstede, Caspar Heinrich (Luna/Westf.), De evictionibus. Disp. jur. Strassbg. (Joh. Pastor) März 1670. 18 S. (4.80) 318

Alstein, Diederich Eberhard: Der Einfältigen Weg-Weiser, oder kurtze und deutliche Unterweisung zur Seeligkeit. Zum Nutz der christlichen Jugend, und Auffhelffung der schlechten und einfältigen Leute zur Erkantnüss der Warheit nach der Gottseeligkeit, aussheiliger göttlicher Schrifft klar und begreiflich vorgestellet. — Dietz: Schreiter 1704. 346 S. 4.
3.6719

Alster [Schlagwort]
Alster, s.: **Hamburg. Wasserkarte.**

Alsterlund, Jonas (ad Fontem Loka concionator). Diss. de Troglodytis Cuschaeis. Präs. Matth. Norberg. Lund (Berling) 11. V. 1796. 13 Seiten. (3.—) 319
Gew.: Claudius v. Frietzky.

Aelstermann, Christoph Theodor: Journal über den zwischen der römischen und türckischen Käysere [!], wie auch Käyserin von Russland, ... zu Niemerow in der Ukraine angestellten Friedens-Congressus in der Mitte des 1737. Jahres. (Verf.: Christoph Theodor Aelstermann.) — o.O. (1737). 32 S. 1:an 4° Bibl. Diez 561. 3.
2.494

Alsters, Arn. J., Diss. de apoplexia. Duisb. 4°. 1794.

Alsters, N., Quaestiones Velleianae. Diss. 1866. 68 S. 1.25

Alsters, Norbertus, De quaestione, quae vocatur Magdalenica. Aachen, Palm. 1880—1882. 4°. 2 Programme, 24 u. 26 S.

Alstertal [Sachliches OW]
Alstertal. (18 S. m. 1 eingedr. Karte.) 16. Duvenstedt bei Wohldorf 906. (Hamburg, J. Kriebel.) n. — 20

Alstertal [Schlagwort]
Alstertal. Karte des mittleren Alstertales. Hrsg. vom Alster-Verein. 1:25,000. 59,5×45,5 cm. Farbdr. Hamburg 904. (J. Kriebel.) n. — 50

***Alstorph,* J.,** de hastis veterum, c. tabb. aen. 4. Amsterd. 757. Arkstee. 2 ℔ 12 ℛ

Als(t)ume, Gusa, s. A t s u m e , Gusa

Alt Heidelberg Du feine. 28 Bilder aus Heidelberg u. s. Landschaft nach künstler. Orig.-Aufn. Mit 1 Kupferdr.: Heidelberg v. Philosophenweg. Köln a. Rh.: Hoursch & Bechstedt [1907]. (16 Bl.) quer-8° [07. 8203

Alt oder neu, die politische Entscheidungsfrage. Leipzig 1784. V: *Kalchberg, F. Freih. von.* (Mitt. G. Herzfeld.)

Alt oder neu, die politische Entscheidungsfrage aus der Mappe eines wiener Bureaukraten. Leipzig 1874. V: *Kalchberg, Franz Freih. von.* (BrVV)

Alt oder Neu: die politische Entscheidungsfrage. Aus der Mappe eines Wiener Büreaukraten. gr. 8. (X, 220 S.) Leipzig 874, Brockhaus. *

Alt und doch jung. Sängervater Christoph. [Luzern] 1907. V: *Schnyder, Michael.* (BBullschw 17, S. 172)

Alt, s.a. A l t , Albrecht

Alt, s.a. A l t , Georg

Alt, s.a. A l t , Konrad

Alt, Bn d', s.a. *Alt* v. Tiefenthal, Franz Josef Nikolaus v.

Alt u. G. Lehmann. Die deutsche Artillerie in den fünfundzwanzig Schlachten und Treffen des deutsch-französischen Krieges 1870—71. Berlin 1872. 35 S.

Alt, Geschichte der preußischen Kürassiere und Dragoner 1681—1870. Berlin 1870. 8.

Alt, Handb. d. europ. Gesandtschafts-Rechtes. Berlin 870.

Alt, Hauptm. im See-Bataillon. Karte der Landwehr-Bezirks-Eintheilung des deutschen Reiches nebst Angabe der Friedens-Dislocation etc. des Reichs-Heeres und der kaiserl. Marine. Auf Veranlassung des kgl. preussischen Kriegs-Ministerii bearbeitet. 1:1,050.000. (1 Heft in 8 und 4 Blätter Karten in Fol.) Kiel 1873.

Alt (Hrsg.), s. Z e i t s c h r i f t, Kritische, für geistliche Beredsamkeit.

Alt, A., Prof. der Theologie, Alttestamentler. s. *Alt,* Albrecht.

Alt, Adf., u. Rob. Lutz, aus jungen Herzen. Gedichte. gr. 16. (206 S.) Stuttgart 874. Galler. n. 1. 80

— Compendium [Kompendium] der normalen und pathologischen Histologie des Auges. Mit 95 nach eigenen Praeparaten gez. Abb. — Wiesbaden: Bergmann 1880. XII, 224 S. 1:Ky 11932. 12:Chir. 4e. 2. 3. 6. 10. 11.
3.6760

Alt, Albr.: Israel u. Aegypten, s.a. Beiträge z. Wiss. v. Alten Test.

Alt, Albrecht: Israel und Aegypten. Die politischen Beziehungen der Könige von Israel und Juda zu den Pharaonen. Nach d. Quellen untersucht. Greifswald 1909: Abel. 102 S. 8°
¶(Ersch. auch als: Beiträge z. Wissensch. v. Alten Testam. H. 6.)
Greifswald, Theol. Diss. v. 22. Mai 1909, Ref. Procksch
[Geb. 20. Sept. 83 Stübach; Wohnort: Greifswald; Staatsangeh.: Preußen; Vorbildung: Gymn. Ansbach Reife Sommer 02; Studium: Erlangen 3, Leipzig 1, Erlangen 4 S.; Rig. 24. Apr. 09.] [U 09. 1437

— Israel und Aegypten. Die politischen Beziehungen der Könige von Israel u. Juda zu den Pharaonen. Nach d. Quellen untersucht. — Leipzig: Hinrichs 1909. 104 S. (Beiträge zur Wissenschaft vom Alten Testament. 6.)
Ersch. auch als Diss. Greifswald 1909.
1: Bl 9912-6. 12: Exeg. 91 to-6. 300: 456.417-B. Per. 6.
2. 3. 5. 6. 7. 8. 9. 10. 11.
3.6763

Alt, Alexander: Briefe über Gutzkow's 'Zauberer von Rom'. 1-3. — Prag: Bellmann 1859. 47 S.
300: 158.607-B. 11.
3.6765

Alt, Alois v., *Dr.* Ein Ausflug in die Marmaroscher Karpathen im Sommer 1855. Aus den Mittheilungen der k. k. geographischen Gesellschaft. II. Jahrg. 1. Heft. Druck von *M. Auer* in *Wien.* 13 S., 8°. Nicht berechn.

Alt, Carl, s.a. A l t , Carl Hermann

Alt, Carl, im Geiste Luthers zur evangelischen Freiheit. Predigt geh. am 10. Nov. 1869 in der Kirche zu Grünberg. Grünberg, Weiß. gr 8. (16 S.) n. 2½ ngr.

Alt, C, im Geiste Luthers z. ev. Freiheit. Pred. 8. (16) Grünb. 70, Weiss. n.n. — 2½

Alt, Carl Hermann
Alt, Karl: Goethe u. seine Zeit, s: Wissenschaft u. Bildung 99.

Alt, C., s.: Jahresberichte f. neuere deutsche Litteraturgeschichte.

Alt, Carl, Schiller. Rede, geh. zur 100. Wiederkehr seines Todestages beim akadem. Festakt zu Darmstadt. (22 S.) 8. Darmstadt 905. L. Saeng. n. — 40

Alt, Carl, Dr.: Schiller und die Brüder Schlegel. Weimar: Böhlau 1904. VIII, 130 S. 8⁰ ¶ Auch als Buch.
Darmstadt Te. H., Hab.-Schr. v. 30. 3. 1904

Alt, Carl, Studien z. Entstehungsgeschichte v. Goethes Dichtung u. Wahrheit, s.a. Forschungen z. neueren Litteraturgesch.

Alt, Carl, Dr. phil., Prof., Literarhistoriker. 1898: Studien zur Entstehungsgeschichte von Goethes Dichtung und Wahrheit. Von Carl Alt. — München: Haushalter 1898. VI, 90 S. (Forschungen zur neueren Litteraturgeschichte. 5.)
Ersch. teilw. auch als Diss. Berlin 1897.
1: X 8425-5. 12: H. lit. P. 134 h-5. 300: 394.147-B. Per. 5. 2. 3. 5. 6. 7. 11.
3.6807

Alt, Carl *Hermann* [aus Riga]: Studien zur Entstehungsgeschichte von Goethes Dichtung und Wahrheit ... (Erscheint vollst. in: Forsch. z. neueren Litteraturgesch. hrsg. v. F. Muncker.) München, kgl. Hofbuchdr. Kastner & Lossen, 1897; VI, 47 S., 1 Bl. 8.
Berlin, Phil. Fak., Inaug.-Diss. v. 31. Juli 1897

Alt, E., keine Rose ohne Sonnenschein! Novelle. 16. (76 S.) Karlsruhe 887. Gebr. Pollmann. — 60

Alt, Eberhardt & Jäger: Jllustrationen über medicinische Thermometer. Jlmenau 1892

Alt, Eberhardt & Jäger: Preisliste über graduirte Glaswaaren zur Maßanalyse. Jlmenau 1890

Alt, Eberhardt & Jäger: Jllustrierte Preisliste über Apparate aus Glas, Metall, Holz, Gummi usw. für chemische Laboratorien. Jlmenau (Thür.) 1908

Alt, Eberhardt & Jäger: Jll. Preisliste E IV über Schul-Lehrmittel. Jlmenau 1904

Alt, Eberhardt & Jäger: Jll. Preisliste J über Geräthschaften von Glas-, Porzellan usw. zur Wein-Untersuchung und Wein-Bereitung. 2. Aufl. Jlmenau 1899

Alt, Eberhardt & Jäger: Jll. Preisliste M über Glasinstrumente, Thermometer, Apparate und Utensilien für technische Zwecke. 5. Aufl. Jlmenau 1900

Alt, Eberhardt & Jäger: Jll. Preisliste N über Laboratorien-, Apotheken-, Drogerien-Einrichtung. 2. Aufl. Jlmenau 1898

Alt, Eberhardt & Jäger: Jll. Preisliste O über Hohlglas-Waaren. 4. Aufl. Jlmenau 1899

Alt, Eberhardt & Jäger: Preisliste P über graduirte Glaswaaren. 5. Aufl. Jlmenau 1898

Alt, Eberhardt & Jäger: Jll. Preis-Verzeichniß über Hohl-Glas-Artikel. Jlmenau 1890

Alt, Eberhardt & Jäger: Preis-Verzeichniß über Thermometer usw. Neue Aufl. Mit Atlas. Jlmenau 1888

Alt, Eberhardt & Jäger: Special-Preisverzeichniß mit Abbildungen über Glas-Jnstrumente und Apparate für das Brauerei-Gewerbe. Jlmenau 1892

Alt, Eberhardt & Jäger: Jll. Spezial-Preisverzeichnis B über Thermometer usw. 3. Aufl. Jlmenau 1895

Alt, Eberhardt & Jäger: Jll. Special-Preisverzeichniß C über chirurgische und medicinische Bedarfsartikel zur Kranken- und Gesundheitspflege. 7. Aufl. Jlmenau 1894

Alt, Eberhardt & Jäger: Jll. Special-Preis-Verzeichniß über Glasinstrumente und Apparate für Laboratorien. 4. Aufl. Jlmenau 1892

Alt, Eberhardt & Jäger: Special-Preisverzeichniß Q mit Abbildungen über mikroscopisch-bacteriologische Glasartikel und Apparate. 4. Aufl. Jlmenau 1896

Alt, Eberhardt & Jäger: Special-Verzeichniß mit Abbildungen über Jnstrumente und Apparate zu technischen Milch-Untersuchungen. Jlmenau 1891

Alt, Eugen, Adjunkt d. Kgl. bayer. meteorolog. Zentralstation: Die Doppeloszillation des Barometers insbesondere im arktischen Gebiete. 1909. 22 S. 4⁰ ¶ Aus: Meteorolog. Zeitschrift. Bd 26.
München, Dr.-Ing.-Diss. v. 2. 4. 1908

Alt, Eug.: Das Klima, s: Universal-Bibliothek 5431.32.

Alt, Eug., u. Ludw. Weickmann, Klimatologie v. Süddeutschland. 1. Tl. Untersuchungen üb. Gewitter u. Hagel in Süddeutschland (Periode 1893—1907). (31 S. m. Abb.) 33×25 cm. München 909. A. Buchholz. nn 1. 50
Sonderabdr. a. „Beobachtgn. d. met. Stat. i. Kgr. Bayern."

— Bad Reichenhall als klimat. Kurort, s: Alexander, Br.

Alt, Ferdinand
Alt, Ferd., üb. d. Ausfall d. Gehörsperception auf e. Ohre. [A.: „Monatsschr. f. Ohrenheilkde."] gr. 8. (4 S.) Berlin 895. O. Coblentz. n. 1. —

- Über die Erkrankungen der Hörnerven nach übermäßigem Genuß von Alkohol und Nikotin. Wiener med. Wschr. Nr. 5. 1903.

Alt, Ferd., über Melodientaubheit u. musikalisches Falschhören. (64 S.) gr. 8. Wien 906. F. Deuticke. n. 2. —

Alt, F.: Alkoholische Neuritis des Hörnerven. Sitzungsber. der österr. otol. Gesellsch. Mschr. f. Ohrk. Heft 4. 1897.

— Die Taubheit infolge von Meningitis cerebrospinalis epidemica. Mit 12 Taf. — Leipzig & Wien: Deuticke 1908. 34 S.
1: Kn 1743. 12: Path. 21 g. 300: 459.221-C. 11.
3.6772

Alt, Franz
Alt, Frz., u. Rud. Alt, Album v. Wien. Nach Aquarell-Gemälden. 13 Ansichten (in Oelfarbendr.). (2. wohlfeilere Ausg.) qu. gr. Fol. Wien 876. Hölzel. 24. —; in Leinw.-Mappe 36. —

Alt, Franz: Wien im Weltausstellungsjahre 1873. Nach Aquarell-Gemälden von Franz u. Rudolf [v.] Alt. — Wien: Hölzel (1873). 13 Taf. 1: quer-2⁰ Sc 3420.
3.6773

Alt, Geo., Erntebetstunden. 30 Morgenandachten währ. d. Schnitternte. 8. (V, 109 S.) München 898. C. H. Beck. n. 1. —

Alt, Georg, Premier-Lieutenant. 1869: Geschichte der Königl. Preußischen Kürassiere und Dragoner seit 1619 resp. 1631-1870. Mit Benutzung amtl. Quellen bearb. von Alt. — Berlin: Schropp 1870. 278 S. (Alt: Das Königlich Preußische stehende Heer. 2,1.)
1: Sy 108-2,1. 12: Bor. 7 g-2. 9.
3.6774

— Das Königlich Preußische stehende Heer. Kurzgefaßte Geschichte seiner sämmtlichen Truppenkörper ... Mit Benutzung amtl. Quellen bearb. von Alt. Th. 1.2,1. — Berlin: Schropp 1869-70.
1. 1869.
2,1 u. d. T.: Alt: Geschichte der Königl. Preußischen Kürassiere u. Dragoner seit 1619 resp. 1631-1870. 1870.
1.2,1 . . . . 1: Sy 108. 12: Bor. 7 g.
2,1 . . . . 9.
3.6775

Alt, Landwehr-Bezirks-Eintheilung des norddeutschen Bundes und des Grossherzogth. Hessen. Auf Veranlassung des k. preuss. Kriegs-Ministerii bearb. 2 Bl. Fol. (2 Bl. Text in qu. Fol.) Berlin 868, Schropp'sche Landkartenh. *

Alt, H.J.: Ueber die Gebundenheit und Vertheilung des Grundeigenthums vom Standpunkt der Nationalökonomie, des Rechts und der Politik. — Freiburg: Herder 1856. 71 S. **5.**
3.6776

— Über die Gewerbefreiheit und die Gewerbsorganisation. — Bonn: Georgi 1856. 69 S. **5.**
3.6777

Alt, Heinrich, Dr., Pfarrer, Berlin. 1843: Der christliche Cultus. 1843 u.ö. s. *Alt:* Der christliche Kultus.

Alt, H., Erstarrungs- u. Schmelzdruck des Stickstoffs, s. Fischer, K. T.

— Der kirchliche Gottesdienst nach seinen verschiedenen Entwickelungsformen und seinen einzelnen Theilen historisch dargestellt mit Inhaltsverz. u. Reg. 2., verm. u. erw. Aufl. — Berlin: G.W.F. Müller 1851. XVI,670 S. (Alt: Der christliche Kultus. 1.)
1: Dr 1705-1. **12:** Liturg. 12pc-1. **2. 3. 4. 5. 6. 7. 8. 9. 10.**
3.6778

— Die Heiligenbilder oder die bildende Kunst u. die theologische Wissenschaft in ihrem gegenseitigen Verhältniß historisch dargestellt. Mit 3 Beil.: 1) Die Schutzpatrone für die verschiedenen Stände u. Lebensverhältnisse. 2) Synoptische Zusammenstellung der Kalenderheiligen für alle Tage d. J. 3) Alphabetisches Verzeichniß der Heiligen. — Berlin: Plahn 1845. XIV,304 S.
Beil. 2 u. 3 ersch. selbständig u. d. T.: Alt: Synoptischer Kalender. 1845.
1: Du 1150. **12:** Liturg. 12pa. **300:** 15.315-B. **2. 4. 5. 6. 7. 8. 9. 10.**
3.6779

— Die Heiligenbilder. Berlin 1865. 8.

Alt, Heinrich, Dr., Pfarrer, Berlin. 1843: Synoptischer Kalender. Eine Zusammenstellung der in den Kalendern der röm., franz., evang., engl. u. griech. Kirche angegebenen Heiligen-Namen u. Feste, nebst einem alphabetischen Verzeichniß der wichtigeren Heiligen. (Besonderer Abdr. der beiden letzten Beil. zu d. Schrift: „Die Heiligenbilder ... histor. dargest.".) — Berlin: Plahn 1845. 32 S. **1:** Oz 1561.
3.6780

Alt, Heinr., die Kälte, ihr Wesen, ihre Erzeugung u. Verwertung, s.a. **Aus Natur u. Geisteswelt.**

Alt, Heinrich, Dr., Physiker, Lehrer in München. 1910: Die Kälte, ihr Wesen, ihre Erzeugung und Verwertung. Mit 45 Abb. u. 2 Taf. — Leipzig: Teubner 1910. V,124 S. (Aus Natur u. Geisteswelt. 311.)
1: Ag 7234/20-311. **12:** Var. 348t-311. **5. 6. 11.**
3.6786

— Das Kirchenjahr des christlichen Morgen- und Abendlandes mit seinen Festen, Fasten und Bibellectionen historisch dargestellt. Mit Inhaltsverz. u. Reg. (2., verm. u. erw. Aufl.) — Berlin: G. W. F. Müller 1860. XI,570 S. (Alt: Der christliche Kultus. 2.)
1: Dr 1705-2. **12:** Liturg. 12pc-2. **2. 3. 4. 5. 6. 7. 8. 10.**
3.6781

— Die Kirchenlehre in ihrer historischen Entwickelung an den Bekenntnißformeln der einzelnen christl. Confessionen u. Secten dargest. — Berlin: Plahn 1846. X,164 S.
1: Cw 11400. **12:** H. eccl. 29r. **3. 4. 5. 7. 10.**
3.6782

— Der christliche Cultus [Kultus] nach seinen verschiedenen Entwickelungsformen u. seinen einzelnen Theilen historisch dargestellt. Mit 2 Nachtr. über das christliche Kirchenjahr u. über den kirchlichen Baustyl sowie mit Inhaltsverz. u. Reg. versehen. — Berlin: G.W.F. Müller 1843. XVI,610 S.
1: Dr 1704. **12:** Liturg. 12p. **6. 8. 9. 10. 11.**
3.6783

Alt, Heinr., der christliche Cultus, mit ausführl. Inhaltsverzeichnissen und Registern. 2., verm. u. erweit. Ausg. (3 Abthlgn. oder 18—25. Heft.) 1. Abthl. (Der kirchliche Gottesdienst nach seinen verschied. Entwickelungsformen und seinen einzelnen Theilen. 2. Aufl. des Cultus rc. 8 Hefte.) gr. 8. (XVI und 670 S.) Berlin 847—51, Müller's Verl. *

— Der christliche Cultus. In 3 Abth. Abth. 1.2. Ebd. 1851-60.
1. Alt: Der kirchliche Gottesdienst. 2., verm. u. erw. Aufl. 1851.
2. Alt: Das Kirchenjahr des christlichen Morgen- u. Abendlandes. 2., verm. u. erw. Aufl. 1860.
1.2 . . . . **1:** Dr 1705. **12:** Liturg. 12pc. **2. 3. 4. 5. 6. 7. 8. 10.**
1 . . . . **9.**
3.6784

Alt, Heinrich, aus Untermerzbach: Kalorimetrische Messungen an flüssigem Sauerstoff und flüssigem Stickstoff. *München 1904: C. Wolf & Sohn.* (62 S.) 8°
München, Phil. Diss. v. 1002

—— „nun merke ich, daß d. Herr seinem Gesalbten hilft." Predigt am Dankfest f. d. göttl. Errettung uns. geliebten Königs, gehalten am 28. Juli 1844. gr. 8. (1 B.) Berlin, G. W. F. Müller's Verlag. *

— **Schülerübungen zur Einführung in die Physik,** s.a. **Schule, die, der Naturwissenschaften in der Erziehung.**

— Schülerübungen zur Einführung in die Physik. Ein prakt. Hilfsbuch für den Lehrer. Mit 53 Fig. — Leipzig & Berlin: Teubner 1910. VII,105 S. (Die Schule d. Naturwissenschaften in d. Erziehung.) **1:** N 10.4043.
3.6787

— **Siedepunkt, Gefrierpunkt u. Dampfspannung des reinen Stickstoffs bei niedr. Drucken,** s.: **Fischer, K.T.**

— Theater und Kirche in ihrem gegenseitigen Verhältniß histor. dargestellt. gr. 8. Ebd. 846. $3^1/_4$ ℳ

Alt, Heinr., über die Verdampfungswärme des flüssigen Sauerstoffs u. flüssigen Stickstoffs u. deren Änderung m. der Temperatur. (S. 529—560 m. 4 Taf.) Lex.-8. München 905. (G. Franz' Verl.) n. 1. 40
Sonderabdruck aus: „Abhandlgn. d. bayer. Akad. d. Wiss."

Alt, Henricus Christianus (geb. 1798 in Duisburg): De phthiriasi ... Bonnae, typ. C. F. Thormanni (1824). 2 Bl., 18 S., 1 Bl., 1 Taf. 4. ¶ In Komm. bei Habicht in Bonn.
Bonn, Med. Fak., Diss. v. 15 Mai 1824

Alt, **H. Chr., de phthiriasi, comment. inaug. patholog.** 4(maj.) Bonn 825. Habicht. 6 ℊℊ

Alt, Henricus Julius (*geb. Breslau 21. 7. 1811*): De dualismo Lactantiano. Vratislaviae (1839). (32 S.) 8°
Breslau, Phil. Diss. v. 5. Juni 1839

Alt, Helene, sonderbare Ehen. Ein Roman. 8. (358 S.) Leipzig 887. [K. F. Pfau.] n. 4. —; geb. n. 5. 50

ALT, HERMANN. Ueber Chinolinderivate aus metasubstituirten Aminen und eine achte Chinolincarbonsäure. (Tübingen) Hamburg, 1886. **Diss.** G. S.

Alt, Herm., über Chinolinderivate aus meta-substituierten Aminen und eine achte Chinolincarbonsäure. Inaugural-Dissertation. gr. 8. (41 S.) Tübingen 887, (Fues' Verlag.) *

Alt, J., s. Alt, Jakob

Alt, J. (Hrsg.), s. Staats-Zeitung, Schweizerische.

Alt, J.K.W. s. *Alt*, Johann Karl Wilhelm.

Alt, Jacob, s. Alt, Jakob

Alt, Jak., Bilder aus d. Alpen d. österr Monarchie, besonders jener von Steyermark, Oesterreich, Salzburg, Kärnthen u. Tyrol. 66 lithogr. Blätter. Fol. Wien 833. Mansfeld u. Comp. (Leipzig, R. Weigel.) 25 ℛ

Alt, Jakob: Zwei hundert vier und sechzig Donau-Ansichten nach dem Laufe des Donaustromes von seinem Ursprunge bis zu seinem Ausflusse in das schwarze Meer (nach der Natur u. auf Stein gezeichn. von Jacob Alt. Von Belgrad bis zur Mündung ins Schwarze Meer nach d. Natur aufgenommen von Ludwig Erminy). Sammt einer Donaukt. hrsg. von Adolph Kunike. Begleitet mit e. topogr.-hist.-ethnogr.-pittoresken Beschreibung von Georg Carl Borromäus Rumy. — Wien: Hrsg. 18(23–)26. 42 S., 264 Taf.
Im Exemplar von 1 u. 2 fehlt der beschreibende Text von Rumy.
1: quer-2° S 13092. 12: 4° Eur. 500 o. 300: K. 176. 2. 3.
3.6789

Alt, J., s.a. Donaureise, Malerische.

Alt, J., Malerische Donaureise, vom Ursprunge bis Belgrad. Nach der Natur gezeichnet. In IV Abtheilungen mit erläuternden Andeutungen. 71 lith. Ansichten u. 8 Bll. Text. Wien 1823. qu.-Fol.

— malerische Donaureise, vom Ursprunge bis Belgrad. Nach der Natur gezeichnet. In IV Abtheill., mit erläut. Andeutungen. (71 lithogr. Ansichten und 8 B. Text.) qu. Fol. Wien 833. Mansfeld u. Comp. (Leipzig, R. Weigel.) 8 ℛ

Alt, Jak., Landgraf Ludwig X. Schauspiel in 3 Aufzügen (II, 68 S.) kl. 8. Gießen (906). E. Roth. — 80

Alt, Johann Carl Wilhelm, s. Alt, Johann Karl Wilhelm

Alt, Johann Karl Wilhelm: Andeutungen aus dem Gebiete der geistlichen Beredtsamkeit. H. 1. 2. — Leipzig: Barth 1833–35. 8.
3.6792

Alt, Joh. Karl Wilh., kurze Anleitung zur kirchl. Beredtsamkeit, a. dem Zwecke d. kirchl. Rede entlehnt. gr. 8. (11½ B.) Leipzig 840, Klinkhardt.

— Auswahl von Predigten aus mehreren Jahren. Bdch. 1–6. Eisleben: Reichardt 1830–35.
1. 1830. 2. 1831. 3. 1832. 4. 1833. 5. 6. 1835.
1: Ec 9032.
3.6794

—— Auswahl von Predigten aus mehr. Jahren. 5. u. 6. Bdchn. 8. (à 12 B.) Eisleben 835. [Berlin, Hermes.] à ¾ Thlr.
1—4. Bdchn. Ebendas. 1830—33. 2 Thlr.

Alt, Ioannes Carolus Guilelmus: •Chlodovaeus, Francorum rex cum Constantino M., Imperatore Romano, comparatus. Particula 1. 14 Bl. 4°
Halle-Wittenberg, Phil. Diss. v. 13. Dez. 1820
Geb. Hoyerswerda 1. 10. 1797. V.

— die Evangelien d. Matthäus, Markus u. Lukas, übersetzt rc., s. Testament, das neue.
Allgemeines Bücher-Lexikon. I. Supplement-Band.

— Joannes Carolus Guilelmus Alt. Grammatica linguae Graecae, qua N. T. scriptores usi sunt. — Halis Sax.: Kuemmel 1829. XXII, 314 S. 1: Bp 1900. 3. 5. 6. 7. 10.
3.6795

— Predigt am 8. Sonnt. nach Trinitatis, 9. August 1835, beim Abschiede von der St. Petri-Pauli-Gemeinde zu Eisleben. 8 Eisleben 835. Reichardt. (Jetzt Hermes in Berlin.) ⅛ ℛ

— Predigt vor der am 7. Juli 1835 vom Bischof Dr. Dräseke gehaltenen Synode zu Eisleben. 8. Eisleben 835. Reichardt. (Hermes in Berlin.) 1/12 ℛ

— Predigten. — Halle: Kümmel 1828. X, 129 S.
1: Ec 8466.
3.6798

— Predigten, bei d. Hauptgottesdienste in der Kirche zu St. Petri zu Hamburg gehalten. 1r u. 2r Bd. 8. Hamb. 835. (Herold.) (à n. ½ ℛ) 1 ℛ

— dieselben. 1836. 3r u. 4r Bd. 8. Ebd. 837. (à n. ½ ℛ) 1 ℛ

— dieselben. 1837. 1r u. 2r Bd. 8. Ebd. 837. (à n. ½ ℛ) 1 ℛ

—— Predigten üb. d. Sonn- u. Festtagsepisteln bei d. Hauptgottesdienste in d. Kirche zu St. Petri in Hamburg, gehalt. in d. J. 1835—41. à J. 4 Bde. 8. Hamburg, (Herold'sche Buchh.) [$8^{35}/_{36}$. (49 B.), 37. (49 B.), 38. (49 B.), 39. (48¾ B.), 40. (48 B.), 41. (49 B.)] à Bd. * ½ Thlr.
Jahrg. 1835 u. 36., bilden zusammen nur 4 Bde.

Alt, Jh. Karl Wlh., Predigten über die Sonn- u. Festtagsepisteln bei dem Hauptgottesdienste in der Kirche zu St. Petri in Hamburg, gehalten im J. 1841. 1—4 Band. 8. Hamburg 841, 42, Herold'sche Buchh. (à n. ½ ℛ) 2 ℛ

—— Predigten üb. d. Sonn- u. Festtags-Episteln. Jahrg. 1846. gr. 8. (22¼ B.) Hamburg, (Heroldsche Buchh.) *

— Predigten über die Sonn- u. Festtags-Episteln. Jahrg. 1854. 2 Bde. Ebd. 854. gr. 8. (2 Bll., 368; 2 Bll., 400 S.) n. 2 ℛ

— — Jahrg. 1855. 2 Bde. Ebend. 855. gr. 8. (2 Bll., 368; 2 Bll., 368 S.) n. 2 ℛ

— Predigten über die Sonn- u. Festtags-Evangelien bei dem Hauptgottesdienste in Hamburg gehalten, im J. 1838. 4 Bde. 8. Hamb. 838, 39. Herold. (à n. ½ ℛ) 2 ℛ

— Predigten über die Sonn- u. Festtagsevangelien bei dem Hauptgottesdienste in der Kirche zu St. Petri in Hamburg, gehalten im Jahre 1840. Band 3 und 4. 8. Ebd. 841. à n. ½ ℛ

— Dies. Jahrg. 1841. 4 Bde. 8. Ebd. 841. à ½ ℛ

—— Predigten üb. d. Sonn- u. Festtagsevangelien bei d. Hauptgottesdienste in d. Kirche zu St. Petri in Hamburg, gehalten im Jahre 1842 u. 1845. à 4 Bde. 8. Hamburg, (Heroldsche Buchh.) [1842. 1. u. 2. Nebst e. Vorwort üb. d. Beurtheil. der Predigtthemata als textgerechter. (22½ B.) 842. 3. u. 4. (19¼ B.) 43. 1845. 1. u 2. Nebst e. Vorwort in d. kirchl. Rede, ihr Recht u. ihr Gesetz. (22⅞ B.) 3. u. 4. (21½ B.) 845.] à Bd. * 15 Ngr. Thlr. *

Alt, Joh. Karl Wilh., Predigten über die Sonn- u. Festtags-Evangelien. Jahrg. 1849. 2 Bde. gr. 8. 1. Bd. Sonnt. d. Adv. — Einweihung d. neuerb. Kirche. (IV u. 384 S.) 2. Bd. Sonnt. Rogate — 25. Sonnt. n. Trinitatis. (IV u. 352 S.) Hamburg 849, Herold in Comm. n. 2 ℛ

Alt, Joh. Karl Wilh., Predigten über die Sonn- u. Festtags-Evangelien. Jahrg. 1853. 2 Bde. Hamburg, 853 Nolte u. Köhler in Comm. gr. 8. (2 Bll., 368; 2 Bll., 400 S.) n. 2 ℛ

—— Predigten über die Sonn- und Festtags-Evangelien. Jahrg. 1856—57, 1858—59, 1860—61. à Jahrg. 2 Bde. gr. 8. (à Jahrg. ca. 600 S.) Hamburg 857—61, Nolte und Köhler. à Jahrg. * 2 Thlr. *

— Predigten über die apostolischen Texte. Jahrg. 1857 - 58. (2 Bde.) Ebd. 858. gr. 8. (2 Bll., 348; 2 Bll., 309 S.) n. 2 ℛ

Alt, Joh. Carl Wilh., Predigten über die epistolischen Texte. Jahrg. 1857—58, 1859—60. à Jahrg. 2 Bde. gr. 8. (à Jahrg. ca. 600 S.) Hamburg, Nolte und Köhler. à Jahrg. * 2 Thlr. Thlr. *

Alt, Joh. Carl Wilh., Predigten über die epistolischen Texte. Jahrg. 1862, 1864 und 1866. à Jahrg. 2 Bde. gr. 8. Hamburg, Nolte. [1862. (1. Bd. IV und 274 S.) 1864. (VIII und 582 S.) 1866. (VIII und 536 S.) à Bd. * 1 Thlr.] à Jahrg. *

— Predigten über die evangelischen Texte. Jahrg. 1860—1861. 2 Bde. Ebend. 861. gr. 8. n. 2 ℛ

—— Predigten über die evangelischen Texte. Jahrg. 1865. 2 Bde. gr. 8. (VIII und 622 S.) Hamburg 865, Nolte. *

—— Predigten über die neuen evangelischen Texte. Jahrg. 1863. 2 Bde. 8. (1. Bd. IV und 283 S.) Hamburg 863, Nolte. *

Alt, Johs. Karl Wilh., Predigten über die neuen evangelischen Texte. Jahrg. 1866—67. 2 Bde. gr. 8. (VIII, 587 S.) Hamburg 868, Nolte. *

— Predigten über die neugewählten epistol. Texte. Jahrg. 1847. 2 Bde. Nebst einem Vorwort über die Behandlung bibl. Wunder-Erzählungen in der kirchl. Rede. I. Abschnitt: Geschichtl. Darstellung. 8. (... B.) Hamburg 847, (Herold'sche Buchh.) *

— **Predigten über die neugewählten epistolischen Texte. Jg. 1848, Bd 1.2. — Hamburg: Herold in Comm. 1848.**
1. Advent. Sonnt. - Sonnt. Quasimodogeniti.
2. Sonnt. d. Brandfeier - 23. Trinitatis-Sonnt.
3. 5.
3.6801

— dass., Jahrg. 1850. 2 Bde. gr. 8. 1 Bd. 1. Advent-Sonnt. — Sonnt. Cantate. Nebst einem Vorwort: Ueber die Politik in der kirchl. Rede. (XXIV und 368 S.) Ebds. 850. *

— dies. Jahrg. 1851. 2 Bde. gr. 8. 1. Bd. 1. Sonnt. d. Adv. — Sonnt. Jubilate. (IV u. 384 S.) 2. Bd. Sonnt. Cantate — 23. Sonnt. nach Trinitatis. (IV u. 384 S.) Ebd. 851, in Comm. n. 2 ₰

Alt, Joh. Carl Wilh., Predigten über die neugewählten epistolischen Texte. Jahrg. 1852. 2 Bde. gr. 8. (1. Bd.: 1. Sonnt. des Advents — Sonnt. Jubilate. IV und 384 S.) Hamburg 852, [Nolte und Köhler.] *

— dass. — Festtags-Evangelien. Jahrg. 1853. 2 Bde. gr. 8. (1. Bd.: 1. Adventsonntag — Sonntag Cantate. (IV und 368 S.) Hamburg 853, [Nolte und Köhler.] *

Alt, JKW, Predigten üb. d. neugew. epistol. Texte. Jahrg. 1855/56; 1857/58; 1858/59; 1859/60; 1862; 1864. à 2 Bde. 8. (à 600) Hamb. 56—64, Nolte. à Jahrg. n. 2. —

— Predigten üb. d. neugew. evang. Texte. Jahrg. 1851—55; 1860/61. à 2 Bde. 8. (à 600) Ebd. 51—61. à Jahrg. n. 2. —

Alt, Joh. Karl Wilh., Predigten üb. neuverordn. epistol. Texte. I. Bd. 1. Advent-Sonnt., Sonnt. Sexagesimä. Nebst e. Vorworte üb. d. Ungezwungenheit in d. kirchl. Rede. 8. (12½ B.) Hamburg 844, (Heroldsche Buchh.) *

— dass., 2—4 Bd. Sonnt. Estomihi bis Sonnt. 25 n. Trin. 8. (2. u. 3. à 12¼ B., 4. 13¼ B.) Ebds. 844. à * 15 Ngr. *

— Dies. Jahrg. 1846. gr. 8. Ebd. 847. n. 1 ₰

— dass., Jahrg. 1851. 2 Bde. gr. 8. (1. Bd. 1. Sonnt. des Advents — Sonnt. Jubilate.) (IV und 384 S.) Ebds. 851. *
Vgl. 10. Bd. 1. Abthl. S. 19.

— dass. — Jahrg. 1854. 2 Bde. gr. 8. (1. Bd.: 1. Adventsonntag — Sonntag Quasimodogeniti. (IV und 368 S.) Ebds. 854. *

— dass. — Jahrg. 1855—56. 2 Bde. gr. 8. (1. Bd.: 1. Adventsonntag — Sonntag Rogate. IV und 330 S.) Ebds. 856.
Vgl. 11. Bd. 1. Abthl. S. 17.

Alt, Joh. Karl Wilh., Predigten üb. neuverordn. evangel Texte. Bd. 1—4. 1. Advent-Sonnt. bis 24. Sonnt. n. Trin. 8. Hamburg 843, (Heroldsche Buchh.) [1—3. Nebst e. Vorbemerkung üb. wechselnde Texte. (37 B.) 4. (12¼ B.) à * 15 Ngr. *

— Rede bei Legung d. Grundsteins zur St. Petri-Kirche in Hamburg, am 7. Mai 1844. gr. 8. (½ B.) Hamburg, (Herold'sche Buchh.)

— **Rede vor der Taufe des Israeliten Bernhard Judas gen. Junius, geh. ... den 10. Dec. 1827. — Eisleben: Reichardt 1829. VI,16 S.** 1:De 4972.
3.6802

— Rede vor d. Taufe des Israelit. Bernh. Judas, gen. Junius. gr. 8. Eisleben 830. (Hermes in Berlin.) 1/12 ₰

— das Neue Testament, übersetzt rc., s. Testament, neues.

— wir sind Botschafter an Christi Statt. Predigt üb. 2. Cor. V, 20., gehalt. bei seiner Einführ. in d. Amt e. Hauptpastors zu St. Petri in Hamburg, am 22. Sept. 1835. 8. (1½ B.) Hamburg 835, (Herold'sche Buchh.) *

— und K. A. Lindemann, krit. Zeitschr. f. geistl. Beredsamkeit, s. Heinsius B.-L. 8. Bd.: Zeitschrift.

Alt, (Joan.) Paul. (Dav.) (geb. Charlottenburg 28. 7. 1842): De ulcere ventriculi chronico. Berolini (1864). (32 S.) 8°
Berlin, Med. Diss. v. 9. Aug. 1864

Alt, Jos. (Bearb.), s. Adressbuch der Stadt Braunau in Böhmen.

Alt, K.

Alt, Dislocat.-Karte u. Milit.-Bezirks-Eintheilg d. preuss. Armee. 2 Bl. Chromol. Fol. Berl. 66, Schropp. n. 2. —

Alt, K., Dislocations-Karte und Militair-Bezirks-Eintheilung der Kgl. Preussischen Armee, nebst Angabe der Militair-Etablissements und Administrations-Anstalten. M. 1:1200000. Berlin 1866. 2 Bll.

Alt, Karl, humoristische Studien. 8. (20½ B.) Berlin 844, Plahnsche Buchh.

Alt, Karl, humorist. Studien. 8. Berlin 845, Plahn'sche Buchh. 1½ ₰

Alt, Konrad: Allgemeines Bauprogramm für ein Landesasyl zur ausgedehnten Einführung der familiären Irrenpflege nebst Bemerkungen über d. erstmalige Organisation derselben u. Bestimmungen für d. Pfleger. Mit 2 Taf. — Halle a. S.: Marhold 1900. 39 S. **1:Kl 5523. 3.**
3.6809

— Ueber das Entstehen von Neurosen und Psychosen auf dem Boden von chronischen Magenkrankheiten. — Berlin 1892: Schumacher. 49 S.
Aus: Archiv für Psychiatrie u. Nervenkrankheiten. 24,2. 1892.
11.
3.6810

Alt, Konr., s.: Irrenpflege, die.

— **Über familiäre Irrenpflege. Mit 2 Taf. — Halle a. S.: Marhold 1899. 76 S. (Sammlung zwangloser Abhandlungen aus d. Gebiete d. Nerven- u. Geisteskrankheiten. 2,7.8.)**
1:Kk 2101-2,7.8. 12:Path. 1104 g-2. 3. 6. 10. 11.
3.6811

Alt, Konr., s.: Sammlung zwangloser Abhandlungen a. d. Geb. d. Nerven- u. Geisteskrankheiten.

Alt, Konrad, das Sympton der Personenverwechslung bei Geisteskranken. Diss. Würzburg 1887. 8°. 29 S.
Sonder-Abdruck aus: Allgemeine Zeitschrift für Psychiatrie. 44. Band. Berlin 1887, Georg Reimer.

— Taschenbuch der Elektrodiagnostik und Elektrotherapie. Von Konrad Alt u. K[arl] E[duard] F[ranz] Schmidt. Mit 60 Abb. u. 1 Taf. — Halle a. S.: Knapp 1893. 128 S.
1:Kh 1799. 3. 4. 6.
3.6813

— die familiäre Verpflegung der Kranksinnigen in Deutschland. Vortrag, geh. am 1. IX. 1902 auf d. intern. Kongress zu Antwerpen. Als Anh.: 1. amtl. Bericht üb. das provisor. Landesasyl zu Jerichow u. die dort. Familienpflege. Mit 2 Karten u. 1 Bildnis. gr. 8. (40 S.) Halle 903. C. Marhold. n. 1. 50

— Weiterentwicklung der familiären Verpflegung der Kranksinnigen in Deutschland seit 1902. Referat, erstattet im Auftrage des Zentral-Komitees auf d. internationalen psychiatr. Kongress in Mailand am 26. IX. 1906. (16 S. m. 1 Karte u. 1 graph. Tab.) gr. 8. Halle 907. C. Marhold. — 75

Alt, Konrad (Hrsg.), s. Wochenschrift, Psychiatrische.

Alt, L.: Handbuch des europäischen Gesandschafts-Rechtes, nebst einem Abriss von dem Consulatswesen, insbes. mit Berücks. d. Gesetzgebung d. Norddeutschen Bundes u. einem Anh., enth. erl. Beil. — Berlin: v. Decker 1870. XII,286 S.
1:Fm 8172. 12:J. publ. E. 15 y. 300:52.860-B [u.] 32.618. 2. 3. 6. 7. 8. 9. 10. 11.
3.6816

Alt, Leopold: Ein Wort an den Geist Kaiser Josephs. Getreue Schilderung der März- u. Maitage sammt d. Ereignissen d. Zwischenzeit bis gegen Ende Juni. — Wien 1848: Fridrich. 39 S. **1:**Sb 4454. **300:**486.612–B.
3.6817

Alt, Louise, aus der Kinderwelt. Kleine Erzählgn. Mit 6 (chromolith.) Illustr. v. Rob. Leinweber. br. 8. (110 S.) Glogau 872. Flemming. geb. 2. 25

Alt, M. (Red.), s. L a m p e n - Z e i t u n g.

Alt, O., die Greuel der vollkommen nutzlosen Vivisectionen. 8. (50 S.) Hamburg 884, (Kriebel.)

Alt, Ottokar: Die Behandlung der Syphilis mit Mercur. Eine wiss. Entgegnung auf die Schrift: Behandlung der Syphilis ohne Mercur von Joseph Hermann. — Leipzig: Luppe 1858. 16 S. 2.
3.6820

Alt, Reinhold: Zum fröhlichen Feste. Gelegenheits-Gedichte für Geburtstage, Polterabende u. Hochzeiten. Toaste u. Fest-Lieder. — Berlin: Weichert [1898]. 87 S. **1:**Yf 5924.
3.6821

— Wir gratuliren! Gelegenheitsgedichte für Geburtstage, Hochzeiten u. Polterabende. — Berlin: Weichert [1898]. 88 S. **1:**Yf 5925.
3.6822

Alt, Rudolf

Alt, Rudolf: Album von Wien, s. A l t , Franz.

Alt, Rad. v., Der Doppelerker der alten Burg in Klosterneuburg. Originalradierung. 15 × 23 1/2 *cm* K 3.—
Wien: Gesellschaft für vervielfältigende Kunst 1908.

Alt, Rud., Wiens Plätze u. Umgebungen, nach der Natur gez., lithogr. und den im J. 1832 in Wien versamm. Naturforschern Deutschlands gewidm. von Jak. Alt. (12 Bl.) qu.Fol. Wien 833. Mansfeld u. Comp (Leipzig, R. Weigel.) 3 1/3 ß

Alt, Rudolf von, Die Stiftskirche in Klosterneuburg. Radiert von W. Woernle. Bildgröße 25 : 20 *cm* K 3.—
Gesellschaft für vervielfältigende Kunst, Wien 1902.

Alt, Rudolf von, Der Titusbogen in Rom. Radiert von Prof. W. Unger. Bildgröße 20 : 27·5 *cm* Wien: Ges. f. vervielf. Kunst 1902. K 4.—

Alt, Rudolf v., Oesterreichischer Architektur- u. Landschaftsmaler, 1812-1905. 1873: [Teils.] Öffentliche Versteigerung des künstlerischen Nachlasses von Rudolf v. Alt. [Auktionskat.] — (Wien: Miethke [1905].) 20 S., 14 Bl., 26 Taf. **1:**quer-4° Nt 84.
3.6823

— Wien im Weltausstellungsjahre 1873. 1873 s. *Alt*, Franz.

Aelt, Th. H., 12 Paragraphen über Pauperismus. 8°. Heidelberg 1847.

Alt, Theodor: Die Entstehungsgeschichte des Ottheinrichsbaues zu Heidelberg erörtert im Zusammenhange mit der Entwicklungsgeschichte d. deutschen Renaissance. — Heidelberg: Winter 1905. IV,180 S.
1:Si 3439/30. **12:**A. civ. 2 g. **300:**438.392–B. 6. 7.
3.6827

Alt, Thdr., Freiheit! Schausp. i. 4 Akten. gr. 8. (94 S. m. Plänen i. Text.) Mannheim 895. J. Bensheimer's Verl. n. 2. —

— Die Grenzen der Kunst und die Buntfarbigkeit der Antike. — Berlin: Grote 1886. 142 S.
1:Nu 582. **12:**Art. 3 dq. 3. 5. 6. 7. 10. 11.
3.6820

Alt, Thdr: Die Herabwertg d. deut. Kunst durch d. Parteigänger d. Impressionismus. (523) Lex8° Mannh., F Nemnich '11. 3.50 d

— Das „Künstlertheater". Kritik der modernen Stilbewegg. in der Bühnenkunst. (60 S.) gr. 8. Heidelberg 909. C. Winter. Verl. 1 50

Alt, Thdr., die Menschenrechte. Tragödie in 5 Akten. gr. 8. (83 S.) Berlin 894. A. Entsch. n. 2. —

Alt, Thdr., die Möglichkeit der Kritik neuer Kunstschöpfungen u. der Zeitgeschmack. Anh.: Die Aesthetik Albrecht Dürers. (119 S.) gr. 8. Mannheim 910. F. Nemnich. 3. —

— die Heidelberger Schloß-Frage nach dem Ergebnis der dritten Sachverständigen-Konferenz. (32 S.) gr. 8. Mannheim 903. J. Bensheimer's Verl. n. 1. —

— vom charakteristisch Schönen. Ein Beitrag zur Lösg. der Frage des künstler. Individualismus. gr. 8. (40 S.) Mannheim 893. J. Bensheimer's Verl. n. 1. —

Alt, Thdr., System der Künste, mit Rücksicht auf die Fragen der Vereinigung verschiedener Künste u. d. Baustils d. Zukunft dargestellt. gr. 8. (VIII, 260 S.) Berlin 888. Grote. n. 6. —

— Völkerdämmerung. 2 Dramen. gr. 8. (VII, 194 S.) Ebd. 896. n. 2. 50

Alt, Xaver (Wangen): De hydrophobia. – Landishuti: Storno 1818. 25 S. 8.2.1817–Pe 358; F 57.
Diss. Ingolst.-Landsh.-Mchn.

Alt-Stutterheim, H v., Waldleben. Neue Märchen. 8. (144 m. Bildern.) Bromb. 89. (Mittler). geb. n. 3. —

Alt v. Tiefenthal, Bn **Franz Josef Nikolaus** v.: Histoire des Helvétiens, aujourd'hui connus sous le nom de Suisses, ou traité sur leur origine ... Par M. le Baron d'Alt de Tieffenthal. T. 1–10. — Fribourg en Suisse: Hautt 1749–53.
1-4. 1749. 5.6. 1750. 7. 1751. 8.9. 1752. 10. 1753.
1–10 . . . **1:**Ru 1174. **12:**Helv. 50. **300:**56.169–A.
2–9 . . . . 7.
3.6837

Alt., Bar., Hist. des Helvétiens. T. I. 8. Bern, Hallee. 782.

Alt de Tieffenthal, Bn d' s. *Alt* v. Tiefenthal, Bn Franz Josef Nikolaus v.

Alt-Aachen. — Ausstellung Alt-Aachen, 24. Juni–15. Juli 1906 im Kaisersaale des Rathauses. Beschreibungen. Verzeichnis. — Aachen (1906): Kaatzer.
Beschreibungen = Aus: Echo der Gegenwart. 1906. 7.
3.6843

Altagsgeschichten an den Fest- u. Arbeitstagen unserer Zeitgenoss. vorgefall. u. erzählt an Feyerabenden. 8. Altona, Hammerich. Rthlr.

Általános blok-naptár 1884. évre. IV. Jahrg. Wien, Moritz Perles. 75 kr.

Altalános Block-naptár 1887 évre. Grosser ungarischer Block-Kalender. VII. Jahrg. Wien, Moritz Perles. fl. –.75.
–– Derselbe, feine Ausgabe. Ebd. fl. 1.–.

Altalános Block-naptár 1888 évre. Grosser ungarischer Block-kalender. VIII. Jahrg. Wien, Perles. fl. 1.–.

Altalános bloc naptar 1890évre. Großer ungarischer Block-Kalender. X. Jahrgang. Mit historischen Daten aus der ungarischen und allgemeinen Geschichte, commerciellen Notizen und vollständigem Kalendarium Wien: Perles —.75

Altalanos Bloc-naptár 1891 évre. Grosser ungarischer Block-Kalender. XI. Jahrg. Mit historischen Daten aus der ungarischen und allgemeinen Geschichte, commerciellen Notizen etc. Wien: Perles. —.75

Derselbe, feine Ausgabe 1.—

Általános blok-naptár 1892 évre. XII. Jahrg. —.75, Derselbe, feine Ausgabe 1.—
Wien: Perles.

Altalanos-bloc-naptár 1895 évre. Grosser ungarischer Block-Kalender. XIV. Jahrg. 1.— Wien: Perles.

Altamira, Rafael, s.: Eco de Madrid.

Altaner, Berth.: Venturino v. Bergamo O. Pr. 1304—1346, s: Abhandlungen. Kirchengeschichtl.

Altaner, Bruno: Dietrich v. Bern in d. neueren Lit., s: Beiträge, Breslauer, z. Lit.-Gesch.

Altanesi,* Jh. Frz., s. Frz. A. *Capacelli.

Al-Tantavy, Mouhammad Ayyad

Muḥammad 'Aijād. Traité de la langue arabe vulgaire par le scheikh Mouhammad Ayyad el-Tantavy. Leipsic 1848.

ALTAR der Liebenden. 1801.
War im Cat. der ehemal. Schmidt'schen Leihbibl. in Dresden.

Altar der Musen. Für das Wohl einer Familie aufgestellt von einigen Freunden. Hrsg. v. F. C. Groß. 8. (10½ B.) Nordhausen 828, Köhne.

— Pommerscher, Sing-, Bet-, Lob- u. Dank-, od. ernst. Gesangbuch ꝛc. N. Aufl. gr. 8. Cöslin, Hendeß. 21 ℋ

Altar, S. Ueber die Oxydation symmetrischer Trialkylpyridine. Basel 1886.

Altaragende, musicalische, s. Kraußold.

Altarblätter, die, zu Hornbach (in Bayern), oder kurze Lebensgeschichten der darauf abgebildeten, theils als Statuen in der Kirche dortselbst angebrachten Heiligen. 8. Regensburg 1837, Manz.

Altarblätter, die, in der Pfarrkirche zu Hornfischbach, das ist, kurze Lebensgeschichten derjen. Heiligen, welche theils auf den Altarblättern abgebild., theils als Statuen in d. Kirche angebracht sind. Dem christl. Volke zu näherer Betrachtung vorgelegt. Ein Lehr- u. Exempelbuch zunächst f. diese, dann auch z. Gebr. f. jede kathol. Pfarrgemeinde. Von e. kathol. Geistlichen. 8. (12 B.) Augsburg 837. (Regensburg, Manz.) *

Altarblumen. Eucharist. Monatsschrift z. Lob u. Preis d. allerheiligst. Altarssakramentes, insbes. f. d. Mitglieder d. Erzbruderschaft z. ew. Anbetg. u. d. übr. Sakraments-Bruderschaften u. Werke. Unt. Mitwirkg. mehr. Priester d. Ver. z. ew. Anbetg. hrsg. v. Ad. Reiners. 1. u. 2. Jahrg. 1897—1898. Je 12 Hefte. (Bog.) gr. 8. [München, R. Abt.] Berlin, St. Paulus-Verlagsanstalt. à Jahrg. n. 1. —

Altarblumen. Eucharistische Monatsschrift zum Lob und Preis des allerheiligsten Altarssakramentes, insbesondere f. die Mitglieder der Erzbruderschaft zur ewigen Anbetg. u. der übr. Sakraments-Bruderschaften u. Werke 3. Jahrg. 1899. 12 Hfte. (Bog.) gr. 8. Berlin, St. Paulus-Verlagsanstalt. n. 1. —
Erscheint nicht mehr.

Glücksburgisches kleineres **Altar-Buch.** Flensborg. 1733. 8°.

Altarbuch. — Altar-Buch für die lübeckischen Kirchen. — [Lübeck 1874:] G. Schmidt. 31 S.
1:5 in 4° Dr 12146/15.
3.6913

— Altar-Buch für die lübeckischen Kirchen. — Lübeck 1893: Borchers. 36 S.
Ausg. zum Gebrauche für d. Organisten u. Kirchenchöre s. *Ordnung* des Hauptgottesdienstes in den lübeckischen Kirchen. 1893.
1:4° Dr 12148/12.
3.6914

Altarbüchlein, deutsches, wie man dem Priester im Amt d. heil. Messe zum Altar dienen soll. 16. Münster 827. (Barth in Leipz.) 1 ℋ

— Dass. 12. Rotw. 828. Herdersche Buchh. (Barth in Lpz.) 1 ℋ

Altardiener, der, od. Ministrier-Büchlein, d. i.: Andächtige Weise dem Priester in der heil. Messe beim Altare zu dienen. 32. (16 S.) Villingen 850, Förderer. ½ ngr

Altardiener, der. Ein Unterrichts- u. Gebetbüchlein f. Ministranten. (118 S. m. Abbildgn. u. Titelbild.) 16. Salzburg (901). A. Pustet. Geb. n. — 35; in Leinw. n. — 40

ALTARE privilegiatum quotidianum. Oltar blagorodan svakdanji. Privilegirter Altar auf alle Tage. Essek o. J. Druck Franc. 1 f.

Altäre und andere kirchliche Einrichtungsstücke aus Oesterreich. [XII./XVIII. Jahrh.] Ergänzung zu dem Werke: Intérieurs von Kirchen und Kapellen in Oesterreich. Heliogravuren nach photograph. Aufnahmen von Otto Schmidt in Wien. Mit erläut. Text von Dr. Alb. Ilg. Lieferung 1. Folio. Tafel 1 bis 25. (4 S.) In Mappe 18.—
Wien: Schroll 1895.

Altäre und andere kirchliche Einrichtungsstücke aus Oesterreich. [XII./XVIII. Jahrh.] Ergänzung zu dem Werke: Intérieurs von Kirchen und Kapellen in Oesterreich. Heliogravuren nach photograph. Aufnahmen von Otto Schmidt in Wien. Mit erläut. Text von Dr. Alb. Ilg. Lieferung 2. Folio. Tafel 26 bis 50. (4 S.) In Mappe 18.—
Wien: Schroll 1895.

Altäre und andere kirchliche Einrichtungsstücke aus Oesterreich. [XII./XVIII. Jahrh.] Heliogravuren nach photograph. Aufnahmen von Otto Schmidt, mit erläuterndem Text von Dr. Alb. Ilg. Lieferung 3. Folio. (4 S. mit 4 Abbildungen im Text und Tafel 51—75.) In Mappe Wien: Schroll 1898. 18.—

Altäre, Die, und die große Orgel in der Stifts- und Pfarrkirche zu St. Leodegar in Luzern und ihre Renovation 1862. [Luzern] 1863. V: *Schwytzer, Franz Xaver.* (Cat. d. Stadtbibl. Zürich. Zürich 1864—97.)

Altar- und Kirchen-Gebet für das Jubelfest, am 14. Mai 1826. V: *Münter, Frdr.* (Bruun, Bibl. Danica II, 902.)

Altargebete. Gesammelt u. hrsg. v. einigen holstein. Predigern. 4. (7½ B.) Itzehoe 846, (Nissen.)

Altargebete. — Altargebete. Ges. u. hrsg. von einigen holsteinischen Predigern. — Itzehoe 1846: Schönfeldt. IV, 56 S. 4°
8.
3.6915

Altargemälde, über das, von Lukas Cranach in d. Stadtkirche zu Weimar. Mit Kpf. 8. Weimar 813. Indust.-Compt. 2 ₰

Altargesänge älterer u. neuerer Zeit mit beliebiger Orgelbegleitung u. einer erläut. Einleitung von Fr. Naue. gr. 4. Halle 845, Heynemann. 1½ ₰

Altariolum. — Altariolum thymiamatis et holocausti, portatile, quod ... quidam devotus religiosus Ordinis reformatorum S. Francisci Seraphici provinciae Carnioliae cum ind. proposuit. — Augustae Vind.: Maistetter 1709. 578 S.
1: Er 5434.
3.6916

Alt-Arnstadt. Beitr. z. Heimatkde v. Arnstadt u. Umgegend. Hrsg. v. d. Museumsgesellsch. 1. Heft. (136) 8° Arnst., E Frotscher '01.
1.50 d

Alt-Arnstadt. Beiträge zur Heimatkunde v. Arnstadt u. Umgegend. Hrsg. v. der Museumsgesellschaft. 2. u. 3. Hft. gr. 8. Arnstadt, E. Frotscher. 2. 10
2. (III, 46 S.) 902. — 60. — 3. (III, 107 S.) 906. 1. 50.
Hft. 1. Ebd. 901. n. 1. 50.

Alt-Arnstadt. Beiträge z. Heimatkde v. Arnstadt u. Umgeg. Hrsg. v. d. Museumsgesellsch. 4. Heft. (79 m. 1 Taf.) gr8° Arnst., E Frotscher '12. 1.50 (1—4: 5.10) d

Altaroche, der Anwalt, s. Franzosen, die, der neuesten Zeit.

Altaroche, Durand Marie Michel: Reformation und Revolution. Eine historische Parabel. Aus d. Franz. des M. Altaroche. Uebers. von E[mil] Weller. — Breslau: A. Schulz 1846. 62 S. 1:Cm 5810. 2.
3.6919

Altarreden. Eine Sammlg. v. Casualreden in Beiträgen v. namhaften Geistlichen der luther. Kirche Deutschlands hrsg. v. Gust. Leonhardt. 3. verb. Aufl. Ausg. in e. Bde. gr. 8. (VIII, 512 S.) Leipzig 871. Teubner. 4. 50

Altarreden. Eine Sammlung v. Casualreden, in Beiträgen namhafter Geistlichen der evangelisch-luther. Kirche Deutschlands hrsg. v. Gust. Leonhardi. 2. Sammlg. 1—3. Bd. gr. 8. Leipzig 880—82. Teubner.
n. 6. 40 (I—II. 3.: n. 10. 90)
1. Confirmations-, Beicht- u. Abendmahlsreden. (VIII, 249 S.) n. 2. 40
2. Tauf-, Trau- u. Leichenreden. (VI, 258 S.) n. 2. 40
3. Ordinations- u. Weihereden. (IV, 134 S.) n. 1. 60

Altarreden. Eine Sammlg. v. Casualreden in Beiträgen namhafter Geistlichen der evang.-luther. Kirche Deutschlands, hrsg. v. G. Leonhardi. 2. Sammlg. 2. Ausg. in 1 Bde. gr. 8. (VIII, 249; VI, 258 u. IV, 134 S.) Leipzig 887. Teubner. n. 3. 60
Neue Ausg. von Bd. 1—3. Fortsetzg. s.: Casualreden.

Altarreden, eines ehrwürd. Landdechants kurze und vertrauliche, an seine lieben Pfarrkinder auf alle Feste des ganzen Jahres, sowie auch auf die Kirchweih-, Patrozinien- und Erntedank-Feste, nebst 30 Predigten für die Bitt- und Kreuz-Woche und 5 Jahrgänge Oelberg-Predigten. Gesammelt und hrsg. von Fr. Xav. Maßl. 1—4. Bd. 8. Regensburg, Manz. [1. (VIII und 493 S.) 2. und 3. (1203 S.) 4. (485 S.) 852—53. à Bd. 1 Thlr. 3¾ Ngr.]

— Lutherische Altarreden in Originalbeiträgen mehrerer Geistlichen, hrsg. von Gustav Leonhardi. Bd 1.2. — Leipzig: Teubner 1856-57.
1. Confirmations-, Beicht- u. Abendmahlsreden.
2. Ordinations-, Trau- u. Leichenreden.
12:Hom. 838 l.
3.6921

Altarreden, lutherische, in Originalbeiträgen mehrerer Geistlichen herausg. von Gust. Leonhardi. 3. Bd. A. u. d. T.: Taufreden. Leipzig 861. Teubner. gr. 8. (VI, 139 S.) 18 ngr.

— — in Verbindung mit mehreren Geistlichen herausg. von Gust. Leonhardi. 1. Bd. A. u. d. T.: Confirmations-, Beicht- und Abendmahlsreden. 2. verb. u. verm. Aufl. Ebend. 863. gr. 8. (XI, 280 S.) 1 ℛ

Altarreden, lutherische, in Verbindung mit mehreren Gelehrten herausg. von Gust. Leonhardi. 2. Bd. A. u. d. T.: Ordinations-, Trau- u. Leichenreden. 2. verb. u. verm. Aufl. Leipzig 864. Teubner. gr. 8. (VI, 260 S.) 1 ℛ

Altars, tabernacles, and sepulchral monuments of the fourteenth and fifteenth centuries existing at Rome, published under the patronage of the celebrated Academy of Saint Luke by M. Tost and Becchio, edited by M. Mastraca, imp. folio, containing upwards of 50 large and highly finished outline engravings, with descriptions in English, Italian, and French. London 843. (T. O. Weigel in Leipzig.) 18 5/10 ℛ

Altarschrein, der, v. Hans Memling im Dom zu Lübeck. Mit 15 Bl. Abbildgn. in Glanzlichtdr. Text v. Th. Gaedertz. gr. Fol. (IV, 9 S.) Lübeck 889. Nöhring. In Mappe. n. 25. —

Das ALLERHEILIGSTE Altarssakrament, immerwährend-anbethende Bruderschaft in dem Stuhlweissenburger Kirchensprengel. Stuhlweissenburg o. J. Zu finden bei Adam Aug. Lang. 13, 196. 4 S. - 180 mm

Altarstücke für den Tempel der Wohlthätigkeit, herausgegeben von einer deutschen Frau zur Unterstützung der notleidenden Einwohner Kehls. Pforzheim 1818. V: *Pattberg, Auguste.* (GGr)

Altartafel. — Die goldene Altartafel Kaiser Heinrichs II. [Römisch-deutscher Kaiser]. Mit einem lithogr. Umrisse, die berühmte kaiserl. Votivtafel darstellend. — Basel 1836: Schweighauser. 10 S. 12: 4° Art. 2m. 3. 10.
3.6922

Altartafel, die goldene, Kayser Heinrichs II. des Babenbergers, vom J. 1019 (ehem. in d. Basel. Domkirche). M. Abb. 4. Bas. 837, Schweighauser. ½ Thlr. — 48 kr.

Altartafeln, 2 Bogen mit beigedruckten Kpf. Fol. Frkf. a. M. 824. 2e A. 829. Andreä. 12 K

Altartafeln. Nr. 1, in vergold. Einfassung 1 ℛ Nr. 2, in farbiger Einfassung rc. ¾ ℛ Nr. 3, mit ganz schmaler, gemalter Einfassung ½ ℛ Nr. 4, reichverziert mit Gold- und Farbendruck, ⅔ ℛ Nr. 5, 2 Blatt in lat. Sprache, mit Vign. u. Randverzierungen in Gold- u. Farbendruck. qu. gr. 4. Einsiedeln 846, Benziger. 14 ngl

Altartafeln. (Nr. 3.) 2 Blatt in latein. Sprache m. col. Vign. u. verzierte Einfass. in Gold- u. Farbendr., qu. ½ Fol. Einsiedeln 846, Gebrüder Benziger. *

Altartafeln (Canontafeln) zum Gebrauche beim kathol. Gottesdienste. Grösse des Hauptblattes 25+30 *cm*, der Seitenblätter 16×30 *cm* —.38

Altartafeln, gothische. 3 (lith.) Bl. (in Farbendr.) Paderborn (863.) Schöningh. n. 2 ℛ

(Altar-Tafeln f. Katholiken, in lateinischer Sprache.) 2 B. in gr. Fol. m. 5 Vign. 2. Aufl. 829. 12 Gr., 3. A. Frankfurt a. M. 833, Andreä.

Altar-Tafeln für Katholiken, in latein. Sprache. Mit 5 Vign. 3e Aufl gr. Fol. Frankfurt a. M. 833. 4e Aufl. 840. Andreäische Buchh. ⅔ ℛ

— in latein. Sprache, für Katholiken. 2 Bl. in qu. ½ gr. Fol. mit 4 Vign. Mechl. 836. (Mainz u. Kirchheim. Schott u. Thielemann.) ¾ ℛ, col. 1½ ℛ

Altarwerk, das, der beiden Brüsseler Meister Jan Borman u. Bernaert van Orley in der Pfarrkirche zu Güstrow. 9 Fol.-Photogr. m. kurzer Erläuterg. v. Frdr. Schlie. Fol. (2 S.) Güstrow 883. Opitz & Co. In Leinw.-Mappe. n. 30. —

Altarwerk, Das, d. beiden Brüsseler Meister Jan Bormann u. Bernaert van Orley (Anfang d. 16. Jahrh.) in d. Pfarrkirche zu Güstrow. (10 Taf.) 13,5×19 cm. Güstr., Opitz & Co. ('11). 1.50

Alta Verapaz [Schlagwort]
— s. a.: Geologische Karten. Sapper.

Alta Verapaz. Sapper, Karl, Höhenschichtenkarte der Alta Verapaz (Republik Guatemala), auf Grund des Länderplans v. Ernesto Marroquin 1897 nach eigenen Aufnahmen entworfen u. gezeichnet. Mit Deckblatt zur Veranschaulichg. der Besitzverteilg. 1 : 200,000. 41 × 60 cm. Farbdr. Nebst Erläutergn. [Aus: „Mitth. der geograph. Gesellsch. in Hamburg".] gr. 8. (9 S.) Hamburg 901. L. Friederichsen & Co. n. 5. —

***Altbaiern. Zeitschrift in zwanglosen Heften.** [Hrsg.: Jakob Sendtner.] H. 1–6 in 8°; ab Juli–Dez. in 2°. Nr. 1 ff.
München: Lindauer (sp.: Jaquet) 1832. 12
¶ Die Zs. erschien ab Juli 1832 u. d. T.: Altbaiern, politisches Wochenblatt.

Altbamberg. O. O. 1885. V: *Weber, Heinrich.* (Keiter, Kath. Litt.-Kal. IV, 222.)

Altbaumburg. — Die Altbaumburg bei Kreuznach. Blätter der Erinnerung. — Kreuznach: Voigtländer 1855. 10 S.
1:Sf 9256. 12:Bavar. 68r.
3.6932

Altbayern. Zeitschrift..., s. A l t b a i e r n.

Altberg, Otto
Altberg, O., die Feuerungsanlagen für das Haus, s.a. Schau-platz, neuer, der Künste und Handwerke.

Altberg, Otto, die Feuerungsanlagen f. das Haus, erläutert durch die Resultate der Wärmetechnik u. die Leistg. der verschiedenen Brennstoffe. 5. Aufl. v. Matthaeys Ofenbaumeister. Mit e. Atlas, enth. 21 (lith.) Foliotaf. gr. 8. (X, 126 S.) Weimar 885. B. F. Voigt. 5. 25

Altberg, O., die Feuerungsanlagen f. das Haus, erläutert durch die Resultate der Wärmetechnik u. die Leistg. der verschiedenen Brennstoffe. 6. unveränd. Aufl. M. e. Atlas, enth. 21 Foliotaf. (u. 2 S. Text). gr. 8. (X, 126 S.) Weimar 889. B. F. Voigt. 5. 25

Alt Berks, der Stern im Osten: Jahrgang 1–5, no. 1–254?, Jan. 28, 1840—Nov. 26, 1844?

Weekly. Established as a weekly; but, in no. 155, Jan. 10, 1843, there is a half-column, signed by J. G. Wesselhöft und Comp., dated Dec. 24, 1842, which states that from Jan. 1, 1843, the paper will appear daily, with a weekly edition; no issues of daily seen. Editor declares for Jefferson in no. 1, Jan. 28, 1840; with issue of Jan. 26, 1841, it becomes "halb-föderalisten;" supported Jackson and Van Buren. Continued as DIE SONNE VON ALT BERKS. Edited & published by William B. Schoener, 1840–44.
Reading, PA

Alt-Berlin. [Photographien nach alten Stichen.] — (Berlin: Spiro 1902.) 50 Taf. in Mappe.
1:quer-4° Tc 9948.
3.6936

Alt-Berlin. Mit Geleitwort von G[eorg] Voss. — Berlin: Spiro [1904]. 4 Bl.,12 Taf.
Nebent.: Bilder aus Alt-Berlin.
1:quer-2° Tc 9971-1. 2. 3. 4. 5. 6. 7. 8. 9. 10. 11.
3.6937

Alt-Berlin. Mit Einl. von Paul Lindenberg. — Berlin: Spiro 1904. 4 Bl.,24 Taf.
2 versch. Drucke.
1:quer-2° Tc 9971-2 [u.] Kart. quer-2° Y 44253/20.
2. 3. 4. 5. 6. 7. 8. 9. 10. 11.
3.6938

Alt-Berlin. Mitteilungen des Vereins f. die Geschichte Berlins. Red.: Ernst Frensdorff. Jahrg. 1909. (à ca. 24 S. m. Abbildgn.) 32×24 cm. Berlin (E. S. Mittler & Sohn). 10. —

— **dasselbe.** Red.: i. V. H. Brendicke. Jahrg. 1910. 12 Nrn. (à ca. 16 S. m. Abbildgn.) 32×24,5 cm. Ebd. 6. —
Vgl.: Mitteilungen des Vereins f. die Geschichte Berlins.

Bücherei Alt-Berlin. Geschichtliches, Biographisches u. Humoristisches mit Bildschmuck. Hrsg.: Paul Hennig. Bd.1. Charlottenburg: Golde 1909. 8°.

Alt-Berlin a. d. Berliner Gewerbe-Ausstellung 1896. gr. 8. (31 S.) Berlin 895. P. Kufahl. n. 1. —

Alt- und Neu-Berlin. 10 dramatische Bilder aus d. Geschichte d. Reichshauptstadt von ... hrsg. von Paul Blumenreich. — Berlin: Klemann 1896. Getr. Pag.
1:4° Yp 6413/20.
3.6942

Alt-Bremer Haus. Essig-Haus. Historischer Rückblick u. Beschreibg. qu. schmal gr. 8. (24 S. m. 13 Abb.) Bremen (901). (W. Valett & Co.) n. 1. —

Alt-Breslau. — Aus Alt-Breslau. Federzeichnungen aus d. Bach-Mützelschen Sammlung im Namen d. Vereins für Geschichte d. bildenden Künste zu Breslau hrsg. von Robert Becker. [Taf.] Text. — Breslau (1898) – 1900: Wiskott. 2° (Text: 4°)
Tafeln. (1898.) Text. 1900. 2.
3.6944

— Schlesisches Museum für Kunstgewerbe u. Altertümer. Alt-Breslau. (Hrsg.: E[rwin] Hintze u. K[arl] Masner.) — Breslau: Museum 1908. 19 S. (Schlesisches Museum für Kunstgewerbe u. Altertümer. Führer. 2.)
1:Ns 5336/36–2. 2.
3.6946

[Alt-Breysach]
B r e y s a c h — A l t — Ohne M. 1 Bl. Handzeichnung.

B r e y s a c h — A l t — Grundriss der Statt vnndt vestung — Das zweyte Blatt enthält Profile. Ohne M. 2 Bl. Handzeichnung.

B r e y s a c h — A l t — eine unvergleichliche Vestung an den rechten ufer des Ober-Rheins in Breissgau gelegen; verfertigt und zu finden bey Matthaeo S e u t t e r, Kayserl. Geogr. in Augsburg. 1728? Ohne M. 1 Bl.

Altburg, J., Bewegte Herzen. Novellen. 8. (III, 164 S.) Dresden 898. E. Pierson. n. 2. 50

Alt-Colberg. — Alt-Colberg s. *Alt-Kolberg.*

Alt-Coeln. — Alt-Cöln s. *Alt-Koeln.*

Alt-Concordia Frauenfeld. (Provisorische Altherrenliste.) 13 S. 8. [Frauenfeld, Huber & Co.,] 1902.

Altconservativen, die, in Oesterreich. gr. 8. (24 S.) Augsburg 852, Schmid. 3 ngr

Alt-Damerow, Herm. v. (Herm. Schlichting), aus e. großen Garnison. Roman. (126 S.) 8. Stuttgart 904. (Leipzig, H. Schlichting.) n. 2. —

– Luise Gräfin von Montignoso..., s.a. M o n t i g n o s o, Luise Gräfin v....

Luise Gräfin v. M o n t i g n o s o, ehemalige Kronprinzessin von Sachsen als Dichterin. Von Hermann v. Alt-Damerow. Schkeuditz-Leipzig: Deutscher Volksverl. [1905]. (62 S.) quer-8° (05. 2522 3

Alt-Damm [Schlagwort]
Alt-Damm, s.: G e o l o g i s c h e K a r t e n. Preussen. 67.

Alt- u. Neu-Deutschland. (I. Ein wachsend. Volk in polit. Misère. II. Der Nahrungs-Spielraum der neuen Generation. III. Der „Giftbaum". IV. Suum cuique. Handwerker, Bauer u. Arbeiter. V. Die Herren v. Deutschland. VI. Die Regierung üb. den Parteien. VII. Die Block-Episode. VIII. Der Wille zur Macht.) (63 S.) 8. Frankfurt a/M. (909). Expedition der Frankf. Zeitung. (Nur direkt.) — 20
Sonderabdruck aus „Frankf. Ztg."
vom 11., 15., 18., 20., 23., 25., 27., u. 29. Juli.

Alt-Döbern [Schlagwort]
Alt-Döbern, s.: G e o l o g i s c h e K a r t e n. Karte (Preussen).

Alt-Döbern, s.: P r e u s s e n. Messtischblätter.

Altdorf [Sachliches OW]

Altdorf mit seiner Hofmark und der umliegenden Gegend. 1795. V: *Will, Georg Andreas.* (Ml.)

Altdorf [Schlagwort]
Altdorf, s.: Schweiz. Karte.

Altdorfer, [Pseud] s.a. A m b ü h l, Johann Ludwig

Altdorfer's, Albr., Landschaftsradiergn., s.a. Veröffentlichungen der graphischen Gesellschaft. III.

— Landschafts-Radierungen. Hrsg. von Max J. Friedländer. — Berlin: B. Cassirer (1906). 3 Bl., 9 Taf. (Graphische Gesellschaft. Veröffentlichung. 3.)
1: 2° Nv 905/8-3. 12: 2° Art. 27 mvc-3. 300: 494.748-
D. Ks. Hb. 3. 2. 5. 7. 9. 11.
3.6951

Altdorfer, Albr., Ruhe auf der Flucht, s.: Meisterbilder fürs deutsche Haus. 78. Blatt.

Altdorfer, A., Sündenfall u. Erlösung d. Menschengeschlechtes, s.a. Liebhaber-Bibliothek alter Illustratoren.

— Sündenfall und Erlösung des Menschengeschlechtes. La chûte de l'homme et sa rédemption. — München & Leipzig: Hirth 1888. 40 gez. Bl. (Liebhaber-Bibliothek alter Illustratoren in Faksimile-Reproduction. 12.)
1: Nv 5684-12. 12: 4° Art. 57 k-12. 300: 470.949-
B. Ks. Hb. 12. 3. 7.
3.6953

Altdorfer, Alex(ander) (geb. Pless 5. 3. 1814): De orcheopyosi. Berolini (1837). (32 S.) 8°
Berlin, Med. Diss. v. 1. Nov. 1837

Altdörfer, Chr.: 3 Chöre für 4 Männerstimmen (Grüner Mai – Ständchen – Der deutsche Männergesang). Ebds. Patitur 54 kr. Stimmen 54 kr. 1863.

Altdörfer, Chr.: Hie Deutschland, Gedicht von F. Dahn: Und ob zerklüftet und zergliedert, für 4stimmigen Männerchor. Wien, Spina. Partitur 27 kr., Stimmen 27 kr., complet 54 kr. 1863.

Altdörfer, C.: Vier Lieder f. 4 Männerstimmen, Partitur u. Stimmen. Wien, F. Glöggl.
Nr. 1 Meine Boten (Held.) 45 kr. Nr. 2. Jägers-Abendlied (Göthe) 45 kr. Nr. 3 Ringlein im See (Silberstein) 54 kr. Nr. 4 Frühlingslied. (Franke.) 45 kr.

Altdörfer, Chr.: Alte Wege: „Wenn sich die Feinde rüsten," Ged. von Francke, für 4 Männerstimmen. Oedenburg, Eigenthum des Componisten. 1863.

Altdorfer, Johann Jacob, s. Altdorfer, Johann Jakob

Altdorfer, Johann Jakob
Altdorfer, J[ohann] J[acob]. Zum Andenken an die Verdienste des verewigten ... Professors Johann Georg Müller, Oberschulherrn in Schaffhausen. Von J. J. Altorfer .... 8. Schaffhausen 1820.

— kurze u. faßl. Darstell. der Lehre vom Abendmahl des Herrn. 8. Schafh. 795.

— die Mordnacht in Zürich. 8. Zürich 781.

Altdorfer, Jh. Jak. L., († d. 30. Mai 1804.) die Freiheit, ein Gedicht, 4. Götting. 770.

— Ode an den Verfasser der Schweizerlieder; nebst einem Liede auf die Freiheit. 8. Schafh. 767.

— Rede über den Vorzug der öffentl. Erzieh. vor der Privaterziehung in einem republikan. Staate. 8. Schafh. 796.

— Reden am Schulfeste bei Gelegenheit der Säcularfeier der Schweizerischen Reformation gehalten. (Mit J. G. Müller.) 8. Schafh. 819.

— Sammlung des Gemeinnützl. aus den poetischen und moral. Schriften des A. T. gr. 8. Winterth. 788. Steiner. 6 gr.

— Sammlung des Gemeinnützl. aus dem N. T. Winterth. 78..

— hinterlass. poetische u. prosaische Schriften, nebst dessen Lebensgeschichte v. J. J. Altdorfer II. Mit e. Vorrede von Jh. Geo. Müller. 2 Bdchen. 8. Winterth. 807. 2 rf (2s Bdchen a. u. d. Tit.: Predigten, nach dessen Tode herausg.)

Altdorfer, Jh. Jak. L., d. Schweizerbund; e. Schauspl. 8. Zürich 779.

— die Schweizerhelden, ein Gedicht.... Götting. 770.

Altdorff. Musis Altdorfinis. — [Altdorf um 1700:] Schüpfel. 13 Taf. quer-8°
1: an 4° Ay 11052ᵃ.
3.6948

Alt-Duisburg in Wort u. Bild. (Von P. Rheindorf.) (135) Lex8° Duisbg. Dietrich & H. '11. HL (3 —) 2 — d

Alte, der, am Berge; od. d. Fürstenkinder. 2 Thle. 8. Lpz. Böhme. 802.

Alte. — Der Alte vom Berge, oder die Fürstenkinder. Bd 1.2. Leipzig: Böhme 1802.
1: Yw 5455/8. 7.
3.6960

Alte, der, am Berge, od. die Fürstenkinder. 2 Thle. 8. Leipz. 802. Enobloch. 1 rf 12 gr

Alte, Der, von den Bergen. Eine Erzählung ... Von C. P****. Ingolstadt [1820]. V: *Schafhäutl, Karl Emil,* pseud. *Pellisov.* (GGr X, 468) (Zeitschr. f. Büch. 1923, S. 78.)

Alte, der, von den Bergen. Eine Erzählung für Kinder. 2e verb. Aufl. 12. Ingolst. 821. (Landsh., Krüll). 3 gr Luzern 822. Anich. (Schmidt in Leipz.) 2 gr

Alte, der, von den Bergen. Eine Erzähl. f. Kinder. 8. Aufl. gr. 12. (3 B.) Ingolstadt 837. (Regensburg, Manz.) Thlr.

Alte, der, von den Bergen. Eine Erzählung für Kinder und Kinderfreunde. 10. Originalaufl. Mit 1 Stahlst. Regensburg 855. Manz. 16. (94 S.) 3¹/₄ ngr

Alte, der, v. den Bergen. Eine Erzählg. f. Kinder u. Kinderfreunde. Neue, illustr. Orig.-Aufl. Mit (1) Stahlstich u. feinen (eingedr.) Holzschnittbildern. 8. (94 S.) Regensburg 873. Manz. — 75

Alte, der, von den Bergen. Eine Erzählung für Kinder und Kinderfreunde. Neue, illustr. Orig.-Aufl. 8. (IV, 95 S. m. 1 Stahlst. u. eingedr. Holzschn.) Regensburg 887. Verlagsanstalt. — 50

Alte, d. betrogene, oder d. Soldat v. einer Viertelstunde. 8. Magdeb. 762. Hechtel. 2 gr

Der ehrliche Alte.

Danzig 1749. 8°

⁋ Kawczyńskis Angabe, dass diese Zs. in Königsberg 1746 erschienen sei, scheint auf einem Irrtum zu beruhen. Der Hinweis auf Danzig als Erscheinungsort findet sich bei Heinsius.

— der gutherzige. Lstsp. nach Florian. gr. 8. Frkf. (Vollmer in Hamb.) 789.

ALTE, Die, mit den sieben Jungen. Ein satyrischer (z. Th. erot.) Roman. („— ridendo dicere verum".) Leipzig, bey Salomo Lincke. 1802. 8°. (10 Mk., schönes Expl., Adolf Weigel, Lpz., 1906.)
Gehört zu den schlüpfrigen Familien-Romanen. Die „Alte" ist die Ehefrau eines schon bejahrten Regierungskanzellisten, die „sieben Jungen" sind ihre 7 Kinder, deren Erlebnisse erzählt werden. — Titel, 1 Bl. Vorr., 370 S., 1 leeres Blatt.

— die, mit d. 7 Jungen, e. satyr. Roman. 8. Leipz. 802. (W. Rauck). 1 rf 8 gr

Alte, die, m. d. 7 Jungen; e. satyr. Roman. 8. Lpzg. Sommer. 802.

— Liebe, rostet wohl. Lstspl. in 2 A, (von K. H. v. Ayrenhoff). 8. Wien 803. Pichler. 4 gr

— der liebenswürdige. Lstspl. (von J. G. Dyck). 8. Leipz. 781. Dyck. 8 gr (NB. s. a. Dyck, Theater).

Alte, Der liebenswürdige, oder der Weg in der Liebe zu gefallen und zu misfallen. Nach Destouches. Ein Lustspiel in fünf Akten. Leipzig 1781. V: *Dyck, Johann Gottfried.* (Ky)

Alte, die, von Livadostro. Roman aus Hellen. Memoiren d. fahr. Musikanten (C. Drägler-Manfred). 2 Bdchn. 8. (34½ B.) Frankfurt a. M. 844, Sauerländer's Verl.

Alte und Neue, Das, aus dem Schatz theologischer Wissenschaften. Witemberg 1701—61. H: *Loescher, Ernst Val.* (WUBb)

Alte, der, vom Thurm. N. d. Engl. v. Geo. Lotz. 8. (13 B.) Hamburg 835, Herold'sche Buchh.

— der, überall u. nirgends; e. Geistergesch. v. Chr. H. Spieß. 4 Thle. 8. Lpz. Kleefeld. (Bauer.) 802—3. (I. II. à 1 Rthlr. III. 16 gr. IV. 12 gr.)

— — dasselbe m. K. 8. (Hinrichs in Leipz. in Commiss.)

— — dasselbe. 4 Bde. 8. Lpzg. Joachim.

— der, Ueberall u. Nirgends. Schsp. n. Spieß, v. Hensler 2 Thle. 8. Wien, Lamesina. (Wallishausser.) 796.

— der, im Walde, od. die unterird. Wohnungen. 8. Leipz. 805. Joachim. 20 gr

Alte Welt [Sachliches OW]
Alte und neue Welt, siehe: *Welt*, alte und neue.

Alte Welt [Schlagwort]
Alte Welt, s.: Atlanten. — Erdkarten.

Alte Zeit u. neue Zeit; Schsp. v. Iffland. 8. Lpz. Göschen. 795.

Alte, Johann Gottfried: Erinnerungen eines schlesischen Landmannes aus den Befreiungs-Kriegen, von ihm selbst in schöne Reime gebracht und den Nachkommen vorerzählt. (Vorr.: Gustav Spieker.) — Breslau: Dülfer 1859. 59 S. 1:Yo 9201. 2.
3.6964

Alt-Elbing. Geschichten aus dem Volksleben Elbings u. Umgegend. (43 S.) 8. Elbing (904). P. Ackt. n. — 60

Alt-Elft, s. Lehmann

Altemark, über die, Beytr. zur Kunde der Mark Brandenburg. 2 Bde. gr. 8. Stendal, Franzen. 800, 801.

Alt Emden. 10 verschiedene Ansichten. — Emden: Schwalbe [um 1900]. 7.
3.6975

Altemöller, Heinz, Referendar: Die Nachlaßverwaltung des Bürgerlichen Gesetzbuches unter Berücksichtigung der Erbenhaftung. Colmar 1910: Decker. 91 S. 8°
Straßburg, Rechts- u. staatswiss. Diss. v. 31. Jan. 1910, Ref. v. Fuhr
[Geb. 4. Dez. 85 Straßburg; Wohnort: Kolmar i. E.; Staatsangeb.: Elsaß-Lothringen: Vorbildung: Lyz. Kolmar Reife Juni 05; Studium: München 3, Würzburg 1. Straßburg 3 S.] [U 10. 4010

Altemöller, W., u. E. Foerster, der Normal-Lehrplan für die Elementarschulen in Elsaß-Lothringen, in Umrissen u. Ausführgn. erläutert. 4., verb. u. verm. Aufl. gr. 8. (III, 223 S.) Straßburg 899. F. Bull. n. 2. 80; geb. n. 3. 40

Altemöller, W., Der Prozess des Cn. Calpurnius Piso. Kritik der taciteischen Behauptung, dass Piso den Germanicus auf Anstiften des Tiberius vergiftet habe. Pr. 1885. 44 S. .2.50

Alten, Emilie von, od. Liebe u. Treue, v. Gottlieb Müller. 2 Thle. 8. Wien, 803.

Alten, d. Herren v., s.: Sammlung v. Regesten zu e. Familien-Geschichte d. Herren v. Alten

Alten, Die vier vnd zwenzig. [Straßburg 1508.] V: *Otto v. Passau.* (Weller, Repert. typogr. Nördlingen 1864.) (Zeitschr. f. Büch. X, 4. S. 7.)

Alten, v., Hofrat. Hannover. 1833 s. *Alten,* August Christian Friedrich v.

Alten, v., Schleswig-holsteinischer Heimatforscher. 1871 s. *Alten,* Friedrich v.

Alten, v., Preuß. General u. Militärschriftsteller. 1881 s. *Alten,* Georg v. 1881.

Alten, v., Forstrat. 1884 s. *Alten,* Paul Friedrich August v.

v. Alten, s. Reichsfinanzreform, die.

Alten, v., Familie. 1888. Sammlung von Regesten zu einer Familien-Geschichte der Herren von Alten. 1182–1600. 1888 s. *Alten,* Viktor v.

Alten, A. G., die Götterdämmerung. Ein Trauerspiel. 1. Tl. (in 5 Aufzügen): Baldur. 8. (136 S.) Dresden 901. E. Pierson. n. 2. —

Alten, A. G.: Nordpol. Lustspiel in 4 Aufz. — Dresden & Leipzig: Pierson 1900. 130 S. 1:Ys 31463.
3.6978

— Feindliche Werte. Trauerspiel in 5 Aufz. — Dresden & Leipzig: Pierson 1901. 141 S. 1:Ys 32482.
3.6979

Alten, AG: Feindl. Werte. Trauersp. (141) 8° Dresd., E Pierson '02. 2 — d

Alten, August Christian Friedrich v.: Widerlegung der Gründe, welche der Aufhebung und Ablösung des Nexus der Zehnten und der gutsherrlichen Gefälle in mehreren gedruckten Abhandlungen untergelegt worden sind; und Vorschläge, wie und auf welche Art an statt der vorerwähnten Aufhebung und Ablösung etc. einem Staate in ausserordentlichen Fällen der Noth geholfen werden kann, die öffentlichen Lasten und Abgaben zu tragen. Von dem Hofrath v. Alten verf. Ueberreicht der Allgemeinen Stände-Versammlung des Königreichs Hannover im May 1832, und nachmals verb. — Hannover: Helwig in Komm. 1833. VIII,102 S. 7.
3.6981

Alten, E.: Sammlung von Regesten..., s.a. Alten, Viktor

Alten, E. v., Sammlung von Regesten zu einer Familiengeschichte der Herren von Alten 1182—1600. Hannover 1888. 8.

Alten, E. B. F. v., Drost, Burgwedel, Lüneburg s. *Alten,* Ernst Bodo Friedrich v.

Alten, Eberhard v. s. *Alten,* Eberhard Kurd v.

Alten, Eberhard Curd v., s. Alten, Eberhad Kurt v.

Alten, Eberhard Kurd v. [Hrsg.] s. *Alten,* Viktor v.: Stammtafeln des uradelichen Geschlechts v. Alten. 1889.

Alten, Baron Eberhard Curd v., s.: Urkundenbuch des altfreien Geschlechtes der Barone, Grafen u. Herren v. Alten.

Alten, Ernst Bodo Friedrich
v. Alten, Er. Bodo Fr., Gedanken u. Vorschläge z. Theilung gemeinschaftlicher Weiden. 8. Hannov. 787. Hahn. 6 gr

Alten, Ernst Bodo Friedrich v.: Gedanken und Vorschläge zur Theilung gemeinschaftlicher Weiden. Entworfen von E. B. F. v. Alten. — Hannover: Hahn 1797. VIII,96 S.
12: Oecon. 57 m. 7.
3.6982

Alten, Er. Bodo Fr. v., Widerlegung d. Gründe, welche der Aufhebung u. Ablösung d. Nexus d. Zehnten u. d. gutsherrl. Gefälle in mehreren gedruckten Abhandl. untergelegt worden sind; u. Vorschl., wie u. auf welche Art an Statt der vorerwähnten Aufhebung u. Ablösung ꝛc. einem Staate in außerord. Fällen d. Noth geholfen werden kann, die öffentl. Lasten u. Abgaben zu tragen. Ueberreicht d. Allgem. Stände-Versamml. d. Königr. Hannover im May 1832, u. nachmals verbess. gr. 8. (7 B.) Hannover 833, (Helwing.) Thlr.

Alten, Frdr. v., Blick auf Moor u. Heide zw. Weser u. Ems, s.: Schriften d. Oldenburger Landesver. f. Altertumskunde u. Landesgesch.

—— d. Bohlenwege im Flussgebiet d. Ems u. Weser, s.a. Bericht üb. d. Thätigkeit d. Oldenburger Landesver. f. Alterthumskunde.

Alten, Friedrich v.: Die Bohlenwege im Flußgebiet der Ems und Weser. (Verf.: v. Alten.) Mit Kt. u. 18 Abb. — Oldenburg: Stalling [in Komm.] 1888. XII,47 S. (Bericht über die Thätigkeit des Oldenburger Landesvereins für Alterthumskunde. 6.)
Frühere Ausg. s. *Alten:* Die Bohlwege (Römerwege) im Herzogthum Oldenburg. 1879.
1: Sn 1986-6. **6. 7. 8. 10.**
3.6984

— — 2., neubearb. u. vervollst. Ausg. Mit Kt. u. 18 Abb. Oldenburg: Stalling in Comm. 1888. XII,47 S.
1: Sa 2518². 6.
3.6985

— Die Bohlwege (Römerwege) im Herzogthum Oldenburg untersucht durch Friederich v. Alten, 1873–1879. — Oldenburg: Stalling 1879. 24 S.,1 Taf.
Spätere Ausg. s. *Alten:* Die Bohlenwege im Flußgebiet der Ems und Weser. 1888.
1: 4° Sa 2518. 12: 4° Germ. sp. 7w. **3. 5. 7. 11. 83. 89.**
3.6986

Alten, Friedr. v., s. Boschen, H., die Renaissance-Decke im Schlosse zu Jever.

Alten, F v., d. Maler Asmus Jac. Carstens. 8. (37) Berl. 65, Heiberg. — 7½

v. Alten, F., der Maler Asmus Jac. Carstens geb. 1754 zu St. Jürgen bei Schleswig, † 1798. Skizze. Schleswig 865. Schulbuchhandlung. gr. 8. (37 S.) 7½ *ngr.*

— Graf Christoff von Oldenburg und die Grafenfehde. (1534–1536.) Ein Beitrag zur Geschichte des dänischen Interregnums. Von F. v. Alten. (Mit vielen bisher ungedruckten Urkunden.) — Hamburg: Perthes-Besser & Mauke 1853. IX,292,LII S.
1: Sn 2180. 12: H. sept. 3 nl. 300: 42.238-B. **2. 3. 4. 7. 8. 9. 10.**
3.6988

[—] Georg Ludwig, Herzog von Schleswig-Holstein-Gottorp. — Oldenburg 1867: Schulze. 254 S. **8.**
3.6989

— Die Kreisgruben in den Watten der Nordsee; die Ausgrabungen im Jeverland bei Haddien; die Ausgrabungen in Butjadingen auf der Wurth, s.a. Bericht üb. die Thätigkeit d. Oldenburger Landesvereins f. Alterthumskunde.

Alten, Friedrich v.: [Teils.] 1. Die Kreisgruben in den Watten der Nordsee. 2. Die Ausgrabungen im Jeverland bei Haddien. 3. Die Ausgrabungen in Butjadingen auf der Wurth. Mit Kt., Pl. u. vielen Abb. — Oldenburg 1881: Scharf. 34 S. (Bericht über die Thätigkeit des Oldenburger Landesvereins für Alterthumskunde. 3.)
1: Sn 1986-3. **8. 83.**
3.6983

v. Alten, F., der Krieg in Schleswig 1848. Nach officiellen Quellen. Mit 1 Charte v. Schleswig u. Plänen (auf 1 lith. Taf. in gr. Fol.) gr. 8. (VI u. 365 S.) Oldenburg 850, Schulze. n. 1½ ₰

— Aus (Johann Heinrich Wilhelm) Tischbein's Leben und Briefwechsel mit Amalia Herzogin zu Sachsen-Weimar [Anna Amalia Herzogin v. Sachsen-Weimar-Eisenach] [u. a.] Hrsg. von Friedrich von Alten. — Leipzig: Seemann 1872. XII,330 S.
1: Nt 8980. 12: Art. 3e. 300: 113.418-B. **3. 4. 5.** 65 **7. 8. 9. 10. 11.**
3.6991

—— Cornelis Ploos van Amstel. 8. (74) Lpzg 64, H Vogel. n. — 22½

Alten, F. v., Cornelis Ploos van Amstel, Kunstliebhaber und Kupferstecher. Eine Studie. gr. 8. (74 S.) Leipzig 864, R. Weigel. * -

— Versuch eines Verzeichnisses der Werke und Entwürfe von Asmus Jacob Carstens ... Mit Angabe der Vervielfältigungen von F. v. Alten. — Oldenburg 1866: Stalling. 59 S. 300: 394.415-B. Ks. Hb. **8.**
3.6992

[—] Verzeichniß der Gemälde und Gypsabgüsse in der Grossherzoglichen Sammlung zu Oldenburg. Nach den Bestimmungen von G[ustav] F[riedrich] Waagen. Mit e. Anh. sämmtlicher auf den Gemälden befindlichen Monogramme, Bezeichnungen und Inschriften. 2. Aufl. — Oldenburg: Schulze 1868. 87 S.,4 Taf. 12: Art. 288 g.
3.6993

(—) — Verzeichniss der Gemälde in der Grossherzoglichen Sammlung zu Oldenburg. (Verf.: v. Alten.) Mit e. Anh. der auf den Gemälden befindlichen Monogramme, Bezeichnungen u. Inschriften. 3., durchges. u. vervollst. Aufl. Ebd. 1871. 148 S.,4 Taf. 1: Ns 6386³. **10.**
3.6994

(—) — Verzeichniss der Gemälde, Gypse und Bronzen in der Grossherzoglichen Sammlung zu Oldenburg. (Verf.: v. Alten.) Mit e. Anh. der auf den Gemälden befindlichen Monogramme, Bezeichnungen und Inschriften. 5., durchges. u. vervollst. Aufl. — Ebd. 1881. XV,151 S.,3 Taf.
1: Ns 6386⁵.
3.6995

Alten, Friedrich v.: Verzeichniss der Gemälde, Gypse und Bronzen in der Grossherzoglichen Sammlung zu Oldenburg. Mit e. Anh. der auf den Gemälden befindlichen Monogramme, Bezeichnungen und Inschriften. (Verf.: v. Alten.) 6., durchges. u. vervollst. Aufl. — Oldenburg: Schulze 1890. VIII,191 S.,3 Taf.
1: Ns 6386⁶. 12: Art. 288 gb. **8.**
3.6996

— F. v. Alten. Verzeichniß sämmtlicher Werke und Entwürfe von Asmus Jacob Carstens zsgest. u. chronologisch geordnet. — o.O. [um 1880]. 15 Bl.
Titelbl. u. Text lithogr. 1: 4° Nt 840. 12: 2° Art. 2 u.
3.6997

Alten, Georg v., Preuß. General u. Militärschriftsteller. 1881: Die Bedeutung der mechanischen Zugkraft auf der Landstraße für die Heerführung. Von Gen. Lt. z. D. v. Alten. — Berlin: Continent [1908]. 23 S. 1: Hv 34496. **10.**
3.6998

Alten, Geo. v., wider die Feldhaubitze. (III, 88 S.) gr. 8. Berlin 903. J. Springer. n. 2. —

Alten, G. D. öffentl. Gesundheitswesen i. Landdrosteibez. Lüneburg i. J. 1881. Lüneburg 1883.

— Handbuch f. Heer u. Flotte. Enzyklopädie der Kriegswissenschaften u. verwandter Gebiete. Unter Mitwirkg. v. zahlreichen Offizieren, Sanitätsoffizieren, Beamten, Gelehrten, Technikern, Künstlern usw. hrsg. (In 9 Bdn.) 1.—3. Bd. Lex. 8. Berlin, Deutsches Verlagshaus Bong & Co. à 24.—; geb. in Halbfrz. 26.—; auch in 108 Lfgn. à 2. —
I. (XVI, 914 S. m. 320 Abbildgn. u. 18 z. Tl. farb. Taf. u. Karten.) 909.
II. (V, 904 S. m. 262 Abbildgn. u. 16 z. Tl. farb. Taf. u. Karten.) 909.
III. (911 S. m. 311 Abbildgn. u. 27 z. Tl. farb. Taf.) 910.

Alten, Geo. v.: Handb. f. Heer u. Flotte. Enzyklopädie d. Kriegswiss. u. verw. Gebiete. 3., 4. u. 9. Bd. Lex8° Berl., Deut. Verlagshs Bong & Co. je 24 —; HF 26 —; auch in 108 Lfgn zu 2 —; Karton z. 9. Bde in HF nn 3 —
Bd 5—8 sind noch nicht erschienen.
3. (911 m. Abb. u. 27 z. Tl farb. Taf.) '10. ‖ 4. Fortgeführt v. Hans v. Albert. (8, 928 m. Abb. u. 30 z. Tl farb. Taf.) '12. ‖ 9. (Sonderbd.) Kriege v. Altertum bis z. Gegenwart. (24, 805 m. 69 Ktn im Karton.) '12.

— neue Kanonen? (III, 41 S.) gr. 8. Berlin 903. E. S. Mittler & Sohn. n. 1. 20

Alten, Geo. v., Kriegskunst in Aufgaben. 1. Hft. Aufklärung. Mit 2 Kartenbeilagen in Steindr. gr. 8. (IV, 130 S.) Berlin 902. E. S. Mittler & Sohn. n. 3. 50

— Kriegskunst in Aufgaben. 2. Hft. Vorposten, Märsche u. Marschsicherg. Mit 2 Kartenbeilagen in Steindr. (V, 146 S.) gr. 8. Ebd. 904. n. 3. 50; geb. n.n. 4. 75
Hft. 1. Ebd. 902. n. 3. 50; geb. n.n. 4. 75.

— Die Landwehren und Ringwälle des Amtes Cloppenburg. Aufgenommen durch Premier-Lieutenant v. Alten. [Oldenburg um 1881.] 2 Bl. 1:10 an Sn 1986–1/4.
3.7003

(Alten, v.) Einige allgemeine Regeln, welche die Infanterie-Regimenter bei den Übungen des kleinen Krieges zu beobachten haben. (Hannover 1827.) 8°.

Alten, Hedw. v., das Act-Modell. — Morgenroth. Zwei Novellen. 2. [Titel-]Aufl. (v.: Geschichten, zwei, aus dem vollen Leben). 8. (168 S.) München [896] (900). A. Schupp. n. 1. —

Alten, H[edwig] v.: Weibliche Ehre. Vortr., geh. im Allg. dt. Frauenverein zu Dresden. — Dresden: Tittel in Comm. 1892. 14 S. 8°

— aus dem vollen Leben. 2. [Titel-]Aufl. (v.: Geschichten, neue, aus dem vollen Leben). 8. (III, 132 S.) Ebd. [888] (900). n. 1. —

Alten, H v.: Roma. Gedichte. (60) 12° Münch., A Schupp ('02). (Lpzg. F Förster.) 1 — d

Alten, Henning v.: Die grundbuchlichen Verfügungen des befreiten Vorerben nach B.G.B. Erlangen 1908: Junge. VI, 101 S. 8°
Rostock, Jur. Diss. v. 25. Okt. 1908, Ref. Bernhöft
[Geb. 4. Jan. 80 Linden b. Hannover: Wohnort: Linden; Staatsangeh.: Preußen; Vorbildung: Gymn. Linden Reife O. 98; Studium: Göttingen 1, Oxford 2, Bonn 4, Göttingen 5 S.; Rig. 23. Juli 08.] [U 09. 3638

Alten, Hermann von: Beiträge zur vergleichenden Anatomie der Wurzeln, nebst Bemerkungen über Wurzelthyllen, Heterorhizie, Lenticellen. Mit 3 Taf. u. 3 Textfig. Göttingen 1908: (Hubert). 107 S. 8°
Göttingen, Phil. Diss. v. 15. Dez. 1908, Ref. Peter
[Geb. 23. Dez. 84 Dettum; Wohnort: Dettum; Staatsangeh.: Braunschweig; Vorbildung: Realgymn. Braunschweig Reife O. 05; Studium: Göttingen 2, München 1, Göttingen 3 S.; Rig. 24. Juli 08.] [U 09. 1330

Alten, Johann Wilhelm v.: Systematische Abhandlung über die Erd- und Flussconchilien, welche um Augsburg und der umliegenden Gegend gefunden werden. Mit 14 Kupfertaf. Augsburg: Selbstverl.; Erlangen: Palm in Comm. 1812. XVI, 120 S. 1: Lq 7896. 12: Zool. 7. 300: 15.719. 5. 6. 8. 9.
3.7005

— Augsburgische Blumenlese oder systematisches Verzeichniß der in der Gegend um Augsburg wildwachsenden Pflanzen, als Einl. zu einer Flora von Augsburg. — Augsburg: Wolff 1822. XII, 215 S.
Nebent.: Alten: Augsburg'sche Blumenlese von W. v. Alten.
1: Lx 22830. 12: Bavar. 68t.
3.7006

Alten, K. W. von, systematische Abhandlung über die Erd- u. Fluß-Conchilien, welche um Augsburg u. in der umliegenden Gegend gefunden werden, mit 14 K. gr. 8. Augsb (Erlangen, Palm in Comm.) 813.

Alten, Karl B[n] v.: Sammlung von Regesten zu einer Familien-Geschichte der Herren von Alten. 1888 s. *Alten*, Viktor v.

Alten, M. F. van: Kurze practische Anleitung zur Anlegung und Erhaltung der Kunst- und Land-Strassen. Mit 3 Kupfern. — Berlin: Dümmler 1816. 141 S.
1: Nz 12051. 3. 7. 10. 89.
3.7007

Alten, Paul Friedrich August
Alten, P. v., D. Einbürgerung fremder Baumarten in Deutschland. Vortrag, geh. a. 5. III. 1898 i. d. Versammlg. nass. Forstwirte z. Limburg a/L. gr. 8. (24 S.) Wiesbaden 898. R. Bechtold & Co. n. — 20

Alten, Paul Friedrich August v.: Führer durch die forst- und jagdtechnische Sammlung der Königlichen Forstakademie Eberswalde. (Verf.: v. Alten.) — Eberswalde 1884: C. Müller. 77 S. 1: Ou 22631.
3.7013

(—) — 2., durchges. u. auf den Stand der Sammlungen am 1. Oct. 1891 erg. Aufl. (Hrsg.: Dr. May.) — Eberswalde (1891): Kemnitz. 80 S. 1: Ou 22631[a].
3.7014

— Versuche und Erfahrungen mit Rothbuchen-Nutzholz. Im Auftr. d. Herrn Ministers für Landwirthschaft ... bearb. — Berlin: Springer 1895. 47 S.
1: Oy 13166. 12: Oecon. 57me. 10.
3.7015

Alten, Roby: O diese Berlinerinnen! — (Berlin: Metropol-Verl. [1908].) 32 S. (Intime Geschichten. 244.)
1: N 12.990.
3.7016

— Der Dritte im Ehewagen. — (Berlin: Metropol-Verl. [1908].) 32 S. (Intime Geschichten. 248.)
1: N 12.991.
3.7017

Alten, Roby: Narkose. Novelle. — Berlin: Metropol-Verl. [1908]. 32 S. (Intime Geschichten. 241.)
1: N 12.992.
3.7018

— Der Schmieren-Adonis. — (Berlin: Metropol-Verl. [1908].) 32 S. (Intime Geschichten. 247.)
1: N 12.993.
3.7019

Alten, Th., Stalldienst. Bilder aus dem Reiterleben. Mit (3) Illustr. in Photolith. nach Bleistiftskizzen. gr. 8. (27 S.) Lüneburg 879. König. — 75

Alten, Victor: Sammlung von Regesten..., s.a. Alten, E.

Alten, Viktor v.: Sammlung von Regesten zu einer Familien-Geschichte der Herren von Alten. 1182–1600. (Hrsg.: Victor v. Alten, B^{n} Carl v. Alten.) — Hannover: Hahn 1888. 152 S. **1:4° S 2094. 12: 4° Geneal. 0 u. 7. 9.**
3.7021

— Stammtafeln des uradelichen Geschlechts von Alten, zsgest. nach Urkunden vom J. 1182 bis 1889. Angefangen von Victor v. Alten, verm. u. hrsg. von Eberhard [Kurd] v. Alten. — Berlin: Heymann 1889. 2 Bl., 7 Taf.
1: quer-4° S 2095. 6. 7.
3.7022

Alten, Vict. Aug., s. **Franzén,** Frz. M., Selma u. Fanny.

Alten, W. v., Dr. phil., Apotheker, Augsburg, 1822 s. *Alten*, Johann Wilhelm v.

Alten-Bockum, A., s.a. Alten-Bockum, H.

Alten-Bockum, A., die preußische **Gesinde-Ordnung** v. 8. XI. 1810 u. 19. VIII. 1844, wie sie vom 1. I. 1900 ab giltig ist, unter Berücksicht. der dieselbe abänd. Bestimmgn. des bürgerl. Gesetzbuches f. das Deutsche Reich u. dessen Nebengesetzen nebst Anführg. namhafter Commentare. Rathgeber für Herrschaft u. städt. wie ländl. Gesinde. gr. 8. (38 S.) Neusalz 900. J. Pröbster. n. — 75; kart. n. — 90

Alten-Bockum, A., Wohnungs-Miethe nach dem bürgerl. Gesetzbuche f. das Deutsche Reich. Kurze Anleitg. üb. den Abschluß v. Mieths-Verträgen u. Belehrg. üb. die Kündigg., das Zurückbehaltungs-Recht d. Vermiethers, sowie üb. dessen Pfandrecht anderen Pfandgläubigern gegenüber, unter Angabe der betr. Gesetzesstellen, nebst Auszug aus dem Stempelsteuer-Gesetz vom 31. VII. 1895, Mieths-Verträge betr. Ratgeber f. alle Vermiether, Miether u. Hausverwalter. Bearb. nach dem bürgerl. Gesetzbuche f. das Deutsche Reich, unter Berücksicht. der gleichzeitig in Kraft tret. Nebengesetze. 3. Aufl. gr. 8. (19 S.) Ebd. 900. n. — 40

Alten-Bockum, H., s.a. Alten-Bockum, A.

Alten-Bockum, H.: Die preussische **Gesinde-Ordnung** vom 8. Nov. 1810 u. 19. August 1844, wie sie vom 1. Jan. 1900 ab giltig ist, unter Berücks. der dieselbe abändernden Bestimmungen d. B.G.B. für d. Deutsche Reich u. dessen Nebengesetzen. — Neusalz a.O.: Pröbster 1900. 38 S.
1: Gr 18450. 2.
3.7026

— **Wohnungs-Miethe.** Im Geltungsbereich des Allgem. Landrechts. Kurze Anleitung über den Abschluss von Mieths-Verträgen. 2., verb. Aufl. — Neusalz a.O.: Pröbster 1898. 15 S.
2.
3.7027

— Wohnungs-Miethe nach dem Bürgerlichen Gesetzbuche für das Deutsche Reich. Kurze Anleitung über d. Abschluß von Mieths-Verträgen. 3. Aufl. — Neusalz ⟨Oder⟩: Pröbster 1900. 19 S. **1: Gn 2396^{3}. 2.**
3.7028

Altena [Sachliches OW]

Altena, das Haus, in seiner Verbindg. m. dem Hause Hohenzollern. Stammtafel, hrsg. v. dem Vereine f. Orts- u. Heimat-Kunde im Süderlande. qu. Fol. Hagen 883. (Butz.) n. — 20

Altena [Schlagwort]

Altena, s.: Prousson. Messtischblätter.

Altena, Kreis, s.: **Arnsberg, Reg.-Bez.**

Altena, Kreis, s.: **Westfalen. Wegekarte.**

Altena s.: Regteren Altena.

Altena [Verfasser]

Altena, Carl Ernst, s. a. Altena-Rzesarz

Altena, Karl Ernst (Ernst Rzesacz), der junge Goldschmied, s.a. **Bibliothek der Gesamtliteratur.**

Altena, C. E., der junge Goldschmied. Dichtung. 2. Aufl. 8. (VI, 97 S.) Berlin 887, Friedrich Nachf. *
geb. *

Altena, CE, [E Rzesarz], d. junge Goldschmied. Dichtg. 2. Afl. 8. (97) Hamb. 87, Verl.-Anst. u. Dr, A.-G. n. 1. 50; geb. n. 2. 50 || 4. Afl. m. Illustr. (174) 90. geb. n. 6. —

—— dass. — 3. Aufl. 8. (XIII, 172 S. mit Illustr.) Hamburg 888, Verlags-Anstalt und Druckerei. geb. *

P **Altena,** Carl Ernst, [Ernst Rzesarz]. Der junge Goldschmied. Dichtung. 4. verb. (Titel-)Aufl. Illustr. v. A. Kienig, C. Krattner, O. Porsche, E. Reynier. gr. 8. (XIII, 174 S.) Hamb. 888, Verlagsanstalt u. Druckerei, A.-G. geb. * 6 —

— dasselbe. 3. veränd. u. verm. Aufl. Illustrirt v. A. Kirnig, C. Krattner, O. Porsche, E. Reynier. 8. (XIII, 174 S.) Hamburg 889. Verlagsanstalt u. Druckerei A.-G. geb. n. 6. —

— dasselbe. 4. verb. (Titel-)Aufl. Illustr. v. A. Kienig, C. Krattner, O. Porsche, E. Reynier. gr. 8. (XIII, 174 S.) Ebd. 890. geb. n. 6. —

Altena, Carl Ernst (Ernst Rzesacz), hie allzeit deutsch! Zeitgenössische Bardensänge, ges. u. hrsg. z. Besten d. „Deutschen Schulvereins" in Oesterreich. 2., veränd. Aufl. gr. 8. (77 S.) Dresden 895. E. Pierson. n. 1. 50

— den **Manen** Sr. k. k. Hoheit, d. Kronprinzen Rudolf! Cypressen-Zweige. Trauerbilder. gr. 8. (7 S.) Komotau 889. Mändl. n. — 40

— dasselbe. 2. verm. Aufl. gr. 8. (8 S.) Ebd. 889. n. — 40

Altena, Carl Ernst (Ernst Rzesacz), im Sansara. Neue Lieder u. Dichtgn. 8. (VII, 156 S.) Hamburg 893. Verlagsanstalt u. Druckerei. n. 2. —;
geb. in Leinw. m. Goldschn. n. 3. —

Altena, Ch., s.: **Methode** Toussaint-Langenscheidt, niederländisch.

Altena, H. L. van, Commentatio (praemio ornata) ad quaestionem: systematice enumerentur species indigenae reptilium ex ordine batrachiorum, addita unius saltem speciei anatome et osteographia accurata, non ex aliorum scriptis desumta sed ab ipsa natura petita. 4 maj. (10 B. u. 4 Stnt.) Lugd.-Bat. 829, Luchtmans. (Lipsiae, Weidmann.)

Altena, Karl Ernst, s. Altena, Carl Ernst

Altena, Martinus van Regteren: Het handels-, wissel-, faillissements- en zeerecht van Nederland. Das **Handels-, Wechsel-, Konkurs- und Seerecht** der Niederlande. Bearb. u. ins Deutsche übertr. — Berlin: v. Decker 1906. 183 Doppel-S.
Text holl. u. deutsch.
(Die Handelsgesetze d. Erdballs. Ausg. D. Bd 12, Abt. 2[,1] – Niederlande.)
1: 4° Fn 160^{3}-Bd 12, Abt. 2[,1]. 12: 4° Merc. 13 ri-12, II. 300: 445.417-C. L. S. 12,2. 2. 3. 4. 7. 8. 9. 10. 11.
3.7030

Altena-Rzesarz, s. a. Altena, Carl Ernst

Altena-Rzesarz, C. E., Cypressenzweige. Trauerbilder. Den Manen Se. k. k. Hoheit des Kronprinzen Rudolf. 8. (8 S.) *—.25

Altenau, Jul. v. (Albr. Just), Ölkopp, s.a. **Eckstein's Miniaturbibliothek.**

Altenau, Julius v.: Olkopp! Eine Studentengeschichte von Julius v. Altenau [d. i. Albrecht Just]. — Leipzig: Müller-Mann [1910]. 115 S. **1: Yx 40246.**
3.7032

Altenbach [Schlagwort]

Altenbach, s.: **Geologische Karten.** Spezialkarte. (Sachsen.)

Altenbach, Franz: Mittheilungen eines jungen Bayers über dessen See- und Land-Reisen von Hamburg nach Mexiko etc.etc. (Verf.: Franz Altenbach.) — München: Finsterlin 1827. 55 S. **12:** It. sing. 9 m. 8.
3.7033

Altenbecken [Schlagwort]
Altenbecken, s.: Geologische Karten. Preussen. 70.

Altenberg [Sachliches OW]
Altenberg. Ein Roman. Leipzig 1865. V: *Strauss und Torney, Victor von.* (Gk) (Blätter für litt. Unterhaltung 1866. S. 73.)

Altenberg. Ein Roman. 4 Thle. Leipzig 865. Fr. Fleischer. 8. (XII, 1340 S.) 6 ℳ

Altenberg, Die Cistercienser-Abtei, bei Cöln. Mit historischer Erläuterung. Herausgegeben von der Lithographischen Anstalt von C. Schimmel, etc. Münster [1832]. V: [Erläuter.] *Becker, C.* (BrMm)

Altenberg bei Cöln, Cisterzienser Abtei. (Hrsg. v. C. Schimmel.) In 15 lithogr. Bl. mit histor. Erläuterungen. Roy.-Fol. Münster 832, Theissing.

—— dass. m. d. Grabmälern in Golddruck.

Altenberg [Schlagwort]
Altenberg, s. Kipsdorf.

Altenberg, s. Sachsen. Messtischblätter.

Altenberg [Verfasser]

Altenberg, Artur

Altenberg, A., deutsche Auswanderungsgesetzgebung, s.a. Beiträge zur Förderung der Bestrebungen d. Deutschen Kolonialvereins.

Altenberg, Artur: Deutsche Auswanderungsgesetzgebung. Uebersicht über die gegenwärtig im Reich u. in d. Einzelstaaten bestehenden auf d. Auswanderungswesen bezüglichen Gesetze u. Verordnungen. Auf Veranlassung d. Deutschen Kolonialvereins ... bearb. von A. Altenberg. Berlin: Deutscher Kolonialverein 1885. 39 S.
Aus: Deutsche Kolonialzeitung. 2. 1885.
(Beiträge zur Förderung der Bestrebungen des Deutschen Kolonialvereins. 4.) **1:** Sa 5888-4. 7. 9. 10.
3.7034

Altenberg, D. v., aus höheren Kreisen. Eine Novelle. 8. (VI, 160 S.) Itzehoe 881, Nusser. * ℳ 2,70.; geb. *

—— der Schwedenhof. Eine Erzählung. 8. (80 S.) Ebendas. 881.

Altenberg, L.: Der Doktor und seine Schwester. Erzählung. Gotha: F. A. Perthes 1891. 135 S. 7.
3.7035

Altenberg, Peter
Pseudonym für Richard Engländer

Altenberg, Pet., Ashantee, s.a. Collection Fischer.

— Ashantee. — Berlin: S. Fischer 1897. 204 S. (Collection Fischer.)
1: X 8418. **12:** DD. I. 5605 g. **300:** 405.424-B. Per. 4. 11.
3.7040

— [Werke, Ausz.] Die Auswahl aus meinen Büchern. (2. Aufl.) — Berlin: S. Fischer 1908. 147 S.
1: Yx 38903². 7. 11.
3.7044

— Bilderbögen des kleinen Lebens. — Berlin-Westend: Reiss (1909). 221 S. **1:** Yz 9200. 11.
3.7050

—— 2. Aufl. Ebd. [1909]. 221 S. **12:** DD. I. 2231.
3.7051

— Briefe. 1908 in: *Bahr,* Hermann: Die Bücher zum wirklichen Leben. 3.7052

Altenberg, Pet., s.: Kunst, die.

— Märchen des Lebens. — Berlin: S. Fischer 1908. 213 S.
1: Yz 9158. 11.
3.7057

—— 2. Aufl. Ebd. 1908. 213 S. 9.
3.7058

— Märchen d. Lebens. (3. Afl.) (240) 8° Ebd. '11. HPerg. nn 5 —

Altenberg, Pet.: Neues Altes. (214 m. Bildn.) 8° Berl., S Fischer '11. 3.50; Pappbd n 4.50

— Pròdròmòs. — Berlin: S. Fischer 1906. 204 S.
1: Nh 9205. **12:** DD. I. 138. 5. 11.
3.7066

—— 2. Aufl. Ebd. 1906. 204 S. 9.
3.7067

— Was der Tag mir zuträgt. 55 neue Studien. — Berlin: S. Fischer 1901. XIV,250 S.
12: DD. I. 1. **300:** 414.038-B.
3.7074

—— 65 neue Studien. 2., verm. u. veränd. Aufl. Ebd. 1902. XIV,327 S. **1:** Yx 32479². 8. 11.
3.7075

—— 3., verm. u. veränd. Aufl. Ebd. 1906. XIV,327 S.
1: Yx 32479³. **12:** DD. I. 139.
3.7076

—— (4., verm. u. veränd. Aufl.) Ebd. 1910. XIV,327 S.
1: Yx 32479⁴.
3.7077

— Wie ich es sehe. — Berlin: S. Fischer 1896. 246 S.
1: Yx 28788. 11.
3.7080

—— 2., veränd. u. verm. Aufl. Ebd. 1898. VIII,260 S., 2 Portr. **1:** Yx 28788².
3.7081

— wie ich es sehe. 3. Aufl. gr. 8. (VIII, 260 S m. Bildnis.) Ebd. 901. n. 4. 50; geb. n.n. 6. —

—— 4. Aufl. Ebd. 1904. XII,332 S. **12:** DD. I. 140.
3.7082

—— (5., verm. Aufl.) Ebd. 1910. XIV,332 S.
1: Yx 28788⁵. **300:** 477.819-B.
3.7083

Altenberg, S., aus Liebe u. andere Novellen. 8. (III, 123 S.) Dresden 902. E. Pierson. n. 1. 50; n. 2. 50

Altenberg, S., wie die Weiber lieben. Psychologische Momentaufnahmen. (III, 134 S.) Dresden 904. E. Pierson. n. 1. 50; geb. n. 2. 50

Altenberg-Zinnwald [Schlagwort]
Altenberg-Zinnwald, s.: Geologische Karten. Spezialkarte (Sachsen).

Altenberger, Jo. Samuel (Leopoldshayn/Laus.), De postliminio. Diss. jur. Präs. August v. Leyser (Nudersdorf). Wittenbg. (Ephr. Gottlob Eichsfeld) 27. X. 1746. 16 S., meist deutsch. (3.—) 320
Zwei gleiche Exemplare lauten auf: Albenberger! (Druckfehler!?)

Altenberger, Johann: Gründliche und wahrhaffte Beschreibung des Milletiner Gesundheit-Baades. Vorgestellet von Joanne Altenberger. — König-Gratz 1752: Tibelli. Bog. A-D. **1:** Ir 34868. 2.
3.7100

Altenberger, Wilh., Karl Philipp Moritz' pädagogische Ansichten. Ein Beispiel der Wirksamkeit Rousseauscher Ideen in Deutschland. (XV, 69 S.) gr. 8. Leipzig 905. (A. Hahn.) n.n. 1. 60

Altenbernd, L., Frühlingsblüthen und Herbstblätter. 16. Detmold 872. Gera, Griesbach's Verlag.

Altenbernd, L., Frühlingsblüthen u. Herbstblätter. Gedichte. 16. (V, 210 S.) Detmold 872. Berlin. Grote. n. 4. —

Altenbernd, L.: Frühlingsblüthen und Herbstblätter. Gedichte. — Detmold: Meyer 1872. 205 S. 1:Yo 14472. **300:** 55.297–A. 7.
3.7101

Altenbernd, L., Reben u. Ranken. Gedichte. A. s. Nachlaß ges. 12. (VII, 235 S.) Detmold 895. Hinrichs. Geb. in Leinw. m. Goldschn. n. 4. —

— Das iztlebende Schloß, Stadt und Ambt Altenburgk. In Augusto 1703. Jahres. — Jena: Bielcke 1704. 91 S. 3.
3.7105

— Das ietzo lebende Schloß, Stadt und Ammt Altenburg, in Oster-Lande, mit denen darzu gehörigen Städtlein Schmöllen und Luckau, wie auch Flecken und Dörffern, nebst denen ... geistl. und weltlichen Bedienten, Räthen. Leipzig: Groschuff 1712. 70 S. 3.
3.7106

— Tabellen zur Verwandlung d. lippischen Maßes u. Gewichts in metr. Maß u. Gewicht, sowie zur Umrechng. der Preise. 16. (48 S.) Detmold 871. Meyer. n. — 50

Altenburg [Schlagwort]

Altenburg, s.a. Deutschland. Grundkarte.

Altenburg, s.a. Deutschland. Karte. (Abt. Sachsen)

Altenburg, s.a. Geologische Karten. Preussen. 131.

Altenburg, s.a. Preussen, Messtischblätter.

Altenburg, Herzogt. Amende, E., Schulhandkarte d. Herzogt. Sachsen-Altenburg. Nach d. im Auftr. des herzogl. Ministeriums hergest. Schulwandkarte hrsg. 1 : 250,000. 24,5 × 43 cm. Farbdr. Leipzig 897. H. Wagner & E. Debes. Auf Leinw.-Pap. n. — 20

Altenburg, Herzogth. Brunkow, Osk., General-Karte d. Herzogth. Sachsen-Altenburg. Ost- u. West-Kreis. 1 : 66,000. Im Auftrage d. herzogl. sächs. Ministeriums entworfen u. gez. im J. 1885/86. 2 Blatt. Lithogr. u. color. Imp.-Fol. Altenburg 887. (Schnuphase'sche Hofbuchh.) à Blatt n. 6. —; schwarz à Blatt n. 4. 50
Nicht mehr im Handel.

— Entfernungskarte d. Orte des Herzogth. Altenburg. 1 : 100,000. 2 Blatt. Lith. Weimar 895. Geograph. Institut. à 1. —
1. Ost-Kreis. 44,5 × 46,5. — 2. West-Kreis. 48,5 × 59,5 cm.

— Karte d. Herzogt. Sachsen-Altenburg. Im Auftr. d. herzogl. Ministeriums unt. Leitung v. Amende entworfen. 1 : 50,000. 2 Tle. 126 × 112 u. 126,5 × 118 cm. Farbendr. Nebst Texthft. [Aus: „Praxis d. Erziehungsschule".] 8. (17 S.) Leipzig 896. H. Wagner & E. Debes. n.n. 17. 50; auf Leinw. m. Stäben n.n. 20. 80

Altenburg. Kersten, Otto, Plan der Residenzstadt Altenburg S.A. 1 : 12500. 30×35 cm. Farbdr. Nebst Verzeichnis der m. Nummern bezeichneten Gebäude (am Rande u. Strassenverzeichnis auf dem Umschlag). Altenburg (904). O. Bonde. n. — 30

Altenburg. Pharus-Plan Altenburg (S.-A.). 1 : 10,000. 40,5×33 cm. Mit Strassenverzeichnis am Rande. Farbdr. Altenburg (910). Schnuphase. — 60

Altenburg (Sachsen). Voigt, A, Geschäfts- u. Reisekarte d. Herzogt. Sachsen-Altenburg u.d. Unterherrschaft Gera u. Fürstent. Reuss jüng. Linie. 3. Aufl. Lith. u. col. Fol. Nebst Beschreibg. 8°. (16) Leipzig 1883, Siegismund & V.

Altenburg, Stadt. Kersten, Otto, Plan d. Residenzstadt Altenburg, S.-A. Für d. Verschönerungsverein gezeichnet. 1 : 12,500. 31,5 × 35,5 cm. Farbdr. Mit Text an d. Seiten. Nebst Strassenverzeichnis. 8. (1 Bl.) Altenburg 898. O. Bonde. n. — 30

Altenburg (Stadt). Plan der herzogl. Haupt- u. Residenzstadt Altenburg. Chromol. Fol. Nebst e. Verzeichniss sammtl. Plätze, Strassen u. Sehenswürdigkeiten u. Plan d. Sitzplätze d. herzogl. Hoftheaters. 12°. (4) Altenb., 1882, Blücher.

Altenburg, Stadt. Plan der herzogl. Haupt- u. Residenzstadt Altenburg. 1 : 12,500. Neueste Aufl. Chromolith. qu. gr. 4. Altenburg 887. Schnuphase. — 30

— Plan der (herzogl. Haupt- u.) Residenzstadt Altenburg, S.-A. 17,5×21 cm. Farbdr. Mit Text an der Seite. Ebd. (907). — 15

Altenburg [Schlagwort]

Altenburg und Ronneburg — Topographische Karte der Aemter — Herausgegeben auf Befehl Sr. Durchlaucht des regierenden Herzogs von Sachsen-Gotha und Altenburg, von dem Minister von Thümmel. 1813. Dessiné par E. Koch, Ing. Géogr. Gravé par Tardieu l'ainé. Ecrit par A. Pelicier. Generalkarte 1 : 37,000. Die Blätter gemäss der Graduirung 1 : 9,250. 21 Bl. und 1 Generalkarte.

Altenburg, s.a. Altenburg, Carl

Altenburg, C. G., Arzt. 1826 s. *Altenburg,* Christian Gottlieb.

Altenburg, Carl: Antritts-Predigt über Matth. 9, 35–38, in der Liebfrauen-Kirche zu Liegnitz am 1. Dec. 1872 geh. von C. Altenburg. — Liegnitz: Krumbhaar 1872. 15 S. 1:9 in E 251. 2.
3.7115

— Weltliche Bildung und Christenthum. Predigt über 1. Corinther 2, 1–10, in der Liebfrauen-Kirche zu Liegnitz am 31. Aug. 1873 geh. von C. Altenburg. — Liegnitz: Krumbhaar 1873. 15 S. 1:10 in E 251. 2.
3.7116

— Lebendiges Christenthum. Predigt am Sonntag Quasimodogeniti 1875 über Johannes 20, 19–31, in der Kirche zu Unserer Lieben Frauen zu Liegnitz geh. von C. Altenburg. — Liegnitz: Krumbhaar [1875]. 15 S. 2.
3.7117

Altenburg, C., Luthers kleiner Katechismus, nebst e. Spruchbuch, zum Gebrauch im Schul- und Confirmandenunterricht hrsg. 3. Aufl. 8. (83 S.) Grünberg 885. Weiß Nachf. n. — 35

Altenburg, C., Luthers kleiner Katechismus nebst e. Spruchbuch, zum Gebrauch im Schul- u. Konfirmandenunterricht hrsg. 5. Aufl. 8. (IV, 84 S.) Grünberg 893. H. Söderström. n. — 40

— dass., 5. Afl., 2. Asg., verm. durch d. Abdr. d. 20 f. Schlesien vorgeschriebenen Kirchenlieder. 8° (84) Ebd. 95. n.n. — 25

Altenburg, C., Luthers kl. Katechismus, nebst e. Ausw. v. Kirchenlied. u. e. Spruchbuch z. Gebr. i. Schul- u. Konfirmandenunterr. hrsg. 7. Aufl. 8. (96 S.) Breslau 898. W. G. Korn. — 30

Altenburg, C: Luthers kl. Katechismus, nebst e. Ausw. v. Kirchenliedern u. e. Spruchb. z. Gebr. im Schul- u. Konfirmandenunterr. 8. Afl. 8° (96) Bresl. 1900. WG Korn. — 30

Altenburg, C., Luthers kleiner Katechismus, nebst e. Auswahl v. Kirchenliedern u. e. Spruchbuch, z. Gebr. im Schul- u. Konfirmandenunterr. hrsg. 9. Aufl. 8. (96 S.) Breslau 901. W. G. Korn. n. — 30

Altenburg, C., Luthers kleiner Katechismus nebst e. Auswahl v. Kirchenliedern u. e. Spruchbuch zum Gebrauch im Schul- u. Konfirmandenunterricht. 11. Aufl. (96 S.) 8. Breslau 904. W. G. Korn. n. — 30

Altenburg, C: Luthers kl. Katech. nebst e. Ausw. v. Kirchenliedern u. e. Spruchb. z. Gebr. im Schul- u. Konfirmandenunterr. 12. Afl. (96) 8° Bresl., WG Korn '08. - 30 (Partiepreise) d

Altenburg, C., Luthers kleiner Katechismus nebst e. Auswahl v. Kirchenliedern u. e. Spruchbuch zum Gebrauch im Schul- u. Konfirmandenunterricht. 13. Aufl. (96 S.) 8. Breslau 910. W. G. Korn. n — 30

— Pensenverteilung für die Unterklasse der geteilten einklassigen Volksschule von C. Altenburg. 3. Aufl., angepaßt d. Neubearb. von F. Hirts Deutschem Lesebuch, Ausg. A. — Breslau: Hirt 1899. 1 Bl. quer-gr. 2°
1: Ne 15003[a]. 2.
3.7118

— Pensenverteilungsplan f. die Oberklasse der geteilten einklassigen Volksschule. 3. Aufl., angepaßt der Neubearbeitg. v. F. Hirts deutschem Lesebuch, Ausg. A. 3 Taf. qu. gr. Fol. Breslau 899. F. Hirt. à n. — 50
I. 1. Jahreskurs. (f. die Oberklasse). — II. 2. Jahreskurs. (f. die Oberklasse.) — III. (Für die Unterklasse.)

—— Pensenverteilungspläne für die Ober- und Unterklasse der geteilten einklassigen Volksschule (Halbtagsschule). 8 Bl. qu. gr. Fol. Breslau 885,86, Hirt. à Bl. * 40 Pf. *
Inhalt:
Bl. 1. Für die Oberklasse der geteilten einklassigen Volksschule (Halbtagsschule). 1. Jahres-Kursus.
„ 2. —— dass. — 2. Jahres-Kursus.
„ 3. Für die Unterklasse der geteilten einklassigen Volksschule (Halbtagsschule). A. Mit 2 Abtlgn.
„ 4. —— dass. — B. Mit 3 Abtlgn.
„ 5. Für dreiklassige Volksschulen, Unterklasse.
„ 6. —— dass. — Mittelklasse.
„ 7. —— dass. — Oberklasse 1. Jahres-Kursus.
„ 8. —— dass. — Oberklasse 2. Jahres-Kursus.

Altenburg, Pensenverteilungspläne. Nr. III. Für die Unterklasse der geteilten einklass. Volksschule (Halbtagsschule). A. Mit 2 Abteilgn. 3., verb. Aufl. 35 × 50 cm. Breslau 892. F. Hirt. n. — 40

Altenburg, C, Pensen-Verteilungspläne. Nr. 5—8. Fol. Bresl. 86. F Hirt.. à n. . .

— Pensenverteilungspläne. Nr. V—VIII. 2. Aufl., angepaßt d. Neubearbeitg. v. F. Hirt's deutschem Lesebuch, Ausg. A. à 52,5×71 cm. Breslau 898. F. Hirt. à n. — 50
V. F. d. Unterklass. d. dreiklass. Schule m. 2 Lehrern.
VI. F. d. Mittelkl. d. dreiklass. Schule m. 2 Lehrern.
VII. F. d. Oberkl. d. dreiklass. Schule m. 2 Lehrern. 1. Kurs.
VIII. Dasselbe. 2. Kurs.

— Predigt am 2. Pfingstfeiertage 1874 üb. Apostelgeschichte 10, 42—48 in der Kirche U. L. Frauen zu Liegnitz. 8. (20 S.) Liegnitz 874. Krumbhaar. — 15

— Predigt am zweiten Pfingstfeiertage 1872 üb. Joh. 3, 16—21 in der Kaufmannskirche zu Erfurt geh. gr. 8. (15 S.) Erfurt 872. Otto'sche Buchh. — 30

— s.: Spruchbuch zu Luthers kleinem Katechismus.

— Stoffverteilgspläne f. 1- u. 3klass. Schulen d. Reg.-Bez. Liegnitz. Unter Anpassg an d. Neubearbeitg v. F Hirts Leseb., Ausg. A f. d. Prov. Schlesien v. '10 neubearb. v. G Feilhauer. 6 Taf. 4. Afl. Bresl., F Hirt '11. je — 60 d
1: Für d. Unterkl. d. 3klass. u. d. geteilten 1klass. Schule m. 2 Jahrg. (1. u. 2. Schulj.) 46×59 cm. ‖ 2 u. 3: Für d. Oberkl. d. geteilten 1klass. Schule. 1. u. 2. Jahreskurs. Je 56,5×70 cm. ‖ 4: Für d. Mittelkl. d. 3klass. Schule m. 2 Lehrern (3. u. 4. Schulj.) 56,5×70 cm. ‖ 5 u. 6: Für d. Oberkl. d. 3klass. Schule m. 2 Lehrern (5—8. Schulj.). 1. u. 2. Jahreskurs. Je 56,5×70 cm.

Altenburg, C., über den Ursprung der Vorstellungen von Engeln u. Teufeln. Vortrag. Erfurt 868. Villaret. 16. (40 S.) n. 5 ngr.

— Verordnungen betreffend das Schulwesen des Regierungs-Bezirks Liegnitz. Aus amtl. Quellen zsgest. u. hrsg. von C. Altenburg. 2. Bearb. — Breslau: Hirt 1890. XII, 404 S.
1: Ay 7727[a]. 2.
3.7123

—— 3. Bearb. Ebd. 1911. XXXI,892 S.
1: Ay 7727[b]. 2.
3.7124

— Das letzte Wort. Konfirmationsrede ... geh. ... von C. Altenburg. — Grünberg i. Schl.: Weiß [1886]. 14 S.
1: Ec 24433.
3.7125

Altenburg, Christian Gottlieb: Beschreibung des Popperoder Brunnens und seiner Umgebung nebst ... Gedichten u. musikal. Beil. [Verf.: Christian Gottlieb Altenburg.] — Mühlhausen 1825: Röbling. 24 S. 7.
3.7107

Altenburg, Ch. G. Topogr.-histor. Beschreibung der Stadt Mühlhausen i./Th. 8. M. 2 Pl. Mühlhausen 1822. 6,00.

— Topographisch-historische Beschreibung der Stadt Mühlhausen in Thüringen aus verschiedenen alten Hs. zsgetr. [Hrsg.: Wilhelm Gottlieb Tilesius.] — Mühlhausen 1824: Röbling. XXIV,432,VIII S.
1: Tf 1932. 2. 3. 7.
3.7108

Altenburg, Ch. Gli., topograph. histor. Beschreib. d. Stadt Mühlhausen in Thüringen, aus verschied. alten Handschriften zusammen getragen. (Herausg. v. W. G. Tilesius.) Mit 2 Plän. u. 20 Kpf. u. Steintaf. gr. 8. Mühlh. 825. Heinrichshofen. 2 ß

Altenburg, Christian Gottlieb (Mühlhausen/Th.), De oligochymiae differentiis. Präs. Chn. Gottlieb Ludwig. Lpz. (Breitkopf) 17. V. 1771. 36 S. (5.—) 321

Altenburg, Eduardus [Hersfeldensis]: Observationes in Italici Iliadis latinae et Silii Italici Punicorum dictionem ... Marpurgi Cattorum, typ. F. Soemmering, 1890; 2 Bl., 64 S., 1 Bl. 8°. Marburg, Phil. Fak., Inaug.-Diss. v. [1.Okt.] 1890.

Altenburg, Ernst Glieb., Geschichte des Streites zwischen Rat und Bürgerschaft der Freien Reichsstadt Mühlhausen u. der daraus entstandenen Unruhen in den J. 1725—1735, s.a. Aus alter Zeit.

Altenburg, Ernst Gottlieb: Geschichte des Streites zwischen Rath und Bürgerschaft der Freien Reichsstadt Mühlhausen und der daraus entstandenen Unruhen in den Jahren 1725-1737, aus Akten, Handschriften u. Büchern zsgetr. Hrsg. von R[einhard] Jordan. — (Mühlhausen i. Thür.: Danner [1897].) 52 S. 4°
Aus: Aus alter Zeit. Beiblatt zum Mühlhäuser Anzeiger. 1896/97.
3.
3.7109

—— Geschichte des Streites zwischen Rat u. Bürgerschaft der Freien Reichsstadt Mühlhausen und der daraus entstandenen Unruhen in den Jahren 1725-1735, aus Akten, Handschriften u. Büchern zsgetr. Hrsg. von R[einhard] Jordan. 2. Aufl. — Ebd. 1908. 52 S. (Aus alter Zeit. 1.)
1: 4° Tf 1829/5-1. 3. 5.
3.7110

Altenburg, Friedrich Wilhelm
Altenburg, Fr. Guil.: Adnotationes ad T. Lucretii Cari aliquot locos Carminis de rerum natura. 23 S.
Progr. Schleusingen 1845.

Altenburg, Fr. W., method. Anweis., d. griech. Zeitwort leicht u. gründl. zu erlernen; in Paradigmen dargestellt, mit Anh. von Beisp. zum Uebersetzen, enthaltend d. Syntax des griech. Zeitworts, nebst Wörterbuch. 8. Hildburgh. 823. Kesselring. 18 K

Altenburg, Fridericus Guil[elmus]: *De Epistolarum Themistoclis autenthia [korrigiert in: authentia] dissertatiuncula. 29 Bl. 8° (4°)
Halle-Wittenberg, Phil. Diss. v. 11. Juli 1826
Geb. [Gleina (Kr. Querfurt) 25. 2. 1797]
Ersch. nach Engelmann-Preuß: Halae 1827. 8°. Ein Exemplar nicht nachweisbar. — Verf. hatte außerdem eingereicht 2 Druckschriften: 1. Quaestiones methodico-grammaticae: de Digammate Aeolico et de Declinatione graeca. Partic. 1. Schleusingae (1824): Crusenius. S. 1—20. 8° (4°) Gymn.-Progr. Die 2 letzten Buchstaben des Wortes Digammate sind hs. ausgestrichen. 2. Tacitus, C. [vielmehr: Publius] Cornelius: De Situ, moribus et populis Germaniae libellus. Mit grammat., antiquar., geogr., krit. u. andern Anm. von Fr. Wilh. Altenburg. Hildburghausen: Kesselring 1825. XXXII, 191 S. 8°

Altenburg, F. W. Allgemeine Bemerkungen über philosophische Grammatik nebst der speciellen Lehre vom Zeitwort. Schleusingen, G., 1830. 25 S. 4.

— Fr. Wilh., Ad publicam explorationem progressuum, quos discipuli fecerunt omnium classium gymnasii Hennebergici 5.—9. IV. 1824. — Praemissa sunt quaestiones method.-grammat. de Digammate Aeoligo et de declinatione graeca. Tl. I. Schleusing. (Crusenius). 24 S. (3.—) 322
Namen.

Altenburg, Fr. W., einige Gedanken üb. deutsche Mythologie, so wie üb. Cäsars u. Tacitus Ansichten v. d. Religion d. alten Deutschen. Ein Beitrag zu ihrer Vereinigung. Progr. 4. (5 B.) Schleusingen 827. (Hildburghausen, Kesselring.)

Altenburg, Fr. W., s. Tacitus de situ, moribus etc.

— **Ulixes qualis ab Homero in Odyssea descriptus sit. Quaestionum Homericarum fasc. 2. Auctore Frid. Guil. Altenburg. — Schleusingae: Glaser 1837. 30 S.**
Ersch. auch als Progr. Schleusingen 1837. **5. 10.**
3.7111

Altenburg, F.W.: De usu antiquae locutionis in Lucretii carmine de rerum natura obviae. Part. I. Partem elementarem continens. 31 S. Progr. Schleusingen 1857.

Altenburg, Franz: Über die Behandlung der Varicen. *Bonn 1903: C. Georgi.* (24 S.) 8°
Bonn, Med. Diss. v. [22. Juli] 1903

Altenburg, G. v., hast du e. Sonntag? s.: Pilgergrüße. Nr. 2.

Altenburg, G., voir: *Europa illustr.*

Altenburg, Gustavus Emilius Oscarus: De interpolatione apud Euripidem. Sectio 1. De versibus, qui sunt in Phoenissis spurii. Halis Saxonum (1865): Orphanotropheum. 33 S. 8°
Halle-Wittenberg, Phil. Diss. v. 22. [vielmehr: 14.] Jan. 1865
Geb. Schleusingen 6. 8. 1843. V.

Altenburg, Johann, Pfarrer, Erfurt, 1583-1640. 1856 s. *Altenburg,* Michael.

Altenburg, Joh. Ernst: Versuch e. Anleitg z. heroisch-musikal. Trompeter- u. Pauker-Kunst, zu mehrerer Aufnahme derselben histor., theoret. u. prakt. beschrieben u. m. Exempeln erläutert. 2Thle. Halle, gedruckt u. verlegt bey Joh. Christ. Hendel. 1795. Neuausg. (11, 144) gr8° Dresd., R Bertling '11.
6 — d

— Johann Georg (Aschaffenburg), De annis gratiae canonicorum ecclesiarum cathedralium et collegiatarum in Germania. Diss. juris canonici. Rector Friedr. Carl Joseph Freih. v. Ehrthal. Präs. Franz. Anton Dürr. Mainz (Haeffner Erb.) Febr. 1770. 40 S. (5.—) 323
Gew.: Carl Theod. Anton Maria Freih. v. Dahlberg.

— — Dasselbe. Mainz (Haeffner Erb.) o. J. (ca. 1764). 40 S. (4.80) 324

Altenburg, Johannes, a. Bielefeld: **Über Gewinnung von Basen aus Aldehyden und Ketonen. Hildesheim 1906: A. Lax.** (47 S.) 8°
Göttingen, Phil. Fak., Ref. Wallach, Diss. v. 16. Febr. 1906
[Geb. 2. Juni 80 Bielefeld; Wohnort: Göttingen; Staatsangeh.: Preußen: Vorbildung: Realgymn. Quakenbrück Reife O. 00; Studium: München 4, Göttingen 7 S.; Rig. 6. Dez. 05.]

Altenburg, Karl, s. Altenburg, Carl

Altenburg, M., Die Methode der Hypothesis bei P. 1905. Siehe *auch* Aristoteles.

Altenburg, Martin, a. Wandsbeck: **Die Methode der Hypothesis bei Platon, Aristoteles und Proklus.** Marburg 1905: (C. Boldt, Rostock). (241 S.) 8°
Marburg, Phil. Fak., Ref. Cohen u. Natorp, Diss. v. 19. Mai 1905
[Geb. 24. Apr. 79 Wandsbeck: Wohnort: Wandsbeck; Staatsangeh.: Preußen; Vorbildung: Matthias Claudius-Gymn. Wandsbeck Reife O. 98; Studium: Heidelberg, Marburg, Berlin, München, Marburg; Rig. 24. Febr. 04.]

Altenburg, Martin: Die Methode der Hypothesis bei Platon, Aristoteles und Proklus. — Marburg i. H.: Elwert 1905. 240 S.
Ersch. auch als Diss. Marburg 1905.
1: Nk 6181. 4. 102.
3.7126

Altenburg, Michael: Gustav Adolphs [Gustaf Adolf II. König v. Schweden] Schwanengesang. Nach d. ältesten Drucken hergestellt u. mit literarhist. Anm. begleitet, sammt d. versch. späteren Erweiterungen d. Liedes. (Verf.: Johann [vielm. Michael] Altenburg.) Traur- und Trostlied auf Gustav Adolphs Tod, nach d. Drucken von 1632–1633. Nebst Beil. Der Hauptversammlung d. Gustav Adolph-Vereins in Bremen am 2.–4. Sept. 1856 gewidmet von Johannes Geffcken. — Hamburg: Perthes-Besser & Mauke 1856. 53 S. **5. 7. 9. 11.**
3.7130

(—) — 2. Aufl., mit e. Nachw. Ebd. 1856. 55 S.
1: Eg 11570. 2. 3. 4. 7. 9. 10.
3.7131

Altenburg, O., s.a. Altenburg, Oskar

Altenburg, O., Euripides' Hippolyt. 8°. (XXIV, 56 S.)
Wien: Tempsky 1903. geb. K 1.20

Altenburg, O., Euripides' Medea. 8°. (ill. XX, 61 S.)
Wien, Tempsky 1902. geb. K 1.20

Altenburg, Oskar
Altenburg, O., Die Arbeit im Dienste der Gemeinde. gr. 8°. Berlin 1900.

Altenburg, Oskar: Die Arbeit im Dienste der Gemeinschaft. Eltern u. Erziehern unserer deutschen Jugend gewidmet. — Berlin: Reuther & Reichard 1901. X,212 S.
1: Fd 2246. 12: Pol. g. 9x. 11.
3.7132

Altenburg, Oskar, Dr., Dir.: [Bericht über seine Einführung als Direktor, nebst Verzeichnis seiner Schriften.] *Gross-Glogau (1900): Glogauer Druckerei.* (S. 11—12.) 4°
Gross-Glogau, k. ev. G, P 1900 (107)

Altenburg, Oskar, Dr., Dir.: [Bericht über die Feier des 25-jährigen Jubiläums des Gymnasiums.] *Wohlau 1899: Schulze.* (S. 12—14.) 4° [F.]
Wohlau, k. G, P 1899 (220)

Altenburg, Osc.: Pädagogische Gänge. 27 S. Progr. Schweidnitz 1869.

Altenburg, Oskar, Direktor Dr.: Grundlagen des Gymnasialunterrichts. 1. Ein lateinisches Sachbuch; Grundzüge und Stoffnachweisung. Abschn. 1: Die Stadt. Groß-Glogau 1907: Glogauer Druckerei. (17 S.) 4°
Groß-Glogau, k. ev. G OP 1907 (235)

Altenburg, Oskar, Dir. Dr.: Aus dem Grundlehrplan der Anstalt. 1. Lehrplan für den Religionsunterricht. Groß-Glogau 1904: Glogauer Druckerei. (14 S.) 4°
Groß-Glogau, k. evangel. G OP 1904 (223)

Altenburg, Oskar: [Die zweihundertjährige Jubiläumsfeier der Anstalt.] S. 11—24. 4 Progr. Kgl. ev. Gymn. *Groß-Glogau* 1909

Altenburg, Osk., D. Kunst d. psycholog. Beobachtens, s.a. Sammlung v. Abhandlungen a. d. Gebiete d. pädagog. Psychologie u. Physiologie.

— Die Kunst des psychologischen Beobachtens. Praktische Fragen d. pädagogischen Psychologie. — Berlin: Reuther & Reichard 1898. 76 S. (Sammlung von Abhandlungen aus d. Gebiete d. pädagogischen Psychologie u. Physiologie. 2,3.)
1: Nc 3996-2,3. 12: Paed. Th. 4917b-2,3. 2. 7. 11.
3.7133

Altenburg, Oskar [Dr., Dir.]: Zur Lehrplanorganisation für die Prima des humanistischen Gymnasiums. Wohlau, Buchdr. „Schles. Dorfzeitung", 1891; 22 S. 4°
Wohlau, k. G, P 1891 (207)

Altenburg, Osk., deutsches Lesebuch f. höhere Lehranstalten, Anh. f. die Prov. Schlesien, s.: Lehmann, Rud.

Altenburg, Oskar [Dir. Dr.]: Probe einer Schulauslegung von Tacitus' Agricola. Wohlau, Buchdr. Dr. Schulze, 1896; 20 S. 4.
Wohlau, k. G, P 1896 (214)

Altenburg, Oskar: Ein lateinisches Sachbuch. 2. Aus dem Kinderleben. Gross-Glogau (1910): Glogauer Dr. 17 S. 4° ¶ (Forts. d. P.-Beil. 1907 u. d. T.: Grundlagen d. Gymnasialunterr.)
Groß-Glogau, k. ev. G OP 1910 (271) [S 10. 4

Altenburg, Oskar, Dr., Dir.: Ciceros Tusculanen und die Lehrplaneinheit für das zweite Halbjahr der Gymnasialprima. *Groß-Glogau (1902): Glogauer Druckerei.* (19 S.) 4°
Groß-Glogau, k. ev. G, OP 1902 (266)

— **Lateinisches Übungsbuch,** s.a. **Busch, H., u. W. Fries.**

— Lateinisches Übungsbuch für Prima im Anschluß an die Tatsachen- und Gedankenkreise der Lektüre nebst stilistischem Anh. — Berlin: Weidmann 1906. VII,132 S. (Busch, Hermann: Lateinisches Übungsbuch. 6.)
1: Wa 4788/50-6.
3.7134

Altenburg, Oskar [Dr., Dir.]: Winke zur Schulauslegung der Germania des Tacitus. Wohlau, Buchdr. „Schles. Dorfztg", 1892; 21 S. 4.
Wohlau, k. G, P 1892 (209)

Altenburg, Oskar [Dr., Dir.]: Winke zur Schulauslegung des Horaz. I. Unser Leseplan aus d. dritten Buche d. Lieder. Wohlau, Buchdr. „Schles. Dorf-Ztg". '(Dr. Schulze.)', 1893; 20 S. 4.
Wohlau, k. G, P 1893 (212)

Altenburg, Oskar [Dr., Dir.]: Winke zur Schulauslegung der Lieder des Horaz. III. Unser Leseplan aus d. ersten Buch u. d. Epoden. (I = P-Beil. 1893; II: Leseplan aus d. vierten Buch u. d. Carmen saeculare, in: Lehrproben u. Lehrgänge ... hrsg. v. Fries u. Meier, Heft 36. 1893.) Wohlau, Buchdr. „Schles. Dorfzeitg", 1894; 24 S. 4.
Wohlau, k. G, P 1894 (211)

Altenburg, Otto, deutsches Lesebuch, s.: Lehmann, Rud.

Altenburg, Otto, De sermone pedestri Italorum vetustissimo. [Aus: „Jahrb. f. class. Philol."] gr. 8. (54 S.) Leipzig 898. B. G. Teubner. n. 2. —

Altenburg, Wilhelm. 1904: Die Klarinette. Ihre Entstehung u. Entwicklung bis zur Jetztzeit in akustischer, technischer u. musikalischer Beziehung. — Heilbronn: Schmidt (1904). 46 S. (Musik-Bibliothek. 6.)
1: Mus. Fb 28. 12: Mus. Th. 117g. 300: 585.005-B. M. S. 6.
3.7145

Altenburg, W., das Kreidegebiet in Süd-Limburg u. i. Haspengau. 4. (34 S. m. 1 Karte.) Aachen 895. A. Creutzer. n. 1. 25

Altenburg, Wilhelm [Prof.]: Das Kreidegebiet in Süd-Limburg und im Haspengau. Eupen, Druck v. C. J. Mayer, 1895; 3—34 S., 1 Kt. 4.
Eupen, PG, P 1895 (453)

Altenburg. Wilh[elm]. Kursaal Maloja (* *Umschlag:* M. Palace) dans la Haute-Engadine et ses environs. Par Wilh. Altenbourg. Avec des plans, des gravures [dont 4 planches] et une carte pour les excursions. (L'Europe illustrée. № 150. 151.) 8. Zürich [1891].

Altenburg, Wilh., Kursaal Maloja im Oberengadin u. seine Umgebung, s.a. Europa illustrata. — Europe, illustrated. — L'Europe illustrée. — Wanderbilder, europäische.

Altenburg, Wilhelm. 1891: Kursaal Maloja im Oberengadin und seine Umgebung. Von Wilh. Altenburg. Mit Pl., Illustr. u. e. Exkursionskt. — Zürich: Orell Füssli (1891). 53,7 S.
Nebent.: Altenburg: Maloja-Palace im Oberengadin und seine Umgebung.
(Europäische Wanderbilder. 198. 199.)
1: Pv 6615-198.199.
3.7144

Altenburg, Wilhelm: Kursaal Maloja im Oberengadin und seine Umgebung. Mit Plänen, Illustrationen und einer Exkursionskarte. (Europäische Wanderbilder. No. 198 u. 199.) Zürich [1892]. 53 S. 8°.

Altenburg, Wilh., Wörterb. der Eupener Sprache, s.: Tonnar, Aug.

Altenburger, die, Geistergesch. a. d. 11ten Jahrh. v. Albrecht. 8. Lpz. Schwickert. 795.

Altenburger, G., u. B. **Rumbold,** Wappenbuch d. Königr. Ungarn u. seiner Nebenländer. (In 15 Hftn.) 1—5. Hft. gr. 4. (S. 1—44 m. 51 Steintaf.) Budapest 880—82. (Grimm.) à n. 4. —

Altenburger, G., u. B. **Rumbold,** Wappenbuch d. Königr. Ungarn u. seiner Nebenländer. 6. u. 7. Hft. gr. 4. (S. 45—60 m. 20 Steintaf.) Budapest 883—86. Grimm. à n. 4. —

**Altenburger, J.* Die Theorie des Policen-Rückkaufs in der Lebensversicherung. S. A. Wien 1900.

Altenburger, Jul., Heinr. Braun, Paul Meyer u. **Paul Spangenberg:** Versichergs-mathemat. Abhandlgn, s.a. Veröffentlichungen d. deut. Vereins f. Versichergs-Wiss.

Altenburger, J., u.a., Versicherungs-mathematische Abhandlungen. Berlin, 1911. 179 S.

Altenburger, P. Montanistischer Wegweiser für das Herzogthum Oesterreich ob und unter der Enns. Wien. 1843. Folio.

Altenburg-Gottesgab [Schlagwort]

Altenburg-Gottesgab, s.: Radfahrorkarten. Möller.

Altendorf [Schlagwort]
Altendorf, s.: Essen.

Altendorf [Verfasser]

Altendorf, A: Johann Duve, s: Veröffentlichungen z. niedersächs. Gesch.

Altendorf, Ewald: Die Bade-Reise. (84 m. Abb.) gr8° Berl., Hesperus-Verl. ('12). 1.50; geb. n 2.20

Altendorf, F: Repetitorium in Tab. u. Gliedergn. Hilfsmittel f. Präparanden bei d. Vorbereitg auf d. Seminar-Aufnahmeprüfg. (160) 8° Lpzg, Dürr'sche Bh. '02. 2 —; geb. 2.50 d
! Altendorf, F: Repetitorium. Jetzt: Lpzg, E Peter.

Altendorf, Frz: Leonhard Kaiser. Schausp. a. d. Zeit d. Reformation. (133) kl8° Lpzg, F Jansa '11. 1 — d

Altendorf, Franz: Zwölf Lebensbilder brandenburgisch-preußischer Regenten, für d. Gebrauch im Geschichtsunterricht auf d. Mittelstufe bearb. von Fr. Altendorf. — Berlin: Simion 1908. 59 S. 1: N 09.2.
3.7164

Altendorf, H., s.: Maurerhandwerk, das.

Altendorf, Johannes G. [aus Köln]: Sterilisirung der Milch in Einzelportionen mittelst des neuen Soxhlet'schen und des Ollendorff'schen Verschlusses ... Bonn, Druck v. L. Hünewinkel & C., 1892; 23 S. 8.
Bonn, Med. Fak., Inaug.-Diss. v. [6.] Aug. 1892

Altendorf, Karl [Hrsg.] s. *Arndt*, Ernst Moritz: Meine Wanderungen und Wandelungen mit dem Reichsfreiherrn von Stein. 1908.

Altendorf, Karl, Faust u. Luther. Ein Zwiegespräch. (17 S.) 8. Offenbach (904). J. P. Strauß. n. — 30

— ästhetischer Kommentar zur Odyssee. (VIII, 79 S.) gr. 8. Gießen 904. E. Roth. n. 1. 50

Altendorf, Oscar [aus Culm]: Ueber Milzexstirpationen m. Berücks. eines Falles ... Greifswald, Druck v. J. Abel, 1892; 27 S. 8.
Greifswald, Med. Fak., Inaug.-Diss. v. 16. März 1892

Altendorf Otto, Hippolytos, s.: Euripides.

Altendorf, Otto: Proben aus einer Ovidübersetzung. *(Gießen 1903: v. Münchow.)* (S. 1—16.) 4° [F.]
Gießen, großh. hess. G, P 1903 (725)

Altendorf, R. Ueber die Localtheorie der Casus. Deutsch-Crone, G., 1867. 16 S. 4.

Altendorfer, Heinrich, gepr. cand. med. aus Griesbach i. R.: Oesophaguscarcinom mit Perforation in den rechten Lungenunterlappen. *München 1904: Kastner & Callwey.* (21 S.) 8°
München, Med. Diss. v. 1904

Altdorfer, Johann Jacob, Theologe u. Philosoph, Schaffhausen, 1741-1804. 1806: [Werke] Joh. Jacob Altdorfers Hinterlassene poetische und prosaische Schriften, nebst dessen Lebensgeschichte von Joh[ann] Jacob Altdorfer. Mit e. Vorr. von Joh[ann] Georg Müller. Bdch. 1.2. — Winterthur: Steiner 1806.
1: Ak 2171. 12: P. o. germ. 29. 7.
3.6956

— hinterl. poetische und prosaische Schriften, nebst dessen Lebensgeschichte von J. G. Müller, 2 Bdchn. 8. Ebend. 807. (à 1 Thlr.)
(das 2. Bdchn. auch unter dem Titel: Predigten nach dessen Tode herausgegeben).

— Sammlung des Gemeinnütz. aus den poet. und moral. Schriften des A. Test. gr. 8. Ebend. 788.

Altorffer, J. J., Sammlung des Gemeinnütz. aus den Schriften des A. Test. für die Jugend. gr. 8. Winterthur, Steiner. 788.

Altendorff, H., der praktische Zimmermann, s.: Promnitz, J.

Altendorff, Hugo, Baumeister, Leipzig. 1872 s. *Altendorff,* Hugo Alfred.

Altendorff, Hugo Alfred

Altendorff, H. A., Abbildungen einiger alterthümlicher Gegenstände aus den Sammlungen der Gesellschaft, s. Mittheilungen d. deutschen Gesellschaft zur Erforschung vaterländischer Sprache u. Alterthümer.

Altendorff, Hugo, üb. die kirchliche Baukunst d. 19. Jahrh. Vortrag, geh. in der deutschen Gesellschaft zu Leipzig. Mit 3 (lith.) Taf. Abbildgn. gr. 8. (30 S.) Leipzig 872. Bauer. n. 1. —

— Ueber die kirchliche Baukunst des 19. Jahrhunderts. Vortrag, geh. in d. Deutschen Gesellschaft zu Leipzig von Hugo Altendorff. Mit 3 Taf. Abb. — Leipzig: Reclam 1872. 28 S. 1: Ny 9896. 12: A. civ. 2 h. 2. 82.
3.7161

Altendorff, Hugo (Red.), s. Bauzeitung für das Königreich Sachsen und Thüringen.

Alteneck, J.H. v. Hefner — , s. Hefner — Alteneck

Alteneder, Josef: Bericht über die Geschichte und Thätigkeit des Stenographen-Vereines zu Passau während des Quinquenniums 1882-1887. Festgabe zur 30. Stiftungsfeier am 16. Juli 1887. (Verf.: Joseph Alteneder.) — Passau (1887): Bucher. 43 S. 1:5 in V 18360-1.
3.7162

— Bericht über den 1. internationalen Stenographen-Kongress in London vom 26. Sept. bis 1. Okt. 1887. — Berlin (1887): Hermann. 19 S. (Deutscher Gabelsberger Stenographenbund. 5,7. Beil.) 1:9 in V 14300-1.
3.7163

— 3. Internationaler Stenographen-Kongress München 1890. Bericht über Zweck und Aufgabe eines offiziellen Organs des internationalen Kongresses. — (München 1890: Schön.) 8 S. 1:15 in V 13200.
3.7164

[—] Zur Erinnerung an die fünfundzwanzigjährige Jubelfeier des Stenographen-Vereines zu Passau am 29. und 30. Juli 1882. — Passau 1882: Bucher. 16 S.
1:7 in V 18360-2.
3.7166

— Franz Xaver Gabelsberger, Erfinder der deutschen Stenographie. (Bd 1.) — München & Leipzig: Franz 1902. XIII,447 S.
1: V 12700. 12: Bavar. 68 ti. 2. 7. 9. 11.
3.7167

Alteneder, Jos., Lehrbuch der Gabelsbergerschen Stenographie, s.: Albrecht, Karl.

— Kurzer Leitfaden f. den Unterricht in der stenographischen Verkehrsschrift, s.: Albrecht, Karl.

— Reklame auf stenographischem Gebiete. Vortrag geh. anlässl. der 5. Hauptversammlung des Gesammtvereins der Stenographenvereine d. Kgr. Bayern zu München am 7. Aug. 1890. — Passau 1890: 'Passavia'. 20 S.
1:20 in V 13200.
3.7168

[—] Rückblick auf die Geschichte und Thätigkeit des Stenographen-Vereines zu Passau vom Jahre 1857-1882. Festgabe zur 25jähr. Jubelfeier am 30. Juli 1882. — Passau 1882: Bucher. 32 S.
1:6 in V 18360-2. 12: Graph. 596 n.
3.7169

(—) Gabelsberger Stenographen-Verein Passau. Rückschau auf die Thätigkeit während der Jahre 1887-1890. Mit einer Beigabe: Drei Briefe (Franz Xaver) Gabelsberger's. Passau 1890: 'Passavia'. 44 S. 1:4 in V 10800.
3.7170

Altenfels. — August Altenfels. Eine wahre Geschichte. Th. 1.2. — Frankfurt & Leipzig 1788.
Verfasser von Th. 2 ist Johann Gottlob Backhaus.
1: Yw 2989.
3.7171

Altenfels, August; e. wahre Gesch. 2 Thle. (2r Thl. v. J. G. Backhaus). 8. Altona 789. Kaven. 1 ₰

Altengarten, Adf: „Borge roemrijk". Das Sülztal. (144 m. 10 Taf. u. 1 Kte.) 8° Eusk., W Zimmermann '11. HL 1.80 d

Alten-Grabow [Schlagwort]
Alten-Grabow, s.: Geologische Karten. Karte (Preussen).

Alten-Grabow, s.: Preussen. Messtischblätter.

Altengronau [Schlagwort]
Altengronau, s.: Preussen. Messtischblätter.

Altenhagen [Schlagwort]
Altenhagen, s.: Geologische Karten. Preussen. 82.

Der Altenheim-Bote: Jan. 1892—Apr. 1918. **New Orleans, LA**

Monthly, published in English and German, Apr. 1912—Apr. 1918. Organ of The Protestant Home for the Aged. Continued by THE HOME MESSENGER [in English]. Edited by the Rev. Louis Voss, the Rev. Henry Dietz & the Rev. A. H. Becker, 1892; by the Rev. D. Mathaei & the Rev. J. Pluermeke, 1896—1900; by the Rev. Louis Voss, the Rev. W. A. Motes & the Rev. A. H. Becker, 1901—08; by the Rev. Louis Voss, 1918—36. Other editors: the Rev. A. A. Leifeste, who was associate editor in 1911.

Altenheime u. Invaliditäts- u. Altersversicherungs-Anstalten. (Arbeiterfreund, Jahrg. 33, 1895.)

Die St. Louiser Altenheim Nachrichten: 1906—? **St. Louis, MO**

Published Suburban Home Journal.

Altenheims-Bote: Jahrgang 1—?, Oct. 1902—? **Newark, NJ**

Monthly [bi-monthly, Oct. 1911?—Sept. 1912]. Sub-title: Im Interesse christlicher Liebesarbeit an Alten und Betagten. Organ of Das Bethanien-Altenheim zu Irvington, N.J. Evangelical, but non-denominational. Published in English and German. Octavo, each issue, 4—8 pages. Place of publication varies: Orange, N.J. Edited by Georg C. Miller. Published by Jersey Print Shop, Orange, N.J.

Altenhoff, Friedrich

Altenhoff, Fr., (Fr. Hornung,) († ... Dec. 1807.) s. Destillateur, d. vollkommene.

(ALTENHOFF, FRIEDRICH [ↄ: FRIEDR. HORNUNG]), Der wohlerfahrne Destillateur und Liquorist. Oder ein vollständiger Inbegriff der Französischen Destillirkunst und aller dazu gehörigen Wissenschaften. Nebst Bereitung einiger Hundert Sorten feiner Französischen, Danziger und Deutscher Liqueurs, auch andrer Französischer und Englischer Getränke. Mit Kupfern. Altona. 1793. — 3. verb. und verm. Aufl. Sm. St. 1827.

— Vollständiger Unterricht in der Branntwein-Brennerey nebst erprobter Anweisung den Gerst oder Hefen selbst zu bereiten. Hrsg. von dem Verf. des Destillateurs und Liquoristen, als 2. Theil desselben. Altona. 1808. (M. Tvl.).

Altenkirch, Gustav: Beiträge über die Verdunstungsschutzeinrichtungen in der trockenen Geröllflora Sachsens ... (Aus: Engler's Bot. Jahrb., Bd XVIII Heft 4.) Leipzig, W. Engelmann, 1894; 42 S., 1 Bl. 8.
Jena, Phil. Fak., Inaug.-Diss. v. 1894

Altenkirch, Rudolf, a. Saarlouis ⟨Rheinprovinz⟩: Die Beziehungen zwischen Slaven und Griechen in ihren Sprichwörtern. Ein Beitrag zur vergleichenden Parömiographie. T. 1. (Leipzig 1908: Breitkopf & Härtel.) (47 S.) 8° ¶ (Der Rest, T. 2 u. 3, erscheint im Archiv f. slav. Philologie.)
Berlin, Phil. Fak., Ref. Brückner, Diss. v. 5. Juni 1908
[Geb. 26. Nov. 80 Saarlouis; Wohnort: Wilmersdorf-Berlin; Staatsangeh.: Preußen; Vorbildung: Lyzeum Metz Reife M. 00; Studium: München 2. Berlin 9 S.; Rig. 27. Febr. 08.]

Altenkirchen [Schlagwort]
Altenkirchen, s.: Deutschland. Karte. (Abt. Preussen.)

Altenkirchen i. W., s.: Preussen. Messtischblätter.

Altenkircher, Jh., (Jh. Mch. Schmid,) einzig wahrer Begriff v. d. christl. Kirche. 8. Ulm 802. Wohler. 8 K

Altenkrüger, *Franz Ludwig* Ernst [aus Berlin]: Friedrich Nicolais Jugendschriften. Tl 1 ... [Erschien vollst. 1894 bei C. Heymann in Berlin.] Berlin, Druck v. J. Sittenfeld, 1894; 49 S., 1 Bl. 8.
Berlin, Phil. Fak., Inaug.-Diss. v. 18. Juli 1894

Altenmark [Schlagwort]
Altenmark — Charte von der — Nach einer neuen astronomischen Beobachtung etc. entworfen von F. L. Güssefeld. Nürnberg bey den Homannischen Erben 1796. 1 : 240,000. 1 Bl.

Altenmarkt, s.a Wiener Ausflugskarten.

Altenmedingen [Schlagwort]
Altenmedingen, s.: Preussen. Messtischblätter.

Altenrath, Johannes [Hrsg.] s. *Aufgaben* und Organisation der Fabrikwohlfahrtspflege in der Gegenwart. 1910.

Altenrath, J: Bauberatg u. Baupolizei, s: Flugschriften d. Zentralstelle f. Volkswohlfahrt.

— Berufswahl u. Lehrstellenvermittlg. (46) gr8° MGladb., Volksvereins-Verl. '11. 1 —

— Grundlage und Wirkung des Schiedsspruches. Historisch u. dogmatisch dargest. — Berlin: Heymann 1907. VII,62 S.
Ersch. auch als jur. Diss. Jena 1907.
1: Hc 2410. 12: J. pract. 5 s.
3.7187

Altenrath, Siegm. Zur Beurtheilung u. Würdigung Martin Luthers, s.a. Broschüren, Frankfurter zeitgemäße.

Altenrath, Siegmund: Zur Beurtheilung und Würdigung Martin Luthers. — Frankfurt a. M. & Luzern: Foesser 1890. 24 S. (Frankfurter zeitgemässe Broschüren. N.F. 11,8.)
1: Ag 8981–N. F. 11,8. 12: H. misc. 47 rm–11. 5. 6. 102.
3.7189

— — 2. Aufl. Frankfurt a. M.: Foesser 1890. 23 S.
11. 102P.
3.7190

Altenriedt, Franz Josef: Beschreibung des vortrefflichen Baad-Wassers zu der Eich, in dem ... kemptischen Land ... gelegen, sambt einer Vorr. von dem Baden insgemein. — o.O. 1764: Stadler. 136 S. 7.
3.7191

Altenstadt [Schlagwort]
Altenstadt, s. Württemberg. Höhenkurvenkarte.

Altenstadt, Anna v.: Beschreibendes Verzeichnis der Oelgemälde im von Farenheid'schen Schloss Beynuhnen, Ostpreussen. Von Anna v. Altenstadt, geb. v. Bujak. — Danzig 1909: Zeuner. 18 S. 10.
3.7192

Altenstadt, Eduard v.: Die Völker des Morgen- und Abendlandes in ihren Literaturen, Religions- und Lebensansichten. Th. 1.2. — Halle [: Selbstverl.] 1848. 3.
3.7193

Altensteig [Schlagwort]
Altensteig, s. Deutschland, Kürschner-Peip.

Altensteig, s.: Geognostische Karten (Württemberg).

Altensteig, s.: Geologische Karten. Spezialkarte (Württ.)

Altensteig, s. Württemberg, Höhenkurvenkarte.

Altensteig, Johann. Vocabularius ... Directorium Vocabularũ juxta alphabeti ordinẽ indice certo ꝯplatũ. Basileae 1514. H: *Myconius, Oswald.* (BrMm)

Altenstein, Mathilde v.; od. d. Bärenhöhle. Schsp. v. Sonnefeldt. 8. Augsb. Etage. 794.

—— dasselbe. 8. München, Lentner. 793.

Altenstein, Axel v.: Bliemchen als politischer Verbrecher, s. Theater-Bibliothek f. Vereine.

– Das Erwachen des Löwen, s. Theater-Bibliothek f. Vereine.

Altenstein, Axel v., der Fechtsport, s.a. Bibliothek f. Sport u. Spiel. XV.

Altenstein, A. v.: Der Fechtsport. Leipzig 1901. 131 S. m. Abb. (Bibliothek für Sport und Spiel. 15.) Ni 311

– Die freiwillige Feuerwehr, s. Theater-Bibliothek f. Vereine.

— der poetische Hausknecht, s.: Theater-Bibliothek f. Vereine. 44.

– Die sechste Hose, s. Theater-Bibliothek f. Vereine.

– Das Jubiläum des größten Ochsen, s. Theater-Bibliothek f. Vereine.

– Knieriem & Compagnie, s. Theater-Bibliothek f. Vereine.

Altenstein, Axel v.: Das Leben im deutschen Kaiserhause. Mit zahlr. Abb. u. Kunstbeil. 2. Aufl., vollst. neubearb. — Minden i. W.: Köhler 1904. 240 S.
Frühere Ausg. s. *Klaussmann*, Anton Oskar: Das Leben im deutschen Kaiserhause. 1896.
1:Rz 13798[a]. 6.
3.7215

– Lumpenparade in Posemuckel, s. Theater-Bibliothek f. Vereine.

— der Offizierbursche der deutschen Armee u. Marine. Ein Handbuch f. Alle. 12. (VIII, 111 S.) Oldenburg (901). G. Stalling's Verl. n. — 75

Altenstein, Axel v., der Offizierbursche der deutschen Armee u. Marine. Ein Handbuch f. Alle. 2. Aufl. (VIII, 111 S.) 16. Oldenburg (909). G. Stalling's Verl. — 75

— der Schwimmsport, s.a. Bibliothek f. Sport u Spiel. VI.

— Der Schwimmsport. — Leipzig: Grethlein (1901). 184 S. (Bibliothek für Sport u. Spiel. 6.)
1:Os 6837/128–6. 12:Gymn. 7g–6. 11.
3.7217

— der Turnsport, s.a. Bibliothek f. Sport u. Spiel. XIV.

Altenstein, A. v.: Der Turnsport. Leipzig 1901. 164 S. m. Abb. (Bibliothek für Sport und Spiel. 14.)
— — 2. Aufl. 1902.

— Der Turnsport. 2. Aufl. — Leipzig: Grethlein [um 1910]. 164 S. (Bibliothek für Sport u. Spiel. 14.)
1:Os 6837/128–14. 12:Gymn. 7g–14. 11.
3.7218

– Der Wolf im Schafspelz, s. Theater-Bibliothek f. Vereine.

– X-Strahlen, s. Theater-Bibliothek f. Vereine.

Altenstein, Paul, s: Arbeitsunterricht, Der, im Rahmen d. bisher. Unterr.-Gegenstände.

Altenstern, Ign. Rud. Bischoff v., s. Bischoff.

Altenweisel, Jos., Christenthum ohne Dogma. [A.: „Jahrb. d. Leo-Gesellsch. 1895".] gr. 8. (31 S.) Wien 895. (St. Norbertus.) n. — 45

Alter. — Zum 1. April. Alter. Hrsg. u. der 'Jugend' gewidmet von William Wauer. 30.–40. Taus. — Berlin: Wauer [1898]. 20 S. 1:4° Yy 157.
3.7220

Alter Ego. Eine Studie zu Shakspeare's Kaufmann. Hamburg 862. Boyes & Geisler. gr. 8. (XIV, 17 S.) n. 6 ngr

Alter, Geist und Wesen der geweihten oder Kanonischen Stunden, . . . 2. Aufl. Landshut 1835. V: *Haid, Iren.* (schmal) (Th)

Alter hilft vor Thorheit nicht, oder d. junkerirende Philister, nach Moliere. 8. Leipz. 776. Dyck. 8 gr

— Das historische Alter der Diözese Passau in ihrem gegenwärtigen Umfange. (Hrsg.: [Johann Baptist] Röhm.) — Passau 1880: Bucher. 355 S.
Zur 7. Säcularfeier der Regierung d. Herrscherhauses Wittelsbach. Festschrift des bischöflichen Klerikalseminars St. Stephan.
1:Sg 5246. 12:Bavar. 2960 k–35. 300:52.400–B. 11.
3.7221

Alter, das historische, d. Diözese Passau i. ihrem gegenwärt. Umfange. gr. 8. (V, 355 S.) Passau 880. (G. Kleiter.) Ermäß. Preis n. 1. —

Alter und Jugend, Lustspiel in 5 Aufzügen, von Regina Frohberg. 8. Wiesbaden, Schellenberg. 818.

Alter und Heimath, Der Lex Salica und der Lex Angliorum et Werinorum. Von Hermann Müller. Würzburg 1840. O. O. u. J. V: *Zoepfl, Heinr.* (schles)

Alter, das, der Menschheit und das Paradies, s.a. Schmidt, Oscar, und Frz. Unger.

Alter, das, der Menschheit und das Paradies. Zwei Vorträge v. Dr. Oscar Schmidt u. Dr. Unger. Lex. 8. (IV u. 68 S.) Wien, Braumüller. 1866. 80 kr.

Alter, das, d. Pferdes, nach d. Zähnen zu bestimmen; zusammengestellt nach G. Kirtland u. J. J. Pessina. Eine colorirte Tafel in Roy.-Fol. Weimar 822. Industr.-Compt. 18 gr

Alter, d., e. Pferdes genau u. sicher zu erkennen. 8. (16) Hamb. 53, Falcke. (?) — 7½

Alter, das, eines Pferdes genau und sicher zu erkennen, dem Wechsel und den Veränderungen der Zähne, nebst Regeln, woraus man schließen kann, ein fehlerfreies Pferd zu kaufen. Für den Landmann und Pferdeliebhaber hrsg. von einem vormaligen Schleswig-Holsteiner. gr. 8. (16 S.) Hamburg 853, (Heller.)

Alter, die vier, des Lebens, Nach d. Franz. des Th. Pougens, von Fr. Gleich. 8. Leipzig, Reclam. 820.

Alter, Philaleth, s.: Aletheia.

Alter, Franz Carl: Beitrag zur praktischen Diplomatik für Slaven, vorzüglich für Böhmen von Franz Carl Alter. Wien: Schaumburg in Comm. 1801. XL, 178 S.
1:Pg 6500. 12:Graph. 3. 300:187.106–A [u.] 6764. 2. 3. 5. 7. 11.
3.7223

— Ueber georgianische Litteratur von Franz Carl Alter. — Wien 1798: v. Trattner. 286 S.
1:Zy 2704. 12:A.or. 2630. 300:7 Y 11 [u.] 6366. 2. 5. 7. 8.
3.7224

— Philologisch-kritische Miscellaneen von Franz Carl Alter. — Wien 1799: v. Trattner. 258 S.
1:Ag 8186. 12:L.gen. 2. 300:7 Y 18 [u.] 6435. 4. 5. 7. 10.
3.7225

— Franz Carl Alter. Bibliographische Nachrichten von verschiedenen Ausgaben orientalischer Bibeltexte, und der Kirchenväter. — Wien 1779: v. Trattner. 222 S.
1:Bf 420. 12:Th. U. 7. 300:4 Z 4. 4. 7. 8.
3.7226

— Ueber die samskrdamische Sprache, vulgo Samskrit von Franz Carl Alter. — Wien 1799: v. Trattner. XVI, 199 S. 1:Zw 4640. 300:15 K 1 [u.] 6436. 5. 7.
3.7227

— über die Tagalische Sprache. 8. Wien 802. Trattner. 5 gr

— Ueber die tagalische Sprache von Franz Carl Alter. — Wien 1803: v. Trattner. X,80 S.
1: Zw 22948 [u.] an Zw 4640. 12: L. as. 428. 300: 19 X 44 [u.] 7797. 5. 7. 11.
3.7228

Alter, Frdr., Geschichte der Schützengesellschaft zu Zerbst. Als Anh.: Beschreibung der Schilder an den Schützen-Königsketten. gr. 8. (IV, 111 S.) Zerbst 879. (Luppe.) n. 2. —

Alter, Friedrich: Geschichte der Schützengesellschaft zu Zerbst. Als Anh.: Beschreibung d. Schilder aus d. Schützen-Königsketten. — Zerbst: Selbstverl. 1879. IV, 111 S. 1: Hu 23415.
3.7229

Alter, H. Der wasserdichte Schaftschnürstiefel u. wasserdichte Schnürschuh als Fußbekleidg f. Fuß- u. berittene Truppen. Wien 1886.

Alter, Herm., der Kurort Pystjan in Ungarn [die k. k. Militär-Badeheil-Anstalt inbegriffen], Aerzten und Laien gewidmet. Mit e. Krankheits-Tab. (in qu. 4.), lith. Eisenbahnkarte (in qu. gr. 4.) u. e. Illustr. (Holzschntaf.) 8. (VIII, 145 S.) Pressburg 875. Stampfel. n. 2. —

Alter, Dr. Hermann, k. k. Regimentsarzt. Militärärztlicher Rathgeber für Gesundheitspflege. Vorsorge und Nothhilfe bei häufiger vorkommenden Erkrankungen und Unglücksfällen im Frieden und Kriege. Gewidmet zum Besten der österr. und ungar. Gesellschaft vom rothen Kreuze. kl. 8. Wien 1881.

Alter, Moritz: Verzeichniss der Bücher, Handzeichnungen, Kupferstiche, Malereien und anderen Kunstgegenstände des verstorbenen Sattlermeisters Moritz Alter. [Auktionskat.] — Nürnberg 1829: Campe. VIII, 110 S.
1: Ap 236. 12: Cat. 5d. 2.
3.7232

Alter, Mor., finanzielle Zeitfragen. I. Convertirung fixer Hypothekar-Schulden in solche m. Annuitäten. II. Umwandlung d. österreich. Zahlen-Lotto. gr. 8. (27 S.) Wien 891. Leipzig, Liter. Anstalt A. Schulze. n. — 84

Alter, R., s. Budwinskis Sammlung, Admin. rechtl. Beil.

Alter, Rud., s.: Budwinski's Sammlung der Erkenntnisse des k. k. Verwaltungsgerichtshofes.

Alter, Rud., s.a. Judikatenbuch d. Verwaltgsgerichtshofes.

Alter, R., Judikatenbuch des Verwaltungsgerichtshofes. Fortges. v. R. A. gr. 8. (XXIX, 512 S.) Wien 890. Manz. n. 8. 80

Alter, Rud., Judikatenbuch d. Verwaltungsgerichtshofes, fortgesetzt v. R. A. Die Judikate d. J. 1889 — 1890. gr. 8. (XXV, 238 S.) Wien 891. Manz. n. 4. —

Alter, Rud., Judikatenbuch d. Verwaltungsgerichtshofes, fortges. v. A. D. Judikate d J. 1891—1893. gr. 8. (XXXIV, 296 S.) Wien 895 Manz. n. 5. 60

(F) Alter, R., Judikatenbuch des Verwaltungsgerichtshofes. 5. Bd. 2. Abt. Administrative Rechtssachen. Gr.-8°. (XXX, 784 S.) Wien: Manz 1903. K 15.—, geb. K 16.60

(F) Alter, R., Judikatenbuch des Verwaltungsgerichtshofes. VI. Bd. 2. Abt. Gr.-8°. Heft 1 Wien: Manz 1910. K 1.50

Alter, R., Judikatenbuch des Verwaltungsgerichtshofes. VI. Band. 2. Abteilung. Administrative Rechtssachen. 2. Heft K 1.50 Wien: Manz 1910.

— Judikatenbuch des Verwaltungsgerichtshofes, Fortsetzg., s.: Judikatenbuch.

Alter, Wilh.: Feldzeugmeister Benedek u. d. Feldzug d. k. k. Nordarmee 1866. Mit e. Biogr. d. Feldzeugmeisters. (16, 527 m. Bildn. u. 6 Ktnbeil.) Lex8° Berl., Gebr. Paetel '12. 20 —; geb. 22 — d

Alter, Wilhelm, approb. Arzt: Aus d. Kgl. Universitäts-Frauen-Klinik zu Breslau. Zur Pathologie und Therapie der Querlage. (Beobachtungen in d. Poliklinik 1894—1900 Juli.) *Breslau 1902: Bresl. Genoss.-Buchdr.* (50 S.) 8°
Breslau, Med. Diss. v. [24. Mai] 1902

— Die auswärt. Politik d. ungar. Revolution 1848/49. (242) gr8° Ebd. '12. 3 —; geb. 4 — d

Alter, Wilhelm (*geb. Prauß in Schles. [14. 5. 1843]*): Experimentelle Untersuchungen über die Ursachen des Icterus bei Phosphorvergiftung. Breslau (1867). (34 S.) 8°
Breslau, Med. Diss. v. 20. Juli 1867

Alter vom Berge. Pseud. for Wollenweber, Ludwig A.

Alterauge, Leo, a. Queuleu b. Metz: Über lineare Relationen zwischen hypergeometrischen Integralen. Leipzig 1907: B. G. Teubner. (32 S.) 4°
Straßburg, Math.-naturw. Fak., Ref. Weber, Diss. v. 1907
[Geb. 11. Jan. 85 Metz; Wohnort: Queuleu b. Metz; Staatsangeh.: Preußen; Vorbildung: Lyzeum Metz Reife M. 02; Studium: Straßburg 2, Freiburg i. B. 1, Straßburg 6 S.]

Altercatio Hadriani Aug. et Epicteti Philosophi. Item disputatio Pippini et Albini Scholastici . . . Francofurti 1628. II: *Lindenbrog, Heinrich.* (BrMm)

Alterdinger, J., Handbuch f. Theater-Malerei u. Bühnenbau, m. 18 Orig.-Zeichngn. (63 S.) 8. München (Schwanthalerstr. 55) (904). A. Schutzmann. Geb. in Leinw. n. 1.50

Altermann, A., die Neuregelung des Wohnungsgeldzuschusses. Im Auftrage des Verbandes deutscher Post- u. Telegraphen-Assistenten u. gemäß den Beschlüssen des XIV. Verbandstages dargestellt. (46 S. m. 3 graph. Taf.) Lex.-8. Berlin 905. Verband deutscher Post- u. Telegraphen-Assistenten. n. 1. —

— Die Wohnungsgeldzuschussfrage. Vortrag d. Telegraphensekr. Altermann auf d. 14. Verbandstage d. Verbandes Deutscher Post- u. Telegr.-Assistenten. — Berlin: Verband Deutscher Post- u. Telegr.-Assistenten 1904. 6 Bl.
1: 4° Gz 942.
3.7244

Altermann, Johann August: Dissertatio epistolica de titulis et adquirendi modis, qua . . . Joanni Henrico Altermann diem natalem 79. gratulatur . . . Joannes Augustus Altermann. — Helmstadii 1750: Drimborn. 56 S. 4° 3.
3.7247

Altermann, Lorenz Johann Christoph, De servitute pascendi praemissis quibusdam de servitutibus in genere. Comment. epistolica. Qua viro . . . Joh. Heinr. Altermann . . . parenti suo . . . natalem . . . gratulatur. Helmstedt (Drimborn) 4. XI. 1750. 62 S. (5.50) 325

Altermann, Viktor: Agnes von Meran. Geschichtliches Trauerspiel. — Braunschweig: Schwetschke in Comm. 1888. 112 S. 1: Ys 25415. 300: 622.126—B. Th. S.
3.7248

Altermatt, O. Beitrag zur Casuistik u. Klinik penetrierender Schusswunden, insbes. üb. das Schicksal eingeheilter Projectile. In-8°. 46 S. Zürich. These. 1896

Aeltern, die ihre Kinder glücklich sehen wollen, gewidmete kleine Aufsätze, s.a. Olivarius.

Aeltern, die ihre Kinder glücklich sehen wollen, gewidmete kleine Aufsätze für Kinder, besonders Knaben v. 10—15 Jahren. 5 ℊ Für das Alter v. 15 — 25 Jahren. 5 ℊ Für das männl. Alter v. 25—50 Jahren. 5 ℊ Und Schlußheft vom 50sten Jahre an gerechnet. 5 ℊ (Herausg. v. H. de F. Olivarius.) 8. Hamb. 828—30. (Altona, Aue). 20 ℊ Alle 4 Hefte a. u. d. Titel: Lebensregeln u. Klugheitslehren für's ganze männl. Leben, in 4 Heften. 8. Ebd. 830. 20 ℊ

Allgemeine Aelternzeitung zur Beförderung einer bessern häuslichen und öffentlichen Erziehung. [Hrsg.: J. B. Spieß.] Jg. 1–3. Frankfurt: Jäger 1826–28. 4°

Das **Altersheim** für Freimaurer [in Einbeck]. o. O. [1904]. 7 S. 8°
in: ArSt. 1 (1904) S. 70—75.
cf. FZ. 60 (1906) S. 339—340 (R. Lesser); Brh. 3 (1906) S. 17, 19, 21.
Aufruf zur Unterstützung des Unternehmens.

Altersheim für bejahrte Brr Frmr. Johannisstift zu Einbeck. [Einbeck 1899.] 2 Bl. 2°
Schreiben des geschäftsführenden Vorstandes, Dank für bisher erhaltene Gaben, Bitte um weitere Unterstützung.

Das projektierte **Altersheim** für Freimaurer im Or. Einbeck. [Einbeck 1900.] 4 Bl. quer 4° [Umschlagtit.]
Album, enth. die Abb. in Farbendr. die landschaftliche Lage der Anstalt; Entwurf u. Grundrisse vom Architekten Max Schmidt.

Alterskassen. — Ueber Alters- und Invalidencassen für Arbeiter. Gutachten auf Veranlassung des Vereins für Socialpolitik abgegeben von F(ritz) Kalle [u.a.] Im Anh. der Entwurf zu einem Gesetz betr. die gegenseitigen Hülfscassen von M(ax) Hirsch. — Leipzig: Duncker & Humblot 1874. 196 S. (Schriften des Vereins für Socialpolitik. 5.)
1: Fc 286-5. 12: Pol.g.869d-5 [u.ö.] 300: 393.122-B. Per. 5. 2. 3. 4. 5. 6. 7. 8. 9. 10. 11. 83.
3.7252

Altersleben, Ch. H. Pt.: Die Ausführbarkeit der allgemeinen Einimpfung mit englischen oder sogenannten Kuhpocken bei ganzen Gemeinen, in einer Volksschrift dargethan von C. H. P. Altersleben. — Halberstadt 1801: Dölle. XVI,100 S. 1:5 in Ko 3254. 8.
3.7253

Altersliste. — Alters-Liste der höheren Eisenbahn-Beamten. 1891. (Hrsg.: Franz Woas.) — [Saarbrücken: Verl. d. Expedition d. Rangliste 1891.] 134 S. 1: Nz 35123/5.
3.7254

Altersrentenbank. — Die Königlich Sächsische Altersrentenbank in Dresden. — Dresden (1904): Heinrich. 16 S. 1: N 13.2503. 12: Cam. 221 h.
3.7255

Alterstrost. — Alterstrost. Hrsg. von d. Wuppertaler Traktat-Gesellschaft in Barmen. — Opladen [1908]: Arndt. 128 S. 12: Asc. 5472 b.
3.7258

— — 3. Aufl. Ebd. [1908]. 128 S. 1: N 10.3623. 5.
3.7259

Alterstrost. Ein Buch f. den Lebensabend. Hrsg. v. der Wuppertaler Traktat-Gesellschaft in Barmen. (IV, 127 S.) gr. 8. Opladen (908). Barmen, Wuppertaler-Traktat-Gesellschaft. 2.—; geb. in Leinw. 2.50; m. Goldschn. 3. —

Altersverhaeltnisse. — 1. Die Altersverhältnisse der Bevölkerung nach der Zählung am 1. December 1875. 2. Schiffahrts-Verkehr auf der Mosel und den elsass-lothringischen Canälen in dem Jahre 1876. — Strassburg: R. Schultz 1877. VIII,139 S. (Statistische Mitteilungen über Elsass-Lothringen. 8.)
1: Rh 5606-8. 12: Als. 114m-8. 7.
3.7260

Altersversicherung (Die) der Arbeiter. Sep.-Abdr. aus „Recht auf Arbeit". Socialpolit. Zeit- u. Streitfragen, Heft 37. gr. 8°. München 1887.

Alters- u. Invalidenversicherung der arbeitenden Klassen. Resolution des Vereins für deutsche Volkswirtschaft. 8°. Berlin 1888.

Zur Alters- und Invaliditätsversicherung. (Dez. 1888.) — Stuttgart [1888]: Kohlhammer. 1 Bl.
1:11 in 4° Fe 10670.
3.7264

Alters- u. Invaliditäts-Versicherung in Mustern, Erläutergn. u. Aufgaben. Z. Gebrauch b. Unterricht i. d. Fortbildungsschulen, Handwerkerschulen u. z. Selbstunterr. bearb. v. zwei hess. Lehrern. [A.: „D. gewerbl. Aufsatz".] 8. (12 S.) Mainz 895. P. Th. Müller. n. — 25

Altersversorgung. — Zur Altersversorgung der Berufsarbeiter der inneren Mission. Eine orientirende Darstellung gegeben vom Central-Ausschuß für innere Mission. — Berlin 1891: Sittenfeld. 19 S. 1: 4° Cv 36776.
3.7262

— Alters-, Invaliden- und Familien-Versorgung [Invalidenversorgung] der Arbeiter. Anschauungen eines Arbeitgebers. — Köln 1887: Steven. 18 S. 5.
3.7263

Altersversorgung (Die) und die Versorgung der Hinterbliebenen durch den Ersten allg. Beamtenverein der österr.-ungar. Monarchie in Wien. Denkschrift, gerichtet an die in Privatdiensten Angestellten und die p. t. Chefs. gr. 8°. Wien, Gerold u. Co., 1883.

Altersversorgungskasse, die, der vereinigten Communen. Leitfaden für Landarbeiter. (Neue Ausgabe.) Copenhagen, Lund & Gandrug's Buchdr., 1878. 8°. Cart.
41 S. u. 3 Bll. Tabell.

Altersversorgungskassen (Ueber) nach den Ausarbeitungen des mittelrhein. Fabrikanten-Vereins, beziehungsweise der von ihm u. der Bonner Conferenz niedergesetzten gemeinsamen Kommission, im Anschlusse an die bezügl. Rundfragen des preuss. Handelsministers Achenbach. 8°. Mainz 1873.

Alterthum, Ein aufgefundenes. [Dresden 1792.] V: *John, Johann Dionysius.* (MGT)

Das beunruhigte Alterthum oder critischer Beytrag zu einigen bey der am 4. November 1743 zu Erlangen würcklich vollzogenen Universitäts-Einweyhung zum Vorschein gekommener Gedichte. Nebst einem kurz gefaßten unterthänigst u. aufrichtigsten Glückwunsch solte hiermit an d. Licht stellen ein Feind schlechter u. Verehrer guter Poesie. — Basel 1743. 2 Bl. 2° 2.
3.7290

Das Alterthum in seinen Hauptmomenten dargestellt. Eine Reihe historischer Aufsätze von ... Hrsg. von H[ermann] Kletke. — Breslau: Trewendt & Granier 1852. Getr. Pag. 1: Pz 528. 12: H. ant. 216k. 2. 5. 10.
3.7291

Alterthum, das klassische, f. Deutschlands Jugend. Eine Auswahl a. d. Schriften d. alten Griechen u. Römer. Uebertr. v. Heinr. Weil. gr. 8. (21 B.) Berlin 843, Veit u. Comp. -

Alterthum, nichtiges, der röm. Kirche oder Hist. der Irrth. der röm. K. 8. Hamburg. 738. Dithlr.

Alterthum, Ernst [App. Arzt aus Magdeburg]: Über das spätere Befinden der Operirten nach Ausführung der Amputatio uteri supravaginalis ... Freiburg i. Br., Buchdr. v. C. A. Wagner, 1895; 23 S., 3 Tab. 8.
Freiburg i. B., Med. Fak., Inaug.-Diss. v. 1895

Alterthum, Paul: Das Problem d. Arbeitslosigk. u. d. kapitalist. Wirtschaftsentwicklg. (88) gr8° Berl., C Heymann'11. 2 — d

Alterthum, Willy, Referendar: Die Geschäftsanteile bei einer eingetragenen Genossenschaft mit beschränkter Haftpflicht. *Berlin (1903): J. Rosenbaum.* (79 S.) 8° [F.]
Freiburg i. B., Rechts- u. staatswiss. Diss. v. 1903

Alterthümer, s.a. Altertümer

— egyptische, f. Ottenberger.

Aegyptische und vorderasiatische Alterthümer aus d. Kgl. Museen zu Berlin, mit erkl. Text von der Direktion d. Sammlung. T. [1.] 2. — Berlin: Mertens 1895–97.
[1.] 87 Foliotafeln in Grösse 33/49 cm in Lichtdruck. 1895.
2. 51 Foliotafeln in Grösse 33/49 cm in Lichtdruck. 1897.
1: gr. 2° Ns 4988. 12: 2° Arch. 2 os. 300: 54.751–D–C. Pp. S. 2. 3. 5. 7. 10. 11.
3.7270

Alterthümer, ägypt. u. vorderasiat., a. d. kgl. Museen zu Berlin. II. Bd. 51 Fol.-Taf. in photograph. Druck. Mit erklär. Text v. d. Direction d. Sammlg. 8° (29) Berl. 97, Graph. Gesellsch. In Mappe Subskr.-Pr. nn 100 —; Einzelpr. nn 120 — (I u. II.: nn 270 —)

Alterthümer, Die ägyptischen, größtentheils nach antiken Denkmalen; zunächst für Studirende ... Prag 1824. V: *Millerbacher, A. J.* (WBL)

Alterthümer, Die, Anhalts. Unter Benutzung amtlicher Berichte zusammengestellt von Wilh Hosäus. (S.-A. aus den „Mittheilungen des Vereins für Anhaltische Geschichte u. Alterthumskunde".) Dessau 1879. 8

Alterthümer von Athen, s.a. **Denkmähler d. Baukunst.**

— von Athen und andern Orten Griechenlands, Siciliens und Kleinasiens. Aus dem Englischen übersetzt von C. Wagner. Text und 5 Lief. Kupfertafeln (in fol.). Darmstadt 1833. 8.

— **von Attika,** s.a. **Denkmähler** d. Baukunst.

— von Attica. Herausgegeben von der Gesellschaft der Dilettanti. Aus dem Englischen übersetzt von C. Wagner. Darmstadt 1828. 8.

— Alterthümer von Attika, die architektonischen Überreste von Eleusis, Rhamnus, Sunion und Thorikos enthaltend. Hrsg. im Jahr 1817 von d. Gesellschaft der Dilettanti zu London. Aus d. Engl. übers. u. mit einigen Anm. begleitet von Carl Wagner. [Text. Taf.] — Darmstadt (Taf.: Leipzig & Darmstadt): Leske 1829. 8° (Taf.: 2°)
12: Text-Arch. 2k; Taf.-2° Arch. 2p. 3. 4. 5. 6[°° Text]. 7[°° Text]. 9. 10. 89.
5.3437

Alterthümer, Zu Waiblingen im Remsthal aufgefundene roemische. [Stuttg. 1831.] V: *Memminger, Johann Daniel Georg.* (Heyd)

Alterthümer und Merkwürdigkeiten, Bajerische, ... ausgefertigt von J. D. S. München 1769. H: *Schmidt [Schmid], Ign. Dominicus Cyrillus.* (HThPP) (BrMm) (Ky)

Die biblischen Alterthümer. 1871 s.a. *Barth,* Christian Gottlob: Handbüchlein der biblischen Alterthümer.

Alterthümer, die biblischen. Mit Abbildgn. [Zugleich 4. Aufl. d. „Handbüchleins der bibl. Alterthümer."] gr. 16. (XII, 616 S.) Stuttgart 871. J. F. Steinkopf. n. 1. 90

Uiber böhmische Alterthümer und die Nothwendigkeit, dieselben vor Verderben zu schützen. Hrsg. vom Archäologischen Comité des Böhmischen Nationalmuseums. — Prag 1845: Haase. 35 S. 300: 110.047–B. 7.
3.7271

Christliche Alterthümer. Ein Neujahrsgeschenk. Enthält: Des heiligen Gregorius des Großen Buch von dem Leben und den Wundern des heiligen Abtes Benedictus [Gregorius I. Papa: Dialogorum libri 4, Ausz., deutsch]. Des heiligen Anselmus Selbstgespräch [Anselmus Cantuariensis: Proslogion seu alloquium de Dei existentia, deutsch]. Hrsg. von d. Vereine zur Verbreitung guter katholischer Bücher. [Hrsg.: Georg Passy.] — Wien: Mechitaristen-Congregations-Buchh. 18(35–)36. 140 S. (Verein zur Verbreitung guter katholischer Bücher. Jg. 6) 102[r].
3.7273

Alterthümer, Die, Daciens in dem heutigen Siebenbürgen, ... Wien 1775. V: *Hohenhausen & Hochhaus, Sylvester Jos. Frh. von.* (MGT) (Pk) (BrMm) (Ky) (WBL)

— und Denkwürdigkeiten Böhmens. Mit Zeichnungen von Jos. Hellich und Wilh. Kandler. Beschrieben von Ferd. B. Mikowec. 1. Bd. (12 Lfgn.) und 2. Bd. 1—4. Lfg. qu. gr. 4. (1. Bd. VII und 220 S. mit 36 Stahlst. und 2. Bd. S. 1—84 mit 9 Stahlst.) Prag 859—61. [Kober.] à Lfg. * 12 Ngr. *

Alterthümer und Denkwürdigkeiten Böhmens. Mit Zeichnungen von Jos. Hellich und Wilh. Kandler. Beschrieben von Ferd. B. Mikowec. 2. Bd. 5.—7. Lfg. qu. gr. 4. (S. 85—140 mit 9 Stahlst.) Prag 862, Kober. à Lfg. * 12 Ngr. *

— dass. — Beschrieben von Ferd. B. Mikowec und Carl Wlad. Zap. 2. Bd. 8.—12. Lfg. qu. gr. 4. (S. 141—281 mit 15 Stahlst.) Ebendas. 863—65. à Lfg. * 12 Ngr. *
1. Bd. 12 Lfgn. und 2. Bd. 1.—4. Lfg. Ebendas. 1859—61. * 6 Thlr. 12 Ngr.

Alterthümer und Denkwürdigkeiten Böhmens. Mit Zeichnungen von Josef Hellich und Wilhelm Kandler. Beschrieben von Ferdinand B. Mikowec und Karl Wladislav Zap. 2. Bd. 9. u. Liefg. Mit 3 Stahlstichen. Quer 4. Prag, J. L. Kober. geh. à 60 kr.
— — Dasselbe mit böhmischem Text: Starožitnosti a památky země české. Nákresy od J. Hellicha a V. Kandlera. Popisují F. B. Mikovec a K. V. Zap. Ebds. u. ebenso. 1863.

Alterthümer, Deutsche, eine Rhapsodie, mit einigen Noten. [Gotha 1807.] V: *Vorherr, Joh. Mich. Christi. Gust.* (MGT)

– deutsche, oder Archiv f. alte u. mittl. Gesch., s.a. Archiv f. Geschichte.

– deutsche, oder Archiv f. alte u. mittl. Gesch., s.a. Kruse, Fr.

***Deutsche Alterthümer oder Archiv für alte und mittlere Geschichte, Geographie und Alterthümer ... Nebst einer Chronik des Thüring.-Sächs. Vereins für Erforschung des vaterländ. Alterthums. Bd 1–3 (zu je 6 Hftn). Halle: Ruff 1824–30. 8° 12**
¶ Vorh. u. d. T.: Archiv f. alte Geographie. Breslau 1821 ff.
¶ Forts. u. d. T.: Neue Zeitschrift f. d. Gesch. d. german. Völker. Halle 1832.

Alterthümer, deutsche, der Mythologie und Sprache, s.a. J. Ammon u. W. Bäumlein.

— deutsche, der Mythologie u. Sprache, oder mytholog.-etymolog. Commentar zu Tacitus de situ etc. Herausg. v. M. J. Ammon u. W. Bäumlein. gr. 8. Tübing. 817. Laupp. 8 gr.

Alterthümer, Gallische, oder Sammlung alter Gedichte aus dem Galischen des Ullin, Ossian und anderer, von John Smith ins Englische und aus dem Englischen ins Deutsche übersetzt. Leipz. 1781. Ü: *Weisse, Christian Felix.* (MGT) »Alterthümer, Gälische«. (Kl)

— gallische, od. Samml. alter Gedichte a. d. Gall. des Ullin, Ossian, Orran 2c. v. J. Smith ins Engl. u. aus d. Engl. ins Deutsche übersetzt. 2 Bde. 8. Leipz. 781. Weidmann. 1 Rthlr 12 gr.

Alterthümer, Gothische, des Bayer. Nationalmuseums. Baukunst — Bildnerei. [München 1896.] V: *Graf, Hugo, Gg Hager & Jos. Al. Mayer.* (Berl)

Alterthümer, gottesdienstliche, der Obotriten. Berl. 771. 4.

— die, Griechenlands und Roms in Bild. für die Jugend 2c. Herausg. von Rost und Wichmann. 1s und 2s Heft. gr. 8. Leipzig, Wichmann 805.

illum.

Hamburgs Alterthümer oder Hammonia u. Nordalbingien vor 1000 Jahren. 8. M. K. Hamburg 1803. 5.00.

Heidnische Alterthümer im Herzogthum Oldenburg. — Oldenburg: Stalling [1827]. 4 Bl.
Nebent.: Monumente aus dem Heidenthum im Herzogthum Oldenburg.
1: quer-4° Pz 5900. 3.
3.7274

—— von Ionien, s.a. Denkmähler d. Baukunst.

[Ionian Antiquities, deutsch] Alterthümer von Ionien. Hrsg. von d. Gesellschaft der Dilettanti zu London. Aus d. Engl. übers. u. mit Anm. begleitet von Karl Wagner. [Text. Taf.] — Darmstadt (Taf.: Leipzig & Darmstadt): Leske 1829. 8° (Taf.: 2°)
12: Arch. 2kf. 2. 3. 4. 5. 6[^{oo}Text]. 7. 8. 9. 10. 83. 89.
5.3433

Alterthümer, Celtische, zur Erläuterung der ältesten Geschichte ... Helvetiens. Bern 1783. V: *Walther, Isaac Glieb.* (Zeitschr. f. Büch. X, 2, Beibl.)

— celtische, z. Erläuterung d. ältesten Gesch. Helvetiens. gr. 8. Bern 784. Typogr. Soc. 20 gr.

Alterthuemer und Kunst-Denkmale des bayerischen Herrscher-Hauses. 1854–71 s.a. *Aretin*, Carl Maria Frhr v.

Alterthümer und **Kunstdenkmale** des bayerischen Herrscher-Hauses. Herausgegeben auf Allerhöchsten Befehl Sr. Majestät d. Königs Maximilian II. München 1854–71. Fol. 9 Liefer. in 1 Bd. 59 Blatt Text, 1 Stammtafel, 2 Tafeln ahnherrlicher und ahnfräulicher Linie u. 54 Blatt Atlas.

Alterthümer und Kunst-Denkmäler des bayerischen Herrscher-Hauses. München 1854—62. H: *Aretin, Carl Maria Freih. v.* (Bücher-Samml. d. hist. Ver. v. u. f. Oberbayern. München 1867.)

Die Alterthümer der Stadt Lüneburg und des Klosters Lüne. Hrsg. vom Alterthumsverein in Lüneburg. Lfg (1–)6. — Lüneburg: Herold & Wahlstab in Comm. 1852–71.
(1.) 1852. 2. 1854.
3. Geschichte und Beschreibung des Rathhauses zu Lüneburg. 1856.
Sondert.: Albers, Johann Wilhelm: Beschreibung der Merkwürdigkeiten des Rathhauses zu Lüneburg. 1843.
4. Zwei Bürgerhäuser der Stadt Lüneburg. - Antipendium des Altars der Kirche im Kloster Lüne. 1857.
(5.) Das Kalandhaus in Lüneburg. - Innere Ansicht desselben u. Details. - Die Kopefahren in Lüneburg. 1863.
6. Ansicht von Lueneburg aus d. Jahre 1654. - Mittlere Nordseite des Rathhauses. - Das Kaemmereigebäude. - Pforte aus der Burg Lüneburg vom Jahre 1371, jetzt im Rathhause. Nebst Details. 1871.
1–6 . . . . 1: 2° Sm 6806. 12: 2° Germ. sp. 4 m.
1–5 . . . . 2.
1.3.6 . . . . 8.
1.6 . . . . 3.
3 . . . . 89.
4–6 . . . . 7.
3.7277

—— die, der Stadt Lüneburg und des Klosters Lüne. Hrsg. vom Alterthumsvereine in Lüneburg. 6. Lfg. Fol. (8 S. in 4. mit 3 Photogr. und 1 Stnt.) Lüneburg 872, (Herold und Wahlstab'sche Buchh.) *
1.—5. Lfg. (Ebendas.) 1852—62. * M. 24.

Alterthümer und historische Merkwürdigkeiten der Schweiz, in Abb. u. kurzen Erl. Bd 1. — Bern: Haag 1823–24. 25 Taf., 31 S. 1: 2° Ru 6134.
3.7278

Kgl. Museen zu Berlin. Peruanische Alterthümer, insbesondere altperuanische Gefässe, und Gefässe der Chibcha und der Tolima- und Cauca-Stämme, Goldschmuck etc. Hrsg. von d. Verwaltung d. Kgl. Museums für Völkerkunde zu Berlin. 64 Fol.-Taf. in Grösse 31 × 42 cm in Lichtdr. mit erl. Text von (Eduard) Seler. Berlin: Mertens (1893). XIII S., 64 Taf.
1: 2° Uy 6624. 12: 2° Am. A. 19. 7. 11.
3.7280

Alterthümer, röm., in Baiern, mit vielen Abbild. 2 Hefte. gr. 4. Münch. 808. (Franz). 1 Rthlr 6 gr.

Römische Alterthümer in der Umgegend von Rottweil am Neckar. 1835 s. *Alberti*, Friedrich v.: Die Alterthümer in der Umgegend von Rottweil am Neckar. 2.

— Römisch-fränkische Alterthümer, vom Mittelrhein. 1. Die altchristlichen Inschriften von Wiesbaden. Von J[akob] Becker. 2. Ein altchristlicher Grabstein des Taunusgebietes. Von P. J. Münz. 3. Römisch-fränkische Inschrift eines Bronzerings aus Mainz. Von J[akob] Becker. Wiesbaden 1874: Bechtold. 33 S.
Aus: Annalen d. Vereins für Nassauische Alterthumskunde u. Geschichtsforschung. 13. 1874.
4.
3.7281

Alterthümer, russische, s. Kruse, Fr.

Alterthümer u. Sehenswürdigkeiten, die, der Stadt Saalfeld u. ihrer Umgebung (v. C. A. Wagner). gr. 8. (16 S.) Saalfeld 849. (Jena, Frommann.) n. 2 ngr.

Südarabische Alterthümer im kunsthistorischen Hofmuseum. Im Auftrage und mit Unterstützung des Oberstkämmerer-Amtes Seiner k. und k. Apost. Majestät, herausgegeben von D. H. Müller. Mit 14 Lichtdrucktafeln und 28 Abbildungen im Texte. Wien. 1899. Hölder. Fol. 95 S.

Alterthümer und Umgebungen, Trier's, in 22 pittoresken Ansichten, 1 Plan von Trier und erklärendem Text. Trier 1823. V: *Sohn, H.* (Ky)

Die Alterthümer in der Umgegend von Rottweil am Neckar. 1833–35 s.a. *Alberti*, Friedrich v.

Alterthümer, Die, in der Umgebung von Rottweil am N. Stuttg. 1833—38. V: *Alberti, Frdr. v.* (Zuwachsverz. d. Bibliotheken in Zürich 1898 ff.)

Alterthümer, Die, des Israelitischen Volks. Berlin 1817. V: *Rücker, Aug.* (Hitzig)

Die Alterthümer des israelitischen Volks. Mit e. nach d. neuesten Beobachtungen von C. F. Klöden gezeichn. u. Carl Mare gestochenen Karte von Palästina, e. Grundriß d. Tempels zu Jerusalem, e. color. u. e. schwarzen Kupferst. Berlin: Rücker 1817. X,348 S.
1: Bh 4566. 12: Exeg. 31g. 10. 11.
3.7282

Alterthümer des israelitischen Volks. Mit einer Karte von Palästina, einem Grundrisse des Tempels und zwei Kupfern. Hildesh. 822. 8. 2 rthl. 16 gr.

Vor- und frühgeschichtliche Alterthümer aus der Provinz Hannover. Hrsg. von d. Provinzial-Commission zur Erforschung u. Erhaltung d. Kunstdenkmäler in d. Prov. Hannover. 1 Taf. in Farbendr. mit 118 Abb. u. erl. Texte. — Hannover: Th. Schulze [1897]. 1 Bl., 1 Taf. 4°
300: 94.739-D. 5. 7. 89.
3.7284

Vorgeschichtliche Alterthümer der Provinz Sachsen und angrenzender Gebiete. Hrsg. von d. Hist. Commission d. Prov. Sachsen. Mit Abb. u. Taf. Abth. 1, H. 1–12. — Halle a. S.: Hendel 1883–1906.
1. 2. Klopfleisch, Friedrich: Die Grabhügel von Leubingen, Sömmerda und Nienstedt. 1883-84.
3. 4. Borries, Hans v.: Vorgeschichtliche Gräber bei Rössen ⟨Kr. Merseburg⟩ und Kuckenburg ⟨Kr. Querfurt⟩. Berichte über Ausgrabungen, unternommen von H. v. Borries. 1886.
5-8. Jacob, Gottlieb: Die Gleichberge bei Römhild als Culturstätten der La Tènezeit Mitteldeutschlands von G. Jacob. 18(86-)87.
9[,1-3]. 1888.
1. Reischel, Gustav: Die Begräbnisstätte bei Hornsömmern in Thüringen von G. Reischel.
2. Borries, Hans v.: Untersuchung eines Grabhügels auf dem Dachsberge bei Hohen im Saalkreise von H. v. Borries.
3. Erfurt, E.: Die Gräber auf dem Windmühlenberge bei Ilbersdorf.
10-12. Zschiesche, Paul: Die vorgeschichtlichen Burgen und Wälle in Thüringen. 1-4. 1889-1906.
1. Allgemeines über vorgeschichtliche Burgen und Wälle in Thüringen. 1889.
2. Die vorgeschichtlichen Burgen und Wälle im Thüringer Central-Becken. 1889.
3. Die vorgeschichtlichen Burgen und Wälle auf der Hainleite. 1892.
4. Die vorgeschichtlichen Burgen und Wälle auf der hohen Schrecke, Schmücke und Finne. 1906.
1: 2° Pz 6297. 12: 2° Arch. 2ps. 3. 5. 7. 8. 10.
3.7286

Die Alterthümer unserer heidnischen Vorzeit. Nach d. in öffentlichen u. Privatsammlungen befindlichen Originalen zsgest. u. hrsg. von d. Römisch-germanischen Centralmuseum in Mainz durch L[udwig] Lindenschmit (4. u. Erg. H. zu 1–4: ... hrsg. durch L[udwig] Lindenschmit Sohn; 5: ... hrsg. von der Direktion des Römisch-germanischen Centralmuseums in Mainz). Mit Taf. Bd 1–5 [nebst] Erg. H. zu 1–4 [u.] Beil. 1. 2. — Mainz: v. Zabern 1858–1911.
1. 1858. 2. 1870. 3. 1881. 4. 1900. 5. 1911. Erg. H. zu 1-4. 1900. Beil. 1. 1902. Beil. 2. 1911.
Vollst. . . 1: 4° Sa 913 [auch Bd 1-3 = 4° Sa 913a].
12: 4° Germ. g. 111 f. 7. 8. 10. 82.
1–5. Erg. H. zu 1–4 . . . . 5. 9.
1–5 . . . . 4.
2–5. Erg. H. zu 1–4. Beil. 1. 2 . . . . 2. 6. 11.
2–5 . . . . 300: 60.429–C. Bd 2/5. 3.
3.7287

— — Bd 1. Ebd. 1864. 4°
300: 60.429–C. Bd 1. 2. 3. 6. 11.
3.7288

— Westphälische, oder Beweis', daß diejenigen, so Christum gekreuziget etc. Westphälinger gewesen, 8. Berl. Rottmann, 771.

— Westphälische, od. Beweis, daß diejenigen, so Christum gekreuzigt etc., Westphälinger gewesen, (v. Andr. Fr. Kemmerich). 8. Soling. 775. Rottmann in Berl. 4 gr (Gnobloch in Leipz.) 2 gr

Alterthümerkunde von Germanien. s. Tacitus.

Alterthümern, von nordischen. Aus d. Latein. o. F. S. Hromatka. Mit Vorr. u. Anmerkk. v. Büsching. Mit 12 Abbildd. gr. 8. Bresl. 827. (Hentze, 8 gr

Alterthümersammlung..., s.a. Altertümersammlung...

Alterthümersammlung, Die Grossherzogl. Badische, in Karlsruhe. Karlsruhe 1877—85. V: *Wagener, E.* (Bibl. d. arch. Inst. in Rom. Rom 1900.)

Alterthümersammlung, die grossherzogl. badische in Carlsruhe. Auswahl ihrer besten u. lehrreichsten Gegenstände aus dem Gebiete der antiken Kunst u. Kunsttechnik in unveränderl. Lichtdr. Hrsg. v. dem grossh. Conservator der Altorthümer. 1. u. 2. Hft. Fol. (à 6 Bl.) Carlsruhe 877 u. 78. Hasper'sche Hofbuch- u. Steindr. à n. 10. —

Alterthümer-Sammlung, die grossherzogl. badische, in Carlsruhe. Auswahl ihrer besten u. lehrreichsten Gegenstände aus dem Gebiete der antiken Kunst u. Kunsttechnik in unveränderl. Lichtdr. Hrsg. v. dem grossherzogl. Conservator der Alterthümer. 3. Hft. Fol. (6 Blatt.) Carlsruhe 878. (Ulrici.) n. 10. —
(1—3.: n. 30. —)

— dasselbe. Neue Folge. Antike Bronzen. 3 Hfte. gr. Fol. (32 Taf. Lichtdr. m. 1 Bl. Text.) Ebd. 883—885. à n.n. 5. —

Alterthümler, der, ein romant. Gemälde des W. Scott, von W. A. Lindau. 3 Bde. 8. Berlin, Duncker u. Humblot, 821.

Alterthumskunde, Allgemeine wissenschaftliche, oder Wissenschaft vom concreten Geiste des Alterthums. Altona 1839. V: *Haupt, Carl Gerhard.* (WUBb)

Alterthumsverein, Württembergischer, 1843—1893. Denkschrift zur Feier des fünfzigjährigen Bestehens des Vereins. Stuttg. 1893. H: *Hartmann, Jul.* (Heyd)

Altertümer, s.a. Alterthümer

Altertümer, Elsässische, in Burg u. Haus, in Kloster u. Kirche. Inventare v. Ausgang d. M Alters bis z. 30jähr. Kriege a. Stadt u. Bist. Strassburg. Unter d. Leitg v. Johs Ficker hrsg. v. Edm. Ungerer. 1. Halbbd. (183) Lex8° Strassbg, KJ Trübner '11. 6 —

Altertümer von Hierapolis. Hrsg. von Carl Humann, Conrad Cichorius u. a. Mit 61 Abb. u. 1 Stadtpl. — Berlin: G. Reimer 1898. XII,202 S. (Jahrbuch d. Kais. Deutschen Archäologischen Instituts. Erg. H. 4.)
1: 4° Nw 454-4. 12: 4° Arch. 91 pka-4. 300: 395.064–C. Per. Erg. H. 4. 2. 3. 4. 5. 6. 7. 8. 9. 10. 11. 83.
3.7275

Kunstgewerbliche Altertümer aus dem Schweizerischen Landesmuseum in Zürich. Offizielle Publikation hrsg. von d. Museums-Dir. (Vorr.: H[einrich] Angst.) (In 6 Lfgen.) Zürich: Hofer (1901 [– 11]). 25 Taf., 24 Erl. Bl. 2°.
[Nebent.:] L' Art décoratif au Musée nat. suisse à Zurich. A12.762

Kgl. (5,1.6: Staatl.) Museen zu Berlin. Altertümer von Pergamon. Hrsg. im Auftr. d. Kgl. Preuß. Ministers d. Geistl. u. Unterrichts-Angelegenheiten (5,1.6: ... d. Preuß. Ministers für Wiss., Kunst u. Volksbildung). Text 1–8. Taf. 1–7. — Berlin: G. Reimer (2.4.5,2.8: Spemann; 5,1.6: Berlin & Leipzig: de Gruyter) 1885–1930.
1. Stadt und Landschaft. Von Alexander Conze [u.a.] Text 1-3. Taf. 1912-13.
2. Bohn, Richard: Das Heiligtum der Athena Polias Nikephoros. Text. Taf. 1885.
3,1. Schrammen, Jakob: Der große Altar. Der obere Markt. Text. Taf. 1906.
3,2. Winnefeld, Hermann: Die Friese des großen Altars. Text. Taf. 1910.
4. Bohn, Richard: Die Theater-Terrasse. Text. Taf. 1896.
5,1. Kawerau, Georg, u. Theodor Wiegand: Die Paläste der Hochburg. Text. Taf. 1930.
5,2. Stiller, Hermann: Das Traianeum. Text. Taf. 1895.
6. Schazmann, Paul: Das Gymnasion, der Tempelbezirk der Hera Basileia. Text. Taf. 1923.
7. Winter, Franz. 1885: Die Skulpturen mit Ausnahme der Altarreliefs. Text 1.2. Taf. 1908.
8. Die Inschriften von Pergamon. Unter Mitw. von ... hrsg. von Max Fränkel. Text 1.2. 1890-95.
1: 4° (Taf.: gr. 2°) Uk 8493. 12: 2° Arch. 2pn. 300: 61.135–D–E. 2. 3. 4. 5. 6. 7. 8. 9. 10. 11. 82. 83.
3.7279

Kgl. Museen zu Berlin. Vorgeschichtliche Altertümer Aegyptens. Sonderausstellung für d. internat. Kongress für historische Wissenschaften. — Berlin: G. Reimer 1908. 20 S. 8° 1: 6 in 4° P 7830/11-1. 4. 6. 7. 10. 11. 89.
3.7283

Deutsche Anthropologische Gesellschaft. 40. Hauptversammlung in Posen, August 1909. Ausstellung im Kaiser Friedrich-Museum. Vor- und frühgeschichtliche Altertümer aus dem Gebiet der Provinz Posen. — Posen (: Jolowicz in Komm.) 1909. 173 S.
1: Pz 6768/12. 2. 10.
3.7285

Altertümer, vor- u. frühgeschichtliche, a. d. Prov. Hannover. Hrsg. v. d. Prov.-Commission z. Erforschg. u. Erhaltg. d. Kunstdenkmäler i. d. Prov. Hannover. Wandtafel i. Farbendr. m. 118 Abb. 89×65 cm. M. erl. Text. Fol. (1 Bl.) Hannover 897. Th. Schulze.
In Mappe n. 1.—

— vorgeschichtliche, der Prov. Sachsen u. angrenzender Gebiete. Hrsg. v. der histor. Kommission f. die Prov. Sachsen u. das Herzogt. Anhalt. I. Abtlg 12. Hft. gr. 4. Halle 906. O Hendel. n. 7 50 (kpl. n. 48.—)
Die vorgeschichtlichen Burgen u. Wälle in Thüringen. IV. Die vorgeschichtl. Burgen u. Wälle auf der hohen Schrecke, Schmücke u. Finne. Von Paul Zschiesche. Mit 8 Planzeichngn. auf 8 Taf., 1 Übersichtskarte, 1 Taf m. 18 Abbildgn. u. 2 Abbildgn. im Text. (17 S.) (Vollständig: 21.—)

— Die, im Kgr. Württemberg. Hrsg. v. k. Landeskonservatorium (Peter Goessler). (1.) u. 2. Heft. Lex8° Essl., P Neff. 5 —
Goessler, P: Die Altertümer d. Oberamts Blaubeuren. (7, 48 m. Abb., 5 Taf. u. 1 farb. Kte.) '11 [(1)] 2 —
Hertlein, F: Die Altertümer d. Oberamts Heidenheim. (Jagstkreis.) (8, 76 m. Abb., 6 Taf. u. 2 [farb.] Ktn.) '12 [2] 3 —

Altertümersammlung, s.a. Alterthümersammlung

Die Altertümersammlung auf dem Schloss Ellwangen in Ansichtskarten. Zwei Serien von je 10 Stück aus der kirchlichen und weltlichen Abteilung mit Schutzumschlag. Aufnahme von C. Wiedmayer. Ellwangen. Verlag von F. Bucher. kl. 8°.

Altertumsverein, der Karlsruher. Zwanglose Hefte, hrsg. im Auftrage d. Vereins. I. 1881–1890. gr. 8. (VII, 112 S. m. 1 Taf.) Karlsruhe 891. (Th. Ulrici.) n. 1. 50

Altertumsverein, der Karlsruher, Fortsetzg., s.: Veröffentlichungen der grossherzogl. bad. Sammlgn. f. Altertums- u. Völkerkunde i. Karlsruhe etc.

Altertumswissenschaft. — Die Altertumswissenschaft im letzten Vierteljahrhundert. Eine Übersicht über ihre Entwicklung in d. Zeit von 1875–1900, im Verein mit mehreren Fachgenossen bearb. von Wilhelm Kroll. — Leipzig: Reisland 1905. VI,547 S. (Jahresbericht über d. Fortschritte d. klassischen Altertumswissenschaft. 124.)
1: Va 9055-124. 12: Philol. 147 o-124. 300: 392.640-B. L. S. 124. 2. 3. 4. 5. 6. 7. 8. 9. 10. 11.
3.7294

Altes, Allerlei, und Neues... zu den wöchentlichen Merseburgischen Anzeigen. – Merseburg: 1750 - 1753.
Fortges. u. d. T.: Anzeigen, Merseburgische.

Altes in extemporirbaren Entwürfen für Wochen-Kirchen. Ein homiletisches und katechetisches Handbuch. Nürnberg 1829. H: *Brandt, Chr. Ph. H.* (Ky)

Altes in neuem Gewande. Eine kleine geistliche Naturgeschichte von einem Stillen im Lande. Nürnberg 865. Sebald. 8. (IV, 95 S. m. Holzschn.) 6 ngr.

Altes in neuem Gewande. Eine kleine geistl. Naturgeschichte v. e. Stillen im Lande. gr. 16. (102 S.) Cleveland, O. 877. (Philadelphia, Schäfer & Koradi.) geb. n. 1. —

Altes und Neues, s.a. Reisen, Litterarische.

Altes und neues oder dessen litterarische Reise durch Siebenbürgen, ... Ulm. Gedruckt im Jahr 1792. V: *Sulzer, Frz. Joseph.* (Pk) (Eng G) (Karajan)

— u. Neues. Blätter f. d. Jugend zur Beförd. wahrer Verstandes- u. Herzensbildung; herausg. v. W. Wetzel. 1831. 4 Quartalhefte. 8. Barm. 832. (Elberf., Becker.) 1 ₰ 8 ₰

Altes und Neues. Hrsg. von Franz Pocci u. Reding v. Biberegg [d. i. Hyacinth Holland]. Bdch. 1.2. — Stuttgart: Scheitlin 1855–56.
1.2 . . . . 1: Yc 7549. 12: Rar. 386. 11.
1 . . . . 7.
3.7296

Altes und Neues. Erbauungsblatt für gebildete evangelische Christen. [Hrsg.: W. Stöckicht; Jg. 2 Ludwig Conrady; Jg. 5ff Heinr. Kritzler.] Jg. 1–7 (zu je 52 Nrn). Wiesbaden: Niedner 1869–75. 4° 43

Altes und Neues: Band 1—5, no. 28, Jan. 1880—Nov. 1885? Madison, W.I.
Monthly, Jan.—Dec. 1880; semi-monthly, Jan. 1881—Nov. 1885. Sub-title: Theologisches Zeitblatt vom Standpunkte des evangelisch-lutherischen Bekenntnisses.
For supplement, see BAUSTEINE. Octavo, each issue 16 pages, paged continuously; each Band has index.

Altes u. Neues, hrsg. v. d. Buchdruckerei d. „Heimat" in Straßburg i/E. Nr. 2—4. 8. Straßburg, C. A. Bomhoff. n. 1. 20
2. Falsches u. echtes Gold. Von D. C. Rehlig. (112 S.) 894. n. — 50
3. E. Weihnachtsabend v. Ulr. Lörcher. E. Weihnachtsgeschichte v. Henriette Crusius. (38 S. m. 1 Bild.) 894. n. — 50
4. Wer nur d. lieben Gott läßt walten. E. Weihnachtserzählg. v. M. Dahnow. (24 S.) 895. — 20
Nr. 1 erschien unter d. Tit.: Traugott, Chr., aus schwerer Zeit.

Altes und Neues aus den Akten der Gemeinde Gabelbach. — Ilmenau: Schroeter (1902). 112 S. 1: Ss 2752.
3.7297

Altes und Neues zum Andencken der am heil. Pfingst-Fest 1537 der Stadt Freyberg frey gelassenen evangel. Religions-Übung. — Freyberg 1737: Matthäi. 2 Bl. 3.
3.7298

Altes und Neues aus dem Bauernstande. Ein Zeitspiegel in Briefen an einen Landmann. Hrsg. vom Schlesischen Central-Enthaltsamkeits-Verein. — Breslau: Dülfer 1857. 48 S. **1:Da 14852. 2.**
3.7299

Altes und Neues aus dem Pegnesischen Blumenorden. 1-3. — Nürnberg: Ballhorn (2.3: Schrag) 1889-97.
1. Der Erinnerung an Dr. Heinrich Heerwagen geweiht. 1889. 2. 1893. 3. 1897.
1-3 . **1:**Y 786. **12:**H. lit. P. 10 gf. **300:**93.491-B. **11.**
1.2 . . . . **5.**
3.7300

Altes und Neues aus den Herzogthümern Bremen und Verden. [Hrsg.: J. H. Pratje.] Bd 1-12.
Stade 1769-81: Kgl. priv. Buchdruckerei. 7

— aus d. Herzogth. Bremen u. Verden (v. Pratje). 7 Bde. gr. 8. Stade 769 — 74. Cramer. 5 ℛ︀ 20 g

Altes u. Neues aus der Briefmappe. 8. (III, 61 S.) Altona. Hamburg 885. (Gräfe.) n. 1. —; geb. n. 1. 50

— — a. China. Aus d. Erinnergn e. chines. Missionars. 8° (48 m. Abbildgn.) Bas. 93, Missionsbh. — 15

— — aus China. A. d. Erinnergn. e. chines. Missionars. 2. Aufl. 8. (40 S m. Abb.) Basel 896. Missionsbuchh. n. — 15

Altes u. Neues aus China. Aus den Erinnerungn. e. chines. Missionars. 3 Aufl. 8. (48 S. m. Abbildgn.) Basel 901. Missionsbuchh. n. — 15

—— u. Neues in extemporirbaren Entwürfen f. Wochen-Kirchen. Ein homilet. u. katechet. Handb. (Hrsg. v. P. H. Brandt.) 1. Bd. 1—3. Hft. gr. 8. Nürnberg 829, Riegel u. Wießner. [1. (9. B.), 2. (7½ B.) à 12 Gr., 3. (11 B.) 14 Gr.]

Altes u. Neues üb. Erdbebenkatastrophen m. besond. Berücksicht. jener v. Kalabrien u. Sizilien. (Hrsg. v. A. Belar.) (112 S. m. Abbildgn.) Lex. 8. Laibach (909). I. v. Kleinmayr & F. Bamberg. 3. 50
Sonderabdruck aus „Die Erdbebenwarte".

Altes und Neues zur Erweiterung und Verbesserung theologischer Kenntnisse. [Hrsg.: Joh. Anton Trinius.] St. 1-6.
Halle 1771-72. 8° 3

Altes und Neues aus dem Erzgebirge, nebst ausführlichen Nachrichten von denen in gesammten Erzgebürge herauskommenden neuen Schriften . . . Freyberg 1747—48. V: *Reinhold, Theodor Gottlieb.* (Stadtbibl. Berlin XVI.)

„Altes und neues aus dem Erzgebürge", Freyberg 1747, 1748, 1749.

Altes und neues, F. J. S. oder dessen literarische Reise durch Siebenbürgen, den Temesvarer Banat, Ungarn, Oesterreich, Bayern, Schwaben, Schweiz, und Elsaß . . . in drey Sendschreiben an Herrn Prediger Lange, zu Kronstadt in Siebenbürgen. Gedruckt im Jahr 1782. [Göttingen]. V: *Sulzer, Franz Joseph.* (Mitth. Dr. Ignaz Schwarz-Wien.)

— — zur Flottenfrage. Erläutergn. z Flottengesetz v. Nauticus. gr. 8. (XVII, 239 S.) Berlin 898. E. S. Mittler & Sohn. n. 1. 80

— — dasselbe, Fortsetzg., s.: Beiträge, neue, zur Flottenfrage.

Altes und Neues für Geschichte und Dichtkunst. [Hrsg.: F. H. Bothe u. H. Vogler.] H. 1 [mehr nicht ersch.]
Potsdam: Vogler 1832. 11

Altes und Neues, aus dem theurwerthen Gnaden-Schatz, in der wunder-vollen Gold-Au zu Glottau . . . Hülff-bedürfftigen . . . mitgetheilet. Zum andren mahl auffgelegt u. mit andächtigen Gebettern vermehret. — Braunsberg 1739: Collegium Soc. Jesu. 189 S. **102.**
3.7306

— Altes und Neues, aus dem theurwerthen Gnaden-Schatz, in der wunder-vollen Gold-Au zu Glottau . . . Hilfsbedürftigen . . . mitgetheilet und mit andern andächtigen Gebethern vermehret. — Ebd. 1747. 187 S. **102.**
3.7307

Altes und Neues aus der Handelsgeschichte von Deutschland, Oesterreich, England, Frankreich, Russland, Schweiz, Amerika . . . 2. Aufl. Nordlingen 1863. V: *Heinzelmann, Georg.* (BSchwLk V, 9 f) (WFM) (Cat. d. Stadtbibl. Zürich. Zürich 1864—97.) (Büchersammlung des hist. Vereines für Oberbayern. München 1867.)

—— und Neues (seit 1860) aus der Handelsgeschichte von Deutschland, Oesterreich, England, Frankreich, Rußland, Schweiz, den Verein. Staaten Nord-Amerikas und über den preußisch-französ. Handelsvertrag. Von einem industriellen Veteranen und Invaliden. 2., durchgeseh. und verm. Aufl. Lex.-8. (74 S.) Nördlingen 863, (Beck'sche Buchh.) *

Altes und Neues aus Indien. Aus Missionar Leupolts „Erinnerungen". Uebers. und zusammengestellt von A. Wenger. 8. (54 S.) Basel 880, Missionsbuchh. *

—— —— in d. preuss. Infant. Taktik. 8. (23) Berl. 60, Schlesier. *n.* — 5

Altes und Neues in der preussischen Infanterie-Taktik. Von einem Offizier der preussischen Armee. — Potsdam: Schlesier 1860. 23 S. **1:4 in Hu 14102. 2.**
3.7308

Altes und Neues aus der lutherischen Kirche. Bdch 1-14.
Elberfeld (Köln): Reemke u. Co (sp. Bädeker, sp. Luther-Buchverein) 1891-1901. 8°
4, 5, 12, 25, 29, 61, 62

Ueber Altes und Neues in der lutherisch-protestantischen Kirche, in näherer Beziehung auf das unterm 13. Nov. 1838 erschienene Rescript des herzoglichen Consistorii zu Altenburg. Eine kurze und fassliche Belehrung für Unstudirte. Von einem sächsischen Geistlichen. — Altenburg: Helbig 1839. 32 S. **4.**
3.7309

Altes und Neues aus den Ländern des Ostens. Hamburg 1859. V: *Friedrich Prinz von Schleswig-Holstein-Augustenburg.* (Klüpfel)

—— —— a. d. Ländern d. Ostens. Von Onomander. 3 Bde. 8. (958) Hamb. 59. 60. (Lpzg, Mauke.) *n.* 4. 10

Altes und Neues aus dem Lieder-Schatz der evangelischen Kirche, oder vermehrtes geistreiches Gesang-Buch zum schriftmäßigen Gebrauch bey öffentlicher und besonderer Uebung eines vernünftigen Gottesdienstes in Kirchen, Schulen und Häusern dieser des Heil. Römischen Reichs freyer Stadt Augspurg . . . zusammen getragen und in diese gründliche Ordnung gebracht. — Augspurg: Merz & Mayr 1748: Brinhaußer. 840 S. 1:El 1573.
3.7310

— Augspurg: Merz & Mayer 1749. 281,28 S.
Beigedr.: Kleines Gebeth-Buch zum Gebrauch vornehmlich des öffentlichen Gottesdienstes.
1:El 1574.
3.7311

— Ebd. 1749. 618,55 S.
Beigedr.: Kleines Gebeth-Buch zum Gebrauch vornehmlich des öffentlichen Gottesdienstes.
9.
3.7312

— Ebd. 1759. 282,27 S.
Beigedr.: Kleines Gebeth-Buch zum Gebrauch vornehmlich des öffentlichen Gottesdienstes.
1:El 1576.
3.7313

— Augspurg: Merz 1763: Brinhaußer. 618,55 S.
Beigedr.: Kleines Gebeth-Buch zum Gebrauch vornehmlich des öffentlichen Gottesdienstes.
12: Liturg. 1361q.
3.7314

— Augsburg 1776: Lotter. 288,33 S.
Beigedr.: Kleines Gebeth-Buch zum Gebrauch vornähmlich des öffentlichen Gottesdienstes.
12: Liturg. 1361r.
3.7315

— Augspurg 1782: Lotter. 288,28 S.
Beigedr.: Kleines Gebeth-Buch zum Gebrauch vornähmlich des öffentlichen Gottesdienstes.
1 [defekt]: El 1578.
3.7316

Altes. — **Altes und Neues aus dem Lieder-Schatz der evangelischen Kirchen, in gute Ordnung zusammen getragen und in gegenwärtigem Gesang-Buch verfasset; auch hier und da mit nutzlichen Anmerkungen und Erklärungen; ingleichen mit einem dienlichen Register versehen: Zusamt einem angehängten Kirchen-Gebet-Buch. Zum Gebrauch der Gemeine Gottes zu Kempten. Zum andern mahl aufgelegt. — (Kempten:) Löbl. Kirchen-Pfleg 1749. 586,133, 37 S.**
Sondert.: Anhang zu dem kemptischen Gesangbuch bestehend: In der Paßions-Historie unsers Herrn und Heylands Jesu Christi von denen vier Evangelisten beschrieben, nebst dem gewöhnlichen Buß- und Bett-Tags-Gebett. 1750.
12: Liturg. 13.
3.7317

—— —— aus den Ländern des Ostens. Von Onomander. 3 Bde. gr. 8. (XV und 958 S.) Hamburg 859. 60, Perthes-Besser und Mauke. [1. und 2. Bd. * 2 Thlr. 15 Ngr., 3. Bd. * 1 Thlr. 25 Ngr.] *

Altes u. Neues aus der Land- u. Hauswirthschaft. Für Leser, die gern üb. gewöhnl. Dinge nachzudenken pflegen. Von *r. (Gottfr. Wilh. Becker.) 3 Bdchn. 8. (86. 86 u. 88 S.) Zwickau 846. 48. 50, Verein z. Verbreitg. v. Volksschriften. (à 3 ngl) 9 ngl

Altes u. Neues a. d. Mappe e. Pädagogen, s. Kopf, David. Traug.

Altes und Neues, Militairisches. Berlin 1853—55. V: *Holleben, Hnr. v.* (Gk)

— — militairisches. Von dem Verf. der „Militairischen Betrachtungen aus d. Erfahrungen eines alten Preuß. Offiziers." 1. Thl. 853. (VII, 152 S. u. 1 lith. Taf.) 24 ngl. — 2. Thl. 854. (VIII, 148 S. u. 2 lith. Taf.) 27 ngl — 3. Thl. Berlin 855. Mittler u. Sohn. gr. 8. (2 Bl., 100 S. u. 1 lith. Taf.) 15 ngl. 2 ℛ 6 ngl

— in Modetracht, od. Fabeln u. Erzählungen in Versen. 8. Frkf. 753. 5 gl.

— aus dem Gebiete der Musik. 1. Hft. Erfurt 869. Körner'sche Buchh. gr. 8. (15 S.) n. 5 *ngr.*

Altes und Neues aus Pfarrhaus und Pfarrleben.
[Hrsg.: Gustav Kuttler.] Jg. 1.
Ulm: Stettin 1869. 8° **21**
ℭ 2. Aufl. Ulm 1870. **Stg 91**
ℭ 3. Aufl. Mönchen-Gladbach: Schellmann 1878. **16**

***Altes und Neues aus dem Reich Gottes und der übrigen guten und bösen Geister.**
[Hrsg.: Johann Jakob Moser.] T. 1–24.
Frankfurt u. Leipzig: Joh. Ben. Metzler u. Christoph Erhard 1733–39. 8° **Bü Ys**

Altes und Neues von gelehrten Sachen aus Dänemark. Bd 1–3.
Kopenhagen u. Leipzig 1768. 8° **7, 22, 150**

— von gelehrten Sachen aus Dänemark. 3 Bde. 8. Kopenh. 768. Faber. 3 ℛ 12 gl.

***Altes und neues von Sachsen und angrentzenden Ländern.** [Hrsg.: Christian Aug. Freyberg.] St. 1–5.
Dresden 1727. 8° 14

Altes und Neues aus der Stadt St. Gallen. Festschrift der Sektion St. Gallen des schweiz. Ingenieur- und Architekten-Vereins. St. Gallen 1889.

Altes und Neues aus dem Schatze deutscher Dichtkunst. Eine chronologisch geordnete Sammlung mit biogr. Einl., zunächst für Declamation u. Stylistik. — Dortmund: Krüger 1839. V,283 S. 1:Yf 3161.
3.7320

Altes und Neues aus dem Schatze unseres Kirchenliedes. Hrsg. von d. Diakonissen-Anstalt zu Kaiserswerth a. Rh. Kaiserswerth a. Rh.: Diakonissen-Anst. [1893]. 78,88 S., 2 Taf.
Aus: Jahrbuch für christl. Unterhaltungen. 1892. 1893.
1:Eg 1692. 5.
3.7321

***Altes und Neues aus dem Schatz theologischer Wissenschaften.** [Hrsg.: Val. Ernst Löscher.]
Wittenberg: M. u. G. Ludwig 1701. 8°
22, 75, 155
ℭ Forts. u. d. T.: Unschuldige Nachrichten. Leipzig 1702ff.

Altes und Neues aus dem Schatz theologischer Wissenschaften hervorgebracht. 3. Aufl. Wittenberg 1713. V: *Löscher, Ernst Val.* (Zuwachsverz. d. Bibl. Zürich 1898 ff. 8.) S. a. I, 1308 a.

Altes und Neues von Schulsachen.
[Hrsg.: Joh. Gottl. Bidermann.] T. 1–8.
Halle: Gebauer 1752–55. 8° **15**
ℭ Vorher u. d. T.: Nova acta scholastica. Leipzig 1749ff.

Altes und Neues vom Turnen. Freie Hefte. [Hrsg.: H. F. Maßmann.] H. 1. 2.
Berlin: Schultze 1849. **1, 1a**

Altes und Neues aus der gelehrten Welt. [Hrsg.: Joh. Conrad Hottinger.] St. 1–12.
Zürich: Gessner 1717–20. 8° **Bern LB, Zü ZB**

ALTES und Neues, wems beliebt, besonders zur Lectüre für Frauenzimmer. Nürnberg, bey J. G. Stiebnern, und in Commiss. der Lochner- und Grattenauerschen Buchh. 1780. 8°.
O. M. V. 1780. S. 819. — Beck, Nördl., Cat. 1. (von 1829).

Altes aus einer alten Stadt. Hrsg. von Walther Schmidt-Breitenstein. 1.2. — Langensalza: Deutsches Druck- & Versandthaus 1899–1900.
1. Werner, Ottobald: Bilder aus den Bauernkriegen. 1899.
2. Schmidt-Breitenstein, Walter: Der letzte Münzer. 1900.
(Thuringia. 1.2.) 1:Yt 719/9–1.2. 3.
3.7322

Altes aus allen Theilen der Geschichte oder alte Urkunden, alte Briefe, und Nachrichten von alten Büchern, mit Anmerkungen. [Hrsg.: Joh. Gottfr. Weller.] Bd 1 (= St. 1–6), Bd 2 (= 7–12).
Chemnitz 1760–66. 8° **14, 29, N 1**

Altes auf alle Theile der Geschichte oder alte Urkunden rc. 12 Stück. 8. Chemnitz, Stößel. 760—66.

Altes und neues dennoch gleich. Die Tridentinische Bekäntnüs. Mit den alt-kayserlichen Rechten gleichförmig. Ursach dieses hinzugesetzten Beweissthums. — (Bresslau 1708: Pega.) 8 Bl. 4° 2.
3.7323

— Wenns beliebt? besonders zur Lektüre für Frauenzimmer. 8. Nürnb. 780. Grattenauer. 8 gr

Alteserra, Anton Dadinus

Alteserra, Ant. D., Asceticon 5. origin. rei monast. L. X. rec. et not. adj. Glück. 8. maj. Halae, Waysenh. 781.

***Alteserra,* Ant. Dadini, Asceticon 5 originum rei monasticae L. X. rec. et praefat. not. adj. Chr. Fr. Glück. 8 maj. Halle 782. Waisenh. Bchh. 1 ₰ 8 gr**

ALTESERRA, Ant. Dadin.: In libb. Clementinar. Commentarii Acc. Sex praelectt. *Par.* 680. 4. rec. et praef. est Ch. F. GLÜCK. *Halle,* Waisenh. B. 782. gr. 8. (12 Gr.)

— in libros Clementinarum commentarii; accessere sex praelect. solemnes habitae pro instaurandis scholis, recens. et praefat. est Chr. Fr. Glück. 8 maj. Halle 782. Waisenh. Bchh. 12 gr

ALTESERRA, Ant. Dan.: Dissertatt. jur. canon. lib. IV. (*Toulouse* 651.) rec. et praef. est Ph. E. BERTRAM. *Halle,* Curt. 777. gr. 8. (12 Gr.)

— Dissert. juris canon. L. IV. cum praef. Phil. Ern. Bertrami. 8 maj. Halle 777. (Laue in Berl.) 14 gr

— de ducib. et comitib. provincial. Galliae. 8. Marb. Krieger. 731.

ALTESERRA, Ant. Dadinius: De fictionibus juris tr. V. quibus acc. sol. prael. ad l. cum societas D. pro socio. *Par.* 659. P. IIa. compl. tr. VI. et VII. *Par.* 679. 4. —Id. op. Ed. nov. acc. J. F. EISENHART. *Hal.* et *Helmst.* 769. 8.

— de fictionibus juris tractatus septem, Ed. nova accur. Jo. Fr. Eisenhart. 8. Halle 769. Hemmerde et S. 18 gr

— opera omn. c. et sumpt. Marottae XVI. Tmi. 4. Neap. Dela-Maliere. 791.

Altesse, Son, imp. et royale le Grand Duc de toutes les Roussies dit Mgr. le Comte du Nord. Vienne 1782. V: *Quency, Comte de.* (Behrisch)

Aeltestendienst, der, ist und bleibt eine göttliche Einsetzung für die Gemeine. (Von H. Grafe.) 8. (28 S.) Elberfeld 859, (Hassel.) *

Ältesten-Ordnung, Hoch-Fürstlich Pfaltz-Zweybrückische. O. O. 1715. V: *Johann, Kurfürst v. d. Pfalz-Zweibrücken.* (Zeitschr. f. Büch. X, 4. S. 7.)

Alteweiber-Mühle, die, oder unfehlbares Mittel, um alte Weiber wieder jung und schön zu machen. 8°. (16 S.), Wien, Carl Fritz, 1886.

Altfelix, Max, Das landwirtschaftl. Genossenschaftswesen im bayer. Kreise Schwaben u. Neuburg. Diss. 8°. Karlsruhe, Macklot, 1908.

Alt-Flensburg. 10 Ansichten aus den Jahren 1591—1862. Flensburg. o. J. Quer-8°.

ALT-FRANKFURT. Vierteljahrsschrift für seine Geschichte und Kunst. 5
(Herausgegeben von dem Verein für Geschichte und Altertumskunde, dem Verein für das Historische Museum und der Numismatischen Gesellschaft in Frankfurt a. M.)
Jahrg. I. 1909. (Heft 1—4. Mit Tafeln und Abbildungen.) Frankfurt a. M. Hermann Minjon. 4°.
Jahrg. II. 1910. (Heft 1—4. Mit Tafeln und Abbildungen.) ib. —
Jahrg. III. 1911. (Heft 1—4. Mit Tafeln und Abbildungen.) ib. —
Jahrg. IV. 1912. (Heft 1—4. Mit Tafeln und Abbildungen.) ib. —

Alt-Frankfurt. „Goethe und seine Zeit." — Frankfurt a. M.: Kumpf & Reis; (Goar in Comm.) [1909]. 12 Bl.
Nebent.: Alt Frankfurt. Goethe und seine Zeit.
(Frankfurter Bilderbogen.) 12:4° Biogr. 42 f.
3.7328

Alt-Gaarz [Schlagwort]

Alt-Gaarz, s.: Ostseebäder.

Alt-Gallien [Schlagwort]

Alt-Gallien. Kiepert, H., Wandkarte v. Alt-Gallien, nebst Teilen v. Britannien u. Germanien. 1 : 1,000,000. 9 Blatt. Chromolith. qu. gr. Fol. Berlin 888. D. Reimer. n. 12. —

Altgeld, Carl: Die Stellung d. Reformirten Bundes..., s.a. Altgelt, Carl.

Altgeld, C, d. Stellg d. Reformirten Bundes zu d. auf Freiheit u. Selbständigkeit d. ev. Kirche gerichteten Bestrebgn. Vortrag. 8° (79) Elberf. 91, Reformirter Schriftenverein (G Diederich). — 50

Altgelt, s. Altgelt, Carl

Altgelt, A., Kgl. Landbaumeister, Mitglied d. Kgl. Technischen Dep. für Gewerbe, Berlin. 1861: Ueber Kammgarn-Fabrikation. Berlin 1861: Hickethier. 32 S., 7 Taf. 4°
Aus: Verhandlungen des Vereins zur Beförderung des Gewerbfleisses in Preussen. 1861.
82. 83. 89.
3.7331

Altgelt, Carl, Beitrag zur Lehre von der Osteomyelitis. Diss. Berlin 1886, Mayer & Müller. 8°. 27 S.

Altgelt, Carl [aus Berlin]: Beitrag zur Lehre von der Osteomyelitis.... Berlin, Buchdr. v. Gustav Schade (Otto Francke) (1886); 27 + 1 S. + 2 Bl. 8°.
Berlin, Med. Fak., Inaug.-Diss. v. 22. Dez. 1886.

Altgelt, C., D. Hausbesuch. E. Frage d. pastoralen Seelsorge. gr. 8. (38 S.) Berlin 897. Buchh. der Deutschen Lehrer-Zeitung. n. — 60

Altgelt, C: Der Hausbesuch. Eine Frage d. pastoralen Seelsorge. 8° (38) Berl. 97. F Zillessen. — 60

— Zur Revision der Rheinisch-westfälischen Kirchenordnung. Referat von C. Altgelt. — (Langenberg: Joost 1877.) 15 S. **1: Dr 18303/10. 5.** 3.7339

Altgelt. D. Sanitätsdienst b. I. Arm.-K. i. d. Schlacht von Colombey—Nouilly am 14. Aug. 1870. (Vortr.) Handschr. M. 2 Plänen i. Fol. Potsdam 1902. 3 Bde.

Altgelt, Carl, der Sanitätsdienst im Felde. Nach den neuen Dienstvorschriften dargestellt u. an Beispielen erläutert. Mit 1 Übersichtsskizze in Steindr., 1 Kroki, 4 Meldekarten u. zahlr. Abbildgn. (XI, 205 S.) gr. 8. Berlin 910. E. S. Mittler & Sohn. 6.—; geb. 7.—

Altgelt, Carl: Die Stellung d. Reformirten Bundes..., s.a. Altgeld, Carl.

— Die Stellung des Reformirten Bundes zu den auf Freiheit und Selbständigkeit der evangelischen Kirche gerichteten Bestrebungen. Vortr. bei d. 4. Hauptversammlung d. Reformirten Bundes in Barmen von C. Altgelt. — Elberfeld 1891: Könker. 79 S. **1: Dl 9702. 2. 5.** 3.7340

Altgelt, C., die Stellung des Reformirten Bundes zu den auf Freiheit u. Selbständigkeit der evangelischen Kirche gerichteten Bestrebungen. Vortrag bei der 4. Hauptversammlg. des Reformirten Bundes in Barmen am 26. Aug. 1891. gr. 8. (79 S.) Elberfeld 891. Reformirter Schriftenverein (G. Diederich). n. — 50

[—] Das Verhältnis der evangelischen Kirche zu den theologischen Fakultäten. — Barmen 1884: Wiemann. 29 S.
Aus: Rheinisch-westfälische Post.
1: Bc 5680. 3.7341

— Die Vorbildung der reformirten Prediger in dem Bekenntnis ihrer Kirche. Referat von Pastor Altgelt auf der Hauptversammlung des Reformirten Bundes zu Elberfeld am 26. Aug. 1885. — Elberfeld [1885]: Könker. 14 S.
Aus: Protokoll d. Verhandlungen d. Hauptversammlung d. Reformirten Bundes zu Elberfeld am 26. Aug. 1885.
1: Dp 7420. 3.7342

Altgelt, H., s. Alt, Hermann

Altgelt, Hans, a. Buenos-Aires: Über geometrisch isomere Derivate des Diphenyläthylens und des Diphenylpropylens. Rostock 1908: C. Boldt. (42 S.) 8°
Rostock, Phil. Fak., Ref. Stoermer, Diss. v. 25. Mai 1908
[Geb. 17. Sept. 83 Buenos-Aires; Wohnort: Rostock; Staatsangeh.: Argentinien; Vorbildung: Realgymn. Crefeld Prima-Reife O. 01; Studium: Techn. Hochsch. Aachen 4, Berlin 3, Univ. Rostock 6 S.; Rig. 18. Mai 08.]

Altgelt, Hermann: Geschichte der Grafen und Herren von Moers. — Düsseldorf: Bötticher 1845. VI,199 S. **1: Ti 1732. 12: Bor. 7k. 4. 5. 6. 7. 10.** 3.7333

Altgelt, H.: Geschichte der Grafen und Herren von Moers. Düsseldorf 1849. 8°.

(—) Der 25. März 1702. Eine Denkschrift zur Erinnerung an die vor 150 Jahren erfolgte Besitznahme der Grafschaft Moers durch Friedrich I. König von Preussen. — o.O. 1852: Filder. 47 S. **1: Ti 1760. 5.** 3.7334

Altgelt, Herm., Samml. d. gesetzl. Bestimmungen u. Vorschriften d. Elementar-Schulwesens im Bezirke d. k. Regierung zu Düsseldorf, nebst e. histor. Einleit. in d. Verwaltung d. öffentl. Unterrichts, aus d. Zeiten d. Churfürsten Carl Theodor, bis auf d. Todesjahr Königes Friedrich Wilhelm III. 1794 bis 1840. 2., verm. Aufl., bis Ende 1841. gr. 8. (18 B. u. 4 B. Tab. in gr. 4.) Düsseldorf 842, [Leipzig, Fr. Fleischer.]

Altgelt, Hermann: Sammlung der gesetzlichen Bestimmungen und Vorschriften des Elementar-Schulwesens im Bezirke der Kgl. Regierung zu Düsseldorf, nebst einer historischen Einl. in die Verwaltung des öffentlichen Unterrichts, aus den Zeiten des Churfürsten Carl Theodor, bis auf das Todesjahr Königes Friedrich Wilhelm III., 1794–1840. — Düsseldorf: Schreiner 1841. VIII,268 S. **1: Ay 8045.** 3.7335

— — 2., verm. Aufl., bis Ende 1841. Ebd. 1842. XV,290 S. **1: Ay 8046. 4. 5.** 3.7336

Altgelt, Herm., Sammlung der gesetzlichen Bestimmungen u. Vorschriften des Elementar-Schulwesens im Bezirke der Königl. Regierung zu Düsseldorf, nebst einer histor. Einleitung in die Verwaltung des öffentlichen Unterrichts, aus den Zeiten des Churfürsten Carl Theodor, bis auf das Todesjahr Königs Friedrich Wilhelm III. 1794 bis 1840. gr. 8. 841. 2. verm. Aufl., bis Ende 1841. Mit 4 Tab. gr. 8. Düsseldorf 842. Schreiner. n. 5/6 ℳ

—— seid aber allzeit bereit zur Verantwortung Jedermann ꝛc. Eine Predigt üb. 1. Petri III. 15. gr. 8. (... B.) Düsseldorf 830. [Leipzig, Fr. Fleischer.]

— 1. Petri III,15. Seid aber allzeit bereit zur Verantwortung jedermann, der Grund fordert der Hoffnung, die in Euch ist. Eine Predigt ... geh. den 25. Juni 1830 in der Kgl. Garnison-Kirche zu Düsseldorf. — Düsseldorf: Schreiner 1830. 16 S. **1: 16 in Df 4263. 5.** 3.7337

Altgelt, Margarete: Kleine französische Erzählungen, anschliessend an die Bilder der Hey-Speckter'schen Fabeln. Von M. Altgelt. [Nebst] Wörterbuch. — Berlin: Fussinger 1902. **1: Ng 11285.** 3.7344

Altgelt, Margar., auf dem Lebenswege. Unterhaltende u. belehr. Geschichten f. junge Mädchen. (102 S.) gr. 8. Leipzig (910). W. Härtel & Co. Nachf. 2.—

Altgelt, M, Sprachstoff z d. Bildern f. den Anschauungs- u. Sprachunterr. v. F. Strübing, s.: Schulbibliothek, franz. u. engl.

— Das Studium des Kindes. (IV, 98 S.) kl. 8. Berlin (909). Frauen-Reich. 1.—; geb. 1. 50

Alt-Germanien, oder vergnügende und belehrende Unterhaltungen über antiquarische Gegenstände die teutsche Vorwelt und Vorzeit betreffend. [Hrsg.: Heinr. Prescher.] Bd 1 (= H. 1. 2). Ellwangen: Ritter 1804–05.

Alt-Glienicke [Schlagwort]
Alt-Glienicke, s.: Adlershof.

Alt-Griechenland. Color. Zittau 1828. V: *Riedig, C. G.* (Eng G)

Alth, v., s.: Claus, Carl.

Alth, Lehrm. der Normalschulen. 8. Bregenz, Brentano.

Alth, Alois v. s. *Alth*, Alojzy.

Alth, Alojzy

Alth, Alois, Geognostisch-palaeontolog. Beschreibg. der nächsten Umgebung v. Lemberg, s.: Abhandlungen, naturwissenschaftl., hrsg. v. Wilh. Haidinger. III. Bd.

Alth, A. v., paläozoische Gebilde, s.a. Abhandlungen der k. k. geolog. Reichsanstalt. 7. Bd.

Alth, Alojzy: Über die palaeozoischen Gebilde Podoliens und deren Versteinerungen. Von Alois v. Alth. Mit 5 lithogr. Taf. Abth. 1. — Wien: Braumüller in Comm.; Leipzig: Brockhaus in Comm. 1874. 77 S., 5 Taf. (Abhandlungen der K. K. Geologischen Reichsanstalt. 7,1.)
1:4° Mf 1785-7,1. 12:4° Lith. 1. 300:393.557-D. Per. 7. 4. 7. 10.
3.7349

Alth, Guido R. v., üb. das absolute Maszsystem u. die Theorie der Dimensionen. gr. 8. (30 S.) Wien 884. (Hölder.) n. 1. —

— Über das absolute Maßsystem und die Theorie der Dimensionen. — Wien: Selbstverl. d. Franz-Joseph-Gymn. 1884. 30 S.
Ersch. auch als Progr. Wien 1883/84.
1:29 in Mv 2770. 5.
3.7350

Alth Guido R. v.: Über den physikalischen Unterricht am Obergymnasium. 14. 17. Wien XIX 93. 94. Progr.

Alth, Titus v.: Beiträge zur Frage: Über den Isomorphismus homologer Verbindungen. — (Wien: K. k. Hof- u. Staatsdr. 1854.) 8 S.
Aus: Sitzungsberichte der math.-nat. Classe der Kais. Akademie der Wissenschaften. 12. 1854.
1:1 in Ms 25005-1. 12: Chem. 346-1.
3.7351

Alth, Titus v., Klimatologie von Czernowitz. Ein Beitrag zur Heimatskunde. 4. (52 S. mit 2 Tab. in qu. Fol.) Czernowitz 875, (Pardini.) *

Althaber, G v., s.: Beiträge z. Paläontol. u. Geol. Osterr.-Ungarns u. d. Orients.

Althaber, Wilhelmine

Althaber, W., Armenseelendank, s.: Erzählungen f. Schulkinder. 10. Hft.

– Festgedichte f. weibl. Pensionate, s.a. Heidelmann's, A., Theaterbibliothek.

Althaber, Wilhelmine: Festgedichte für weibliche Pensionate, besonders für klösterliche Anstalten. Von W. Althaber. — Bonn: Heidelmann [1901]. II,32 S. (A. Heidelmann's Theaterbibliothek. 37.) 1:Yp 6421-37. 5.
3.7352

– Gärtnerin u. Käuferin, s.a. Heidelmann's, A.; Theaterbibliothek.

— Gärtnerin und Käuferin. Zum Namenstag e. Oberin. Zwei Zwiegespräche. Von W. Althaber. — Bonn: Heidelmann [1901]. 8 S. (Kindertheater. 4.)
1:Ng 24983/328-4.
3.7353

— — Ebd. [1901]. 8 S. (A. Heidelmann's Theaterbibliothek. 41.) 1:Yp 6421-41. 5.
3.7354

— Aus Herz und Welt. — Bonn: Leopold [1909]. 126 S.
1:Yz 9185. 5.
3.7355

– die Hülfe in der Not, s.a. Heidelmann's, A., Theaterbibliothek.

— Die Hülfe in der Not. Festspiel. Von W. Althaber. — Bonn: Heidelmann [1901]. 8 S. (Kindertheater. 2.)
1:Ng 24983/328-2.
3.7356

— — Ebd. [1901]. 8 S. (A. Heidelmann's Theaterbibliothek. 40.) 1:Yp 6421-40. 5.
3.7357

– der Namenstag der Mutter, s.a. Heidelmann's, A., Theaterbibliothek.

— Der Namenstag der Mutter. Festspiel. Von W. Althaber. Bonn: Heidelmann [1901]. 8 S. (Kindertheater. 3.)
1:Ng 24983/328-3.
3.7358

— — Ebd. [1901]. 8 S. (A. Heidelmann's Theaterbibliothek. 39.) 1:Yp 6421-39. 5.
3.7359

–Zum Namenstag e. Oberin, s. Heidelmann's, A., Theaterbibliothek.

– die Namenstags-Dichterinnen, s.a. Heidelmann's A., Theaterbibliothek.

— Die Namenstags-Dichterinnen. Festspiel. Von W. Althaber. — Bonn: Heidelmann [1901]. 8 S. (Kindertheater. 5.) 1:Ng 24983/328-5.
3.7360

— — Ebd. [1901]. 8 S. (A. Heidelmann's Theaterbibliothek. 43.) 1:Yp 6421-43. 5.
3.7361

— Vom Irrwege zur Wahrheit. Mein Glaubensleben in Vergangenheit u. Gegenwart: — Bonn: Hanstein 1893. 28 S.
1:Di 9650. 5.
3.7362

— — 2., verm. Aufl. Ebd. 1895. 5.
3.7363

Alt-Halle vor 200 Jahren. Zu Ehren des Geburtstages Ihrer Majestät der Kaiserin. Wohltätigkeitsfest d. Vaterländ. Frauen-Vereins am 22. u. 23. Okt. 1907. — Halle (1907): Gebauer-Schwetschke. 26 S. 4° 3.
3.7365

Alt-Hamburg. 23 Blatt = 43 (lith.) Bilder vom J. 1150—1894. gr. 4. (1 Bl. Text.) Hamburg 894. (G. W. Niemeyer Nachf.) In Leinw.-Mappe. n. 15. —

Alt-Hamburg. — Alt-Hamburg. — (Hamburg: Wendt [um 1898].) 20 gez. Bl. quer-8° 1:Sp 2617.
3.7367

Alt-Hamburg in Wort u. Bild von seiner Gründung bis zum grossen Brande v. 1842. qu. Fol. (30 Steintaf. m. 1 Bl. Text.) Hamburg 884. König & Schulz.
n. 12. —; geb. n. 24. —

Althamer, Ludwig, Theamata de donatione simplici, quae ex civili et canonico jure desumta. Präs. Ortolph Fomann. Jena (Tobias Steinmann) 19. XII. 1595. 12 Bl. (7.—) 327

ALTHAMMER, Eduard (München): Graviditas tuberis simplex. Jüngster Fall aus München.- München: Wolf 1879. 18 S.
14.11.1879 - Urk (Titel: De graviditate tuberis.); Chr 1879/80,14
Diss. Ingolst.-Landsh.-Mchn.

Althammer, Georg (Brintanus), De antiquissimo illo more quo plurimi Europaei populi reorum innocentiam culpamue judicio crucis quondam permisere. Diss. histor.-polit. Präs. Eberh. Rudolf Roth. Ulm (Carl Gassenmaier) 13. II. 1677. 10 Blatt. (4.80) 328

Mittel zur Selbstkultur. Zeichnung des Br. Konrad Althammer. Nürnberg o. J.: Zeder. 4 S. 2°. [Kopftit.] (Ausgewählte Vorträge gehalten in der Freimaurerloge „Albrecht Dürer" Or. Nürnberg.)

Althann, Carolus Comes ab s. *Althann*, Karl Graf v.

Althann, Georg

Althann, G, Beiträge z. Physiologie u. Pathologie d. Circulation. 1. Der Kreislauf in d. Schädelhöhle. 8. (218) Dorp. 71. (Lpzg. KF Köhler.) n. 4. 60

Althann, Georg: Beiträge zur Physiologie und Pathologie der Circulation. 1. — Dorpat: Mattiesen 1871. VIII,247 S.
1. Der Kreislauf in der Schädelrückgratshöhle.
1:Kv 4720. 12: Anat. 30 v. 5. 6. 7. 9.
3.7413

Althann, Karl Graf v.: Caroli Comitis ab Althann ... Tentamen historicum de Leopoldo illustri, quo tempore Austriae marchionatum adiisse censendus sit. — Viennae Austriae 1754: Trattner. 19 S.
12:4° Austr. 6 [u. 5.] 300:38 T 30. 7.
3.7414

Alt-Hannover immerdar. Lüneb., Herold u. W. 6 gr.

Alt Hannover immerdar! oder Hannovers Errettung. Ein Nachtrag zu allen über die französische Occupation erschienenen Schriften von einem Patrioten. — o.O. 1805.
7.
3.7415

v. Althaus, Frhr., ... Versuche über d. Elektromagnetismus, nebst e. Prüfung d. Apereschen Theorie. M. 1 Steindr. gr. 8. Heidelb. 821. Oswald. 9 gr.

Althans, Carl Ludwig: Grundzüge zur gänzlichen Umgestaltung.... s. Althans, Karl Ludwig.

Althans, Ernst: Karl Ludwig Althans. Ein Beitrag zur Geschichte der rheinisch-westfälischen Eisenindustrie. (Verf.: Ernst Althans.) — Düsseldorf: Bagel [1882]. 9 S. 4°
Aus: Stahl u. Eisen. 2,5. 1882. 2.
3.7416

Althans, E., Anwendung der bekannten Gesetze der Wetterbewegung auf Ventilator-Untersuchungen usw. Berlin, 1884. 62 S. mit 9 Taf.

Althans, Ueber die Anwendung der comprimirten Luft bei Grubenarbeiten in grösseren Teufen als bisher, insbesondere beim Schachtabteufen im schwimmenden Gebirge. (Preufsische Zeitschr., Bd. 11.) Berlin 1863. 4.

Althans, Anwendung der Wassersäulenmaschine auf den Bergbau. (Preufs. Zeitschr., Bd. 9.) Berlin 1861. 4.

Althaus, E. Der V. allgemeine Deutsche Bergmannstag in Breslau. Breslau, 1894.

— Das Berg- und Hüttenwesen auf der Weltausstellung zu Philadelphia im Jahre 1876. Von F.[!] Althans. — Berlin: Ernst & Korn 1877. 45 S. (Zeitschrift für das Berg-, Hütten- u. Salinenwesen im Preussischen Staate. 24, Beil.)
1:4° Ot 2719. 12:4° Metall. 47 p-24. 2. 3. 4. 6. 7. 8. 9. 10. 82. 83. 89.
3.7417

— Die Entwickelung der mechanischen Aufbereitung in den letzten hundert Jahren. Von F. [!] Althans. Mit 3 Taf. Berlin: Ernst & Korn 1878. 95 S.
Aus: Zeitschrift für das Berg-, Hütten- u. Salinenwesen im Preussischen Staate. 26. 1878.
1:4° Ot 4878.
3.7418

Althans, Ueber das Maschinenwesen auf den Berg- und Hüttenwerken Oberschlesiens. (Preufsische Zeitschr. Bd. 10.) Berlin 1862. 4.

— Die Meersalinen im südlichen Frankreich. (Preufs. Zeitschr., Bd. 12.) Berlin 1864. 4.

Althans, Reisenotizen über das Salzwerk St. Nikolas bei Varangeville. (Preufsische Zeitschr., Bd. 12.) Berlin 1864. 4.

— Riegelbildungen im Waldenburger Steinkohlengebirge. Fest-Schrift. — Berlin 1892: Schade. 21 S.
Aus: Jahrbuch der Kgl. Geol. Landesanstalt zu Berlin. 12. 1891.
2. 82.
3.7423

— Physikalische Untersuchungen an einem Gasometer der städt. Gasanstalten zu Breslau. Von E. Althans. — Berlin: Ernst & Korn 1887. 63 S., 2 Taf.
Aus: Anlagen zum Hauptberichte d. Preussischen Schlagwetter-Commission. 5. 1887.
83.
3.7419

Althans, E, Zusammenstellg d. statist. Ergebn. d. Bergw.-, Hütten- u. Salinen-Betriebes in d. Preuss. Staate v. 1852 bis 61. 4. (156 m. 4 L.) Berl. 63, v. Decker. n. — 20

— Zusammenstellung der statistischen Ergebnisse des Bergwerks-, Hütten- und Salinen-Betriebes in dem Preussischen Staate während der zehn Jahre von 1852 bis 1861. Bearb. ... von E. Althans. — Berlin: Kgl. Geh. Ober-Hofbuchdr. 1863. 128,28 S., 4 Taf. (Zeitschrift für das Berg-, Hütten- u. Salinenwesen in dem Preussischen Staate. 10, Suppl.)
1:4° Ot 6010. 12:4° Metall. 47 p-10, Suppl. 2. 3. 4. 5. 6. 7. 8. 9. 10. 11. 83. 89.
3.7420

Althans, F., Ober-Bergrat, Breslau. 1877 s. Althans, Ernst.

Althans, Fritz: Die gemeingefährliche Bauführung ⟨§ 330 des Reichsstrafgesetzbuches⟩. Leipzig 1909: Hoffmann. 58 S. 8°
Heidelberg, Jur. Diss. v. 27. Juni 1909, Ref. v. Lilienthal
[Geb. 2. Aug. 86 Kassel; Wohnort: Rath b. Düsseldorf; Staatsangeh.: Preußen; Vorbildung: Städt. Gymn. Düsseldorf Reife O. 05; Studium: Marburg 4, München 1, Marburg 2 S.; Rig. 18. Mai 09.] [U 09. 1734

Althans, H(ermann), approb. Arzt aus Sonneberg: Aus d. med. Universitäts-Klinik zu Jena. Statistisches über das Vorkommen der rheumatoiden Pleuritis. *Blankenhain Th. 1903: M. Schlimpers Nachf.* (31 S.) 8° [F.]
Jena, Med. Diss. v. (4. März) 1903

Althans, Karl Ludwig. Karl Ludwig Althans. Ein Beitrag zur Geschichte der rheinisch-westfälischen Eisenindustrie. 1882 s. *Althans*, Ernst.

— Grundzüge zur gänzlichen Umgestaltung der bisherigen Geologie oder kurze Darstellung der Weltkörper- und Erdrindenbildung. Mit 3 lithogr. Taf. — Koblenz: Bädeker 1839. XII,148 S.
1:Mp 886. 12:Phys. sp. 13 r. 300:33 C 35. 5. 10.
3.7421

Althans, Richard: Die Erzformation des Muschelkalks in Oberschlesien. Fest-Schrift zu d. 5. Allg. Deutschen Bergmannstag in Breslau 1892. — Berlin 1892: Schade. 66 S.
Aus: Jahrbuch der Kgl. Geol. Landesanstalt zu Berlin. 12. 1891.
2. 82.
3.7422

Alt-Hattendorf [Schlagwort]
Alt-Hattendorf, s.: Preussen. Messtischblätter.

Althaus, der Graf; od. d. Studentenglück, in 5 A. 8. Offenbach, Brede. 775.

Althaus, s.a. Althaus, August

Althaus, s.a. Althaus, Paul

Althaus, die Gemeinde-Ordnung vom 23. Octbr. 1834 f. die Städte u. die Landgemeinden d. früheren Kurfürstenth. Hessen u. die zu derselben ergangenen weiteren Gesetze, nebst den Erläuterungs- u. Vollziehungs-Verfügungen der höheren Behörden. Nach amtl. Quellen bearb. gr. 8. (VIII, 401 S.) Kassel 878. Freyschmidt.
n. 7. —; geb. n. 7. 50

Althaus, A, De Batrachomyomachiae Homericae genuina forma. Diss. 1866. 45 S. 1.20

Althaus, A., Passionskampf u. Ostersieg. 13 Epistelpredigten von dem S. Septuages. bis zum 2. Ostertage 1868 in der Kirche zu Fallersleben gehalten. Als Anh. zwei Evangelien-Predigten in der Stiftskirche zu Wunstorf 1868 gehalten. Hannover 869. Meyer. gr. 8. (V, 137 S.) n. 15 ngr.

Althaus, A., aus Prinzip, s.a. Album f. Liebhaber-Bühnen.

Althaus, A., Schriftsteller. 1892: Aus Prinzip. Schwank in 1 Akt. — Berlin: Kühling & Güttner [1892]. 16 S. (Album für Liebhaber-Bühnen. 286.) 1:Yp 6329-286.
3.7424

Althaus, A. v. Verein zum Aufsuchen und Gewinnen von Steinkohlen bei Mosbach am Odenwalde. Freiburg i. B. 1857.

Alth, A. von. Ueber die Zusammengehörigkeit der den Fischgattungen Pteraspis, Cyathaspis und Scaphaspis zugeschriebenen Schilder, s. XVIII. Bd. 1. Abthl. S. 117: Beiträge zur Paläontologie Oesterreich-Ungarns.

[F.] Althaus, *Adolf* Paul *Johannes* [Pastor zu Brüggen in Hannover]: Dogmatische Begründung der Neutest. Aussagen über die Taufe ... (Soll vollst. ersch.) Gütersloh, Druck v. C. Bertelsmann, 1896; 41 S., 1 Bl. 8.
Greifswald, Theol. Fak., Lic.-Diss. v. 8. Febr. 1896

Althaus, August [Prof. Dr.]: Der zweite und dritte Aufzug von Goethes Iphigenie. Berlin, R. Gaertner, 1896; 20 S. 4.
Berlin, Friedrichs-Werdersche OR, OP 1896 (113)

Althaus, Aug., hochnöthige Bitte an den Hrn. Abt Dr. Ernesti in Wolfenbüttel, in Sachen des Braunschweigischen Landeskatechismus der Wahrheit die Ehre zu geben. Leipzig 862. E. Schmidt in Comm. gr. 8. (28 S.) 6 ngr.

Althaus, August, Pfarrer, Celle. 1858: Die letzten Dinge. — Verden: Steinhöfel 1858. 127 S.
Aus: Neues Zeitblatt. 1856. 1857. **3. 7.**
3.7428

Althaus, Aug., Erörterungen über Lessings Minna v. Barnhelm. 1. Tl. gr. 4. (24 S.) Berlin 883, Gaertner's Verlag. *

Althaus, August Frhr v., Badischer Bergrat. 1821: Versuche über den Electromagnetismus nebst einer kurzen Prüfung der Theorie des Herrn Ampère. Vom Frhrn v. Althaus ... Mit e. Vorr. vom Hofrath [Georg Wilhelm] Muncke. Enth. eine Taf. in Steindr. — Heidelberg: Oswald 1821. XVII, 37 S. **8.**
3.7427

Althaus, C.: De tragicorum Graecorum dialecto, s.a. A l t h a u s, Hermann C.

Althaus, C., De tragicorum Graec. dialecto. 1866—1870.

A l t h a u s , C . : De tragicorum Graecorum dialecto curae secundae. 28 S.
Progr. Spandow 1870.

Althaus, C., Kaiserklänge aus dem J. 1887 u. 1888. 8. (24 S.) Spandau 889. Neugebauer'sche Buchh. n. — 30

Althaus, C., die Rechte, s.a. K ü h l i n g ' s, A., Theater-Specialität.

Althaus, C., Schriftsteller. 1894: Die Rechte. Schwank in 1 Aufz. — **Berlin: Kühling & Güttner [1894]. 12 S. (A. Kühling's Theater-Specialität. 56.) 1:Yp 6330-56.**
3.7420

Althaus, C. L., Grundzüge zur gänzlichen Umgestaltung der bisherigen Geologie, oder kurze Darstellung der Weltkörper- und Erdrindenbildung. Koblenz. 1839. 8.

Althaus, Carl, warum erlernt man die alten Sprachen? Eine Zeitfrage, erörtert. gr. 8. (20 S.) Spandau 885, [Neugebauer.] Frankfurt a. O., Oesterwitz. *

Althaus, Carolus Henricus: Prolegomena de summo in literarum studio fine et de disciplinarum nexu. Particula 1. Halae (1837): Gebauer. 32 S. 8°
Halle-Wittenberg, Phil. Diss. v. 29. Mai 1837
Geb. Hannover 1. 1. 1806. V.
Die eingereichte Arbeit hatte den Titel: • Prolegomena de summo disciplinarum fine et nexu. 47 Bl. 8° (4°) mit V.
und ersch. vollst. unter diesem T. Halis Sax.: Schwetschke 1837. 122 S. 8° [GK] Im Teildr. sind nur § 1—3 = Bl. 1—11 der hs. Diss. abgedruckt.

Althaus, Carl Heinrich: Prolegomena de summo disciplinarum fine et nexu. Scripsit Car[olus] Henr[icus] Althaus. — **Halis Sax.: Schwetschke 1837. 122 S.**
Ersch. teilw. auch als Diss. Halle 1837.
1:A 3540. 12:Diss. 2066-1.
3.7457

Althaus, E, quaestionum de Julii Pollucis fontibus spec. 8. (40) Berl. 74, Weber. n. 1. —

Althaus, Emil: Leid und Lust. Roman von Emil Althaus (Émile d'Estrées). Th. 1.2. — **Leipzig: Brockhaus 1851.**
1.2 . . . . **1:Yx 7299. 7. 10.**
2 . . . . **12:P. o. germ. 1744 w.**
3.7430

— Nacht u. Sterne 16. (VIII u. 112 S.) Leipzig 852, Thomas. n. 2/3 ℛ: in Engl. Einb. m. Goldschn. n. 5/6 ℛ

Althaus, Em., gen. Emilie d'E s t r é e s. Nacht und Sterne. 2. (Titel-) Aufl. Leipzig (852) 854. Thomas. 16. (3 Bl., 112 S.) n. 25 ngr

Althaus, Emil, gen. Emile d'Estrées, **Nacht und Sterne. 3. Aufl. Leipzig 863. Thomas. 16. (VIII, 112 S.) 15 ngr; geb. n. 20 ngr**

— **Gegen** den Strom. Roman von Emil Althaus (genannt Émile d'Estrées). — **Braunschweig: Rademacher 1846. 258 S. 1:Yx 5969.**
3.7431

— **Tröst Einsamkeit.** Ein Buch für Liebende von Emil Althaus, genannt Émile d'Estrées. — **Stuttgart: Hallberger 1847. 68 S. 1:Yz 8036.**
3.7432

—— **Tröst Einsamkeit. N. Asg. 16. (68) Stuttg. 52, Hallberger's V.** — 6

Althaus, Ernest, quaestionum de Julii Pollucis fontibus specimen. Dissertatio inauguralis philologica. gr. 8. (40 S.) Berlin 874. Weber. n. 1. —

Althaus, F.: B e i t r ä g e zur Geschichte der deutschen Colonie in England, s. A l t h a u s , Friedrich

Althaus, F.: Samuel H a r t l i b , s. A l t h a u s , Friedrich

Althaus, Fr., Auf Robert Blum's Grab! Ein Aufruf in seinem Sinne. (Gedicht.) 8. (4 S.) Leipzig 849, Spamer. 1 ngr

Althaus, Fr. G.: Jesus, der Kinderfreund, s.a. A l t h a u s , J.G.

— Jesus der Kinderfreund. Pred. am 30. Juni 1816. 8. Hannov., Hahn. 4 gGr

— Confirmationsfeier. 8. Hannov. 813. Hahn. 3 gGr

Althaus, Fr. G., Confirmationsfeier, am 29. Juni in der Kirche zu Detmold gehalten. Zum Besten der durch Hagelschlag zum zweiten Male hart betroffenen Einwohner Heustenbecks. gr. 8. Lemgo 834. (Meyer'sche Buchh.) 1/3 ℛ

Althaus, Fr. G., Confirmationsfeyer am Palmsonntage 1813. 8. Münden. (Hannover, Gebr. Hahn in Commiss.) —

Althaus, Fr. G. s. N a c h r i c h t e n über die Missionen.

Althaus, Fr. G., der Sieg d. Lichts. Eine Predigt. gr. 8. Lemgo 822. (Meyer). 3 gGr

Althaus, Friedrich: Theodor Althaus. Ein Lebensbild. — Bonn: Strauß 1888. VI,468 S.
1:At 7678. 12:Biogr. 25 kr. 2. 3. 5. 11. 102.
3.7433

Althaus, F., Beiträge zur Geschichte der deutschen Colonie in England. N. s. 9th v. Lpz. 1873.

— das Buch v. Erzherzog Johann, s.: D e u t s c h l a n d s Ruhmes-Halle. 2. Bd. 2. Abth.

— Englische Charakterbilder. Bd 1.2. — Berlin: Kgl.Geh. Ober-Hofbuchdr. 1869.
1:Tq 984. 12:Brit. 6 o. 300:176,599-B [u.] 32.437. 2. 3. 5. 6. 7. 9. 10. 11.
3.7434

Althaus, Frdr., englische Charakterbilder. 2 Bde. Berlin 870. v. Decker. gr. 8. (XI, 632 S.; 2 Bll., 494 S.) 5 ℛ

Althaus, F., Samuel Hartlib, s. Taschenbuch, Historisches.

Althaus, Frid.: De historiae conscriptionis historia. Particula prior. Berolini (1852). (62 S.) 8°
Berlin, Phil. Diss. v. 12. Aug. 185?

Althaus, Friedr.: Benjamin D'Israeli, s. P l u t a r c h , der neue.

Althaus, Friedr.: Admiral Nelson, s. P l u t a r c h , der neue.

Althaus, Friedrich Georg: Achtzehn Vorlesungen über Reformationsgeschichte, geh. im Frauenvereine d. Gustav-Adolf-Stiftung zu Wiesbaden. Nach d. Tode d. Verf. hrsg. Wiesbaden: Niedner 1863. XIV,434 S.
1:Cm 3834. 8.
3.7435

Althaus, Guilelmus: De elephantiasi Arabum, s. A l t h a u s , Wilhelm.

Althaus, H.: Die religiösen Anschauungen und Gebräuche der Wadschagga. — **Leipzig: Evang.-luth. Mission 1906. 24 S. (Lichtstrahlen im dunkeln Erdteile.)**
1:N 19.452-7. 12:H. ref. 641 q-5.
3.7436

Althaus jun., Herm., Reformation, Leipzig u. Waterloo oder: „Das hat Gott gethan" u. „Unser Glaube ist der Sieg, der die Welt überwunden hat." 2 Predigten in der reform. Kirche zu Hannover über Psalm 64, V. 10—11 u. 1. Joh. 5, V. 4. an den beiden Jubelfesten d. 18. Octbr. 1863 u. 18. Juni 1865. Hannover 865. Klindworth. gr. 8. (28 S.) n. 5 *ngr.*

Althaus jun., Herm., der barmherzige Samariter, ein Musterbild von Menschenliebe, welches heiligmahnende Worte zu uns redet. Predigt gehalten am 13. Trin. Sonntage 1864 in der reformirten Kirche zu Hannover. Hannover 864. Klindworth. gr. 8. (15 S.) nn. 2½ *ngr.*

Althaus, Herm. Car.

Althaus, Hermann C.: De tragicorum Graecorum dialecto, s.a. Althaus, C.

Althaus, Herm. C., de tragicorum graecorum dialecto. Pars prior: De Dorismo. Dissert. inaug. grammat. Berlin 866. (Calvary & Co.) 8. (50 S.) n. 8 *ngr.*

Althaus, J., Dr., Arzt, London. 1859 s. *Althaus,* Julius.

Althaus, J.G.: Jesus, der Kinderfreund, s.a. Althaus, Fr. G.

Althaus, J. G., Jesus, der Kinderfreund. Predigt am 30. Juni 1816. 8. Hannover, Gebr. Hahn.

Althaus, Julius: Sociale Bilder aus England. Bd 1.2. — Hamburg: Nestler & Melle 1863.
1: Tv 1216. 12: Brit. 6 p. 300: 176.078-B. **6. 7. 8. 10.**
3.7438

— — 2. Aufl. Bd 1.2. Ebd. 1863. 1: Tv 4572. **2.**
3.7439

— Die Elektricität in der Medizin. Mit bes. Rücks. auf Physiologie, Diagnostik und Therapie dargest. — Berlin: G. Reimer 1860. XVI,336 S.
1: Kh 1600. 12: M. med. 33 t. 300: 122.774-B. **4. 5. 7. 8. 10. 11.**
3.7441

Althaus, Jul., üb. Hypochondrie u. Nosophobie A. d. Engl. v. Karl Oetker. Autoris. Uebers. gr. 8. (25 S.) Frankfurt a/M. 896. J. Alt. n. 1. —

— [On Sclerosis of the spinal cord, deutsch] Ueber Sklerose des Rückenmarkes einschliesslich der Tabes dorsalis und anderer Rückenmarkskrankheiten. Mit 9 Abb. (Deutsche Ausg., durchges. von Paul Julius Möbius.) — Leipzig: Wigand 1884. VIII,226 S.
1: Ki 6182. 12: Path. 21 m. **2. 3. 4.**
3.7444

— [The Value of electrical treatment, deutsch] Der Wert der Elektrizität als Heilmittel. Aus d. Engl. von Karl Oetker. Mit e. Vorw. des Hrsg. der deutschen Ausg. Autoris. Übers. — Frankfurt a. M.: Alt 1897. VIII,96 S.
12: M. med. 33 w.
3.7450

Althaus, Karl Coniectanea in aliquot locos Baccharum Euripidis. XXII S. *Progr. Spandau* 1884.

Althaus, Karl, Gymnasiallehrer, Spandau. 1885: Kaiserklänge aus den Jahren 1887 und 1888. Von Carl Althaus. — Spandau: Neugebauer 1889. 24 S. 1: Yo 22926.
3.7454

— Warum erlernt man die alten Sprachen? Eine Zeitfrage erörtert von Carl Althaus. — Spandau: Oesterwitz 1885. 20 S. **4.**
3.7455

— — Spandau-Berlin: Oesterwitz 1887. 20 S.
1: Nf 2326. **10.**
3.7456

Althaus, Karl, Univ.-Prof., Berlin. 1872: Von der Überzeugung, insbesondere der religiösen. Eine Rede. [Verf.: Karl Althaus.] — Leipzig: Wigand 1872. 67 S.
1: Dc 6783.
3.7451

[—] — 2., durchges. Aufl. Ebd. 1873. 66 S.
1: Theol. Flugschr. 1873-34.
3.7452

— — 3., durchges. Aufl. Ebd. 1881. 73 S.
1: Dc 6783ª. **5. 10.**
3.7453

Althaus, Maximil. Ioan. (geb. Berleburg in Westf. 25. 7. 1842): De coxarthrocace. Berolini 1866. (32 S.) 8°
Berlin, Med. Diss.
nachgeliefert v. dem am 20. Juni 1866 auf Grund gedruckter Thesen promov. Verf.

Althaus, Paul: Frömmigkeit und Sittlichkeit nach evangelischer Auffassung. Göttingen 1906: Dieterich. (S. 1—19) 8°
Göttingen, Festrede zur akadem. Preisverteilung 1906

Althaus, Paul, Frömmigkeit u. Sittlichkeit nach evangelischer Auffassung. Festrede. zur akadem. Preisverteilg. am 13. VI. 1906 geh. (25 S.) Lex.-8. Göttingen 906. Vandenhoeck & Ruprecht. n. — 40

Althaus, Paul, die historischen u. dogmatischen Grundlagen der lutherischen Taufliturgie. Vortrag, geh. auf der 50. luther. Pfingstkonferenz zu Hannover am Donnerstag, 16. Juni 1892. gr. 8. (III, 102 S.) Hannover 893. H. Feesche. n. 1. 50

Althaus, Paul, Prof. d. Theologie, Leipzig. 1893: Die Heilsbedeutung der Taufe im Neuen Testamente. — Gütersloh: Bertelsmann 1897. XII,321 S.
1: Cy 32008. 12: Dogm. 26 n. **2. 3. 4. 6. 7. 9. 11.**
3.7462

Althaus, Paulus Julius (geb. Detmold 31. 3. 1833): De pneumothorace. Berolini (1855). (27 S.) 8°
Berlin, Med. Diss. v. 21. März 1855

Althaus, Selma: Henriette Schrader und das Pestalozzi-Fröbelhaus. — Berlin: Behr 1898. 23 S. 8°

Althaus, Theodor: Die Bedeutung des Urchristenthums und sein Verhältniß zum Christenthum der Gegenwart. Ein Beitrag zur religiösen Selbstverständigung der Gegenwart. [Verf.: Theodor Althaus.] Mit e. Vorw. von Ludwig Noack. — Darmstadt: Leske 1846. VIII,94 S.
1: Theol. Flugschr. 1846-16 [u.] Cz 14400.
12: H. eccl. 810 t.
3.7511

— Aus dem Gefängniß. Deutsche Erinnerungen und Ideale. — Bremen: Geisler 1850. 243 S.
1: Ag 8801. 12: Var. 273 m.
3.7512

(—) Die preußische Generalsynode und der Beruf der evangelischen Kirche. — Bremen: Schünemann 1846. 22 S.
1: Theol. Flugschr. 1846-22. 12: H. ref. 162 ob. **5. 10.**
3.7513

— Geschichte der alten Welt. (2. Aufl.) Bd 1. — Leipzig: Verlagsbureau 1848. VIII,246 S. (Althaus: Weltgeschichte für die Jugend. 1.) 1: Py 1684-1.
3.7514

Althaus, Thdr., Geschichte der alten Welt für die Jugend zum Schulunterricht und zur häusl. Unterhaltung bearb. 3. Aufl. 8. (VIII und 246 S. mit 1 Stahlst.) Leipzig 858, R. Hoffmann.

Althaus, Th., Märchen aus der Gegenwart, s.a. Meyer's Volksbücher.

— Mährchen aus der Gegenwart. — Leipzig: Jurany 1848. 348 S. 1: Yx 6527. **7.**
3.7515

— — Märchen aus der Gegenwart. 8. (349 S.) Leipzig 848, Jurany. (Kittler.)

— Eine Rheinfahrt im August. Den Kölnern, den Schleswigholsteinern und allen, die den Rhein lieben, gewidmet. Bremen: Schünemann 1846. 16 S. **2. 8.**
3.7516

— Weltgeschichte für die Jugend. (2. Aufl.) Bd 1. — Leipzig: Verlagsbureau 1848. VIII,246 S.
1. Althaus: Geschichte der alten Welt. (2. Aufl.) 1. 1848.
1:Py 1684.
3.7517

[—] Die Zukunft des Christenthums. Seine Wahrheit, seine Verkehrung und seine Wiedergeburt durch Freiheit und Liebe. — Darmstadt: Leske 1847. 421 S.
1:Dn 4750. 12:Polem. 3009m.
3.7518

v. Althaus, Wilhelm; od. so geht's in Deutschland zu, (v. Fr. Wlh. v. Schütz). 2 Thle. 8. Hamb. 789. (Wienbrack in Leipz.) 1 ℛ

Althaus, Guilelmus: De elephantiasi Arabum. Halis (1860): Orphanotropheum. 31 S. 8°
Halle-Wittenberg, Med. Diss. v. 20. Dez. 1860
Geb. Berleburg (Westf.) 19. 8. 1833. V.

Althaus, Wilhelm [app. Arzt aus Meerholz]: Über traumatische Zwerchfellshernien ... München, J. F. Lehmann, 1895; 15 S. 8.
München, Med. Fak., Inaug.-Diss. v. 1895

Althausen, L., Versuch üb. Quecken-Vertilgung. gr. 8. (V, 99 S. m. 2 Tab.) Halle 900. (Riga, N. Kymmel's Sort.) n. 2.40

Althausen, Leonid, aus Taganrog: Versuche über Quecken-Vertilgung. *Halle a. S. 1900: E. Karras.* (99 S.) 8°
Rostock, Phil. Diss. v. [26. Febr.] 1900

Althausen, Mathias Joseph [aus Uelpenich]: Aus d. Klinik f. Hautkrankheiten u. Syphilis zu Bonn. Ueber Verbreitung und Behandlung des Herpes tonsurans ... Bonn, Druck v. E. Heydorn, *1893:* 29 S., 1 Bl. 8.
Bonn, Med. Fak., Inaug.-Diss. v. [28.] Juni 1893

Althauss. — Der Graf Althauß, oder das Studenten-Glück, in 3 Aufz. — Offenbach & Frankfurt: Weiß 1775. 64 S.
Als Verf. wird genannt Boediker.
300:129.393–A [u.] 7 in 392.620–A. Bd 84.
3.7524

—— Wien: beym Logenmeister 1776. 61 S. **1:Yr 6877.**
3.7525

Althausse, Max [aus Wiesbaden. Prov. Hessen-Nassau]: Ueber Tetrahydro-α-Naphtylamin. . . . München, k. Hof- u. Univ.-Buchdr. Dr. C. Wolf & Sohn, 1888; 47 S. 8°
München, Phil. Fak., Inaug.-Diss. v. 1888

Althausse, Oscar [app. Arzt aus Wiesbaden]: Ueber erworbene Trachealfisteln ... Strassburg, Buchdr. C. Goeller, 1893; 23 S. 8.
Strassburg, Med. Fak., Inaug.-Diss. v. 1893

Altheer, Paul: Kränze. (Gedicht.) [Aus: „Rascher's Jahrb."] (1) 8° Zür., Rascher & Co. '12. — 20

Altheer, Paul, Verloren. Drama in 5 Akten. (158 S.) 8. Straßburg 908. J. Singer. 2. 50

Altheide. — Kur-Bad Altheide in der Grafschaft Glatz, Provinz Schlesien. Saison: 1. Mai bis 1. Okt. Winterkuren. — (Glatz 1908: Schirmer.) 7 Bl., 9 Taf. quer-8°
1:Kart. Y 12775.
3.7534

—— Saison 1909. ([Glatz] 1909 [: Schirmer].) 20 S. quer-8.
1:Is 2642. 2. 10.
3.7535

—— Saison 1910. Ebd. (1910). 40 S. **2.**
3.7536

Alt-Heidelberg, Du Feine. 22 Bilder aus Heidelberg u. seiner Landschaft, nach künstler. Orig.-Aufnahmen v. Carl Lange. (1 Bl. Text.) qu. 4. (Köln 902). Hoursch & Bechstedt. n. 2 —

Alt-Heikendorf. Sommerfrische u. Badeort an der Kieler Förde in Holstein. Führer den Fremden gewidmet v. Verschönerungsverein für Alt-Heikendorf u. Umgegend. Kiel. 1905 8°

Altheim, Heinrich: Herrmann Riedesel von Eisenbach. Ein Original-Schauspiel in 4 Aufz. — Königsberg i. d. Neumark 1837: Windolff & Striese. V,83 S.
1:Ys 6831.
3.7540

Altheim, Heinr., Herrmann Riedesel v. Eisenbach. Original-Schauspiel. 8. Königsberg i. d. N. 840. Windolff u. Striese. n. 1/4 ℛ

Altheimer, J[osef]: Vom ersten Strich bis zum Selbstporträt. Gedanken über den modernen Zeichenunterricht. Stadtamhof (1907): J. & K. Mayr. (49 S.) 8°
Regensburg, k. Altes G P 1907*

Altheimer, M., Eisenbahn-Bilderbuch, s.: Nübling, Ludw.

Althen, Adolf, approb. Arzt aus Hahnstaetten (Hessen-Nassau): Aus d. patholog. Institut zu Freiburg i. B. Ueber ein Blutgefässendotheliom der Niere entstanden aus versprengtem Nebennierenkeim. *Freiburg i. B.: Speyer & Kaerner 1899.* (28 S.) 8°
Freiburg i. B., Med. Diss. v. 1899

Althen, Eduard [app. Arzt aus Sonnenberg in Nessen [sic!]-Nassau z. Z. intern. Arzt a. d. k. Univ.-Frauenklinik zu München]: Casuistik, Aetiologie und Therapie der Uretero-vaginalfisteln. . . . München, Buchdr. v. M. Ernst, 1889; 37 S. 8°
München, Med. Fak., Inaug.-Diss. v. 1889

Alther, Carl. Neue Beiträge zur Geschichte des schweizer. Schwachsinnigen-Bildungswesens und der ersten Anstaltsfürsorge des Dr. [Johann Jacob] Guggenbühl auf dem Abendberg. Referat, vorgetragen von Herrn Pfarrer K' A' ... an der V. Appenzellischen Konferenz für Schwachsinnigen-Bildung, am 14. November 1908 in St. Gallen. [SA. aus: Appenzeller Zeitung, Jahrg. 82.] 13 S. 4. [Herisau, Schläpfer & Cie., 1909.]

Alther, Carl. Die Entwicklung der Idiotenfürsorge im 19. Jahrhundert und ihr gegenwärtiger Anstaltsbetrieb. Mit Rücksicht auf die am 5. und 6. Juni 1905 in St. Gallen tagende V. schweizerische Konferenz für das Idiotenwesen dargestellt von K' A', Pfarrer in Eichberg. [Sep.-Abdr. aus: «Tagblatt der Stadt St. Gallen» 1905, № 128–131.] 26 S. 8. St. Gallen, Zollikofer, 1905.

Alther, Carl. Hans Jakob Guggenbühl und seine Abendberg-Stiftung im Schatten traditioneller Vorwürfe und im Licht einer aktengemässen Rechtfertigung. Eine historisch-kritische Studie von Pfarrer K' A' ..., vorgetragen an der 7. Schweizerischen Konferenz für das Idiotenwesen am 6. Juli 1909 in Altdorf. [Mit 2 Tafeln.] (Separatabdruck aus dem Verhandlungsbericht der 7. Schw' K' für das Id' ... 1909.) II + 22 S. 8. Glarus, D. Hefti & O. Bartel, 1909.

Alther, Carl. Dr. J(ohann) J(akob) Guggenbühl (1816—1863) und die Anfänge der schweizerischen Idiotenfürsorge. Mit Rücksicht auf die V. schweizerische Konferenz für das Idiotenwesen dargestellt von K' A', Pfarrer in Eichberg. (... Sonntagabendvortrag, am 11. Dez. 1904 in St. Gallen dargeboten.) [Sep.-Abdr. aus: «Tagblatt der Stadt St. Gallen», 1905, № 27–33.] 31 S. 8. St. Gallen, Zollikofer, 1905. [fr. —. 50]

Alther, Carl. Prospekt für eine st. gallisch-kantonale, interkonfessionelle Erziehungsanstalt für schwachsinnige Kinder. Bearb. im Auftrag der Spezialkommission der kantonalen gemeinnützigen Gesellschaft. Sommer 1904. II + 16 S. 8. St. Gallen, Honegger, 1905.

(**Alther**, C[arl].) Schwachsinnigenbildungs- und Fürsorgewesen [in der] Schweiz. ([Von] Pfarrer K. A'.) gr.-8.
In: Enzyklopädisches Handbuch der Heilpädagogik. ... hrg. von Professor Dr. med. A[dolf] Dannemann ..., H(ans) Schober ... [und] ... E(duard) Schulze ... . Liefg. 8 u. 9. Halle a. S., Carl Marhold, 1910. *je* M. 3. —. Sp. 1509—1546.

Alther, P: Die Buchhaltg d. Gaswerks d. Stadt St Gallen, s: Veröffentlichungen, Handelswissenschaftl.

Altherr, Alfred

Altherr, A., das fatale Almosen, s.: Verein f. Verbreitung guter Schriften, Bern Nr. 31.

Altherr, Alfr., eine Amerikafahrt in 20 Briefen. Nebst e. Anh. üb. die blinde u. taubstumme Helen Keller. (240 S. m Bildnis.) 8. Frauenfeld 905. Huber & Co. Geb. in Leinw. n. 3. 20

Altherr, Alfred *s.* Andenken. Zum A' an Herrn Fr. Greuter-Engel. Basel.

Altherr, A., Beckenfridli, s.a. **Verein f. Verbreitg. guter Schriften. Zürich.**

Altherr, A. *Beckenfridli* **v. A. Altherr, Pfarrer in Basel. 2 Bde. Basel, B. Schwabe, 1899. 175, 192 S. 8°. Orlwd. mit Rv. 12.—**
Erzählung mit viel Lokalkolorit, endend mit dem Einzug der geschlagenen franz. Soldaten in der Schweiz anno 71.

Altherr, A., die Bedeutung der Bibel f. d. religiöse, sittliche u. sociale Leben, s.a. **Schriften d. Schweiz. Vereins f. freies Christenthum.**

Altherr, Alfred, Pfarrer, Basel. 1880: Die Bedeutung der Bibel für das religiöse, sittliche und soziale Leben. Ein Vortrag. — Basel 1880: Vereinsbuchdr. 29 S. (Schriften d. Schweiz. Vereins für freies Christenthum. 10.)
1:Cq 10330-10.
3.7541

Altherr, A[lfred]. Albert Bitzius, ein Vorbild freier Frömmigkeit. Vortrag. SA. 8. Basel 1898.

Altherr, A[lfred]. Gedächtnissrede und Personalien bei der Beerdigung des Herrn Dr. Carl Brenner den 17. August 1883. 8. Basel 1883.

— Theodor Hoffmann-Merian. Ein Lebensbild nach seinen eigenen Aufzeichnungen zsgest. Nebst einem Bildnis u. Anh. — Basel: Schwabe 1889. VI,141 S.
1:Pb 9201. 300:82.235-B.
3.7542

Altherr, Alfr., die Kinder der Frau Schuhr, s.a. **Verein f. Verbreitung guter Schriften, Bern Nr. 64.**

Altherr, Alfred. Die Kinder der Frau Schuhr. Eine Erzählung. 100 S. 8. Bern, Haller, (März) 1907. fr. —.20
Verein für Verbreitung guter Schriften (Verein Bern). Nr. 64. (Fortsetzung [von] «Das fatale Almosen» = Verein *u. s. w.* Bern. Nr. 31.)

— die Lehre vom Sohne Gottes, f. das Volk dargestellt. Preisgekrönt v. der Ludwig-Stiftg. (78 S.) 8. Bremen (904). C. Schünemann. n. 1.—

— Theodor Parker in seinem Leben und Wirken dargest. Mit Parkers Bildnis. — St. Gallen: Wirth 1894. IX,404 S.
1:Ax 12939. 12: Biogr. 871i. 6.
3.7543

Altherr, Alfred (Hrsg.), s. Protestantenblatt, Basler.

Altherr, Alfred (Hrsg.), s. Protestantenblatt, Schweizerisches.

— Religion u. Freiheit, s.: Fischer, Max.

— Friedrich Schiller in seiner Bedeutung f. die Religion. Volkstümlich dargestellt. (64 S.) 8. Basel 905. (Zürich, A. Frick.) n. — 30

Altherr, A., Pfr. Taufbüchlein zum Andenken an die hl. Taufe. 2. verbesserte Aufl. Basel, Buchdruckerei Frehner & Rudin. **1887** — 20

Altherr, H.: Durch Kampf zum Sieg! Temperenz-Gedichte. Hrsg. unter gefl. Mitw. e. Anzahl Mitkämpfer gegen d. Alkoholismus. Bdch. 1. — (Weinfelden:) Selbstverl. 1898.
1:Yf 4268/20. 5.
3.7545

Altherr, H., durch Kampf zum Sieg! Temperenz-Gedichte. Hrsg. unter gefl. Mitwirkg. e. Anzahl Mitkämpfer geg. d. Alkoholismus. 1. Bdchn. 8. (104 S. m. Titelbild.) Weinfelden 899. (Barmen, Elim, Buchh. des Blauen Kreuzes.) Geb. in Leinw. n. 1.60

Altherr, Hans: Art. 29 d. Bundesverfassg u. d. Zollfrage im Lichte d. Wahrh. Betrachtg üb. d. schweiz. Lebensmittelzölle. Antwort auf d. Begehren d. schweiz. Städteverbandes. (56) 8° Bern, KJ Wyss '11. — 40 d

Altherr, Hans, eine **Betrachtung** üb. neue Wege der schweizerischen Münzpolitik. (IV, 204 S.) gr. 8. Bern 908. A. Francke. 2.40
Sonderabdruck aus „Zeitschr. f. schweiz. Statistik".

— Das Münzwesen der Schweiz bis zum Jahre 1798 auf Grundlage der eidgenössischen Verhandlungen und Vereinbarungen. — Bern: Stämpfli 1910. XII,432 S.
Ersch. teilw. auch als Diss. Bern 1909/10.
1:Pl 7080. 12: Num. rec. 3h [u.ö.] 300:472.078-B. 7.
3.7547

[Altherr, Hans.] Der Sitz der Schweizerischen Nationalbank gehört in die Bundesstadt! Eine Studie von einem Bankfachmann. 59 S. 8. Bern, Gustav Grunau, 1905. [fr. 1. 50]

(**Altherr,** H[ermann].) Zum Kirchenartikel (der Verfassung)! [Eingabe an die] Herren Revisionsräte [des Kantons Appenzell-Ausserrhoden]! ([Von] Dr. A'. Heiden, im April 1907.) 16 S. 8. [Heiden, R. Weber.]

Altherr, [Hermann]. Geschichtliche Rückblicke in das Leben der Gesellschaft Appenz(ellischer) Aerzte ([gegründet] 1827). Aus Auftrag der Gesellschaft als Manuscript gedruckt. II + 31 S. 8. Heiden, R. Weber, 1902.

Altherr, Karl, Dr. J. J. Guggenbühl (1816—1863) u. die Anfänge der schweizerischen Idiotenfürsorge. Mit Rücksicht auf die V. schweizer. Konferenz f. das Idiotenwesen dargestellt. (81 S.) 8. St. Gallen 905. (Fehr.) n.n. — 50

Altherr, Laura, s. Kinderherz u. Kindermund (i. Appenzeller Mundart). 8. (72 S.) St. Gallen 898. (Buchh. der ev. Gesellschaft.) n. — 80

Altherr, Peter. De usu medicinali zinci muriatici. Diss. Dorpat. 16°. 52 pp. 1808.

(Altherr, Victor.) Anregung zur Bildung einer schweizerischen Konferenz für das Blindenwesen und Errichtung einer Zentralstelle. 8 S. 4. ([Trogen, U. Kübler,] 1903.)

Alt-Herren-Zeitung des Akademischen Turnvereins zu Berlin, nichtöffentliches Blatt d. Alt-Herren-Verbandes, hrsg. v. Aussch. d. A. H. V., Jg. 1—38, Berlin 1884—1920, 8°. 21 Bde.

Alt-Hessen. Beiträge z. kunstgeschichtl. Heimatkde. Hrsg. v. A Holtmeyer. 1. Heft. 8° Marbg, NG Elwert's V. 2.80; geb. 4—
Holtmeyer, A: Hessische Rathäuser. Ihre Erhaltg u. Entstellg. (67 u. 80 m. Abb.) '12 [1] 2.80; geb. 4 —

Althing [Pseud.], s.a. Fischer, Christian August

Althing [Pseud.], s.a. Fischer, Friedrich

ALTHING. Abentheuer vor meiner Hochzeit, komischer Roman als Fortsetzung von Hannchens Hin- und Herzügen von Althing, und Vorläufer meiner ersten Hochzeitsnacht. **2. Aufl. in 4 Bdn. Mit Suschens Portrait. Berlin und Dresden (Hamburg, Herold). O. J. (1802). 8°.**
216, 194, 132 u. 132 SS., nebst Tit. u. 1 Bl. Inh. bei jedem Theile. — Zuerst gedr. c. 1800. (6 Mk. Bielefeld.)
— — Dasselbe. Th. 1—3. Berlin u. Leipzig 1804. — Th. 4. Hamburg u. Mainz, b. Gfr. Vollmer. 1805. 8°. **216, 194, 132 u. 132 SS. (nebst Tit. u. 1 Bl. Inh. bei jedem Theile) (3 2/3 Rthl. Scheible; 6 Mk. Kühl, Berlin.)**

ALTHING. Erzählungen. Bdchn. 1. Mit 1 Kpf. Leipzig, Klein, 1819. 12°. (Ldpr. 1 Rthl.)
Höchst selten, wie die beiden folg. Sammlungen. — Kayser's B.-Lex. (Romane.)

ALTHING. Erzählungen. 2 Thle. Leipzig, o. J. (c. 1820). 8°. (2 Rthl. Scheible, 1868.)
I.: Der Liebesrath. — Der Storch. — Der Hahnrey auf Pränumeration. — Die tolle Nacht. — Die Hosen des heil. Bernhard. — Der Koffer.
II: Zwei Monate in Paris. — Marie. — Die Zwillinge. — Das Jägermädchen. — Geschichte eines Kammermädchens.

ALTHINGS kleine Erzählungen [I. Bändchen (und II. Bändchen)]. Schleiz, 1827 gedruckt bei J. H. Reizenſtein. 12°.

2 Titel, 239 S. 4. Bl. Verlagsanzeigen des Comptoirs Ernſt Klein in Leipzig + 2 Titel, 182 S., 1 Bl. Anzeigen.
Ein zweiter vor den Haupttitel geſetzter Titel lautet:

Althings hinterlaſſene Schriften / Kleine Erzählungen [uſw. wie oben]. Die hier angeführte Ausgabe iſt nur Titelauflage der bei Klein in Leipzig 1820—1822 erſchienenen Ausgabe, was durch die 2 auf abweichendem Papier gedruckten und aufgeklebten Doppeltitel ſowie durch die angehängten Kleinſchen Verlagsanzeigen zur Evidenz erwieſen wird.
[B. I, 59 u. 62.]
[n. Maaßen in »Der grundgeſcheute Antiquarius«. 2. Jahrg. Mai 1922, 1. Heft, S. 32.]

ALTHING. Geliebte, Der, von Eilftausend Mädchen, ein Seitenst. zum Hahn mit neun Hühnern. O. O. (Erfurt) 1804. 12°. (5 Rthl. Scheible, 1873; 25 Mk. Adolf Weigel, 1907.)

Tit. u. 335 SS. Der Held Rudolph ist aus Limoges gebürtig. Vielleicht Bearb. von: L'amoureux des onze mille vierges, roman sérieux, comique et moral; par l'auteur de l'enfant de trente-six pères (par Ant. Jos. Nic. de Rosny, né à Paris en 1771, † en 1814). 2 vols. Paris 1801. 12°. 2 figs. (Voir Gay, Bibliogr. de l'amour VI. p. 233.)

§ **ALTHING.** Gustchens Geschichte, oder eben so muss es kommen, um Jungfer zu bleiben. Ein Seitenst. zu Hannchens Hin- und Herzüge. Mit TKpfr. Stambul u. Avignon. (Posen, Kühn) 1805. 8°. (3 Rthl. Scheible, c. 1870; 9 Mk. Calvary & Co., Berlin, c. 1900; 25 Mk. Adolf Weigel, 1907.)

Sehr selten! 278 SS.

ALTHING. Geschichte der sieben Säcke. Nebst Einleitung und Zugabe. (8 freie Erzählungen.) Mit 1 Kpfr. v. Jury. Leipzig, bei Heinrich Gräff, 1799. 12°. (3 Rthl. Scheible, 1868; 4 Mk. L. Rosenthal, München, 1907.)

79 S. (incl. Titelkpf., Tit. u. 2 Bll. Einleitung). Sehr rar.

— Gesch d. 7 Säcke. 12. Leipz. 799. Wienbrack. 10 Gr.

— das Glöckchen. 12. Leipz. 800. (Wienbrack). 12 Gr.

— s.a. Hahn, der, mit 9 Hühnern.

ALTHING. Der Hahn mit neun Hühnern. Leipzig, Heinr. Gräff, 1800. Kl. 8. (Expl. in Darmstadt.) (2 Rthl., Scheible, c. 1870.)

166 S. — Ein Reisender liebt nach und nach 9 Mädchen. Alle werden schwanger u. drängen ihn wegen der Heirath. Er giebt ihnen ein gemeinsames Rendezvous, erklärt ihnen die Sachlage und beschliesst diejenige zu heirathen, welche ihm durch das Loos zugesprochen würde. (Vgl. Bibliogr. de l'amour III. p. 466.)

— — Dasselbe. Cöln, Peter Hammer, o. J. (ib. eod. a.) 8°.

Seltene Ausgabe mit Titelvignette. (3 Rthlr. Scheible, c. 1868.)

— — Dasselbe. (Neudruck.) Ebd. (Stuttgart?), o. J. (c. 1870). 8°. 120 S. (incl. Tit.). (1 Rthl. 12 Sgr. Scheible, c. 1870.)

ALTHING. Eduards Hin- und Herzüge. Seitenst. zu Hannchens Hin- und Herzügen. 2 Thle. Leipzig, Joachim, o. J. (c. 1803). 8°. (2 Rthl. Scheible, 1868.)

— — Dasselbe. Neue Aufl. Ib. s. a. (c. 1805). 8°. (12 Mk. Adolf Weigel, 1907.)

2 gestoch. Tit., 302 u. 279 SS.

— s.a. Hannchens Hin-u. Herzüge.

ALTHING. Hannchens Hin- und Herzüge, nebst der Geschichte dreyer Hochzeitnächte. 3 Bdchn. Dresden 1800—1. 12°. Sehr rare Orig.-Ausgabe. (3½ Rthl. Scheible 1868.)

— — Dasselbe. 2. verschönerte Aufl. Mit 3 TKpfrn. Leipzig 1807. 12°. (12 Mk., stark fleck. u. defekt. Expl., Adolf Weigel, Lpz., 1907.)

I: 4 Bll., 254 SS.; II: 3 Bll., 248 SS.; III: 3 Bll., 244 SS.

— — Dasselbe. Neue wohlf. Ausgabe. Ibid. s. a. (c. 1865). 8°. (5 Kronen, Halm u. Goldmann, Wien, 1905.)

207 SS. Enger Druck.

ALTHING. Hochzeitsnacht, Meine erste. Ein komischer Roman in 2 Bdn, nach Althing. Hamburg u. Mainz, bey Gfr. Vollmer, o. J. (1802). 8°. (2⅔ Rthl. Scheible, 1873; 8 Mk. 50 Pfg. J. Taussig, Prag, 1904; 25 Mk. Adolf Weigel, 1907.)

TKpf., gestoch. Tit., 6 Bll. Vorr., 180 (146 ist Druckf.) u. 190 SS., nebst 1 Bl. Inh. Der Titel des 2. Bds. trägt die Jahrzahl 1802. — Ist Bearb. folg. französ. Originals: La Première nuit de mes noces. Trad. du champenois, par l'auteur de Brick-Bolding, de l'Histoire d'un chien, etc. (Sewrin). 2 tom. av. 2 figg. par Mariage. Paris, madame Masson, An X—1802. 8°. (Stockholmer Jan.-Auct. 1884, no. 326.) Réimpr. Bruxelles 1818. gr. in-8°. II. Avec figg. (10 Mk. Scheible.)

ALTHING. Hänschens Kreuzzüge. Berlin, Belitz, 1805. 8°. Höchst selten! (1 Rthl.)

Kayser's B.-Lex. (Romane).

ALTHING. Mädchenstreiche. Seitenstück zu Studentenstreichen, von *Althing*. Mit TKpf. Berlin im Selbstverlage (Halle, Hendel), o. J. (c. 1808). 8°. (8 Mk. Lesser, Breslau, c. 1878; 4 Rthl. Scheible, c. 1872: Expl. ohne Titelkpf.)

In ziemlich freien Briefen. Die Vorrede der angeblichen Verfasserin ist unterz.: Emilie Antonia A——e, verehlichte D . . . . . 199 S. (incl. TKpf. u. Tit.).

— — Dasselbe. Leipzig, Joachim, 1815. 8°.

Kayser's B.-Lex. (Romane).

§ **ALTHING.** Spanische Novellen. (15 theilweise pikante Nrn.) Berlin, bei Joh. Friedr. Unger. 1801. 8°. (10 Mk. Adolf Weigel, 1907.)

VIII, 2 Bll., 231 S. Freie u. verkürzte Bearbeitungen spanischer Originale. — Seltene 1. Ausgabe, die 2te erschien ebd. 1802, die 3te ebd. 1824. 8°.

— — Dasselbe. (Nachdruck.) Reutlingen in der J. J. Mäcken'schen Buchhandlung. 1802. Gr. 8°.

106 SS. (incl. Tit. u. 1 Bl. Vorr. zur 2ten Aufl., dat. Dresden 1802), nebst 1 Bl. Inh.-Verz. 1. Der Gefangene. 2. Die Brüder. 3. Der Eifersüchtige. 4. Das Geheimniss. 5. Der Einsiedler von Montserrat. 6. Hinterlist u. Unschuld. 7. Stolz u. Liebe. 8. Die beiden Freunde. 9. Der Bräutigam. 10. Bosheit u. Liebe. 11. Die Schwestern. 13. Franziska. 14. Die Folter. 15. Die Verwechselung.

— s.a. Probenächte, acht.

§ **ALTHING.** Probenächte, Acht, nebst einer Vorfeyer und Hochzeitnacht. (1. u. einz. Bd.) Ein Seitenst. zum Hahn mit neun Hühnern. Liebstädt (Hildburghausen, Hanisch) 1802. 8°. 276 SS. Selten! (3 Rthl. Scheible, 1868; 5 Mk. Kühl, Berlin, c. 1882.)

Althings hinterlass. Schriften. 1. u. 2. Bdchn. A. u. d. T.: Kleine Erzählungen. 2 Bdchn. 16. (27 B.) Schleiz. (Leipzig, E. Klein.)

ALTHING. Schriften, Hinterlassene. (Erzählungen.) 2 Thle. Mit Kpfrn. Leipzig, Klein, 1820—22. 12°. (Ldpr. 1½ Rthl.) Aeusserst selten!

— Studentenstreiche. 8. Dresd. 808. Beger. (Leipz., Centr.-Compt.) 1 Rthl. 4 Gr.

Eduards Wanderungen über Dornen, Disteln und Rosen in's Ländchen der Ruhe und den Ehestand. Eine komische Geschichte. 2 Thle. Leipzig, in Joachims literar. Magazin. O. J. (1805). 12°.

2 Tit., 302 u. 279 SS. (4 Mk., Leihbiblexpl., Lehmann u. Lutz, Frkft. a. M.)

Doctor Weiler. Eine tragikomische Geschichte. 2 Bde. Leipzig, im Magazin f. Literatur, o. J. (1804). 8°.

2 gestoch. Tit., 302 u. 279 SS. (7 Mk. Taussig, Prag, 1904.)

Althing, Christian, [Pseud.], s.a. Fischer, Christian August

Althing, Chr., (Chr. Aug. Fischer), Dosenstücke. 8. Dresd. 801. Gerlach 8 Gr.

— Dass. 2 Thle. 12. Leipz. 806. (Wienbrack). 2 Rthl.

Althing, Chr., (Chr. A. Fischer,) üb. Hälse u. Waden, nebst Beiträgen zur Philosophie der Mode. 8. Freiberg 790. Gratz u. G. 4 Gr.

§ **ALTHING.** Schriften, Erotische. 5 Thle. Mit TKpfrn. Leipzig, 1807. In Commission bey Heinrich Gräff. 16°. (5⅜ Rthl. Lippert, Halle; 20 Mk. Scheible.)

(Th. 2—4 in München.) I—III: Hannchens Hin- u. Herzüge, nebst der Geschichte dreyer Hochzeitsnächte. 2. Aufl. IV—V: Dosenstücke.

— erotische Schriften. 5 Thle. Mit Kpf. 12. Leipz. 807. Wienbrack. 5 Rthl.

Althing, Chr., dramat. Tändeleien. 12. Leipz. 801. (Wienbrack). 12 Gr.

Althing, Friedrich [Pseud.], s.a. Fischer, Friedrich [wirkl. Name]

Althochdeutsches, s. A. H. Hoffmann.

Althof, Arminius, De thoracis sono percussorio nonnulla. (Dissert. inaugural. medica.) Berolini 1857.

Althof, C.A.: Beschreibung seines Münzvorrathes, s.a. Althof, Ernst August.

Althof, C. A., Beschreib. seines Münzvorrathes. 8. Lemgo 796. Meyer. 12 gr.

— Dietrich Aug. König, Fürstl. Lippischer Canzler, in seinem Leben und Wirken dargestellt. gr. 8. Rinteln 836. Osterwald. n. 1/2 Thlr.

Althof, Ernst August: Beschreibung seines Münzvorraths, s.a. Althof, C.A.

Althof, Ernst August: Beschreibung seines Münzvorraths. — Lemgo: Meyer in Komm. 1796. 396 S. **2. 7.**
3.7550

ALTHOF, F. C.: Ueber die Verwerflichkeit des Reinigungseides in Strafsachen, nebst erläuternd. Criminalfällen. *Rinteln*, Osterwald. 835. gr. 8. (22 Gr.)

Althof, G.: Die deutsche Grammatik in der Volksschule. Begleitwort zur Deutschen Sprachschule. — Harburg a. d. Elbe: Elkan [1881]. 24 S. 7.
3.7551

— Litteraturheft zur Deutschen Sprachschule. Für d. Oberklasse der Volks-, Bürger- u. Mittelschulen u. für Fortbildungsschulen. — Harburg a. d. Elbe: Elkan [1881]. 94 S. 7.
3.7552

— Deutsche Sprachschule. Aufgaben für d. Unterricht in d. deutschen Rechtschreibung u. Grammatik in Volks-, Bürger- u. Mittelschulen. In 3 konzentrischen Kreisen bearb. Hrsg. vom Vorst. d. Lehrer-Witwen- u. Waisenkasse für d. Bez. der Landdrostei Lüneburg. Ausg. A. T. 1–3. — Harburg a. d. Elbe: Elkan [um 1880]. 7.
3.7553

Althof, G., deutsche Sprachschule. Aufgaben f. den Unterricht in der deutschen Rechtschreibung u. Grammatik in Volks-, Bürger- u. Mittelschulen. In 3 konzentr. Kreisen bearb. Hrsg. vom Vorstande der Lehrer-Witwen- und Waisenkasse für den Bezirk der Landdrostei Lüneburg. Ausg. A. 2. Tl. 4. Aufl. 8. (108 S.) Harburg 889. Elkan. n. — 40; geb. n.n. — 50

Althof, G., deutsche Sprachschule. Aufgaben f. den Unterricht in der deutschen Rechtschreibg. u. Grammatik in Volks-, Bürger- u. Mittelschulen. In 3 konzentr. Kreisen bearb. Hrsg. vom Vorstande der Lehrer-Witwen- u. Waisenkasse f. den Bezirk der Landdrostei Lüneburg. Ausg. A. 8. Harburg, G. Elkan. n. 1. 10; Einbde. à n.n.n. — 10
1. 6. Aufl. (72 S.) 893. n. — 30. — 2. 5. Aufl. (108 S.) 894. n. — 40. — 3. 3. Aufl. (114 S.) 891. n. — 40.

Althof, G. Deutsche Sprachschule. Aufgaben f. den Unterricht in der deutschen Rechtschreibg. u. Grammatik in Volks-, Bürger- u. Mittelschulen. In 3 konzentr. Kreisen bearb. Hrsg. vom Vorstande der Lehrer-Witwen- u. Waisenkasse f. den Bezirk der Landdrostei Lüneburg. Ausg. A. 3 Tle. 8. Harburg 891, Elkan. [1. Tl. 5. Aufl. (72 S.) * — 30; 2. Tl. 5. Aufl. (108 S.) * — 40; 3. Tl. 3. Aufl. (114 S.) * — 40.] * 1 10

— — Ausg. A. 2. Aufl. T. 3. Ebd. [1892]. 7.
3.7554

— — Ausg. A. 3. Aufl. T. 3. Ebd. [1892]. 7.
3.7555

— — Ausg. A. 4. Aufl. T. 2. Ebd. [1893]. 7.
3.7556

— — Ausg. A. 5. Aufl. T. 1. 2. Ebd. [1893]. 7.
3.7557

— — Ausg. A. 6. Aufl. T. 1. Ebd. [1893]. 7.
3.7558

Althof, G, Deutsche Sprachschule. Aufg. f. d. Unterr. i. d. deutschen Rechtschreibg. u. Grammatik in Volks-, Bürger- u. Mittelschulen. In 3 konzentr. Kreisen bearb. Hrsg. v. Vorst. d. Lehrer-Wittwen- u. Waisenkasse f. d. Bezirk d. vormal. Landdrostei Lüneburg. Ausg A. 2 Tle. 8. Harburg 898. G. Elkan. Geb. n n. — 90
1. 8. Aufl. (72 S.) n.n. — 40.
2. 7. Aufl. (108 S.) n.n. — 50.

Althof, G., deutsche Sprachschule. Aufgaben f. den Unterricht in der deutschen Rechtschreibg. u. Grammatik in Volks-, Bürger- u. Mittelschulen. In 3 konzentr. Kreisen bearb. Hrsg. vom Vorstande der Lehrer-Witwen- u. Waisenkasse f. den Bezirk der vormal. Landdrostei Lüneburg. Ausg. A. 1. u. 3. Tl. 8. Harburg, G. Elkan. n. — 70; Einbde. à n.n. — 10
1. 9. Aufl. (72 S.) 900. n. — 30
3. 5. Aufl. (114 S.) 901. n. — 40

Althof, G., deutsche Sprachschule. Aufgaben f. den Unterricht in der deutsch. Rechtschreibg. u. Grammatik. Ausg. A. Für mehrklass. Schulen in 5 Hftn. bearb. Nach d. neuen Rechtschreibg. vollständig umgearb. gr. 8. Harburg 903. G. Elkan. n. 2. 05
I. 10. Aufl. (24 S.) 905. — 20. — II. 10. Aufl. (45 S.) 903. — 30. — III. 8. Aufl. (56 S.) 903. — 35. — IV. 8. Aufl. (71 S.) 903. — 45. — V. 7. Aufl. (116 S.) 906. — 75.

Althof, G: Deut. Sprachsch. Aufg. f. d. Unterr. in d. deut. Rechtschreibg u. Grammatik. Ausg. A. Für mehrklass. Schulen bearb. I—III. u. V. Heft. gr8° Harbg, G Elkan. 1.60 d
I. 11. Afl. (24) ('09.) — 20 ‖ II. 11. Afl. (45) ('09.) — 30 ‖ III. 9. Afl. (54) ('09.) — 35 ‖ V. 7. Afl. (116) ('06.) — 75.

— Deutsche Sprachschule. Aufgaben für d. Unterricht in d. deutschen Rechtschreibung u. Grammatik. Für einfache Schulverhältnisse bearb. Hrsg. vom Vorst. d. Lehrer-Witwen- u. Waisenkasse für d. Bez. der Landdrostei Lüneburg. Ausg. B. — Harburg a. d. Elbe: Elkan [1880]. 111 S. 7.
3.7559

—— dass. — Aufgaben f. den Unterricht in der deutschen Rechtschreibg. u. Grammatik. Für einfache Schulverhältnisse bearb. Ausg. B. 4. u. 5. Aufl. 8. (112 S.) Ebd. 889,91. * — 40

— — Ausg. B. 5. Aufl. Ebd. [1890]. 111 S. 7.
3.7560

— — Ausg. B. 6. Aufl. Ebd. [1893]. 111 S. 7.
3.7561

— dasselbe. Für einfache Schulverhältnisse bearb. Ausg. B. 6. Aufl. 8. (112 S.) Ebd. 894. n. — 40; geb. n.n. — 50

— — Ausg. B. 7. Aufl. Ebd. [1895]. 111 S. 7.
3.7562

— dasselbe. Ausg. B. Für einf. Schulverhältn. 8. Aufl. 8. (112 S) Ebd. 897. n. — 40; Einbd. n.n.n. — 10

— dass. Asg. B. Für einfache Schulverhältnisse. 9. Afl. 8° (112) Ebd. 99. — 40; Einbd nnn — 10

— dasselbe. Ausg. B. Für einfache Schulverhältnisse bearb. 10. Aufl. 8. (112 S.) Ebd. (901). n. — 40; Einbd. n.n.n. — 10

— dasselbe. Ausg. B. Für einfache Schulverhältnisse bearb. 2 Hfte. 11., nach der neuen Rechtschreibg. vollständig umgearb. Aufl. 8. Ebd. n. — 65
1. (Für die Mittelstufe.) (32 S.) (902.) n. — 25
2. (Für die Oberstufe.) (88 S.) (902.) n. — 40

— dasselbe. Ausg. B. Für einfache Schulverhältnisse bearb. 2 Hfte. 13. Aufl. Nach der neuen Rechtschreibg 8. Ebd. 905. n. — 65
1. (Für die Mittelstufe.) (32 S.) n. — 25
2. (Für die Oberstufe.) (88 S.) n. — 40

— dasselbe. Ausg. B, C. Für einfache Schulverhältnisse bearb. 2 Hefte. 14. Aufl. 8. Ebd. (909). — 65
I. (Für die Mittelstufe.) (32 S.) — 25
II. (Für die Oberstufe.) (84 S.) — 40

— dass. Ausg. B, C. Für einfache Schulverhältn. bearb. 2 Hefte. 15. Afl. 8° Ebd. ('11). d
1. (Für d. Mittelst.) (32) — 25 ‖ 2. (Für d. Oberst.) (84) — 40

— Deutsche Sprachschule. Aufgaben für d. Unterricht in d. deutschen Rechtschreibung u. Grammatik. Nach d. neuesten auf Vereinfachung d. deutschen Sprachunterrichts hinzielenden Bestrebungen für einfache Schulverhältnisse bearb. Hrsg. vom Vorst. d. Lehrer-Witwen- u. Waisenkasse für d. Bez. der vormaligen Landdrostei Lüneburg. Ausg. C. — Harburg a. d. Elbe: Elkan [1891]. 99 S. 7.
3.7563

— dass. — Aufgaben f. den Unterricht in der deutschen Rechtschreibg. u. Grammatik. Nach den neuesten auf Vereinfachung d. deutschen Sprachunterrichts hinziel. Bestrebgn. f. einfache Schulverhältnisse bearb. Ausg. C. gr. 8. (VI, 100 S.) Ebd. 892. * — 55

— dasselbe. Ausg. C. Nach den neuesten auf Vereinfachg. des deutschen Sprachunterrichts hinziel. Bestrebgn. f. einfache Schulverhältnisse bearb. 2. Aufl. gr. 8. (VI, 98 S.) Ebd. 894. n. — 55; geb. n.n. — 67

— — Ausg. C. 2. Aufl. Ebd. [1895]. 99 S. 7.
3.7564

— dasselbe. Ausg. C. Für einfache Schulverhältnisse bearb. 2 Hfte. 8. Ebd. (906). n. — 65
1. (Für die Mittelstufe.) 3. Aufl. (32 S.) — 25
2. (Für die Oberstufe.) 3. Aufl. (84 S.) — 40

— Der deutsche Sprachunterricht auf neuer Bahn. Wie ist deutscher Sprachunterricht zu treiben? — Harburg a. d. Elbe: Elkan [1892]. 8 S. 7.
3.7565

Althof, Herm., Geschichtstafeln f. die einzelnen Klassen höherer Lehranstalten. 2. Aufl. (24 S.) 8. Weimar 905. A. Huschke Nachf. Kart. n. — 80

— Grammatik altsächsischer Eigennamen in westfälischen Urkunden des neunten bis elften Jahrhunderts. — Paderborn: Schöningh 1879. 92 S.
1: Ya 5372. 12: L. germ. 13 f. 300: 117.109–B. 2. 3. 4. 6. 7. 9. 11.
3.7566

— Angilberts Leben und Dichtungen. — Hannover & Münden: Augustin 1888. 52 S.
Ersch. auch als Progr. Münden 1888. 5. 7.
3.7567

Althof, Herm., s.: Lippiflorium, das.

Althof, Hermann, Prof. Dr.: Über einige Stellen im Waltharius und die angelsächsischen Waldere-Fragmente. *Weimar 1899: Hof-Buchdr.* (S. 3—11.) 4°
Weimar, RG, OP 1899 (722)

— s.a Waltharii Poesis.

Althof, Hermann. Waltharii Poesis. Das Walthariilied Ekkehards I. von St. Gallen nach den Geraldushandschriften hrg. und erläutert von H'A'. 2 Teile. [Mit Figuren.] 8. Leipzig, Dietrich, 1899–1905.
Teil 1. (Einleitung, Text, Lesarten, Wort- und Sachregister, Beilage.) VIII + 184 S. 1899. (M. 4. 80)
Teil 2: Kommentar. XXIV + 416 S. 1905. [M. 13. —]

— s.: Waltharilied, das.

Althof, Johann Chr.: Erinnerungen aus dem Leben der Fürstin Pauline zur Lippe-Detmold. Aus d. nachgelassenen Papieren eines ehemaligen Lippischen Staatsdieners [d. i. Johann Chr. Althof]. — Gotha: F.A.Perthes 1860. III,64 S. 1: Sn 356. 12: Biogr. 874 s. 4. 7.
3.7568

— Das Interdictum de itinere actuque privato, kein derisorisches – aber auch kein schon in das Petitorium herübergreifendes Rechtsmittel, eine exegetisch-practische Abhandlung von J. C. Althof. — Rinteln: Osterwald 1836. VIII,70 S. 1: Ge 10876. 4. 5. 6. 7. 11.
3.7569

— Dietrich August König, Fürstlich-Lippischer Canzler, in seinem Leben und Wirken dargestellt von J. C. Althof. — Rinteln: Osterwald 1836. 64 S. 1: Sn 368.
3.7570

— Über die Todesstrafe. 1843 s. *Althof:* Über die Verwerflichkeit der Todesstrafe.

— Über die Verwerflichkeit des Reinigungseides in Strafsachen, nebst erläuternden Criminal-Fällen. Von J. C. Althof. — Rinteln: Osterwald 1835. X,131 S.
1: Fm 14736. 12: Crim. 2m. 7. 8.
3.7571

— Über die Verwerflichkeit der Todesstrafe und was für jetzt in Deutschland an deren Stelle zu setzen. Von J. C. Althof. — Lemgo & Detmold: Meyer in Comm. 1843. XXII,121 S.
Nebent.: Althof: Über die Todesstrafe.
12: Crim. 2n. 7. 11.
3.7572

Althof, Ludwig Christoph: Practische Bemerkungen über einige Arzneymittel. Bdch. 1. — Göttingen: Dieterich 1791. XVI,300 S. 12: M. med. 34. 3. 5. 7. 8.
3.7573

— de cautelis quibusdam in corporis mutatione haud negligendis. 8. Wetzl. 798.

— — De efficacia terrae ponderosae salitae in praxi observata nonnulla disputat. Göttingen (Jo. Chn. Dieterich) 10. V. 1794. 16 S. (3.80) 331

Althof, Ludw(ig) Christoph (Ed.):

s.: Murray, Joh(an) Anders: Apparatus medicaminum tam simplicium quam praeparatorum et compositorum in praxeos adiumentum consideratus. Vol.6. Gottingae: 1792
JB 1.422

– s. Murray, J.A.: Vorrath von einfachen... Heilmitteln

— Einige Nachrichten von den vornehmsten Lebensumständen Gottfried August Bürger's, nebst einem Beitrag zur Charakteristik desselben. — Göttingen: Dieterich 1798. 172 S. 1: At 12861. 12: Biogr. 153 l. 2. 3. 4. 5. 7. 8. 10.
3.7574

Althof, Ludw. Chph. (Detmold), Observationes de febre petechiali. Göttingen (J. Chn. Dieterich) 31. I. 1784. 48 S. (4.50) 330
Gew.: Franz. Valent. Tiemann, Joh. Ernst Tiemann, Ernst Aug. Althof (Vater).

Althof, Otto: Hans Bismark. Hindernis-Jockey. (Verf.: Otto Althof.) — Berlin: Hackebeil [um 1900]. 18 S. (Sport-Biographien. 10.) 1: Os 6853/210–10. 11.
3.7576

Althof, Paul, die Asolanen. gr. 16. (III, 111 S.) Wien 893. C. Daborkow. n. 2. —
Geb. in Leinw. m. Goldschn. n. 3. 40

Althof, Paul (Alice Gurschner), die wunderbare Brücke u. andere Geschichten. (211 S.) 8. Stuttgart 908. J. G. Cotta Nachf. 3.—; geb. in Leinw. 4. —

— Coghetta. 8. (66 S. m. Initialen u. Ornamenten.) Berlin 894. Freund & Jeckel. n. 1. —

Althof, P., Gernrode. Poetische Erzählg. aus d. 10. Jahrh. gr. 8. (80 S.) Leipzig 890. Literar. Anstalt, Aug. Schulze. n. 1. 65; geb. in Halbleinw. n. 3. —; in Halbldr. n. 3. 50

Althof, Paul (Alice Gurschner): Der hl. Kuss. Dramat. Gedicht. (142) 8° Stuttg., JG Cotta Nf. '11. 2 —; L 3 — d

Althof, Paul (Frau Alice Gurschner), der Wintergarten. (80 S.) 8. Wien 904. C. W. Stern. n. 1. 25

— Das verlorene Wort. Roman. (231 S.) 8. Ebd. 907. 3.—; geb. in Leinw. 4. —

Althoff, Carl Ludwig

Althoff, Car. Ludov. (geb. Lünen 13. 8. 1841): De rhachitide. Berolini (1867). (30 S.) 8°
Berlin, Med. Diss. v. 16. Juli 1867

Althoff, Carl Wilhelm

Althoff, Car. Guil. (geb. Lüne 1808): Quaedam de hypertrophia cerebri. Berolini (1833). (31 S.) 8°
Berlin, Med. Diss. v. 9. Nov. 1833

Althoff, F., s.: Sammlung d. i. Elsaß-Lothringen gelt. Gesetze.

Althoff, F., s.: Tuberculosis.

Althoff, Ferd., ein seltenes Beispiel redl. Denk- u. Handlungsweise, gegeben v. C. C. J. Lützelberger durch die freiwill. Niederlegung seines geistl. Amtes aus Gewissensgründen. Mit Einschluß seiner Abschiedsrede als in d. 3. Aufl. Allen, welche sich f. Glaubenssachen interessiren, mitgetheilt. 8. (2³/₄ B.) Nürnberg 839, Bauer u. Raspe.

Althoff, Friedrich: Votum des Kultusministers an das Staatsministerium über die Zulassung der Frauen zur Immatrikulation. 1905.

Althoff, H., Die Invaliden - und Altersversicherung in der Provinz Westfalen von 1891 bis 1908. Münster i.W., 1909. 39 S.

Althoff, Hugo, approb. Arzt aus Ostbevern i. Westf.: Aus d. Kgl. Chirurg. Klinik zu Kiel. 9 Fälle von Coxa vara. *Kiel 1903: Schmidt & Klaunig.* (18 S.) 8°
Kiel, Med. Diss. v. [24. Apr.] 1903

Althoff, Marie:

Aus Friedrich Althoffs Jugendzeit. Erinnerungen für seine Freunde. Als Ms. gedr. — Jena: Diederichs 1910. 65 S., 6 Taf.
1:Rz 14025/175. 2. 3. 4. 5. 6. 7. 8. 9. 10. 11.
3.7586

Althoff, Otto: Die entsiegelte Schrift. 1—3. Heft. kl8° Lorch, K Rohm. 1 — d
1. Die Weihe d. himml. Heiligtums. Warum hält Gottes Volk d. Sabbat? (16) '11. — 20 ‖ 2. Fragen u. Antworten üb. d. gegenwärt. Wahrh. auf relig. Gebiet. Daniel 12, 9—10. 2. Petr. 1, 12 (68) '11. — 60 ‖ 3. Der töt. Buchstabe u. d. lebendig mach. Geist. (16) '11. — 20

Althoven, v.u. Judendonck, v.: Theoretico-practicae Observationes et notae über die Herzoglich Gülich- und Bergische Lands- Rechts-Ordnung, worinnen die Rechts-Sätze derselben bestättiget, die dunckele Stellen erl. werden. Cölln a. Rh. 1760.

Althuber, Frz., Glück u. Segen der Beichte. In Erzählgn., Berichten u. Selbstbekenntnissen dargestellt. 1. u. 2. Aufl. (à 96 S.) kl. 8. Linz 905—906. Preßverein. n. — 60

Althuber, Frz., Kaiser-Anekdoten. Für die Jugend gesammelt u. hrsg. 12. (79 S. m. 1 Bildnis.) Linz-Urfahr 902. Verlag des kathol. Preßvereines. Kart. n. — 45

— Kaiser-Anekdoten. 3 Bdchn. Für Jugend u. Volk gesammelt u. hrsg. (72 S. m. Titelbild.) kl. 8. Ebd. 905. Kart. n. — 45

— neue Kaiser-Anekdoten. Für Jugend u. Volk gesammelt u. hrsg. (79 S. m. 1 Bildnis.) 12. Ebd. 903. Kart. n. — 45

Althuber, Frz., Schatzkästlein der Ablässe. Allen frommen u. heilsbeflissenen Seelen dargereicht. (III, 539 S. m. Titelbild.) 16. Linz 910. Preßverein.
Geb. in Leinw. 1.80; in Ldr. 2. 70

Althuhn: Carl von Reichenau oder Stolz und Liebe. Ein Original-Lustspiel in 2 Acten. — Wien 1798: mit Albertischen Schriften. 62 S. 1:Ys 1363. 7.
3.7589

— — Wien: Funk 1798: mit Albertischen Schriften. 62 S.
300:2.962–A [u.] 622.127–A.Th. S.
3.7590

Alticchiero, ou descript. des antiquités qui se trouvent etc. avec Planches. 4. Padoue, (Gleditsch, Leipsic.). 787.

Alticoti, L., Dissertatio hist. crit. de antiq. novisq. Manichaeis. 8 maj. Wien 751. Gerold. 14 gr.

Alticoti, L., Dissertatio hist. crit. de antiq. novisq. Manichaeis. 8. maj. Wien, Gerold. 765.

Altiera, Camillo, oder das Verhängniss; eine Geschichte. Erfurt 1795. V: *Bensel-Sternau, Carl Christian Ernst Graf von.* (EE) (HS) (MGT) (KY)

Altiera Kamilla, od. d. Verhängniß (v. K. C. Er. Graf v. Benzel-Sternau). 8. Erf. 795. Keyser. 1 ß

Altieri, Guido, die Heldinnen v. Port Arthur. (Szenen aus dem russisch-japan. Kriege.) Autoris. deutsche Bearbeitg. v. P. A. Eug. Andrae. (184 S.) schmal 8. Leipzig (905). Deutsches Verlags-Institut. n. 2. —

Altimarus, Blasius, s. Altomare, Blasio

Altimor u. Zomira; e. Gedicht, v. Karl Streckfuß. 8. Lpzg. Göschen. 808.

Altimura, Seph. de, Panoplia contr. Schisma Græcor. Par. 1718. 4.

Altin, Olav (Sudermann), Diss. sist. nomina apud Romanos, aetatis vacationi deservitura. Präs. Pet. Ekerman. Upsala 17. 12. 1763. 12 S. (3.50) 335
Gew.: Axel Johann Kurk, Maria Catharina Altin geb. Pihlström (Mutter). — Widm. v.: Johann Buren.

Alting, H.: Fundamenta punctationis linguae sanctae, s. Alting, Jacob.

Alting, Heinrich

Alting, Hr., scriptor. theolog. Heidelbergens. 3 Tmi. 4. Amstel.

— Catechetischer Unterricht des Pfalzgrafen Friedrich V. ⟨von Heinrich Alting⟩, eine nach der Reihenfolge der Fragen in dem Heidelbergischen Catechismus geordnete Erl. desselben im Geist und Styl der Reformationszeit aus einem Ms. der alten pfälzischen Bibliothek hrsg. u. mit Anm. vers. von Ernst Anton Lewald. — Heidelberg: Winter 1841. XIV, 162 S. 1:Eo 7044. 4. 7.
3.7655

Alting, Jacob:

Jacobi Altingi Fundamenta punctationis linguae sanctae, cum necessariis canonum, locorum S. Scripturae & vocum irregularium indicibus. Acc. eiusdem Synopsis institutionum Chaldaearum et Syrarum. Ed. 6., simili Institutionum Samaritanarum, Rabbinicarum, Arabicarum, Aethiopicarum et Persicarum synopsi, a Georgio Othone adornata auctior. — Francofurti ad M.: Knoch 1701. Getr. Pag.
Sondert.: 1. Alting: Synopsis institutionum Chaldaearum et Syrarum.
Sondert.: 2. Otho, Georg: Synopsis institutionum Samaritanarum, Rabbinicarum, Arabicarum, Aethiopicarum et Persicarum.
Im Exemplar von 7 fehlt Alting: Synopsis institutionum Chaldaearum et Syrarum.
1:Bk 6120. 300:73 W 52. 2. 7.
3.7662

Alting, Jacob: Jacobi Altingi Fundamenta punctationis linguae sanctae, cum necessariis canonum, locorum S. Scripturae & vocum irregularium indicibus. Acc. eiusdem Synopsis institutionum Chaldaearum et Syrarum. Ed. 7., simili Institutionum Samaritanarum, Rabbinicarum, Arabicarum, Aethiopicarum et Persicarum synopsi, a Georgio Othone adornata auctior. — Francofurti ad M.: Knoch 1717. Getr. Pag.
Sondert.: 1. Alting: Synopsis institutionum Chaldaearum et Syrarum.
Sondert.: 2. Otho, Georg: Synopsis institutionum Samaritanarum, Rabbinicarum, Arabicarum, Aethiopicarum et Persicarum. Ed. 2.
Im Exemplar von 7 fehlt Alting: Synopsis institutionum Chaldaearum et Syrarum.
1:Bibl. Diez 179. 12:L. as. 65. 300:73 W 51. 3. 6. 7.
3.7663

— — Ed. 8. Ebd. 1730.
Sondert.: 1. Alting: Synopsis institutionum, Chaldaearum et Syrarum. 1730.
Sondert.: 2. Otho, Georg: Synopsis institutionum Samaritanarum, Rabbinicarum, Arabicarum, Aethiopicarum et Persicarum. Ed. 2. 1717.
4.
3.7664

— — Ed. 9. Francofurti ad M.: Knoch & Eslinger 1746. Getr. Pag.
Sondert.: 1. Alting: Synopsis institutionum Chaldaearum et Syrarum. 1747.
Sondert.: 2. Otho, Georg: Synopsis institutionum Samaritanarum, Rabbinicarum, Arabicarum, Aethiopicarum et Persicarum. Ed. 3. 1735.
12:L. as. 66. 5. 9.
3.7665

Alting, Iac., 'grammatica ling. hebraeae. 8. Francof. Eslinger. 746.

Jacobi Alting Synopsis institutionum Chaldaearum et Syrarum. — 1701 u.ö. s.a. *Alting:* Fundamenta punctationis linguae sanctae.

— — Francofurti ad M.: Knoch 1717: Heinscheidt. 122 S.
12: L. ss. 35.
3.7672

Jac. Altingi Synopsis institutionum Chaldaearum, post priorem ed. Jo. Simonis denuo in lucem emissa cur. Jo[hanne] Ludov[ico] Schulze. — Halae: Orphanotropheum 1768. 72 S. 1: Bk 9132. 3.
3.7673

Altingii, Mensonis, Vita et lit. c. Henr. Altingii hist. de eccles. Palatin. cur. Isinck. 4. Lips. F. C. W. Vogel. 728.

Altinger Dr. Altmann: Geschichte des Gymnasiums zu Kremsmünster. 88. 90. 54. 22. – 1902—05. **Progr.**

Altinger, P. Altmann, d. zwei ältesten Nekrologien v. Kremsmünster. [Aus: „Archiv f. österr. Geschichte".] gr. 8. (135 S.) Wien 897. (C. Gerold's Sohn.) n. 2. 90

Altinger Franz: Die Todtenbücher des Klosters Kremsmünster. Diss. Wien, Univ.
1894 PN 849 758

De rhetoricis in orationes Thucydideas scholiis. — Scrips. Fridericus Altinger. — 1885, Monachii, H. Kutzner. Pag. 3—66. **Progr.**

Altinger, P., s. Altinger, Altmann

Altingius s. *Alting.*

Altini, Francesco:
[Vita edificante del giovane Pietro Rabassi, deutsch] Erbauliches Leben des Petrus Rabassi Scholastikers der Gesellschaft Jesu von Franz Altini. Mit Genehmigung des Verf. aus d. Ital. übers. — Paderborn: Bonifacius-Dr. 1882. 223 S. (Geistlicher Hausschatz für fromme Seelen. 4,4.) 1: Eq 250-4,4. 6. 102P.
3.7601

Altis, d. letzte Tag im Olymp. Komödie i. 1 Akt m. Liedern u. bek. Melodien. 8. (50 S.) Straubing 897. Volks- u. Jugendschriften-Verl. — 90

Alt-Italien [Schlagwort]
Alt-Italien, s.: **Italien.**

Altjumpfernstübli, s'. Dramatischer Scherz f. 3 Damen v. K. N. 8. (16 S.) (Grüningen 898.) J. Wirz. n. — 60

Altkatholicismus..., s.a. Altkatholizismus

Altkatholicismus, Der, im Lichte der geschichtlichen und christlichen Wahrheit. [Salzburg] 1888. V: *Nussbaumer, Thiemo.* (Hr)

Altkatholicismus, der, d. Pfrs. Renftle u. seiner Anhänger vor dem Richterstuhle der Vernunft u. Offenbarung. Zugleich e. Apologie d. röm. Papstthums überhaupt u. d. Heldenpapstes Gregor VII. insbesondere von J. N. St. v. B. gr. 8. (183 S.) Ellwangen 872. Schwäbische Buchh. n. 3. —

Altkatholicismus. — Ueber den Altkatholicismus. Dogmatische u. geschichtliche Erörterungen von **. — Trier: Sonnenburg 1874. 38 S.
Aus: Trierische Volks-Zeitung. 10.
3.7702

Über den Altkatholicismus. Dogmatische u. geschichtliche Erörterungen. [Aus: Trier'sche Volkszeitung.] Trier, Troschel, 1874, gr. 8°, 38 S., 30 Pf.

Alt-Katholik. Organ der oesterr. Altkatholiken. Wien 1895—99. H: *Kučera, Ignaz.* (EB)

Altkatholiken, die, od. die Lüge als Narrenfabrikantin der Neuzeit. Von e. wahren altkathol Bürger. 2. Aufl. 16. (72 S.) Wien 871. Mayer & Co. n. — 40

Altkatholiken, Die, oder Die Lüge als Narrenfabrikantin der Neuzeit. 3. Aufl. Wien 1872. V: *Donin, Ludw.* (EB)

Altkatholiken, die. Eine krit. Abhandlung, bearb. v. T. W. gr. 8. (25 S.) Luxemburg 877. Brück. — 75

Altkatholiken. — Die bayerischen Altkatholiken und das K. Staatsministerium des Innern für Kirchen- und Schulangelegenheiten. Aktenstücke zur Geschichte der altkatholischen Kirchenbildung in Bayern, vom April 1890 bis zum Oktober 1891, veröffentlicht im Auftr. des Ausschusses des bayerischen altkatholischen Landesvereins (a. V.) — München 1891: Wolf. 36 S.
12: Bavar. 68v. 5.
3.7700

Altkatholiken-Congress, Vorh. u.d. T.: Verhandlungen des Altkatholiken-Congr.

Altkatholiken-Kongress, d. 1., in Heidelberg 1—4. Septbr 1888. Stenograph. Bericht. 8 (118) Heidelb. 88, (Koester). n. 2. —

Altkatholiken-Congreß, der dritte, in Constanz im J. 1873. Offizieller stenograph. Bericht der Verhandlgn. vom 12—14. Septbr. 1873. gr. 8. (310 S.) Constanz 874. Meck. n. 4. 80

—— der vierte, in Freiburg im Br. im J. 1874. Stenograph. Bericht. Officielle Ausg. gr. 8. (192 S.) Bonn 874, Neusser. *

Altkatholiken-Congress, der 5., in Breslau im J. 1876. Stenographischer Bericht. Officielle Ausg. gr. 8. (255 S.) Bonn 877. Neusser. n. 3. 60

Altkatholiken-Congress, der 6., in Mainz im J. 1877. Amtlicher Bericht. gr. 8. (III, 182 S.) Bonn 878, (Neusser.) *

Altkatholiken-Congress, der 8., in Crefeld im J. 1884. Stenographischer Bericht. Officielle Ausg. gr. 8. (XVI, 148 S.) Crefeld 885. Kramer v. Baum. n. 2. —
7. Congress. Verlag der Hofbuchdr. A. v. Hagen in Baden-Baden.

—— dass. — der 9., in Heidelberg. 1.—4. Septbr. 1888. gr. 8. (XVI, 118 S.) Heidelberg 888, Koester. *

Altkatholiken-Kongress, der 2. internationale, in Luzern, 13. bis 15. September 1892. Stenographischer Bericht. Offizielle Ausg. gr. 8. (318 S.) Luzern 892. (Leipzig, Buchh. d. Evangel. Bundes v. C. Braun.) n. 4. 50

Altkatholiken-Congress, der V. internationale, XIV. deutsche, in Bonn vom 5.–8. VIII. 1902. Stenographischer Bericht. (128 S.) gr. 8. Bonn 902, Bischöfl. Kanzlei. (Nur direkt.) n.n 3. —
Den VI. Kongress s. u. d. T.: Bericht usw.

— Der Altkatholiken-Congress in Köln. Ein Nachruf für d. Delegirten, ein Mahnwort an meine Mitbürger. — Köln: Bachem in Komm. 1872. 23 S.
1: an Do 16355ᵃ. 11.
3.7701

Altkatholiken-Kongress, s. Altkatholiken-Congress

Altkatholisches aus Zweibrücken. Erlaß d. Sekretariats der altkathol. Gemeinde Zweibrücken u Umgegend. Ein Beitrag zur Geschichte der altkathol. Bewegg. in der Pfalz sowie zur Geschichte der Pädagogik. gr. 8. (18 S.) Speyer 872. Kleeberger. — 15

Altkatholizismus..., s.a. Altkatholicismus...

Altkatholizismus, d., s.a. Broschüre Nr 4 d. Reichsverb. altkathol. Jungmannschaften.

Altkatholizismus, der. Ein Beitrag zum Verständniß der religiösen Bewegg. der Gegenwart. 8. (32 S.) Luzern 873. Gebr. Räber. — 30

Altkatholizismus u. Reformkatholizismus. Fünf Schriftstücke zur kirchl. Zeitgeschichte. (32 S.) 8. Bonn a/Rh. (Lennéstr. 81), Altkathol. Press- u. Schriftenverein. —. 40.

Altkatholizismus u. Reformkatholizismus. Fünf Schriftstücke zur kirchl. Zeitgeschichte. (32 S.) 8. Bonn a/Rh. Kempten, Reichsverband altkathol. Jungmannschaften. — 40

Altkatholizismus und Reformkatholizismus. 5 Schriftstücke zur kirchlichen Zeitgeschichte. Hrsg. vom altkath. Preß- u. Schriften-Verein. — Bonn 1908 (:Bach). 32 S.
1:Do 18110. 5. 10.
3.7703

—— d., d. Pfrs. Renftle u. s. Anhänger vor d. Richterstuhle d. Vernunft u. Offenbarg. 8. (183) Ellw. 72, Ziegenbalg. (?) n. 3. —

Altkemper, J: Die Landw. d. Kreise Recklingenhausen u. Gelsenkirchen unter d. Einfl. d. Industrie. (197) 8° Bonn, C Georgi '05. 3 —

Altkemper, J., s. Wacht, deutsche.

Altkemper, Johannes: Deutschtum und Polentum in politisch-konfessioneller Bedeutung. Im Auftr. d. Deutschen Vereinigung verf. Mit e. Geleitwort d. Vorsitzenden d. Deutschen Vereinigung [Wilhelm] Graf zu Hoensbroech. Leipzig: Duncker & Humblot 1910. XVI,252 S.
1:Sz 10754. 12:Polon. 1 p. 300:476.150–B. 2. 3. 5. 6. 9. 10.
3.7704

Altkemper, Joh: Deutschtum u. Polentum in politisch-konfessioneller Bedeutg. (16, 252) gr8° Lpzg '10. Münch., Duncker & H. '10. 5 —; geb. 6 — d

Altkemper, Joh(annes), aus Marl, Kr. Recklinghausen: Die Landwirtschaft der Kreise Recklinghausen und Gelsenkirchen unter dem Einflusse der Industrie. Bonn 1905: C. Georgi. (199 S.) 8°
Bonn, Phil. Fak., Ref. v. d. Goltz, Diss. v. 25. Jan. 1905
[Geb. 27. Apr. 79 Buer, Westf.; Heimatsort: Drewer bei Marl; Staatsangeh.: Preußen: Vorbildung: Gymn. Warendorf Reife O. 01; Studium: Landwirtsch. Akademie Poppelsdorf u. Univ. Bonn 7 S.; Rig. 23. Nov. 04.]

Alt-Kiel in Wort u. Bild. Von H Eckardt 17 Lfgn. 4° (564) Kiel 97—99. H Eckardt. à 1 — (Kult geb.: 25 —)

Altkirch [Schlagwort]

Altkirch, s.: Deutschland. Karte. (Abt. Preussen.

Altkirch, s.: Geologische Karten. Spezialkarte. (Els.-Lothr.)

Altkirch, Ernst, s.: Jahrbuch der Sektion Dresden des österreichischen Touristen-Klubs.

Altkirch, E: Ich, d. Träumer. 12° (96) Berl. 96, Deut. Autoren-Verl. 1 —

— Ich, der Träumer. Mit e. Vorw. von Detlev Frhr v. Liliencron. — Berlin: Deutsche Schriftsteller-Genossenschaft 1896. XI,96 S. 1:Yx 28795/66. 11.
3.7706

Alt-Kirchberg. Mitteilungen d. Altertumsvereins Kirchberg. No 1. [Hrsg.: Pastor Ernst Scheibe.] Kirchberg: Altertumsver. (1906). 8° [06. 18178

Altkirch-Mühlhausen-Colmar [Schlagwort]

Altkirch-Mühlhausen-Colmar. Karte von Altkirch-Mülhausen-Colmar. 1:200,000. 23,5 × 33 cm. Photolith. u. Farbdr. Bruchsal (901). O. Katz. Auf Leinw.-Pap. — 50

Alt Köln. Verein z. Erhaltung Kölnischer Eigenart u. Pflege Kölnischer Geschichte. Organ d. Ver. Hrsg. v. Vorstande. [Jg. 1], No 1. (Köln) 1906: (B. Hahn). 4° [06. 6420

Alt-Köln. Verein zur Erhaltg. köln. Eigenart u. Pflege köln. Geschichte. Organ des Vereins Alt-Köln. Hrsg. vom Vorstande des Vereins Alt-Köln unter Mitwirkg. hervorrag. Kenner köln. Geschichte u. Eigenart. 1. Jahrg. 1908. 5 Nrn. (à 8 S. m. Abb.) Lex. 8. Köln, J. P. Bachem. 1. 25

ALT-KÖLN. ZEITSCHRIFT ZUR ERHALTUNG KÖLNISCHER EIGENART UND PFLEGE KÖLNISCHER GESCHICHTE. Organ des Vereins Alt-Köln. Herausgegeben vom Vorstande des Vereins Alt-Köln unter Mitwirkung hervorragender Kenner kölnischer Geschichte und Eigenart.
Jahrg. 2. 1909. Nummer 1—6. ib. Druck u. Kommissionsverlag J. P. Bachem.
Jahrg. 3. 1910/11. Nummer 1—6. ib. —
Jahrg. 4. 1911/12. Nummer 1—5. ib. —

Alt-Köln. Zeitschr. z. Erhaltg köln. Eigenart u. Pflege köln. Gesch. Hrsg. v. Vorstande d. Vereins Alt-Köln. 3—5. J. '10—12 je 6 Nrn. ('12, Nr 1: 8 m. Abb.) Lex8° Köln, JP Bachem. je 1.50; einz. Nrn — 25

Alt-Köln als Kunststadt. (S. 121—160 m. Abbildgn. u. Musikbeilage 4 S.) 4. Düsseldorf 906. Verlag der „Rheinlande". n. 2. —
Sonderabdruck aus: „Düsseldorfer Monatshefte f. deut. Art u. Kunst".

ALT-KÖLN(-)KALENDER. Herausgegeben vom Verein Alt-Köln unter Redaktion von Dr. JOSEF BAYER.
1913. (Jahrg. 1.) Erstes bis zwölftes Tausend. Nachdruck verboten. Köln. Druck von J. P. Bachem. Kommissionsverlag von K. A. Stauff & Co., Köln. 8°.
1914. Jahrg. 2. Erstes bis fünftes Tausend. Nachdruck verboten. ib. Verlag von K. A. Stauff & Co. Druck von Paul Gehly, Köln.

Alt-Königsberg. Wanderungen durch die Heimat. Aus Anlass d. 200jähr. Gedenkfeier an d. Zusammenlegung d. drei Städte Altstadt, Löbenicht u. Kneiphof. Königsberg i. Pr. 1924. V: *Springer, Gustav.* (nerlzu 1924, I, 1497)

Alt-Koenigsberg. — Alt-Königsberg und ein Gang durch die Villen-Kolonie Amalienau. (Den Besuchern d. Ausstellung gewidmet von d. Immobilien- u. Baugesellschaft Königsberg in Pr.) — (Königsberg i. Pr.; Dresden) 1908 (:Stengel). 29 Taf., 11 Bl. quer-8° 10.
3.7710

Altkonservativ. — Altkonservativ. Versuch einer Zusammenstellung u. Begründung altkonservativer Forderungen. Von ***. Th. [1.] 2. — Berlin: Imberg & Lefson 1897–98.
1. 1897. 2. 1898. 1:Fc 4589. 12:Pol. g. 12 h. 11.
3.7712

Die Altkonservativen in Oesterreich, s. Die Altconservativen...

Alt-Krems. — Aus Alt-Krems. Festgabe zum neunhundertjährigen Jubiläum d. ersten urkundlichen Erwähnung der Stadt Krems. Hrsg. vom Städt. Museum. — Krems: Städt. Museum 1895. XVI,94 S., 40 Taf.
1:4° Sc 1759. 12:4° Austr. 6 h. 300:106.153–C.
3.7715

Altland, Wilhelm, Blankenstein: Zwei Fälle von Tumor praecornealis nach Episcleritis. *Wiesbaden: J. F. Bergmann 1901.* (24 S.) 8°
Freiburg i. B., Med. Diss. v. 1901

Alt-Landsberg [Schlagwort]

Altlandsberg, s.: Deutschland. Kürschner-Peip.

Alt-Landsberg, s.: Geologische Karten (Preussen).

Alt-Landsberg, s.: Preussen. Messtischblätter.

Alt-Landsberg, s.: Wanderkarten.

Alt-Latinum [Schlagwort]

Alt-Latium. Kiepert, H., Wandkarte v. Alt-Latium. 1:125,000. 4 Blatt. Mit Carton: Umgebung v. Rom. 1:25,000. Chromolith. Imp.-Fol. Berlin 888. D. Reimer. n. 9. —; auf Leinw. in Mappe n. 15. —; m. Stäben n. 17. —

ALT-LAUINGEN. Organ des Lauinger Altertums-Vereins. Gratisbeilage zur „Donau Zeitung".
Nr. 1/2. Juni 1902. Lauingen. Druck und Verlag der St. Johannes-Buchhandlung. 8°. — Nr. 2. April 1903. ib. —.

ALT-LAUINGEN. Organ des Altertumsvereins Lauingen.
Herausgeber: GEORG RÜCKERT.
Jahrg. 1. 1906. (Mit Tafeln.) Lauingen. Druck von P. Kistler. 8°.
Jahrg. 2. 1907. (Mit Tafeln.) ib. Druck von Hans Stadelmeier.

Alt-Leipzig. Ein Führer zu d. baugeschichtl. Resten d. inneren Stadt. Hrsg. v. Leipziger Dürerbund. (37 m. Abb., 2 Taf. u. 1 Skizze.) kl8° Lpzg, F Eckardt '11. nn — 30 d

Alt-Limmritz [Schlagwort]

Alt-Limmritz, s.: Geologische Karten. Preussen. 1:2.

Altlutheraner. — Die Altlutheraner. Eine Belehrung aus d. heiligen Schrift, für fromme Christen. — Stettin 1839: Effenbart. 8 S. **1:Eq 2. 5.**
3.7717

Altman, Geo., Heinrich Laubes Prinzip der Theaterleitung, s.a. Schriften d. literarhistorischen Gesellschaft Bonn. V.

Altman, Georg: Heinrich Laubes Prinzip der Theaterleitung. Ein Beitr. z. Ästhetik d. dramat. Kunst im XIX. Jh. Dortmund 1908: Ruhfus. 84 S. 8° ¶ (Ersch. auch als: Schriften d. Literarhistor. Gesellsch. Bonn. Bd 5.)
Jena, Phil. Diss. v. 31. Okt. 1908, Ref. Eucken
[Geb. 15. Juni 84 Berlin; Wohnort: Mannheim; Staatsangeh.: Baden; Vorbildung: Wilhelms-Gymn. Berlin Reife O. 02; Studium: Heidelberg 1, Berlin 1, München 4, Berlin 2, Jena 2 S.; Rig. 27. Juli 07.] [U 09. 2159

Altman, S., Kanada, Land, Leute u. wirtschaftl. Verhältnisse, s.: Berichte, kommerzielle.

— Wirtschaftsverhältnisse Kanadas im J. 1907, s.: Berichte, kommerzielle.

Altmann, Carl, eine vaterländische Geschichte. Leipzig 1782. V: *Hempel, Gottlob Ludwig.* (BGE I[3], 62—63)

Altmann, Carl, eine vaterländische Geschichte, mit Kupf. 8. Leipzig, 782. Jacobäer. 25 sgl.

Altmann, Karl; e. vaterländ. Gesch. (v. Glo. Ldw. Hempel). 8. Leipz. 787. Jacobäer. (Aue in Altona). 20 gl.

Altmann, Dr. K. F. Wilhelm. Erfurt 1874. 1875. V: *Eichstädt, Hnr.* (Gk)

Altmann, Dr. K. F. Wilhelm. [Biographisches Charakterbild.] gr. 8. (8 S.) Erfurt [Leipzig] 874, Körner's Verlag. *
Aus: C. W. Körner's Urania, besonders abgedruckt.

Altmann, s.a. Altmann, Wilhelm

Altmann: Zum Wiener Antiquar, s. Bermann.

Altmann: Preuss.-deut. Gesetz-Sammlg, s: Grotefend, GA.

Altmann. Diss. de rosseris Badensibus, ins Teutsche übersetzt. [Leipz. 17...] Ü: *Messerschmid, Johann Christian.* (ML)

Altmann, Schwertesgrüße. Patriotische Lieder. Componirt v. Ph. Tietz. op. 64a. 8. (24 S.) Hildesheim 871. Gerstenberg. n. — 25

Altmann, Adolf (Hrsg.), s. Drogistenzeitung, Deutsche.

Altmann, Albrecht: Besteht eine Rechtspflicht des Magistrats zu Gleiwitz zur Übernahme des Patronats über die neu zu erbauende zweite katholische Kirche daselbst? Gutachten ... erstattet unter Mitw. des Gerichts-Assessors Friedrich Altmann. Als Ms. gedr. — Gleiwitz 1892: Neumann. 40 S. **9.**
3.7733

Altmann, Albr., Praxis der preußischen Gerichte in Kirchen-, Schul- und Ehesachen. 4. und 5. (Schluß-)Lfg. gr. 8. (S. 465—824). Leipzig 861,62, B. Tauchnitz. à Lfg. * 20 Ngr. *
1.—3. Lfg. Ebendas. 1861. * 2 Thlr.

— Rechtsgutachten, betreffend die Patronatsbaulast bei der neuen katholischen Kirche in Myslowitz. Erstattet unter Mitw. des Gerichtsassessors Friedrich Altmann. Als Ms. gedr. — Gleiwitz 1892: Neumann. 36 S. **1: Fs 5036. 9. 11.**
3.7735

— Die evangelische Union in Preussen, ihre Entwickelung, ihr Recht und ihre Stellung zu den neu einverleibten Provinzen. Eine Gedenkschrift zur fünfzigjährigen Feier ihres Bestehens. — Braunschweig: Schwetschke 1867. 62 S. **1:Dl 7626. 2. 8. 9. 10. 11.**
3.7736

Altmann, Alois Leopold: Gedichte. — Wien: Gerold 1843. 183 S. **1:Yo 1074. 300:+5117.**
3.7737

Altmann, C. F. W., Zwei fragmentarische Stammtafeln der von Koniecpolski's. Berlin 1887. fol.

Altmann, (Carolus Eduardus Ernestus) Albertus *(geb. Ludwigsthal in Oberschles. 20. 3. 1834)*: De bonorum possessione ex Carboniano edicto. Vratislaviae (1855). (50 S.) 8°
Breslau, Jur. Diss. v. 8. Aug. 1855

Altmann, (Car. Frid.) Iulius (geb. Potsdam 1. 3. 1814): De Sudetis cum per se ipsis tum ratione continuorum maxime Europaeorum montium tractus consideratis. Berolini (1838). (XII, 64 S.) 8°
Berlin, Phil. Diss. v. 17. Febr. 1838

Altmann, David, approb. Arzt aus Schildberg ⟨Posen⟩: Ueber einen Fall von Aneurysma der Arteria pulmonalis in einer tuberculösen Lungencaverne. *Freiburg i. B.: Speyer & Kaerner 1900.* (25 S.) 8°
Freiburg i. B., Med. Diss. v. 1900

Altmann, David: *Die Methodologie des Talmud von Samuel Hanagid übersetzt, commentirt, kritisch und etymologisch bearbeitet. IXV [! = XIV], 54 S. 4° (2°)
Halle-Wittenberg, Phil. Diss. v. 27. Jan. 1874
Geb. [Krazna (Kom. Trencsin; Ungarn) 1847]

Altmann, E., s.a. Altmann, Erich

Altmann, E., s.a. Altmann, Ernst

Altmann, E., s.a. Altmann, Eugen

Altmann, Elisabeth, Ein Beitrag zur Organisation des Handarbeitsunterrichts, veranlasst durch verschiedene Meinungsäusserungen in der „Deutschen Schulzeitung" über Klassenunterricht, Methoden, Lehrplan, Fachlehrerinnen, weibliche Inspection etc. gr. 8°. Berlin, L. Oehmigke's Verl., 1896.

Altmann, Elisabeth: Ein Beitrag zur Organisation des Handarbeitsunterrichts, veranlaßt durch verschiedene Meinungsäusserungen in der 'Deutschen Schulzeitung' über Klassenunterricht, Methoden, Lehrplan, Fachlehrerinnen, weibliche Inspektion u.s.w. — Berlin: Oehmigke 1897. 68 S. **1:Nf 5811.**
3.7738

Altmann, Elis., die notwendigen u. nützlichen Handarbeiten. Leitfaden u. Hilfsbuch f. Volksschulen u. für's Haus. Methodisch bearb. gr. 8. (69 S. m. Abbildgn.) Soest 892. Nasse'sche Buchdr. Kart. n. — 60

— der Handarbeitsunterricht als Klassenunterricht. Ein Leitfaden f. Schule u. Haus, in 7 Stufen methodisch bearb. 5 Hfte. gr. 8. Ebd. Kart. n. 6. 25
1. I. u. II. Stufe. Das Stricken. Mit 40 in den Text eingedr. Abbildgn. (52 S.) 891. n. 1. 25
2. III. Stufe. Das Häkeln. Die Kreuzstichstickerei u. das Bilden der Ecken u. Mitten v. Kanten. Mit 55 in den Text eingedr. Abbildgn. (72 S.) 891. n. 1. 50
3. IV. Stufe. Das Nähen, Einstricken der Ferse, Musterstricken, Zeichnen der Strümpfe. Mit 47 in den Text eingedr. Abbildgn. (76 S.) 891. n. 1. 25
4. V. Stufe. Das Frauenhemd. Das Flicken. Mit 21 in den Text eingedr. Abbildgn. (76 S.) 891. n. 1. —
5. VI. u. VII. Stufe. Das Herren-Nachthemd. Das Stopfen der Strümpfe. Die Weißstickerei. Das Stopfen der Gewebe. Mit 65 in den Text eingedr. Abbildgn. (93 S.) 892. n. 1. 25

— der Handarbeitsunterricht f. Mädchen. [Aus: „Encyklop. Handb. d. Pädagogik".] Lex.-8. (52 S.) Langensalza 896. H. Beyer & Söhne. n. 1. 20

Altmann, Elisab., Methodik d. Handarbeitsunterrichts, s.a. Methodik des Volks- u. Mittelschulunterrichts.

— Methodik des Handarbeitsunterrichts. — Leipzig & Berlin: Teubner 1904. 60 S., 2 Taf. (Methodik des Volks- und Mittelschulunterrichts. 3,5.) **12:Paed. Th. 2997 d-2. 11.**
3.7743

— — 2., erg. Ausg. Ebd. 1910. 60,27 S. (Methodik d. Volks- u. Mittelschulunterrichts. 3,5.) **1:Ne 15021[a]-3,5.**
3.7744

Altmann, Emanuel *(geb. Bielau in Oberschles. 9. 2. 1850)*: Beitrag zur Kenntniß der Zuckersäure. Neisse (1874). (20 S.) 8° [F.]
Breslau, Phil. Diss. v. 31. Juli 1874

Altmann, Erich

Altmann, E., Grundriß der Chemie, s.a. Taschenbibliothek, deutsche landwirtschaftliche.

Altmann E, Grundr. d. Chemie. Ein Leitfaden für d. Unterricht an landwirthschaftlichen Lehranstalten und z. Selbstunterricht 1881. 2 Theile. à 1.08
I. Unorgan. Chemie.
II. Organ. Chemie

ALTMANN, E. (Bibl., p. 267.)
Grundriss der Chemie . . . Vierte Auflage. Leipzig, 1895. 8vo.

Altmann, E., Grundriß d. Chemie. E. Leitf. f. d. Unterr. an landwirtschaftl. Schulen. II. Tl.: Organ. Chemie. 4. verb. Aufl. 8. (XIII, 137 S. m. 22 Fig.) Leipzig 898. Landwirtschaftl. Schulbuchh. Geb. in Leinw. n. 2.—

ALTMANN, E.
Grundriss der Chemie für landwirthschaftliche Lehranstalten. Fünfte Auflage. Part I. Unorganische Chemie. Leipzig, 1899. 8vo. Ill.

Altmann, E., Grundriß der Chemie. Ein Leitfaden f. d Unterr. an landwirtsch. Lehranst. 1. Tl. Unorganische Chemie. 5. verb. Aufl. 8. (VIII, 132 S. m. 37 Holzschn.) Leipzig 900. Landwirtschaftl. Schulbuchh. Geb. in Leinw. n. 2 —

Altmann, E., Grundriß der Chemie. Ein Leitfaden f. den Unterricht an landwirtschaftl. Lehranstalten u. ähnl. Fachschulen. 2 Tle. 8. Leipzig 906. Landwirtschaftl. Schulbuchh. Geb. à n. 1.50
1. Unorganische Chemie. 6. Aufl. Mit 37 in den Text gedr. Holzst. (VIII, 127 S.)
2. Organische Chemie. 5. verb. Aufl. Mit 21 in den Text gedr. Holzst. (VIII, 135 S.)

Altmann, E: Grundr. d. Chemie. 1. Tl: Unorgan. Chemie. 7. Afl. (8, 116 m. Abb.) 8° Berl., Landw. Schulbh. '10. geb. 1.60 ℳ

Altmann, Erich: E. Altmann. Grundriß der Chemie. Ein Leitfaden für d. Unterricht an landwirtschaftlichen Lehranstalten. 7. Aufl. T. 1.[2.] — Leipzig & Berlin: Scholtze 1910–30.
1. Unorganische Chemie. 1910.
2 u. d. T.: Altmann: Organische Chemie. Neubearb. von Karl Lindenruth. 1930.
1:Mr 3109/11[7].
3.7750

Altmann, E., Grundriß der Chemie. Ein Leitfaden f. den Unterricht an landwirtschaftl. Lehranstalten u. ähnl. Fachschulen. 1. Tl.: Unorgan. Chemie. 7. Aufl. Mit 37 in den Text gedr. Holzst. (VIII, 116 S.) 8. Berlin 910. Landw. Schulbuchhandlung. Geb. 1.60

ALTMANN, E. [Cont'd.]
Organische Chemie. Leitfaden für den Unterricht an landwirthschaftlichen Lehranstalten. Vierte verbesserte Auflage. Prenzlau, 1898. 8vo. Ill.

Altmann, Ernst, Superintendent, Rawicz. 1829: Auswahl von Festpredigten und Gelegenheitsreden. — (Rawicz) 1829: Dunker. 142 S. 2.
3.7753

— Predigten zum Gedächtniss des hochseligen Königs Friedrich Wilhelm III. Majestät, gehalten in der evang. Dreieinigkeitskirche zu Rawicz, d. 19. Juli 1840, u. auf Verlangen dem Dr. überlassen von E. Altmann u. Friedrich Göbel. — Rawicz: Frank (1840). 24 S.
1: Sw 9011.
3.7754

Altmann, Eugen

Altmann, E., Ueber die Entwicklung und Bedeutung der Kartelle in der deutschen Eisenindustrie. Diss. 8°. Darmstadt 1908.

Altmann, E., Ueber die Entwicklung und Bedeutung der Kartelle in der Eisenindustrie.
Diss. Berlin, 1909. 100 S. mit 6 Taf.

Altmann, Eugen: Über die Entwickelung und Bedeutung der Kartelle in der deutschen Eisenindustrie. [1909.] 100 S., 6 Bl. Tab. 8°
Darmstadt, Dr.-Ing.-Diss. v. 27. 2. 1909

Altmann, F., Geh. Regierungsrat. 1900 s. *Altmann*, Friedrich 1900.

Altmann, Fel., schützet die Kinder. Warnung vor e. päpstl. Neuerg., s.a. Flugschriften, hrsg. vom christkathol. Preßkomitee. IV.

Altmann, Felix: Schützet die Kinder. Warnung vor e. päpstlichen Neuerung. 3. Aufl. — Basel (: Preßkomitee) 1910. 19 S. (Flugschriften hrsg. vom christkatholischen Preßkomitee. 4.) 10.
3.7757

Altmann, Fr., Schauspieler. 1892 s. *Altmann*, Friedrich.

Altmann, Friedrich, Gerichtsassessor. 1892: Besteht eine Rechtspflicht des Magistrats zu Gleiwitz zur Übernahme des Patronats über die neu zu erbauende zweite katholische Kirche daselbst? Gutachten. 1892 s. *Altmann*, Albrecht.

Altmann, Friedr., praktische Darstellung der Kunst Lichtbilder auf Papier und Platte zu machen. Zum Selbstunterrichte für Anfänger und Dilettanten der Photographie. 8. (VIII und 71 S.) Leipzig 852, C. H. Reclam sen.

Altmann, Friedrich, Geh. Regierungsrat. 1900: Aerztliche Ehrengerichte und ärztliche Standesorganisation in Preussen. Das preußische Gesetz betr. d. ärztlichen Ehrengerichte, d. Umlagerecht u. d. Kassen d. Aerztekammer vom 25. Nov. 1899 zum prakt. Handgebr. erl. von F. Altmann. — Berlin: H. W. Müller 1900. VIII, 218 S.
1: Ie 6010. 12: J. germ. 2wo. 2. 3. 6. 11.
3.7761

—— photographische Handtabellen zur schnellen Uebersicht aller photograph. Verfahrungsarten der geschätztesten Chemiker und Photographen unserer Zeit. Zum prakt. Gebrauche für Photographen vom Fache und Liebhaber der photograph. Kunst. 8. (V und 87 S.) Leipzig 854, C. H. Reclam sen.

Altmann, Friedrich, Schauspieler. 1864: Die Maske des Schauspielers. Praktische Anleitung in der Kunst sich zu schminken. Von Friedr. Altmann. — Berlin: Bloch (1864). 85 S. 1: Xa 5598. 2.
3.7758

Altmann, Frdr., die Maske des Schauspielers. Praktische Anleitung in der Kunst sich zu schminken. Unentbehrlich für jeden Jünger und Dilettanten der dramat. Kunst. Mit (lith.) Titelbild, darstellend den königl. preuß. Hofschauspieler Thdr. Döring in den 4 Temperamenten. Berlin 864. Lassar. gr. 8. (85 S.) n. 1 ℳ

Altmann, Fr., die Maske d. Schauspielers. Practische Anleitg. in der Kunst, sich zu schminken. 2. Aufl. Neu bearb. v. Ludw. Menzel. 8. (VI, 96 S.) Berlin 875. Lassar. n. 4. —

Altmann, F, d. Maske d. Schauspielers. Prakt. Anl. in d. Kunst, sich zu schminken. 3. Afl. Neu bearb. v. L Menzel. 8° (82) Berl. 92, E Bloch. 4 —

Altmann, Fr., die Maske d. Schauspielers. Praktische Anleitg. in der Kunst, sich zu schminken. 3. Aufl. Neu bearb. v. Ludw. Menzel. 8. (VI, 82 S.) Berlin 892. L. Lassar. n. 4. —

Altmann, Fr., d. Maske des Schauspielers. Prakt. Anleitg. i. d. Kunst, sich zu schminken. 3. Aufl. Neu bearb. v. Ludw. Menzel. 8. (VI, 82 S.) Berlin 896. E. Bloch. n. 4. —

—— 4. Aufl. Neu bearb. von Ludwig Menzel. Ebd. (1906). VI, 78 S. 10.
3.7760

Altmann, Friedr.: Ueber einen Ordo judiciarius vom J. 1204.
[S.-A. a.: Zeitschrift der Savigny-Stiftung für Rechtsgeschichte. Rom. Abth. Bd.10.]

— Rechtsgutachten betr. die Patronatsbaulast bei der neuen katholischen Kirche in Myslowitz. 1892 s. *Altmann*, Albrecht.

Altmann, [Friedr.], Wohlfahrtseinrichtungen der preussisch-hessischen Eisenbahngemeinschaft i. J. 1906. 8°.
Aus: Archiv f. Eisenbahnwesen. 1907.

Altmann, Georg s. *Altmann*, Johann Georg.

Altmann, Gustav [aus Strassburg]: Die wichtigsten Kurmethoden der Pneumonie in ihrem Zusammenhang mit den jeweils uber das Wesen der Pneumonie herrschenden medicinischen Anschauungen .... Strassburg, Buchdr. v. G. Fischbach, 1887; 78 S. 8°
Strassburg, Med. Fak., Inaug.-Diss. v. 1887

Altmann, Gustavus, Berolinensis: De Posidonio Timaei Platonis commentatore. Berolini 1906: E. Ebering. (71 S.) 8°
Kiel, Phil. Fak., Ref. Wendland, Diss. v. 12. Febr. 1906
[Geb. 21. Dez. 80 Berlin; Wohnort: Berlin; Staatsangeh.: Baden; Vorbildung: Friedr.-Werdersches Gymn. Berlin Reife O. 99; Studium: Berlin 10 S.; Rig. 4. März 05.]

Altmann, Hermann, approb. Arzt aus Angerburg: Über Erkrankungen des Nervensystems infolge von Keuchhusten. *Weißwasser O.-L.: E. Hampel 1903.* (46 S.) 8°
Leipzig, Med. Diss. v. (25. Nov.) 1903

Altmann, J., Dr. phil. 1855 s. *Altmann*, Julius.

Altmann, J. Georg s. *Altmann*, Johann Georg.

Altmann, Ida: Die Grundsätze der freireligiösen Gemeinde zu Berlin. — Berlin: Rubenow in Comm. [1895]. 14 S.
1:Cq 10441.
3.7767

— Hühnerweisheit, -Lust und -Leid. Ein Märchen-Kleeblatt. — Berlin: A. Hoffmann [1896]. 48 S.
1:Ng 16602. 11.
3.7768

— Vom Jenseits. Vortrag. — Berlin: A. Hoffmann 1908. 16 S.
1:Cq 10486.
3.7769

Altmann, Joh., catechetischer Leuchter und Rauchwerk. Bern 1711. 8.

Altmann, Johann: Operis dialogistici Prodromus: Oder christlicher Religions-Gesprächen ... Theil. Von J. A. V. D. M. L. (2: Von Joh. Altmann). Th. 1.2. — Zürich: Finsler; Bern: v. Rütte (2: Zürich: Finßler) 1710–11.
1:Dp 1140. 2.
3.7770

— Neugebahnter Weg zu einem evangelischen Kirchen-Frieden; oder proposition eines neuen, leichten und sicheren Expedients zu erwünschter Association der Protestierenden; in einen Leib der gesambten evangelischen Kirchen, ohne daß die Augspurgischen, noch die von der reformierten Confession, ihre Lehr oder Kirchen-Gebräuch im geringsten deßhalben zu änderen gehalten seyn. — Franckfurt 1722. 63 S.
1:Dl 1972. 12: 4° Polem. 2571–II,27.
3.7771

Altmann, Johann Georg: Zweyte Solennitäts-Rede, von dem Auffnemmen und Flor der griechischen Republicken. 1738 in: *Altmann:* Reden von dem Ursprunge und Anfange, Aufnemmen und Flore, Untergange und Falle der griechischen Republicken bey alljährlichem Solennitäts-Feste. 1739. 3.7772

Altmann, Joh. Georg (Hrsg.), s. Brachmann, Der.

[—] L'État et les délices de la Suisse, ou description helvétique historique et géographique, nouvelle éd., corr. & considérablement augm., par plusieurs auteurs célèbres. Enrichie de fig. en tailles douces. T. 1–4. — Basle: Tourneisen 1764. **1:Ru 6048. 12: Helv. 276. 7.**
3.7774

[—] État et délices de la Suisse, ou description helvétique et géographique des XIII. cantons suisses et de leurs alliés. Nouvelle éd., corr. & considérablement augm. par plusieurs auteurs célèbres, & enrichie de fig. en taille-douce. T. 1–4. — Ebd. 1776. **1:Ru 6056.**
3.7776

— J. Georgii Altmanni Exercitatio historico-critica de tesseris Badae Helvetiorum erutis. — Bernae 1750: Off. typogr. Reipublicae Bernensis. 59 S. **12: 4° Diss. 3007–32. 5.**
3.7777

Altmann, Johann Georg: Dritte und letzte Solennitäts-Rede, von dem Falle und Untergange der griechischen Republicken. 1739 in: *Altmann:* Reden von dem Ursprunge und Anfange, Aufnemmen und Flore, Untergange und Falle der griechischen Republicken bey alljährlichem Solennitäts-Feste. 3.7778

— Die Güte Gottes gegen seine Kirche, und die daher fliessende Pflicht der Menschen, uber die Worte Psalm 95, 7.8. Aus Anlass der entdeckten Zusammenschwerung wider den Staat ... vorgest. in einer Predigt, Sonntag den 13. Heumonat 1749 in der grossen Münster-Kirche zu Bern. — Bern: Gottschall [1749]. 24 S. 4° **7.**
3.7779

— meletemata philologico-crit. N. T. III Tom. 4. Zürich 753. Orell. 2 ₰ 6 ℊ

— meletemata phil. crit. N. T. III. Tmi. 4. ib. 759.

Altmanni, J. G., Observationes philologico criticae in libros N. T; Bern. 735–45. 3 Tom. 8. 1 rthlr. 12 gr.

— Observationes philologico-criticae in libros Novi Testamenti, quibus vocibus & phrasibus difficilioribus lux affunditur, atque earundem sensus ex antiquitate sacra & profana declaratur. Auctore J. Georgio Altmanno. T. 1–3. Bernae: Wagner & Müller 1737–40.
1–3 . . . . **1:Bs 322. 4. 7. 11.**
1.2 . . . . **12: Exeg. 40 h.**
3.7781

Altmann, [Johann] Georg. Georgii Altmanni. oratio funebris in obitum ... Jo[hannis] Rodolphi Rodolph [= Rudolf]. V. D. M. SS. Theologiæ professoris primarii, classisque apud Bernates antistitis .... 4. Bernæ 1718.
Mit 3 Vignetten in Kupferstich.

Altmann, J. Georg, Oratio de antiqua Helvetia graecissante. Bern 15. VII. 1735. 23 S. (4.80) 336
Gew.: Abrah. Freudenrych.

— Oratio de illustri inscriptione crucis Christi eiusque mysterio. 1753 in: *Altmann:* Meletemata philologico-critica, quibus difficilioribus Novi Testamenti locis ex antiquitate lux affunditur. 3.7782

— Principia ethica ex monitis legis naturae et praeceptis religionis christianae deductae. Auctore J. Georgio Altmanno. Ed. 2. T. 1.2. — Turici: Orellius 1753.
1:Np 3544.
3.7783

— drey Red. von den griech. Republiken. 4. Ebend. 739. -

— heil. Reden. 6 Thle. 8. Ebend. 739—54.

— Joh. Georg Altmanns Heilige Reden, bey verschiedenen Gelegenheiten vorgetr. in der grossen Münster-Kirche zu Bern. T. 1–3. 5. 6. — Zürich: Heidegger (6: Orell) 1739–55.
1–3. 5. 6. . . . . **4.**
1 . . . . **1:2 in E 198–2.**
3.7784

— Joh. Georg Altmanns Reden von dem Ursprunge und Anfange, Aufnemmen und Flore, Untergange und Falle der griechischen Republicken bey alljährlichem Solennitäts-Feste geh. in den Jahren 1737, 1738 u. 1739. — Bern 1739: Hoch-Oberkeitlich Tr. 95 S.
Sondert.: 1. Altmann: Erste Solennitäts-Rede, von dem Ursprung und Anfang der griechischen Republicken. 1737.
Sondert.: 2. Altmann: Zweyte Solennitäts-Rede, von dem Aufnemmen und Flor der griechischen Republicken. 1738.
Sondert.: 3. Altmann: Dritte und letzte Solennitäts-Rede, von dem Falle und Untergange der griechischen Republicken. 1739.
1:4/6 in 4° Ah 7732. 12:4° Diss. 517/3.
3.7785

Altmann, J. G., Samml. auserl. Canzelred. von gel. Männern in der Schweiz. 4 Thle. Bern. 741—46.

— Erste Solennitäts-Rede, von dem Ursprung und Anfang der griechischen Republicken. 1737 in: *Altmann:* Reden von dem Ursprunge und Anfange, Aufnemmen und Flore, Untergange und Falle der griechischen Republicken bey alljährlichem Solennitäts-Feste. 1739. 3.7786

— Joh. Georg Altmanns Versuch einer historischen und physischen Beschreibung der helvetischen Eisbergen. — Zürich: Heidegger 1751. 271 S.
1:Ru 6670. 12:Helv. 57. 3. 4. 5. 7. 8. 9.
3.7787

— — 2. Aufl. Ebd. 1753. 271 S.
12:Helv. 58. 300:BE 6 W 55. 8. 9.
3.7788

— Der geschwinde Vorübergang der Gestalt dieser Welt. Vorgest. in einer Predigt uber 1. Corinth. VII, v. 31. — Bern: Gaudar 1738. 38 S. 1:7 in 4° Ah 7732.
3.7789

Altmann, Johann Heinrich: Jo. Heinrich Altmanns Schrifftmäßige Untersuchung der von Herrn Joh. George Neumann geh. Predigt uber die Frage: Ob denen beharrlich boßhafften und gantz verstockten Sündern die Gnaden-Thür biß an ihr Lebens-Ende offen stehe? — Leipzig: Fritsch 1701. 19 Bl. 1:22 in Cw 36. 9.
3.7790

Altmann, Jos., Erklärung u. Berechnung d. Seitenabweichung rotierender Geschosse. (M. spec. Berechng. f. d. 9 cm Feldgeschütz M. 1875.) gr. 8. (20 S. m. 6 Fig.) Wien 897. L. W. Seidel & Sohn. n. 1. 20

Altmann, Jos.: Das rote Kreuz, s: Jugend- u. Volksbühne.

Altmann, Jul., s.a. Balalaika, die.

Altmann, Julius: Die Balalaika. Russische Volks-Lieder ges. u. in's Deutsche übertr. — Berlin: Schneider 1863. XXXIV,400 S.
1:Zn 6108. 12:P. o. rel. 2874. 300:165.640-A. 2. 5. 7. 8. 11.
3.7794

— Neuester Bevölkerungsstand in den Städten Russland's, einschließlich Polen's und Finnland's. Von J. Altmann. — Berlin: D. Reimer 1855. 32 S.
Aus: Zeitschrift für allgemeine Erdkunde. 3,6.
1:16 in Ue 7001. 12:Russ. 180-29.
3.7795

Altmann, J. Chaussee-, Eisenbahn- und Kanallinie zwischen St. Petersburg und Moskau. Berlin 1844. 1 Bl. c. L.

— s. Derschawin's Ode: Gott.

— Aus einem Dichterleben. Lieder und Sprüche aus den Jahren 1860-1868. Bd 1.2. — Berlin: Moeser 1870.
1:Yo 13411. 8. 11.
3.7796

Altmann, J., Gnomen, s.a. Adami, Frdr., neue Frauen-Novellen.

— Gnomen. H. 1-[4]. — Berlin (3f.: Berlin: Verl. d. Malmène'schen Anstalt) (1848): Lindow.
1. Distichen. 2. Hexameter. 3. Jamben.
4 u. d. T.: Altmann: Pantunen.
1-4 . . . . 1:Yo 3795. 7.
1-3 . . . . 3.
3.7797

— Lieder aus der Ferne. Bdch. 1. — Berlin: Hayn in Comm. 1845. VIII,178 S.
1. Episches. 1:Yo 2181.
3.7798

Altmann, J.: Über die Mortalitäts-Verhältnisse Rußlands, s. Bulletin de la Soc. Imp. des Naturalistes de Moscou.

— Pantunen oder Gnomen in malaiischer Form. — Berlin: Malmènesche Anst. [1848]. S. 59-64. [(Altmann: Gnomen. 4.)] 1:Yo 3795-4. 7.
3.7799

Altmann, J., Runen finnischer Volkspoesie, s.a. Runen.

— Runen finnischer Volkspoesie. Ges. u. übers. — Leipzig: Falcke & Rössler 1856. XXIV,158 S.
1:Zr 22480. 12:P. o. rel. 540. 300:9.191-A. 4. 10. 11.
3.7800

—— Runen finn. Volkspoesie. 2. Afl. 8. (158) Lpzg 61. (Dresd., Moritz.) — 10; cart. n. — 15

— — 2. Aufl. Leipzig: Oehme 1861. XXIV,158 S. 8.
3.7801

— Spiegelbilder der Sahara, s.a. Spiegelbilder.

— Spiegelbilder der Sahara. Eine Sammlung arabischer Volkslieder. Zum 1. Male ins Deutsche übertr. — Leipzig: Oehme 1861. XVIII,183 S.
Frühere Ausg. s. *Altmann:* Die Wüstenharfe. 1856.
1:Zu 4364.
3.7802

— **Julius** (Potsdam), De sudetis. Cum per se ipsis tum ratione continuorum maxime Europaeorum montium tractus consideratis. Diss. geographica. Bln. (Nietack), 17. II. 1838. 68 S. mit Biographie. (Mutter: zur Wohnung.) (5.—) 337
Oppon.: Fried. Schaeffer, Rud. Koehler, Ott. Heinze. — Gew.: Carl Ritter.

—— die Wüstenharfe, s.a. Wüstenharfe, die.

— Die Wüstenharfe. Eine Sammlung arabischer Volkslieder. Nach in Russland befindlichen, z. T. slawisirten, z. T. latinisirten Codices zum 1. Male ins Deutsche übertr. Leipzig: Falcke & Rößler 1856. XVIII,183 S.
Spätere Ausg. s. *Altmann:* Spiegelbilder der Sahara. 1861.
1:Zu 4363. 12:A. or. 613. 300:9.193-B. 2. 7.
3.7803

Altmann, K: Die Behandlg d. Krankh. d. behaarten Kopfhaut, s: Sammlung zwangloser Abhandlgn a. d. Gebiete d. Dermatol. usw., Herxheimer.

Altmann, K. F. Wilhelm, Pastor, Breslau. 1853 s. *Altmann,* Wilhelm. 1853.

Altmann, Karl, Assistenzarzt am Allerheiligen-Hospital zu Breslau: Aus dem Laboratorium der Königl. psychiatr. und Nervenklinik zu Breslau. ⟨Prof. Dr. Bonhoeffer.⟩ Ueber eine cystische Missbildung des Rückenmarkes. Breslau 1906: Altmann & Friebe. (29 S.) 8°
Breslau, Med. Fak., Ref. Bonhoeffer, Diss. v. 18. Dez. 1906
[Geb. 4. Febr. 80 Breslau; Wohnort: Breslau; Staatsangeh.: Preußen; Vorbildung: Realgymn. am Zwinger Breslau Reife O. 00; Studium: Breslau 6, München 1, Breslau 2 S.; Coll. 25. Sept. 06; Approb. 30. März 06.]

Altmann, Karl, Bürgerschullehrer, Wien. 1905: Türnitz a. d. Traisen. Eine monographische Darstellung. Bd [1.]2. — Türnitz: Verl. d. Gemeinde 1905-25.
1. Mit einem Anhang: Kurze Geschichte der Gemeinden Annaberg, Mitterbach und des Zisterzienser-Stiftes Lilienfeld. 1905.
2. Umfassend die Jahre 1905 bis 1925. 1925.
1.2 . . . . 300:438.393-B [auch Bd 1 – 44.435].
1 . . . . 1:Sc 2435/500.
3.7804

Altmann, Karl Friedrich Wilhelm s. *Altmann,* Wilhelm. 1853.

Altmann, Karl J., Der Freiheit zugewandt, Gedicht v. Ferdinand Goetz, f. vierstimmigen Männerchor komp., Griesheim a. M., 2 S., 8°.

Altmann, Kunibert: Vier Lieder vom deutschen Kaiser. Sorau N.-L. [1870]. 8 S. 1:Kr. Samml. Ua 3.
3.7805

Altmann, L., kurzer Abriß der Entomologie, mit besonderer Rücksicht auf Deutschlands Käfer, nach den neueren Benennungen geordnet. 8. Leipzig, 837. Kayser'sche Buchhandl. (Beyer.) 3/4 ₰

Altmann, L., kurzer Abriss d. Entomologie, mit besond. Rücksicht auf Deutschlands Käfer, nach d. neuen Benennungen geord. 8. (8¼ B.) Leipzig 837, [Peter.]

Altmann, L., die nützlichen u. schädlichen Forstkäfer für Forstbeamte. Nebst einem Anhange über das Vorkommen der Käfer auf den Baum- u. Strauch-Arten. 8. Dessau 844, Neubürger. Leipzig, Hunger. 1/2 ₰

ALTMANN, Ludwig (Sonderdilching): Ueber Finger- und Zehenverrenkungen.- München: Weiss 1866. 19 S. 9.11.1861 - Urk (Titel: De luxationibus digitorum manus et pedis.); F 70
Diss. Ingolst.-Landsh.-Mchn.

Altmann, Ludw.: Das Strafgesetz üb. Verbrechen, Vergehen u. Uebertretgn nebst d. hierzu erfloss. Nachtragsgesetzen, s: Gesetzeskunde. Oesterr.

Altmann, Ludovicus: Theses loco dissertationis nonnulla de aetatis morbis momenta continentis mox edendae. Halae (1833): Baentsch.
Halle-Wittenberg, Med. Thesen v. 2. Febr. 1833
Geb. [Dessau (Anhalt-Dessau) 1809]
Ein Exemplar nicht nachweisbar. Die Diss. ist nicht ersch.

Altmann, M., öffentl. Lehrer, Method. Schreibschule d. deutschen Currentschrift f. Schüler der Volksschule f. die unteren Classen 8 Bl., f. die oberen ebenso. Gross-Kanisza, Ph. Fischel. à 15 kr. 1884.

ALTMANN, Matthias (Sielenbach): De lithodialysi.- Monachii: Rösl (1837). 26 S. 8.1.1837 - Urk; F 63
Diss. Ingolst.-Landsh.-Mchn.

Altmann, Maur. (geb. Windisch-Marchwitz 1814): De cadaverum conditura. Berolini (1841). (36 S.) 8°
Berlin, Med. Diss. v. 6. Nov. 1841

Altmann, Mauritius (*geb. Branitz bei Leobschütz 24. 2. 1825*): De singulari epilepsiae casu. Vratislaviae (1848). (28 S.) 8°
Breslau, Med. Diss. v. 30. Aug. 1848

Altmann, Max (*geb. Groß-Wartenberg in Schles. 11. 10. 1843*): Vergleichende Kritik der in neuerer Zeit vorzüglich angewandten Methoden des Steinschnittes. Breslau (1868). (45 S.) 8°
Breslau, Med. Diss. v. 21. Okt. 1868

Altmann, Michael: Das Wiener Bürgerspital. Zur Erinnerung an die Eröffnung des neuen Bürger-Versorgungshauses in der Alservorstadt. Auf Grundl. mehrerer Ms. des Bürgerspital-Amtsdirectors Herrn Josef Holzinger verf. Mit 4 Abb. — Wien: Bürgerspitalamt 1860. VI,104 S.
1:Sc 4192. 300:394.292–C. Kat. [u.] 30.343.
3.7821

Altmann, Otto: Unter Segelpyramiden u. Tropensonne. Erzählg a. d. Leben z. See. (4, 354m.z.Tl farb. Vollbild.) 8° Altenbg, S Geibel ('11). 3.50: L 4 — d

Altmann, Paul. Über Akkumulatoren, s.a. Sammlung naturwissenschaftl. Vorträge.

Altmann, Paul, Oberlehrer. 1889: Über Akkumulatoren. Vortrag. Mit 3 Fig. im Text. — Berlin: Friedländer 1889. 24 S. (Sammlung naturwissenschaftlicher Vorträge. 3,3.)
1:Lc 7897-3,3.
3.7832

Altmann, Paul [Dr.]: Flora von Wriezen und Umgegend. (I. Tl.) Wriezen, Druck v. W. Hintze & Sohn, *1894;* 1 Bl., 1—30 S. 4.
Wriezen, RPG, OP 1894 (113)

[Umschlagt.:] **Altmann,** Paul [Dr.]: Flora von Wriezen und Umgegend. II. Tl. [Forts. d. P-Beil. 1894.] Wriezen, Druck v. W. Hintze & Sohn, *1895;* 31—61, I—III S. 4.
Wriezen, RPG, OP 1895 (113)

Altmann, Paul, Prof., Dr.: Flora von Wriezen und Umgegend. *Wriezen [1900]: W. Hintze & Sohn.* (61, III S.) 4° ¶(Vgl. P-Beil. 1880.)
Wriezen, RPG, OP 1900 (114)**

Altmann, Paul, Landrichter. 1904: Handbuch des deutschen Vereinsrechtes. Zugleich e. Beitrag zu d. Lehre von d. juristischen Personen. Zum prakt. Gebr. für Justiz- u. Verwaltungsbeamte . . . unter bes. Berücks. d. Gerichts- u. Verwaltungspraxis. — Berlin: H. W. Müller 1905. XI,211 S.
1:Gm 6591. 12:J. germ. 1059. 5. 7. 11.
3.7834

Altmann, Paul: Preis-Verzeichniß über chemische Apparate und Geräthschaften. Berlin
T. 1. Abtheilung für Chemie. 1896
T. 2. Abteilung für Bakteriologie. Berlin (1910?)

— das Reichsgesetz üb. die Zwangsversteigerung u. die Zwangsverwaltung vom 24. III. 1897 in der Fassung vom 20. III. 1898 nebst dem Einführungsgesetz. Mit Erläutergn. Ausgabe f. Preußen. (VIII, 416 S.) gr. 8. Ebd. 904. Geb. in Leinw. n. 7.—

— dasselbe. Ausg. f. die nichtpreuß. Staaten u. f. Elsaß-Lothringen. (VIII, 398 S.) gr. 8. Ebd. 904.
Geb. in Leinw. n. 7.—

ALTMANN, PAUL. Ueber den quantitativen Unterschied der Affinitäten von Brom und Chlor in den Wasserstoffsäuren zu Silber. Greifswald, 1879. 12mo. Diss. G. S.

— Die Verfassung und Verwaltung im Deutschen Reiche und Preußen. Handbuch d. öffentlichen Rechts d. Gegenwart von P. Altmann. Bd 1.2. — Berlin: Heymann 1907–08.
1. Deutsches Reich. 1907. 2. Preußen. 1908.
1:Gv 21690. 12:J. publ. G. 16n. 2. 6. 8. 10. 11. 85.
3.7835

— Die Verfassung und Verwaltung im Deutschen Reiche und Preußen. Lehr- und Handbuch für die Prüfungen u. den Bureaudienst von P. Altmann. Neue Ausg. Bd 1.2. — Ebd. 1910. 5.
3.7836

Altmann, Paul Albrecht [Kammergerichts-Referendar]: Das beneficium competentiae, seine historische Entwicklung, juristische Natur und gegenwärtige Geltung . . . . Berlin. Druck v. Leonhard Simion, 1888: 3 Bl. + 96 S. + 1 Bl. 8°
Berlin, Jur. Fak., Inaug.-Diss. v. 6. Aug. 1888

Altmann, Paul Albr., das Beneficium competentiae, seine histor. Entwicklung, jurist. Natur und gegenwärt. Geltung. Inaugural-Dissertation. gr. 8. (94 S.) Berlin 888, (W. Weber's Verlag.) *

Altmann, Paul Albrecht: Der Erlassvertrag und der Entwurf eines bürgerlichen Gesetzbuchs für das Deutsche Reich. H. 1. — Leipzig: Duncker & Humblot 1891.
1. Geschichtliche Grundlagen. Zur Geschichte der Erlassverträge des römischen Rechts, insbes. des pactum de non petendo.
1:Gg 18484. 12:J. rom. m. 17 hb. 6. 7. 11.
3.7837

Altmann, Reinhold [aus Breslau]: Aus d. patholog. Institut zu München. Ueber die Inactivitätsatrophie der weiblichen Brustdrüse.... (Aus: Virchow's Archiv ... 111. Bd. 1888) Berlin, *Druck u. Verl. v. Georg Reimer,* 1888; 27 S. u. 1 Taf. 8°
München, Med. Fak., Inaug.-Diss. v. 1888

Altmann, Richard: Die Elementarorganismen und ihre Beziehungen zu den Zellen. Mit 2 Abb. im Text u. 21 Taf. Leipzig: Veit 1890. 145 S.
1:Ll 8461. 12:4° Anat. 4 h. 3. 5. 9.
3.7840

— — 2., verm. Aufl. Mit 9 Abb. im Text u. 35 Taf. Ebd. 1894. 160 S.
1:Ll 8461ᵃ. 12:4° Anat. 4 hb. 2. 6. 7. 8.
3.7841

— Zur Geschichte der Zelltheorien. Ein Vortrag. — Leipzig: Abel 1889. 20 S. 1:Kv 115. 2.
3.7842

— Studien über die Zelle. H. 1. — Leipzig: Veit 1886.
12: Anat. 30 w. 2.
3.7843

Altmann, S.P. s. *Altmann,* Salomon Paul.

Altmann, Sally, a. Berlin: Studien zur Lehre vom Geldwert. Beiträge zur Geschichte und Kritik der Geld- und Werttheorie. (Abschn. 2, Kap. 2,2.) (Berlin 1906: E. Ebering.) (34 S.) 8° ¶ (Das Ganze wird in kurzem im Buchhandel erscheinen.)
Berlin, Phil. Fak., Ref. Wagner, Diss. v. 28. Juli 1906
[Geb. 27. Juni 78 Berlin: Wohnort: Frankfurt a. M.; Staatsangeh.: Preußen; Vorbildung: Dorotheenstädt. Realgymn. Berlin Reife M. 08; Studium: Berlin 2. Freiburg i. B. 1. Berlin 9 S.; Rig. 22. Febr. 06.]

Altmann, Salomon Paul

Altmann, S. P., Finanzwissenschaft, s.a. Aus Natur u. Geisteswelt.

— **Finanzwissenschaft.** Von S. P. Altmann. — Leipzig: Teubner 1910. VIII,174 S. (Aus Natur u. Geisteswelt. 306.) 1:Ag 7234/20-306. **12:**Var. 348t-306. **5. 11.**
3.7844

Altmann, Samuel

Altmann, S., Kanada, s.a. Berichte, kommerzielle, Nr. 1.

— **Kanada.** Land, Leute u. wirtschaftliche Verhältnisse. Von S. Altman. — Wien: Manz in Komm. 1907. VIII,121 S. (Kommerzielle Berichte, hrsg. vom K. K. Österreichischen Handelsmuseum. 1.)
1:4° Fg 325/23-1. **12:**4° Merc. 111-1.
300:455.731-C. Bd 1.
3.7728

Altmann, S., Kanada, s.a. **Berichte, kommerzielle, Nr. 11.**

Wirtschaftsverhaeltnisse Kanadas im Jahre 1907. E. kommerziell. Bericht von S[amuel] *Altmann*. Wien 1908. 4° (8°)
(Kommerzielle Berichte, hrsg. v. K. K. Österr. Handelsmuseum. 11.)

Altmann, W., Pastor. 1853 s. *Altmann*, Wilhelm. 1853.

Altmann, Walter: Architectur und Ornamentik der antiken Sarkophage. Mit 33 Abb. u. 2 Taf. — Berlin: Weidmann 1902. 112 S.
Ersch. teilw. auch als Diss. u. d. T.: Altmann: De Architectura atque ornamentis sarcophagorum. P. 1. Halle 1902.
1:Nx 2645. **12:**Arch. 2 kn. **300:**420.891-B. **2. 3. 4. 5. 7. 9. 11.**
3.7853

Altmann, Walterus, Berolinensis: De architectura et ornamentis sarcophagorum. P. prior. *Halis Sax. 1902: typ. Orphanotrophei.* (39 S.) 8° ¶ [Erschien vollst. 1902 in deutscher Sprache u. d. T.: Architectur u. Ornamentik d. antiken Sarkophage.]
Halle, Phil. Diss. v. 24. Febr. 1902

— Die römischen **Grabaltäre** der Kaiserzeit. Mit 208 Abb. u. 2 Heliogr. — Berlin: Weidmann 1905. 306 S.
1:4° Nx 2650/5. **12:**4° Arch. 7d. **300:**442.134-C.
2. 3. 4. 5. 6. 7. 8. 9. 10. 11.
3.7854

— Die italischen **Rundbauten.** Eine archäologische Studie. Mit 20 Abb. — Berlin: Weidmann 1906. 101 S.
Ersch. auch als Hab.-Schrift. Marburg 1906.
1:Nx 299/56. **12:**Arch. 2 ko. **300:**448.052-B.
3. 5. 6. 9. 11. 83.
3.7855

Altmann, Wilhelm, Direktor d. Musik-Abteilung d. Preussischen Staatsbibliothek, Berlin. 1886 [Hrsg.] s. *Acta* Nicolai Gramis. 1890.

Altmann, W., acta Nicolai Gramis, s.: Codex diplomaticus Silesiae.

Altmann, Wilhelm, Arzt, Baden bei Wien. 1894: **Allerlei** und noch Etwas! Illustr. von Carl Scharlach. — Wien [usw.]: Merlin [1894]. 98 S.
1:4° Yo 25499/5. **300:**190.231-C.
3.7906

Altmann, Wilh., Allerlei u noch Etwas! Ill. v. Carl Scharlach. 4. (98 S.) Wien 895. M. Merlin. n. 6. —; in Prachtb. m. Goldschn. n. 8. —

Altmann, W., !Au! 8°. (ill. 102 S) K 2.—
Budapest: Grimm 1906.

Altmann, Wilhelm:
[—] Zum **Andenken** an den Königlichen Kreisgerichts-Direktor Karl August Emil Hilse. — Bunzlau 1883: Fernbach. 4 Bl.
Aus: Fortgesetzte Nachrichten über Zustand u. Geist der Königl. Waisen- u. Schul-Anstalt etc. zu Bunzlau.
2.
3.7856

— — Zum **Andenken** an den Königlichen Kreisgerichts-Direktor Karl August Emil Hilse und dessen Witwe Frau Anna, geb. Pick. ⟨Für die fortgesetzten Nachrichten über Zustand und Geist der Königl. Waisen- u. Schul-Anstalt etc. zu Bunzlau mitgetheilt von K. F. Wilh. Altmann.⟩ 2. Aufl. — Ebd. 1884. 8 S. **1:**Au 9815ª. **2.**
3.7857

Altmann, W., au! Zur Unbrauchbarmachung verurteilt.

ALTMANN, Wilhelm. Au! Erlauschtes über, unter und neben schönen Frauen. Illustriert, Budapest, G. Grimm, ca. 1905.

Altmann, Wilh., Au! Erlauschtes üb., unter u. neben schönen Frauen. Illustriert v. C. Köystrand. (102 S.) 8. Budapest (906). G. Grimm. 2. —

— s.: Brahms, Johs., im Briefwechsel m. Karl Reinthaler, Max Bruch, Hermann Deiters u. a.

Altmann, Wilhelm, Direktor d. Musik-Abteilung d. Preussischen Staatsbibliothek, Berlin. 1886: Richard Wagners **Briefe** nach Zeitfolge und Inhalt. Ein Beitrag zur Lebensgeschichte d. Meisters. — Leipzig: Breitkopf & Härtel 1905. VIII,560 S.
1:Mus. Dw 725 [u.] 725ᵇ. **12:**Mus. Th. 5180 zyu.
300:436.859-B. M. S. **2. 3. 5. 10. 11.**
3.7861

— **Chronik** des Berliner Philharmonischen Orchesters ⟨1882–1901⟩, zugl. e. Beitrag zur Beurteilung Hans v. Bülows. Mit Taf. u. Facs. — Berlin & Leipzig: Schuster & Loeffler 1902. 36 S.
Erw. aus: Die Musik. 1901.
1:4° Mus. Ca 125. **300:**470.795-C. M. S. **2. 9. 10. 11.**
3.7862

— Die **Doctordissertationen** der deutschen Universitäten in den Jahren 1885/86 bis 1889/90. Statistische Betrachtungen. Nebst einem statist. Überblick über die Doctordissertationen der franz. Universitäten. Von Wilh. Altmann. — Berlin: Gaertner 1891. 64 S.
1:Ah 5656/4. **12:**H. lit. P. 10 gg. **300:**88.483-B. **3. 9. 11.**
3.7863

Altmann, Wilhelm, Pastor. 1853. — Dr. K. F. Wilhelm Altmann. 1874 u. ö. s. *Eichstaedt*, Heinrich.

(—) **Erläuterung** zu dem Quartett ⟨op. 9, in F-moll⟩ für Pianoforte, Violine, Viola und Violoncell, componiert von Robert Hermann. — Berlin: Illustr. Musikal. Welt [1904]. 8 S. (Illustrierte musikalische Welt. 27.)
1:Mus. Ha 180-27.
3.7864

ALTMANN, Wilh., **Fin de Siècle.** (Deutsch.) Zeichnungen von Gottfried **Sieben.** Budapest, Gustav Grimm, o. J. 8°. (2 Mk.) (2 Mk. 20 Pfg., franco, R. Klinger, Berlin, c. 1900.)

— Zur **Geschichte** der Königlichen Preußischen Hofkapelle. — Berlin & Leipzig: Schuster & Löffler 1904. 22 S., S. 211–227.
Aus: Die Musik. 3,4. 1903-04.
1:4° Mus. Ca 126. **2. 5. 9.**
3.7868

Altmann, Wilh., verliebte Geschichten. Illustr. v. Carl Scharlach u. Henri. 8. (159 S.) Budapest 900. G. Grimm.
n. 1. —

— Heinrich von **Herzogenberg.** Sein Leben u. Schaffen. Leipzig: Rieter-Biedermann 1903. 30,3 S.
Sondert.: Herzogenberg, Heinrich v.: Gavotte aus den 5 Klavierstücken. Op. 25.
Erw. aus: Die Musik. 2,19. 1903.
1:4° Mus. Dh 503. **12:**Mus. Th. 4795 d. **3. 4. 7. 9.**
3.7870

— **Kammermusik-Literatur.** Verzeichnis von seit 1841 erschienenen Kammermusikwerken zsgest. von Wilh. Altmann. — Leipzig: Merseburger 1910. VIII,134 S.
1:Mus. A 81. **12:**Mus. Th. 118 e. **10.**
3.7871

— bunter Kram. Gereimtes u. Ungereimtes. M. Ill. v. Gfr. Sieben u. Ernestino Brod. 8. (139 S.) Budapest 896. G. Grimm. n. 2. —

— — Das Märchen vom Weibe. Mit Zeichnungen von Gottfr. Sieben. Budapest, G. Grimm, 1900.
[E. I, 63.]
Beide verb. durch Ldg. Düſſeldorf 12. 2. 08; 12 J. 788/07.

Das Märchen vom Weibe. Ein Bilderbuch für grosse Knaben mit Text von Wilhelm Altmann, mit Zeichnungen von Gottfried Sieben. Budapest. 1901. Grimm. 8°. 95 S. K 2.—

— Öffentliche Musikbibliotheken. Ein frommer Wunsch. Leipzig: Breitkopf & Härtel 1903. 16 S.
Aus: Zeitschrift d. internationalen Musikgesellschaft. 5,1. 1903/04.
1: Mus. A 62. 12: Mus. Th. 118d. 2. 3. 7. 9. 10.
3.7878

— Die Deutsche Musiksammlung bei der Königl. Bibliothek, Berlin, in ihrem vorläufigen Heim, Schinkelplatz 61 (Alte Bauakademie). 7 Taf. nach Photographien von Gustav Heinke. Als Festgabe anläßlich der Vermählung der früheren ersten Hilfsarbeiterin Fräulein Anna Harnack mit Herrn Oberleutnant Emil Frucht hrsg. von Wilhelm Altmann. Privatdr. — Berlin 1907: Paul. 10 Bl. quer-8°
1: Mus. Ac 87.
3.7880

— W. Altmann. Die musikalische Noth in der Kirche des XIX. Jahrhunderts und die Mittel zu deren Abhülfe. — Erfurt & Leipzig: Körner 1853. 20 S.
1: Mus. Fo 64. 12: Mus. Th. 118. 2.
3.7858

Altmann, Wilhelm, Regesta imperii XI. Die Urkunden Kaiser Sigmunds. (1410—1437.) 2. Lief. (Schluss des I. Bandes.) 4. (S. 241 bis 427) Innsbruck: Wagner 1897. 5.60

Altmann, Wilhelm, Direktor d. Musik-Abteilung d. Preussischen Staatsbibliothek. Berlin. 1886: Der Römerzug Ludwigs des Baiern. Ein Beitrag zur Geschichte des Kampfes zwischen Papsttum und Kaisertum. Von Wilh. Altmann. — Berlin: Gärtner 1886. VIII,152 S.
1: Rx 22767. 12: Bavar. 70c. 300: 185.957-B. 2. 4. 5. 6. 7. 8. 9. 11.
3.7885

— Studien zu Eberhart Windecke. Mitteilung bisher unbekannter Abschnitte aus [Eberhard] Windeckes Welt-Chronik [Das Leben König Sigmunds, Ausz.] von Wilh. Altmann. — Berlin: Gaertner 1891. VIII,109 S.
1: Rw 8990. 12: Germ. g. 533m. 300: 185.356-B. 4. 5. 6. 7. 8. 9. 11.
3.7886

— D. alte Frankfurter deutsche Uebersetzung d. gold. Bulle Kaiser Karls IV. Hrsg. v. A. [Aus: „Zeitschr. d. Savigny-Stiftg. f. Rechtsgeschichte".] gr. 8. (43 S.) Weimar 897. H. Böhlau's Nachf. n. — 80

Altmann, die alte Frankfurter deutsche Uebersetzung d. goldenen Bulle Kaiser Karls IV. Weimar 898.

— Ausgewählte Urkunden zur ausserdeutschen Verfassungsgeschichte seit 1776. Zum Handgebr. für Historiker u. Juristen hrsg. von Wilh. Altmann. — Berlin: Gaertner 1897. 278 S. 1: Qk 333. 12: J. publ. E. 15z. 300: 89.667-B. 2. 3. 4. 5. 7. 9. 11.
3.7893

— Ausgew. Urkunden z. brandenburgisch-preuss. Verfassungs- u. Verwaltungsgeschichte. Z. Handgebr. zun. f. Historiker hrsg. 2 Tle. gr. 8. Berlin 897. R. Gaertner. n. 7. —
I. 15.—18. Jahrh. (VIII, 246 S.) n. 3. —.
II. 19. Jahrh. (VIII, 316 S.) n. 4. —.

— Ausgewählte Urkunden zur deutschen Verfassungsgeschichte seit 1806. Zum Handgebr. für Historiker u. Juristen hrsg. von Wilh. Altmann. T. 1.2. — Berlin: Gaertner 1898.
1. 1806-1866. 2. Seit 1867.
1.2 . 1: Gv 2680. 12: J. publ. G. 16o. 300: 96.575-B. 2. 3. 5. 6. 7. 9. 10. 11.
1 . . . . 8.
3.7897

— Ausgewählte Urkunden zur Erläuterung der Verfassungsgeschichte Deutschlands im Mittelalter. Zum Handgebr. für Juristen und Historiker. Hrsg. von Wilh. Altmann u. Ernst Bernheim. — Berlin: Gärtner 1891. VIII,270 S.
1: Gv 2678. 12: J. germ. 2x. 2. 8. 9. 11.
3.7888

— — 2., wesentlich erw. u. verb. Aufl. Ebd. 1895. X,405 S.
1: Gv 2678². 12: J. germ. 2xa [u.ö.] 300: 92.351-B. 7. 8. 9. 10. 11.
3.7889

— — 3., verm. u. verb. Aufl. Mit Hinzufügung e. chronologisch geordneten Verzeichnisses d. Urkunden am Schlusse. — Berlin: Weidmann 1904. XIV,461 S.
1: Gv 2678³. 300: 435.620-B. L. S. 6. 9. 11.
3.7890

— — 4., verb. Aufl. Ebd. 1909. XIV,463 S.
1: Gv 2678⁴. 300: 468.013-B. 3. 4. 5. 9. 11.
3.7891

— d. Urkunden Kaiser Sigmunds, s.a. Regesta imperii XI.

— Die Urkunden Kaiser Sigmunds (1410-1437). Bd 1.2. Innsbruck: Wagner 1896-1900.
1. (1410-1424.) 1896-97.
2. (1424-1437. Nachtr. u. Reg. zu Bd 1 u. 2.) 1897-1900.
([Böhmer, Johann Friedrich:] Regesta Imperii. 11.)
1: 4° Rw 10704-11. 12: 4° Germ. g. 10ic-XI. 300: 392.491-C. L. S. 11. 2. 3. 4. 5. 6. 7. 8. 9. 10. 11. 102.
3.7898

ALTMANN, Wilh., Venus emancipata. Photogramme. Illustr. v. G. Sieben. Ebd., o. J. (Mk. 2.—.) (2 Mk. 20 Pfg., franco, R. Klinger, Berlin, c. 1905.)

— — Venus emancipata .... 1896. 8°.

— s: Wagner's, Rich., Briefwechsel m. seinen Verlegern.

— Richard Wagner und die Berliner General-Intendantur. Verhandlungen über d. 'Fliegenden Holländer' u. 'Tannhäuser'. — Berlin & Leipzig: Schuster & Loeffler (1903). S. 331-345, 92-109, 304-317.
Aus: Die Musik. 2,2. 1903. 1: 4° Mus. Dw 512. 9.
3.7900

— die Wahl Albrechts II. zum römischen König, s.a. Untersuchungen, historische.

— Die Wahl Albrechts II. zum römischen Könige. Nebst einem Anh., enthaltend Urkunden u. Aktenstücke. Von Wilh. Altmann. — Berlin: Gaertner 1886. X,118 S. (Historische Untersuchungen, hrsg. von J. Jastrow. 2.)
Ersch. teilw. auch als Diss. Berlin 1885.
1: P 7479-2. 12: H. misc. 313nk-2. 300: 186.078-B. Bd 2. 2. 3. 4. 5. 6. 7. 8. 9. 10. 11.
3.7902

— s.: Windecke's, Eberhart, Denkwürdigkeiten zur Geschichte des Zeitalters Kaiser Sigmunds.

— Eberhart Windecke, sein Leben und sein Geschichtswerk. Von Wilh. Altmann. — Berlin: Gaertner 1893. XLVIII S., S. 474-516.
Aus: Windecke, Eberhart: Denkwürdigkeiten zur Geschichte des Zeitalters Kaiser Sigmunds. 1893.
300: 148.045-B.
3.7905

— Ein Wort über den Verfall der Reformation in Polen. Erfurt & Leipzig: Körner 1861. 14 S.
1: Ud 8692. 2. 9. 10.
3.7859

— Zbiór melodyi choralnych do użytku młodzieży w gminach ewangelickich przystosowany przez W. Altmanna. [1.]2. — Brieg: Klockau (2: Erfurt; Lipsk: Körner) 1853-56. quer-8° [Sammlung von Choralmelodien, für d. Gebrauch d. Jugend in evang. Gemeinden eingerichtet.] 2. 10.
3.7860

Altmann-Gottheiner, Elisabeth: Die gewerbliche Arbeiterinnenfrage von Elisabeth Gottheiner. — Leipzig: Dietrich 1905. 16 S. (Sozialer Fortschritt. 56.)
1: Fc 407/7-56. 12: Cam. 43ut-56. 7.
3.7909

Altmann-Gottheiner, E., s. Blätter f. soziale Arbeit.

Altmann-Gottheiner, Elisab.. s: Jahrbuch d. Frauenbewegg.

— Leitfaden der praktischen Volkswirtschaftslehre zum Unterrichtsgebrauch an Seminaren u. höheren Lehranstalten, von Elisabeth Gottheiner. — Halle a. S.: Waisenhaus 1904. 63 S. 1: Fe 5921. 3.
3.7913

— Studien über die Wuppertaler Textilindustrie und ihre Arbeiter in den letzten zwanzig Jahren. Von Elisabeth Gottheiner. — Leipzig: Duncker & Humblot 1903. VI, 96 S. (Staats- u. socialwissenschaftliche Forschungen. 22,2.)
1: F 814-22,2. 12: Pol. g. 318 h-22,2. 300: 392.446-B. Per. 22,2. 2. 3. 4. 5. 6. 7. 8. 9. 10. 11.
3.7914

— Das Wahlrecht der Frau zu den beruflichen Interessen-Vertretungen. — Berlin 1910: Andritzki. 15 S. (Schriften d. Preußischen Landesvereins für Frauenstimmrecht. 8.)
1: Fa 2765/5-8.
3.7915

Altmann-Reich, Frau, Holdrio! Guter Rat auf den Weg frisch, froh, fromm, frei zu wandern. (III, 16 S.) 8. Schweidnitz (908). G. Brieger. nn — 25

Altmannsberger, Karl, a. Darmstadt: Über den Nährwert des mit Natronlauge unter erhöhtem Drucke aufgeschlossenen Roggenstrohes. Halle a. S. 1905: (Roßberg, Leipzig). (41 S.) 4°(8°) [F.] ¶ [Aus: Berichte aus d. physiol. Laborat. u. d. Versuchsanst. d. landw. Inst. d. Univ. Halle, H. 18.]
Halle, Phil. Fak., Ref. Kühn, Diss. v. 29. Apr. 1905
[Geb. 24. Aug. 74 Darmstadt; Wohnort: Dahlem b. Berlin; Staatsangeh.: Hessen; Vorbildung: Realgymn. Frankfurt a. M. Reife O. 00; Studium: Halle 13 S.; Rig. 3. Aug. 04.]

ALTMANNSPERGER, Otto Philipp (Kassel): Ein Fall von primärem Gallenblasen-Carcinom. (Titel nach der Urkunde)
9.3.1899 - Urk; Chr 1898/99,14 Diss. Ingolst.-Landsh.-Mchn.

Altmannus (Episc. Passaviens. saecul. XI.), Vita et acta ejus, edit. *H. Petz.* Fol. Lips. 1721.
Die Biographie dieses unerschütterlichen Anhängers d. Papstes Gregor VII. ist weniger um ihrer selbst willen, sondern mehr als Beitrag zur politischen Kirchengeschichte jener Zeit interessant.
Siehe auch: Schöller die Bischöfe von Passau.

Altmannus, J. Georgius s. *Altmann*, Johann Georg.

Altmark [Sachliches OW]

Altmark, über die; ein Beitrag zur Kunde der Mark Brandenburg (v. H. Gph. Steinhart). 2 Bde. gr. 8. Stendal 800. 801. Franzen u. Gr. 1 ₰ 16 gGr.

Altmark, Die, u. ihre Bewohner. Beiträge z. altmärk. Volkskde. Hrsg. v. K Lehrmann u. W Schmidt. 2 Bde. (4, 371 u. 8, 413 m. Abb. u. 3 Taf.) gr8° Stend., ESchulze '12. L 7.50 d

Altmark [Schlagwort]

Altmark. Oschmann, Reinh., Special-Karte der Altmark. 1 : 150,000. 55×68,5 cm. Autogr. u. Farbdr. Stendal (901). (Franzen & Grosse's Verl.) n. 1.—

Altmark. Schwartz, A. Wand-Karte d. Altmark. 4 Blatt. Lith. u. color. Fol. Magdeburg, 1881, Creutz.

Altmark. Zahn, W., Specialkarte d. Altmark. 1:200,000. 47,5 × 47 cm. Farbendr. Stendal 895. Ernst Schulze. n. 2.40

Alt-Mark. Zahn, W., Special-Karte der Alt-Mark. 1:200,000. 4. Aufl. 47×47,5 cm. Farbdr. Stendal (910). E. Schulze. nn 1. 30

Altmärker, Der. Schatzkästlein in Feierstunden für echt altmärkisch schlagende Herzen ... 2. Aufl. Neuhaldensleben [1896]. V: *Schwerin, Fritz.* (Berl)

Altmärker, der. Schatzkästl. i. Feierstunden f. echt altmärkisch schlag. Herzen u. i. plattdeutscher Umgangssprache red. Zungen. 2. Aufl. Neu bearb. in 4 Thln. 8. (XVI, 352 S. m. 1 Bild.) Neuhaldensleben 896. C. A. Eyraud's Verl. n. 3. —; geb. n. 4. 50

Altmayer, Viktor: Über das Methangleichgewicht, die Beziehungen zwischen Nickel und Wasserstoff und einige Methansynthesen mit Calciumhydrür. 1909. 64 S. 8°
¶ Vgl. Journal f. Gasbeleuchtung. Jg. 52. S. 194 ff.
Karlsruhe, Dr.-Ing.-Diss. v. 10. 11. 1908

Alt-Meissen in Bildern, m. erklär. Text v. W. Loose. gr. Fol. (48 lith. Taf. m. 12 S. Text.) Meissen 889. Mosche. In Mappe. n.n. 15. —

Altmeister d. Kunst. Hrsg. unter Leitg v. Rich. Stettiner. 35,5× 26,5 cm. Stuttg., W Spemann.
Gronau, Geo.: Giorgione da Castelfranco. (8 m. 14 [1 Doppel-] Taf.) ('11) 2.50

Altmeyer, Augustinus, aus Perl ⟨Regbzk. Trier⟩: Ueber Tetraeder mit Höhenschnittpunkt bei einer Fläche zweiter Ordnung. *Strassburg 1901: M. DuMont-Schauberg.* (47 S.) 8°
Strassburg, Math.-naturw. Diss. v. 1901

Altmeyer, Jean-Jacques:

Histoire des relations commerciales et diplomatiques des Pays-Bas avec le nord de l'Europe, pendant le XVIe siècle, accomp. de pièces justificatives, inéd.; par J.-J. Altmeyer. Bruxelles: Périchon [usw.]; Bonn: Marcus 1840. V,582 S.
1: Tk 4084. 12: Belg. 3 g. 300: 50 H 47. 2. 7. 9. 10.
3.7932

— [Isabelle d'Autriche et Christiern II, deutsch] Isabella von Oestreich und Christian II. 1843 in: *Altmeyer:* Der Kampf demokratischer und aristokratischer Principien zu Anfang des sechszehnten Jahrhunderts. 3.7934

— Der Kampf demokratischer und aristokratischer Principien zu Anfang des sechszehnten Jahrhunderts. Dargestellt in 3 Monographien des J. J. Altmeyer. Aus d. Franz. (Übers.: B. J. A. Meyer.) Mit einem Vorw. von C[arl] F[riedrich] Rumohr. — Lübeck: Rohden 1843. 176 S.
Darin:
1. Altmeyer: Isabella von Oestreich und Christian II. [Isabelle d'Autriche et Christiern II, deutsch].
2. Altmeyer: Die politische Rolle der Niederlande in den nordischen Revolutionen [Du Rôle politique des Pays-Bas dans les révolutions du nord, deutsch].
3. Altmeyer: Der Waffenstillstand zu Brüssel ⟨4. Mai 1537⟩ [Trève de Bruxelles, deutsch].
1: Qf 36. 2. 7. 8. 9. 10.
3.7935

— [Du Rôle politique des Pays-Bas dans les révolutions du nord, deutsch] Die politische Rolle der Niederlande in den nordischen Revolutionen. 1843 in: *Altmeyer:* Der Kampf demokratischer und aristokratischer Principien zu Anfang des sechszehnten Jahrhunderts. 3.7943

— [Trève de Bruxelles, deutsch] Der Waffenstillstand zu Brüssel ⟨4. Mai 1537⟩. 1843 in: *Altmeyer:* Der Kampf demokratischer und aristokratischer Principien zu Anfang des sechszehnten Jahrhunderts. 3.7946

Altmeyer, Max, Neunkirchen, Reg.-Bez. Trier: Die Rheinschifffahrt Strassburgs im 19. Jahrhundert. *Köln [1901]: J. P. Bachem.* (74 S.) 8°
Freiburg i. B., Rechts- u. staatswiss. Diss. v. 1901

Altmeyer, Paul: Gemeinverständliche Abhandlung über das Wesen der Buchführung, um darnach den schwierigsten Posten sofort richtig zu buchen und einen Inventur-Abschluß selbstständig vornehmen zu können. — Königsberg i. Pr.: Selbstverl. 1900. 19 S. 10.
3.7947

Altmorschen [Schlagwort]

Altmorschen, s.: Geologische Karten (Preussen).

Altmorschen, s.: Preussen. Messtischblätter.

Altmühltal [Schlagwort]

Altmühltal. Karte des Altmühltales. Abdr. aus der Karte v. Südwest-Deutschland m. Genehmigg. des k. topograph. Bureaus. 1 : 250,000. 29,5×40 cm. Nürnberg (903). F. Korn. n. — 50

Altmühlthal. Karte d. Altmühlthales, der Umgebung v. Ingolstadt, sowie der Donaugegend von Neuburg bis Regensburg. Genehmigter Ueberdr. aus der Karte v. Südwest-Deutschland d. topograph. Bureau's d. kgl. bayr. Generalstabes. 3. Aufl. 1:250,000. 35×47,5 cm. Ingolstadt 891. Krüll. n. 1. 20; auf Leinw. n.n. 1. 70

Altmuehlwasserordnung. — Erneuerte allgemeine Altmühl-Wasser- und Fisch-Ordnung. Anno 1735. — Dat. Ohrnbau 6. Sept. 1735. 6 Bl.
1:2 in 2° Gp 4801. 12:2° Franconica 30/6. 5.
3.7949

Altmüller, C., Der Zweck der schönen Kunst. Eine aristotelische Studie. Diss. 1878. 40 S. 1.20

Altmüller, Carl

Altmüller, C, Gedichte. 16. (106) Cass. 64, Kay. n. — 22½; geb. n. 1. —

Gedichte von Carl Altmüller. — Cassel: Krieger 1864. VII,106 S. 1:Yo 11191. 12:P. o. germ. 30 ci. 4.
3.7964

Der Humor. Vortrag von Karl Altmüller. — Kassel: Kay 1878. 80 S. 12:L. eleg. m. 1306 z. 4.
3.7965

Die Ironischen. Erzählung von Carl Altmüller. — Göttingen: Wigand 1859. IX,172 S. 4. 7.
3.7966

Die Ironischen. Eine Studentengeschichte von Karl Altmüller. 2. Aufl. — Kassel: Wigand [1862]. 172 S. 4.
3.7967

— 2. [Titel-]Aufl. Ebd. [1880]. 172 S. 7. 11.
3.7968

Altmüller, Carl: Deutsche Lieder, s.a. Lieder, Deutsche.

Deutsche Lieder, ges. von Karl Altmüller. 3., stark verm. Aufl. d. „Proben deutscher Lyrik". — Kassel & Göttingen: Wigand 1862. 376 S. 4.
3.7969

—— deutsche Lieder. 3. Afl. 16. (376) Ebd. 64. geb. n. 1. —

— 4. Aufl. Cassel & Göttingen: Wigand 1867. 376 S. 1:Yf 3646.
3.7970

Prolog zur Schillerfeier in Cassel. Von Carl Altmüller. — (Cassel [1859]: Scheel.) 2 Bl. 7. 10. 11.
3.7971

——, E. Koch und W. Lynker, drei Weihnachtsgeschichten, s. Koch, E.

Altmueller, Carl Philipp Gustav: Verhaltungsregeln während des Gebrauches der Arzneien sowohl bei akuten als chronischen Krankheiten, von Carl Phil. Gust. Altmüller. — Cassel 1836: Hotop. 16 S. 4.
3.7972

Altmüller, Carl Phil. Gust., Verhaltungsregeln während des Gebrauches der Arzneien, sowohl bei akuten als chron. Krankheiten. 8. (22 S.) Cassel 848, Bohné. 3 ngr

Altmueller, Ferdinand: Aegypten, Sinai-Halbinsel und Palästina. Begleitbericht zum Reliefplane der genannten Länder. Von F. Altmüller. — Cassel: Th. Fischer 1861. 76 S. 1:Kart. C 7020. 4.
3.7950

— Bethesda oder Heilkunst und Christenthum. Ein Beitrag zur geistlichen Krankenpflege von F. Altmüller. — Marburg: Elwert 1860. XVI,128 S. 4.
3.7951

—— Bethesda od. Heilkunst u. Christenth. 12. (128) Marb. 60. (Frankf., Völcker.) — 12

— Blüthen aus dem Garten der Kindheit. Ueber die Entwicklung der Seele des Kindes. Von Ferdinand Altmüller. Mit 1 Titelbilde. — Hersfeld: Böttrich & Hoehl 1867. VIII, 429 S. 4.
3.7952

Altmüller, Ferd., Blüthen aus dem Garten der Kindheit. Ueber die Entwickelung der Seele d. Kindes. Mit 1 Titelbilde (Holzschn.). Hersfeld 867. Maier. 8. (VIII, 429 S.)
1 Thlr. 10 ngr.; geb. n. 1 Thlr. 20 ngr.

— Carita [!] oder Heilkunst und Christenthum. Die Lehre der geistlichen Krankenpflege bei besondern, einzelnen Krankheiten enthaltend. Zugleich als specieller Theil zu dem unter d. Titel „Bethesda" erschienenen Werklein d. Verf.: Die geistliche Krankenpflege im allgemeinen betr. Von Ferdinand Altmüller. — Cassel: Th. Fischer 1860. 220 S. 1:Dp 10648. 4.
3.7954

— Erntebüchlein. Von Ferdinand Altmüller. — Göttingen: Wigand 1857. V,188 S. 1:Da 14851. 7. 10.
3.7955

—— Erntebüchlein. 2. Afl. 16. (212) Gött. 63, Wigand. n. — 10 ‖ f. Aug. geb. n. 1. —

— Erntebüchlein. Geistliche Betrachtungen über Landbau und Landleben. Von Ferdinand Altmüller. 2., veränd. Aufl. — Cassel & Göttingen: Wigand 1864. XVI,212 S.
1:Da 14851ᵃ. 4.
3.7956

— Grundriß der hessischen Literärgeschichte oder kurze Geschichte berühmter Männer, welche sich in Hessen-Kassel als Gelehrte, Staatsmänner und Künstler ausgezeichnet haben, von Ferdinand Altmüller. — Kassel: Luckhardt 1860. 31 S.
1:At 3329. 12:H. lit. P. 10 gh. 4. 7.
3.7957

— Das Kurfürstenthum Hessen beschrieben nach seinem Boden, seinen Erzeugnissen, Bewohnern und Wohnstätten von Ferdinand Altmüller. — Cassel & Göttingen: Wigand 1860. VIII,184 S. 1:Sk 4585. 3. 4.
3.7958

— die Natur, ein Haus der Wunder Gottes u. seiner Güte oder Mahnworte zur Schonung der göttlichen Werke in der Natur. Gerichtet an die Jugend, besonders die Schüler in Stadt u. Land. Cassel 869. C. Luckhardt. 16. (VII, 64 S.) n. 5 ngr.

— Predigt bei der Einweihung der neuen Kirchenorgel zu Ropperhausen am 20sten Sonntag nach Trinitatis geh. von Ferdinand Altmüller. — Cassel: Bertram 1858. 16 S. 4.
3.7959

— Siloah oder die Brunnen des Herrn. Ein Buch für Kranke und Leidende, namentlich für Solche, welche Heilquellen und Heilbäder besuchen, Johannes 9, 7. Frankfurt a. M. 860. Brönner. 12. (IX, 193 S.) n. 16 ngr.; mit Goldschn. n. 20 ngr.

—— Siloah oder die Brunnen des Herrn. Ein Buch für Kranke und Leidende, namentlich für Solche, welche Heilquellen und Heilbäder besuchen, Johannes 9, 7. 12. (IX und 193 S.) Frankfurt a. M. 863, Winter. cart. * 16 Ngr.; mit Goldschn. *

Altmüller, G.: Beschreibung d. Werkzeugsammlung....
s.a. Altmuetter, Georg

Altmüller, (G.,) Beschreib. d. Werkzeugsamml. d. K. K. polytechn. Instituts, nebst e. vollständ. Verzeichn. d. in ders. enthalt. Stücke. Mit 250 Fig. auf 8 Kupft. gr. 8. Wien 825, Wallishaußer.

Altmüller, G., Beschreibung der Werkzeug-Sammlung des k. k. polytechn. Institutes nebst e. Verzeichnisse der in derselben enth. Stücke. Für Gewerbtreibende und Liebhaber der mechan. Künste, vorzüglich aber zum Gebrauche seiner Vorlesungen. 3., durchges. Abdruck. gr. 8. (XVIII und 308 S. mit 8 Kpfrt. in qu. gr. 4.) Wien 847, Wallishausser.

Altmueller, H. W., Pfarrer. 1859
s. *Altmueller*, Heinrich Wilhelm.

Altmueller, Hans: Deutsche Klassiker und Romantiker. Aufsätze von Hans Altmüller. — Kassel: Hühn 1892. XI, 155 S. 1:Ag 9741. 12:Biogr. C. 8s. 4. 5.
3.7960

Altmüller, Heinrich Wilhelm

Altmüller, HW, Jerusalem nach s. örtl. Lage u. bedeutungsvollen Gesch. 12. (71) Cass. 59, Fischer. — 6; cart. s. — 10

— Relief-Plan von Jerusalem, Thonrelief. Mit (71 S. Text; Jerusalem nach seiner örtlichen Lage und bedeutungsvollen Geschichte. Cassel 859. Fischer. 4. n. 1 ℛ︎; color. n. 1 ℛ︎ 15 ngr.

Altmüller, Karl, s. Altmüller, Carl

Altmüller, Karl Philipp Gustav, s. Altmüller, Carl Philipp Gustav

Altmüller, M., kurzgef. Lehrbuch i. Fragen u. Antworten üb. Maschinenwesen f. Molkereibeamte. gr. 8. (XI, 123 S. m. 123 Abb. auf 30 Taf.) Bremen 896. M. Heinsius Nachf. n. 2. 50; geb. in Leinw. n. 3. —

Altmüller, M., kurzgefaßtes Lehrbuch in Fragen u. Antworten üb. Maschinenwesen f. Molkereibeamte u. f. Besitzer v. Dampfkesseln u. Maschinen od. landwirtschaftl. Betrieben. 2. Aufl. (VII, 128 S. m. 124 Abbildgn. auf 33 Taf.) 8. Leipzig 910. M. Heinsius Nachf. 2.50; geb. 3. —

[F.] Alt-München in Bild und Wort. Hrsg. v. Otto Aufleger u. Karl Trautmann. *München: L. Werner 1897.* (2 Bl., 64 S., 92 Taf.) 1 Bd 2.(4.). [98. 8573

Altmuetter, Georg: Beschreibung der Werkzeug-Sammlung...., s.a. Altmüller, G.

Altmuetter, Georg: Beschreibung der Werkzeug-Sammlung des k. k. polytechnischen Institutes nebst einem vollst. Verzeichnisse der in derselben enthaltenen Stücke. Für Gewerbsleute ... vorzügl. aber zum Gebrauche seiner Vorlesungen von G. Altmüller. Mit 250 Fig. auf 8 Kupfertaf. — Wien: Wallishausser 1825. 326 S. 1:Oo 1980. 12:Techn. 3m. 300:34 V 14. 2. 4. 10. 82. 83. 89. 3.7974

--— Mit 8 Kupfertaf. 3. Abdr. Ebd. 1847. XX,307 S. 300:12.840–B. 3.7975

Altmütter, J. A., s. Th. Hölzel, Abbildungen. Neue Folge.

Altner, Carl, deutsches Maß-, Gewichts- und Münz-Handbuch mit Kubik-Tabellen zur Hölzer- und Körper-Berechnung nach Meter-, Liter- und Gramm-Ordnung nebst Reductionen und Vergleichungen auf das alte System unter Berücksicht. der verschiedenen Staaten und Verhältnisse für Geschäft, Haus-, Land- und Forstwirthschaft. 1.—4. Lfg. br. 8. (S. 1—192.) Dresden 872, Walther. à Lfg. 60 Pf.

Altner, Carl, Deutsches Maß-, Gewichts- und Münz-Handbuch. Dresden 1873. 8.

—— **Münz-Umrechnungs-Tabelle des deutschen Reiches sowie Auslandes zum Mark-System und Münz-Verhältniss der ausserdeutschen Staaten Europas und Amerikas von und zu Deutschland. qu. gr. 8. (1 Bl. in Imp.-Fol.) Dresden 872, Walther. * 30 Pf.; feine Ausg. ***

Altner, Christian Gregor, De testamento posteriore imperfecto prius perfectum infirmante. Diss. jur. Erfurt (Grosch) 18. II. 1723. 32 S. (4.80) 338

— **Eugen** (Borna), Ueber die Chastiements in den altfranzösischen Chansons de geste. Diss. Lpz. 1885. 87 S. mit Biogr. (3.50) 339

Altner, Eug., üb. die Chastiements in den altfranzösischen Chansons de geste. gr. 8. (86 S.) Leipzig 885. (Fock.) u. 1. 60

Altneues, daß die Bibel Gottes Wort sey. 8. Freyberg, Reinholt. 761.

Altneuland. Monatsschrift f. d. wirtschaftl. Erschliessg Palästinas. Organ d. zionist. Kommission z. Erforschg Palästinas. Hrsg. v. F Oppenheimer, S Soskin, O Warburg. Verantwortlich: S Soskin. 1. u. 2. Jahrg. 1904 u. 5 je 12 Nrn. (Nr. 1. 32 m. Abb.) 8° Berl., (Jüd. Verl.). Je 6 —
Bildet d. Fortsetzg. zu: „Palästina".

! — dass. 1. u. 2. J. Ebd.
Fortsetzg s. u. d. T.: Palästina.

Altneuland. Monatsschrift f. d. wirtschaftl. Erschliessg Palästinas. Hrsg. v. F Oppenheimer, S Soskin, O Warburg. Verantwortlich: S Soskin. 3. J.'06. 12 Nrn. (Nr 1. 32) gr8° Berl. (Münch., Pettenkoferstr. 25, F Teilhaber.) 6 —

Alt Northampton: Band 1—3, no. 2?, Feb. 9, 1841—Apr. 12, 1843? **Easton, PA**
Independent weekly. Large quarto, each issue 4 pages. Edited & published by Josiah Hetrich & William Maxwell.

Alt-Nuernberg. — Alt-Nürnberg. Kulturgeschichtl. Bilder aus Nürnbergs Vergangenheit. (Hrsg.: Hugo Barbeck.) (H. 1-14.) — Nürnberg: Heerdegen-Barbeck 1894–1902.
1. Rathaus, Regiment u. Rat. 1894.
2. Die Burg. 1895.
3. Nürnberg in Fehde u. Krieg. 1895.
4. Alt-Nürnbergs Bürger in Waffen. 1895.
5. Thurm, Thor u. Wall. 1896.
6. Die Handwerker. 1896.
7. Kaufmann u. Handel. 1896.
8. Vor den Mauern d. Reichsstadt. 1896.
9. Die nürnbergische Landschaft. 1896.
10. Kirchen u. Kapellen. [1897.]
11. Haus u. Hof Alt-Nürnbergs. [1898.]
12. Von Thor zu Thor. Plätze, Brunnen, Brücken. 1900.
13. Kaisertage u. Bürgerlust. 1901.
14. Die Universitätsstadt Altdorf u. ihre Umgebung. Die Nachbarstadt Fürth u. ihre Umgebung. 1902.

1:gr. 2° Sg 4077. 12:2° Bavar. 32 v [u.ö.] 3.7978

Alt-Nürnberg, Fortsetzg, s.: Barbeck, H.

Alt-Nürnberg u. d. maler. Frankenland, m. Text v. Ernst Cohn, s: Durch ganz Deutschld.

Alto, Ernst
Pseudonym für Ernst Jüngst

– Mein Freund Dirk, s. Jüngst's Haus- und Reise-Bibliothek.

— Der Fluch des Schiffbrüchigen. Eine Erzählung aus dem Seemannsleben. — Mülheim a. d. Ruhr: Bagel [1894]. 62 S. (Kleine Volks-Erzählungen. 2524.) 1:Ng 25225–2524. 3.7979

— Die Meuterei in Kamerun. Eine Erzählung aus Kameruns jüngster Vergangenheit. — Mülheim a. d. Ruhr: Bagel [1894]. 63 S. (Kleine Volks-Erzählungen. 2516.) 1:Ng 25225–2516. 3.7980

— Sadi, der Schmuggler von Java. Eine Erzählung aus Javas Gegenwart. — Mülheim a. d. Ruhr: Bagel [1894]. 62 S. (Kleine Volks-Erzählungen. 2506.) 1:Ng 25225–2506. 3.7981

— Said Man, der edle Deutsche. Eine Erzählung aus dem ersten Feldzuge der Holländer gegen die Atchinesen. — Mülheim a. d. Ruhr: Bagel [1894]. 62 S. (Kleine Volks-Erzählungen. 2491.) 1:Ng 25225–2491. 3.7982

—— Ebd. [1905]. 63 S. (Kleine Volks-Erzählungen. 2805.) 1:Ng 25225–2805. 5. 3.7983

– Sarina, s. Jüngst's Haus- und Reise-Bibliothek

— Sidin-ben-Hamet, der Seeräuber. Eine Erzählung aus dem indischen Seemannsleben. — Mülheim a. d. Ruhr: Bagel [1894]. 62 S. (Kleine Volks-Erzählungen. 2510.) 1:Ng 25225–2510. 3.7984

— Der schwarze Steuermann. Eine Erzählung aus meinem Seemannsleben. — Mülheim a. d. Ruhr: Bagel [1894]. 64 S. (Kleine Volks-Erzählungen. 2514.) 1:Ng 25225–2514. 3.7985

Alto, Ernst, treu bis i. d. Tod, s.a. Volks-Erzählungen, kleine.

— Treu bis in den Tod. Eine Erzählung aus Indiens jüngster Vergangenheit. — Mülheim a. d. Ruhr: Bagel [1896]. 63 S. (Kleine Volks-Erzählungen. 2579.) 1:Ng 25225–2579. 3.7986

Altomanus Bavaricus, Pfarrer, patriotische Betrachtungen über des Hrn. Heinr. Zschokke's drey Bände baierischer Geschichten. (Motto: Veritas odium parit.) In allen baierischen Buchhandlungen zu haben. 1818. 8°. 42 S. Beibd..

Altomare, Blasio

Blasii Altimari Tractatus de nullitatibus. T. 1–8. Coloniae Agr.: Metternich 1720.
1.2. De nullitatibus sententiarum, decretorum, laudorum.
3-8. De nullitatibus contractuum, quasi contractuum, distractuum, ultimarum voluntatum.
1–8 . . . . 1:2° Hf 2500. 5. 6. 7.
1.6–8 . . . . 8.
3–8 . . . . 3.
3.8005

Altomarus, Blasius s. *Altomare*, Blasio.

Altimarus, Blasius: De nullitatibus tractatus absolutissimus et aureus. Coloniae Agripp. 5 Bde. fol.
P. 1.2. Tractatus de nullitatibus sententiarum ...et quorumcunque actuum judicialium. 1697.98.
P.3-8. Tractatus de nullitatibus contractuum, quasi contractuum, distractuum, ultimarum voluntatum, et quorumcunque actuum extrajudicialium. 1720.

Alton, Battista s. *Alton*, Johann Baptista.

Alton, Eduard d', Prof. der Anatomie, Berlin, 1803-54. **1827: Die Anatomie der Bewegungswerkzeuge oder Knochen-, Bänder- und Muskel-Lehre des Menschen. Mit 200 Abb., geschnitten von Eduard Kretzschmar. — Leipzig: Kretzschmar 1850. XIV,303 S. (Alton: Handbuch der menschlichen Anatomie. 1.)**
1:4° Kt 9270–1. 12:4° Anat. 4m–1. 300:18.577–C. 2. 3. 4. 7. 11.
3.8053

— — Mit 224 Abb., geschnitten von Eduard Kretzschmar. 2. Ausg. — Leipzig: Hunger 1862. VI,303 S. 4° 8.
3.8054

D'Alton, E. Descriptis dentium Camelopardalis Giraffae. (Aus d. Act. Acad. Nat. Cur.) Bonnae. 1824. 4.

— Der fossile Gavial von Boll in Würtemberg. Mit Bezugnahme auf die lebenden Krokodilinen nach seiner gesamten Organisation zoologisch geschildert von E. d'Alton u. H[ermann] Burmeister. Mit 12 Taf. — Halle: Graeger 1854. VI,82 S.
1:2° Mi 6165. 12:2° Lith. 1h. 2. 3. 4. 5. 7.
3.8055

— Handbuch der menschlichen Anatomie. Mit Abb. von Eduard Kretzschmar. Bd 1. — Leipzig: Kretzschmar 1850. XIV,303 S.
1. Alton: Die Anatomie der Bewegungswerkzeuge.
1:4° Kt 9270. 12:4° Anat. 4m. 300:18.577–C. 2. 3. 4. 7. 11.
3.8056

— histoire naturelle du cheval. Tom. I. Cah. 2. Royal Fol. Ib. 810. (à 6 Thlr.).

— le même Imperial Folio. Ib. (à 7 Thlr.)

— De Monstris, quibus extremitates superfluae suspensae sunt, commentatio. Commentationis de monstrorum duplicium origine atque evolutione altera pars. Acc. ind. monstrorum duplicium, quae in collectione anatomica Halensi asservantur, cum tab. lapidi incisa. — Halis Sax.: Anton 1853. 70 S. 12:4° Anat. 4n–2.
3.8057

Alton, Eduardus de: De strigum musculis commentatio. Halis (1837): Grunert. S. 2—40. 8° (4°)
Halle-Wittenberg, Progr. z. akad. Preisverteilung 1837

— Naturgeschichte des Pferdes. Th. 1.2. — Weimar: Landes-Industrie Comptoir in Comm. 1810–16. quer-2°
1.2 . . . . 300: Sub tab. 71. 5. 6.
1 . . . . 7.
3.8032

d'Alton, E., Naturgesch. d. Pferdes. 2 Thle. (1r Thl. das Pferd u. seine verschied. Racen. Mit 26 Kpf. 2r Thl. die anatom. Beschreib. d. Pferdes. Mit 25 Kpf.) gr. Roy.-Fol. Weim. 810 — 16. (Weber in Bonn.) 44 rß Imp.-Fol. 54 rß Dass. auch französisch. gr. 8. 14 rß (s. auch Abbildung d. Pferderacen.)

d'Alton, Eduard, De monstrorum duplicium origine atque evolutione. Commentatio. Halle (Ploetz) 1848 (Prorector Mor. Herm. Ed. Meier cum. senatu . . regis nataliciorum . .). 49 S. (4.—) 340 Namen.

— De monstrorum duplicium Origine atque evolutione commentatio. Cum tab. aeri incisa. — Halis Sax.: Anton 1849. IV,44 S.
Ersch auch als Univ.-Schr. Halle 1848.
Als P. 2. hierzu ersch.: Alton: De Monstris, quibus extremitates superfluae suspensae sunt, commentatio. 1853.
12:4° Anat. 4n–1 [u.ö.] 3. 5. 11
3.8058

— De pythonis ac boarum Ossibus commentatio. — Halis Sax.: Anton 1836. 38 S.
Ersch. auch als Univ.-Schr. Halle 1836.
1:4° Lo 14876. 3. 5. 7.
3.805

— Vergleichende Osteologie. 1821–27 s.a. *Pander*, Christian Heinrich.

d'Alton, E. der Aeltere, d'Alton, E. der Jüngere, Pander, C. Vergleichende Osteologie. Die Skelette: des Riesen-Faulthiers, der Pachydermata, der Raubthiere, der Wiederkäuer, der Nagethiere, der Vierhänder, der zahnlosen Thiere, der Robben und Lamantine, der Cetaceen, der Beutelthiere, der Chiropteren und Insectivoren, abgebildet und beschrieben. Mit vielen Kupfertafeln. Bonn 1821—1831. Fol.

Alton (E. d'), Ueber die von dem verstorbenen Herrn Sellow aus der Banda oriental mitgebrachten fossilen Panzerfragmente und die dazu gehörigen Knochen-Ueberreste. Mit 4 Kupfern. (Aus den Abhandlungen der Berliner Akademie 1833.) 4.

— Das Riesen-Faulthier. 1821 s.a. *Pander*, Christian Heinrich.

— Das Riesen-Faulthier, Bradypus giganteus, abgebildet, beschr. u. mit den verwandten Geschlechtern verglichen von E. d'Alton. — Bonn: Weber in Comm. 1821. 13 S.,7 Taf. quer-4° (Pander, Christian Heinrich, u. d'Alton: Vergleichende Osteologie. 1,1.)
Im Exemplar von 12 u. 6 fehlt das Titelblatt der Sammlung.
12:2° Zool. 125n–1,1. 4. 6.
3.8033

— — Ebd. 1821. 18 S.,7 Taf. quer-4° [(Pander, Christian Heinrich, u. d'Alton: Vergleichende Osteologie. 1,1.)]
11.
3.8034

— Die Skelete der Beutelthiere. 1828 s.a. *Pander*, Christian Heinrich.

— Die Skelete der Beutelthiere, abgebildet u. beschr. von E. d'Alton. — Bonn: Weber in Comm. 1828. 9 S.,7 Taf. quer-4° (Pander, Christian Heinrich, u. d'Alton: Vergleichende Osteologie. 1,11.) 9.
3.8035

— Die Skelete der Cetaceen. 1827 s.a. *Pander*, Christian Heinrich.

— Die Skelete der Cetaceen, abgebildet u. beschr. von E. d'Alton. — Bonn: Weber in Comm. 1827. 8 S.,6 Taf. quer-4° [(Pander, Christian Heinrich, u. d'Alton: Vergleichende Osteologie. 1,10.)] 6.
3.8036

— — Ebd. 1827. 9 S.,6 Taf. quer-4° (Pander, Christian Heinrich, u. d'Alton: Vergleichende Osteologie. 1,10.) 4.
3.8037

— Die Skelete der Chiropteren und Insectivoren. Abgebildet u. beschr. von E. d'Alton, d. Ä. u. E. d'Alton, d. J. — Bonn: Weber in Comm. 1831. IV,30 S.,7 Taf. (Pander, Christian Heinrich, u. d'Alton: Vergleichende Osteologie. 1,12.)
In den Exemplaren von 1. 12. 2. 3. 5. 6. 7. 10 fehlt das Titelblatt der Sammlung.
1: quer-4° Lm 1030–12. 12:2° Zool. 125n–1,12. 2. 3. 4. 5. 6. 7. 8. 9. 10.
3.8038

D' Alton, E.d.A. und D'Alton, E.d.J. Die Skelette der Chiropteren und Insectivoren. Bonn. 1841. Querfolio.

— Die Skelete der Nagethiere. 1823 u.ö. s. *Pander*, Christian Heinrich.

— — Abgebildet u. verglichen von E. d'Alton. Abth. [1.] 2. Bonn: Weber in Comm. 1823–24. (Pander, Christian Heinrich, u. d'Alton: Vergleichende Osteologie. 1,5.6.)
1.2 . . . . 4.
2 . . . . 2.
3.8039

— Die Skelete der Pachydermata. 1821 s.a. *Pander*, Christian Heinrich.

Alton, Eduard d', Naturwissenschaftler, Bonn, 1772-1840. 1810: Die Skelete der Pachydermata abgebildet, beschr. u. verglichen von E. d'Alton. — Bonn: Weber in Comm. 1821. 19 S.,12 Taf. quer-4° (Pander, Christian Heinrich, u. d'Alton: Vergleichende Osteologie. 1,2.)
Im Exemplar von 6 fehlt der Titel der Sammlung. 4. 6.
3.8040

— — Ebd. 1821. 26 S.,12 Taf. quer-4° [(Pander, Christian Heinrich, u. d'Alton: Vergleichende Osteologie. 1,2.)]
12: 2° Zool. 125 n–1,2.
3.8041

— Die Skelete der Raubthiere. 1822 s.a. *Pander*, Christian Heinrich.

— Die Skelete der Raubthiere, abgebildet u. verglichen von E. d'Alton. — Bonn: Weber in Comm. 1822. 11 S.,8 Taf. quer-4° [(Pander, Christian Heinrich, u. d'Alton: Vergleichende Osteologie. 1,3.)] 6.
3.8042

— — Ebd. 1822. 15 S.,8 Taf. quer-4° (Pander, Christian Heinrich, u. d'Alton: Vergleichende Osteologie. 1,3.) 4.
3.8043

— Die Skelete der Raubvögel. Abgebildet u. beschr. von E. d'Alton, d. Ä. u. E. d'Alton, d. J. — Bonn: Weber in Comm. 1838. 24 S.,7 Taf. (Pander, Christian Heinrich, u. d'Alton: Vergleichende Osteologie. 2,2.)
Im Exemplar von 1. 12. 2. 3. 5. 6. 7. 10 fehlt das Titelblatt der Sammlung.
1: quer-4° Lm 1030–14. 12: 2° Zool. 125 n–2,2. 2. 3. 4. 5. 6. 7. 9. 10.
3.8044

— Die Skelete der Robben und Lamantine. 1826 s.a. *Pander*, Christian Heinrich.

— Die Skelete der Robben und Lamantine, abgebildet u. verglichen von E. d'Alton. — Bonn: Weber in Comm. 1826. 10 S.,7 Taf. quer-4° (Pander, Christian Heinrich, u. d'Alton: Vergleichende Osteologie. 1,9.) 4. 9.
3.8045

— — Die Skelete der Robben und Lamantine, abgebildet u. verglichen von E. d'Alton. 2. Aufl. — Halle a. S.: H. W. Schmidt 1895. 8 S.,7 Taf. quer-4° (Pander, Christian Heinrich, u. d'Alton: Vergleichende Osteologie. 1,9.) 6.
3.8046

— Die Skelete der zahnlosen Thiere. 1825 s.a. *Pander*, Christian Heinrich.

— Die Skelete der zahnlosen Thiere, abgebildet u. verglichen von E. d'Alton. — Bonn: Weber in Comm. 1824. 10 S.,8 Taf. quer-4° [(Pander, Christian Heinrich, u. d'Alton: Vergleichende Osteologie. 1,8.)] 6.
3.8047

— — Ebd. 1825. 13 S.,8 Taf. quer-4° (Pander, Christian Heinrich, u. d'Alton: Vergleichende Osteologie. 1,8.) 4.
3.8048

— Die Skelete der Vierhänder. 1824 s.a. *Pander*, Christian Heinrich.

— Die Skelete der Vierhänder, abgebildet u. verglichen von E. d'Alton. — Bonn: Weber in Comm. 1824. 11 S.,8 Taf. quer-4° [(Pander, Christian Heinrich, u. d'Alton: Vergleichende Osteologie. 1,7.)] 12: 2° Zool. 125 n–1,7. 2.
3.8049

— — Die Skelete der Wiederkäuer. 1823 s.a. *Pander*, Christian Heinrich.

— Die Skelete der straussartigen Vögel. Abgebildet u. beschr. von E. d'Alton, d. J. — Bonn: Weber in Comm. 1827. 18 S.,7 Taf. (Pander, Christian Heinrich, u. d'Alton: Vergleichende Osteologie. 2,1.)
Im Exemplar von 1. 12. 2. 5. 6. 7. 10 fehlt das Titelblatt der Sammlung.
1: quer-4° Lm 1030–13. 12: 2° Zool. 125 n–2,1. 2. 4. 5. 6. 7. 8. 9. 10.
3.8060

— Die Skelete der Wiederkäuer, abgebildet u. verglichen von E. d'Alton. — Bonn: Weber in Comm. 1823. 6 S., 8 Taf. [(Pander, Christian Heinrich, u. d'Alton: Vergleichende Osteologie. 1,4.)] 12: 2° Zool. 125 n–1,4.
3.8050

— — Ebd. 1823. 10 S.,8 Taf. quer-4° [(Pander, Christian Heinrich, u. d'Alton: Vergleichende Osteologie. 1,4.)] 6.
3.8051

d'Alton, Eduardus (geb. am 17 Juli 1803 in St. Goar): Dissertatio . . . de cyanopathiae specie ex invicem permutata arteriae pulmonalis atque aortae origine . . . Accedit tab. aeri incisa. Bonnae, ex off. Thormanniana 1824. 29 S., 3 Bl., 1 Taf. 4.
Bonn, Med. Fak., Diss. v. [30 Okt.] 1824

d'Alton, E[duard]: Samuelis Thomae a Soemmerring quatuor hominis adulti encephalum describentes tabulas commentario illustravit. Berolini: F. Laue (1830). (16 S.) 4°
Berlin, Med. Fak., Hab.-Schr. v. 5. Juni 1830

— Verzeichniss einer von Eduard d'Alton hinterlassenen Gemälde-Sammlung. Nebst e. Vorerinnerung u. ausführl. Beurtheilung dreier darin befindlichen Bilder. Hrsg. von A[ugust] W[ilhelm] von Schlegel. — Bonn 1840: Georgi. VIII,36 S. 1: Ns 8926. 5. 11.
3.8052

— [Hrsg.] s. *Zeitung* für Zoologie, Zootomie und Palaeozoologie

Alton, G., Ein Wort z. Charakteristik des S. mit bes. Ber. der Idee des sittlich Guten u. des sittlich Schlechten. 2 Tle. Pr. 1875. 76. 55. 59 S. 8.—

Alton, Giovanni s. *Alton*, Johann Baptista.

Alton, H.: Doctrina de natura hominis ab Aristotele in scriptis ethicis proposita. Diss. 1852. 37 S.

Alton, J.: Ueber die Negation des Infinitives bei Homer, s. Alton, Josef.

Alton, J.: Ein Wort zur Charakteristik der Charaktere des Sophokles, s. Alton, Josef

Alton, Johann s. *Alton*, Johann Baptista.

Alton, Joh. Einiges zu den Charakteren der Artussage. 93 S. 8.
Progr. G. VIII. Bez. *Wien* 1883

Alton, [Johann]. Das Grödenthal. Beiträge zu seiner Geschichte, Culturgeschichte und Ethnographie. Mit besonderer Berücksichtigung des Thals Enneberg. Von Dr. G. A' in Wien. [A.] 8. ([München] 1888.)

Alton, Joh. Le Roman de Marques de Rome, s. Bibliothek d. litterar. Vereins in Stuttgart.

Alton, Johann Baptista [Hrsg.] s. *Anseïs* von Karthago [Anseïs de Cartage]. 1892.

— Beiträge zur Ethnologie von Ostladinien von Johann Alton. — Innsbruck: Wagner 1880. 68 S.
1: Sc 9105/20. 12: L. lat. f. 551 fb. 300: 43.803–B. 2. 4. 5. 10.
3.8061

Alton, Johann Baptista: Die ladinischen Idiome in Ladinien, Gröden, Fassa, Buchenstein, Ampezzo von Johann Alton. — Innsbruck: Wagner 1879. 375 S.
1: Xn 8490 [u.] 8490ᵃ. 12: L. lat. f. 551 f. 300: 181.053–B. 2. 3. 5. 7. 9. 10. 11.
3.8062

— Proverbi, tradizioni ed anneddoti delle valli ladine orientali con versione italiana. Giovanni Alton. — Innsbruck: Wagner 1881. 146 S.
1: Xn 8496. 12: L. eleg. m. 53 x. 300: 26.431–B. 2. 3. 5. 6. 7. 10. 11.
3.8063

— **Rimes ladines in pért con traduzion taliana.** Pobl. dal Battista Alton. — Innsbruck: Wagner 1885. 105 S.
1:Xn 8863/3. 12:P. o. rel. 2812. 300:47.648-B. 3. 5. 7.
3.8064

— **Stóries e chiánties ladines con vocabolario ladin-talian metúdes in rima dal Dr. Giovanni Alton.** — Innsbruck: Wagner 1895. IV,199 S.
1:Xn 8547. 12:P. o. rel. 2812 f. 300:85.061-B. 3. 5.
3.8065

Alton, Johann Samuel Eduard d' s. *Alton*, Eduard d'

Alton Josef: Beitrag zur Psychologie des Descartes unter Berücksichtigung des Einflusses, welchen seine Lehren von den Leidenschaften auf Spinoza geübt haben.
1884 Diss. Innsbruck. Univ. 1358

Alton, Josef: † Professor Johann Geir. Nachruf. S. 39—41. 8. Progr.

Alton, J., Ueber die Negation des Infinitives bei Homer. Pr. 1890. 10 S. 1.20

Alton, Josef: † Professor Dr. Hans Schmölzer. Nachruf. S. 21 bis 23. 8. Progr. K. k. Staats-Gymn. *Innsbruck* 1905.

—: † Professor Josef Wasserer. Nachruf. S. 14—18. 8. Progr.

Alton, J.: Ein Wort zur Charakteristik der Charaktere des Sophokles. Mit bes. Berücksichtigung der Idee des sittlich Guten und des sittlich Schlechten. 53, 57.
Progr. Prag, Neust. 1875/76.

Alton, Josef Wilhelm Eduard d' s. *Alton*, Eduard d'

Altona [Sachliches OW]

Altona (Elbe). Leitfaden zum Verständnis der Stadt in ihrer Geschichte, äusseren Erscheing., ihren Sehenswürdigkeiten u. ihrer Bedeutg., m. 1 farb. Stadtplan v. Altona, 1 Karte der Eisenbahnverbindgn. u. 23 Abb. Hrsg. vom Verkehrsverein Altona. (Umschlag: Führer durch Altona.) (32 S.) kl. 8. Altona 908. J. Harder, Sort. — 30

Altona. — Altona (Elbe). **Leitfaden zum Verständnis d. Stadt in ihrer Geschichte, äußeren Erscheinung ... mit 1 Stadtpl., 1 Kt. d. Eisenbahnverbindungen u. 23 Abb. Hrsg. vom Verkehrsverein Altona. — Altona 1908: Köbner. 32 S.**
Nebent.: Führer durch Altona. 1:So 8114/200. 8.
3.8076

Altona nicht Hamburg-Altona. Zur Würdigung der commerziellen Selbstständigkeit und Bedeutung Altonas neben Hamburg. Hamb. [1853]. V: *Weber, Joh. Eduard.* (CBH) (Collin, Anonymer. Kiobenh. 1869.)

Altona unter Schauenburgischer Herrschaft. Hrsg. m. Unterstützg. d. kgl. Commerz.-Collegium zu Altona. 7 Hfte. Lex.-8. Altona, J. Harder, Verl. n. 12. —
1. Die Anfänge Altonas. Von Rich. Ehrenberg. (IX, 48 S. m. 1 farb. Karte.) 891. n. 2. —
2. 3. Die altonaer Fischer u. ihr Streit m. dem hamburger Fischeramte. — Wirtshäuser, Accise u. Bierbrauereien. — Glückstopf-Geschichten. — Die Anlage der Palmaille. Von Rich. Ehrenberg. (73 S.) 891. n. 2. —
4. Gewerbefreiheit u. Zunftzwang in Ottensen u. Altona, 1543—1640. Von Rich. Ehrenberg. (III, 52 S.) 892. n. 2.—
5. Aus dem 30jährigen Kriege. — Erlebnisse d. Portugiesen Alberto Dionisio. — Vermischtes. Von Rich. Ehrenberg. (52 S.) 892. n. 2. —
6. Die Reformierten u. die Mennoniten Altonas. Von Paul Piper. (97 S.) 893. n. 2. —
7. Die Jesuiten-Mission in Altona. — Nachträge, Berichtiggn. u. Schlußwort. Von Rich. Ehrenberg. (IV, 70 S.) 893. n. 2. —

Altonas Gesch., ein Spiel für die Jugend. Altona, Bechtold.

Altona vor 100 Jahren. Schsp. in 5 A. v. Albrecht. 8. Hamburg, Vollmer. 804.

– [siebzehnhundertsiebenundfünfzig]

Altona 1757 und Altona 1865. Lithogr. 2 Bl. 4°. 21.2 20.8 cm. Aufgez. a. Carton.
Aus: E. H. Wichmann. Geschichte Altonas. 1865.

Altona [Schlagwort]

— s. a.: **Deutschland. Kürschner-Pelp.**

Altona. Gier, H., Plan der Stadt Altona. 1:4000. 2 Blatt. Autogr. u. kolor. à 77,5×52 cm. Altona 892. Schlüter. n. 6. —

— s. a.: **Hamburg.**

Altona. Kluge, E. Plan v. Altona. Gezeichnet v. A Hass'l. 1:8000. Ausg. m. Pferdebahnen. Chromol. Fol. Altona 84, Schlüter. In Leinw.-Decke. 1. 50; auf Pappe gezogen n. 2. —
— — dass. Ausg. m. Stadt-Eintheilg. Chromol. Fol. Mit Text. 8. (3) Ebd. 84. In Leinw.-Decke. n. 2. —; auf Pappe gezogen n. 2. 50

Altona. Plan v. Altona. 1897. Zusammengest. i. Stadtbauamt. 1:8000. 66,5×72,5 cm. Photolith. Altona 898. (J. Harder's Sort.) n. 3. —

Altona. Plan v. Altona. Zusammengestellt im Stadtbauamt. 1:8000. 68,5×73,5 cm. Lith. Altona 900. J. Harder Sort. n. 3. —

Altona. Plan von Altona. Bearb. im Stadtbauamt. 1:4000. (6 Blatt.) 3 Blatt je 82,5×51,5 cm. u. 3 Blatt je 68,5×51,5 cm. Lith. Altona 904. (J. Harder, Verl.) n. 8. —

Altona. Plan der Stadt Altona. Bearb. im Stadtbauamt. 1:8000. 74,5×79 cm. Farbdr. Altona (907). (J. Harder, Sort.) nn 4. —

Altona [Verfasser]

Altona, Christian: Die wahre Seelen-Ruh, so anjetzo in dem allein seelig-machenden Glauben an Christum Jesum zwar unwürdig, doch herrlich geniesset ein vormahls verstockt-blinder Jude, nun aber durch Gottes Gnade erleuchteter Christe. — [Hamburg 1717.] 30 S. 4.
3.8081

— Jüdischer Tempel-Bau, worüber die Juden 1643. J. alle Oster-Abend gebauet u. bis am Jüngsten Tag ohne etwas auszurichten, bauen werden, nebst einer lächerlichen Parabel von e. Zicklein, so nach dem vermeinten Tempel-Bau von ihnen gesungen wird: Sampt e. jüdischen Gebeth zum Anh. beygefüget u. entworffen von Christian Altuna. (Braunschweig) 1714. 12 S. 10.
3.8082

Altona, Hans

Altona, J., Gebete u. Anrufungen in den altfranzösischen Chansons de geste, s.a. Ausgaben u. Abhandlungen aus d. Gebiete d. roman. Philologie.

Altona, Hans: Gebete und Anrufungen in den altfranzösischen Chansons de geste. Von Johannes Altona. — Marburg: Elwert 1883. 39 S. (Ausgaben u. Abhandlungen aus dem Gebiete der romanischen Philologie. 9.)
Ersch. auch als Diss. Marburg 1883.
1:Xi 216-9. 12:L. eleg. g. 16s-9. 300:390.815-B.
Per. 9. 2. 4. 5. 6. 7. 8. 9. 10. 11.
3.8083

Altona, Heinrich de

d'Altona, H., bei den drei Heiligen. Humoristische Erzählung. 8. (204 S.) München 887. Callwey. n. 1. —

d'Altona, H. (H. Grabow), Irrwege d. Rechts, s.: Weichert's Wochen-Bibliothek.

— der Kampf ums Recht. Drama in 4 Akten. 8. (56 S.) Annaberg 887. Rudolph & Dieterici. n. 1. —

d'Altona, H. (Heinr. Grabow), die Königszwillinge od. die Schützlinge der Rosenfee. Ausstattungskomödie m. Gesang u. Tanz in 6 Bildern. gr. 8. (51 S.) Hamburg (901). F. Grabow. n. 1. —

d'Altona, H. (Heinr. Grabow), im Land der Zwerge od. Schneewittchen. Weihnachtskomödie m. Gesang u. Tanz in 4 Akten u. 7 Bildern. (86 S.) 8. Hamburg (904). F. Grabow. n. 1. —

— Verzweifelte Mittel, s.: Weichert's Wochen-Bibliothek.

d'Altona, H., der Neffe d. Notars. Erzählung. 8. (222 S.) Mannheim 892. J. Bensheimer's Verl. n. 3. —; geb. n. 4. —

— Rauhenborn & Sohn. Schauspiel in 5 Akten. 8. (90 S.) Annaberg 886. van Groningen. n. 1. —

d'Altona, H., Elias Regenwurm. Eine moral. Geschichte f. Grosse. 8. (IV, 158 S.) Annaberg 886. van Groningen. n. 1. 50

— der Unverwüstliche. Humoristische Geschichte e. unterweltl. Abenteurers. 2. (Titel-)Aufl. d. „Elias Regenwurm". 12. (158 S.) Hirschberg i/Schl. 892. E. Meissner. Kart. n. 1. 50

— krauses Zeug. Erzählungen u. Plaudereien. 8. (IV, 170 S.) Annaberg 887. Rudolph & Dieterici. n. 1. —

— Zickzack. Humoristische Geschichten. 12. (III, 188 S.) Ebd. 891. n. 1. —

Altona, Johannes s. *Altona*, Hans.

Altona-Ottensen auf der Hamburgischen Gewerbe- und Industrie-Ausstellung 1889. Hrsg. vom Comité d. Altonaischen Abt. — Hamburg 1889: Verlagsanst. 88 S. 1:Oo 3750/4.
3.8079

Alton Banner: May 1866--1913? Alton, JL

Weekly. Democratic, 1866--71; Republican, 1872—75; Independent, 1876--1909; Independent Republican, 1910--13. Circulation: 1870, 900 (est.); 1885, 1400; 1900, 1800; 1910, 1500. Edited & published by Pfeifler Brothers, 1866; by John Mold, 1866--68 (edited by V. Walter, 1868); by H. Meyer & Voss, 1869--70; by H. Meyer & Co., 1870--77; by R. Boelitz, 1877—81; by Zechmeister & Henzel, 1881; by Kleinworth & Henzel, 1882--85; by W. A. Bode, 1886—90; by Heinrich Meyer, 1891--1913.

Alton Journal: 1906?--1916?. Alton, JL

Democratic weekly, published in English and German. Edited & published by W. A. Bode.

Altorfer, Johann Jakob: Zum A n d e n k e n an die Verdienste... s.a. A l t d o r f e r , Johann Jakob

Altorfer, Johann Jakob: Zum Andenken an die Verdienste des verewigten Herrn Doktors und Professors Johann Georg Müller, Oberschulherrn in Schaffhausen. Von J. J. Altorfer. — Schaffhausen: Hurter 1820. 31 S. 1:Av 2556. 7.
3.8085

Altorfer, Vikt., Feinde ringsum! Stoff zum Nachdenken! gr. 8. (36 S.) Zürich (901). (Müller, Werder & Co.) — 80

Altorfer, Victor, bacc. iur. a. Basel: Urkundenfälschung und Urkundenmißbrauch zum Zwecke des besseren Fortkommens. Borna-Leipzig 1908: R. Noske. (XII, 115 S.) 8°
Leipzig, Jur. Fak., Diss. v. 15. Juni 1908

[Geb. 20. April 79 Basel; Wohnort: Basel; Staatsangeh.: Schweiz; Vorbildung: Gymn. Zürich Reife Juni 01; Studium: Bern 1, Basel 2, Berlin 1, Leipzig 2 S.; Rig. 20. Jan. 07.]

Altorffer, J.J., s. A l t d o r f e r , Johann Jacob

Altötting, dessen Geschichte u. Sehenswürdigkeiten. Neueste bis auf d. Gegenwart vervollkommnete Ausg. 12. (162 S. m. Bildern.) Altötting 894. J. Lutzenberger. — 50

Altötting, der Wallfahrtsort. Ein Gedenkblatt an die feierl. Ueberführg. d. Herzens weiland König Ludwig II. v. Bayern am 16. Aug. 1886. Mit dem wohlgetroffenen Portr. Sr. Maj. König Ludwig II. v. Bayern. 8. (31 S.) München 886. Merhoff. n. — 20

Altpeter, Lina

Altpeter, L., Eismaschine u. Bierbrauerei, s.a. J u g e n d - u. V o l k s - s c h r i f t e n. 1. Bdchn.

Altpeter, Lina: E i s m a s c h i n e und Bierbrauerei, leicht verständlich beschrieben von L. Altpeter. — Saarbrücken: Schmidtke 1903. 47 S. (Jugend- u. Volksschriften. 1.) 1:Ng 217/20-1. 5.
3.8097

Altpeter, P., Lehrer, Saarbrücken. 1894 s. *Altpeter*, Peter.

Altpeter, P., Naturwissenschaftler, Oberrealschullehrer. 1910: Das A B C der Chemie. Erste Einführung in d. Grundbegriffe d. Chemie nach d. hist.-genetischen u. heuristisch-prakt. Methode. Mit zahlr. Abb. — Stuttgart: Franckh 1910. 128 S. 1:4° Mr 3272. 12:4° Chem. 102n.
3.8098

Altpeter, Peter: A n l e i t u n g zur Normalwörterfibel der vereinfachten deutschen Kurzschrift. 1894 u.ö. s. *Altpeter:* Normalwörterfibel. Anleitung.

— N o r m a l w ö r t e r f i b e l der vereinfachten deutschen Kurzschrift ⟨System Schrey⟩ für d. Schul-, Privat- u. Selbstunterricht, bearb. von P. Altpeter. — Saarbrücken: Schmidtke 1894. 60 S. 1:V 22335. 5.
3.8099

— [N o r m a l w ö r t e r f i b e l, A n l e i t u n g] Anleitung zur Normalwörterfibel der vereinfachten deutschen Kurzschrift ⟨System Schrey⟩ für die Hand d. Lehrers u. zum Selbstunterricht, bearb. von P. Altpeter. — Saarbrücken: Schmidtke 1894. 88 S. 1:an V 22335. 5.
3.8101

— — Anleitung zur Normalwörterfibel der vereinfachten deutschen Kurzschrift ⟨Einigungssystem Stolze-Schrey⟩ für die Hand d. Lehrers u. zum Selbstunterrichte, bearb. von P. Altpeter. 2. Aufl. — Ebd. 1902. 47 S. 1:V 22336[2]. 5.
3.8102

— **N o r m a l w ö r t e r f i b e l** der vereinfachten deutschen Kurzschrift (System Stolze-Schrey) f. den Schul-, Privat- u. Selbstunterricht. 3. Taus. (Photolith.) (43 S.) gr. 8. Ebd. 902. n. — 80

— Normalwörterfibel der vereinfachten deutschen Kurzschrift ⟨System Stolze-Schrey⟩ für d. Schul-, Privat- u. Selbstunterricht, bearb. von P. Altpeter. 4.–5. Taus. — Ebd. 1904. 44 S. 1:V 22335[4]. 5.
3.8100

Alt-Plauen. — Alt-Plauen in Wort und Bild. Aus Anlass d. 30jähr. Bestehens d. Altertumsvereins zu Plauen hrsg. vom Gesamtvorstande. — Plauen 1903: Neupert. 60 S. 1:4° Sr 10109.
3.8104

Alt-Postal, s. Weiß

Alt-Potsdam, 16 Bl. in Lichtdr., ausgeführt v. Meisenbach, Riffarth & Co. nach Orig.-Tuschzeichngn. u. Kupferstichen des XVIII. Jahrh. 83,5×48,5 cm. Potsdam (904). M. Jaeckel. In Leinw.-Mappe n. 10. —

Alt-Prag. 80 Aquarelle von W. Jansa mit Text. Lief. 15–16. (Tafel 57—64 und S. 65—72.) Prag, Koči 1902. K 10.—

Alt-Prags bei Niederdorf im Pusterthal. Wien 1884. V: *Baumgarten, Alois von.* (EB)

Alt-Prags bei Niederdorf im Pusterthale. Seinen Tiroler Freunden gewidmet v. FML. Bgt. 8. (34 S.) Wien 884. Braumüller. n. — 80

Altpreuße, der biedere. Kalender f. Ost- u. Westpreußen a. d. J. 1896. Unt. redact. Leitg. v. R Sturmhöfel hrsg. v. Louis Schwalm. 12. (189 S. m. Abb.) Riesenburg, L. Schwalm. n. — 50

Altpreuße, der redliche, ein kleiner Kalender a. d. J. 1831 u. 32. M. ganz besond. Hinsicht bearb. z. freundl. Gebr. f. d. Bewohner d. Provinzen Litthauen, Ost- u. Westpreußen. (1. u. 2. Jahrg.) 12. Mohrungen, Rautenberg. [1. (8 B.) 8 Gr., 2. (7 B.) 6 Gr.]
Der Anhang z. 1831 (87 Erzählungen) apart 6 Gr.
Fortf. vgl. P r e u ß e, der redliche.

Altreichskanzler. — An den Alt-Reichskanzler. Erwiderung auf "Eine deutsche Bitte von Adolf Graf von Westarp" von einem deutschen Manne. — Berlin: Leo 1891. 4 Bl.
1:Yo 23697. 12:P. o. germ. 30 dm. 7.
3.8105

Altrichter Anton: Die Kolonisation der Iglauer Sprachinsel. Diss. Wien, Univ.
1906 PN 2068 937

Altrichter, C. F., Erinnerungsblätter, zusammengestellt aus seiner poet. Studien-Mappe. 8. (VIII, 72 S.) Leipzig 876. Krüger & Roskoschny. geb. n. 2. —

Altrichter, CF, Erinnerungsblätter, zusammengest. a. s. poet. Studien-Mappe. 8. (72) Lpzg 76, Kummer. geb. n. 2. 50

ALTRICHTER, Josef: Papst Nikolaus I. Ein Lebensbild. — (1906) V, 104 Bl. 4° (Handschr.) Diss. Wien. Univ. Diss. 922

Altrichter, Karl: Geschichte der Stadt Wusterhausen an der Dosse. Auf Grund öffentlicher und privater, z. Th. noch ungedruckter Urkunden, unter Beifügung einer Sammlung der letzteren dargest. Hierzu ein Stadtpl. u. Skizzen. (Abt. 1-3.) — Neu-Ruppin: Petrenz 1888(-89). V,401 S. 1:Td 10102. 11.
3.8111

Alt-Riga. 8. (11 S.) Riga 901. (N. Kymmel's Buchh.) n. — 25
Sonderabdruck aus „Rigaer Tageblatt".

Altringer, Johann:
Politisches Staats-Bedencken, welches unter dem Titul: Wilt du den Kayser sehen? so siehe hinten in diesen Brieff. Gedr. zu Mühlhausen ... den 6. Jan. im Jahr 1729 [vielm. 1629] herausgekommen, anitzo aber aus dessen im Avertissement enthaltenen Ursachen wiederum von neuen aufgeleget u. bekannt gemachet worden. — o.O. 1760. VIII, 46 S. 2 [defekt]. 7.
3.8120

— Politisches Staats-Bedencken, welchergestalt Kayserliche Majestät die Kayser-Crone erblich, und das Deutsche Reich sich unterwürffig machen könne? — Regensburg & Leipzig 1760. 46 S.
1: Flugschr. 1629-7c. 2 [defekt]. 3.
3.8121

Altrock, v., Generalleutnant. 1907 s. *Altrock*, Constantin v.

Altrock, v., Rittmeister. 1808 s. *Altrock*, Johann Christian Karl v.

Altrock, C.v.
— Versuch zu e. veränderten Staatseinrichtung in Versamml. d. Landstände u. Einrichtung derselben zu e. Landstandschaft. 8. Berl. 821. Krause. (Leipz., Lauffer.) 6 gr.

Altrock, C.v.: W i e haben Officiere sich dereinst als Feldherren zu benehmen, s.a. A l t r o c k , Johann Christian Karl v. : Kurzer E n t w u r f , wie haben Officiere....

v. Altrock, C., wie haben Officiere sich dereinst als Feldherren zu benehmen? 8. Berl. 808. Schöne. 8 gr.

Altrock, Const. v., Geschichte des Geschlechts v. Altrock. Mit 9 Lichtdr.-Taf., 2 Wappentaf., 8 Abbildgn. u. 1 Skizze im Text. Lex.-8. (VIII, 132 S. m. 9 Stammtaf.) Berlin 901. E. S. Mittler & Sohn.
n. 6. —; geb. n.n. 8. —

— Geschichte des Königin Elisabeth Garde-Grenadier-Regiments Nr 3. Von seiner Stiftung 1859 bis zum J. 1896. Im Auftr. d. Regimentskommandeurs zsgest. durch Constantin v. Altrock. Mit Bildn., Kt. u. vielen Skizzen im Text. — Berlin: Mittler 1897. XIII,566 S.
1:Sy 3344. 5. 10. 11.
3.8127

— — Im Auftr. d. Regimentskommandeurs bearb. durch Constantin v. Altrock. 2. Aufl. Mit 4 Bildn., Kt., Plänen u. Skizzen. [Nebst] Nachtr. ... vom Beginn d. J. 1897 bis zum 14. Juni 1910 ⟨Feier d. 50jähr. Bestehens⟩. — Berlin: Mittler 1909(-10). 2. 10.
3.8128

Altrock, v., Jena u. Auerstedt, s.a. Militär-Wochenblatt, Beihefte. 1907. I.

— Jena und Auerstedt. Ein Rückblick u. Ausblick. Vortr., geh. in d. Militärischen Gesellschaft zu Berlin am 31. Okt. 1906 von v. Altrock. Mit 2 Skizzen u. 4 Textskizzen. Die Exerzier-Reglements für die Infanterie von 1812, 1847, 1888 und 1906. Ein Jahrhundert taktischer Entwicklung. Vortr., geh. in d. Militärischen Gesellschaft zu Berlin am 14. Nov. 1906 von [Hugo] Frhr v. Freytag-Loringhoven. Berlin: Mittler (1907). 40 S. (Militär-Wochenblatt. 1907, Beih. 1.)
1:Hu 2318-1907,1. 12:4° Mil. g. 110 ob-1907. 2. 4. 5. 6. 7. 9. 10. 11.
3.8129

— Das Kriegsspiel. s.a. Handbibliothek des Offiziers. 13. Bd.

— Das Kriegsspiel. Eine Anleitung zu seiner Handhabung. Mit Beispielen u. Lösungen. Von v. Altrock. Mit 1 Kt. Berlin: Mittler 1908. XII,190 S. (Handbibliothek d. Offiziers. 13.) 1:Hu 15100-13. 12: Mil. g. 93 p-13. 11.
3.8130

— Liederbuch des Königin Elisabeth Garde-Grenadier-Regiments Nr 3. Zsgest. anläßlich d. 25 jähr. Erinnerungsfeier an d. ruhmreichen Feldzug 1870/71 von Constantin v. Altrock. — Berlin: Mittler 1895. 35 S.
1:Yd 7208.
3.8131

— Truppenführung, s.a. Handbibliothek des Offiziers. 18. Bd.

— Truppenführung. Ein Handbuch zum Selbststudium d. angewandten Taktik in e. Stufenfolge von Aufgaben für Offiziere aller Waffen. Von v. Altrock. Mit 3 Kt. u. 2 Taf. Berlin: Mittler 1910. XVI,272 S. (Handbibliothek d. Offiziers. 18.)
1:Hu 15100-18. 12: Mil. g. 93 p-18. 2. 10. 11.
3.8135

*Altrock, Herm.: Parallelismus u. Antithese in den Dramen Rostands. Berl., Weidmann. ca 3 —

Altrock, Johann Christian Karl v.: Kurzer E n t w u r f , wie haben Officiere sich dereinst als Feldherren zu benehmen?, s.a. Altrock, C.v.: W i e haben Officiere sich dereinst als Feldherren zu benehmen?

Altrock, Johann Christian Karl v.: Kurzer Entwurf, wie haben Officiere sich dereinst als Feldherren zu benehmen? Von dem Rittmeister v. Altrock. — Berlin: Schöne 1808. VIII,62 S. 1:Hv 28891. 10.
3.8124

Altrock, Walth. v., Gedanken über die Reichserbschaftssteuer vom Standpunkt des ländl. Grundbesitzes. (25 S.) 8. Berlin 908. Borussia. — 60

Altrock, Walther v., Der ländliche Personalkredit in der Provinz Brandenburg. gr. 8°. Altenburg, A. Tittel, 1900.

Altrock, Walter v.: Der ländliche Personalkredit in der Provinz Brandenburg. Von Walther v. Altrock. — Berlin: Puttkammer & Mühlbrecht 1900. VIII,102,37 S.
Ersch. auch als Diss. Tübingen 1900.
1:Fg 10268. 7. 11.
3.8141

— Die Thätigkeit der öffentlichen Sparkassen in der Provinz Brandenburg für die Landwirtschaft, von Walther v. Altrock. — Berlin: Puttkammer & Mühlbrecht 1901. VII,131 S. 1:Fg 11236. 11.
3.814:

Altrock, W. v., die ländliche Verschuldung in der Prov. Posen. (Veröffentlichungen der Landwirtschaftskammer der Prov. Posen.) (16 S. m. 1 Karte.) Lex.-8. Posen 906. F. Ebbecke.
n. — 50

Altrock, W. v., s. Weltwirtschaft.

Altroggen, Hugo, der Contre-danse. Ein Hülfsbuch, diesen Tanz ohne prakt. Unterricht zu erlernen od. das Erlernte ins Gedächtnis zurückzurufen, nebst gründl. Unterweisg., die Leitg. desselben zu übernehmen u. die Kommandos in richt. Aussprache auszuführen. Mit 54 Abbildgn. im Text u. e. Anh.: Die Kommandos der Quadrille à la Cour. 4. Aufl. 12. (80 S.) Berlin 893. S. Cronbach. n. 1. 25

Altroggen, Hugo, Cotillon, Polonaise, Quadrille à la Cour. Ein Leitfaden zur Selbsterlerng. dieser Tänze ohne prakt. Unterricht, nebst gründl. Unterwsg., die Leitg., Arrangements u. Commandos derselben bei jeder Tanzfestlichkeit zu übernehmen u. auszuführen. Mit 63 Abbildg. im Text. 8. (110 S.) Berlin 885. Cronbach. n. 1. 50

Altroggen, Hugo, Leitfaden zur Selbsterlernung des Contre-danse. Ein Hülfsbuch für Jeden, der den Contre-danse ohne prakt. Unterricht erlernen oder das Erlernte wieder in's Gedächtniß zurückrufen will, nebst gründl. Unterweisung, die Leitung dieses Tanzes in Gesellschaften ꝛc. übernehmen und die Commandos in richt. Aussprache und auf den richt. Tact geben zu können. Als Anhang: Die Commandos der Quadrille à la Cour. 1. und 2. Aufl. 8. (76 S. mit 54 Abbild. im Text.) Berlin 884, Cronbach. *

ALT-ROTHENBURG. JAHRES-BERICHT (über die Thätigkeit des Vereins Alt-Rothenburg).
1898/99. (Mit Tafeln.) Rothenburg o. Tbr. Druck der Schneider'schen Buchdruckerei. qu. 4°. — 1899/1900. ib. Druck der J. P. Peter'schen Buchdruckerei. — 1900/1901. ib. — 1901/1902. (Mit 1 Karte.) ib. — 1902/1903. ib. — 1904. ib. — 1905. ib. — 1905/06. ib. — 1906/07. ib. —

... JAHRESBERICHT DES VEREINS ALT-ROTHENBURG E. V. Verein für Erhaltung des Altertums und Förderung des Fremdenverkehrs in Rothenburg ob der Tauber
XI. im Jahre 1908/09. (Mit Tafeln.) (ib. —)

... JAHRESBERICHT DES VEREINS ALT-ROTHENBURG. E. V. Abteilung für Heimatschutz, Erhaltung der Altertümlichkeit und Pflege der Geschichte in Rothenburg ob der Tauber
XII. im Jahre 1909/10. (ib. —) quer 4°.
XIII. im Jahre 1910/11. (Mit Tafeln.) (ib. —) 8°.

Alt-Ruppin [Schlagwort]

Alt-Ruppin, s.: Mark. — Wanderkarten.

Altsachsenland. Monatsschrift f. Gesch., Landes- u. Volkskde, Sprache, Kunst u. Lit. uns. niedersächs. Heimat. Hrsg.: GF Konrich. J. '08 u. 9 je 12 Hefte. (Je 288 m. Abb. u. 12 Taf.) Lex 8° Hannov., E Geibel. Je 5 — d
Sonderausg. v. Hannoverland, nur f. Mitglieder d. Heimatbundes Niedersachsen bestimmt.

Altsachsenland. Zeitschr. f. d. Heimatbund Niedersachsen u. d. niedersächs. Ausschuss f. Heimatschutz. Hrsg.: GFKonrich. J. '10 u. '11 je 12 Hefte. (1. Heft: 24 m. 1 Taf.) Lex8° Hann., E Geibel. d
Fortsetzg u. d. T.:

— Parteilose Zeitschr. z. Pflege d. Heimatkunde u. d. Heimatschutzes f. d. Heimatbund Niedersachsen. Hrsg.: Deetjen. 6. J. '12. 12 Hefte. (1. Heft: 22 m. 1 Taf.) Lex8° Ebd. d
Unberechnete Sonderausg. v. Hannoverland; nur f. Mitgl. d. Heimatbundes Niedersachsen bestimmt.

Alt-Schadow [Schlagwort]

Alt-Schadow, s.: Preussen. Messtischblätter.

Altschul, Dr. med. 1857 s. *Altschul*, Elias.

Altschul, Adf., s.a. Sanitäts-Bericht, statistischer, Sr. Majestät Kriegsmarine.

Altschul, Adf., statistischer Sanitäts-Bericht Sr. Majestät Kriegs-Marine f. d. J. 1871—74. Im Auftrage d. Reichs-Kriegs-Ministeriums, Marine-Section, zusammengestellt. Lex.-8. (à ca. 55 S.) Wien 873—75. Braumüller in Comm. à n. 2. —

Altschul, Arthur [Dresdensis]: De Demetrii rhetoris aetate. . . Lipsiae, *Frommannsche Buchdr. (Hermann Pohle) in Jena*, 1889; 2 Bl. + 43 + 1 S. 8°
Leipzig, Phil. Fak., Inaug.-Diss. v. 26. Okt. 1889

Altschul, Arth.: Rubaiyat, s: Omar Chajjam.

— Die schönsten Sprüche a. Weish. d. Brahmanen, s: Rückert, Frdr.

Altschul, David: Ueber Ovariotomie bei Kindern. Berlin (1905): E. Streisand. (31 S.) 8°
Berlin, Med. Fak., Ref. Bumm, Diss. v. 4. Mai 1905
[Geb. 7. Juli 75 Bobruisk, Rußland; Heimatsort: Bobruisk; Staatsangeh.: Rußland; Vorbildung: Gymn. Kiew Reife 99; Studium: Berlin 2, Dorpat, Tierärztl. Institut 2, Leipzig 1, Berlin 6 S.; Rig. 19. Apr. 05.]

Altschuhl, E., die Kettenbrückenbahnen in ihrer medicin. Bedeutung. Ein Vortrag über den Einfluß derselben auf eine naturgemäße Gesundheitspflege. Gelesen am 8. Juli 1843 bei der Versamml. d. Mitglieder der medicin. Fakultät der Prager Universität. 8. Prag 843, Ehrlich. 1/8 ℛ

Altschul, Elias

Altschul, Lehrbuch der physiologischen Pharmacodynamik. Eine klin. Arzneimittellehre für homöopath. Aerzte als Grundlage am Krankenbette und Leitfaden zu academ. Vorlesungen. Nach dem neuesten Standpunkte der medizin. Wissenschaften bearb. gr. 8. (514 S. mit: Das therapeut. Polaritätsgesetz der Arzneidosen als prinzipielle Grundlage zur physiolog. Pharmacodynamik. (64 S.) Prag 850—52, Medau (Kronberger'sche Buchh.) *

Altschul Dr. Lehrbuch der physiologischen Pharmacodynamik. Eine klinische Arzneimittellehre, für homöopathische Aerzte. Neue Ausg 8. (XI und 514 S.) Prag, C. W. Medau, 1853.

Altschul, systematisches Lehrbuch der theoretischen und praktischen Homöopathie nach den an der k. k. Prager Universität öffentlich gehaltenen Vorlesungen bearb. Sondershausen 858. Eupel. gr. 8. (XIX, 372 S.) 1 ℛ 15 ngl

— Miscellen aus dem gesammten Gebiete der theoretischen und praktischen Medizin. 1. Bd. 1e Lief. gr. 8. Prag 838. (Kronberger u. Weber.) 1/3 ℛ

Altschul (Hrsg.), s. Monatschrift, Prager, für theoretische und praktische Homöopathie.

Altschul, Elias (Hrsg.), s. Monatsschrift, Prager, medizinische...

Altschul Dr. Das therapeutische Polaritätsgesetz der Arzneidosen als prinzipielle Grundlage zur physiologischen Pharmacodynamik. 8. (64 S.) Prag, C. W. Medau, 1852.

Altschul, Real-Lexicon für homöopathische Arzneimittellehre, Therapie und Arzneibereitungskunde. Nach seinen öffentl. Vorlesungen an der Prager k. k. Universität u. unter steter Angabe der neuern einfachen Heilmittel der physiolog. Schule bearb. Sondershausen 864. Eupel. gr. 8. (XXIII, 450 S.) 2 ℛ 15 ngr.

—— homöopathischer Reise-Almanach. gr. 16. (XI und 170 S.) Sondershausen 862, Eupel's Verlag. –

—— vollständ. Recept-Taschenbuch d. pract. Augenheilkunde nach den vielfält. klin. Erfahrungen d. berühmt. Augenärzte u. den besten Schriftstellern älterer, neuerer u. neuester Zeit. Für Aerzte u. Wundärzte bearb. 2 Bdchn. 2., verm. Ausg. 16. (47 1/8 B.) Wien 837, Mayer u. Comp.

—— קול קורא רכל עדת בני ישראל. Krit. Sendschreiben üb. d. bisher. Verfahren mit d. Sterbenden bei d. Israeliten, nebst Vorschlägen z. zeitgemäß. Verbesserung desselben, um d. wahren u. untrügl. Kennzeichen d. Todes zu ermitteln, u. den Scheintod bestmögl. zu verhüten ꝛc. gr. 8. (7 1/8 B.) Prag 846. (Leipzig, C. L. Fritzsche.) *

Altschul, Med. Dr. Offenes Sendschreiben an Herrn Dr. Karl Ernst Bock, Prof. der pathologischen Anatomie an der Universität zu Leipzig, den Entdecker der Selbstheillehre. Eine kritische Beleuchtung seiner polemischen Angriffe auf die praktischen Heilmethoden im Allgemeinen und auf die Homöopathie insbesondere. Von — — Prag, 1856. Druck, Papier und Verlag von Karl Bellmann. (31 S. 8.)

Altschul, Elias: Taschenwörterbuch für practische Augenärzte, nach den vielfältigsten klinischen Erfahrungen der berühmtesten Augenärzte und den besten Schriftstellern älterer u. neuerer Zeit, bearb. von E. Altschuhl. Bdch. 1.2. — Wien: Mayer 1833–34.
300: • 69 E 190. 2.
3.8152

Altschuhl, E., Taschenwörterbuch für prakt. Augenärzte, nach den vielfältigsten klinischen Erfahrungen der berühmtesten Augenärzte und den besten Schriftstellern älterer und neuerer Zeit bearbeitet. 2 Bdchn. 16. Wien 833. Mayer u. Comp. 2 ℛ
2e Aufl. u. d. T.: Vollständiges Recept-Taschenbuch der praktischen Augenheilkunde, nach d. vielfältigsten klinischen Erfahrungen der berühmtesten Augenärzte etc. 2 Bdchn. A — Z. 16. Ebd. 837. 1 1/3 ℛ

— Homöopathisches Taschenwörterbuch, für das Haus, die Reise und das Krankenbett. Nach dem heutigen Standpunkte der Wissenschaft für junge Praktiker bearb. von Altschul. — Sondershausen: Eupel 1857. XIV,292 S.
10.
3.8153

—— Taschenwörterbuch der Kinder-Krankheiten und ihre homöopathische Behandlung, mit steter Angabe der neuern einfachen Heilmittel der physiolog. Schule für Aerzte und Wundärzte. gr. 16. (X und 200 S. mit dem lithogr. Portr. des Verf.) Prag 863, Bellmann. *

— klinisch-homöopathisches Taschenwörterbuch für das Haus und die Reise. Nach dem neuesten Standpunkte der medicin. Wissenschaften für prakt. Aerzte bearb. 2. stark verm. u. verb. Aufl. Sondershausen 861. Eupel. 8. (XV, 327 S.) 1 ℛ 6 ngr.

— der homöopathische Zahnarzt, oder: Entwurf einer speciellen medizinischen Therapie der vorzügl. Zahnkrankheiten im Geiste der spezifischen Heilkunde. Ein Taschenbuch für Aerzte u. Wundärzte. 12. Prag 841, Haase Söhne. 1/2 ℛ

Altschul, Emily, zum Moral-Unterricht. Ausgewählte Kapitel aus engl. Lehrbüchern. Ins Deutsche übertr. u. m. e. Einleitg. versehen. (IV, 84 S.) 8. Wien 908. A. Hartleben. 2. —

Altschul, Gottlieb Ferdinand: Erläuterungen zum österreichischen Urheberrechtsgesetz vom 26. Dezember 1895. 1904 s. *Altschul,* Jakob. 1904.

Altschul, Jakob, Dr., Gerichtsadvokat. 1904: Erläuterungen zum österreichischen Urheberrechtsgesetz vom 26. Dezember 1895. Mit e. neuen Theorie d. Urheberrechts. Von Jakob Altschul u. Gottlieb Ferdinand Altschul. — Wien: Manz 1904. 239 S.
1: Fm 21409. **12:** N. libr. 6 kl. **300:** 431.455–B.
3.8155

Altschul, Jakob, Dr. 1874: Der Geist des Hohen Liedes. Geschichte, Kritik u. Uebersetzung. — Wien: Braumüller 1874. VI,164 S.
1: Bn 10428. **300:** 62.845–B. **3. 7. 9.**
3.8154

Altschul, Ignaz: Einer für alle. Briefe e. verwitweten Bräutigams von Georg [d. i. Ignaz Altschul]. — Wien & Leipzig: Eisenstein 1902. 103 S. **1:** Yx 33811.
3.8156

— nicht um eine Krone. Eine Dichtg. 8. (267 S.) Wien 876. Rosner. n. 4. —

Altschul, Julius: Nach Autoren benannte Reactionen und Reagentien. Auf Grund d. Sammlung von A. Schneider neu bearb. u. erweitert. — Dresden: Pharmaceutische Centralhalle 1897. 20 S.
Aus: Pharmaceutische Centralhalle. 1896. 1897.
1: Mr 13440.
3.8157

Altschul, Jul., nach Autoren benannte Reactionen u. Reagentien. A. Gr. d. Sammlg. v. A. Schneider neu bearb. u. erw. [Aus: „Pharmaceut. Centralhalle“.] gr. 8. (32 u. 1. Nachtr. 20 S.) Dresden 897. (Berlin, J. Springer) M. Schreibpap. durchsch. n. — 80; 1. Nachtr. all. (20 S.) n.n. — 30

Altschul. Julius [aus London]: Über Versuche zur Synthese von Oxychinolincarbonsäuren und über die dabei erhaltene Paraoxychinolincarbonsäure. . . . Dresden. Druck v. B. G. Teubner. 1888: 49 + 1 S. 8°
Jena. Phil. Fak., Inaug.-Diss. v. 1885

Altschul, M., s.: Acetylen i. Wissenschaft u. Industrie.

— s.: Jahrbuch f. Acetylen u. Carbid.

— s.: Zeitschrift f. komprimierte u. flüssige Gase.

Altschul, Michael [aus Nowogrudok]: Über die kritischen Grössen einiger organischen Verbindungen . . . (Aus: Zeitschr. f. physik. Chemie, Bd XI Heft 5.) Leipzig, W. Engelmann, 1893; 25 S. 8.
Leipzig, Phil. Fak., Inaug.-Diss. v. [6. Juni] 1893

Altschul, R., einige wohlgemeinte Winke f. die Landwirte. gr. 8. (144 S.) Leipa 888. (Künstner.) n. — 70

Altschul, Theodor

Altschul, T, krit. Bemerkgn z. medicin. Statistik, s.a. Zeit- u. Streitfragen, klin.

Altschul, Theodor: Kritische Bemerkungen zur medicinischen Statistik. — Wien (: Hölder) 1894. S. 272–308. (Klinische Zeit- u. Streitfragen. 8,8.)
1: Ic 2540–8,8. **12:** Med. g. 525 h–8. **300:** 187.861–B. Bd 8,8.
3.8158

Altschul, Thdr., die Frage der Ueberbürdung unserer Schuljugend vom ärztl. Standpunkte. [Aus: „Wiener med. Wochenschr.“] gr. 8. (44 S.) Wien 894. M. Perles. n. 1. 20

Altschul, Thdr., Gesundheitslehre u. Kinderpflege. Für die Frauenschulklassen des Lyzeums. Nach dem Lehrplan vom 12. XII. 1908 f. das preuss. Mädchenschulwesen bearb. (240 S. m. 162 Abb. u. 6 farb. Taf.) gr. 8. Leipzig 910. G. Freytag. — Wien, F. Tempsky. Geb. 1. 60

Altschul, Thdr., die öffentliche Gesundheitspflege in Städten u. deren Werth f. die Volksgesundung, s.a. Sammlung gemeinnütziger Vorträge.

Altschul, T: Die öffentl. Gesundheitspflege in Städten u. deren Werth f. d. Volksgesundg, s.a. Sammlung gemeinnütz. Vorträge.

Altschul, San.-R. Dr. Th., Die öffentliche Gesundheitspflege in Städten u. deren Werth f. die Volksgesundung. »Samml. gemeinnütziger Vortr.« (14 S.) Prag 1899. F. Haerpfer in Komm. —.20

— Hypnotismus u. Suggestion im Leben u. d. Erziehg. (Nach e. Vortr.) 8° (70) Prag 1900, F Haerpfer. — 65

Altschul, Thr., d. Idee d. Verstaatlichung d. ärztl. Standes. [A.: „Wiener med. Presse“.] gr. 8. (32 S.) Wien 896. Urban & Schwarzenberg. n. 1. —

— Körper- u. Gesundheitslehre f. die oberen Klassen der Realgymnasien. (92 S. m. 91 Abb. u. 4 farb. Taf.) gr. 8. Wien 910. F. Tempsky. Geb. in Leinw. 2. —

— Lehrbuch der Körper- u. Gesundheitslehre (Somatologie u. Hygiene) f. Lehrer- u. Lehrerinnen-Bildungsanstalten. Mit 129 Abb. im Text, 2 farb. Taf. „essbare u. gift. Schwämme“ u. 1 Übersichtstaf. „erste Hilfe“. (182 S.) gr. 8. Leipzig 907. G. Freytag. — Wien, F. Tempsky. Geb. 3. —

— dasselbe. Für Mädchenlyzeen u. ähnl. Lehranstalten. Mit 133 Abb. im Text, 2 farb. Taf. „essbare u. gift. Schwämme“ u. 1 Übersichtskarte „erste Hilfe“. (183 S.) gr. 8. Ebd. 908. Geb. 3. —

— Leitf. d. Körperlehre u. Tierkde, s: Graber

Altschul, Thdr., Nutzen u. Nachteile der Körperübungen. Nach e. im Jugendspiel-Unterrichtskurs in Prag im Sommer 1900 geh. Vortragsreihe. gr. 8. (II, 76 S.) Hamburg 901. L. Voss. n. 1. 50

Altschul, T, z. Schularztfrage. 8. (80) Prag 90, Ehrlich. *n*. 2.—
—— üb. Wasserversorgg d. Städte im Allg. u. d. geplante Wasserversorgg Prags im Besond. Vortrag. 8. (79) Prag 89, Calve. *n*. 1. 60

— Zur Schularztfrage. Eine schulhygienische Studie. — Prag: Ehrlich 1890. 80 S.
1:Ne 8330. **12**:Paed. Th. 76. **300**:82.195-B. **2.**
3.8165

— üb. Wasserversorgung der Städte im Allgemeinen u. d. geplante Wasserversorgung Prags im Besonderen. Nach e. im Vereine deutscher Aerzte in Prag geh. Vortrage. gr. 8. (III, 79 S.) Prag 889. Calve. n. 1. 60

Altschul, William, die f. die Kosten der Rechtsanwälte geltenden Bestimmungen der königl. sächs. Kostenordnung vom 22. VI. 1900 einschl. der ihr einverleibten Vorschriften d. Gebührenordnung f. Rechtsanwälte, übersichtl. zusammengest. gr. 8. (11 S.) Dresden 901. C. Weiske. n. —50

Altschüller, Emil, die Conservierung des Hackfleisches m. (neutralem) schwefligsaurem Natrium u. einige Bemerkungen üb. die Beurteilung des Zustandes v. Hackfleisch. Diss gr. 8. (66 S.) Strassburg 902. J. Singer. n. 1. 50

Altschüler, Moritz

Altschueler, Mor, s.: Bibel-Version, die syrische, Peschita im Urtext.

— s.: Bibel-Versionen, die aramenischen.

Altschüler, M., Essays. I. E. Kapitel a. d. jüd. Geschichte II. Ueb. d. Männer d. grossen Synagoge. (In hebr. Sprache.) gr. 8. (IV, 80 S.) Wien 895. (Ch. D Lippe). n. 1. 50

Altschüler, Mor., s.: Monumenta judaica.

— s.: Orbis antiquitatum.

— s.: Pferses-Handschrift. die.

— s.: Vierteljahrsschrift f. Bibelkunde.

Altserbien [Schlagwort]

Altserbien, s.: Serbien.

Altsmann, R: Aufg. u. Lösgn. Hilfsb. z. Übg junger Juristen in d. Anwendg d. bürgerl. Rechts. In Verbindg m. F Czolbe, P Hartmann, B Lehmann, E Scherling hrsg. Schulverhältnisse. Besonderer Tl. (8, 309) gr8° Berl., C Heymann '13. 7 —: geb. 8 — d

— Die Nebengesetze des Bürgerlichen Gesetzbuchs und die preußischen Ausführungsgesetze nebst den allerhöchsten Verordnungen und den Ministerialerlassen. Textausg. mit kurzen Erl. hrsg. von R. Altsmann. — Berlin: Heymann 1900. XII,724 S. **1**:Gl 22576/28. **2. 10. 11.**
3.8170

Altsmann, R., d. Recht d. bürgerl. Gesetzbuches. E. Lehrbuch f. Gerichtsschreiber u. Justizanwärter. (In ca. 3 Lfgn.) 1. u. 2 Lfg. gr. 8. (S. 1—264.) Berlin 898. C. Heymann's Verl. n. 2. 60 (1. n. 1. —; 2. n. 1. 60)

— Das Recht des Bürgerlichen Gesetzbuchs. Ein kurzgefaßtes Lehrbuch namentlich für Gerichtsschreiber. Von R. Altsmann. 1. u. 2. Aufl. — Berlin: Heymann 1899. XVI, 485 S. **1**:Gl 22548/4. **2. 6.**
3.8171

Altsmann, Richard: Das Recht des Bürgerlichen Gesetzbuchs. Ein kurzgefaßtes Lehrbuch. Von R. Altsmann. 3. Aufl. — Berlin: Heymann 1899. XVI,485 S.
1:Gl 22548/4^{3}. **2. 6. 11.**
3.8172

— Das Recht d. BGB. Kurzgef. Lehrb. 4. Afl. 8° (485) Ebd. 99. 5 —; geb. 6 —

—— 5. Aufl. Ebd. 1899. XVI,485 S. **7.**
3.8173

—— 6., unter Berücks. d. preußischen Ausführungsgesetze überarb. Aufl. ⟨1. Sonderausg. für Preußen.⟩ — Ebd. 1899. XVI,508 S. **1**:Gl 22548/4^{6}.
3.8174

Das Recht des Bürgerlichen Gesetzbuchs. Ein kurzgef. Lehrbuch von R[ichard] **Altsmann**, Landger.Dir. 7. unter Berücks. d. Preuss. Ausführungsgesetze überarb. Aufl. ⟨2. Sonderausg. f. Preussen.⟩ *Berlin: C. Heymann 1899.* (XVI, 508 S.) 8° [J.] [oo. 468

—— 7., unter Berücks. d. preußischen Ausführungsgesetze überarb. Aufl. ⟨2. Sonderausg. für Preußen.⟩ — Ebd. 1900. XVI,508 S. **1**:Gl 22548/4^{7}. **3. 11.**
3.8175

—— 8. Aufl. ⟨Ausg. für das Reich.⟩ Ebd. 1900. XVI,485 S. **11.**
3.8176

—— 9., vielfach verb. Aufl. 3., mit Rücks. auf d. preußischen Ausführungsgesetze bearb. Sonderausg. für Preußen. — Ebd. 1901. XVI,615 S. **1**:Gl 22548/4^{9}. **11.**
3.8177

—— 10., vielfach verb. Aufl. ⟨Ausg. für das Reich.⟩ Ebd. 1903. XV,743 S. **1**:Gl 22548/4^{10}. **11.**
3.8178

—— 11., neu durchges. u. verm. Aufl. Ebd. 1906. XV,872 S. **1**:Gl 22548/4^{11}. **12**:J. germ. 1060. **11.**
3.8179

—— 12. Aufl. Ebd. 1910. XV,1069 S.
1:Gl 22548/4^{12}. **7. 11.**
3.8180

Altstadt [Schlagwort]

Altstadt, s.: Bayreuth.

Altstaedt, Ernst, a. Bonn: Aus d. med. Univ.-Klinik zu Rostock. Die Hämophilie im Lichte der genealogischen Forschung. Rostock 1908: Adler. 31 S. 8°
Rostock, Med. Diss. v. 22. Mai 1909, Ref. Martius
[Geb. 17. Febr. 85 Siegburg; Wohnort: Rostock; Staatsangeh.: Preußen; Vorbildung: Gymn. Bonn Reife O. 03; Studium: Bonn 5. Kiel 2. Bonn 1. Rostock 2 S.; Coll. 26. Okt. 08; Approb. 5. Juni 09.] [U 09. 3700

Altstaedter, Moritz: Szegedin als Winteraufenthalt für Brustleidende im Vergleiche mit Venedig dargestellt für Aerzte u. gebildete Laien von Moritz Altstädter. — Szegedin: Verf. 1859. 80 S. **1**:Ib 19890.
3.8182

Altstädter, M, Szegedin als Winteraufenth. f. Brustleid. 2. Afl. 8. (164) Szeged. 60. (Pest, Lauffer.) — 15

Alt-Stutterheim, Helene v., Waldleben. Neue Märchen. 8. (144 S. m. 4 Bildern.) Bromberg 889. (Mittler.) geb. n. 3. —

Alt-Stuttgart. Schiller und seine Zeit. (12 T) 4° Stuttgart

Alt-Stuttgart in Bildern. 26 Taf. in Aquarellfarbdr. u. Lichtdr. m. Einleitg v. Erich Willrich. (4) 38,5×51,5 cm. Stuttg., C Ebner ('12). in L-M 25 — d

Altswert, Meister, s.a. Bibliothek d. litterar. Vereins in Stuttgart.

Altswert: [Werke] Meister Altswert, hrsg. von W[ilhelm Ludwig] Holland u. A[delbert v.] Keller. — Stuttgart: Literar. Verein 1850. XXIV,255 S. (Bibliothek d. Literar. Vereins in Stuttgart. 21.)
1:Ag 308-21. **12**:H. misc. 33t-21 [u.ö.]
300:393.111-B. Per. 21. **2. 3. 4. 5. 6. 7. 8. 9. 10. 11.**
3.8185

Altum, Bernard: Die Artkennzeichen des inländischen entenartigen Geflügels. Von Prof. Dr. Altum. — Berlin: Baensch 1883. 56 S.
Aus: Neue deutsche Jagd-Zeitung.
1:8 in 4° Lo 3601^{a}. **12**:Oecon. 2037x.
3.8187

ALTUM, Bernhard: Die durch Thiere erzeugten Baumringelungen. - Breslau 1877. 17 S.

ALTUM, G. HENTSCHEL, H. NITSCHE: Erreichung einer einheitlichen Nomenclatur auf dem Gebiete der Entomologie und der Botanik. 3 Referate vom internationalen land- und forstwirthschaftl. Congress zu Wien. - Wien 1890. H. 70, 102, 136

Altum, Erreichung e. einheitlichen Nomenclatur auf dem Gebiete der Entomologie u. der Botanik. [Aus: „Centralbl. f. d. ges. Forstwesen".] (Internationaler land- u. forstwirthschaftl. Congreß zu Wien 1890, 70. Hft.) gr. 8. (6 S.) Wien 892. (W. Frick.) n. — 80

— Fauna der Wirbelthiere des Münsterlandes in ihren Lebensverhältnissen nach selbständigen Beobachtungen und Erfahrungen dargestellt. 1. — Münster: Niemann 1867. VII,151 S.
1. Altum: Die Säugethiere des Münsterlandes.
1:Lm 5704. 5. 6.
3.8188

— Forstzoologie. Mit Holzschn. 1–3. — Berlin: Springer 1872–75.
1. Säugethiere. 1872.
2. Vögel. 1873.
3. Insecten. 1.2.
1. Allgemeines und Käfer. 1874.
2. Schmetterlinge, Haut-, Zwei-, Gerad-, Netz- und Halbflügler. 1875.
1–3 . . . . 1:Oy 10345. 12:Oecon. 57o. 7.
1.2.3,2 . . . . 6.
2 . . . . 102.
3.8189

— — 2., verb. u. verm. Aufl. 1–3. Ebd. 1876–82.
1. Säugethiere. 1876.
2. Vögel. 1880.
3. Insecten. 1.2.
1. Allgemeines und Käfer. 1881.
2. Schmetterlinge, Haut-, Zwei-, Gerad-, Netz- und Halbflügler. 1882.
1–3 . . . . 1:Oy 10346. 11.
3,1 . . . . 6.
3.8190

— Die Geweihbildung des Elchhirsches. Mit 9 Holzschn. Berlin: Springer 1874. 18 S. 1: 6 in Oy 21800. 11.
3.8191

—— die Geweihbildung des Elchhirsches. gr. 8. (18 S. mit 9 in den Text gedr. Holzschn.) Ebendas. 875. *

— Die Geweihbildung bei Rothhirsch, Rehbock, Damhirsch. Ein Beitrag zur Jagdzoologie. Mit 19 grösstentheils Originalfig. in Holzschn. — Berlin: Springer 1874. 59 S.
11.
3.8192

— Lehrbuch der Zoologie von B. Altum und H[ermann] Landois. Mit 122 Abb. — Freiburg i. Br.: Herder 1870. X,400 S. 10.
3.8193

—— —— dass. — 2. Aufl. gr. 8. (XVI, 375 S. mit 183 in den Text gedr. Abbild. und 1 Holzschntaf.) Ebendas. 872. *

—— —— dass. — 3. Aufl. gr. 8. (XVI, 379 S. mit 200 in den Text gedr. Abbild.) Ebendas. 874. *

— — Mit 200 Abb. 3. Aufl. Ebd. 1875. XVI,379 S. 6.
3.8194

— — Mit 226 Abb. 4. Aufl. Ebd. 1878. XVI,407 S. 102.
3.8195

Altum, Bernard, und H. Landois, Lehrbuch der Zoologie. 5. verb. Aufl. gr. 8. (XIX, 481 S. mit 238 in den Text eingedr. Abbild.) Freiburg i. Br. 883, Herder'sche Verlagsh. *
geb. **

— Unsere Mäuse in ihrer forstlichen Bedeutung nach amtlichen Berichten über den Mausefrass im Herbst, Winter und Frühling 1878–79 in den preussischen Forsten sowie nach eigenen Untersuchungen dargestellt. — Berlin: Springer 1880. 76 S.
1:Oy 16800. 12: Oecon. 57q. 11.
3.8196

— Die Säugethiere des Münsterlandes in ihren Lebensverhältnissen nach selbständigen Beobachtungen und Erfahrungen dargestellt. — Münster: Niemann 1867. VII, 151 S. (Altum: Fauna d. Wirbelthiere d. Münsterlandes. 1.)
1:Lm 5704–1. 5. 6.
3.8197

Altum, Bernard.: Similitudines Homeri cum Aeschyli, Sophoclis, Euripidis comparantur. Berolini 1855 (80 S.). Phil. Diss. Berlin

— Unsere Spechte und ihre forstliche Bedeutung. Mit 35 Originalfig. in Holzschn. — Berlin: Springer 1878. 90 S.
1:Lo 5320. 12: Zool. 7g. 11.
3.8198

— Der Vogel und sein Leben. — Münster: Niemann 1868. IV,196 S. 300:31.886. 6.
3.8199

— — 2., verm. u. verb. Aufl. Ebd. 1868. XV,240 S.
12: Zool. 7f.
3.8200

— — 3., verm. Aufl. Ebd. 1868. XVI,256 S.
1:Lo 3848³. 5. 6.
3.8201

— — 4., verm. Aufl. Ebd. 1869. XV,303 S.
1:Lo 3848⁴. 5. 6.
3.8202

— — 5., verm. Aufl. Ebd. 1875. XV,295 S.
1:Lo 3848⁵. 12: Zool. 606 o. 6.
3.8203

Altum, Bernard: Der Vogel und sein Leben. 6., verm. Aufl. — Münster i. W.: Schöningh 1898. VI,300 S.
1:Lo 3848⁶. 12: Zool. 7 fd. 2. 5. 6. 102.
3.8204

— — 7. Aufl. Nach d. Tode d. Verf. hrsg. von F[erdinand] Renne. — Ebd. 1903. VIII,287 S. 6.
3.8205

— — 9. Aufl. (Unveränd. Abdr. d. 7. u. 8. Aufl.) Nach d. Tode d. Verf. hrsg. von F[erdinand] Renne. — Ebd. 1910. VIII,263 S. 1:Lo 3848⁹. 5. 7.
3.8206

Altum, Bernard, der Vogel u. sein Leben, geschildert. 10. Aufl. (Unveränd. Abdr. der 7.—9. Aufl.) Nach dem Tode d. Verf. hrsg. v. F. Renne. (VIII, 263 S. m. Bildnis.) gr. 8. Münster 910. H. Schöningh. Geb. in Leinw. 3. —

Altum, Bernard: Der Vogel u. s. Leben, geschildert. 10. Afl. Hrsg. v. F Renne. (8, 263 m. Bildn.) gr8° Münst., H Schöningh '11. L 3 — d

— Waldbeschädigungen durch Thiere und Gegenmittel. Mit 81 Holzschn. — Berlin: Springer 1889. XVI,285 S.
1:Oy 16835. 12: Oecon. 57 r. 11.
3.8208

Altum, Bernard. Waldbeschädigung durch Thiere u. Gegenmittel. Mit 81 in den Text gedr. Holzschn. Berlin 1890. gr. 8.

— Winke für Lehrer zur Hebung des zoologischen Unterrichts an höheren Bildungsanstalten. — Münster: Aschendorff 1863. IV,94 S. 1:Lk 12785. 6.
3.8209

Altuna, Christian s. *Altona*.

Altunian, Geo.: Die Mongolen u. ihre Erobergn in kaukas. u. kleinasiat. Ländern im 13. Jahrh., s: Studien, Historische.

Altus, Heinrich, Donatio Constantini imperatoris facta (ut ajunt) Sylvestro papae. Präs. Joach. Hildebrand. Helmstedt (Henning Müller) 24. VIII. 1661. 28 Bl. (5.50) 341

— — Dasselbe. Helmstedt (Gg. Wolfg. Hamm) 1703. 28 Bl. (4.80) 342

Alt-Uttenruthia. — Aus der Alt-Uttenruthia. Blätter der Erinnerung. 21. Jan.–2. Juli 1850. Ms. (5. Abdr.) — Erlangen 1884: Junge. 24 S. 11.
3.8213

Altvater. Organ des mährisch-schlesischen Sudeten-Gebirgsvereins. [Red.: Adolf Kettner.] Jg. 1–53.
Freiwaldau: Blazek (sp. Sudeten-Gebirgsverein) 1883–1934. 4° 12, 16, N 1
(Vorh. u. d. T.: Mittheilungen des mährisch-schlesischen Sudetenvereins. Jg. 1. 2. 1882. 1883.

Altvater. Org. d. mähr.-schles. Sudeten-Geb.-Ver. Red. v. Adolf Kettner. Jg. 1 ⟨3⟩ ff. Freiwaldau 1885 ff.

Altvater, A. (Hrsg.), s. Volkswirth, Der deutsche

Altvater Ad., s. Börsen-Nachrichten.

Altvater, Heinrich, Referendar in Rostock: Der Pachtabstand. *Rostock 1903: C. Hinstorff.* (63 S.) 8°
Rostock, Jur. Diss. v. [25. Juli] 1903

Altvater, Heinr., s.: Zeitschrift, mecklenburgische, f. Rechtspflege u. Rechtswissenschaft.

Altvater, Paul, Agatha. Schauspiel in 5 Akten. gr. 8. (98 S.) Wiesbaden 880. Deutsche Roman- u. Dramen-Verlagshandlung. 1. —

Altvater, Paul (I.), Agatha. Schauspiel in 5 Akten. gr. 8. (98 S.) Wiesbaden 881, Deutsche Roman- und Dramen-Verlagsh.

Altvater, Paul. 1878: Der Blutschöffe. Roman. — Stuttgart: Selbstverl.; Werther in Comm. 1878. 235 S. 1:Yx 18582. 7.
3.8214

Altvater, Paul (II.), die Morphium-Einspritzungen [subcutane Injectionen]. Deren Wesen und Wirkung, unschädl. und schädl. Anwendung, Abminderung und Abgewöhnung; nach eigenen, in vieljähr. Selbstgebrauch gewonnenen Erfahrungen, für Jedermann fasslich dargestellt als sicherer Führer für Aerzte und Laien. 2. und 3. verb. Aufl. gr. 8. (62 S.) Neuwied 881,84, Heuser's Verlag.
1. Aufl. erschien im Selbstverlag des Verfassers.

Altvater, Paul. 1884: Die Morphium-Einspritzungen ⟨Subcutane Injectionen⟩. Deren Wesen u. Wirkung, unschädliche u. schädliche Anwendung, Abminderung u. Abgewöhnung, nach eigenen, in vieljährigem Selbstgebrauch gewonnenen Erfahrungen, für jedermann fasslich dargestellt als sicherer Führer für Aerzte und Laien. 3., verb. u. verm. Aufl. — Leipzig & Neuwied: Heuser 1884. 62 S. 1:Ip 8493. 12:Path. 23d.
3.8215

Altvater, Paul, die Morphium-Einspritzungen, deren Wesen, Wirkung und Abgewöhnung. 3. Aufl. gr. 8. Neuwied 884. Stuttgart, Zimmer's Verlag.

— Die Morphium-Einspritzungen ⟨Subcutane Injectionen⟩. Deren Wesen, Wirkung u. Abgewöhnung. Nach eigenen Erfahrungen dargestellt. 3., verb. u. verm. Aufl. Berlin, Neuwied: Heuser 1887. 62 S. 5.
3.8216

Altvater, William, appr. Arzt a. Hildesheim: Aus d. Psychiatrischen u. Nervenklinik zu Kiel: Ein Fall von Hemiplegie bei Epilepsie ohne anatomische Veränderung. Kiel 1906: H. Fiencke. (16 S.) 8°
Kiel, Med. Fak., Ref. Siemerling, Diss. v. 27. Aug. 1906
[Geb. 2. März 80 Hildesheim; Wohnort: Hildesheim; Staatsangeh.: Preußen; Vorbildung: Realgymn. Hildesheim Reife O. 99, Gymn. Hildesheim Reife O. 00; Studium: Tübingen 5. Göttingen 1, Kiel 4 S.; Coll. 14. Aug. 06; Approb. 1. Juli 06.]

Altväter, die, e. Erzähl. a. d. Gesch. d. mähr. Brüder, zum Festgeschenk f. Kinder. Vom Verf. d. Rabenfeder. 12. (3 1/6 B.) Basel 830, Schneider.

Altväter, die; eine Geschichte zum Festgeschenk für Kinder. Vom Verf. der Rabenfeder (Barth.) 2. Aufl. 12. Basel 844, Schneider. 1/8 ℔ Mit illum. Titelk. 1/4 ℔

Altvatergebirge [Schlagwort]

Altvatergebirge. Baron, Paul, Karte vom Altvatergebirge (m. den Farbenmarkierungen der Touristenwege). 1:200,000. 33,5×42 cm. Farbdr. Schweidnitz (909). G. Brieger. — 40

Altvatergebirge. Jarasch, P., Reisekarte vom Altvatergebirge u. vom Glatzer Schneebergs-Gebirge. Lith. u. color. Fol. Ziegenhals 890. Roolle. n. — 50

Altvater-Gebirges, Karte des, von V. Gerber. Freiwaldau, Anton Blažek. Ausgabe A 1 fl.; B 60 kr. 1884.

Altvatergebirge. Karte der markierten Wege im Altvatergebirge. Mit Angabe der Touristenwege u. Markierungstafeln in den Orig.-Farben. Gezeichnet v. J. Lowag. 1:200,000. 2. Aufl. 34,5×37 cm. Freudenthal (906). W. Krommer. n. — 35

— Karte der markierten Wege im Altvatergebirge. Mit Angabe der Touristenwege u. Markierungstafeln in den Orig.-Farben. Gezeichnet v. J. Lowag. 1:200,000. 3. Aufl. 34,5×37 cm. Freudenthal (907). W. Krommer. — 35

— Lowag, Jos., Karte der markierten Wege im Altvatergebirge. 7. u. 8. Aufl. Mit Einzeichnung der Touristenwege u. Markierungstafeln in den Orig.-Farben. 1:200,000. 37×34,5 cm. Farbdr. Ebd. (910.) — 35

(F) **Altvater-Sagen.** 2. Aufl. I. Bd. [J. Lowag's Gesammelte Schriften.] 8°. (247 S.) Freudenthal: Krommer 1903. K 1.60

v. Altvatter, Otto, zur Lösung der Steuerreformfrage. Der österreich. Grundsteuer-Cataster in seiner Theorie u. Praxis, nebst Vorschlag zu e. Grundsteuer-Systeme in Verbindung mit der Einführung neuer Grundbücher, u. e. Anh.: Ein Entwurf e. gerechten Hauszinssteuer. Wien 865. Gerold's Sohn in Comm. Lex.-8. (IV, 56 S.) n. 12 ngr.

Altwasser, Thdr., Gedichte. Breslau 870. Trewendt in Comm. 16. (229 S.) n. 25 ngr.

Altwasser, Th., Graf Leicester, s.a. Universal-Bibliothek.

— Graf Leicester. Ein Trauerspiel in 5 Aufz. — Leipzig: Reclam [1872]. 76 S. (Universal-Bibliothek. 364.) 1:Ag 7201-364. 12:Var. 380k-364. 300:410.411-A. Per. 364. 10.
3.8218

— Maria von Brabant. Trauerspiel in 5 Akten. — Berlin: Bloch 1862. 100 S. 1:Ys 12361.
3.8219

Altwasser, Thdr., Maria von Brabant. Trauerspiel in 5 Akten. (Als Manuscr. gedr.) Berlin 862. Lassar. 16. (100 S.) n. 20 ngr.

Altwegg, Christian Ulrich [Hrsg.] s. *Appenzeller*, Der witzige, oder Haus- und Familienfreund. 1843.

Altwegg, Chr Ulr[ich]. Vaterländische Volksreden. Gesammelt und hrg. von Chr. Ulr. A'. 8. Weinfelden 1848.

Altwegg, Guilelmus, s. Altwegg, Wilhelm

Altwegg, Hans

Altwegg, H., die Disziplin in der Sonntagschule. Referat, geh. an der Kantonalkonferenz zürch. Sonntagschulen Ostern 1904, in der St. Anna, Zürich, m. besonders eingeh. Behandlg. der Frage: Wie hält man in der Sonntagschule gute Zucht u. Ordng.? (28 S.) 8. Zürich (904). (Buchh. der ev. Gesellschaft.) — 25

Altwegg, Paul, bacc. iur., Fürsprech in Frauenfeld: Beitrag zur rechtlichen Erklärung der Entstehung des schweizerischen Bundesstaates im Jahre 1848. Borna-Leipzig 1908: R. Noske. (X, 61 S.) 8°
Leipzig, Jur. Fak., Diss. v. 11. Mai 1908
[Geb. 9. März 84 Frauenfeld; Wohnort: Frauenfeld; Staatsangeh.: Schweiz; Vorbildung: Thurgauische Kantonssch. (Gymn.) Frauenfeld Reife O. 03; Studium: Neuenburg 1, Zürich 2, Berlin 1, Zürich 1, Leipzig 3, Zürich 1, Bern 1 S.; Rig. 21. Dez. 06.]

Altwegg, Wilhelm

Altwegg. Guilelmus. Basiliensis: De Antiphonte qui dicitur sophista quaestionum particula I. De libro περὶ ὁμονοίας scripto. Basileae MCMVIII. 99 p. 8°. [17. II. 08.]
Basel. Phil. Diss. 1907/08.

Altwegg, Wilhelm. De Antiphonte qui dicitur Sophista quaestionum particula I: De libro *ΠΕΡΙ ΟΜΟΝΟΙΑΣ* scripto. Diss. Phil. Basiliensis ... scripsit Guilelmus A'.... 99 p. 8. Basileae, Gasser & Cie., 1908.

Altwegg-Weber (Hrsg.), s. Frauen-Zeitung, Schweizer

Altweibersommer, Der, im Tartarus oder fünftes Heft des Gesprächs im Reiche der Todten zwischen Perinet erster Frau und Charon in der Unterwelt 1806. V: *Perinet, Joachim.* (Gustav Gugitz: J. Perinet, S.161.) (BiblPort)

Altwein, Johann Georg: De coniungendo Graecae et Latinae linguae Studio oratio. In splendidissimo Societatis Latinae conventu pro obtinendo socii loco et honore recitata. — Jenae (1768): Schill. XVI S. 4° **10.**
3.8221

Altwein, Siegfried.

— — De legali mensium tempore, seu spacio menstruo Von Monats-Fristen. Diss. jur. Altdorf (Jodocus Wilhelm Kohles) 14. XII. (1692) 1700. 48 S. (5.—) 345
Widm. v.: Heinr. Linck, Georg Reichard Hammer, Felix Spitz, Christoph Oettler.

— — Dasselbe. Altdorf (Jod. Wilh. Kohles) 14. XII. (1693) 1719. 47 S., ohne Widm. (4.—) 346

Alt-Wernigerode. Festschrift zur Vierzigjahrfeier des Harzvereins für Geschichte und Altertumskunde vom 5. bis 7. Juli 1908. Herausgegeben von dem Vereine mit Unterstützung der Historischen Kommission der Provinz Sachsen, der Stadtvertretung, verschiedener anderer Körperschaften der Stadt und des Kreises Grafschaft Wernigerode und von wernigerödischen Geschichtsfreunden. Bearbeitet von ED. JACOBS, erstem Schriftführer des Harzvereins. Mit einem geschichtlichen Plane der Stadt Wernigerode und 38 Abbildungen auf 10 Tafeln, dem Stadtplane und im Text. Wernigerode 1908. Selbstverlag des Vereins. In Kommission bei H.C. Huch in Quedlinburg. fol.

Alt-Wien. Monatsschrift f. Wiener Art u. Sprache. Red. v. Leop. Stieböck. 1. u. 2. Jahrg. Novbr. 1891—Oktbr. 1893. à 12 Hfte. gr. 4. (à Hft. ca. 12 S. m. Illustr.) Wien, J. Dirnböck. à Jahrg. n. 5.—

Alt-Wien. Monatsschrift f. Wiener Art u. Sprache. Red. v. L. Stieböck. 1. u. 2. Jahrg. Novbr 1891—Oktbr 1893 à 12 Hfte. 4° (1. Jahrg. 1. Hft. 12 u. 2. Jahrg. 1. Hft. 12 m. Illustr. u. 1 Musikbeilage.) Wien, (Gilhofer & R.). à Jahrg. 7—

— dasselbe. Mit der Beilage: Die elegante Welt. Red. v. F. A. Bacciocco. 3. Jahrg. 1894. 12 Hfte. gr. 4. (à Hft. ca. 12 u. 8 S. m. Abbildgn. u. 1 Taf.) Ebd. n. 6. 50

Alt-Wien. Monatsschrift f. Wiener Art u. Sprache. Hrsg. u. red. v. Leop. Stieböck. M. d. Beil.: Die elegante Welt. Red. v. F. A. Bacciocco. 4. Jahrg. 1895. 12 Hfte. (à ca. 3 Bog. m. Abb. u. Taf.) gr. 4. Wien, Gilhofer & Ranschburg. n. 8.—

— dasselbe. 5. Jahrg. 1896. 12 Hfte. (à ca. 3 Bog. m. Abb. u. Taf.) gr. 4. Wien (Leipzig, Literar. Anstalt, A. Schulze). n. 8. 40

Alt-Wien in Bild u. Wort. Hrsg. vom Wiener Alterthumsverein u. v. der Redaction d. Wiener Illustrirten Extrablattes. Red. v. Alb. Ilg. 1.—6. Lfg. Fol. (à 12 Bl.) Wien 888—890. (Gerold's Sohn.) à Lfg. n. 2. 20

— in Bild u. Wort. Hrsg. vom Wiener Alterthumsverein u. v. d. Red. d. Wiener Illustrirten Extrablattes. Red. v. Alb. Ilg. 7.—9. (Schluß-)Lfg. Fol. (12, 12 u. 18 Bl. m. 2 Bl. Text.) Wien 891—893. (C. Gerold's Sohn.) à n. 2. 20 (kplt. in Mappe: n. 19. 80)

Alt- und Neu-Wien. Alphabetisches Verzeichniß sämmtl. alter Straßen, Gassen und Plätze Wiens mit Angabe ihrer dermaligen neuen Benennung, dann den alten und neuen Hausnummern. 8. (132 S.) Wien 863, (Neumann.) *

—— —— in seinen Bauwerken. 2., verm. und verb. Aufl. des der 14. Versammlung deutscher Architekten und Ingenieure gewidmeten Fest-Albums. Hrsg. vom österreich. Ingenieur- und Architekten-Vereine. Redig. von Carl Weiss. Lex.-8. (VIII und 149 S. mit 85 Illustr. in Holzschn. und 1 chromolithogr. Plane in gr. Fol.) Wien 865, Gerold's Sohn. *

Alt-Wil in Bildern. 2 Serien. [Tafelwerk, mit Text-Beilage.] quer-4. Wil, F. G. Sailer, [1904]. [fr. 7. — u. 10. —]
[Tafelwerk,] quer-4. Serie 1: Ansichten von Wil, nach der Natur gezeichnet von Franz Müller 1835—87, mit dessen Porträt als Titelbild [und 1 Wappentafel]. II S. [+ 17 Tafeln]; — Serie 2: Reproduktionen von Ansichten und Original-Aufnahmen von vorhandenen Kunstwerken der Stadt Wil aus dem 16. bis 19. Jahrhundert. 24 Lichtdruckbilder und Titelbild: «Die Sailerscheibe» von N(iklaus) Wirt. II S. [+ 25 Tafeln].
[Text-Beilage,] 8. Serie 1: Beschreibung der Ansichten — — 1835-37. II + II + 17 S.; Serie 2: Ansichten und Or' — — 19. Jahrhundert. Beschreibung der Bilder. IV + 47 S.

Alt-Württemberg, Infanterie-Regiment. Geschichte des Regiments. Für Unteroffiziere und Mannschaften . . . Stuttgart 1893. V: *Happoldt, Ernst.* (Hirsch)

Alt-Würzburg. Studiengang in maler. Winkel d. Altstadt. Kulturhistor. Bilderreihe in Kaldrform. 12 (farb.) Steinzeichngn v. M Greiner. (25 S. Text.) 30,5×23,5 cm. Würzbg, S Perschmann '12. 2.80 d

— 2. Folge, s: Greiner, M: Die Frankenwarte.

Alt-Zauche [Schlagwort]

Alt-Zauche, s.: Mark. — Wanderkarten.

ALT-ZERBST. (Mitteilungen aus der Geschichte von Zerbst und Ankuhn. Organ des Zerbster Geschichtsvereins. Beilage in der Zerbster Zeitung.) Herausgegeben von WÄSCHKE.
Jahrg. 1. Zerbst 1904. Druck und Verlag von H. Zeidler. 8°.
Jahrg. 2. ib. 1905. —

ALT-ZERBST. Herausgegeben von WÄSCHKE.
Jahrg. 3—7. ib. 1906—1910. —
Jahrg. 8—10. ib. 1911—1913. H. Zeidler's Buchdruckerei.

ALT-ZERBST. Mitteilungen aus der Geschichte von Zerbst und Ankuhn. Organ des Zerbster Geschichtsverein. Beilage in der Zerbster Zeitung. Herausgeber: WÄSCHKE.
(Jahrg. 11.) No. 1—7. 1914. ib. (1914). — (Ohne bes. Titelbl.)

Alt-Zowen [Schlagwort]

Alt-Zowen, s.: Geolog. Karten (Preussen).

Alua s. *Alva.*

Aluminium-Industrie-Aktien-Gesellschaft: Aluminium-Industrie-Actien-Gesellschaft, Neuhausen (Rheinfall), Schweiz. Aluminium und Aluminiumlegirungen. — Schaffhausen 1896: Stötzner. II,35 S. 89.
3.8235

— — Schaffhausen 1902: Bolli & Böcherer. II,26 S.
1:Ot 21606/4.
3.8236

Alumnat, Das. Pädagog. Zeitschr. Hrsg.: Ewald Horn. 1. J. Apr. '12—März '13. 12 Hefte. (1. Heft: 38 m. Abb.) gr8° Münch., R Oldenbourg. 12 —

Alumnatverein: **Alumnat zu Lörrach (in Baden).** o. O. u. J. 2 Bl. 8°. [Kopftit.]

(Alumnat. Das A' für Studirende der Theologie in Zürich.) Njbl. s. [Vögelin, Anton Salomon.]

Alumnatverein: **Alumnatverein.** Was will der Alumnatverein? o. O. u. J. 1 Bl. 4° [Kopftit.]

Der **Alumnatverein und sein erstes** Heim. o. O. u. J. 1 Bl. 4°. [Kopftit.]

Alumneum und Turnhalle für die Thomasschule zu Leipzig, Mittlerer Querschnitt, Grundriß, 2 Bl.

Alumneumserinnerungen. Von e. alten Kreuzschüler (G. Wustmann). 8. (VIII, 184 S.) Leipzig 890. Grunow. n. 1. 50

Alumth, Roland. Das Schwalbennest. Bilderbuch ohne Bilder mit Liedern. In-8°. 160 S. Glarus, J. Vogel. 1892 geb. 2 40

L'Alunno di commercio ossia guida alle principali cognizioni, operazioni e scritture commerciali e industriali conforme al codice austriaco di commercio terrestre e marittimo, e alle più recenti patenti imperiali e ministeriali ordinanze, con cenni particolari sugli stabilimenti ed usi mercantile di Trieste e un saggio di corrispondenza telegrafica mercantile. 8. (XXXIX und 934 S.) Triest 861, Coen. *

Aluredus Beverlacensis s. *Alfredus*.

Aeluriae, **epos jocosum** lat. vert. Bened. Chr. Avenarius. 8. Braunschweig 771. Schulbuchh. 8 gr.

Alva Ixtlilxochitl, Fernando de: [Horribles Crueldades, deutsch] Grausamkeiten der Eroberer Mexicos. 1839 in: *Amerika*, seine Entdeckung und seine Vorzeit [Voyages, relations et mémoires originaux pour servir à l'histoire de la découverte de l'Amérique, deutsch]. 1. 3.8275

ALVANITI, Constantin S. (Triest): Ueber die Harnruhr (Diabetes).- München: Weiss 1852. 24 S. 5.7.1852 - Urk (Titel: De diabete.); P 67
Diss. Ingolst.-Landsh.-Mchn.

Alvarenga, P. F. da Costa, Grundzüge der allgemeinen clinischen Thermometrie u. der Thermosemiologie u. Thermacologie. Aus dem Portugies. übersetzt v. O. Wucherer. gr. 8. (VIII, 251 S.) Stuttgart 873. Kirn. n. 4. —

Alvaretz, Jacobus s. *Alvarez* de Paz, Jaime.

Álvarez. — Ferdinand Alvarez von Toledo, Herzog von Alba. Nach den glaubwürdigsten Schriftstellern. Bd 1.2. — Leipzig: Weygand 1796. 12: Biogr. 9. 2. 3.8318

ALVAREZ, BALTHASAR: Kurze Unterweisung über die Leitung geistlicher Genossenschaften. Als Handschrift. Auszug aus dem Verzeichnisse der Pflichten einer Oberin, welches P. Balthasar Alvarez angefertigt hatte. Budapest 1903: Stephaneum. 31 S. - 135 mm

Álvarez, Jakub s. *Álvarez* de Paz, Jaime.

Álvarez, Manuel

— Anweisung zur lateinischen Sprach, aus Emmanuelis Alvari Institutionibus grammaticis von einem Priester bemeldter Gesellschaft kurz zusammen gezogen. Worzu noch kommen: Anfangsgründ der lateinischen Verskunst; 2. Vorrath teutsch-lateinisch- und griechischer Wörter, wie auch teutsch- und lateinischer Redarten; 3. Anleitung zur Rechenkunst; 4. Anmerkungen über die teutsche Sprach, und über die teutsche und lateinische Orthographie, oder Weis recht zu schreiben. Zum Gebrauch der Schulen d. Gesellschaft Jesu in d. Oberteutschen Provinz. München & Ingolstatt: Crätz; Augsburg: Summer 1753. 202,268 S. 12: L. lat. 2. 3.8556

— Ebd. 1754. 449 S. 12: L. lat. 3. 3.8557

— Ebd. 1756. 449 S. 12: L. lat. 4. 3.8558

— Anweisung zur lateinischen Sprache aus Emmanuelis Alvari Institutionibus grammaticis. Von einem Priester bemeldter Gesellschaft kurz zusammengezogen. Zum Gebrauch der Schulen d. Gesellschaft Jesu in d. Oberdeutschen Provinz. Neue verm. u. verb. Aufl. [Nebst] Indices. — Ingolstadt & Augsburg: Crätz 1770. 450,76 S. 12: L. lat. 5. 2. 3.8559

— Anweisung zur lat. Sprach- und Verskunst. gr. 8. Ingolstadt, Krüll. 770.

— Emanuelis Alvari De constructione grammatica liber 2. Sive de octo partium orationis constructione. Scholiis auctoris praetermissis. — Coloniae Agr. o. J.: Birckmann. Bog. A-D. 6. 3.8438

— Emmanuelis Alvari De constructione grammatica liber 2., sive de octo partium orationis constructione. Scholiis auctoris praetermissis. — Coloniae Agr.: Birckmann 1702. 60 Bl. 6. 3.8453

— Emmanuelis Alvari De constructione Grammatica liber 1. Scholis auctoris & rudimentis praetermissis. Adiectis vocabulis cum interpretatione grammaticae. — Monasterii 1707: Raesfeld. 52 Bl. 6. 3.8437

— Emmanuelis Alvari liber 2. De constructione octo partium orationis in usum mediae et supremae grammatices classium. — Viennae Austriae: Ludwig o. J.: Kaliwoda. 190 S.
Enthält liber 2 u. 3. 2. 3.8439

— Emmanuelis Alvari liber 2. De constructione octo partium orationis, in usum mediae et supremae grammatices classium. —
Viennae Austriae: Ludwig 1743: Kaliwoda. 576,48 S.
Beigedr.: Gretser, Jakob: Jacobi Gretseri Institutionum linguae Graecae libri 1. de octo partibus orationis pars altera de coniugationibus verborum, in faciliorem brevioremque usum redacta. o. J.
Enthält liber 2 u. 3.
12: L. lat. 18. 3.8463

— **Emmanuelis Alvari liber 2. De constructione octo partium orationis, in usum mediae et supremae grammatices classium. — Wratislaviae 1763: Typ. Acad. 794 S.**
Beigedr.: Gretser, Jakob: Jacobi Gretseri Institutionum linguae Graecae libri 1. de octo partibus orationis pars altera de coniugationibus verborum. In faciliorem, breviorem que usum redacta. 1764.
Enthält liber 2 u. 3.
2. 3.8467

— Grammatica Emmanuelis Alvari, add. accuratè authoribus classicis, substitutis versibus clarioribus, adiectis plurimis animadversionibus multò quam antea, studiosorum usibus accommodatior studio Balthasaris Alff. — Coloniae Agr.: Metternich 1731. 200 S. 6. 3.8423

— Epitome grammaticae cum interpretatione germanica. 8. Nürnb., Schneider et W. 3 gr.

— Emmanuelis Alvari Grammatica Latina explicata, oder: kurtze, klare und leichte Unterweisung zur lateinischen Sprach, nach denen Reglen Emmanuelis Alvari, denen Praeceptoribus so wohl, als denen Discipulis zur Bequemlichkeit und Erleuchterung vorgestellet. 2. Auffl., verb. u. verm. Synopsi prosodiae et nucleo artis metricae, nebst kurtzer Introduction ad arithmeticam. — Ingolstadt: de La Haye; München 1726: Riedlin. 280,64,23 S. 12: L. lat. 6. 3.8555

— Grammatica lat. c. interpr. gall. et germ. 8. Basel, Thurneysen. 740.

— Emmanuelis Alvari De grammatica institutione liber 3., sive de syllabarum dimensione, scholiis auctoris praetermissis. — Coloniae Agr. o. J.: Birckmann. Bog. A-F. 6. 3.8469

— Emmanuelis Alvari De institutione grammatica liber 2. Ad veterum ferè grammaticorum rationem revocatus. De constructione octo partium orationis. — Crembsii 1703: Walter. 123 S. 300: 73 Aa 69(3). 3.8454

— Emmanuelis Alvari De institutione grammatica liber 2. Sive de octo partium orationis constructione. Scholiis auctoris praetermissis. — Coloniae Agr.: Birckmann 1704. 47 Bl. 6. 3.8485

— Emmanuelis Alvari De institutione grammatica liber 2., sive de octo partium orationis constructione. Scholiis auctoris praetermissis. — Monasterii 1704: Raesfeld. 42 Bl. 6. 3.8455

— **Emmanuelis Alvari De institutione grammatica. Denuo corr. & à mendis repurgata. Libri 3. — Gedani: Stoll 1705. 480 S.** 10. 3.8418

— Emmanuelis Alvari De institutione grammatica sive de octo partium orationis constructione liber 2., recogn. & a mendis purgatus; regularum pariter interpretatione Germanica, aliisque notabilibus non inutiliter auctus. Ed. novissima. — Hildesii: Schlegel 1712. 206 S. 6.
3.8456

— Emmanuelis Alvari De institutione grammatica sive de octo partium orationis constructione liber 2. Ad commodum studiosae iuventutis recogn. et a mendis purgatus, regularum pariter interpretatione Germanica aliisque notabilibus auctus. Ed. novissima. — Ebd. 1716. 205 S. 6.
3.8457

— Emmanuelis Alvari De grammatica institutione liber 3., sive de syllabarum dimensione. — Monasterii: Raesfeld 1717. 44 Bl. 6.
3.8486

— Emmanuelis Alvari De institutione grammatica, sive de octo partium orationis constructione liber 2. Ad commodum studiosae iuventutis recogn. et a mendis purgatus, regularum pariter interpretatione Germanica aliisque notabilibus auctus. Ed. novissima. — Hildesii: Schlegel 1724. 206 S. 6.
3.8459

— Emmanuelis Alvari De institutione grammatica, sive de octo partium orationis constructione liber 2., ad commodum studiosae iuventutis recogn. & a mendis purgatus; regularum pariter interpretatione Germanica, aliisque notabilibus non inutiliter auctus. Ed. novissima. — Hildesii: Schlegel 1755. 162 S. 6.
3.8465

— Ed. novissima. Paderbornae: Wittneven 1756. 176 S. 6.
3.8466

— Instit. grammat. c. prosodia. 8. Ingolst. Krüll. 748.

— idem liber, libri tres. 8. Augsb. Wolf.

— instit. linguae lat. 8. maj. Augsb. 704.

— Emmanuelis Alvari De institutione grammatica, sive de octo partium orationis constructione liber 2. — Paderbornae: Wittneven 1769. 176 S. 6.
3.8468

– Institutiones

— Emmanuelis Alvari Institutionum grammaticarum liber 3. De syllabarum dimensione. — Monachii: Henricus o.J. 215 S. 2.
3.8470

— Emmanuelis Alvari Grammaticarum institutionum liber 1, P. 2. Liber 2.3. Ed. 17. — Dilingae: Bencard 1695.
1,2. De generibus nominum, declinationibus, verborum praeteritis atque supinis.
2. De constructione octo partium orationis.
3. De syllabarum dimensione &c.
12: L. lat. 16.
3.8416

— — Liber 1, P. 2. Liber 2.3. Ed. 18. Ebd. 1700.
1,2. De generibus nominum, declinationibus, verborum praeteritis atque supinis.
2. De constructione octo partium orationis.
3. De syllabarum dimensione &c.
12: L. lat. 25/1.
3.8417

— Emmanuelis Alvari Grammaticarum institutionum liber 1, P. 2. Liber 2.3. Ed. 22. — Dilingae: Bencard 1719.
1,2. De generibus nominum, declinationibus, verborum praeteritis atque supinis.
2. De constructione octo partium ovationis.
3. De syllabarum dimensione &c.
12: L. lat. 29/1.
3.8420

— — Liber 1–3. Ed. 23. Ebd. 1724.
1. De generibus nominum, declinationibus, verborum praeteritis atque supinis.
2. De constructione octo partium orationis.
3. De syllabarum dimensione &c.
12: L. lat. 30/1.
3.8421

— Emmanuelis Alvari Grammaticarum institutionum liber 2. De constructione octo partium orationis. — Wratislaviae 1727: Typ. Acad. 256 S. 2.
3.8460

— Emmanuelis Alvari Grammaticarum institutionum liber 1, P. 2. Liber 2.3. Ed. 27. Ex cessione Bencardiana. — Augustae Vind.: Wolff ~~1740.~~ 1747
1,2. De generibus nominum, declinationibus, verborum praeteritis atque supinis.
2. De constructione octo partium orationis.
3. De syllabarum dimensione &c.
12: L. lat. 31/1.
3.8425

— Emmanuelis Alvari Institutiones grammaticae, docentium ac discentium commodo dilucidatae, et in hanc formam redactae, cum synopsi prosodiae, et nucleo artis metricae. — Monachii: Crätz 1748: Vötter. 200,104 S.
Sondert.: Álvarez: Prosodiae Synopsis cum rudimentis artis metricae. Ingolstadii: Crätz 1747: Schleig.
12: L. lat. 19.
3.8426

— Emmanuelis Alvari Institutionum grammaticarum liber 3. De syllabarum dimensione, cui adiunguntur ars metrica, candidatus rhetoricae, aliaque, quae in humanitatis, seu poeseos schola fere praelegi solent. — Viennae Austriae: Ludwig [um 1760]: Kaliwoda. 717 S. 12: L. lat. 7.
3.8489

— — Nunc denuo rev. et a mendis accurate expurgati. Brunsbergae 1766: Typ. Collegii Soc. Jesu. 432 S. 102P.
3.8428

— — Ebd. 1766. 555,72 S. 102P.
3.8429

— — Regiomonti 1799: Kanter. 432 S. 102P.
3.8430

– Institutiones grammaticae. Epitome.

— Emmanuelis Alvari Institutionum grammaticarum libri primi epitome, Coloniensis Academiae gymnasiorum consensione recepta, & in communem studiosae iuventutis usum cum interpretatione Germanica singularum vocum excusa. (Vorr.: Casparus [Kaspar] Hersbach.) — Coloniae Agr.: Aldenkirchen o.J. 96 S. 2.
3.8490

— Emmanuelis Alvari Institutionum grammaticarum libri primi epitome in communem studiosae iuventutis usum, cum interpretatione Germanica singularum vocum olim excusa, nunc verò in meliorem formam redacta, ab erratis summo studio purgata, & passim vocabulis aucta. — Hildesii: Schlegel o.J. 141 S. 6.
3.8491

— Wratislaviae 1731: Typ. Acad. 160 S. 2.
3.8505

— Emmanuelis Alvari Institutionum grammaticarum libri primi epitome. In communem studiosae iuventutis usum, cum interpretatione grammatica singularum vocum excusa. Paderbornae: Wittneven 1757. 128 S. 6.
3.8507

— Ebd. 1769. 128 S. 6.
3.8508

— Padibornae: Wittneven 1779. 128 S. 6.
3.8509

– Institutiones grammaticae. Index.

— Index in Emmanuelis Alvari Grammaticarum institutionum librum 1. partis alterius de nominum generibus et declinationibus itemque verborum praeteritis & supinis et librum 2. de constructione octo partium orationis. — Dilingae: Bencard 1700. 117 S. 12: L. lat. 25/2.
3.8563

— Ebd. 1715. 117 S. 12: L. lat. 29/4.
3.8564

— Index in Emmanuelis Alvari Grammaticarum institutionum, librum 1. partis alterius de nominum generalibus et declinationibus: itemque verborum praeteritis, & supinis, et librum 2. de constructione octo partium orationis. Monachii: Henricus Theodorus von Cölln 1724. 124 S.
12: L. lat. 22.
3.8565

— Index in Emmanuelis Alvari Grammaticarum institutionum librum 1. partis alterius de nominum generibus et declinationibus itemque verborum praeteritis & supinis et librum 2. de constructione octo partium orationis. — Dilingae: Bencard 1725. 117 S. **12:** L. lat. 30/4.
3.8566

— Index in Emmanuelis Alvari Grammaticarum institutionum librum 1. pars [!] alterius de nominum generibus et declinationibus itemque verborum praeteritis & supinis et librum 2. de constructione octo partium orationis. — Augustae Vind.: Wolff 1740. 117 S. **12:** L. lat. 31/2.
3.8567

— In Emmanuelis Alvari Institutiones grammaticas Indices 2, primus verborum, secundus reliquarum partium orationis. — München & Ingolstatt: Crätz; Augsburg: Summer 1756. 76 S. **12:** L. lat. 4/1.
3.8568

— Institutiones linguae Latinae et Graecae pro suprema grammatices ad normam Emmanuelis Alvari et Jacobi Gretseri [Jakob Gretser: Institutiones linguae Graecae] e praestantissimis utriusque linguae scriptoribus in usum scholarum provinciae S. J. ad Rhenum superiorem nova et utili methodo ... adornatae. — Mannhemii: Pierron 1752. 16,496,80 S. **300:** 73 W 168.
3.8514

— Institutiones linguae Latinae et Graecae pro media grammatices ad normam Emmanuelis Alvari et Jacobi Gretseri [Jakob Gretser: Institutiones linguae Graecae] in usum scholarum provinciae S. J. ad Rhenum superiorem nova methodo adornatae. Ed. 2. — Augustae Vind.: Rieger 1779. 517 S. **2.**
3.8515

— [Principia seu rudimenta grammatices ex Institutionibus Emmanuelis Alvari.] — o.O. u.J. 114 S. **12:** L. lat. 10–1.
3.8516

— Principia seu rudimenta grammatices, ex Institutionibus Emmanuelis Alvari in usum praecipue Germanicae iuventutis novis curis adornata. — Vratislaviae o.J.: Lit. Acad. 691,44 S. **2.**
3.8517

— Principia seu rudimenta grammatices, ex Institutionibus Emmanuelis Alvari ad commodum iuventutis excerpta. Cum praeceptis aliquot de constructione. — Frisingae 1703: Sonntag. 110 S. **12:** L. lat. 26.
3.8525

— Principia seu rudimenta grammatices, ex Institutionibus Emmanuelis Alvari ad commodum iuventutis excerpta. Cum praeceptis aliquot de constructione. Ed. prioribus auctior. — Oeniponti 1715: Wagner. 168 S. **12:** L. lat. 28.
3.8527

— Principia seu rudimenta grammatices, ex Institutionibus Emmanuelis Alvari ad commodum iuventutis excerpta. Cum praeceptis aliquot de constructione. — Dilingae: Bencard 1723. 109 S. **12:** L. lat. 29.
3.8529

— Ebd. 1728. 109 S. **12:** L. lat. 30.
3.8530

— Principia seu rudimenta grammatices, ex Institutionibus EmmanuelisAlvari, pro usu tironum latinitatis excerpta. Ed. nova. Cum authoris ed. 1. a. 1575 accuratè coll. Add., pro compendio parvulorum, verborum formationibus. — Wratislaviae 1731: Typ. Acad. 144 S. **2.**
3.8531

— Principia seu rudimenta grammatices, ex Institutionibus Emmanuelis Alvari ad commodum iuventutis excerpta. Cum praeceptis aliquot de constructione. — Augustae Vind.: Wolff 1744. 109 S. **12:** L. lat. 31.
3.8532

— Principia, seu rudimenta grammatices, ex Institutionibus Emmanuelis Alvari, in usum praecipuè Germanicae iuventutis novis curis adornata, atque tripartito divisa. — Viennae: Grundt 1747. 488 S. **300:** • 38 Aa 100.
3.8533

— Principia seu rudimenta grammatices, ex Institutionibus Emmanuelis Alvari, pro usu tironum latinitatis excerpta. Ed. nova. Cum authoris ed. 1. a. 1575 accurate coll. — Wratislaviae 1754: Typ. Acad. 244 [vielm. 144] S. **2.**
3.8535

— Principia seu rudimenta grammatices, ex Institutionibus Emmanuelis Alvari ad commodum studiosae iuventutis excerpta: Nunc in novam formam redacta, & a mendis purgata. — Hildesii: Schlegel 1757. 96 S. **6.**
3.8536

— Principia seu rudimenta grammatices ex Institutionibus Emmanuelis Alvari ad commodum iuventutis excerpta. Cum praeceptis aliquod [!] de constructione. — Paderbornae: Wittneven 1758. 96 S. **6.**
3.8537

— Principia, seu rudimenta grammatices ex Institutionibus Emmanuelis Alvari, in usum praecipue Germanicae iuventutis novis curis adornata, atque tripartito divisa. P. (1–)3. — Viennae: Grundt [um 1759]. 488 S.,256 Sp., S. 253–340. **12:** Don. Reg. 13g.
3.8538

— Wratislaviae 1762: Typ. Acad. 698,44 S. **2.**
3.8539

— Principia seu rudimenta grammatices ex Institutionibus Emmanuelis Alvari ad commodum iuventutis. Cum praeceptis aliquot de constructione. — o.O. 1764. 96 S. **6.**
3.8540

— Principia seu rudimenta grammatices ex Institutionibus Emanuelis Alvari ad commodum studiosae iuventutis excerpta. Cum praeceptis aliquod [!] de constructione. — Paderbornae: Witteneven 1772. 96 S. **6.**
3.8541

— Principia seu rudimenta grammatices ex Institutionibus Emanuelis Alvari ad commodum iuventutis excerpta. Cum adiunctis quibusdam de constructione. — Monasterii: Köerdink 1794. 48 Bl. **6.**
3.8542

Alvari, **Em., principia sive rudimenta gramm. lat. 8. Münch. 777. Lentner. 3 K**

— Prosodia sive de syllabarum dimensione; institutionum grammaticarum liber 3. Authore Emmanuele Alvaro. — Pragae 1720: Typ. Univ. 119 S. **2.**
3.8487

— Wratislaviae 1727: Typ. Acad. **2.**
3.8488

Alvari, Em., Prosodia. 8. Münch 774. (J. Lindauer.) 1/12 ß

— Syllabus omnium vocabulorum Grammaticae Emmanuelis Alvari in nostram vernaculam conversorum. Generum, declinationum, & prosodiae periculosioris ratione, in nominibus; & in verbis praeteritorum & supinorum terminatione adiecta. Ed. 12., auctior & corr. — Monachii: Jäcklin 1675. 91 S. **12:** L. lat. 23/3.
3.8547

— — Ed. auctior & corr. Viennae Austriae: Ludwich 1710. 80 S. **300:** 73 Aa 69(4).
3.8548

— — Syllabus vocabulorum Grammaticae Emmanuelis Alvari in nostram vernaculam conversorum. Cum app. generum, declinationum, et prosodiae. — Dilingae: Bencard 1722. 85 S. **12:** L. lat. 29/5.
3.8549

— — Ebd. 1725. 85 S. **12:** L. lat. 30/5.
3.8550

— Syllab. vocab, Grammaticae. 8. Ib. 742.

— — Augustae Vind.: Wolff 1745. 114 S. **12:** L. lat. 849 [u.ö.]
3.8551

— Emmanuelis Alvari Prosodiae synopsis, cum rudimentis artis metricae à quodam ex eadem Societate in hanc formam redacta. — Monachii: La Haye 1730: Riedlin. 104 S. **12:** L. lat. 33.
3.8544

— Ingolstadii: Crätz 1747: Schleig. 104 S. **12:** L. lat. 34.
3.8545

— Emmanuelis Alvari Verteutschter Syntax, darinnen die schwereste und fürnehmste Regulen durch unterschidliche Exempel bewährter Authorum zu Nutz der studirenden Jugend außgelegt, erkläret, und erläuteret werden. Sambt der Erklärung deß Römischen Calenders. — Graecii: Lehner 1717. 376 S. **12:L. lat. 34a.**
3.8554

— Emmanuelis Alvari Syntaxis in versus & meliorem ordinem, cum interpretatione Germanica, appositisque classicis authoribus, plurimisque annotationibus utilissimis, & crisibus redacta studio Balthasaris Alff. — Coloniae Agr.: Metternich 1731. 172 S. **6.**
3.8461

Álvarez de Cienfuegos, **Nicasio:**
Las Hermanas generosas. Comedia moral en 1 acto, en verso. Ilustr. con una noticia biográfica y con notas gramaticales en alemán por H. M. Melford. — Brunsvico: Leibrock 1839. 59 S. (Spanische Bühnenstücke der besten Dichter neuerer Zeit. 2.) **12:P. o. hisp. 73p. 4.**
3.8585

Álvarez-Halm, Diego: Die Ansiedlung am Cape Fear-River. Eine Indianer-Erzählung. Reich illustr. — Neu-Ruppin: Kühn [um 1904]. 96 S. (Gustav Kühn's Jugendschriften. 735.) **1:Ng 10580/4-735.**
3.8628

— Die Blume der Miami. Eine Indianer-Erzählung. Reich illustr. — Neu-Ruppin: Kühn [um 1904]. 96 S. (Gustav Kühn's Jugendschriften. 734.) **1:Ng 10580/4-734.**
3.8629

— Die Diamantenerbschaft. Eine Erzählung für d. Jugend. Reich illustr. — Neu-Ruppin: Kühn [um 1904]. 96 S. (Gustav Kühn's Jugendschriften. 733.) **1:Ng 10580/4-733.**
3.8630

— Unter Rußlands Fahnen. Abenteuer e. russischen Offiziers im russisch-japanischen Kriege. — Neu-Ruppin: Kühn [um 1904]. 160 S. (Gustav Kühn's Jugendschriften. 718.) **1:Ng 10580/4-718.**
3.8631

— Der Mestize. Eine Erzählung aus d. Indianer- u. Trapperleben. Reich illustr. — Neu-Ruppin: Kühn [um 1904]. 96 S. (Gustav Kühn's Jugendschriften. 732.) **1:Ng 10580/4-732.**
3.8632

— Ein Todfeind der Hereros. Erzählung aus d. letzten Eingeborenen-Aufstande in Deutsch-Südwestafrika. — Neu-Ruppin: Kühn [um 1904]. 128 S. (Gustav Kühn's Jugendschriften. 761.) **1:Ng 10580/4-761.**
3.8633

Alvarez de Paz, **Jacobus** s. *Álvarez* de Paz, Jaime.

Alvarez de Paz, Jaime

Alvarez de Paz, Betrachtungen über das Leben der allerseligsten Jungfrau, s. Bibliothek für innerliche Seelen.

— Corona in capite anni, conflata ex stellis duodecim, seu totidem considerationibus de quatuor novissimis, ex thesauro meditationum Jacobi Alvarez de Paz collecta et maiori congregationi B. V. Mariae in coelos assumptae in xenium oblata. — Constantiae 1726: Neyer. 83 S. **12:Asc. 3698 [u. ö.]**
3.8662

— Jacobi Alvarez de Paz De Oratione vocali et de modo fundendi horas canonicas tractatus asceticus. Textum recogn. et annotationibus illustr. Carolus Henke. — Treviris: Lintz 1867. XIV, 221 S. **1:Eq 630. 5.**
3.8671

Alvarez de Paz, J., de oratione vocali et de modo fundendi horas canonicas tractatus asceticus. Textum recogn. et annotatt. illustr. C. Henke. Trier 868. Lintz. 8. (XV, 224 S.) 21 *ngr.*

Álvarez Quintero, **Joaquín:**
[La Dicha ajena, deutsch] Das fremde Glück. 1904 s. *Álvarez* Quintero, Serafín.

Álvarez Quintero, **Serafín:**
[La Dicha ajena, deutsch] 'Das fremde Glück' (La dicha ajena). Schauspiel in 3 Akten von Serafín u. Joaquin Alvarez-Quintero, übers. von J. Gustavo Rohde, bearb. von Ludwig Brahm. — Hamburg: Rohde (1904). 56 S. **1:Xk 10160.**
3.8705

Alvarez de Tolède, **Ferdinand,** Duc d'Albe s. *Álvarez* de Toledo Duque de Alba, Fernando.

Alvarez de Toledo, Fernando

— Correspondance du Duc d'Albe sur l'invasion du Comte Louis de Nassau en Frise en 1568, et les batailles de Heyligerlée et de Gemmingen, publ. par M. [Louis] Gachard. — Bruxelles & Leipzig: Muquardt 1850. 168 S.
Aus: Bulletins de la Commission Royale d'histoire. 18, 3.
12:Belg. 94 me. 7.
3.8754

Alvarez de Toledo, F., Puren Indomito, s. a. **Bibliotheca americana.**

Álvarez de Toledo, **Fernando,** Span. Dichter. 1862: Puren indómito. Poema. Publ. bajo la dirección de Diego Barros Arana. — Leipzig [usw.]: Franck 1862. VIII, 488 S. (Bibliotheca Americana.)
1:Ut 168-1. **12:**Am. A. 291-1. **300:**156.231-B. Bd 1. **2** [defekt]. **3. 4. 7. 10.**
3.8753

Álvarez de Toledo Duque de Alba, **Fernando** s. *Alvarez.* — Ferdinand Alvarez von Toledo, Herzog von Alba. Nach den glaubwürdigsten Schriftstellern. 1796.

Alvari, Em., s. Á l v a r e z , Manuel.

Alvarino's Schloß, od. die Wirkungen d. Rache; aus dem Französ. (v. K. L. M. Müller). 8. Leipz. 800. (Fort). 1 ß 12 gr Hbg. Pr. 20 gr

Alvarino's Schloß; od. d. Wirkungen d. Rache, v. K. L. M. Müller. 8. Lpz. Tauchnitz. 801.

Alvaro et Ximenes. II. Vols. 12. Leipz., (Schmidt). 1 ß 4 gr

Alvero et Ximenes. II Vol. 12. Lpz. Wolf et Comp.

Alváro und Ximenes, ein spanischer Roman, von D. C. F. Bahrdt, 8. Görlitz, 790. Hermsdorf 1 Rthl.

Alvaro u. Ximenes, e. span. Roman (v. K. Fr. Bahrdt). 8. Halle 790. Franke. (Anton). 1 ß

Alvarus explicatus pro 1 et 2 [3 et 4] Classe . . . Viennae 172?. V: *Wagner, Franz.* (Jes)

Alvarus, Emmanuel s. *Álvarez,* Manuel.

Alve, Duc de s. *Álvarez* de Toledo Duque de Alba, Fernando.

Alvensberg, B. v., Verfasser-Name ändern in Alvensleben, B. v.

Alvensleben, Romanschriftsteller. 1826 s. *Alvensleben,* Ludwig v.

Alvensleben, Alkmar von, approb. Arzt aus Schollene: Ueber die Methoden, den Harn jeder Niere getrennt aufzufangen. *Konstanz 1904: Reuß & Itta.* (78 S.) 8°
Freiburg i. B., Med. Diss. v. 1904

Alvensleben, B. v., Aberglaube u. Bauernregeln im Volksmunde. Eine volkstüml. Deutg. u. Auslegg. allerlei Naturerscheingn. u. Zufälligkeiten in alphabet. Reihenfolge. Nebst e. Liebes-Orakel m. 32 Karten. (IV, 73 S.) 8. Leipzig (905). Ernst. — 75

— Illustr. Briefmarken-Sprache f. Liebende u. Verlobte in originellen Reimen. (59) 16° Ebd. (05) — 60 d

Alvensleben, B v.: Illustr. Briefmarken-Sprache f. Liebende u. Verlobte in originellen Reimen. 3. u. 4. Afl. (59) 11×15,5 cm. Lpzg, Ernst ('10'11). — 60 d

— der gewandte Fest- u. Tafelredner bei allen vorkommenden Gelegenheiten. Eine Sammlg. v. Fest- u. Tischreden bei Vereins- u. Familienfesten jeder Art zur Erweckg. u. Belebg. des Frohsinns u. der Heiterkeit. 8., vollständig neu bearb. Aufl. (VII, 141 S.) 8. Ebd. (906.) 1. —

— Der gewandte Fest- u. Tafelredner. 9. Afl. (7, 144) 8° Ebd. ('10). 1 — d

— Moderner Liebesbriefsteller f. Damen u. Herren. Die Kunst, durch e. siegreiche Liebeskorrespondenz Erobergn. zu machen. Muster-Liebesbriefe f. alle im Liebesleben vorkomm. Gelegenheiten nebst schönen Liebesliedern u. sinnreichen Gedichten. 2. verb. Aufl. (73 S.) 8. Ebd. (908). — 75

— Moderner Liebesbriefsteller f. Damen u. Herren. 3. Afl. (72) 8° Ebd. ('12). — 75 d

— neuester Liebes-Briefsteller. Eine Sammlung v. Muster-Liebesbriefen. (VIII, 67 S.) 8. Ebd. (903). — 75

— Polterabend u. Hochzeit. Neue Kranz- u. Schleiergedichte, Vorträge u. Aufführgn. ernsten u. heiteren Inhalts f. ein- u. mehrere Personen zur grünen, silbernen u. goldenen Hochzeit. 2. verb. u. verm. Aufl. (IV, 145 S.) 8. Ebd. (907). 1. —

Alvensleben, B. v., neue Polterabend-, Hochzeits- u. Weihnachts-Aufführgn. 12. (IV, 100 S.) Halberstadt, Leipzig 896. Ernst. n. 1. —

Alvensleben, B. v.: Neue Polterabend-, Hochzeits- und Weihnachts-Aufführungen. — Leipzig: Ernst [1896]. 100 S. 1:Yo 26405. 3.
3.8818

Alvensberg, B. v., Polterabend- u. Hochzeits-Scherze, sowie größ. Polterabend-Scenen z. vortragen f. einzelne u. mehr. Personen z. grünen, silbernen u. goldenen Hochzeit. 13. verm. u. verb. Aufl. (VII, 147 S.) 8. Leipzig (908). Ernst. 1. 50

Alvensleben, B. v., 100 Polterabend-Scherze zum Vortrage und zur Aufführung. 10. verbesserte Auflage. 8. (VIII, 180 S.) —.90

Alvensleben, B. v., Polterabend-Scherze zum Vortrage sowohl f. einzelne Damen u. Herren, als auch f. 2 u. mehrere Personen, sowie zur Aufführg. größerer Polterabend-Scenen. Nebst Glückwünschen zu silbernen Hochzeiten u. Gedichten zu Geburtsfest-Aufführgn. 10., verb. Aufl. 8. (VIII, 180 S.) Halberstadt 893. Ernst. 1. 50

— Polterabend-Scherze z. Vortr. f. einz. Damen u. Herren, f. 2 u. mehr. Pers., sow. z. Aufführg. größ. Polterabend-Scenen. 11., verb. Aufl. 8. (VII, 147 S.) Ebd. 897. 1. 50

— Polterabend-Scherze zum Vortrage f. einzelne Damen u. Herren, f. 2 u. mehrere Personen, sowie zur Aufführg. größerer Polterabend-Scenen. 12. verb. Aufl. 8. (VII, 147 S.) Ebd. (900). 1. 50

— 200 Postkarten-Grüße. Orig.-Dichtgn. qu. 12. (63 S.) Ebd. (900). — 60

— 200 Postkarten-Grüße. Orig.-Dichtgn. 2 u. 3. Aufl. (à 63 S.) qu. 16. Ebd. (904. 905). — 60

— 200 Postktn-Grüsse. Orig.-Dichtgn. 4. u. 5. Afl. (63) 11×16 cm. Ebd. ('10'11). — 60 d

— Der Tafelredner b. all. festlichen Gelegenheiten. Eine Sammlg. v. Toasten u. Tafelreden i. Poesie u. Prosa. 6., vollst. neubearb. Aufl. 8. (VI, 104 S.) Ebd. 897. Ernst. n. 1. —

— der Tafelredner bei allen festlichen Gelegenheiten. Eine Sammlg. v. Toasten u. Tafelreden in Poesie u. Prosa. 7. vollständig neubearb. Aufl. 8. (VI, 104 S.) Ebd. (900). 1. —

— D. Tanzkunst. E. leichtfaßl. Darstellg. d. beliebtesten Gesellschaftstänze d. Neuzeit m. e. Anstandslehre üb. d. richt. Benehmen b. Tanze. 8. (VI, 120 S.) Ebd. 898. 1. —

— die Tanzkunst. Eine leichtfaßl. Darstellg. der beliebtesten Gesellschaftstänze der Neuzeit m. e. Anstandslehre üb. das richt. Benehmen beim Tanze u. e. Kommandobuch f. Contre-Tanz u. Quadrille à la cour in Westentaschen-Format. 2. verb. u. verm. Aufl. (VI, 120 u. 16 S.) 8. Ebd. (904). 1 —

— wie bewerbe ich mich m. Erfolg um e. Stelle? Ein unentbehrl. Wegweiser zur Anfertigg. v. Bewerbungsschreiben aller Art, m. zahlreichen als Muster dien. Briefen u. Gesuchen, nebst Beispielen v. Verträgen u. Vollmachten aus den verschiedensten Berufsklassen. (VI, 87 S.) 8. Ebd. (903) 1. —

— Wie bewirbt man sich m. Erfolg um offene Stellen? (6, 87) 8° Ebd. ('11). 1 — d

Alvensleben, B. v., wie spielt man Boston? Eine gründl. Anweisg. zur leichten u. schnellen Erlerng. dieses Kartenspiels f. 4 Personen in 12 Touren. Mit e. Tab. zur Berechng. der Spiele. 8. (16 S.) Leipzig (901). Ernst. — 50

— wie spielt man Salta? Eine gründl. Anleitg. zur Erlerng. dieses Brettspiels, nebst den gebräuchlichsten Kampfesweisen u. einigen Musterpartien. 8. (48 S. m. Diagrammen.) Ebd. (901). — 50

Alvensleben, Baron v., Polterabend-Scherze zum Vortrage sowohl f. einzelne Damen u. Herren, als auch f. zwei u. mehrere Personen, sowie zur Aufführung größerer Polterabend-Scenen. Nebst Glückwünschen zu silbernen Hochzeiten u. Gedichten zu Geburtsfest-Aufführungen. 7. verb. Aufl. 8. (VIII, 172 S.) Quedlinburg 881. Ernst. 1. 50

Alvensleben, Baron v., Polterabend-Scherze zum Vortrage sowohl f. einzelne Damen u. Herren, als auch f. zwei u. mehrere Personen, sowie zur Aufführg. größerer Polterabend-Scenen. Nebst Glückwünschen zu silbernen Hochzeiten u. Gedichten zu Geburtsfest-Aufführgn. 8. Aufl. 8. (VIII, 176 S.) Quedlinburg 885. Ernst. 1. 50

— Toast-Büchlein oder 300 der ansprechendsten Trinksprüche zum Ausbringen bei festl. u. gesellschaftl. Mahlen, bei Dienstjubiläen rc. 3. verb. Aufl. 8. (VIII, 88 S.) Ebend. 878. n. 1. —

— Toast-Büchlein od. 300 der ansprechendsten Trinksprüche zum Ausbringen bei festl. u. gesellschaftl. Mahlen, bei Dienstjubiläen, Jubelhochzeiten rc. 4. Aufl. 8. (VIII, 110 S.) Ebend. 885. n. 1. —

Alvensleben, C. L. F. W. G. v. (Hrsg.), s. Zeitung für den deutschen Adel.

Alvensleben, Curt v., s. Alvensleben, Kurt v.

Alvensleben, F., die Grundsätze und Lehren der Jesuiten aus ihren eigenen Schriften geschöpft. 1.—5. Aufl. 8. (31 S.) Schwelm [Berlin] 872, Wortmann. *

Alvensleben, F. J. v., das große Anekdoten-Buch. Neueste Sammlg., enth. interessante, zumeist droll. Begebenheiten aus der Geschichte u. dem Leben berühmter Personen, Anekdoten aus der Theaterwelt, v. der Reise, der Jagd, der Gesellschaft, aus dem Studenten- u. Soldatenleben, Bonmots, Witzfunken rc. 8. (III, 314 S.) Gera 888. Griesbach's Verl. n. 2. —; geb. n. 2. 50

Alvensleben, F. J. v.: Das grosse Anekdoten-Buch. Neueste Sammlung. — Gera: Griesbach 1892. 314 S. 1:Yt 13013.
3.8821

Alvensleben, G. v. Vor 30 Jahren in Österreich. Berlin 1896. 8°.

Alvensleben, Gebhard v.: Handbuch für den Geschlechts-Verband derer von Alvensleben. Zum Gebrauche auf den Geschlechtstagen zsgest. u. hrsg. — Potsdam 1891: Krämer. IV, 99 S. 11.
3.8823

Alvensleben, Gebhard August von (Altmärkischer Adel), De formula investiturae cum omni honore. Präs. Franzisk. Carl Conradi. Helmstedt 25. I. 1746. Ed. II: 1747. 36 S., stellenweise deutsch. (4.80) 347

Gew.: Johann Friedrich v. Alvensleben (Hundisburg . . .)

Alvensleben, Gebhard August v.: Viro excellentissimo atque consultissimo Joachimo Dieterico Lichtenstein . . . nuptias cum . . . Wilhelmina Magdalena Bockelmannia . . . celebratas gratulatur simulac pauca de secundis Nuptiis disserit Gebhardus Augustus ab Alvensleben. — Helmstadii 1746: Drimborn. 16 S. 1: an Gi 13377.
3.8824

Alvensleben's, Joach. v., christliches Glaubensbekenntniß nebst Approbationen der vornehmsten Theologen seiner Zeit. Im Jahre 1566 für seine lieben Kinder und Nachkommen zur gottseligen Nachfolge aufgestellt. Stendal 854. Franzen u. Große in Comm. gr. 8. (VIII, 224 S.) n. 1 ß

Alvensleben, Kurt von

Alvensleben, K. v., Königin Elisabeth v. England, s.a. Weiberregiment, das, an den Höfen Europas. 5.

Alvensleben, Kurt v.: Königin Elisabeth von England. Von K. v. Alvensleben. — Berlin: Steinitz (1900). 184 S. (Weiberregiment an d. Höfen Europas in d. letzten 3 Jahrhunderten. 5.) 1: Qd 1300-5. 11.
3.8826

Alvensleben, Curt v., zum Flintenschuss. Eine Skizze f. Anfänger. gr. 8. (39 S.) Leipzig 877. Wolff. — 75

Alvensleben, C v.: Zum Flintenschuss. Skizze f. Anfänger. 2. Afl. 8° (47 m. Abb.) Blasew.-Dresd. 96. Charlttbg-Berl., G Reuter. — 75

— Zum Flintenschuss. Eine Skizze für Anfänger. 2. Aufl. Blasewitz-Dresden: P. Wolff 1896. 48 S. 1: Oy 24235[a].
3.8827

Alvensleben, Curt v., zum Flintenschuß. 2. Aufl. (47 S.) gr. 8. Dresden 896. Wien, Huber & Lahme Nachf. — 75

Alvensleben, K. v., Am Hofe der Kaiserin Katharina II. von Rußland. (= Das Weiberregiment an den Höfen Europas in den letzten 3 Jahrhunderten. Bd. 3. Berlin 1900. 8°.)

— an deutschen Höfen, s.a. Weiberregiment, das, an den Höfen Europas.

— An deutschen Höfen. Von K. von Alvensleben. — Berlin: Steinitz (1902). 159 S. (Weiberregiment an d. Höfen Europas in d. letzten 3 Jahrhunderten. 11.) 1: Qd 1300-11. 11.
3.8828

— an italienischen Höfen, s.a. Weiberregiment, das, an d. Höfen Europas in d. letzten 3 Jahrhunderten. X.

— An italienischen Höfen. Von K. v. Alvensleben. — Berlin: Steinitz (1902). 167 S. (Weiberregiment an d. Höfen Europas in d. letzten 3 Jahrhunderten. 10.) 1: Qd 1300-10. 11.
3.8829

— Was muß der Deutsche von der Organisation des Reichsheeres und der Wehrpflicht wissen? Allgemeinverständlich dargest. von K. v. Alvensleben. — Berlin: Steinitz (1900). 103 S. 1: Sa 7797/140. 11.
3.8830

— Was muß man von der Handelsmarine wissen? Von K. v. Alvensleben. — Berlin: Steinitz 1900. 109 S. 1: Hz 24780.
3.8831

Alvensleben, Kurt v.: Was muß man von der Kriegsmarine wissen? Ueber die Kriegsflotten aller Kulturvölker, mit bes. Berücks. der deutschen. Aufnahme-Bedingungen, Bau u. Armierung der Kriegsschiffe, Kriegshäfen, Arsenale, Werften u. v. a. Von K. v. Alvensleben. — Berlin: Steinitz (1899). 88 S. 1: Hz 4234.
3.8832

— Wie wird man Reserve-Offizier? Ein Wegweiser für d. Einjährig-Freiwilligen aller Waffengattungen von K. v. Alvensleben. — Berlin: Steinitz (1900). 80 S. 1: Hx 49042.
3.8833

Alvensleben, Ludolf von, Regierungsreferendar: Die Rechtsverhältnisse am toten menschlichen Körper. Greifswald 1909: Abel. 56 S. 8°

Greifswald, Jur. Diss. v. 5. Febr. 1909, Ref. Jung

[Geb. 26. Dez. 82 Demker; Wohnort: Merseburg; Staatsangeh.: Preußen; Vorbildung: Ritterakad. Brandenburg a. H. Reife O. 01; Studium: Göttingen 3, München 1, Greifswald 2 S.; Rig. 11. Febr. 07.] [U 09. 1439

Alvensleben, Ludwig v.

Pseudonym: Gustav Sellen

Alvensleben, L. v., Abendunterhaltungen der Soldaten im Kriege und Frieden. Erzählungen merkwürdiger Erlebnisse aus dem Leben der Soldaten. 2 Bde. 2. Aufl. Leipzig 861. C. F. Schmidt in Comm. 8. (X, 567 S.) 2 ß

(Alvensleben, L. v.,) Ahnen-Tafel s. Ahnen-Tafel.

Alvensleben, Ludw. v., † (Gust. Sellen,) Betbruder und Betschwester; od.: Der Wolf im Schafspelze. Ein Beitr. z. Kenntniß d. Frömmler. 8. (14½ B.) Nürnberg 835, [Renner u. Comp.]

— Charivari. Erzählungen u. Novellen. 8. Nürnberg 835. Renner u. Schuster. 1¼ ß

—, s. Chateaubriand, Vicomte, d. neue Proposition...

Alvensleben, Ludw. v., † (Gustav Sellen,) Chronik des Oeil de Boeuf, s. Chronik.

Alvensleben, Ludw. v., die deutsche Colonie Dona Francisca in Brasilien. Der vortheilhafteste Punkt für deutsche Auswanderer dahin u. nach Brasilien überhaupt. Nach zahlreichen Privatmittheilungen und officiellen Nachrichten des Colonisationsvereins für 1849 in Hamburg bearbeitet. Leipzig 854. Haendel. Lex.-8. (24 S.) 5 ngr

— Ehestandsgrammatik, s.a. W. Irving.

SELLEN, Gustav (d. i. *Ludw. v. Alvensleben*), Ehestandsgrammatik. Reutlingen 1828. 12°. (60 Pfg. A. Bielefeld, vor 1885; jetzt höher!)

v. Alvensleben, L., Encyklopädie der Gesellschafts-Spiele, s. Maitre de plaisir.

Alvensleben, Ludw. v., Encyclopädie der Spiele, s.a. Encyclopädie.

— Encyclopädie der Spiele, enthaltend alle bekannten Karten-, Bret-, Kegel-, Billard-, Ball-, Würfel-Spiele und Schach. Gründliche Anweisung zur Erlernung dieser Spiele. Mit e. historischen Einl. von L. v. Alvensleben. — Leipzig: Wigand 1853. XVIII, 650 S. 12: Gymn. 201.
3.8838

— — 2. Aufl. Ebd. 1855. XVIII, 650 S.
4. Aufl. s. *Anton*, Friedrich: Encyklopädie der Spiele. 1884. 1: Os 19337.
3.8839

— Die Eroberung Sicilien's durch die Araber. Historische Novelle von L. v. Alvensleben. — Hildburghausen: Kesselring 1835. 152 S. 12: P. o. germ. 30 mg. 7.
3.8840

—— Erzählungen. (Der Geheimnißvolle. — Der Stumme. — Der Einspruch. — Die Proselytenmacher. — Der Verbannte. — Der Spuckgeist.) 8. (17 B.) Halberstadt 830. (Vgl. dess. „Schneeflocken.")

v. Alvensleben, L., (Psdn. Gustav Sellen), Erzählungen. 8. Halberst. 830. Brüggemann. 1 ß 8 ℛ

—, s. Esel, der todte.

— Das Familienvermächtniß. Der Mutter Sünde, der Kinder Fluch. Der wunderbare Brautwerber. 3 Erzählungen von Gustav Sellen. — Leipzig: Wienbrack 1826. 256 S. (Gallerie neuer Original-Romane. 6.)
1:Yt 582-6.
3.8835

— Garibaldi, seine Jugend, sein Leben, seine Abenteuer und seine Kriegsthaten. Eine unparteiische Schilderung nach den besten Quellen. Mit (lith.) Portr. 859. (144 S.) 12½ ngr. — 2. verm. Aufl. 859. (164 S.) 15 ngr. — 3. verm. Aufl. fortgeführt bis auf die neuesten Ereignisse. Weimar 862. Voigt. 8. (196 S.) 15 ngr.

—— 2., verm. Aufl. Ebd. 1860. 164 S.
1:Rm 4105. 4.
3.8842

— die Gefährlichen. Wiener Volksroman. 3 Thle. Leipzig 863. Häfele jun. 8. (559 S.) 2 Thlr 10 ngr.

—— d. Gefährlichen. 3 Thle. 8. (559) Lpzg 63, Zieger. 2. 10

—— die Geistererbschaft, u. andere Erzählungen. 8. (14 B.) Leipzig 830, Lauffer.

— Der Gezeichnete. Roman aus d. Wiener Volksleben. Bd 1–3. — Leipzig: Colditz 1863. 1:Yk 12052. 7.
3.8844

—— der Gezeichnete. Roman aus dem wiener Volksleben. 3 Bde. 8. (607 S.) Leipzig 863, (Hunger.)

Alvensleben, Ludwig von

Glaube, Liebe, Hoffnung. Drei Novellen von Chlodwig. Cottbus: Meyer 1842. 386 S. 8°

— die Grafen von Saint-Romain, oder: Der Kampf der Leidenschaften. Historischer Roman. 4 Bde. Leipzig 859. Colditz. 8. (912 S.) 3 Thlr

Alvensleben, L. v., Handbuch der Gesellschafts-Spiele. Für lebensfrohe Familien, welche Munterkeit u. Scherz m. Anstand u. Sitte zu verbinden wünschen. 8. verb. Aufl., hrsg. v. Fr. Seidel. Mit vielen Abbildgn. 8. (XVIII, 331 S.) Weimar 889. B. F. Voigt. 3.—

Alvensleben, Ludw. v., Handbuch d. Gesellschafts-Spiele. F. lebensfrohe Familien, welche Munterkeit u. Scherz m. Anstand u. Sitte zu verbinden wünschen. 9., verb. Aufl. Hrsg. v. E. Polz. M. vielen Abb. 8. (XX, 340 S.) Weimar 897. B. F. Voigt. 3.—

Alvensleben, Ludwig v. (Hrsg.), s. Hebe.

— Heinrich von Bourbon, Herzog v. Aumale und die jetzigen Orleans. Biographische Skizze. Leipzig 861. Poenicke. gr. 8. (19 S.) 5 ngr.

— Der entlarvte Jesuit. Die verabscheuungswerthen Grundsätze u. Lehren d. Jesuiten aus ihren eigenen Schriften geschöpft; u. die Jesuiten als Königsmörder dargest. durch L. v. Alvensleben ⟨Gustav Sellen⟩. — Meissen: Goedsche; Pesth: Wigand 1831. XVIII, 106 S. 7.
3.8845

Alvensleben, Ludw. v., † (Gustav Sellen,) d. entlarvte Jesuit. Die verabscheuungswerthen Grundsätze u. Lehren der Jesuiten, a. ihr. eig. Schriften geschöpft; u. die Jesuiten als Königsmörder dargestellt. 8. (7¾ B.) Meißen 831. [Vetter u. Rostosky.] Thlr.

—— dass. 2., neu durchges. Aufl. verm. durch die Monita secreta, u. d. Bildn. Loyola's. 8. (9½ B.) Ebds. 831.

— der wohlbewanderte Kartenkünstler od. Anleitg. zu mehr als hundert überrasch. Kartenkunststücken. 6. Aufl. gr. 16. (XVI, 111 S.) Weimar 872. B. F. Voigt. n. 1.—

— Kasernenabende. Abenteuer, Schilderungen u. Erinnerungen aus dem Soldatenleben ... Hrsg. von L. v. Alvensleben. Bd 1.2. — Leipzig: Koffka 1848.
12: P. o. germ. 30 mi. 7.
3.8846

— Lebens- und Reisebilder und Novellen. Von L. v. Alvensleben. — Leipzig: Kollmann 1841. 360 S.
1:Yx 4456. 12: P. o. germ. 30 mh. 7.
3.8847

— Don Juan's erste und letzte Liebe. Historischer Roman von L. v. Alvensleben. Bd 1–4. — Berlin: Vogel 1861.
1:Yx 11374. 7.
3.8848

ALVENSLEBEN, L. v., Liebesgabe. Acht Erzählungen. Aus dem Englischen übersetzt. Leipzig 1830. 8°.
Inhalt: Kemp, der Bandit. — Der Geist. — Eine Viertelstunde zu früh. — Die Stiefmutter. — Das Omen. — Ithran. — Die Colonisten. — Bemoinda.

—— Fürst Lobkowitz, s. a. Roman-Bibliothek, 31.—42. Heft.

— Fürst Lobkowitz oder: Rache bis über das Grab. Historischer Roman von L. v. Alvensleben. Bd 1–3. — Wien (Umschl.: Wien & Leipzig): Verl. d. Typ.-Lit.-Artistischen Anstalt 1862(–63). 1:Yx 11730. 300: 159.328-B. 7.
3.8849

— Der Lügenkaiser. Seltsamliche, wunderbare, abenteuerliche, u. dennoch wahrhaftige Schicksale des Herrn v. Münchhausen II. ⟨jun.⟩ Nach aufgefundenen Papieren bearb. u. hrsg. durch L. v. Alvensleben ⟨Gustav Sellen⟩. Bdch. 1.2. — Meissen: Goedsche; Pesth: Wigand (2: Leipzig: Vetter & Rostosky) [1833–34]. 7.
3.8850

— der Lügenkaiser. Seltsame, wunderbare, abentheuerl. u. dennoch wahrhaftige Schicksale des Herrn v. Münchhausen II (jun.), würdigen Nachkommen des weiland berühmten Erb- und Gerichtsherrn gleiches Namens. 1s u. 2s Bdchn. Mit 13 Taf. Abbildd. 8. Meißen und Leipzig 833—35. Vetter und Rostosky. $2^{1}/_{3}$ Thlr

–, s. Memoiren d. Herzogin v. Abrantes...

–, s. Memoiren d. Grafen Lavalette...

— Fürst Metternich. Biograph. Skizze nach den besten Quellen u. den neuesten Ereignissen entworfen. 8. (32 S.) Wien 848, Jasper, Hügel & Manz, (jetzt Manz.) n. 4 ngr

MONK, Maria, die schwarze Nonne. Darstellung ihrer Leiden und Enthüllung der Sittenlosigkeiten, Ausschweifungen, Verbrechen und Abwege des Klosterlebens, deren Augenzeuge und Opfer sie während ihres Aufenthaltes als Novize und Nonne im Kloster zu Montreal in den Jahren 1829 bis 1836 war. Mit Portrait der Nonne. Nach dem Engl. von L. v. Alvensleben. Weimar 1852. 8°. (1 fl. 36 xr. Scheible, vor 1870.)
Nur dem Titel nach erotisch. XVI—255 SS. — Die Vorrede des engl. Originals ist vom 11. Jan. 1836.

— Mosaik. Eine Sammlung ernster u. launiger Original-Erzählungen von Gustav Sellen. — Gera: Heinsius 1829. 228 S. 7.
3.8851

—— Novellen u. Erzählungen, 1. u. 2. Thl., s. a. Novellen.

— Novellen und Erzählungen von L. v. Alvensleben ⟨Gustav Sellen⟩ u. a. Th. 1.2. — Nürnberg: Zeh 1831–32.
12: P. o. germ. 30 m.
3.8836

—— Polterabend-Scherze, s. a. Polterabend-Scherze.

— Polterabend-Scherze. Zum Vortrage sowohl für einzelne Damen und Herren als auch für zwei und mehrere Personen, sowie zur Aufführung größerer Polterabends-Scenen. Nebst Glückwünschen zu silbernen Hochzeiten u. Gedichten zu Geburtsfest-Aufführungen. Ges. von Alvensleben. — Quedlinburg & Leipzig: Ernst 1858. VIII, 172 S.
1:Yf 5811.
3.8852

—— Polterabend-Scherze zum Vortrage sowohl für einzelne Damen und Herren als auch für zwei und mehrere Personen, sowie zur Aufführung größerer Polterabends-Scenen. Nebst Glückwünschen zu silbernen Hochzeiten und Gedichten zu Geburtsfest-Aufführungen. 2. verb. Aufl. (VIII, 214 S.) 1869, und 3. verb. Aufl. gr. 16. (VIII, 179 S.) Quedlinburg 872, Ernst'sche Buchh.

—— Polterabend-Scherze zum Vortrage sowohl für einzelne Damen und Herren, als auch für zwei und mehrere Personen, sowie zur Aufführung größerer Polterabend-Scenen. Nebst Glückwünschen zu silbernen Hochzeiten und Gedichten zu Geburtsfest-Aufführungen. 5. verb. Aufl. (VIII, 172 S.) 1877, und 6. verb. Aufl. 8. (VIII, 167 S.) Quedlinburg 879, Ernst'sche Buchh.

Alvensleben, Polterabend-Scherze zum Vortrage sowohl für einzelne Damen und Herren, als auch für zwei und mehrere Personen, sowie zur Aufführung größerer Polterabend-Scenen. Nebst Glückwünschen zu silbernen Hochzeiten und Gedichten zu Geburtsfest-Aufführungen. 7. verb. Aufl. 8. (VIII, 168 S.) Quedlinburg 882, Ernst'sche Buchh.

Alvensleben, Polterabend-Scherze zum Vortrage sowohl für einzelne Damen und Herren, als auch für zwei und mehrere Personen, sowie zur Aufführung größerer Polterabend-Scenen. Nebst Glückwünschen zu silbernen Hochzeiten und Gedichten zu Geburtsfest-Aufführungen. 8. und 9. verb. Aufl. 8. (VIII, 176 S.) Quedlinburg 885,88, Ernst'sche Buchh.

—— 8., verb. Aufl. Ebd. 1886. VIII,176 S. 1:Yf 5813. 3.
3.8854

Alvensleben, 100 Polterabend-Scherze zum Vortrag f. einzelne Damen u. Herren u. zur Aufführg. f. 2 u. mehre Personen, wie auch Gedichte zu Hochzeiten, Jubelhochzeiten u. Gedichte zu Geburtsfest-Aufführgn. 4. verb. Aufl. 8. (VIII, 184 S.) Quedlinburg 874. Ernst. 1. 50

—— der Prophet im Narrenhause zu Dömitz, s. a. Prophet.

— Der Prophet im Narrenhause zu Dömitz. Wunderbare Prophezeihungen eines Wahnsinnigen. Hrsg. von L. v. Alvensleben. — Ilmenau: Voigt 1831. 91 S. 7. 10.
3.8855

— Romantik und Liebe. Eine Sammlung von Erzählungen nach d. Engl. von L. v. Alvensleben (Gustav Sellen). Th. [1.] 2. — Leipzig: Kollmann 1830–31.
12:P. o. germ. 30ma.
3.8856

— die kleinen Schauspieler od. neuestes Kindertheater. Zugleich als Benutzung zur Sprachübung deutsch u. französisch. Enthält 1 Stück für Knaben u. Mädchen, 2 für Knaben u. 2 für Mädchen allein. Nebst Andeutungen üb. Darstellung, Requisiten, Scenirung u. Costüm. Mit 6 v. Frz. Jäde gez. (lith.) fein illum. Scenenbildern. Dem Kindesalter angemessen bearbeitet. 12. (XXXII u. 383 S.) Weimar 851, Voigt. 1 Thlr.

— Schneeflocken. Novellen erzählt in der Gesellschaft: Concordia. Hrsg. von L. v. Alvensleben. — Leipzig: Brüggemann 1833. 264 S. 1:Yx 2172. 3.
3.8857

—— Schneeflocken. Novellen. 8. (17 B.) Leipzig 833, [Schreck.] (Neue, unveränd. Aufl. von dess. „Erzählungen.")

Alvensleben, Ludwig v. (Hrsg.), s. Schnellpost für Moden

— über Schutz gegen Feuerschaden. Beleuchtung der Vorzüge und Mängel der öffentlichen Lösch-Anstalten und der Brand-Versicherungs-Gesellschaften. Winke u. Rathschläge für alle Versichernden, so wie Angabe verschiedener Feuer-Lösch-Mittel. Jedermann in Stadt und Land, namentlich Behörden, Familienvätern, Fabrik- und Handlungs-Besitzern zu besond. Beachtung empfohlen. Leipzig 859. Hunger. 8. (2 Bl., 88 S.) n. 8 ngr.

—, s. Smith, Bramblethe-Haus

— die Somnambule, s. a. Bibliothek, Europäische. 763 u. 764. Bd.

— Die Somnambule oder der Fluch des Hauses. Original-Roman von L. v. Alvensleben. Bd 1–3. — Grimma & Leipzig: Verl.-Comptoir 1852.
Das Titelblatt von Bd 3 fehlt. 11.
3.8858

—— Th. 1–3. Grimma & Leipzig (3: Grimma): Verl.-Comptoir 1852. (Europäische Bibliothek der neuen belletristischen Literatur Deutschlands, Frankreichs, Englands ... Ser. 8,63/65. Der ganzen Sammlung Bd 763/765.) 7.
3.8859

Alvensleben, L. v., Spielergeheimnisse od. die Kunst, stets m. Vorteil zu spielen u. dadurch sein Glück zu machen. (III, 88 S.) 8. Leipzig (907). Müller's Druckerei u. Verlag. 1. 25; geb. 1. 50

— der dumme Streich, s. Blüthen, dramatische.

—— die Sünde des Vorurtheils. Ein Roman, entlehnt a. d. wirkl. Leben. 2 Thle. 1. Aufl. Güstrow 836. 2¾ Thlr., 2. Ausg. 8. (à 27 B.). Quedlinburg 841, Ernst'sche Buchh.

— Die Sünde des Vorurtheils. Ein Roman, entlehnt aus d. wirklichen Leben. Von L. v. Alvensleben. Th. 1.2. — Güstrow: Opitz & Frege 1836. 7.
3.8861

— Synonym-Fremdwörterbuch, oder alphabet. Zusammenstellung der gebräuchlichsten in die deutsche Sprache aufgenommenen oder in der Umgangssprache vorkommenden Fremdwörter von ähnlichem Klange und verschiedenem Sinne rc. 8. Meißen 843, Gödsche. 5/12 Thlr.

— biographisches Taschenbuch deutscher Bühnen, Künstler und Künstlerinnen. 1836. 1r Jahrg. Mit 3 Portraits. 16. Leipzig 836. Fischer u. Fuchs. 1½ Thlr.

—— biograph. Taschenbuch deutscher Bühnen-Künstler u. Künstlerinnen. 1836. 1. Jahrg. 16. (15 B. u. 3 Portr.) Leipzig, [Serig'sche Buchh.]

—— dass. 1837. 2. Jahrg. 16. (16¾ B.) Leipzig, (Hunger.) *

— Dessen 2r Jahrg. 1837. Mit 5 Portr. 16. (Leipzig, Magazin für Industrie u. Literatur.) n. 1⅓ Thlr.

Alvensleben, Ludwig v. (Hrsg.), s. Theater-Chronik, Allgemeine

Alvensleben, Ludwig v. (Hrsg.), s. Der Theaterfreund

—— Toast-Büchlein. Eine Anthologie von 800 der ansprechendsten Trinksprüche zum Ausbringen bei festl. und gesellschaftl. Mahlen, bei Dienstjubiläen, Jubelhochzeiten rc. 1. Aufl. (VI, 106 S.) 1869, und 2. verb. Aufl. 8. (VIII, 117 S.) Quedlinburg 878, Ernst'sche Buchh.

—— Toast-Büchlein oder 300 der ansprechendsten Trinksprüche zum Ausbringen bei festl. und gesellschaftl. Mahlen, bei Dienstjubiläen rc. 3. verb. Aufl. 8. (VIII, 88 S.) Ebendas. 878. *

— Toast-Büchlein oder 300 der ansprechendsten Trinksprüche ... Hrsg. von Baron von Alvensleben. 4., verb. Aufl. — Quedlinburg & Leipzig: Ernst 1885. VIII,110 S. 3.
3.8862

—— Toast-Büchlein oder 30 [vielm. 300] der ansprechendsten Trinksprüche ... Hrsg. von Baron v. Alvensleben. 5., verb. Aufl. — Ebd. 1885. VIII,111 S.
1:Yf 5815ᵃ.
3.8863

Trenck, Friedrich von der. Historischer Roman von *A. von L.* (d. i. *Ludw. v. Alvensleben*). 3 Bde. Celle, Schulze, 1860. Kl. 8⁰. 214, 235, 244 S.
Fehlt im Anon.-Lex.
Dasselbe (nur neuer Titel): Denkwürdigkeiten aus dem Leben des Freiherrn Friedrich von der Trenck, des unglücklichen Gefangenen von Glatz und Magdeburg. Ein Beitrag zur Geschichte der Höfe Friedrichs des Großen, Maria Theresias und Elisabeths von Rußland. Neue Ausgabe in drei Theilen. Ebd. 1865. (Auf dem Umschlagstitel: 1866.) Kl. 8⁰. 214. 235, 244 S.

—— der Vaterlandsfreund, s. Vaterlandsfreund.

— Vergissmeinnicht. Eine Sammlung Erzählungen nach d. Engl. Aus dem Forget me not für 1827. Frei übers. von Gustav Sellen. Sträußchen 1.2. — Leipzig: Magazin für Industrie u. Literatur 1827. 1:Ze 4547.
3.8864

—— allgemeine illustrirte Weltgeschichte. Vom Anfang der histor. Kenntniß bis Ende 1871. 2. erweit. Aufl. 1.—3. Heft. hoch 4. (S. 1—60 mit eingedr. Holzschn.) Wien 872, Wenedikt. à Heft

—— allgemeine Weltgeschichte für das Volk. Mit 100 Illustr. in eingedr. Holzschn. Nach den besten Quellen bearb. (In 70—80 Heften.) 1.—40. Heft. 4. (1. Bd. 732 S. und 2. Bd. S. 1—72). Wien 865—68, Wenedikt. à Heft 5 Ngr.

—— allgemeine **Weltgeschichte** für das Volk. Mit Illustr. (in Holzschn.) Nach den besten Quellen bearb. 41.—108. Heft. hoch 4. (2. Thl. S. 73—750; 3. Thl. 694 S.) Wien 868—72, Wenedikt. à Heft 50 Pf.
1.—40. Heft. Ebendas. 1865—68. ℳ 20.

—— **Winterstunden.** Erzählungen z. Ausfüllung d. Winterabende. 8. (11½ B.) Leipzig 832, Kayser.

— die **Wunder** der Pflanzen- und Thierwelt. Beobachtungen über Liebe, Ehe, Eifersucht und Untreue der Blumen und Früchte und deren Verwandtschaft mit der Thierwelt. Mit Beiträgen von A. B. **Reichenbach** u. A. Leipzig 860. Hunger. 16. (VIII, 141 S.) 12 ngr.

—— **Zeitung** f. d. deutsch. Adel, s. **Zeitung.**

— der **Zigeuner-Zögling,** oder Schlangenwege des Verbrechens. Historischer Roman. 3 Bde. Leipzig 861. Colditz in Comm. 8. (668 S.) 2 ₰ 20 ngr.

— [Teils.] Die Zwillingsburgen, der Weiberfeind, der Birnendieb nebst noch einigen Erzählungen von Gustav Sellen. — Leipzig: Kollmann 1826. 227 S.
1:Yw 10208. 6. 7.
3.8831

Alvensleben, M. v.: Geld und Liebe. Charakterbild in 3 Acten. — Wien: Selbstverl. 1873. 64 S.
1:Ys 18032. 300:182.027-B. 5.
3.8867

v. Alvensleben, Graf Phil. Karl, s. a. **Versuch** e. tabellar. Verzeichnisses d. Kriegsbegebenheiten.

(v. Alvensleben, Phil. K.) Versuch eines tabellarischen Verzeichnisses der Kriegsbegebenheiten vom Münsterschen bis zum Hubertsburger Frieden. f. Haag 1789. Berlin 1793 4,50

Alvensleben, Philipp Karl Graf v.: Versuch eines tabellarischen Verzeichnisses der Krieges-Begebenheiten vom Münsterschen bis zum Hubertsburger Frieden. [Verf.: Philipp Karl Graf v. Alvensleben.] — Berlin: Rottmann 1792. 64 S. 1:2° Bibl. Diez 785. 7.
3.8870

Alvensleben, R., Jimbo, der Hottentott. Eine Erzählg. aus Südwest-Afrika. 8. (62 S.) Hamburg 889. Kramer. — 25

Alvensleben, Udo v., Hauptmann a. D., Rittergutsbesitzer, Schollene. 1865: **Gedenkblätter aus dem Havelwinkel. Von U. v. A.** [d. i. Udo v. Alvensleben]. — Rathenow [1885]: Haase. 56 S. 1:Tf 4910.
3.8873

Alvensleben, Udo v., Telegraphenbeamter. 1860: Populärer Leitfaden zu der leichtfaßlichen Erlernung der electrischen Telegraphie ... Für Laien bearb. — Quedlinburg & Leipzig: Ernst (1862). 42 S., 4 Taf. 1:Os 2866.
3.8871

— Das Telegramm oder Hand- und Hülfsbuch der telegraphischen Correspondenz für das In- u. Ausland ... Nach officiellen Vorschriften u. Angaben bearb. von Udo v. Alvensleben und Jul[ius] Rob[ert] Stiehler. — Leipzig: Werl 1860. XI, 263 S., 1 Kt. 83.
3.8872

— Übersicht der Geschichte und Genealogie des Geschlechtes von Alvensleben. — Genthin 1892: Donath. 51 S. 1:S 2138.
3.8874

Alvensleben, Udo Gebhard Ferdinand v., Rittmeister a. D., Johanniter-Rechtsritter, Wittenmoor u. Erxleben: **Stamm-Tafeln** des von Alvensleben'schen Geschlechts. — Erxleben; Berlin 1865: v. Decker. 33 Bl. 1:quer-4° S 2132. 2.
3.8876

Alvensleben, Waldemar v.: Der neue **Galanthomme** oder das unübertreffliche Buch des guten Tones und der feinen Lebensart. 21. Aufl., in vollst. neuer Bearb. — Harburg a. d. E.: Elkan [1876]. 184 S. 7.
3.8877

Alvensleben, W v., d. neue Galanthomme. 21. Afl. 8. (184) Harb. 77. Elkan. 2. —
! Alvensleben, W v.: Galanthomme. Stuttg., S Lutz-Steinweg. 76/80

Alvensleben, W v., neues Toast-Buch. 6. Afl. 8° (144) Harb. 98, G Elkan. 1,20
! — Toastbuch. Ebd. 91/95

Alvensleben-Rusteberg, Georg v.: **Bilder** vom Eichsfelde. Frei zsgest. nach Urkunden u. alten Sagen. — Göttingen: Vandenhoeck & Ruprecht 1892. 91 S. 1:Yt 2475. 7.
3.8882

Alvenstod, Seb. Mor., das vollständigste u. neueste Fischbuch. Eine Beschreibung aller in Deutschland vorkommenden Fische; nebst Anleitung, dieselben auf leichte Art fangen und selbst aus beträchtlichen Fernen herbeilocken zu können. Auf eigene Erfahrungen begründet. 16. Nordhausen 837. Fürst. ⅓ ₰

— das Ganze d. Karpfenzucht. Nebst Belehrung über d. schmackhafteste Zubereitung der Fische. 16. Nordh. 837. Fürst. ⅓ ₰

Alvenstod, Seb. Mor., s. Schöpfer, Geo. C. L.

Alvera J. Die Curve 3. Grades $xy(x+y)=a^3$. 1873. 8.
Math. Diss. Rostock

Alvera, Jos. (Hrsg.), s. Cassianea.

Alverà, Jos., Christus im Menschengericht u. Bußgericht. Sechs Fastenpredigten. Brixen 868. Theolog. Verl.-Anstalt. gr. 8. (59 S.) n. 8 ngr.

Alverá, Joseph, Geistliche Denksprüche aus den Schriften der heiligen Theresia und des heiligen Johann vom Kreuz zu täglicher Beherzigung, gesammelt von P. Angelus a S. Joseph, Ord. Carm. Neu übersetzt und mit einem Sachregister für Prediger und Beichtväter versehen. Mit Titelbild. kl. 8. (204 S.) Innsbruck, Vereins-Buchhandlung. 40 kr.
1886.

Alverà, Jos., vermischte Lesefrüchte für die Kanzel. Goldkörner für jeden Prediger in Stadt und Land. 1. Liefg. Brixen 864. Weger. gr. 8. (S. 1—96.) 8 ngr.

— **vermischte Lesefrüchte** f. die Kanzel. Goldkörner f. jeden Prediger in Stadt u. Land. 2. Liefg. Brixen 864. Weger. gr. 8. (VII, S. 97—144.) 2 ngr.

—— kurzgefaßte alphabetische **Materialiensammlung** zum Gebrauch für Prediger, s. **Materialiensammlung.**

— **Predigten** u. Skizzen, s. **Predigten.**

— Predigten und Skizzen für alle Sonn- und Festtage des Jahres. Unter Mitwirkung mehrerer Priester herausgegeben. 1864. 8. (557 S.) Ebds. 2 fl.

Alverdes, Hermann: Mein **Tagebuch** aus Südwest. Erinnerungen aus d. Feldzuge gegen d. Hottentotten. — Oldenburg & Leipzig: Stalling (1906). 285 S.
1:Us 3615/93. 12:H. Afr. 1263. 9. 11.
3.8891

Alverdes, Herm., mein Tagebuch aus Südwest. Erinnerungen aus dem Feldzuge gegen die Hottentotten. (1.—2. u. 3.—4. Taus.) (à VII, 285 S.) 8. Oldenburg (907). G. Stalling's Verl. 3. —; geb. 4. —

Alverdes, Johann Heinrich (Halberstadt), De controversiis fori miscellaneis. Disp. jur. Präs. Samuel Stryk. Halle (Joh. Gruner) November 1706. 42 S. (5.50) 349

Alvermann, Gustav [pr. Arzt aus Poppelsdorf]: Aus d. medicin. Univ.-Poliklinik zu Bonn. Die nervöse peristaltische Unruhe des Magens und Darmes ... Bonn, Univ.-Buchdr. v. C. Georgi, 1896; 35 S. 8.
Bonn, Med. Fak., Inaug.-Diss. v. [6. Mai] 1896

Alvermann, Karl, a. Munster: Die Lehre Plotins von der Allgegenwart des Göttlichen. Jena 1905: A. Kämpfe. (35 S.) 8°
Jena, Phil. Fak., Ref. Eucken, Diss. v. 29. Nov. 1905
[Geb. 30. Aug. 76 Munster, Kr. Soltau; Wohnort: Höxter; Staatsangeh.: Preußen; Vorbildung: Gymn. Lüneburg Reife O. 96; Studium: Göttingen 2, Marburg 2, Greifswald 2 S.; Rig. 22. Juli 05.]

Alvero et Ximenes, s. Alvaro et Ximenes

Alves, Adolf

Alves, A., Buchführung f. ländliche Fortbildungsschulen, s.a. Helmke.

Alves, Adolf: Helmkes Buchführung für ländliche Fortbildungsschulen. [Nebst] Buchungsbeispiele u. Aufgaben. Hildesheim: Helmke 1909. 4° (Buchungsbeisp.: 8°) 7.
3.8904

— Formularmappe, s.: Helmke.

— u. Kleberger: 2 Studienreisen in Skandinavien, s: Arbeiten d. deut. Landwirtschafts-Gesellsch.

Alves, Adolf, a. Schulenburg: Untersuchungen über den Gehalt der Körner verschiedener Hafersorten an wertbildenden Bestandteilen. Göttingen 1906: E. A. Huth. (67 S.) 8°
Jena, Phil. Fak., Ref. Edler, Diss. v. 24. Febr. 1906
[Geb. 25. Jan. 80 Schulenburg, Kr. Springe; Wohnort: Schulenburg; Staatsangeh.: Preußen; Vorbildung: Landw. Schule Hildesheim Einj.-Freiw. Zeugn. O. 98; Studium: Göttingen 4, Jena 3 S.; Rig. 9. Dez. 05.]

Alves, Adf: Züchtg u. Samenbau v. Klee u. Gräsern in Dänemark u. Schweden, s: Arbeiten d. deut. Landwirtschafts-Gesellsch.

Alves, Ernst, das Rom der Kunst, s.: Woerl's, Leo, Reisehandbücher.

Alves de **Azevedo, Francisco**: Ein Fall von Solitärcyste bei einer Hufeisenniere. Berlin 1910: G. Schade. 46 S. 8°
Berlin, Med. Diss. v. 5. Aug. 1910, Ref. Bier
[Geb. 2. Febr. 83 Lissabon; Wohnort: Lissabon: Staatsangeh.: Portugal; Vorbildung: Lyceum Central Lissabon; Studium: Berlin 11 S.; Rig. 19. Juli 10.]
[U 10. 13

Alves Leite d'Oliveiro Bello, **Luiz:** Die Colonien der brasilianischen Provinz Rio grande do Sul. Auszug aus d. Bericht d. Vice-Präsidenten d. genannten Provinz Luiz Alvez Leite d'Oliveiro Bello an die gesetzgebende Provinzial-Versammlung bei deren Eröffnung am 1. Oct. 1852. Vorgetr. u. mit Anm. begleitet ... von S. G[ottfried] Kerst. Berlin: Selbstverl. d. Vereins 1853. 30 S., 1 Kt.
1:20 in Sa 5836. **8.**
3.8914

— Der Mönchsritter Nikolaus Durand von Villegaignon. Ein Beitrag zur Kenntniss französisch-brasilianischer Verhältnisse im 16. Jh. Von M. T. Alves Nogueira. Mit 1 Titelbilde u. 2 Kt. — Leipzig: Brockhaus 1887. IX,148 S.
1:Qf 2930. **12:**Biogr. 1202 g. **300:**77.080–B. **3. 5. 6. 7.**
3.8916

(—) O Principe de Nassau (Conde João Mauricio) [Johann Moritz Fürst v. Nassau-Siegen], governador do Brazil Neerlandez. Ensaio biographico por M. T. A. N. (d. i. M. Thomaz Alves Nogueira). — (Altenburg) 1900(: Geibel). VI,298 S. **1:**Si 7678.
3.8919

Alves Nogueira, **Manuel Thomaz:** [Conspiração do Tiradentes, deutsch] Die Verschwörung des Tiradentes. — Rio de Janeiro 1867: Winter. 27 S. 8.
3.8915

Alves de Sá, **Eduardo Dally:** O Direito commercial, cambial, maritimo e as leis de fallencia de Portugal. Trad. por Heinrich Daehnhardt. Das Handelsrecht, Wechselrecht, Seerecht und Konkursrecht von Portugal. Übers. von Heinrich Daehnhardt. — Berlin: v. Decker [1908–09]. 227 Doppel-S. (Die Handelsgesetze d. Erdballs. Ausg. D. Bd 7,2 – Portugal.)
Text portugiesisch u. deutsch.
1:4° Fn 160–7,2. **12:**4° Merc. 13 ri–7. **300:**445.417–C. L. S. 7,1. **2. 3. 4. 5. 7. 8. 9. 10. 11.**
3.8920

— — Separat-Ausg. d. deutschen Ausg. Sign. D. Ebd. [1909]. 227 Doppel-S. (Die Handelsgesetze d. Erdballs. Portugal.)
Text portugiesisch u. deutsch. **1:**4° Fn 160*
3.8921

— Das Handelsrecht, Wechselrecht, Seerecht und Konkursrecht von Portugal. 1908–09 u. ö. s. *Alves* de Sá: O Direito commercial, cambial, maritimo e as leis de fallencia de Portugal.

Alvez Leite d'Oliveiro Bello, **Luiz** s. *Alves* Leite d'Oliveiro Bello.

Alviney, s.: Methode Alviney.

Alvor, Pet.: Die Lösg d. Shakespeare-Problems. (Umschl.: Anthony Bacon. Die Lösg d. Shakespeare-Problems.) (9, 216) 8° Münch., G Müller '11. 3 — d

Alvor, Pet., das neue Shakespeare-Evangelium (55 S.) 8. München (Goethestr. 49 III) (906). Geo. Herrmann. n. 1. —

Alvor, Pet., das neue Shakespeare-Evangelium. 2. bedeutend verm. Aufl. Mit 5 Port., 4 Unterschr.- u. 2 Brief-Fksm. (XXI, 132 S.) 8. Hannover 907. A. Sponholtz Verl. 2. —; geb. 3. —

— Der heut. Stand d. Shakespeare-Frage. (24) 8° Ebd. '07. — 50

— Wer war Shakespeare?, s.a. Beiträge z. Lit.-Gesch.

Wer war Shakespeare? Von Peter **Alvor.** 1. Leipzig: Verl. f. Lit., Kunst u. Musik 1909. 8°
(Beiträge z. Literaturgeschichte. H. 60.) [10. 6271

Alward, Wiljam Ibn s. *Ahlwardt*, Wilhelm.

Alway, Friedrich Jakob: Ueber die elektrolytische Reduktion der Nitrobenzaldehyde. *Heidelberg 1897: Ph. Wiese.* (40 S.) 8°
Heidelberg, Naturw.-math. Diss. v. [10. Dez.] 1897

Alwens, Frdr., Real-Index zum Kunst- u. Gewerbe-Blatt des polytechn. Vereins für das Königr. Bayern. Jahrg. 1815 bis einschl. 1846. gr. 4. (VI u. 259 S.) München 848, Fleischmann in Comm. n. 1 ℛ

Alwens, Friedr., stöchiometrische Schemata zur „Anleitung zur qualitativen chemischen Analyse“ von Dr. R. Fresenius, zusammengestellt. Würzburg 854. Stahel. gr. 8. (20 S.) n. 8 ngℓ

Alwens, Walter, appr. Arzt a. Stuttgart, früh. Medizinalpraktikant d. Klinik: Aus der medizinischen Klinik in Tübingen. Ueber die Veränderungen der Temperaturtopographie unter dem Einfluß kalter Bäder. Berlin 1906: L. Schumacher. (15 S.) 8° ¶ (Aus: Zeitschrift f. exp. Pathologie u. Therapie Bd 3.)
Tübingen, Med. Fak., Ref. Romberg, Diss. v. 29. Nov. 1906
[Geb. 24. Juli 80 Stuttgart; Wohnort: Tübingen; Staatsangeh.: Württemberg; Vorbildung: Gymn. Stuttgart Reife Sommer 99; Studium: Tübingen 6, Berlin 3 S.; Coll. 9. Febr. 06; Approb. 15. Aug. 06.]

Alwin, s.a. Alwyn

Alwin; e. Roman in 2 Bden, v. Pellegrin. 2 Thle. 8. Berl. Braunes, 808.
* Alwin. Ein Roman in 2 Thlen. von Pellegrin, (Baron de la Motte Fouque'.) 2 Bde. 8. 808. (Ist jetzt Verlag von Achenwall u. Comp. in Berl.)

Alwin, [Pseud.], s.a. Langner, Leopold

Alwin, kleine moralische Erzäh ungen. 3e unveränd. Ausg. 8. Potsdam 834. (Vogler.) 3/8 ℛ

Alwin, (Leop. Langner,) kl. moral. Erzähll. f. d. Jugend. 8. Halberst, 823. 2e Aufl. 825. Vogler in Potsd. 12 gℓ

— Rosen u. Disteln, oder satyr. u. literar. Anekdoten. Taschenbuch auf 1825. 8. Halberst. 824. Vogler in Potsd. 1 ℛ

—— buntes Unterhaltungs-Buch f. heitere u. düstere Jahreszeiten, den Freunden d. Scherzes harmlos gewidmet. 8. (8 B.) Magdeburg 831, (Rubach.)

Alwin, (Leop. Langner,) Violen, oder kl. Erzähll. u. Gedichte. 8. Glogau 822. Heymann. 18 gr.

—— Violen, oder kleine Erzählungen und Gedichte. 2., wohlf. Ausg. 8. (15 B.) Glogau 830, Heymann.

Alwin, C.: Die Erstürmung d. Saffenburg od. Die Schwedengeissel, s. A l w i n , Th.

Alwin, C.: Schuld u. Strafe, s. A l w i n , Th.

Alwin, Th.

— die Erstürmung der Saffenburg od. Die Schwedengeißel, s.a. H e i d e l m a n n ' s , A. Theaterbibliothek.

Alwin, Th.: Die Erstürmung der Saffenburg oder die Schwedengeißel. Schauspiel in 4 Akten. — Bonn: Heidelmann [1903]. 46 S. (A. Heidelmann's Theaterbibliothek. 109.) 1:Yp 6421-109. 5.
3.9000

— die Handwerksburschen f. e. Tag od. Wer niemals e. Reise tut, s.a H e i d e l m a n n ' s , A.. Theaterbibliothek.

Alwin, Th.: Die Handwerksburschen für einen Tag oder wer niemals eine Reise tut. Lustspiel in 4 Aufz. — Bonn: Heidelmann [1903]. 24 S. (A. Heidelmann's Theaterbibliothek. 106.) 1:Yp 6421-106. 5.
3.9001

- Musketier Friedrich Wilhelm Krause, s.a. D i l e t t a n t e n - T h e a t e r.

— Musketier Friedrich Wilhelm Krause. Lustspiel mit Gesang in 1 Akt. Mit 5 Musikbeil. — Paderborn: Schöningh [1904]. 23,8 S. (Dilettanten-Theater. 73.) 1:Yp 6376-73. 6.
3.9002

— Kreuz u. Kelle, s.a. D i l e t t a n t e n - T h e a t e r. N. F. 4.

— Kreuz und Kelle. Trauerspiel in 5 Akten. — Paderborn: Schöningh [1903]. 40 S. (Dilettanten-Theater. N. F. 4.) 1:Yp 6376/2-N.F.4. 6.
3.9003

Alwin, Th., Barbarossas Kreuzzug, s.a. H e i d e l m a n n ' s , A., Theaterbibliothek.

— Barbarossas Kreuzzug. Trauerspiel in 5 Aufz. — Bonn: Heidelmann [1904]. 38 S. (A. Heidelmann's Theaterbibliothek. 116.) 1:Yp 6421-116. 5.
3.9004

– der Nachtwächter, s.a..H e i d e l m a n n ' s , A., Theaterbibliothek.

— Der Nachtwächter. Lustspiel nach Körner bearb. in 1 Akt. — Bonn: Heidelmann [1904]. 20 S. (A. Heidelmann's Theaterbibliothek. 139.) 1:Yp 6421-139. 5.
3.9005

– Schuld u. Strafe, s.a. H e i d e l m a n n ' s , A., Theaterbibliothek.

— Schuld und Strafe. Drama aus Nero's Zeit in 5 Akten. — Bonn: Heidelmann [1904]. 61 S. (A. Heidelmann's Theaterbibliothek. 112.) 1:Yp 6421-112. 5.
3.9006

– Soldaten vor 100 Jahren, s.a. H e i d e l m a n n ' s , A., Theaterbibliothek.

— Soldaten vor hundert Jahren. — Bonn: Heidelmann [1905]. 19 S. (A. Heidelmann's Theaterbibliothek. 168.) 1:Yp 6421-168.
3.9007

– der bekehrte Studentenvater, s.a. H e i d e l m a n n ' s , A., Theaterbibliothek.

— Der bekehrte Studentenvater. Lustspiel mit Gesang in 4 Akten. — Bonn: Heidelmann [1905]. 39 S. (A. Heidelmann's Theaterbibliothek. 166.) 1:Yp 6421-166.
3.9008

– die Türken vor Wien, s.a. H e i d e l m a n n ' s , A., Theaterbibliothek.

— Die Türken vor Wien. Schauspiel in 4 Akten. — Bonn: Heidelmann [1904]. 31 S. (A. Heidelmann's Theaterbibliothek. 114.) 1:Yp 6421-114. 5.
3.9009

– Wer niemals eine Reise tut, s. H e i d e l m a n n ' s , A. Theaterbibliothek.

– Henning Wulf, d. ditmarsische Tell, s.a. H e i d e l m a n n ' s , A., Theaterbibliothek.

— Henning Wulf, der ditmarsische Tell. Schauspiel in 4 Akten (mit Gesang). — Bonn: Heidelmann [1904]. 35 S. (A. Heidelmann's Theaterbibliothek. 138.) 1:Yp 6421-138. 5.
3.9010

Alwine, od. die wiedergefundene Tochter, nach d. Engl. d. Mstrs Robinson, v. F. S. 8. Quedlinb. Basse. 813.

Alwiss-mâl, Das eddische, ein Denkmal der polnischen Sprache . . . Breslau 1901. V: *Czarnecki, W.* (Berl)

ALWYN oder die Begebenheiten eines Schauspielers. Aus dem Englischen. Zwey Theile. Leipzig, Weygand, 1781. 8. (2 Mk. Völcker, Frkft. a. M., 1876.)
8 Bll. Vorst. u. 336 fortl. pag. Seiten. Auf d. Titel 1 Vignette. In 49 zahmen Briefen abgefasst.

— Alxinger. (Johann Karl August) Musäus. (Johann Gottwerth) Müller von Itzehoe. In e. Auswahl aus ihren Werken hrsg. von H[einrich] Pröhle. Im Anschluß an Wielands Werke. — Berlin & Stuttgart: Spemann [1888]. 451 S. (Deutsche National-Litteratur. 57.)
1:Yc 7605-57. 12: P. o. germ. 1002h-57.
300: 392.513-B. L. S. 57. 2. 3. 4. 5. 6. 7.
6: 8. 9. 10. 11.
3.9031

Alxinger, Johann Baptist v.

— An Deutschland bey Gelegenheit der letzten österreichischen Siege. Von Johann v. Alxinger. — Wien: Camesina 1795. 2 Bl. 1: 11 in Yf 6758.
3.9032

— Antihoffmann. 2 Hefte. 8. Wien 792. Schaumburg. 16 gr.

— Anti-Hoffmann. Von Alxinger. St. 1. 2. — Wien: Stahel in Komm. [1792].
1. 2 . . 300: 26 N 104; 622.132-A. Th. S. [u.] 1795.
2 . . . . 8.
3.9033

—— 2. Aufl. St. 1. Ebd. 1792. 106 S. 8.
3.9034

— Prosaische Aufsätze. Von Johann v. Alxinger. Wien: Haase 1812. XVI,230 S.
Erschien gleichzeitig auch als Bd 10 der Ausgabe: Sämmtliche Werke. Wien 1812.

Alxinger, J.v.: Bliomberis, s.a. V o l k s b i b l i o t h e k , deutsche

— Bliomberis. Ein Rittergedicht in 12 Gesängen, von Alxinger. — Leipzig: Göschen 1791. 482 S.
1: Ym 2691. 12: P. o. germ. 31. 300: + 70 K 30 [u.] 467.
4. 5. 7. 8. 11.
3.9035

—— Frankfurt & Leipzig 1791. 482 S.
Nachdruck d. Ausg. Leipzig 1791. 1: Ym 2692. 10.
3.9036

—— (Vorr.: [Johann Gottfried] Seume.) Neue Aufl. mit 2 Kupfern. — Leipzig: Göschen 1802. XII,507 S.
1: Ym 2694. 12: P. o. germ. 31m. 2. 3. 7. 8. 10. 11.
3.9037

—— (Vorr.: [Johann Gottfried] Seume.) Th. 1. 2. Wien: Haase 1812.
Erschien gleichzeitig auch als Bd 1. 2 der Ausgabe: Sämmtliche Werke. Wien 1812.

— Bliomberis. Ein Rittergedicht in 12 Gesängen von Alxinger. Bd 1.2. — Leipzig: Göschen 1861. 65. 8. 9. 10.
3.9039

Alxinger, Joh. Bapt., Briefe des Dichters. Hrsg. v. Gust. Wilhelm. gr. 8. (106 S.) Wien 898. (C. Gerold's Sohn.) n. 2. 40
Sonderabdruck aus: „Sitzungsber. d. k. Akad. d. Wiss."

— Mein Dank an den Kaiser. gr. 8. Wien 782.

Alxinger, J.v.: Doolin von Mainz, s.a. Volksbibliothek, deutsche.

(—) Doolin von Maynz. Ein Rittergedicht. — Leipzig: Göschen 1787. 192 [vielm. 392] S.
1:Ym 2671. 300: * 70 J 3 [u.] 11.525. 3. 4. 5. 7. 11.
3.9040

(—) — Carlsruhe: Schmieder 1787. 392 S.
Nachdruck d. Ausg. Leipzig 1787.
1:Ym 2672. 12:P. o. germ. 31q. 7.
3.9041

(—) — Ebd. 1787. 392 S. (Sammlung der besten deutschen prosaischen Schriftsteller u. Dichter. 161.)
12:P. o. germ. 1208-1.
3.9042

— Doolin von Maynz. Ein Rittergedicht in 10 Gesängen. Von Johann v. Alxinger. 2., verb. Aufl. — Leipzig: Göschen 1797. XII,378 S.
1:Ym 2674. 12:P. o. germ. 32. 300:179.478-B. 7. 8. 11.
3.9043

Alxinger, Johann Baptist v.: Doolin von Mainz. Ein Rittergedicht in 10 Gesängen. Von Johann v. Alxinger. — Wien: Haase 1812. XVI,318 S.
Erschien gleichzeitig auch als Bd 3 der Ausgabe: Sämmtliche Werke. Wien 1812.
7.
3.9044

— — Neueste Aufl. Abt. 1.2. Wien: Bauer 1817.
300:24 Zz 23. 2. 9.
3.9045

— Doolin von Mainz. Ein Rittergedicht in 10 Gesängen von Alxinger. — Leipzig: Göschen 1861. 322 S.
65. 3. 8. 10.
3.9046

Alxinger, J.B., s. Eduard d. Dritte

— die Friedensfeier rc. 4. Wien 779.

— Gedichte des Johann v. Alxinger. Hrsg. von Friedrich Just[us] Riedel. — Halle: Gebauer 1780. 112 S.
1:Ym 2641. 8.
3.9047

— Gedichte. Von Johann v. Alxinger. Th. 1.2. Wien: Haase 1812.
Erschien gleichzeitig auch als Bd 7.8 der Ausgabe: Sämmtliche Werke. Wien 1812.
7.
3.9050

— Johann von Alxinger's Gedichte. Neueste Aufl. Th. 1-3. Wien: Bauer 1817. 65. 12:P. o. germ. 34 ag. 300:24 Zz 24.
3.9051

— neueste Gedichte. 8. Wien 794. Camesina. (Heubner.) 12 gl Schreibp. 16 gl mit Kpf. 1 Thlr 6 gl

— Alxingers Sämmtliche Gedichte. Th. 1.2. Klagenfurth & Laybach: v. Kleinmayer 1788.
1. o. J. 2. 1788.
1.2 . . . . 1:Ym 2646. 300: * 70 J 137. 7. 11.
2 . . . . 12:P. o. germ. 33.
3.9048

— sämmtl. Gedichte. 2 Thle. 8. Klagenf. 788. (Wienbrack in Leipz. u. Schaumburg in Wien.) 1 Thlr 16 gl

Alxinger, J.B., s. Iphigenia in Tauris

— Ueber Leopold den Zweyten. Von J. v. Alxinger. Mit 1 Kupfer von H. Lips. — Berlin: Vieweg 1792. 29 S.
1:Rz 5988.
3.9052

Alxinger. Über Kaiser Leopold den Zweiten. Nachrichten und Bemerkungen ... Riga 1793. H: *Sonntag, Carl Gottlob.* (R-N)

— Oesterreich. Monatsschrift für 1793. 12 Hefte. 8. Prag, Calve. 4 Thlr Mit Ehrenberg, Ratschky u. A. für 1794. 6 Stücke. 8. Wien, Camesina. 2 Thlr

— — Fortsetzung s. Monatschrift.

Die Musen in Wien auf dem Salzgries im Hanswurstischen Hause. Von Joh. Bapt. **Alxinger.**
cf. Kratter, F.: Frmr Auto da Fé. 1786 S. 38—47.
Satire. Verhöhnt Sonnenfels wegen seiner Bestrebungen, den Grund zu einer Gelehrten-Akademie zu legen; macht Retzer lächerlich, verunglimpft Prof. Mayer etc. [*Abafi, L.: Gesch. d. Frmrei in Oesterreich-Ungarn. 4 (1893) S. 174.*]

Alxinger, s.: National-Litteratur, deutsche.

— Numa Pompilius, s.a. Florian.

— Numa Pompilius. Von Alxinger nach Florian. Th. 1.2. Wien (2: Leipzig & Klagenfurt): Kleinmayer 1791.
1. 1791. 2. o. J. 300:26 N 103.
3.9053

— — Th. 1.2. Leipzig & Klagenfurt: Kleinmayer (1792).
1.2 . . . . 1:Ym 2711. 2.
1 . . . . 12:P. o. germ. 34.
3.9054

— Numa Pompil. ein Gedicht in 12 Büchern, nach Florian in 2 Bdn. 8. Wien, Rößl und Kaulfuß. 792. Schreibp.

— Diss. inaug. praecipuarum de jure patronatus quaestionum discussionem continens. 8 maj. Wien 780. Trattner. 3 gl

— über eine höchst elende Recension des Doolin v. Mainz. 8. Wien 788. Stahel. 5 gl

Die Schicksale der Maurerey eine Kantate. Vom Br. [Joh. Bapt.] **Alxinger.** Gehalten den 18. des dritten Monats als die ☐ zum heil. Joseph [in Wien] die Namensfeyer ihres Monarchen begieng. [Wien 1783.] 14 S. 8°
Abgedr. in: Taschenbuch f. Frmr. 1784 S. 5 bis 19; [Nachdr.] 1784 S. 5—15; Alxinger, J. B.: Sämmtl. Gedichte. 1 (o. J.) S. 276 bis 286.
Selten. Ohne Noten: „Wen heut' sein Vorrang nicht entzücket, . . ." Gesch. der Frmrei von Adam bis Arthur u. seine Tafelrunde.

v. Alxinger, Joh. Bapt., († d. 1. Mai 1797.) sämmtl. Schriften, vollst. u. rechtmäßige Ausg. 10 Bde. Mit Kpf. gr. 8. Wien 812. Haas. 12 Thlr

Alxinger, Johann Baptist v.: [Teils.] J. B. Alxingers Sämmtliche poetische Schriften. — Leipzig 1784. 311,32 S.
In den Exemplaren von 300 fehlt der Anhang von 32 S., enthaltend Gedichte, deren Veröffentlichung für Österreich bedenklich erschien.
1:Ym 2644. 300:*70 J 138 [u.] 11.060. 5. 7. 8. 11.
3.9027

— sämmtl. poet. Schriften. 8. Wien 784.

— Vermischte Schriften. Von Johann Alxinger. Ebd. 1812. 219 S.
Erschien gleichzeitig auch als Bd 9 der Ausgabe: Sämmtliche Werke. Wien 1812.
11.
3.9028

Alxinger, Joh. Bapt. v. (Hrsg.), s. Taschenbuch für Brüder Freimaurer auf das Jahr 1784.

— Theater. Von Johann v. Alxinger. Ebd. 1812. 360 S.
Erschien gleichzeitig auch als Bd 6 der Ausgabe: Sämmtliche Werke. Wien 1812.
11.
3.9030

— bei Laudons Tode. 4. Wien 790.

Alxinger, Johann Baptist v.: [Werke] Johann v. Alxinger's Sämmtliche Werke. Bd 1–10. — Wien: Haase 1812.
1.2. Bliomberis. Ein Rittergedicht in 12 Gesängen. Th. 1.2.
3. Doolin von Mainz. Ein Rittergedicht in 10 Gesängen.
4.5. Numa Pompilius. Th. 1.2.
6. Theater.
7.8. Gedichte. Th. 1.2.
9. Vermischte Schriften.
10. Prosaische Aufsätze.
Die einzelnen Bände dieser Ausgabe sind ursprünglich auch ohne Haupttitelblatt erschienen.
1:Yc 9081. 12:P. o. germ. 34af. 300:15 L 26. 2. 5. 7. 9. 10. 11.
3.9026

Aly s.a. *'Alī.*

Aly Bey, Sultan v. Egypten. Trsp. v. Dyk. 8. Leipz. Dyk. 797.

Aly Bey, Madame schläft bereits (Qoqona jatyjor), s.a. Aus dem türkischen Leben.

Aly, Eduard: Wolkenkuckucksheimer Dekamerone. — Berlin: Fontane 1899. 293 S.
Als T. 2 hierzu erschien *Aly:* Geschichten aus Sachsen-Sieben-Indien. 1901.
1:Yx 31080. 7. 11.
3.9055

!Aly, Ed., Wolkenkuckucksheimer Dekamerone. Berlin 1899. Jetzt: Magdeburg, Creutz'sche Verlagsb.

Aly, Ed., Es werde Recht! Trag. i. 5 Aufzügen. gr. 8. (102 S.) Coburg 898. (Dietz). n. 3. —

Aly, E: Geschichten a. Sachsen-Sieben-Indien. Des Wolkenkuckucksheimer Dekamerone 2. Tl. (197) 8° Berl., E Fleischel & Co.'01. 3 — (Vollst.: 8 —; Einbde je 1.50) d
! Aly, E: Gesch. a. Sachsen-Sieben-Indien. Jetzt: Mgdbg, Creutz.

— Geschichten aus Sachsen - Sieben - Indien. Des Wolkenkuckucksheimer Dekamerone zweiter Teil. — Berlin: Fontane 1901. 197 S. 1:Yx 31080/4. 11.
3.9056

Aly, E: Liebe will keine Meisterin! Lustspiel. 8° (145) Lpzg 97. Stuttg., JG Cotta Nf. 2 —

— Liebe will keine Meisterin! Lustspiel in 3 Aufz. von Ed. Aly. — Leipzig: Liebeskind 1897. 145 S.
1:Ys 29450. 12:Heyse-Archiv XI-56,2.
3.9057

— Der neue Schwabenspiegel. Ein Roman von gestern. — Berlin: Fontane 1900. 173 S. 1:Yx 32028. 11.
3.9058
!Aly, Ed., Der neue Schwabenspiegel. 1900. (KBL 31). Jetzt: Magdeburg, Creutz'sche Verlagsb.

Aly, Friedrich [Hrsg.] Das Album des Akademischen Pädagogiums von 1653–1833. 1904 s.a. *Album* Paedagogei Marpurgensis.

Aly, Frdr., das Album des akademischen Pädagogiums von 1653—1833, s.a. Festschrift d. königl. Gymnasiums zu Ehren der 400jähr. Wiederkehr d Geburtstages Landgraf Philipps v. Hessen.

Aly, Friedr., Das Album des akademischen Pädagogiums von 1653—1833 nebst e. Anh. [u. Nachtr.] Marburg 1904. 1906. (4°) 8°.
Nachtr.: *Becker,* Ernst, Nachtr. zum Album des akademischen Pädagogiums (1654–1779). Marburg, Kgl. Gymnas., Festschrift zu Ehren d. 400jähr. Wiederkehr d. Geburtstages Landgraf Philipps von Hessen 1904 u. P. 1906.

Aly, Friedrich, Direktor Prof. Dr.: Das Album des akademischen Pädagogiums von 1653—1833 nebst einem Anhang. Marburg 1905: R. Friedrich. (S. 1—37.) 4°
Marburg, k. G Philippinum P 1905 (473)

Aly, Friedrich: Bericht über seine Einführung als Direktor der Anstalt, s.a. Aly, Gottfried Friedrich

Aly, Friedrich [Prof. Dr., Dir.]: *Bericht über seine Einführung als Direktor der Anstalt.* Burg, Druck v. A. Hopfer, 1896; 19—20 S. 4.
Burg, k. Victoria-G, P 1896 (234)

Aly, Friedrich: Bericht über die Feier des 50-jährigen Amtsjubiläums des Vorschullehrers Heinrich Einbeck, s.a. Aly, Gottfried Friedrich

Aly, Friedrich [Prof. Dr., Dir.]: *Bericht über die Feier des 50-jährigen Amtsjubiläums des Vorschullehrers Heinrich Einbeck.* Burg, Druck v. A. Hopfer, 1897; 15—18 S. 4.
Burg, k. Viktoria-G, P 1897 (237)

Aly, Friedrich (Hrsg.), s. Blätter für höheres Schulwesen und die Interessen seines Lehrerstandes.

Aly, Frdr., ausgewählte Briefe Ciceros u. seiner Zeitgenossen, s.: Cicero.

Ausgewählte Briefe Ciceros und seiner Zeitgenossen. Anmerkungen f. d. Schulgebrauch. Von Prof. Dr. Friedrich Aly, Dir. in Burg. *Berlin: R. Gaertner 1899.* (59 S.) 8°

Ausgewählte Briefe Ciceros und seiner Zeitgenossen. Anmerkungen f. d. Schulgebr. Von Prof. Dr. Friedrich **Aly**, Dir. in Marburg. 2., verb. Aufl. Berlin: Weidmann 1905. (61 S.) 8° [06. 1493]

— Cicero. Sein Leben u. seine Schriften. gr. 8. (VII, 194 S. m. Portr.) Berlin 891. R. Gaertner. n. 3. 60; geb. in Leinw. n. 4. 60

Aly, Friedrich: Das Magdeburger Domgymnasium der sechziger Jahre, s.a. Aly, Gottfried Friedrich

Aly, Friedrich [Dir. Prof. Dr.]: Das Magdeburger Domgymnasium der sechziger Jahre. '(Antrittsrede.)' Burg, Druck v. A. Hopfer, 1896; 3—12 S. 4.
Burg, k. Victoria-G, P 1896 (234)

— Geschichte der römischen Litteratur. gr. 8. (XI, 355 S.) Ebd. 894. n. 7. —; geb. in Halbfrz. n.n. 9. —; auch in 7 Lfgn. à n. 1. —

Aly, Frdr.: Gesch. d. preuss. höh. Schulwesens. (124) 8° Marbg, NG Elwert's V. '11. 2 —; geb. 2.60

— Gymnasium militans. (28 S.) gr. 8. Marburg 907. N. G. Elwert's Verl. — 40

— Horaz, s. Leben u. s. Werke, s.a. Gymnasial-Bibliothek.

— Horaz, sein Leben und seine Werke. — Gütersloh: Bertelsmann 1893. 46 S. (Gymnasial-Bibliothek. 15.)
1:Va 9358-15. 12:Philol. 125nt-15. 300:465.054-B. Bd 15. 6. 11.
3.9063

— — 2., verb. Aufl. Ebd. 1909. 59 S. (Gymnasial-Bibliothek. 15.)
1:Va 9358²-15. 6. 10.
3.9064

— Humanismus od. Historismus. (31 S.) gr. 8. Marburg 902. N. G. Elwert's Verl. n. — 60

Aly, Frdr., Jahresbericht üb. d. Geschichte d. röm. Litteratur 1891—1896. [Aus: „Jahresber. üb. d. Fortschritte d. class. Altertumswiss."] gr. 8. (32 S.) Berlin 898. Leipzig, O. R. Reisland. n.n. 1. 20

Alv. F., Die neuen Lehrpläne u. d. altsprachl. Lektüre. S.-A. 1897. 17 S.

Aly, Friedrich: Sapiens atque eloquens pietas. (Antrittsrede.) S. 3 bis S. 4. **Progr.** Kgl. Gymn. *Marburg* 1901

— Die Quellen des Plinius im achten Buch der Naturgeschichte. — Marburg: Elwert 1882. 67 S.
1:Wo 5255. 300:36.102-B. 3. 4. 5. 7. 9. 10.
3.9066

Aly, Friedr. Zur Quellenkritik des älteren Plinius. 21 S.
Progr. Päd. *Magdeburg* 1885.

Aly, Frdr., zur Quellenkritik d. älteren Plinius. gr. 4. (21 S.) Marburg 885. Elwert's Verl. n. — 80

— Schule und Haus. Offenes Sendschreiben an Herrn Prof. Dr. Ubbelohde, Mitglied des Preussischen Herrenhauses, in Marburg. — Grünberg i. Schl.: Weiss 1882. 35 S.
1:Nc 2840. 2. 6.
3.9067

— Die Unterschätzung des Lateinischen. — Leipzig & Berlin: Teubner 1907. S. 81-98. 4°
Aus: Neue Jahrbücher für Pädagogik. 20. 1907.
11.
3.9068

— Vademecum für Kandidaten des höheren Lehramts. — Marburg: Elwert 1910. 49 S. 1:Nc 4459. 4. 9.
3.9069

— Das Wesen des Gymnasiums. Festrede zum Geburtstage Sr. Maj. d. Kaisers u. Königs am 27. Jan. 1890, geh. in d. Aula d. Pädagogiums zum Kloster „Unser lieben Frauen" in Magdeburg. gr. 8. (20 S.) Berl. 890, Gaertner. * — 50

Aly, Gottfried Friedrich: Bericht über seine Einführung als Direktor der Anstalt, s.a. Aly, Friedrich.

Aly, *Gottfried* Friedrich: *Bericht über seine Einführung als Direktor der Anstalt.* 4 (S. 19—20).
Progr. Kgl. Victoria-G. *Burg* 1896

Aly, Gottfried Friedrich: Bericht über die Feier des 50jähr. Amtsjubiläums des Vorschullehrers Heinrich Einbeck, s.a. Aly, Friedrich.

—: *Bericht über die Feier des 50jähr. Amtsiubiläums des Vorschullehrers Heinrich Einbeck.* 4 (S. 15—18).
Progr. Kgl. Viktoria-G. *Burg* 1897

Aly. Gottfried Friedrich: Das Magdeburger Domgymnasium der sechziger Jahre, s.a. Aly, Friedrich

Aly, *Gottfried* Friedrich: Das Magdeburger Domgymnasium der sechziger Jahre. (Antrittsrede.) 4 (S. 3—12).
Progr. Kgl. Victoria-G. *Burg* 1896

Aly, Godofr. Frdr., de nominibus *ιο* suffixi ope formatis. Dissertatio inauguralis. gr. 8. (43 S.) Berlin 873. Leipzig, Lorentz. n. 1. —

Aly, Wilhelm: Oeynhausen und seine Erfolge bei Gelenkrheumatismus, Gicht u. anderen Gelenkkrankheiten, von W. Aly. — (Oeynhausen: Ibershoff) 1902. 141 S.
1:Is 8824. 6.
3.9071

Aly, Wilhelm: Ueber die Vermehrung der rothen Blutkörperchen bei Amphibien. Halle a. S. 1884: Hendel. 40 S. 8°
Halle-Wittenberg, Med. Diss v. 9. Aug. 1884
Geb. Magdeburg 25. 7. 1860. V.

Aly, Wolf s. *Aly,* Wolfgang.

Aly, Wolfgang

Aly, Wolf, Dr. phil.: Der kretische Apollonkult. Vorstudie z. e. Analyse d. kretischen Götterkulte. Tübingen 1908: Laupp. 58 S. 8° ¶ (Ersch. auch als Buch b. Dieterich, Leipzig.)
Freiburg i. B., Phil. Hab.-Schr. v. 1908 [U 09. 1064

Aly, Wolfgangus, Marpurgensis: De Aeschyli copia verborum prolegomena et caput 1. *Berolini 1904: W. Pormetter.* (52 S.) 8° ¶ (Soll vollst. erscheinen.)
Bonn, Phil. Diss. v. 20. Juli 1904

— De Aeschyli Copia verborum capita selecta scripsit Wolfgangus Aly. — Berolini: Weidmann 1906. 113 S.
Ersch. teilw. auch als Diss. Bonn 1904.
1:Vg 2580. 12:A. gr. a. 171 b. 300:447.438-B. 2. 5. 7. 9. 11.

Aly ben Schems-eddin's Chanisches Geschichtswerk, herausgegeben von Dorn, s. Quellen, muhammedanische, zur Gesch. der südl. Küstenländer des Kaspischen Meeres. 2 Thl.

Alymantius, Theophilus s. *Alemann.*

Alyon, Pierre Philippe:

[Essai sur les propriétés médicinales de l'oxigène, deutsch] Versuch über die Eigenschaften des Sauerstoffs als Heilmittels und über die Anwendung dieses Prinzips in verschiedenen Krankheiten ... Von dem Bürger Alyon. Aus d. Franz. mit Anm. (Vorr.: F[riedrich] W[ilhelm] J[osef] Schelling.) — Leipzig: Breitkopf & Härtel 1798. XVIII,110 S.
In den Exemplaren von 12. 5. 6. 7. 8 u. 10 fehlen die Seiten XVII u. XVIII, die die Vorrede enthalten.
1:Ik 186. 12:M. med. 35 d. 2. 5. 6. 7. 8. 10.
3.9083

Alypius, s.: Musici scriptores graeci.

Alypius, junior, Quid sit musice aetatam agere ex Plauti mostellaria act, 3 sc. 2 v. 40 ad componendam vontroversiam de vita musica inter viros musicos nuper ortam. O. O. 1751. 16 S. (4.80) 350

Alyschewski: Aerztlicher Bericht des St. Georg's-Vereins (in S. Petersburg). — Berlin: Hirschwald 1875. 62 S.
1:I 16215.
3.9092

Alyschowsky, aerztlicher Bericht d. St. Georgs-Vereins. gr. 8. (62 S.) Berlin 876. Hirschwald. n. 1. 50

Alz, Karl (Hrsg.), s. Der Kunstfreund

Alzaybar's, Don. Man. Maria de, Obras poéticas. 12 maj. (20 B.) Aix-la-Chapelle 832, (Mayer.)

Alzenau [Schlagwort]

Alzenau, s.: Bayern. Karte.

Alzeste, s.a. Alceste

Alzeste. Singsp. 8. Mannh. Kaufmann. 792.

Alzey [Schlagwort]

Alzey, s.a. Deutschland. Kürschner-Peip.

Alzey. Heusel, Emil, Plan v. Alzey m. Einzeichng. d. nooh in Resten vorhand. Stadtmauer. F. d. Heimatkunde bearb. 1:5000. Taschen-Ausg. 21 × 27 cm. Farbendr. Giessen 894. E. Roth. n. — 40

— — dasselbe. 1:5000. 21 × 27 cm. Farbendr. Ebd. 894. n. — 20

Alzey. Heusel, F., Plan von Alzey m. Einzeichnung der noch in Reston vorhandonen Stadtmauer. Für die Heimatkunde bearb. 1:1600. 63 × 82 cm. Farbendr. Giessen 894. E. Roth. n.n. 5. —;
auf Leinw. m. Stäben n. 8. —

Alzheimer, Alfr.: Zweck u. Bedeutg d. Lehrwirtschaften, s: Jahrbuch, Landwirtschaftl., f. Bayern.

Alzheimer, Alois [Hrsg.] s. *Arbeiten*, Histologische und histopathologische, über die Grosshirnrinde [Zeitschriften].

Alzheimer, Alois, s. M o n o g r a p h i e n a.d. Gesamtgebiete d. Neurologie und Psychiatrie.

Alzheimer, Alois [cand. med.]: Über die Ohrenschmalzdrüsen... Würzburg, Druck & Verl. d. Stahel'schen Univ.-Buch- & Kunsth., 1888; 1 Bl. + 20 S. 8°
Würzburg, Med. Fak., Inaug.-Diss. v. 1888

— Über die Ohrenschmalzdrüsen. Mit 2 Taf. — Würzburg: Stahel 1888. 20 S. (Verhandlungen d. Physikalisch-Medizinischen Gesellschaft zu Würzburg. N.F. 22,8.)
Ersch. auch als Diss. Würzburg 1888.
1: Lc 7624-N.F. 22,8. 12: Bavar. 2641q-22. 2. 5. 7. 9. 11.
3.9103

Alzheimer, Alois, Dr. med., approb. Arzt: Histologische Studien zur Differentialdiagnose der progressiven Paralyse. Mit 14 Taf. *Jena: (G. Fischer) 1904.* (299 S.) 8°
München, Med. Hab.-Schr. v. 1904
(Nicht für den Austausch)

Alzheimer, Alois, s. Z e i t s c h r i f t f.d. gesamte Meurologie u. Psychiatrie.

A l z h e i m e r, Karl: Die Buchstabenschrift. Entstehung und Verbreitung derselben bei den ältesten Culturvölkern. S. 3-43.
Progr. Würzburg 1860.

Alzinger, *Josephus* Ludovicus [Harobachensis]: Studia in Aetnam collata ... Lipsiae, G. Fock, 1896; 1 Bl., 54 S., 1 Bl. 8.
Erlangen, Phil. Fak., Inaug.-Diss. v. 24. Jan. 1895

Alzinger, Ludw., studia in Aetnam collata. gr. 8. (54 S.) Leipzig 896. G. Fock. n. 1. 50

— s.: Zeitschrift f. die gesamte Neurologie u. Psychiatrie.

Alzire. Trsp. aus dem Voltaire. 8. Hamb. 739.

— — dass. 8. Wien. Kurzböck.

Alzire, ein Schauspiel, aus dem Französ. Wien 1775. V: *Voltaire, François Marie Arouet.* (Zeitschr. f. Büch. 1923, S. 78.)

Alzire; e. Schspl., aus d. Französ. (von F. Kepner). 8. Wien 775. Kurzböck. 4 gr.

— Trsp. in Versen, v. Gotter. 8. Wien, Kurzböck. 783.

— od. die Amerikaner. Trsp. v. Voltaire. 8. Lübeck, Iversen. (Gleditsch in Lpz.) 784.

Alzire, ein Trauerspiel von Voltaire. Metrisch übersetzt von Franz von Maltitz. 8. Carlsruhe. Marx. 816.

Alzog, Giovanni s. *Alzog*, Johann Baptist.

Alzog, J., Dr. theol. s. *Alzog*, Johann Baptist.

Alzog, Janos s. *Alzog*, Johann Baptist.

Alzog, Johann Baptist

Alzog, Johs., Antrittsrede gehalten am 4. März 1854 an der Alb.-Ludw.-Universität zu Freiburg. Freiburg im Br. 854. Herder. 8. (23 S.) n. 2 ngr

Alzog, Ioannes, Commentatio de litterarum Graecarum atque Romanarum studiis cum theologia christiana coniungendis. Freiburg 1857, 4°, 36 S.

Alzog, Johann Baptist: Explicatio catholicorum systematis de interpretatione literarum sacrarum. Commentatio theologico-polemica. Scripsit Joannes Alzog. — Monasterii: Deiters 1835. 117 S. 1: Di 2830. 5. 6.
3.9104

— Katholisches Gebet- und Gesangbuch, ges. u. bearb. von Johannes Alzog. Mit e. Stahlst. — Mainz: Kupferberg 1850. XIV,616,144 S. 102.
3.9105

Alzog, J., Grundriß der Patrologie, s.a. Bibliothek, theologische.

— Grundriss der Patrologie oder der ältern christlichen Literärgeschichte von Johannes Alzog. — Freiburg i. B.: Herder 1866. XII,420 S.
300: 154.104-B. 2. 3. 4. 5. 6. 7. 8. 9. 102.
3.9106

— — 2., umgearb. u. verb. Aufl. Ebd. 1869. X,452 S.
1: B 608. 9. 11.
3.9107

– Grundriss der Patrologie... 3. Aufl. s. A l z o g : Handbuch der Patrologie...

Alzog, Johann Baptist: Grundriß der Patrologie oder der ältern christlichen Litteraturgeschichte. Von Johannes Alzog. 4., verb. Aufl. — Freiburg i. B. [usw.]: Herder 1888. XI,590 S. (Theologische Bibliothek. 7.)
1: B 610. 300: 390.409-B. L. S. 1,1. 2. 3. 5. 6. 7. 10.
3.9109

— [Universalgeschichte der christlichen Kirche, Ausz.] Grundriss der Universal-Kirchengeschichte. Zunächst für akademische Vorlesungen von Johannes Alzog. — Mainz: Kupferberg 1868. VIII,623 S.
1: Cb 3895. 300: 32.085. 5.
3.9123

— Handbuch der allgemeinen Kirchengeschichte. 10. Aufl., neu bearb. von Franz Xaver Krauss. Bd 1.2. — Ebd. 1882.
1: Cb 3615. 12: H. eccl. 29xe. 2.
3.9120

Alzog, J., Handbuch der Patrologie, s.a. Bibliothek, theologische.

— Handbuch der Patrologie oder der ältern christlichen Literärgeschichte von Johannes Alzog. 3., neubearb. u. verm. Aufl. — Freiburg i. B. [usw.]: Herder 1876. XIII, 572 S. (Theologische Bibliothek. 7.)
1: B 609. 12: P. gr. C. 3c. 2. 4. 5. 102P.
3.9108

— Handbuch der Universal-Kirchengeschichte von Johannes Alzog. 8., verm. u. umgearb. Aufl. Mit 2 chronologischen Tab. u. 2 kirchlich-geographischen Kt. Bd 1.2. Ebd. 1866-67. 2. 4. 8.
3.9118

— — 9., verm. u. umgearb. Aufl. Mit 2 chronologischen Tab. u. 2 kirchlich-geographischen Kt. Bd 1.2. — Ebd. 1872.
5. 10.
3.9119

Alzog, Johs. (Hrsg.), s. M o n a t s c h r i f t, Theologische.

— Die deutschen Plenarien (Handpostillen) im 15. und zu Anfang des 16. Jahrhunderts (1470–1522). Ein Beitrag zur Geschichte d. religiösen Volksbildung in jener Zeit, besonders in Südteutschland. Von J. Alzog. — Freiburg i. Br.: Herder 1874. 74 S.
Aus: Freiburger Diöcesan-Archiv. 8.
1: Dy 9000. 4. 6. 9. 10. 102.
3.9110

— Universalgeschichte der christlichen Kirche vom katholischen Standpunkte. Lehrbuch für theologische Vorlesungen. Von Joh. Alzog. Nebst 2 kirchlich-geographische Charten. — Mainz: Kupferberg 1841. X,733 S. 102.
3.9111

— Universalgeschichte der christlichen Kirche. Lehrbuch für akademische Vorlesungen von Johannes Alzog. 2., umgearb. u. verm. Aufl. Mit 1 chronologischen Tab. u. 2 kirchlich-geographischen Kt. — Ebd. 1843. XX,1187 S.
300: 15.841-B. 102.
3.9112

— — 3., theilweise umgearb. u. verm. Aufl. Mit 1 chronologischen Tab. u. 2 kirchlich-geographischen Kt. — Ebd. 1844. XX,1212 S. **1:Cb 3608. 5.**
3.9113

— — 4., durchgängig verb. Aufl. Ebd. 1846. XX,1219 S. **6. 9.**
3.9114

— — 5., durchgängig verb. Aufl. Ebd. 1850. XVI,1113 S. **300:** 16.166–B [u.] • 1433. **10.**
3.9115

— Universalgeschichte der christlichen Kirche. Lehrbuch für akademische Vorlesungen. 6., neu durchgearb. Aufl. (In 3 Abtheilungen.) 1. 2. Abth. Mainz 854. Kupferberg. gr. 8. (1 Bl., S. 1—702) compl. n. 3 ℳ

— — 6., neu durchgearb. Aufl. Mit 2 chronologischen Tab. u. 2 kirchlich-geographischen Kt. — Ebd. 1855. XX,1127 S. **12:** H. eccl. 29x. **2. 6.**
3.9116

Alzog, Johs., Universalgeschichte der christlichen Kirche. Lehrbuch für akadem. Vorlesungen. 7., neu durchgearb. Aufl. 3 Abthlgn. Mainz 859. Kupferberg. gr. 8. (1. u. 2. Abth.: 736 S.) n. 3 ℳ

— — 7., neu durchgearb. Aufl. Mit 2 chronologischen Tab. u. 2 kirchlich-geographischen Kt. — Ebd. 1860. XVI, 1154 S. **5. 102.**
3.9117

— — 8., verm. u. umgearb. Aufl. und
— — 9., verm. u. umgearb. Aufl., s. A l z o g : Handbuch der Universal-Kirchengeschichte.

— — 10. Aufl., s. A l z o g : Handbuch der allgemeinen Kirchengeschichte

Alzog, Johannes s. *Alzog*, Johann Baptist.

Alsonde et Koradin. Orné de figures. II Vol. 8. Paris. Sommer, Lps. 799.

Alzow, F., Fleischnot u. Brotverteuerung! Ein Mahnruf an alle Consumenten des Mittelstandes u. der arbeit. Klassen. (13 S.) gr. 8. Berlin 906. H. S. Hermann. n. — 20

Alzuma, ein Trauerspiel in 5 Aufz. Nach d. Engl. des Arthur Murphy, von J. F. Menzel. 8. Erlangen. 807.

Am Abgrund hin. Eine Erzählung aus dem Volksleben v. C. J. 8. (110 S.) Hannover 878. Feesche. cart. n. 1. 20

Am Aller-Seelentage. O. O. u. J. V: *Caspar*, *Franz Xav. v.* (Bücher-Samml. d. hist. Ver. v. u. f. Oberbayern. Münch. 1867.)

Am Allerseelentage 1866. Prag 867. (Reinitzer.) Lex.-8. (7 S. u. 1 Lithogr.) n. 6 ngr.

— Anfang des Jahrhunderts. 1.—15. Hft. 8. Berlin [Verlag Aufklärung.] Verlag d. Socialist. Monatshefte. à n. — 30

1. Culturelle Umwälzungen im 19. Jahrh. Von Bruno Borchardt. Mit Abbildgn. (64 S.) 901.
2. Die Entwicklungslehre im 19. Jahrh. Von Wilh. Bölsche, Mit Abbildgn. (67 S.) 901.
3. Die sociale Gesetzgebung im 19. Jahrh. Von Paul Hirsch. (62 S.) 901.
4. Der Militarismus im 19. Jahrh. Von Carl Bleibtreu. (60 S.) 901.
5. Die Kirche im 19. Jahrh. Von Paul Göhre. (63 S.) 902.
6. Die Weltwirtschaft im 19. Jahrh. Von Rich. Calwer. (53 S.) 902.
7. Nationalismus u. Internationalismus im 19. Jahrh. Von Ladisl. Gumplowicz. (56 S.) 902.
8. Die Naturgeschichte im 19. Jahrh. Von Curt Grottewitz. Mit Abbildgn. (57 S.) 902.
9. Die hygienische Kultur im 19. Jahrh. Von Alfr. Grotjahn. (55 S.) 902.
10. Die Medizin im 19. Jahrh. Von Ign. Zadek. (60 S.) 902.
11. Liebe u. Liebesleben im 19. Jahrh. Von Ernst Gystrow. (53 S.) 902.
12. Die Prostitution im 19. Jahrh. Von Alfr. Blaschko. (51 S.) 902.
13. Die Frau im 19. Jahrh. Von Therese Schlesinger-Eckstein. (59 S.) 902.
14. Aberglaube u. Mystik im 19. Jahrh. Von Jul. Becker. (63 S.) 902.
15. Die Sociologie im 19. Jahrh. Von Casim. v. Kelles-Krauz. (56 S.) 902.

1 — **Anfang d. Jahrh. Jetzt:** Charlottbg, C Singer.

Am Anfang schuf Gott Himmel u Erde! E. bibl. Bilderbuch. 4. (12 S m. 6 farb. Bildertaf.) Lahr 894. E. Kaufmann. Kart. — 50

Am I. April 1815; Festspiel zum Bismarck-Kommers in Zürich 1895. Zürich 1895. V: *Hinz-Sprüngli*, *Ferd.* (Cat. d. Stadtbibl. Zürich. Zürich 1864—97.)

Am 19. April 1891; der lieben Gemeinde Wallisell und ihrem neuen Pfarrer gewidmet. O. O. [1891]. V: *Wetli*, *Carl.* (Cat. d. Stadtbibl. Zürich. Zürich 1864—97.)

Am Arbeitstisch. Musterzeitschrift f. d. weibl. Jugend. Jahrg. 1883. 12 Hfte. (Große Ausg.) (B. m. eingedr. Holzschn. u. farb. Mustertaf.) gr. 8. Leipzig 883. Most. Vierteljährl. baar n. — 75; einzelne Hefte à n. — 30; kleine Ausg. 12. Vierteljährlich — 30; einzelne Hefte à — 15
Bildet die Fortsetzg. von: Arbeitsschule. die. f. Mädchen

Am Auffahrtstag, den 28. Mai 1778. O. O. [1778]. V: *Lavater*, *Joh. Casp.* (Cat. d. Stadtbibl. Zürich. Zürich 1864—97.)

Am 28ten August 1830. »Sey uns gegrüsst, im fröhlichen Vereine ...« V: *Buchner*, *Karl.* (BRESL 31, S. 88)

Am acht und zwanzigsten August 1826. V: *Goethe*, *Johann Wolfg. von.* (MN)

Am Ausgange des 19. Jahrh. Eine Teufelsaustreibg., geschehen zu Wemding [Reg.-Bez. Schwaben-Neuburg] in Bayern anno 1891. 1.—10. Aufl. gr. 8. (47 S.) Barmen 892. H. Klein. n. — 40

Am Liestaler Bazar. Liestal 1910. V: *Weber*, *Carl.* (BBullschw 10 S. 405)

Am Bettag 1894. [Zürich 1894.] V: *Pestalozzi*, *Ludwig.* (Cat. d. Stadtbibl. Zürich. Zürich 1864—97.)

Am Bollenmärkt. Lustspiel in 1 Akt. [Schaffhausen 1895.] V: *Neher, A.* (BSCHWL V, 5, S. 242)

— Born der Gemeinnützigkeit. Festgabe zum 80. Geburtstage des Herrn Geh. Reg.-Rat Prof. Dr. jur. Victor Böhmert. Unter Mitwirkg. v. Hilty, Emminghaus, Wuttke u. a. Hrsg. v. Pet. Schmidt. (XIII, 466 S. m. 1 Bildnis.) gr. 8. Dresden 909. O. V. Böhmert. 10. —

— Christabend, s.a. Giuseppa.

— Christabend, s.a. Theater f. die katholische weibliche Jugend.

— Christabend. Drei Familienbilder. Entworfen v. E. N. 16. (20 S.) Straßburg 879. Schultz & Co. in Comm. — 30

Am. — Am Dankfeste für die durch die Preussischen Waffen geschehene Wiedereroberung der Stadt Mainz am 11ten Sonntag nach Trinitatis nach der Vormittagspredigt zu singen. — Halle 1793. 2 Bl. 3.
3.9129

Am Denkmahle Kaiser Josephs II Bey Errichtung desselben am Josephs Platze zu Wien 1806 den 23. November 1807. Wien. V: *Gaheis, Franz Anton de Paula.* (Hdschr. Mitth. von Gustav Gugitz, Wien.) (BIBLPORT)

Das am Dornumer-Heller | verwichenen Sommer sich zugetragene sehr traurige Ereigniß lebt gewiß | noch jetzt wehmuthsvoll in jedem fühlenden Herze! | *(Text)*.
o. O., o. J. (Oldenburg 1843), 1 Bl., einseitig bedruckt, 338 × 205, Vignette am Fuß des Blattes, 27 × 50.
LBO Bänkelsängerlit. V, 19.

Am 23. Sept. 1816 als unser erneuertes Logenhaus gerichtet wurde. »Hier unter Männer ernstem Kreis ...« .Von W. G. [Leipzig 1816.] V: *Gerhard, Wilhelm.* (WOLFSTIEG I, 578)

— Am 3. [dritten] Februar 1841 den geliebten Waffenbrüdern in Halberstadt die Kriegsgefährten aus Anhalt. Bernburg [1841]: Hof- u. Regierungsbuchdr. 2 Bl. 1:Yo 52.
3.9130

Am Einzugstag des ... Leopold Somogyi von Perlak Bischofe von Steinamanger 10. Nov. Raab 1806. V: *Streibig* [?]. (KU)

AM Einzugs-Tage des hochwürdigsten, hochwohlgebornen Herrn Herrn Leopold Somogyi von Perlak, Bischofen zu Steinamanger. Den 10-ten November 1806. Ein Gedicht. (Steinamanger 1806. Gedr. A. Sieß). 4 S. - 8°

Am Ende eine Betschwester: Nachspiel. 8. Berl. 783. Wever. 2 ₰

— Ende des Jahrhunderts. Rückschau auf 100 Jahre geist. Entwickelg. 1.—9. Bd. 8. Berlin, S. Cronbach. à n. 1. 50; geb. à n 2. —; erhöhter Pr. à n. 2. —; Einzelpr. à n. 2. 50; Einbde. à n. — 50

1. Deutsche Geschichte i. 19. Jahrh. Von Bruno Gebhardt. (In 2 Bdn.) 1. Bd. (IV, 161 S.) 898.
2. D. Frau i. 19. Jahrh. Von Minna Bauer. (V, 150 S.) 898.
3. Juden u. Judentum i. 19. Jahrh. Von S. Bernstein. (VI, 167 S.) 898.
4. Häusl. u. gesell. Leben i. 19. Jahrh. Von Geo Steinhausen. (VII, 208 S.) 898.
5. Deutsche Musik i. 19. Jahrh. Von Max Graf. 2. Taus. (198 S.) 898.
6. D. dekorative Kunst i. 19. Jahrh. E. Stück Kunstgeschichte. Von Karl Rosner. 2. Taus. (VIII, 140 S.) 898.
7. Handel u. Verkehr i. 19. Jahrh. (192 S.) 899.
8. D. deutschen Einheitsbestrebgn. u. ihre Verwirklichg. i. 19. Jahrh. Von Ed. Loewenthal. (156 S.) 899.
9. Deutsche Geschichte i. 19. Jahrh. Von Bruno Gebhardt. 2. Bd. (161 S.) 899.

— Ende des Jahrhunderts. Rückschau auf 100 Jahre geist. Entwickelg. 10.—23. Bd. 8. Berlin, S. Cronbach. à n. 2. —; Einzelpr. à n. 2. 50; Einbde. à n. — 50

10. Volksgesundheitspflege u. Irrenwesen im 19. Jahrh. Von Geo. Korn. (VII, 191 S.) 899.
11. Die Heilkunde im 19. Jahrh. Von Geo. Korn. (VIII, 148 S.) 899.
12. Litteratur u. Gesellschaft im 19. Jahrh. Von S. Lublinski. 1. Bd. „Die Frühzeit der Romantik." (VIII, 152 S.) 899.
13. Dasselbe. 2. Bd. Romantik u. Historizismus. (155 S.) 899.
14. Welt- u. Lebensanschauungen im 19. Jahrh. Von Rud. Steiner. 1. Bd. (VIII, 168 S.) 900.
15. Die religiöse Bewegung im 19. Jahrh. Von Ed. Loewenthal. (148 S.) 900.
16. Litteratur u. Gesellschaft im 19. Jahrh. Von S. Lublinski. 3. Bd. Das junge Deutschland (IV, 180 S.) 900.
17. Dasselbe. 4. Bd. Blüte, Epigonentum u. Wiedergeburt. (VI, 186 S.) 900.
18. Die Arbeiter im 19. Jahrh. Von H. Rösemeier. (VIII, 160 S.) 900.
19. Welt- u. Lebensanschauungen im 19. Jahrh. Von Rud. Steiner. 2. Bd. (VII, 192 S.) 901.
20. Die bildenden u. reproduzierenden Künste im 19. Jahrh. Von Bruno Meyer. 1. Tl. Die Reproduktion m. Einschluß der Photographie. (X, 169 S.) 901.
21. Heerwesen u. Kriegführung im 19. Jahrh. Von Hehso Korvin. (130 S.) 901.
22. Die Wandlungen der Pädagogik im 19. Jahrh. Von Thom. Achelis. (VIII, 204 S.) 901.
23. Entdeckungsgeschichte u. Fortschritte der wissenschaftlichen Geographie im 19. Jahrh. Von Siegm. Günther. (VII, 231 S.) 902.

Bd. 1—9. Ebd. 898. 899. à n. 2. —, bzw. 2. 50.

— Familientische. Ein illustrirtes Unterhaltungsblatt f. den häusl. Kreis. 1. Jahrg. 1886/87. 52 Nrn. (B. m. Illustr.) gr. 4. Rathenow, Babenzien. n. 2. —

Am Feierabend. Sprüche u. Lieder f. deutsche Mütter u. ihre Kinder. (64 S.) 16. Rothenburg o/T. 901. J. P. Peter. Kart. n. — 40

Am Feste der Wiedergenesung ... Herzog Carl ... zu Sachsen, Curland und Semigallen ... Friedrichstadt [1788]. V: *Keller, Heinrich.* (BEM I, 1, S. 411)

— letzen Geburtstage d. Kaisers Wilhelm d. Siegreichen. Rede. 8° (24) Ploen 88, (Hahn). n.n. — 55
Vergriffen.

— letzten Geburtstage d. Kaisers Wilhelm des Siegreichen. Rede, geh. den 22. Lenzmonds 1887 in der Ploener Gelehrtenschule. gr. 8. (24 S.) Ploen 888. (Leipzig. Strauch.) n.n. — 55

Am Geburts-Tage eines Vaters. Duetto. O. O. [ca. 1775]. V: *Lavater, Johann Kaspar.* (SCHSTR S. 112)

Am Grabe der Frau L. Barthold. Karlsruhe 1862. V: *Frommel, Emil.* (Hof- u. Landesbibl. Carlsruhe. Zugangsverz. 1899.)

Am Grabe Seiner Eminenz Joseph von Batthan. (Gedicht.) Von J. K. L. Pressburg 1799. V: *Lübeck, Johann Carl.* (BIBLPORT)

Am Grabe meines Erlösers. Gebete und Betrachtungen in der heiligen Charwoche, so wie während der heiligen Fastenzeit. 12. Aachen 836. Hensen u. Comp. $1^1/_2$ ₰

Am Grabe früh gestorbener würdiger Menschen aus unserer Mitte gesungen. O. O. 1790. V: *Hess, Joh. Jac.* (Cat. d. Stadtbibl. Zürich. Zürich 1864—97.) (CLZÜR Forts. II)

Am Grabe unsers Titl. Herrn Franz Anton Jäger als ein geringes Zeichen der öffentlichen Achtung. O. O. [1818]. V: *Waibel, Alois Adalbert.* (MARGR)

Am Grabe Peter Ulrich Kernells. 2. April 1824. Erlangen. 2 Bl. 4°. V: *Platen, Aug. Graf von.* (Goed. VIII/687, 18) (DARP)

Am Grabe des Herrn Klee, Prof. der Theologie an der L.-M.-Universität ... [München 1840. V: *Sepp, Joh. Nep.* (Bücher-Samml. d. hist. Ver. v. u. f. Oberbayern. Münch. 1867.)

Am Grabe des früh verblichenen, talentvollen braven Franz v. Kükemezey Fähnrich des löbl. kk. Baron Weidenfeld-Linien-Inf.-Reg. den 5. April 1812. Kaschau. V: *Heckenast, Johann Michael.* (GGr)

—— Grabe Lang's. Grabreden und Notizen über den Lebenslauf des Verblichenen. Unter Benutzung der „Mittelrhein. Zeitung" zusammengestellt. gr. 8. (8 S.) Wiesbaden 867, Limbarth. *

Am Grabe des ... Herrn Jonathan von Wietoris ... Lehrers und Professors allhier. Im Namen seiner sämmtlichen Schüler den 3. Nov. 1802 von M. H. Oedenburg. V: *Halasy, Joseph Michael.* (Pk) (GGr)

Am Grabe d. am 3. Juli 1869 heimgegangenen evang.-luther. Pfarrers Friedrich Karl Wild in Kirchheim am Ries. Ein Erinnerungsblatt f. seine Freunde. Nördlingen 870. (Beck.) 8. (20 S.) 3 ngr.

— deutschen Heerd, s.a. Leben, neues.

Am deutschen Herd. Illustrirte Wochenschrift. 1. Jahrg. 1874. 52 Nrn. (2 B.) Fol. Berlin 874. Wortmann. n. 7. 20; Ausgabe in 18 Hftn. à Hft. n. — 40

—— deutschen Herd. Fünf-Pfennig-Blatt. Unterhaltungsschrift für Haus und Familie. 1. Jahrg. 1876. 52 Nrn. (Bog.) gr. 4. Hamburg, Wulff und Comp. *

—— dass. — 2.—5. Jahrg. 1877—1880. à Jahrg. 104 Nrn. (Bog.) gr. 4. Ebendas. à Jahrg. *

—— dass. — 6.—8. Jahrg. 1881—1883. à Jahrg. 104 Nrn. (Bog.) gr. 4. Hamburg, König's Druckerei. à Jahrg. *

— deutschen Heerd. Fünf-Pfennig-Blatt. Unterhaltungsschrift f. Haus u. Familie. 9. u. 10. Jahrg. à 104 Nrn. (B.) gr. 4. Hamburg 884/85. Jensen & Co. à Jahrg. 5. 20
cf.: Roman- u. Novellen-Zeitung.

— deutschen Herd. Ill. Familien-Zeitschrift. Red.: Osk. Wilda. 1.—3. Jahrg. 1897—1899. à 52 Nrn. (à 2 Bog.) gr. 4. Breslau, Schles. Buchdruckerei ꝛc. à Jahrg. n. 5. 20
Kann auch vierteljährlich und in 13 Hftn. à n. — 40 bezogen werden.

— deutschen Herd. Illustrirte Familien-Zeitschrift. Red. Osk. Wilda. 4. u. 5. Jahrg. Oktbr. 1899—Septbr. 1901. à Jahrg. 52 Nrn. Nebst Gratisbeilagen: Der Kinderfreund, die Küche, die Mode, das Möbel. à 13 Nrn. gr. 4. (à Jahrg. 832 S.) Breslau, Schles. Buchdruckerei ꝛc. à Jahrg. n. 5. 20
Fortsetzung s.: Wochen-Zeitung, neue illustr.

— häuslichen Herd. Bilder aus der Geschichte, Literatur, Kunst, Naturwissenschaft, Länder- u. Völkerkunde, der Jugend u. ihren Freunden gewidmet. 3 Bde. Altenburg 870. Bonde. 8. 1 ꝛß 10 ngr.
1. Bd.: Runkwitz, K., aus dem Alltagsleben. Bilder aus der Natur f. Jung u. Alt. (X, 154 S. mit Holzschn.) 15 ngr.
2. Bd.: Knipfer, J., die Dichter der Befreiungskriege. (167 S. m. Holzschn.) 15 ngr.
3. Bd.: Kriebitzsch, K. Th., arme Kinder. Lebensläufe in aufsteigender Linie aus Geschichte, Literatur u. Kunst. (96 S. m. Holzschn.) 10 ngr.

— häuslichen Herd. Blätter f. Unterhaltg. u. Bildg. 1. Jahrg. 1871. 52 Nrn. od. 12 Hfte. (B. m. eingedr. Holzschn.) 4. Chur 871. (Gsell.) n. 4. 50

— häuslichen Herd. Sonntagsblatt der Altenburger Zeitung. Red. v. Frz. Volger. 1. Jahrg. 1880. gr. 4. (IV, 416 S.) Altenburg, Bonde. geb. n. 5. —

— dasselbe. 2. Jahrg. 1881. gr. 4. (IV, 416 S.) Ebend. geb. n. 6. —

—— dass. — Belletristische Zeitschrift. Redig. von Frz. Volger. 2.—5. Jahrg. 1881—1884. à Jahrg. 52 Nrn. (Bog.) gr. 4. Ebendas. à Jahrg. geb. *

— häuslichen Herd. Sammlung gediegener Romane der beliebtesten Schriftsteller. 1. Bd. 1—60. Lfg. gr. 8. (S. 1—1440.) Leipzig 884/85, Bergmann. à — 10; Ausg. m. je 1 Chromolith. à — 15

Am häuslichen Herde des Kronprinzen u. der Kronprinzessin v. Deutschland. Von ***. 8. (IV, 308 S.) Leipzig 887. [Unflad.] Berlin, Neufeld & Henius. [3.—] 1. 50

— stillen Herd. Hrsg.: Arth. Kiefer. 1. Jahrg. Juli—Dezbr. 1902. 26 Nrn. gr. 4. (à ca. 8 S.) Breslau, A. Kiefer. n. 2. 40

Am Himmel u. auf d. Erde. Naturwiss. Unterhalt. Hrsg. v. A Gubitz. 8. (473) Berl. 56, Kühling. 1. 15

Am Himmel und auf der Erde. Naturwissenschaftliche Unterhaltungen. Mit Beiträgen von L. Heros, Mädler, Fr. v. Schönholz, Ed. Stolle u. A. Herausg. v. Ant. Gubitz. Mit 220 in den Text gedruckten Abbildgn. u. Figg. (Holzschn.) Berlin 856. Vereinsbuchhandlung. 8. (IV, 473 S.) 1 ꝛß 15 ngr.

Am fünf und zwanzigsten Hochzeittage meiner verehrungsw. Frau Pathin und Ihres theuersten Gemahls den 15ten des Maymonats A. 1795. V: *Holzschuher, Johann Carl Siegmund.* (Will)

Am Hofe der Kaiserin Auguste Viktoria (4. u. 5. Taus.) Berlin [1893.] V: *Robolsky, Herm.* (Berl)

— Hofe der Kaiserin Auguste Viktoria. 4. u. 5. Taus. 8. (278 S.) Berlin 893. H. Steinitz, Verl. n. 3. 50

— Hofe König Jérômes. Erinnerungen e. westfäl. Pagen u. Offiziers (Frhr. Karl Aug. Unico v. Lehsten-Dingelstädt). Hrsg. von Otto v. Boltenstern. (VIII, 150 S.) gr. 8. Berlin 905. E. S. Mittler & Sohn. n. 3. —; geb. n. 4. 50

— Hofe d. Kaisers. 1—4. Tausend. 8. (352 S.) Berlin 886. Walther & Apolant. n. 6. —; geb. n. 7. 50

Am Hofe v. Neapel, s.a. Collection Hartleben

Am Hofe von Neapel. Historischer Roman aus der Gegenwart von A. v. L. 3 Bde. Celle 861—63. Schulze. 8. (251, 243, 253 S.) n. 3 Thlr

— Hofe von Neapel. Lebensbilder von Hof u. Volk zur Zeit der bourbonischen Mißregierung in Neapel, vom Sturze Murats bis zum Einzuge Garibaldi's. Roman u. Geschichte. 3 Thle. Neue Ausg. Celle 866. Schulze'sche Buchh. 8. (747 S.) 1 Thlr

—— Hofe von Rom, s. Album. Bibliothek deutscher Originalromane.

— Hofe Kaiser Wilhelm II., s.a. Höfe, d., Europas.

Am Hofe Kaiser Wilhelms II. Berlin [1888]. V: *Robolsky, Hermann.* (Kat. d. ständ. Bibl. Stuttg. 1907. S. 473.)

— Hofe Kaiser Wilhelm's II. *** 8. (384 S.) Berlin 888. Eckstein Nachf. n. 3. —; geb. n.n. 4. 50

Am neuen Jahr. [Nürnberg] 1799. V: *Gruebel, Johann Conrad.* (Br Mm)

Am Installationstage des wiedererbauten Tempels der brüderlichen Liebe in O. zu Worms. Friedrich August Schulz aus besonderer Achtung und Liebe gewidmet ... am 8. Juli 1811. [Worms 1811.] V: *Menger, Johann Ad.* (Tt 2493) (wolfstieg I, 651)

Am Johannisfeste 1840. Preussens Trauertag (»Was klagt das Volk? Was rinnen seine Thränen?«). Gesungen in der Loge zu den drei Kronen (in Königsberg) Was rinnen seine Thränen? ... [Königsberg 1840.] V: *Wauer, Minna* Comp.: *Wurst, Wilhelm Leopold.* (wolfstieg I, 790)

Am fünfundzwanzigjährigen Jubiläums-Feste der B. Br. Meissner, P. Merkel und Hertel. »Brüder, uns umschlingt die Kette ...« den 6 Dec. 1833. Nürnberg [1833]. V: *Strobel* (?). (wolfstieg I, 872)

Am fünfundzwanzigsten Jubiläumsfeste des Br. Johann Merkel den 5 Dec. 1831. »Sey uns gegrüsst an deinem Jubeltage ...« Nürnberg [1831]. V: *Witschel.* (wolfstieg I, 874)

— Kaisersitz. Ein Gesang aus der Heimath v. Livonius. 2. Aufl. 16. (14 u. 47 S.) Wien 880. (Riga, Helms.) n. 1. —

—— Kamin! Eine Festgabe für unsere Jugend. Gesammelt von einigen Kinderfreunden. 8. (156 S. mit 8 ill. Stnt.) Dresden 862(64), Meinhold und Söhne. cart.

Am Kamin. (Ziehbilderbuch.) 4. (10 S. m. z. Tl. farb. Bild.) Konstanz u. Emmishofen 895. C. Hirsch. Kart. 1. 50

—— Kaukasus, s. Depeschen, illustrirte.

—— Kneiptisch. Lieder voll Geist und Gemüth für fröhl. Philister. Gesammelt von einem heitern Freundeskreise der Altmark. 1. Aufl. (VII, 82 S.) 1876, und 2. und 3. Aufl. 16. (VII, 88 S.) Salzwedel 876,77, Klingenstein. cart. *
geb. *

—— Kneiptisch. Lieder voll Geist und Gemüth für fröhliche Philister. Gesammelt von einem heitern Freundeskreise der Altmark. 4. und 5. Aufl. 16. (VII, 88 S.) Salzwedel 880, Klingenstein. cart. * 50.; geb.

Am Kreuz. Erinnerungen an den † Pfarrer Ferdinand Blazejewski in Borken. gr. 8. (XX, 80 S.) Wandsburg 901. (Berlin, Deutsche ev. Buch- u. Tractat-Gesellschaft.) n. 1. —

— Kreuzwege! Katholisch od. evangelisch? Wohin sollen wir gehen? Ein Wegweiser, Wanderstab u. Wanderlied f. Wahrheitssucher u. Daheimpilger unter allerlei Christenvolk. 2. Aufl. (111 S.) gr. 8. Würgsdorf (903). (Berlin, Deutsche ev. Buch- u. Tractat-Gesellschaft.) n. — 40

— Kreuzwege! Katholisch od. evangelisch? Wohin sollen wir gehen? 3. Afl. (112) 8° Diesdorf ('12). (Berl., G Nauck.) nn — 50 (Pp.) d

Äm zwien Krezer. Lustsp. m. Gesang i. 1 Akt m. Vorspiel. Von —nn—. 8. (32 S.) Hermannstadt 898. (G. A. Seraphin.) n. — 40

Äm zwien Krezer. Lastspäll mät Gesong än zwien Afzäjen. II. Aflog. — De Arbet. Hochzetbeld än enem Afzach. Vun —nn—. (48 S.) gr. 8. Hermannstadt 901. G. A. Seraphin n. — 50

— Lagerfeuer. Interessante Erzählgn. aus allen Zeiten u. Ländern. Red.: Gottfr. Sieben. 1. u. 2. Heft. (à 32 S.) Lex. 8. Wien (908). Wiener Verlagsanstalt. à Hft. — 20

— Lebensquell. Ein Hausbuch z. geschlechtl. Erziehg. Hrsg. v. Dürerbund. Betrachtungen, Ratschläge u. Beispiele als Ergebnisse d. Dürerbund-Preisausschreibens. 1.—10. Taus. (XII, 363 S. m. Abbildgn. u. 1 Taf.) 8. Dresden 909. A. Köhler. 3. 75; geb. in Leinw. 4. 50

Am 29. Mai 1856. »Im Garten der Menschheit, da duften und blühen ...«. Berlin [1856]. V: *Elsner, Eduard Wilhelm Theodor.* (wolfstieg II, 866)

—— Malakoff, s. Depeschen, illustrirte.

Am 5. März 1783. O. O. V: *Münter, Frdr.* (Bruun, Bibl. Danica III, 1313 f.)

Am 2. März 1787. Gedicht bey Schröders Genesung: »Sie sind erfüllt, die Wünsche deutscher Kunst, Wir haben unsern Liebling wieder« ... V: *Kühl, G. T. M.* (Arch. f. Litt. VIII, 213)

— Meer. Gedichte v. Goethe, Geibel, Eichendorff u. A. 8. (20 S. m. Illustr.) Leipzig 891. Leipziger Kunstdruck u. Verlags-Anst. Kart. m. Silberschn. n. — 80

AM Meeresstrande. 1891. 8°. 47 S., 1 S. leer [inkl. 2 Titelbl.]. Mit 2 kleinen Tiervignetten am Titel und Ende und Zierleiste am Beginn des Textes.
[E. I, 64.]
Sotadisch.
Verb. d. Ldg. Chemnitz II 607/02.

AM MEERESSTRANDE. (Tolle sotad. Studie eines dummen Teufels.) (Kl. Ornam.) Amsterdam 1893. 8°. Umschl. roth u. schwarz, m. Bordüre. Lat. Typen. 46 S. (3 Mk., mit 15 Photogr. 10 Mk. 50 Pfg.)

AM Meeresftrande. [Decktitel: Geheime Krankheiten von Dr. Sanner.] Babylon, Don Juan Cafanova, 1908.
Verb. d. Ldg. I Berlin 17 J 1/10.

Am Morgen des 13. Juli 1853 in Oldenburg. Selbstgespräche. [Oldenburg] o. J. V: *Rennenkampff, Alexander von.* (ADB 28, 226 f.) (Zeitschr. f. Büch. 1923, S. 78.)

— Morgen des 13. Juli 1853 in Oldenburg. Selbstgespräche. (Oldenburg, Schultze.) 16. (54 S.) n. 8 ngl

AM Namensfeste des Herrn Philipp von Wohlgemuth, Rektors des k. Generalseminariums zu Pesth. Pesth 1788. Gedr. mit Patzkoischen Schriften. 4 f. - 8°

Am Namenstage des guten Grossvaters [Kaspar Widtmann] Prag am 6. Jäner 1812. V: *Herrl, Maria.* (GGr)

Am Sankt Niklausentag. [Luzern] 1907. V: *Schnyder, Michael.* (BBullschw 17, S. 176)

Am 10. November 1859. Breslau 1859. V: *Pulvermacher, Christian Leopold Julius.* (Kat. d. Druckschr. üb. Breslau. Breslau 1903. S. 63.)

— 8. October 1844. Eine Vision. 8. München 846, Franz. 1/12 —

Am 15. October. Die Todten an die Lebenden! (Zwei Schatten steigen aus den Gräbern auf.) Berlin. (Gedruckt bei J. Sittenfeld. 1 Bl. 8.
Flugblatt. Berlin 1848/49.

—— Polterabend und Hochzeitsfeste! Gedichte, Scenen und Spiele. 1.—4. Aufl. 16. (90 S.) Dresden 872,83, Kaufmann.

—— Polterabend u. Hochzeitsfest! Gedichte, Scenen u. Spiele. 4. Afl. 16. (90) Dresd. 73, Kaufmann's V. — 75

—— dass. — Neue Folge, s. Kretzschmar, R.

— Postschalter. Wegweiser f. den Verkehr m. Post u. Telegraphen d. Deutschen Reichs. Red.: Hugo Müchler. 1—3. Jahrg. 1874—1876. à Jahrg. 6 Doppel-Nrn. (à 1—1½ B.) Fol. Dresden, Müchler & Büttner. à Jahrg. 1. —

—— Postschalter. Wegweiser für den Verkehr mit der deutschen Reichspost. Redact.: Otto Kubel. 1. Jahrg. 1874. 6 Nrn. (Bog.) Fol. Dresden, Kubel.

—— Postschalter. Wegweiser für den Verkehr mit der deutschen Reichspost. Redact.: Otto Kubel. 2. Jahrg. 1875. 12 Nrn. (Bog.) Fol. Dresden, [Kubel.] Kaemmerer.

Am Postschalter. Wegweiser für den Verkehr mit Post und Telegraphen des Deutschen Reichs. Redact.: Hugo Müchler. 3. Jahrg. 1876. 6 Doppel-Nrn. (à 1—1½ Bog.) Fol. Dresden, [Müchler und Büttner.] Kaemmerer.

—— Postschalter. Wegweiser f. d. Verkehr m. Post u. Telegraphen d. Deutschen Reichs. Red.: H Müchler. 3—5. Jahrg. 1877—1879. à 6 Doppel-Nrn. (à 1—1½ B.) Fol. Dresd., Bleyl u. K. ‖ 6. Jahrg. 1880. 4 Hfte. (à ca. 35) à Jahrg. 1. —

— Postschalter. Wegweiser f. den Verkehr m. Post u. Telegraphen d. Deutschen Reichs. 4. u. 5. Jahrg. 1878 u. 1879 à 6 Doppel-Nrn. (à 1—1½ B.) Fol. Dresden, Kaemmerer. à Jahrg. 1. —

Am Postschalter. Gebühren-Tarife und Bestimmungen bezüglich der Versendung von Brief- und Fahrpostgegenständen, sowie von Telegrammen innerhalb Deutschlands und nach dem Ausland, zusammengestellt zum Gebrauch für das Publikum auf Grund amtl. Unterlagen. 6. Jahrg. 1880. 4 Hefte. 8. (à Heft ca. 35 S.) Dresden, Kaemmerer.
Nicht weiter erschienen.

— Postschalter. Blätter f. Interessenten d. Postverkehrs. 1. Jahrg. 1884. 12 Nrn. (½ B.) gr. 8. Leipzig, Minde. n. 1. —

Am Rande des Abgrunds u. andere Geschichten. Erzählungen f. Jung u. Alt von M. v. O. Mit 2 Illustr. von M. v. Arnswaldt. 1. u. 2. Aufl. 8. (à 88 S.) Schwerin 902. F. Bahn. n. — 90; geb. in Leinw. n. 1. —

Am Rande des Abgrundes u. andere Geschichten. Erzählungen f. Jung u. Alt von M. v. O. 3. u. 4. Aufl. (à 88 S. m. 3 Vollbildern.) 8. Schwerin 908. F. Bahn. — 90; geb. in Leinw. 1. —

Am Raumberg [Schlagwort]

Am Raumberg, s.: Sachsen. Karte.

Am Raumberg, s.: Sachsen. Messtischblätter.

— Reissbrete. Handschriftliche Mittheilgn. aus der Loge Balduin zur Linde in Leipzig f. Freimaurer-Meister hrsg. v. Br. Oswald Marbach. Organ d. wissenschaftl. Engbundes der Loge Balduin zur Linde u. d. freimaurer. Correspondenz-Bureaus. 1874 u. 1875. à 12 Nrn. (B.) gr. 4. Leipzig, Zechel. à Jahrg. n. 3. —

Am Reissbrete. Handschriftliche Mittheilungen aus den unabhäng. Logen Minerva zu den drei Palmen in Leipzig, Balduin zur Linde in Leipzig, Archimedes zu den 3 Reissbretern in Altenburg etc. Für Brr. Freimaurer-Meister hrsg. v. Br. Osw. Marbach. 5—9. Jahrg. 1878—1882 à 12 Nrn. (B.) 4. Leipzig, Zechel. à Jahrg. n. 3. —

— Reissbrete. Handschriftliche Mittheilgn. aus den unabhäng. Logen Minerva zu den drei Palmen in Leipzig, Balduin zur Linde in Leipzig, Archimedes zu den 3 Reissbrettern in Altenburg etc. Für Brr Freimaurer-Meister hrsg. v. Br Osw. Marbach u. J. F. Fuchs. 10—13. Jahrg. 1883—1886 à 12 Nrn. (B.) 4. Leipzig, Zechel. à Jahrg. n. 3. —

— Reissbrete. Handschriftliche Mittheilgn. aus den unabhäng. Logen Minerva zu den drei Palmen in Leipzig, Balduin zur Linde in Leipzig, Archimedes zu den 3 Reissbretern in Altenburg etc. Für Brr Freimaurer-Meister. Begründet v. Osw. Marbach. Red. v. J. F. Fuchs. 14.—17. Jahrg. 1887—1890. à 12 Nrn. (B.) 4. Leipzig, Zechel. à Jahrg. n. 3. —

— Reissbrete. Handschriftliche Mittheilgn. aus den unabhäng. Logen Minerva zu den drei Palmen in Leipzig, Balduin zur Linde in Leipzig, Archimedes zu den 3 Reissbretern in Altenburg etc. Für Brr Freimaurer-Meister. Begründet v. Osw. Marbach. Red. v. J. F. Fuchs. 18.—21. Jahrg. 1891—1894. à 12 Nrn. (Bog.) 4. Leipzig, B. Zechel. à Jahrg. n. 3. —

— Reissbrete. Handschriftl. Mittheilgn. a. d. unabhäng. Logen Minerva z. d. drei Palmen in Leipzig, Balduin z. Linde i. Leipzig, Archimedes z. d. 3 Reissbretern i. Altenburg etc. Für Brr Freimaurer-Meister. Begr. v. Osw. Marbach. Red. v. J. F. Fuchs. 22.—25. Jahrg. 1895—1898. à 12 Nrn. (Bog.) 4. Leipzig, B. Zechel. à Jahrg. n. 3. —

— Reissbrette. Handschriftliche Mittheilgn. aus den unabhäng. Logen Minerva zu den drei Palmen in Leipzig, Balduin zur Linde in Leipzig, Archimedes zu den drei Reissbretern in Altenburg usw. Für Brr Freimaurer-Meister. Begründet v. Osw. Marbach. Schriftleitor: G Schauerhammer. 26.—29. Jahrg. 1899—1902. à 12 Nrn. 4. (à Jahrg. II, 96 S.) Leipzig. B. Zechel. à Jahrg. n. 3. —
Die Jahrgg. 26 u. 27 sind von A. Gündel redigiert.

— Reissbrette. Handschriftliche Mitteilgn. aus den unabhäng. Logen Minerva zu den drei Palmen in Leipzig, Balduin zur Linde in Leipzig, Archimedes zu den drei Reissbrettern in Altenburg usw. Für Brr Freimaurer-Meister. Begründet v. Osw. Marbach. Schriftleiter: G. Schauerhammer. 30.—33. Jahrg. 1903—1906. à 12 Nrn. (à II, 96 S.) Lex.-8. Leipzig, B. Zechel. à Jhrg. n 3.—

— Reissbrette. Handschriftliche Mitteilgn. aus den unabhäng. Logen Minerva zu den drei Palmen in Leipzig, Balduin zur Linde in Leipzig, Archimedes zu den drei Reissbrettern in Altenburg usw. Für Brr Freimaurer-Meister. Begründet v. Osw. Marbach. Schriftleiter: G. Schauerhammer. 34.—37. Jahrg. 1907 bis 1910. à 12 Nrn. (à Jahrg. 96 S.) Lex. 8. Leipzig. B. Zechel. à Jhrg. 3.50

— Reissbrette. Handschriftl. Mitteilgn a. d. unabhäng. Logen Minerva zu d. drei Palmen in Leipzig, Balduin z. Linde in Leipzig, Archimedes zu d. drei Reissbretern in Altenburg usw. Begründet v. Osw. Marbach. Schriftleiter: G Schauerhammer, seit '11 R Möckel. 37—39. J. '10—12 je 12 Nrn. ('12, Nr 1: 12) Lex8° Lpzg, B Zechel. je 3.50

— Rhein, s.a. Lesimple's Reisebücher.

— Rhein. I. u. II. 8. Leipzig 892. A. Lesimple. à n. —50
I. Köln. Führer durch die Stadt u. zu e. Ausflug nach Bonn u. in's Siebengebirge. Mit Geschichte u. Sage. (23 S. m. 1 Stahlst.)
II. Bonn u. das Siebengebirge. Mit Geschichte u. Sage. (32 S. m. 1 Stahlst.)

— Rubicon. Nüchterne Betrachtgn. nach dem jüngsten Rausche. gr. 8. (22 S.) Konstanz 892. E. Ackermann. n. —50

Am Sambesi. Eine afrikanische Reise. A. d. Franz. v. Ch. Correvon. Frankfurt a. M. [1897]. V: *Coillard, François.* (Berl)

— Sambesi. E. afrikan. Reise. A. d. Franz. v. Ch. Correvon. 8. (192 S. m. Abb. u. 1 Karte.) Frankfurt a/M. 897. J. Schergens. n. 1.20; geb. n. 2.—

— Sarge u. Grabe d. D. th. Constantin v. Tischendorf, gestorben am 7., bestattet am 10. Dec. 1874. Fünf Reden u. Ansprachen, nebst e. Rückblick auf das Leben u. e. Verzeichniß sämmtl. Druckwerke d. Verstorbenen. gr. 8. (32 S.) Leipzig 875. Hinrichs' Verl. n. —50

— Sarge d. Schriftstellers August Wilhelm Grube. Kurze Schilderg. seines Lebens u. Begräbnisses m. der in der Kirche geh. Trauerrede v. Karl Krdal, nebst den am Grabe gesprochenen Dankesworten v. W. Fronmüller. gr. 8. (8 S.) Leipzig 884. Brandstetter. —25

Am Sarge meines eigenen Kindes Justine Theophane Pauline den 26. Jan. 1815. [Riga 1816.] V: *Berg, Carl Ernst.* (R-N)

Am Sarge der Anna von Landenberg. Zürich 1795. V: *Lavater, Johann Kaspar.* (schstr S. 130)

Am Sarge Gustav's von Löwis den 16. Febr. 1818. Dorpat 1818. V: *Lenz, Gottlieb Eduard.* (R-N)

Am Sarge von Bb... August Witte, gest. am 26. April 1895. Barmen 1895. V: *Rittershaus, Emil.* (StBKöln II, 48)

Am Sarkophage Ihrer Durchlaucht der Fürstin Pauline zu Schwarzenberg geborenen Herzogin von Arenberg. Eine Elegie. Wien 1810. V: *Hohler, Emerich Thomas.* (GCr VI/781, Nr. 149/2) (BiblPort)

— Scheidewege. Eine krit. Betrachtg. der organisator. Bestrebgn. der techn. Privatangestellten, s.a. Schriften des Bundes der technisch-industriellen Beamten. Nr. 12.

— Scheidewege. Von e. Deutsch-Oesterreicher. gr. 8. (43 S.) Leipzig 871. O. Wigand. —60

— Scheidewege! Polit. Betrachtgn. e. Oesterreichers. gr. 8. (40 S.) Wien 897. M. Perles. n. —60

— Scheidewege. Politische Betrachtgn. zur heut. Lage des Deutschtums in den balt. Provinzen. Von * * *. (71 S.) 8. Riga 906. Jonck & Poliewsky. n. 1.20

Am Schluss des Jahres. »Willkommen, o, willkommen, Tag der Freude«. Von W. O. O. [1819]. V: *Wendland, Christian Adolf* (?). (wolfstieg II, 852)

Am ersten Schub alle Neune. Winke, Aufklärungen, Vortheile u. Geheimnisse eines alten Kegelschiebers. Mit einem vollständ. Kegel-Reglement u. einer Lobrede auf das Kegelspiel. 12. (15 S.) Wien 851, Wenedikt. Verklebt. n. 4 ngr

— Am Sonntage des Fischzugs Petri, Luc. 5, 10. 11., war der 12. Julii A. C. 1705, an welchem das Saltzdalisches Jungfern-Closter von Anthon Ulrich, Hertzog zu Braunschweig u. Lüneburg [Anton Ulrich Herzog von Braunschweig-Wolfenbüttel] vermehret wurde: betrachtete solches ein beherbergter Gast. — Braunschweig (1705): Zilliger. 4 Bl. 2° 7. 3.9131

— fidelen Sprudel. Kurgemäßer Humor u. anderes f. lust. u. kranke Kurgäste. Hrsg. v. Herm. Jakob. Mit Zeichngn. v. H. Albrecht, M. Flaschar, M. Schneider. Die Denk- u. Sinnsprüche entstammen dem Album v. der Franz Josefs-Höhe. (18 S.) 4. Karlsbad (904). H. Jakob. n.n. 1.70

— Stammtisch. Neueste Witze u. Kalauer f. lust. Brüder. Von e. Reiseonkel. 8. (48 S.) Oberhausen 884, Spaarmann. n. —20

— Stammtisch. Neueste Witze u. Kalauer f. lust. Brüder. Von e. Reiseonkel. 2. Aufl. 12. (48 S.) Oberhausen (Styrum) 887. Spaarmann. —25

Am rauhen Stein. Maurerische Zeitschrift für die Grosse Loge von Preussen genannt „Royal York zur Freundschaft". Hrsg. von Rud. Grosse. Als Hs. gedr. Jg. 1—7. Berlin: Wunder 1904—1910. 8°
1. 400 S. 1904; 2. VI, 398 S. 1905; 3. VII, 340 S. 1906; 4. VII, 344 S. 1907; 5. VI, 374 S. 1908; 6. 412 S. 1909; 7. 416 S. 1910. 25.

— Strande. Bilder aus dem Küstenleben Frankreichs, s.a. Volks-Bibliothek, allgemeine Deutsche.

— Strande, s.a. Volks-Erzählungen, kleine.

Am Strande. Bilder aus dem Künstlerleben Frankreichs. Nach d. Franz. Berlin 1854. V: *Souvestre, Emil.* Ü: *Eichler, Ludw.* (EngG)

—— Strande. Bilder aus dem Küstenleben Frankreichs. Nach dem Französ. (Allgem. deutsche Volks-Bibliothek. VI. 6.) 8. (184 S.) Berlin 854, Springer. *
Vgl.: Haus- und Familienschatz, neuer.

— Strande. (16 S. m. z. Tl. farb. Abbildgn.) gr. 4. Nürnberg (903). Th. Stroefer. Kart. 1. —

Am grünen Strand der Spree. Unterhaltungsblatt f. die Familie. Hrsg. v. Paul Rost. Red.: A. Piltz. Juni 1910—Mai 1911. 26 Hefte. (à ca. 16 S.) 31×23,5 cm Bad Sulza, E. Rost. 2. 60

— grünen Strand d. Spree. Unterhaltgsbl. f. d. Familie. Hrsg. v. Paul Rost. Red.: A Piltz. Juli '11—Juni '12. 26 Hefte. (1. u. 2. Heft: 32) 30,5×23 cm. Bad Sulza, E Rost. 2.60; einz. Hefte — 10 d

Am Strom der Zeiten. Oden von L. B. Berlin 863. Bach in Comm. 16. (120 S.) n. 15 ngr.

Am ersten Tag des Neuen Jahres nach M. Theresiens Tode. Wien 1781. V: *König, Justus Chn. Gottlob.* (GGr IV²/207, Nr. 49/1) (biblport)

Am Tage der Geburth des großen Weltversöhners wollte seine kindliche Verbindlichkeit beobachten dero ganz gehorsamstes Kind. O. O. [1772]. V: *Röding, Johann Hinrich.* (schr)

Am Tage der Gedächtniss-Feier unsers Höchstseeligen Königes Friedrichs des Zweiten handelte von dessen Grösse im Leben, im Tode, und in der Ewigkeit vor einer zahlreichen Versammlung mit geziemender Wehmuth der Amts-Prediger Zybell zu Altstadt-Pyritz. 1787. 8.

Am Tage der Installations-Feyerlichkeit des Hochg. Herrn Sigmund Horváth, . . . Ofen 1812. V: *Vetzlar Freiherr von Plankenstern, Ferdinand.* (KU)

Am Tage Josephs. Ode. Prag 1779. V: *Hoffmann, Leopold Alois.* (GGr VI/725 Nr. 10/1) (Boehm. Litteratur auf das Jahr 1779. Prag 1779. S. 168.) (biblport)

Am Tage der goldenen Jubelfeier den geliebten und hochverehrten Brrn. Joh. Christian Ferber und Joh. Friedrich Nestmann gewidmet, in dankbarer Anerkennung ihres fünfzigjährigen maurerischen Wirkens. Gera den 24. Juni 1852 . . . »Im Hain der Akazien gruben den Grund . . .« Gera [1852]. V: *Essel, Karl Friedrich.* (wolfstieg I, 758)

Am Theetisch. Braunschw. 1844. V: *Bacheracht, Therese von.* (schr)

Am Theetisch. Von Therese, Verfasserin des „Falkenberg", „eines Tagebuchs" rc. gr. 8. Braunschweig 844, Vieweg u. Sohn. n. 2 ₰

— Tegern-See. Illustrierter Führer durch Tegernsee u. die angrenz. Ortschaften. Hrsg. vom Verschönerungsverein Tegernsee. (103 S. m. Abbildgn., 9 farb. Taf. u. 1 Karte.) gr. 8. München (903). G. E. Mayer. n. 2. —

Ⓑ — Tegernsee. 903. (KBL 33.) Jetzt München, G. Franz'sche Hofbuchdr.

Am Theresien Tage in Laxenburg. O. O. 1794. f° 2 Bl. V: *Birkenstock Joh. Melchior Edler von.* (biblport)

— Tische des Herrn. Biblische Betrachtgn. vor u. nach der hl. Kommunion. Mit e. Vorrede v. Aug. Arndt, S. J. (240 S. m. Titelbild.) 16. Paderborn 910. Bonifacius-Druckerei. 1. —

— Triebrad der Zeit. Blätter f. geist., polit. u. soziale Reform. Organ des „Welt-Vereins f. obligator. internationale Friedensjustiz" u. der „Cogitanten-Allianz". Hrsg. u. Red.: Eduard Loewenthal. 1. Jahrg. Juli 1901—Juni 1902. 12 Nrn. (à Nr. ca. 16 S.) gr. 8. Langensalza, Deutsches Druck- u. Versandthaus. n. 3. —

— dasselbe. 2. Jahrg. Juli—Septbr. 1902. 3 Nrn. (à 16 S.) gr. 8. Ebd. — 75; einzelne Nrn. — 25
Erscheint nicht weiter.

— Triebrad d. Zeit. Blätter f. geist., polit. u. soz. Reform. Hrsg. u. Red.: E Loewenthal. 1. u. 2. Jahrg. Juli 1901—Juni 1903 je 12 Nrn. (Nr. 1. 16) 8° Langens., Deut. Druck- u. Versandthaus. Viertelj. — 75; einz. Nrn — 25 d ö F

— Tschoremusch! Gedichte e. Uzulen. 8. (133 S.) Czernowitz 882. Pardini in Comm. n.n. 1. —

Am andern Ufer. A. d. Russ. Hamburg 1850. V: *Herzen, Alex.* (stams)

—— Urdhs-Brunnen. Organ des Vereins für Verbreitung volksthümlich-wissenschaftl. Kunde. Redact.: F. Höft. 1.—4. Jahrg. April 1881—März 1885. à Jahrg. 6 Hefte. gr. 8. (à Jahrg. 120 S. mit 1 Taf.) Rendsburg. (Kiel, Lipsius und Tischer.) à Jahrg. *

—— Urds-Brunnen. Mittheilungen für Freunde volksthümlich-wissenschaftl. Kunde. Redact.: F. Höft. 5. und 6. Jahrg. April 1885—März 1887. à Jahrg. 12 Nrn. (Bog.) gr. 8. Hamburg, (Kramer.) à Jahrg. *

—— dass. — Unter Mitwirkung von L. Freitag, Friedr. S. Krauß, O. Knoop u. A. hrsg. von F. Höft und H. Carstens. 7. Jahrg. 1888/89. 12 Nrn. (Bog.) gr. 8. Dahrenwurth. (Hamburg, Kramer.) *

—— Ur-Quell. Monatsschrift f. Volkskunde. Unter Mitwirkg. der bewährten Fachmänner L. Freytag, Friedr. S. Krauss, O. Knoop rc. hrsg. v. H. Carstens. 1. Bd. der neuen Folge. 1890. 12 Nrn. (Bog.) gr. 8. Lunden 889, (Hamb., Kramer.) * 4 —

—— Ur-Quell. Monatsschrift f. Volkskunde. Hrsg. v. H Carstens u. FS Krauss. 1. u. 2. Bd. à 12 Nrn. (à 1—2 B.) 8. Lunden. Ebd. 90. 91. à Bd. n. 4. —

— Ur-Quell. Monatschrift f. Volkkunde. Hrsg. v. Frdr. S. Krauss. 3.—5. Bd. à 12 Hfte. (3 Bog.) gr. 8. Hamburg 892—894. (G. Kramer, Verl.) à Bd. n. 4. —
Frühere Jahrge. u. d. T.: Am Urds-Brunnen.

— Ur-Quell. Monatsschr. f. Volkskunde. Hrsg. v. Frdr. S. Krauss. 6. Bd. 12 Hfte. (à 3 Bog.) gr. 8. Hamburg 895. (G. Kramer, Verl.) n. 4. —

— dasselbe, Fortsetzg., s: Urquell, der.

— Vierwaldstätter See. Malerische Ansichten v. Berg, Thal u. See. 32 Aquarelle m. begleit. Texte v. Alfr. Brennwald unter Mitwirkg v. W. Grothe, hrsg. v. Fr. Schleicher. qu. 8. (84 S.) Luzern 889, Schleicher u. Comp. (Berl., Stuhr'sche Buchh.) geb. * 10 —
Engl. Ausg. u. d. T.: Lake, the, of the four cantons. Ebd. * 12 —; französ. Ausg. u. d. T.: Vues pittoresques du lac des Quatre Cantons etc. Ebd. * 10 —.

— Vorabend d. Concils. Betrachtungen f. denkende Katholiken. Münster 870. Brunn. 8. (36 S.) 5 *ngr.*

— Vorabend d. Weltkriegs. Von e. deutschen Parlamentarier. gr. 8. (16 S.) Kassel 891. M Brunnemann. n. — 30

— Wasser. 4 Landschaften (in Farbdr.) gr. 4. Berlin 899. W. Schultz-Engelhard. n. 2. 25

— Webstuhl der Zeit. Ein Jahrbuch. Hrsg.: Jeannot Emil Frhr. v. Grotthuß. (Buchschmuck v. Frz. Staffen.) (1. u. 2. Jahrg.) (VIII, 810 S. m. farb. Abb. u. 20 Taf. u. VII, 305 S. m. 40 Taf.) Lex. 8. Stuttgart (907. 908). Greiner & Pfeiffer. Geb. in Leinw. (Urspr. Pr. à 7.50)
Bildet die Fortsetzg zu Türmer-Jahrbuch.

— Wegsaum. Ein Jahrbuch f. das deutsche Haus, hrsg. v. Paul Blau. 1. u. 2. Jahrg. (215 S. m. 4 Taf. u. 229 S. m. Taf.) 8. Hamburg 909. 910. Agentur des Rauhen Hauses. Geb. à 2. 50

— Wegsaum. Jahrb. f. d. deut. Haus, hrsg. v. Paul Blau. 2—4. Jahrg. 8° Hambg, Ag. d. Rauhen H. d
2. (229 m. Taf.) '10. 2.50 ‖ 3. (227 m. 6 Taf.) ('11) geb. 2.50 ‖ 4. (249 m. 6 Taf.) ('12) geb. 3 —

— Weserstrand. Heimatliches Sonntagsblatt f. das Unterwesergebiet. 2. Jahrg. 1910. 52 Nrn. (416 S. m. Abbildgn.) 32×24 cm. Vegesack, A. Borowsky. 4. —

— Am 2ten [zweiten] July 1817 bei der Feyer des [Friedrich Gottlieb] Klopstockschen Geburtstages werden nachfolgende Gedichte gesungen. — o.O. (1817). 16 S. 7.
3.9132

Amacher, M(elchior). Fest-Schrift zur Einweihung des neuen Schulhauses in Wilderswil, Frühling 1908. Hrg. von der Primarschulkommission, bearb. von M. A', Lehrer. [Mit Illustrationen und 1 Tafel.] 48 S. 8. Interlaken, H. Balmer, (1908).

Amacker, C., Pfr., neue Gelegenheitsreden auf alle möglichen Verhältnisse im menschl. Leben. 70 Stn. 8. Sitten, A. Galerini. 1872 . 75

Am-Acker, M., la passion à Oberammergau suivie de quelques remarques sur le voyage et le séjour. D'après l'original. 8. (54 S.) Eichstätt 880. Krüll. n. — 80

Amadea. Von der Verf. der Erna, (Charl. v. Ahlefeld.) 8. Weimar 827, Hoffmann.

Amadei, Anna Gräfin: Gedichte. — Wien: Frick [1896]. 248 S. 1:Yo 26454. 300: 190.413–A [u.] 40.533.
3.9168

Amadei, Anna Gräfin: Die Geigenschlucht u. and. Novellen, s.: Pohl's allg. Volksbücherei deutsch-österr. Schriftsteller.

Amadick, B., Das Forst- u. Jagdwesen, s. Amedick, Bernhard

Amadis aus Gallien, v. Grafen Tressau neu übers. a. d. Frz. v. W. C. S. Mylius. 2 Bde. 8. Ebend. 782. (I. 1 Rthlr. 8 gr. II. 1 Rthlr. 16 gr.) Leipzig, Weygand 1782.

Amadis aus Griechenland. Musicalisches Schau-Spiel, umb bey feyerlicher Begehung der höchst-glücklichen Entbindung Ihro Durchleucht Maria Amalia, Chur-Printzessin in Bayrn [Römisch-deutsche Kaiserin] ... auf gnädigsten Befehl und Anordnung Seiner Churfürstlichen Durchleucht Maximilian Emanuel [II. Kurfürst v. Bayern], in Ober- und Nider-Bayrn, wie auch der Oberen Pfaltz Hertzogen ... zu München, im Monat October deß 1724. Jahrs vorgestellet zu werden. Auß d. Welschen ins Teutsche übers. — (München 1724:) Straub. Bog. A–H.
12: 4° L. eleg. m. 8/4 [u. ö.]
3.9505

— d. neue, e. kom. Gedichte in 18 Gesängen, v. C. M. Wieland. 2 Thle. 8. Lpz. Weidmann. 771.

Amadis, der neue, e. kom. Gedicht in 18 Gesängen (v. Cph. M. Wieland). 2 Thle. 8. Leipz. 771. (Wienbrack). 16 ℊ

Amadis, s.: Bibliothek d. litterar. Vereins in Stuttgart. 40.

Amado. s.: Ruiz Amado.

Amadutii, J. Chr., s. *Demetrii.*

Amager, Karin v.: Hans Hartwig. (7, 323) 8° Konst., Christl. Buch- u. Kunstverl. C Hirsch ('12). L 3 —

Amailhon, Französischer Ägyptologe. 1769 s. *Ameilhon*, Hubert Pascal.

Amaldi, Graf, von Laurette Waller. 8° – Brandenburg, Wiesike 1817.

d'Amalet, **Jos., Epistolae apodicticae ad Abbat. N. Lenglet du Fresnoy. 4. Ulm 755. Stettin. 16 ℊ**

Amalfi, Viktor: Gedichte. — Dresden & Leipzig: Pierson 1894. 120 S. 1:Yo 25408.
3.9580

Amalgunde, Königin v. Italien, od. das Mährchen von d. Wunderquelle; e. Sage aus d. Zeiten Theodorichs d. Großen, (v. B. Naubert). Mit 1 Kpf. 8. Leipz. 786. Weygand. 1 ₰ 18 ℊ

Amalgunde Königinn von Italien, oder das Märchen von der Wunderquelle. Eine Sage aus den Zeiten Theodorichs des Grossen. Leipzig 1787. V: *Naubert, Christiane Bened. geb. Hebenstreit.* (GGr) (EE) (Ky)

Amalia, s.a. Amalie

Amalia. Lstsp. v. Weiße. 8. Lpz. Dyk.

— od. d. Muster ehelicher Liebe, v. Fielding, a. d. Engl. 8. Hannov. Schmidt. 763.

— Begebenheiten e. tugendhaften Frauenzimmers. Leipz. Gesellius. 764.

Amalia; Trspl. (von Jh. Chr. Lossius). 8. Langensalza 766. Schneider. 3 ℊ

— od. einige Züge der wahren Großmuth, (v. Chr. Hnr. Korn). 8. Stuttg. 770. Metzler. 5 ℊ

— oder d. Herzog v. Foyx. Trspl. a. aus d. Französ. 8. Münch. 775. (Lindauer). 3 ℊ

Amalia; od d. Leidenschaften. Drama v. Biwanki. 8°. – Salzburg, Mayr 1778.

Amalia; e. engl. Anekdote nach d'Arnaud. 8. Breslau, Gutsch. (Sommer in Lpz.) 783.

Amalia; e. engl. Anekdote, nach d'Arnaud. 8. Bresl. 783. (W. Nauck in Leipz.) 8 gr.

— e. wahre Geschichte in Briefen. 2 Thle. gr. 8. Bern, Typograph. Ges. 788.

— u. Albrecht, oder die geizige Tante. Mit Kpf. u. Vign. 8. Wien 800. K. Haas. 16 gr.

— u. Beldorf; e. Gesch. v. West. 8. Lpzg. Crusius. (Vogel.) 792.

— o. Biedersinn, od. die unglückl. Liebenden. 8. Quedlinb. ... N. A. 809. Ernst. 16 gr.

— u. Karl; oder die getrennten Liebenden. 2 Thle. 8. Leipz., (W. Nauck). 1 Rthlr. 4 gr.

— u. Carl, od. d. getrennten Liebenden; e. Familiengesch. 2 Thle. (ist d. 10te u. 11te Bd. d. Buchs: Ganymed f. d. Lesewelt.) 8. Lpzg. Sommer. 799.

— u. Minna, Gesch. v. Frau Ehrmann. 5 Thle. gr. 8. Bern, Typ. Soc.

Amalia von Nordheim oder der Tod zur unrechten Zeit. Gotha 1783. V: *Froriep, Amalie Henriette Sophie.* (ML) (Ky)

— v. Schönborn. Eine wahre Geschichte. 8. Leipz. ... N. A. 807. (W. Nauck). 8 gr.

— v. Sölten. Ein schauerliches Opfer mütterl. Eigennutzes. N. Aufl. 8. Leipz. 809. Hinrichs. 16 gr.

— u. Sternthal; e. Klostergeschichte. 8. Leipz. 793. Linke. 5 gr.

— Amalia und Sterntal. Eine Klostergeschichte. — Leipzig: Schneider 1793. 92 S. 1:Yw 3748/50.
3.9581

Amalia unglücklich durch ihre Stiefmutter. Trspl. 8°. Frankf. 1777, Kunze.

— die unglückl. Waise. 8. Wien 797. K. Haas. 16 gr.

— d. unglückl. Waise. 8. Wien, Rehm. 797.

— Wertheim; e. Buch f. Mütter u Töchter. 4 Thle. 8. Leipz. 786—96. Barth. 5 Rthlr. 6 gr. Schrbp. 6 Rthlr.

Amalia, (Prinzessin von Sachsen,) Original-Beiträge zur deutschen Schaubühne, s. Original-Beiträge.

Amalia Herzogin zu Sachsen-Weimar, 1739-1807 s. *Anna* Amalia Herzogin v. Sachsen-Weimar-Eisenach.

Amalia Prinzessin zu Schleswig Holstein, s. Amalie, Prinzessin z. Schleswig-Holstein.

Amalia Belgica Fürstin v. Isenburg, 1716-1799: [Verordnung der Fürstin Amalia Belgica u. des Fürsten Friedrich Ernst v. Isenburg betr. die Untertanen des Gerichts Reichenbach.] — Dat. Offenbach & Büdingen 29. Apr. 1754. 4 Bl. 2°
Titel fingiert. 4.
3.9582

— — Dat. Offenbach & Büdingen 22. May 1754. 3 Bl. 2°
Titel fingiert. 4.
3.9583

— — Dat. Offenbach & Büdingen 14. Juni 1754. 2 Bl. 2°
Titel fingiert. 4.
3.9584

— — Dat. Offenbach & Büdingen 1. Juli 1754. 28 S. 2°
Titel fingiert. 4.
3.9585

— — Dat. Offenbach & Büdingen 6. Dec. 1754. 3 Bl. 2°
Titel fingiert. 4.
3.9586

Amalia, (Amal. Jul. Isab. Charl. Gräfin v. Münster,) poetische Versuche, herausg. v. ihrem Gatten. 8. Leipz. 796.

Amalia, (Lg. Dor. Gürnth,) zerstreute Blätter zur Belehrung u. Unterhaltung für Frauenzimmer. 8. Bresl. 804. J. F. Korn. 1 Rthlr. 4 gr.

— Blumenlese feiner weibl. Handarbeiten, Töchtern edler Herkunft u. reifenden Alters gewidmet. Querfol. Leipz. 809. Rein. 4 Rthlr.

Amalia, (Lg. Dor. Güruth), d. Gartenfreundin, e. Handb. d. Blumengärtnerei. 8. Glogau, 1807. Neue Aufl. 1817. Günther'sche Buchhandl. — 25

— Küchenalmanach, eine Anweis. z. Zubereit. der Speisen auf alle Tage im Jahre, nebst einem Anh. zu Vorschr. zu wohlf. u. nahrhaften Speisen für den Hausmannstisch. 5 Hefte. (1s—4s 2e Aufl.) Leipz. 806—9. Rein. 4 Rthlr.

— die Rathgeberin für Bräute, die sich ihre Ausstattung anschaffen wollen, ein Versuch zur Waarenkunde für Frauenzimmer. 8. Bresl. 805. J. F. Korn. 1 Rthlr. 8 gr.

— kleines Strickbuch, m. ill. Blätt. 4. Berl. 810. W. Oehmigke. N. A. 813. (Sander.) 6 gr.

— kleines Strickbuch. Quer 8. Berlin, Societäts-Buchhandl. 813.

— Strickkästchen. s. Anweis. z. Entoilagen etc.

— Strickkästchen, oder Anweis. zum Petinet- u. Spitzenstricken, eine Samml. von 30 feinen durchbrochenen Strickmustern. qu. Fol. Leipz. 809. Rein. 2 Rthlr. (A. u. d. T.: Anweis. zu Petinet-Entoilagen u. Spitzenstricken.)

— Unterhaltungen über Gegenstände der Oekonomie. 8. Breslau, W. Korn. 801.

— Unterhaltungen für denkende Hausmütter über Gegenstände der Oekonomie. 8. Bresl. 801. W. G. Korn. 1 Rthlr. 4 gr.

— s. Unterhaltungen, ökonom. etc.

Amalie, s.a. Amalia

Amalie oder einige Züge der wahren Grossmuth; eine Teutsche Geschichte. Stuttgart 1770. V: *Korn, Christoph Heinrich.* (Ky) (ML)

Amalie oder einige Züge der wahren Großmuth, eine deutsche Geschichte, 8°.– Stuttgart 1770. Mezler. 7 fgl.

Amalie, oder die gute Erziehung; ein Originallustspiel in 5 Aufzügen. München 1773. V: *Zimmermann, Joseph Ignaz.* (Ky)

Amalie u. Albrecht, oder die geizige Tante. 8. Wien 800, Haas. Rthlr.

Amalie und Beldorf, von Fr. West, 8°– Leipzig 1792, Crusius. I.Rthl.

Amalie und Carl; oder die getrennten Liebenden. Eine Familiengeschichte, worinnen einige Entführungen und Seeräubergefechte vorkommen. Th. 1.2. — Leipzig: Sommer in Comm. 1799. 1:Yw 4928. 11.
3.9591

Amalie von Glücksburg oder es erhält jeder seinen Lohn. Eisenach 1784. V: *Miersch, K. G.* (Ky)

Amalie und Minna, eine wahre Geschichte in Briefen. Bern 1787. V: *Ehrmann, Marianne geb. von Brentano.* (GGr) (ML)

Amalie u. Minna, eine wahre Geschichte in Briefen, von (Madam Ehrmann), 2 Thle. gr8^{o}.– Bern 1788. Hortin, 1 Rthl.

Amalie Seckendorf. Ein Sittenbüchlein f. d. frühere, vorzügl. weibliche Jugend. 2. Ausg. gr. 12. (3⅞ B. u. 6 ill. Kpfr.) Wien 842, Mayer u. Comp.

— die schöne Solotänzerin, Seitenstück zu Aurora; e. romant. Gemälde der Vorzeit. 8. Leipz. 803. Joachim. 20 gr

Amalie, Die schöne Solotänzerin. Ein Seitenstück zu Aurora ... Neuburg und Starnheim [1803]. V: *Vulpius, Chn. Aug.* (Jb. d. Sammlg. Kippenberg 6, 1926, S. 113f.) (DARP)

Amalie, Fürstin zu Nassau-Dietz
— Höchstgemüssigte Protestations und respective Reservations-Schrifft der Durchleuchtigsten Fürstin und Frauen, Frauen Amalien, verwittibten Fürstin zu Nassau ... gegen die von Königl. Preussischer Gesandtschafft in comitiis gesuchte Introduction und Admission ad sessionem & votum im Reichs Fürsten-Rath, wegen der auf einseitige Vorstellung zu einem Fürstenthum erhobenen Grafschafft Meurs. Mit Beyl. lit. A. B. & C. — Dat. Lewarden 8. Nov. 1707. 6 Bl. 2° 2.
3.9593

Amalie Herzogin zu Sachsen, 1794-1870 s. *Amalie* Marie Friederike Auguste Prinzessin v. Sachsen.

Amalie, Prinzessin v. Sachsen, the step-daughter. A comedy, selected from the dramatical works. Translated into english by Wilh. Fiebig. 8. (III, 125 S.) Gera 879. Amthor. n. 1. —

Amalie (Prinzessin von Sachsen), die Stieftochter. Lustspiel in 4 Aufzügen. Aus der Gesammt-Ausg. der dramat. Werke gewählt, mit engl. Anmerkungen versehen und für den Schul- und Privatgebrauch zur Uebung in der engl. Umgangssprache empfohlen von Wilh. Fiebig. 8. (IV, 136 S.) Gera 879, Amthor. *

Amalie, Prinzessin zu Schleswig-Holstein
[—] Eglantine. Ein Roman von d. Prinzessin ** [d. i. Amalie Prinzessin v. Schleswig-Holstein]. Bd 1.2. — Berlin: Duncker 1852.
1:Yx 7641. 12: P. o. germ. 301 bs. 4. 7. 11.
3.9595

[—] Frühling-, Sommer-, Herbst- und Winter-Liebe. Eine Erzählung aus d. Familienleben. Von d. Prinzessin**, Verf. der Eglantine [d. i. Amalie Prinzessin v. Schleswig-Holstein]. — Berlin: Decker 1853. 192 S.
1:Yx 8211. 7.
3.9596

[—] Moderne Wohlthätigkeit. Erzählung von d. Prinzessin*** [d. i. Amalie Prinzessin v. Schleswig-Holstein]. — Dresden & Leipzig: Minden 1883. 152 S. 4. 5. 9.
3.9597

— Moderne Wohlthätigkeit. Erzählung von Amalie Prinzessin zu Schleswig-Holstein. 2. Aufl. — Ebd. 1896. 152 S.
1:Yx 20809*. 4. 8.
3.9598

Amalie Prinzessin zu Schleswig-Holstein-Augustenburg, Bilder aus der Märchenwelt. 863. — 2. verb. u. mit 1 Titelkupfer verm. Aufl. Darmstadt 864. Köhler's Verlag. 16. (2 Bl., 126 S.) n. 20 ngr; geb. n. 1 ₰

Amalie Marie Friederike Auguste Prinzessin v. Sachsen, 1794-1870: [Werke] Original-Beiträge zur deutschen Schaubühne. [Verf.: Amalie Marie Friederike Auguste Prinzessin v. Sachsen.] Bd 1-6 [nebst] N. F. Bd 1. — Dresden & Leipzig: Arnold 1836-44.
1. Lüge und Wahrheit. Die Braut aus der Residenz. Der Oheim. 1836.
2. Die Fürstenbraut. Der Landwirth. Der Verlobungsring. 1837.
3. Der Zögling. Vetter Heinrich. Der Unentschlossene. 1838.
4. Der Majoratserbe. Der Pflegevater. Das Fräulein vom Lande. 1839.
5. Die Unbelesene. Die Stieftochter. Pflicht und Liebe. 1841.
6. Capitain Firnewald. Die Heimkehr des Sohnes. Folgen einer Gartenbeleuchtung. 1842.
N. F. 1. Der Siegelring. Der alte Herr. Regine. 1844.
Vollst. . . 1: Bd 1-6 = Ys 6571; N. F. Bd 1 = Ys 7771.
12: P. o. germ. 34 c. 300: 621.900-B. Th. S. 10.
1-6 . . . . 3.
1-5 . . . . 4.
2.4-6. N. F. 1 . . . . 7.
4-6 . . . . 5.
3.9610

— Dramatische Werke der Prinzessin Amalie Herzogin zu Sachsen. Aus d. Nachl. vervollst. u. hrsg. von Robert Waldmüller (d. i. Edouard Duboc). Bd 1-6. — Leipzig: Tauchnitz 1873-74.
1-4. 1873. 5.6. 1874.
1: Ys 6573. 12: P. o. germ. 34 cd. 300: *8314 [auch T. 1-4 = 156.281-B]. 3. 5. 7. 9. 10. 11.
3.9611

Amalie

Amaliens Blumenlese feiner weibl. Handarbeit. . . m.K. Leipzig, Rein.

Amaliens, (Mar. Ehrmann,) Erholungsstunden. Deutschlands Töchtern geweiht. Mit Kpf. u. Musik. 3 Jahrgänge, à 12 Stück. 8. Stuttg. (Cotta in Tüb.) 790 — 92. 8 ₰

Amaliens Feierstunden. Eine Erziehungsschrift f. Deutschlands edle Mütter, Lehrer an Töchterschulen u. Vorsteherinnen an weibl. Pensionen. Von Amalie vom Berge. gr. 12. (1⅙ B.) Barmen u. Schwelm 837, (Falkenberg'sche Brlgsbuchh.) *

— Krämchen, z. angenehm. Unterhalt. f. ihr Geschlecht. 8. Breslau, Gutsch. 786.

Amaliens, (Chr. Doroth. Gürnth) Krämchen. Zu e. angenehmen u. nützl. Unterhaltung für ihr Geschlecht. 8. Bresl. u. Lpz. 786.... Mit folg. n. Titelbl.: nützl. u. unterhalt. Aufsätze für junge Frauenzimmer zur Bildung ihres Geistes u. Herzens. 8. Bresl. 795. (W. Rauck in Leipz.) 8 gr

— Kränzchen, zur angenehmen Unterhaltung. 8. Bresl. 786. Gutsch. 8 gr

— Schreibtafel. 8. Hamburg, Villaume. 796. Rthlr.

Amalie, Tante, ABC der Kinderspiele. Was wir spielen im Freien, allein u. in Reihen, das find's du genug, schlag' auf nur das Buch. Mit 24 Bildern in Farbendr. auf 6 Taf. 4. (15 S.) Leipzig 883. Opetz. cart. — 75

— ABC der Spielsachen. Spielzeug alt u. neu, richtig in der Reih', nach dem Alphabet in dem Büchlein steht. Mit 24 Bildern in Farbendr. auf 6 Taf. 4. (19 S.) Ebend. 883. cart. — 75

— aus der Zauberwelt. Seltsame Geschichte f. Kinder von 5—10 Jahren. Mit 6 Farbendr.-Bildern. 4. (17 S.) Ebend. 883. cart. — 75

Amalie Crescenzia, s.: Feuerprobe, eine.

— dasselbe, s.: Milian.

Amalienbad. — Das Amalienbad. Auszug aus einem Briefe an e. Freund in Berlin. — Halberstadt 1793: Delius. 16 S.
3.
3.9612

Amaliens . . . , s.a. A m a l i a

Amaliens . . . s.a. A m a l i e

Amalitens Briefe. 2 Thle. 8. Bern, Tnp. Soc. 1 ß

— Feyerstunden, v. Fr. Brentano. Bregenz, Brentano.

Amaliens Freuden u. Leiden, als Jungfrau, Gattin und Mutter, v. Fr. Rochlitz. 8. Leipz. Supprian. (Mittler.) 802. Rthlr.

— schöner Morgen. 2 Thle. 8. Altona, Kaven. (Sommer in Lpzg.) 789.

Amaliens Stammbuch, Denkmal der Liebe u. Freundschaft. Blumenlese aus d. besten Dichtern. Nürnb. ... 4e Aufl. 815. 5e A. 827. Riegel u. W. 12 gl ill. 18 gl mit Goldschn. 1 ß

Amaliens Tagebuch, s. Tourte Cherbouliez.

Amaliens Verlöbnis; oder d. Macht d. ersten Liebe. T rspl. (von B.D.A. Cremeri). 8°.– Frankf.u. Lpz.1778, Klett.

Amalis. Trsp. in 5 Akten a. d. Franz. v. Grange Chaucel. 8. Wien, v. Mösle. 783.

Amalisunde und Gulliver. Ein Trauerspiel in 5 Handlungen. Braunschweig und Wolfenbüttel 1775. V: *Goué, August Siegfried von.* (ML) (Ky) (GGr) (VLBS VI)

Amalisunde u. Gullivers Trspl. (von Aug. Fr. v. Goue). 8. Wolfenb. 776. Meißner. 4 gl

Amalius, Paschal., de restitutione purpurarum. Lucae 781. f. (91 S.)

Amalizky, W., üb. d. Anthracosien der Permformation Russlands. [Aus: „Palaeontographica".] gr. 4. (S. 123 bis 213 m. 5 Taf. u. 5 Bl. Erklärgn.) Stuttgart 892. E. Schweizerbart. n. 15. —

Amalthea

— Blüthenlese aus Deutschlands Dichtern, herausg. v. Fr. W. Willmann. 8. Köln, Schmidt. 1 ß

Amalthea; Sgspl. in 3 A. 4. Bayreuth 756. Lübeck. 6 gl Dass. italien. u. französ. 4. Ebd. 6 gl

Amalthea. Zeitschrift für Wissenschaft und Geschmack. [Hrsg.: Christian Daniel Erhard.] Bd 1 (= St. 1–3); Bd 2= (St. 1. 2). Leipzig: Büschel 1788–89.

Amalthea oder *Museum der Kunstmythologie u. bildlichen Alterthumskunde.* Im Verein mit mehrern Freunden des Alterthums hrsg. von *C. A. Böttiger*, Oberaufseher der k. Antikenmuseen in Dresden etc. 3 Bde. Mit 17 Kpftaf. u. 1 Steindr. Leipzig, bei Geo. Joach. Göschen, 1820, 22, 25. Gr. 8°. Gering papierfl. Ppbde.

1: XLIV S., 1 Bl. Err., 366 S. Mit 6 Kpftaf. 2: XXXII S., 394 S., 1 Bl. Inh., 1 Bl. Err. Mit 4 Kpftaf. 3: XLV S., 1 S. Err., 496 S. (incl. Gen.-Reg.). Mit 7 Kpftaf. u. 1 Steindr.

Das Werk wurde fortgesetzt als „Archäologie der Kunst". Berlin 1828. — S. Böttiger, K. W., Karl August Böttiger. Eine biograph. Skizze. Mit Portr. Leipzig 1837. 8°.

Amalthea; für gebildete Leser. 1s Heft. Anti — Pestalozzi. gr. 8. Stuttg. 831. Hoffmann. 16 gl

Amalthea für gebildete Leser. 1. Hft. Anti-Pestalozzi. gr. 8. (7 B.) Stuttgart 831, [Weise.]

Amama Sixtinus

— De Barbarie oratio. Habita in templo academico an. 1626, 22. Sept. In temporum lucem resuscitate. (Vorr.: Hermann von der Hardt.) — Helmestadii 1711 : Schnorr. 48 S. 1:5 in Ak 810-2. 12:Exeg. 445/16. 7. 3.9634

Amama, Sixtinus. Paraenesis ad suscitanda fontium Hebraicorum studia. [Helmstadt 1710.] H: *Hardt, Hermann von der.* (Br Mm)

— Supplex Paraenesis ad synodos, episcopos, et superintendentes ecclesiarum protestantium de excitandis ss. linguarum studiis. Acc. Philippi Melanchthonis ... De studiis linguae Ebraeae orationes 2 ... Dissertationem singularem de causis linguae Ebraeae abs non paucis hucusque neglectae & mediis ad istas tollendas adhibendis praemisit Jeremias Friderici. — Lipsiae: Schedius [1731]. 44, 96 S. 12: Diss. 1679/3. 4. 5. 8. 10. 3.9647

Aman, Amantus. Die Loge d. Freimaurer. 2. Aufl. 8. (64 S.) Wien, Heinrich Kirsch. 30 kr. 1885

Aman, Aquilon: speculum Ordinandor, 8°.– Ingolst. Krüll 1724.

Aman, August: Der Zweck der Execution und das hieraus folgende Princip des Verfahrens. — Wien: Jacob & Holzhausen 1862. 16 S. 300: 146.233–B. 9. 3.9648

Aman, Charlie, bacc. iur. in Zürich: Über die Bedeutung und Tragweite der Regel „locus regit actum" im internationalen Privatrecht. Borna-Leipzig 1908: R. Noske. (VIII, 67 S.) 8°

Leipzig, Jur. Fak., Diss. v. 20. Juli 1908

[Geb. 22. Juli 82 Livorno (Italien); Wohnort: Zürich; Staatsangeh.: Schweiz; Vorbildung: Gymn. Zürich Reife O. 01; Studium: Zürich 4, Leipzig 6 S.; Rig. 31. Mai 06.]

Aman, J. Alan, die erste Rose am lebendigen Gebetskranze der ganzen Christenheit. Mit Gebeten um Ausgießung des heil. Geistes u. um göttl. Gnadenhilfe in den Nöthen unsrer bedrängten Zeit. 12. München 845, Lindauer. 6 3/4 ngl

— s. Rose, die Zweite.

Aman, J. G. s. *Aman*, J. Georg.

Aman, J. Georg: Lasset uns beten! Katholisches Gebetbuch für den privaten u. öffentlichen Gottesdienst. Hrsg. von J. G. Aman. — Saarlouis: Hausen 1900. IV,432 S. 5. 3.9649

Aman, J. G., lasset uns beten! Kathol. Gebetbuch f. d. privaten u. öffentl. Gottesdienst. 16. (IV, 432 S. m. 1 Farbdr.) Saarlouis 900. F. Stein Nachf. n. — 50; geb. in Leinw. n. — 60

— — 2. Aufl. Ebd. 1902. IV,432 S. 1: Er 17150ᵃ. 3.9650

— — 3. Aufl. Ebd. 1904. IV,432 S. 5. 3.9651

— Lasset uns beten! Gebet- und Andachtsbuch für den privaten u. öffentlichen Gottesdienst. Hrsg. von J. G. Aman. 4. Aufl. — Ebd. 1907. 427 S. 1: N 10.3032ᵃ. 5. 3.9652

— Meßbüchlein f. gute Kinder. (97 S. m. Abbildgn.) 16. Ebd. 903. Geb. n. — 20

— Meßbüchlein für gute Kinder. Von J. G. Aman. 2. Aufl. Saarlouis: Hausen 1904. 158 S. 5. 3.9657

— — 2. Aufl. Ebd. 1909. 208 S. 1: N 10.3033. 5. 3.9658

— Kleines Missale. Lasset uns beten! Gebet- und Andachtsbuch für den privaten u. öffentlichen Gottesdienst. Hrsg. von J. G. Aman. — Ebd. 1908. 427 S. 1: N 10.3034. 5. 3.9653

— s.: Missions-Buch, elsässisches.

— Kathol. Missions-Buch. 49. Afl. d. elsäss. Missions-Buches. (472 m. Titelbild.) 16° Saarl., F Stein Nf.'04. — 60; L. — 80 d

— Kathol. Missions-Buch. Gebet- u. Erbauungsb. 54. Afl. (600 m. Abb. u. Titelbild.) 16°. Ebd.'08. L. † 1 — d
Frühere Aufl. s.: Missions-Buch, kathol.

Aman, JG: Kath. Missionsb. Gebet- u. Erbaugsb. z. Gebr. in Kirche u. Haus. Neubearb. 54. Afl. (600 m. Titelb.) 16° Saarl., F Stein Nf. '10. L — 95 d

— Des frommen Katholiken geheiligter Tag. Gebet- und Andachtsbuch für Kirche u. Haus, enth. u. a. viele Gebete u. Gesänge, lat. u. deutsch. Von J. G. Aman. — Saarlouis: Hausen 1907. VIII,352 S.
1:N 10.3035. 5.
3.9655

Aman, JG: Des frommen Katholiken geheiligter Tag. Gebet- u. Andachtsb. f. Kirche u. Haus, lateinisch u. deutsch. (852) 11,4 ×7 cm. Saarl., F Stein Nf.'07. —45; L. † —60; Ldr m. G. † 1.20 d

Aman, Johann, prakt. Arzt aus Landshut: Statistischer Beitrag zur Kenntnis der Prostata-Erkrankungen. *(Landshut [1898]: J. F. Rietsch.)* (35 S.) 8°.
München, Med. Diss. v. 1898

Aman, K.: Über Etwas, was Fr. Jacobi gesagt hat. gr8°. – Münch. 1808, J. Lindauer.

Aman, Mich., († d. 20. Aug. 1797.) s. Cyprians Buch v. Sterben.

Aman, R., s. Amann, Rudolf

Aman, Sigm. v., Archontographie, od. chronol. Reihenfolge aller Päbste, Kaiser, Könige u. Churfürsten d. ältern sowohl, als neuern Geschichte Europa's. Nebst kurzer Beschreib. sämmtl. während dies. Zeitraume gelieferten merkwürd. Schlachten u. Treffen. gr. 8. (16½ B.) Linz 829, Academ. Buchh.

Amānat, Indarsabhā, s. Rosen, Friedr.

Amand, s. Johannes de Sancto Amando

Amand, Charles, Tante's Gäste. Lustspiel in 1 Akt. 8. (24 S.) Rabern 885. (Mallinckrodt.) n. 1. —

Amand, Jean de Saint
s.: Saint-Amand, Jean de

Amand, Mich., lateinisches Übungsbuch, s.: Englmann, Lor.

Amanda, Gesch. d. a. d. Engl. 8. Lpz. Schwickert. 781.

Amanda. — Amanda oder der Weg zum Heiligthume. Aus d. Papieren e. Einsiedlers. — Berlin: Himburg 1800. 508 S.
1:Yw 5167.
3.9668

Amanda, ob. der Weg zum Heiligthume. 8. Berl 800. (Reimer); (a. W. Nauck in Leipz.) 1 ₰ 16 gl.

AMANDA. Aus dem Leben einer Putzmacherin. Mit Titelbild (Lithogr.). Altona, Verlagsbureau, o. J. (ca. 1875). Kl. 8°. (Mk. 0,75.)
— — Dasselbe. 2. Aufl. Ebend., o. J. 8°. (1 Kr. 80 Hl. Halm & Goldmann, Wien, 1904.)

Amanda und Amara oder der Weg zur Schönheits-Quelle. Eine Parabel nach dem Engl. 16. (60 S.) Stuttgart 877, Mittnacht's Verlag Neukirchl. Schriften. geb.

— u. Eduard; e. Roman in Briefen, v. Sophie Mereau. 2 Thle. 8. Frkf. Willmanns. 803.
mit Kupf.
Velinpap. mit Kupf.

Amanda, das Wundermädchen, in seinen 36,000 komischen Verwandlungen. hoch 4. (16 dreimal durchschnittene farb. Bl.) Eßlingen (901). J. F. Schreiber. Kart. n. 2. 50

Amanda, Tante, Mariechens kleines, rothes Buch geschrieben f. kleine Kinder z. Unterhaltg. in lang. Winterabenden. gr. 16. (24 S. m. eingedr. Lith. in Tondr.) Greifswald 851, Koch's Verl. n. ⅓ ₰; color. n. ½ ₰

Amanda, Tante, (Amanda Hoppe), Erzählungen, Märchen u. Lieder f. große u. kleine Kinder. 1. Bdchn. A. u. d. T.: Zwei Geschichten f. große u. kleine Kinder. Dem Leben nach erzählt. 12. (62 S. m. eingedr. Holzschn.) Berlin 852, J. A. Wohlgemuth. ¼ ₰

— der kleine Frieder. Erzählungen, Märchen u. Lieder. Mit 8 (lith. u. color.) Bildern v. Th. Hosemann. 8. (VIII u. 224 S.) Berlin 847, Winckelmann & Söhne. 1 ₰

— die Geschichte von dem klugen Mäuslein. Mit vielen schönen (lith. u. col.) Bildern. br. 8. (60 S.) Berlin 849, Simion. ½ ₰

—, s. Häns chen und sein Freund. — Jugendschriften, neue.

Amanda, Tante, das Häschenbuch, m. Bildern v. Ludw. Werner. (21 S. m. 8 farb. Vollbildern.) 8. München (910). Einhorn-Verlag. Geb. in Halbleinw. 1. —

Amanda, Tante, e. Häschengeschichte. 5. Aufl. M. 4 Bild. v. Gust. Annemüller. 8. (20 S.) Berlin 895. Winckelmann & Söhne. n. 1. —

Amanda, Tante, s.: Häschen-, e., u. e. Kätzchengeschichte.

Amanda, Tante, s.: Prinz Issy.

Amanda, Tante, s. Jugendschriften.

Amanda, Tante (A. Hoppe-Seyler), eine Kätzchengeschichte, ihren Neffen Karl, Otto, Paul u. ihrer kleinen Nichte Anna gewidmet. 7. durchgeseh. Aufl. Mit 5 Bildern in Farbendr. nach Aquarellen v. W. Schröder. (30 S.) 8. Berlin (904). Winckelmann & Söhne n. 1. –

— Maria von Schwaben. Historisch-romantische Erzählung aus dem 13. Jahrh., ihrer Pathe Maria gewidmet. 8. (149 S.) Berlin 850, J. A. Wohlgemuth. n. ⅓ ₰

— Vöglein Rot u. Vöglein Blau. Ein Frühlingsmärchen. Mit 7 (farb.) Bildern v. Hoeppner u. Einbandzeichng. v. Geo. Burmester. (IV, 66 S.) gr. 8. Berlin (906). K. W. Mecklenburg. Geb. n. 3. —

Amanda, G.: Eine sonderbare Frauenbeichte. — Kattowitz & Leipzig: Phönix-Verl. [1909]. 65 S.
1:Yx 40118. 2.
3.9669

AMANDERS arabische Liebeshändel. 8°.
So kurz angezeigt in Chrn. Brachvogel's in Breslau Cat. libror. contin. I. 1706. p. 1.

Amandi Fastenpredigten. 4. Augsburg, Wolf. 718.

Amandi, fratris, horologium sapientiae. (Edid. Jos. Strange.) Coloniae 856. Du Mont-Schauberg. gr. 8. (232 S.) n. 20 ngl; Schreibp. n. 1 ₰

AMANDO, Chr. (ps.), Liebes-Lieder. Königsberg 1719. 12°. Ungemein rar!
Cat. duar. bibl. à Wilh. Siegf. Ring & Chr. Fr. Eckstein relict. (Berol. 1721). p. 42.

Amandus, des seligen, gen. Heinrich Suso, Leben und Schriften. 1—3. Liefg. Wien 863. Mayer & Co.
1. Büchlein von den 9 Felsen. (VII, 142 S.) n. 8 ngr
2. Büchlein von der ewigen Weisheit. (224 S.) n. 16 ngr
3. Leben und Lehren. (VIII, 279 S.) n. 20 ngr

Amandus von Grätz
— Der christlichen Seelen Fasten-Banquet. Vorgestellet in 25 Predigen von P. Amando von Grätz. Speisen-Auftracht [1]-4. — Augspurg: Walder (2-4: Grätz: Widmanstätter) 1702-18.
[1.] Von der geistlichen Schlaffsucht. 1718.
2. Von dem Gewissen. 1702.
3. Von der menschlichen Seel. 1705.
4. Von der christlichen Pilgerfahrt gen Himmel. 1713.
1-4 . . . . 1: Eb 240.
2-4 . . . . 6.
2.3 . . . . 12: 4° Hom. 68-2.3. 2.
3.9573

— Seelen-Wayde der christlichen Schäfflen, das ist: Ordinari Predigen auff alle Sonn- und Feyer-Täg deß gantzen Jahrs gerichtet. Von P. Amando von Grätz. Jahrs-Lauff 1, Th. 1.2. — Clagenfurt: Khleinmayr 1695-96.
— — Jahrs-Lauff 1, Th. 1. Ebd. 1708. 940 S.
1,1. Über die Sonntäg. 6.
3.9576

Amandus d. Große Papst. Eine Vision. Breslau 827, Grüson u. Comp.

Amandus (Papst) der Große. Eine Vision. gr. 8. Breslau 1827. Hentze. (Hat Bezug auf † Theiners kathol. Kirche Schlesiens.) 4 ggr. — 18 kr.

Amandus Abbas Salisburgensis: Vita beati Hartmanni, Praepositi Claustroneoburgensis, postea Episcopi Brixiensis. Ad fidem codicis Roschmanniani ed. Hartmannus Josephus Zeibig. — Viennae 1855: Zamarski. 29 S.
300: 15.163-B. 5.
3.9677

Amandus. 1705: Kurtze Vorstellung der vornehmsten itzt in Europa herrschenden hohen Häupter und Potentaten nebst dero Nahmen, Geburth, Alter, Regierung und Residentz, biss itziges 1705. Jahr . . . vorgestellet von AMan-Do. — Pirna 1705. 2 Bl. 4° 3
3.9677

* **AMANDUS** de Amanto (ps.), Der verliebte Europeer, Oder Warhafftige Liebes-Roman, In welchen Alexandri Liebesgeschichte, und tapfere Helden-Thathen (sic!), womit er nicht alleine sich bei den Frauenzimmer beliebt gemacht, sondern auch in Besichtigung unterschiedliche Königreiche in Europa, dero vornehmste Staats-Maximen angemercket . . . . durch Alexandri guten Freund, welcher sonst genant wird *Amandus de Amanto*. Gedruckt in Wien, und von dar zum Verkauff übersandt An Augusto Boetio, Buchh. in Gotha, 1682. Kl. 8°. (10 Mk., L. Rosenthal, 1906.)
Von grösster Seltenheit! TKpf., 7 Bll. Vorst., 351 SS. u. 14 unbez. SS. Anhang, worin der Herausgeber sagt, der Autor würde „künfftige Oster-Messe den andern Theil des verliebten Europeers, nebst der Politischen Wündschel-Ruthe naher (!) Leipzig übermachen". (In den Messverzeichnissen findet sich nichts davon.)

Amandus, Wilh.: Auch v. Lieb' umgeben ist's Studentenleben. 5 Novellen. (43) 8° Lpzg-G. '10. Raschw., B Volger. 1 — d

Amandus, Wilh., Jugendklänge. Gedichte. (IV, 56 S.) 8. Dresden 910. E. Pierson. 1. —; geb. n 2. —

Amann, s. Amann, Georg

Amann, s. Amann, J.

Amann, Dr., Arzt, München. 1868 s. *Amann*, Josef. 1861.

Amann, s. Amann, Julius

Amann, Andr., Anfangsgründe der italien. Sprache mit besond. Rücksicht auf diejenigen, welche einige Kenntniß in der lateinischen oder französischen Sprache besitzen. breit 8. Passau 842, Pleuger; Pustet'sche Buchh. ¼ ₰

— s. Liguori, Betrachtungen über die Leiden Jesu Christi.

Amann, André, Recueil de prières et méditations. 16. (12½ B.) Passau 837, Winkler. 18 Gr., Vlnp. m. Titkpfr.

Amann, M. Dominica, Schwester Euphemia Dorer, Ursulinerin. Ein Lebensbild, zugleich ein Beitrag zur Geschichte des Klosters St. Ursula zu Freiburg i. Br. (XIV, 135 S. m. Abbildgn. u. 1 Bildnis.) gr. 8. Freiburg i. Br. 904. Geschäftsstelle des Charitasverbandes.
n. 2. 50; geb. n. 3. 60

Amann, Erh.: Führer durch d. deut. Arbeiterversicherg (RVO) m. Erläutergn. (88) 8° Landshut ('12). (Münch., Süddeut. Volksbh. — Wunsiedel, G Kohler.) — 35 d

Amann, Fridolin: Die Vulgata sixtina v. 1590, s: Studien, Freiburger theolog.

Amann, G., s. Amann, Georg

Amann, Georg: Die sieben Briefe Jesu des Verherrlichten, an die sieben Kirchen in Asien ⟨Apok. II,1-III,22-,⟩ in eben so vielen Oelbergspredigten an den Fastendonnerstagen und die zwey Vorbilder vom Tode Jesu ⟨Joh. III,14, XII,24-⟩ in der Charfreytagspredigt, der Pfarrgemeinde zum heil. Jodok in Landshut erkl. im Jahre 1823. — München: Giel 1828. VIII,118 S. 12: Hom. 43 h. 6.
3.9690

Amann, G.: Die Feier des heil. Frohnleichnamsfestes in 2 Predigten dargestellt. 8°. — Landsh. 1822, Thomann.

— Die Litaney von allen Heiligen, in zwey Predigten bey Gelegenheit der öffentlichen Bittgänge erkläret. — Landshut 1822: Thomann. 40 S. 12: Hom. 43 n. 102P.
3.9691

— Predigt bey der gottesdienstlichen Feyer wegen Vollziehung des Concordates für das Königreich Baiern, geh. . . . in Landshut . . . den 30. Sept. 1821. — Landshut [1821]: Thomann. 23 S. 12: Hom. 43 m [u.ö.] 102P.
3.9692

Amann, H., s. Amann, Heinrich

Amann, Heinrich: Beleuchtung der Denkschrift für die Aufhebung des den katholischen Geistlichen vorgeschriebenen Cölibates ⟨Freiburg im Breisgau 1828⟩ von P. i. a. [d. i. Heinrich Amann]. Mit e. Aktenstücke. — Heidelberg & Leipzig: Groos 1828. 94 S.
1: Ft 12633. 12: J. can. P. 104 c. 5.
3.9696

— Von Bestrebungen an der Hochschule Freiburg im Kirchenrecht. Beitr. 1. 2. — Freiburg, Heidelberg & Karlsruhe: Groos 1832-36.
1. Amann: Gutachten der Theologischen Facultät von Freiburg über die Amtsverrichtungen der französischen katholischen Geistlichen, die den Verfassungseid leisteten. 1832.
2. Amann: Zur Erinnerung an Dr. Kaspar Ruef. Mit Ausz. aus seinen Schriften. 1836.
In 1: Fq 18110 und in den Exemplaren von 12, 2, 3 und 5 fehlt in Beitr. 1 der Haupttitel.
1.2 . . . . 1: Fp 1215 [auch Beitr. 1 = Fq 18110; Beitr. 2 = Fp 1215 a]. 2. 3. 5.
1 . . . . 12: J. can. P. 30 d.
2 . . . . 4. 7. 8. 9. 10. 11.
3.9697

— Zur Erinnerung an Dr. Kaspar Ruef . . . Mit Auszügen aus s. Schriften. — Freiburg, Heidelberg & Karlsruhe: Groos 1836. XX,145 S. (Amann: Von Bestrebungen an der Hochschule Freiburg im Kirchenrecht. 2.)
1: Fp 1215-2 [u.] Fp 1215 a. 2. 3. 4. 5. 7. 8. 9. 10. 11.
3.9698

— Gutachten der theologischen Facultät von Freiburg über die Amtsverrichtungen der französischen katholischen Geistlichen, die den Verfassungseid leisteten. Mit Einl., ungedr. Aktenstücken, Uebers. u. Anm. hrsg. — Freiburg: Groos 1832. XV,104 S. (Amann: Von Bestrebungen an der Hochschule Freiburg im Kirchenrecht. 1.)
In 1: Fq 18110 und in den Exemplaren von 12. 2. 3 und 5 fehlt der Haupttitel.
1: Fp 1215-1 [u.] Fq 18110. 12: J. can. P. 30 d. 2. 3. 5.
3.9699

—— Praestantiorum aliquot cod. MSS. qui Friburgi servantur ad jurisprudent. spectant. notitia. Fasc. I. et II. Acced. Epistolae pontificiae, Carmina german. medii aevi, cod. speculi suevici specim., omnia inedita, glossae Bernardi breviar. decretal. ineditae specim. 4. (17¼ B.) Friburgi 836, 37. [Carlsruhe, Groos.] *

— Rechtsfälle. Bearb. nach gemeinem und badischem Rechte. — Freiburg i. Br.: Emmerling 1842. 365 S.
1: Hi 2034. 2. 4. 7. 8. 10.
3.9700

Amann, J., s.a. Amann, Josef

Amann, J., s.a. Amann, Julius

Amann, jun. J., s.a Amann, Josef Albert

Amann, J., über Lübecks Entfestigung. Eine Vorlesung. 8. (1½ B.) Lübeck 835, (v. Rohden'sche Buchh.) *

Amann, J., Priester. 1858: Perlen der Andacht. Vollständiges Gebet- und Andachtsbuch für katholische Christen. Ges. u. bearb. nach d. besten älteren u. neueren Gebet- u. Erbauungsbüchern. — Saarlouis: Stein 1858. 356 S.
1: Acc. P. 10.3159. 5.
3.9701

Amann, jun., J.A., s. Amann, Josef Albert

Amann, Johann Baptist (Abensberg): De bronchotomis. (Titel nach der Urkunde). 3.8.1858-Urk;F 69.
Diss. Ingolst.-Landsh.-Mchn.

Amann, jun. Jos., s. Amann, Josef Albert

Amann, Josef, Arzt. 1861: Zur mechanischen Behandlung der Versionen und Flexionen des Uterus, von J. Amann. — Erlangen: Enke 1874. IV,98 S.
1: Ke 5570. 12: A. obst. 1ao. 7. 10. 11.
3.9703

Amann, J., zur mechanischen Behandlung der Versionen u. Flexionen d. Uterus. gr. 8. (IV, 98 S. m. 1 Tab. in qu. 4.) Stuttgart 874. Enke. n. 2. —

—— über den Einfluss der weiblichen Geschlechtskrankheiten auf das Nervensystem mit besond. Berücksicht. des Wesens und der Erscheinungen der Hysterie. 1. Aufl. (VIII, 100 S.) 1868. ℳ 1,80.; und 2. verm. und vielf. veränd. Aufl. gr. 8. (X, 119 S.) Erlangen [Stuttgart] 874, Enke. *

— Klinik der Wochenbettkrankheiten. — Stuttgart: Enke 1876. VIII,336 S. 12: Path. 23t. 9. 11.
3.9705

— Die bayerische Landesvermessung in ihrer geschichtlichen Entwicklung. T. 1. — München: K. B. Katasterbureau (1908).
1. Die Aufstellung des Landesvermessungswerkes. 1808-1871.
1: 4° Kart. Z 18814. 12: Bavar. 74r. 83.
3.9709

Amann, Jos., die bayerische Landesvermessung in ihrer geschichtlichen Entwicklung. 1. Tl.: Die Aufstellg. des Landesvermessungswerkes 1808—1871. Im Auftrage des k. Katasterbureaus dargestellt. Mit 9 [2 farb.] Kartenbeilagen. (VI, 468 S.) Lex. 8. München (908). (J. Lindauer.) Geb. in Leinw. nn 12. —

— die mikroskopische Sputum-Untersuchung, ihre Bedeutung f. Diagnose u. Prognose m. besond. Berücksicht. der Lungenschwindsucht. Kurzgefasste Notiz f. gebildete Laien. gr. 8. (28 S.) Davos 890. (Richter.) n. 1. —

Amann, d. gynäkol. Unters. m. diagnost. Anhaltspunkten. 8. (96) Münch. 61, (Beck.) n. — 20

— Die gynäkologische Untersuchung mit diagnostischen Anhaltspunkten, für praktische Aerzte und Studirende d. Medicin zur Einführung in die Gynäkologie von Joseph Amann. — München: Giel 1861. 96 S.
1: Ke 690. 12: Path. 23r. 4.
3.9706

Amann, Josef Albert

Amann jr., JA, s.: Krankheiten, d., d. Beckenbindegewebes.

— Kurzgefaßtes Lehrbuch der mikroskopisch-gynäkologischen Diagnostik. Mit 94 Abb. — Wiesbaden: Bergmann 1897. XVI,172 S. 12: 4° Path. 16m [u.5.] 7. 11.
3.9710

— Ueber Neubildungen der Cervicalportion des Uterus. — München: Lehmann 1892. 90 S., 12 Taf.
1: L 2762. 12: Path. 23u. 6. 11.
3.9711

Amann, Josef Albert [app. Arzt aus München]: Periostales Sarkom an der Diaphyse des Femur. . . . München, Buchdr. v. M. Ernst, 1889; 34 S. 8°
München, Med. Fak., Inaug.-Diss. v. 1891

Amann, Jul., Dr. iur., Univ.-Prof., Heidelberg. 1879 s. *Amann*, Julius.

Amann, Jules, s. Amann, Julius

Amann, Julius: Über den Begriff des procurator und des mandatarius nach römischem Recht. Von Jul. Amann. — Heidelberg: Winter 1879. 35 S.
Aus: Festgabe zum 50jähr. Doktorjubiläum d. Prof. J.C. Bluntschli. 1880.
1: Gg 4025. 12: J. rom. m. 17ud. 5. 6.
3.9714

— Die Berechnung der Falcidia bei Vereinigung mehrerer Erbtheile durch Accrescenz oder Potestas, sowie bei der Vulgar- und Pupillarsubstitution. — Leipzig: Duncker & Humblot 1876. VI,408 S.
Ersch. teilw. auch als Univ.-Schrift. Heidelberg 1875.
1: Gi 23500. 12: J. rom. m. 17t. 2. 3. 4. 5. 6. 7. 9. 10. 11.
3.9716

Amann, J., contributions à la flore bryologique de la Suisse. [Aus: „Berichte d. schweizer. botan. Gesellschaft."] gr. 8. (28 S.) Bern 893. K. J. Wyss. n. — 60

Amann, Jul., s. Festgabe zum 50jährigen Doctorjubiläum des Geh.-Rath, Prof. Dr. J. C. Bluntschli.

Amann, Jules, flore des mousses suisses. Étude de la flore bryologique du Haut-Jura moyen. Avec la collaboration de Charles Meylan. (Aus: „Berichte d. schweizer. botan. Gesellsch.") gr. 8. (33 S.) Bern 896. K. J. Wyss. n. — 60

— Die Grundsätze der heutigen Pandektenkritik geprüft an der sogenannten Lex Gallus. — München: Ackermann 1878. X,220 S.
1: Gi 17312. 12: J. rom. m. 17u. 2. 4. 5. 6. 7. 8. 9. 10. 11.
3.9717

— woher stammen die Laubmoose der erratischen Blöcke der schweizerischen Hochebene u. des Jura? [Aus: „Berichte d. schweizer. botan. Gesellsch."] gr. 8. (12 S.) Ebd. 894. n. — 60

Amaun, J. Woher stammen die Laubmoose der erratischen Blocke der schweizerischen Hochebene und des Jura? Gr. in-8°. 12 S. Bern, K. J. Wyss. Sep.-Abdr. 1894

Amann, Max: Zur Frage der Constitution des bimolekularen Propylidenanilins. Ein Beitrag zur Frage der Existenz stereoisomerer Anilverbindungen. 1903. 43 S. 8° ¶ Vgl. J. Liebig's Annalen d. Chemie. Bd 329.
München, Dr.-Ing.-Diss. v. 10. 8. 1903

Amann, Paul, Leopold Komperts literarische Anfänge, s.a.; Studien, Prager, deutsche. 5. Hft.

Amann, Paul: Leopold Komperts literarische Anfänge.
Phil. Diss., Prag 1906/1907.

Amann, Paul: Leopold Komperts literarische Anfänge. — Prag: Bellmann 1907. 100 S. (Prager deutsche Studien. 5.)
1:Y 1569-5. 12:H. lit. P. 368fd-5. 300:436.778-B.
Per. 5. 2. 4. 5. 6. 7. 8. 9. 10. 11.
3.9718

Amann, R., s. Amann, Rudolf

Amann, Rudolf

Amann, Rud. De Corippo priorum poetarum latinorum imitatore. 45 S. **Progr.** G. *Oldenburg* 1885.

Amann, Rudolf De Corippo priorum poetarum Latinorum imitatore particula altera. 4 (S. 13—26). **Progr.** G. *Oldenburg* 1888 (629).

Amann, W.: Der praktische Topograph. — Berlin: Mittler 1872. 19 S. 1:26 in Hu 14104.
3.9719

Amann, Wilhelm [aus Elzach]: Über einen Fall von angebornem Mastdarmverschluss ... Freiburg i. B., Univ.-Buchdr. v. Ch. Lehmann's Nachf., 1897; 20 S. 8.
Freiburg i. B., Med. Fak., Inaug.-Diss. v. 1897

Amans, les malheureux, ou le Comte de Comminge, gr. 8. Paris, Rottmann à Berlin.

Amans, les singuliers. Comed. in 1 A. 8. Prag 797. Schönfeld. 5 gr.

— les vertreux, ou lettres d'une jeune dame. 8. Bern 784. Haller. 18 gr.

[Amans, Paul.] Das Brockenhaus [zu Basel]. Vortragstück von Serpollet, gewidmet Herrn Ch[arles] St[aehelin]-V[onder Mühll]. [Mit 1 Vignette.] 11 S. 8. [Basel, Wassermann & Schäublin, 1907.] fr. 1.—

Amant déguisé, ou le jardinier supposé. Comed. mélée d'ariettes. 8. Berl. 771. Haude u. Sp. 4 gr.

Amant déguisé ou le jardinier supposé. Coméd. mêlée d'ariettes. 8. Berlin, Spener. 771.

AMANT, Der Müßige, In welchem Funffzig Neue Spanische Geschichte vorgestellet werden; Der galanten Welt zu vergönnter Gemüths-Ergetzung, aus der Französischen (des Sieur *de Garouville*) in die Teutsche Sprache übersetzet. I. II. und III. Theil. (1 vol.) Mit Titelkpf. (unsign.) u. Titelvign. (Cupido mit Pfeil u. Bogen auf Wellen, als Holzschnitt-Ornament). Wien und Leipzig, Verlegts Johann Gabriel Grahl, 1712. 8°. (In Warmbrunn, Reichsgräfl. Schaffgotsch'sche Majoratsbibl.)
Rar! Tit. (roth u. schwarz); 1 Bl. Vorr., 1 Bl. „Erinnerung des Ubersetzers", 390 S. 1 Bl. Reg.

AMANT, Der verwegene, doch allezeit beglückte, oder curieuse Liebes-Begebenheiten des Dom Antonio. Aus d. Frantzös. O. O. 1713. Kl. 8°.
(In Dresden.) Höchst selten!
Orig. (in München): L'amour dégagé ou les avantures de Dom Antonio. Cologne 1709. 12°. (5 Mk. Scheible.) — Le même, tit.: L'amour dégagé ou les avantures de Don Fremal et de Don Garcie, gentilhommes natifs de Valence. Par le Sr. D*** V***. Ibid. eod. a. 12°. Avec frontisp.

Amant, neuester Briefsteller für Liebende. Nebst e. Anh., enth.: Liebes-Gedichte. 2. Aufl. gr. 16. (48 S.) Coblenz 850, Müller.

Amant, Dr., der Postillon d'Amour, ein Briefsteller für Liebende. 32. Hamburg 845, Berendsohn. n. 1/6 Thlr

— der Postillon d'Amour, ein Briefsteller für Liebende. Enthaltend 100 Musterbriefe in allen mögl. Herzensangelegenheiten. 2. Aufl. 32. (VIII u. 126 S.) Hamburg 850, Berendsohn. — 3. Aufl. 32. (XVI u. 126 S.) Ebend. 850. n. 1/6 Thlr

Amant, der Postillon d'Amour. Ein Briefsteller für Liebende beiderlei Geschlechts. Enthaltend Musterbriefe in allen möglichen Herzensangelegenheiten. 4., verb. und verm. Aufl. 16. (XX und 132 S.) Hamburg 855, B. S. Berendsohn.

Amant, der Postillon d'Amour. Ein Briefsteller für Liebende beiderlei Geschlechts. 5., sehr verb. und verm. Aufl. 32. (XX und 123 S.) Hamburg 860, B. S. Berendsohn. Thlr.

Amant, der Postillon d'amour. Ein Briefsteller für Liebende beiderlei Geschlechts. 7., sehr verb. und verm. Aufl. 32. (XX und 123 S.) Hamburg 865, B. S. Berendsohn.

— Vergißmeinnicht. Auserlesene Stammbuchs-Aufsätze d. Liebe und Freundschaft gewidmet. gr. 16. (64 S.) Coblenz 850, Müller. 1/6 Thlr

Amant, Eusebius: Parnassus Boicus, Oder Neu-eröffneter Musen-Berg, Worauff Verschiedene Denck- und Leszwürdigkeiten ausz der gelehrten Welt, zumahlen aber ausz denen Landen zu Bayrn, abgehandlet werden. Erste (- Achtzehende) Unterredung. Mit Erlaubnusz der Oberen. Getruckt zu München, bey Johann Lucas Straub, Gem. Hochlöbl. Landschafft Buchdrucker, 1722 - 26.

Amante, d. mecklenburg. Stute Lebensgesch. (A. a. d. Tit.: neues Leipziger Taschenbuch, f. Pferdeliebhaber.) herausg. v. Val. Trichter. 2 Thle. m. K. 8. Lpzg. Sezger. 804. (1 Rthlr. 12. 8 gr.)

Amantos, Konstantin

Amantos, Konst., die Suffixe der neugriechischen Ortsnamen. Beitrag zur neugriech. Ortsnamenforschg. (XI, 82 S.) gr. 8. München 903. L. Finsterlin. n. 2. –

Amantos, Konstantin, aus Chios: Die **Suffixe** der neugriechischen Ortsnamen. Beitrag zur neugriech. Ortsnamenforschung. *München 1903: C. Wolf & Sohn.* (XI, 82 S.) 8°
München, Phil. Diss. v. 1903

Amantus, Aman

Die Loge der Freimaurer von Aman Amantus. Wien: Mayor & Co. in Comm. 1877. 47 S. 8°
(Neue Weckstimmen. 1877 Sept. II.)

[Dasselbe.] 2. Aufl. Wien: Hirsch 1885. VII, 64 S. 8°

cf. Bh. 21 (1878) S. 60 (J. G. Findel). Tt. 1437. Gegnerschrift. Im Anh. ein Verzeichnis der Logen in Österreich-Ungarn.

Amanus, Jodocus, Gynaeceum, sive theatrum mulierum, in quo praecipuarum omnium per Europam in primis, nationum, gentium, populorumque, cujuscunque dignitatis, ordinis, status, conditionis, professionis, aetatis, foemineos habitus videre est, artificiosissimis nunc primum figuris, neque usquam ante hac pari elegancia editis, expressos. Additis ad singulas figuras singulis octostichis Franc. Modii Brug. Opus cum ad foeminei sexus commendasionem in illorum maximè gratiam adornatum, qui à longinquis peregrinationibus institutae vitae ratione, aut certis alijs de caussis exclusi, domi interim variorum populorum habitu, qui est morum indicium tacitum, delectantur. (Facs. der Ausg. von 1586.) gr. 8. (VII, 122 Bl.) Leipzig 880, Hirth.

Amanus, Jodocus, gynaeceum, sive theatrum mulierum, in quo praecipuarum omnium per Europam in primis, nationum, gentium, populorumque, cujuscunque dignitatis, ordinis, status, conditionis, professionis, aetatis, foemineos habitus videro est, artificiosissimis nunc primum figuris, neque usquam ante hac pari elegantia editis, expressos. Additis ad singulas figuras singulis octostichis Franc. Modii Brug. Opus cum ad foeminei sexus commendasionem in illorum maxime gratiam adornatum, qui a longinquis peregrinationibus institutae vitae ratione, aut certis aliis de caussis exclusi, domi interim variorum populorum habitu, qui est morum indicium tacitum, delectantur. (Facsimile der Ausg. v. 1586.) gr. 8. (VII, 122 Bl.) München 880. Hirth. n. 6. —

AMANZOLIDE oder des vor zwey Jahren in Franckreich gewesenen Persianischen Ambassadeurs MEHEMED-RIZA-BEG Liebes und Lebens-Geschichte..... Mit Portr. u. Kpfrn. LEIPZIG bey M. G. Weidmannen 1717. 8⁰. (6 Mk. Jos. Baer & Co., Frankf. a. M., 1893.)

Orig. (in München, Wolfenbüttel u. Dresden): Amanzolide. Nouvelle historique et galante, qui contient les avantures secrètes de Mehemed-Riza-Beg, Ambassadeur du Sophi de Perse, à la Cour de Louis-le-Grand, en 1715. Enrichie de (5) figg. en taille-douce. Paris, Pierre Huet, 1716. 12⁰. Le même. La Haye 1716. 12⁰. (In München).

Amanzor u. Serenna, oder d. Spiegel d. Unschuld. Oper. 8. Leipz. 796. Köhler. 5 gl

'Αμαρα ἢ 'Αμαρασανδρα, s.: Βαλαβαρατα.

Amara, George, Blüten der Nacht, Lieder und Dichtungen. Eingeführt durch Alex. Kaufmann. 16. (XXV und 138 S.) Leipzig 856, Brockhaus.

Amara George, Mythen und Sagen der Indianer Amerika's. In deutscher Darstellung. Düsseldorf 856. Arnz u. Co. 4. (64 S., lith. Titel u. 1 Lithogr.) n. 3 ℔

Amarakocha ou Vocabulaire d'Amarasinha, publ. en Sanskrit avec une traduction française des notes et un index par A. Loiseleur Deslongchamps. 1e Partie. gr. in 8 Paris (et Leipsick, Brockhaus et Avenarius.) 839. n. 6²/₃ ℔

Amarante, Gustave, et G **Toursier:** Prakt. Führer Mentone u. Umgebg, s: Sammlung d. Reiseführer Pol.

Amaranth, Prinz, mit d. großen Nase rc. v. J. F. Jünger. 8. Berlin. (Sommer in Lpzg.) 799.

— — v. K. Werlich, 1r—5r Abschn. 8. Rudolstadt, Hofbchhdl. 810.

Amaranthen. [Xeranthemum annuum] v. Verf. d. grauen Mappe. (J. C. L. Haken.) 4 Thle. 8. Magdeburg, Heinrichshofen. 802—6. (I. 1 Rthlr. 6 gr. II. III. IV. à 1 Rthlr. 12 gr.)

—Fortsetzung, od. neue Amaranthen v. demselb. Verf. 2 Thle. Ebd. 808—11. 3 ℔ 8 ℊ

Amaranthes [Pseud.] s.a. Corvinus, Gottlieb Siegmund [wirkl. Name]

AMARANTHES (d. i. *Gottlieb Sigm. Corvinus,* 1677—1740), Nutzbares, galantes und curiöses Frauenzimmer-Lexicon.... Mit Titelkpfr. Leipzig 1715. (u. öfter.) 8⁰. (16 Mk. J. Halle, München 1908.)

Handelt auch (wie schon der lange Titel besagt) von Zauberinnen und Hexen.

— FRAUENZIMMER-Lexicon, Nutzbares, galantes u. curiöses, worinnen der Frauenzimmer geist- u. weltliche Orden, Aemter, Würden.... Trachten u. Moden, u. was zum Putz u. Kleidung des Frauenzimmers gehört.... wie auch ein auf die allerneueste Art verfertigtes vollkommenes Koch-Buch nebst Küchen-Zetteln u. s. w. (Vf.: *Gottlieb Siegm. Corvinus = Amaranthes* ps.) Vermehrte u. verbess. Aufl. Mit schönem interess. Titelkpf., J. A. Richter del., M. Bernigeroth sc. Leipz., Gleditsch, 1739. Gr. 8⁰. (15 Mk. Adolf Weigel, 1900; 4 Mk. Paul Alicke, Dresden, 1909.)

Zuerst gedr. ebd. 1715. Gr. 8⁰. (16 Mk. J. Halle, München, 1908.)

AMARANTHES. — Das Carneval der Liebe, Oder Der in allerhand Masquen sich einhüllende Amor, in Einer wahrhafftigen Liebes-Roman Der Curiösen Welt entdecket. LEIPZIG, VERLEGTS JOHANN CHRISTIAN MARTINI, BUCHHANDLER IN DER NICOLAI-STRASSE, 1712. 8⁰. TKpf., 7 Bll. Vorst. u. 440 SS. (10 Mk. A. Bielefeld, Carlsruhe, 1891.)
— — Dasselbe. Ibid 1717. 8⁰
— — Dasselbe. Ibid. 1724. 8⁰.

* **AMARANTHES** (d. i. *Gottlieb Sigm. Corvinus*). — Proben Der POESIE In Galanten-Verliebten-Vermischten-Schertz- und Satyrischen Gedichten abgelegt Von *Amaranthes.* Th. (1) Franckfurt und Leipzig bey Philipp Willhelm Stocken, 1710. — Proben Der POESIE In Galanten Verliebten Vermischten Schertz- und Satyrischen Gedichten, abgelegt, Von AMARANTES. Anderer Theil. Nebst einer Vorrede von der Schwürigkeit und wahren Eigenschafft der Tichter-Kunst. Franckfurt und Leipzig, bey Philipp Wilhelm Stock. Ao. 1711. 8⁰. (In Berlin: an Yk 1411.)

I: Titelkpf., 14 Bll. Vorst. (incl. roth u. schwarz gedr. Titel), 524 bez. S., 1 Bl. Druck-Fehler. II: Titelkpf., 13 Bll. Vorst., 469 bez. S., 1 Bl. Druckf.

S. Wolfg. Menzel, deutsche Dichtung II p. 471. — S. auch Corvinus.

Amaranthus, [Pseud.] s.a. Corte, Wilh. [wirkl. Name]

Amaranthus, Schmetterlinge. (Gedichte.) 16. Zerbst 845. Kummers Buchh. n. ¹/₆ ℔

Amarcii Sexti, Galli Piosistrati, s. Amarcius Sextus

Amarcius, Sextus: Sermonum libri 4. E cod. Dresdensi A. 167 a nunc primum ed. Maximilianus [Max] Manitius. Lipsiae: Teubner 1888. XVIII, 105 S. (Bibliotheca scriptorum medii aevi Teubneriana.)
1: Xc 2496. 12: P. o. lat. 14. 300: 429.235-A.L.S. med. aev. 10. 2. 3. 4. 5. 6. 7. 8. 9. 10. 11.
3.9775

Amarcii, S, Galli Piosistrati sermonum libri IV. E codice Dresdensi A. 167 a nunc primum ed. M Manitius. 8. (106) Lpzg 88. Teubner. 2. 25

Amari, M. s. *Amari,* Michele.

Amari, Michael s. *Amari,* Michele.

Amari, Michele

Amari, Mich., biblioteca arabo-sicula ossia raccolta di testi arabici che toccano la geografia, la storia, le biografie e la bibliografia della Sicilia. E stampati a spese della societa orientale di Germania. Fasc. I—III. Lipsia 855—57. Brockhaus. gr. 8. (88,744 S.) Jedes Heft n. 1 ℔ 10 ℊ

Amari, Michele, biblioteca arabo-sicula. Appendice, con nuove annotazioni critiche del Prof. Fleischer, giunte e varianti notate dall' editore e correzioni d'entrumbi. gr. 8. (X, 71 S. nebst 70 S. arab. Text.) Leipzig 875. Brockhaus' Sort. n. 4. — (Hauptwerk u. Appendix: n. 16. —)

Amari, Michele, bibliotheca arabo-sicula. Versione italiana. Vol. 1 e 2. 8. (LXXXIII, 750 u. 808 S.) Turino 880, 81. Loescher. à n. 20. —

Amari, M., biblioteca arabosicula. 2. appendice. Stampata a spese della società orientale di Germania. gr. 8. (VIII, 46 S.) Leipzig 887. (Brockhaus' Sort.) n. 2. —

— Der Freiheitskampf der Sicilianer im Jahre 1282, genannt die sicilianische Vesper. Nach Michaele Amari. Von Johann Friedrich Schröder. Bd 1.2. — Leipzig: Kollmann 1851. **12:** Ital. 12af. 3.
3.9792

—— d. sicilian. Vesperkrieg, s.a. Biblioth., europ.

— [La Guerra del Vespro siciliano, deutsch] Der sicilianische Vesperkrieg von Michael Amari. Aus d. Ital. übers. von V[iktor] F[riedrich] L[ebrecht] Petri. Th. 1-4. — Grimma & Leipzig: Verl.-Comptoir 1851. (Europäische Bibliothek d. neuen belletristischen Literatur Deutschlands, Frankreichs, Englands ... Ser. 4,81/84 = der ganzen Samml. Bd 381/384.) 7.
3.9791

— Der sicilianische Vesperkrieg von Michael Amari. Aus d. Ital. übers. von V[iktor] F[riedrich] L[ebrecht] Petri. 2. Aufl. Th. 1-4. — Grimma & Leipzig: Verl.-Comptoir 1851-52.
1.2. 1852. 3. 1851. 4. 1852.
1: Rt 4201². **12:** Ital. 12ae.
3.9793

Amari, Mich. Der sicilianische Vesperkrieg. Deutsch bearb. 4 Th. (796.) 8. Wurzen 1852. 6,00.

Amart: Versuch über die Mittel, stehende Gewässer zu Umtreibung des Räderwerks in großen Fabrikanstalten etc. zu benutzen. Mit Kpf. 4°. – Leipz. 1803 Hinrichs.

Amaruçataka: Das, in seinen Recensionen dargestellt, mit einer Einleitung und Auszügen aus den Commentatoren versehen von Richard Simon. Kiel 1893.

Amaryllen, Die zwo. Ein Schäferspiel in einem Aufzuge. Prag 1794. V: *Schönfeld, Frz. Thomas von.* (WTDIAR 1794, Nr. 99, Anhg.) (GGR) (BIBLPORT)

Amas, s. Anweis., Kindern d. französ. Sprache beizubringen.

Amas, Herm., Amandus und Amanda. Familiengemälde. 2 Thle. 12. Oldenburg 844, Stalling. 1 ₰

Amas, Herm., Christus! Ein Erbauungsbuch für gläubige Verehrer Jesu. 2 Thle. gr. 8. (XII u. 433 S.) Oldenburg 851, Stalling. (à n. 1/3 ₰) n. 2/3 ₰

Amas, Herm., Christus! Ein Erbauungsbuch für gläubige Verehrer Jesu. 3. 4 Thl. Oldenburg 851, 54. Stalling. gr. 8. (IV. 202: IV, 190 S.) Jeder Thl. n. 10 ngl.

— Dichtungen. 2 Thle. gr. 12. Bremen 841, Schünemann. (Oldenburg, Schulze.) n. 1 1/2 ₰

—— Lebensbilder und Erzählungen. 1. Bd.: Der Schullehrer von Sträke. 2 Thle. 8. (X und 394 S.) Oldenburg 850, Schulzesche Buchh. *

—— Lebensbilder und Erzählungen. 2. Bd.: Der Pfarrer von Ellinghausen. 2 Thle. 8. (VI und 408 S.) Oldenburg 853, Schulze. *
1. Bd. Ebendas. 1850. * 1 Thlr. 5 Ngr.

Amasis, Trauerspiel a.d. Franz. 8°. Wien, Mösle, 1784.

Amasis; e. Begebenh. a. d. Vorwelt, nach St. Pierre, v. W. G. Becker. 8. Görlitz, Anton. 800.

Amasis König v. Aegypten, 569-525 v. Chr.: Die Proklamation des Amasis an die Cyprier bei der Besitznahme Cyperns durch die Aegypter um die Mitte des sechsten Jahrhunderts vor Christi Geburt. Entzifferung der Erztafel von Idalion in des Herrn Herzogs von Luynes Numismatique et inscriptions cypriotes von E. M. Röth [Eduard Röth]. — Paris: Plon; Heidelberg: Mohr 1855. 120 S.
1: 4° Ph 9034. **12:** 4° Arch. 168xn. **300:** 37.316–D.
3. 4. 6. 7. 10. 11.
3.9823

Amat, Torres Aquilar. Rede, s. Frage, die römische.

Amateur. Internationale Revue für Sammelwesen jeder Art. Jg. 1. (Mehr nicht erschienen.) Wien: J. G. Schoener 1890. 4°

Amateur. Internationale Rundschau f. Sammelwesen jeder Art, Münzen, Wappen — Siegel — Stiche — Postwerthzeichen — Urkunden — Kunst-Alterthümer, Länder-, Völker-, Staaten-, Sprachen- u. Bücherkunde — Naturwissenschaft. (In engl., deutscher u. französ. Sprache.) 1. Jahrg. 1890. 12 Nrn. (2 B.) gr. 4. Wien, J. G. Schoener. n. 6. —

Der Amateur. Wochenschrift für Freunde der Photographie. Leipzig: Expedition 1890–? 8°

Amateur, der. Illustrierte Monatsschrift f. Photographie u. Projektion. Hrsg. unter Mitwirkg. hervorrag. Fachmänner v. Hugo Löcker. Red.: Sigfr. Wachtl. 1. u. 2. Jahrg. 1904 u. 1905. à 12 Nrn. (à ca. 16 S. m. Taf.) Lex.-8. Wien, C. Konegen. à Jhrg. n. 5. —

Amateur, der. Illustrierte Monatsschrift f. Photographie u. Projektion. Hrsg. unter Mitwirkg. hervorrag. Fachmänner v. Hugo Löcker. Red.: Sigfr. Wachtl. 3. Jahrg. 1906. 12 Nrn. (à ca. 20 S. m. Taf.) Lex.-8. Wien, C. Konegen. n. 6. —; geb n. 7. 50

Amateur, der. Illustrierte Monatsschrift f. Photographie u. Projektion. Red. unter Mitwirkg. hervorrag. Fachmänner v. Siegfr. Wachtl. 4. u. 5. Jahrg. 1907 u. 1908 à 12 Nrn. (VI, 536 u. VIII, 212 u. 336 S. m. Taf.) Lex. 8. Wien, C. Konegen. à Jahrg. 8. —
Fortsetzg., s.: Kamera-Kunst.

— the. Pattern sheets for fret, carved and inlaid work, painting on wood and other similar domestic arts. 1.—3. volume. 1888—1890. à 12 parts. (1/2 B. m. 2 Taf.) gr. 4. München, Mey & Widmayer. à Jahrg. n. 6. —

Amateur, the. Pattern sheets for fret, carved and inlaid work, painting on wood and other similar domestic arts. 4.—6. volume. 1891—1893. à 12 parts. (1/2 Bog. m. 2 Taf.) gr. 4. München, Mey & Widmayer. à Jahrg. n. 6. —

Amateur-Athleten-Zeitung, illustr. Verbands-Organ des deutschen Athleten-Verbandes. Wochenschrift zur Wahrg. der Interessen des gesamten Amateur-Athletik-Sports. Fachorgan f. Zimmergymnastik. Red.: A. Stolz. 1. Jahrg. 1901. 52 Nrn. gr. 4. (à ca. 14 S.) München, A. Stolz & Co. n. 6. —
Fortsetzung s.: Athletik-Sportzeitung, illust.

Amateur-Ausstellung. — Amateur-Ausstellung. Februar 1909. — Wien: Galerie Miethke (1909). 42 S.
1: Nr 1945.
3.9837

Amateur-Kunst. 37 Photograv. nach Naturaufnahmen aus der unter dem allerhöchsten Protectorate Ihrer kais. Hoh. der durchlauchtigsten Frau Erzherzogin Maria Theresia veranstalteten internationalen Ausstellg. künstler. Photographien zu Wien 1891. Text: Künstlerischer Thl. von Jac. Ritter v. Falke, techn. Thl. v. Jos. Maria Edor. Ausg. auf China-Pap. gr. Fol. (1 Blatt u. VI S. m. 1 Abbildg.) Wien 891. Gesellschaft f. vervielfältig. Kunst. In Leinw.-Mappe. n. 40.—

Amateur-Photograph, der. Monatsblatt f. Freunde d. Lichtbildkunst. Red.: Liesegang. 1.—4. Jahrg. 1887 bis 1890. à 12 Nrn. (B. m. Abbildgn.) gr. 8. Düsseldorf, Liesegang. à Jahrg. n. 5.—

Amateur-Photograph, der. Monats-Blatt f. Freunde der Lichtbild-Kunst. Red.: Liesegang. 5.—8. Jahrg. 1891—1894. à 12 Nrn. (Bog. m. Abbildgn.) gr. 8. Düsseldorf, E. Liesegang. à Jahrg. n. 5.—

Amateur-Photograph, der. Monats-Blatt f. Freunde d. Lichtbild-Kunst. Red.: Liesegang. 9.—12. Jahrg. 1895—1898. Je 12 Nrn. (Bog. m. Abb. u. Kunstbeil.) gr. 8. Düsseldorf, E. Liesegang. à Jahrg. n 5.—

Amateur-Photograph, der. Monatsblatt f. Liebhaber der Photographie. Red.: Max Ferrars. 13.—16. Bd. 1899—1902. à 12 Hfte. (à ca. 16 S. m. Abbildgn. u. Kunstbeilagen.) gr. 8. Düsseldorf. Leipzig, E. Liesegang. à Bd. n. 5.—; einzelne Hfte. n. —50
Der 13. Jahrg. ist von R. E. Liesegang redigiert.

Amateur-Photograph, der. Monatsblatt f. Liebhaber d. Photographie. Red.: Max Ferrars. 17. u. 18. Bd. 1903 u. 1904. à 12 Hfte. (192 S. m. 27 Abb. u. 27 Kunstbeilagen u. 208 S. m. 33 Abb. u. 23 Kunstbeilagen.) gr. 8. Leipzig, E. Liesegang. à Jhrg. n. 5.—

— dasselbe. 19. Bd. 1905. Hft. 1—6. (96 S. m. 16 Abb. u. 14 Kunstbeilagen.) gr. 8. Ebd. n. 2. 50
Fortsetzung, s.: Welt, photographische.

Amateur- und Fachphotograph. Von e. ehemaligen Amateurphotographen. — Halle a. S.: Peter 1896. 36 S.
1: Os 1383. 3.
3.9838

Amathonte, ein Persisches Mährchen. Altenb. 1790. V: *Heine, C. L.* (MGT)

Amathonte; e. persisches Mährchen, v. Anton Wall. 8. Altenbg. Rink. (Hinrichs in Lpzg.) 809.

Amathusia. s. Adelbert.

Amathusia, od. über die Geheimnisse d. Toilette, von Adelbert. Mit 1 Kpf. 8°. Leipz. 1793. N. Aufl. 1824. Reinicke.

Amatus à Matre Dei: Flos Carmeli, cum fructibus Terrae Sanctae; seu officium parvum Beatissimae Virginis Mariae, iuxta Carmelitani Ordinis antiquam consuetudinem. Viennae Austr. 1734: Heyinger. 200 S. 2.
3.9907

Amaurianos. — (Contra Amaurianos) Ein Traktat gegen die Amalricianer aus dem Anfang des XIII. Jahrhunderts. Nach d. Hs. zu Troyes hrsg. von Clemens Baeumker. — Paderborn: Schöningh 1893. IV,69 S.
Aus: Jahrbuch für Philosophie u. spekulative Theologie. 7. 1893. Als Verfasser wird genannt Garnerius Abbas Claraevallensis.
1: Ck 7680. 300: 168.940-B. 3. 4. 5. 6. 7. 10. 11.
3.9908

Amavero, Francone dell', Untersuchung ob es eine Festigkeit gebe, dabey viele andere abergläubische Irthümer widerlegt werden, nebst einem Katechismus von der Geisterlehre. München 774. 8.

Amavero, Francone dell'. Untersuchung, ob es eine Festigkeit gebe? wobey viele andere abergläubische Irrthümer aufgedeckt werden. Nürnb. 1775. [München 1775. Nürnberg 1776.] Ü: *Sterzinger, Ferdinand.* (ML) *Mayer, Andr. U.* (Ky)(MGT)

Amavero, Franconi dell', Untersuchungen, ob es eine Festigkeit gebe, wobei viele abergläub. Irrthümer widerlegt werden, (v. A. U. Mayer). Nebst Katechismus d. Geisterlehre. (Von F. Sterzinger.), 8. Nürnb. 776. Stein 8 4/.

AMAZONE, Die, der grossen Armee, oder Denkwürdigkeiten, Anekdoten und Abenteuer der Dorothea Rhenet, Ritter der französischen Ehrenlegion. Von ihr selbst hrsg. Aus dem Französischen. 2 Thle. Stuttgart, Gebr. Franckh (c. 1825). Gr. 12°.
Verlagsanzeige der Firma hinter einem Buche von 1827. Das französ. Original wohl nicht lange vorher erschienen?

Die niederländische Amazone oder curieuse Lebens-Beschreibung und Helden-Thaten einer gewissen Weibs-Person aus den Niederlanden, welche lange Zeit zu Wasser und Lande Kriegs-Dienste verrichtet. Aus d. Holl. in das Teutsche übers. — Augspurg: Maschenbauer 1717. 136 S.
2.
3.9922

AMAZONE, Die Niederländische .... Aus dem Holländischen in das Teutsche übersetzt. Augspurg, Druckts und verlegts A. Maschenbauer, 1717. 8°.
W. v. Maltzahn's Bücherschatz, S. 521. — Sehr abenteuerliches und so gut wie unbekanntes Curiosum, dessen holländ. Original noch nachzuweisen ist.
— — Dasselbe mit d. Tit.: Die Niederländische Amazone, oder curieuse Lebens-Beschreibung und Helden-Thaten einer gewissen Weibs-Person aus den Niederlanden, welche lange Zeit zu Wasser und Lande Kriegs-Dienste verrichtet. Aus dem Holländischen in das Teutsche übersetzt. (Rothe Zierleiste.) O. O. 1718. 8°. (In Dresden, Kgl. Öffentl. Bibl.: Lit. Belg. 8° 50, schönes Expl.).
136 S. (incl. roth und schwarz gedr. Titel), 1 weisses Bl. — Die Heldin hat in ihrem Soldatenhabit mancherlei Angriffe von verliebten Schönen zu erdulden.

Amazone, d. schweizerische; Abentheuer, Reisen u. Kriegszüge e. Schweizerin, durch Frankreich, d. Niederlande, Aegypten, Spanien, Portugal u. Deutschland, mit d. franz. Armee unt. Napoleon. Von ihr selbst geschrieben. 2e verb. Aufl. (NB. d. 1e Aufl. erschien unt. d. T.: Lebens-Beschreibung d. Wittwe d. Obristen Fl. Engel.) Mit 1 Steindr. 8. St. Gallen 825, Huber u. Comp.

— — Dasselbe, titulo: Die schweizerisch Amazone. Abenteuer, Reisen und Kriegszüge der Frau Oberst Regula Engel von Langwies (Graubünden), geb. Egli von Fluntern-Zürich (1761—1853), durch Frankreich, die Niederlande, Egypten, Spanien, Portugal und Deutschland mit der französischen Armee unter Napoleon I. Von ihr selbst beschrieben. Mit einem Kunstdruckbilde und einem Anhange. Herausg. von Fritz Bär, Pfarrer in Castiel. 3. Aufl. Schiers, 1904. 8°. IV, 167 S. (Br. 1 Mk. 60, Lwdbd. 2 Mk. 40, Carl Beck, Lpz., 1907 :)

Amazonen. Singsp. v. Walch. 8. Hildburghausen, Hanisch 769.

Amazonen, Die neuen. [Leipzig 1790.] V: *Schulz, Johann Christoph Friedrich.* (ML) [Leipzig 1787.] (MGT) (GGr)

Amazonen, Die, in Südamerika. [Wien 1883.] V: *Klöden, Gustav Adolph v.* (Cat. d. Stadtbibl. Zürich. Zürich 1864—97.)

Amazonenlieder. Leipz. 1760. V: *Weisse, Christian Felix.* (MD) (MGT) (GGr)

Amazonenlieder, kleine, (v. Chr. F. Weisse). 8. Leipz. 760. 3e A. 762. Weidmann. 6 ℊ

Amazonenlieder, Kleine. Neue Ausgabe. Leipzig 1763. V: *Weisse, Christian Felix.* (EE) 1760. (Ky)

Ambn. Eine Episode aus dem Mahâbhârata übersetzt von G. H. F. Nesselmann. [Aus der altpreuß. Monatsschrift.] Königsberg 868. Gräfe & Unzer in Comm. gr. 8. (34 S.) n. 8 ngr.

Ambach, E.v. s. A m b a c h , Eduard v.

Ambach, Ed. v. s. A m b a c h , Eduard v.

Ambach, Eduard v.

Ambach, Ed. v., der Abendstern, s. Erzählungen, katholische, für die reifere Jugend.

Ambach, Eduard von, Der Adler, s. A d l e r , der

Ambach, Ed. v, der Adler od. Schuld u. Sühne, s.: Bibliothek f. die reifere christliche Jugend.

—— Adolf und Ludoiska, s. Adolf und Ludoiska.

Ambach, Eduard v.: Der Allerseelensonntag, oder: die Macht der Leidenschaften. Erzählung. Von d. Verf. der „Kinder der Wittwe" [d. i. Eduard v. Ambach]. — Augsburg: v. Jenisch & Stage 1843. IV,216 S.
12: Paed. Pr. 107.
3.0923

[—] — 2. Aufl. Ebd. 1854. 180 S. **1**: Ng 11970[a].
3.0924

A m b a c h, Eduard von —. Der Augustinermönch, oder: Das Hospitzium auf dem St. Bernhard. Ein Charaktergemälde von — —. 8. (70 S.) Wien. Druck und Verlag der Mechitharisten-Kongregations-Buchhandlung. 1854.

— der A u g u s t i n e r m ö n c h, oder: Das Hospitzium auf dem St. Bernhard. Ein Charaktergemälde. Wien 855. (Mayer u. Comp.) 8. (1 Bl., 69 S. u. 1 color. Holzschn.) 4½ ngr

A m b a c h, Eduard von — Der Augustinermönch, oder: Das Hospizium auf dem St. Bernhard. Ein Charaktergemälde von — —. Wien, 1855. Druck und Verlag der Mechitharisten - Kongregations-Buchhandlung. (69 S. 8. Mit einem kolorirten Titelbilde.)

Ambach, Ed. v., der A u g u s t i n e r m ö n c h, od. das Hospizium auf dem St. Bernhard. Ein Charaktergemälde. 2. Aufl. 12. (66 S. m. 1 Farbendr.) Wien 891. (H. Kirsch.) n. — 60

—— die Ausgewanderten, s. Ausgewanderten, die.

—— d. Choleraepidemie. 8. (30) Wien 54, Kirsch. — 4

— die C h o l e r a e p i d e m i e, oder: Einzig wahres Schutzmittel gegen Furcht und Angst vor dieser Seuche. Eine der Gefahr gegenüber Herz und Gemüth stärkende gemeinnützige Abhandlung. Wien 854. Mechitharisten-Congreg.-Buchhdlg. 8. (30 S.) 4 ngr

Ambach, Ed., Deutschlands C h r i s t b a u m, oder: Glaube u. Menschenwahn. Charakteristische Bilder unserer Zeit. Der erwachsenen Jugend u. dem deutsch. Volke zur Aufklärung üb. Scheinaufklärung gewidmet. Mit 1 Stahlst. 8. (XVI u. 187 S.) Augsburg 852, v. Jenisch & Stage. ½ ℔

— Christoph C o l u m b u s, oder: Glaubensmuth und Seelengröße. Eine histor. Erzählung zur Erweckung des Gottvertrauens. Der Jugend gewidmet. Mit 1 Stahlst. Wien 856. Mayer u. Co. 8. (VI, 174 S.) 18 ngr

Ambach, Ed. v., Olivier Cromwell, s. Cromwell, Olivier.

Ambach, Eduard, Oliver Cromwell, s. J u g e n d b i b l i o t h e k , neue, für Unterhaltung etc.

[—] Les enfants de la veuve, ou Dieu secourt ceux qui souffrent innocemment, et humilie les coupables. Conte à l'usage de la jeunesse. Trad. de l'allemand par Felix Bourier. Avec une gravure sur acier. — Augsbourg: v. Jenisch & Stage 1842. 136 S.
12: Paed. Pr. 160.
3.0928

Ambach, Ed., des Sünders Entlarvung am Römergrabe, od.: „Mensch bedenke das Ende!" Ein Charakter- u. Sittengemälde aus unserer Zeit. Der reiferen Jugend u. d. christlichen Volke gewidmet. Mit 1 Stahlst. 8. (292 S.) Regensburg 852, Manz. 7/12 ℔

—— Deutschlands Erlösung, s. Lebensschattirungen.

Ambach, Ed. v., zeitgemäße Erzählungen zur Befestigung religiöser Gesinnungen und gesetzl. Besonnenheit. Der reiferen Jugend und der gesammten edlen Lesewelt gewidmet. 1. Bd. A. u. d. T.: Der Glaube als Leuchtthurm, oder ohne Wahrheit keine Freiheit. Vier zeitgemäße Erzählungen. 8. (XII u. 148 S. mit 1 Stahlst.) Augsburg 850, v. Jenisch und Stage'sche Buchh.

Ambach, Eduard von, Der Feuerreiter, s. F e u e r r e i t e r , der.

Ambach, Eduard von, Der Fischer, s. F i s c h e r , der.

[—] Fluch und Segen. Oder: „Wie die Saat, so die Ernte!" Ein Familiengemälde aus unserer Zeit. Von d. Verf.: „Die Kinder der Wittwe" [d. i. Eduard v. Ambach]. — Regensburg: Manz 1851. 242 S. **1**: Ng 12500. **12**: Paed. Pr. 129.
3.0925

A m b a c h, Ed. v. — Kaiser Franz I. und die Liebe der Tiroler zum Hause Oesterreich. Ein patriotisches Denkmal, umwunden mit einem Erinnerungskranze an die glückliche und wunderbare Rettung Sr. k. k. Majestät Franz Joseph I. am 18. Februar 1853. Oesterreichs reiferer Jugend gewidmet von — —. Mit einem Stahlstiche. (XII und 263 pag.) Wien. Mechitharisten - Druckerei. 1853. Eigenthum des Verfassers.

—— Kaiser Franz I. u. d. Liebe d. Tiroler z. Hause Oesterreich. 8. (268) Wien 54, Kirsch. 1. —

— Kaiser F r a n z I. und die Liebe der Tiroler zum Hause Oesterreich. Ein patriotisches Denkmal, Oesterreichs reiferer Jugend zur Befestigung des Gottvertrauens, der Treue und Anhänglichkeit an das Regentenhaus gewidmet. Mit 1 Stahlst. Wien 854. Mechitharisten-Congreg.-Buchhdlg. 8. (268 S.) 1 ℔

— F ü r c h t e t den H e r r n und meidet das Böse. Lehrreiche u. erbauliche Erzählungen zur Bildung und Veredlung des Gemüthes. Wien 856. Pichler. (Leipzig, Liebeskind.) 12. (VI, 170 S. u. 1 Holzschn.) 12 ngr

—— d. einsame Gefängniss. Der reif. Jug. gew. 8. (169) Wien 54, Kirsch. — 16

— das einsame G e f ä n g n i ß, oder: Wie die Welle am Felsen, bricht sich die Macht der Sünde an der Kraft des Gebetes. Eine lehrreiche und religiöse Erzählung. Der reifern Jugend ꝛc. gewidmet. Mit 1 Stahlst. Wien 854. Mechitharisten-Congreg.-Buchhdlg. 8. (XI, 169 S.) 16 ngr

Ambach, Ed. v., ein Gelöbniß im St. Stefansdome oder die Armen unter Gottes Schutz. Lebensbilder aus Wien. Oesterreichs reiferer Jugend zur Bestärkung des Gottvertrauens und der Nächstenliebe gewidmet. Wien 864. Mechithar.-Congreg.-Buchh. 8. (VIII, 172 S.) n. 12 ngr

— e. Gelöbnis im St. Stefansdome od. die Armen unter Gottes Schutz. Lebensbilder aus Wien, Österreichs reiferer Jugend zur Bestärkg. des Gottvertrauens u. der Nächstenliebe gewidmet. 2. Aufl. gr. 8. (IX, 187 S.) Ebd. 893. n. 2. —

Ambach, Eduard v., Glocke der Andacht, s. Glocke

— das Glück des wahren Christen, oder: Die Wichtigkeit einer guten Erziehung für Kirche und Staat. Ein Familiengemälde. Der reifern Jugend und den Eltern und Lehrern derselben gewidmet. Mit 1 Stahlst. Wien 853. Mechitharisten-Congreg.-Buchhdlg. 8. (254 S.) 20 ngl

Ambach, Ed. v., „Gott über Uns!" oder ohne Tugend u. Glaube kein Heil. Zeit- u. Seelengemälde. Der gesammten edlen Lesewelt gewidmet zur Erkenntniß menschl. Verirrungen u. z. Aufrichtung in d. Stunden d. Versuchung u. Prüfung. 1. Bd. A. u. d. T.: Lotteriespiel u. Aberglaube, od. d. Sünders Rückkehr zu Gott durch ein Zeichen d. Vorsehung. Ein Bild a. uns. Tagen v. d. Verf. d. „Kinder d. Witwe." Der reif. Jugend gewidmet. gr. 12. (10½ B. mit 1 Stahl- u. 12 Holzst.) Regensburg 846, Pustet.

—— Gott über uns! oder ohne Tugend und Glaube kein Heil. 2. und 3. Bd. Regensburg, Pustet.

Auch unter den Titeln:

Bd 2. Ein gnadenreicher Traum oder das Licht des Glaubens und die Irrlichter der Neuzeit. Eine Erzählung der reiferen Jugend gewidmet. gr. 8. (228 S., mit Titlbld. und 10 Holzschn.) 847. 12½ Ngr.

3. Die Freunde und deren Kinder oder Edelmuth und Vorurtheil. Ein Charaktergemälde aus dem bürgerl. Leben. Der reiferen Jugend gewidmet. gr. 12. (VIII und 220 S. mit 1 Stahlst.) 848. 18 Ngr.

1. Bd. Ebendas. 1846. 12½ Ngr.

—— Gott und die Welt, s. Lebensschattirungen

—— Gott und die Welt, oder: „Wie gelangt man zur Freiheit und zu dauerndem Glücke?" Zeitgemäße Erzählungen zur Befestigung des Glaubens und der Treue für Kirche und Thron. Der reiferen Jugend und dem christl. Volke gewidmet. 1. und 2. Bd. Augsburg 851, Schlosser's Buchh. à 15 Ngr.

Auch unter den Titeln:

Bd. 1. Charakteristische Bilder aus dem badischen Aufstande, oder: Auf dem Wege des Umsturzes erstrebt man umsonst Freiheit und Glück. (183 S. und 1 Stahlst.)

2. Charakteristische Bilder aus dem Leben. (190 S. und 1 Stahlst.)

—— das Gottesurtheil, s. Gottesurtheil, das.

Ambach, Eduard v., Gottfried von Bouillon, s. a. Jugendbibliothek, neue, für Unterhaltung.

(——) Gottfried v. Bouillon, oder: Die Eroberung des heil. Grabes. Ein histor. Gemälde aus den Zeiten der Kreuzzüge. Der gesammten edlen Lesewelt, namentlich der reiferen Jugend geweiht. 2. Aufl. 8. (163 S. mit 1 Stahlst.) Augsburg 856(57.) v. Jenisch und Stage'sche Buchh.

— Die Hinterbliebenen des Enthaupteten, s. Abendunterhaltungen, lehrreiche ꝛc.

— die Hinterbliebenen des Guillotinirten, od.: Im Hause des Gottlosen ist Fluch des Herrn; aber die Wohnungen des Gerechten werden gesegnet. Charakteristische Lebensbilder aus Paris u. den Bergen von Creuse. Der reiferen Jugend gewidmet. Mit 1 Stahlst. 8. (XVI u. 206 S.) Nördlingen 852, Beck. ½ rf

Ambach, Eduard von, Die Johanniter, s. Johanniter, die.

Ambach, Eduard von, Der Jude, s. Jude, der.

Ambach, Eduard, die Kinder der Witwe, s. a. Jugendbibliothek, neue, für Unterhaltung etc.

[—] Die Kinder der Wittwe, oder der Herr hilft auf den schuldlos Leidenden, und demüthigt die Sünder bis zur Erde. Eine Erzählung für die erwachsene Jugend. Mit e. Vorw. begleitet vom Verf. der Glocke der Andacht [d. i. W. M. Nebel]. 3., verb. Aufl. — Augsburg: v. Jenisch & Stage 1850. VII,134 S. C.
3.9926

Ambach, Eduard v.: Die Kinder der Wittwe, oder der Herr hilft auf den schuldlos Leidenden, und demüthigt die Sünder bis zur Erde. Eine Erzählung für die erwachsene Jugend. Mit e. Vorw. begleitet vom Verf. der Glocke der Andacht [d. i. W. M. Nebel]. 4., verb. Aufl. — Regensburg: Coppenrath 1869. XVI,115 S. (Neue Jugendbibliothek für Unterhaltung, Belehrung u. Pflege frommen Sinnes. 6.)
12: Paed. Pr. 1697 6.
3.9927

—— Kaiser Konrad d. Salier u. d. Wunderkind. 8. (192) Wien 54, Kirsch. 16

—— Kaiser Konrad der Salier und das Wunderkind. Ein Charaktergemälde aus den finstern Zeiten des Faustrechtes. Der reifern Jugend und dem christl. Volke zur Erkenntniß des Satzes: „Gottes Wille ist mächtiger, als der des mächtigsten Sterblichen" gewidmet. 8. (VII und 192 S. mit 1 Stahlst.) Wien 854, Mechitaristen-Congregations-Buchh.

— Kreuz und Sturmfluth, s. Kreuz und Sturmfluth.

—— Lebensschattirungen, s. Lebensschattirungen.

— Ludwig der Heilige, oder: Ein Fürst als Held und Christ. Eine moralische Erzählung zur Befestigung religiöser und rechtlicher Gesinnungen. Der reifern Jugend und der gesammten edeln Lesewelt gewidmet. Mit 1 Stahlst. Regensburg 853. Manz. 8. (VIII, 199 S.) 15 ngl

— der Menschenhändler, s. Erzählungen, katholische, f. die reifere Jugend.

— Kara Mustafa vor Wien, s. Lebensschattirungen.

—— Mutterliebe, od. e. verhängnissv. Winternacht. 12. (73) Wien 54, Kirsch. — 5

— Mutterliebe, oder: Eine verhängnißvolle Winternacht. Eine Erzählung aus dem Jura zur Zeit der napoleonischen Kriege. Wien 854. Mechitharisten-Congreg.-Buchhdlg. 12. (73 S. u. 1 color. Holzschn.) 5 ngl

— Mutterliebe, oder eine verhängnißvolle Winternacht. Eine Erzählung aus dem französ. Jura zur Zeit der napoleonischen Kriege. Wien 867. Mechithar.-Congreg.-Buchh. (Kirsch.) 8. (73 S. u. 1 color. Holzschn.) 3 ngr.

— Mutterliebe od. e. verhängnißvolle Winternacht. Eine Erzählg. aus dem französ. Jura zur Zeit der napoleon. Kriege. [2. Aufl.] 12. (65 S. m. 1 Farbendr.) Ebd. 891. n. — 60

Ambach, Eduard von, Die Perle von Genua, s. Perle, die, von Genua.

Ambach, Eduard von, Der Pulverthurm, s. Pulverthurm, der.

Ambach, Eduard von, Reichthum und Armuth, s. Reichthum

— der Rosenkranz, od.: Das Leben eine Wanderung zur Ewigkeit. Eine zeitgemäße Erzählung z. Befestigung religiös. u. rechtl. Gesinnungen. Der reiferen Jugend u. d. gesammten edlen Lesewelt gewidmet. Mit 1 Stahlst. 8. (XVI u. 181 S.) Schaffhausen 852, Hurter. ½ rf

— die Rückkehr aus dem Norden, od. das Kirchlein am Donaustrande. Familien- u. Zeitgemälde aus der letzten Epoche der napoleonisch. Herrschaft. Der reiferen Jugend gewidmet. Mit 1 Stahlst. 8. (179 S.) Regensburg 849, Manz. ½ rf

— Schloß u. Hütte, od.: die Macht der guten u. bösen Beispiele. Eine zeitgemäße Erzählung zur Befestigung religiöser u. rechtl. Gesinnungen. Der reiferen Jugend u. dem deutschen Volke gewidmet. Mit 1 Stahlst. 8. (XVI u. 168 S.) Schaffhausen 852, Hurter. ½ rf

—— Schloß und Hütte, oder: Die Macht der guten und bösen Beispiele. Eine zeitgemäße Erzählung zur Befestigung religiöser und rechtl. Gesinnungen. Der reifern Jugend und dem deutschen Volke gewidmet. 8. (XVI und 168 S. mit 1 Stahlst.) Schaffhausen 853, Hurter'sche Buchh.

(—) des Künstlers Schutzgeist oder das Wiedersehen auf dem Friedhofe. Eine Erzählung aus den Zeiten des 30-jährigen Krieges der reiferen Jugend gewidmet. Mit 1 Stahlst. 2. Aufl. Augsburg 860. v. Jenisch & Stage. 8. (149 S.) 12 ngr.

—— d. Seelsorger, od.: Das prakt. Christenth. als sich. Führer z. zeitl. u. ew. Heile. 8. (237) Wien 55, Kirsch. — 16

Ambach, Ed. v., der Seelsorger, oder: Das praktische Christenthum als sicherer Führer zum zeitlichen und ewigen Heile. Eine religiöse und nützliche Erzählung zur Erkenntniß des Guten. Dem Volke und der reiferen Jugend gewidmet. 8. (237 S. mit 1 Stahlst.) Wien 855, Mechitaristen-Congregations-Buchh. Thlr.

Ambach, Ed. v. Der junge Staatsbürger, oder: Wie wird man ein braver Unterthan? Ein lehrreiches Buch den Söhnen Oesterreichs zum besseren Verständnisse des kaiserlichen Wahlspruches: „Viribus unitis". *Wien* 1857. *Mechitharisten-Congr.* Buchdr. 183 S. 8°. Mit 1 Stahlstiche.

Ambach, Ed. v. Der junge Staatsbürger, od.: wie wird man ein braver Unterthan? Ein lehrreiches Buch den Söhnen Oesterreichs zum besseren Verständnisse des kais. Wahlspruches: „Viribus unitis". II. verb. Aufl. *Wien* 1858. Tip.-lit.-art. Anst. *(L. C. Zamarski, C. Dittmarsch & C.)* 216 S., 1 Bl. 8°. Mit 1 Stahlst.

— der junge Staatsbürger. Ein zeitgemäßes nützliches Buch für Söhne des bayer. Volkes zur Erkenntniß und Aneiferung der Pflichten gegen Gott, unsern angestammten Fürsten und das gesammte deutsche Vaterland. Mit 1 Bilde (in Holzschn.) Augsburg 861. (Kranzfelder.) 8. (XIII, 241 S.) nn. 18 ngr.

—— d. junge Staatsbürger. 8. (244) Augsb. 61. (Straub., Mauter.) — 18

Ambach, E. v., Der junge Staatsbürger. Ein zeitgemässes nützliches Buch für Söhne des bayerischen Volkes zur Erkenntniss und Aneiferung der Pflichten gegen Gott, unsern angestammten Fürsten, König Ludwig II., u. das gesammte deutsche Vaterland. München 1867. 8°.

—— Missolunghi's letzte Stunde, s. Lebensschattirungen.

—— Tirol, s.: Lebensschattirgn.

Ambach, Eduard, des Prager Goldschmieds Töchterlein, s. Jugendbibliothek, neue, für Unterhaltung etc.

Ambach, Eduard von, Des prager Goldschmieds Töchterlein, s. Töchterlein, des prager Goldschmieds.

Ambach, Eduard von, Die Todtenstadt, s. Todtenstadt, die.

—— die Tscherkessen, s. Tscherkessen.

(——) Vaterlandsliebe und Treue in Kampf und Tod, oder Richard, der edle Gebirgsjäger am Königssee. Eine histor. Erzählung für die reifere Jugend. 2. Aufl. 8. (IV und 149 S. mit 1 Stahlst.) Augsburg 856(57,) v. Jenisch und Stage'sche Buchh.

Ambach, Eduard, Verbrechen aus Golddurst und Rache, oder Ursache und Wirkung. Ein Charakter- und Zonen-Bild. gr. 16. (126 S.) Augsburg 877, Volksbuchh. *

—— die Verwahrlosten, oder: Strafe soll bessern. Ernste Bilder aus dem Leben. 8. (61 S. mit eingedr. Holzschn.) Reutlingen 855, Fleischhauer und Spohn.

—— das Volk und seine Verderber, oder der Triumph des irreligiösen Philosophismus und seine Folgen. Eine zeitgemäße Erzählung zur Befestigung guter Grundsätze verführerischen Prinzipien gegenüber. Der reiferen Jugend und dem Volke gewidmet. 8. (XVI und 199 S. mit 1 Stahlst.) Augsburg 851, v. Jenisch und Stage'sche Buchh.

Ambach. Eduard v., Ein deutsches Wort an die Bayern. Beim Regierungsantritte Maximilians II. München, C. Wolf, 1848. 7 S. 8°.

d'Ambach, (Fr. L.) Räthsel, Charaden, Logogryphen rc 8. Ulm, Ebner.

Ambach, Hermann, Rechtsprakt. a. Würzburg: Kollektiv-Injurien und Injurien gegen Kollektiv-Personen. Würzburg 1904: A. Borst. (68 S.) 8°
Würzburg, Jur. Fak., Ref. Oetker, Diss. v. 16. Dez. 1904
[Geb. 21. Sept. 80 Würzburg; Wohnort: Würzburg; Staatsangeh.: Bayern; Vorbildung: Gymn. Würzburg Reife Juli 99; Studium: Würzburg 7, Berlin 1 S.; Rig. 29. Okt. 04.]

Ambach, Martin. ab, Quantum humana ratio ad litteralem Scripturae sensum iuxta mentem ecclesiae catholicae inveniendum conferat? Ingolstadt. 1778. 72 S.

Ambäck, Frz. Paul, Schematismus d. sämmtlichen Lehrpersonals der Volksschulen im Kronlande Oesterreich ob der Enns. gr. 8. (144 S.) Linz 872. Fink. n. 2. —

Ambäck, Frz. Paul, Schematismus des sämmtlichen Lehrpersonals der Volksschulen in Oesterreich ob der Enns. 8. (197 S.) Linz 881, (Fink.) *

Ambäck, Franz, Paul, Schematismus d. sämmtl. Lehrpersonales d. Volksschulen in Oesterreich ob d. Enns. 8. (187 S.) Linz, Ebenhöch'sche Buchh. (H. Korb). 1 fl. netto baar. 1883

Ambas-Bucht, s.: Seekarten.

Ambassade du Marech. de Bassombière en Suisse. II. Vol. 8. Cölln, (Orell. Z.) 744.

Ambassade du Marechal de Bassompierre en Suisse l'An 1625. Nouvelle éd. 2 volumes. 8. Cologne [Zurich] 1744–1745.

L'Ambassade du Prince Louis de Rohan à la cour de Vienne 1771—1774. Notes écrites par un gentilhomme, officier supérieur, attaché au Prince Louis de Rohan, ambassadeur du roi et publiées par son arrière-petit-fils le Baron Hugo Zorn de Bulach. gr. 8. (XV, 168 S.) Strassburg 901. (Schlesier & Schweikhardt.) n. 3. —

Ambassadrice, L', et ses droits. Frankfurt und Leipzig 1754. V: *Moser, Friedrich Carl Freih. von.* (Stri) (ML)

Ambauen, Andr., der geistliche Jugendfreund. Ein Erbauungs- u. Gebetbuch f. unsere kathol. Jugend. 16. (512 S. m. 3 farb. Bildern u. farb. Titel.) Einsiedeln 891. Benziger & Co. — 80; geb. n. 1. 5 u. n. 1. 30

Ambauen, Andreas: Der geistliche Jugendfreund. Ein Erbauungs- u. Gebetbuch für unsere katholische Jugend. Einsiedeln, Köln: Benziger [um 1902]. 512 S. 1:Ep 1430. 3.9951

Ambders, Andreas

Album hocce Maecenatibus, Patronis, Fautoribus, Amicis ... offert A[ndreas] **Ambders.** — Chiloni 1725. 354 S. quer-8° [Hs.]

Ambeer, v., Einleit. zu der deutschen europäischen Staatshistorie. 8. Frankfurt, 716.

Amberg [Sachliches OW]

Amberg, mit vorzüglicher Rücksichtnahme auf die alte Stadt-Befestigung. Albert Spies, Ingen. Oberlieut. im Februar 1826. 1:3300. 1 Bl. Handzeichnung.

Amberg und Umgebung. Hrsg. vom Verschönerungsverein in Amberg u. dem Nordbayerischen Verkehrsverein in Nürnberg. — (Nürnberg [1910]: Monninger.) 48 S. 12: Bavar. 77 hq. 3.9957

Amberg [Schlagwort]

Amberg. Plan der Stadt Amberg m. Strassen-Verzeichnis u. Häusernummerierung. Nach dem neuen Katasterplan hergestellt. 1 : 8000. 42×42 cm. Photolith. Amberg 902. F. Pustet. n. 1. 50

Amberg. Umgebungskarte v. Amberg. 1 : 25,000. 4 Blatt. Photolith. Vergrösserg. aus dem topograph. Atlas. qu. gr. Fol. München 890. (Literar. - artist. Anstalt.) n. 3. 60

Amberg [Verfasser]

Amberg, . . . Manuel de l'economie rurale a l'usage des provinces danoises. gr8°. Kopenh. 1813, Bonnier.

Amberg, Adf., Clown-Reigen u. Clown-Pyramiden, s.: Kostüm-Reigen. Nr. 2.

— Keulen-Uebungen f. elektrisch beleuchtete Keulen. (7 S.) 16. Leipzig (904). Rauh & Pohle. n. 1. —

— Reigen-Aufführung, s.: Reigensammlung I. 4.

— Stabübungen m. Kreisschwingen v. elektrisch beleuchteten Stäben, s.: Reigensammlung I. 8.

Amberg, Albert. (geb. Arnsberg 11. 11. 1831): De tabe dorsuali. Berolini (1855). (30 S.) 8°
Berlin, Med. Diss. v. 22. Aug. 1855

Amberg, Anton [prakt. Arzt in Ettiswil]: Beitrag zu den subkutanen Verletzungen des Kniestreck-Apparates. Luzern 1900. 43 S. 8°.
Basel. Med. Diss. 1900/1901.

Amberg, B., s. A m b e r g , Bernhard

Amberg, Bernhard

Amberg, B.: Beiträge zur Chronik der Witterung..., s.a.
J a h r e s b e r i c h t über die höhere Lehranstalt zu Luzern...

Amberg, B., Beiträge zur Chronik der Witterung u. verwandter Naturerscheinungen m. besond. Rücksicht auf das Gebiet der Reuss u. der angrenzenden Gebiete der Aare u. d. Rheines. 1. Tl. 1. bis 13. Jahrh. Progr. gr. 4. (35 S.) Luzern 890. (Gebr. Räber.) n. 1. 40

Amberg, B., Beiträge zur Chronik der Witterung u. verw. Naturerscheingn. m. bes. Rücksicht a. d. Geb. d. Reuss u. d. angrenz. Gebiete d. Aare u. d. Rheines. 2. Tl. 14., 15 u. erste Hälfte d. 16. Jahrh. Prgr.-4. (55 S.) Luzern 892. (Räber & Co.) n. 1.20
1. u. 2. Tl. Ebd. 890 u. 897. n. 2. 60.

Amberg, B., Beiträge zur Chronik d. Witterung u. verw. Naturerscheinungen m. bes. Rücksicht a. d. Geb. d. Reuss u. d. angrenz. Gebiete d. Aare u. d. Rheines. 3. Tl. Progr. 4. Luzern (Räber & Co.). n.n. 1. 20 (1.—3.: n.n. 3. 80)
3. Zweite Hälfte d. 16. u. 17. Jahrh. b. 1613. (IV, 63 S.) 897.

(Amberg. B[ernard].) † Professor Niklaus Felder. [A. Progr.] 4. (Luzern 1889.)

Amberg, B., Zur Geschichte des Realschulwesens und der Realschule in Luzern. Luzern 1884. **Progr.-Schr.**

Amberg, B., siehe: *Jahresbericht üb. die höh. Lehranstalt zu Luzern.*

Amberg, B., u. J. Bachmann, Franz Joseph Kaufmann, Professor u. Naturforscher. Sein Leben u.s. Werke. [Aus: „Festschr. z. Eröffng. d. neuen Kantonsschulgebäudes in Luzern".] gr. 4°. (57 S. m. Bildn.) Luzern 1893. Räber & Co.

Amberg, B., Die verschiedenen Numerationssysteme (mathematisch-historische Skizze). Zug 1872. **Progr.-Schr.**

Amberg, B[ernhard]. Limnologische Untersuchungen des Vierwaldstättersees. Physikalischer Teil. Abteilung 1: Optische und thermische Untersuchungen. [Mit 2 Figuren und 13 graphischen Tafeln.] 144 S. 8.
(Festschrift zur Jubiläumsfeier des 50-jährigen Bestehens der Naturforschenden Gesellschaft in Luzern.... Luzern,... J. Schill..., 1905. [Abhandlung 1.])

Amberg. B[ernard]. Hermann Zähringer. Eine biographische Skizze. [A. Progr.] 4. (Luzern 1881.)

Amberg, Bertold
Pseudonym für Berthold Sturm

— Mein ist die Rache. Soziales Drama in 4 Akten. — Dresden: Kraut [1908]. 119 S. 1:Ys 37324.
3.9959

Amberg, C. Zur Geschichte des Realschulwesens und der Realschule in Luzern. (Programm zum Jahresbericht über die Kantonsschule und die Theologie in Luzern.) In-4°, 48 S. Luzern, Gebr. Räber. 1884 geh. 1 50

Amberg, Carl, Referendar am Kgl. Landgericht in Arnsberg in Westf.: Die gemeinrechtliche Lehre vom negativen Vertragsinteresse und ihre Ausgestaltung im BGB. Jena 1907: A. Kämpfe. (65 S.) 8°
Jena, Jur. Fak., Ref. Danz, Diss. v. 21. Mai 1907
[Geb. 20. Jan. 84 Arnsberg i. Westf.; Wohnort: Arnsberg; Staatsangeh.: Preußen: Vorbildung: Gymn. Arnsberg Reife O. 02; Studium: Freiburg i. B. 2, München 1, Berlin 1, Münster 2 S.; Rig. 19. März 07.]

Amberg, E. J. Über den Körper, dessen Zahlen sich rational aus zwei Quadratwurzeln zusammensetzen. In-8°. 50 S. Zürich. These. 1897

Amberg, Emil [app. Arzt aus Santa-Fé]: Ueber den Einfluss von Arbeitspausen auf die geistige Leistungsfähigkeit ... (Aus: Psychol. Arbeiten hrsg. v. E. Kraepelin, Bd. 1 Heft 2.) Leipzig, W. Engelmann, 1895; 84 S. 8.
Heidelberg, Med. Fak., Inaug.-Diss. v. [19. Dez.] 1894

([Amber]g, [Ernst Julius].) Die Pensions- und Hülfskasse der Bundesbahnen. ⟨Auch ein Rückblick.⟩ ([Von] – g.) Separatabdruck aus der Neuen Zürcher Zeitung vom 4./5. Dez. 1906. 22 S. 8. [Zürich, Dr. der N' Z' Z'.]

Amberg, Ernst Jul., Finanzielle Tragweite einer Alters- u. Invaliden-Versorgung der Beamten und Angestellten der Stadt Zürich. Gutachten, 16. Mai 1906. 4°. Zürich, Aschmann u. Scheller, 1906.

Amberg, Gustav

Amberg, Gust., die Elektrizität, s. Hillger's illustr. Volksbücher.

Amberg, Gustav: Die Elektrizität. Mit 70 Illustr. — Berlin, Leipzig: Hillger [1904]. 94 S. (Hillgers illustrierte Volksbücher. 17.) 1:Ah 4239-17.
3.9967

Amberg, H., erste Leseübungen bei Anwendung d. Lautlehre. 1te Abth. Das Lesen deutscher Schrift. 8. Hamburg, Hoffmann u. Campe. 817.
Desselben Buchs 2te Abth. das Lesen lateinischer Schrift. 8. Ebend.
— — 3te Abth. Anweisung zum Gebrauch der Leseübungen. 8. Ebend.

— s. Pt. F. Suhm, Gesch. v. Dänemark.

Amberg, H.C., s. A m b e r g , Hans Christian

Amberg, Hans. Experimenteller Beitrag zur Frage der Circulären Arteriennaht. Diss. Med. Bern. *Kopftitel:* Aus der chirurgischen Klinik der Universität Bern. ⟨Director: Prof. Dr. [Theodor] Kocher.⟩ — [Sep.-Abdr. aus: Deutsche Zeitschrift für Chirurgie. Band 68. Heft 1 und 2, März 1903.] IV + 16 S. 8. Leipzig, J.B. Hirschfeld, 1903.

Aımberg, Hans Christian

— Vollständiges dänisch-deutsches **Wörterbuch** oder des deutsch-dänischen Wörterbuches 3. Th. Nebst einer Vorr. über den Werth der deutschen Sprache u. Litteratur für Dänen, durch Jacob Baden. — Copenhagen : Gyldendal 1810. 598,614 S. (Baden, Jakob: Vollständiges deutsch-dänisches Wörterbuch. 3.)

Nebent.: Fuldstændig dansk og tydsk Ordbog, eller den tydsk-danske Ordbogs 3. Deel. Med en Fortale, om det tydske Sprogs og den tydske Litteraturs Værdie for Danske, ved Jacob Baden. Kjobenhavn 1810.

1[∞Nebent.]: Zk 640. 12: L. g. sept. 93. 3[∞Nebent.] 9.
3.9968

Aımberg, Hedwig, geb. Clasen, s. Briefe üb. d. Schweiz.

Aımberg, J. s.a. Amberg, Johann

Aimberg, J., s.: Anleitung z. ersten Anschauungsunterrichte.

Aımberg, Joh. s. Amberg, Johann

Aımberg, Johs. s. Amberg, Johann

Aımberg, Johann

Aımberg, J, s.: Festreden.

Aimberg, Joh. Festreden an d. Schlachtfeier in Sempach, s. Hürbin, Jos.

Aımberg, Joh. u. Pfr. J. **Leu**, **Festreden an der Schlachtfeier in Sempach am 8. Juli 1872.** 30 Stn. 8. Luzern, Gebr. Räber. **1872** —. 30

Aımberg, Joh. u. Leu, J. Festreden an der Schlachtfeier in Sempach am 8. Juli 1872. (29.) 8. Luzern 1873. 0,40.

Aımberg, Johann: Erster vaterländischer Geschichtsunterricht. Versuch einer praktischen Ausführung des kaiserlichen Erlasses. In 4 Th. — Posen: Türk 1891. 45 S.
1: Nf 1236.
3.9969

Aimberg, Johs., erster vaterländ. Geschichtsunterricht. Versuch e. prakt. Ausführg d. kaiserl. Erlasses v. 1. Mai 1889. 2., verb. u. verm. Aufl. gr. 8. (46 S.) Posen 896. L. Türk. n. — 60

— der Medailleur Johann Karl Hedlingen. [Aus: „Geschichtsfreund".] Mit 1 Portr. u. 3 artist. Taf. gr. 8. (286 S.) Einsiedeln 887. Benziger & Co. n. 3. 20; geb. n. 4. —

Aımberg, Johann (Hamburg), **De testamento ob exheredationem sine elogio factum non ipso jure nullo. Diss. jur. Präs. Jul. Georg Paul du Roi.** Helmstedt (Mich. Gunther Leuckart) 1. VII. 1780. 39 S. (4.80)

Aımberg, L. , s. Amberg, Lina.

Aımberg, Lina: L. Amberg u. C. Rost. Das Einmachen und Trocknen von Obst und Gemüse. — Saarbrücken: Schmidtke 1908. 61 S. 1: N 10.1210. 5.
3.9970

Aımberg, L, u. C Rost: Das Einmachen u. Trocknen v. Obst u. Gemüse. 2. Afl. (56) kl8° Saarbr., C Schmidtke '11. — 60 d

Aimberg, L., Glück auf! s.a. **Schubert, M.**

— **„Glück auf!" Kochb. f. d. gute bürgerl. Küche. 3. Afl. (8, 488) 8° Ebd. '11. L 3 — d**

— Koch- und Haushaltungsbuch für den einfachen Haushalt mit Berechnung der einzelnen Rezepte für 3 erwachsene Personen. Ein Handbuch für d. Schülerinnen d. Kochkurse, sowie für alle Hausfrauen von L. Amberg, C. Rost, M. Schubert. — Saarbrücken: Schmidtke 1902. 159 S. 1: Oq 8092/20.
3.9972

— — Ebd. 1904. 190 S. 1: Oq 8092/21.
3.9973

— — 3., verb. u. verm. Aufl. Ebd. 1904. 203 S. 5.
3.9974

— — 10. Aufl. Ebd. 1908. 216 S. 1: N 10.1211. 5.
3.9975

— **Koch- u. Haushaltgsb. f. d. einfachen Haushalt, m. Berechng d. einz. Rezepte f. 3 erwachsene Personen. 13. Afl. (7, 214 m. 1 Taf.) 8° Ebd. '12. L 1.80 d**

— Leitfaden für die Hand der Koch- und Haushaltungsschülerinnen, von L. Amberg u. C. Rost. — Saarbrücken: Schmidtke 1910. 112 S. 1: N 11.4166. 5.
3.9976

Amberg, Ludw., kurzes Repetitorium der speziellen Pathologie u. Therapie, s.: Breitenstein's Repetitorien.

Amberg, Marie: Hohenzollernlieder aus dem 19. Jahrhundert. Melodramatische Skizzen. — Georgenthal i. Th.: Selbstverl. 1907. 24 S. 1: Mus. Ta 725.
3.9978

Amberg. Otto [von Zürich]: Beiträge zur Biologie des Katzensees. Zürich 1900. VIII, 78 S. 5 Taf. 8°. (S.-A. aus Vierteljahrsschrift der naturf. Ges. Zürich 45. Jahrg. 1900.)

Zürich. Phil. Diss. II. S. 1899/1900.

Amberg, Otto. Biologische Notiz über den Lago di Muzzano (bei Lugano). Mit einem Anhange: Untersuchung einiger Planktonproben vom Sommer 1902. Mit 2 Textfiguren. Separat-Abdruck aus: Forschungsbericht[e] aus der Biolog[ischen] Station zu Plön. Bd. 10. 1903. II + 16 S. 8. Stuttgart, Erwin Nägele, 1903.

Forschungsberichte.... Teil 10. ... Von Dr. Otto Zacharias.... Mit Beiträgen von Dr. O. Amberg ⟨Zürich⟩, Dr. O(skar) Bail.... [M. 24. –]

Amberg, R., s.a. Amberg, Rudolf

Amberg, R., Dr. med. 1899: Unsere Volks- und Hausmittel ⟨Sympathetische Kuren⟩ und deren richtige Anwendung bei Krankheitsfällen. — Berlin: Steinitz (1899). 63 S.
1: Im 5530.
3.9979

Amberg, Richard: Ueber chemische Eigenschaften und das Verbindungsgewicht des Palladiums. 1905. 74 S. 8° ¶ **Aus:** Liebig's Annalen d. Chemie. Bd 341.
Aachen, Dr.-Ing.-Diss. v. 2. 10. 1905

Amberg, Rudolf. Die Steuer in der Rechtsphilosophie der Scholastiker. 8. Berlin und Leipzig, Dr. Walther Rothschild, 1909.

Ausg. A, Teil-Ausg.: I. Buch. 2. u. 3. Kapitel. Diss. Jur. Freiburg ⟨Schweiz⟩. VI S. + S. 17—48.

Ausg. B: Ein Beitrag zur Beurteilung der Scholastiker in ihren Beziehungen zum Rechts- und Wirtschaftsleben ihrer Zeit, von Dr. jur. R' A'. (... Beiheft zu Band 2, Heft 3 des «Archiv für Rechts- und Wirtschaftsphilosophie»....) XVI + 128 S. (M. 5. –)

Amberg, Samy, Arzt aus Cannstatt ⟨Württemberg⟩: **Ein Beitrag zur Lehre von den Gynatresieen.** *Heidelberg 1899: J. Hörning.* (73 S.) 8°
Heidelberg, Med. Diss. v. [8. Dez.] 1898

Am Berge, Karl: Peter Pott, der Extra-Zug-Fahrer. Lustspiel in 7 Akten von Carl am Berge. — Paderborn: Bonifacius-Dr. 1879. 19 S. 1: 12 in Yp 5012ª. 6. 7.
3.9981

Amberger Geberbüchlein, s. Gebetbüchlein, Amberger.

Amberger, B: Die Ueberbauernkomödie, s.: Theater-Bibliothek, alpine.

Amberger, C., s. A m b e r g e r, Christoph

Amberger, Christoph, Sebastian Münzer, s.a Meisterbilder fürs deutsche Haus. 82. Blatt.

Amberger, Christoph. Sebastian Münster von Christoph Amberger. Nebentext: Christoph Ambergers Leben. 1 Bl. + IV S. (Umschlag mit Text). fol.
Meisterbilder für's deutsche Haus. Hrg. vom Kunstwart. Blatt 82. München, Georg D. W. Callwey, (1903). M. —.25

Amberger, Conrad, aus Altdorf: Ueber kolloidale Metalle der Platingruppe. *Erlangen 1904: E. Th. Jacob.* (73 S.) 8°
Erlangen, Phil. Diss. v. 22. Juli 1903

Amberger, Franciscus Guilelmus ⟨geb. am 5 Aug. 1803 in Kreuznach⟩: De tetano cognoscendo et curando analecta ... Bonnae, typ. F. C. Baaden (1831). 2 Bl., 22 S., 1 Bl. 4.
Bonn, Med. Fak., Diss. v. 26 März 1831

(A m b e r g e r, Fritz.) Buchdruckerei Fritz Amberger, Zürich, vorm. David Bürkli. Eine historische und technische Skizze für meine Geschäftsfreunde. [Mit 1 Porträt-Tafel, 1 Beilage und vielen Illustrationen.] [20 S. + *Beilage* 4 S.] fol. [Zürich, Fritz Amberger, 1901.]
Beilage: Zirkular von (Fritz Amberger, Zürich... 10. augusti 1900), *mit Plan:* Zürich im Mai 1900 [von] Hans Wespi.

Amberger, Fritz: Genealogie der Familie Amberger. — Zürich 1905 (: Amberger). 50 S. 1:S 2150.
3.9982

Amberger, G. A., Erinnerungen an Baden-Baden u. Umgebungen. Dichtungen v. Rich. Pohl. 8. (12 Photographien m. Text auf der Rückseite.) Stuttgart 881. Neff. In Leinw.-Mappe. n. 10. —

Amberger, J., s. A m b e r g e r, Jos.

Amberger, *Jacob* [aus Frankfurt a. M.]: Aus d. pharmakolog. Institut d. Univ. Würzburg. Über Eisen in der Milch ... Würzburg, P. Scheiner's Buchdr., 1894; 21 S. 8.
Würzburg. Med. Fak., Inaug.-Diss. v. 1894

Amberger, Joh., s. A m b e r g e r, Josef

Amberger, Josef
Amberger, Jos. Zur Erinnerung an ihn, s. Jakob, G.

Amberger, Jos., der Klerus auf d. Diözesansynode. Ein kirchl. Gemälde. gr. 8. (150 S.) Regensburg 849, Pustet. 12 ngl

Amberger, Josef, Dr. theol. 1852: Pastoraltheologie. Durch Jos. Amberger. Bd 1–3. — Regensburg: Pustet 1850–63.
1. 1850. 2. 1852. 3. 1857(-63).
1–3 . . . . 12: Past. 7h. 102P.
2 . . . . 5.
3.9983

— — 2. Ausg. Bd 1. Ebd. 1855. 684 S. 5.
3.9984

— — 3. u. mehrfach verb. Ausg. Bd 1–3. Regensburg [usw.]: Pustet 1866–70.
1. 1866. 2. 1868. 3,1. 1869. 3,2. 1870.
12: Past. 7k. 2. 5.
3.9985

— — 4. u. abermals verb. Aufl. Bd 1–3. Ebd. 1883–86.
1. 1883. 2. 1884. 3,1. 1885. 3,2. 1886.
1: Dp 1858[4]. 12: Past. 7kb. 6.
3.9986

Amberger, Karl, aus Altdorf: Synthetische Versuche zur Darstellung der Diamidostilbendicarbonsäuren. *Erlangen 1904: E. Th. Jacob.* (33 S.) 8°
Erlangen, Phil. Diss. v. 7. Juni 1904

Amberger, L. (Hrsg.), s. R e i s e b e g l e i t e r für die Schweiz.

Amberger, Olga, Alt-Zürcher Bilderb. I. Heft. (35 m. Abb.) 32,5×24,5 cm. Zür., Art. Instit. Orell Füssli '11. 3.60; HL 5 — d

Amberger, Olga, s: Aus Zürichs Vergangenheit.

Amberger, Paul (Augsburg), Diss. repraesentantem Augustam litteratam. Präs. Joh. Christoph Wendler. Jena (Krebs) Oktober 1713. 74 S. (mit Biographien berühmter Augsburger). (7.—)

Ambert, Baron, Vater u. Sohn, s.: Thun, F. Graf v.

Ambica, Aureolus: Versus memoriales analytico-chemici oder Anweisung, wie die trockene Substanz auf Platin und vor dem Löthrohr zu behandeln sei. In artige Reimlein gebracht. — München: Gummi (1871). 41 S.
12: Chem. 5d. 7.
3.10005

***L'ambigu. Nr. 1–8.**
Leipzig: H. G. Zunkel [1738]. 8°

Ambigu, magique, od. zauberisches Soldatenspiel, mit Kpf. 8°
Leipz. 1787, Beygang.

Ambitio severe castigata. Salisburgi [1710]. V: *Bader, Carl.* (Hr)

Ambitio infelix, seu Ibrahim ... [Salisburgi 1715]. V: *Ritter, Alanus.* (Hr)

Ambitio vindictae pincerna Bagoam veneno extingens. Lincii 1749. V: *Weylgoune, Johann Nepomuk.* (WBL)

Ambitionen, Postheiri's, am St. Ursentag. [Solothurn] 1902. V: *Gressly, Oscar.* (BBullschw. 3, 1903)

Amböck, Franz Paul, s. A m b ä c k, Franz Paul

Amboise, Loyeau d' —. Aus dem Leben eines guten Priesters von — —. Aus der zweiten, umgearbeiteten französischen Ausgabe übersetzt von einem katholischen Theologen. 8. (5 Blätt. 202 S.) Innsbruck. Druck und Verlag der Wagner'schen Buchhandlung. 1854.

Ambornberge, B.W.: Vorträge an seine Schüler; Lesebuch f. Jünglinge und Wißbegierige. 8°. Prag 1793, Neureutter. W. Nauck in L.) (1795 m.folg.T.: Spiegel für d. Bildung junger Herzen, e. Sittenbuch f. Jedermann.

Der Ambos. Organ der Schmiede. [Red.: Emil Basner.]
Berlin: Expedition 1876–1878. 4°
ℭ 1878 verboten.

Ambos, Hubert, appr. Arzt a. Düren: Aus der Königlichen chirurgischen Klinik zu Kiel. Ein Fall von Sanduhrmagen mit Heilung durch Gastroanastomose. Kiel 1905: H. Fiencke. (13 S.) 8°
Kiel, Med. Fak., Ref. Helferich, Diss. v. 24. Nov. 1905
[Geb. 30. Juli 79 Düren; Wohnort: Cöln; Staatsangeh.: Preußen; Vorbildung: Gymn. Cöln Reife O. 97; Studium: Marburg 5, Gießen 1, Kiel 4 S.; Coll. 10. Nov. 05; Approb. 23. Dez. 03.]

Ambos-Candidus, Phpp., Lenz u. Liebe! Gedichte. 12. (116 S.) Stuttgart 893. (Glaser & Sulz.) Geb. in Leinw. n. 2. —

Ambra. — Philosophi in cunis De Ambra meteoro ad naturae curiosos epistola. — (Berolini 1706.) 4 Bl. 1: Mi 2533.
3.10035

Ambrassat, s. A m b r a s s a t, August.

Ambrassat, A., s. Ambrassat, August

Ambrassat, August: Bilder aus Wehlaus Vergangenheit. Zsgest. auf Grund d. städtischen Chronik von A. Ambrassat. — Wehlau: Scheffler 1898. 53 S. 1:Sz 10108. **10.**
3.10058

Ambrassat, A: Erläuterg poet. Stücke f. mittl. u. ob. Kl. gehob. Schulen. s. Nowack, H. d. Unterr. im Deut.

— Erläuterung poetischer Stücke für mittlere und obere Klassen gehobener Schulen bearb. von A. Ambrassat. — Breslau: Hirt 1904. 162 S. (Nowack, Hugo: Der Unterricht im Deutschen auf Grundlage d. Lesebuches. 5.) 1:Y 3730-5. **2.**
3.10059

Ambrassat, A: Deut. Fibel u. 1. Leseb., s.: Böttcher.

— Das kaufmännische Fortbildungsschulwesen im Bezirk der Handelskammer Graudenz. Im Auftrag u. unter Mitwirkung d. Handelskammer bearb. — Graudenz 1908: Der Gesellige. 48 S. 1:Fg 6030. **10.**
3.10060

— Geographie für kaufmännische Fortbildungsschulen und verwandte Unterrichtsanstalten. Von A. Ambrassat. — Dresden: Huhle 1901. 114 S. **82.**
3.10061

— Geogr. f. kaufmänn. Fortbildgssch. u. verwandte Unterr.-Anst. (114) 8° Dresd., A Huhle '01. — 80; kart. 1.10 ‖ 2. Afl. (132) '05. — 90; geb. 1.20 d

— Geographie f. kaufmännische Fortbildungsschulen u. verwandte Unterrichtsanstalten. 2. verb. Aufl. (132 S.) gr. 8. Dresden 905. A. Huhle. n. — 90; geb. in Leinw. n. 1. 20

Ambrassat, A., Geographie f. kaufmännische Fortbildungsschulen u. verwandte Unterrichtsanstalten m. besond. Berücksicht. der Wirtschaftsgeographie. 3. verb. Aufl. (21.—25. Taus.) (138 S.) 8. Dresden 909. A. Huhle. 1.—; geb. 1. 20

— **Handelskunde.** Für den Unterrichtsgebrauch an kaufmänn. Fortbildungsschulen u. ähnl. Anstalten bearb. (68 S.) 8. Ebd. 909. Kart. — 70

Ambrassat, Aug.: Handelskde. Für d. Unterrichtsgebr. an kaufmänn. Fortbildgssch. bearb. 2. Afl. (96) 8° Dresd., A Huhle '13. geb. 1 — d

Ambrassat, A., Heimatkunde d. Prov. Ostpreußen. Zugl. e. Begleitschrift z. d. Schulwandkarte d. Prov. Ostpreußen v. Gust. Richter. M. 1 (farb.) Karte d. beid. Reg.-Bezirke. gr. 8. (48 S.) Leipzig 896. G. Lang. n. — 40

— Heimatskunde der Provinz Westpreußen. Zugleich e. Begleitschreiben zu der im Verlag von A. W. Kafemann in Danzig erschienenen Schulwandkarte von Westpreußen von J. N. Pawlowski ... von A. Ambrassat. — Danzig: Kafemann 1895. 34 S., 1 Kt. 1:Sz 5247. **10.**
3.10062

— — 2. Aufl. Ebd. 1899. 34 S., 1 Kt. **10.**
3.10063

Ambrassat, A., Mart. Luthers kleiner Katechismus, f. die Schule anschaulich u. einfach erläutert. gr. 8. (VI, 120 S.) Dresden 894. F. Jacobi. n. 1. 50; geb. in Leinw. n. 1. 90

— **D. Martin Luther's kleiner Katechismus.** Für die Schule anschaulich u. einfach unter besond. Berücksicht. der Fordergn. des prakt. Christentums erläutert. 2., erweit. u. verb. Aufl. (VIII, 135 S.) gr. 8. Chemnitz 909. W. Gronau. 2.25; geb. 2. 60

— der religiöse Lernstoff f. evangel. höh. Mädchenschulen. Zusammengest. auf d. Grundlage d. minister. Bestimmgn. f. d. Mädchenschulwesen v. 31. Mai 1895. gr. 8. (IV, 59 S.) Dresden 896. F. Jacobi. Kart. n. — 60

— Relig. Lernstoff. Jetzt: Chemn., W Gronau.

— Die Provinz Ostpreußen. Bilder aus d. Geographie, Geschichte u. Sage unserer Heimatprovinz. Für Haus u. Schule bearb. von A. Ambrassat. Mit 1 Kt. von Ostpreußen, gez. von H. Kiepert. — Königsberg i. Pr.: Koch 1896. XII, 389 S. 1:Sz 222. **3. 9. 10. 102**P.
3.10064

— Die Prov. Ostpreussen. Handb. d. Heimatkde. 2. Afl. (12, 476 m. Abb. u. 1 farb. Taf.) gr8° Königsbg, JH Bon's V. '12. 7.50; L 8.50 d

— Westpreußen. Ein Handbuch d. Heimatkunde für Schule u. Haus von A. Ambrassat. Mit 139 Abb. u. 1 Kt. — Danzig: Kafemann 1906. VIII, 204 S. 1:Sz 5251/8. **9. 10. 83.**
3.10066

— Westpreußen. Ein Leitfaden d. Heimatkunde für d. Schulgebrauch. Mit e. Bilderanh. — Danzig: Kafemann 1906. 88 S. 1:Sz 5251/12. **10.**
3.10067

— Westpreussen. Leitf. d. Heimatkde f. d. Schulgebr. 2. Afl. (88 m. Bilderanh.) 8° Danz., AW Kafemann '12. — 50; kart. — 60 d

— prakt. Winke üb. d. Fortbildung d. Lehrers i. Amte, s.: Zeglin, F. G.

Ambrassat, B., De Accii fabulis quae inscribuntur Andromeda Telephus Astyanax Meleager. Diss. 1914. 85 S. 2.—

Ambro, Johann: Denkschrift im Interesse der verlassenen Kinder und hilfslosen Mütter. — Preßburg: Selbstverl. 1886. 48 S.
Text deutsch u. ungarisch. **5.**
3.10071

Ambrogio Vescovo di Milano, † 397. 1862 s. *Ambrosius* Episcopus Mediolanensis.

Ambrogio, San, † 397 s. *Ambrosius* Episcopus Mediolanensis.

Ambroise de Lombez s. *Ambrosius* de Lombez.

Ambroise, Saint, † 397 s. *Ambrosius* Episcopus Mediolanensis.

Ambroise, Abbé. 1867: Question polonaise. Communiqué de l'Abbé Ambroise au Marquis Massimo d'Azeglio en 1865. — Leipzig: Kasprowicz 1883. 33 S. 1:Franz. Flugschr. 1883-1.
3.10077

(—) Un rêve matinal. Discours au Palais du Luxembourg relatif à la question polonaise au point de vue: „Peut-il exister dans l'Europe future une Russie avec une Pologne subjuguée?" ... Communiqué d'un ancien diplomate (d. i. Abbé Ambroise) adressé ⟨Juillet 1865⟩ au Marquis Massimo d'Azeglio. — Leipsic: Wigand 1867. VI, 33 S. 1:Ud 3338/8. 12: Polon. 126q.
3.10078

Der Ambrone. Ein Blatt aus Zeit und Streit. [Red.: Robert Julian Hodel und Walther Weibel.] Jg. 1 (mehr nicht erschienen). Solothurn: Zepfel 1900. 1901. 8°

Ambronn, Curt, a. Hildburghausen: Die geologischen Verhältnisse und die chemische Zusammensetzung der Pyroxenquarzporphyre und der Pyroxengranitporphyre im Leipziger Kreise. ⟨Mit 1 Tafel und 3 geologischen Profilen.⟩ Borna-Leipzig 1907: R. Noske. (65 S.) 8°

Leipzig, Phil. Fak., Ref. Zirkel-Credner, Diss. v. 4. Juli 1907

[Geb. 13. Febr. 83 Hildburghausen; Wohnort: Meiningen; Staatsangeh.: Sachsen-Meiningen; Vorbildung: Realgymn. Meiningen Reife O. 03; Studium: Leipzig 8 S.; Rig. 21. Febr. 07.]

Ambronn, (Ernst Ludw. Victor) Hermann (geb. Meiningen 11.8. 1856); Ueber einige Fälle von Bilateralität bei den Florideen. Berlin 1880. (22 S.) 4°. Aus: Botanische Zeitung Jg. 38, 1880. Berlin, Phil. Diss. v. 18. Juni 1880.

Ambronn, H. 1892 s. *Ambronn*, Hermann.

Ambronn, Hermann

— Anleitung zur Benutzung des Polarisationsmikroskops bei histologischen Untersuchungen. Von H. Ambronn. Mit 27 Textabb. u. 1 Farbentaf. — Leipzig: Robolsky 1892. 59 S. **1:**Lg 26757. **12:** Math. A. 2u.
3.10081

Ambronn, H., zur Mechanik des Windens. gr. 8. (98 S. mit 6 eingedr. Holzschn.) Leipzig 885, Hirzel.
Aus: Berichte der mathematisch-physikalischen Classe der k. sächs. Gesellschaft der Wissenschaften, besonders abgedruckt.

Ambronn, J.: Sternverzeichnis, enthaltend alle Sterne bis zur 6. 5ten Grösse für d. J. 1900.0. Bearb. auf Grund d. genauen Kataloge u. zsgest. von J. u. R. Ambronn. Mit e. erl. Vorw. vers. u. hrsg. von L[eopold] Ambronn. — Berlin: Springer 1907. X,183 S.
1:4° Ol 20288. **12:**4° Astr. P. 12o. **300:**448.623 C. **11. 89.**
3.10083

Ambronn, L., Astronom. 1886 s. *Ambronn*, Leopold.

Ambronn, Leopold [Hrsg.] s.a. *Ambronn*, J.: Sternverzeichnis. 1907.

— [Mitarb.] s. *Baumann*, Oskar: Die kartographischen Ergebnisse der Massai-Expedition des Deutschen Antisklaverei-Comités. 1894.

— Beitrag zur Bestimmung der Refraktions-Konstanten. Von L. Ambronn. Mit 1 lithogr. Zeichnung u. 1 Plan. — Hamburg 1886: Hammerich & Lesser in Altona. 28 S. (Aus dem Archiv d. Deutschen Seewarte. 9,3.)
Ersch. auch als Diss. Göttingen 1887.
1:4° Hz 14725-9,3. **12:**4° Phys. sp. 8h-9. **4. 7. 10.**
3.10084

Ambronn, L., Beitrag zur Bestimmung der Refraktions-Konstanten. Inaug.-Diss. gr. 4. (28 S. m. 2 Taf.) Hamburg 887. (Göttingen, Vandenhoeck & Ruprecht.)
n. 2. —

Ambronn, Leopold [aus Meiningen]: Beitrag zur Bestimmung der Refraktions-Konstanten .... Hamburg, gedr. bei Hammerich & Lesser in Altona, 1887; 1 Bl. + 28 S. + 1 Bl. u. 2 Taf. 4°
Göttingen, Phil. Fak., Inaug.-Diss. v. 9. Nov. 1887

Ambronn, Leopold: Die astronomischen Beobachtungen des Herrn Dr. Baumann in Ost-Afrika 1892—1893. ([S.-A.] Petermanns Geographische Mittheilungen. Erghft. 111.) (Gotha 1894.) 14 S. 8°.

Ambronn, L., Dr., Zur Bestimmung der Neigung der Horizontalfäden eines Durchgangs-Instruments. (Sonder-Abdr. aus der Zeitschr. für Instrumentenkunde, März 1891.)

Ambronn, L., Breitenbestimmgn. z. See. Im Auftr. d. Direktion d. deutschen Seewarte bearb. (A.: „Archiv d. deutschen Seewarte".) gr. 4. (35 S. m. Fig.) Hamburg 894. (L. Friederichsen & Co.) n.n. 3. —

— Breitenbestimmungen zur See. Von L. Ambronn. Mit e. Anzahl Fig. — Hamburg 1894: Hammerich & Lesser in Altona. 35 S. (Aus dem Archiv d. Deutschen Seewarte. 17,2.)
1:4° Hz 14725-17,2. **12:**4° Phys. sp. 8h-17. **4. 7. 8. 10. 11.**
3.10085

Ambronn, L., die kartographischen Ergebnisse der Massai-Expedition des deutschen Antisklaverei-Comités, s.: Baumann, Osc.

— Handbuch der astronomischen Instrumenten-Kunde. Eine Beschreibung der bei astronomischen Beobachtungen benutzten Intrumente [!], sowie Erläuterung der ihrem Bau, ihrer Anwendung u. Aufstellung zu Grunde liegenden Principien. Von L. Ambronn. Mit 1185 in d. Text gedr. Fig. Bd 1.2. — Berlin: Springer 1899.
1:4° Ol 1935. **12:**4° Astr. U. 7c. **5. 7. 11. 83. 89.**
3.10086

— Astronomisch-geodätische Hilfstafeln zum Gebrauch bei geographischen Ortsbestimmungen und geodätischen Übertragungen. Zsgest. u. hrsg. unter Mitw. von Landmesser (H[einrich]) Böhler von L. Ambronn u. J[ohann] Domke. Mit 15 Nomogrammen. — Berlin: Mittler 1909. VI,142 S. **1:**4° Ol 12098. **12:** Math. P. 9m. **11. 82.**
3.10087

— Messungen des Löwenbogens zum Zwecke der Untersuchung systematischer Fehler bei Heliometermessungen. [Abdr. aus den Astron. Nachr., Bd. 145.] Göttingen 1897.

Ambronn, L., die Messungen des Sonnendurchmessers an dem Repsold'schen 6-zöll. Heliometer der Sternwarte zu Göttingen, s.a. Abhandlungen der kgl. Gesellschaft d. Wissenschaften zu Göttingen. Mathem.-phys. Klasse. N. F. III, 3.

Ambronn, Leopold: Die Messungen des Sonnendurchmessers an dem Repsold'schen 6-zölligen Heliometer der Sternwarte zu Göttingen. Ausgeführt von W. Schur u. L. Ambronn. Bearb. von L. Ambronn. — Berlin: Weidmann 1905. 126 S. (Abhandlungen d. Kgl. Gesellschaft d. Wissenschaften zu Göttingen. Math.-phys. Kl. N.F. 3,3.)
1:4° Ab 410-Math.-phys. Kl. N.F. 3,3. **12:**4° Acad. 63h-Math.-phys. Kl. N. F. 3,3. **300:**392.809-C. Per. Math.-phys. Kl. N.F. 3,3. **2. 3. 4. 5. 6. 7. 8. 9. 10. 11.**
3.10088

— — Göttingen 1905: Dieterich. 126 S.
Aus: Abhandlungen d. Kgl. Gesellschaft d. Wissenschaften zu Göttingen. Math.-phys. Kl. N. F. 3. 1905.
(Astronomische Mittheilungen d. Kgl. Sternwarte zu Göttingen. 7.)
1:4° Ol 8500-7. **2. 3. 4. 5. 6. 7. 9. 89.**
3.10089

Ambronn, L. Ueber die Methoden der Distanzmessung zweier Sterne mit dem Heliometer. Berlin 1893. 4.

Ambronn, L: Geograph. Ortsbestimmg auf Reisen, s: Anleitung zu wissenschaftl. Beobachtgn auf Reisen.

Ambronn, Leopold: Die geographischen Ortsbestimmungen des Herrn Kapt. Spring am Victoria-Nyansa. ([S.-A.] Petermanns Geographische Mittheilungen. Erghft. 111.) in: Ambronn: Die astronomischen Beobachtungen des Herrn Dr. Baumann in Ost-Afrika 1892—1893. (Gotha 1894.) 5 S., 8°.

— Refraktionstafeln. (Sonder-Abdruck.) Berlin 1893.

— Triangulation zwischen 16 Sternen d. Plejadengruppe verm. d. Fraunhofer'schen Heliometers d. Sternwarte z. Göttingen, s.a. Mitteilgn., astronom., v. d. königl. Sternwarte z. Göttingen.

— Triangulation zwischen 16 Sternen der Plejadengruppe vermittelst des Fraunhofer'schen Heliometers der Sternwarte zu Göttingen. Mit 2 Taf. u. 1 Photolithogr. — Göttingen: Dieterich 1894. 58 S.
Aus: Abhandlungen d. Kgl. Gesellschaft d. Wissenschaften zu Göttingen. Math.-phys. Kl. 39. 1894.
(Astronomische Mittheilungen von d. Kgl. Sternwarte zu Göttingen. 3.)
1:4° Ol 8500-3. **3. 4. 5. 6. 7. 10. 11.**
3.10090

Ambronn, Otto Viktor: Denkschrift über die Prärogative und staatsrechtliche Stellung der Mitglieder der Hohenzollernschen Fürstenhäuser in Folge der Abtretung der Souverainetäts- und Regierungs-Rechte über die Fürstenthümer Hohenzollern an die Krone Preussen. Als Ms. gedr. — Berlin 1861 (: Decker). 94 S.
1:4° Ti 6978. **2.**
3.10091

Ambronn, R.: Sternverzeichnis, enthaltend alle Sterne bis zur 6. 5ten Grösse für d. J. 1900.0. 1907 s. *Ambronn*, J.

Ambros, s. A m b r o s , Josef

Ambros, A. W. 1872 s. *Ambros*, August Wilhelm.

Ambros, August. 1858 s. *Ambros*, August Wilhelm.

Ambros, August Wilhelm

—— Abriß der Musikgeschichte, s. a. Bibliothek der Gesamt-Litteratur d. In- u. Auslandes Nr. 550.

— Abriß der Musikgeschichte von F. [!] W. Ambros. Vorlesungen gehalten dem Kronprinzen Rudolf v. Österreich. Halle a. d. S.: Hendel [1891]. 85 S. (Bibliothek der Gesamt-Litteratur des In- u. Auslandes. 550.)
1:X 8366-550. **12:**Mus. Th. 136. **3.**
3.10097

— Culturhistorische Bilder aus dem Musikleben der Gegenwart. — Leipzig: Matthes 1860. IV,260 S.
1:Mus. Hb 13. **12:**Mus. Th. 126.
300:395.634-B. M. S. **8.**
3.10098

— — 2. [Titel-]Aufl. Ebd. 1865. 260 S. **4. 5.**
3.10099

— Bunte Blätter. Skizzen und Studien für Freunde der Musik und der bildenden Kunst. Von A. W. Ambros. Mit d. Portr. d. Verf. [Nebst] N. F. — Leipzig: Leuckart 1872-74.
Vollst. . . . . . **1:**Mus. Hb 12. **12:**Mus. Th. 127.
300:395.620-A. M. S. [u.] • 8221.
2. 3. 7. 10.
[∞ N. F.] . . . . **6. 9.**
[∞ Hauptwerk] . . . . **5.**
3.10100

— — 2., verb. Aufl., in 1 Bde hrsg. von Emil Vogel. Ebd. 1896. XIV,291 S.
1:Mus. Hb 12^a. **12:**Mus. Th. 127 b.
300:569.415-B. M. S.
3.10101

—— d. Dom zu Prag. 16. (376 m. 12 K.) Prag 58. (Lpzg, Hirschfeld.) *n.* 1. 18

— Der Dom zu Prag von August Ambros. — Prag: André 1858. VIII,375 S.
1:Sd 6304. **12:**A. civ. 2q. **300:**39.884-A [u.] • 347.
6. 83.
3.10102

— [Der Dom zu Prag, Ausz.] Der Dom zu Prag von August Ambros. — Prag: André 1858. 137 S.
300:40.902-A.
3.10103

Ambros, August, *Dr.* Der Dom zu Prag. *Prag* 1858. Verl. von *K. André.* 137 S., 3 Bl. 12°. Mit einer Ansicht und dem Grundrisse des Domes und einer Ansicht des Grabmals des h. Joh. v. Nepom. in Stahlstich.
INHALT. Geschichte des Domes. — Die Architektur desselben. — Der Dom in seinem jetzigen Zustande. — Vorzügliche zum Dome gehörige Kunstwerke. — Der Domschatz. — Die Krönungsinsignien. — Der Ausbau desselben.

— Robert Franz. Eine Studie. [Aus „Ambros, bunte Blätter".] 8. (32 S.) Leipzig 872. Leuckart. — 75

—— d. Führer durch d. Dom zu Prag. 16. (138) Ebd. 58. *n.* — 15

— Geschichte der Musik. Bd 1-5 [nebst] Namen- u. Sachreg. — Breslau (4.5: Leipzig): Leuckart 1862-82.
1. 1862.
2. 1864.
3. Ambros: Geschichte der Musik im Zeitalter der Renaissance bis zu Palestrina. 1868.
4. Ambros: Geschichte der Musik im Zeitalter der Renaissance von Palestrina an. Fragm. (Hrsg.: G[ustav] Nottebohm.) 1878.
5. Ambros: Auserwählte Tonwerke der berühmtesten Meister des 15. u. 16. Jahrhunderts. Beispielsammlung zum 3. Bde . . . mit zahlreichen Vermehrungen hrsg. von Otto Kade. 1881-82.
Namen- u. Sachreg. zsgest. von Wilhelm Bäumker. 1882.
Vollst. . . . **1:**Mus. Ca 140. **300:**392.146-B. M. S.
3. 5. 6.
1-5 . **12:**1-4 = Mus. Th. 130; 5 = Mus. Th. 130 am [auch Bd 3.4 = Mus. Th. 130 a-3.4].
1-4 . . . . **2. 8. 9.**
1-3. 5. Reg. . . . . **7. 10.**
1-3 . . . . **4.**
5 . . . . **89.**
3.10104

Ambros, August Wilhelm: Geschichte der Musik. Mit zahlreichen Notenbeispielen und Musikbeilagen. 2. Aufl. Bd 1-5. — Leipzig: Leuckart 1880-89.
1. 2., unveränd. Aufl. 1880. 2. 2., verb. Aufl. 1880.
3. 2., verb. Aufl. 1881. 4. 2., verb. Aufl. 1881.
5. Ambros: Auserwählte Tonwerke . . . 2., durchges., nach d. neuesten Forschungen ergänzte u. berichtigte Aufl. 1889.
1-5 . . **1:**Mus. Ca 140^a. **300:**34.755 [auch Bd 4.5 = 395.619-B. M. S. 4.5].
1-4 . . . . **12:**Mus. Th. 130 am-1/4 [auch Bd 1.2 = Mus. Th. 130 a-1.2]. **89.**
1-3 . . . . **9.**
4.5 . . . . **2.**
4 . . . . **4. 7. 10.**
3.10105

— — (1.2.4: Mit zahlreichen Notenbeispielen u. Musikbeilagen.) 3. Aufl. Bd 1-5. — Ebd. 1887-1911.
1. 3., umgearb. Aufl.: Sokolowsky, Berta v.: Die Musik des griechischen Alterthums und des Orients, nach R. Westphal's u. F. A. Gevaert's neuesten Forschungen dargestellt u. berichtigt. Von B. v. Sokolowsky. 1887.
2. 3., verm. Aufl. von Heinrich Reimann. 1891(-92).
3. 3., verb. u. mit Nachtr. vers. Aufl. Besorgt von Otto Kade. 1891.
4. 3., verb. Aufl., durchges. u. erweitert von Hugo Leichtentritt. 1909.
5. Ambros: Auserwählte Tonwerke . . . 3., unveränd. Aufl. 1911.
1-5 . . . . **11.**
1-4 . . . . **1:**Mus. Ca 140^b. **12:**Mus. Th. 130 b.
300: Bd 1-3 = 395.619-B. M. S. 1/3; Bd 4 = 535.304-B. M. S. **2. 7.**
1-3 . . . . **5.**
4.5 . . . . **4. 9.**
4 . . . . **10.**
5 . . . . **8.**
3.10106

— Geschichte der Musik der Neuzeit in Studien und Kritiken aus dem Nachlasse. H. 1.2. — Pressburg & Leipzig: Heckenast 1882. 128 S. (Ambros: Kleinere Schriften aus dem Nachlasse [Teils.] 2.)
Spätere Ausg. s. *Ambros:* Zwei musikalische Nachlasshefte. 1892.
1:Ak 4175-2 [u.] Mus. Ca 141. **12:**Var. 273 r-2. **7.**
3.10107

— Geschichte der Musik im Zeitalter der Renaissance bis zu Palestrina. — Breslau: Leuckart 1868. XV,591 S. (Ambros: Geschichte der Musik. 3.)
1:Mus. Ca 140-3. **12:**Mus. Th. 130-3 [u.] 130 a-3.
300:392.146-B. M. S. 3. **2. 3. 4. 5. 6. 7. 8. 9. 10.**
3.10108

— Geschichte der Musik im Zeitalter der Renaissance von Palestrina an. Fragm. (Hrsg.: G. Nottebohm; Nachw. von Eduard Schelle.) — Leipzig: Leuckart 1878. XVI,487 S. (Ambros: Geschichte der Musik. 4.)
1:Mus. Ca 140-4. **12:**Mus. Th. 130-4 [u.] 130 a-4.
300:392.146-B. M. S. 4. **2. 3. 5. 6. 8. 9.**
3.10109

— Die Grenzen der Musik und Poesie. Eine Studie zur Aesthetik der Tonkunst von Wilhelm August Ambros. — Leipzig: Matthes (1855). X,187 S.
1: Mus. Hc 73. 2.
3.10110

— — Die Gränzen der Musik und Poesie. Eine Studie zur Aesthetik der Tonkunst. — Prag: Mercy 1856. X,187 S.
1: Mus. Hc 73². 12: Mus. Th. 133.
300: 395.961-B. M. S. 2. 5. 10. 11.
3.10111

— — Die Grenzen der Musik und Poesie. Eine Studie zur Aesthetik der Tonkunst. Von Wilhelm August Ambros. 2. Aufl. — Leipzig: Matthes 1872. XII,193 S.
1: Mus. Hc 73³. 12: Mus. Th. 133a.
300: 569.416-B. M. S.
3.10112

— — 2. Aufl. Ebd. 1885. XII,193 S. 1: Mus. Hc 73⁴.
3.10113

— Die Claviercompositionen [Klavierkompositionen] Beethovens in der neuen J. G. Cotta'schen Ausg. von Lebert, Faißt, Bülow. — Stuttgart: Cotta 1872. 14 S.
Aus: Allgemeine Zeitung. 1872.
1: Mus. Db 972. 12: Mus. Th. 29.
3.10114

— das Conservatorium in Prag. Eine Denkschrift bei Gelegenheit der 50jähr. Jubelfeier der Gründung. Hrsg. vom Vereine zur Beförderung der Tonkunst in Böhmen. gr. 8. (III und 153 S.) Prag 858, (André.) geb. *

Ambros, August Wilhelm: Das Conservatorium [Konservatorium] in Prag. Eine Denkschrift bei Gelegenheit der 50jähr. Jubelfeier der Gründung. — Prag 1858: Haase. 153 S.
1: Mus. Ca 142. 12: Mus. Th. 128. 300: 14.388-B. M. S. [u.] • 1674. 5.
3.10115

— Zur Lehre vom Quinten-Verbote. Eine Studie. — Leipzig: Matthes [1859]. 60 S.
1: Mus. Ga 134. 12: Mus. Th. 135. 5.
3.10116

— zwei musikalische Nachlasshefte. [Aus: „Ambros, Gesch. d. Musik d. Neuzeit".] gr. 8. Pressburg 882. G. Heckenast's Nachf. n. 1. —
Vollständige Einleitung in die Musikgeschichte. — Aufsätze über Heinr. Schütz, J. S. Bach, G. F. Haendel, Joh. Francisci, Gluck, Die musikal. Armiden, Haydn. (129 S.)

— A. W. Ambros. Zwei musikalische Nachlasshefte. — Pressburg: Heckenast (1892). 126 S.
Frühere Ausg. s. *Ambros:* Geschichte der Musik der Neuzeit in Studien und Kritiken. 1.2. 1882 = (Kleinere Schriften aus d. Nachlasse [Teils.] 2.)
300: 62.732-B. M. S.
3.10117

Ambros, August Wilhelm: [Teils.] Kleinere Schriften aus dem Nachlasse von A. W. Ambros. 1. Bd: Aus Italien. 2. Bd: Musikalische Aufsätze. 3. Bd: Studien zur bildenden Kunst. Biographisches. Bd 1.2,1.2. — Pressburg & Leipzig: Heckenast 1880-82.
1. Aus Italien. 1880.
2. Ambros: Geschichte der Musik der Neuzeit in Studien u. Kritiken aus d. Nachlass. 1.2. 1882.
1.2,1.2 . . . 1: Ak 4175 [auch Bd 2 = Mus. Ca 141].
12: Var. 273 r.
1 . . . . 300: 180.846-B. 2. 5.
2 . . . . 7.
3.10096

— Auserwählte Tonwerke der berühmtesten Meister des 15. und 16. Jahrhunderts. Eine Beispielsammlung zu dem 3. Bde d. Musikgeschichte von A. W. Ambros, nach dessen unvollendet hinterlassenem Notenmaterial mit zahlreichen Vermehrungen hrsg. von Otto Kade. — Leipzig: Leuckart 1882. LVI,605 S. (Ambros: Geschichte d. Musik. 5.)
1: Mus. Ca 140-5. 12: Mus. Th. 130am 5.
300: 392.146-B. M. S. 5. 3. 5. 6. 7. 10. 89.
3.10118

— — 2., durchges., nach d. neuesten Forschungen ergänzte u. berichtigte Aufl. — Ebd. 1889. LXVIII,605 S. (Ambros: Geschichte d. Musik. 5.)
1: Mus. Ca 140²-5. 300: 34.755 Bd 5 [u.] 395.619-B. M. S. 5. 2.
3.10119

Ambros, F: Lustige Bilderscherze z. Erheiterg u. Unterhaltg f. jedermann. Gesammelt. (160 m. Abb.) 8° Reutl., Ensslin & L. ('12). 1.20; HL 1.50 d

Ambros, F. W. s. *Ambros*, August Wilhelm.

Ambros, J. s. A m b r o s , Josef

Ambros, J. G. Materia vectigalium atque commissor. 4°. Erfurt. 1722.

Ambros, Josef

Ambros', Jos., Bücherei f. die Jugend. 1.—3. 8. 18. 27 u. 30. Bd. kl. 8. Wien, A. Pichler's Wwe. & Sohn. Geb. in Leinw. 5. 40
Appelt, Wilh., die Harfenspielerin u. andere Erzählungen. 2. Aufl. (95 S. m. Titelbild.) (909.) (Bd. 27.) 1. —
Fiechtl, Mich., Märchen. 3. Aufl. (38 S. m. 1 Abbildg.) (908.) (Bd. 8.) — 80
Neidhardt, Ferd., aus alten Chroniken. Geschichtliche Erzählgn. 2. Aufl. (80 S.) 910. (Bd. 18.) — 80
— Segen ist der Mühe Preis. Erzählung. 3. Aufl. (93 S. m. Titelbild.) (910.) (Bd. 8.) 1. —
Stökl, Helene, im schwarzen Erdteil. Erlebnisse des österreich. Afrikaforschers Emil Holub. 2. Aufl. (126 S. m. 1 Vollbild.) (908.) (Bd. 30.) 1. —
— Der Zigeunerbube u. andere Erzählungen. 3. Aufl. (98 S. m. Titelbild.) (907.) (Bd. 2.) — 80
Weiße, Christ. Fel., Erzählungen. Aus dem „Kinderfreund" ausgewählt u. bearb. v. Jos. Ambros. Mit 1 Titelbilde. 3. Aufl. (96 S.) (909.) (Bd. 1.) — 80

Ambros', Jos., Bücherei f. d. Jugend. 1—4., 12., 15., 27. u. 30. Bd. (Mit je 1 Titelbild.) kl8° Wien, A Pichler's Wwe & S. L. 6.80 d
Appelt, Wilh.: Die Harfenspielerin u. and. Erzählgn. 2. Afl. (95) (09.) [27.] 1 — ‖ Des Kaisers Empfang u. and. Erzählgn. 2. Afl. (71) (06.) [12.] — 80
Faust, Rich.: Rudolf v. Habsburg. Nebst and. Stücken v. Hans Fraungruber, Juliane Meyn u. Helene Stökl. 2. Afl. (96) (06.) [4.] — 80
Fiechtl, Mich.: Märchen. 3. Afl. (38) (08.) [3.] — 80
Neidhardt, Ferd.: Ein Liederfürst. Erzählg a. d. Leben Frz Schuberts. 2. Afl. (72) (06.) [15.] — 80
Stökl, Helene: Im schwarzen Erdteil. Erlebnisse d. österr. Afrikaforschers Dr. Emil Holub. 2. Afl. (126) (08.) [30.] 1 — ‖ Der Zigeunerbube u. and. Erzählgn. 3. Afl. (98) (07.) [2.] — 80
Weisse, Christ. Fel.: Erzählgn. Aus d. „Kinderfreund" ausgew. u. bearb. v. Jos. Ambros. 3. Afl. (96) (09.) [1.] — 80
Bisher u. d. T.: „Bücherei f. d. Jugend".

Ambros', Jos., Bücherei f. d. Jugend. 26. Bd u. NAfl. 5., 8., 9., 11., 18. u. 20. Bd. kl8° Wien, A Pichler's Wwe & S. d
Hundt-Meixner, Auguste: In d. Umfuhr u. and. Erzählgn. 2. Afl. (92 m. 1 Taf.) ('11) [26] L 1 —
Kriesch, Auguste: Am Untersberg (Einbd: Lillis Abenteuer) u. and. Erzählgn. 3. Afl. (77 m. Titelbild.) ('11) [5] L — 80
Neidhardt, Ferd.: Bauernblut. Der Drahtbinder. 2 Erzählgn. 3. Afl. (86 m. Titelbild.) ('12) [11] — 80 ‖ Aus alten Chroniken. Geschichtl. Erzählgn. 2. Afl. (80) '10 [18] L — 80 ‖ Kunterbunt. Allerhand Geschichten. 2. Afl. (76 m. 1 Taf.) ('11) [20] L — 80 ‖ Segen ist d. Mühe Preis. Erzählg. 3. Afl. (93 m. Titelbild.) ('10) [8] L 1 —
Stökl, Helene: Allein in d. Welt. Erzählg, frei bearb. n. H Malot. 3. Afl. (128 m. Titelbild.) ('12) [9] L 1 —

Ambros, J., Der Diamantring. Das Marienbild. (Christoph von Schmids Ausgewählte Erzählungen. 7. Bd.) 10. Aufl. 8°. (ill. 54 S.) Pichler, Wien 1910. geb K —.40

Ambros, J., Diktierbuch. Eine Sammlung von methodisch geordneten Wortreihen, Wortfamilien etc. 8°. (VII, 200 S.) Pichler, Wien 1902. K 2.50

— Diktierbuch. Eine Sammlg. v. methodisch geordneten Wortreihen, Wortfamilien, Sprichwort-Erklärgn., Aufgaben, Übungssätzen u. zusammenhäng. Diktaten f. den Unterr. in d. deutschen Rechtschreibg. Bearb. auf Grund der f. die österr. Schulen gült. Vorschriften des k. k. Ministeriums f. Kultus u. Unterricht. gr. 8. (VII, 200 S.) Wien 903. A. Pichler's Wwe. & Sohn. n 2.50

— Diktierbuch. Eine Sammlg. v. methodisch geordneten Wortreihen, Wortfamilien, Sprichwort-Erklärgn., Aufgaben, Übungssätzen u. zusammenhäng. Diktaten f. den Unterricht in der deutschen Rechtschreibg. Bearb. auf Grund der f. die österreich. Schulen gült. Vorschriften des k. k. Ministeriums f. Kultus u. Unterricht. 2., verb. Aufl. (VIII, 200 S.) 8. Ebd. 910. 2.50

Ambros, Die Einmaleins-Tafel. Aufgezogen. [Wien. 1899.] Pichler. 67/83 *cm*. fl. —.60

— die Einmaleins-Tafel. — Die Grundzahlen-Tafel. — Die Hunderter-Tafel. à 62 × 78 cm. Ebd. (899). Mit Leinw.-Rand u. Ösen à n. 1. 20

— u. Marie **Muschka**, Erzählbuch. Eine Sammlg. v. Märchen, Fabeln, Geschichten ꝛc. f. Kindergärten, Bewahranstalten, Schule u. Haus. gr. 8. (XV, 298 S.) Ebd. 893. n. 3. —; geb. in Leinw. n. 3. 60

— u. Marie **Muschka**, Erzählbuch. Eine Sammlung v. Märchen, Fabeln, Geschichten ꝛc. f. Kindergärten, Bewahranstalten, Schule u. Haus. 2. Aufl. gr. 8. (XV, 294 S.) Ebd. 902. n. 3. —; geb. n. 3. 60

— u. Marie **Muschka, Erzählbuch. Eine Sammlg. v. Märchen, Fabeln, Geschichten ꝛc. f. Kindergärten, Bewahranstalten, Schule u. Haus. 3. Aufl. (XV, 294 S.) gr. 8. Ebd. 907.** 3. —

— u. Marie **Muschka**: Erzählb. Sammlg v. Märchen, Fabeln, Geschichten etc. f. Kindergärten, Bewahranst., Schule u. Haus. 4. Afl. (15, 294) 8° Ebd. '10. 3 —

Ambros, Josef (Hrsg.), s. Erzählungen. Aus dem "Kinderfreund" von Christ. Felix Weisse.

— Die Erziehgspraxis d. Volkssch. Für Lehrer, Oberlehrer, Direktoren, Inspektoren u. alle Eltern, d. m. d. Schule Hand in Hand gehen wollen. (10, 332) 8° Ebd. '12. 4.50 d

Ambros, Die Grundzahlentafel. Aufgezogen [Wien. 1899.] Pichler. 67/83 *cm*. fl. —60

— s.: Handbuch der speciellen Methodik.

— s.: Handbuch, methodisch-prakt., f. d. Volksschul-Unterr.

Ambros. Die Hunderter-Tafel. Aufgezogen. [Wien. 1899.] Pichler. 67/83 *cm*. fl. —.60

Ambros, Jos., erstes Lesebuch f. Landschulen. Vorstufe zu A. Chr. Jessen's Lesebuch f. die oberen Classen [beziehungsweise Abthlgn.] der Landschulen. gr. 8. (IV, 80 S. m. eingedr. Holzschn.) Wien 871. Pichler's Wwe. & Sohn. — 40

— dasselbe. 2. Aufl. 8. (IV, 79 S.) Ebend. 871. n. — 55

Ambros, J., Märchen der Brüder Grimm. 8°. (254 S.) Wien 1910. Pichler. geb. K 3.60

Ambros, J., Märchen der Brüder Grimm. 1. Auswahl. [Pichler's Jugendbücherei. Bd. 72.] 8°. (86 S.) geb. K 1.

Pichler, Wien 1910.

Ambros, J., Märchen der Brüder Grimm. 2. Auswahl. [Pichler's Jugendbücherei. Bd. 73.] 8°. (91 S.) geb. K 1.

Wien, Pichler 1910.

Ambros, J., Märchen der Brüder Grimm. 3. Auswahl. [Pichler's Jugendbücherei. Bd. 74.] 8°. (85 S.) geb. K 1.

Wien, Pichler 1910.

Ambros, Der Meterstreifen. Aufgezogen. [Wien. 1899.] Pichler. $7^1/_2$ × 100 *cm*. fl. —.25

— Methodik d. Schreibunterr., s.a.Handbuch d. spez. Methodik.

Ambros, Josef, Methodik d. Schreibunterrichtes. (Handbuch der speciellen Methodik. Herausg. v. Rob. Niedergesäss. X. Thl.) 8. (76 S. mit eingedr. Holzschn.) Wien, A. Pichler's Ww. & Sohn. 60 kr. 1885.

Ambros, J., Methodik des Schreibunterrichtes. 3. Aufl. [Handbuch d. speziellen Methodik. 10. Teil.] 8°. (114 S.) Wien, Pichler 1902. K 1.50

Ambros, J., Methodik des Schreibunterrichtes. 4. Aufl. 8°. (118 S.) Wien, Pichler 1907. K 1.50

Ambros, J., Methodik des Schreibunterrichtes. 5. Aufl. Gr.-8°. (141 S.) Wien, Pichler 1910. K 2.—

Ambros, Quadrat-Meter. Aufgezogen mit Stäben. [Wien. 1899.] Pichler. 104 × 108 *cm*. fl. 1.20

—— und Frz. Kopetzky, Rechenbuch [Aufgabensammlung] für Bürgerschulen. 1.—3. Classe. 8. Ebendas. [1. Classe. 4.—7. Aufl. (75 S.) 886—88. * 40 Pf.; 2. Classe. 3.—5. Aufl. (127 S.) 885—88. * 64 Pf.; 3. Classe. 2. Aufl. (83 S.) 885. * 50 Pf.] *

— u. Frz. **Kopetzky**, Rechenbuch [Aufgabensammlung] f. Bürgerschulen. 1.—3. Klasse. [6.—8. Schulj.] gr. 8. Ebd. 890. Kart. n. 2. 32
1. [6. Schulj.] 8., verb. Aufl. (80 S.) n. — 64
2. [7. Schulj.] 6. Aufl. (136 S.) n. — 92
3. [8. Schulj.] 4., verb. Aufl. (IV, 105 S.) n. — 76

— — dass. Neue, in d. Goldwährg umgerechnete Afl. 8° Ebd. 95. Kart. 2.40
1. 6. Schulj. 10. Afl. (72) — 65 ‖ 2. 7. Schulj. 7. Afl. (128 m. Fig.) — 95 ‖ 3. 8. Schulj. 5. Afl. (106 m. Fig.) — 80.

— Rechenbuch (Aufgabensammlung) f. Bürgerschulen. 3 Classen. Neue Aufl., i. Goldwährg. umgerechnet. gr. 8. Ebd. 896. Kart. n. 2. 40
1. (6. Schulj.) 11. Aufl. Unver. Abdr. der 10., verb. Aufl. (72 S.) n. — 65
2. (7. Schulj.) 8. Aufl. Unver. Abdr. der 7., verb. Aufl. (IV, 123 S. m. Fig.) n. — 95
3. (8. Schulj.) 6. Aufl. Unver. Abdr. der 5., verb. Aufl. (IV, 106 S. m. Fig.) n. — 80

— u. Frz. **Kopetzky**, Rechenbuch (Aufgabensammlung) f. Bürgerschulen. I. Classe. (6. Schulj.) 12. Aufl. Unveränd. Abdr. der 10., verb., in die Goldwährg. umgerechn. Aufl. gr. 8. (72 S.) Ebd. 899. Kart. n. — 65

Ambros, Jos., u. Frz. **Kopetzky**, Rechenbuch (Aufgabensammlung) f. Bürgerschulen. II. Classe. (7. Schulj.) 9. Aufl. Unveränd. Abdr. der 7., verb., in die Goldwährg. umgerechn. Aufl. gr. 8. (IV, 123 S.) Wien 901. A. Pichler's Wwe. & Sohn. Kart. n. — 95

Ambros, J. und Kopetzky, Fr. Rechenbuch für Bürgerschulen. 3. Klasse. 7. Aufl. Gr.-8°. (106 S) 1903 kart. K — 80

— u. F **Kopetzky**: Rechenb. (Aufg.-Sammlg) f. Bürgersch. I—III. Kl. 8° Ebd. Kart. 2.40 d
1. (6. Schulj.) 13. Afl. (72)'03. — 65 ‖ II. (7. Schulj.) 10. Afl. (123)'05. — 95. ‖ III. (8. Schulj.) 8. Afl. (06)'05. — 80.

— u. Frz. **Kopetzky**, Rechenbuch (Aufgabensammlung) f. Bürgerschulen. 1.—3. Klasse. (6.—8. Schulj.) 8. Ebd. Kart. n. 2. 40
1. (6. Schulj.) 14. Aufl. Unveränd. Abdr. der 13. Aufl. (72 S.) 906. n. — 65
2. (7. Schulj.) 10. Aufl. Nach der neuen Rechtschreibg. u. in einigen Zahlenangaben bericht., sonst unveränd. Abdr. der 7. Aufl. (IV, 123 S.) 905. n. — 95
3. (8. Schulj.) 8. Aufl. (IV, 106 S.) 905. n. — 80

— — dasselbe. (Aufgabensammlung) f. Bürgerschulen. I.—III. Klasse. 8. Ebd. 909. Kart. 2. 40
I. (6. Schulj.) 15. Aufl. Unveränd. Abdr. der 14. Aufl. (72 S.) —.65. — II. (7. Schulj.) 11. Aufl. Unveränd. Abdr. der 10. Aufl. (IV, 123 S.) —.95. — III. (8. Schulj.) 9. Aufl. Unveränd. Abdr. der 8. Aufl. (IV, 106 S.) — 80

— — Rechenbuch f. Volksschulen. 3. u. 4. Hft. 4. Aufl. gr. 8. (48 u. 62 S.) Ebend. 883. à n. —30

Ambros und Kopetzky, Rechenbuch für Volksschulen. 1. Heft 7. Aufl. 8. (40 S.) Geh. —.15
— — 2. Heft. 9. Aufl. 8. (56 S.) Geh. —.15
— — 3. Heft. 9. Aufl. 8. (48 S.) Geh. —.15
— — 4. Heft. 10. Aufl. 8. (61 S.) Geh. —.15
— — 5. Heft. 7. Aufl. 8. (52 S.) Geh. —.15
Pichler, Wien 1896.

—— —— Rechenbuch für allgemeine Volksschulen. 2.—5. Heft. 8. Ebendas. 885—88. [2. Heft. 4.—6. Aufl. (56 S.); 3. Heft. 6. Aufl. (48 S.); 4. Heft. 5. und 6. Aufl. (62 S.); 5. Heft. 4. und 5. Aufl. (52 S.) à Heft. ** 30 Pf.] **

Ambros, Josef, und Kopetzky, Franz, Rechenbuch für allgemeine Volksschulen. 2. Heft (zweites Schuljahr). 7. veränderte Auflage. Wien 1890. Verlag von A. Pichler's Witwe und Sohn. (Min.-Erl. 19. Mai 1890. Z. 9203.) —.15

Ambros, Josef, und Kopetzky, Franz, Rechenbuch für allgemeine Volksschulen. Wien 1895, A. Pichler's Witwe und Sohn. (Min.-Erl. v. 17. Dec. 1895, Z. 29458.) I. Heft (1. Schuljahr), 7. Auflage 15 kr.; II. Heft (2. Schuljahr), 9. Auflage 15 kr.; III. Heft (3. Schuljahr), 9. Auflage. Verordnungsbl.Cultus u. Unterricht 1896. .15

Ambros, Josef, und Kopetzky, Franz, Rechenbuch für allgemeine Volksschulen. Wien, 1896. A. Pichler's Witwe & Sohn. (Min.-Erl. vom 27. Jänner 1896, Z. 793.) 4. Heft (4. Schuljahr), 10. Auflage —.15; 5. Heft (5. Schuljahr), 7. Auflage. Verordnungsbl.Cultus u. Unterr. 1896. —.15

— u. **Kopetzky,** Frz., Rechenbuch f. allgem. Volksschulen. 5 Hfte. 8. Ebd. à n. — 30
1. (1. Schulj.) 8. Aufl. Unver. Abdr. der 7. Aufl. (40 S. m. Abb.) 898.
2. u. 3. (2. u. 3. Schulj.) 10 Aufl. Unver. Abdr. der 9. Aufl. (56 u. 48 S.) 897.
4. (4. Schulj.) 11. Aufl. Unver. Abdr. der 10. Aufl. (64 S.) 897.
5. (5. Schulj.) 8. Aufl. (52 S.) 897.

Rechenbuch für allgemeine Volksschulen von Josef Ambros und Franz Kopetzky. 3. Heft. (3. Schuljahr.) 11. Auflage. Unveränderter Abdruck der mit Erlass des hohen k. k. Ministeriums für Cultus und Unterricht vom 17. December 1895, Z. 29.458, zum Lehrgebrauche an allgemeinen Volksschulen für zulässig erklärten 9. Auflage. Wien. 1899. Pichlers W. & S. 8°. 48 S. fl. —.15

Rechenbuch für allgemeine Volksschulen von Josef Ambros und Franz Kopetzky. 4. Heft. (4. Schuljahr.) 12. Auflage. Unveränderter Abdruck der mit Erlass des hohen k. k. Ministeriums für Cultus und Unterricht vom 27. Jänner 1896, Z. 793, zum Lehrgebrauche an allgemeinen Volksschulen für zulässig erklärten 10. Auflage. Wien. 1900. Pichler's W. & S. 8°. 64 S. K —.30

— Rechenbuch f. allgemeine Volksschulen. 1.—5. Hft. gr. 8. Ebd. n. 1. 50
1. (1. Schulj.) 9. Aufl. Unveränd. Abdr. der 7. Aufl. (40 S. m. Abbildgn.) 901. n. — 30
2. (2. Schulj.) 11. Aufl. Unveränd. Abdr. der 9. Aufl. (56 S. m. Fig.) 899. n. — 30
3. (3. Schulj.) 12. Aufl. Unveränd. Abdr. der 9. Aufl. (48 S.) 902. n. — 30
4. (4. Schulj.) 13. Aufl. Unveränd. Abdr. der 10. Aufl. (64 S. m. Fig.) 902. n. — 30
5. (5. Schulj.) 9. Aufl. Unveränd. Abdr. der 7. Aufl. (52 S.) 900. n. — 30

Ambros, J. und Kopetzky, F., Rechenbuch für allgem. Volksschulen. 1. Heft. (1. Schuljahr.) 10. Aufl. 8°. (40 S.) K —.30
Ambros, J. und Kopetzky, F., Rechenbuch für allgem. Volksschulen. 2. Heft. (2. Schuljahr.) 13. Aufl. 8°. (56 S.) K —.30
Ambros, J. und Kopetzky, F., Rechenbuch für allgem. Volksschulen. 3. Heft. (3. Schuljahr.) 13. Aufl. 8°. (48 S.) K —.30
Ambros, J. und Kopetzky, F., Rechenbuch für allgem. Volksschulen. 4. Heft. (4. Schuljahr.) 14. Aufl. 8°. (64 S.) K —.30
1904

— Rechenbuch f. allgemeine Volksschulen. I.—V. Hft. 8. Ebd. à n. — 30
I. (1. Schulj.) 10. Aufl. Nach der neuen Rechtschreibg. bericht., sonst unveränd. Abdr. der 7. Aufl. (40 S. m. Abbildgn.) 901.
II. (2. Schulj.) 14. Aufl. Unveränd. Abdr. der 13. Aufl. (56 S. m. Fig.) 905.
III. (3. Schulj.) 14. Aufl. Unveränd. Abdr. der 13. Aufl. (48 S.) 906.
IV. (4. Schulj.) 15. Aufl. Im wesentlichen unveränd. Abdr. der 14. Aufl. (64 S.) 906.
V. (5. Schulj.) 11. Aufl. Unveränd. Abdr. der 10. Aufl. (52 S.) 906.

Ambros, J. und Kopetzky, F., Rechenbuch für allgemeine Volksschulen. 1. Heft. (1. Schuljahr.) 11. Aufl. 8°. (40 S.) K —.30
Pichler, Wien 1907.

— u. Frz. **Kopetzky,** Rechenbuch f. allgemeine Volksschulen. I.—V. Heft. 8. Wien, A. Pichler's Wwe. & Sohn. à — 30
I. (1. Schulj.) 12. Aufl. Unveränd. Abdr. der 10. Aufl. (40 S. m. Abbildgn. 909. — II. (2. Schulj.) 15. Aufl. Unveränd. Abdr. der 13. Aufl. (56 S. m. Fig.) 907. — III. (3. Schulj.) 15. Aufl. Unveränd. Abdr. der 13. Aufl. (48 S.) 907. — IV. (4. Schulj.) 16. Aufl. Unveränd. Abdr. der 15. Aufl. (64 S. m. Fig.) 909. — V. (5. Schulj.) 12. Aufl. Unveränd. Abdr. der 10. Aufl. (52 S.) 909.

— u. Frz **Kopetzky:** Rechenb. f. allg. Volkssch. 1. u. 2. Heft. 8° Ebd. d
1. (1. Schulj.) 13. Afl. (40 m. Fig.) '12. — 30 ‖ 2. (2. Schulj.) 16. Afl. (56 m. Fig.) '10. — 30

Ambros, Jos., Rechenbuch f. Volks- u. Bürgerschulen. 1—5. Hft. 8. Wien 877. 78. Pichler's Wwe. & Sohn. 1. 60
1. Der Zahlenraum von 1—20. [1. Schulj.] (34 S.) — 30
2. Der Zahlenraum von 1—100. [2. Schulj.] (55 S.) — 40
3. Der Zahlenraum von 1—1000. [3. Schulj.] (46 S.) — 30
4. Der höhere Zahlenraum. [4. Schulj.] (60 S.) — 30
5. [5. Schulj.] (52 S.) n. — 30

— u. Frz. **Kopetzky,** Rechenbuch f. Volks- u. Bürgerschulen. 1., 6. u. 8. Schuljahr. 8. Ebend. 880. n. 1. 4.
1. (32 S.) 1881. n. — 24
6. (54 S.) n. — 30
8. (72 S.) n. — 50

—— und Frz. Kopetzky, Rechenbuch für Volks- und Bürgerschulen. 8 Hefte. 8. Ebendas. *
Inhalt:
Heft 1. Der Zahlenraum von 1—20. [1. Schuljahr.] 2. und 3. Aufl. (40 S.) 881,82. * 30 Pf.
" 2. Der Zahlenraum von 1—100. [2. Schuljahr.] 3. Aufl. (55 S.) 881. * 30 Pf.
" 3. Der Zahlenraum von 1—1000. [3. Schuljahr.] 3. Aufl. (46 S.) 1881; 4. Aufl. (48 S.) 883. * 30 Pf.
" 4. Der höhere Zahlenraum. [4. Schuljahr.] 3. Aufl. (60 S.) 1881; 4. Aufl. (62 S.) 883. * 30 Pf.
" 5. Der höhere Zahlenraum. [5. Schuljahr.] 3. Aufl. (52 S.) 881. * 30 Pf.
" 6. Der höhere Zahlenraum. [6. Schuljahr.] 2. Aufl. (56 S.) 882. * 30 Pf.
" 7. Der höhere Zahlenraum. [7. Schuljahr.] 1. und 2. Aufl. (87 S.) 882,83. * 40 Pf.
" 8. Der höhere Zahlenraum. [8. Schuljahr.] (76 S.) 881. * 50 Pf.

— Regeln u. Wörterverzeichnis f. die deutsche Rechtschreibung. Zusammengestellt auf Grund der f. die österr. Schulen gült. Vorschriften des k. k. Ministeriums f. Kultus u. Unterricht. (1.—6. [Umschlag-]Aufl.) (à 64 S.) gr. 8. Wien 902. A. Pichler's Wwe. & Sohn. n. — 16

— Regeln u. Wörterverzeichnis f. die deutsche Rechtschreibung. Zusammengestellt auf Grund der f. die österreich. Schulen gült. Vorschriften des k. k. Ministeriums f. Kultus u. Unterricht. Ausg. A. (7. Aufl.) (64 S.) gr. 8. Wien 903. A. Pichler's Wwe. & Sohn. n. — 16

— dasselbe. Ausg. B. Mit Hinweglassg. aller bloß zuläss. u. der Doppelschreibgn. (64 S.) gr. 8. Ebd. 903. n. — 16

— Regeln u. Wörterverzeichnis f. die deutsche Rechtschreibung. Zusammengestellt auf Grund der f. die österreich. Schulen gült. Vorschriften des k. k. Ministeriums f. Kultus u. Unterricht. 10. Aufl. (64 S.) 8. Wien 908. A. Pichler's Wwe. & Sohn. — 16

— Regeln u. Wörterverz. f. d. deut. Rechtschreibg. 11. u. 12. Afl. (64) 8° Wien, A Pichler's Wwe & S. '11'12. — 16 d

— Lemuel Gulliver's Reise-Märchen, s.: Pichler's Jugendbücherei.

Ambros, J., Rosa von Tannenburg. [Christoph von Schmids Ausgewählte Erzählungen. 35. Bd.] 9. Aufl. 8°. (ill. 168 S.) Wien, Pichler 1910. geb. K —.90

— Rund-Kursiv. Zierschrift f. d. Rundschriftfeder. Übgshefte f. Schulen u. z. Selbstunterr. Inhalt: Einfache Kursivschrift. — Künstlerschrift. — Biedermeierschrift. (16) 22×18,5 cm. Ebd. ('11). — 25

Ambros, Jos., die Rundschrift. Übungshefte für Volks- und Bürgerschulen, Mittelschulen, Lehrerbildungs-Anstalten und zum Selbstunterrichte. 4 Hefte. qu. 4. (à Heft 11 S.) Wien 880, Pichler's Wwe. und Sohn.
1. und 2. Heft à * 16 Pf.; 3. und 4. Heft à * 8 Pf. *

—— dass. — 2.—6. unveränd. Aufl. 4 Hefte. qu. 4. (à Heft 11 S.) Ebendas. 881—84.
1. und 2. Heft à 15 Pf.; 3. und 4. Heft à 10 Pf.

—— dass. — Systematisch geordneter Übungsstoff für Bürger-, Gewerbe-, Handels- und Mittelschulen, Lehrerbildungsanstalten, wie zum Selbstunterrichte. Grosse Ausg. 4. (31 Bl.) Ebendas. 883. *

— die Rundschrift. Übungshefte f. Volks- u. Bürgerschulen, Mittelschulen etc. 4 Hfte. qu. 4. (à 11 S.) Wien 885. Pichler's Wwe. & Sohn. n. — 50
1. 36—45. Tausend. n. — 15 — 2. 28—37. Tausend. n. — 15. — 3. 57—76. Tausend. n. — 10. — 4. 19—23. Tausend. n. — 10.

Ambros, J., die Rundschrift. Übungshefte f. Volks- u. Bürgerschulen, Mittelschulen, Lehrerbildungs-Anstalten u. zum Selbstunterrichte. 1.—4. Hft. Neue Ausg. ohne Quadratnetz. 11.—20. Tausend. qu. 4. (à 12 S.) Wien 888. Pichler's Wwe. & Sohn. n. — 56
1—3. à n. — 16. — 4. n. — 8.

— dasselbe. Grosse Ausg. 2. verm. Aufl. qu. 4. (32 S.) Ebd. 890. n. — 50

Ambros, Jos., die Rundschrift. Für Volks- u. Bürgerschulen, Mittelschulen, Lehrer-Bildungs-Anstalten u. zum Selbstunterrichte bearb. Neue Ausg. ohne Quadratnetz in Hochformat. 4 Hfte. 4. Wien 894. A. Pichler's Wwe. & Sohn. n. — 55
1—3. (à 16 S.) à n. — 15. — 4. (16 S. ohne Vorschr.) n. — 10

— die Rundschrift. Systemat. geordn. Übungsstoff f. Bürger-, Gewerbe-, Handels- u. Mittelschulen, Lehrerbildungsanstalt., wie z. Selbstunterr. Gr. Ausg. 3. Aufl. qu. 4. (32 S.) Wien 896. A. Pichler's Wwe. & Sohn. n. — 50

— dasselbe. Für Volks- u. Bürgerschulen, Mittelschulen, Lehrerbildungs-Anstalten u. zum Selbstunterrichte bearb. 1. Neue Ausg. ohne Quadratnetz in Hochformat. 76.—95. Taus. 4. (16 S.) Ebd. (901). — 15

— die Rundschrift. Systematisch geordneter Übungsstoff f. Bürger-, Gewerbe-, Handels- u. Mittelschulen, Lehrerbildungsanst., wie z. Selbstunterrichte. Gr. Ausg. 4. Aufl. qu. 4. (32 S.) Ebd. (902). n. — 50

— dasselbe. Übungshefte f. Volks- u. Bürgerschulen, Mittelschulen, Lehrerbildungs-Anstalten u. zum Selbstunterrichte. 1., 3. u. 4. Hft. qu. 4. Ebd. — 40
1. Ausg. ohne Quadratnetz. 74.—78. Taus. (12 S.) (902.) — 15
3. 112.—114. Taus. Unveränd. Abdr. der 1. Aufl. (12 S.) (902.) — 15
4. 167.—176. Taus. (12 S.) 902. n. — 10

— dasselbe. Systematisch geordneter Übungsstoff f. Bürger-, Gewerbe-, Handels- u. Mittelschulen, Lehrerbildungsanstalten, wie zum Selbstunterrichte. Grosse Ausg. 5. Aufl. (32 S.) qu. kl. 8. Ebd. (904). n. — 50

— die Rundschrift. Übungshefte f. Volks- u. Bürgerschulen, Mittelschulen, Lehrerbildungs-Anstalten u. zum Selbstunterrichte. I., III. u. IV. Hft. qu. kl. 8. Ebd. 905. n. — 35
I. 76.—80. Taus. Unveränd. Abdr. der 1. Aufl. (12 S.) — 15
III. 71.—75. Taus. (12 S.) — 10
IV. 181.—190. Taus. (12 S.) — 10

— Die Rundschrift. Übgshefte. I—IV. Heft. 4° Ebd. — 55
I. Ausg. ohne Quadratnetz. 76—80. Taus. (12) ('05.) — 15 ‖ II. Ausg. ohne Quadratnetz. 57—61. Taus. (12) ('04.) — 15 ‖ III. 112—114. Taus. (12) ('02.) — 15 ‖ IV. 181—190. Taus. (12) ('05.) — 10.

— dass. Neue Ausg. ohne Quadratnetz in Hochformat. I—IV. (Je 16) 4° Ebd. Je — 15
I. 126—135. Taus. ('05.) ‖ II. 77—96. Taus. ('04.) ‖ III. 77—96. Taus. ('05.) ‖ IV. 86—105. Taus. ('04.)

— dasselbe. Für Volks- u. Bürgerschulen, Mittelschulen, Lehrerbildungs-Anstalten u. zum Selbstunterrichte bearb. Neue Ausg. ohne Quadratnetz in Hochformat. I—IV. (à 16 S.) 8. Ebd. à n. — 15
I. 136.—165. Taus. (906.) — II. 97.—116. Taus. (906.) — III. 97.—111. Taus. (906.)

— dasselbe. Übungshefte f. Volks- u. Bürgerschulen, Mittelschulen, Lehrerbildungs-Anstalten u. z. Selbstunterrichte. 1.—3. Heft. Ausg. ohne Quadratnetze. 18,5×22,5 cm. Ebd. à — 15
1. 79—85. Taus. (12 S.) 907. — 2. 62—64. Taus. (12 S.) 909. — 3. 115—117. Taus. (12 S.) 908.

Ambros', Jos., die Rundschrift. Für Volks- u. Bürgerschulen, Mittelschulen, Lehrerbild.-Anstalten u. z. Selbstunterrichte bearb. Neue Ausg. ohne Quadratnetz in Hochformat. 4 Hefte. 8. Wien (909). A. Pichler's Wwe. & Sohn. — 55
I. 186—215. Taus. (16 S.) —.15. — II. 127—146. Taus. (16 S.) —.15. — III. 122—141. Taus. (16 S.) —.15. — IV. 131—150. Taus. (16 S.) —.10.

— Die Rundschrift. Neue Ausg. ohne Quadratnetz in Hochformat. I—IV. Heft. 8° Ebd.
I. 216—255. Taus. (16) ('11) — 15 ‖ II. 147—176. Taus. (16) ('12) — 15 ‖ III. 142—161. Taus. (16) ('10) — 15 ‖ IV. 151—170. Taus. (16) ('11) — 10

— dass. Ubgshefte. III. Ohne Vorschriften. Liniennetz f. Anfänger. 118—120. Taus. (12) 18,5×22 cm. Ebd. ('11). — 10

— dass. Systematisch geordneter Ubgsstoff. Grosse Ausg. 6. Afl. (32) 18,5×22,5 cm. Ebd. ('11). — 50

— s.: Schmid's, Christoph v., ausgewählte Erzählungen f. d. Jugend.

—— Schreib-Lese-Fibel. 11. Afl. 8. (76) Ebd. 75. n. — 50

—— Schreib-Lese-Fibel. Ausg. A [ohne Bilder]. 1.—34. Aufl. gr. 8. (78 S.) Ebendas. 870—78. cart. **

—— dass. — Ausg. B [mit Bildern]. Mit 50 Illustr. in Holzschn. 1.—39. Aufl. gr. 8. (80 S.) Ebendas. 876—79. cart. **

—— Schreib-Lese-Fibel. Ausg. B. 40.—46. Aufl. Mit Rücksicht auf die neue Orthographie verb., sonst unveränd. Abdr. gr. 8. (80 S. mit eingedr. Holzschn.-Bildern.) Ebendas. 879—82. cart. *

Ambros, Josef, Schreib-Lese-Fibel. Ausgabe B. 52—54 Aufl. 8. (80 S. mit 50 Illustrationen) cart. 20 kr.
A. Pichler's Witwe, 1882.

—— dass. — Ausg. B. Neue mit verb. Schriftformen verseh. Aufl. 8. (80 S. mit Bildern.) Ebendas. 884. geb. *

— Schreib-Lese-Fibel. Ausg. B. Mit Bildern. Neue m. verb. Schriftformen verseh. Aufl. 8. (80 S.) Ebend. 885. geb. n. — 40

—— Schreib-Lese-Fibel. Asg. B. Neue Afl. 171. Tausend. 8. (80 m. Bildern.) Ebd. 89. n.n. — 40

Ambros, Jos., Schreib-Lese-Fibel. Ausg. B. Mit Bildern. Neue m. verb. Schriftformen versehene Aufl. gr. 8. (80 S.) Wien 890. A. Pichler's Wwe. & Sohn. Kart. n. — 40

— Schreibe-Lese-Fibel. Asg. B. Neue Afl. 8° (80 m. Bildern.) Ebd. 93. Kart. — 40

Ambros, Josef, Schreiblesefibel. 88. Aufl. Neue verbesserte Ausgabe A. Wien 1896. A. Pichler's Witwe & Sohn. (Min.-Erl. vom 27. Mai 1896, Z. 12621) —.20

— — Schreiblesefibel. 88. Auflage. Neue verbesserte Ausgabe B. Mit Lesestücken in lateinischer Druckschrift. Wien 1896. A. Pichler's Witwe und Sohn. (Min.-Erl. vom 27. Mai 1896, Z. 12621) Verordnungsbl. Cultus u. Unterr. 1896. —.20

— Schreib-Lese-Fibel. 89. Afl. A. 8° (80 m. Abb.) Ebd. 97. ‖ Asg. B. Mit Lesestücken in latein. Druckschrift. 91. Afl. (80) 99. Kart. à — 40

— dasselbe. 90. Aufl. Neue, verb. Ausg. B. M. Lesest. i. latein. Druckschrift. Unver. Abdr. der 88. Aufl. 8. (80 S. m. Bild.) Ebd. 897. Kart. n. — 40

— dasselbe. 91. Aufl. Neue, verb. Ausg. B. Mit Lesestücken in latein. Druckschrift. Unveränd. Abdr. der 88. Aufl. gr 8. (80 S. m. Abbildgn.) Ebd. 898. Kart. n. — 40

— Schreib-Lese-Fibel. 93. Aufl. Neue, verb. Ausg. A. Unveränd. Abdr. der 88. Aufl. gr. 8. (80 S. m. Abbildgn.) Ebd. 901. Kart. n. — 40

Ambros, Josef, Schreib-Lese-Fibel. 94., nach der neuen Rechtschreibung verbesserte Auflage. Wien 1903. A. Pichler's Witwe & Sohn. Preis 40 h.
Dieses Lehrbuch wird zum Unterrichtsgebrauche an allgemeinen Volksschulen mit deutscher Unterrichtssprache als zulässig erklärt. (Min.-Erl. vom 27. Juni 1903, Z. 17467.)

— Schreib-Lese-Fibel. 95. u. 96. Aufl. Unveränd. Abdr. der 94. Aufl. (à 80 S. m. Abbildgn.) 8. Ebd. 904. Kart. n. — 40

Ambros, J., Schreib-Lesefibel. 98. Aufl. 8°. (79 S.) K —.40
Pichler, Wien 1907.

— Schreib-Lese-Fibel. 99. Afl. (80 m. Abb.) 8° Ebd. Kart. — 40 h
101. Afl. (80 m. Abb.) '09. Kart. — 50 d

Ambros, J., Schreib-Lese-Fibel. 100. Aufl. 8°. (ill. 79 S.)
Pichler, Wien 1908. geb. K —.50

Ambros, J., Schreib-Lese-Fibel. 101. Aufl. Gr.-8°. (ill. 79 S.) Pichler, Witwe, Wien 1909 K —.50

— Schreib-Lese-Fibel. 102. Aufl. Unveränd. Abdr. der 100. Aufl. (80 S. m. Abbildgn.) 8. Wien 910. A. Pichler's Wwe. & Sohn. Geb. — 50

— Schreib-Lese-Fibel. 103. Afl. (80 m. Abb.) 8° Ebd. '11. geb. — 50 d

— d. Schwabacher Schrift. Übungshefte f. d. Schul- u. Selbst-Unterr. 4. (20 S.) Ebd. 895. n. — 30

— die Schwabacher Schrift. (Moderne Fraktur.) Übungs-Hefte f. den Schul- u. Selbst-Unterricht. 2. Aufl. 4. (20 S.) Ebd. 901. n. — 30

Ambros, Jos., die Schwabacher Schrift. (Moderne Fractur.) Übungs-Hefte f. den Schul- u. Selbst-Unterricht. 3. Aufl. (20 S.) 8. Wien 906. A. Pichler's Wwe. & Sohn. n. — 30

— Die Schwabacher Schrift. (Moderne Fraktur.) Übungs-Hefte f. den Schul- u. Selbst-Unterricht. 4. Aufl. (20 S.) 8. Ebd. 909. — 30

— Die Schwabacher Schrift. (Moderne Fraktur.) Übgs-Hefte. 5. Afl. (20) 8° Ebd. '11. — 30 d

— die senkrechte Schrift. Ein Beitrag zur Lösg. der Schreibfrage in der Volksschule. gr. 8. (IV, 80 S. m. Abbildgn. u. Schriftproben.) Ebd. 892. n. 1. —

AMBROS, Jos.
— Schrift-Alphabete von Jos. Ambros. Wien. 1899. Pichlers Witwe & S. Quer-8°. 8 S. fl. —.25

— Schrift-Alphabete. 2. unveränd. Aufl. (8 Bl. m. 2 S. Text auf d. Umschlag.) qu. Lex.-8. Ebd. (903). n. — 50

— Schrift-Alphabete. 3. Afl. (8 Bl.) 23,5×15,5 cm. Ebd. ('11). — 50

— Das 1. Schulj. (Methodisch-prakt. Hdb. f. d. Volksschul-Unterr.) 8° (282) Ebd. 97. 2.40; geb. 2.80

AMBROS, Josef,
Das erste Schuljahr. Von Josef Ambros. 2. Auflage. (Methodisch-praktisches Handbuch für den Volksschulunterricht. Unter Mitwirkung mehrerer Schulmänner herausgegeben von Josef Ambros.) Wien. 1901. Pichler's W. & S. Gr.-8°. X, 282 S. K 2.40

— das erste Schuljahr. (Methodisch-prakt. Handbuch f. den Volksschul-Unterricht. Unter Mitwirkg. mehrerer Schulmänner hrsg. v. Jos. Ambros.) 3. Aufl. (X, 286 S.) 8. Ebd. 905. n. 2.40; geb. in Leinw. n. 2.80

— Das erste Schuljahr. (Methodisch-prakt. Handbuch f. den Volksschul-Unterricht. Unter Mitwirkg. mehrerer Schulmänner hrsg. v. Jos. Ambros.) 4. Aufl. (X, 286 S.) 8. Ebd. 909. 2.40

Ambros, Josef [Hrsg.], Das fünfte Schuljahr, s. Ambros, Karl

Ambros, Josef [Hrsg.], Das vierte Schuljahr, s. Ambros, Karl

— u. Glieb. Grabolle, das 2. Schuljahr, s. a. Handbuch, methodisch-praktisches, f. den Volksschul-Unterricht.

— — Das zweite Schuljahr. Von Josef Ambros und Gottlieb Grabole. (Methodisch-praktisches Handbuch für den Volksschulunterricht. Unter Mitwirkung mehrerer Schulmänner herausgegeben von Josef Ambros. Wien. 1898. Pichler's W. & S. Gr.-8°. X. 274 S. fl. 1.20, geb. fl. 1.40

Das zweite Schuljahr. Von Josef Ambros und Gottlieb Grabolle. 2. Auflage. (Methodisch-praktisches Handbuch für den Volksschul-Unterricht. Unter Mitwirkung mehrerer Schulmänner herausgegeben von Josef Ambros.) Wien. 1901. Pichler's W. & S. Gr.-8°. X, 274 S. K 2.40

— u. Glieb. Grabolle, das zweite Schuljahr. (Methodisch-prakt. Handbuch f. den Volksschul-Unterricht. Unter Mitwirkg. mehrerer Schulmänner hrsg. v. Jos. Ambros.) 3. verb. Aufl. (XII, 287 S.) 8. Ebd. 905. n. 2.40; geb. in Leinw. n. 2.80

Ambros, J. und Grabolle, G., Das zweite Schuljahr. 4. Aufl. Gr. 8°. (V, 287 S.) Wien, Pichler 1910. K 2.40

—— Spielbuch. 400 Spiele und Belustigungen für Schule und Haus. 16. (144 S.) Wien 874, Pichler's Wwe. und Sohn.

-- Spielbuch. 400 Spiele und Belustigungen für Schule und Haus. Ges. u. hrsg. 2., verm. Aufl. — Wien: Pichler 1878. 148 S. 8.
3.10122

—— Spielbuch. 400 Spiele und Belustigungen für Schule und Haus. 3. und 4. verm. Aufl. gr. 16. (IV, 148 S.) Ebendas. 880,83. *M 1,20.; cart. *

—— dass. — Mehr als 400 Spiele und Belustigungen für Schule und Haus. 5. verm. Aufl. 12. (IV, 160 S.) Ebendas. 883. M 1,20.; cart.

—— Spielbuch. Mehr als 400 Spiele und Belustigungen für Schule und Haus. Gesammelt und hrsg. 6.—8. Aufl. 12. (IV, 160 S.) Ebendas. 886—88. geb.

— Spielbuch. Mehr als 400 Spiele u. Belustiggn. für Schule u. Haus. 9. Aufl. gr. 16. (IV, 160 S.) Ebd. 893. Geb. in Leinw. 1.20

— Spielbuch. Mehr als 400 Spiele u. Belustiggn. f. Schule u. Haus. 10. Aufl. 12. (IV, 160 S.) Ebd. (900) Geb. in Leinw. 1.20

— Spielbuch. Mehr als 400 Spiele u. Belustiggn. f. Schule u. Haus. Gesammelt u. hrsg. 11., verm. Aufl. (VIII, 199 S.) kl. 8. Ebd. (908). Geb. in Leinw. 1.20

— Spruchschatz. Eine Sammlg. v. Sprüchen, Lebensregeln, Gedenk- u. Stammbuchversen der besten Dichter u. Denker. Den Großen u. Kleinen in Schule u. Haus dargereicht. 12. (VI, 123 S.) Ebd. 889. geb. 1.20

Ambros, J., Das Täubchen. Das Vergißmeinnicht. [Christoph von Schmids Ausgewählte Erzählungen. 4. Bd.] 11. Aufl. 8°. (ill. 48 S.) Wien, Pichler 1910. geb. K —.40

— Übungsheft f. die Rundschrift. Zum Gebrauche an Volks- u. Bürgerschulen, Mittelschulen, Lehrerbildungsanstalten u. zum Selbstunterricht bearb. Ausg. in 2 Heften. (Je 16 S.) 8. Ebd. (908). à — 15
1. Die kleinen Buchstaben. — 2. Die grossen Buchstaben.

Ambros, J., Florentin Walther. [Christoph von Schmids Ausgewählte Erzählungen. 23. Bd.] 10. Aufl. 8°. (ill. 71 S.) Wien, Pichler 1910. geb. K —.40

— Wandfibel. Imp.-Fol. (20 Taf.) Ebend. 875 In Mappe. 6. —; auf 10 Pappen aufgezogen 8. 50; auf 20 Pappen 11. —

— Wandfibel. 2. Aufl. 30 Blatt à 95,5×74,5 cm. Ebd. 903. In Mappe n. 8.—; m. Leinw.-Rand u. Oesen n.n. 20 —; auf 15 Deckel gespannt n.n. 20. —

— Wunschbuch. Eine reichhalt. Sammlg. v. Neujahrs-, Geburtstags-, Hochzeits-, Jubiläums- u. patriot. Wünschen. 12. (XI, 312 S.) Ebend. 883. 1.80; cart. 2.—

— Wunschbuch. Eine reichhalt. Sammlg. v. Neujahrs-, Geburtstags-, Namenstags-, Hochzeits- u. Jubiläums-Wünschen. 2.—4. Aufl. 12. (X, 294 S.) Ebd. 888—890. geb. 2.—

— Wunschbuch. Eine reichhalt. Sammlg. v. Neujahrs-, Geburtstags-, Namenstags-, Hochzeits- u. Jubiläums-Wünschen. 5. Aufl. 12. (X, 294 S.) Ebd. 894. Geb. in Leinw. 2.—

— Wunschbuch. E. reichhalt. Sammlg. v. Neujahrs-, Geburtstags-, Namenstags-, Hochzeits- u. Jubiläums-Wünschen. 6. Aufl. 12. (X, 294 S.) Ebd. 898. Geb. in Leinw. 2.—

— Wunschbuch. Eine reichhalt. Sammlg. v. Neujahrs-, Geburtstags-, Namenstags-, Hochzeits- u. Jubiläums-Wünschen. 7. Aufl. (VIII, 300 S.) 12. Ebd. (904). Geb. in Leinw. n. 2.—

— Wunschbuch. Eine reichhalt. Sammlg. v. Neujahrs-, Geburtstags-, Namenstags-, Hochzeits- u. Jubiläums-Wünschen. 8. Aufl. (VIII, 300 S.) kl. 8. Ebd. (908). Geb. in Leinw. 2.—

— Großes Wunschbuch. Eine reichhaltige Sammlung von Neujahrs-, Geburtstags-, Namenstags-, Hochzeits- und Jubiläums-Wünschen. 5. Aufl. Kl.-8. (X, 294 S.) Gebunden 1.—
Pichler, Wien 1894.

— kleines Wunschbuch. 400 Neujahrs-, Geburtstags- u. Namenstags-Wünsche. 12. (136 S.) Ebd. 889. geb. 1. 20

— kleines Wunschbuch. 400 Neujahrs-, Geburtstags- u. Namenstags-Wünsche. 2. Aufl. 12. (136 S.) Ebd. 894. Geb. in Leinw. 1. 20

— kleines Wunschbuch. 400 Neujahrs-, Geburtstags- u. Namenstags-Wünsche. 3. Aufl. 12. (136 S.) Ebd. (901). Geb in Leinw. 1. 20

— Kleines Wunschbuch. 400 Neujahrs-, Geburtstags- u. Namenstags-Wünsche. 4. Aufl. (136 S.) kl. 8. Ebd. (907). Geb. 1. 20

Ambros, Joseph [aus Pfullendorf, Baden]: Ein seltener Fall von Leucaemia acuta ... München, Buchdr. v. M. Ernst, 1893; 80 S., 1 Taf. 8.
München, Med. Fak., Inaug.-Diss. v. 1893

Ambros, Julius

— Die Elemente der orthogonalen Projectionslehre für Lehrerseminare. 9. ibd. 81. Progr.

Ambros Jul.: Die projectivischen Relationen und die unendlich fernen Elemente in der Geometrie. 18. Wiener-Neustadt L.-B.-A. 77. Progr.

Ambros, K.v. s. Ambros, Karoline v.

Ambros, Karl und Joh. Doiwa

— — das fünfte Schuljahr. (Methodisch-prakt. Handbuch f. den Volksschul-Unterricht. Unter Mitwirkg. mehrerer Schulmänner hrsg. v. Jos. Ambros.) 1. u. 2. Aufl. gr. 8. (à X, 390 S.) Ebd. 898. 901. n. 3. 60; geb. n. 4.—

Ambros, Karl, u. Joh. Doiwa, das fünfte Schuljahr. (Methodisch-prakt. Handbuch f. den Volksschul-Unterricht. Unter Mitwirkg. mehrerer Schulmänner hrsg. v. Jos. Ambros.) 3. Aufl. (X, 403 S.) 8. Wien 907. A. Pichler's Wwe. & Sohn. 4.—

Ambros, Karl, u. Joh. Doiwa, Das vierte Schuljahr. (Method.-prakt. Handbuch f. d. Volksschul-Unterr. Unt. Mitwirkg. mehr. Schulmänner hrsg. v. Jos. Ambros) gr. 8. (X, 338 S.) Ebd. 897. n. 3. 40; geb. n. 3. 80

Ambros, Karl, u. Joh. Doiwa, das vierte Schuljahr. (Methodisch-prakt. Handbuch f. den Volksschul-Unterricht. Unter Mitwirkg. mehrerer Schulmänner hrsg. v. Jos. Ambros.) 2. Aufl. gr. 8. (X, 338 S.) Ebd 901. n. 3. 40; geb. n. 3. 80

Ambros, Karl, u. Joh. Doiwa, das vierte Schuljahr. (Methodisch-prakt. Handbuch f. den Volksschul-Unterricht. Unter Mitwirkg. mehrerer Schulmänner hrsg. v. Jos. Ambros.) 3. Aufl. (XII, 356 S.) 8. Ebd. 906. n. 3. 60

Ambros, Karoline v., Weib u. Lehrberuf. E. Erwiderg. auf Elise Engelharts, v. Curator. d. Wiener Pestalozzi-Stiftg. preisgekr. Abhandl. üb. d. Frage: „Welche Folgen hat d. Heranziehg. d. weibl. Geschlechtes z. Lehrberufe auf pädagog. u. socialem Gebiete?" Veröffentl. v. d. I. (Lehrerinnen-)Section d. 1. Vereines kathol. Lehrerinnen u. Erzieherinnen i. Österreich. gr. 8. (24 S.) Wien 896. H. Kirsch. n. — 40

Ambros, Michael: Weibsbilder sind keine Menschen. Wird sonnenklar bewiesen aus der Schrifft und aus der gesunden Vernunft. — (Gedr. in d. Stiefelwiterey zu Sterzing mit Heumannskinderischen Schriften 1793.) 2 Bl. 1:No 3716.
3.10125

— Weibsbilder sind keine Menschen! wird sonnenklar probiert aus der Schrift, und aus der gesunden Vernunft. Gedr. in der Stifelwixerey zu Sterzing mit Heumannskinderischen Schriften 1811. 4 S. 12:4° H. g. hum. 0d.
3.10126

Ambros, Raphael, Festzug zur Feier der Silbernen Hochzeit des Kaiserpaares Franz Josef u. Elisabeth, nach Hans Makart's Entwürfen gez. von Raphael v. Ambros. Autorisirte Ausgabe. Wien, R. v. Waldheim, o.J. (1879). Schmal quer-4°. Cart.)

Ambros Wilhelm Ritter von: Ueber das fränkische und älteste deutsche Zollwesen.
II. 1894 PN 859.
Diss. Wien, Univ.

Ambros, Wilhelm August s. *Ambros*, August Wilhelm.

Ambrosch

Freymaurer-Lieder mit Melodien. Hrsg. von [d. Brrn] **Ambrosch** und [F. M.] **Böheim.** Th. 1. 2. Berlin 1793: Starcke. 83 S. 4° [Kupfertit.]
1. 40 S.; 2. S. 41—83.

[Dasselbe.] Hrsg. von [F. M.] Böheim. 2. verb. Aufl. Th. 1—3. Ebendas. 1795. quer 4°
1. 40 S.; 2. S. 41—80; 3. 55 S.
Kl. 1607. Selten.

Ambrosch (Hrsg.), s. Landbote, Der.

Das Leben. An die Brüder. In Musik gesetzt von **Ambrosch.** o. O. u. J. 2 Bl. 8° [Kopftit.]
Lied für Chor u. Solo. Ohne Noten: „Leben ist schön . . ."

Maurerischer Rundgesang. In Musik gesetzt von **Ambrosch.** o. O. u. J. 2 Bl. quer 4° [Umschlagtit.]
Mit Noten: „Auf Brüder des Bundes die Gläser geschwungen, . . ."

Ambrosch (Hrsg.), s. Sonntags-Blatt, Allgemeines schlesisches.

Ambrosch, Giulio s. *Ambrosch*, Julius Athanasius.

Ambrosch, J.A., s. Ambrosch, Julius Athanasius

Ambrosch, Julius Athanasius

— Antiquitates

Ambrosch, Julius Athanasius: Ex Dionysii Halicarnassensis antiquitatibus Romanis capita undetriginta (II, 1—29), quae ad instituta Romuli pertinent, e codd. mss. emendata et annotatione instructa. Vratislaviae 1840. (IV, 38 S.) 4° *[Buchausg. 1840 bei Hirt in Breslau,*
Breslau, Progr. z. Huldigung u. z. Geburtstage d. Königs am 15. Okt. 1840

Ambrosch, Julius Athanasius: Ex Dionysii Halicarnassensis antiquitatibus Romanis capita (II, 30—56) quae ad res Romuli pertinent e codd. mss. emendata. Vratislaviae 1844. (28 S.) 4°
Breslau, Progr. z. Geburtstage d. Königs am 15. Okt. 1844

[**Ambrosch,** Julius Athanasius:] Ex Dionysii Halicarnassensis antiquitatibus Romanis (II, 64—74) capita quae sacerdotia Numae continent e codd. mss. emendata. (Vratislaviae 1845.) (S. 3—17) 4°
Breslau, Ind. lect. SS 1845

Ambrosch, Julius Athanasius: Ex Dionysii antiquitatibus (I, 9—38) historiae gentis Romanae particula prior e codd. mss. emendata. Vratislaviae 1846. (33 S.) 4°
Breslau, Progr. z. Geburtstage d. Königs am 15. Okt. 1846

Ambrosch, Julius Athanasius: De Charonte Etrusco. Commentationis archaeologicae et mythologicae caput 1, id est de Charontis Etrusci forma et munere. Vratislaviae (1836). (22 S.) 4° *[Vollst. 1837 bei Aderholz in Breslau unt. d. T.: „De Charonte Etrusco commentatio antiquaria".]*
Breslau, Phil. Fak., Antr.-Progr. als außerord Prof. v. 17. Dez. 1836

Ambrosch, Julius Athanasius: De Charonte Etrusco commentatio antiquaria. Acc. Vasorum fictilium quae in Museo Regio Berolinensi asservantur picturae adhuc ineditae tres lapidibus inscriptae. — Vratislaviae: Aderholz 1837. 72 S.
Ersch. teilw. auch als Univ.-Schrift. Breslau 1836.

Ambrosch, Julius Athanasius: Eclogas Ambrosianas, quae ad Dionysii Halicarnassensis antiquitatum Romanarum librum X. pertinent, e codd. mss. editas et annotatione instructas praemisit. (Vratislaviae 1841.) (S. 3—18) 4° *[Buchausg. 1841 bei Hirt in Breslau.]*
Breslau, Ind. lect. SS 1841

Ambrosius (**Ambrosch**), J(ulius) A(thanasius): Oratio nataliciis principis optimi celebrandis a. u. l. V. Id. Octobr. a. 1841 habita. [De fatis religionum antiquarum.] (Vratislaviae 1842.) (S. 3—14) 4°
Breslau, Ind. lect. SS 1842

Justa manibus regis optimi Friderici Guilelmi III. Nonis Juliis . . . solvenda mandato Universitatis Litterarum Vratislaviensis indicit Julius Athanasius **Ambrosch.** Vratislaviae (1840). (7 S.) 4°

Ambrosch, Jul. Athanasius: De Lino. Berolini 1829 (XII, 43 S.) Phil. Diss. Berlin

Ambrosch, (Julius Athanasius): De locis nonnullis qui ad curias Romanas pertinent sententia. (Vratislaviae 1846.) (S. 3—8) 4°
Breslau, Ind. schol. SS 1846

Ambrosch, J. A, Locus Procli a Nic. Leonico Thomaeo lat. versus. Pr. 1841. 12 S. 4°.

Ambrosius (**Ambrosch**), Julius Athanasius: Observationum de sacris Romanorum libris part. 1. (Vratislaviae 1840.) (S. 3—14) 4°
Breslau, Ind. lect. SS 1840

— Oratio nataliciis principis... habita, s. Ambrosch: De fatis religionum antiquarum.

— — s. Ambrosch: De admiranda prudentia...

Ambrosius (**Ambrosch**), J(ulius) A(thanasius): Oratio nataliciis principis optimi celebrandis a. u. l. V. Id. Octobr. a. 1843 habita. [De admiranda prudentia, qua veteres Romani in sacerdotiis quum constituendis tum ad publicam salutem dirigendis sunt usi.] (Vratislaviae 1844.) (S. 3—14) 4°
Breslau, Ind. lect. SS 1844

— Oratio de ortu et interitu religionum antiquarum. Gel. 1842. 14 S. 4°.

Ambrosch, Julius Athanasius: Oratiunculae Germanicae Idib. Octobr. a. 1849 et 1850 in Aula Leopoldina habitae. (*1849*: Über die Natur der Pflichten dessen, dem es mit der Wissenschaft heiliger Ernst ist. *1850*: Über den Antheil Friedrich Wilhelms IV. an dem Ruhme seines Stammes und an der Grösse seines Vaterlandes.) Vratislaviae 1851. (21 S.) 4°
Breslau, Progr. z. Geburtstage d. Königs am 15. Okt. 1851

— Quaestiones

Ambrosch, Jul[ius] Athan[asius]: Quaestionum ad Dionysii Halicarnassei antiquitates Romanas pertinentium part. 1. Vratislaviae 1842. (24 S.) 4° *[Part. 2 ist Ind. lect. SS 1843,*
Breslau, Progr. z. Geburtstage d. Königs am 15. Okt. 1842

[**Ambrosch,** Julius Athanasius:] Quaestionum ad Dionysii Halicarnassei antiquitates Romanas pertinentium part. 2. (Vratislaviae 1843.) (S. 3—8) 4° *[Part. 1 ist Progr. z. Geburtstage d. Königs 1842,*
Breslau, Ind. lect. SS 1843

Ambrosch, J(ulius) A(thanasius): Prooemium quaestionum pontificalium. (Vratislaviae 1847.) (S. 3—8) 4° *[Forts. ist Ind. schol. SS 1848. 50. 51,*
Breslau, Ind. schol. SS 1847

Ambrosch, J(ulius) A(thanasius): Quaestionum pontificalium cap. 1. (Vratislaviae 1848.) (S. 3—12) 4° *[Prooemium u. Cap. 2. 3 sind Ind. schol. SS 1847. 50. 51,*
Breslau, Ind. schol. SS 1848

Ambrosch, J(ulius) A(thanasius): Quaestionum pontificalium cap. 2. (Vratislaviae 1850.) (S. 3—15) 4° *[Prooemium u. Cap. 1. 3 sind Ind. schol. SS 1847. 48. 51,*
Breslau, Ind. schol. SS 1850

Ambrosch, J(ulius) A(thanasius): Quaestionum pontificalium cap. 3. (Vratislaviae 1851.) (S. 3—11) 4° *[Prooemium u. Cap. 1. 2 sind Ind. schol. SS 1847. 48. 50,*
Breslau, Ind. schol. SS 1851

— Ueber die Religionsbücher der Römer. — Bonn: Marcus 1843. 63 S.
Aus: Zeitschrift für katholische Theologie u. Philosophie. 1843.
12: Ant. 11 n. **6. 7. 9. 10. 11.**
3.10131

Ambrosch, Jul. Athan.: De sacerdotibus curialibus. Vratislaviae (1840). (30 S.) 8° *[Buchausg. 1840 bei Hirt in Breslau.]*
Breslau, Phil. Fak., Antr.-Progr. als ord. Prof. v. 14. [vielmehr 12.] Mai 1840

— De Sacerdotibus curialibus dissertatio. — Vratislaviae: Hirt 1840. 30 S.
Ersch. auch als Univ.-Schrift. Breslau 1840.
1: Rn 7794. **6. 9.**
3.10132

— Studien und Andeutungen im Gebiet des altrömischen Bodens und Cultus. Von Jul. Athanas. Ambrosch. Mit e. Plane des Forum Romanum u. d. Sacra Via. H. 1. — Breslau: Hirt 1839. XVIII,254 S.
1: Rl 4712. **12:** Ant. 11 m. **300:** 11.050-B. **2. 3. 4. 5. 6. 7. 8. 9. 10. 11.**
3.10133

Viro amplissimo gravissimo Guilelmo Hermanno Georgio Remer ... Universitatis Litterarum Vratislaviensis professori publico ordinario ... summos in medicina et chirurgia honores Helmstadii ante haec decem lustra initos atque munus praeceptoris academici prope totidem annos magnifice administratum a. d. IV. Non. Septembr. a. 1847 gratulatur Universitatis Litterarum Vratislaviensis rector et senatus interprete Julio Athanasio **Ambrosch.** (Vratislaviae 1847.) (2 Bl.) 2°

— Die Weihe des sittlichen Schmerzes. Rede geh. am 3. August 1849 in der Aula Leopoldina. — (Breslau 1849: Korn.) 12 S.
Aus: Schlesische Provinzial-Blätter. 1849. **10.**
3.10134

— Würdigung der Schrift: Laokoon oder Hermes und Perrone. Von Karl Ferdinand Meier [d.i. Julius Athanasius Ambrosch]. — Glogau: Flemming 1842. 28 S.
1: Do 14866. **12:** Dogm. 1171. **2. 6. 11.**
3.10135

Ambroschitsch, O. (Hrsg.), s. Fastnachts-Zeitung, Deutsche.

Ambrose, Saint s. *Ambrosius* Episcopus Mediolanensis.

Ambrosi, Prediger und Inspektor der böhmisch-lutherischen Gemeinde, Berlin. 1790 s. *Ambrosi,* Johann Baptist.

Ambrosi, J.B., s. Ambrosi, Johann Baptist

Ambrosi, Johann Baptist: Ueber die Beharrlichkeit in Sünden. [Verf.: Johann Baptist Ambrosi.] — Berlin 1788: Eisfeld. 31 S. **1:** Db 420.
3.10162

— Das Betragen des Mörders und Posträubers Lenz in seinem Gefängnisse. Vom Inspector Ambrosi. — Berlin: Decker (1790). 74 S. **2.**
3.10163

[—] Ueber die Gaben und Vorzüge der Menschen. — Berlin 1785. 40 S. **1:** No 532.
3.10164

Ambrosi, J. B., Gedächtnisspredigt auf Friedrich II König v. Preussen. Berlin 1786. 8.

[—] Ueber Missbrauch der christlichen Freyheit. — Berlin 1790: Eisfeld. 35 S. **9.**
3.10165

[—] Ueber Vergebung der Sünden. — Berlin 1789: Eisfeld. 36 S. **9.**
3.10166

Ambrosi, M., Mittel und Wege zur Hebung unseres Bauernstandes. 8°. Hermannstadt 1904.

Ambrosi, W., s. Ambrosi, Wendelin

Ambrosi, Wendelin: Illustrierte biblische Geschichte für das christliche Haus oder die Wunder der göttlichen Offenbarung dem Volke zur Belehrung und Beherzigung dargest. Mit 6 Chromolithogr. u. 250 Illustr. — Einsiedeln, Waldshut, Köln a. Rh.: Benzinger 1897. XLIII,963 S.
1: Bh 3764. **5.**
3.10171

Ambrosi, W, Geschichte d. göttl. Offenbarg d. Alten Bundes. 8. (176) Graz 78, (Styria). %. 1. 20

Ambrosi, Wendelin, Geschichte der göttlichen Offenbarung d. Alten Bundes. gr. 8. (176 S.) Graz 878. (Vereinsbuchdruckerei.) n. 1. 20

Ambrosiani, Sune: Zur Typol. d. älteren Kacheln. (4,143 m. Abb.) Lex8° Stockholm '10. (Lpzg, N Pehrsson.) nn 5 —

Ambrosii opera, s.: Ambrosius.

Ambrosini, Tranquillo

— Processus informativus, sive de modo formandi processum informativum tractatus brevis. Tranquillo Ambrosino auctore. Cui acc. doctissima quaedam Francisci Bernardini Porri [Porro] Scholia suis quaeque locis inserta. Adiectae sunt Decisiones criminales Prosperi Farinacii [Farinaccio] ex tit. de indiciis & tortura valde necessariae. Add. est praeter elenchum librorum et capitum index in fine locupletissimus rerum & verborum. — Coloniae: Metternich 1701. 202 S.
1: Fx 745. **12:** 4° J. publ. E. 139/1. **300:** • 28 Q 37. **10W.**
3.10205

Ambrosinus, Tranquillus s. *Ambrosini,* Tranquillo.

Ambrosio, od. der Mann des Berufs u. der Pflicht. 2 Thle. 8. Karlsr. 808. (Braun), 2 ₰

Ambrosio. — Ambrosio, oder der Mann des Berufs und der Pflicht. Eine spanische Novelle. Th. 1.2. — Carlsruhe: Macklot 1808. **1:** Yw 6348. **7.**
3.10208

Ambrosius. Eine relig. Wochenschrift für kathol. Prediger, Katecheten, Religionslehrer etc. (1) Hrsg. v. Jos. Ziegler (2—3.), Fr. X. Paulhuber u. Ludw. Mehler. 1—3. Jahrg. 1848—1850. à 12 Hfte. od. 52 Nrn. hoch 4. (Bog.) Regensburg, Manz. à Jahrg. 1 5/6 ₰

Ambrosius. Zeitschrift f. die Vorstände der christl. Müttervereine u. f. den Seelsorgs-Clerus. Red.: W. Kappert. 1. Jahrg. April—Decbr. 1876. 9 Nrn. (2 B.) Lex.-8. Donauwörth, Buchh. d. kath. Erziehungsvereins. 2. 25

Ambrosius. Zeitschrift f. die Vorstände der christl. Müttervereine u. f. den Seelsorgs-Clerus. Red.: W. Kappert. 2. Jahrg. 1877. 12 Nrn. (B.) Lex.-8. Donauwörth 877. Buchh. d. kathol. Erziehungsvereins. 3. —

—— Zeitschrift f. Kinderseelsorge, zugleich Organ f. d. Vorstände d. Bruderschaft christl. Mütter. Red.: B Lüthen. 3—5. Jahrg. 1878—1880. à 12 Nrn. (B.) 8. Ebd. à Jahrg. 3. —

— dasselbe. Zeitschrift f. die Seelsorge der Jugend. Red.: B. Lüthen. 4—7. Jahrg. 1879—82. 12 Nrn. (1 1/4 B.) Lex.-8. Ebend. à Jahrg. n. 3. —

Ambrosius. Red.: B Lüthen. 6. u. 7. Jahrg. 1881 u. 1882. à 12 Nrn. (B.) 4. Donauw., Auer. || 8—10. Jahrg. 1883—1885. Red.: Praxmarer u. F Kösterus. Mit e. Beilage: Dispositionen f. relig. Vortr. à 12 Nrn. (1/4 B.) à Jahrg. 3. —

Ambrosius. Zeitschrift für die Jugendseelsorge. Red.: Braxmarer u. F. Kösterus. 8.—11. Jahrg. 1883 —1886 à 12 Nrn. (B.) gr. 4. Mit e. Beilage: Dispositionen f. religiöse Vorträge. 12 Nrn. (1/4 B.) Lex.-8. Donauwörth, Auer. à Jahrg. 3. —
Vorher u.d.T.: A m b r o s i u s. Zeitschrift f.d. Vorstände d. christl. Müttervereine 1876 ff.

Ambrosius. Zeitschrift f. d. Jugendseelsorge. Red.: F Kösterus. 11—15. Jahrg. 1886—1890. à 12 Nrn. (1 1/2 B.) 4. Donauw., Auer. à Jahrg. n. 3. —

Ambrosius. Zeitschrift f. d. Jugendseelsorge. Red.: F Kösterus. 16—19. Jahrg. 1891—1894 à 12 Nrn. (1 1/2 B.) || 20. Jahrg. 1895. Red.: Hubert. 4° Donauw., L Auer. à Jahrg. 3 —

Ambrosius. Zeitschr. f. d. Jugendseelsorge. Red.: Hubert. 20.—23. Jahrg. 1895—1898. Je 12 Nrn. (à 12 S.) gr. 4. Donauwörth, L. Auer. à Jahrg. n. 3. —

Ambrosius. Zeitschrift f. die Jugendseelsorge. Red: Joh. Praxmarer. 24.—27. Jahrg. 1899—1902 à 12 Nrn. gr. 4. (IV, 96 S. m. 12 Beil.; IV, 96 S. m. 12 Beil.; IV, 188 u. IV, 188 S.) Donauwörth, L. Auer. à Jahrg. n. 3. —; einzelne Nrn. n. — 30

Ambrosius. Zeitschrift f. die Jugendseelsorge. Red.: Joh. Praxmarer. 28. u. 29. Jahrg. 1903 u. 1904. à 12 Nrn. (à IV, 188 S.) gr. 4. Donauwörth, L. Auer. à Jhrg. n. 3. —
Erscheint nicht mehr.

Ambrosius de Lombez

— Abhandlung von dem innerlichen Friden, vertasset, und der Königin von Frankreich zugeschrieben von P. Ambrosio de Lombez. Anitzto in das Teutsche übers. — Augsburg: Rieger 1766. 462 S. **12:** Asc. 68 t.
3.10231

— Ueber die innere Freude. Von Ambrosius von Lombez ... Aus d. Franz. übers. Mit 1 Stahlstich. — Regensburg: Montag & Weiß 1840. VIII,220 S. (Leitsterne auf der Bahn des Heils. Suppl. 2,2.) **102P.**
3.10225

— Ueber die Freuden der christlichen Seele. Von Ambrosius von Lombez. Aus d. Franz. übers. nach der neuesten Ausg. des Originals. 2., verb. Aufl. — Regensburg: Manz 1865. IV,166 S. **12:** Asc. 68 tc.
3.10226

— Ueber die Freude der christlichen Seele nach P. Ambrosius von Lombez. — Paderborn: Schöningh 1880. 151 S. **1:** Er 10236. **6.**
3.10227

— Ueber den innern Frieden. Von Ambrosius von Lombez. Aus d. Franz. übers. nach d. 10., von d. Verf. verb., verm. u. besser geordneten Aufl. — Landshut: Krüll 1831. XII,360 S. **12:** Don. Lud. 1227 [u.ö.] **102P.**
3.10232

— — Grätz 1833: Kienreich. VIII,311 S. **300:** 56 L 33.
3.10233

— — 2., durchaus verb. Aufl. Mit 1 Stahlstich. Regensburg: Manz 1840. XII,370 S. (Leitsterne auf d. Bahn d. Heils. Suppl. 2,1.) **102P.**
3.10234

— Der Seelenfriede. Nach d. Franz. d. P. Lombez von Ewald Bierbaum. 2., verb. Aufl. — Freiburg i. B.: Herder 1894. IX,335 S. (Ascetische Bibliothek.) **102P.**
3.10237

— Der Seelenfriede. Nach Ambrosius von Lombez bearb. von Ewald Bierbaum. 3., verb. Aufl. — Ebd. (1910). XI, 329 S. (Aszetische Bibliothek.) **300:** 401.096-A. Per. Ser. 5,9,3. Aufl.
3.10238

— Ueber den Seelenfrieden. Von Ambrosius von Lombez. Aus d. Franz. übers. von Jordan Bucher. Mit 1 Stahlstich. Stuttgart: Scheitlin 1861. XVI,255 S. **1:** Er 10230.
3.10235

— Ueber den Seelenfrieden. Von Ambrosius von Lombez. Aus d. Franz. übers. nach d. neuesten Ausg. des Originals. 3., verb. Aufl. — Regensburg: Manz 1862. VIII,304 S. **12:** Asc. 68 tb.
3.10236

Ambrosius Bischof von Mailand s. *Ambrosius* Episcopus Mediolanensis.

Ambrosius Episcopus Mediolanensis

— **Epistolae ad principes, Almae Congregationi electorali B. V. Mariae ab angelo salutatae in strenam oblatae. P. 1.** — Dusseldorpii 1787: Stahl. 130 S. **12:** P. lat. 40.
3.10308

—— de fide libri, s.a. Patrum, sanctor., opuscula sel.

Ambrosius, episcopus Mediolanensis, de fide ad Gratianum Augustum; de spiritu sancto ad Gratianum Augustum, s.a. B i b l i o t h e c a sanctorum patrum series V.

— De fide ad Gratianum Augustum libri 5. (Oeniponti: Wagner 1875.) 395 S. (Sanctorum patrum Opuscula selecta, ed. et comm. auxit H. Hurter. 30.) **12:** P. lat. C. 100d-I,30. **300:** 146.603-A. Bd 30.
3.10318

Ambrosii, S., Hexaemeri libros sex cur. Gilbert, s.a. B i b l i o t h e c a patres eccles.

— Hexaemeri libros 6, ad ms. et optimorum librorum fidem em. et selectam lectionum varietatem adiecit R[obert] O[tto] Gilbert. — Lipsiae: Tauchnitz 1840. VIII, 181 S. (Ambrosius: Selecta [Teils.] 2.) (Bibliotheca patrum ecclesiasticorum Latinorum selecta. 9.) **1:** B 1370-9. **12:** P. lat. C. 27-9. **300:** 15.130-B. Bd 9. **2. 7. 9. 10. 102P.**
3.10330

— Hymnos genuinos eruit, rec., in usum academicum ed. C[arolus] F[ridericus] Th[eodorus] Schneider. — Berolini 1856 (: Striese). 32 S. **1:** Bb 2643 [u.] Mus. Ta 738. **11.**
3.10335

— S. Ambrosii (Mediolanensis Episcopi De mysteriis liber 1), S. Cyrilli Hierosolymitani (Catecheses mystagogicae 5) et (Quinti Septimii Florentis) Tertulliani (De baptismo) opuscula ad ecclesiae sacramenta pertinentia. Praec. S. Ambrosii vita a Paulino [Paulinus Mediolanensis] eius notario conscripta. — (Oeniponti: Wagner 1897.) 196 S. (Sanctorum patrum Opuscula selecta, ed. et comm. auxit H. Hurter. 7.) **12:** P. lat. C. 100 d-I,7. **300:** 146.603-A. Bd 7. **102.**
3.10349

— de officiis clericor., ed. Gilbert, s.a. B i b l i o t h e c a patr. eccles.

— De officiis clericorum libros 3, ad ms. et optimorum librorum fidem em. et selectam lectionum varietatem adiecit R[obert] O[tto] Gilbert. Praemissa est Vita S. Ambrosii a Paulino [Paulinus Mediolanensis] scripta. — Lipsiae: Tauchnitz 1839. VI,188 S. (Ambrosius: Selecta [Teils.] 1.) (Bibliotheca patrum ecclesiasticorum Latinorum selecta. 8.) **1:** B 1370-8. **12:** P. lat. C. 27-8. **300:** 15.130-B. Bd 8. **2. 7. 9. 10. 102P.**
3.10376

-- De officiis ministrorum libri 3 cum Paulini [Paulinus Mediolanensis] Libello de vita S. Ambrosii. Ad cod. ms. fidem recogn. et adnotatione critica illustr. Jo[hann] Georgius Krabinger. — Tubingae: Laupp 1857. XII,420 S.
1: Bb 2505. **12:** P. lat. 38f. **300:** 34.550–B. **3. 4. 5. 7. 11.**
3.10377

Ambrosius, sanctus, Opera, s. a. Corpus scriptorum ecclesiasticorum latinorum. XXXII.

— Opera. Rec. Carolus Schenkl (5,6: M[ichael] Petschenig). P. 1.2.4–6. —Vindobonae, Pragae (6: Vindobonae): Tempsky; Lipsiae: Freytag 1896–1919.
1,1.2. Exameron. De paradiso. De Cain et Abel. De Noe. De Abraham. De Isaac. De bono mortis. 1896-97.
2. De Jacob. De Joseph. De patriarchis. De fuga saeculi. De interpretatione Job et David. De apologia David. Apologia David altera. De Helia et ieiunio. De Nabuthae. De Tobia. 1897.
4. Expositio Evangelii secundum Lucan. 1902.
5. Expositio Psalmi CXVIII. 1913.
6. Explanatio Psalmorum XII. 1919.
(Corpus scriptorum ecclesiasticorum Latinorum. 32,1.2.4. 62.64.)
1: B 1426–32,1.2.4; 62; 64. **12:** P. gr. C. 13m–32,a.b.d. 62.64. **300:** 104.093–B. H. S. 32,1.2.4; 62; 64. **2. 3. 4. 5. 6. 7. 8. 9. 10. 11. 102.**
3.10267

— — Selecta. (Hrsg.: R[obert] O[tto] Gilbert.) P. 1.2. Lipsiae: Tauchnitz 1839–40.
1. Ambrosius: De Officiis clericorum libros 3 ... em. et selectam lectionum varietatem adiecit R. O. Gilbert. Praemissa est Vita S. Ambrosii a Paulino [Paulinus Mediolanensis] scripta. 1839.
2. Ambrosius: Hexaemeri libros 6 ... em. et selectam lectionum varietatem adiecit R. O. Gilbert. 1840.
(Bibliotheca patrum ecclesiasticorum Latinorum selecta. 8.9.)
1: B 1370–8.9. **12:** P. lat. C. 27–8.9. **300:** 15.130–B. Bd 8.9. **2. 7. 9. 10. 102**P.
3.10270

— Des heiligen Ambrosius Drei Bücher von den Pflichten. Zu teutsch hrsg. von Philipp Lichter. — Coblenz: Hergt 1830. X,310 S. **1:** Bb 2545. **12:** P. lat. 38m. **5. 6.**
3.10379

— S. Ambrosii Mediolanensis Episcopi, S. [Thascii Caecilii] Cypriani (Liber de lapsis) et (Quinti Septimii Florentis) Tertulliani De poenitentia opuscula. — (Oeniponti: Wagner 1869.) 220 S. (Sanctorum patrum Opuscula selecta, ed. et comm. auxit H. Hurter. 5.)
300: 146.603–A. Bd 5. **102.**
3.10395

Ambrosius, ausgewählte Reden, s.: Predigt, die, der Kirche.

Ambrosius der Kirchenlehrer. Ein Religionshandbuch aus den Werken des heiligen Vaters und mit dessen Worten hrsg. von A. Hochkirchen. — Aachen: Hensen 1846. VI, 194 S. **1:** Bb 2440. **5.**
3.10278

— Des heiligen Kirchenlehrers Ambrosius Religionshandbuch, um sich und andere zu belehren. Aus dessen Werken u. mit d. eigenen Worten hrsg. von A. Hochkirchen. 2. Aufl. Ebd. 1857. VI,194 S. **1:** Bb 2441.
3.10279

Ambrosius' ausgewählte Schriften, s. a. Bibliothek der Kirchenväter.

— Ausgewählte Schriften des heiligen Ambrosius, Bischofs von Mailand, übers. von Franz Xaver Schulte. Bd 1.2. — Kempten: Kösel 1871–77. (Bibliothek d. Kirchenväter. 13.49.)
1: B 1367–1,1.2. **12:** P. gr. C. 8 wc–13.49. **300:** 93.403–A. Bd 1.2. **2. 3. 4. 5. 6. 8. 9. 10. 11. 102.**
3.10271

— S. Ambrosii Liber de vita beata. [Lib. 1.] Salisburgi 1839: Duyle. 39 S. (Excerpta patrum continuata. 26.)
300: 99.558–A. Bd 26.
3.10410

Ambrosius a Sancto Spiritu

AMBROSIUS A S. SPIRITU: Ausführlicher Bericht des Ursprungs und Fortgangs deren Gnaden und Wohlthaten, welche die all-mögende Hand Gottes, durch sein übergebenedeyteste Jungfräuliche Mutter Mariam in ihrer gnadenreichen Bildnus in Ofen zum H. Blut genannt, an verschiedenen Betrangten und Presshaften mildreichst bishero gewürcket hat, und offentlich in der allhiesigen Capellen zu Ofen unter dem Stuhlweissenburger Thor andächtigst verehret wird. Nebst etwelchen Lehrreichen Schriftmässigen Ermahnungen, Andachts-Übungen und kräftigen Gebettern. Verfasset von R. P. Ambrosio a S. Spiritu Carmeliten. Ofen 1755. Gedruckt bey Leopold Frantz Landerer. 8 f., 164 S. 1 t. - 8°

Ambrosius Sanctus s. *Ambrosius* Episcopus Mediolanensis.

Ambrosius, Pater. 1898: Lehrbuch der Vernunftreligion. Aus d. hinterlassenen Papieren des P. Ambrosius. Zsgest., ergänzt u. hrsg. von A. M. — Zürich: Verlags-Magazin [1878]. 70 S. **5.**
3.10414

Ambrosius, unter dem Schutze der Mutter Gottes, s. a. Dilettanten-Theater 26. Heft.

Ambrosius, Frater. 1909: Unter dem Schutze der Mutter Gottes. Volkstümliches Drama in 4 Aufz. 4. Aufl. — Paderborn: Schöningh [1909]. 34 S. (Dilettanten-Theater. 26.) **1:** N 10.1869–1,26.
3.10224

Ambrosius, E. s. *Ambrosius,* Eduard.

Ambrosius, E., s. Ambrosius, Ernst

Ambrosius, Ed., s. Nachrr. v. Sylt-Schytte, Dänemarks Verfass.

Ambrosius, Eduard: Neues und vermehrtes Sach-Register über königliche und fürstliche Verordnungen für die Herzogthümer Schleswig und Holstein, von 1579 bis 1798. (Verf.: E. Ambrosius.) — Schleswig 1799: Serringhausen. 37 S. **12:** J. germ. 212n–Reg.
3.10420

(—) An den Herrn Verfasser der Prüfung der Gedanken des Herrn P. [Johann Christian] Fabricius Von der Volksvermehrung in Dännemark. — Flensburg: Korten 1782. 30 S. **8.**
3.10421

[–] Versuch über die Staatsverfassung von Spanien. — Hamburg & Kiel: Bohn 1783. 316 S. **4. 5. 7. 9.**
3.10422

(—) Chronologisches Verzeichniß über verschiedene königliche und fürstliche Verordnungen und Verfügungen für die Herzogthümer Schleswig und Holstein von 1579 an bis 1792. H. 1–8. — Flensburg (3–8: Schleswig): Korten 1796–1804 (:3–8: Serringhausen).
1. 1579-1730. 1796. 2. 1731-1738. 1797. 3. 1739-1750. 1799. 4. 1750-1760. 1799. 5. 1760-1770. 1801. 6. 1770-1780. 1803. 7. 1780-1790. 1804. 8. 1790-1799. 1804.
Das selbständig erschienene, auch in H. 3 auf S. 115-134 abgedruckte Sachregister s. *Ambrosius:* Neues und vermehrtes Sach-Register über königliche und fürstliche Verordnungen für die Herzogthümer Schleswig und Holstein, von 1579 bis 1798. 1799.
1: Gq 17600. **12:** J. germ. 212 n. **7. 8.**
3.10423

Ambrosius, Ernst, s: Land u. Leute.

Ambrosius, Ernst, die Volksdichte am deutsch. Niederrhein, s. a. Forschungen z. deutsch. Landes- u. Volkskunde. XIII. 3.

— Die Volksdichte am deutschen Niederrhein. Mit 2 Kartenbeil. u. 3 Textillustr. — Stuttgart: Engelhorn 1901. 115 S. (Forschungen zur deutschen Landes- u. Volkskunde. 13,3.)
Ersch. auch als Diss. Leipzig 1901.
1: S 10448–13,3. **12:** Germ. g. 133 kc–13,3. **300:** 393.048–B. Kt. S. 13,3. **2. 3. 4. 5. 6. 7. 8. 9. 10. 11. 82.**
3.10425

Ambrosius, Ernst: Die **Volksdichte** am deutschen Niederrhein. Mit 2 Karten u. 3 Textill. *Stuttgart 1901: Union.* (115 S.) 8° ¶ (Aus: Forschungen zur deutschen Landes- u. Volkskunde. Bd 13, H. 3.)
Leipzig, Phil. Diss. v. [27. Apr.] 1901

Ambrosius, F: Kapazität u. Selbstinduktion in d. Telegraphen- u. Fernsprechtechnik. (11, 128 m. Fig.) 8° Lpzg, Hachmeister & Th. '12. 2.50

Ambrosius, Georg Fried. (Schmalkalden), De bonis maternis. Disp. jur. Erfurt (Joh. Heinr. Grosch) 3. V. 1719. 19 S. (4.80)

Ambrosius, J., s. A m b r o s i u s , Jakob

Ambrosius, J. , s. A m b r o s i u s , Johanna

Ambrosius, Jakob: D u r c h Affenliebe hereingefallen. Lustspiel in 2 Akten nebst Nachspiel. — Trier: Paulinus-Dr. 1894. 26 S. (Theater-Bibliothek. 16.)
1:Yp 6374-16. 5.
3.10432

— N u r der Bart macht den Mann. Lustspiel. — Trier: Paulinus-Dr. 1890. 21 S. [(Theater-Bibliothek. 6.)]
1:Yp 6374-6.
3.10433

— — 3. Aufl. Ebd. 1895. 21 S. (Theater-Bibliothek. 6.)
5.
3.10434

Ambrosius,

— **Joh. (Georg?)** (Schmalkalden), Materia vectigalium atque commissorum proponitur. Diss. jur. Rektor Jo. Joachim Hahn. Präs. Joh. Heinr. Meiers. Erfurt (Grosch) 4. IV. 1722. 24 S. (3.—)
Gew.: Anton Marsilius Wolff v. Todenwarth.

Ambrosius, Johanna, Gedichte, s. a. Schrattenthal, Karl, Johanna Ambrosius.

Ambrosius, Johanna: [G e d i c h t e] Karl Schrattenthal [d.i. Karl Weiss]: Johanna Ambrosius, eine deutsche Volksdichterin. — Preßburg & Leipzig: Drodtleff in Comm. 1895. XXIV,96 S. 7.
3.10435

— — 3. Aufl. (Umschl.: Verm. Aufl.) Preßburg & Leipzig: Drodtleff 1895. XXXII,128 S. 10.
3.10436

— — 4. Aufl. Ebd. 1895. XXXII,128 S.
1:Yo 25546[4]. 12:P. o. germ. 34 x-1.
300:190.778-B. Bd 1.
3.10437

— — 5. Aufl. Ebd. 1895. XXXII,128 S.
1:Yo 25546[5]. 4. 5.
3.10438

— — Gedichte. Hrsg. von Karl Schrattenthal [d.i. Karl Weiss]. 6. Aufl. [T. 1.] — Königsberg i. Pr.: Beyer 1895. XXVIII, 125 S. 10.
3.10439

— — Hrsg. von Karl Schrattenthal (2: Ausgew. von Karl Weiß-Schrattenthal). 7. Aufl. T. [1.] 2. — Königsberg i. Pr.: Beyer (2: Thomas & Oppermann) 1895-98. 10.
3.10440

— — Hrsg. von Karl Schrattenthal [d. i. Karl Weiss]. 8. Aufl. [T. 1.] — Königsberg i. Pr.: Beyer 1896. XXVIII,125 S.
1:Yo 25546[8]. 5. 8. 10.
3.10441

Ambrosius, Johanna: G e d i c h t e. Hrsg. von Karl Schrattenthal (2: Ausgew. von Karl Weiß-Schrattenthal). 9. Aufl. T. [1.] 2. — Königsberg i. Pr.: Beyer (2: Thomas & Oppermann) 1896–98.
1 . . . . 2.
2 . . . . 7.
3.10445

— — Hrsg. von Karl Schrattenthal [d. i. Karl Weiss]. 12. Aufl. [T. 1.] — Ebd. 1896. XXVIII,125 S. 11.
3.10442

— — Hrsg. von Karl Schrattenthal [d. i. Karl Weiss]. 19. Aufl. [T. 1.] — Ebd. 1896. XXVIII,125 S. 10.
3.10443

— — Hrsg. von Karl Schrattenthal [d. i. Karl Weiss]. 26. Aufl. [T. 1.] — Ebd. 1896. XVI,125 S. 102.
3.10444

— — Ausgew. von Karl Weiß-Schrattenthal. T. 2. Königsberg i. Pr.: Thomas & Oppermann 1897. VI,156 S.
12: P. o. germ. 34 x-2. 300: 190.778-B. Bd 2. 10.
3.10446

— — Hrsg. von Karl Schrattenthal [d. i. Karl Weiss]. 33. Aufl. [1.] — Ebd. 1897. XVI,125 S. 3.
3.10447

— — Ausgew. von Karl Weiß-Schrattenthal. 10. Aufl. T. 2. Ebd. 1898. VI,156 S. 10.
3.10448

Ambrosius, Johanna (Johanna Voigt), Gedichte. 2 Tle. 8. Königsberg, F. Beyer. Geb. in Leinw. m. Goldschn.
à n. 4. —
1. Hrsg. v. Karl S c h r a t t e n t h a l. 36. Aufl. M. Portr. u. Abb. d. Wohnhauses d. Dichterin. (XVI, 125 S.) 897. — 2. Ausgew. v. Karl W e i ß - S c h r a t t e n t h a l. 6. Aufl. (VI, 156 S. m. 1 Fksm.) 898.

Ambrosius, Johanna (Frau Johanna Voigt), Gedichte. Hrsg. v. Karl Schrattenthal. 1. Tl. 37.—40. Aufl. 8. (XV, 160 S. m. 1 Taf.) Königsberg 900—902. F. Beyer.
n. 3. —; geb. in Leinw. m. Goldschn. n. 4. —

Ambrosius, J (Frau J Voigt): Gedichte. Hrsg. v. K Schrattenthal. 1. Tl. 41. Afl. (160 m. 1 Taf.) 8° Königsbg, F Beyer '04.
3 —; L. m. G. 4 — d

Ambrosius, Julius Athanasius s. *Ambrosch.*

Ambrosius, Leo Nolanus, s. L e o n e , Ambrogio

Ambrosius, P. Lehrbuch der Vernunftreligion. Kl. 8°, 70 S. Zürich, Verlagsmagazin. **1878** 1 25

Ambrosius, Samuel [Hrsg.]

— Die G o t t e s h ä u s e r der Christen als die vortreffliche Anstalt zur Bildung, Veredlung und Beglückung des Menschengeschlechts. Eine Predigt am Einweihungstag der neuen evang. Kirche in der k. freyen Bergstadt Schemnitz d. 30. Okt. 1796 geh. — Schemnitz 1796: Sulzer. 40 S.
7.
3.10451

Ambrosius, W., s. A m b r o s i u s , Walther

Abrosius, Walther

Ambrosius, W., Abhandlung, s.: A r c h i v f. patholog. Anatomie.

Ambrosius, Walther [pr. Arzt aus Glatz]: **Beiträge zur Lehre von den Nierengeschwülsten.** (Aus d. patholog. Institut zu Marburg.) . . . Marburg, Univ.-Buchdr. (R. Friedrich), 1891; 56 S., 1 Bl. 8°
Marburg, Med. Fak.. Inaug.-Diss. v. [26. Jan.] 1891

Ambrosius-Hanau, Walth., zur Geschichte u. Wirkung d. Diphtherieheilserums. (Aus: „Der Kinder-Arzt".) gr. 8. (15 S.) Leipzig 896. Verl. des „Reichs-Medicinal-Anzeigers" B. Konegen. n. 1. —

Ambrosius-Blatt. Wiener Zeitschrift für katholische Kirchenmusik. Herausgegeben und redigirt von Anton Podrabsky.
Wien: Selbstverlag des Herausgebers.
1. 1881 – 3. 1883.

Ambrosoli, Angelus: De vini inquinationibus. Ticini Regii: Fusi 1830. 24 S. Pavia, Med. Diss. 1830 -- ÖNB*

A m b r o s o l i, Francesco. Letture italiane proposte da — — agli scolari della prima Classe dei Ginnasj. 8. (IV. 194 p.) Vienna. Coi tipi della vedova e del figlio di A. Pichler. 1853. Prezzo: L. a. 1 cent. 20.

A m b r o s o l i, Francesco. Letture italiane proposte da — — agli scolari della seconda Classe dei Ginnasj. 8. (230 p.) Vienna. Coi tipi della vedova e del figlio di A. Pichler. 1853. Prezzo: L. a. 1. cent. 25.

A m b r o s o l i, Francesco. Letture italiane proposte da — — agli scolari della quarta Classe dei Ginnasj. 8. (330 p.) Vienna. Coi tipi della vedova e del figlio di A. Pichler. 1854. Prezzo L. a. 1 cent. 80.

A m b r o s o l i, Francesco. Letture italiane proposte da — — agli Scolari della terza classe dei Ginnasj. 8. (270 p.) Vienna. Coi tipi della vedova e del figlio di A. Pichler. 1854. Prezzo: L. a. 1. cent. 45.

Ambross-Edelsberg, Philippini v., Akademiemarsch für Pianoforte à 2 ms Thomas, Mödling 1908 K 1.20

Ambrozi, W. C.: Physisch-chemische Untersuchung der warmen Mineralquellen zu und bey Teplitz. Mit 3 Prosp. Leipzig: Dyk 1797. XIV,201 S.
1: Ir 36021. **300**: 57 J 5 [u.] 17.292. 7. 8.
3.10488

— Versuch einer Anleitung zum Gebrauch der warmen Mineralquellen zu Teplitz. — Leipzig: Dyk 1799. 140 S.
1: Ir 36025. 2. 3. 5. 11.
3.10489

Ambrozovics, s. A m b r o z o v i c s , Béla

Ambrozovics, Béla, Der ungarische Eisenbahntarif und meine Theorie. Gr.-8. (44 S.) —.60
Wien: Spielhagen & Schurich, 1898

Ambrozovics, Béla, d. ungar. Eisenbahn-Zonentarif u. s. Theorie. A. d. Ung. übers. v. Verf. [Aus: „Organ d. ung. Ingenieur- u. Architekten-Vereines“.] gr. 8. (44 S.) Wien 898. Spielhagen & Schurich. n. 1. 20

Ambrozovics, Béla: Messung der wirtschaftlichen Kraft von Ländern. Das Problem d. Quote. Ein Vortrag geh. 1897 in d. Ungarischen Volkswirthschaftlichen Gesellschaft. Übers. aus d. Ungarischen vom Verf. selbst. — Wien: Spielhagen & Schurich 1898. 47 S.
Aus: Magyar Mérnök- és Építészegylet Közlönye. Organ d. Ungarischen Ingenieur- u. Architekten-Vereins. 1897.
300: 96.380–B. 2.
3.10491

— Der gemeinwirthschaftliche Nutzen der Eisenbahnen und dessen Berechnung. (Nach einiger Ergänzung aus d. Ungarischen übers. vom Verf.) Mit 5 Abb. — Wien: Spielhagen & Schurich 1888. 55 S.
Erw. aus: Magyar Mérnök- és Építészegylet Közlönye. Organ d. Ungarischen Ingenieur- u. Architekten-Vereins. 1885.
12: A. hydr. 306 m. **300**: 189.058–B. 83. 89.
3.10492

— d. Verhältniss zwischen Preis u. Consumtion beziehentl. Production. Vortrag, geh. i. ungar. Landes-Industrieverein, den 17. XII. 1894. A. d. Ung. übers. v. Verf. Anh.: Anwendg. a. d. Zolltariffrage. gr. 8. (32 S.) Ebd. 898. n. 1. —

Ambrózy, Carl, Elemente der Geometrie u. d. geometrischen Zeichnens f. Unter-Realschulen. 1. Teil. Die Planimetrie. Mit 97 in den Text gedr. Holzschn. gr. 8. (IV, 63 S.) Bielitz 879. Fröhlich. n. 1. 20

Ambrózy K.: Die darstellende Geometrie als Unterrichtsgegenstand an den Realschulen. 11. Bielitz R. 75. **Progr.**

Ambrozy, H. R[r] v. s. *Ambrozy*, Heinrich R[r] v.

Ambrozy, Heinrich R[r] v.: Ueber taktische Aufgaben. Von H. R[r] v. Ambrozy. 2. Aufl. — Wien: Seidel 1869. 57 S.
1. Aufl. s. *Ambrozy*: Ueber das Stellen taktischer Aufgaben. 1869.
1: Hv 31645. **300**: 59.229–B.
3.10493

— Die Kavalleriebrigade Fratricsevics in der Zeit vom 14. Mai bis 4. Juli 1866. Aufzeichnungen. — Wien: Seidel 1907. XIV,132 S.
1: Qo 4436. 12: Mil. g. 2 qc. **300**: 451.918–B.
3.10494

(—) Ueber das Stellen taktischer Aufgaben, deren Bearbeitung und Recension. Ein Behelf zum Gebrauche in der k.k. Central-Cavallerie-Schule. Als Ms. gedr. — Wien: Seidel 1869. 54 S.
2. Aufl. s. *Ambrozy*: Ueber taktische Aufgaben. 1869.
300: 123.677–B.
3.10495

— **Wien,** Das alte, meiner Jugend und das 25. Regierungsjahr des Kaisers und Königs Franz Joseph I. (von *Heinrich* Ritter *v. Ambrózy*). Wien 1875.
Anon.-Lex. V. p. 331 (nach Gilhofer & Ranschburg's Auct.-Cat. XI.).

Ambrozy, K., s. A m b r o z y , Carl

Ambrunn, Leop., die civilrechtliche Haftung f. Auskunftserteilung unter besond. Berücksicht. der Rechtsprechg. d. oberst. Gerichte. (Diss.) (39 S.) gr. 8. Wolfratshausen 910. (München, J. Schweitzer Sort.) 2. —

Ambrunn, Leopold; Rechtsprakt.: Die civilrechtliche Haftung für Auskunftserteilung unter besonderer Berücksichtigung der Rechtsprechung der ob..rsten Gerichte. Wolfratshausen [1910]: Schwankl. 38 S. 8°
Heidelberg, Jur. Diss. v. 25. April 1910, Ref. Heinsheimer
[Geb. 23. Juni 84 München; Wohnort: München; Staatsangeh.: Bayern; Vorbildung: Luitpold-Gymn. München Reife 03; Studium: München 7, Berlin 1 S.; Rig. 24. Jan. 10.] [U 10. 1827

AMBRUS, CALLISTUS: Der heilige Kreuzweg. Eine Anleitung den schmerzlichen Weg, welchen Jesus Christus am Charfreitage in 14 Stationen zurückgelegt hat, heilsam zur Erlangung der von verschiedenen römischen Päpsten und letzthin von Clemens dieses Namens den XII. für Jerusalem bewilligten Ablässe zu besuchen. Verb. u. verm. Aufl. Pressburg 1835: Belnay's Erben. 43 S. - 8°
- Dass. Pressburg 1837: Anton Edler v. Schmidt. 47 S. - 160 mm

Ambrus, Zoltan, der Verdacht, s.: Bibliothek, interessante.

Ambry, F. W., Toilettengeheimnisse, oder die Kunst, sich bei geheimen Krankheiten selbst berathen zu können. Ein Rathgeber für beiderlei Geschlecht. 8. Leipzig 836. (Melzer.) 3/8 ß

Ambschel [Angebl. Verf.] Die Brieftasche aus den Alpen. 1780–85 s. *Am Buehl*, Johann Ludwig.

Ambschell, Anton: Anfangsgründe der allgemeinen auf Erscheinungen und Versuche gebauten Naturlehre. Abhandlung 1 - 6, gbd., Abb.

Wien: typ. Schmidt 1791 - 1793

JB 160

Ambschell, Anton: Elementa physicae e phaenomenis et experimentis deducta etc. VI Dissertat. c. fig. 8. Mai Wien 1807. Al. Doll (Leipzig, Liebeskind)

Ambschell, Anton: elementorum matheseos. III Tom. 8maj.– Wien 1807-40. A. Döll. (Leipzl Liebeskind.)

Ambt. — Ambt s. *Amt.*

Ambtsordnung

— Churfürstlich-trierische Ambts-Ordnung, sambt der Tax deren Amts-Jurium. — Dat. Ehrenbreitstein 5. Dez. 1741. 32 S. 12:4° J. pract. 250 n/1.
4.1662

— — o.O. [um 1750]. 28 S. 5 [defekt].
4.1663

Ambtstaxe. s. Ampts-Tax

Am Büel s. Ambühl.

Ambühel, J.L., s. Ambühl, Johann Ludwig

Ambühl s. *auch* Collin [Humanisten-Name].

Am Buehl, Lehrer, Wattwil. 1792 s. *Am Buehl,* Johann Ludwig.

Ambühl, Friedrich. Ein neuer Weg zur Reform des Strafwesens. Geleitwort von C[arl] Knabenhans. 55 S. 8. Buchs, J. Kuhn, (1909). [fr. 1. 20]

Ambühl, G., Anleitung zur Milchprüfung. 8. (48 S. mit 2 Tab.) St. Gallen 883, (Huber und Comp.) *
Aus: Anleitung zur Prüfung und Beurtheilung von Nahrungs- und Genußmitteln, besonders abgedruckt.

—Das neue Kantons Laboratorium in St. Gallen. (St. Gallen, Ber. nat. Ges.). 1886.

—— die Lebensmittelpolizei. Anleitung zur Prüfung und Beurtheilung von Nahrungs- und Genußmitteln. Ein Buch aus der Praxis. Für die Gesundheitskommissionen des Kantons St. Gallen bearb. gr. 8. (IV, 256 S. mit 2 Tab.) St. Gallen 883. (Leipzig, C. Günther's Verlag.) *

Ambühl, H., Klänge von der Thur. 21 Lieder für den 4stimm. Männerchor gedichtet und komponirt. 1. u. 2. Heft. Herisau 855. Meisel. Qu. gr. 8. (40 S.) n. 8 ngr

Ambühl, J., s. Ambühl, Josef

AMBÜHL, Joh. Ludwig [pf. Altdorfer]. Briefe einer befreiten Nonne. St. Gallen 1784.
Goedeke V, 540.

Am Buehl, Johann Ludwig: Die Brieftasche aus den Alpen. [Verf.: Johann Ludwig Am Bühl.] Lfg [1]-4. — Zürich: Orell, Geßner, Füßli & Co. (3.4: St. Gallen: Reutiner) 1780–85.
[1.] 1780. 2. 1782. 3. 1783. 4. 1785.
Als Verfasser wird auch Ambachel genannt.
In dem Exemplar von 1 sind einzelne Stücke der Lieferungen falsch zusammengebunden.
1–4 . . . . 1:Yz 5406. 2.
1 . . . . 7.
1–2 . . . . 65 3.10498

— Joh. Ludw. Am Bühls Gedichte. Nach des Verf. eigener Auswahl. Nebst dessen Biographie u. Bildniß. (Hrsg.: Gregorius Grob.) — St. Gallen & Leipzig: Hausknecht & Supprian in Comm. 1803. 176,96 S. 1:Ym 1733.
3.10499

(—) Geschichte des Rheinthals nebst einer topographisch-statistischen Beschreibung dieses Landes. Mit einer Kt. u Prospekten. — St. Gallen 1805: Zollikofer & Züblin. 183 S. 1:Rv 3123. 12:Helv. 61. 300:39.441-B. 7.
3.10500

(—) Die Mordnacht in Zürich. — Zürich: Orell, Geßner, Füßli & Co. 1781. 135 S. 1:Yr 7418. 300:1 in 392.620-A. Bd 200 [u.] 622.135-A. Th. S. 7. 10.
3.10501

[—] Der Schweizerbund. — Zürich: Orell, Geßner, Füßli & Co. 1779. 127 S. 1:an Yr 7276. 10.
3.10502

(—) Neue Schweizerlieder nebst einigen andern Gedichten. — Bern: Walthard 1776. 51 S. 1:Ym 1731. 7. 10.
3.10504

— Wilhelm Tell, ein schweizerisches Nationalschauspiel. Eine Preisschrift von Herrn am Bühl. — Zürich: Orell, Geßner, Füßli & Co. 1792. 84 S. 1:Ys 618. 300:23.211-A. 10.
3.10505

Ambühl, Jos., s.: Festreden an d. Schlachtfeier in Sempach.

Amburger, s. Amburger, Johann Andreas August

Amburger, Gustav, Zur Kritik der schlafmachenden Wirkung des Bromkalium. Diss. Dorpat. 33 pp. 1872

Amburger, Johann Andreas August

— Les eaux de Geilnau. Eaux minérales des plus remarquables qui existent en Allemagne, non-seulement à cause de leur excellent goût, mais encore pour leur grande efficacité dans la guérison de quantité de maladies et d'infirmités corporelles. Analysées et décrites d'abord par Mr. le Docteur Amburger. Relation enrichie des nouvelles expériences de nombre de médecins practiciens de diverses contrées, et publ. par le Docteur [Heinrich Georg] Marschall. Trad. de l'allemand par le Prof. A[uguste] S[imon] d'Arnex. — Offenbach s. M. 1819: Bredé. 51 S. 7.
3.10516

— Der Geilnauer Sauerbrunnen, eines der vorzüglichsten Mineralwasser Deutschlands ... Untersucht u. beschrieben von D. Amburger. — Offenbach 1809: Bredé. 20 S. 1:Is 4860. 12:M. med. 1180/1. 2.
3.10508

— — Ebd. 1811. 22 S. 8.
3.10509

Amburger, Johann Andreas August: Der Geilnauer Sauerbrunnen, eines der vorzüglichsten Mineralwasser Deutschlands ... Untersucht u. beschrieben von D. Amburger. Mit neueren Erfahrungen bereichert u. hrsg. von [Heinrich Georg] Marschall. — Offenbach 1812: Bredé. 22 S. 7.
3.10510

— — Mit neueren Erfahrungen bereichert u. hrsg. von [Heinrich Georg] Marschall. — Ebd. 1815. 39 S. 12:M. med. 36. 8. 11.
3.10511

— — Mit neueren Erfahrungen bereichert u. hrsg. von [Heinrich Georg] Marschall. — Ebd. 1816. 38 S. 7. 11.
3.10512

— — Mit neueren Erfahrungen bereichert u. hrsg. von [Heinrich Georg] Marschall. — Ebd. 1817. 46 S. 7. 11.
3.10513

— — Mit neueren Erfahrungen bereichert u. hrsg. von [Heinrich Georg] Marschall. — Ebd. 1820. 48 S.
Nebent.: Amburger: Untersuchung u. Beschreibung des Geilnauer Mineralwassers.
In den Exemplaren von 8 u. 11 fehlt der Nebentitel.
1:Is 4876. 12:M. med. 36b. 2. 7. 8. 11.
3.10514

— — Mit neuen Erfahrungen bereichert u. hrsg. von [Heinrich Georg] Marschall. — Ebd. 1820. 48 S.
Nebent.: Amburger: Untersuchung u. Beschreibung des Geilnauer Mineralwassers. 1822.

— Untersuchung und Beschreibung des Geilnauer Mineralwassers. 1820 u.ö. s. *Amburger:* Der Geilnauer Sauerbrunnen.

(—) Versuche und Beobachtungen mit dem Geilnauer Sauerbrunnen. — Offenbach 1795: Weiß & Bredé. 87 S. 1:Is 4858. 2. 11.
3.10517

(—) Versuche und Beobachtungen mit dem Sauerwasser bei Geilnau a. d. Lahn. 2. Aufl. — Ebd. 1809. 80 S. 1:Is 4859. 12:M. med. 1059 m. 3. 7. 11.
3.10518

Amburger, medic. chem. Versuche mit dem Geilnauer Mineralwasser. gr. 8. Offenbach, Brede. 795.

— dasselbe mit lat. Lettern. gr. 8. Ebend. 795.

Amburger, Jh. Andr. Aug., s.a. Versuche mit dem Geilnauer Mineralwasser.

— Versuche mit dem Sauerwasser bey Oberlahnstein im Kurfürstenthum Mainz. 1786 in: *Amburger:* Versuche mit dem rheingauer Stahlwasser. 3.10519

— Versuche mit dem Schwefelwasser bey Weilbach unweit Mainz. 1786 in: *Amburger:* Versuche mit dem rheingauer Stahlwasser. 3.10520

— Versuche mit dem rheingauer Stahlwasser, dann dem Schwefelwasser bey Weilbach und dem Sauerwasser bey Oberlahnstein. — Mainz 1786: Craß. 47,52,46 S.
Sondert.: 1. Amburger: Versuche mit dem Schwefelwasser bey Weilbach unweit Mainz.
Sondert.: 2. Amburger: Versuche mit dem Sauerwasser bey Oberlahnstein im Kurfürstenthum Mainz.
1: Is 484. 5. 7. 11.
3.10521

Amburger, Nicolai, aus St. Petersburg: Zur operativen Behandlung der Brustwand- und Mediastinal-Geschwülste. *Tübingen: H. Laupp jr. 1901.* (36 S.) 8° ¶(Aus: Beiträge zur klinischen Chirurgie, Bd 30, H. 3.)
Heidelberg, Med. Diss. v. 1901

Amdohr, O., Prologi Hecyrae Terentianae grammatica, critica, historica ratione pertractantur. Diss. 1878. 80 S. 1.50

Amdohr, *Otto* [Dr.]: Compte-rendu adressé au Ministère royal de l'Instruction publique au sujet du séjour à Paris pendant l'hiver de 1891 à 92. Frankfurt a. O., kgl. Hofbuchdr. Trowitzsch & Sohn, 1893; 1—4 S. 4.
Frankfurt a. d. O., k. Friedrichs-G, OP 1893 (75 [vielm. 74])

Amdohr, *Otto* [Prof. Dr.]: Zwei Elegien des Frankfurter Rektors Georg Sabinus, übs. u. m. e. histor. Abhandlg vers. Frankfurt a. O., kgl. Hofbuchdr. Trowitzsch & Sohn, 1894; 129—153 S. 8.
Frankfurt a. O., k. Friedrichs-G, Festschr. 1894

Amdohr, Otto, approb. Arzt, aus Frankfurt a. O.: Über zwei Fälle von Chorea chronica progressiva. *Greifswald 1901: H. Adler.* (42 S.) 8°
Greifswald, Med. Diss. v. 17. Sept. 1901

Amdohr, Paul, Referendar: Liegt den Bestimmungen des BGB. über die Pflichten des Verkäufers und des Käufers beim Erbschaftskauf ein einheitliches Prinzip zu Grunde? — Rostock 1903: C. Hinstorff. (83 S.) 8°
Rostock, Jur.Diss. v. (14.Febr.) 1903.

Amecke, C. J., das preußische Strafrecht. Eine Zusammenstellung der das Strafprozeß-Verfahren und das materielle Strafrecht bildenden Gesetze, Verordnungen und Rescripte, nebst einem Kommentar und den wichtigsten Entscheidungen der höchsten Gerichtshöfe. 2 Abthlgn. Glogau, Flemming's Verlag.
Inhalt:
Abthl. 1. Das Strafverfahren. (248 S.) 852. 1 Thlr.
2. Die Straf-Gesetze. (S. 249—618.) 853. 1 Thlr. 15 Ngr.

Amecke, E.J., s. Amecke, C.J.

Améda u. Ricord, Maladies secrètes, s.: Ricord.

Amedick, Bernhard, cand.phil.: Das Forst-und Jagdwesen im Hochstift Paderborn während des 17. und 18. Jahrhunderts. Münster 1909: Regensberg. 69 S. 8°(Aus: Zeitschr. f. vaterländ. Gesch. u. Altertumsk. Bd. 67.)
Münster, Phil.Diss. v. 2.Juli 1909, Ref.Spannagel.
(Geb. 4.März 83 Grundsteinheim; Wohnort: Münster i.W.; Staatsangeh.: Preußen; Vorbildung: Gymn. Paderborn Reife 0.05; Studium: Münster 7 S.; Rig. 3.März 09.)

Amédro, E.: Le Calcul amusant. Petit dialogue enfantin. — Hanovre 1901: Jaenecke. 7 S. 7.
3.10539

Amédro, E., le calcul amusant. Petit dialogue enfantin. gr. 8. (7 S.) Hannover 901. (Wolff & Hohorst Nachf.). n. — 35

— Au Pays des fleurs. Saynète en 1 acte, entremêlée de chants et de danses. — Hanovre: Wolff & Hohorst 1901. 16 S. 7.
3.10540

Ameile, J. Blicke i. d. Chronik e. ländl. Familie i. Schwaben. 4. Aufl. 8. (24 S.) Stuttgart 896. Buchh. d. Evang. Gesellschaft. n. — 10

Ameilhon, Hubert Pascal

— Geschichte der Handlung und Schiffahrt der Egyptier unter der Regierung der Ptolemäer, eine Preisschrift von Amailhon. Aus d. Franz. übers. — Prag 1769: mit höchenbergischen Schriften. 210 S.
1: Ur 8044. 12: H. ant. 11 [u.ö.] 2. 10.
3.10563

Ameis, s. Ameis, Carl

Ameis, C., s. Ameis, Carl

Ameis, C. Fr. s. *Ameis,* Karl Friedrich.

Ameis, Carl

Ameis, C.: Adnotata in Theocritum. Specim. I. (Idyll. I-X. Kritisch und hermeneut.) 66 S.
Progr. Mühlhausen 1840.

Ameis: Homerische Kleinigkeiten mit einem unhomerischen Vorwort. 36 S.
Progr. Mühlhausen 1861.

Ameis, Carl: Specilegium explicationum Virgilianarum. 44 S.
Progr. Mühlhausen 1851.

Ameis, C.: De articuli usu apud poetas Graecorum bucolicos. 43 S.
Progr. Mühlhausen 1846.

Ameis, K. F. s. *Ameis,* Karl Friedrich.

Ameis, Karl Friedrich

Ameis, K. F., Anhang zu Homer's Odyssee, s. Homer.

Ameis, Karl Friedrich: Gottfried Hermann's pädagogischer Einfluß. Ein Beitrag zur Charakteristik des altclassischen Humanisten. — Jena: Hochhausen 1850. XIV,115 S.
1: Au 9229. 12: Philol. 7. 4. 5. 8. 9. 10.
3.10564

Ameis, Karl F., der Gymnasiallehrer in seinem edlen Berufe und als Mensch. Blätter der Erinnerung an Carl Gottfr. Siebelis f. seine zahlr. Schüler u. jeden Schulfreund zusammengereiht. gr. 8. Gotha 845. Hennings. 1/6 ß

— **s. Poetae, bucolici et didactici.**

— Das dritte Reformations-Jubelfest der Stadt Mühlhausen in Thüringen am 14. Sept. 1842. — Mühlhausen: Heinrichshofen 1843. LIV,215 S. 1: Tf 2058. 3. 7.
3.10566

— Was kann die wahre Bildung unserer Zeit vernünftigerweise von den Gelehrtenschulen verlangen, damit in der Jugend frühzeitig die rechte Richtung für ein geeignetes Berufsleben erzeugt werde? Rede. — Magdeburg: Creutz 1836. 37 S. 1: Nc 11450.
3.10567

Ameis, Theodorus: De Aeolismo Homerico. Halis Saxonum (1865): Roebling in Mühlhausen. 54 S. 8°
Halle-Wittenberg, Phil. Diss. v. 22. [vielmehr: 24.] Juni 1865
Geb. Mühlhausen (Thür.) 10. 5. 1842. V.

Ameise, d., s.a. Echo.

Ameise, die, oder Bemerk., Charakterzüge u. Anekdoten, auch Schlachtberichte v. Kriegsschauplatze im Jahr 1812, 13 u. 14. (Herausgeg. v. L. Hussell). (Als Fortsetz. d. Samml. von Anekdoten) 1e - 44 e Samml. 8°.Leipz. 1814-20. Baumgartner. (Von d. 28n Samml. an auch unter d. T.: Echo d. Säle europ.Höfe . . . .1s-17sHeft.) 18s - 33s Heft od. Ameise 45s - 60s Heft. 8°. Ebd.1821-1824. Mag.f.Ind.

Die Ameise. Unterhaltungsblatt für alle Stände. [Hrsg.: A. Küchler.] Jg. 1 (= 104 Nrn.); Jg. 2 (= 120 Nrn.).
Mainz: Diemer, Kupferberg, Müller 1827–29. 4°

Die Ameise. Vaterländische Mittheilungen für alle die lesen können. [Hrsg.: F. Philippi.] Jg. 1–17.
Grimma: Verlags-Comptoir 1832–48. 4°
ℭ Jg. 1847 u. 1848 m. d. Untert.: Vaterländische Blätter für Haus und Leben.

Ameise, die, vaterländische Mittheilungen für Alle, die lesen können. Redigirt v. Fd. Philippi. Jahrg. 1835. 156 Numm., wovon jede 3e Numm. m. d. T.: Neue u. frisch gelegte Ameiseneier aus aller Herren Länder, oder: Wie siehts in der Welt aus? 4. Grimma 835. Verlags Comptoir. 1 2/3 ℛ Jahrgg. 1836 — 1840, mit der Beilage: Der Ameise Nacht-Eilwagen. Ebd. (à 1 2/3 ℛ) 10 ℛ Der Nacht-Eilwagen apart à 2/3 ℛ

Ameise, die, vaterländische Mittheilungen für Alle, die — lesen können. Mit d. Beilage: Extrablätter, d. i. der Ameise Nacht-Eilwagen. Redacteur: Ferd. Philippi. 1841—1846. 10.—15. Jahrg. à 208 Numm. (1/2 Bogen.) 4. Grimma, Verlags-Comptoir. à Jahrg. n. 2 1/3 ℛ (Der Nacht-Eilwagen ist auch einzeln für n. 2/3 ℛ zu haben.)

Die Ameise. Vaterländische Blätter für Haus und Leben. Mit der Beilage: Der Nacht-Eilwagen. [Red.: Ferd. Philippi). Jg. 1847–48 (208 u. 156 Nrn).
Grimma: Verlags-Comptoir 1847–48. 4°

Die Ameise. Organ des Verbandes der Porzellan- und verwandten Arbeiter. [Red.: R. Jahn.]
Charlottenburg: Görke & Co 1873–(1901). 8°

Ameisen. Die Ameisen in Tellonia. 8. *o. O.* [1798].

Ameiseneier, neue u. frischgelegte, s. Blätter, osterländische.

Ameiseneier, politische, s. Blätter, osterländische.

Ameiseneyer, politische, s. Blätter, osterländ., 2—4. Viertelj.

Ameisen-Kalender. 1838 — 42. gr. 4. Grimma, Verlags-Comptoir.

Ameisen-Kalender 1890—1893. 52.—55. Jahrg. (Große Ausg.) 4. (à Jahrg. ca. 85 S. m. Abbildgn., 1 Oeldr., 1 Taf. in Phototyp. u. 1 Wandkalender.) Lpz., F. Geißler. à Jahrg. * — 50

Ameisen-Kalender auf d. J. 1894. 56. Jahrg. (Große Ausg.) 4. (89 S. m. Abbildgn., 3 Taf., 1 Farbendr. u. Wandkalender.) Leipzig, F. Geißler. n. — 50

Ameisen-Kalender f. 1896. 58. Jahrg. (Grosse Asg.) 4° (88 m. Abbildgn, 1 Taf. u. 1 Farbendr. Lpzg, F Geissler. — 50

Ameisen-Kalender a. d. J. 1898. 60. Jahrg. Jubiläumsausg. (Gr. Ausg.) 4. (86 S. m. Abb., 2 Holzschntaf. u. 1 Farbdr.) Leipzig, F. Geißler. n. — 50

Ameisen-Kalender f. 1901. 63. Jahrg. 4° (86 m. Abb. u. 1 Farbdr.) Lpzg, E Trachbrodt. — 50

Ameisen-Kalender auf d. J. 1902. 64. Jahrg. 4. (85 S. m. Abbildgn., 1 Farbdr. u. Wandkalender.) Leipzig, E. Trachbrodt. n. — 50

Ameisen-Kalender f. 1906. 68. Jahrg. (88 m. Abb. u. 2 Taf.) 8° Lpzg, E Trachbrodt. — 50 d

Ameisen-Kalender auf d. J. 1907. 69. Jahrg. (84 S. m. Abbildgn., 1 Taf. u. Wandkalender.) gr. 8. Leipzig, E. Trachbrodt. n. — 50

Ameisen-Kalender auf d. J. 1910. 72. Jahrg. (82 S. m. Abbildgn., 2 Taf. u. Wandkalender.) gr. 8. Leipzig, E. Trachbrodt. — 50

Ameisen-Kalender auf '13. 75. J. Jubiläumsausg. (85 m. Abb. u. 1 Taf.) gr8° Lpzg, E Trachbrodt. — 50 d

— kleiner, f. 1891. 4. (82 m. H.) Ebd. n. — 20

— kleiner, auf d. J. 1894. 4. (40 S. m. Abbildgn.) Ebd. n. — 20

— kleiner, f. 1896. 4° (40 m. Abbildgn.) Ebd. — 20

— kleiner, a. d. J. 1898 Jubiläumsausg 4. (40 S. m. Abb.) Ebd. n. — 20

— kleiner, f. 1901. 4° (40) Ebd. — 20

— kleiner, auf d. J. 1902. 4. (40 S. m. Abbildgn.) Ebd. n. — 20

— kl., f. 1906. (40 m. Abb.) 8° Ebd. — 20 d

— kleiner, auf d. J. 1907. (40 S. m. Abbildgn.) gr. 8. Ebd. n. — 20

— kleiner, auf d. J. 1910. 72. Jahrg. (40 S. m. Abbildgn.) gr. 8. Ebd. — 20

Ameisen-Kalender, Königl. Sächsischer, a. d. J. 1854 – 59. Nebst Deutschem Disteli-Kalender. Leipzig, Geißler. 4. (118; 109; 97; 98; 98; 98 S. m. Holzschn. im Text.) Jeder Jahrgang n. 5 ngr

Ameisen-Kalender, Königl. Sächsischer, auf das Jahr 1860 —1865. Nebst deutschem Disteli-Kalender. Leipzig, Geißler. 4. (100; 97; 101; 100; 100; 100 S. mit Holzschn. im Text.) Jeder Jahrg. n. 5 ngr.

Ameisenkalender, königlich sächsischer, auf das J. 1866—1871. Nebst deutschem Disteli-Kalender. Leipzig, Geißler. 4. Jeder Jahrg. (à ca. 100 S. m. Holzschn.) n. 5 ngr.

Ameisen-Kalender, königl. sächsischer, auf die J. 1869—1875. Nebst deutschem Disteli-Kalender. 4. (à Jahrg. 102 S. mit eingedr. Holzschn. und 1 Holzschntaf. in gr. 4.) Leipzig, Geißler. à Jahrg. *

Ameisen-Kalender, königl. sächsischer, auf die J. 1876—1880. Nebst deutschem Disteli-Kalender. 4. (à Jahrg. ca. 100 S. mit eingedr. Holzschn. und 1 Holzschntaf. in qu. gr. 4.) Leipzig, F. Geißler. à Jahrg. *

Ameisen-Kalender, königl. sächsischer, auf die J. 1881—1885. Nebst deutschem Disteli-Kalender. 4. (à Jahrg. ca. 100 S. mit eingedr. Holzschn. und 1 Chromolithogr.) Leipzig, F. Geißler. à Jahrg. *

Ameisen-Kalender, königl. sächsischer, auf die J. 1886—1889. Nebst deutschem Disteli-Kalender. 4. (à Jahrg. 100 S. mit eingedr. Illustr. und 1 Chromolithogr.) Leipzig, F. Geißler. à Jahrg. *

Ameisen-Kalender, königl. sächsischer, auf d. J. 1886. Nebst deutschem Disteli-Kalender 4. (89 S. m. eingedr. Illustr. u. 1 Chromolith.) Leipzig, Trachbrodt. n. — 50

Ameisen-Kalender, königl. sächsischer, auf d. J. 1891. 53. Jahrg. 4. (87 S. m. Abbildgn., 1 Oelfarbendruckbild u. 1 Wand-Almanach.) Leipzig, Fr. Geißler. n. — 50

—— königl. sächsischer (kleiner), auf das J. 1857. Nebst deutschem Disteli-Kalender. 4. (34 S. mit eingedr. Holzschn.) Leipzig 856, Geißler. *

—— königl. sächsischer kleiner, auf die J. 1858—62. Nebst deutschem Disteli-Kalender. 4. (à Jahrg. 34 S. mit eingedr. Holzschn.) Leipzig, Geißler. à Jahrg. *

—— königlich sächsischer kleiner, auf die J. 1863—68. Nebst deutschem Disteli-Kalender. 4. (à Jahrg. 34 S. mit eingedr. Holzschn.) Leipzig, Geißler. à Jahrg. *

—— königl. sächsischer kleiner, auf die J. 1869—1875. Nebst deutschem Disteli-Kalender. 4. (à Jahrg. 34 S. mit eingedr. Holzschn.) Leipzig, Geißler. à Jahrg. *

—— königl. sächsischer kleiner, auf die J. 1876—1880. Nebst deutschem Disteli-Kalender. 4. (à Jahrg. ca. 34 S. mit eingedr. Holzschn.) Ebendas. à Jahrg. *

—— königl. sächsischer kleiner, auf die J. 1881—1885. 4. (à Jahrg. ca. 34 S. mit eingedr. Holzschn.) Ebendas. à Jahrg. *

—— königl. sächsischer kleiner, auf die J. 1886—1889. 4. (à Jahrg. 32 S. mit Illustr.) Ebendas. à Jahrg. *

—— königl. sächsischer kleiner, auf d. J. 1890—93. 4. (à Jahrg. ca. 35 S. m. Holzschn.) Ebd. à Jahrg. * — 20

Ameisen- (u. Disteli-) Kalender, kgl. sächs. concessionirter, a. d. J. 1843—47. (à 12—13 B. mit vielen Holzschn.) 4. Grimma, Verlags-Compt. à J. *

Ameisen-Kalender, Königl. Sächs. concess., auf d. J. 1848—1853. Nebst Deutschem Disteli-Kalender. 4. (m. Holzschn. 1848—49 à 104 S. — 1850: 128 S. — 1851—53 à 136 S.) Grimma, Verlags-Comptoir. à n. 1/6 Thlr

Ameisen- u. Mückenkrieg, der, ein Gedicht etc., (v.H.C.Fuchs), herausg. v. Bths. Schnurr v. Landsidel u. neu herausg. v. J.G.B. (Joh. Gust. Büsching). 8°. Leipzig 1806. (Wienbrack).

Ameke, Theod. (geb. Menden in Westf., 1810): De ovariorum degenerationibus earumque signis et causis. Berolini (1834). (31 S.) 8°
Berlin, Med. Diss. v. 20. Sept. 1834

Ameke, W., s. A m e k e , Wilhelm

Ameke, Wilhelm: Ueber Behandlung der Aneurysmen durch spitzwinklige Flexion der Glieder. Halle (1869): Heynemann. 33 S. 8°
Halle-Wittenberg, Med. Diss. v. 13. Nov. 1869
Geb. Menden (Westf.) 19. 4. 1847. V.

Ameke, W., die Entstehung und Bekämpfung der Homöopathie. gr. 8. Berlin 884, B. Behr's Verlag.

Ameke, Wilhelm: Die Entstehung und Bekämpfung der Homöopathie. Mit e. Anh.: Die heutige Universitäts-Medicin. — Berlin: Janke 1884. XII,438 S.
1: If 11390. 12: Med. g. 7 f. 2. 5. 7. 8.
3.10571

Amclair, P., Versuch über das Verbrennen menschlicher Körper nach einem langen Mißbrauch geistiger Getränke. A. d. Franz. v. C. W. Ritter. 8. Altona, Hammerich. 801.-

Amelang, Kriminalrat. 1792 s. *Amelang,* Karl Ludwig.

Amelang's Frauen-Jahrbuch 1911. (159 S. m. 7 Taf. u. 1 farb. Bildnis.) kl. 8. Leipzig, C. F. Amelang. Geb. in Leinw. 4. —

Amelang's Frauen-Jahrb. '12. (130 m. 8 [7 Bildn.-] Taf.) kl8° Lpzg, CF Amelang. Pappbd 3 — d

Amelang's Schul-Kalender f. Schulaufsichtsbeamte, Lehrer u. Lehrerinnen, Seminaristen u. Präparanden der Prov. Brandenburg auf d. J. 1905—1906. Hrsg. v. Jul. Rücker. (160 S. m. Abbildgn.) 16. Charlottenburg, Amelang'sche Lehrmittelh. Geb. in Leinw. n. — 75

Amelang, C. F.: Amelangs Leihbibliothek, Berlin-Charlottenburg. Haupt-Katalog. 1909. — (Berlin: Amelang 1909.) LVI,287 S. 1: Aq 5396.
3.10572

Amelang, C. F.: C. F. Amelangs Verlag Leipzig 1806–1906. Ein Erinnerungsblatt für unsere Freunde. — [Leipzig 1906.] 49 S. 4.
3.10573

Amelang, G., s. A m e l a n g , Gustav

Amelang, Gustav

Amelang, G., an die evangelischen Fürsten u. das Volk deutscher Nation. Nachklänge der Wittenberger Feier 31. Oktbr. 1892. gr. 8. (7 S.) Dessau 892. P. Baumann. n. — 30

Amelang, Gust., E. Schulspaziergang. E. Cyclus v. Volksliedern m. verb. Deklamation. gr. 8. (12 S.) Dessau 898. Buchh. des evangel. Vereinshauses. n. — 20

Amelang, G., Hennigs v. Treffenfeld. Vaterländisches Schauspiel in 3 Aufzügen. 8. (VIII, 95 S.) Dresden 890. Pierson. n. 1. —

Amelang, G., Waldemar, Markgraf von Brandenburg. Schauspiel in 5 Aufzügen. 8. (IV, 171 S.) Dresden 890. Pierson. n. 2. —

—— Wie Kaiser Wilhelm am 20. Jan. 1891 die Garnison v. Hannover alarmirte. Eine Historie. 4. (4 S.) Dessau 891, (Baumann.) * — 20

Amelang, Gustav: Wie Kaiser Wilhelm am 20. Januar 1891 die Garnison von Hannover alarmirte. Eine Historie. — Dessau: Petruschka (1891). 2 Bl. 1: Yo 23527.
3.10574

Amelang, J.G., s. A m e l a n g , Johann Gottfried

Amelang, Johann Gottfried

Amelang, J. G., Vom Alter der Schreibekunst, besonders zu Briefen, und insbesondere von der Correspondenz im Homer. Leipzig 800. 8. 20 gr.

Amelang, Jh.Gf., v.d. Alterthume d. Schreibekunst in d. Welt, besonders zu Briefen, u. insbesondere v.d. Korresp. im Homer. gr. 8°. Leipz. 1800. (Aue in Altona).

Amelang, Johann Gottfried: Von dem Alterthum der Schreibekunst in der Welt, bes. zu Briefen, und insbes. von der Correspondenz im Homer. — Leipzig: Jacobäer 1800. 232 S. 1: V 7834. 12: Graph. 4. 7. 10.
3.10575

Amelang, Joh. Gfrd, Gedanken über die Absicht und den Plan des Tacitus bei seinem Buche von der Lage und den Sitten der Teutschen.
In: Tacitus, Germania, übers. von Ernesti. 1791.

— krit. Untersuch. einiger Stellen in den alten Autoren, das Persische Postwesen betreff. gr. 8. Leipz. 774. (Aue in Altona). 4 gr

— Vorläufige kritische Untersuchungen einiger Stellen in den alten Auctoren, das persische Postwesen betreffend. Mit der Ankündigung einer nach dem am Ende beygefügten Plane verfertigten und auf Pränumeration auszugebenden pragmatischen Postgeschichte, von Joh. Gottfried Amelang. — Leipzig: Jacobäer 1774. 78 S.
1: 7 in Pz 18. 300: 32.917-B. 3. 5. 7. 8. 10.
3.10576

Amelang, K.L., s. A m e l a n g , Karl-Ludwig

Amelang, Karl Ludwig [Hrsg.] s. *Archiv*, Neues, der preußischen Gesetzgebung und Rechtsgelehrsamkeit

— [Hrsg.] s. *Archiv* des preussischen Rechts

Amelang, Karl Ludwig, neues Archiv d. Preuß. Gesetzgebung u. Rechtsgelehrsamkeit. 4 Bde. 15 Hefte. gr. 8°. Berlin 1800-1805. Nauck.

AMELANG (K. L.) u. GRÜNDLER (K. A.): Archiv d. preuss. Rechts. *Berlin*, Nauck. 799—800. 3 Bde. 8. (4 Thl. 18 Gr.)

– s. Proceß des Buchhändler Unger.

— zur Vertheidigung des wegen seiner Predigten in Inquisition gerathenen Predigers Schulz in Gielsdorf bei Berlin. 8 Berl. 792. Vieweg in Braunschw. 15 gr.

Amelang, Karl Ludwig, Vertheidigung d. Predigers Schulz zu Gielsdorf in d. zweiten Instanz. 8°. Hamburg 1798. (Aug. Campe).

— Vertheidigung des Prediger Schulz in der zweiten Instanz. — Hamburg: B. G. Hoffmann 1798. 284 S.
2. 4. 7. 10.
3.10578

Amelang, Theodor

Amelang, Theod., Gedichte. Mit einem Nachwort von Ehrenreich Eichholz. 8. Leipzig 844. (Berlin, Springer.) n. $1^1/_6$ ₰ — geb. $1^5/_6$ ₰

Amelang, Theodor: Gedichte. Mit e. Nachwort von Ehrenreich Eichholz. — Leipzig 1844: Brockhaus. XXI,237 S.
1:Yo 1716. 300:22.054-B.
3.10579

Amelang, Theod., Gedichte. Mit e. Nachwort v. Ehrenr. Eichholz. 8. ($16^1/_2$ B.) Leipzig 845. (Berlin, Springer.) *

Amelgard..., Regierungsgeschichte Karls VII. u. Ludwigs IX., herausg. von du Theil. Aus d. Französ. übers. gr. 8°. Hildburgh. 1793. Hanisch.

Amelia, oder: Der verhängnisvolle Maskenball. (Un ballo in maschera). Oper in 3 Akten. Musik von G. Verdi. Deutsch von J. C. Grünbaum. Wien 1862. V: *Sommer, Antonio & Francesco Maria Piave.* (EB)

Amelie, ou Duc de Foix. Tragédie p. Voltaire. 8. Orgade 753.

Amélie, ou les écarts de ma jeunesse. II Vols. 8. Leipz. 798. (W. Nauck). 1 ₰ 8 gr

Amélie; ou les écarts de ma jeunesse; ornée de gravures. II Vol. 8. Par. Sommer, Lpz. 798.

— a history. II Vols. 8. Dresd. 803. Walther. 2 ₰ 16 gr

Amélie. — Amélie. Aus den Papieren eines Unbekannten. — Leipzig: C. F. Schmidt 1845. 205 S.
1:Yx 5577.
3.10583

Amélie Mansfield. Voyez Mansfield.

Amelinghausen, s.: Deutschland. Karte. (Abt. Preussen.)

Amelinghausen, s.: Preussen. Messtischblätter.

Amelius, Theoph., Erörter. der dunkelsten und schwersten Schriftstellen Alt. Test. 2 Thle. 8. Berlin, Nicolai. 725.

— — des Neuen Test. 2 Thle. 8. 725.

Amelot, Mme [Pseud.] 1846 s. *Ancelot*, Virginie.

Amelot, s.a. La Houssaye de

Amelot de la Houssaye, Abraham Nicolas. Erläuterter Kornelius Tacitus von dem Leben und den Staatsmaximen des Kaysers Tiberius aus dem Franz. Augsb. 1777. Ü: *Baratti, Edler v.* (ML)

— Der Kaiser Tiberius. Eine Staatsabhandlung nach der Vorschrift des Tacitus. Aus d. Franz. des Abraham Nicolaus Amelot de la Houssaye. — Augsburg: Rieger 1772. XL,739 S.
1:Wn 515. 12:A. lat. b. 1960.
3.10665

Amelote, Denis

Amelotte, P., Leben der gottseligen Schwester Margaretha vom heil. Sacramente, aus dem Orden der Carmeliterinnen im Kloster zu Beaune. Uebersetzt u. herausgeg. vom Priester Dr. Fr. Poesl. Mit 1 Portrait der Dienerin Gottes, einigen Andachts-Uebungen, und Liedern zum heil. Kinde Gottes. gr. 8. Passau 842; Augsburg, Kollmann. $1^1/_4$ ₰

— Leben der gottseligen Schwester Margaretha vom heiligen Sacramente aus dem Orden der Carmeliterinen im Kloster zu Beaune. Verf. von e. Priester aus d. Congregation des Oratoriums unsers Herrn Jesu Christi ⟨P. Amelotte⟩. Übers. u. hrsg. von Friedr[ich] Poesl. Mit Portr. — Passau: Pleuger 1842. XXVIII,444 S.
1:Dx 420. 12:V. SS. 517 m.
3.10669

Amelotte, P., Leben d. gottsel. Schwester Margaretha v. heil. Sacramente, a. d. Orden d. Carmeliterinen im Kloster zu Beaune. Uebers. u. hrsg. v. Friedr. Poesl. Mit einigen Andachts-Uebungen u. Liedern z. heil. Kinde Gottes. gr. 8. ($29^1/_2$ B, M's Portr. u. 1 Musikb.) Passau 842, Pustet'sche Buchh.

— Leben der gottseligen Schwester Margaretha vom heiligen Sakramente, aus dem Orden der Carmeliterinnen im Kloster zu Beaune. Verf. von e. Priester aus d. Congregation des Oratoriums unseres Herrn Jesu Christi ⟨P. Amelotte⟩. Uebers. u. hrsg. von Friedrich Poesl. Mit Andachtsübungen und Liedern zum heiligen Kinde Jesu. 2. Aufl. Regensburg: Manz 1881. XXIV,464 S.
12:V. SS. 517 n.
3.10670

Amelotte, Priester d. Congrégation de l'Oratoire de Jésus s. *Amelote*, Denis.

Amels, Ernst, appr. Arzt aus Crefeld: Geschichtlicher Ueberblick über die Physiologie der Atmung bis zum Anfange des 19. Jahrhunderts. *Leipzig 1903: B. Georgi.* (67 S.) 8° Leipzig, Med. Diss. v. (7. Jan.) 1903

Amelung, Verf. von: Ist die Freimaurerei geeignet, die Versöhnung der heutigen Gegensätze zwischen Kirche und Welt herbeizuführen? 1883 s. *Amelung*, Karl Franz.

Amelung, A., s. Amelung, Artur

Amelung, A., Garteninspektor. 1905 s. *Amelung*, Heinrich.

Amelung, Artur: Beiträge zur deutschen Metrik. Von Arthur Amelung. — Halle: Buchh. d. Waisenhauses 1871. S. 254-306.
Aus: Zeitschrift für deutsche Philologie. 3. 1871.
Ersch. auch als Diss. u. d. T.: Amelung: Studien zur vergleichenden Metrik. 1. Dorpat 1871.
1:Yb 6345.
3.10673

— Arthur Amelung. Die Bildung der tempusstämme durch vocalsteigerung im deutschen. Eine sprachgeschichtliche untersuchung. — Berlin: Weidmann 1871. 95 S.
1:Ya 3410. 12:L. germ. 13 g. 300:145.821-B.
2. 3. 4. 5. 7. 9. 10. 11.
3.10674

(—) Grundzüge der mittelhochdeutschen Metrik. — (Halle [1872]: Waisenhaus.) 16 S. 3.
3.10675

Amelung, Arturus: • Prolegomena ad Ortnidum, carmen theodiscum seculi XIII. 42 S. 4°
Halle-Wittenberg, Phil. Diss. v. 15. Mai 1868
Geb. [Katharina bei Fellin (Livland) 15. 7. alten Stils 1840]
Des Verf. Bearb. v. Ortnit. ersch. in: Deutsches Heldenbuch. Berlin 1871. T. 3. S. 1—77.

Amelung, C.E.I.: Erd-, Länder- und Völkerkunde. Ein praktisches Handbuch d. mathematischen, physikalischen u. politischen Geographie. — Berlin: Seehagen 1864. VIII, 472 S. 2.
3.10676

— — Ebd. 1864. 472 S. (Fortbildungs-Schule für jedermann. 7.) 1:Ah 4089-7.
3.10677

— — 3., umgearb. Aufl. Ebd. 1868. XII,470 S. 1:Pp 6101³.
3.10678

—— Geschichtskal. d. Preuss. Vaterlandes. 8. (336) Berl. 55, Cohn. n. — 22½

— Geschichtskalender des preußischen Vaterlandes in Bildern. — Berlin: Adolf 1855. VII,336 S.
2. Aufl. s. *Amelung:* Die denkwürdigsten Tage d. preußischen Vaterlandes. 1862.
1:St 1987.
3.10679

Amelung, C.E.I.: Grundriss für den Unterricht in der Naturbeschreibung. — Berlin: Adolf 1860. VIII,106 S. 1:Le 4971.
3.10680

—— Lehrgang der deutschen Sprache. gr. 8. (VI und 96 S.) Berlin 854(55,) Adolf und Comp. *

— Lehrgang der deutschen Sprache. 2., gänzl. umgearb. u. verm. Aufl. — Berlin: Wohlgemuth 1869. 158 S. 1:Y 6130.
3.10681

— Die denkwürdigsten Tage des preußischen Vaterlandes in historischer und poetischer Darstellung. 2., verm. u. verb. Aufl. des „Geschichtskalender". — Berlin: Adolf 1862. 336 S. 1:St 1988. 11.
3.10682

—— die denkwürdigsten Tage des preußischen Vaterlandes in histor. und poet. Darstellung. 2., verm. und verb. Aufl. des „Geschichtskalender des preuß. Vaterlandes in Bildern." 8. (VIII und 236 S.) Berlin 862, [Cohn und Comp.] cart. *

— Wandtafeln für die biblische u. vaterländische Geschichte. Berlin 856. Adolf u. Co. gr. Fol. (4 Tab.) n. 1 ₰ 10 ngℓ

—— (18) Wandtaf. f. d. bibl. u. vaterl. Geschichte. Fol. Ebd. 57. n. 1. 10

—— Wegweiser für Schüler beim geographischen Unterricht. gr. 8. (VIII und 113 S.) Berlin 861, Adolf und Comp. *

Amelung, C.N., de calculis biliariis. c. tab. aen. 8°. Marburg 1797, Krieger. 4 .

Amelung, C.Ph., s. Amelung, E. Ph.

Amelung, Carl Heinrich, Livonus, De funiculi umbilicalis delapsu atque umbilici formatione. Diss. Dorpat. 16°. 85 pp.
1837

Amelung, E.M.: Die Spezial-Gesetze für die Provinz Brandenburg. — Berlin: Sacco (1856). 80 S. 1:Gu 5710.
3.10683

— Die Spezial-Gesetze für die Provinz Sachsen. — Berlin: Sacco (1856). 112 S. 1:Gu 15524.
3.10684

Amelung, E. M., die Spezial-Gesetze für die Provinz Schlesien. gr. 8. (104 S.) Berlin 857, Sacco.

— der Volks-Anwalt. Universal-Rathgeber in allen Verhältnissen des bürgerlichen, gerichtlichen und geschäftlichen Verkehrs. 3 Bde. Ebend. 854—58. 8. (735; VIII, 737; VIII, 200 S.) 3 ₰ 15 ngℓ

—— dass. — 1—3. Suppl.-Heft. gr. 8. (3. Bd. VIII S. und S. 1—144.) Ebds. 855. à Heft 3 Ngr.

—— d. Volks-Anwalt. 3. Afl. 3 Bde. 8. (1671) Ebd. 57. 59. 3. 15

Amelung, E. Ph., dem Andenken Dr. Zimmermanns, Prof. d. Theol. zu Marburg in dankbarer Erinnerung geweiht. gr. 8. (1 B.) Marburg 834, Elwert's Univ.-Buchh.

— Ueber Maturität auf höheren Schulen. — Marburg: Garthe 1824. 48 S.
Ersch. auch als Progr. des Acad. Pädagogiums. Marburg 1824.
10.
3.10687

Amelung, E. W.: Ueber Verpflichtung der Prediger der protestantischen, besonders der reformirten Kirche auf symbolische Bücher. Ein Seitenstück zu d. Schrift d. Obergerichtsanwalts Henkel: "Wider die Feinde d. Vernunft u. d. Glaubensfreiheit". — Cassel: Luckhardt 1839. 14 S. 1:Df 16560. 4.
3.10688

Amelung, Ernst, aus Karlshafen: Ueber anodische Polarisation an Bleielectroden und Methode zur Bestimmung der Potentialdifferenz: Metall-Elektrolyt. *Göttingen 1902: W. F. Kaestner.* (45 S.) 8°
Göttingen, Phil. Diss. v. [20. Nov.] 1902

Amelung, Ernst, über anodische Polarisation an Bleielectroden u. Methode zur Bestimmung d. Potentialdifferenz: Metall-Elektrolyt. Diss. (45 S. m. 15 Fig.) gr. 8. Göttingen 902. (Vandenhoeck & Ruprecht.) n. 1.60

Amelung, F., Fabrikbesitzer, Dorpat. 1879 s. a. *Amelung*, Friedrich.

Amelung, F., s. a. J. Larrey, chirurg. Klinik.

Amelung, F., s. a. Mayo, Grundriß der Pathologie.

Amelung, F., Rechenfibel f. die ersten Schuljahre. 8. (40 S.) Bockenem 891. (Leipzig, R. Streller.) n.n. — 30

Amelung, Franc. Ludov. (geb. Bickenbach 28. 5. 1798): Disquisitiones quaedam de contagiorum natura. Berolini (1819). (62 S.) 8°
Berlin, Med. Diss. v. 24. Dez. 1819

Amelung, Franz: Beiträge zur Lehre von den Geisteskrankheiten. Hrsg. von Franz Amelung u. Friedrich Bird. Bd 1.2. — Darmstadt & Leipzig: Leske 1832-36. 1:Kk 992. 3. 5. 7. 10.
3.10689

— Allgemeine Vorschriften zur Behandlung der Irren und zur Verhütung der Geisteszerrüttung überhaupt. Zunächst für Nichtärzte bestimmt. — Frankfurt a. M.: Wesché 1827. VIII,90 S. 1:Kk 902. 300:70 M 64. 10.
3.10690

Amelung, Franziska, Ein Leben dienender Liebe. (24 S.) Hamburg 1882. Oemler. —.50

Amelung, Friedrich: Revaler Alterthümer. Von F. Amelung. — Reval: Kluge 1884. 86 S. 1:Uf 4203. 300:162.227-B. 7.
3.10691

— F. Amelung. Das Bier in den baltischen Provinzen. — (Dorpat 1881: Mattiesen.) 21 S.
Aus: Neue Dörptsche Zeitung. 1881.
10.
3.10692

— Bilder zur baltischen Cultur-Geschichte mit der Bilderklärung und dem Originaltext hrsg. von F. Amelung. Lfg 1. — Reval: Kluge & Ströhm in Komm. 1879. 28 S., 1 Taf.
1. Ehstnische Bauernhochzeit Anno 1643 auf dem Gute Kunda (in Ehstland).
1: Uf 2919.
3.10693

Amelung, Friedrich: Zur hundertjährigen Erinnerung an Immanuel Kant und das Erscheinen der 'Kritik der reinen Vernunft'... 1781. (Verf.: F. Amelung.) — (Dorpat 1881: Mattiesen.) 12 S.
Aus: Neue Dörptsche Zeitung. 1881. **10.**
3.10694

—— Geschichte der baltischen freiwilligen Feuerwehr-Vereine in den J. 1862 bis 1882. Festgabe des Revaler freiwill. Feuerwehrvereines zum IV. balt. Feuerwehrtag. Nach den actenmäss. Quellen bearb. gr. 8. (V, 90 S.) Reval 882. (Wassermann.) *

Amelung, F., Geschichte der Revaler Schwarzenhäupter von ihrem Ursprung an bis auf die Gegenwart. Nach urkundenmäß. Quellen des Revaler Schwarzenhäupter-Archivs bearb. (In 3 Lfgn.) 1. Lfg.: Die erste Blüthezeit von 1399 bis 1557. gr. 8. (136 S.) Reval 885, Wassermann. *
Nicht weiter erschienen.

— F. Amelung. Livländische Culturfortschritte [Kulturfortschritte] in den letzten 100 Jahren. — (Dorpat 1878: Mattiesen.) 24 S.
Aus: Neue Dörptsche Zeitung. 1878. **10.**
3.10696

Amelung, F[riedrich]: Baltische Culturstudien aus den 4 Jahrhunderten der Ordenszeit (1184—1561). Halbbd 1.2. — Dorpat: Mattiesen; (Lpz: Köhler) 1884—1885. S. 1—163; 161—351.

— F. Amelung. Das Revaler Mönchskloster gen.: Der Münkenhof. — Reval 1882: Revaler Beobachter. 29 S.
Aus: Revaler Beobachter. 1882. **10.**
3.10698

Amelung, F. (Hrsg.), s. Schachblätter, Baltische.

— 30 Revaler Schachpartien. Baltisches Schachalbum f. d. J. 1883. Enth. 30 in den J. 1879—1882 incl. in der Revaler Schachversammlg. gespielte Partien, m. analyt. Anmerkgn. hrsg. gr. 8. (29 S.) Reval 883. (Kluge.) n. — 80

Amelung, H., s. Amelung, Harry

Amelung, Harry: Drei irrige Annahmen in Rudolf Martins 'Die Zukunft Russlands'. Der tatsächlich unermeßliche Reichtum Rußlands u. das für Rußland epochale Werk D. Mendeleews 'Zur Erkenntnis Rußlands'. — Dresden: Boden [1908]. 31 S. 1: Ue 6794/5.
3.10699

Amelung, Heinrich: Praktische und lohnende Champignonkultur für jedermann nach bewährter, auf langjähriger Erfahrung beruhender Methode, vom Kgl. Garteninspektor A. [vielm. Heinrich] Amelung mit e. Anh. über wildwachsende essbare und giftige Pilze, sowie Winke für ihre Zucht von R[obert] Betten. Mit 85 Abb. — Erfurt: Erfurter Führer im Gartenbau [1905]. 108 S.
1: Ow 42109. **3.**
3.10700

Amelung, A., praktische u. lohnende Champignonkultur f. Jedermann nach bewährter auf langjähr. Erfahrung beruhender Methode, m. e. Anh. üb. wildwachs. eßbare u. gift. Pilze sowie Winke f. ihre Zucht v. R. Betten. (IV, 108 S. m. 85 Abbildgn.) gr. 8. Erfurt (905). J. C. Schmidt. n. 1.20

Amelung, A: Prakt. u. lohn. Champignonkultur, m. e. Anh. üb. wildwachs. essbare u. gift. Pilze, sowie Winke f. ihre Zucht v. R Betten. (188 m. Abb.) gr8° Erf., JC Schmidt (06). 1.20; L. 2 — d

Amelung, Heinr., rationeller Gemüsebau des Privatmannes im Vorort. s. a. Vorort-Bibliothek. 7. Bd.

— Rationeller Gemüsebau des Privatmannes im Vorort. — Berlin: Baedeker & Moeller 1908. 117 S. (Vorort-Bibliothek. 7.) 1: Fd 3494/20-7.
3.10702

Amelung, Heinz, s.: Brentano, Clem., u. Sophie Mereau, Briefwechsel.

Amelung, Henr., Dissert. inaug. de oculi suppurationibus et praecipue de Hypopijo. 8maj. (3¾ B.) Marburgi 1831, (libr. universit. Elwert.)

Amelung, J.: Über Fluth und Ebbe in St. Petersburg. — St. Petersburg: Imp. Akad. Nauk 1882. 14 S. (Repertorium für Meteorologie hrsg. von d. Kais. Akademie der Wissenschaften. 8,4.)
1: Mv 2265-8,4. 12: 4° Phys. sp. 199n-8. **10.**
3.10708

Amelung, J., (18) Wandtafeln für die biblische und vaterländische Geschichte. Imp.-Fol. Berlin 857, Adolf und Comp. *

Amelung, J.A., s. Amelung, Julius August

Amelung, Julius August: Abhandlung über den Wasserbau an den schiffbaren Flüssen des Großherzogthums Hessen. Mit 4 Kt. — Darmstadt: Leske 1845. VIII, 222 S.
1: Nz 8402. 12: A. hydr. 3m. 300: 569.932-B. **83. 89.**
3.10711

Amelung, K., s. Amelung, Karl

Amelung, K. Chr. G., s. Valentin, Abhandl.

Amelung. Karl [Cand. rev. min., Oberlehrer am Vitzthumschen Gymn. zu Dresden]: Leben und Schriften des Bischofs Jonas von Orleans .... Dresden, Druck v. B. G. Teubner, 1888; 54 S. — 1 Bl. 4°
Leipzig, Phil. Fak., Inaug.-Diss. v. 4. März 1888

Amelung, Karl, Leben und Schriften des Bischofs Jonas von Orleans. Diss. Leipzig 1888, Gustav Fock. 4°. 54 S.
Zugleich Progr. des Vitzthumschen Gymnasiums in Dresden 1888.

Amelung, Karl: M. Johannes Mathesius, ein lutherischer Pfarrherr des 16. Jahrhunderts. Sein Leben u. Wirken, unter Benutzung d. hs. Nachlasses d. sel. Pfarrers Christian Müller zu Fürstenau i. Odenwald, dargest. von Karl Amelung. Mit 1 Bildnis u. 3 Anh. — Gütersloh: Bertelsmann 1894. VII, 284 S.
1: Av 401. 12: Biogr. 744mf. **3. 5. 6. 7. 9. 10.**
3.10712

Amelung, Karl Franz: Ist die Freimaurerei geeignet, die Versöhnung der heutigen Gegensätze zwischen Kirche u. Welt herbeizuführen? (Verf.: Amelung.) Als Ms. gedr. — Görlitz: Sattig in Komm. 1883. 47 S. **2.**
3.10714

Amelung, L., s. Amelung, Leopoldine

Amelung, Leopoldine, illustr. Handbuch der Kochkunst, enth. üb. 4000 erprobte f. gut bürgerl. Küche, sowie f. die feine Taf. pass. Rezepte in alphabet. Reihenfolge. gr. 8. (V, XLV, 576 S, m. Abbildgn.) Leipzig 894. O. Spamer. n. 6. —; geb. in Leinw. n. 7. 50

Amelung, Frau Leopoldine, ill. Handb. der Kochkunst, enth. üb. 4000 erpr. f. gut bürgerl. Küche sowie f. d. feine Tafel pass. Rezepte i. alphabet. Reihenfolge, ausgew. m. Berücksicht. d. Nahrungswertes u. d. Verdaulichkeit d. Speisen. Nebst prakt. Anweisgn. f. Hauswirtschaft, Küche u. Keller, zahlr. Speisezetteln, sow. e. ausf. Sachreg., n. d. Art d. Speisen geordn. 2. Aufl. gr. 8. (III, XLV, 576 S.) Leipzig 896. O. Spamer. n. 6. —; geb. in Leinw. n. 7. 50

Amelung, Frau Leopoldine, illustriertes Handbuch der Kochkunst, enth. üb. 4000 erprobte f. gut bürgerl. Küche sowie f. die feine Tafel paff. Rezepte, in alphabet. Reihenfolge ausgew. m. Berücksicht. des Nahrungswertes u. der Verdaulichkeit d. Speisen. Nebst prakt. Anweisgn. für Hauswirtschaft, Küche u. Keller, zahlr. Speisezetteln, sowie e. ausführl. Sachregister, nach der Art der Speisen geordnet. 3. [Titel-]Aufl. gr. 8. (V, XLV, 576 S.) Leipzig [896] 901. O. Spamer. Geb. in Leinw. n. 4.50

Amelung, Ludwig Franz, u. Fr. Bird, Beitrr. zur Lehre von d. Geisteskrankheiten. 1. Band. 8⁰. Darmstadt 1832. Leske.

Amelung, Ldw., Frz. u. Fr. Bird, Beiträge zur Lehre von den Geisteskrankheiten. 2r Bd. 8. Darmst. 836. Leske. $1^7/_{12}$ ℳ 1r und 2r Bd. $3^1/_6$ ℳ

Amelung, Ldw. Frz.: Diss. de contagiorum natura. Berlin 1829.

Amelung, Ldw. Frz., allgem. Vorschriften z. Behandlung d. Irren u.z. Verhütung d. Geisteszerrüttung. gr. 8⁰ Frankf. a.M. 1827. Wesche.

Amelung, R., s. A m e l u n g , Richard

Amelung, Ricardus, Hildeshemensis: De Polybii enuntiatis finalibus. Halis Sax. 1901: Kaemmerer. (55 S.) 8⁰.
Halle, Phil. Diss. v. 1901.

Amelung, [Richard], Dr.: Ueber die Notwendigkeit, unsere Schüler von vornherein zu einer korrekten Aussprache des Lateinischen anzuleiten. Limburg 1904: Gebr. Goerlach. (S. 1—13.) 4⁰
Limburg a. d. L., G nebst RPG P 1904 (462)

Amelung, Robert, approb. Arzt: Ueber die Operationen bei Prostatahypertrophie. *Marburg 1901: R. Friedrich.* (85 S.) 8⁰
Marburg, Med. Diss. v. 17. Sept. 1901

Amelung, Theodor: Meissner-Führer. Mit einer Specialkarte und einem kurzen Führer durch das Werrathal von Kreuzburg bis Witzenhausen, nebst Karte. — Eschwege: Rossbach 1886. 47,6 S. 4. 7.
3.10720

Amelung, W., Archäologe, Dr., Prof., Rom s. *Amelung,* Walter. 1893.

Amelung, W., s. A m e l u n g , Wilhelm

Amelung, Walter, Archäologe, Dr., Prof. Rom. 1893: Florentiner Antiken von Walther Amelung. — München: Verlagsanst. für Kunst u. Wissenschaft 1893. 41 S.,1 Taf.
1:Ns 1968. 12:4⁰ Arch. 8e. 5. 7. 9. 89.
3.10721

Amelung, Walt., die Antiken-Sammlungen Roms, s.: Rom. Moderner Cicerone. I.

— Die Basis des Praxiteles aus Mantinea. Archaeologische Studien von Walther Amelung. Mit 1 Taf. u. 29 Abb. im Text. — München: Verlagsanst. für Kunst u. Wissenschaft 1895. 82 S.
1:4⁰ Nw 9398. 12:4⁰ Arch. 8f. 300:189.920-C. 3. 5. 7. 8. 10.
3.10722

Amelung, Walth., s: **Einzelaufnahmen, Photographische, antiker Sculpturen.**

— Führer durch die Antiken in Florenz, von Walther Amelung. — München: Bruckmann 1897. XIV,290 S., 39 Taf.
1:Ns 1861. 12:Arch. 2lb. 2. 6. 7. 9. 10. 11. 89. 102.
3.10723

— Die Gewandung der alten Griechen u. Römer, s.: Tabulae quibus antiquitates graecae et romanae illustrantur. XX.

— Die Gewandung der alten Griechen und Römer. Mit 35 Abb. im Text. — Leipzig: Koehler 1903. 61 S. (Tabulae quibus antiquitates Graecae et Romanae illustrantur. Erkl. Text zu Taf. 16/20.) 1:4⁰ Q 2053-16/20, Text.
3.10724

Amelung, W.: Personificierung des Lebens in der Natur in der Vasenmalerei der hellenistischen Zeit. . . . München, k. Hof- u. Univ.-Buchdr. Dr. C. Wolf & Sohn, 1888; 63 S. 8⁰
München, Phil. Fak., Inaug.-Diss. v. 1888

— Athen. Plaudereien üb. e. Pferd d. Phidias, s.: Cherbuliez, V.

— Prolog zur Kaiser Wilhelm-Gedächtnisfeier des Deutschen Künstlervereins in Rom am 21. März 1897, gedichtet von W. Amelung. — [Rom 1897:] Forzani. 4 S.
1:Nr 820/5.
3.10726

— Raffael in sr Bedeutg als Architekt, s: Hofmann, Theob.

— die Sculpturen des vaticanischen Museums. Im Auftrage u. unter Mitwirkg. des kaiserl. deutschen archäolog. Instituts (röm. Abteilg.) beschrieben. 1. Bd. Braccio nuovo. Galleria lapidaria. Museo Chiaramonti. Giardino della Pigna. (X, 935 S. m. 121 Taf. in gr. 4.) gr. 8. Berlin 903. (G. Reimer.)
Geh. u. kart. n. 40.—

Amelung, Walth., die Sculpturen des vaticanischen Museums. Im Auftrage u. unter Mitwirkung des kaiserl. deutschen archäolog. Instituts (röm. Abteilg.) beschrieben. 2. Bd. Belvedere. Sala degli animali Galleria delle statue. Sala de'busti Gabinetto delle maschere. Loggia scoperta. (IV, 768 S. m. 83 Taf. 33×28 cm.) gr. 8. Berlin 908. (G. Reimer.)
Bd. I. Ebd. 903. 40.— Geh. u. kart. 30.—

Amelung, Wilhelm: Das genau temperierte Klavier. Praktische Anleitung zum Klavierstimmen nach anerkannter, auf d. Regeln d. Akustik beruhender Methode. — Langensalza: Beyer 1892. 24 S. 1:Mus. Fk 257. 3.
3.10728

— — 2. Aufl. Ebd. 1897. 24 S. 1:Mus. Fk 257ª.
3.10729

Amelungenlied, das, s. Heldenbuch, das.

Amelungenlied, das, s. Simrock, Carl, das Heldenbuch.

Amelungenlied. — Karl Simrock. Das Amelungenlied. Th. 1-3. — Stuttgart & Tübingen: Cotta 1843-49.
1. Wieland der Schmied. Wittich Wielands Sohn. Ecken Ausfahrt. 1843.
2. Dietleib. Sibichs Verrath. 1846.
3. Die beiden Dietriche. Die Rabenschlacht. Die Heimkehr. 1849.
(Das Heldenbuch. 4/6.)
1-3 . . 1:Yf 7301-4/6. 12:P. o. germ. 1383b-4/6. 2. 3. 7. 8. 10. 11.
1.2 . . . . 5.
3 . . . . 300:54.137-B. Bd 6.
3.10731

— Das Amelungenlied. Von Karl Simrock. 2., verm. Aufl. Th. 1.2. — Stuttgart: Cotta 1863-64.
1. Wieland der Schmied. Wittich Wielands Sohn. Ecken Ausfahrt. 1863.
2. Dietleib. Sibichs Verrath. 1864.
(Das Heldenbuch. 4.5.)
12:P. o. germ. 1383bc-4/5. 300:54.137-B. Bd 4.5. 5.
3.10732

— — 3. Aufl. T. 3. Ebd. 1886. 432 S.
3. Die beiden Dietriche. Die Rabenschlacht. Die Heimkehr.
(Das Heldenbuch. 6.) 5.
3.10733

Amelungk, Arnold, aus Cassel: Untersuchungen über Pseudo-Ignatius. Ein Beitrag zur Geschichte einer litterar. Fälschung. Marburg 1899: G. Otte in Darmstadt. (VI, 83 S.) 8⁰.
Marburg, Phil. Diss. v. (4. Okt.) 1899.

Amelungk, W., s. A m e l u n g k , Wilhelm

Amelungk, Wilhelm
Amelungk, W. [Rekt.]: Über Entwickelung und Stellung, Aufgabe und Ziel der Mädchen-Mittelschulen. Cassel, Druck v. Drewfs & Schönhoven, 1891; S. 3-18; 4⁰
Cassel, st. Mädchen-Mittel-S, P 1891 ••

Amelungk, W, GF Dinter's Grundsätze d Erziehg u. d. Unterrichts. Kurz zusammengest. u. pädagog. gewürdigt. 8. (67) Ilm. 81. Schröter. — 75

Amelungk, Wilhelm: Dr. G. F. Dinter's Grundsätze der Erziehung und des Unterrichts. Kurz zsgest. u. pädagogisch gewürdigt. — Plauen i. V.: Schröter 1881. 67 S.
1:Au 1821/5.
3.10738

— Dr. Martin Luther als Pädagog. Zur 400jähr. Feier des Geburtstages Dr. M. Luthers Lehrern, Erziehern und Freunden der Schule gewidmet. — Kassel: Hühn 1883. VI,94 S. **1:Cn 7814. 3. 4.**
3.10739

— Die städtische Mädchen-Mittelschule zu Cassel. 1855. 1905. Festschrift zur Feier des 50jährigen Bestehens dieser Anstalt. — Cassel 1905: Becker & Rennert. 68 S., 2 Taf. **4.**
3.10740

Amelungk, Wilhelm [Rekt.]: Über das Mädchenturnen. E. Wort z. Beherzigg f. d. Eltern unserer Schülerinnen. Cassel, Druck v. W. Schlemming, Hofbuchdr., 1893; 3--16 S. 4.
Cassel, st. Mädchen-Mittel-S, P 1893**

Amelunxen, s. A m e l u n x e n , Julius

Amelunxen, Conrad Hub. Jul. Maria v., s. A m e l u n x e n, Julius

Amelunxen, Julius

Amelunxen, Conr. Hub. Jul. Maria v.: Das corveyische Adelsgeschlecht v. Amelunxen. Studien üb. Ursprung, Alter u. Vergangenh. d. Adelsgeschlechtes v. Amelunxen u. d. gleichnam. Ortsch. im Gebiete d. ehemal. Fürstabtei Corvey. (8, 360 m. Abb., Bildnissen, Fksms u. 1 Ktc.) 8° Münst., Regensberg '12. L 6 —

— Freiwillige Gerichtsbarkeit und freiwillige Urteile ⟨Anerkenntnisurteile⟩. — Leipzig: Dieterich 1907. 28 S. 4°
Aus: Zentralblatt für freiwillige Gerichtsbarkeit u. Notariat. 7. 1906-07.
2. 3. 4. 5. 6. 7. 8. 10.
3.10744

Amelunxen, Jul. v., die sogen. notwendige Streitgenossenschaft der deutschen Civilprozeßordnung. Betrachtet nach ihren Voraussetzgn. u. Wirkgn. vom Standpunkt d. röm. u. gemeinen deutschen Rechtes. Inauguraldissertation. gr. 8. (79 S.) Mannheim 881. (Bensheimer's Verl.) n. 1. 50

Amelunxen, Konrad Hubert Julius Maria v. s. *Amelunxen,* Julius v.

Amelunxen, Rud.: Studentische Jugendgerichtshilfe, s: Studenten-Bibliothek.

Amen, E.: Grundbestimmungen der evangelischen Kirchen-Verfassung. — Gotha: F. A. Perthes 1864. VIII, 136 S. **12:** J. can. P. 30 h. **7. 8.**
3.10752

Amend, Andreas [Dr.]: Über die Bedeutung von μεγκίκιον und ἀντίπωας. [= Inaug.-Diss. v. Würzburg 1893.] Dillingen, Druck v. J. Keller, 1893; 1 Bl., 74 S. 8.
Dillingen, k. humanist. G, P 1893*

Amend, Michael [Assist.]: Studien zu den Gedichten des Papstes Damasus. Nebst e. Anh.: Damasi carmina. Würzburg, k. bayer. Hofbuchdr. v. Bonitas-Bauer, 1894; 39 S. 8.
Würzburg, k. neues G, P 1894*

Amend, Mich.: Latein. Ubgsb., s.: Englmann, Lor.

Am Ende, General-Superintendent, Dresden. 1757 s. *Am Ende,* Johann Joachim Gottlob.

Am Ende, s. A m E n d e , Paul

Am Ende, Alwin s. *Am Ende,* Christoph Gotthelf Alwin.

Amende, Benno (geb. Myslowitz in Oberschles. 14. 11. 1851): Ueber den Einfluss mangelhafter Ernährung auf Volkskrankheiten. Berlin (1876). (30 S.) 8°
Berlin, Med. Diss. v. 18. Mai 1876

Am Ende, C.G.E., s. A m E n d e , Christian Gottlob Ernst

Am Ende, Ch. G. s. *Am Ende,* Christian Gottlob Ernst.

Am Ende, Ch. G. Ernst s. *Am Ende,* Christian Gottlob Ernst.

Am Ende, Christian Carl, s, A m E n d e , Christian Karl

Am Ende, Christian Gottlob Ernst

— Feldmarschall-Lieutenant Carl Friedrich Am Ende, besonders sein Feldzug in Sachsen 1809. Kriegsgeschichtliche Denkwürdigkeiten nach Familien-Papieren u. archivalischen Quellen von Ch. G. Ernst Am Ende. — Wien: Braumüller 1878. IX,99 S.
1: Sb 4028. **12:** Mil. g. 2 qm. **300:** 162.488-B
3c [u.] 34.205. **2. 5. 7. 10.**
3.10758

— Der Leipziger Maler Johann Heinrich Am Ende, ein ergänzender Beitrag zur Kunstgeschichte Sachsens im 17. Jahrhundert. Vorgetr. im königlich sächsischen Alterthumsverein am 3. Nov. 1873 von Ch. G. Ernst am Ende. — (Dresden [1874]: Heinrich.) 5 S.
Aus: Mittheilungen d. Kgl. Sächs. Alterthumsvereins. 24.
1: 3 in Ag 9396. **3.**
3.10759

Am Ende, Christian Gottlob Ernst: Dr. Johann Joachim Gottlob Am Ende, verstorben 1777 als Superintendent zu Dresden. Ein Lebensbild aus d. 18. Jahrhunderte, zugleich ein Beitrag zur Geschichte Dresdens, auf Grund familiengeschichtlicher Sammlungen. Nebst einer Bibliotheca am Endiana. — Dresden 1871: Blochmann. 55 S.
1: At 7719 [u.] 7719ª. **2. 3. 7.**
3.10757

Apfel und Schwert. Tafelspruch beim Brudermahle den 6. April 1854 vom Br. Ch. G. Ernst **am Ende** und den w. u. g. Brr. der Logen zum goldnen Apfel und zu den drei Schwertern und Astraea zur grünenden Raute durch den Druck br. gewidmet. [Dresden 1854]: Liepsch & Reichardt. 2 Bl. 8° [Umschlagtit.]
Gedicht: „Der Bruderliebe Banden, sie knüpfen zart und fest, . . .“

— Bibliotheca am Endiana. 1871 in: *Am Ende:* Dr. Johann Joachim Gottlob am Ende. Ein Lebensbild.
3.10760

— Zum Ehrengedächtniß Gustav von Flotow's königlich sächsischen Geheimen Rathes, Directors im königlich sächsischen Finanzministerium ... Ein Lebensbild zum Theil nach seinen Tagebüchern von Ch. G. Ernst am Ende. Dresden 1874: Ramming. 20 S.
Aus: Jahrbücher für Volks- u. Landwirthschaft hrsg. von der Oekonomischen Gesellschaft im Königreich Sachsen. 10,4. 1873.
1: 5 in Ag 9396. **3.**
3.10761

—— zur Erinnerung an Wittenbergs Denkmäler. (Gedichte.) Mit e. Vorw. v. Seelfisch. 12. (1 B.) Wittenberg. (Dresden, Gottschalck.) *

— Geschichte und Entwickelung des Königlichen Grossen Gartens bei Dresden. Vorgetr. im k. sächsischen Alterthumsvereine zu Dresden am 5. Jan. 1874 von Ch. G. Ernst am Ende. — Dresden (1874): Teubner. 15 S.
1: 4 in Ag 9396. **3. 10.**
3.10762

— Die Oekonomische Gesellschaft im Königreiche Sachsen in ihrer geschichtlichen Entwickelung seit 120 Jahren. Vom Sekretär ders. Ch. G. Ernst am Ende. — Dresden: Schönfeld 1884. 42 S.
1: Ou 2600. **12:** Acad. 25 mh. **2. 3.**
3.10763

— Julius Hammer als Mensch und als Dichter. Ein Vortrag in Dresden geh. von Ch. G. Ernst am Ende. — Nürnberg: Korn 1872. 33 S.
1: 1 in Ag 9396. **12:** Biogr. 500 r. **2.**
3.10764

(—) [Josef] Haydn, [Wolfgang Amadeus] Mozart, [Ludwig van] Beethoven, ihr Leben und ihre Werke. 3 erläuternde Vorträge für Spieler u. Hörer. (Verf.: [Christian Gottlob] E[rnst] am Ende.) — Dresden: am Ende 1866. 56 S.
12: Mus. Th. 4376. 7. 8.
3.10765

[—] — 2. Aufl. Dresden: v. Zahn 1876. 58 S. 5.
3.10766

Am Ende, Christian Gottlob Ernst: Advocat Christoph Christian Hohlfeldt, sächsischer Dichter und Geschichtsschreiber. Ein Lebensbild vorgetr. im königlich Sächsischen Alterthumsvereine am 3. März 1873 von Ch. G. Ernst am Ende. — ([Dresden] 1873 [: Heinrich].) 8 S.
Aus: Mitteilungen d. Kgl. Sächsischen Alterthumsvereins. 23.
1: 2 in Ag 9396. 3.
3.10767

Am Ende (v. Brunnow.), Ch. G. Er., Kornblumen. Gedichte. Mit einem Vorworte von Er. v. Brunnow. gr. 12. Dresden 842, Sillig. 1 ß

Am Ende, Ch. G. Ernst, (L. Weißenberg) Kornblumen. Gedichte. Mit e. Vorw. v. Ernst v. Brunow. gr. 12. (11½ B.) Dresden 842, Sillig.

Am Ende, Chr. G. Ernst, Spenden zur Erhebung und Freude einer geprüften Seele. In Gebeten, Liedern u. a. Gedichten. Mit e. Vorworte v. C. G. Burckhardt. 8. (6½ B.) Dresden 840, [Gottschalck.] Thlr.

— Spenden zur Erhebung und Freude einer geprüften Seele. In Gebeten, Liedern u. a. Gedichten. Mit einem Vorworte v. C. G. Burckhardt. 8. Dresden 840, Wagner. baar ⅓ ß

— Des Maurers Weihe. Dichtung nach Schillers Lied von der Glocke von Br. Ch. G. Ernst am Ende. — Dresden: am Ende 1859. 15 S.
Aus: Bauhütte. 1. 1858. 1: Nb 8978.
3.10768

— — 3. Aufl. Leipzig: Findel 1882. 24 S.
1: 6 in Ag 9396.
3.10769

— s. L. Weißenberg, Erinnerungen.

Am Ende, Christian Karl: Freymüthige Anmerkungen über Herrn D. [Johann Friedrich] Bahrdts Kirchen- und Ketzer-Almanach auf das Jahr 1781. Von e. Liebhaber der Wahrheit [d. i. Christian Karl am Ende]. — Frankfurt & Leipzig 1782. 86 S.
1: 1 an Ds 5357. 12: Th. U. 202/1. 300: 36.418-A. 5. 7.
3.10770

— Christian Carl am Ende. Vermischte Anmerkungen über den berühmten Geschichtsschreiber Johann Sleidan. — Nürnberg: Bauer 1780. 18 Bl.
1: Av 14832. 12: Biogr. 1098. 2. 3. 5. 7.
3.10771

[—] Freymüthige Betrachtungen über alte und neue Bücher, nebst einigen ungedruckten Sachen, Auszügen und Anmerkungen. Hrsg. von Z. [d. i. Christian Karl am Ende]. Bd 1. — Augsburg: Klett & Franck 1784. 346 S.
1: Am 5462. 12: Eph. lit. 32. 300: 10 G 11. 2. 5.
3.10772

[—] Ehrenrettung einiger verdienstvollen Gelehrten gegen die Verleumdungen Herrn Profeßor (Michael Gottfried) Wernhers zu Erlangen, in seiner Ehrenrettung Kaiser Carls des V. [Karl V. Römisch-deutscher Kaiser]. — Frankfurt & Leipzig [vielm. Nürnberg] 1783. 36 S.
1: Sk 835. 12: Germ. g. 114 r.
3.10773

— Kleine Nachlese zu den vielen unvollständigen Nachrichten von Sebastian Franks Leben und Schriften. [1–3.] Nürnberg (3: Erlangen) 1796[–99]: Gedruckt mit Stiebnerischen Schriften (3: Gedruckt mit Hilpertschen Schriften).
1. 1796.
2. Fortgesetzte kleine Nachlese. [1798.]
3. Beschluß der Nachlese. [1799.]
1–3 . . . . . 1: 4° Au 4103. 12: 4° Biogr. 106. 5.
1.2 . . . . 2. 3. 4. 7. 10.
1 . . . . 102.
3.10774

Am Ende, Christian Karl: Nachlese zu den vielen unvollständ. Nachrr. von von Seb. Franks Leben. 4°. Nürnberg 1796. Zeh. 2. Fortsetzung 1798. Beschluß d. Nachlese. Erlang. 1799.

— Nachricht von den verschiedenen Editionen der Sprüchwörter Johannis Agricolä von Eißleben, und ihren Veränderungen. — [Ulm & Leipzig: Bartholomä 1763.] S. 73–128; 297–338.
Aus: Schelhorn, Johann Georg: Ergötzlichkeiten aus d. Kirchenhistorie u. Literatur. 2. 1763.
1: Yd 1671.
3.10775

Am Ende, Christian Karl, Sendschreiben an Schellhorn, worin er das Leben Sleidans ankündigt. 4°. Augsb. 1766.

— Sendschreiben an den hochberühmten Herrn Doctor und Superintendenten Johann Georg Schelhorn in Memmingen, in welchem sein Vorhaben, das Leben Johann Sleidans zu beschreiben, ankündiget Christian Carl am Ende. — o. O. 1767. 14 S. 4° 3. 5. 8.
3.10776

Am Ende, Christian Karl, s. J. Sleidan, de statu.

Am Ende, Christian Karl, s. Chr. H. Weißens Abhandl.

Am Ende, Christoph Gotthelf Alwin: Die Lehre Jesu, nach seinen eignen Worten aus den Evangelien übersichtlich zsgest. [Verf.: Christoph Gotthelf Alwin am Ende.] 2. Ausg., bevorwortet von Rudolf Seydel. — Dresden: am Ende 1866. XII, 98 S. 1: Bq 4204ᵃ.
3.10777

Am Ende, D., Predigten in den Jahren 1814, 15 u. 16, bei besonders wichtigen und feierlichen Gelegenheiten gehalten. gr. 8. Neustadt, Wagner.

Amende, Dietrich, approb. Arzt aus Pernau: Ueber den Zusammenhang von Lues und Aortenerkrankung. Nach d. Sektionsberichten d. Münchener Krankenhauses r. I. *München 1903: C. Wolf & Sohn.* (35 S.) 8°
München, Med. Diss. v. 1903

Am Ende, E., Buchhändler, später Bibliothekar, Dresden. 1866 s. *Am Ende,* Christian Gottlob Ernst.

Am Ende, E. 1886 s. *Am Ende,* Ernst. 1886.

Amende, E., Seminar-Oberlehrer, Altenburg. 1902 s. *Amende,* Ernst. 1902.

Am Ende, Er., Nachtfalter und Weltlieder. gr. 12. Neustadt a. O. 835. Wagner. ½ ß

Am Ende, Ernst
Am Ende, E, d. Kgl. Grosse Garten bei Dresden in Vergangenheit u. Gegenwart. 8. (36) Dresd. 87, v. Zahn & J. n. — 50

Amende, E, s.: Karte d. Herzogt. Sachsen-Altenburg.

— Landeskunde des Herzogtums Sachsen-Altenburg. Von E. Amende. Mit 14 Abb. — Altenburg: Tittel 1902. VII, 272 S. 1: Ss 7680. 3. 8.
3.10780

Am Ende, Ernst. 1886: Pastor Carl Heinrich Nicolai zu Lohmen, der erste Wegweiser durch die Sächsische Schweiz. Von E. am Ende. — Leipzig 1886: Teubner. 10 S.
Aus: Wissenschaftliche Beilage d. Leipziger Zeitung. 1886.
1: Sr 10713. 3.
3.10778

— Schulhandk. d. Herzogt. Sachsen-Altenburg. 1 : 250,000. 24,5 × 43 cm. Farbdr. Lpzg 97, H Wagner & E Debes.
Auf L.-Pap. — 20

Amende, Guilelmus Carolus *(geb. Gleiwitz 27. 8. 1819)*: De asphyxia recens natorum. Vratislaviae (1843). (36 S.) 8°
Breslau, Med. Diss. v. 20. Okt. 1843

Am Ende H. F. De summatione seriei: $\frac{1}{\varphi(0)} + \frac{1}{\varphi(1)} + \frac{1}{\varphi(2)} + \ldots$ ad inf. 1853. 8°. Math. Diss. Breslau.

am Ende, Heinrich Über die Bewegung zweier materiellen Punkte, welche durch eine gewichtslose starre Gerade mit einander verbunden sind. 4 (27 S.). Progr. Rg. *Sprottau* 1888

Am Ende, J.G., s. Am Ende, Johann Gottfried

Am Ende

— **Jo. Ernst** (Gräfenhainichen), De imputatione geradae in legitimam. Diss. jur. Saxonici. Präs. Jo. Gottfr. Hartung. Wittenberg (Aug. Koberstein) März 1713. 38 S. (5.—)

Am Ende

— **Johann Gottfried** (Voigtsdorf/Montanus), De aemulatione ingenia acuente. Wittenbg. (Carl Christ. Dürr) 3. VIII. 1775. 12 S. (2.—)

Am Ende. J. G.. Beicht- u. Communionbuch. Neue Aufl. mit 1 K. 8. Chemnitz, W. Starke. 813.

Am Ende, (J. G.,) Beicht- u. Communionbuch. Neue Aufl. 8. Meißen 813 Gödsche.

Am Ende, Johann Gottfried, christl. Buß-, Glaubens- u. Tugendübungen. 8°. Chemnitz...N.A. 1793. Mauke (Starke).

Am Ende, Johann Gottfried, Commentat. tres ad theol. natural. pertinentes. 8°. Freiberg 1781. Stössel in Chemn.

Am Ende, Johann Gottfried: Commentationes tres ad theologiam naturalem, antiquitatem et philologiam sacram pertinentes. Auctore Joanne Gottfrid Am Ende. — Freibergae: Auctor 1782: Barthel. 149 S.
1: Be 4000. 7. 8.
3.10784

— De Disciplina ecclesiastica apud evangelicos restituenda et severius tenenda, commentatio, qua ... Carolo Frider. Augusto Hallero, Pastori oppidi Triptis ... munus sacrum per quinquaginta annos administratum ex animo gratulatus est Joannes Godofredus Am Ende. — Neostadii ad Orilam 1818: Wagner. 12 S.
1: Fr 2008.
3.10785

— (Liebenwerda), Epistolae Pauli ad Philippenses ex recensione Griesbachii summe venerabilis, nova versione latina . . Viro Carl Christian Tittmann . . gratulatus. Torgau (Kurz) 1789. 24 S. (3.60)

— Epistolae Pauli ad Philippenses ex recensione Griesbachii s. v. nova versione latina et annotatione perpetua illustrandae, spec. alterum edidit. Viro Franz. Volkmar Reinhard . . gratulatus. Torgau (Kurz) 2. IV. 1792. 20 S. (3.60)

— Apost. Pauli Epist. ad Philipp. graece ex rec. Griesbach. 8. maj. Lips. (Graffe in W. in Com.). 799.

Am Ende, Johann Gottfried, Handbuch zur häusl. Gottesverehrung an Sonn- u. Festtagen etc. 2 Thle. gr. 8°. Leipzig 1789. (Graffe in W.)

— neues Handbuch f. Christen zum Privat- u. Hausgottesdienst. 2 Thle. gr. 8. Freiberg 786 u 87 (Leipz., Beer). 1 Thlr. 8 gr.

Am Ende, Johann Gottfried, Lehrbuch d. christl. Religion zum Unterricht f. die Jugend. 8°. Chemnitz 1785. 2. Aufl. 1793, 3. Aufl. 1818. (Starke).

— s. Pauli Epist. ad Philipp.

— De gentium profanarum Precibus orantiumque habitu commentatio prior. — Freibergae 1779: Barthel. XVI S.
Glückwunsch an Christian Ehregott Raschig zur Ernennung zum Hofprediger in Dresden.
10.
3.10786

— Predigt bei d. 50jähr. Amtsjubelfeier d. Hrn. Amtm. After 1810 gehalten. 8. Neust., Wagner. 3 gr.

Am Ende, Johann Gottfried, einige Predigten f. nachdenkende Christen, nach den Bedürfnissen unseres Zeitalters. gr. 8°. Leipzig 1794.

— Predigten an Fest- u. Bußtagen u. bei besond. Veranlassungen gehalten. gr. 8. Neust. a. d. O. 804. u. 809. Wagner. 1

Am Ende, Jh. Gf., Predigten in d. Jahren 1814, 15 u. 16. bei besonders wichtigen u. feierlichen Gelegenheiten. gr. 8. Neust. 818. Wagner. 1

— Predigten über den 51. u. 105. Psalm. gr. 8. Dresden, Gerlach. 762.

— der mit rechtschaffenen Herzen zu Jesu sich nahende Sünder bei der Beichte u. Abendmahlsfeier; nebst einigen Psalmerklärungen, Morgen- u. Abendandachten. 8. Chemnitz 783.

Am Ende, Johann Joachim Gottlob: Anweisung zu einem evangelisch lutherischen Reformations-Gebeth in der Predigt, welche am Reformations-Feste über das Evangelium am 20. Sonntage nach Trinitatis gehalten worden. — Dresden: Gerlach 1767. 24 S. 4°
3.
3.10787

Am Ende, Jh. Joach. Glo., (†d. 2. Mai 1777.) frommer Christen tägliches Buß-, Bet- u. Lobopfer in 13 Wochenpredigten. 8. Dresd. 762. Gerlach. 18 gr.

— Christeis, hoc est Acta apostolorum e lingua originali in Lat. transl. et carmine heroico expr. notisque subiunctis illustr. a Jo. Joach. Gottlob Am Ende. — Vitembergae: Ahlfeld 1759. 263 S.
1: Xe 16587. 2. 7.
3.10788

— — Ed. 2. Vitembergae: Kühne 1789. 263 S.
1: Xe 16590.
3.10789

Am Ende, Johann Joachim Gottlob: Danck-Predigt wegen der glücklichen und höchsterfreulichen Ankunft des ... Chur-Printzens und dero Gemahlin, auch drey Printzeßinen... in dero Residenz-Stadt Dreßden, wie solche von dem ... General-Superintendenten Am-Ende den 31. Jan. 1762 ... in der Frauen-Kirche zu Dreßden ist gehalten worden. — Dreßden 1762. 15 S. 4°
3.
3.10790

— Christliches Denkmahl des am 19ten und 20ten Juli dieses Jahres über Dresden gebrachten schrecklichen Feuers, in dreyen Predigten, welche theils in der Kirche zu Neustadt bey Dreßden, theils in der Frauen-Kirche zu Dreßden gehalten, und nebst einer historischen Nachricht von der zugleich mit eingeäscherten Kirche zum heiligen Creuz, ans Licht gestellet worden. — Dresden: Gerlach 1760. 112,29 S.
12: Hom. 45. 5.
3.10791

— christl. Denkmal zweier christlöbl. Regenten, zwei Trauer- u. Gedächtnißreden auf d. König in Polen ec. 4. Dresd. 764. Gerlach. 6 gr.

— (Freyburg), Deum gloriosum seu gloriam dei a calumniis auctoris libri Gallici de religione homini essentiali maxime ex prov. 16. 4. vindicatam. Lpz. (Langenheim) 6. XI. 1749. 70 S. (5.—)
Gew.: Heinr. Graf v. Brühl, Gottlob Friedr. Grf. v. Gersdorf, Joh. Friedr. Grf. v. Schoenberg, Christian Grf. v. Loss, Joh. Christian Grf. v. Hennicke, Carl August Grf. v. Rex.

— Epistola aditialis, qua ... dominos praepositos ... quotquot inspectioni Portensi subsunt de officii sui aditu ... certiores facit simulque de quibusdam Novi Testamenti locis quae de apertione portae mentionem faciunt nonnihil praefatur Jo. Joachimus Gottlob am-Ende. — Vitembergae: Ahlfeld 1744. 28 S.
12: 4° Diss. 617/56. 2. 9.
3.10793

— Die Freude am Hause des Herrn, wurde, bey der Einweihung der neuerbauten St. Annen-Kirche, am ... 8. Oct. 1769 ... vorgestellet, und nebst der zuvor in der zeitherigen Interims-Kirche gehaltenen Abschieds- und Danksagungs-Rede, dem Druck übergeben. — Dreßden: Gerlach (1769). 32 S. 4°
3.
3.10794

— Friede macht Freude, oder: Freude über den Frieden, wurde am 21sten März, als an dem allgemeinen Dank-Friedens-Feste in der Predigt über den 28sten Ps. und deßen 6.7.8.u.9. Vers, in der Frauen-Kirche ... vorgestellet. — Dresden: Gerlach 1763. 32 S.
2 versch. Drucke.
1: 4 in Sv 9342. 3.
3.10795

— Christliche Gedanken von der Kirche Christi auf Erden, bey der am 16den Jul. 1764 erfolgten feyerlichen Legung des Grund-Steins zum neuen Creuz-Kirchen-Bau, in einer ... in der Frauen-Kirche gehaltenen Predigt vorgetragen. — Dresden: Gerlach 1764. 40 S.
1:1 an Sr 6436. 2. 3.
3.10796

— Gedanken von der Kirche Christi auf Erden. Predigt bei Legung d. Grundsteines der Kreuzkirche. 4. Dresd. 764. Gerlach. 8 gl.

— Gott, ein Gott der Berge, wurde in der, zum Lobe Gottes nach vollbrachter Wein-Lese, gestifteten ersten Predigt über Psalm 95,1-5 in der Kirche zu Loschwitz bey Dreßden, am 20sten Sonntag nach Trinit. 1762 vorgestellet. Anhangsweise, ist ein christliches Lied vom Weinberge des Herrn ... beygefüget worden. — Dresden: Gerlach 1763. 36 S.
3.
3.10797

— drey Huldigungs-Predigten. 8. Ebend. 769.

— De callida, sed malitiosa Scripturae S. Interpretatione, christianae religionis hostibus maximeque auctori libri Gallici De religione homini essentiali, usitata ... amice communicat ... indicit Jo. Joach. Gottlob Am-Ende. — (Numburgi 1745: Laitenberger.) 40 S.
1:8 in Bd 8572.
3.10798

Am Ende, Johann Joachim Gottlob: De callida, sed malitiosa Scripturae Sacrae Interpretatione, christianae religionis hostibus maximeque auctori libri Gallici De religione homini essentiali, usitata ... iterum amice communicat ... indicit Jo. Joachimus Gottlob Am-Ende. — Vitembergae: Ahlfeld 1746. 36 S.
1:16 in Bd 8603-159. 5.
3.10799

— (Pforta u. Freyburg), Memoriam inspectorum Portensium dissoluto inspectionis corpore conservare studet simulque tum viris .. dominis praepositis pastoribus atque diaconis inspectioni Portensi hactenus adscriptis tum Portae ipsi valedicit. Wittenbg. (Jo. Joach. Ahlefeld / Schlomach) 1748. 98 S. (5.—)

— **Joh. Joach. Gottlob** (Gräfenhainichen), Oratorem ex animi corporisque notitia informatum. Präs. Jo. Wilh. Berger. Wittenbg. (Gerdes) tertio ante idus Decemb. 1728. 51 S. (6.50)

— Erbauliche Predigt, wie wir einem jeden das Seine geben sollen. Über das ordentliche Evangelium am drey und zwanzigsten Sonntage nach Trinitatis, welche, in höchster Gegenwart Sr. Königl. Majestät in Preußen, in der Kreuzkirche zu Dreßden, am 21sten Novembr. 1756 gehalten, und auf ... allergnädigstes Verlangen, dem Druck übergeben worden. — Dreßden: Gerlach 1757. 16. S.
Originalausgabe. 1:Eb 7310.
3.10811

— Predigt über das ordentliche Evangelium am drey und zwanzigsten Sonntage nach Trinitatis, welche, in höchster Gegenwart Sr. Königl. Majestät in Preußen, in der Kreutzkirche zu Dreßden am 21sten Novembr. 1756 gehalten, und, auf ... allergnädigstes Verlangen, dem Druck übergeben worden. — o.O. [1756]. 32 S.
Originalausgabe. 2.
3.10803

— Predigt, über das ordentliche Evangelium am drey und zwanzigsten Sonntage nach Trinitatis, welche, in höchster Gegenwart Sr. Königl. Majestät in Preußen, in der Kreuzkirche zu Dreßden, am 21sten November 1756, gehalten, und, auf ... allergnädigstes Verlangen, dem Druck übergeben worden. — Dreßden: Gerlach [1756]. 20 S.
Originalausgabe. 12:4° Hom. 68m.
3.10807

— Predigt über das ordentliche Evangelium am drey und zwanzigsten Sonntage nach Trinitatis, welche in höchster Gegenwart Seiner Königlichen Majestät in Preußen, in der Kreuzkirche zu Dresden am 21sten November 1756, gehalten, und auf ... allergnädigstes Verlangen dem Druck übergeben worden. — o.O. 1757. 16 S.
Originalausgabe. 1:Sq 5098.
3.10810

— Predigt über das ordentliche Evangelium am 23. Sonntage nach Trinitatis, welche in höchster Gegenwart Sr. Königl. Majestät in Preussen in der Kreutzkirche zu Dreßden am 21sten Novembr. 1756, gehalten, und auf ... allergnädigstes Verlangen dem Druck übergeben worden von Joh. Joachim Gottlob am Ende. — Franckfurt a. M. 1757. 31 S.
Originalausgabe. 12:Hom. 1794-17.
3.10812

Am Ende, Joh. Joach. Glo., Predigt üb. d. ordentl. Evangelium am 23. Sonnt. n. Trinit., welche in höchster Gegenwart Sr. Kgl. Maj. in Preußen, in der Kreuzkirche zu Dresden am 21. Nov. 1756 gehalten, &c. — Des geschichtl. Interesses u. wicht. Inhalts halber nochmals zum Druck befördert. 8. (2 B.) Merseburg 831. (Leipzig, Barth.)

— Predigt vor Friedrich II. &c. über d. Text: Einem Jeden das Seinige. 4. Freiberg 756. Craz u. G. 3 gl.

— Predigt, welche Ihro Magnificenz der hochverdiente Superintendent Herr Doctor Am Ende in der Königlichen Residenzstadt Dresden nach derselben thränenswürdigem Schicksale am XXV. Sonntage nach Trinitatis, den 12. November 1758, über das ordentliche Sonntags-Evangelium gehalten. — Leipzig [1758]: Jacobäer. 22 S.
1:Flugschr. 1758-49. 3. 7.
3.10801

— Predigt, welche Ihro Magnificenz der hochverdiente Superintendent Herr Doctor Am Ende in der Königlichen Residenzstadt Dresden nach derselben thränenswürdigen Schicksale am XXV. Sonntage nach Trinitatis über das ordentliche Sonntags-Evangelium gehalten. — Dresden; Schwabach: Mizler in Comm. 1759. 15 S.
1:Flugschr. 1758-49a. 2.
3.10802

— Predigt, welche in höchster Gegenwart Sr. Majestät des Königs in Preussen am XXIII. Sonntage nach dem Feste der heiligen Dreyeinigkeit im Jahr 1756, in der Creutz-Kirche zu Dresden gehalten worden von J. J. Gottl. Am-Ende. — o.O. 1756. 12 S.
Nachgeschriebener Text. 10.
3.10804

— Predigt, welche in höchster Gegenwart Sr. Majestät des Königs in Preußen am XXIII. Sonntage nach dem Feste der heiligen Dreyeinigkeit im Jahr 1756, in der Creuz-Kirche zu Dreßden gehalten worden von J. J. Gottl. Am-Ende. — Berlin: Birnstiel [1756]. 16 S.
Nachgeschriebener Text. 1:13 in Sv 17.
3.10805

— — Danzig: Schuster [1756]. 12 S.
Nachgeschriebener Text. 10.
3.10806

Am Ende, Johann Joachim Gottlob: Predigt, welche in höchster Gegenwart Sr. Majestät des Königs in Preußen am XXIII. Sonntage nach dem Feste der heil. Dreyeinigkeit im Jahr 1756, in der Creuz-Kirche zu Dreßden gehalten worden von J. J. Gottl. Am-Ende. — Halberstadt (1756): Langen. 16 S.
Nachgeschriebener Text. 10.
3.10809

— Rede, welche vor dem Thron Sr. Churfürstl. Durchlauchtigkeit, Herrn Friedrich Augusts, Herzogs zu Sachsen ... als Höchstdieselben am 4ten April 1769 die Erb-Huldigung bey hiesiger Residenz ... einzunehmen geruheten, im Nahmen der ... Evangelischen Geistlichkeit gehalten worden. — Dreßden & Leipzig: Gerlach 1769. 8 S. 4°
3.
3.10814

— die gute Sache d. Glaubens u. d. Gottseligkeit, in 6 Predigten. 8. Dresd. 757. Gerlach. 12 gl. Dass. ins Französ. übers. von Formey. 8. Berl. 757.

— [Predigt über das ordentliche Evangelium, franz.] Sermon sur St. Matth. Chap. XXII. v. 21, prononcé en présence de S.M. le Roi de Prusse le dimanche ... le 23 Nov. 1756 par le Docteur, & premier Pasteur Am-Ende. Trad. de l'allemand. — Berlin: Jasperd 1757. 30 S.
1: Sv 35. **3.**
3.10813

— zwey Trauer= und Gedächtnißreden auf d. Kön. in Pohl. ꝛc. 4. Dresden, Gerlach. 764.

— drei Worte, geredet zu seiner Zeit, vor, bei u. nach d. Erbhuldigung d. Kurfürsten Friedrich August am 4. Apr. 1769. 4. Dresden 769. Gerlach. 4 gr

Am Ende, Paul: Die Abwehr von Rauch und Ruß, hauptsächlich in den Bezirken der Kurorte. Vortrag. — Dresden: Selbstverl. 1902. 26 S. 1: Ik 2323.
3.10819

Am Ende, Paul: Die Aufnahme von Kurgästen in unseren Bädern, Luftkurorten und Sommerfrischen. — Dresden: Selbstverl. 1905. 36 S.
1: Ir 4279. **12:** M. med. 1208y. **5. 7.**
3.10820

— Die Bedeutung der Barackenbauten insbesondere für die Kurorte. System Döcker. Vortrag. — Dresden: Selbstverl. 1907. 23 S. 1: Ie 7827. **8.**
3.10821

— Das Brausebad in der Volksschule. Vortrag, gehalten in der VIII. Hauptversammlung des „Allgemeinen deutschen Bäderverbandes" zu Norderney am 10. Oktober 1899. — Dresden-Blasewitz: Selbstverl. 1900. 32 S.
12: Paed. Th. 76k.
3.10822

— Gemeindeörtliche Einrichtungen auf dem Gebiete der Gesundheitspflege. Vortrag. — Dresden: Selbstverl. 1904. 35 S. 1: Kr 1728.
3.10823

— Die Errichtung von Haushaltungsschulen für Mädchen aus unbemittelten Ständen. Vortrag. — Rudolstadt: Mitzlaff 1890. 27 S. 1: Nf 5830/8.
3.10824

— Das Schulbrausebad und seine Wirkungen. Vortrag. — Leipzig 1902: Teubner. 11 S. 1: Ir 9244. **300:** 42.774.
3.10825

— — Braunschweig: Vieweg 1903. 13 S.
12: Pol. civ. 2 ps.
3.10826

Am Ende, Paul, Wesen u. Wirkungen des Schlachthauszwanges, besonders im Bereiche d. Kurorte. Vortr. (19 S.) Dresden 94. Warnatz & L. M. 1.—

am Ende, Theodor [aus Sobernheim a. d. Nahe]: Beitrag zur Kenntniss des Poley-Oels ... Göttingen, Druck d. Univ.-Buchdr. v. E. A. Huth, 1894; 3 Bl., 38 S., 1 Bl. 8.
Göttingen, Phil. Fak., Inaug.-Diss. v. [12. März] 1894

Am Ende-Steinmetz, **Karl:** Krut on Röwen. Hochdeutsche u. mundartliche Dichtungen. — Elberfeld: Lucas 1910. 114 S. 1: Yc 3193/3492. **8. 9.**
3.10828

Amendement, ein, zu den Gesangbuchsreformanträgen protestant. Geistlichen in Bayern. Mit besond. Berücksichtigung des zweiten Sendbriefes v. Dr. Fr. Layritz. gr. 8. Hof 844, Grau. 1/8 rß

Amendements. — Amendements adoptés par le Roi dans la séance du Conseil d'État du 2 août 1808, sur le projet de loi relatif à la contribution foncière. Abänderungen, welche von dem Könige in der Sitzung des Staatsraths am 2. Aug. 1808 angenommen sind, in Betreff des Gesetzentwurfs über die Grundsteuer. — o.O. [1808]. 15 S., 2 Bl. 4°
4.
3.10833

Amendements zu dem Entwurf des deutschen Rituale. — Bonn [um 1875]: Neusser. 4 S. 1: 8ª in Do 16156.
3.10834

Amendements zu der Regierungsvorlage, betreffend Abänderungen in der Militair-Strafprocessordnung und zum Einführungsgesetze. — [Kiel 1849.] 3 S.
1: 4° Gy 19957.
3.10836

Amenemhalt I. König v. Aegypten, 12. Dynastie s. *Amen-em-hèt.*

Amenemhat I. König v. Aegypten, 12. Dynastie s. *Amen-em-hèt*

Amen-em-hèt

-- Die Unterweisung des Königs Amenemhat I. (Hrsg.: H. Schack-Schackenburg.) Hälfte 1.2. — (Paris: Vieweg 1883–84.)
1. Papyrus Sallier II,1,1-2,4. Papyrus Millingen I,1-II,7. Ostracon No. 5623. Papyrus Sallier I,8 verso. Ostracon No. 5638,1-3.
2. Papyrus Sallier II,2,4-3,8. Papyrus Millingen 2,7-12. Ostracon No. 5638,3-6, verso 1-4.
Text faksimiliert.
1: 4° Ur 3479/96. **300:** 186.933–C. **9.**
3.10846

Aménités nouvelles littéraires à l'usage des jeunes personnes de l'un et de l'autre sexe. II Voll. 8. Frankf. a. M. 807. Brönner. 1 rß 8 gr

Ament, W., s. Ament, Wilhelm

Ament, Wilhelm

Ament, Wilh.: Bamberg, s: Schneider, Pet.

Ament, Wilh., Begriff u. Begriffe der Kindersprache, s.a. Sammlung v. Abhandlungen aus d. Gebiete der pädagog. Psychologie. V. 4.

— Begriff und Begriffe der Kindersprache. — Berlin: Reuther & Reichard 1902. V,85 S. (Sammlung von Abhandlungen aus d. Gebiete d. pädagogischen Psychologie u. Physiologie. 5,4.)
1: Nc 3996-5,4. **12:** Paed. Th. 4917 b-5,4. **2. 7. 11.**
3.10857

— die Entwicklung der Pflanzenkenntnis beim Kinde u. bei Völkern. Mit e. Einleitg.: Logik der statist. Methode, s.a. Sammlung v. Abhandlungen aus dem Gebiete der pädagog. Psychologie. IV. 4.

— Die Entwicklung der Pflanzenkenntnis beim Kinde und bei Völkern. Mit einer Einl.: Logik d. statistischen Methode. Mit 14 Kinderzeichn. — Berlin: Reuther & Reichard 1901. 59 S. (Sammlung von Abhandlungen aus d. Gebiete d. pädagogischen Psychologie u. Physiologie. 4,4.)
1: Nc 3996–4,4. **12:** Paed. Th. 4917 b–4,4. **2. 7. 11.**
3.10858

— Die Entwicklung von Sprechen und Denken beim Kinde. Mit 5 Curven u. 4 Kinderzeichn. — Leipzig: Wunderlich 1899. VII,213 S.
1: No 2055. **12:** Paed. Th. 76 m. **3. 5. 7. 9.**
3.10859

Ament, W: Fortschritte d. Kinderseelenkde, s.a. Sammlung v. Abhandlgn z. psycholog. Pädagogik.

— Fortschritte der Kinderseelenkunde 1895–1903. 2., verb. Aufl. (1.) — Leipzig: Engelmann 1906. IV,76 S.
1: Ky 17430². **300:** 455.657–B. **2.**
3.10861

— — 2., verb. Aufl. (1.) Ebd. 1906. IV,76 S. (Sammlung von Abhandlungen zur psychologischen Pädagogik. 1,2.)
1: Nd 15002–1,2.
3.10862

— Zur Geschichte der Deutung der ersten Kinderworte ⟨Intellektualismus und Voluntarismus⟩. — Bamberg: Buchner 1909. 10 S. 1: No 2056/30. **12:** L. gen. 2 i.
3.10863

— Die Seele d. Kindes. Eine vergleich. Lebensgesch. 1—3. Ausg. (96 m. Abb. u. 2 Taf.) 8° Stuttg., Franckh (06.07). 1 —; geb. 2 — d

— Die Seele des Kindes. Eine vergleichende Lebensgeschichte. Mit 2 Taf., 43 Abb. u. 2 Vignetten von E[rich] Heermann. — Stuttgart: Kosmos (1906). 96 S. (Kosmos. [Buchbeil.]) 1: Ky 17434. **12:** Var. 332 rm–1906,5.
3.10864

— — Mit 2 Taf., 43 Abb. u. 1 Vignette von Erich Heermann. 3., verb. Aufl. — Ebd. [1907]. 93 S. (Kosmos. [Buchbeil.])
2.
3.10865

Ament, Wilhelm, aus Zweibrücken: Ueber das **Verhältnis** der ebenmerklichen zu den übermerklichen Unterschieden bei Licht- und Schallintensitäten. *Leipzig: W. Engelmann 1900.* (68 S.) 8°
Würzburg, Phil. Diss. v. 1900

Amenuti, Olivie; ein Original-Trauerspiel in 5 Aufzügen, aus dem 13. Jahrhundert. Schwabach 1790. V: *Reck, Johann Jacob Chn von.* (Ky)

Amer, Josef: Schwester Studio. Heitere Scene von Alexander v. Holzapfel. Musik von Josef Amer. Op. 50. Textbuch. — Wien: Rebay & Robitschek o.J. 8 S.
1:Mus. Ta 770.
3.10884

Amerbach, Basilius, s. Amerbach, Bonifacius

Amerbach, Bonifacius, s.a. Probst, Em.

Amerbachiorum, Bonifacii Basiliique, et Varnbueleri epistolae mutuae. (Ed. J. Maehly.) gr. 4. (60 S.) Basel 877. Schneider. n. 1. 60

Amerbach, (Bonifacius, et Amerbach, Basilius). Amerbachiorum epistolæ mutuæ Bononia et Basilea datæ. ([Edidit] A[lbertus] Teichmann.) 4.
Universitati ... Bononiensi ... gratulantur Universitatis Basiliensis Rector et Senatus. Basileæ 1888 (* *Umschlag:* U' Bononiensi sacrum).

Amerbachius. Universitati litterarum et artium Bononiensi solemnia sæcularia octava a. d. III. idus Junias anni MDCCCLXXXVIII celebranti pie sincereque gratulantur Universitatis Basileensis Rector et Senatus. Insunt *Amerbachiorum* epistolæ mutuæ Bononia et Basilea datæ (edid. *A. Teichmann*). In-4°, VI et 54 p. cum effigie *Basilii Amerbachii.* Basileæ, Typis Schultzii, Acad. Typogr. 1888

Amerbachiorum epistolae mutuae Bononia et Basilea datae. (Festschrift der Universität Basel für die Universität Bologna.) gr. 4. (VI, 54 S.) Basel 888. (Universitäts-Bibliothek.) n. 1. 60

Amerbach, N. Naumburg im schmalkaldischen Kriege. Hersgeg. von J. O. Opel. 8. Halle 1873.

Amerbachiorum epistolae, s. Amerbach, Bonifacius

Amerbachius, s. Amerbach, Bonifacius

Amerestus, Chr., s. Ueber die Verehrung der Maria.

America [sachliches Ordnungswort] s.a. Amerika

America und seine jetzige Bewegung, s. Belehrungen, polit.

British **America.** With 2 maps. (Vorr.: Wm. Sheowring.) *London: K. Paul, Trench, Trübner & Co. 1900.* (IX, 545 S.) 8°
= British Empire series. Vol. 3. [oo. 4961

America y la Europe en 1846. 6 congreso de Panamá por Mr. G. L .... traducido del Frances por Dr. S. L .... 8. (Hoffmann u. Campe in Hamb.) 826. 12 gr.

America, Gross-Britannisches, nach seiner Erfindung, Bevölckerung und allerneuestem Zustand. 1710. V: *Oldmixon, John.* (Zeitschr. f. Büch. X, 4. S. 7.)

America Meridionalis concinnata juxta Observationes Dnn. Academiae Regalis Scientiarum et nonnullorum aliorum, et juxta annotationes recentissimas, per G. de l'Isle Geographum. Venalis prostat Augusta Vindel. apud Tobiam Conr. Lotter Calcographum. 1728? 1: 20,000,000. 1 Bl.

America, Nova, in Bildern, oder eine Auswahl von Ansichten der interessantesten Gegenden, hauptsächlich am Missouri, ... Nebst ... erklärendem Texte. Neuwied 1846. V: *Bodmer, C.* (Br Mm)

Americae — Septentrionaliora — a Groenlandia, per freta Davidis et Hudson, ad Terram novam. 1: 6,800,000 1 Bl.

America Septentrionalis, concinnata juxta Observationes Dn: Accademiae Regalis Scientiarum et nonnullorum aliorum, et juxta annotationes recentissimas. Per G. De L'Isle Geographum. Venalis prostat Augusta Vindelic. apud Jeremiam Wolff. 1728? 1: 20,000,000. 1 Bl.

America Septentrionalis a Domino d'Anville in Galliis edita nunc in Anglia coloniis in Interiorem Virginiam deductis nec non Fluvii Ohio cursu aucta notisque geographicis et historicis illustrata. Sumptibus Homannianorum Heredum Noribergae Anno 1756. 1: 6,500,000. 1 Bl.

Americae Septentrionalis etc. — Nova Mappa Geographica — in suas praecipuas partes divisa. Sumptibus J. Mich. Probst. Aug. Vindel. 1782. Gravée p. Jean Georg. Probst fils. 1: 15,000,000. 1 Bl.

Americae — Totius — Septentrionalis et Meridionalis novissima Repraesentatio quam ex singulis recentium Geographorum Tabulis collectam luci publicae accommodavit Joh. Bapt. Homann. Norimbergae. 1: 20,000,000. 1 Bl.

America nach der zweyten Ausgabe von Arrowsmiths Weltcharte und dessen Globular Projection, nach den Berichten der Jesuiten und anderer Reisebeschreiber und nach Raynals, Gatterers, Angaben entworfen von C. Mannert. Nürnberg bey Adam Gottlieb Schneider und Weigel 1796. 1: 20,000,000. 1 Bl.

—— wie es ist. Ein Buch f. Kunde d. neuen Welt. 1. Thl. 8. (156) Brschw. 54, Verl.-Compt. n. — 10

America [Schlagwort] s.a. Amerika

America — Charte von — nach astronomischen Bestimmungen der neuesten Nachrichten und Charten entworfen von F. L. Güfsefeld. Nürnberg bey Homanns Erben 1806. 1: 35,000,000. 1 Bl.

America — Charte von — nach den neuesten und zuverläfsigsten astronomischen Ortsbestimmungen und Charten entworfen. Augsburg bey Johannes Walch. 1805. 1: 25,000,000. 1 Bl.

Americae Mappa generalis secundum legitimas projectionis stereographicae regulas relationesque recentissimas et observationes sociorum Academ. reg. sc. quae Parisiis est aliorumque auctorum nec non secundum mentem D. J. M. Hasii M. P. P. in partes suas methodicas divisa nunc concinnata et delineata ab Aug. Gottl. Bo... mio, Phil. Magistro. In lucem proferentibus Homann... nis Heredibus 1746. 1: 20,000,000 1 Bl

America — Novus orbis, sive — Meridionalis et septentrionalis, per sua Regna Provincias et Insulas juxta observationes recentiss. divisa et adornata cura et opera Matth. Seutter Chalc. Aug. Augusta Vindelicorum apud Matth. Seutter 1728? 1 - 20,000,000. 1 Bl.

America-Herold und Lincoln Freie Presse: Jg. 42--82, no. 37, 1881--Dec. 25, 1955.
Independent weekly. Formed by union of MILWAUKEE AMERICA (Milwaukee, Wis.), WESTLICHER HEROLD (Minneapolis), 1881 -Nov. 25, 1924, and LINCOLN FREIE PRESSE (Lincoln, Nebr.), and assumed numbering of the MILWAUKEE AMERICA. Title varies: AMERICA-HEROLD, Dec. 1924 — June 17, 1942, when it was moved from Minneapolis.
Contains two columns entitled: "National Farmer, Haus- und Bauernfreund," in Apr. 1939, when the journal of that title ceased publication.
Circulation: 1925, *125,000;* 1940, 72,176; 1944, 57,277; 1950, *18,500;* 1952, *16,036,* 1954, 14,935.
Prints editions for other cities, as follows: 1) Jackson, Mich. edition: Dec. 4 (52:35), 1924 - ? 2) LaCrosse, Wis. edition: Dec. 4 (52:34) 1924- ? 3) Manitowoc, Wis. edition: Dec. 4 (52:34) 1924 - ? [As Manitowoc & Kewaunee edition, Aug. 27, 1925 - May 20, 1926.] 4) Minneapolis edition: Dec. 4 (52:34) 1924 - ? 5) Wausau, Wis.: Dec. 4 (52:34) 1924 - ? 6) Wausau & Manitowoc edition: 1924? - 29? 7) Winona, Minn. edition: Dec. 2 (52:34) 1924 - ? 8) Winona & LaCrosse edition: 1924 - 29?
Winona, MN

Americain-Theater. Sammlung der beliebtesten im Americain-Theater zu Berlin vorgetragenen Couplets, Soloscherze und kom. Scenen. Hrsg. von W. Dalatkewicz. 1.—5. Aufl. gr. 8. (28 S.) Berlin 876, Lassar's Buchh. *

American

The **American** in China. How to make yourself understood. Chinese. This phrase-book will help you along splendidly. — Bonn: Georgi (1909). 31 S. (Méthode Polyglotte Kuntzé. [95].)
3.
3.10920

The American in Europe. How to make yourself understood! German. This phrase-book will help you along splendidly. — Bonn: Georgi [1897]. 32 S. (Méthode Polyglotte Kuntzé. [51.]) 1:V 685/22-51. 5.
3.10923

The American in Europe. How to make yourself understood! Italian. This phrase-book will help you along splendidly. — Bonn: Georgi [1897]. 32 S. (Méthode Polyglotte Kuntzé. [52.]) 1:V 685/22-52. 5.
3.10925

The American in Europe. How to make yourself understood! Spanish. This phrase-book will help you along splendidly. — Bonn: Georgi [1897]. 40 S. (Méthode Polyglotte Kuntzé. [54.]) 1:V 685/22-54. 5.
3.10927

The American in Europe. How to make yourself understood! Danish. Norwegian. This phrase-book will help you along splendidly. — Bonn: Georgi [1900]. 31 S. (Méthode Polyglotte Kuntzé. 53.) 1:V 685/22-53. 5.
3.10921

The American in Europe. How to make yourself understood! French. This phrase-book will help you along splendidly. — Bonn: Georgi [1900]. 43 S. (Méthode Polyglotte Kuntzé. 50.) 1:V 685/22-50. 5.
3.10922

The American in Europe. How to make yourself understood! Swedish. This phrase-book will help you along splendidly. — Bonn: Georgi [1900]. 31 S. (Méthode Polyglotte Kuntzé. [55.]) 1:V 685/22-55. 5.
3.10928

American. — The American in Europe. How to make yourself understood. Greek. This phrase-book will help you along splendidly. — Bonn: Georgi (1908). 32 S. (Méthode Polyglotte Kuntzé. [85.]) 5.
3.10924

The American in Europe. How to make yourself understood. Russian. This phrase-book will help you along splendidly. — Bonn: Georgi [1909]. 36 S. (Méthode Polyglotte Kuntzé. [91.]) 5.
3.10926

The American in Japan. How to make yourself understood. Japanese. This phrase-book will help you along splendidly. — Bonn: Georgi [1908]. 31 S. (Méthode Polyglotte Kuntzé. [87.]) 5.
3.10929

The American in India. How to make yourself understood. Hindustani. This phrase-book will help you along splendidly. — Bonn: Georgi (1909). 31 S. (Méthode Polyglotte Kuntzé.) 5.
3.10930

The American in the Malay States. How to make yourself understood. Malay. This phrase-book will help you along splendidly. — Bonn: Georgi (1908). 24 S. (Méthode Polyglotte Kuntzé. [90.]) 5.
3.10931

The American in Portugal and Brazil. How to make yourself understood. Portuguese. This phrase-book will help you along splendidly. — Bonn: Georgi (1908). 32 S. (Méthode Polyglotte Kuntzé. [90.]) 5.
3.10932

The American in Roumania. How to make yourself understood. Roumanian. This phrase-book will help you along splendidly. — Bonn: Georgi (1909). 32 S. (Méthode Polyglotte Kuntzé. [96.]) 5.
3.10933

Americana Germanica. A quarterly devoted to the comparative study of the literary, linguistic and other cultural relations of Germany and America. Editor: Marion Dexter Learned, Univ. of Pennsylvania. Vol. 1–4. *New York: Macmillan Co.; Berlin: Mayer & Müller 1897–1902.* 4 Bde 4°(8°)
1. 1897. 2. 1898–99. 3. 1899–1900. 4. 1901–02. Darin No 1 — Wiederholdt: Tagebuch. By M. D. Learned and C. Grosse.
Forts. s. u. d. T.: German American Annals. 1903. [03. 5606

Americana Germanica: vol. 1–21, Jan. 1897 – Dec. 1919
A Quarterly. Title and place vary.
New York, NY

Americana Germanica: no. 1—35, 1905—1918.
Irregular: no. 2 published 1904. Sub-title: New Series. Monographs devoted to the Comparative Study of the Literary, Linguistic and other Cultural Relations of Germany and America. Quarto; various paging, but no. 35 has 94 pages. Edited by Marion Dexter Learned, no. 1—?; by Edwin Miller Fogel & Daniel Bussier Shumway, ?—35. Published by Americana Germanica Press.
Philadelphia, PA

Americaner, s.a. Amerikaner

Americaner, Der. Posse in einem Aufzuge. Frankfurt liegt ein Ding über — heisst Sachsenhausen (Goethes Götz). Frankfurt a. M. 1830. 2. Aufl. 1835. V: *Sauerwein, Wilhelm.* (ABJP) (GGr)

Americaner, Die. Scenen aus dem Volksleben in 1 Akt vom Verf. des Gräff. 2. Verm. Aufl. Frankfurt 1835. V: *Sauerwein, Wilhelm.* (Ky) (EE)

The American Fashion Review: vol. 1, 1874—?
Monthly, 1874—?; monthly, except July & Aug.,
Title varies: The American Fashion Review, vol. 1—13, 1874—87; The American Fashion Review and Tailors' Arts Journal, vol. 14, 1888; Sartorial Art Journal, vol. 15, July 1880—? Vol. 6 also as new series, vol. 1—2 [no. 1—24], July 1881—June 1883. Large quarto, each issue 24—64 pages; illustrated. To accompany the German section, there was published, for each volume, in no. 2, August issue, and in no. 8, Feb. issue, a colored plate, intended as a graphic chart for the tailor; many of these plates are missing. The German section, usually called "Beschreibung der colorirten Tafel" consists of 4 to 12 pages in each issue but vol. 29 advertises: "Issued in English, French, German and Spanish." Published by The Jno. J. Mitchell Co., 1875—?
New York, NY

American-Theater, Sammlg. d. beliebtesten i. American-Theater vorgetragenen Couplets, Soloscherze u. komischen Szenen, hrsg. v. W. Dalatkewicz, 6. neu bearb. Aufl., Berlin, 40 S., 8°.

Americanus, Bernardus, s.: Aus Eichsfelds Vorzeit.

Americareise, Die, des Wiener Männergesang-Vereines mit der Doppelschrauben-Lustjacht Oceana ... Wien 1907. V: *Jelinek, Emil.* (EB)

Amerika [sachliches Ordnungswort] s.a. America
Amerika, s.a. Amerique

— Zeitschrift f. Auswanderer nach Amerika und alle Diejenigen, welche sich üb. Auswanderung nach jenem Welttheile u. amerik. Verhältnisse Belehrung verschaffen wollen. Hrsg.: C. Hoffmann. 1. Heft. April 1847. 12. (48 S.) Stolberg a/H., Hoffmann. (Nordhausen, Fischer.) 1/12 ℛ

Amerika! Treuer Rathgeber u. Führer d. deutschen Auswanderers nach den Verein. Staaten v. Nordamerika. Nebst 1 (lith.) Karte (in qu. 4.) 8. (IV u. 96 S.) Kreuznach 849, Voigtländer. n. 1/3 ℛ

Amerika: Band 1, Heft 1, Jan. 1866.
Intended to be issued quarterly. Sub-title: Zuverlässige Vierteljahres-Berichte über die Zustände und Hülfsquellen der Vereinigten Staaten von Nord-Amerika, mit besonderer Hinsicht auf die Bedürfnisse und Aussichten deutscher Auswanderer. Mit Beiträgen von Isidor Busch, Dr. Adolph Douai, C. L. Fleischmann, Dr. Ph. Schaff und Anderen. Octavo, 32 pages. First issue contains: „Die deutsche Sprache im Congress." Published by John Williams & Alexander J. Schem.
New York, NY

Amerika: Jahrgang 1, Oct. 1, 1872—Nov. 9, 1924.
Roman Catholic daily, morning except Sunday. Sub-title: Allgemeine Zeitung für Wahrheit und Recht. Absorbed Der Herold des Glaubens. For weekly edition, see Wochenblatt des Amerika. For Sunday edition, see Sonntagsblatt des Amerika. Title varies: Amerika und Herold des Glaubens. Also known as St. Louis Amerika. Circulation: 1875, 4000, 1885, 10,217; 1895, 13,000; 1910, 26,000; 1920, 21,039 (P. O. Statement). Edited by Anton Hellmich, 1872—78; by Dr. Eduard Preuss, 1878—Apr. 1905; by Friedrich P. Kenkel, May 1, 1905—Oct. 1920; by Arthur Preuss, Nov. 2, 1920—Oct. 29, 1921; by J. Otto Pfeiffer, Nov. 1921—Nov. 1924. Published by Deutsche Literarische Gesellschaft, 1872—1924.
St. Louis, MO

Amerika: Bilder und Skizzen ... aus dem geistigen, gesellschaftlichen und geschäftlichen Leben in den VS. 2v. Vienna, 1882-83.

Amerika. Der heutige Standpunkt der Kultur in den Vereinigten Staaten. Monographien aus der Feder hervorragender deutsch-amerikanischer Schriftsteller ges. u. hrsg. von Armin Tenner. Dazu als Anh.: [Armin] Tenners Deutsch-amerikanisches Vademecum. Kurzgefaßte Erläuterungen amerikanischer Eigenthümlichkeiten in Sprache und Leben. — Berlin: Stuhr 1884. XII,484,116 S.
12:Am. B. 4254. 4.
3.10950

— 2. Aufl. Ebd. 1886. XII,484,116 S. 1:Uu 7158[a]. 5. 7.
3.10951

Amerika. Seine Bedeutung für d. Weltwirtschaft u. seine wirtschaftlichen Beziehungen zu Deutschland insbes. zu Hamburg, in Einzeldarstellungen. Mit zahlr. Illustr. u. Kt. Hrsg. von Ernst v. Halle. — Hamburg: Hamburger Börsenhalle 1905. 763 S.
1:Ut 3955. 12:Am. A. 75 e. 2. 5. 6. 8. 10. 11.
3.10952

Amerika. Illustrierte Zeitschrift. Chefred.: George Lehmann. 1. Jahrg. Oktbr. 1908—Sept. 1909. 24 Nrn. (à ca. 30 S.) 31×23 cm. Berlin, Verlag „Amerika".
Erscheint nicht mehr. Firma erloschen. Je — 20

Amerika. Illustr. Zeitschrift. Chefred.: George Lehmann. 1. J. Oktbr '08—Septbr '09. 24 Nrn. (Nr 1. 30) 31×23 cm. Berl., Verl. „Amerika". (?) (Komm.: W Opetz.) Je — 20 δF

Amerika: Band 1, 1909.
A magazine in Yiddish.
New York, NY

Aus Amerika. — Köln: Heimann & Zimmermann in Comm. 1877. 70 S. 4°
Aus: Allgem. Anzeiger für Rheinland-Westfalen (Köln. Handelszeitung).
5.
3.10949

—— u. die Auswanderung dahin. Zum Bedenken des Bedenklichen f. Amerikaner u. Deutsche. In Briefen an einen Freund v. einem Weimaraner. gr. 8. (6 B.) Leipzig 834, Steinacker

Amerika und die Auswanderung dahin. Zum Bedenken des Bedenklichen für Amerikaner u. Deutsche. In Briefen an einen Freund von einem Weimaraner. gr. 8°. Leipzig, Steinacker, 1835.

Amerika, dargestellt durch sich selbst, eine Zeitschrift. 1818. Juni bis December. 1819. Januar bis December. 1820. Jan. bis Dec. 4. Leipz. 818—20. G. J. Göschen. a Semester 4 ₰ 12 ℊ 22 ₰ 12 ℊ

Amerika, seine Entdeckung und seine Vorzeit. Nach Originalmemoiren und Berichten herausgegeben von H. Ternaux-Compans. Deutsch von L. von Alvensleben. Bd. 1. Grausamkeiten der Eroberer Mexicos. — Reisen, Abenteuer und Schiffbrüche des Don Alvar Nuñez Cabeça de Vaca. (1540.) Abschnitt 1. Bd. 2. Reisen, Abenteuer und Schiffbrüche des Don Alvar Nuñez Cabeça de Vaca. (1540.) Abschnitt 2. — Bericht über die Reise Cybolas, unternommen im Jahre 1540. Worin von allen Völkerschaften die Rede ist, welche jene Länder bewohnen, so wie von ihren Sitten und Gebräuchen. Von Pedro de Castañeda de Nagera. Bd. 1. 2. Meissen 1839. 1 Bd. 251; 224 S. 8°.

Amerika beim Erziehen. Eine Sammlg. Briefe v. Anhängern der körperl. Züchtigg. als Strafmittel f. Jung u. Alt. Uebers. a. d. „Illustrated Boston News" v. E. Neumann. gr. 8. (VIII, 99 S.) Dresden 903. H. R. Dohrn. n. 3. —

— dasselbe. 2. u. 3. Bd. (IV, 109 u. 98 S.) gr. 8. Dresden (903). [H. R. Dohrn.] Leipzig, Leipz. Verlag. à n. 3. —

— beim Erziehen. Eine Sammlg. Briefe v. Anhängern der körperl. Züchtigg. als Strafmittel f. Jung u. Alt. Uebers. a. d. „Illustrated Boston News" v. E. Neumann. (Neue [Titel-]Ausg.) (VIII, 99 S.) gr. 8. Leipzig [903] (904). Leipz. Verlag. n. 3. —

Amerika beim Erziehen. 3 Bde. Beschlagnahmt.

—— im Jahre 1831. Hrsg. v. C. N. Röding. 2 Bde. gr. 8. (61 B.) Hamburg 832, Hoffmann u. Campe.
Beide aus der Zeitschrift „Columbus" abgedruckt.

Amerika im Jahre 1829. Hrsg. v. C. N. Röding. 2 Bde gr. 8. (62½ B. u. 1 lith. Schlachtplan.) Hamburg 830, Hoffmann u. Campe.

Hamburg-Amerika Linie. Die neuen Riesendampfer „Amerika" und „Kaiserin Auguste Victoria". (Unterz.: L. B.) — (Hamburg [1906]: Persiehl.) 11 S.
Nebent.: Die Schiffe der Zukunft. 1:Hz 25101.
3.10960

Conciliation internationale. Amerika gegen die Rüstungen von Andrew Carnegie, Nicholas Murray Butler, Charles E. Jefferson. In deutscher Uebers. hrsg. von Alfred H[ermann] Fried. — Berlin: Friedens-Warte 1909. 60 S.
1:Fm 4492. 7.
3.10961

Der Weltteil Amerika in Einzeldarstellungen. T. 1-3. — Leipzig: Freytag 1884–85.
1. Ochsenius, Karl: Chile. 1884.
2.3. Sellin, A[lbrecht] W[ilhelm]: Das Kaiserreich Brasilien. 1.2. 1885.
(Das Wissen d. Gegenwart. 22.36.37.)
1-3 . . . . . 1:Ut 3924. 12:Var. 390 e-22.36.37.
300:79.193-B. Bd 22.36.37. 10.
2.3 . . . . 2. 6. 102.
1 . . . . 4. 10.
3.10963

Amerika, wie es ist, s.a. Familien-Bibliothek.

Amerika, wie es ist. Ein Buch für Kunde der neuen Welt. Serie III. der Volksschriften des deutsch-amerikanischen Vereins. Deutsche Ausg. 1. Thl. Hamburg 853, 54. Verlags-Comptoir. 8. (3 Bll., 154 S.) n. 10 ngl

Amerika [Schlagwort]
— s.a.: Alaska.–Hand-u. Reisekarten, 59. 60. 61. 62.

Amerika, s.a. America.

Amerika, s.a. Atlanten, Rössel, Th.

Amerika, s.a. Atlanten, Sydow.

— s. a.: Generalkarten. Flemming.

Amerika, s.a. Hand-u. Reiskarten 59-65.

Amerika, s.a. Physikalische, Karten.

Amerika. Bamberg, K., Handkarte v. Nord-Amerika. 1 : 23,000,000. Physikalische Ausg. m. polit. Carton. Chromolith. qu. Fol. Berlin 888. Chun. n.n. — 25

— — Handkarte v. Süd-Amerika. 1 : 23,000,000. Physikalische Ausg. m. polit. Carton. Chromolith. Fol. Ebd. 888. n.n. — 25

— — Schulwandkarte v. Nordamerika. 1 : 5,300,000. 16 Blatt. 11. Aufl. Physikalische Ausg. Chromolith. qu. gr. Fol. Ebd. 890. 12. —; auf Leinw. in Mappe n. 16. 50; m. Stäben n. 18. —; politische Ausg. zu gleichen Preisen.

Amerika. Bamberg, Karl, Schulwandkarte v. Nord-Amerika. 1 : 5,300,000. 14., verb. Aufl. Physikalische Ausg. 16 Blatt à 40×42,5 cm. Farbendr. Berlin 894. C. Chun. n. 12. —; auf Leinw. in Mappe n. 16. 50; m. Stäben n. 18. —; politische Ausg. zu gleichen Preisen.

Amerika. Bamberg's, Karl, Schulwandkarte v. Nord-Amerika. 1 : 5,300,000. (Physikalische Ausg. m. rot mark. polit. Grenzen.) 17., rev. Aufl. 16 Bl. à 40 × 40,5 cm. Farbdr. Berlin 898. C. Chun. 12. —; auf Leinw. in Mappe n. 16. 50; m. Stäben n. 18. —; polit. Ausg., 16., rev. Aufl., zu gleichen Preisen

Amerika. Bamberg's, Karl, Schulwandkarte v. Nord-Amerika. 1 : 5,300,000. (Physikalische Ausg. m. od. ohne rot markierte polit. Grenzen.) 21. rev. Aufl. Je 16 Blatt à 40,5×41 cm. Farbdr. Berlin (905). C. Chun. à n. 12. —; auf Leinw. in Mappe à n. 16. 50; m. Stäben à n. 18. —

Amerika. Bamberg's, Karl, Schulwandkarte v. Nord-Amerika. 1 : 5,300,000. (Physikalische Ausg. m. od. ohne polit. Grenzen.) 22. rev. Aufl. Je 16 Blatt à 39×41 cm. Farbdr. Berlin (907). C. Chun. à 12.—; auf Leinw. in Mappe à 16.50; m. Stäben à 18.—; polit. Ausg., 21. rev. Aufl., zu gleichen Preisen.

— — Schulwandkarte von Südamerika. 1 : 5,300,000. 12 Blatt. 11. Aufl. Physikalische Ausg. Chromolith. qu. gr. Fol. Ebd. 890. 12. —; auf Leinw. in Mappe n. 16. 50; m. Stäben n. 18. —; politische Ausg. zu gleichen Preisen.

— — Schulwandkarte v. Süd-Amerika. 1 : 5,300,000, (Physikalische Ausg. m. rot markierten polit. Grenzen.) 16., rev. Aufl. 12 Blatt. 11 Bl. à 37,5 × 43,5 cm, 1 Bl. 54,5 × 43,5 cm. Farbdr. Ebd. 898. 12. —; auf Leinw. in Mappe n. 16. 50; m. Stäben n. 18. —; polit. Ausg. (15., rev. Aufl. 897) zu gleichen Preisen.

Amerika. Bamberg's, Karl, Schulwandkarte v. Süd-Amerika. 1 : 5,300,000. 16. revid. Aufl. (Politische Ausg.) 12 Blatt (9 Bl. à 37,5×43,5 cm u. je 1 Blatt 54,5×43,5, 46,5×44 u. 22,5×43,5 cm.) Farbdr. Berlin 899. C. Chun. — 12.—; auf Leinw. in Mappe n. 16.50; m. Stäben n. 18.—

— — Wandkarte v. Süd-Amerika. 1 : 5,300,000. Physikalische Ausg. 13., rev. Aufl. 12 Blatt à 37,5×43,5 cm. Farbendr. Ebd. 894. 12. —; auf Leinw. in Mappe n. 16. 50; m. Stäben n. 18. —; politische Ausg. zu gleichen Preisen.

— — Wandkarte v. Süd-Amerika. 1 : 5,300,000. (Physikalische Ausg. m. od. ohne rot markierte polit. Grenzen.) 21. verb. Aufl. Je 12 Blatt à 38×44 cm. Farbdruck. Ebd. (905). à n. 12. —; auf Leinw. in Mappe à n. 16. —; m. Stäben à n. 18. —

— — Wandkarte v. Süd-Amerika. 1 : 5,300,000. (Physikalische Ausg. m. od. ohne polit. Grenzen.) 22. verb. Aufl. Je 12 Blatt à 38×44 cm. Farbdr. Ebd. (907). à 12.—; auf Leinw. in Mappe à 16.—; m. Stäben à 18.—; polit. Ausg., 19. rev. Aufl., zu gleichen Preisen.

Amerika. Baur, C.F. neueste Karte v. Amerika m. d. Haupt-Dampf-u. Segel-Schiffs-Coursen, sowie m. d. gröss. Eisenbahnen u. d. unterseeischen Telegraphen. 1 : 11,112,500. 6 Bl. Chromol. Fol. Stuttg. 1881, Maier.

— Baur, C. F., neueste Karte v. Amerika, m. den Haupt-Dampf- u. Segelschiff-Kursen, sowie m. den grösseren Eisenbahnen u. den unterseeischen Telegraphen. 1 : 11,112,500. Neue Ausg. 1887. 6 Blatt. Chromolith. Imp.-Fol. Stuttgart 887. J. Maier. n. 8. —

— Bludau, Alois, u. Otto Herkt, Karte von Nord-Amerika (Map of North-America) aus Sohr-Berghaus' Hand-Atlas. 9. Aufl. Mit 11 Kartons: Politische Uebersicht, Bevölkerungsdichte, Vegetationsgebiete, Fischerei u. Viehzucht, Bergbau, Holz- u. Kautschuk-Industrie, Pflanzenbau, Panamakanal, Prov. Brandenburg zum Vergleich der Grössenverhältnisse, Atlanten, Weltkarte. 1 : 10,000,000. 84×69 cm. Farbdr. Glogau (904). Berlin, C. Flemming. n. 4. —

Amerika. Bludau, Alois, u. Otto Herkt, Karte v. Süd-Amerika (map of South America) aus Sohr-Berghaus' Hand-Atlas. 9. Aufl. 1 : 10,000,000. Politische Grenzen nach W. Sievers. Mit 10 Kartons: Politische Uebersicht. Bevölkerungsdichte. Pflanzenbau. Bergbau u. Sammelprodukte aus dem Pflanzenreiche. Fischerei, Viehzucht u. Jagd. Südost.-Brasilien. Kleine Antillen. Die deutschen Kolonien in Paraná. Sta. Catharina u. Rio Grande do Sul. Galápagos-Inseln. Prov. Brandenburg zum Vergleich der Grössenverhältnisse. 84,5×68,5 cm. Farbdr. Glogau (905). Berlin, C. Flemming. n. 2. —

— Debes, E., Schulwandkarte v. Nord-Amerika. Im Anschluss an d. Herausgebers Schulatlanten bearb. 1 : 5,500,000. 6 Blatt à 58,5 × 74 cm. Farbdr. u. kolor. Leipzig 897. H. Wagner & E. Debes. n. 10. —; auf Leinw. m. Stäben n. 18. —

— — Schulwandkarte v. Süd-Amerika. Im Anschluss an d. Herausgebers Schulatlanten bearb. 1 : 5,500,000. M. e. Nebenkarte z. Uebersicht d. polit. Einteilung. 1 : 16,000,000. 4 Blatt à 79,5 × 59 cm. Farbdr. Ebd. 897. n. 6. —; auf Leinw. m. Stäben n. 14. —

— Diercke, C., Schulwandkarte Nordamerika. Bodenverhältnisse. 1 : 6,000,000. 185×165 cm. Farbdr. Braunschweig (905). G. Westermann. Auf Leinw. m. Stäben 20. —

— — dasselbe. Südamerika. Bodenverhältnisse. 1 : 6,000,000. 194×157 cm. Farbdr. Ebd. (905). Auf Leinw. m. Stäben 20. —

— — dasselbe. Vereinigte Staaten u. Mexiko. 1 : 3,000,000. 154,5×193,5 cm. Farbdr. Ebd. (907). Auf Leinw. m. Stäben 22. 50

Amerika, s.a. Eisenbahnkarten.

— Gaebler, Eduard, Mapa mural escolar de la América del Sur y Central. 1 : 4,500,000. 6 Blatt je 75×97 cm. Farbdr. Leipzig (908). G. Lang. Auf Leinw. m. Stäben 22. —

— Gaebler, Ed., Schulwandkarte von Amerika. 1 : 12,000,000. 2. Aufl. Physikal. Ausg. 6 Blatt à 56 × 52,5 cm. Farbdr. u. kolor. Leipzig 897. G. Lang. n. 12. —; auf Leinw. in Mappe od. m. Stäben n. 18. —; polit. Ausg. zu gleichen Preisen.

— Gaebler, Ed., Schulwandkarte von Amerika. 1 : 12,000,000. 3. Aufl. Physikalische Ausg. 6 Blatt à 56×52,5 cm. Farbdr. u. kolor. Leipzig (900). G. Lang. n. 12. —; auf Leinw. in Mappe od. m. Stäben n. 18. —; politische Ausg. zu gleichen Preisen.

— Gaebler, Eduard, Schulwandkarte von Amerika, politisch. 1 : 12,000,000. 4. Aufl. 6 Blatt je 56×52,5 cm. Farbdr. Leipzig (906). G. Lang. n. 12. —; auf Leinw. m. Stäben n. 18. —

— — Schulwandkarte von Mittel- u. Süd-Amerika. 1 : 4,500,000. Physikalisch. 1.—3. Aufl. 6 Blatt je 74×97 cm. Farbdr. Ebd. (904—906). n. 16. —; auf Leinw. m. Stäben n. 22. —; polit. Ausg. zu gleichen Preisen.

— — Schulwandkarte v. Mittel- u. Süd-Amerika. 1 : 4,500,000. Physikalisch. 4. Aufl. 6 Blatt à 74×97 cm. Farbdr. Ebd. (909). 16.—; auf Leinw. m. Stäben 22.—; polit. Ausg. 2. Aufl. (907) zu gleichen Preisen.

— — Schulwandkarte v. Nord-Amerika. 1 : 4,500,000. Politische u. physikal. Ausg. à 6 Blatt à 70,5 × 103 cm. Farbdr. Ebd. (901). à n. 15. —; auf Leinw. m. Stäben à n. 22. —

— — Schulwandkarte von Nord-Amerika. 1 : 4,500,000. (Physikalische Ausg.) 3. durchgeseh. Aufl. 6 Blatt je 70,5×103 cm. Farbdr. Ebd. (905). n. 15. —; auf Leinw. in Mappe od. m. Stäben n. 22. —; Politische Ausg. 2. durchgesch. Aufl. (906.) n. 16. —; auf Leinw. m. Stäben n. 22. —

— — Schulwandkarte v. Nord-Amerika. 1 : 4,500,000. (Physikal. Ausg.) 5. Aufl. 6 Blatt à 70,5×103 cm. Farbdr. Ebd. (910). 16.—; auf Leinw. m. Stäben 22. —

— — Schulwandkarte der Vereinigten Staaten, v. Mexiko u. Mittelamerika. 1 : 4,000,000. 4 Blatt à 60×77 cm. Farbendr. u. kolor. Ebd. 894. n. 12. —; auf Leinw. m. Stäben n. 20. —

— — Schulwandkarte der Vereinigten Staaten, v. Mexiko u. Mittel-Amerika. 1 : 4,000,000. 4 Blatt je 60,5×77,5 cm. Farbdr. Ebd. (906). n. 15. —; auf Leinw. m. Stäben n. 20. —

— Gaebler, Ed., Wandkarte v. Amerika m. Höhenschichten-Kolorit. Aequat.-Massstab 1 : 12,000,000. 6 Blatt à 56×52 cm. Farbendr. Leipzig 893. G. Lang. n. 12. —; auf Leinw. m. Stäben n. 20. —

— — dasselbe, politisch. 1 : 12,000,000. 6 Blatt à 56×52 cm. Farbendr. Ebd. 898. n. 12. —; auf Leinw. m. Stäben od. in Mappe n. 20. —

— — Wandkarte v. Amerika, politisch. 1 : 12,000,000. 5. Aufl. 6 Blatt à 56×52,5 cm. Farbdr. Ebd. (909). 13.—; auf Leinw. m. Stäben 18. —

Amerika. Haack, Herm., Schulwandkarte v. Nord-Amerika. Physikal. Ausg. 1 : 6,000,000. 6 Blatt 147,5×167,5 cm. Farbdr. Gotha (910). J. Perthes. 12.—; auf Leinw. m. Stäben 18.—; u. Ringen 21.—; lackiert 24. —

— — dasselbe. Politische Ausg. 1 : 600,000. 190×167 cm. Farbdr. Ebd. (910). 10.—; auf Leinw. in Mappe 15.—; m. Stäben 18.—; u. lackiert 21. —

Amerika. Haardt's Schulwandkarte. 1 : 10,000.000. 4 Bl. in Hoch-Folio. Farbendr. Wien, Eduard Hölzel. 4 fl., auf Leinw. gesp. in Mappe 6 fl. 50 kr., auf Leinw. mit Stäben 7 fl. 50 kr. 1883.

— Handtke, F., General-Karte der Vereinigten Staaten v. Nord-Amerika. 1 : 6,000,000. Nach den neuesten Materialien rev. u. ergänzt im kartograph. Institut der Verlagshandlg. Mit Staaten-Übersicht. 22. Aufl. Chromolith. Imp.-Fol. Glogau 890. Flemming. n. 1. —

— — dasselbe. Sep.-Ausg. m. Gebirgen etc. Chromolith. Imp.-Fol. Ebd. 889. n. 1. —

— Handtke, F., General-Karte der Vereinigten-Staaten v Nord-Amerika m. Staaten-Uebersicht. 1 : 6,000,000. 28. Aufl. Farbendr. 65×80,5 cm. Glogau 892. C. Flemming. n. 1.—; m. Gebirgen etc. 4. Aufl. n. 1.—

— Handtke, F., General-Karte d. Vereinigten Staaten v. Nord-Amerika m. Staaten-Uebersicht. 1 : 6,000,000. 30. u. 31. Aufl. 65 × 80,5 cm. Farbendr. Glogau 894. 95. C. Flemming. n. 1. — m. Gebirgen etc. 5. Aufl. n. 1. —

— — dasselbe m. d. Bahama-Inseln u. Cuba, sow. m. Nebenkarten v. Alaska u. Portorico. Ausgabe 1898. 1 : 6,000,000. 65,5 × 80,5 cm. Farbdr. Ebd. 898. n. 1.—

— — General-Karte von Süd-Amerika. 1 : 13,000,000. 6. Aufl. Nach den neuesten Materialien ergänzt im kartograph. Institut der Verlagshandlg. Chromolith. gr. Fol. Ebd. 889. n. 1. —

— — General-Karte v. Süd-Amerika. 1 : 13,000,000. 12. Aufl. Farbendr. 77×62 cm. Ebd. 892. n. 1. —

— — dasselbe v. Süd-Amerika. 1 : 13,000,000. 14. Aufl. 77 × 62 cm. Farbendr. Ebd. 894. n. 1. —

— — Schul-Wandkarte v. Nord-Amerika in 9 Blättern. 4., rev. u. ergänzte Aufl. 1 : 7,000,000. Chromolith. Imp.-Fol. Ebd. 889. 4. 50; auf Leinw. in Mappe n. 9. —; m. rohen Holzrollen n. 10. —; m. schwarz polierten Holzrollen n. 11. —

— — Schulwandkarte v. Nord-Amerika. 1 : 7,000,000. 5. Aufl. 9 Blatt à 40,5 × 50,5 cm. Farbendr. Ebd. (892.) 4. 50; auf Leinw. in Mappe n. 9. —; m. rohen Stäben n. 10. —; m. schwarz polierten Stäben n. 11. —

— Hemmleb, H., Schul-Wandkarte v. Nord-Amerika. 1 : 8,060,000. Physikalische Ausg. 2. Aufl. 4 Blatt. Chromolith. Imp.-Fol. Weimar 887. Hemmleb. n. 8. 40; auf Leinw. m. Stäben n. 12. —; polit. Ausg. zu gleichen Preisen.

— Hemmleb, Herm., Schulwandkarte v. Nordamerika. 1 : 8,060,000. Politisch-physikal. u. physikal. Ausg. (3. Aufl.) à 4 Blatt à 53,5×61,5 cm. Farbendr. Weimar 892. H. Hemmleb. à Ausg. 8. 40; auf Leinw. m. Stäben à n. 12. —

— — Schul-Wandkarte v. Süd-Amerika. 1 : 8,060,000. Physikalische Ausg. 2 Blatt. Imp.-Fol. Ebd. 887. n. 7. —; auf Leinw. m. Stäben n. 10. —; polit. Ausg. zu gleichen Preisen.

— — Schulwandkarte v. Süd-Amerika. 1 : 8,060,000. Politisch-physikal. u. physikal. Ausg. (2. u. 3. Aufl.) à 2 Blatt à 52×75,5 cm. Farbendr. Ebd. 891. 892. à Ausg. 7. —; auf Leinw. m. Stäben à n. 10. —

— Hemmleb, H., Schulwandkarte v. Süd-Amerika, politisch u. physikalisch. 1 : 8,060,000. (3. Aufl.) 2 Bl. à 51,5 × 76 cm. Farbendr. u. kolor. Weimar 895. H. Hemmleb. n. 7. —; auf Leinw. m. Stäben n. 10. —

— Hölzel's Wandkarte v. Nordamerika. Bearb. v. Frz. Heiderich. Lambert's flächentreue Azimutalprojektion. 1:5,000,000. 9 Blatt à 61,5×65 cm. Farbdr. Wien (908). E. Hölzel. 18.—; auf Leinw. in Mappe 26.—; m. Stäben n 29. —

— — Wandkarte v. Südamerika. Bearb. v. Frz. Heiderich. In flächentreuer transversal-zylindr. Projektion. 1 : 5,000,000. 6 Blatt à 70×76 cm. Farbdr. Ebd. (908.) 18.—; auf Leinw. in Mappe n 26.—; m. Stäben n 29. —

Amerika, Karte von. Maasstab: 15 geographische Meilen = 1°. (1 Karte in Schuber.) 8.

Amerika — Charte von der Nord-Westlichen Küste von — und der Nord-Oestlichen Küste von Asien, sammt der Durchfahrt zwischen diesen beyden Welttheilen, wie solche in den Jahren 1778 und 1779 vom Capitain J. Cook entdeckt und aufgenommen worden ist. Carl Jacck Sculp. 1 : 8,000,000. 1 Bl.

— Kiepert, Heinr., mapa general del América Meridional. 1 : 10,000,000. Con Cartons: Parte central de Chile, Venezuela, Colombia y contornos de Lima, Buenos Aires, Montevideo 1 : 2,000,000. Ed. 2., emendada y publicada por Rich. Kiepert. Lith. u. color. Imp.-Fol. Berlin 890. D. Reimer. n. 4. —

— — physikalische u. politische Schulwandkarte v. Süd-Amerika. 1 : 6,000,000. à 6 Blatt. à 60×83 cm. Farbdr. Ebd. (900). à Karte n. 9. —; auf Leinw. in Mappe à n. 13.50; m. Stäben à n. 15.—

— Kiepert, Heinr., politische Schulwandkarte v. Nord-Amerika. Zeichnung v. R. Kiepert. 1 : 8,000,000. 5., bericht. Aufl., bearb. v. Rich. Kiepert. 5 Blatt à 45,5×57 cm. Farbendr. u. kolor. Berlin 893. D. Reimer. n. 7. —; auf Leinw. in Mappe n. 12. —; m. Stäben n. 14. —

— Kiepert, Heinr., politische Schul-Wandkarte von Nord-Amerika. 1 : 8,000,000. 7. bericht. Ausg. 5 Blatt à 44,5×57 cm. Farbdr. Berlin (901). D. Reimer. n. 7.—; auf Leinw. in Mappe n. 12. —; m. Stäben n. 14. —

— — politische Schulwandkarte v. Süd-Amerika. 1 : 8,000,000. 5. Aufl. Neubearbeitung v. Rich. Kiepert. 4 Blatt à 56×46,5 cm. Farbendr. u. kolor. Ebd. 894. n. 6. —; auf Leinw. in Mappe n. 10. —; m. Stäben n. 12. —

— Kiepert, Rich., mapa del América del Sur. 1 : 8,000,000. 4 Blatt. Chromolith. qu. gr. Fol. Berlin 890. D. Reimer. n. 8. —

— Leipoldt, Gust., politische Wandkarte v. Südamerika m. Darstellung der wichtigsten Eisenbahnen, Dampfer- u. Telegraphenlinien. 1 : 6,000,000. 157,5×143,5 cm. Farbdr. Dresden (908). Leipzig, Alfr. Müller Verlagsanst. Auf Leinw. m. Stäben 25. —

Amerika's Nordwest-Küste. Neueste Ergebnisse ethnolog. Reisen. Aus d. Sammlgn d. k. Museen zu Berlin hrsg. v. d. Dir. d. ethnol. Abtheilg. Fol. (13 u. 13 Chromol. u. Lichtdr.) Berl. 83, Asher & Co. In Mappe. *n.n.* 50. — ‖ Neue Folge. (6 m. 1 Karte u. 11 Lichtdr.) 84. In Mappe. *n.n.* 30. —

— **Petermann, A.**, Karte der Vereinigten Staaten v. Amerika in 6 Blättern. 1 : 3,700,000. [Stieler's Hand-Atlas Bl. Nr. 83—88.] Kpfrst. u. color. gr. Fol. Gotha 888. J. Perthes. Zusammengesetzt m. Leinw.-Streifen in Carton. n. 7. —; auf Leinw. in Mappe n. 8. 40; m. Stäben n. 10. 80

— **Petermann's, A.**, Karte der Vereinigten Staaten v. Amerika. 1 : 3,700,000. Neu bearb. 1888 v. H. Habenicht. [Aus: „Stielers Hand-Atlas".] Ausg. 1894. 6 Blatt à 40,5×33 cm. Kpfrst. u. kolor. Gotha, J. Perthes. In Karton. n. 7. —; auf Leinw. in Mappe n. 8. 40

— — Karte von Süd-Amerika in 6 Blättern. 1 : 7,500,000. [Stieler's Hand-Atlas Bl. Nr. 90—95.] Kpfrst. u. color. gr. Fol. Ebd. 888. Zusammengesetzt m. Leinw.-Streifen in Carton. n. 7. —; auf Leinw. in Mappe n. 8. 40; m. Stäben n. 10. 80

— — Karte v. Süd-Amerika. 1 : 7,500,000. Entworfen v. P., bearb. v. H. Habenicht u. O. Koffmahn. [Aus: „Stielers Hand-Atlas".] 6 Blatt à 40,5×33 cm. Kpfrst. u. kolor. Ebd. 894. In Karton. n. 7. —; auf Leinw. in Mappe n. 8. 40; m. Stäben n. 10. 80

— — Karte von West-Indien, Central-Amerika bis zum südlichen Canada in 4 Blättern. 1 : 7,500,000. [Stieler's Hand-Atlas Bl. Nr. 79—82.] Kpfrst. u. color. gr. Fol. Ebd. 888. Zusammengesetzt m. Leinw.-Streifen in Carton. n. 4. 80; auf Leinw. in Mappe n. 5. 60; m. Stäben n. 7. 20

— **Rand, Mc Nally & Co.'s** enlarged business atlas and shippers' guide, containing large scale maps of all states and territories in the United States, the Dominion of Canada, the Republic of Mexico, Central America, the West Indies and Cuba, showing in detail the entire railroad system, accompanied by a new and original compilation and ready reference index. Fol. (361 S. m. Karten.) Chicago and New York 893. (Berlin, D. Reimer.) Geb. n. 52. 50

Amerika. Rand, Mc Nally & Co.'s popular county map of the United States, with portions of the Dominion of Canada, the Republic of Mexico, and the West Indies. Farbendr. 84,5×116 cm. Chicago and New York 893. (Berlin, D. Reimer.) In Leinw.-Karton. n. 6. —

— — new pocket atlas, containing colored county maps of all states and territories in the United States, and the provinces of the Dominion of Canada, together with descriptive, statistical, and horistical matter pertaining to each, and indexed lists of their counties, giving area and population; also colored skelet on maps of the continents, showing all countries of the world, accompanied by statistical matter regarding the countries and their principal cities. 8. (173 S.) Chicago and New York 893. (Berlin, D. Reimer.) n. 1. 25

— **Rothaug, Joh. Geo.**, Karte v. Amerika. Physikalisch. 1 : 50,000,000. 32×21,5 cm. Farbdr. Wien (905). G. Freytag & Berndt. n. — 12

— **Rothaug, Joh. Geo.**, physikalische u. politische Schulwandkarte von Nord-Amerika. 1 : 6,000,000. à 6 Blatt. à 82,5×62,5 cm. Farbdr. Wien (900). G. Freytag & Berndt. à Karte n. 9. —; auf Leinw. in Mappe à n. 13. 50; m. Stäben à n. 15. —

— **Schade, Th.**, Schul-Wandkarte v. Südamerika. 1 : 5,200,000. 6 Blatt. 2. Aufl. Farbendr. u. kolor. 49×41,5 cm. Glogau 891. C. Flemming. 4. 50; auf Leinw. in Mappe n. 9. —; m. rohen Holzrollen n. 10. —; m. polierten Holzrollen n. 11. —

Amerika, Schul-Wandk. in böhm. Sprache. (Skolní nástěnná mapa Ameriky.) Von v. Haardt. Im Masst. 1 : 10,000.000. In 4 gr.-Fol.-Bl. Wien. Eduard Hölzel. 5 fl.. 7 fl. 50 kr.. 8 fl. 80 kr.1884.

— **Sievers, W.**, Karte d. venezolanischen Gebirgslandes zwischen Coro u. Trinidad. Nach eig. Aufnahmen in den J. 1884/85 u. 1892/93 bearb. u. gezeichnet. 1 : 1,000,000. 2 Bl. à 40×50,5 cm. Farbendr. [Aus: „Mittheilgn. d. geograph. Gesellsch. in Hamburg", 12. Bd.] Hamburg 896. L. Friederichsen & Co. n. 6. —

— **Vischer, Alfr.**, Mapa de América central. 1:1,000,000. 124,5×150,5 cm. Farbdr. (In span. u. engl. Sprache.) Mit Text (in span., engl., französ. u. deutscher Sprache.) (32 u. 16 S.) 8. Stuttgart (910). W. C. Rübsamen. In 12 Tln. in Mappe od. auf Leinw. m. Stäben 25. —

— **Waldseemüller, M.** (Ilacomilus), die älteste Karte m. Namen Amerika aus dem J. 1507 u. die Carta Marina aus dem J. 1516. Hrsg. m. Unterstützg. der kaiserl. Akademie der Wissenschaften in Wien von Jos. Fischer, S. J., u. Fr. R. v. Wieser. (26 Bl.) 52×71 cm. Nebst Text in deutscher u. engl. Sprache. (55 S. m. m. 9 Abbildgn.) 53×38 cm. Innsbruck 903. Wagner. In Mappe n. 65. —; geb. in Halbfrz. n. 70. —; auf Leinw. n. 83. —

Amerikaner, s.a. Americaner

Amerikaner, der, Lustspiel in 5 A. v. Vogel. 8°. Hamburg, Vollmer.

Amerikaner, der,. Lstsp. v. Pleisner. 3. Frankf. Fleischer (Vollmer in Hamb.) 784.

Amerikaner, der, Vierstimmiges Singspiel. 8°. Bamberg, Göbhard, 1791.

Amerikaner, der, Scenen aus d. Volksleben in 1 Act vom Verf. d. Gräff. 2., verm. Aufl. Mit Titlbild. 8. (2 B.) Frankfurt a. M. 835, Körner.

Amerikaner, die. Vierstimmiges Sgspl. 8. Bamb. 791. Wesché in Frankf. 3 gr.

Amerikaner, d. beiden, od. Ein Abenteuer in e. span. Hotel, übers. v. L Santiago, s.a. Esser's, J, Sammlg leicht aufführbarer Theaterstücke.

— Die beiden Amerikaner oder ein Abenteuer in einem spanischen Hotel. Schwank in 1 Aufz. Aus d. Span. übers. von L. Santiago. — Paderborn: Esser [1904]. 64 S. (J. Esser's Sammlung leicht aufführbarer Theaterstücke. 87.) 1:Yp 6278-87. 6.
3.10965

Der Deutsche Amerikaner: Sept. 1843—1864.

Democratic [in 1848]. Listed in Philadelphia Demokrat, June 21, 1848, which characterizes it as Democratic. Weekly. Title varies: Deutscher Amerikaner, 1848—64? Edited & published by Henry B. Masser & Joseph Eisely.

Sunbury, PA

Der Deutsche Amerikaner: Mar.? 1852—Dec.? 1853.

Weekly. Merged with Der Westbote (Columbus, Ohio). Edited & published by Joseph Falkenbach with Peter Kaufmann, for a short time, when the paper was established.

Canton, OH

Der Deutsche Amerikaner: 1875—1905?

Weekly. Circulation: 1880, 700 (est.); 1900, 700. Edited & published by Francis Johnson, 1875—1905.

Lafayette, IN

Amerikaner, der edle, e. Novelle in Briefen; aus d. Engl. 8. Quedlinb. 790. Ernst. 12 gr.

Amerikaner, der Edle, eine Novelle in Briefen, aus dem Engl. 8. Quedlinburg, 791. Ernst. 15 sgl.

Der Fleissige Amerikaner.

Sub-title: Ein Calender für Stadt und Land. Published by Wilhelm L. J. Kiderlen.
PHi: 1844, 1845.

Philadelphia, PA

Amerikaner, der geschickte, s. Engländer, der geschickte.

Amerikaner, der geschickte, od. die Kunst, ohne Lehrer, in 10 Lektionen engl. lesen, schreiben u. sprechen zu lernen. Vom Verf. des geschickten Franzosen. 3. Aufl. gr. 16. (68 S.) Cöln 848, Lengfeld. 6 1/4 ngr (Auch u. d. Titel: Der geschickte Engländer, siehe dies.)

— der kleine, ein leichtes Hülfsmittel zur Erlernung der engl. Sprache; nach der neuesten Methode, um in kurzer Zeit im Stande zu sein, sich den Amerikanern verständlich zu machen. 16. Zweibrücken 838. Ritter. 1/6 ß

Amerikaner, der kleine, ein leichtes Hülfsmittel z. Erlernung der engl. Sprache, um in kurzer Zeit sich den Amerikanern verständlich machen zu können. 3., verb. u. verm. Aufl. kl. 8. Zweibrücken 841, Ritter. 1/6 ß

Amerikaner, der neue. Ein treuer Rathgeber für Auswanderer nach den Vereinigten Staaten Nord-Amerika's. Nebst einer Anleitung die engl. Sprache ohne vorher. Kenntniß derselben ohne Lehrer in kürzester Zeit zu erlernen. 1. Aufl. (120 S.) 852. und 2., verm. und verb. Aufl. gr. 16. (146 S.) Nördlingen 854, Beck'sche Buchh. *

—— der neue. Ein Dollmetscher für Auswanderer nach Nord-Amerika und Australien, oder die Kunst ohne Lehrer in ganz kurzer Zeit englisch zu lernen nebst einem kurzen Wegweiser nach Nord-Amerika und Australien. 8. (IV und 108 S.) Friedberg 855, Scriba's Buchh.

— der richtig sprechende, oder gründliche Anweisung, in kurzer Zeit die englisch Sprache zu erlernen. Ein treuer Helfer für die nach Amerika Auswandernden. Zunächst als Beigabe zu dem Buche „Texas". gr. 8. Bremen 846. Geisler. 1/4 ß

— der richtig sprechende, od. gründl. Anweisg. in kurzer Zeit die engl. Sprache zu erlernen. Ein treuer Helfer nach Amerika Auswandernder. 3. verb. Aufl. gr. 8. (VI u. 104 S.) Bremen 848, Geisler. — 4. Aufl. revidirt in Amerika. gr. 8. (VIII u. 104 S.) Ebd. 850. 1/4 ß

— der richtig sprechende, oder gründliche Anweisung in kurzer Zeit die englische Sprache zu erlernen. Ein treuer Helfer nach Amerika Auswandernder. 5—7. verb. Aufl., revid. in Amerika. Bremen 854. Geisler. 8. (VIII, 104 S.) 7 1/2 ngr

Der Unpartheyische Americaner: Apr. 1807—1814?
Weekly. Edited & published by Friedrich Sanno; then, by George Jasperson.
Carlisle, PA

Der Wahre Amerikaner: Nov. 10, 1804—1838?
Democratic weekly. Sub-title: Eine Zeitung für den Bauer und Stadtmann, Dec. 20, 1806—1838? Title varies: DER LANCASTER WAHRE AMERIKANER, 1838? Followed by DER WAHRE DEMOKRAT. Edited & published by Heinrich & Benjamin Grimler, Nov. 10, 1804—Apr. 1814; by Benjamin Grimler, Apr. 1814—1838?; by Jacob Myers.
Lancaster, PA

Amerikanerin, die. 8. Eisenach 779. Wittekind 3 gr

Amerikanerin. — Die Amerikanerin, oder die drei Brüder. Ein komischer Roman. Th. (1.) 2. — Braunschweig: Schröder 1804. 1:Yw 5814. 7.
3.10967

— d. junge, od. Verkürzung müßiger Stunden a. d. Meere. 4 Thle. 8. Ulm, Korn. 765—68.

— d. liebenswürdige. 12. Langensalze. 736.

Amerikanerinnen. — Die beiden Amerikanerinnen, aus d. Franz. frei übers. (Folgt: Lady Maria Gray. Der Republik muss gehorsamt werden.) — Münster: Aschendorff 1884. 238 S. (Unterhaltungsbibliothek. 4,4.) 1:Ah 4121–4,4.
3.10968

Amerikaners, eines alten, Gedanken üb. Erziehung. gr. 8. (22 S.) Oldenburg 848, Schulze. 1/12 ß

Amerikanisten-Kongress, internationaler. 14. Tagg. Stuttgart 1904. 3 Tle. (LXXXVII, 705 u. 87 S. m. Abbildgn. u. Taf.) Lex.-8. Stuttgart 906. W. Kohlhammer. n.n. 45. —

Die Amerika-Riege der D. T. beim 29. Bundesturnfest in Indianapolis 1905, Ber., 4°.

Amerika's Nordwest-Küste. Neueste Ergebnisse ethnolog. Reisen. Aus den Sammlgn. der königl. Museen zu Berlin hrsg. v. der Direction der ethnolog. Abtheilg. Fol. (13 S. m. 5 Chromolith. u. 8 Lichtdr., nebst 13 Bl. Taf.-Erklärgn.) Berlin 883. Asher & Co. In Mappe. n.n. 50. —

— dasselbe. Neue Folge. Fol. (IV, 6 S. m. 1 chromolith. Karte u. 11 Lichtdr., nebst 12 Bl. Taf.-Erklärgn.) Ebend. 884. In Mappe. n.n. 30. —

Amerique [Sachliches OW]
de l'Amérique **et des Americains. 8. Berl. 774. Rottmann.** 8 gr

Amerique [Schlagwort]
Amérique — Carte générale de l' — Méridionale en deux grandes feuilles, d'après les observations et les cartes spéciales, rapportées du Voyage dans l'intérieur du Brésil pendant les années 1817 — 1820. Dédiée, à Sa Majesté, le Roi de Bavière par les Docteurs de Spix et de Martius etc. Munich 1825. 1: 5,000,000. 2 Bl,

Amérique — Carte Nouvelle de l' — angloise contenant tout ce que les Anglois possedent sur le continent de l'Amérique Septentrionale Savoir le Canada, la Nouvelle Ecosse ou Acadie, les treize Provinces unies qui sont: les quatres Colonies de la Nouvelle Angleterre etc. etc. Gravée exactement d'apres les déterminations géographiques dernièrement faites par Matthieu Albert Lotter à Augsbourg. 1728? 1: 4,500,000. 1 Bl.

Amerlan, A., s. Amerlan, Albert

Amerlan, Alb., an der Frontera. Selbsterlebtes. 8. (III, 324 S.) Gera 884. Weltpostverlag. cart. n. 2. —

Amerlan, Albert, Kaufmann: An der Frontera. Selbsterlebtes. — Leipzig: Mutze (1884). 324 S. 7.
3.10982

Amerlan, Albert, Kreistierarzt: Practisches Handbuch der Pferdekrankheiten. Deren rationelle Erkennung u. Behandlung mit Berücks. der Gewährs- u. ansteckenden Krankheiten nebst Angabe der allöopathischen u. homöopathischen Arzneimittel. Mit 150 Abb. auf 9 lithogr. Taf. Berlin: Bosselmann 1861. XVI,535 S.
1:Ks 11020. 3. 5. 7. 9. 11.
3.10979

— — (2., wohlfeile Ausg.) Ebd. 1861 (Umschlagt.: Wiegandt & Hempel o.J.) XVI,535 S. 2.
3.10980

Amerlan, Alb., Praktisches Handbuch der Pferdekrankheiten. (II., 535 S.) Berlin 61. Parey. M. 3.—

Amerlan, Alb., practisches Handbuch für Viehkastrirer, sowohl für solche, die es schon sind, als auch für solche, die sich zum Examen vorbereiten wollen, nebst Anhang, enthaltend: die erlassenen Verordnungen und Verfügungen, den Viehkastrirer betreffend. 12. (VIII und 73 S.) Berlin 860, Bosselmann. *

Amerlan, Alb., Nächte am Rio Paraguay. Kriegsbilder u. Charakterskizzen. 3., verm. u. verb. Aufl. M. Ill. v. A. Methfessel. gr. 8. (175 S.) Buenos Aires 898. (Hamburg, L. Friederichsen & Co.) n. 5. —

Amerlan, Fr. 1891 s. *Amerlan*, Frieda.

Amerlan, Frieda, Annemarie. Eine Erzählg. f. Jung u. Alt. (35 S. m. 2 Bildern.) Berlin 890. Schorß. n. — 25

Amerlan, F, Annemarie. Erzählg f. Jung u. Alt. 8° (35 m. 2 Bildern.) Berl. 91. Münch., M Schorss. — 25

Amerlan, Frida, s: Brich an, du helles Weihnachtslicht.

— Ersungen! Eine Erzählung für junge Mädchen. — Berlin: Eckstein 1886. 175 S.
1:Ng 16192. 12:P. o. germ. 1806 k.
3.10984

Amerlan, Fr., Götter u. Helden der alten Germanen. Der Edda nacherzählt. Mit Bildern v. Joh. Gehrts. 3. Aufl. (v. Aus Urväter Tagen). gr. 8. (IV, 174 S.) Berlin (902). H. J. Meidinger. Geb. in Leinw. n. 3. —

Amerlan, Fr., Götter u. Helden der alten Germanen. Der Edda nacherzählt. Mit (6 Voll-)Bildern v. Joh. Gehrts. 5. Aufl. (VII, 174 S.) 8. Berlin (910). Meidinger's Jugendschriften-Verlag. Geb. in Leinw. 2. 25

— die kleine Heldin. Nummer Drei. 2 Erzählgn. f. Jung u. Alt. 8. (43 S. m. 3 Bildern.) Ebd. 890. n. — 25

— Die kleine Heldin. Nummer Drei. 2 Erzählungen für Jung u. Alt von Fr. Amerlan. — Berlin: Schorss 1891. 43 S. 1:Ng 26624/2.
3.10985

— Am Herd des Hauses. Praktisches Kochbuch mit Notizblättern zum Weitersammeln von Rezepten. Mit 18 naturgetr. farb. Abb. unserer Schlachttiere u. deren einzelnen Fleischstücken, sowie vielen Illustr. im Text. — Stettin: Niekammer [1897]. 564 S.,2 Taf. 1:Oq 8072. 9.
3.10986

— Am Herd des Hauses. Prakt. Kochbuch m. Notizblättern zum Weitersammeln v. Rezepten zsgest. v. Frieda Amerlan ... M. 18 naturgetr. farb. Abb. uns. Schlachttiere ... sowie vielen Ill. im Text. *Stettin: P. Niekammer (1898).* (564 S., 8 Taf. verein. zu 2 Taf.) 1 Bd 8. 198. 244 G

— — 2. Aufl. Ebd. 1900. 568 S. 1:Oq 8072². 9.
3.10987

Amerlan, Frieda: Kindergeschichten für aufmerksame kleine Zuhörer von 4 bis 7 Jahren. Mit 8 Bildern von L. Mühlig. — Glogau: Flemming [um 1875]. 54 S. 4° 2.
3.10989

Amerlan, Frieda, Kindergeschichten f. aufmerksame kleine Zuhörer von 4 bis 7 Jahren. Mit 8 (chromolith.) Bildern v. L. Mühlig. 2. Aufl. 4. (IV, 54 S.) Glogau 877. Flemming. geb. 2. 25

Amerlan, Frieda, Kindergeschichten für aufmerksame kleine Zuhörer von 4 bis 7 Jahren. Mit 8 (chromolithogr.) Bildern von L. Mühlig. 3. Aufl. 4. (IV, 54 S.) Glogau 882, Flemming. geb.

— alte, liebe Lieder. Eine anreg. gesellschaftl. Unterhaltg. f. junge Mädchen im Alter von 14—16 Jahren. 12. (4 S. m. 31 S. u. 243 Kärtchen in 128.) Leipzig 882. Ruhl. In Carton. n. 2. 25

— Mädchengeschichten. 4 Erzählgn. f. die weibl. Jugend. (112 S. m. 3 farb. Vollbildern.) 8. Reutlingen (910). Enßlin & Laiblin. Geb. — 75

— Fürs junge, fröhliche Mädchenherz. Erzählungen, Märchen und Gedichte. (Für das Alter von 12 bis 15 Jahren.) Berlin: Schorss [1889]. 234 S. 1:Ng 16337.
3.10990

Amerlan, Frida: Fürs junge fröhl. Mädchenherz. (288 m. Farbdr.) 8° Reutl., Ensslin & L. (07). L. 3.50 d

Amerlan, Fr., Hans Sachs. Ein Lebensbild zu seinem 400jähr. Geburtsjubiläum. [Aus: „Hans Sachs-Kalender f. 1895".] 4. (16 S. m. 15 Abbildgn.) Nürnberg 894. J. Ph. Raw. n. — 20

— Aus Urväter Tagen. Altnordisches Götterleben und Heldentum der Edda, für die Jugend nacherzählt. Mit 7 Vollbildern v. Joh. Gehrts. gr. 8. (IV, 249 S.) Berl. 890, v. Trautvetter. geb. * 4 —

— a. Urväter Tagen. Altnord. Götterleben u. Heldentum d. Edda, nacherzählt. 8° (249 m. 7 Bildern.) Berl. 90, HJ Meidinger. Geb. 4 — ‖ 2. Afl. 91. Geb. 3 —

— dass. — der Edda nacherzählt. Mit 7 Vollbildern v. Joh. Gehrts. 2. Aufl. gr. 8. (IV, 249 S.) Berl. 891, H. J. Meidinger. geb. * 3 —

— was Großmutter erzählte, als Schmiede-Wilhelm durchaus nach Amerika wollte. Eine Erzählg. f. Jung u. Alt. 8. (46 S. m. 2 Bildern.) Ebd. 890. n. — 25

— Was Grossmutter erzählte, als Schmiede-Wilhelm durchaus nach Amerika wollte. Eine Erzählung für Jung u. Alt von Fr. Amerlan. — Berlin: Schorss 1891. 46 S. 1:Ng 26624/3.
3.10993

Amerlan, Manon: David Kraul, der Heringshändler. Charakterbild in 4 Akten. — Berlin 1864: Kolbe. 54 S. 8.
3.10994

Amerling, C, s.a Aufsätze a. d. Geb. d. Naturökonomie.

Amerling C, gesammelte Aufsätze aus dem Gebiete der Naturökonomie und Physiokratie. Prag 1868

Amerling, Friedr. v. Ein Lebensbild, s. Frankl, Ludw. Aug.

Amerling, Karl
—— Aus seinem Leben u. Wirken, s. Walter, Julian.

Amerling, Karl, die Orientierungslehre (Diasophia). Mit Portr. u. Biographie, sowie einigen Briefen d. Verf. Hrsg. v. der Gesellschaft f. Physiokratie in Böhmen. gr. 8. (III, 79 S.) Prag 891. (Fr. Haerpfer.) n. 1. —

Améro, Constant s. Tissot, Victor, et Améro, Constant.

Amerongen, Freiherr v. (Red.), s. Hunde-Sport, Der.

Amersbach, K., s. Amersbach, Karl

Amersbach, Karl [Prof.]: Aberglaube, Sage und Märchen bei Grimmelshausen. I. Tl. Baden-Baden, A. v. Hagen'sche Hof-Buchdr., 1891; 32 S. 4°
Baden, grossh. G u. HB, MP 1891 (593)

Amersbach, Karl [Prof.]: Aberglaube, Sage und Märchen bei Grimmelshausen. II. Tl. [Forts. d. P-Beil. 1891.] Baden-Baden, E. Kölblin, Hof-Buchdr., 1893; 1 Bl., 35—81 S. 4.
Baden, grossh. G u. RPG, MP 1893 (598)

Amersbach, Karl: Über die Histologie der Salpingitis gonorrhoica. Jena 1909: (Lippert, Naumburg a. S.). 36 S. 8°
¶ (Aus: Beiträge z. pathol. Anatomie u. z. allg. Pathol. Bd 45.)
Freiburg i. B., Med. Diss. v. 1910, Ref. Aschoff
[Geb. 6. Okt. 84 Konstanz; Wohnort: Freiburg i. B.; Staatsangeh.: Baden; Vorbildung: Gymn. Freiburg i. B. Reife Juli 03; Studium: Straßburg 1, München 1, Freiburg i. B. 8 S.; Coll. 18. Dez. 08.] [U 10. 952

Amersbach, Karl Über die Identität des Verfassers des gereimten Evangeliums Nicodemi mit Heinrich Hesler, dem Verfasser der gereimten Paraphrase der Apokalypse. 32, 30 SS. *Konstanz* 1883. 1884.

Amersbach, Karl, Prof.: Licht- und Nebelgeister. Ein Beitrag zur Sagen- u. Märchenkunde. *Baden-Baden 1901: E. Kölblin.* (48 S.) 4° ¶ (Vorarbeit zu einer gröss. Abh.)
Baden, grossh. G, MP 1901 (660)

Amersbach, Karl, Licht- u. Nebelgeister. Ein Beitrag zur Sagen- u. Märchenkunde. Progr. gr. 4. (48 S.) Baden-Baden 901. (O. Ryssel.) n.n. 1. 50

Amersdorffer, Kunstwissenschaftler. 1912 s. *Amersdorffer,* Alexander.

Amersdorffer, Alexander
— Kritische Studien über das Venezianische Skizzenbuch. Mit 3 Taf. u. 3 Abb. im Text. — Berlin: Mayer & Müller 1901. 71 S.
Ersch. auch als Diss. Berlin 1901. 1:Nt 6767. 11.
3.11011

Amersdorffer, Alexander, aus Nürnberg: Kritische Studien über das Venezianische Skizzenbuch. (Mit 3 Taf. u. 3 Abb. im Text.) *Berlin (1901): G. Schade.* (71 S.) 8°
Berlin, Phil. Diss. v. 14. Aug. 1901 *)

Amersfoordt, Jacobus: Dissertatio philologica de variis lectionibus Holmesianis locorum quorundam Pentateuchi Mosaici. — Lugduni Bat. 1815: Luchtmans. XVI,229 S.
Ersch. auch als Diss. Leiden 1815.
1:4° Bl 6910. 300:49 D 28. 4. 5. 7. 8. 10.
3.11016

Amersfoordt, Jak., Diss. philologica de variis lectionibus Holmesianis locorum quorundam Pentateuchi Mosaici. 4 maj. Leyd. 1815. (Weidmann in Leipzig).

— Oratio de studio literarum Arabicarum, variis, post renatam in Europa doctrinam, aetatibus identidem variato. Harderovici: Barends 1816. 24 S.
1:4° Zu 360. 12:4° A.or. 140/6 [u.ö.] 300:31 P 32. 10. 11.
3.11017

Amersin, Fr., s. Amersin, Ferdinand

Amersin, Ferdinand

Der Freibund der gleichgesinnten Edlen als zeitgemässer Ersatz für Kirche und Freimaurerei. Von Ferd. Amersin. Triest: Selbstverl. 1880. S. 65—88. 8°
(Amersin, F.: Im Freistaat oder Gesetz und Sitte der Freiheit. 4.)
Recens: L. 4 (1881) S. 11—13.
cf. Bh. 23 (1880) S. 241—245 (J. G. Findel), abgedr. in: LglsI. 8 (1880—1881) No 20—21.
Auszug in: Al. 6 (1880) S. 261—262; vgl. ferner Hn. 8 (1881) S. 46.
Strebt völlige Umgestaltung des Frmrbundes auf ganz neuen Grundlagen an.

Amersin, Ferdinand, Im Freistaat, oder Gesetz und Sitte der Freiheit. Ungefährlich-socialistische Zukunftspläne. 8°. Triest 1880.

Amersin, Ferdinand: Das Land der Freiheit. Ein Zukunftsbild in schlichter Erzälungsform. — Graz: A.G "Leykam Josefsthal" in Comm. 1874. VII,346 S. (Amersin: Weisheit und Tugend des reinen Menschenthums. 2.)
300:63.817–B. Bd 2.
3.11020

— Populäre Philosophie oder gemeinverständliche Weisheits- und Wissenschaftslehre für alle Bildungsfähige. — Graz: A.G. „Leykam-Josefsthal" in Comm. 1871. XIV, 140 S. (Amersin: Weisheit und Tugend des reinen Menschenthums. 1.)
2. Aufl. s. *Amersin:* Gemeinverständliche Weisheitslehre. 1881.
5. 7.
3.11021

— Populäre Philosophie oder leichtfassliche Einführung in die Weisheitslehre. (Wahrheits-, Klugheits- u. Geschmackslehre.) — Ebd. 1872. XIV,332 S. (Amersin: Weisheit und Tugend des reinen Menschenthums. 1.)
300:63.817–B. Bd 1.
3.11022

— Weisheit und Tugend des reinen Menschenthums. In den Formen der Lehre u. der Dichtung gemeinverständlich dargest. Bd 1. — Graz: A.G. „Leykam-Josefsthal" in Comm. 1871. XIV,140 S.
1. Amersin: Populäre Philosophie oder gemeinverständliche Weisheits- und Wissenschaftslehre für alle Bildungsfähige.
5. 7.
3.11023

— — Bd 1.2. Ebd. 1872–74.
1. Amersin: Populäre Philosophie oder leichtfassliche Einführung in die Weisheitslehre. (Wahrheits-, Klugheits- u. Geschmackslehre.) 1872.
2. Amersin: Das Land der Freiheit. Ein Zukunftsbild in schlichter Erzälungsform. 1874.
300:63.817–B.
3.11024

— Gemeinverständliche Weisheitslehre (Wahrheits-, Klugheits- und Geschmackslehre), sammt 3 Beilagen: Arbeitsplan zur Verfassung eines zeitgemässen gemeinverständlichen Sammelwerkes aller Wissenschaften und Künste in Wort und Bild, Uebersichtstafel der Wissenschaften und Künste und Begriffs-Bestimmungen-Verzeichnis. 2., durchaus umgearb. verb. Aufl. der „Populären Philosophie" desselben Verf. — Triest: Dase in Komm. 1881. VIII,285 S.
1:Nm 22260. 300:52.300–B [u.] 35.525. 5.
3.11025

Amerstfoordt, Jac., s. Amersfoordt, Jak.

Amersvoort, R. van, praktisches deutsch-holländisches Hilfswörterbüchlein, nebst Schlüssel zu „Holländisch leicht gemacht". Enth. die Übersetzung der darin vorkommenden Übungsaufgaben und dienend andererseits als Anleitung zum Übersetzen aus dem Deutschen in's Holländische. 8. (V, 59 S.) Leipzig 886, G. Weigel. *

— Holländisch leicht gemacht. Anleitung mit oder ohne Lehrer auf die leichteste Weise und in kürzester Frist Holländisch lesen, schreiben und sprechen zu lernen. Mit genauester Angabe der Aussprache durch deutsche Buchstaben. 8. (VIII, 145 S.) Ebendas. 886. *

Améry, C., Aix-la-Chapelle et Borcette. Petit manuel à l'usage des touristes et baigneurs contenant la description des 2 villes et de leurs environs. Nouvelle éd. 12. (45 S. m. 1 farb. Plan.) Aachen 893. C. Mayer's Verl. n. — 80

Améry, C., Aix-la-Chapelle et ses environs. Manuel à l'usage des étrangers contenant la description et l'histoire de cette ville et de ses environs. 7. éd. revue et augmentée. — Guide pratique du médecin et du malade aux eaux minérales d' Aix-la-Chapelle et de Borcette par Alex. Reumont. 3. éd. entièrement refondu. Avec un (lith.) plan (hoch 4.) 8. (268 S.) Aachen, 873. Mayer. geb. n. 2. 50

Amery, C., Aix-la-Chapelle et ses environs. Manuel à l'usage des étrangers contenant la description et l'histoire de cette ville et de ses environs. 8. éd. revue et augmentée. — Guide médical aux eaux thermales d'Aix-la-Chapelle et de Borcette. Par Alexandre Reumont. 4. éd. entièrement refondue. Avec un plan de la ville et une carte des environs. 8. (168 S.) Aachen 884. Mayer. cart. n. 2. —

Amerykanie. Sielanka dramatyczna w czterech obrazach napisal**. Bromberg 868. Sniegocki. 8. (2 Bll., 50 S.) 5 ngr

Ameryl, Laurence: Auf gefährl. Wegen, s: Roman, Der neue.

Ames

— Aux Âmes sensibles, en faveur des pauvres et des orphelins d'Eisleben. — [Eisleben 1777.] 2 Bl. 2° 3.
3.11030

Ames, Howard, the motives for, and a new system of divorce founded on a comparative study of the history and development of Roman, Canonical, French and German divorce legislation. Diss. gr. 8. (5, XXVII S.) Göttingen 891. (Vandenhoeck & Ruprecht.) n. — 60

Amesbury, s. Amesbury, Joseph

Amesbury, Joseph

— [Observations on the nature ..., deutsch] Bemerkungen über die Natur und Behandlung der Fracturen am obern Drittel des femur und veralteten Fracturen überhaupt. Erläutert durch Fälle aus d. öffentl. u. aus d. Privatpraxis. Aus d. Engl. Mit 3 Kupfertaf. — Weimar: Landes-Industrie-Comptoir 1831. VIII,260 S. (Chirurgische Handbibliothek. 13,1.)
12:Chir. 120m–13. 300:77 L 11. Bd 13. 4. 5.
3.11120

Amesbury, über die Fracturen, s. Hand-Bibliothek, chirurg., 13. Bd.

Ameschot, Theodorus [Arts. Off. van gez. 2. kl. O. L. L. aus Amsterdam]: Ein seltener Fall von Parovarialcyste ... Freiburg i. B., Buchdr. v. Chr. Ströcker, 1892; 28 S., 1 Bl. 8.
Freiburg i. B., Med. Fak., Inaug.-Diss. v. 1892

Ameseder, A., s. Ameseder, Adolf

Ameseder, Adolf

Ameseder, Adf., Zur Auflösung der Gleichungen 4. und 5. Grades durch Bewegungsmechanismen. (Aus: „Sitzungsbericht der kais. Akademie der Wissenschaften." Lex.-8°. (6 S.) Wien, Gerold's Sohn. fl. —.8. ¼.

Ameseder, Adf., zur Auflösung der Gleichungen 4. u. 5. Grades durch Bewegungsmechanismen. Lex.-8 (6 S.) Wien 886. (Gerold's Sohn.) n. — 20

Ameseder, A, z. Auflösg d. Gleichgn 4. u. 5. Grades durch Bewegungsmechanismen. 8. (6) Wien 86, (Tempsky). n. — 20

Ameseder, Adf., Beitrag zur Theorie der Regelflächen 4. Grades m. e. Doppelkegelschnitt. [Aus: „Sitzungsber. d. k. Akad. d. Wiss."] Lex.-8. (29 S.) Wien 880. (Gerold's Sohn.) n. — 40

— über vierfach berührende Kegelschnitte der Curven 4. Ordnung m. 3 Doppelpunkten. [Mit 1 (lith.) Taf.] [Aus: „Sitzungsber. d. k. Akad. d. Wiss.“] Lex.-8. (6 S.) Ebend. 879. n. — 40

— über Configurationen u. Polygone auf biquadratischen Curven. Lex.-8. (23 S.) Ebend. 886. n.n. — 50

— über Configurationen auf der Raumcurve 4. Ordnung, 1. Species. Lex.-8. (47 S.) Ebend. 883. n. — 80

— über rationelle ebene Curven 3. u. 4. Ordnung. [Mit 1 (lith.) Taf.] [Aus: „Sitzungsber. d. k. Akad. d. Wiss.“] Lex.-8. (13 S.) Ebend. 879. n. — 60

Ameseder, Adf., über rationale Curven vierter Ordnung, deren Doppelpunktstangenten zum Theil oder ganz in Inflexionstangenten übergehen. Lex.-8. (5 S.) Wien 879, (Gerold's Sohn.) *
Aus: Sitzungsberichte der k. Akademie der Wissenschaften, besonders abgedruckt.

— über ein Nullsystem 2. Grades. [Aus: „Sitzungsber. d. k. Akad. d. Wiss.“] Lex.-8. (17 S.) Ebend. 881. n. — 40

— über die eine rationale Plancurve 4. Ordnung vierfach berührenden Kegelschnitte, welche ein einzelnes System bilden. [Mit 1 (lith.) Taf.] [Aus: „Sitzungsber. d. k. Akad. d. Wiss.“] Lex.-8. (56 S.) Ebend. 881. n. 1. —

Ameseder, A., die Quintupellage collinearer Räume. [Aus: „Sitzungsber. d. k. Akad. d. Wiss.“] Lex.-8. (26 S.) Wien 889. (Tempsky.) n. — 50

— über Regelflächen 4. Grades, deren Erzeugenden sich zu Quadrupeln gruppiren. [Aus: „Sitzungsber. d. k. Akad. d. Wiss.“] Lex.-8. (33 S.) Ebend. 880. n.n. — 50

— Theorie der cyklischen Projectivitäten. [Aus: „Sitzungsber. d. k. Akad. d. Wiss.“] Lex.-8. (28 S.) Ebd. 889. n. — 50

—— zur Theorie der Thetacharacteristiken. Lex.-8. (5 S.) (Ebendas.) 886. *
aus: Sitzungsberichte der k. Akademie der Wissenschaften, besonders abgedruckt.

Ameseder, Adf., über die linearen Transformationen des tetraedralen Complexes in sich. gr. 8. (9 S.) Wien 888, (Tempsky.) *
Aus: Sitzungsberichte der k. Akademie der Wissenschaften, besonders abgedruckt.

— geometrische Untersuchung der ebenen Curven 4. Ordnung, insbesondere ihrer Berührungskegelschnitte. I. Mittheilg. [Mit 1 (eingedr.) Holzschn.] [Aus: „Sitzungsber. d. k. Akad. d. Wiss.“] Lex.-8. (28 S.) Ebend. 882. n.n. — 50

— geometrische Untersuchung der ebenen Curven 4. Ordnung, insbesondere hinsichtlich ihrer Berührungskegelschnitte. II. Mittheilg. Lex.-8. (67 S.) Ebend. 883. n. 1. — (I. u. II.: n.n. 1. 50)

Amethist, M. G., Donners-Orgeltöne u. Zephyrs-Säuseln; als Versuch einer Vertheidigung d. witzigsten Kopfes u. ersten Humoristen Deutschlands. Eine Pille f. seine Neider u. einige etwa hie u. da gegen ihn ankämpfenden Mäuschen. 8. Berl. 826. Pauli. 8 ℳ

DER AMETHYST. Blätter für seltsame Litteratur und Kunst. Hrsg. von Franz Blei. Jg. 1. Wien 1905/06. 8°
Es erschienen nur: Jg. 1, H. 1–11/12, für Subskribenten. Angegeben nur der Druckort Ödenburg, außerdem in H. 1 München als Sitz des Herausgebers.

Amethyst, der. Blätter f. seltsame Litteratur u. Kunst. Hrsg. v. Frz. Blei. Jahrg. 1906. 12 Hfte. (1. Hft. 31 S. m. 1 Taf.) gr. 8. Wien, C. W. Stern. Nicht im Handel.
Erscheint nicht weiter.

Amey, Fr., s. Amey, Fritz

Amey, Fritz: Die Krisis in unserer Schule. Eine Erörterung u. Rechtfertigung der in d. "Allgemeinen deutschen Stenotachygraphen-Zeitung" gegen uns geschleuderten Anklagen. ⟨Separatbeil. zum 'Stenotachygraph'.⟩ (Unterz.: Fr. Amey.) — Dat. Nordhausen 23. Juni 1894. 27 S.
1:4 in V 14300-5.
3.11131

Amey, Fr., Lehrbuch d. Stenotachygraphie (Eng-Schnellschrift). Z. Gebr. bei Unterrichtskursen u. beim Selbstunterr. bearb. gr. 8. (32 S.) Nordhausen 895. Selbstverlag. n. 1. —

Amey, Fr., Lehrbuch der Stenotachygraphie (Eng-Schnellschrift). Zum Gebrauch bei Unterrichtskursen u. b. Selbstunterricht. 2., nach d. Beschlüssen d. stenotachygr. Prüfungs-Commission vom Dezbr. 1897 umgearb. u. verb. Aufl. gr. 8. (36 S.) Nordhausen 899. J. Koppe. n.n. 1. 10

Ameyden, Dirk van

— Theodori Amydenii Tractatus de officio et iurisdictione datarii, nec non de stylo datariae. Ed. in Germania prima ab innumeris mendis, quae antehac irrepserant, expurgata. Cum duplici ind. — Coloniae Agr.: Metternich 1701. 561 [vielm. 461] S.
1:2° Fr 432. 12:2° J. can. P. 6. 300:26 II 27. 2. 6. 7.
3.11136

Amfiteatroff, A. s. *Amfiteatrov*, Aleksandr Valentinovič.

Amfiteatrov, Aleksandr Valentinovič

Amfiteatrow, A., die Herren Obmanoff. (In russ. Sprache). 2 Tle. 8. (VIII, 9 u. VIII, 10 S.) Berlin 902. J. Räde. à n. 1. —

— dasselbe. (29 S.) 8. Berlin 902. H. Steinitz. n. 1. —

Amfiteatrow, Al., die Herren Obmanoff. (In russ. Sprache.) 3. Bd. (19 S.) 8. Berlin 903. J. Räde. n. 1. —

— dasselbe. 2. Tl. (32 S.) 8. Berlin (903). H. Steinitz. n. 1. —

— Gospoda Obmanovy. Sočinenie Aleks. Amfiteatrova s predisloviem. Glava [1]–3. — Berlin: Rėde 1902–03. [Russ.]
Nebent.: Amfiteatrov: Amfiteatrow, Die Herren Obmanoff.
[1.] 2. 1902. 3. 1903.
Text nur russisch.
1–3 . . . 1:Zn 13076 [auch 3 = 2 in Zn 13075/100].
1 . . . . 2.
3.11183

— — Glava [1]–3. Ebd. 1902[–03].
Nebent.: Amfiteatrov: Die Herren Obmanow. Von A. Amfiteatrow.
[1.] 1902. 2. 3. [1903.]
Text nur russisch. 12:P. o. rel. 2874 m.
3.11184

— Gospoda Obmanovy. A. Amfiteatrova ⟨Old Gentleman⟩. Č. [1.] 2. — Berlin: Šteinic 1902–03. [Russ.]
Nebent.: Amfiteatrov: Die Herren Obmanow. Von A. Amfiteatrow.
1 = (Izvěstnějšaja russkaja Biblioteka. 32.)
2 = (Sobranie lučšich russkich proizvedenij. 50.)
Text nur russisch.
1:Zn 13076/4 [auch 2 = 1 in Zn 13075/100].
3.11185

Amfiteatrow, Alex.: Der gelbe Pass. Marja Lusjowas Schicksale im dunkelsten Petersburg. Roman. Aus d. Russ. (296) 8° Lpzg, Schulze & Co. '12. 3 —; geb. 4 — d

Amfiteatroff, Alex.: Der Ursprg d. Antisemitismus in Russld. (In russ. Sprache.) 3 Bde. 8° Berl., H Caspari '06. Je 2 —
I. Das Judentum u. d. Sozialismus. (68) ‖ II. Das Judentum als Geist d. Revolution. (54) ‖ III. Der Pogrom v. Belostok. (30)

— Alexander Amfiteatroff. Der Ursprung des Antisemitismus in Russland. A(leksandr) Amfiteatrov. Proischoždenie antisimitizma. Č. 1–3. — Berlin: Stuhr 1906. [Ant. u. Russ.]
1. Das Judentum und der Sozialismus. Evrejstvo i socialism.
2. Das Judentum als Geist der Revolution. Evrejstvo kak duch revoljucii.
3. Der Pogrom von Belostok. Pogrom v Bělostokě.
Text nur russisch.
1–3 . . . . 12:Jud. 114 b. 2. 11.
1. 2 . . . . 1:Ez 12859.
3.11191

Amfiteatrov, Jakov Koźmič: [Besědy ob otnošenii cerkvi k christianam, deutsch] Ueber das Verhältniß der Kirche zu den Christen. Predigten von Amphitheatrow, Prof. zu Kiew. Aus dem Russ., nach der 2. Ausg., übers. von Janyschew [Ioann Leont'evič Janyšev]. — Wiesbaden : Ritter 1855. VI,243 S. 1:Cl 11606. 12:Hom. 51m. 3.
3.11213

Amfiteatrova, Aleksandra Valentinovića

[Russ.] Gospoda Obmanovy. Sočinenie Aleks(andra) [Valentinovica] Amfiteatrova s predisloviem. Glava [1]–3. *Berlin: I. Rede 1902–03.* 3 Bde 8°
[1.] 2. 1902. 3. 1903.
[Auf d. Umschl.:] Amfiteatrow, die Herren Obmanoff. [04. 6041

Amfiteatrow, Alexander s. *Amfiteatrov*, Aleksandr Valentinovič.

Amft, Georg

Amft, Geo., Auswahl der gebräuchlichsten Schul- u. Kirchenlieder, s.: Kothe, Wilh.

Amft, Geo., Kathol. Gesang- u. Gebetbuch, s.: Kothe, Wilh.

— Katholisches Gesangbuch f. die Grafschaft Glatz, Volksausgabe. s.: Kothe, Wilh.

— Praktischer Lehrgang für den modernen Zeichenunterricht in der Volksschule. — Habelschwerdt: Franke 1905. 155 S. 1:Nf 5170/20. 2. 5.
3.11216

Amft, Geo.: Prakt. Lehrg. f. d. modernen Zeichenunterr. in d. Volkssch. 2. Afl. (4, 246 m. Fig. u. 22 z. Tl farb. Taf.) gr8° Habelschw., Franke '13. L nn 5 — d

— **Neues Liederbuch f. katholische Schulen. Im Anschlusse an die Th. Krausesche Wandernoten-Methode, in Übereinstimmg. m. den neuen Lesebuchwerken u. m. Betong. des Volks- u. Vaterlandsliedes bearb. Op. 6. 2 Tle. kl. 8. Habelschwerdt, Franke.** — 80
1. Unter- u. Mittelstufe. (IV, 55 S.) 910. — 30
2. Oberstufe. (VIII, 108 S.) 911. — 50

— Volkslieder d. Grafsch. Glatz. (13, 576) Lex8° Ebd. '11. nn 4.50; geb. nn 5.50; Luxuseinbd nn 6.50 d

— **Akad. Verein Organum. Werkeverzeichnis der Organer. Aufgestellt 1910 von Georg Amft u. Ernst Scharfe. Hrsg. von d. Monatsschrift d. A.V.O. Hauptverzeichnis 1. Kiel 1911: Schmidt & Klaunig. 38 S.**
1:4° Mus. A 105.
3.11223

Am Grund, Heinrich [Pseudon.] s. Ming, Johann Joseph.

Am Grund, Hrch., Bruder Klaus u. Hr. Prof. E. L. Rochholz in Aarau. 34 Stn. 8. Luzern, Gebr. Räber. 1874 —. 50

Amgwerd, Jos[eph]. Straf-Prozess-Ordnung für den Kanton Schwyz. 1. Entwurf, April 1903, von Verhörrichter Dr. Jos. A'. 128 S. 8. Schwyz, Emil Steiner, 1904.

Amher, P.R., dänisches Lehnsrecht. 8°. Leipzig, Sommer.

Am-Herd, Priester, s. Am-Herd, Ambrosius

Amherd, A., s. Amherd, Ambrosius

Amherd, Alois Paul, Pater. † 1887. 1909 s. *Amherd*, Ambrosius.

Amherd, Aloysius, Pater. † 1887. 1858 s. *Amherd*, Ambrosius.

Amherd, Ambrosius

Amherd, (Aloys.), die Andacht zur Trösterin der Betrübten im Großherzogth. Luxemburg. Ein Vortrag, gehalten am 14. Mai 1857. 12. (12 S.) Luxemburg (857)62, Brück. *

Amherd, Aloys., Bruderschaftsbüchlein für die Mitglieder der Bruderschaften der ewigen Anbetung und des heil. unbefleckten Herzens Mariä. Nebst der heil. Kreuzwegs-Andacht. 12. (XII und 383 S.) Luxemburg 858(60), Gebr. Heintze's Verlag.

— Die himmlische Gnadenquelle. Gebet- u. Erbauungsbuch. Ausg. No 3. — Saarlouis: Stein 1871. 640 S.
1:Er 14723.
3.11227

Amherd, Ambros., die himmlische Gnadenquelle. Ein Gebet- u. Erbauungsbuch. Ausg. Nr. 1. 3. Aufl. 8. (552 S. m. farb. Titel u. 2 Stahlst.) Saarlouis 878. J. Stein Nachf. n. 1. 20

Amherd, Ambrosius: Die himmlische Gnadenquelle. Ein Gebet- u. Erbauungsbuch. Ausg. Nr 2. 8. Aufl. — Saarlouis: Stein 1887. VI,624 S. 5.
3.11225

— **dasselbe. Ausg. Nr. 2. 9. Aufl. 16. (624 S. m. farb. Titel u. 2 Stahlst.) Ebd. 890.** n. 1. 20

— **dasselbe. Ausg. Nr. 3. 6. Aufl. 24. (640 S. m. farb. Titel u. 2 Stahlst.) Ebd. 891.** n. 1. —

Amherd, A, d. himml. Gnadenquelle. Gebet- u. Erbauungsbuch. 7. Afl. 24° (640 m. farb. Titel u. 2 St.) Saarl. 94, F Stein N. 1 — || 10. Afl. 16° (624 m. farb. Titel u. St.) 94. 1.10

Die himmlische Gnadenquelle. E. Gebet- u. Erbauungsbuch v. P. Ambrosius **Amherd,** Priester ... Ausg. No 2. 11. Aufl. ... *Saarlouis: Hausen & C. 1897.* (1 Bl., 624 S., 1 Taf.) 1 Bd 8. [98. 4031

— — Ausg. No 3. 8. Aufl. Ebd. 1897. VI,640 S.
1:Er 14723[8]. 5.
3.11228

— — Ausg. Nr 3. 9. Aufl. Ebd. 1900. 640 S. 5.
3.11229

— — Ausg. Nr 3. 10. Aufl. Ebd. 1902. 640 S.
1:Er 14723[10]. 5.
3.11230

Amherd, Ambros., C. Ss. R., die himmlische Gnadenquelle. Ein Gebet- u. Erbauungsbuch. Ausg. Nr. 2. 12. Aufl. (624 S. m. Titelbild.) 16. Ebd. 902. n. 1. 10; geb. in Leinw. m. Goldschn. n. 1. 40

— Die himmlische Gnadenquelle. Gebet- u. Erbauungsbuch. Ausg. Nr 4. Mit großem Druck. — Saarlouis: Hausen 1903. 640 S. 5.
3.11235

Amherd, Aloys Paul: Die himml. Gnadenquelle. Gebet u. Erbaugsb. Ausg. Nr III. 11. Afl. (640 m. farb. Titel u. Titelbild.) 16° Saarl., F Stein Nf. '06. 1 —; L. † 1.10 || 12. Afl. v. Odilo. (640 m. farb. Titel u. Titelbild.) '09. L. † 1.35 || Ausg. Nr IV. 2. Afl. (640 m. farb. Titel u. Titelbild.) '08. L. 1.35 d

Amherd, Aloys Paul, C. Ss. R., **die himmlische Gnadenquelle. Gebet- u. Erbauungsbuch. Ausg. III. 11. Aufl. Neubearbeitung v. Odilo,** O. Cap. (640 S. m. farb. Titel u. Titelbild.) 16. Saarlouis 909. J. Stein Nachf.
Geb. in Leinw. 1. 20

— Die himmlische Gnadenquelle. Gebet- u. Erbauungsbuch von Aloys Paul [vielm. Ambrosius] Amherd. Ausg. 5. Neubearb. von P. Odilo. — Saarlouis: Stein 1910. 656 S.
1:N 10.4046.
3.11237

Amherd, Aloys Paul: Die himml. Gnadenquelle. Gebet- u. Erbaugsb. Ausg. Nr IV. 3. Afl. (640 m. farb. Titel u. Titelbild.) 16° Saarl., F Stein Nf. ('11). L 1.30 d

— Jesus und Maria stehet mir bei, jetzt und in der Stunde meines Todes. Auszug aus d. Schriften d. Heiligen. 3. Aufl. — Kevelaer: Thum 1897. 479 S., 2 Taf.
1:Er 16174[3]. 5.
3.11238

— **Jesus u. Maria, stehet mir bei, jetzt u. in der Stunde meines Todes. Auszug aus den Schriften der Heiligen. 4. Aufl. 16. (456 S. m. Titelbild.) Kevelaer 899. J. Thum.** Geb. in Leinw. 1. —
Die frühere Aufl. erschien ohne Angabe d. Verfassernamens.

—– Maria, die Trösterin der Betrübten, oder Geschichte der Verehrung Maria's als der Schutzpatronin der Stadt und des Landes Luxemburg. Quellenmäßig dargestellt. gr. 12. (XV und 368 S. mit 5 Stnt.) Luxemburg 855(59), Bück. *

Am-Herd, P., Maria, die Trösterin der Betrübten, od. Geschichte der Verehrg. Mariä als Schutzpatronin der Stadt u. des Landes Luxemburg. Quellenmäßig dargestellt. 2., verm. Aufl. 8. (XVI, 517 S. m. 2 Bildern.) Luxemburg 886. (St. Paulus-Druckerei.) n. 1.20

— Der fromme Pilger zur Mutter Jesu, der Trösterin der Betrübten. Ein Gebetbuch, gezogen aus den Andachtsschriften des P. Aloysius [vielm. Ambrosius] Amherd. — Saarlouis: Stein 1858. XLVI,313 S. 1:Er 13422.
3.11239

— — 7., gänzlich neubearb. Aufl. von Martin Blum. Ebd. 1903. 159 S. 1:Dv 12148⁷. 5.
3.11240

—– die Pilgerfahrt zu Maria, der Trösterin der Betrübten. Ein Gebet- und Erbauungsbuch. 2., verb. Aufl. 12. (XXIV und 493 S. mit 1 Stnt.) Luxemburg 857(59), Brück.

—– die Pilgerfahrt zu Maria, der Trösterin der Betrübten. Ein Gebet- und Erbauungsbuch. 3. Aufl. 8. (XXIV und 492 S.) Luxemburg 863, Brück.

Amherd, Aloys Paul: Der fromme Wallfahrer n. marian. Gnadenorten. 1. u. 2. Afl. [SA] (81) 12×7,8 cm. Saarl., F Stein Nf.'07.'08. — 10 d

Am-Herd, P.C., s. A m - H e r d , Paul L.

Am-Herd, P. L. s. *Am-Herd*, Paul L.

Am-Herd, Paul s. *Am-Herd*, Paul L.

Am-Herd, Paul L.

Amherd, P. L., Thomas in den Bünden, s. a. Bibliothek vaterländ. Schauspiele.

Am-Herd, Paul L.: Thomas in der Bünden oder der Freiheitskampf von Wallis. Ein historisches Drama von P. L. Am Herd. — Aarau: Sauerländer 1880. VIII,199 S. (Bibliothek vaterländischer Schauspiele. 31.32.) 1:Yp 6359-31.32. 12:P. o. germ. 121 fm-31.32.
3.11242

— Denkwürdigkeiten von Ulrichen. Ein Beitrag zur Freiheitsgeschichte der Schweiz. Aktenmäßig dargest. von Paul Am-Herd. — Bern: Wyß 1879. 251 S. 1:Rv 8766/30.
3.11243

Am-Herd, Paul, Sankt Franziskus. Ein romant. Epos in 12 Liederkränzen. gr. 8. (X, 445 S. m. farb. Titelbl.) Lindau 884. Stettner. n. 4. —

Am-Herd, Paul O., s. A m - H e r d , Paul L.

Amhof, Robert: Anwendung des Princips der conformen Abbildung auf ein Problem der Elasticität. Coburg, Druck d. Dietz'schen Hofbuchdr., *1894*; 1—21 S., 2 Taf. 4.
Coburg, herz. Ernestinum '(R)', OP 1894 (704)

Ami. Die Kunst zu gefallen und zu fesseln, oder guter Rath an Frauen, ihre Reize zu heben . . . aus dem Französischen. Ilmenau 1823. Ü: *Mossé, J. M.* (zuwzür 16, 1912, I, S. 145)

l'Ami, die Kunst zu gefallen u. zu fesseln rc., nach d. Französ. 12. Ilmenau 823. Voigt. 12 gr

—– die Kunst, sich eine Frau zu wählen u. mit ihr glücklich zu sein. Aus d. Französ. Mit 1 Steindr. Leipz. 824. 2e Aufl. 829. Magazin f. Ind. 8 gr

Ami, l', du premier age, ou nouveau Syllabaire instructif et amusant. 2. édit. corr. et sensiblem. augm. par Chr. Sauerwein. 8. (5 B. u. 4 ill. Bild.) Hanau 830, Edler. 10 Gr. — Ohne Bilder

L'ami des dames. Damen- und Modenjournal. Aachen: Ulrichs 1848.

Ami, L', des enfans et des adolescens par Mr. Berquin, enrichi de l'explication des mots et des phrases les plus difficiles en faveur de la jeunesse allemande. Nuremb. 1798. V: *Meynier, Joh. Hnr.* (Fiker)

Ami, L', des enfants et des adolescentes. Tom. I. et II. gr. 8° Nürnberg 1798. Grattenauer.

L'Ami des petits enfans. Maximes morales et réligieuses. Traduit du hollandais par X. Marmier. 12. Paris et Strasb. 836. Levrault. $^1/_6$ Thlr, col. $^1/_4$ Thlr

Ami, l' , des enfants à l'usage des écoles. (trad. de l'Allemand de Rochow par S.H. Catel). II Tom. 8°. Berl. et Strassb. 1788. (Linke in Leipzig).

Ami, L', des femmes. Hambourg 1758. V: *Boudier de Villemert, Pierre Joseph.* (zuwzür 1912)

Ami, L', des Femmes. Hamb. 1758. V: *Caraccioli, Louis Ant. Marqu. de.* (AarF)

Ami, L', des hommes, ou traité de la population. 4. éd. Hamb. 1758. V: *Mirabeau, Victor Riquetti Marqu. de & Franç. Quesnay.* (CBII)

Ami l', d'Israël, ou nouvelles relatives à la propagation du règne de Dieu parmi les Israélites, publié par la Société des amis d'Israël de Bale. Redact. Bernoulli. Tom. III. et IV. à 3 Livr. (Annee 843 et 44.) 8. (...B.) Bale, Schneider. à T.

L'Ami d'Israël ou Nouvelles relatives à la propagation du règne de Dieu parmi les Israélites, publié par la Soc. des amis d'Israël de Bâle et de Genève. Tome XIII. 1878. Nr. 2 à 4. Pet. in-8°, à 40 p. Nyon, Kellenberg et Bâle à l'expédition. 4 Nos par an, prix 1878

L'Ami d'Israël ou Nouvelles relatives à la propagation du règne de Dieu parmi les Israélites, publié par la Soc. des amis d'Israël de Bâle et de Genève. Tome XIV, 1879, en 4 Nros. Pet. in-8°, à 40 p. Nyon, Kellenberg et Bâle à l'expédition. 1879 Par an 1 50

Ami, l', de la maison. Comédie p. Marmontel. 8. Berl. Rottmann.

Ami, l', de tout le monde. Comédie par Picard. gr. 8.. Rudolstadt, Hofbuchh. 808.

Ami, l', de la nature ou choix d'observations sur divers objets de la nature par Toscan. 12°. Hamb. 1802. Campe.

— le nouvel, des Enfans, par Engelhardt et Merkel. Vol. II. 8. Leips. Barth. 801.802. (I. à 18 gr. II. à 14 gr)

Ami des Parens. 12. Leipz. Schmidt. 1 Thlr 8 gr

Ami des Parens. 12. Lpz. Wolf et Comp.

Ami, le parfait. Comédie. Bronsvic, 1796.

— L'Ami du peuple. Skizzen aus [Jean Paul] Marat's journalistischem Leben. — Hamburg: Hoffmann & Campe 1846. 76 S. 1:Ra 7425. 12:Gall. rev. 32 x. 9. 11.
3.11254

Ami u. Pus! gr. 16. (8 S. m. z. Tl. farb. Abb.) Konstanz u. Emmishofen 895. C. Hirsch. n. —10

Amic, Henri

— Erinnerungen einer Gondel und andere Liebesgeschichten. Deutsch von Franz Hofen. — Berlin: Jacobsthal [1897]. 152 S. 1:Xy 13426/5.
3.11270

Amici

Amici et discipuli Guilelmo de Hartel s. pl. d. [anläßlich des vor 30 Jahren erfolgten Beginnes seiner akademischen Lehrthätigkeit]. 8 (S. 57—59).
Progr. K. k. deutsches Staats-G. *Olmütz* 1896.

Amici sinceri E p i s t o l a ad amicum, animadversiones ad. Aug. Leyseri meditationes ad Pandectas t. 5. specimen 290 de consensu sponsalitio exhibens. o.O. 1727.

Amici, gli, e nemici. qu. 4. (28 S. mit 7 ill. Stnt.) Triest 863, Coen. cart. *

Amicis, Edmondo de, von den A p e n n i n e n zu d. Anden, s.a. J u g e n d s c h r i f t e n. Hrsg. vom oberösterreich. Lehrerverein. 4. Bd.

— dasselbe, s.a. J u g e n d s c h r i f t e n. Münchener. Nr. 20.

Amicis, Edmondo de: Von d. Apenninen zu d. Anden, s.a. Konegen's Kinderbb.

Amicis, E de: Von d. Apenninen zu d. Anden, s.a. Schulbibliothek Stolze-Schrey.

Amicis, Edmondo de, von den Apenninen zu den Anden, s.a. V o l k s b ü c h e r, Wiesbadener, Nr. 100.

AMICIS, Edmondo de

— V o n d e n A p e n n i n e n z u d e n A n d e n. Erzählung für die Jugend aus „Herz" von Edmondo de A m i c i s. Ausgabe für österreichische Schülerbüchereien bearbeitet von Fr. W i e s e n b e r g e r. L i n z. 1900. Verlag des oberösterreichischen Lehrervereins. [In Comm. Mareis.] 16°. 58 S. mit 1 Tafel. Geb. fl. —.50

— Von den Apenninen zu den Anden. Eine Erzählung für d. Jugend aus 'Herz'. — Berlin: F. Schulze 1905. 24 S. (Schulbibliothek Stolze-Schrey. 6.)
Text stenogr. 1:V 22753-6.
3.11351

— Von den Apenninen zu den Anden. Erzählung. Aus d. Ital. — München: Münchener Volksschriften-Verl. [1906]. 46 S. (Münchener Jugendschriften. 20.)
12:Paed. Pr. 1707 m-20.
3.11352

— Von den Apenninen zu den Anden. Eine Erzählung aus "Herz". Bildschmuck von Wilhelm Roegge. Für d. Jugend ausgew. von Fr. Wiesenberger. 4. Aufl. — Linz: Verl. d. Lehrerhausvereines für Oberösterreich 1908. (Jugendschriften. Hrsg. vom Lehrerhausverein für Oberösterreich. 4.) 300:105.315-A. Bd 4.
3.11353

— la carrozzo di tutti, s.a. S a m m l u n g moderner italienischer Autoren, 13.

— La carrozza di tutti. In verkürzter Fassung mit Anm. u. Wortverzeichnis hrsg. von Ludwig Appel. — Bamberg: Buchner 1903. VI,112 S. (Sammlung moderner italienischer Autoren. 13.) 12:P. o. it. 914 m-13.
3.11315

— Du coeur. Ausgew. für d. Schulgebrauch, hrsg. u. erkl. von Gustav Strien. [Nebst] Wörterbuch. — Berlin: Gaertner 1895. (Schulbibliothek französischer u. englischer Prosaschriften aus d. neueren Zeit. 1,16.) 1:X 8361-1,16.
3.11362

Amicis, Edm. de, Cuore, s.a. B i b l i o t e c a italiana.

Amicis, Edmondo de, cuore, hrsg. v. Rich. A c k e r m a n n, s.a. S a m m l u n g mod. italien. Autoren.

— dasselbe, s.a. Schulbibliothek französ. u. engl. Prosaschriften a. d. neueren Zeit.

— Cuore. Libro per i ragazzi. Auswahl, hrsg. u. mit Anm. vers. von A[nton] Güth. — Berlin: Simion 1888. 66 S. (Biblioteca italiana. 11.) 12:P. o. it. 31 dfy.
3.11343

— Cuore. Libro per i ragazzi. Im Ausz. mit Anm. zum Schulgebrauch hrsg. von Richard Ackermann. — Bamberg: Buchner 1895. XII,107 S. (Sammlung moderner italienischer Autoren. 1.) 12:P. o. it. 914 m-1.
3.11344

— Cuore. Libro per i ragazzi. Im Ausz. mit Anm. zum Schulgebrauch hrsg. von Richard Ackermann. 3., verb. Aufl. — Bamberg: Buchner 1906. XII,107 S. (Sammlung moderner italienischer Autoren. 1.)
12:P. o. it. 31 dgc.
3.11346

— Cuore. Libro per i ragazzi. Auswahl, hrsg. u. mit Anm. vers. von A[nton] Güth. [Neue Ausg.] — Berlin: Simion 1896. 66 S. (Biblioteca italiana. 11.)
1:Xn 9058-11.
3.11345

Amicis, Edmondo De. La Floro de l'Pasinto. Unuakta dramoto el vivo itala ⟨Aktita Itale kun grandega sukceso en Aprilo 1906 en Romo por la suferantoj de l'Vesuvio⟩. Tradukita kun permeso de l'glora Aŭtoro Itala kaj al Li dediĉata de Rosa Junck. Aktita Esperante ĉe la II Internacia Kongreso Esperantista en Ĝenevo, en Aŭgusto 1906. *Mit Porträt.* 32 p. 8. Basel'o, Basler Buch- und Antiquariatsh., 1906. [fr. 1.25]

Amicis, Edmondo de. Ueber die soziale Frage. Nach e. am 11. Febr. 1892 in Turin in e. Universitätsvereine geh. italien. Vortrag, m. Genehmigg. d. Verf. ins Deutsche übertr. gr. 8. (16 S.) Wien 892, Verlag d. „Deutschen Worte". * — 20
Aus: Deutsche Worte, besonders abgedruckt.

— unsere F r e u n d e. Ill. v. G. Amato, G. Colantoni, J. Farina rc. N. d. 3. Aufl. a. d. Ital. v. R. T e u s c h e r. Autor. deutsche Ausg. 2. (Titel-) Aufl. 8. (V, 370 S.) Jena (889) 895. H. Costenoble. n. 3. —;
geb. n.n. 4. —

— il più bel giorno della vita, s.: Biblioteca moderna italiana.

Amicis, E de, Herz. Ein Buch f. d. Knaben Deutsch v. R Wülser. 2. Afl. 8. (263) Bas 89, Geering *n.* 2. —; geb. *n.* 2. 80

— Herz. Ein Buch für die Knaben. Nach d. 72. Aufl. ins Deutsche übers. von Raimund Wülser. — Basel: Schneider 1889. VIII,263 S. 12:P. o. it. 1132 p.
3.11335

— Herz. Ein Buch f. die Knaben. Nach der 72. Aufl. ins Deutsche übers. v. R. Wülser. 1.—3. Aufl. 8. (VI, 263 S.) Basel 889. 890. Geering. n. 2. —; geb. n. 2. 80

Amicis, E. de. Herz. Ein Buch für die Knaben. Nach der 72. Aufl. ins Deutsche übersetzt von *R. Wülser*. Autorisirte Ausg. 3. Aufl. In-8°. VI, 263 S. Basel, Adolf Geering, 1891. 2 50
Leinwd. 3 50

— dasselbe. Autoris. Übersetzg. v. Raimund W ü l s e r. 4., in der Übersetzg. wesentl. verb. Aufl. 8. (V, 264 S.) Ebd. 893. n. 2. —; geb. n. 2. 80

— dasselbe. Ein Buch f. die Jugend. Autoris. Uebersetzung v. Raim. W ü l s e r. 5. Aufl. Pracht-Ausg. m. 184 Illustr. v. A. Ferraguti, E. Nardi u. A. G. Sartorio. 4. (III, 288 S.) Ebd. 894. Geb. in Leinw. n. 10. —

— Herz. Ein Buch f. d. Knaben. Übers. v. R Wülser. 15. u. 16. Taus. 8° (264) Bas. 95, A Geering. 2 —; geb. in Lnw. 2.80 || 5. Afl. Pr.-Asg. 4° (288 m. Illustr.) 94. Geb. in Lnw. 10 —

— H e r z. E. Buch f. d. Jugend. Autor. Uebersetzg. v. Raim. W ü l s e r. 19. u. 20. Taus. gr. 8. (VII, 264 S.) Basel 897. A. Geering. n. 2. —; geb. in Leinw. n. 2. 80

— H e r z. Ein Buch f. die Jugend. Autoris. Uebersetzg. v. Raim. Wülser. 21. u. 22. Taus. gr. 8. (VII, 264 S. m. 8 Bilder-Taf.) Basel 899. Basler Buch- u. Antiquar.-Handlg. Geb. in Leinw. n. 2. 80

Amicis, E. de. Herz. Ein Buch für die Jugend. Uebers. von *R. Müller*. 21. und 22. Tausend. Gr. 8°. VII, 264 S. m. 8 Bilder-Taf. Basel. Adolf Geering. 1899 Geb. 3 50

— Herz. Ein Buch für d. Jugend. Autoris. Uebers. von Raimund Wülser. — Basel: Geering 1900. VI,264 S. 1:N 11.1342. 3.11336

Amicis, Edmondo de. Herz. Ein Buch für die Jugend. Deutsch v. *R. Wülser*. 24. Tausend. Mit 8 Illustr. 8°. VIII, 264 S. Basel, Basler Buch- und Antiqu.-Buchhandlg. vorm. Ad. Geering. 2 50 gebd. 3 50 1901

Amicis, Edmondo De. Herz. Ein Buch für die Jugend. Autorisierte Uebersetzung von Raimund Wülser. 27. und 28. Tausend. Mit 8 Illustrationen [Tafeln]. VIII + 264 S. 8. Basel, Basler Buch- & Antiquariatshandlung, 1903. [fr. 2. 50, geb. fr. 3. 50]

Amicis, Edmondo De. Herz. Ein Buch für die Jugend. Autorisierte Uebersetzung von Raimund Wülser. 29. und 30. Tausend. Mit 8 Illustrationen [Tafeln]. VIII + 264 S. 8. Basel, Basler Buch- und Antiquariatshandlung, 1904. [fr. 2. 50, geb. 3. 50]

— Herz. Ein Buch f. d. Jugend. Uebers. v. R Wülser. 31. u. 32. Taus. (264 m. 8 Taf.) 8° Bas., Basler Buch- u. Antiquariatsh. vorm. A Geering '05. 2 —; geb. 2.80 d

Amicis, Edmondo De. Herz. Ein Buch für die Jugend. Autorisierte Uebersetzung von Raimund Wülser. 33. und 34. Tausend. Mit 8 Illustrationen [Tafeln, und illustriertem Umschlag]. VIII + 264 S. 8. Basel, Basler Buch- und Antiquariatshandlung, 1906. [fr. 2. 50, geb. 3. 50]
31. und 32. Tausend. VIII + 264 S. 1905.

— Herz. Ein Buch f. die Jugend. Autoris. Uebersetzg. v. Raim. Wülser. 35. u. 36. Taus. (VII, 264 S. m. 8 Bildertaf.) 8. Basel 906. Basler Buch- u. Antiquariatsh. vorm. A. Geering. n. 2.—; geb. in Leinw. n. 2. 80

Amicis, Edmondo de. Herz. Ein Buch für die Jugend. Autorisierte Uebersetzung von Raimund Wülser. 37.–40. Tausend. Ausgabe für Österreich in österreichischer Rechtschreibung, bevorwortet von Hans Fraungruber. Mit 8 Illustrationen [Tafeln, und illustriertem Umschlag]. VIII + 271 S. 8. Basel, Basler Buch- und Antiquariatsh., Hauptniederlage in Wien bei Friese & Lang, 1907. [fr. 2. 50, geb. 3. 50]

— Herz. Ein Buch f. die Jugend. Autoris. Uebersetzg. v. Raim. Wülser. 43. u. 44. Taus. (VII, 264 S. m. 8 Bilder-Taf.) 8. Ebd. 908. 2.—; geb. in Leinw. 2. 80

— Herz. Ein Buch f. d. Jug. Uebers. v. Raim. Wülser. 49. u. 50. Taus. (7, 264 m. 8 Taf.) 8° Bas., Basler Buch- u. Antiquariatsh. vorm. A Geering '11. 2 —; L 2.80 d

— Konstantinopel. Aus d. Ital. übers. von Agnes Burchard. Bd 1.2. — Rostock: Werther 1882. 12:Turc. 2s. 2. 4. 9. 10. 3.11323

— — 2. Ausg. [1.2.] Ebd. 1884. 1:Uh 310/1ª. 3.11324

Amicis, Edmondo de: Liebe u. Gymnastik, s.a. Engelhorn's allgem. Romanbibliothek.

— Liebe und Gymnastik. ⟨Fra scuola e casa.⟩ Autoris. Übers. aus d. Ital. von Emmy Becher. — Stuttgart: Engelhorn 1898. 157 S. (Engelhorns allgemeine Roman-Bibliothek. 14,11.) 1:Yt 664-14,11. 12:L.eleg. g. 126n-14,11. 3.11306

— Marokko. Nach dem Ital. frei bearb. von A[mand] v. Schweiger-Lerchenfeld. Mit 165 Orig.-Illustr. — Wien, Pest, Leipzig: Hartleben 1883. 391 S. 1:4° Uq 5290/1. 300:404.723-C[u.] 38.050. 5. 3.11378

— novelle, s.a. Biblioteca italiana.

— Novelle. Berlin: Simion 1883. 72 S. (Biblioteca italiana. 2.) 1:Xn 9058-2. 3.11381

Amicis, E. de, Novellen, s.a. Novellisten, italienische.

— Novellen. Von Edmondo de Amicis, Enrico Castelnuovo, Grazia Pierantoni-Mancini. Übertr. von I[solde] Kurz [u. a.] — Leipzig: Grunow 1878. 280 S. (Italienische Novellisten. 5.) 12:P. o. it. 697 r-5. 7. 9. 10. 3.11382

— Im Reich der Liebe. Autoris. Übertragg. v. Berta Huber. (272 S.) 8. Straßburg 908. J. Singer. 4.—; geb. in Leinw. 5. —

(Amicis, Edmondo de.) Die Reise des kleinen Marco von den Apenninen zu den Anden. Den Kindern dargereicht vom Verein für Verbreitung guter Schriften in Basel. [Mit 1 Illustration.] 48 S. 8. (Basel, Emil Birkhäuser, Dezember 1901.) [fr. —. 05]
Verein für Verbreitung guter Schriften, Basel, B. 11 (Weihnachtsgabe).

Amicis, Edmondo de: E. Schultragödie, s.a. Engelhorn's allgem. Romanbibliothek.

— Eine Schultragödie. Autoris. Übers. aus d. Ital. von Emmy Becher. — Stuttgart: Engelhorn 1895. 159 S. (Engelhorn's allgemeine Roman-Bibliothek. 11,15.) 1:Yt 664-11,15. 12:L. eleg. g. 126 n-11,15. 4. 3.11365

— Skizzen a. d. Soldatenleben, s.a. Bibliothek d. Gesamtlitteratur d. In- u. Auslandes.

— Skizzen aus dem Soldatenleben, s.a. Collection Spemann.

— Skizzen aus dem Soldatenleben, s.a. Hendel's Otto, Reisebibliothek.

— Skizzen aus dem Soldatenleben. Uebers. u. eingel. von Agnes Burchard. — Berlin & Stuttgart: Spemann [1886]. 227 S. (Deutsche Hand- und Hausbibliothek: Collection Spemann. 96.) 1:X 8364-96. 12:P. o. it. 31 f[u. 6.] 4. 3.11473

— De Amicis, Skizzen aus dem Soldatenleben. Auswahl. Deutsch von Helene Katz. — Halle a. d. S.: Hendel (1897). 109 S. (Bibliothek d. Gesamtlitteratur d. In- u. Auslandes. 1053.1054.) 1:X 8366-1053.1054. 3. 3.11478

(Edmondo) De Amicis, Skizzen aus dem Soldatenleben [La vita militare]. Auswahl. Deutsch von Helene Katz. Halle a. S.: O. Hendel [1908]. (109 S.) 8° [J.]
(Otto Hendel's Reisebibliothek. Ser. 1. No 1.) [08. 1687: 3

— Italienische Soldatengeschichten. Soldatenleben. Übers. vom Bibliographischen Bureau in Berlin. — Berlin: Eckstein [1891]. III,116 S. (Soldatengeschichten aller Culturvölker. 4.) (Ecksteins Reisebibliothek. 95.) 1:Yt 655-95.

— Soldatenleben, s.: Eckstein's Reisebibliothek.

— Spanien. Autoris. Uebers. aus d. Ital. (von L. N. A.) Stuttgart: Metzler 1880. VII,503 S. 1:Qt 2008. 12:It. sing. 11 pc. 4. 7. 3.11453

Amicis, Edmondo de, Starkmut, s.a. Bibliothek der fremden Zungen.

— Starkmut, von Edmondo de Amicis und andere Novellen von Narcis Oller, Izor Kálnoki, L. K. Lazarevits, Karl A. Tavaststjerna, Djedloff. — Stuttgart, Leipzig, Berlin, Wien: Deutsche Verl.-Anst. 1892. 167 S. (Bibliothek d. fremden Zungen. [4.]) 1:X 8380-4. 3.11366

— ausgew. Stücke aus „Cuore". Lesebuch z. Stud. d. italien. Sprache, hrsg. u. m. Anmerkgn. versehen von Enrico Cadorin. gr. 8. (VIII, 108 S.) Basel 896. R. Reich. Kart. n. 1. 20

— ausgewählte Stücke aus „Cuore". Lesebuch zum Studium der italien. Sprache, hrsg. u. m. Anmerkgn. versehen v. Enrico Cadorin. 2. verm. u. verb. Aufl. gr. 8. (VIII, 143 S.) Lugano 901. A. Arnold. Kart. n. 2. —

— Der Student und die soziale Frage. Ansprache, an einen italienischen Studentenverein zu Turin. Ins Deutsche übers. Hrsg. vom Sozialwissenschaftlichen Studentenverein zu Berlin. — Leipzig: Roßberg in Comm. 1896. 15 S.
Aus: Akademische Rundschau. 1.2.3. 1896.
Russ. Ausg. s. *Amicis:* Studenty i social'nyj vopros. 1902. **11.**
3.11459

— la vita militare, hrsg. v. Geo. Steinmüller, s. Sammlung, mod. italien. Autoren.

— La vita militare. Bozzetti. Im Ausz. mit Anm. zum Schulgebrauch hrsg. von Georg Steinmüller. — Bamberg: Buchner 1896. VIII,84 S. (Sammlung moderner italienischer Autoren. 3.) 12:P. o. it. 914 m-3.
3.11476

Amicis, Tommaso de, contribution clinique et anatomopathologique à l'étude de la Psorospermose cutanée végétante, s.a. Bibliotheca medica.

Amicis, Tommaso de: Contribution clinique et anatomopathologique à l'étude de la psorospermose cutanée végétante. Avec 10 pl. — Cassel: Fisher 1894. 7 S. (Bibliotheca medica. Abth. D,II, H. 3.)
1:4° I 6222-D,II, H. 3. 12:4° Med. g. 35 r-D,II,3.
2. 3. 4. 7. 9.
3.11487

Amicitia und Fidelitas, Sonntagsblatt für gesellige Unterhaltung. Hrsg. vom Vorstande der Gesellschaft Amicitia und Fidelitas. Redig. von J. Krüger. 1. Jahrg. Octbr. 1855 — Septbr. 1856. 52 Nrn. (Bog.) Fol. Hamburg, Th. Niemeyer.

Amicitia victrix sive Artaxerxes tragoedia, . . . Bambergae 1758. V: *Helbling, Lorenz.* (Jes)

Amico, il vero. Commedia di 3 A. in Prosa presa da C. Goldoni, m. erklär. Anmerk. z. Gebrauch f. Zuhörer v. J.F.L. Menzel. 8°. Gera, Heinsius. 1804.

Amico il vero. Commedia in 5 A. da C. Goldoni. 8°. Lpz. Sommer 1806.

Amico, Carl, die Republik San Marino. Eine Studie. 8. (III, 159 S.) Augsburg 899. M. Rieger. n. 1. 50

Amicus, Aufklärungsschrift f. Männer zur Verhütung geschlechtl. Ansteckung, nebst Mittel zum Selbstschutz. gr. 8. (63 S. m. 8 Abbildgn.) Leipzig (901). [E. Fiedler.] Hamburg, Verlagshaus Digel. n. 1. —

Amicus Iuventutis: Unsere Primaner. — Leipzig: Pfau 1894. 16 S. 1:Ne 11943. 12:Paed.Th.77.
4.40

Amicus Patriae: Armenien und Kreta. Eine Lebensfrage für Deutschland. — Braunschweig & Leipzig: Reuter [1896] 16 S. 12:H. As. 33. 8.

Amicus Veritatis. 1894: Jesus von Nazareth nach neutestamentlichen Quellen. — Heilbronn: Kielmann in Comm. 1894. 58 S. 1:Bq 2021. 12:B. hist. 8n-1. 8.
4.43

Amicus Veritatis Evangelicae et Libertatis Germanicae: Die Propaganda Roms auf deutscher Erde. Eine Zusammenstellung von Thatsachen zur Mahnung und Warnung für alle Evangelischen. — Barmen: Klein [1889]. 82 S.
1:Di 9058.
4.45

— Was uns Jesus noch weiter sagt. 2., unveränd. Aufl. — Heilbronn: Kielmann in Comm. 1895. VII,17 S.
12:B. hist. 8n-2.
4.44

Amicus [Pseudon.] s. Fisch, Mme Auguste.

Amicus, s. Freund, Fed.

Amicus, Ernst [Pseud.] s.a. Mainer, Otto [wirkl. Name]
Die sittlichen Gefahren der Universitätsstadt für den 'Akademischen Bürger'. Ein Warn- u. Mahnruf an d. Kommilitonen u. solche, die es werden wollen! Ernst **Amicus** [d. i. Otto Mainer]. Bamberg 1903: Bamb. Neueste Nachrichten. (50 S.) 8° [F.] 05. 9175 11

AMIDA, oder das stille Haus, ein Seelengemälde aus den Ergießungen zweier Liebenden von *Fritz von —*g.* (d. i. *Gustav Teubner*). Erfurt, b. Joh. Karl Müller, 1805. 8°. (12 Mk. Ernst Frensdorff, Berlin, Anz. 19, c. 1906.)
240 S. (incl. Tit.). Stellenw. freie Schilderungen. Gut recens. in d. Jenaischen allg. Lit.-Ztg. (laut Anz. d. Verlegers). Fehlt im Anon.-Lex.

Amiel, H.F., s. Amiel, Henri Frédéric

Amiel, Henri Frédéric

Amiel, H.-Fr. Fragments d'un journal intime, précédés d'une étude par *E. Scherer.* IIIe éd. I tome. In-8°, 236 p. Genève et Bâle, H. Georg. 1884 3 50

Amiel, H.-F. Fragments d'un journal intime précédés d'une étude par Edmond Scherer. Tome II. In-8°, 331 p. Genève, Bâle, Lyon, H. Georg. 1884 3 50

Amiel, Henri-Frédéric. Fragments d'un journal intime précédés d'une étude par *Edmond Scherer.* 5e édit. revue et augmentée. 2 tomes in-12°, LXXVI, 247 et 335 p. Genève, Bâle, Lyon, H. Georg. 1887 7 —

Amiel, H. F. Fragments d'un journal intime précédés d'une étude par *Ed. Scherer.* VIme éd. 2 tomes. In-12°. LXXVI, 247 et 335 p. Genève et Bâle, H. Georg. 1893 7 —

Amiel, Henri-Frédéric. Fragments d'un Journal intime. Précédés d'une étude par Edmond Scherer. 8e éd. 2 Tomes. (* *Vortitel:* Œuvres posthumes de Henri-Frédéric Amiel.) LXXVI + 247 *et* IV + 335 p. 8. Genève *et* Bâle, Georg & Co; Paris, G. Fischbacher, 1901. [*ens.* fr. 7. —]

Amiel, Henri-Frédéric. Fragments d'un Journal intime. Précédés d'une étude par Edmond Scherer. 9e éd. [à la colle]. 2 Tomes. (* *Vortitel:* Œuvres posthumes de H'-F' A'.) LXXVI + 247 *et* IV + 335 p. 8. Genève *et* Bâle, Georg & Co; Paris, G. Fischbacher, 1905. [*ens.* fr. 7. —]
8e éd. 1901,

Amiel, H. F., il Penseroso, poésies-maximes. Miniatur-Ausg. 8. (188 S.) Genf 858, [Müller-Darier.]

Amiel, Henri Frédéric, Tagebücher, s. Fruchtschale, die.

Henri Frédéric **Amiel.** Tagebücher [Fragments d'un journal intime, Ausz.]. Deutsch von Dr. Rosa Schapire. Mit 2 Portr. u. 1 Facs. München & Leipzig: R. Piper & Co. (1905). (VIII, 362 S.) 8° [F.]
= **Fruchtschale,** Die. Bd 4. 07. 7579 11

Amiens, s.: Europa. Liebenow.

Amiens, Robert von
Robert von Amiens, Sproßen aus Egyptens Haynen, im letzten Kriege gesammelt. Mit (nettem) Titelkpf. (Fr. Weber sc.). Berlin (Wien, Pichler) 1803. 8°.
Gestoch. Tit. u. 223 S. — Der Held dieses zahmen Romanes ist Robert Villeblance aus der Picardie, unweit v. Amiens.

Amiet, s. Amiet, Jakob

Amiet, A., s. A m i e t , Arnold

Amiet, Arnold: Der praktische Grund und die juristische Begründung der Regel nemo pro parte testatvs, pro parte intestatvs decedere potest. (Gekrönte Preisschrift.) Solothurn, Druck von B. Schwendimann, 1883. 4. VIII, 80 S.
Diss. Strassburg

— Nemo pro parte test. pr. parte intest. deced. potest. Diss. Soloth. 1883.

— Die Politik u. Rechtsanschauung d. Bundesrathes i. d. staatl.-kirchl. Fragen d. Diöcese Basel. Soloth. 1874.

Amiet, J. s. ***Amiet,*** **Jakob.**

Amiet, J.J. s. ***Amiet,*** **Josef Ignaz.**

Amiet, Jac. s. A m i e t , Jakob

Amiet, Jak.J., s. A m i e t , Josef Ignaz

Amiet, Jakob

Amiet, J., Holbeins Besuch. Festgedicht zu Ehren der Lucasbruderschaft von Solothurn an deren Jahresfest v. 4. Horn. 1874. 7 Stn. 8. Solothurn, Weinau. **1874**

Amiet, Jakob: Culturgeschichtliche Bilder aus dem schweizerischen Volks- und Staatsleben, zur Blüthezeit des französischen Einflusses auf die Aristokratien der Schweiz. Von J. Amiet. — St. Gallen: Scheitlin & Zollikofer 1862. VIII,148 S. **1:** Ru 2522. **12:** Helv. 63.
4.78

Amiet. Denkmal der Dornacher Schlacht von 1499. Solothurn 1859.

Amiet, Jak., Denkschrift der Gemeinde Fulenbach über die widerrechtl. Aneignung und Entreißung des größten Theiles ihres Kirchengutes von Seite des Ruralkapitels Buchsgau. Ein urkundl. Beitrag zur Geschichte kirchl. Incorporationen. Gerichtet an das Volk und die Behörden des Kantons Solothurn. (Mit dem Umschlgsttl.: Die frühere Priesterschaft des Ruralkapitels Buchsgau und die Pfarrkirche Fulenbach. Vier Jahrhunderte aus der Rechts- und Sittengeschichte dieses Kapitels.) gr. 8. (XVI und 85 S.) Solothurn 849, Jent und Gaßmann. *

Amiet, J., die staatskirchliche Frage der Abberufung d. hochw. Bischofs v. Basel, Eugenius Lachat. Beschwerdeschrift an die h. Bundesbehörde der schweizer. Eidgenossenschaft gegen die Beschlüsse der Diöcesanconferenz der Diöcese Basel u. die Entscheide der Mehrheit der Landesbehörde der Diöcesenkantone. gr. 8. (55 S.) Freiburg i Br. 873. Herder. n. 1. 20

— Chevalier Victor von Gibelin. Ein Beitrag zur Geschichte des Schreckenstages des 10. August 1792. Mit e. Anh., enthaltend die Originalberichte der Gardeoffiziere V. v. Gibelin und A. v. Glutz-Ruchti u. Gibelins Mittheilungen aus den Jahren 1798 u. 1814. Von J. Amiet. — Bern: Haller 1865(-66). 105 S.
In **12, 300:** 71.268-B, **3, 6, 7** u. **9** fehlt der Umschlagtitel mit dem Erscheinungsjahr 1866.
1: an Ra 9861. **12:** Gall. rev. 33m. **300:** 71.268-B [u.] * 7753. **3. 5. 6. 7. 9.**
4.80

Amiet, J[acob]. Le chevalier Victor de Gibelin .... Documents historiques inédits sur la sanglante journée du 10 août 1792. Avec annexes contenant le texte original des relations écrites sur cette journée, par V. de G'...., et A(ntoine) de Glutz-Ruchti, suivi d'un exposé de G'. touchant divers évènements... de 1798 à 1814. Par J. A'.... Traduit par D Brossard .... [Avec 1 portrait hors texte.] 8. Berne 1866.

— J. Amiet. Urs Graf. Ein Künstlerleben aus alter Zeit. — Basel & Genf: Georg 1873. 28 S.
1: Yo 14706. **300:** 24.951-B.
4.81

Amiet, Jakob: Die Gründungs-Sage der Schwesterstädte Solothurn, Zürich und Trier. — Solothurn [1890]: Burkard & Frölicher. 104 S. **1:** 4° Rv 7351.
4.82

Amiet, J., die Gründungs-Sage der Schwesterstädte Solothurn, Zürich u. Trier. gr. 8. (104 S.) Solothurn 890. (Petri.) n. 1. 60

[Amiet, Jacob.] Der siegreiche Kampf der Eidgenossen gegen Jesuitismus und Sonderbund. Dessen... Bedeutung in der Entwicklungsgeschichte der schweizerischen Nation... nebst vollständiger Schilderung des Feldzuges vom November 1847. Durch einen Offizier der eidgen. Armee. Illustrirt mit vielen Holzschnitten [im Text und 1 Tafel]. 8. Solothurn 1848.

Amiet, J[acob]. Die Kette im Engpasse beim Bayard-Thurm. [Mit 2 Abbildungen.] <SA.> 8. <[Bern] 1871.>

— Solothurns Kunstbestrebungen vergangener Zeit und dessen Lucasbruderschaft. Ein Beitrag zur vaterländischen Kunstgeschichte. Von J. Amiet. — Solothurn: Gaßmann 1859. 48 S. (Neujahrsblatt d. solothurnischen Kunstvereins. 5.) **1:** 4° Nr 8745.
4.83

—— Solothurns Kunstbestrebungen vergangener Zeit und dessen Lucasbruderschaft. Ein Beitrag zur vaterländ. Kunstgeschichte. gr. 4. (48 S. mit 1 Stnt.) St. Gallen 862, Scheitlin und Zollikofer.

Amiet, J., Lucas. Festgabe an die Lucasbruderschaft von Solothurn. 26 Stn. 8. Solothurn, B. Schwendimann. **1872**

— Hans Holbein's Madonna von Solothurn und der Stifter Nicolaus Conrad, der Held von Dorneck und Novarra. Von J. Amiet. — Solothurn: Jent & Gassmann 1879. 103 S.
1: 4° Nt 3317. **12:** 4° Art. 2 w. **300:** 182.006-B. **7.**
4.85

— Der Münzforscher Andreas Morellius von Bern. Ein Lebensbild aus der Zeit der Bastille. Nebst e. Anh.: C. Patinus in Bern und die Berner Künstler 1673. — Bern: Haller 1883. 64 S.
Aus: Berner Taschenbuch. 1883. **1:** Av 2034.
4.86

Amiet, Jac., der Münzforscher Andreas Morellius v. Bern. Ein Lebensbild aus der Zeit der Bastille. Nebst e. Anh.: C. Patinus in Bern u. die Berner Künstler 1673. 8. (VI, 64 S. m. Holzschn.-Portr.) Bern 883. Nydegger & Baumgart. n. 2. —

Amiet. J[acob]. Der Erbauer der Kathedrale zu Solothurn, Cajetan Matthäus Pisoni, seine Vorgänger und Kunstgenossen .... <Ein Beitrag zur vaterländischen Kunst- und Kulturgeschichte.> [Mit Illustrationen und 1 Porträt-Tafel.] 4. Bern 1865.
Ausg. A. <Njbl. Solothurn. Kunstver. 1865.>
Ausg. B. *Sep.-Ausg.*

— Der Erbauer der Kathedrale zu Solothurn, Cajetan Matthäus Pisoni, seine Vorgänger und Kunstgenossen und sein Kampf gegen das Zopfthum in der Kunst und im Leben. Von J. Amiet. — Bern: Haller 1865. 40 S.
1: 4° Nt 5951. **12:** 4° Biogr. 202g. **2. 7. 11.**
4.88

Amiet, J., die drei Rosen von Bucheck. 28 Stn. 8. Solothurn.. Druck v. B. Schwendimann. **1872**

Amiet. J[acob]. Das St. Ursus-Pfarrstift der Stadt Solothurn seit seiner Gründung bis zur staatlichen Aufhebung im Jahre 1874 nach den urkundlichen Quellen .... [Mit 1 Vignette und 6 Tafeln 4 Theile.] 8. Solothurn 1878–1880.
[Theil 1.] 1878. — *A. u. d. T.:* Civilklage der Stadtgemeinde Solothurn .... 1877.
[Theil 2.] Supplementband [1].... 1879. — [Theil 3.] Supplement 2.... 1879. — [Theil 4.] Supplement 3.... 1880.

Amiet, J. (Advocat.) Das St. Ursus-Pfarrstift der Stadt Solothurn, seit seiner Gründung bis zur staatlichen Aufhebung im Jahro 1874, nach urkundl. Quellen. Beitrag zur schweiz. Rechts- u. Kirchengeschichte. gr. 8°, 600 S. Mit 7 Tfln. Solothurn, Schwendimann. **1878** 10 —

Amiet, J. (Advocat in Solothurn). Das St. Ursus-Pfarrstift der Stadt Solothurn. Supplementband, enth. die Replik zur Antwort des Staates Solothurn auf die Klage der Stadtgemeinde Solothurn, Namens der kathol. Pfarrei von St. Urs u. Victor. Gr. in-8°, 141 S. Soloth., B. Schwendimann. 1879 2 —

Amiet, J. (Advokat). Das St. Ursus-Pfarrstift der Stadt Solothurn seit seiner Gründung bis zur staatlichen Aufhebung im Jahre 1874 nach den urkundlichen Quellen. Zweites Supplement, enthaltend die Interventionsrechtsschriften der Stifterfamilien und die Antwort der Stadt Namens ihrer katholischen Pfarrei zu St. Urs auf die Interventionsklage der neuentstandenen christkatholischen Kirchgemeinde in Solothurn. In-8°, 49 S. Solothurn, Druck von B. Schwendimann. 1880

— — Drittes Supplement, enthaltend die Triplik der Stadtgemeinde Solothurn Namens ihrer katholischen Pfarrei von St. Urs, Klägerin, in Sachen gegen den Staat Solothurn, als Uebernehmer der kirchlichen Verpflichtungen des Pfarr- und Collegiatsstiftes St. Urs u. Victor, Verantworter. In-8°. VII und 64 S. Solothurn, Druck von B. Schwendimann. 1880

— die Staatsherrschaft üb. die Kirche in der Diöcese Basel u. die Freiheiten u. Rechte der Eidgenossen in Kirchensachen. Nachtrag zur Beschwerdeschrift vom 22. Mai 1873 m. Bezugnahme auf die „Antwort der Diöcesanconferenz" vom 9. April 1873 u. die darin versuchte Rechtfertigg. der Amtsentsetzg. d. hochwst. Herrn Eugenius Lachat, Bischofs v. Basel. gr. 8. (96 S.) Luzern 873. Gebr. Räber. n. —80

— J. Amiet. Studien zur Entzifferung der römischen Inschrift von Laupersdorf (Kanton Solothurn) aus dem Ende des IV. Jahrhunderts. — Solothurn 1864: Weinau. 16 S. 1:Ph 11003. 8. 11.
4.90

(Amiet, J[acob].) Die Unglückstage in der Schweiz im Herbst 1868. Prolog zum Concert vom 25. Oktober 1868, gegeben zu Gunsten der wasserbeschädigten Miteidgenossen, von der Liedertafel von Solothurn. [Gedicht. Mit Vignetten.] 8. Solothurn 1868.

— Zwei geschichtefälschende Urkunden und zwei falsche Sigille der Stadt Solothurn. Von J. Amiet. — Solothurn 1880: Schwendimann. 15 S.
Aus: Anzeiger für schweizerische Geschichte. 11,2. 1880.
1:3 in 4° Ru 271.
4.91

Amiet, J., Vertheidigung des Klosters Mariastein und Beschwerde gegen die h. Regierung des Kant. Solothurn betreffend Entziehung der Vermögens-Verwaltung. 82 Stn. 8. Solothurn, Druck v. B. Schwendimann. 1874

Amiet, J., Jakob Wildermuth 1535. Herrn S. Wildermeth zu Pieterlen gewidmet von seinen Freunden in Solothurn. 3 Stn. 4. Solothurn. 1872

Amiet, Josef Ignaz [Hrsg.] s. *Amiet*, Xaver: Hans Roth von Rumisberg oder die Mordnacht von Solothurn 1382. 1855.

Amiet, J. J., Lorenz Arregger, Sklave in Algier. Nach seinen eigenen Aufzeichnungen, seiner Korrespondenz, amtlichen Aktenstücken, Zeitblättern etc. Mit 1 Photogr. 8. Bern, Stämpfli. 1874

Amiet, J[oseph] I[gnaz]. Die Bündnisse zwischen Biel und Solothurn. Nach den Originalien hrg... von J. I. A'.... 8. Solothurn 1868.

— Die Burgunderfahnen des Solothurner Zeughauses. Beitrag zur Geschichte der Burgunderkriege. Von J. J. Amiet. Solothurn 1868: Schwendimann. 86 S.
1:Rv 7450. 12: Helv. 904 y.
4.92

(Amiet, [Joseph Ignaz].) Der Erdwall auf dem Eppenberge. [SA.] 4. [Solothurn 1871.]

— Die französischen und lombardischen Geldwucherer des Mittelalters, namentlich in der Schweiz. Von J. J. Amiet. — Zürich: Höhr 1877. 260 S.
Aus: Jahrbuch für schweizerische Geschichte. 1.2. 1876-77.
12: Merc. 2 s. 11.
4.93

Amiet, J[oseph] I[gnaz]. Geschichte des Lorenz Arregger von Solothurn, Sklave in Algier. Nach dem Ratsprotokoll und den Familienpapieren hrg. von † J. J. A'.... (2 Bändchen.) II + II + 88 S. 8. Bern, A. Bollmann, [1909]. [*je* fr. —. 30]

Amiet, J[oseph] I[gnaz]. Zur Geschichte des Klosters Fraubrunnen. Zehn Urkunden. Hrg... von J. I. Amiet.... 8. Solothurn (1864).

Amiet, J[oseph] I[gnaz]. Geschicht-Calender der Schweiz (* *Umschlag:* Schweizerischer Geschicht-C'). 8. Solothurn 1848.

Amiet, J. J., Die französischen und lombardischen Goldwucherer des Mittelalters, namentlich in der Schweiz. Extr. 8°. Zürich 1876.

— Hans Aspers des Malers Leistungen für Solothurn. Ein Beitrag zur schweizerischen Kunstgeschichte, von J. J. Amiet. — Solothurn 1866: Gaßmann. 43 S.
1:Nt 178.
4.94

Amiet, J[oseph] I[gnaz]. Nachrichten über Hans Waldmann aus den ersten drei Jahrzehnten seines Lebens. [SA.] 8. [Zürich 1886.]

Amiet, Jak. J., die Regesten d. Frauenklosters Fraubrunnen, s. Regesten, die, d. Archive in d. schweizer. Eidgenossenschaft.

Amiet, J[oseph] I[gnaz]. Die Regesten des Frauenklosters Fraubrunnen im Kanton Bern. Bearb. von J. I. A'. ([Mit Anhang:] Orts- und Namen-Register....) 4. Chur 1851(—1852).
(Die Regesten der Archive in der schweizerischen Eidgenossenschaft. Band 2, Heft 1—2.)

— Solothurn im Bunde der Eidgenossen. Urkundliche Darstellung auf den 400jähr. Erinnerungstag des 22. Dez. 1481. Von J. J. Amiet. — Solothurn (1881): Zepfel. 91 S.
1:Rv 7359.
4.95

Amiet, J[oseph] I[gnaz]. Solothurn im Bunde der Eidgenossen. Urkundliche Darstellung auf den vierhundertjährigen Erinnerungstag des 22. Dez. 1481. 8. Solothurn.
[1. Aufl. Mit 1 Vignette und 3 Tafeln.] (1881.)
(2. Aufl.) [Titelausg. Mit 1 Vignette und 1 Tafel. 1881.]

Amiet, J[oseph] I[gnaz]. Gertrud Sury. Ein Frauenleben. Nach öffentlichen und Familien-Akten bearb. Mit vier Lithographieen [Tafeln] von Heinrich Jenny. 3., vermehrte... Aufl. 4. Solothurn 1859.

Amiet, [Joseph Ignaz]. Die alte Verschanzung auf Heidenstadt. Brief an Hrn. Dr. Ferdinand Keller.... [SA.] 8. [Solothurn 1871.]

Amiet, Xav., die Barrikadenbraut. Zeitgemälde in 5 Akten. 8. (XX und 128 S.) Basel 853, Schabelitz'sche Buchh. *

— der Dorfmagnat. Schweizerisches Sittengemälde aus dem letzten Decennium des vorigen Jahrh. in 4 Akten. 8. (XII und 100 S.) Basel 853, Schabelitz'sche Buchh. *

Amiet, Xaver, Hilfs- und Handbuch zu der Sammlung der für den Kanton Solothurn von 1803 bis u. mit 1840 erlass. Gesetze u. Verordnungen und der denselben betreff. seit 1798 bis u. mit 1840 erlass. helvetischen und eidgenöss. Beschlüsse, Verordnungen, Konkordate u. besonderen Vorkommnisse mit auswärtigen Staaten. 8. Solothurn 841, Gent u. Gaßmann. 2/3 ℛ

Amiet, Xaver, Hilfs- u. Handbuch zu d. Samml. d. für d. Kanton Solothurn von 1803 bis u. mit 1840 erlass. Gesetze u. Verordnungen u. d. denselb. betreff. seit 1798 bis u. mit 1840 erlass. helvet. u. eidgenöss. Beschlüsse, Verordn., Konkordate u. besond. Vorkommnisse mit auswärt. Staaten. 8. (9 B.) Solothurn 842, Jent u. Gaßmann.

Amiet, Xaver: Hans Roth von Rumisberg oder die Mordnacht von Solothurn 1382. Vaterländisches Schauspiel in 5 Abt. Mit Anm. und e. historischen Einl. von J[osef] I[gnaz] Amiet. — Solothurn: Verf. 1855: Zepfel. LIV,152 S.
1:Ys 9487/59.
4.97

Amigos, tres. Eine Erzählung für Christenkinder, vom Verf. d. „armen Heinrich". (Von C. G. Barth.) Stuttgart 856. J. F. Steinkopf. (1 Bl., 127 S.) n. 5 ngr

Aemil, s.a. Emil

Aemil u. Elise, od. die Fahrt auf d. Elbe, (v. Jh. Geo. Keil). 8. Erf. 811. Müller. 20 gr

— u. Julie, od. die Unzertrennlichen, (v. Karl Albrecht). 8. Berl. 800. Schöne. 1 ℛ

— u. Julie; od. d. Unzertrennlichen. Seitenstück zu Werthers Leiden, m. K. 8. Berlin, Schöne. 800.

— — s. unt. d. Tit.: Aemil u. Julie rc. ohne K. 8. Ebend. 806.

Aemil und Julie. 8. Berlin, Schöne. 821.
(ist bereits 1806 für 18 Gr. erschienen und ist nur der Titel neu.)

Amilec, ou la graine d'hommes, qui sent à peupler les planètes etc. III. pts. 12. Luneville, (Esslingor, Francof.)

Aemiliani, F., geistliche Goldgrube, 6 Thle. 4. Grätz, (Wolf, A.) 712.

Aemilianus, Kapuziner aus Grätz: Göttlicher Gold-Gruben fünff reichfliessende Adern. 1-5. — Grätz; Augspurg: Walder 1712-17. 2.
2.499

Aemilie, s.a. Emilie

Aemilie, nach e. kom. Roman v. H. Fielding. (v. Anton Wall.) 8. Lpz. Dyk. 781.

Aemilie Juliane, Gräfin v. Schwarzburg-Rudolstadt, geistliche Lieder, s. Sängerinnen, geistliche.

Aemiliens Unterredungen, aus d. Französ. 2 Bde. 8. Leipz. .. N. Aufl. 782. (W. Vogel). 1 ℛ 16 gr

Aemilius Probus de excellentibus ducibus exterarum gentium et Cornelii Nep. quae supersunt. Summa c. fide ed. variet. lectionis antehac enotatam omnem collegit, e compluribus libris nunc primum collatis auxit, de librorum numero et auctoritate disseruit Car. Lud. Roth. Praemissa sunt Guil. Frid. Rinckii Prolegom. ad Aem. Probum. 8maj. (27 1/2 B.) Basiliae 841, libr. Schweighauser.

Aemilius, Thdr., wilde Ranken. 1. u. 2. Aufl. (à VIII, 148 S.) 12. Gotha 901. Hannover, Berenberg.
Geb. in Leinw. 3.—, erm. Pr. 2.—

Aemilius, Thdr., wilde Ranken. Sang u. Sage f. unmoderne Leute. 1. u. 2. Aufl. 12. (à VIII, 148 S.) Gotha 901. [G. Schloeßmann] Verlagsbureau.
Geb. in Leinw. n. 3.—

Amina die schöne Circassierin vom Verfasser des Mazarino. Leipzig 1803. V: *Bertrand, Gottlieb.* (BGE I², 70) (GGr VI, 404, 5, 6)

Amina, die schöne Circassierin, vom Verf. d. Mazarino (Gli. Bertrand). 2 Bde. 8. Leipz. 805. Rein. 2 ℛ

Aeminga, Carl Siegfr. Abrah. v. (Greifswald), Diss. acad. de divortio et repudio ob furorum cognoscendo. Präs. Siegfr. Caeso v. Aeminga. Greifswald (A. F. Röse) April 1768. 12 S. (4.—)
Widm. v. C. F. R. Staude an: Christian Ehrenfried v. Charisien, Brandanus Gebhardi, Joh. Alb. Dinnies, Ehrenf. Christian Colberg, Christoph Andreas Büttner, J. H. Bentzien, Joh. Schlictkrull.

— Siegfried Coeso (Mollena/Mecklenburg), De ecclesia sanguinem non sitiente. Diss. jurid. Präs. Christ. Nettelbladt. Greifswald (Struck) 18. IV. 1741. 48 S. (5.—)

— — von, Programma de luctu aevi antiqui et diversis lugendi temporibus diss. Greifsw. (Hieron. Joh. Struck) 1751. 19 S. (3.—)

AEMINGA (Siegfried Coesus)
— Programma quo rector universitatis Gryphiswaldensis Siegfried Coeso Aeminga ... De musica instrumentali festiva disserit simulque ad diem festum memoriae angelorum sacrum religiose celebrandum academiae cives comiter hortatur.– *Greifswald, Hieronymus Johann Struck* (1749). In-8, 12 f.

Aminoff, Germund Friedrich, De scepticismo philosophico. 6 Tle. Helsingfors (Frenckell) 1830. 68 S. (5.—; Einzelteile je 2.—)
Mitverf. d. einzeln. Tle. sind: Joh. Michael u. Lorenz Jacob Stenbäck, Jacob Hällsten, Jacob Adolf Cajanus (sämtl. Ostrobothniensis), Pet. Udalricus Florin (Tavastensis), Friedrich Melart (Wiburg).

Aminson, Henr., Bibliotheca templi cathedralis Strengnesensis, quae maximam partem ex Germania capta est circa finem belli XXX. annorum. Stockholm 863. (Bonnier.) gr. 8. (VII, 687 S.) n. 4 ℛ

— — Supplementum, cont. codices manuscriptos et libros quos Joa. Matthiae, episc., templo dono dedit. Ebend. 864. gr. 8. (159 S.) n. 1 ℛ

Amint

Wohlthätige Amint, der, s. Bielfeld, Detl. Friedr. 1797.

Amint: Alexis und Elise, dem Herrn Arends und der Demoiselle Gleim gesungen den 22. November 1770. — o.O. [1770]. 8 S. 6.
4.125

Aminth, Mitglied d. Hirtengesellschaft an der Aue: Früchte müssiger Stunden. — Lübeck: Böckmann 1755. 62 S.
1:Yl 4381.
4.127

Amiodt, Stephan: Germania in naturae operibus admiranda, laureato honori ... dominorum supremâ aa. ll. & philosophiae laureâ in antiquissima, ac celeberrima Universitate Viennensi condecoratorum, promotore R.P. Stephano Amiodt ab addictissimis condiscipulis oblata, a. 1713. — Viennae Austr. [1713]: Voigt. 200 [vielm. 100] S.
1:S 10677. 12:Diss. 666-6.
4.128

Amira, d. Indostanischen Prinzessin u. d. Prinzen Zicufarnes Gesch. 8. Copenhag. 745.

Amira, von, s. Amira, Karl von

Amira, K. von, s. Amira, Karl von

Amira, Karl v., s.a. Bilderhandschrift, die Dresdener, des Sachsenspiegels.

Die Dresdener Bilderhandschrift des Sachsenspiegels. Auf Veranl. d. Kgl. Sächs. Kommission f. Gesch. hrsg. von Karl v. Amira. Bd 1, Hälfte 1. *Leipzig: K. W. Hiersemann 1902.* gr. 2°
= Schriften d. K. Sächs. Kommission f. Geschichte. [6.]

— die grosse Bilderhandschrift v. Wolframs Willehalm. (S. 213—240 m. 3 Taf.) gr. 8. München 903. (G. Franz' Verl.) n. — 50
Sonderabdruck aus: „Sitzungsber. d. bayer. Akad. d. Wiss."

— Erbenfolge und Verwandtschafts-Gliederung nach den alt-niederdeutschen Rechten. — München: Ackermann 1874. X,225 S.
1:Gn 9495. 12:J.germ.3d. 2. 3. 4. 5. 6. 7. 8. 9. 10. 11.
4.153

Amira, K. v., Die Formen der Verfestung in den oberbayerischen Rechtsquellen des 14. Jahrhunderts. München 1873. 8.
Sep.-Abdr.

— Die Genealogie der Bilderhandschriften des Sachsenspiegels. — München: K. Akad.; Franz in Comm. 1902. S. 327-285.
Aus: Abhandlungen d. philos.-philol. Classe d. Kgl. Bayerischen Akademie d. Wissenschaften. 22,2. 1905.
12:4° J. germ. 3 d. 300:557.099–C.
4.154

Amira, Karl v., Grundriss d. germ. Rechts. 2., verb. Aufl. (Aus: „Paul's Grundriss d. germ. Philol." 2. Aufl.) gr. 8. (VI, 184 S.) Strassburg 897. K. J. Trübner, Verl. n. 4. —

Amira, Karl v.: Grundriss des germanischen Rechts. Der 2., verb. Aufl. 2. Abdr. — Strassburg: Trübner 1901. VI, 184 S. 4°
Aus: Grundriss d. germanischen Philologie. 2. Aufl. 3. 1897-1900.
2. 6. 7. 11.
4.155

— die Handgebärden in den Bilderhandschriften des Sachsenspiegels. (S. 163—263 m. 1. Taf.) Lex.-8. Ebd. 905. n. 4. —
Sonderabdruck aus: „Abhandlg. d. bayer. Akad. d. Wiss."

Amira, K. v., Die Handgebärden in den Bilderhandschriften des Sachsenspiegels. (8. 163—263 m. 1 Taf.) Lex.-8. München, G. Franz' Verl. 4. —

— Konrad von Maurer. Gedächtnisrede, geh. in d. öffentlichen Sitzung d. K. B. Akademie d. Wissenschaften zu München am 25. Nov. 1903. — München: K. B. Akad.; Franz in Komm. 1903. 19 S.
1:4° Av 518. 12:4° Bavar. 2134 a–61 [u.ö.]
300:437.684–C. 3. 4. 5. 6. 7. 8. 9. 10. 11.
4.157

— Nordgermanisches Obligationenrecht. Bd 1.2. — Leipzig: Veit 1882–95.
1. Altschwedisches Obligationenrecht. 1882.
2. Westnordisches Obligationenrecht. (In 2 Hälften.) 18(92-)95.
1:Hn 23760. 12:J. rel. 677 b. 300:100.396–B. 2. 3. 4. 5. 6. 7. 8. 9. 10. 11.
4.158

— Der Stab in der german. Rechtssymbolik, s.a. Abhandlungen der königl. bayer. Akademie der Wissenschaften. Philos.-philol. u. histor. Kl. XXV. 1.

— Der Stab in der germanischen Rechtssymbolik. Mit 2 Taf. München: Kgl. Bayer. Akad. d. Wiss.; Franz in Komm. 1909. IV,180 S. (Abhandlungen d. Kgl. Bayerischen Akademie d. Wissenschaften. Philos.-philol. u. hist. Kl. 25,1.)
1:4° Ab 725–25,1. 12:4° Bavar. 28 d–25 [u.ö.]
300:392.766–C. Per. 25. 2. 3. 4. 5. 6. 7. 8. 9. 10. 11.
4.159

— Thierstrafen u. Thierprocesse. [Aus: „Mitth. d. Instituts f. österr. Geschichtsforschg."] gr. 8. (57 S.) Innsbruck 891. Wagner. n. 1. —

v. Amira, Thierstrafen u. Thierprocesse. Innsbruck 892.

— Die Verbesserung des akademischen Ehrenschutzes, s.a. Schriften der Münchner Hochschulzeitung. Nr. 1.

— Die Verbesserung des akademischen Ehrenschutzes. (Vorr.: Robert Theilhaber.) — München: Steinebach 1908. 24 S. (Schriften d. Münchner Hochschulzeitung. 1.)
12:Bavar. 2414 sc–1. 10. 11.
4.162

Amira, Karl von (München): Das altnorwegische Vollstreckungsverfahren. Eine rechtsgeschichtliche Abhandlung.- München: Ackermann 1874. XVIII, 354 S.
28.6.1873 - Urk. (Titel: De exsecutionis antiquis Norwegiorum legibus recepta ratione.); Chr. 1873/74, 13.
Diss. Ingolst.-Landsh.-Mchn.

Amira, Karl v.: Die Wadiation, s: Sitzungsberichte d. kgl. bayer. Akad. d. Wiss.

Amira, Karl v., wie studiert man Rechtswissenschaft? Ein Vortrag vor d. Münchner Freistudentenschaft. (III, 24 S.) gr. 8. München 909. Bavaria-Verlag. — 40

— Ueber Zweck und Mittel der germanischen Rechtsgeschichte. Akademische Antrittsrede ⟨15. Dezember 1875⟩. München: Ackermann 1876. 74 S.
1:Gl 913. 12:J. germ. 3 dc. 300:147.130–B. 2. 4. 5. 7. 8.
4.166

Amirchanjanz, Abraham: Der Koran. Eine Apologie des Evangeliums. Von Abr. Amirchanjanz. — Gütersloh: Bertelsmann 1905. 45 S.
1:De 7984. 12:A. or. 584 m. 6.
4.171

Amis u. Amiles. Ein altfranz. Heldengedicht. In deutsche Verse übertr. v. Heinr. Grein. Mit e. Vorwort v. Gust. Körting. gr. 8. (XII, 92 S.) Kiel 902. R. Cordes. n. 2. —

Amis et Amiles und Jourdains de Blaivies. 2 altfranzösische Heldengedichte des kerlingischen Sagenkreises. Nach der Pariser Hs. zum ersten Male hrsg. von Conrad Hofmann. — Erlangen: Blaesing [usw.] 1852. XX,242 S.
1:Xt 2815. 12:P. o. gall. 63. 300:6341–A. 2. 3. 4. 5. 6. 7. 10. 11.
4.174

Amis et Amiles u. Jourdains de Blaivies. Zwei altfranz. Heldenged. d. kerling. Sagenkr., hrsg. v. C Hofmann. 8. (242) Erl. 52. (Lpzg, Köhler's Ant.) n. 2. 20; Her. Pr. n. — 20

Amis et Amiles u. Jourdains de Blaivies. Zwei altfranzösische Heldengedichte d. kerling. Sagenkreises. Nach der Pariser Handschrift zum ersten Male hrsg. v. Konr. Hofmann. 2. Aufl. gr. 8. (LXVI, 246 S.) Erlangen 882. Deichert. n. 4. —

— and Amiloun, s.a. Bibliothek, altenglische.

— [altfranz. u. engl.] Amis and Amiloun, zugleich mit der altfranzösischen Quelle. Hrsg. von Eugen Kölbing. Nebst e. Beil.: Amicus ok Amilius rímur [Amis et Amiles, isländ.] Heilbronn: Henninger 1884. CXXXI,256 S. (Altenglische Bibliothek. 2.)
1:Z 9574–2. 12:P. o. angl. 35–2. 300:182.922–B. Bd 2. 2. 3. 4. 5. 6. 7. 8. 9. 10. 11.
4.176

Amis, les deux, ou le Comte de Meralbi, par Sellier. IV Vol. gr. 12°. Leipz. Sommer.

Amis, les deux, ou le Comte de Meralbi, par Sellier. IV Vol. 12°. Paris. Walther, Dresden, 1771.

Les deux Amis. Par Mme la Dsse de ***. T. 1-3. — Londres: Dulau; Hambourg: Fauche 1802. 7.
4.181

Amitagati's Subhāsitasamdoha. Sanskrit u. deutsch, hrsg. v. Rich. Schmidt. (II u. S. 265—908.) 8. Leipzig 908. F. A. Brockhaus' Sort. 9. 40
Sonderabdr. aus „Ztschr. f. deut. morgenländ. Gesellsch."

Amitié, l', à l'épreuve. **Coméd. p. M. et Favart. 8. Berlin, Rottmann.**

l' **Amitié**, fraternelle, ou le triomphe des vertus, II Vols. 12°. Berlin 1793. Schöne.

Amitie, l', trahie, ou mémoire d'un négociant, trad. de l'italien. 12°. Par. (Kupferberg a Mayence.)

Amitti, A., s. A m i t t i , K.

Amitti, K.: Zur Kritik der Antisemiten und -Semiten. Ein Beitrag zur Bekämpfung der vom Prof. Mommsen erwähnten "antipathischen Gefühle" gegen die Letzteren. — Eisenach 1881: Hofbuchdr. 40 S. **300:26.951-B. 6.**
4.194

Amitti, K., zur Kritik der Antisemiten u. — Semiten. Ein Beitrag zur Bekämpfg. der vom Prof. Mommsen erwähnten „antipath. Gefühle" gegen die Letzteren. gr. 8. (40 S.) Eisenach 881. Leipzig, Morgenstern. n. — 90

Amlacher, A., s. A m l a c h e r , Albert

Amlacher, Albert: Damasus Dürr, ein evangelischer Pfarrer und Dechant des Unterwälder Kapitels aus dem Jahrhundert der Reformation. Aus seinen Predigten und hs. Aufzeichnungen geschildert. — Hermannstadt 1883: Drotleff. 76 S.
Festgabe d. Unterwälder Kapitels d. Ev. Landeskirche A. B. in Siebenbürgen zur Feier des 400jährigen Geburtstages Dr. Martin Luthers.
1: Ax 7782. 300:49.028-B. 2. 3. 4. 5. 7. 8. 9. 10. 11.
4.195

Amlacher, Alb., Damasus Dürr, ein evangelischer Pfarrer und Dechant des Unterwälder Kapitels aus dem Jahrhundert der Reformation. Aus seinen Predigten und handschriftl. Aufzeichnungen geschildert. Eine Festgabe des Unterwälder Kapitels der evangel. Landeskirche A. B. in Siebenbürgen zur Feier des 400jähr. Geburtstages Dr. Martin Luthers. gr. 8. (IV, 76 S.) Hermannstadt 883, (Michaelis.) *

Amlacher, A.: In der Heideschenke, s. K ö h l e r s illustr. Jugend-u. Volksbibliothek.

Amlacher, A.: Der Schlickläufer, s. K ö h l e r s illustr. Jugend-u. Volksbibliothek.

Amlacher, Albert: Aus d. „guten alten Zeit" einer Sachsenstadt. Beitr. zur Geschichte d. Stadt Broos im 1. Viertel d. 17. Jahrhunderts. (1600—1628.)

Als SA: Hermannstadt, Drotleff (1879). 27 S. Kl.-8°.

Amler, s. A m l e r , Josef

Amler, J. s. *Amler*, Josef.

Amler, Josef, prakt. Anleitung d. allgem. Regeln d. deutschen Rechtschreibung etc. 8°. Grätz 1798. Tusch. 6. Aufl. 8° Grätz 1815, Ferstl.

Amler, prakt. Anleitung, die allgemeinsten Regeln der deutschen Rechtschreibung der Jugend auf eine sehr leichte Art beizubringen. 6te Aufl. 8. Grätz, Ferstl. (Leipz. Kummer in Comm. 815.

Amler, Erklärung d. Regeln d. deutschen Rechtschreibung mit Beispielen f. Lehrer. 8°. Grätz 1797. N.A. 1815. Ferstl.

Amlers, (Jos.), Erklärungen der Regeln der deutschen Rechtschreibung, m. Beispielen zum Behufe f. Lehrer u. Lernende. 13. verb. u. verm. Aufl. Nach dem Bedürfnisse der Gegenwart gänzlich umgearb., vollständig u. sistematisch nach e. Grundsatze dargestellt, vereinfacht u. begründet, dann m. e. Verzeichniß ähnlich klingender Wörter u. eben so vielen Diktando-Sätzen als Begriffs-Erklärungen verseh. v. Ant. Czech. 8. (IV u. 110 S.) Graz 849, Kienreich. 1/3 ℔

Amler, Josef: Predigt an der zweiten Secularfeier des königlichen katholischen Gymnasiums. — Glogau 1826: Günter. 20 S. **2.**
4.196

— Die Weihe des Christen zum geistigen Leben. Von J. Amler. Mit 1 Titelkupfer. — Glogau: Heymann 1830. 192 S. **1: Er 10737. 2.**
4.197

Amler, Joseph, Ein Wort der Aufmunterung für die Jugend zum Studieren orientalischer Sprachen. Glogau, 1826. 4°. 30 S.

Amleth, B., Dirk Hollister, s. B i b l i o t h e k interessanter Erzählungen.

Amleth, B., Wilde Welt, s. B i b l i o t h e k interessanter Erzählungen.

Amling, H. G., die Neu-Irvingianer od. die „Apostolische Gemeinde". (8 S.) 8. Zwickau (908). Schriftenverein. p — 05
Sonderabdruck aus „Ev.-luth. Freikirche".

Amling, H. G., sehet euch vor vor den falschen Propheten! Predigt zum Reformationsfest, geh. am 23. Sonntag nach Trinitatis 1902. Auf Beschluß seiner Gemeinde mitgeteilt. (18 S.) 8. Zwickau (903). Schriften-Verein. — 15

— Die Sünden gegen das 3. Gebot. Predigt, geh. am 20. Sonntag nach Trinitatis 1905. (15 S.) kl. 8. Ebd. (906). — 10

— Die Sünden geg. d. 3. Gebot. Predigt. (15) kl8° Ebd. (06). — 10 d

Amm, Anton [aus Giessübel, S.-Meiningen]: Untersuchungen über die intramolekulare Athmung der Pflanzen ... M. 2 Taf. (Aus: Pringsheim's Jahrb. f. wiss. Bot., Bd XXV Heft 1.) Berlin, Gebr. Borntraeger, 1893; 2 Bl., 38 S., 2 Taf. 8.
Freiburg i. B., Phil. Fak., Inaug.-Diss. v. 1893

Amm, Friedrich: Reden und Gedichte. 1894. — Rendsburg 1895: Albers. 32 S. **8.**
4.231

Ammacht, Das, von dem leiden christi. O. O. u. J. V: *Müntzer, Thom.* (Zeitschr. f. Büch. X, 4. S. 7.)

Amman, s.a. A m m a n n

Amman, Verf. von: Der Schiffsmaschinist. 1904 s. *Ammann*, Gustav A.

Amman, Caesarius: Quadrans astronomicus novus descriptus et examinatus in specula uranica Ingolstadiensi. — Augustae Vind.: Klett 1770. 91 S.
12: 4° Math. A. 4 [u. ö.] 2. 3. 5. 7. 9.
4.235

Amman, F. s. *Ammann*, Franz Sebastian.

Amman, Franz Sebastian s. *Ammann*.

Amman, Gustav Adolf v.: Gellerts Denkmaal, von Gustav Adolph Amman. — Augsburg: Lotter 1770. 30 S. **1: 1 in Au 5050. 12: Biogr. 445. 3. 11.**
4.241

Amman, Hans Jakob s. *Ammann*.

Amman, J., s. A m m a n , Jost

Amman, Ignaz Ambrosius

Amman, J. A., Charte von Schwaben, mit allen Städten, Marktflecken, und Pfarrdörfern, Chausseen, Flüssen, Bächen, und dermahligen Gränzen, 1803; erweitert u. verbessert im J. 1814.

v. **Amman**, J. A. und **Bohnenberger**, J. G. F. Topographische Charte von Schwaben (Württemberg). Tübingen. 42 Bl. K. Ff.

Ammann, J. A., Geographische Orts-Bestimmungen im östlichen Schwaben und dessen Nachbarschaft... Mit Kpfr. Dillingen 1796. 8.

Amman, Jo. Konrad s. *Amman*, Johann Konrad.

Amman, Jodocus s. *Amman*, Jost.

Amman, Johann Caspar: Gott der weiseste und gütigste Regierer seiner Kindern, wurde den 2 ten Herbstmonat 1781 bey der Beerdigung der ... Frauen Anna Haügin/ des . . . Johannes Eglys sel. Ged. von Oberglatt, hinterlassenen Frau Wittib . . . in der Kirche zu Oberglatt im Toggenburg vorgestellt von J.C.Amman, D.G.W. . . 4°.– St. Gallen.

Amman, Johann Conrad, s. A m m a n n , Johann Conrad

Amman, Johann Jakob s. *Ammann*, Hans Jakob.

Amman, Johann Konrad

— [lat. u. deutsch] Joh. Konrad Amman. Dissertatio de loquela ⟨1700⟩. Mit d. deutschen Übers. von G⟨eorg⟩ V⟨enzky⟩ ⟨1747⟩. Neudr. besorgt von Wilhelm Viëtor. — Berlin : Fischer's Med. Buchh.; Hamburg : Friederichsen 1917–18. 147 S.
Aus: Vox. 27.28. 1917-18.
(Phonetische Bibliothek. 2.)
12:L. germ. 152x–2 [u.ö.] S. 6. 11.
4.247

Amman, Jost

— Aigentliche Abbildung deß gantzen gewerbs der Kauffmanschafft sambt etslicher der namhafft und fürnembsten Handelstett Signatur und Wappen. Nach den in der Fürstl. Wallerstein'schen Bibliothek in Maihingen aufbewahrten Original-Holzstöcken. Text nach d. Original-Abdruck im k. bayer. Nationalmuseum. [Verf. des Textes: Johann Neudörffer.] — München:Hirth 1889. 1 Bl.,1Taf.
12:2° Art. 3 hb. 89.
4.254

Amman, Jost: [Aigentliche A b b i l d u n g deß gantzen gewerbs der Kauffmanschafft] Die Allegorie von dem Handel. In Abdrücken von den in der Fürstl. Wallerstein'schen Bibliothek in Maihingen aufbewahrten Original-Holzstöcken. Mit 2. Vorw. u. dem Joh. Neudörfer'schen [Johann Neudörffer] Text hrsg. von M(ax) Huttler. — München:Huttler; Leipzig:Weigel in Comm. 1878. V, 5 S.,1 Taf.
12:2° Art. 3 ha.
4.253

Amman's, Jost, A l l e g o r i e auf den Handel. [Aigentliche abbildung des gantzen gewerbs der Kaufmannschaft sambt etslicher der Namhafts u. fürnembsten Handelstett signatur u. Wappen.] Nach den in der fürstl. Wallerstein'schen Bibliothek in Maihingen aufbewahrten Orig.-Holzstöcken; Text nach dem Orig.-Abdr. im kgl. bayer. Nationalmuseum. Ausg. v. 1622. Fol. (6 Bl. in Holzschn. m. 1 Bl. Text.) München 889. Hirth. In Mappe.
n. 4. 50; auf Leinw. n. 6. —

– Bärenjagd 8½/12 Cent. Ebd. 1887.

Amman, Jost, s.a. B ü c h e r z e i c h e n (Ex libris) des XV. u. XVI. Jahrh.

Amman's, Jost, E h e b r e c h e r b r ü c k e des Königs Artus. Facs.-Reproduction des aus 8 Blättern bestehenden Orig.-Holzschnittes [Andresen No. 73] nach dem einzigen bekannten completen Exemplar in der Sammlung des † k. k. Feldzeugmeisters Ritter v. Hauslaub zu Wien. gr. Fol. Leipzig 883, Hirth.
In Mappe

Amman's, Jost, **Ehebrecherbrücke** d. Königs Artus. Fcsm.-Reproduction d. aus 8 Blättern besteh. Orig.-Holzschnittes [Andresen No. 73] nach dem einzigen bekannten completen Exemplar in der Sammlg. d. † k. k. Feldzeugmeisters Rittor v. Hauslaub zu Wien. gr. Fol. München 883. Hirth. In Mappe.
15. —

— Entenbirsche 8½/12 Cent. Ebd. fl. —.90. 1887.
Sämmtlich photozinkographische Facsimiles nach den Originalen in der k. Hofbibliothek, aus der „Allgemeinen Encyklopädie der Forst- und Jagdwissenschaft" avant la lettre abgedruckt. Die angegebenen Masse beziehen sich auf die Bildgrösse ohne Papierrand, wobei die Höhe zuerst genannt erscheint.

Amman, Jost: Falkenhammer 8½/12 Cent. Wien, Perles.1887.

Amman's , J.: Frauen-Trachtenbuch, s.a. L i e b h a b e r b i b l i o t h e k alter Illustratoren in Facsimile-Reproduction.

Amman, Jost: [G y n a e c e u m, sive theatrum mulierum] Frauen-Trachtenbuch. 1586. Verl. von Sigm. Feyrabend zu Franckfurt a. M. Gedr. von Martin Lechler zu Franckfurt a. M. [Neudr.] — München & Leipzig : Hirth 1880. 127 S. (Liebhaber - Bibliothek alter Illustratoren in Facsimile-Reproduction. 1.)
Im Exemplar von 1, 10 und 11 fehlt das Titelblatt.
1:Nv 5684–1. 12:4° Art. 57 k–1. 300:470.949–B.
Ks. Hb. 1. 2 [defekt]. S. 9. 10. 89.
4.276

Amman, Jost. Im Frauwenzimmer wirt vermeldt von allerley schönen Kleidungen und Trachten der Weiber u. s. w. Getruckt zu Frankfurt a. M. 1586. Neudruck. Leipzig und München 1880. 8°.

— **das churpfälzische F ü r s t e n h a u s,** nach J. A. aus der grossherzogl. bad. Kupferstichsammlg. in Orig.-Grösse, nebst Erläutergn. v. Karl Frhrn. v. N e u e n s t e i n u. P. M ü n n i c h. Fol. (31 Photogr. m. 7 S. Text u. farb. Titel.) Heidelberg 887/88. Petters. In Leinw.-Mappe.
n.n. 120. —

Amman, Jost: Kartenspielbuch, s.a. L i e b h a b e r - B i b l i o t h e k alter Illustratoren in Facsimile-Reproduction.

Amman's Jost, Kartenspielbuch. 1588. (64 Bl) (Liebhaberbibliothek alter Illustratoren 2)
München 1880

— h e r a l d i s c h e K u n s t b l ä t t e r, s.: W a r n e c k e, Frdr., heraldische Meister.

Amman, Jost: Stamm- und Wappenbuch, s.a. L i e b h a b e r - B i b l o i t h e k alter Illustratoren in Facsimile-Reproduction.

— **Stamm- u. Wappenbuch, neu hrsg. u. geordnet v. Frdr. W a r n e c k e.** gr. 4. (49 Bl. u. Titelbl. in Fcsm.-Dr. m. XII S. Text.) **Görlitz 877. Berlin, J. A. Stargardt.** In Leinw.-Mappe.
n. 45. —

— Stamm- und Wappenbuch neu hrsg. u. geordnet von Friedrich Warnecke. [Neudr.] — Goerlitz:Starke 1877: Frisch in Berlin. XIII S.,49 Bl.
1:Pf 1958. 2. 82.
4.285

— Ständ und Orden der H.Römischen Catholischen Kirchen, darinnen aller geistlichen Personen, H.Ritter und dero Verwandten, Habit und Kleidung in schönen und künstlichen Figuren dargestellet werden. — Franckfurt a.M.:Stridbeck [um 1700]. Bog. A–Q. 4°
300:15.722–C.
4.280

Amman's, J: Stände u. Handwerker, m. Versen v. H Sachs, s.a. Liebhaber-Bibliothek alter Illustratoren in Fcsm.-Reproduktion.

— Stände und Handwerker, mit Versen von Hans Sachs. Frankfurt a. M. bei S. Feyerabend 1568. [Faks.] — München : Hirth 1884. 121 Bl. (Liebhaber - Bibliothek alter Illustratoren in Facsimile-Reproduction. 7.)
1:Nv 5684–7. 12:4° Art. 57 k 7. 3.
4.257

— — Franckfurt a.M. bei S. Feyerabend 1568. [Faks.] 2.Aufl. Ebd. 1896. Bog. A–Z, a g. (Liebhaber - Bibliothek alter Illustratoren in Facsimile-Reproduction. 7.)
300:470.949–B. Ks. Hb. 7. 5. 9. 10.
4.258

Amman, Jost: Wappen- und Stammbuch, s.a. L i e b h a b e r - B i b l i o t h e k alter Illustratoren in Facsimile-Reproduction.

— Wappen- & Stammbuch. Franckfort a. M. bei Sigm. Feyrabend 1589. [Neudr.] — München:Hirth 1881. 178 S. (Liebhaber - Bibliothek alter Illustratoren in Facsimile-Reproduction. 3.)
1:Nv 5684–3. 12:4° Art. 57k–3. 300:470.949–B.
Ks. Hb. 3. 3. 5.
4.286

— — Franckfort a. M. bei Sigm. Feyrabend 1589. [Neudr.] (2. Aufl.) — Ebd. 1893. 178 S. (Liebhaber-Bibliothek alter Illustratoren in Facsimile-Reproduktion. 3.) 9.
4.287

Amman,

— **Leonhard Benedict** (Augsburg), De familiae erciscundae judicio. Diss. jur. Basel (Friedr. Lüde) 17. VII. 1716. 19 S. (5.—)
Gew.: Paul v. Stetten, Marcus Christoph Welser, Christoph Sigismund, Georg Gottfried u. Joh. Paul Amman.

Amman, Reiner: Gemeinnützliche Predigten nach dem buchstäblichen Verstande der heiligen Evangelien besonders zur Belehrung des gemeinen Volkes leichtfaßlich auf alle Sonntage des Jahres eingerichtet. Jg. 1. — Augsburg: Wagner 1793. XX,580 S. 2.
4.295

Ammann, s.a. A m m a n

Ammann, Diss. de affectione hypochondriaca. Lps. 4°. Medic. crit. p. 561. 1764

Ammann, Vorteilhafte und nützliche Behandlung der Bauerngüter im Allgäu oder die Consolidation, Arrondierung oder Vereinödung. Kempten, 1804.

Ammann, Familie. 1904. Geschichte der Familie Ammann von Zürich. 1904–13 s. *Ammann,* August Ferdinand.

Ammann, praxis vulner. lethal. 8°. Dresden 1701.

Ammann : Der Schiffsmaschinist, s. A m m a n n , Gustav A.

Ammann, A., s.a. A m m a n n , Alfred

Ammann, A., s.a. A m m a n n , Andr.

Ammann, A., s.a. A m m a n n , August

Ammann, A.

— freimüthige Betrachtungen über Staatsschulden und Schuldentilgungsplane. gr. 8. Ebend. 820. geh.

Ammann, A., et E. O. Coutant, Histoire de France, s.: Gerhard's französische Schulausgaben. Nr. 15.

Ammann, A.F., s. A m m a n n , August Ferdinand

Ammann, Adolf. Die Strassenbahn Frauenfeld-Wil. [Mit 2 graphischen Fahrplänen.] Separatabdruck aus der « Zeitschrift für schweizerische Statistik », Jahrg. 41, 1905 [Band 2, Liefg. 5]. 18 S. 4. [Bern, Stämpfli & Cie.]

Ammann, Alan: Der psychologische Grund des deutschen Sprach-Elementar-Unterrichts, und seine erste Beziehung auf die Schrift-Sprache. Eine Vorlesung. — Stuttgart: Steinkopf 1834. 24 S. 1:Nf 2628.
4.298

Ammann Alan: Neueste Schreib - u. Leselehre in Einem. Nach d. Natur ihrer Formen u. Laute 1r Thl. u. 2r Thl. Die Handfibel. 4. Karlsr. . . . 831. Velten. 2r Thl. 12

Ammann, Albert [prakt. Arzt von Bünzen, in Muri]: Über wiederholte Tubarschwangerschaft bei derselben Frau. Einsiedeln 1900. 46 S. 1 Tab. 8°.
Basel. Med. Diss. 1900/1901.

Ammann, Alfr., Jesus v. Nazareth — wessen Sohn ist Er? s.: Volksbibliothek, katholische.

Ammann, Andr.

Ammann, A., Anweisung wie man unfehlbar im Zahlen-Lotto gewinnen könne; ein patriotischer Beitrag zur Würdigung der jetzt in der Kammer der Abgeordneten aufgeworfenen Frage: ob solches in Baiern abzuschaffen sei? gr. 8. München, Thienemann. 819. br.

Ammann, Andr., Anweis., wie man unfehlbar im Zahlenlotto gewinnen könne ꝛc. gr. 8. Münch. 829. (Finsterlin). 3 K

Ammann, August, Inhaber d. land- u. forstwirtschaftlichen Bureaus, Stuttgart. 1864: Die Hofgüter im Königreiche Württemberg und die fürstlichen Domänen in den hohenzollernschen Landen. Statistisch zusammengestellt. Mit Bemerkungen. — Stuttgart: Selbstverl. 1864. 264 S.
1:Sh 3414.
4.300

Ammann, Aug., die Hofgüter im Königr. Württemberg und die fürstl. Domänen in den Hohenzollern'schen Landen. Statistisch zusammengestellt. 2. vielfach verb. Aufl. gr. 8. (V, 241 S.) Stuttgart [Hannover] 870, Cohen und Risch.

— — 2., vielfach verb. Aufl. Stuttgart & Leipzig: Cohen & Risch 1870. 240 S. 1:Sh 3415. 12:Germ. sp. 11 w.
4.301

Ammann, Aug., Klänge vom Rhein. Gedichte. (315 S. m. Titelbild.) 8. Berlin 904. E. Trewendt. n. 3.—; geb. n. 4.—

— die Pflanzenkrankheiten. Für Land- und Forstwirthe, Lehrer, Gärtner ꝛc. bearb. Stuttgart 867. Kitzinger. gr. 8. (XII, 96 S.) 15 ngr.

Ammann, August, Gymnasialoberlehrer, Wiesbaden. 1893: Der Rheingau und seine Weine. — Köln: DuMont Schauberg 1899. 67 S. 1:Ox 5289. 12:Oecon. 58 f. 5.
4.302

— Der Rochusberg bei Bingen am Rhein. Allen Freunden d. Rheins u. seiner Schönheiten gewidmet. — Darmstadt: Koch 1893. 112 S.,1 Kt.
1:Sk 5659. 12:4° Var. 170 c-1.
4.303

Ammann, Aug., in ernsten und heiteren Stunden. Dichtungen. 12. (XV, 293 S. mit 1 Titelbild in Heliogravüre.) Heidelberg 888, C. Winter's Universitäts-Buchh. geb. mit Goldschn. *

Ammann, Aug.: Vergiliana. (Aen. 1. 8 - 11. etc.)
11 S.
Progr. Wiesbaden G. 1870.

(Ammann, August Ferdinand.) Geschichte der Familie Ammann von Zürich. [2 Bände.] 1904.
[Band 1:] *Text.* ([Mit vielen Aktenstücken, Abbildungen und 76 Tafeln. Hrg. unter] Mitarbeit von Carl Stichler, [mit Beiträgen von] Dr. Th[eodor] von Liebenau und Pfarrer August Waldburger.) Im Auftrage des Herrn Aug. F. A' gedruckt von Fritz Amberger ..., Zürich. II + XIV + 415 S. 4. 1904. — (Der Schweizerischen Landesbibliothek in Bern gewidmet... .)
[Band 2] *u. d. T.:* Kunstbeilagen und Stammtafeln zur G' der F' A' von Z' 1904. II Bl. + 43 Tafeln (*wovon* 15 *nach* Jost Amman) + 5 Stammtafeln, *in Mappe.* quer-fol. —

Ammann, Aug[ust] F[erdinand]. Die Hungersnot in Indien und die britisch-indische Regierung. Ein Beitrag zur Zeitgeschichte. II + 63 S. 8. Frauenfeld, Komm. J. Huber, 1901. [fr. —.60]

Ammann, Balthasar v.: Der Hypochondrist; ein Original-Lustspiel in 5 Aufz. von Dr. Willibald [d.i. Balthasar v. Ammann]. — Ulm: Stettin in Comm. 1824. VIII,119 S.
7.
4.305

Ammann, Carl, s. A m m a n n , Karl

***Ammann,* Cäsar, († . . . 1770.) Quadrans astronomicus novus descriptus et examinatus in specula uranica Ingolstadiensi. c. fig. 4. Augsb. (Wien) 770. 9 K**

Ammann, Dav.: Das Leben Jesu, s.: Ha' Nish, Otoman Zar-Adusht.

Ammann, Dav.: Die Macht d. Gebetes. Prakt. Pneumatol. (19) 8° Lpzg, Mazdaznan-Verl. ('12). — 50

— Mazdaznan-Diätetik u. Kochb. 1. u. 2. [Tit.-]Afl. (109) gr8° Lpzg, Mazdaznan-Verl. ('08.'09). 2 —; geb. n 3 —

— Mazdaznan-Diätetik u. Kochbuch. 2. [Titel-] Aufl. (V, 109 S.) gr. 8. Leipzig [908] (909). Zentrale f. Reformliteratur. 2.—; geb. n 3. —

— dass. Diätetik. Sep.-Ausg. d. 5. Afl. (89) gr8° Ebd. ('08). 1 —

— dass. Kochb. Sep.-Ausg. 5. Afl. (75) gr8° Ebd. ('08). 1 —

— Mazdaznan. Diätetik u. Kochbuch. 4., verm. Aufl. — Leipzig: Ammann (1909). 161 S. 1: Ie 9198⁴.
4.306

— Mazdaznan-Diätetik u. Kochb. 14. Afl. (130 u. 150) gr8° Ebd. ('12). 2 —; L 3 —

— Das Urchristentum u. d. Entstehg d. christl. Kirche. (19) gr8° Ebd. ('12). — 50

Ammann, E., Dr. med., Augenarzt, Winthertur. 1900 s. *Ammann*, Ernst.

Ammann, Ernst. Analysis of Thomas Shadwell's Lancashire Witches and Tegue O'Divelly the Irish Priest. Diss. Phil. Bern. 60 p. 8. Bern, Gustav Grunau, 1905.

Ammann, Ernst: Die Begutachtung der Erwerbsfähigkeit nach Unfallverletzungen des Sehorgans. Von E. Ammann. — München: Lehmann 1900. V,80 S.
1: Fe 11264. 12: Cam. 5 n.
4.307

Ammann, E. Die Netzhautblutungen bei Chorioiditis disseminata. In-8°. 36 S. Zürich. These.
1896

Ammann, F. s. *Ammann*, Franz Sebastian.

Ammann, F., s. Ammann, Friedrich

Ammann, F. S. s. *Ammann*, Franz Sebastian.

Ammann, Fr., s. Ammann, Friedrich

Ammann, Franz s. *Ammann*, Franz Sebastian.

Ammann, Franz Sebastian: Die Befeindung der katholischen Kirche in der Schweiz, begangen durch Hurter. — Bern: Jenni 1842. XI,160 S.
1: Ru 8390. 12: Polem. 57 s. 5.
4.308

Ammann, Frz. Seb., die Befeindung der kathol. Kirche in der Schweiz, begangen durch Fr. Hurter, gewesenen Antistes, deren vorgeblichen Vertheidiger. Aus desselben neulich unter ob. Titel erschien. Schrift selbst dargestellt. gr. 8. Bern 843, Jenni, Sohn. 5/8 ₰

[Ammann,] Franz Sebastian. Das lebendige Christenthum als die Grundlage des eidgenössischen Wohles. Eine Predigt, gehalten … von P. F' S'…. 8. St. Gallen 1836.

Amman, Frz., die Ewigkeit ist kein Geheimniß mehr! oder: die deutlichsten Offenbarungen aus der Geisterwelt in unbestreitbaren Thatsachen und Urkunden der neuesten Zeit. Fortschreitende Versuche. 2., ganz umgearb. Aufl. 8. (110 S.) Glarus 855. (Tuttlingen, Kling.) *

Ammann, Fr., die Ewigkeit ist kein Geheimniß mehr! oder: die deutlichsten Offenbarungen aus der Geisterwelt in unbestreitbaren Thatsachen und Urkunden der neuesten Zeit. Fortschreitende Versuche. 2. ganz umgearb. Aufl. Glarus 855. (Zürich, Meyer u. Zeller.) 8. (110 S.) 15 ngl

— Die Geldgier des Papstthums und der Hierarchie. Historisch u. an den von den Päpsten aufgestellten Geldtaxen zum Abkauf der Sünden nachgewiesen. Von F. S. Ammann. — Bern: Jenni 1844. 164 S.
1: Ce 3510. 12: Germ. g. 164 v/2. 5. 7. 10. 11.
4.309

Ammann, Frz. Seb., zum Himmel schreiende Geschichte der heil. Päpste oder Hauptzüge aus d. schändl. Leben u. Treiben derjenigen, die sich frevelhafter Weise „Statthalter Gottes auf Erden" nennen. gr. 12. (120 S. mit 8 lith. Taf.) Bern 843, Jenni Sohn. 2/3 ₰

— Zum Himmel schreiende Geschichte der heil. Päpste, oder Hauptzüge aus dem schändlichen Leben und Treiben Derjenigen, die sich frevelhafter Weise Statthalter Gottes auf Erden nennen. Bern, R. Jenni, 1864. 8°. (2 frcs. Hanke, Zürich.)
Verboten vom L.-G. Wien, 14. Juli 1866. § 303. — Zuerst gedr. ebd. 1843. 8°. Mit Abbildungen. (In München.)

— das Grund-Uebel der Schweiz auf kirchl. Gebiete zur Warnung f. seine Miteidgenossen dargestellt. gr. 12. (55 S.) Offenbach 848. (Frankfurt a. M., Meidinger.) n. 8 ngl

[Ammann, Franz Sebastian.] Ueber Kapuziner-Reformen. Ein Wink für geistliche und weltliche Obern…. 8. Sursee 1835.

Ammann, Franz [Sebastian]. Die römisch-heidnische Kirche oder das römische Papstthum als das erneuerte Heidenthum. Dargestellt von F A'. 8. Bern 1845.

Ammann, Frz., Kirche und Staat in ihrem wechselseitigen Verhältnisse zu einander, historisch nachgewiesen. 2. Aufl. gr. 8. (VIII und 271 S.) Zürich 856. (Tuttlingen, Kling.) *

[—] Geographisch-historische Kirchen-Statistik der katholischen Schweiz. Von e. kath. Geistlichen [d. i. Franz Sebastian Ammann]. — Schaffhausen: Brodtmann 1845. XVI,503 S.
1: Ru 8500. 12: H. eccl. 565 h. 300: 36.791-B.
4.310

[Ammann, Franz Sebastian.] Die Leistungen der schweizerischen Klöster für Wissenschaft, Kirche und Staat, beleuchtet von einem Ordensgeistlichen. 8. Bern 1841.

Ammann, F[ranz Sebastian]. Die Liebschaften des ehrwürdigen Paters J(acob) Marell aus der Gesellschaft Jesu, wie sie aus den Archiven der Provinz des Obern Deutschlands in München ans Licht gestellt sind. Zur Beleuchtung des Jesuitenordens hrg. 8. Bern 1842.

— die Liturgie aller Zeiten, oder die christliche Kirche, wie sie gewesen, geworden ist und sein soll, (1. Bd.) aus dem gottesdienstlichen Standpunkte betrachtet. Zürich 851. (Tuttlingen, Kling.) gr. 8. (VIII, 256 S.) n. 28 ngl

Ammann, Franz [Sebastian]. Die Liturgie aller Zeiten (* *Band 2:* Das historische Volks-(Staats-)Recht in kirchlichen Dingen) oder die christliche Kirche, wie sie gewesen, geworden ist und sein soll…. 2 Bände. 8. Zürich 1851–1852.

— der aufgehende Morgenstern und der anbrechende Tag in den Christenherzen, oder: Der Geist Christi in seiner Kirche. Ein religiöses Handbuch, mit besonderer Rücksicht auf unsere Zeit. 2 Bde. breit gr. 8. Mit 2 lithogr. Titeln. St. Gallen u. Bern 838. Huber u. Comp. n. 2½ ₰

Ammann, Frz. Seb. (Capuziner, Apostat), d. Morgenstern u. d. anbrechende Tag in den Christenherzen. Ein religiöses Handbuch. 2 Bände. gr. 8. St. Gallen 1838, Huber. 2⅓ Thlr. — 4 fl.
Dessen Erlebnisse rc. 1841 — Schrift gegen Hurter 1843 — Capuzinerbenediktionale rc.
Seine übrigen Schriften (bei Jenny in B.), meist gegen Hierarchie u. Klosterleben gerichtet, sind so heftiger Art, daß wir schon mit der Titelaufnahme hie und da anzustoßen fürchten müßten, deshalb sie weglassen.

Ammann, Franz Sebastian s. Naturgeschichte des Mönchthums. Bern 1841.

— meine offene Nothwehr oder: Wissenschaftliche u. gründliche Vertheidigung der Geisterkunde mit wesentlichen Aufschlüssen über das Jenseits. Anhang: Drei neue Erfindungen. Die Weise, gewisse Verstorbene zu zitiren. Ein Nachspiel zum Besten des „alten Schulmeisters". Zürich 856. (Tuttlingen, Kling.) gr. 8. (XII, 99 S.) n. 18 ngl

— Meine offene Nothwehr oder: Wissenschaftliche und gründliche Vertheidigung der Geisterkunde mit wesentlichen Aufschlüssen über das Jenseits. Von Franz Ammann. — Zürich 1856 (: Walder). XII,99 S.
1: Na 10281.
4.311

— Oeffnet die Augen ihr Klösterverteidiger! oder Blicke in die Abgründe mönchischer Verdorbenheit. Erlebnisse aus seiner klösterlichen Laufbahn. — Bern: Jenni 1841. 77 S. **12**: Polem. 1927 w/2 [u.ö.] 4.312

— — 4., mit einer Prise für Herrn Siegwart Müller in Luzern verm. u. verb. Aufl. — Ebd. 1841. XIV,78 S. **10.** 4.313

— — 5. Aufl. Ebd. 1873. VIII,77 S. **300**: 523.778-A. 4.314

Ammann, Franz Sebastian. Oeffnet die Augen, ihr Klostervertheidiger! oder Blicke in die Abgründe mönchischer Verdorbenheit. Erlebnisse... von Pater F' S' Ammann.... [Umschlag mit 1 Vignette.] 7. Aufl. 8. Bern 1873.

— ouvrez les yeux defenseurs des couvens! ou coup-d'oeil dans l'abime de la corruption monacale; observations recueillies dans sa carière monastique. 8. (5½ B.) Bern 841, Jenni fils.

Ammann, Franz [Sebastian]. Rekurs-Memorial an das Obergericht der Republik Bern für den katholischen Priester F' A'... in Betreff seines neulich erschienenen Buches: „die römisch-heidnische Kirche" ..., dargestellt von (*Umschlag*: Merkwürdiger Pressprozess des Regierungsrathes der Republik Bern... gegen den katholischen Priester) F' Ammann.... 8. Bern 1845.

— offenes Schreiben an die Bischöfe v. Basel-Solothurn, St. Gallen, Chur, Sitten u. Como, sowie an den Erzbischof v. Mailand u. den Generalvikar in Genf, die gemischten Ehen betreffend. gr. 8. (16 S.) Zürich 851, Meyer & Hanisch in Comm. $^1/_{12}$ ℞

Ammann, Franz Sebastian: Schweizervolk erkenne deine lügnerischen Mönche! Oder die Verfasser der Schrift „Die aargauischen Klöster u. ihre Ankläger" als schamlose Lügner u. Heuchler durch Thatsachen u. Actenstücke öffentlich hingestellt in einem Sendschreiben an den Kapuziner-Provinzial Pater Damascen Bleuel u. sämmtliche Kapuziner. — Bern: Jenni 1841. IV,72 S. **7. 10.** 4.315

— Der Styl [Stil] der römischen Curie und der fromme Betrug des heiligen Stuhls, historisch nachgewiesen an einem höchstmerkwürdigen römischen Dokumente. Zur Belehrung für Katholiken und Protestanten. Von Franz Ammann. 2. Aufl. — Baden: Zehnder 1846. XVI,123 S. **1**: Ce 3495. **12**: Polem. 57 sb. **2.** 4.316

Ammann, Franz Sebast., die Studien-Reformen d. Kapuziner; ein Wink für geistliche und weltliche Obere, die guten Willens sind. gr. 8. St. Gallen 836. Scheitlin u. Zollikofer. $^5/_{12}$ ℞

— Die Studien-Reformen der Kapuziner; ein Wink für geistliche u. weltliche Obern, die guten Willens sind. — St. Gallen: Wartmann & Scheitlin 1836. 131 S. **1**: Cg 13540. 4.317

[Ammann, Franz Sebastian.] Scenen aus dem Leben und Treiben der Mönche und Pfaffen, zunächst der Kapuziner. Ein dramatisches Fragment in drei Akten von Pater Obstinax. Aus seinen Tagebüchern eigens gesammelt und zum Besten der Klostervertheidiger in Druck befördert. 8. Baden 1841.

— Die Teufelsbeschwörungen, Geisterbannereien, Weihungen und Zaubereien der Kapuziner oder Darstellung des himmelschreienden Unsinns u. Aberglaubens, den diese hl. Väter im 19. Jahrhundert zum Hohn alles gesunden Menschenverstandes und um ihre Beutel zu füllen, mit dem Volke treiben. Aus dem lat. Benedictionale gezogen u. übers. von F. Ammann. — Bern: Jenni 1841. 56 S. **12**: H. mon. 631-9. **300**: 61.076-B. **10.** 4.318

[Ammann, Franz Sebastian.] Das Verhältniss der Jesuiten zum Leben, zu Kirche und Staat, aus ihren Lehren und Handlungen dargestellt. Von einem Katholiken. 8. Zürich und Winterthur 1841.

— die Versöhnung des Glaubens mit der Wissenschaft, oder: wie stimmt die wissenschaftliche Auffassung der Bibel mit dem Glauben überein? 18 Vorlesungen, gehalten vor dem Bildungs-Verein in Zürich. Zürich 854. (Tuttlingen, Kling.) gr. 8. (X, 408 S.) n. 1 ℞ 20 ℊ

— das historische Volks-(Staats-)Recht in kirchlichen Dingen, oder: die christl. Kirche, wie sie gewesen, geworden ist und sein soll, aus kirchen- und staatsrechtl. Standpunkte. (2 Bd.: Das Kirchenrecht.) gr. 8. (VIII und 271 S.) Zürich 852. (Tuttlingen, Kling.) *

— Ein aufrichtiges und gutmeinendes Wort an seine katholischen Mitbrüder in der schweizerischen Eidgenossenschaft von Franz Ammann. — Schaffhausen: Brodtmann 1845. 16 S. **2.** 4.319

Ammann, Franz [Sebastian]. Ein offenes, freimüthiges Wort an seine katholischen Mitpriester. 8. Bern 1845.

Ammann, Friedr., die Schlacht bei Prag am 6. Mai 1757. Quellenkrit. Untersuchungen. Inaugural-Dissertation. gr. 8. (IV, 142 S. mit 1 Karte.) Heidelberg 887, Petters. *

Ammann, Frdr., D. neuen Zinstabellen n. d. eidgenöss. Münzfuße z. schnellen u. sichern Berechng. d. Zinse, welche a. jed. Tag d. Jahres ausgerechnet sind aus $^1/_2$ bis 100,000 Franken Kapital. V. 1 b. z. 365 u. 366 Tagen, v. 1 b. zu 11 Monaten, v. $^1/_4$, $^1/_2$, u. $^3/_4$ Jahren zu 3, $3^1/_4$, $3^1/_2$, $3^3/_4$, 4, $4^1/_4$, $4^1/_2$, $4^3/_4$, 5 %. M. e Zeitberechnungstabelle, a. welcher d. zwischen 2 gegeb. Terminen lieg. Zahl v. Tagen augenblickl. gefunden werden kann. 7., v. C. Kammermann verb. u. verm Aufl. gr. 8. (VI, 384 S.) Lotzwyl 896. (Bern, W. Goepper.) Kart. n. 6. —

Ammann, Friedrich. Die neuen Zinstabellen nach dem eidgenössischen Münzfusse zur schnellen und sichern Berechnung der Zinse, welche auf jeden Tag des Jahres ausgerechnet sind von $^1/_2$ bis 100,000 Franken Kapital, für 1 bis zu 365 und 366 Tagen, für 1 bis zu 11 Monaten, für $^1/_4$, $^1/_2$ und $^3/_4$ Jahre zu 3, $3^1/_4$, $3^1/_2$, ... $4^3/_4$, 5 %. Mit einer Zeitberechnungstabelle.... Von F' A'. 8. von E[Christian] Kammermann bearbeitete Aufl. (*Umschlag*: Kammermanns Neue Zinstabellen. 8. Aufl.). [VI + 380 S.] 8. Bern, Neukomm & Zimmermann, (1906). [geb. fr. 6. —]

Ammann, Fritz, Bacc. jur. aus Tägerwilen ⟨Schweiz⟩: Der Handlungsagent nach dem deutschen Handelsgesetzbuch von 1897. *Borna-Leipzig 1904: R. Noske.* (82 S.) 8°
Leipzig, Jur. Diss. v. 1904

Ammann, Fritz, Rechtspraktikant: Die kirchliche Rechtspersönlichkeit im Grossherzogtum Baden. ⟨Nach Rechtsgrund, Trägerschaft und Inhalt.⟩ Tübingen 1908: Laupp. 155 S. 8° ¶ (Erscheint vollst. in: Archiv f. öff. Recht. Bd 24.)
Freiburg i. B., Rechts- u. staatsw. Diss. v. 1908, Ref. Schultze
[Geb. 13. Jan. 83 Bruchsal; Wohnort: Freiburg i. B.; Staatsangeh.: Baden; Vorbildung: Gymn. Bruchsal Reife M. 01; Studium: Freiburg i. B. 3, München 1, Berlin 1, Freiburg i. B. 1, Heidelberg 1 S.; Rig. 10. Febr. 08.] [U 09. 890

Ammann, G. A. s. *Ammann*, Gustav A.

Ammann, Gustav A.: Handbuch zur Vorbereitung auf die Prüfung der Seedampfschiffsmaschinisten erster, zweiter und dritter Klasse. Von G. A. Ammann. Mit 34 Taf. Kiel: Lipsius & Tischer 1885. VII,438 S.
Spätere Aufl. s. *Ammann*: Der Schiffsmaschinist. 1886 u. ö.
8. 83. 89. 4.322

— Der Schiffsmaschinist. Handbuch zur Vorbereitung auf die Prüfung der Seedampfschiffsmaschinisten dritter Klasse, sowie der Flussdampfschiffsmaschinisten. Zugleich Lehrbuch zum Selbstunterricht für Maschinenbauer u. Schlosser. Von G. A. Ammann. 2., verm. u. verb. Aufl. Kiel: Lipsius & Tischer 1886. Getr. Pag.
1. Aufl. s. *Ammann*: Handbuch zur Vorbereitung auf die Prüfung der Seedampfschiffsmaschinisten erster, zweiter und dritter Klasse. 1885.
83. 4.323

— Der Schiffsmaschinist. Handbuch zur Vorbereitung auf die Prüfung der Seedampfschiffsmaschinisten erster, zweiter und dritter Klasse. Zugleich Lehrbuch zum Selbstunterricht für Maschinenbauer u. Schlosser. Von G. A. Ammann. 2., verm. u. verb. Aufl. — Ebd. 1886. Getr. Pag. **83.**
4.324

— Der Schiffsmaschinist. Handbuch zur Vorbereitung auf die Prüfung der Seedampfschiffsmaschinisten erster, zweiter, dritter und vierter Klasse. Zugleich Lehrbuch zum Selbstunterricht für Maschinenbauer und Schlosser. Von G. A. Ammann. Mit 42 Taf. 3., verm. u. verb. Aufl. Ebd. 1894. VI,394,119 S. **8.**
4.326

Ammann, GA, d. Schiffsmaschinist. Handb. z. Vorbereitg auf d. Prüfg d Seedampfschiffsmaschinisten 1., 2., 3. u. 4. Klasse. 3. Afl. 8º (513 m. 42 Taf.) Kiel 96, Lipsius & T. Geb. in Lnw. 8 —

Ammann, Gustav A.: Amman's Schiffsmaschinist. Handbuch zur Vorbereitung auf die Prüfung der Seedampfschiffsmaschinisten. Zugleich Lehrbuch zum Selbstunterricht. 4., völlig neubearb. u. verb. Aufl. von Victor Beckmann. Mit 585 Fig., z. T. auf Schalttaf. — Kiel & Leipzig: Lipsius & Tischer 1904. VIII,512,144 S. **8. 83. 89.**
4.320

v. Ammann, Gust. Ad., (†... Apr. 1772.) die Vorsehung, ein Lehrgedicht. 8. Augsb. 771. 2e A. 774. Lotter. 4 ℛ

Ammann, H., s.a. A m m a n n Hans

Ammann, H., s.a. A m m a n n , Hartmann

Ammann, H., s.a. A m m a n n , Heinrich.

Ammann, Hans: Die Grundlehren d. Physik. (72 m. Fig.) 8º Münch., J Lindauer '12. geb. 1.50

— Das Plankton uns. Seen, sa.Taschenbibliothek, Naturwissenschaftl.

Ammann (Hans), Das Plankton unserer Seen. M. viel. Abb. Wien u. Leipzig [1910.] 192 S.
(Naturwiss. Taschenbibliothek. Bdch. 7.)

Ammann, Hans Jacob [1782–1866] *s.* Rechenschaftsbericht des eidgenössischen Hülfscomité für die im Jahr 1839 durch Ueberschwemmungen heimgesuchten Kantone.... Zürich 1857.

Ammann,Hartmann

Ammann H.: **Die Erwerbung der Pfarre Assling im Pusterthale durch das regulierte Augustiner-Chorherrn-Stift Neustift mit den unmittelbar vorangehenden Streitigkeiten 1261—64, 1391—99 mit Urkunden. 47. Brixen 86. Progr.**

Ammann, Hartmann: Geschichte des Gymnasiums zu Brixen. I. Von den ersten Anfängen bis zur Wiedererrichtung unter der österreichischen Regierung 1816, verbunden mit kurzen Nekrologen des † Praefecten Benedict Paldele und des † Direktors Leo Unterberger. S. 3—48. 8.
Progr. K.K. Gymn. Brixen 1901.1902.1903.

—: Geschichte des Gymnasiums zu Brixen II., vom Jahre 1816 bis 1849. S. 3—62. 8. III., vom Jahre 1850—1903. S. 3—62, 1 Tab. 8. **Progr.** K. k. Gymn. *Brixen* 1901. 1902. 1903.

Ammann, Hartmann: Geschichte des k. k. Gymnasiums zu Brixen a. E. Th. 1-3. — Brixen 1901(-03): Weger.
1. Von d. ersten Anfängen bis zur Wiedererrichtung unter d. österreichischen Regierung 1816, verbunden mit kurzen Nekrologen d. † Praefecten B. Paldele u. d. † Dir. L. Unterberger. 1901.
2. 1816-1849. [1902.]
3. 1850-1903. (1903.)

Ammann Hartmann: Benedict Paldele. †. 4. Brixen 01. Progr.

— Die Pest des Jahres 1636 in Neustift bei Brixen. Mit einigen einschlägigen Notizen. — Brixen 1891: Weger. 57 S. **1: Iu 5140.**
4.333

Ammann, Hartmann: Leo Unterberger. +. 2. ibid. 1901.
Progr. Brixen.

— Versuch einer Charakteristik Kaiser Maximilians I., seiner Regierungsthätigkeit und äußeren Politik. (29). ibd. 92. Progr.

— Die Wiedertäufer in Michelsburg im Pusterthale und deren Urgichten. 50. (72). ibd. 96. 97. Progr.

Ammann, Heinr., unter der Bergtanne. Gedichte. gr. 16. (79 S.) München 902. A. Oehrlein.
Geb. in Leinw. m. Goldsch. n. 1. 80

Ammann, J., s.a. A m m a n n , J. Alan

Ammann, J. 1897 s.a *Ammann*, Johann.

Ammann, J., Pfarrer in Lotzwyl. 1897 s.a *Ammann*, Johann J.

Ammann, J. 1883: Die Irreführung des Antisemitismus. Vortrag geh. im socialen Reichsverein zu Berlin am 10. April 1883. — Berlin: Selbstverl. 1883: Grunert. 15 S. **1: Ez 17186.**
4.345

Ammann, J., hinterlassene Predigten. N. dess. Tode hrsg. im Auftr. seiner Freunde v. J. M. Hauber. 1—5. Bdchn. 8. Regensburg, Manz.
A. u. d. Ttln.:
Bd. 1. Acht Fastenpredigten üb. d. Bußanstalt in der kathol. Kirche. (7 B.) 839. ⅓ Thlr.
" 2. Acht Fastenpredigten üb. d. Bußpsalm Miserere mei. (6⅛ B.) 839. ⅓ Thlr.
" 3. Sieben Fastenpredigten üb. d. 7 Bußpsalmen. (7 B.) 840. ⅓ Thlr.
" 4. Zwölf Predigten üb. d. kathol. Sendschreiben d. heil. Apostel Jakobus rc. 1. Bdchn.: Erklärung d. 1. Hauptst. (12 B.) 841. ½ Thlr.
" 5. dass. 2. Bdchn.: Erklär. d. 2. u. 3. u. d. ersten zehn Verse d. 4. Hauptst. (14⅛ B.) 842. ½ Thlr.

Ammann, I. A. sa *Amman*, Ignaz Ambrosius.

Ammann, J.A., s.a. A m m a n n , J. Alan

Ammann, J. A. Ueber Neubildungen d. Cervicalportion d. Uterus. Mit 12 Tafeln. In-8º. 90 S. Oberstrass, Komm.-Verlag von E. Speidel. 7 50
1892

Ammann, J. Alan

Ammann (Abbé), J., Alan, das heilige Abendmal, das Princip unserer Heiligung und Auferstehung, und das immerwährende Opfer des neuen Bundes; dargestellt aus den Geheimlehren der Synagoge zu Kapernaum, der Propheten, der Apostel, und der ältesten christl. Kirche. Mit 1 Stahlst. gr. 8. Regensburg 842, Manz. ¾ ℛ

— s. Jesuiten, von einem Jesuiten.

— die Predigt vom Kreuze, oder die eherne Schlange und der Schlangentreter. Gehalten in der Pfarrkirche zu Teisendorf u. für alle heilsbekümmerten Seelen herausgegeben. gr. 8. Ebend. 842. ⅛ ℛ

Ammann, J.C., s.a. A m m a n n , J.K.

Ammann, J.C., s.a. A m m a n n , Johann Conrad

Ammann, J. J., Germanist, Prof. am k. k. Staats-Obergymnasium, Krumau. 1885 s. *Ammann*, Johann Josef.

Ammann, J.K., s.a. A m m a n n , Jakob K.

Ammann, J.K.: Anleitung zu englischen Conversationsübungen auf Grund der englischen Lectüre, eine Stufenfolge von 24 Aufgaben. 1855 in: *Ammann:* Lehre von der Verwendbarkeit der englischen Präpositionen. 4.346

— Lehre von der Verwendbarkeit der englischen Präpositionen. Mit e. Anh.: Anleitung zu englischen Conversationsübungen. — Freiburg: Wagner 1855. VIII,150 S. 1: Z 4475.
4.347

Ammann, Jakob: Beiträge zur Lehre vom Accent der griechischen Sprache. 71 S.
Progr. Freiburg 1853.

Ammann, Jakob: Zur Geschichte der biographischen Kunst bei den Griechen und Römern. I. Abhandlung: Die Epitaphien und ihre Bedeutung für die Entwicklung der griechischen Biographie. 90 S. Progr. Freiburg 1863.

Ammann, Jakob K.
Ammann, *Jakob* K. Zur Erklärung der zweiten Epode des Horaz. 4 (25 S.). **Progr.** G. *Bruchsal* 1888 (567).

Amman, Ignaz Ambrosius: Geographische Ortsbestimmungen im östlichen Schwaben und dessen Nachbarschaft, vermittels eines 10schuhigen Zenithsectors u. 7zölligen Dollondischen Spiegelsextanten von I. A. Ammann. Mit Kupfer. — Dillingen: Verf. 1796: Roßnagel. 92 S. 1:Pr 5695. 12: Math. A. 3. 3. 7.
4.242

Ammann, Jo, s.a. Ammann, Johannes

Ammann, Io., Character Plantar. natural. 12. 701.

Ammann, Jo. J., De decubitu: partem alteram pathologica. 49 pp. Tub. 4°. 1701

Ammann, Johann, [Pfarrer] s.a. Ammann, Johann J.

Ammann, Johann, s.a. Ammann, Johann Jos.

Ammann, Johann
Ammann, J, d. kl. ital. Dolmetscher. 16. (90) Lprg 52. (Cob., Sendelbach.) n. — 8

Ammann, Joh., der kleine Italienische Dolmetscher. Zum Handgebrauch für Reisende nach Italien u. für Diejenigen, welche rasch das Nothwendigste der Italienischen Sprache erlernen wollen. Leipzig, 853. Wengler. 16. (VI, 90 S.) n. 8 ngl

Ammann, Jh., deutsch-italienisches Gespräch-Büchlein zum Gebrauche für Schulen wie zum Privatunterrichte und mit besond. Rücksicht für in Italien Reisende eingerichtet. Nebst einem Anhange. 12. München 844, Finsterlin. n. 1/4 ℛ

Ammann, Joh., deutsch-italien. Gespräch-Büchlein z. Gebrauche f. Schulen wie z. Privatunterrichte u. mit besond. Rücksicht für in Italien Reisende eingerichtet. Nebst e. Anhange: die Reduct. d. italien. Geldes u. Uebersicht d. italien. Dialekte in ihren Abweich. v. d. Büchersprache. gr. 12. (3 1/2 B.) München 845, Finsterlin. *

Ammann, Joh., kleine deutsch-italienische Gespräche zum Gebrauch für Schulen und zum Privatunterricht. 12. München 836. Franz. 5 gl

— praktisches Lehr- u. Lesebuch d. italien. Sprache u. Literatur mit grammatikal. u. erklär. Noten z. Selbstübung u. weitern Ausbildung. gr. 8. (19 1/2 B.) München 839, Jaquet.

— prakt. Lehr- und Lesebuch der italien. Sprache u. Literatur, mit grammatikal. u. erklärenden Noten zur Selbstübung u. weitern Ausbildung. gr. 8. München 840. Jaquet. 1 1/8 ℛ

Ammann, J., u. F. Booch-Arkossy, Parlate italiano?, s.a. Koch's Sprachführer.

Ammann, Joh., Parlate italiano? oder die nothwendigsten und nützlichsten italienisch-deutschen Gespräche, Redensarten und Wörtersammlungen, wie man sie im Umgange, Geschäftsverkehr und auf Reisen braucht. Nebst einer übersichtl. Grammatik der italien. Sprache und italien. Lesestücken rc. 2. und 3., durch F. Booch-Arkossy umgearb. und verm. Aufl. 8. (VIII und 152 S., VIII und 183 S.) Leipzig 857. 59. Wengler.

Ammann, J., u. F. Booch-Arkossy, parlato italiano? oder die nützlichsten u. nothwendigsten italienisch-deutschen Gespräche, Redensarten u. Wörtersammlungen, wie man sie im Umgange, Geschäftsverkehr u. auf Reisen braucht. Nebst e. übersichtlichen Grammatik der italien. Sprache u. italien. Lesestücken. 4. Aufl., umgearb. u. verm. durch G. D. Pozzati. Leipzig 868. Wengler's Nachf. 8. (VIII, 192 S.) 12 ngr.; geb. n. 16 ngr.

Ammann, J., parlate italiano? [Sprechen Sie Italienisch?] Die nützlichsten u. nothwendigsten italienisch-deutschen Gespräche, Redensarten u. Wörtersammlgn., wie man sie in Italien im Umgange, Geschäftsverkehr u. auf Reisen gebraucht. Nebst kurzer übersichtl. Grammatik der italien. Sprache u. italien. Lesestücken. Neu bearb. v. F. Booch-Arkossy. 5. verb. u. m. richt. Aussprache versehene Aufl. 8. (VI, 150 S.) Leipzig 882. C. A. Koch. 1. 20

Ammann, J., parlate italiano? [Sprechen Sie Italienisch?] Die nützlichsten u. nothwendigsten italienisch-deutschen Gespräche, Redensarten u. Wörtersammlgn., wie man sie in Italien im Umgange, Geschäftsverkehr u. auf Reisen gebraucht. Nebst kurzer übersichtl. Grammatik der italien. Sprache u. italien. Lese- u. Uebungsstücken. Neu hrsg. v. F. Booch-Arkossy. 6. Aufl. 8. (VI, 150 S.) Leipzig 887. C. A. Koch. 1. 20

Ammann, J., Parlate italiano? (Sprechen Sie Italienisch?) Die nützlichsten u. nothwendigsten italienisch-deutschen Gespräche, Redensarten u. Wörtersammlgn. Nebst kurzer übersichtl. Grammatik der italien. Sprache u. italien. Lese- u. Uebungsstücken. Neu hrsg. v. F. Booch-Arkossy. 7., verb. u. m. richt. Aussprache verseh. Aufl. 8. (VI, 149 S.) Leipzig 893. Dresden, C. A. Koch. 1. 20

Ammann, Johann: J. Ammann. Parlate italiano? (Sprechen Sie Italienisch?) Die nützlichsten u. nothwendigsten italienisch-deutschen Gespräche, Redensarten u. Wörtersamml., wie man sie in Italien im Umgange, Geschäftsverkehr u. auf Reisen gebraucht. Nebst kurzer übersichtlicher Grammatik d. ital. Sprache u. ital. Lese- u. Übungsstücken Neu hrsg. von F[riedrich] Booch-Árkossy. 8., verb. u. mit richtiger Aussprache vers. Aufl. — Dresden & Leipzig: Koch 1897. VI, 149 S. (Kochs Sprachführer. 4.)
8.

Ammann, J., Parláte italiáno. 9. Aufl. v. G. M. Gátti, s.: Koch's Sprachführer. 4.

Ammann, J., Parláte italiáno? 10. Aufl. v. G. M. Gátti, s.: Koch's Sprachführer. 4. Bd.

Ammann, J: Parláte italiáno, 11. Afl. v. GM Gátti, s.a. Koch's Sprachführer.

Ammann, Johann: J. Ammann. Parláte italiáno? Kurzgefaßte Grammatik, Wörtersammlungen, Redensarten u. Gespräche zur Erlernung d. italienischen Sprache nebst Regeln für d. richtige Aussprache. 11. Aufl., neu bearb. von G[iuseppe] M. Gátti. — Dresden & Leipzig: Koch 1910. VII, 136 S. (Koch's Sprachführer. 4.)
6.
4.349

Ammann, Joh. Al. (Hrsg.), s. Kunstblatt und Gewerbsblatt des polytechnischen Vereins ...

Ammann, Joh. Christ., Verrechnungskunde. Theoret. und prakt. dargestellt. (Nebst Anhang. 5 vollständig durchgeführte prakt. Beispiele u. 5 Muster. Versuch d. böhm. Terminologie z. Verrechnungskunde.) gr. 8. (36 B.) Prag 845, Kronberger u. Rziwnatz. *

Ammann, Johann Conrad, s.a. Ammann, Johann Konrad

Ammann, Johann Conrad
— Joh. Conr. Amman's Abhandlung von der Sprache, und wie Taubstumme darin zu unterrichten sind. Nebst Zwei Briefen des Joh. Wallis vom Unterrichte der Taubstummen [John Wallis: Two Letters, containing a most useful method, deutsch]. Aus d. Lat. übers. mit einigen Anm. von L[udwig] Graßhoff. — Berlin: Taubstummen-Inst.; Riemann in Comm. 1828. VI, 132 S.
1:Nf 11762. 8. 11.
4.249

Ammann, J. C., Abhandl. von d. Sprache, u. wie Taubstumme darin zu unterrichten sind. Nebst 2 Briefen d. D. J. Wallis vom Unterr. d. Taubstummen. Aus d. Latein. mit Anmerkk. v. L. Graßhoff. gr. 8. Berl. 829. (Jonas). 8 gl

— [Surdus loquens, deutsch] Johann Conrad Ammans Redende Taube, oder Abhandlung von der Sprache ... (Übers.: G[eorg] V[enzky].) Nebst 2 Auszügen aus Johann Wallis Schriften von dieser Materie [John Wallis: Two Letters, containing a most useful method, deutsch]. — Prentzlau & Leipzig: Ragoczy 1747. 128 S. **3. 9.**
4.248

Ammann, Johann Heinrich: Die liebreiche Vertragsamkeit, aus den Worten Pauli Rom. XV. v. 7. zur Auffmunterung und Vermahnung zum Frieden und Einigkeit der beyder seitigen Gliederen der evangelisch-reformirten und evangelisch-lutherschen Gemeinden in einer Predigt a. d. 2. Sonntag des Advents 1712 vorgestellet. — Leipzig: Ernst & Jenisch 1713. 22 S. **2. 7.**
4.351

— — Stargardt: Ernst 1713. 22 S. **9.**
4.352

Ammann, J., Z. Erinnerung a. Jeremias Gotthelf, s.a. **Mitteilungen d. Gesellschaft f. deutsche Sprache i. Zürich.**

Ammann, Johann J., Pfarrer in Lotzwyl. 1897: Zur Erinnerung an Jeremias Gotthelf. 1897 in: *Geburtstag*, Zum hundertsten, Jeremias Gotthelfs. 4.353

Ammann, J[ohann]. Zur Erinnerung an Schulinspektor J[ohann] Staub in Herzogenbuchsee. Rede gehalten am Grabe desselben den 1. September 1882. 8. Langenthal 1882.

Ammann, [Johann]. Predigt über 1. Kor. 3. 21–23, Sonntags den 14. August 1892 im Münster zu Bern. zum Amtsjubiläum des Herrn Pfarrer Dr. [Rudolf] Rüetschi gehalten. ⟨SA.⟩ 8. Bern 1892.

Ammann, J[ohann]. Predigten gehalten in der Kirche zu Lotzwyl den 30. Dezember 1900 und 1. Januar 1901. Als Erinnerung an die Jahrhundertwende gedruckt auf den Beschluss des Kirchgemeinderates Lotzwyl (*_Umschlag:_ Zur Jahrh'. Predigten g' in der K' zu L'). [Illustriert.] 35 S. 8. Langenthal, G. Matthys-Geiser, 1901.

Ammann, Johann Jakob s. *Ammann*, Hans Jakob.

Ammann, Johann Josef

Ammann, J. J., (Krummau), das Passionsspiel d. Böhmerwaldes. [Aus: „Mittheilgn. d. Vereins f. die Gesch. d. Deutschen in Böhmen".] gr. 8. (118 S.) Prag 892. (H. Dominicus.) n. 2. —

Ammann, Johann Josef: Das Verhältnis von Strickers Karl zum Rolandslied des Pfaffen Konrad, mit Berücks. d. Chanson de Roland. Von J. J. Ammann. — Wien & Leipzig: Pichler in Comm. [1885]. 31 S. (Wissenschaftliche Abhandlungen. 46.)
Ersch. auch als Progr. Krumau 1885. **12:** 4° P. o. germ. 199 h.
4.354

— — Ebd. (1901). II, 382 S.
Ersch. auch als Progr. Krumau 1885-1901.
1: 4° Yg 2194. **12:** 4° P. o. germ. 199 hb. **3. 5. 6. 7. 10.**
4.355

Ammann, J. J., das Verhältniss v. Strickers Karl zum Rolandslied des Pfaffen Konrad m. Berücksicht. des Chanson de Roland. Lex-8. (II, 382 S.) Wien (902). (A. Pichler's Wwe. & Sohn.) n. 15. —

Ammann, J. J. (Hrsg.), s.a. Volksschauspiele

— **Volksschauspiele aus dem Böhmerwalde,** s.a. **Beiträge zur deutsch-böhmischen Volkskunde. II. u. III.**

Ammann, J. J.: Volksschauspiele aus dem Böhmerwalde. Ges., wissenschaftl. untersucht und hrsg. T. 1—3. — Prag: Calve 1898—1900. XII, 187 S.; X, 168 S.; XXII, 160 S. (Beiträge zur dt.-böhmischen Volkskunde. Bd 2, H. 1. 2. Bd 3, H. 1.)

Ammann, Johann Konrad: Dießenhofens berühmteste Aerzte und Naturforscher. [Verf.: Johann Konrad Ammann.] — (Frauenfeld) 1828 (: Fehr). 24 S. (Thurgauisches Neujahrblatt. 5.)
1: 3 in 4° At 1 [u.] Rv 7526-5. **12:** 4° Helv. 275 **5.**
300: 39.057-B.
4.356

Ammann, Johannes. Beitrag zur Kenntnis schweizerischer Tardigraden. Diss. Phil. Bern. [Mit Figuren.] 23 S. 8. Bern, K. J. Wyss, 1908.

Ammann, Johannes: Compendium physicae. In usum studiosorum collegii humanitatis, quod est scaphisi, methodo erotematico. 138 S., gbd.

Basileae: Brandmüller 1716
an: Weinhart zu Thierburg und Vollandsegg, Ferdinand Karl: De medici prudentia morali-politica dissertationes XXVI. 1716
JB 5.526

Amman, Johannes : Stirpium rariorum in Imperio Rutheno sponte provenientium Icones et descriptiones coll. ab Joanne Ammano [Amman]. Instar supplementi ad Commentar. Acad. Scient. Imper. Petropoli 1739: Typogr. Acad. scientiarum. 210 S. 4°.

— Stirpium rarior. in imp. rutheno cresc. icon. et descript. 4. Petersb. (Hartknoch, Leipz.) 740.

Ammann, Jos., Almanach der reinwissenschaftl. u. technischen Lehranstalten in Baiern. 1r u. 2r Jahrg. 18 36/37 u. 18 37/38. gr. 12. Landsh. 837, 38. Thomann'sche Buchh. (Attenkofer.) (à 5/12 ₰) 5/6 ₰

Ammann, Joseph: Über das Studium der Sanskritsprache nebst einigen Bemerkungen über Sanskritliteratur, mit einem Anhang Sanskritschrift enthaltend 1/4 Bog. S. 3-16.
Progr. Landshut 1848.

Ammann, Jos., üb. das Studium der Sanskritsprache nebst einigen Bemerkungen üb. Sanskritliteratur. Programm. gr. 4. (17 S.) Landshut 849, Thomann. 6 ngl

Ammann, Jos. Aloys, vortheilhafte u. nützl. Behandlung d. Bauerngüter in Allgöw rc. 8. Kempten 806. Dannheimer. 4 gl

— s. Kunst- u. Gewerbeblatt.

— geographische Ortsbestimmung im östl. Schwaben. Mit Kpf. 8. Dillingen 796. (Späth in Augsb.) 8 gl

Ammann, Jost, s. Amman, Jost

Ammann, Karl, Badischer Ministerialrat. 1865: Gerichtsverfassung und Strafprozeßordnung für das Großherzogthum Baden, mit Erl. für den praktischen Gebrauch. — Karlsruhe: Chr. F. Müller 1865. XVI, 574 S.
1: Fz 5335. 7.
4.358

Ammann, Mart., die Geheimsprachen. Briefmarken-, Blumen-, Fächersprache, Geheimschriften etc., s.: Wissen, eigenes, 20. Bd.

Ammann, O., s. Ammann, Ottmar.

Ammann, Ottmar, ein anatomischer Beitrag zur Lehre der gummösen Iritis. Diss. München 1886, A. Buchholz. 8°. 18 S. mit einer Taf.

AMMANN, Ottmar (München): Ein anatomischer Beitrag zur Lehre der gummösen Iritis.- München: Straub 1886. 18 S., 1 Taf.
8.5.1886 - Chr 1885/86,18; Jv 1885/86,162 Diss. Ingolst.-Landsh.-Mchn.

Ammann, Ottmar, Körperliche Erziehung! Vortr., geh. i. Münchener Volksbildungsverein. 8. (37 S. m. 10 Abb.) München 897. R. Oldenbourg. n. — 80

Ammann, P., Ingenieur, Mödling bei Wien. 1891: **Wasserbau-Anlagen, ausgeführt von P. Ammann. — o.O. [1891]. 12 Taf. quer-gr. 2° 83.**
4.362

Ammann, P. C., **Quadrans astronom. nov. descript. et examinat. in specula uranica Ingolstad. c. fig. 4. . Augsb. 771.**

Ammann, *P. Leodegar*, Die Theerfarbstoffe. Sarnen 1880.
Progr.-Schr.

Ammann, P. R., gemeinschaftliche Predigten. gr. 8. Augsburg, Wagner. 794. ist d. Preis. Rtbl.

Amman, Paul, **Prax. vulnerum lethalium sex decadibus historiarum rararum cum cribrationibus. Frcf. 4°.** *Haller*, Bibl. med. pr. III, 93. (Dec. VI Hist. 9 Blasphemiae a morsu canis rabidi.)
1701

Ammann, Reiner
— **Betrachtungsreden auf alle Festtage der Mutter Maria. 8. Stadt a. Hof 799. Daisenberger. 20 ℳ**

Ammann, Reiner., gemeinnützl. Predigten, nach dem buchstäbl. Verstande d. heil. Evangelien. 1r Jahrg. gr. 8. Augsb. 794. Wagner. 1 ₰

Ammann, Rob.: **Die Erkrankg u. Sterblichk. an Epilepsie in d. Schweiz. Mit bes. Berücks. v. 2159 Todesfällen infolge v. Epilepsie. (32 m. 2 [1 Kurven-]Taf.) 8° Basel, B Schwabe & Co. ('12).** b — 80

Ammann, W., s.a. Ammann, Wilhelm.

Ammann, W, s: **Vom 1. elsass-lothr. Kursus z. Studium d. Alkoholfrage.**

Ammann, Waldemar, prakt. Arzt a. Berlin: Aus der chirurgischen Abteilung des Kreiskrankenhauses des Kreises Teltow zu Britz. Chefarzt: Sanitätsrat Dr. Riese. Beiträge zur operativen Behandlung der entzündlichen Adnexerkrankungen des Uterus. Leipzig 1906: B. Georgi. (62 S.) 8°
Leipzig, Med. Fak., Ref. Zweifel, Diss. v. 19. Mai 1906
Geb. 15. Sept. 75 Berlin; Wohnort: Berlin; Staatsangeh.: Schweiz; Vorbildung: Luisen-Gymn. Berlin M. 97; Studium: Berlin 12 S.; Coll. 19. Mai 06; Approb. 30. Juli 04.]

Ammann, Wern.: **Die Wahrg d. Berufsinteressen d. öffentl. Angestellten unter bes. Berücks. d. französ. Verhältn., s: Beiträge, Zürcher, z. Rechtswissensch.**

Ammann, Wilhelm

(——) die Akten d. Criminal-Prozedur gegen Jakob Müller v. Stechenrain u. Mitschuldige, wegen Tödtung des Rathsherrn Leu v. Ebersol, wörtlich getreu abgedr. 1. u. 2. Hft. gr. 8. (20¾ B.) Zürich 846, Schultheß. à
Wurde auch u. d. T.: Voruntersuchungsakten. u. die Verhöre mit Jak. Müller, dessen Ehefrau u. dessen Mutter ausgegeben.

(**Ammann, W.,**) die Akten der Kriminal-Prozedur gegen Jakob Müller von Stechenrain und Mitschuldige wegen Tödtung des Rathsherrn Leu von Ebersol, wörtl. getreu abgedr. 3—5. (letztes) Heft. gr. 8. (471 S.) Zürich 847, Schultheß. *
1. und 2. Heft. Ebendas. 1846. * 28 Ngr.

Ammann, Wilhelm s. Bericht über den Stand ... der Untersuchung, den Aufruhr vom 8. Dezember 1844 betreffend. Luzern 1846.

— **Die Kriminal-Prozedur gegen Jakob Müller von Stechenrain, im Kanton Luzern, Mörder des sel. Herrn Großrath** Leu von Ebersol, in populärer Darstellung bearb. — Zürich: Schultheß 1846. 120 S.
1:Fy 13033. 12:Crim. 2 re. 5. 7.
4.383

— dass. französisch. gr. 8. Ebend. 846. 14 ngl

Ammann, W[ilhelm]. La procédure criminelle dirigée contre J(acques) Muller de Stéchenrain..., assassin de feu Mr (Joseph) Leu d'Ebersol..., mise à la portée du peuple par W. A'.... Traduit de l'allemand par M.*******. Orné du portrait de la victime et de l'assassin. 8. Zurich, Paris 1846.

—— **la procédure criminelle dirigée contre** J. Muller de **Stéchenrain, Cn. de Lucerne,** assassin de feu Mr. Leu **d'Ebersol, membre du Grandconseil,** mise à la portée du **peuple. Trad. de Allem. par M. *******.** Orné du port. de **la victime et de l'assassin.** gr. in-8. (7½ B.) Zurich 846. **Schulthess.**

(Ammann, [Wilhelm].) Die Schlussberichte des Untersuchungsrichters, betreffend die Mitschuldigen des Jakob Müller von Stechenrain am Meuchelmorde des Rathsherrn [Joseph] Leu von Ebersol. 2 Hefte. 8. Altorf 1847.

Ammann, Wilhelm (Straubing): De tartaro emetico.- Monachii: Jaquet 1832. 2 Bl., 16 S. 13.7. 1832. - Urk; F60
Diss. Ingolst.-Landsh.-Mchn.

Ammann-Spiller, Gustav: Ueber die Verstaatlichung der schweizerischen Eisenbahnen. Vortrag geh. ... von G. Ammann-Spiller u. Replik. — Zürich 1888: Zürcher & Furrer. 37 S. 1:Nz 40177.
4.385

Ammann de Weck, Alfred de. Notice sur la confrérie du Saint-Sacrement, érigée dans l'église de St-Nicolas à Fribourg. In-8°, 61 p. Fribourg, imprimerie catholique suisse. 1885 — 80

Ammannus, Jodocus s. *Amman*, Jost.

Ammannus Judocus s. *Amman*, Jost.

Ammannus, Paulus s. *Ammann*, Paul.

Ammanus, Johannes s. *Amman*.

'Ammār b. 'Alī al-Mauṣilī, das Buch der Auswahl v. den Augenkrankheiten, s. a **Augenärzte, die arabischen. 2. Tl.**

'Ammār B(en) 'Alī al-Mauṣilī (**Abūl-Qāsim** 'Umar Ibn-'Alī al-Mauṣilī): Das Buch d. Auswahl von d. Augenkrankheiten (Al-Muntaḫab fī 'ilāǵ al-'ain). Ḫalīfa (Ibn-Abīl-Maḥāsin) al-Ḥalabī: Das Buch vom Genügenden in d. Augenheilkunde (Al-Kāfī fil-kuḥl [Ausz.]). Ṣalāḥ ad-Dīn (Ibn-Jūsuf): Licht d. Augen (Nūr al-'ujūn [Ausz.]). Aus arab. Hs. übers. u. erl. von J[ulius] Hirschberg, J[ulius] Lippert u. E. Mittwoch. Leipzig: Veit & Co. 1905. (x, 262 S.) 8°
= **Augenärzte,** Die arabischen. T. 2. 05. 19934

Ammart: Versuch üb. die Mittel stehende Gewässer zum Umtrieb der Räderwerke zu benutzen, m.K. 8°.–
Leipzig, Hinrichs 1803.

Ammaestramento della Gioventù ad un morale o savio contegno mediante Racconti e Parabole. Raccolta, tradotta o **compilata da N. Vanzetta.** Opusc. I. 12 maj. (6½ B.) **Innsbruck 833. (Augsburg, Kollmann;** Landshut, Manz.)

Ammaestramento della Gioventù **ad un morale e savio** contegno mediante **Racconti e Parabole. Raccolta, tradotta e compilata da N. Vanzetta.** Opusc. I. **12maj. Innspr. 833. Wagner. ¼ ₰ Opusc. II 12. Ibid. 841. ¼ ₰**

Amme, Giesecke & Konegen, Akt.-Ges., Mühlenbauanstalt und Maschinenfabrik: Preislisten. 1904 ff. Braunschweig

Amme, Giesecke & Konegen, A.-G.: Taschenbuch des Müllers. Jg. 3. Braunschweig 1907

Amme, Otto, aus Hildesheim: **Oxydation von Substitutionsproducten des p-Oxybenzaldehydphenylhydrazons zu Osazonen.** *Kiel 1902: P. Peters.* (62 S.) 8°
Kiel. Phil. Diss. v. [8. März] 1902

Ammedick, Jul. Zeichnung des Monuments auf dem Invaliden-Kirchhofe in Berlin. 1 Bl. gr. Fol.

Ammelburg, Alfred [aus Frankfurt a. M.]: **Beiträge zur Kenntnis des m-ana-Dichlor- und des m-ana-Dibrom-chinolins. ... Freiburg i. B., Buchdr. v. Chr. Ströcker, 1891; 53 S., 1 Bl. 8°**
Freiburg i. B., Phil. Fak., Inaug.-Diss. v. 1891

Ammeloux, Albert. Ueber Entwicklung und Entwicklungsstörungen der Nieren. Diss. Vet.-Med. Bern. Mit 7 Abbildungen auf Tafel 1 und 2. (Sonderabdruck aus dem Archiv für wissenschaftl. und prakt. Tierheilkunde 1908. Bd. 34.) *Kopftitel:* ⟨Aus dem kgl. hygienischen Institute in Posen. Pathologisch-anatomische Abteilung: Prof. Dr. [Otto] Busse.⟩ 34 S. 8. Berlin, L. Schumacher, 1908.

Ammelung, Joh. Jacob (Danzig), De Prussorum comitiis. Disp. jur. Präs. Sam. Friedr. Willenberg. Danzig (Johann Daniel Stoll) 30. V. 1720. 16 S. (4.50)

Ammelung, P., die fünf Säulenordnungen, s. Schuck.

Ammen, Jost s. *Amman.*

Ammendorf, Philipp Jakob: Catalogus librorum D.Phil. Jacob. Ammendorff cum nonnullis aliis aliorum 1784 publice divendendorum. — Duisburgi (1784): Benthon. 193 [vielm. 195] S. 5.
4.392

— Vorlesungen an der Universität zu Duisburg geh. von Phil. Jac. Ammendorf, über die Reformationsversuche der Herzöge von Kleve, Jülich, Berg, Mark und Ravensberg, nebst Vorw. u. Schlußw. Hrsg. von H[ermann] J[ohann] Graeber. — Duisburg: Ewich 1896. 75 S. 1:Th 5635. 5. 6. 7.
4.393

Ammendorff, Philipp Jakob s. *Ammendorf.*

Ammenhausen, Kunrat von, siehe: *Bibliothek älterer Schriftwerke.*

AMMENMÄRCHEN. 2 Bde. Mit 1 TKpf. u. 1 TVign. Weimar, bey Hofmanns Wittwe und Erben, 1791—92. 8°. (15 Mk., unbeschn. Expl., Adolf Weigel, Lpz., 1906.)
Sehr seltene Novellen, z. Thl. erotischen Inhalts. 200 u. 166 S.

Ammenuhr. — Die Ammen-Uhr. Aus des Knaben Wunderhorn. In Holzschnitten nach Zeichnungen von Dresdener Künstlern. — Leipzig: Mayer & Wigand [1843]. 12 Bl. 1:Nv 5496. 6.
4.397

Ammen-Uhr, d. Aus d. Knaben Wunderhorn. 2. Afl. 4. (12 Bl. in H.) Lpzg 76. A. Dürr. *n.* 2.—

Ammen-Uhr, die. Aus des Knaben Wunderhorn. In Holzschn. nach Zeichnungen von E. Bendemann, A. Ehrhardt, J. Hübner rc. 2. Aufl. 4. (12 Bl.) Leipzig 877, A. Dürr. cart. *

Ammenuhr, die. Mit 9 Farbendr.-Bildern nach Rud. Geißler. 4. (Mit eingedr. Text) Stuttgart 882, G. Weise. geb.

—— dass. — (Leinwand-Bilderbuch.) 4. (Mit eingedr. Text.) Ebendas. 884. geb.

Ammenuhr, die. Mit 9 Farbendr.-Bildern nach Rud. Geißler. (Leinwand-Bilderbuch.) 8. (Mit eingedr. Text.) Stuttgart 885, G. Weise. geb.

Ammer, A., Was der Bauer von der Ernährung der Pflanzen und vom Kunstdünger wissen soll. Mühldorf, 1894.

Ammer, C., s. A m m e r , Karl

Ammer, Carl, s. A m m e r , Karl

Ammer, E., Herodotus Halicarnassensis quo ordine libros suos conscripserit. Diss. 1881. 48 S. 1.50

Ammer, Engelbert Über die Reihenfolge und Zeit der Abfassung des herodotischen Geschichtswerkes. 8 (48 S.).
Progr. Studienanst. *Straubing* 1889.

Über die Reihenfolge und Zeit der Abfassung des Herodotischen Geschichtswerkes. — Von Dr. Engelbert Ammer, Stdl. — 1889, Straubing, Cl. Attenkofer. — S. 3—48. **Progr.**

Ammer, Ernst: Hoch d. Brautpaar! Verlobgs-, Polterabend- u. Hochzeitsgedichte usw. (96) kl8° Reutl., Ensslin & L. ('11). — 50 d

— Neue Vorträge f. frohe Kreise. (96) kl8° Ebd. ('11). — 50 d

Ammer, F., zu Kaisers Geburtstag. Prologe, Gedichte u. Lieder. Mit Anh.: Festspiel nebst e. Aufführg. zu des Kaisers u. der Kaiserin Geburtstag. (32 S.) kl. 8. Reutlingen (906). Enßlin & Laiblin. — 20

Ammer, F., neuester Rätselschatz, s.: Benz, R.

Aemmer, F. Eine Schulepidemie von Tremor hystericus (sogenannte Chorea-Epidemie). M. 4 Tab. u. 2 Taf. In-8°. 45 S. Basel. Diss. 1894

Ammer, G., eine Massregel der Kirchenzucht? (S. 158 bis 160.) gr. 8. Tübingen 903. J. C. B. Mohr. n. — 20
Sonderabdruck aus: „Theolog. Arbeiten a. d. rhein. wiss. Prediger-Ver."

Ammer, K., s. A m m e r , Karl

Ammer, Karl: Die Chronologie des Lebens Jesu Christi. Aufs neue unters. u. beleuchtet. — Straubing: Schorner 1855. 122 S. 1:Bq 3355. 12:B. hist. 8p. 6.
4.400

Ammer's, Karl, theoretisch-praktische Grammatik der italienischen Sprache zunächst f. Studirende. 2. Aufl. umgearb. von Willib. Freymüller. Landshut 868. Thomann. gr. 8. (VI, 158 S.) 16 *ngr.*

Ammers, Karl, theoretisch-praktische Grammatik der italienischen Sprache zunächst für Studierende. 4. verb. und verm. Aufl. von Willibald Freymüller. gr. 8. (VIII, 184 S.) Landshut 884, Thomann'sche Buchh.
3. Aufl. erschien 1868.

—— **italienisches Lesebuch mit Anmerkungen zunächst für Studirende. 2. Aufl. umgearb. und verm. von Willib. Freymüller. gr. 8. (VII, 177 S.) Landshut 869, Thomann'sche Buchh.**

Ammer, Karl, Über die mosaischen Schöpfungstage und ihr Verhältnis zur Geologie. Regensburg, Pustet, 1851, 36 S., Programm.

Ammer, K, d. Streitfrage üb. d. Lage d. Paradieses. 8. (112) Straub. 55. Mauter. *n.* — 15

Ammer, Karl, Die Streitfrage über die Lage des Paradieses kritisch erörtert. Straubing, Schorner, 1855, gr. 8°, 115 S., Programm.

Ammer, Karl [app. Arzt aus Kerstlingerode]: Ueber das Verhalten der glatten Muskelfasern und Mastzellen bei Elephantiasis... Göttingen, Druck d. Dieterich'schen Univ.- Buchdr., 1892; 31 S. 8°. Göttingen, Med. Fak., Inaug.-Diss. v. (29. Juli) 1892.

Ammer, K., üb. das Verhalten der glatten Muskelfasern u. Mastzellen bei Elephantiasis. Diss. gr. 8. (31 S.) Göttingen 892. (Vandenhoeck & Ruprecht.) n. — 60

Ammer, Rob. Negerrache, s. Volksbücher, neue.

Ammer, Rob., Negerrache oder die Empörung auf Hayti. Eine Erzählg. f. Jung u. Alt. Ster.-Ausg. 8. (64 S.) Reutlingen 882. Enßlin & Laiblin. — 25

Ammer, Theod. von der, s.a. B i l d e r b o g e n , Münchener.

AMMER, Th. v. d., Münchener Bilderbogen. Humor u. Satire aus Isar-Athen. München 1875. 8°. (1 Mk. 50 Pfg. Th. Ackermann, München, 1909.)

Ammer, Theodor von der (ps.), Münchener Bilderbogen. Humor und Satire aus Isar-Athen. 2. Aufl. Stuttgart, Richter u. Kappler. 1878. 8°. 3 Bll. 168 S. (Ed. I. 1877).

Ammer, Thdr. v. der, ein Wintermärchen. Novelle. gr. 16. (150 S.) Stuttgart 879, Richter und Kappler. *
geb. mit Goldschn. *

Ammer, Wilhelm, approb. Arzt aus Kerstlingerode b. Göttingen: Aus d. chirurg. Klinik zu Kiel. Zur Casuistik der Darmausschaltungen. *Kiel 1902: P. Peters.* (29 S.) 8°
Kiel, Med. Diss. v. [7. Febr.] 1902

Ammerland. — Jeverland im Grossh. Oldenb. 8. (23) Schlesw. 65. (Berl., Heiberg.) n. — 4

Ammerland. — Jeverland im Großherzogth. Oldenburg. Ethnographische Skizze. Schleswig 865. Schulbuchhandlung. 8. (23 S.) n. 4 ngr.

Ammerling, Karl, Gedowaté rostliny w Cechách, na Morawě, w Slesku a na Slowensku. Naučenj pro lid obecny a zwlásstě pro školnj mládež. [Obrazů 26.] gr. 8. (XII u. 107 S. m. 26 color. Kpfrtaf.) Prag 850, André. n. 1 ₰

Ammermüller: Ueber Patentgesetzgebung und das Bedürfniß eines Patentgesetzes für den Zollverein. Tübingen 1846 (Aus: Zeitschr. f. d. gesammte Staatswissensch. Jg. 1846 H. 3)

Ammermüller, F., s. Ammermüller, Friedrich

Ammermüller, Friedrich
Ammermüller, F., der französisch-deutsche Handelsvertrag, s. Handelsvertrag.

Ammermüller, Friedr., der französisch-preußische Handelsvertrag, s. Handelsvertrag.

Ammermüller, Friedr., die Real- u. Gewerbs-Schulen, od. üb. d. zweckmäßigste Einricht. d. Lehranstalten f. d. gewerbtreib Volksklassen. 8. (12 B.) Stuttgart 837, J. F. Steinkopf.

Ammermueller, J.F. s. *Ammermueller,* Johann Friedrich.

Ammermueller, Johann Friedrich: Hohenstauffen, oder Ursprung und Geschichte der schwäbischen Herzoge und Kaiser aus diesem Hause, samt den Schicksalen der Burg und einer Berg- und Orts-Beschreibung. Ein Lesebuch ... von J.F.Ammermüller. — Stuttgart:Macklot 1805. VIII,140 S.
1:Rx 19108. **12:**Germ. g. 13. **300:**47 Nn 114. **11.**
4.404

— Hohenstaufen, oder Ursprung und Geschichte der schwäbischen Herzoge und Kaiser aus diesem Hause, sammt den Schicksalen der Burg und einer Berg- und Orts-Beschreibung. Ein Lesebuch ... von J. F. Ammermüller. 2., verb. u. verm., mit neuen Kupfern u. 1 genealog. Tab. vers. Aufl. — Gmünd:Ritter 1815. XII,153 S.
1:Rx 19108². **5. 7.**
4.405

Ammermüller, Ldw. Gf., (†...) allerneueste Behandlung u. Pflege d. Bienen. 8. Tübing. 773.

Ammermüller, Ph. Ldw., (†... Mai 1788.), s. Priester, der wahre.

Ammers, K, theoretisch-prakt. Grammatik d. ital. Sprache zunächst f. Studierende. 4. Afl. v. W Freymüller. 8. (184) Landsh. 84, Thomann. 1. 60

Ammersbach, Heinrich
— Neues ABC Buch, daraus ein junger Knab die vier nöthigsten Haupt-Sprachen, Ebreisch, Griechisch, Lateinisch und Teutsch, mit sonderbahrem Vortheil auf gewisse Weise lernen kan: wobei auch insonderheit angehängt eine nützliche Anweisung zu den rabbinisch-teutschen Büchern und Briefen, dieselben ohne Puncten zu lesen. Hrsg. von Henrico Ammersbach. — Ebd. 1702. 31,48 S. **12:**4° Polygl. 4. **9.**
4.422

— Geistliches Hand-Büchlein, darinnen ein Gesang-Buch mit vielen neuen geistreichen Liedern ... u. bey dieser Aufflagen mit 17 Gesängen vermehret worden. Nebst einem Gebet-Büchlein. Von Henrico Ammersbachen. — Magdeburg:J.D.Müller 1712. 30,514,139 S.
Sondert.: (Ammersbach:) Christliches Gebeth-Buch.
1:Eh 10510.
4.443

Ammerschläger, Alois, appr. Arzt: Ueber Meningitis traumatica tuberculosa. *München 1898: Kastner & Lossen.* (27 S.) 8°
München, Med. Diss. v. 1898

Ammersee [Sachliches OW]
Ammersee, der, u. seine Umgebung. Mit e. topographisch-histor. (chromolith. u. color.) Karte u. e. (lith.) Panorama d. Gebirges v. Diessen aus. 8. (V, 83 S.) Landsberg a/L. 878. Verza. n. 1. 60

Ammersee [Schlagwort]
Ammersee, s.a. Isarthal.

Ammersee. s.a. München. Wenng, L.

— s. a.: Starnbergersee.

Ammersee. Karte des Ammer- u. Wörmseegebietes. Hrsg. vom topograph. Bureau des kgl. bayer. Generalstabes. 1 : 100,000. 49,5×45,5 cm. Farbdr. München (903). Literarisch-artist. Anstalt. n. 1. 50

Ammer-See. Spezial-Karte vom Ammer-See m. Einschluss des Starnbergersees. 1 : 200,000. 34×22,5 cm. Farbdr. Augsburg 899. Lampart & Co. n. — 50

Ammersin, Wendelin: Kurze Nachricht von der eigenthümlichen Electricität des Holzes, mitgetheilt von Wendelino Ammersin. Aus d. Lat. übers. — Basel:Im-Hof 1771. 36 S. **6.**
4.457

Ammersin, Wendelin, Brevis relatio de electricitate propria lignorum. Lucernae 1754. 12°. 27 p.

Ammian Marcellin, s. Ammianus Marcellinus

Ammianus Marcellinus

— **Ammien Marcellin ou les dixhuit livres de son histoire qui nous sont restés. Trad. en françois. [Übers.: Guillaume de Moulines.] T. 1–3. — Berlin:Decker 1775.**
1–3 . . . . **1:**Wn 7884-1/3. **4. 6. 10.**
2 . . . . **2.**
4.496

Ammien, **Marcellin, ou les XVIII livres de son histoire qui nous sont restés; trad. en franç. par W. de Moulines. III Vols. gr. 12. Berl. 775. Rottmann.** 4 ₰ 12 gr. le même III Vols. 12. Strassb. 778. König. 2 ₰ 12 gr.

Ammian Marcellin von Wagner. s.a. Samml. der neuesten Uebers. der röm. Pros. 14r.

— **[Res gestae, deutsch] Ammian Marcellin aus d. Lat. übers. und mit erl. Anm. begl. von Johann Augustin Wagner. Bd 1–3. — Frankfurt a. M.:Hermann 1792–94.**
1. 1792. 2. 1793. 3. 1794.
(Sammlung d. neuesten Übersetzungen d. römischen Prosaiker mit erläuternden Anmerkungen. 14.)
Im Exemplar von 1 u. 102P fehlt der Titel der Sammlung.
1–3 . . **1:**Wn 7960. **12:**A. lat. C. 151-14,1/3 [auch Bd 1.2 – A. lat. b. 11]. **300:**18 Aa 8. **7. 10.**
2.3 . . . . **2.**
2 . . . . **102P.**
4.492

— Ammiani Marcellini Quae supersunt. Acc. auctoris ignoti De imperatoribus excerpta ([Anonymus Valesianus:] De Constantio Chloro [Constantius I. Chlorus Imperator], Constantino Magno [Constantinus Magnus Imperator], & aliis imperatoribus excerpta [Fragm.]). Ad optimorum librorum fidem accurate ed. Ed. stereot. — Lipsiae:Tauchnitz 1835. 568 S.
1:Wn 7801. **12:**A. lat. b. 8 d. **10.**
4.483

Ammiani Marcellini quae supersunt. Accedunt autoris ignoti de imperatoribus excerpta. Ad optim. libr. fidem accurate edita. Nova edit. stereot. C. Tauchnitiana. Nova impressio. Leipzig 867. Holtze. 16. (568 S.) 20 ngr.

Ammianus Marcellinus, Auszüge a. ihm, s. a. Geschichtschreiber, d., d. deut. Vorzeit.

— [Res gestae, Ausz., deutsch] Auszüge aus Ammianus Marcellinus, übers. von D[avid] Coste. — Leipzig: Duncker 1879. 118 S. (Die Geschichtschreiber d. deutschen Vorzeit. Urzeit, 2.)
1: Rw 3588-Urzeit, 2. 12: Germ. g. 159h-Urzeit, 2. 300: 392.249-B. Bd 2. 2. 3. 4. 5. 6. 7. 8. 9. 10. 11.
4.502

Ammianus Marcellinus: [Res gestae, Ausz., deutsch] Auszüge aus Ammianus Marcellinus, übers. von D[avid] Coste. Leipzig: Duncker 1879. 118 S. (Die Geschichtschreiber d. deutschen Vorzeit. 2. Gesammtausg. Urzeit, 3.)
7.
4.503

— — Leipzig: Duncker; [übergekl.:] Dyk [1884]. 118 S. (Die Geschichtschreiber d. deutschen Vorzeit. 2. Gesammtausg., 3 = Urzeit, 3.)
1: Rw 3588ª-2. Ges. Ausg. Urzeit, 3. 3. 4. 5. 6. 8. 10. 102.
4.504

Ammianus Marcellinus: [Res gestae, Fragm.] Ammiani Marcellini Fragmenta Marburgensia, ed. Henricus Nissen. Acc. tab. photo-lithogr. — Berolini: Weidmann 1876. 32 S.
1: 4° Wn 8025. 12: 4° A. lat. b. 2b. 300: 154.902-C. 2. 3. 4. 5. 6. 7. 8. 9. 10. 11. 102.
4.491

Ammiani Marcellini fragmenta Marburgensia, ed. H Nissen. 4. (32 m. 1 Photol.) Berl. 77, Weidmann. n. 4. —

Ammianus. Marcel. röm. Gesch. übers. v. Troß, s. a. Prosaiker, griech.

Ammianus Marcellinus, röm. Gesch., übers. v. C Büchele, s. a. Prosaiker, röm.

— Römische Geschichte, übers. von Ludwig Troß u. Carl Büchele. Abth. 1 = Bdch. 1-4. Abth. 2 = Bdch. 5-8. — Stuttgart: Metzler 1827-54.
1. 1827. 2-5. 1853. 6-8. 1854.
(Römische Prosaiker in neuen Uebersetzungen. 15. 173. 181. 182. 184. 186. 189. 191.)
1-8 . . . . 12: A. lat. b. 11 f. 300: 67.711-A. 3. 7. 9. 10. 11.
1 . . . . 1: Wn 7962. 8.
2-8 . . . . 5.
4.493

— — 2. Aufl. Abth. 1, Bdch. 1. Ebd. 1898. 5.
4.494

Ammiani, Marc., opera ex recens. Valesio-Gronoviana, ed. A. W. Ernesti. 8maj. Leipz. 772. Weidmann. 2 ℛ Schrbp. 2 ℛ 12 𝔤𝔤

— id. lib. ex recens. Valesio-Gronov., nec non glossar. latin. adj. A. W. Ernesti. 8maj. Leipz. 773. Weidmann. 2 ℛ 12 𝔤𝔤

– Res gestae

— Rerum gestarum libri qui supersunt ex rec. Valesio-Gronoviana. Ind. dignitatum nec non glossarium latinitatis adiecit Augustus Guil[elmus] Ernesti. — Lipsiae: Weidm[ann] & Reich 1773. XVI,563 S., Bog. A-S.
1: Wn 7766 [u.] Bibl. Diez 2852. 12: A. lat. b. 6. 2. 5. 6. 7. 8. 9. 10.
4.480

— rerum gestar. l. XVIII. 8maj. Bip. 786. (Treuttel et W. in Strassb.) 1 ℛ Schrbp. 1 ℛ 6 𝔤𝔤 (Leipz., Central-Compt.) 1 ℛ 6 𝔤𝔤

— Rerum gestarum qui de 31 supersunt libri 18, ad optimas ed. collati. Praemittitur notitia literaria. Acc. ind. studiis Societatis Bipontinae. Ed. accurata. Vol. (1.) 2. — Biponti 1786: Typogr. Soc.
1: Wn 7784. 12: A. lat. b. 7. 300: 37 L 17. 2. 5. 6. 7. 8. 10. 102P.
4.481

Ammianus Marcellinus: [Res gestae] Rerum gestarum qui de 31 supersunt libri 18, ad optimas ed. collati. Ammiani Marcellini Quae supersunt. Cum notis integris Frid. Lindenbrogii, Henr. et Hadr. Valesiorum et Jac. Gronovii, quibus Thom. Reinesii quasdam et suas adiecit Jo[hannes] Augustin[us] Wagner. Ed. absolvit Car[l] Gottlob Aug[ust] Erfurdt. T. 1-3. — Lipsiae: Weidmann 1808.
2.3. In Ammianum Marcellinum Notae integrae Frid. Lindenbrogii [Friedrich Lindenbrog] [u. a.] Quibus Thom. Reinesii quasdam et suas adiecit Jo. Augustin Wagner. Ed. absolvit ... Car. Gottlob Aug. Erfurdt. 1. 2.
1: Wn 7798. 12: A. lat. b. 8. 300: 46.937-B. Pp. S. 2. 3. 4. 5. 6. 7. 8. 9. 10. 11. 102.
4.482

— Rerum gestarum libri qui supersunt. Franciscus Eyssenhardt rec. — Berolini: Vahlen 1871. XIV,599 S.
1: Wn 7804. 12: A. lat. b. 8 f. 300: 122.035-B. H. S. 2. 3. 4. 5. 6. 7. 8. 9. 10. 11. 102.
4.485

— — Ed. minor. Ebd. 1871. VI,421 S.
1: Wn 7806. 2. 5. 9. 11.
4.486

— Rec. notisque selectis instr. V[iktor] Gardthausen. Vol. 1. 2. — Lipsiae: Teubner 1874-75. (Bibliotheca scriptorum Graecorum et Romanorum Teubneriana.)
In den Exemplaren von 1. 12. 300. 2. 3. 4. 5. 6. 8. 9 u. 11 fehlt der Titel der Sammlung.
1: Wn 7810 [u.] Vb 6072-B, 2. 12: A. lat. b. 8 g. 300: 429.235-A. L. S. Lat. 10. 2. 3. 4. 5. 6. 7. 8. 9. 10. 11.
4.487

— Rerum gestarum libri qui supersunt. Rec. rhythmiceque distinxit Carolus U[pson] Clark adiuvantibus † Ludovico Traube et Guilelmo Heraeo. Vol. 1. 2, 1. — Berolini: Weidmann 1910-15.
1. Libri 14-25. 1910. 2,1. Libri 26-31. 1915.
1: Wn 7812. 12: A. lat. b. 8 m. 300: 473.169-B. 2. 3. 4. 5. 6. 7. 8. 9. 10. 11.
4.489

Ammianus, C. (Resp.): De miro ... consensu, s. Rahn, Jo, Henr. (Praes.)

Ammien Marcellin s. *Ammianus* Marcellinus.

Ammon Astrologus: Carminum de actionum Auspiciis reliquiae. 1877 s. *Maximus* Philosophus: De actionum Auspiciis.
4.554

Ammon, D., Oberhofprediger, Dresden. 1801 s. *Ammon*, Christoph Friedrich v.

Ammon, v., Appellationsgerichts-Rat. 1847 s. *Ammon*, Friedrich v.

Ammon, Kgl. sächsischer Leibarzt. 1852 s. a. *Ammon*, Friedrich August v.

Ammon, s. a. Ammon, Georg

Ammon, v., Preußischer Gesandter, Köln. 1758 s. *Ammon*, Georg Friedrich v.

Ammon, Gesellschaftsordnung, s. Ammon, Otto

Ammon, v., Becker, Schuster, Gesundheit, Schönheit, Eheglück, s.: Heilmethoden, neue. II.

Ammon, v., Sehprobentafeln zur Bestimmung der Sehschärfe f. die Ferne. Für die Zwecke der Praxis u. m. besond. Berücksicht d. Bedürfnisse der ärztl. Gutachterthätigkeit hrsg. schmal Fol. (6 lith. Taf.) Nebst erläut. Text. gr. 8. (14 S.) München 901. J. F. Lehmann's Verl. n. 3. —

Ammon, v., **Sehprobentafeln zur Bestimmung der Sehschärfe f. die Ferne. Für die Zwecke der Praxis u. m. besond. Berücksicht. der Bedürfnisse der ärztl. Gutachtertätigkeit hrsg. 2. verm. Aufl. 8 lith. Taf. à ca. 60><26,5 cm. Nebst erläut. Text. (14 S.) gr. 8. München 909. J. F. Lehmann's Verl. In Tasche 4. —**

Ammon, v. (Hrsg.), s. Zeitschrift, Neue, für Natur- und Heilkunde.

Ammon, **A., Sctorum. I. Christi Evangel. consonantia etc. 8. Const. 782. (Doll in Augsb.) 12 ℊ**

Ammon, Aug. Fr. v., Kgl. sächsischer Leibarzt. 1910 s. *Ammon*, Friedrich August v.

Ammon, A. F., Kgl. sächsischer Leibarzt. 1841 s. *Ammon*, Friedrich August v.

Ammon, Bernh. v., über einige Silikate der Alkalien und Erden. Inaugural-Dissertation. gr. 8. (42 S. mit 1 lithogr. Fig.-Taf.) Cöln 862, (J. G. Schmitz' Sortimentsb.) *

Ammon, C. F. s. *Ammon*, Christoph Friedrich v.

Ammon, C.F., s. Ammon, Christian Friedrich

Ammon, C.Fr., s. Ammon, Christoph Friedrich

Ammon, C.W., s. Ammon, Karl Wilhelm

Ammon, Carl, die Stadt Oehringen. Ein illustr. Führer. (51 S. m. 1 eingedr. Plan u. Karte. kl. 8. Oehringen 908. (Hohenlohe'sche Buchh.) nn — 50

Ammon, Karl: Die Stadt Oehringen. Ein illustr. Führer von Carl Ammon. — (Oehringen: Rau in Komm.) 1908. 51 S. **1:Sh 7905.**
4.743

Ammon, Carl Wilhelm, s. Ammon, Karl Wilhelm

Ammon, Chr. F., s.a. Ammon, Christian Friedrich

Ammon, Chr. F., s.a. Ammon, Christoph Friedrich

Ammon, Chr. Fr.

SALOMO'S verschmähte Liebe oder die belohnte Treue. Ein Liebesgedicht aus dem salomonischen Zeitalter (von *Chr. Fr. Ammon*). Leipzig 1790. 8⁰. (8 Sgr. Heinr. Lesser, Breslau, c. 1875; jetzt höher.)

Ammon, Christ. Friedr. s. Ammon, Christoph Friedrich

Ammon, Christian Friedrich, s.a. Ammon, Christoph Friedrich

Ammon, Christian Friedrich: Lineae primae eruditionis humanae, in usum auditorii privati ductae a Christiano Friderico Ammon. — Regiomonti 1737: Reusner. 192 S. **10.**
4.556

— Lineae primae matheseos in usum auditorii privati ductae a Christiano Friderico Ammon. — Regiomonti 1736: Reusner. 148 S. **7.**
4.557

Ammon, Chrn. Frdr., der allopathische und homöopathische Thierarzt. Ein Noth- und Hülfsbuch für Alle, welche ihre erkrankten Pferde, Rinder, Schafe rc. auf zuverlässige und wohlfeile Weise selbst heilen wollen. Leipzig 862. O. Wigand. gr. 8. (IV, 181 S.) 15 ngr

Ammon, Cph., s.a. Ehrenstein, H. W. v.

Ammon, Christoph Friedrich

Viro . . D. **Chr. Friedr. v. Ammon,** de sollemnibus muneris theologici semisaecularibus gratulantur socii colleg. homil. ad aedam St. Crucius et Virginis Mariae. Dresden (C. H. Gaertner) 1839. 4 Blatt. (3.50)

Ammon, Christoph Friedrich von, nach seinem Leben, Ansichten und Wirken . . . Leipz. 1850. V: *Pfeilschmidt, Ernst Heinrich.* (zu)

v. Ammon, Christoph Friedrich, nach Leben, Ansichten u. Wirken. Ein Lichtbild aus der evang. Kirche. gr. 8. (38 S. m. 1 Holzschn.) Leipzig 850, Constenoble. n. 1/6 ℛ

Ammon, Chph. F.: Abhandlung zu seiner wissenschaftlichen praktischen Theologie. Stück 2. von den Wundern.– Gött. 1799. 8⁰

— Abhandlungen zur Erläuterung seiner wissenschaftlich-praktischen Theologie. Bd 1, St. 1.2. — Göttingen: Vandenhoek & Ruprecht 1798–99. XVI,VI,265 S.
1,1. Von der Offenbarung. 1798. 1,2. Von den Wundern. 1799.
2. 3. 7. 8.
4.560

Ammon, Christ. Friedr. v., Abhandlungen aus d. zweiten Ausg. d. Fortbild. d. Christenthums zur Weltreligion, zunächst f. d. Besitzer d. ersten Ausg. besond. abgedr. Mit e. Zugabe üb. die rückgäng. Bewegung d. Zeit. gr. 8. (15½ B.) Leipzig 838, W. Vogel.
Vgl. Dess.: Die Fortbildung d. Christenthums.

— Ammon an Harms über die Abspannung und Ueberspannung der Vernunft in der Religion. — Hannover & Leipzig: Hahn 1819. 54 S.
Aus: Magazin für christliche Prediger. 4. 1819.
12: Polem. 1230n-9,42. **7. 8.**
4.561

— über die Aehnlichkeit d. innern Wortes einiger neuern Mystiker mit d. moralischen Worte d. Kantischen Schriftauslegung. 4. Götting. (796.) Dieterich. 3 ℊ

— [Hrsg.] s. *Ammonius* Alexandrinus Grammaticus: *Περὶ ὁμοίων καὶ διαφόρων λέξεων*. De adfinium vocabulorum Differentia. 1787.

— Anleitung zur Kanzelberedsamkeit, zunächst für meine Zuhörer. — Göttingen: Vandenhoek & Ruprecht 1799. XV,270 S. **1:Dy 2730. 4. 7. 8. 11.**
4.562

v. Ammon, Chph. Fr., anniversaria prima instituti de Ammoniani d. XVI. Jan. 1836 inaugurati indicit, nomina eorum, qui praemia ad diem XVI. Jan. 1837 statuta reportarunt, promulgat novasque simul in sequent. annum quaestiones. 4. Dresd. 837. (Leipzig, Fr. Fleischer.) n. ¼ ℛ

— Antwort auf die Schleiermachersche Zuschrift: über die Prüfung der Harmschen Sätze. gr. 8. Hannov. 817. 2e Aufl. 818. Hahn. 6 ℊ

(—) **Antwort** auf die Zuschrift des Herrn D. Fr[iedrich] Schleiermacher, ... über die Prüfung der Harmsischen [Klaus Harms] Sätze, von dem Herausgeber des Magazins für christliche Prediger (d. i. [Christoph Friedrich v.] Ammon). — Hannover & Leipzig: Hahn 1818. 48 S.
12: Polem. 1230 n-2,12. 6. 8.
4.564

(—) — 2., verb. Aufl. Mit e. Nachschrift an d. Leser. Ebd. 1818. 56 S. 1:8 in Dn 991. 7.
4.565

[—] **Bittere Arznei** für die Glaubensschwäche der Zeit. Verordnet von Herrn Claus Harms u. geprüft von d. Herausgeber des Magazins für christliche Prediger [d. i. Christoph Friedrich v. Ammon]. — Hannover & Leipzig: Hahn 1817. 30 S.
Aus: Magazin für christliche Prediger. 2. 1817.
1:5 in Dn 991. 12: Polem. 1553 ki/5 [u.ö.] 3. 8.
4.566

[—] — Ebd. 1817. 32 S.
Aus: Magazin für christliche Prediger. 2. 1817. 2.
4.567

[—] Bittere Arznei für die Glaubensschwäche der Zeit. Ein besänftigendes Wort über die Harmsischen [Klaus Harms] Sätze von d. Hrsg. des Magazins für christl. Prediger (d. i. [Christoph Friedrich v.] A[mmon]). 4., verb. Aufl. — Ebd. 1818. 39 S. 7.
4.568

Ammon, Christoph Friedrich v.: Auswahl der im Jahre 1815 bei dem Gottesdienste der evangelischen Hof- und Sophienkirche zu Dresden über die Evangelien gehaltenen Predigten. 1816 s. a *Ammon:* Predigten.

— Auswahl der im Jahre 1815, bei dem Gottesdienste der evangelischen Hof- und Sophienkirche zu Dresden über die Evangelien gehaltenen Predigten. gr. 8. Nürnberg. Campe. 816.

— [Mitarb.] s. *Auswahl* noch ungedruckter Predigten. 1799.

-- Kirchliche Bausteine. Ausgewählte Stellen aus Christoph Friedrich v. Ammon's Schrift: „Die Fortbildung des Christentums zur Weltreligion" auf Anlass der v. Egidy'schen „Ernsten Gedanken" u. ihrer Entgegnungen zusammengeordnet von einem warmen Bekenner des Christentums u. Freunde der evang. protestantischen Kirche. Berlin: Bibliogr. Bureau 1891. 48 S. 1:Dd 10768.
4.584

— d. Begeisterung d. Apostel in ihrem wahren Verhältniß zu der Begeisterung unsrer Tage. Zwei Pfingstpredigten. gr. 8. Dresden, Hartknoch. 817.

Ammon, Christ. Friedr. v., Beitrag zur Erklärung d. N. Testaments, s. Jünger, K. F.

— **Beitrag** zur praktischen Erklärung des Neuen Testaments aus den Predigten u. mit einer Vorr. des Herrn von Ammon, ges. von Karl Ferdinand Jünge. — Leipzig: Kirchner & Schwetschke 1837. XVI,479 S. 1:Br 5301. 3.
4.569

— neue Beleuchtung der unsichtbaren Kirche. (Aus dessen Zeitschr.: die unveränderl. Einheit ꝛc. 2r Bd. 1s Heft besond. abged.) 8. Dresd. 828. Hilscher. 6 gr.

Ammon, Chph. Friedr. v., neue Beleuchtung d. unsichtb. Kirche. (A. dess. Zeitschr.: Die unveränderl. Einheit ꝛc. 2. Bd. 1. Hft. bes. abgedr.) 8. ... Dresden 828. [Celle, Schulze.]

— Das ehrwürdige **Bild** der auf dem Throne der Ewigkeit entgegenreifenden Tugend. Eine Gedächtnißpredigt auf ... Friedrich August, König von Sachsen ... zu Dresden gehalten. — Dresden: Hilscher in Comm. 1827. 29 S. 3.
4.570

AMMON, Cp. F.: Comment. de conjugiis bona gratia non solvendis. *Erl.*, Palm. 809. 4. (2 Gr.)

— **Commentatio** de versionis V.T. Venetae Graecae usu, indole et aetate. Auctore Christophoro Friderico Ammon. Acc. tabula aeri incisa. — Erlangae: Palm 1791 (: Kunstmann). 118 S.
Nebent.: Ammon: De versionis V. T. Venetae Graecae Usu, indole et aetate commentatio.
2. 4. 5. 7. 10.
4.571

Ammon, Chph. F., comment. I. de vaticiniis post eventum formatis. Erl. 812. 4.

—— daß keine christl. Kirche von d. Glaubenszwisten der Zeit weniger zu fürchten hat, als d. evangelische. Eine Predigt am Reformationsfeste 1813. Bei d. evangel. Hofgottesdienste in Dresden gehalt. gr. 8. (1¾ B.) Dresden, Walther'sche Hofbuchh.

— Daß uns die sittliche Veredlung unseres Herzens nicht näher gelegt werden kann, als durch die Vergleichung unseres sinnlichen Weltlebens mit dem höheren Geistesleben in Christo. Predigt gehalten an einem Bußtage bei d. evangelischen Hofgottesdienste zu Dresden von C. F. v. Ammon. — [Aufgekl.:] Halle: Schwetschke in Comm. [um 1830]. 15 S. 3.
4.572

Ammon, Christoph Friedrich, über die Ehe in sittlich relig. und rechtl. Rücksicht. 2. Thle. 8°. Nürnberg, Monath und Kußler, 1805.

-- Die gemischten **Ehen**, namentlich der Katholiken und Protestanten, nach den Ansichten des Christenthums, der Geschichte, des Rechtes und der Sittlichkeit, mit bes. Rücks. auf das religiöse Zeitbedürfniss. — Dresden & Leipzig: Arnold 1839. XV,205 S.
1: Ft 9992. 12: J. can. P. 30 m. 3. 5. 7. 8.
4.573

—— 2. Aufl. Ebd. 1839. XVIII,197 S. 6.
4.574

— Die **Einführung** der Berliner Hofkirchenagende geschichtlich und kirchlich beleuchtet. — Dresden: Wagner 1825. VI,65 S. 1:2 in Sy 5688-2. 4. 5. 8.
4.575

— Die **Einführung** der Berliner Hofkirchenagende kirchenrechtlich beleuchtet. — Dresden: Wagner 1826. 79 S.
1:3 in Sy 5688-2. 2. 4. 5. 8. 11.
4.576

— d. unveränderl. Einheit d. evangel. Kirche. Eine Zeitschr. 1—4s Hft. 8. Dresd. 826—27. Hilscher. à 12 gr.

—— die unveränderliche Einheit d. evang. Kirche. Eine Zeitschrift. 2. Bd. 1. u. 2. Hft. 8. (14¼ B.) Dresden 828. [Grimmer.]
1. Bd. 4 Hfte. Ebendas. 1826, 27. à H. 12 Gr.

—— Einleitung zum heils. Gebr. d. heil. Schrift, s. Bibel.

— **Entwurf** einer Christologie des alten Testamentes von Christoph Friedrich Ammon. Ein Beitrag zur endlichen Beilegung der Streitigkeiten über meßianische Weissagungen und zur biblischen Theologie des Verfassers. — Erlangen: Palm 1794. XXXII,178 S.
12: Dogm. 31. 2. 3. 4. 5. 7. 8. 9. 10.
4.577

— **Entwurf** einer reinen biblischen Theologie von Christoph Friedrich Ammon. Hälfte 1.2. — Erlangen: Palm 1792. 612 S.
Spätere Ausg. s. *Ammon:* Biblische Theologie. 1801-02.
1: Bf 9355. 12: Dogm. 30. 3. 8. 9. 10.
4.578

— **Entwurf** einer wissenschaftlich-praktischen Theologie, nach den Grundsätzen des Christenthums und der Vernunft. — Göttingen: Vandenhoek & Ruprecht 1797. XXX, 324 S. 1: Cw 10278. 12: Dogm. 32. 3. 7. 8. 9.
4.579

— wissenschaftl. Entwurf d. christl. Sittenlehre f. akadem. Vorless. gr. 8. Erlang. 795. 2e Aufl. 797. Palm. 1 rß 4 gl

— Ermunterung z. würdigen Preise d. stillen Verdienstes zc. gr. 8. Ebend. 806.

Ammon, Cph. Fr. v., s. Etwas zur Erleichterung des Sterbens.

[—] Ueber die **Folgerichtigkeit** des evangelischen Lehrbegriffes von der sittlichen Unvollkommenheit des Menschen und seiner Erwählung zur Seligkeit. Gegen die Einwürfe des Herrn [Friedrich] Schleiermacher. — Hannover & Leipzig 1820. 60 S.
Aus: Magazin für christliche Prediger. 4. 1819.
1:Theol. Flugschr. 1820–1. **7.**
4.580

Ammon, Chrn. Frdr. v., die Fortbildung d. Christentums zur Weltreligion, s. a. Bausteine, kirchliche.

— Die **Fortbildung** des Christenthums zur Weltreligion (4: ... zur Weltreligion in kirchlicher Rücksicht). Eine Ansicht der höheren Dogmatik (4: Darstellung eines Zeitbedürfnisses). Hälfte 1.2,1.2 (= Bd 2.3). Bd 4. — Leipzig: Vogel 1833–40.
1. 1833. 2,1. 1834. 2,2. 1835. 4. 1840.
Vollst. . . 1:Cw 10290 [auch Bd 4 = Cw 10291–4].
2. 3. 4. 5. 7. 8. 9. 10.
1.2,1.2 . . . . **300:**75.684–B. **11. 102**P.
4 . . . . **12:** Dogm. 30 m–4.
4.581

— — 2., verb. u. verm. Ausg. Bd 1–3. Ebd. 1836–38.
1.2. 1836. 3. 1838.
1–3 . . . . . . 1:Cw 10291. **12:** Dogm. 30 m–1/3.
2. 3. 5. 7. 10.
2.3 . . . . **8.**
4.582

— Ueber das moralische **Fundament** der Eheverbote unter Verwandten. Erste Abhandlung zur Ankündigung des am 4ten Jun. 1798 vertheilten 3. homiletischen Preises. Von Christoph Friedrich Ammon. — Göttingen: Dieterich 1798. 22 S. **4. 7.**
4.585

— Ueber das moralische **Fundament** der Eheverbote unter Verwandten. Zweite Abhandlung zur Ankündigung des am 4ten Jun. 1799 vertheilten 4. homiletischen Preises von Christoph Friedrich Ammon. — Göttingen: Dieterich 1799. S. 28–40. **7.**
4.586

— Ueber das moralische **Fundament** der Eheverbote zwischen Verwandten. Dritte Abhandlung zur Ankündigung der am 4. Junius 1800 u. 1801 vertheilten homiletischen Preise von Christoph Friederich Ammon. — Göttingen: Dieterich 1801. 16 S. **7.**
4.587

[—] **Geistesverirrungen** des „Baron Otto von Uckermann, Mitgliedes der Committee der sächsischen Haupt-Bibelgesellschaft zu Dresden", in seinem Sendschreiben an den Herrn Professor W[ilhelm] T[raugott] Krug in Leipzig, beleuchtet von dem Verf. der Fortbildung des Christenthums zur Weltreligion [d. i. Christoph Friedrich v. Ammon]. — Leipzig: Arnold 1837. 56 S.
1:Dn 3214.
4.588

Ammon, Chr.F.v.: Eine Gelegenheitspredigt. 2e A.1827. gr8° Dresden.

— **Geschichte** der Homiletik. Von Christoph Friedrich Ammon. Th. 1. — Göttingen: Röwer 1804. XXIV,368 S.
1. Erste Periode von Huß bis auf Luther: mit e. historischen Einleitung in die Geschichte d. Homiletik von d. Entstehung des Christentums an bis auf d. Anfang d. 15. Jahrhunderts.
(Ammon: Geschichte d. praktischen Theologie. 1.) (Geschichte d. Künste u. Wissenschaften seit d. Wiederherstellung derselben. 11,3.)
1:Al 449–1. 12:H. lit. U. 109–52,1. **300:**37 Y 38. Bd 1 [u.] 20.367. Bd 49. **2. 3. 4. 5. 7. 8. 9. 10. 11.**
4.589

Ammon, Christoph Friedrich v.: Die **Geschichte** des Lebens Jesu mit steter Rüksicht auf die vorhandenen Quellen. Bd 1–3. — Leipzig: Vogel 1842–47.
1. 1842. 2. 1844. 3. 1847.
1–3 . . . 1:Bq 1310. 12:B. hist. 8a. **3. 7. 8. 10. 11.**
1 . . . . **2.**
4.590

— **Geschichte** der praktischen Theologie oder der Homiletik, Katechetik, Liturgik u. Pastoral seit der Wiederherstellung der Wissenschaften. Bd 1. — Göttingen: Röwer 1804. XXIV,368 S.
1. Ammon: Geschichte der Homiletik. 1.
(Geschichte der Künste und Wissenschaften seit der Wiederherstellung derselben. 11,3.)
1:Al 449. 12:H. lit. U. 109–52. **300:**37 Y 38. Bd 1 [u.] 20.367. Bd 49. **2. 3. 4. 5. 7. 8. 9. 10. 11.**
4.591

— von dem Gesetze der Wahrheit als höchstem Moralprincip. 2 Abhandll. 4. Götting. 803. 4. Dieterich. 6 gl.

Ammon, Ch. F., Handbuch d. Anleit. z. Kanzelberedtsamkeit f. christl. Religionsl. Neue verm. Aufl. gr. 8. Nürnb. Campe. 812.

— **Handbuch** der Anleitung zur Kanzelberedsamkeit für evangelische Religionslehrer. 3., verm. Ausg. — Nürnberg: Campe 1826. XL,379 S.
1:Dy 2730³. 12:Hom. 50 m. **3. 4. 7. 102**P.
4.563

— **Handbuch** der christlichen Sittenlehre. Bd 1. 2,1.2. 3,1.2. Leipzig: Göschen 1823–29.
1. 1823. 2,1. 1826. 2,2. 1827. 3,1.2. 1829.
2. 3. 5. 7. 8. 102.
4.592

— — Bd 1,1.2. 2,1.2. Reutlingen: Ensslin 1832.
1:D 5028.
4.593

— — 2., verb. Aufl. Bd 1–3. Leipzig: Göschen 1838.
1:D 5029. 12:Mor. 29m. **2. 4. 7. 10. 11. 102.**
4.594

Ammon, C. F., Disp. de Euripidis Hecuba cum observatt. in Andromacham. Erlangen 784. 4.

Ammon, Christoph Friedrich (Bayreuth), De Euripidis Hecuba subjunctis observationibus in ejusdem tragici Andromacham. Erlangen (Ellrodt) Okt. 1788. 32 S. (4.—)
Widm. v. Gottlieb Christoph Harles.

— Ueber die **Hofnung** einer freien Vereinigung beider protestantischen Kirchen. Ein Glückwünschungsschreiben an den Herrn Antistes Dr. Heß in Zürich von Dr. Ammon. — Hannover & Leipzig: Hahn 1818. 68 S.
1:5 in Dl 4204. **4. 7. 8. 11.**
4.595

— Erlangens **Huldigungen** bei der Uebergabe des Fürstenthums Baireuth an die Krone Baiern und am Maximilianstage 1810. 2 Predigten, in der Hauptkirche zu Erlangen geh. von Christoph Friedrich Ammon. — Erlangen: Breuning 1810. 60 S. 1:Sg 220.
4.596

Ammon, Chr.F.: Huldigungspredigt am 8. Oct.1827. gr 8°, Ebd.

— **Ideen** zur Verbesserung der herrschenden Predigtmethode. Als Ankündigung einer neuen königl. Prämie, von Christoph Friedrich Ammon. — Göttingen: Dieterich 1795. 20 S. **12:**4° Diss. 3008–16. **3. 4. 7.**
4.597

— Jesus und seine Lehre. Dresden 1819. 2 Bde. 8.

— Inbegriff d. evangel. Glaubenslehre, nach d. Latein. v. Verfass. 8. Götting. 804. Dieterich. 1 rß. 6 gl.

— Inbegriff der evangelischen Glaubenslehre. Nach d. lat. zu akademischen Vorlesungen bestimmten Lehrbuche von d. Verf. selbst bearb. — Göttingen: Dieterich 1805. XXVIII,332 S. 7.
4.634

—— über d. Inhalt u. Gebrauch d. Vater Unsers, s. Vater Unser.

— Instituti de Ammoniani theologici et paedagogici civium bene sibi faventium munificentia annuis brabeis ornati fundationem regia auctoritate confirmatam indicit propositis simul quaestionibus d. 16. Jan. 1837 iudicandis atque praemiis ex lege condecorandis Christophorus Fridericus de Ammon. — Dresdae 1836: Meinhold. 20 S.
1: 4° Ay 21628.
4.599

Ammon, C. F. v. (Hrsg.), s. Journal, Kritisches, der neuesten theologischen Literatur.

— u. Bertholdt Journal der theol. Litteratur. s. Journal.

Ammon, Chr. Fr. (Hrsg.), s. Journal, Neues theologisches.

— Lehrbuch d. religiösen Moral. gr. 8. Götting. ... 800. (W. Rauck in Leipz.) 1 Rthlr. 20 gr. 4e Aufl. 806. Vandenhöck u. R. 1 Rthlr. 20 gr.

— Neues Lehrbuch der religiösen Moral und der christlichen insbes., von Christoph Friederich Ammon. — Göttingen: Thomas 1800. XIV,402 S.
Frühere Ausg. s. *Ammon:* Die christliche Sittenlehre. 1795 u. 5.
7.
4.600

— Christoph Friederich Ammons Vollständiges Lehrbuch der christlich-religiösen Moral. 4., verb. Ausg. — Göttingen: Vandenhök & Ruprecht 1806. XXVII,551 S.
1: D 5024. 3. 7. 10. 11.
4.601

Ammon, Christoph Friedrich v.: Casimir Lysczynski. Ein Beitrag zur Geschichte des idealischen Atheismus. Zur Ankündigung des am 4. Junius 1802 vertheilten 7. homiletischen Preises. Von Christoph Friederich Ammon. — Göttingen: Dieterich 1802. 24 S. 1: 4° Ax 5850. 4. 7.
4.602

Ammon, Chr. F., Magazin für christliche Prediger. Hannover u. Lpzg. 1816—21. 6 Bde. 8.

—— und Carl Glob. Prinz, der Mensch u. d. Thierwelt. Zwei Reden, gehalt. v. d. Hauptversamml. d. Mitglieder d. Vereins gegen Thierquälerei. 8. (3 B.) Dresden u. Leipzig 843, Arnoldische Buchh.

(—) Genealogische Nachweisung des Familienadels der von Ammon im Königreiche Baiern und Sachsen. — Dresden: Wagner 1825. VI,37 S.
1: S 2176. 12: Geneal. 5h. 3. 7.
4.603

— Natales Christi. — Brevis argumentationum pro summi numinis existentia recognitionis. Tl. I. Erlang. (Kunstmann) 1793. 16 S. (3.40)

Ammon, Chph.F., Pr. de notione miraculi. P.I.II. – Gött. 1795. 97 S. 8° et in ejsd. Nov.opuscc.theol. S.135 - 76.

Ammon, Christoph Friedrich v.: [Teils.] Christophori Friderici Ammon Opuscula theologica. — Erlangae: Palm 1793. XIV,144 S.
1: Be 4300. 12: Th. U. 10b. 2. 3. 4. 7. 9. 10. 11.
4.558

— Nova opuscula theologica. Scripsit Christoph. Frider. Ammon. — Gottingae: Dieterich 1803. XVI,224 S.
1: Be 4302. 12: Exeg. 41. 3. 4. 7. 8. 9. 10.
4.559

— Die wahre und falsche Orthodoxie. Eine geschichtliche Darstellung. — Leipzig: Vogel 1849. XIV,322 S.
1: Cw 10298. 12: Dogm. 32e. 300: 15.845-B. 2. 3. 5. 7.

— zwei Pfingstpredigten: Die Begeister. d. Ap. in ihrem wahren Verhältnisse zu der Begeisterung unserer Tage. gr. 8 Dresden, Hartknoch. 816.

— D. inaug. de adumbrationis doctrinae de animorum immortalitate a Jesu Christo propositae praestantia. 8maj. Erlang. 793.

Ammon. Christoph Friedrich, Predica Brevis argumentationum pro summi numinis existentia recognitionis. Pars I. II. 4 maj. Erlang. 1793.1794.

Ammon, Christoph Friedrich, Predica de repentina Pauli ad doctrinam christianam conversione ad Act. IX. v. 1 - 19. 8 maj. Erlang. 1792.

Ammon, Christoph Friedrich, Predica quo disquiritur, quatenus disciplina religionis et theologiae christianae pendeat ab historia Jesu Christi. 4 maj. Götting. 1794.

Ammon, Christoph Friedrich: Predigt.

— — die Religion als Trösterin u. Lehrerin am Grabe ihres vollendeten Freundes. Eine Standr. am Sarge G. L. Böhmers. 4. Götting. 797. Dieterich. 2 gr.

— — Ermunterung z. würdigen Preise des stillen Verdienstes. E. Gedächtnißpredigt auf d. am 5. Jan. 1806 in England verschiedenen Fürsten Chr. F. Karl Alexander. gr. 8. Erlang. 806. Heyder. 3 gr.

— — Erlangens Huldigungen bei der Uebergabe Bayreuths und Ansbachs an die Krone Baiern. 2 Predigten. gr. 8. Erlang. 810. Heyder. 6 gr.

— — Was uns obliegt, wenn wir die Hoffnung des großen Völkervereins nicht aufgeben wollen rc. 8. Dresd. 813.

— — der rechte Standpunkt; e. Abschiedswort an die Leser d. Magazins f. Prediger. gr. 8. Hannov 822. Hahn. 4 gr.

— Predigt. Das weise Betragen bei der kirchl. Stellung, welche die getrennten Christengemeinen wieder zu nehmen scheinen. Eine Reformat.-Predigt am 31. Oct. 1825 geh. gr. 8. Dresd. 825. 2e Aufl. 826. Wagner. 3 gr.

— — Wie wir den Vorwürfen begegnen sollen, durch die man den Ruhm d. evangel. Kirchenverbesserung zu verdunkeln sucht. Eine Pred. am Reformat.-Feste 1826. 2e Aufl gr. 8. Dresd. Hilscher. 3 gr.

Ammon, Christoph Friedrich, Predigt, das ehrwürdige Bild der auf dem Throne der Ewigkeit entgegenreifenden Tugend. Eine Gedächtniß-Predigt a. Friedr. August, König v. Sachsen. 2. Aufl. gr. 8°. Dresden 1827 (Hilscher).

— — Das weise Wohlwollen des frommen Menschen gegen Thiere. gr. 8. Dresd. 829. Hilscher. 3 gr.

—— Pred. Ernste Rücksprache m. uns selbst üb. uns. unerkannt. Sünden im schnellen Wechsel der Zeit. gr. 8. (2 B.) Dresden 830, (Arnold.)

— — wie heilsam die Kirchenverbesserung auf das aufgeregte Geistesleben d. Zeitgenossen eingewirkt hat. Eine Reformations-Predigt. gr. 8. Dresd. 830. (Arnold). 2 gr.

— — Wie viel der evangel. Kirche daran liegen müsse, das Licht der Religion Jesu ungetheilt zu erhalten. gr. 8. Dresd. 830. Hilscher. 4 gr.

— Predigt zur Dankfeier für die Wiederkehr Sr. Majestät des Königs von Sachsen in der Hof- und Sophienkirche zu Dresden am 11. Jun. 1815 geh. von Christoph Friedrich Ammon. Zum Besten der Hausarmen. — Dresden: Walther in Komm. (1815). 39 S. 3.
4.605

— Predigt b. d. Dankfeier f. d. Wiederkehr Sr. Maj. des Königs v. Sachsen. 3te Aufl. gr. 8. Dresden, Walther. (in Comm.) 815.

— — am Dankfeste bei der Wiederkehr Sr. Maj. des Königs von Sachsen. gr. 8. Dresd. 1e u. 2e Aufl. 815. Walther. 3 gr. 3e Aufl. gr. 8. 816. (Hartknoch in Leipz.) 3 gr. Schrbp. 4 gr.

— Predigt am vierzehnten Dreieinigkeitssonntage 1831 als dem Tage der feierlichen Entlassung der Stände und der Uebergabe der Verfassungsurkunde für das Königreich Sachsen bei dem evangelischen Hauptgottesdienste in Dresden geh. — Dresden: Walther 1831. 30 S. 3. 4.606

— Predigt, bei Eröfnung der von Sr. königlichen Majestät zu Sachsen ausgeschriebenen allgemeinen Landesversammlung am 20ten Sonntage nach d. Dreieinigkeitsfeste, dem 19. Oct. 1817 in d. königl. evangelischen Hofkirche zu Dresden geh. von Christoph Friedrich Ammon. — Dresden: Walther 1817. 44 S. 8. 4.608

— Predigt bei Eröfnung der von Sr. Königlichen Maiestät zu Sachsen ausgeschriebenen allgemeinen Landesversammlung am 20ten Sonntage nach d. Dreieinigkeitsfeste, dem 15. Okt. 1820 bei dem königl. evangel. Hofgottesdienste zu Dresden geh. von Christoph Friedrich Ammon. — Dresden: Walther 1820. 35 S. 2. 4.607

Ammon, Christoph Friedrich, Predigt bei Eröffnung d.v. Sr. Königl. Maj. zu Sachsen ausgeschrieb. allgem. Landesversammlung, am 6. Jan. 1824. gr. 8°. Dresden 1824, Walther.

— Pred. bei Eröfnung der von Sr. kgl. Maj. zu Sachsen ausgeschrieb. allgem. Landesversamml. am Feste d. Erscheinung Christi d. 6. Jan. 1830 bei d. kgl. evangel. Hofgottesdienste zu Dresden geh. gr. 8. (2 B.) Dresden, Walther.

— — z. Eröffnung des einberufenen Landtages am 1. März 1831 zu Dresden gehalten. gr. 8. Dresd. 831, Walther. 4 gr.

— Predigt vor der Eröffnung des Landtages im K. Sachsen, am 26. Dreieinigkeitssonntage 1842, bei dem evangel. Hofgottesdienste in Dresden geh. gr. 8. Dresden 842, Walthersche Hofbuchh. 4 ngl

— — bei Eröffnung der Landtagsversammlung d. 19. Oct. 1817. 3 gr. u. d. 6. Jan. 1830. 3 gr. gr. 8. Dresd. 830. Walther. 6 gr.

— Predigt bei der Eröffnung der neuen Ständeversammlung des Königreichs Sachsen am 3. Erscheinungssonntage 1833, in der Hofkirche zu Dresden gehalten. gr. 8. Dresden 833. Walther. 1/8 ß

— Predigt vor der Eröffnung d. Ständeversamml. d. Königr. Sachsen am 21. Dreieinigkeitssonnt. 1836 bei dem evangel. Hofgottesdienste in Dresden gehalt. gr. 8. (2 B.) Dresden 837, Walthersche Hofbuchh.

— Dies., am 24. Dreieinigkeitssonntage 1839 in Dresden geh. 8. Dresden 839. (Leipzig, Fr. Fleischer.) 1/8 ß

— Predigt bei der Eröffnung der Ständeversammlung des Königreichs Sachsen am 17. Dreieinigkeitssonntage 1845. Dresden: Walther 1845. 32 S. 2. 4.609

— Predigt zur Feier der am 4. Sept. 1831 begründ. Staatsverfassung, bei dem Königl. evangelischen Hofgottesdienst in Dresden am 4. Sept. 1833 gehalten. gr. 8. Dresden 833. Walther. 1/8 ß

v. Ammon, Chph. Fr., Predigt, von der Fruchtbarkeit christl. Betracht. über die Vorsicht bei großen Weltbegebenheiten u. Pred. III. 14. gr. 8. Erlang. 794.

— Predigt zur 80jähr. Geburtsfeier Sr. Maj. d. Königs Anton v. Sachsen am 27. Dec. 1835, bei dem evangel. Hofgottesdienste in Dresden gehalt. gr. 8. (1½ B.) Dresden 836. (Leipzig, Fr. Fleischer.)

— Predigt zur Gedächtnißfeyer Sr. kgl. Hoheit d. höchstsel. Prinzen Maximilian, Herzogs v. Sachsen ꝛc. zu Dresden bei d. evangel. Hofgottesdienste gehalt. gr. 8. (2 B.) Dresden 838. (Leipzig, Fr. Fleischer.)

— Predigt zur dritten Jahresfeier der Staatsverfassung des Königr. Sachsen, am 4. Sept. 1834 bei dem evangel. Hofgottesdienste in Dresden gehalten u. auf Verlangen zum Druck befördert. gr. 8. Dresden 834. (Leipzig, Arnold.) 1/12 ß

— Pred. zur Jahresfeier d. v. Sr. Maj. d. Könige v. Sachsen u. Sr. kgl. Hoheit, d. Prinzen Mitregenten eingeführten Staatsverfassung. Bei d. evangel. Hofgottesd. am 4. Sept. 1832 geh. gr. 8. (2 B.) Dresden, Walther.

— Predigt, zur Jubelfeier des Regierungsantritts Sr. Maj. d. Königs v. Sachsen 1818 gehalten. gr. 8. Ebend. Ebend.

— Predigt, zur Jubelfeier der Vermählung Sr. Majest. d. Königs von Sachsen, 1819 gehalten, gr. 8. Ebend. Ebend.

— Predigt des Herrn Oberhofpredigers D. Ammon am Sonntage Misericordias Domini, den 6. May 1821. Zum Besten des Deutschen Missionswerkes. — Dresden: Missionsverein; Leipzig: Tauchnitz in Comm. 1821. 16 S. 2. 4.610

— Predigt am 8. Oct. 1827 bei der feierl. Erbhuldigung Sr. Maj. König Antons v. Sachsen in Dresden. gr. 8. Dresd. 827, Hilscher.

v. Ammon, Chph. Fr., Predigt, am 8. Oct. 1827, als am Huldigungstage Königs Anton v. Sachs., geh. gr. 8. Dresd... (Celle, Schulze.) 1/6 ß

— Predigt am 8ten October 1827 als dem Tage der Seiner Majestät dem Könige Anton von Sachsen in der Hauptstadt Dresden geleisteten Huldigung in der evangelischen Hofkirche zu Dresden geh. — Dresden: Hilscher [1827]. 32 S. 3. 4.611

Ammon, Chr.F.: Eine Predigt am Reformationsfeste 1828. gr8°. Ebd. Schulze in Celle.

Ammon, Chph. Friedr. v., Pred. am Reformationsfeste 1832 in der evangel. Hofkirche zu Dresden gehalten. gr. 8. (2 B.) Dresden, Walther. Thlr.

— Predigt beim Schlusse der allgem. Landesversammlung am Johannistage 818. gr. 8. Ebend. 818.

— Predigt bei dem Schlusse der von Sr. königlichen Maiestät zu Sachsen ausgeschriebenen allgemeinen Landesversammlung am 7. Sonntage nach Trinitatis, dem 1. Aug. 1824, bei d. königl. evangel. Hofgottesdienste zu Dresden geh. von Christoph Friedrich Ammon. — Dresden: Walther 1824. 45 S. 1: Sq 6171. 4.612

— Predigt vor dem Schlusse d. Landesversamml. des Königr. Sachsen, am 1. Adventsonntage 1837. gr. 8. Dresden 838. (Leipzig, Fr. Fleischer.) 1/8 ß

— — am Schlusse d. Landtags 1818 gehalten. 8. Dresd. 818.

— Pred. vor dem höchstangeordneten Schlusse d. am 27. Jan. 1833 eröffnet. Landtages, am 30. Oct. 1834 u. s. w. geh. gr. 8. (1 B.) Dresden, Walther.

— Predigt vor d. Schlusse d. Landtages am 21. Aug. 1843 bei d. evangel. Hofgottesdienste zu Dresden gehalt. gr. 8. (2 B.) Dresden, Walther'sche Hofbuchh.

v. Ammon, Cph. Fr., Predigt vor dem Schlusse des Landtages im Königreiche Sachsen am 17. Juni 1846 bei dem evang. Hofgottesdienste in Dresden gehalten. gr. 8. Dresden 846. Walther'sche Hofbuchh. n. 4 ngl

—— Predigt, vor d. Schlusse d. kgl. sächs. Ständeversamml. am 22. Juni 1840 gehalt. gr. 8. (2 B.) Dresden 840. (Leipzig, Fr. Fleischer.)

— **Predigt** des Oberhofpredigers von Ammon am zweiten Sonntage nach der Erscheinung Christi 1825 als dem Tage der Bibelcollecte geh. — Dresden [1825]: Gärtner. 16 S. **9. 10.**
4.613

— — über die hohe Untrüglichkeit christl. Wahrheit; erste Amtspredigt, 1792 gehalten. gr. 8. Erlang. 792.

— — über den Werth vernünftiger Zweifel in d. Religion. 8. Baireuth 790.

Ammon, Christoph Friedrich, Predigt, wie wir d. Vorwürfen begegnen sollen, durch d. man d. Ruhm d. evangel. Kirchenverbesser. begegnen sollen. gr. 8°. Dresden 1826. Hilscher.

— — über d. genauen Zusammenhang unsrer Thaten mit unserm künft. Dasein in d. höhern Welt. Eine Gedachtn.-Pred. gr. 8. Erlang. 805. (Heyder). 3 gr

— Predigten z. Beförderung e. reinen moral. Christenthums. 3 Bde. gr. 8. Erlang. 798—802. Palm. 4 ℛ 16 gr

— Predigten z. Beförderung christl. Erbauung an allen Sonntagen u. Festen d. Jahres. 1r Bd. gr. 8. Dresd. 828. 2e Aufl. 831. und 2r Thl. 831 (Hilscher). 3 ℛ

— 13 einzelne Predigten von 1789—1807 gehalten. gr. 8. Erlang. 789—807. Palm. 16 gr

—— Predigten z. Förderung christl. Erbauung an allen Sonntagen u. Festen des Jahres. 1. u. 2. Bd. gr. 8. Dresden, [Celle, Schulze.] [1, 828. u. 2. Aufl. 831 (à 25 B.) à 1 Thlr. 12 Gr., 2. (22 B.) 831. 1 Thlr. 12 Gr.]

— **Predigten** zur Förderung christlicher Erbauung an allen Sonntagen und Festen des Jahres. Bd 1.2. — Dresden: Hilscher 1828-31.
1.2 . . . . 3. 7.
1 . . . . 1: Ec 8436.
4.615

— **Predigten** in der Hof- und Sophienkirche zu Dresden ... geh. von Christoph Friedrich Ammon. Bd [1,]1.2. 2,1.2. Nürnberg: Campe 1814–15.
1. Im Jahre 1813 über die epistolischen Texte. 1814.
2. Im Jahre 1814 über die Evangelien. 1815.
5. 7. 102P.
4.616

— Auswahl der im Jahre 1815 bei dem Gottesdienste der evangelischen Hof- und Sophienkirche zu Dresden über die Evangelien gehaltenen **Predigten** von Christoph Friedrich Ammon. — Nürnberg: Campe 1816. VIII,432 S. 102P.
4.617

— **Predigten** in dem Jahre 1834 bei dem evangelischen Hofgottesdienste in Dresden geh. — Dresden & Leipzig: Arnold 1834. VIII,460 S. 1: Ec 10251.
4.618

— Predigten, in dem Jahre 1834 bei dem evangel. Hofgottesdienste in Dresden gehalten. gr. 8. Dresden u. Leipzig 837. Arnold'sche Buchh. $1^1/_3$ ℛ

— **Predigten** über Jesum und seine Lehre für gebildete Leser, von Christoph Friedrich Ammon. Bd 1.2. — Dresden: Walther 1819. 7.
4.619

— 4 Predigten über verschied. Texte. gr. 8. Dresd. 824. Hilscher. 8 gr

— vier Predigten über verschied. Texte. gr. 8. Leipzig 834. (Melzer.) $^1/_3$ ℛ

— zwei Predigten bei s. Amtsveränderung zu Erlangen u. Dresden gehalten. gr. 8. Ebend. 813.

— Zwei Predigten, bei seiner Amtsveränderung zu Erlangen u. Dresden gehalten. (Aus der Ausw. der im J. 1815 zu Dresden über die Evangel. gehaltenen Predigten besond. abgedr.) gr. 8. Nürnb. 815. Campe. 6 gr

Ammon, Christoph Friedrich, Zwei Predigten, die Begeisterung der Apostel in ihrem Verhältniß zu der Begeisterung unserer Tage. Zwei Pfingstpred. über die Episteln. gr. 8°. Leipzig 1817. Hartknoch.

— **Zwei Predigten** am Jubelfeste des vor dreihundert Jahren zu Augsburg übergebenen Bekenntnisses, bei dem evangelischen Hofgottesdienste zu Dresden geh. — Dresden & Leipzig: Arnold 1830. 52 S. 1: 11 in Df 4256.
4.620

Ammon, Christoph Friedrich, zwei Predigten am Jubelfeste des vor 300 Jahren zu Augsburg übergeb. Bekenntnisses bei d. evangel. Hofgottesdienste in Dresden gehalten. gr. 8°. Dresden u. Leipzig 1831. Arnold.

— **Zwei Predigten** am 20. Julius als dem Rettungsfeste des Königs und am Pfingstfeste 1800 in d. Universitätskirche zu Göttingen geh. von Christoph Friederich Ammon. — Göttingen: Dieterich (1800). 54 S. 1: Ec 320. 7.
4.621

— zwei Predigten am Constitutionsfeste u. Erntedankfeste d. J. 1847 bei d. evang. Hofgottesdienste in Dresden gehalt. gr. 8. (48 S.) Dresden 847, Walther'sche Hofbchh. (jetzt Kuntze) 6 ngr

Ammon, Christ. Friedrich, zwei Predigten auf Reformationsfeste d. J. 1821, 22 gr. 8°. Dresden 1822, Arnold.

Ammon, Christoph Friedrich, zwei Predigten unter d. Regungen e. unfriedl. u. argwöhn. Zeit. Mit e. Vorwort über d. äußern Religionswechsel . gr. 8°. Leipzig, Cnobloch.

— — — unter den Regungen e. unfriedl. u. argwöhnischen Zeit. gr. 8. Leipz. 825.

— — Zwei Predigten bei Gelegenheit d. Uebergabe d. Fürstenthümer Baireuth u. Ansbach an Baiern. gr. 8. Ebend. 810.

— **Zwei Predigten** bei der Wiedereröffnung des Gottesdienstes in der Hof- und Sophienkirche zu Dresden und am Reformationsfeste geh. von Christoph Friedrich Ammon. Aus d. neuesten Predigtsammlung d. Verf. abgedr. — Nürnberg: Campe 1814. 48 S. 12: Hom. 849d/4.
4.622

— — — die neue Wundersucht, evangel. in 2 Predigten beleuchtet. gr. 8. Dresd. 821. Arnold. 8 gr

AMMON, Cp. F.: Progrr. üb. d. moral. Fundament d. Eheverbote unter Verwandten. *Gött.* 798—801. 3 Abth. 4.

—— Reformationspredigt am 31. Okt. 1835, zu Dresden gehalt. gr. 8. (2 B.) Dresden 836, Waltherſche Hofbuchh.

— Reformationspredigt am 31. Octbr. 1825: Das weise Betragen bei d. krieger. Stellung, welche d. getrennten Christengemeinden wieder zu nehmen scheinen. gr. 8. Dresden. Wagner.

— christl. Religionsbeiträge. Erlgn. 1793—96. 6 Bde. 8.

— christl. Religionsunterricht f. d. Jugend. 8. Erlang. 805. 2e Aufl. 811. Palm. 12 gr

— Christlicher **Religionsunterricht** für die gebildete Jugend. — Erlangen: Palm 1805. XVI,182 S. 10.
4.623

— Christliche **Religionsvorträge** über die wichtigsten Gegenstände der Glaubens- und Sittenlehre in der akademischen Kirche zu Erlangen geh. von Christoph Friedrich Ammon. Bdch. 1-6. — Erlangen: Palm 1793-96.
1.2. 1793. 3. 1794. 4.5. 1795. 6. 1796.
1-6 . . . . 12: Hom. 50. 2.
1.2 . . . . 5.
4.624

— — 2., neue Ausg. T. 1.2. Ebd. 1803-05.
1: Eb 14060².
4.625

— Religionsvorträge im Geiste Jesu für alle Sonn- und Festtage des Jahres, von Christoph Friedrich Ammon. Bd 1-3. — Göttingen: Dieterich 1804-09.
1. 1804. 2. 1806. 3. 1809.
1-3 . . . . 102P.
1. 2 . . . . 7.
4.626

— Religionsvorträge zur dritten Reformationsjubelfeier am 30. 31. October u. 2. November 1817 in der evangelischen Hof- u. Sophienkirche zu Dresden geh. — Dresden: Walther [1817]. 79 S. 1:3 in Cn 21030. 8.
4.627

— Religionsvorträge z. 3ten Reformationsjubelfeier am 30. u. 31. Oct. u. 2. Nov. 1817. gr. 8. Dresd. 818. Walther. 6 gl.

— Die christliche Sittenlehre nach einem wissenschaftlichen Grundrisse, zunächst für seine Vorlesungen entworfen von Christoph Friedrich Ammon. — Göttingen & Erlangen: Palm 1795. 338 S. 1: D 5021. 3.
4.628

Ammon, Christoph Friedrich v.: Die christliche Sittenlehre nach einem wissenschaftlichen Grundrisse, zunächst für seine Vorlesungen entworfen von Christoph Friedrich Ammon. 2. Ausg. — Erlangen: Palm 1798. 362 S.
Spätere Ausg. s. *Ammon:* Neues Lehrbuch der religiösen Moral. 1800 u. ö.
9.
4.629

— — dasselbe. 8. Göttingen, Vandenhöck. 800.

Ammon, Chr.F.: Christl. Sittenlehre. Lpzg. 1823 - 29. 3 Bde. 8°

— animadversionum in quaedam Ammonii Grammatici loca spicilegium, praemissa brevi de vita ejus disquisitione quod moderante T. C. Harles eruditorum examini subjecit. 4. Erlang. 786.

— d. rechte Standpunkt; ein Abschiedswort an Lehrer d. Magazins f. christl. Prediger. gr. 8. Hannover 822, Hahn.

— Summa theologiae christianae. Scripsit Christoph. Frid Ammon. — Gottingae: Dieterich 1803. XX,260 S.
1: Cw 10281. 7
4.630

— — Scripsit Christophor. Frideric. Ammon. Ed. 2., corr. et aucta. — Erlangae: Gredy & Breuning 1808. XXXII,287 S.
12: Dogm. 32 d. 10.
4.631

— Summa theologiae christianae. Scripsit Christophorus Fridericus Ammon. Ed. 3., castigata et aucta. — Lipsiae: Hartknoch 1816. XXXII,327 S.
1: Cw 10283. 3. 4. 7. 8. 9.
4.632

— — Ed. 4., castigata et aucta. Ebd. 1830. XVIII,414 S.
2. 3. 11.
4.633

— D. Symbolae theologicae et criticae ad doctrinam de poenarum divinarum duratione in altera vita. 8 maj. Erlang. 793.

Ammon, Chr. Fr., Biblische Theologie. Erlgn. 1792. 2 Bde. 8.

— Biblische Theologie von Christoph Friedrich Ammon. 2., verb. Ausg. Bd 1-3. — Erlangen: Palm 1801-02.
1. 2. 1801. 3. 1802.
1. Ausg. s. *Ammon:* Entwurf einer reinen biblischen Theologie. 1792.
1-3 . . . . 1: Bf 9357. 2. 3. 4. 5. 9. 11.
1. 2 . . . . 7.
2. 3 . . . . 8.
4.635

— das Todtenreich der Hebräer bis auf David. 4. Erlang. 792. Palm. 2 gl.

Ammon, Chph. F., über das Todtenreich der Hebräer von den frühesten Zeiten bis auf David. Erl. 792. 4.

— Ausführlicher Unterricht in der christlichen Glaubenslehre für Freunde der evangelischen Wahrheit nach Grundsätzen. Bd 1,1.2. — Nürnberg & Altdorf: Monath & Kußler 1807-08. 1: Cw 10285.
4.636

— vom Ursprung u. Beschaffenheit v. unmittelbarer göttlich. Offenbarung. 4. Götting. 797. Dieterich. 4 gl.

— De versionis V. T. Venetae Graecae Usu indole et aetate commentatio. 1791 s. *Ammon:* Commentatio.

Ammon, Chrstph. Friedr. v., das Vater Unser, s. Vater-Unser.

Ammon, Chph. Fr., nova versio graeca Pentateuchi. III Partes. 8 maj. Erlang. 1790/91. Palm.

—— wie heilf. d. Kirchenverbess. auf d. aufgeregte Geistesleben d. Zeitgenossen eingewirkt hat. Eine Reformationspredigt. gr. 8. (2 B.) Dresden 830, (Arnold.)

—— wie viel d. evangel. Kirche daran liegen müsse, das Licht der Religion Jesu ungetheilt zu erhalten. Pred. am Reformationsfeste 1829. gr. 8. (2 B.) Dresden 830. [Celle, Schulze.]

— Wie wir den Vorwürfen begegnen sollen, durch die man den Ruhm der evangel. Kirchenverbesserung zu verdunkeln sucht. Eine Predigt, am Reformationsfeste 1826 zu Dresden gehalten. 2e Aufl. 8. Dresden... (Leipzig, Melzer.) 1/8 ₰

—— das weise Wohlwollen d. frommen Menschen geg. die Thiere. Eine Pred. üb. Sprüchw. Salom. K. 12. V. 10. gr 8. (1½ B.) Dresden 829. [Celle, Schulze.]

— Das weise Wohlwollen des frommen Menschen gegen die Thiere. Eine Predigt von Christ. Fr. v. Ammon. 3. Aufl. Celle: Schulze 1840. 24 S. 7.
4.637

—— wozu uns die Erinnerung verpflichtet, daß wir in jedem Lebensalter auch eines immer neuen Muthes bedürfen. Pred. am 4. Sonnt. n. d. Erschein. Christi 1830. gr. 8. (1⅛ B.) Leipzig 836, Wuttig.
Aus den: Musterpredigten, hrsg. v. Schott u. Danz, besond. abgedr.

— d. neue Wundersucht, evangel. in 2 Predigten beleuchtet. gr. 8. Dresd. 821. Arnold.

— Zeit- und Festpredigten, von Christoph Friedrich Ammon. Mit e. Sendschreiben über d. Hofnung besserer Zeiten für die evangelische Kirche u. ihre Lehrer. — Nürnberg: Monath & Kußler 1810. XXXII,424 S.
1: Ec 3056.
4.638

Ammon, Christoph Heinrich v.: Généalogie ascendante jusqu'au quatrième degré inclusivement, de tous les rois et princes de maisons souveraines de l'Europe actuellement vivans, réduite en 114 tab. de 16 quartiers, comp. selon les principes du blason, avec une tab. générale. [Verf.: Christoph Heinrich v. Ammon.] — Berlin: Auteur; de Bourdeaux 1768. XVI S., 114 Tab.
1: 2° Pf 574. 12: 2° Geneal. 67. 300: 49 D 16. 2. 7. 11.
4.639

Ammon, D., Gesichtsausdrucks-Kunde. Anleitung z. Studium des Charakters, der Leidenschaften u. Tugenden, Fähigkeiten u. Fehler, sowie der Krankheiten aus der Gesichts-, Kopf- u. Körperform. (97 S. m. Abbildgn. kl. 8. Stuttgart (905). Schwabacher. n. 1. 80

— die Graphologie (Handschriften-Deutung) u. ihre Bedeutung f. die Charakterbildung, Jugend- u. Selbsterziehung, sowie f. das prakt. Leben. Mit 62 verschied. Schriftproben im Text. gr. 8. (IV, 96 S.) Leipzig 901. A. Strauch. n. 2. —; geb. n. 3. —

Ammon, D., zwölfjähriges Herzleiden durch Electro-Homöopathie geheilt. gr. 8. (27 S.) Berlin (900). (Leipzig, A. Strauch.) n. — 60

— ich kenne dich! Praktische Anleitg. zur Enthüllg. des Charakters aus der Handschrift. Mit vielen Musterbeispielen, Schriftproben u. Charakter-Analysen, sowie e. Anh.: Schüler-Schriften. (III, 152 S.) kl. 8. Ebd. (904). n. 2. —; geb. nn. 2. 50

— Ich kenne dich! Prakt. Anl. z. Enthüllg d. Charakters a. d. Handschrift. (152) 8° Stuttg., Schwabacher (04). 2—; geb. nn 2.50 d

Ammon, D., Seelen-Harmonie. 2. verb. Aufl. (233 S.) 8. Freiburg i/B.(-Zähringen) (908). Selbstverlag. 3. —

— geheime Sünden des männlichen u. weiblichen Geschlechts, ihre Folgen u. der einzig wahre Weg zur Heilung. (59 S.) 12. Lorch 904. K. Rohm. n.n. — 50

— Geheime Sünden unter d. Jugend beiderlei Geschlechts. (59) 8° Ascona, C v. Schmidtz (05) — 60 d

Ammon, E., Tabellen zur Versicherung v. Gebäuden gegen Brandschaden in Sätzen nach Quadratfuss u. Quadratmeter zum Schutz gegen Ueberversicherung. Gültig f. die Provinzen Preussen, Posen u. in den Gegenden Hinterpommerns. Für Feuerversicherungs-Gesellschaften, Agenten, Taxatoren etc. bearb. 8. (14 S.) Konitz 871. Wollsdorf in Comm. n. — 50

Ammon, F. s. Ammon, Franz

Ammon, F. A. v., Kgl. sächsischer Leibarzt. 1829 s. *Ammon,* Friedrich August v.

Ammon, F.C.
— Andachtsbuch f. Christen evangel. Sinnes. 8. Bamb. 820. (Wesché in Frankf. a. M.) 1 Thlr. 8 gGr. Velinp. 2 Thlr.

Ammon, F. C., Rede bei e. feierl. Einsegnung. 4. Rotweil 818. Herder. 2 gGr.

Ammon, F. W. Ph., s. Ammon, Friedrich Wilhelm Phil.

Ammon, Fr. s. Ammon, Franz

Ammon, Fr. v., Appellationsgerichts-Rat. 1846 s. *Ammon,* Friedrich v.

Ammon, Fr. A. v., Kgl. sächsischer Leibarzt. 1862 s. *Ammon,* Friedrich August v.

Ammon, Franz: Über die Bedeutung der im Buche Hiob vorkommenden Sternnamen. Ein Beitrag zur Astrognosie. S. 3-16.
Progr. Passau 1838.

Ammon, F.: Blicke in das Gebiet der Chemie. Dem Jahresberichte ist beigefügt: Huldigung. Seiner Majestät, unserem allergnädigsten Könige Maximilian II. von Bayern ehrfurchtsvoll betrachtet von den Studierenden der Stadt Passau am 17. Juli 1852. -Gedicht von 8 vierz. Strophen. S. 3-22.
Progr. Passau 1852.

Ammon, Frz., die Feyer d. Frohnleichnamsfestes in Hochamt u. Prozession, nach d. röm. Meßbuche, u. d. Rituale d. Bisthums Augsburg. 8. (4½ B. u. Titkpfr.) Augsburg 830, Wolff. (Kollmann.)

—— die Gebete u. Ceremonien d. heil. Charwoche, z. Belehr. u. Erbauung ein. jed. kathol. Christen aus d. röm. Meßbuche übersetzt. Mit 1 Kpfr. 8. ... Augsburg 830, Wolff. (Kollmann.)

—— Lehrbuch d. mathemat. u. physikal. Erdbeschreib., für die bayer. Gymnasien verfaßt. 2 Thle. M. 2 Stnt. 8. (20 B.) Augsburg 829, 30, Wolff. (Kollmann.)

Ammon, Franz, Lehrbuch d. mathem. u. phys. Erdbeschreibung. f. d. bayer. Gymnasien verfaßt. 2 Thle. 2., verb. Aufl. gr. 8. Augsburg 837, Kollmann'sche Buchh.
Thl. 1. Die mathem. Erdbeschreib. (9 B. u. 2 Stnt.)
= 2. Die phys. Erdbeschreib. (10¼ B.)

—— Lehrbuch d. Mathematik, f. Gymnas u. Lyzeen. 2 Bde. Die reine Elementar-Arithmetik u. Geometrie. M. 4 lith. Taf. gr. 8. (27 B.) Augsburg 829, Kranzfelder.

—— **Praecepta et Poemata** pia, quae in usum juventutis literar. stud. ed. 8. (2 B.) Straubingae 833, Schorner.

Ammon, Franz: Proben einer demnächst erscheinenden Ausgabe der Apostelgeschichte. S. 2-8.
Progr. Straubing 1832.

Ammon, Franz: Einige Proben von den physikalischen Kenntnissen der Griechen und Römer, nebst einigen Worten über die einzig richtige Methode in der Naturlehre.
Progr. Augsburg 1829. Volkhart.

Ammon, Fr., Prof., Straubing. 1832: Die geistlichen Weihen, aus d. römischen Pontifikalbuche übers. u. mit Einl. u. Anm. vers., zum Gebrauche d. Ordinanden. — München: Lindauer 1832. 139 S. **12:** Liturg. 14. 102P.
4.641

Ammon, Frz. Xav, astronomischer Kalender für das gemeine Jahr 1835. (1r Jahrg.) gr 8. Bamb. 834. Lachmüller. 1/3 Thlr.

Ammon, Friedrich v.: Die Auswanderungen in ihrer Beziehung zum Staate. (Verf.: Fr. v. Ammon.) Als Ms. gedr. — (Köln 1846: du Mont-Schauberg.) 14 S.
1: Fe 9003. 5.
4.642

Ammon, Friedrich, aus Rehlingen: **Beiträge zur Kenntnis der Speckstein- und Pseudophitbildung.** *Erlangen 1902: E. Th. Jacob.* (44 S.) 8°
Erlangen, Phil. Diss. v. 3. Juli 1902

v. Ammon, Friedrich [aus Schwarzenbach a. S.]: Ueber das branchiogene Carcinom ... Erlangen, Druck v. A. Vollrath's k. b. Hofbuchdr., 1891; 35 S. 8.
Erlangen, Med. Fak., Inaug.-Diss. v. 1891

— Das Leben Dr. Christian Samuel Gottlieb Ludwig Nagel's, Directors des Königl. Preußischen Gymnasiums zu Cleve, Ritter des eisernen Kreuzes, nebst einer Auswahl seiner Reden u. Gedichte [Teils.] durch Friedrich v. Ammon u. Theodor Herold. Th. 1.2. — Cleve: Char 1829.
1: Av 3121. **12:** Biogr. 835c. **300:** 561.047-B. 2. 3. 5. 7. 11.
4.643

(—) Promemoria [zum Entwurf eines Strafgesetzbuchs für die Rheinprovinz]. (Verf.: v. Ammon.) — Dat. Cöln Sept. 1847. 7 S. **1:** 1 in Fz 787.
4.644

— Wie gelangt der Fremde zur Intestat-Erbfolge in den Nachlaß des Bewohners der Königlich Preußischen Rheinprovinzen? Beantwortet mit Beziehung auf einen darüber entstandenen Rechtsstreit. — Berlin 1824: Schade. 62 S. **1:** 4° Gw 16140. 11.
4.645

Ammon, Friedrich August von
Ammon, F(riedr.) A(ug.) v., Acyclia Irideremia und Hemiphakia congenita. — Zur Lehre von den angebornen Krankheiten des menschlichen Auges. gr. 4. (54 S. mit 2 Stnt.) Jena 860, Frommann. *
Aus: Acta acad. Caes. Leop.-Carol. naturae curiosorum, besonders abgedruckt.

Ammon, Friedrich August v.: Illustrirte pathologische Anatomie der menschlichen Cornea, Sclera, Chorioidea und des optischen Nerven. Von Fr. A. v. Ammon. Nach d. Verf. Tode hrsg. von Gustav Heinrich Warnatz. Mit 7 fein ausgemalten u. 1 schwarzen Taf. — Leipzig: Teubner 1862. VIII,41 S.
1:4° Km 1400. 12:2° Anat. 3r. 7. 10.
4.646

— Darwin's und Hufeland's Anleitung zur physischen und moralischen Erziehung des weiblichen Geschlechtes. 2. deutsche, neu bearb. Aufl. — Leipzig: Brockhaus 1852. XII,192 S. 12: Paed. Th 79. 7.
4.647

Ammon, Friedrich August von, Darwins und Hufelands Anleitung zur physischen und moralischen Erziehung des weiblichen Geschlechtes. Leipzig, Brockhaus 1860.

— Merkwürdiger Ausgang eines Medullarsarcoms des Auges, nebst Andeutungen über die Natur dieser Krankheit. Von F. A. v. Ammon. — Berlin 1829. 16 S.
Aus: Litterarische Annalen d. gesammten Heilkunde. 15,1.1829.
2.
4.648

— Die Behandlung des Schielens durch den Muskelschnitt ... von F. A. v. Ammon. Mit 1 lithogr. Taf. — Leipzig: Weidmann 1840. 38 S.
Aus: Monatsschrift für Medicin, Augenheilkunde u. Chirurgie. 3,5. 1840.
2. 6. 7.
4.649

— Neue Beiträge zur Lehre von den angebornen Fehlern der Iris, des Ciliarkörpers und der Choroidea. Von Dr. v. Ammon. — München: Roller [1852]. 13 S. 4°
Aus: Illustrirte medizinische Zeitung. 1,6. 1852. 3.
4.650

— Brunnendiätetik oder Anweisung zum zweckmäßigen Gebrauche der natürlichen und künstlichen Mineralwasser. Ein Buch für solche, welche zu den Heilquellen reisen, die Struveschen Trinkanstalten besuchen, oder die versendeten natürlichen wie die künstlichen Mineralwasser zu Hause trinken. — Dresden: Hilscher 1825. X, 157 S. 1: Ir 3393. 7. 11.
4.651

Ammon, Friedr. Aug. v., Brunnendiätetik, od. Anweis. zum zweckmäss. Gebr. d. natürl. u. künstl. Gesundbrunnen u. Mineralbäder. 2., verb. Aufl. gr. 12. (12½ B.) Dresden 828. [Wien, Gerold.]

Ammon, Friedrich August v.: Brunnendiätetik oder Anweisung zum zweckmässigen Gebrauche der natürlichen und künstlichen Gesundbrunnen u. Mineralbäder. 2., verb. Aufl. — Dresden: Hilscher 1828. XV,279 S.
1: an Ir 3393. 11.
4.652

— Brunnendiätetik oder Anweisung zum zweckmässigen Gebrauche der natürlichen und künstlichen Gesundbrunnen u. Mineralbäder Deutschlands. 3. Ausg. — Wien: Gerold 1835. XV,279 S. 1: Ir 3393[3].
4.653

— Brunnendiaetetik. Anweisungen zum zweckmässigen Gebrauche der Gesundbrunnen u. Mineralbäder Deutschlands. 4. Aufl. — Leipzig: Weidmann 1841. XVI,256 S.
12: M. med. 36 r. 6.
4.654

— Brunnendiätetik. (Anleitungen zum heilsamen Gebrauche der Gesundbrunnen u. Mineralbäder Deutschlands.) Von F. A. v. Ammon. 5. (umgearb.) Aufl. — Leipzig: Hirzel 1854. VI,319 S.
1: Ir 3393[5]. 12: M. med. 36 rd. 8. 11.
4.655

— Dr. von Ammon's Brunnendiätetik. (Anleitungen zum heilsamen Gebrauche der Gesundbrunnen, Bäder u. Luftkurorte Deutschlands u. der Schweiz.) 6. Aufl., hrsg. von Hermann Reimer. — Ebd. 1875. X,312 S.
1: Ir 3393[6]. 12: M. med. 36 re.
4.656

— Dr. von Ammon's Brunnendiätetik. (Anleitungen zum heilsamen Gebrauche der Gesundbrunnen u. Bäder nebst Führer an die Kurorte Mitteleuropas.) 7. Aufl., hrsg. von Hermann Reimer. — Ebd. 1880. X,305 S.
1: Ir 3393[7]. 7.
4.657

— Ueber die angeborne Cataracta in pathologisch-anatomischer, pathogenetischer und operativer Hinsicht ... von F. A. v. Ammon. — Dresden [1833]: Ramming. 30 S.
Aus: Zeitschrift für die Ophthalmologie. 3,1. 1833. 2.
4.659

— u. Mor. **Baumgarten**, die plastische Chirurgie nach ihren bisherigen Leistungen krit. dargestellt. Eine von d. Medicin. Gesellschaft zu Gent gekrönte Preisschrift. — A. u. d. T.: Kritik d. plastischen Chirurgie. Lex.-8. Berlin 842. Reimer. 2¼ ß

Ammon, Friedr. August (Göttingen), Commentatio semiologica in qua somni vigiliarumque status morbosi, symptomatice aetiologice et prognostice exponuntur et dijudicantur, uberioribus tamen in somnambulismum inquisitionibus omissis. Göttingen (Friedr. Ernst Huth) 4. VI. 1820. 84 S. (5.60)

— comment. semiolog, in qua vigiliarumque status morbosi symptomatice etc. 4. Götting. 820. (Vandenhöck). 12 gr

— Friderici Augusti Ammon Commentatio semiologica, in qua somni vigiliarumque status morbosi, symptomatice, aetiologice et prognostice exponuntur et diiudicantur, uberioribus tamen in somnambulismum inquisitionibus omissis. — Gottingae [1821]: Huth. 84 S.
1:4° Kh 3652. 300: 70 V 42. 3. 4. 7. 10.
4.660

Ammon, Friedrich August von: Klinische Darstellungen der angeborenen Krankheiten des Auges und der Augenlider nach eigenen Beobachtungen und Untersuchungen zum Selbststudium und zum Unterrichte. 90 S., gbd., 20 Taf.

Berlin: Reimer 1841
(Ammon, F.A.v.: Klinische Darstellungen der Krankheiten und Bildungsfehler des menschlichen Auges, der Augenlider und der Thränenwerkzeuge... Th.3)

Ammon, Friedrich August von: Klinische Darstellungen der Krankheiten des menschlichen Auges nach eigenen Beobachtungen und Untersuchungen zum Selbststudium und zum Unterrichte. 69 S., gbd., 23 Taf.

Berlin: Reimer 1838
(Ammon, F.A.v.: Klinische Darstellungen der Krankheiten und Bildungsfehler des menschlichen Auges, der Augenlider und der Thränenwerkzeuge... Th.1)

Ammon, Friedrich August von: Klinische Darstellungen der Krankheiten der Augenlider, der Augenhöhle und der Thränenwerkzeuge nach eigenen Beobachtungen und Untersuchungen zum Selbststudium und zum Unterrichte. 31 S., gbd.

Berlin: Reimer 1838
(Ammon, F.A.v.: Klinische Darstellungen der Krankheiten und Bildungsfehler des menschlichen Auges, der Augenlider und der Thränenwerkzeuge... Th.2)

v. Ammon, Fr. Aug., klinische Darstellungen der Krankheiten und Bildungsfehler d. menschlichen Auges, der Augenlieder und der Thränenwerkzeuge, nach eigenen Beobachtungen und Untersuchungen herausg. 1r Thl. A. u. d. T.: Klinische Darstellungen der Krankheiten des menschl. Auges, nach eigenen Beobachtt. und Untersuchungen zum Selbststudium und zum Unterrichte herausg. Hierzu 23 ill. (Kupfer-) Taf. mit 377 Fig. gr. Fol. Berlin 838. Reimer. n. 20 ℛ

— Dess. 2r Thl.: klinische Darstellungen der Krankheiten der Augenlieder, der Augenhöhlen u. der Thränenwerkzeuge. Mit 12 Kpfrtaf. gr. Fol. Berlin 838. Reimer. n. 8 ℛ

— klinische Darstellungen der Krankheiten und Bildungsfehler des menschlichen Auges rc. 3. Theil. — A. u. d. T.: Die angeborenen Krankheiten des Auges u. der Augenlider. Hierzu 20 Tafeln (in 1/2 gr. Fol., wovon 11 illum. sind) mit 378 Figuren. gr. Fol. Berlin 841, Reimer. n. 12 ℛ (1—3: n. 40 ℛ)

v. Ammon, Frdr. Aug., klinische Darstellungen d. Krankheiten u. Bildungsfehler des menschl. Auges, der Augenlider u. der Thränenwerkzeuge nach eigenen Beobachtungen u. Untersuchungen. IV. Lfg. Enth. als Schluss: Einleitg. u. Total-Index d. Abb. Fol. (XXXVI S.) Berlin 847, G. Reimer. n. 2/3 ℛ (1–4.: n. 40 2/3 ℛ)

Ammon, Friedrich August v.: Die Entwicklungsgeschichte des menschlichen Auges. Hierzu 207 Abb. auf 12 lithogr. Taf. — Berlin: Peters 1858. 226 S.
Aus: Archiv für Ophthalmologie. 4. 1858. **4. 6.**
4.663

— Die Entwickelungsgeschichte des menschlichen Auges nach eigenen Beobachtungen und Untersuchungen skizzirt. — Dresden 1832: Ramming. 21 S.
Aus: Zeitschrift für die Ophthalmologie. 2.4. 1832.
2. 10.
4.662

—— der Epicanthus und das Epiblepharon zwei Bildungsfehler der menschlichen Gesichtshaut. Sendschreiben an Hrn. Dir. Prof. Dr. J. Sichel. Mit 20 Abbild. gr. 8. (III und 81 S. mit 1 Stnt. in qu. gr. 4.) Erlangen 860, Palm und Enke. *
Aus: Behrend's und Hildebrand's Journal für Kinderkrankheiten, besonders abgedruckt.

[—] Die Erkenntniss und die Behandlung der nach Deutschland verschleppten asiatischen Cholera. Mit Berücks. der durch Leichenöffnungen gewonnenen Aufklärungen ... Zum Gebrauch für Civil- u. Militär-Aerzte u. Wundärzte nach d. besten Quellen zsgest. — Dresden: Walther 1831. 47 S. **2. 10.**
4.666

— Die Erkenntniss und die Behandlung der asiatischen Cholera. Mit Berücks. der durch Leichenöffnungen gewonnenen Aufklärungen ... Nach den besten Quellen für Civil- u. Militairärzte u. Wundärzte u. für Pharmaceuten bearb. 3., umgearb. Aufl. — Ebd. 1831. 80 S.
1: Ka 10505. **2.**
4.667

— — 4., unveränd. Aufl. Ebd. 1831. 80 S.
12: Path. 1460k.
4.668

— De Genesi et usu maculae luteae in retina oculi humani obviae. Quaestio anatomico-physiologica. Scripsit Fridericus Augustus ab Ammon. Acc. tab. — Vinariae: Landes-Industrie-Comtoir 1830. 24 S. 4°
1: Ky 12480. **300:** 79 C 61. **2. 3. 7. 8. 10.**
4.660

— kurze Gesch. d. Augenheilkunde in Sachsen, e. medizin.-histor. Skizze, zum Besten d. neuen Erziehungs- u. Arbeitsanstalt für Blinde zu Dresden. Mit 1 Steindr. gr. 8. Leipzig 824, Hartmann.

— kurze Geschichte d. Augenheilkunde in Sachsen, mit 1 Steindr. gr. 8. Leipz. 824. (Lehnhold). 10 𝒢

— Histoire du développement de l'œil humain par F.A.d'Ammon. Suivie de 12 planches lithogr. cont. 207 fig. Trad. de l'allemand par A[ntoine Louis] van Biervliet ⟨de Bruges⟩. — Bruxelles 1860: van Buggenhoudt. V,182 S.
Aus: Annales d'oculistique. 42-44. 1859-60.
12: Anat. 31 f. **10.**
4.664

— Ophthalmo paracenteseos Historia. Specimen medico-historicum quo commentatur in varias huius operationis ad cataractam sanandam methodos hucusque institutas, et in instrumenta hunc in usum inventa. Fridericus Augustus Ammon. Cum tab. — Gottingae 1821: Dieterich. XII,88 S. **1:** Km 7320. **12:** Chir. 4m. **2. 3. 5. 7. 9.**
4.671

Ammon, F. A. v. (Hrsg.), s. Journal der Chirurgie und Augenheilkunde.

— De Iritide. Commentatio ab illustrissima Societate medico-practica, quae Lutetiae Parisiorum floret ... praemio aureo publice ornata. Scripsit Fridericus Augustus ab Ammon. Acc. in tabb. aen. 2. figg. pictae 18. — Lipsiae: Weidmann 1838. V,48 S.
1: 4° Km 7965. **12:** 4° Chir. 1 w. **300:** 69 Q 71. **3. 5. 7.**
4.672

— Ueber Iritis. 6 Bücher. Eine von d. Gesellschaft für practische Medicin zu Paris gekrönte Abhandlung von F. A. v. Ammon. Deutsche, nach d. lat. Orig. überarb. Ausg. — Berlin: G. Reimer 1843. 120 S.
Nebent.: Ammon: Preisschrift über Iritis.
Aus: Journal für Chirurgie und Augenheilkunde. 31.4. 1843.
1: Km 7966. **12:** Chir. 4 md. **2. 3. 10. 11.**
4.673

Ammon, Friedrich August v.: Die angeborenen chirurgischen Krankheiten des Menschen in Abbildungen dargest. u. durch erl. Text erkl. Mit 574 Fig. auf 34 Kupfertaf. in Folio. — Berlin: Herbig 18(39–)42. (Ammon: Die chirurgische Pathologie in Abbildungen. 1.)
In den Exemplaren von 300. 6. 9 u. 10 fehlt der Gesamttitel.
1: 2° Ig 7062. **12:** 2° Chir. 1 n. **300:** 180.929 D-E. **2** [Text defekt]. **3. 4. 5. 6. 7. 8. 9. 10. 11** [° Text].
4.674

— Kritik der plastischen Chirurgie. Eine von d. Medicinischen Gesellschaft zu Genf gekrönte Preisschrift. Von F.A.v.Ammon u. M(oritz) Baumgarten. — Berlin: G. Reimer 1842. XXVI,310 S.
Nebent.: Ammon u. Baumgarten: Die plastische Chirurgie nach ihren bisherigen Leistungen kritisch dargest.
1: Ke 8085. **12:** Chir. 4 mc. **300:** 69 O 35. **2. 3. 5. 6. 7. 9. 10.**
4.675

Ammon, F(riedrich) A(ugust)(Hrsg.):

s.: Monatsschrift für die Medicin, Augenheilkunde und Chirurgie. Bd 1-3. Leipzig: 1838-40

— die ersten Mutterpflichten u. die erste Kinderpflege rc. 8. Dresd. 827. Hilscher. 1 ℛ

— Die ersten Mutterpflichten und die erste Kinderpflege zur Belehrung junger Frauen und Mütter. 2. Ausg. — Wien: Gerold 1835. XII,256 S. 10.
4.678

— Die ersten Mutterpflichten und die erste Kindespflege. Belehrungen für junge Frauen u. Mütter. 3., verb. Aufl. Leipzig: Weidmann 1839. XII,268 S. **5.**
4.679

— die ersten Mutterpflichten und die erste Kindespflege. Ein Belehrungsbuch für junge Frauen u. Mütter. 4. verb. Aufl. 12. Leipzig 845, Weidmann. geb. 1 1/4 ℛ

— Die ersten Mutterpflichten und die erste Kindespflege. (Ein Belehrungsbuch für junge Frauen u. Mütter.) Von F. A. v. Ammon. 5., verb. Aufl. — Ebd. 1851. XII,285 S.
12: Path. 30.
4.680

— die ersten Mutterpflichten u. die erste Kindespflege. 6. verb. Aufl. 854. (XVI, 299 S.) — 7. verb. Aufl. Leipzig, 857. Hirzel. 16. (XIV, 271 S.) 1 ₰ 7½ ngr

— die ersten Mutterpflichten und die erste Kindespflege. 8. Aufl. 859. (XIV, 264 S.) — 9. Aufl. Leipzig 860 Hirzel. 16. (XV, 279 S.) 1 ₰ 7½ ngr

—— die ersten Mutterpflichten und die erste Kindespflege. Belehrungsbuch für junge Frauen und Mütter. 10.—13. Aufl., durchgesehen und verm. von W. L. Grenser. 8. (XVIII und 310 S.) Leipzig 863—68, Hirzel. geb. mit Goldschn.

Ammon, F. A. v., die ersten Mutterpflichten und die erste Kindespflege. Belehrungsbuch für junge Frauen und Mütter. 14.—16. Aufl. durchgesehen und verm. von W. L. Grenser. 8. (XX, 316 S.) Leipzig 870—72, Hirzel. geb. mit Goldschn.

—— dass. — 17. und 18. Aufl. durchgesehen von F. Winckel. gr. 16. (XVI, 304 S.) Ebendas. 873.74. geb. mit Goldschn.

—— die ersten Mutterpflichten und die erste Kindespflege. Belehrungsbuch für junge Frauen und Mütter. Durchgesehen von F. Winckel. 19. Aufl. (XVI, 303 S. mit Titelvignette.) 1875.; 20. Aufl. (XVI, 306 S.) 1876. und 21. und 22. Aufl. gr. 16. (XVI, 312 S.) Ebendas. 877,78. geb. mit Goldschn.

—— die ersten Mutterpflichten und die erste Kindespflege. Belehrungsbuch für junge Frauen und Mütter. 23. Aufl., durchgesehen von F. Winckel. (XIV, 313 S. mit Titelstahlst.) 1880; 24. und 25. Aufl. (XIV, 314 S.) 1881,82 und 26. Aufl. 8. (XVI, 315 S.) Ebendas. 883. geb. mit Goldschn.

Ammon, F. A. v., die ersten Mutterpflichten und die erste Kindespflege. Belehrungsbuch für junge Frauen und Mütter. 27.—30. Aufl., durchgesehen von F. Winckel. 8. (XVI, 319 S. mit Stahlst.-Titel.) Leipzig 885—88, Hirzel. geb. mit Goldschn.

Ammon, FA v., d. ersten Mutterpflichten u. d. erste Kindespflege. 8. Afl., durchges. v. F Winckel. 8. (319) Lpzg 89, Hirzel. geb. m. G. 3. 75

Ammon, Friedr. Aug. v. Die ersten Mutterpflichten u. d. erste Kindespflege. Belehrungsbuch f. junge Frauen u. Mütter. 31.—33. Aufl., durchges. v. F. v. Winckel. 12. (XVI, 318 S. m. Titelbild in Stahlst.) Lpz. 890—92, S. Hirzel. geb. in Leinw. m. Goldschn. 3 75

—— dass. — Nach d. neuesten Erfahrgn. bearb. v. M. Lewitt. 12. (XIV, 307 S.) Berl. 892, Bibliograph. Anstalt A. Warschauer. geb. in Leinw. 1 50

—— dass. — Neue Volksausg. Hrsg. v. Norbert Auerbach. 1.—4. Taus. 8. (VIII, 128 S.) Berl. 892, Cassirer u. Danziger. * 1 50

— dass. Neue Volksasg. Hrsg. v. N Auerbach. 6. Taus. 8° (128) Berl. 93, Wiener. 1.50

— dasselbe. 34. Aufl. 12. (XVI, 320 S. m. Titelbild.) Ebd. 894. Geb. in Leinw. m. Goldschn. 3. 75

Ammon, FA v., d. ersten Mutterpflichten u. d. erste Kindespflege. Belehrungsbuch f. junge Frauen u. Mütter. 35. Afl., durchgesehen v. F v. Winckel. 12° (320 m. 1 St.) Lpzg 95, S Hirzel. Geb. in Lnw. m. G. 3.75

— dasselbe v. Standpunkte d. arzneilosen Heilweise f. junge Frauen u. Mütter hrsg. v. Klara Muche. gr. 8. (VIII, 282 S.) Leipzig 895. Th. Grieben. n. 2. —; geb. in Leinw. n. 2. 40

— dasselbe. Z. Belehrg. f. junge Frauen u. Mütter. J. neuer Bearb. v. K. Hoffmann. 8. (176 S.) Berlin 897. Aug. Schultze's Verl. n. 2. —; kart. n. 2. 50

Ammon, F. A. v., D. ersten Mutterpflichten u. d. erste Kindespflege. Belehrungsbuch f. junge Frauen u. Mütter. 36. Aufl., durchges. v. F. v. Winckel. 12. (XVI, 320 S. m. Titel i. Stahlst.) Leipzig 898. S. Hirzel. Geb. in Leinw. m. Goldschn. 3. 75

Ammon, FA v.: Die ersten Mutterpflichten u. d. erste Kindespflege. 37. Afl. v. F v. Winckel. 12° (320 m. 1 St.) Lpzg 1900, S Hirzel. Geb. in L. m. G. 3.75

Ammon, F. A. v., die ersten Mutterpflichten u. die erste Kindespflege. Belehrungsbuch f. junge Frauen u. Mütter. 38. Aufl., durchgesehen von F. v. Winckel. 12. (XVI, 325 S. m. Titel in Stahlst.) Leipzig 902. S. Hirzel. Geb. in Leinw. m. Goldschn. 3. 75

37. Aufl. (XVI, 320 S.) Ebd. 900. geb. n. 3. 75.

Ammon, F. A. v., die ersten Mutterpflichten u. die erste Kindespflege. Belehrungsbuch f. junge Frauen u. Mütter. 39. Aufl., durchgesehen von F. v. Winckel. (XVI, 324 S. m. Titel in Stahlst.) kl. 8. Leipzig 905. S. Hirzel. Geb. in Leinw. m. Goldschn. n. 3. 75

Ammon, Friedrich August v.: Die ersten Mutterpflichten und die erste Kindespflege. (Belehrungsbuch für junge Frauen u. Mütter.) 40. Aufl. (durchges. von F[ranz] v. Winckel). — Leipzig: Hirzel 1907. XIV,338 S.
12:A. obst. 101 z.
4.686

Ammon, Fr. Aug. v.: Die ersten Mutterpflichten u. d. erste Kindespflege. 7. Afl. (176) 8° Brnschw. (09). Berl., F Euler. 1 —; kart. 1.50 d

— Die ersten Mutterpflichten und die erste Kindespflege. Zur Belehrung für junge Frauen u. Mütter. Von Aug. Fr. v. Ammon. In neuer Bearb von K. Hoffmann. 8. Aufl. Berlin: Euler 1910. 173 S. **1:**N 10.4049.
4.687

Ammon, Frdr. Aug. v.: Die ersten Mutterpflichten u. d. erste Kindespflege. Belehrgsb. f. junge Frauen u. Mütter. 41. Afl. v. F v. Winckel. (14, 327 m. Titel in Stahlst.) kl8° Lpzg, S Hirzel '11. L m. G 3.75 d

— Parallele der französischen und deutschen Chirurgie. Nach Resultaten einer in d. Jahren 1821 u. 1822 gemachten Reise von Friedrich August Ammon. — Leipzig: Hartmann 1823. XII,483 S.
1:Ig 2415. **12:**Chir. 1 o. **300:**77 Ee 45. **2. 3. 5. 6. 7. 11.**
4.691

— Parallele d. französ. u. deutsch. Chirurgie, nach Resultaten e. in d. J. 1821 u. 22 gemachten Reise. gr. 8. Leipz. 823. (Lehnhold). 2 ₰ 8 gr

— Die chirurgische Pathologie in Abbildungen. Abth. 1. — Berlin: Herbig 1839(-42).
1. Ammon: Die angeborenen chirurgischen Krankheiten des Menschen.
In den Exemplaren von **300. 6. 9** u. **10** fehlt das Titelblatt.
1:2° Ig 7062. **12:**2° Chir. 1 n. **300:**180.929 D E. **2. 3. 4. 5. 6. 7. 8. 9. 10. 11.**
4.692

— Pharmacopoea anticholerica extemporanea. Exhibens compositiones medicamentorum a medicis experientissimis ad curam cholerae Asiaticae tam internam quam externam accommodatorum. Scripsit Frid. Aug. ab Ammon. Lipsiae: Voss 1832. XII,154 S. **1:**Ka 3700. **2.**
4.693

— De Physiologia tenotomiae experimentis illustrata. Commentatio chirurgica, qua ordini medicorum gratioso Academiae Georgiae Augustae solemnia huius Universitatis litterarum saecularia prima die 17. Septbr. 1837 agenda gratulatur Fridericus Augustus ab Ammon. Acc. tab. lithogr. Dresdae: Walther (1837). VI S., S. 7-24.
12:2° Diss. 221-14. **300:**180.735 D. **2. 3. 7. 8. 11.**
4.694

— Preisschrift über Iritis. 1843 s. *Ammon:* Ueber Iritis

Ammon F. A. ab: Quaestio anatom.-physiolog. de genesi et usu maculae luteae in retina oculi humani obviae. Univ.-Progr. Vinariae 1830. 24 S. 1 kol. Tvl. 4°.

[—] Repertorium der besten Heilformeln aus der Praxis der bewährtesten Aerzte, Wundärzte, Geburtshelfer und der berühmtesten klinischen Lehrer Deutschlands ... von einem practischen Arzte u. Chirurgen [d. i. Friedrich August v. Ammon]. 2., verb. u. sehr verm. Aufl. — Ebd. 1829. XVI,454 S. **2. 3. 5. 10.**
4.697

[—] Repertorium der bewährtesten Heilformeln aus der Praxis der berühmtesten deutschen Aerzte, Wundärzte und klinischen Lehrer ... von einem practischen Arzte u. Chirurgen [d.i. Friedrich August v. Ammon]. — Leipzig: Hartmann 1828. VIII,280 S. **2. 6.**
4.696

Ammon, Friedrich August v.: Die Sclerectomie oder die künstliche Pupillenbildung in der Sclerotica nach eigenen Erfahrungen und Operationsversuchen an staphylomatösen Augen Lebender. Mit e. lithogr. Taf. — Dresden: Walther 1831. 47 S.
Aus: Zeitschrift für die Ophthalmologie. 1,2. 1831.
1: Km 8290. **2. 3. 8.**
4.698

— s. Stricker, W., alphabet. Uebersicht aller für Natur- u. Heilkunde interessanten Orte rc. — Journal f. Chirurgie.

— Das Symblepharon und die Heilung dieser Krankheit durch eine neue Operationsweise. Ein Glückwünschungsschreiben dem Herrn Dr. J.A.W. Hedenus ... überreicht vom Prof. Dr. F.A.v.Ammon. Mit e. Kupfertaf. — Dresden: Walther 1833. 34 S. **1:** Km 5692. **12:** Chir. 4 mb.
4.699

— — 2., verb. Aufl Ebd. 1834. 32 S. **7.**
4.700

Ammon, Fr. Aug. v. (Hrsg.), s. Zeitschrift für die Ophthalmologie.

Ammon, Friedrich Wilhelm Phil.

— Andachtsbuch für Christen evangelischen Sinnes. 8. Ebend. 820.

v. Ammon, (F. W. Ph.) Andachtsbuch f. d. heranblühende Jugend. Mit 1 Titelk. 8. Bamberg 822. (Frankfurt a. M., Wesché.) 1 Rthlr. Schrbpap. 1 Rthlr. 8 gr. Velinpap.

— Bilder u. Gleichnisse aus Geiler von Kaysersbergs Seelenparadiese. gr. 8. Erlangen 827. (Palm u. E.)

Ammon, Friedrich Wilhelm Philipp v.: Rudolph's und Ida's Briefe über die Unterscheidungslehren der protestantischen und katholischen Kirche. — Dresden & Leipzig: Arnoldi 1827. VI,145 S. **1:** Di 2192. **12:** Polem. 57 t.
4.701

— Denkmal der dritten Säcularfeier der Uebergabe der Augsburger Confession in den deutschen Bundesstaaten. Erlangen: Palm & Enke 1831. VI,266 S.
1: Df 4770. **12:** H. ref. 9 h. **7. 8.**
4.702

— Gallerie der denkwürdigsten Personen, welche im XVI., XVII. und XVIII. Jahrhunderte von der evangelischen zur katholischen Kirche übergetreten sind. — Erlangen: Palm & Enke 1833. VI,404 S.
1: Cn 3120. **12:** H. eccl. 32 m. **2. 3. 4. 7. 8.**
4.703

— Evangelisches Jubelfestbuch zur dritten Säcularfeier der Augsburger Confession, oder die Augsburger Confession, Geschichte ihrer Uebergabe und ihrer 1. u. 2. Säcularfeier, von Friedr. Wilh. Phil. v. Ammon. — Erlangen: Palm & Enke 1829. VII,314 S.
1: Df 4112. **12:** H. ref. 9 i. **3. 7. 8. 9. 11.**
4.704

— Geiler von Kaisersbergs Leben, Lehren und Predigen. — Erlangen: Palm & Enke 1826. X,236 S.
1: Au 4986. **12:** Biogr. 576 u. **300:** • 41 X 11. **2. 3. 5. 7. 8. 10. 11.**
4.705

— Predigt am 25. Juni 1830 als am dritten Säcularfeste der Uebergabe der Augsburger Confession zu Erlangen geh. Erlangen (1830): Kunstmann. 18 S. **1:** 2 in E 257
4.706

— Predigt über Psalm 21., 2 — 8 am 16. Febr. 1824, als am 25jähr. Regierungsjubelfeste Sr. Maj. des Königs v. Baiern. gr. 8. Erlangen 824. Palm u. Enke. $1\frac{1}{2}$ gr.

— Predigten über vorgeschriebene u. freie Texte. 8. Frankf. a. M. 825. Wesché. 1 Rthlr.

Ammon, F. W. Ph. Zwei Predigten, bei seinem Amtswechsel zu Merzbach u. Erlangen gehalten. 8. Bamberg, Göbhardt. 820.

— zwei Predigten, bei seinem Amtswechsel gehalten. gr. 8. Bamb. 820. (Wesché in Frankf. a. M.) 4 gr.

Ammon, Friedr. Wilh. Phil. v., u. Joh. Konr. Irmischer, zwei Predigten am hundertjähr. Jubiläum d. Neustädter Kirche zu Erlangen, als am 11. Adventssonntag 1837 gehalten. gr. 8. ($1\frac{3}{4}$ B.) Erlangen 838, (F. Enke.)

— christl. Religionsvorträge. gr. 8. Bamb. 821. (Wesché in Frankf. a. M.) 1 Rthlr. 8 gr.

— Rückblick auf d. vormal. Sophien- u. Universitätskirche zu Erlangen. gr. 8. Erlangen 827, Palm u. Encke.

v. Ammon, Fr. Wlh. Phil., wider Thierquälerei. Synodalrede u. Predigt. gr. 8. Erlangen 842, Fd. Enke. n. $\frac{1}{12}$ Rthlr.

Ammon, G., Philologe, Oberstudiendirektor s. *Ammon*, Georg.

Ammon, G. G. s. *Ammon*, Georg Gottlieb.

Ammon, Georg

Ammon, Georgius: De Dionysii Halicarnassensis librorum rhetoricorum fontibus. ... Monachii, typ. cur. H. Kutzner, 1889: 2 Bl., 113 + 1 S. 8°
München, Phil. Fak., Inaug.-Diss. v. 1889

Ammon, Georgius: De Dionysii Halicarnassensis librorum rhetoricorum fontibus. München, Druck v. H. Kutzner, 1889; 2 Bl., 113 S. 8°
München, k. Wilhelms-G, P 1889 •

Ammon, G., de Dionysii Halicarnassensis librorum rhetoricorum fontibus. Diss. inaug. gr. 8. (114 S.) München 889. (Lindauer.) n. 1. 80

Ammon, G., lateinische Grammatik-Anthologie. Systemat. geordnete Merksätze u. Stoffe f. den Lateinunterricht in der 4. Gymnasialklasse (Untertertia). (VI, 134 S.) gr. 8. München 907. J. Lindauer. 1.80; kart. 2. —

Ammon, Gg., Roms höheres Schulwesen gegen Ende der Republik. Vortrag, geh. auf der XVII. General-Versammlung d. bayer. Gymnasiallehrervereines zu Augsburg am 20. April 1892. gr. 8. (15 S.) München 892. J. Lindauer. n. — 50

Ammon: Vortrag üb. Roms höh. Schulwesen geg. Ende d. Republik. — München 1893.

— Wörterverzeichnis der deutschen Rechtschreibung mit Beigabe des amtlichen Regelbuchs. Nach d. amtlich festgestellten Grundsätzen verf. von G. Ammon, unter Mitwirkung von N[ikolaus] Wecklein. — München: Oldenbourg 1903. 223 S. **1:** N 11.54. **12:** L. germ. 13 gi. **7.**
4.707

Ammon, Georg Friedrich v. [Hrsg.] s. *Abfertigung*, Kurze, der sogenannten Reprotestation der münster- und jülichscher, nieder-rheinisch-westphälischer Crayss-Con-Directoriorum. Um 1757.

Ammon, Georg Friedrich v.: Schreiben des Königl. Preußischen ... Gesandten, Herrn von Ammon, an die chur-cöllnische und chur-pfältzische ... Gesandte, Herrn von Schüching, und Herrn von Robertz, sub dato Cölln am Rhein, den 20. Jan. 1758, die vorseyende anmaßliche nieder-rheinisch-westphälische Crayß-Versammlung ... betreffend. — Dat. Cölln a. Rh. 20. Jan. 1758. 2 Bl.
3. 7.
4.709

Ammon, Georg Gottlieb: Ueber die Eigenschaften des Soldaten-Pferdes und die Mittel, die Zucht desselben zu befördern. Von G.G. Ammon. — Berlin, Posen & Bromberg: Mittler 1828. 32 S. **1:Hu 25430. 8.**
4.711

Ammon, G. G., d. Ält., Handbuch der gesamten Gestütskunde u. Pferdezucht. Königsberg 33. (Gebr. Bornträger, Berlin.) M. 5.50

— Handbuch der gesammten Gestüts-Kunde und Pferdezucht. — Königsberg: Bornträger 1833. XIV,330 S.
1:Ov 21246. **12:**Oecon. 58 h. **2. 9. 10. 11.**
4.712

— Handb. f. angeh. Pferdeärzte, s. J. B. v. Sind, Pferdearzt.

— s. J. A. Herbst, Unterricht über Pferdezucht.

Ammon, G. G. (Hrsg.), s.a. Magazin für Pferdezucht ...

— Magazin für Pferdezucht, Veredelung der Pferde und äussere Pferdekenntnis. 1. Heft. Hildburghausen 26.

— Das sicherste Mittel, nur große und gut ausgebildete Pferde zu erziehen. Von G.G. Ammon. — Königsberg: Bornträger 1829. 36 S. **1:**Ov 19536. **8. 10.**
4.713

— Das sicherste Mittel, nur große und gut ausgebildete Pferde zu erziehen, nebst einer Anweisung zu ihrer Vorbereitung zu künftigen Dienstleistungen. Von G.G. Ammon. 2., sehr verm. Aufl. von W. A. Kreyssig. — Ebd. 1849. 44 S. **1:**Ov 19537. **9.**
4.714

— das sicherste Mittel, nur große u. gut aussehende Pferde zu erziehen. 8. Königsb. 829. Bornträger. 5 ℊ

— Von der Zucht und Veredelung der Pferde durch öffentliche und Privatgestüte. — Berlin: Flittner 1818. XXXII, 248 S.
10.
4.710

— von der Zucht u. Veredelung der Pferde durch öffentl. u. Privatgestüte, mit 3 Kpf. gr. 8. Berl. 818. (Sander). 1 ℛ 10 ℊ

Ammon, Georgius, s. Ammon, Georg

Ammon, Herm., die Untreue. (§ 266 St. G. B.) Diss. gr. 8. (VI, 96 S.) Tübingen 894. (F. Fues.) n. 2. —

Ammon, Hermann [Hilfsrichter in Heilbronn]: Die Untreue. '(§ 266 St. G. B.)' ... Tübingen, Druck v. H. Laupp jr, 1894; VI, 96 S. 8.
Tübingen, Jur. Fak., Inaug.-Diss. v. 1894

Ammon, J.: Teutsche Alterthümer der Mythologie und Sprache oder mythologisch-etymologischer Commentar zu Tacitus Schrift: De situ, moribus et populis Germaniae. Von J. Ammon u. W[ilhelm] Bäumlein. — Tübingen: Hopfer de l'Orme 1817. 70 S.
1:Wn 1650. **12:**A. lat. b. 1930 p. **2. 10.**
4.734

Ammon, J. u. Bäumlein, W., deutsche Alterthümer der Mythologie u. Sprache, od. mythologisch-etymol. Commentar zu Tacitus de vita, mor. et pop. Germ. gr. 8. Tübingen, Laupp. 817.

Ammon, I., u. W. Bäumlein, Teutsche Mythologie und Sprache oder mythologisch-etymologischer Commentar zu Tacitus Schrift de moribus Germaniae. Tübingen 1817. 8.

Ammon, J.F.G. von, s. Rechtspflege, üb. d. öffentl. u. mündl., im baier. Rheinkreise., (von J.F.G.v.Ammon.)

Ammon, Johann Christoph: Kernhaffter Auszug der besten und raresten Schrifften, wie auch der auserlesensten Materien in allen Theilen der theologischen Wissenschafften, nebst denen angenehmsten Merckwürdigkeiten in der Kirchen- und Gelehrten-Historie, aus den 40 Bänden der Unschuldigen Nachrichten. Auch mit Anm. vers. Th. 1–4. — Roth 1745–52: Huthofer (2.4: Huthoffer).
1. Von A. 1701 bis 1710. 1745. 2. Von 1711 bis 1720. 1746.
3. Von 1721 bis 1730. 1748. 4. Von 1731 bis 1740. 1752.
1–4 . . . . **1:**Bibl. Diez 10370–Bibl. Diez 10373.
1–3 . . . . **4.**
1.2 . . . . **7.**
4.739

Ammon, Johann Ludwig:

[—] Kurzgefaßte Nachrichten von Künstlern, welche sich seit 1400 bis 1700 beym Münzwesen hervorgethan, wobey ihre Zeichen sorgfältig geprüft. — Ebd. 1781 188 S. 4° **3. 7.**
4.741

[—] Sammlung berühmter Medailleurs und Münzmeister nebst ihren Zeichen. — Nürnberg: Hauffe 1778. 188 S.
1:4° Pl 2726. **12:**4° Num. rec. 111. **300:** * 46 T 15.
3. 4. 7. 10.
4.740

von Ammon, Johannes [aus Dresden]: Beitrag zur Statistik der Thränensack-Exstirpationen ... Kiel, Druck v. L. Handorff, 1892; 18 S., 1 Bl. 8.
Kiel, Med. Fak., Inaug.-Diss. v. [3. März] 1892

Ammon, Jost s. *Amman.*

Ammon, Karl, s. Ammon, Carl

Ammon, K. E., die Unterhaltung der Kunststrassen, s.a. Taschenbibliothek, deutsche bautechnische.

Ammon, K. E.: Die Unterhaltung der Kunst-Strassen. Eine praktische Anleitung von K. E. Ammon. — Leipzig: Scholtze 1880. 32 S. (Deutsche bautechnische Taschenbibliothek. 45.)
83.
4.742

Ammon, Karl Wilhelm

— Abhandl. über den Milzbrand. 8. Ansb. 808.

Ammon, Karl Wilhelm: Abhandlung über die Natur und Heilung der Augenentzündung bei Pferden und ihren Folgen, nach neuern medicinischen Grundsätzen u. Erfahrungen für denkende Thierärzte u. aufgeklärte Oekonomen. Ansbach: Gassert 1807. VIII,127 S.
1:Ks 11710. **12:**A. vet. 2 h.
4.744

Ammon, Karl Wilhelm: Praktische Abhandlungen über die Krankheiten der Pferde und des Rindviehes, auf Brownische Grundsätze und Erfahrungen gegründet. 327 S., gbd.

Nürnberg u. Altdorf: Monath u. Kußler 1802

Ammon, Carl Wilh., Praktische Abhandlungen über die Krankheiten der Pferde und des Rindviehes auf Brownische Grundsätze und Erfahrungen gegründet. 8. Nürnberg 02. Recknagel.

— prakt. Abhandl. üb. d. Krankheiten d. Pferde u. des Rindviehes, nach Brown'schen Grundsätzen. 8. Nürnb. 803. Monath u. K. 21 ℊ

Ammon, Karl Wilh., Bemerkn. über den Nutzen d. landesherrl. Hof- u. Stammgestüte, und der Wettrennen nach engl. Art. Veranlaßt durch die Schrift: Etwas über edle Pferde v. Bar. G. v. Biel. gr. 8. (5 B.) Nürnberg 831, (Riegel u. Wießner.)
Ist als Anhang des Werks: Ueb. die Verbesserung u. Veredlung der Landespferdezucht etc., v. dems. Verf., 8 Thle., s. unt., zu betrachten.

— Geschichte des Pferdes siehe: Sebald, G. F.

Ammon, Karl Wilhelm, Handbuch der Pferdearzneikunst nebst Anhang der Krankh. des Rindv. und der Schaafe enth. 2 Thle. 8°. Heilbrun. Claß 1807.

— Handbuch der praktischen Pferdearzneikunst. 2. Bde. (II.) Heilbronn 27. Class. M. 5.—

— Handbuch f. angeh. Pferdeärzte, s. a J. B. v. Sind, Pferdearzt.

Ammon K. W.: Handbuch f. angehende Pferdeärzte, auch f. Oekonomen u. Pferdeliebhaber nützlich zu gebrauchen. M. Anmerk. u. Zusätzen vers. v. S. v. Tennecker. 8. verm. u. verb. Aufl. Frankf. a. M. 1820. 347 S.
(O. m. Tit.: J. B. v. Sind: Sicher u. geschwind heilender Pferde-Arzt ... völlig umgearb. v. —; de tidligere Udgaver se Sind 256).

— [Handbuch für angehende Pferdeärzte; auch für Oekonomen und Pferdeliebhaber nützlich zu gebrauchen. Mit Anm. u. Zusätzen vers. von Seyfert v. Tennecker. 9., sehr verm. u. verb. Aufl. — Frankfurt a. M.: Brönner 1829.] XVI,414 S.
Nebent.: Sind, J. Bn v.: J. B. v. Sind's Sicher und geschwind heilender Pferde-Arzt oder gründlicher Unterricht über die Erkenntniß, Ursachen u. Heilung der Krankheiten der Pferde. Völlig umgearb. von Karl Wilhelm Ammon. 9., sehr verm. u. verb. Aufl. Das Haupttitelblatt fehlt.
1: Ks 10758*.
4.746

— Handbuch für angehende Pferdeärzte; auch für Oeconomen und Pferdeliebhaber nützlich zu gebrauchen. Von Carl Wilhelm Ammon. Mit Anm. u. Zusätzen vers. von Seyfert v. Tennecker. 10., sehr verm. u. verb. Aufl. — Frankfurt a. M.: Brönner 1837. XII,619 S.
Nebent.: Sind, J. Bn v.: J. B. v. Sind's Sicher und geschwind heilender Pferde-Arzt oder gründlicher Unterricht über die Erkenntniß, Ursachen u. Heilung der Krankheiten der Pferde. Völlig umgearb. von Carl Wilhelm Ammon. 10., sehr verm. u. verb. Aufl.
12: A. vet. 86 mf. 9. 11.
4.747

— — 14. Aufl. Frankfurt a. M.: Winter 1875. XII,554,51 S.
Nebent.: Sind, J. Bn v.: J. B. v. Sind's Pferde-Arzt oder gründlicher Unterricht über die Erkenntniß, Ursachen u. Heilung der Krankheiten der Pferde. Völlig umgearb. von Carl Wilhelm Ammon. 14. Aufl.
1: Ks 10758¹⁴.
4.748

Ammon, Karl Wilhelm: Handbuch für Viehbeschauer oder Anweisung, wie man die gesetzlich bestimmten Hauptmängel bei Thieren richtig erkennen und beurtheilen soll, von Carl Wilhelm Ammon. — Nürnberg & Altdorf: Monath & Kußler 1804. XII,212 S. 1: an Ks 2672.
4.749

— Handbuch f. Viehbeschauer, oder Anweisung, wie man die gesetzlich bestimmten Hauptmängel bei Tieren richtig erkennen und beurteilen soll. 8. Nürnberg 04. Recknagel.

— Vollständiges Handbuch der praktischen Pferdearzneykunst nebst e. Anh. die wichtigsten Krankheiten des Rindviehes und der Schaafe enthaltend, nach den Grundsätzen der Erregungstheorie hrsg. von Carl Wilhelm Ammon. Bd 1.2. — Heilbronn a. N. & Rothenburg ob d. T.: Claß 1804–08. 1: Ks 10853. 11.
4.750

— vollständ. Handb. d. prakt. Pferdearzneikunst, nebst Anh., die Krankhh. des Rindviehes u. d. Schaafe enth. 2 Thle. 8. Heilbr. 181 .. 2e Ausg (Blos n. Titel.) 826. Claß. 1 ß 16 ℊ

— — (2. Ausg.) Bd 1. Ebd. (1827). VIII,310 S.
12: A. vet. 2 l.
4.751

— Allgemeines Hausvieharzneibuch oder vollständiger Unterricht, wie man die Krankheiten der Pferde, des Rindviehes, der Schaafe, Schweine, Hunde und des Federviehes auf die leichteste und wohlfeilste Art heilen kann. Zum Gebrauche für angehende Thierärzte, Oekonomen und Landleute. — Ansbach: Gassert 1809. XVI,370 S.
3. 6. 9.
4.752

— — 2., sehr verm. u. verb. Aufl. Ebd. 1821. XVI,445 S.
12: A. vet. 2 m.
4.753

– 2. sehr verm. u. verbess. Aufl. Neuer Abdr. 1831 XVI, 445 S.

Ammon, Karl Wilh., allgemeines Hausvieharzneibuch. Zum Gebrauche f. Thierärzte, Oekonomen u. Landleute. 3. verm. u. verb. Aufl. 8. (VIII u. 292 S.) Ulm 846, Seitz. 5/6 ß

Ammon, Carl Wilh., allgemeines Hausvieharzneibuch oder vollständiger Unterricht, wie man die Krankheiten der Pferde, des Rindviehes, der Schafe, Schweine, Hunde, Katzen und des Federviehes auf die leichteste und wohlfeilste Art selbst heilen kann. Zum Gebrauche für Thierärzte, Oeconomen und Landleute, auf's Neue bearb. und durchgesehen vom Hofgestütmstr. C. Ammon. 4. verm. und verb. Aufl. 8. (300 S.) Berlin 878, Gülker und Comp. ℳ 1,50.; cart.

Ammon, Carl Wilh., allgemeines Hausvieharzneibuch od. vollständ. Unterricht, wie man die Krankheiten der Pferde, d. Rindviehes, der Schafe, Schweine, Hunde, Katzen u. d. Federviehes auf die leichteste und wohlfeilste Art selbst heilen kann. Zum Gebrauche f. Thierärzte, Oeconomen u. Landleute, auf's Neue bearb. u. durchgeseh. v. C. Ammon. 4. verm. u. verb. Aufl. 8. (300 S.) Bielefeld 873. Gülker & Co. 1. 50; cart. 2. —

Ammon, CW, allgem. Hausvieharzneibuch. Neu bearb. v. C Ammon. 4. Afl. 8. (300) Lpzg 73, Gülker & Co. 1. 50; cart. 2. —

— Die Kunst, die Lebens- und Dienstdauer der Pferde zu verlängern, ein nützliches Taschenbuch für Pferdeeigentümer u. -liebhaber — A. u. d. T.: Taschenbuch für Pferdeeigentümer und -liebhaber, oder Unterricht von der besten Wartung, Pflege und Behandlung der Pferde. 8. Sulzbach 08. v. Seidel. M. 2.50

— Nachrichten von der Entstehung, dem Fortgang und gegenwärtigen Zustand aller Land- und Hauptgestüte in Deutschland. — Nürnberg: Riegel & Wießner in Comm. 1831. XII,410 S. (Ammon: Ueber die Verbesserung u. Veredlung der Landes-Pferdezucht. 3.)
1: Ov 21223-3. 12: Bavar. 84-3. 8.
4.754

— Nachrichten von der Pferdezucht der Araber und den arabischen Pferden. Nebst e. Anh. über die Pferdezucht in Persien, Turkomanien und der Berberei. Mit e. kleinen Charte von Arabien. — Nürnberg: Riegel & Wießner in Comm. 1834. XVI,408 S.
1: Ov 19606. 12: Oecon. 58 o. 6. 7.
4.755

— Naturgeschichte des Pferdes, siehe: Sebald, G. F.

— Pferdearzt, siehe: Sind, J. B. v.

— Pferderenner, siehe: Reitzenstein, W. E. v.

— Taschenbuch für Herrschaften und Kutscher. 1805 sa *Ammon:* Vollständiger Unterricht vom Kutschfuhrwesen.

Ammon, Carl Wilh., Taschenbuch für Herrschaften und Kutscher, oder Unterricht von dem, was bei dem Einkauf von Kutschpferden und bei ihrer Wartung, Pflege u. Fütterung zu beobachten ist etc. — A. u. d. T.: Vollständiger Unterricht vom Kutschfuhrwesen für Herrschaften und Kutscher. 8. Sulzbach 05. v. Seidel. M. 2.50

— Taschenbuch für Pferdeärzte etc. siehe: Sind, J. B. v.

— Taschenbuch für Pferdeeigenthümer und Pferdeliebhaber oder Unterricht von der besten Wartung, Pflege u. Behandlung der Pferde, um sie gesund u. möglichst lange diensttauglich zu erhalten. — Sulzbach: Seidel 1808. VIII,310 S.
Nebent.: Ammon: Die Kunst, die Lebens- und Dienstdauer der Pferde zu verlängern.
1: an Ks 11710. 12: Oecon. 58 m.
4.756

— Unterricht für Thierärzte, Oekonomen und Landleute über die seit einigen Jahren unter dem Rindviehe, den Pferden und Schweinen häufig herrschende Seuche, der Milzbrand genannt. Nebst e. Anh. über die Lungenseuche des Rindviehes. — Ansbach: Gassert 1808. VIII, 87 S. 1: Ks 9771. 12: A. vet. 2 o.
4.757

— Vollständiger Unterricht vom Kutschfuhrwesen für Herrschaften und Kutscher, von Carl Wilhelm Ammon. Nürnberg & Sulzbach: Seidel 1805. VIII,302 S.
Nebent.: Ammon: Taschenbuch für Herrschaften u. Kutscher.
1:Ov 22217. 12:Occon. 58 n
4.75

— üb. die Unzulänglichkeit der gesetzl. Hauptmängel bei Pferden, Rindvieh, Schaafen ꝛc. 8. Nürnb. 807. Monath u. K. 6 ⁄⁄

— Über die Unzulänglichkeit der gesetzl. Hauptmängel bei Pferden etc. Nürnberg 08. Recknagel. M. —.75

Ammon, Karl Wilhelm: Ueber die Unzulänglichkeit der gesetzlichen Hauptmängel, um Betrügereien im Viehhandel zu verhüten. Nebst e. neuen Bestimmung der Hauptmängel nach richtigen medizinischen Grundsätzen von Carl Wilhelm Ammon. — Nürnberg & Altdorf: Monath & Kußler 1809. VIII,63 S. 1:Ks 2672.
4.759

— Ueber die Verbesserung und Veredlung der Landes-Pferdezucht durch Landgestüts-Anstalten; mit bes. Rücks. auf Bayern. Th. 1-3. — Nürnberg: Riegel & Wießner in Comm. 1829-31.
1. 1829. 2. 1830.
3. Ammon: Nachrichten von der Entstehung, dem Fortgang und gegenwärtigen Zustand aller Land- und Hauptgestüte in Deutschland. 1831.
1-3 . . . . 1:Ov 21223. 12:Bavar. 84. 8.
1.2 . . . . 7.
4.760

Ammon, L. v. s. *Ammon*, Ludwig v.

Ammon, Ludw. v., die permischen Amphibien der Rheinpfalz. gr. 4. (119 S. m. 5 Taf. u. 3 Bl. Erklärgn.) München 889. (Literarisch-artist. Anstalt.) n. 12. —

Ammon, Ludwig v.: Die permischen Amphibien der Rheinpfalz. Mit 5 Taf. — München: [auf d. Umschl. übergekl.:] Riedel 1889: Straub. 119 S.
1:4° Mi 6573. 12:4° Bavar. 69 xb. 7.
4.762

Ammon, L. v., Erläuterungen zu dem Blatte Zweibrücken (No 19) der Geognostischen Karte des Königreiches Bayern. Hrsg. im Auftrage des Kgl. Bayer. Staatsministeriums des Innern. München, 1903. 188 S. mit 24 Abb., 2 Taf. u. 1 Karte.

Ammon, Ludw. v., über neue Exemplare von jurassischen Medusen. gr. 4. (66 S. mit 5 Taf.) München 883, (Franz'sche Buchh.) **
Aus: Abhandlungen der k. bayer. Akademie der Wissenschaften, besonders abgedruckt.

Ammon, Ludw. v., kleiner geologischer Führer durch einige Theile der fränkischen Alb. (Exkursion v. Mitgliedern der deutsch. geolog. Gesellschaft in d. Frankenjura, Septbr. 1899.) 8. (88 S. m. Abbildgn., 1 Taf. u. 1 farb. Karte.) München (899). Piloty & Loehle. 1. 50

Ammon, L. v., d. Gastropoden d. Hauptdolomites u. Plattenkalkes d. Alpen. 8. (72 m. H. u. 1 Karte) Münch. 78. (Lit.-art. Anst.). n. 3. –

— Die Gastropoden des Hauptdolomites und Plattenkalkes der Alpen. Mit 1 lithogr. Taf. u. 1 Holzschn. — (München: Zool.-min. Ver. in Regensburg 1878: Straub.) 72 S. (Abhandlungen d. zoologisch-mineralogischen Vereines in Regensburg. 11.) 1:Lc 7402-11. 12:H. nat. 1 f-11. 4. 9.
4.764

— — Ebd. 1878. 72 S.
Aus: Abhandlungen des Zoologisch-mineralogischen Vereines zu Regensburg. 11. 1878.
1:Mk 1080. 12:Lith. 13 o. 82.
4.765

Ammon, Ludwig v., die Gegend v. München, geolog. geschild. [A.: „Festschrift d. geograph. Gesellsch. i. München z. Feier ihres 25jähr. Bestehens".] gr. 8. (152 S. m. 12 Fig., 6 Lichtdr.-Taf. u. 1 farb. geolog. Karte.) München 894. Th. Ackermann. n. 5. —

— Die Gegend von München, geologisch geschildert. — München 1894: Straub. 152 S., 7 Taf.
Aus: Festschrift der Geographischen Gesellschaft in München zur Feier ihres 25jährigen Bestehens. 1894.
83.
4.766

Ammon, Ludw. v., zur Geologie v. Togo u. vom Nigerlande. (S. 393—474 m. Abbildgn. u. 1 Karte.) gr. 8. München 905. Literarisch-artist. Anstalt. n. 1. 50
Sonderabdruck aus: „Mittlgn. der geograph. Gesellsch. in München".

— s.: Gümbel, K. Wilh. v., geognostische Beschreibg. d. Königr. Bayern.

— Wilhelm von Gümbel. Ein Nekrolog von L. v. Ammon. München 1899: C. Wolf. 37 S.
Aus: Geognostische Jahreshefte. 11. 1898.
12:4° Bavar. 69 xdgb. 9.
4.767

Ammon, Ludw. v., über Homoeosaurus Maximiliani. gr. 4. (32 S. mit 2 Taf.) München 885, (Franz' Verlag.) **
Aus: Abhandlungen der k. bayer. Akademie der Wissenschaften, besonders abgedruckt.

— Die Jura-Ablagerungen zwischen Regensburg und Passau. Eine Monographie des niederbayerischen Jurabezirkes mit dem Keilberger Jura unter bes. Berücks. seiner Beziehungen zum Frankenjura. Von d. Philos. Facultät der Univ. München gekrönte Preisschrift. Mit 4 lith. Quarttaf. und 1 lith. Profiltab. — München: Ackermann 1875. X,200 S.
1:Mm 7337. 12:Bavar. 84 dc. 2. 4. 5. 7. 9. 10. 11. 89.
4.768

— — (München: Ackermann 1875: Straub.) X,200 S. (Abhandlungen d. zoologisch-mineralogischen Vereines in Regensburg. 10.) 1:Lc 7402-10. 12:H. nat. 1 f-10. 4. 9.
4.769

— s.: Karte, geognost., d. Kgr. Bayern.

— Schildkröten aus dem Regensburger Braunkohlenton. Von Dr. LUDWIG von AMMON, k. Oberbergrat und Professor in München. Mit 4 Tafeln, einer Textbeilage (Doppeltafel) und 8 Figuren im Text. Separat-Beilage zum 12. Jahresbericht des Naturwissenschaftlichen Vereins zu Regensburg für die Jahre 1907—1909. Regensburg 1911. Buchdruckerei Fritz Huber. 8°.

Ammon (L.v.), Ueber eine Tiefbohrung durch den Buntsandstein und die Zechsteinschichten bei Mellrichstadt an der Rhön. (Abdr. a. d. Geognost. Jahresh., 13. Jahrg., 1900.) München 1900. 8.

— Die Versteinerungen des fränkischen Lias. (Sonder-Abdr. aus v. Gümbel's Geognostische Beschreibung der fränkischen Alb.) Kassel 1891. 8.

Ammon, M.: Das Ei des Kolumbus. Sozialer Roman. — Leipzig: Zeitbilder-Verl. 1909. 432 S. 1:Yx 39935. 5.
4.772

Ammon, M. J., s. Ammon, J.

Ammon, Otto, d. Abänderungsspielraum. E. Beitrag z. Theorie d. natürl. Auslese. [A.: „Naturwiss. Wochenschr."] gr. 8. (55 S. m. Fig.) Berlin 896. F. Dümmler's Verl. n. 1. 20

Ammon, Otto: Zur Anthropologie der Badener. Bericht über die von d. Anthropologischen Kommission d. Karlsruher Altertumsvereins an Wehrpflichtigen u. Mittelschülern vorgenommenen Untersuchungen. Im Auftr. d. Komm. bearb. Mit 24 in d. Text gedr. Fig. u. 15 Taf. in Farbendr. — Jena: G. Fischer 1899. XVI,707 S.
1:4° La 7080. 12:4° Anthr. 0 t. 300:96.080-C. 5.
4.776

— Die natürliche Auslese beim Menschen. Auf Grund d. Ergebnisse d. anthropologischen Untersuchungen der Wehrpflichtigen in Baden u. anderer Materialien dargest. — Jena: G. Fischer 1893. X,326 S.
1:4° La 2467. 12:4° Anthr. 0 s. 2. 5. 7. 9.
4.777

— Die Bedeutung des Bauernstandes für den Staat und die Gesellschaft. Sozialanthropologische Studie. Preisschrift aus d. Wettbewerb d. Zeitschrift 'Das Land'. — Berlin: Trowitzsch 1894. 36 S. **1:**Fc 10101. **2. 11.**
4.778

— — 2., vom Verf. durchges. Aufl. Ebd. 1906. 41 S.
1:Fc 10101². **12:**Cam. 271 e. **11.**
4.779

— Die Bewohner der Halligen. Bericht über eine Schrift von Dr. Waldenburg sowie Erörterung einiger Fragen der Volkskunde v. Otto Ammon. Berlin. 1904. 8°.

— Der Darwinismus gegen die Sozialdemokratie. Anthropologische Plaudereien. — Hamburg: Verl.-Anst. u. Dr. A.-G. 1891. 112 S. **12:**Pol. g. 15 f. **3. 7.**
4.780

— Die Gesellschaftsordnung und ihre natürlichen Grundlagen. Entwurf e. Sozial-Anthropologie zum Gebrauch für alle Gebildeten, die sich mit sozialen Fragen befassen. — Jena: G. Fischer 1895. VIII,408 S.
1:La 2472. **12:**Pol. g. 15 fd. **4. 6. 7. 8. 9. 10.**
4.781

— — 2., verb. u. verm. Aufl. Mit 6 Fig. im Text. Ebd. 1896. VIII,262 S. **1:**La 2472². **11.**
4.782

— — 3., umgearb. Aufl. Mit 6 Fig. Ebd. 1900. VI,303 S.
2.
4.783

— die Körpergröße d. Wehrpflichtigen im Großherzogth. Baden, s.a. Beiträge z. Statistik d. Großherzogth. Baden.

— Die Körpergröße der Wehrpflichtigen im Großherzogthum Baden in den Jahren 1840 bis 1864. Dargest. auf Grund d. Rekrutirungslisten für Gemeinden, Amtsbezirke u. Kreise. — (Karlsruhe: Chr. Fr. Müller 1894.) 27 S. (Beiträge zur Statistik d. Großherzogthums Baden. 51 = N.F. 5,2.) **1:**4° Si 1378-51. **12:**4° Germ. sp. 34 th–51.
2. 3. 4. 6. 7. 8. 9. 10. 11.
4.784

Ammon, Otto, die Mittelschule als Werkzeug der natürlichen Auslese. [Aus: „Ztschr. f. d. Reform d. höh. Schulen".] gr. 8. (15 S.) Braunschweig 893. O. Salle. n. — 40

Ammon, O., anthropologische Untersuchungen der Wehrpflichtigen in Baden, s.a. Sammlung gemeinverständlicher wissenschaftlicher Vorträge.

— Anthropologische Untersuchungen der Wehrpflichtigen in Baden. — Hamburg: Verlagsanst. u. Dr. A.-G. 1890. 36 S. (Sammlung gemeinverständlicher wissenschaftlicher Vorträge. N. F. 5,101.)
1:Ag 9017–N. F. 5,101. **12:**Var. 366 an–101.
300:395.139–B. Per. N. F. 5,101.
2. 3. 4. 5. 6. 7. 9. 11. 82. 83.
4.786

Ammon, (P. M. P.) Geschichte Martin Luthers, in Frag u. Antwort, 8. Heilbronn 822, Claß.

Ammon, Ph. M. P., Gesch. Mart. Luthers u. seiner Kirchenreformation. In Frag u. Antwort. 8. Heilbr. 819. Claß. 5⁴⁄₈

Ammon, Paul, s: Jahrbuch f. Arends'sche Stenographen.

Ammon, U. (Sekundarlehrer in Bern). Ein Ausflug in's römische Gebirge. In-8⁰, 22 S. Bern, Haller-Goldschach. 1883

Ammon, Walter. Richtlinien freisinniger Demokratie. Hrg. von den jungfreisinnigen Organisationen des Kantons Bern. 48 S. 8. Bern, Büchler & Co., 1911. [fr. —. 30]

Ammoniak od. Chilisalpeter? Ein Mahnwort an die Landwirte Deutschlands. gr. 8. (23 S.) Aschersleben 893. (H. C. Huch.) n. 1. —

Ammoniak. — Schwefelsaures Ammoniak als Vorbeugungsmittel gegen Pflanzenkrankheiten. — Bochum: Rhein.-Westf. Verl.-Anst. [1910]. 10 S.
1:9 in Ow 7004. **12:**Oecon. 2046 e.
4.797

Ammonis carminum de actionum auspiciis reliquiae, s.: Maximi carmina.

Ammonius, Aristoteleskommentator, 5. Jh. s. *Ammonius* Hermiae

Ammonius Alexandrinus
Ammonius s. a.: Philoponus.

— Ammonius De differentia adfinium vocabulorum. Acc. opuscula nondum edita, Eranius Philo De differentia significationis, Lesbonax De figuris grammaticis, incerti scriptores De soloecismo et barbarismo, Lexicon de spiritibus dictionum ex operibus Tryphonis, Choerobosci, Theodoriti, etc. selectum. Ammonium, ope ms., primae ed. Aldinae, et aliunde, emaculavit et notis illustr., reliqua ex codd. mss. Bibl. Lugduno-Batavae nunc primum vulgavit Ludovicus Casparus Valckenaer. Nova ed., corr. et app. notarum inprimis e schedis L. Kulenkampii depromtarum Caroliquе Segaarii [Segaar] Epistola critica (ad virum celeberrimum Ludov. Casp. Valckenarium) aucta. [Hrsg.: Gottfried Heinrich Schäfer.] — Lipsiae: Weigel 1822. Getr. Pag.
1:Vz 6360. **12:**A. gr. b. 314. **300:**BE 5 M 72.
2. 3. 6. 7. 10. 11.
4.810

Ammonii Alexandrini quae et Tatiani dicitur Harmonia Evangeliorum in linguam latinam et inde ante annos mille in franciam translata. Indicem tam antiquae quam hodiernae dividenda singula Evangelia methodo accommod. addid. J. A. Schmeller. gr. Lex.-8. Viennae 841, libr. Beck. 3³⁄₄ ℳ

— Ἀμμωνίου Περὶ ὁμοίων καὶ διαφόρων λέξεων. Ammonius De adfinium vocabulorum differentia. Cum selectis L. C. Valckenarii notis atque animadversionibus ed. suasque observationes adiecit Christoph[orus] Frid[ericus] Ammon. Erlangae: Palm 1787. LXX,307 S.
1:Vz 6350. **12:**A. gr. b. 313. **300:**46 W 3. **2. 5. 7. 10. 11.**
4.808

Ammonius Hermiae

Ammonii in Aristotelis analyticorum priorum librum I commentarium, s.a. Commentaria in Aristotelem graeca. IV. 6.

— Ammonii In Aristotelis Analyticorum priorum librum I commentarium consilio et auctor. Academiae litterarum Regiae Borussicae ed. Maximilianus Wallies. — Berolini: G. Reimer 1899. XIV,98 S. (Commentaria in Aristotelem Graeca. 4,6.)
1:Vt 875–4,6. **12:**A. gr. b. 949 l–4,6. **300:**84.775–C. Bd 4,6. **2. 3. 4. 5. 6. 7. 8. 9. 10. 11.**
4.841

Ammonius, In Aristotelis categorias commentarius, s.a. Commentaria in Aristotelem graeca.

— Ammonius. In Aristotelis Categorias commentarius. Consilio et auctor. Academiae litterarum Regiae Borussicae ed. Adolfus Busse. — Berolini: G. Reimer 1895. XXII, 143 S. (Commentaria in Aristotelem Graeca. 4,4.)
1:Vt 875–4,4. **12:**A. gr. b. 949 l–4,4. **300:**84.775–C. Bd 4,4. **2. 3. 4. 5. 6. 7. 8. 9. 10. 11.**
4.817

Ammonius, In Aristotelis de interpretatione commentarius, s.a. Commentaria in Aristotelem graeca.

— Ammonius. In Aristotelis De interpretatione commentarius. Consilio et auctor. Academiae litterarum Regiae Borussicae ed. Adolfus Busse. — Berolini: G. Reimer 1897. LIV,316 S. (Commentaria in Aristotelem Graeca. 4,5.)
1:Vt 875–4,5. **12:**A. gr. b. 949 l–4,5. **300:**84.775–C. Bd 4,5. **2. 3. 4. 5. 6. 7. 8. 9. 10. 11.**
4.821

Ammonius, in Porphyrii isagogen sive voces, s.a **Commentaria in Aristotelem graeca.**

- - Ammonius. In Porphyrii Isagogen sive V voces. Consilio et auctor. Academiae litterarum Regiae Borussicae ed. Adolfus Busse. — Berolini: G. Reimer 1891. XLVI, 132 S. (Commentaria in Aristotelem Graeca. 4,3.)
1: Vt 875-4,3. 12: A. gr. b. 9491-4,3. 300: 84.775-C. Bd 4,3. 2. 3. 4. 5. 6. 7. 8. 9. 10. 11.
4.832

Ammorvin. — Ammorvin et Zallida, roman chinois, trad. de l'anglais. T. 1.2. — Paris: Charteret & Brosson an VI [1797]. 12: P. o. angl. 12.
4.845

— — T. 1.2. Hambourg & Brunswick: Fauche 1798. 1: Zd 3805. 10.
4.846

Ammorvin et Zallida. Roman chinois, traduit de l'Anglais, av. fig. II Vol. 8. Par. Sommer, Lpz. 798.

Amner, Richard

— Über Abendmahl, Sonntagsfeier und Taufe, blos nach dem, was die Heilige Schrift lehrt. Aus d. Engl. [Übers.: Johann Christoph Friedrich Schulz.] — Leipzig: Weygand 1775. 102 S. 8.
4.866

— Versuche über die sämmtlichen Weissagungen Daniels, nebst Anm. über die berühmtesten Erklärer desselben. Aus d. Engl. — Halle: Gebauer 1779. 120 S. 1: Bo 4930. 12: Exeg. 41 m. 3. 8. 10.
4.868

Amnestie

— Sr. Kön. Maj[estät] in Polen, und Churfl. Durchl. zu Sachsen, &c. ertheilte vollkommene Amnestie und Pardon, vor die widrig-gesinnten Polen ... und alle schwedische-Adhaerenten, so sich nahe bey und in Bender, auch Adrinopel befinden ... d.d. Warschau, den 26. Oct. Anno 1713. — o.O. [1713]. 4 Bl. 4° 3.
4.870

Amnestie für alle bey den Seereisen entwichene diesseitige landeseingebohrne Schiffsleute ... Berlin, den 31. Oct. 1799. — [Berlin 1799:] Decker. 2 Bl. 1: 32 in 4° Gr 3551 [u.] 83 in 2° An 8630-12.
4.871

(Amnestie-Decret.) Gestern habe ich bereits ausgesprochen, daß ich ... vergeben habe — Friedrich Wilhelm. Deckersche Geh. Ober-Hofbuchdruckerei. 1 Bl. 4.
Flugblatt. Berlin, 20. März 1848.

Amnestiefrage. — Zur Amnestie-Frage. Eine Petition an die Sächsischen Kammern. — Zittau: Pahl 1849. 34 S. 1: 6 in Sq 6580.
4.872

Amnestiegesetz. Vom 8. Hornung 1831. ([Erlassen vom Grossen] Rath des Cantons Basel.) 8. *o. O.*

Amnestiegesetz. — Amnestiegesetz. Vom 8. Hornung 1831. [Basel 1831.] 8 S. 7.
4.873

[Amnestiegesuch des Central-Bürgerausschusses für den Netzdistrikt zur Wahrung der preussischen Interessen im Grossherzogthum Posen]. Dat. Bromberg, d. 10. Juni 1848. 8°.

Amnestirte der Zeit. Hrsg. v. Rob. Blum. Eine neue (Titel-) Ausg. d. gleich nach dem Erscheinen confiscirten u. jetzt frei gegebenen Volkstaschenbuches: Vorwärts. 5. Jahrg. 847. 8. (IV u. 336 S.) Leipzig (847) 848, Friese. 1/2 ß

Amoëdo, Oscar: [L'Art dentaire en médecine légale, deutsch] Die Zahnheilkunde in der gerichtlichen Medizin, von Oscar Amoëdo. Aus d. Franz. übers. unter Berücks. d. deutschen gerichtlichen Verhältnisse von Gottlieb Port. Mit 60 Abb. — Leipzig: Felix 1900. VIII, 441 S.
Original ersch. als Diss. u. d. T.: Amoëdo y Valdès: L'Art dentaire en médecine légale. Paris 1898.
1: K 2730. 12: Med. for. 1d. 6.
4.909

Amon: Fragen über die physikalischen Atomenlehre und ihre Folgen. 4 S.
Progr. W.-Neustadt 1860.

Amon: Das pythagoräische oder reine Quinten-Tonsystem und seine Übereinstimmung mit der musikalischen Praxis. 18 S.
Progr. W. Neustadt 1861.

Amon: Die Tonleiter der Griechen. 20 S.
Progr. W. Neustadt 1862.

Amon: Die Tonschrift der Griechen. 14 S. und 2 Notentabellen.
Progr. W. Neustadt 1863.

Amon: Das pythagoräische Tonsystem und seine Begründung in den Naturgesetzen. 34 S.
Progr. W. Neustadt 1869.

A(mon, Andreas, k. u. k. Hauptm.) Anhaltspunkte für den Nachweis der dem Stabsofficiere nothwendigen theoretischen Kenntnisse. (Mit 5 Beilagen.) 8. Wien (1895).

(Amon, Andreas, k. und k. Major, im 34. Inft.-Reg.) Anhaltspunkte für die Stabsofficiers-Prüfung. 2. erweit. u. umgearb. Auflage. (Mit 3 Karten.) 8. Wien (1897).

Amon, Carl, deutsche Current-Vorschriften f. Schulen u. zum Selbstunterricht. Schm. Lex.-8. Tirnau 845, Wächter. 1/4 ß

Amon, C., das enthüllte Geheimniß, ewige Gesundheit, hoh. Alter u. unveränderl. Frohsinn zu erlangen. 12. (4 1/2 B.) Nordhausen 837, Fürst.

Amon, E., s.a. Schöpfer, Geo. C.L.

— die Schwangerschaft und Geburt. Ein Inbegriff d. Wissenswürdigsten f. neuvermählte Frauen, denen ihr u. ihrer Kinder Wohl am Herzen liegt. 12. (3 1/2 B.) Nordhausen 837, Fürst.

Amon, E., die Wasserheilkunst, oder: Anweisung, wie man durch das Wasser schwierige Krankheiten heben und seine Gesundheit erhalten kann. Nach den besten und neuesten Quellen u. eigenen Erfahrungen bearb. 12. Nordh. 836. Fürst. 3/8 ß

AMON, FRANZ XAVER: Rechtfertigung des katholischen Lehrsatzes, dass Gott in dem Hochheiligsten Sakrament des Altars gegenwärtig, und daher anzubethen sey. Bey Gelegenheit des Fronleichnamumganges ... im Jahre 1773 in einer zahlreichen Versammlung vorgetragen. Preßburg 1773: Bey Joh. Mich. Landerer. 22 S. - 4°

Amon, Georg [Rechtsanw. in Dingolfing]: Ueber die Erfüllung schwebender Rechtsverhältnisse im Konkurse ... *München, J. Deschler,* 1896; 2 Bl., 64 S. 8.
Erlangen, Jur. Fak., Inaug.-Diss. v. 1896

Amon, J. B., Wendelin der Raubritter, od. d. unbekannte Rächer. Eine romant. Geschichte aus d. Ritterzeiten. gr. 12. (6 1/12 B. u. Titlkpfr.) Wien 844, Stöckholzer v. Hirschfeld.

Amon, I. Z.: Wendelin der Raubritter, oder der unbekannte Rächer. Eine romantische Geschichte aus d. Ritterzeiten. Wien & Leipzig: Stöckholzer v. Hirschfeld 1844. 141 S. 7.
4.923

Amon Wilhelm, Kraft Josef und **Rothaug Johann Georg,** Österreichisches Geschichtsbuch für Bürgerschulen. In kurzer genetischer Darstellung mit besonderer Berücksichtigung der Kulturgeschichte und zahlreichen ausgeführten Geschichtsbildern. Mit 98 Illustrationen und einer Karte der geschichtlichen Entwicklung der österreichisch-ungarischen Monarchie. Wien 1906. F. Tempsky. Geb. K 3.—. (Min.-Erl vom 3. August 1906, Z. 30223.)

Amon Wilhelm, Kraft Josef und **Rothaug Joh. Georg,** Österreichisches Geschichtsbuch für Bürgerschulen. In drei Teilen. In kurzer genetischer Darstellung mit besonderer Berücksichtigung der Kulturgeschichte und zahlreichen ausgeführten Geschichtsbildern. Wien 1908. F. Tempsky. I. Teil. Für die I. Klasse der Bürgerschulen. Mit 39 Abbildungen und 3 Karten. Geb. K 1.50. II. Teil. Für die II. Klasse der Bürgerschulen. Mit 24 Abbildungen und 2 Karten. Geb. K 1.40. III. Teil. Für die III. Klasse der Bürgerschulen. Mit 24 Abbildungen und 1 Karte in Farbendruck. Gebunden K 1.40. (Min.-Erl. vom 18. November 1908, Z. 46483.)

Amon Wilhelm, Kraft Josef und **Rothaug Johann Georg,** Österreichisches Geschichtsbuch für Bürgerschulen. In kurzer, genetischer Darstellung mit besonderer Berücksichtigung der Kulturgeschichte und zahlreichen ausgeführten Geschichtsbildern. Mit 83 Abbildungen und einer Karte der geschichtlichen Entwicklung der österreichisch-ungarischen Monarchie. 2., nach dem Lehrplane vom 15. Juli 1907, Z. 2368, umgearbeitete Auflage. Wien 1909. F. Tempsky. Geb. K 3.—. (Min.-Erl. vom 29. Juli 1909, Z. 30611.)

Amon, Wilhelm: Österr. Schulgeographie, s. Hödl, Roman: Schulgeographie, Österr.

Amon v. Treuenfest, Gust. Ritter, Geschichte d. k. k. 11. Huszaren-Regimentes Herzog Alexander v. Württemberg. 1762 bis 1850 Székler Grenz-Huszaren. Nach den Feldakten u. sonst. Orig.-Quellen der k. k. Archive verf. gr. 8. (432 S. m. 1 Tab. u. 8 Chromolith.) Wien 878. (Braumüller.) n. 10. —

Amon v. Treuenfest, **Gustav** R^r: Geschichte des k. k. 11. Huszaren-Regimentes Herzog Alexander v. Württemberg. 1762 bis 1850 Székler Grenz-Huszaren. Nach d. Feldakten u. sonstigen Originalquellen der k. k. Archive. — Wien: Verl. d. Regiments 1878. 432 S.
1:4° Sb 9733/40. **300:**184.445-C [u.] 31.495.
4.925

— Geschichte des k. u. k. Husaren-Regiments Nr. 4 Arthur Herzog von Connaught und Strathearn. (1733-1901.) — Wien: Verl. d. Regiments 1903. 663 S.
1:4° Sb 9733/20. **300:**424.892-B [u.] 42.823.
4.926

— Geschichte des k. k. Huszaren-Regimentes Freiherr von Edelsheim-Gyulai Nr. 4. Von seiner Errichtung 1734-1882. Nach d. Feld-Acten u. sonstigen Original-Quellen der k. k. Archive. — Wien: Verl. d. Regiments 1882. 561 S.
1: Sb 9733/18. **300:**184.521-C [u.] 35.819.
4.927

— Geschichte des k. u. k. Infanterie-Regimentes Nr. 46 Feldzeugmeister Géza Frh. Fejerváry de Komlós-Keresztes. 1762 bis 1850 erstes Siebenbürger Romanen-Grenz-Infanterie-Regiment Nr. 16. — Wien: Verl. d. Regiments 1890. 524, LXIX S.
1:4° Sb 9722/4. **300:**82.813-C [u.] 37.897
4.928

Amon v. Treuenfest, Gustav R^r: Geschichte des k. k. Feldmarschall Graf Radetzky Huszaren-Regimentes Nr. 5. Im Auftr. d. Herrn Obersten u. Regiments-Commandanten August Néméthy v. Némethfalva nach d. Feldakten u. sonstigen Quellen der k. k. Archive verf. — Wien: Verl. d. Regiments 1885. 460 S.
1:4° Sb 9733/25. 300:156.067-C [u.] 36.824.
4.929

— **Geschichte des kaiserl. und königl. Husaren-Regimentes Nr. 10 Friedrich Wilhelm III., König von Preussen. Zum 150jährigen Regiments-Jubiläum im Auftr. d. Officiers-Corps verf. — Wien: Verl. d. Regiments 1892. 436, XXXIII S.**
1:4° Sb 9733/38. 300:75.979-C [u.] 39.817.
4.930

— **Geschichte des k. k. Infanterie-Regiments Nr. 20 Friedrich Wilhelm, Kronprinz des Deutschen Reiches und Kronprinz von Preussen. Ergänzungsbezirk Neu-Sandec in Galizien. Nach d. Akten der k. k. Archive u. des Regiments. — Wien: Verl. d. Regiments 1878. 736 S.**
1:4° Sb 9714/30. 12:4° Mil. g. 216 b.
300:178.636-C.
4.931

Amon v. Treuenfest, Gustav Ritter, Garde und Rittmeister der Ersten Arcieren-Leibgarde etc. Geschichte des k. k. Inft.-Reg. Nr. 50, Friedrich Wilhelm Ludwig, Grossherzog von Baden. 1762—1850 zweites siebenbürger Romanen-Grenz-Inft.-Reg. Nr. 17. (Mit 6 Taf.) gr. 8. Wien 1882.

— Geschichte des k. k. Infanterie-Regiments Hoch- und Deutschmeister Nr. 4. Ergänzungs-Bezirks-Station Wien. Nach den Feldakten und sonst. Orig.-Quellen der k. k. Archive verf. gr. 8. (VI, 726 S. mit 2 Stnt. und 12 Chromolithogr.) Wien 879, (Seidel und Sohn.) **

— Geschichte des k. k. Infanterie-Regimentes Hoch- und Deutschmeister Nr. 4. Ergänzungs-Bezirks-Station Wien. Nach d. Feldakten u. sonstigen Originalquellen der k. k. Archive. — Wien: Verl. d. Regiments 1879. 726 S.
1:4° Sb 9711. 12:4° Mil. g. 212 g. 300:394.291-C. Kat. [u.] 34.849.
4.932

Amon von Treuenfest, G. Rtt. Geschichte des k.k. Hus.-Reg. Nr. 8. Von 1696-1880. Mit Bld. Wien 1880. 603 S. 4°.

Amon v. Treuenfest, Gust., Geschichte d. k. k. 12. Huszaren-Regiments. 1800—1850 Palatinal. 1850—1875 Graf Haller. 1875 v. Fratricsevics. Nach den Feldakten u. sonst. Orig.-Quellen d. k. k. Kriegs-Archivs, den Inhabers-Correspondenzen u. den Regiments-Kommandanten als ältesten activen Offizier v. Palatinal-Huszaren verf. gr. 8. (324 S.) Wien 876. (Braumüller.) n. 7. —

— Geschichte des k. k. Infanterie-Regimentes Nr. 47. Nach d. Feldakten u. sonstigen Original-Quellen der k. k. Archive. — Wien: Verl. d. Regiments 1882. 787 S.
1: Sb 9723. 300:53.294-B [u.] 35.624.
4.933

— Geschichte des k. und k. Husaren-Regimentes Kaiser Nr. 1. (1756-1898.) Im Auftr. d. Officiers-Corps verf. — (Wien:) Verl. d. Regimentes 1898. 545 S.
1: Sb 9733. 300:41.149.
4.934

— Geschichte des k. und k. Uhlanen-Regimentes Kaiser Nr. 4. (1813-1900.) — Wien: Verl. d. Regimentes 1901. 345 S. 1: Sb 9733/168. 300:413.494-B [u.] 42.122.
4.935

Amon, Gust. Ritter v., Geschichte d. k. u. k. Infanterie-Regts. F. M. Gf. v. Khevenhüller Nr. 7, Bearbeitg. f. d. Soldaten, s. a. Kromar, Konr.

Amon v. Treuenfest, Gust., Geschichte d. k. u. k. kärnthnerischen Infanterie-Regimentes Feldmarschall Graf v. Khevenhüller Nr. 7. Verf. im Auftrage des Officiers-Corps. Lex.-8. (III, 1005 u. CV S. m. 1 Portr. in Heliograv.) Wien 891. (Klagenfurt, A. Raunecker.) n.n. 12. —

— Geschichte des kaiserl. und königl. Kärnthnerischen Infanterie-Regimentes Feldmarschall Graf von Khevenhüller Nr. 7. Verf. im Auftr. d. Officiers-Corps. — Wien: Verl. d. Regimentes 1891. 1005, CV S.
1:4° Sb 9710. 300:85.875-C; 534.537-C [u.] 39.494.
4.936

Amon v. Treuenfest, Gust. Ritter v., Geschichte des k. k. Huszaren-Regimentes Alexander Frhr. v. Koller No. 8. Von seiner Errichtung 1696—1880. Nach den Feld-Akten und sonst. Orig.-Quellen der k. k. Archive verf. gr. 8. (603 S. mit 6 Chromolithogr.) Wien 880, (Braumüller.) *

— Geschichte des k. k. Huszaren-Regimentes Alexander Freiherr v. Koller Nr. 8. Von seiner Errichtung 1696-1880. Nach d. Feld-Akten u. sonstigen Original-Quellen der k. k. Archive. — Wien: Verl. d. Regimentes 1880. 603 S.
1:4° Sb 9733/36. 300:170.529-C [u.] 35.217.
4.937

Amon v. Treuenfest, Gustav Ritter. Rittmeister und V.-Wachtmeister der Ersten Arcieren-Leibgarde. Geschichte des k. k. Inft.-Reg. Nr. 18 Constantin Grossfürst von Russland, von 1582—1882. Ergänzungs-Bezirks-Station Königgrätz. Nach den Feldacten und sonstigen Original-Quellen der k. k. Archive. 8. Wien 1882.

Amon von Treuenfest, G. Rtt. Geschichte des k.k. Inf.-Reg. Nr. 18 Konstantin Großfürst von Rußland von 1682-1882. Wien 1882. 724 S.

— **Geschichte des k. u. k. Hußaren-Regimentes Nr. 15 Feldmarschall-Lieutenant Moriz Graf Pálffy ab Erdöd. Im Auftr. d. Officiers-Corps verf. — Wien: Verl. d. Regimentes 1894. 324 S.**
1:4° Sb 9733/65. 300:83.571–C [u.] 40.191.
4.938

Amon von Tréuenfest, Gustav Ritter, k. und k. Major. Geschichte des k. und k. Bukowina'schen Dragoner-Regiments General der Cavallerie Freih. Piret de Bihain Nr. 9 von seiner Errichtung 1682 bis 1892. (Mit 1 Abbildung.) gr. 8. Wien 1892.

— **Geschichte des k. k. Dragoner-Regimentes Feldmarschall Alfred Fürst zu Windisch-Graetz Nr. 14. Im Auftr. d. Herrn Obersten u. Regiments-Commandanten Sr. Durchlaucht Alois Prinz zu Liechtenstein verf. — Wien: Verl. d. Regiments 1886. 734,LX S.**
1:4° Sb 9733/115. 300:183.552–C [u.] 37.206.
4.939

Amon v. Treuenfest, **Gustav Adolf** R^r s. *Amon* v. Treuenfest, Gustav R^r.

Amon v. Treuenfest, Gust. Adf. Ritter, Ueberfall v. Hochkirch a. 14. X. 1758. N. österr. Orig.-Quellen dargest. gr. 8. (26 S.) Hochkirch 897. H. Rschischank. — 50

— **Ueberfall von Hochkirch am 14. Oktober 1758. Mit 1 Uebersichtskt. Nach österreichischen Original-Quellen dargest. von Gustav Adolf R^r Amon v. Treuenfest. 2. Aufl. — Bautzen: Reichel in Comm. (1902). 26 S.**
1:Sv 8389^a.
4.940

Amona, d. Braut eines Verbrechers, v. K. Stein. 2 Thle. m. K. 8°. Posen, Kühn 1804.

Amondieu, Joseph Louis Adrien: [Essai d'un cours élémentaire d'optique, deutsch] Amondieu's Versuch eines elementarischen Lehrbegriffs der Optik. Enthaltend die beiden Theorien des Lichts, nach dem Wellen-Systeme und dem Emissions-Systeme. Aus d. Franz. übers. u. mit Anm. u. Zusätzen begleitet von E[duard] M[oritz] Hahn. Mit 5 Kupfertaf. — Leipzig: Kummer 1827. X,197 S.
1:Mx 1086. 2. 5. 8. 10.
4.941

Amöneburg. s.: Preussen. Messtischblätter.

Amoneit, August: Das Gerätturnen an den höheren Lehranstalten nach den neuen Lehrplänen. *Braunsberg (1898): Heyne.* (3—31 S.) 4°
Braunsberg, k. G, OP 1898 (3)

Amoneit, H., s. Amoneit, Hermann

Amoneit, Hermann

Amoneit, H., De formulis. quas poetae Graeci in conclusione orationis directae posuerunt. Diss. 1890. 88 S. 4°. 1.25

Amoneit, Hermannus [cand. phil.]: De Plutarchi studiis Homericis .... Regimonti, ex offic. Hartungiana (1887); 2 Bl. + 49 S. + 1 Bl. 8°.
Königsberg, Phil. Fak., Inaug.-Diss. v. 27. Jan. 1887.

Amoneit, Herm., de Plutarchi studiis Homericis. Dissertatio inauguralis. 8. (49 S.) Königsberg i. Pr. 887, (Koch's Antiqu.) **

Amoneit, Hermann [Dr.]: Untersuchungen zur alten Kirchengeschichte. 1. Die Apostellehre in ihrem Verhältnis zu verwandten Schriften. Wehlau, Druck v. M. Schlamm, 1892; 15 S. 4.
Wehlau, k. G, OP 1892 (17)

Amonesta

Amonesta's neuester Plan von Wien sammt Vororten. Mit Einzeichnung aller Verkehrsanstalten, der Tramway-Linien, Hausnummern etc. Chromolithogr. Mit Strassenverzeichnis um den Plan herum. qu. gr. Fol. Wien 885, Amonesta. *

Amoenitates. — Amoenitates Altdorfinae oder eigentliche nach dem Leben gezeichnete Prospecten der löblichen Nürnbergischen Universität Altdorf, unter welchen zugleich das Collegium mit seinen in sich habenden fürnehmsten Zimmern, Bibliothec &c. und Auditoriis, nebst denen, am jährlichen Academic-Fest Petri und Pauli, bey währendem Doctorat vorkommenden Solennitäten mit ihren Umständen gantz deutlich vorgestellt, zu sehen. [Stecher: J. G. Puschner.] — Nürnberg: Author; Michahelles [um 1720]. 2 Bl., 19 Taf.
1:quer-2° Sf 7038. **12:**2° H. lit. P. 62 f. **7.**
4.910

Amoenitates biblicae oder biblische Belustigungen. [Hrsg.: Christian Gottl. Praetorius.] T. 1–6.
Budissin 1724–33. 4°

Amoenitates biblicae über das 5. B. Mosis. 6. Thle. 4°. Budißin, Richter.

Amoenitates diplomatico-historico-iuridicae oder allerhand ... Die Mecklenburgische Landesgeschichte, erläuternde Uhrkunden u. Schrifften [Hrsg.: Joach. Chr. Ungnaden] St. 1–18.
o. O. 1749–54. 4°

Amoenitates Historiae Ecclesiasticae et Literariae, quibus variae observationes ... exhibentur. Francof. et Lips. 1737—38. V: *Schelhorn, Joh. Gg.* (AarK)

Amoenitates historiae ecclesiasticae et litterariae, quibus variae observationes, scripta item quaedam anecdota et rariora opuscula ... exhibentur. T. 1.2.
Francofurti et Lipsiae: Sumptibus Dan. Bartholomaei et filii 1737–38. 8°

Amoenitates **historico-iuridicae.** Oder allerhand die Historie des Teutschen Reichs, sowol als die in selbigem üblichen Civil-, Staats- und Lehen-Rechte, Gewohnheiten und Alterthümer erläuternde Dissertationes, Observationes, Consilia und Opuscula, &c., so theils von andern verfertiget, aber bißhero noch nie gedruckt, theils erst absonderlich ausgearbeitet worden, von Wilhelm Friedrich Pistorio [Pistorius]. Th. 1. — Nürnberg: Felßecker 1731. 130,223 S. **1:**Rx 1246–1. **300:**38 R 7. Bd 1.
4.912

Amoenitates historico-iuridicae. Oder allerhand die Historien des Teutschen Reichs, sowol als die in selbigem üblichen Civil-, Staats- und Lehen-Rechte, Gewohnheiten und Alterthümer erklärende Dissertationes, Observationes, Consilia und Opuscula, etc., so theils von andern verfertiget, aber bißhero noch nie gedruckt, theils erst absonderlich ausgearbeitet worden, von (5. 6: durch) Wilhelm Friedrich von Pistorius (2–4: Wilhelm Friedrich Pistorius). Th. 1–8. — Franckfurt & Leipzig: Felßecker 1731–53.
1. 1731. 2. 1732. 3. 1733. 4. 1734. 5. 1737. 6. 1739. 7.8. 1753.
1–8 . . . . **3. 4. 6. 7. 8. 9.**
1–6 . . . . . . **12:**4° Jur. opp. 37 [auch Th. 2–8 = 4° Jur. opp. 38–2/8].
1–5 . . . . **10.**
1–4 . . . . **5.**
2–8 . **1:**Rx 1247–2/8 [auch Th. 2. 3 = Rx 1246–2. 3].
300:38 R 7. Bd 2/8. **11.**
2. 4 . . . . **2.**
4.913

— 2. Aufl. Th. 1. Ebd. 1753. 130,223 S.
1:Rx 1247–1. **12:**4° Jur. opp. 38–1. **2. 6. 11.**
4.914

Amoenitates literariae Friburgensis etc. XIV. Tmi. 8°. Ulm 1725-30.

Amoenitates literariae Friburgenses. [Hrsg.: Joseph Anton Stephan v. Riegger.] Fasc. 1–3.
Ulm: Stettin 1775–76. 8°

Amoenitates literariae, quibus variae observationes, scripta item quaedam anecdota et rariora opuscula exhibentur. [Hrsg.: Johann Georg Schelhorn.] T. 1–14.
Francofurti et Lipsiae: Daniel Bartholomaei 1725–31. 8°

Amoenitates litterariae quibus variae observationes, scripta item quaedam anecdota et rariora opuscula exhibentur. Francof. et Lips. [Ulmae] 1725—1734. H: *Schelhorn, Johann Georg.* (Myl) (ML) (Br Mm)

Amoenitates meliorum litterarum in continuationem Analectorum ex omni eruditionis genere ..., quas evulgat Soc. caritatis et scientiarum. T. 1. — Dresdae & Lipsiae: Hekel 1748. 312 S.
Anf. s. *Analecta* ex omni meliorum literarum genere. 1725-30.
1:an 4° Ab 302. 12:4° Acad. 51m. 3. 7. 8.
4.915

Amoenitates melior. literarum in Continuat. analector. ex omni erudition. gen. Tom. I. 4°. Dresden, Walther 1748.

Amoenitates medicae. [Hrsg.: Henr. Frid. Delius.] T. 1–5.
Leipzig 1745–47. 8°

Amonius, Griech. Grammatiker, um 100 n. Chr. s. *Ammonius* Alexandrinus Grammaticus.

Amonn, Alfr.: Objekt u. Grundbegriffe d. theoret. Nationalökonomie, s: Studien, Wiener staatswissenschaftl.

Amor, s.a. Amur

Amor, s.a. Mythen aus Griechenlands gold. Zeit.

AMOR. Ein Nöth- und Hülfsbüchlein für Liebende und Eheleute. Love me little, and love me long. Mit (3) Kpfrn. (nach van Asson v. Tromlitz gest.). Cölln, bey Peter Hammer, o. J. (Leipzig, Baumgärtner, 1795.) (Nebst dem kurzen gestoch. Tit.: „Amor." Ebd.) Kl. 8°. (7 Mk. Adolf Weigel, Lpz., 1904.)
2 Bll., 134 S. Nur diese eine Ausgabe. Selten! Inh.: I. Fragmente eines Ehestandskalenders. (S. 3—22.) II. Neues alphabet. Sprach- u. Wortregister der Liebe u. Ehe. (S. 23 bis 109.) III. Bewährte Hausmittel f. mancherley Unfälle u. Widerwärtigkeiten in d. Liebe u. Ehe. (S. 110—130.) IV. Post- u. Reisecharte durch das Ländchen der Liebe. (S. 131—134.)

AMOR, Taschenbuch f. Liebende auf d. Jahr 1819, (hrsg.) von K. H. L. Reinhardt. Mit Vign. Leipzig, Brockhaus, 1818. 12°. (2/3 Rthl.)
Engelmann 1837, S. 324; Goedeke III. p. 127.

Amor, od. d. Buch v. d. Liebe, s.a Gustaph Adolph.

Amor, oder das Buch von der Liebe. Quedlinburg 1827. V: *Sickel, Gust. Ad. Frdr.* (Call)

Amor, oder das Buch v. d. Liebe. 2e Aufl. 8. Quedlinburg 827. Basse.

AMOR. Oder das Buch von der Liebe. Ein Geschenk für Jünglinge und Jungfrauen. 3. Aufl. Quedlinb. u. Lpz. 1828. 8°.
Zahm. Ed. 1 ib. 182*; rep. ib. 1827. — Vgl. Heinsius, B.-Lex.

Amor. Ein deutsches Prachtblatt f. das Reich der Liebe. Red.: Rob. v. Salamon. 1. Jahrg. 1885/86. 24 Nrn. m. 12 Kunstbeilagen. (1½ B.) hoch 4. München 885. Verl. der Deutschen Vereinszeitg. n. 12. —

Amor. Anzeiger für Heiratsgesuche.
Berlin: Expedition 1890. 8°

AMOR im Beichtstuhl. Sittenbilder der Gegenwart. Berlin (Leipzig, Röhl's Verlags-Anstalt), o. J. (187*). 12°. (1 Mk. Fischhaber, Reutl.; 3 Mk. Gust. Klötzsch, Lpz., 1885.)
Mit color. Umschl.

Amor als geheimer Bote. Geheimsprache f. Liebende zu Ansichts-Postkarten. (32 S.) 16. Mülheim a/R. (904). J. Bagel. — 20

Amor Capnophilus, Carmen nuper repertum nunc commentario philolog., aesthet., ethico illustr. edid. Palladius Philocharis. 16. (12 B u. 1 Kpfr.) Vindobonae 829, Schrämbl. (Leipzig, Liebeskind.)

Amor divinus incitamentum amoris humani, argumentum quatuor meditationum, quas congregatio latina major B. V. Mariae Matris Propitiae ab Angelo salutatae tempore quadragesimae exhibent Monachii 1757. V: *Gachet, Franc. Xav.* (SO)

Amor in dolore felicior ... [Salisburgi 1703.] V: *Seiz, Placidus von.* (Hr)

AMOR in Frankreich. Französische Novellen. Leipzig. O. J. (c. 1890). 8°. (Mk. 2.—) (75 Pfg. A. Graeper, Barmen, 1891; 1 Mk. H. Hugendubel, München, 1905.)

L'Amor fraterno. Cantata nel felice ristabilimento di S. A. S. E. Frederico Augusto Elettor di Sassonia [Friedrich August I. König v. Sachsen] &c. — Dresda 1784. 20 S. 4° 3.
4.982

Amor als Geheimsecretair in allen Liebesangelegenheiten. Ein vollständiger Original-Liebes-Briefsteller u. Rathgeber für Liebende beiderlei Geschlechts. Nebst einer passenden Blumensprache u. 240 der schönsten u. sinnreichsten Stammbuchs-Aufsätze zc. vom Prof. Dr. Philander. Erfurt, 854. Bornemann. 16. (126 S.) n. 5 ngl

Amor, Der Got, ein erzählendes Gedicht ... Berlin 1783. V: *Heinzelin v. Constanz.* H: *Müller, Chph Heinrich.* (WUBb)

Amor im Harem. Erbauliche Geschichten, den großen Kindern erzählt v. dem Weisen Said Saidi. Hrsg. v. P. Heichen. 8. (159 S.) Berlin 888. Jacobsthal. n. 2. —

Amor An (sic!) Hofe, Oder das spielende Liebes(-) Glück hoher Standes-Personen, Cavalliere u. Damen.
2 Thle. Mit TKpf. Leipzig, bey Joh. Ludew. Gleditsch u. M.G. Weidmann, Anno 1710. 8°
I: 8 Bll. (incl. roth u. schwarz gedr. Tit.), 413 S.
II: 6 Bll. (incl. schwarz gedr. Tit.) 320 S.
— — Dasselbe. 2 Thle. Leipzig, bey Joh. Ludew. Gleditsch u. M M. G. Weidmann, 1720. 8°
Fr. Heerdegen's (Nürnb.) 77. Verz. p. 33

Amor, an den asiatischen Höfen, od. Liebesgesch. d. Prinzessin Statira. 8°. Copenhagen 1742.

AMOR und Hymen, oder romantische Scenen der Liebe und Ehe, aus der wirklichen Welt entlehnt. Hrsg. von *Joseph aus der Grube (Joh. Just. Gruber).* Mit TKpf. Budissin u. Leipzig, Arnold, 1794. 8°.
Enth. 3 zahme Erzähl.: Franz Graf v. Ulm. — Colmenares u. Riaza. — Helva. 5 Bll. Vorst. u. 200 SS. Die Vorr. ist von 1792.

AMOR und Hymen, ein Warngedicht von hundert den Eh- und Wehestand beleuchtenden Epigrammen. Allen Hagestolzen geweiht von ihrem Kollegen, *X. Y. Z.* (i. e. *Chr. Fr. Glo. Kühne*). Gedruckt in diesem Jahre. (Wittenb., Kühne, 1808.) Kl. 8°. (In Darmstadt.) 70 SS. (2½ Mk. Kühl.)
— — Dasselbe. (Neuer Abdr.) Zu haben im bibliogr.-artist. Institute. München, Unflad (1882). Kl. 8°.
Verboten vom L.-G. Wien, 2. Febr. 1884.

Amor u. Hymen, ein Warngedicht v. X. Y. Z. (Ch. F. Glo. Kühne.) 12. Zürich 806. Orell. 8 gr

Amor und Hymen. Ein Gedicht (Zur Vermählung einer Freundin). Von G. B. g. B. Erster Theil. Wien 1807. V: *Bacsanyi, Gabriele.* (WBL 1/113) (BIBLPORT) (WRZTG 1807, 5173)

Amor und Hymen. Enthüllte Geheimnisse der Liebe und Ehe. Ein unentbehrlicher Rathgeber für Liebende und Vermählte. 2. Aufl. des „Magazins der Liebe." Völlig umgearb. von Ed. Winkler. Mit 1 Stahlst. 12. Ulm 843, Seitz. ⅓ ₰ — 6. Aufl. des „Magazins" ꝛc. 8. Ebend. 846. n. ⅓ ₰

Amor u. Hymen. Enthüllte Geheimnisse d. Liebe u. Ehe. Ein unentbehrl. Rathgeber f. Liebende u. Vermählte. Mit e. Belehrung üb. d. Geheimnisse d. geschlechtl. Lebens. 6. Aufl. des „Magazins d. Liebe". Völlig umgearb., verb., verm. u. hrsg. v. Ed. Winkler. (6½ B. u. 1 Stahlst.) Ulm 845, Seitz.

Amor und Hymen. Entschleierte Geheimnisse aus der Liebe und Ehe. Ein unentbehrl. Rathgeber für Liebende, Verlobte und Neuverehelichte. 2. Aufl. 16. (105 S. mit 1 Chromolithogr.) Berlin 861, Reymann.

Amor und Hymen. Entschleierte Geheimnisse aus der Liebe und Ehe. Ein unentbehrl. Rathgeber für Liebende; Verlobte und Neuverehelichte. 2. Aufl. 862. — (3. Aufl.) Berlin (864.) Reymann. 16. (106 S. u. 1 color. Lithogr.) 7½ ngr.

AMOR und Hymen. Ein Geheimbuch für Verlobte und Neuvermählte. Berlin, W. Bernhardi (um 1910). 8°.
Verb. d. Ldg. I Berlin 38 J 738/11.

Amor u. Hymen in ihrer Blöße, od. Ehestandsvorbereitungen. 8. Leipz. 794. (W. Nauck). 12 gr

— u. Hymen in ihrer Blöße; od. Ehestandsvorbereitungen. 8. Lpzg. Sommer. 794.

l' Amor irritato dalle difficolta; farea in un atto. 8°. Wien 1802. Wallishausser.

Amor, ein Kaper . . . [Hochzeitsgedicht auf Rönnekamp u. Todsen, Hoyer, den 20. Sept. 1782.] — Flensburg (1782). 2 Bl. 8°

AMOR, Der kleine. O. O. (Schweinf., Riedel) u. J. (ca. 1800). (Format?)
Vgl. Schwalbe, Tob. (ps.), Neue Heringe. Tonne I. Lpz. 1803. p. 177.

Amor, d. Kommendant, in 6 Liedchen, mit Musik. 8°. Leipz. 1793. (W. Nauck). (B. Körner in Frankf.) Manh., Schwan.

AMOR der Kommandant. In sechs Liedchen mit Musik. Ein Faschingsgeschenk für 1793 (von *W. Nauck*). Frankfurt u. Leipzig. 8°.
16 S. und 3 Gross-Fol.-Bll. Musik (zu je 2 Liedchen). Anfänge: 1. „In Cypris schöner Residenz" etc., 2. „Alleen von Orangen blühn" etc., 3. „Kein Friede sey, doch siehe nie" etc., 4. „Es sey mein heiligstes Gebot" etc., 5. „Verbrechen werden fürchterlich" etc., 6. „Lebt, Schöne! Männer zu erfreun" etc. (2 Mk. 50 Pf., Expl. auf holl. Pap., wie neu, Frdr. Klüber, München, 1896; 12 Mk. Edm. Meyer, Berlin, c. 1905.)
— — Dasselbe. Ebd. Kl. 4°. Starkes Papier. (2 Mk., unbeschn. Expl., Adolf Weigel, Lpz., 1906; 8 Mk. Edm. Meyer, Berlin, 1908.)

AMOR und Komus. (Anekdoten, Bonmots, Erzählgn., Schwänke; ohne Ueberschriften.) Padua, bei Pietro Tarone (Himburg in Berlin), o. J. (c. 1790). 16°. (1⅔ Rthl. Lippert, Halle; 2⅓ Rthl. Scheible; 10 Mk. Calvary & Co., ca. 1900.)
336 S. Mit dem folg. Motto auf Titel in griech. Lettern:
Wir alle sind des Satans Diener,
Der uns in seinen Klauen hält.

— auf dem Lande. Von Sidonie. Aus „Caviar", pikante und heitere Blätter, abgedruckte Erzählungen. 8. (144 S. mit Illustr. in Buntdr.) Budapest 888. Grimm. n. 2. 50

AMOR und Hymens Lecture-Cabinet, d. i. Verzeichniß auserlesener Schriften zum Gebrauch für Liebes-Leute und Ehestandslustige. Zusammengetragen durch Jocosum Benedictum Liebetraut. Leipzig, o. J. (18**). 4°. (In Dresden: Litt. Germ. rec. B. 201, 20.) Ungemein rares Jocosum mit fingirten Büchertiteln.

Amor meus crucifixus! Kurze Betrachtungen und Gebete über das Leiden und Sterben Jesu Christi, . . . Königsberg 1756. V: *Lenz, Christian David.* (R-N)

AMOR auf der Promenade. Berlin 1798. 8°. Rar!
Auct. Frh. Max v. Speck-Sternburg. Lpz. 1857. p. 243.

— Das Buch Amor proximi, geflossen aus dem Oehl der göttlichen Barmhertzigkeit. Geschärffet mit dem Wein der Weisheit. Bekräfftiget mit dem Saltz der göttlichen und natürlichen Warheit . . . Ans tag-licht gegeben per Anonymum. — Franckfurt & Leipzig 1746. 159 S.
1: an Dc 3000. 12: Alch. 38/2 [u.ö.] 2.
4.966

— u. Psyche. Singspl. 8. Berl. 767. Haude u. Sp. 6 gr

Amor u. Psyche (v. F. W. Gleim). 8. Halberst. 796. Vogler. 14 gr

Amor u. Psyche, lyrisches Drama in 4 Akten, v. C. Merlich. 12. Ebend. 816.

Amor und Psyche, ein Märchen des *Apulejus*. Deutsch von R. Jachmann. Mit 46 Original-Radirungen und Ornamenten von Max Klinger. München, o. J. (19**). 4°. Orig.-Bd. (Mk. 65.—) (45 Mk., wie neu, Paul Alicke, Dresden, 1907; 65 Mk., tadelloses Expl., Ferd. Schöningh, Osnabr., 1907.)

AMOR und Psyche im Paradies. Leipzig, Speka-Verlag, o. J. 8°.
Verb. d. Ldg. Neiße II B. 3233. 886. P. J. IIIa.

Amor, Schalk, oder die geschiedene Frau; ein Lustspiel in 3 Akten, mit untermischten Gesängen und Tänzen. Leipzig 1784. V: *Dyck, Johann Gottfried.* (MGT)

Amor vor der Schwelle. In maiorem Dei gloriam. — Berlin: Eckstein [1888]. 137 S. (Was sich die Kammerjungfern erzählen. 3.)
1: Yx 23696 3.
4.968

Amor, d. siegende. Kinderpantomime in 2 Aufz. 8. Wien 770. Trattner. 2 gr

AMOR, vehementer quidem flagrans; artificiose tamen celatus, de Pantalonis custodiaque triumphans, intentato certamine prudentium stultorum. Sive Arlechin viva pictura ridiculusque Cupido. Augustae Vindelicorum, sumptibus Joann Michael Probst. S. a. (Der Verleger *Probst* lebte von 1673—1748.) Fol. Lat. u. deutscher Text auf 12 unpagin. einseitig bedruckten Bll., mit 12 schönen figurenreichen in d. Text gedr. grossen Kpfrn. mit interessanten Costümen. (Joh. Jac. Schübler del., Joh. Balth. Probst sc.), unter denen lat. u. deutsche (stellenw. derbe) Reime. Das originelle Stück (Possenspiel) hat auch folg. deutsch. Tit.: Die (sic!) zwar hefftig entflammte, doch aber künstlich verborgene, und über Pantalons Aufsicht thriumphirende (sic!) Amor, bey angestelltem Wett-Streit kluger Phantasten. Oder Arlechin das lebendige Gemählde und lächerliche Cupido. Augspurg, in Verlag bey Joh. Michael Probst, Kunsthändlern. O. J. (nach 1700). Fol. (In Darmstadt.) Von grosser Seltenheit!
Text und Erklärung deutsch u. lateinisch. Es giebt auch Expll. mit deutsch. u. italien. Text.) Wegen der Kupfern s. Nagler XII. p. 80.

Amor, der verbannte; od. d. argwöhnischen Eheleute. Lustsp. in 4 A. von Kotzebue. 8°. Leipzig, Kummer 1810.

— **der verklagte, e. Gedicht, v. C. M. Wieland. 8. Weimar. Hoffmann.**

Amor, der Verrathene, od. Wörterbuch für Liebende. gr. 12°. Stuttg., Steinkopf.

AMOR, Der verrathene, oder Wörterbuch für Liebende. (Motto:) Nec lusisse pudet . . . Paphos, im eisernen Zeitalter der Liebe, o. J. (Stuttgart 1794). 12°. (4 Mk., S. Glogau & Co., Lpz., Cat. 22.)
TKpf. (d'Argent fec.), Tit., XX—231 S., 1 S. Err., 1 Tabelle in qu.-Fol., überschr.: „Heirathslustige Frauenzimmer". Vorr. unterz.: „B . . l im März 1794. O . . ." — Sehr selten!

Amor, Verus amicitiae. Salisburgi [1712]. V: *Bader, Carl.* (Hr)

Amor, Zelosus, S. Joannis Francisci Regis Carmen elegans. Graecii 1738. V: *Liechtl, Jacob.* (Jes)

Amor: Acht Tage nach der Hochzeit. — Budapest 1906. 16 S. 1:Yx 37744/12
4.969

Amor, Hymen u. Co (Hrsg.), s. Kalender der Liebe und Ehe.

Amor, G., Briefsteller für Liebende, s. Briefsteller.

Amor, G., s. Liebesblüthen.

Amor, G., kurzes Liebesglück. Roman e. jungen Frau. (Neue [Titel-]Ausg. v.: F. Grelle, die Frau Pfarrerin".] (176 S.) kl. 8. Gera [897] 908. Zwickau, Koch's Formularmagazin. 2. 50

Amor, J. J. (psdn.), s. Nante bei der Einholung.

Amor, J. T. Z. (A. Moritz), Berlin u. Voigtland. Komische Schilderungen aus dem Volksleben. 1. Hft. 8. Berlin 840, Colditzsche Buchh. in Halle. 1/6 Thlr.

AMOR, J. T. Z. (d. i. *A. Moritz*), Berlin und Voigtland. Komische Schilderungen aus dem Volksleben. Erstes (einz.) Heft. Berlin, Stackebrandt, 1840. 8°. (1/3 Rthlr.) 56 S. (3 Mk. E. Frensdorff, Berlin, 1904.)

Amor, Ruibal Ángel
— Los Problemas fundamentales de la filología comparada. Su historia, su naturaleza y sus diversas relaciones científicas por el Dr. A. Amor Ruibal. P. 1.2. — Madrid: Fe [usw.]; Leipzig: Harassowitz (1904-05).
1:V 3628/62. 12:L. gen. 78 l.
4.978

Amore, L', ammalato, die krankende Liebe, oder: Antiochus u. Stratonica: Musicalisches Schauspiel. Hamb. 1708. V: *Feind, Barthold.* (Schr)

Amorelli, Aribert: Ich bitte ums Wort. Reden f. alle Fälle des täglichen Lebens, s. Volksbibliothek, deutsche.

Amorelli, Aribert: Polterabendvorträge, Aufführungen und Scherze, s. Volksbibliothek, deutsche.

Amorelli, Aribert: Wie verliebt, verlobt und verheiratet man sich? s. Volksbibliothek, deutsche.

Amorelli, D.: Physische und historische Untersuchungen..., s. Amoretti, Carlo

Amoretten. 8 Amoretten, entworfen v. Rentsch, nebst Details in natürl. Größe. 4 Amorettengruppen (die 4 Elemente). [Aus: „Maler-Zeitung".] Fol. (10 Taf. m. 8 Bog. Details.) Leipzig 892. Jüstel & Göttel. In Mappe. n. 7. 50

Amoretten u. decorative Figuren v. F. Gonin, R. Morgari, Dauck u. A. Decorative Compositionen u. Allegorien, Plafonds, Gruppen, Medaillons etc. 60 (Lichtdr.-) Taf. 3 Serien. Fol. (à 20 Taf.) Berlin 887. Claesen & Co. In Mappe. à Serie n. 50. —

Amorettenspiel, das, mit Erklärung u. Beschreibung. Leipz. Indust. Comt. 811.

Amoretti, Carlo [Hrsg.]
— [**Della Raddomanzia, deutsch**] Physikalische und historische Untersuchungen über die Rabdomantie oder animalische Electrometrie. Aus d. Ital. von Carl Ulißes v. Salis[-Marschlins]. Mit einigen ergänzenden Abhandlungen von J[ohann] W[ilhelm] Ritter. Th. 1. — Berlin: Realschulbuchh. 1809. XVI,180 S. 1:N 2804. 2. 7. 8.
4.1018

Amoretti, C., physikal.-chem. Untersuchung über die Rabdomantie od. animal. Elektrometrie. Aus d. Italien. übers. v. Ulysses v. Salis-Marschuns, mit Anmerk. herausg. v. J.W. Ritter. 1. Thl, mit 5 Kpft. gr. 8°. Berl. 1810. Reimer.

Amoreux..., mémoires sur l'utilité des Lichens, s. Geo. Frz. Hoffmann.

Amori
— **Gl'Amori di Paride e d'Ennone in Ida.** Trattenimento pastorale per musica da rappresentarsi nel teatro di Salzthal. Wechsel-Liebe des Paris und der Ennone am Berge Ida. [Textb.] — Wolffenbüttel [um 1715]: Bißmarck. 29 Bl. 4.
4.1014

de Amoribus Pancharitis et Zoroäe. Poema eroticon. 8°. Strassb. Treuttel et. W.

Amorinen und Amoretten. Aus Deutschlands Dichtern gesammelt. 2 Bde. 16. Cassel 851(52,) Balde. *
Bd. 1. Des Mädchens Wunderhorn. 5. (Titel-)Aufl. (V und 320 S.)
„ 2. Wilde Rosen. 3. (Titel-)Aufl. (309 S.)

Amorinen und Amoretten. Lieder-Album aus Deutschland's und des Ausland's Dichtergarten. 2 Bde. (in 1 Bd.) (1. Des Mädchens Wunderhorn. 6. Aufl. 2. Das Mädchen aus der Fremde.) 16. (XVI und 544 S.) Sondershausen 857, Neuse. *
geb. *

Amorinen u. Amoretten. Lieder-Album aus Deutschland's u. d. Ausland's Dichtergarten. 1. Des Mädchens Wunderhorn. 6. Aufl. — 2. Das Mädchen aus d. Fremde. Sondershausen, (858), Neuse. 16. (XVI, 544 S.) n. 1 Thlr. 5 ngr; geb. n. 1 Thlr. 15 ngr.

Amorinen u. Amoretten. Lieder-Album. 2 Bde. 16. (544) Thonb. 59, Neuse. n. 1. 5.; geb. n. 1. 15

Amoros, Bernart: Il canzoniere provenzale, hrsg. v. Giulio Bertoni, s: Collectanea Friburgensia.

Amorosa: Das Orakel der Liebe. Fragen u. Antworten für liebende Herzen beiderlei Geschlechts. Nebst e. Anh.: Das Orakel, e. Gesellschaftsspiel. — Köln a. Rh.: Püttmann [1892]. 61 S. **1:Na 4675. 5.**
4.1054

Das Orakel der Liebe. Fragen u. Antworten f. liebende Herzen beiderlei Geschlechts. Nebst e. Anh.: Das Orakel, e. Gesellschaftsspiel. Hrsg. v. **Amorosa**. Leipzig & Berlin: J. Püttmann [1906]. (61 S.) 8° [F.] 07. 1339

Amorosa, Augustus, Sions Ende. Drama in 3 Akten. 8. (V, 92 S.) Braunschweig 901. E. Appelhans & Co. 1. 20

Amorphismus in der Kunst. Ein Vortrag gehalten 1902. Bonn [1902]. V: *Justi, Carl.* (Berl)

Amors Abenteuer im Reiche der Liebe Mit 25 Kpfrn. 2. verb. Aufl. Leipzig, 854. Voigt. 16. (58 S.) n. 20 ngr

Amors' Besuch a.d. Lande, in d. merkwürd. Begebenh. eines unschuld. Landmädchens, a.d. Frz. d. Mariveaux. 2 Thle. 8°. Warschau, Wilke. 1797. (I. 14gr. II. 18 gr.)

AMORS Bibliothek [oder: Auf dem Pfade der Sünde]. Bd. 1—3. o. O. u. J. (um 1900).
Verb. d. Ldg. Dresden A II 398/02.

Amors Bild, in 1 Akt von Stoll. 8. Wien, Wallishauser.

AMORS Boudoir-Geschichten. (c. 1876.) (Mk. 1.—).

Amor's Zehn Gebote f. Liebende. 12 Bl. in 2 Zoll Größe auf farb. Papier gedr. Breslau 830, (Aderholz.)

Amors Zehn-Gebote f. Liebende. 5. Aufl. 32. (28 Seiten.) Hamburg 844, Hamburg-Altonaer Buchh.

Amors Geburt, Lebenslauf, Sieg u. Triumph; deutsch u. französ. Text (v. Er. Müller). 12°. Leipz., Mag. f. Ind. Mit 25 Kpf.

AMORS Irrfahrten im Reiche der Liebe. Pikant und amüsant geschildert von Amadeus Vocativus. Berlin NO, Hermann Schmidt, o. J. (um 1890). 8°. 158 S., 1 S. Inhalt.
Verb. d. StA. Leipzig A III. 36/92.

— **Guckkasten. Operette v. Michaelis. 8. Lpz. Dyk. 772.**

Amors Larven u. Spielereien, vom Verf. von Moritz Liebschaften 2c. (J. A. C. Heydenreich). 2 Theile. 8. Altenb. 806. Petersen. (Joachim in Leipz.) 2 ß

AMORS Leibgarde. Berlin. Kleines Witzblatt (um 1904). 8°. 63 S. (Bilderbuch von »Kleines Witzblatt«, Bd. 1.)

Amor's Liebesbote! Ausführlichster Liebesbriefsteller, mit e. Anh. v. Verlobungsanzeigen, amtl. Schriftstücken in Heiratsangelegenheiten, Verlobungs- u. Eheverträgen, Liebesliedern u. s. w. Neue Ster.-Ausg. 8. (224 S.) Reutlingen 890. Enßlin & Laiblin. cart. 1. 20

Amor's Missethaten. Aus dem Französ. von Jean qui rit. 8. (111 S. mit Illustr. in Buntdr.) Ebendas. 886. *

— **Offenbarungen; e. Idylle in Geßners Geschmack, von Heurton; a. d. Frz. 12. Basel, Flick. 797.**

— **Offenbarungen, e. Idylle in Geßners Geschmack. 12. Basel 797. Flick. (Neukirch). 5 gr**

Amor's Paradies, od.v.d. Einfluß der verschiedenen Temperamente auf. d. Geschäft d. Liebe und Glück d. Ehe. Von der Jungfrauschaft und männl. Zeugungskraft etc. 8°. Frankf. a.M. Bock.

AMORS Paradies oder von d. Einflusse d. verschied. Temperamente auf d. Liebe u. d. Glück d. Ehe, von d. Jungfrauschaft etc. Berlin 1800. Neudruck ca. 1850.

— **Paradies, oder v. d. Einflusse d. verschied. Temperamente auf d. Geschäft d. Liebe u. Glück der Ehe 2c. 3e Ausg. 8. Frankf. a.M. 828. (Leipz. J. Müller). 16 gr**

Amor's Pfeile, s.: Polterabend u. Hochzeit. 24. Bd.

— **Reisen, aus seinem Tagebuche, (v. Jh. Bürkli). 8. Bern 777. Typogr. Soc. 12 gr**

— **kleine Reisen. 8. Bern, Typogr. Soc. (Schmidt in Lpz.) 792.**

Amor's Rhapsodieen, ein authentisches Sittengemählde, nach dem Italiänischen, mit 1 Kupf. 4°. Danzig, 1795. Troschel.

Amor's Schatzkästlein od. neuester Liebes-Dichter. Eine Samml. d. schönsten u. auserles. Gedichte d. Liebe. 16. (2 B.) Dorsten 845, Ahn.

Amors Schatzkästlein od. neuester Liebesdichter. Eine Sammlung der schönsten und auserlesensten Gedichte der Liebe. 32. Dorsten 846, Ahn. 3 ngr

— **Staatsgeheimnisse auf Menschenkenntniß u. Erfahrung gegründet. 8. Leipz. 804. Mittler. 8 gr**

AMORS experimental-physikalisches Taschenbuch. Bdchn. 1. (einz.) Mit 16 (14?) sehr obscoenen, schön gestoch. u. prachtvoll illumin. Kpfrn. in vorzüglicher Composition von Heinr. Müller (einem Leipziger Künstler, wohnhaft im goldenen Hirsch, zugleich Verleger des Buches). O. O. u. J. (Leipzig 1798). Kl. 12°. (In Hamburg, Stadtbibl.) Gestoch. Tit., 1 Portrait, 1 Bl. Musik u. 275 SS.
Grösste Seltenheit! Vgl. Schwalbe, Tob. (Ernst Bornschein), Neue Heringe. Tonne I. Lpz. 1803. p. 178. — (Scheible, Cat. 54, 1875, p. 6: 80 Mk.; 120 frcs. H. Bukowski, Stockholm, 1887; jetzt viel theurer!)

Amors Triumph, ein allegor. Gemälde mit Chören und Tänzen, in freyen Versen und in 1 Akt, von C. Meisl. 8. Ebend. 817.

— **Verlegenheit; den Schönen Wiens gewidmet v. Schäfer Dameson. 8. Wien 785. v. Mößle. 6 gr**

— **Verlegenheit. Wien 785. Wucherer. 8 gr**

Amor's Wege oder Liebe und Genuß, 2 Thle. 8°. Amsterdam, 1794/95.

Amort, s. Amort, Eusebius

Amort, E., der Jüngere, s. Amort, Eusebius

Amort, Emil: **Ueber die Einwirkung von Arsenwasserstoff auf Quecksilberchlorid und über hexaalkylirte Diarsoniumverbindungen.** *Bonn 1898: A. Henry.* (35 S.) 8°
Heidelberg, Naturw.-math. Diss. v. [7. Juli] 1898

Amort, Eusebius [Pseud.], s.a. Sepp, Joh. Nep. [wirkl. Name].

— Abhandlung v. Anrufung d. Heiligen. 8. 1775. Stettin in Ulm. 6 ggr. — 24 kr.

Amort, Eusebius: Beiträge zur Kirchengeschichte des 18. Jahrhunderts. Aus dem hs. Nachlass des ... Chorherrn Eusebius Amort zsgest. von J[ohann] Friedrich. — München: Akademie 1876. 142 S.
Aus: Abhandlungen der K. bayer. Akademie der Wissenschaften. 3. Kl., Bd 13,2. 1876.
12:4° H. eccl. 303 f.
4.1060

— **Brevier eines guten Christen, das ist: vollständiges Gebett-Buch.** 2. Aufl. — Augspurg & Grätz: Veith & Wolff 1745. 672 S. **4.**
4.1061

Amort, Euseb., Brevier eines guten Christen, oder vollständ. Gebeth-Buch, in welchem die auserlesensten Gebethe enthalten sind. Aus den besten Gebethbüchern zusammengetragen und nach den sichersten Regeln einer vernünft. Andacht zum Gebrauche aller Stände eingerichtet. Neue, von einem Geistlichen des Erzbisthums Rottenburg verb. und verm. Ausg. 2. Aufl. 8. (VIII und 701 S. mit 8 Kpfrn.) Reutlingen 852, Rupp und Baur. *
mit ill. Kpfrn. *

— Moralis Certitudo pro Ven. Thoma Kempensi contra exceptiones novi Gersenistae Ratisbonensis ex LXX testibus coaevis omni exceptione maioribus ... vindicata. Acc. Responsio ad novam speciosam opinionem Petri Faita, Abbatis Cassinensis Brixiae, quod Joannes Gerson ... sit author librorum De imitatione Christi, necnon ad novos scrupulos V.C.D. Boudet. — Augustae Vind.: Veith 1764. 184,15 S. **12:**4° P. lat. 718 [u.ö.] **5. 7.**
4.1062

Amort, Eusebius: Controversia de revelationibus Agredanis explicata, cum epicrisi ad ineptas earum revelationum vindicias editas à P. Didaco Gonzalez Mathéo & a P. Landelino Mayr. — Augustae Vind. & Herbipoli: Veith 1749. XXXVIII,788 S.
1:Cs 13960. **12:**4° Asc. 33. **300:**7 V 40. **2. 5. 7. 102**P.
4.1063

— controversia de revelationibus Mariae Agredanis. 4. Ibid. 1749. (Birett in A.) geb. 2 fl.

— Controversiae novae morales recenter motae in nova editione Pontasii Veneta ... Nunc verò novis observationibus critico-moralibus exactius discussae, & variis documentis illustr. — Augustae Vind.: Veith 1739. 3,664 S.
12: Polem. 59. **300:**24 R 38. **2.**
4.1064

— Deductio critica, qua iuxta sanioris criticae leges moraliter certum redditur Ven. Thomam Kempensem librorum De imitatione Christi authorem esse. Cum responsione ad oppositiones Gersenistae Schyrensis frivolas. — Augustae Vind.: Wohler 1761. 344 S.
1:Eq 3560. **12:**4° P. lat. 717. **300:**19 G 10. **5. 7.**
4.1065

— Nova Demonstratio de falsitate revelationum Agredanarum, cum parallelo inter pseudo-evangelia et easdem revelationes, add. excussione novae Defensionis Agredanae ab A.R.P. Dalmatio Kick ed. — Augustae & Herbipoli: Veith 1751. 126 S. **1:**Cs 13968. **12:**4° Asc. 33 b.
4.1067

— Devotionale maius piorum sacerdotum aliorumque servorum Dei. — Augustae Vind.: Rieger 1777. 396 S. **5.**
4.1068

— Dictionarium casuum conscientiae et controversiarum forensium eccles. cum principiis generalibus etc. III T. 8 maj. Augsb. .. Ed. II. 784. Kranzfelder. 3 ꝟ 12 ℊ

— vetus Disciplina Canonicarum regularium et saecular. II. Tomi. 4. Ibid. 1747. (*L. Stahel* in W.) 1⅔ Thlr. — 2 fl. 42 kr.

— Elementa iuris canonici veteris et moderni, ubi ius canonicum modernum Gregorii IX. ex ipsis fontibus legum ordinate et breviter explicatur ... Acc. Vindiciae iurisdictionis ecclesiasticae. T. 1–3. — Augustae Vind.: Gaum in Ulm 1757.
3. Amort: Vindiciae iurisdictionis ecclesiasticae Sacrae Scripturae.
1–3 . . . . **1:**Fq 1740. **12:**4° J. can. U. 2 [auch T. 3 = 4° J. can. P. 31 d].
1 . . . . **4. 7.**
4.1071

Amort, Eusebius: Elenchus quaestionum moralium. ex eadem theologia 8°. – Augsb. 1755, Veith.

Amort, Eusebius : Ethica christiana, ubi de beatitudine humana etc. 8°.– Augsb. 1758. Kranzfelder.

— Ethica christiana, ubi de beatitudine humana, de passionibus animi, de virtutibus moralibus et de virtutibus christianis philosophice, christiane ac cordate disseritur. — Augustae Vind.: Veith 1758. 368 S.
1:D 4610. **12:**Mor. 30. **300:**14 W 25. **5.**
4.1074

— Hallucinationes A.R.P. Virgilii Sedlmayr circa mandatum primum & maximum ad solem expensae. — Augustae Vind. & Herbipoli: Veith 1749. 316 S.
12: Polem. 60 [u.ö.] **5.**
4.1075

— De Indulgentiis in genere et specie, praesertim de iubilaeo: cum declarationibus SS. D. N. Benedicti XIV. P. M. Augustae & Herbipoli: Veith 1751. 496 S.
12: Dogm. 33. **300:**8 M 17. **5.**
4.1076

— Plena ac succincta Informatio de statu totius controversiae quae de authore libelli De imitatione Christi inter Thomae Kempensis ... & Joannis Gersensis ... patronos iam à centum annis agitatur. — Augustae Vind.: Bissoni 1725. 334 S. **12:**P. lat. 1268. **2. 5. 7.**
4.1077

Amort, Eus.: Informat. de statu Controvers. Libelli de Imitatione Christi. 8°.– Augsb. Wolf 1725.

— [Philosophia Pollingana, Ausz.] Iudicia de Wolfiana philosophia et logica et de Leibnitiana physica s. monadologia. Cum brevibus stricturis. — Francofurti & Lipsiae 1747. 40 S. **12:**V. SS. 310/1. **3.**
4.1084

— Ius canonicum vetus ac modernum. Acc. Vindiciae iurisdictionis ecclesiasticae. T. [1.] 2. — Ulmae (2: Ulmae, Francofurti & Lipsiae): Gaum 1757.
2 mit Sondert.: Amort: Vindiciae iurisdictionis ecclesiasticae Sacrae Scripturae.
Im Exemplar von 8 fehlt die auf dem Titelblatt genannte Schrift Vindiciae iurisdictionis ecclesiasticae.
1.2 . . . . **8.**
2 . . . . **4. 7.**
Vindiciae . . . . **2.**
4.1072

Amort, Eus., Ius canonic. vet. et modern. et vindiciae jurisdict. eccles. III. Vol. 4. Ulm. Stettin. 767. Rthlr.

— Auserlesne und auferbäuliche Leben deren Heiligen Gottes, welche auf ein neue Art aufrichtig beschriben ... und ... in achterley Ständ und Theil abgetheilet worden. Bd 1. 2. — Augspurg: Burckhart 1760.
2 besitzt nur Bd 2. T. 7. **12:**4° V. SS. C. 3. **2.**
4.1078

— Leben d. Heiligen Gottes auf eine neue sehr nützliche Art beschrieben. 2 Thle. 4. Augsburg 1760, Rieger (fehlt). L. Stahel in W. 2 Thlr. — 3 fl.

Amort, Eusebius: Leben d. Heiligen Gottes. 2 Thle. 4°.– Augs. 1769. Rieger.

— Wahre und aufrichtige Lebens-Beschreibung 1. deren alten Patriarchen, Propheten ... 2. unseres liebreichen Erlösers Christi Jesu ... 3. der seeligisten Jungfrau u. Mutter Gottes Mariä, deren heiligen Apostlen, Evangelisten ... 4. deren heiligen Martyrern. — Augspurg: Veith 1741. Getr. Pag. **12:**4° V. SS. C. 4. **2.**
4.1079

— de origine, valore ac fructa *indulgentiarum* notitia. Fol. Aug. V. 1735. (Weigel in L.) 3 Thlr. — 5 fl. 24 kr.
Auch in 8o 1751. Ibidem.

— De Origine, progressu, valore ac fructu indulgentiarum, nec non de dispositionibus ad eas lucrandas requisitis, accurata notitia historica, dogmatica, polemica, critica. (P. 1. 2) [nebst] Suppl. — Augustae Vind. & Graecii: Veith 1735–36.
Vollst. . . **12:**2° Liturg. 10 [u.] 2° Dogm. 14 [auch P. 1. 2 = 2° J. can. P. 5]. **2. 5. 6. 7.**
[ohne Suppl.] . . . . **1:**2° Ce 9040. **300:**18 C 11. **3. 4.**
4.1080

Amort, Eusebius (Hrsg.), s. Parnassus Boicus...

— Philosophia Pollingana ad normam Burgundicae. — Augustae Vind.: Veith 1730. 856 S.
12:2° Ph. U. 3. **300:**• 48 B 6. **5. 6. 7.**
4.1082

— Polycrates Gersensis exauthoratus seu causa Kempensis victrix, post novissimam Thomae Erhard apologiam. — Monachii 1729: Straub. 51 S. **12:**P. lat. 1270. **7.**
4.1085

Amort, Euseb., Prolegomena Scripturae sacrae facili methodo explicata ad usum cleri Augustani iussu episcopi edita. Augsburg, 1747, 4°.

Amort, Eusebius: Reflexiones et principia meliora de jurisdictione ecclesiast.– Frankf.(Augs.) 1757. Stettin in Ulm.

Amort, Eusebius: Reflexiones et principia meliora de iurisdictione ecclesiastica opposita principiis Poloni nobilis. [Verf.: Eusebius Amort.] — Francofurti & Lipsiae: Gaum 1757. 122 S.
12:4° J. can. P. 752 [u.ö.] **300:**30 F 15. 3. 5. 7.
4.1086

— Responsio ad responsionem apologeticam A.R.P. Virgilii Sedlmayr Benedictini Wessofontani circa praeceptum diligendi Deum. — Augustae & Herbipoli: Veith 1749. 108 S. **1:**Da 613. **12:**Polem. 61. **300:**6 M 21 •.
4.1087

— de revelatione, visionibus et apparitionib. priv. II Tomi. 4. Ibid. 1744. (*L. Stahel* in W.) no. 2 fl. 24 kr.

— De Revelationibus, visionibus et apparitionibus privatis regulae tutae ex Scriptura, conciliis, ss. patribus, aliisque optimis authoribus collectae, explicatae et exemplis illustr. (P. 1. 2.) — Augustae Vind.: Veith 1744.
12:4° J. can. P. 31 [u.ö.] **300:**7 V 42. 2. 5. 102P.
4.1088

— Scutum Kempense sive vindiciae quatuor librorum De imitatione Christi, quibus Thomas à Kempis contra Joannem Gersen in sua possessione stabilitur. 1728 u.ö. s. *Thomas* a Kempis: Opera omnia [Werke]. 4.1089

— n. philosophiae planetar. systemata. 4. Nurnb. 733.

— Nova philosophiae, planetarum et artis criticae Systemata adumbrata. — Norimbergae 1723: Lochmann. Getr. Pag.
3 versch. Drucke.
1:Nl 19224. **12:** 4° Ph. U. 5, 5a [u.] 5b. 6. 7.
4.1090

— Theologia eclectica, moralis et scholastica ... ad mentem ss. patrum et theologorum insignium, praesertim veterum, conscripta. T. 1–4. — Augustae Vind. & Wirceburgi: Veith 1752.
1–4 . . . . . **12:**2° Dogm. 16 [u.ö.] **300:**31 O 19. 2. 5. 6.
1.2.4 . . . . **1:**2° Cw 3830.
4.1091

— — (T. 1–23) [nebst] Index generalis. Ebd. 1752.
12: Dogm. 34 [auch T. 1. 3/23. Ind. = Dogm. 34 a].
4.1092

Amort, Euseb. (Augustiner-Chorherr und bayr. Akademiker † 1775), **Theologia** *eclectica* **moralis et scholastica. 23 Tomi c. Index, in XII Volum. 8. Aug. V. 1752, Veith. (fehlt)** *L. Stahel* **in Würzb. 12 fl.**

Amort, Eusebius: Theologia moralis inter rigorem et laxitatem medica. IV Tomi. Fol.Augsb.1752. In 8°.XXIV Voll. ibid. 1752. Veith.

— Theologia moralis inter rigorem, et laxitatem media, pro usu parochorum confessariorum, nec non suae vel alienae conscientiae consulentium, breviter explicata; cum recentioribus summorum pontificum decretis. Ed. in Germania prima corr. et auctior. T. 1. 2. — Augustae Vind. & Oeniponti: Wolff 1758.
1:4° D 4614. **12:**4° Mor. 13h. 5. 102P.
4.1094

— — Ed. recentissima, corr. et auctior. T. 1–4. Augustae: Wolff 1777. 102.
4.1095

— de Turbis ecclesiae Galliae modernis. 4. Ulm 757. Stettin 8 gl.

Amort d. Jüngere (J. N. Sepp), s.: Verbrechen a. religiös. Manie.

— Vindiciae iurisdictionis ecclesiasticae Sacrae Scripturae, traditioni et rationi conformes adversus saeculi moderni politicos. — Augustae Vind.: Gaum in Ulm 1757. 488 S. (Amort: Elementa iuris canonici veteris et moderni. 3.)
1:Fg 1740–3. **12:**4° J. can. P. 31 d [u.] 4° J. can. U. 2–3.
4.1096

—— bibl. u. profane Wunderthäter, s.a. Zeit- u. Streit-Fragen, deut.

Amort, biblische u profane Wunderthäter. (Zeit- u Streitfr. 139-40) Berlin 1880

Amort, Robert Carl (Putzig), De hepatis abscessibus. Diss. med. Halle (Schmidt) 26. X. 1848. 32 S. mit Biogr. (Mutter: Susanna Elwart.) (3.50) 380a
Oppon.: C. Schultze, E. Heim. — Gew.: Heinr. Meckel v. Hemsbach.

Amorth, C.H.E.: Frage, wo so viele Ausgießungen d. Flüsse in Baiern herrühren? u. wie denselben abzuhelfen. gr4°.– München 1773. Franz.

Amortisation d. preuss. Staatseisenbahn-Kapitalschuld, beurtheilt von d. Verein z. Wahrung d. wirthschaftl. Interessen. Berlin 887.

Amortisationsedikt. — Churpfälzisches Amortizationsedikt vom Jahr 1737 und dessen Erläuterung vom 3. März 1764. o.O. [um 1765]. 6 Bl. 4° 5.
4.1098

Amortisationsgesetzen. — Von den österreichischen Amortizationsgesetzen in Rücksicht auf den Johanniter- oder Maltheserorden und desselben Mitglieder, wobey zugleich die religiose Beschaffenheit dieses Ordens erörtert wird. [Nebst] Anh. [u.] Beil. — o.O. (Anh. u. Beil.: Freiburg) 1796–97 (: Felner).
Anh. u. d. T.: Uiber die Religiosität des Maltheserordens. 1797.
Beil. u. d. T.: Beylagen zu der Abhandlung über die Religiosität des Maltheserordens. o. J.
2. 5.
4.1099

Amortisirung, Die, von Urkunden und die Todeserklärung nach dem gegenwärtigen Stande der österreichischen Gesetzgebung. Wien 1871. V: *Frühwald, Carl.* (WFM)

Die Amortisirung von Urkunden und die Todeserklärung nach dem gegenwärtigen Stande der österreichischen Gesetzgebung. Zum Gebr. für Richter, Rechtsfreunde und Parteien dargest. von einem practischen Juristen. — Wien: Manz 1871. VI,56 S.
300:166.494–C. 11.
4.1100

Amory, Thomas

[—] Leben, Bemerkungen und Meinungen Johann Bunkels, nebst den Leben verschiedener merkwürdiger Frauenzimmer. Aus d. Engl. übers. [von Reimarus v. Spieren]; mit hinzugefügten Bemerkungen u. Meinungen [von Hermann Andreas Pistorius] u. 16 Kupferstichen von D[aniel] Chodowiecki. Th. 1–4. — Berlin: Nicolai 1778.
1:Zd 2640. **300:**183.757–A. 2. 4. 5. 6. 10. 11.
4.1110

Amos, Neu übers. u. erläut. v. J.C.W.Dahl. gr8°. – Götting. 1795, Vandenhöck u. R.

Amos. Amos übersetzt und erläutert mit Beifügung des Hebräischen Textes und des Griechischen der Septuaginta nebst Anmerkungen zu letzterem. herausgegeben von Johann Severin Vater. Halle 1810.

Amos, neu übersetzt u. erläutert v. K.W.Justi. 8°.– Leipzig 1820. Barth

Amos [propheta] metrisch bearb. von Eduard Sievers u. Hermann Guthe. Leipzig: B.G. Teubner 1907. (91 S.) 4°(8°)
= **Abhandlungen** d. philol.-hist. Klasse d. Kgl. Sächs. Gesellschaft d. Wiss. Bd 23; No 3. [07. 3693]

Amos, Joel und Micha, neu übers. u. erklärt v. C.W. Justi. 8°. Jst jetzt Verl. v. Barth in Leipzig.

Amos u. Micha, neu übers. u. erläut. v. K.W. Justi. 8°. Leipz. 1799. (Barth).

Amos. Nahum. Habakuk, hrsg. v. W. Staerk, s. a Texte, ausgewählte poetische, des Alten Testaments. 2. Hft.

Amos [propheta, Ausz.], Nahum, Habakuk [Habacuc]. Hrsg. von Lic. Dr. W[illy] Staerk, Privatd. in Jena. Leipzig: J. C. Hinrichs 1908. (IX, 25 S.) 8°
= **Texte**, Ausgewählte poetische, d. alten Testamentes in metr. u. stroph. Gliederung. H. 2. [08, 18173]

Amosi oracula. Textum hebraie. et graec. version. Alexandr. noc. critic. et vers. etc. edid. J.S.Vater. (Auch u. d.T.: Amos, übers. u. erläut. mit Beifügungen der Hebr. und Alexandr. griech. Textes u. Anmerkungen.) 8°.– Halle 1810, Hemmerde et Schw.

Amos, der Prophet. Hebräisch u. griechisch hrsg. v. Johs. Meinhold u. Hans Lietzmann, s. a Texte, kleine, f. theologische Vorlesungen u. Übungen. 15. 16.

Der Prophet **Amos**. Hebr. u. griech. hrsg. von Dr. Johannes Meinhold, Prof., u. Lic. Hans Lietzmann, Prof. Bonn: A. Marcus & E. Weber 1905. (32 S.) 8°
= **Texte**, Kleine, f. theol. Vorlesungen u. Übungen. 15. 16. [06. 980]

Amos, C. (Hrsg.), s. Bürgermeisterblatt für Rheinland und Westfalen.

Amos, Ernst [pr. Arzt aus Metz]: Über einseitige Hirnnervenlähmung ... Strassburg i. E., Buchdr. Ch. Müh & C.. 1895; 59 S. 8.
Strassburg. Med. Fak., Inaug.-Diss. v. 1895

Amos, Georg (Dillingen): De inflammatione pectoris et imprimis de pleuritide et peripneumonia.– Landishuti: Storno 1826. 20 S. Diss. Ingolst.-Landsh.-Mchn. 10.6.1826 - Pe 424; F 58.

Amos, J., s. Amos, Julius

Amos, Johann: Das in Gottes Wort und recht-glaubigem Alterthum bewehrte hoch-heilige Meß-Opffer von denen höchst-ärgerlichen Lästerungen, deren von T.G.D. Christiano Münden, des Ministerii Francofurtensis Seniore aufgeweckten Schmalkaltischen Artickeln gerettet. In der, Festô Corporis Christi, in dem Kayserlichen Stifft St. Bartholomäi zu Franckfurt gewöhnlichen Früh-Predigt durch Joannem Amos. — Degendorff: Candidus [um 1736]. 39 S.
2 versch. Drucke.
1:Dh 13030. **12:**4° Hom. 70 [u.ö.] **4. 5.**
4.1120

Amos, J[ulius], approb. Arzt aus Stuttgart: Ueber Vaginale Ovariotomie. *Tübingen: F. Pietzcker 1901.* (62 S.) 8°
Tübingen, Med. Diss. v. 1901

Amos, Max, aus Stuttgart: Ueber **Diamidolutidin** und **Dioxylutidin.** *Heidelberg 1902: K. Rössler.* (55 S.) 8°
Heidelberg, Naturw.-math. Diss. v. 1902

Amos, Sebast., Exercitium theologicum polemicum contra antichristianos. Trier 1788.

Amos, Victor, approb. Arzt aus Wasselnheim i. E., Assist. am Bürgerspital Hasenrain, Mülhausen: **Untersuchungen über die Eintrittspforten und Verbreitungsweise der pyämischen, sephthämischen und pyosephthämischen Allgemeininfectionen auf Grund von Sectionsbefunden.** *Strassburg i. E. 1900: Ch. Müh & Co.* (80 S.) 8°
Strassburg, Med. Diss. v. 1900

l' **Amour,** decent et délicat ou le beau de la galanterie. 8°. Frankf. 1760. Eslinger. (Schäfer).

Amour, l', éprouvé p. la mort, ou lettres modernes de deux Amans, p. Roche de Vieille. 8°. Frkft. Esslinger. 1764.

Amour et fidélité patriotiques, ou Richard, le noble Chasseur du Königssee. Conte historique à l'usage de la jeunesse, par l'auteur des enfants de la veuve. Traduit de l'Allemand par F. Bourier. Avec une gravure sur acier. 8. Augsbourg 844, v. Jenisch u. Stage. 5/8 ηβ

— L'Amour en fureur ou les excés de la jalousie italienne. Nouvelle curieuse. — Cologne: Marteau 1691. 92 S.
1:an Tt 1444b. **300:**33 Y 21.
4.1144

— — Cologne: Le Jeune 1701. 96 S. **10**W.
4.1145

L'Amour marié, ou la bisarrerie de l'amour en l'état du mariage. — Hambourg 1755. 32 S. **4.**
4.1153

Amour et Mystère. Comédie par Pain. gr. 8. Rudolstadt, Hofbuchh. 808. Rthlr.

Amour, l', peintre. Comédie. gr. 8°. Cassel, Griesbach 1794.

l' Amour peintre. Comédie en 2 Actes, tiré de Moliere. 8°. Cassel 1794. (Luckhardt).

L'Amour vangé. Comédie du Nouveau Théâtre françois. Die gerochene Liebe, ein Lustspiel übers. aus dem neuen französischen Theater. — Regensburg: Montag 1763. 87 S.
Text frans. u. deutsch. **3.**
4.1158

L'Amour voyageur envoyé à Madame la Duchesse de * par Monsieur de ***. — La Haye 1748. 58 S.**
12:P. o. gall. 70. 7.
4.1160

AMOURETTEN. Nr. 1 u. 2 (soviel erschienen?). Hamburg, Gfr. Vollmer, 1801. 8°.
Vollmer's Mich.-Mess-Verlag 1800. — Höchst selten!

Amourour, Lehrbuch des industriellen Zeichnens, s. Armengaud.

Les Amours. 8°, Manh. 1798. Kaufmann.

Amours des dames illustres de France. Cologne: Lamoureux 1709. 696 S.
Sondert.: Bussy, Roger de Rabutin Cte de: Histoire amoureuse des Gaules, par le Cte de Bussy Rabutin. Cologne: Marteau 1708.
1 [defekt]: Qy 190.
4.1177

— Ebd. 1717. 708 S.
Sondert.: Bussy, Roger de Rabutin Cte de: Histoire amoureuse des Gaules, par le Cte de Bussy Rabutin. Cologne: Marteau 1716.
12:P. o. gall. 314–2. **7.**
4.1178

Amours des dames illustres de France, sous le règne de Louis XIV [König von Frankreich]. T.1.2. — Cologne: Marteau (1734). **1:**Qy 200. **10.**
4.1179

Amours des dames illustres de Nostre-Siecle. Cologne 1680. 1691. 1694. 1708. V: *Bussy-Rabutin, Roger de.* (Milchs)

AMOURS diverses oder sonderbahre und curieuse Liebes-Geschicht, durch eine Standes-Person. Leipzig, b. Joh. Friedr. Gleditsch. 12°. (M. M. V. 1690. B 3b.)

Les Amours d'Eumène et de Flora, ou histoire véritable des intrigues amoureuses d'une grande princesse de nôtre siécle. — Cologne: le Sincere 1706. 215 S.
12:P. o. gall. 74. **2.**
4.1187

Amours, les, d'Héro et de Léandre, par Mollecourt. 8°. Strasb. König 1806.

Amours, Les, d'Horace. Cologne 1728. V: *La Pimpie Solignac, P. J. de.* (Br Mm) (BSCE)

Amours ou Lettres d'Alexis et Justine. 2 Vol. gr. 8°. Basel, Flick 1786.

Les Amours de Paliris et Dirphé. — Paris: Dessaïnt; Francfort s. M.: Eslinger 1766. 176 S. **7.**
4.1201

Amours, les, de Paliris et Dirphé. 8°. Lausanne. Pott et Comp. 1766.

Amours, les, pastorales de Daphnis et Chloé écrit. en Grec par Longus et translatées en françois, par Jaq.Amyot.av.fig.8°. Lpzg. Sommer.

Amoy, s.: China. Karte.

Ampach, Christian Leberecht

v. Ampach, Imm. Chr. Lbr., Frankreichs Gesetzgebung unter den Consuln. gr. 8. Leipz. 803. (Gnobloch). 12 gr.

Ampach, Christian Leberecht v.: Frankreichs Gesetzgebung unter den Consuln. Eine Ankündigungsschrift der Annalen d. neuesten französischen Gesetzgebung, Justizverfassung u. Rechtsgelehrsamkeit. — Leipzig: Martini in Comm. 1803. 120 S. 1:Hp 901. 2.
4.1209

— Numophylacii Ampachiani sectio ... d. i. Verzeichniss der von Christian Leberecht v. Ampach hinterlassenen Münz- und Medaillen-Sammlung. Abth. 1–3. — Leipzig: Reclam in Comm. 1833–35.
1:Pi 2100. 2. 3. 7.
4.1210

Am-Pach, J. G. v. s. *Am-Pach,* Johann Georg v.

Ampach, Imm. Chr. Lbr. s. Ampach, Christian Leberecht

Am-Pach, Johann Georg v.: Grundriß der gerichtlichen Veterinär-Kunde, zum Gebrauche für Physiker, Kreis-Chirurgen, Thierärzte, Oekonomen und Rechtsgelehrte. Von J. G. v. Am-Pach auf Grünfelden. — Wien: Geistinger 1822. 140 S. 1:Ks 2737. 300:77 Y 1. 3.
4.1211

v. Am-Pach, auf Grünfelden, (J. G.) Grundriß der gerichtl. Veterinär-Kunde. gr. 8. Wien 822, Geistinger. (Landshut, Krüll.)

— Grundriss der gerichtlichen Veterinärkunde. Zum Gebrauch für Physiker, Kreis-Chirurgen etc. gr. 8. Wien 22. Gerold. M. 2.—

— Praktische Lehre von den Heerdekrankheiten oder Seuchen der größern nutzbaren Haussäugethiere. Ein Handbuch für den öffentlichen Unterricht und zum Privatgebrauche für Physiker, Kreischirurgen, Thierärzte und Oekonomen. Von J. G. v. Am-Pach auf Grünfelden. — Pesth: Hartleben 1819. XV,288 S.
1:Ks 9398. 300:35 Q 5. 5. 8. 10.
4.1212

— Die Lungenfäule, die Lungen- und die Milzseuche des Hornviehs, ihre Erkenntniß, Heilung u. Vorbauung, durchaus nach eigenen Beobachtungen. Von J. G. v. Am-Pach. — Pesth: Hartleben 1819. IV,194 S.
300:70 Cc 21. 10.
4.1213

Am-Pach, Johann Georg v.: Ueber den sogenannten Milzbrand oder die Karfunkelkrankheit der grössern nutzbaren Haussäugethiere. Nebst einigen Krankengeschichten u. praktischen Bemerkungen zur Vergleichung dieser Thierkrankheiten mit dem ansteckenden Typhus der Menschen. Von J. G. v. Am-Pach auf Grünfelden. — Pesth: Hartleben 1820. VIII,176 S. 300:77 Ee 142. 8.
4.1214

— Ueber die Natur, Erkenntnißmittel, Heilart und Vorbauung der Drehkrankheit der Schafe. — Wien: Beck 1827 96 S. 1:4° Ks 18652. 12:4° Don. Lud. 8. 7.
4.1215

— Die Seuchen d. nutzb. Haus-Säugetiere. Wien 36. Mayer & Co. M. 9.—

Am-Pach auf Grünfeld, J.G., s. Am-Pach, Johann Georg

Ampelander s. Rebmann.

Ampelius, s. Ampelius, Lucius

Ampelius, Lucius, s.a. Messala.

Ampelius, Luc., übers. v. Hoffmann, s.a. Prosaiker, griech., (Messala.)

Ampelii, L., **liber memorialis. Recognovit Ed. Wölfflin, s.a. Florus.**

— Liber memorialis, in usum scholarum em. et subiectis notis illustr. (Hrsg.: C[arl] H[einrich] Tzschucke.) — Lipsiae: Crusius 1793. XXXII,278 S. 1:Wn 8182.
4.1222

— — Ebd. 1793. XXXII,278 S. (Auctores Latini minores. 3,3.)
2. 5. 10.
4.1223

— **liber memorialis ad usum tironum accom. 8. Stad. 824, Pockwitz. (Lüneb., Herold et W. in comm.)**

Ampelius, (Luc.) liber memorialis. F. Schulen bearb. u. mit e. Commentar f. Lehrer vers. v. Fr. A. Beck. gr. 8. Leipzig 825, Hartmann.

— id. lib. Für Schulen bearbeitet u. mit e. Commentar f. Lehrer vers. v. Fr. A. Beck. gr. 8. Leipz. 825. (Leynveld). 16 gr.

— Liber memorialis. Für Schulen bearb. u. mit e. Commentar für Lehrer vers. von Friedrich Adolf Beck. — Leipzig: Hartmann 1826. XXII,142 S.
1:Wn 8186. 12:A. lat. b. 11 m. 2. 4. 5. 6. 10.
4.1224

— Liber memorialis. Recogn. Eduardus Woelfflin. Lipsiae: Teubner 1854. XII,40 S.
1:an Wn 5369. 12:A. lat. b. 1056 n/1. 3. 4. 5. 7. 10. 11.
4.1226

— — Lipsiae: Teubner 1863. XII,40 S.
1:an Wn 5370. 9.
4.1227

— — Ebd. 1873. XII,40 S. 2. 5. 9. 11.
4.1228

— — Ebd. 1879. XII,40 S. 12:A. lat. b. 1056p/2. 3. 6. 7.
4.1229

Ampelius, Lucius, Unterricht über d. wissenswürdigsten Dinge, s.a. Messala

L. Ampelius. Unterricht über die wissenswürdigsten Dinge, übersetzt von Friedrich Hoffmann. Stuttgart 1830. 8°.

Ampelographia iconica id est historia naturalis figuris ita expressa, est ab initio usque ad finem aliquot foliis omnia laborum genera, uti moris est in Franconiae et Sueviae partibus, curiose repraesentantur. Kupferstichserie. Nürnberg 1747. -- [Zit. nach der Bayerischen Agrarbibliographie]

Amper-Bote. – Dachau: 1873 - 31. XII. 1933.

Ampère, s. Ampère, André Marie

Ampère, A. M. s. *Ampère,* André Marie.

Ampère, André Marie

— Berichtigung seiner Theorie der elektrisch-magnetischen Erscheinungen, und Vertheidigung derselben gegen mehrere ihr gemachte Einwendungen. (Frei ausgezogen von Gilbert.) (Aus: Annal. der Physik, B. 72, St. 2, J. 1822, St. 10.)

— Beschreibung der verbesserten Einrichtung des von ihm im Decemb. 1821 bekannt gemachten, und eines neuen elektrisch-dynamischen Drehungs-Apparates, und Erörterung der Versuche, welche er mit beiden angestellt hat. (Aus: Ann. der Physik, Bd. 72, St. 3, J. 1822, St. 11.)

Ampère, über die Bestimmung der Verhältnisse, in welchen sich die Stoffe nach der Zahl u. der wechselseitigen Anordnung der Molekeln verbinden, s.: Ostwald's Klassiker der exacten Wissenschaften.

Ampère. Brief an den Hrn. Grafen Berthollet, üb. d. Bestimmg. d. Verhältnisse, in welchen sich d. Stoffe nach d. Zahl u. d. wechselseitigen Anordng. d. Molekeln verbinden, s. Klassiker d. exacten Wissenschaften.

Ampère, Brief an d. Hrn Grafen Berthollet, üb. d. Bestimmg d. Verhältnisse, in welchen sich d. Stoffe nach d. Zahl u. d. wechselseit. Anordng d. Molekeln verbinden, s.: Ostwald's Klassiker d. exacten Wissenschaften.

Ampère, André Marie: [Exposé des nouvelles découvertes, deutsch] Darstellung der neuen Entdeckungen über die Electricität und den Magnetismus von Oerstedt, Arago, Ampère, H. Davy, Biot, Erman, Schweigger, de La Rive u.s.w. Durch Ampère u. [Jacques] Babinet. Aus d. Franz. Mit 2 Kupfertaf. — Leipzig: Voß 1822. 118 S.
1: My 5231. 4. 7. 8. 10. 83.
4 1245

— Notiz von seinen neuen Untersuchungen über die elektrisch-magnetischen Erscheinungen. (Frei ausgezogen von Gilbert.) (Aus: Ann. d. Physik, B. 72, St. 1, J. 1822, St. 9.)

—— Natürliches System aller Naturwissenschaften. Eine Begegnung deutscher u. französischer Speculation. Aus d. Franz. des A. M. Ampère im Ausz. bearb. u. mit critischen Noten begleitet von G[ustav] Widenmann. — Stuttgart: Ebner & Seubert 1844. X,130 S. 2. 7. 9.
4.1243

Ampère, Ueber die gegenseitigen Wirkungen, welche auf einander ausüben zwei elektrische Ströme, ein elektrischer Strom und ein Magnet oder die Erdkugel, und zwei Magnete. I, II. (Ann. der Physik, Jahrg. 1821, St. 2 u. 3.)

Ampère, J. J. 1830 s. *Ampère*, Jean Jacques.

Ampère, J. J. A. 1878 s. *Ampère*, Jean Jacques.

Ampère, Jean Jacques

Ampère. J.J. Hilda. s.a Bibliothek f. d. reif christl. Jugend.

Ampère, J. J., Hilda, oder das Christenthum im 5. Jahrh. Erzählung. Ins Deutsche übertr. von Jul. Ebersberg. Schaffhausen, 857. 8. Hurter. (2 Bl.. 178 S.) 15 ngr

Ampère, J. J., Hilda od. das Christenthum im 5. Jahrh. Erzählung. In's Deutsche übertragen v. Jul. Ebersberg. 2. Aufl. Mit 1 Stahlst. 8. (172 S.) Regensburg 876. Manz. 1. 50

— Histoire littéraire de la France avant le douzième siècle. Par J. J. Ampère. T. 1–3. — Paris: Hachette; Leipzig: Brockhaus & Avenarius 1839–40.
1: As 543. 12: H. lit. P. 10 k. 300: 18 J 5. 2. 3. 4. 5. 7. 8.
4.1281

Ampère, J.-J., Histoire de la littérature française au moyen age comparée aux littératures étrangers.—Introduction.—Histoire de la formation de la langue française. gr. in-8. Paris (et Leipzig) 841. (Brockhaus u. Avenar.) n. $2^2/_3$ ℛ

— Voyages et littérature. Von J.-J.-A. Ampère. Ausgew. und erkl. von Karl Graeser. — Berlin: Weidmann 1878. 166 S. (Sammlung französischer u. englischer Schriftsteller mit deutschen Anmerkungen.) 1: Pu 1828.
4.1264

— Mein Weg in Dante's Fußstapfen. Nach J. J. Ampère bearb. von Theodor Hell [d.i. Karl Theodor Winkler]. — Dresden & Leipzig: Arnold 1840. 171 S. 12: Po. it. 346 m.
4.1 299

Ampezzaner-Bahn, Die. Von der Magnifica Comune Ampezzo. im Februar 1873. (Mit 1 Karte.)

Ampezzaner Dolomiten, s.: Alpen. Detailkarten.

Ampezzo. 28 (photozinkogr.) Blatt m. 28 Ans. n. Naturaufn. qu. 4. Wien 897. J. Löwy. Geb. in Leinw. 5. —

Ampezzo. 20 Blatt m. 20 Ansichten nach Naturaufnahmen. qu. gr. 8. Wien 899. J. Löwy. Geb. in Leinw. 3. —

Ampferer: Der Mönch von Salzburg. Progr. Salzburg 1864.

Ampferer, Otto, aus Innsbrucks Bergen, s.: Ficker, Heinr. v.

Amphibien, neuentdeckte, ein wichtiger Beitrag zur Naturgeschichte der Thiere. Dem deutschen Volke gewidmet v. e. Thierbuden-Besitzer. (Von Franz Bertram.) gr. 12. (87 S.) Sondershausen 847, Eupel in Comm. n. 8 ngr

Amphilochius, Episcopus Iconiensis

Amphilochius, epist. de recta studior, ac vitae ratione. 8°. Alttorf.

— Epistola ad Seleucum de recta studiorum ac vitae ratione, versibus iambicis scripta Graecolatina. Interprete et ed. a. 1695 Antonio Wernero Cunone, cum notationibus Jac. Billii [Jacques de Billy] et Franc[isci] Combefisii. Add. Gregorii Nazianzeni carmine 33. De libris biblicis, recusa pro recitationibus publicis Jo. Balt. Bernholdi [Johann Balthasar Bernhold]. — Altorphii: Schupfel 1740. 74 S. 1: an B 9231. 12: B. gr. 152 y/2. 2. 3. 4. 5. 7. 8. 10.
4.1318

— In Sabbatum sanctum oratio graece et latine. Religioni Paschali a. R. S. 1782 publico nomine Academiae Juliae Carolinae praemissa a prorectore Henrico Philippo Conrado Henke. — Helmstadii (1782): Schnorr. XXVIII S.
12: 4° P. gr. 5.
4.1319

Amphilochius: Amphilochii, Episc. Icon., in Sabbatum sanct. oratio gr. et lat. praemissa a. H.P.C. Henke. 4°– Quedlinb. 1783 Ernst.

Amphion. Oper. 8°– Lüneb. 1787, Lemke.

Amphion. Oper. 8°. – Berlin, Schöne 1795.

AMPHION oder der verwandelte Merkur. Ein unterhaltendes Blatt. Leipzig 1818 (soviel ersch.?). 8°. (6 Mk.. nur St. 4 bis 44, stellenw. beschäd.. Gustav Fock, Lpz., 1907.)
„Besonders für Leipziger Verhältnisse interessantes Blatt."

Amphion. Zeitschrift für die musikalische Welt. Redakteur: Anna Körschner. Herausgeber: Jan Schindler. (No. 1: Oktober 1877.)
Prag: Jan Schindler. – Druck: Anton Renn.
Jahrgang 1. 1877, No. 1–9.

AMPHITEATER f. Unterhaltung, Kunst u. Kritik. (Trier.) 51 Nrn. aus den Jahrgäng. 1849 bis 1850. (Nicht vollst. Reihe). 4°. (12 Mk. Max Harrwitz, Berlin, c. 1903.)
Handelt u. a. über einen Bigamie-Prozeß der Lola Montez.

Amphitheatrow, über d. Verhältniß d. Kirche zu den Christen. Predigten. Aus dem Russischen, nach der 2. Ausg., übersetzt von Janyschew. Wiesbaden, 855. Ritter. gr. 8. (VI, 243 S.) n. 20 ngr

Amphitheatrum von Asia und America all. Nationen n. ihr. Habit in Figur. und Beschr. Fol. Erfurt. 728.

Amphitheatrum. — Neu-eröffnetes Amphi-Theatrum, worinnen nach dem uns bekanten gantzen Welt-Creiß alle Nationen nach ihrem Habit, in saubern Figuren repräsentiret. Anbey die Länder nach ihrer Situation ... aufgeführet sind u. welches ... als ein sehr nützliches u. anmuthiges Compendium geographicum, genealogicum, heraldicum, curiosum, numismaticum kan gebrauchet werden. (T. 1–4.) — Erffurth: Funcke 1722–28.
[1.] (Europa.) 1722. 2. Africa. 1723.
3. America. 1723. [4.] Südliches Asia. 1728.
1–4 . . . 1: 2° Pp 2511 [auch T. 4 = 2° Uo 4676].
1.2 . . . . 7.
2–4 . . . . 12: 2° Turc. 2/1.2.3 [u. ö.]
300: an * 48 A 18 [u.] 4858.
2.3 . . . . 9.
4 . . . . 6.
4.1321

Neu-eröffnetes Amphitheatrum Turcicum, worinnen der Kern türckischer Geschichten von Grundsetzung ihrer Religion und Reiches, ihrem Propheten Mahomed [Muḥammad], seinen Nachfolgern oder Caliphen, türckischen Kaysern, ihren, wie auch einiger ihrer vornehmen Ministers seltsamen Fatis, geführten blutigen Kriegen, erstaunlichen Conquesten ... etc. kurtz, doch hinlänglich mit historischer Feder biß auf die allerneueste und gegenwärtige Zeiten beschrieben wird. — Erffurth : Funcke 1724. 172 S.
1:an 2° Pp 2511. 12:2° Turc. 1 [u.ö.] 300:•48 A 18 [u.] an 4858. 2. 9.
4.1322

Amphitheatrum, Redivivum septem Poloniae, septemdecim Saxoniae saeculorum, assurgentium in occursum, cultum, adorationem ... Friderico Augusto, regio Poloniae, electorali Saxoniae principi, nec non Mariae Josephae, archiduci Austriae ... Societate Jesu ... seratum ... [1726]. V: *Rudnicki, Dominicus.* (Bem I, S. 346)

Amphitheatrum Turcicum mit Fig. Fol. Ebend. 1724.

Amphitheatrum zootomicum.... Exhibens historiam animalium anatomicam e Miscellaneis S.R.I. Academiae naturae curiosorum... collectam. Acc. Methodus secandi cadav(era) humana..., ut & (Simonis Paulli [Pauli, 1603-1680] Modus dealbandi ossa pro sceletopoeia) Ars dealbandi ossa pro sceletopoeia, cum (Joh[annis Jacobi] Rauii [Jan Jakob Rau + 1719] Collegium anatomicum) Osteologia, tabulis myologicis aliisque mss. Rauianis, hactenus summoperè expetitis, accurante variisque notis & fig. illustrante Michaele Bernhardi Valentini. (P. 1.2.) Francofurti a.M.: Zunner & Jung 1720. 1 Bd. 2°

Amphitrion. Lstsp. n. Moliere. von Fr. v. Kleist; herausg. v. A. Müller. 8. Dresd. Arnold. 808.

Amphitruon. Lstsp. in 5 A. v. J. D. Falk. 8. Halle, Ruff. 805.

Amphitryon, Lustspiel von H. v. Kleist Herausgegeben von A. H. Müller. Neue wohlf. Ausgabe. 8. Dresden, Arnold. 818.

Amphora, s.: Wasser-Rekord, e., in Hamburg u. Altona.

Amphyon, s. Amphion

Amplissimae...

Universität Zürich. Amplissimae atque Clarissimae Academiae Glasguensi natalem quadringentesimum quinquagesimum celebraturae ... congratulantur ... Universitatis Turicensis Rector et Senatus. IV + 42 p. 4. Turici, Typis Zürcheri & Furreri, 1901.

A. u. d. T.: Vetter, Theodor. Litterarische Beziehungen.... [Mit 1 Tafel.] Zürich... 1901.

Amplissimae atque clarissimae Litterarum Universitati Julio-Maximilianae Virceburgensi ante hos fere quingentos annos primum conditae sed mox exstinctae, tum vero a ... Julio Echtero a Mespelbronn ... anno domini 1582 resuscitatae et instauratae ... saecularia tertia ... per dies I—IV mensis Augusti h. a. celebranti ... gratulatur Universitas Litterarum Vratislaviensis interprete Antonio Biermer ... h. t. ... rectore cum senatu academico. P. p. Vratislaviae m. Julio a. 1882. Vratislaviae (1882). (1 Bl.) gr. 2°

Amplissimae atque clarissimae Universitati Litterarum Turicensi die XXIX mensis Aprilis anni 1833 a senatu populoque Turicensium conditae ... semisaecularia prima diebus II et III mensis Augusti anni 1883 celebranti Universitas Litterarum Vratislaviensis ... gratulatur interprete Ottone Friderico Gierke h. t. rectore. Rector et senatus academicus Vratislaviensis mense Julio anni 1883 l. c. Vratislaviae (1883). (1 Bl.) gr. 2°

Amplissimae atque illustrissimae Litterarum Universitati Ludovico-Maximilianae ... a. d. 1472 ... Ingolstadii conditae ... saecularium quartorum diem ... d. I. m. Aug. a. 1872 celebranti ... gratulatur Universitas Litterarum Vratislaviensis ... interprete Henrico Haeser universitatis h. t. rectore cum senatu academico. P. Vratislaviae m. Julio a. 1872. (Vratislaviae 1872.) (1 Bl.) gr. 2°

Amplissimae atque illustrissimae Litterarum Universitati Tubingensi ... ab Everardo duce ... conditae ... quarta saecularia d. IX. m. Aug. a. 1877 ... celebranti festissimum hunc ... diem ... gratulantur Universitatis Vratislaviensis rector Martinus Hertz et senatus academicus. Vratislaviae (1877). (1 Bl.) gr. 2°

Ampringen, Heinr. v., Christoph Columbus. Ein Trauersp. in 5 Aufz. gr. 8. (9 B.) (Constanz) Belle-Vue 843, Verlagsbuchh.

Ampringen, Heinrich v.: Kaiser Friedrich der Zweite von Hohenstaufen. Ein Trauerspiel in 5 Aufz. — o.O. 1844. IV,176 S. 1:Ys 7905.
4.1330

Ampt. — Ampt s. *Amt.*

— Ampt s. auch *Aemter.*

Ampt, Carl *Wilhelm* [aus Mainz]: Ueber das Parovarium '(Epoophoron)' bei Neugeborenen und Erwachsenen ... Berlin, Buchdr. v. G. Schade, *1895;* 39 S., 1 Bl. 8.
Berlin, Med. Fak., Inaug.-Diss. v. 21. Mai 1895

Amptspflicht

Die Ampts-Pflicht derer Vorsteher des Spend-Ambts, welche vor Alters sind genant worden Vorstender oder Verweser des Bades-Kasten, in einer deutlichen Beschreibung, was denen Vorstehern ins gesambt, und bey jedes Ambte insonderheit zu thun, wobey alle des Spend-Ambtes Freyheiten, Vor-Rechte, Einkünffte, übliche Gebräuche angeführet ... Von einem ihrer Mit-Arbeiter ... auffgesetzet. — Gantzig [!] [1706]: Reiniger. 10 Bl. 4° 10.
4.1665

Ampts–Tax

— Neu-confirmirter Ampts-Tax, wornach in dem Hochlöbl. Fürstenthum Brandenburg-Onolzbach die Ober: und andere Beamte und Diener, auch Burger-Meister und Räthe, Schultheisen, Richter und Gemeinden in den Städten und auf dem Land wegen Ihrer Ambts- und Gerichts-Gebühren sich zu achten. — Ebd. 1695. 8 Bl.
1:61 in 2° Gp 4800-1. 7.
4.1669

— — Ebd. 1707. 8 Bl. 1:22 in 2° Gp 4800-2. 7.
4.1670

Amr b. Kulṯūm. Amrui ben Kelthûm Taglebitae Moallakam Abu abd allao el hossein ben achmed essûseni scholiis illustratam et Vitam Amrui ben Kelthûm e libro Kitâb el aghâni excerptam ... edidit, in latinum transtulit, notasque adiecit Ioan. Gothofredus Ludovicus Kosegarten. Jenae 1819.

Amrui ben Kelthum Taglebitae Meallakam Abu abdallae el horssein ben achmed essuseni scholiis illustratum et vitam Amrui ben Kelthum e libro kitab el aghani excerptam e codic. Paris. ed. in lat. transtulit etc. J.G.L.Kosegarten. 4° Jena 1820. Cröker.

'**Amra,** kusejr. Hrsg. v. d. kais. Akad. d. Wiss. 2 Bde. Text- u. Tafelbd. (Hrsg. v. A Musil.) (238 m. Abb., 41 z. Tlfarb. Taf. u. 1 Karte.) 43×33 cm. Wien, Hof- u. Staatsdr. '07. L. 210 —

Amrain, Karl, s. a. Schwankerzähler, deut., d. 15—17. Jahrh.

AMRAIN, Deutsche Schwankerzähler des 15.—17. Jahrhunderts. (Krauss, F. S., Quellenschriften zur Anthropophyteia (s. d.), Bd. 2—4.) Leipzig 1906—7. 8°. (c. 18 Mk. antiquarisch.)

Amram, Lehrer, Borken. 1890: Der ethische Inhalt der Gebete. Vortrag, geh. auf d. Jahresversammlung d. israelitischen Lehrer Hessens zu Cassel 1890. — Halberstadt 1890: H. Meyer. 20 S. 1:Ez 15388.
4.1345

Amran, L. v.: Englands Land- und Seepolitik und die Orientalische Frage. Nebst Vorschlägen in betreff d. Meerengen u. Isthmen d. Mittelländischen u. des Roten Meeres. — Berlin: Fussinger 1902. 48 S.
1: Qo 22534. 12: J. publ. E. 17 o. 4. 6. 11.
4.1348

Amrein und Rebstein, s. A m r e i n , Caspar Constantin

Amrein, C., s. A m r e i n , Caspar Constantin

Amrein, Caspar Constantin

Amrein, K. C.: Die demokratische Handelsrepublik Florenz im Zeitalter der Guelfen. 1200—1345. Vortrag gehalten im historischen Verein des Kantons St. Gallen. ([S.-A.] „Fortschritt". Organ des kaufmännischen Vereines in Zürich.) Zürich 1877. 32 S. 8°.

Amrein, K. C. Der Gotthardpass. Histor. Skizze. (Abdruck aus d. „Fortschritt", Organ d. kaufmänn. Vereins in Zürich.) 8°, 32 S. Zürich, Herzog. 1878

Amrein und Rebstein: Die Kartographie der Schweiz in ihrer historischen Entwicklung dargestellt. Spezialkatalog der Gruppe 36 der schweizer. Landesausstellung. Zürich 1883.

Amrein, K. C., Bericht üb. Gruppe 36 der schweizerischen Landesausstellung Zürich 1883: Kartographie, in Verbindg. m. dem Relief- u. dem Katasterwesen der Schweiz, Spezialberichte v. A. Heim u. J. Rebstein. gr. 8. (39 S.) Zürich 884. Orell Füssli & Co. Verl. n. 1. —

Amrein, K. C.: Marco Polo. Oeffentlicher Vortrag, gehalten in der geographisch-kommerziellen Gesellschaft in St. Gallen. ([S.-A.] „Fortschritt", Organ des Kaufmännischen Vereins in Zürich.) Zürich 1879. 42 S. 8°.

Amrein, C[aspar] C[onstantin]. Die Pfahlbauten-Ausgrabungen am Baldeggersee. Von Prof. K. C. A'.... [Mit 2 Tafeln.] ⟨SA.⟩ 8. Einsiedeln 1874.

Amrein, Kasp. Konstantin, Luzerner'sche Prämienspiesse, nach ihren Verfassern und chronologisch geordnet, mit einer historischen Skizze ihrer Entstehung und Bedeutung versehen. 92 Seiten. 8. Luzern, Doleschal's Buchh. 1871 1. 60

Amrein, C[aspar] C[onstantin]. Der St. Gotthardpass. Historische Skizze. Von K. C. A'. 8. Zürich 1878.

Amrein, C. (Prof.) Sebastian Peregrino Zwyer von Evibach. I. Thl. (Programm der St. Gallischen Kantonsschule f. d. Schulj. 1879/80). St. Gallen, Druck v. M. Kälin. 1879

Amrein, K. C., Seb. Pereg. Zwyer v. Evibach. Ein Charakterbild aus dem 17. Jahrh. gr. 8. (VII, 178 u. Anmerkgn. u. Beilagen LIII S.) St. Gallen 880. (Huber & Co. Sort.) n. 4. —

— Seb. Pereg. Zwyer von Evibach. Ein Characterbild aus dem 17. Jh. Von K. C. Amrein. — St. Gallen 1880: Kälin. VIII, 178, LIII S.
1: Ru 4666. 12: Biogr. 1273. 300: 183.528-B. 2. 3. 7. 9. 11.
4.1351

Amrein, Chrisostomus, Fridolin der Kleinbauer. Aus dem Leben, f. das Leben. Die Obstkultur u. Obstverwertung. 2., verb. u. verm. Aufl. „Des Obstbaues" 4. Aufl. (VII, 239 S. m. 60 Abbildgn. u. Bildnis.) 8. Aarau 906. E. Wirz. Geb. in Leinw. n. 3. —

Amrein, J. Chrisostomus, der Obstbau. Prakt. Anleitung zur Erziehung und Pflege der Obstbäume und Obststräucher und Verwerthung der Früchte. Mit Vorwort von E. Mertens. 8. (IV, 69 S.) Oberuzwil 887. (Frankfurt a. M. und Luzern, Fösser Nachf.)

Amrein, J. Chrysostomus, der Obstbau. Praktische Anleitung zur Erziehg. u. Pflege der Obstbäume u. Obststräucher u. Verwerthung der Früchte. 2., verb. Ausg. Mit Vorwort zur 1. Ausg. v. E. Mertens. gr. 8. (IV, 80 S. m. 25 Abbildgn.) Aarau 893. (H. R. Christen.) n. 1.20

Amrein, JC, d. Obstbau. Prakt. Anl. z. Erziehg u. Pflege d. Obstbäume u. Obststräucher u. Verwerthg der Früchte. 2. Asg. 8° (80 m. Abbildgn.) Aar. 93, (E Wirz). 1.20

Amrein, Georg. Ein Fall von hereditärer Hexadaktylie nebst sechs weiteren Fällen von Polydaktylie aus dem Kinderspital zu Basel. Diss. Med. Basel. Mit zwei nach Röntgenbildern angefertigten Tafeln. 56 S. 8. Basel, Schweizer. Verlags-Druckerei, 1903.

Amrein, J., Naturbetrachtung und Gotteserkenntniß. Vortrag, gehalten in der Marianischen Congregation zu Luzern, am Dreikönigenfeste 1859. Luzern. (Gebr. Räber.) gr. 8. (16 S.) 3 ngr.

Amrein, J. Chrysostomus, s. A m r e i n , Chrisostomus

Amrein, K. C. 1880 s. *Amrein*, Caspar Constantin.

Amrein, Kaspar Konstantin, s. A m r e i n , Caspar Constantin

Amrein, O[tto]. Die Behandlung der Lungentuberkulose im Hochgebirge. Unter spezieller Berücksichtigung der Behandlung fieberhafter Fälle bearb. von Dr. med. O. A'. 1.—10. Tausend. 16 S. 8. Wiesbaden, Emil Abigt, 1910. (M. —.60, geb. —.80)

Amrein, O[tto]. Beitrag zur Tuberkulinbehandlung der Lungentuberkulose. Von Dr. O. A' ⟨Arosa⟩. (Separatabdruck [aus:] Beiträge zur Klinik der Tuberkulose..., hrg. von Dr. Ludolph Brauer.... Bd. 4. H[eft] 2.) 11 S. + S. 195—226 ⟨32 S.⟩. 8. (Würzburg, A. Stuber, 1905.)

Amrein, O[tto]. Ferien im Süden ⟨Golf von Neapel, Sizilien, Tunis⟩. Mit 10 Abbildungen [Tafeln] nach Aufnahmen des Verfassers. 103 S. 8. Arosa, F. Junginger-Hefti, [1908]. [fr. 3.50]

Amrein, O[tto]. Ferientage an der Adria. Erlebtes und Geträumtes. Separatabdruck aus dem «Tagblatt der Stadt St. Gallen». II + 30 S. 8. St. Gallen, Zollikofer & Cie., 1906.

Amrein, O[tto]. Die Heilung der Lungentuberkulose im Hochgebirge. Unter spezieller Berücksichtigung der Behandlung fieberhafter Fälle bearb. von Dr. med. O. A'.... 2. Aufl. 16 S. 8. Wiesbaden. Emil Abigt, 1910. (M. —.60, geb. —.80)

— Die Heilung der Lungentuberkulose im Hochgebirge. Unter spezieller Berücksicht. der Behandlg. fieberhafter Fälle bearb. 3. Aufl. (16 S.) 8. Wiesbaden 910. Verlagsanstalt E. Abigt. — 60; geb. n — 80

Amrein, O[tto]. Das Hochgebirge, sein Klima und seine Bedeutung für den gesunden und kranken Menschen. Vortrag gehalten am 12. April 1902 in der Ostschweiz. Geograph.-Commerc. Gesellschaft in St. Gallen. ⟨Separatabdruck aus den «Mitteilungen der Ostschweiz. G'-C' Ges'» [in St. Gallen. Heft 1, 1902].⟩ II + 27 S. 8. (St. Gallen, Honegger.) [fr. 1.—]

Amrein, O., das Hochgebirge, sein Klima u. seine Bedeutung f. den gesunden u. kranken Menschen. Vortrag, geh. am 12. IV. 1902 in der ostschweiz. geograph.-commerc. Gesellschaft in St. Gallen. gr. 8. (27 S.) St. Gallen (902). (A. u. J. Köppel). n. 1. —
Sonderabdruck aus: „Mittlgn. d. ostschweiz. geograph.-commerc. Gesellsch."

— Hochgebirgsbehandlung d. Lungentuberkulose m. spezieller Berücksicht. fieberhafter Fälle. Vortrag, geh. in der II. Sektion des internat. Tuberkulose-Kongresses zu Washington, 29. IX. 1908. Aus dem Engl. übers. (16 S.) kl. 8. Arosa (909). F. Junginger-Hefti. — 60

Amrein, O[tto]. Die Infektiosität der Tuberkulose. Vortrag gehalten in Arosa am 13. Februar 1902 zu Gunsten des Vereins für unbemittelte Lungenkranke in Arosa. 37 S. 8. St. Gallen, Zollikofer, [1902]. [fr. —. 80]

— Die Vorzüge d. Hochgebirges f. Gesunde u. Kranke. 2—5. Afl. (44) 8° Ebd. '10. — 80; HL n 1.20

— Die Vorzüge des Hochgebirges für Gesunde und Kranke, von Dr. med. Amrein. 6. Aufl. — Wiesbaden: Abigt 1910. 48 S.
1: Ik 1621°.
4.1355

Amrein, Otto [prakt. Arzt, von St. Gallen]: Welche Schlussfolgerungen lassen sich aus dem Vorkommen von abgestorbenen oder in ihrer Virulenz abgeschwächten Tuberkelbazillen im Sputum ziehen? St. Gallen 1900. 75 S. 8°.
Zürich. Med. Diss. 1899 1900.

— Wie verhütet man die Übertragung der Lungentuberkulose? 2. Aufl. (44 S.) 8. Wiesbaden 910. Verlagsanstalt E. Abigt. 1.—; geb. n 1. 40

Amrein, O[tto]. Wie verhütet man die Uebertragung der Lungentuberkulose? -5. Aufl. 44 S. 8. Wiesbaden, Emil Abigt, 1910. (M. 1. —, geb. 1. 40)

Amrein, P. J. Chrysostomus, s. Amrein, Chrisostomus

Amrein, Paul. Resultate bei operativer Pseudarthrosen- und Frakturen-Behandlung mit Elfenbeinstiften. Diss. Med. Basel. [Mit Figuren und 1 Tafel.] Separatabdruck aus Fortschritte auf dem Gebiete der Röntgenstrahlen Band 16. IV + 38 S. 4. Hamburg, Lucas Gräfe & Sillem, 1910.

Amrhein, August

Amrhein, Aug., Beiträge z. Geschichte d. Archidiakonates Aschaffenburg u. s. Landkapitel. gr. 8. (82 S.) Würzburg 884. (Stahel's Verl.) n. — 80

Amrhein, Aug., d. Bergbau i. Spessart unt. d. Regierung d. Kurfürsten v. Mainz. [Aus: „Archiv d. histor. Vereins v. Unterfranken ꝛc."] gr. 8. (84 S.) Würzburg 896. (Stahel.) n. 1. 20

— die kurmainzische Glashütte Emmerichsthal b. Burgjossa. Beitrag zur Geschichte d. Handelspolitik d. Kurstaates Mainz. Mit e. Anh.: Zwei Arbeiterordngn. v. J. 1406 u. 1790 f. die Glashütten des Spessarts. gr. 8. (S. 143—243.) Würzburg 900. (Stahel's Verl.) n. 1. 20
Sonderabdruck aus: „Archiv des histor. Vereins."

— s.: Franconia sacra.

— Franconia sacra, s. Stamminger, J. B.

Amrhein, August, Dr. phil. Dechantpfarrer in Eßfeld: Gotfrid IV. Schenk von Limpurg, Bischof von Würzburg und Herzog zu Franken 1442—1455. Würzburg 1908: H. Stürtz. (151 S.) 8°
Straßburg, Kath.-theol. Fak., Ref. Ehrhard, Diss. v. 1. Aug. 1908
[Geb. 26. Aug. 47 Weibersbrunn, Bez.-Amt Aschaffenburg (Unterfranken); Wohnort: Eßfeld, Bez.-Amt Ochsenfurt (Unterfranken); Staatsangeh.: Bayern; Rig. 14—17. Juli 08.]

— **Kultusbaurecht und Kultusbauverhältnisse im Gebiete des Mainzer Landrechts. — Würzburg (:Bauch) 1910. IV,141 S.**
Ersch. auch als Diss. Würzburg 1910.
1:Fs 8702. 12:J. germ. 3f.
4.1359

— **Das Landkapitel Lengfurt. — Würzburg: Bucher 1896. VI,468 S. (Franconia sacra. 2.3.)**
1:Sg 8724–2.3. 12:Bavar. 2524 p–2. 300:189.534–B. Bd 2. 5. 6.
4.1360

Amrhein, Aug., die Prälaten und Canoniker des ehemaligen Collegiatstiftes St. Peter und Alexander zu Aschaffenburg. Festgabe zur 900jähr. Jubelfeier der Stiftskirche. gr. 8. (394 S.) Würzburg 882, (Woerl.) *
Aus: Archiv des historischen Vereins von Unterfranken und Aschaffenburg, besonders abgedruckt.

Amrhein, Aug., die Priesterweihe, lateinisch u. deutsch. (27 S.) gr. 16. Würzburg (904). F. X. Bucher. — 10
Sonderabdruck aus: „Zeremonien u. Gebete bei Erteilg. der hl. Weihen".

Amrhein, Aug.: Die Priesterweihe lateinisch u. deutsch. [SA] 2. Afl. (31) 16° Würzbg, FX Bucher ('07). — 10 d

— Reihenfolge d. Mitglieder d. adeligen Domstiftes z. Wirzburg, St. Kilians-Brüder gen., s.: Archiv d. historischen Vereines v. Unterfranken u. Aschaffenburg.

AMRHEIN, August: Geschichtliche Studie über die Forsthuben und das Forstmeisteramt des Spessarts. - Aschaffenburg 1892. 52 S.

— **Historisch-chronologische Untersuchungen über das Todesjahr des hl. Johannes von Nepomuk. — Würzburg: Bucher 1884. 60 S.**
1:Dx 2041. 12:V. SS. 685 w. 300:405.030–B [u.] 36.366.
4.1362

— Die Ceremonien u. Gebete b. Ertheilung d. hl. Weihen i. d. katholischen Kirche. N. d. röm. Pontificale latein. u. deutsch hrsg. 12. (IV, 83 S. m. 1 Stahlst.) Würzburg 898. F. X. Bucher. n. — 50

— die Zeremonien u. Gebete bei Erteilg. der hl. Weihen in der katholischen Kirche. Nach dem röm. Pontificale lateinisch u. deutsch hrsg. 2. verb. Aufl. (IV, 83 S.) gr. 16. Ebd. (904). n. — 50

Amrhein, Conrad, s. Amrhein, Konrad

Amrhein, Guilelmus, s. Amrhein, Wilhelm

Amrhein, H., s. Amrhein, Hans.

Amrhein, Hans

— Erläutergn u. method. Anmerkgn z. Gebr. d. „Deut. Fibel". (23) gr8° Ebd. '07. . 1.50; bei Einführg d. Fibel unentgeltlich.

Amrhein, Hans, Deutsche Fibel f. den gesamten Unterricht im 1. Schulj., insonderheit zur Erhaltung u. Erlernung unserer Sprache. Mit Zeichngn. u. bunten Bildern v. Heinr. Waltenberg, Arpad Schmidhammer, Frz. Skarbina u. Frz. Defregger. (IV, 145 S.) gr. 8. Wolfenbüttel 907. Heckner. Geb. 1. 50; Erläutergen. u. methodische Anmerkungen. (23 S.) gr. 8. 907. 1.50; bei Einführg. der Fibel unentgeltl.

— Kants Lehre vom Bewusstsein überhaupt" u. ihre Weiterbildung bis auf die Gegenwart, s.a. Kantstudien.

— **Kants Lehre vom 'Bewusstsein überhaupt' und ihre Weiterbildung bis auf die Gegenwart. Mit e. Geleitwort von H(ans) Vaihinger. — Berlin: Reuther & Reichard 1909. X,210 S.**
Ersch. teilw. auch als Diss. Halle 1908.
(Kantstudien. Erg.H. 10.)
1:Nm 222–Erg.H. 10. 12:Ph. U. 287 ga–10. 300:478.272–B. Per. Erg.H. 10. 2. 3. 4. 5. 6. 7. 8. 9. 10. 11. 102.
4.1363

— Deutsches Lesebuch. 1. u. 2. Tl. (à IV. 159 S.) gr. 8. Wolfenbüttel 909. 910. Heckner's Verl. Geb. in Leinw. à 1. 50

— die deutsche Schule im Auslande, s.a. Sammlung Göschen.

— dass. Zeitschrift, s.: Schule, d. deut., im Auslande.

— **Die deutsche Schule im Auslande. — Leipzig: Göschen 1905. 175 S. (Sammlung Göschen. 259.)**
1:Ay 5610/102 [u.] Ag 7216/10–259. 12:Var. 323–259. 300:403.639–A. L. S. 259. 6. 8. 10. 11. 83.
4.1365

Amrhein, J. Alb., s. Amrhein, Joseph Albert

Amrhein, Johann, s. Amrhein, Hans

Amrhein, Johannes, a. Hemer in Westfalen: Kants Lehre vom „Bewusstsein überhaupt" und ihre Entwicklung bis auf die Gegenwart. T. 1. Halle a. S. 1908: C. A. Kaemmerer & Co. (VI, 93 S.) 8° ¶ (Erscheint vollst. als: „Kantstudien" Erg.-H. 10.)
Halle, Phil. Fak., Ref. Vaihinger. Diss. v. 7. Juli 1908
[Geb. 21. Febr. 75 Hemer; Wohnort: Lüttich; Staatsangeh.: Preußen; Vorbildung: Gymn. Gütersloh Reife O. 07; Studium: Breslau 1, Halle 6 S.; Rig. 21. Dez. 07.]

Amrhein, J[oseph] Alb[ert]. Praktischer Ratgeber im Ehrverletzungsprozesse, insbesondere der Angriffs- und Verteidigungsmittel. Gemeinverständliche Darstellung und erläutert an Handen praktischer Beispiele. 160 S. 8. Bern, K. J. Wyss, 1910. [fr. 2. 50]

Amrhein, J. Alb.: Strafprozess-Reform. Die Entwicklung der U.S.H. Die U.S.H. im heutigen geltenden Recht. Der Entschädigungsanspruch Nichtverurteilter wegen erlittener U.S.H. Reformentwurf der U.S.H. Die Tätigkeit des Staatsanwaltes in dem zu reformierenden Vorverfahren. — Zürich: Orell Füssli 1908. IV,212 S.
1:Fx 4950. 7.
4.1368

Amrhein, Konr., der Christkatholizismus. s.a. Flugschriften, hrsg. vom christkathol. Preßkomitee. 1.

Amrhein, Conrad. Der Christkatholizismus von K' A'. (2. Aufl.) IV + 12 S. 8. Basel, (Buchmann & Waldmeyer,) 1908 (*Umschlag: 1909*). [fr. —.20]
Flugschriften hrg. vom christkatholischen Presskomitee. [Nr.] 1.

Amrhein, W., s. Amrhein, Wilhelm

Amrhein, Wilhelm

Amrhein, Guilelmus *Fridericus* [Marpurgensis]: De abundanti genere dicendi Herodoteo et Thucydideo quaestiones selectae ... (Th. II z. Progr. v. Hameln 1884: De pleonasmo Herodoteo.) Marpurgi Catt., typ. O. Ehrhardti, 1893; 70 S., 1 Bl. 8.
Marburg, Phil. Fak., Inaug.-Diss. v. [29. März] 1893

Amrhein, W. De pleonasmo herodoteo pars I. 24 S. *Hameln* 1884. Progr.

Amrhein-du Fay u. Emile Rivoire: Wörterb. z. schweiz. Civilgesetzb. (Nachschlagewerk). (4, 368) 8° Bern, K J Wyss '11. L 4 — d

Amrhein-du Fay, JAlb.: Prakt. Ratg. im Ehrverletzgsprozesse insbes. d. Angriffs- u. Verteidiggsmittel. (160) 8° Bern, KJ Wyss '10. 2 — d

Amrhyn, Joseph Carl. Erklärung Seiner Excellenz Herrn Schultheiss J' Karl A', in Beziehung auf den, über die angebliche Ermordung Herrn Schultheiss [Franz] Xaver Keller selig., obwaltenden Kriminal-Prozess und die, als Folge davon, gegen ihn in Umlauf gesetzten Verdächtigungen. (Luzern den 15ten Heumonat 1826.) 4. *o. O.*

Amrilkais, der Dichter und König. Sein Leben, dargestellt in seinen Liedern. Aus d. Arab. übertr. v. Fr. Rückert. gr. 8. Stuttgart 843. Cotta. 1 ℳ

Amrilkaisi Carmen (quartum) e Codd. MSS. primus edidit interpretatione latina instr., commentarios adj. F. A. Arnold. 4maj. Halle 837. Gebauer. 5/6 ℳ

Amrogowicz, Bogdan: Die Zuckerindustrie in der Provinz Posen. *Berlin 1903: G. Schenck Nachf.* (90 S.) 8°
München, Staatswirtsch. Diss. v. 1903

Amrûi ben Kelthûm, s. Amr ben Kultum

Amrulkeisi Moallakah, a schol. Zuzenii e codicibus Parisiens. edid. lat. vert. et illustr. J. E. Hengstenberg. 8 maj. Bonnae 823, (Weber).

Amrum [Sachliches OW]

Amrum. Ein Führer nach und auf der Insel. Zugleich ein Wegweiser durch die Nordseebäder Norddorf, Satteldüne, Wittdün, Steenodde und Nebel. Hrgg. v. Leo Woerl. Mit 1 Karte der Insel, 1 Uebersichtskarte d. Reiseverbindungen u. Abb. Leipzig. [1907.] 8°

Amrum, Insel, s.: Friesland.

Amrum, Nordseebad, christl. Seehospiz. 1898. qu. 12. (48 S. m. Abb. u. 2 farb. Karten.) Bielefeld, Buchh. der Anstalt Bethel. n. — 25

Amrum, Nordseebad, christliches Seehospiz, Fortsetzg., s.a. Bade-Kalender.

Amrum, christl. Seehospiz, Nordseebad. Post Norddorf auf Amrum. Ausg. 1905. (25 m. 2 Kart.) 16° Bethel bei Bielef., (Bh. d. Anst. Bethel). — 10
Bisher u. d. T.: Badekalender.

Amrum, christliches Seehospiz, Nordseebad. Post Norddorf auf Amrum. Ausg. 1906. (23 S. m. 2 Karten.) qu. 16. Bielefeld 906. (Bethel bei Bielefeld, Buchh. der Anstalt Bethel.) — 10

Amrum, christl. Seehospiz, Nordseebad, Post Norddorf auf Amrum. Saison 1909. (23 S. m. 2 Karten.) 11×14,5 cm. Bielefeld. (Bethel bei Bielefeld, Verlagshandlung der Anstalt Bethel.) — 10

Amrus, de patriarchis Nestorianorum commentaria, s.: Mares.

Amsberg, s. Amsberg, Julius

Amsberg, s. Amsberg, S.T.

Amsberg, A. v., Legationsrat. 1831 s. *Amsberg*, Philipp August v.

von Amsberg, August [aus Celle, Prov. Hannover]: Über alkoholische Nephritis ... Diessen, Buchdr. J. C. Huber, 1895; 36 S., 1 Bl. 8.
Erlangen, Med. Fak., Inaug.-Diss. v. [16. Febr.] 1894

Amsberg, Aug. v., üb. alkohol. Nephritis. Diss. gr. 8. (37 S.) Diessen 895. (Erlangen, M. Mencke.) n. 1. —

Amsberg, F.A. v.: Katalog der Bibliothek des Königlich-Hannoverschen Ober-Appellations-Gerichts zu Celle. (Verf.: F.A.v.Amsberg.) [Nebst] Nachtr. 1. — Hannover 1862–75: Schlüter. 1:Ao 5886. 2. 6. 7. 8. 9.
4.1372

Amsberg, F[elix] von: Geschichte, Bedeutung und Dogmatik der Gerichtssprache in Preussen und in dem jetzigen deutschen Reiche. *Greifswald 1902: J. Abel.* (53 S.) 8°
Greifswald, Jur. Diss. v. [11. Apr.] 1902

Amsberg, J. v. 1904 s. *Amsberg*, Julius v.

Amsberg, Julius v.

— Verordnungen zur Ausführung der Reichsjustizgesetze für die Großherzogthümer Mecklenburg-Schwerin und Mecklenburg-Strelitz. Für den praktischen Gebrauch erl. von J. v. Amsberg. H.(1–)4. — Schwerin i. M.: Stiller 1879–86.
(1.) 1879. (2.) [3.] [Um 1880.] 4. 1886. 1:Hb 3860.
4.1373

Amsberg, J. v., mecklenburgische Verordnung zur Ausführung d. deutschen Gerichtskostengesetzes u. der deutschen Gewerbeordnung f. Gerichtsvollzieher u. f. Zeugen u. Sachverständige v. 8. Juni 1879. Für den prakt. Gebrauch erläutert. [Aus: „Verordnungen zur Ausführung der Reichsjustizgesetze rc."] gr. 8. (45 S.) Schwerin 880. Stiller. n. 1. —

— die mecklenburgische Verordnung zur Ausführung der Strafprozeßordnung vom 28. Mai 1879, nebst den mecklenburg. Verordngn. vom 31. Mai 1879 betr. die Bestrafg. der Forstfrevel u. vom 2. Septbr. 1879 betr. die Bestrafg. der Feldfrevel. Für den prakt. Gebrauch erläutert. (Aus: „Verordnung z. Ausführg. der Reichsjustizgesetze".] gr. 8. (208 S.) Ebend. 879. n. 4. 60

Amsberg, Philipp August v.: Ueber die Einigung der Handels-Interessen Deutschlands. Von A.v.Amsberg. — Braunschweig: Vieweg 1831. 79 S.
1:Gz 13235 [u.] 7 in Sa 6826. 12:Germ. g. 13 m. 3. 7. 8.
4.1374

Amsberg, S.T.: Unterrichtende Beschreibung der Gesundheits- u. zugleich Ersparungsoefen, die in dem Winter von 1825 bis 1826 zuerst in Mainz bekant wurden, u. unter d. Namen der Neuen Mainzer Oefen im abgewichenen Winter 1826 bis 1827 daselbst in grosser Anzal eingeführet wurden. [Verf.: S.T. Amsberg.] [Nebst] Suppl. [u.] Nachtr. — Frankfurt a. M.: Streng 1827(–29). 4°
300 [∞ Suppl. u. Nachtr.]: 49 D 38. 83.
4.1375

[—] Ueber die besonderen Eigenschaften der neuen Mainzer Öfen in Rücksicht der Gesundheit, der Bequemlichkeit, der Ersparung, nach Maasgabe der während des ganzen Winters von 1825–1826 in Mainz erprobten Erfarung. — Mainz:Wirth 1826. 30 S.
1:Nz 2428. 10. 83.
4.1376

Amsberg, S.T., Manuel de l'économie rurale a l'usage des prov. danoises. gr8°. Kopenh. 1813. Schubothe.

Amsberg, S.T.: Ueber Mulkten und deren Verhältnis zum national Wohl [!]. Eine Skizze, dem Wiederhersteller gewidmet. — Copenhagen: Bonnier 1814. 115 S. 8.
4.1377

Amsberg, S.T., üb. Mulkten u. deren Verhältnis zum Nationalwohl e. Skizze. 8°Kopenh. 1815, Bonnier.

[—] Zugabe zu den Schriften über die neuen Mainzer Oefen. Instruction für den Ziegler zu Ziegel-Kacheln. — o.O. [um 1829]. 8 S. 89.
4.1378

Amschl, Alfred: Beiträge zur Anwendung des Strafverfahrens. H.[1]–3. — Wien: Manz 1899–1915.
[1.] 1899.
2. Mit einem Anhange: Beispiele von Fragen an die Geschworenen. 1910.
3. 1915.
1–3 . . . . 300:400.361–B.
2.3 . . . . 1:Go 3856–2.3. 8.
4.1379

—Beiträge zur Anwendung des Strafverfahrens. Von Alfred Amschl. H.1.2. Wien: Manz 1910-11.
1.2., umgearb. Aufl. 1911. 2. 1910.

— Lieder von A. Berg [d.i. Alfred Amschl]. — Dresden & Leipzig: Pierson 1892. VIII,131 S. 1:Yo 24586.
4.1382

— Der Zusammenhang von Strafsachen. — Wien: Manz 1900. 18 S.
Aus: Allgem. österr. Gerichts-Zeitung. 1900. 6.
4.1384

Amsdorf, Josephus [Dr.]: Symbolae ad Aristotelis politicorum crisin spectantes. Pars prior. Landshut, Druck d. J. Thomann'schen Buchdr., *1894;* 37 S. 8.
Landshut, k. Humanist. G, P 1894*

Amsdorf, Josephus [Dr.]: Symbolae ad Aristotelis politicorum crisin spectantes. Pars altera. [Forts. d. P-Beil. 1894.] Landshut, Druck d. J. Thomann'schen Buchdr., *1895;* 48 S. 8.
Landshut, k. Humanist. G, P 1895*

[Am See, H.]: Bismarck und der Hof. [Verf.: H. *am See.*] (28. Aufl.) Dresden 1892. 8°

Amsel, Prof. Dr., Berlin. 1899 s. ***Amsel,* Georg.**

Amsel, Kurzschrift, s. A m s e l , Georg

Amsel, Andreas Christian (Schwerin/Meckl.), De jure necessitatis, Vom Noth-Recht. Disp. jur. Präs. Jo. Samuel Stryk. Halle (Jo. Gruner) 12. V. 1712. 48 S. (5.—)

Amsel, Georg

Amsel: Kurzschrift. Lehrb. d. vereinf. deut. Stenogr. (Einiggs-System Stolze-Schrey), s.a Sammlung Göschen.

—Kurzschrift. Lehrbuch d. Vereinfachten Deutschen Stenographie ⟨Einigungs-System Stolze-Schrey⟩ nebst Schlüssel, Lesestücken u. e. Anh. Von Dr. Amsel. — Leipzig: Göschen 1899. 133 S. (Sammlung Göschen. 86.)
12:Var. 323–86.
4.1471

— — Neudr. Ebd. 1901. 133 S. (Sammlung Göschen. 86.)
1:Ag 7216/10–86. 7.
4.1472

— — 2., verb. Aufl. Ebd. 1907. 136 S. (Sammlung Göschen. 86.) 11.
4.1473

Amsel, G, de vi atque indole rhythmorum quid veteres judicaverint, s.a Abhandlungen, Breslauer philolog.

— De Vi atque indole rhythmorum quid veteres iudicaverint, scripsit Georgius Amsel. Insunt Leopoldi Cohn et Guilelmi Studemund Lectiones codicum ad scriptores de re metrica et de re musica pertinentes. — Vratislaviae: Koebner 1887. 166 S. (Breslauer philologische Abhandlungen. 1,3.)
Ersch. auch als Diss. Breslau 1886.
1:Va 9231–1,3. 12:Philol. 0k–1. 300:154.178–B. Bd 1,3. 2. 4. 5. 6. 7. 8. 9. 10. 11.
4.1480

Amsel, Georgius, s. A m s e l , Georg

Amsel, H., Chemiker. 1895 s. *Amsel,* Hugo.

Amsel, Hugo [aus Danzig]: Ueber Amidobenzylamine .... Berlin, Buchdr. v. Gustav Schade (Otto Francke) (1887); 39 + 1 S. 8°.
Berlin, Phil. Fak., Inaug.-Diss. v. 7. Mai 1887.

A m s e l , H u g o , über Amidobenzylamine. Diss. Berlin 1887, Mayer & Müller. 8°. 39 S.

Amsel, Hugo: Grundzüge der anorganischen und organischen Chemie als Leitfaden und zu Repetitionen für Mediziner, Pharmaceuten, Chemiker etc. — Berlin: Friedländer 1888. 351 S. 1:Mr 3135.
4.1481

— Ueber Leinöl und Leinölfirnis sowie die Methoden zur Untersuchung derselben. Von H. Amsel. — Zürich: Speidel 1895. VI,39 S.
Aus: Bericht der 4. ständigen Kommission an die Internationale Konferenz zur Vereinbarung einheitlicher Prüfungsmethoden, Zürich 1895. 1895.
8.
4.1482

— Leitfaden f. die Darstellung chemischer Präparate. Zum Gebrauch für Studierende. 12. (VIII, 103 S.) Stuttgart 891. Ulmer. geb. n. 2.—

Amsel, Johann: Commentatio iuridica de eo quod extremum iudicialem actum seu executionem sistit et differt. Von Hemmung der gerichtlichen Hülfe oder Vollstreckung der Urtheile, auctore Joanne Amseln. — Regiomonti: Reusner 1753. 77 S.
Ersch. auch als Diss. Königsberg 1696.
12:4° Diss. 1003–4. 4. 10. 11.
4.1483

— Disputationes iuridicae varii argumenti sub praesidio Johannis Amsel ... in regia Academia Regiomontana habitae à respondentibus intus nominatis. — (Regiomonti) 1733(:Reusner). Getr. Pag. 4° 10.
4.1484

Amseln, Jo, s. A m s e l , Johann

Amsinck, s.a. A m s i n k

Amsinck. — Die niederländische und hamburgische Familie Amsinck. 1891 s. *Amsinck,* Caesar.

Amsinck, Justizrat. 1810: Geschichtliche Erzählung nebst Deduction betreffend die, nach dem von dem Königl. Justizrath Amsinck geschehenen Ankaufe des adelichen Guts Schönweide, beabsichtigte Veränderung des Lehnsverhältnisses dieses Guts, und die dadurch für den gedachten Besitzer entstandenen nachtheiligen Folgen. — o.O. 1810. 15 S. 8.
4.1486

Amsinck, C., s. A m s i n c k , Cäsar

Amsinck, Caesar: Die niederländische und hamburgische Familie Amsinck. Ein Versuch einer Familiengeschichte. (Verf.: C. Amsinck.) Als Ms. gedr. Th. 1.2,H. 1. — Hamburg 1891: Lütcke & Wulff.
1. Von der Mitte des vierzehnten Jahrhunderts bis zum Anfang des achtzehnten Jahrhunderts. 1886.
2,1. 1891.
1.2,1 . . . . 12:4° Geneal. 0w.
2,1 . . . . 1:4° S 2176/600–2,1.
4.1487

Amsinck, C., Stammbaum der Familie Amsinck. Hamburg 1884.

Amsinck, Johann Arnold (Hamburg), De successione liberorum separatorum ex jure Hamburgensi. Göttingen (Friedr. Andr. Rosenbusch) 20. V. 1774. 46 S. (5.—)

Amsinck, Des Wilh., Aufzeichngn üb. seine Verwaltg d. Landherrensch. v. Bill- u. Ochsenwärder 1800/1801. Hrsg. v. Joh. Frdr. Voigt. (6, 157 m. Bildn.) gr8° Hambg, W Mauke Söhne '11. 3.50 ℳ

— **Wilhelm** (Hamburg), De impugnatione resignationis ex jure Hamburgensi. Diss. Göttingen (Friedr. Andr. Rosenbusch) 24. V. 1774. 72 S. (5.—)

[—] Materialien zur richtigen Beurtheilung der wesentlichsten Rechts-Verhältnisse zwischen Hamburg und Frankreich, Hamburgs gerechte Erwartungen überhaupt u. Frankreichs unstreitige Verpflichtung zum Ersatz der Bank insbes. betreffend. Von e. Freunde der Wahrheit u. des Rechts [d. i. Wilhelm Amsinck]. Geschr. im Januar 1815. — Hamburg: Nemnich [1815]. 103 S.
1:Sp 1600. 2. 5. 7. 10.
4.1492

Amsink, s.a. Amsinck

Amsink, Johann Arnold

Amsink, Jh. Arn., († d. 14. April 1782.) über d. Aufrichtigkeit; ein Versuch. gr. 8. Hamb. 778. Bohn. 4 gr

Amsink, Johann Arnold: Historiae Hamburgensis particula ex nummo rarissimo illustrata. Commentatio qua viro ... Ottoni Christiano Schumacher ... solemnia nuptialia gratulatur Jo. Arn. Amsink. — Hamburg: Piscator 1771. 16 S. 1:Pm 810.
4.1493

Amsink, Johann Arnold: Historia Hamburgensis particula e nummo rarissimo illustravit. 4° Hamb. 1772.

Amsler, s.a. Amsler, Carl

Amsler, Badearzt. 1871 s.a. *Amsler*, Johann Jakob.

Amsler. Eingabe an den hoh. Regierungsrath des Kant. Zürich (in Sachen Bollier). In-4°, 16 S. Aussersihl, Druck von Fritschi-Zinggeler. 1884

Amsler, Gesetzbuch, s. Amsler, Emil

Amsler, Alfred: Ueber den Flächeninhalt und das Volumen durch Bewegung erzeugter Curven und Flächen und über mechanische Integrationen. — Schaffhausen 1880: H. Meier. 68 S. 2. 7. 89.
4.1494

Amsler, Alfred, und Näf, A[lbert]. Gesteins- und Bodenkunde. Leitfaden für den Unterricht an landwirtschaftlichen Schulen und Lehrbuch für den praktischen Landwirt. Hrg. vom Verbande der Lehrer an landw' Sch' der Schweiz. Verfasst von A' A' ... und A. Näf ... (*Umschlag:* Von A. Näf und A' A'). 2. Aufl. Mit [1 Tabelle,] 8 Tafeln und 2 Abbildungen. VIII + 128 [+ *Tafel-Erklärungen* 5] S. 8. Aarau, Emil Wirz, 1907 (*Umschlag:* 1908). [geb. fr. 2. 20]
(Landwirtschaftliche Lehrbücher.)
1. Aufl., 1906, s. Näf, A[lbert], und Amsler, Alfred.

— Instruction pour l'emploi de l'intégrateur Amsler par A. Amsler. — Schaffhouse 1892: Stötzner. 16 S., 3 Tab., 6 Pl. 4° 83.
4.1495

Amsler, Carl, s.a. Amsler, Walter

— les bains de Schinznach en Suisse. 4e édit., remaniée et contenant 3 vignettes (lithogr.) gr. 8. (VII, 200 S.) Aarau 869, Sauerländer's Verlag. *

Amsler, C[arl]. Mittheilungen über das Bad Schinznach in der Schweiz. (Bericht über die) Sommersaison 1877. 8. Aarau, Christen [1877 1878].

Amsler, C[arl]. Renseignements sur les bains de Schinznach en Suisse. (Rapport sur la) Saison d'été 1877. 8. Aarau, Christen [1877/1878].

Amsler, Carl, das Bad Schinznach in der Schweiz. 5., gänzl. umgearb. Aufl. gr. 8. (VII, 199 S. mit 3 lithogr. Zeichnungen.) Aarau 871, Sauerländer's Verlag. *

Amsler, Charles, Schinznach et les dartres humides (eczéma.) gr. 8. (32 S.) Aarau 860, (Sauerländer.) *

Amsler, Charles, Schinznach et les dartres humides [eczéma.] Aarau 862. Sauerländer. gr. 8. (32 S.) n. 8 ngr.

— Schinznach und die nässenden Flechten. gr. 8. (32 S.) Aarau 860, Sauerländer. *

— Schinznach und die nässenden Flechten. Ebend. 862. gr. 8. (32 S.) n. 8 ngr.

(Amsler, Carl.) Die Schwefeltherme von Schinznach (*Umschlag:* Bad Schinznach. Kanton) Aargau <Schweiz>. [Mit 1 Ansicht.] 8. Brugg.
Ausg. A. 1882. — *Ausg. B.* 1884.

Amsler, K. Stammbaum der Familie Amsler von Schinznach, beginnend mit Samuel Amsler, Untervogt von Schinznach, gest. 1699. 8°. 17 S. Aarau 1897, H. R. Sauerländer & Co. 1899

Amsler, Charles, s. Amsler, Carl

Amsler, E[mil]. Das Aargauische Erbrecht von 1856, seine Auslegung und Anwendung bis zu seiner Aufhebung durch das Schweizerische Zivilgesetzbuch. IV + 200 S. 8. Aarau, H. R. Sauerländer & Co., 1909. [geb. fr. 3. 60]

Amsler, allgemeines bürgerliches Gesetzbuch f. d. Kanton Aargau. 1—4. Bdchn. Aarau 898.
1. Tl.: Personenrecht. 1.60. — 2. Tl.: Sachenrecht. 1.60. — 3. Tl.: Obligationenrecht. —.80. — 4. Tl.: Erbrecht. —.80.

Amsler, E., Allgem. bürgerl. Gesetzbuch f. d. Kanton Aargau. M. d. abänd. Bestimmgn. d. Bundesrechts u. d. spät. kanton. Gesetzgebg. 4 Bdchn. gr. 8. Aarau 899. H. R. Sauerländer & Co. n. 4. 80
1. Einleitg. 1. Tl.: Personenrecht. (VIII, 138 S.) n. 1. 60
2. 2. Tl.: Sachenrecht. (IV, 162 S.) n. 1. 60
3. 3. Tl.: Obligationenrecht. (72 S.) n. — 80
4. 4. Tl.: Erbrecht. (III, 52 S.) n. — 80

Amsler, [Gerold]. Lebensbild eines Arztes aus zwei Jahrhunderten (Jakob Amsler. Vortrag, gehalten an der 2. Jahresversammlung der Schweiz. Balneolog. Gesellschaft am 13. Oktober 1901 in Baden). Separatabdruck aus Heft 1 der «Annalen der Schweiz. Balneologischen Gesellschaft». 8 S. 8. (Aarau, H. R. Sauerländer & Co., [1905].)

[Amsler, Gerold.] Bad Schinznach genannt Habsburgerbad <Schweiz>. Schwefeltherme. [Mit Illustrationen und 1 Tafel.] 8. Zürich [1900].

[Amsler, Gerold.] Schinznach-les-Bains <Suisse>. Station sulfurée thermale. [Avec des illustrations et 1 planche.] 8. Zurich [1900].

Amsler, Hermann

— Catalog der gewählten und interessanten Sammlung von Ornamentstichen des XV.-XIX. Jahrhunderts. Aus dem Nachlass des Herrn Hermann Amsler. [Auktionskat.] — Leipzig (: Boerner) 1881. 58 S.
Nebent.: Amsler: Catalog der vorzüglichen Ornament-Sammlung. (Boerner, C. G.: Leipziger Kunst-Auction. 32.)
1:Nv 2593-32. 12:Art. 292 i-168.
4.1496

Amsler, J., s.a. Amsler, Jakob

Amsler, J., s.a. Amsler, Joh. Jakob

Amsler, J.: Ueber das Alpenglühen. Zürich 1894.

Amsler, J.: Zu der Abhandlung Maurer über das Alpenglühen.– Zürich 1895.

Amsler, J. J. s. *Amsler*, Johann Jakob.

Amsler, Jakob: Anwendung des Integrators zur Berechnung des Auf- und Abtrages bei Anlage von Eisenbahnen, Straßen und Kanälen. Von J. Amsler-Laffon. — Zürich: Füssli 1875. 32 S. **1:**Of 8194. **82. 83. 89.**
4.1499

— Ueber die mechanische Bestimmung des Flächeninhaltes, der statischen Momente und der Trägheitsmomente ebener Figuren, insbesondere über einen neuen Planimeter. — Schaffhausen: Beck 1856. 72 S.
Aus: Vierteljahrsschrift d. Naturforschenden Gesellschaft in Zürich. 1856.
1:Of 8042. **12:**Math. A. 3m. **5. 6. 89.**
4.1500

Amsler, J.: Der hydrometrische Flügel mit Zählwerk und elektrischer Zeichengebung. – Schaffhausen 1877.

Amsler, J.: Das Polarplanimeter. 4°

Amsler, Johann Jakob: Les Bains de Schinznach en Suisse. Par J. J. Amsler. — Arau 1846: Sauerlaender. VI,113 S.
Ersch. auch als Diss. Bern 1846.
1:Ir 30935. **2. 5. 7. 8.**
4.1501

Amsler, Joh. Jac., die Möglichkeit einer Injurie an Verstorbenen. Inaugural-Dissertation. Zürich, Druck von Zürcher & Furrer. VI u. 136 S. 8. 1871

Amsler, J. J., das Bad Schinznach in der Schweiz. Aus dem Französ. übers., in Gemeinschaft mit dem Verf. durchges. u. verm. von C. Amsler. Lenzburg, 852. (Luzern) Bertschinger. gr. 8. (VII, 141 S. u. 1 Lithogr.) n. 18 ngr.

Amsler, J. J., das Bad Schinznach in der Schweiz. Aus dem Französ. übers., in Gemeinschaft mit dem Verf. durchgesehen und verm. von Carl Amsler. gr. 8. (VII und 141 S. mit 1 Stnt.) Lenzburg 853, Bertschinger. •

— Das Bad Schinznach in der Schweiz. Von Amsler. 5., gänzlich umgearb. Aufl. mit 3 Zeichn. — Aarau 1871: Sauerländer. 199 S. **1:**Ir 30939. **12:**M. med. 36t. **11.**
4.1502

Amsler, K., s. Amsler, Carl

(Amsler, Otto.) I. Die Entwicklung des Schweizer Hotelier-Vereins und dessen Centralbureau in Basel seit der Gründung bis Ende 1900. II. Der Fremdenverkehr und die Hotel-Industrie der Schweiz im Jahre 1899. Gedenk-Schrift zum 10jährigen Bestehen des Offiziellen Centralbureaus des Schweizer Hotelier-Vereins 1891—1901. [Mit 3 Ansichten.] IV + 37 S. 4. Basel, Schweiz. Verlags-Druckerei, (1901).

Amsler, Otto (Red.), s. Hotel-Revue, Schweizer.

(Amsler, Walter, [und] Amsler, [Carl].) Splügen ⟨Graubünden⟩ 1460 Meter hoch. Luftkurort und Sommerfrische an der schönsten ... Alpenstrasse. Hôtel & Pension Bodenhaus .... [Mit 1 Ansicht.] 8. Bern (1885).

Amsler-Keller, Alfr., u. A Näf: Gesteins- u. Bodenkde. Bodenbearbeitg. Leitf. f. landwirtsch. Schulen u. Lehrb. f. d. prakt. Landwirt. 3. Afl. (10, 152 m. Abb. u. 8 Taf.) 8° Aarau, E Wirz '13. L 2,50 d

Amsler-Laffon, s.: Bericht üb. Gruppe 22 der schweizerischen Landesausstellung Zürich 1883: Maschinen-Industrie.

Amsler-Laffon, **J.** s. *Amsler*, Jakob.

Amsler-Laffon, J., **& Sohn:** Anleitung zum Gebrauch der Jntegratoren. Schaffhausen 1898

Amsler-Laffon, J, Anwendg d. Integrators [Momentenplanimeters] z. Berechng d. Auf- u. Abtrages bei Anlage v. Eisenbahnen, Strassen u. Kanälen. 8. (32 m. H. u. 1 L.) Zür. 75, Orell, F. & Co. n. 2. —

J. Amsler-Laffon & fils à Schaffhouse ⟨Suisse⟩. Catalogue des Appareils Hydrométriques. 1902. [Illustré.] II + 10 p. 4. Schaffhause, H. Meier & Co.

[J. Amsler-Laffon & Sohn, Schaffhausen.] 4.
Gebrauchsanleitung für Amsler's Planimeter. [Illustriert.] 7 S. [Schaffhausen, H. Meier & Cie., 1903.]
Instructions for using Amsler's Integrators. [Illustrated.] 12 p. Schaffhausen, H. Meier & Co., 1903.

[J. Amsler-Laffon & Sohn, Schaffhausen.] 4. [Schaffhausen, H. Meier & Cie., 1902.]
Instruction pour l'emploi des planimètres Amsler. [Illustré.] 7 p.
Instructions for using Amsler's Planimeters. [Illustrated.] 5 p.

Amsler & Ruthardt

— Die Hauptwerke der Kunstgeschichte in Original-Photographien. Nach den neusten Forschungen geschichtlich geordnet u. mit biographischen und kunstgeschichtlichen Notizen versehen. — Berlin (: Amsler & Ruthardt) 1889. X,283,XXVIII S.
1:Nv 2669. **12:**Art. 3u. **89. 102.**
4.1506

— Katalog der Königl. Hof-Kunsthandlung Amsler & Ruthardt. 1901 u.ö. s. *Amsler* & Ruthardt: Lagerkatalog.

— Katalog einer werthvollen Kupferstich-Sammlung in Linien-, Punktir- und Schabmanier der hervorragendsten englischen u. französischen Künstler des XVII. und XVIII. Jahrhunderts, enthaltend vorzügliche Blätter zur Kostüm- u. Sittengeschichte ... sowie ein ungewöhnlich reiches Werk d. reizenden Radirungen von Daniel Chodowiecki. Berlin: Amsler & Ruthardt 1891. 117 S.
1:Nv 2674. **12:**Art. 292i–186.
4.1509

— Kunst-Auction. 1884 u.ö. s. *Amsler* & Ruthardt: Kupferstich-Auction.

— Kupferstich-Auction. 1–107. — Berlin: Amsler & Ruthardt 1862–1925.
Der Titel des Katalogs wechselt häufiger.
1–107 . . **1:**8° u. 4° Nv 2595 [41 auch – Nv 2674].
22.25.27–29.32.40.42–51.54–64.66.72.73.78–82 . .
12: 22.25 – Art. 292i–238.261; 27–29 – 4° Art. 147f.; 32.40.42–51.54.55 – Art. 292i–191.174.228.229.233.263.268.276.282.284.283.291.300.309; 56–64.66.72.73.78–82 – Art. 3ud–56/64.66.72.73.78/82.
66–70.73.76.78.80–84.92.94–107 . . . . **11.**
101.104.107 . **300:**101–541.200–C; 104–601.831–B; 107–601.833–C.
101.102 . . . . **7.**
4.1510

— Berliner Kupferstich-Auction. 1880 u.ö. s. *Amsler* & Ruthardt: Kupferstich-Auction.

Kupferstiche und Holzschnitte alter Meister in Nachbildungen der Reichsdruckerei zu Berlin. Nebst e. Anh. z. Gesch. d. Kupferstichs u. Holzschnitts. (Lager-Katalog von **Amsler** & Ruthardt.) *Berlin: Amsler & Ruthardt (1900).* (71 S.) 8°
(Lager-Katalog 11.) [oo. 10721

— Lager-Katalog (12–17.20.23.25: Katalog) der Königl. Hof-Kunsthandlung Amsler & Ruthardt. 9–17.20.23.25. — Berlin (: Amsler & Ruthardt) 1886– [um 1923].
10–17.20.23 . . . . **1:**Nv 2652.
11.25 . . . . **12:**Art. 338d.
9 . . . . **10.**
4.1511

Amsler & Ruthardt: Adolph von Menzel 1815–1905. Reichhaltiges Verzeichnis seiner Werke in Originalen u. Nachbildungen meist aus d. Nachlass d. Künstlers. — Berlin (: Amsler & Ruthardt 1907). 71 S. **1:**Nt 4578/27. **11.**
4.1514

— Verlags-Katalog der Königl. Hofkunsthandlung von Amsler & Ruthardt, Louis Gerhard Meder. — Berlin (: Amsler & Ruthardt 1901). 31 S. **1:**Nv 2703. **11.**
4.1516

Verlags-Katalog der kgl. Hofkunsthandlung von Amsler & Ruthardt. Louis Gerhard Meder. *Berlin (1901: Meisenbach, Riffarth & Co.)* (31 S.) 8°

— Verzeichnis interessanter und seltener Ansichten vom XVI. bis zur Mitte des XIX. Jahrhunderts der königlichen Residenzstädte Berlin und Potsdam und der umliegenden Gegend. Wichtige Begebenheiten, Berliner Redensarten. Mit 33 Abb. — Berlin: Amsler & Ruthardt [1908]. 74 S.
1: Kart. Z 34555. 11.
4.1517

Amsler & Ruthardt. Verzeichniss der Hauptwerke der Kunstgeschichte in Original-Photographien. Nach den neuesten Forschungen geschichtlich geordnet und mit biographischen und kunstgeschichtlichen Notizen versehen. Berlin 1889. 8°.

— Verzeichniss [Verzeichnis] von Photographien nach Werken der Malerei bis zum Anfang des XIX. Jahrhunderts nach kunstwissenschaftlichen Gesichtspunkten geordnet mit beigefügten Verkaufspreisen. — Berlin: Amsler & Ruthardt (18[93–]96). 1097, XXXVI S.
1: Nv 2676. 12: 4° Art. 3 b. 11.
4.1518

— Verzeichniss [Verzeichnis] einer ausgezeichneten Sammlung von Prachtblättern der neueren Kupferstecherkunst. Berlin (: Amsler & Ruthardt) 1868. 31 S.
1: 33 in Ns 8921.
4.1519

Amsler u. Ruthardt's Wochenberichte. Illustr. Zeitschrift f. Kunst, Kunsthandel u. Kunstgewerbe. III. Jahrg. Oktbr 1894—Septbr 1895. 52 Nrn. Nebst: Im Künstlerland. 26 Nrn., Kunst im Salon. 12 Nrn. u. Kunst aller Welt. 8 Nrn. Red.: P. Hildebrandt. Fol. (Nr. 1. 24) Berl., Amsler & R. 12 —
Bisher u. d. T.: Wochenberichte f. Kunst, Kunsthandel u. Kunstgewerbe. — Erscheinen nicht mehr.

Amson, Alfred: Über das Ausreissen grösserer Äste der Arteria axillaris bei Verrenkung des Oberarms. *Strassburg i. E. 1898: C. & J. Goeller.* (34 S.) 8°
Strassburg, Med. Diss. v. 1898

Amson, Ernst, aus Maikammer: Ueber eine zwei — zweideutige Punktverwandtschaft der Ebene und eine ein — eindeutige, welche mit ihr in Zusammenhang steht. *München 1904: F. Straub.* (45 S.) 8°
Erlangen, Phil. Diss. v. 17. Febr. 1904

Amstad, Aloys. 12 Fälle von Paroxysmaler Tachykardie. Diss Med. Univ. Zürich. 54 S. 8. Zürich, A. Heller, 1910.

Amstad, Ernst. Zur Frage der diffusen gonorrhoischen Peritonitis. Diss. Med. Basel. [Mit 1 graphischen Tabelle.] *Kopftitel:* Aus der chirurgischen Abteilung von Privatdozent Dr. [Carl] Arnd am Inselspital in Bern. 39 S. 8. Langnau, Ritschard-Wyss & Cie., 1908.

Amstad, Theodor: Festschrift zum 50jährigen Jubiläum der Pfarrei Sao Jose do Hortensio. Porto Alegre 1899. Typographia do Centro. 47, XXIV S.
Pater Amstad, SJ, war damals Koadjutor des Sellsorgpriesters von Sao Jose; er ist auch Mitarbeiter der 'Einwanderung u.d.kath. Deutschtum' 1912 für Rio Gr.d.S., sowie der Redakteur und Hauptverfasser der Zentenarschrift von 1924.– Die Schrift ist wichtig für die Entstehung geschlossen, resp. überwiegend katholischer Kolonien und das in Rio Grande do Sul üblich gewordene schiedlich-friedliche Auseinandertreten nach Konfessionen.

Amstad, Walter. Hirnsinus-Thrombose bei Chlorose. Diss. Med. Univ. Zürich. *Kopftitel:* Aus der medizinischen Klinik des Herrn Prof. Dr. (Hermann) Eichhorst in Zürich. 40 S. 8. Zürich, A. Markwalder, 1904.

Amstein, Abf. Der Weg zum Glück. Reden. 12. (VII, 118 S.) Basel 891, [Spittler.] Jaeger u. Kober. * — 65

Amstein, Ad. Der Weg zum Glück. Reden. 3. Aufl. In-12°. 128 S. Basel, Jäger & Kober. 1897
brosch. — 80; Lwd. 1 25

Amstein, Fr. Plaudereien aus Basel. I. In-8°. 62 S. Basel, Buchdruckerei Fr. Wittmer. 1881 1 —

Amstein, Fritz. Basler Schützenfestplaudereien. In-8°, 42 S. Basel, Druck von Fr. Wittmer. 1879
*** Separatabdruck aus dem „Schweizer. Volksfreund".

Amstein, G., Geschichte der Landgrafsch. Thurgau, s. Beiträge, Thurgauische, zur vaterländ. Geschichte.

Amstein, G., Glockeninschriften v. Sulzberger, s. Beiträge, Thurgauische, zur vaterländ. Geschichte.

Amstein, G., Mollusken, s.: Studer, Th.

Amstein, G., das Urtheil der öffentlichen Meinung über den sogen. Wigoltinger Handel, s. Beiträge, Thurgauische, zur vaterländ. Geschichte.

Amstein, H., s. Amstein, Hermann

Amstein, Herm., über die conforme Abbildung der Oberfläche eines regulären Octaeders auf die Oberfläche einer Kugel. Inaugural-Dissertation. 46 Stn. 8. mit 2 Tfln. Zürich, Druck von Zürcher & Furrer. 1872

Amstein, Herm., Figurentafeln zur Sohncke-Amstein'schen Sammlung v. Aufgaben aus der Differenzial- u. Integralrechnung. 1. u. 2. Thl. gr. 8. Halle 878. Schmidt. n. 3. —
1. enth. 13 (lith.) Fig.-Taf. zur Differentialrechnung. (2 S.) n. 1. 20
2. enth. 19 (lith.) Fig.-Taf. zur Integralrechnung. (4 S.) n. 1. 80

Amstein, Hermann, Dr., Figurentafeln zur Sohncke-Amstein'schen Sammlung von Aufgaben aus der Differential- und Integralrechnung. 5. Auflage. 2. Theil. Halle 1885.

Amstein, Herm., Sammlung v. Aufgaben aus der Differential- u. Integralrechnung, s.: Sohncke, L. A.

Am Stein, J[ohann Georg] *II* [1819–1892]. Aufzählung und Beschreibung der Myriapoden und Crustaceen Graubündens von J. H. Am Stein.... 1. [einzige] Folge. [A.] 8. [Chur 1857.]

Am Stein, J[ohann] G[eorg] *II.* Beiträge zur Mollusken-Fauna Graubünden's, wie solche vom Herbst 1884 bis Herbst 1889 (**Nachtrag 2:* die vom Herbst 1889 bis Neujahr 1892) zur Kenntniss gelangt sind. [2 Nachträge.] 8. [Chur.]
([Nachtrag 1.] SA. [1890.]) — Nachtrag 2. SA. [1892.]

— Die Mollusken Graubündens. Verzeichniss d. bisher bekannt gewordenen Arten unter Berücks. ihrer geographischen Verbreitung im Kanton. Von J. G. Am Stein. — Chur 1885: Casanova. 108 S. (Jahresbericht d. Naturforschenden Gesellschaft Graubündens. N. F. 27. u. 28, Beil.)
1: Lc 15250-27.28, Beil. 12: Zool. 91. 2. 4. 9. 10.
4.1520

(Am Stein, J[ohann] G[eorg] *II.*) Nekrolog ([des Herrn Major] Johann Rudolf Am Stein). [A.] 8. [Chur 1862.]

Am-Stein, Joh. Georg (Hrsg.), s. Sammler, Der...

Am Stein, Johann Georg *I* [1744–1794] *s.* Thiele, Johann Georg Philipp,

Amstel s.: Bruine Ploos van Amstel.

Amstelland [Schlagwort]

Amstelland und Maasland — Charte über die Departements — nach astron. Best. etc. neu entworfen von F. L. Güssefeld. Nürnberg bey Homanns Erben verbessert 1807. 1 : 300,000. 1 Bl.

Amstelredamum, nobile inferioris Germaniae oppidum etc. Ansicht. 1 Bl.

Amster, J. J., Anleitung, nach welcher der Gesundheitszustand bei den schlachtbaren Hausthieren, sowohl im lebenden als geschlachteten Zustande, zu erkennen ist etc. Zum nöthigen Gebrauche für Vieh- u. Fleischbeschauer, Fleischer u. Fleischhändler, so wie für Viehbesitzer überhaupt. 8. Wien 837. Kupffer u. Singer. 1/4 ₰

Amster, J. J., Anleitung, nach welcher d. Gesundheitszustand bei den schlachtbaren Hausthieren, sowohl im lebend. als geschlacht. Zustande zu erkennen ist rc. Zum nöth. Gebr. f. Vieh- u. Fleischbeschauer rc., so wie f. Viehbesitzer überhaupt. 8. (1 B.) Wien 837, [Singer u. Goering.]

Amster, Moritz: Poetisches Gedenkbuch. Festgeschenk zur Feier des hundertjährigen Jubiläums d. Vereinigung d. Herzogthums Bukowina mit dem oesterreichischen Kaiserstaate u.d. Inauguration d. Universität in Czernowitz. Hrsg. von Moritz Amster u. Ludwig Adolf Staufe. – Czernowitz: Eckhardt 1875. 208 S.

Amster, Moritz (Hrsg.), s. Heimath, Die.

–*Treu, Georg:* Georg Treu. Biographische Skizze zu seinem 25jährigen Maurerjubiläum 14. Okt. 1881. [Unterz.:] M[or.] A[mster]. Wien: Praetorius 1881. 6 S. 8⁰ [Umschlagtit.]
Abgedr. in: Z. 11 (1881) S. 74—75.

– Willkommen-Gruss an Rob. Fischer. Im Dec. 1898. [Unterz.:] M[or.] Amster. [Wien 1898.] 1 Bl. 8⁰ [Kopftit.]
In Versen: „Sei gegrüsst uns frohen Mutes ...“

Amster, Otto

Österreichische Hagelversicherungs-Gesellschaft. Ihre Geschichte, von *O. Amster.* Wien 1877.

Amsterdam [sachliches Ordnungswort]

Amsterdam. — Das auf der höchsten Staffel seiner Glückseligkeit prangende Amsterdam, oder ausführliche Beschreibung derer in dieser Stadt berühmten öffentlichen Gebäuden, Raritäten und Merckwürdigkeiten, wie solche von einem curieusen Passagier mit Fleiß bemercket worden. Leipzig: Bittorff 1732. 92 S. 1:an Sd 5824. 9.
4.1533

Amsterdam, See- und freier Rheinhafen. 1898. — (Amsterdam: Roeloffzen-Hübner & van Santen 1898.) 24 Bl. 4⁰ 83.
4.1534

Amsterdam [Schlagwort]

Amsterdam, s. a. Europa. Liebenow.

Amsterdam, s. a. Europa. Übersichtskarte.

Amsterdam, s. a. Woerl's Reisehandbücher.

Amsterdam. Geest, E. de, platte grond van Amsterdam, met opgave in welke der over de Kart getrokken ruiten de verschillende Grachten, Straten en Gebouwen te vinden zijn. 1 : 13,900. Guids voor Vremdelingen. Farbendr. qu. Fol. Mit Text an den Soiten u. auf der Rücksoite. Amsterdam 890. Seyffardt. n.n. — 65

Amsterdam – Accurater Grundriss und Prospect der weltberühmten Holländischen Haupt- und Handels- Stadt – edirt von J.B. Homanns Geogr. seel. Erben in Nürnberg 1747. 1:7000. 1 Bl.

Amsterdam. Karte des Amsterdam - Rheinkanals. 1 : 250,000. Hrsg. v. der Handelskammer in Amsterdam. 89,5×65,5 cm. Farbendr. Amsterdam 893. (J. H. de Bussy.) n. 1. 80

— Plattegrond van Amsterdam en stedelijk gedeelte van Nieuwer-Amstel met opgave in welke der over de kaart getrokken ruiten de verschillende grachten, straten en gebouwen te vinden zijn. 1 : 13,900. 31,5×35 cm. Farbendr. Gids voor Vreemdelingen (an den Seiten u. auf der Rückseite). Amsterdam 893. Seyffardt. n. — 70

Amsterdam. Plattegrond der stad Amsterdam (36×35 cm. Farbdr.), met opgave in welke der over de kaart getrokken ruiten de verschillende grachten, straten en gebouwen te vinden zijn (an den Seiten). Gids voor vreemdelingen (auf der Rückseite). Amsterdam 897. Seyffardt. n. — 70

Amsterdam. Plattegrond d. stad Amsterdam (36×35 cm Farbdr.), met opgave in welke der over de kaart getrokken ruiten de verschillende grachten, straten en gebouwen te vinden zijn (an den Seiten). Gids vor vreemdelingen (auf der Rückseite). Ausg. 1900. Amsterdam, Seyffardt. n. — 70

Amsterdam 1905. Schaal 1 à 13,750. (Amsterdam: Seyffardt 1905) (1 Kartenbl. 35×36 cm.) [lith.] [kol.]
[Rückt.:] Plattegrond der stad Amsterdam, met de Tramlijnen ...

— Scheltema, H. J., kaart van Amsterdam en omstreken (de gemeenten Amsterdam, Watergraafsmeer en Noordelijk gedeelte van Nieuwer-Amstel). 1:13,900. 3. druk. 70×59 cm. Farbendr. Amsterdam 893. Seyffardt. n. 2. 55; auf Leinw. n. 4. 30

Amsterdam-Köln, s.: Automobilkarten. Mittelbach.

Amt. — Das apostolische Amt. Seine ursprüngliche Gestalt, sein Verfall, u. seine Wiederherstellung. Als Ms. gedr. — Berlin: Brandis 1850. 91 S.
1:Cq 1750. 12:J. can. P. 30 t. 5. 10. 11.
4.1550

Amt, das, des Gerichtsschreibers in dem gegenwärtigen Anklageprozesse bei den Königl. Preußischen Gerichtsbehörden. Für Referendarien, Auskultatoren, Civil-Supernumerarien und Aspiranten des höheren Justiz-Subalterndienstes. Mit den bis auf die neueste Zeit ergangenen gesetzlichen Bestimmungen, den das Strafgesetz abändernden Gesetzen vom 14. April 1856, Rescripten rc. u. erläuterndem Kommentar. Berlin, 856. Sacco. 8. (VIII, 176 S.) 20 ngr

Das Amt des Geschworenen und des Schöffen in seiner practischen Uebung und Bethätigung dargestellt für die Richter aus dem Volke. — Minden: Bruns 1862. 60 S. (Blätter für populäre Rechtswissenschaft. 1,1.)
1:Fi 9804-1,1.
4.1552

Das Amt des preußischen Richters, in Beziehung auf die Verwaltung der Justiz-Fonds. — Berlin: Fincke 1829. VI,161 S. 1:Gs 7178. 2. 3. 6. 10. 11.
4.1554

Das Amt des Schiedsmannes in den Königlichen Preussischen Staaten. Eine genaue Darstellung seiner Befugnisse u. Verpflichtungen. Nebst Formularen zu den desfallsigen schriftlichen Aufsätzen. — Quedlinburg & Leipzig: Basse 1835. VIII,152 S. 1:Gs 4654. 3.
4.1555

Amt, Das, des Neuen Testaments betrachtet nach seinem Wesen, seiner Quelle, Macht und Verantwortlichkeit. Aus dem Englischen übersetzt. Düsseldorf 1849. V: *Darby, J. N.* (zu)

— das, des Neuen Testaments betrachtet nach seinem Wesen, seiner Quelle, Macht u. Verantwortlichkeit. Aus d. Engl. übers. gr. 8. (38 S.) Düsseldorf 849, Buddeus'sche B. [Schulte] in Comm. 4 ngr

Ueber das Amt und die Würde des Bischofes in der katholischen Kirche. — Münster: Aschendorff 1827. 31 S.
1:Fr 9581. 6.
4.1556

Amter's new practical guide through Leipzig and all its places of interest. With a chart of the city, the streets and the environs. (VIII, 66 S.) kl. 8. Leipzig 908. Serig. 1. 50

!. Amter's guide through Leipzig. Jetzt: 1 —

„Kurmärkische Aemter, Statistik sämmtlicher 64 in den kurmärkischen Kreisen belegenen Domänenämter, mit Angabe des Areals, der Amts-, Forst- und Mastgefälle, der dazu gehörigen Vorwerke, Pachtstücke und Dörfer, mit statistischen Nachweisen über Viehzucht, die Kopfzahl der Bauern, Kossäthen und Büdner in den Dörfern . . . . Mit einem Anhange von Personalien, kurmärkischem Kammeretat etc.", 170 Seiten starkes Manuskript aus dem Jahre 1767. — Vorh.: Preuß. Staatsbibliothek Berlin.

Ämterbücher

Zwei sogenannte **Ämterbücher** des Bistums Chur aus dem Anfang des XV. Jahrhunderts. Veröff. u. mit Erl. sowie Zusätzen aus e. gleichzeit. Lehnbuch u. Urbar versehen von J.C. Muoth. (Chur 1898: J. Casanova). (254 S.) 8°.
= Jahresbericht d. Hist. antiquar. Gesellschaft v. Graubünden. 27.

Ämterbücher, zwei sogenannte, des Bist. Chur aus d. Anfang des XV. Jahrh. Veröffentlicht u. m. Erläutergn., sowie Zusätzen aus e. gleichzeit. Lehnbuch u. Urbar versehen v. J. C. Muoth. (Als Fortsetzg. v. Mohr's Codex diplomaticus VI. Bd.) (Beilage z. XXVII. Jahresbericht der historisch-antiquar. Gesellschaft Graubündens.) gr. 8. (254 S.) Chur 898. (Stohli, Keel & Co.) n. 3. —

Ⓑ **Ämterbücher,** zwei sogenannte, d. Bist. Chur. Chur 898. (KBL 31.) Jetzt: A. Keel-Gut.

Ämtervertschechung, Die, in Deutschböhmen . . . Reichenberg 1903. V: ***Schubert Anton.*** **(EB)**

Aemter-Verzeichniß f. die Verwaltung der Zölle, Reichssteuern u. Uebergangsabgaben. 2 Thle. u. Berichtigungen zum 1. Thl. Fol. Berlin, v. Decker. n.n. 14. 75
1. Thl. Verzeichniß der Zoll- und Steuerstellen zur Erhebg. u. Verwaltg. der Zölle u. Reichssteuern m. Angabe derjenigen denselben beigelegten Abfertigungsbefugnisse, welche nicht nur f. den Verkehr innerhalb d. betreff. Hauptamtsbezirks v. Bedeutg. sind. Fol. (VII, 355 S.) 881. n.n. 8. —
— Berichtigungen. (S. 181—205.) 885. 75
2. Thl. Verzeichniß der Zoll- und Steuerstellen, welchen Abfertigungs- u. Hebebefugnisse hinsichtlich der Uebergangsabgaben u. bezüglich Badens u. Elsaß-Lothringens der inneren Abgaben v. eingehendem vereinsländischen Wein belegt sind. (III, 228 S.) 885. 6. —

Aemterverzeichnis. — Ämterverzeichnis für die Verwaltung der Zölle, Reichssteuern und Übergangsabgaben. Hrsg. im Reichsschatzamt nach d. Stande vom 1. April 1910. [Nebst] Nachtr. [1.2.] — Berlin (: v. Decker in Komm.) 1910–14: Reichsdr.
Nachtr. 1. Änderungen u. Ergänzungen bis zum 1. April 1912. 1912.
Nachtr. 2. Änderungen u. Ergänzungen bis zum 1. April 1914. 1914.
Vollst. . . . . **1:**4° Gz 8710. **10.**
[∞Nachtr. 2] . . . . . . **12:**4° Cam. 90n–1910.
2.550

Amthor und Issleib, s. A m t h o r, Eduard und Wilh. Issleib.

Amthor's Alpenführer, s. A m t h o r, Eduard

Amthor's Reisebücher, s. A m t h o r, Eduard

Amthor, A., s.a. A m t h o r, August

Amthor, August

Amthor, Aug. Über einige Arten der Aussteuerversicherung, insbesondere die Militärdienstversicherung. XLVIII S. Kreuzsch. *Dresden* 1882.
Progr.

Amthor, A., Ueber die Bewegung eines Körpers auf einer krummen Fläche mit Rücksicht auf gleitende Reibung. 1868/69. 8°.
Math. Diss. Leipzig.

— Die Grundprinzipien für die Berechnung der Prämien bei der Aussteuer- und Militärdienstversicherung, sowie bei der Lebensversicherung überhaupt und der wahre Begriff des Gewinnes. Dresden 1883.

Amthor, A. Das Gompertz-Makehamsche Sterblichkeitsgesetz und seine Anwendung bei der Lebensversicherung- und Rentenrechnung. Dresden 1874.

Amthor, C., s. A m t h o r, Carl

Amthor, C. H. s. *Amthor*, Christoph Heinrich.

Amthor, Carl

Amthor, C.: Analysen 1883er Elsaß-Lothringischer Naturweine. Straßburg i. E. 1884.

Amthor, C.: Das Bier. Straßburg i. E. 1885.

AMTHOR, CARL. Ueber Producte welche bei der trockenen Destillation der Terpenylsäure entstehen. (Freiburg im Breisgau) Strassburg, 1880. **Diss.** S. I.

Amthor, Christoph Heinrich

An den Rensburgischen Praesidenten Christoph **Heinrich Amthor** über dessen Läster-Schrifften so er In prosâ, et Ligatâ herausgegeben. Stockholm, Anno 1716, den 24. Februarii. Abschrift. 4° k.

Amthor, Christoph Heinrich: Anzeige der höchst-rechtmäßigen Uhrsachen, welche Ihro Königl. Majest. zu Dännemarck, Norwegen, gegen Willen genöthiget, wider den gefangenen Königlich-schwedischen Rath und Feld-Marschall Graf Magnus Steenbock [Stenbock], nach völliger Entdeckung der von ihm begangenen groben Verbrechen, durch genauere Verwahrung seiner Persohn, und sonsten, solcher gestalt als bisher geschehen, zu verfahren. [Verf.: Christoph Heinrich Amthor.] — Copenhagen 1716. 120 S. 4° 8. 9.
4.1557

[—] — Ebd. 1716. 158 S.
2 versch. Drucke. **1:**Flugschr. 1716–2. **8.**
4.1558

(—) Historischer Bericht von dem vormahligen und gegenwärtigen Zustande der schleswig-hollsteinischen Ritterschafft und ihrer Privilegien. — o.O. 1714. 126 S.
1:So 1740. **12:**4° Hols. 18. **2. 7. 8. 9.**
4.1559

[—] In iure & facto gegründeter Beweiß [Beweis] der vielfältigen Treulosigkeiten, so das jetzt-regierende allerdurchläuchtigste Königl. Dänische Haus von dem Fürstl. Holstein-Gottorffischen bisher erlitten. — o.O. 1715. 56 S.
1:3 in Gx 13000–10. **12:**2° H. sept. 4a.
4.1560

[—] In iure et facto gegründeter Beweis der vielfältigen Treulosigkeiten, so das jetzt-regierende allerdurchlauchtigste Königl. Dähnische Haus von dem Fürstl. Holstein-Gottorfischen bisher erlitten. — Kopenhagen 1715. 150 S.
1:9 in So 1560. **12:**4° Diss. 574/17. **2. 7. 8.**
4.1561

— Christophori Henrici Amthoris Collegium homileticum de iure decori, oder eine Wissenschaft, die da lehret, wie man sich in Conversation mit allerhand Leuten manierlich u. wohl-anständig aufführen soll. (Hrsg.: Friedrich Gerhard Voss.) — Leipzig [usw.]: Lossius 1730. 261 S.
1:Np 16190. **2. 9.**
4.1563

[—] Historische Einleitung zu dem jetzigen Krieg in Norden, worinnen die Strittigkeiten, so zwischen der Cron Schweden und Dännemarck sich über Schonen, Halland und Bleckingen, von vielen Seculis her, ereignet ..., beschrieben ... werden. — Franckfurth & Leipzig 1710. 224 S. **12:**4° J. publ. E. 94. **2. 5. 8.**
4.1564

— Christoph Henrich Amthors Einleitung zur Staats und Sitten-Kunst, durch gewisse Lehr-Sätze, deren sich ein Anfänger ... bedienen kann, und wornach der Author ... seine ... Lectionen ... einzurichten gesonnen ist. — Kiel: Riechel 1706. 141,109 S. **7.**
4.1565

— Christoph. Henrici Amthor, Epistola ad virum excellentissimum atque amplissimum, Dominum A.R., philosophum celeberrimum, & reliq. Qua catechetae cuiusdam Rostochiensis aliorumque superstitionis patronorum ineptiae summatim recensentur ac latiori discussione indignae demonstrantur. — Kiloni (1710): Reuther. 8 Bl.
300:107.392–B. **5. 8.**
4.1566

— — Rostochii (1710): Weppling. 6 Bl. 1:Dm 9852
4.1567

— Examen des raisons, qui ont, depuis un siècle, causé les guerres, qu'il y a eu entre les royaumes de Dannemarc & de Suède ... Impr. en allemand l'an 1715, & trad. la même année. — o.O. [um 1715]. 149 S.
1:5 in So 1380. 8.
4.1580

— Christoph Henrich Amthors Unvorgreiffliche Gedancken [Gedanken] von der bequehmsten Methode, deren sich ein academischer Lehrer, so wohl überhaupt, als bey Erklärung des Natur- und Völcker-Rechts insonderheit, bedienen kann: Womit derselbe zugleich denen allhie Studierenden ... ein Collegium über itztgedachtes Recht eröffnet. — Kiel 1712: Reuther. 36 S.
1:Fl 5160/5. 300:107.391 B. 8.
4.1568

— C.H. Amthors Teutsche Gedichte und Uebersetzungen, so wie er sie, theils in fremden Nahmen, theils vor sich selber entworfen, nebst einem Vorbericht, worinnen zugleich die wieder seine Gedichte u. andere Staats-Schriften von einigen Ungenannten bisher ausgegossene Schmähungen bescheidentlich abgelehnet werden. 2. Aufl., vermehret mit e. Anh. verschiedener Gedichte d. seeligen Herrn Autoris, so in d. 1. Ausgabe nicht befindlich. — Rendsburg 1734. 516 S.
1:Yk 2524. 12:P. o. germ. 35 m. 7. 8. 11.
4.1583

Amthor, C[hristoph] H[einrich]: Die Lust im Leide bey glücklicher Verbindung ... [Hochzeitsgedicht auf Marcus **Müller**, Pastor, und Dorothea Metta Paulin, 1713.] — Kiel 1713: Reuther. 2 Bl. 4°

— Meditationes philosophicae de justitia divina, et materiis cum ea connexis: puta libertate, lege, obsequio, praemio, peccato, poena et satisfactione. Kiliae 1711. 4.

— Christoph. Henr. Amthor De Obstagio tractatus iuridicus: ad mores Schlesvicensium et Holsatorum potissimum adornatus. Cum ind. materiarum. — Kilonii 1712: Reuther. 295 S. 1:4° Gl 2700. 7. 8.
4.1570

Amthor, Christoph Hinrich: Der herrlich grühnende Öhl-Zweig ... [Gedicht zum Danck- u. Friedens-Feste auf Friedrich IV., König von Dänemark, 14. November 1720.] — Copenhagen 1720: Martini. 6 Bl. 4° (2°)

— Christoph. Henr. Amthoris Philosophia moralis seu doctrina de iusto, honesto et decoro. Hierbey ist statt einer Vorrede vorangesetzet Authoris Unvorgreiffliche Gedancken von der bequemsten Methode, deren sich ein academischer Lehrer bedienen kan ... Zum Druck befördert, u. ans Licht gebracht von Friederich Gerhard Voss. — Leipzig [usw.]: Lossius 1738. 208,332,248 S.
Nebent.: Amthor: Christophori Henrici Amthoris Collegium philosophiae moralis, seu doctrina de honesto. 1737.
9.
4.1571

Amthor, Christoph Heinrich: Philosophia moral. n. Gedank. vom Natur u. Völkerrecht. 8°. 1738.

[—] Project der Oeconomic in Form einer Wissenschaft; nebst einem unmaßgeblichen Bedencken, wie diese Wissenschaft beydes in Theoria und Praxi mit mehrerem Fleiß und Nutz getrieben werden könne, entworffen von Anastasio Sincero [d.i. Christoph Heinrich Amthor]. — Franckfurt & Leipzig: Renger 1716. 90 S.
1:2 in F 915. 3. 9. 10.
4.1572

— Christoph Henrich Amthor entbeut der allhie studierenden Jugend seinen freundlichen Grus und eröfnet derselben hiemit ein Collegium über das Recht der manierlichen Sitten. — Kiel (1708): Reuther. 8 Bl.
1:Ay 3084. 12:4° Diss. 561/27. 8. 10.
4.1573

— Christoph Henrich Amthor entbeut denen alhie Studierenden seinen freundlichen Grus, und eröffnet denenselben hiemit in einem gemischten Discurs von denen Rechten, so wohl überhaupt, als denen schleswig- und hollsteinischen insonderheit, seine vorhabende Lectiones. — Kiel (1711): Reuther. 12 Bl.
12:4° Diss. 561/28. 8. 10.
4.1574

[—] Aufgedeckte Schande der unsinnigen schwedischen Proceduren, so wie sie gröstentheils aus ihren eigenen Zeugnüssen und gefundenen Original-Documenten sich ergibt: Beydes ihrer im vorigen Jahr zu Stralsund gedruckten, also rubricirten Unrechtfertigkeit des an Seiten des Königlich Dähnischen Hofes gebrauchten Verfahrens &c. &c. &c. und auch denen noch im verwichenen Februario des lauffenden 1715ten Jahr, wieder alle menschliche Vernunfft u. Erbahrkeit daselbst unternommenen vermeyntlichen Repressalien ... entgegen gesetzet. — Kopenhagen 1715. 160 S. 12:4° H. sept. 72. 4. 8.
4.1575

[—] — Ebd. 1715. 222 S. 4° 2. 5. 7. 8.
4.1576

Amthor, Christoph Henrich: Der vierfache Schmuck eines ruhmwürdigen Lehrers ... [Trauergedicht zur Beisetzung auf Christophorus **Francke**, Prof. d. Theol., † 11. Febr. 1704, beigesetzt am 24. Febr. 1704.] — Kiel [1704]: Reuther. 2 Bl. 4°

— Den in allen seinen Zweigen verherrlichten königlich-oldenburgischen Stamm-Baum wolte am 11ten October des itzt-lauffenden Jahres ... in nachgesetzter gebundenen Rede vorstellen ... Christoph Henrich Amthor. — o.O. 1713. 12 Bl. 4° 9.
4.1577

Amthor, C[hristoph] H[einrich]: Trähnen der Hebe ... [Trauergedicht auf Justina Juliana **Schellhammerin**, beerdigt am 10. [!] Dec. 1707.] — Kiel [1707]: Reuther. 2 Bl. 4°

Amthor, Christoph Heinrich: Historische und vernunftmässige Untersuchung der Uhrsachen, durch welche die zwischen Dennemarck und Schweden von etwa hundert Jahren her vorgefallene Streitigkeiten, und Befehdungen, sich entsponnen: sonderlich aber der bey dem letzt-entstandenem und annoch fortwährendem Kriege von einem Theil geführter Bewegungs-Gründe, und darauf von dem andern vermeyntlich geschehener Ablehnungen. Von einem Dännemärcker [d.i. Christoph Heinrich Amthor]. — o.O. 1715. 16,166 S.
1:12 in Ua 216. 12:4° H. sept. 72/1 [u.ö.] 8. 9.
4.1579

[—] Kurtze Untersuchung des von einem ungenannten Gottorper, wiederhohlten Abdrucks einiger in Annis 1683 & 1700 bereits publicirter fürstlich holsteinischer Schrifften; und seines demselben beygefügten calumniösen Tituls und Vorberichts. — o.O. 1717. 12 S.
1:10 in 4° So 33/5. 8.
4.1581

— C.H. Amthors Poetischer Versuch einiger teutscher Gedichte und Übersetzungen: So wie er sie, theils in frembdem Nahmen, theils vor sich selber entworffen. Nebst einem Vor-Bericht, worin zugleich die wieder seine Gedichte, und andere Staats-Schrifften von einigen Ungenannten bisher ausgegossene Schmähungen bescheidentlich abgelehnet werden. Nebst e. Vor-Bericht. — Flensburg: Bosseck 1717. 543 S.
1:Yk 2521 [u.] 2521ª. 12:P. o. germ. 35 l. 2. 3. 4. 7. 8. 9. 10. 11.
4.1582

— Christoph Henrich Amthors Vertheidigung des historischen Berichts von dem vormahligen und gegenwärtigen Zustande der schleswig-holsteinischen Ritterschafft und ihrer Privilegien. Aus Liebe zur Warheit entgegen gesetzet. — Altona 1715. 4 Bl. 1:an So 1740. 8.
4.1584

Christoph **Henrich Amthors** Vertheidigung des Historischen Berichts etc. Den Verleumdungen eines ungenannten Lateiners Aus Liebe zur Wahrheit entgegen gesetzet. Altona, gedruckt im Jahr 1715. 4 Bl. 4° k. Bei desselben: Historischer Bericht von dem Vormahligen und gegenwärtigen Zustande Der Schleswig-Hollsteinischen Ritterschaft etc. o. O. 1714. 4° k.

A[mthor], C[hristoph] H[einrich]: Der sonderbare Weg zu wahrem Glück ... [Trauergedicht auf Johann Christoph Ludewig **Hannemann,** † 1700.] — Kiel 1700: Reuther. 2 Bl. 4°

Amthor, C[hristoph] H[einrich]: Die verachtete und doch glückliche Zunfft der Gelehrten ... [Glückwunschgedicht zur Doktorpromotion auf Theodor Friderich **Volckmar,** Land-Syndicus, 17. März 1705.] — Kiel (1705): Reuther. 2 Bl. 4°

Amthor, Christoph Henrich: Der triumphirenden Reinholdsburg frohlockender Zuruff ... [Gedicht zur Begrüßung in Rendsburg auf Friedrich IV., König von Dänemark, 2. Jan. 1716.] — Flensburg (1716): Vogel. 8 Bl. 4°

— Der triumphirenden Reinholds Burg frohlockender Zuruff an den Allerdurchlauchtigsten, Großmächtigsten Fürsten und Herrn, Herrn Friederich den Vierten, Erb-König zu Dennemark ..., als Allerhöchst besagte Majestat, nach höchst-rühmlich und sieg-reich vollbrachtem Feldzuge sich wieder in dero Landen einstellete, und am 2. Jenner des 1716ten Jahres auch insonderheit die Stadt und Festung Rensburg mit Dero erfreulichsten Gegenwart beglückete. Aufgeführet von Christoph Henrich Amthor. — Glückstadt (1716): Königl. privil. Buchdr. 16 S. 4° 8.
4.1585

Amthor, Christoph Hinrich, s. Amthor, Christoph Heinrich

Amthor, E., s. Amthor, Eduard

Amthor, Ed. s. *Amthor,* Eduard.

Amthor, Eduard

Amthor, Ihrem Mitgliede ... Dr. Eduard, bei Gelegenheit des 25jährigen Jubiläums seiner ... Handelsschule ... O. O. 1874. V: *Fischer, Robert.* (Tt)

Amthor, Eduard [Hrsg.] s. *Alpenfreund,* Der [Zeitschriften].

Amthor's, Ed., Alpenführer. Auf Grund e. 40jährig. eigenen Reiseerfahrg. u. unter Benutzg. der zuverläss. wissenschaftl. Quellen, sowie vielf. Orig.-Mitteilgn. hervorrag. Kenner d. deutsch. Alpen verf. Neubearb., berichtigt u. bis zur Gegenwart ergänzt v. Jos. Rabl unter Mitwirkg. v. üb. 120 Sektionen des deutschen u. österreich. Alpenvereins u. zahlreicher hervorrag. Alpenkenner. 9. Aufl. 3 Tle. 12. Leipzig 902. Amthor. Geb. in Leinw. à n. 4. —
1. Nord-West-Tirol, Vorarlberg, Algäu, bayerisches Hochland u. angrenz. Gebiete. Mit 1 Eisenbahn- u. 2 gr. Touristen-Karten. (VII, 224 S.)
2. Nord-Ost-Tirol, Salzburg, Salzkammergut, West-Steiermark u. angrenz. Gebiete. Mit 1 Eisenbahn- u. 2 gr. Touristen-Karten. (VII, 221 S.)
3. Süd-Tirol, Kärnten u. angrenz. Gebiete. Mit 1 Eisenbahn- u. 3 gr. Touristen-Karten. (VII, 232 S.)

Amthor's, Eduard, Alpenführer. Auf Grund e. 40jähr. eigenen Reiseerfahrg. u. unter Benutzg. der zuverlässigsten wissenschaftl. Quellen, sowie vielfacher Orig.-Mitteilgn. hervorrag. Kenner der deutschen Alpen verf. Neubearb., berichtigt u. bis zur Gegenwart ergänzt v. Jos. Rabl unter Mitwirkung v. über 200 Sektionen des deutschen u. österreich. Alpenvereins u. zahlr. hervorrag. Alpenkenner. 10. Aufl. 3 Tle. kl. 8. Leipzig 906 Amthor. Geb. à n. 4. —
1. Nordwest-Tirol. Vorarlberg, Allgäu, bayerisches Hochland u. angrenz. Gebiete. Mit 1 Übersichts- u. 1 Eisenbahnkarte sowie 6 Spezialkarten. (VII, 265 S.)
2. Nordost-Tirol. Salzburg, Salzkammergut, West-Steiermark u. angrenz. Gebiete. Mit 1 Übersichts- u. 1 Eisenbahnkarte sowie 5 Spezialkarten. (VII, 265 S.)
3. Süd-Tirol, Kärnten u. angrenz. Gebiete. Mit 2 Übersichts- u. 1 Eisenbahnkarte sowie 5 Spezialkarten. (VIII, 236 S.)

Amthor's, Eduard, Alpenführer. 11. Afl. v. Jos. Rabl. 3 Tle. Ausg. A. kl8° Lpzg, Amthor '11. L je 4 —; Ausg. B, ohne Spezialktn, Pappbd je 2.50
1. Nordwest-Tirol, Vorarlberg, Algäu, bayer. Hochland u. angrenz. Gebiete. (7, 308 m. 8 Ktn.) ‖ 2. Nordost-Tirol, Salzburg, Salzkammergut, West-Steiermark u. angrenz. Gebiete. (7, 280 m. 7 Ktn.) ‖ 3. Süd-Tirol. Kärnten u. angrenz. Gebiete. (8, 290 m. 8 Ktn.)

—— s. **Anderson's,** Will., practical mercantile Correspondence.

— Bagatellen. Eine Reihe kleiner humoristischer Erzählungen, meist nach französischen Quellen. — Leipzig: Schrey 1847. 216 S. 7.
4.1586

Amthor, Ed., Bagatellen. Eine Reihe kleiner humorist. Erzählungen, meist nach franz. Quellen. 8. (224 S.) Leipzig 848, Schrey. 1/2 ℛ

— Bozen und Umgebung, ein Führer durch die Stadt u. auf kleineren und grösseren Ausflügen für Fremde u. Einheimische. Mit Umgebungskt. ⟨1:100 000⟩ u. Stadtplan. Gera: Amthor 1872. VI,118 S.
12: Austr. 107. 300:34.413.
4.1587

Amthor, Ed., Bozen u. Umgebung. Ein Führer durch die Stadt u. auf kleineren u. grösseren Ausflügen f. Fremde u. Einheimische. Mit (lith.) Umgebungskarte [1 : 100,000] u. (lith.) Stadtplan. 2. verb. Aufl. gr. 16. (VIII, 106 S.) Gera 879. Amthor. cart. n. 1. 50; geb. n. 1. 80

Amthor, Ed., Bozen-Gries u. Umgebung. Ein Führer durch die Stadt Bozen, den Kurort Gries u. auf kleineren u. grösseren Ausflügen f. Fremde u. Einheimische. Mit Umgebungskarte, Stadtplan v. Bozen u. Plan v. Gries. 3. Aufl. 8. (VIII, 105 S.) Augsburg 884. Amthor. geb. n. 2. —

Amthor, E., Bozen-Gries und Umgebung. 3. verb. Aufl. 8. Gera 884. Augsburg, Gebr. Reichel. geb. *

Amthor, Eduard: Bozen-Gries und Umgebung. Ein Führer durch die Stadt Bozen, den Kurort Gries u. auf kleineren u. größeren Ausflügen. Mit Umgebungskt., Stadtpl. von Bozen u. Plan von Gries. 3., verb. Aufl. — Gera: Amthor 1884. VIII,105 S.
1: Sc 9250³. 12: It. sing. 14 odc.
4.1588

—*Fischer, Rob.:* **Zur Ehre des Meisters oder: Die vier Jahreszeiten. Scene von Ed[u.] Amthor. In der Loge Archimedes z. e[wigen] B[unde] in Gera bei Gelegenheit der 5. Abendunterhaltung im Wintersemester 1875/76 zur Darstellung gebracht am 29. Febr. 1876. [Leipzig 1876: Fischer & Wittig.] 4 S. 8° [Kopftit.]**
Abgedr. in: FZ. 30 (1876) S. 117—118.
Tt. 1930. Zu Ehren von R. Fischer.

—— Festrede zum 25jährigen Jubiläum der Amthor'schen Handelsschule in Gera am 8. Octbr. 1874 [Aufgabe der Handelsschulen überhaupt und Geschichte der Amthor'schen Anstalt]. 1. Aufl. (52 S.) 1875; 2. Aufl. gr. 8. (22 S.) Ebendas. 880.

—— Führer in die deutschen Alpen. 1. Bd. A. u. d. T.: Tirolerführer. Reisehandbuch für Deutsch- und Wälschtirol unter Berücksicht. der angrenz. Gebietstheile des bayer. Hochlands, Vorarlbergs, Salzburgs, Kärnthens und Italiens. Auf Grund dreissigjähriger Erfahrung etc. bearb. Mit 10 chromolithogr. Spezialkarten (in 4.) und den Fahrplänen der südbayer. und der tiroler Eisenbahnen. 8. (XVI, 484 S.) Gera 868, Amthor. geb. *

Amthor, Ed., Führer in die deutschen Alpen. I. Bd. A. u. d. T.: Tirolerführer. Reisehandbuch f. Deutsch- u. Wälschtirol unter Berücksichtigung der angrenzenden Gebietstheile d. bayer. Hochlands, Vorarlbergs, Salzburgs, Kärnthens u. Italiens. Auf Grund e. mehr als dreissigjähr. eigenen Reiseerfahrung etc. bearb. 868. (XVI, 484 S. u. 10 Karten.) — 2. durchaus verb. u. verm. Aufl. Mit 15 (lith.) Karten, Panoramen u. Stadtplänen (in 4. u. Fol.). Gera 869. Amthor. 8. (XX, 515 S.) n. 2 ℛ 15 ngr.

—— dass. — Auf Grund einer mehr als dreissigjähr. eigenen Reiseerfahrung etc. bearb. 2. durchaus verb. und verm. Aufl. Mit 15 lithogr. Karten, Panoramen und Stadtplänen (wovon 10 in Buntdr. in 4. und Fol.). 8. (XX, 515 S.) Ebendas. 870. geb. *

— Führer in die deutschen Alpen. I. Tirolerführer. Reisehandbuch f. Deutsch- u. Wälschtirol unter Berücksicht. der angrenz. Gebietstheile d. bayer. Hochlandes, Vorarlbergs, Salzburgs, Kärnthens und Italiens. Auf Grund e. 33jähr. eigenen Reiseerfahrg. u. unter Benutzg. der zuverlässigsten wissenschaftl. Quellen, sowie vielfacher Originalmittheilgn. hervorrag. Kenner der deutschen Alpen bearb. 3., durchaus verb. u. verm. Aufl. Mit 19 (lith. u. chromolith.) Karten, Panoramen und Stadtplänen (in qu. 4., gr 4., qu. Fol. u. gr. Fol.) [in besonderem Einband]. gr. 16. (XX, 590 S.) Ebend. 872. geb. n. 8. —

Amthor, E., s.: Führer d. d. bayerische Hochland.

— Führer d. Tirol u. d. angrenz. Alpen-Gebiet. A. Gr. e. 40jähr. eig. Erfahrg. u. unt. Benutzg. d. zuverlässigsten wissenschaftl. Quellen, sow. vielf. Orig.-Mitteilgn. hervorrag. Kenner d. deutschen Alpen verf. 8. Aufl. Durchges., verb. u. ergänzt unt. Mitwirkg. viel. alpiner Autoritäten u. zahlr. Alpen-Vereinssektionen v. Jos. Rabl. M. 31 Karten u. Stadtplänen. 3 Tle. 12. Leipzig 897. Amthor. Geb. à n. 4. —
1. Tirol (nordwestl. Teil b. z. Linie Kufstein-Franzensfeste), Vorarlberg, Algäu, Bayer. Hochland u. angrenz. Gebiete, nebst d. Eintrittsrouten d. Schweiz. (XV, 272 S.)
2. Tirol (nordöstl. Teil b. z. Linie Kufstein-Franzensfeste), Salzburg, Salzkammergut, West-Steiermark u. angrenz. Gebiete, nebst d. Eintrittsrouten v. Norden u. Osten. (XV, 253 S.)
3. Tirol (südl. Teil b. z. Ötzthaler Gruppe u. z. Pusterthal), sow. Führer durch Kärnten u. angrenz. Gebiete, nebst d. Eintrittsrouten v. Südost, Süd u. Südwest. (XIII, 296 S.)

—— Führer durch Tirol, das bayerische Hochland, Salzburg und Vorarlberg unter Berücksicht. der angrenzenden Gebietstheile der Schweiz, von Oberitalien und Kärnten, nebst einer Beschreibung von München, Verona und Venedig. Auf Grund einer 40jähr. eigenen Reiseerfahrung und unter Benutzung der zuverlässigsten wissenschaftl. Quellen, sowie vielfacher Orig.-Mittheilungen hervorrag. Kenner der deutschen Alpen verfasst. Neubearb. von Nepomuk Zwickh. 5. durchaus verb. und verm. Aufl. Mit 14 Karten und Stadtplänen und 1 Uebersichtskarte. 8. (XX, 721 S.) Gera 884, Amthor. geb. *

— Führer durch Tirol, das Bayerische Hochland, Salzburg und Voralberg ... Neubearb. von Nepomuk Zwickh. 5., verb. u. verm. Aufl. — Gera-Leipzig-Wien-Innsbruck: Amthor 1884. XX,720 S.
Frühere Aufl. s. *Amthor:* Tirolerführer. 1868 u. ö.
1:Sc 9095[a]. 12:It. sing. 14 od.
4.1589

— — Neubearb. von Nepomuk Zwickh. 6., durchaus verb. u. verm. Aufl. Mit 27 Kt., Stadtplänen u. Panoramen. — Augsburg: Amthor 1886. XXXII,814 S. (Amthor's Reisebücher.) 12:It. sing. 14 oe.
4.1590

Amthor, Ed., Führer durch Tirol, das Bayerische Hochland, Salzburg u. Vorarlberg, unter Berücksicht. der angrenz. Gebietstheile der Schweiz, von Oberitalien u. Kärnten, nebst e. Beschreibg. v. München, Verona u. Venedig. Neubearb. v. N. Zwickh. 6. verb. Aufl. Mit 27 Karten, Stadtplänen u. Panoramen. 8. (XXII, 814 S.) Augsburg 888. Amthor. geb. n. 7. 50

Amthor, E, Führer durch Tirol, d. Bayer. Hochland, Salzburg u. Vorarlberg, unter Berücks. d. angrenz. Gebietstheile d. Schweiz, v. Oberitalien u Kärnten, nebst e. Beschreibg v. München, Verona u. Venedig. Neu bearb. v. N Zwickh. 6. Afl. 8. (846 m. Karten, Pl. u. Panor.) Lpzg 88, Amthor. geb. n. 7. 50

Amthor, Ed., Führer durch Tirol, das Bayerische Hochland, Salzburg u. Vorarlberg, unter Berücksicht. der angrenz. Gebietstheile der Schweiz, v. Oberitalien u. Kärnten, nebst e. Beschreibg. v. München, Verona u. Venedig. 7. Aufl., gänzlich neu bearb. v. Wilh. Halbfass. 2 Thle. 12. Leipzig, Amthor. Geb. in Leinw. n. 10. 50
1. Bayerisches Hochland bis zum Inn, Allgäu, Vorarlberg, Tirol westlich der Brennerbahn bis Ala einschliesslich derselben, sammt den Eintrittsrouten v. der Schweiz u. Oberitalien. (XXVIII, 500 S. m. 23 Karten, Plänen u. Panoramen.) 892. n. 6. —
2. Bayerisches Hochland vom Inn bis Salzburg, Tirol östlich der Linie Kufstein-Ala u. Salzburg, sammt den Eintrittsrouten nach Tirol v. Salzkammergut, Kärnten u. Oberitalien. (XX, 362 S. m. 12 Karten, Stadtplänen u. Panoramen.) 893. n. 4. 50

Amthor, E: Führer durch Tirol u. d. angrenz. Alpen-Gebiet. 8. Afl. v. J Rabl. Mit 31 Kart. u. Stadtpl. 3 Tle. 12° Lpzg 97, Amthor. Ges. à 4 —
1. Tirol (nordwestl. Tl bis z. Linie Kufstein-Franzensfeste), Vorarlberg, Algäu, Bayer. Hochland u. angrenz. Gebiete, nebst d. Eintrittsrouten d. Schweiz. (272)
2. Tirol (nordöstl. Tl bis z. Linie Kufstein-Franzensfeste), Salzburg, Salzkammergut, West-Steiermark u. angrenz. Gebiete, nebst d. Eintrittsrouten v. Norden u. Osten. (258)
3. Tirol (südl. Tl bis z. Ötzthaler Gruppe u. z. Pusterthal), sowie Führer durch Kärnten u. angrenz. Gebiete, nebst d. Eintrittsrouten v. Südost, Süd u. Südwest. (260)

— Horti Persici et Arabici. In Latii valles transtulerunt Odoardus Amthorus et Arminius Fritzschius [Adolf Theodor Hermann Fritzsche]. P. 1. — Melocabi & Lipsiae: Sinner 1842. VIII,64 S.
1:Zt 1296. 12:A. or. 3380. 300:27.188-B. 7. 11.
4.1592

—— s. Irving, Wash., Tales of the Alhambra.

— Kärntnerführer. Reisehandbuch für Kärnten unter Berücksichtigung der angrenzenden Gebietstheile von Steyermark, Krain, Görz, Tirol und Salzburg. Bearb. von Eduard Amthor und Markus Frhr v. Jabornegg-Gamsenegg. Mit e. Übersichtskt. von Kärnten. — Gera: Amthor 1874. XIII, 218 S. (Führer in die Deutschen Alpen. 2.)
12:It. sing. 14 o-2.
4.1593

— Kärntnerführer. Reisehandbuch für Kärnten unter Berücksichtigung der angrenzenden Gebietstheile von Steiermark, Krain, Görz, Tirol, Salzburg und Italien, verf. von Eduard Amthor. Neubearbeitet von Markus Freih. v. Jabornegg-Gamsenegg. 3., durchaus verb. u. verm. Aufl. Mit 4 Kt. u. 1 Plane. — Augsburg: Amthor 1887. VIII,308 S. (Amthor's Reisebücher.) 12:It. sing. 14 oeb.
4.1594

— Klänge aus Osten enthaltend neun Makamen des Hamadani, zwei kleinere Episoden aus dem Schahname des Firdausi, Geschichte, Sentenzen, Sprüchwörter, aus d. Arabischen u. Persischen übers. von Eduard Amthor. — Leipzig: Engelmann 1841. XII,215 S.
1:Zu 3703. 12:A. or. 621. 2. 6. 8. 10.
4.1595

— und M. L. **Gerothwohl,** Comptoir und Börse. Neues kaufmänn. Rechnen- und Coursbuch für alle Theile des geschäftl. Verkehrs, insbesondere für Comptoiristen, sowie für Handelslehranstalten. Leipzig 862. Spamer gr. 8.
1. Thl.: Quintessenz des kaufmännischen Rechnens. Kurzgefaßter Lehrgang zur Erlernung u. Anwendung prakt. merkantiler Rechnungsmethoden, für die wichtigsten Zweige des Waarenhandels, der Commission, Spedition u. Fabrikation. Nebst einem Anh. Zum Gebrauche für Angestellte dieser Branchen, junge Kaufleute u. Industrielle ꝛc. Bearb. von Ed. Amthor. (XVI, 414 S.) n. 1 ℛ; geb. n. 1 ℛ 10 ngr.

Amthor, Ed., Kußhände u. Ohrfeigen. Taschenbuch f. Humor u. Satire. Breit 16. (15 B.) Leipzig 845, Schrey. *

Amthor, Ed. (Hrsg.), s. Magazin für Kaufleute.

Amthor, Ed., Nachschlage-Blätter für Comptoir und Börse. (Anhang zu: „Comptoir und Börse. Von M. L. Gerothwohl.") Leipzig 860. Spamer. gr. 8. (IV, 120 S.) n. 10 ngr.

— — 2. verm. u. verb. Aufl. der Separat-Ausg. des Anh. zu: M. L. Gerothwohl's Comptoir und Börse. Ebend. 861. gr. 8. (VI, 136 S.) n. 15 ngr.

Amthor, Ed.: Quintessenz des kaufmännischen Rechnens. Nebst e. Anh. Leipzig 1862.

— Quintessenz d. kaufmännischen Rechnens. Kurzgefaßter Lehrgang zur Erlernung u. Anwendung prakt. merkantiler Rechnungsmethoden f. die wichtigsten Zweige d. Waaren- u. Geldhandels, der Kommission, Spedition u. Fabrikation. Zum Gebrauche f. Angestellte dieser Branchen, f. Kaufleute u. Industrielle rc. In 2., vielfach verb. Aufl. hrsg. unter Mitwirkung von Ph. J. Aug. Heckelmann. 2 Abthlgn. Leipzig 868. Spamer. gr. 8. (480 S.) n. 1 ₰; geb. n. 1 ₰ 10 ngr.

— Quintessenz des kaufmännischen Rechnens. Kurzgefasster Lehrgang zur Erlernung u. Anwendung praktischer merkantiler Rechnungsmethoden für die wichtigsten Zweige des Waaren- u. Geldhandels, der Kommission, Spedition u. Fabrikation ... In 2., vielfach verb. Aufl. hrsg. unter Mitwirkung von Ph. I. Aug[ust] Heckelmann.— Leipzig: Spamer 1869. XII,444 S. 6.
4.1596

— Quintessenz d. kaufmännischen Rechnens. Kurzgefaßter Lehrgang zur Erlerng. u. Anwendg. prakt. merkantiler Rechnungsmethoden f. die wichtigsten Zweige d. Waaren- u. Geldhandels, der Kommission, Spedition u. Fabrikation. Erläutert durch zahlreiche Beispiele u. begleitet v. mehr als 1500 Aufgaben zur Uebg. Zum Gebrauche f. Kaufleute u. Industrielle, sowie f. Zöglinge v. Handelslehranstalten. 3., durchgehends verm. u. verb. Aufl., auf Grund der deutschen Reichswährg., sowie der neuen Maße, Gewichte u. Kurse gänzlich umgearb. v. Aug. Heckelmann u. Gust. Wagner. gr. 8. (XII, 388 S.) Leipzig 875. Spamer. n. 4. —; geb. n. 5. —

— dasselbe. Auflösungen der Aufgaben zur Uebg. Ursprünglich v. H. Th. Kühne bearb. Neu hrsg. v. Aug. Heckelmann u. Gust. Wagner. gr. 8. (IV, 48 S.) Ebend. 875. n. 1. 50

—— dass. — Auflösungen der Aufgaben zur Uebung. 4. umgearb. Aufl. Ursprünglich von H. Th. Kühne bearb. Neu hrsg. von Alb. Braune. gr. 8. (41 S.) Ebendas. 880. *
geb. *

Amthor, Ed., Quintessenz des kaufmännischen Rechnens. Kurzgefaßter Lehrgang zur Erlernung und Anwendung prakt. kaufmänn. Rechnungsmethoden für die wicht. Zweige des Waaren- und Geldhandels, der Kommission, Spedition und Fabrikation. Erläutert durch zahlreiche Beispiele und begleitet von mehr als 1500 Aufgaben zur Uebung. Zum Gebrauche für Kaufleute und Industrielle, sowie für Zöglinge von Handelslehranstalten. 4. verm. und verb. Aufl. Hrsg. von Alb. Braune. gr. 8. (XIV, 328 S.) Leipzig 881, [Spamer.] Gloeckner. *
geb. *

— Quintessenz d. kaufmännischen Rechnens. 5., durch die Kontokorrente rc. verm. u., d. Gegenwart entsprechend, vielfach veränd. Aufl. Bearb. v. Herm. Else. gr. 8. (XVIII, 399 S.) Leipzig 892. G. A. Gloeckner. n. 4. 50; geb. in Leinw. n. 5. —; Auflösgn. d. Aufgaben (45 S.) n. 1. 50; geb. in Leinw. n. 1. 90

Amthor, Ed., Quintessenz des kaufmännischen Rechnens einschließlich der Kontokorrentrechnung. 6., verb. u. stark verm. Aufl. Bearb. v. Herm. Else. gr. 8. (XX, 412 S.) Leipzig 899. G. A. Gloeckner. n. 4. 50; geb. n. 5. —

Amthor's Reisebücher. Führer durch die bayr. Königsschlösser. Eingeh. Beschreibg. der Schlösser Herrenchiemsee, Berg, Linderhof, Hohenschwangau, Neuschwanstein sowie der Reisewege dahin u. der Eintrittsrouten nach Tirol. Zugleich Führer f. München mit Umgebung sowie Starnbergersee, Partenkirchen-Garmisch, Plansee, Reutte, Füssen, Kempten, Chiemsee, Berchtesgaden, Königsee. 5. Aufl., bearb. v. Alois Nistler. (II, 120 S. m. 12 Abb. u. 1 Lichtdr.-Tafel.) kl. 8. Leipzig (910). Amthor. Geb. 2. —

— u. Wilh. **Issleib**, kleiner Schulatlas f. die einfache Volks- u. Landschule, auf Veranlassg. prakt. Schulmänner aus dem Volks-Atlas zusammengestellt. 12 Blatt in Farbendr. qu. gr. 4. Gera 876. Issleib & Rietzschel. — 50

—— Selbstbiographie. Zum Andenken an den 1. Mai 1879, den 25. Jahrestag der Uebersiedelung der Handelsschule von Hildburghausen nach Gera und der Begründung der Geraer Handelsschule hrsg. 2. Aufl. gr. 8. (VIII, 108 S.) Gera 880, Amthor.
Die 1. Aufl. war nicht im Handel.

Amthor, Eduard. Süd-Tirol, Kärnten und angrenzende Gebiete. Auf Grund einer vierzigjährigen eigenen Reiseerfahrung und unter Benutzung der zuverlässigsten wissenschaftlichen Quellen, sowie vielfacher Original-Mitteilungen ... verfasst von Dr. E' A'. Neubearbeitet, berichtigt und bis zur Gegenwart ergänzt von Josef Rabl..., unter Mitwirkung ... zahlreicher hervorragender Alpenkenner. 10. Aufl., mit zwei Übersichts- und einer Eisenbahnkarte sowie fünf Spezialkarten. IV + VIII + 236 + *Beilage* 32 S. 8. Leipzig, Amthor, 1908. [geb. M. 4. —]
Amthors Alpenführer [Teil] 3. — *Darin S. 46—62:* Vintschgau ‹Meran-Eyrs› (*mit* Stilfserjoch, Ortlergruppe *etc.*);

[—] Tag und Dämmerung. Harmlose Gedichte eines Anti-Muckers. — Leipzig: Klemm 1846. X,119 S.
1:Yo 2513. 2.
4.1598

— Taschenbb. f. Gartenfreunde. 1. 19,5×10,5 cm. Ebd. d
Hinterthür, L: Der Apfel. Anbau, Zucht, Pflege, Arten, Verwertg, Schädlinge usw. d. Apfelobstes. (7, 103 m. 24 farb. u. 1 schwarz. Taf.) ('12) [1] L 3 —

— Taschenbuch f. Gewerbtreibende die ihr Geschäft kaufmännisch betreiben wollen. Eine leichtfaßliche Darstellung der Hauptzweige der Handelswissenschaft f. den Gewerbstand. Unter Mitwirkung prakt. Geschäftsmänner hersg. Gera 867. Amthor. gr. 8. (XVI, 479 S.) nn. 1 ₰ 22½ ngr.

Amthor, Ed., Taschenbuch für Gewerbtreibende die ihr Geschäft kaufmännisch betreiben wollen. Eine leichtfaßl. Darstellung der Hauptzweige der Handelswissenschaft für den Gewerbstand. Unter Mitwirkung prakt. Geschäftsmänner hrsg. (2 Halbbde.) gr. 8. (XVI und 479 S.) Gera 867, Ißleib und Rietzschel. à * 22½ Ngr.; geb. * *

—— Taschenbuch für Gewerbtreibende, die ihr Geschäft kaufmännisch betreiben wollen. Eine leichtfaßliche Darstellung der Hauptzweige der Handelswissenschaft für den Gewerbstand. Unter Mitwirkung praktischer Geschäftsmänner hrsg. 2. verm. Aufl. in 6 Heften. gr. 8. (XIII, 509 S.) Gera 870,71, Amthor. à Heft 50 Pf.; * M 3.; geb.

Amthor, Eduard: Tirolerführer. Reisehandbuch für Deutsch- und Wälschtirol. Von Ed. Amthor. Mit 10 Spezialkarten. — Gera: Amthor 1868. XIV,470,14 S. (Führer in die Deutschen Alpen. 1.)
Spätere Aufl. s. *Amthor:* Führer durch Tirol. 1884 u. ö.
1:Sc 9095. 12:It. sing. 14 o–1. 300:31.919. 2.
4.1599

— — 2., durchaus verb. u. verm. Aufl. [Nebst] Berichtigungen u. Nachträgen. — Ebd. 1869–70. (Führer in die Deutschen Alpen. 1.) 12:It. sing. 14 oa. 4.
4.1600

— — 3., durchaus verb. u. verm. Aufl. Ebd. 1872. XIX,590 S.
12:It. sing. 14 ob–1.
4.1601

— Tirolerführer. Reisehandbuch für Deutsch- u. Wälschtirol unter Berücksichtigung der angrenzenden Gebietstheile d. bayer. Hochlands, Vorarlbergs, Salzburgs, Kärntens, Oberitaliens u. der Schweiz, u. m. e. kurzen Beschreibung Münchens. Auf Grund e. nahe 40jähr. eigenen Reiseerfahrung u. unter Benutzung der zuverlässigsten wissenschaftlichen Quellen sowie vielfacher Original-Mittheilungen hervorrag. Kenner der deutschen Alpen. 4. durchaus verb. u. verm. Aufl. 8. (XIX,656 S.) Ebend. 878. geb. n. 5. —; Kunstbeilagen (23 lith. u. chromolith. Stadtpläne, Karten u. Panoramen.) cart. n. 5. —

— u. Wilh. Issleib, Volks-Atlas über alle Theile der Erde f. Schule u. Haus. Vollständig in 24 (lith.) Karten in Farbendr. 1—8. mehrfach bericht. Aufl. Gera 867—69. Issleib & Rietzschel. qu. 4. 7½ ngr.

Amthor, Ed., und Wilh. Issleib, Volks-Atlas über alle Theile der Erde für Schule und Haus. Vollständig in 24 Karten in Farbendr. 5.—17. Aufl. Fol. Gera 868—73, Issleib und Rietzschel.

—— dass. — 18.—23. Aufl. qu. gr. 4. Ebendas. 873—75.

Amthor, Ed., und Wilh. Issleib, Volks-Atlas über alle Theile der Erde für Schule und Haus. 24 Karten in Farbendr. 24. Aufl. qu. gr. 4. Gera 877, Issleib und Rietzschel. *

—— dass. — 25. Aufl. Jubel-Ausg. 32 Karten in Farbendr. Neu bearb. und hrsg. von Wilh. Issleib. gr. 4. Ebendas. 878. *

—— dass. — 26. bedeutend verm. und verb. Aufl. 40 Karten in Farbendr. Revid. und neu bearb. von Fr. Riecke. gr. 4. Ebendas. 879. *

— u. Issleib's Volks-Atlas üb. alle Theile der Erde f. Schule u. Haus. 40 Karten in Farbendr. 27. verb. Aufl. Rev. u. neu bearb. v. Fr. Riecke. gr. 4. Gera 880. Issleib & Rietzschel. 1. —

Amthor u. Issleib's Volks-Atlas üb. alle Teile d. Erde f. Schule u. Haus (Asg. f. Oesterreich-Ungarn). 36 Haupt- u. 20 Nebenkarten. Hrsg. v. F Riecke. 33. Afl. 4° (36 farb Kartens.) Gera 94, T Hofmann. 1 —
Die Asg. f. Deutschland s. u. d. T.: Koll, W, u. F Riecke, deut. Schul-Atlas.

Amthor u. Issleib's Volks-Atlas üb. alle Theile d. Erde f. Schule u. Haus. (Asg. f. Oesterr.-Ungarn). 36 Haupt- u. 20 Nebenk. (in Farbdr.) 35. Afl. v. F Riecke. 4° Gera 99, T Hofmann. 1 —

Amthor, E. (Herausgeber): „Vorwärts! Magazin für Kaufleute Illustrirte Mittheilungen, Abhandlungen und Schilderungen aus dem Gesammtgebiete der Handelsthätigkeit", unter Mitwirkung namhafter Geschäftsmänner und Gelehrter herausgegeben, Stuttgart und Leipzig 1850 ff.

— ein freies Wort über das Verbot der neuesten Schriften Ronge's im Königreich Sachsen an die Protestanten Deutschlands und insbesondere Sachsens. Lex.-8. Hildburghausen 845, Bibliograph. Institut. n. 2 ngl

— Ein freies Wort über das Verbot der neuesten Schriften Ronge's im Königreich Sachsen an die Protestanten Deutschlands und insbesondere Sachsens. — Reichenbach: George 1845. 16 S. 1: Cq 8050.
4.1603

Amthor, G.M., s. Amthor, Georg Michael

Amthor, Georg Michael: De Apostasia liber singularis. Scripsit G.M. Amthor. — Coburgi: Riemann 1833. X,178 S. 1: Di 2606. 300: 56.265—B. 8.
4.1604

Amthor, G. M., de Apostasia liber singularis. Tübing. 1833.

Amthor, Georg Mich., Beiträge zu Coburgs u. Gotha's Annalen, oder kurze Beschreibung einiger gemeinnützigen Anstalten, welche in beiden Städten ins Leben getreten sind. gr. 8. Coburg 836. (Riemann.) 1 7/12 ₰

— Beiträge zu Coburg's und Gotha's Annalen oder kurze Beschreibung einiger gemeinnütziger Anstalten, welche in beiden Städten in's Leben getreten sind. — Coburg: Selbstverl. 1836. XIV,553 S. 1: Ss 3606. 12: Germ. sp. 12 p. 2. 3. 5. 7.
4.1605

[—] Beiträge zu Coburgs Annalen auf die Jahre 1826 und 1827. Zum Besten des Augusten-Stifts. — (Coburg [nach 1827]:) Ahl. XI,146 S. 3. 4.
4.1607

[—] Beiträge zu Coburgs Annalen auf das Jahr 1832. Zum Besten der Sonntagsschule. — Coburg 1833: Dietz. XVI, 123 S.
Sondert.: [Amthor:] Kurze Beschreibung der Feierlichkeiten bei der hohen Vermählung Sr. Durchlaucht des regierenden Herrn Herzogs Ernst [II.] von Sachsen Coburg-Gotha mit Ihro Königlichen Hoheit Marie, gebornen Herzogin von Würtemberg. 3.
4.1606

— neue Beiträge zu Coburgs Annalen, od. actenmäßige Beschreibung der in dem letztverflossenen Jahrzehend durch den Gemeinsinn der hiesigen Bürger ins Leben getretenen Wohlthätigkeits-Anstalten. M. Eberhardts Bildn. gr. 8. Cob. 828. Sinner. 16 gl

— Neue Beiträge zu Coburgs Annalen, oder actenmäßige Beschreibung der, in dem letztverflossenen Jahrzehend durch den Gemeinsinn der hiesigen Bürger in das Leben getretenen Wohlthätigkeits-Anstalten. — Coburg: Sinner 1829. VIII,207 S. 1: Ss 3604. 3.
4.1608

— Coburg und seine Umgebungen. Für Fremde als Wegweiser, für Einheimische zur Erinnerung aufgestellt von G. M. Amthor. — Coburg: Riemann 1837. 78 S. 1: Ss 3552. 3.
4.1610

—— Comment. exeget.-dogmat. in tres priores versus capitis primi epistolae ad Hebraeos scriptae 8 maj. (4 B.) Coburg 828, [Industrie-Comptoir.]

Amthor, Georg Michael, Commentatio exegetico-dogmatica in tres priores versus capitis primi epistolae ad Hebraeos scriptae. 8 maj. 1828. (Coburg, Meusel et S.)

Amthor, Georg Michael: Es jubelt das Volk, dessen Fürst Gott fürchtet. Eine Predigt, gehalten am 17. Dec. 1846. Von G.M. Amthor. ⟨Als Ms.⟩ — Schleusingen 1846: Jungmann. 26 S. 1: 3 in E 257.
4.1611

—— 3., mit biographischen Zusätzen verm. Abdr. Ebd. 1847. 63 S. 1: Ec 13819³ [u.] 4 in E 257.
4.1612

—— wodurch können Sonntagsschulen hellf. Mittel werden, wahren Bürgersinn zu wecken u. zu beleben. gr. 8 (2 B.) Coburg 831, (Riemann.)

— Worte der Weihe bei Eröffnung des neuen Locals für die Armenschule zu Koburg am 18ten Julius 1823. — [Coburg 1823:] Ahl. 8 S. 3.
4.1613

Amthor, Jakob Friedrich

Ad orationem primam memoriae viri . . **Jacobi Friderici Amthorii**, Seren. Marggraviorum Brandenburg. Culmbacensium commissarii camerae . . 25. VII. 1754. . . invitat academiae Lipsiensis rector. 16 S. (2.80)

Amthor, Max, Industriegeographie d. Königr. Bayern. Leitfaden f. die höheren Klassen v. Realschulen, Gewerbschulen, Handelsschulen u. polytechnischen Anstalten insbesondere d. Königr. Bayern. gr. 8. (VIII, 79 S.) Gera 881. Amthor. n. 1. 25

Amtmann

— Graumann. Schsp. in 4 Aufz. 8. Hannov. Hahn.

— Dass. 8. Mannh., Schwan u. G. 6 gl

Amtmann, Der gute. Ein Schauspiel mit Gesang. Dorpat 1791. V: *Nielsen, Christian Heinrich.* (GGr) (Ky) (R-N)

Der Amtmann vor Pfarr-Wiedmuthen und Bauern. 1. 1-5. — Zu finden auf d. Post in Polkwitz, u. beym Buchdrucker Pappäsche in Liegnitz 1791-92.
1.2 . . . . 1:Ov 2451.
3-5 . . . . 2.
4.1619

Amtmann, Der, zu Reinhausen. 1818. V: *Müller, Ernst.* (MGT) (GGr V, 517) (Zeitschr. f. Büch. 1923, S. 78.)

AMTMANN, Der, zu Reinhausen, oder Franks Geheimnisse, vom Verfasser des Romans die Familie Leblank (d. i. *Friedr. Wilh. Haberland*). 2 Theile. Leipzig, Köhler, 1818. 8°.
Anon.-Lex. I. p. 47 (nach Meusel). Kayser's B.-Lex. hat „1819".

Amtmann Vollbrecht, Familienscene in 4 Akten. 8. Fürth, Korn. 805.

Amtmann, Hans: Zur Mathematik der Pensionsversicherung. Von Hans Amtmann u. Ernst Pfaffenberger. Mit 19 Tab. u. 26 Beil. — Jena: G. Fischer 1907. V,206 S.
1:Fe 11195/63. 12:Cam. 5 ng. 11.
4.1620

— Neue mathematische Theorien der Witwenversicherung. Mit 18 Tab. — Jena: G. Fischer 1908. 56 S.
1:Fe 11195/124. 12:Cam. 5 nh. 7.
4.1621

Amtmann, Johann, aus Höfen: Untersuchungen über frühmittelalterliche und moderne Schädel aus Pfünz bei Eichstätt. *München 1903: C. Wolf & Sohn.* (52 S.) 4° (8°)
München, Phil. Diss. v. 1903

Amtmännin, die, von Hohenweiler. Eine weibl. Geschichte, (v. B. Naubert). 8. Leipz. 787. Weygand. 1 ℔ 14 gr

Amtmanns-Tochter, Die, von Lüde. Eine Wertheriade für ältere und jüngere Mädchen. Bremen 1797. V: *Hoche, Johann Gottfried.* (MGT) (GGr) (NN)

Amtmanns-Tochter, die, zu Lüde, eine Wertheriade für Aeltern, Jünglinge und Mädchen, mit Kupf. 8. Bremen, 797. Wilmans. 1 Rthl. 5 gl.

Amts-, Gewerbe- u. Handels-Adressbuch f. Krain '11. (319) gr8° Laib., (J v. Kleinmayr & F Bamberg). 1 — d
Fortsetzg u. d. T:

Amts-, Handels- u. Gewerbe-Adressbuch, Verzeichnis d. Hausbesitzer Laibachs nebst Ortschaftsverz. v. Krain. '12. (189—319) gr8° Laib., J v. Kleinmayr & F Bamberg nn 1.20

Amtsantritt und Einsegnung von Samuel Preiswerk als drittem Helfer am Münster und Pfarrer zu St. Alban. Basel 859. Schneider. gr. 8. (28 S.) n. 2½ ngr.

Amtsanweisung f.d. protest. Feldgeistlichen. München 1850. 4°.

Der **Amtsarzt.** Zeitschrift f. öffentl. Gesundheitswesen. Offiz. Organ d. Reichsverbandes österr. Amtsärzte red. von Dr. [Moriz] Landesmann, Dr. Gustav Paul, Dr. J. Schaffran. Jg. 1, Nr 1. Leipzig & Wien: Deuticke 1909. 8°

Amtsarzt, der. Zeitschrift f. öffentl. Gesundheitswesen. Offizielles Organ d. Reichsverbandes österreich. Amtsärzte, red. v. M. Landesmann, Gust. Paul, J. Schaffran. Red.: G. Paul. 1. u. 2. Jahrg. 1909 u. 1910. à 12 Nrn. (VII, 602 u. VII, 604 S.) gr. 8. Wien, F. Deuticke.
à Jhrg. 10. —

Amtsarzt, Der. Zeitschr. f. öffentl. Gesundheitswesen. Red. v. M Landesmann, Gust. Paul, J Schaffran. Red.: G Paul. 2—4. J. '10'12 je 12 Nrn. (Nr 1 u. 2: 64) gr8° Wien, F Deuticke. je 10 —

Amtsbeleidigung. — Die Amtsbeleidigung. Ein Beitrag zur Geschichte des Schulbeamtenthums. — Dortmund 1862: Krüger. 50 S. 5.
4.1622

Amtsberg, Georg: Eines rechtschaffenen Lehrers Hauptsache und Pflicht, in einer Visitationspredigt am 17. Sonntage nach Trinitatis über Apostelgeschichte 15 V. 36 vorgestellet. — Stettin [um 1780]: Effenbart. 24 S. 4°
2.
4.1623

Amtsberg, Otto: Die Rede des Stephanus, Apostelgeschichte cap. 6 u. 7. Ein Beitrag zum Verständnis d. Apostelgeschichte. — Greifswald: Abel 1889. III,76 S. 9.
4.1624

Amtsbericht, s.a. Amtsberichte

Amtsbericht s. auch Jahresbericht.

Amts-Bericht des evangel. Erziehungsrathes an d. evangel. Großrathscollegium des Kantons St. Gallen üb. d. J. 1840. St. Gallen 841, Scheitlin u. Zollikofer. ⅙ ℔

Amtsbericht des Erziehungsrates des Kts. Graubünden 1849—55. 57.

St. Gallen. Regierungsrat. Amtsbericht, Auszug aus dem ... über Forstwesen, Alpwirtschaft und Fischerei.— 1905-15.

Polit. Gemeinde der Stadt St. Gallen. Amtsbericht des Gemeinderathes pr. 1872/73. 65 Stn. 8. St. Gallen, Druck v. M. Kälin. 1873

Graubünden. Polizeidirektion. **Amtsbericht** des Kantons — Polizeidirektion. – 1888 - 1893.
Fortges. u. d. T.: Graubünden. Justiz-, Polizei- und Sanitätsdepartement. Geschäftsbericht.

St. Gallen. (Kanton). **Amtsbericht** des Kantonsgerichts und seiner Abteilungen. – 1905 - (?).

Amtsbericht des Kantonsschulrates üb. die gemeins. Kantonsschule. St. Gallen 1859.

Amtsbericht von Landammann und Rat (später des Reg.-Rates u. Oberger.) des Kts. Glarus 1851—78, 1887—95. 4.

Basel - Land. Obergericht. **Amtsbericht** . . . und der Aufsichtsbehörde über Schuldbetreibung und Konkurs an den Landrat . . . – 1860 - (?).
(Titel variiert.)

Amtsbericht des Obergerichtes des Kantons Basel-Landschaft vom Jahre 1880. In-8°, 25 S. Liestal, Lüdin & Walser. 1881

Obergericht des Kantons Basellandschaft. Amtsbericht vom Jahr 1900. 88 S. 8. Sissach, J. Schaub-Buser, 1901.

Obergericht des Kantons Basellandschaft. Amtsbericht vom Jahr 1901. 69 S. 8. Sissach, J. Schaub-Buser, 1902.

Obergericht des Kantons Basellandschaft. Amtsbericht vom Jahr 1902. 77 S. 8. Sissach, J. Schaub-Buser, 1903.

Glarus (Kanton). Obergericht. **Amtsbericht** . . .über die Rechtspflege. – 1895 - (?).

Obergericht des Kts. Glarus. Amtsbericht über die Rechtspflege. kl.-4.
... in der Amtsperiode vom Mai 1900 bis Mai 1901. 24 S. (1901.)
Umfassend den Zeitraum Mai 1901 bis Mai 1902. 23 S. Schwanden, (Dl. Tschudy-Aebly), 1902.
Umfassend — — Mai 1902 bis Mai 1903. [Mit 1 Tabelle.] 20 S. Schwanden — — 1903.

Schaffhausen. Obergericht. **Amtsbericht** . . . – 1882 - (?)
(Titel variiert).

Basel - Land. Regierungsrat. Amtsbericht . . . – 1848-(?).

Amtsbericht des Regierungsrathes d. Kantons Basellandschaft vom Jahr 1878. In-8°, 311 S. Birsfelden, Druck von Ph. A. Klausner. 1879

— des Regierungsrathes des Kantons Basel-Landschaft vom Jahre 1880. In-8°, 400 S., mit vielen Beilagen. Liestal, Lüdin & Walser. 1881

Amtsbericht des Regierungsrathes des Kantons Basellandschaft vom Jahr 1881. In-8°, 415 S. 1882. Liestal, Buchdruckerei von Lüdin & Walser.

Amtsbericht des Regierungsrathes des Kant. Basel-Landschaft vom Jahre 1882. In-8°, 395 S. Liestal, Buchdruckerei von Lüdin & Walser, 1883.

Amtsbericht des Regierungsrathes des Kts. Basel-Landschaft vom J. 1884. In-8°, 408 S. 1885

Amtsbericht des Regierungsrathes des Kant. Basel-Landschaft vom Jahre 1885. In-8°, 446 S. Liestal, Druck von Gebr. Lüdin. 1886

Amtsbericht des Regierungsrates des Kantons Basellandschaft vom Jahre 1896. In-8°. 367 S. Sissach, Buchdruckerei J. Schaub. 1897

Amtsbericht des Regierungsrates des Kantons Basellandschaft v. J. 1897. In-8°. 357 S. (Sissach, Druckerei J. Schaub.) 1898

Amtsbericht des Regierungsrates des Kt. Basellandschaft vom Jahr 1898. 8°. 321 S. Sissach. Buchdruckerei J. Schaub. 1899

Amtsbericht des Regierungsrates des Kantons Basel-Landschaft vom Jahr 1899. 8°. 389 S. Sissach, Buchdruckerei J. Schaub-Buser. 1900

Kanton Basellandschaft. Amtsbericht des Regierungsrates vom Jahr 1900. 380 S. 8. Sissach, J. Schaub-Buser, 1901.

Kanton Basellandschaft. Amtsbericht des Regierungsrates vom Jahre 1901. 370 S. 8. Sissach, J. Schaub-Buser, 1902.

Kanton Basellandschaft. Amtsbericht des Regierungsrates vom Jahr 1902. [Mit 1 Tabelle.] 376 S. 8. Sissach, J. Schaub-Buser, 1903.

Kanton Glarus. Amtsbericht des Regierungsrates. Umfassend den Zeitraum Mai 1901 bis Mai 1902. kl.-4. Schwanden, ⟨Dl. Tschudy-Aebly⟩, 1902.

Abteilung Armen- und Vormundschafts-Wesen. [Mit 4 Tabellen.] 25 S.

Abteilung Erziehungs-Wesen. [Mit 5 Tabellen.] 18 S.

Abteilung Kantonale Krankenanstalt. 16 S.

Abteilung Sanität und Landwirtschaft. [Mit 1 Tabelle.] 48 S.

Amtsbericht des Reg.-Rates u. Obergerichtes Basel-Landschaft 1851 - 85.

Basel-Landschaft. Amtsbericht des Regierungsrathes und Obergerichts des Kant. Basel-Landschaft v. J. 1875. 180 Stn. 8. Liestal, Druck von A. Brodbeck. 1877

Basel-Landschaft. Amtsbericht des Regierungsrathes und Obergerichts vom Jahre 1876. 239 S. 8. Liestal, Druck von A. Brodbeck. 1877

Amtsbericht des Regierungsrathes und des Obergerichts des Kantons Basel-Landschaft v. Jahre 1879. In-8°, 352 S. Liestal, Druck von Lüdin & Walser. 1880

Glarus (Kanton). Regierungsrat.**Amts-Bericht** . . . und des Obergerichtes an den Landrat . . . – 1848 - (?).(Titel variiert).

Kanton Glarus. Amtsbericht des Regierungsrates und des Obergerichtes umfassend den Zeitraum Mai 1900 bis Mai 1901. [Mit 34 Tabellen.] 215 S. kl.-4. Schwanden, Dl. Tschudy-Aebly, 1901.

Kanton Glarus. Amtsbericht des Regierungsrates und des Obergerichtes umfassend den Zeitraum Mai 1901 bis Mai 1902. [Mit 27 Tabellen.] 205 S. kl.-4. Schwanden, ⟨Dl. Tschudy-Aebly⟩, 1902.

Kanton Glarus. Amtsbericht des Regierungsrates und des Obergerichtes umfassend den Zeitraum Mai 1902 bis Mai 1903. [Mit 32 Tabellen.] 179 S. kl.-4. Schwanden, ⟨Dl. Tschudy-Aebly⟩, 1903.

Zwischentitel: Amtsbericht des Obergerichtes.... Schwanden ... 1903.

St. Gallen. (Kanton). Regierungsrat. **Amtsbericht** des Regierungsrats an den Grossen Rat... – 1834 - (?).

Amtsbericht des Reg.-Rates an den Grossen Rat des Kantons St. Gallen 1836 - 94. 4°

St. Gallen. Regierungsrat. **Amtsbericht**, Auszug aus dem Amtsbericht des Regierungsrates an den Grossen Rat. Erziehungsdepartement. – 1867 - 1920 (?).
Auch u. d. T.: Bericht des Erziehungsrates an den Regierungsrat . . . über das Erziehungswesen. (1867 - 1869).
Amtsbericht, Auszug aus dem . . . des Regierungsrates an den Grossen Rat. Erziehungswesen (Erziehungs-Departement) 1874 - 1903.

St. Gallen. Volkswirtschaftsdepartement. **Amtsbericht**, Auszug aus dem . . . des Regierungsrates an den Grossen Rat. – 1890 - (?).

Kanton St. Gallen. Amtsbericht des Regierungsrates an den Grossen Rat über das Jahr 1900. Erstattet im Mai 1901. [Mit 45 Tabellen und einer Beilage.] IV + 488 + *Beilage* 144 S. 8. St. Gallen, Buchdr. Merkur, 1901.

Kanton St. Gallen. Amtsbericht des Regierungsrates an den Grossen Rat über das Jahr 1901. Erstattet im Mai 1902. [Mit 42 Tabellen und einer Beilage.] IV + 467 + *Beilage* 96 S. 8. St. Gallen, Wiser & Frey, Buchdr. Merkur, 1902.

Beilage s. Entscheidungen.

Kanton St. Gallen. Amtsbericht des Regierungsrates an den Grossen Rat über das Jahr 1902. Erstattet im Mai 1903. [Mit 23 Tabellen und Beilagen.] IV + 523 + *Beilagen* 44 u. 113 S. 8. St. Gallen, Wiser & Frey, Buchdr. Merkur, 1903.

Beilagen u. d. T.: I. Amtsbericht des Kantonsgerichtes und seiner Abteilungen; II. Amtsbericht des Kassationsgerichtes; III. Entscheidungen des Kantonsgerichtes.... St. Gallen, Buchdr. Merkur ⟨Wiser & Frey⟩, 1903. *I u. II:* [Mit 1 Tabelle.] 44 S.; *III u. bes. T.* 113 S. s. Entscheidungen.

Thurgau. (Kanton). **Amtsbericht** des Sanitäts-Rates . . . über das Medicinalwesen des Kantons. – 1843 - 60.

Basel - Land. Erziehungsdirektion. **Amtsbericht** des Schulinspektorates. – 1877/78 - (?).
Auch u. d. T.: Bericht über das Schulwesen . . . erstattet vom Schulinspektor. (1877 - 1896).

Unterwalden ob dem Wald (Kanton). **Amtsbericht** über die Staatsverwaltung und über die Rechtspflege . . . – 1868 - (?). (Titel variiert).

Unterwalden nid dem Wald (Kanton). **Amtsbericht**. . . –1856-61.

Amtsberichte, s.a. Amtsbericht

Amtsberichte der eidgen. Fabrikinspektoren f. die J. 1888 u. 1889. Hrsg. v. schweiz. Industrie- u. Landwirthschafts-Departement. gr. 8. (146 S.) Aarau 890, Sauerländer u. Comp. * 1 80
Frühere Jahrge., s. Berichte üb. d. Fabrikinspektion in d. Schweiz; 1890,91, s. Berichte d. schweiz. Fabrikinspektoren.

Amtsbezirke in Schleswig-Holstein. (Siehe in: Amtsblatt der Königlichen Regierung zu Schleswig. Extra-Blatt. Stück 42. 1889) 4°.

Amtsblatt, s.a. Eisenbahn-Amtsblatt

Amtsblatt . s.a. Handelsamtsblatt.

Amtsblatt . s.a. Kreis-Amts-Blatt.

Amtsblatt, s.a. Landes-Amtsblatt.

Amtsblatt , s.a. Militär-Amtsblatt.

Amtsblatt, s.a. Ministerialamtsblatt.

Amtsblatt, s.a. Postamtsblatt.

Amtsblatt, s.a. Zentral-und Bezirks-Amtsblatt.

Amtsblatt, s.a. Zoll-Amtsblatt

Amtsblatt des Kantons Aargau. – 1803 - (?).
Auch u. d. T.: Intelligenz-Blatt, Kanton Aargauisches (1803 - 1833).
Cantonsblatt, Aargauisches. (1834 - 1838.)

Amtsblatt des Cantons Aargau. Jahrg. 1882. 52 Nrn. in-fol. Aarau, H. R. Sauerländer. Per Jahr 7 50
*** Enthält als Gratis-Beilage sämmtliche neu erscheinenden eidgenössischen u. aargauischen Gesetze.

Amtsblatt des Kantons Aargau, Jahrgang 1883. 52 Nummern in-Fol. Aarau, Sauerländer. Per Jahr 7 50
*** Enthält als Gratisbeilage sämmtliche neu erscheinenden eidgen. und aarg. Gesetze.

Amtsblatt des Kantons Aargau, wöchentlich eine Nummer. Jahrgang 1884. Gr. in-4°. Aarau, H. R. Sauerländer. pro Jahr 6 50

Amtsblatt für den Kanton Aargau, Jahrgang 1885. N° 1 (pr. 1/52. In-4°. Aarau, Sauerländer. 6 50
*** Beigabe: Aargauische Gesetzessammlung.

Amtsblatt des Kantons Aargau für das Jahr 1887. 52 Nrn. gr. in-4°. Aarau, H. R. Sauerländer. 1887 Jährlich 6 50

Amtsblatt des Kantons Aargau für das Jahr 1888. 52 Nrn. gr. in-4°. Aarau, H. R. Sauerländer. 1888

„Allgemeines Amtsblatt, eine Zeitschrift stattswissenschaftlichen Inhalts", 12 Stücke, Bamberg 1803.

Reichsbahndirektion Altona. **Amtsblatt**... – 1885 - (?).

Amtsblatt des deutschen Amtes für Maass und Gewicht. Jg. 1. ff.
Berlin: Expedition 1895 ff. 8°

Amtsblatt für Anhalt. Anhaltischer Staats-Anzeiger. – 1864 - (?). (Titel variiert.)

Amts- u. Anzeige-Blatt (sp.: Amtsblatt) für die landwirthschaftlichen Vereine (Jg. 6 ff: zugleich Organ für die landwirthsch. Versuchs-Stationen) des Königr. Sachsen. [Hrsg.: Reuning; 18 ff: B. Koch u. G. Richter.] Jg. 1–21 (zu je 12 Nrn).
Dresden: Schönfeld 1853–73. 4°

| Amts-u. Anzeigeblatt d. landw. Vereine. Jetzt: Dresd., J Pässler.

Amts- u. Anzeige-Blatt f. das königl. Bezirksamt Würzburg. Würzburg. Jährl. 104 No.

Amts- u. Anzeige-Blatt f. das königl. Bezirksamt Würzburg. 36. Jahrg. 1893. 78 Nrn. (à ca. 1/2 Bog.) 4. Würzburg, Stahel. n. 4. 60

— dasselbe. 37. Jahrg. 1894. 104 Nrn. (à ca. 1/2 Bog.) 4. Ebd. n. 4. 60

Amts- u. Anzeige-Blatt f. d. königl. Bez.-Amt Würzburg. Jahrg. 1895—1898. Je 104 Nrn. 4. Würzburg, Stahel. à Jahrg. n. 4. 60; einzeln Nrn. n. — 50

Amts- u. Anzeige-Blatt f. das königl. Bez.-Amt Würzburg. Jahrg. 1899 u. 1900. à 104 Nrn. 4. (276 u. 249 S.) Würzburg, Stahel's Verl. à Jahrg. n. n. 4. 60

Amts- u. Anzeige-Blatt f. d. kgl. Bez.-Amt Würzburg. 44—48. Jahrg. 1901—5 je etwa 104 Nrn. (1901. Nr. 1. 2) 4° Würzbg, Stahel's V. Je 6 — d

Amts- u. Anzeigeblatt f. d. königl. Bez.-Amt Würzburg. 49. Jahrg. 1906. Etwa 104 Nos. 4. Würzburg, Stahel. 6. —

— — f. d. kgl. Bez.-Amt Würzburg, Fortsetzg, s.: Amtsblatt.

Amtsblatt und öffentlicher Anzeiger der Stadt Frankfurt s. Amtsblatt der Stadt Frankfurt.

Amtsblatt nebst Oeffentlichem Anzeiger für den Stadtkreis Frankfurt a.M. (Amtl. Publikationsorgan f.d. Stadtkreis Frankfurt a.M. und den Ortsbezirk Rödelheim, Landkreises Wiesbaden.)
(1886 ff. u.d.Tit.:) Amtsblatt ... für den Stadtkreis Frankfurt a.M.
Fortsetzung von: Amtsblatt der Stadt Frankfurt.

Appenzell Ausserhoden (Kanton). **Amtsblatt.** – 1835 - (?).

Basel - Land. **Amtsblatt**. – 1832 - (?)

Amtsblatt des Kts. Basel-Landschaft 1867—93.

Reichsbahndirektion Berlin. **Amtsblatt**... – 1883 - (?).

Bern. **Amtsblatt** des Kantons Bern. – 1832 - (?).

Amtsblatt der Republik Bern. – Bern: 1843.

Amts- und Wochenblatt, Breisgauer. – Freiburg i. Br.: 1. I. 1842 - 31. X. 1849.
Vorh. u. d. T.: Wochenblatt. – Freiburg i. Br.
Fortges. u. d. T.: Bote, Breisgauer.

Reichsbahndirektion Breslau. **Amtsblatt**... 1884 - (?).

Amts - Blatt. – Celle: 16.II.1825 - 31. XII.1827.
Fortges. u. d. T.: Anzeigen, Lüneburgsche.

Amtsblatt für das Schutzgebiet Deutsch-Neuguinea. – 1909-1914.

Amtsblatt f. das Schutzgebiet Deutsch-Neuguinea. Hrsg. v. kaiserl. Gouvernement in Rabaul. 1. u. 2. Jhrg. 1909 u. 1910. à 24 Nrn. (à ca. 8 S.) Lex. 8. Rabaul. (Bremen, G. A. v. Halem.) à Jhrg. nn 5. —

Amtsblatt f. das Schutzgebiet Deutsch-Neuguinea. 1909. 23 Nrn. Seitenzahlen ändern in 188 u. Beilage Gesetzsammlung 108 S.; 1910. 24 Nrn. Seitenzahlen ändern in 144 u. Beilage S. 109 260. à Jahrg. nn 10.—.

Amtsblatt f. d. Schutzgeb. Deutsch-Neuguinea. Hrsg. v. kais. Gouvernement in Simpsonhafen. 1. J.'09. 24 Nrn. (Nr 1—8. 16) Lex 8° Simpsonhafen. (Brem., GA v. Halem.) nn 5 —

Amtsblatt f. d. Schutzgebiet Deutsch-Neuguinea. Hrsg. v. kais. Gouvernement in Rabaul. 2. u. 3. J. '10 u. '11 je 24 Nrn. ('10: ca 260; '11: 272) 31×21,5 cm. Rabaul. (Bremen, GA v. Halem.) halbj. nn 5 —
Fortsetzg s: Amtsblatt f. d. Schutzgebiet Neuguinea.

Amtsblatt für das Schutzgebiet Deutsch-Südwestafrika. – 1910-1914.

— f. d. Schutzgebiet Deutsch-Südwestafrika. Hrsg. v. kais. Gouvernement in Windhuk. 1. u. 2. J. Apr. '10 —März '12 je 24 Nrn. (1. J.: 250) Lex8° Windhuk. (Berl., W Süsserott.) viertelj. nn 1.50; einz. Nrn — 30

Amtsblatt für das Schutzgebiet Deutsch-Südwestafrika. Hrsg. vom Kaiserl. Gouvernement in Windhuk. Jg. 1, Nr 1. Windhuk: Swakopmunder Buchh. 1910. 4° [10. 6908]

Amtsblatt des Amtes Dillenburg. – Dillenburg: 1866 - 1878.
Vorh. u. d. T.: Wochenblatt, Dillenburger.
Fortges. u. d. T.: Zeitung für das Dilltal.

Mecklenburg - Schwerin. Eisenbahndirektion. **Amtsblatt.** – 1881 - 1920.

Oldenburg. Eisenbahndirektion. **Amtsblatt.** – 1893 - 1922.

Eisenbahn-Ministerium (Österreich). **Amtsblatt.** .. für den Dienstbereich der Staatseisenbahnverwaltung. – 1896 - 1917.
Vorh. u. d. T.: Generaldirektion der österreichischen Eisenbahn. Verordnungs- und Anzeigeblatt (1896 als Verordnungsblatt).

Generaldirektion der Eisenbahnen. **Amtsblatt** der Kaiserlichen Eisenbahnverwaltung. – 1875 - 1918.

Reichsbahndirektion Elberfeld. **Amtsblatt.** .. – 1822 - (?).
(Titel variiert).

Amtsblatt. – Ems: 1855 - 1864.
Vorh. u. d. T.: Kreisamtsblatt.
Fortges. u. d. T.: Lahnbote.

Reichsbahndirektion Erfurt. **Amtsblatt.** .. – 1885 - (?).

Reichsbahndirektion Essen. **Amtsblatt** ... – 1895 - (?).

Württemberg. Finanz-Ministerium. **Amtsblatt.** – 1857 - (?).
Auch u. d. T.: Amtsblatt der königlich Württembergischen Oberfinanzkammer, Domänendirektion und Forstdirektion. – 1857 - 1894. (Titel variiert).

Amtsblatt des k. Württ. Finanzministeriums. 1895-1907. 4° Stuttgart 1895-07

Amtsblatt des K. Württ. Finanzministeriums. 1908-13. 4° Stuttgart 1908-13

Amtsblatt. – Frankfurt. s. Amtsblatt der Stadt Frankfurt.

Reichsbahndirektion Frankfurt a.M. **Amtsblatt** ... – 1885-(?).

Amtsblatt der Stadt Frankfurt. – 1856 - (?). (Titel variiert).
Auch u. d. T.: Amtsblatt und öffentlicher Anzeiger...
Amtsblatt.
Anzeiger
Anzeiger, Öffentlicher...
Anzeigerblatt...

Amtsblatt der Stadt Frankfurt Jg. 1868. Frankfurt a.M. 1868.
Fortsetzung u.d. T.: Amtsblatt nebst Öffentlichem Anzeiger für d. Stadtkreis Frankfurt a.M.

Amtsblatt für den Stadtkreis (bis 1909: und für den Landkreis) Frankfurt a.M. Jg. 1-43. Frankfurt a.M. 1869-1911. 43 Bde.
Fortsetzung von: Amtsblatt nebst öffent. Anzeiger f.d. Stadtkreis Frankfurt.

Generaldirektion der Staatseisenbahnen. Bayern. **Amtsblatt.**– 1907 - 1922.

Sachsen. Generaldirektion der Staatseisenbahnen. **Amtsblatt.** – 1885 - 1922.
(Anzeiger zu Amtsblatt. – 1899 - 1902.
Fortges. u. d. T.: Verkehrsanzeiger.)

Generaldirektion der Zölle und Indirekten Steuern. Bayern. **Amtsblatt.** – 1864 - 1919. (Titel variiert.)

Glarus (Kanton). **Amtsblatt.** – 1847 - (?)

Amtsblatt des Kts. Glarus 1862 - 91.

Amtsblatt des Kantons Graubünden ... Fegl ufficial ... Foglio officiale. – 1847 - (?)

Amtsblatt. – Halberstadt: 16. II. 1814 - 3. V. 1814.
Vorh. u. d. T.: Intelligenzblatt, Halberstädtisches.
Fortges. u. d. T.: Provinzial-Blatt/Intelligenz-Blatt.– Halberstadt.

Reichsbahndirektion Halle (Saale). **Amtsblatt.** .. – 1895 - (?).

Amtsblatt der Freien und Hansestadt Hamburg. – 1887 - 1920.

Handelsministerium (Österreich). **Amtsblatt** für die Handels-und Gewerbe-Verwaltung. – 1907 - 1918.

Amtsblatt für die Handels- und Gewerbe-Verwaltung. Hrsg. vom k. k. Handelsministerium. 1. Jahrg. 1906. (Nr 1. 46 S.) Lex.-8 Wien, Manz. n. 6.—

— für die Handels- u. Gewerbe-Verwaltung. Red. u. hrsg. v. k. k. Handelsministerium. 2.—5. Jhrg. 1907—1910. Lex. 8. Wien, Manz. à Jhrg. 6. —

— f. d. Handels- u. Gewerbe-Verwaltung. Red u. hrsg. **v. k. k. Handelsministerium. 4—7. J. '10—12. ('12, Nr 1: 44) Lex8° Wien, Manz.** jo 6 —

Amtsblatt für den Regierungsbezirk **Hannover.** *[Wird fortges.]*

Reichsbahndirektion Hannover. **Amtsblatt.** – 1885 - (?).

Württemberg. Innenministerium. **Amtsblatt.** – 1871 - (?).

Amts- und Intelligenzblatt. – Aalen: 3.V.1853 - 3.I.1873.
Vorh. u. d. T.: Verkünder, Der von Kocher und Leintal.
Fortges. u. d. T.: Kocher-Zeitung, Die.

Amts - und Intelligenzblatt . – Öhringen: 1844 - 1848.
Vorh. u. d. T.: Intelligenzblatt, Öhringer.
Fortges. u. d. T.: Bote, Hohenloher.

Amts - und Intelligenzblatt, Herzoglich Sachsen-Coburgisches. – 1817 - 1834 (?).

Württemberg. Justizministerium. **Amtsblatt.** 1884 - (?).
Vorh. u. d. T.: Gerichtsblatt, Württembergisches.

Amtsblatt des k. Württemb. Justizministeriums. 1884 - 1907. 4°.– Stuttgart 1884 - 07.

Amtsblatt des königl. württembergischen Justizministeriums. Hrsg. im k. Justizministerium. **Jahrg. 1885—1887. à Jahrg.** 12 Nrn. (à Nr. ½ Bog.) **4. Stuttgart,** (Metzler's Sortiment.) **à Jahrg.** **

Amtsblatt des K. Württ. Justizministeriums. 1908-13. 4° Stuttgart 1908-13

Amtsblatt für das Schutzgebiet Kamerun. – **Buea** : 1908 - 1913.

Amtsblatt für das Schutzgebiet Kamerun. Hrsg. v. Kais. Gouv. in Buea. Jg. 1, No. 1 (Buea 1908). 4°.

— f. d. Schutzgebiet Kamerun. Hrsg. v. kais. Gouvernement in Buea. **3—5. J. '10—12 jo 24 Nrn. ('12, Nr 1—10: 158) Lex8° Buea. Berl., W Süsserott. viertelj. nn 2.50; einz. Nrn — 50**

Reichsbahndirektion Kassel. **Amtsblatt.** .. – 1895 - (?).

Amtsblatt f. d. deut. Kiautschou-Gebiet. Red.: A Haupt. **2. Jahrg. 1901. 52 Nrn. (Nr. 1 u. 2. 16 S.) Fol. Tsingtau. Berl., Exp. d. ostasiat. Lloyd. Viertelj. nn 2.50; einz. Nrn +— 75 ô F**

Amtsblatt f. das deutsche Kiautschou-Gebiet. Red.: **Adf. Haupt. 2. Jahrg. 1901. 52 Nrn. Fol. (à ca. 16 S.) Tsingtau. Berlin (SW., Lindenstr. 47), Verlag des Berliner Aktionärs. n.n. 10. —; einzelne Nrn. — 75**
Erscheint nicht mehr.

Amtsblatt für das deutsche Kiautschou-Gebiet.– Tientsin: 1909 – 1914.

—— **kirchliches, für den Bezirk des königl. Landesconsistoriums in Hannover. 1.—3. Jahrg. Octbr. 1885 — Septbr. 1888.** à Jahrg. ca. 12 Nrn. oder Stück. (à Stück ca. 8 S.) **gr. 4. Hannover,** (Wolff und Hohorst.) **à Jahrg.** *

Kirchliches **Amtsblatt,** Gesetz- u. Verordnungsblatt f.d. Amtsbezirk d. Kgl. Konsist. zu Frankfurt a.M. Jg. 1. Frankfurt a.M.: (Knauer) 1899-1900. 4°.

Amtsblatt, Kirchliches. Gesetz- und Verordnungsblatt f. d. Amtsbez. d. Königl. Konsistoriums zu Frankfurt a. M. Jg 1 ff. Frankfurt a. M. o. J. 4°.
1—10, 1899—1909.

Amtsblatt, kirchliches, Gesetz- und Verordnungsblatt für den Amtsbezirk des königl. Konsistoriums zu Wiesbaden. **Jahrg. 1886 und 1887. à Jahrg.** ca. 24 Nrn. (à Nr. ½ Bog.) **gr. 4. Wiesbaden,** (Bechtold und Comp.) **à Jahrg.** *

—— dass. — **Jahrg. 1888.** 24 Nrn. (à Nr. ½ Bog.) **gr. 4.** (Ebendas.) *

Amtsblatt, kirchliches. Gesetz- u. Verordnungsblatt f. d. Amtsbezirk d. königl. Consistoriums zu Wiesbaden. Red. im Bureau u. unter Verantwortlichkeit d. Consistoriums. Jahrg. 1891—1894. gr. 4. Wiesbaden, (R. Bechtold & Co.). à Jahrg. n. 2. 40
Erscheint in zwanglosen Nrn.

Amtsblatt, kirchliches. Gesetz- u. Verordnungsblatt f. d. Amtsbezirk d. königl. Consistoriums z. Wiesbaden. Red. im Bureau u. unt. Verantwortlichkeit d. Consistoriums. Jahrg. 1895—1898. gr. 4. Wiesbaden (R. Bechtold & Co.). à Jahrg. n. 2. 40
Erscheint in zwanglosen Nrn.

Amtsblatt, kirchliches, Gesetz- u. Verordnungsblatt f. den Amtsbezirk des königl. Konsistoriums zu Wiesbaden. Red. im Bureau u. unter Verantwortlichkeit d. Konsistoriums. Jahrg. 1899—1902. gr. 4. (IV, 81; IV, 91; IV, 96 u. IV, 62 S.) Wiesbaden (R. Bechtold & Co.). à Jahrg. n. 2. 40

— kirchliches, Gesetz- u. Verordnungsblatt f. den Amtsbezirk des königl. Konsistoriums zu Wiesbaden. Red. im Bureau u. unter Verantwortlichkeit des Konsistoriums. Jahrg. 1903—1906. à ca. 20 Nrn. (à ca. 8 S.) Lex.-8. Wiesbaden (R. Bechtold & Co.). à Jhrg. n. 2. 40

— kirchliches, Gesetz- u. Verordnungsblatt f. den Amtsbezirk des königl. Konsistoriums zu Wiesbaden. Red. im Bureau u. unter Verantwortlichkeit des Konsistoriums. Jahrg. 1907—1910. à 20 Nrn. (à ca. 8 S.) Lex. 8. Wiesbaden (R. Bechtold & Co.). à Jhrg. 2. 40

— Kirchliches, Gesetz- u. Verordngsbl. f. d. Amtsbez. d. kgl. Konsistoriums zu Wiesbaden. Red. im Bureau d. Konsistoriums. J. '10—12 je ca 20 Nrn. ('12, Nr 1: 4) Lex8° Wiesb., (R Bechtold & Co.). je † 3.20

Kirchliches **Amtsblatt** des Königlichen evangelisch-lutherischen Consistoriums in Kiel. Jg. (1—2). Kiel. 1868—69. Jg. 3—11. ebd. 1870—78. 4°.

Amtsblatt, kirchliches, des königl. Consistoriums der Provinz Westfalen. Redig. im Bureau des königl. Consistoriums. Jahrg. 1860 und 1861. à Jahrg. 24 Nrn. (½ Bog.) gr. 4. Münster, Brunn'sche Buchdruckerei. à Jahrg. **

Amtsblatt, kirchliches, des königl. Consistoriums der Provinz Westfalen. Redig. im Bureau des königl. Consistoriums. Jahrg. 1862—67. à Jahrg. 24 Nrn. (½ Bog.) gr. 4. Münster, Brunn's Verlag. à Jahrg. *

— dasselbe. Jahrg. 1888—1890. à ca. 24 Nrn. (½ B.) gr. 4. Ebd. à Jahrg. n. 2. 40

Reichsbahndirektion Köln. **Amtsblatt**. . . – 1882 - (?).

Reichsbahndirektion Königsberg. **Amtsblatt**. . . – 1895 - (?).

Württemberg. Kultusministerium. **Amtsblatt** des württembergischen evangelischen Konsistoriums und der Synode in Kirchen - und Schul - Sachen. – 1868 - (?).

— des württemberg. evangel. Konsistoriums u. d. Synode i. Kirchen- u. Schulsachen. Alphabet. Hauptregister üb. d. seit 1855 abgedr. Erlasse. 2., sorgfältig durchgeseh. u. erg. Aufl. Enth. Nr. 1 bis 530. gr. 8. (75 S.) Stuttgart 895. (Deutsche Verlags-Anstalt.) n. 1. 50

Amts - Blatt für das Kgl. Kreisgericht und Oberamt zu Hechingen. – Hechingen : (?) - (?).
Vorh. u. d. T.: Verordnungs-und Anzeigeblatt der Kgl. Preuss. Regierung zu Hechingen.
Fortges. u. d. T.: Wochen-Blatt, Hohenzollernsches.

Württemberg. Kultusministerium. **Amtsblatt**. . . – 1908 - (?).

Amtsblatt der k.k. österreichischen k. baierischen gemeinschaftlichen Landes-Administrations-Kommission zu Kreuznach, (Nr. 39:) zu Worms. Jg. 1814-16. Kreuznach, (später:) Worms.
Nr. 1-65. enth. Verordnungen vom 12. Juni 1814-20. April 1816.

Landesforstamt. Braunschweig. **Amtsblatt**. – 1910 - (?).

Amtsblatt des Landesculturrathes für das Königreich Böhmen. [Red.: F. Hiller.]
Prag: Calve 1877–? 8°
Vorh. u. d. T.: Landwirthschaftliche Mittheilungen. Jg. 1873–1876.

Amtsblatt des Landesculturrathes für das Königreich Böhmen. Redact.: F. Hiller. 1.—4. Jahrgang. 1876—1879. à Jahrg. 12 Nrn. (B.) Lex.-8. Prag, (Calve'sche Hof- und Universitäts-Buchh.) à Jahrg. *

Amtsblatt d. Landesculturrathes f. d. K. Böhmen. Red.: F Hiller. Jahrg. 1877—1880. à 12 Nrn. (B.) 8. Prag, Calve. à Jahrg. n. 3. —

Amtsblatt d. Landesculturrathes f. d. Königr. Böhmen. Red.: F. Hiller. Jahrg. 1881. 12 Nrn. (B.) 8. Prag, Calve. n. 3. —
Erscheint seit 1881 in zwanglosen Heften.

Sachsen. Landesversicherungsanstalt. **Amtsblatt**, s. Invaliden-und Hinterbliebenenversicherung, Die, in Sachsen. Amtsblatt.

Amtsblatt, Landsberger. – Landsberg: 1876 - 1878.
Vorh. u. d. T.: Wochenblatt, Landsberger.
Fortges. u. d. T.: Anzeigeblatt, Landsberger.

Amtsblatt der Landwirtschaftskammer für den Reg.-Bez. Cassel.

Landeswirtschaftskammer für Waldeck (Thüringen). **Amtsblatt**.– 1844 - 1929.

Amtsblatt der Landwirtschaftskammer für den Regierungsbezirk Wiesbaden. - Wiesbaden 1896-1919.
Früher s.: Z. d. Ver. Nass. Land- u. Forstwirthe
Forts. s.: Nassauer Land

Reichsbahndirektion Ludwigshafen. **Amtsblatt** . . . – 1866 -(?).

Reichsbahndirektion Magdeburg. **Amtsblatt** . . . – 1885 - (?).

Reichsbahndirektion Mainz. **Amtsblatt**. . . – 1897 - (?).

Amtsblatt des Ministeriums für Elsass-Lothringen. – 1879 - 1882.
Vorh. u. d. T.: Bekanntmachungen... betr. die Verwaltung der direkten Steuern, des Etats und Kassen-Wesen.
Fortges. u. d. T.: Zentral- und Bezirks-Amtsblatt.

Hessen. Ministerium der Finanzen. **Amtsblatt**. – 1885 - (?).

Hessen. Ministerium der Finanzen. Abt. für Forst- und Kameralverwaltung. – **Amtsblatt**. – 1897 - 1913.

Hessen. Ministerium der Finanzen. Obersteuerdirektion. **Amtsblatt**.– 1878.

Hessen. Ministerium des Innern. **Amtsblatt** des Großherzoglichen Ministeriums des Innern. . . – 1906 - (?).
Vorh. u. d. T.: Ministerium der Justiz. Amtsblatt.

Hessen. Ministerium der Justiz. **Amtsblatt**. – 1879 - (?)
Vorh. u.d.T.: Amtsblatt des ... Ministeriums des Innern und der Justiz.

Württemberg. Ministerium der auswärtigen Angelegenheiten. Verkehrsabteilung. **Amtsblatt**. – 1853 - 1919.
Auszug aus dem Amtsblatt... Enthaltend die noch gültigen Verfügungen, Bekanntmachungen etc. für den Eisenbahndienst. – 1853 - 1871, 1873.

Amtsblatt des königlich württembergischen Ministeriums des Innern. 1871-1907 und Gesamtregister 1871-1905. Stuttgart 1871-07

Amtsblatt des K. W. Ministeriums des Innern. 1906-13. Stuttgart 1906-13

— des königl. württemberg. Ministeriums des Kirchen- u. Schulwesens. Jahrg. 1908—1910. (170, 194 u. 282 S.) gr. 8. Stuttgart (C. Grüninger). à Jhrg. 2. 40

— d. kgl. württemb. Ministeriums d. Kirchen- u. Schulwesens. J. '10—12. (8, 282; 8, 266; 8, 427) gr8° Stuttg., (C Grüninger). je 2.40 d

Reichsbahndirektion Münster. **Amtsblatt** . . . – 1895 - (?)

— f. d. Schutzgebiet **Neuguinea.** Hrsg. v. kais. Gouvernement in Rabaul. 4. J. '12. 24 Nrn. (Nr 1: 12) 30,5×21,5 cm. Rabaul. (Brem., GA v. Halem.) halbj. nn 5 —; einz. Nrn nn — 50
Bisher u. d. T.: Amtsblatt f. d. Schutzgebiet Deut.-Neuguinea.

Reichsbahndirektion Nürnberg. **Amtsblatt** . . . –1907- (?).

Ober-Elsass. **Amtsblatt.** – 1871 - 1882.
Fortges. u. d. T.: Zentral-und Bezirksamtsblatt.

Amtsblatt der Königlich Württembergischen Oberfinanzkammer, Domänendirektion und Forstdirektion. – 1837 - 1894.
(Titel variiert).
Fortges. u. d. T.: Württemberg. Finanz-Ministerium. Amtsblatt...

— d. grossherzogl. mecklenburg. Ober-Zolldirektion. J. '11 u. '12. ('12' Nr 1: 6) Lex8° Schwer., Bärensprung'sche Hofbdr. je † 3.50; n. Erscheinen † 5.40; einz. Bog. † — 15 d
Bisher u. d. T: Amts-Blatt d. grossherzogl. mecklenburg. Steuer- u. Zolldirektion.

Mecklenburg. Oberzolldirektion. **Amtsblatt.** . . – 1868 - 1920.
Auch u. d. T.: Steuer - und Zolldirektion. Amtsblatt. (1868 - 1909).

— d. Oberzolldirektors d. Freien Hansestadt Bremen. Jahrg. 1891—1895. 4° (1893. Nr. 1 u. 2. 30) Brem., (C. Schünemann). Für d. Bog. — 15

— **des Oberzolldirektors d. Freien Hansestadt Bremen.** Jahrg. 1895—1898. 4. Bremen (C. Schünemann). Für den Bog. — 15
Erscheint in zwanglosen Nrn.

— **des Oberzolldirektors der Freien Hansestadt Bremen.** Jahrg. 1899—1902. 4. (154, 289, 112 u. 207 S.) Bremen (C. Schünemann). Für den Bog. — 15
Im Buchhandel nicht käuflich.

Reichsbahndirektion Osten in Frankfurt (Oder).
Amtsblatt . . .– 1879 - (?).

Amtsblatt des Königl. Post-Departements. Redigirt im General-Post-Amte. (Berlin.)Begann mit d.J. 1848 und ist mit dem 31.Dezbr.1867 eingegangen. Seitdem ist an dessen Stelle getreten: Amtsblatt der Norddeutschen Postverwaltung. Redigirt in der Geh. Kanzlei des General-Post-Amts. (Berlin 1868 ff.)

Kgl. Preussisches Post-Departement. **Amtsblatt.** – 1846-1867.

Post- und Telegraphen Direktion (Niederösterreich). **Amtsblatt.**
s. Circular-Verordnungen.

Amtsblatt der Deutschen Post- (bezw. Reichs-Post- und Telegraphen-) Verwaltung. Jahrgang 1872 ff. bis 1879.

Amtsblatt der Norddeutschen Post-Verwaltung. – 1868 - 1871.
Vorh. u. d. T.: Amtsblatt des K. Preussischen Postdepartement.
Fortges. u. d. T.: Amtsblatt der Deutschen Reichspostverwaltung.

Amts-Blatt der Norddeutschen Post-Verwaltung. Red. im General-Post-Amte. Jg. 1868-71. Berlin: Decker. 4 Bde.

Amtsblatt für das Hosteinische Postwesen, s.a.Amtsblatt für das Schleswig-Holsteinische Postwesen.

Amtsblatt für das Holsteinische Postwesen. 1851. Kiel. (1851). 4°

Amtsblatt für das Schleswig-Holsteinische Postwesen. Red. im Büreau für das Postwesen. 1849–50. Kiel. (1849—50.) 4°.

Schleswig-Holstein. Bureau für das Postwesen. **Amtsblatt** für das Schleswig-Holsteinische Postwesen. – 1849 - 1852.
(Titel variiert. 1851 - 1852 nur für Holstein).

Reichsbahndirektion Regensburg. **Amtsblatt.** . . – 1908 - (?).

Amts-Blatt der Regierung zu Aachen. Jg. 1816-1911. Aachen. 96 Bde.

Amts-Blatt der Königlichen (später:) Königlich Preußischen Regierung zu Arnsberg. Jg. 1816-18. 1870-1911. Arnsberg. 45 Bde.

Amtsblatt der Königlichen Regierung zu Aurich. Jg. 1886 - 1911. Aurich. 26 Bde.

Amtsblatt der königlichen Regierung zu Breslau. Breslau 1821. H: *Hennig.* (MGT)

Amtsblatt der Königl. Regierung zu Breslau. Jg.1824.1825. 1827 - 31. 1833 - 1911. Breslau. 86 Bde.

Amts-Blatt der Königlichen Regierung zu Danzig. Jg. 1870-1911. Danzig. 42 Bde.

Amtsblatt der Königlichen Regierung zu Düsseldorf. Jg.1816-1911. Düsseldorf. Alphab. Sach-u. Namen-Reg. zu Jg. 1816-1821. 1822. 97 Bde.

Amtsblatt der Königlichen Regierung zu Erfurt. Jg. 1870-1911. Erfurt. 42 Bde.

Königreich Preußen. **Amtsblatt** der Königliechen Regierung zu Hildesheim. Jg. 1886 - 1911. Hildesheim. 26 Bde.

Amtsblatt der Königl. Regierung zu Cassel. Jg.1867-1911. Cassel. 44 Bde.

Amtsblatt der Königlichen Regierung zu Coblenz. Jg. 1816-1911. Coblenz. 96. Bde.

Amtsblatt der Königlichen Regierung zu Köln. Jg. 1816-1911. Köln. 96 Bde.

Amtsblatt der Königlichen Regierung zu Cöslin. Jg. 25 - 96. Cöslin 1840 - 1911. 92 Bde.

Amtsblatt der Königlichen Regierung zu Liegnitz. Jg. 15 - 101. Liegnitz 1825 - 1911. 87 Bde.

Amtsblatt der Kgl. Regierung zu Lüneburg.

Amtsblatt der Königl. Regierung zu Magdeburg. Jg. 1868 - 1911. Magdeburg. 44 Bde.

Amtsblatt der Königl. Regierung zu Merseburg. Jg. 1816 - 29. 1870 - 1911. Merseburg. 56 Bde.

Amts-Blatt der Königlichen Regierung zu Münster. Jg. 1816 - 1818. 1870 - 1911. Münster. 45 Bde.

Amts-Blatt der Königlichen Regierung zu Oppeln. Jg. 1870-1911 = Bd. 55 - 96. Oppeln. 42 Bde.

Amtsblatt der Kgl. Regierung zu Osnabrück. *[Wird fortges.]*

Amtsblatt der Königlichen Regierung zu Posen. Jg. 1870 - 1910. Posen. 42 Bde.

Amtsblatt der Königlichen Regierung zu Potsdam (1823 ff:) und der Stadt Berlin. Jg. 1816 - 1911. 133 Bde.
Haupt-Sach-Reg. zu Jg. 1811 bis incl. 1843. Zsgest. von Wildenhayn. 1845.

Amtsblatt der Königlichen Regierung zu Schleswig. (Mit Beilage: Oeffentlicher Anzeiger für den Regierungsbezirk Schleswig.) 1869 ff. Schleswig. (1869 ff.)

Alphabetisches Haupt-Sachregister zu den 37 Jahrgängen des **Amtsblatts** der Königl. Regierung in Schleswig 1869—1905. Schleswig. [1908.] 4°
—— Dass. 1906—1915. ebd. [1916. 4°

Amtsblatt der Kgl. Regierung zu Stade. *[Wird fortges.]*

Amtsblatt der Kgl. Regierung zu Stettin. *[Wird fortges.]*

Amtsblatt der Königlichen Regierung zu Stralsund. Jg. 1-94. Stralsund 1818 - 1911. 98 Bde.
Sachreg. zu Jg. 1818 - 32 ausgearb. von Th. Drewitz.
Sachreg. zu Jg. 1833 - 38 aufgest. von Sperling.

Amts-Blatt der Königl. Regierung zu Wiesbaden. Jg. 1869 - 1911. Wiesbaden. 43 Bde.

Amtsblatt d. kgl. Regierung zu Wiesbaden. Jahrg. 1887. 52 Nrn. 4. (Nr. 1: 2 B.) Wiesb., (Bechtold & Co.). 2. 50
Nur durch die Post zu beziehen.

Amtsblatt der Königlichen Churmärkischen Regierung. Jg. 1811-15. Potsdam.

Amts-Blatt der Königlichen Pommerschen Regierung, (Jg. 7ff:) der Königlichen Regierung zu Stettin. 96 Bde.
Jg.2 Stargard 1812.
Jg.6 - 101. Stettin 1816 - 1911.

Amtsblatt der Kgl.Preuss. Regierung zu Allenstein f.d.J.1905 ff. Allenstein 1905 ff. 8°

„Amtsblatt der königlich preußischen Regierung zu Arnsberg", Arnsberg 1816 ff. — Vorh.: Jahrgang 1828—1831, 1833—1912, Preußisches Oberbergamt Dortmund.

Amts-Blatt der Königlich-Preußischen Regierung zu Berlin. Jg. (1) - 6, enth. die 1816 - 21 ergangenen Verordnungen u. Bekanntmachungen. Berlin 1817 - 22. 3 Bde.

Amtsblatt der Königlichen Preußischen Regierung zu Bromberg. Jg. 1873 - 1911. Bromberg. 39 Bde.

„Amtsblatt der königlich preußischen Regierung zu Düsseldorf, Düsseldorf 1816 ff. — Vorh.: Jahrgang 1819—1823, 1829, 1831 bis 1912, Preußisches Oberbergamt Dortmund.

Amtsblatt der Königlich Preußischen Regierung zu Frankfurt a.d. Oder. Jg. 1816 - 1911. Frankfurt a.d.O. 97 Bde.
Öffentlicher Anzeiger v. J. 1854.
Repertorium zu . . . Jg. 1810 - incl. 1844 von G.M.Kletke. 1845.

Amtsblatt der Kgl. Preuß. Regierung zu Gumbinnen. *[Wird fortges.]*
Sachregister über die Jge 1828 bis inkl. 1839. Gumbinnen [1840].
[Dasselbe.] über die Jge 1840. 1841 u. 1842. Gumbinnen [1843].

Amtsblatt der Königl. Preußischen Regierung zu Gumbinnen. Gumbinnen. 51 Bde.
Jg. 43 - 51 . 1853 - 61.
Jg. 60 - 101. 1870 - 1911.

Amtsblatt der Königl.-Preußischen Regierung zu Cleve. Jg. 1816-21. Cleve. 6 Bde.

Amtsblatt der Königlich. Preußischen Regierung zu Königsberg. Jg. 70 - 101. Königsberg 1880 - 1911. 32 Bde.

Amts-Blatt der Königl. Preuß. Regierung zu Marienwerder. Marienwerder. 41 Bde.
Jg. 60 - 68. 1870 - 78.
Jg. 70 - 101. 1880 - 1911.

„Amtsblatt der königlich preußischen Regierung zu Merseburg", Merseburg 1816—1892. — Vorh.: Jahrgang 1816—1892 in 78 Bänden, Preußisches Oberbergamt Dortmund

Amtsblatt d. Königl. Pr. Regierung zu Merseburg, Register, s. Haupt-Register.

„Amtsblatt der königlich preußischen Regierung zu Minden", Minden 1816 ff. — Vorh.: Jahrgang 1832—1853, 1856—1912, Preußisches Oberbergamt Dortmund.

„Amtsblatt der königlich preußischen Regierung zu Münster", Münster 1816 ff. — Vorh.: Jahrgang 1832 ff., Preußisches Oberbergamt Dortmund.

Amtsblatt der Königl. Preuß. Regierung von Neumark. Jg. 1811-15. Königsberg i.d.N., (1815:) Frankfurth a/O.

Amts-Blatt der Königlich Preußischen Regierung zu Sigmaringen. Sigmaringen. 40 Bde.
Jg. 19 - 27. 1870 - 78.
Jg. 30 - 60. 1881 - 1911.

Amtsblatt der Kgl. Preuss. Regierung zu Sigmaringen. *[Wird fortges.]*
Register f. d. Jge 1850—1907 [1909.]

Amtsblatt der Königlich Preußischen Regierung zu Trier. Jg. 1816 - 1911. Trier. 96 Bde.

Amtsblatt des Reichskolonialamts, s. Kolonialblatt, Deutsches.

Amtsblatt des Reichspostamts. – 1880 - 1921.
Vorh. u. d. T.: Amtsblatt der Deutschen Reichspost- und Telegrafenverwaltung.

Amtsblatt des Reichs-Postamts. Hrsg. vom Reichs-Postamt. Jg. 1880 - 1911. Berlin: Reichsdruckerei. 32 Bde.

— des Reichs-Postamts. Jahrg. 1890. gr. 4. (Nr. 1: 2 S.) Berlin. (Leipzig, Exped. des Zeitschriften-Adreßbuchs.) n. 3. 35

— d. Reichs-Postamts. Hrsg. v. Reichs-Postamt. Jahrg. 1891 u. 1892. 4° (1891 Nr. 1. 7) Berl., (WH Kühl). à Jahrg. 4 — || 1893 u. 1894. à Jahrg. 4.70 || 1895. 5.50

— des Reichs-Postamts. Hrsg. vom Reichs-Postamt. Jahrg. 1894. gr. 4. Berlin. (Leipzig, Exped. d. Zeitschriften-Adreßbuchs.) n. 4. 70
Erscheint in zwanglosen Nrn.

— d. Reichs-Postamts. Hrsg. v. Reichs-Postamt. Jahrg. 1895. gr. 4. Berlin (W. H. Kühl — Leipzig, G. Wittrin). n. 5. 50
Erscheint in zwanglosen Nrn.

— d. Reichs-Postamts. Hrsg. v. Reichs-Postamt. Jahrg. 1896—1900. 4° Nebst Beiheft: Archiv f. Post- u. Telegraphie. 8° Berl., (WH Kühl. — Lpzg, G Wittrin). à Jahrg. 5 —
Beiheft s. u. d. T.: Archiv f. Post u. Telegraphie.

Amtsblatt d. Reichs-Postamts. Hrsg. v. Reichs-Postamt. Jahrg. 1901—5. (1901. Nr. 1. 3) Nebst Beiheft: Archiv f.Post u. Telegr. 8° Berl., (WH Kühl. — Lpzg. G Wittrin). Je †5 — d

— d. Reichs-Postamts. Hrsg. v. R.P.A. J.'06—9 (Je ca 80 Nrn). ('06, '8 u. 9: 334, 345 u. 342) Mit: Post-Dampfschiffverbindgn n. aussereurop. Ländern. Nebst Beiheft: Archiv f. Post u. Telegr. Lex 8° Berl., (WH Kühl. — Lpzg, G Wittrin). Je † 5 —; einz. Nrn † — 60 d

— d. Reichs-Postamts. Hrsg. v. RPA. J. '10 u. '11. ('12, Nr 1: 8) Mit: Leitübersicht f. Briefsendgn n. aussereurop. Ländern im Monat Januar '11. Nebst Beiheft: Archiv f. Post u. Telegr. Lex8° Berl., (WH Kühl. — Lpzg. G Wittrin). je † 5 —; einz. Nrn † — 60 d

Amtsblatt der Deutschen Reichspostverwaltung. – 1872 - 1875.
Vorh. u. d. T.: Amtsblatt der Norddeutschen Postverwaltung.
Fortges.u.d.T.: Amtsblatt der Deutschen Reichspost.

Amtsblatt der Deutschen Reichs-Postverwaltung. Red. im General-Postamte. Jg. 1871 - 75. Berlin: Decker. 5 Bde.

Amtsblatt der deut. Reichs-Post- u. Telegr.-Verwaltung m. d. Beiheft „Archiv f. Post u. Telegraphie". In zwanglosen Hftn. Berl. Jährl.

Amtsblatt der Deutschen Reichspost - und Telegrafenverwaltung. 1876 - 1879.
Vorh. u. d. T.: Amtsblatt der Deutschen Reichspostverwaltung.
Fortges. u. d. T.: Amtsblatt des Reichspostamts.

Amtsblatt der Deutschen Reichs-Post-und Telegraphenverwaltung. Hrsg. von der Centralverwaltung des Post-u. Telegraphenwesens. Jg. 1876 - 79.
Berlin: Decker, (später:) Reichdruckerei. 4 Bde.

Reichs-Telegraphenverwaltung. **Amtsblatt.** – 1871 - 1875.
Vorh. u. d. T.: Amtsblatt der Norddeutschen Telegraphenverwaltung.
Später ver. mit.: Reichspostministerium. **Amtsblatt.**

- der Deutschen Reichs-Telegraphen-Verwaltung. Redigirt ... 1871—75. Berlin. 4.
(Später: Amtsblatt der Deutschen Reichs-Post- u. Tel.-Verwaltung.)

Amtsblatt der Deutschen Reichs-Telegraphenverwaltung. Red. in der (1872 ff.: Kaiserlichen) General-Direction der Telegraphen. Jg. 1871 - 75. Berlin: v. Decker. 5 Bde.

Amts- u. Verordnungs-Blatt, Fürstlich Reuß-Plauisches, Jahrg. 1817—33. à 52 Nrn. (à ½ B.) 4. Greiz, Henning. à J.
Von 1778 bis 1816 unt. d. Tit.: Intelligenzblatt. Ebendas. à 1 Thlr. 8 Gr.

Amts-Blatt des Roer-Departements. 1814. Aachen.

St. Gallen. **Amtsblatt.** – 1803 - (?).
Auch u. d. T.: K a n t o n s b l a t t , St. Gallisches. (1803 - 1816)
B e k a n n t m a c h u n g e n , Amtliche. (1817 -1866).

Schaffhausen. **Amtsblatt.** – 1841 - (?). Beilage zum A m t s - b l a t t. – 1864 - 1911 (?).

—— f. d. Kant. Schaffhausen. Jahrg. 1854. 52 Nrn. (B.) 8. Schaffh., Schalch. n.n. — 20

Amtsblatt des Kantons Schaffhausen. Abteilung Gesetze und Verordnungen. Jahrg. 1901. Der offiziellen Gesetzessammlung neue Folge. Band 10, [Heft] 2. II S. + S. 137—198. 8. Schaffhausen, Kühn & Comp., 1901.

Amtsblatt für die Herzogthümer Schleswig-Holstein s. A m t s - b l a t t, Vereinigtes, für d. Herzogthümer Schleswig-Holstein.

Amtsblatt für die Herzogthümer Schleswig-Holstein. 1849. Kiel. (1849.) 4°.
Departement der Finanzen. Abth.: Finanz-, Steuer- und Domanial-Verwaltung. Stück 1—13. — Abth.: Postwesen u. d. T.: Amtsblatt für das Schleswig-Holsteinsche Postwesen. St. 1—25. — Abth.: Zollwesen. St. 1—7.
Departement des Innern. St. 1–23.
Departement der geistlichen und Unterrichtsangelegenheiten. St. 1–8.
Departement des Kriegswesens. St. 1—6.
Departement der Justiz. St. 1—2.
Departement der auswärtigen Angelegenheiten. St. 1.

Amtsblatt für die Herzogthümer Schleswig-Holstein. Departement der Finanzen: Abth. Postwesen. Siehe auch bei: Gesetzblatt für die Herzogthümer Schleswig-Holstein. 1849—50.

Amtsblatt für das Schutzgebiet. – Loma (Togo): 1906 - 1909.

Schwyz. (Kanton). **Amts-Blatt.** – 1848 - (?).

Solothurn. (Kanton). **Amtsblatt.** – 1848 - (?).

Amtsblatt des k. b. Staatsministeriums des Jnnern. Amtl. hrsg. vom k. Staatsministerium des Innern. Jahrg. 1—2. München 1872—73. 8°. Hlwdbde.
1: XXXIV—634 S. 2: L—517 S.

— des K. Staatsministeriums d. Innern. Königreich Bayern. Amtlich hrsg. vom k. Staatsministerium d. Innern. Jahrg. 1874/1876. gr. 8. (Nr. 1. ½ B.) München, (Kaiser.) à Jahrg. n.n. 4. —

—— d. k. Staatsminist. d. Innern. Königr. Bayern. Jahrg. 1876—1880. 8. Münch., (Kaiser). à Jahrg. n.n. 4. —

— des k. Staatsministerium d. Innern. Königreich Bayern. Amtlich hrsg. vom k. Staatsministerium des Innern. Jahrg. 1878—82. gr. 8. (Nr. 1. 10 S.) München, (Kaiser). à Jahrg. n.n. 4. —

— des k. Staatsministeriums d. Innern. Königreich Bayern. Amtlich hrsg. vom k. Staatsministerium des Innern. Jahrg. 1883—1886. gr. 8. (Nr. 1. 10 S.) München, (Kaiser). à Jahrg. n.n. 4. —

— des kgl. Staatsministeriums des Innern. Königreich Bayern. Amtlich hrsg. vom kgl. Staatsministerium des Innern. Jahrg. 1887—1890. gr. 8. (à Nr. ca. 10 S.) München, (Kaiser). à Jahrg. n.n. 4. —

—— des k. Staatsministeriums d. Innern. Königr. Bayern. Amtlich hrsg. v. k. Staatsministerium d. Innern. Jahrg. 1889—1892. gr. 8. (Erscheint unregelmäßig.) Münch., (Kaiser). à Jahrg. ** 4 —

Staatsministerium für Unterricht und Kultur. Bayern. **Amtsblatt.**– 1865 - (?).
(Auch u. d. T.: M i n i s t e r i a l b l a t t für Kirchen- und Schulangelegenheiten im Königreich Bayern.)

Reichsbahndirektion Stettin. **Amtsblatt** . . . –1886 - (?).

Mecklenburg. Steuer- und Zolldirektion. **Amtsblatt.**
s. Oberzolldirektion, A m t s b l a t t.

— d. großherzogl. mecklenburg. Steuer- u. Zoll-Direction. Jahrg. 1894—98. gr. 4. Schwerin, Bärensprung'sche Hofbuchdr. à Jahrg. n.n. 2. 50
Erscheint in zwanglosen Nrn.

— der großherzogl. mecklenburgischen Steuer- u. Zolldirektion. Jahrg. 1899 u. 1900. gr. 4. Schwerin, Bärensprung'sche Hofbuchdr. à Jahrg. n.n. 2. 50; einzelne Bog. — 15

— d. grossh. mecklenburg. Steuer- u. Zoll-Direktion. Jahrg. 1901—5. (1901. Nr. 1. 6) 8° Schwer., Bärensprung'sche Hofbuchdr. Je † 3.50; n. Erscheinen † 5.40; einz. Bog. † — 15 d

— d. grossh. mecklenburg. Steuer- u. Zoll-Direktion. J.'06—9. (09: 556) Lex 8° Schwer., Bärensprung'sche Hofbuchdr. Je † 3.50; n. Erscheinen je † 5.40; einz. Bog. † — 15 d

— d. grossherzogl. mecklenburg. Steuer- u. Zoll-Direktion. J. '10. (Nr 1: 7) Lex8° Schwer., Bärensprung'sche Hofbdr. † 3.50; n. Erscheinen † 5.40; einz. Bog. † — 15 d
Fortsetzg s: Amts-Blatt d. grossherzogl. mecklenburg. Oberzolldirektion.

Amts-Blatt des königlich württembergischen Steuerkollegiums.– 1853–1920.

Amtsblatt des Königlich württembergischen Steuerkollegiums 1853-82. Nebst Sachregister 1853-82. 4° Stuttgart 1853-82

Amtsblatt des königlich württembergischen Steuerkollegiums. 1883-1907 und Sachregister 1883-1903. 4° Stuttgart 1883-07

— des K. Württ. Steuerkollegiums. 1908-13. 4° Stuttgart 1908-13

Kgl. Preussische Telegraphen-Direktion. **Amtsblatt** . . . 1863-1867.

Amtsblatt der Norddeutschen Telegraphen-Verwaltung. – 1868 - 1870.
Vorh. u. d. T.: K. Preussische Telegraphen-Direktion. A m t s b l a t t.
Fortges. u. d. T.: Reichs-Telegraphen-Verwaltung. A m t s b l a t t.

Amts-Blatt der Norddeutschen Telegraphen-Verwaltung. Red. in der General-Direction der Telegraphen. Jg. 1868 - 70. Berlin: v. Decker. 3 Bde.

Amtsblatt der Königl. Preuß. Telegraphen-Verwaltung. Hrsg. von der Königl. Telegraphen-Direktion. Begann mit d. 1. Apr. 1863. Ueber die Einrichtung dieses Amtsblattes vgl. die Bekanntmach. der Telegraphen-Direktion v. 7. Apr. 1863 (Minist.-Bl. d. i. Verw. 1863, S. 93).

Telegraphen - und Telefonverwaltung (Schweiz). **Amtsblatt.**– 1855 - 1920.

Thurgau (Kanton). **Amtsblatt.** – 1850 - (?).

Amtsblatt des Kantons Thurgau. Bd. 1—23. Frauenfeld 1851—69. Ppbde. u. Bd. 23. br. 8. 12. 50

Amtsblatt des Kantons Thurgau. Jahrgang 1882. 52 Nummern in-8°. Frauenfeld, J. Huber. Pro Jahr 2 50

— f. d. Schutzgeb. Togo, hrsg. v. kais. Gouvernement in Lome. 1. J.'06. 26 Nrn. (208) 33×21 cm. Lome. (Berl., W Süsserott.) 2. u. 3. J.'07 u. 8 je 24 Nrn. Je nn 8 — ôH

— für das Schutzgebiet Togo, hrsg. vom kaiserl. Gouvernement in Lome. 2. u. 3. Jahrg. 1907 u. 1908. à 24 Nrn. (à ca. 8 S.) 33×21 cm. Lome. (Berlin, W. Süsserott.) à Jhrg. nn 8. —
Nicht mehr im Buchhandel.

Amtsblatt für das Schutzgebiet Togo. Hrsg. vom Kaiserlichen Gouvernement in Lome. Jg. 3. 4. 1908—1909. Lome

Amtsblatt. – Ulm: 1. IV. 1859 - 12. IX. 1859.
Fortges. u. d. T.: A n z e i g e b l a t t, Amtliches.

Unter- Elsass. **Amtsblatt.** – 1871 - 1882.
Fortges. u. d. T.: Z e n t r a l - u n d B e z i r k s a m t s b l a t t.

Unterwalden nid dem Wald (Kanton). **Amtsblatt.** – 1853 - (?).

Amtsblatt des Kts. Unterwalden ob d. W. 1854-65.

Uri (Kanton.) **Amtsblatt.** – 1849 - (?).

Landwirtschaftskammer für den Freistaat Sachsen. **Amtsblatt** für die Landwirtschaftlichen Vereine (1852 ff.), s. Z e i t s c h r i f t, Sächsische landwirtschaftliche.

—— für die landwirthschaftlichen Vereine, zugleich Organ für die landwirthschaftl. Versuchs-Stationen des Königr. Sachsen. Hrsg. von Reuning. 6—9. Jahrg. 1858—61. à Jahrg. 12 Nrn. (Bog.) gr. 4. Dresden, Schönfeld's Buchh. à Jahrg. **
Vgl.: Amts- und Anzeige-Blatt.

— für die landwirthschaftlichen Vereine, zugleich Organ für die landwirthschaftlichen Versuchs-Stationen des Königreichs Sachsen. Herausg. von Reuning. 7—12. Jahrg. 1859—1864. à 12 Nrn. (à 1 Bgn.) Dresden, Schönfeld. gr. 4. Jeder Jahrg. nn. 9½ ngr.

Amtsblatt f. die landwirthschaftlichen Vereine, zugleich Organ f. die landwirthschaftlichen Versuchs-Stationen d. Königr. Sachsen. 13—17. Jahrg. 1865—69. Hersg. von Reuning. — 18. Jahrg. 1870. Hersg. von B. Koch u. G. Richter. (à 12 Nrn. à 1 Bgn.) Dresden, Schönfeld's Verlag. gr. 4. 13—16. Jahrg. à nn. 9½ ngr.; 17. 18. Jahrg. à nn. 12½ ngr.

Amtsblatt f. die landwirthschaftlichen Vereine, zugleich Organ f. die landwirthschaftlichen Versuchsstationen d. Königr. Sachsen. Neue Folge. Hrsg. v. B. Koch u. G. Richter. 19. Jahrg. 1871. 12 Nrn. (B.) gr. 4. Dresden, Schönfeld's Verl. n.n. 1. 25

Amtsblatt für die landwirthschaftlichen Vereine, zugleich Organ für die landw. Versuchs-Stationen d. Königreichs Sachsen. Herausg. v. B. Koch u. G. Richter. Neue Folge. Jahrg. 18-21 (2 Vol.). Dresd. 1870-73. 4°. (U. Titelbl. — **Fortsættelse se Sächsische landw. Zeitschrift**).

! — f. d. landw. Vereine. Jetzt: Dresd., J Pässler.

Amtsblatt, Vereinigtes, für das Herzogthum Holstein. – 1851-1852. Vorh. u. d. T.: A m t s b l a t t, für die Herzogthümer Schleswig-Holstein.

Vereinigtes **Amtsblatt** für das Herzogthum Holstein (vorher für Schleswig-Holstein).
1851. (St. 5—36.) Kiel. 1851.
Departement der Finanzen. Abth.: Postwesen (u. d. T.): Amtsblatt für das Holsteinische Postwesen. Abth.: Zoll-, Handels- und Schifffahrts-Sachen. St. 1—6.
1852. St. 1—22. Jan.—Juni. ebd. (1852.)

Amtsblatt, Vereinigtes, für die Herzogthümer Schleswig-Holstein.– 1849 - 1851.
Auch unter dem Titel: A m t s b l a t t. (1849).
Fortges. u. d. T.: A m t s b l a t t für das Herzogthum Holstein.

Vereinigtes **Amtsblatt** für die Herzogthümer Schleswig-Holstein. 1850. St. 1—76. Kiel. (1850.)

Amtsblatt der Kgl. württ. Verkehrsanstalten für 1860-88. 4° Stuttgart 1860-88

Amtsblatt der k. Württemberg. Verkehrsanstalten. 1889-1907. 4° Stuttgart 1889-07

Amtsblatt der K. württembergischen Verkehranstalten. 1908-13. 4° Stuttgart 1908-13

Amts- und Verordnungsblatt für Reuss ältere Linie. – 1842 - 1918. (Titel variiert).

Amts - und Verordnungsblatt für Reuss jüngere Linie. – 1875-1920.

Landesversicherungsanstalt Württemberg. **Amtsblatt** des Vorstandes. 1904 - (?).

Amtsblatt d. Vorstandes d. Versich.-Anstalt Württ. 1904-13. 4° Stuttgart 1904-13

Amtsblatt der K.K. Reichshaupt- und Residenzstadt Wien. – Wien: 1892 - 1921.

— f. das königl. Bez.-Amt Würzburg. 49. Jahrg. 1906. 104 Nrn. (à ca. 6 S.) gr. 8. Würzburg, Stahel's Verl. n. 6. — Erschien früher unter dem Titel: Amts- und Anzeigeblatt.

— f. das königl. Bez.-Amt Würzburg. 50.—52. Jahrg. 1907—1909. Etwa 104 Nrn. (à ca. 4 S.) gr. 8. Würzburg, Stahel's Verl. à Jhrg. 7. —

Reichsbahndirektion Würzburg. **Amtsblatt**. . . – 1907 - (?).

A m t s b l a t t zur Wiener-Zeitung. 4. 2 u. 3spaltig. Erscheint mit dem Hauptblatte.

Zentralstelle für ländliche Wohlfahrts- und Heimatpflege.
Lothringen. **Amtsblatt**. . . Recueil officiel des actes administratifs. – 1871 - 1882.
Fortges. u. d. T.: Z e n t r a l - u. B e z i r k s a m t s b l a t t.

Zoll - und Steuerdirektion. Braunschweig: **Amtsblatt**. – 1901 - 1919.

Zug. (Kanton). **Amtsblatt**. 1858 - (?).

Zürich. **Amtsblatt**. – 1834 - (?).

Amtsblatt des Kts. Zürich 1868 - 95. Zürich.

Amtsblatt-Extract, oder: Chronolog. Sammlung der in dem Amtsblatt der Königl. Regierung zu Breslau von Gründung desselben, im J. 1811, an bis einschließlich 1840 enthaltenen, noch in Kraft befindlichen Bestimmungen u. sonst interessanten Nachrichten. Herausg. von Th. Brand. 1r Bd. gr. 8. Breslau 840. Adlerholz. 1⅔ ₰

Amtsblatt-Extract, oder: Chronolog. Sammlung der im Amtsblatt der Kön. Regierung zu Breslau von 1811—1840 enthalt., noch in Kraft befindl. Bestimmungen und sonst interessanten Nachrichten. Herausgeg. v. Th. Brand. 2. Bd. gr. 8. Breslau 841, G. P. Aderholz. 1⅔ ₰

— ders. für den Regierungsbezirk Oppeln. 1r Bd. gr. 8. Ebd. 840. 1⅔ ₰

Amtsblattsgesetzgebung, die, des Kön. preuß. Staates. Enthält: Die durch die Regier.-Amtsblätter erlassenen, noch giltigen Verordnungen aus den Jahren 1811—1844 nach den einzelnen Dienstgegenständen. Herausgeg. von Paul Sinnhold. 1. Bd. Allgemeine Regier.- u. Verwaltungs-Sachen. A. u. d. T.: Auszug des Liegnitzer Regier.-Amtsblattes. 4. Liegnitz 846. (Breslau, Schulz u. Comp.) n. 5 ₰

Reichsbahndirektion Oppeln. **Amtsblatt-Sammlung** . . .– 1884 - 1924.

Amtsbote

Der süchsische Amts-, Stadt- und Landbote. Eine Volkszeitschrift zur Belehrung für den Bürger und Landmann. [Hrsg.: Heinr. Oswald.] Jg. 1–7. Meißen: Goederle 1829–35. 4°

Amts-, Stadt- u. Landbote, der sächs., eine Volkszeitschrift z. Belehr. u. Unterhalt. f. d. Bürger u. Landm. hrsg. v. Heinr. Oswald. 1—6. Jahrg. 1829—34. à 12 Hfte. (à 2 B.) Jed. m. 12 Stndr. 4. Meißen, Goedsche. à J. Thlr.

Amts-, Stadt- u. Landbote, der sächs.; e. Volkszeitschr., hrsg. v. Heinr. Oswald. 7. Jahrg. 1835. 12 Hftc. (à 2 Bog.) M. 12 Stndr. u. Ttlvign. 4. Meißen, Goedsche. Thlr.
1—6. Jahrg. 1829—34., vgl. 8. Bd. 1. Abthl. S. 16.

Amtsbruder, der. Zeitschrift für statist. Mittheilungen aus dem gesammten Gebiete der evangelischen Kirche und Schule Preußens. Redig. von Hentschel. Jahrg. 1867. Oktbr. — Decbr. 6 Nrn. gr. 4. Berlin, (W. Schultze.) Vierteljährlich *

Amtsbruder, der. Zeitschrift f. statistische Mittheilungen aus dem gesammten Gebiete der evangel. Kirche u. Schule Preußens. Hersg. von Hentschel. Jahrg. 1868. Octbr.— Decbr. (6 Nrn.) — Jahrg. 1869. 24 Nrn. (à ½ Bgn.) Berlin, W. Schultze in Comm. 4. Vierteljährlich n. 5 ngr.

Amtsbuch, ältestes Glatzer, s.a.: Geschichtsquellen der Grafschaft Glatz.

Amtsbuch. — Aeltestes Glatzer Amtsbuch oder Mannrechtsverhandlungen von 1346–1390. Hrsg. von [Franz] Volkmer u. [Wilhelm] Hohaus. — Habelschwerdt: Franke in Comm. 1891. 169 S. (Geschichtsquellen der Grafschaft Glatz. 5.)
1: Tb 2706–5. **12:** Bor. 71 df–5. **300:** 184.733–B. Bd 5.
2. 3. 4. 5. 7. 11.
4.1025

— Ein Amtsbuch des Klosters Walsrode. Hrsg. von O[tto] Jürgens. — Hannover: Schaper 1899. 61 S.
Aus: Hannoversche Geschichtsblätter. 2. 1899.
(Veröffentlichungen zur niedersächsischen Geschichte. 2.)
1: Sl 235-2. 12: Germ. sp. 487 od-2.
300: 425.811-B. Per. 2. 5. 6. 7. 9.
4.1626

Amtscalender, s.a. Amtskalender

Amts-Calender für Prediger und Schullehrer im Regierungs-Bezirk Magdeburg, zur leichtern Übersicht ihrer Amtsgeschäfte. 1831—1833. V: *Seeger, Johann Joachim.* (Ky)

—— f. Prediger u. Schullehrer d. Herzogth Sachsen, v. d. J. 1819—31. 8. . . . Erfurt, Müller. [819. m. 1 Karte, 16 Gr.; 820, 21. à 14 Gr., 822. 12 Gr., 823—31. à 14 Gr.]

Amtschislawsky, Rahel. Beitrag zur Darmausschaltung. Diss. Med. Bern. [Mit Figuren.] 84 S. 8. Bern, Rösch & Schatzmann, 1910.

Amtsehre und Amtspflicht. Zwei Aktenstücke über und vom löblichen Gemeinderat Entlebuch. (1. Beschwerde des Priesters Joh[ann] Renggli in Luzern; 2. Antwort des Gemeinderates von E', 22. Dezember 1904.) 7 S. 8. [Basel, Emil Birkhäuser, 1905.]

Amtseinführung des Hrn. Senior C. C. G. Behrmann am 1. Mai 1894. gr. 8. (19 S.) Hamburg 894. L. Gräfe & Sillem. n. — 50

Amtseinfuehrung. — Die feierliche Amts-Einführung des Predigers Matthias Göthe, ehemaligen Professors der Mathematik und modernen Sprachen am Australian College, Sidney, als Pastor der ersten deutsch-evang.-lutherischen Gemeinde zu Melbourne, am Charfreitage, März 25, 1853. — Melbourne 1853: Morning Herald Off. 30 S.
1: Ax 14451.
4.1627

Amtseinsetzung, die, d. Kais. Kammerger. 8. Wetzl. 805.

Amtserfahrung über einen veränderten Gang bey dem öffentlichen Religionsunterrichte des Landvolks. [Riga 1818]. V: *Hörschelmann, Ferdinand Ludwig.* (R-N)

Amtserfahrung eines Propstes. [Riga 1817]. V: *Roth, Johann Philipp von.* (R-N)

Amtsfeier. — Zur funfzigjährigen Amtsfeier Seiner Excellenz, des Herrn Kai [Cay] Lorenz Grafen von Brockdorff. Eine Uebersicht seines Lebens. — Kiel 1839: Mohr. 16 S. 1: So 1990. 8.
4.1628

Amtsgebäude, Das neue, der Bozner Sparkasse. [Bozen 1907.] V; *Wolff, Karl Felix.* (Margr)

Amtsgefühle am Geburtstage, aus dem Briefe eines jungen livl. Landgeistlichen an seine Mutter im J. 1796. [Riga 1817]. V: *Moritz, Friedrich Gottlieb.* (R-N)

Amtsgemeindestatut. — Amtsgemeindestatut für das Amt Bordesholm. — Neumünster (1872): Hamburg. 7 S. 4°
8.
4.1629

⊙ Amtsgemeindestatut für das Amt Kiel. (Kiel. 1873.) 8°

— Amtsgemeindestatut für das Amt Kronshagen. — (Kiel 1873: Schmidt & Klaunig.) 8 S. 8.
4.1630

— Amtsgemeinde-Statut für das Amt Neumünster. — Neumünster (1872): Hieronymus. 12 S. 8.
4.1631

Amtsgerichts-Gefängnis in Jastrow (Kr. Dt. Krone). Fol.

Amtsgerichtsordnung f. bürgerliche Rechtsstreitigkeiten. Auf Grundlage der allgem. bürgerl. Proceßordnung vom 8. Novbr. 1850 bearb. u. erläut. v. A. Leonhardt. gr. 8. (XX u. 348 S.) Hannover 852, Helwing. n. 1½ ℛ

Amtsgerichtsproceß, der. Darstellung d. Proceßganges vor den Amtsgerichten, m. zahlreichen Formularen zu Klagen u. sonstigen Anträgen u. m. e. kurzen Erörterung der hauptsächlichsten Verträge. Von e. prakt. Juristen. Verf. d. „Rechtsanwalt im Hause". 8. (VII, 118 S.) Berlin 880. Liebau. cart. n. 1. 50

Amtsgerichtsprocess, Der. Darstellung des Prozeßganges vor den Amtsgerichten mit zahlreichen Formularen zu Klagen und sonstigen Anträgen und mit einer kurzen Erörterung der hauptsächlichsten Verträge. Von einem praktischen Juristen . . . 2. Aufl. Berlin 1880. V: *Kaiser, W.* (EB)

Amtsgerichtsprozess. — Der Amtsgerichtsproceß. Darstellung des Proceßganges vor den Amtsgerichten. Von einem praktischen Juristen, Verf. des „Rechtsanwalt im Hause". 2. Aufl. — Berlin: Liebau [um 1880]. VII, 126 S.
1: Hb 6038.
4.1632

Amtsgerichtssitze. — Die Amtsgerichtssitze. Von einem Juristen. — Löbau/Westpr.: Skrzeczek 1878. 15 S.
10.
4.1633

Amtsgestuet. — Das verbesserte Eutiner Amts- und Stadtgestüt, und das allenthalben anwendbare Harmoniegestüt. Von Pferdebesitzern eutinischer und holsteinischer Dorfschaften resp. verbessert u. erfunden, von ersteren auch bevorredet u. hrsg., eingeführt aber von G.C.M.Hofmeister. — Eutin: Struve in Comm. 1828. XXXII,144 S.
1: Ov 21208. 7. 8.
4.1634

Amtsgewalt. — Die Amtsgewalt der Capläne nach dem Tode ihres Pfarrers. Von einem rheinischen Juristen. — Mainz: Faber 1878. 32 S.
1: 9 in Fp 720. 12: J. can. P. 30 u. 11.
4.1635

Amtsgrundbuch der Kirchen- u. Schulpflege [vormaligen Armenkastenpflege] der Haupt- u. Residenzstadt Stuttgart. hoch 4. (III, 116 S.) Stuttgart 886. (Lindemann's Sort.)
n.n. 3. 50

Amtshandbuch. — Amts-Handbuch für die protestantischen Geistlichen des Königreiches Baiern. — Sulzbach: Verl. d. allg. protestantischen Pfarrwitwen-Casse; Seidel in Comm. (1821). IV,595 S. 12: Bavar. 84 lh.
4.1636

— Neu abgedruckt im Jahre 1833. Sulzbach: Verl. d. allg. protestantischen Pfarrwittwen-Casse 1833. VI,442 S.
12: Bavar. 84 m-1833.
4.1637

— — Bd 2, Abth. 1. Sulzbach: Verl. d. allg. protestantischen Pfarrwittwenkasse 1838: gedr. mit v. Seidelschen Schriften. 238 S.
2,1. Verordnungen aus d. Jahren 1833-1838, nebst einigen Nachträgen.
12: Bavar. 84 m-1838.
4.1638

Amtshandbuch f. die protestantischen Geistlichen d. Königr. Bayern diesseits d. Rheins. Red. durch Günther. Neue Aufl. 4 Bde. gr. 8. (VIII, 859; IV, 850; VIII, 834; VIII, 659 u. Reg. 172 S.) München 883. (Th. Ackermann's Verl.) à Bd. n.n. 5. –

Amtshandbuch für die protestantischen Geistlichen des Königreichs Bayern diesseits des Rheins. Red. durch [Georg] Günther. Neue Aufl. Bd 1–4 [nebst] Register. — München: Verl. d. allg. protestantischen Pfarrwittwenkasse 1883: Franz. 12: Bavar. 84 nb.
4.1640

Neues Amtshandbuch für die protestantischen Geistlichen des Königreichs Bayern diesseits des Rheins. Bd 1.2. Nördlingen: Beck; Allg. Pfarrwittwenkasse in Comm. 1862–63. 1: Fq 22400. 12: Bavar. 84 n.
4.1639

Amts-Handbuch, statistisches, f. den k. bayer. Reg.-Bez. Niederbayern (Kreishandbuch). Bearb. v. Hans Zündt, Frhrn. v. Kenzingen. 2. verb. u. erweit. Aufl. (XIX, 551 S.) 8. Landshut 909. (Ph. Krüll.) Kart. 5. 10

— statistisches, f. den kgl. bayer. Reg.-Bez. Oberpfalz u. Regensburg. Mit hoher Genehmigg. bearb. v. B. Grübel. gr. 8. (III, 232 S.) Ansbach 886. (Würzburg, Stuber's Verl.) 2. —

—— dass. — für den königl. bayer. Reg.-Bez. Unterfranken und Aschaffenburg. Mit hoher Genehmigung bearb. von B. Grübel. gr. 8. (V, 231 S.) Ebendas. 885.

Amtsinstruction, s.a. Amtsinstruktion

Provisorische Amtsinstruction für die Superintendenten des Ostpreuß. Regierungs-Departements. — Dat. Königsberg 18. Nov. 1810. 1 Bl. 2° 10.
4.1641

Amtsinstruktion, s.a. Amtsinstruction

Amts-Instruktion f. d. Ausarbeitung d Zettolkataloges d. k. k. öffentl. u. Universitäts-Bibliothok i. Prag. (Von Rich. Kukula.) gr. 8. (63, VII, IV u. III S. m. 4 Formularen.) Prag 897. (Leipzig, O. Harrassowitz.) n. 3. —

„Amts-Instruction für die Oberwirthschafts- und Forstämter der böhmischen k. k. Staatsgüter", 2. Auflage, Prag 1813 (Widtmann).

Amtsinstruktion f.d. Ober-Wirtschafts-u. Forstämter d. böhm. k.k. Staatsgüter, 2te Aufl. 4°.–Prag, Widtmann, 1815.

Amts=Instruktion für die bischöflichen Untersuchungs=Kommissäre in Ehescheidungsfällen. Wien, 1857. Gedruckt bei A. Pichlers Witwe und Sohn. (51 S. 8.)

Amtsinstruktion für den Zettelkatalog der Kaiserl. Königl. Offentlichen und Universitäts-Bibliothek in Prag. (63 S) Prag 1897

Amtsjubelfeier. — Zur fünf-und-zwanzigjährigen Amts-Jubelfeier des Königlich Niederländischen Forst-Inspectors Herrn Wilhelm Friedrich Lemp am 1. Juli 1859 dargebracht von seinen Freunden und Verehrern. — (Berlin 1859: Decker.) 4 Bl. 1: 156 in An 8630–52.
4.1643

Amtsjubelfeier, d. 50jähr., d. Herrn Prof. Dr. Peter Jessen am 9. Juni 1873. 8. (16) Dorp. 72, Schnakenburg. n. — 40

Amtsjubelfeier, die 50jährige, des Herrn Prof. Dr. Peter Jessen am 9. Juni 1873. gr. 8. (16 S.) Dorpat 873, Gläser's Verlag.

Amtsjubelfeier, die 50jährige, d. Herrn Prof. Dr. Peter Jessen am 9. Juni 1873. gr. 8. (16 S.) Dorpat 873. Schnakenburg. n. — 40

Amtsjubelfeier, d. fünfzigjährige, d. Senior Ministerii Pastor Dr. Frz. Georg Ferd. Schläger, am 19. u. 21. Decbr. 1856. Hameln (Labuske). gr. 8. (XII, 77 S.) n. 10 ngl

Die fünfzigjährige Amtsjubelfeier des Dr. theol. & philos. Franz Georg Ferdinand Schläger ... Pastor zu Hameln ... am 19. und 21. December 1856. — Hameln 1857: Niemeyer. XII, 77 S. 7.
4.1644

Amtsjubelfeier, die fünfzigjährige, des Senior Ministerii Pastor Dr. Frz. Geo. Ferd. Schläger, am 19. und 21. Decbr. 1856. gr. 8. (XII und 77 S.) Hameln 857, (Schmidt und Suckert.) *

Zur funfzigjährigen Amtsjubelfeier des Hn. Ludw[ig] Fr[iedrich] Gottl[ob] Ernst Gedike, Directors der Leipziger Bürgerschule. Gewidmet von den sämmtlichen Lehrern der Anstalt. Leipzig d. 8. April 1832. — [Leipzig 1832:] Teubner. 4 Bl. 4° 7.
4.1645

Zur funfzigjährigen Amts-Jubelfeier des Herrn Professor [Christian] Herbst am 29. Mai 1868 in Jäschkenthal gesungen. — Danzig [1868]: Wedel. 4 Bl. 10.
5.1646

Amts-Jubelfeier des Königlichen Superintendenten, Predigers an der Friedrichs-Werderschen und Dorotheenstädtschen Kirche, Doctors der Gottesgelahrtheit und Ritters des rothen Adlerordens zweiter Classe mit Eichenlaub Sam[uel] Chr[istian] Gottfr[ied] Küster, am 13. Dez. 1835. — Berlin: Enslin 1836. 44 S. 1: Td 3152.
4.1647

Amtsjubelfeier. — Zur Amts-Jubel-Feier ihres ... Lehrers Johann Wilhelm Linde, ... Superintendent ... an der Heil. Geist-Kirche zu Danzig, gewidmet. Den 9. Mai 1836. Danzig (1836): C.H.E. Müller, 2 Bl. 2° 10.
4.1648

Die 60 jährige [sechzigjaehrige] Amtsjubelfeier des Dr. theol. et phil. Franz Georg Ferdinand Schläger, Sen. minist. et past. prim. zu Hameln am 19. Dezember 1866. — Hameln: Schmidt & Suckert in Comm. 1867. XVIII, 76 S. 1: Av 11459. 7. 11.
4.1649

Amtsjubelfeier des Kirchenrathes u. Superint. Dr. C.H. Tittmann. gr8°. Dresd. 1817, Meinhold. (Leipz., Dürr).

Amtsjubelfest. — Das fünfzigjährige Amts-Jubelfest des Königlich Württembergischen Medicinalrathes Doctor Ludwig Friedrich von Frank ... Stuttgart, am 14. September 1831. — [Stuttgart 1831:] Wachendorf. 16 S. 4° 8.
4.1651

Zu dem Amts-Jubel-Feste des Königl. Sächs. geheimen Sekretairs Herrn Johann Gotthelf Schramm. Am 13. September 1812. — Dresden (1812): Gärtner. 4 Bl. 3.
4.1652

Amtsjubiläum. Herrn Dr Heinrich Eschers A'. Zürich 1857 s. Reden, gehalten bei der Feier des fünfzigjährigen Amtsjubiläums des Herrn D[r] H' Escher. Zürich 1857.

Das 25-jährige **Amtsjubiläum** des Pastors der St. Johannis-Gemeinde zu Łodź, Wilhelm Petrus Angerstein, am 29. Nov. 1899. Łodź '00 36 S

Amts-Jubilaeum, Das fünfzigjährige, des Königlichen Professors T. Heinsius. **Berlin 1845.** H: *Zelle, Friedrich.* (BrMm)

Das 50jährige Amtsjubiläum des Direktors Christoph Jakob Hempfing. 4 (S. 14—24). Progr
Rprg. mit d. in d. Entwicklung begriffn. Rsch. *Marburg* 1893

Amtsjubiläum, das 50jährige, des Pfarrers Karl Friedrich Ledderhose v. Neckarau. Für Verwandte u. Freunde. 8. (40 S.) Basel 880. Spittler. n. — 30

Amts-Jubiläum des evangelischen Pfarrers Herrn Georg Philipp Metz zu Windesheim im Kreise Kreuznach, am 5. September 1839. — Kreuznach: Kehr (1839). 8 S. 1: 8 in E 211. 5.
4.1653

Dr. [August] Tholuck's fünfundzwanzig-jähriges Amtsjubiläum, den 14. Mai 1846. Erinnerungsblätter für Freunde. — Halle: Mühlmann in Komm. 1846. VI, 46 S.
1: Av 18171 3. 7.
4.1651

Amtsjubiläum, das 40jährige, des Obercantors Prof. Salomon Sulzer in Wien. [Abdr. aus der „Neuzeit."] Wien 866. Herzfeld & Bauer. gr. 4. (8 S.) n. 4 *ngr.*

Amtskalender, s.a. Amtscalender

Amts- und Comptoirkalender, allgemeiner — für das Jahr 1857. Druck und Verlag der k. k. Hofbuchdr. von Gottlieb Haase Söhne in Prag. (Ein Bogen.)

Amts- und Komptoirkalender, allgemeiner — für das J. 1858. Dr. und Verlag der k. k. Hofbuchdr. von Gottl. Haase Söhne. (1 Bog. Fol.)

Amtskalender für Geistliche auf das J. 1885. 12. Jahrg. In 2 Tln. Hrsg. von R. Schneider. 16. (231; VIII, 296 S., mit 1 lithogr. Eisenbahnkarte von Mittel-Europa.) Bielefeld 884, Velhagen und Klasing. geb. à Tl. * ℳ 1,50. *
Früher u. d. T.: Schreib- und Hülfskalender.

Amtskalender für Geistliche auf das J. 1886. 13. Jahrg. In 2 Tln. Hrsg. von R. Schneider. gr. 16. Bielefeld, Velhagen und Klasing. [1. Tl.: Schreibkalender. (232 S. mit 1 Eisenbahnkarte von Mittel-Europa.); 2. Tl.: Theolog. Jahrbuch. (VIII, 293 S.) à Tl. * ℳ 1.50.] *

— dass. — auf die J. 1887—1889. Hrsg. von R. Schneider. à Jahrg. 2 Tle. 16. Gütersloh, Bertelsmann. [1. Tl.: Schreibkalender. (232 S.) geb. * ℳ 1.20.; 2. Tl.: Theolog. Jahrbuch. (220—230 S.) geb. * ℳ 1.50.] à Jahrg. *

Amtskalender f. evangelische Geistliche auf d. J. 1887. Hrsg. v. R. Schneider. 1. Tl.: Schreibkalender. 16. (232 S.) Gütersloh, Bertelsmann. geb. n. 1. 20

Amtskalender f. evang. Geistliche auf die J. 1890—1893. Hrsg. v. R. Schneider. à Jahrg. 2 Tle. 16. Gütersloh, Bertelsmann. à Jahrg. * 2 70
Tl. 1. Schreibkalender. (à Jahrg. ca. 240 S.) à Jahrg. geb. * 1 20.
Tl. 2. Theolog. Jahrbuch. (à Jahrg. ca. VIII, 230 S.) à Jahrg. * 1 50.

Amtskalender f. evangelische Geistliche auf d. J. 1895. Hrsg. v. J. Schneider. 1. Tl.: Schreibkalender. 16. (256 S.) Gütersloh, C. Bertelsmann. Geb. in Leinw. n. 1. 20

— dasselbe. 2. Tl., s.: Jahrbuch, theologisches.

Amts-Kalender f. ev. Geistliche f. 1896. Hrsg. v. J Schneider. 1. Tl.: Schreibkalender. 23. Jahrg. (256) Götersl., C Bertelsmann. Geb. in Lnw. 1.20 ‖ 1895. 2. Tl.: Theolog. Jahrb. (400) 2.40; geb. 3 —
Der 2. Tl kostete bis z. J. 1893 nur 1.50.

Amtskalender f. evang. Geistliche a. d. J. 1899. Hrsg. v. J. Schneider. 2 Tle. 26. Jahrg. Gütersloh, C. Bertelsmann. Geb. in Leinw. n. 5. 20
1. Schreibkalender. 16. (272 S.) n. 1. 20. — 2. Theolog. Jahrbuch. 12. (XI, 384 S.) n. 3. 50; geb. n. 4. —.

Amtskalender f. ev. Geistliche. Hrsg. v. J Schneider. 2 Tle. Götersl., C Bertelsmann. Geb. in L. 5.20
1. Schreibkalender. 1901. 28. Jahrg. 16° (263) 1.20 ‖ 2. Kirchl. Jahrb. 1900. 27. Jahrg. 12° (480) 4 —; geb. 5.50.
Der 2. Tl führte bis z. J. 1899 d. Titel: Theolog. Jahrb.

— f. evangelische Geistliche a. d. J. 1903. Hrsg. v. J. Schneider. (2 Tle.) 30. Jahrg. 1. Tl. Schreibkalender. 16. (272 S.) Gütersloh, C. Bertelsmann. Geb. in Leinw. n. 1. 20; Ausg. B. (m. Notizblättern statt d. Tabellen) n. 1. 20
II. Tl. s.: Jahrbuch, kirchliches.

— dass. f. 1906. Hrsg. v. J Schneider. (2 Tle.) 33. Jahrg. 1. Tl. Schreibkalender. (270) 16° Hag., O Rippel. L. 1.20; Ausg. B. (m. Notizblättern statt d. Tab.) 1.20
2. Tl s. u. d. T.: Jahrbuch, kirchl.

— f. evangelische Geistliche auf d. J. 1907. Hrsg. v. J. Schneider. (2 Tle.) 34. Jahrg. 1. Tl. Schreibkalender. (264 S) 16. Gütersloh, C. Bertelsmann. Geb. in Leinw. n. 1. 20
Ausg. B. (m. Notizblättern statt der Tabellen) n. 1. 20

Amtskalender f. evangel. Geistliche auf d. J. 1910. Hrsg. v. J. Schneider. 37. Jahrg. (272 S.) 16. Gütersloh, C. Bertelsmann. Geb. in Leinw. 1.20; Ausg. B (m. Notizblättern statt der Tabellen) 1. 20

Amtskalender f. evangel. Geistliche f. '13. Hrsg. v. J Schneider. 40. J. (272) kl8° Götersl., C Bertelsmann. L 1.20; Ausg. B (m. Notizbll. statt d. Tabellen) 1.20

Amtskalender für evangelische Geistliche und Lehrer des Regierungsbezirks Magdeburg und der Grafschaft Wernigerode resp. für evangel. Geistliche der Provinz Sachsen. Mit Benützung amtl. Quellen hrsg. von Herm. Haase. 2. Jahrg. gr. 16. (332 S.) Osterburg 861, Doeger'sche Buchh. **
Der 1. Jahrg. erschien unter dem Titel: Amtskalender für Kirchen- und Schulpatrone für den Regierungsbezirk Magdeburg.

—— f. ev. Geistl. u. Lehrer d. Reg.-Bez. Magdeburg. Hrsg. v. H Haase. 2. Jahrg. 16. (332) Osterb. 64, Doeger. *n.* — 25

Amtskalender für evangelische Geistliche in Russland (von 1875 ff. ab: Personalstatus der evang.-luther. u. evang.-reformierten Kirche in Russland). Hrsg. v. E. H. von Busch. Jg. I—XLIV. St. Petersburg, 1871—1914.

—— f. ev. Geistliche in Russland, f. 1872. Hrsg. v. EH v. Busch. 8. (220) Petersb., Deubner. *n.* 2. —

—— für evangelische Geistliche im Königr. Sachsen auf die J. 1871—74. Zum Besten unversorgter Waisentöchter sächs. Geistlicher hrsg. von Frz. Otto Stichart. 1.—4. Jahrg. gr. 4. (118—102 S.) Pirna. (Dresden, Naumann.) à Jahrg. **

—— für evangelische Geistliche im Königr. Sachsen auf die J. 1875—1880. Zum Besten der Pflegetöchter des Sonntagsboten hrsg. von der niedererzgebirg. Predigerconferenz. 5.—10. Jahrg. gr. 4. (120; 124 S. mit Anhang: Nachtrag zur 2. Aufl. von Florey, Pfarramtlicher Rathgeber; 120; 124; 128; 156 S. mit 1 chromolithogr. Karte.) Frankenberg, (Roßberg.) Jahrg. 1875 ** ℳ 1.; Jahrg. 1876—1879 à ** Jahrg. 1880 *

— für evangelische Geistliche im Königr. Sachsen auf d. J. 1876. Zum Besten der Pflegetöchter d. Sonntagsboten hrsg. v. der niedererzgebirg. Predigerconferenz. 6. Jahrg. gr. 4. (124 S.) Frankenberg 876. (Dresden, Naumann.) n.n. 1. 50

—— für evangelische Geistliche im Königr. Sachsen. Auf das J. 1881. Zum Besten der Pflegetöchter des Sonntagsboten hrsg. von der niedererzgebirg. Predigerconferenz. 11. Jahrg. 4. (139 S. mit eingedr. Holzschn.) Frankenberg, (Roßberg.) **

Amtskalender für evangelische Geistliche des Preußischen Staates auf das Jahr 1862. Von Rich. Reinhard. Langensalza 862. Greßler. 16. (XXXII, 338 S.) n. 28 *ngr.*; geb. n. 1 Thlr 6 *ngr.*

—— für evangelische Geistliche des preußischen Staates auf das J. 1862. Von Rich. Reinhard. gr. 16. (XXXII und 338 S.) Langensalza 862, Schulbuchh. des thüringer Lehrer-Vereins. * geb. *

—— f. ev. Geistl. d. preuss. St. auf 1863. Hrsg. v. R Reinhard. 16. (328) Langens., Gressler. *n.* — 28; geb. *n.* 1. 6

Amtskalender für evangelische Geistliche des preußischen Staates einschließlich Hannover u. Nassau auf d. J. 1868 u. 1869 mit Benutzung amtlicher Quellen. Hersg. von Rich. Reinhard. Thorn, Lambeck. 16. (361; 368 S.) Jeder Jahrg. n. 1 Thlr

— für evangelische Geistliche des preußischen Staates, des Großherzogth. Oldenburg u. der freien Städte Bremen u. Lübeck auf d. J. 1870 mit Benutzung amtlicher Quellen. Hersg. von Rich. Reinhard. Ebend. 16. (330 S.) n. 1 Thlr

— f. d. ev.-luther. Geistlichen im Herzogt. Braunschweig f. 1900. Bearb. v. R Knopf. 4° (32) Brnschw., H Wollermann. Geb. in L. 1.60

— für die evang.-lutherischen Geistlichen im Herzogt. Braunschweig auf 1901. Bearb. v. Rob. Knopf. Fol. (34 S.) Braunschweig, H. Wollermann. Geb. in Leinw. n. 2. —
Erscheint nicht mehr.

—— für evangelisch-lutherische Geistliche im Königr. Sachsen auf die J. 1882—1885. Hrsg. von der niedererzgebirg. Predigerconferenz. 12.—15. Jahrg. 4. (136; 130; 146; 166 S.) Frankenberg, (Roßberg.) à Jahrg. **

—— für evangelisch-lutherische Geistliche im Königr. Sachsen auf die J. 1886—1889. Hrsg. von der niedererzgebirg. Predigerconferenz. 16.—19. Jahrg. 4. (156; 160; 160; 166 S.) Frankenberg, (Roßberg.) à Jahrg. ** cart. à Jahrg. **

—— für evang.-luther. Geistliche im Königr. Sachsen auf d. J. 1890—1893. Hrsg. v. d. niedererzgebirg. Predigerconferenz. 20.—23. Jahrg. 4. (à Jahrg. ca. 175 S. m. Bildern.). Frankenberg, (C. G. Roßberg). à Jahrg. ** 1 30; cart. ** 1 40

— f. ev.-luther. Geistliche im Kgr. Sachsen f. 1896. Hrsg. v. d. niedererzgebirg. Predigerconferenz. 26. Jahrg. 4° (192 m. Abbildgn.) Frankenb., (CG Rossberg). Kart. n.n. 1.50
Preis bis 1892 n.n. 1.40.

— f. evang.-luther. Geistliche i. Königr. Sachsen a. d. J. 1899. Hrsg. v. d. niedererzgebirg. Predigerkonferenz. 29. Jahrg. 4. (230 S. m. Abb. u. 1 Farbdr.) Frankenberg 898. (C. G. Roßberg.) Kart. n.n. 2. —

— dass. f. 1901. 31. Jahrg. 4° (200 u. 17 m. Abb.) Lpzg. (Dresd., J Naumann.) Kart. nn 2.25

— für evang.-lutherische Geistliche im Königr. Sachsen auf d. J. 1903. Hrsg. v. der niedererzgebirg. Predigerconferenz. 33. Jahrg. 4. (216, 8 u. 4 S. m. Abbildgn.) Leipzig. (Dresden, F. Richter). Kart. n.n. 2. 25

Amts-Kalender für evangelisch-lutherische Geistliche im Königreich Sachsen auf d. J. 1906. Hrsg. v. der niedererzgebirg. Predigerkonferenz. 36. Jahrg. (235, 7, 5 u. 16 S. m. Abbildgn.) gr. 8. Gautzsch bei Leipzig. (Dresden, C. L. Ungelenk.) Kart. n.n. 2. 25

— f. ev.-luther. Geistliche im Kgr. Sachsen f. '09. Hrsg. v. d. niedererzgebirg. Predigerkonferenz. (Schriftleiter: Dinter.) 39. J. (199 m. Abb.) gr8° Gautzsch bei Lpzg, Formular-Verl. Neufriedstein. L. nn 2.25 d

— für evangelisch-luther. Geistliche im Königr. Sachsen auf d. J. 1910. Hrsg. v. der niedererzgebirg. Predigerkonferenz. (Schriftleiter: Dinter.) 40. Jahrg. (206 S. m. Abb.) gr. 8. Gautzsch bei Leipzig, Formular-Verlag Neufriedstein. Geb. in Leinw. nn 2. 25

— f. evangel.-luther. Geistliche im Kgr. Sachsen f. '12. Hrsg. v. d. niedererzgeb. Predigerkonferenz. (Schriftleiter: Dinter.) 42. J. (205 m. Abb., 1 Bildn. u. 1 Fksm.) gr8° Gautzsch b. Lpzg. Formular-Verl. Neufriedstein. L nn 2.25 d

—— für sächsische Geistliche und Lehrer. 1877. Des Pestalozzi-Kalenders 31. Jahrg. gr. 16. (183 S.) (Ebendas.) cart. *

—— dass. — 1878—1880. Zum Besten des Pestalozzi-Vereins im Königr. Sachsen hrsg. Redact.: Karl Wille. 32.—34. Jahrg. gr. 16. (209; 227; 221 S.) (Ebendas.) cart. à Jahrg. *

Amtskalender für sächsische Geistliche und Lehrer 1881—1885. Zum Besten des Pestalozzivereins im Königr. Sachsen hrsg. Redact.: Wille. 35.—39. Jahrg. 12. (195; 177; 184; 181; 176 S.) Leipzig, (Klinkhardt.) cart. à Jahrg. *

—— für sächsische Geistliche und Lehrer 1886. Zum Besten des Pestalozzivereins im Königr. Sachsen hrsg. Redact.: Wille. 40. Jahrg. 12. (188 S. mit 4 Stundenplänen.) Leipzig, (Klinkhardt.) cart. *
Jahrg. 1887 und 1888 s. Kalender des sächsischen Pestalozzivereins. — Jahrg. 1889 s. Amtskalender für Lehrer im Königr. Sachsen.

Amtskalender f. sächsische Geistliche u. Schullehrer. 1853. Des Pestalozzi-Kalenders 7. Jahrg. 4. (96 S.) Dresden. (Leipzig, Klinkhardt.) baar n. n. 5/12 ₰

Amtskalender für sächsische Geistliche u. Schullehrer. 1854—1858. Des Pestalozzi-Kalenders 8—12. Jahrg. Dresden. Naumann. — Leipzig, Klinkhardt. 4. 8. — 10. Jahrg. à nn. 12½ ngr; 11. u. 12. Jahrg. à nn. 15 ngr

— für sächsische Geistliche und Schullehrer. 1859—1864. Des Pestalozzi-Kalenders 13—18. Jahrg. Dresden. (Leipzig, Klinkhardt.) gr. 4. Jeder Jahrg. n. 15 ngr

— f. sächsische Geistliche u. Schullehrer. 1865—1871. Des Pestalozzi-Kalenders 19—24. Jahrg. Dresden. (Leipzig, Klinkhardt.) (à ca. 124 S.) 4. Jeder Jahrg. n. 15 ngr

— für sächsische Geistliche u. Schullehrer. 1876. Des Pestalozzi-Kalenders 30. Jahrg. gr. 16. (195 S.) Dresden 876. Leipzig, Klinkhardt in Comm. 1. 50

—— für Geistliche und Schullehrer des Regierungs-Bezirks Frankfurt a. O. pro 1870. Redigirt im Bureau der Königl. Regierung. 8. (200 S.) Frankfurt a. O., Trowitzsch und Sohn.

Amtskalender für Geistliche und Schullehrer des Reg.-Bez. Frankfurt a. O. auf das Gemein-J. 1877. 8. (XXXII, 188 und 48 S.) Frankfurt a. O., Trowitzsch und Sohn.
1875, 1876, 1878 und 1879 nicht erschienen.

—— dass. — auf das Schaltj. 1880. 8. (30, 200 S.) Ebendas.

—— für Geistliche und Schullehrer des Reg.-Bez. Frankfurt a. O. auf die J. 1882 und 1884. 8. (XXXVI, 216; XXXVI, 218 S.) Frankfurt a. O., Trowitzsch und Sohn. à Jahrg. *
Erscheint alle zwei Jahre.

—— für Geistliche und Schullehrer des Reg.-Bez. Frankfurt a. O. auf das J. 1887. 8. (XXXVI, 210 S.) Frankfurt a. O., Trowitzsch und Sohn. *

— für Geistliche u. Schullehrer d. Reg.-Bez. Frankfurt a. Oder auf d. J. 1889. 8. (XXXVI, 223 S.) Frankfurt a. O., Trowitzsch & Sohn. n. 2. —

—— für Geistliche u. Schullehrer d. Reg.-Bez. Frankfurt a. d. O. auf d. J. 1891. 8. (XXXVI, 226 S.) Frankf. a. O., Trowitzsch u. Sohn. * 2 —
Erscheint alle 2 Jahre.

— für Geistliche u. Schullehrer d. Reg.-Bez. Frankfurt a. d. Oder auf d. J. 1893. 8. (XXXII, 238 S.) Frankfurt a/O., Trowitzsch & Sohn. n. 2. —

— f. Geistliche u. Schullehrer d. Reg.-Bez. Frankfurt a/O. f. 1895. 8° (253) Frankf. a/O., Trowitzsch & S. 2 —

— f. Geistliche u. Schullehrer d. Reg.-Bez. Frankfurt a/Oder a. d. J. 1897. 8. (XXXVI, 185 S.) Frankfurt a/O., Trowitzsch & Sohn. n. 1. —

Amtskalender f. Geistliche u. Schullehrer des Reg.-Bez. Frankfurt a. Oder auf d. J. 1901. 8. (XXXVI, 191 S.) Frankfurt a/O., Trowitzsch & Sohn. n. 1. —

Amts-Kalender f. Geistliche u. Schullehrer des Reg.-Bez. Frankfurt a. Oder f. die J. 1905—1906. XXXVI, 183 S.) 8. Frankfurt a/O., Trowitzsch & Sohn. 1. —

Amtskalender f. Geistliche u. Schullehrer des Reg.-Bez. Frankfurt a. Oder f. d. J. 1909/1910. (XXXIV, 179 S.) 8. Frankfurt a/O., Trowitzsch & Sohn. 1. 25

Amtskalender f. Geistliche u. Schullehrer d. Reg.-Bez. Frankfurt a. Oder f. '11/12. (10, 154) 8° Frankf. O., Trowitzsch & S. 1.25 d

Amtskalender für die evangel. Geistlichkeit Deutschlands auf das J. 1873 mit Benutzung amtl. Quellen hrsg. von R. Reinhard. 2 Thle. 16. (XVI, 240; 343 S.) Berlin 873, Heinersdorff. geb. *

Amtskalender f. die evangelische Geistlichkeit Deutschlands auf das J. 1873 m. Benutzg. amtl. Quellen hrsg. v. R. Reinhard. 2 Thle. 16. (XVI, 240 u. 343 S.) Bielefeld 873. Gülker & Co. geb. u. broch. n. 5. 50

Amtskalender f. d. ev. Geistlichkeit Deutschlands f. 1873 hrsg. v. R Reinhard. 2 Thle. 16. (583) Lpzg, Heinersdorff. geb. u. broch. n. 5. 50

— f. d. kathol. Geistlichkeit Deutschlds f. 1898. 4. Jahrg. 16° (232) Pass., (M Waldbauer). Geb. in L. 1 —

— f. d. kathol. Geistlichkeit Deutschlands a. d. J. 1899. 5. Jahrg. gr. 16. (IV, 232 S.) Wiesbaden, G. Quiel. Geb. in Leinw. n. 1. —

— f. d. kathol. Geistlichkeit Deutschlds f. '09. 15. J. (16 283) kl8° Pass., M Waldbauer. L. 1 — d

— f. die katholische Geistlichkeit Deutschlands f. d. J. 1910. 16. Jahrg. (XVI, 227 S.) kl. 8. Passau, M. Waldbauer. Geb. in Leinw. 1. —

— f. d. kathol. Geistlichkeit Deutschlds '12. 18. J. (16, 221) kl8° Pass., M Waldbauer. L 1 — d

— für die protestantische Geistlichkeit im diesseitigen Baiern auf d. J. 1866 u. 1867. Herg. von Chrn. Mayer. Nördlingen, Beck. gr. 8. (IV, 112 S.; IV, 118 S.) Jeder Jahrg. nn. 14 ngr.

Amtskalender für Gemeindevorstände, Standesbeamte u. Gutsvorsteher im Königreich Sachsen für 1912. 36. Jahrg. Herausgegeben unter Mitwirkung prakt Verwaltungsbeamter v. W. Lödel. kl. 8. (312 S.) Freiberg i. S., E. Maukisch. Geb. 1. 50.

Amtskalender für Gutsvorsteher, Gemeindevorstände und Standesbeamte im Königr. Sachsen. (1.) Jahrg. 1877. 8. (304 S.) Leipzig, Roßberg'sche Buchh. geb. *

—— dass. — Jahrg. 1878—1880. 16. (211; 202; 200 S.) Ebendas. à Jahrg. *

—— für Gutsvorsteher, Gemeindevorstände und Standesbeamte im Königr. Sachsen für 1881 und 1882. 5. und 6. Jahrg. 12. (IV, 188; VIII, 182 S.) Leipzig, Roßberg'sche Buchh. geb. à Jahrg.

—— dass. — für 1883—1885. 7.—9. Jahrg. Hrsg. von J. Wolke und O. Ludwig. gr. 16. (VI, 182; XXIV, 165; XXIV, 165 S.) Ebendas. geb. à Jahrg. *

—— für Gutsvorsteher, Gemeindevorstände und Standesbeamte im Königr. Sachsen für 1886. (10. Jahrg.) Hrsg. von J. Wolke und O. Ludwig. gr. 16. (XXII, 172 S.) Freiberg, (Engelhardt.) geb. *

— für Gutsvorsteher, Gemeindevorstände u. Standesbeamte im Königr. Sachsen f. 1887. 11. Jahrg, Hrsg. v. J. Wolke u. O. Ludwig. gr. 16. (XXII, 174 S.) Freiberg, Mauckisch. geb. n. 1. 50

—— für Gutsvorsteher, Gemeindevorstände u. Standesbeamte im Königr. Sachsen f. 1888—1893. 12.—17. Jahrg. Hrsg. v. J. Wolke u. O. Ludwig. gr. 16. (à Jahrg. ca. 180 S.) Freiberg i. S., E. Mauckisch. geb. in Leinw. à Jahrg. * 1 50

— f. Gutsvorsteher, Gemeindevorstände u. Standesbeamte im Königr. Sachsen f. 1895. 19. Jahrg. Hrsg. v. J. Wolke u. O. Ludwig. gr. 16. (XXXII, 179 S.) Freiberg, E. Mauckisch. Geb. in Leinw. n.n. 1. 50

— f. Gutsvorsteher, Gemeindevorstände u. Standesbeamte im Kgr. Sachsen f. 1896. 20. Jahrg. Hrsg. v. J Wolke u. O Ludwig. 16° (212) Freib., E Mauckisch. Geb. in Lnw. n.n. 1.50

— f. Gutsvorsteher, Gemeindevorstände u. Standesbeamte i. Königr. Sachsen f. 1898. 22. Jahrg. Hrsg. v. J. Wolke u. O. Ludwig. gr. 16. (XXXII, 180 S.) Freiberg, E. Maukisch. Geb. in Leinw. n.n. 1. 50

— für Gutsvorsteher, Gemeindevorstände u. Standesbeamte im Kgr. Sachsen f. 1900. 24. Jahrg. Hrsg. v. J Wolke u. O Ludwig. 16° (34, 170) Freibg, E Mauckisch. Geb. in L. nn 1.50

— für Gutsvorsteher, Gemeindevorstände u. Standesbeamte im Königr. Sachsen f. 1903. 27. Jahrg. Hrsg. v. J. Wolke u. O. Ludwig. 12. (XXXIV, 167 S.) Freiberg, E. Mauckisch. Geb. in Leinw. n.n. 1. 50

Amtskalender für Gutsvorsteher, Gemeindevorstände u. Standesbeamte im Königr. Sachsen f. 1905. 29. Jahrg. Hrsg. v. O. Ludwig. (270 S.) kl. 8. Freiberg. E. Mauckisch. Geb. in Leinw. 1. 50.

Amtskalender für Gutsvorsteher, Gemeindevorstände u. Standesbeamte im Königr. Sachsen f. 1906. 30. Jahrg. Hrsg. v. O. Ludwig. (270 S.) kl. 8. Freiberg, E. Mauckisch. Geb. in Leinw. 1. 50.
— — — 1907. Zusammengestellt m. Benützg. amtl. Quellen. (8, 314, XC u. 54 S. m. 1 Bildnis.) Lex.-8. Graz, F. Pechel. Kart. 3. 60.

Amtskalender für Gutsvorsteher, Gemeindevorstände u. Standesbeamte im Königr. Sachsen f. 1908. 32. Jahrg. Hrsg. v. W. Lödel. (275 S.) kl. 8. Freiberg. E. Mauckisch. Geb. in Leinw. 1. 50.

Amtskalender f. Gutsvorsteher, Gemeindevorstände u. Standesbeamte im Königr. Sachsen f. 1909. 33. Jahrg. Hrsg. unter Mitwirkg. prakt. Verwaltungsbeamter v. W. Lödel. (III, 282 S.) kl. 8. Freiberg, E. Maukisch. Geb. 1. 50.

— für Gutsvorsteher, Gemeindevorstände u. Standesbeamte im Königr. Sachsen f. 1910. 34. Jahrg. Hrsg. unter Mitwirkg. prakt. Verwaltungsbeamter v. Wilh. Lödel. (XLVIII, 234 S.) kl. 8. Freiberg, E. Mauckisch. Geb. in Leinw. nn 1.50

Israelitischer Amtskalender für Rabbiner, Prediger, Lehrer und Cantoren.
[Hrsg.: J. Loewy.] Jg. 1.2.
Berlin: Expedition 1889. 1890. 8°

— israelitischer, für Rabbiner, Prediger, Lehrer u. Cantoren [u. a. Gemeindebehörden] auf das J. 5650 [1889—1890], hrsg. v. J. Loevy. 16. (264 S.) Berlin 889. H. Engel. geb. n. 1. 50

— israelitischer, f. Rabbiner, Prediger, Lehrer u. Cantoren [u. a. Gemeindebehörden] auf d. J. 5651 [1890 bis 1891], hrsg. v. J. Loevy. 2. Jahrg. gr. 16. (IV, 286 S.) Berlin 891. H. Engel. Geb. n. 2. 50 (ermäss. Preis n. 1. —)

—— für Kanzleien, insbesondere für Ortsvorsteher, Rathsschreiber und Ortssteuerbeamte des Königr. Württemberg auf das J. 1861. Hrsg. von Friedr. Frisch. 1. Jahrg. Fol. (II und 88 S.) Stuttgart 861, Neff. *

Amts- u. Adress-Kalender, Kärntner, f. 1906. Neue Folge. (464) 8° Klagenf., F v. Kleinmayr. Kart. 2.40;
m. Wohngsadressen f. Klagenfurt. (464 u. 130) Kart. 5 d
Bis 1904 u. d. T.: Kleinmayr's, F. v, ill. Klagenf. Haus- u. Geschäfts-Adress-Kalender.

Amts- u. Adreß-Kalender, Kärntner, f. d. J. 1907. Ein Jahrbuch f. alle Bewohner Kärntens. Neue Folge. (501 S.) gr. 8. Klagenfurt, F. v. Kleinmayr. Kart. n. 2. 40

Kärntner Amts- und Adreßkalender 1909. Lex.-8°. (527 S.) * K 2.40
Kleinmayr, Klagenfurt 1908.

Amts- u. Adresskalender, Kärntner, f. '10. N. F. (541) gr8° Klagenf., F v. Kleinmayr. Kart. 2.40;
m. Wohngsanzeiger v. Klagenfurt. (541 u. 139) 5 — d

Kärntner Amts- und Adreßkalender für das Gemeinjahr 1911. Neue Folge. Lex.-8°. (551 S.) K 2.40
Klagenfurt Ferd. v. Kleinmayr 1910.

Amts- u. Adress-Kalender, Kärntner, f. '13. Jahrb. f. alle Bewohner Kärntens. (566) gr8° Klagenf., F v. Kleinmayr. HL 2.40 d

— für die evangelischen Kirchen u. Schulen in Württemberg auf 1891. Hrsg. v. K. Gußmann. gr. 4. (24 S.) Tübingen, Franz Fues. n. 1. 40; cart. n. 1. 80

— für die evangelischen Kirchen u. Schulen in Württemberg auf 1892. Hrsg. v. Karl Gußmann. hoch 4. (24 S.) Eningen. (Tübingen, F. Fues.) n. 1. 40

Appenzell Innerhoden (Kanton). Amts-,Kirchen-und Militärkalender, s. Staatskalender.

— für Kirchen- und Schulpatrone, Geistliche und Lehrer an höheren und niederen Unterrichtsanstalten im Regierungsbezirk Erfurt. 1. Jahrg. Langensalza 860. Greßler. 16. (184 S.) n. 15 ngr.

— für Kirchen- und Schulpatrone, Geistliche und Lehrer an höheren und niederen Unterrichtsanstalten im Regierungsbezirk Erfurt. 1. Jahrg. gr. 16. (184 S.) Langensalza 860, Schulbuchh. des thüringer Lehrer-Vereins. *

— für Kirchen- und Schulpatrone im Regierungsbezirk Magdeburg. Redig. und hrsg. von Herm. Haase. 1. Jahrg. Mit 1 die einzelnen Ephorien genau bezeichnenden (chromolithogr.) Specialkarte des Regierungsbezirks Magdeburg (in Fol.) gr. 16. (XL und 264 S.) Langensalza 860, Schulbuchh. des thüringer Lehrer-Vereins. *

Der 2. Jahrg. erschien unter dem Titel: Amtskalender für evangel. Geistliche rc. des Regierungs-Bezirks Magdeburg.

— für Lehrer im Königr. Sachsen auf das J. 1889. Hrsg. zum Besten des Sächsischen Pestalozzivereins. Redakt.: Wille. 43. Jahrg. 12. (150 S. mit 4 Stundenplänen.) Leipzig, (Klinkhardt.) geb. *

Vgl.: Amtskalender für sächsische Geistliche und Lehrer 1886.

— für Lehrer im Königr. Sachsen auf d. J. 1890—1893. (Pestalozzi-Kalender.) 44.—47. Jahrg. Redact.: Wille. à Jahrg. 2 Tle. gr. 16. (à Jahrg. ca. 200 S.) Dresden. (Lpz., Klinkhardt.) geb. in Leinw. à Jahrg. * 1 50

— dasselbe 1894, s.: Kalender des sächsischen Pestalozzivereins.

Amts-Kalender, neuer steiermärkischer. Unentbehrliches Auskunfts- u. Geschäfts-Handbuch f. Ämter u. alle Stände. 1905. Schriftleitung: C. J. Lankus. (7, 305, XC u. 62 S. m. 1 Bildnis) Lex.-8. Leoben, J. Hans Prosl. (Nur direkt.) Kart. 3. 60.

— neuer steiermärkischer. Unentbehrliches Auskunfts- u. Geschäfts-Handbuch f. Ämter u. alle Stände. 1906. (8, 312, XC u. 53 S. m. 1 Bildnis.) Lex.-8. Leoben, J. Hans Prosl. (Nur direkt.) Kart. 3. 60.

— neuer steiermärkischer. Unentbehrliches Auskunfts- u. Geschäfts-Handbuch f. Ämter u. alle Stände. 1907. Zusammengestellt m. Benützg. amtl. Quellen. (8, 314, XC u. 54 S. m. 1 Bildnis.) Lex.-8. Leoben. (Graz, F. Pechel.) Kart. n. 3. 60

— neuer steiermärkischer, 1908. Zusammengestellt m. Benützg. amtl. Quellen. (8, 314, XC. u. 54 S. m. 1 Bildnis.) Lex.-8. Graz, F. Pechel. Kart. 3. 60.

— neuer steiermärkischer. Unentbehrl. Auskunfts- und Geschäftshandbuch f. Ämter u. alle Stände. 1909. Zusammengestellt m. Benützg. amtl. Quellen. (IV, 8, 325, XCII u. 56 S. m. 1. Bildnis.) Lex.-8. Graz, F. Pechel. Kart. 3. —

— neuer steiermärkischer. Unentbehrliches Auskunfts- u. Geschäfts-Handbuch f. Ämter u. alle Stände. 1910. Zusammengestellt m. Benützg. amtl. Quellen. (II, 10, 228, XCII u. 57 S. m. 1 Bildnis.) Lex. 8. Graz, F. Pechel. Geb. in Halbleinw. 3. 60

— Neuer steiermärkischer. Auskunfts- u. Geschäfts-Handb. f. Ämter u. alle Stände. '13. (8, 335, 92 u. 61) Lex8° Graz, F Pechel. HL 3.60 d

Amts-Kalender, Niederösterreichischer. — 1865 -1921.

Amtskalender, niederösterreichischer, für das Jahr 1868. Nach amtlichen Quellen zusammengestellt. IV. Jahrgang. Mit einer Straßenkarte von Niederösterreich. 2. berichtigte Auflage. gr. 8°. (X u. 800 S.) Wien, k.k. Hof- u. Staatsdruckerei, 1867.

Amtskalender, niederösterreichischer, für das Jahr 1869. Nach amtlichen Quellen zusammengestellt. 5. Jahrgang. Mit einer nach den neuen politischen Amtsbezirken colorirten Straßenkarte von Niederösterreich. gr. 8°. (38 Bogen). Wien, k.k. Hof- u. Staatsdruckerei. cart. 1868.

Amts-Kalender, Niederösterreichischer, für das Jahr 1870. Mit Benutzung amtlicher Quellen zusammengestellt. 6. Jahrgang. Mit einer Karte des Erzherzogthums Oesterreich unter der Enns. Lex. 8°. (XII u. 596 S.) Wien, k.k. Hof- und Staatsdruckerei. cart. 1869.

Amts-Kalender, niederösterreichischer, für das Jahr 1871. Mit Benützung amtlicher Quellen zusammengestellt. (VII. Jahrgang.) Mit einer colorirten Skizze: Wien vor und nach der Donau-Regulirung. gr. 8. (XII u. 646 S.) Wien, k. k. Hof- und Staatsdruckerei. 1 fl. 30 kr.

— niederösterreichischer, für die J. 1875—1880. Mit Benützung amtl. Quellen zusammengestellt. 10.—15. Jahrg. 4. (XII, 650; XVI, 743; XVI, 728; XX, 744; XXIV, 748; XXIV, 767 S. mit 1 genealog. Stammtaf.) Wien, (k. k. Hof- und Staatsdruckerei.) cart. à Jahrg. *

— niederösterreichischer, für das J. 1881. Mit Benützung amtl. Quellen zusammengestellt. 16. Jahrg. Mit 1 genealog. Stammtaf. des Hauses Habsburg-Lothringen 1708—1880. Lex.-8. (XX, 784 S.) Wien, Hof- und Staatsdruckerei. cart. *

— dass. — für die J. 1882—1885. Mit Benützung amtl. Quellen zusammengestellt. 17.—20. Jahrg. Mit 1 genealog. Stammtaf. des Hauses Habsburg-Lothringen 1708—1884 und den Plänen des Zuschauerraumes der Wiener Theater und Musikvereins-Säle. Lex.-8. (XX, 792; XX, 807; XX, 810; XX, 824 S.) Ebendas. cart. à Jahrg. *

— niederösterreichischer, für die J. 1886—1889. Mit Benützung amtl. Quellen zusammengestellt. 21.—24. Jahrg.

— niederösterreichischer, f. d. J. 1890—1892. 25.—27. Jahrg. Mit e. genealog. Stammtafel d. Hauses Habsburg-Lothringen 1708—1889, —1890, —1891 u. d. Plänen d. Zuschauerraumes d. Wiener Theater u. Musikvereins-Säle. Lex.-8. (à Jahrg. ca. 890 S.) Wien, (Hof- u. Staatsdruckerei). cart. à Jahrg. * 4 —

Amtskalender, Niederösterreichischer, für das Jahr 1893. Mit Benützung amtlicher Quellen zusammengestellt. XXVIII. Jahrg. Mit einer genealog. Stammtafel des Hauses Habsburg-Lothringen 1708—1892 und den Plänen der Zuschauerräume der Wiener Theater und Musikvereinssäle. Gr.-8. (XX. 900 S.) geb.
Staatsdruckerei Wien 1892

— niederösterreichischer, f. d. J. 1894. Mit Benützg. amtl. Quellen zusammengestellt. 29. Jahrg. Mit e. genealog. Stammtafel des Hauses Habsburg-Lothringen 1708—1893 u. den Plänen des Zuschauerraumes der Wiener Theater u. Musikvereins-Säle. Lex.-8. (XX, 905 S.) Wien, (Hof- u. Staatsdruckerei). Kart. n. 4. —

Amtskalender, Niederösterreichischer, für das Jahr 1895. XXX. Jahrgang. gr8°(XX, 920 S.) Gebunden. K.u.K. Hof-und Staatsdruckerei, Wien 1894.

Amtskalender, Niederösterreichischer, für das Jahr 1896. Mit Benützung amtlicher Quellen zusammengestellt. XXXI. Jahrg. Mit einer genealog. Stammtafel des Hauses Habsburg-Lothringen 1708—1892 und den Plänen der Zuschauerräume der Wiener Theater und Musikvereinssäle. Gr.-8. (XX, 918 S.) Gebunden 2.—
Hof-u. Staatsdruckerei, Wien 1895.

Amtskalender, Niederösterreichischer, für das Jahr 1898. XXXIII. Jahrgang. Mit einer genealogischen Stammtafel des Hauses Habsburg Lothringen 1708- 1897 und den Plänen des Zuschauerraumes der Wiener Theater. Gr.-8. (XX. 946 S.) Geb. 2
Hof-u. Staatsdruckerei, Wien 1897.

— **niederösterreichischer,** f. d. J. 1899. M. Benützg. amtl. Quellen zusammengest. 34. Jahrg. M. e. genealog. Stammtafel d. Hauses Habsburg-Lothringen 1708—1898 u. d. Plänen d. Zuschauerraumes d. Wiener Theater u. Musikvereins-Säle. Lex.-8. (XX, 974 S.) Wien (Hof- u. Staatsdruckerei). Kart. n. 4. —

Niederösterreichischer Amts-Kalender für das Jahr 1900. XXXV. Jahrgang. Mit einer genealogischen Stammtafel des Hauses Habsburg-Lothringen 1780—1899 und den Plänen des Zuschauerraumes der Wiener Theater und Musikvereins-Säle. Mit Benutzung amtlicher Quellen zusammengestellt. Wien. 1900. In Comm. Hof- und Staatsdruckerei. Lex.-8°. XXII, 1024 S. Cart. fl. 2.—

Niederösterreichischer Amts-Kalender für das Jahr 1901. XXXVI. Jahrgang. Mit einer genealogischen Stammtafel des Hauses Habsburg-Lothringen 1780--1900 und den Plänen des Zuschauerraumes der Wiener Theater und Musikvereins-Säle. Mit Benützung amtlicher Quellen zusammengestellt. Wien. 1901. In Comm. Hof- und Staatsdruckerei. Gr..8°. XXIV, 1042 S. Mit 1 Tafel. Cart. K 4.—

— **niederösterreichischer,** f. d. J. 1902. 37. Jahrg. Mit e. genealog. Stammtafel des Hauses Habsburg-Lothringen 1780—1901, den Plänen des k. k. Versatz-, Verwahrungs- u. Versteigerungs-Amtes in Wien u. d. Plänen des Zuschauerraumes der Wiener Theater. Mit Benützg. amtl. Quellen zusammengest. Lex.-8. (XXIII, 1082 S.) Wien (Hof- u. Staatsdruckerei.) Kart. n. 4. —

Amtskalender, niederösterreichischer, f. d. J. 1903. 38. Jahrg. Lex.-8. Wien. Hof- u. Staatsdruckerei. 4. —

Amtskalender, niederösterreichischer, f. d. J. 1904. 39. Jahrg. Lex.-8. Wien, Hof- u. Staatsdruckerei. 4. —

— niederösterreichischer, f. d. J. 1905. 40. Jahrg. Lex-8. Wien, Hof- u. Staatsdruckerei. 4. —

— niederösterr., f. 1906. 41. Jahrg. (1169 m. Pl. u. 1 Stammtaf.) 8° Wien, (Hof- u. Staatsdr.). Kart. 4 — d

— **niederösterreichischer,** f. d. J. 1907. 42. Jahrg. Mit e. genealog. Stammtafel des Hauses Habsburg-Lothringen 1780—1905 u. den Plänen des Zuschauerraumes der Wiener Theater. Mit Benützg. amtl. Quellen zusammengestellt. (XXIV, 1196 S.) Lex.-8. Wien (Hof- u. Staatsdruckerei). Kart. n. 4. —

— niederösterreichischer, f. d. J. 1908. 43. Jahrg. Lex.-8. Wien, Hof- u. Staatsdruckerei. 4. —

Amtskalender, niederösterreichischer, f. d. Jahr 1910. 45. Jahrg. M. einer geolog. Stammtafel d. Hauses Habsburg-Lothringen 1780—1909 u. d Plänen d. Zuschauerraums d. Wiener Theater. M. Benützg. amtl. Quellen zusammengestellt. (XXIV, 1280 S.) Lex.-8. Wien, Hof- u. Staatsdruckerei. Kart. 4. —

— **niederösterreichischer,** f. d. J. 1911. 46. Jahrg. Mit e. genealog. Stammtafel des Hauses Habsburg-Lothringen 1780—1910 u. den Plänen des Zuschauerraumes der Wiener Theater. Mit Benützg. amtl. Quellen zusammengestellt. (XXIV, 1316 S.) Lex. 8. Wien, Hof- u. Staatsdruckerei. Geb. in Halbleinw. 4. 80

— Niederösterreichischer, f. '13. 48. J. (24, 1364 m. 1 Kte u 1. Pl.) Lex8° Wien, Hof- u. Staatsdr. HL 4.80 d

Amtskalender, Oberösterreichischer, für das Jahr 1898. Mit einem Verzeichnisse aller in Linz und Umgebung wohnenden Militär-Gagisten und Militär-Witwen und -Waisen. I. Jahrgang. Zusammengestellt mit Benützung amtlicher Quellen unter verantwortlicher Redaction von C. J. Laukus. Mit Porträt Sr. Majestät des Kaisers Franz Joseph I. und Ihrer Majestät der Kaiserin Elisabeth. Kl.-4. (248, 72 u. CII S.) Cart. —.90
Mareis, Linz 1898.

Amtskalender, oberösterreichischer, f. d. J. 1899. M. e. Verzeichnis all. in Linz u. Umgebg. wohn. Militär-Gagisten u. Militär-Witwen u. -Waisen. 2. Jahrg. Zusammengest. m. Benützg. amtl. Quellen unt. verantwortl. Red. v. M. J. Tuwora. Lex.-8. (VII, 244; 103 u. CIV S.) Linz, E. Mareis. Kart. n. 2. 40

Oberösterreichischer Amts-Kalender. Reichhaltigstes Auskunfts- und Geschäftshandbuch für das Jahr 1901. Mit einem Verzeichnis aller Militär-Gagisten von Linz und Umgebung. (Siehe „Militär-Kalender" auf dunkelgrünem Papier.) IV. Jahrgang. Zusammengestellt mit Benützung amtlicher Quellen- Linz a. d. D. 1901. Mareis. Gr.-8°. VIII, 256, XLIV, 176 S. Cart. K 2.40

Oberösterreichischer Amts-Kalender. Reichhaltigstes Auskunfts- und Geschäfts-Handbuch für das Jahr 1902. Mit einem Verzeichnis sämmtlicher Vereine von Oberösterreich. V. Jahrgang. Zusammengestellt mit Benützung amtlicher Quellen. Linz a. d. D. Mareis. Gr.-8°. VIII, 304, 160 S. Cart. K 2.40

— **oberösterreichischer.** Reichhaltigstes Auskunfts- u. Geschäfts-Handbuch f. d. J. 1903. Mit e. Verzeichnis sämtl. Vereine v. Oberösterreich. 6. Jahrg. Zusammengestellt m. Benützg. amtl. Quellen. Lex.-8. (V, 288 u. 192 S.) Linz, E. Mareis. Kart. n. 2. 40

Oberösterreichischer Amtskalender 1904. 7. Jahrg. Lex.-8°. (VIII, 304, 183 S.) K 2.40
Ernst Mareis, Linz 1903.

Oberösterreichischer Amtskalender. Reichhaltigstes Auskunfts- und Geschäftshandbuch für das Jahr 1905. 8. Jahrg. Lex.-8°. (304, 184 S.) Linz: Mareis 1904. K 2.40

— oberösterr., f. 1906. 9. Jahrg. (312 u. 189 m. 2 Bildnistaf.) 8° Linz, E Mareis. Kart. 2.40 d

— **oberösterreichischer.** Reichhaltigstes Auskunfts- u. Geschäftshandbuch f. d. J. 1907. Mit e. Verzeichnis sämtl. Gemeinden v. Oberösterreich. 10. Jahrg. Zusammengestellt m. Benützg. amtl. Quellen. (X, 320 u. 189 S. m. 2 Bildnistaf.) Lex.-8. Linz (Zentraldruckerei vorm. E. Mareis). Kart. n. 2. 40

— oberösterr., '08. Mit e. Verz. sämtl. Gemeinden v. Oberösterr. 11. J. (304 u. 179 m. 1 Bildn.) Lex 8° Linz, (Zentraldr. vorm. E Mareis). Kart. 2.40 d

Amtskalender, oberösterreichischer. Reichhaltiges Auskunfts- u. Geschäfts-Handbuch f. d. J. 1909. 12. Jahrg. (526 S.) Lex.-8. Linz, Zentraldruckerei vorm. E. Mareis. Kart. 2. 40.

— **oberösterreichischer.** Reichhaltigstes Auskunfts- u. Geschäfts-Handbuch f. d. J. 1910. Mit e. Verzeichnis sämtl. Gemeinden v. Oberösterreich. 13. Jahrg. Zusammengestellt m. Benützg. amtl. Quellen. (XXVIII, 356 u. 167 S. m. 3 Bildnissen.) Lex. 8. Linz, (Zentraldruckerei vorm. E. Mareis). Geb. in Halbleinw. 2. 40

— **Oberösterr.** Auskunfts- u. Geschäfts-Handb. f. '13. 16. J. (28, 390 u. 175) Lex8° Linz, Zentraldr. vorm. E Mareis. HL 3 — d

Oberösterreichischer Amtskalender „Der Oberösterreicher". 'Auskunfts- und Geschäftshandbuch für das Jahr 1905. 52. Jahrg. Gr.-8°. XL, 192 S.) geb. K 2.60
Vinzenz Fink, k.u.k. Hofbuchhandlung, Wien 1905.

— **oberösterr.,** der Oberösterreicher. Auskunfts- u. Geschäftshandbuch f. d. J. 1907. Ein unentbehrl. Handbuch f. alle Stände. 53. Jahrg. (LX, 320 u. 239 S.) Lex.-8. Linz, V. Fink. Kart. n. 2. 70
Bisher u. d. T.: Oberösterreicher, der.

— — Der Oberösterreicher. Auskunfts- u. Geschäftshandbuch f. d. J. 1908. Ein unentbehrl. Handbuch f. alle Stände. 54. Jahrg. (LXI, 334 u. 200 S.) Lex.-8. Linz, V. Fink. Kart. 2. 70.

— **oberösterr.** Der Oberösterreicher. '09. 55. J. (43, 336 u. 182) Lex8° Linz, Oberösterr. Buchdr.- u. Verl.-Gesellsch. Kart. 3 — d
Bis 06 u. d. T.: Oberösterreicher d.

— **oberösterr.** Der Oberösterreicher. Auskunfts- u. Geschäftshandbuch f. d. J. 1910. Ein unentbehrl. Handbuch f. alle Stände. 56. Jahrg. (XLIII, 366 u. 189 S.) gr. 8. Linz, Oberösterreich. Buchdruckerei- u. Verlagsgesellschaft. Kart. 3. —

— **Oberösterr.** Der Oberösterreicher. Auskunfts- u. Geschäftshandb. f. '13. 59. J. (48, 489 u. 214 m. 1 farb. Kte.) gr8° Linz, Oberösterr. Buchdr. u. Verl.-Gesellsch. HL 3 — d

— f. **Ortsbehörden,** Standesämter u. sonst. Verwaltgsstellen im Kgr. Sachsen f. '10. Hrsg. v. O Ludwig. (320 m. 8 Formularen.) kl8° Dresd., C Heinrich. L. 1.30 d
Bisher u. d. T.: Amtskalender f. d. Verwaltg. usw.

— f. **Ortsbehörden,** Standesämter u. sonst. Verwaltgsstellen im Kgr. Sachsen f. '13. Hrsg. v. O Ludwig. (320 m. 8 Formularen.) kl8° Dresd., C Heinrich. L 1.30 d

—— für **Ortsobrigkeiten,** Gemeindevorstände und Standesbeamte in den Großherzogthümern Mecklenburg. Jahrg. 1881—1884. gr. 16. (à Jahrg. ca. 190 S.) Güstrow, Opitz und Comp. Jahrg. 1881—1883 geb. à *
Jahrg. 1884 geb. *

Amtskalender für **Ortsobrigkeiten,** Gemeindevorstände und Standesbeamte in den Großherzogthümern Mecklenburg. Jahrg. 1885. 12. (202 S.) Güstrow, Opitz und Comp. geb. *
Nicht weiter erschienen.

—— d. sächs. Pestalozziver, s.: Amtskalender f. Lehrer.

—— für **Prediger** und Lehrer des Reg.-Bez. Magdeburg zur leichteren Uebersicht ihrer Amts-Geschäfte. Aus besten Quellen geschöpft und hrsg. auf das J. 1879 von Kolbe und Teitge. (1. Jahrg.) 8. (264 S.) Burg. (Magdeburg, Graefe.) *

—— für **Prediger** und Lehrer des Reg.-Bez. Magdeburg zur leichteren Uebersicht ihrer Amtsgeschäfte. Hrsg. auf das Schaltj. 1880 von Kolbe und Elschner. 8. (234 S.) Burg 879. (Magdeburg, Graefe.)
Nicht weiter erschienen.

—— f. **Prediger** u. Lehrer d. Reg.-Bez. Magdeburg zur leicht. Uebersicht ihrer Amts-Geschäfte. Hrsg. auf d. J. 1880 v. Kolbe u. Teitge. 8. (234) Burg. (Magdeb., Graefe.) n. 2. —

—— für **Prediger** und Lehrer des Regierungs-Bezirks Merseburg zur leichteren Uebersicht ihrer Amtsgeschäfte. Auf das J. 1861. 20. Jahrg. 8. (VIII und 268 S.) Merseburg, (Garcke'sche Buchh.) **

— für **Prediger** und Lehrer des Regierungs-Bezirks Merseburg zur leichteren Uebersicht ihrer Amtsgeschäfte. Auf das J. 1861. 20. Jahrg. Merseburg. (Stollberg.) 8. (VIII, 268 S.) nn. 15 ngr.

Amts-Kalender für Prediger und Schullehrer im Regierungsbezirk Magdeburg, zur leichtern Uebersicht ihrer Amtsgeschäfte, (v. Joh. Joach. Seeger), auf das J. 1831. 1r Jahrg. gr. 12. Magdeburg (Berlin) ... Rubach. 2/3 ℛ

— ders. (2r Jahrg., auf d. J. 1833, a. u. d. T.: Amtskalender für Kreis- u. Ortsbehörden, Prediger u. Schullehrer in dem Regierungsbez. Magdeburg. Ebd. ... 7/12 ℛ

— ders. (3r u. 4r Jahrg.) f. 1834 u. 35, a. u. d. T.: Amts- u. Termin-Kalender für Kreis- u. Ortsbehörden, Prediger, Lehrer und sonstige Beamte im Königr. Preußen, zur leichtern Uebersicht ihrer Amtsgeschäfte, herausg. v. (Joh. Eph.) Seeger. gr. 16. Ebd. 834 u. 35. (à 2/3 ℛ) 1 1/3 ℛ

Amts-Kalender für Prediger und Schullehrer des Regierungsbezirks Magdeburg auf 1848. 1. Jahrg. gr. 4. (124 S.) Magdeburg 848, Heinrichshofen'sche Buchh.

Amts-Kalender f. Prediger u. Schullehrer in d. königl. Preuß. Monarchie, z. leichten Übersicht ihrer Amtsgeschäfte. 8°. Erfurt 1821 - 30. Müller.

—— f. Prediger u. Schullehrer in der Kgl. Preuß. Monarchie, zur leicht. Uebersicht ihrer Amtsgeschäfte, (im Regier.-Bezirk Magdeburg.) 1. u. 2. Jahrg. 1831 u. 33. gr. 12. ... Magdeburg, Rubach. [831. 16 Gr., 833. 14 Gr.]

—— ders. 3. Jahrg. 1834, (m. d. Zusatz: für Kreis- u. Ortsbehörd., Prediger ɪc.) gr. 12. ... Ebds.

—— ders. 4. Jahrg. 1835. (m. d. Zus.: Terminkal. ɪc. f. Pred. u. Lehrer u. sonst. Beamten im Königr. Preußen) gr. 12. ... Ebds.

Amts-Kalender für Prediger u. Schullehrer d. Herzogthums Sachsen, auf d. Jahr 1819. 8. Erf., Müller. 8 gGr Mit 1 Karte. 14 gGr Derselbe, auf d. Jahre 820—30. Ebd. à 18 gGr Ders., für d. Jahr 1831. 1r Jahrg. gr. 12. Magdeb., Rubach. 16 gGr

—— königl. sächsischer, für **Gemeindebeamte,** insbesondere Bürgermeister, Gemeindevorstände, Gutsvorsteher, Standesbeamte, Ortskassenverwalter ɪc. auf die J. 1886—1888. Hrsg. von einem höheren Verwaltungsbeamten. gr. 16. (VI, 178; VI, 184; 184 S.) Leipzig, Roßberg'sche Buchh.
geb. à Jahrg. *

—— **Salzburgischer,** für die J. 1873—1880. 1.—8. Jahrg. Ein unentbehrl. Handbuch für die Bewohner des Landes Salzburg aus allen Ständen. Mit einem Schematismus der kathol. Geistlichkeit der Diözese Salzburg, des Lehrer-Personales im Kronlande Salzburg u. s. w. 4. (à ca. 88 S.) Salzburg, Mayrische Buchh. à Jahrg. * ℳ 1.; geb. *

—— **Salzburgischer,** für die J. 1881—1885. Ein unentbehrl. Handbuch für die Bewohner des Landes Salzburg aus allen Ständen. Mit einem Schematismus der kathol. Geistlichkeit der Diözese Salzburg, des Lehr-Personales im Kronlande Salzburg, dem Handels- und Gewerbe-Schematismus der Landeshauptstadt Salzburg und dem allgemeinen Post- und Telegraphen-Tarif. 9.—13. Jahrg. gr. 8. (à 95 S.) Salzburg, Mayrische Buchh. à Jahrg. *

— **Salzburgischer,** für das Jahr 18–6. XIV. Jahrg. 8°. (106 S.) Salzburg. Mayrische B. fl — 60.

Amts-, Geschäfts- und Volkskalender, Salzburgischer, für das Jahr 1857. Ein unentbehrliches Handbuch für die Bewohner des Landes Salzburg aus allen Ständen. Mit einem Schematismus der katholischen Geistlichkeit der Diöcese Salzburg, des Lehrpersonales und des Handels- u. Gewerbe-Schematismus etc. XV. Jahrgang. gr. 8⁰. (154 und 48 S.) Salzburg, Mayrische Buchhandlung (Eduard Geiger). Baar fl. —.60.

—— **für die Schulaufsichtsbeamten des deutschen Reiches** auf die J. 1880 und 1881. Unter Mitwirkung namhafter Schulmänner und bevorwortet von Konze, hrsg. von Ueberschaer. 16. (350; IV, 257, 73 S.) Berlin, Nauck und Comp. geb. à Jahrg.
Nicht weiter erschienen.

Amts- und Termin-Kalender für Canzleien, insbesondere für die k. Amtsgerichte, Oberämter, Hauptzollämter, Hauptsteuerämter, Kameralämter, Umgelds-Commissariate, Salzsteuerämter etc. auf die Jahre 1875—1880. 15.—20. Jahrg. Hrsg. von Friedr. Frisch. Fol. (à ca. 44 S.) Stuttgart, Kohlhammer. à Jahrg. **

Amts- und Termin-Kalender für Kanzleien, insbesondere für die k. Amtsgerichte, Oberämter, Hauptzollämter, Hauptsteuerämter, Kameralämter, Umgelds-Commissariate, Salzsteuerämter, Forstämter, Revierämter, Oberamtspflegen, Gerichts- und Amtsnotariate, Ortsvorsteher, Rathschreiber und Ortssteuerbeamte des Königr. Württemberg auf die J. 1881—1885. Hrsg. von Friedr. Frisch. 21.—25. Jahrg. Fol. (à Jahrg. ca. 45 S.) Stuttgart, Kohlhammer. Jahrg. 1881 und 1882 à Jahrg. 1883—1885 à

Amts- und Termin-Kalender für Kanzleien, insbesondere für die königl. Amtsgerichte, Oberämter, Hauptzollämter etc. des Königr. Württemberg auf die J. 1886—1889. Hrsg. von Friedr. Frisch. 26.—29. Jahrg. hoch 4. (52; 89; 86; 100 S.) Stuttgart, Kohlhammer. à Jahrg. *

Amts- u. Termin-Kalender f. Kanzleien, insbesond. f. d. k. Amtsgerichte, Oberämter, Hauptzollämter etc. d. Königr. Württemberg auf d. J. 1890—1892. Hrsg. v. Friedr. Frisch. 30.—32. Jahrg. hoch 4. (56; 106; 103 S.) Stuttg., Kohlhammer. à Jahrg. * 1 25

Amts- u. Termin-Kalender f. Kanzleien, insbesondere f. die k. Amtsgerichte, Oberämter, Oberamtspflegen etc. des Königr. Württemberg auf d. J. 1895. Hrsg. v. Frdr. Frisch. 35. Jahrg. hoch 4. (105 S.) Stuttgart, W. Kohlhammer. n. 1. 25

Amts- u. Termin-Kalender f. Kanzleien, insbes. f. d. k. Amtsgerichte, Oberämter, Oberamtspflegen etc. d. Kgr. Württemberg f. 1896. Hrsg. v. F Frisch. 36. Jahrg. 4⁰ (95) Stuttg., W Kohlhammer. 1.25

Amts- u. Termin-Kalender f. Kanzleien, insbes. f. d. k. Amtsgerichte, Oberämter, Gerichts- u. Amtsnotariate etc. d. Königr. Württemberg a. d. J. 1899. Hrsg. v. Frdr. Frisch. 39. Jahrg. hoch 4. (99 S.) Stuttgart, W. Kohlhammer. n. 1. 25

Amts- u. Termin-Kalender f. Kanzleien, Fortsetzg., s.: Frisch, F.

Basel - Land. Direktion des Innern. **Amts - und Termin-Kalender** für die Staats- und Gemeindebeamten des Kantons Basel-Land schaft. . . – 1882 - (?).

—— —— für die Staats- und Gemeindebeamten des Kantons Basel-Landschaft auf die J. 1882—1885. (1.—4. Jahrg.) Hrsg. durch die Direktion des Innern. gr. 4. (à Jahrg. ca. 300 S.) Liestal, (Lüdin und Walser.) 1.—3. Jahrg. cart. à * ℳ 1,60., 4. Jahrg. cart.

—— —— für die Staats- und Gemeindebeamten des Kantons Basellandschaft auf die J. 1886—1889. [5.—8. Jahrg.] Hrsg. durch die Direktion des Innern. gr. 16. (315; 324; 324; 324 S.) Liestal, Gebr. Lüdin. geb. à Jahrg. *

—— —— für d. Staats- u. Gemeindebeamten d. Kantons Basellandschaft auf d. J. 1890—1892. 9.—11. Jahrg. kl. 8. (à Jahrg. ca. 300 S.) Liestal, Gebr. Lüdin. geb. à Jahrg. * 1 80

Amtskalender. Amts- und Terminkalender für die Staats- und Gemeindebeamten des Kantons Basellandschaft auf das Jahr 1901 u. 1902 u. 1903 u. 1904. Jahrg. 20 u. 21 u. 22 u. 23. Hrg. durch die Direktion des Innern. 263 [+ 38 leere] u. 264 [+ 38 leere] u. 262 [+ 40 leere + 4] u. 263 [+ 38 leere] S. 8. Liestal, Gebr. Lüdin, 1900 u. 1901 u. 1902 u. 1903. [je geb. fr. 2. —]

Amtskalender. Amts- und Terminkalender für die Staats- und Gemeindebeamten des Kantons Basellandschaft auf das Jahr 1905. Jahrg. 24. Hrg. durch die Direktion des Innern. 267 [+42 leere] S. 8. Liestal, Gebr. Lüdin, 1904. [geb. fr. 2. —]

Amtskalender. Amts- und Terminkalender für die Staats- und Gemeindebeamten des Kantons Basellandschaft auf das Jahr 1906. Jahrg. 25. Hrg. durch die Direktion des Innern. 266 [+ 40 leere] S. 8. Liestal, Gebr. Lüdin, 1905. [geb. fr. 2. —]

Amtskalender. Amts- und Terminkalender für die Staats- und Gemeinde-Beamten des Kantons Basellandschaft auf das Jahr 1907. Jahrg. 26. Hrg. durch die Direktion des Innern. 269 [+ 34 leere] S. 8. Liestal, Gebr. Lüdin, 1906. [geb. fr. 2. —]

Amtskalender. Amts- und Terminkalender für die Staats- und Gemeinde-Beamten des Kantons Basellandschaft auf das Jahr 1908. Jahrg. 27. Hrg. durch die Direktion des Innern. 274 [+ 34 leere] S. 8. Liestal, Gebr. Lüdin, 1907. [geb. fr. 2. —]

Amtskalender. Amts- und Terminkalender für die Staats- und Gemeinde-Beamten des Kantons Basellandschaft auf das Jahr 1909. Jahrg. 28. Hrg. durch die Direktion des Innern. 278 [+ 34 leere] S. 8. Liestal, Gebr. Lüdin, 1908. [geb. fr. 2. —]

Amtskalender. Amts- und Terminkalender für die Staats- und Gemeinde-Beamten des Kantons Basellandschaft auf das Jahr 1910. Jahrg. 29. Hrg. durch die Direktion des Innern. 292 S. 8. Liestal, Gebr. Lüdin, 1909. [geb. fr. 2. —]

Amtskalender. Amts- und Terminkalender für die Staats- und Gemeinde-Beamten des Kantons Basellandschaft auf das Jahr 1911. Jahrg. 30. Hrg. durch die Direktion des Innern. 292 S. 8. Liestal, Lüdin & Co., 1910. [geb. fr. 2. —]

Amts-Kalender für Tirol und Vorarlberg. für das Jahr 1903. 1. Jahrg. Lex.-8⁰. (VIII, 381, 112 S.) * K 3.20
Innsbruck, Schwick 1903.

Amts-Kalender, f. Tirol u. Vorarlberg. Reichhaltigstes Auskunfts- u. Geschäfts-Handbuch f. d. J. 1904. 2. Jahrg. Zusammengestellt m. Benützg. amtl. Quellen. Schriftleitung: H. Pohlschröder. (VII, 382 u. 120 S. m. 7 Bildnis-Taf.) Lex.-8. Innsbruck, H. Schwick. Kart. 3. —

— f. Tirol u. Vorarlberg. Reichhaltigstes Auskunfts- u. Geschäfts-Handbuch f. d. J. 1905. 3. Jahrg. Zusammengestellt m. Benützg. amtl. Quellen. Schriftleitung: H. Pohlschröder. (VIII, 400 u. 120 S. m. 1 Bildnis-Taf.) Lex.-8. Innsbruck, H. Schwick. Kart 3. 20.

Amtskalender für Tirol und Vorarlberg für das Jahr 1906. IV. Jahrg. Lex.-8⁰. (VIII, 400, 120 S.) K 3.20
H. Schwick, k.u.k. Hofbuchhandlung (H. Pohlschröder) Innsbruck 1905.

— für Tirol u. Vorarlberg. Reichhaltigstes Auskunfts- u. Geschäfts-Handbuch f. d. J. 1907. 5. Jahrg. Zusammengestellt m. Benützg. amtl. Quellen. Schriftleitung: Heinr. Pohlschröder. (VI, 408 u. 124 S.) Lex.-8. Innsbruck, H. Schwick. Kart. n. 3. 20

Amtskalender für Tirol und Vorarlberg für das Jahr 1908. VI. Jahrg. Gr. 8⁰. (388, 127 S.) * K 3.20
Schwick (Pohlschröder) Innsbruck 1908.

Amtskalender für Tirol und Vorarlberg für 1909. VII. Jahrg. Gr 8⁰. K 3.20
Schwick, Innsbruck 1908.

— für Tirol u. Vorarlberg. Reichhaltigstes Auskunfts- u. Geschäfts-Handbuch f. d. J. 1910. 8. Jahrg. Zusammengestellt m. Benützg. amtl. Quellen. Schriftleitung: Heinr. Pohlschröder. (VIII, 404 u. 138 S.) Lex. 8. Innsbruck, H. Schwick. Kart. 3. 20

— f. Tirol u. Vorarlberg. Auskunfts- u. Geschäfts-Handb. f. '12. 10. J. Schriftleitg: Heinr. Pohlschröder. (12, 435 u. 144) Lex8° Innsbr., H Schwick. HL 3.20 d

— für die Verwaltung (Ortsbehörden, Standesämter usw.) auf d. J. 1907. Hrsg. v. O. Ludwig. (IV, XVI, 127, 117 S. u. Schreibkalender.) kl. 8. Dresden, M. Hölzer. Geb. in Leinw. n. 1. 30

— f. d. Verwaltg, Fortsetzg, s.: Amtskalender f. Ortsbehörden usw.

Amtskammerordnung
— Fürstl. Braunschw. Lüneb. Amts-Cammer-Ordnung de Ao. 1688 von neuen gedruckt. — Blanckenburg 1726: Struve. 79 S. 4° 7.
4.1656

Amtskleidung, die richterliche, für das Königr. Sachsen. Lex.=8. (8 S. mit 1 Taf. Schnittzeichnungen.) Dresden 879, Exped. der Europ. Modenzeitung.

Amtskleidung, die richterliche, f. das Königr. Sachsen. Lex.=8. (8 S. m. 1 Taf. Schnittzeichngn.) Dresden 880. Exped. der Europ. Modenzeitung. n. 1. —

— der Stellvertreter ꝛc. d. franzöſ. Volks u. der übrigen Staatsbeamten d. Republ. Frankreich. Deutsch u. französ. M. 16 ill. Kpf. gr. 8. Leipz. 796. Baumgärtner. 1 ℛ 8 gℓ Dass. mit einem Anhange. 1 ℛ 16 gℓ

Amtskleidungen d. Repräsentanten d. fränk. Volks. M. ill. Kpf. gr. 8. Nürnb. 796. Felsecker. 1 ℛ

Amtsordnung, s. Ambtsordnung

Amtspfaenderordnung. — Amts-Pfänder- oder Land-Reuter-Ordnung. De dato Berlin, den 14. Aug. 1750. — Breslau: Korn [1750]. 11 S. 1:2° Gs 12460. 2.
4.1664

Amtspflicht, s. Amptspflicht

Amtsrechnung, s. Staatsrechnung

Amtsrechnungen
— Kath. Kirchenverwaltung Rorschach. Amts-Rechnungen. Rechnungsjahr 1900—1901. 11 S. 8. Rorschach, Wädenschwiler, 1901.

— Ortsgemeinde Thal. Amts-Rechnungen vom 1. Juli 1900 bis 30. Juni 1901 u. vom 1. Juli 1901 bis 30. Juni 1902 u. vom 1. Juli 1902 bis 30. Juni 1903. je 11 S. 8. Rheineck, Indermaur.

Amtsreden, geistliche. Herausg. in Verbindung mit mehreren evangel. Geistlichen von E. G. Koch. gr. 8. Leipzig 840. Drobisch. 3/4 ℛ

Amtsreden, geistliche, der vorzüglichsten deutschen Kanzelredner. Ausgewählt aus den ersten 18 Jahrgängen der „Predigt der Gegenwart" von Osc. Wendel, mit zwei Aufsätzen über Casualreden von Karl Schwarz und Karl Heinr. Lücke. 12 Hefte. gr. 8. Leipzig 881, 82, Barth. à Heft 75 Pf.
Inhalt:
Heft 1. Taufreden. (S. 1—36.)
" 2. Confirmationsreden. (S. 37—96.)
" 3. Traureden. (S. 97—165.)
" 4—6. Grab-Reden. (S. 167—316.)
" 7. Gedächtniß- und Sarg-Reden. (S. 317—382.)
" 8. Beicht-, Abendmahls-, Ordinations- und Seminarreden. (S. 383—440.)
" 9. Weihe-Reden. (S. 441—494.)
" 10. Einführungs- und Jubel-Reden. (S. 495—552.)
" 11. Reden bei festlichen Gelegenheiten. (S. 553—612.)
" 12. Reden bei festlichen Gelegenheiten, religiöse Reden und Betrachtungen. (VIII, S. 613—678.)

Amtsreden, geistliche, der vorzüglichsten Kanzelredner Deutschlands u. d. Auslandes, ausgewählt aus den bereits erschienenen aber im Buchhandel theilweis vergriffenen 17 Jahrgängen der „Predigt der Gegenwart", hrsg. v. der Red. der „Predigt der Gegenwart" Osc. Wendel. 1—12. Hft. gr. 8. Leipzig 881, 82. Barth. à — 75
1. Taufreden. (36 S.)
2. Confirmationsreden. (S. 37—96.)
3. Traureden. (S. 97—165.)
4—6. Grab-Reden. (S. 167—316.)
7. Gedächtniß- u. Sarg-Reden. (S. 317—382.)
8. Beicht-, Abendmahls-, Ordinations- u. Seminarreden. (S. 383—440.)
9. Weihe-Reden. (S. 441—494.)
10. Einführungs- u. Jubel-Reden. (S. 495—552.)
11. Reden bei festlichen Gelegenheiten. (S. 553—612.)
12. Reden bei festlichen Gelegenheiten, religiöse Reden u. Betrachtungen. (VIII u. S. 613—678.)

Amtsreden, bei feierlichen Gelegenheiten von Justizbeamten u. andern Staatsdienern gehalten. Gesammelt u. herausg. v. Chr. G. Credner. gr. 8. Gotha 820. Becker. 1 ℛ 4 gℓ

Amtsreden und Predigten namhafter Kanzelredner, s. Predigten und Amtsreden.

Amts-Redner --- Der // Expedirte // Amts-Redner / // Das ist, // Sammlung einiger offentlichen // Reden / // Welche bey verschiedenen solennen // ACTIBUS POLITICIS, // Als bey Huldigungen / Investirungen der // Geistlichen, Vorstellungen der beam- //ten: Dann bey vorseyenden Raths-Veränderun- //gen / Gräntz- und Marckungs-Besuchungen; In- //gleichen bey Erbauung der Hoch-Gerichte und // Rabensteine, auch Hegung hochnothpein- //licher Halß-Gerichte etc. // Von denen // Beamten / Statt- Amts- und Ge- //richts-Schreibern etc. pflegen abge- // leget zu werden. // Nebst einer bey jeder Class befindlichen // Kurtzen Anweisung / // wie sich in solchen Fällen zu verhalten. // Denenjenigen, welche dergleichen Aemter // schon bekleiden, oder künfftighin zu bekleiden ge- //dencken, zu dienssamen Gebrauch und Nu- //tzen heraus gegeben. // Franckfurth 1727. - 6 Blatt (nicht paginiert) Titelblatt, Vorrede und Summarien. - 144 Seiten.
E. S. T. 8°.64.

Amts-Redner, Der Expedirte, Das ist Sammlung einiger offentlicher Reden, welche . . . Von denen Beamten . . . pflegen abgeleget zu werden. Frankf. a. M. 1733. V: *Boltz, Joh. Gfr.* (Cl.zur Forts. I.) (Zeitschr. f. Büch. X, 4. S. 7.)

Amtsreglement. — Amts-Reglement, wornach ein gemeinherrschaftlich zeitlicher Amtmann und Stadt-Schultheiß allhier zu Wertheim in seinen Amts-Verrichtungen zu achten hat. — o. O. 1746. 13 S. 1:2° Gp 13400.
4.1666

Amts-Suspension über die, des Erzbischofs von Cöln. Vom Standpunkte des Christenthums und des deutschen Staatsrechtes, v. Wedanus Eremita. 8. Neuw. 838. Lichtfers. 1/4 ℛ

Amtssuspension, die, d. Pfarrers Zülch zu Hombressen. Ein Blick in den gegenwärt. Zustand der hess. Kirche. 8. (51 S.) Rengshausen 874. (Cassel, Hühn.) n. — 50

Amtssuspension, d., d. Pfarrers Zülch zu Hombressen. Ein Blick in d. gegenwärt. Zustand d. hess. Kirche. 8. (51) Rengsh. 75. (Kass., Hühn.) n. — 50

Amts-Tagebuch f. evang. Geistliche auf d. Jahr 1893, hrsg. v. Wilh. Rathmann. 16. (247 S.) Lpz. 892, G. Strübig. cart. * 1 20
geb. * 1 50

Amts - Tagebuch f. evang. Geistliche auf d. J. 1895, m. liturg. Handbuch: Für Seelsorger an Krankenbetten als Anh., hrsg. v. Wilh. Rathmann. gr. 16. (192 u. 16 S.) Leipzig, G. Strübig. Geb. in Leinw. n. 1. 20

Amts-Tagebuch f. ev. Geistliche f. 1896, m. e. Anh.: Für d. Seelsorger an Krankenbetten, hrsg. v. W Rathmann. 4. Jahrg. 16° (299) Lpzg. G Strübig. Geb. in Lnw. 1.20; in Ldr. 2 —

Amts-Tagebuch f. evang. Geistliche a. d. J. 1899, m. e. Beilage: F. d. Seelsorger a. Krankenbetten, hrsg. v. Wilh. Rathmann. 7. Jahrg. gr. 16 (IV, 192, 23 u. 32 S.) Leipzig, G. Strübig. Geb. in Leinw. n. 1.20

Amts-Tagebuch f. ev. Geistliche f. 1900, m. e. Beil.: Für d. Seelsorger an Krankenbetten, hrsg. v. W Rathmann. 8. Jahrg. 12° (224, 6 u. 40) Lpzg, G Strübig. Geb. in L. 1.20

— dass. f. 1901, m. e. Beil.: Das alte u. das neue bürgerl. Recht. Von W Limburger. 9. Jahrg. 12° (224, 6 u. 16) Ebd. Geb. in L. 1.20

Amts-Tagebuch f. evang. Geistliche auf d. J. 1903, hrsg. v. Wilh. Rathmann. 11. Jahrg., m. e. Beilage: Das alte u. das neue bürgerliche Recht. (2. Fortsetzg.) 12. (224 S. u. S. 33–48.) Leipzig, G. Strübig. Geb. in Leinw. n. 1.20

Amts-Tagebuch f. ev. Geistliche f. 1906, hrsg. v. W Rathmann. 14. Jahrg. (228, 14 u. 20) 8° Lpzg, G Strübig. L. 1.20

Amts-Tagebuch f. evang. Geistliche auf d. J. 1907, hrsg. v. Wilh. Rathmann. 15. Jahrg., m. e. Beilage: Die Erbschaftssteuer. Von Rud. Focke. (228, 16 u. 20 S.) kl. 8. Leipzig, G. Strübig. Geb. in Leinw. n. 1.20

Amts-Tagebuch f. evang. Geistliche auf d. J. 1910, hrsg. v. Wilh. Rathmann. 18. Jahrg., m. e. Beilage: Der ländliche Friedhof. Von H. Hüttenrauch. (228, 18 u. 15 S.) kl. 8. Leipzig, G. Strübig.
Geb. in Leinw. u. geh. 1.20; Beilage allein — 30

Amts-Tagebuch f. evang. Geistliche auf '13, hrsg. v. Alfr. Eckert. 21. J. (226 u. 12) 16° Lpzg, G Strübig. L 1.20

Amtstätigkeit, s. Amtsthätigkeit

Amtstaxe, s. Ampts-Tax

Amtsthätigkeit, die, des Medicinal-Inspectors Dr. Schleisner. Ein actenmässiger Beitrag zur Kenntniss der dänischen Beamtenwirthschaft im Herzogth. Schleswig. Flensburg 864. Herzbruch. gr. 8. (IV, 49 S.) n. 9 ngr.

Amtsthätigkeit, d., d. Medic.-Insp. Dr. Schleisner. 8. (43) Flensb. 64, Westphalen. n. — 9

Amtsunterricht. — Amts-Unterricht für die ausübenden Aemter über die Vollziehung der Zoll- und Staats-Monopols-Ordnung und die Dienstverhältnisse dieser Aemter. Wien: K. k. Hof- u. Staats-Aerarial-Dr. 1836. XXII,199 S. **300:**451.922–B.
4.1671

—— Wien: K. k. Hof- u. Staatsdr. 1853. XVIII,363 S. **300:**19.046–B. 7.
4.1672

Amtsunterricht. — Amtsunterricht für die zur Anwendung des Strafgesetzes über Gefällsübertretungen bestimmten Behörden und Aemter. — Wien: K. k. Hof- u. Staats-Aerarial-Dr. 1835. 102 S. **300:**451.923–B. 7. 8.
4.1673

Amtsunterricht für die k.k. Berghauptmannschaften. 8°. (42 S.) Wien, Hof-und Staatsdruckerei. 1861.

Amtsunterricht betr. d. unmittelbaren Gebühren u. d. verwandten Gefällszweige. Hrsg. v. k. k. Finanzministerium. (Ausg. '04.) 1. Nachtr. (18, 42) Lex 8° Wien, (Hof- u. Staatsdr.) '06. — 60 (Hauptw. u. 1. Nachtr.: 4.60) d

Amtsunterricht, der, vom 17. I. 1885, Z. 1728, über die formelle Geschäftsbehandlung u. Verrechnung der unmittelbaren Gebühren, abgeändert, bezw. ergänzt durch die nachträglichen Verordnungen, m. den Vorschriften üb. die formelle Geschäftsbehandlg. u. Verrechng. des Gebührenäquivalentes, der Effektenumsatzsteuer, der Fahrkartensteuer. 2 Bde. Hrsg. vom k. k. Finanzministerium (X, 231 u. V, 250 S.) Lex.-8. Wien 904. (Hof- u. Staatsdruckerei.) n. 4. —;
1. Nachtrag. (XVIII, 42 S.) 906. n. — 60

Amtsunterricht zu d. Vorschriften üb. d. Tabakverschleisswesen, s: Handausgabe d. österr. Gesetze u. Verordngn.

Amtsverrichtungen. — Die Amtsverrichtungen der staatsanwaltschaftlichen Organe bei den Bezirksgerichten. — Wien: K. k. Hof- u. Staatsdr. 1874. 113 S. (Handausgabe der österreichischen Gesetze u. Verordnungen. 25.)
1:Go 1190–25. **300:**391.095–A. L. S. 25a [u.] 176.887–A.
4.1677

Amtsverwaltung. — Der Kinderen Asaphs treue und geflissene Amts-Verwaltung, bey der Reformation des frommen Königs Josiä, vorgestellt auß 2. Chron. Cap. 25 v. 15. von der Music-Gesellschafft ab dem Music-Saal auf der Teutschen Schul in Zürich. Der lieben Jugend daselbsten verehrt an dem neuen Jahrs-Tag. 1753. — [Zürich 1753.] S. 321–328. [(Neüjahrsgeschenk für d. vaterländische Jugend von d. Musik-Gesellschaft auf d. teütschen Schule in Zürich. 1753.)] **1:**4° Rv 8806/12–1773.
4.1678

Amts-und Manipulations-**Vorschrift** für das allgemeine Einreichungs-Protokoll des k.k. Armee-Ober-Commando. 4° Wien 1857.

Amts-und Manipulations-**Vorschrift** für das allgemeine Expedit des k.k. Armee-Ober-Commando. 4°. Wien 1857.

Amtsvorschrift. — Amts-Vorschrift für die Universitäts-Pedellen. — (Rostock [um 1840]: Adler.) 8 S.
1:15 in Az 11734.
4.1679

Amtsvorsteher. — Der Amtsvorsteher. Eine humoristische Bureaustudie von U.v.A. — Rathenow: Babenzien 1886. 8 S. **1:**Yo 20701.
4.1680

Amtsvorsteher, der. Eine humorist. Büreau-Studie von U. v. A. 8. Rathenow 886, Meyer. * — 25

Beim Herrn Amtsvorsteher. Eine Aufführung für Jünglingsvereine von F.v.R. — Berlin: Verl. d. Ostdeutschen Jünglingsbundes [1902]. 16 S. **1:**Ys 33681.
4.1681

Der Amtsvorsteher in der Provinz Schleswig-Holstein. Amtliche Ausg. Bd 1.2. — Kiel & Leipzig: Lipsius & Tischer 1889.
1. Geschäftsanleitung für den Amtsvorsteher.
2. Sammlung der in der Provinz Schleswig-Holstein geltenden Polizei-Verordnungen.

8.
4.1683

Amtsvorstellung. — An Ihro Röm. Kayserl. auch in Hispanien, Hungarn und Böheimb Königl. Kathol. Majestät allerunterthänigst-pflichtmäßige Amts-Vorstellung und Bitte burgerlicher Neuner, in Sachen: Franckfurth contra Franckfurth. — (Frankfurt a. M. 1735.) 8 Bl. 2°
Beigedr.: An Ihro Röm. Kayserl. Majestät in Poesie abgefaste Additional-Vorstellung burgerlicher Neuner in Sachen Franckfurth contra Franckfurth.

4.
4.1684

Amts- u. Comptoir-Wandkalender, Allgemeiner für das Jahr 1883. Plakat-Format 60 kr.
Prag, A. Haase 1882.

Amuat, Xav., Holz-Tabellen. Berechnung des kantigen und runden Holzes in Kubikmaß. Nebst einer, das Umfangsquadrat des runden Holzes darstellenden Tabelle, u. Vorbegriffen zum Verständniß des Maßes der Flächen u. des Körperinhaltes der Holzstücke. Aus dem Französ. mit Bewilligung des Verf. Mit einem Anh.: Tafeln z. Verkauf der Laden nach d. Schnitt berechnet. Bern, 857. Heuberger. 16. (173 S.) 12 ngr

Amuat, X., Holz-Tabellen. Berechnung des kantigen und runden Holzes in Kubikmaß. Nebst einer, das Umfangsquadrat des runden Holzes darstellenden Tabelle, und Vorbegriffen zum Verständniß des Maßes der Flächen und des Körperinhaltes der Holzstücke. Aus dem Französ. mit Bewilligung des Verf. Mit einem Anhang: Tafeln zum Verkauf der Laden nach dem Schnitt berechnet. 16. (173 S.) Bern 858, Heuberger's Buchh.

Amütat, X., Holz-Tabellen. Berechnung des kantigen und runden Holzes in Kubikmaß. Nebst einer, das Umfangsquadrat des runden Holzes darstellenden Tabelle, u. Vorbegriffen zum Verständniß des Maßes, der Flächen u. des Körperinhaltes der Holzstücke. Aus d. Französ. Mit e. Anh. 3. Aufl. Bern 863. Heuberger. 16. (175 S.) 12 ngr.

Amude Ha-Aboda (Columnae cultus). Onomasticon auctorum hymnorum hebraeorum eorumque carminum, cum notis biographicis et bibliographicis e fontibus excusis et mss. digessit L. Landshuth. Fasc. I. gr. 8. (VI und 180 S.) Berlin 857. (Stargardt. — Stuhr'sche Buchh.) **

Amude-Ha-Aboda (Columnae cultus.) Onomasticum auctorum hymnorum hebraeorum eorumque carminum, cum notis biographicis et bibliographicis e fontibus excusis et mss. digessit L. Landshuth. (In hebr. Sprache.) Fasc. II. Berlin 862. Adolf & Co. gr. 8. (XXIII, S. 131—315.) n. 1 ℛ 10 ngr.

Amude Ha-Aboda (columnae cultus.) Onomasticon auctorum hymnorum hebraeorum eorumque carminum, cum notis biographicis et bibliographicis e fontibus excusis et mss. digessit L. Landshut. (In hebr. Sprache.) Fasc. 2. gr. 8. (XXIII und S. 131—314.) Berlin 862, [Cohn's Verlag.] *

Amulet, s.a. Amulett

Amulet f. christl. Eltern u. Kinder geg. d. sündhaften Bekanntschaften. Gebetszettel. 4. Aufl. 12. (4 S.) Nördlingen 895. Th. Reischle. n. — 02

Amulet, für christliche Aeltern und Kinder gegen die Gefahren des Tanzes.
o. O., o. J. (Passau: Ambrosi 1843), 2 Bl. n. n., 200 × 135.
Bayer. Hauptstaatsarchiv Mü, M. Inn. 25115.

— **to jest: Słowa miłosci i napomnienia poswięcone Ludowi katolickiemu. przez Ks. J.J. 8. Bydgoszcz 846. Levit. 3 ngl**

Amulet, das, und seine Kraft. Nach den Grundsätzen der Electricität, des Magnetismus, Galvanismus und der Sympathie, so wie den neuesten Ansichten der besten Aerzte unserer Tage. 12. Leipzig 1844. Goetz. n. 1/12 ℛ

Amulet für Kranke; wohl auch brauchbar für Gesunde, wenn sie sich selbst und wenn sie die Kranken lieben. Ein Auszug aus J. M. Sailers Krankenbibel. München 1816. V: *Poiger, Johann Baptist.* (Ky)

Amulet f. Kranke; wohl auch brauchbar f. Gesunde, wenn sie sich selbst, u. wenn sie die Kranken lieben. Ein Auszug aus J. M. Sailers Krankenbibel. M. 1 Kpf. gr. 8. Münch. 816. Lentner. 12 gl.

Amulet gegen die jungkatholische Sucht, zusammengesetzt vom Verf. des Kalenders für Zeit u. Ewigkeit (Alban Stolz). Freiburg, Herder, 1845. gr. 8°, 16 S., 10 Pf.

Amulett, s.a. Amulet

Amulett wider die deutsche Cholera. Kathol. Volkskalender f. d. Jubeljahr 1849. 4. (32 S.) Regensburg, Manz. 3 ngl

Amulette, une. Legende en vers de Sainte Marguérite, tirée d'un ancien manuscrit. gr. 8. (26 S.) Cologne 851, Heberle.
Aus: Le bibliophile Belge, im Auszuge besonders abgedruckt.

Amuletum. — Amuletum castitatis, seu subsidium morale-historicum innocentiae candori studentium genio, & ingenio accommodatum ... Pio usui & honori dominorum dominorum sodalium Congregationis Latinae sub titulo beatissimae virginis Mariae sine labe originali conceptae Braunae Boëmorum in Gymnasio Benedictino erectae. In novi anni 1742. strenulam oblatum. — Glacii : Schwab [1741]. 35 S. 2.
4.1687

Amüller, C. M., Samml. auserl. ital. Stücke aus Prosaist. u. Dicht. mit Anmerkk. 2 Thle. 8. Augsb. 795. v. Jenisch u. St. 1 ℛ Dass. in ital. Sprache. 2 Thle. 8. Ebd. 795. 1 ℛ

Amundsen, Gerh.: Jedermann am Münchener Hof- u. Nationaltheater, s: Beiträge z. Theatergesch.

— Die neue Shakespearebühne d. Münchner Hoftheaters. Hrsg. unter Mitarbeit v. Jul. Vikt. Klein u. Eug. Kilian. 22 Szenenbilder a. Julius Cäsar, Coriolan, Timon v. Athen, König Johann, Hamlet. (37 m. Abb.) gr8° Münch., Verl. d. süddeut. Illustrations-Centrale '11. 2 —

Amundsen, Roald: Die Eroberg d. Südpols. Die norweg. Südpolfahrt m. d. Fram '10—12. Aus d. Norweg. v. P Klaiber. 2 Bde. (16, 980 m. Abb., 8 farb. Bild. u. 15 z. Tl farb. Ktn u. Plänen.) gr8° Münch., JF Lehmann's V. '12. 18 —; geb. 22 — d

— Eskimoleben. s: Schaffstein's grüne Bändchen.

Amundsen, Roald, die Nordwest-Passage. Meine Polarfahrt auf der Gjöa 1903—1907. Nebst e. Anh. v. Godfred Hansen. Einzige berecht. Übersetzg. aus dem Norweg. v. Pauline Klaiber. (XVI, 544 S. m. 140 Bildern u. 3 Karten.) gr. 8. München 908. A. Langen. 12.—; geb. in Leinw. n 15.—; in Halbfrz. 17.50; auch in 16 Lfgn. à — 75

Roald **Amundsen.** Die Nordwest-Passage. Meine Polarfahrt auf d. Gjöa 1903 bis 1907. Nebst e. Anh. von Prem.Lt. Godfred Hansen. Einzig berecht. Übers. aus d. Norweg. von Pauline Klaiber. Mit 140 Bild. u. 3 Kt. [Neue Titel-Aufl.] München: Langen [1910]. 544 S. 8° [II. 10638 7

— dasselbe. Volksausg. (Titel-Ausg.) (XIV, 544 S.) gr. 8. Ebd. [908] (910). 6.—; geb. in Leinw. 8.—; in Halbfrz. 10. —

— Die Nordwest-Passage. Meine Polarfahrt auf d. Gjöa '03—07. Nebst e. Anh. v. Godfred Hansen. Aus d. Norweg. v. Pauline Klaiber. Volksausg. (Neue [Tit.-]Ausg.) (16, 544 m. Abb., Bildnis u. 2 farb. Ktn.) gr8° Münch., JF Lehmann's V. ['08] ('12). 8 —; L 10 —

— Die Probleme des Nordpolarbeckens. Aufgaben u. Plan einer neuen 'Fram'-Expedition. — Leipzig : Klinkhardt 1908. S. 754-771.
Aus: Internationale Revue d. gesamten Hydrobiologie u. Hydrographie. 1. 1908. 8.
4.1751

Amur, s.a. Amor

Amur, der Gott; e. erzähl. Gedicht aus d. 15n Jahrh., zum ersten Mal abgedr. u. herausg. v. Cph. H. Müller. gr. 4. Berl. 784.

AMURANTES (ps.). — Den Grossen Schau-Platz der Liebe wolte An den (!) Wagner- und Bernsteinischen Hochzeit-Festin war der 27. Januarii ANNO 1710. vorstellen, Ein Der Braut und Bräutigam ergebenster Diener AMURANTES. O. O. 4°. (In Dresden: Lit. Germ. rec. 4° B 172, no. 4.)
4 vollbedruckte unbez. Bll. Prosa und Verse. — Fehlt in Weller's Lex. Ps.

Amur bin Nasur: Und dies ist d. Gesch. meiner Reise n. Berlin, s.: Reuter's Bibliothek f. Gabelsb.-Stenogr.

Amurland [Sachliches OW]
Amurland — Das Untere —. 4,500,000. G. M. 1856.

Amur - Strom [Schlagwort]
Amur-Stroms — Physicalische Karte des —. 6,000,000. G. M. 1857.

Amury
[Russ.] Vysočajšie **amury**. Berlin: G. Stejnic (1904). (26 S.) 8°
[Auf d. Umschl.:] Allerhöchste Liebschaften. Les amours souverains. (Sobranie lučšich russkich proizvedenij. Č. 102.) 1.6. 615

Amusant. 1.—5. Bd. (à ca. 48 S.) schmal 8. Berlin (906). Coeur-As-Verlag. à — 10

»**AMÜSANT**«-Sammlung. Berlin, Coeur-As-Verlag. Bd. 23: Lolos seidene Spitzenhöschen.
Verb. d. Ldg. Berlin I, 28. 2. 08.

Amusemens, s.a. A m u s e m e n t s

Amusemens agréables, ou recueils de chansons, charades et d'énigmes, en Etuit. Brunsw. 813. Pluchart. 12 gl

Amusemens du Beau-Sexe, ou nouvelles historiques et aventures galantes etc. VIII Toms. 12. Amsterd. 773 u. 774. (C. F. Günther in Glogau). 2 rß 16 gl

AMUSEMENS DES EAUX D'AIX LA CHAPELLE, Oder Zeit-Vertreib bey den Wassern zu Achen, Aus d. Frantzös. d. Verfassers derer Amusemens des Eaux de Spa (*Charles-Louis* Baron *de Poellnitz)* ins Deutsche übersetzet (von Peter M o r t i e r) und Mit schönen Kupffern gezieret. Berlin, Zufinden b. Joh. Andr. Rüdiger, 1737. (Nebst Kpftitel.) 8°. (In Berlin: Xy 1800; auch in Breslau, K. B.: Hist. Germ. V. 8° 10.)

1 Bog. Vorst. u. 1380 S. Unter d. Dedic. nennt sich d. Uebersetzer.

Mit 23 Kpfrn. zum Auseinanderfalten, Ansichten A a c h e n s, seiner Bäder und deren Gebrauch etc.

O r i g. (in Stuttgart): Amusemens des Eaux d'Aix-la-Chapelle. 1889; 3 tom. enrichis de tailles-douces. Amst., P. Mortier, 1736. 8°. (10 Mk. G. Hess, München, 1889; 36 Kr. Halm & Goldmann, Wien, 1907.) Nach Grässe, trésor I. p. 109, wird das Buch auch H e c q u e t f i l s zugeschrieben.

Amusemens des Eaux de Bade en Autriche, oder Ergötzl. im Baadner Bad. 8°.– Nürnberg 1747.

Amusemens des Eaux de la Chapelle, oder Zeitvertr. bey d. Wass. zu Achen.m.K. 8°1737.

Amusemens des Eaux de Cleves oder die Vergnügungen und Ergötzlichkeiten bey den Wassern zu Cleve, ... entworfen von einem Mitglied der Brunnengesellschaft. Lemgo 1748. V: *Schütte, Johann Heinrich.* (ML)

Amusemens des Eaux de Cleve, oder Ergötzlichk. bey d. Wass. zu Cleve. 8°.– Lemgo, Meyer 1748.

Amusemens des Eaux de Schwalbach oder Zeitvertr. bey d.Wass. zu Schwalbach. 8°.– Frankfurt, Brönner 1739.

— — dasselbe franz. 8. Ebend. 740.

A m u s e m e n s d e s E a u x d e S c h w a l b a c h, Oder Z e i t v e r t r e i b e B e y d e n W a s s e r n z u S c h w a l b a c h, D e n e n B ä d e r n z u W i s b a d e n, u n d d e m S c h l a n g e n b a d e; Nebst Zweyen lesenswürdigen Erzehlungen; Darunter die eine von dem Neuen Jerusalem (d. i. M a n n h e i m), Und die andere von einem Theil Der unter Niemandens Bothmässigkeit stehenden Tartarey (d. i. d i e C h u r p f a l z) handelt, Mit Kupfferstichen versehen, Und Aus dem Frantzösischen (des *David François de Merveilleux*, n i c h t des de Solignac) ins Deutsche übersetzt. Lüttich, Bey Eberhard Kints (Leipzig, Friese), 1739. Kl. 8°. 4 Bll. + 344 SS. + 6 Taf. (In Berlin: Xy 2358; auch in Aarau [Cantonsbibl.] Marburg [Univ.-Bibl.], Stuttgart u. Wiesbaden [Landesbibl.].)

Amusemens des eaux de Spaa. Amsterd. (?) 1734. V: *Pöllnitz, Carl Ludw. Freih. v.* (Fr) (ADB)

Amusemens des **Eaux** de Spaa oder Zeitvertr. bey d. Wass. zu Spaa m.K. 8°.– Berlin 1735.

AMUSEMENS DES EAUX DE SPA (I), Oder V e r g n ü g u n g e n u n d E r g ö t z l i c h k e i t e n b e y d e n e n W a s s e r n z u S p a a. Aus d. Frantzös. (des *Charles-Louis* Baron *de Poellnitz*) ins Teutsche übersetzet von P. G. v. K. Und mit (16) schönen Kupfern gezieret. Franckfurt und Leipzig (Berlin, Rüdiger) 1735. 8°. (18 Sgr. Scheible, 1872; 36 Kr. (!), Ldrbd. mit 2 hübsch. eingepr. Wappen des Joannes Josephus Comes de Wildenstein, Franz Malota, Wien, 1909.)

Sehr selten! 4 Bll. Vorber. u. 904 fortlaufend gez. S. (Th. 2 beginnt mit S. 459.) Die selten cplt. vorhandenen gefalteten, numerirten Kpfrn. in kl. 4°. (sämtl. unsignirt) stellen Ansichten von Spaa u. Umgegend dar und sind mit beigestoch. französ. u. deutscher Benennung versehen

O r i g. (in Rostock, Landesbibl.): A m u s e m e n s d e s e a u x d e S p a. Ouvrage utile à ceux qui vont boire ces eaux minérales sur les lieux. Enrichi de 12 tailles-douces, qui représentent les vues du Bourg de Spa, des fontaines, des promenades etc. etc. 2 vols. Amsterd. 1734. 8°. (15 Mk. Karl W. Hiersemann, Lpz., 1904; 4 Mk. Ernst Geibel, Hannover, 1907; 30 Kr., veau brun, dos orné, Halm & Goldmann, 1907; 8 Mk., vélin, Adolf Weigel, 1907:) Edition originale de l'ouvrage amusant et rare. Voir Gay I, p. 196 et 223. — Le même. 2. éd. 2 vols. Pet. in-8°. Avec 16 charmantes vues grav. en t.-d. Amsterdam, P. Mortier, 1735. 8°. (In Stuttgart.) (5 Mk., veau, bel expl., Carl Kellner, Karlsruhe, c. 1890; 9 Mk., veau plein, Adolf Weigel, 1907.) — Nouvelle éd. 2 vols. Avec 16 grav. Ibid. 1740. 8°. (Auction Dr. v. Renz, Frf. a. M., Octob. 1900, no. 2883.) — Londres (éd. Cazin) 1782. V. 8°. (10 Mk., veau, tr. dor., J. Halle, c. 1908.) (In München tome 2 (1 f. et 225 pp.): P. o. gall. 1707 m.). Barbier I. p. 155.

Amusemens pour les enfans avec une élite de 250 énigmes. 8. Leipz. 797. Schwickert. 8 gl

— des Grâces. 12. Manh. 801. Kaufmann. 10 gl

— littéraire N. 1. Reflexions sur la connaissance humaine. 8. Riga 770. Hartknoch in L. 2 gl

***Amusemens littéraires [Stücktitel]. [Hrsg.: Antoine de la Barre de Beaumarchais.] T. 1–3. à Francfort: Varrentrapp 1738–39. 8° 23, 66**

(Bandtitel: Amusemens littéraires ou Correspondance politique, historique, philosophique, critique et galante.

Amusemens philologiques; ou Mélange agréable de diverses pieces ... 2. ed. Halle 1755—57. V: *Choffin, Dav. Etienne.* (WUBb)

— d'un Philosophe solitaire ou choix d'anecdotes de dits et de fautes etc. II Tom. 8. Frankf., Herrmann. 1 rß 18 gl

— philosophique sur le langage des Bestes. 12. Leips. Weidmann, 759.

Amusemens physiques et historiques pour former l'Esprit et le coeur. 8°.– Francf.Gebhard 1781.

Amusemens, physiques et moraux od. neues französ.Lesebuch. 2 Thle. 8°.– Leipz. 1800. Hinrichs.

Amusemens de Sociéte, ou proverbes dramatiq: etc. 8 part. gr12. – Basle, Schweighaeuser 1771.

— les, de la soirée, ou 300 nouvelles historiettes dédiées à la jeunesse des deux sexes, trad. de l'Allem. par Msr. l'Abbé Libert. III Vols. 8 Leipz. 820. Er. Fleischer. 2 rß

A m u s e m e n t agreables, ou recueils de Chansons, Charades et d'Enigmes, en Etuit. Brunsw. Pluchart. 813.

Amusement curieux et divertissant propre à égayer l'esprit ou fleurs de bons mots. contes à rire et anecdotes. II Vol.12. Basle, Schweighauser.

A m u s e m e n t instructif. Unterhaltungsblatt zum Zwecke des gründl. Erlernens der französ. Sprache. Unter Redact. von G. Heinrig. 1.—14. Heft. gr. 8. (1. Bd. 874 S.) Cöln 879, (Literar. Institut.) Leipzig, Reißner und Ganz. à Heft
1. Bd. ℳ 7.; geb.

—— dass. — 15.—21. Heft. gr. 8. (2. Bd. S. 1—448.) Ebendas. 879—80. à Heft

A m u s e m e n t i n s t r u c t i f. Unterhaltungsblatt zum Zwecke des gründl. Erlernens der französ. Sprache. Unter Redact. von G. Heinrig. 22.—25. Heft. gr. 8. (S. 449—728.) Leipzig 880, Reißner. à Heft * 50 Pf. *
2. Bd. * ℳ 5,50.; geb. *

—— dass. — 3. Bd. 12 Hefte. gr. 8. (576 S.) Ebendas. 880. *
geb. *

—— dass. — 4. Bd. 13 Hefte. gr. 8. (624 S.) Ebendas. 881. * geb. *

—— dass. — 5.—7. Bd. à 12 Hefte. gr. 8. (576; 504; 490 S.) Ebendas. 881,82. à Heft * 50 Pf.; à Bd. * geb. à Bd. *

Nicht weiter erschienen.

Amusement, les, de la soiree, ou 300 nouvelles Histoiettes etc. voyez L i b e r t .

Amusements, s.a. A m u s e m e n s

Amüsements, Berliner. Orig. u. pikante Skizzen üb. d. Leben u. Treiben i. d. Berl. Vergnügungs-Lokalen. gr. 8. (65 S. m. Abb.) Berlin 896. F. Cronmeyer. — 50

***Amusements littéraires, moraux et politiques.** [Hrsg.: Jean Henry Sam. Formey.] Avril–Juillet.
Berlin: J. P. Schmid 1738.
(Vorh. u. d. T.: Mercure et Minerve. Berlin 1738.

Amüsettespiel, das alle Vorzüge der Hazard-, Commerz- u. andern Spiele vereint ꝛc. M. 1 Kpf. 8. Leipz. 806. Voß. 16 gr.

Amussat, Chirurg. Paris. 1829 s. *Amussat,* Jean Zuléma.

Amussat, Jean Zuléma

A m u s s a t, J. Z., die Harnconcretionen bei'm Menschen, nach ihrer Grösse u. Form geordnet, um die verschied. Schwierigkeiten bemerkbar zu machen, auf welche man bei der Lithothripsie u. bei'm Steinschn. stossen kann A. d. Franz. übertr. 1 lith. Bl. m. 78 ill. Abbild. u. Erklär. Imp.-Fol. Weimar 833. Landes-Ind.-Comptoir.

— Ueber die Harnverhaltungen, s. Hand-Bibliothek, chirurgische, 15r Bd.

A m u s s a t, J. Z., über d. Krankheiten d. Harnwerkzeuge ꝛc. s. H a n d b i b l i o t h e k, chirurg., 15. Bd.

— **Mémoire** sur la possibilité d'établir un anus artificiel dans la région lombaire sans pénétrer dans le péritoine. Lu à l'Académie Royale de médecine, le 1. oct. 1839, par J.-Z. Amussat. — Paris [usw.]: Germer-Baillière; Leipzig: Brockhaus & Avenarius, Michelsen 1839. 210 S. **2. 6. 7.**
4.1796

— **Mémoire** sur la rétroversion de la matrice dans l'état de grossesse, par J.-Z. Amussat. — Paris: Germer-Baillière [usw.]; Leipzig: Brockhaus & Avenarius, Michelsen 1843. 76 S. **11.**
4.1798

— Troisième **Mémoire** sur la possibilité d'établir un anus artificiel dans la région lombaire gauche, sans ouvrir le péritoine, chez les enfants imperforés. Par J. Z. Amussat. Lu à l'Académie Royale des sciences, le 4 juillet 1842. — Paris: Germer-Baillière [usw.]; Leipzig: Brockhaus & Avenarius, Michelsen 1843. 66 S.
Aus: Examinateur médical. 1843. **7.**
4.1799

— Vorlesungen über die Harnverhaltungen in Folge von Harnröhrenverengerungen und über die Krankheiten der Prostata. Hrsg. von A[dolphe] Petit. Aus d. Franz. — Weimar: Landes-Industrie-Comptoir 1833. X,150 S. **8. 10.**
4.1790

— — Ebd. 1833. X,150 S. (Chirurgische Handbibliothek. 15,2.) **12:** Chir. 120m-15. **300:** 77 L 11. **2. 4.**
4.1791

Amussat, Jean Zuléma: [Leçons sur les rétentions d'urine, d e u t s c h] Amussat's Vorträge über die Verengerungen der männlichen Harnröhre, mit einem Anhange über die Krankheiten der Vorsteherdrüse. Unter seinen Augen bekannt gemacht von A[dolphe] Petit. Aus d. Franz. übers. von [Leo Hugo L.] Lorch. Nebst 4 lithogr. Taf. — Mainz: Rauch 1833. VIII,116 S.
1: Kc 8548. **12:** Chir. 351-5. **6.**
4.1789

Amussis, Ferdinand

— Amussis quantitatum primae syllabae vocum appellativarum omnium, novo, brevi, ac perspicuo compendio ... quantitatum primae syllabae doctrinam tradens. Auctore A. B. — Francofurthi & Lipsiae: Liebe 1707. 48 S. **10.**
4.1805

Amvrosij: Pravda o rostovskich sobytijach. S pril. stat'i 'Značenie rostovskich sobytij'. Izd. 'Zari'. — Stuttgart: Dietz [um 1903]. 36 S. [Russ. u. Ant.] [Die Wahrheit über d. Rostower Ereignisse.] **1:** Fc 7595/83. **2.**
4.1806

Am Walde, Egmont: Die 700jährige J u b e l f e i e r der Stadtpfarrkirche des heiligen Georgs zu Reichenbach, und die übrigen kirchlichen Festlichkeiten in den Tagen vom 29. September bis 1. October 1859, bes. die höchstfeierliche Einholung ... des Herrn Fürstbischofs von Breslau, Dr. Heinrich Förster. Eine Denkschrift. — Neurode & Langenbielau: F. W. Fischer (1859). 15 S. **2.**
4.1827

A m w y l, Fr. Jac. v., kurze Beschreibung des Thurgaus, s. B e i t r ä g e Thurgauische, zur vaterländ. Geschichte.

Amydenius, Theod.: Tractatus de officio et jurisdictione datarii, nec non de stylo datariae. Ed. in Germania prima. Coloniae Agripp. 1701.

Amydenus, s. A m y d e n i u s

Aemylianus s. *Aemilianus.*

Amyntas, od. das glückl. Erdbeben ꝛc., s. Romane, kleine, von Jul. v. Voß. 1r u. 2r Bd.

Amyntas, s.a. L o c h n e r , Jakob Hieronymus

Amyntas. Schäfersp. v. Tasso, m. K. 8. Berl. (Horvath in Potsdam.) 766.

AMYNTAS (und Selinde). O. O. u. J. (ca. 1740?). 4°. (In Breslau, Kgl. u. Univ.-Bibl.)
4 Bll. Nirgends citirte poetische Erzählung.

Amyntor, e. Gesch. in Briefen, v. J. A. Eberhard. 8. Berl. Nicolai. 782.

Amyntor, G. v., s. A m y n t o r , Gerhard v.

Amyntor, Gerhard v. (Pseud.), s.a. G e r h a r d t , Dagobert v.

Amyntor, Gerhard v. (Pseud.), s.a. G e r h a r d t – A m y n t o r , Dagobert v. (wirkl. Name)

Amyntor, Gerh. v., eine moderne A b e n d g e s e l l s c h a f t. 1.—3. Aufl. 8. (à 64 S.) Berlin 881, Issleib. *

Amyntor, Gerh. v. (Dagobert v. Gerhardt), d. Armen-Doktor u. and. Novellen (D. Armen-Doktor. D. gerettete Gilka. E. Liebesabenteuer), s.: W e i c h e r t's Wochen-Bibliothek.

Amyntor, Gerh. v., auf der Bresche. Feuilletons, Skizzen, Erzählungen ꝛc. 1. und 2. Aufl. gr. 8. (XI, 223 S.) Berlin 879, F. Luckhardt. *

Amyntor, Gerh. v. [Dagobert v. Gerhard], vom Buchstaben zum Geiste. Roman aus der Gegenwart. 2 Bde. 8. (VII, 328 u. 319 S.) Leipzig 886. Friedrich. n. 10. —; geb. n. 12. —

— Caritas. Erzählungen f. die christl. Familie. 8. (VII, 280 S.) Ebend. 885. n. 5. —; geb. n. 6. —

— Caritas. Erzählungen f. das deutsche Haus. 2. Aufl. 12. (185 S.) Leipzig (897). G. Fock Verl. Geb. in Leinw. m. Goldschn. 1. 50

— die Cismoll-Sonate, s.a. Ottmann's Bücherschatz.

Amyntor, Gerh. v., die Cismoll-Sonate. 16., durchges. Aufl. 8. (130 S.) Leipzig (899). W. Fiedler. n. 1. —; geb. n. 1. 80
Früher u. d. T.: Ottmann's Bücherschatz. Nr. 3—5.

—— das bist Du. Roman. 4 Bücher in 3 Bdn. 8. (179; 167; 124; 126 S.) Berlin 882, F. Luckhardt. *

—— Dein Wille geschehe, s. Groschen-Bibliothek fürs deutsche Volk.

— durch Nacht zum Licht. 8. (268 S.) Leipzig 887. Friedrich. n. 5. —

— e. heilige Familie. Roman. 2. Aufl. gr. 8. (408 S.) Leipzig 888. G. Fock. Verl. n. 6. —

Amyntor, G. v. [Dagobert v. Gerhardt], e. heilige Familie. Roman. 8. (408 S.) Leipzig 888. Friedrich. n. 6. —; geb. n. 7. —

— auf der Flucht. Lustspiel in 1 Akt. 8. (40 S.) Ebd. 888. n. 1. —

—— für und über die deutschen Frauen. Neue hypochondr. Plaudereien. Mit 1 Orig.-Zeichnung (in Tondr.) von H. Dietrichs. 1. und 2. Aufl. 8. (XI, 343 S.) Hamburg 883, J. F. Richter. geb. mit Goldschn. *

— für u. über die deutschen Frauen. Neue hypochondr. Plaudereien. Mit e. Orig.-Zeichng. v. H. Dietrichs. 2. Aufl. 8. (XV, 348 S.) Hamburg 889. Verlagsanstalt u. Druckerei, A.-G. geb. m. Goldschn. n. 5. —

— Frauenlob. Ein Mainzer Kulturbild aus dem 13. u. 14. Jahrh. 2 Bde. 2. Aufl. 8. (IX, 337 u. 400 S.) Leipzig 885. Friedrich. n. 10. —; geb. n. 12. —

— Frauenlob. Mainzer Kulturbild a. d. 13. u. 14. Jahrh. 2 Bde. 3. Afl. 8° (737) Ebd. 87. 10 —

— Frauenlob. E. Mainzer Kulturbild a. d. 13. u. 14. Jahrh. 2 Bde. 4. Aufl. 8. (IX, 343 u. III, 406 S.) Breslau 898. Schles. Buchdruckerei rc. n. 10. —; geb. n. 12. —

— Friede auf Erden, s.: Roman-Gallerie f. Salon u. Reise.

— Gewissensqualen, s.a. Kürschner's Bücherschatz.

— Gewissensqualen, s.a. Veröffentlichungen d. Vereins d. Bücherfreunde.

— Gewissensqualen. 2 Nov. 10.—12. Tauf. 8. (V, 172 S.) Berlin 895. Verein der Bücherfreunde. n. 3. —; geb. in Halbleinw. n. 4. —

Amyntor, G. v. [Dagobert v. Gerhardt], die Gisellis. Ein Kulturbild a. d. Gegenwart. 2 Bde. 8. (235 u. 226 S.) Leipzig 888. Friedrich. n. 8. —; geb. n. 8. 90

— im Hörselberge. Novelle. 8. (V, 248 S.) Leipzig 881. Reißner. n. 1. 50; geb. n. 2. —

— eine räthselhafte Katastrophe. Novelle. gr. 8. (IX, 275 S.) Gotha 879. F. A. Perthes. n. 4. —

— e. rätselhafte Katastrophe. Novelle. 2. Aufl. gr. 8. (XI, 274 S.) Gotha 890. F. A. Perthes. n. 4. — geb. n. 5. —

— drei Küsse, s.: Collection Spemann.

— Lenz u. Rauhreif. 1. u. 2. Aufl. 8. (256 S.) Leipzig-Reudnitz 888—890. G. Meyer's Verlag. n. 4. —; geb. n. 5. —

— Lieder e. deutschen Nachtwächters. 8. (VIII, 148 S.) Bremen 878. Müller. n. 3. —

— Lieder e. deutschen Nachtwächters. 2., stark verm. Aufl. 8. (IX, 168 S.) Halle 901. C. E. Müller. n. 1. 50

—— aus der Mappe eines Idealisten. 8. (208 S.) Elberfeld 884, Lucas. *ℳ 3.; geb. *

— aus der Mappe e. Idealisten. 8. (208 S.) Elberfeld 885. Lucas. n. 3. —; geb. n. 3. 75

— eine Mutter. Roman. 8. (368 S.) Breslau 890. Schles. Verlagsanstalt. n. 5. —; geb. n. 6. —

— Eine Mutter. Roman. Neue [Titel-] Ausg. 8. (368 S.) Breslau (890) 898. Schles. Buchdruckerei rc. n. 2. —

—— d. Oelmühle im Spreewald. Zwei Erzählgn. 8. (271) Stuttg. 89, Deut. Verl.-Anst. n. 3. —

— die Oelmühle im Spreewald. Zwei Erzählgn. 8. (271 S.) Stuttgart 890. Deutsche Verlagsanstalt. n. 3. —

— die Oelmühle i. Spreewald. 2 Erzählgn. Neue [Titel-] Ausg. 8. (III, 271 S.) Stuttgart (889) 895. Deutsche Verlags-Anstalt. n. 1. —; geb. n. 1. 25

—— hypochondrische Plaudereien. 1. und 2. Aufl. gr. 8. (VIII, 249 S.) Elberfeld 875,76, Lucas. *ℳ 5,50.; geb. *

—— hypochondrische Plaudereien. 3. und 4. Aufl. gr. 8. (XII, 249 S.) Ebendas. 882,84. *ℳ 5,50.; geb. *

—— hypochondrische Plaudereien. 4. Aufl. gr. 8. (XII, 249 S.) Ebend. 885. n. 5. 50; geb. n. 6. 75

— hypochondrische Plaudereien. Neue Folge. 3. Aufl. 8. (XVI, 200 S.) Dresden 889. Pierson. n. 3. —

(S) — hypochondrische Plaudereien. N. F. 889. (KVL 25.) Jetzt: Berlin, Verlag Berlin—Wien.

—— hypochondr. Plaudereien. Neue Folge. 3. Afl. 8. (200) Dresd. 90. Pierson. n. 3. —

— ein Priester. Historie in 6 Gesängen. 12. (206 S.) Breslau 881. Trewendt. n. 3. —; geb. n. 4. —

Amyntor, G. v. Ein Problem. Roman. Gr. in-8°. Basel, Schneider. 1883 5 — Geb. 6 40

— ein Problem. Roman. 8. (425 S.) Basel 884. Schneider. n. 4. —; geb. n. 5. —

Amyntor, Gerh. v., Randglossen zum Buche des Lebens. gr. 8. Elberfeld 876, Lucas. *ℳ 6.; geb. *

— Peter Quidam's Rheinfahrt. Eine Dichtg. in 12 Gesängen. 8. (XI, 352 S.) Stuttgart 877. Deutsche Verlags-Anstalt. n. 6. —; geb. mit Goldschn. n. 8. —

—— Peter Quidam's Rheinfahrt. Eine Dichtung in 12 Gesängen. 8. (XI, 352 S.) Stuttgart 877, Hallberger. * geb. mit Goldschn. *

— der neue Romanzero. 8. (IV, 299 S.) Hamburg 881. J. F. Richter. n. 6. —

—— dass. — 2. durchgeseh. Aufl. 8. (IV, 299 S.) Ebendas. 883. geb. mit Goldschn. *

— der neue Romanzero. 2. Aufl. 8. (IV, 299 S.) Hamburg 893. J. F. Richter. geb. m. Goldschn. n. 8. —

— E. Sonderling, s.: Kürschner's Bücherschatz.

— Stahl u. Stein. Erzählung. 8. (215 S.) Leipzig 889. Friedrich. n. 3. —

— Gerke Suteminne. Ein märk. Kulturbild aus der Zeit d. ersten Hohenzollern. 3 Bde. 8. (327, 312 u. 316 S.) Breslau 887. Schottländer. n. 13. —; geb. n. 16. —

— Gerke Suteminne. Märk. Kulturbild a. d. Zeit d. ersten Hohenzollern. 3 Bde. 8. (955) Bresl. 87, Schles. Verl.-Anst. *n.* 13. —; geb. *n.* 16. —

— Gerke Suteminne, e. märk. Kulturbild aus der Zeit d. ersten Hohenzollern. In 3 Büchern. 3. Aufl. 2 Thle. 8. (X, 323 u. 316 S. m. Bildnis.) Breslau 890. Schles. Verlagsanstalt. n. 10. —; geb. n. 12. —

— Gerke Suteminne. E. märk. Kulturbild a. d. Zeit des ersten Hohenzollern. J. 3 Büchern. 4. [Titel-] Aufl. 2 Thle 8. (XII, 323 u. 316 S. m. 1 Bildn.) Breslau (890) 896. Schles. Buchdruckerei ꝛc. n. 10. —; geb. n. 12. —

— Gerke Suteminne. Ein märk. Kulturbild aus der Zeit des ersten Hohenzollern. In 3 Büchern. 5. Aufl. 2 Tle. (XIV, 323 u. 316 S. m. Bildnis.) 8. Breslau 906. Berlin, S. Schottlaenders schles. Verlags-Anstalt. n. 10. —

— d. Tod als Tröster, s.: Groschenbibliothek für's deut. Volk.

— der Zug d. Todes. Novelle. gr. 8. (VIII, 202 S.) Elberfeld 878. Lucas. n. 4. 50; geb. n. 5. 75

Amyraldus, Moses s. *Amyraut,* Moïse.

Amyraut, Führer d. franz. Calvinisten, 1596-1664. 1644 s. *Amyraut,* Moïse.

Amyraut, M. s. *Amyraut,* Moïse.

Amyraut, Moïse
— Mosis Amyraldi Dissertatio de oeconomia trium personarum in operibus divinis: quam, in paragraphos distinctam, synopsique instructam, denuo ... prelo subiecit Joachimus Lange. — Halae Magd.: Zeitler 1715. 31 S.
1:23 in Bd 8603-135. 3.
4.1858

— Moyses Amyraldus. Der aus Gottes-Wort und der gesunden Vernunfft wiederlegte Indifferendist und Epicurer, in welchen unter andern auch klar bewiesen wird, daß nur die christliche Religion die Seligkeit befördern könne. Aus d. Frantz. übers. (P. 1-3.) — Ebd. 1719. 934 S.
12:Polem. 2261 a/2.
4.1894

Amyraut, Moïse: [Considérations sur les droits, lat.] Moysis Amyraldi De iure naturae, quod connubia dirigit, disquisitiones 6. Ex Gallica versae à Bern. Henr. Reinoldo [Bernhard Heinrich Reinold], ex bibliotheca Ger[hardi] von Mastricht, qui notas aliaque eiusdem argumenti add. Stadae: Brümmer 1712. 384 S.
1:Ft 1362. 7. 8. 9.
4.1851

Amyraldi, Mos., Ius naturae, quod Coniugia dirimit. 8. Stadae, (Weidmann, Lips.) 712.

am Zehnhoff, Leo *Remigius* [Köln]: (Med. Poliklinik zu Bonn.) Beiträge zur Symptomatologie der chronischen interstitiellen Nephritis ... Bonn, Univ.-Buchdr. v. C. Georgi, 1892; 42 S. 8.
Bonn, Med. Fak., Inaug.-Diss. v. [16. Mai] 1892**)

FSC
www.fsc.org
MIX
Papier | Fördert gute Waldnutzung
FSC® C083411

Kolibri 360 GmbH
Ferdinand-Jühlke-Straße 7
99095 Erfurt, Deutschland
produktsicherheit@kolibri360.de